AF543941

Stoi/Dillerup
Unternehmensführung

Unternehmensführung

Erfolgreich durch modernes Management & Leadership

Methoden – Umsetzung – Trends

von

Prof. Dr. Roman Stoi

Prof. Dr. Ralf Dillerup

6., komplett überarbeitete und erweiterte Auflage

Verlag Franz Vahlen München

Prof. Dr. Roman Stoi lehrt Unternehmensführung und Controlling an der Dualen Hochschule Baden-Württemberg Stuttgart.

Prof. Dr. Ralf Dillerup lehrt Unternehmensführung und Controlling an der Hochschule Heilbronn.

ISBN Print: 978 3 8006 6338 5
ISBN eBook: 978 3 8006 6339 2

Satz: Fotosatz Buck
Zweikirchener Str. 7, 84036 Kumhausen
Druck und Bindung: Neografia, a.s.
ul. Sučianska 39A, 03861 Martin-Priekopa, Slowakische Republik
Umschlaggestaltung: Ralph Zimmermann – Bureau Parapluie
Bildnachweise: © sisterspro – depositphotos.com

Gedruckt auf säurefreiem, alterungsbeständigem Papier
(hergestellt aus chlorfrei gebleichtem Zellstoff)

Vorwort

Unternehmen prägen in vielerlei Hinsicht unser Leben und unsere Gesellschaft. Fragen der **Unternehmensführung** betreffen alle Bereiche und Aufgabenfelder eines Unternehmens. Sie sind für jeden Menschen relevant, der in irgendeiner Form mit Unternehmen in Berührung kommt, sei es etwa als Mitarbeiter, Kunde, Lieferant oder Aktionär.

Ziel des Buches ist es, dem Leser die Aspekte und Konzepte der Unternehmensführung möglichst verständlich nahe zu bringen. Wir stellen die Unternehmensführung dabei in ihrer Gesamtheit dar. Dies umfasst die Führungsfunktionen Planung und Kontrolle, Organisation, Personal sowie Information und Kommunikation auf allen Führungsebenen des Unternehmens. Wir verwenden hierfür ein **kontextbedingtes System der Unternehmensführung**, mit dem je nach Führungskontext der jeweils passende Führungsstil und die geeignete Organisationsform für eine erfolgreiche Unternehmensführung bestimmt werden kann.

Aufgrund der erfreulichen Resonanz erscheint hiermit bereits die sechste Auflage unseres Lehrbuchs, die sich zunächst durch ein breiteres und mehrfarbiges **Layout** auszeichnet. Bei der grundlegenden Überarbeitung und Aktualisierung lag unser Augenmerk auf der **Verständlichkeit** und **Praxisorientierung**. Hierfür wurden eine Reihe neuer **Firmenbeispiele** erstellt, um die praktische Umsetzung der dargestellten Inhalte zu veranschaulichen. Die vielfältigen und meist zusammen mit erfahrenen Praktikern erstellten Anwendungsbeispiele bilden eine Brücke zwischen Theorie und Praxis. An dieser Stelle sei allen Praxispartnern für Ihre Mitarbeit herzlichst gedankt.

Die vollständig überarbeitete 6. Auflage umfasst zahlreiche neue Themenfelder, insbesondere die Berücksichtigung von Agilität in den Organisationen und in der Personalführung sowie die Auswirkungen der Digitalisierung auf die Unternehmensführung. Neue Themen sind u.a. agile Organisationsmodelle, agiles Projektmanagement mit Scrum, Design Thinking, Open Innovation, agiles Prozessmanagement, agile Führung selbstorganisierter Teams, Working out Loud, Objectives and Key Results (OKR), Big Data, Business Analytics, Industrie 4.0, Cloud Computing, Künstliche Intelligenz, robotergestützte Prozessautomatisierung (RPA) und Blockchain.

Zum besseren Verständnis ist der **Aufbau** jedes Kapitels wie folgt strukturiert:

- **Leitfragen** zeigen die inhaltlichen Schwerpunkte und wesentlichen Themenstellungen des Kapitels. Diese Leitfragen werden im Text beantwortet.
- **Merksätze** definieren grundlegende Begriffe der Unternehmensführung. Dies sorgt für Klarheit und ein einheitliches Begriffsverständnis.
- **Praxisbeispiele** zeigen die praktische Anwendung der vorgestellten Methoden und Konzepte anhand der Erfahrungen aus der Unternehmenspraxis.
- **Fallstudien** tragen zu einem besseren Verständnis bei. Diese beziehen sich durchgängig auf die in Kap. 1.1.3 vorgestellte fiktive Unternehmensgruppe *Eder*.
- **Zusammenfassungen** verdichten jedes Kapitel in prägnante Aussagen.
- **Literaturhinweise** enthalten Empfehlungen zur weiteren Vertiefung der Thematik.

Aus Gründen der besseren Lesbarkeit verwenden wir das in der deutschen Grammatik übliche generische Maskulinum. Dabei sei jedoch ausdrücklich darauf hingewiesen, dass sich sämtliche Ausführungen stets auf alle Geschlechter beziehen.

Eine ideale Ergänzung zu diesem Lehrbuch ist unser Sammelband „**Fallstudien zur Unternehmensführung**“. Er enthält eine Vielzahl an Fallstudien mit Musterlösungen zu aktuellen Fragestellungen der Unternehmensführung. Studierende können durch die Bearbeitung der Fallstudien ihr Wissen auf praktische Problemstellungen anwenden und sich dadurch gezielt auf ihre berufliche Tätigkeit vorbereiten. Der interessierte Praktiker erhält einen weitreichenden Einblick in moderne Konzepte der Unternehmensführung. Auf diese Weise kann der Leser sein Verständnis für die Anforderungen an eine erfolgreiche Unternehmensführung weiter vertiefen.

Für Hochschuldozenten steht zu diesem Lehrbuch ein PowerPoint-Foliensatz zur Verfügung, der die wesentlichen Inhalte und alle Abbildungen enthält. Dieser kann nach Registrierung auf der Homepage des *Verlags Vahlen* unter *www.vahlen.de* abgerufen werden.

Für die ausgezeichnete Zusammenarbeit möchten wir uns bei Herrn *Dennis Brunotte* vom Lektorat des *Verlags Vahlen* herzlich bedanken. Ein ganz besonderer Dank gilt unseren Ehefrauen *Elvira Stoi* und *Evelin Dolzer-Dillerup* für ihre persönliche Unterstützung und ihr Verständnis während der Arbeit an der Neuauflage.

Feedback und Anregungen sind herzlich willkommen. Sie erreichen uns unter *roman.stoi@dhbw-stuttgart.de* und *dillerup@hs-heilbronn.de*.

Wir wünschen allen Lesern eine anregende und lehrreiche Lektüre!

Roman Stoi und *Ralf Dillerup*

Stuttgart und Heilbronn, im März 2022

Inhaltsübersicht

Kapitel 1

Grundlagen der Unternehmensführung

»*Jedes Unternehmen ist ein soziologisches Gebilde und unterliegt – wie der lebende Organismus – dem Werden, dem Sein und dem Vergehen.*«

Prof. Dr. h.c. mult. Reinhold Würth
Vorsitzender des Stiftungsaufsichtsrats der Würth-Gruppe

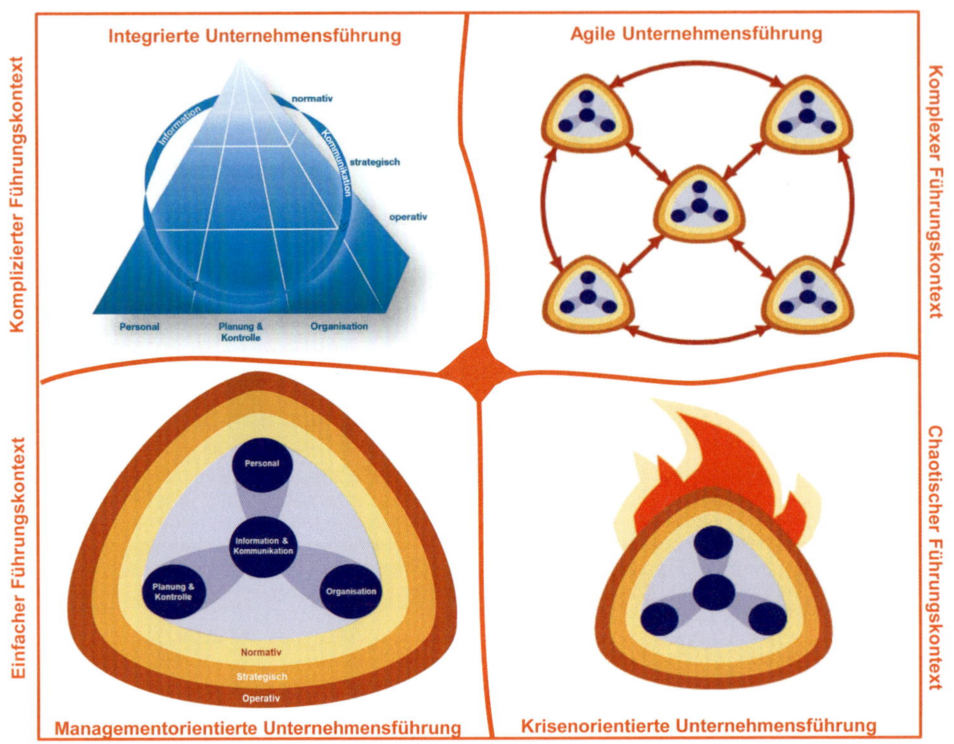

1 Grundlagen der Unternehmensführung

1.1 Unternehmen als Gegenstand der Unternehmensführung

Leitfragen

- Was bedeutet es, nach ökonomischen Prinzipien zu wirtschaften?
- Was für eine Wirtschaftseinheit ist ein Unternehmen?
- Welche Typen von Unternehmen gibt es?

Für Unternehmen gibt es viele Definitionen, die sich durch unterschiedliche Betrachtungsperspektiven unterscheiden. Allen gemein ist, dass sich Unternehmen historisch als besondere Form von Betrieben entwickelt haben. Wesentliche **historische Vorläufer von Unternehmen** sind dabei (vgl. *Kieser/Walgenbach*, 2010, S. 4 ff.):

- **Altertümliche Gesellschaften** entwickelten bereits Hierarchien. An deren Spitze standen z. B. Stammesälteste oder Heerführer. Diese Hierarchien waren meist durch verwandtschaftliche Strukturen geprägt. Bis ins frühe Mittelalter waren Herrenhöfe dominierende Institutionen. Beispielsweise gehörten bei den Germanen unfreie Bauern und das Gesinde zum Besitz der Grundherren. Die Arbeiter des Herrenhofs konnten nur zusammen mit dem Land verkauft bzw. zu Lehen gegeben werden. Ein Beispiel hierfür ist das Adelsgeschlecht der *Thurn und Taxis*, das aus der italienischen Lombardei stammte und seit dem 14. Jahrhundert einen Kurierdienst für die Republik Venedig und 1490 das europaweite Postwesen begründete und viele Jahrhunderte lang betrieb. Aus den Erträgen ihrer unternehmerischen Tätigkeit sowie aus Abfindungen für den Verlust von Postrechten erwarb die Familie umfangreiche Ländereien, Industrieunternehmen und Brauereien. Die Familie *Thurn und Taxis* gilt bis heute als größter privater Grundbesitzer Deutschlands.
- **Mittelalterliche Zünfte** betrieben gewerbliche Produktion und versorgten Dritte mit ihren handwerklichen Produkten und Dienstleistungen. Sie regelten neben der Leistungserstellung aber auch andere Lebensbereiche. Sie bildeten daher eine soziale Schicht, ohne die Möglichkeit eines freiwilligen Ausscheidens oder dem Wechsel in eine andere Zunft. Beispielhaft dafür ist das Geschlecht der *Fugger*, das eines der ältesten deutschen Unternehmen gründete. *Hans Fugger*, Sohn eines Webermeisters, zog 1367 nach Augsburg, wo er zunächst als Weber in der Zunft aufstieg und dann sein Geschäft zum Textilhandel ausbaute. Unter *Jakob Fugger* erlangte das Unternehmen Weltgeltung. Die Familie stieg ab 1511 in den Adel auf und bekleidete hohe kirchliche und weltliche Ämter.
- **Gesellschaften der Fernhandelskaufleute** waren die ersten Unternehmen Europas. Als Pionier gilt die 1380 gegründete *Große Ravensburger Gesellschaft*. Bis zum Beginn des 18. Jahrhunderts gab es nur wenige solcher Organisationen, die sich meist auf den Handel beschränkten. Einzelne Kaufleute konnten solchen Gesellschaften beitreten und diese auch wieder verlassen. Sie konnten entscheiden, ob sie ihre Geschäfte über die Gesellschaft abwickeln. Einige brachten neben Kapital ihre Arbeitskraft ein, während andere eher stille Gesellschafter waren. Bekannt war die *Deutsche Hanse*, die sich ab dem Jahr 1143 mit der Gründung Lübecks aus den Gemeinschaften der Ost- und Nordseehändler entwickelte. Sie handelte zwischen den rohstoffreichen Gebieten Nordrusslands z. B. mit Getreide, Holz oder Pelzen und mit Fertigprodukten aus Westeuropa, wie etwa Tüchern oder Wein. Dazu war es zunächst ein freier Zusammenschluss von Kaufleuten, um die Sicherheit der Reise zu gewährleisten und ihre wirtschaftlichen Interessen gemeinsam im Ausland besser vertreten zu können. Die *Hanse* war aber nicht nur eine wirtschaftliche, sondern auch eine politische Macht, die unter der Herrschaft unterschiedlicher weltlicher und kirchlicher Gewalten stand.
- **Verlage und Manufakturen** waren die ersten Unternehmen der gewerblichen Herstellung von Produkten für den Fremdbedarf. Ihre Ausbreitung begann im 18. Jahrhundert und weitete die Unternehmenstätigkeit vom Handel auf die Produktion aus. Exemplarisch dafür ist der *Verlag C. H. Beck*, als ein deutscher Verlag in der Rechtsform einer offenen Handelsgesellschaft mit Geschäftssitz in München. *Carl Gottlob Beck* gründete den Verlag 1763 und erweiterte seine Druckerei in Nördlingen um eine Buchhandlung. Heute wird das Unternehmen in der sechsten bzw. siebten Generation geleitet, so z. B. von *Dr. Jonathan Beck* in den Bereichen Literatur, Sachbuch und Wissenschaft, zu denen auch der *Verlag Vahlen* gehört.

1.1.1 Definition und Abgrenzung von Unternehmen

Mit der Entstehung des Arbeits- und Kapitalmarkts entwickelten sich spezialisierte Institutionen, die sich ausschließlich auf wirtschaftliche Aufgaben konzentrierten. Unter rechtlich und gesellschaftlich zuverlässigen Rahmenbedingungen konnten sich **Marktmechanismen** zwischen Verlagen, Manufakturen und Händlern entwickeln, unter denen ökonomisch gehandelt werden kann. Dann folgen diese Wirtschaftseinheiten dem rationalen Prinzip.

> Eine Wirtschaftseinheit handelt nach dem **rationalen Prinzip**, wenn es sich bei der Wahl zwischen Alternativen für die bessere Lösung entscheidet.

Die bessere Alternative wird dabei nach dem ökonomischen Prinzip bzw. dem Wirtschaftlichkeitsprinzip bestimmt.

> Eine Wirtschaftseinheit handelt nach dem **ökonomischen Prinzip**, wenn knappe Mittel nicht verschwendet werden, indem das Verhältnis aus Produktionsergebnis (Output/Ertrag) und Produktionseinsatz (Input/Aufwand) optimiert wird.

Ausprägungen des ökonomischen Prinzips sind:

- **Maximumprinzip:** Mit gegebenem Aufwand/Input einen maximalen Ertrag/Output erwirtschaften.
- **Minimumprinzip:** Einen gegebenen Ertrag/Output mit minimalem Aufwand/Input erzielen.
- **Optimumprinzip:** Ein möglichst günstiges Verhältnis zwischen Ertrag/Output und Aufwand/Input erreichen.

Wirtschaftseinheiten, die ihre Entscheidungen gemäß dem ökonomischen Prinzip treffen, sind planvoll organisierte **Wirtschaftseinheiten**. Diese lassen sich nach der Art der Bedarfe unterscheiden, welche durch das Wirtschaften gedeckt werden sollen:

- **Haushalte** legen das wirtschaftliche Handeln auf die Deckung des Eigenbedarfs aus, weshalb dieser Bereich der Wirtschaft auch als Konsumtionswirtschaft bezeichnet wird.
- **Betriebe** richten sich auf die Deckung von Fremdbedarfen aus. Diese sog. Produktionswirtschaft ist Gegenstand der Betriebswirtschaftslehre.

> Ein **Betrieb** ist eine planvoll organisierte Wirtschaftseinheit, in der Produktionsfaktoren kombiniert werden, um Güter und Dienstleistungen über den eigenen Bedarf hinaus herzustellen und abzusetzen (vgl. *Wöhe et al.*, 2016, S. 27).

Eine weitere Klassifizierung von Wirtschaftseinheiten kann nach der Trägerschaft und den damit verfolgten Zielen vorgenommen werden:

- **Öffentliche Wirtschaftseinheiten** streben nach dem Kostendeckungsprinzip und decken primär Bedarfe ohne Gewinnerzielungsabsicht. Sie erhalten dafür häufig öffentliche Zuschüsse. Gemeinnützige Betriebe bzw. Non-Profit-Betriebe setzen sich Ziele außerhalb der Gewinnerzielung und stellen die Erfüllung gemeinnütziger Zwecke in den Vordergrund, wie z. B. kommunale Versorgungsunternehmen oder Behindertenwerkstätten.
- **Private Wirtschaftseinheiten** verfolgen das erwerbswirtschaftliche Prinzip und müssen ohne öffentliche Zuschüsse auskommen. Sie streben daher nach Gewinn (Gewinnorientierte bzw. For-Profit-Betriebe). Beispiele für private Wirtschaftseinheiten sind insbesondere die große Zahl privater Haushalte. In der amtlichen Statistik besteht ein privater Haushalt aus einer oder mehreren natürlichen Personen, die eine wirtschaftende Einheit bilden. Dies waren in Deutschland im Jahr 2019 rund 41,4 Millionen mit einer durchschnittlichen

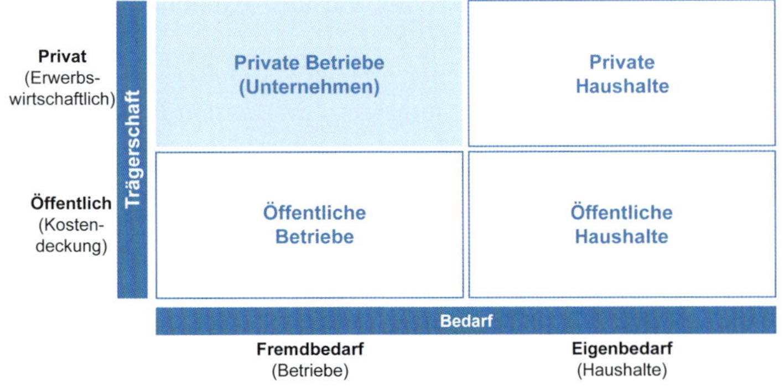

Abb. 1.1.1: Betriebe und Unternehmen als spezifische Wirtschaftseinheiten

Größe von 2 Personen je Haushalt (vgl. *Statistisches Bundesamt*). Unternehmen als Wirtschaftseinheiten in privater Trägerschaft zur Deckung von Fremdbedarfen lassen sich wie in Abb. 1.1.1 dargestellt als spezifische Ausprägung von Betrieben verstehen.

Ein **Unternehmen** ist ein privater Betrieb, der als planvoll organisierte Wirtschaftseinheit Güter und Dienstleistungen über den eigenen Bedarf hinaus nach dem erwerbswirtschaftlichen Prinzip herstellt und absetzt.

Umgangssprachlich werden die Begriffe Betrieb und Unternehmen häufig synonym verwendet. Die Unterscheidung ist allerdings etwa aufgrund des Gesellschafts- und Mitbestimmungsrechts erforderlich, da zwischen Unternehmens- und Betriebsverfassung differenziert wird. Unternehmen ist der Oberbegriff für autonome, rechtlich selbstständige, wirtschaftliche **Betriebe**. Als Betrieb wird auch eine technisch-organisatorische Einheit als Teil eines Unternehmens bezeichnet. Beispiele sind ein Werk, eine Verkaufsniederlassung oder ein Entwicklungsstandort. Ein Unternehmen kann somit aus mehreren Betrieben bestehen. In der Organisationslehre wird ein strukturiertes System als Unternehmung bezeichnet. Juristen hingegen sprechen vom Unternehmen als rechtlicher Einheit. Auf diese Differenzierung wird in diesem Buch verzichtet und fortan der Begriff Unternehmen verwendet.

Unternehmen sind also private Betriebe, die gemäß dem erwerbswirtschaftlichen Prinzip Gewinne anstreben, um zu überleben. Umgekehrt muss ein Unternehmen seine Tätigkeit einstellen, wenn es zahlungsunfähig wird. Somit ist für Unternehmen das Ziel der erwerbswirtschaftlichen Ausrichtung bzw. Gewinnerzielung per Definition vorgegeben. Darüber hinaus legen Unternehmen ihre weiteren Ziele selbstständig und weitgehend unabhängig von staatlichen Einflüssen fest (vgl. *Gutenberg*, 1983, S. 507 ff.). Die **Autonomie der Zielfestlegung** ist dabei abhängig von der Wirtschafts- und Gesellschaftsordnung, in die ein Unternehmen eingebettet ist. Als Wirtschaftsordnung ist ein Unternehmen integriert in Beschaffungs-, Absatz- und Kapitalmärkte. Die unternehmerische Autonomie wird zudem durch die Gesellschaftsordnung bzw. den Staat eingegrenzt, indem Gesetze und Verordnungen einzuhalten sowie Steuern und Abgaben zu zahlen sind. So unterscheiden sich Unternehmen auch nach diesen Rahmenordnungen z. B. in freie-marktwirtschaftliche, sozial-marktwirtschaftliche, planwirtschaftliche oder staatskapitalistische Wirtschaftssysteme. Der Gegenstand der **Unternehmenslehre** ist somit das Wirtschaften eines privaten Betriebes im seinem Wirtschaftssystem (vgl. *Dillerup*, 2009, S. 32).

1.1.2 Typisierung von Unternehmen

Unternehmen existieren in unterschiedlichen Ausprägungen. Beispiele sind Dienstleister, Krankenhäuser, Hochschulen, Verwaltungen oder Industrieunternehmen. Um deren Besonderheiten zu berücksichtigen, haben sich **spezifische Unternehmenslehren** mit unterschiedlichen Geltungsbereichen gebildet. Zur **Typisierung von Unternehmen** werden die Kriterien Tätigkeitsbereich, Größe, Rechtsform und Alter herangezogen.

Unternehmenstypen nach Tätigkeitsbereichen

Gemeinsamkeiten und Unterschiede von Unternehmen ergeben sich vor allem aus ihrem hauptsächlichen Unternehmenszweck. Nach deren **Tätigkeitsbereich** lassen sich Sektoren bzw. Wirtschaftszweige in folgende Gruppen unterscheiden:

- **Sachleistungsunternehmen** produzieren und vertreiben materielle Güter und Leistungen. Sie werden nach der Erzeugungsstufe unterteilt. Nicht enthalten sind Agrar- und Fortwirtschaft, die auch als primärer Sektor bezeichnet werden. Sachleistungsunternehmen werden auch sekundärer Sektor genannt. Während Gewinnungsunternehmen (Bergbau) Rohstoffe erzeugen, werden im verarbeitenden Gewerbe (Industrie) physische Güter hergestellt. Das Baugewerbe umfasst die Fertigstellung, Wiederinstandsetzung, Unterhalt, Änderung oder den Abbruch von Bauten. Der Sektor Energie & Versorgung beschäftigt sich mit Elektrizität, Gas, Mineralöl oder Fernwärme.
- **Dienstleistungsunternehmen** erstellen immaterielle Güter (Tertiärer Sektor). Dienstleistungen sind nicht lagerbar, kaum übertragbar und benötigen zur Erbringung einen Kunden. Dienstleistungssektoren sind Handel, Verkehr & Gastgewerbe, Information & Kommunikation, Finanzen & Versicherungen, Grundstücks- und Wohnungswesen, Freie Berufe, Wissenschaft, technische & wirtschaftliche Dienste (z. B. Beratung, Ingenieurbüros oder Forschung und Entwicklung), Gesundheits- und Sozialwesen und Sonstige Dienstleistungen.

Die in Abb. 1.1.2 dargestellte Unternehmensklassifizierung nach **Wirtschaftszweigen** zeigt die sehr unterschiedliche Bedeutung der Sektoren innerhalb der Volkswirtschaft. So spielt in Deutschland der Bereich Bergbau und Rohstoffgewinnung kaum eine Rolle, während der Handel und die Industrie bzw. das verarbeitende Gewerbe am Umsatz gemessen die Unternehmenslandschaft dominieren. Aber auch über die Strukturen in den Wirtschaftssektoren zeigt die Verteilung der Anzahl der Unternehmen, der dort Beschäftigten und des Umsatzes sehr unterschiedliche Unternehmenscharakteristika auf. So sind im Wirtschaftszweig Information und Kommunikation die Kriterien Umsatz, Beschäftige und Unternehmensanzahl mit jeweils 4 % in Deutschland sehr ausgewogen vertreten. Im Handel hingegen wird 30 % des Umsatzes von nur 15 % der Beschäftigten erwirtschaftet. In der Industrie wird knapp ein Drittel des gesamten Umsatzes von nur 7 % der Unternehmen erbracht, denen somit eine wesentliche Rolle in der Volkswirtschaft zukommt. In Deutschland sind dies z. B. insbesondere der Automobilbereich. Im Baugewerbe tragen hingegen umgekehrt 11 % der Unternehmen lediglich 4 % zum Gesamtumsatz bei. Entsprechend unterschiedlich sind die Unternehmen in verschiedenen Wirtschaftszweigen ausgeprägt.

Unternehmenstypen nach Größe

Die **Größe** der Unternehmen wird meist an den Kriterien Umsatz, Beschäftigtenzahl und z. T. auch an der Bilanzsumme gemessen. So definiert die *Europäische Union* Unternehmen nach Beschäftigten und Umsatz oder Bilanzsumme. Das *deutsche Handelsgesetzbuch* unterteilt Kapitalgesellschaften nach § 267 HGB. Dabei gilt jeweils die nächste Größenkategorie, wenn mindestens zwei der drei in Abb. 1.1.3 aufgeführten Werte für Beschäftigte, Umsatz und Bilanzsumme an den Stichtagen zweier aufeinander folgender Geschäftsjahre überschritten werden. Aufgrund der Verwendung unterschiedlicher Kriterien ist die Zuordnung jedoch nicht immer eindeutig. Sehr häufig wird daher die Einteilung des *Instituts für Mittelstandsforschung* (vgl. www.ifm-bonn.org) herangezogen, die auf den zwei Kriterien Beschäftigte und Umsatz basiert.

Wirtschaftszweige	Unternehmen		Beschäftigte		Umsatz	
	Anzahl [Tausend]	%	Anzahl [Tausend]	%	[Mrd. Euro]	%
Bergbau	2.058	0	40	0	13	0
Verarbeitendes Gewerbe	231.063	7	7.188	23	2.233	32
Baugewerbe	388.991	11	1.772	6	304	4
Energie & Versorgung	86.482	2	520	2	585	8
Sachleistungsunternehmen	**708.594**	**20**	**9.520**	**31**	**3.122**	**45**
Handel	612.805	18	4.602	15	2.105	30
Verkehr & Gastgewerbe	362.577	10	2.882	9	415	6
Information & Kommunikation	134.666	4	1.115	4	261	4
Finanzen & Versicherungen	69.887	2	931	3	154	2
Grundstücks- und Wohnungswesen	174.200	5	283	1	118	2
Wissensch., techn. & wirtschaftl. Dienste	748.796	21	4.434	14	594	9
Gesundheits- und Sozialwesen	243.509	7	4.898	16	89	1
Sonstige Dienstleistungen	428.657	12	2.193	7	82	1
Dienstleistungsunternehmen	**2.775.097**	**80**	**21.339**	**69**	**3.818**	**55**
Unternehmen in Deutschland	**3.483.691**	**100**	**30.859**	**100**	**6.940**	**100**

Abb. 1.1.2: Klassifizierung von Unternehmen nach Wirtschaftszweigen in Deutschland (Daten: Statistisches Bundesamt, Stand 12/2019)

Unternehmens-größen	Kriterien	Europäische Union	Deutsches HGB §267	Institut für Mittel-standsforschung
Kleinst-unternehmen	Beschäftigte Umsatz Bilanzsumme	bis 9 bis 2 Mio. € bis 2 Mio. €		bis 9 bis 2 Mio. €
Kleine Unternehmen	Beschäftigte Umsatz Bilanzsumme	10 bis 50 2 bis 10 Mio. € 2 bis 10 Mio. €	bis 50 bis 12 Mio. € bis 6 Mio. €	10 bis 49 2 bis 10 Mio. €
Mittlere Unternehmen	Beschäftigte Umsatz Bilanzsumme	> 50 bis 250 10 bis 50 Mio. € 10 bis 43 Mio. €	50 bis 250 12 bis 40 Mio. € 6 bis 20 Mio. €	50 bis 499 10 bis 50 Mio. €
KMU zusammen	Beschäftigte Umsatz Bilanzsumme	bis 250 bis 50 Mio. € bis 43 Mio. €	bis 250 bis 40 Mio. € bis 20 Mio. €	bis 499 bis 50 Mio. €
Große Unternehmen	Beschäftigte Umsatz Bilanzsumme	> 250 > 50 Mio. € > 43 Mio. €	> 250 > 40 Mio. € > 20 Mio. €	≥ 500 > 50 Mio. €

Abb. 1.1.3: Kriterien für Unternehmensgrößen

Neben der reinen Größenunterscheidung wird häufig auch zwischen Großunternehmen und den **Klein- und mittelständischen Unternehmen** (KMU) unterschieden. Großunternehmen erfahren viel Beachtung, was auch durch deren Anteil von rund 66 % am Gesamtumsatz in Deutschland gerechtfertigt ist. Die überwiegende Zahl von 99,5 % der Unternehmen gehört jedoch zu den KMU. Sie haben lediglich einen Anteil von 34 % am Gesamtumsatz, aber einen Beschäftigungsanteil von rund 58 %. Die Bedeutung der KMU ist somit in Deutschland insbesondere als Arbeitgeber sehr hoch und KMU werden häufig als das Rückgrat der deutschen Wirtschaft bezeichnet.

Unternehmenstypen nach Rechtsform

Da die Aktivitäten eines Unternehmens über Verträge geregelt werden, wird häufig die **Rechtsform** als Unterscheidungsmerkmal für Unternehmen herangezogen. So kann nach Einzelunternehmen, Personengesellschaften, wie z. B. Kommanditgesellschaften (KG) oder offene Handelsge-

	Unternehmen		Beschäftigte		Umsatz	
	Anzahl [Tausend]	%	Anzahl [Tausend]	%	[Mrd. Euro]	%
Kleinste Unternehmen	3.050.074	88	3.990	13	584	8
Kleine Unternehmen	332.821	10	5.719	19	746	11
Mittlere Unternehmen	83.688	2	8.059	26	1.067	15
KMU insgesamt	**3.466.583**	**99,5**	**17.768**	**58**	**2.397**	**34**
Große Unternehmen	17.108	0,5	13.092	42	4.571	66
Unternehmen in Deutschland	**3.483.691**	**100**	**30.859**	**100**	**6.968**	**100**

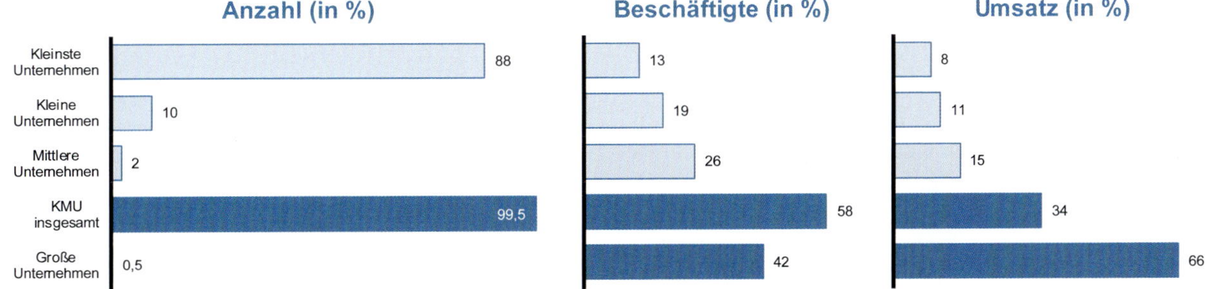

Abb. 1.1.4: Klassifizierung von Unternehmen nach Größe in Deutschland (Daten: *IfM Bonn*, Stand 04/2020)

	Unternehmen		Beschäftigte			
	Anzahl		0–9	10–49	50–249	> 250
Einzelunternehmen	2.146.043	62 %	67 %	22 %	4 %	1 %
Personengesellschaften	395.415	11 %	10 %	18 %	20 %	19 %
Kapitalgesellschaften	736.279	21 %	17 %	51 %	66 %	65 %
Sonstige	205.954	6 %	5 %	9 %	11 %	16 %
Unternehmen in Deutschland	**3.483.691**					

Abb. 1.1.5: Klassifizierung von Unternehmen nach Rechtsform in Deutschland (Daten: Statistisches Bundesamt, Stand 12/2019)

sellschaften (OHG), sowie in Kapitalgesellschaften (z. B. Gesellschaften mit beschränkter Haftung (GmbH) oder Aktiengesellschaften (AG)) unterteilt werden. Darüber hinaus gibt es auch weitere, sog. sonstige Rechtsformen, wie etwa Genossenschaften. Unternehmen unterscheiden sich dabei wesentlich nach der persönlichen Haftung der Unternehmensführung. So wird zwischen managementgeführten Gesellschaften mit eingeschränkter Haftung der handelnden Führungskräfte und vollhaftenden Führungspersonen, wie im Falle der KG ober bei Einzelunternehmen, unterschieden.

In Deutschland ist die überwiegende Anzahl der Unternehmen als Einzelunternehmen organisiert, die typischerweise klein sind. Kapitalgesellschaften sind nur 21 % der deutschen Unternehmen. Ihr Anteil an den Unternehmen mit mehr als 50 Beschäftigten beträgt jedoch zwei Drittel, womit sie bei den mittleren und großen Unternehmen die dominierende Rechtsform sind.

Unternehmenstypen nach Alter

Unternehmen entstehen und vergehen. Sie können sich deshalb in ihrem **Alter** sehr unterscheiden. So wurden im Jahr 2019 in Deutschland rund 0,55 Mio. Unternehmen neu angemeldet. Gleichzeitig sterben aber auch ähnlich viele Unternehmen pro Jahr, wovon nur ein kleiner Teil durch Insolvenzen zum Aufgeben gezwungen wird. Der Großteil hingegen ändert entweder seine Rechtsform, wechselt an andere Eigentümer o. ä. und hört somit in der bestehenden Form auf zu existieren. Gemäß einer Studie aus dem Jahr 2017 sind rund 50 % der Unternehmen jünger als 30 Jahre (vgl. *Commerzbank*, 2017). Vor 1949 wurden lediglich 18 % der Unternehmen gegründet und sind somit älter als 70 Jahre. Die ältesten Unternehmen Deutschlands sind in Umsatz- und Eigentümerstruktur mittelständisch geprägt, wobei einige weit mehr als 100 Jahre erreichen. Die *Staatsbrauerei Weihenstephan* ist als älteste, noch bestehende Brauerei in der ganzen Welt bekannt und wurde im Jahr 1040 gegründet. Am deutschen Aktienmarkt stammen ebenfalls mehr als die Hälfte der Dax-Konzerne aus dem 19. Jahrhundert. Umgekehrt verschwindet die Hälfte aller börsennotierten Unternehmen innerhalb eines Jahrzehnts wieder. So werden Unternehmen in Deutschland durchschnittlich neun Jahre alt, wobei die Überlebensdauer im langfristigen Trend abnimmt. Die zur Eindämmung der Ausbreitung des Corona-Virus SARS-CoV-2 in 2020 und 2021 in Deutschland verhängten mehrwöchigen Shutdowns gefährdeten die Existenz vieler Unternehmen. Besonders betroffen waren das Hotel- und Gaststättengewerbe, der Non-Food-Einzelhandel sowie die Branchen Touristik, Luftfahrt, Textil und Möbel.

Auch in den USA liegt die durchschnittliche Lebensdauer eines Unternehmens bei rund zehn Jahren, wobei auch hier ein sinkender Trend zu beobachten ist. Da Kapital- und Innovationszyklen immer kürzer und die Märkte transparenter und wettbewerbsintensiver werden, schrumpft auch die Lebensdauer von Unternehmen. So zeigt beispielsweise ein Blick auf die durchschnittliche Verweildauer amerikanischer Unternehmen im Börsenindex *S&P 500*, dass US-Konzerne im Jahr 1965 durchschnittlich noch rund 33 Jahre, dagegen im Jahr 1990 nur noch 20 Jahre im Index gelistet wurden. Für das Jahr 2026 werden nur noch rund

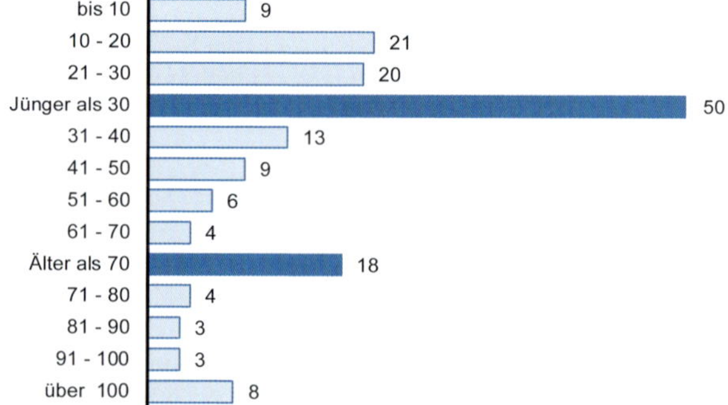

Abb. 1.1.6: Klassifizierung deutscher Unternehmen mit > 2,5 Mio. € Umsatz nach Alter in Jahren (Daten: Commerzbank 2017)

14 Jahre prognostiziert. Eine Untersuchung aller 29.688 Firmen, die im Zeitraum von 1960 bis 2009 an US-Börsen gelistet waren, analysiert die Lebensdauer von Unternehmen noch genauer (vgl. *Govindarajan/Srivastava* 2017, S. 10 ff.). Darin wird der Trend bestätigt: Firmen, die vor 1970 ihre Börsenzulassung erhielten, hatten eine Chance von 92 %, die nächsten fünf Jahre zu überstehen. Für alle, die zwischen 2000 und 2009 gelistet wurden, betrug diese nur noch 63 %. Die kürzere Überlebensrate junger Unternehmen erklärt sich demnach hauptsächlich damit, dass Unternehmen, die nach dem Jahr 2000 gelistet wurden, im Schnitt nur halb so viel für Sachwerte investierten und neuartige, meist digitale Geschäftsmodelle verfolgen, die zwar schnell wachsen, aber auch schnell wieder untergehen können.

Die Übertragung biologischer Lebenszyklusmodelle auf Unternehmen wurde bereits 1890 von *Marshall* aufgegriffen. Demnach durchlaufen Unternehmen einen ähnlichen Lebenszyklus von Geburt, Wachstum, Reife und Tod wie lebende Organismen. Dieser **Unternehmenslebenszyklus** weist charakteristische Phasen mit typischen Herausforderungen auf (Corporate Life Cycle). Nach *Mintzberg* (vgl. 1978, S. 242 ff.) sind die maßgeblichen Einflussfaktoren die zunehmende Größe bzw. das Wachstum und das Alter des Unternehmens. Die meisten Unternehmen schaffen es nicht, alle Phasen zu durchlaufen und viele scheitern bereits in den ersten Jahren. Andere hingegen sehen als zentrale Zielsetzung eines Unternehmens das Überleben und damit das kontinuierliche Wachsen als möglichst lange währenden Zustand an. Der Übergang der Phasen führt zu charakteristischen Problemen, deren Lösung ein Unternehmen in der Evolution in eine neue Phase führt. Beim Überspringen einer Lebenszyklusphase besteht die Gefahr, dass kollektive Lernprozesse nicht durchlaufen werden und dem Unternehmen daher wichtige Erkenntnisse, Kompetenzen oder Fähigkeiten für die weitere Entwicklung fehlen.

Es werden meist die folgenden **Lebenszyklusphasen** unterschieden (vgl. *Greiner,* 1972, S. 37 ff.):

- **Junge Unternehmen:** Die Existenz eines Unternehmens beginnt in der Einführungs- bzw. Gründungsphase. Am Anfang steht eine Geschäftsidee. Daraus wird ein Geschäftsmodell entwickelt und in einem Businessplan beschrieben. Überzeugt dieser die Gründer, Geschäftspartner und Kapitalgeber, schlägt die Geburtsstunde des Unternehmens. Das Unternehmen etabliert sich, Produkte oder Dienstleistungen werden entwickelt und schließlich erfolgt der Eintritt in einen abgegrenzten Markt. Ist dieser erfolgreich, wurde der Beweis geliefert, dass das Geschäftsmodell funktioniert („proof of concept"). Es sind meist hohe Anfangsinvestitionen erforderlich und bei geringem Umsatz sind die Wachstumsperspektiven immens. Dies gilt insbesondere für innovative Produkte und Leistungen von sog. Start-ups.
- **Wachstumsunternehmen:** In dieser Phase streben Unternehmen nach Wachstum und Positionierung im Markt. Sie schaffen einen Rahmen und entwickeln ihre Fähigkeiten. Der Schwerpunkt liegt auf der regelmäßigen Festlegung von Zielen für die Organisation, wobei das Hauptziel darin besteht, ausreichende Einnahmen für das Überleben und die Expansion zu erzielen. Einige Organisationen erfreuen sich eines ausreichenden Wachstums, um in die nächste Phase eintreten zu können, während andere bei der Erreichung dieses Ziels erfolglos sind und folglich nicht überleben können. Das Pionierprodukt wird in dieser Phase um weitere Produkte ergänzt und nicht nur regional, sondern darüber hinaus landesweit oder in mehreren Ländern angeboten, was das Unternehmenswachstum antreibt. Wächst das Unternehmen allerdings zu stark, überfordert dies oft die Unternehmensgründer, da sie vor der großen Herausforderung stehen, vom Handeln zum Management überzugehen. Viele Unternehmer sind aber keine guten Manager, denn sonst hätten sie kein Unternehmen gegründet, sondern gleich eine Anstellung angenommen. Daher stellt sich die Schlüsselfrage, ob sich Unternehmer auf ihre eigenen Managementfähigkeiten verlassen oder professionelle Manager einstellen sollten. *Larry Page* und *Sergey Brin* als jugendliche Gründer von *Google* wurden z. B. von ihren Risikokapitalgebern unter Druck gesetzt, den erfahrenen Manager *Eric Schmidt* als Geschäftsführer einzusetzen.
- **Reife Unternehmen** sind gegenüber den Wachstumsunternehmen durch ein sinkendes Umsatzwachstum und das Erreichen des Gewinnmaximums gekennzeichnet. Die Unternehmen sind etabliert und sollten eine starke Position in Markt und Wettbewerb gefunden haben, denn nun intensiviert sich der Wettbewerb und die Senkung der Kosten gewinnt an Bedeutung. Dabei steht häufig die Erweiterung des Produktprogramms mittels Produktvariation und -differenzierung im Vordergrund. Dies führt zu immer komplexeren Unternehmensstrukturen und häufig zu einer Aufgliederung eines Unternehmens in neue Geschäftsbereiche, um der breiten Programmpalette zu begegnen und das Unternehmertum in kleineren Einheiten aufrechtzuerhalten.
- **Erneuernde Unternehmen:** Der Umsatz eines Unternehmens erreicht seinen Höhepunkt und geht anschließend

langsam zurück. Der Wettbewerb verstärkt sich und die Märkte werden gesättigt, sodass in dieser Phase auch die Gewinne zurückgehen. Die Unternehmen benötigen eine Erneuerung ihrer Führungsstruktur und Mengenwachstum z. B. durch Diversifizierung, Internationalisierung oder neue Produkte. Dies erfordert einen vergleichsweise großen Kapitaleinsatz und eine organisationale Erneuerung.

- **Konsolidierte Unternehmen:** In der Phase des Rückgangs treten häufig Probleme der Funktionalität und der Steuerbarkeit des gesamten Unternehmens auf, das in der vorherigen Phase stark an Komplexität zugenommen hat. Typischerweise sinkt der Umsatz und die Gewinne stabilisieren sich auf niedrigem Niveau oder gehen in Verluste über. Hier entscheidet sich, ob das Unternehmen eine Zukunft hat und welche Richtung in der folgenden Phase eingeschlagen wird.
- **Absterben oder Weiterentwicklung:** Ein Unternehmen kann beendet werden und seine Existenzberechtigung verlieren. So führte z. B. *Anton Schlecker* sein 1975 gegründetes Drogerieunternehmen im Jahr 2012 in die Insolvenz. Dabei waren insbesondere Fehler der Unternehmensführung ausschlaggebend. In anderen Fällen verursachen häufig Technologiesprünge, wie im Falle von *Kodak* der Wandel zur digitalen Fotografie, ein Scheitern aus wirtschaftlichen Gründen. Andere Unternehmen akzeptieren ihre Position und etablieren sich in einer stagnierenden Situation. Sie „Versteinern“ und können ohne größeres Wachstum weiter existieren. Die dritte Möglichkeit ist ein Ausstieg des Unternehmens und erneutes Wachstum in einem anderen Kontext. So werden z. B. Unternehmen verkauft, auf neue Technologien ausgerichtet oder mit anderen Ideen und Führungsstrukturen revitalisiert. Insbesondere in der angelsächsischen Welt ist dies eine häufig genutzte Möglichkeit, z. B. über einen Börsengang. *Google* brachte im Jahr 2004 nur sieben Prozent der Aktien für rund 1,36 Mrd. Euro an die Börse. Insbesondere Risikokapitalgeber planen ihren Marktaustritt bereits bei der Unternehmensgründung fest ein.

Unternehmen lassen sich nach den Kriterien Tätigkeitsbereich, Größe, Rechtsform und Alter typisieren. Darüber hinaus gibt es weitere Kriterien, welche die Unterschiedlichkeit von Unternehmen erklären können, wie z. B. die Eigentümerstrukturen oder der kulturelle Einfluss der Heimatregion eines Unternehmens. Die Vielfalt an Unternehmenstypen macht es erforderlich, deren Verschiedenartigkeit in der Erklärung und insbesondere Führung zu berücksichtigen. Als Basis für das Verständnis von Unternehmen werden in Kap. 1.2 wesentliche Theorien der Unternehmensführung vorgestellt, bevor in Kap. 1.3 auf die Funktionen und Prozesse der Unternehmensführung eingegangen wird.

Unternehmenstypen nach Eigentumsform

Unternehmen sind private Betriebe, die Leistungen über den eigenen Bedarf hinaus nach dem erwerbswirtschaftlichen Prinzip herstellen und absetzen. Sie können nach der Form des **Eigentums** am Unternehmen unterschieden werden in (vgl. Abb. 1.1.8):

- **Staatsunternehmen** (state-owned Enterprises) sind Unternehmen, die privatrechtlich organisiert sind, sich aber mehrheitlich oder im vollen Eigentum des Staates befinden. Im Gegensatz zu einem öffentlichen Betrieb sind sie nicht auf einen öffentlichen Zweck und die Kostendeckung begrenzt. Staatsunternehmen können auch am Kapitalmarkt teilnehmen und sowohl Eigen- als auch Fremdkapital als Finanzierungsquellen erschließen. Die Geschäftsaktivitäten eines Staatsunternehmens erfolgen im Auftrag eines staatlichen Eigentümers. Sie sind also gleichzeitig sowohl staatliche Ein-

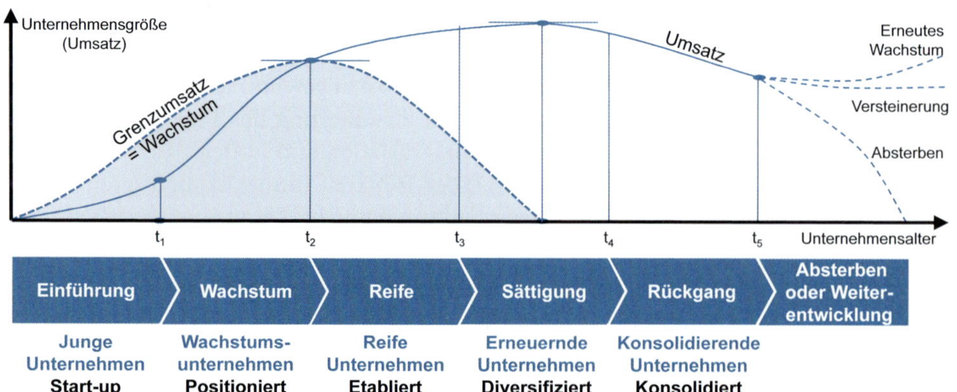

Abb. 1.1.7: Klassifizierung von Unternehmen nach dem Lebenszyklus

richtungen als auch gewinnorientierte Unternehmen. Solche Staatsunternehmen sind meist in Sektoren von politischer und strategischer Bedeutung für ein Land tätig, wie z. B. in den Branchen Energie, Transport, Banken, Versorgung, Luft- und Raumfahrt sowie Telekommunikation. In Deutschland sind Beispiele hierfür die *Deutsche Bahn AG* oder die *Südwestdeutsche Salzwerke AG*. Insbesondere in Schwellenländern kontrollieren Staatsunternehmen viele Schlüsselindustrien. So weist etwa die chinesische Wirtschaft mit 49 % den höchsten Anteil von Staatsunternehmen am Bruttosozialprodukt auf, gefolgt von Indien, Brasilien und den Volkswirtschaften Osteuropas. In China sind die größten Unternehmen des Landes meist Staatsunternehmen, wie z. B. die *China National Petroleum Corporation*. Aber auch in vielen anderen Ländern werden Schlüsselindustrien durch Staatsunternehmen betrieben. In Russland hält z. B. der Staat die Mehrheit am weltweit größten Erdgasförderunternehmen *Gazprom* und Saudi-Arabien ist Mehrheitseigentümer an *Saudi Aramco*, dem weltweit wertvollsten Unternehmen und der größten Erdölfördergesellschaft der Welt.

- Den Gegenpol zu Staatsunternehmen bilden die **sich selbst gehörenden Unternehmen** (self-owned Enterprises). Dabei besitzt das Unternehmen selbst das Eigenkapital des Unternehmens. Es verfügt damit über Stimm- und Kontrollrechte und ist in der vollen Eigenverantwortung. Eigentümer- und Unternehmerschaft sind somit dauerhaft gekoppelt und es können keine Entscheidungen durch Unternehmensexterne getroffen werden. Die Eigentümerrolle wird dabei durch Treuhandstrukturen abgebildet und meist in Form von Stiftungen organisiert. **Stiftungsunternehmen** sind dadurch gekennzeichnet, dass zu ihrem Vermögen ein Unternehmen oder die Beteiligung an einem Unternehmen gehört. Sie können ebenso profitabel wie Unternehmen mit anderen Eigentümerstrukturen agieren und sind meist deutlich langfristiger orientiert. Eine besondere Form ist dabei das Verantwortungseigentum. Dabei wird die Kontrolle über ein Unternehmen bzw. die Mehrheit der Stimmrechte in den Händen von Personen gehalten, die dem Unternehmen verbunden sind und dessen Werte im Sinne seiner langfristigen Entwicklung mittragen. Die Verantwortungseigentümer handeln treuhänderisch und auf Zeit. Die Gewinne des Unternehmens werden im Unternehmen reinvestiert oder gemeinnützig gespendet (Asset-Lock). Prominente Beispiele in Deutschland sind etwa das Unternehmen *Alnatura Stiftung*, die *Carl-Zeiss-Stiftung* oder die *Robert Bosch Industrietreuhand* KG. In anderen Ländern ist diese Eigentumsform weiter verbreitet, wie z. B. in Dänemark.
- Der größte Anteil der Unternehmen befindet sich in **persönlichem Eigentum**. Vereinfachend werden diese auch meist als private Unternehmen (private-owned Enterprises) bezeichnet. Sie können in unterschiedlichen Ausprägungen und Rechtsformen ausgestaltet sein. Dabei verfügen einzelne oder eine Gruppe von natürlichen oder juristischen Personen über das Eigentum. Sie können nach ihrem Belieben das Unternehmen steuern und dessen Vermögen beeinflussen. Privatunternehmen können am Kapitalmarkt teilnehmen und die Eigentumsrechte dort handeln oder auch Eigentumsrechte auf andere Weise verkaufen oder übertragen. Ein Beispiel für ein Unternehmen am Kapitalmarkt mit einer Vielzahl an Eigentümern ist die *Mercedes-Benz Group AG*. Dabei sind die Eigentumsrechte auf mehr als eine Milliarde Aktien verteilt, wobei die größten Anteilseigner der Staatsfonds von Kuwait, die chinesische *BAIC Group* und u. a. der chinesische Investor *Li Shufu* sind. Rund 75 % der Anteile werden von einer großen Anzahl institutioneller und privater Aktionäre gehalten. Ein Beispiel für ein nicht-kapitalmarktorientiertes Unternehmen ist die *INTERSPORT Deutschland eG*. Sie agiert im Sportfachhandel als Genossenschaft mit mehr als 1.800 Fachgeschäften.

Unternehmenstypologisierung nach Eigentum										
Eigentümer	Unternehmen selbst Verantwortungseigentümer		Private Personen Private Unternehmen					Staat Staatsunternehmen		
Ausprägungen	Treuhänder	Stiftungsunternehmen	Familienunternehmen: Familienstiftung	Eigentümergeführt	Familiengeführt	Familienkontrolliert	Publikumsunternehmen	Staatsunternehmen	Öffentliche Betriebe
			Hidden Champions						

Abb. 1.1.8: Klassifizierung von Unternehmen nach der Eigentumsform (in Anlehnung an Wolter, 2017, S. 2)

Eine sehr weit verbreite Eigentumsform sind die **Familienunternehmen** (family-owned Enterprises). Sie umfassen die beiden folgenden Gruppen (vgl. www.familienunternehmen.de):

- **Familienkontrollierte Unternehmen** werden von einer überschaubaren Anzahl von natürlichen Einzelpersonen kontrolliert. Eigentum und Leitung müssen dabei nicht notwendigerweise übereinstimmen. Es kann demnach auch fremdgeführte Familienunternehmen geben. Diese Kategorie umfasst rund 90 %

aller deutschen Unternehmen sowie einen Umsatzanteil von 52 % und einen Anteil von 58 % aller sozialversicherungspflichtigen Beschäftigten.

- **Eigentümergeführte Unternehmen** sind solche Familienunternehmen, die nicht nur familienkontrolliert sind, sondern in denen wenigstens einer der Eigentümer auch die Leitung des Unternehmens innehat. Dies wird auch als inhabergeführtes oder familiengemanagtes Unternehmen bezeichnet. Diese Gruppe umfasst rund 86 % des gesamten Unternehmensbestands in Deutschland.

Ein Familienunternehmen wird von einer Personengruppe geführt bzw. geleitet, die von Mitgliedern derselben Familie oder einer kleinen Anzahl von Familien kontrolliert wird. Dabei wird das Ziel verfolgt, ein Unternehmen über Generationen hinweg unabhängig zu erhalten (vgl. *Chua et al.*, 1999, S. 25). Der Familieneinfluss auf ein Unternehmen ist somit ebenfalls ein wesentliches Kriterium, bei dem die Unternehmenspolitik sowie die Interessen und Ziele der Familie sich langfristig wechselseitig beeinflussen. Langfristige wirtschaftliche Unabhängigkeit und die Langlebigkeit wird dabei in Generationen bemessen. Meist umfasst ein Familienunternehmen mindestens drei Generationen, d. h. einen Zeitraum von ca. 90 Jahren (vgl. *Seibold et al.*, 2019, S. 2). Dabei folgen viele Familienunternehmen idealtypischen Entwicklungsschritten. Die erste Generation wird von der Gründerperson dominiert. In der zweiten Generation steigt die Komplexität der Familienunternehmen, da mit der Entwicklung der Verwandtschaftsgrade von der Geschwister-Partnerschaft bis zum Vettern-Konsortium die Anzahl der Familienmitglieder steigt und damit auch deren unterschiedliche Lebensphasen sowie deren Lebenserfahrungen und Interessen. Ab der dritten Generation wird von einer Familiendynastie gesprochen.

In den USA prägen viele große, multinationale und börsennotierte Unternehmen die Unternehmenslandschaft und häufig auch die vorherrschende Logik der Betriebswirtschaftslehre und Unternehmensführung. Dort sind viele große Unternehmen in der Hand von Familien, wie z. B. *Walmart*, *Amazon* oder *Facebook* bis hin zu *Mars* oder *Bloomberg*. In Deutschland herrscht eine breitere Vielfalt an Familienunternehmen, das Spektrum ist dabei sehr groß (vgl. *Felden et al.*, 2019, S. 1). Es reicht von der Drei-Personen-Bäckerei um die Ecke bis hin zur *Volkswagen AG*. Es umfasst sowohl die bekannten und großen Unternehmen, wie etwa die *Dr. Oetker KG*, die *Würth-Gruppe*, die *Miele & Cie. KG* oder die *Sixt SE*, bis hin zum inhabergeführten Maschinenbaubetrieb, der 800 Jahre alten Brauerei oder der Trattoria einer italienischen Großfamilie.

Traditionell werden Familienunternehmen in kapital- und forschungsintensiven Industrien meist Nachteile gegenüber kapitalmarktorientierten und managergeführten Unternehmen unterstellt. Kritisch wird auch die mangelnde Kontrolle durch professionelle Kapitalmarktakteure gesehen und die Unabhängigkeit durch hohe Eigenkapitalquoten wird als Wachstumsbremse betrachtet (vgl. *Felden et al.*, 2019, S. 8). Dennoch zeichnen sich gerade in den deutschsprachigen Volkswirtschaften Familienunternehmen durch schnelle Entscheidungen, flache Hierarchien, Langfristorientierung und i. d. R.

Weltmarktführer Kärcher

KÄRCHER

Das Familienunternehmen *Alfred Kärcher GmbH & Co. KG* ist ein Hersteller von Reinigungsgeräten und -systemen mit Hauptsitz in Winnenden, Baden-Württemberg (www.kaercher.com). *Kärcher* gilt heute als der weltweit führende Anbieter von effizienten, ressourcenschonenden Reinigungssystemen. *Kärcher* macht den Unterschied durch Spitzenleistung, Innovation und Qualität.

Das Familienunternehmen beschäftigt weltweit mehr als 13.500 Mitarbeiter bei einem Umsatz von rund 2,5 Mrd. €. Es werden ca. 13 Millionen Geräte über 127 Gesellschaften in 72 Ländern verkauft. Das Unternehmen gilt als Weltmarktführer mit über 50.000 Servicestellen weltweit und einer hohen Innovationsrate. Innovation ist für das Unternehmen der wichtigste Wachstumsfaktor und seit der Unternehmensgründung 1935 wesentlicher Bestandteil der Firmenkultur. Etwa 90 % aller Produkte sind fünf Jahre alt oder jünger.

Eigentümerhaftung aus. Deutsche Familienunternehmen, wie z. B. die *BMW Group* der Familien *Quandt* und *Klatten* oder die *Würth-Gruppe,* gehören zu den größten Familienunternehmen der Welt. Dort sind generell deutsche Unternehmen überproportional vertreten, wie Abb. 1.1.9 zeigt.

Aber nicht nur die größten deutschen Familienunternehmen spielen eine globale Rolle. Es gibt viele relativ unbekannte Familienunternehmen, die in ihrem Branchensegment weltweite Marktführer sind. Sie werden deshalb als „**Hidden Champions**" bezeichnet. Diese zeichnen sich durch folgende **Kriterien** aus (vgl. *Simon,* 1990, S. 368; 2021, S. 23):

- Weltmarktführer in ihrer Nische, d. h. sie gehören weltweit zu den Top 3 oder sind die Nummer 1 auf ihrem Heimatkontinent,
- bei einem Jahresumsatz unter 5 Mrd. Euro,
- in der Regel nicht börsennotiert, sondern inhabergeführt.

Familienunternehmen sind die häufigste Form von KMU. Deshalb werden sie auch als **deutscher Mittelstand** bzw. „German Mittelstand" bezeichnet. Sie stehen für mittelständisch geprägte Unternehmen, die häufig weltweite Innovationsführer sind (vgl. *Dillerup/Muth,* 2015, S. 87). Viele davon sind **Weltmarktführer** und kein Land der Welt beherbergt davon so viele wie Deutschland. Diese bewegen sich vornehmlich im B2B-Bereich, weshalb ihre Produkte der breiten Öffentlichkeit in der Regel unbekannt sind. Dennoch wären viele Produkte ohne die hochwertigen und innovativen Investitionsgüter und Lösungen dieser Hidden Champions nicht realisierbar.

Zusammenfassend können Unternehmen nach den in Abb. 1.1.10 aufgeführten Kriterien typologisiert werden. In diesem Netzdiagramm lassen sich die unterschiedlichen Kombinationen mit den genannten Abstufungen visualisieren.

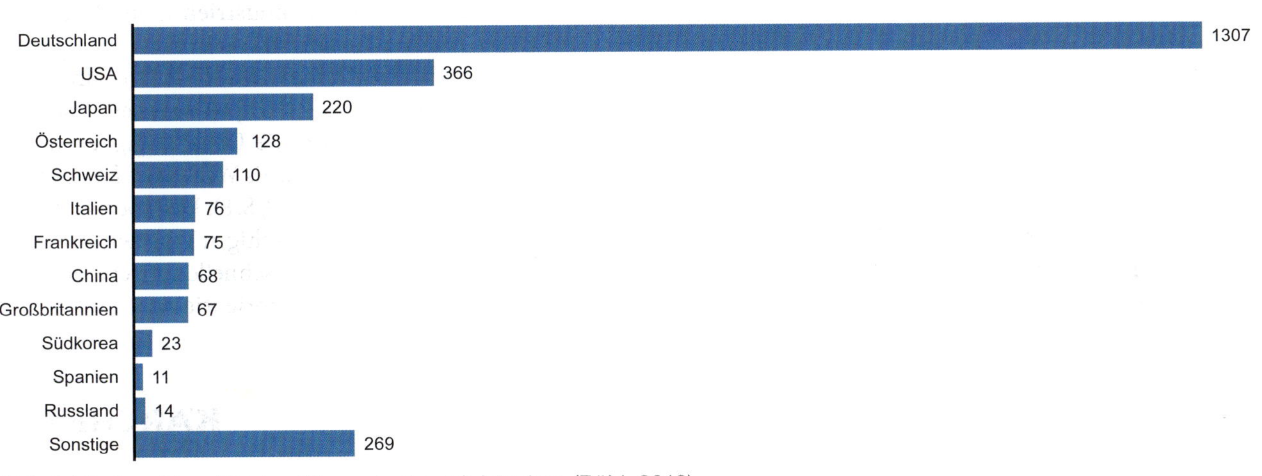

Abb. 1.1.9: Anzahl an Hidden Champions nach Ländern (Röhl, 2019)

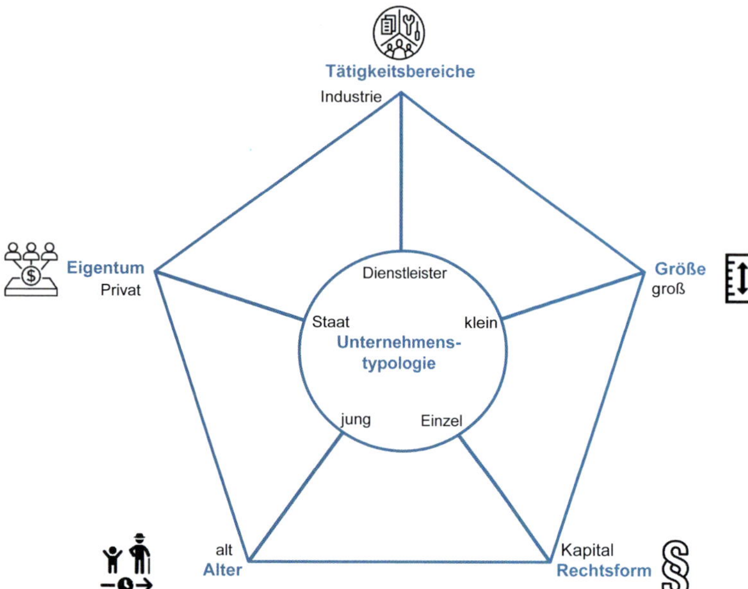

Abb. 1.1.10: Typologisierung von Unternehmen

1.1.3 Fallstudie Eder-Gruppe

Exemplarisch kann diese Typlogisierung für die fiktive Unternehmensgruppe *Eder* durchgeführt werden. Diese Fallstudie wird in allen Kapiteln aufgegriffen und zeigt die Zusammenhänge und einzelnen Aspekte der Unternehmensführung. Die *Firmengruppe Eder* besteht aus mehreren Unternehmen unter der Leitung des Inhabers und Geschäftsführers *Erwin Eder.* Die Firmengruppe erzielte im letzten Geschäftsjahr mit rund 200 Mitarbeitern einen Umsatz von 45 Mio. Euro mit einer Bilanzsumme von 35 Mio. Euro.

Gegründet wurde das Unternehmen im Jahr 1921 durch *Paul Eder,* dem Großvater des heutigen Geschäftsführers. Er war der Erfinder des klappbaren Gartenstuhls und hat sich diese Innovation auch patentrechtlich schützen lassen. Die zunächst recht positive Entwicklung des Unternehmens wurde durch den zweiten Weltkrieg abrupt gestoppt und der Betrieb auf die Produktion von Feldbetten und -stühlen ausgerichtet. *Paul Eder* fiel im Krieg und hinterließ mit *Erwin Eder* ein Kind, welches mit tatkräftiger Unterstützung seiner Mutter und Witwe *Erna Eder* das Unternehmen 1946 wiederbelebte. Im Jahr 1968 übergab *Erwin Eder Senior* das Unternehmen an seinen Sohn *Erwin Eder Junior.*

Der Junior führt seitdem als Vollblutunternehmer die Geschäfte. Er setzte neue Werkstoffe ein, führte das Unternehmen in immer neue Größenordnungen und hat mit seiner Schwester *Helga* die Familieninteressen geordnet. Beiden Kindern von *Erwin Eder Senior* gehören 50 % der Gesellschaftsanteile. Allerdings liegen 100 % der Stimmrechte bzw. des Einflusses bei *Erwin Eder Junior,* der sich als Bewahrer der Familientradition versteht und im Sinne von *Paul* und *Erwin Eder sen.* das Unternehmen weiterführt. Dabei hat die Verpflichtung des Unternehmens gegenüber seinen Kunden und Mitarbeitern im Zweifelsfall immer Vorrang vor Familieninteressen. Sowohl *Erwin Eder,* der im unternehmensinternen Sprachgebrauch immer nur als *EE* bezeichnet wird, als auch *Helga* entziehen dem Unternehmen nur selten Kapital und reinvestieren nahezu alle Gewinne. „Tradition verpflichtet" pflegt *Erwin Eder* dazu zu sagen. Bei wichtigen Entscheidungen wird häufig darüber diskutiert, wie *Erwin Eder sen.* oder *Paul Eder* entschieden hätten.

Wichtige Meilensteine der Unternehmensentwicklung (vgl. Abb. 1.1.11) waren auch die Jahre 2004 und 2005. Mit dem Erwerb der *Schlummer GmbH* wurde das Sortiment zielgerichtet um Komplettbetten ergänzt. Das Bettengeschäft der *Schlummer GmbH* war eine günstige Gelegenheit, das Unternehmen auf mehrere Säulen zu stellen. Die Alteigentümerin und Mitgründerin der *Schlummer GmbH, Susi Schlummer,* blieb weiterhin Geschäftsführerin. Sie wird jedoch durch die neu gegründeten Gesellschaften für Service und Entwicklung bzw. Design sowie durch *Erwin Eder* selbst tatkräftig unterstützt.

Das Organigramm der Eder-Gruppe zeigt Abb. 1.1.12. Das Stammhaus der Unternehmensgruppe, die *Eder Möbel GmbH,* produziert und vertreibt Gartentische direkt an den Einzelhandel (Kaufhäuser, Discounter, Möbelgeschäfte). Seit Jahren wird es von *Erich Nergisch* als Geschäftsfüh-

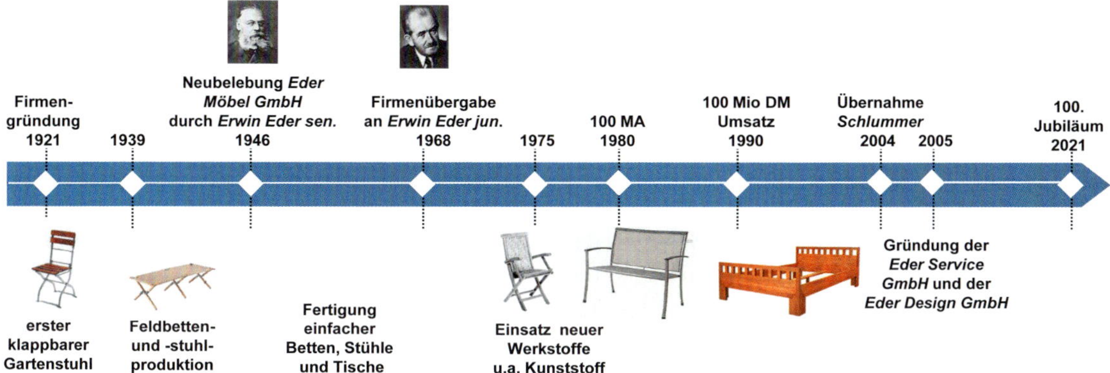

Abb. 1.1.11: Meilensteine in der Entwicklung der Eder-Gruppe

rer geleitet. Er besitzt das uneingeschränkte Vertrauen von *Erwin Eder*. Auch schätzt *Eder* seinen Geschäftsführer *E. Nergisch* als erfolgreiche und unternehmerisch denkende Führungskraft.

Das Tochterunternehmen *Schlummer GmbH* bietet Komplettbetten bestehend aus Rahmen, Lattenrost und Matratze an. Die angebotenen Modelle unterscheiden sich vor allem durch das Design und Material des Bettgestells sowie durch den verwendeten Matratzentyp. *Susi Schlummer* hat das Unternehmen aufgebaut und führt die Geschäfte mit ihrer bisherigen Belegschaft weiter. Der Vertrieb erfolgt ausschließlich über ausgewählte Fachhändler. *Erwin Eder* ist mit der Entwicklung des Unternehmens seit der Übernahme nicht zufrieden. Die *Schlummer GmbH* hat bislang stets ein Eigenleben in der Firmengruppe geführt. Das Unternehmen ist stark auf *Susi Schlummer* ausgerichtet und unterscheidet sich kulturell eindeutig von der *Eder Möbel GmbH*. Seit *Eder* eine neue strategische Ausrichtung von *Susi Schlummer* erwartet und die Unternehmen der Gruppe stärker integrieren will, gibt es erhebliche Spannungen zwischen *EE* und *Susi Schlummer*.

Neben den beiden großen Gesellschaften in der *Eder-Gruppe* gibt es noch zwei weitere Unternehmen:

- Die *Eder Design GmbH* wird vom Geschäftsführer *Ralf Estragon* geführt. Sie bündelt die Produktentwicklung der *Eder Möbel GmbH* und der *Schlummer GmbH*. Die beiden Unternehmen werden als bevorzugte Kunden bedient und lassen ihre Produkte dort entwickeln. Neben den internen Kunden führt die *Eder Design GmbH* auch externe Entwicklungsaufträge durch. Besonders stolz ist *Estragon* auf die regelmäßigen Aufträge eines marktführenden schwedischen Möbelunternehmens.

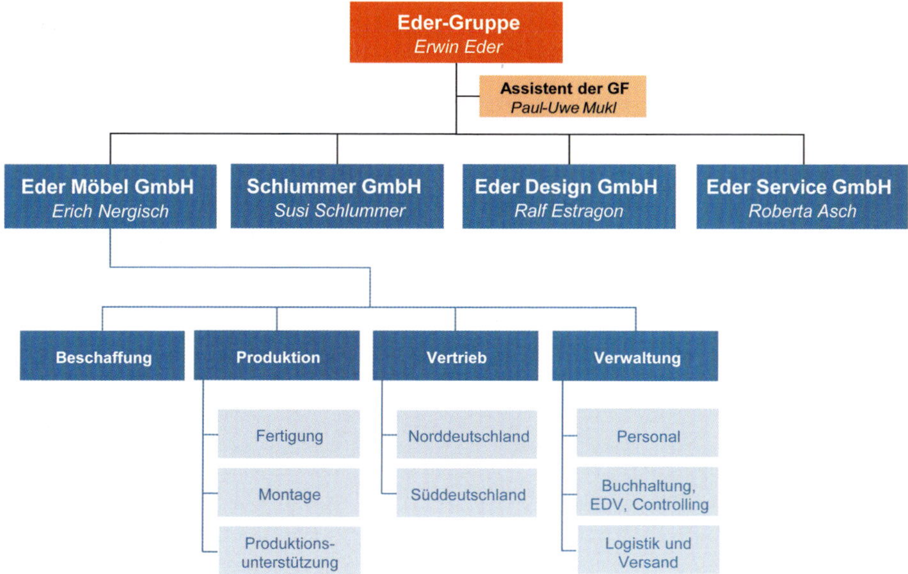

Abb. 1.1.12: Organigramm der Eder-Gruppe und der Eder Möbel GmbH

- Die *Eder Service GmbH* bildet das Ersatzteilgeschäft, die Montage der Produkte beim Kunden sowie die Logistik von der Herstellung bis zum Kunden ab. Da sie keine weiteren Kunden hat, ist die Geschäftslage untrennbar mit den beiden Gruppenunternehmen verbunden. Geleitet wird diese Gesellschaft von *Roberta Asch.* Sie hat ein betriebswirtschaftliches Studium absolviert und arbeitet seit rund fünf Jahren in der Unternehmensgruppe. *Roberta Asch* hat ausgesprochen gute soziale Fähigkeiten und wirkt in der Zusammenarbeit mit *Eder, Schlummer* und *Nergisch* ausgleichend.

Zur Einordnung der *Eder-Gruppe* kann das Unternehmen wie folgt **klassifiziert** werden (vgl. Abb. 1.1.13)

- Obwohl die *Eder-Gruppe* auch Dienstleistungen erbringt, ist das gesamte Unternehmen doch überwiegend als Sachleistungsunternehmen tätig und dem Wirtschaftszweig des **verarbeitenden Gewerbes** zuzuordnen. Als Industrieunternehmen ist es auf Gartenmöbel und Betten spezialisiert.
- Die Firmengruppe erzielte im letzten Geschäftsjahr mit rund 200 Mitarbeitern einen Umsatz von 45 Mio. Euro mit einer Bilanzsumme von 20 Mio. Euro. Somit lässt sich die Beschäftigtenzahl und die Bilanzsumme in den Bereich der mittleren Unternehmen einordnen. Der Umsatz fällt bereits in die Kategorie der großen Unternehmen. Zwei der drei Kriterien fallen in die Kategorie der **mittleren Unternehmen**, so dass die Einordnung in diesen Bereich fällt.
- Von der Rechtsform her handelt es sich um eine Gesellschaft mit beschränkter Haftung (GmbH). Es handelt sich somit um eine **Kapitalgesellschaft**.
- Mit der Gründung im Jahr 1921 feierte das Unternehmen im Jahr 2021 sein einhundertjähriges Jubiläum. Es ist somit ein traditionsreiches, altes Unternehmen, das im Lebenszyklus als **reifes Unternehmens** etabliert ist.
- Das Unternehmen ist ein **inhabergeführtes Familienunternehmen** in der dritten Generation.

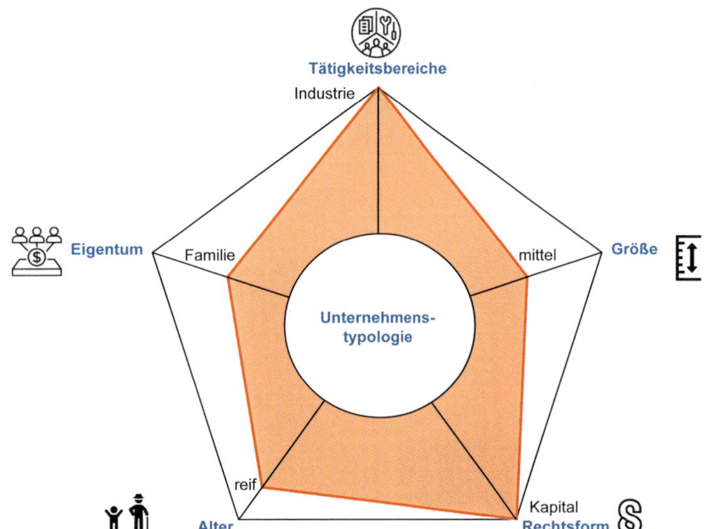

Abb. 1.1.13: Typologisierung der Unternehmensgruppe Eder

Zusammenfassung

- Eine Wirtschaftseinheit handelt nach dem rationalen Prinzip, wenn es sich bei der Wahl zwischen Alternativen für die bessere Lösung entscheidet.
- Eine Wirtschaftseinheit handelt nach dem ökonomischen Prinzip, wenn knappe Mittel nicht verschwendet werden, indem das Verhältnis aus Produktionsergebnis (Output/Ertrag) und Produktionseinsatz (Input/Aufwand) optimiert wird.
- Ein Betrieb ist eine planvoll organisierte Wirtschaftseinheit, in der Produktionsfaktoren kombiniert werden, um Güter und Dienstleistungen über den eigenen Bedarf hinaus herzustellen und abzusetzen.
- Ein Unternehmen ist ein privater Betrieb, der als planvoll organisierte Wirtschaftseinheit Güter und Dienstleistungen über den eigenen Bedarf hinaus nach dem erwerbswirtschaftlichen Prinzip herstellt und absetzt.
- Unternehmen unterscheiden sich nach dem Tätigkeitsbereich in Sachleistungsunternehmen wie Bergbau, Industrie, Baugewerbe oder Energie & Versorgung sowie in Dienstleistungsunternehmen wie Handel, Verkehr & Gastgewerbe, Information & Kommunikation, Finanzen & Versicherungen, Gesundheits- und Sozialwesen.
- Unternehmen unterscheiden sich nach ihrer Größe in kleinste, kleine, mittlere und große Unternehmen.
- Unternehmen unterscheiden sich nach der Rechtsform in Einzelunternehmen, Personengesellschaften, Kapitalgesellschaften und sonstige Rechtsformen.
- Unternehmen unterscheiden sich nach ihrem Alter in junge, wachsende, reife, sich erneuernde, sich konsolidierende und sterbende bzw. sich weiterentwickelnde Unternehmen.
- Nach dem Eigentum können Staatsunternehmen, private Unternehmen und sich selbst gehörende Unternehmen unterschieden werden.

Literaturempfehlungen

Gutenberg, E.: Grundlagen der Betriebswirtschaftslehre, 24. Aufl., Heidelberg 1983.

Wöhe, G./Döring, U./Brösel, G.: Einführung in die allgemeine Betriebswirtschaftslehre, 27. Aufl., München 2020.

1.2 Theorien der Unternehmensführung

Leitfragen

- Wie lässt sich die Entstehung von Unternehmen erklären?
- Welche Theorien der Unternehmensführung sind zu unterscheiden?
- Welchen praktischen Beitrag können diese Theorien leisten?

Im Vorkapitel wurden Unternehmen als Erkenntnisobjekt definiert. Nun werden für Unternehmen wesentliche Theorien vorgestellt und erläutert.

Eine **Theorie** ist ein System wissenschaftlich begründeter Aussagen zur Erklärung eines Erkenntnisobjekts und der zugrundeliegenden Gesetzmäßigkeiten.

Eine **Theorie** beschreibt dabei spezifische Ausschnitte der Realität und trifft beschreibende (deskriptive) und erklärende (kausale) Aussagen (vgl. *Duden*, 2020), aus denen Vorhersagen und Gestaltungsempfehlungen abgeleitet werden. Somit bildet die Theorie die Grundlage für die daraus resultierende Praxis.

Unternehmen bestehen aus Menschen und Technik und sind daher nicht naturwissenschaftlich zu erklären. Die Theorien der Unternehmensführung sind deshalb den Sozialwissenschaften zuzuordnen. Sie basieren auf Beobachtungen und der Prüfung von Gesetzmäßigkeiten in Experimenten und mit empirischen Verfahren. Minimalforderungen an Theorien sind, dass sie wohl definiert, logisch, widerspruchsfrei sowie überprüfbar sind.

Theorien sollten jeweils folgende **Elemente** umfassen (vgl. *Balzer*, 2009):

- **Grundannahmen** sind Aussagen über die Strukturen des Erkenntnisobjekts und darüber, wie man sie untersuchen soll.
- **Grundbegriffe** sind die zentralen Elemente und deren Definitionen.
- Der **Theoriekern** bezeichnet die beschreibenden und erklärenden Aussagen. Die erklärenden Aussagen werden Hypothesen genannt. Mit den Erklärungen können prognostische und empfehlende Aussagen getroffen werden.
- **Messkonzepte** operationalisieren die Hypothesen und machen sie mithilfe von Indikatoren messbar.
- **Empirische Belege** sind Beobachtungen, die eine Theorie bestätigen oder widerlegen sollen.

In der Führungslehre stehen anwendungsorientierte Fragen meist im Mittelpunkt. So gilt es z. B. zu erklären, warum einige Unternehmen erfolgreicher sind als andere. Warum existieren einzelne Unternehmen über viele Jahre hinweg und warum sind andere gezwungen, aus dem Wirtschaftsgeschehen auszuscheiden? Zur Erklärung solcher zentraler Fragestellungen sind in der Unternehmensführung verschiedene theoretische Ansätze entwickelt worden.

Die Wahl der theoretischen Sichtweise entscheidet dabei maßgeblich, wie Probleme gelöst werden. Die Wahl der Betrachtungsperspektive ist wesentlich, verändert die spezifische Argumentationslogik und legt den Schwerpunkt auf unterschiedliche Faktoren, die besonders wichtig erscheinen. So wird z. B. überdurchschnittlicher Erfolg, je nach Theorieansatz, durch besonders gute Marktpositionierung, den Besitz einzigartiger Ressourcen, den Aufbau herausragender Fähigkeiten, die Minimierung von Transaktionskosten, das geschickte Austricksen der Wettbewerber oder herausragende Führungspersonen erklärt (vgl. *Lewin*, 1951).

Für die Existenz, die Führung und das Wesen von Unternehmen gibt es demnach eine Vielzahl von Theorien. Sie beschreiben und erklären zentrale Zusammenhänge und können die unternehmerische Gestaltung und Problemlösung unterstützen. Sie dienen dazu, einzelne Aspekte, wie etwa Zweck, Entstehung, Betrieb, Wandel oder Funktionsweise von Unternehmen, besser zu verstehen. In diesem Sinne gilt: Nichts ist praktischer als eine gute Theorie! (vgl. *Lewin*, 1951, S. 169). Eine einzige allumfassende Theorie der Unternehmensführung gibt es jedoch nicht, so dass mit unterschiedlichen Theorien zu arbeiten ist.

Bei den Theorien der Unternehmensführung handelt es sich nicht um Theorien mit naturgesetzlichem Allgemeingültigkeitsanspruch, sondern um empirisch bestätigte Erfahrungen. Frühe Theorien der Unternehmensführung basieren vor allem auf persönlichen Erlebnissen der Autoren. Auf diese Weise stellte z. B. *Fayol* 1919 aufgrund

seiner Tätigkeit als Direktor einer französischen Bergbaugesellschaft 14 Prinzipien zusammen und lieferte damit eine erste Theorie der Unternehmensführung. Andere Erklärungsansätze beruhen auf der Übertragung von Erkenntnissen anderer Wissenschaftsdisziplinen auf Fragestellungen der Unternehmensführung. Beispiele sind die Evolutionstheorie oder die Sozialwissenschaft. Weitere Theorien entstanden durch die Verallgemeinerung von Beobachtungen erfolgreicher Unternehmen, sog. Best Practices. Was aber in der Vergangenheit für ein bestimmtes Unternehmen galt oder sich in einer anderen wissenschaftlichen Disziplin bewährt hat, muss für die zukünftige Gestaltung eines Unternehmens nicht richtig sein. Daher gibt es **keine universelle Theorie,** die generell gültig ist (vgl. *Kieser/Walgenbach*, 2010, S. 30).

In der Folge entstanden unterschiedliche Theorien der Unternehmensführung. Deren Zusammenhang und chronologische Entwicklung zeigt Abb. 1.2.1.

Die aktuellen Ansätze der Führungslehre werden im Folgenden in ihrer Entwicklung erläutert. Allen diesen Theorien ist gemein, dass sie an vielen Stellen der Unternehmensführung aufgegriffen werden und somit für die Unternehmensführung als Ganzes von Bedeutung sind. Darüber hinaus gibt es eine Vielzahl an Theorien, welche für Teilaspekte der Unternehmensführung Relevanz besitzen. Diese werden jeweils in den Zusammenhang eingebunden. So werden etwa Führungs- und Motivationstheorien im Kap. 6.3 zur Personalführung vorgestellt.

1.2.1 Entscheidungsorientierte Ansätze

Nahezu alles, was in einem Unternehmen passiert und ein Unternehmen ausmacht, verlangt Entscheidungen. Wie vernünftige Entscheidungen getroffen werden und reale Entscheidungen zustande kommen, steht im Mittelpunkt der entscheidungsorientierten Ansätze. Die moderne Entscheidungstheorie ist in der Mitte des vergangenen Jahrhunderts entstanden und heute ein von starker Interdisziplinarität geprägtes Forschungsgebiet. Wissenschaftler, die sich mit entscheidungstheoretischen Fragen beschäftigen, sind u. a. Ökonomen, Mathematiker, Statistiker, Psychologen, Soziologen, Politologen, Philosophen und Juristen. Sie alle nutzen entscheidungsorientierte Ansätze auf Ba-

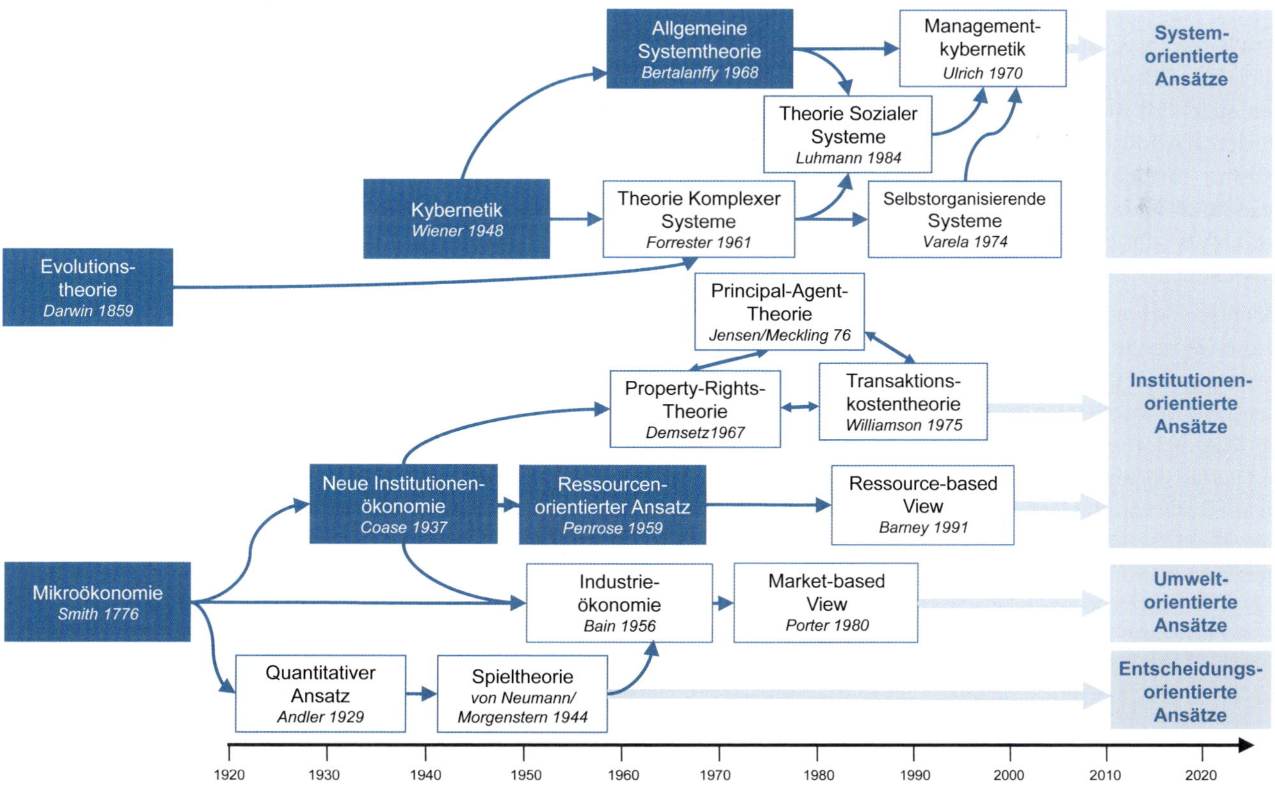

Abb. 1.2.1: Entwicklung ausgewählter Theorien der Unternehmensführung

sis statistischer und mathematischer Methoden. Die ursprünglichen Anwendungen in der Mikroökonomie sind auch für unternehmerische Fragestellungen relevant. Ein Pionier auf diesem Feld war *Kurt Andler* (1929), der in seiner Dissertation an der *Universität Stuttgart* die klassische Losgrößenformel vorstellte. Er wandte statistische Methoden an, um die Frage nach der optimalen Losgröße in der Fertigung bzw. nach der optimalen Bestellmenge in der Beschaffung durch einen Ansatz zur Kostenminimierung und Gewinnmaximierung zu beantworten.

Entwicklung, Annahmen und Grundbegriffe

Daraus entwickelte sich die **Entscheidungstheorie**, die Wege zu einer rationalen Entscheidungsfindung unter bestimmten Annahmen darstellt. Zur Abbildung, Erklärung und Gestaltung von Entscheidungsprozessen wird von einer gegebenen Zielfunktion und der Bekanntheit der möglichen Umweltzustände sowie Handlungsalternativen ausgegangen. Entscheidungsprobleme lassen sich dann durch die Anwendung mathematisch-statistischer Verfahren lösen.

Eine spezielle Entwicklungsrichtung stellt die **Spieltheorie** dar, bei der Entscheidungssituationen modelliert werden, in denen mehrere Beteiligte miteinander interagieren. Dabei wird insbesondere versucht, das rationale Entscheidungsverhalten in sozialen Konfliktsituationen mathematisch zu modellieren. So wurden dafür wegweisend die Axiome rationalen Entscheidens durch *John von Neumann* und *Oskar Morgenstern* (1944) entwickelt.

Die entscheidungsorientierten Ansätze sind bis heute aktuell und werden in vielfältiger Weise für die Unternehmensführung genutzt. Mit ihnen können etwa Ziele priorisiert oder das Konkurrenzverhalten in dynamischen Strategien (vgl. Kap. 3.3.3) erklärt werden. Auch ergeben sich durch die Digitalisierung viele neue Anwendungen, etwa Prognosen auf Basis von Big Data (vgl. Kap. 7.3.2), und es wird von einer Renaissance der mathematischen und statistischen Verfahren gesprochen.

Entscheidungstheorie

> Die **Entscheidungstheorie** beinhaltet Wege zur rationalen Entscheidungsfindung unter bestimmten Annahmen.

Die Entscheidungstheorie lässt sich nach dem Forschungsziel in die folgenden drei **Teilgebiete** unterscheiden:

- Die **normative Entscheidungstheorie** beschreibt nicht die Realität, sondern gibt Empfehlungen für Entscheidungssituationen. Dazu zeigt sie auf, wie entschieden werden sollte. Sie geht von der **Rational-Choice-Grundannahme** aus. Demnach verhalten sich Entscheider im Einklang mit einem Zielsystem und verarbeiten alle zur Verfügung stehenden Informationen korrekt. Sie beschaffen sich weitere Informationen unter Abwägung von Nutzen und Kosten. Durch die axiomatische Herangehensweise lassen sich logisch konsistente Ergebnisse herleiten. Grundlegend hierfür sind Axiome, welche bei der Entscheidung zu beachten sind. Sie werden aus Entscheidungsmodellen abgeleitet, welche ein Entscheidungsproblem in abstrakter Form und in einer formalisierten Sprache so darstellen, dass die Lösung des Entscheidungsproblems gemäß einer Entscheidungslogik abgeleitet werden kann. Es werden Grundprobleme der Alternativenauswahl untersucht, die repräsentativ für zahlreiche reale Entscheidungssituationen sind. Die Grundannahme vollständiger Rationalität ist stark idealisierend, weshalb die Empfehlung immer vor diesem Hintergrund zu interpretieren ist.
- Die **präskriptive Entscheidungstheorie** versucht, Strategien und Methoden herzuleiten, um bessere Entscheidungen treffen zu können. Dazu werden normative Modelle entwickelt und gleichzeitig die begrenzten kognitiven Fähigkeiten der Entscheider untersucht. Es geht daher nicht um vollständige Rationalität, sondern darum, wie Entscheidungen möglichst rational getroffen werden können. Dafür soll das reale Entscheidungsverhalten von Individuen (Individualentscheidungen) oder Gruppen (Kollektiventscheidungen) in unterschiedlichen Situationen beschrieben und erklärt werden. Hierzu werden aus Beobachtungen Hypothesen über das Verhalten von Individuen und Gruppen

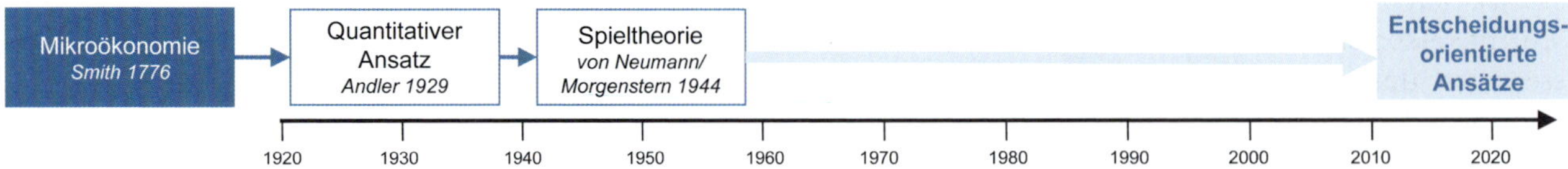

Abb. 1.2.2: Entwicklung der entscheidungsorientierten Ansätze

im Entscheidungsprozess abgeleitet. Daraus kann das Entscheidungsverhalten für konkrete Entscheidungssituationen prognostiziert werden. Eine praktische Anwendung der präskriptiven Entscheidungstheorie ist z. B. die Entscheidungsanalyse. Dabei werden Methoden und Software entwickelt, die Menschen bei der Entscheidungsfindung unterstützen. So lassen sich z. B. aus dem Kaufverhalten der Kunden eines Online-Händlers Kaufempfehlungen für potenzielle Kunden ableiten. Dies nutzt etwa *Amazon* mit großem Erfolg. Dahinter verbergen sich Modelle der normativen Entscheidungstheorie. Sie bestehen aus einem Entscheidungsfeld, das als Aktionsraum die Menge möglicher Handlungsalternativen enthält (z. B. vergleichbarer Artikel), einem Zustandsraum mit der Menge möglicher Umweltzustände (z. B. vergleichbare Profile von Käufern) sowie einer Ergebnisfunktion mit der Zuordnung eines Wertes für die Kombination von Aktion und Zustand (z. B. Häufigkeitsverteilungen der Artikel je Kundengruppe).

- Die **deskriptive Entscheidungstheorie** untersucht empirisch, wie Entscheidungen in der Realität tatsächlich getroffen werden, bzw. widmet sich der Frage „Wie wird entschieden?". Aus empirischen Beobachtungen wird das Verhalten von Individuen und Gruppen in realen Situationen gewonnen, insbesondere mithilfe kontrollierter Experimente. Deskriptive Entscheidungstheorien verwerfen daher die Annahme einer absoluten Rationalität menschlicher Entscheidungen. Sie beziehen psychologische und soziologische Erkenntnisse mit ein und beschäftigen sich auch mit den individuellen und sozialen Begrenzungsfaktoren der Rationalität. Beschränkt rationales Verhalten, wie z. B. die beschränkte Informationsverarbeitungskapazität von Menschen, wird interpretiert und insbesondere bei Führungsentscheidungen berücksichtigt.

Theorien individueller Entscheidungen lassen sich unmittelbar auf eine Gruppe von Personen übertragen, wenn für diese ein repräsentativer Entscheider existiert. Dieser entscheidet stets so, wie jedes Mitglied der Gruppe. Würde man in der Gruppe abstimmen, so würde diese die Entscheidung einstimmig befürworten. In einem solchen Fall besteht Einmütigkeit unter allen Mitgliedern. Dies hat eine große Bedeutung für die Fundierung von Unternehmenszielen (Zielsystem der Unternehmung). Bestehen jedoch Interessenkonflikte zwischen den Mitgliedern, so müssen diese durch offene Konfrontation, Kompromisse oder formelle Verfahrensregeln beigelegt werden, um zu einer Entscheidung zu gelangen. Wie dies geschehen kann, ist Gegenstand der **Theorie kollektiver Entscheidungen**. Grundsätzlich bestehen zwei Möglichkeiten einer kollektiven Entscheidung, ohne in offene Konfrontation zu gelangen: die Aushandlung eines Kompromisses oder ein demokratisches Abstimmungsverfahren.

Für die Entscheidungsfindung ist das Wissen über den Zustand der Umwelt ein zentrales Kriterium. Es werden folgende **Umweltzustände** unterschieden:

- **Entscheidung unter Sicherheit:** Ist die eintretende Situation bekannt, dann werden deterministische Entscheidungsmodelle verwendet. Werden bei einer Entscheidung unterschiedliche Ziele verfolgt, kann die Ermittlung der Gesamtentscheidung mithilfe der Nutzwertanalyse (NWA) erfolgen. Diese wird auch Punktwertverfahren, Punktbewertungsverfahren oder Scoring-Modell genannt. Sie gehört zu den qualitativen, nicht-monetären Analysemethoden der Entscheidungstheorie. Die NWA bewertet Handlungsalternativen nach den Präferenzen der Entscheider in einem mehrdimensionalen Zielsystem. Durch die Formulierung von unabdingbaren Zielen (K.-o.-Kriterien) wird die Anzahl der Entscheidungsalternativen zunächst eingeschränkt. Für die verbleibenden Alternativen wird die Zielerreichung hinsichtlich der Entscheidungskriterien mithilfe einer Skala bewertet (Skalenziele). Die einzelnen Kriterien werden darüber hinaus nach den Zielpräferenzen der Entscheider gewichtet. Die verwendete ordinale Skala (z. B. Zehn-Punkte-Skala), welche lediglich eine Rangfolge wiedergibt, wird im weiteren Verlauf wie eine kardinale Messung behandelt. In der Folge werden gewichtete Durchschnittswerte berechnet, aufsummiert und die Alternative mit dem höchsten Nutzwert ausgewählt (vgl. *Troßmann*, 2013, S. 22 f.). Im Beispiel in Abb. 1.2.3 stehen für die Eröffnung einer neuen Filiale einem Unternehmen mehrere Standorte zur Auswahl. Die subjektive Entscheidung für einen geeigneten Standort wird durch Quantifizierung der Merkmale erleichtert. Im Beispiel wäre die Eröffnung der Filiale in Stuttgart mit einem Gesamtnutzwert von 5,79 die beste Alternative.
- **Entscheidung unter Unsicherheit:** Häufig ist nicht bekannt, welche Umweltsituation eintritt. Dabei lässt sich weiter unterscheiden in:
  - **Entscheidung unter Risiko**: Hierbei können Erwartungswerte über alle möglichen Konsequenzen einer Entscheidung errechnet werden. Dazu werden die möglichen Ergebnisse mit ihren Wahrscheinlichkeiten multipliziert und danach aufsummiert.
  - **Entscheidung unter Ungewissheit:** Man kennt zwar die möglicherweise eintretenden Umweltsituationen,

Kriterien	Gewichtung	Stuttgart		München		Frankfurt	
		Bewertung	gew. Wert	Bewertung	gew. Wert	Bewertung	gew. Wert
Lage							
Nähe zu einer Hauptstraße	7 %	5	0,35	7	0,49	3	0,21
Nähe zu anderen Geschäften	9 %	5	0,45	3	0,27	10	0,90
Nähe zum Versandlager	8 %	10	0,80	8	0,64	6	0,48
Kosten							
Bau-/Umbaukosten	6 %	4	0,24	5	0,30	5	0,30
Mietkosten	15 %	6	0,90	7	1,05	4	0,60
Marketing	10 %	7	0,70	4	0,40	8	0,80
Gewinnpotenziale							
Örtliche Konkurrenzsituation	15 %	3	0,45	4	0,60	3	0,45
Kaufkraft der Kunden	10 %	5	0,50	5	0,50	6	0,60
Bedarf der Kunden	20 %	7	1,4	5	1,00	6	1,20
Gesamt	100 %		5,79		5,25		5,54

Abb. 1.2.3: Beispiel für eine Nutzwertanalyse (vgl. *Klempien*, 2018)

allerdings nicht deren Eintrittswahrscheinlichkeiten. Von vollkommener Unsicherheit (Knightsche Unsicherheit) wird gesprochen, wenn weder die möglicherweise eintretenden Umweltsituationen noch die von der Entscheidung abhängigen Eintrittswahrscheinlichkeiten bekannt sind. Sind keinerlei Wahrscheinlichkeiten gegeben oder ist das Auftreten eines Zustands nicht glaubwürdiger als das eines anderen, kann dem Prinzip des unzureichenden Grundes gefolgt werden. Hierbei werden alle möglichen Zustände als gleich wahrscheinlich betrachtet. Somit treten die Zustände mit der gleichen Wahrscheinlichkeit auf und die Wahrscheinlichkeit wird als sichere Größe angesehen. Diese Entscheidungsregel wird als sog. *Laplace*-Regel bezeichnet.

Im Risikomanagement eines Unternehmens (vgl. Kap. 8.4) wird unter Risiko auch die Möglichkeit verstanden, aufgrund einer nicht sicher vorhersehbaren Zukunft vom geplanten Ziel abzuweichen. Somit entfällt eine Unterteilung in Ungewissheit und Risiko, und der Begriff Risiko steht für die gesamte Unsicherheit.

Wichtige **Entscheidungsregeln unter Risiko** lauten:

- **Maximin-Regel** geht von pessimistischen Entscheidern aus. Es wird immer der Wert gewählt, welcher beim Eintreten des ungünstigsten Umweltzustands am größten ist.
- **Maximax-Regel** unterstellt optimistische Entscheider. Es wird der Wert gewählt, welcher beim Eintreten des günstigsten Umweltzustands am größten ist.
- **Bayes-Regel** (auch μ-Regel genannt) wählt diejenige Handlungsalternative aus, die den größten mathematischen Erwartungswert hat.
- **μ-R-Regel** macht eine Entscheidung davon abhängig, was für ein Erwartungswert μ und ein prinzipiell beliebiges Risikomaß vorliegen. Das μ-σ-Prinzip stellt somit einen Spezialfall dieser Regel dar, bei dem das Risikomaß die Standardabweichung ist.
- **μ-σ-Regel** berücksichtigt sowohl den Erwartungswert als auch die Risikoeinstellung der Entscheider unter der Voraussetzung einer Normalverteilung. Dabei wird die Standardabweichung σ genutzt. Ist der Entscheider risikofreudig, so wird er bei gleichem Erwartungswert μ die Alternative wählen, welche ein höheres σ aufweist. Ist ein Entscheider risikoscheu, so wird er eher die Alternative wählen, welche bei gleichen μ die geringere Standardabweichung hat. Bei einem risikoneutralen Entscheider entspricht sie der *Bayes*-Regel.
- Beim **Bernoulli-Prinzip** werden Handlungsergebnisse mithilfe von Risikonutzenfunktionen berechnet. Jeder Entscheider hat dabei eine individuelle Risikonutzenfunktion, welche seine Risikopräferenz widerspiegelt. Das *Bernoulli*-Prinzip ist zum allgemein akzeptierten Standard für die normative Entscheidungstheorie bei Unsicherheit geworden.

Entscheidungen unter Unsicherheit finden in der Unternehmensführung sehr häufig Anwendung. So befassen sich die strategische Unternehmensführung (Kap. 3), das Risikomanagement (Kap. 8.4), Mergers & Acquisitions (Kap. 5.6) oder auch die Investitionsentscheidungen mit unsicheren Umweltsituationen. Zur Auswahl einer Entscheidungsalternative werden etwa Realoptionen oder Entscheidungsbaumverfahren verwendet, um den Einfluss der Flexibilität bei Entscheidungen zu beurteilen. Dies könnte beispielsweise die Option sein, sich zu einem späteren Zeitpunkt entscheiden zu können.

Komplexe Entscheidungsprobleme unter unsicheren Bedingungen, welche in mehreren Stufen getroffen werden, lassen sich mit einem **Entscheidungsbaum** grafisch darstellen und lösen. Dabei wird der gesamte Entscheidungsvorgang übersichtlich veranschaulicht. Es wird zwischen der ursprünglichen Entscheidung und den Folgeentscheidungen, welche die Vorteilhaftigkeit der Ausgangsentscheidung beeinflussen, unterschieden. Jeder Pfad vom Ursprung über ein oder mehrere Entscheidungs- und Zufallsereignisknoten bis hin zu den abschließenden Ergebnisknoten stellt eine vollständige Entscheidung dar. Der optimale Weg durch den Entscheidungsbaum, bei dem der Erwartungswert der Zielgröße ein Maximum aufweist, wird mithilfe des Roll-Back-Verfahrens bestimmt. Dabei werden die zeitlich am weitesten in die Zukunft reichenden Entscheidungen zuerst betrachtet, da diese die Folge der vorhergehenden Entscheidungen sind. Auf diese Weise hangelt man sich im Entscheidungsbaum nach vorne, bis schließlich die Ausgangsentscheidung im gegenwärtigen Zeitpunkt getroffen werden kann (vgl. *Perridon et al.*, 2017, S. 150 ff.).

Ein **Beispiel** für einen Entscheidungsbaum zeigt Abb. 1.2.4. Ein Unternehmen steht vor der Entscheidung, ob es zur Produktion eines neuen Artikels eine vollautomatische Fertigung einsetzen (Alternative 1) oder das Produkt über die Vergabe von Lohnaufträgen zukaufen soll (Alternative 2). Für A1 ist eine Investition in Höhe von 1,8 Mio. € zu tätigen, während bei A2 nur ein Kapitaleinsatz von 1,1 Mio. € erforderlich wäre. Die maximale Produktionsmenge liegt bei A1 wesentlich höher als im Falle von A2 und weist daher eine höhere Gewinnchance auf. Kann jedoch der erforderliche Auslastungsgrad der Fertigung aufgrund eines zu geringen Absatzes nicht erreicht werden, dann wäre die zweite Alternative zu bevorzugen. Außerdem müssen Folgeentscheidungen getroffen werden, und zwar ob bei A1 bei steigender Nachfrage eine Einführung des Produktes im Ausland erfolgen soll und bei sinkender Nachfrage der Absatz durch eine Werbekampagne erhöht werden kann und ob im Falle von A2 bei steigendem Absatz die Realisierung einer Zusatzinvestition vorteilhaft ist. Im Beispiel sind jeweils die Barwerte der Rückflüsse sowie der Zusatzinvestition, Werbekosten und Produkteinführungskosten bezogen auf den Entscheidungszeitpunkt angegeben. Aus der Anwendung des Roll-back-Verfahren folgt, dass die erste Alternative vorteilhafter ist (vgl. ausführlich *Perridon et al.*, 2017, S. 151 ff.).

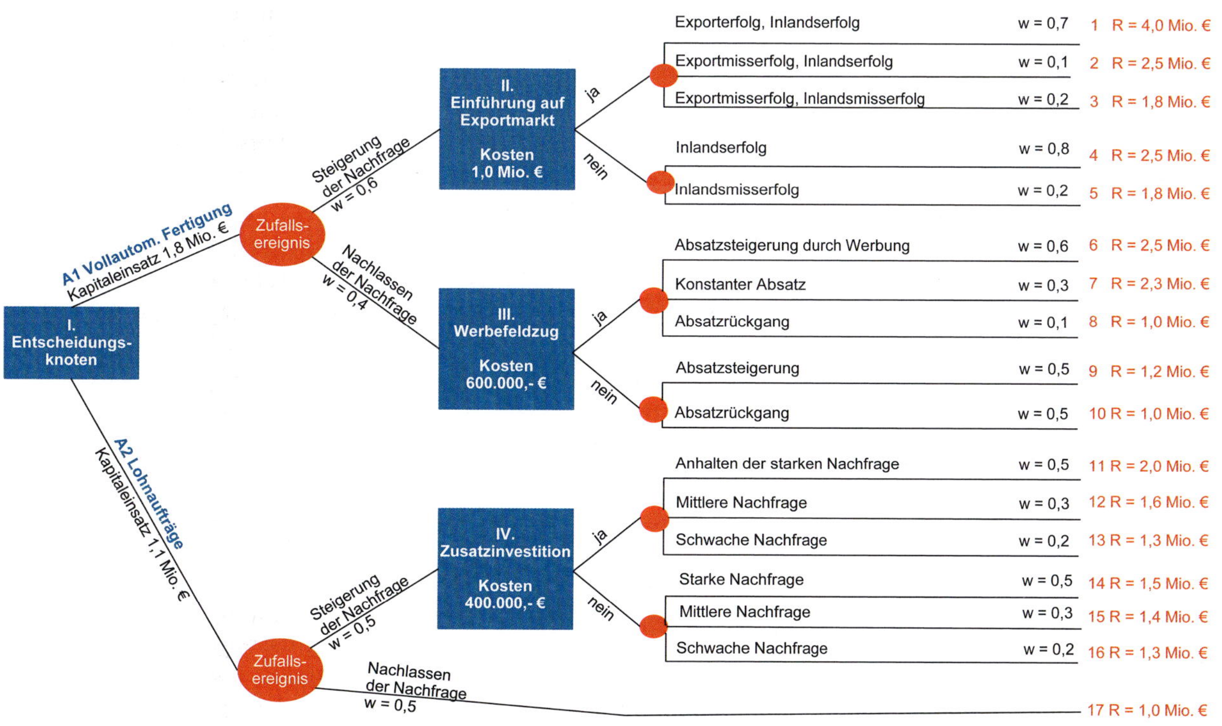

Abb. 1.2.4: Beispiel eines Entscheidungsbaumverfahrens (vgl. *Perridon et al.*, 2017, S. 152)

Spieltheorie

Die Entscheidungstheorie ist nicht einsetzbar, wenn Entscheider mit rational handelnden Gegenspielern, z. B. Wettbewerbern, konkurrieren. Dann ist das Verhalten der jeweiligen Mitakteure in die Entscheidung einzubeziehen. Die Entscheidung kann auch mit Hilfe der Wahrscheinlichkeitsrechnung allein nicht mehr abgebildet werden. Das Verhalten des Gegners ist zwar nicht streng deterministisch, aber auch nicht zufällig. In einem solchen Fall kommt die Spieltheorie zum Einsatz.

> Die **Spieltheorie** ist eine mathematische Theorie, bei der Entscheidungssituationen mit mehreren miteinander interagierenden Beteiligten modelliert werden.

Ein Spiel im Sinne der Spieltheorie ist eine Entscheidungssituation mit mehreren Beteiligten, die sich mit ihren Entscheidungen gegenseitig beeinflussen. Der Erfolg des Einzelnen hängt dabei nicht nur vom eigenen Handeln, sondern auch von dem der Anderen ab. Solche Entscheidungssituationen sind interdependent. Die ökonomische Spieltheorie wurde zunächst auf Gesellschaftsspiele wie Schach, Poker oder Bridge angewendet. Erst die formalisierte Analyse von Gesellschaftsspielen legte die Grundlage der modernen Spieltheorie. *John von Neumann* und *Oskar Morgenstern* (1944) veröffentlichten das Buch „Spieltheorie und wirtschaftliches Verhalten" und zeigten die Anwendbarkeit zur Analyse wirtschaftlicher Fragestellungen. Heute gibt es vielfache Anwendungen im Operations Research oder der Unternehmensstrategie, insbesondere zur Erklärung des Konkurrenzverhaltens.

Die Spieltheorie lässt sich unterscheiden in:

- Die **kooperative Spieltheorie** geht davon aus, dass Spieler bindende Verträge abschließen können.
- Bei der **nicht kooperativen Spieltheorie** sind alle Verhaltensweisen, also auch mögliche Kooperationen zwischen Spielern, vom Eigeninteresse der Spieler abhängig.

Die Spieltheorie modelliert die verschiedensten Situationen als ein Spiel. In der mathematisch-formalen Beschreibung wird festgelegt, welche Spieler es gibt, welchen sequenziellen Ablauf das Spiel hat und welche Handlungsoptionen (Züge) jedem Spieler in den einzelnen Stufen der Sequenz zur Verfügung stehen. Zur Beschreibung eines Spiels gehört jeweils eine Auszahlungsfunktion, die jedem möglichen Spielausgang einen Auszahlungsvektor zuordnet. Dieser zeigt, welchen Gewinn ein Spieler macht, wenn ein bestimmter Spielausgang eintritt.

Entscheidend für die Darstellung und Lösung von Spielen ist der **Informationsstand der Spieler**. Unterschieden wird in den Informationsstand über die Spielregeln, die Züge der anderen Spieler und die eigenen Informationen aus der Vergangenheit:

- **Vollständige Information** bedeutet, dass alle Spieler über die Spielregeln als Voraussetzung für gemeinsames Spielen informiert sind. Unstimmigkeiten über die Spielregeln werden in der Regel als ernsthafte Störung betrachtet, wenn sie nicht vor dem Spiel geklärt wurden. Andererseits wird die Spieltheorie auf viele Situationen angewendet, bei denen mit dem Vorhandensein gewisser Informationen nicht gerechnet werden kann, z. B. im Wettbewerb bei neuen Akteuren in einem Markt.
- **Perfekte Information** beschreibt, dass alle Spieler sämtliche Züge aller Mitspieler kennen. Dies ist erfahrungsgemäß unrealistisch und wird in spieltheoretischen Modellen meist nicht betrachtet. Erfüllt ein Spiel das Kriterium perfekter Information, ist es einfach zu lösen.
- **Perfektes Erinnerungsvermögen** ist das Wissen jedes Spielers über sämtliche Informationen, die ihm bereits in der Vergangenheit zugänglich waren. Obwohl diese Annahme zumindest vom Prinzip her auf den ersten Blick immer erfüllt zu sein scheint, gibt es Gegenbeispiele. Handelt es sich um ein Team kooperierender Akteure wie etwa beim Skat, so muss sich ein einzelner Spieler zum Zeitpunkt seiner eigenen Entscheidung nicht mehr an alle vergangenen Züge, auch nicht an die seiner Partner, erinnern.

Sobald ein Spiel definiert ist, kann die Spieltheorie verwendet werden, um die optimalen Strategien und das Ergebnis des Spiels zu bestimmen. Dazu werden sogenannte Lösungskonzepte verwendet. Es existieren viele Lösungskonzepte unter den verschiedenen Spielsituationen. Das weitaus prominenteste Lösungskonzept ist das **Nash-Gleichgewicht** nach *Nash* (1950). Es beschreibt eine Kombination von Strategien, bei der kein Spieler einen Anreiz hat, einseitig davon abzuweichen. In einem *Nash*-Gleichgewicht ist daher jeder Spieler auch im Nachhinein mit seiner Strategiewahl einverstanden und würde sie genauso wieder treffen. Die Strategien der Spieler sind demnach gegenseitig die besten Antworten und die Strategie-Kombination besitzt eine gewisse Stabilität. Spieltheoretisch bedeutet dies, dass sich der Nutzen eines Spielers, der seine Strategie als Einzelner ändert, aufgrund dieser Änderung nicht erhöhen darf.

John Nash und *Reinhard Selten* wurden 1994 für ihre Forschungen zur eingeschränkten Rationalität mit dem Nobelpreis für Wirtschaftswissenschaften ausgezeichnet. Bei der Untersuchung von *Nash*-Gleichgewichten können drei **Arten von spieltheoretischen Strategien** unterschieden werden:

- **Dominante Strategien**: Was ein Spieler macht, ist das Beste für ihn, ganz unabhängig davon, was die anderen machen. Solche dominanten Strategien existieren selten, da es meist von den Entscheidungen anderer abhängt, was für einen Spieler das Beste ist.
- **Reine Strategien**: Der Spieler trifft seine Entscheidung nach einer bestimmten Strategie und wendet diese immer an.
- **Gemischte Strategien**: Der Spieler verwendet bei seiner Entscheidung mehrere mögliche Handlungsoptionen, zwischen denen er wechselt.

Ein Beispiel für ein spieltheoretisches Problem mit genau einem *Nash*-Gleichgewicht ist das **Gefangenendilemma**. Dabei werden zwei verhaftete Straftäter getrennt voneinander verhört. Jeder kann die Aussage verweigern oder gestehen und seinen Komplizen verraten. Verweigern beide die Aussage, so droht ihnen maximal eine Strafe von zwei Jahren, da ihnen das Verbrechen nicht vollständig nachgewiesen werden kann. Gestehen beide, so erhalten beide fünf Jahre, aber nicht die Höchststrafe. Gesteht einer der Täter, so hat er aufgrund einer Kronzeugenregelung lediglich eine Strafe von einem Jahr zu erwarten, während sein nicht geständiger Komplize mit zehn Jahren bestraft wird. Beide wissen, dass auch der andere Gefangene über dieselben Informationen verfügt (vollständige Information). Nun werden die Gefangenen unabhängig voneinander befragt. Weder vor noch während der Befragung haben die beiden die Möglichkeit, sich untereinander abzusprechen. Für beide Gefangenen wäre es optimal zu schweigen. Da jeder Akteur versucht, für sich das beste Ergebnis zu erzielen, verhalten sie sich nicht kooperativ, auch wenn es für alle Beteiligten die beste Lösung wäre. Diese Strategie-Kombination ist nicht stabil, weil sich ein einzelner Gefangener durch ein Geständnis einen Vorteil verschaffen kann. Stabil im Sinne eines *Nash*-Gleichgewichtes ist die Strategie-Kombination, bei der beide Gefangene gestehen. Dann kann sich kein einzelner durch ein Schweigen einen Vorteil verschaffen. Dieses *Nash*-Gleichgewicht liefert aber für beide Gefangene schlechtere Ergebnisse als das beidseitige Schweigen, das nur durch Kooperation erreichbar ist. Anders gesagt: Das Nash-Gleichgewicht im Gefangenendilemma ist nicht *Pareto*-optimal, da sich beide Spieler gemeinsam verbessern könnten.

Auszahlungsmatrix für Spieler 1 und Spieler 2 in Jahren Gefängnisstrafe		Spieler 2	
		gesteht	**gesteht nicht**
Spieler 1	**gesteht**	-5, -5 *Nash*-Gleichgewicht	-1, -10
	gesteht nicht	-10, -1	-2, -2 optimal, aber instabil

Abb. 1.2.5: Nash-Gleichgewicht im Gefangenendilemma

Auch in der Wirtschaft finden sich Beispiele für das Gefangenendilemma. So sind Absprachen in Kartellen oder Oligopolen vergleichbare Situationen, etwa bei Quoten für die Ölförderung der OPEC. An Märkten können Werbe- oder Preissenkungsfragen analoge Situationen für die konkurrierenden Unternehmen annehmen.

Das *Nash*-Gleichgewicht hat u a. eine zentrale Bedeutung in wirtschaftswissenschaftlichen Bereichen wie der Mikroökonomie, bei der Verteilung von Gütern und bei der Preisfindung. So lassen sich *Nash*-Gleichgewichte auf Preise und Mengen anwenden. In der Marktwirtschaft ist eine Situation denkbar, bei der mehrere Anbieter in einem Markt die Preise ihrer konkurrierenden Produkte soweit gesenkt haben, dass sie gerade noch wirtschaftlich arbeiten. Für den einzelnen Anbieter wäre eine ausweichende Strategie nicht möglich. Senkt er seinen Preis, um seinen Absatz zu erhöhen, fällt er unter die Wirtschaftlichkeit; erhöht er ihn, werden die Käufer auf die Konkurrenzprodukte ausweichen und sein Gewinn sinkt ebenfalls. Ein Ausweg kann nun etwa darin bestehen, (beinahe) gleichzeitig mit einem Konkurrenten eine Produktinnovation einzuführen, um damit einen höheren Preis zu begründen. Unter dem Begriff Koopkurrenz wurden derartige Szenarien diskutiert (vgl. Kap. 3.2.2), z. B. bei US-amerikanischen Fluglinien.

Die zentrale **Kritik an der Spieltheorie** ist ihre Realitätsferne aufgrund ihrer weitreichenden Rationalitätsvoraussetzungen. Die Annahme, dass Wettbewerber gegenseitig rationale Erwartungen aneinander haben und ihre Handlungsweisen darauf basieren, ist sehr unrealistisch. Die Spieltheorie ist vielmehr eher eine normative Theorie, die hilft, Spielzüge zu durchdenken, und die das Denken in Möglichkeiten bzw. Optionen unterstützt. Die Spieltheorie wird auch in den umweltorientierten Ansätzen aufgegriffen und ist in der neuen Industrieökonomik integriert.

1.2.2 Umweltorientierte Ansätze

Die umweltorientierten Ansätze unterstellen, dass der Erfolg eines Unternehmens von Faktoren der Unternehmensumwelt abhängig ist. Ausgangspunkt ist dabei das Verständnis volkswirtschaftlicher Zusammenhänge. Die

Mikroökonomie betrachtet Märkte als Gesamtheit ökonomischer Beziehungen zwischen Anbietern und Nachfragern. Das Nachfrageverhalten wird durch mikroökonomische Modelle beschrieben. Diese unterstellen, dass die Akteure rein rational-ökonomische Auswahlentscheidungen auf idealisierten Märkten vornehmen, auf denen das Kaufverhalten ausschließlich durch den Preis bestimmt wird. So gehen z. B. die Modelle des vollkommenen Wettbewerbs von idealen Märkten mit Polypolsituation aus.

Entwicklung, Annahmen und Grundbegriffe

Daraus hat sich die **Industrieökonomie** (Industrial Economics oder Neoklassik) entwickelt, die sich auf die Leistungsfähigkeit von Branchen konzentriert. Untersucht wird die Angebotsseite der Wirtschaft mit Unternehmen als Verkäufern. Im Mittelpunkt stehen Fragen nach Größenstruktur, Anbieterkonzentration oder Wettbewerbsintensität. Auslöser für diese Forschungsrichtung waren die Bemühungen zur Erklärung der Weltwirtschaftskrise (1929–1933) sowie die zunehmende Trennung von Eigentum und Verfügungsgewalt in der amerikanischen Großindustrie. Ausgangspunkt der Industrieökonomie ist das sog. **Structure-Conduct-Performance-Paradigma** von *Bain* (1956, 1968). Der Erfolg eines Unternehmens (performance) wird dabei von zentralen Branchenmerkmalen (structure) abhängig gemacht, die das Verhalten der Unternehmen (conduct) bestimmen.

Das Modell der **Industrial Organization** basiert auf folgenden **Grundannahmen**:

- Unternehmen sind überdurchschnittlich erfolgreich, wenn sie sich besser an **veränderte Rahmenbedingungen anpassen** können als ihre Wettbewerber.
- Alle Unternehmen eines bestimmten Branchensegments verfügen über **gleiche Ressourcenausstattungen** und verfolgen damit die gleichen Strategien.
- Die für die Umsetzung der Strategien erforderlichen **Ressourcen** sind **mobil**.
- Führungskräfte entscheiden **rational** und im Interesse des Unternehmens.

Während die klassische Industrieökonomie die Branche („Industry") betrachtet, verlagert sich der Anwendungsbereich auf das einzelne Unternehmen. Die sog. **Market-based View** bzw. moderne Industrieökonomie untersucht die Verhaltensmöglichkeiten eines Unternehmens in Abhängigkeit der Struktur und Entwicklung von Branchen. Dabei wird auch auf die **Spieltheorie** zurückgegriffen. Hier steht das Verhalten wechselseitig voneinander abhängiger Akteure im Vordergrund. Hilfreiche Erkenntnisse gewinnt die Unternehmensführung insbesondere aus dynamischen Spielen, bei denen die Spieler jeweils auf die Spielzüge der Mitspieler reagieren. Allerdings unterstellt die Spieltheorie **weitreichende Rationalität.** Die Annahme, dass die Wettbewerber ihre Handlungsweisen rational einschätzen („Common Knowledge Assumption") ist kaum realistisch.

An diesem Kritikpunkt setzen die Weiterentwicklungen der neuen Institutionenökonomie an. Beim Market-based View wird die Veränderung von **Branchenstrukturen** mitberücksichtigt. Diese Dynamik von Strukturen kommt z. B. in Lebenszykluskonzepten zum Ausdruck (vgl. Kap. 3.2.3). Die Industrieökonomie erlebte durch *Porter* (1980) eine Renaissance. Daraus wurde das Konzept der fünf Wettbewerbskräfte entwickelt, mit denen die Attraktivität einer Branche bestimmt und daraus Wettbewerbsstrategien abgeleitet werden können (vgl. Kap. 3.2.2). Für jede Branche gibt es potenzielle neue Mitanbieter, die Eintrittsbedingungen erfüllen. Ob sie in eine Branche eintreten, hängt von den vorhandenen **Eintrittsbarrieren** ab. Dies sind z. B. Kosten-, Betriebsgrößen- oder Erfahrungsvorsprünge bestehender Anbieter (vgl. *Buzzell/Gale*, 1989, 132 f.). Eintrittsbarrieren sind gleichzeitig zentrale Quellen für nachhaltige Wettbewerbsvorteile.

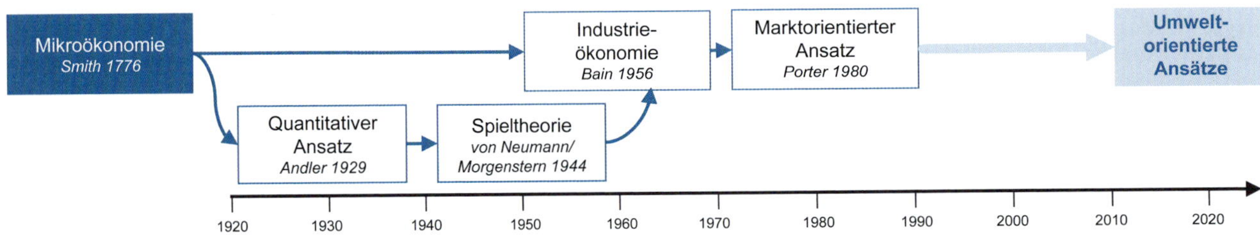

Abb. 1.2.6: Entwicklung der umweltorientierten Ansätze

Mikroökonomie

> Die **Mikroökonomie** ist ein Teilgebiet der Volkswirtschaftslehre, das sich mit dem wirtschaftlichen Verhalten einzelner Wirtschaftseinheiten beschäftigt.

Sie analysiert Märkte, in denen Güter und Dienstleistungen gekauft und verkauft werden. Neben den Akteuren auf diesen Märkten werden auch die Marktstrukturen und die jeweiligen institutionellen Rahmenbedingungen berücksichtigt. Als Begründer der Mikroökonomie bzw. der klassischen Nationalökonomie gilt der schottische Ökonom *Adam Smith* mit seinem Werk „Der Wohlstand der Nationen" (1776). Es entstand als Kontrapunkt zum bis dahin wirtschaftspolitisch vorherrschenden Merkantilismus, der als staatlich gelenkte Wirtschaftsform von den damaligen europäischen Großmächten praktiziert wurde. *Smith* untersuchte die Vor- und Nachteile des **Marktmechanismus** und entdeckte, wie aus individuellem Eigennutz volkswirtschaftlicher Nutzen entstehen kann. Insbesondere die Metapher der unsichtbaren Hand (invisible hand) des Marktes wird ihm zugeschrieben. Im Kern geht es um die grundlegenden Wirkungsmechanismen eines Marktes und die Koordination von Angebot und Nachfrage durch den Preis. Auch wird dabei auf die Produktionsfaktoren und die Vorteilhaftigkeit der Arbeitsteilung und Spezialisierung eingegangen, aus denen **absolute Kostenvorteile** entstehen können. Diese können aus Faktorkosten (z. B. Arbeitskosten), der Verfügbarkeit von knappen Ressourcen oder besonders günstigen Produktionsbedingungen (z. B. Kiwis in Neuseeland) resultieren. Vorteile aus absoluten Kostenvorteilen werden als **Smith-Renten** bezeichnet.

Im Gegensatz dazu können auch relative Kostenvorteile entstehen. Nach *Ricardo* (vgl. 1817, S. 58 ff.) entstehen sog. **Ricardo-Renten** aus **komparativen Kostenvorteilen**. Demnach kommt es nicht auf die absolut günstigste Kostenposition an, sondern lediglich darauf, dass ein Akteur bestimmte Produkte relativ günstiger herstellen kann. Der Vorteil bezieht sich damit auf die Opportunitätskosten.

Der Nobelpreisträger *Samuelson* veranschaulicht dies mit folgendem Beispiel (vgl. *Samuelson/Nordhaus*, 1998, S. 778): Ein Rechtsanwalt sei zugleich der beste Anwalt und der beste Schreibmaschinen-Schreiber seiner Stadt. In diesem Fall wird er sich auf seine Anwaltstätigkeit spezialisieren und das Tippen seiner Sekretärin überlassen. Er kann es sich nicht leisten, in seiner knappen Zeit Schreibarbeiten zu erledigen. Aus der Anwaltstätigkeit erzielt er aufgrund der besseren Vergütung einen komparativen Vorteil. Beim Tippen hat er als schnellster Schreiber der Stadt zwar einen absoluten, aber keinen komparativen Nutzenvorteil. Aus Sicht der Sekretärin ist sie ihrem Chef in beiden Tätigkeiten unterlegen und verfügt über keinen absoluten Vorteil. Dennoch ist ihr Nachteil beim Tippen relativ am geringsten, weshalb sie dabei über einen komparativen Vorteil verfügt.

Die Mikroökonomie umfasst die drei folgenden **Bereiche** (vgl. *Kolmar*, 2017, S. 3 ff.; *Pindyck/Rubinfeld*, 2018, S. 26 ff.):

- Die **Haushaltstheorie** beschäftigt sich mit der Nachfrageseite auf dem Gütermarkt. Untersucht wird der Nutzen, den ein Nachfrager durch den Kauf von Gütern hat. Dafür spielen Präferenzrelationen eine wichtige Rolle. Unter der Annahme rationaler Akteure werden die Gütermengen bestimmt, die bei einem gegebenen Budget optimal sind.
- Die **Produktionstheorie** beschäftigt sich hingegen mit der Angebotsseite des Gütermarktes. Im Vordergrund stehen die Produktionsmengen, die mit begrenzten Ressourcen bzw. Inputfaktoren erzeugt werden.
- Die **Preistheorie** untersucht das Aufeinandertreffen von Angebot und Nachfrage auf Märkten unter unterschiedlichen Wettbewerbsformen mit dem Ergebnis der Preisbildung. Zudem werden Bedingungen für das Erreichen und die Stabilität eines Marktgleichgewichts erforscht.

In der Mikroökonomie werden oftmals abstrakte Modelle verwendet. Diese nutzen folgende fundamentale **Modellannahmen**:

- Der **Homo oeconomicus,** auch rationaler Agent genannt, ist das Modell eines Nachfragers, der sich immer ausschließlich rational als Nutzenmaximierer verhält. Ein solcher Akteur bildet über alle möglichen alternativen Zustände eine klare Präferenzordnung, bevor eine Handlungsentscheidung getroffen wird. Ausgewählt wird immer diejenige Handlung, die den Nutzen maximiert.

- Haushalte streben nach Nutzenmaximierung, während **Unternehmen** ausschließlich **Gewinne** maximieren.
- Der **vollkommene Markt** bezeichnet einen fiktiven Markt, auf dem sich ein Gleichgewichtspreis bildet und der folgende Merkmale aufweist:
  - Zwischen Anbietern und Nachfragern bestehen keine Präferenzen persönlicher Art (z. B. durch Werbung), zeitlicher Art (z. B. Öffnungszeiten, Transport- und Reisezeiten), sachlicher Art (z. B. durch Serviceunterschiede) oder räumlicher Art (z. B. durch Standortvorteile).
  - Es herrscht für Anbieter und Nachfrager vollkommene Markttransparenz.
  - Die Güter sind homogen, d. h. sie haben eine genormte Qualität, wie etwa Geld oder Öl.
  - Alle Marktteilnehmer reagieren sofort auf Änderungen der Marktvariablen, indem sie sich über die Angebotsmengen anpassen.
- **Vollständige Information** liegt vor, wenn ein Entscheider Kenntnis über sämtliche gegenwärtigen und zukünftigen Daten, Ereignisse und Sachverhalte besitzt.
- **Keine Externalitäten** bzw. externen Effekte, d. h. es gibt keine nicht kompensierten Auswirkungen ökonomischer Entscheidungen auf Unbeteiligte, für die niemand bezahlt oder einen Ausgleich erhält. Diese werden nicht in das Entscheidungskalkül einbezogen und gelten als eine Form von Marktversagen. Ein Beispiel sind die durch die Allgemeinheit zu tragenden Folgen des Klimawandels. Es wird zunehmend versucht, diese z. B. mithilfe von Klimazertifikaten in die verursachenden Produkte einzupreisen.

Diese Annahmen führen zwar zu einer gewissen Realitätsferne der mikroökonomischen Modelle, allerdings lassen sich durch diese Vereinfachungen grundsätzliche Empfehlungen ableiten. Mikroökonomische Modelle erklären, wie Märkte funktionieren und welches Verhalten darin rational ist. Wesentlicher Bestimmungsfaktor von Märkten ist danach die Marktstruktur. Sie wird durch die Anzahl der auf diesem Markt aktiven Anbieter und Nachfrager beschrieben. Eine Übersicht der daraus folgenden **Marktformen** gibt Abb. 1.2.7 unter der Annahme, dass die Machtverteilung der Akteure innerhalb eines Marktes gleich ist.

> Ein **Monopol** ist ein Markt, in dem es nur einen Anbieter gibt.

In einem Monopol gibt es keinen Wettbewerb und der alleinige Anbieter bzw. Monopolist kann entweder die Preise oder die Mengen frei gestalten. Dabei ist zu berücksichtigen, dass höhere Preise zu einem Nachfragerückgang führen. Dieses Phänomen veranschaulicht die Preis-Absatz-Funktion. Zudem ist die Kostenfunktion zu berücksichtigen. Der Monopolist maximiert seinen Gewinn, indem er die Angebotsmenge bzw. den Preis am sog. „Cournotschen Punkt" (vgl. *Cournot*, 1838) wählt, wie Abb. 1.2.8 zeigt.

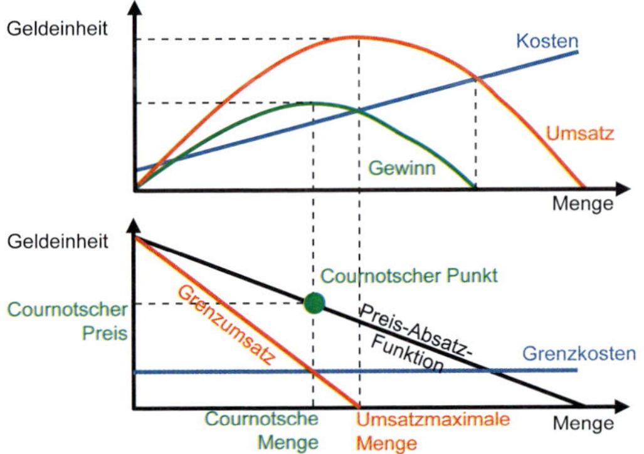

Abb. 1.2.8: Preisfindung in Monopolen

Je nach Nachfragesituation kann das **Monopol** in den folgenden Varianten auftreten (vgl. *Kolmar*, 2017, S. 221 ff.; *Pindyck/Rubinfeld*, 2018, S. 369 ff.):

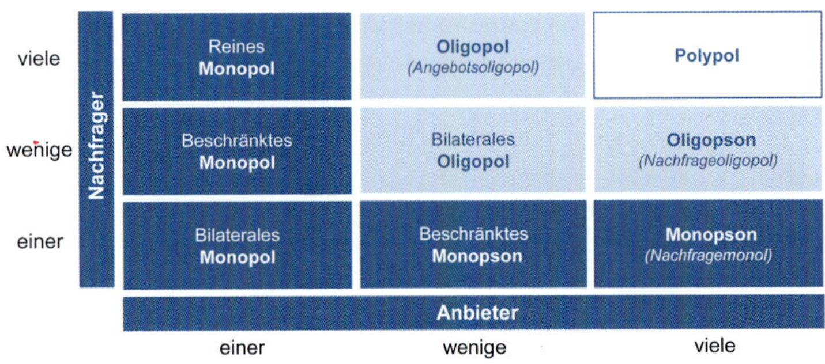

Nachfrager \ Anbieter	einer	wenige	viele
viele	Reines Monopol	Oligopol (Angebotsoligopol)	Polypol
wenige	Beschränktes Monopol	Bilaterales Oligopol	Oligopson (Nachfrageoligopol)
einer	Bilaterales Monopol	Beschränktes Monopson	Monopson (Nachfragemonol)

Abb. 1.2.7: Übersicht mikroökonomischer Marktformen (in Anlehnung an Stackelberg, 1934)

- In einem **reinen Monopol** stehen dem monopolistischen Anbieter viele Nachfrager gegenüber. Die Leistung wird lediglich durch ein Unternehmen angeboten, es wird auch als Angebotsmonopol bezeichnet. Ein Beispiel ist das ehemalige Briefmonopol der *Deutschen Post AG.*
- In einem **beschränkten Monopol** gibt es nur wenige Nachfrager für eine Leistung. Die Marktmacht der Nachfrager steigt somit und die Monopolvorteile sinken entsprechend. Diese Situation ist relativ selten.
- Im **bilateralen Monopol** trifft ein Anbieter genau auf einen Nachfrager. Eine solche Situation wird auch als Exklusivvertrag oder Single-Sourcing bezeichnet. Die Abhängigkeit beider Akteure ist hier nahezu gleich groß, so dass sich die Monopolsituation ganz anders als im reinen Monopol darstellt. Näherungsweise kommt diese Marktform auf Arbeitsmärkten vor, z. B. bei Tarifverhandlungen.
- Tritt die Monopolsituation auf der Nachfrageseite auf, dann wird von einem **Monopson** bzw. **beschränkten Monopson** gesprochen.

Abhängig von der **Ursache** für die Entstehung von Monopolen kann ebenfalls unterschieden werden:

- Ein **natürliches Monopol** entsteht etwa durch alleinige Nutzung von Technologien oder Rohstoffen sowie durch bestimmte Eintrittsbarrieren in den Markt. Natürliche Markteintrittsbarrieren sind z. B. eine aufwendige, flächendeckende Infrastruktur, wie etwa bei Telekomunikations- und Eisenbahnnetzen oder der Versorgung mit Strom, Wasser oder Gas. In einem solchen Fall kann die Nachfrage mit sinkenden Durchschnittskosten bei steigender Produktionsmenge befriedigt werden. Ein einzelnes Unternehmen kann dauerhaft kostengünstiger arbeiten bzw. Konkurrenten vom Markt verdrängen. Ein Beispiel ist *Gazprom* als weltgrößtes Erdgasförderunternehmen.
- Ein **Individualmonopol** entsteht, wenn es auf einem Markt zwar mehr als einen Anbieter gibt, einer davon jedoch aufgrund eines sehr starken Wettbewerbsvorteils eine beherrschende Stellung hat. Diese Marktmacht kann genutzt werden, um Konkurrenten vom Markt zu verdrängen bzw. deren Verhalten für sich zu beeinflussen. Es handelt sich dann um kein echtes Monopol, kommt diesem in seinen Auswirkungen aber nahe. Solche **Quasi-Monopole** sind besonders häufig in der Informationstechnologie zu finden. Die Programmierung von Software und die Verarbeitung von Daten richtet sich oft nach bestimmten Quasi-Standards (Plattformen, vgl. Kap. 3.2.2), an denen nur ein Anbieter die Rechte hat oder bei denen es für die Wettbewerber zu aufwendig wäre, kompatible Produkte zu einem wettbewerbsfähigen Preis zu entwickeln. Wer Software oder Daten, die auf einem solchen Quasi-Standard basieren, nutzen oder mit anderen austauschen will, ist auf die Produkte dieses Anbieters angewiesen. Ein Beispiel dafür ist *Microsoft*, das mit *Windows* ein Quasi-Monopol für PC-Betriebssysteme hat. Weitere Beispiele sind *Alphabet/Google*, *Meta/Facebook* und *Amazon.*
- Ein **Kollektivmonopol** entsteht, wenn sich mehrere Anbieter zu einem Syndikat oder auch Kartell zusammenschließen, um den Wettbewerb auszuschalten und die Preise abzusprechen. Dies ist in den meisten Ländern durch Gesetze gegen Wettbewerbsbeschränkungen verboten. Ein Beispiel ist das Öl-Kartell *OPEC.*
- **Staatliche Monopole** ergeben sich aus regulatorischen Vorgaben, die bestimmte Tätigkeiten dem Staat vorbehalten. Dies können z. B Lottogesellschaften oder Casinobetriebe sein, die staatlich reguliert sind.

Ein Monopolist ist stets bestrebt, seine alleinige Marktführerschaft zu erhalten. Dafür ist es notwendig, seine Produkte mit einem qualitativ hohen Anspruch (z. B. durch Innovationsvorsprünge) auszustatten, um die Substitution der Produkte zu vermeiden. Eine Monopolstellung verspricht höchstmöglichen Gewinn bzw. eine **Monopol-Rente**. Deshalb wird ein Monopolist darauf abzielen, den Markt vor möglichen Konkurrenten abzuschirmen.

Für die **Verteidigung eines Monopols** stehen folgende Strategien zur Verfügung:

- **Dumping**: Dabei werden Produkte temporär zu nicht kostendeckenden Preisen angeboten, um bestehende oder mögliche Konkurrenten aus dem Markt zu drängen. Anschließend werden die Preise wieder erhöht. Ein solches Vorgehen wird auch als unlautere bzw. marktverzerrende Maßnahme bezeichnet und unterliegt gesetzlichen Einschränkungen.
- **Exklusivität**: Der Monopolist kann sein Produkt mit Eigenschaften versehen, die ähnlichen Produkten fehlen. Hierfür wird häufig der Aufbau einer bekannten und beliebten Marke genutzt. Alternativ kann das Produkt in ein Produktpaket mit mehreren unterschiedlichen Produkten und Funktionen integriert werden. Ein Beispiel wäre die *Microsoft Office-Suite*, deren Anwendungen wie *Word, PowerPoint* etc. auch einzeln angeboten werden.
- **Aufkauf von Konkurrenten**, sofern dies kartellrechtlich möglich ist.

- **Staatlicher Schutz** durch gesetzliche Bestimmungen, auf welche z. B. durch Lobbyarbeit eingewirkt wird. Die Übergänge zwischen staatlichen und unternehmerischen Interessen können dabei fließend sein. So wurden in Deutschland viele staatliche Betriebe, wie z. B. Post oder Bahn, privatisiert.

Ein **Oligopol** ist ein Markt, in dem sowohl auf Nachfrage- als auch Angebotsseite wenige Akteure aufeinandertreffen.

Abzugrenzen ist dabei, ob die angebotenen Güter nur begrenzt substituierbar sind bzw. inwieweit sie differenzierte Produkte darstellen. Dies kann in den folgenden **Oligopolsituationen** geschehen (vgl. *Kolmar*, 2017, S. 281 ff.; *Pindyck/Rubinfeld*, 2018, S. 470 ff.):

- Im **Angebotsoligopol** stehen viele Nachfrager wenigen Anbietern gegenüber. Gibt es nur zwei Anbieter, so handelt es sich um ein Duopol.
- Ein **Oligopson** ist genau der umgekehrte Fall. Dabei treffen wenige Nachfrager auf viele Anbieter. Es wird daher auch Nachfrageoligopol genannt.
- Schließlich ist ein **bilaterales oder zweiseitiges Oligopol** eine Situation mit wenigen Anbietern und wenigen Nachfragern.

Alle verschiedenen Oligopolsituationen werden nachfolgend vereinfachend als Oligopol bezeichnet. Dabei hängen die Akteure in ihrer Preis- oder Mengensetzung voneinander ab. Jeder Anbieter verfügt über Marktmacht und beeinflusst damit durch sein eigenes Handeln das Marktgeschehen und ist umgekehrt davon abhängig, wie sich die Konkurrenz verhält. Es besteht eine **strategische Interdependenz** zwischen den Anbietern, was diese in ihre Entscheidungen mit einbeziehen. Ein Oligopolist steht also vor einem komplexen Entscheidungsproblem. Die Qualität der eigenen Entscheidung hängt maßgeblich davon ab, wie gut er seinen Einfluss auf die Entscheidungen anderer abschätzen und dieses für sich nutzen kann.

Oligopole können genau dann die höchsten Gewinne erwirtschaften, wenn sich die Akteure kooperativ wie ein Monopol verhalten. Sie streben nach dem höchsten gemeinsamen Gewinn bzw. dem **Kollusionsgewinn**. Allerdings ist diese Situation instabil. Sofern alle anderen Anbieter sich kooperativ verhalten, gewinnt ein Anbieter einen kurzfristigen Vorteil, wenn er z. B. Gewinne mit niedrigeren Preisen über Zusatzmengen realisieren kann. Langfristig führt dies jedoch zu einem häufig besonders intensiven Wettbewerb. Denn als Reaktion auf eine einseitige Preissenkung werden auch die Konkurrenten ihre Preise entsprechend anpassen, um keine Kunden zu verlieren. Dies kann dann zu Preiskämpfen führen, bis hin zum vollständigen Verlust aller Gewinne für alle Akteure. Ein Beispiel hierfür ist der Preiskampf der großen Discounter im deutschen Lebensmitteleinzelhandel.

Theoretisch lassen sich Oligopole mit den Instrumenten der Spieltheorie analysieren. In einem solchen Spiel kann bei vollständiger Information jeder Anbieter die optimale Reaktion der Konkurrenten antizipieren. Ein Marktgleichgewicht (*Nash*-Gleichgewicht) liegt dann vor, wenn keiner der Anbieter einen Anreiz hat, seine Menge bzw. seinen Preis zu verändern (was entsprechende Reaktionen der Mitbewerber hervorrufen würde).

Je nach Spielkonfiguration ergeben sich daraus typische **Oligopolmodelle**:

- Beim **Cournot-Oligopol** wird das Verhalten zweier oder mehrerer Konkurrenten beschrieben, wobei die Angebotsmenge die strategische Variable ist und der Preis vom Markt vorgegeben wird. Die Teilnehmer entscheiden jeweils vorab simultan über die Angebotsmengen und versuchen ihren eigenen Gewinn zu maximieren.
- Im Falle des **Bertrand-Oligopols** ist der Preis die strategische Variable und die Menge wird vom Markt vorgegeben. Die Anbieter bestimmen dabei im Voraus simultan über die Angebotspreise.
- Im **Stackelberg-Oligopol** ist ein Markt abgebildet, auf dem die Akteure vorab hintereinander über die Angebotsmengen entscheiden und ein Mengenführer den Orientierungspunkt setzt.
- **Preisführerschaft-Oligopole** bilden eine Situation, in der die Teilnehmer vorab hintereinander über die Angebotspreise entscheiden und ein Preisführer den Orientierungspunkt setzt.
- **Imitations-Oligopole** hingegen stehen für Märkte, auf denen Aktionen eines erfolgreichen Wettbewerbers nachgeahmt werden.

Weitere spieltheoretische Modelle berücksichtigen auch den Aufbau von Kapazitäten, Positionierungen durch räumliche Unterschiede, Produktvarianten, Werbung oder Serviceleistungen.

In der Grundform eines spieltheoretischen Modells lässt sich die Oligopolsituation im *Cournot*-Oligopol erläutern. Als Grenzfälle lassen sich sogar die Polypolsituation mit vielen Anbietern und die Duopolsituation mit zwei und die Monopolsituation mit einem Anbieter einschließen. Da die Konkurrenten voneinander wissen, beziehen sie dies in ihr Entscheidungskalkül mit ein. Sie versuchen diejenige

Angebotsmenge zu wählen, welche die „beste Antwort" auf die antizipierte Angebotsmenge des Konkurrenten darstellt. Die Kombination, bei denen beide jeweils die „beste Antwort" auf die Angebotsmenge des Gegners treffen, wird **Cournot-Menge** genannt. Es handelt sich dann um ein stabiles *Nash*-Gleichgewicht. Würde eine größere Menge angestrebt, so ist der Verlust aufgrund des sinkenden Marktpreises größer als der Zugewinn durch die steigende Menge. Wird der Preis zu stark erhöht, wird dies durch die geringere Absatzmenge überkompensiert.

Die Unternehmen streben dabei nach Gewinnen, wobei die Gewinnfunktion sich aus den Erlösen abzüglich der Kosten errechnet:

$$G(x) = E(x) - K(x).$$

Am Gewinnmaximum ist der Grenzgewinn gleich Null G'(x) = 0 bzw. die Grenzkosten entsprechen den Grenzerlösen: E'(x) = K'(x). Dabei wird angenommen, dass die Anbieter gleiche und konstante Grenzkosten K' = k haben und sich nicht kooperativ verhalten.

In einer linearen Nachfragefunktion ist der Marktpreis p abhängig von den Angebotsmengen der beiden Anbieter:

$$x_M = (x_1 + x_2).$$

Zudem ist der Prohibitivpreis a zu berücksichtigen. Dies ist der Preis, bei dem kein Abnehmer eine Leistung kaufen würde, d. h. die Menge wäre Null. Schließlich wird noch die Nachfragefunktion durch ihre absolute Steigung b bestimmt:

$$p = a - b * (x_1 + x_2).$$

Für eine Duopolsituation und eine lineare Nachfragefunktion ist der Gegenspieler (x_2) zu berücksichtigen, so dass der Grenzumsatz bzw. die Grenzkosten sich ergeben als $K'(x_1) = a - 2b\,x_1 - b\,x_2$. Wird dies nach x_1 aufgelöst, so ergibt sich die Reaktionsfunktion R_1 (blaue Linie) des ersten Duopolisten $R_1(x_2) = (a - k) / 2b - x_1/2$ bzw. analog die des zweiten Duopolisten (grüne Linie). Ein Gleichgewicht ist dann erreicht, wenn beide Gleichungen erfüllt sind, d. h. in der Grafik der Schnittpunkt der Reaktionslinien im sog. **Cournot-Duopolpunkt** erreicht ist. Hier stellt sich ein *Nash*-Gleichgewicht ein, das unter den genannten Bedingungen gilt. Zudem müssen die Stückkosten kleiner als der höchste erzielbare Absatzpreis (Prohibitivpreis) sein, ansonsten wird natürlich nichts angeboten. Im Gleichgewicht bieten also beide Anbieter die gleiche Menge an, da sie auch identische Kosten besitzen. Diese Menge wird beim Vergleich verschiedener Modelle für oligopolistische Marktsituationen *Cournot*-Menge genannt. Jeder der beiden Duopolisten produziert dabei auf den gleichen Märkten weniger als ein Monopolist. Die gesamte Produktionsmenge auf dem Markt ist aber größer als im Fall eines Monopols.

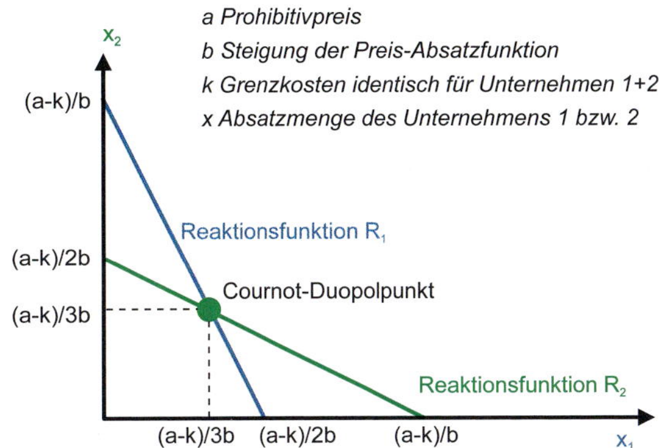

Abb. 1.2.9: Oligopol-Cournot-Modell und Lösungen

Wird die Anzahl der Anbieter verändert, so liefert Abb. 1.2.10 einen Überblick über die Marktergebnisse (mit a = 1, b = 1 und k = K').

Unter veränderten Annahmen ergeben sich andere stabile Situationen, wie etwa im Fall des **Stackelberg-Gleichgewichts.** Ein Extremfall im Tableau ist einerseits eine Monopolsituation bzw. ein Oligopol, das sich in einer **Kollusionslösung** wie ein Monopol verhält. Die maximalen Gewinne ergeben sich im Monopolfall. Schon bei zwei Anbietern sinkt die Summe der Gewinne beträchtlich und teilt sich zudem auf die Anbieter auf. Mit steigender Anbieterzahl nehmen die Unternehmensgewinne ab. Bei unendlich vielen Anbietern in einer reinen Konkurrenzlösung (Polypolsituation) sinken die aufsummierten Unternehmensgewinne auf Null. Dies ist volkswirtschaftlich der günstigste Fall, da die Summe aus Unternehmensgewinnen und Konsumentenrente maximal ist. Aus einer unternehmerischen Perspektive stellt sich die Rangfolge der Situation genau umgekehrt dar und die Situation mit den höchsten Gewinnen ist erstrebenswert.

	Anbieteranzahl und Marktergebnisse				
	1 Monopol	2 Duopol	3	…	∞ Polypol
Angebotsmenge je Anbieter	$\frac{a-k}{2b}$	$\frac{a-k}{3b}$	$\frac{a-k}{4b}$	…	→ 0
Gesamt-angebotsmenge	$\frac{1}{2}\frac{a-k}{b}$	$\frac{2}{3}\frac{a-k}{b}$	$\frac{3}{4}\frac{a-k}{b}$	…	1 – k
Marktpreis	$\frac{a+k}{2}$	$\frac{1}{3}a+\frac{2}{3}k$	$\frac{1}{4}a+\frac{3}{4}k$	…	k
Gewinn je Anbieter	$\frac{(a-k)^2}{4b}$	$\frac{(a-k)^2}{9b}$	$\frac{(a-k)^2}{16b}$	…	Null

Abb. 1.2.10: Oligopol-Marktergebnisse nach Anbieterzahl

Sind die **Grenzkosten** der Unternehmen verschieden, unterscheiden sich auch deren Gewinne. Dabei kann es vorkommen, dass der Marktpreis unter die Grenzkosten einzelner Unternehmen sinkt. Diese stellen dann den Verkauf ein und verlassen den Markt. Für ein einzelnes Unternehmen kann es deshalb auf zweierlei Weise günstig sein, die Grenzkosten zu senken: Erstens steigt die Spanne zwischen Marktpreis und Kosten aus dem **Kostenvorteil** und dadurch der Gewinn. Zweitens kann die gestiegene Gewinnspanne genutzt werden, um konkurrierende Unternehmen aus dem Markt zu drängen, so dass sich die Gewinne auf weniger Anbieter verteilen. Haben Unternehmen auch **Fixkosten** zu tragen, so kann es sein, dass die Grenzkostenbetrachtung zu Deckungsbeiträgen führt, die nicht ausreichen, um die Fixkosten zu decken. Dies kann auch volkswirtschaftlich dazu führen, dass bei sehr hohen Fixkosten der Markt nur durch einen oder zwei Anbieter bedient wird, wie dies z. B. bei Passagierflugzeugen der Fall ist (vgl. Kap. 3.4.4).

Für Unternehmen ergeben sich in einer Oligopolsituation verschiedene **Strategieoptionen**:

- **Preisführerschaft:** Ein Oligopolist wird von den anderen Unternehmen als Preisführer anerkannt. Alle Marktteilnehmer passen ihre Preise erst dann an, wenn der Preisführer seinen Preis verändert. Im statischen Fall führt dieses Verhalten zu einem sog. *Stackelberg*-Gleichgewicht mit einem klaren Gewinnvorteil des Preis- und meist auch Kostenführers.
- **Imitationsstrategie** ahmt bei der Preisfindung den Konkurrenten nach. Dies ist die häufigste Verhaltensform im Oligopol. Wenn der Preisführer imitiert wird, kann im Duopol auch der Monopolpreis erreicht werden.
- **Koalitionsstrategie:** Abgestimmte Verhaltensweisen und Kartellbildung sind in Oligopolen durch Preis- und Mengenabsprachen meist leicht zu organisieren. Diese Verhaltensweise ist für die Anbieter besonders attraktiv, wenn andere Formen des Wettbewerbs etwa durch Differenzierung ausscheiden. Dies ist vor allem bei homogenen Gütern der Fall, wie z. B. bei Zucker, Zement oder Strom. Direkte Absprachen sind nach dem Wettbewerbsrecht allerdings verboten.
- **Ruinöser Wettbewerb:** Wenn ein Unternehmen nur überleben kann, wenn es eine gewisse Größe erreicht, besteht die Tendenz, Konkurrenten durch ein besonders aggressives Preisverhalten aus dem Markt zu drängen. Darauf reagieren diese jedoch meist ebenfalls mit Preissenkungen.
- **Preisstarrheit:** Bei mehreren gleich starken Konkurrenten wagt es keiner, sein Verhalten zu ändern, da jeder fürchtet, dass die Konkurrenz die eigene Strategie durchkreuzt.
- **Differenzierungswettbewerb:** Insbesondere bei heterogenen Gütern kann etwa durch Innovationen eine Produktdifferenzierung und damit ein Wettbewerbsvorteil erreicht werden. Dies ist sinnvoll, sofern sich die Investitionen für die Differenzierung durch Preisprämien amortisieren. Beispiele für solche Branchen sind Autos oder Computer. Die Unternehmen können sich untereinander etwa durch Kosten, Service oder Qualität differenzieren. Auf diese Weise sollen innerhalb einzelner Segmente monopolartige Stellungen erreicht werden.

Ein Beispiel für ein Oligopol ist der deutsche Strommarkt. Dieser wird im Wesentlichen unter den vier Großkonzernen *E.ON*, *RWE*, *EnBW* und *Vattenfall* aufgeteilt, die gemeinsam 80 % des Erzeugungsmarktes kontrollieren. Ebenso sind Hersteller von Aufzügen oligopolistisch. Auf dem deutschen Markt gibt es nur fünf Hersteller: *Geyssel Fahrtreppenservice, KONE, Otis Elevator, Schindler Aufzüge* und *TK Elevator.* Ähnliche Situationen finden sich im Mobilfunkmarkt, der Mineralölwirtschaft, bei Spielekonsolen oder im Maschinenbau.

Ein **Polypol** ist ein Markt, in dem viele Anbieter auf viele Nachfrager treffen.

Die Marktform des homogenen Polypols ist mit Erfüllung aller Annahmen sehr idealisiert und realitätsfremd. Am nächsten an diesen Idealfall kommen Börsen. Kein Marktteilnehmer hat dabei die Macht, seine Interessen gegenüber der anderen Marktseite durchzusetzen. Auf diese Weise führt der Wettbewerb zwischen den Teilnehmern, wie in Abb. 1.2.11 dargestellt, zu einem Gleichgewicht von Angebot und Nachfrage. Somit stellt sich der preisoptimale Punkt ein, bei dem weder Anbieter noch Nachfrager einen Vorteil haben. In der Abbildung ist die Preis-Absatzfunktion der Nachfrage linear. Realistischer und empirisch bestätigt ist ein Verlauf gemäß der doppelt geknickten Preis-Absatz-Funktion (gestrichelt) nach *Gutenberg* (1983). Sie geht davon aus, dass im relativ unelastischen mittleren Teil der Funktion Preisänderungen lediglich geringfügige Nachfrageveränderungen auslösen, während diese in den elastischen Randbereichen zu starken Nachfrageänderungen führen.

Für Unternehmen bieten homogene Polypole keine Möglichkeit, sich von den Marktteilnehmern abzugrenzen und überdurchschnittlich erfolgreich zu sein. Im heterogenen

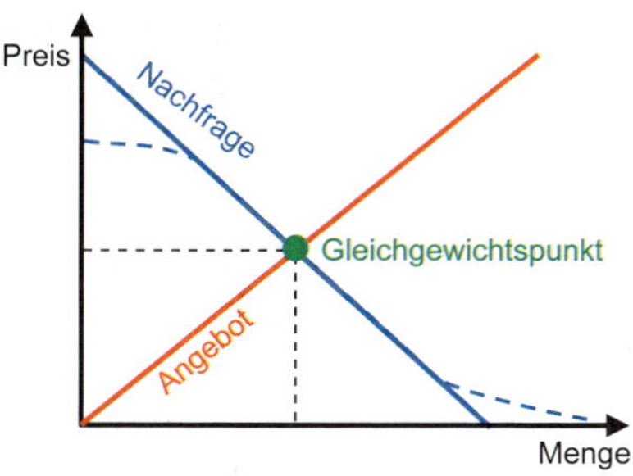

Abb. 1.2.11: Preisfindung in Polypolen

Polypol versuchen die Unternehmen, der Preisbildung am Markt durch Differenzierung zu entgehen und monopolistische Bereiche zu entwickeln.

Marktorientierter Ansatz

Der **Marktorientierte Ansatz** (*Market-based View*) bzw. die **moderne Industrieökonomie** untersuchen die betriebswirtschaftlichen Verhaltensmöglichkeiten von Unternehmen, die von der Struktur und Entwicklung der mikroökonomischen Faktoren beeinflusst werden.

> Der Marktorientierte Ansatz (**Market-based View**) der Unternehmensführung setzt den Fokus auf die Marktsituation, aus der sich das Unternehmenshandeln ableitet.

Der Ansatz erlebte in den 1980er-Jahren durch *Porter* (1980) eine Renaissance. Für Unternehmen ist es danach eine entscheidende Frage, in welcher Branche oder welchen Branchen ein Unternehmen tätig ist. Hierfür wird die Attraktivität einer Branche aufgrund einiger Brancheneigenschaften wie Eintrittsbarrieren, Produktdifferenzierung, Konzentrationsgrad etc. bestimmt und prognostiziert. Die Unternehmen passen sich dann an die Branchenstrukturen (structures) an, um ähnlich erfolgreich wie die gesamte Branche zu sein (vgl. Kap. 3.2.3). Der erste Schritt hierzu ist die möglichst exakte Branchenabgrenzung. Dazu sind diejenigen Produkte zu identifizieren, welche mit den Leistungen des Unternehmens vergleichbar und austauschbar sind. Eine Branche ist also eine Gruppe von Unternehmen, deren Produkte oder Dienstleistungen sich gegenseitig weitgehend ersetzen können.

Durch eine Analyse der Branchenstrukturen sollen diejenigen Kriterien bestimmt werden, die auf die gesamte Branche Einfluss haben. Diese wesentlichen Einflussgrößen werden als sog. **Wettbewerbskräfte** bezeichnet (vgl. Kap. 3.2.1). *Porter* unterscheidet fünf Wettbewerbskräfte (vgl. *Porter*, 1980, S. 28 ff.), welche die Strukturen einer Branche bestimmen: Die Macht der Abnehmer und der Lieferanten, Substitutionsprodukte, die Gefahr neuer Konkurrenten und die Rivalität der bestehenden Konkurrenten. Sie beeinflussen die Preise, Kosten und Investitionen der Unternehmen und bestimmen dadurch die Intensität des Wettbewerbs. Letztlich schlägt sich dies in der Attraktivität einer Branche und der durchschnittlichen Rentabilität der darin aktiven Unternehmen nieder. Somit lässt sich erklären, warum die durchschnittlichen Renditen zwischen einzelnen Branchen unterschiedlich hoch sind. Die Analyse betrachtet nicht nur die aktuelle Ausprägung der Wettbewerbskräfte, sondern auch ihre zeitliche Veränderung und hierdurch erforderliche strategische Anpassungen. In einer dynamischen Betrachtung werden somit auch Veränderungen der Branchenstrukturen mitberücksichtigt, wie z. B. in Lebenszykluskonzepten. Insbesondere die Marktführer innerhalb einer Branche sollten demnach bemüht sein, eine Branche so zu verändern, dass sie als Ganzes attraktiver wird.

Daraus ergeben sich für Unternehmen folgende **unternehmensstrategische Wettbewerbsfragen**:

- Welche Branchen sind attraktiv und rentabel?
- Welche Wettbewerbsstrukturen charakterisieren die Branche?
- Wie können Veränderungen einer Branche gestaltet und genutzt werden?
- In welchen Branchen möchte das Unternehmen aktiv sein oder bleiben?

Ist ein Unternehmen in nur einer Branche aktiv, so fällt die Unternehmensstrategie (vgl. Kap. 3.2) mit der Geschäftsfeldstrategie (vgl. Kap. 3.3) zusammen. Sobald ein Unternehmen in mehr als einem Geschäftsfeld arbeitet, so stellen sich zudem auch Fragen, wie das Portfolio an Geschäften in verschiedenen Branchen miteinander verknüpft und gesteuert werden soll.

Ist ein Unternehmen in einer Branche bereits aktiv oder möchte in eine neue Branche eintreten, so ergeben sich weitere Überlegungen. Es gilt dabei, innerhalb einer Branche das Verhalten des Unternehmens in eine wechselseitige Beziehung zu den Konkurrenten zu bringen und Branchenspezifika zu nutzen, um überdurchschnittlichen Erfolg zu erzielen. So führt gleichartiges Verhalten der Akteure in einer Branche zu polypolistischen Situationen, woraus geringere Gewinne resultieren, falls eine Branche sich zunehmend standardisiert. Unternehmen sind daher bestrebt, Wettbewerbsvorteile zu erzielen und vollkommene Märkte mit homogenen Produkten zu vermeiden. Standardisierte Branchen erlauben in polypolen Märkten nur Kostenvorteile (*Smith*-Renten). Bis auf den Kostenführer einer Branche ist die zentrale Herausforderung für alle anderen Unternehmen, durch unterschiedliches Verhalten größeren Erfolg zu erzielen als der Branchendurchschnitt. Dies führt zur Differenzierung von Produkten und Leistungen sowie der Fokussierung auf Nischen. Innerhalb einer Branche lassen sich meist nach unterschiedlichen Kriterien homogene Segmente unterscheiden, welche wiederum ähnlichen Branchenkräften unterliegen können.

Innerhalb eines Geschäftsfelds ergeben sich folgende **geschäftsfeldstrategische Fragestellungen**:

- Welche Branchensegmente bzw. strategischen Gruppen gibt es innerhalb einer Branche?
- Welche Branchensegmente bzw. strategischen Gruppen sind attraktiv und rentabel?
- In welchen Branchensegmenten/Nischen möchte das Unternehmen aktiv sein oder bleiben?
- Wie können Veränderungen einer Branche gestaltet und genutzt werden, um sich als Unternehmen besser zu positionieren?
- Wie können Wettbewerbsvorteile geschaffen werden, damit ein Unternehmen erfolgreicher als seine Wettbewerber sein kann?

Zusammenfassend steht die Branche im Zentrum des marktorientierten Ansatzes. Dieser geht davon aus, dass Unternehmen sich auf verändernde Branchenstrukturen anpassen (outside-in) und die dazu erforderlichen unternehmensinternen Ressourcen beliebig mobil und handelbar sind. Während der klassische Betrachtungsgegenstand der Industrieökonomie die Branche ist, verlagert sich der Analyseschwerpunkt in der modernen Industrieökonomik auf das einzelne Unternehmen. Sie betrachtet die möglichen Verhaltensoptionen eines Unternehmens angesichts der Strukturen und Entwicklungsprozesse der Branche. So werden Betriebsgrößenvorteile und Produktdifferenzierung zu zentralen Quellen für Wettbewerbsvorteile. Wer die fünf attraktivitätsbestimmenden Einflusskräfte einer Branche besser versteht als die Konkurrenz, kann sich durch geeignete Wettbewerbsstrategien Vorteile verschaffen. Es wird empfohlen, sich eindeutig für eine Wettbewerbsposition zu entscheiden, da eine Mischform starke Rentabilitätseinbußen zur Folge hätte.

Die **Kritik** am marktorientierten Ansatz zielt insbesondere darauf, dass Wettbewerbsvorteile nicht nur aus den Branchenstrukturen, sondern auch aus internen Prozessen eines Unternehmens oder aus Unterschieden in den Ressourcen zwischen Unternehmen stammen können.

1.2.3 Institutionenorientierte Ansätze

Die institutionenorientierten Ansätze stellen eine **Weiterentwicklung der Industrieökonomie** dar und verbinden diese mit verhaltenswissenschaftlichen Entscheidungstheorien sowie Rechts-, Wirtschafts- und Organisationstheorien. Sie wurden von *Coase* (1937) begründet, der die Existenz von Unternehmen auf Marktversagen zurückführte.

Entwicklung, Annahmen und Grundbegriffe

Die **neue Institutionenökonomie** befasst sich mit vertraglichen Vereinbarungen, die anstelle von Marktbeziehungen den wirtschaftlichen Austausch zwischen Wirtschaftssubjekten regeln. Verträge verursachen Aushandlungs- und Überwachungskosten, denen die Kosten der Markttransaktion gegenüberstehen. Verträge können für ein Unternehmen günstiger sein, wenn Fähigkeiten, Wissen und Informationen zwischen den Teilnehmern ungleich verteilt sind. Betrachtet werden Institutionen, in denen ökono-

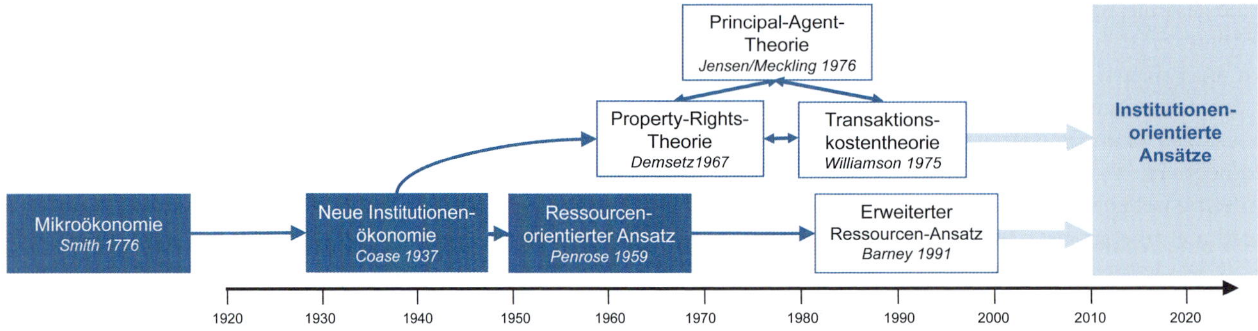

Abb. 1.2.12: Entwicklung der institutionenorientierten Ansätze

mischer Austausch betrieben wird. Beispiele sind Unternehmen, Märkte oder Rechtssysteme. Die Existenz und Veränderung von Institutionen wird durch menschliches Verhalten erklärt. Auf dieser Basis werden alternative Gestaltungsformen von Institutionen bewertet und verglichen. Die neue Institutionenökonomie unterteilt sich in die Transaktionskostentheorie, Principal-Agent-Theorie und die Theorie der Verfügungsrechte.

Der **ressourcenorientierte Ansatz** greift Überlegungen der neuen Institutionenökonomie auf. *Penrose* (1959) erklärt Unternehmen als Bündel von Ressourcen. Sie geht davon aus, dass Effizienz- und Wettbewerbsvorteile von Unternehmen weniger durch ihre Stellung auf den Produktmärkten, als vielmehr durch ungleiche Ressourcenausstattung bestimmt werden. Verfügt ein Unternehmen danach über Ressourcen, mit denen es einen Effizienzvorteil erzielen kann, so wirkt sich das auf den Erfolg des gesamten Unternehmens aus. Die Einzigartigkeit von Ressourcen ist daher der Schlüssel für wirtschaftlichen Erfolg und macht den Unterschied zwischen Unternehmen aus. Dies wird im sog. **Resources-Conduct-Performance-Paradigma** („Ressourcen-Verhalten-Leistung") zusammengefasst. Es bildet einen Gegenpol zum „Structure-Conduct-Performance-Paradigma" („Leistungsstruktur-Verhalten-Leistung") der Industrieökonomie.

Ressourcen sind die zur Leistungserstellung eines Unternehmens erforderlichen materiellen und immateriellen Güter (vgl. *Barney*, 1991, S. 101). Diese Ressourcen sind häufig unternehmensspezifisch und daher schwer imitierbar (vgl. *Teece et al.*, 1997, S. 516). Der Erfolg von Unternehmen wird demnach durch heterogene Ressourcen bestimmt, die über einen längeren Zeitraum Renten erwirtschaften. Diese entstehen, wenn ein Unternehmen seine Ressourcen dort einsetzt, wo sie einen Mehrwert schaffen, der die Kosten bzw. den durch anderweitige Verwendung entgehenden Nutzen (Opportunitätskosten) übersteigt.

Wie wettbewerbsrelevante Ressourcen, Fähigkeiten und Kompetenzen identifiziert und strategisch genutzt werden können, um daraus Wettbewerbsvorteile zu erzielen, ist Gegenstand der **Resource-based View** (vgl. Kap. 3.2.4). Dabei geht es darum, wie Unternehmen ihre Ressourcen bündeln und entwickeln. Die dynamische Perspektive spielt dabei eine besondere Rolle, da die Quellen von Wettbewerbsvorteilen häufig immaterielle Ressourcen sind, welche sich nur langfristig aufbauen lassen. Beispiele sind Wissen oder Kundenbeziehungen (vgl. Kap. 8.3).

Neue Institutionenökonomie

Die neue Institutionenökonomie stellt keine einheitliche Theorie dar, sondern besteht aus mehreren verwandten, sich gegenseitig ergänzenden Teiltheorien. Gemeinsame Elemente sind folgende **Grundannahmen** über menschliches Verhalten (vgl. *Williamson*, 1975, S. 49 ff.):

- **Individuelle Nutzenmaximierung** besagt, dass Menschen als individuelle Akteure klar definierte Ziele verfolgen, die sich als Nutzenfunktion beschreiben lassen. Individuen streben danach, ihren eigenen Nutzen zu maximieren. Dieser Nutzen kann materieller oder immaterieller Art sein. Beispiele sind Einkommen, Prestige, Selbstverwirklichung oder Macht.
- **Begrenzte Rationalität** eines Akteurs entsteht dadurch, dass sowohl dessen Wissen als auch Informationsverarbeitungskapazität begrenzt sind. Darin liegt der grundsätzliche Unterschied zur Industrieökonomie, in der vollkommener Wettbewerb und rationale Akteure angenommen werden. Dieser Rationalitätsmythos wird beseitigt, indem der Begriff Rationalität nicht nur eine Zweck-Mittel-Beziehung beschreibt. Rationalität kann vielmehr unterschiedliche Formen annehmen.
- **Opportunistisches Verhalten** bezeichnet Handlungsweisen, bei denen ein Akteur zur Durchsetzung eigener Interessen einen potenziellen Schaden für andere Akteure, wie z. B. Vertragspartner oder Vorgesetzte, bewusst in Kauf nimmt.

Die neue Institutionenökonomie unterteilt sich in drei **Teiltheorien**, die sich mit unterschiedlichen Aspekten des Handelns beschäftigen (vgl. *Coase*, 1937, S. 395):

- Die **Property-Rights-Theorie** (Theorie der Verfügungsrechte) untersucht die Verteilung, Nutzung und Übertragung von Verfügungsrechten an Ressourcen.
- Die **Transaktionskostentheorie** basiert auf der Überlegung, dass auch ein Markttausch nicht kostenlos ist. Sie betrachtet die Kosten für Anbahnung, Vereinbarung, Durchführung und Kontrolle von Verträgen und Beziehungen.
- Die **Principal-Agent-Theorie** (Agenturansatz) befasst sich mit Problemen, die durch unvollkommene Informationen im Rahmen von Aufgabendelegations- und Kooperationsbeziehungen entstehen.

Die neue Institutionenökonomie liefert für zahlreiche Fragestellungen der Unternehmensführung eine modelltheoretische Erklärung. Abb. 1.2.13 gibt einige Beispiele zu ihren möglichen **Anwendungsfeldern**.

Im Mittelpunkt der neuen Institutionenökonomie steht der Begriff „Institution".

Institutionen sind sozial sanktionierbare Vereinbarungen und Erwartungen bezüglich der Handlungs- und Verhaltensweisen eines oder mehrerer Individuen.

Disziplin	Exemplarische Anwendungsfelder
Organisation	▪ Frage nach der optimalen Arbeitsteilung und Integration ▪ Kooperationsformen
Finanzen	▪ Erklärung finanzieller Institutionen, z. B. Banken, Versicherungen ▪ Auswahl an Finanzierungsinstrumenten
Marketing	▪ Gestaltung von Distributionskanälen ▪ Kontrahierungspolitik
Personal	▪ Gestaltung von Arbeitsverhältnissen
Controlling	▪ Transaktionskostenrechnung ▪ Internationales Controlling ▪ Performance Measurement

Abb. 1.2.13: Exemplarische Anwendungsfelder der neuen Institutionenökonomie

Institutionen informieren jedes Individuum sowohl über dessen eigenen Handlungsspielraum als auch über das wahrscheinliche Verhalten anderer Teilnehmer. Damit stabilisieren sie das Verhalten und erleichtern menschliches Zusammenleben, insbesondere für die arbeitsteilige Leistungserstellung. Solche Institutionen sind z. B. Gesetze, Normen und Verträge, aber auch Geld oder Sprache. Ein Unternehmen besteht aus einer Vielzahl solcher Institutionen im Sinne sozialer Vereinbarungen zwischen den Handelnden.

Die neue Institutionenökonomie erklärt ökonomisch die Entwicklung von Institutionen und deren Auswirkungen auf menschliches Verhalten. Daraus werden Regeln zur effizienten Gestaltung der Institutionen abgeleitet. Grundsätzlich wird angenommen, dass Institutionen immer dann eingerichtet werden, wenn dadurch alle Beteiligten einen höheren Nutzen erzielen.

Es lassen sich folgende **Arten von Institutionen** unterscheiden:

- **Selbst erhaltende Institutionen** müssen nicht überwacht werden, da abweichendes Verhalten für die Akteure in der Regel nicht vorteilhaft ist. Beispiele sind die Grammatik der Sprache oder das Rechtsfahrgebot auf kontinentaleuropäischen Straßen.
- **Überwachungsbedürftige Institutionen** sind dadurch gekennzeichnet, dass es für einzelne Akteure vorteilhaft sein kann, gegen sie zu verstoßen. Beispiele sind die Zahlung von Steuern oder Investitionen in den Umweltschutz. Dieser Sachverhalt lässt sich mit Hilfe des Gefangenendilemmas aus der Entscheidungstheorie erklären. Bei derartigen Institutionen ist insbesondere die Sanktionierbarkeit des Verhaltens von Bedeutung.

Wichtige Institutionen zur Lösung von Koordinations- und Motivationsproblemen bei überwachungsbedürftigen Institutionen sind Normen und Verträge. Darin wird festgelegt, wie sich die Vertragspartner zu verhalten haben (Koordinationsaspekt) und welche Sanktionen zu erwarten sind, wenn sie nicht vertragskonform handeln (Motivationsaspekt).

Ein **Vertrag im ökonomischen Sinne** ist eine für die Vertragspartner bindende Vereinbarung über den Austausch von Gütern oder Leistungen. Sie wird zwischen den Vertragspartnern abgeschlossen, weil diese sich davon Vorteile versprechen.

Folgende **Vertragsarten** können unterschieden werden:

- **Klassische Verträge** sind zeitpunktorientiert und beinhalten sämtliche zu regelnden Umstände. Die Vertragserfüllung ist objektiv feststellbar und ggf. gerichtlich einklagbar. Sie beziehen sich meist auf Standardgüter und werden für den kurzfristigen Leistungsaustausch zwischen anonymen Vertragspartnern abgeschlossen. Ein Beispiel ist der Kauf von Benzin an einer Tankstelle.
- **Neoklassische Verträge** sind zeitraumbezogen. Dabei ist es oftmals nicht möglich, alle Eventualitäten im Rahmen des Vertrags abzudecken. An die Stelle konkreter Bestimmungen können Regeln treten, die dem Vertrag mehr Flexibilität verleihen. So können z. B. bei Unstimmigkeiten neutrale Schlichter hinzugezogen werden. Beispiele sind mehrjährige Beschaffungsverträge oder zwischenbetriebliche Kooperationen.
- **Relationale Verträge** sind implizite Vereinbarungen und basieren auf gemeinsamen Werthaltungen und gegenseitigem Vertrauen. Sie liegen bei Arbeitsverhältnissen oder zwischenbetrieblichen Kooperationen zugrunde.

Im Verständnis der neuen Institutionenökonomie werden alle wirtschaftlichen Produktions- und Austauschprozesse durch Verträge organisiert. In diesem Sinne lässt sich ein **Unternehmen** als Netz dauerhaft angelegter Verträge zwischen wirtschaftlich abhängigen Individuen interpretieren. **Märkte** werden als Netz aus kurzfristigen Verträgen zwischen wirtschaftlich und rechtlich selbstständigen

Wirtschaftseinheiten angesehen. **Kooperationen** beruhen auf mittel- bis langfristigen Verträgen zwischen rechtlich selbstständigen, aber wirtschaftlich abhängigen Partnern.

Property-Rights-Theorie

Die Theorie der Handlungs- und Verfügungsrechte an Gütern (Property Rights) betrachtet deren Wirkung auf das Verhalten von ökonomischen Akteuren (vgl. *Coase*, 1960).

> **Property Rights** sind die mit einem Gut verbundenen Handlungs- und Verfügungsrechte, die Wirtschaftssubjekten aufgrund von Rechtsordnungen und Verträgen zustehen.

Der Wert von Gütern hängt von ihren Rechten ab. Die Handlungs- und Verfügungsrechte einer Person an einem bestimmten Gut schränken die Handlungsmöglichkeiten der anderen Individuen ein, die nicht über diese Rechte verfügen. Damit bildet die Verteilung der Rechte Anreize für das Verhalten von Individuen.

Die an einem Gut bestehenden Rechte können in vier **Arten von Property Rights** aufgeteilt werden:

- **Usus:** Recht zur Nutzung eines Gutes. Ein Beispiel ist eine gemietete Wohnung.
- **Abusus:** Recht zur Veränderung der Form und Substanz eines Gutes. Im Beispiel einer Mietwohnung können diese Rechte aufgeteilt sein. Schönheitsreparaturen liegen in der Verantwortung des Mieters, darüber hinausgehende Renovierungen in der des Eigentümers.
- **Usus fructus:** Recht auf die Einbehaltung der aus einem Gut erzielten Gewinne und Pflicht zur Übernahme der aus einem Gut entstehenden Verluste. Dieses Recht liegt bei einer Mietwohnung beim Vermieter, dem Eigentümer.
- **Kapitalisierungsrecht:** Recht, das Gut an Dritte zu veräußern. Im Falle der Mietwohnung steht dies ebenfalls dem Eigentümer zu.

Ein Akteur kann all diese Rechte gemeinsam (vollständige Zuordnung) oder nur teilweise besitzen (unvollständige Zuordnung). Jedes einzelne Recht kann einem einzigen Individuum zugeordnet oder auf mehrere Individuen verteilt sein. **Verdünnte Property Rights** bezeichnen unvollständig zugeordnete und/oder auf mehrere Individuen verteilte Handlungs- und Verfügungsrechte. In diesem Fall können die positiven oder negativen Wirkungen von Handlungen einem Individuum nicht angelastet werden. So wirkt sich etwa die Nutzung des Grundwassers durch ein Unternehmen auf andere Nutzer aus (externe Effekte). Dies kann z. B. Wasserknappheit oder schlechte Wasserqualität zur Folge haben. Bei verteilten Handlungs- und Verfügungsrechten haben die Handlungen eines Individuums Auswirkungen auf den Nutzen der übrigen Akteure. Ein Beispiel sind Computernetzwerke, deren Nutzen für die einzelnen Teilnehmer von der Zahl der erreichbaren Personen abhängt. Jeder zusätzliche Teilnehmer verursacht positive externe Effekte für die Netzteilnehmer, da deren Austauschmöglichkeiten steigen. Das Recht zur Nutzung (usus) und die Einbehaltung des entstandenen Gewinns (usus fructus) ist dann verdünnt und vom Handeln vieler Personen abhängig.

In einer Welt ohne Transaktionskosten wäre jede Verteilung der Handlungs- und Verfügungsrechte gleichermaßen effizient. Bei verdünnten Rechten würden die betroffenen Akteure solange miteinander verhandeln, bis alle externen Effekte einer Partei zugeordnet wären. In der realen Welt entstehen jedoch **Transaktionskosten** bei der Herausbildung, Zuordnung, Übertragung und Durchsetzung von Handlungs- und Verfügungsrechten. Daher ist jeweils diejenige Verteilung der Rechte effizient, welche die Summe aus Transaktionskosten und externen Effekten minimiert. Prinzipiell sollten Property Rights möglichst vollständig verteilt werden. Dies schafft Anreize zum selbstverantwortlichen und effizienten Umgang mit Ressourcen. Die Property-Rights-Theorie eignet sich zur Analyse von Entscheidungen, die Handlungs- und Verfügungsrechte innerhalb eines Unternehmens verändern. Zudem gibt sie Hinweise zur Gestaltung von Organisationen (vgl. Kap. 5.5) und Kontrollsystemen. Damit hat sie eine starke Bedeutung für die Erklärung der Unternehmensführung.

Principal-Agent-Theorie

Im Mittelpunkt der Principal-Agent-Theorie (Agenturansatz, Agency Theory) steht die erfolgreiche Gestaltung von **Auftraggeber-Auftragnehmer-Beziehungen**. Diese Beziehungen sind gekennzeichnet durch eine ungleiche („asymmetrische“) Verteilung von Informationen. Ein Auftraggeber (Prinzipal) überträgt zur Realisierung seiner Interessen bestimmte Aufgaben und Entscheidungskompetenzen an einen Auftragnehmer (Agent). Dazu schließen beide einen Vertrag. Dieser enthält jedoch nicht alle zukünftig denkbaren Eventualitäten, da eine solche Vertragsgestaltung mit sehr hohen Kosten verbunden wäre. Der Agent handelt jedoch nicht immer im Interesse des Prinzipals, sondern verfolgt auch eigene Interessen. Dies kann auch zu Lasten des Auftraggebers erfolgen. Der Nutzen kann z. B. in Gehalt, Karriere, Macht, Prestige oder Freizeit liegen. Der Agent kann seine eigenen Interessen auch unter Anwendung opportunistischer Praktiken verfolgen (sog. Moral Hazard). Beispiele sind Leistungszurückhaltung, Betrug, Täuschung und Vertragsauslegung im eigenen Interesse. Der Auftraggeber ist sowohl über die Entscheidungsprämissen als auch über das Verhalten des Agenten nur unvollkommen informiert. Solche Beziehungen bestehen z. B. zwischen Vorgesetztem und Untergebenem, Kunde und Lieferant, Eigentümer und Manager, Aufsichtsrat und Vorstand, Arzt und Patient, Studierenden und Dozent. Unternehmen können als Geflecht aus Principal-Agent-Beziehungen angesehen werden.

> Die **Principal-Agent-Theorie** betrachtet arbeitsteilige Auftraggeber-Auftragnehmer-Beziehungen. Dabei führt ein Auftragnehmer (Agent) mit bestimmten Entscheidungskompetenzen eine Aufgabe für einen Auftraggeber (Prinzipal) aus. Auf diese Weise lassen sich institutionelle Auftragsbeziehungen beschreiben, erklären und besser gestalten.

Ein wesentliches Kriterium für eine Principal-Agent-Beziehung sind die **Agency-Kosten**. Sie setzen sich zusammen aus Überwachungs- und Kontrollkosten des Prinzipals, Signalisierungs- und Garantiekosten des Agenten sowie dem verbleibenden Wohlfahrtsverlust (Residualverlust). Der Wohlfahrtverlust kommt zustande, weil unvollkommene Informationen nutzensteigernde Maßnahmen verhindern. Die Kostenanteile verhalten sich gegenläufig. So kann z. B. der Residualverlust durch verstärkte Überwachungs- und Kontrollaufwendungen reduziert werden. Für die Abwicklung einer Leistungsbeziehung ist somit ein institutionelles Arrangement mit den geringsten Agency-Kosten vorzuziehen.

	Hidden characteristics	Hidden action	Hidden intention
Informationsproblem des Prinzipals	Leistungsqualität des Partners unbekannt	Anstrengung des Partners nicht beurteilbar	Absichten des Partners unbekannt
Problemursache	Verborgene Eigenschaften	Überwachungsmöglichkeiten und -kosten	Ressourcenabhängigkeit
Zeitpunkt	Vor Vertragsabschluss	Nach Vertragsabschluss	Nach Vertragsabschluss
Lösungsansätze	Signaling, Screening Self-Selection	Überwachung/ Anreizsysteme	Interessensangleichung

Abb. 1.2.14: Informationsasymmetrien

Die zugrunde liegenden **Informationsasymmetrien** haben folgende Ursachen:

- **Hidden characteristics:** Der Prinzipal kann die Eigenschaften des Agenten oder dessen Leistung vor Vertragsabschluss nur eingeschränkt beurteilen. Ein klassisches Beispiel hierfür ist ein Gebrauchtwagenkauf. Der potenzielle Käufer (Prinzipal) eines Gebrauchtwagens geht von einer marktdurchschnittlichen Qualität aus und leitet daraus seine maximale Preisvorstellung ab. Der Verkäufer (Agent) kennt die tatsächliche Qualität seines Wagens und wird folglich nur zum Verkauf bereit sein, wenn das Kaufangebot des Prinzipals darüber liegt. Derartige Probleme treten auch bei der Einstellung neuer Mitarbeiter oder bei Kreditverhandlungen auf. Ein Lösungsansatz ist der Abbau von Informationsasymmetrien zwischen Prinzipal und Agent. Hierfür sind folgende **Maßnahmen** denkbar (vgl. *Akerlof*, 1970):
  - **Signaling:** Der Agent kann dem Prinzipal seine Leistungsfähigkeit etwa durch Arbeits- und Ausbildungszeugnisse oder Gütesiegel signalisieren.
  - **Screening:** Der Prinzipal kann sich zusätzliche Informationen über den Agenten verschaffen. Beispiele sind Einstellungstests, Anfragen bei Kreditauskunfteien oder Recherchen im Internet.
  - **Self-selection:** Der Prinzipal bietet dem Agenten unterschiedliche Verträge an. Die Wahl des Agenten liefert Hinweise über dessen verborgene Eigenschaften. So können z. B. bei Versicherungsverträgen Selbstbeteiligungen in unterschiedlicher Höhe angeboten werden. Die Auswahl des Vertrags liefert dann dem Versicherungsunternehmen Informationen über die Risikoeinschätzung des Kunden.
- **Hidden action:** Dieses Phänomen tritt nach Abschluss eines Vertrages auf. Dem Prinzipal sind ausschließlich die Ergebnisse der Handlungen des Agenten bekannt, aber nicht die hierzu durchgeführten Maßnahmen. Dies kann der Fall sein, wenn er das Verhalten des Agenten nicht beobachten kann oder ihm das Wissen fehlt, um dessen Verhalten zu beurteilen. So kann z. B. ein Aufsichtsrat (Prinzipal) nicht beurteilen, ob die gewählte Strategie des Vorstands (Agent) im Interesse der Eigentümer war, wenn er die verfügbaren Alternativen nicht kennt. Daraus resultiert die Gefahr des Moral hazard. Das bedeutet, dass der Agent seine Handlungsspielräume opportunistisch ausnutzt und gegen die Interessen des Prinzipals verstößt.

Zur **Eingrenzung von Moral hazard** gibt es zwei Möglichkeiten:

- **Überwachung des Agenten** zum Abbau der Informationsasymmetrie etwa durch Berichtssysteme und Kontrollinstanzen.
- **Anreizsysteme** zur Angleichung der Interessen von Prinzipal und Agent, wie etwa eine erfolgsabhängige Entlohnung.

- **Hidden intention:** Hat der Prinzipal nicht mehr rückgängig zu machende (irreversible) Vorleistungen erbracht, dann ist er nach Vertragsabschluss vom Agenten abhängig. Beispielweise kann ein Lieferant für sein Angebot mit spezifischen Entwicklungsleistungen oder dem Kauf neuer Anlagen in Vorleistung treten. Zur Lösung dieses Problems bietet sich ein Interessenausgleich durch Beteiligung des Agenten an der Investition an. Dies kann z. B. ein langfristiger Liefervertrag mit Kapitalverflechtung sein.

In der Unternehmenspraxis treten die genannten Informationsasymmetrien oft gemeinsam auf, so dass eine effiziente Lösung des Principal-Agent-Problems eine Kombination der Lösungsansätze erfordert. Wichtige **Anwendungsgebiete** in der Unternehmensführung liegen in der Gestaltung von Anreiz- und Informationssystemen. Die abgeleiteten Gestaltungsempfehlungen sind leicht verständlich. Ihre Anwendung in der Unternehmenspraxis ist aufgrund der zugrundeliegenden Annahmen jedoch schwierig. So lassen sich z. B. Agency-Kosten nicht verlässlich messen und die Handlungsmöglichkeiten sowie die dabei auftretenden Probleme nur eingeschränkt beurteilen.

Transaktionskostentheorie

Die Transaktionskostentheorie geht auf *Williamson* (1975, 1987) zurück und bildet den Kern der neuen Institutionenökonomie. Im Mittelpunkt steht die Effizienz, während in der Industrieökonomie die Marktmacht das bestimmende Thema ist. Ausgangspunkt ist die Überlegung, dass der **Preismechanismus des Marktes auch Kosten verursacht** (vgl. *Coase*, 1937, S. 390). Die in der Neoklassik geltende Annahme kostenloser Transaktionen auf einem vollkommenen Markt wird damit aufgegeben. Den Rahmen für die Abwicklung von Transaktionen bilden Institutionen. *Williamson* spricht relativ unpräzise von einer Transaktion, wenn „ein Gut oder eine Leistung über eine technisch trennbare Schnittstelle hinweg" (*Williamson*, 1990, S. 1) übertragen wird.

> Eine **Transaktion** ist die Übertragung von Verfügungsrechten (Property Rights) im Rahmen eines Leistungsaustauschs.

Die Transaktionskostentheorie beschäftigt sich mit der Frage, warum Firmen existieren und nicht alle Transaktionen über den Markt abgewickelt werden. Erklärt wird die Entstehung und Entwicklung industrieller Ordnungsmuster. Darauf aufbauend werden Regeln zur Koordination wirtschaftlicher Aktivitäten auf einzel-, branchen- und gesamtwirtschaftlicher Ebene abgeleitet. Die Koordination eines Leistungsaustauschs durch Märkte ist vorteilhaft, wenn sie mit geringeren Kosten verbunden ist als die Koordination durch Unternehmen. Ziel ist die Erhöhung der Effizienz des Leistungsaustauschs. Das bedeutet, dass die Transaktionskosten zwischen den Partnern möglichst gering sein sollen.

> **Transaktionskosten** umfassen alle Kosten, die bei der Übertragung von Verfügungsrechten auf Märkten entstehen.

Sie entstehen bei der

- **Anbahnung,** wie z. B. Recherche, Reisen oder Beratung,
- **Vereinbarung,** wie z. B. Verhandlungen,
- **Abwicklung,** wie z. B. Prozesssteuerung,
- **Kontrolle,** wie z. B. Qualitätsüberwachung sowie
- **Anpassung,** wie z. B. nachträgliche Änderungen.

Diese Kosten unterscheiden sich je nach Aufgabe und Form der Institution, wie etwa Rechtsform oder Kultur. Daher ist für jeden Aufgabentyp die passende Koordinationsform zu finden. Transaktionskosten treten auf, weil die Akteure verschiedene Interessen verfolgen und auch über verschiedene Kenntnisse und Informationen (asymmetrische Information) verfügen. Dies erfordert mit Aufwand verbundene Information und Kommunikation. Die Akteure handeln nicht ausschließlich rational, sondern auch im eigenen Interesse (bounded rationality). Daher ist eine effiziente Koordination durch den Markt nicht mehr gewährleistet, d. h. der Markt versagt. **Verträge** können nur unvollständig sein, da nicht alles im Voraus geregelt werden kann. Für jede Transaktion soll eine geeignete Ausprägung zwischen **Markt und Unternehmen** (Hierarchie) gefunden werden, bei der die Transaktionskosten minimal sind.

Die Höhe der Transaktionskosten wird durch folgende **Transaktionsmerkmale** bestimmt:

- **Spezifität:** Der Spezifitätsgrad bezeichnet den entstehenden Wertverlust, wenn die für die Transaktion erforderlichen Ressourcen nicht wie geplant verwendet werden können. Unspezifische Ressourcen, wie z. B. Computer, können ohne Einschränkung auch für andere Zwecke genutzt werden. Spezifische Ressourcen, wie z. B. eine Spezialmaschine, erfordern dagegen eine mit Kosten verbundene Umrüstung oder sind nicht für andere Zwecke einsetzbar. Dabei lassen sich folgende **Arten von Spezifität** unterscheiden:
  - **Standortspezifität** (site specifity): Ortsgebundene Anlagen.
  - **Spezifität des Sachkapitals** (physical asset specifity): Spezifische Maschinen und Technologien.
  - **Spezifität des Humankapitals** (human asset specifity): Spezifische Mitarbeiterqualifikationen.
  - **Zweckgebundene Sachwerte** (dedicated assets): Beim Wegfall der Transaktion sind die Sachwerte nicht anderweitig verwendbar.

  Die aus der Spezifität entstehende Abhängigkeit kann von einem der Akteure opportunistisch ausgenutzt werden. Ein Lieferant kann z. B. von einem Großkunden zur Senkung der Bezugspreise gezwungen werden, wenn die vorhandenen Kapazitäten sich nicht mit anderen Kunden auslasten lassen. Spezifität wird also dann problematisch, wenn die Akteure ihren eigenen Nutzen ggf. auch auf Kosten des Vertragspartners maximieren. Daher empfiehlt es sich, spezifische Transaktionen nicht über kurzfristige Marktbeziehungen abzuwickeln, sondern stärker hierarchisch zu gestalten. Für den Austausch standardisierter Leistungen bzw. bei geringer Spezifität eignet sich dagegen die Koordination über den Markt.
- **Veränderlichkeit der Vertragsbeziehung:** Die Anpassungsmöglichkeiten unvollständiger Verträge an veränderte Bedingungen bestimmen ebenfalls die Transaktionskosten und damit die geeignete Koordinationsform. Unsichere Umweltbedingungen drücken sich in Anzahl und Ausmaß nicht vorhersehbarer Aufgabenänderungen aus. In einer unsicheren Umwelt wird die Vertragserfüllung durch häufige Wechsel von Terminen, Preisen, Konditionen und Mengen erschwert. Dies erfordert Vertragsmodifikationen und verursacht daher Transaktionskosten. Der Markt ist für Transaktionen geeignet, bei denen erforderliche Informationen verfügbar sind und Änderungen sich in den Preisen widerspiegeln. Besteht zwischen den Vertragspartnern jedoch eine Abhängigkeit, dann besteht die Gefahr, dass dies der stärkere Verhandlungspartner zu seinem Vorteil ausnutzt. Passiert dies häufig, so ist die hierarchische Koordinationsform vorteilhafter.
- **Transaktionshäufigkeit:** Je öfter eine Transaktion durchgeführt wird, umso vorteilhafter sind hierarchische Unternehmensstrukturen. Häufig wiederkehrende Transaktionen ermöglichen den Aufbau spezifischer Kapazitäten und den Abschluss langfristiger Kooperationsvereinbarungen. Nur sporadisch auftretende Austauschbeziehungen sollten dagegen über den Markt abgewickelt werden.

Die **zentrale These** der Transaktionskostentheorie besagt, dass eine Transaktion umso effizienter ist, je besser die vertragliche Vereinbarung ihren Anforderungen entspricht. Zwischen den beiden Koordinationsformen Markt und Hierarchie gibt es eine Reihe an Mischformen, die sowohl Elemente marktlicher als auch hierarchischer Koordination enthalten. Beispiele sind Unternehmenskooperationen oder Joint Ventures. Die Vorteilhaftigkeit jeder dieser Koordinationsformen hängt vom Zusammenspiel der Einflussgrößen auf die Transaktionskosten ab. Hierarchien (Unternehmen) haben unabhängig vom Spezifitätsgrad die höchsten fixen Transaktionskosten, stellen jedoch eine Vielzahl von Anreiz- und Kontrollmechanismen für spezifische Transaktionen bereit. Bei Markttransaktionen entstehen geringe Fixkosten, jedoch sind die variablen Transaktionskosten durch zusätzliche Spezifität relativ hoch. Anhand der beiden Kriterien Spezifität und Häufigkeit zeigt Abb. 1.2.15 die effizienteste Koordinationsform und daraus resultierende Empfehlungen.

Kritisiert wird an der Transaktionskostentheorie die Annahme opportunistischen Handelns der Akteure und die Ausrichtung auf die Effizienz des Leistungsaustauschs. Neben der Effizienz spielt auch die Machtverteilung zwischen den Transaktionspartnern eine Rolle. Darüber hinaus ist die Messung der Transaktionskosten schwierig.

Abb. 1.2.15: Effiziente Koordinationsformen

Anwendungsgebiete der Transaktionskostentheorie sind die Erklärung des Entstehens und Nutzens von Unternehmen und Kooperationen, der Aufbauorganisation, der Corporate Governance und der Strategie. Darüber hinaus lassen sich auch Trends in der Unternehmenspraxis begründen und dafür Gestaltungsempfehlungen ableiten. Beispiele sind die wachsende Auslagerung von Aktivitäten (Outsourcing) oder die unternehmensübergreifende Zusammenarbeit.

Ressourcenorientierter Ansatz

Ressourcen sind die zur Leistungserstellung eines Unternehmens erforderlichen materiellen und immateriellen Güter (vgl. *Barney*, 1991, S. 101).

Die materiellen bzw. tangiblen Ressourcen umfassen sämtliche finanziellen und physischen Vermögensgegenstände. Die immateriellen bzw. intangiblen Ressourcen sind nur schwer messbar und setzen sich aus dem Human-, Kunden-, Beziehungs- und Strukturkapital zusammen (vgl. Kap. 8.3.1).

Ressourcen sind häufig unternehmensspezifisch und daher schwer imitierbar (vgl. *Teece et al.*, 1997, S. 516). Nach dem **ressourcenorientierten Ansatz** wird der Erfolg von Unternehmen durch heterogene Ressourcen bestimmt und Wettbewerbsvorteile entstehen aus ungleichen Ressourcenausstattungen. Das Resources-Conduct-Performance-Paradigma („Ressourcen-Verhalten-Leistung“) ist damit der Gegenpol zum „Structure-Conduct-Performance-Paradigma“ („Leistungsstruktur-Verhalten-Leistung“) der Industrieökonomie. Die Ressourcenunterschiede ermöglichen es, über einen längeren Zeitraum Renten zu erwirtschaften. Diese entstehen, wenn ein Unternehmen seine Ressourcen im Vergleich zur Konkurrenz besser nutzt und auf diese Weise einen Mehrwert generiert.

Eine **Rente** ist ein Ertrag, der aus der Nutzung einer Ressource entsteht.

In der Industrieökonomie kommt es zu Renten aufgrund von Marktmacht. Im ressourcenorientierten Ansatz entstehen Renten durch unvollkommene Inputfaktoren. Nach *Ricardo* (vgl. 1817, S. 58 ff.) resultieren sog. **Ricardo-Renten** aus begrenzt verfügbaren Ressourcen. Er formulierte das Theorem der **komparativen Kostenvorteile**. Demnach kommt es nicht auf die absolut günstigste Kostenposition an, sondern lediglich darauf, dass ein Akteur bestimmte Produkte in Relation zu seinem Handelspartner günstiger herstellen kann.

Um eine *Ricardo*-Rente erzielen zu können, sind folgende **Voraussetzungen** zu erfüllen:

- **Erschaffung:** Um wertvolle Ressourcen mit Rentenpotenzial zu erhalten, muss der Wettbewerb um die Ressourcen beschränkt sein. Wäre das zukünftige Potenzial einer Ressource am Markt bekannt, würde der Preis so weit ansteigen, dass der Ressourcenbesitz keinen Vorteil mehr bietet. Daher kann ein Unternehmen nur durch glücklichen Zufall oder weise Voraussicht in den Besitz wertvoller Ressourcen gelangen. Aufgabe der Unternehmensführung ist, diese Ressourcen aufzuspüren (Resource-picking). Der Wettbewerb um wertvolle Ressourcen findet vor deren Beschaffung statt.
- **Nutzung** der Ressourcenvorteile im Wettbewerb.
- **Sicherung:** Wertvolle Ressourcen sind an ein Unternehmen zu binden und damit immobil zu machen. Der Verlust an Ressourcen kann z. B. durch Umstellungskosten, firmenspezifische Anforderungen oder die Kombination mit anderen Ressourcen verhindert werden. Zudem ist die Rente gegen Imitation und Substitution abzusichern. Dies kann z. B. durch Eigentumsrechte an seltenen Ressourcen, einmalige historische Rahmenbedingungen oder Informationsasymmetrien erfolgen.

Eine Weiterentwicklung der Ressourcenorientierung ist der **fähigkeitsorientierte Ansatz** (Capability-based View), bei dem die Fähigkeiten eines Unternehmens im Mittelpunkt stehen.

Die **Fähigkeiten** eines Unternehmens beinhalten das zur Leistungserstellung erforderliche anwendungsbezogene Wissen und Können. Sie sind unternehmensspezifisch und ermöglichen Effizienzvorteile.

Ein Unternehmen kann danach erst durch seine Fähigkeiten eine Rente erzielen (vgl. *Amit/Schoemaker*, 1993, S. 35). Die Ressourcen bilden somit das Werkzeug, das mit Hilfe der Fähigkeiten geschickt einzusetzen ist. Fähigkeiten sind an einzelne Menschen sowie Gruppen von Mitarbeitern gebunden. Sie müssen vom Unternehmen selbst entwickelt werden und sind deshalb unternehmensspezifisch. Sie lassen sich nur begrenzt übertragen oder erwerben.

Fähigkeiten zeichnen sich durch folgende **Charakteristika** aus (vgl. *Teece et al.*, 1997, S. 516):

- **Organisationale Routinen:** Fähigkeiten ermöglichen eine laufende, standardisierte Koordination der Handlungen von Individuen und Gruppen. Es sind wiederholbare Verhaltensmuster, mit denen sich spezielle Probleme erfolgreich lösen lassen. Je besser sie eingeübt werden, umso effizienter sind sie.

- **Normative Verankerung:** Die Koordination von Handlungen ist nicht nur in Prozessabläufen fixiert, wie z. B. in einem Handbuch. Sie umfasst auch die normative Ebene der Unternehmensführung und drückt Selbstverständnis, Werte, Normen und Weltbilder eines Unternehmens aus. Fähigkeiten sind daher ein Erfolgspotenzial. Investiert ein Unternehmen in seine Fähigkeiten, dann erweitert dies seinen unternehmerischen Handlungsspielraum.
- **Pfadabhängige Entwicklung:** Fähigkeiten entstehen im Zeitablauf aus einer Reihe von Führungsentscheidungen. Daher ist die Entwicklung von Fähigkeiten abhängig von der Vergangenheit eines Unternehmens und vom bislang eingeschlagenen Entwicklungspfad („History matters").
- **Dynamische Anpassung:** Fähigkeiten entstehen in einem unternehmensinternen Entwicklungsprozess. Die Unternehmensführung muss daher permanent interne und externe Fähigkeiten und Ressourcen anpassen und integrieren.

Im ressourcenorientierten Ansatz entstehen *Ricardo*-Renten durch immobile Ressourcen. Der fähigkeitsorientierte Ansatz hat seinen Schwerpunkt dagegen auf der Erzielung sog. **Schumpeter-Renten.** Diese ergeben sich aus risikofreudigen, unternehmerischen Entscheidungen in einer ungewissen Umwelt. Im Sinne der von *Schumpeter* (1911) definierten „unternehmerischen Innovation" wird etwas Neues geschaffen und damit werden bestehende Gleichgewichtssituationen zerstört (kreative Zerstörung). Lassen sich daraus Vorteile erzielen, so resultiert der Erfolg eines Unternehmens im fähigkeitsorientierten Ansatz weniger aus den Eigenschaften der Ressourcen als vielmehr aus deren innovativer Kombination. So kann etwa eine Molkerei auch bei einem etablierten Produkt wie Milch aus der innovativen Kombination der Ressourcen neue Produkte, wie z. B. biologische Bergbauernmilch, schaffen und diese im Markt als ökologisch hochwertige Premiummilch positionieren.

Wertvolle Ressourcen und darauf aufbauende Prozesse erlauben Effizienzvorteile. Um an diese Ressourcen zu kommen, sind Fähigkeiten erforderlich. Eine besondere Fähigkeit ist, solche wertvollen Ressourcen zu entwickeln. Diese Fähigkeit wird auch als Kompetenz bezeichnet.

> **Kompetenzen** sind unternehmerische Fähigkeiten, die zur Problemlösung geeignet sind und mit denen sich wertvolle Ressourcen entwickeln lassen.

Im **erweiterten ressourcenorientierten Ansatz** wird die Erzielung von Effizienzvorteilen durch den Zusammenhang von Renten, Ressourcen, Fähigkeiten und Kompetenzen erklärt. So kann z. B. der Markterfolg eines Unternehmens durch ein besonderes Produktionsverfahren begründet sein. Die hierfür erforderlichen Ressourcen sind dann z. B. spezifische Produktionsanlagen. Damit diese Ressourcen einen Vorteil bieten, sind Fähigkeiten erforderlich. So kann z. B. für die Konstruktion einer Maschine spezifisches Wissen notwendig sein oder austauschbare Maschinen werden durch besondere Prozesskenntnisse einzigartig miteinander kombiniert. Die Fähigkeit, das gesamte System zu gestalten und daraus eine Rente zu erzielen, ist dann die zugrundeliegende Kompetenz. Die Kompetenz des Automobilherstellers *Toyota* besteht beispielsweise in der Gestaltung von Fertigungs- und Montageprozessen (vgl. Kap. 5.4.5). Daraus werden Fähigkeiten wie z. B. Logistikkonzepte oder eine hohe Prozessqualität entwickelt, welche die Montageressourcen effizienter machen. Die Effizienz äußert sich in überdurchschnittlicher Produktivität, welche dem Unternehmen als Rente zufließt und es zu einem der profitabelsten Automobilhersteller der Welt macht.

Der **wissensorientierte Ansatz** (Knowledge-based View) basiert auf dem ressourcenorientierten Ansatz. Wissen steht dabei allerdings nicht mehr gleichberechtigt neben den anderen Ressourcenarten, sondern wird als die zentrale Ressource eines Unternehmens angesehen. Unternehmen werden dabei nicht länger als Bündel von Ressourcen oder Fähigkeiten betrachtet, sondern als soziale Systeme, in denen Individuen auf Grundlage ihrer individuellen Wertvorstellungen sowie gemeinsamer Ideologien zusammenarbeiten. Das Unternehmen wird zum Ort des Wissens. Was Wissen ist und wie es entsteht, wird in Kap. 7.1.1 erläutert. Der wissensorientierte Ansatz ist eine spezielle Form des fähigkeitsorientierten Ansatzes.

Der **fähigkeitsorientierte Ansatz** dynamisiert die Betrachtungsweise des ressourcenorientierten Ansatzes. In den Vordergrund rückt der Prozess der Entwicklung von Fähigkeiten in Form des organisationalen Lernens (vgl. Kap. 7.4.2). Kritisch zu sehen ist die unscharfe Unterscheidung zwischen Ressourcen, Fähigkeiten und Kompetenzen. Da Fähigkeiten auf den Einsatz von Ressourcen abzielen, können sie auch als spezifische Ressource betrachtet werden. Zudem sind Fähigkeiten nur schwer erfass- und damit gestaltbar. Die Bestimmung des Wertes einer Res-

	Ressourcenorientierter Ansatz	Fähigkeitenorientierter Ansatz
Analyseeinheit	Ressource	Fähigkeit
Sichtweise des Unternehmens	Einzigartige Ansammlung von Ressourcen	Bündel von Fähigkeiten für den Einsatz von Ressourcen
Rentenart	Monopol-Rente/Ricardo-Rente	Schumpeter-Rente
Ursache von Effizienzvorteilen	Wertvolle, weder imitierbare noch substituierbare Ressourcen	Fähigkeit, die Ressourcen nutzbringend einzusetzen
Mechanismus der Rentengenerierung	Auswahl unterbewerteter Ressourcen durch Zufall oder Spürsinn	Aufbau von Fähigkeiten durch interne Lernprozesse
Zeitpunkt der Rentengenerierung	Statisch: Vor der Beschaffung einer Ressource	Dynamisch: Mit der Entwicklung einer Fähigkeit

Abb. 1.2.16: Ressourcen- und fähigkeitsorientierter Ansatz im Vergleich

source oder einer Fähigkeit ist ebenfalls unklar, denn oft entsteht dieser erst durch deren Kombination. Abb. 1.2.16 fasst die zentralen Überlegungen des ressourcen- und fähigkeitsorientierten Ansatzes zusammen.

Erweiterter Ressourcen-Ansatz

Wie strategisch relevante Ressourcen, Fähigkeiten und Kompetenzen identifiziert und genutzt werden können, um daraus Wettbewerbsvorteile zu erzielen, ist Gegenstand des **erweiterten Ressourcen-Ansatzes**. Dabei geht es darum, wie Unternehmen ihre Ressourcen bündeln und entwickeln. Die dynamische Perspektive spielt dabei eine besondere Rolle, sind die Quellen von Wettbewerbsvorteilen doch häufig in immateriellen Ressourcen wie Wissen oder Beziehungen gebunden, welche sich erst im Zeitverlauf aufbauen lassen. Im Entwicklungsprozess von Unternehmen werden immer wieder Entscheidungen getroffen, die zu unterschiedlichen Positionen im Wettbewerb führen können, da sie zu einer spezifischen Ausstattung mit materiellen oder immateriellen Ressourcen führen. Dies kann einem Unternehmen zu Kostenvorteilen verhelfen, da deren Wert höher ist als deren Kosten.

Dies basiert auf der Annahme, dass Unterschiede zwischen Unternehmen und damit auch deren Wettbewerbsvorteile durch die betrieblichen Ressourcen begründet sind. Jedes Unternehmen ist damit durch seine spezielle Ressourcenausstattung geprägt. Dieses Ressourcenbündel ist historisch gewachsen und unterliegt einem ständigen Wandel. Wettbewerbsrelevante Ressourcen ermöglichen es, bestimmte Aktivitäten besser oder billiger zu erbringen als die Konkurrenten. Wettbewerbsvorteile eines Unternehmens können also nicht nur auf dessen Marktstellung basieren, sondern auch auf seinen überlegenen Ressourcen. Dabei sind Ressourcen die zur Leistungserstellung eines Unternehmens erforderlichen materiellen und immateriellen Güter. Sie können in Sachanlagen, Finanzanlagen und immaterielles Vermögen unterteilt werden. Im ressourcenorientierten Ansatz liegt der Schwerpunkt auf den **immateriellen Ressourcen** und deren Komponenten Human-, Kunden-, Beziehungs- und Strukturkapital. Ihre strategische Bedeutung zeigt sich darin, dass sie häufig einen wesentlichen Teil des Unternehmenswertes ausmachen. Dies wird beispielsweise an der Differenz zwischen Markt- und Buchwert börsennotierter Unternehmen deutlich (vgl. Kap. 8.3.1). Immaterielle Ressourcen können zu schwer imitierbaren Wettbewerbsvorteilen führen, wie z. B. die Reputation eines Unternehmens.

Wesentlich für ein Unternehmen ist es, die strategisch relevanten Ressourcen zu identifizieren und zu klassifizieren. Ressourcen können nach ihrer Qualität und Anzahl analysiert werden. Insbesondere ein Konkurrenzvergleich vermag Stärken und Schwächen der eigenen Ressourcen aufzuzeigen. Die Kernaufgabe der Ressourcenanalyse besteht darin, die Ressourcen mit hohem Erfolgspotenzial zu bestimmen. Diese werden als sog. **strategische Ressourcen** bezeichnet.

Der Erfolg des Unternehmens wird in kurzer Sicht von seinen Ressourcen und Prozessen bestimmt und wie gut diese auf die Marktanforderungen zugeschnitten sind. Um Ressourcen und Prozesse gestalten zu können, sind Fähigkeiten und Kompetenzen erforderlich. **Fähigkeiten** sind anwendungsbezogenes Wissen, das zur Lösung betrieblicher Problemstellungen eingesetzt werden kann. Sie zeichnen sich dadurch aus, dass sie in betrieblichen Abläufen verankert, im Zeitablauf entwickelt und permanent angepasst werden. Fähigkeiten (capabilities) umfassen anwendungsbezogenes Wissen, welches Unternehmen in die Lage versetzt, technische oder organisatorische Leistungen zu erbringen. Beispiele für solche Leistungen sind die Chiptechnologie oder die Logistik eines Versandhandelsunternehmens. **Kompetenzen** entstehen, wenn das Handeln zur

Lösung der jeweiligen Problemstellung geeignet ist (vgl. *North*, 2016, S. 32). Fähigkeiten und Kompetenzen sind dabei nicht an eine einzelne Person gebunden, sondern beruhen auf einer Kombination aus Ressourcen und Wissen des Unternehmens. Eine besondere Fähigkeit und Kompetenz ist es, materielle, finanzielle und immaterielle Ressourcen zu nutzen, aufzubauen und weiterzuentwickeln.

Die Erzielung von **Wettbewerbsvorteilen** kann durch den Zusammenhang von Ressourcen, Fähigkeiten und Kompetenzen erklärt werden. So kann etwa der Markterfolg eines Unternehmens durch ein besonderes Produktionsverfahren begründet sein. Die hierfür erforderlichen Ressourcen sind z. B. spezifische Produktionsanlagen und -abläufe. Damit diese Ressourcen einen Vorteil bieten, sind Fähigkeiten erforderlich, wie etwa spezifisches Wissen zur Konstruktion dieser Anlage. Auch die einzigartige Kombination von austauschbaren Anlagen durch besondere Prozesskenntnisse ist dafür ein Beispiel. In diesem Fall ist die Fähigkeit der wirtschaftlichen Gestaltung des gesamten Systems die zugrundeliegende Kompetenz. Oft sind es weniger die strategischen Ressourcen, die den Erfolg eines Unternehmens ausmachen. Häufig sind die unterschiedlichen Fähigkeiten zur Nutzung betrieblicher Ressourcen ausschlaggebend. Im Vordergrund steht dabei die einzigartige Kombination von Ressourcen, die vom Kunden als Zusatznutzen empfunden wird. Dies kann sich entscheidend auf den Erfolg auswirken. Deshalb ist es Aufgabe der **Kompetenzanalyse**, solche Kompetenzen zu identifizieren und zu bewerten. Ziel ist die Entdeckung sog. Kernkompetenzen (core competencies), die Wettbewerbsvorteile ermöglichen. **Kernkompetenzen** sind einzelne oder miteinander kombinierte Kompetenzen, aus denen ein Unternehmen Wettbewerbsvorteile erzielen kann. Kernkompetenzen lassen sich von der Konkurrenz nur schwer imitieren, da sie meist aus einem umfassenden Bündel aufeinander abgestimmter Fähigkeiten und Ressourcen bestehen. Deshalb ermöglichen sie den Aufbau von dauerhaften Wettbewerbsvorteilen.

Aus der Resource-based View ergeben sich für Unternehmen folgende **unternehmensstrategische Ressourcenfragen**:

- Welche Ressourcen, Fähigkeiten und Kompetenzen ermöglichen Wettbewerbsvorteile?
- Wie lassen sich strategische Ressourcen, Fähigkeiten und Kompetenzen entwickeln?
- Wie können Ressourcen, Fähigkeiten und Kompetenzen zu Kernkompetenzen verknüpft werden?
- In welchen Branchen und Märkten lassen sich Wettbewerbsvorteile mit den vorhandenen Ressourcen, Fähigkeiten und Kompetenzen erzielen?

Abb. 1.2.17 veranschaulicht die zentralen Zusammenhänge des ressourcenorientierten Ansatzes.

Abb. 1.2.17: Erklärungszusammenhang des ressourcenorientierten Ansatzes

1.2.4 Systemorientierte Ansätze

Die Systemtheorie ist eine interdisziplinäre Theorie, in der grundlegende Aspekte und Prinzipien von Systemen zur Beschreibung und Erklärung unterschiedlich komplexer Phänomene herangezogen werden. Dabei werden als System je nach Wissenschaftszweig das Sonnensystem, biologische Zellen, Menschen, Organisationen oder auch Maschinen und Computer aufgefasst. Es gibt folglich sowohl eine allgemeine Systemtheorie als auch je nach Anwendungsfeld eine Vielzahl unterschiedlicher Systemdefinitionen und -begriffe.

Entwicklung, Annahmen und Grundbegriffe

Die **allgemeine Systemtheorie** (General Systems Theory) geht auf den Biologen *Bertalanffy* (1968) zurück. Er untersuchte offene Systeme, die in einem dynamischen Austausch mit der Umwelt stehen. Daraus können wichtige Begriffe und Theoreme für die Analyse von Strukturen, Dynamiken und Vorhersagen über das Systemverhalten abgeleitet werden. Allerdings weist er auch darauf hin, dass die allgemeine Systemtheorie ohne weitere Präzisierung auf einen Anwendungsbereich noch zu vage ist. So definiert er ein System als eine Menge von Elementen, die in Wechselbeziehungen zueinander stehen (vgl. *Bertalanffy*, 1968, S. 3).

Der Mathematiker *Wiener* lieferte bereits 1948 die mathematische Basis für die Kontrolltheorie und Regelungstechnik zur Berechnung der Dynamik und Stabilität von rückgekoppelten Systemen. Er ist der Begründer der **Kybernetik**, mit deren Hilfe Systeme als vernetzte Regelkreise verstanden werden. Durch die Beschreibung der Elemente und deren Rückkopplung können Ursache-Wirkungs-Zusammenhänge in Form von Kreisläufen als sog. kybernetische Wirkungsmechanismen erklärt werden (vgl. *Wiener*, 1948).

Der Wegbereiter für die Anwendung der allgemeinen Systemtheorie und Kybernetik auf lebende Organismen und soziale Organisationen ist *Luhmann* (1984). Er begründete die **Theorie sozialer Systeme.** Ein soziales System ist danach insbesondere die Kommunikation. Immer wenn etwas kommuniziert wird, entstehen Beziehungen und damit ein soziales System. Im Umkehrschluss muss jedes soziale System kommunizieren, um zu existieren. Dabei erfolgen Rückkopplungen durch Kommunikation und Beobachtung. Soziale Systeme entstehen und erhalten sich durch Kommunikation. Demnach besitzen soziale Systeme die Fähigkeit, sich selbst (wieder-)herzustellen, was als sog. Autopoiesis bezeichnet wird.

Durch die laufende Kommunikation in sozialen Systemen bekommen die Veränderungs- und Anpassungsprozesse eine hohe Bedeutung. Die **Theorie dynamischer Systeme** betrachtet sowohl die Steuerung und Regelung als auch die Gestaltung eines Systems als evolutionären Prozess. Evolutionäre Überlegungen gehören zu den ältesten und am weitesten verbreiteten Theorien der Wissenschaft. Die **Evolutionstheorie** erklärt die allmählich fortschreitende Entwicklung eines Systems aus sich selbst heraus. Ihren Ursprung findet sie in der Biologie und wird zumeist auf *Darwin* (1859) zurückgeführt. Er erklärte die **biologische Evolution** als zufälligen Prozess und betont die Notwendigkeit der Anpassung von Lebewesen an geänderte Umweltanforderungen.

Wenn sich nicht nur die Systemelemente und Beziehungen mit der Zeit dynamisch verändern, sondern das System auch durch eine große Anzahl von miteinander verbundenen und interagierenden Teilen kompliziert aufgebaut ist, wird von einem komplexen System gesprochen. Nach der **Theorie komplexer Systeme** verfügen solche Systeme aufgrund ihrer Variabilität über vielfältige und schwierig vorherzusehende Verhaltensmöglichkeiten und lassen sich nicht mehr vollständig erklären. *Forrester* (1961) begründete das System Dynamics, um Interaktionen in komplexen, sog. nichtlinearen Systemen zu simulieren.

Aus der Biologie lebender Systeme lassen sich Bedingungen und Prozesse ableiten, unter denen Systeme sich selbst erschaffen und erhalten können. Auf der Basis der Arbeiten von *Maturana* und *Varela* (1974) folgt daraus eine **Theorie selbstorganisierender Systeme.** Systeme, die ohne steuernden Eingriff sich selbst erhalten und organisieren, sind nur begrenzt vorhersehbar und können bei kleinsten Änderungen in den Umgebungsbedingungen zu unvorhersehbarem, chaotischem Verhalten führen. Prozesse, durch die spontan geordnete Strukturen entstehen, werden als **Selbstorganisation** bezeichnet.

Die **Managementkybernetik** ist die Anwendung der Kybernetik auf die Führung von Organisationen im Allgemeinen und die Unternehmensführung im Besonderen. Als Pionier definierte *Ulrich* (1970) die Unternehmensführung als ein Subsystem des Unternehmens, dessen Aufgabe die Koordination innerhalb des Unternehmens sowie zwischen diesem und seiner Umwelt ist. Daraus wurde durch *Bleicher* eine umfassende Konzeption für die Unternehmensführung entwickelt (vgl. *Bleicher*, 1991), das *St.-Galler-Management-Modell* der 2. Generation.

Kybernetik und allgemeine Systemtheorie

Die **Allgemeine Systemtheorie** (General Systems Theory) basiert auf *Bertalanffy* (1968). Er betrachtet Systeme und ihren Austausch mit der Umwelt.

> Ein **System** besteht aus Elementen, die in Wechselbeziehungen zueinander stehen (vgl. *Bertalanffy*, 1968, S. 3).

Dies bedeutet zunächst, dass innerhalb eines Systems die Elemente miteinander in **Beziehung** stehen und sich gegen-

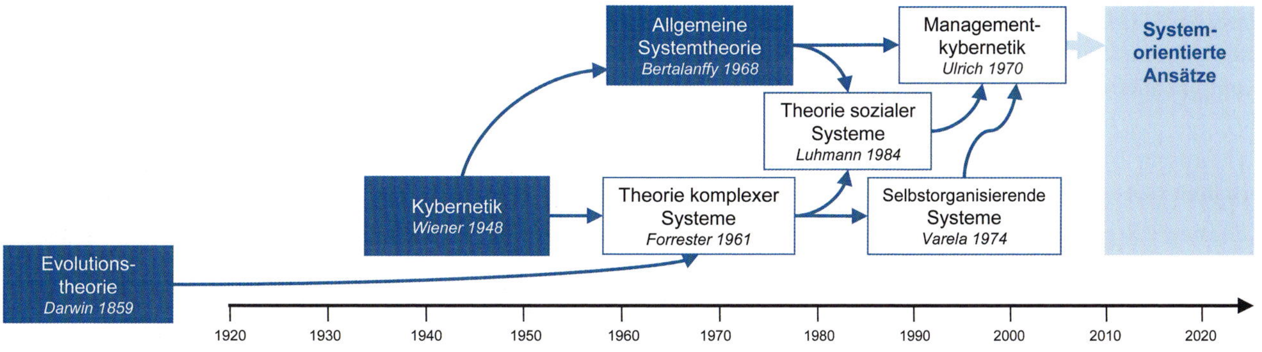

Abb. 1.2.18: Entwicklung der systemorientierten Ansätze

seitig beeinflussen. Ein System ist daher eine geordnete Gesamtheit von **Elementen.** Es lässt sich in Teilsysteme aufteilen, die als Subsysteme bezeichnet werden. Ein System kann selbst Teil eines übergeordneten Systems sein. Beispielsweise unterteilt sich ein Unternehmen in Geschäftsbereiche (= Subsysteme) und ist Bestandteil einer Branche (= Systemumwelt). Die Systemelemente bilden die kleinsten Bestandteile des Systems. Eine weitere Unterteilung der Elemente ist nicht sinnvoll bzw. möglich. Bei Unternehmen sind dies z. B. die Mitarbeiter. Als Beziehungen werden die Verknüpfungen zwischen den Elementen bezeichnet. Abb. 1.2.19 veranschaulicht die Bestandteile eines Systems.

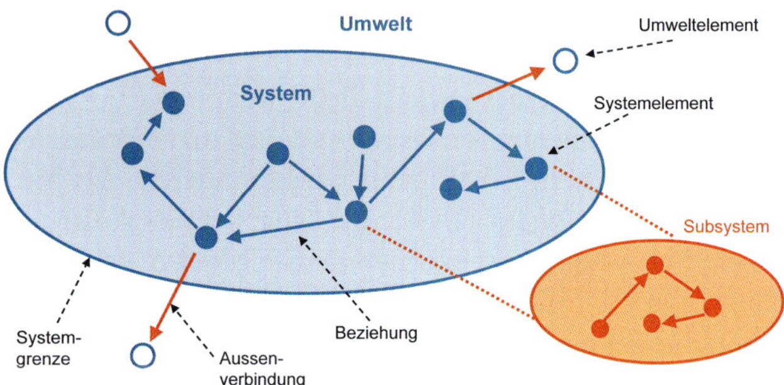

Abb. 1.2.19: Bestandteile eines Systems

Wesentliche **Merkmale von Systemen** sind:

- Alle Systemelemente und die Beziehungen zwischen ihnen dienen einem gemeinsamen **Zweck.**
- Die **Systemgrenze** bildet die Trennlinie zwischen den Systemelementen und ihrer Umwelt. Verfügt ein System auch über Verbindungen zu seiner Umwelt, so wird es als offenes System bezeichnet. Wie die Systemabgrenzung vorgenommen wird, ist vor allem vom Zweck der Betrachtung abhängig.
- Indem alle erforderlichen Elemente und Beziehungen innerhalb des Systems gebündelt werden, reduziert sich die Komplexität zur Erreichung des angestrebten Zwecks. Somit dient die Bildung eines Systems bzw. die Differenzierung zwischen System und Umwelt der **Komplexitätsreduktion.**
- Systeme passen sich ihrer Umwelt an und sind daher **dynamisch.** In der Anpassung sind sie **autonom** und **erhalten sich selbst.**
- Die **innere Struktur** ist durch die Elemente und deren Relationen untereinander festgelegt.

Die **Allgemeine Systemtheorie** beschäftigt sich mit Fragen nach gemeinsamen Eigenschaften, dem Verhalten und der Entwicklung von Systemen.

Zur Beantwortung dieser Fragen sind die Elemente und deren Zusammenhänge zu klären. Dazu können folgende **Systemperspektiven** eingenommen werden:

- **Atomistische Sichtweise:** Das Verhalten eines Systems erklärt sich aus seinen Elementen. Hierfür wird das System in seine Elemente zerlegt und diese näher betrachtet. Im System „Fußballmannschaft" werden demnach die Fähigkeiten und Qualitäten der einzelnen Spieler untersucht.
- **Holistische Sichtweise:** Ein System ist nicht nur die Summe seiner Teile. Um die Elemente zu einem leistungsfähigen System zu formen, muss auf die Zusammenhänge zwischen den Elementen geachtet werden. Deshalb ist eine Gruppe guter Fußballspieler noch keine gute Mannschaft. Es kommt vielmehr darauf an, wie die Spieler miteinander harmonieren.

Holistische Sichtweise	Atomistische Sichtweise
Betrachtung als Gesamtsystem	Betrachtung der Teile
Analyse der Zusammenhänge	Analyse der Einzelteile
Integration der Systemelemente	Differenzierung der Systemelemente

Abb. 1.2.20: Holistische und atomistische Sichtweise

Um die Wirkung und das Verhalten eines Systems zu verstehen, müssen beide Perspektiven kombiniert werden. Eine integrative Betrachtung berücksichtigt das Wechselspiel zwischen Teil und Gesamtheit. Dabei werden mehrere Systemebenen unterschiedlicher Differenzierung betrachtet. Dies wird als **ganzheitliche Betrachtung** bezeichnet.

Für das Verhalten eines Systems sind kausale Zusammenhänge von zentraler Bedeutung. **Kausalität** bezeichnet eine unveränderliche Beziehung zwischen zwei oder mehreren Elementen und wird auch als Ursache-Wirkungs-Prinzip bezeichnet. Nach den Regeln der Beweisführung (vgl. *Mill*, 1965) wird etwas als Ursache bezeichnet, wenn diese immer im Zusammenhang mit einer Wirkung auftritt und ihre Veränderung zu einer geänderten Wirkung führt. Einfache **Ursache-Wirkungs-Ketten** unterstellen, dass Maßnahmen mit Sicherheit zu einem bestimmten Ergebnis führen. Dies gilt jedoch nur unter bestimmten Voraussetzungen. So kann ein technisches System unter gleichen Rahmenbedingungen durchaus immer das gleiche Ergebnis hervorbringen. In Systemen, die sich verändern und deren Wirkungsmechanismen mehrdeutig sind, lässt sich aber die Wirkung eines Eingriffs nicht mit Sicherheit vorhersagen.

Der Mathematiker *Wiener* entwickelte bereits 1948 die mathematische Basis für die Kontrolltheorie und Regelungstechnik zur Berechnung der Dynamik und Stabilität von rückgekoppelten Systemen. Er ist der Begründer der **Kybernetik**, mit deren Hilfe Systeme als vernetzte Regelkreise verstanden werden können. Ursache-Wirkungs-Zusammenhänge in Kreisläufen werden durch die kybernetischen Wirkungsmechanismen des Steuerns, Regelns und Lenkens auf ein gemeinsames Ziel ausgerichtet. Deshalb werden in der Kybernetik in erster Linie geregelte Mechanismen wie etwa Maschinen betrachtet. Die Regelung beruht auf Prozessen, die mit mathematischen Gleichungen beschrieben werden.

Bei der **Steuerung** gehen in ein System verschiedene Faktoren als Input ein und es erzeugt als Ergebnis einen sog. Output. Damit ein System auf ein Ziel hin ausgerichtet wird, erfasst die Steuerung mögliche Störgrößen, welche auf das System einwirken können. Wird eine Störung festgestellt, so wirkt die Steuerung auf das System durch Stellgrößen korrigierend auf den Input ein.

Beispiel hierfür ist ein Wasserbehälter, der auf einem bestimmten Füllniveau (Sollgröße) gehalten werden soll. Dafür müssen sowohl der Wasserabfluss (Output) als auch der Zufluss (Input) bekannt sein. Dann kann z.B. über einen Wasserhahn als Stellgröße die Wasserzufuhr so eingestellt werden, dass der Sollwert erreicht wird. Tritt eine Störung auf, wie z.B. eine Verringerung des Wasserdrucks, so kann diese durch stärkeres Aufdrehen des Wasserhahns beseitigt werden. Die Steuerung vergleicht somit Vorfeld-Informationen über bekannte Störgrößen mit den verfolgten Zielen und greift gegebenenfalls durch Variation des Inputs ein. Dies wird, wie in Abb. 1.2.21 veranschaulicht, als Vorkopplung bzw. Feedforward bezeichnet, wobei Informationsströme gestrichelt und Aktionsströme durchgezogen abgebildet sind. Bei isolierter Steuerung wird allerdings der Output nicht kontrolliert. Funktioniert das System nicht in der unterstellten Weise, dann wird der dadurch verursachte fehlerhafte Output nicht bemerkt. Dies ist z.B. der Fall, wenn der Wasserbehälter undicht ist und dies keine überwachte Störgröße ist.

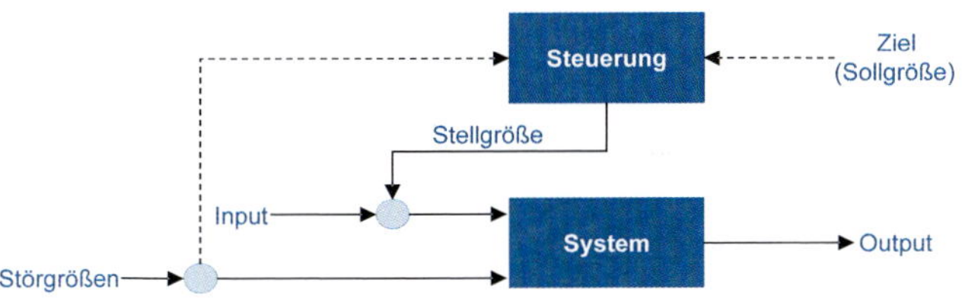

Abb. 1.2.21: Steuerungsprinzip

Die **Regelung** unterscheidet sich von der Steuerung dadurch, dass das Ergebnis (Output) des Systems überwacht wird. Dies erfolgt erst nach Durchlauf des Systems, weshalb hier von Rückkopplung bzw. Feedback gesprochen wird. Der Regler vergleicht, ob das Systemergebnis mit den Zielvorstellungen übereinstimmt und greift bei Abweichungen korrigierend auf den Input ein.

Im Beispiel des Wasserbehälters könnte die Füllhöhe durch einen Schwimmer angezeigt werden. Ist die gewünschte Füllhöhe erreicht, so wird der Zufluss durch den Regler gestoppt. Sinkt der Schwimmer unter den Sollwert, so wird der Zufluss erhöht. Da bei der Regelung lediglich das aufgrund vergangener Handlungen erzielte Systemergebnis festgestellt wird, kann sie auf Störgrößen nur mit einer mehr oder weniger hohen Zeitverzögerung reagieren.

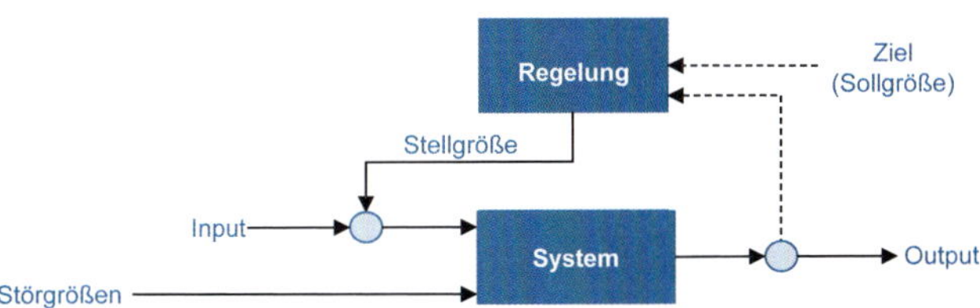

Abb. 1.2.22: Regelungsprinzip

Die isolierte Anwendung beider Prinzipien ist nicht zufriedenstellend, da bei der Steuerung die Ergebnisse und bei der Regelung die Störgrößen nicht beachtet werden. Daher ist es zweckmäßig, beide Prinzipien miteinander zu kombinieren, wie in Abb. 1.2.23 dargestellt.

Lenkung richtet die Systemelemente auf ein gemeinsames Ziel aus. Durch Kombination von Steuerung und Regelung werden sowohl einwirkende Störungen im Vorfeld berücksichtigt als auch das Ergebnis des Systems kontrolliert.

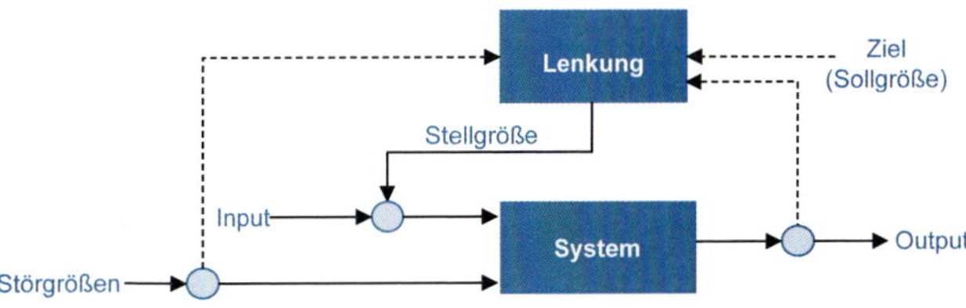

Abb. 1.2.23: Lenkung als Kombination aus Regelung und Steuerung

Die Lenkung beeinflusst das Verhalten eines Systems und ist für sein Funktionieren erforderlich. Sind die kausalen Systemzusammenhänge bekannt, so lässt sich das zukünftige Verhalten des Systems vorhersagen.

Werden Kausalbeziehungen zusammengefügt sowie Steuerungs- und Regelkreise kombiniert, dann entstehen **integrierte Systeme**. Ihr Verhalten wird durch deren Strukturen geprägt.

Theorie komplexer Systeme

Bei der Untersuchung von Systemen können auch die Erkenntnisse der Komplexitätsforschung herangezogen werden (vgl. *Tilebein*, 2005, S. 43). Die **Theorie komplexer Systeme** baut auf der Theorie sozialer und dynamischer Systeme auf.

Nach *Luhmann* (1984) wird ein System komplex, wenn sich eine zusammenhängende Menge von Elementen nicht mehr vollständig beschreiben lässt. Komplexität ist demnach ein Maß für den Mangel an Informationen, um ein System und seine Umwelt vollständig erfassen zu können. Zur Präzisierung von Komplexität können Systeme nach den folgenden **Eigenschaften** gekennzeichnet werden:

- **Dynamik** eines Systems gibt Aufschluss über die Veränderlichkeit der Systemelemente und Beziehungen im Zeitablauf. Es kann zwischen statischen und dynamischen Systemen unterschieden werden.
- **Kompliziertheit** gibt Aufschluss über die Art der Zusammensetzung der Elemente. Dabei geht es um die Anzahl miteinander verbundener und interagierender Teile sowie deren Verschiedenheit und Beziehungen. Es gibt demnach einfache und komplizierte Systeme.

Treffen beide Eigenschaften zu, dann handelt es sich um ein **komplexes System** (vgl. *Ulrich/Probst*, 2001, S. 59 ff.). Somit ist Komplexität als Kombination von Dynamik und Kompliziertheit zu verstehen. Das System ist dabei nicht nur die Summe seiner Teile. Abb. 1.2.24 veranschaulicht diesen Zusammenhang.

Ein **komplexes System** ist kompliziert und dynamisch. Es besteht aus vielen verschiedenen Systemelementen und Beziehungen, die sich im Zeitablauf laufend verändern (vgl. *Bleicher*, 2011b, S. 51).

Umgangssprachlich wird bereits dann von Komplexität gesprochen, wenn eine allgemeine Vielschichtigkeit vieler ineinandergreifender Merkmale vorliegt. Ein komplexes System ist jedoch ein dynamisch-kompliziertes System, das spezifische Eigenschaften und Verhaltensweisen besitzt. Es besteht aus Teilen, die so miteinander verknüpft sind, dass kein Teil von anderen Teilen unabhängig ist. Das Verhalten des Ganzen wird beeinflusst vom Zusammenwirken aller Teile (vgl. *Ulrich/Probst*, 2001, S. 30). Komplexe Systeme verfügen aufgrund ihrer Variabilität über vielfältige und schwierig vorherzusehende Verhaltensmöglichkeiten. Dabei lassen sich die Eigenschaften der Komponenten des Systems nicht mehr vollständig erklären.

Die Handhabung von Komplexität wird somit ebenfalls zu einer komplexen Führungsaufgabe. Dabei gilt das von *Ashby* (1956) formulierte Gesetz der erforderlichen Varietät (Law of Requisite Variety). Nach dem **Ashbyschen Gesetz** lässt sich Komplexität nur mit Komplexität begegnen. Ein komplexes System erfordert somit einen Steuerungsmechanismus, der mindestens die gleiche Komplexität aufweist. Vereinfacht lässt sich daraus ableiten, dass die Komplexität eines Führungssystems mindestens ebenso groß sein muss, wie die Komplexität der Unternehmensumwelt. Aus der Theorie dynamischer Systeme folgt, dass komplexe Syste-

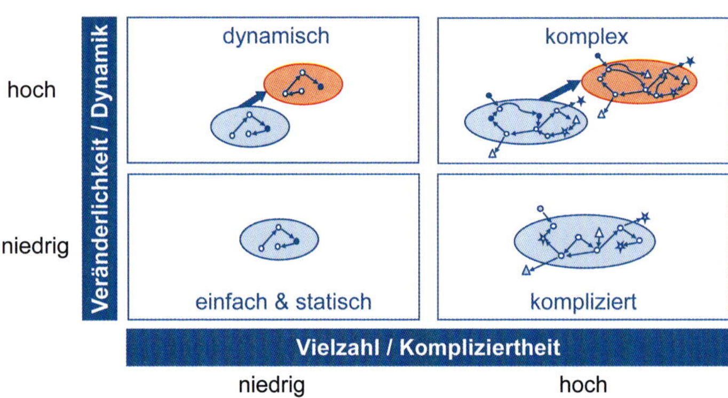

Abb. 1.2.24: Arten und Merkmale von Systemen

me durch den Selektionszwang ihrer Umwelt eine höhere Komplexität als ihre Umwelt aufweisen müssen.

Es lassen sich folgende Kriterien zur **Klassifizierung** von Systemen heranziehen:

- Die Art der **Umweltbeziehungen** in Form von offenen oder geschlossenen Systemen sowie des damit verbundenen Austauschs mit der Umwelt.
- Die Art und Anzahl der **Beziehungen** zwischen den Elementen.
- Die Beschaffenheit der **Elemente** eines Systems und deren Vielfalt. Im einfachen Fall sind alle Elemente sehr ähnlich, bis hin zur vollständigen Unterschiedlichkeit aller Elemente in komplizierten Systemen.

Insbesondere die Art der Wechselbeziehungen der Elemente entscheidet über die Kompliziertheit von Systemen. Im einfachsten Fall gibt es eindeutige Ursache-Wirkungsbeziehungen, die unmittelbar aufeinander wirken. Solche **linearen Wirkungsketten** veranschaulicht Abb. 1.2.25. Sie kennzeichnen kybernetisch beherrschbare, einfache Systeme.

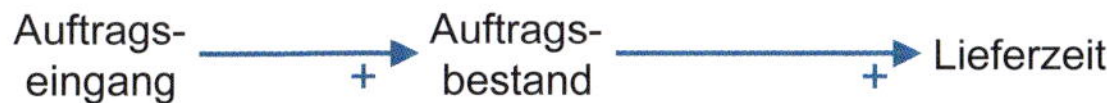

Abb. 1.2.25: Kausaldiagramm einer linearen Wirkungskette

Dabei werden nach ihren Effekten folgende **Wirkungsbeziehungen** unterschieden:

- **Positive bzw. gleichgerichtete Beziehungen** bewirken, dass sich Ursache und Wirkung in gleicher Richtung ändern. Beispielsweise führt eine Zunahme des Auftragsbestandes bei ausgelasteten Kapazitäten zu einer Erhöhung der Lieferzeit.
- **Negative bzw. entgegengerichtete Beziehungen** bewirken eine Veränderung der beeinflussten Variablen in die entgegengesetzte Richtung. Beispielsweise führt die Erhöhung der Lieferzeit in der Folge zu einer Abnahme des Auftragseingangs.

Wirken Elemente über Ursache-Wirkungs-Zusammenhänge aufeinander ein, dann entstehen in integrierten Systemen Rückkopplungen. Aus der Verkettung mehrerer Ursache-Wirkungs-Zusammenhänge ergibt sich im Beispiel der Abb. 1.2.26 eine Kausalschleife. Im Beispiel ist auch eine Wirkungsbeziehung der Lieferzeit auf den Auftragseingang zu berücksichtigen, welcher dann eine **Rückkopplung** bewirkt. Es handelt sich um **nichtlineare Systeme**, die eine hohe Kompliziertheit bedeuten. Die Abbildung derartiger Strukturen kann grafisch in Form von Kausaldiagrammen dargestellt werden.

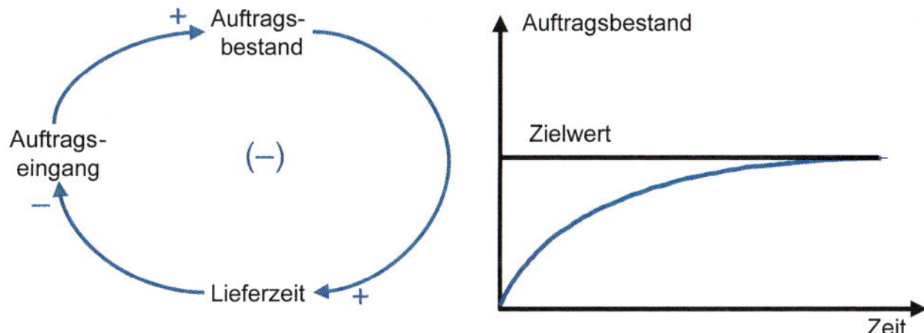

Abb. 1.2.26: Kausal- und Verhaltensdiagramm einer negativen Rückkopplungsschleife

Im Beispiel bewirkt ein höherer Auftragsbestand höhere Lieferzeiten (positive Beziehung), eine höhere Lieferzeit reduziert jedoch den Auftragseingang (negative Beziehung). Aufgrund der positiven Beziehung zum Auftragsbestand sinkt dieser ebenfalls. Analog gilt aber auch, dass ein geringerer Auftragsbestand zu kürzeren Lieferzeiten führt, dies wiederum den Auftragseingang verbessert, was schließlich den Auftragsbestand erhöht. Insgesamt ergibt sich aus der Multiplikation der Vorzeichen der einzelnen Beziehungen die Wirkungsrichtung der **Kausalschleife.** Diese Rückkopplungsschleife hat eine zielsuchende Wirkung und nähert sich einem Zielwert im Zeitablauf an. Negative Rückkopplungsschleifen streben danach, den Abstand zwischen Ist- und Sollzustand eines Systems zu verringern.

Regelkreise mit positiver Polarität entfernen das betrachtete System dagegen immer weiter von seinem Anfangszustand (vgl. Abb. 1.2.27). Dieser Grundtyp wird wegen seiner destabilisierenden Wirkung auch als **selbstverstärkender Regelkreis** bezeichnet. Er führt zu exponentiellen Wachstums- oder Schrumpfungsprozessen.

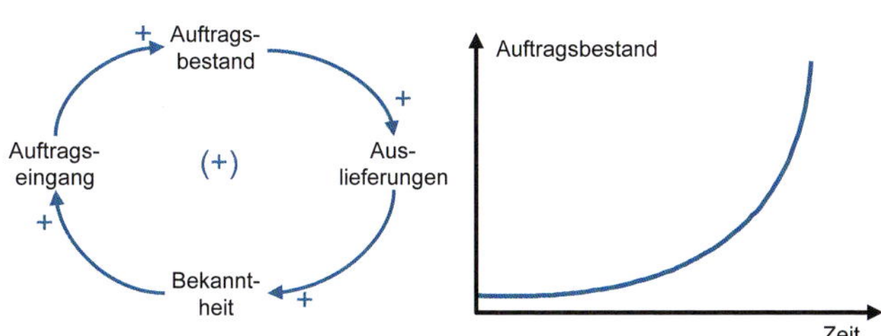

Abb. 1.2.27: Kausal- und Verhaltensdiagramm einer positiven Rückkopplungsschleife

Das Verhalten des Systems ist somit aus seiner Struktur erklärbar, die aus zusammengesetzten Regelkreisen besteht. Häufige Anordnungen von Regelkreisen werden nach *Senge* als **archetypische Strukturen** bezeichnet. Ihnen können typische Verhaltensweisen zugeordnet werden (vgl. *Senge*, 1990, S. 378 ff.). Neben den beiden Grundmustern exponentiellen Wachstums bzw. Schrumpfung und Gleichgewichtssuche können auch komplexere Grundmuster in ihrer Struktur und ihrem Verhalten erklärt werden. So lassen sich selbstverstärkendes, ausbalancierendes, S-förmiges oder oszillierendes Verhalten sowie Überreaktionen oder Kollaps mithilfe von Rückkopplungsstrukturen erklären. So ist z. B. das S-förmige Verhalten eines Marktlebens- oder Technologielebenszyklus und Diffusionsverläufe als Kombination aus einer negativen und einer positiven Rückkopplungsschleife zu interpretieren. Diese Systemarchetypen werden auch als **generische Strukturen** bezeichnet. Je mehr von diesen Archetypen in einem System erkannt werden, umso eher können mögliche Hebel zur Steuerung bestimmt und entsprechende Maßnahmen eingeleitet werden.

Derartige Strukturmuster können in **Modellen** beschrieben werden. Eine formale Systembeschreibung ist eine Grundvoraussetzung, um ein System untersuchen zu können. Jedes Führungshandeln basiert auf Informationen und Regeln (vgl. *Forrester*, 1961, S. 93). Dabei werden Modelle über das Wesen von Systemen herangezogen. In mentalen Modellen werden Systeme weitgehend erfasst. Ohne explizite Systembeschreibung sind diese Modelle für Dritte nicht nachvollziehbar und zugrundeliegende Annahmen, Vereinfachungen oder Widersprüche bleiben verborgen (vgl. *Sterman*, 2009, S. 4). Hinzu kommt, dass **mentale Modelle** typische Denkfehler im Umgang mit Komplexität aufweisen, wie eine unscharfe und unvollständige Erfassung eines Systems. Zudem ist der menschliche Verstand nur beschränkt in der Lage, dynamische Effekte, Rückkopplungen und Zeitverzögerungen zu berücksichtigen (vgl. *Forrester*, 1961, S. 52 f.).

Werden viele Regelkreise miteinander verknüpft, so kann das Verhalten nichtlinearer Systeme nur noch mithilfe von Simulationsmodellen vorhergesagt werden (vgl. *Forrester*, 1971). Ursache ist z. B. der unterschiedlich starke Einfluss einzelner Kausalschleifen auf das Gesamtverhalten eines Systems oder Zeitverzögerungen, die für unterschiedlich schnelle Wirkungen sorgen. Da also die Komplexität der Welt die menschlichen Möglichkeiten zur Komplexitätsverarbeitung überschreitet, bedarf es dafür formaler Modelle. *Forrester* (1961) begründete dafür das System Dynamics, mit dem sich die Interaktionen in komplexen dynamischen Systemen simulieren lassen. Als Beispiel für die Modellierung nichtlinearer Systeme kann das sog. Bierspiel (Beer Distribution Game) dienen. Es veranschaulicht die Dynamik eines einfachen, nichtlinearen Systems (vgl. *Senge*, 1990, S. 23 ff.). Dabei werden vier Parteien einer Lieferkette der Bierbranche abgebildet, nämlich Einzelhändler, Großhändler, Zentrallager und Brauerei. Da die einzelnen Parteien nur über Bestellmengen miteinander kommunizieren und es Zeitverzögerungen im Lieferprozess gibt, produziert eine solche Struktur instabiles Verhalten, in diesem Falle Lagerbestände. Die Kausalstrukturen einer Partei werden in Kausaldiagrammen wie in Abb. 1.2.28 abgebildet.

Jeder Sektor der Lieferkette handelt mit Bierkästen und versucht seine Kosten zu minimieren. Dabei kostet es 0,5

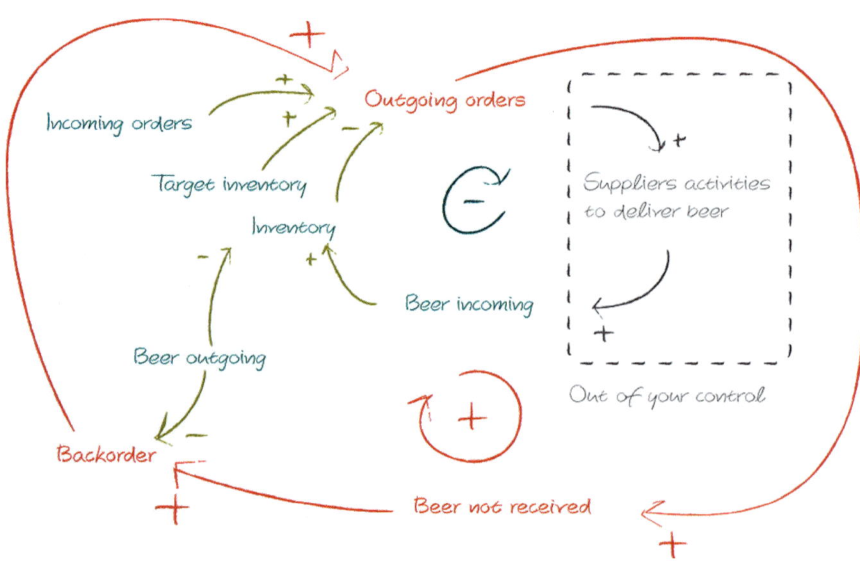

Abb. 1.2.28: Kausaldiagramm eines Sektors im Bierspiel

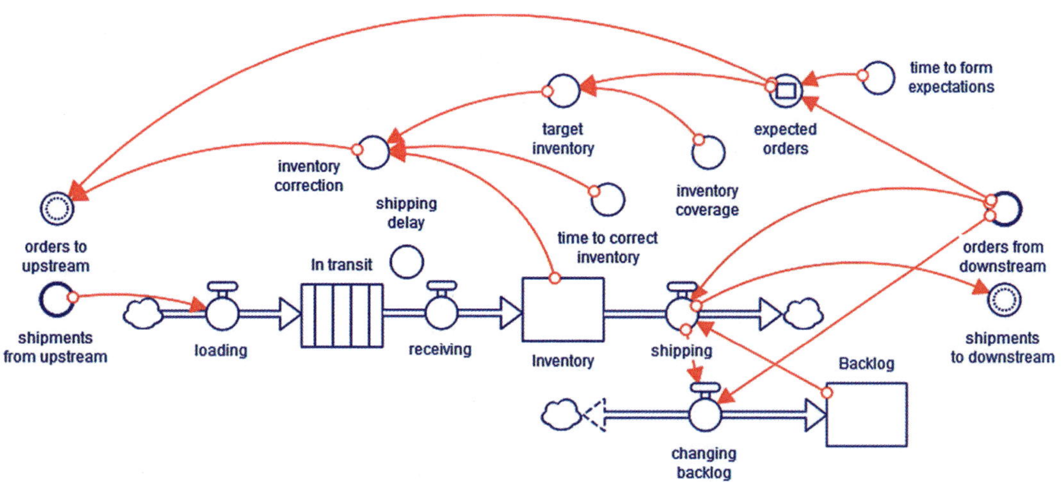

Abb. 1.2.29: Flussdiagramm eines Sektors im Bierspiel

Geldeinheiten pro Periode, um Bier auf Lager zu halten und ein Lieferverzug eine Geldeinheit je Kasten. Zu Beginn haben alle Sektoren 12 Kästen Bier auf Lager und die Startnachfrage ist für alle vier Kästen Bier. Diese Situation kann in ein **Flussdiagramm** überführt werden, wobei die Kausalitäten und Zeitabhängigkeiten aus dem Kausaldiagramm quantitativ abgebildet werden. Zur Simulation werden mathematische Differentialgleichungen verwendet.

Dabei wird unterschieden (vgl. *Sterman*, 2009, S. 193 ff.):

- **Bestandsgrößen** (Level/Stock) sind zeitpunktbezogene Größen, die sich durch Aufnahme oder Abgabe verändern. Die Netto-Bestandsveränderung wird über Zufluss (t) – Abfluss (t) berechnet. Im Bierspiel sind dies z. B. die Bierbestände, die durch eingehende und ausgehende Lieferungen verändert werden. Bestände können neben materiellen Gegenständen auch immaterielle Größen, wie z. B. Wissen oder Kompetenzen, abbilden und repräsentieren Akkumulationseffekte.
- **Flussgrößen** (Rates) verbinden Bestände als deren Zu- bzw. Abnahme im Zeitablauf. Flussgrößen sind zeitraumbezogene Größen. Sie beinhalten die Regeln (Policies), wie z. B. Bier ausgeliefert wird oder Bestellungen erfolgen.
- **Hilfsvariablen** oder Konstanten bilden notwenige Größen für Entscheidungs- und Umsetzungsprozesse und auch zeitliche Verzögerungen ab (sog. Delays). Im Bierspiel sind dies etwa die Transitzeiten für die Lieferungen, die Erwartungen zukünftigen Lieferverhaltens etc.

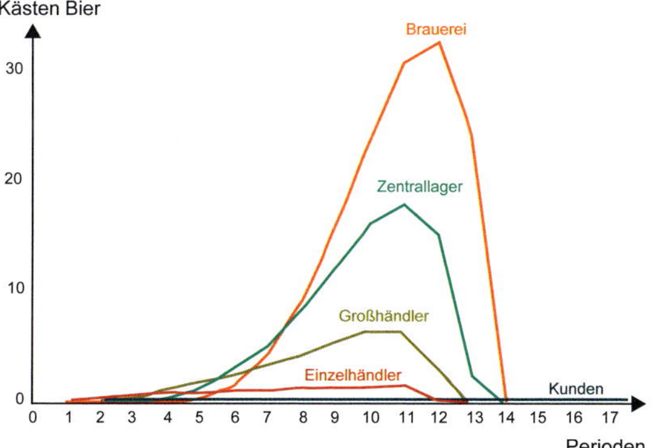

Abb. 1.2.30: Simulationsergebnisse im Bierspiel

Im Spielverlauf wird nun nach einigen Perioden die Nachfrage einmalig verdoppelt und anschließend auf dem höheren Niveau konstant gehalten. Trotz dieser nur einmaligen Änderung schwankt die Nachfrage auf den nachgelagerten Handelsstufen erheblich und schaukelt sich auf, wie es charakteristisch für den sog. Peitscheneffekt (bullwhip effect) ist (vgl. Kap. 3.3.4).

Das Bierspiel besticht durch seine Einfachheit und Transparenz. Es zeigt deutlich, dass die Systemstruktur das Systemverhalten bestimmt. Trotz der relativ geringen Kompliziertheit fällt es auch erfahrenen Managern schwer, ein Aufschaukeln zu verhindern. Um dem Ziel einer Optimierung der Gesamtkosten näher zu kommen, können Entscheidungsregeln verändert und Szenarien simuliert werden. Dafür können z. B. die Kommunikation beschleunigt oder Expresslieferungen zwischen Brauerei und Einzelhandel erlaubt werden.

Kennzeichnend ist, dass auch komplizierte und dynamische Interaktionen bzw. Ursache-Wirkungsgeflechte mit Zeitverzögerungen, Rückkopplungen und nichtlinearen Verhaltensmustern simuliert werden können. Auf diese Weise lassen sich auch komplexe Systeme verstehen. Nichtlineare Systeme sind demnach im Sinne einer gelenkten Komplexitätsreduktion nur **begrenzt beherrschbar**.

Theorie sozialer Systeme

Der Transfer von der allgemeinen Systemtheorie und der Kybernetik auf lebende Organismen und sozialen Organisationen wurde von *Luhmann* (1984) vorgenommen. In der **Theorie sozialer Systeme** werden wesentliche Unterschiede zwischen technischen und sozialen Systemen thematisiert.

Es lassen sich folgende **Systemarten** unterscheiden:

- **Mechanistische Systeme** haben keine eigenen Ziele und funktionieren nach dem Willen des Systembenutzers wie eine Maschine. Wird ein Unternehmen so verstanden, würde es lediglich den Interessen seiner Eigentümer dienen. Ein solches System ist rational planbar, sofern seine Einzelteile und deren Zusammenwirken vollständig verstanden werden. Auf dieser Sichtweise basiert das Scientific Management nach *Taylor*.
- **Organismische Systeme** verfolgen selbst mindestens ein Ziel, z.B. Wachstum oder Überleben. Solche Systeme sind etwa biologische Systeme. Ein Lebewesen grenzt sich durch seinen Körper von seiner Umwelt ab. Indem es lebt, operiert es autark in seiner inneren Ordnung und reproduziert sich selbst. Die Übertragung dieses Systemverständnisses auf Unternehmen ist weit verbreitet und spiegelt sich auch in sprachlichen Analogien wider. So ist z.B. der englische Begriff „Corporation" vom lateinischen Wort „Corpus" abgeleitet. In der Vorstellung des Unternehmens als Organismus wird nicht mehr von der einfachen Austauschbarkeit der Ressourcen ausgegangen. Damit steigt der Wert der Mitarbeiter, die als schwierig zu ersetzende Teile eines Unternehmens im Sinne von Organen betrachtet werden. Unternehmen unterliegen ähnlich wie natürliche Organismen der Evolution zur Anpassung an ihre Umwelt. Dadurch soll ihre Überlebensfähigkeit erhalten werden.
- **Soziale Systeme** bestehen aus Elementen, die zu eigenen und gemeinsamen Zwecken zusammenarbeiten und vielfältige Austauschbeziehungen mit ihrer Umwelt unterhalten. Das Unternehmen als soziales System zeichnet sich dadurch aus, dass sowohl das System als auch seine Elemente eigene Ziele verfolgen. Das Unternehmen ist Teil eines übergeordneten Systems und steht im Zusammenhang mit anderen Systemen, wie z.B. Kunden, Lieferanten und Konkurrenten.

Wesentliche **Merkmale sozialer Systeme** sind:

- Soziale Systeme sind durch **Kommunikation** gekennzeichnet. Immer wenn kommuniziert wird, entstehen Beziehungen und damit ein soziales System. Im Umkehrschluss muss jedes soziale System kommunizieren, um zu existieren. Dabei erfolgen Rückkopplungen durch Kommunikation und Beobachtung. Soziale Systeme entstehen und erhalten sich durch Kommunikation.
- Ein soziales System besitzt die Fähigkeit, sich selbst (wieder-)herzustellen. Dies wird als **Autopoiesis** bezeichnet. Damit erhält es seine Existenz.
- Ein soziales System hat **Mitglieder**, die sich durch Kommunikation über den Eintritt in ein soziales System entscheiden oder auch daraus ausscheiden können. In der Kommunikation über den Eintritt oder Austritt in das System werden der Beitrag für den Systemzweck und die Konditionierung zur Einhaltung von Normen und Regeln thematisiert.

Theorie dynamischer Systeme und Evolutionstheorie

Durch die laufende Kommunikation in sozialen Systemen haben Veränderungs- und Anpassungsprozesse eine hohe Bedeutung. Die **Theorie dynamischer Systeme** betrachtet sowohl die Steuerung und Regelung als auch die Gestaltung eines Unternehmens als evolutionären Prozess.

Evolutionäre Überlegungen finden sich nicht nur in der Biologie, sondern u.a. auch in Recht, Soziologie, Volks- und Betriebswirtschaftslehre. Die meisten evolutionären Ansätze haben ihren Ursprung in der Biologie. Der Naturforscher und Philosoph *de Lamarck* hat 1809 als erster eine biologische Evolutionstheorie aufgestellt, nach der sich Organismen nach und nach vervollkommnen. *Darwin* stellte *1859* die **biologische Evolution** als zufälligen Prozess dar und betont die Notwendigkeit der Anpassung an geänderte Umweltanforderungen. Ausgangspunkt sind dabei nicht Individuen, sondern Populationen mit einem gemeinsamen Genpool. Sämtliche Merkmale des Genpools sind nur in der gesamten Population vorhanden, während die zugehörigen Individuen lediglich einen Teil des Genpools besitzen.

Die Entwicklung der Population erfolgt in **Phasen**:

- **Variation:** Bei der Fortpflanzung werden durch Zufall andere Erbanlagen weitergegeben. Es entstehen genetische Mutationen in Form von abweichenden Lebensformen mit neuen Eigenschaften. So erweitert sich der Genpool der Population.

- **Selektion:** Lebewesen zeugen mehr Nachkommen als zur Arterhaltung erforderlich. Deshalb kommt es zu einer Auswahl jener Lebensformen, die sich besser an die Umweltbedingungen anpassen können. Dieser Daseinskampf („Struggle for Life") ermöglicht die Weiterentwicklung der Art. Die Individuen mit schlechteren genetischen Eigenschaften verbreiten sich weniger stark, wodurch sich der Genpool der Population verändert.
- **Retention:** Die Vermehrung der überlegenen Mutation und die damit verbundene Weitergabe ihrer günstigen Erbanlagen führen zu einer Ausbreitung und Verfestigung der veränderten Art. In der Tierwelt wird dies dadurch gewährleistet, dass sich nur die stärksten Männchen im Kampf um ein Weibchen durchsetzen und damit fortpflanzen können („Survival of the fittest").

Die Erkenntnis des Evolutionsprozesses war zunächst revolutionär. Die Bildung höherer Arten wird als das Ergebnis eines zufälligen Prozesses des Entstehens und Vergehens sowie einer schrittweisen Entwicklung hin zu besser angepassten Arten verstanden.

> **Evolution** bezeichnet die allmählich fortschreitende Entwicklung eines Systems aus sich selbst heraus (vgl. *Witt*, 1994, S. 503).

Die **Evolutionstheorie** kann damit Erklärungen für das Zustandekommen eines Zustands liefern, ohne zukünftige Veränderungen vorherzusagen. Solche Prozesse des Wandels betreffen nicht nur biologische Organismen. Ökonomische und biologische Systeme weisen wesentliche Gemeinsamkeiten auf und unterliegen daher grundsätzlich ähnlichen Wirkungsmechanismen. Eine Entwicklung erfolgt als dynamischer Prozess, bei dem plötzlich auftretende Neuerungen die Systeme verändern.

> **Ökonomische Evolution** ist die Fähigkeit eines wirtschaftlichen Systems, Wandel aus sich selbst heraus zu erzeugen (vgl. *Witt*, 1994, S. 503).

Die **ökonomische Evolution** wendet die Evolutionstheorie auf wirtschaftliche Phänomene an und befasst sich mit Veränderungsprozessen. Dabei wird nicht ein statischer Zustand zu einem bestimmten Zeitpunkt, sondern die für dessen Entstehung verantwortlichen Mechanismen und Prozesse betrachtet.

Grundannahmen sind (vgl. *Zahn/Schmid*, 1996, S. 34):

- Als **Population** wird meist ein Unternehmen betrachtet, welches z. B. organisatorische Prozesse, Wissen und Fähigkeiten als „genetischen Code" umfasst. Meist wird der Genpool mit Kompetenzen gleichgesetzt, die dem Evolutionsprozess unterliegen und der Grund für den Reproduktionserfolg sind. In Analogie zur genetischen Information sind dies z. B. Patente, Technologien oder Software. Sie repräsentieren das Wissen und die Fähigkeiten der Mitglieder des Unternehmens.
- Innerhalb einer Population kommt es nun im Laufe der Evolution zu **Variationen**. Dies kann viele Gründe und Auslöser haben, wie etwa technischer Wandel, Veränderungen der institutionellen Rahmenbedingungen oder Zufall. Diese führen zur Entstehung von Neuerungen, Verbesserungen und Innovationen. Betrachtet wird dabei, wie soziale Systeme sich im Zeitablauf verändern. Daher stehen in der Evolutionstheorie dynamische Prozessmodelle im Vordergrund, im Gegensatz zu den auf statischen Gleichgewichten beruhenden Modellen der Industrieökonomie. Während sich die Evolution in der Biologie in mehreren tausend Jahren vollzieht, findet unternehmerischer Wandel in kurzen Zeiträumen, wie etwa wenigen Jahren, statt. In der Praxis wird oft bemängelt, dass Unternehmen ihre Strategien und Strukturen meist zu langsam verändern und die organisationale Trägheit zu hoch sei (vgl. *Hannan/Freeman*, 1989, S. 12).
- Es existiert ein **Selektionsmechanismus**, der entweder intern durch die Führung oder extern durch den Markt ausgelöst wird. Aus dem Angebot des Genpools selektiert die Umwelt diejenigen Variationen aus, die den von ihr gestellten Anforderungen nicht gewachsen sind. In einem externen Auswahlmechanismus überleben nur die Organisationen, die an die Anforderungen des Marktes bzw. der Population optimal angepasst sind. Kritischer sind interne Selektionsmechanismen zu beurteilen. Für interne Auswahlmechanismen sind unterschiedliche **Vorgehensweisen** zu berücksichtigen:
  - Operative Prozeduren und Routinen sind als Genpool für das Funktionieren und die Effizienz eines Unternehmens von zentraler Bedeutung.
  - Investitionsverhalten, Innovationsprojekte und Strategien beeinflussen die Effektivität bzw. die Zukunftsfähigkeit eines Unternehmens.
  - Prozesse zur kontinuierlichen Verbesserung sind für die unternehmerische Vitalität und Kultur maßgeblich.

- Ebenso bedarf es der Existenz beharrender Mechanismen für eine **Retention** der neuen Eigenschaften der überlebenden Variationen, um gleichsam Stabilität und Kontinuität zu ermöglichen. Es gilt, die neuen Varianten im Genpool der Population zu schützen und weiterzugegeben. Dies ist ein Anknüpfungspunkt zum ressourcenorientierten Ansatz, der Unternehmen als Bündel aus Routinen, Fähigkeiten und Kompetenzen betrachtet, die pfadabhängig entwickelt werden.

Die Prognosekraft evolutionärer Ansätze hängt wesentlich davon ab, wie der Selektionsprozess erklärt wird – kein leichtes Unterfangen, wenn man die Möglichkeit einbezieht, dass auch Selektionsmechanismen einer Evolution unterliegen. Deshalb ist es schwierig, Handlungsempfehlungen für die Unternehmensführung aus dem evolutionstheoretischen Ansatz abzuleiten.

Die Annahme einer vollständigen Plan- und Gestaltbarkeit von Unternehmen wird bei der **evolutionären Unternehmensführung** aufgegeben. Evolutionäre Prozesse lassen sich nicht direkt beeinflussen, da die relevanten Variations- und Selektionsmechanismen außerhalb des direkten Einflussbereiches der Führung liegen. Die Frage ist, wodurch sich das Überleben eines Unternehmens sicherstellen lässt. Hierfür soll es so gelenkt werden, dass es sich wie ein lebender Organismus selbst erhalten, anpassen und verändern kann (vgl. *Schmidt*, 1992, S. 42). Hierfür sind zum einen die Grenzen der Beherrschbarkeit komplexer Systeme zu akzeptieren und zum anderen ganzheitliches Denken und Handeln erforderlich (vgl. *Ulrich/Probst*, 2001, S. 12). Unternehmen sind danach sich selbst steuernde und organisierende Systeme, in denen die Unternehmensführung wie ein Katalysator Rahmenbedingungen für günstige evolutionäre Veränderungen zu entwickeln hat.

Aus diesen Überlegungen lassen sich folgende **Leitlinien** einer evolutionären Unternehmensführung zusammenfassen (vgl. *Malik*, 1999, S. 48 ff.):

- Unternehmensführung bezieht sich auf ein System und geht damit über die reine Menschenführung hinaus. Sie ist Aufgabe vieler Personen und sollte **ganzheitlich und vernetzt** vollzogen werden.
- Unternehmensführung kann die **Komplexität nicht vollständig beherrschen** und nicht alle Prozesse im Unternehmen direkt beeinflussen. Sie muss deshalb auch indirekt erfolgen, indem die Systemstruktur und die Rahmenbedingungen gestaltet werden.
- Unternehmensführung verfolgt das Ziel der **Anpassungs- und damit (Über-)Lebensfähigkeit** des Unternehmens.

Ausgestaltungen der evolutionären Unternehmensführung finden sich im *St. Galler Managementansatz*, dem *Münchner Managementansatz* (vgl. *Kirsch*, 1991) oder der *Population Ecology Research* (vgl. *Hannan/Freeman*, 1989). Allen gemein ist, dass **evolutionäre Unternehmensführung** von der eingeschränkten Beherrschbarkeit von Systemen ausgeht. Die Unternehmensführung hat daher auch die Entwicklung des Unternehmens zu beeinflussen und damit erst Gestalt- und Lenkbarkeit zu ermöglichen. Sie gibt keine konkreten Handlungen vor, sondern gestaltet einen Handlungsrahmen, in dem die Verantwortlichen sich entwickeln können. Dabei können sich Variationen aus den laufenden Aktivitäten des Unternehmens und aus Chancen des Unternehmensumfelds entwickeln. Diese werden als **gelenkte Evolution** durch eine gezielte Auswahl selektiert. Dies ermöglicht eine höhere Flexibilität, Anpassungsfähigkeit und Agilität des Unternehmens. Abb. 1.2.31 veranschaulicht diese gelenkte Evolution am Beispiel der Strategieentwicklung.

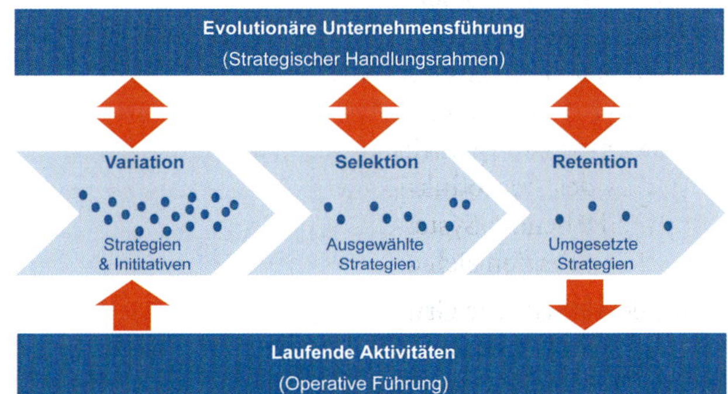

Abb. 1.2.31: Gelenkte Evolution am Beispiel der Strategieentwicklung

Theorie selbstorganisierender Systeme

Bei nichtlinearen dynamischen Systemen kann die Beherrschbarkeit noch weiter eingeschränkt sein, wenn diese instabil werden und sich ohne steuernden Eingriff selbst erschaffen und erhalten. Ein System führt dann gleichsam ein Eigenleben. Vereinfachend wird dann von selbstorganisierenden Systemen gesprochen.

Zum Verständnis **lebender Systeme** kann auf die Biologie zurückgegriffen werden. Dort wurden die notwendigen und hinreichenden Eigenschaften von Systemen erforscht, um sie als „lebendig" bezeichnen zu können. *Varela* (1974) stellt dafür u. a. folgende **Bedingungen** auf (vgl. *Varela et al.*, 1974, S. 187 ff.):

- **Abgrenzung**: Lebendige Systeme haben identifizierbare äußere Grenzen, welche sie eindeutig vom System unterscheiden. So verfügen z. B. Zellen über eine Zellmembran, die zwar Interaktion mit der Umwelt zulässt, die Zelle aber eindeutig gegenüber der Umwelt abgrenzt.
- **Bausteine**: Sie bestehen aus Komponenten (Elementen), die Relationen und Interaktionen (Beziehungen) miteinander haben. Dies entspricht der allgemeinen systemtheoretischen Definition. Für eine Zelle wären dies z. B. der Zellkern, die Proteine etc., die alle in komplexen Interaktionen zusammenwirken. Dabei bestimmen sowohl die Komponenten als auch die Beziehungen die Eigenschaften des Systems.
- **Systemeigener Reproduktionsprozess**: Die Komponenten werden durch das System selbst reproduziert oder sie entstehen durch Transformation von externen Elementen durch interne Komponenten (operative Geschlossenheit). So erneuern sich Zellen eigenständig unter Verwendung von Materie und Energie in einem spezifischen systemeigenen Reproduktionsprozess. Dieser ist jeweils nur für das spezifische System verwendbar. So haben Zellen mit verschiedenen Funktionen auch unterschiedliche Reproduktionsweisen. Hierbei handelt es sich um selbstorganisierte und spontane Prozesse. Als Ergebnis des Reproduktionsprozesses ist ein zentrales Merkmal lebender Systeme, dass sie selbstrekursiv sind, d. h. sie erschaffen sich aus sich selbst heraus.
- **Komplexität** ist eine Grundeigenschaft aller lebendigen Systeme, d. h. sie unterliegen nichtlinearen und dynamischen Veränderungen. Lebendige Systeme sind demnach eine besondere Teilmenge komplexer Systeme.

Autopoiesis ist der Prozess der Selbsterschaffung und -erhaltung eines Systems.

Damit lassen sich Lebewesen eindeutig definieren und abgrenzen. Lebende Systeme, welche diese Bedingungen erfüllen, werden als **autopoietische Systeme** bezeichnet. Sie unterscheiden sich demnach von komplexen Systemen durch ihre Selbstorganisation nach dem Prinzip der Selbsterschaffung.

Die Selbstorganisation ist Gegenstand der Chaosforschung. Im Alltagsverständnis bilden **Chaos und Ordnung** zwei gegensätzliche Pole. Chaos wird als Regellosigkeit aufgefasst. Wo Chaos herrscht, ist unmittelbare Ordnung nicht erkennbar. Naturwissenschaftlich ist Chaos jedoch der Grenzbereich zwischen Unordnung und Ordnung (vgl. *Haken/Wunderlin*, 1991, S. 20). Jedes dynamische System durchläuft eine bestimmte Entwicklung, bei der zu bestimmten Zeitpunkten Gleichgewichtslagen (Attraktoren) eingenommen werden. Das Verhalten autopoietischer Systeme ist nur begrenzt vorhersehbar und kleinste Änderungen in den Umgebungsbedingungen (Anfangswertsensibilität) können zu unvorhersehbarem, chaotischem Verhalten führen. Dieses chaotische Verhalten beinhaltet z. B. den sog. Schmetterlingseffekt, nach dem der Flügelschlag eines Schmetterlings einen Tornado auslösen kann. Dies soll versinnbildlichen, dass beliebig kleine Änderungen zu unvorhersehbar großen Effekten führen können. An instabilen Punkten der Entwicklung treten Verzweigungspunkte (Bifurkationen) auf. Dort kann die weitere Entwicklung in die eine oder andere Richtung erfolgen. Dies ist gleichsam der Übergang zwischen Ordnung und Chaos. Änderungen eines Parameters bewirken, dass die alte Struktur instabil und dadurch in eine neue Struktur überführt wird. Diese Prozesse werden naturwissenschaftlich durch die **Synergetik** beschrieben. Dort werden Phänomene, bei denen durch das Zusammenwirken von Subsystemen spontan geordnete Strukturen entstehen, als **Selbstorganisation** bezeichnet (vgl. *Dillerup*, 1998, S. 172).

Selbstorganisierte Systeme beinhalten sich selbst steuernde und nicht extern angetriebene Prozesse. Zufällige und unerwartete Ereignisse erzeugen spontane Systemänderungen, die neue, stabile Strukturen erzeugen.

In der Naturwissenschaft werden die Übergänge zwischen Ordnung und Chaos mithilfe der **fraktalen Geometrie** beschrieben. *Mandelbrot* prägte den Begriff des Fraktals zur Beschreibung von Organismen und Gebilden in der Natur, die aus wenigen, sich wiederholenden Bausteinen komplexe Lösungen bilden (vgl. *Mandelbrot*, 1991, S. 13). Fraktale sind mathematische Objekte, die eine gleiche Struktur besitzen, unabhängig davon, wie stark sie vergrößert werden. Allgegenwärtige geometrische Naturphänomene, wie etwa Wolken, Berge oder Küstenlinien, können mit Hilfe der fraktalen Geometrie beschrieben werden. Mathematisch lassen sich Fraktale durch Rekursivformeln konstruieren

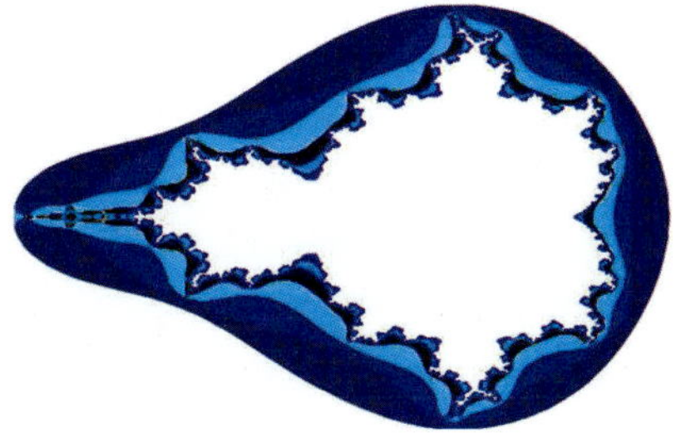

Abb. 1.2.32: Darstellung eines Fraktals als „Apfelmännchen“

und als Computergrafik visualisieren. Zentrale Merkmale der fraktalen Geometrie sind die Selbstähnlichkeit und -organisation. Diese beschreiben den Prozess der Konstruktion von Fraktalen aus selbstähnlichen Strukturelementen. Ein Beispiel ist das in Abb. 1.2.32 dargestellte „Apfelmännchen".

Managementkybernetik nach dem St.-Galler-Management-Modell

Basierend auf dem systemorientierten Theorieverständnis der Unternehmensführung ist die Managementkybernetik die Anwendung der Kybernetik auf die Führung komplexer Organisationen. Die Grundlage zur Managementkybernetik wurde von *Beer* (1970) gelegt. Für die Unternehmensführung wurde erstmals von *Ulrich* der Transfer geschaffen, Unternehmen als produktive soziale Systeme zu betrachten. Sie werden mittels kybernetischer Methoden ganzheitlich systemtheoretisch beschrieben, erklärt und gestaltet. Die Unternehmensführung ist dabei ein Subsystem des Unternehmens. Diese Konzeption wurde in seiner ursprünglichen Version in den 1960er-Jahren an der Universität St. Gallen entwickelt und 1970 von *Ulrich* als **St.-Galler-Management-Modell** (SGMM) veröffentlicht. Dieses Modell war damit der Wegbereiter der systemorientierten Managementlehre. Bereits in dieser ersten Generation sollte das SGMM als Gestaltungsrahmen für Führungskräfte dienen. Das Unternehmen soll ganzheitlich betrachtet werden, um dessen Probleme zu identifizieren und zu lösen. Das Modell ist an die Besonderheiten eines Unternehmens anzupassen (vgl. *Ulrich*, 1970).

Daraus entwickelte *Bleicher* (2011a) eine umfassende Konzeption der Unternehmensführung. Er betonte insbesondere den Aspekt der Integration aller Ebenen, Funktionen und Kontexte in einem System. Die Funktionen der Unternehmensführung werden darin nach Strukturen, Aktivitäten und Verhalten unterteilt (vgl. Abb. 1.2.33). Die Strukturen befassen sich mit Fragen der Organisation, die Aktivitäten umfassen weitgehend die Aufgaben der Planung und Kontrolle und das Verhalten bezieht sich auf die Personalfunktion der Unternehmensführung. Diese Weiterentwicklung des Modells durch *Bleicher* (1991) stellt das **St.-Galler-Management-Modell der 2. Generation** dar. Es erreichte in Theorie und Praxis große Bekanntheit und Akzeptanz. Darin wurden erstmals die drei Führungsebenen normativ, strategisch und operativ unterschieden.

Kritisiert wird die Theorielastigkeit des Modells, da es einen hohen Abstraktionsgrad hat und z. T. erklärungsbedürftige Begriffe verwendet. Zudem ist es auf die Gestaltung und Lenkung fokussiert. Einige Autoren sehen in einer systemorientierten Unternehmensführung nicht die letzte Entwicklungsstufe. Ursache-Wirkungs-Zusammenhänge bei Lenkungseingriffen sind aufgrund verhaltenswissenschaftlicher Einflüsse schwer zu bestimmen. Auch spielt die Dynamik für alle gestalterischen und lenkenden Eingriffe in Unternehmen eine große Rolle. Im Wechselspiel von Aktion und Reaktion sind insbesondere in dynamischen Umfeldern die Gestaltungs- und Lenkungsmöglichkeiten der Unternehmensführung begrenzt. Dann gewinnen die Aufgaben der Unternehmensentwicklung sowie selbstorganisatorische und evolutionäre Veränderungsprozesse an Bedeutung (vgl. *Servatius*, 1991). In einer evolutionären Unternehmensführung werden nicht nur konkrete Handlungen gelenkt, sondern Rahmenbedingungen gestaltet, innerhalb derer die Verantwortlichen selbst wählen können. Dies ermöglicht eine höhere Flexibilität und Anpassungsfähigkeit des Unternehmens (vgl. *Kirsch*, 1997). Auch die Überbetonung der Rolle von Führungspersonen mit ihrer individuellen Verantwortung wird

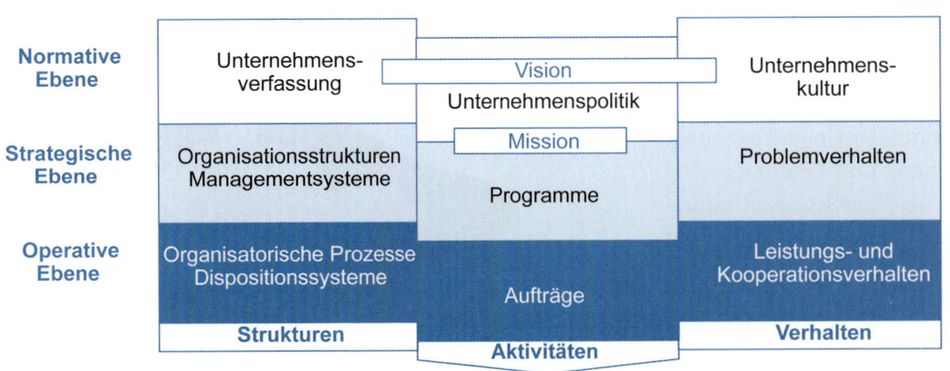

Abb. 1.2.33: St.-Galler-Management-Modell der 2. Generation (in Anlehnung an Bleicher, 2011, S. 90)

bemängelt. Das Bild der Unternehmensführung als technokratischer Lenker vernachlässigt die Betrachtung von Beziehungen, Relationen und Zusammenhängen.

Im sog. Neuen St. Galler Management-Modell (NSGMM) bzw. dem **St.-Galler-Management-Modell der 3. Generation** von *Rüegg-Stürm* (2003) erfolgt eine Weiterentwicklung mit spezifischen Akzenten. Die Rolle der Führungspersonen wird zurückgenommen und die der Prozesse hervorgehoben. In den Mittelpunkt rücken Management-, Geschäfts- und Unterstützungsprozesse mit deren Hilfe Unternehmen ihre Wertschöpfung in dynamischer Interaktion mit einer vielfältigen Umwelt erbringen. Dazu werden sechs zentrale Kategorien unterschieden. Umweltsphären, Anspruchsgruppen und Interaktionsthemen beziehen sich auf das gesellschaftliche und ökologische Umfeld, die Ordnungsmomente, Prozesse und Entwicklungsmodi auf die Innensicht der Organisation (vgl. *Rüegg-Stürm*, 2003, S. 24 ff.):

- **Umweltsphären** bezeichnen die relevanten Aspekte der Unternehmensumwelt. Ein Unternehmen steht in Wechselwirkung mit den Elementen dieser Systeme, weshalb diese sehr genau auf Trends und Veränderungen hin zu analysieren sind. Die Gesellschaft stellt die umfassendste dieser Sphären dar. Wichtig sind jedoch auch Technologie, Wirtschaft und Ökologie.
- **Anspruchsgruppen** bezeichnen alle Gruppen und Individuen, die in irgendeiner Form von der Wertschöpfung der Unternehmen betroffen sind (vgl. Kap. 2.3.2). Aus den Beiträgen für diese Stakeholder ergibt sich erst der Zweck eines Unternehmens. Ansprüche verschiedener Parteien sind jedoch notwendigerweise konfliktbeladen, weshalb die Unternehmensführung im Rahmen der normativen Führung bzw. der Unternehmenspolitik Prioritäten setzen muss.
- **Interaktionsthemen** bezeichnen die Austauschbeziehungen zwischen Anspruchsgruppen und Unternehmen und die Kommunikation des Unternehmens mit ihren Anspruchsgruppen. Dies sind insbesondere Werte (vgl. Kap. 2.2.2) und die Unternehmensverfassung (vgl. Kap. 2.4), welche die Beziehungen zwischen den Anspruchsgruppen regeln.
- In einer **Prozessperspektive** wird ein Unternehmen als ein System von Prozessen verstanden. Sie lassen sich in Management-, Geschäfts- und Unterstützungsprozesse gliedern. Dies entspricht einer prozessorientierten Unternehmensführung, die in Kap. 5.4 erläutert wird.
- **Ordnungsmomente** verleihen einem Unternehmen Ausrichtung und Sinn. Sie ergeben sich explizit und implizit aus dem Alltagsgeschehen, welches dadurch strukturiert wird. Es besteht also ein zirkulärer Zusammenhang zwischen Prozessen und Ordnungsmomenten. Die Teilbereiche sind Strategie, Strukturen und Kultur.
  - **Strategie** entspricht der Ebene der strategischen Unternehmensführung (vgl. Kap. 3).
  - **Strukturen** sind analog zur Führungsfunktion Organisation (vgl. Kap. 5).
  - **Kultur** bezeichnet die gelebten Normen und Werte, Einstellungen, Haltungen und Verhaltensweisen der Mitglieder eines Unternehmens (vgl. Kap. 2.2.3). In der Kultur kann ein wesentlicher Erfolgsfaktor eines Unternehmens begründet sein, da sie nur schwer von anderen Unternehmen imitiert werden kann.
- **Entwicklungsmodi** bezeichnen verschiedene Arten der Weiterentwicklung eines Unternehmens in einer evolutionären Sichtweise. Die kontinuierliche, ständig ablaufende Verbesserung des Bestehenden wird dabei als Optimierung bezeichnet, während die diskontinuierliche, nur sprunghaft stattfindende Schaffung von völlig Neuem durch Erneuerung repräsentiert wird.

Das in Abb. 1.2.34 dargestellte **St.-Galler-Management-Modell der 4. Generation** von *Rüegg-Stürm* und *Grand* (2020, S. 52 ff.) ist eine abstrahierende Weiterentwicklung, die auf einer Unterteilung in folgende **Schlüsselkategorien** basiert:

- Die **Umwelt als Möglichkeitsraum** macht deutlich, dass die Gestaltung des Verhältnisses zur Umwelt nicht nur eine Anpassung des Unternehmens erfordert, sondern auch eine Differenzierung im Wettbewerb und damit Existenzsicherung zulässt. Dies gilt sowohl für immaterielle Ressourcen wie Wissen, Vertrauen oder Innovationskraft als auch für materielle Ressourcen. Deren Ausgestaltung entsteht dadurch, dass Unternehmen mit den in ihrem Umfeld aktiven Stakeholdern kommunizieren. Damit erhält eine gesteuerte Outside-In-Perspektive eine zentrale Bedeutung in der Unternehmensführung. Die Umwelt bildet somit einen Raum von Möglichkeiten und Erwartungen, den ein Unternehmen immer wieder auf unternehmerische Weise neu erschließen kann.
- **Organisation als Wertschöpfungssystem**, das durch Arbeitsteilung und Spezialisierung gekennzeichnet ist. Die Wertschöpfung ist immer an den Anforderungen der Umwelt im Unternehmen auszurichten. Im Rahmen der Führungsebenen wird durch normative, strategische und operative Entscheidungen ein Abgleich von Umweltanforderung und Wertschöpfung hergestellt.

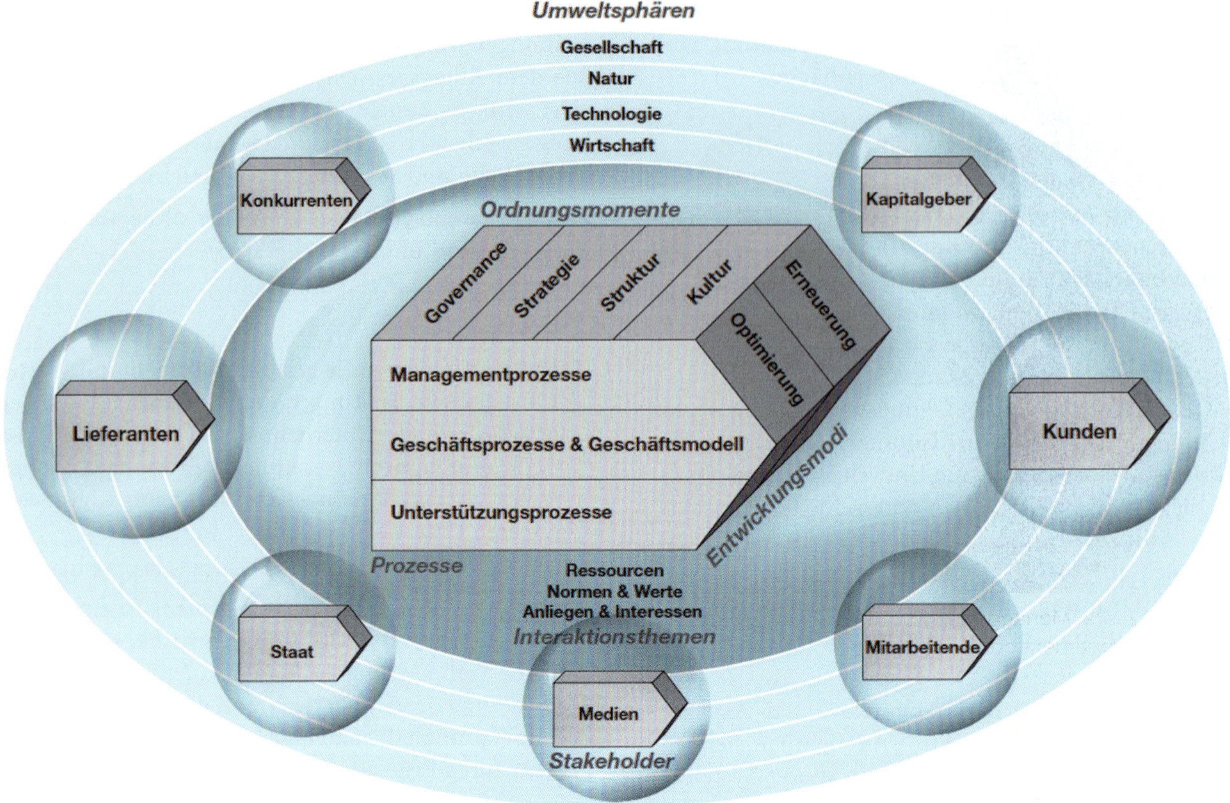

Abb. 1.2.34: St.-Galler-Management-Modell der 4. Generation (Rüegg-Stürm/Grand, 2020, S. 53)

Dies erschließt die Bedeutung und den Sinn („Sensemaking") für die Wertschöpfung. Durch Entscheidungen, Erklärungen und Sinnstiftungen sowie durch Routinen oder Hierarchien schaffen Unternehmen stabilisierende Faktoren, die nach innen wie außen wirken. Insbesondere in sehr unsicheren Umfeldern wird Orientierung und Stabilität unverzichtbar für die Handlungs- und Entscheidungsfähigkeit des Unternehmens.

- **Unternehmensführung als reflexive Gestaltungspraxis** trägt dazu bei, dass sich die Organisation im Zusammenspiel mit einer dynamischen Umwelt erfolgreich weiterentwickeln kann. Dabei wird die fortlaufende Weiterentwicklung der Unternehmensführung im Zusammenspiel mit einer dynamischen Umwelt betont. Dies erfolgt durch „regelmäßige reflexive Distanznahme". Durch kommunikative Aushandlungsprozesse gilt es, über Chancen und Risiken der Wertschöpfungsprozesse zu reflektieren.

Die aktualisierte Version des St. Galler Management-Modells ist eine Weiterentwicklung mit evolutionären und revolutionären Phasen und einer veränderten Rolle der Informationsfunktion. Sie wird nunmehr als kommunikative Interventions- und Entscheidungspraxis beschrieben. Die Unternehmensführung leitet sich systemisch aus den grundlegenden kommunikativen Abgrenzungs- und Öffnungsprozessen zwischen Organisation und Umwelt ab. Damit wird die Gestaltung einer offenen, wirksamen und effizienten Information und Kommunikation zu einer zentralen Funktion der Unternehmensführung.

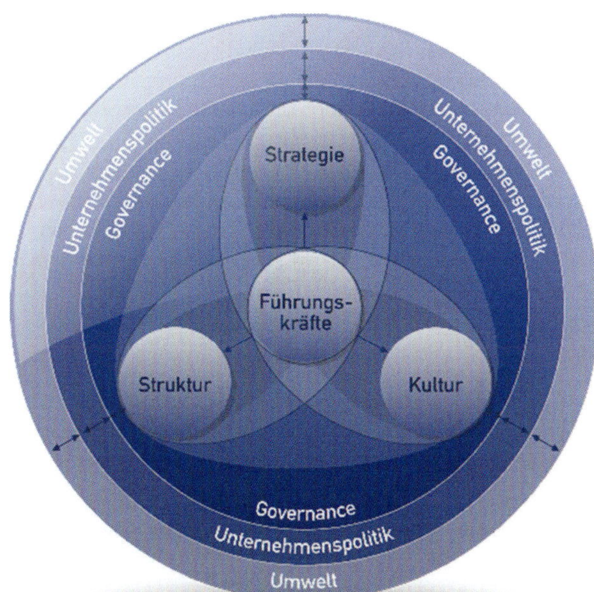

Abb. 1.2.35: General Management Modell (www.malik-management.com)

Allerdings existieren neben der Interpretation der Universität St. Gallen mit ihrem kommunikationsfokussierten Ansatz auch einige andere Weiterentwicklungen des St. Galler Management Modells. Die Konzeption von *Bleicher* wird durch die **St. Gallen Business School** weiter in die Praxis transferiert und aktualisiert (vgl. *Bleicher/ Abegglen*, 2021). Daneben gibt es viele Aufspaltungen und unterschiedliche Interpretationen der aktuellen St. Galler Management Modelle, mit z. T. nur noch geringen Gemeinsamkeiten. In der Praxis bekannt ist etwa das **General Management Modell** (GMM) nach *Malik* (1999). Betont werden dabei die Vernetzung von Strategie, Struktur und Kultur sowie die Rolle der Führungskräfte. Diese Elemente sind eingebettet in die Umwelt, die Unternehmenspolitik und Governance. So lässt sich für jedes Unternehmen die Gestaltung und Lenkung der Unternehmensführung veranschaulichen (Abb. 1.2.35).

Zusammenfassung

- Für die Existenz, die Führung und das Wesen von Unternehmen gibt es eine Vielzahl theoretischer Erklärungen. Dabei handelt es sich um Erfahrungen, die Übertragung von Erkenntnissen anderer Wissenschaftsdisziplinen oder die Verallgemeinerung von Beobachtungen erfolgreicher Unternehmen.
- Theorien bestehen aus Grundannahmen und -begriffen, dem Theoriekern, Messkonzepten und empirischen Belegen.
- Die Entscheidungstheorie beschreibt Wege zu einer rationalen Entscheidungsfindung. Dabei werden Entscheidungsprozesse mit einer gegebenen Zielfunktion, möglichen Umweltzuständen und Handlungsalternativen modelliert sowie durch die Anwendung mathematisch-statistischer Verfahren gelöst.
- Entscheidungen unter Sicherheit können mit deterministischen Entscheidungsmodellen wie der Nutzwertanalyse gelöst werden.
- Entscheidungsregeln können Entscheidungen unter Risiko unterstützen und z. B. durch Entscheidungsbäume dargestellt werden.
- In der Spieltheorie werden Entscheidungssituationen betrachtet, in denen mehrere Beteiligte interagieren. Sie unterscheidet nach dem Informationsstand der Spieler in vollständige Information, perfekte Information und perfektes Erinnerungsvermögen und bietet Lösungskonzepte in verschiedenen Spielsituationen.
- Die Mikroökonomie betrachtet Märkte als Gesamtheit ökonomischer Beziehungen zwischen Anbietern und Nachfragern, die rein rational-ökonomische Entscheidungen treffen.
- Die Industrieökonomie folgt dem Structure-Conduct-Performance-Paradigma. Danach wird der Erfolg eines Unternehmens (Performance) durch zentrale Branchenmerkmale (Structure) erklärt, die das Verhalten von Unternehmen (Conduct) bestimmen.
- Ein Monopol ist ein Markt, auf dem es nur einen Anbieter und keinen Wettbewerb gibt. Dann kann ein Unternehmen seinen Gewinn maximieren.
- Ein Oligol ist ein Markt mit wenigen Nachfragern oder Anbietern. Die Akteure sind in der Preis- oder Mengensetzung verbunden.
- Die neue Institutionenökonomie befasst sich mit vertraglichen Vereinbarungen, die anstelle idealer Marktbeziehungen den wirtschaftlichen Austausch zwischen Individuen regeln. Dabei maximieren die Individuen ihren Nutzen, sind begrenzt rational und opportunistisch.
- Die Property-Rights-Theorie betrachtet die Wirkung von Handlungs- und Verfügungsrechten an Gütern auf das Verhalten ökonomischer Akteure. Es werden vier Einzelrechte – Usus, Abusus, Usus fructus und das Kapitalisierungsrecht – unterschieden.
- Die Principal-Agent-Theorie betrachtet arbeitsteilige Auftraggeber-Auftragnehmer-Beziehungen. Dabei führt ein

Auftragnehmer (Agent) mit bestimmten Entscheidungskompetenzen eine Aufgabe für einen Auftraggeber (Prinzipal) aus. Auf diese Weise lassen sich institutionelle Auftragsbeziehungen beschreiben, erklären und besser gestalten.

- Die Transaktionskostentheorie beschäftigt sich mit den Kosten der Übertragung von Verfügungsrechten in Märkten. Je nach Ausprägung der Transaktionsmerkmale Spezifität, Veränderlichkeit der Vertragsbeziehung und Transaktionshäufigkeit lassen sich so unterschiedliche Ausgestaltungen zwischen Hierarchie und Markt erklären.
- Im ressourcenorientierten Ansatz (Resource-based View) entstehen Erträge (Renten) aus knappen Ressourcen. Dazu sind wiederum Ressourcen zu erschaffen, zu nutzen und zu sichern. Im fähigkeitsorientierten Ansatz werden Renten auch durch die Fähigkeit erklärt, Ressourcen nutzbringend einzusetzen.
- Ein System besteht aus Elementen, die zueinander in Wechselbeziehungen stehen. Systeme können atomistisch, holistisch und integriert betrachtet werden.
- Ein System kann durch kybernetische Lenkung auf Ziele ausgerichtet werden, wobei durch Steuerung die Störungen im Vorfeld berücksichtigt und durch Regelung die Ergebnisse des Systems kontrolliert werden.
- Ein komplexes System ist kompliziert und dynamisch. Das Verhalten eines Systems hängt von kausalen Zusammenhängen der Elemente ab. In einem integrierten System aus Rückkopplungsschleifen können Verhaltensmuster vorhergesagt werden.
- Evolution bezeichnet die allmählich fortschreitende Entwicklung eines Systems aus sich selbst heraus. Evolutionäre Unternehmensführung ist ganzheitlich und vernetzt. Sie geht von einer eingeschränkten Beherrschbarkeit der Komplexität aus und sorgt für die Anpassungs- und (Über-) Lebensfähigkeit des Unternehmens.
- Selbstorganisierende Systeme unterliegen der Autopoiesis, ein Prozess der Selbsterschaffung und -erhaltung. Sie beinhalten sich selbst steuernde und nicht extern angetriebene Prozesse, bei denen zufällige und unerwartete Ereignisse zu spontanen Systemänderungen führen.

Literaturempfehlungen

Bleicher, K.: Das Konzept Integriertes Management: Visionen – Missionen – Programme, 8. Aufl., Frankfurt a. M. 2011.

Kieser, A./Walgenbach, P.: Organisation, 6. Aufl., Stuttgart 2010.

Müller-Stewens, G./Lechner, C.: Strategisches Management: Wie strategische Initiativen zum Wandel führen, 5. Aufl., Stuttgart 2016.

1.3 Kontextbedingte Unternehmensführung

Leitfragen

- Wie lässt sich ein Unternehmen definieren?
- In welche Ebenen lässt sich die Unternehmensführung unterteilen?
- Welche Funktionen und Perspektiven hat die Unternehmensführung?
- Wie geht die Unternehmensführung mit verschiedenen Führungskontexten um?
- Wie lassen sich Ebenen, Funktionen und Perspektiven in einem kontextbedingten Führungssystem integrieren?

In Kap 1.1 wurden Unternehmen als Gegenstand der Unternehmensführung vorgestellt. Demnach ist ein **Unternehmen** ein privater Betrieb, der als planvoll organisierte Wirtschaftseinheit Güter und Dienstleistungen über den eigenen Bedarf hinaus nach dem erwerbswirtschaftlichen Prinzip herstellt und absetzt. Somit ist die Aufgabe eines Unternehmens in einem Wirtschaftssystem eingegrenzt und es strebt nach Gewinn, um zu überleben. Damit ist für Unternehmen die erwerbswirtschaftliche Ausrichtung bzw. die Gewinnerzielung per Definition vorgegeben, ebenso wie das Bestreben, eigenständig zu bleiben bzw. zu überleben. Darüber hinaus legen Unternehmen ihre weiteren Ziele jedoch selbstständig und weitgehend unabhängig von staatlichen Einflüssen fest (vgl. *Gutenberg* 1983, S. 507 ff.).

Für die Existenz, die Führung und das Wesen von Unternehmen gibt es eine Vielzahl theoretischer Erklärungen (vgl. Kap. 1.2). Diese Theorien beschreiben und erklären zentrale Zusammenhänge und können die unternehmerische Gestaltung und Problemlösung unterstützen. Sie dienen dazu, einzelne Aspekte, wie etwa Zweck, Entstehung, laufender Betrieb, Wandel oder Funktionsweise von Unternehmen, besser zu verstehen. Nach *Ulrich* (1970) können Unternehmen als produktive soziale Systeme beschrieben werden.

Dabei betrachten die Ansätze der Managementkybernetik ein Unternehmen als System mit folgenden **Merkmalen** (vgl. Kap. 1.2.4):

- Im Sinne der Allgemeinen Systemtheorie ist ein Unternehmen ein System, das aus Elementen besteht, die zueinander in einer Wechselbeziehung stehen. Unternehmen sind offene Systeme, die sich in einem dynamischen Austausch mit der Umwelt befinden.
- Nach der Theorie sozialer Systeme ist ein Unternehmen ein soziales System. Das Unternehmen als soziales System zeichnet sich durch einen Systemzweck aus, aber auch dadurch, dass seine Elemente eigene Ziele verfolgen. Die Gestaltung der Beziehungen erfolgt durch Kommunikation. Ein soziales System hat Mitglieder, die sich für den Ein- oder Austritt entscheiden können.
- Unternehmen besitzen nach der Theorie dynamischer Systeme die Fähigkeit zur Veränderung und Anpassung an die Umweltanforderungen. Sie können Wandel aus sich selbst heraus evolutionär erzeugen.
- Nach der Theorie komplexer Systeme sind Unternehmen durch Dynamik und fast immer auch Kompliziertheit gekennzeichnet. Sie sind damit komplexe Systeme, die nur begrenzt beherrschbar sind.
- Unternehmen können auch als lebende Systeme mit der Fähigkeit, sich selbst zu erschaffen und zu erhalten, betrachtet werden. Nach der Theorie selbstorganisierender Systeme sind sie nur begrenzt vorhersehbar und selbstorganisierend.

Zusammenfassend verfügen Unternehmen über folgende gemeinsame **Merkmale**:

- **Elemente:** Ein Unternehmen besteht aus einer Vielzahl an Elementen, die sowohl Menschen als Mitglieder eines sozialen Systems als auch Ressourcen umfassen.
  - **Mitglieder** sind Menschen, die als Teil des Unternehmens in verschiedenen Rollen handeln, wie z. B. als Eigentümer, Führungskräfte oder Mitarbeiter. Sie schließen sich einem Unternehmen durch Verträge an und können es auch wieder verlassen.
  - **Ressourcen** sind alle materiellen und immateriellen Ressourcen des Unternehmens. Sie können einem Unternehmen juristisch gehören oder in dessen Verfügungsgewalt stehen. Sie können extern etwa als Investition erworben oder beispielsweise durch Innovation selbst erschaffen werden.

- **Beziehungen** zwischen den Elementen und der Systemumwelt machen ein Unternehmen zu einem sozialen System (vgl. *Ulrich* 1970, S. 157 ff.).
  - **Interaktion und Kommunikation** stellen vielfältige und sich verändernde Ursache-Wirkungs-Gefüge zwischen den Elementen her. Sie können nichtlinear und auch selbstorganisierend sein. So können Beziehungen vertraglich, marktlich, hierarchisch, kooperativ oder selbstorganisierend koordiniert werden. Das Unternehmen basiert auf vertraglichen Beziehungen im ökonomischen Sinne der neuen Institutionenökonomie.
  - **Offen:** Da Unternehmen nicht den eigenen, sondern einen fremden Bedarf decken, stehen sie in vielfältiger Weise mit ihrer Umwelt in Beziehung. Da sie über ihre Systemgrenzen hinaus aktiv sind, werden sie als offene Systeme bezeichnet, die sich evolutionär an Veränderungen der Umweltanforderungen anpassen.
- **Ziele:** Das Unternehmen sowie dessen Mitglieder verfolgen eigene Ziele. So haben Stahlproduzenten z. B. eine jahrhundertealte Tradition. Im Gegensatz dazu verfolgen z. B. Bürgerinitiativen für besseren Hochwasserschutz ebenfalls Ziele, welche jedoch keine Basis für eine eigenständige Organisation sind.
  - **Produktiv:** Unternehmen sind auf die Erstellung von Leistungen gerichtet. Durch die Transformation von Produktionsfaktoren (Arbeit, Kapital, Betriebsmittel) erzeugen sie Wertschöpfung (vgl. *Gutenberg* 1983, S. 1). Während Haushalte sich auf ihren Eigenbedarf konzentrieren, erstellen Unternehmen nach dem erwerbswirtschaftlichen Prinzip Güter und Dienstleistungen über den eigenen Bedarf hinaus.
  - **Überleben:** Unternehmen legen ihre Ziele innerhalb bestimmter Grenzen bis hin zur Auflösung selbst fest. Sie sind daher teilautonom, was Eigeninitiative, Verantwortung und Übernahme wirtschaftlichen Risikos erfordert. Eine Grundzielsetzung jedes Unternehmens ist, sich selbst zu erhalten bzw. zu überleben.

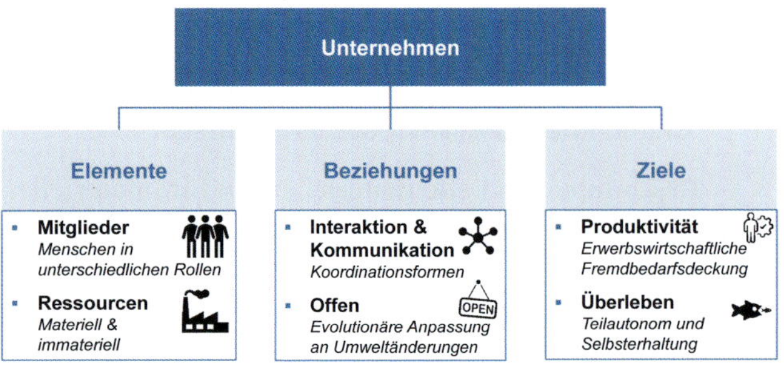

Abb. 1.3.1: Elemente und Merkmale eines Unternehmens

> Ein **Unternehmen** ist ein sozio-technisches System aus Elementen, Beziehungen und Zielen. Elemente sind Mitglieder und Ressourcen. Sie sind durch Beziehungen verbunden und stehen durch Interaktion und Kommunikation im offenen Austausch mit der Unternehmensumwelt. Seine Ziele legt das Unternehmen weitgehend autonom selbst fest, wobei dessen Produktivität und sein Überleben im Vordergrund stehen.

1.3.1 Aufgaben der Unternehmensführung

Zur Zielausrichtung eines Unternehmens und um dieses selbst sowie mit seiner Umwelt zu koordinieren, benötigt ein Unternehmen ein Führungssystem.

Führungsbegriff

Führung ist im deutschsprachigen Raum ein sehr erklärungsbedürftiger Begriff. Er bezeichnet allgemein die unbedingte Autorität und Entscheidungskompetenz in einer Organisation. Der Begriff des „Führers" wird allerdings mit Befehlsgewalt und nationalsozialistischer Gewaltherrschaft assoziiert. Deshalb wird er häufig durch die englischsprachigen Begriffe „Leader" oder „Manager" ersetzt.

Der angloamerikanische Begriff **Management** leitet sich aus dem englischen Verb „to manage" ab, welches viele Bedeutungen hat. So steht es je nach Kontext für etwas handhaben, durchführen, erledigen oder verwalten, aber auch etwas leiten oder zustande bringen. Der lateinische Ursprung des Wortes ist unklar. Es könnte abgeleitet sein von „manu agere" (mit der Hand arbeiten), von „manus agerer" (an der Hand führen) oder von „mansionem agere" (der das Haus bestellte). Diese weite Begriffsauffassung ist stark verbreitet und wird nicht nur in der Betriebswirtschaftslehre verwendet.

In der englischsprachigen Literatur wird auch der Begriff des **Leaderships** verwendet. Leadership umfasst die Entwicklung von Visionen und Strategien, die dem Unternehmen neue Richtungen geben. Leader befähigen ihre Mitarbeiter, bei der Umsetzung von Veränderungen herausragende Leistungen zu vollbringen (vgl. Kap. 6.3.2). Leadership stiftet durch Zukunftsvisionen (vgl. Kap. 2.3.1) bei den Mitarbeitern Sinn und führt zur Identifikation mit gemeinsamen Aufgaben und Zielen. Management ist dagegen vor allem für die Entwicklung und Umsetzung von Maßnahmen und die Lösung dabei auftretender Probleme zuständig. Dort dominieren die Führungsfunktionen Planung und Kontrolle sowie Organisation, während beim Leadership die Personalführung im Vordergrund steht. Management und Leadership schließen sich nicht aus, sondern ergänzen sich im Idealfall gegenseitig. Die Unternehmensführung umfasst daher beide Aufgabenbereiche.

Umgangssprachlich werden Management und Leadership häufig mit dem Begriff des „Unternehmers" bzw. **Entrepreneurs** gleichgesetzt. Diese Gleichsetzung ist allerdings wenig zweckmäßig, da die Unternehmensführung im Sinne des Unternehmertums bzw. **Entrepreneurships** eine besondere Führungsperson umschreibt. Der Begriff Entrepreneurship entstammt dem französischen Militär

Vom Unternehmer zum Entrepreneur

Gastbeitrag von Prof. Dr. Joachim Löffler

Der Begriff Entrepreneur leitet sich vom französischen Verb „entreprendre" ab, das mit „etwas unternehmen" bzw. „in Angriff nehmen" übersetzt werden kann (vgl. *Fritsch* 2019, S. 6). Nicht jeder Unternehmer ist automatisch auch Entrepreneur. Für viele Menschen ist der Weg in die Selbstständigkeit schlicht eine wirtschaftliche Notwendigkeit aufgrund von Arbeitslosigkeit oder eines familiären Erbes. Entrepreneure zeichnen sich demgegenüber durch ihre besondere Fähigkeit zum Erkennen und Ausnutzen von Chancen sowie sehr innovative oder noch besser visionäre Charakterzüge aus (vgl. *Fritsch* 2019, S. 8 ff.). Viele Entrepreneure treiben starke wirtschaftliche oder technische Veränderungen voran. Sie wirken manchmal disruptiv und verdrängen bisherige Technologien oder auch Mitbewerber radikal vom Markt (vgl. *Fueglistaller et al.* 2019, S. 18 f.). Dies unterscheidet Entrepreneure auch von erfolgreichen Managern, die in einem komplexen Umfeld bereits bestehende Strukturen erfolgreich weiterentwickeln, ohne dabei absolutes Neuland zu betreten oder gar disruptiv zu wirken. Der klassische Entrepreneur hat sein Unternehmen selbst gegründet. Aber auch Unternehmenserben können Entrepreneurship-Eigenschaften entwickeln – wenn sie das elterliche Unternehmen in eine ganz neue Umlaufbahn heben, wie dies beispielsweise *Reinhold Würth* mit dem bescheidenen väterlichen Schraubenhandel getan hat.

Wie wird man zum Entrepreneur? Amerikanische Entrepreneur-Ikonen wie *Bill Gates, Steve Jobs* oder auch *Mark Zuckerberg* weisen eine interessante Gemeinsamkeit auf: Sie haben allesamt ihr Studium abgebrochen, um ein Unternehmen zu gründen! *Elon Musk* hat sein Bachelor-Studium beendet, den Master der Physik aber schon nach zwei Tagen abgebrochen, um stattdessen sein Unternehmen zu starten. Hier war der unternehmerische „Spirit" offensichtlich deutlich stärker als der Wunsch nach einem „anständigen" Studienabschluss.

Interessanterweise haben **Entrepreneure aus dem deutschsprachigen Raum** nicht selten einen betriebswirtschaftlichen Hintergrund:

- *Dieter Mateschitz*, der Gründer von *Red Bull* und reichster Mann Österreichs, hat ein nach heutigen Maßstäben ziemlich langes betriebswirtschaftliches Studium an der *Hochschule für Welthandel* in Wien abgeschlossen und danach im Marketing bei verschiedenen Markenartikelunternehmen gearbeitet.
- Die *Samwer*-Brüder, die erfolgreiche Unternehmensgründungen wie *Zalando, Westwing, Home24, HelloFresh, Delivery Hero* etc. mit auf den Weg gebracht haben, gelten geradezu als Vorzeige-Entrepreneure für die deutsche Gründer-Szene. *Oliver Samwer* hat Betriebswirtschaftslehre an der privaten *WHU – Otto Beisheim School of Management* studiert, seine beiden Brüder *Alexander* und *Marc Samwer* studierten Volkswirtschaftslehre bzw. Rechtswissenschaften.

- *Dr. Thomas Strüngmann*, der Gründer der *HEXAL*-Gruppe, die 2005 für 7,5 Mrd. US$ an den Pharmakonzern *Novartis* verkauft wurde, hat ein betriebswirtschaftliches Studium absolviert und später promoviert. Sein Bruder und Mitgründer *Andreas* ist promovierter Mediziner. Die *Strüngmann-Brüder* sind auch wesentlich am Mainzer Start-up *BioNTech* beteiligt, das bei der Entwicklung eines Impfstoffs gegen COVID-19 führend war.
- *Michael Müller*, der Gründer des äußerst erfolgreichen Logistikunternehmens *Lila Logistik AG*, hatte die unternehmerische Idee bereits während seines Studiums der Betriebswirtschaftslehre in Nürnberg und gründete sein Unternehmen noch vor dem Abschluss.
- Auch das Multitalent *Dieter Bohlen* hat es als Musikproduzent, Komponist, Songwriter und Sänger, TV-Juror etc. durch seine geschäftlichen Aktivitäten auf ein Vermögen von mehr als 100 Mio. € gebracht. Er gilt damit durchaus als erfolgreicher Entrepreneur. Und er hat vor seiner Karriere ein Studium der Betriebswirtschaftslehre an der *Universität Göttingen* mit sehr guten Noten erfolgreich abgeschlossen.

Ein betriebswirtschaftliches Studium war also in vielen Fällen die Basis für eine erfolgreiche Unternehmensgründung und den Weg zum Entrepreneur. Lässt sich unternehmerischer Spirit erlernen? Dass dies möglich ist, beweisen seit vielen Jahren einige Universitäten und Hochschulen. Das Gründungszentrum *UnternehmerTUM München* bietet ein umfassendes Serviceangebot für potenzielle Entrepreneure unter den Studierenden und hat auf diese Weise eine ganze Reihe hochinteressanter Start-ups hervorgebracht, wie z. B. die *FlixMobility* als ein globaler Mobilitätsanbieter mit den Marken *FlixBus* und *FlixTrain.* Dabei ist es besonders wichtig, nicht nur Starthilfe und Beratung bei der Gründung anzubieten, sondern den potenziell vorhandenen unternehmerischen Spirit frühzeitig zu erkennen und gezielt zu fördern. Nur dann werden aus Managern im Angestelltenverhältnis am Ende vielleicht Entrepreneure. Unternehmerischer Spirit fällt leider nicht vom Himmel!

des 17. Jahrhunderts. Später wurde der Begriff im volkswirtschaftlichen Zusammenhang verwendet. Nach *Smith* haben Unternehmer für einen Ausgleich von Angebot und Nachfrage zu sorgen. Später ergänzte *Say* diese Aufgabe um die innovative Kombination von Produktionsfaktoren. Das heutige Bild des Entrepreneurs wurde wesentlich durch *Schumpeter* (vgl. 1911, S. 35 ff.) geprägt. Für ihn ist der Unternehmer eine Person, die bereit und fähig ist, neue Ideen erfolgreich umzusetzen. Der Unternehmer ist die Ursache von Veränderungen, der nicht primär erfindet, sondern neue Ideen aufgreift und durchsetzt. So werden existierende Strukturen „kreativ zerstört" und in einem diskontinuierlichen Prozess industrielle Dynamik und langfristiges Wachstum freigesetzt.

Zentrale Merkmale des **Unternehmertums** sind:

- **Entdecken von Chancen**: Unternehmer finden, evaluieren und nützen neue Geschäftsmöglichkeiten.
- **Durchsetzen von Innovationen**: Neuerungen werden entwickelt, umgesetzt und vermarktet.
- **Nutzung von Ressourcen**: Unternehmer identifizieren, erschließen und kombinieren die erforderlichen Ressourcen.
- **Tragen von Risiken**: Unternehmer schätzen die Risiken des unternehmerischen Handelns ab und übernehmen sie.

Führung hat zwei **Bedeutungen**:

- **Funktionales Führungsverständnis** beschreibt Führung als Gesamtheit der Aktivitäten, um etwas in einer Organisation zu bewerkstelligen. Dies umfasst die erforderliche Planung, Steuerung und Kontrolle der ausführenden Handlungen. Hierunter fallen somit alle Mitarbeiter, die ihren Aufgabenbereich verantworten und nicht ausschließlich ausführende Tätigkeiten erbringen. Führung umfasst danach alle Aufgaben und Handlungen zur zielorientierten Gestaltung, Lenkung und Entwicklung einer Organisation.
- **Institutionales Führungsverständnis** begreift Führung als eine Instanz, die eine Organisation führt. Solche Organisationen können z. B. Unternehmen, Verbände oder Parteien sein. Führung gibt es daher in allen hierarchischen Organisationen. Diese Institutionen verfügen über Entscheidungsgewalt, um Handlungen auf angestrebte Ziele auszurichten. Sie können sowohl Eigentümer eines Unternehmens oder einer Organisation als auch eingesetzte Führungskräfte sein. Führung beinhaltet demnach alle Personen oder Gruppen von Personen, die mit Weisungsbefugnissen ausgestattet sind.

Führung umfasst funktional alle Aufgaben des Managements und Leaderships zur zielorientierten Gestaltung, Lenkung und Entwicklung einer Organisation.

Die Allgemeine Betriebswirtschaftslehre setzt sich aus verschiedenen Funktionslehren zusammen, wie z. B. Absatz, Produktion oder Forschung & Entwicklung. Eine solche Funktionslehre bzw. **Besondere Betriebswirtschaftslehre** befasst sich auch mit der **Unternehmensführung.** Da diese die einzelnen Funktionsbereiche eines Unternehmens zu einer zielkonformen Gesamtheit zusammenfasst, übernimmt sie eine Querschnittsfunktion (vgl. *Wöhe et al.*, 2016, S. 49). Sie steht im Mittelpunkt des betrieblichen Geschehens und konzentriert sich auf die Führung des Betrachtungsobjekts Unternehmen. Dabei wird ein Unternehmen durch die aufgezählten Elemente und Merkmale beschrieben und Führung funktional betrachtet. Dieses Begriffsverständnis geht über die institutionale Führung hinaus. Mitarbeiterführung gewinnt für die Unternehmensführung zwar zunehmend an Bedeutung, bildet bei der Führung des Gesamtsystems Unternehmen allerdings lediglich einen Teilaspekt. Die Unternehmensführung umfasst neben den

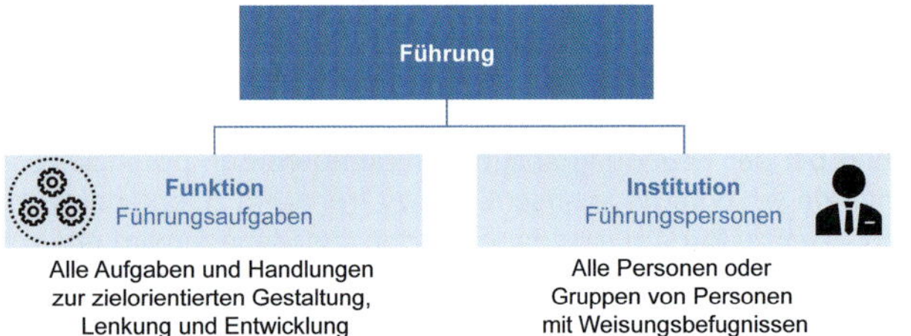

Abb. 1.3.2: Differenzierung des Führungsbegriffs

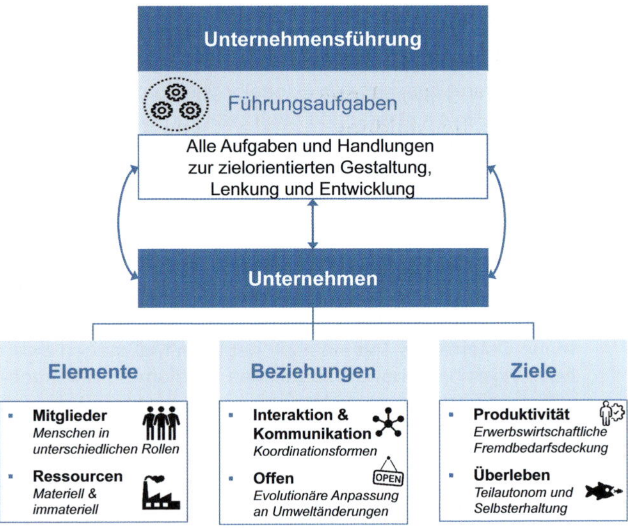

Abb. 1.3.3: Unternehmensführung als funktionale Führung

Mitarbeitern auch andere Perspektiven, wie z. B. Markt, Wettbewerb, Kunden oder Wirtschaftlichkeit. Sie wird deshalb auch als **„General-Management"** bezeichnet.

Führungsaufgaben

Die Definition des Begriffs Unternehmensführung ist erforderlich, da dieser in Literatur und Praxis sehr **uneinheitlich** gebraucht wird. Dies liegt auch daran, dass die Betriebswirtschaftslehre sich in vielen Bereichen an verwandte Disziplinen, wie z. B. die Psychologie oder Sozialwissenschaft, anlehnt.

In der Folge entstanden unterschiedliche **Begriffsauffassungen**, die jeweils unterschiedliche Aspekte der Unternehmensführung betonen:

- ***Ansoff*** (1966, S. 9): „Unternehmensführung ist eine komplexe Aufgabe: Es müssen Analysen durchgeführt, Entscheidungen getroffen, Bewertungen vorgenommen und Kontrollen ausgeübt werden."
- ***Anthony*** (1989): „Management besteht aus Entscheidungsfindung und Einflussnahme."
- ***Bleicher*** (2011, S. 498): „Die Evolution eines ökonomisch orientierten sozialen Systems im Spannungsfeld von Forderungen und Möglichkeiten der Um- und Inwelt. Ausschlaggebend für diese Evolution ist die Stiftung eines höheren Nutzens relativ zum Angebot vergleichbarer anderer Wettbewerbssysteme durch die Bereitstellung und Inanspruchnahme strategischer Erfolgspotenziale."
- ***Drucker*** (1986, S. 4): „Management ist das Organ der Gesellschaft, das speziell damit beauftragt ist, Ressourcen produktiv zu machen, indem es die Aktivitäten von Personen im Hinblick auf die effektive und wirtschaftliche Erfüllung einer bestimmten Aufgabe plant, motiviert und reguliert."
- ***Hahn*** (1974, S. 37): „Unternehmensführung ist ein Prozess der Willensbildung und Willensdurchsetzung zur Erreichung eines Ziels oder mehrerer Ziele gegenüber anderen Personen unter Übernahme der hiermit verbundenen Verantwortung."
- ***Malik*** (2013, S. 5): „Management muss der Institution, die es führt, Richtung geben. Es muss die Mission der Institution durchdenken, ihre Ziele festlegen und Ressourcen organisieren für die Resultate, welche die Institution zu erzielen hat. Management ist jene gesellschaftliche Funktion, die alles zum Funktionieren bringt."
- ***Schwaninger*** (1994, S. 15): „Unternehmensführung ist zielgerechte Lenkung, Gestaltung und Entwicklung von Strukturen und Prozessen."
- ***Stoner et al.*** (1995, S. 4): „Unter Management versteht man den Prozess des Planens, Organisierens, Leitens und Kontrollierens der Bemühungen der Organisationsmitglieder und des Einsatzes anderer organisatorischer Ressourcen, um die erklärten Ziele der Organisation zu erreichen."
- ***Ulrich*** (1970, S. 46 ff.): „... muss man die Tätigkeiten eines Managers umfassender nach Planung (Soll), Realisierung (Ist) und Kontrolle (Soll-Ist-Vergleich) differenzieren."
- ***Wild*** (1971, S. 57): „Unternehmensführung kann definiert werden als die Verarbeitung von Informationen und ihre Verwendung zur zielorientierten Steuerung von Menschen und Prozessen."

Allen Definitionen ist die Aufgabenstellung gemein, das Unternehmen in einem funktionalen Sinne zu führen. Die Frage lautet: „Was soll die Unternehmensführung erreichen?"

> **Unternehmensführung** umfasst funktional alle Aufgaben des Managements und Leaderships zur zielorientierten Gestaltung, Lenkung und Entwicklung eines Unternehmens.

In einer managementkybernetischen Sichtweise (vgl. Kap. 1.2.3) sind die **Aufgaben der Unternehmensführung** (vgl. *Bleicher*, 2011, S. 74):

- Die **Lenkung** durch die Unternehmensführung richtet das Unternehmen auf dessen Ziele aus (vgl. *Ulrich* 2001, S. 182). Durch eine Kombination aus Steuerung und Regelung werden sowohl einwirkende Störungen im Vorfeld berücksichtigt als auch die Ergebnisse des Unternehmens kontrolliert. Die Unternehmensführung besteht aus einer Vielzahl an Führungsregelkreisen, die aufeinander einwirken, miteinander verzahnt sind und ein komplexes Führungssystem bilden.
- **Gestaltung:** Um eine Lenkung in einem solchen System zu ermöglichen, müssen zunächst die Führungsregelkreise gestaltet werden. Auch sind aufgrund neuer Anforderungen ggf. Regelkreise zu ändern oder neu hinzuzufügen. Diese Aufgabe des Aufbaus von Führungssystemen wird als Gestaltung bezeichnet. Sie sichert die Handlungsfähigkeit der Unternehmensführung und ist damit eine Voraussetzung der Lenkung.
- **Entwicklung:** In Unternehmen als komplexen, soziotechnischen Systemen lässt sich die Wirkung des Führungshandelns nicht exakt vorhersagen. Unternehmen sind nur begrenzt beherrschbar, da etwa das Verhalten

von Mitarbeitern oder Wettbewerbern kaum planbar ist. Die Unternehmensführung wird deshalb das Unternehmen als ein komplexes System nicht vollständig beherrschen können. Aufgrund ihrer begrenzten Beherrschbarkeit sind Unternehmen selbststeuernde und selbstorganisierende Systeme (vgl. Kap 1.2.4). Sie unterliegen einer ökonomischen Evolution und erzeugen auch aus sich selbst heraus ungeplante Veränderungen. Die Unternehmensführung hat dann wie ein Katalysator die Rahmenbedingungen für günstige Veränderungen zu schaffen, damit das Unternehmen sich wie ein lebender Organismus erhalten, anpassen und verändern kann. Treten im Unternehmensumfeld gravierende Umbrüche und Krisen auf, dann ist die Anpassungsfähigkeit des Unternehmens entscheidend. Das flexible Anpassen an sich verändernde Umweltbedingungen und die Berücksichtigung evolutionärer und selbstorganisatorischer Prozesse ist Aufgabe der Entwicklung. Sie sichert die Überlebens- und Anpassungsfähigkeit und wirkt auf die Gestaltung und Lenkung der Unternehmensführung ein.

Die **Aufgaben der Unternehmensführung** bestehen darin, das Unternehmen erfolgreich zu lenken, seine Führungskreisläufe zu gestalten und es im Hinblick auf zukünftige Anforderungen fortzuentwickeln.

Zusammenfassend zeigt Abb. 1.3.4 die drei Ziele der Unternehmensführung und deren Zusammenspiel.

1.3.2 Ebenen der Unternehmensführung

Die **Bedeutung** und **Tragweite** der Aufgaben der Unternehmensführung kann nach folgenden Kriterien unterschieden werden:

- **Grundsatzentscheidungen** haben wesentliche Bedeutung für die Entwicklung und den Erfolg des Unternehmens. Sie lösen weiteren Entscheidungsbedarf aus und schränken zukünftige Handlungsmöglichkeiten ein. Danach ist z. B. ein Unternehmenskauf eine Grundsatzentscheidung, die Festlegung der wöchentlichen Maschinenbelegung jedoch nicht.
- Die **Bindungswirkung** getroffener Entscheidungen beschreibt das Ausmaß, in dem Veränderungen wieder rückgängig gemacht oder modifiziert werden können. So hat ein Unternehmenskauf eine hohe Bindungswirkung, während eine Maschinenbelegung kurzfristig geändert werden kann.
- Die **zeitliche Reichweite** bzw. der Zeithorizont ist ein Maß für die zukünftigen Auswirkungen einer Entscheidung. Dabei wird in lang- und kurzfristig unterschieden. Die zeitliche Abgrenzung ist jedoch relativ und hängt insbesondere von der Branche ab. So ist für ein Modeunternehmen ein Zeithorizont von zwei Jahren langfristig, da dieser mehrere Kollektionen bzw. Produktlebenszyklen beinhaltet. Für einen Kraftwerksbetreiber ist jedoch ein Zeithorizont von fünf Jahren eine kurzfristige Betrachtung.
- Der **Geltungsbereich** bezeichnet das Ausmaß der Entscheidungswirkungen für das Unternehmen. Entscheidungen mit einem hohen Geltungsbereich, wie z. B. die Einführung einer neuen Produktgruppe, betreffen das Unternehmen als Ganzes. Entscheidungen mit einem niedrigen Geltungsbereich, wie etwa die Reorganisation einer Abteilung, sind dagegen nur für Teile des Unternehmens von Bedeutung.
- Der **monetäre Wert** bezeichnet die Wirkung der Entscheidung auf die Vermögens- und Ertragslage des Unternehmens. So bedeutet die Entscheidung über die Entwicklung eines neuen Fahrzeugtyps in der Automobilindustrie ein Investitionsvolumen im Milliardenbereich, während z. B. die Entscheidung über die Beschaffung eines neuen Abteilungsdruckers nur einen Wert von mehreren hundert Euro umfasst.

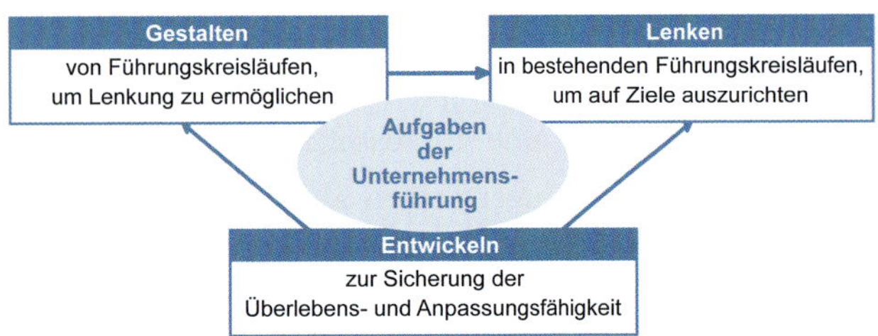

Abb. 1.3.4: Aufgaben der Unternehmensführung

Abb. 1.3.5: Kriterien zur Klassifizierung der Bedeutung und Tragweite von Führungsaufgaben

- Die **Strukturierung** kennzeichnet die Ungewissheit und Ordnung der Informationen, des Entscheidungsproblems und der Lösungsalternativen. Je höher der Strukturierungsgrad, umso besser können Entscheidungen standardisiert, delegiert und automatisiert werden.

Gliederung in Führungsebenen

Nach deren Bedeutung und Tragweite werden die Aufgaben der Unternehmensführung verschiedenen hierarchischen **Ebenen** zugeordnet. Dies beantwortet die Frage: „Welche Tragweite hat die Unternehmensführung?"

In der Literatur werden folgende **Führungsebenen** unterschieden:

- **Operative Ebene:** Sämtliche Klassifizierungen beinhalten eine Ebene, die sich mit Führungsaufgaben niedriger Tragweite beschäftigten. Zeitliche Reichweite, Bindungswirkung, Geltungsbereich, Grundsätzlichkeit und monetärer Wert dieser Aufgaben sind gering. Die Strukturierung ist dagegen hoch. Auf dieser Ebene steht die möglichst optimale Nutzung bestehender Rahmenbedingungen im Vordergrund. Zielsetzung ist, die Dinge möglichst effizient, d. h. richtig zu tun („Doing the things right"). Die operative Ebene befasst sich somit mit den vielen laufenden Aktivitäten eines Unternehmens.
- **Strategische Ebene:** Insbesondere in der angloamerikanischen Literatur (vgl. z. B. *David,* 2011, S. 5; *Mintzberg et al.,* 2003, S. 16 ff.; *Wheelen et al.,* 2018, S. 5) wird die strategische Ebene als Gegenpol zur operativen Ebene betrachtet und weist eine hohe Tragweite auf. Dabei steht die Effektivität im Vordergrund, d. h. die richtigen Dinge zu tun („Doing the right things").
- **Taktische Ebene:** Eine Vielzahl von Autoren nennt in Anlehnung an das Militär noch eine taktische Ebene, die zwischen der strategischen und operativen Ebene angesiedelt ist (vgl. z. B. *Bamberger/Wrona,* 2004, S. 9; *Töpfer,* 1976; *Wild,* 1982). Auf dieser Ebene sollen strategische Vorgaben konkretisiert und in die operative Ebene übergeleitet werden. Sie lässt sich jedoch nicht eindeutig gegenüber den Inhalten und Aufgaben der beiden anderen Ebenen abgrenzen und besitzt nur geringe praktische Relevanz. Die Strategieoperationalisierung lässt sich heutzutage auch etwa mit Systemen des Performance Measurement (vgl. Kap. 7.2.3) wesentlich besser erreichen. Aus diesem Grund wird im Folgenden auf eine taktische Ebene verzichtet.
- **Normative Ebene:** Die normative Führung bestimmt übergeordnete Werte, Ziele und Verhaltensnormen (vgl. *Bleicher,* 1995, S. 21 f.). Diese sichern einem Unternehmen seine Existenzberechtigung und Überlebensfähigkeit (Legitimität), woraus sich der Gestaltungsrahmen für die strategische Unternehmensführung ergibt. Die strategische Ebene beschreibt dann Vorgehensweisen zur Schaffung und Weiterentwicklung von Erfolgspotenzialen. Erfolgspotenziale sind eine Kombination aus Produkten, Märkten, Ressourcen und Technologien. Da sich normative und strategische Aufgaben stark unterscheiden, ist eine getrennte Betrachtung zweckmäßig und wird nachfolgend verwendet.

Tragweitenkriterien		Führungsebenen			
		Operativ	Strategisch	Normativ	
Bindungswirkung	-				+
Zeitliche Reichweite	-				+
Strukturierung	+				-
Geltungsbereich	-				+
Grundsätzlichkeit	-				+
Monetärer Wert	-				+

Abb. 1.3.6: Führungsebenen nach der Tragweite

In den Führungsebenen werden die Führungsentscheidungen nach deren Tragweite zu homogenen Aufgabenfeldern zusammengefasst. Die Führungsaufgaben einer Handlungsebene bilden dabei jeweils den Rahmen für die Aufgaben der nachgeordneten Ebene. Dadurch entsteht ein **hierarchisches Ebenenmodell** der Unternehmensführung (in Anlehnung an *Bleicher,* 2011, S. 89 ff.; *Schwaninger,* 1989, S. 191).

> Die **normative Unternehmensführung** bestimmt die Identität und Legitimität als Daseinsberechtigung eines Unternehmens. Sie legt den Sinn (Purpose), die Vision und Mission, die Werte und Kultur sowie die Corporate Governance fest. Sie sichert die Lebens- und Entwicklungsfähigkeit des Unternehmens.

Die **normative Unternehmensführung** prägt den Gestaltungsrahmen, der dem Unternehmen seine Persönlichkeit und Identität verleiht. Sie bestimmt die grundlegenden Ziele des Unternehmens, wie z. B. dessen Geschäftsfelder und deren Stellung im Gesamtunternehmen. Kernaufgabe der normativen Unternehmensführung ist die Gestaltung der Beziehung zwischen Unternehmensumwelt und Unternehmen. Entwicklungsfähigkeit bedeutet damit auch die Durchführung eines systematischen Wandels als Antwort auf Veränderungen der Unternehmensumwelt. Diese übergeordneten Entscheidungen haben den Charakter einer Norm. Sie beruhen auf den Wertvorstellungen der Unternehmensleitung. Zentrale Aufgabe der normativen Unternehmensführung ist, das Selbstverständnis sowie den Sinn und die Werte und Ziele eines Unternehmens zu definieren. Dies wird in Form des Purpose sowie generellen Werten, Zielen, Prinzipien, Normen, Verhaltensweisen und Spielregeln ausgedrückt und soll die Lebens- und Entwicklungsfähigkeit (Legitimität) des Unternehmens sichern. Seinen Ausdruck findet die normative Unternehmensführung in einer Unternehmensvision, welche das angestrebte Zukunftsbild des Unternehmens beschreibt. Welche Ziele daraus entstehen und wie sich das Unternehmen gegenüber Bezugsgruppen, wie z. B. dem Staat, den Eigentümern und den Mitgliedern des Unternehmens, positioniert, konkretisiert der Unternehmenszweck. Er wird in der Mission mit den grundlegenden Zielen und Werten zu einem angestrebten Selbstbild zusammengefasst. Die Unternehmenskultur ist die Gesamtheit historisch gewachsener und gemeinsam gelebter Werte, Normen und Denkhaltungen, die im Verhalten, in der Kommunikation, bei Entscheidungen, in Handlungen, in Symbolen und anderen Ausdrucksformen sichtbar werden. Die Unternehmensverfassung bestimmt die Organe des Unternehmens sowie deren Rechte und Pflichten. Die normative Unternehmensführung ist damit in ihrer konstitutiven Rolle für alle Handlungen des Unternehmens maßgeblich. Vertieft wird die normative Unternehmensführung in Kap. 2.

> Die **strategische Unternehmensführung** ist auf die Entwicklung bestehender und die Erschließung neuer Erfolgspotenziale ausgerichtet und beschreibt die hierfür erforderlichen Ziele, Leistungspotenziale und Vorgehensweisen.

Die **strategische Unternehmensführung** ist dafür verantwortlich, die normativen Ansprüche an die Entwicklung des Unternehmens langfristig zu erfüllen. Innerhalb der normativen Vorgaben werden in den einzelnen Geschäftsfeldern Bündel an Maßnahmen zur Positionierung im Wettbewerb und zur Gestaltung der dazu erforderlichen Ressourcenbasis festgelegt. Auf diese Weise sollen Wettbewerbsvorteile gegenüber den Konkurrenten erzielt werden. Der Aufbau von Wettbewerbsvorteilen ist in den meisten Fällen nur langfristig möglich und erfordert umfangreiche Investitionen in personelle, geistige, finanzielle und materielle Ressourcen. Aus den Wettbewerbsvorteilen werden bestehende Erfolgspotenziale weiterentwickelt und neue Erfolgspotenziale geschaffen. Erfolgspotenziale sind produkt- und marktspezifische Voraussetzungen, um wirtschaftlichen Erfolg realisieren zu können und beschreiben etwa Marktpositionen, Produkte, Technologien, soziale Strukturen und Prozesse eines Unternehmens. Dabei wird in strategische Fragestellungen, die das gesamte Unternehmen betreffen (Unternehmensstrategie) und Strategien, die sich auf ein bestimmtes Geschäftsfeld beziehen (Geschäftsstrategie), unterschieden. Die strategische Unternehmensführung wird in Kap. 3 dargestellt.

> Die **operative Unternehmensführung** befasst sich mit der Planung, Steuerung und Kontrolle der laufenden Aktivitäten eines Unternehmens, um die bestehenden Erfolgspotenziale möglichst effizient zu nutzen.

Die **operative Unternehmensführung** greift den Handlungsrahmen der strategischen Unternehmensführung auf und sorgt für die Umsetzung der Strategie im Rahmen des sog. Tagesgeschäfts („day to day business“). Die operative Unternehmensführung befasst sich mit der Planung, Steuerung und Kontrolle der laufenden Aktivitäten eines Unternehmens, um die bestehenden Erfolgspotenziale möglichst effizient zu nutzen. Sie bestimmt und koordiniert konkrete Handlungen, um diese so effizient wie möglich auszuführen. Zu diesem Zweck sind detaillierte Ziele und Maßnahmen für die Funktionsbereiche eines Unternehmens zu erarbeiten und umzusetzen. Darüber hinaus werden die Handlungen zwischen den einzelnen Funktionsbereichen abgestimmt.

Die Ebenen der Unternehmensführung hängen eng miteinander zusammen. Zwischen ihnen finden deshalb vielfältige Abstimmungsprozesse statt. Vorgaben normativer und strategischer Art sind wegweisend für die operative Umsetzung, während umgekehrt operativ nicht realisierbare Ziele u. U. zu einer Anpassung der Zukunftsvorstellungen und Strategien führen können. Zusammengefasst besteht der **Zusammenhang zwischen den Führungsebenen** darin, dass die normative und strategische Führung ein Unternehmen gestaltet und entwickelt, während die operative Führung das Unternehmen lenkt (vgl. *Ulrich/Probst,* 2001, S. 271). Von oben nach unten wird dabei legitimiert und konkretisiert, während von unten nach oben umgesetzt und plausibilisiert wird. Abb. 1.3.7 veranschaulicht die Zusammenhänge. Die Zunahme der Anzahl der Beteiligten bzw. der gebundenen Kapazitäten von der normativen hin zur operativen Ebene wird durch die Dreiecksform symbolisiert. Während die normative Ebene vorrangige Aufgabe der Führungsspitze ist, wächst die Zahl der beteiligten Führungskräfte und ausführenden Mitarbeiter über die strategische bis zur operativen Ebene stark an.

Die Unternehmensführung wird nach der Tragweite der Führungsaufgaben in eine normative, strategische und operative **Führungsebene** unterteilt.

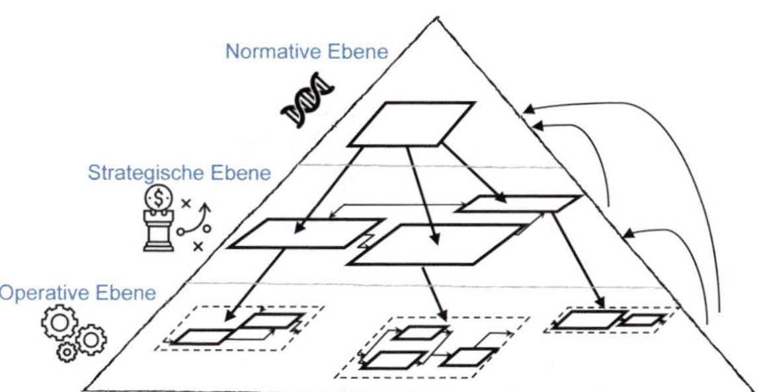

Abb. 1.3.7: Zusammenhang der Führungsebenen

Nach den Führungsebenen richten sich auch die **Tätigkeitsschwerpunkte** der Führungskräfte (vgl. *Bartlett/Ghoshal,* 1993, S. 23 ff.):

- Die **oberste Führungsebene** bildet die Leitung des Gesamtunternehmens. Hierunter fallen z. B. die Geschäftsführung oder der Vorstand. Sie sind vorwiegend für die normative Unternehmensführung und die Umsetzung der dabei getroffenen Grundsatzentscheidungen auf der strategischen Ebene verantwortlich. Die Führung des Gesamtunternehmens wird auch als General Management bezeichnet.
- Die **mittlere Führungsebene** hat ihren Aufgabenschwerpunkt in der strategischen Unternehmensführung und soll für deren Umsetzung in der operativen Führung sorgen. So konzentriert sich die Bereichsführung auf einen etwa regional oder produktbezogen abgegrenzten Teil des Unternehmens und führt diesen z. B. als Geschäftsbereich oder Sparte vorwiegend strategisch.
- Die **unteren Führungsebenen** sind insbesondere für die operative Unternehmensführung verantwortlich, in deren Rahmen die Umsetzung der strategischen Vorgaben stattfinden soll. Dies ist auch die Aufgabe der Funktionalführung. Sie sorgt als Querschnittsfunktion über verschiedene Unternehmensbereiche hinweg für eine durchgängige Anwendung von Strategien, Regeln und Methoden innerhalb eines Funktionsbereichs. So wird häufig etwa auf gemeinsame Standards bei Informationssystemen oder der Personalführung in allen Geschäftsbereichen geachtet, um die operative Umsetzung und Führung zu vereinheitlichen.

1.3.3 Funktionen der Unternehmensführung

Neben den Führungsebenen kann die Unternehmensführung auch nach dem Prozess des Führungshandelns differenziert werden. Es geht um die Frage: „Wie erfolgt die Unternehmensführung?"

Führungsprozess

Der Führungsprozess besteht aus den **Phasen** Entscheidung, Steuerung und Kontrolle (vgl. Abb. 1.3.9):

- Im **Entscheidungsprozess** wird eine Entscheidung vorbereitet und getroffen. Er kann auch als Planung im weiteren Sinne bezeichnet werden (vgl. Kap. 4.1) und besteht aus zwei Teilphasen:

	Normativ	Strategisch	Operativ
Aufgabe	Legitimität	Effektivität	Effizienz
Zielgrößen	Überlebens- und Entwicklungsfähigkeit	Erfolgspotenziale, Wettbewerbsvorteile	Wirtschaftlichkeit, Gewinn, Rentabilität, Liquidität
Inhalt	Ziele, Grundsätze und Werte	Strategien, Strukturen und Mitarbeiter	Potenzialausschöpfung
Informationen	Grob und schlecht strukturiert		Fein und klar strukturiert
Detailliertheit	Global (Problemfelder)		Detailliert (Einzelprobleme)
Fristigkeit	Dauerhaft angelegt	Generell langfristig	Generell kurzfristig
Grundsätzlichkeit	Grundsatzentscheidungen	Richtungsentscheidungen	Einzelentscheidungen
Hierarchieebene	Oberste Leitung (Top-Management)	Obere und mittlere Führungsebene	Mittlere und untere Führungsebene
Entscheidungsfreiheit	Unbegrenzt	Hoch	Gering
Tragweite	Gesamtunternehmen	Unternehmensbereiche	Unternehmensteile

Abb. 1.3.8: Unterscheidung der Ebenen der Unternehmensführung

Führung	Entscheidungs-prozess (Planung i.w.S.)	Planung	Zielbildung
			Problemanalyse
			Alternativensuche
			Alternativenbewertung
		Entscheidung	Entscheidung
	Steuerung		Maßnahmenvorbereitung
			Instruktion und Motivation
Aus-führung	Umsetzung		Maßnahmendurchführung
			Ergebniserreichung
Führung	Kontrolle		Kontrollvorbereitung
			Kontrolldurchführung

Abb. 1.3.9: Zusammenspiel zwischen Führung und Ausführung

- Die **Planung i. e. S.** beginnt mit der Willensbildung. Der Ausgangspunkt ist die Bildung von Zielen. Sie definieren, was in welchem Ausmaß und bis wann erreicht werden soll und grenzen einen Problembereich ein. Um eine Aufgabenstellung richtig zu erfassen, ist zunächst eine Analyse der Problemstellung erforderlich. Für ein identifiziertes Problem sind mehrere alternative Lösungswege zur Problemlösung zu suchen und zu bewerten. Eine wesentliche Aufgabe der Unternehmensführung besteht deshalb in der Suche nach Alternativen und deren möglichst rationaler Bewertung. Die Schritte von der Zielbildung bis zur Bewertung von Alternativen stellen die Entscheidungsvorbereitung dar.
- **Entscheidungen** sind Wahlakte aus verschiedenen Alternativen. In der Unternehmenspraxis werden Entscheidungen unter Zeitdruck und unvollständigen Informationen getroffen, es herrscht eine Situation der Unsicherheit (vgl. Kap. 1.2.1). Neben der verfügbaren Zeit ist die Qualität der Entscheidung auch abhängig vom jeweiligen Entscheidungsträger. Da menschliche Entscheidungsträger nicht vollkommen rational sind, werden Führungsentscheidungen nur mit beschränkter Rationalität getroffen.

• **Steuerung:** Für die ausgewählte Lösungsalternative sind Umsetzungsmaßnahmen zu bestimmen und so die Willensdurchsetzung vorzubereiten. Ausführende Mitarbeiter sind zu informieren und zu motivieren, da die Umsetzung meist nicht durch die Unternehmensführung selbst, sondern durch beauftragte Mitarbeiter erfolgt.

• **Umsetzung**: Festgelegte Maßnahmen werden durchgeführt und Ergebnisse erzielt. Die Umsetzung erfolgt in aller Regel durch die mit der Ausführung der Vorgaben betrauten Mitarbeiter, die durch die Unternehmensführung gesteuert werden. Sie ist deshalb nicht Bestandteil des Führungsprozesses.

Wesentliche **Gründe** für die Trennung zwischen Führungs- und Ausführungsebene sind:

- **Verständnis von Zusammenhängen**: Die Unternehmensführung soll dem gesamten Unternehmen und nicht einzelnen Teilbereichen dienen. Dies erfordert das Erkennen von Zusammenhängen und langfristiges, globales Denken. Den ausführenden Mitarbeitern fehlen hierfür häufig der Überblick sowie die übergreifenden Informationen und Kompetenzen.
- **Fachkenntnisse:** Eine Vielzahl ausführender Handlungen erfordert umfangreiche Fachkenntnisse, die nur durch Spezialisierung auf einen eng abgegrenzten Aufgabenbereich erreicht werden können. Aus diesem Grund spielen in der Ausführungsebene vor allem Fachkenntnisse eine Rolle, während in der Führungsebene soziale Fähigkeiten und Problemlösungskompetenzen im Vordergrund stehen. Fachkenntnisse treten für Führungskräfte mit steigender Hierarchie zunehmend in den Hintergrund.
- **Neutralität:** Kontrollen sind ein erforderlicher Bestandteil des Führungsprozesses. Sie dienen zur Erreichung geplanter Ziele und zur Verbesserung der Planung und Steuerung. Die Fremdkontrolle der Ausführung gewährleistet, dass die Mitarbeiter ihr Verhalten an den Plänen ausrichten und ihre Leistung beurteilt werden kann. Die personelle Trennung von Durchführung und Kontrolle sichert die erforderliche Distanz und Neutralität.

• **Kontrolle:** Die Ergebnisse der umgesetzten Maßnahmen werden bestimmt und mit der Zielsetzung verglichen. Dazu sind Kontrollpunkte festzulegen und Kontrollen durchzuführen. Die Kontrollinformationen ermöglichen Lernprozesse als Ausgangspunkt für die zukünftige Planung und Steuerung. Dies kann dazu führen, dass neue bzw. alternative Maßnahmen zur Zielerreichung erarbeitet werden oder die Zielsetzung verändert wird.

Wie das Beispiel zeigt, ist der **Führungsprozess** kein einmaliger und auch kein rein sukzessiver Durchlauf aller genannten Phasen, sondern vielmehr ein **Regelkreis**. Unternehmen sind im Verständnis der Systemtheorie integrierte, komplexe, soziale Systeme, die in ihren Wirkungszusammenhängen nicht vollständig vorhergesagt werden können (vgl. Kap. 1.2.3). Die Planung ist in die Zukunft gerichtet und kann die Realität nur bedingt vorwegnehmen. Sie ist deshalb immer mit Fehlern behaftet. Dies führt zu Abweichungen zwischen den geplanten und den tatsächlichen Ergebnissen, wodurch sich die Problemsituation im Unternehmen verändert. Um Ziele zu erreichen, sind daher Rückkopplungen erforderlich. Dabei werden Informationen über den Zustand eines Unternehmens und über Störeinflüsse während des Führungsprozesses laufend mit den Zielvorstellungen verglichen. Liegen Abweichungen zwischen Soll- und Ist-Zustand vor, so sind Entscheidungen über Gegenmaßnahmen zu treffen. Diese Kontrollinformationen fließen in nachfolgende Führungsprozesse ein. Abb. 1.3.10 stellt den Führungskreislauf dar. Rückkopplungen ermöglichen dabei das Lernen aus Fehlern und die Verbesserung der zukünftigen Zielerreichung.

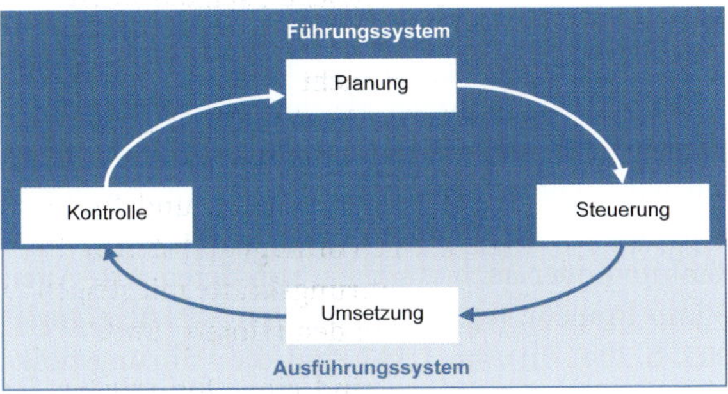

Abb. 1.3.10: Führungskreislauf

Führungsfunktionen

In der Kybernetik werden Systeme durch Lenkungsmechanismen als Kombination aus Steuerung und Regelung auf Ziele ausgerichtet (vgl. Kap. 1.2.3). Nach den Inhalten des Führungshandelns lassen sich die Aufgaben der Unternehmensführung in die folgenden **Führungsfunktionen** unterteilen:

- **Planung und Kontrolle** (Kap. 4): Planung ist ein systematisches, zukunftsbezogenes Durchdenken und Festlegen von Zielen, Maßnahmen, Mitteln und Wegen zur zukünftigen Zielerreichung. Kontrolle ist der beurteilende Vergleich zwischen zwei Größen sowie die daran anschließende Bestimmung und Analyse auftretender Abweichungen. Die Kontrolle ergänzt die Planung und erfolgt während bzw. nach der Planausführung. Planung und Kontrolle bilden somit eine Einheit. Die Führungsfunktion Planung und Kontrolle beantwortet die Frage: „Was soll erreicht werden bzw. was wurde erreicht?"
- **Organisation** (Kap. 5) betrifft die zweckgerichtete Gestaltung betrieblicher Strukturen. Sie regelt den hierarchischen Aufbau des Unternehmens und den Ablauf der darin stattfindenden Vorgänge. Bei der Gestaltung von Strukturen und Abläufen des Unternehmens geht es um die Frage: „Wie soll etwas erreicht werden?"

Führungsprozess bei der Produktentwicklung

- **Zielbildung:** Ziel ist es, ein neues Produkt zu entwickeln, das sich erfolgreich vermarkten lässt.
- **Problemanalyse:** Das bestehende Produkt ist bereits seit vier Jahren auf dem Markt und die Produkte der Wettbewerber sind zwischenzeitlich technisch überlegen. Umsatz und Ergebnis des Produktes sind in den letzten beiden Jahren stark zurückgegangen. Das neue Produkt soll nicht nur zu bisherigen Konkurrenzprodukten aufschließen, sondern wesentliche Neuerungen enthalten.
- **Alternativensuche:** Auf Basis von Marktforschungsdaten werden daraufhin Produktanforderungen festgelegt, die von der Produktentwicklung in verschiedene Produktvorschläge umgesetzt werden.
- **Alternativenbewertung:** Diese werden in Kundenbefragungen auf ihre Markteignung und durch Wirtschaftlichkeitsrechnungen untersucht.
- **Entscheidung**: In einer Geschäftsleitungssitzung werden die Produktvorschläge diskutiert und danach ein Vorschlag ausgewählt.
- **Maßnahmenvorbereitung:** Für die nächsten Schritte wird das Entwicklungsprojekt geplant und eine Projektleitung bestimmt. Zudem werden Organisationsstrukturen und -regeln sowie Informationswege definiert.
- **Instruktion und Motivation:** Die Projektleitung entscheidet über die Zusammensetzung des Entwicklungsprojekts. Die Teilnehmer werden danach informiert und zur Mitarbeit motiviert.
- **Umsetzung:** Die Entwicklung erfolgt durch das eingesetzte Projektteam.
- **Kontrolle:** Zu festgelegten Zeitpunkten werden die Aktivitäten durch die Projektleitung kontrolliert, indem die Bearbeiter über den Stand der Aktivitäten und die erzielten Ergebnisse berichten. Gestaltet sich die Produktentwicklung schwieriger als geplant, sind ggf. zusätzliche Maßnahmen erforderlich, um die Markteinführung zum festgelegten Termin sicherzustellen.

- Die **Personalfunktion** (Kap. 6) umfasst alle personellen Führungsaufgaben, welche aus Personalmanagement, Personalführung und Leadership sowie der Führung des Wandels bestehen. Das Personalmanagement beinhaltet dabei alle personellen Planungs-, Steuerungs- und Kontrollaufgaben. Personalführung ist die gezielte Verhaltensbeeinflussung der Mitarbeiter, und Leadership umfasst die Entwicklung von Visionen und Strategien, die dem Unternehmen neue Richtungen geben. Die Führung des Wandels soll den zur Erreichung der Unternehmensziele erforderlichen Wandel erkennen, aktiv fördern und systematisch gestalten sowie erreichte Veränderungen im Unternehmen verankern. Es geht um die Frage: „Wer und wie wird geführt?"
- **Information und Kommunikation** (Kap. 7) bilden die Grundlage für die Führung eines Unternehmens als soziales System und arbeitsteilige Organisation. Sie sind auf allen Ebenen und für sämtliche Funktionen der Unternehmensführung von zentraler Bedeutung. Information und Kommunikation ermöglichen, verbinden und koordinieren die Führungsfunktionen Personal, Planung und Kontrolle sowie Organisation. Zudem verknüpfen sie das Führungssystem mit dem Ausführungssystem. Information und Kommunikation sind somit eine wesentliche Führungsfunktion. Im Führungsprozess werden Informationen aufgenommen, interpretiert und verarbeitet sowie in Form von Zielen, Plänen und Anweisungen an die Mitarbeiter kommuniziert. Die Kontrollinformationen aus dem Vergleich von angestrebten und erzielten Ergebnissen sind dann die Ausgangsbasis des nächsten Führungsprozesses. Die besondere Bedeutung der Information und Kommunikation kommt dabei in Abb. 1.3.11 in der zentralen Anordnung zum Ausdruck, welche die verbindende Wirkung zwischen allen anderen Teilfunktionen veranschaulichen soll. Die Führungsfunktion Information und Kommunikation beschäftigt sich mit der Frage: „Mit welchen Informationen arbeitet die Unternehmensführung und wie werden diese ausgetauscht?". Die Führungsfunktion Information und Kommunikation wird häufig fachlich durch Experten unterstützt, z. B. durch das Controlling. Mithilfe von Informationssystemen werden Informationen erzeugt, genutzt und ausgetauscht.

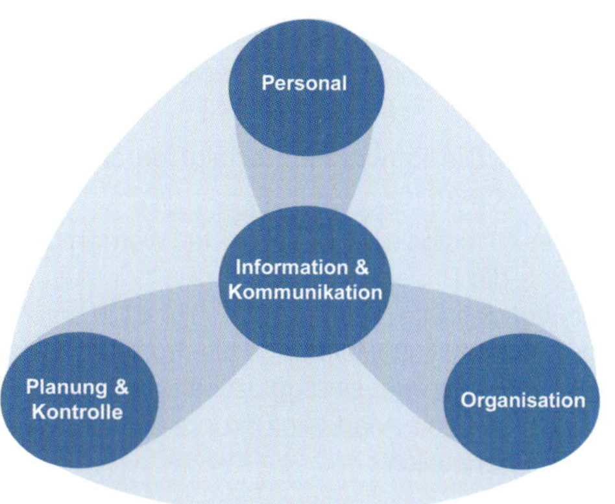

Abb. 1.3.11: Funktionen der Unternehmensführung und deren Beziehungen

> Die Aufgaben der Unternehmensführung gliedern sich nach den Inhalten des Führungshandelns in die **Führungsfunktionen** Planung und Kontrolle, Organisation, Personal sowie Information und Kommunikation.

Die Führungsfunktionen wirken somit integrativ zusammen, wobei alle Funktionen miteinander in Verbindung stehen. Sie bilden zusammen gleichsam eine Führungszelle, die durch Interaktionen untereinander zusammengehalten wird. Die Führungssysteme der Unternehmen unterscheiden sich nach deren Werten und normativer Ausgestaltung oder auch abhängig von deren Art, Alter, Größe und Branche (vgl. *Bleicher,* 2011, S. 94 ff.; *Gälweiler,* 2005, S. 204). In Abb. 1.3.11 sind die Führungsfunktionen gleichbedeutend dargestellt, in der Praxis ist jede Führungsfunktion jedoch mehr oder weniger stark ausgeprägt. So ist es für kleine und sehr junge Unternehmen etwa typisch, dass die Personalfunktion im Vordergrund steht und die Organisationsfunktion hingegen kaum ausgeprägt ist. Etablierte Großunternehmen betonen dementsprechend meist die Organisations- sowie Planungs- und Kontrollfunktion. Wesentlich ist dabei, dass die Führungsfunktionen **konsistent** zueinander sind, sodass sich keine widersprüchlichen Führungsimpulse aus unterschiedlichen Führungsfunktionen ergeben.

Unterstützungsfunktionen

Je nach Größe, Branche oder Umweltsituation eines Unternehmens kann die Unternehmensführung auch eine hohe Kompliziertheit oder gar Komplexität annehmen. So können in einem stabilen Umfeld die Aufgaben der Unternehmensführung in kleinen Unternehmen durchaus alle von einer Person ausgeführt werden. In größeren Unternehmen wird die Aufgabe der Unternehmensführung dagegen meist auf mehrere Personen als gemeinsames Leitungsorgan verteilt. Zudem haben sich sowohl in der Literatur als auch in der Praxis für die Unternehmensführung auch **Unterstützungsfunktionen** entwickelt. Dabei handelt es sich um spezialisierte Institutionen, die der Unternehmensführung in einzelnen Aufgaben oder auch bei der

Koordination von Funktionen und Ebenen Hilfestellung leisten. Sie unterstützen als spezialisierte interne Dienstleister mit Expertenwissen die Unternehmensführung bei der Bewältigung ihrer Aufgaben und stellen deshalb keine eigenständigen Führungsfunktionen dar. Daher sind sie auch nicht im System der Unternehmensführung (vgl. Kap. 1.3.4) aufgeführt. Unterstützungsfunktionen richten ein Unternehmen auf bestimmte Ziele, wie etwa die Qualität oder den Markt, aus.

Wesentliche **Unterstützungsfunktionen** sind:

- **Marketing** hilft der Unternehmensführung, die Bedürfnisse und Wünsche der Zielmärkte zu ermitteln und diese dann wirksamer als die Wettbewerber zu erfüllen (vgl. *Kotler et al.*, 2011, S. 40 ff.). Marketing ist ein Planungs- und Durchführungsprozess der Konzeption, Preisfindung, Förderung und Verbreitung von Ideen, Waren und Dienstleistungen, um Austauschprozesse zur Zufriedenstellung der Kunden herbeizuführen. Damit sorgt es für die Ausrichtung eines Unternehmens auf die Anforderungen der Märkte und Kunden und bedeutet weit mehr als den Verkauf von Produkten.
- **Logistik** unterstützt die Unternehmensführung bei der integrierten Planung, Organisation, Steuerung, Abwicklung und Kontrolle des gesamten Material- und Warenflusses mit den damit verbundenen Informationsflüssen (vgl. *Jünemann,* 1989, S. 18).
- **Controlling** soll die Unternehmensführung bei der Erreichung der Ergebnisziele unterstützen. Es sichert die Rationalität von Entscheidungen durch Transparenz in Ergebnissen, Finanzen, Prozessen und Strategien. Es gestaltet und integriert das Planungs- und Kontrollsystem, ohne dessen Inhalte zu bestimmen. Es koordiniert die Führungsfunktionen und -ebenen und sichert die dazu erforderliche Informationsversorgung (vgl. *Dillerup* 2009a, S. 398). Damit trägt das Controlling zur Rationalitätssicherung der Unternehmensführung durch Entlastung, Ergänzung, Begrenzung und Ausrichtung auf die entscheidungsrelevanten Aspekte der Unternehmensführung bei. In der Praxis wird Controlling z. T. auf die Planung und Kontrolle reduziert. Auf der anderen Seite wird Controlling auch sehr weitgehend als Führungsfunktion zur Koordination der anderen Führungsfunktionen und -ebenen verstanden. Diese Aufgabe wird dann originär durch die Unternehmensführung selbst wahrgenommen.

1.3.4 Integriertes System der Unternehmensführung

Aus der Unterscheidung der zwei Dimensionen Führungsebenen und -funktionen ergibt sich die Notwendigkeit eines integrierten Führungssystems. Die Integration orientiert sich am systemorientierten Theorieverständnis der Unternehmensführung und insbesondere der Managementkybernetik (vgl. Kap. 1.2.4) nach dem *St.-Galler-Management-Modell* der 2. Generation. In Anlehnung an die von *Bleicher* (2011) definierte Konzeption werden die Ebenen und Funktionen zu einem System integriert.

Im **Integrierten System der Unternehmensführung (ISU)** werden die Ebenen und Funktionen der Unternehmensführung aufeinander abgestimmt wahrgenommen.

Integrierte Unternehmensführung

Dazu werden die Führungsfunktionen untereinander und mit jeder Führungsebene verzahnt, was zu einem integrierten System führt. Die Darstellung in Abb. 1.3.12 als Zellstruktur soll die Interaktion aller Funktionen und Ebenen veranschaulichen.

Die Zellanalogie impliziert, dass in einer Einheit alle Führungsfunktionen und -ebenen integriert sind. Dies ist z. B. in kleinen Unternehmen gut vorstellbar, wobei alle Aufgaben der Unternehmensführung durch eine oder wenige Personen wahrgenommen werden. Mit steigender Größe und Differenzierung des Unternehmens und der einzelnen

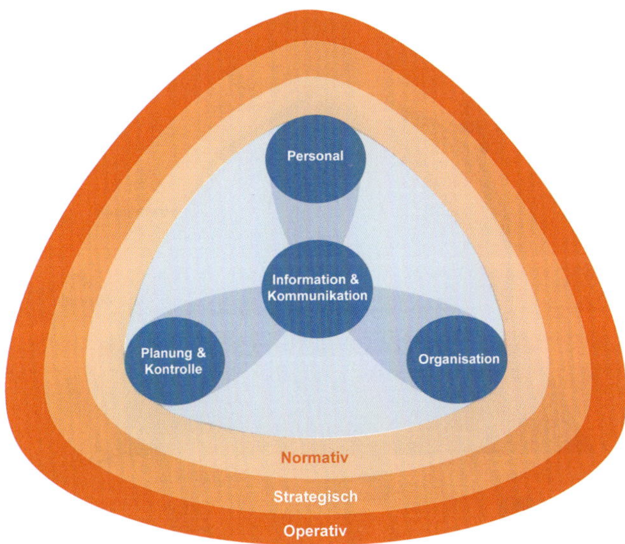

Abb. 1.3.12: Integration von Führungsfunktionen und -ebenen

Führungsebenen und -funktionen werden für die Unternehmensführung meist eigene Teilsysteme entwickelt, die von darauf spezialisierten Teams oder Abteilungen betrieben werden. Für eine Unternehmensführung mit ausdifferenzierten Teilsystemen wird häufig eine pyramidenförmige Darstellung gewählt.

Die drei **Dimensionen** des Modells bilden die in Abb. 1.3.13 dargestellte Führungspyramide:

- Die **Führungsebenen** der Unternehmensführung (vgl. Kap. 1.3.2) bauen hierarchisch aufeinander auf und werden durch die Dreiecksform (vgl. Abb. 1.3.7) symbolisiert. Die jeweils übergeordneten Stufen bilden den Rahmen für nachfolgende Ebenen. Die normative Ebene prägt den Gestaltungsrahmen, der einem Unternehmen seine Identität verleiht. Die strategische Unternehmensführung beschäftigt sich innerhalb der normativen Vorgaben mit der Schaffung neuer und der Weiterentwicklung bestehender Erfolgspotenziale. Auf der operativen Ebene werden die Maßnahmen zur Umsetzung der Strategie ausgeführt und die dabei anfallenden laufenden Aktivitäten gelenkt.
- Die **Führungsfunktionen** zur Lenkung, Gestaltung und Entwicklung eines Unternehmens bilden die zweite Dimension der Pyramide. Personal, Planung und Kontrolle sowie Organisation stehen gleichberechtigt und einander ergänzend nebeneinander. Eine besondere Rolle spielt die Information und Kommunikation, welche die Unternehmensführung auf allen Ebenen und Funktionen miteinander verbindet. Dies wird durch einen umlaufenden Kreis symbolisiert.
- Die **Führungsperspektiven** bestimmen die inhaltlichen Schwerpunkte der Unternehmensführung.

Aus Ebenen, Funktionen und Perspektiven lässt sich eine Pyramide mit dem Informations- und Kommunikationskreislauf bilden, welche das **Integrierte System der Unternehmensführung (ISU)** darstellt (vgl. Abb. 1.3.13).

Die Integration der Führungsebenen ist aufgrund der gegenseitigen Abhängigkeit der Entscheidungen und sich wandelnder Umwelten von zentraler Bedeutung. Die Unternehmensführung ist für die Gesamtheit des Unternehmens und damit auch für die Fülle an Führungsaufgaben verantwortlich. Dies erfolgt durch die **Koordination** des Systems über alle Funktionen, Ebenen und Perspektiven (vgl. Abb. 1.3.14). So ist eine Strategie die Vorgabe für betriebliche Aktivitäten, wofür geeignete Strukturen und abgestimmte Personalaktivitäten erforderlich sind. Für die konsequente Ausrichtung eines Geschäftsbereiches kann z. B. eine organisatorische Verankerung als Sparte sinnvoll sein. Zudem kann die Umsetzung der Strategie mit abgestimmten Anreiz- und Entlohnungsmodellen gefördert werden. Die Koordination der Funktionen ermöglicht eine **horizontal** abgestimmte Unternehmensführung. Da die Führungsebenen hierarchisch ineinandergreifen, sind die Funktionen ebenso **vertikal** zu koordinieren (vgl. Kap. 1.3.2). Beispielsweise sollten sich die Strategien der Geschäftsfelder und die daraus resultierenden operativen Aktivitäten aus der Mission des Gesamtunternehmens ableiten.

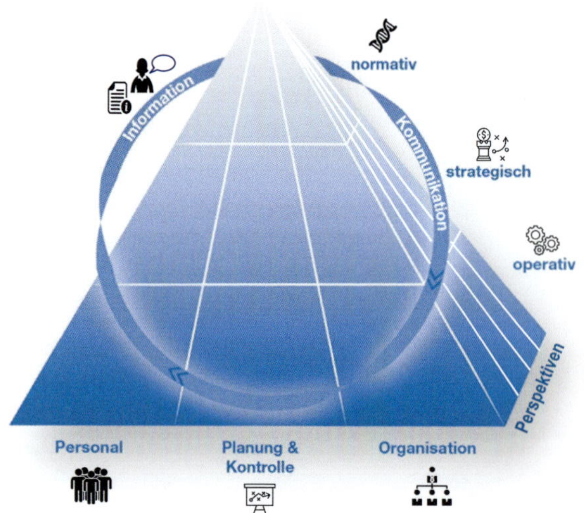

Abb. 1.3.13: Integriertes System der Unternehmensführung

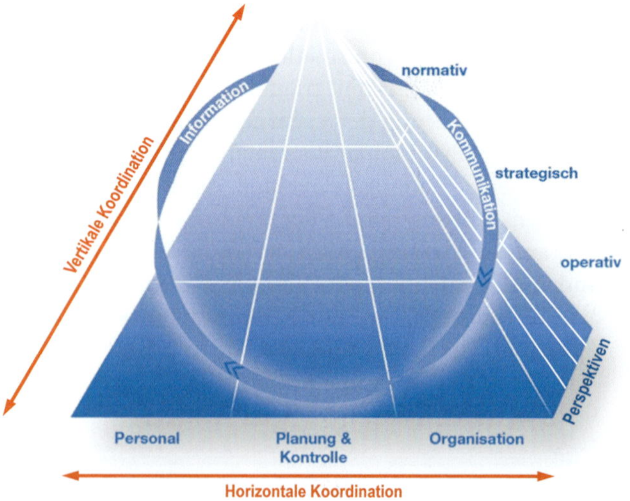

Abb. 1.3.14: Koordination im Integrierten System der Unternehmensführung

Viele der **Koordinationsprozesse** innerhalb des Systems der Unternehmensführung basieren auf Plausibilitätsüberlegungen und lassen sich nur im konkreten Fall spezifizieren. Eine Ausnahme bildet das Planungs- und Kontrollsystem, welches sich vom Unternehmenswert bis hin zur operativen Budgetierung quantifizieren lässt. Abstimmungen horizontaler Art basieren im System der Unternehmensführung überwiegend auf qualitativen Überlegungen, Hypothesen über Ursache-Wirkungs-Beziehungen und Plausibilitäten. Im Zusammenhang mit den jeweils behandelten Führungsfunktionen werden die hierfür relevanten Abstimmungsprozesse vorgestellt.

In Abb. 1.3.15 werden alle Ebenen und Funktionen als Bausteine des ISU dargestellt. Jeder Baustein kann dabei die gleiche Bedeutung haben oder diese sind unterschiedlich gewichtet. In der Pyramide wären alle Ebenen und Funktionen exakt ausbalanciert, d. h., sie würden dem Verlauf der mittleren blauen Null-Linie entsprechen. Die rote Linie zeigt ein exemplarisches Profil eines Unternehmens, welches sein Führungssystem weniger auf Führungsfunktionen ausrichtet und lediglich die Organisationsfunktion ausgebaut hat. Ebenso liegt der Fokus stark auf der operativen Führungsebene, während normative und strategische Aspekte weniger ausgeprägt sind. Ein solches Profil kann die Konfiguration der Pyramide veranschaulichen, um Unternehmen gestalten und entwickeln sowie miteinander vergleichen zu können.

Führungsperspektiven

Die Unternehmensführung kann auf besondere **Führungsperspektiven** im Sinne von thematischen Schwerpunkten ausgerichtet sein. So lässt sich die Unternehmensführung etwa unter qualitäts- oder wertorientierten Gesichtspunkten betrachten. Ebenen und Funktionen orientierten sich dann an diesen Perspektiven als dritter Dimension der Pyramide. Diese sind in Abb. 1.3.16 dargestellt und werden in Kap. 8 vertieft.

Wesentliche **Perspektiven** der Unternehmensführung sind:

- **Qualitätsorientierte Unternehmensführung** richtet alle Mitarbeiter und Unternehmensbereiche auf die Erfüllung der Kundenanforderungen aus (vgl. Kap. 8.1).
- **Wertorientierte Unternehmensführung** fokussiert sich auf die Steigerung des ökonomischen Werts des Unternehmens (vgl. Kap. 8.2).
- **Immateriell orientierte Unternehmensführung** betrachtet alle immateriellen Werte, wie Human-, Kunden-, Beziehungs- und Strukturkapital (vgl. Kap. 8.3).
- **Risikoorientierte Unternehmensführung** befasst sich mit den Abweichungen von den Erwartungen über die Zukunft, um diese systematisch zu steuern, zu überwachen und darüber zu informieren (vgl. Kap. 8.4).
- **Internationale Unternehmensführung** beschäftigt sich mit der länderübergreifenden Ausdehnung der betrieblichen Aktivitäten (vgl. Kap. 8.5).

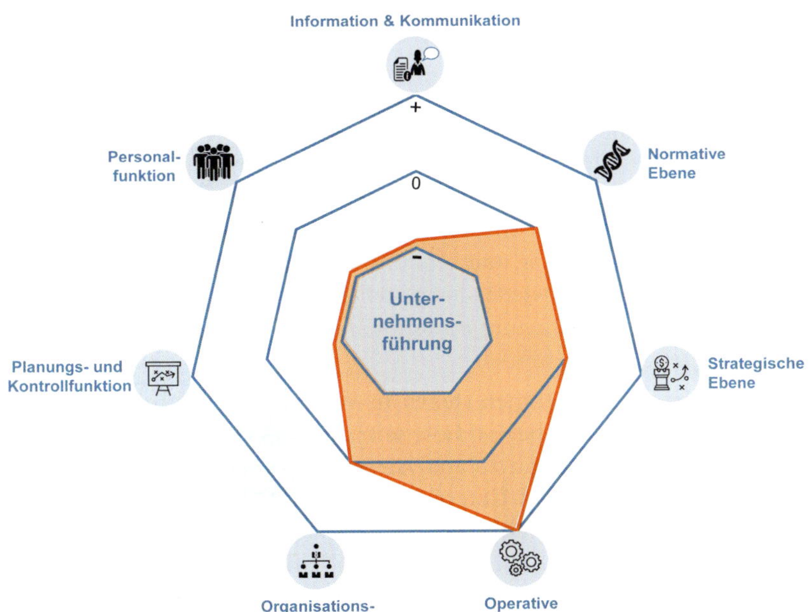

Abb. 1.3.15: Konfigurationsbeispiel des Integrierten Systems der Unternehmensführung

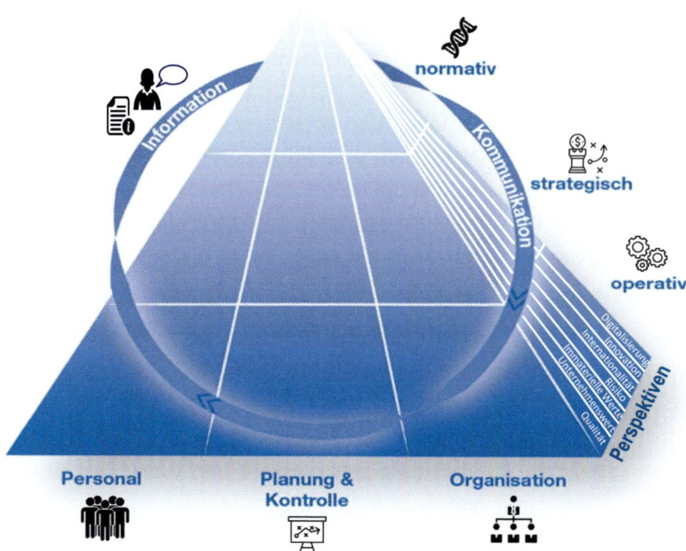

Abb. 1.3.16: Führungsperspektiven im Integrierten System der Unternehmensführung

- **Innovationsorientierte Unternehmensführung** bringt neue Produkte, Dienstleistungen oder Verfahren hervor und setzt sie wirtschaftlich erfolgreich im Markt durch (vgl. Kap. 8.6).
- **Digitalisierung** kann massive Veränderungen bei Produkten und Dienstleistungen, den Geschäftsprozessen, der Organisationsstruktur, dem Geschäftsmodell und der Kultur von Unternehmen bewirken. Diese digitale Transformation ist durch die Unternehmensführung aktiv zu gestalten (vgl. Kap. 8.7).

In den bisherigen Abbildungen sind alle Bausteine des ISU vereinfachend gleich groß dargestellt. Tatsächlich sind Unternehmen auch als Elemente übergeordneter Systeme zu betrachten. Wechselwirkungen zwischen Unternehmen, wie etwa in gesellschaftlicher, rechtlicher oder technologischer Hinsicht, bewirken, dass die Funktionen, Ebenen und Perspektiven immer wieder neu aufeinander abzustimmen sind. Bilden die Elemente der Unternehmensführung ein koordiniertes System mit aufeinander abgestimmten Beziehungen, dann wird von einem **integrierten System** gesprochen. Dabei sind z. B. die Führungsteilfunktionen nicht unbedingt gleichberechtigt. In einem stabilen Umfeld mit immer wiederkehrenden Aufgaben kann die Organisation in Form von standardisierten Abläufen und Regeln dominieren. In einem dynamischen Umfeld kann dagegen die Personalfunktion zur Förderung unternehmerischen Denkens und Handels im Vordergrund stehen, während Planung und Kontrolle nur eine untergeordnete Rolle spielen. Neben der Aufgabenorientierung erklärt auch der kulturelle Hintergrund unterschiedliche Schwerpunkte. So bevorzugen angloamerikanische Unternehmen meist Planung und Kontrolle, während z. B. Prozessabläufe weniger standardisiert sind. Asiatisch oder romanisch geprägte Unternehmen werden eher mit einem Fokus auf der Personalfunktion geführt. Während bei asiatischen Unternehmen das Gruppendenken dominiert, bevorzugen europäische Unternehmen eine patriarchale Führung. In Deutschland wird etwa meist auf fehlerfreie Prozesse geachtet und daher der Organisation ein hoher Stellenwert eingeräumt.

1.3.5 Kontexte der Unternehmensführung

Das Integrierte System der Unternehmensführung stellt die Unternehmensführung umfassend dar. Das Führungssystem hat sich dabei immer wieder an den Veränderungen der Unternehmensumwelt und des Unternehmens neu auszurichten. Insbesondere in dynamischen Umfeldern ist die Gestaltung und Lenkung durch die Unternehmensführung immer wieder herzustellen, indem durch die Unternehmensführung **evolutionäre Veränderungsprozesse** angestoßen werden.

Unternehmen stehen in Wechselwirkung mit ihrer Umwelt. Daher ist diese sehr genau auf Trends und Veränderungen hin zu analysieren. So kann eine Weiterentwicklung eines Unternehmens und dessen Führungssysteme im Sinne einer evolutionären Unternehmensentwicklung erfolgen. Dies kann sowohl eine kontinuierliche Verbesserung des Bestehenden im Sinne einer Optimierung als auch das diskontinuierliche Schaffen von etwas völlig

Neuem im Sinne einer Erneuerung sein. Die Umwelt des Unternehmens beschreibt damit einen Kontext für die Unternehmensführung. Die Gestaltung des Verhältnisses zur Umwelt geht dabei über die reine Anpassung hinaus und ermöglicht eine Differenzierung im Wettbewerb und damit die Existenzsicherung des Unternehmens. Insbesondere in sehr unsicheren Umwelten erhält die Anpassung an die Umwelt (Outside-in-Perspektive) eine hohe Bedeutung.

Eine zentrale Aufgabe der Unternehmensführung ist es daher, das Unternehmen und die Führung an unterschiedliche **Führungskontexte** anzupassen. Es geht dabei um die Frage, wie ein Unternehmen im Verhältnis zu seiner Umwelt steht und wie sich das Unternehmen und seine Führung weiterentwickelt. Somit ist diese kontextbedingte Unternehmensführung auf die Anpassungs- und damit (Über-)Lebensfähigkeit des Unternehmens ausgerichtet.

Kategorisierung von Führungskontexten

Nach der Theorie dynamischer Systeme und der Evolutionstheorie (Kap. 1.2.4) sind Unternehmen soziale Systeme, die Veränderungsprozessen unterworfen sind. Im Sinne einer evolutionären Unternehmensführung ist dann das Überleben eines Unternehmens sicherzustellen. Dabei kann die Komplexität nicht vollständig beherrscht werden bzw. nicht alle Prozesse im Unternehmen sind direkt beeinflussbar. Es geht um die Frage: „Wie kann die Unternehmensführung unter unterschiedlichen Kontextbedingungen erfolgen?"

In Anlehnung an die vom britischen Organisationstheoretiker *Stacey* (1991) entwickelte Einteilung, werden die **Führungskontexte** in der sogenannten ***Stacey*-Matrix** abgrenzt. Dabei werden zwei Dimensionen unterschieden, welche in Kombination unterschiedliche Führungskontexte bilden. Zunächst

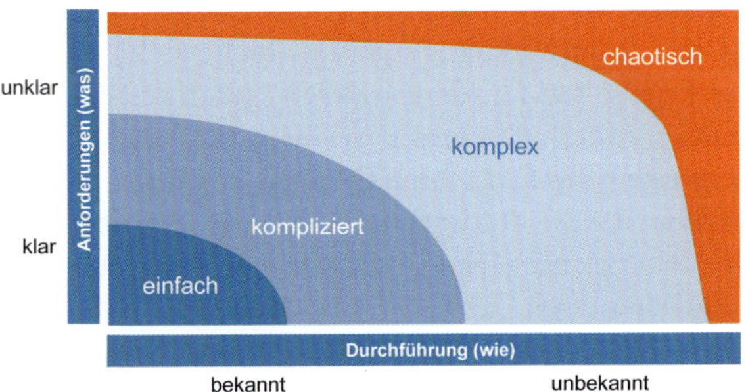

Abb. 1.3.17: Kategorisierung von Führungskontexten (in Anlehnung an Stacey, 1991)

sind die externen Anforderungen zu beschreiben. Was an Anforderungen in einem bestimmten Kontext zu erfüllen ist, kann dabei klar bis hin zu unklar definiert sein. Die zweite Achse der Kontextbestimmung steht dafür, wie in einem Kontext den Anforderungen begegnet werden kann und welche Möglichkeiten zur Durchführung bzw. Bewältigung einer Situation zur Verfügung stehen. Das Spektrum reicht dabei von bekannten Lösungswegen bis hin zu völlig unbekannten Vorgehensweisen. Aus der Kombination ergeben sich die vier Kontextbereiche einfach, kompliziert, komplex und chaotisch, die als Bandbreiten mit fließenden Grenzen zu interpretieren sind. Die *Stacey*-Matrix hilft dabei herauszufinden, welcher Führungskontext vorliegt. Dies wiederum ist die Voraussetzung für die Unternehmensführung, um das Führungssystem auf den jeweiligen Kontext auszurichten.

Kontextanforderungen der Umwelt

Die erste Dimension der *Stacey*-Matrix beschreibt die externen Anforderungen. Um das Ausmaß der **Unsicherheit** in der Unternehmensumwelt zu beschreiben, kann die Klassifizierung nach der Entscheidungstheorie (vgl. Kap. 1.2.1) herangezogen werden. Im Umweltzustand der Sicherheit ist die Situation vollständig bekannt, was einer klaren Anforderung in der *Stacey*-Matrix entspricht. Für Unternehmen wird die Umwelt zwar niemals vollständig bekannt sein, es kann jedoch Situationen geben, in denen die Umwelt ausreichend sicher ist. Ansonsten herrscht Unsicherheit bzw. Unklarheit, wobei nach der **Planbarkeit der Umwelt** unterschieden wird in:

- **Risiko**, wenn mithilfe von Erwartungswerten alle möglichen Zustände bestimmt werden können.
- **Ungewissheit**, sofern zwar die möglicherweise eintretenden Umweltsituationen bekannt sind, allerdings nicht deren Eintrittswahrscheinlichkeiten.
- **Vollkommene Unsicherheit** (Knightsche Unsicherheit) bezeichnet eine Situation, in der weder die möglicherweise eintretenden Umweltsituationen noch deren Eintrittswahrscheinlichkeiten bekannt sind.

In der Wahrscheinlichkeitstheorie wird unterstellt, dass alle Informationen über die Umwelt berücksichtigt werden können. Die Unternehmensführung verfügt jedoch nur über einen unvollständigen Informationsstand über die Umwelt und das Unternehmen. Es ist also eine verbleibende Restunsicherheit aus mangelnden Informationsstand zu berücksichtigen.

Daher lassen sich in Anlehnung an die Entscheidungstheorie vier **Ausprägungen der Umwelt** gemäß den Umweltanforderungen und der Planbarkeit unterscheiden (vgl. *Courtney et al.*, 1997, S. 67 ff.):

- **Sicherheit** beschreibt eine Situation, in der die Unsicherheiten über die Umwelt für ein Unternehmen irrelevant sind. Die Umweltanforderungen sind somit ausreichend bekannt und gut planbar. Bei Entscheidung unter Sicherheit können sich Unternehmen bei der Planung auf eine einzige Prognose stützen. Es können dann Entscheidungsinstrumente, wie z. B. Marktforschung oder Kosten- und Kapazitätsanalysen, eingesetzt werden. Exemplarisch für eine solche Situation wäre ein Malerbetrieb, der den Auftrag hat, eine Wand anzustreichen. Sind die Anforderungen hinsichtlich Flächengröße, Untergrund und Farbwahl bekannt, dann steht die Lösung der Auftragsdurchführung fest. Die Umsetzung der Umweltanforderungen für den Malerbetrieb kann mit bekannten Verfahren gelöst und vorab durch die wesentlichen Parameter, wie z. B. An- und Abfahrtszeiten, Materialbedarf und Arbeitszeit, geplant werden.
- **Risiko** beschreibt die Umwelt in wenigen, klar abgrenzbaren sogenannten diskreten Szenarien. Die möglichen Ausprägungen der Umwelt können beschrieben werden, ohne jedoch erkennen zu können, welche Situation eintreten wird. Eventuell lassen sich Wahrscheinlichkeiten für die Szenarien bestimmen. Die Anforderungen können sich jedoch verändern. Eine typische derartige Situation ist in Oligopolmärkten anzutreffen, wenn die Pläne der Wettbewerber auf die Entscheidung eines Unternehmens Einfluss haben. Mögliche Ergebnisse sind bekannt, aber es ist schwer vorherzusagen, welche davon eintreten werden. Es gilt dann eine Reihe von Alternativen zu entwickeln und z. B. in einem Entscheidungsbaum abzubilden. Die Beschaffung von Informationen, mit deren Hilfe die relativen Wahrscheinlichkeiten der alternativen Ergebnisse ermittelt werden, sollte dabei Priorität haben. Für das Beispiel des Malerbetriebs könnte dies zutreffen, wenn bei der Angebotsabgabe davon auszugehen ist, dass mehrere Wettbewerber ebenfalls um den Auftrag bieten oder wenn die Anforderungen nicht vollständig definiert werden können. So könnte z. B. der Untergrund im Voraus nicht exakt bestimmbar sein, sodass sich unterschiedliche Umsetzungsvarianten ergeben können.
- **Ungewissheit**: Diese Situation geht über das Risiko hinaus, indem zwar eine Reihe potenzieller Umweltanforderungen identifiziert werden kann, diese sich aber in Bandbreiten und nicht in klar abgrenzbaren Optionen darstellen. Dies ist z. B. typisch für Unternehmen, die sich neue Industrien, Technologien oder geografische Märkte erschließen. Dann kann eine Reihe von Szenarien identifiziert werden, die alternative zukünftige Umweltanforderungen beschreiben. Sie sind abhängig von der Entwicklung einiger Schlüsselvariablen und die Analyse sollte sich auf die auslösenden Ereignisse konzentrieren. So lässt sich erkennen, dass sich die Umweltanforderungen auf das eine oder andere Szenario zubewegen. Die Entwicklung von Szenarien unter Ungewissheit ist jedoch schwierig, denn zwischen den Extremen der bestmöglichen und schlechtesten Umweltanforderungen gibt es keine klar abgrenzbaren Szenarien. Dann gilt es vereinfachend, eine begrenzte Anzahl an Alternativszenarien zu entwickeln, die nicht redundant sind und die wahrscheinliche Bandbreite künftiger Umwelten abdecken. Ein Beispiel für eine derartige Situation ist der Brexit. So wurde am 23.06.2016 zwar der EU-Austritt des Vereinigten Königreichs durch ein Referendum beschlossen, doch wurde sowohl der Austrittstermin mehrfach verschoben als auch die sich daraus ergebenen Regelungen in verschiedenen Varianten diskutiert. Ein vom Brexit betroffenes Unternehmen musste folglich mit mehreren und sich immer wieder veränderten Szenarien arbeiten, deren Eintrittswahrscheinlichkeiten sich ebenfalls fortlaufend änderten.
- **Vollkommene Unsicherheit** (Knightsche Unsicherheit) beschreibt besonders schwierige Rahmenbedingungen eines Unternehmens. In einem vollkommen unsicheren Umfeld ist es unmöglich vorherzusagen, wie sich die Umwelt entwickelt. Es gelingt nicht mehr, potenzielle Ergebnisse zu identifizieren, geschweige denn, Szenarien innerhalb eines Bereichs aufzustellen. Möglicherweise ist es nicht einmal möglich, alle relevanten Variablen, die die Zukunft definieren, zu identifizieren oder vorherzusagen. Solche Situationen sind recht selten und sie neigen dazu, sich im Laufe der Zeit wieder auf eine der anderen Unsicherheitsstufen zuzubewegen. Ein Beispiel für eine solche Umweltsituation stellt die Corona-Krise 2020/21 dar. Die Situation war während

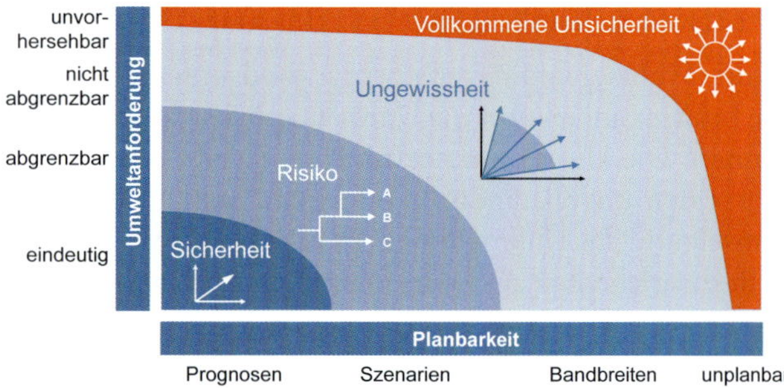

Abb. 1.3.18: Ausprägungen der Umweltunsicherheit

des ersten Lockdowns sehr volatil und die Dynamik der Pandemie kaum einzuschätzen. Die Unsicherheit erlaubte es kaum, belastbare Vorhersagen zu treffen. Welche Wirkung die eingeführten Maßnahmen hatten, konnte erst mit Verzögerung und durch Ausprobieren erkannt werden. Schließlich waren viele Fakten in ihrer Wirkung auf die Ausbreitungsgeschwindigkeit des Virus mehrdeutig. Dieses Beispiel veranschaulicht, wie schwierig es sein kann, Entscheidungen in einer vollkommen unsichereren Umwelt zu treffen. Es zeigt aber auch den vorübergehenden Charakter von derartigen Situationen, denn alle Maßnahmen verfolgten in der Pandemie den Zweck, wieder höhere Stabilität herzustellen und die Umwelt in eine geringere Unsicherheitsstufe zu bringen.

Die **Umwelt** der Unternehmensführung kann die Ausprägungen Sicherheit, Risiko, Ungewissheit und vollkommene Unsicherheit annehmen.

Vereinfachend wird für ungewisse und z. T. auch vollkommen ungewisse Umwelten häufig der Begriff der **VUKA-Welt** verwendet. Er ist abgeleitet vom *United States Army War College* zur Beschreibung der multilateralen Welt nach dem Ende des Kalten Krieges. Um 1990 wurde der Begriff auf die Unternehmensführung übertragen.

VUKA ist ein Akronym für die folgenden Begriffe (vgl. *Johansen*, 2012; *Mack et al.*, 2016):

- **Volatilität** (Volatiliy): Die Geschwindigkeit sowie die Anzahl und Dynamik von Veränderungen nehmen zu. Damit werden auch die Schwankungsbereiche der Umweltentwicklungen breiter. Als Beispiel können digitale Technologien die Grenzen zwischen Geschäftsfeldern verschieben und zur Beschleunigung führen. So können z. B. neue Smartphone-Apps binnen Tagen in den Markt eingeführt und millionenfach verbreitet werden. Ebenso sichtbar ist die Volatilität an der Börse in den Aktien- und Devisenkursen oder Rohstoffpreisen. Innerhalb eines kurzen Zeitraums zeigen stark schwankende Kurse sich als scharfe Zacken im Zeitverlauf. Je höher die Volatilität, desto stärker die Ausschläge.
- **Unsicherheit** (Uncertainty): Die Vorhersagbarkeit der Umwelt schwindet, weil manche Variablen oder das Zusammenwirken der Variablen unbekannt sind. Damit verlieren Erfahrungen aus der Vergangenheit für die Prognose der Zukunft an Gültigkeit und Relevanz. Generell nimmt die Berechenbarkeit von Ereignissen ab und somit werden die Konsequenzen schwer kalkulierbar. Je mehr Überraschungen die Umwelt bereithält, desto unsicherer ist sie. Teilweise entstehen Innovationen überraschend und mit disruptiver Wirkung, was zu unvorhersehbaren Veränderungen führen kann. Im Sinne der Stufen der Umweltunsicherheit handelt es sich um den Bereich der Ungewissheit und z. T. auch der vollkommenen Unsicherheit. Das Potenzial digitaler Informationstechnologien, wie etwa der Künstlichen Intelligenz (vgl. Kap. 7.3.6), kann noch nicht vorhergesagt werden. Diese könnte das Miteinander von Mensch und Maschine in Büro und Fabrikhalle revolutionieren.
- **Komplexität** (Complexity) wird durch die Anzahl von Einflussfaktoren, deren gegenseitiger Abhängigkeit bzw. Interaktion und der Dynamik beeinflusst. Je komplizierter und dynamischer ein System ist, desto komplexer ist es. Eine steigende Anzahl von unterschiedlichen Verknüpfungen und Abhängigkeiten macht die Umwelt undurchschaubar. Viele, teilweise unbekannte Variablen mit vielfältigen z. T. zeitverzögerten Wirkungen treffen aufeinander. Eine Aktion kann Auswirkungen auf sehr viele Variablen haben. Zudem können Zeitverzögerungen das Verstehen komplexer Systeme oder Umwelten erschweren. Durch digitale Technologien können sowohl höhere Komplexitäten bewältigt werden, wie etwa Big-Data-Analysen (vgl. Kap. 7.3.3), als auch entstehen, wie beispielsweise durch Blockchain-Anwendungen (vgl. Kap. 7.3.8).
- **Ambiguität** (Ambiguity) beschreibt die Mehrdeutigkeit einer Situation. Selbst wenn viele Informationen vorhanden sind, kann deren Bewertung mehrdeutig sein. Solche Faktenlagen sind nicht eindeutig interpretierbar und machen falsche Entscheidungen wahrscheinlicher. Die Umwelt ist daher schwer verständlich und wenig planbar. Entscheidungen fordern Mut zum Risiko, selten ist etwas genau bestimmbar. So lassen sich etwa die Ergebnisse von Big-Data-Analysen nicht leicht in Handlungsempfehlungen umsetzen, da deren Interpretation mehrdeutig sein kann.

Für die Unternehmensführung werden die Kontextanforderungen durch die Analyse der Unternehmensumwelt bestimmt. Dabei werden die Ausprägungen einer Vielzahl von Einflussfaktoren betrachtet.

Zu den **Umweltanalysen** gehören:

- Die **globale Umweltanalyse** untersucht Faktoren, die nicht nur für ein Unternehmen oder eine Branche, sondern für alle Unternehmen von Bedeutung sind. Sie bilden die politisch-rechtliche, ökonomische, ökologische, gesellschaftliche und technologische Umwelt der Unternehmen (vgl. Kap. 3.2.1).

- Die **Branchenanalyse** untersucht die Attraktivität und Dynamik einer Branche. Sie erklärt, warum die durchschnittlichen Renditen zwischen Branchen unterschiedlich sind und manche Unternehmen einer Branche erfolgreicher sind als andere (vgl. Kap. 3.2.1).
- Die **Produktanalyse** untersucht die Leistungen eines Unternehmens als Teil der untersuchten Märkte. Dabei sind Lebenszyklen, Erfahrungskurveneffekte und Innovationen wesentlich für eine vorteilhafte Positionierung gegenüber Konkurrenten (vgl. Kap. 3.2.3).
- Die **Marktanalyse** baut auf der Branchenanalyse auf und beschäftigt sich mit der Attraktivität und Dynamik der Märkte einer Branche. Untersuchungsgegenstände sind die Rentabilität, Segmentierung, Struktur sowie Entwicklung der Märkte (vgl. Kap. 3.3.1).
- Die **Kundenanalyse** rückt den Kunden als wesentlichen Erfolgsfaktor in den Mittelpunkt. Kunden sind eingebettet in Märkte, weshalb diese im Vorfeld zu untersuchen sind. Bestehende und zukünftige Kundenwünsche und die langfristige Bindung wertvoller Kunden werden mit ihren heutigen und zukünftigen Anforderungen an ein Unternehmen analysiert (vgl. Kap. 3.3.2).
- Die **Konkurrenzanalyse** (vgl. Kap. 3.3.3) ist ein zentrales Element der Branchenumwelt, der Märkte und der Aufmerksamkeit der Kunden. Insofern sind die Konkurrenten als Teil der Unternehmensumwelt zu analysieren.

Aus der Analyse der verschiedenen Bereiche der Unternehmensumwelt lässt sich jeweils ableiten, wie diese hinsichtlich ihrer Kontextanforderungen einzuschätzen sind. Entsprechend ist dann für diesen Umweltbereich eine kontextbezogene Ausrichtung der Führung erforderlich. Das gesamte Unternehmen hat somit meist mehr als eine Kontextanforderung gleichzeitig zu erfüllen.

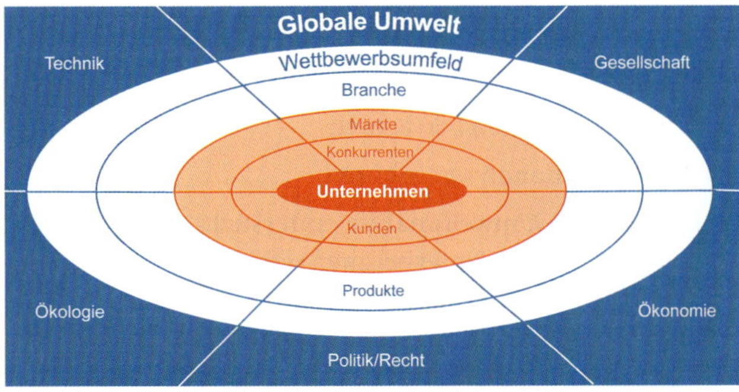

Abb. 1.3.19: Unternehmensumwelten

Anpassungsfähigkeit des Unternehmens

Neben den Umweltanforderungen lassen sich die Führungskontexte danach unterscheiden, wie ein Unternehmen den daraus resultierenden Anforderungen begegnet. Es geht um die **Anpassungsfähigkeit des Unternehmens** zur Bewältigung einer Situation. Das Spektrum reicht dabei von bekannten bis hin zu unbekannten Lösungen. Anpassungsfähigkeit stellt per Definition das Gegenteil von organisationaler Trägheit dar. Bezogen auf die Unternehmensführung beschreibt die zweite Achse in der *Stacey*-Matrix das unternehmensinterne Reservoir an Handlungsoptionen, um den Kontextanforderungen zu begegnen. Diese Anpassungsfähigkeit einer Organisation an die Erfordernisse der Umwelt ist eine Antwort auf die steigende Komplexität. Sie bezeichnet die Fähigkeit eines Unternehmens, sich kontinuierlich an seine komplexe, turbulente und unsichere Umwelt anzupassen, hierbei wirtschaftlich erfolgreich zu sein, Mehrwert für den Kunden zu schaffen und den Wandel offensiv als Chance zu nutzen. Letztlich wird dadurch die Überlebensfähigkeit sichergestellt. Durch die Entwicklung des Unternehmens zu mehr Anpassungsfähigkeit erhöht sich die interne Komplexität. Somit kann ein Unternehmen nach dem **Ashbyschen Gesetz** (vgl. Kap. 1.2.4) der erforderlichen Varietät gerecht werden. Es besagt, dass komplexe Herausforderungen Lösungs- bzw. Führungssysteme benötigen, die mindestens ebenso komplex sind.

Unternehmen stehen vor verschiedenen Herausforderungen. So sind etwa Produkte und Dienstleistungen unterschiedlich stark von der Digitalisierung betroffen. Auch Disruptionen haben in gewissen Märkten größere Auswirkung als in anderen. Die Internationalisierung und der gesellschaftliche Wertewandel sind in bestimmten Branchen spürbarer als in anderen. Mit anderen Worten: Unternehmen besitzen unterschiedliche Umweltanforderungen, die in ihrem Komplexitätsgrad stark variieren. Es ist insofern notwendig zu definieren, wie viel Anpassungsfähigkeit tatsächlich benötigt wird. Ein Höchstmaß an Anpassungsfähigkeit ist nicht für jedes Unternehmen in gleichem Maße sinnvoll.

Zur Differenzierung zwischen unterschiedlichen Reifegraden bzw. Anpassungsfähigkeiten kann das von *Häusling* (2018) und *Fischer* (2020a) entwickelte **Trafo-Modell** genutzt werden. Es betrachtet die Transformation von Organisationen hin zu einem vollständig anpassungsfähigen Unternehmen, dem agilen Unternehmen.

Dazu werden die Ausprägungen der wesentlichen **Faktoren der Anpassungsfähigkeit** beschrieben (vgl. *Häusling/Fischer,* 2020b; *Seidel,* 2019, S. 53 ff.):

- Die **organisationale Verankerung** der Anpassungsfähigkeit kann auf drei Organisationsebenen betrachtet werden. Die Mikroebene umfasst die Anpassungsfähigkeit von Teams und Individuen. Es geht um Themen wie Arbeitsweisen, Team- und Mitarbeiterführung sowie Kompetenzaufbau und Weiterentwicklung. Im Vordergrund steht der individuelle Reifegrad der Unternehmensmitglieder. Die Makroebene betrachtet das Gesamtunternehmen. Anpassungsfähigkeit entsteht aus der Strategie, der Organisation, der normativen Gestaltung und dem Zusammenspiel der einzelnen Bereiche. Die Mesoebene betrachtet als Zwischenebene sämtliche das Gesamtunternehmen unterstützenden sowie koordinierenden Aufgaben. Es geht um teamübergreifende Zusammenarbeit und Koordination.
- Die **Anpassungsrichtung** dreht sich um den Mittelpunkt des Handelns. Um sich auf das Wesentliche zu konzentrieren, soll aus Kundensicht gedacht und die Mitarbeiter in den Mittelpunkt gestellt werden. Anpassungsfähigkeit beinhaltet eine Outside-in-Denkrichtung. Ausgehend von einer hohen Kundenorientierung geht es um die Erzeugung von Kundenwert sowie um die Bedürfnisse und Probleme des Kunden. Darauf aufbauend gilt es zu überlegen, wie Nutzen gestiftet wird und das Unternehmen auszurichten ist. Als Gegenpol mit geringer Anpassungsfähigkeit steht die Innenorientierung, bei der die Organisation selbst im Mittelpunkt steht.
- **Machtverteilung** bzw. der Umgang mit Macht ist von zentraler Bedeutung für die Anpassungsfähigkeit, Flexibilität und Geschwindigkeit einer Organisation. Es geht dabei um die Aufteilung von Führungsverantwortung, das Maß an Empowerment sowie die generelle Partizipation an der Organisation. Im Kern steht die Frage, wie die Macht in der Organisation verteilt ist. Anpassungsfähigkeit entsteht bei verteilter Führung. Führungsverantwortung zu dezentralisieren bedarf Empowerment, also der Befähigung und Bemächtigung der Mitarbeiter, eigenverantwortlich Entscheidungen zu treffen und sich selbst zu organisieren. Es geht um Partizipation aller an und in der Organisation, wozu Eigenverantwortung und Achtsamkeit mit sich selbst und im Umgang mit anderen vonnöten sind. Nicht zuletzt geht es um die Wertepole Kontrolle und Absicherung auf der einen sowie Vertrauen auf der anderen Seite.
- **Entwicklungsorientierung** betrachtet die Anpassungsfähigkeit aufgrund der Veränderungsbereitschaft, des Gestaltungswillens und der Innovationsfähigkeit der Unternehmensführung. Dies beinhaltet die Entwicklungsart und Ausrichtung. Als erste Art der Entwicklung kann zunächst das Wachsen genutzt werden, d. h. sich in einen bestehenden Entwicklungsraum auszudehnen. Stößt dies an Grenzen, beginnt das Reformieren. Dabei werden Prozesse optimiert und korrigiert. Wird die Komplexität zu groß und stoßen auch die verbesserten Lösungsmuster an Grenzen, beginnt die Transformation, d. h. der Prozessmusterwechsel. Ergänzend dazu ist die zeitliche Ausrichtung der Entwicklung in kurz- und langfristige Entwicklung zu unterscheiden. Die langfristige Entwicklungskompetenz des Unternehmens ist die Fähigkeit, sich evolutionär an eine sich ändernde Umwelt anzupassen. Darüber hinaus geht es zudem um kurzfristiges Reagieren auf z. B. innovative oder disruptive Veränderungen. Schließlich ist noch der Veränderungsimpuls wichtig, der reaktiv oder proaktiv erfolgen kann. Unternehmen können als Teil übergeordneter Systeme nicht nur auf Veränderungen in ihren Umwelten reagieren, sondern diese auch proaktiv durch Innovationen gestalten. Dies gilt auch auf der organisatorischen Mikroebene, wenn es um Prozesse und Arbeitsweisen geht. Auch hier gilt es sowohl auf kurzfristige Anforderungen zu reagieren als auch um experimentelles Ausprobieren mit Innovationsdenken und Pioniergeist.
- Beim Faktor **Systemorientierung** geht es immer um die Betrachtung der Einzelteile im Verhältnis zum Ganzen. Liegt der Fokus auf dem Einzelnen oder auf dem Einzelnen im Kontext des Ganzen? Werden Erfolg und Leistung als individuelle oder als kollektive Phänomene verstanden? Wird individuelle oder kollektive Leistung gefördert? Wird versucht, einzelne Individuen direkt zu steuern oder das ganze System zu beeinflussen? Wie stark wird Arbeit zerteilt und wie ganzheitlich werden Wertschöpfungsprozesse betrachtet? Wie stark werden Netzwerkgedanken sowie End-to-end-Denken und Verantwortung gefördert? Wird hauptsächlich Expertentum geschätzt oder auch Generalismus? In einer immer stärker vernetzten Welt können die Herausforderungen, mit denen sich Organisationen konfrontiert sehen, nicht mehr von einzelnen Personen gelöst werden. Kreative Lösungsfindung und Innovation sind Gruppenprozesse, bei denen durch das Zusammenkommen verschiedener Erfahrungen, Sichtweisen und Expertisen gemeinsam Lösungen entstehen. Es geht darum, möglichst alle Kompetenzen nah zusammenzubringen, sodass kollaborative Lösungen entstehen können.

Für alle Faktoren der Anpassungsfähigkeit verschwimmen die Grenzen der Faktoren. Dennoch kann das Profil der Anpassungsfähigkeit als Reifegrad interpretiert werden. So zeugt ein sehr innenliegendes Profil von geringer Anpassungsfähigkeit bzw. einem geringen Reifegrad. Im Trafo-Modell wird dies als „**traditionelle Organisation**" bezeichnet. Diese arbeitet in der Regel in einem stabilen Umfeld, das traditionalistisch und bewahrend denkt und handelt. Sie ist zumeist sehr hierarchisch aufgebaut, mit einer hohen Machtkonzentration am Kopf der Pyramide. Hier wird auch über die Strategie entschieden, die stark auf sich selbst referenziert ist und sich vor allem wirtschaftlichen Kennzahlen verschreibt. Prozesse sind sequenziell und werden planmäßig organisiert. Die Führung ist stark hierarchisch und Entscheidungen werden von oben nach unten mit entsprechend langen Entscheidungswegen getroffen. Die Kultur in traditionellen Organisationen ist stark von Absicherung geprägt, um Fehler und damit verbundenem Gesichtsverlust der Verantwortlichen zu vermeiden.

Den Gegenpol bilden **agile Organisationen** mit höchster Anpassungsfähigkeit. Sie haben im Trafo-Modell ein großflächiges Profil und somit einen hohen Reifegrad. Sie bieten höchstmögliche Flexibilität bei einem gleichzeitigen Maß an notwendiger Stabilität, um den Umweltanforderungen zu begegnen. Strukturell sind agile Organisationen vollständig kundenorientiert und netzwerkartig organisiert. Die Strategie ist konsequent outside-in am Kunden orientiert. Wirtschaftlicher Erfolg entsteht als Folge des Schaffens von Kundennutzen. Agile Prozesse sind in der gesamten Organisation verbreitet, die Führung ist komplett und wirkungsvoll auf viele Schultern verteilt. Die Organisation legt großen Fokus auf „Empowerment", also die Ermächtigung der Mitarbeiter, bestimmte Dinge selbst entscheiden zu können und selbstverantwortlich handeln zu dürfen. Dies gelingt auch, weil auf dieser Stufe eine ausgeprägte Vertrauenskultur vorherrscht und Selbstorganisation sich somit auch besser entfalten kann. Die Rolle der Unternehmensführung ist stark auf die Weiterentwicklung der Organisation fokussiert. Allerdings beinhaltet ein agiler Ansatz die kontinuierliche Weiterentwicklung, sodass die agile Organisation nicht der angestrebte Zielzustand der Entwicklung zu mehr Anpassungsfähigkeit ist. Möglicherweise entstehen zukünftig weitere Entwicklungsstufen, die sich etwa durch neue Umweltbedingungen ergeben.

Je nach Ausmaß der Anpassungsfähigkeit ergibt sich somit ein unterschiedliches Profil, welches zu den Umweltanforderungen passt. Abb. 1.3.21 veranschaulicht dies exemplarisch anhand zweier verschiedener Profilausprägungen in der *Stacey*-Matrix.

> Die **Anpassungsfähigkeit** des Unternehmens wird durch zentrale Faktoren, wie der organisationalen Verankerung, Anpassungs- und Systemausrichtung sowie den Entwicklungsdimensionen, bestimmt. Daraus lassen sich verschiedene Reifegrade der Anpassungsfähigkeit von der traditionellen bis hin zur agilen Organisation unterscheiden.

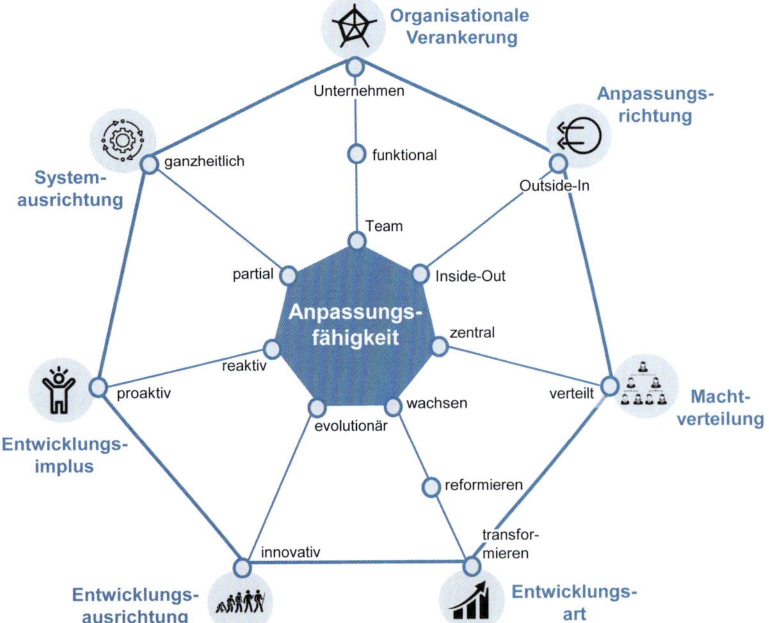

Abb. 1.3.20: Faktoren der Anpassungsfähigkeit

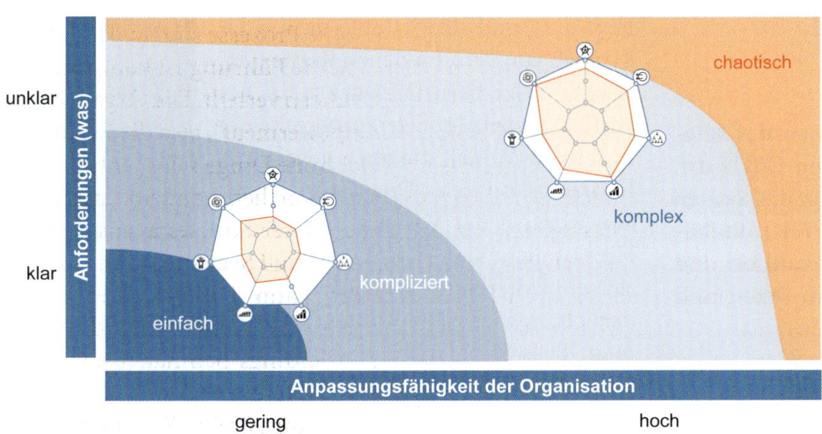

Abb. 1.3.21: Exemplarische Reifegrade der Anpassungsfähigkeit

Die Entwicklung von Unternehmen in den verschiedenen Faktoren der Anpassungsfähigkeit verläuft nicht immer synchron. Zumeist wird ein bestimmtes Anpassungsniveau erreicht, und aufgrund eines limitierenden Faktors verharrt das Unternehmen in seiner Entwicklung auf einem Plateau. Für einen Schritt auf die nächsthöhere Stufe ist dann der Engpassfaktor zu entwickeln, ohne die anderen Faktoren zu vernachlässigen. So kann die Transformation zu mehr Anpassungsfähigkeit gelingen, welche zur zentralen Aufgabe der normativen Unternehmensführung wird (vgl. Kap. 2). Auf die Anforderungen der Umwelt und die Anpassung des Unternehmens wird insbesondere im Rahmen der risikoorientierten Unternehmensführung (vgl. Kap. 8.4) und der innovationsorientierten Unternehmensführung (vgl. Kap. 8.6) eingegangen. Die Unternehmensanalysen (vgl. Kap. 3.2) ermitteln die Stärken und Schwächen des Unternehmens und nehmen dessen Handlungsrepertoire durch dessen Geschäftsmodelle, Prozesse, Ressourcen sowie Fähigkeiten und Kompetenzen in den Blick.

Vier Führungskontexte

Auf der Basis der Anpassungsfähigkeit und der Kontextanforderungen lässt sich die angepasste *Stacey*-Matrix nutzen, um vier unterschiedliche Führungskontexte zu beschreiben.

Nach dem Ausmaß der Umweltunsicherheit und der Anpassungsfähigkeit des Unternehmens lassen sich einfache, komplizierte, komplexe und chaotische **Führungskontexte** unterscheiden.

In einer zunehmenden VUKA-Welt ist die Unternehmensführung gefordert, anders zu agieren als in sicheren Umwelten. Wenn sich die Kontextanforderungen wandeln, stoßen traditionelle Führungsansätze an die Grenzen der Anpassungsfähigkeit. Für eine Unternehmensführung in Zeiten zunehmender Ungewissheit ist ein tiefes Verständnis des Kontextes und die Bereitschaft zu anpassungsfähigerem Führungshandeln erforderlich. Nach dem Ashbyschen Gesetz (vgl. Kap. 1.2.4) muss die Komplexität der Unternehmensführung mindestens der Komplexität der Kontextanforderungen entsprechen. Ist dies nicht der Fall, so ist die Unternehmensführung überfordert und kann das Überleben des Unternehmens nicht dauerhaft gewährleisten. Umgekehrt kann eine Unternehmensführung, die auf unsichere Führungskontexte ausgerichtet ist, zwar mit weniger anspruchsvollen Führungskontexten umgehen, die Führungssysteme sind dann allerdings unterfordert und damit ineffizient. Daraus ergibt sich der in Abb. 1.3.22 dargestellte optimale **Korridor der Unternehmensführung** für unterschiedliche Führungskontexte.

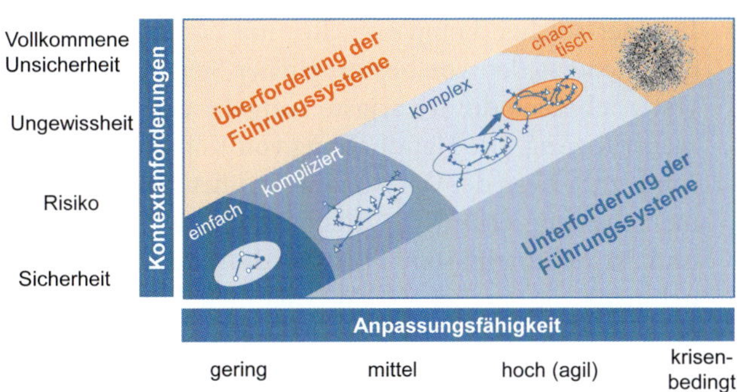

Abb. 1.3.22: Korridor der Führungskontexte

1.3.6 System kontextbedingter Unternehmensführung

Werden die Führungsebenen und -funktionen des Integrierten Systems der Unternehmensführung (ISU) um die Führungskontexte erweitert, so ergibt sich das **System kontextbedingter Unternehmensführung (SKU)**. Es berücksichtigt die Unternehmens-Umwelt-Interaktion und Umweltunsicherheiten insbesondere in komplexen und selbstorganisierenden Systemen (vgl. Kap. 1.2):

- Unternehmen sind dann kompliziert, wenn sie eine große Anzahl interagierender Elemente beinhalten. Die Wechselwirkungen sind nicht linear und geringfügige Änderungen können unverhältnismäßig große Folgen haben. Das System ist dynamisch, das Ganze ist größer als die Summe seiner Teile, und Lösungen ergeben sich aus den Umständen.
- Die Entwicklung eines Systems integriert die Vergangenheit mit der Gegenwart durch einen Prozess der Evolution. Auch wenn ein komplexes System im Rückblick geordnet und vorhersehbar erscheinen mag, so ist die weitere Entwicklung kaum vorhersehbar, wenn sich die Umwelt ständig ändert. Komplexe Systeme haben somit eine geringe Prognostizierbarkeit und sind nur beschränkt beherrschbar.
- Unternehmen sind lebende Systeme mit der Fähigkeit, sich selbst zu erschaffen und zu erhalten. Sie sind nur begrenzt vorhersehbar und selbstorganisierend. Prozesse der Autopoiese und der Selbstorganisation führen zu stabilen Situationen. In einem chaotischen System kann nicht vorhergesagt werden, was geschehen wird.
- In einer solchen komplexen Realität ist das Erreichen und Sicherstellen von bestmöglicher Steuerbarkeit des Unternehmens die wichtigste Aufgabe der Unternehmensführung. Die Handhabung von Komplexität wird somit zum Kern der Unternehmensführung. Unternehmensführung erfordert Offenheit für Veränderungen und ist abhängig vom Führungskontext des Unternehmens. Sie bereitet ein Unternehmen darauf vor, die verschiedenen Kontexte und die Bedingungen für den Übergang zwischen ihnen zu verstehen.

Cynefin-Konzept

Für jeden Führungskontext lassen sich nach dem **Cynefin-Konzept** (sprich: ku-nev-in) typische Beschreibungen und Handlungsempfehlungen zuordnen. Das Modell wurde durch *Snowden* (2007) entwickelt. „Cynefin" ist eine altertümliche walisische Bezeichnung für Lebensraum oder Herkunft und drückt aus, dass jeder Mensch von verschiedenen Kontexten, etwa familiär, beruflich oder sozial, beeinflusst wird. *Snowden* unterscheidet in seinem Modell die oben genannten Führungskontexte. Diese werden um den Kontext der **Verwirrung** ergänzt. Hier ist nicht klar, in welchem Kontext sich ein Unternehmen gerade befindet. Dann wäre es erforderlich, zunächst die Kontextfaktoren genauer zu bestimmen. Dies kann insbesondere aufgrund der unscharfen Übergänge zwischen den Kontexten passieren, auch da die Grenzlinien durchlässig sind und Kontexte sich mit der Zeit verändern können.

Danach ergeben sich die in Abb. 1.3.23 dargestellten **Kontexte** und **Führungsmaximen** (vgl. *Pogatschnigg,* 2020; *Snowden/Boone,* 2007, S. 68 ff.):

- **Einfache Kontexte** haben stabile und klare Zusammenhänge zwischen Ursache und Wirkung und sind daher dem linearen Denken zugänglich: A führt immer zu B. Hier kann das reproduziert werden, was woanders funktioniert (Best Practice). Abläufe sind messbar und können eingeordnet werden. Sie sind vorhersehbar und können geplant werden. Damit lassen sich optimale und richtige Lösungen finden und bekanntes, gemeinsam geteiltes Wissen anwenden. Eine solche Situation wird auch als „vollständig bekannt"(known knowns) bezeichnet.

  Einfach strukturierte Kontexte lassen sich durch die Führungsmaxime E-**K**-R lösen:

  - Erkennen der relevanten Fakten, um eine Situation einschätzen zu können. So können z. B. von einem Kunden alle für eine Bestellung eines Produktes erforderlichen Daten erfasst werden.

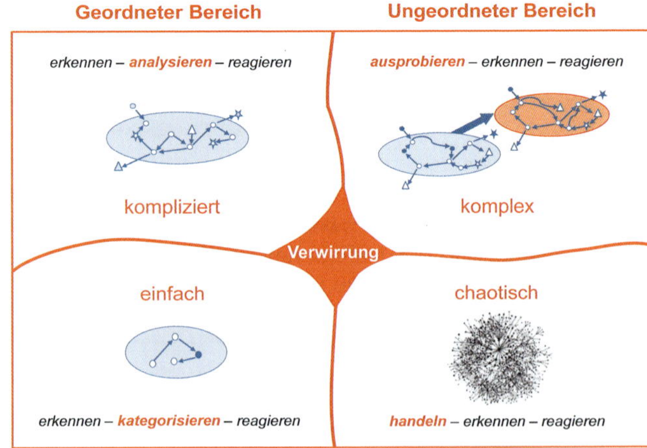

Abb. 1.3.23: Führungskontexte und Führungsmaximen

- **Kategorisieren** der Situation und Bewertung potenzieller Probleme. Im Beispiel einer Bestellung könnte z. B. geprüft werden, ob ein Produkt verfügbar ist oder ob ein Kunde ausreichend Bonität besitzt.
- Reagieren gemäß den Vorgaben und bewährten Praktiken für die Fallkonstellation (Best Practice). So könnte etwa ein lieferbares Produkt sofort gegen Rechnung ausgeliefert werden.

Solche einfachen Systeme lassen sich leicht führen, Aufgaben delegieren und die dafür erforderlichen Informationen beschaffen. Ebenfalls lassen sich die Prozesse stark automatisieren. Einfache Systeme sind besonders wirkungsvoll, wenn sie kaum Veränderungen unterliegen. Veränderungen der Umwelt erfordern eine entsprechende Anpassung.

- **Komplizierte Kontexte** haben Beziehungen zwischen Ursache und Wirkung, für die es Experten- oder Fachwissen bedarf, um sie zu erkennen. Experten analysieren diese und können basierend auf ihrem Wissen eine gute Lösung vorschlagen, von denen es aber in der Regel mehrere gibt (Good Practice). Beispiele dafür sind das Bauen von Brücken, das Landen von Flugzeugen oder auch klassische Beratungsdienstleistungen. So können komplizierte Kontexte mehrere richtige Reaktionen enthalten. Dies ist der Bereich des „bekannten Unbekannten“ (known unknowns), der sich durch vertiefte Analysen ordnen lässt.

Die Problemlösung erfolgt durch die Maxime E-**A**-R:

- Erkennen analog zum einfachen System. Beispielsweise merkt ein Autofahrer, dass mit seinem Fahrzeug etwas nicht stimmt.
- **Analysieren** durch Experten, um ein mehrteiliges System mit seinen vielen Beziehungen zu untersuchen und eine unter mehreren möglichen Lösungsoptionen auszuwählen. Beispielsweise kann erst eine Autowerkstatt mit gut ausgebildeten Experten und technischen Hilfsmitteln die Ursache für den Defekt bestimmen.
- Reagieren wie im einfachen System zur Umsetzung der ausgewählten Lösung, wozu meist auch Experten gefordert sind. Im Beispiel der Autoreparatur bedarf es der passenden Ersatzteile und Routinen, die von erfahrenen Mechanikern verbaut werden, um ein Auto zu reparieren.

Das Analysieren komplizierter Systeme bedarf viel Wissen von Experten, welche das System dominieren. Dies birgt die Gefahr mangelnder Innovation und von Beharrung auf Altbewährtem, denn die Experten haben in den Aufbau ihres Wissens viel Zeit investiert. Zudem kann eingeschwungenes Denken und die dominante Rolle der Experten zu einer Analyselähmung führen. Es kann lange dauern, um die Entscheidung auf möglichst vollständige Daten zu stützen. Somit sind die Veränderungen der Umwelt in einem berechenbaren Ausmaß noch weitgehend beherrschbar. Die geordnete Welt aus einfachen und komplizierten Systemen ist der Bereich des geordneten und faktenbasierten Managements, in dem es mindestens eine richtige Lösung für jedes Problem gibt. Der Fokus liegt auf managementkybernetischer Beherrschbarkeit.

- **Komplexe Kontexte** verfügen somit über keine klare Beziehung zwischen Ursache und Wirkung. Deren Wechselwirkungen sind nicht linear, und geringfügige Änderungen können große Folgen haben. Das System ist dynamisch und Lösungen ergeben sich aus den sich verändernden Umständen. Der Bereich ist nicht planbar, die Unternehmen tun nur gerne so, als ob. Lösungen und Zusammenhänge die entstehen, können erst im Nachhinein erklärt und auch dann nicht 1:1 reproduziert werden. Komplexe Systeme sind nur beschränkt beherrschbar und ungeordnet. Es gibt keine unmittelbar erkennbare Beziehung zwischen Ursache und Wirkung, und der Lösungsweg entwickelt sich auf der Grundlage sich abzeichnender Muster. Dies ist der Bereich des „unbekannten Unbekannten“ (unknown unknowns), in den sich ein Großteil der heutigen Unternehmensführung verlagert hat. Komplexe Kontexte zeichnen sich dadurch aus, dass man im Nichtwissen navigiert und wenig gezielt beeinflussen kann.

Die Führungsmaxime folgt den Schritten **A**-E-R:

- **Ausprobieren** durch experimentelle Handlungsweisen, sogenannte emergente Praktiken (emergent practice). So können sich Muster herausbilden, indem die Reaktionen im System beobachtet werden und daraufhin das Experiment angepasst wird. Auch gilt es die Diversität an unterschiedlichen Ansichten und Fähigkeiten im System zu nutzen. So lassen sich nächste Schritte und Lösungsansätze erahnen und kooperativ kreieren (co-creation). Wichtig ist, dabei auch das Scheitern von Experimenten zuzulassen, um neue innovative Handlungsweisen zu eröffnen.
- Nach dem Probieren und Sondieren lassen sich analog zum komplizierten System geeignete Lösungsansätze erkennen und auf deren Basis reagieren.

In einem komplexen System können keine richtigen Antworten gefunden werden. Im Gegensatz zu einer komplizierten Maschine, wie einem Auto, das sich auseinandernehmen und wieder zusammenbauen lässt und die Ursache-Wirkungs-Beziehungen eindeutig sind, ist ein komplexes System mehr als die Summe seiner Teile. Die meisten Situationen und Entscheidungen in Unternehmen sind komplex, weil Veränderungen, wie z. B. ein Wechsel im Management oder eine Firmenübernahme, unvorhersehbare Veränderungen mit sich bringen. Unternehmen als komplexe Systeme lassen sich weder vollständig beherrschen noch mit einer traditionellen Steuerungs- und Regelungslogik führen. Weil das Komplexe durch emergente Phänomene gekennzeichnet ist, verlangt es daher nach Zugängen, die ausreichend flexibel sind. Die Ergebnisse entstehen aus dem, was da ist, sind aber nicht vorhersehbar, bis sie sich zeigen. Komplexe Kontexte brauchen daher eine Führung, die sich anpassen und unter anderem improvisieren kann sowie Lernprozesse fördert und Selbstorganisation unterstützt.

- **Chaotische Kontexte** erweitern die traditionellen Ansätze der Unternehmensführung auf der Grundlage der Chaostheorie und Autopoiese. Die Beziehungen zwischen Ursache und Wirkung sind unmöglich zu bestimmen, weil sie sich ständig verschieben und keine überschaubaren Muster existieren. Das ist der Bereich der „vollkommenen Unsicherheit" (Knightsche Unsicherheit) bzw. des „Unerkennbaren" (unknowables). In einem chaotischen System ist es daher sinnlos, nach richtigen Antworten zu suchen. Das System steht unter großem Stress. Es bleibt daher auch keine Zeit zum Ausprobieren, sondern es sind schnelle Handlungen erforderlich. Erst danach kann deren Erfolg gemessen und darauf reagiert werden. Dies ist typisch in Krisen, wie etwa der Corona-Krise 2020/21. Dann ändert sich die Reihenfolge der Handlungsweisen im Vergleich zu komplexen Systemen in das Muster **H**-E-R:
  - **Handeln:** Wenn es um Unternehmensführung geht, dann heißt das für diesen Bereich: Hier kann nur agiert werden. Ist einmal alles zusammengebrochen, helfen probieren und analysieren nicht. Es gilt auch zu erkennen, wo Stabilität vorhanden ist und wo sie fehlt. Zeichnen sich Muster ab, so kann dies genutzt werden, um die Situation aus dem Chaos wieder in Komplexität zu verwandeln. Dabei ist direkte Kommunikation von oben nach unten wichtig, um schnell agieren zu können. In der Corona-Krise ließ sich so z. B. herausfinden, wie sich die Ausbreitungsgeschwindigkeit des Virus verlangsamen lässt und in welchen Bereichen besonderes stark reagiert werden muss, um die Problemsituation kontrollierbar zu machen. Krisen erfordern entschiedenes Handeln.
  - Erkennen und Reagieren folgen dem Handeln, sobald ein System vom chaotischen in den komplexen Bereich zurückverlagert werden konnte.

  Chaotische Situationen sind immer auch eine Chance für Neuerungen. Die Menschen sind in diesen Situationen offener für Innovationen und direktiver Führung als in anderen Zusammenhängen. So bewirkte die Corona-Krise einen Innovationsschub bei der Digitalisierung und förderte neue Arbeitsweisen. Beispielsweise stieg die Zahl an Arbeitnehmern im Homeoffice oder die Nutzung von Online-Konferenzen sprunghaft an. Chaotische Kontexte drohen in einen simplen Zustand zu kippen und damit zu kollabieren, indem auf einfache Wahrheiten zurückgegriffen und instinktiv gehandelt wird. Da dieser simple Zustand dazu tendiert, die Vielschichtigkeit des Systems zu unterdrücken, kann es immer wieder in den chaotischen Zustand zurückfallen.

Die komplexen und chaotischen Kontexte sind unkontrollierbar. Zieldefinitionen und Ergebniserwartungen sind daher fehl am Platz. Vielmehr brauchen diese Zustände fortlaufende Interventionen, die nicht mit einem definierten Zustand zu einer gegebenen Zeit abschließen. In den beiden kontrollierbaren Domänen von einfach und kompliziert ist es möglich, die Probleme und Fragestellungen zu durchschauen und zu lösen.

Modi kontextbedingter Unternehmensführung

Unternehmensführung in Zeiten zunehmender Ungewissheit macht ein tiefes Verständnis des Führungskontextes und ein flexibles, daran angepasstes Führungshandeln erforderlich. Nach dem Ashbyschen Gesetz (vgl. Kap. 1.2.4) muss die Komplexität der Unternehmensführung mindestens der Komplexität des Führungskontextes entsprechen. Ist sie zu gering, dann ist die Unternehmensführung überfordert und kann das Überleben des Unternehmens nicht dauerhaft gewährleisten. Umgekehrt kann eine Unternehmensführung, die auf unsichere Führungskontexte ausgerichtet ist, zwar mit weniger anspruchsvollen Führungskontexten umgehen, die Führungssysteme sind dann allerdings unterfordert und damit ineffizient. Es bedarf demnach je nach Führungskontext einer angemessenen Führungsmaxime, woraus sich für die Unternehmensführung die in Abb. 1.3.24 dargestellten **Modi kontextbedingter Unternehmensführung** ergeben.

Die Grenzen zwischen den Ausprägungen der Unternehmensführung sind dabei fließend und es gilt, je nach vorherrschendem Kontext zwischen den Modi zu wechseln.

Dabei sind grundsätzlich folgende vier Ausprägungen zu unterscheiden (vgl. *Stoi*, 2022, S. 74 ff.):

- **Managementorientierte Unternehmensführung** eignet sich in einfachen Kontexten. Hier können die Aufgaben der Unternehmensführung meist von wenigen Personen wahrgenommen werden, weshalb die Führungspersonen stark im Vordergrund stehen. Den Kontextanforderungen kann mit klassischem Management begegnet werden, bei dem die Planungs- und Kontrollfunktion dominiert. Typisch hierfür sind hierarchisches Denken und Top-down-Vorgaben mit dem Ziel effizienter Prozesse und hoher Wirtschaftlichkeit. Exemplarisch ist eine derartige Unternehmensführung in kleinen und mittleren Unternehmen in stabilen Branchen anzutreffen, wie z. B. in Handwerksbetrieben.
- **Integrierte Unternehmensführung** eignet sich in komplizierten Kontexten. Dabei werden die Aufgaben der Unternehmensführung meist von Experten in speziell ausgerichteten Führungsteilsystemen übernommen. Diese sind weniger an Personen orientiert, sondern organisatorisch auf verschiedene Aufgabenbereiche und Funktionsträger verteilt. Dies erfordert nicht nur Management, sondern auch Leadership, um die Mitarbeiter zu herausragenden Leistungen zu motivieren und das Unternehmen weiterzuentwickeln. Sämtliche Führungselemente sind untereinander abzustimmen. Integrierte Unternehmensführung ist stark verbreitet und typisch für viele große Unternehmen.
- **Agile Unternehmensführung** kann in komplexen Kontexten mit ungewissen Umweltbedingungen die erforderliche Anpassungsfähigkeit gewährleisten. Dazu werden die genannten Faktoren zur Anpassungsfähigkeit genutzt, um Selbstorganisation zu ermöglichen. Das Zusammenwirken von autonomen Organisationseinheiten, agiler Personalführung und hoher Transparenz zeichnet agile Unternehmen aus. Sie sind in Branchen mit hoher Dynamik und Kompliziertheit zu finden, wie z. B. beim digitalen Unternehmen *Spotify*.
- **Krisenorientierte Unternehmensführung** ist in chaotischen Kontexten angemessen. Krisen eines Unternehmens sind in der Regel ein seltener Kontext. Diese können interne Ursachen haben, wie etwa technische Produktprobleme, strategische Fehlentscheidungen oder mangelnde Profitabilität. Ebenso können Krisen auch aufgrund externer Ursachen entstehen, wie z. B. konjunkturellen oder gesamtwirtschaftlichen Entwicklungen. In allen Fällen gilt es zunächst, die Handlungsfähigkeit im Unternehmen wiederherzustellen. Daher ist im „Feuerwehrmodus" alles zu unternehmen, was ein Unternehmen aus der Krisensituation herausführt. Ein Beispiel ist die Corona-Krise 2020/21, die für viele Unternehmen, etwa aus Branchen wie Tourismus, Gastronomie oder Luftfahrt, existenzbedrohlich war.

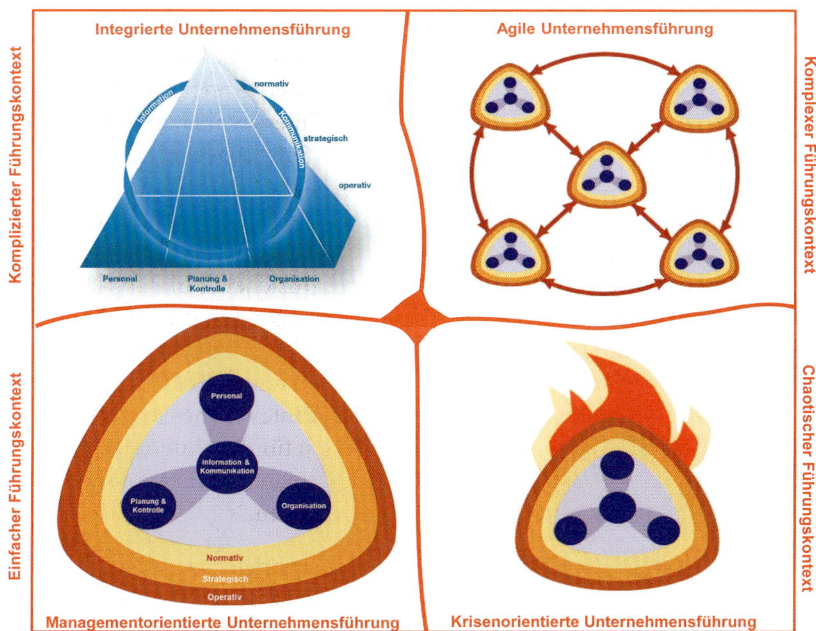

Abb. 1.3.24: Modi kontextbedingter Unternehmensführung (Stoi, 2022, S. 77)

Managementorientierte Unternehmensführung im einfachen Führungskontext

Unternehmensführung im einfachen Kontext folgt aufgrund der stabilen und klaren Ursache-Wirkungs-Beziehungen dem Führungskonzept E-K-R. Einfache Führungskontexte sind relativ leicht beherrschbar, weshalb die Unternehmensführung meist wenig formalisiert und systematisiert erfolgt. Grundsätzlich lassen sich auch hier alle beschriebenen Führungsaufgaben nach Ebenen, Funktionen und Perspektiven unterscheiden, diese sind jedoch meist auf eine dominierende Führungsperson konzentriert. Daher können bei der **managementorientierten Unternehmensführung** die bewährten betriebswirtschaftlichen Methoden im Sinne eines klassischen Managements genutzt werden.

Im Vordergrund der managementorientierten Unternehmensführung stehen die Führungspersonen. Ihre Aufgabe ist es, die Führung in einem funktionalen Verständnis wahrzunehmen, d. h. als Gesamtheit der Aktivitäten, um etwas in einer Organisation zu bewerkstelligen. Dies entspricht den typischen Aufgaben des Managements. Dort dominieren die Führungsfunktionen Planung und Kontrolle sowie Organisation. Sie umfassen die erforderliche Planung, Steuerung und Kontrolle der ausführenden Handlungen. Das Management ist vor allem für die Entwicklung und Umsetzung von Maßnahmen und die Lösung dabei auftretender Probleme zuständig. Dagegen tritt der Aspekt des Leaderships in den Hintergrund. Abb. 1.3.25 zeigt die Funktionen, Ebenen und Perspektiven einer managementorientieren Unternehmensführung.

> **Managementorientierte Unternehmensführung** eignet sich für einfache Führungskontexte und erfolgt meist durch wenige Führungspersonen.

Im einfachen Kontext, ebenso wie bei jungen Unternehmen, ist die Rolle der Führungsperson stark patriarchalisch ausgeprägt. Die Expertise der Führungskraft ermächtigt zum Management, wodurch die Situation beherrscht werden kann. Dennoch wird, aufgrund der dominanten Rolle der Führungspersonen im einfachen Kontext, das Management häufig umgangssprachlich mit dem Begriff des „Unternehmers“ bzw. **Entrepreneurs** gleichgesetzt. Diese Gleichsetzung ist allerdings wenig zweckmäßig, da die Führungsrolle im Sinne des Unternehmertums bzw. **Entrepreneurships** sich nicht auf den einfachen Kontext beschränkt und sich mehr auf die Rolle des Leaders konzentriert.

So ist es z. B. für wachsende Unternehmen eine große Herausforderung, sich vom Entrepreneurship hin zu integrierten Systemen zu entwickeln. Unternehmer müssen bereit sein, sich vom Handeln aufs Managen zu verlegen. Viele Unternehmer sind aber keine guten Manager. Daher stellt sich die Schlüsselfrage, ob sich Unternehmer auf ihre eigenen Managementfähigkeiten verlassen oder professionelle Manager einstellen sollen. Da die Unter-

Abb. 1.3.25: Managementorientierte Unternehmensführung im einfachen Führungskontext

nehmensführung in den unterschiedlichen Ausprägungen auch sehr unterschiedliche Führungspersönlichkeiten mit ihren spezifischen Eigenschaften erfordert, führt dies auch zu spezialisierten Unternehmensführern. So werden z. B. Entrepreneure oft zu Serienunternehmern, die eine ganze Reihe von Unternehmen gründen. Dazu veräußern sie ihre bestehenden Unternehmen und investieren das Kapital in neue, schnell wachsende Firmen. Ein Beispiel sind die Brüder *Marc*, *Oliver* und *Alexander Samwer*. Zunächst gründeten sie 1999 das Internet-Auktionshaus *Alando*, das sie bereits wenige Monate später für 43 Mio. US$ an *eBay* verkauften. Ein Jahr später starteten sie gemeinsam mit großen Firmenpartnern *Jamba*, das bereits nach kurzer Zeit der größte europäische Anbieter von Klingeltönen und Mobiltelefonanwendungen war. Nach dem Verkauf des Unternehmens betätigen sie sich seit 2006 mit ihrem mittlerweile börsennotierten Unternehmen *Rocket Internet* als Risikokapitalgeber. Sie sind u. a. beteiligt am Online-Schuh- und -Modehändler *Zalando*, dem Möbelversand *Home24*, an dem Handwerkerportal *myhammer* und dem *airbnb*-Konkurrenten *Wimdu*. Das Privatvermögen der Brüder wird auf über 5 Mrd. US$ geschätzt (vgl. *Samwer*, 2016, S. 18 f.).

Integrierte Unternehmensführung im komplizierten Führungskontext

Mit zunehmendem Wachstum im Unternehmenslebenszyklus und dem Wandel hin zu komplizierten Führungskontexten ist die managementorientierte Unternehmensführung überfordert. Darauf kann durch Aufteilung der Führung auf mehrere Personen sowie durch Einführung

Abb. 1.3.26: Integrierte Unternehmensführung im komplizierten Führungskontext

von Führungsfunktionen und funktionalen, hierarchischen Strukturen mit verteilten Kompetenzen und Zuständigkeiten reagiert werden.

Unternehmensführung in **komplizierten Kontexten** erfordert viel Expertenwissen, um gemäß dem Führungskonzept E–A–R analytisch zu handeln. Bis zu einem gewissen Ausmaß gilt dies auch für komplexe Kontexte, die zwar nicht vollständig erfasst werden können, doch ebenfalls eine Problemlösung zur möglichst schnellen Rückführung auf komplizierte Kontexte und emergente Praktiken anstreben. Insbesondere aufgrund der Digitalisierung hat sich das Anwendungsspektrum der „traditionellen" systemgestützten Unternehmensführung erheblich erweitert. Für diesen Bereich der Führungskontexte ist das **Integrierte System der Unternehmensführung (ISU)** aus Ebenen, Funktionen und Perspektiven zweckmäßig (vgl. Abb. 1.3.26).

> **Integrierte Unternehmensführung** ist in komplizierten Führungskontexten geeignet und stimmt Führungsebenen, -funktionen und -perspektiven aufeinander ab.

Agile Unternehmensführung im komplexen Führungskontext

In komplexen Führungskontexten sind Wechselwirkungen nicht linear, und geringfügige Änderungen können unverhältnismäßige Folgen haben. Ein Unternehmen ist durch einen Prozess der Evolution mit der Umwelt verbunden. Die Umwelt ist kaum mehr vorhersehbar, weil sich die äußeren Bedingungen und Systeme ständig ändern. Das experimentelle Herausbilden von Lösungswegen durch Ausprobieren ist damit Teil der unvollständigen Beherrschbarkeit.

Um Ordnung zu schaffen, gelten nach der Theorie selbstorganisierender Systeme (Kap. 1.2.4) die folgenden **Leitlinien** für die Unternehmensführung in komplexen Kontexten:

- Komplexe Kontexte erfordern mehr interaktive Kommunikation als komplizierte Kontexte.
- Barrieren schränken das Verhalten ein oder grenzen es ab. Sobald die Barrieren festgelegt sind, kann sich das System innerhalb dieser Grenzen selbst regulieren. Bei *eBay* existieren etwa einfache Regeln für die pünktliche Bezahlung, schnelle Lieferung und die wahrheitsgemäße Beschreibung des Zustandes der dort angebotenen Waren. So können sich die Kunden selbst kontrollieren und gegenseitig bewerten.

- Stimulieren von Attraktoren im Sinne von Reizen oder Impulsen, um auf Menschen einzuwirken. So können z. B. durch Wettbewerbe, Experimente oder Innovationen Anreize geschaffen werden, um für Strukturen und Kohärenz zu sorgen.
- Diversität sowie verschiedene Standpunkte und Meinungen sind in komplexen Zusammenhängen wertvoll, um das Entstehen von Mustern und Ideen zu fördern. Eine diverse Zusammensetzung von Führungsgremien oder Projektteams kann die Komplexitätsbeherrschung erleichtern.
- Da die Ergebnisse in einem komplexen System unvorhersehbar sind, muss die Unternehmensführung ein Umfeld schaffen, indem gute Lösungen gefunden werden können. Durch Gestaltung der Ausgangsbedingungen kann es erleichtert werden, gewünschte Ergebnisse zu erzielen.

Agilität bedeutet, flexibel und proaktiv, antizipativ und initiativ zu agieren, um in komplexen Kontexten eine hohe Anpassungsfähigkeit zu gewährleisten.

Agilität ist die Fähigkeit, in einem Kontext erfolgreich zu sein, der durch ständige unvorhersehbare Veränderungen charakterisiert ist. Immer mehr Unternehmen befinden sich in solchen komplexen Führungskontexten, weshalb die unternehmerische Anpassungsfähigkeit bzw. Agilität zunehmende Bedeutung hat. Für die Unternehmensführung spielt dabei das Spannungsfeld zwischen Stabilität und Ordnung eine zentrale Rolle. Einen Mittelweg zwischen perfekter Ordnung und völliger Unordnung, zwischen Flexibilität und Stabilität zu finden, ist eine zentrale Herausforderung der Unternehmensführung in komplexen Kontexten. Die Perspektive der Führungskontexte (vgl. Kap. 1.3.5) greift die Anpassungs- und damit (Über-)Lebensfähigkeit des Unternehmens auf. Nach der Theorie dynamischer Systeme und der Evolutionstheorie (Kap. 1.2.4) sind Unternehmen soziale Systeme, die Veränderungsprozessen unterworfen sind. Im Sinne einer evolutionären Unternehmensführung ist das Überleben eines Unternehmens sicherzustellen. Die Führung kann die Komplexität nicht vollständig beherrschen bzw. nicht alle Prozesse im Unternehmen direkt beeinflussen. Es geht um die Frage: „Wie erfolgt agile Unternehmensführung in komplexen Führungskontexten?"

Agile Unternehmensführung eignet sich für komplexe Führungskontexte und fördert einen Prozess der gelenkten Selbstorganisation und Evolution.

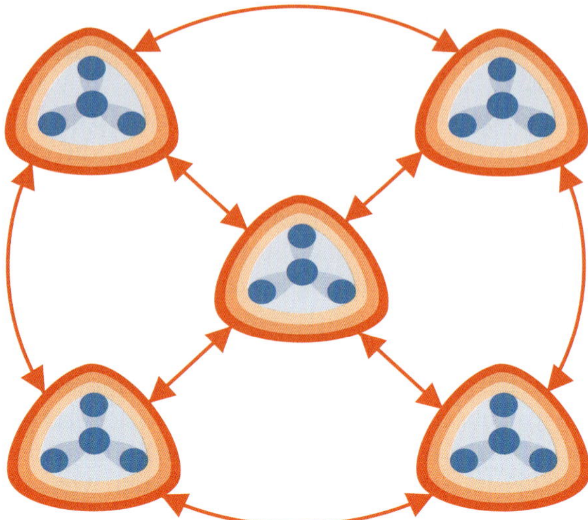

Abb. 1.3.27: Agile Unternehmensführung im komplexen Führungskontext

Die Aspekte der agilen Unternehmensführung werden in den folgenden Kapiteln zu den Führungsfunktionen weiter vertieft. Agilität umfasst im Wesentlichen fünf **Dimensionen** (vgl. *Häusling/Fischer,* 2020b; *Seidel,* 2019, S. 53 ff.):

- **Agiles Zielbild:** Agile Unternehmensführung verankert Agilität normativ in Vision, Mission und den Unternehmenszielen. Agilität umfasst damit das gesamte Unternehmen und ist nicht nur in einzelnen Prozessen oder Projekten verankert (vgl. Kap. 2.2 und 3.2).
- **Kundenorientierte Organisationsstruktur:** Unternehmen in einfachen und komplizierten Kontexten („Traditionelle Organisationen") fokussieren sich stark auf sich selbst und denken in Hierarchien und Bereichsegoismen. Vor dem Hintergrund eines turbulenten, unbeständigen Umfelds können diese Organisationsstrukturen aufgrund ihrer Hierarchie mit dem raschen Wandel nicht mithalten. Agile Unternehmen hingegen richten ihre Strategie am Kunden aus und streben eine Maximierung des Kundennutzens an. Agile Organisationen sind geprägt von Netzwerkstrukturen statt von Hierarchien. Der Fokus liegt auf der teambasierten Ablauforganisation (vgl. Kap. 5.2).
- **Agile Prozesse** sind iterativ und inkrementell. Sie fokussieren auf kurzfristige Ergebnisse und ermöglichen eine schnelle Anpassungsfähigkeit an veränderte Rahmenbedingungen. Fehler werden frühzeitig erkannt und können zeitnah korrigiert werden. Sie streben kurzfristige Ergebnisse an und planen ihre Prozesse, Produkte und Leistungen iterativ, wodurch der Zeitaufwand für Planung und Konzeption verringert wird. Die Kunden

erhalten die Produkte und Leistungen in rascher Abfolge in kleineren Teilen, statt nach einem längeren Zeitraum als Gesamtlösung (vgl. Kap. 5.2.5 und Kap. 5.4.4).

- **Agile Führung:** Führungskräfte stellen sich in den Dienst der Teams, um zusammen schneller Nutzen für den Kunden zu schaffen. Anstelle von hierarchischen Kontrollen übertragen sie die Verantwortung an selbstorganisierte Teams. Mit agilen Personal- und Führungsinstrumenten entsteht der Kundennutzen aus dem Dialog zwischen Mitarbeitern und Führungskräften. Mitarbeiterentwicklung erfolgt nicht nur auf der Grundlage von Vorgaben, sondern auch innerhalb der Teams selbst (vgl. Kap. 6.4.3).
- **Agile Kulturen** sind geprägt von Transparenz, Dialog, einer Haltung des Vertrauens sowie von kurzfristigen Feedback-Mechanismen. In „klassisch" organisierten Strukturen herrscht oft eine Kultur aus engen Regeln, standardisierten Vorgaben und wenig Entscheidungsfreiheit. In agilen Unternehmen wird Wissen geteilt, Fehler offen und konstruktiv angesprochen und auf Statussymbole verzichtet (vgl. Kap. 2.2.3).

Eine agile Unternehmensführung entsteht aus dem Zusammenwirken aller Dimensionen der Agilität, um den Anforderungen aus hoher Dynamik und Kompliziertheit bis hin zu VUKA gerecht zu werden.

Krisenorientierte Unternehmensführung im chaotischen Führungskontext

Der chinesische Begriff für **Krise** *weiji* besteht aus den beiden Wörtern „Gefahr" *wei* und „Gelegenheit" ji. Auch im Griechischen steht *krisis* für „Unsicherheit", eine „schwierige Lage", aber auch für „Entscheidung" und einen „Höhe- und Wendepunkt". Krisen sind demnach mit einem Dilemma verbunden, bei der die Situation an einem Scheitelpunkt steht bzw. instabil ist. Im Gegensatz dazu ist eine **Katastrophe** eine besonders folgenschwere Krise, die nicht mehr aus eigener Kraft, sondern wenn überhaupt nur noch mit externer Hilfe bewältigt werden kann. Als **Notlage** wird im Rahmen der Unternehmensführung eine Gefährdung des Fortbestehens des Gesamtunternehmens oder wesentlicher Geschäftsbereiche verstanden.

> Eine **Krise** ist eine problematische und oft unvermittelt auftretende Zuspitzung einer Situation, die zu einer Notlage führt.

Krisen in Unternehmen können viele Ursachen haben, angefangen von unternehmensinternen Gründen wie Führungskonflikte, Produkt- oder Technologieprobleme bis hin zu kriminellem Handeln. Ebenso können Unternehmen durch externe Auslöser, wie konjunkturelle Gründe, gesellschaftliche Veränderungen, Cyber-Angriffe oder negative Publicity, in unvorhersehbare Notsituationen geraten.

Entsprechend unterschiedlich sind auch die Krisen, die sich nach der Art und Ursache in folgende **Krisentypen** unterscheiden lassen:

- **Überlebenskrisen** bedrohen die Existenz eines Unternehmens und äußern sich in Liquiditätsproblemen, dem Ausfall von Geschäftsprozessen oder dem Verlust von wichtigen Kunden oder Lieferanten. Derartige Notlagen können zur Insolvenz führen und sind daher schnell anzugehen.
- **Führungskrisen** umfassen alle Probleme, die sich aus der Unternehmensführung ergeben und werden vereinfachend auch als Managementfehler bezeichnet. Hierzu zählen insbesondere falsche oder nicht getroffene Entscheidungen, Machtmonopole oder ein Machtvakuum sowie eine mangelnde Informationsbasis für die Entscheidungsfindung. Typische Beispiele sind Fehlinvestitionen oder eine fehlerhafte Besetzung von Führungspositionen.
- **Veränderungskrisen** können sich aus fehlender oder mangelhafter Führung des Wandels (vgl. Kap. 6.5) ergeben. So können z. B. neue IT-Applikationen von den Anwendern nicht akzeptiert werden oder Prozessveränderungen nicht gelebt werden. Ein anschauliches Praxisbeispiel findet sich in Kap. 6.6.5 mit der Veränderungskrise bei *erima*.
- **Ereignisinduzierte Krisen** werden durch externe Vorfälle ausgelöst. Dies können konjunkturelle Störungen, technologische Risiken, Naturkatastrophen oder auch kriminelle Attacken, wie Datendiebstahl, sein.

Meist haben Krisen nicht nur eine Ursache. Häufig existieren interne Krisengründe, die durch externe Ereignisse zu akutem Handlungsdruck führen. So wurde z. B. der *Volkswagen*-Dieselskandal durch externe Untersuchungen bekannt oder bereits notleidende Unternehmen kamen durch die Corona-Krise in Bedrängnis. Die allermeisten Krisen entwickeln sich nach und nach bzw. bauen sich systematisch auf. Einige Krisen liegen auch im Wachstum eines Unternehmens begründet (vgl. Kap. 1.1.2). Dabei nimmt der Handlungsdruck im Zeitverlauf zu, während der Handlungsspielraum abnimmt. So beginnt analog auch ein Orkan als laues Lüftchen, das durch das Zusammentreffen bestimmter Umstände seine vernichtende Kraft entwickelt. Daher gilt es, eine bedrohliche Konstellation rechtzeitig zu erkennen und die Bedrohung richtig einzuschätzen, um Handlungsspielraum und Zeit zu gewinnen. Analog zur Meteorologie ist in der krisenorientierten Unternehmensführung eine Schlechtwetterlage früh zu erkennen, um seine Besitztümer wetterfest zu machen. Ist die Bedrohung bereits unmittelbar spürbar, kann nur mehr das Notwendigste gerettet werden.

So wie es Orkanstärken gibt, lassen sich auch verschiedene **Krisenstadien** unterscheiden (vgl. *IDW, 2018,* S6, Tz. 31; *Paul,* 2020, S. 191):

- Eine **Stakeholder-Krise** ist durch die Uneinigkeit bzw. Handlungsunfähigkeit der Eigentümer gekennzeichnet. Diese Phase erlaubt noch viel Handlungsspielraum und Reaktionszeit. Sie hat Auswirkungen auf die normative Unternehmensführung (vgl. Kap. 2) und ist ein erstes Anzeichen einer Krise.
- Eine **Strategiekrise** ist davon geprägt, dass ein Unternehmen über keine oder zu geringe Erfolgspotenziale verfügt und daher ein Zukunftsproblem besitzt. So kann z. B. kein klares Geschäftsmodell bestehen oder dieses, z. B. aufgrund von Disruptionen im Markt oder neuer Technologien, nicht mehr funktionieren (vgl. Kap. 3). Die strategische Krise ist wie eine unangenehm kühle Brise, die ein Unternehmen nicht sofort, aber in Zukunft treffen kann. Strategische Fehlentwicklungen kommen nicht von heute auf morgen und bieten Zeit, um zu reagieren. Werden allerdings in dieser Phase des Umbruchs keine Maßnahmen ergriffen, so entsteht leicht das nächste Krisenstadium.
- In der **Absatzkrise** verliert ein Unternehmen gegenüber dem Wettbewerb Marktanteile. Die Ursachen liegen in einem unausgewogenen Produktportfolio, mangelnder Innovation oder fehlender Kundenvorteile, die in einen relativen oder absoluten Absatzrückgang münden. Meist ist die Absatzkrise verbunden mit einer Preiskrise, in der die Preispolitik strategische Probleme überlagert, wie etwa unklare Positionierung, geringe Fokussierung im Sortiment oder den bearbeiteten Märkten etc. Häufig werden auch Preise gesenkt, um Mengenrückgänge zu überdecken und die Krise damit in Richtung Ertrags- und Erfolgskrise verschärft.
- In der **Ertrags- oder Erfolgskrise** gelingt es dem Unternehmen nicht mehr, die im Wettbewerbsumfeld üblichen Renditen zu erzielen. Diese Sturmwarnung tritt auf, wenn die Gewinne absolut oder relativ zum Wettbewerb sinken. Besonders kritisch wird die Ertragskrise, wenn Investitionen zunehmend über Fremdkapital finanziert und der Cashflow negativ werden. Die Erfolgskrise wird in den Finanzergebnissen sichtbar und der Handlungsspielraum des Unternehmens wird merklich eingeschränkt. Nun ist nicht nur die strategische Ausrichtung zu korrigieren, sondern darüber hinaus sind auch Abläufe zu optimieren, Kosten zu senken sowie Auszahlungen und Preise zu überprüfen.
- Die **Liquiditätskrise** tritt ein, wenn die Zahlungsfähigkeit des Unternehmens nicht mehr gesichert ist. Dies entspricht der Windhose des Orkans. Es gilt die Zahlungsfähigkeit zu erhalten, um das Überleben zu sichern und Reaktionszeit zurückzugewinnen. Diese akute Notlage kann leicht eskalieren und zur Insolvenz führen, wenn z. B. Zahlungsverpflichtungen nicht mehr fristgerecht erfüllt werden und Fremdkapitalgeber oder Lieferanten ihre Zahlungsbedingungen verschärfen.
- In der **Insolvenzkrise** ist das Unternehmen zahlungsunfähig oder überschuldet und muss ein gesetzlich normiertes Verfahren der Sanierung durchlaufen. Dies ist dann der Fall, wenn ein außenstehender, unabhängiger Dritter dem Unternehmen kein Fremdkapital mehr zu marktüblichen Bedingungen gewährt und ohne Kapitalzufuhr das Unternehmen liquidiert werden müsste.

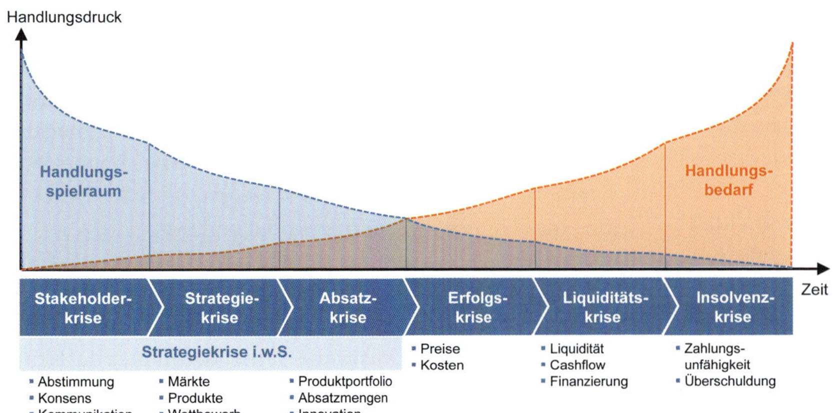

Abb. 1.3.28: Krisenstadien

Auch wenn jede Unternehmenskrise anders ist, kann aus überstandenen Krisen gelernt werden. Im Krisenmanagement werden bewährte Mittel und Vorgehensweisen zusammengefasst, die anderen Unternehmen in Krisen geholfen haben. Dabei kann auch auf die Erfahrungen im Umgang mit Krisen außerhalb der Unternehmensführung zurückgegriffen werden. Beispiele sind etwa Cyber-Attacken, Energiekrisen, Finanzkrisen, Kriege, Naturkatastrophen, Pandemien, private Lebenskrisen, politische Krisen oder Terrorismus.

Krisenmanagement ist der systematische Umgang mit Krisen und die Gesamtheit der Maßnahmen zur Begegnung von Notsituationen im Unternehmen.

Damit ist Krisenmanagement eine besondere Form der Unternehmensführung, die sich auf alle Vorgänge konzentriert, die den Fortbestand des Unternehmens substanziell gefährden oder sogar unmöglich machen. Nach der Art des Umgangs mit Unternehmenskrisen kann unterschieden werden in (vgl. *Krystek/Fiege*, 2020):

- **Aktives Krisenmanagement** kann unterteilt werden in:
  - **Antizipatives Krisenmanagement** beschäftigt sich mit der Krisenvorsorge für potenzielle Krisen. Diese könnten möglicherweise mit ihren Auswirkungen ein Unternehmen in der Zukunft treffen. Durch die gedankliche Vorwegnahme möglicher Unternehmenskrisen kann Vorsorge getroffen und es können Handlungsoptionen entwickelt werden. Dies kann etwa mithilfe von Szenarien, Alternativplänen (Contingency Plans) oder anderen Maßnahmen zum Aufbau von Anpassungsfähigkeit geschehen. Antizipatives Krisenmanagement ist somit Teil der strategischen Unternehmensführung zur Erhöhung der Anpassungsfähigkeit im Rahmen agiler Strategien (vgl. Kap. 3.3.4).
  - **Präventives Krisenmanagement** zielt auf latente Unternehmenskrisen und deren Vermeidung. Dabei gilt es, verdeckt bereits vorhandene Krisen früh zu erkennen und mithilfe von Frühwarn- und Früherkennungssystemen die Entwicklung akuter Krisenphasen zu verhindern (vgl. Kap. 7.2.2). Dies ist ein zentraler Bestandteil der risikoorientierten Unternehmensführung (vgl. Kap 8.4). Sie umfasst z. B. die Bildung von strategischen Allianzen, die regelmäßige Bewertung der Risikoexposition des Unternehmens, die Entwicklung von Krisen-/Notfallplänen, die Bildung eines Krisenstabs und die Etablierung von Kommunikationsstrategien für Krisenfälle.
- **Reaktives Krisenmanagement** beschäftigt sich mit der Bewältigung akuter Krisen. Dies wird auch als Krisenmanagement im engeren Sinne bezeichnet. Die zentralen Aufgaben sind, die nach dem Eintritt einer Krise entstehenden Schäden zu bekämpfen, einzudämmen und die Krise zu bewältigen.
  - **Repulsives Krisenmanagement** strebt das erfolgreiche Zurückschlagen (Repulsion) aus einer akuten Krise bzw. einem chaotischen Führungskontext in einen anderen Kontext an. Die Voraussetzung dafür ist, dass die Krise auch beherrschbar ist. Diese Form des Krisenmanagements wirkt mit reaktiven Maßnahmen, da der Handlungsdruck sehr hoch ist. Es werden Sanierungsstrategien und -maßnahmen umgesetzt, um das Überleben des Unternehmens zu sichern. Hier können auch besondere Rahmenbedingungen greifen, wie z. B. die Regelungen der Insolvenzordnung (Insolvenzsanierung) oder die Aussetzung von Tarifverträgen.
  - **Liquidatives Krisenmanagement** betrifft Krisen, bei denen das Unternehmen keine Überlebenschancen besitzt und die damit als unbeherrschbar gelten. Dementsprechend ist dabei die zentrale Aufgabe, eine planvolle Liquidation des Unternehmens zu gestalten. Dadurch sollen Anteilseigner, Mitarbeiter, Fremdkapitalgeber, Kunden, Lieferanten sowie sonstige am Unternehmen unmittelbar oder mittelbar beteiligte Interessengruppen (Stakeholder) vor größeren Verlusten geschützt werden.

Für die kontextbedingte Unternehmensführung ist insbesondere das repulsive Krisenmanagement von Bedeutung.

Krisenorientierte Unternehmensführung ist darauf ausgerichtet, akute Krisensituationen zu beherrschen, um ein Unternehmen aus einem chaotischen Kontext herauszuführen.

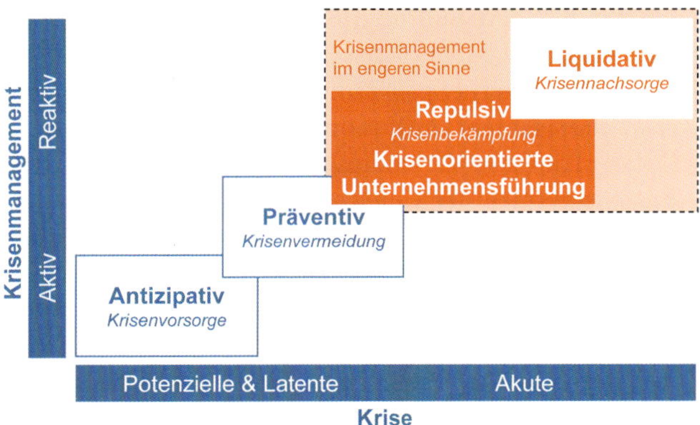

Abb. 1.3.29: Krisenmanagement

Im Rahmen der krisenorientierten Unternehmensführung gilt es, die Handlungsfähigkeit im Unternehmen wiederherzustellen. In einem solchen „Feuerwehrmodus“ sind alle repulsiven Maßnahmen zu ergreifen, die das Überleben des Unternehmens sichern und aus der Krisensituation herausführen. Als Beispiel kann die Corona-Krise 2020/21 gelten, die für viele Branchen, wie z. B. Tourismus oder Luftfahrt, existenzbedrohend war. Dabei konnte nicht in allen Fällen das Überleben der Unternehmen sichergestellt werden. Solche chaotischen Führungskontexte sind dadurch gekennzeichnet, dass die Beziehungen zwischen Ursache und Wirkung unmöglich zu bestimmen sind. Es existieren keine erkennbaren Muster, sodass lediglich entschlossenes Handeln bleibt, um zu erkennen, wo Stabilität vorhanden ist und wo sie fehlt. Chaotische Kontexte sind unkontrollierbar, weshalb Zieldefinitionen und Ergebniserwartungen fehl am Platze sind. Es bedarf vielmehr fortlaufender Interventionen, um aus dem chaotischen Kontext herauszufinden.

Abb. 1.3.30: Krisenorientierte Unternehmensführung im chaotischen Führungskontext

Die krisenorientierte Unternehmensführung wird häufig auch durch andere Führungsgremien und -strukturen geprägt. Während bei der Krisenvorsorge und -vermeidung die reguläre Unternehmensführung agiert, wird das aktive Krisenmanagement institutionell erweitert. So erfolgt die Führung häufig in Verbindung mit den Eigentümern und Aufsichtsgremien der Unternehmen, wie etwa dem Aufsichtsrat, externer Berater sowie im Insolvenzfall durch den Insolvenzverwalter. Sie tragen einzeln, z. B. als Chief Restructuring Officer (CRO), die Verantwortung als oberste Krisenmanager oder auch gemeinsam als Krisenstab. Der Verantwortungsbereich umfasst die Identifikation, Planung, Realisation und Kontrolle von Zielen, Strategien und Maßnahmen zur Krisenbewältigung.

Unter den Rahmenbedingungen akuter Notlagen, die durch hohen Zeitdruck, Ungewissheit und Diskontinuität geprägt sind, durchläuft die krisenorientierte Unternehmensführung die folgenden charakteristischen **Phasen** (vgl. *Krystek/Fiege,* 2020):

- **Krisenidentifikation:** Unternehmen können den Prozess erst starten, wenn die Unternehmensführung die Krise wahrnimmt und erkennt. Es besteht meist ein Unterschied zwischen dem Zeitpunkt, in dem ein chaotischer Kontext objektiv entsteht und wann er als solcher wahrgenommen wird. Bei nicht rechtzeitiger Identifikation von Unternehmenskrisen verengt sich der Handlungsspielraum eines wirksamen Krisenmanagements im Zeitablauf kontinuierlich. Große Bedeutung kommt daher der Verknüpfung mit der Krisenvorsorge und der Früherkennung zu, ebenso wie der Akzeptanz der Krise. Erst wenn die Krise identifiziert und akzeptiert wurde, kann sie als Wendepunkt im Sinne von Gefahr und Chance aufgegriffen werden.
- **Krisenbewertung:** Analyse, Quantifizierung, Beurteilung und Bewertung einer identifizierten Krise. Der erste Schritt der Krisenanalyse beschreibt die Situation und ihre Ursachen, um die relevanten Problembereiche und Schwachstellen zu erfassen. Anschließend kann mit einer Quantifizierung das materielle und ideelle Ausmaß einer Krise bestimmt werden. Dies ist die Basis für die Krisenbeurteilung, die einordnet, inwieweit sich die Krise auf das Unternehmen auswirkt und welche Unternehmensteile hiervon betroffen sind. Somit werden auch der Handlungsspielraum sowie der verbleibende Handlungsbedarf ebenso wie die Reaktionszeit bemessen. Auf dieser Basis lässt sich die Intensität einer Krise beurteilen.
- Die **Krisenbewältigung** ist die Kernaufgabe des Krisenmanagements. Maßnahmen sind etwa die Bekämpfung der Krisenursachen, Minderung der Krisenauswirkungen und Beseitigung bereits entstandener Schäden. Entscheidungen in Krisen sind hart und überlebensnotwendig, weshalb die üblichen Verhaltensmuster und Strategien meist nicht ausreichen, um die Krise zu bewältigen. Auch das vorhandene Wissen, Erfahrungswerte und die Ressourcen reichen häufig nicht aus, um die Krisensituation zu beseitigen. Unter sehr eingeschränkten zeitlichen Rahmenbedingungen gilt es, geeignete Strategien und Maßnahmen zu planen. Mit deren Hilfe sollen Wertziele, wie z. B. Mindestgewinn oder Mindestliquidität, Sachziele, wie z. B. zukunftsträchtige Produkte und Sozialziele, wie z. B. Sicherung von Arbeitsplätzen, erreicht werden. Solche Krisenplä-

ne zeigen einen möglichen Ausweg aus der Krise, um überlebenskritische Prozesse aufrechtzuerhalten und Entschlüsse zur Abwendung des „worst case“ zu fällen. Wichtig ist dabei auch, die schnelle Entscheidungsfähigkeit der Führung in der Krise sicherzustellen sowie nach außen und innen klare Botschaften zu kommunizieren. Gute Krisenkommunikation ist daher schnell, wahr und transparent, verständlich und konsistent.

System kontextbedingter Unternehmensführung

Die Gestaltung der Unternehmensführung in Abhängigkeit des Führungskontexts ergibt das in Abb. 1.3.31 dargestellte System kontextbedingter Unternehmensführung (Stuttgarter Führungsmodell).

> Das **System kontextbedingter Unternehmensführung (SKU)** stellt dar, welches Führungssystem den Anforderungen des jeweiligen Führungskontexts entspricht:
>
> - Managementorientierte Unternehmensführung im einfachen Kontext,
> - Integrierte Unternehmensführung im komplizierten Kontext,
> - Agile Unternehmensführung im komplexen Kontext,
> - Krisenorientierte Unternehmensführung im chaotischen Kontext.

Von besonderer Bedeutung im Stuttgarter Führungsmodell sind die Übergänge zwischen den Ausprägungen der Unternehmensführung. Innerhalb eines Unternehmens können je nach vorherrschendem Kontext in einzelnen Unternehmensbereichen unterschiedliche Ausprägungen sinnvoll sein. So kann in einem Bereich agile Unternehmensführung angebracht sein, während in anderen Bereichen eine integrierte Führung besser geeignet ist. Der kontextbezogene **Wechsel der Modi** sowie die situative Anpassung der Führungssysteme bei langfristigen Änderungen des vorherrschenden Kontexts werden somit zur Schlüsselaufgabe der Unternehmensführung.

Dies umfasst folgende **Aspekte** (vgl. *Rüegg-Stürm/Grand*, 2020, S. 4 ff.):

- **Umweltorientierte Führung**: Die Führungskontexte bestimmen die Ausprägungen der Unternehmensführung. Damit ist die Umweltorientierung prägend. Ein Unternehmen steht in Wechselwirkung mit den Elementen dieser Systeme, weshalb diese sehr genau auf Trends und Veränderungen hin zu analysieren sind. Die Anspruchsgruppen repräsentieren das Unternehmen und seine Umwelten und für diese ist der Zweck eines Unternehmens zu definieren. Unternehmen müssen einen konstruktiven Beitrag für ihre Umwelten leisten, um überleben zu können. Führung ist somit eine reflexive Gestaltungspraxis und trägt dazu bei, dass sich die Organisation je nach Unternehmensumwelt erfolgreich weiterentwickeln kann.

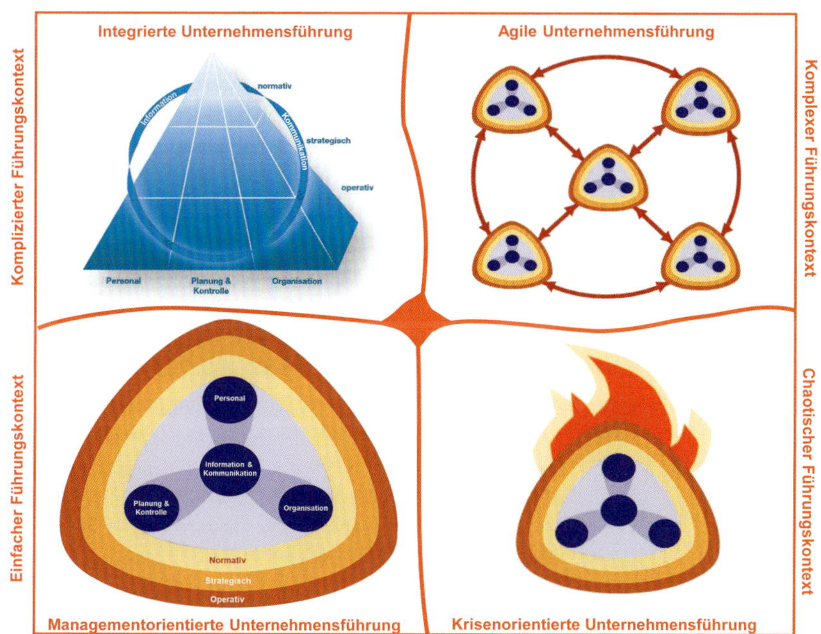

Abb. 1.3.31: System kontextbedingter Unternehmensführung (Stoi, 2022, S. 77)

- **Interaktionsorientierte Führung**: Die Interaktion innerhalb des Unternehmens und mit der Umwelt gewinnt an Bedeutung. Die Werte und die Unternehmensverfassung gestalten die Beziehungen zwischen den Anspruchsgruppen. Sie verleihen einem Unternehmen Ordnung, Stabilität, Ausrichtung und Sinn. Kommunikative Prozesse ermöglichen die Weiterentwicklung des Unternehmens. Damit wird die Gestaltung einer offenen, wirksamen und effizienten Information und Kommunikation zu einer wichtigen Aufgabe der Unternehmensführung.
- **Wandlungsorientierte Führung** bezeichnet verschiedene Arten der Weiterentwicklung eines Unternehmens und betont die evolutionäre Unternehmensentwicklung. Die kontinuierliche, ständig ablaufende Verbesserung des Bestehenden wird dabei als Optimierung bezeichnet, während die diskontinuierliche, nur sprunghaft stattfindende Schaffung von völlig Neuem durch Erneuerung repräsentiert wird. Die Wandlung erfolgt dabei insbesondere im Zusammenspiel mit der Umwelt (Co-Creation).

Zusammenfassung

- Ein Unternehmen ist ein sozio-technisches System aus Elementen, Beziehungen und Zielen. Elemente sind Mitglieder und Ressourcen. Sie sind durch Beziehungen verbunden und stehen durch Interaktion und Kommunikation im offenen Austausch mit der Unternehmensumwelt. Seine Ziele legt das Unternehmen weitgehend autonom selbst fest, wobei dessen Produktivität und sein Überleben im Vordergrund stehen.
- Führung umfasst funktional alle Aufgaben des Managements und Leaderships zur zielorientierten Gestaltung, Lenkung und Entwicklung einer Organisation.
- Unternehmensführung umfasst funktional alle Aufgaben des Managements und Leaderships zur zielorientierten Gestaltung, Lenkung und Entwicklung eines Unternehmens.
- Die Aufgaben der Unternehmensführung bestehen darin, das Unternehmen erfolgreich zu lenken, seine Führungskreisläufe zu gestalten und es im Hinblick auf zukünftige Anforderungen fortzuentwickeln.
- Führungsebenen unterteilen sich nach der Tragweite der Führungsaufgaben in die normative, strategische und operative Ebene der Unternehmensführung. Sie bilden ein hierarchisches System. Die übergeordnete Ebene setzt den Rahmen für die untergeordnete Ebene, die dort konkretisiert und umgesetzt wird.
- Die normative Unternehmensführung bestimmt die Identität eines Unternehmens. Sie legt den Sinn (Purpose), die Vision und Mission, die Werte und Kultur sowie die organisatorischen Normen fest. Sie sichert die Lebens- und Entwicklungsfähigkeit des Unternehmens.
- Die strategische Unternehmensführung ist auf die Entwicklung bestehender und die Erschließung neuer Erfolgspotenziale ausgerichtet und beschreibt die hierfür erforderlichen Ziele, Leistungspotenziale und Vorgehensweisen.
- Die operative Unternehmensführung befasst sich mit der Planung, Steuerung und Kontrolle der laufenden Aktivitäten eines Unternehmens, um die bestehenden Erfolgspotenziale möglichst effizient zu nutzen.
- Der Führungsprozess gliedert sich in Planung, Steuerung und Kontrolle. Er ist das Grundmuster der Problemlösung im Rahmen der Unternehmensführung.
- Die Lenkung richtet das Unternehmen auf dessen Ziele aus. Durch eine Kombination aus Steuerung und Regelung werden sowohl einwirkende Störungen im Vorfeld berücksichtigt, als auch die Ergebnisse des Unternehmens kontrolliert.
- Die Gestaltung dient dem Aufbau von Führungssystemen. Sie sichert die Handlungsfähigkeit der Unternehmensführung und ist damit eine Voraussetzung der Lenkung.
- Die Entwicklung des Unternehmens sichert die Überlebens- und Anpassungsfähigkeit und wirkt auf die Gestaltung und Lenkung der Unternehmensführung ein.
- Die Aufgaben der Unternehmensführung gliedern sich nach den Inhalten des Führungshandelns in die Führungsfunktionen Personal, Planung und Kontrolle, Organisation sowie Information und Kommunikation.
- Im Integrierten System der Unternehmensführung (ISU) werden die Ebenen, Funktionen und Perspektiven der Unternehmensführung aufeinander abgestimmt wahrgenommen. Aus den Ebenen und Funktionen der Unternehmensführung entsteht ein integriertes System. Es kann als Pyramide mit umlaufendem Informations- und Kommunikationsfluss dargestellt werden. Die Unternehmensführung ist horizontal und vertikal aufeinander abzustimmen, um als integriertes System seine Wirkung entfalten zu können.
- Unterstützungsfunktionen wie z. B. Marketing, Controlling oder Qualitätsmanagement sind spezialisierte Dienstleister der Unternehmensführung.
- Die Umweltanforderungen der Unternehmensführung können die Ausprägungen Sicherheit, Risiko, Ungewissheit und vollkommene Unsicherheit annehmen.

- Die Anpassungsfähigkeit des Unternehmens wird durch zentrale Faktoren, wie der organisationalen Verankerung, Anpassungs- und Systemausrichtung sowie den Entwicklungsdimensionen, bestimmt. Daraus lassen sich verschiedene Reifegrade der Anpassungsfähigkeit von der traditionellen bis hin zur agilen Organisation unterscheiden.
- Nach dem Ausmaß der Umweltunsicherheit und der Anpassungsfähigkeit des Unternehmens lassen sich einfache, komplizierte, komplexe und chaotische Führungskontexte unterscheiden.
- Managementorientierte Unternehmensführung eignet sich für einfache Führungskontexte und erfolgt meist durch wenige Führungskräfte
- Integrierte Unternehmensführung ist in komplizierten Führungskontexten geeignet und stimmt Führungsebenen, -funktionen und -perspektiven aufeinander ab.
- Agilität bedeutet, flexibel und proaktiv, antizipativ und initiativ zu agieren, um in komplexen Kontexten eine hohe Anpassungsfähigkeit zu gewährleisten.
- Agile Unternehmensführung eignet sich für komplexe Führungskontexte und fördert einen Prozess der gelenkten Selbstorganisation und Evolution.
- Eine Krise ist eine problematische und oft unvermittelt auftretende Zuspitzung einer Situation, die zu einer Notlage führt.
- Krisenmanagement ist der systematische Umgang mit Krisen und die Gesamtheit der Maßnahmen zur Begegnung von Notsituationen im Unternehmen.
- Krisenorientierte Unternehmensführung ist darauf ausgerichtet, akute Krisensituationen zu beherrschen, um ein Unternehmen aus einem chaotischen Kontext herauszuführen.
- Das System kontextbedingter Unternehmensführung (SKU) stellt dar, welches Führungssystem den Anforderungen des jeweiligen Führungskontexts entspricht: Managementorientierte Unternehmensführung im einfachen Kontext, integrierte Unternehmensführung im komplizierten Kontext, agile Unternehmensführung im komplexen Kontext und krisenorientierte Unternehmensführung im chaotischen Kontext.

Literaturempfehlungen

Bleicher, K.: Das Konzept Integriertes Management, 7. Aufl., Frankfurt am Main 2011.

Rüegg-Stürm, J./Grand, S.: Das St. Galler Management-Modell, 2. Aufl., Bern 2020.

Stacey, R. D.: The Chaos Frontier: Creative Strategic Control for Business, Oxford 1991.

Stoi, R.: Kontextorientierte Führung und Organisation: Ein situatives Führungsmodell, in: zfo, 91. Jg., 2022, Nr. 2, S. 70–78.

Kapitel 2

Normative Unternehmens-führung

»*Jene Menschen, die verrückt genug sind zu glauben, sie könnten die Welt verändern, sind diejenigen, die es tatsächlich erreichen.*«

Steve Jobs (1955–2011)
Mitbegründer und von 1997 bis 2011 CEO von Apple

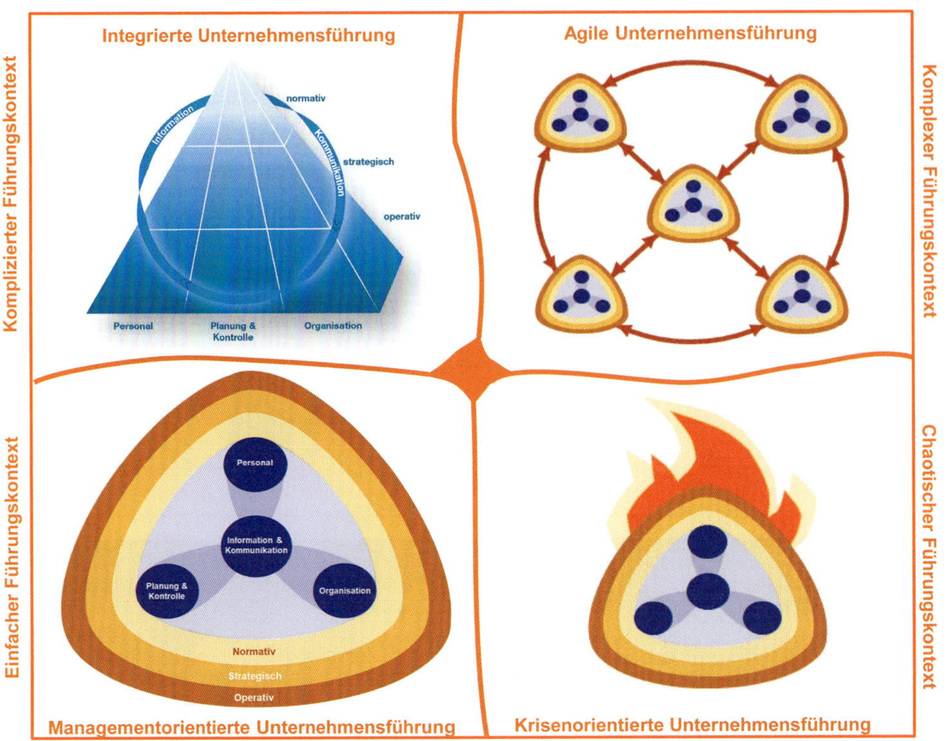

2 Normative Unternehmensführung

2.1 Grundlagen normativer Unternehmensführung

Leitfragen

- Welche Aufgaben hat die normative Unternehmensführung?
- Aus welchen Elementen besteht die normative Unternehmensführung?
- Wie wirken diese Elemente zusammen?

Als oberste Führungsebene im integrierten System der Unternehmensführung beschäftigt sich die **normative Unternehmensführung** mit den Führungsaufgaben, welche den Rahmen für die strategische und operative Ebene bilden (vgl. Kap. 1.3.2). Die normative Führungsebene beschäftigt sich mit Führungsentscheidungen mit sehr hoher Tragweite. Diese haben eine starke Bindungswirkung, eine lange zeitliche Reichweite und hohe grundsätzliche Bedeutung für das gesamte Unternehmen. Die normative Ebene bestimmt übergeordnete Werte, Ziele und Verhaltensnormen (vgl. *Bleicher*, 1995, S. 21 f.). Diese sichern einem Unternehmen seine Existenzberechtigung und Überlebensfähigkeit (Legitimität), woraus sich der Gestaltungsrahmen für die strategische Unternehmensführung ergibt. Sie prägt damit das Unternehmen und verleiht ihm Persönlichkeit und Identität. Die strategische Ebene beschreibt darauf aufbauend Leistungspotenziale und Vorgehensweisen zur Schaffung und Weiterentwicklung von Erfolgspotenzialen. Erfolgspotenziale sind eine Kombination aus Produkten, Märkten, Ressourcen und Technologien. Da sich normative und strategische Aufgaben stark unterscheiden, ist eine getrennte Betrachtung zweckmäßig.

Die **normative Unternehmensführung** bestimmt die Identität und Legitimität als Daseinsberechtigung eines Unternehmens. Sie legt den Sinn (Purpose), die Vision und Mission, die Werte und Kultur sowie die Corporate Governance des Unternehmens fest. Auf diese Weise sichert sie dessen Lebens- und Entwicklungsfähigkeit.

Die normative Unternehmensführung prägt den Gestaltungsrahmen, der dem Unternehmen seine Persönlichkeit und Identität verleiht. Sie bestimmt die grundlegenden Ziele des Unternehmens, wie z. B. dessen Geschäftsfelder und deren Stellung im Gesamtunternehmen. Kernaufgabe der normativen Unternehmensführung ist die Bestimmung der Beiträge eines Unternehmens für seine Unternehmensumwelt als Existenzberechtigung. Entwicklungsfähigkeit bedeutet damit auch die Durchführung eines systematischen Wandels als Antwort auf Veränderungen der Unternehmensumwelt. Diese übergeordneten Entscheidungen haben den Charakter einer Norm. Sie beruhen auf den Wertvorstellungen der Unternehmensleitung. Zentrale Aufgabe der normativen Unternehmensführung ist es, das Selbstverständnis sowie die Werte und Ziele eines Unternehmens zu definieren. Dies wird in Form von generellen Werten, Zielen, Prinzipien, Normen, Verhaltensweisen und Spielregeln ausgedrückt und soll die Lebens- und Entwicklungsfähigkeit (Legitimität) des Unternehmens sichern. Seinen Ausdruck findet die normative Unternehmensführung in einer Unternehmensvision, welche das angestrebte Zukunftsbild des Unternehmens beschreibt. Welche Ziele daraus entstehen und wie sich das Unternehmen gegenüber Bezugsgruppen (z. B. Staat, Eigentümer etc.) positioniert, konkretisiert der Unternehmenszweck. Er wird in der Mission mit den grundlegenden Zielen und Werten zu einem angestrebten Selbstbild zusammengefasst. Die Unternehmenskultur ist die Gesamtheit historisch gewachsener und gemeinsam gelebter Werte, Normen und Denkhaltungen, die im Verhalten, in der Kommunikation, bei Entscheidungen, in Handlungen, in Symbolen und anderen Ausdrucksformen sichtbar werden. Die Unternehmensverfassung bestimmt die Organe des Unternehmens sowie deren Rechte und Pflichten. Die normative Unternehmensführung ist damit in ihrer konstitutiven Rolle für alle Handlungen des Unternehmens maßgeblich.

Die **Ziele** und daraus abgeleitete zentrale **Aufgabenbereiche** der normativen Unternehmensführung sind (vgl. *Bleicher*, 1995, 2011):

- **Legitimität:** Um die nachhaltige Existenz des Unternehmens sicherzustellen, sind die Unternehmens-Umwelt-Beziehungen zu gestalten. Unternehmen sind Elemente übergeordneter Systeme. Dies können etwa die Branche oder das Land sein. Sie beziehen ihre Existenzberechtigung daraus, dass sie einen nützlichen Beitrag zu diesen übergeordneten Systemen leisten. Die Positionierung des Unternehmens gegenüber seiner Umwelt ist wichtig, um die Lebensfähigkeit eines Unternehmens zu gewährleisten. Da sich die Umwelt evolutionär verändert, sind auch die Umweltanforderungen einem ständigen Wandel unterworfen. Um diesem gerecht zu werden, hat die Unternehmensführung für die erforderliche Entwicklungsfähigkeit zu sorgen. Dies kann durch reaktive Anpassung, aktive Umweltbeeinflussung oder gezielte Auslösung von Umweltänderungen geschehen.

- **Unternehmensidentität (Corporate Identity):** Jedes Unternehmen verfügt über eine eigene Persönlichkeit. Diese Unternehmensidentität besteht aus unverwechselbaren, individuellen Merkmalen und Eigenschaften und gibt dem Unternehmen ein „Gesicht“. Sie schafft ein Selbstverständnis des Unternehmens und dient der Darstellung nach innen und außen. Dadurch profiliert sich das Unternehmen in doppelter Hinsicht: Zum einen gewinnt das Unternehmen Kontur gegenüber externen Anspruchsgruppen, wie etwa Kunden, Lieferanten, Mitarbeitern oder der Gesellschaft. Auf der anderen Seite ermöglicht die Identität den Mitarbeitern und Eigentümern, sich mit dem Unternehmen zu identifizieren.

2.1.1 Purpose

Ausgangspunkt der normativen Unternehmensführung ist der Purpose. Der Begriff wird zwar häufig, aber auch sehr unterschiedlich verwendet. In der Praxis wird Purpose oft mit dem Unternehmenszweck bzw. dessen Ausformulierung in der Mission oder auch der Vision gleichgesetzt (vgl. *Fink/Moeller*, 2018, S. 3 ff.). Meist wird der Purpose jedoch als Sinn verstanden, d.h. als innerer Antrieb oder höheres Ziel (vgl. *Sichart/Preußig*, 2019, S. 151). Dies liegt auch daran, dass es für Purpose keine stimmige deutsche Übersetzung gibt. Der Purpose beantwortet die Frage nach der Existenzberechtigung des Unternehmens und rückt den Fokus auf dessen Daseinszweck.

> Der **Purpose** bestimmt die Daseinsberechtigung eines Unternehmens, die Sinn und Identität stiftet. Er beschreibt den Beitrag, den ein Unternehmen zur Umwelt und zum Gemeinwohl leisten möchte und dessen Existenz legitimiert (vgl. *Sichart/Preußig*, 2019, S. 152).

In der allgemeinen Systemtheorie (vgl. Kap. 1.2.4) besteht jedes System aus Elementen, die in Wechselbeziehungen zueinander stehen und einem gemeinsamen Zweck dienen (vgl. *Bertalanffy*, 1968, S. 3). Dieser hilft auch, die Systemgrenze als Trennlinie zwischen den Systemelementen und ihrer Umwelt zu bilden. Wie diese Systemabgrenzung vorgenommen wird, ist vor allem vom Purpose abhängig. Alle erforderlichen Elemente und Beziehungen innerhalb des Systems werden zur Erreichung des angestrebten Zwecks gebündelt. Somit dient die Bildung eines Systems bzw. die Differenzierung zwischen System und Umwelt zur Komplexitätsreduktion. In diesem Sinne beschreibt der Purpose den **Systemzweck**. Das System Unternehmen ist dabei Teil übergeordneter Systeme, beispielsweise ist es Bestandteil einer Branche und es erfüllt dafür einen Beitrag. Unternehmen sind soziale und dynamische Systeme, die sich nach *Luhmann* (1984) nicht mehr vollständig beschreiben lassen. Komplexität ist als Kombination von Dynamik und Kompliziertheit zu verstehen und Unternehmen sind solche **komplexen Systeme** (vgl. *Ulrich/Probst*, 2001, S. 59 ff.). Sinn bzw. der Purpose schafft daher Ordnung in sozialen Systemen und erlaubt es, aus verschiedenen Handlungsmöglichkeiten auszuwählen (vgl. *Luhmann*, 1984, S. 93). Ohne ihn können Unternehmen ihre Komplexität nicht beherrschen. Kein System und damit auch kein Unternehmen lässt sich ohne einen Sinn steuern. Er ist deshalb das zentrale und unverzichtbare Element normativer Unternehmensführung. Damit wird die Rolle eines Unternehmens als dessen Beitrag zu seiner Umwelt definiert. Dieser Daseinszweck ist maßgeblich für den langfristigen Erfolg

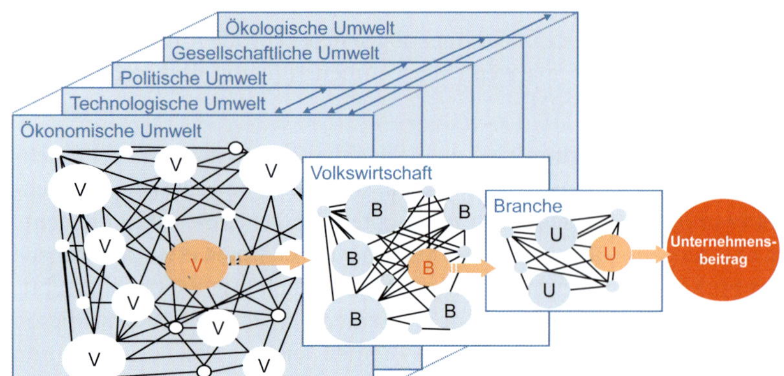

Abb. 2.1.1: Das Unternehmen als Element übergeordneter Umwelten

eines Unternehmens und hängt davon ab, ob und wie sich ein Unternehmen an die Veränderungen seiner Umwelt anpassen bzw. diese mitgestalten kann.

Die Übertragung der Systemtheorie auf die Unternehmen erfolgt mithilfe des Systems kontextbedingter Unternehmensführung (vgl. Kap. 1.3.6). Aufgabe der normativen Unternehmensführung ist insbesondere die Definition des Purpose. Darüber hinaus setzt sie durch die Bestimmung der Werte, Kultur, Governance sowie Vision und Mission den Rahmen für sämtliche betriebliche Aktivitäten. Sie befasst sich damit, wie der Purpose erreicht werden soll. Dabei sind u. a. folgende **Fragen** zu beantworten:

- Warum existiert ein Unternehmen?
- Warum ist das, was das Unternehmen zu dessen Umwelt beiträgt, sinnvoll bzw. attraktiv?
- Warum sollten die Umwelten am Unternehmen ein Interesse haben?
- Warum sollten die Kunden sich für die Leistungen des Unternehmens und nicht für die des Wettbewerbs entscheiden?
- Warum sollten die Mitarbeiter für das Unternehmen arbeiten und sich dafür engagieren?

Die zunehmende Popularität der Frage nach dem Sinn des Unternehmens lässt sich durch die immer stärker werdende Sehnsucht nach Orientierung erklären. Die Ursache liegt in der steigenden Komplexität der Umwelt, in der es immer weniger Stabilität gibt. Der Sinn kann in einer **VUKA-Welt** (vgl. Kap. 1.3.5) dem Unternehmen eine Richtung geben (vgl. *Sichart/Preußig*, 2019, S. 148). Ein gemeinsames sinnstiftendes Element ermöglicht Selbstorganisation, wenn dadurch die Ziele und Ausrichtung des Unternehmens klar werden. Dies ist auch eine zentrale Voraussetzung für die Personalführung, denn Menschen engagieren sich für das, woran sie wirklich glauben (vgl. Kap. 6.4.2).

Bereits in den 1990er-Jahren wurde der Purpose als der Grund für das Sein des Unternehmens und als die idealistische Motivation für die Arbeit des Unternehmens bezeichnet (vgl. *Collins/Porras*, 1996, S. 66 ff.). Damit lässt sich der Purpose klar abgrenzen zu einem Ziel, einer Vision oder einer Strategie. Diese dienen dazu, den Purpose zu erreichen. Wie wichtig in zunehmend komplexeren **Führungskontexten** die Legitimität und Identität für Unternehmen ist, geht aus einem neunjährigen Forschungsprojekt von *Collins* (2011) hervor. Nach einer Phase der Stabilität und Sicherheit wurde durch die Terroranschläge vom 11. September 2001 bei den US-amerikanischen Unternehmen eine große Verunsicherung ausgelöst. Zusammen mit dem technologischen Wandel und dem globalen Wettbewerb wurde untersucht, warum einige Unternehmen in unsicheren Kontexten gedeihen, während andere das nicht schaffen. Dazu wurden deren Erfolgsfaktoren analysiert. Im Fokus standen besonders leistungsstarke Unternehmen.

Diese sog. **10Xer-Unternehmen** übertrafen den jeweiligen Branchendurchschnitt um mindestens das Zehnfache. Ihr Erfolg war größtenteils auf ähnliche **Erfolgsfaktoren** zurückzuführen (vgl. *Collins/Hansen*, 2011):

- Sie gestalten das Paradoxon von Kontrolle und Nichtkontrolle. Auf der einen Seite verstehen 10Xer, dass sie mit ständiger Unsicherheit konfrontiert sind und dass sie wichtige Aspekte der Umwelt nicht kontrollieren und vorhersagen können. Gleichzeitig übernehmen sie volle Verantwortung für ihr Tun, für alle Versuche, für alles Experimentieren.
- 10Xer sind besonders diszipliniert und fokussiert. Sie sind sich über ihre Werte, Visionen und Ziele bewusst und richten ihr Handeln daran aus.
- Sie sind nicht innovativer als andere Unternehmen, aber experimentieren und testen mit minimalem Aufwand. Dafür stellen sie ihre Ressourcen zur Verfügung.
- Orientierung entsteht auch dadurch, dass diese Unternehmen langfristigen Erfolg erlangen, weil sie die Mitarbeiter begeistern, eine erstrebenswerte Zukunft in Aussicht stellen und Leidenschaft bzw. Sinn vermitteln. Hierfür wurde der Begriff Purpose eingeführt.

Unternehmen, die dauerhaften Erfolg haben, haben demnach stabile Grundwerte und einen Purpose, während sich ihre Strategien ständig an die sich verändernde Umwelt anpassen (vgl. *Collins/Porras*, 1996, S. 66 ff.). Aktuell wird zur Beschreibung des Purpose häufig das Modell des Golden Circle verwendet.

Golden Circle

Das Konzept des **Golden Circle** geht auf den amerikanischen Autor und Unternehmensberater *Sinek* zurück. Es besteht aus den in Abb. 2.1.2 dargestellten drei konzentrischen Kreisen und soll folgende Fragen beantworten (vgl. *Sinek*, 2009):

- **Why – Wofür ist es wichtig?** Start- und Mittelpunkt des Golden Circle ist die Frage nach dem „Why". Dabei trifft die deutsche Übersetzung „Warum" die Bedeutung nur bedingt. Warum ist immer vergangenheitsbezogen. Treffender ist daher die Frage nach dem Wofür. In einem unternehmerischen Kontext definiert das „Why" den Purpose, die Bestimmung oder den Sinn eines Unternehmens, der sich meist auf den Kunden bezieht. Das „Why" ist der zentrale Polarstern, der einem Unternehmen seine Identität verleiht, Sinn stiftet und die Unternehmensphilosophie prägt.
- **How – Wie soll es erreicht werden?** Mit dem „Wie" wird das Vorgehen zur Zielerreichung beschrieben. Es geht um die Strategien und Konzepte für den Weg zum Ziel. Wenn das Why ein versteckter Schatz wäre, dann ist das How die Schatzkarte. In der Unternehmensführung definiert das „Wie" die Wertschöpfungsprozesse, das Geschäftsmodell und die Organisation. Auf dieser strategischen Ebene wird bestimmt, wie das Unternehmen das „Wofür" erreichen soll.
- **What – Was machen wir?** Das „Was" bestimmt konkrete Aktionen und Handlungen. Es beschreibt die Produkte und Leistungen, die ein Unternehmen erbringt. Diese Ebene ist besser greifbar und sichtbar, weshalb viele Unternehmen sich durch das Was definieren und versuchen, sich darüber zu differenzieren.

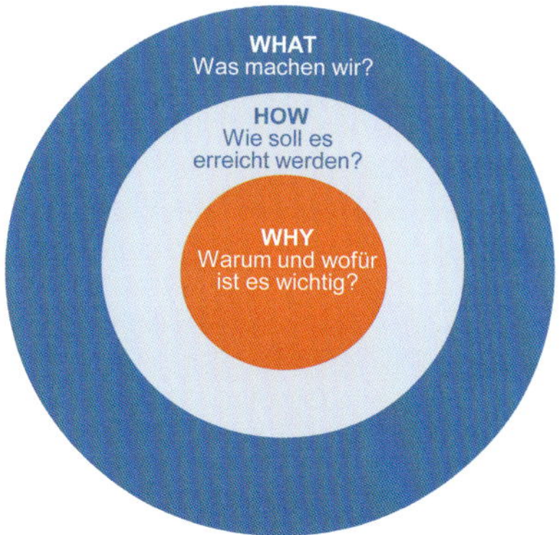

Abb. 2.1.2: Golden Circle (in Anlehnung an Sinek, 2009)

Mit diesen drei simplen Fragen hat *Sinek* die moderne Unternehmensführung geprägt. Erfolgreiche Unternehmen starten mit dem „Wofür", beantworten im Anschluss das „Wie" und gehen erst dann auf das „Was" ein. Die meisten Unternehmen beginnen jedoch von außen nach innen mit dem Was und gehen dann über das Wie und nur manchmal bis zum Wofür. Erfolgreicher ist jedoch der andere Weg. Um Menschen zu begeistern, gilt die eingängige Formel: „Start with why!". Die Begründung dafür lautet: Menschen kaufen nicht, was man macht; sie kaufen, warum man etwas macht („People don't buy what you do. They buy why you do it"; *Sinek*, 2021). Dies erzeugt Leidenschaft, berührt emotional und schafft Orientierung. Durch den konzentrischen Aufbau des „Why-how-what"-Modells ist das „Wofür" mit dem höheren Ziel gleichzusetzen.

Erfolgreiche Unternehmen haben eine Antwort auf die Frage, warum sie tun, was sie tun. Dieser Sinn geht dabei über die reine Gewinnerzielung hinaus. Beispielsweise wollte *Apple* in seinen Anfangsjahren nicht in erster Linie Computer entwickeln und verkaufen. Vielmehr hatte *Steve Jobs* großen Spaß daran, etablierte Geschäftsmodelle aufzubrechen und für die Kunden völlig neue Leistungen anzubieten, die es zuvor noch nicht gab. Das Why bestand darin, innovativ und quer zu denken (vgl. *Sichart/Preußig*, 2019, S. 147).

Sineks zentrale Botschaft lautet: Erfolgreiche Unternehmen haben eine Antwort auf die Frage, warum sie tun, was sie tun, und zwar eine, die über reinen Profit hinausgeht. Auch wenn der Kern von Purpose nicht der Gewinn sein sollte, sind Unternehmen, die sich danach ausrichten (sog. **Purpose-driven Organizations**) überdurchschnittlich erfolgreich. Dies belegen auch die Untersuchungen der 10X-Unternehmen (vgl. *Collins/Hansen*, 2011). Sogar die US-Fondsgesellschaft *Blackrock* forderte 2018 die Unternehmen auf, „a Sense of Purpose" zu entwickeln. Unternehmen, die langfristig erfolgreich sein wollen, müssen demnach zeigen, welchen gesellschaftlichen Beitrag sie leisten: „Ohne ein Gefühl für die Bedeutung des eigenen Tuns, kann kein Unternehmen sein volles Potenzial ausschöpfen" (www.blackrock.com). Auch neuere Studien belegen weit überdurchschnittliche Geschäftsergebnisse von Purpose-driven Organizations. Dabei wird die notwendige Übereinstimmung zwischen dem individuellen Purpose der Mitarbeiter und Führungskräfte mit dem des Unternehmens hervorgehoben (vgl. *Sichart/Preußig*, 2019, S. 156).

Big Five-Konzept

Eine eingängige Beschreibung des Purpose als sinnvoller Beitrag zur Umwelt liefert das **Big Five-Konzept**. Es stellt insbesondere auf die Übereinstimmung zwischen dem persönlichen Purpose der Mitarbeiter und Führungskräfte und dem des Unternehmens ab. Der US-amerikanische Strategieberater *Strelecky* schrieb nach einer Weltreise den Bestseller „Das Café am Rande der Welt" (vgl. *Strelecky*, 2007), das von 2015 bis 2018 das meistverkaufte Buch in Deutschland war. In seinem Konzept der „Big Five" (vgl. *Strelecky*, 2013) geht es darum, was im Leben wirklich wichtig ist und den „Zweck der Existenz" beinhaltet. Dies wird metaphorisch als Big Five bezeichnet. Als Big Five bezeichnen Großwildjäger oder Safariteilnehmer die fünf bekanntesten Tiere in Afrika: Löwe, Büffel, Leopard, Nashorn und Elefant. Die Auswahl bezieht sich dabei nicht in erster Linie auf die Körpergröße der Tiere, sondern vorwiegend auf die Schwierigkeiten und Gefahren bei deren Jagd. Eine Safari gilt als erfolgreich, wenn es gelingt, diese fünf Großwildtiere zu entdecken.

Im Unternehmenskontext gelten die Big Five als Analogie für die Bestimmung des Wesentlichen, woran der Erfolg des Unternehmens gemessen wird. Das Handeln des Unternehmens richtet sich an diesem Purpose als Antwort auf die Frage nach dem Wofür aus. Lässt sich diese Frage beantworten, so besteht ein Motiv des Handelns. Dies erzeugt Motivation und stiftet Sinn, sowohl für die Mitglieder eines Unternehmens als auch für die gesamte Organisation. Für Unternehmen ermöglicht das Big Five-Konzept das Erkennen der eigenen Existenzberechtigung und deren Harmonisierung mit den persönlichen Zielen der Mitarbeiter.

In der Erzählung von *Strelecky* teilt ein charismatischer Geschäftsmann die Geheimnisse seines Erfolgs mit, die in den folgenden **Leitlinien** zusammengefasst sind (vgl. *Strelecky*, 2013):

1. Jeder Mitarbeiter muss seine Bestimmung sowie seine „*Big Five*" kennen, also wissen, welche fünf Lebensziele er erreichen will. Wer darauf eine Antwort hat, lebt sein Leben anders, als jemand, der sich ohne Richtung und ohne klares Ziel durchschlägt.
2. Ein Unternehmen sollte ebenfalls seine „*Big Five*" bzw. den Zweck seiner Existenz oder seinen Purpose kennen und kommunizieren. Dies gibt Richtung und Sinn.
3. Die Verbindung des Purpose mit den Big Five der Mitarbeiter und anderer Stakeholder des Unternehmens führt zu Sinn und Erfüllung gemäß dem Motto: „Get paid for what you love!". Wenn die Arbeit im und mit einem Unternehmen die persönliche Erfüllung der eigenen Ziele der Mitarbeiter und Führungskräfte fördert, dann stiftet dies sowohl für das Unternehmen als auch für dessen Mitglieder einen Sinn. Ist dies erreicht, dann muss sich die Unternehmensführung keine Gedanken mehr über Motivation machen und wenn die Mitarbeiter das tun, was sie lieben, dann müssen diese „nie wieder arbeiten".

In der Diskussion um Purpose und auch im Konzept der Big Five wird immer wieder auf den Zusammenhang von Purpose und „**Passion**", im Sinne von Begeisterung und Leidenschaft hingewiesen. Demnach empfinden die Mitarbeiter ihre Arbeit als erfüllend, wenn sie den Sinn ihrer Tätigkeit erkennen können. Daraus erwächst Begeisterung (vgl. *Hurst*, 2014). Allerdings lassen sich die Sichtweisen von Purpose und Passion klar unterscheiden. Passion ist selbstbezogen: „Was macht mir Spaß? Was gibt mir die Welt?". Purpose beschreibt das Gegenteil: „Was gebe ich der Welt? Was kann ich zu ihr beitragen?" (vgl. *Sichart/Preußig*, 2019, S. 157). In einer mehrjährigen Studie mit 5.000 Führungskräften und Mitarbeitern zeigte sich, dass Menschen mit einer großen Begeisterung und Passion hohe Leistung erbringen. Allerdings sind die Leistungen höher, wenn sie dabei nach ihrem eigenen Purpose handeln. Die höchsten Werte erreichen diejenigen, die Passion und Purpose miteinander verknüpfen. Wichtiger noch, als mit Leidenschaft und Begeisterung zu arbeiten, ist es

Abb. 2.1.3: Big Five einer Safari in Afrika

also, den eigenen Purpose zu finden. Es geht darum, einen Beitrag zu einem größeren Ganzen zu leisten, der idealerweise gleichzeitig der eigenen Leidenschaft entspricht (vgl. *Hansen/Amabile*, 2018).

Das soziale Netzwerk *LinkedIn* hat die bislang größte globale Studie zur Rolle des Purpose bei den Mitarbeitern durchgeführt. Der Workforce Purpose Index zeigt, dass ca. 37 % der befragten Arbeitnehmer den Purpose als primäre Motivationsquelle ansehen. Unternehmen, die ihren Purpose benennen können, haben deshalb im Bewerbermarkt einen klaren Wettbewerbsvorteil (vgl. *Hurst/Tavis*, 2019, S. 1 ff.). In den USA liegt der Anteil der Mitarbeiter, die sich am Purpose orientieren, bei 40 %, in Deutschland sogar bei 50 %. Die Purpose-Orientierung ist dabei auch altersabhängig. Während die Vertreter der Generation Y nur zu 30 % am Purpose orientiert sind, sind es in der Gruppe der Generation X schon 38 % und in der Generation der Babyboomer sogar 48 %. Das widerspricht dem vorherrschenden Bild über die Generation Y, der eine besondere Sinnorientierung unterstellt wird (vgl. *Sichart/Preußig*, 2019, S. 152).

Unternehmen, die sich einem Sinn verschreiben, stellen ihren Beitrag für andere Anspruchsgruppen in den Mittelpunkt. Der Sinn steht über den dafür erforderlichen betriebswirtschaftlichen Zielsetzungen, wie etwa Umsatz oder Gewinn.

Beispiele für den Purpose unterstreichen dies:

- *Airbnb:* „To create a world where anyone can belong anywhere" (www.airbnb.com). Das Unternehmen bietet Gastfreundschaft und schafft ein Gefühl der Zugehörigkeit, wo immer Kunden in der Welt unterwegs sind.
- *Delsey:* „What maters is inside" (www.delsey.com) stellt den Kunden in den Mittelpunkt, denn es kommt auf die inneren Werte an.
- *Dm Drogerie-Markt:* „Als sozialer Organismus ist das Unternehmen dm wie auch die gesamte Gesellschaft ein Miteinander von selbständig handelnden Individuen. Wenn jeder Einzelne die Möglichkeit hat, mit seinen Fähigkeiten und im Einklang mit seinen Bedürfnissen und Aufgaben, nachhaltig zu handeln, handelt das Unternehmen insgesamt nachhaltig. So wie das Unternehmen mit seinen Mitarbeitern umgeht, so gehen sie mit den Kunden um" (vgl. www.dm.de).
- *Dr. Oetker* denkt als Familienunternehmen in Generationen und übernimmt Verantwortung gegenüber Umwelt, Mitarbeitern und der Gesellschaft. Sein Sinn ist „Creating a Taste of Home" (www.oetker.com).
- *Lego*: „As children shape their own worlds with LEGO bricks, we play our part in having a positive impact on the world they live in today and will inherit in the future" (www.lego.com). *Lego* arbeitet für das gute Spielen auf der Welt.
- *Starbucks:* „To inspire and nurture the human spirit – one person, one cup and one neighborhood at a time." Das Café soll für die Kunden zum „Third Place" neben Arbeit und Zuhause im Leben werden (www.starbucks.com).
- *Amazon*: „Continually raise the bar of the customer experience by using the internet and technology to help consumers find, discover and buy anything, and empower businesses and content creators to maximise their success" (www.amazon.com).
- *Viva con Agua:* „Activate ALL FOR WATER for providing WATER FOR ALL!" (www.vivaconagua.org). Das Unternehmen möchte die weltweite Wasserversorgung verbessern.
- *Waschbär*: „Als Purpose-Unternehmen sind wir für unsere Kunden und Mitarbeiter da! Wir arbeiten nicht für den größtmöglichen Gewinn von Investoren oder Eigentümern, sondern für den eigentlichen Sinn und Zweck unseres Unternehmens: Vorreiter für einen sozial und ökologisch verantwortungsvollen Lebensstil zu sein" (www.waschbaer.de).
- „*Wikipedia's* purpose is to benefit readers by acting as a free widely accessible encyclopedia; a comprehensive written compendium that contains information on all branches of knowledge" (www. wikipedia.org). *Wikipedia* möchte allen Menschen das Wissen der Welt zugänglich machen.
- *Walt Disney:* „Make people happy."

Für die Entwicklung und Formulierung eines Purpose können Leitfragen entlang der Dimensionen des Golden Circle nach Who, Why and How herangezogen werden (vgl. *Hurst*, 2014, S. 103). *Sinek* empfiehlt eine Formulierung als Kombination aus Beitrag und Wirkung (vgl. *Sinek*, 2009, S. 1 ff.). Eine umfassende Formulierung des Purpose mit eindeutigem Beitrag, den Zielgruppen und der erwarteten Wirkung zeigt das Praxisbeispiel von *Dr. Oetker*.

Purpose von Dr. Oetker

„Vor 130 Jahren in Bielefeld gegründet, zählt *Dr. Oetker* heute zu den führenden Nahrungsmittelproduzenten in Europa. Mit über 16.000 Mitarbeitern weltweit arbeiten wir kontinuierlich daran, besondere Genussmomente für unsere Konsumenten zu schaffen. Ob Backzutaten, Desserts, Snacks oder Pizza: *Dr. Oetker* Produkte sind für ihre einfache Zubereitung und Gelinggarantie bekannt. Um die unterschiedlichen Verbraucherwünsche weltweit zu erfüllen, führen die mehr als 40 *Dr. Oetker* Landesgesellschaften sowohl nationale als auch internationale Produkte in ihren Sortimenten.

Seit den Anfängen unseres Familienunternehmens im Jahr 1891 verfolgen wir einen Purpose oder „tieferen Sinn". Dieses Verständnis ist Teil unserer DNA. Genussvolles Essen spielt im Leben unserer Konsumenten eine zunehmend wichtige Rolle. Mit unseren Produkten und Services möchten wir Menschen zusammenbringen und besondere Genussmomente schaffen. Deshalb ist **„Creating a Taste of Home**" unser Purpose und der tiefere Sinn unserer Arbeit. Er spiegelt wider, wofür *Dr. Oetker* steht und was uns als Unternehmen einzigartig macht. Gleichzeitig ist er unser innerer Antrieb, der uns den Weg in die Zukunft weist.

Als Familienunternehmen sind wir uns unserer Verantwortung gegenüber unseren Verbrauchern, Mitarbeitern und in besonderem Maße gegenüber Umwelt und Gesellschaft bewusst. Deshalb bilden die nachfolgenden drei **Handlungsfelder** das Fundament für unseren Purpose. In ihrer Gesamtheit beschreiben sie, wie wir die Ernährung unserer Konsumenten und die Zukunft unseres Unternehmens gestalten möchten:

- **Genussvolles Essen** zählt zu den Freuden des Lebens. Dabei stehen Genuss und ein ausgewogener Lebensstil nicht im Widerspruch – es kommt vor allem auf das richtige Maß an. Unser Ziel ist es, überall und zu jeder Zeit besondere Genussmomente für unsere Konsumenten zu schaffen. Hierfür arbeiten wir kontinuierlich daran, die Rezepturen unserer Produkte zu verbessern.
- **Nachhaltiges Handeln und unternehmerische Verantwortung** haben bei uns eine lange Tradition. Unsere Strategien sind daher stets langfristig, generationenübergreifend und ressourcenschonend – immer mit dem Ziel, bereits heute an morgen zu denken und die Welt auf diese Weise als ein lebenswertes Zuhause für nachfolgende Generationen zu erhalten.
- Wir legen großen Wert auf ein **vertrauensvolles Verhältnis zu unseren Mitarbeitern**, denn bei uns steht der Mensch im Mittelpunkt. Wir bieten ihnen deshalb spannende Entwicklungsmöglichkeiten und ermutigen sie, unternehmerisch zu denken und zu handeln. Nur gemeinsam können wir *Dr. Oetker* zu einem inspirierenden Arbeitsplatz machen.

Der Purpose „Creating a Taste of Home" soll jedem, innerhalb und außerhalb des Unternehmens, das Gefühl geben, Teil von etwas Großem zu sein. Jedoch reduziert sich seine Bedeutung nicht auf einen motivierenden Satz an der Wand. Purpose bezeichnet die innere Haltung, die dem Unternehmen Verantwortung zuweist und ist damit der Fahrplan für seine innere Steuerung. Die volle Wirkung entfaltet der Purpose erst, wenn wir Haltung zeigen und für uns wichtige Themen konsequent vorantreiben. Dafür ist es wichtig, dass unsere Mitarbeiter den *Dr. Oetker Purpose* verinnerlichen und in ihrem Berufsalltag leben. Daher stellen wir nicht nur strategische oder operative Fragen in den Mittelpunkt, sondern zeigen auf, wie jeder Einzelne bei *Dr. Oetker* den Purpose in seine tägliche Arbeit einbinden kann. Der Purpose ist ein weltweit verbindendes Element und der *Dr. Oetker Purpose* wurde international gleichzeitig eingeführt.

Um den *Oetker Purpose* mit Leben zu füllen, ist es wichtig, ihn in die Strukturen und Prozesse sowie in die tägliche Arbeit einzubinden. Im ersten Schritt wurde dafür die Unternehmensstrategie weiterentwickelt und mit dem Purpose verknüpft. Gemeinsam bilden der Purpose und die Unternehmensstrategie den Rahmen für das Geschäft und sie dienen als Leitplanken für Entscheidungen. Weiterhin werden aus den übergeordneten Purpose-Grundsätzen konkrete Maßnahmen in den Dimensionen abgeleitet. In der grünen Dimension (Umwelt & Gesellschaft) wird z. B. eine internationale Nachhaltigkeitsstrategie mit Zielen und Zeitplänen definiert, etwa zur Reduzierung von Treibhausgasemissionen, umweltfreundlichere Verpackungen oder Umsetzung von Umwelt- und Sozialstandards in den Lieferketten.

Ein Beispiel dafür, wie Purpose und Strategie verschmelzen, ist der 2020 erfolgte Einstieg von *Dr. Oetker* im Berliner Start-up *BakeNight*. Die Event-Plattform bietet Backworkshops für Kleingruppen in vielen Städten an. In ausgewählten Bäckereien und Konditoreien lernen Hobbybäcker von Profis, wie sie Sauerteigbrot, Zimtschnecken oder Macarons zubereiten. Mit Veranstaltungsangeboten wie diesen laden wir unsere Verbraucher ein, kreativ zu sein und möchten ihnen ein Gefühl von Zuhause geben." (www.oetker.com)

2.1.2 Elemente normativer Unternehmensführung

Sowohl in der Literatur als auch in der Unternehmenspraxis herrscht eine nahezu babylonische Begriffsvielfalt über die **Elemente normativer Unternehmensführung** und deren Zusammenhänge. Begriffe haben ihre Konjunktur und Halbwertszeit. Als Basis für das Verständnis und die Gestaltung der normativen Unternehmensführung ist jedoch eine eindeutige Definition erforderlich. Daher wird nachfolgend von folgenden Elementen und Verknüpfungen ausgegangen, die in Abb. 2.1.4 zusammengefasst werden.

- Der **Purpose** beschreibt die Daseinsberechtigung des Unternehmens. Es ist der Sinn der Existenz und benennt den Beitrag, den ein Unternehmen für seine Umwelt und das Gemeinwohl leisten will. Die Unternehmensphilosophie konkretisiert den Purpose und bestimmt die Maßstäbe für das Handeln der Unternehmensführung. Sie legitimiert das Unternehmen und schafft Sinn für jegliches Handeln. Die Unternehmensphilosophie soll Identifikation, Motivation und Engagement bei den Mitarbeitern auslösen. Damit ist sie der Ausgangspunkt der normativen Unternehmensführung und beeinflusst alle weiteren Elemente.
- **Unternehmenswerte** beschreiben die Denkhaltungen und den ethischen Anspruch des Unternehmens. Sie sind die Basis für das Handeln und geben Orientierung. An ihnen ist auch die **Unternehmenskultur** ausgerichtet. Sie ist die Gesamtheit historisch gewachsener sowie gemeinsam gelebter Normen und Denkhaltungen aller Führungskräfte und Mitarbeiter, die etwa in deren Verhalten, Kommunikation, Entscheidungen, Handlungen und Symbolen sichtbar werden (vgl. Kap. 2.2).
- In der **Vision** kommt die interne Anspruchshaltung des Unternehmens zum Ausdruck. Sie beschreibt das angestrebte Zukunftsbild des Unternehmens. Die **Mission** beschreibt den Unternehmenszweck, also das Leistungsspektrum der Organisation heute und in der Zukunft. Gemeinsam mit den Werten werden Vision und Mission auch als Leitbild zusammengefasst. Es wird nach außen und innen kommuniziert, um Orientierung zu geben, zu motivieren und die Identifikation der Mitarbeiter mit der Organisation zu ermöglichen. In der Unternehmenspolitik werden neben der internen Anspruchshaltung der Vision auch die Anforderungen von Anspruchsgruppen, wie z. B. Staat, Eigentümern oder Mitarbeitern, an das Unternehmen berücksichtigt. Vision und Mission werden in Kap. 2.3 vertieft.
- Der Rahmen für eine ordnungsgemäße und verantwortungsvolle Unternehmensführung wird als **Corporate Governance** bezeichnet. Die Unternehmensverfassung beinhaltet grundlegende Regelungen über die Organe eines Unternehmens sowie deren Rechte und Pflichten. Sie wird von der Eigentumsstruktur des Unternehmens geprägt. Die Corporate Governance bildet einen Ordnungsrahmen für das Verhalten der Führungskräfte und Mitarbeiter (vgl. Kap. 2.4).

Abb. 2.1.4: Zusammenhänge und Elemente der normativen Unternehmensführung

Zusammenfassung

- Die normative Unternehmensführung bestimmt die Identität und Legitimität als Daseinsberechtigung eines Unternehmens in einem sinnstiftenden Purpose. Sie legt die Vision und Mission, Werte, Kultur und Corporate Governance fest. Dadurch sichert sie die Lebens- und Entwicklungsfähigkeit des Unternehmens.
- Der Purpose bestimmt die Daseinsberechtigung für ein Unternehmen, die Sinn und Identität stiftet sowie den Beitrag benennt, den ein Unternehmen für die Umwelt und das Gemeinwohl leisten will und es legitimiert.
- Das Konzept des Golden Circle beinhaltet drei Fragen: „Why – Wofür ist es wichtig?" bestimmt den Purpose. Dann folgt das „How – Wie soll es erreicht werden?" und abschließend das „What – Was machen wir?".
- Das Big Five-Konzept stellt auf die Übereinstimmung zwischen dem persönlichen Purpose und dem Purpose des Unternehmens ab. Es fokussiert das Unternehmen darauf, was wirklich wichtig ist und den „Zweck der Existenz" ausmacht.
- Purpose und Passion unterscheiden sich. Passion ist selbstbezogen: „Was macht mir Spaß? Was gibt mir die Welt?", während Purpose das Gegenteil beschreibt: „Was gebe ich der Welt? Was kann ich zu ihr beitragen?".
- Die Elemente normativer Unternehmensführung sind neben dem Purpose die Vision, Mission, Unternehmenswerte und -kultur sowie die Corporate Governance.

Literaturempfehlungen

Collins, J. C./Hansen, M. T.: Great by choice, New York 2011.

Sichart, S./Preußig, J.: Agil führen, Freiburg 2019.

Sinek, S.: Start with why, New York 2009.

Strelecky, J. P.: The big five for life, 10. Aufl., München 2013.

2.2 Werte und Kultur

Leitfragen

- Was beinhaltet die Unternehmensphilosophie?
- Welche Rolle spielt die Unternehmensethik?
- Welchen Einfluss haben die Werte auf die Unternehmensführung?
- Was zeichnet eine nachhaltige Unternehmensführung aus?
- Was beinhaltet eine Unternehmenskultur und wie lässt sie sich beeinflussen?
- In welchem Zusammenhang stehen Unternehmenskultur und Unternehmensmission?

Unternehmen sind durch eine Vielzahl konkurrierender Werte und Interessen ihrer Stakeholder, insbesondere ihrer Mitarbeiter, charakterisiert. Eine zentrale Aufgabe der Unternehmensführung ist es, die Werte eines Unternehmens festzulegen und den Mitarbeitern nahezubringen. Diese Werte sind umso wichtiger, je weniger prognostizierbar die Entwicklung der Unternehmensumwelt ist (vgl. *Bleicher*, 2017, S. 101). Ihre Bedeutung wird darüber hinaus dadurch verstärkt, dass traditionelle Werte in unserer heutigen Gesellschaft zunehmend verloren gehen (vgl. *Müller*, 2004, S. 144 ff.). Die Suche nach Orientierung ist deshalb für die Legitimation des Handelns als rechtfertigende Norm von Bedeutung. Nimmt die Unternehmensführung diese Aufgabe nicht aktiv wahr, dann wird sie auf die vielfältigen Werte der Mitarbeiter und der Unternehmensumwelt nur noch reagieren können. Damit verliert sie ihre Handlungsautonomie und unterliegt der „normativen Kraft des Faktischen" (*Lay*, 1996, S. 178).

Die **Unternehmenswerte** umfassen neben den Werthaltungen auch den ethischen Anspruch des Unternehmens. Sie legitimieren das Unternehmen und bestimmen seine Normen als Maßstab des Handelns. Sie bilden den Ausgangspunkt der normativen Unternehmensführung und beeinflussen das gesamte Unternehmen. Als Verhaltensgrundsätze für die Mitarbeiter und die Unternehmensführung schaffen sie Klarheit, Integration und Sinn. Zusammengefasst bilden die Werte als **grundlegende Philosophie** das „Gewissen" eines Unternehmens (vgl. *Bleicher*, 2017, S. 104).

Der Purpose bestimmt die Daseinsberechtigung für ein Unternehmen, die Sinn und Identität stiftet sowie den Beitrag benennt, den ein Unternehmen leisten will und es legitimiert (vgl. Kap. 2.1.1). Die Werte sind stabil und charakterisieren das Fundament, auf dem eine Organisation gründet. Dauerhaft erfolgreiche Unternehmen haben Werte und einen Purpose, während sich ihre Strategien an die sich verändernde Welt anpassen (vgl. *Collins/Porras*, 1996).

Die **Unternehmensphilosophie** umfasst die grundlegende Daseinsberechtigung sowie die Einstellungen und Überzeugungen eines Unternehmens. Sie konkretisieren den Purpose und bilden die Werte, welche das Denken und Handeln aller Mitarbeiter beeinflussen (vgl. *Ulrich/Fluri*, 1995, S. 312).

Die Unternehmensphilosophie basiert auf den ethischen Überzeugungen sowie der Erziehung und Erfahrung der prägenden Personen eines Unternehmens. Sämtliche Mitarbeiter des Unternehmens sollen sich nach diesen Werten richten und ihr Handeln wird daran gemessen. Werden diese Werte durch die Unternehmensführung glaubhaft verkörpert und kommuniziert, so wirken sie integrierend und verdeutlichen den Sinn des Handelns. Sie drücken auch die Verantwortung eines Unternehmens gegenüber seinen Mitarbeitern und der Gesellschaft aus (vgl. *Ulrich/Fluri*, 1995, S. 314). Mit den Werten der Unternehmensphilosophie definiert die Unternehmensführung ihre Verantwortung für ihr Handeln und die Lösung von moralischen und gesellschaftlichen Konflikten. Aufgrund des Wandels gesellschaftlicher Werte kann die Unternehmensphilosophie nicht allgemeingültig und zeitlos sein.

Inhalt einer Unternehmensphilosophie sind die meist verdeckten, unreflektierten, hintergründigen und unausgesprochenen Werte einer Unternehmenskultur (vgl. *Schein*, 1984, S. 3 f.). Die Unternehmensphilosophie bringt nicht nur die gelebten Werte eines Unternehmens zum Ausdruck, sondern vielmehr die angestrebten bzw. gewünschten Einstellungen und Verhaltensweisen (vgl. *Bleicher*, 1994, S. 104). Damit hat sie den Charakter einer **angestrebten Norm**, die sämtlichen Handlungen des Unternehmens zugrunde liegen sollte.

2.2.1 Moral und Ethik

Zum besseren Verständnis der Unternehmenswerte werden zunächst einige Grundbegriffe erläutert. Das Wort **Philosophie** stammt von den beiden griechischen Wörtern „Philos" (Freund/Vertrauter) und „Sophia" (Weisheit) ab. Philosophie bedeutet demnach „mit der Weisheit befreundet" oder gemäß dem antiken griechischen Philosophen *Platon* „das Streben nach Weisheit" (vgl. *Ferber*, 2008, S. 12). Es wird zwischen theoretischer und praktischer Philosophie unterschieden. Während die theoretische Philosophie sich mit der Wahrheit bezüglich der Wirklichkeit („das, was ist") auseinandersetzt, wird in der praktischen Philosophie systematisch über die Welt, den Menschen und das Denken im Hinblick auf „das, was getan werden soll" nachgedacht (vgl. *Ferber*, 2008, S. 4).

Der Begriff **Ethik** hat seine etymologischen Wurzeln im griechischen Wort „Ethos". *Aristoteles* bezeichnete Ethik als eine bestimmte Art philosophischen Denkens (vgl. *Ferber*, 2008, S. 3). Die Übersetzung des Wortes ist mehrdeutig, so kann unter Ethik sowohl „Gewohnheit, Sitte, Brauch" bzw. „allgemein anerkannte Normen", als auch „Charakterhaltung" im Sinne von „Sinnesart oder Denkweise" verstanden werden. Die erste Interpretation wird auch als **Moral** bezeichnet. Der Begriff leitet sich aus dem lateinischen Wort „Mores" ab und umfasst eine Tugend oder Sitte, also Verhaltensweisen, die mit gelebten und überlieferten Gewohnheiten übereinstimmen (vgl. *Höffe*, 2014, S. 306). **Ethos** bildet die Summe aller Wertvorstellungen, Tugenden, Normen und Regeln, die der Stabilisierung einer Gesellschaft dienen.

Philosophische Ethik ist somit eine wissenschaftliche Reflektion über das Ethos, ein kritisches Hinterfragen und gegebenenfalls eine Revision von tradierten Normen und Wertvorstellungen (vgl. *Tokarski*, 2009, S. 47).

Abb. 2.2.1: Zusammenhang zwischen Moral, Ethos, Ethik (in Anlehnung an Dietzfelbinger, 2015, S. 65)

Die philosophische Ethik befasst sich im Wesentlichen mit folgenden **Fragen** (vgl. *Fenner*, 2008, S. 2; *Hepfer*, 2008, S. 9):

- **Wie soll ich bzw. wie sollen wir handeln?** Es geht dabei um die Art und Weise der Handlung und die daraus resultierenden Konsequenzen. Die Antwort auf diese Frage definiert die normativen Geltungen der „richtigen" praktischen Umsetzung. Die Aufgabe der Ethik liegt dabei in der Darstellung allgemeiner Bewertungsmaßstäbe zur Beurteilung der Realität. Es ergeben sich ethische Prinzipien wie bspw. der „kategorische Imperativ" (vgl. Abb. 2.2.3).
- **Warum ist diese Handlung richtig?** Die Ethik wird genutzt, um Handlungen zu rechtfertigen.

Zur Beantwortung dieser Fragen kann die philosophische Ethik in mehrere **Disziplinen** unterteilt werden (vgl. *Göbel*, 2017, S. 16; *Hepfer*, 2008, S. 15):

- **Deskriptive Ethik** beschreibt empirisch geltende Wertvorstellungen und Normen einer historisch-kulturellen Gemeinschaft.
- **Normative Ethik** beinhaltet Bewertungsmaßstäbe und beantwortet die Frage, wie der Einzelne handeln soll.
- **Metaethik** ist die Reflektion über die Methoden, mit denen moralische Forderungen begründet werden. Sie untersucht die Zulässigkeit von Begründungen und Argumentationen der Ethik. Zudem werden Bewertungen wie „gut", „schlecht" oder „richtig" und Festlegungen wie „sollen" oder „Pflichten" definiert.

Ebene	Gegenstandsbereich	Methodik
Deskriptive Ethik	Was wird für das Gute gehalten?	Empirisch, beschreibend
Normative Ethik	Was ist das Gute?	Analytisch
Metaethik	Sind Aussagen über das Gute wahrheitsfähig?	Bewertend

Abb. 2.2.2: Bereiche der Ethik (vgl. Göbel, 2017, S. 17)

Die normative Ethik mit ihren allgemeinen Wertmaßstäben bewirkt die Legitimation von Handlungen im Sinne einer angewandten Ethik. Dabei sind die **Ethikansätze** auch im Kontext des Wandels der Gesellschaft zu sehen (vgl. *Düwell*, 2011, S. 3 ff.; *Jonas*, 2003, S. 7 ff.):

- **Antike Ethik:** Normativ-ethische Fragestellungen wurden bereits in der Antike diskutiert, um das Leben in der Gemeinschaft bestmöglich zu gestalten. Die prominentesten Philosophen sind dabei *Sokrates* (469 bis 399 v. Chr.) und sein Schüler *Platon* (427 bis 347 v. Chr.) sowie *Aristoteles* (384 bis 322 v. Chr.), die sich vor allem mit Fragen der Vernunft beschäftigten. Die Befähigung zu gutem und damit tugendhaftem Handeln wird demnach nicht durch eine Lehre vermittelt, sondern ist nur durch Selbsterkenntnis zu erlangen. Sinn und Zweck des menschlichen Strebens liegen im Erreichen des Glücks durch tugendhaftes Handeln. *Platon* erweiterte dies durch die vier Kardinaltugenden, welche die Idee des Guten beschreiben. Dies sind Weisheit, Tapferkeit, Mäßigung und Gerechtigkeit. Als Begründer der Ethik als eigenständige wissenschaftliche Disziplin gilt *Aristoteles*. Für ihn steht nicht das theoretische Wissen um die Tugend im Vordergrund, sondern die Erziehung zu Charaktertugenden. Er unterscheidet in dieser Hinsicht zwei Tugendarten: Intellektuelle Tugenden lassen sich mit der Vernunft erkennen bzw. aus der Erkenntnis ableiten. Ethische Tugenden können hingegen nur durch Gewöhnung an tugendhaftes Handeln im Sinne einer leitenden inneren Handlungsmotivation erlangt werden. Dieser Ansatz gilt als wesentliche Grundlage moderner Wirtschaftsethik.

- **Mittelalterlich-christliche Ethik** ist durch religiöse Aspekte geprägt. Nach *Aurelius Augustinus* (354 bis 430 n. Chr.) findet das menschliche Streben seine Erfüllung in Gott. Somit wird die philosophische Ethik auf ein theologisches Fundament gestellt. Aufgrund des Sündenfalls Adams erkennt *Augustinus* dem Menschen vernünftiges und begründbares Handeln ab. Diese Annahme des Irrationalismus verhinderte die Weiterentwicklung der Ethik als wissenschaftliche Disziplin. Erst *Thomas von Aquin* (1225 bis 1274) entwickelte in Anlehnung an *Aristoteles* erneut ein eigenständiges ethisches System. Er hält den Menschen für fähig, Wahres und Gutes zu erkennen. Die natürliche Vernunft des Menschen ist allerdings beschränkt und vermag den göttlichen Ursprung nicht zu verstehen. Die übernatürliche Wahrheit lässt sich danach nur durch Offenbarung durchdringen. *Thomas von Aquin* ergänzt die von *Platon* geprägten Kardinaltugenden durch die theologischen Tugenden Glaube, Hoffnung und Liebe. Nur durch diese sieht er eine Möglichkeit zur Vollendung des menschlichen Lebens.

- **Neuzeitliche Ethik** richtet sich an der Leitfrage aus, was ein Individuum tun soll. Prägend ist dabei die Pflichtethik von *Immanuel Kant* (1724 bis 1804). Es geht um die Verallgemeinerung ethischer Grundsätze, die für alle Menschen verbindlich sein sollen (formale bzw. materielle Ethik). Diese rechtfertigt *Kant* mit der Vernunft. Sie ist argumentativer Kritik zugänglich und stützt sich nicht auf zufällige Gegebenheiten. Als Kriterium für die Beurteilung der Grundsätze dient der kategorische bzw. unbedingte Imperativ. Dieser kann in verschiedenen

Grundformel	Naturgesetzformel	Selbstzweckformel
„Handle nur nach derjenigen Maxime, durch die du zugleich wollen kannst, dass sie ein allgemeines Gesetz werde.“	„Handle so, als ob die Maxime deiner Handlung zum allgemeinen Naturgesetz werden sollte.“	„Handle so, dass du die Menschheit, sowohl in deiner Person, als in der Person eines jeden anderen, jederzeit zugleich als Zweck, niemals bloß als Mittel brauchest“

Abb. 2.2.3: Formeln des kategorischen Imperativs (vgl. Kant, 2008, S. 51)

Formeln ausgedrückt werden, wie Abb. 2.2.3 zeigt. Umgangssprachlich wird hierfür auch das Sprichwort „Was du nicht willst, das man dir tu', das füg' auch keinem andern zu" verwendet.

Neben der Pflichtenethik wurde in dieser Epoche auch der Utilitarismus (lat. utilitas = Nützlichkeit, Nutzen) von *Jeremy Benthams* (1748 bis 1832) und *John Stuart Mills* (1806 bis 1873) geprägt. Zentrales Bewertungskriterium einer Handlung ist dabei deren Nützlichkeit. Moralische Richtigkeit zeichnet sich durch die „Nützlichkeit zur Zunahme an Glück" aus. Daraus leiten sich das Nutzenkalkül und der Rationalitätsanspruch der Ökonomie ab.

- **Ethik des 20. Jahrhunderts:** In der modernen Zeit stand zunächst die Frage der Lebensführung bzw. „was moralisch gut ist" im Vordergrund. Die **materiale Wertethik** nach *Max Schelers* (1874 bis 1928) befasst sich mit sittlichen Werten. Dominierend sind dabei ein inneres Wertgefühl und eine daraus resultierende Weltanschauung. Diese ist nicht an eine Pflicht wie bei *Kant* geknüpft, sondern an ein aus dem Menschen selbst stammendes Bedürfnis. Ethische Werte lassen sich dadurch als objektiver Maßstab und Orientierungspunkt moralischen Handelns auffassen.

- Als Gegenpol stellt *Hans Jonas* (1903 bis 1993) die Gültigkeit der materialen Wertethik in Frage. Angesichts des technologischen Fortschritts hat der Mensch immer mehr Möglichkeiten, die Natur zu verändern. Die Ethik darf sich deshalb nicht nur auf das Zwischenmenschliche beschränken, sondern muss auch den Umgang mit der Natur berücksichtigen. Seine **Verantwortungsethik** bezieht den Aspekt kollektiver Praxis und die Reichweite irreversibler Handlungen auf die Zukunft mit ein. *Jonas* definiert ebenfalls einen Imperativ: „Handle so, dass die Wirkungen deiner Handlungen nicht zerstörerisch sind für die künftigen Möglichkeiten solchen Lebens" (*Jonas*, 2003, S. 36).

- Einer der aktuellsten Ethikansätze ist die **Diskursethik** von *Jürgen Habermas* (geb. 1929). Sie knüpft ebenfalls an *Kant* an und stellt keine allgemein gültigen Normen auf. Ethisches Handeln ist demnach abhängig vom Kontext und der Situation (vgl. *Habermas,* 1992). Beispielsweise kann eine Fehlerfreiheit von 90 Prozent in einem Handelsbetrieb ethisch unproblematisch sein, während dies für einen medizinischen Eingriff nicht akzeptabel wäre. Unvoreingenommenheit, Zwanglosigkeit oder Sachverständigkeit sind etwa Kriterien, um einen Ausgleich zwischen unterschiedlichen Zielvorstellungen zu erreichen. Es werden also keine Handlungsregeln aufgestellt, sondern eine Auseinandersetzung mit Moral gefordert. Es wird nicht beurteilt, was gut oder schlecht ist, sondern sowohl eigene Ansprüche eines Unternehmens begründet als auch die Argumente anderer Stakeholder angehört.

Moderne Ethik vertritt die Vorstellung, dass ethische Prinzipien durch einen **Diskurs** zu entwickeln sind. Der Diskurs ist gleichsam ein Prüfungsverfahren von Normen und deren Geltungsfähigkeit. Damit sind nur diejenigen Normen verbindlich, welche die Zustimmung der Betroffenen finden (vgl. *Habermas*, 1992, S. 12). Auf diese Weise bilden sich **Werte**.

> **Werte** sind Vorstellungen, Ideen, Normen oder Verhaltensweisen, die in einer Gemeinschaft als wünschenswert anerkannt sind und deren Mitgliedern als Orientierung dienen (vgl. *Düwell*, 2011, S. 548).

Werte werden von der vorherrschenden Kultur bestimmt. Die Objektivierung erfolgt durch Verallgemeinerung und ist unabhängig von der Anerkennung durch einzelne Subjekte. Da die immer komplexer werdende Gesellschaft stets mit neuen Problemen und Fragestellungen konfrontiert wird, sind unterschiedliche ethische Diskurse und damit eine **Spezialisierung der Ethik** erforderlich. Es haben sich angewandte Ethiken für verschiedene Lebensbereiche entwickelt, wie etwa in der Medizin, Ökologie oder Wirtschaft. Die Aufgabe der Wirtschaftsethik liegt in der Auseinandersetzung mit der Frage, wie moralische Normen und Ideale sich in einer Wirtschaft durchsetzen können.

Wären die folgenden **theoretischen Bedingungen** erfüllt, dann wäre ethisches Verhalten im Markt überflüssig (vgl. *Pieper/Thurnherr*, 1998, S. 204):

- Nach dem Prinzip der unsichtbaren Hand wird ein volkswirtschaftliches Optimum dadurch geschaffen, dass alle Akteure ihre Selbstinteressen verfolgen.
- Märkte sind mit so vielen Anbietern und Nachfragern besetzt, dass vollständige Konkurrenz herrscht.
- Es gibt keine Transaktionskosten.

Da diese Idealbedingungen nur in der Theorie vorkommen, erfordert die Praxis eine Ethik des Wirtschaftens. Diese **Wirtschaftsethik** reflektiert das ökonomische Denken und Handeln (vgl. *Düwell*, 2011, S. 303). Sie untersucht die Beziehung zwischen ökonomischen Grundlagen, gesellschaftlichen Werten, Sitten und Normen sowie die innerhalb eines Unternehmens bestehende Moral. Daher kann sie in die folgenden **Bereiche** unterteilt werden (vgl. *Albach*, 2005, S. 16; *Göbel*, 2010, S. 88):

- **Ordnungsethik** umfasst die Handlungsebene innerstaatlicher und überstaatlicher Organisationen. Sie bewertet die wirtschaftlichen Rahmenbedingungen und Institutionen und gestaltet diese mithilfe der Ordnungspolitik. Wettbewerbspolitik zielt etwa auf eine Öffnung von Märkten oder effizienten Wettbewerb. Derartige Rahmenordnungen gesellschaftsdienlicher Marktwirtschaft werden in Form von Regeln bzw. Institutionen durch die Politik festgelegt.
- **Unternehmensethik** befasst sich mit den Unternehmen in einem ordnungsethischen Kontext. Unternehmen sind demnach einerseits moralische Akteure, andererseits werden sie aber auch durch die ordnungspolitische Rahmenordnung mitbestimmt.
- **Individualethik** bezieht sich auf die Handlungen einzelner Personen. Dabei geht es um die Verantwortung als Konsument, Produzent, Mitarbeiter oder Investor gegenüber sich selbst und der eigenen Umwelt. Der einzelne Akteur verfolgt dabei nicht nur einen unmittelbaren Nutzen zur Zielerreichung, sondern berücksichtigt auch soziale und moralische Regeln.

> Die **Unternehmensethik** befasst sich als Teil der Unternehmensphilosophie mit den moralischen Maßstäben eines Unternehmens. Sie legitimieren dessen Handeln und beschreiben die moralische und gesellschaftliche Verantwortung des Unternehmens.

Ethisches Wirtschaften steht in der Marktwirtschaft im **Spannungsfeld zwischen Moral und Ökonomie**. Das ethisch legitime Streben nach Gewinn kann negative Auswirkungen für bestimmte Gruppen nach sich ziehen. Diesen Grundkonflikt gilt es, durch eine entsprechende **Unternehmensethik** zu lösen. Sie liefert einen Beitrag zur Legitimation des Unternehmens in dessen unternehmerischen Freiheit und Verantwortung innerhalb einer Wirtschaftsordnung (vgl. *Steinmann/Löhr*, 1994, S. V f.). Die Unternehmensethik erweitert somit die betriebswirtschaftliche Rationalität um ethische Belange. Dabei wird die ausschließliche Ausrichtung an ökonomischen Zielen kritisiert und das Stiften von Sinn und Legitimität gefordert. Unternehmen sind als juristische Personen Träger von Rechten und Pflichten und besitzen damit Moralfähigkeit. Ihre Moral folgt aus selbst auferlegten Normen und Werten. Die Unternehmensethik reflektiert diese Werte hinsichtlich der Frage, was ökonomisch relevant und moralisch legitim ist (vgl. *Leisinger*, 1997, S. 18).

Die Unternehmensethik enthält die ethischen, moralischen und sozialen Einstellungen und Werte eines Unternehmens (vgl. *Ulrich*, 1990, S. 12). Kurzfristig gesehen sind Moralverstöße zu Gunsten des Unternehmenserfolgs zwar verlockend, aber auf lange Sicht kommt kein Unternehmen ohne Moral und Werte aus. Unternehmen werden von ihren Stakeholdern an moralischen Maßstäben gemessen. Daher ist ein Verhalten innerhalb bestimmter Normen und Werte unumgänglich, um langfristig erfolgreich zu sein. Ethisch zweifelhaft ist nicht das Streben nach Gewinn, sondern mit welchen Mitteln dies geschieht (vgl. *Steinmann/Löhr*, 1994, S. 112). Ein Ausweg aus dem Dilemma zwischen Gewinnstreben und Moral ist die Berücksichtigung der Mitverantwortung des Unternehmens für das Gemeinwohl (**Corporate Citizenship**).

Im Sinne der Diskursethik können Unternehmen nach ihrem ethischen Verhalten in folgende **Gruppen** eingeteilt werden (vgl. *Bruton*, 2011, S. 50 f.):

- **Unmoralische Unternehmen** orientieren sich ausschließlich an ihren eigenen Interessen und handeln bewusst unethisch. Dabei werden etwa Gesetze und Vorschriften verletzt. Beispiele hierfür sind die Bilanzfälschungen beim deutschen Finanzdienstleister *Wirecard* oder der Abgasskandal bei *Volkswagen*.
- **Legalistische Unternehmen** engagieren sich nicht für ethisches Verhalten, sondern führen ausschließlich die gesetzlich vorgeschriebenen Verhaltensweisen und das unabdingbar Notwendige aus. Dabei steht der reine Gesetzestext und nicht dessen Sinn im Vordergrund.
- **Ethisch reaktive Unternehmen** streben nach einem Ausgleich zwischen ökonomischen Zielen und moralischem Handeln. Ihr Verhalten geht somit über die gesetzlichen Forderungen hinaus. Dies geschieht allerdings eher aus

Opportunismus oder aufgrund äußeren Drucks als aus eigener Überzeugung.

- **Ethisch engagierte Unternehmen** sind davon überzeugt, dass ethisches Handeln auch in ihrem eigenen Interesse ist. Diese Art von Unternehmen bemüht sich um die Beachtung moralischer Werte und stellt etwa Verhaltenskodizes auf, um deren Einhaltung sicherzustellen.
- **Ethische Unternehmen** sind durch moralische Werthaltungen geprägt, die von den Mitarbeitern geteilt werden und in die Unternehmenskultur eingebettet sind. Ethisches Verhalten bildet damit die Basis des Wertesystems und der Unternehmenskultur.

Ethisch engagierte und ethische Unternehmen orientieren sich in ihrer Unternehmensphilosophie etwa an folgenden **Empfehlungen:**

- *Küng* (1987, S. 7 ff.) definiert **fünf praktikable Stichworte** ethischen Führungsverhaltens: Menschlichkeit, Brüderlichkeit, Wahrhaftigkeit, Zukunftsorientiertheit und Sinnhaftigkeit.
- *Enderle* (1988, S. 132 ff.) stellt eine **Goldene Regel** auf: „Behandle den anderen, wie du selbst von ihm behandelt werden willst." Deshalb rät er, sich in die Rolle des Betroffenen zu versetzen und Entscheidungen unter dessen Blickwinkel zu treffen.
- **Grundsätze ethischer Unternehmensführung** nach *Lay* (1996, S. 134 ff.) definieren das höchste ethische Gut: „Handle stets so, dass du in deinem und durch dein Handeln eigenes und fremdes personales Leben eher mehrst denn minderst". Mit „personalem Leben" ist dabei die Würde einer Person gemeint, die erhalten und entfaltet werden soll. Dazu hat die Unternehmensführung zwischen den Interessen von Kapital und Arbeit sowie zwischen denen des Unternehmens und seiner Umwelt zu vermitteln. Ethik bezieht sich demzufolge auf einen Ausgleich zwischen sachlichen und personellen Anforderungen. Gute Führungskräfte sind in der Lage, beide Ziele zu verfolgen, statt diese in Konkurrenz zueinander zu sehen. Beispielsweise trägt die Erfüllung eines zusätzlichen Auftrags sachlich gesehen zur Kundenzufriedenheit und Umsatzsteigerung bei. Die ethische Beurteilung dieses Vorgangs hängt jedoch neben der Sachebene auch davon ab, ob dies für die handelnden Personen, wie etwa die Mitarbeiter, zumutbar ist. Die Erfüllung eines Auftrags, bei der „über Leichen gegangen wird", ist somit unethisch.
- *Dyllick* (1992, S. 225 f.) legt zwei **Kriterien für ethisch angemessenes Verhalten** fest: Danach ist eine Entscheidung moralisch angemessen, wenn sie gegenüber einem großen Kreis von Menschen vertreten werden kann und diese möglichst viele Bedürfnisse und Interessen der Betroffenen berücksichtigt.

Diese Empfehlungen und alle ethischen Erwägungen und Entscheidungen sind immer **kontextgebunden.** Dies verdeutlicht folgendes Beispiel: Für eine Produktionsfirma ist eine Fehlerfreiheit bei der rechtzeitigen Auslieferung der Ware von 98 Prozent ein recht guter Wert. Für den Bereich der Flugsicherung würde eine solche Fehlerfreiheit schnell zu einer Katastrophe führen. Je nach Kontext ist also genau zu unterscheiden, worum es sich handelt. Verwirrend daran ist nur: Was im einen Falle (etwa der Auslieferung) gut und richtig ist, kann im anderen Falle (etwa der Flugsicherung) Ausdruck von Schlamperei, unsachgemäßer Arbeit und ethischem Versagen sein.

Wesentliche **Kriterien ethischer Unternehmensführung** sind (vgl. *Hemel*, 2007, S. 12 ff.):

- **Professionalität** umfasst die sachrichtige, optimale Erbringung einer Leistung für die Kunden. Ein Unternehmen, das keine Wertschöpfung erbringt, handelt nicht ethisch, weil es dem eigenen, unternehmerischen Auftrag nicht gerecht wird. Professionalität als erstes Kriterium ethischer Unternehmensführung ist ethisch notwendig, aber nicht hinreichend. Es bedarf zudem der Glaubwürdigkeit, um den Unterschied zwischen der bestmöglichen wirtschaftlichen und der bestmöglichen ethischen Unternehmensführung zu begründen.
- **Glaubwürdigkeit** beschreibt das Ausmaß der Übereinstimmung zwischen Ankündigung und Handlung, also zwischen dem, was gesagt, und dem, was getan wird. Sie entsteht in der Wahrnehmung einzelner Personen. Glaubwürdigkeit wird zu einem kollektiven Phänomen, wenn die Beurteilung der Handlungsweise einer Unternehmensführung zu einer einhelligen Meinung führt. Möglich ist aber auch eine Divergenz der Meinungen nach dem Motto: „Die einen meinen dies, die anderen das". Wenn die Informationsbasis jedoch hinreichend breit ist, herrscht häufig eine hohe Übereinstimmung bezüglich der Glaubwürdigkeit einer Führungskraft oder der Unternehmensspitze. Bei professionellen Fragen kann es zu sehr unterschiedlichen Auffassungen kommen. Ethisch geboten ist daher nicht die eine Wahrheit, sondern die Kombination von ausreichender Sachkenntnis und hinreichender Beschäftigung mit einer Materie. Sind diese Voraussetzungen gegeben, dann kommt es auf die Glaubwürdigkeit, Authentizität und Integrität der handelnden Personen an.
- **Konfliktlösung:** Da weder die Interessen noch die ethischen Maßstäbe der Beteiligten stets übereinstimmen,

dient der Umgang mit Konflikten als ein weiteres Kriterium. Können Kontroversen ohne Beschädigung von Personen ausgetragen werden? Liegen alle relevanten Fakten auf dem Tisch oder gibt es „Tabuzonen der Entscheidungsfindung"? Eine Konfliktlösung setzt eine klare Situationsanalyse voraus: Wer will was, warum und zu welchem Zweck? Anschließend sind die eigenen Handlungsmöglichkeiten kritisch und selbstkritisch zu bewerten. Diese Bewertung mündet in einer Güterabwägung darüber, ob sich der Konflikt überhaupt lohnt und ob die für sinnvoll erachtete Klärung realistisch ist. In der Unternehmenspraxis wird dies häufig mit einem einfachen Slogan ausgedrückt: „Love it, change it or leave it". Wenn eine Thematik unterhalb der Eskalationsschwelle bleibt, bricht somit kein offener Konflikt aus. Führt ein offener Konflikt zu „Kollateralschäden", die der Einzelne nicht in Kauf nehmen will, dann wird er sich hüten, einen Konflikt anzusprechen. Handelt es sich dabei aber um kollektive, etwa durch Angst vor Arbeitsplatzverlust motivierte Handlungen, dann schadet eine solche, individuell sinnvolle Konfliktvermeidung letztlich dem betroffenen Unternehmen.

In Kap. 2.5.2 wird die ethische Unternehmensführung anhand eines fiktiven Unternehmens in der Situation nach einem Eigentümerwechsel dargestellt. Daran werden die wesentlichen Elemente ethischer Unternehmensführung veranschaulicht, nämlich die Ethik der Professionalität, Glaubwürdigkeit und des Konflikts.

2.2.2 Unternehmenswerte

Unternehmen haben vielfältige Austauschbeziehungen mit unterschiedlichen Stakeholdern. Die Fähigkeit zur Kooperation ist daher eine grundlegende Basis wirtschaftlichen Handelns. Kooperationen basieren auf Vereinbarungen und Vertrauen. Je größer das Vertrauen ist, umso einfacher gestalten sich Vereinbarungen mit Partnern. Vertrauen basiert wiederum auf akzeptierten und durchsetzbaren Normen und Werten. Besonders global agierende Unternehmen stehen dabei vor der Herausforderung, sich kulturübergreifenden Werten zu verpflichten.

Die Wirkung **gemeinsamer Werte** lässt sich am Beispiel des Fußballs veranschaulichen. Haben die beteiligten Mannschaften unterschiedliche Vorstellungen von Fairplay und Gerechtigkeit und gibt es keine darauf beruhenden Spielregeln sowie Organe zu deren Durchsetzung, dann ist kein „schöner" Fußball zu erwarten. Ohne Spielregeln, Schiedsrichter, Qualifikationsregeln etc. würde vermutlich kein Fußballturnier zustande kommen oder es müsste schon während der Vorrunde abgebrochen werden. Solange sich die Turnierteilnehmer auf einen Wertekonsens verständigen, sind die Orientierungen für den Wettbewerb gegeben. Dies beantwortet die Frage, warum sich auch Unternehmen mit Moral und Ethik beschäftigen müssen. Die Finanzkrise 2008 war beispielsweise auch eine Vertrauenskrise, was die Notwendigkeit vertrauensbildender Werte als Grundlage wirtschaftlichen Handelns verdeutlicht. Da Unternehmen in einer globalen Wirtschaft eine wesentliche Rolle spielen, ist ein Grundverständnis auf gemeinsame Werte sowohl zwischen den Unternehmen als auch innerhalb der Unternehmen erforderlich.

Vertrauen ist die Basis eines gesellschaftlichen und wirtschaftlichen *Miteinanders* (vgl. *Bilgri*, 2009, S. 155 f.). Ein Vertrauensverhältnis beinhaltet ein inhärentes Risiko. Zu Beginn jeder Kooperation (vgl. Kap. 5.5), egal ob wirtschaftlicher oder sozialer Art, ist immer ein Vertrauensvorschuss erforderlich. Der Vertrauende erwartet wohlwollendes und kompetentes Handeln von demjenigen, dem das Vertrauen entgegengebracht wird. Dabei setzt sich der Vertrauende über bestehende Informationsasymmetrien zwischen den Beteiligten hinweg (vgl. *Kühlmann*, 2008, S. 56 f.). Vertrauen stabilisiert damit unsichere Erwartungen und dient der Risikogestaltung. Die Frage, warum Vertrauen trotz des inhärenten Risikos geschenkt wird, liegt in der dadurch geschaffenen Vereinfachung. Es reduziert Komplexität, da auf Informations-, Absicherungs- und Kontrollmechanismen verzichtet wird. Dies beschleunigt die Zusammenarbeit und senkt darüber hinaus die Transaktionskosten (vgl. *Luhmann*, 2014, S. 27 ff.).

Vertrauen wird somit zu einem **ökonomischen Erfolgsfaktor**, dessen Bedeutung erst richtig deutlich wird, wenn es verloren geht. Der Wirtschaftsnobelpreisträger *Arrow* bezeichnet Vertrauen auch als „Schmiermittel im Getriebe der Ökonomie" (*Kenning*, 2010). Im Zeitalter der Globalisierung, die mit zunehmender Transparenz, Komplexität und Vernetzung verbunden ist, gewinnt das Vertrauen im Wirtschaftsleben an Bedeutung. Vertragliche Abmachungen, die geeignet sind, Vertrauen zu ersetzen, verlieren auf internationaler Ebene an Effizienz. Dies liegt u. a. an unterschiedlichen Rechtsordnungen und der daraus resultierenden Schwierigkeit, vertragliche Ansprüche durchzusetzen. Hinzu kommen räumliche Distanzen, Kulturunterschiede und steigende Dynamik in den Unternehmensumwelten. Eine Gesellschaft oder Wirtschaft ohne Vertrauen müsste viele Ressourcen in Kontrollmechanismen investieren. Vertrauen ist damit die Voraussetzung für Kontinuität und Krisenresistenz im Wirtschafts- und Arbeitsleben und basiert auf den ethischen Werten der Wirtschaftsakteure (vgl. *Bilgri*, 2009, S. 156).

Werteorientierte Unternehmensführung

Die Frage, welche Werte einen Grundkonsens für Unternehmen und einen Maßstab für verantwortungsvolles Handeln darstellen, orientiert sich meist am Begriff des **„ehrbaren Kaufmanns“**, den *Thomas Mann* in seinem Roman *„Die Buddenbrooks“* (1901) lobt. Als oberste Maxime gibt der Protagonist *Johann Buddenbrook* seinen Nachfolgern mit auf den Weg: „Mein Sohn, sey mit Lust bey den Geschäften am Tage, aber mache nur solche, daß wir bey Nacht ruhig schlafen können!“ (*Mann*, 1901, S. 190). Diese Vorstellung verantwortungsbewussten Handelns prägte das Bild des ehrbaren Kaufmanns, der standfest, umsichtig, asketisch und ein gut kalkulierender wie auch berechenbarer Geschäftspartner mit Sinn für das Gemeinwesen ist. Obwohl die *Buddenbrooks* mit ihrem Unternehmen der damals neuen Welt nicht gewachsen waren, so gibt es eine Renaissance des ehrbaren Kaufmanns im Sinne einer verantwortlichen Unternehmensführung.

Diese Grundsätze reichen dabei bis ins Mittelalter zurück. Die Mitglieder der 1517 gegründeten *Versammlung Eines Ehrbaren Kaufmanns zu Hamburg* verpflichten sich bis heute auf gemeinsame Werte wie Beständigkeit, Weltoffenheit und Verlässlichkeit. Das damals entwickelte Leitbild des ehrbaren Kaufmanns hat über die Jahrhunderte nicht an Aktualität verloren. So bestimmt § 1 (1) des Gesetzes der Industrie- und Handelskammern, dass diese auf die Wahrung von Anstand und Sitte des ehrbaren Kaufmanns hinwirken sollen. So formuliert etwa die *IHK Nürnberg für Mittelfranken* Leitsätze als Orientierungsrahmen für ehrbares Verhalten, an denen sich die Mitgliedsunternehmen orientieren sollen und sich dafür auszeichnen lassen können. Dabei verpflichtet sich der ehrbare Kaufmann als Person zur Einhaltung bestimmter Werte. Solche gelten darüber hinaus auch für das ehrbare Handeln des Unternehmens, wie z. B. die Ausrichtung auf langfristiges und unternehmerisch-nachhaltiges Handeln. Das Leitbild des ehrbaren Kaufmanns ist damit eine Verpflichtung auf allgemein anerkannte ethische Grundsätze. Im deutschen Grundgesetz wird Unternehmertum und Verantwortung in § 14 (2) wie folgt ausgedrückt: „Eigentum verpflichtet. Sein Gebrauch soll zugleich dem Wohle der Allgemeinheit dienen.“

Dem Bild des ehrbaren Unternehmens entsprechen am stärksten die Familienunternehmen mit Tradition, dem prägenden Unternehmenstypus in Deutschland (vgl. *Dillerup/Weingart*, 2021, S. 17). Dabei gibt es bei der Führung von Familienunternehmen eine große Spannbreite, die von der Aktiengesellschaft mit Fremdmanagement bis hin zu geschäftsführenden Familienmitgliedern als Gesellschafter reicht (vgl. Kap. 1.1). Ihnen allen ist gemein, dass Privatunternehmer bzw. Familien den wesentlichen Einfluss ausüben und damit den Unternehmen ihre Werte und ihre langfristige Orientierung mitgeben. Diese Familienunternehmen tragen deshalb gesellschaftliche Verantwortung, insbesondere gegenüber ihren Mitarbeitern und ihrem regionalen Umfeld. Sie beschäftigen fast 60 % der Arbeitnehmer in Deutschland und sind den Mitarbeitern stark verbunden, die als Teil des Familienunternehmens gesehen werden. Dabei engagieren sich rund 80 % der Familienunternehmen für gute Zwecke, bevorzugt in der eigenen Region, etwa bei Vereinen, sozialen und kulturellen Einrichtungen oder im Umweltschutz. Fast die Hälfte der 500 größten Familienunternehmen in Deutschland unterhalten eigene Stiftungen, die meistens gemeinnützigen Zwecken dienen. Durch derartiges Engagement investieren die Unternehmen in die Gesellschaft und die Region. Aber was sind die Beweggründe für Familienunternehmen, gesellschaftliche Verantwortung zu übernehmen? Ein Grund ist sicherlich die Tradition, verantwortlich miteinander umzugehen. Im Gegensatz zu anderen Unternehmenstypen denken Familienunternehmen meist langfristig, d. h. in mehreren Generationen. Dabei spielen die Gemeinnützigkeit und die Motivation, sich zu engagieren und Gutes zu tun, eine große Rolle. Fakt ist aber auch, dass besonders die Stiftungsmodelle für die Unternehmen Steuerersparnisse ermöglichen. Zudem fließen die Steuern durch die Stiftungsmodelle nicht anonym an den Staat zurück, sondern können gezielt nach den Vorstellungen der Unternehmer in die Gesellschaft, vorzugsweise in die Region, eingebracht werden.

Familienunternehmen zeigen ganz besonders in der Krise Verantwortung. Oft wird in diesem Zusammenhang auch das Wort „Krisenresilienz“ benutzt. Beispielsweise halten Familienunternehmen auch in wirtschaftlich schwierigen Zeiten an ihren Mitarbeitern fest. Da Familienunternehmen meist über ein hohes Eigenkapital verfügen, können sie krisenbedingte Verluste oft besser ausgleichen. Nicht nur die Corona-Krise 2020/21, sondern bereits die Finanzkrise 2008 hat gezeigt, dass Familienunternehmen eine stabilisierende Rolle in der deutschen Volkswirtschaft übernehmen.

Angesichts jüngster Wirtschaftsskandale scheint die gesellschaftliche Verantwortung der Unternehmen für viele nur noch ein Märchen zu sein. Der ehrbare Kaufmann ist eine Metapher, bei deren Übertragbarkeit ins 21. Jahrhundert Vorsicht geboten ist (vgl. *Beschorner/Hajduk*, 2011, S. 6 ff.). Ehre bedeutet heute vielmehr eine gute Reputation als verlässlicher Geschäftspartner oder auch als glaubwürdige Marke. Die Individualethik des ehrbaren Kaufmanns ist durch eine Institutionenethik zu ergänzen. So bedarf es des Pluralismus sowohl an individuellen Werten und Haltungen als auch eines internationalen und kulturübergreifenden Dialogs der Unternehmen mit ihren Anspruchsgruppen, sogenannte Multi-Stakeholder-Dialoge (vgl. Kap. 2.3.2). Schließlich sind Unternehmen ja auch gerade in Krisenzeiten als gefeierte kreative Zerstörer aktiv, um gestärkt aus solchen Zeiten des Umbruchs hervorzugehen. Dies steht durchaus im Konflikt zum ehrbaren, solide und zuverlässigen Kaufmann. Familienunternehmen verstehen sich heute sozusagen als ehrbare Kaufleute 2.0. Sie übernehmen gesellschaftliche Verantwortung nicht nur aus innerer Überzeugung, sondern auch weil es für das Unternehmen sowohl in Krisen als auch wirtschaftlich guten Zeiten vorteilhaft ist.

Die Frage, welche Werte einen Grundkonsens an unverrückbaren Maßstäben und persönlichen Grundhaltungen darstellen, versucht das **„Projekt Weltethos“** zu beantworten (vgl. *Küng/Kuschel*, 1993). Es geht zurück auf den Schweizer Theologen *Hans Küng* (1928 bis 2021), der davon überzeugt war, dass es ohne Frieden zwischen den Religionen keinen Frieden zwischen den Nationen geben kann. Er entwickelte ein Ethos der Menschheit, auf das sich die Vertreter aller Religionen im Jahr 1993 verständigten. Das Parlament der Weltreligionen verabschiedete 1993 in Chicago die Erklärung zum Weltethos, die vier unverrückbare **Weisungen** bzw. Verpflichtungen beinhaltet:

- Gewaltlosigkeit und Ehrfurcht vor allem Leben.
- Solidarität und eine gerechte Wirtschaftsordnung.
- Toleranz und ein Leben in Wahrhaftigkeit.
- Gleichberechtigung und Partnerschaft.

Diese Weisungen stellen trotz aller Unterschiede bezüglich menschlichen Verhaltens, sittlichen Werten und moralischen Grundüberzeugungen die Gemeinsamkeiten aller Weltreligionen dar. Darauf aufbauend wurde mit dem ***United Nations Global Compact*** ein globaler Dialog gestartet, um einen Rahmen für ein vertrauensvolles globales Wirtschaftshandeln und ein Weltwirtschaftsethos zu schaffen. Dabei sollten alle Stakeholder einbezogen werden, das heißt Investoren, Kreditoren, Mitarbeiter, Lieferanten, Konsumenten und Gewerkschaften.

Globales Wirtschaftsethos

Am 6. Oktober 2009 wurde im UN-Hauptquartier in New York im Rahmen des *United Nations Global Compact* das Manifest „Globales Wirtschaftsethos – Konsequenzen für die Weltwirtschaft“ unterzeichnet (www.weltethos.org). Darin verpflichten sich die Unterzeichner auf international akzeptierte Verhaltensnormen des Wirtschaftslebens auf der Basis der von den Vereinten Nationen (UN) im Jahre 1948 proklamierten Menschenrechten. Erstunterzeichner des Manifests waren u. a. Repräsentanten der französischen Zentralbank, des UN Global Compact, des Ökumenischen Rats der Kirchen, der Stiftung Weltethos sowie Botschafter, Friedensnobelpreisträger, Universitäten und Unternehmer.

Darin wird ein globales Wirtschaftsethos als gemeinsame fundamentale Vorstellung über Recht, Gerechtigkeit und Fairness definiert. Es baut auf moralischen Prinzipien und Werten auf, die seit jeher von allen Kulturen geteilt und durch gemeinsame praktische Erfahrung getragen werden. Markt und Wettbewerb werden dabei auf eine ethische Grundlage gestellt. Diese beruht auf dem Prinzip der Humanität: „Jeder Mensch – ohne Unterschied von Alter, Geschlecht, Rasse, Hautfarbe, körperlicher oder geistiger Fähigkeit, Sprache, Religion, politischer Anschauung, nationaler oder sozialer Herkunft – besitzt eine unveräußerliche und unantastbare Würde. Das Grundprinzip der Humanität konkretisiert sich in Leitlinien für ein wertschaffendes und an Werten orientiertes Wirtschaften.“

Das Manifest für ein Weltwirtschaftsethos beinhaltet global akzeptierte Prinzipien und Werte gesellschaftlichen Verhaltens. Das ethische Grundverständnis aller Menschen ist das **Prinzip der Humanität**. Menschlichkeit ist das grundlegende moralische Prinzip mit kulturübergreifenden Werten, die im Alltagsleben unverzichtbar sind. Es wurde 2018 aktualisiert und besteht aus zwei Prinzipien und Weisungen (www.weltethos.org):

- **Prinzip der Menschlichkeit**
  - **Gewaltlosigkeit:** Jede Form von Gewalt als Mittel zum wirtschaftlichen Zweck ist abzulehnen. Sklavenarbeit, Zwangsarbeit, Kinderarbeit, körperliche Züchtigung sowie andere Formen der Verletzung international

anerkannter Normen des Arbeitsrechts sind zu vermeiden. Alle Wirtschaftsakteure müssen in erster Linie den Schutz der Menschenrechte in ihren eigenen Organisationen sicherstellen. Darüber hinaus sind Anstrengungen zu unternehmen, dass sie in ihrem Einflussbereich nicht zu Menschenrechtsverletzungen ihrer Geschäftspartner oder anderer Parteien beitragen oder gar von diesen profitieren. Gesundheitliche Beeinträchtigungen von Menschen durch schlechte Arbeitsbedingungen sind zu vermeiden. Grundlegende Anforderungen der Gewaltlosigkeit sind auch Arbeitssicherheit, Produktsicherheit und die Unschädlichkeit der Produkte für die menschliche Gesundheit.

- **Lebensrecht:** Mensch sein bedeutet in allen religiösen und ethischen Traditionen, rücksichtsvoll und hilfsbereit zu sein. Jeder Mensch, jedes Volk, jede Rasse und jede Religion soll anderen gegenüber Toleranz und Respekt entgegenbringen. Das bedeutet auch, Minderheiten jeder Art zu schützen. Der nachhaltige Umgang mit der natürlichen Umwelt durch alle Teilnehmer am Wirtschaftsleben ist ein hoher Wert des wirtschaftlichen Handelns. Die Verschwendung von natürlichen Ressourcen und die Verschmutzung der Umwelt sind durch umweltschonende Verfahren und Technologien zu minimieren. Zukunftsfähige, möglichst erneuerbare Energien, sauberes Wasser und reine Luft sind Elementarbedingungen des Lebens, zu denen jeder Mensch Zugang haben muss.
- **Gerechtigkeit:** Transparenz und Fairness sind Grundwerte eines Wirtschaftslebens, das von Rechtstreue und Integrität gekennzeichnet ist. Die Einhaltung des nationalen und internationalen Rechts ist für alle Wirtschaftsakteure verpflichtend. Defizite in den Rechtsnormen eines Landes sind durch Selbstverpflichtung und -kontrolle auszugleichen. Korruption schadet dem Gemeinwohl, der Wirtschaft und den Menschen, weil sie systematisch zur Fehlallokation und zur Verschwendung von Ressourcen führt. Ziel ist die Zurückdrängung und Abschaffung aller korrupten und unlauteren Praktiken, wie etwa Bestechung und Kartellabsprachen, Patentverletzung und Industriespionage.
- **Solidarität:** Die weltweite Überwindung von Hunger und Unwissenheit, Armut und Ungleichheit der Lebenschancen ist das Ziel einer Gesellschafts- und Wirtschaftsordnung, die auf Chancengleichheit, Verteilungsgerechtigkeit und Solidarität basiert.

- **Prinzip der Goldenen Regel**
  - **Wahrhaftigkeit**, Ehrlichkeit und Zuverlässigkeit sind Werte, ohne die Wirtschaftsbeziehungen nicht gedeihen können. Sie sind Voraussetzungen für Vertrauen im zwischenmenschlichen Miteinander sowie im ökonomischen Wettbewerb. Zudem gilt es, die Privatsphäre zu schützen sowie persönliche und berufliche Vertraulichkeit sicherzustellen.
  - **Toleranz:** Die Vielfalt der Überzeugungen, wie auch der individuellen Begabungen und der Kompetenzen von Organisationen sind eine mögliche Quelle globalen Wohlstands. Ihr Einsatz zum wechselseitigen Vorteil setzt die Akzeptanz gemeinsamer Werte und Normen, gemeinsames Lernen sowie die Toleranz gegenüber dem Anderen voraus. Die Diskriminierung von Menschen wegen ihres Geschlechts, ihrer Rasse, ihrer Nationalität oder ihres Glaubens ist unvereinbar mit den Prinzipien eines globalen Wirtschaftsethos.
  - **Partnerschaft** drückt sich darin aus, am Leben, den Entscheidungen und den Erträgen der Wirtschaft teilhaben zu können. Dies variiert je nach kulturellen Voraussetzungen und ordnungspolitischen Rahmenbedingungen eines Wirtschaftsraums. Das Recht, sich zusammenzuschließen und kollektive Interessen verantwortungsbewusst wahrzunehmen, ist ein überall anzuerkennender Mindeststandard.
  - **Fairness:** Wechselseitige Achtung aller Beteiligten, gerade auch von Mann und Frau, ist sowohl Voraussetzung als auch Ergebnis wirtschaftlicher Kooperation. Sie basiert auf Respekt, Fairness und Aufrichtigkeit gegenüber dem Anderen, seien es nun die Verantwortlichen der Unternehmen, die Mitarbeiter, die Kunden oder andere Interessenträger.

Im November 2018 wurde ein Parlament der Weltreligionen in Toronto abgehalten, das die Weltethos-Erklärung bestätigte und um eine weitere Weisung zu ökologischen Fragen erweitert:

- **Ökologische Verantwortung** im Geiste der gegenseitigen Harmonie, der gegenseitigen Abhängigkeit und des Respekts für die Erde, ihre Lebewesen und Ökosysteme. Dennoch werden in den meisten Teilen der Welt Boden, Luft und Wasser durch Verschmutzung verunreinigt. Die Abholzung der Wälder und übermäßige Abhängigkeit von fossilen Brennstoffen tragen zum Klimawandel bei, Lebensräume werden zerstört und Arten bis zur Ausrottung gefischt oder gejagt. Raubbau und ungerechte Nutzung der natürlichen Ressourcen verschärft Konflikte und Armut unter den Menschen und schädigt andere Lebensformen. Oft tragen die ärmsten Bevölkerungsgruppen, obwohl sie den geringsten Einfluss haben, die Hauptlast der Schäden.

Neben dem Humanismus als ethischem Grundverständnis gilt für Unternehmen in marktwirtschaftlichen Systemen auch das **Prinzip der Wirtschaftlichkeit**. Das Erzielen von Gewinn ist die Voraussetzung für die Wettbewerbsfähigkeit und den Bestand der Unternehmen und damit für deren soziales und kulturelles Engagement. Dazu müssen sich Unternehmen um ihr Überleben kümmern und Erfolgspotenziale im Wettbewerb aufbauen. Während die Grundwerte des Humanismus in einer werteorientierten Führung umgesetzt werden, ist das Wirtschaftlichkeitsprinzip Gegenstand der Erschaffung von ökonomischem Wert und kann daher auch als wertorientierte Führung (vgl. Kap. 8.2) bezeichnet werden. Abb. 2.2.4 stellt die Werte und die zugehörigen Führungssysteme zusammenfassend dar.

Die Prinzipien und Werte beschreiben die grundlegenden Verantwortlichkeiten und Anforderungen wirtschaftlichen Handelns. Die **werteorientierte Führung** beantwortet die Frage, nach welchen Maßstäben ein Unternehmen organisiert, gesteuert und kontrolliert werden soll, um es verantwortlich und human zu führen (vgl. *Cube*, 2011, S. 126).

Für ein werteorientiertes Führungssystem sind zunächst die moralischen Prinzipien und Werte festzulegen. Diese **Kodifizierung der verpflichtenden Unternehmenswerte** ist die Voraussetzung zur Bildung von Unternehmenszielen. Werte bieten Orientierung für Entscheidungen, formen die Wahrnehmung der Mitarbeiter und entwickeln eine Identität des Unternehmens. Daher macht es einen fundamentalen Unterschied, auf Basis welcher Prinzipien und Werte ein Unternehmen geleitet wird. Eine Verpflichtung auf die vorgestellten humanistischen Werte bildet die Grundlage einer ethischen Unternehmensführung.

Die Bestimmung der Unternehmenswerte kann auf verschiedene Arten erfolgen. In vielen Fällen werden die Werte nicht formuliert, sondern übertragen sich auf das Unternehmen durch das Handeln **prägender Persönlichkeiten**, wie etwa des Firmengründers. Im Unternehmen werden diese Handlungsweisen dann durch Sozialisation weitergegeben. Dies ist in den meisten kleinen und eigentümergeführten Betrieben der Fall. Wie das folgende Beispiel von *Robert Bosch* zeigt, können aber auch Großunternehmen maßgeblich durch Persönlichkeiten geprägt sein.

Eine weitere Möglichkeit zur Formulierung von Unternehmenswerten ist die Orientierung an **Wertekatalogen** von verschiedenen Organisationen, wie etwa den Kirchen. Der *Bund Katholischer Unternehmer e. V.* bietet beispielsweise mit seinen „Zehn Geboten für Unternehmer" eine Orientierungshilfe für werteorientierte Unternehmensführung (vgl. www.bku.de). Analog arbeitet der *Arbeitskreis Evangelischer Unternehmer in Deutschland e. V.* (vgl. www.aeu-online.de) als Brücke zwischen Wirtschaft und Evangelischer Kirche. Daneben gibt es auch Wertekataloge anderer Religionen, überkonfessioneller Zusammenschlüsse oder den *Global Compact* der *Vereinten Nationen*.

Aufbauend auf der Kodifizierung der Unternehmenswerte sind diese weiter zu präzisieren und als Vorgaben im Unternehmen zu implementieren. Dazu sind Instrumente, Kommunikation, Organisationsstruktur und Überwachungssysteme erforderlich. Von zentraler Bedeutung ist die Vorbildrolle der Unternehmensführung. Sie prägt mit

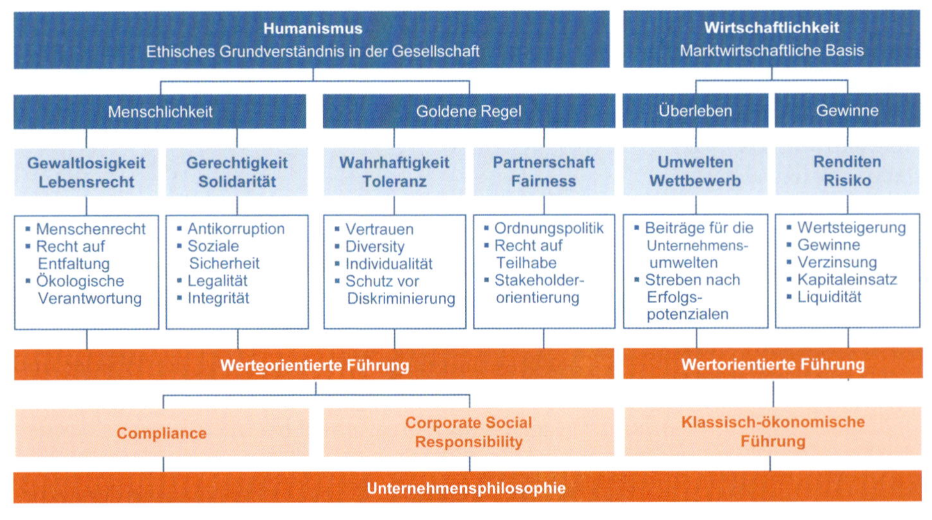

Abb. 2.2.4: Werte- und Wertorientierung als Bestandteil der Unternehmensphilosophie (in Anlehnung an Wieland, 2010, S. 80)

„Lieber Geld verlieren als Vertrauen"

Von *Robert Bosch*, dem Gründer der *Robert Bosch GmbH*, ist überliefert, er habe nach dem Grundsatz gehandelt, lieber Geld zu verlieren als Vertrauen. Die Unantastbarkeit von Versprechungen, der Glaube an den Wert der Ware und an das gegebene Wort standen ihm höher als ein vorübergehender Gewinn. Er versuchte stets, die Mitte zu halten zwischen einem Unternehmer, der sich behaupten muss und einem sozial denkenden Geschäftsmann. In seinem Sinne ist die *Robert Bosch GmbH* auch heute einer unternehmerischen Verantwortung zwischen Wirtschaft, Gesellschaft sowie Umwelt- und Ressourcenschonung verpflichtet. Die *Bosch*-Philosophie lautet: „Nur wer klare Werte hat, kann die Zukunft gestalten". Unter dem Titel „We are Bosch" wurde für alle Mitarbeiter ein Orientierungsrahmen geschaffen, der verbindlich darstellt, welche Ziele verfolgt werden, wie die Mitarbeiter zusammenarbeiten und wofür das Unternehmen steht.

Die sieben **Werte** der *Bosch-Gruppe,* welche sich zum *Global Compact* der *Vereinten Nationen* bekennt, sind (vgl. www.bosch-presse.de):

1. Zukunfts- und Ertragsorientierung
2. Verantwortung und Nachhaltigkeit
3. Initiative und Konsequenz
4. Offenheit und Vertrauen
5. Fairness
6. Zuverlässigkeit, Glaubwürdigkeit und Legalität
7. Kulturelle Vielfalt

Caux Round Table

Der *Caux Round Table* (CRT, vgl. www.cauxroundtable.org) wurde 1986 von dem Niederländer *Philips*, ehemaliger geschäftsführender Gesellschafter von *Philips Electronics* und dem Franzosen *d'Estaing*, damals Vizepräsident von INSEAD, gegründet. Der CRT ist ein internationales Netzwerk von Wirtschaftsführern, die sich für einen moralischen Kapitalismus und globale Unternehmensverantwortung einsetzen. In Kooperation mit dem *United Nations Global Compact* tritt der CRT für die weltweite Umsetzung seiner „Principles for Business" ein. Diese Grundsätze für Geschäftsaktivitäten sollen einen Standard festlegen, mit denen das Geschäftsgebaren in der ganzen Welt bewertet werden kann. Zudem sollen die Geschäftsgrundsätze und ein Selbstauditierungssystem moralische Richtlinien in den praktischen Arbeitsalltag integrieren.

Die Mitglieder des *Caux Round Table* verpflichten sich folgenden **Grundsätzen und Werten**:

- Respektiere alle Stakeholder, nicht nur die Anteilseigner
- Trage zur wirtschaftlichen und sozialen Entwicklung und zum Umweltschutz bei
- Ausländische Tochterunternehmen sollen zum sozialen Fortschritt in deren Ländern beitragen
- Respektiere die Gesetze
- Achte Regeln und Konventionen
- Unterstütze eine verantwortungsvolle Globalisierung
- Achte die Umwelt

ihren Handlungs- und Verhaltensmustern maßgeblich die als erstrebenswert empfundene Wertekultur.

Systeme zur Einhaltung und Durchsetzung der Unternehmenswerte sind Bestandteil der **Compliance**. Damit soll die Regelkonformität zur Einhaltung von Gesetzen und Richtlinien, aber auch von freiwilligen Kodizes und der Unternehmenswerte gewährleistet werden. Die Compliance ist Teil einer ordnungsgemäßen Unternehmensführung (Corporate Governance) und wird in Kap. 2.4 dargestellt.

Aktivitäten eines Unternehmens, die sich nicht direkt auf wirtschaftliche Ziele, sondern auf die Übernahme gesellschaftlicher Verantwortung beziehen, werden unter dem Begriff **Corporate Social Responsibility** (CSR) zusammengefasst. Hierüber wird von den Unternehmen meist recht öffentlichkeitswirksam berichtet. Regelmäßig werden auch Ranglisten börsennotierter Unternehmen erstellt, die nach der Berücksichtigung der Interessen von Mitarbeitern, Gesellschaft und Umwelt sowie der finanziellen Stärke und Transparenz beurteilt werden (vgl. *Kröher*, 2005, S. 80 ff.). Die Messung und Bewertung gesellschaftlicher Verantwortung kann kaum objektiv erfolgen, denn sie hängt stark von der subjektiven Auswahl und Gewichtung der verwendeten Indikatoren ab.

Damit die Werte den Mitarbeitern eine Orientierung bieten können, sind sie in geeigneter Form zu dokumentieren. In der Unternehmenspraxis erfolgt dies z. T. durch einen separaten Wertekodex. Die Unternehmensführung hat dabei eine Vorbildfunktion, die erhebliche Auswirkungen auf die Identifikation der Mitarbeiter und die Umsetzung der Werte in deren täglichem Handeln hat. Zur besseren Umsetzung können solche Grundsätze in einem **Ethikkodex** (Code of Ethics) zusammengefasst werden (vgl. *Müller-Stewens/Lechner*, 2016, S. 244).

Ethikkodex der Deutschen Post DHL

Deutsche Post DHL Group

Die Deutsche *Post DHL Group* ist der weltweit führende Anbieter für Logistik. Der Konzern erbringt unter den Marken *Deutsche Post* und *DHL* ein internationales Serviceportfolio an Dienstleistungen aus den Bereichen Brief- und Paketversand, Expressversand, Frachttransport, Supply-Chain-Management und E-Commerce-Lösungen. Die *Deutsche Post DHL Group* beschäftigt rund 570.000 Mitarbeiter in über 220 Ländern.

Die *Deutsche Post DHL Group* hat sich Unternehmenswerten in einem Verhaltens- und Ethikkodex verpflichtet und berichtet regelmäßig über deren Umsetzung (DPDHL Code of Conduct, www.dpdhl.com): „Respekt, Toleranz, Ehrlichkeit und Offenheit sowie Integrität untereinander und gegenüber Kunden sowie die Bereitschaft zur Übernahme von gesellschaftlicher Verantwortung sind die Grundpfeiler des Verhaltenskodex. Er beschreibt Verhaltensweisen, Überzeugungen und Standards, die wir als Anspruch an uns selbst und als Grundlage gelebter Praxis verstehen. Er ist unverzichtbarer Bestandteil unseres Selbstverständnisses, Ausdruck unserer Konzernwerte und zahlt auf unser Kundenversprechen „Excellence. Simply Delivered." ein.

Als Unterzeichner des *UN Global Compact* sind wir dessen zehn Prinzipien verpflichtet. Wir achten die Grundsätze der Allgemeinen Erklärung der Menschenrechte und respektieren die Erklärung der *Internationalen Arbeitsorganisation* (ILO) über die grundlegenden Rechte und Prinzipien bei der Arbeit sowie die *OECD*-Leitsätze für multinationale Unternehmen. Außerdem unterstützen wir als langjähriger Partner der *Vereinten Nationen* die *UN-Ziele für Nachhaltige Entwicklung* (Sustainable Development Goals, kurz: SDGs). Als wesentliche Elemente sind die Einhaltung von Menschenrechten, Chancengleichheit, Transparenz sowie eindeutige Positionen im Kampf gegen Diskriminierung, Bestechlichkeit und Korruption festgelegt.

Unsere eigens verfasste Grundsatzerklärung zu Menschenrechten ergänzt den Verhaltenskodex der *Deutsche Post DHL*. Sie spiegelt unsere aktuellen operativen Werte und Verfahren unter Berücksichtigung der Anforderungen der *UN*-Leitprinzipien für Wirtschaft und Menschenrechte wider. Darüber hinaus verpflichten wir mit dem Verhaltenskodex für Lieferanten unsere Geschäftspartner auf dieselben ethischen Werte und Ziele, die sie auch in ihrer gesamten Lieferkette umsetzen müssen."

Auszüge aus dem **Code of Conduct** sind:

- **Gesetze und ethische Grundsätze:** Wir handeln integer und halten die für unsere Geschäftstätigkeit geltenden gesetzlichen Vorschriften in allen Regionen und Ländern ein. Wir wissen, dass Gesetze und ethische Standards in den Ländern, in denen wir arbeiten, aufgrund nationaler Gegebenheiten voneinander abweichen können.
- **Menschenrechte:** Die *Deutsche Post DHL Group* orientiert sich an den Grundsätzen des „Global Compact" der *Vereinten Nationen.* Wir respektieren die Grundsätze der 1998 verabschiedeten Erklärung der *International Labour Organization* über grundlegende Prinzipien und Rechte bei der Arbeit („Declaration on Fundamental Principles and Rights at Work") in Übereinstimmung mit nationalen Gesetzen und Gepflogenheiten. Wir achten die Menschenrechte innerhalb unseres Einflussbereichs und führen unsere Geschäfte in einer Weise, die uns zu einem bevorzugten Arbeitgeber macht. Wir bekennen uns ausdrücklich zur Abschaffung jeder Form von Zwangs- und Kinderarbeit.
- **Transparenz:** Wir verpflichten uns zum offenen Umgang mit unseren Kunden, Aktionären, Beschäftigten, Lieferanten, Geschäftspartnern sowie anderen Organisationen und Institutionen. Bei unserer Kommunikation – nach innen wie nach außen – haben Transparenz und Redlichkeit Priorität. Die Öffentlichkeit erhält Zugang zu Informationen unter Berücksichtigung der international anerkannten Standards für Corporate Governance.
- **Dialog mit Geschäftspartnern:** Wir verpflichten uns zum Dialog und zur Partnerschaft mit unseren Geschäftspartnern in der ganzen Welt. Wir teilen die Grundprinzipien für ethisches Verhalten, gesellschaftliches Engagement und umweltgerechtes Handeln mit unseren Lieferanten, Subunternehmern, Repräsentanten und Beratern. Wir vermitteln unsere Leitsätze unseren Geschäftspartnern und motivieren sie, ihrem Handeln dieselben Standards zugrunde zu legen.
- **Unternehmerische Verantwortung:** Wir haben unsere Initiativen zur Unternehmensverantwortung unter dem Motto „Living Responsibility" gebündelt. Wir konzentrieren unsere Bemühungen auf Verbesserungen in Bereichen, in denen wir glauben, den höchsten positiven Effekt zu haben: Umweltschutz und sozioökonomische Entwicklung. Wir befürworten und unterstützen weltweit die Verbreitung von Umwelt- und Sozialstandards. Wir betrachten das Engagement unserer Beschäftigten und deren aktive Beteiligung als einen wichtigen Erfolgsfaktor für unsere Bemühungen. Wir unterstützen die gesellschaftliche Entwicklung durch Partnerschaften mit gemeinnützigen Organisationen. Wir sind uns bewusst, dass wir auch danach beurteilt werden, wie wir uns außerhalb unseres unmittelbaren Arbeitsumfeldes verhalten und bitten deshalb unsere Beschäftigten, die jeweilige Landeskultur zu respektieren und Verständnis für die Probleme der Gemeinschaften zu zeigen, in denen sie tätig sind. Wir erkennen die Auswirkungen unserer Geschäftstätigkeit auf die Umwelt an und verpflichten uns zur Verbesserung unserer Umweltbilanz durch präventive Umweltmaßnahmen und den Einsatz umweltfreundlicher Technologien. Wir haben uns ein messbares CO_2-Effizienzziel gesetzt und bewerten und überwachen unsere Auswirkungen auf die Umwelt regelmäßig. Durch systematische Identifizierung und Nutzung ökologischer Innovationen streben wir danach, unsere Umweltbilanz mittels Umwelt-Audits und Risikomanagement kontinuierlich zu verbessern, um die natürlichen Ressourcen effizienter zu nutzen. Maßstab für unsere Prozesse und Dienstleistungen sind höchste nationale und internationale Umweltstandards.

Nachhaltige Unternehmensführung

Eine rein ökonomisch orientierte Unternehmensführung strebt nach risikoadäquaten Renditen mit dem Fokus auf den Interessen der Eigentümer (Shareholder Value). Diese **wertorientierte** Unternehmensführung wird in Kapitel 8.2 dargestellt.

Verfolgt ein Unternehmen nicht nur ökonomische, sondern auch soziale Ziele, dann handelt es sich um eine **werteorientierte** Unternehmensführung. Diese berücksichtigt neben den Interessen der Eigentümer auch die anderer Anspruchsgruppen (Stakeholder Value), insbesondere Mitarbeiter und Gesellschaft.

Darüber hinaus wird bei einer **nachhaltigen** Unternehmensführung (Sustainability) zusätzlich noch die Ökologie einbezogen. Die Unternehmenswerte orientieren sich dabei an allen drei Dimensionen und betrachten auch die langfristigen Auswirkungen unternehmerischen Handelns.

Der Begriff Nachhaltigkeit geht auf den Freiberger Oberberghauptmann *Hans Carl von Carlowitz* zurück. Er forderte im Jahr 1732 in seinem Werk „Sylvicultura oeconomica" zu nachhaltender Forstwirtschaft auf, um der damals herrschenden Holzknappheit entgegenzutreten (vgl. *von Carlowitz*, 1732). Danach sollte **pro Jahr nicht mehr Holz geschlagen werden, als nachwächst**. Dieses Prinzip macht klar, worum es bei der Nachhaltigkeit geht. Damit wurde erstmals das ökonomische Ziel des effizienten Ressourceneinsatzes mit dem ökologischen Ziel der dauerhaften Ressourcennutzung verbunden. Neben der ökologisch-ökonomischen Dimension kommt außerdem auch der soziale Aspekt zum Tragen: Die Ressourcen sollen so genutzt werden, dass sie langfristig fortbestehen, damit die heutige Lebensqualität der Menschen zukünftig erhalten bleibt (vgl. *Sietz*, 2008, S. 7).

Abb. 2.2.5: Nachhaltigkeit als Wert-, Werte- und Ökologieorientierung

Heute wird Nachhaltigkeit meist auf Basis der sog. *Brundtland-Kommission* der *Weltkommission für Umwelt und Entwicklung* (*World Commission on Environment and Development*, WCED) definiert, welche 1983 von den *Vereinten Nationen* als unabhängige Sachverständigenkommission aus 19 Bevollmächtigten aus 18 Ländern gegründet wurde. Die Kommission erarbeitete 1987 unter dem Vorsitz der damaligen norwegischen Ministerpräsidentin *Gro Harlem Brundtland* Handlungsempfehlungen zur nachhaltigen Entwicklung.

> Eine **nachhaltige Entwicklung** entspricht den Bedürfnissen der heutigen Generation, ohne die Möglichkeiten künftiger Generationen zu gefährden und deren Bedürfnisse einzuschränken (vgl. *WCED*, 1987, S. 25).

Im Vordergrund steht dabei die Entwicklung und Erhaltung einer dauerhaften Befriedigung der Bedürfnisse der Menschen. Dies setzt eine effiziente wirtschaftliche Entwicklung voraus, bezieht aber auch die ökologische und soziale Gerechtigkeit mit ein. Für alle Menschen einer Generation soll dieselbe Lebensqualität erreicht werden, unabhängig etwa von deren Gesellschaftsschicht oder Herkunftsland. Neben dieser **intragenerationellen Gerechtigkeit** wird auch eine langfristige Perspektive gefordert, mit der eine **intergenerationelle Gerechtigkeit** angestrebt wird (vgl. *Hauff/Kleine*, 2014, S. 7).

Die Langfristorientierung nachhaltiger Entwicklung kommt prägnant in der überlieferten Aussage des Indianerhäuptlings und Medizinmanns der Hunkpapa-Lakota-Sioux *Sitting Bull* (1831–1890) zum Ausdruck: „Wir haben die Erde nicht von unseren Ahnen geerbt, wir borgen sie uns von unseren Kindern." Für Unternehmen bedeutet daher nachhaltiges Wirtschaften, den nächsten Generationen ein intaktes ökologisches, soziales und ökonomisches Gefüge zu hinterlassen (vgl. *Rat für Nachhaltige Entwicklung*, 2011).

> **Nachhaltige Unternehmensführung** verfolgt gleichermaßen ökonomische, ökologische und soziale Ziele und strebt dabei inter- und intragenerationelle Gerechtigkeit an (in Anlehnung an *WCED*, 1987, S. 25).

Im Jahre 1992 fand die *United Nations Conference on Environment and Development* (UNCED) in Rio de Janeiro statt, bei der sich 178 Staaten mit der Unterzeichnung der *Rio*-Deklaration verpflichteten, eine nachhaltige Entwicklung in

ihren Ländern umzusetzen. In Verbindung mit weiteren Beschlüssen und Abkommen, wie etwa der Biodiversitätskonvention oder der Klimarahmenkonvention, wurde daraus das Aktionsprogramm „*Agenda 21*“ aufgestellt. Es enthält Ziele und Maßnahmen für eine nachhaltige Entwicklung von Staaten und Unternehmen. Private Unternehmen werden zur Nachhaltigkeit angehalten, um „mit weniger mehr zu erreichen“. Durch effizienten Einsatz von Ressourcen sollen sowohl die Kosten der Unternehmen, als auch die Auswirkungen auf die Umwelt reduziert werden (vgl. *BMU*, 2008, S. 255). In den Folgekonferenzen von 2002 in Johannesburg und 2012 in Rio de Janeiro wurden die erzielten Fortschritte bilanziert und neue Aktionspläne erarbeitet.

Bei der UN-Klimakonferenz in Paris im Dezember 2015 einigten sich 197 Staaten auf ein neues, globales Klimaschutzabkommen. Basis war das 2005 in Kraft getretene *Kyoto*-Protokoll, mit dem sich die unterzeichnenden Staaten erstmals auf die Einhaltung verbindlicher Zielwerte für den Ausstoß von Treibhausgasen verpflichteten. Das *Pariser Klimaschutz-Abkommen* trat am 4. November 2016 in Kraft, nachdem es von 55 Staaten, welche mehr als 55 Prozent der globalen Treibhausgase emittieren, ratifiziert wurde. Mittlerweile erkennen alle Staaten der Erde das Übereinkommen von Paris an. Es verfolgt das globale Ziel, die Erderwärmung im Vergleich zum vorindustriellen Zeitalter auf unter zwei Grad Celsius zu begrenzen.

Allerdings existieren nach wie vor unterschiedliche Ansätze und Konzepte der Nachhaltigkeit und daraus resultierend unterschiedliche Auffassungen und Interpretationen. So führen etwa die Konzepte der **starken und schwachen Nachhaltigkeit** zu gegensätzlichen Positionen (vgl. *Hauff/Kleine*, 2014, S. 33):

- **Schwache Nachhaltigkeit** bedeutet, dass die Natur durch ökonomisches oder soziales Kapital substituiert werden kann, solange der gesamte Kapitalbestand für zukünftige Generationen erhalten bleibt. Ein Beispiel wäre der wirtschaftliche Aufschwung Chinas, der für die Bewohner der Städte einen deutlichen Zuwachs an Wohlstand ermöglicht hat. Allerdings ist das hohe Wirtschaftswachstum mit starken Verschmutzungen von Luft und Wasser sowie der Einschränkung von Menschenrechten verbunden.
- **Starke Nachhaltigkeit** hingegen ist nur dann gegeben, wenn jede Kapitalart für sich gesehen zunimmt bzw. zumindest erhalten bleibt. Eine Substitution zwischen den Kapitalarten wird ausgeschlossen und ist daher für unternehmerisches Handeln nicht anwendbar. Vielmehr bedarf es der Etablierung und Einhaltung von Regeln, wie etwa dem Prinzip des *von Carlowitz*, dass die Nutzung natürlicher Ressourcen auf Dauer nicht größer sein darf als deren Regeneration.

Der politische Prozess wurde 2015 mit dem Gipfeltreffen der *Vereinten Nationen* in New York fortgeführt, bei dem die „*Agenda 2030 für nachhaltige Entwicklung*“ verabschiedet wurde. Sie soll in Form eines Weltzukunftsvertrags helfen, die gemeinsame Verantwortung für Menschen und den Planeten zu wahren und allen Menschen weltweit ein Leben in Würde, Frieden, Freiheit und einer intakten Umwelt zu ermöglichen. Dazu wurden die in Abb. 2.2.6 aufgeführten **17 globalen Ziele** definiert, die das Prinzip der Nachhaltigkeit mit der ökonomischen, ökologischen und sozialen Entwicklung verknüpfen.

Abb. 2.2.6: Globale Ziele der UN-Agenda 2030 (www.globalgoals.org/de)

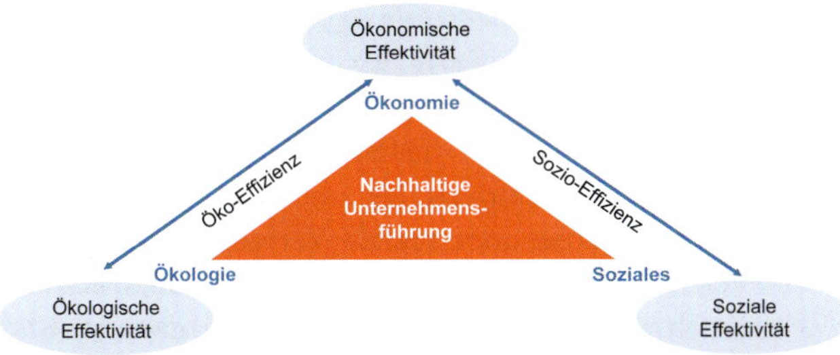

Abb. 2.2.7: Nachhaltigkeitsdreieck (vgl. Schaltegger, 2007, S. 14)

Nachhaltige Unternehmensführung basiert gleichzeitig auf den drei Dimensionen Ökonomie, Ökologie und Soziales. Diese werden auch als sog. **Triple Bottom Line** bezeichnet (vgl. *Sawczyn*, 2011, S. 18). Das Zusammenwirken der drei Dimensionen und deren gleichberechtigte Berücksichtigung in der Unternehmensführung ist Gegenstand unterschiedlicher **Konzepte unternehmerischer Nachhaltigkeit:**

- Das **Drei-Säulen-Modell** symbolisiert nachhaltige Entwicklung als Dach, welches auf den Säulen Ökonomie, Ökologie und Soziales ruht (vgl. *Hauff/Kleine*, 2014, S. 118).
- Beim **Schnittmengen-Modell** werden die drei Dimensionen als Kreise dargestellt, in deren innerer Schnittmenge die Nachhaltigkeit steht (vgl. *Kleine*, 2008, S. 76).
- Das **Nachhaltigkeitsdreieck** nach *Schaltegger* (2007, S. 14) betont hingegen die Abhängigkeiten der drei Dimensionen (vgl. Abb. 2.2.7).

Für Unternehmen stehen die langfristige Existenzsicherung und die dadurch erforderliche ökonomische Effektivität im Vordergrund. Im Sinne einer ökonomischen Wertorientierung (vgl. Kap. 8.2) ist die Dimension Ökonomie daher das übergeordnete Ziel, welches bei allen Entscheidungen der Unternehmensführung langfristig erreicht werden muss (vgl. *Weber et al.*, 2012, S. 17). Um nachhaltig ökonomisch erfolgreich zu sein, sind die Ressourcen möglichst effizient zu nutzen. Natürliche Ressourcen in der ökologischen Dimension sowie Mitarbeiter und Gesellschaft in der sozialen Dimension sollen dabei effizient eingesetzt werden, sodass die ökonomischen Ziele bestmöglich unterstützt werden. Die Ökoeffizienz wird etwa durch die Verringerung schädlicher Umwelteinwirkungen gesteigert und die Sozioeffizienz durch die Steigerung und Erfüllung sozialer Anliegen erreicht. Aber erst die **Integration ökologischer, sozialer und ökonomischer Ziele** führt zu einer nachhaltigen Entwicklung. Ökonomische Effektivität ist dann gegeben, wenn sich das Verhältnis zwischen Wertschöpfung und den ökologischen bzw. sozialen Auswirkungen verbessert (vgl. *Schaltegger*, 2007, S. 14).

Eine nachhaltige Unternehmensphilosophie beinhaltet ökonomische, soziale und ökologische Grundwerte, welche je nach normativer Vorgabe und Relevanz für das Unternehmen unterschiedlich ausgeprägt sind. Sie sind zusammenfassend in Abb. 2.2.8 dargestellt.

Die Integration der drei Dimensionen gelingt, wenn diese miteinander in Beziehung gesetzt und verknüpft werden. Den **Zusammenhang** zwischen der Erreichung ökonomischer Ziele und der Realisierung ökologischer und sozialer Ziele zeigt Abb. 2.2.9.

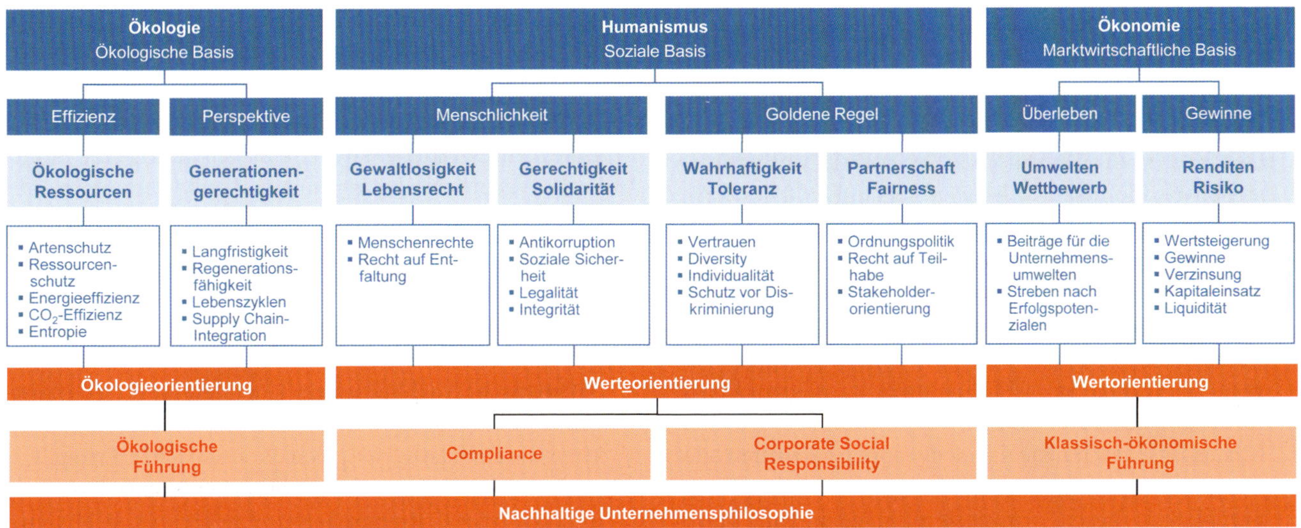

Abb. 2.2.8: Wert-, Sozial- und Naturorientierung als Basis einer nachhaltigen Unternehmensphilosophie

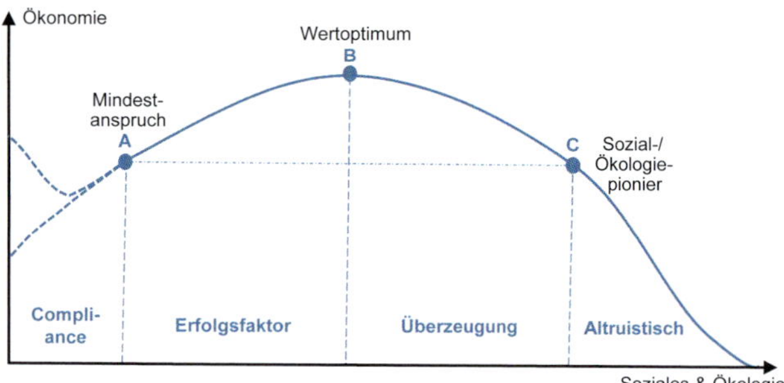

Abb. 2.2.9: Zielbeziehungen unternehmerischer Nachhaltigkeit (in Anlehnung an Wall/Leitner, 2012, S. 256 f.)

Demnach lassen sich folgende **Ausprägungen unternehmerischer Nachhaltigkeit** unterscheiden:

- **Compliance-orientierte Nachhaltigkeit** erfüllt bei den ökologischen und sozialen Zielen lediglich gesetzliche oder gesellschaftliche Mindestanforderungen. Dies dient somit nur der Einhaltung der Compliance-Richtlinien und Legalität unternehmerischen Handelns. Die getroffenen Maßnahmen sind unabhängig von deren ökonomischer Zweckmäßigkeit durchzuführen. Wie genau die in Abb. 2.2.9 gestrichelt dargestellte Austauschbeziehung tatsächlich verläuft, ist unerheblich, da Punkt A als Mindeststandard erreicht werden muss. Beispiele sind Umweltschutzmaßnahmen zur Einhaltung gesetzlicher Emissionswerte oder die Erfüllung von Unfallschutzrichtlinien. Dies umfasst häufig sog. End-of-pipe-Maßnahmen, wie etwa die Nachrüstung von technischen Anlagen, um vorgeschriebene Grenzwerte zu erfüllen.
- **Nachhaltigkeit als Erfolgsfaktor** bedeutet eine Unternehmensführung im Bereich zwischen den Punkten A und B der Abb. 2.2.9. Dort existiert eine sich gegenseitig verstärkende Austauschbeziehung zwischen der Erreichung ökonomischer und ökologisch-sozialer Ziele. Dabei kann gleichzeitig sowohl der ökonomische als auch der ökologisch-soziale Erfolg gesteigert werden. Den Kosten für ökologische oder soziale Maßnahmen stehen ökonomische Chancen gegenüber. Dies kann etwa der Fall sein, wenn durch Investition in erneuerbare Energien sich die Energiekosten senken lassen und gleichzeitig die Umwelt von Emissionen entlastet wird. Soziale Aktivitäten können ebenfalls sowohl den Mitarbeitern als auch der Wirtschaftlichkeit zugutekommen. So können etwa Maßnahmen zur Gesundheitsförderung auch die Krankheitskosten senken. Darüber hinaus lassen sich neue Kundengruppen gewinnen oder neue Produkte und Dienstleistungen anbieten. Nachhaltigkeit in dieser Form ist somit in jedem Falle unternehmerisch sinnvoll.
- **Nachhaltigkeit aus Überzeugung** beinhaltet eine partielle Substitution des Erfolgs in verschiedenen Nachhaltigkeitsdimensionen. Im Bereich zwischen den Punkten B und C besteht eine Austauschbeziehung zwischen der Erreichung ökonomischer und ökologisch-sozialer Ziele. Ökologische oder soziale Verbesserungen gehen zu Lasten des ökonomischen Erfolgs, wodurch sich das Unternehmen vom kurzfristigen ökonomischen Optimum entfernt. Dies entspricht einer traditionellen Sichtweise, nach der ökologische und soziale Aktivitäten reine Kostenverursacher sind. Dabei wird allerdings vernachlässigt, dass den Kosten häufig reduzierte Risiken gegenüberstehen. So kann beispielsweise auf zukünftige Ressourcenverknappungen, gesetzliche Auflagen oder Technologiewechsel schneller und besser reagiert sowie Image- und Akzeptanzverluste vermieden werden. Beispielsweise können umfangreichere Maßnahmen zum Gesundheitsschutz den sozialen Nutzen steigern, aber zu Lasten des kurzfristigen ökonomischen Nutzens gehen. In einer langfristigen Betrachtung kann jedoch der ökonomische Nutzen, etwa aufgrund reduzierter Krankheitstage und geringerer Fluktuation, ebenfalls verbessert werden. Diese Auswirkungen treten allerdings lediglich indirekt, mit Zeitverzögerungen und damit im Sinne eines möglichen langfristigen ökonomischen Erfolgs ein. Nachhaltigkeit in diesem Sinne bedeutet somit die Wahrnehmung unternehmerischer Verantwortung. So lange der ökonomische Erfolg nicht unter den Ausgangswert ohne Nachhaltigkeitsbemühungen in Punkt A bzw. C fällt, entspricht diese Nachhaltigkeit einer verpflichtenden Unternehmensphilosophie. Derart ethisch-normative Beweggründe (vgl. *Jänicke*, 2010, S. 14) basieren auf der moralischen Verpflichtung des Unternehmens gegenüber seinen Stakeholdern und zumeist auf der persönlichen Werthaltung der Unternehmensinhaber. Vor allem in Familienunternehmen, in denen die langfristige Existenzsicherung das oberste Unternehmensziel darstellt, lässt sich häufig eine moralische Verpflichtung gegenüber den Mitarbeitern, der Gesellschaft und der Natur feststellen (vgl. *Schwalbach/Klink*, 2012, S. 219 ff.). Eine solche Pflicht des Unternehmers lässt sich auch dem deutschen Grundgesetz entnehmen, nach dem Eigentum verpflichtet und dem Wohle der Gesellschaft dienen soll (GG Art. 14 Abs. 2 S. 1).
- **Altruistische Nachhaltigkeit:** Über den Punkt C hinausgehende ökologisch-soziale Aktivitäten senken sowohl kurz- als auch langfristig den ökonomischen Erfolg. Ein solcher Altruismus, alltagssprachlich auch als Selbstlosigkeit oder Gutmenschentum bezeichnet, geht somit über die ökonomisch sinnvollen ökologisch-sozialen

Maßnahmen hinaus. Ein solches Verhalten ist in Non-Profit-Unternehmen anzutreffen. Da privatwirtschaftliche Unternehmen ohne ökonomischen Erfolg nicht überlebensfähig sind, können solche Maßnahmen nicht im Interesse eines gewinnorientierten Unternehmens sein.

Nur wenige Unternehmen betreiben Nachhaltigkeit aus Überzeugung (vgl. *Isensee/Henkel*, 2010). Die Einstellung eines Unternehmens zur Nachhaltigkeit wird stark durch die Werte der maßgeblichen Einflussgruppen, d.h. der Eigentümer, Führungskräfte und Mitarbeiter geprägt. Daneben spielt die Nachhaltigkeit in verschiedenen Ländern und Branchen eine unterschiedliche Rolle.

In Verbindung mit der relativen Kompetenz des Unternehmens zur glaubwürdigen Umsetzung nachhaltiger Unternehmensführung lassen sich die in Abb. 2.2.10 dargestellten **Nachhaltigkeitsstrategien** ableiten (in Anlehnung an *Schmid*, 1989, S. 129 ff.; *Schulz*, 2012, S. 280):

- **Defensive Nachhaltigkeitsstrategien** sind dadurch geprägt, dass ein Unternehmen eine geringere Nachhaltigkeitskompetenz als seine Wettbewerber besitzt. Somit lassen sich daraus keine Wettbewerbsvorteile erzielen. Ist dies in der Branche auch nicht relevant, dann ist eine compliance-orientierte Nachhaltigkeit ausreichend. So ist etwa für ein Medienunternehmen sicherzustellen, dass alle ökologischen Vorgaben eingehalten werden. Ist Nachhaltigkeit in einer Branche jedoch relevant, dann führt eine solche Strategie zu einem Wettbewerbsnachteil, welcher zusätzliche Nachhaltigkeitsmaßnahmen zur Vermeidung von Risiken erforderlich macht. Das Unternehmen sollte insbesondere nicht zum Opfer der öffentlichen Meinung werden oder Vertrauen beim Kunden verlieren. Dies kann von schadensbegrenzenden Maßnahmen bis hin zum Rückzug aus solchen Geschäftsfeldern reichen. Exemplarisch kann ein Telekommunikationsunternehmen sich mit energiesparenden Technologien präventiv beschäftigen, um Risiken von Änderungen in der Gesetzgebung oder in der Wahrnehmung der Kunden zu begrenzen.

Abb. 2.2.10: Nachhaltigkeitsportfolio und Normstrategien (in Anlehnung an Schulz, 2012, S. 278)

- **Offensive Nachhaltigkeitsstrategien** eignen sich für Unternehmen mit hoher Nachhaltigkeitskompetenz. Auch wenn Nachhaltigkeit in der Branche nur wenig Relevanz besitzt, lassen sich dennoch ökologische und soziale Aktivitäten proaktiv nutzen. So kann diese etwa für ein Unternehmen der Möbelindustrie Kostenvorteile und Imageeffekte mit sich bringen. Trifft eine hohe Nachhaltigkeitskompetenz auf ein Branchenumfeld, in dem Nachhaltigkeit besonders relevant ist, kann daraus sogar ein Wettbewerbsvorteil entstehen. Es lassen sich neue Märkte und Kundengruppen erschließen, Prämien für nachhaltige Unternehmensführung in den Produktpreisen durchsetzen oder Imagevorteile erzielen. Die Elektromobilität in der Automobilindustrie oder Bio-Lebensmittel sind Beispiele für eine solche Nachhaltigkeitsstrategie als Wettbewerbsvorteil.

Die Konzeption einer nachhaltigen Unternehmensführung basiert häufig auf den **Nachhaltigkeitsprinzipien des *Global Compact***. Mit Beitritt zum *Global Compact* der *Vereinten Nationen* verpflichten sich die Mitglieder, die in Abb. 2.2.11 aufgeführten Prinzipien anzuerkennen, in Maßnahmen

Prinzipien des Global Compact	
Menschenrechte	
1	Unternehmen sollen den Schutz der internationalen Menschenrechte innerhalb ihres Einflussbereiches unterstützen und achten sowie
2	sicherstellen, dass sie sich nicht an Menschenrechtsverletzungen mitschuldig machen.
Arbeitsnormen	
3	Unternehmen sollen die Vereinigungsfreiheit und die wirksame Anerkennung des Rechts auf Kollektivverhandlungen wahren sowie ferner für
4	die Beseitigung aller Formen der Zwangsarbeit,
5	die Abschaffung der Kinderarbeit und
6	die Beseitigung von Diskriminierung bei Anstellung und Beschäftigung eintreten.
Umweltschutz	
7	Unternehmen sollen im Umgang mit Umweltproblemen einen vorsorgenden Ansatz unterstützen,
8	Initiativen ergreifen, um ein größeres Verantwortungsbewusstsein für die Umwelt zu erzeugen und
9	die Entwicklung und Verbreitung umweltfreundlicher Technologien fördern.
Korruptionsbekämpfung	
10	Unternehmen sollen gegen alle Arten der Korruption eintreten, einschließlich Erpressung und Bestechung.

Abb. 2.2.11: Nachhaltigkeitsprinzipien des Global Compact der Vereinten Nationen (www.globalcompact.de)

umzusetzen und in einer jährlichen Fortschrittsmitteilung über deren Umsetzung öffentlich zu berichten.

INTEGRATED REPORTING <IR>

Auf Initiative der *Vereinten Nationen*, des *Global Compact* sowie Unternehmensvertretern und Rechnungslegungsinstitutionen wurde das *International Integrated Reporting Council (IIRC)* gegründet. Im Jahr 2021 fusionierte das IIRC mit dem Sustainability Accounting Standards Board (SASB) zur Value Reporting Foundation. Diese verfolgt das Ziel, ein weltweit akzeptiertes Rahmenkonzept für eine **integrierte Berichterstattung** (Integrated Reporting) zu schaffen (vgl. www.valuereportingfoundation.org). Die integrierte Berichterstattung soll verdeutlichen, wie das Unternehmen seine Kapitalarten beeinflusst und wie sich dies sowohl auf das Unternehmen als auch dessen Stakeholder und die Gesellschaft auswirkt. Als Kapitalarten werden Finanz-, Produktions-, Human-, Umwelt-, Sozial-/Beziehungs- sowie intellektuelles Kapital unterschieden (vgl. Kap. 8.3.4).

Mithilfe der Kriterien der **Global Reporting Initiative** (GRI; vgl. *Global Reporting Initiative*, 2006, S. 3) soll die Nachhaltigkeit eines Unternehmens zuverlässig und kontinuierlich dargestellt werden. Neben einer Stellungnahme der Unternehmensführung und der Beschreibung praktischer Maßnahmen zur Einhaltung der Prinzipien sind auch messbare Ergebnisse in Form standardisierter Nachhaltigkeitsindikatoren vorzuweisen. Die Indikatoren sind unabhängig von der Rechtsform, Größe, Branche oder dem Standort eines Unternehmens. Ein **GRI-Nachhaltigkeitsbericht** umfasst die Prinzipien der Berichterstattung, gibt Einblick in die Organisation und Strategie des Unternehmens zur Erreichung der Nachhaltigkeitsziele und informiert über Schlüsselereignisse, Erfolge, Misserfolge, Auswirkungen, Risiken und Chancen. Die Leistungsindikatoren werden in Kern- und Zusatzindikatoren unterteilt, wobei nur die Kernindikatoren rechenschaftspflichtig sind.

Folgende **Leistungsindikatoren** werden unterschieden (vgl. *Global Reporting Initiative*, 2006, S. 7 ff.; *www.globalreporting.org*, 2020):

- **Ökonomische Leistungsindikatoren** stellen vornehmlich den Kapitalfluss dar und zeigen die wirtschaftliche Entwicklung des Unternehmens. Die benötigten Informationen stammen im Wesentlichen aus dem Jahresabschluss. Daran anknüpfend werden die Kategorien Ökologie und Soziales in den Jahresabschlussbericht eingebunden. Exemplarisch berichtet die *BMW*-Gruppe Indikatoren wie Finanzergebnisse oder ROCE.
- **Ökologische Leistungsindikatoren** stellen die Auswirkungen der Unternehmensaktivitäten auf die Ökosysteme zu Land, in der Luft und zu Wasser dar. Dies wird in insgesamt 29 ökologischen Indikatoren beschrieben, zu denen zusätzlich branchenspezifische Kennzahlen hinzukommen können. So berichtet etwa die *BMW*-Gruppe über ihren Energie- und Wasserverbrauch und ihre CO_2-Emissionen.
- **Soziale/gesellschaftliche Leistungsindikatoren** umfassen 40 Kennzahlen zu den sozialen und gesellschaftlichen Aktivitäten des Unternehmens. Für die *BMW*-Gruppe sind dies etwa die Anzahl an Auszubildenden, die Altersstruktur und der Frauenanteil an der Belegschaft, die Fluktuation oder Fortbildungstage.

Kategorien	GRI-Leistungsindikatoren	Anzahl
Ökonomie	Wirtschaftliche Leistung	4
	Marktpräsenz	3
	Mittelbare wirtschaftliche Auswirkungen	2
Ökologie	Materialien	2
	Energie	4
	Wasser	3
	Biodiversität	5
	Emissionen, Abwasser und Abfall	10
	Produkte und Dienstleistungen	2
	Einhaltung von Rechtsvorschriften	1
	Transport	1
	Gesamte Umweltschutzausgaben	1
Soziales	Arbeitspraktiken & menschenwürdige Beschäftigung, z. B. Chancengleichheit	14
	Menschenrechte, z. B. Vereinigungsfreiheit und Kinderarbeit	9
	Gesellschaft, z. B. Korruption und Einhaltung von Gesetzen	8
	Produktverantwortung, z. B. Gesundheit und Datenschutz der Kunden	–

Abb. 2.2.12: Leistungsindikatoren der Global Reporting Initiative (vgl. Global Reporting Initiative, 2006, S. 20 ff.)

Mit der standardisierten Berichterstattung kann eine nachhaltige Unternehmensführung vergleichbar mit einem Finanzrating in drei **Anwendungsebenen** unterteilt werden. Diese spiegeln die Abdeckung der Nachhaltigkeitsdimensionen wider: Die Kategorie C erfüllt mit mindestens 10 veröffentlichten Indikatoren die geringsten Anforderungen. In der Kategorie B sind mindestens 20 Indikatoren erforderlich. Für die Kategorie A müssen alle Indikatoren berichtet werden.

Die Ergebnisse solcher Rankings können sowohl nachhaltige Unternehmen bestärken, als auch Druck auf weniger nachhaltige Unternehmen ausüben. Darüber hinaus kann die Berichterstattung extern geprüft und bestätigt werden, was mit einem zusätzlichen Pluszeichen vermerkt wird und in der externen Kommunikation werbewirksam verwendet werden kann. Daneben gibt es weitere Standards, wie etwa die Schlüsselkriterien für Umwelt, Soziales und Unternehmensführung der *Deutschen Vereinigung für Finanzanalyse und Asset Management* (DVFA; vgl. 2010, S. 18 ff.) oder der *Deutsche Nachhaltigkeitskodex (DNK;* vgl. *Rat für Nachhaltige Entwicklung,* 2011, S. 3 ff.*)*.

Die Bundesregierung beschloss 2021 das Gesetz über die unternehmerischen Sorgfaltspflichten in Lieferketten (**Sorgfaltspflichten- oder Lieferkettengesetz**). Danach haben die Unternehmen für die Einhaltung der Menschenrechte in ihrer gesamten Lieferkette zu sorgen. Hierfür müssen sie ein Risikomanagement (vgl. Kap. 8.4) entlang der gesamten Lieferkette und ein Beschwerdeverfahren zur Meldung von Verletzungen der Menschenrechte einrichten. Das Lieferkettengesetz erstreckt sich auf die Unternehmen und ihre direkten Zulieferer, aber auch auf nachgelagerte Zulieferer, wenn dort Menschenrechtsverletzungen bekannt werden. Die Unternehmen haben einen Menschenrechtsbeauftragten zu ernennen und über die Erfüllung ihrer Sorgfaltspflichten jährlich Bericht zu erstatten. Das Gesetz gilt ab 2023 für Unternehmen ab 3.000 Beschäftigten und ab 2024 auch für Unternehmen ab 1.000 Beschäftigten.

Nachhaltigkeit bei Henkel

Henkel ist weltweit mit führenden Marken wie *Persil*, *Schwarzkopf* oder *Loctite* in den drei Geschäftsfeldern Laundry & Home Care, Beauty Care und Adhesive Technologies tätig und hat seinen Hauptsitz in Düsseldorf. *Henkel* beschäftigt weltweit über 52.000 Mitarbeiter aus über 125 verschiedenen Nationen und erzielt einen Umsatz von über 19 Mrd. € (www.henkel.de).

Henkel hat sich als führender Konsumgüterhersteller früh den Nachhaltigkeitsherausforderungen der Branche gestellt. Die Leistungen des Unternehmens auf diesem Gebiet wurden in verschiedenen nationalen und internationalen Rankings mehrfach ausgezeichnet. So wurde *Henkel* im Nachhaltigkeitsranking *Dow Jones Sustainability Index* (DJSI World) und *Dow Jones Sustainability Index Europe* (DJSI Europe) bewertet und seit Bestehen der Indizes meist als Branchenführer in der Kategorie „Kurzlebige Konsumgüter" gekürt. *Henkel* ist dabei das einzige Unternehmen seiner Branche, das sowohl im *DJSI World* als auch im *DJSI Europe* verzeichnet ist. Die Indizes analysieren die ökonomischen, ökologischen und sozialen Leistungen der Unternehmen, wie etwa Corporate Governance, Risikomanagement, Markenpolitik, Ressourceneffizienz, Supply Chain-Standards und Arbeitsbedingungen.

Nachhaltigkeit ist integraler Bestandteil der strategischen Agenda für ganzheitliches Wachstum und hat bei Henkel eine lange Tradition. Bereits 2010 wurde eine langfristige Nachhaltigkeitsstrategie und Ziele bis 2030 definiert. Ziel der *Henkel*-Nachhaltigkeitsstrategie ist es, mit weniger Ressourcen mehr zu erreichen. Für *Henkel* bedeutet das, mehr Wert für Kunden, Verbraucher, das gesellschaftliche Umfeld sowie das Unternehmen selbst zu schaffen und gleichzeitig die mit seiner Wertschöpfung verbundenen Ressourcenverbräuche und Emissionen zu verringern. Auf diese Weise wird nachhaltige Unternehmensführung für einen Markenartikelhersteller zum Wettbewerbsvorteil. Bis 2030 will das Unternehmen seinen ökologischen Fußabdruck trotz Wachstums reduzieren. In der Umsetzung konzentriert sich *Henkel* dabei auf sechs Handlungsfelder: Energie und Klima, Wasser und Abwasser, Materialien und Abfall, Leistung, Gesundheit und Sicherheit sowie gesellschaftlicher/sozialer Fortschritt.

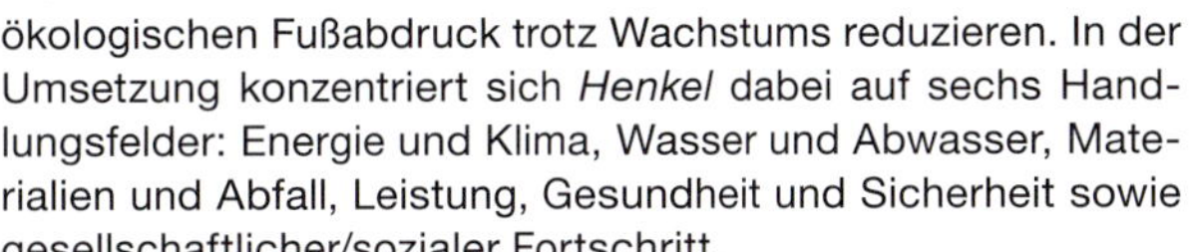

2020 markierte die Halbzeit der Strategieumsetzung. In den ersten 10 Jahren hat *Henkel* in allen Dimensionen seiner Nachhaltigkeitsstrategie große Fortschritte erzielt. Insgesamt konnte das Unternehmen seinen ökologischen Fußabdruck in den drei Dimensionen CO_2-Emissionen, Abfall und Wasser um 39 % reduzieren und damit das Ziel für 2020 deutlich übertreffen. Darüber hinaus hat Henkel mit der Reduzierung der weltweiten Unfallrate um 50 % pro eine Million Arbeitsstunden die Zielsetzung für 2020 übererfüllt.

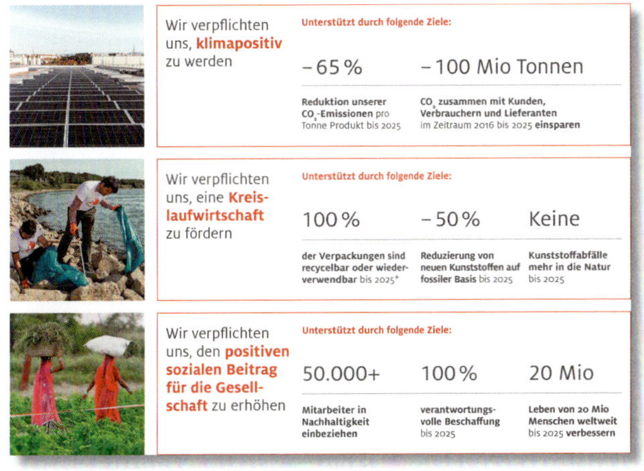

Derartige Rankings und Berichte über die Nachhaltigkeit bergen in der externen Kommunikation aber auch Risiken. Das sog. **Greenwashing** bezeichnet den Versuch, ein nachhaltiges bzw. „grünes" Image durch Marketingmaßnahmen zu erreichen, ohne tatsächlich und wertschöpfungskettenübergreifend nachhaltig zu handeln. Eine solche Diskrepanz birgt die Gefahr erheblicher Reputationsverluste, wenn sie von den Kunden oder der Öffentlichkeit durchschaut wird. Beispiele sind die schlechten Arbeitsbedingungen und unzureichende Bezahlung in den Textilfabriken von Bangladesh, in denen zahlreiche bekannte Markenbekleidungshersteller fertigen lassen oder beim taiwanesischen Elektronikproduzenten *Foxconn*, der unter anderem für *Apple* das *iPhone* herstellt.

Ökologieorientierte Unternehmensführung

Nachhaltige Unternehmensführung integriert die drei Kategorien Ökonomie, Ökologie und Soziales. Die ökonomische Orientierung als Grundlage jeglichen unternehmerischen Handelns wird im Rahmen der wertorientierten Unternehmensführung (Kap. 8.2) erläutert. Die soziale Komponente befasst sich, neben den bei der werteorientierten Unternehmensführung genannten Fragestellungen, insbesondere mit der Gestaltung der Personalfunktion der Unternehmensführung (vgl. Kap. 6). Da sich nahezu jegliches unternehmerisches Handeln auf die natürlichen Ressourcen auswirkt, sollten ökologische Aspekte auf allen Ebenen und Funktionen der Unternehmensführung berücksichtigt werden. Im Folgenden wird deshalb eine solche **ökologieorientierte Unternehmensführung** (Green Management) näher betrachtet.

Um die ökologischen Zusammenhänge besser zu verstehen, sind gewisse Grundkenntnisse der Thermodynamik erforderlich. Diese Wärmelehre befasst sich damit, wie Arbeit durch den Wechsel energetischer Systemzustände verrichtet wird. Der Heilbronner Arzt und Wissenschaftler *Julius Robert von Mayer* formulierte 1841 den ersten Hauptsatz der **Thermodynamik** zur Energieerhaltung (vgl. *Müller*, 2013). Demnach wird Energie nicht verbraucht, sondern lediglich in einen anderen Zustand umgewandelt. Einem Benzinmotor wird etwa dieselbe chemische Energie in Form von Kraftstoff zugeführt, wie dieser Antriebsarbeit und Wärme abführt. Da auch die Antriebsarbeit durch Reibung schließlich in Wärme umgesetzt wird, landet am Ende die gesamte Energie als Wärme in der Umgebung.

Durch die Umwandlung von Energie verändert sich jedoch der Zustand des Gesamtsystems. Die Verfügbarkeit von Energie wird diffuser und weniger gut nutzbar bzw. die Anzahl der Energiezustände in einem System verändert sich. Wie viele Zustände ein System annehmen kann, wird durch die **Entropie** gemessen (vgl. *Knoche/Bosnjakovic*, 2012). Sie beschreibt eine thermodynamische Zustandsgröße eines physikalischen Systems. Mit dem zweiten Hauptsatz der Thermodynamik wird die Änderung zwischen dem Anfangs- und Endzustand eines Systems als Entropiedifferenz beschrieben. Der Wirkungsgrad eines Systems bezeichnet dabei das Verhältnis zwischen der entnommenen mechanischen Arbeit und der dafür aufgewandten Energie. Im Benzinmotor hat die zugeführte Energie im Kraftstoff dabei eine geringe Entropie (hohe Energienutzbarkeit), während die Abwärme eine hohe Entropie (niedrige Energienutzbarkeit) hat. Allerdings ist diese Energieumwandlung gleichsam eine Energieentwertung, da nach der Umwandlung die Arbeitsfähigkeit der Energie bei gleicher Energiemenge sinkt. Die Entropie als Maß für die Zahl der Anordnungen bzw. Systemzustände nimmt entsprechend zu. Aus dem zweiten Hauptsatz der Thermodynamik folgt somit, dass es nicht möglich ist, Wärme vollständig in Arbeit zu verwandeln. Deshalb kann es kein Perpetuum mobile geben und jede Nutzung von Energie in der Natur ist ein irreversibler, unwiederbringlicher Vorgang.

Ökologische Systeme und Stoffkreisläufe stehen somit nicht in unbegrenztem Ausmaß zur Verfügung. Dennoch wurden die natürlichen Ressourcen in der Betriebswirtschaft und von den Unternehmen lange Zeit als **freies Gut** betrachtet und somit auch kaum beachtet (vgl. *Zahn/Schmid*, 1996, S. 106). Aus den grundlegenden physikalischen Zusammenhängen folgt jedoch die Notwendigkeit, möglichst effizient mit den ökologischen Ressourcen umzugehen. Vor dem Hintergrund des vor allem durch den CO_2-Ausstoß verursachten Klimawandels und der zunehmenden Ressourcenverknappung gibt es auch vermehrt politische Nachhaltigkeitsbestrebungen. So wurde 2012 in Rio de Janeiro auf der „Rio+20"-Nachhaltigkeitskonferenz der *Vereinten Nationen* unter dem Schlagwort **Green Economy** eine Deklaration für klimafreundliches Wirtschaften verabschiedet und in Paris 2015 ein globales Klimaschutzabkommen abgeschlossen. Eine „grüne Wirtschaft" soll schonend mit natürlichen und knappen Rohstoffen umgehen und Verantwortung für den Erhalt einer gesunden und lebensfähigen Umwelt für die nachfolgenden Generationen übernehmen. Auch Unternehmen werden darin angehalten, verantwortlich mit ökologischen Ressourcen umzugehen. Dies kann jedoch auch Preissteigerungen und Versorgungsrisiken zur Folge haben, was sich somit auch unmittelbar auf die ökonomische Dimension der Nachhaltigkeit auswirkt.

Die Produkte und Leistungen der Natur wurden bisher als selbstverständlich betrachtet und meist gratis genutzt. Die Endlichkeit natürlicher Ressourcen und die Störungsanfälligkeit von Ökosystemen führen jedoch immer häufiger zu gesellschaftlichen Kosten. Die nachhaltige Nutzung von Natur und biologischer Vielfalt kann ökonomisch bewertet werden, was durch die internationale Studie TEEB (vgl. *Kumar*, 2012) oder das deutsche Projekt „Naturkapital Deutschland" (www.produktivkraft-natur.de) vorangetrieben wird. Damit soll verdeutlicht werden, dass eine vorsorgliche Sicherung unserer Lebens- und Wirtschaftsgrundlagen preiswerter ist, als der Versuch, bereits zerstörte Ressourcen zu ersetzen. Könnte der Wert von **Naturkapital** gemessen werden, dann ließe sich dieser auch in privaten, unternehmerischen und politischen Entscheidungen berücksichtigen. Beispielsweise schlug 2007 die Regierung von Ecuador für den Verzicht auf die Förderung riesiger Erdölvorkommen im artenreichen Biosphärenreservat *Yasuni* der internationalen Staatengemeinschaft vor, hierfür Ausgleichszahlungen in Höhe von ca. 3,6 Mrd. US$ zu leisten. Dadurch hätten jährlich 400 Mio. Tonnen klimaschädlichen Kohlendioxids gebunden werden können. Da sechs Jahre später nicht einmal 0,4 % der Summe zusammengekommen waren, erklärte Ecuador 2013 die Initiative als gescheitert und begann, das Erdöl zu erschließen.

Die für unser modernes Leben erforderliche ökologische Kapazität lässt sich mithilfe des von *Mathis Wackernagel* und *William Rees* entwickelten **ökologischen Fußabdrucks** (Ecological Footprint) beschreiben (vgl. *Wackernagel/Rees*, 1996). Damit wird die benötigte Anbaufläche ausgedrückt, um den Lebensstandard eines Menschen unter heutigen Produktionsbedingungen dauerhaft zu ermöglichen. Hierzu werden alle Ressourcenverbräuche für Energie, Wohnen, Abfall, Ernährung und Konsum in dafür benötigte Anbauflächen umgerechnet. Diese dienen zur Produktion etwa von Kleidung oder Nahrung, zur Bereitstellung von Energie, zur Entsorgung oder dem Recycling von Müll oder zum Binden des freigesetzten Kohlendioxids. Die Werte werden in sog. „Global Hektar" (gha) pro Person und Jahr angegeben.

Grenzen des Wachstums

Der *Club of Rome* ist eine nichtkommerzielle Organisation aus Persönlichkeiten aus Politik, Wirtschaft und Wissenschaft sowie über 30 Gesellschaften und Verbänden (vgl. www.clubofrome.org). Er verfolgt das Ziel, globale Fragen ganzheitlich zu betrachten und Lösungsansätze vorzuschlagen. Bereits im Jahr 1972 hat der *Club of Rome* mit seinem Bericht zu den **Grenzen des Wachstums** große öffentliche Aufmerksamkeit erlangt (vgl. *Meadows*, 1972). Nach damaliger Auffassung reichten die bekannten ökologischen Ressourcen des Planeten nicht aus, um der wachsenden Weltbevölkerung und deren zunehmenden Bedürfnissen gerecht zu werden. Auch wenn zwischenzeitlich neue Ressourcen entdeckt wurden und neue Technologien eine effizientere Ressourcennutzung ermöglichen, sind heute die ökologischen Grenzen des Wachstums bereits überschritten (vgl. *Meadows/Randers*, 1992, S. 228 f.)

Der ökologische Fußabdruck Deutschlands lag laut Global Footprint Network (www.footprintnetwork.org) im Jahr 2021 bei etwa 4,6 gha pro Person und Jahr. Diese Werte sind in Relation zur sog. Biokapazität als verfügbare Anbaufläche zu sehen. Die Biokapazität beträgt etwa in Deutschland 1,6 gha pro Person und Jahr, woraus sich ein Quotient von mehr als dem Dreifachen ergibt. Folglich liegt ein sog. ökologisches Defizit als Differenz zwischen biologischer Kapazität und dem ökologischen Fußabdruck von 3,0 gha vor. Ähnliche Ungleichgewichte bestehen auch zwischen Stadt und Land, in den meisten Industriestaaten sowie für die gesamte Erde. Den größten ökologischen Fußabdruck weist die USA auf, die das Fünffache ihrer Biokapazität verbraucht. Die weltweite Inanspruchnahme zur Erfüllung menschlicher Bedürfnisse überschreitet heute je nach Berechnung die Kapazität der verfügbaren Flächen um rund 75 Prozent. Die Menschheit verbraucht damit um Dreiviertel mehr an natürlichen Ressourcen, als zur Verfügung stehen. Durch übermäßige Nutzung der Natur besteht somit bereits heute eine ökologische Schuld, welche die Möglichkeiten zukünftiger Generationen einschränkt. Da weltweit mehr natürliche Ressourcen konsumiert als reproduziert werden, wird nicht nachhaltig gewirtschaftet.

Prognosen der *Vereinten Nationen* gehen weiterhin von einem hohen Wirtschaftswachstum von *China* und *Indien* aus und rechnen mit einem Anstieg der Weltbevölkerung bis zum Jahr 2050 auf fast zehn Milliarden. In einem Szenario ohne massive Gegenmaßnahmen und Verhaltensänderungen folgt, dass dann die erforderliche Biokapazität mehr als doppelt so groß wäre als die Erde (vgl. *Hails et al.*, 2008, S. 22; *Müller*, 2010, S. 3). Abb. 2.2.13 macht deutlich, dass die Biokapazität der Erde nicht mehr ausreicht, um die menschlichen Bedürfnisse dauerhaft zu befriedigen.

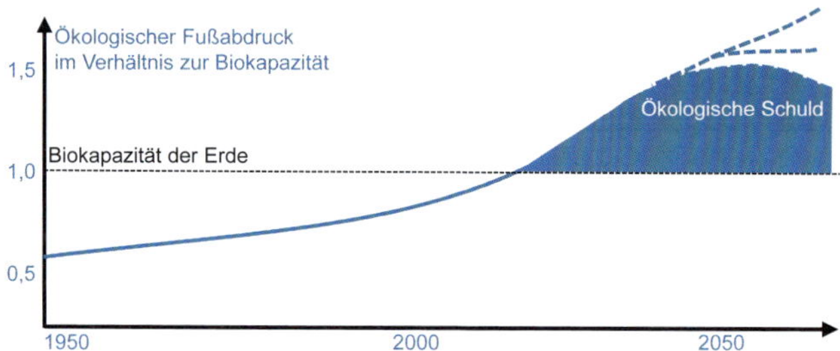

Abb. 2.2.13: Grenzen des Wachstums und ökologischer Fußabdruck

Ökologieorientierte Unternehmen verfolgen nicht nur den Wunsch, die natürlichen Grenzen zu berücksichtigen. Darüber hinausgehende **Motive** sind (vgl. *Schaltegger*, 2007, S. 5 ff.):

- **Kostenreduktion:** Kosteneinsparungen oder Produktivitätssteigerungen können durch ökologische Maßnahmen entstehen. Aufgrund steigender Preise für knappe natürliche Ressourcen und Energie wird Umweltschutz damit zunehmend auch wirtschaftlich interessant. Durch die Optimierung des Material- und Ressourceneinsatzes oder Verfahrensinnovationen (Cleaner Production) lassen sich Energie- und Rohstoffverbrauch sowie Abfall und Emissionen reduzieren.
- **Reputation:** Ökologische Verantwortung verbessert bei den meisten Stakeholdern auf vielfältige Weise das Ansehen des Unternehmens. Ein solch positives Image kann sogar zu einem Wettbewerbsvorteil werden. Umgekehrt kann aber auch öffentlicher Druck, etwa durch die Ablehnung von Produkten oder Vorgehensweisen des Unternehmens, zu einem Umdenken führen. Exemplarisch wurde 2020 der deutsche Nachhaltigkeitspreis im Bereich Ressourcen an den Hersteller von Sanitäreinrichtungen und Küchenarmaturen *Grohe* und im Bereich Biodiversität an die Erzeugergemeinschaft *Demeter* verliehen.
- **Kunden und Markt:** Durch die Sicherstellung ökologischer Produktion bei Lieferanten, Technologien und Produktionsprozessen entlang der Wertschöpfungskette kann eine ökologische Differenzierungsstrategie umgesetzt werden. Dadurch lassen sich neue Märkte oder Kundensegmente erschließen. Auch neue Produkte oder Dienstleistungen können zum Wachstum beitragen. Ein Beispiel ist biologische Kleidung, welche schadstoffarm, regional und kompostierbar ist. Biotextilien erschließen einen neuen Markt und Kundenkreis, in denen auch große Handelsketten wie *C&A* und *H&M* aktiv sind. Viele Unternehmen verwenden mittlerweile Biolabels wie das Gütezeichen *Global Organic Textile Standard*, welches die Einhaltung ökologischer Standards in der gesamten Wertschöpfungskette zertifiziert.
- **Risikoreduktion** durch Vermeidung oder Senkung umweltbezogener Gefahren, welche hohe Kosten verursachen können. Dies ist auch deshalb sinnvoll, da solche Risiken meist nicht versicherbar sind und deshalb die Möglichkeit einer Risikoüberwälzung ausscheidet. Beispielsweise löste die Explosion der Ölbohrplattform *Deepwater Horizon* im Jahre 2010 eine Umweltkatastrophe aus, die für den verantwortlichen *BP-Konzern* Kosten von über 40 Mrd. US$ verursachte.
- **Politik:** Der Gesetzgeber verlangt von den Unternehmen zunehmend verstärkte Umweltaktivitäten, etwa hinsichtlich Energie, Abfällen, Gefahrenstoffen, Risiken und Verkehr. Die Politik fördert ökologische Maßnahmen auch durch steuerliche Anreize oder Subventionen. Beispiele sind ökologische Ausgleichszahlungen in der Landwirtschaft oder die Subvention der Solarenergie und Elektromobilität.

Diesen ökologischen Herausforderungen lässt sich mit folgenden **ökologischen Basisstrategien** begegnen (vgl. *Martin/Kemper*, 2012, S. 53 ff.):

- **Ressourceneinsparung und Effizienzverbesserung:** Die Nachfrage nach natürlichen Ressourcen lässt sich durch Verzicht und Einschränkung des Konsums sowie durch deren effizientere Nutzung reduzieren. Diese Strategie basiert auf den Überlegungen von *Thomas Maltus* (1766–1834), der bereits 1798 mahnte, dass vor dem Hintergrund des wirtschaftlichen Fortschritts und der wachsenden Weltbevölkerung die natürlichen Ressourcen der Erde irgendwann nicht mehr ausreichen werden.  Dies erfordert etwa die Verringerung des Ressourcenverbrauchs durch Mehrfachnutzungen wie beim

Recycling. Wertschöpfungssysteme sollten daher im Sinne einer Kreislaufwirtschaft von einer Durchflusszu einer Rückflussökonomie umgestaltet werden (vgl. Abb. 2.2.14). Analog kann der Energieverbrauch auch durch besseren Wärmeschutz oder effizientere Energieausnutzung verringert werden. So können etwa Autos mit effizienteren Motoren bei geringeren Emissionen und weniger Kraftstoffverbrauch die gleichen Fahrleistungen erreichen.

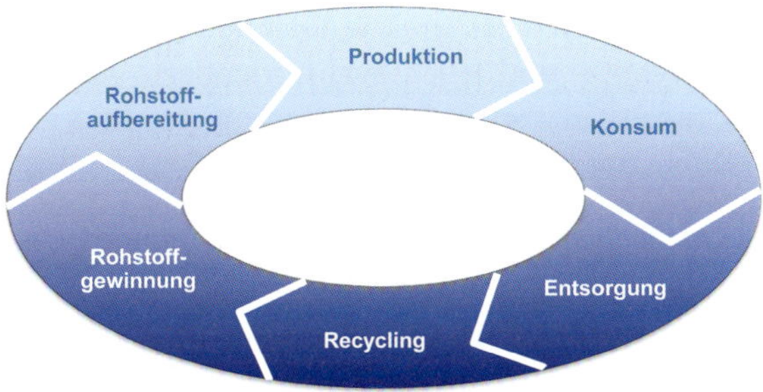

Abb. 2.2.14: Ökologieorientierte Wertschöpfungskreisläufe (in Anlehnung an Zahn/Schmid, 1996, S. 107)

- **Ökologische Innovation:** *Robert Solow*, Wirtschaftsnobelpreisträger von 1987, führt das Wirtschaftswachstum eines Landes vor allem auf Innovationen zurück (vgl. *Solow*, 1956). Die zunehmende Nachfrage nach knappen Ressourcen führt zu steigenden Preisen. Dies

treibt den technischen Fortschritt voran, der wiederum wirtschaftliches Wachstum erzeugt. Dabei stehen ökologische Innovationen („Green Innovation") im Sinne einer offensiven Nachhaltigkeit im Vordergrund. Diese verschieben die Grenzen des Wachstums immer weiter in die Zukunft. Abb. 2.2.15 verdeutlicht diesen Zusammenhang anhand einiger historisch bedeutsamer Innovationen. Die ökologische Herausforderung unseres Jahrhunderts wird demnach auch als Basis einer **nächsten industriellen Revolution** betrachtet (vgl. *Rifkin*, 2011). Dabei wird die Energieerzeugung und -verteilung zur Basistechnologie eines neuen technologischen Zeitalters. Beispielsweise könnte eine erneuerbare Energieerzeugung in dezentralen Mikro-Kraftwerken mit lokaler Energiespeicherung erfolgen. Ergänzt wird dies durch innovative Technologien zum Management und zur Stabilisierung der Stromnetze in Analogie zur Internettechnologie. Daraus können fundamentale Umwälzungen in den Wertschöpfungsstrukturen folgen.

Die Basisstrategie der ökologischen Innovation nutzt die Ökologie als zentrales strategisches Element zur Schaffung neuer Wettbewerbsvorteile (vgl. Kap. 3.2 und 3.3). Demgegenüber basiert die Strategie der Ressourceneinsparung und Effizienzverbesserung insbesondere auf dem Schutz der natürlichen Umwelt. Zur Erfüllung der behördlichen bzw. gesetzlichen Auflagen sowie darüber hinausgehender Ziele ist meist die Einführung eines **Umweltmanagementsystems** erforderlich. Es besteht aus einer eigenen Organisation mit Stellen für Planung, Abläufen, Überwachungssystemen, Ressourcenzuordnungen und Technologien für den Umweltschutz (vgl. *Lauer*, 2014, S. 6). Insbesondere

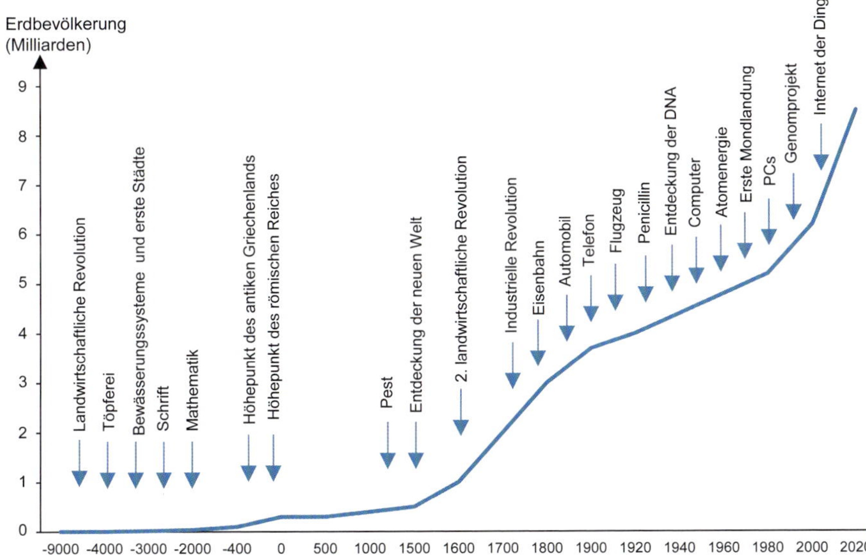

Abb. 2.2.15: Zusammenhang von Bevölkerungs- und Technologieentwicklung (in Anlehnung an Solow, 1956)

ein Planungs- und Kontrollsystem zur Erreichung der Umweltziele, die Beeinflussung ökologieorientierten Verhaltens der Mitarbeiter sowie Informationssysteme zur Ökologieorientierung sind dabei wesentlich. Die Ausgestaltung des Umweltmanagementsystems ist in internationalen Normen wie etwa ISO 14001 ff. geregelt. Die EMAS-Verordnung *(Eco-Management and Audit Scheme)* der europäischen Union beschreibt das betriebliche Umweltmanagement und die Umweltbetriebsprüfung. Auch in der weitergehenden Norm ISO 26000 zur sozialen Verantwortung (Social Responsibility) finden sich Prinzipien und Handlungsfelder, wie sich diese in vorhandene Strategien und Systeme sowie Verfahrensweisen und Prozesse in das Unternehmen integrieren lassen.

Ein Umweltmanagementsystem nimmt folgende **Aufgabenbereiche** wahr (vgl. *Schmiedeknecht/Wieland*, 2012, S. 259; *Schulz*, 2012, S. 280):

- Sicherstellung der Einhaltung behördlicher bzw. gesetzlicher Umweltschutzauflagen im Sinne einer **Nachhaltigkeitscompliance**. Dazu bedarf es der Messung von Umweltwirkungen, etwa von Emissionen, Abwässern oder Bodenverunreinigungen. Für die Relevanz solcher ökologieorientierter Maßnahmen ist nicht nur der Status quo zu berücksichtigen, sondern die Entwicklung von Vorgaben, Richtwerten und Grenzwerten möglichst vorherzusehen. Somit können erforderliche Maßnahmen frühzeitig eingeleitet und durch zeitliche Vorsprünge gegenüber der Konkurrenz ggf. sogar Wettbewerbsvorteile aufgebaut werden.
- Identifikation und Nutzung sowohl ökologisch als auch ökonomisch vorteilhafter Maßnahmen. Im Sinne des Umweltschutzes als Erfolgsfaktor lassen sich **Initiativen** für ökologieorientierte Aktivitäten entwickeln, welche in verschiedenen Bereichen eines Unternehmens umgesetzt werden.
- Durchführung von **Umweltschutzmaßnahmen:** Einige Umweltschutzaktivitäten können nicht verteilt in einem Unternehmen umgesetzt werden, sondern sind von einer zentralen Umweltschutzstelle zu bearbeiten. Dies umfasst etwa technische Maßnahmen zur Verringerung der Umwelteinwirkungen, Vermeidung von nicht vertretbaren Umweltschädigungen und -inanspruchnahmen sowie Kommunikation und Berichterstattung gegenüber Mitarbeitern und Stakeholdern.
- Eine umfangreiche Aufgabe liegt im Koordinieren der ökologischen **Ausrichtung der gesamten Wertschöpfungskette** über das eigene Unternehmen hinaus. Dies erfordert den Einbezug vor- und nachgelagerter Stufen, der allerdings häufig schwierig ist. Die Glaubwürdigkeit eines als ökologisch auftretenden Unternehmens ist jedoch gefährdet, wenn etwa preiswerte Rohstoffe eingekauft werden, die beim Lieferanten unter schlechten ökologischen Bedingungen gefördert werden. Insbesondere im Handel stellt die Verantwortung für die gesamte Wertschöpfungskette eine zentrale Herausforderung dar.

Das betriebliche Umweltmanagement erfordert **Instrumente**, mit welchen ökologische Aspekte in die unternehmerische Entscheidungsfindung integriert werden können (vgl. *Müller*, 2010, S. 77 ff.). Hierzu gehören etablierte Werkzeuge, wie etwa das interne Rechnungswesen, das um umweltschutz- und lebenszyklusorientierte Aspekte erweitert und ergänzt wird. Ökologieorientierte Informationssysteme ermöglichen die Berücksichtigung von Umweltfragen bei unternehmerischen Entscheidungen. Hierzu gehören etwa die Ökobilanzierung, die ökologische Buchhaltung, Materialflusskostenrechnung, Stoff- und Energiebilanzen, Technikfolgenabschätzung, Green Target Costing, Umweltverträglichkeitsprüfungen, Öko-Audits und Früherkennungssysteme. Exemplarisch und aufgrund ihrer Bedeutung werden nachfolgend die Ökobilanzierung in Form des Carbon Accountings und die Materialflusskostenrechnung erläutert.

In Analogie zum ökologischen Fußabdruck kann die Umweltbelastung auch als Kohlendioxid-Fußabdruck (carbon footprint) ermittelt werden (vgl. *Matthes et al.*, 2009). Kohlendioxidemissionen gelten als eine wesentliche Ursache für die globale Klimaerwärmung. Das **Carbon Accounting** (Treibhausgasbilanzierung) erfasst deshalb systematisch sämtliche Emissionen von CO_2 sowie weiteren Treibhausgasen eines Unternehmens. Ihren Treibhausgasausstoß müssen insbesondere Unternehmen mit Produktionsanlagen bilanzieren, die unter das Treibhausgas-Emissionshandelsgesetz (TEHG) fallen. Kohlendioxid wird dabei durch den weltweiten Emissionshandel einem Marktmechanismus unterworfen und die Umweltbelastung somit zum Rohstoff. Betrachtet werden alle Emissionen, die durch Verbrennung in eigenen Anlagen erzeugt werden, aus eingekaufter Energie stammen (z. B. Strom, Gas etc.) sowie aus von Dritten erbrachten Dienstleistungen und erworbenen Vorleistungen resultieren. Darüber hinaus lässt sich auch für einzelne Produkte oder Dienstleistungen ein Kohlendioxid-Fußabdruck ermitteln (vgl. *Dierks*, 2012, S. 198). In die Betrachtung gehen dabei alle Treibhausgase ein, die über den gesamten Produktlebenszyklus freigesetzt werden. Durch das Carbon Accounting werden die wesentlichen Quellen für Treibhausgasemissionen identifiziert und können somit im nächsten Schritt gezielt verbessert werden. Auf dieser Basis können Produktentscheidungen unter ökologischen

Aspekten getroffen werden. Die Autokonzerne *Stellantis* und *General Motors* kaufen etwa CO_2-Zertifikate bei *Tesla*, um Strafzahlungen in Europa und den USA zu vermeiden. Im Jahr 2020 erzielte Tesla damit Einnahmen von rund 1,6 Mrd. US$.

Die **Materialflusskostenrechnung** wurde im Jahr 2011 als Teil der Umweltmanagementnorm DIN EN ISO 14051 geregelt. Dabei werden Material- und Energieflüsse in physikalischen Größen erfasst und monetär bewertet. Hierzu werden die Kostenarten Material, Energie, Systemmanagement (d. h. die Handhabung von Materialflüssen) und Abfallmanagement herangezogen (vgl. *Günther/Prox*, 2012, S. 38). Diese Kosten werden vollständig den Kostenstellen zugerechnet. Somit werden auch Gemeinkostenanteile sichtbar und der sonst schwer zuordenbare Ressourcenverbrauch etwa für Abfall oder Energie wird an den Orten seiner Entstehung sichtbar (vgl. *Jasch*, 2009, S. 79 ff.; *Kunsleben/Tschesche*, 2010, S. 590). Transparenz in den Material- und Energieflüssen kann Verbesserungen in der Verfahrenstechnik, Fertigungsplanung, Qualitätssteuerung und beim Lieferantenmanagement ermöglichen. Letztendlich soll der Ressourcenverbrauch gesenkt sowie die Umweltbelastung verringert werden.

2.2.3 Unternehmenskultur

Die Unternehmenskultur ist für das Unternehmen ein erfolgsbestimmender Faktor. Spätestens seit der Veröffentlichung des Buches „Auf der Suche nach Spitzenleistungen" (vgl. *Peters/Waterman*, 1982; Kap. 3.1) besteht ein reges Interesse am Erfolgsfaktor Unternehmenskultur. Zahlreiche empirische Studien befassen sich mit dem Zusammenhang von Kultur und verschiedenen Erfolgsdimensionen (vgl. z. B. *Deal/Kennedy*, 1983, S. 498 ff.). Eine Untersuchung in Deutschland konnte etwa einen Zusammenhang zwischen den Werten des Unternehmens und dessen Erfolg nachweisen. Dabei sind die am stärksten gelebten Werte Verantwortungs- und Pflichtgefühl, Toleranz sowie Disziplin gegenüber Mächtigeren (vgl. *Schönborn/Peetz*, 2004, S. 16).

Allerdings führen diese Werte zu geringerem wirtschaftlichen Erfolg als Kulturen, die u. a. durch Vision und Tradition sowie durch Eigeninitiative und Ethik geprägt sind (vgl. *Herrmann et al.*, 2004, S. 32).

> Die **Unternehmenskultur** ist die Gesamtheit der in einem Unternehmen vorherrschenden Wertvorstellungen, Traditionen, Überlieferungen, Mythen und Denkhaltungen, welche das Verhalten der Mitarbeiter prägen.

Die Unternehmenskultur entsteht im Laufe der Zeit und ist von der Geschichte des Unternehmens und seiner Umwelt abhängig. Sie wird wesentlich durch den Purpose, die Unternehmensvision und -mission sowie durch das Verhalten der Unternehmensführung geprägt (vgl. *Steinmann et al.*, 2013, S. 652 ff.). Sie spiegelt das erlebte Selbstbild eines Unternehmens wider und prägt dessen Fremdbild bei Führungskräften, Mitarbeitern und externen Stakeholdern. Während die Unternehmenskultur realisierte Werte beinhaltet, beschreiben die Unternehmenswerte ein Selbstbild mit angestrebten Werten und Verhaltensweisen (vgl. Kap. 2.2.1). Die Unternehmenskultur wird daher der Personalfunktion auf der normativen Ebene zugeordnet.

Ebenen der Unternehmenskultur

Die Unternehmenskultur beinhaltet neben den Verhaltensweisen auch nicht sichtbare Merkmale. Es können nach *Schein* die in Abb. 2.2.16 dargestellten drei **Ebenen einer Unternehmenskultur** unterschieden werden (vgl. *Schein/Schein*, 2017, S. 14 ff.):

- **Basisannahmen** sind gemeinsame Grundannahmen aller Mitglieder. Diese betreffen das Menschenbild, die Einstellungen eines Unternehmens zur Umwelt und dessen Zweck. Sie bilden sich im Laufe der Zeit und werden von den Mitgliedern eines Unternehmens als selbstverständlich angesehen. Es sind unbewusste und nach außen unsichtbare Werte und Überzeugungen, die von den Mitgliedern nicht hinterfragt werden. Pflichterfüllung kann etwa eine solche gelebte Grundüberzeugung sein.
- **Normen und Standards** sind Auffassungen darüber, was wünschens- oder erstrebenswert ist. Diese Präferenzen sollen das Verhalten der Mitarbeiter bestimmen. Werden sie von der Mehrheit der Unternehmensmitglieder geteilt, dann werden sie zu Verhaltensmaximen im Sinne einer „Ideologie". Sie sind teilweise unbewusst und nicht immer sichtbar. Der sichtbare Anteil kommt z. B. in Regeln oder Verboten zum Ausdruck. Verhaltensmaximen können etwa Pünktlichkeit bei Besprechungen oder Verhaltensvorgaben auf Geschäftsreisen sein.
- **Symbole und Artefakte** sind das sichtbare Element der Unternehmenskultur. Dazu zählen die von den Unternehmensmitgliedern entwickelten und gelebten Verhaltensweisen und Umgangsformen. Beispiele sind Sitten und Gebräuche (Rituale), Sprache, Kleidungsgewohnheiten, Büroeinrichtung sowie Statussymbole. Beispiels-

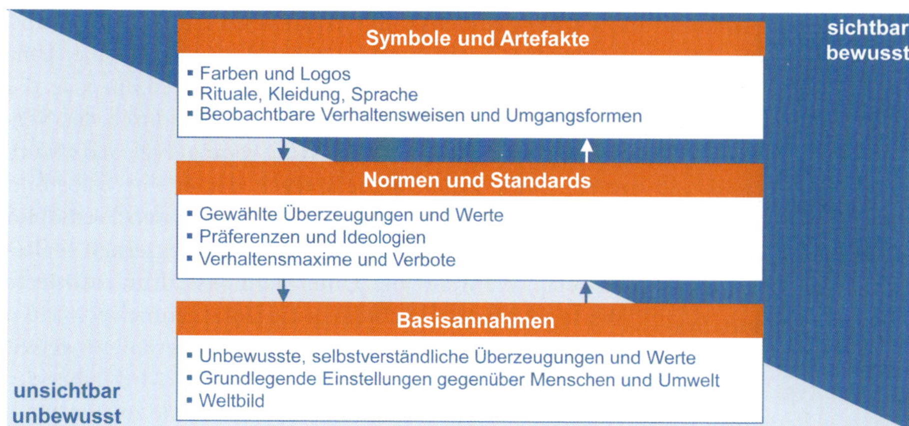

Abb. 2.2.16: Elemente der Unternehmenskultur (vgl. Schein/Schein, 2017, 14 ff.)

weise können die Größe eines Firmenwagens und die Lage des Parkplatzes die hierarchische Stellung eines Mitarbeiters symbolisieren.

Anschaulich wird dieses 3-Ebenen-Modell mit der in Abb. 2.2.17 dargestellten Metapher vom **Seerosenteich** (vgl. *Schein/Schein*, 2017, 21 ff.):

- Bei diesem sind die **Blüten und Blätter** an der Oberfläche des Teiches als Artefakte sichtbar. Um Seerosen gedeihen zu lassen, ist etwa die Wasserqualität wichtig, die nicht unmittelbar wahrzunehmen ist. Anders als es augenscheinlich wirkt, schwimmen Seerosen nicht auf dem Wasser. Man sieht lediglich die Blüten und einen Teil ihrer Blätter an der Oberfläche. Die Stängel der Pflanze liegen unterhalb des Sees und die Wurzeln sind fest mit dem Untergrund verbunden. Analog zu den Pflanzenteilen der Seerose sind auch die Kulturebenen zu begreifen. Die Blüten und Blätter repräsentieren alles, was von außen zu sehen ist. Im Unternehmenskontext sind dies die beobachtbaren Verhaltensweisen und andere Artefakte, Erzeugnisse und Rituale, wie z. B. Presse-Interviews, das Firmen-Organigramm, das Corporate Design, hergestellte Produkte oder die betriebliche Weihnachtsfeier. Je nach Wasserstand und -fluss bewegen sich die Rosenblüten in verschiedene Richtungen. Sie können z. B. durch Wachstum, Jahreszeit oder Insektenbefall ihr Aussehen recht schnell ändern, wie z. B. eine Änderung im Produktportfolio oder ein neues Firmenlogo, und schon schaut die Seerose an der Oberfläche anders aus, und das Unternehmen wird anders wahrgenommen.
- Ein **Gärtner**, der den Seerosenteich pflegt, handelt auf Basis seiner **gewählten Werte** und seiner **Erfahrungen**, was für das Wachstum der Seerosen nützlich ist. Beispielsweise beurteilt er die Wasserqualität und filtert Verunreinigungen heraus oder er düngt die Pflanzen. Der Gärtner steht symbolisch für die Unternehmensführung. Sollten die Seerosen auf dem Teich nicht wie gewünscht gedeihen, dann muss der Gärtner seine Überzeugungen und Werte hinterfragen. Wenn er Seerosen in einer anderen Farbe, Größe oder Form möchte, dann ist es nicht sinnvoll, die Pflanzen anzumalen oder zuzuschneiden. Vielmehr sind die verwendeten Samen, die Wasserqualität oder der Dünger zu ändern, also die unsichtbare DNA des Teiches.
- Die **Wurzeln** sind am trüben Boden des Sees verborgen, graben sich in den Morast und sind nur schwer zu entdecken. Sie halten die Seerose in Position und symbolisieren im Unternehmenskontext diejenigen Basisannahmen und unbewussten Überzeugungen, die dort als selbstverständlich angenommen werden. Sie sind im Denken und Handeln des Unternehmens tief verwurzelt und wirken, ohne dass sie bewusst wahrgenommen werden. Wenn die Führung also die Unternehmenskultur beeinflussen möchte, dann muss sie an diesen Grundannahmen ansetzen.

Abb. 2.2.17: Metapher vom Seerosenteich (vgl. Schein/Schein, 2017, S. 22)

Aus dem Zusammenspiel der einzelnen Elemente entsteht die unverwechselbare Kultur eines Unternehmens. Eine starke Unternehmenskultur ist durch folgende **Merkmale** gekennzeichnet (vgl. *Hungenberg*, 2020, S. 40 f.; *Schreyögg*, 1989, S. 370 f.):

- **Prägnanz:** Die Elemente der Unternehmenskultur sind klar verständlich und treten deutlich hervor, sodass die Mitglieder ihr Verhalten daran ausrichten können.
- **Verbreitung:** Die Unternehmenskultur ist den meisten Mitgliedern bekannt.
- **Verankerung:** Die Unternehmenskultur ist tief im Bewusstsein der Mitglieder verankert.

Die Unternehmenskultur erfüllt folgende **Funktionen** (vgl. *Hungenberg*, 2020, S. 41):

- **Sinngebung:** Die Unternehmenskultur liefert Maßstäbe, an denen das Handeln ausgerichtet und somit auch beurteilt werden kann. Bei starker Verbreitung kann ein „Wir-Gefühl" entstehen, wodurch Motivation und Leistung des Einzelnen gefördert werden.
- **Koordination:** Die gleichgerichtete Wahrnehmung und Interpretation von Informationen stimmt gemeinsame Ziele und Handlungen der Unternehmensmitglieder aufeinander ab. Auf diese Weise kann die Koordination durch Strukturen oder Pläne ergänzt werden.

Neben diesen positiven Effekten beinhaltet eine starke Unternehmenskultur aber auch **Risiken** für die Unternehmensführung. Sie kann den Blick auf Entwicklungen der Unternehmensumwelt versperren und erforderlichen Wandel behindern (vgl. Kap. 6.5). Dies gilt insbesondere für Entwicklungen, die im Widerspruch zum bisherigen Wertesystem stehen. In diesem Fall neigen die Mitglieder dazu, diese Entwicklungen zu ignorieren. In einer dynamischen Umwelt kann dies das Überleben eines Unternehmens gefährden (vgl. *Scholz*, 1988, S. 243 ff.). Unternehmenskulturen können nicht nur nach ihrer Stärke, sondern vielen weiteren Kriterien differenziert werden. Beispielsweise werden etwa „opportunistische" und „verpflichtende" Unternehmenskulturen unterschieden (vgl. *Bleicher*, 2017, S. 243).

Dimensionen der Unternehmenskultur

Eine empirisch fundierte Unterteilung mit hohem Aussagegehalt wurde von *Hofstede* (1928–2020) entwickelt. Der niederländische Kulturwissenschaftler und Sozialpsychologe war Professor an der Universität Maastricht. Sein Forschungsgebiet war die Organisationskultur und er analysierte die Zusammenhänge zwischen nationalen Kulturen und Unternehmenskulturen. Er zeigte, dass nationale und regionale Kulturgruppen einen wesentlichen Einfluss auf

Unternehmenskultur der Würth-Gruppe

Die *Adolf Würth GmbH & Co. KG* wurde 1945 durch *Adolf Würth* im süddeutschen Künzelsau (Baden-Württemberg) gegründet und ist das Mutterunternehmen der global tätigen *Würth-Gruppe*. In seinem Kerngeschäft, dem Handel mit Montage- und Befestigungsmaterial, ist der Konzern Weltmarktführer. Die *Würth Gruppe* besteht aus über 400 Gesellschaften in über 80 Ländern und beschäftigt mehr als 79.000 Mitarbeiter. Das Unternehmen bietet ein Verkaufsprogramm mit über 125.000 Produkten höchster Qualität und erwirtschaftet einen Umsatz von rund 14,4 Mrd. €.

Merkmale der Unternehmenskultur von *Würth* sind:

- **Grundannahmen:** Die *Würth-Gruppe* möchte optimistisch, dynamisch und verantwortungsbewusst handeln und ihre Kunden nicht nur zufriedenstellen, sondern begeistern. Leistung zu fordern und zu fördern, gehört fest zur Unternehmenskultur. In der Firmenphilosophie werden die Werte des Unternehmens beschrieben. Demnach ist die Unternehmenskultur geprägt von gegenseitigem Vertrauen, von Berechenbarkeit, Ehrlichkeit und Geradlinigkeit nach innen und außen.
- **Normen und Standards:** Von den Führungskräften wird ein vorbildliches Verhalten erwartet. Eine wesentliche Maxime ist die dezentrale Ergebnisverantwortung nach der Devise „Je größer die Erfolge, desto höher die Freiheitsgrade". Daraus leiten sich die Normen einer ausgeprägten Leistungs- und Zielorientierung ab.
- **Symbole:** Die Zielerreichung der Außendienstmitarbeiter wird etwa durch unterschiedliche Firmenwagen oder durch Reisen als Anreize für Top-Verkäufer symbolisiert. Weitere Symbole sind die Unternehmensfarbe Rot und das Firmenlogo.

das Verhalten von Unternehmen haben, insbesondere auf deren Organisation und Führung.

Er unterscheidet sechs **Dimensionen**, nach denen sich Unternehmenskulturen beschreiben und abgrenzen lassen (vgl. *Hofstede*, 2002, S. 16 ff.; *Hofstede et al.*, 2017; www.geerthofstede.com):

- **Machtdistanz** (Power Distance Index) ist das Ausmaß, bis zu welchem weniger mächtige Mitglieder eines Unternehmens erwarten und akzeptieren, dass Macht ungleich verteilt ist. Bei hoher Machtdistanz ist die Macht sehr ungleich verteilt, bei geringer Machtdistanz gleichmäßiger verteilt. Die Machtdistanz äußert sich in sozialer Ungleichheit, dem Verhältnis zur Autorität und dem Ausmaß der emotionalen Distanz zwischen Mitarbeitern und Vorgesetzten. Beispielsweise sind Unternehmen in Ländern mit geringer Machtdistanz meist durch einen kooperativen Führungsstil und selbstbewussten Mitarbeitern geprägt.

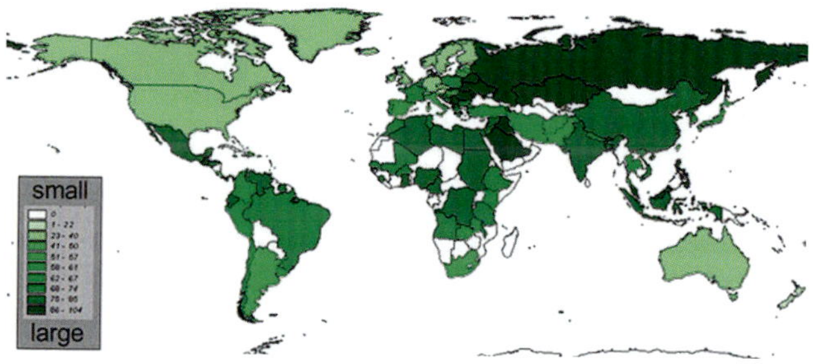

- **Individualismus** (Individualism versus Collectivism) spiegelt Kulturen wider, in denen jeder für sich selbst sorgt und die Rechte des Individuums geschützt werden: Selbstbestimmung, Ich-Erfahrung und Eigenverantwortung sind wichtig. Beim Kollektivismus mit niedrigem IDV-Index steht ein Gemeinschaftsgefühl im Vordergrund, das bedingungslose Loyalität verlangt. In einer kollektivistischen Kultur ist die Integration in jeder Art von Netzwerken im Fokus. Das Wir-Gefühl ist viel charakteristischer für eine solche Kultur. In den meisten europäischen Industriestaaten ist der Individualismus bestimmend, während in asiatischen Ländern das Gruppendenken betont wird.

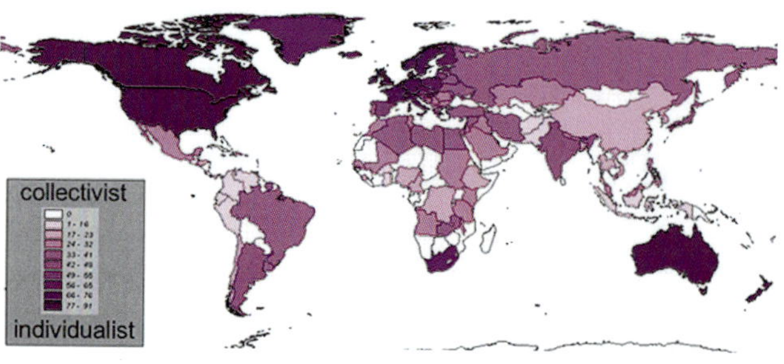

- **Maskulinität versus Femininität** (Masculinity versus Femininity) bezeichnet als Dimension die Ausprägung der vorherrschenden Werte, die bei beiden Geschlechtern etabliert sind. Als feminine Werte zählen Fürsorglichkeit, Kooperation und Bescheidenheit. Maskuline Werte sind hingegen Konkurrenzbereitschaft und Selbstbewusstsein. Ein hoher Index weist auf eine Dominanz „typisch männlicher" Werte hin, ein niedriger MAS-Index auf eine Dominanz „typisch weiblicher" Werte.

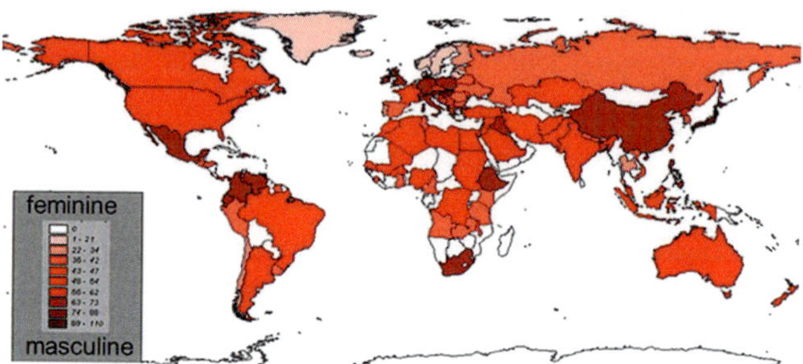

- **Unsicherheitsvermeidung** (Uncertainty Avoidance) bezeichnet den Umgang der Mitglieder mit Ungewissheit oder unbekannten Situationen. Kulturen mit einer hohen Risikovermeidung zeichnen sich durch viele Gesetze, Richtlinien und Sicherheitsmaßnahmen aus. Die Mitglieder sind emotionaler und nervöser. Kulturen, die Unsicherheit akzeptieren, sind tolerant, haben wenige, im Zweifelsfall veränderbare Regeln und neigen zu Relativismus.

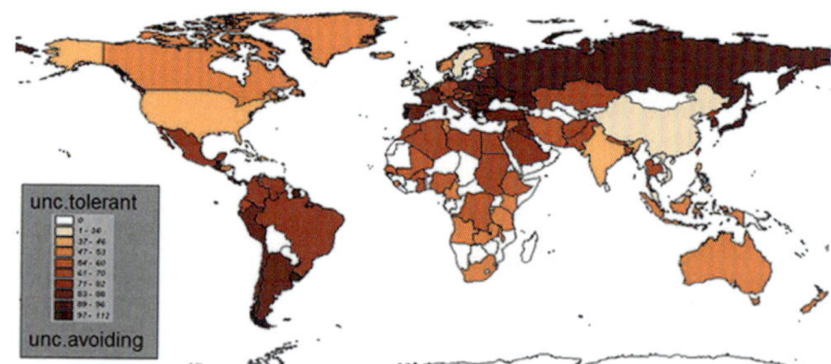

- **Zeitliche Orientierung** (Long-Term Orientation) gibt an, wie groß der zeitliche Planungshorizont in einer Gesellschaft ist. Nach der zeitlichen Ausrichtung des Unternehmens und seiner Mitglieder kann auch zwischen langfristiger und kurzfristiger Orientierung unterschieden werden. Die Werte von Mitgliedern einer Organisation, die langfristig ausgerichtet sind, werden auch als monumentalistisch bezeichnet und sind z. B. Sparsamkeit und Beharrlichkeit. Werte von Mitgliedern kurzfristig ausgerichteter Organisationen (flexhumble) sind z. B. Flexibilität und Egoismus.

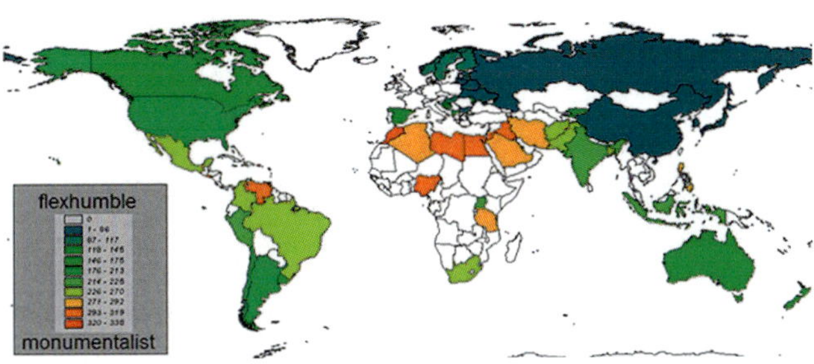

- **Genuss versus Beherrschtheit** (Indulgence versus Restraint) beschreibt das Ausmaß der Akzeptanz der Selbstverwirklichung des Menschen und die Wichtigkeit von Freizeit und Muße.

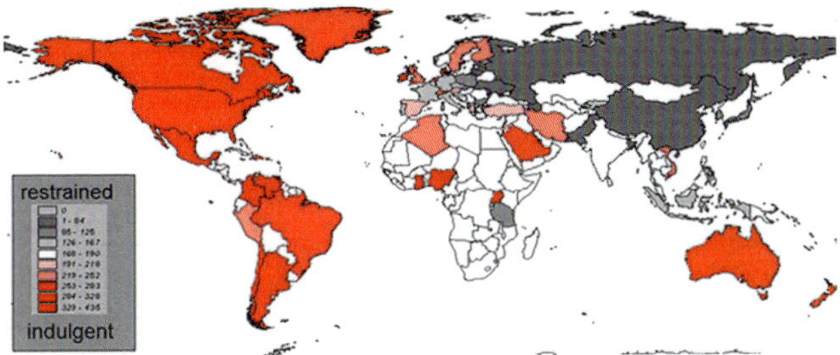

Aus der Kombination dieser Kriterien lassen sich typische kulturelle Ausprägungen in den einzelnen Ländern ableiten. Abb. 2.2.18 zeigt etwa die Einteilung einiger Länder nach den Kriterien Individualismus und zeitlicher Ausprägung. Demnach ist z. B. Deutschland wie auch China sehr langfristig orientiert, allerdings bei großen Unterschieden im Ausmaß der Individualität. Südamerikanische Länder sind dagegen eher kurzfristig orientiert.

Besonders populär und aussagekräftig ist die Klassifizierung nationaler Kulturen durch die Kriterien Machtdistanz und Unsicherheitsvermeidung (vgl. *Hofstede*, 1993, S. 162). Die Gruppierung beruht auf der Bestimmung von Schwellenwerten jeder Dimension und ist in Abb. 2.2.18 vereinfacht dargestellt. Die Gruppen von Unternehmenskulturen geben Auskunft darüber, wie betriebliche Probleme im jeweiligen Land gelöst werden (vgl. *Hofstede*, 2002, S. 17 ff.). Diese Einteilung bildet auch die Grundlage der **interkulturellen Führung** (vgl. *Proff*, 2004, S. 89).

Folgende **Kategorien von Unternehmenskulturen** können unterschieden werden (vgl. *Hofstede et al.*, 2017, S. 198 ff.):

- Die Kultur des **Wochenmarktes** ist von einer geringen Machtdistanz und Unsicherheitsvermeidung geprägt. Aktivitäten erfolgen wenig zentralisiert und schwach strukturiert. Es herrscht weder eine starke Hierarchie, noch gibt es explizit einzuhaltende Vorschriften. Es wird situationsbedingt, flexibel und intuitiv gehandelt, wobei die Koordination oft informell und im persönlichen Gespräch erfolgt. Charakteristisch für derartige Kulturen sind angloamerikanische oder skandinavische Länder, wie z. B. Großbritannien oder Schweden.
- Charakteristisch für das **Familien**-Modell ist eine große Machtdistanz bei schwacher Unsicherheitsvermeidung. Der Geschäftsführer der Organisation symbolisiert die Vaterfigur. Aktivitäten werden wenig strukturiert, dagegen haben persönliche Autorität und soziale Kontrolle eine bedeutende Rolle. Diese Ausprägung ist insbesondere kennzeichnend für die ostasiatische Kultur, wie z. B. in Indien oder China.

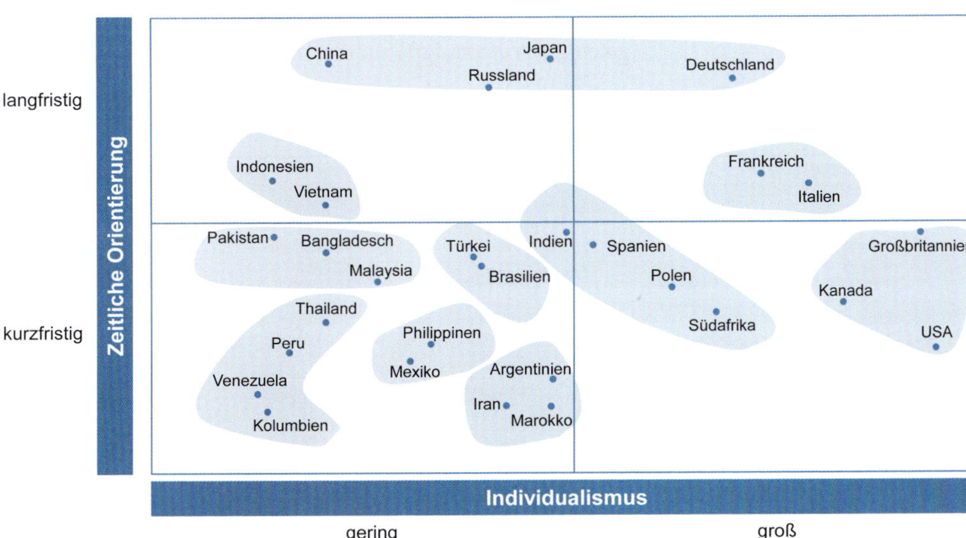

Abb. 2.2.18: Länderkulturen nach Individualismus und Langfristorientierung (www.geerthofstede.com)

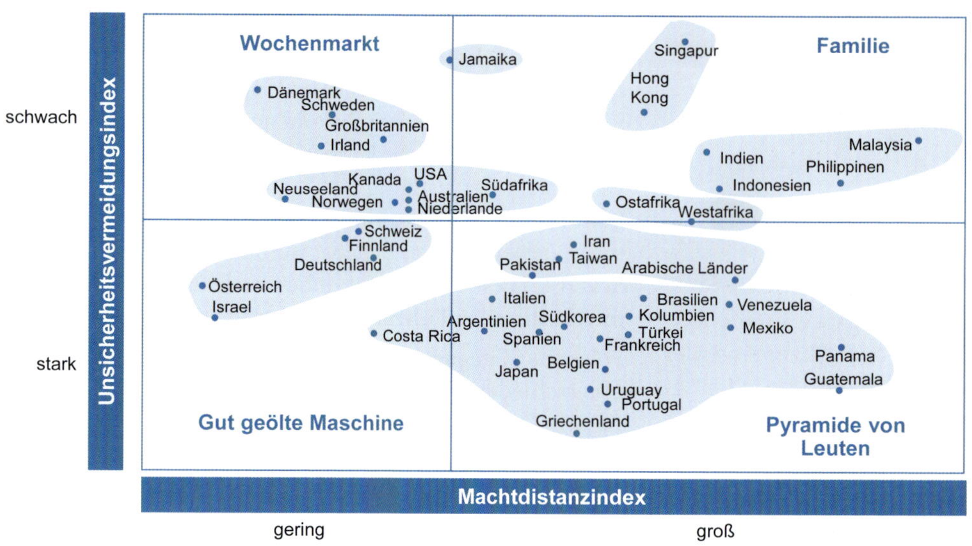

Abb. 2.2.19: Klassifikation von Unternehmenskulturen (in Anlehnung an Hofstede, 1993, S. 197)

- **Gut geölte Maschinen** stehen für eine starke Strukturierung von Aktivitäten, ohne jedoch die Autorität der Unternehmensführung zu betonen. Gekennzeichnet ist diese Kultur durch eine starke Unsicherheitsvermeidung und geringe Machtdistanz. Insbesondere deutschsprachige Länder finden sich in dieser Dimension wieder, bei der ein Einschreiten des Vorgesetzten nur in außergewöhnlichen Fällen erfolgt. Probleme im Tagesgeschäft werden durch Prozessabläufe und Regeln bewältigt.
- Die **Pyramide von Leuten** sieht eine Zentralisierung von Autorität und die Strukturierung der Aktivitäten vor. Die Kultur entspricht einer bürokratischen Prägung mit steilen Hierarchien, Entscheidungszentralisation und großer Unsicherheitsvermeidung. Derartige Kulturen finden sich in romanisch geprägten Ländern, wie z. B. in Frankreich oder Italien.

Werte- und Kulturwandel

Welche Werte vorherrschend und gemeinhin als legitim betrachtet werden, hängt von der religiösen und kulturellen Prägung ab. Darüber hinaus wandeln sich Werte im Laufe der Zeit. Wie Abb. 2.2.20 zeigt, haben sich die Werte in Deutschland in den letzten 70 Jahren mehrfach grundlegend verändert (vgl. *Homburg*, 2015, S. 48). Ein solcher **Wertewandel** einer Gesellschaft wirkt sich auch auf die Philosophie der darin agierenden Unternehmen aus. Die Entwicklung reicht von einer reinen Ausrichtung an ökonomischen Zielen über die Integration sozialer Werte bis zu einer werteorientierten bzw. nachhaltigen Unternehmensführung.

Für die Unternehmensführung ist vor allem von Interesse, wie die Unternehmenskultur geprägt und gestaltet werden kann. Dies ist bei Abweichungen zwischen den angestrebten Unternehmenswerten (vgl. Kap. 2.2.2) mit den gelebten Werten der Unternehmenskultur oder bei Anpas-

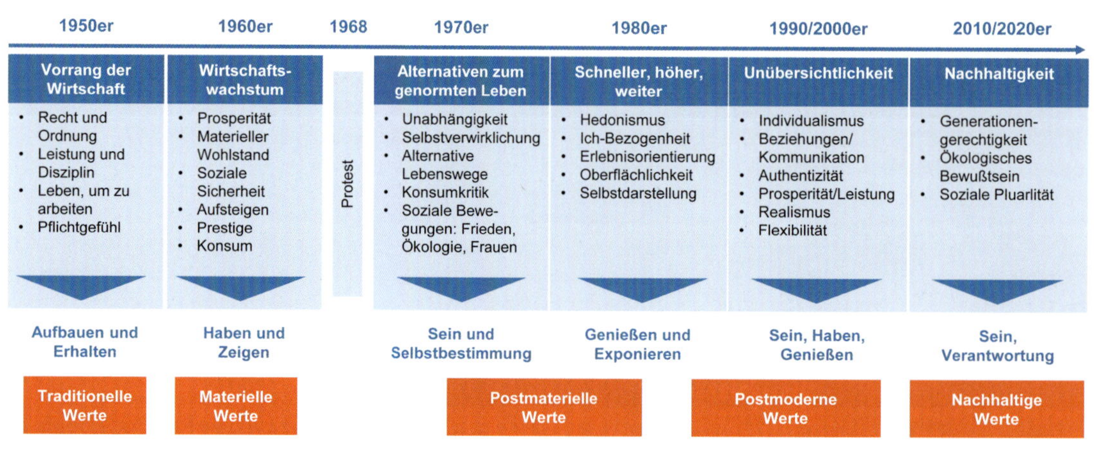

Abb. 2.2.20: Wertewandel in Deutschland (in Anlehnung an Homburg, 2015, S. 48)

sungen an Umweltänderungen erforderlich. Die Werte der Unternehmensphilosophie sind Vorgaben für die Unternehmenskultur (vgl. *Bleicher*, 1994, S. 57 ff.). Zur Kulturbeeinflussung spielen die **Unternehmensmission** und die **Unternehmensidentität** (Corporate Identity) eine zentrale Rolle (vgl. Kap. 2.3).

Allerdings ist davon auszugehen, dass die Unternehmenskultur sich nicht direkt gestalten lässt. Sie entwickelt sich vielmehr in einem Prozess kultureller und sozialer Evolution (vgl. *Schwarz*, 1989). Die Kultur lässt sich somit nur indirekt, aber dennoch gezielt beeinflussen. Sie wird den Mitarbeitern vermittelt und nur selten bewusst erlernt. Kulturelle Traditionen werden übernommen, indem sich bestimmte Handlungsweisen als bevorzugt herausbilden (vgl. *Steinmann et al.*, 2013, S. 653 f.). Reaktionen der Unternehmensführung auf kritische Ereignisse oder Verhaltensweisen sind sichtbare Einflussfaktoren, an denen sich die Mitarbeiter orientieren. Voraussetzung eines **Kulturwandels** ist die Identifikation der Führungskräfte mit den neuen Werten und Normen. Erst dann lassen sich auch die Einstellungen der Mitarbeiter verändern. Die Ausprägung und Gestaltung der verfolgten Strategien, Strukturen und Systeme beeinflussen ebenfalls die Unternehmenskultur (vgl. *Hungenberg*, 2020, S. 42 f.). Abb. 2.2.21 verdeutlicht den Verlauf eines Kulturwandels.

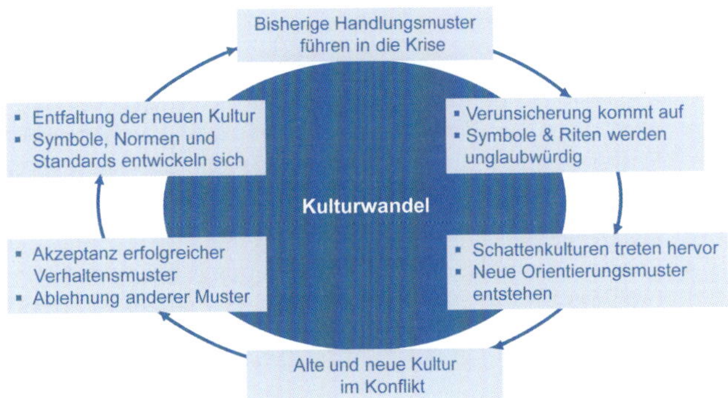

Abb. 2.2.21: Typischer Verlauf eines Kulturwandels (vgl. Steinmann et al., 2013, S. 673)

Zusammenfassung

- Werte sind Vorstellungen, Ideen, Normen oder Verhaltensweisen, die in einer Gemeinschaft als wünschenswert anerkannt sind und deren Mitgliedern Orientierung verleihen. Sie prägen das Verhalten auf allen Ebenen und in allen Funktionen der Unternehmensführung und vermitteln die Sinnhaftigkeit des Handelns.
- Die Unternehmensphilosophie umfasst die grundlegende Daseinsberechtigung sowie die Einstellungen und Überzeugungen eines Unternehmens. Sie konkretisieren den Purpose und bilden die Werte, welche das Denken und Handeln aller Mitarbeiter beeinflussen.
- Ethik ist eine wissenschaftliche Reflektion über das Ethos, ein kritisches Hinterfragen und gegebenenfalls eine Revision von tradierten Normen und Wertvorstellungen.
- Die Wirtschaftsethik reflektiert über ökonomisches Denken und Handeln und untersucht die Beziehung zwischen ökonomischen Grundlagen und gesellschaftlichen Werten, Sitten und Normen sowie die im Unternehmen bestehende Wirtschaftsmoral. Sie lässt sich in Ordnungs-, Unternehmens- und Individualethik untergliedern.
- Unternehmensethik umfasst grundlegende moralische Einstellungen, Überzeugungen und Werthaltungen, die das Denken und Handeln der Unternehmensführung beeinflussen. Sie legitimieren ein Unternehmen und bestimmen die moralische und gesellschaftliche Verantwortung einer Organisation.
- Unternehmen können nach ihrem ethischen Verhalten in unmoralische, legalistische, ethisch reaktive, ethisch engagierte und ethische Unternehmen eingeteilt werden. Kriterien ethischer Unternehmensführung sind dabei Professionalität, Glaubwürdigkeit und Konfliktlösung.
- Die Systeme zur Einhaltung und Durchsetzung der Unternehmenswerte sind Teil der Compliance. Aktivitäten, die auf die Erfüllung der übernommenen gesellschaftlichen Verantwortung von Unternehmen abzielen, lassen sich unter dem Begriff Corporate Social Responsibility (CSR) zusammenfassen.
- Ethikkodizes (Code of Ethics) können als Orientierung für die praktische Umsetzung einer Unternehmensethik dienen.
- Nachhaltigkeit berücksichtigt Ökonomie, Ökologie und Soziales und strebt inter- und intragenerationelle Gerechtigkeit an.
- Eine nachhaltige Entwicklung entspricht den Bedürfnissen der heutigen Generation und schützt die Ressourcen der künftigen Generationen, ohne deren Bedürfnisse einzuschränken.
- Die Integration ökologischer, sozialer und ökonomischer Ziele führt zur nachhaltigen Entwicklung. Wenn das Verhältnis zwischen Wertschöpfung und den ökologischen bzw. sozialen Auswirkungen verbessert wird, ist die Rede von ökonomischer Effektivität.

- Die ökologischen Grenzen des Wachstums sind bereits überschritten und die Ökologieorientierung gewinnt daher zunehmend an Bedeutung.
- Die Unternehmenskultur ist die Gesamtheit der in einem Unternehmen vorherrschenden Wertvorstellungen, Traditionen, Überlieferungen, Mythen und Denkhaltungen, welche das Verhalten der Mitarbeiter prägen.
- Eine Unternehmenskultur besteht aus drei Ebenen. Basis der Unternehmenskultur sind gemeinsame Grundannahmen eines Unternehmens. Normen und Standards sind Präferenzen und Beurteilungsmaßstab des Handelns. Symbolsysteme sind das sichtbare Element der Unternehmenskultur.
- Starke Unternehmenskulturen sind durch Prägnanz, Verbreitung und Verankerung geprägt. Sie stiften Sinn und wirken koordinierend, können aber auch Veränderungen des Unternehmens erschweren.
- Unternehmenskulturen lassen sich nach den Dimensionen Machtdistanz, Individualismus, Maskulinität, Risikovermeidung, zeitliche Orientierung und Genussausrichtung klassifizieren. Damit lassen sich auch interkulturelle Unterschiede erklären und grundlegende Typen von Unternehmenskulturen beschreiben. Demnach gibt es eine Kultur des „Wochenmarktes“, eine „Familienkultur“, „gut geölte Maschinen“ und „Pyramide von Leuten“.
- Unternehmenskulturen sind nicht direkt gestaltbar, sondern werden in einem evolutionären Prozess entwickelt. Für einen Kulturwandel bedarf es zunächst einer eindeutigen und einheitlichen Identifikation der Führungskräfte mit den veränderten Werten und Normen.

Literaturempfehlungen

Bleicher, K.: Das Konzept Integriertes Management, 8. Aufl., Frankfurt/New York 2011.

Hofstede, G./Hofstede, G. J./Minkov, M.: Lokales Denken, globales Handeln, 6. Aufl., München 2017.

Hemel, U.: Wert und Werte, Ethik für Manager, 2. Aufl., München 2007.

Schaltegger, S.: Nachhaltigkeitsmanagement in Unternehmen, Berlin/Lüneburg 2007.

Schein, E. H./Schein, P.: Organisationskultur und Leadership, 5. Aufl., München 2017.

2.3 Vision und Mission

Leitfragen

- Woraus besteht die Unternehmensmission?
- Was ist ein Leitbild und welche Funktionen hat es?
- Worin unterscheiden sich Mission und Vision?
- Wohin will das Unternehmen?
- Was will das Unternehmen in der Zukunft erschaffen?
- Womit leistet das Unternehmen einen Beitrag?

Die Unternehmensphilosophie, die sich aus dem Purpose (vgl. Kap. 2.1) und den Werten (vgl. Kap. 2.2) zusammensetzt, bildet den Ausgangspunkt der **normativen Unternehmensführung**. Der **Purpose** beschreibt die Daseinsberechtigung und den Sinn des Unternehmens. Er benennt den Beitrag zur Umwelt und zum Gemeinwohl, den ein Unternehmen leisten will. Damit wird das Unternehmen und sein Handeln legitimiert. Die **Unternehmenswerte** beschreiben die Werthaltungen und den ethischen Anspruch des Unternehmens und geben ihm Orientierung. An ihnen ist auch die **Unternehmenskultur** ausgerichtet. Damit wird die Frage nach dem Warum und Wofür beantwortet, an die sich die Fragen nach dem Wie und Was anschließen. Die normative Rahmensetzung für die Führungsfunktion Planung und Kontrolle (vgl. Kap. 4.1) bilden die Vision und Mission. Diese werden meist mit den Werten (vgl. Kap. 2.2) zu einem Leitbild zusammengefasst.

Abb. 2.3.1: Einordnung von Vision, Mission und Leitbild in die normative Unternehmensführung

2.3.1 Vision: Wohin wollen wir?

Die Unternehmensvision ist eine **generelle Leitidee** von der Zukunft und bildet eine wichtige Grundlage der normativen Unternehmensführung. „Visionen sind Zukunftsstoff" (*Höhler*, 1996, S. 201), der vor allem in Zeiten des Wandels gefragt ist. Visionen sind das **Leitmotiv des Handelns** und eine treibende Kraft für Veränderungen. Sie dienen der Erzielung von Übereinstimmung und Zusammenhalt, indem sie unternehmerischem Handeln einen Sinn geben. Aufbauend auf dem Purpose ist es einfacher, eine Vision zu entwickeln. Mit einer inspirierenden Vision können Führungskräfte die Motivation ihrer Mitarbeiter stark erhöhen. Eine gute Vision macht deutlich, wofür es sich lohnt, Zeit und Energie zu investieren. Sie regt die kreativen und innovativen Fähigkeiten der Mitarbeiter an, sodass diese sich im positiven Sinne herausgefordert fühlen.

Was eine Unternehmensvision ausmacht, darüber gehen die Auffassungen in Theorie und Praxis weit auseinander: Das Spektrum reicht von einer Absichtserklärung aus der Strategieabteilung bis zur Richtschnur aller Aktivitäten der Unternehmensführung. Nach dem Duden-Fremdwörterbuch ist die Vision „ein inneres Gesicht, eine Erscheinung vor dem geistigen Auge, auch Trugbild". Die Unternehmensvision ist demnach eine mögliche zukünftige Realität, die sich aber auch als Halluzination herausstellen kann.

Eine **Unternehmensvision** ist ein Zukunftsbild, das dem Unternehmen die Richtung weist und dessen interne Anspruchshaltung ausdrückt.

Beispiele aus Politik, Geschichte und Wirtschaft zeigen, wie wirkungsvoll Visionen die **Welt verändern** können (vgl. *Coenenberg et al.*, 2015, S. 20):

- *Christopher Kolumbus* wollte Indien über den Seeweg erreichen.

- *Mahatma Gandhi* wollte die Ketten des britischen Kolonialismus gewaltfrei abstreifen.
- *Gottlieb Daimler* wollte einen Fahrzeugmotor entwickeln, der Pferde ersetzen konnte.
- *Werner von Siemens* wollte das Leben durch Nutzung der Elektrizität erleichtern.
- *Ludwig Erhard* wollte Wohlstand für alle.
- *John F. Kennedy* wollte einen Amerikaner als ersten Menschen zum Mond befördern.
- *Martin Luther King* hatte einen Traum von gesellschaftlicher Gleichberechtigung.

Eine Vision leitet den Weg in die Zukunft und kann Menschen und Organisationen zu Höchstleistungen motivieren. *Hinterhuber* umschreibt dies als „bewusst werden eines Wunschtraums einer Änderung" (2015, S. 75). Das Wesen einer Vision liegt darin, dass sie **Richtungen** weist. Das Zukunftsbild soll nahe genug sein, um als realisierbar angesehen zu werden, aber fern genug, um Begeisterung für eine neue, bessere Wirklichkeit zu wecken. Die Vision zieht keine Grenzen, sondern wirft vielmehr offene Fragen auf. Dies veranschaulicht der Schriftsteller *de Saint-Exupéry*: „Wenn Du ein Schiff bauen willst, dann trommle nicht Männer zusammen, um Holz zu beschaffen, Aufgaben zu vergeben und die Arbeit einzuteilen, sondern lehre sie die Sehnsucht nach dem weiten, endlosen Meer" (*Saint-Exupéry*, 1948, S. 139).

Unternehmensvisionen sind keine Phantastereien, sondern klare, anspruchsvolle, langfristige und emotional ansprechende Zukunftsbilder. Sie unterscheiden sich von einer allgemeinen abstrakten Anweisung, wie z. B. „sein Bestes zu geben". Visionen sind ein spezifischer Ankunftsort, ein Bild von einer gewünschten Zukunft, auf die es sich lohnt, hinzuarbeiten. Die Unternehmensvision beantwortet die Frage, was ein Unternehmen langfristig anstrebt. Als anschauliches Beispiel kann die Vision der Mondlandung aus der Rede des US-Präsidenten *John F. Kennedy* am 25. Mai 1961 vor dem Kongress dienen: „Ich glaube, dass diese Nation sich dazu verpflichten sollte, noch vor Ende dieses Jahrzehnts einen Menschen auf dem Mond landen zu lassen und ihn dann wieder sicher zur Erde zurückzubringen."

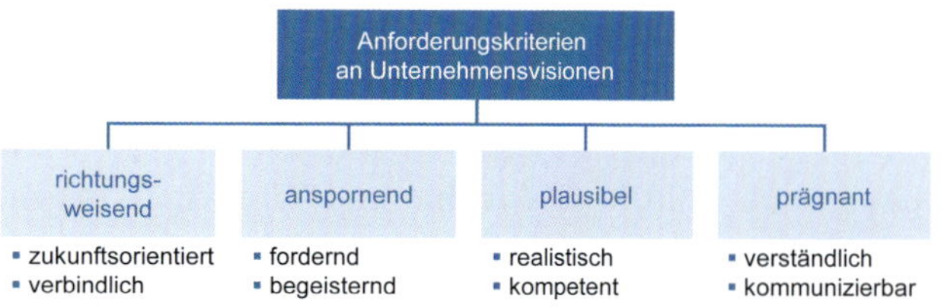

Abb. 2.3.2: Erfolgskriterien von Unternehmensvisionen (vgl. Coenenberg et al., 2015, S. 23)

Die Mitarbeiter stehen morgens nicht dafür auf, um die Nummer 3 im Markt zu werden. Ein Unternehmen braucht einen echten Sinn, eine Vision, welche die Mitarbeiter emotional packt. *Martin Luther King* sagte sehr bewusst: „I have a dream" und nicht „I have a plan" (vgl. *Sinek*, 2009).

Erfolgreiche und inspirierende Visionen sollten idealerweise folgende **Anforderungen** erfüllen (vgl. *Hinterhuber*, 2015, S. 76 f.; *Sichart/Preußig*, 2019, S. 164):

- **Richtungsweisend:** Die Unternehmensvision schafft eine verbindliche Orientierung und dadurch Kontinuität über einen langen Zeitraum. Dabei setzt sie einen klaren Fokus, der weit genug entfernt ist, um bei sich ändernden Bedingungen ein alternatives Vorgehen zuzulassen.
- **Anspornend:** Eine Vision soll eine echte Herausforderung darstellen. Sie erfordert Offenheit und Kreativität, um Dinge neu anzugehen und die Zukunft zu entwickeln. Damit soll sie zugleich Begeisterung, Verantwortung und positive Emotionen erzeugen.
- **Plausibel:** Wenn eine Unternehmensvision erreichbar, einleuchtend und glaubwürdig ist, kann sie die Mitarbeiter begeistern. Sie sollte ambitioniert, aber dennoch realisierbar sein.
- **Prägnant:** Visionen sollten einfach, knapp und verständlich formuliert sein, um ein leicht vorstellbares Zukunftsbild zu vermitteln.

Sind nicht alle vier Anforderungskriterien erfüllt, so handelt es sich eher um Leitsätze oder **Slogans**. Abb. 2.3.3 zeigt Beispiele für Visionen im Unterschied zu prägnanten, aber nicht unbedingt richtungsweisenden Slogans.

Die Beispiele zeigen, dass die dargestellten Unternehmensvisionen zwar die vier Anforderungskriterien erfüllen, jedoch trotzdem sehr unterschiedlich sind. Visionen können deshalb in die folgenden **Kategorien** unterteilt werden, die in Abhängigkeit der jeweiligen Unternehmenssituation jeweils auf unterschiedliche Stärken abzielen (vgl. *Coenenberg et al.*, 2015, S. 27 f.; *Collins/Porras*, 2005, S. 66 ff.):

- **Orientierung an anderen Unternehmen:** Dieser Visionstyp empfiehlt sich, wenn ein Wettbewerber direkt angegriffen oder als Vorbild für die langfristige interne Ausrichtung genutzt werden soll. Beispiele hierfür sind „Crush Adidas" von *Nike* oder „Become the *Harvard* of the West" der *Stanford University*. Durch den Bezug auf ein erfolgreiches und bekanntes Beispiel wird den Mitarbeitern das gemeinsame Ziel leicht und schnell bewusst, sofern das Referenzunternehmen ausreichend bekannt ist.

Unternehmen	Unternehmensvision	Slogan
Boeing 1950er-Jahre	„Become a dominant player in commercial aircraft and bring the world into jetage“	„Delivering quality airplanes and world-class customer services“
Nike 1960er-Jahre	„Crush Adidas“	„Just do it“
General Electric 1980er-Jahre	„Number 1 or 2 in the industry“	„We bring good things to life“
McDonalds 1990er-Jahre	„To be the world's best quick-service restaurant experience“	„Ich liebe es“
J.P. Morgan 2010	„To be the world's most trusted and respected financial services institution“	„Doing only first-class business and that in an first class-way“
Royal Dutch Shell 2010	„To be the Top Performing and Most Admired Refinery in Asia“	„Surpassing Limits“
bhp billton 2010	„To be the first choice in pure Manganese. This means the first choice employer, supplier and customer“	„Resourcing the future“
Volkswagen	„Shaping mobility – for generations to come“	„Aus Liebe zum Automobil“
Mercedes-Benz Group	„Ambition 2039“: Wir streben eine CO_2-neutrale Neuwagen-Flotte in 20 Jahren an“	„Das Beste oder nichts“

Abb. 2.3.3: Beispiele für Visionen und Slogans

- **Orientierung an den Marktverhältnissen:** Ist kein relevanter Wettbewerber auszumachen oder das Unternehmen ist bereits Marktführer, so kann eine Unternehmensvision die Aufmerksamkeit auf den Markt richten. Als US-Marktführer gab Firmengründer *Sam Walton* seinem Unternehmen *Wal-Mart* im Jahr 1991 die Vision „Become a USD 125 billion company by the year 2000“. Diese Visionsformulierung ist schon als Ziel konkretisiert, allerdings mit einem sehr langen Zeithorizont. Ihre Verwirklichung bedeutete die Erreichung starker Marktpositionen auf vielen Absatzmärkten der Welt.
- **Orientierung am Kunden:** Für Unternehmen aus der Konsumgüterindustrie oder Dienstleister eignen sich Unternehmensvisionen, die den Kunden in den Mittelpunkt stellen. So folgt etwa *Amazon* der Vision *„We seek to be Earth's most customer-centric company.“* (www.amazon.com).
- **Orientierung am bestehenden Geschäftsmodell:** Steht die operative Exzellenz als Erfolgsfaktor im Vordergrund, so kann die Unternehmensvision unmittelbar darauf bezogen sein. *Motorola* stellt z. B. mit seiner Vision die Innovationskraft in den Vordergrund: „*Motorola* widmet sich der Aufgabe, die besten Mobilfunkgeräte der Welt zu erfinden und anzubieten, um das Leben von Millionen Menschen leichter, kommunikativer und vielfältiger zu gestalten“ (www.motorola.de).
- **Orientierung an künftigen Geschäftsmodellen:** Um strukturelle Umbrüche zu bewältigen oder in neue Geschäftsfelder vorzudringen, kann das künftige Geschäftsmodell Gegenstand der Unternehmensvision sein. *George Merck* formulierte in den 1930er Jahren die Vision seines damals noch jungen Unternehmens: „Transform this company from a chemical manufacturer into one of the most prominent drug-making companies in the world, with a research capability to rival any major university“.

Unternehmensvision von GE

General Electric (GE) ist ein globales Technologie-, Service- und Finanzunternehmen mit mehr als 205.000 Mitarbeitern in über 100 Ländern. Es konzentriert sich auf die Geschäftsfelder Energie, Gesundheitswesen, Transport und Infrastruktur.

Die Unternehmensvision von *General Electric* zu Zeiten des *CEO Jack Welch* (1935 bis 2020) lautete: „Die wirklichen Wachstumsbranchen aufzuspüren und darin tätig zu werden, und darauf zu beharren, in jeder Branche … den ersten oder zweiten Rang zu erobern.“ (*Welch/Byrne*, 2002, S. 2). Anhand der vier Anforderungskriterien zeigt sich die Stärke der Vision von *General Electric*. Sie galt als verbindliche Vorgabe für jeden Geschäftsbereich und wies eine eindeutige Richtung. *Jack Welch* ist es gelungen, nahezu allen Mitarbeitern seine Unternehmensvision klarzumachen. Die Mitarbeiter waren hoch motiviert, sie in ihrem jeweiligen Bereich umzusetzen. Erfolgsbeispiele und konsequentes Handeln machten die Vision plausibel.

Beispiele für erfolgreiche Unternehmensvisionen sind:

- *Google:* „Provide access to the world's information in one klick“ (www.about.google).

- *Lego* im Jahr 1998: „We want consumers by 2005 to view the LEGO brand as the strongest positioned in the world among families with children.“ (www.lego.com)
- *SpaceX:* „Making Humanity multiplantetary“. Formuliert als Zukunftsbild: „You want to wake up in the morning and think the future is going to be great – and that's what being a spacefaring civilization is all about. And I can't think of anything more exciting than going out there and being among the stars.“ (www.spacex.com).
- *Wikipedia:* „Imagine a world in which every single person is given free access to the sum of all human knowledge.“
- *Biontech:* „Wir wollen die Krebsmedizin individualisieren. Stellen Sie sich vor, Sie könnten die Therapie für jeden einzelnen Krebspatienten individualisieren, basierend auf den genetischen Merkmalen des jeweiligen Tumors.“ (www.biontech.de)

Visionsfindung

Um die genannten Funktionen zu erfüllen, ist es nicht mit der Formulierung einer Unternehmensvision getan. Erst wenn die Mitarbeiter die Vision verinnerlichen und ihr tägliches Verhalten danach ausrichten, kann sie ihre volle Kraft entfalten und das Unternehmen verändern. Deshalb müssen Unternehmensvisionen nicht nur ausgearbeitet, sondern im Unternehmen verankert und gelebt werden (vgl. *Senge*, 2017, S. 225 ff.).

Bei der **Visionsfindung** geht es darum, ein tragendes Bild für die Zukunft zu entwickeln:

- Gerade bei kleineren Firmen oder Pionierunternehmen erfolgt dies häufig durch visionäre Führungspersönlichkeiten (vgl. *Rebmann*, 1996, S. 148; *Sashkin*, 1988, S. 123 ff.). Hier ist es meist die **individuelle Vision** des Eigentümers, welche das Unternehmen in die Zukunft leiten soll. Historisch gesehen waren unternehmerische Pionierleistungen meist das Werk herausragender, visionärer Persönlichkeiten (vgl. *Magyar*, 1989, S. 5). Einige Beispiele sind *Gottlieb Daimler, Karl Benz, Werner von Siemens, Ferdinand Porsche, Robert Bosch, Bill Gates* oder *Steve Jobs*. Die Unternehmensvision beruht in diesem Fall auf einem umfassenden Markt- und Branchenverständnis und den individuellen Überzeugungen des Unternehmers. Sie wird allerdings selten in einem strukturierten Prozess aufgestellt. Der Visionär verkörpert seine Vision, die sein Handeln bestimmt. Diese Glaubwürdigkeit wirkt stark motivierend und integrierend. Das persönliche Vorbild und Vorleben sorgt für eine konsequente Realisierung der Unternehmensvision, sofern der Unternehmer die Macht hat, seinen Zukunftsentwurf durchzusetzen. Häufig sind diese Führungspersönlichkeiten daher Gründer oder Eigentümerunternehmer. So hatte *Jeff Bezos* für *Amazon* Ende der 1990er-Jahre die Vision, einen „Ort zu erschaffen, an dem man nahezu alles kaufen kann“.

Vision von Microsoft

Microsoft

Die Unternehmensvision von *Bill Gates* Anfang der 1980er-Jahre lautete: „A computer on every desk and in every home“. Sie konnte die Mitarbeiter von *Microsoft* über viele Jahre dazu motivieren, gemeinsam an ihrer Verwirklichung zu arbeiten (vgl. *Coenenberg et al.*, 2015, S. 21).

Die Vision lässt offen, wie das Ziel zu erreichen ist und spornt damit die Mitarbeiter an, selbst nach einem Weg zu suchen. Der Schlüssel für die Umsetzung der Unternehmensvision war neben einem erschwinglichen Preis vor allem die einfache Bedienbarkeit der Rechner durch ein benutzerfreundliches Betriebssystem. Diese Vision führte zur Entwicklung von *Windows* und machte *Bill Gates* zu einem der reichsten Menschen der Welt.

- Ist eine derartige visionäre Führungspersönlichkeit nicht vorhanden, dann ist in einem strukturierten Prozess aus den Ideen ausgewählter Führungskräfte und Mitarbeiter eine Unternehmensvision zu erarbeiten. Dies ist vor allem in Großunternehmen die übliche Vorgehensweise. Bei der **kollektiven Visionsfindung** erarbeiten Mitarbeiter aus allen Funktionsbereichen und Verantwortungsebenen gemeinsam die Unternehmensvision (vgl. *Coenenberg et al.*, 2015, S. 30 f.). Bei der Auswahl geeigneter Teammitglieder sind sowohl kreative Köpfe als auch Multiplikatoren für die anschließende Verankerung im Unternehmen wichtig. Wie viele und welche Mitarbeiter beteiligt werden, hängt von der Größe und Organisationsstruktur des Unternehmens ab. Abweichungen zwischen Selbst- und Fremdbild eines Unternehmens können durch die unvorbelasteten Sichtweisen Unternehmensexterner, wie z. B. Kunden, Lieferanten, Berater oder Wissenschaftler, verhindert werden (vgl. *Hinterhuber*, 2015, S. 80).

Um zu gewährleisten, dass die beteiligten Personen alle wesentlichen Vorstellungen und Interessen eines Unternehmens berücksichtigen, kann im Rahmen des **Ent-**

wicklungsprozesses auch nach und nach ein größerer Kreis an Mitarbeitern eingebunden werden. Ob eine Vision wirklich erfolgreich ist, hängt letztlich davon ab, ob sie die Mitarbeiter begeistern kann und sich diese damit identifizieren. Dies setzt jedoch meist einen langwierigen Abstimmungsprozess im Unternehmen voraus, der in der Praxis oft umgangen wird. Doch dann ist die Gefahr groß, dass statt eines gemeinsamen Zukunftsbildes nur platte Slogans formuliert werden. So können beispielsweise mehrere Wettbewerber einer Branche danach streben, Marktführer zu werden. Derartige Unternehmensvisionen sind jedoch im besten Fall werbewirksam, beeinflussen das Handeln eines Unternehmens aber kaum (vgl. *Bleicher*, 2017, S. 115).

Vision von Bosch Thermotechnik

BOSCH

Die *Bosch Thermotechnik GmbH* steht für den Geschäftsbereich Thermotechnik der *Bosch-Gruppe* und ist mit ihren internationalen Tochtergesellschaften ein führender europäischer Hersteller von ressourcenschonenden Heizungsprodukten und Warmwasserlösungen. Das Unternehmen verfügt über starke internationale und regionale Marken und ein differenziertes Produktspektrum, das in elf Ländern Europas, Nordamerikas und Asiens produziert wird.

Die Aufstellung einer neuen Unternehmensvision für den Geschäftsbereich Thermotechnik war nach mehreren Akquisitionen erforderlich, um die gekauften Unternehmen zu integrieren. Für die Schaffung einer gemeinsamen Identität stellte die Unternehmensführung ein internationales Team aus den Leitungen aller Funktionsbereiche und Länder zusammen. In mehreren moderierten Workshops wurde über die strategischen Herausforderungen der Zukunft und die Identität des Unternehmens diskutiert. Daraus entstand die Vision „Leading in the World of Warmth". Um sie zu erreichen, wurde u. a. die *Buderus AG* gekauft, sodass das Unternehmen heute in der Branche weltweit führend ist.

Als Orientierung für die Formulierung einer unternehmerischen Vision dienen die erläuterten Anforderungskriterien. Zudem können die **Leitsätze** zur Visionsfindung in Abb. 2.3.4 genutzt werden.

Empfehlungen zur wirkungsvollen Erstellung und Kommunikation sind (vgl. *Sichart/Preußig*, 2019, S. 165 f.):

- Die Vision so einfach wie möglich formulieren und dabei Bilder und Metaphern verwenden.
- Die Vision im Dialog mit den Beteiligten im formalen und informellen Austausch entwickeln.
- Mögliche Widersprüche aufdecken und erläutern.

Positive Leitsätze	Negative Leitsätze
▪ Beobachte offenen Sinnes! ▪ Denke in Alternativen! ▪ Sammle Erfahrungen! ▪ Denke positiv! ▪ Sei aufmerksam! ▪ Versetze dich in die Lage der Anderen! ▪ Sei Herr deines Vorstellungsverlaufes! ▪ Was könnte dein ganz persönliches Werk sein? ▪ Erweitere deine Möglichkeiten! ▪ Habe Sinn für Humor!	▪ Vermeide negative Emotionen! ▪ Identifiziere dich nicht mit den Dingen! ▪ Vermeide Projektionen!

Abb. 2.3.4: Leitsätze zur Visionsfindung (vgl. Hinterhuber, 2015, S. 78 f.)

- Die Führungskräfte sollen als Vorbild vorangehen und im Einklang mit der Vision handeln.

Wichtige Voraussetzungen für die Wahrnehmung und **Verankerung** einer Unternehmensvision sind, dass die Mitarbeiter und Führungsebenen möglichst früh informiert und in den Prozess der Visionsfindung einbezogen werden. Entscheidend ist auch, dass die Unternehmensführung geschlossen hinter der erarbeiteten Unternehmensvision steht (vgl. *Coenenberg et al.*, 2015, S. 33 f.). Eine gemeinsame Vision erzeugt ein Gefühl von Gemeinschaft, das die Organisation durchdringt und die unterschiedlichsten Aktionen zusammenhält. Mitarbeiter fühlen sich stärker mit ihrem Unternehmen verbunden, wenn es eine Vision gibt und sie sich mit ihr identifizieren können (vgl. *Senge*, 2017, S. 252). Allerdings gibt es auch Visionen, die nichts als leere Floskeln in Hochglanzbroschüren sind und im Alltag keinerlei Relevanz haben. Diese entfalten keine positive Wirkung, werden belächelt oder schaden gar dem Unternehmen und seinem Image (vgl. *Sichart/Preußig*, 2019, S. 163). Dies führt schnell zu Desillusion und Misstrauen, statt zu Inspiration und Motivation (vgl. *Zahn/Dillerup*, 1995, S. 59).

Die **Verankerung der Unternehmensvision** erfolgt am besten in zwei **Schritten** (vgl. *Bleicher*, 2017, S. 114 f.; *Senge*, 2017, S. 225 ff.):

- **Allgemeine Bekanntmachung:** Ausgehend von der Unternehmensführung wird die Unternehmensvision auf allen Ebenen des Unternehmens sowie den Kunden, Aktionären und anderen Anspruchsgruppen kommuniziert. Je mehr Beteiligte einbezogen werden, desto größer ist die Wahrscheinlichkeit einer umfassenden Durchdringung und Verankerung der Vision. Zudem wird dadurch ein Erfüllungsdruck im Unternehmen erzeugt. Außergewöhnliche Kommunikationsformen und symbolträchtige Gesten können die Bedeutung und den besonderen Charakter der Unternehmensvision unterstreichen. Dies kann etwa in einer Betriebsversammlung an einem symbolträchtigen Ort geschehen. Die Vorstellung der Vision kann durch zentrale oder dezentrale Veranstaltungen, mittels Videos, Rundschreiben, Poster, Webpages oder interaktiven Medien erfolgen. Die Aufmerksamkeit sollte bis in den letzten Winkel der Organisation geweckt werden. Die Ernsthaftigkeit einer Unternehmensvision kann auch durch nachvollziehbare Maßnahmen, wie z. B. Reorganisation oder Anpassung der Anreiz- und Vergütungssysteme, unterstrichen werden. Da eine Vision immer auch Veränderungsdruck erzeugt, sollte sie als positives Zukunftsbild kommuniziert werden. Auf diese Weise kann auch die erforderliche Wandlungsbereitschaft (vgl. Kap. 6.5) bei den Mitarbeitern erzeugt werden.

- **Vermittlung der individuellen Bedeutung**: Damit für die Mitarbeiter die Verwirklichung der Unternehmensvision zu einem persönlichen Anliegen wird, ist sie ihnen verständlich und für ihren Arbeitsalltag greifbar zu machen. Möglichkeiten bieten Gruppendiskussionen, Workshops oder Vier-Augen-Gespräche. Auf diese Weise soll die Vision zur Richtschnur der täglichen Arbeit werden.

Lebenszyklus von Visionen

Ist eine Unternehmensvision verankert, dann sollte das Unternehmen langfristig danach streben, diese zu realisieren. Hierfür ist sie in den Unternehmenszielen, der Planung, den organisatorischen Strukturen und der Personalführung zu berücksichtigen, um auf diese Weise zu einem Bestandteil des Unternehmensalltags zu werden. Eine Vision nachhaltig im Bewusstsein des Unternehmens präsent zu halten und konsequent zu verfolgen, ist eine wichtige Aufgabe der Unternehmensführung.

Aufgabe einer tragfähigen Unternehmensvision ist es, eine langfristige Orientierung für die Entwicklung des Unternehmens zu liefern. Darin zeigt sich die Qualität einer Vision als Grundlage für unternehmerisches Handeln (vgl. *Bleicher*, 2017, S. 120). Häufige Anpassungen untergraben die Glaubwürdigkeit der Unternehmensvision und lassen Zweifel an der Qualität der Unternehmensführung aufkommen. Dennoch sind auch die erfolgreichsten Visionen nicht für immer gültig. Grundsätzlich unterliegen alle Unternehmensvisionen einem **Lebenszyklus**. Dessen Dauer kann sehr unterschiedlich sein. In dynamischen Branchen mit häufigen Wettbewerbs- oder Technologieänderungen können Visionen ein recht kurzes Haltbarkeitsdatum aufweisen. Da die Entwicklung und Verankerung einer Vision in größeren Unternehmen bis zu drei Jahre dauert, sind die Erfordernisse einer Visionsänderung so früh wie möglich zu erkennen (vgl. *Coenenberg et al.*, 2015, S. 35).

Hinweise auf eine Überalterung der Unternehmensvision finden sich sowohl im Unternehmen als auch im Unternehmensumfeld. Interne Indikatoren sind beispielsweise, dass die Ziele weitgehend erreicht sind oder sich als unrealistisch erweisen. Dann geht von der Vision kein Anreiz mehr aus. Die Wettbewerbssituation kann sich etwa wegen Unternehmensübernahmen verändern. Darüber hinaus ist der Wandel von Technologien, Branchen oder Kundenbedürfnissen möglich. Die Unternehmensführung sollte deshalb bei Anzeichen beginnender Überalterung frühzeitig eine Überarbeitung einleiten (vgl. *Coenenberg et al.*, 2015, S. 36). Wird ein **Visionswechsel** erforderlich, so ist dies eine tiefgreifende Veränderung. Die bisherigen Werte und die grundlegende normative Ausrichtung wandeln sich. Um Verunsicherung und Orientierungslosigkeit zu vermeiden, ist die rechtzeitige Entwicklung einer neuen Unternehmensvision von großer Bedeutung. Dies gilt umso mehr, je anhaltender und erfolgreicher eine vorausgehende Vision war (vgl. *Bleicher*, 2017, S. 120).

Visionen sind auch vom **Lebenszyklus eines Unternehmens** abhängig (vgl. *Bleicher*, 2017, S. 120 ff.; *Mann*, 1990, S. 37 ff.). Für die Gründung eines Unternehmens spielt die Unternehmensvision eine zentrale Rolle, da sie der Ausgangspunkt des unternehmerischen Engagements ist. Im Zuge der Unternehmensentwicklung geht die Vision des Gründers zunehmend verloren. Es kommen neue Menschen hinzu, sodass aus der individuellen Prägung der

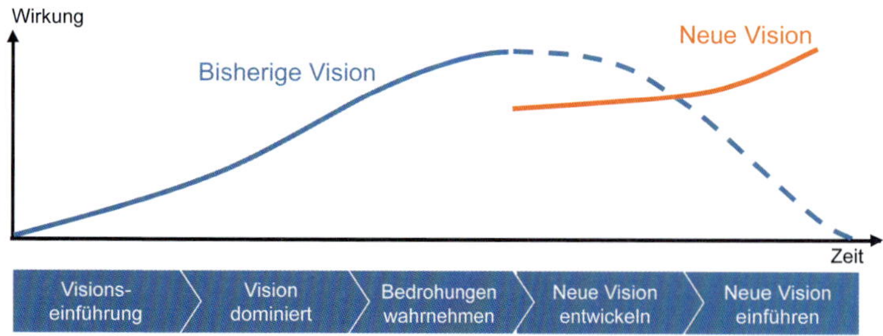

Abb. 2.3.5: Lebenszyklus von Visionen (vgl. Coenenberg et al., 2015, S. 35)

Bechtle gibt sich die vierte Vision

Die *Bechtle AG* ist ein IT-Systemhaus mit 75 Standorten in der D-A-CH-Region sowie Handelsgesellschaften in 14 europäischen Ländern. Der Hauptsitz der Gesellschaft ist in Neckarsulm, Baden-Württemberg. Das Geschäftsmodell verbindet IT-Dienstleistungen mit dem Direktvertrieb von IT-Produkten. Schwerpunkte sind der Handel mit Hard- und Software sowie der Betrieb und die Wartung von IT-Infrastruktur bei Industriekunden und öffentlichen Auftraggebern. Darüber hinaus bietet das Unternehmen Beratungsleistungen, Systemintegration und Schulungen an. *Bechtle* ist seit 2019 das größte IT-Systemhaus in Deutschland (www.bechtle.com).

Das im Jahr 1983 gegründete Unternehmen hat bereits zu Beginn seine erste Vision formuliert. Im Jahr 1988 lautete diese, den Börsengang für das Jahr 2000 anzustreben. Exakt seit dem Jahr 2000 ist *Bechtle* an der Börse und heute im TecDAX und im MDAX gelistet. Im Jahr 1998 setzte sich das Unternehmen für das Jahr 2010 die zweite Vision. Die Zielmarken darin waren 2 Mrd. € Umsatz und 5.000 Mitarbeiter. Diese Vision wurde 2011 erreicht. Bereits 2008 wurden die Ziele für die Vision 2020 ausgegeben. Darin wurden 10.000 Mitarbeiter und 5 Mrd. € Umsatz festgeschrieben, bei einer Vorsteuerrendite von fünf Prozent. Das Umsatz- und Mitarbeiterziel dieser Vision wurde übertroffen, während die Rendite leicht darunter blieb.

So wurde im Jahr 2018 zum vierten Mal zwölf Jahre in die Zukunft geschaut und ein Zielbild festgeschrieben. Bei der Vision 2030 will *Bechtle* erneut eine Verdopplung beim Umsatz bei konstanter Profitabilität erreichen. Dabei hat sich *Bechtle* viel vorgenommen. Intern und in der Präsentation der Vision wird dies zusammengefasst als „Tiefstapeln ist keine Option: *Bechtle* stellt sich weiter ambitioniert auf." Die Formulierung der Vision 2030 wurde in einem intensiven, iterativen Entwicklungsprozess unter Beteiligung zahlreicher Mitarbeiter erarbeitet. Darin sind klare Zahlen genannt, an denen sich das Unternehmen messen wird. Die selbst gestellten Ansprüche sind so formuliert, dass sich Mitarbeiter, Kunden, Aktionäre, Partner und alle anderen Stakeholder vorstellen können, welches Zukunftsbild *Bechtle* als IT-Zukunftspartner entworfen hat (vgl. *Fritze*, 2018).

Bei der Bekanntgabe der Vision 2030 betonte der Vorstand, dass gerade in Zeiten, die durch Schnelllebigkeit, Volatilität, Unsicherheit, Komplexität und stetigen Wandel geprägt sind, eine Vision für ein erfolgreiches Unternehmen wichtig sei. „Die Vision 2030 gibt eine Richtung vor, sie setzt Leitplanken und bietet Orientierung über das Tagesgeschäft, ein Quartal oder ein Geschäftsjahr hinaus. Die Vision 2030 formuliert ein realistisches Ziel, das motivierend wirkt und auf das es sich lohnt, hinzuarbeiten. Wir zeigen nicht nur einen weit entfernten Gipfel, sondern betonen den gemeinsamen Weg dorthin." (*Fritze*, 2018)

Die **VISION 2030** lautet (*Bechtle AG*, 2019, S. 13):

„Bechtle: Der IT-Zukunftspartner.

- **Profitables Wachstum macht uns stark.**
  Wir erzielen nachhaltig Gewinne, um in die Zukunft von *Bechtle* zu investieren. Eine EBT-Marge von mindestens 5 % schafft finanzielle Freiräume und gewährleistet langfristig unsere Sicherheit und Unabhängigkeit.
- **IT ist unsere Leidenschaft.**
  Wir stehen für Professionalität, Kompetenz und den Willen, Herausragendes zu leisten. Menschen, die viel bewegen wollen, können bei *Bechtle* alles erreichen.
- **Marktführerschaft ist unser Anspruch.**
  Wir fokussieren uns auf IT-Märkte, in denen wir eine führende Position erlangen können. Dabei wachsen wir stärker als der Markt und streben einen Umsatz von 10 Mrd. € an."

Die neue Vision gibt Orientierung für einen langfristigen Unternehmenserfolg durch profitables Wachstum. Akquisitionen sind dabei Bestandteil der *Bechtle* Wachstumsstrategie. So sollen auch die Ziele der Vision 2030 sowohl organisch als auch durch Übernahmen erreicht werden. Organisch wird auf eine hohe Marktdurchdringung gesetzt, während das akquisitorische Wachstum hauptsächlich aus dem Erwerb kleinerer bis mittelgroßer Unternehmen zur Ergänzung spezifischer IT-Kompetenzen abzielt. Die Vision 2030 hat auch eine Überschrift: „Bechtle: Der IT-Zukunftspartner." Darunter werden die Vision mit Elementen der Mission und der Grundwerte zu einem Leitbild zusammengefasst. Als Mission wird als oberste Maxime die Kundenorientierung festgelegt, aber auch Know-how und Professionalität im Umgang mit der IT sowie die Kernkompetenzen. Weiterhin sind die Ansprüche unternehmerischer Unabhängigkeit und die Marktführerschaft Teil der Unternehmensphilosophie.

Unternehmensvision eine kollektive Vision werden kann. In der Markterschließungsphase verlagern sich die Anstrengungen der Unternehmensführung auf die strategische und operative Umsetzung der Unternehmensvision. In der Reifephase bekommt die Vision wieder eine stärkere Rolle zur Sinnstiftung. So kann eine Veränderung des Geschäftsmodells auch eine neue Unternehmensvision erforderlich machen.

Die Bedeutung von Visionen für den Unternehmenswert zeigt eine empirische Langzeitbetrachtung US-amerikanischer Unternehmen aus den Fortune 500. In Abb. 2.3.6 wird der kumulierte Aktienrückfluss, d. h. die langjährige Aktienwertsteigerung einschließlich Reinvestition der Dividendenzahlungen, zwischen visionären und weniger visionären Unternehmen verglichen. Unternehmen, die eine formulierte Unternehmensvision definiert und verankert hatten, konnten im Zeitraum von 1926 bis 1990 sechsmal höhere **Wertsteigerungen** erzielen als die Unternehmen der Vergleichsgruppe. Der Gesamtmarkt konnte von den visionären Unternehmen sogar um das 15-fache übertroffen werden (vgl. *Collins/Porras*, 2009, S. 5). Obwohl der Erfolg eines Unternehmens am Kapitalmarkt nicht eindeutig mit dem Vorhandensein einer Unternehmensvision erklärt werden kann, scheinen visionäre Unternehmen bessere Ergebnisse zu erzielen. Besonders visionäre Unternehmen aus diesen Studien waren u. a. *3M, American Express, Boeing, Disney, Ford, General Electric, Hewlett Packard, IBM, Marriott, Merck, Procter & Gamble, Sony* und *Wal-Mart*.

Auch die Untersuchung besonders leistungsstarker Unternehmen, die den jeweiligen Branchendurchschnitt um mindestens das Zehnfache übertrafen, belegen die Bedeutung der Vision. Diese sog. **10Xer-Unternehmen** (vgl. Kap. 2.1.1) orientieren sich am Purpose und haben langfristige Visionen. Auf diese Weise können sie die Mitarbeiter für ein erstrebenswertes Zukunftsbild begeistern (vgl. *Collins/Hansen*, 2011).

Big Hairy Audacious Goals und Moonshots

Manche Visionen zeichnen ein besonders weit in der Zukunft liegendes Bild. *Collins* und *Porras* bezeichnen besonders langfristige und kühne Visionen als **Big Hairy Audacious Goals** (BHAG, gesprochen „Bee-hag") (vgl. *Collins/Porras*, 1996, S. 66 ff.). BHAGs werden auch als Moonshots bezeichnet (vgl. Kap. 6.3.2). Dies erfolgt in Anlehnung an die 1961 vom US-Präsidenten *John F. Kennedy* ausgerufene Vision, bis zum Ende des Jahrzehnts einen Menschen auf den Mond zu fliegen und sicher zur Erde zurückzubringen. In Anbetracht der damaligen Computertechnologie sowie der ungewissen Finanzierung war dies eine gewaltige Herausforderung. Der Begriff wurde bekannt durch die sog. Moonshot-Fabrik von *Alphabet*. Wie die Mondmission ist ein BHAG klar und überzeugend, dient als vereinheitlichender Brennpunkt der Bemühungen und wirkt wie ein Katalysator zur Erzeugung eines immensen Teamgeists (vgl. *Collins/Porras*, 1996, S. 73). Solche kühnen Visionen ziehen Menschen in ihren Bann und sind leicht verständlich. Vergleichbar erfordert auch eine Expedition zur Besteigung des Mount Everest keine große Erklärung, was der Mount Everest ist. *Collins* und *Porras* nennen *General Electric* als Beispiel für eine solche Vision. *GE* wollte in den 1980er Jahren in jedem Markt, in dem es tätig ist, die Nummer 1 oder 2 werden. Hierzu wurde das Unternehmen vom damaligen CEO *Jack Welch* so aufgestellt, dass es mit der Geschwindigkeit und Agilität eines kleinen Unternehmens agieren konnte. Die Vision von *General Electric* war klar, überzeugend und dazu geeignet, den Fortschritt zu fördern.

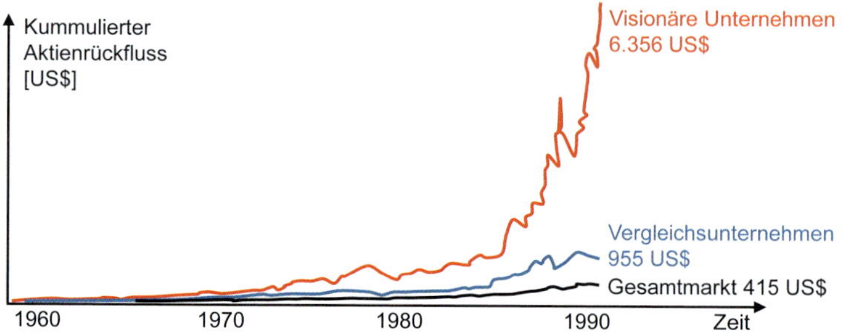

Abb. 2.3.6: Kumulierte Rückflüsse visionärer Unternehmen von 1926–1990 bei Investition eines US$ (vgl. Collins/Porras, 2005, S. 5)

X Company – Die Moonshot-Fabrik

Die *X-Company* ist die Forschungsabteilung des Unternehmens *Alphabet* und liegt in der Nähe des zentralen *Google*-Campus im kalifornischen Mountain View. Der Name X greift als Wortspiel die Verwendung des Buchstaben X in der Mathematik als Variable für das Unbekannte auf. Der Purpose der *X-Company* ist: „Wir schaffen radikal neue Technologien, um einige der schwierigsten Probleme der Welt zu lösen" (x.company).

Für die Projekte zur Suche nach einem großen Wurf gibt es bei *Google* den Namen „**Moonshot**". Der Begriff verweist auf den ursprünglichen „Moonshot", die von US-Präsident *John F. Kennedy* ausgerufene Vision einer amerikanischen Mondlandung. Ausgehend von der schieren Kühnheit der Herausforderung entsteht Motivation und Leidenschaft, welche ein kleineres Ziel nicht auslösen könnte. Beim Moonshot-Denken von *Google* geht es darum, Dinge anzustreben, die unerreichbar klingen, deren Erreichung aber die Menschheit voranbringen sollen.

Anforderungen an einen Moonshot sind:

1. Ein großes Problem, das Millionen oder Milliarden von Menschen betrifft.
2. Eine radikale, nach Science-Fiction klingende Lösung, die heute unmöglich erscheint.
3. Ein erkennbarer technologischer Durchbruch, der einen Hoffnungsschimmer gibt, dass die Lösung in den nächsten 5-10 Jahren möglich sein könnte.

Das sog. **10X-Thinking** bedeutet, nicht nur 10 %, sondern zehnfache Verbesserung zur Lösung der hartnäckigsten Probleme der Welt zu erreichen. Die *X Company* versucht in ihrer Moonshot-Fabrik einen Ort zu schaffen, an dem die Prozesse und Kultur es ermöglichen sollen, solche Moonshots zu realisieren. Dazu wurden, mithilfe von Design Thinking (vgl. Kap. 8.6.5), die folgenden **Leitprinzipien** aufgestellt:

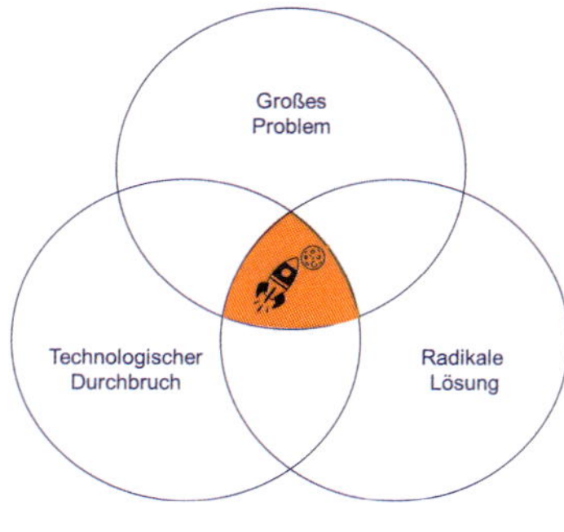

- **Auf das 10-fache, nicht auf 10 % abzielen:** Es ist oft einfacher, etwas 10-mal besser zu machen, als es 10 Prozent besser zu machen. Sich das 10-fache zum Ziel zu setzen, entfacht ein Feuer im Herzen und kann dazu führen, dass die schwierigsten Dinge viel leichter zu erreichen sind. Es zwingt auch dazu, sich von bestehenden Annahmen zu befreien und neu anzufangen.
- **Sich in das Problem verlieben:** Der Ausgangspunkt für jede neue Herausforderung sollte sein, sich auf ein Problem zu konzentrieren und zu versuchen, ein tiefes Verständnis dafür zu erlangen. So lassen sich neue Lösungsansätze entdecken, um die bestmögliche Problemlösung zu finden.
- **Frühzeitigen Kontakt mit der realen Welt:** Der Schlüssel ist, so früh und so oft wie möglich rauszugehen und im Feld zu testen. Die Welt, sei es die öffentliche Meinung oder die Realitäten der Natur, wird schnell und unverblümt sagen, was an der Idee nicht stimmt und wie diese verbessert werden kann.
- **Kreativität durch diverse Teams:** Der einsame geniale Erfinder ist ein Mythos. Innovation entsteht durch Teams aus Menschen verschiedener Gemeinschaften, Kulturen und Disziplinen.
- **Den Affen zuerst anpacken:** Wenn ein Affe darauf trainiert werden soll, auf einem Podest zu stehen und Shakespeare zu rezitieren, womit sollte angefangen werden? Die meisten Menschen würden mit dem Bau des Podests beginnen, weil das einfacher ist, obwohl das Training des Affen die entscheidende Aufgabe darstellt. Es ist meist besser, sich zuerst dem schwierigsten und wichtigsten Teil des Problems zu widmen, anstatt Zeit mit einfachen Aufgaben zu verschwenden.
- **Lernen aus Fehlern:** „Fail fast" ist zu einem Klischee im Silicon Valley geworden. Moonshots sind unmöglich zu erreichen, ohne auf dem Weg dorthin ein paar Mal zu scheitern. Jedes Scheitern ist aber eine Gelegenheit, um daraus zu lernen.

Bekannte **Projekte der Moonshot Factory** sind z. B.

- **Google Glass**, ein als Brille getragener Computer mit Augmented Reality.
- **Waymo**: Veränderung der Mobilität mit selbstfahrenden Autos.
- **Loon**: Erweiterung der Internet-Konnektivität mit Stratosphärenballons, da Milliarden von Menschen auf der ganzen Welt keinen zuverlässigen, bezahlbaren Zugang zum Internet besitzen.

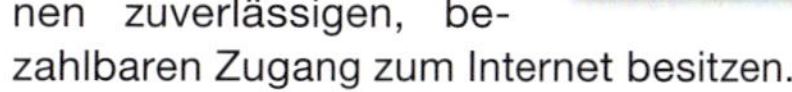

- **Wing**: Die Paketauslieferung per Drohne wurde in ein eigenständiges Unternehmen ausgelagert.

Die Visionen von Elon Musk

Der wohl bekannteste Visionär unserer Zeit ist *Elon Musk* (vgl. Kap. 6.3.2). Er gründete mit **Space Exploration Technologies (SpaceX)** ein Unternehmen für kommerzielle Raumfahrt und erfüllte sich damit einen Kindheitstraum. Nachdem zunächst der Flug zum Mars als Vision ausgegeben wurde, ist die heutige Vision von *SpaceX* die Besiedlung des Weltraums („Making Humanity Multiplanetary"). Im Jahr 2020 gelang es SpaceX im Auftrag der Weltraumbehörde NASA, zwei amerikanische Astronauten mit einem wiederverwendbaren Raumschiff zur internationalen Raumstation ISS zu fliegen.

Die Vision des 2003 gegründeten Automobilherstellers **Tesla** lautete zunächst: „To create the most compelling car company of the 21st century by driving the world's transition to electric vehicles". *Tesla* hat damit auf die etablierten Automobilhersteller enormen Druck ausgeübt, bei der Elektromobilität endlich Fortschritte zu erzielen. Mission von *Tesla* ist es nun, den weltweiten Übergang zur nachhaltigen Energie zu beschleunigen, um die Vision einer emissionsfreien Zukunft zu verwirklichen.

Daneben hat *Musk* eine Reihe weiterer visionärer Projekte initiiert, wie beispielsweise *Hyperloop,* bei dem Personen und Güter mit 1.200 km/h in einer Röhre befördert werden sollen.

Erklären lässt sich diese Erfolgswirkung damit, dass Unternehmensvisionen nicht nur Kräfte freisetzen, sondern auch über alle materiellen Anreizmechanismen hinaus individuelle Herausforderung, Spaß an der Arbeit sowie Selbstbestätigung vermitteln (vgl. *Würth*, 2001). Strategien, Strukturen und Kultur bekommen damit durch die Vision ihre grundlegende Ausrichtung.

Zusammenfassend sollen Unternehmensvisionen folgende **Funktionen** erfüllen (vgl. *Bleicher*, 2017, S. 111 ff.; *Magyar*, 1989, S. 5 f.; *Rüegg-Stürm/Gomez*, 1994, S. 12 f.):

- **Fokussierung:** Eine Vision richtet ein Unternehmen auf eine gemeinsame Zielsetzung aus. Auf diese konzentriert sie die Fähigkeiten, Kräfte und Ressourcen des Unternehmens. Die Erreichung der Vision erfordert die Bündelung der Kräfte und sichert das langfristige Überleben des Unternehmens.
- **Legitimation:** Visionen sollen allen wesentlichen Anspruchsgruppen den Sinn und Zweck des Unternehmens vermitteln.
- **Identifikation und Motivation:** Die Mitarbeiter sollen durch die Vision den Sinn ihrer Arbeit als Beitrag zum Unternehmenserfolg erfahren. Dies schafft emotionale Bindung und soll zu Höchstleistungen anspornen.

Abb. 2.3.7: Unternehmensvision als Bindeglied der normativen Führungsebene

Sofern eine Unternehmensvision besteht, rückt sie in das Zentrum der Entwicklung von Unternehmenszielen und integriert diese. Sie vermittelt dem Unternehmen einen Sinn und soll bei den Mitarbeitern für eine hohe Identifikation und Motivation sorgen. Die Entwicklung von Visionen, die dem Unternehmen neue Richtungen geben, ist eine wesentliche Aufgabe des **Leaderships**. Leader befähigen und motivieren ihre Mitarbeiter, bei der Umsetzung von Veränderungen herausragende Leistungen zu vollbringen. Dies wird in Kap. 6.3.2 näher erläutert.

2.3.2 Mission: Was tun wir?

Die Mission des Unternehmens wird in der Praxis häufig nicht eindeutig von der Vision abgegrenzt. Teilweise werden beide Begriffe sogar gleichgesetzt. Eine Vision beschreibt eine neue unternehmerische oder auch gesellschaftliche Zukunft. Nicht alle Unternehmen haben eine Vision, während aber jedes über eine Mission verfügt. Eine Mission beschreibt immer den Zweck des Unternehmens als eine für sinnvoll erachtete Aufgabe. So kann ein Unternehmen auf die Befriedigung menschlicher Grundbedürfnisse ausgerichtet sein, wie etwa gesunde Lebensmittel oder sauberes Wasser. Diese werden auch in der Zukunft weiterhin gelten. Eine Mission enthält stets Angaben über den Unternehmenszweck, aber erfordert nicht zwangsläufig eine Vision.

Die **Unternehmensmission** legt das Tätigkeitsfeld eines Unternehmens fest und beschreibt damit den Unternehmenszweck. Die Mission bestimmt, was ein Unternehmen erreichen will und welche Beiträge es für seine Stakeholder leistet.

Die **Unternehmensmission** beantwortet die Frage, was für Aktivitäten ein Unternehmen verfolgt und beschreibt damit den Auftrag der nachgeordneten Führungsebenen als angestrebtes Selbstbild des Unternehmens.

Unternehmenszweck

Der **Unternehmenszweck** gibt an, wozu ein Unternehmen existiert. Eine Antwort auf diese Frage führt zum Kern unternehmerischen Handelns und zur Konkretisierung des Geschäftsmodells (vgl. *Bleicher*, 2017, S. 120 ff.). Der Zweck eines Unternehmens besteht dabei nicht ausschließlich darin, Gewinne zu erzielen. Er soll vielmehr den Sinn der Unternehmenstätigkeit aufzeigen. Ein Unternehmen sollte möglichst einen Zweck verfolgen, der die Lösung gesellschaftlich relevanter Probleme beinhaltet. Dies motiviert die Mitarbeiter und setzt Kreativität und Inspiration frei. Auf diese Weise bekommen diese das Gefühl, eine sinnvolle Aufgabe zu erfüllen (vgl. *Müller-Stewens/Lechner*, 2016, S. 228 f.). So ist z. B. die Erforschung von Medikamenten zur Bekämpfung von Krebs oder zur Behandlung von Covid-19 ein Zweck, für den es sich lohnt, in einem Unternehmen zu arbeiten. Beispielsweise lautet die Mission von *Biontech:* „Wir sind Wegbereiter für individualisierte Immuntherapien gegen Krebs und andere schwere Erkrankungen." (www. biontech.de).

Eine Unternehmensmission sollte folgende **Anforderungen** erfüllen (vgl. *Bleicher*, 1994, S. 512 ff.):

- **Allgemeingültigkeit:** Sie sollte in vielen zukünftigen Führungssituationen anwendbar sein. Dabei sollte ausreichend Spielraum für die Konkretisierung auf untergeordneten Führungsebenen vorhanden sein.
- **Wesentlichkeit:** Sie sollte sich auf wichtige, bedeutende, grundsätzliche und die Zukunft beeinflussende Sachverhalte beziehen.
- **Konsistenz:** Sie sollte frei von inhaltlichen Widersprüchen sein.
- **Vollständigkeit:** Die anzustrebenden Ziele sowie einzusetzenden Leistungspotenziale sollten enthalten sein.
- **Wahrheit:** Sie sollte die tatsächlichen Auffassungen und Absichten der Unternehmensführung beinhalten, die sich in deren Handlungen niederschlagen.
- **Realisierbarkeit:** Die angestrebten Ziele und Verhaltensweisen sollten herausfordernd, aber grundsätzlich realisierbar sein.
- **Unmissverständlichkeit:** Sie sollte eindeutig und konkret formuliert sein. Hierfür sind zusätzliche, interpretierende Erläuterungen hilfreich.
- **Langfristige Gültigkeit:** Die Unternehmensmission sollte über einen längeren Zeitraum Bestand haben, um Orientierung geben zu können.

Die Mission des Gesamtunternehmens kann, wie in Abb. 2.3.8 dargestellt, weiter in **Teilmissionen** für Geschäftsfelder und Funktionsbereiche differenziert und konkretisiert werden. Dabei finden sich einige Elemente der Unternehmensmission, wie etwa die Werte, in allen Teilmissionen wieder. Andere Bestandteile, wie z. B. der Zweck, beziehen sich auf die spezifische Aufgabe des betreffenden Unternehmensbereichs. Die Aufgliederung der Unternehmensmission in Teilmissionen kann nach unterschiedlichen Kriterien erfolgen. Nach den betrieblichen Funktionsbereichen lassen sich etwa Beschaffungs-, Produktions- oder Forschungsmissionen unterscheiden (vgl. *Bleicher*, 2017, S. 164 ff.; *Ulrich*, 1990, S. 167). Häufig werden Unternehmensmissionen für einzelne Geschäftsfelder konkretisiert, woraus die Missionen für deren Funktionsbereiche abgeleitet werden. Die einzelnen Missionen sollten ein integriertes und aufeinander abgestimmtes System bilden, um so die bestmögliche Wirkung zu entfalten.

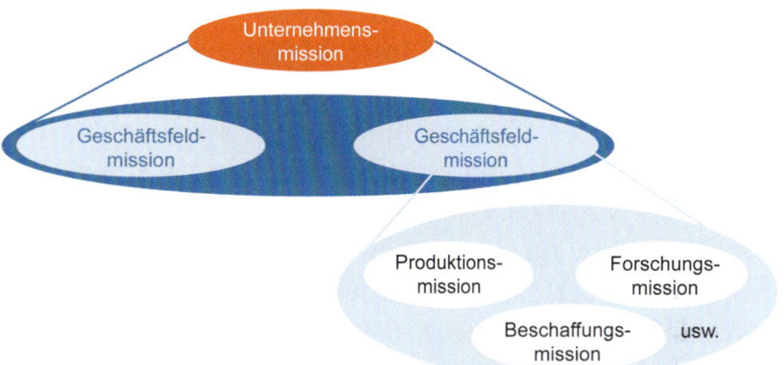

Abb. 2.3.8: Ableitung und Zusammenhang betrieblicher Missionen

Missionen beinhalten generelle Ziele und grundlegende **Vorgaben** für die strategische und operative Unternehmensführung. Der Begriff Mission beinhaltet aber auch, die Mitarbeiter des Unternehmens „missionarisch" von den angestrebten Zielen und Grundhaltungen zu überzeugen. Erfolgreiche Führungskräfte verbringen nach *Bleicher* mit dieser Aufgabe bis zur Hälfte ihrer Arbeitszeit (vgl. 2017, S. 164).

Der Unternehmenszweck berücksichtigt dabei nicht nur die Interessen der Eigentümer und Unternehmensleitung (vgl. Kap. 1.3.1). Darüber hinaus gibt es viele weitere Interessengruppen, die im Austausch mit einem Unternehmen ihre eigenen Ziele verfolgen. Die **Koalitionstheorie** nach *Cyert* und *March* (1964) versteht das Unternehmen als Koalition von Individuen, wie etwa Kapitaleignern,

Führungskräften, Arbeitnehmern, Kunden, Lieferanten, etc. Diese sind in Unterkoalitionen organisiert und tragen Zielkonflikte in Verhandlungsprozessen aus, um zu Gleichgewichten zwischen Anreizen und Beiträgen (inducement-contribution balance) und damit zu einem Interessenausgleich zu kommen. Die Koalitionstheorie geht davon aus, dass ein Unternehmen keine eigenständigen Ziele besitzt, sondern dass nur die Personen, die mit dem Unternehmen in Beziehung stehen, Ziele haben können. Da ein Unternehmen von einer Vielzahl von Individuen getragen wird, die jeweils versuchen, ihre persönlichen Ziele im Unternehmen zu verankern, spielt beim Entstehen von Unternehmenszielen oft eine große Zahl unterschiedlicher Personen eine Rolle. Dementsprechend sieht die Koalitionstheorie ein Unternehmen auch als eine Koalition von Individuen bzw. Gruppen an, die jeweils eine Beziehung zum Unternehmen eingehen, um hierdurch ihre persönlichen Ziele besser zu erreichen. Damit die Individuen Nutzen aus der Koalition ziehen können, müssen sie aber auch bestimmte Beiträge für das Unternehmen leisten. Nach Art der Anreize und Beiträge lassen sich Individuen, die Beziehungen zu einem Unternehmen unterhalten, zu unterschiedlichen Interessen- bzw. Anspruchsgruppen (Stakeholder) zusammenfassen. Sie tragen ihre individuellen Erwartungen an das Unternehmen heran. Diese werden zu Unternehmenszielen, wenn sie von der Unternehmensführung verbindlich festlegt werden (vgl. *Hungenberg*, 2020, S. 27). Daher kann zwischen den Zielen einzelner Individuen, den Erwartungen der Anspruchsgruppen und den Zielen des Unternehmens unterschieden werden (vgl. *Kirsch*, 1969, S. 665 ff.).

Unternehmen bilden Orte der Bündelung von Beiträgen verschiedener Akteure bzw. Bezugsgruppen (z. B. Anteilseigner, Gläubiger, Arbeitnehmer und Lieferanten) zur arbeitsteiligen Wertschöpfung unter Leitung der Unternehmensführung. Dabei werden die Beziehungen der Bezugsgruppen zum Unternehmen in expliziten oder impliziten Verträgen geregelt. Eine Governance-Problematik entsteht daraus, dass die geschlossenen Verträge zwangsläufig bis zu einem gewissen Grade unvollständig sind und die diversen Stakeholder teils unterschiedliche Interessen verfolgen. Je nach deren Einflussmöglichkeiten auf das Unternehmensgeschehen können die Akteure somit versuchen, die Unvollständigkeiten der Verträge zu ihren Gunsten und damit meist zulasten anderer Bezugsgruppen auszunutzen. Verträge sind unvollständig, da sie sich auf Transaktionen in der Zukunft beziehen und nicht alle denkbaren Entwicklungen im Voraus regeln können. Die gegenseitigen Rechte und Pflichten der Vertragsparteien lassen sich daher nur lückenhaft vertraglich festlegen. Ein typisches Beispiel bildet der implizite Vertrag der Eigentümer mit dem Unternehmen, diesem ihr Eigenkapital gegen eine angemessene Rendite zur Verfügung zu stellen. Schon aufgrund der Unsicherheit der wirtschaftlichen Entwicklung des Unternehmens, lässt sich die tatsächliche Höhe der erzielbaren Rendite nicht ex ante fixieren.

Auf ein Unternehmen wirken viele Einzelpersonen und Gruppen ein, die dabei versuchen, ihre Interessen im Unternehmen zu verankern. Die **Erwartungen und Ansprüche** an ein Unternehmen lassen sich in zwei Gruppen unterteilen (vgl. *Coenenberg et al.*, 2015, S. 19 f.):

- **Interne Anspruchshaltungen** werden im Purpose (vgl. Kap. 2.1), der Vision und Mission zusammengefasst. Sie schaffen eine langfristig verbindliche Richtschnur, entlang der sich das Unternehmen entwickeln soll.
- **Externe Erwartungen** sind zu berücksichtigen, da ein Unternehmen Bestandteil verschiedener Umwelten ist. Die Erwartungen an den jeweiligen Beitrag des Unternehmens werden von unterschiedlichen Anspruchsgruppen, sog. Stakeholdern, an ein Unternehmen herangetragen. Diese stellen eigene Anforderungen an ein Unternehmen. Beispielsweise erwarten Eigentümer eine angemessene Verzinsung ihres eingesetzten Kapitals und Mitarbeiter eine sichere Beschäftigung und gerechte Entlohnung.

Stakeholder-Orientierung

Der Begriff der Bezugsgruppen bzw. Stakeholder wird nicht einheitlich verwendet, auch da unterschiedliche Auffassungen darüber herrschen, welche Stakeholdergruppen zu berücksichtigen sind. Grundsätzlich zählen dazu alle Gruppen von natürlichen Personen und Institutionen, die auf der Grundlage unvollständiger Verträge Transaktionen mit dem Unternehmen durchführen und in einem weiten Sinne ökonomisches Interesse am Unternehmensgeschehen haben. Dabei zielt das Interesse der Stakeholder generell darauf ab, für ihre geleisteten Beiträge zur Wertschöpfung eine adäquate Gegenleistung zu erhalten. Eine Sonderrolle nehmen die Kunden ein, ohne deren Beiträge auch die übrigen Stakeholder keine Interessen einbringen können. Die Stakeholder können jeweils grundsätzlich die Unvollkommenheiten ihrer Verträge mit dem Unternehmen zu ihren Gunsten nutzen. So können Eigentümer zu Lasten des Unternehmens wirken, Arbeitnehmer mangelndes Engagement zeigen und Großkunden in Preisverhandlungen existentielle Abhängigkeiten ihrer Lieferanten ausnutzen.

Stakeholder sind Personen, Gruppen oder Organisationen, die mit einem Unternehmen in Beziehung stehen und Erwartungen gegenüber dem Unternehmen haben.

Diese Bezugs- oder Interessengruppen tragen ihre Anforderungen an ein Unternehmen heran. Sie lassen sich nach ihren Beeinflussungsmöglichkeiten und den Koalitionsteilnehmern einteilen in:

- **Anspruchsgruppen bzw. interne Koalitionspartner** stehen in direkter Verbindung mit dem Unternehmen und verfügen über direkte Gestaltungsmöglichkeiten. Dies sind die (Familien-)Eigentümer, die Unternehmensleitung und deren Überwachungsorgane sowie alle Mitarbeiter des Unternehmens.
- **Einflussgruppen bzw. externe Koalitionspartner** stehen mit dem Unternehmen in Beziehung, können aber nur indirekten Einfluss ausüben. Beispiele sind z. B. Fremdkapitalgeber, Lieferanten, Kunden, Konkurrenten, Presse, staatliche Behörden, Börsen, Arbeitnehmer- und Unternehmerverbände etc.

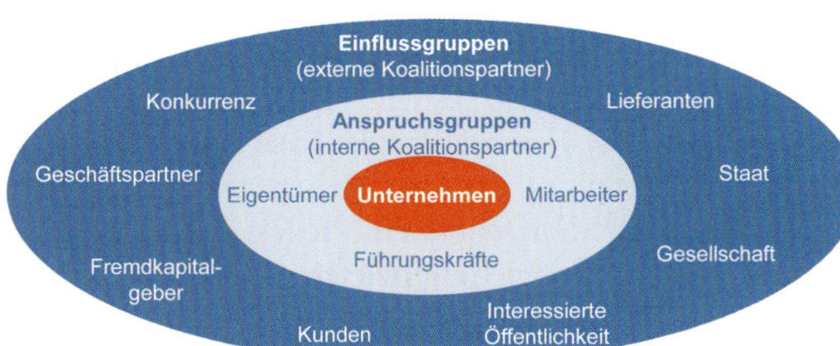

Abb. 2.3.9: Stakeholder eines Unternehmens

Stakeholder verfolgen grundlegende **Interessen**, die als Ansprüche an ein Unternehmen herangetragen werden (vgl. *Coenenberg et al.*, 2015, S. 36):

- **Eigentümer** stellen einem Unternehmen dauerhaft Kapital zur Verfügung und übernehmen das unternehmerische Risiko. Dafür erwarten sie eine angemessene Verzinsung und Einfluss auf die Unternehmensführung.
- **Führungskräfte** streben nach Macht, Prestige, Einkommen und im Idealfall auch nach dem Erfolg des Unternehmens.
- **Mitarbeiter** erbringen für ein Unternehmen Arbeitsleistungen. Dafür erwarten sie eine angemessene Vergütung, eine erfüllende Arbeit sowie gute Arbeitsbedingungen und Arbeitsplatzsicherheit. Der Einfluss von Mitarbeitern kann neben den Einzelinteressen auch durch Mitarbeitervertretungen und Gewerkschaften an ein Unternehmen herangetragen werden. Diese bündeln die Interessen der Mitarbeiter und verstärken deren Einfluss.
- **Kunden** wünschen ein gutes Preis-/Leistungsverhältnis der Produkte, Versorgungssicherheit, Flexibilität und Serviceleistungen.
- **Lieferanten** versorgen ein Unternehmen mit Materialien und Dienstleistungen und erwarten ein entsprechendes Entgelt sowie eine langfristige Zusammenarbeit.
- **Fremdkapitalgeber** stellen dem Unternehmen zeitlich befristet Kapital zur Verfügung und sind an sicheren und regelmäßigen Zins- und Tilgungsleistungen interessiert.
- **Staat, Gesellschaft und interessierte Öffentlichkeit** schaffen rechtliche und kulturelle Grundlagen für ein Unternehmen. Als Gegenleistungen sind Steuern zu entrichten und gesetzliche Vorschriften einzuhalten. Es werden auch Arbeitsplätze, Beiträge zur Infrastruktur, Umweltschutz und Informationen über die Ziele und Maßnahmen eines Unternehmens gewünscht.
- **Geschäftspartner,** wie etwa kooperierende Unternehmen oder Berater, können in vielfältiger Weise die Wertschöpfung eines Unternehmens unterstützen. Die Interessen der Geschäftspartner entsprechen weitgehend denen der Lieferanten.
- **Konkurrenten** sind an der Stärkung der eigenen Position interessiert. Hierzu nutzen sie Schwächen des Unternehmens aus.

Treten unterschiedliche Interessen der Stakeholdergruppen auf, so sind diese **Interessenkonflikte** zu klären. Dies kann auf zwei **Arten** erfolgen (vgl. *Hungenberg*, 2020, S. 29; *Müller-Stewens/Lechner*, 2016, S. 239):

- **Stakeholderorientierung**: Ziele von Unternehmen entstehen, indem die Interessen aller Anspruchs- und Einflussgruppen gleichberechtigt berücksichtigt werden. Dabei wird angenommen, dass alle Gruppen für die Existenz und das Handeln eines Unternehmens erforderlich sind. Deshalb sind sie berechtigt, die Ziele eines Unternehmens zu beeinflussen. Das oberste Unternehmensziel ist an den Interessen aller Anspruchsgruppen orientiert und wird in einem sog. Stakeholder Value zusammengefasst (vgl. *Janisch*, 1993).
- **Shareholderorientierung**: Die Interessen der Eigentümer (Shareholder) genießen Priorität, da diese ihr eigenes Kapital in das Unternehmen einbringen. In einem marktwirtschaftlichen Wirtschaftssystem leitet sich aus dem Eigentum am Unternehmen das Recht zur Vorgabe von Unternehmenszielen ab. Das oberste Unternehmensziel ist dann der Shareholder Value als materieller Wert eines Unternehmens für seine Eigentümer (vgl. Kap. 8.2).

Welcher Legitimationsansatz zugrunde gelegt wird, ist eine normative Fragestellung und hängt von den Unternehmenswerten ab. Meist wird den Eigentümerinteressen das Vorrecht eingeräumt, da diese Interessengruppe das unternehmerische Risiko trägt. Ihr steht der unsichere Gewinn aus der Unternehmenstätigkeit zu, der sich nach Erfüllung aller Verpflichtungen gegenüber anderen Gruppen ergibt. Das Unternehmen und damit auch jede Beziehung des Unternehmens zu anderen Interessengruppen kommt erst durch Eigentümer zustande, die bereit sind, ein Unternehmen zu gründen und unternehmerische Risiken einzugehen. Eine gleichberechtigte Orientierung an einer Vielzahl von Zielen gemäß dem Stakeholder-Ansatz ist zudem schwierig umzusetzen. Wie sollen Entscheidungen getroffen werden, die einen kaum fassbaren Gesamtnutzen aller Stakeholder maximieren? Demgegenüber lässt sich der Shareholder Value in monetären Größen ausdrücken. Daher wird hier davon ausgegangen, dass die Ziele der Eigentümer die primäre Grundlage für die Unternehmensführung sind. Dementsprechend ist es das **vorrangige Interesse** eines Unternehmens, den **Shareholder Value** zu erhöhen. Auf dieses oberste Unternehmensziel sind alle Entscheidungen und Handlungen auszurichten. Diese wertorientierte Unternehmensführung wird in Kap. 8.2 dargestellt.

Dies bedeutet aber nicht, dass die Interessen der anderen Stakeholder unberücksichtigt bleiben sollen und ausschließlich die Eigentümerinteressen verfolgt werden. Langfristig kann ein Unternehmen nur dann Wert für seine Eigentümer schaffen, wenn es auch den Interessen anderer Gruppen, wie etwa Kunden, Lieferanten oder Mitarbeitern, ausreichend entspricht. Wertorientierte Ausrichtung zieht also nicht grundsätzlich die Vernachlässigung der Interessen anderer Bezugsgruppen nach sich. Im Gegenteil können erfolgreiche wertorientierte Unternehmen auch die Ziele anderer Bezugsgruppen besser erfüllen. Die Orientierung an den Shareholdern ist daher kein einseitiges und kurzfristiges Konzept, sondern zielt auf die langfristige Wettbewerbsfähigkeit des Unternehmens ab.

Unternehmenspolitik

Erst wenn die Zielvorstellungen der Stakeholder in einem legitimierenden Prozess zu Zielen des Unternehmens werden, erhalten sie offiziellen Charakter (vgl. *Kieser/Walgenbach*, 2010, S. 8). Unter vorrangiger Berücksichtigung der Eigentümerinteressen soll dabei mit den Interessen der weiteren Stakeholder ein Ausgleich gesucht werden. Dabei können unterschiedliche Gruppen auch Koalitionen eingehen, um ihre Ziele besser durchzusetzen (vgl. *Cyert/March*, 1964). So können etwa Bürgerinitiativen sich mit Politikern zusammenschließen, um etwa ökologische Interessen wirkungsvoller zu vertreten. Die Unternehmensführung ist bei diesen **politischen Prozessen** des Interessenausgleichs in hohem Maße gefordert. Sie führt den Dialog mit den Stakeholdern, signalisiert Sensibilität für deren Anliegen und räumt Missverständnisse aus. Auf diese Weise lässt sich die Position eines Unternehmens transparent machen. Dadurch kann zwischen der eigenen Anspruchshaltung und den externen Erwartungen vermittelt werden (vgl. *Coenenberg et al.*, 2015, S. 18).

Unternehmenspolitik entwickelt die Unternehmensziele durch politische Prozesse des Interessenausgleichs.

Die Abwägung der Interessen birgt erhebliches Konfliktpotenzial. Deshalb sollten die Unternehmenswerte mit einbezogen werden (vgl. Kap. 2.2). Diese **Zielsuche** umfasst die Bestimmung und Auswahl von Zielen aus der Fülle denkbar möglicher Ziele, die in einem Selektionsprozess in mehreren Stufen zu den letztendlich verfolgten Zielen des Unternehmens werden (vgl. *Wild*, 1982, S. 36 ff.). Doch wie lassen sich die widerstrebenden Interessen der Stakeholder zu Unternehmenszielen formen? Unter der Annahme rationaler Entscheidungsfindung ist der Interessenausgleich mit den Unternehmenswerten relativ leicht, wenn die Geschäftsführung nur aus einer Person besteht. Besitzen jedoch mehrere Personen Einfluss, dann werden die Ziele ausgehandelt. In einem interessenpluralistischen Mehrpersonenunternehmen ist die Zielbildung daher ein Prozess der Suche nach konsensfähigen Unternehmenszielen. So kann z. B. eine Interessenkoalition versuchen, sich aufgrund ihrer Macht durchzusetzen. Ethische Überlegungen können dabei nicht nur einen Ausgleich schaffen, sondern sogar die Zielbildung bestimmen (vgl. *Müller-Stewens/Lechner*, 2016, S. 241).

Die Erreichung eines Interessenausgleichs ist Auftrag der normativen Unternehmensführung. Die Unternehmenspolitik sollte dabei die Besonderheiten menschlichen Verhaltens berücksichtigen. Der Interessenausgleich zwischen Unternehmen und seiner Umwelt erfolgt nicht nur rational, sondern ist auch durch Macht, Herrschaft und Konflikt geprägt. Druck und Gegendruck verschiedener Akteure und Gruppen bestimmen die politische Dimension der Unternehmenspolitik (vgl. *Fraenkel*, 1967, S. 232). Kritisch dabei ist, dass die Führungskräfte sowohl ihre eigenen als auch die Interessen des Unternehmens vertreten. Dies kann etwa im Falle einer Unternehmensübernahme zu einem offenkundigen Interessenkonflikt führen.

Detailliert veranschaulicht wird dieser unternehmenspolitische Prozess bzw. das Stakeholder Management im Praxisbeispiel der Audi AG in Kap. 2.5.3 sowie im nachfolgenden Beispiel bei *Freudenberg*.

Im Spannungsfeld zwischen Wertebewusstsein und Wachstumsorientierung

Praxisbeispiel von Christian Mosmann (ehem. Mitglied des Vorstands und persönlich haftender Gesellschafter von Freudenberg) und Alexander Vogl (Gesellschafter von Management Partner)

Als internationales Familienunternehmen mit Sitz in Weinheim und Niederlassungen in 60 Ländern beschäftigt die *Freudenberg & Co. KG* mehr als 49.000 Mitarbeiter. Das Unternehmen ist eine Unternehmensgruppe in Familienhand, die als Zulieferer verschiedener Branchen, wie der Automobil-, der Maschinenbau-, Textil-, Bau- und Telekommunikationsindustrie tätig ist. Als Weltmarktführer für technische Textilien sind die bekanntesten Produkte die *Vileda*-Reinigungsartikel (vgl. www.freudenberg.com).

Kreativität, Qualität, Vielfalt und Innovationskraft sind die Eckpfeiler des Unternehmens. Verlässlichkeit und verantwortungsvolles Handeln gehören zu den Grundwerten der mehr als 165-jährigen Firmengeschichte. *Freudenberg* setzt auf die Partnerschaft mit Kunden, auf langfristige Orientierung sowie auf finanzielle Solidität und die Exzellenz der Mitarbeiter. Das Unternehmen legt großen Wert auf seine Geschäftsgrundsätze als Leitlinien des Handelns. Gleichzeitig will das Unternehmen profitabel wachsen. Zwangsläufig geraten beide Ziele im geschäftlichen Alltag manchmal in Konflikt. Dieser Konflikt lässt sich nicht immer ohne Weiteres auflösen. Um hier Klarheit für die rund 300 Top-Führungskräfte weltweit zu gewinnen und zu einem einheitlichen Verständnis der Werte und deren Anwendung in der Tagesarbeit zu kommen, machte die Unternehmensgruppe diesen vermeintlichen Gegensatz zum zentralen Thema ihrer turnusmäßigen Führungskräfteveranstaltung.

Zur Unterstützung band sie die Stuttgarter Unternehmensberatung *Management Partner* in die Konzeption und Durchführung ein. Ihre Aufgabe war es, mit einer Kaskade von Workshops und Konsolidierungskreisen die Vorbereitung der eigentlichen Veranstaltung maßgeblich zu begleiten. Dadurch wurden Mitarbeiter aus den unterschiedlichen Regionen und Geschäftsgruppen in den Prozess einbezogen. Daneben lieferte *Management Partner* auch entscheidende Ideen und Impulse sowie konzeptionelle Beiträge zur Didaktik und Dramaturgie der Zusammenkunft (vgl. *www.management-partner.com)*.

Im Kern ging es um die Frage, wie mögliche Konfliktherde schon im Ansatz zu erkennen und in einem offenen Arbeitsprozess zu beherrschen sind. Grundlage waren reale, aus dem eigenen Arbeitsalltag gegriffene Konfliktsituationen, welche die Teilnehmer als Fallstudien in Kleingruppen zu bearbeiten hatten. Die Diskussionen waren lebhaft und von Offenheit geprägt. Dabei war es wichtig, keine Lösungen vorzugeben, sondern sie gemeinsam zu erarbeiten. Dazu wurden die Leitsätze auf den jeweiligen Problemfall angewendet. Letztlich ging es darum, eine Entscheidung zu treffen, die Ertrag und Wachstum bringt, zugleich aber auch mit den Unternehmenswerten in Einklang steht.

Es zeigte sich: In der Regel gibt es keine einfachen Antworten auf schwierige Fragen. Mehr noch: Manchmal erschließt sich überhaupt keine eindeutige Antwort. In diesem Fall gilt es zu akzeptieren, dass alternative Lösungswege aus dieser Grauzone führen müssen. Im Extremfall führt das dazu, von einem Geschäft sogar ganz Abstand zu nehmen. Es kam dem Unternehmen dabei weniger darauf an, welche Antworten gefunden werden, sondern vielmehr darauf, dass die Führungskräfte in einen offenen Dialog treten und zu einem gemeinsamen Verständnis der Werte über Kultur- und Landesgrenzen hinweg finden. Die wesentliche Erkenntnis war jedoch, dass sich Wachstum und Werte nicht ausschließen. Im Gegenteil. Sie sind zwei Seiten ein und derselben Medaille. Nachhaltigkeit erweist sich dabei als Schlüsselwort. Schließlich geht es beim Thema Wachstum nicht nur um eine kurzfristige Umsatzsteigerung, sondern auch und vor allem um eine langfristige Gewinnentwicklung. Ohne Nachhaltigkeit aber ist ein stabiles Wertefundament überhaupt nicht denkbar. Als ein Ergebnis führte dies zu einer Dynamik im Unternehmen, die bis heute fortwirkt, nicht zuletzt als Differenzierungsmerkmal im Wettbewerb um die besten Nachwuchskräfte.

Unternehmenspolitische Prozesse beschreiben, wie Ziele bei Interessenkonflikten durch Machtausübung festgelegt werden.

Konflikte entstehen, wenn unterschiedliche Vorstellungen zur Grundausrichtung des Unternehmens vorliegen und die Unternehmensführung versucht, ihre Position als verbindlich vorzugeben. Dazu ist **Macht** erforderlich, die durch organisatorische Weisungsbefugnisse verliehen oder während des politischen Prozesses zwischen einzelnen Akteuren ausgehandelt wird. Macht ist das Regulativ, um sich bei unterschiedlichen Vorstellungen im politischen Kräftespiel durchzusetzen (vgl. *Bleicher*, 2017, S. 155).

Eine Voraussetzung für die Macht der Unternehmensführung ist die **Autonomie** des Handelns:

- **Sinnautonomie** bedeutet, dass die Unternehmensführung auf Basis ihrer eigenen Unternehmenswerte handelt (vgl. Kap. 2.2).
- **Zeitautonomie** beinhaltet zeitliche Freiräume im Verhältnis zur Unternehmensumwelt. Auf Ereignisse der Umwelt kann ein Unternehmen zeitnah reagieren oder Spielräume durch Vorziehen oder Verzögern von Handlungen nutzen. Verliert ein Unternehmen die Autonomie über die Zeit, so gilt das sog. *Gresham*sche Gesetz: Unwichtiges, aber zeitlich Dringendes, verdrängt Wichtiges, aber zeitlich nicht Dringendes.

Beide Aspekte der Autonomie gewährleisten die **Handlungsautonomie** eines Unternehmens. Sie ermöglicht es, bei Interessenkonflikten Ziele auszuwählen und durchzusetzen. In Unternehmenskrisen bestehen z. B. Ressourcen- und Zeitbeschränkungen, weshalb die Handlungsfreiheit der Unternehmensführung stark eingeschränkt sein kann.

Verfügt ein Unternehmen über ausreichend Handlungsautonomie, dann hat sie als normative Führungsaufgabe folgende **Spannungsfelder** der Unternehmenspolitik aufzulösen (vgl. *Bleicher*, 2017, S. 155 ff.):

- **Unternehmen und Umwelt:** Unternehmen sind kein Selbstzweck, sondern erfüllen für ihre Umwelt eine Funktion. Um in einer komplexen Umwelt überleben zu können, hat ein Unternehmen deshalb für die Stakeholder einen Nutzen bereitzustellen.
- **Integration der Unternehmensmitglieder:** In einer arbeitsteiligen Organisation sind die unterschiedlichen Interessen und Ziele der Beteiligten zu integrieren. Hinzu kommen die Vorstellungen der handelnden Personen über die eigene Zukunft und die des Unternehmens.

Die Unternehmenspolitik dient der Harmonisierung externer Interessen an ein Unternehmen mit den intern verfolgten Zielen und Ansprüchen. Häufig sind Unternehmensziele weder vollständig, noch eindeutig oder konsistent. Diese Unbestimmtheit kann jedoch auch beabsichtigt sein, um im Rahmen der Unternehmenspolitik überhaupt konsensfähige Ziele erreichen zu können (vgl. *Kirsch*, 1993, Sp. 4094 ff.). In diesem Fall wird von Unternehmensleitlinien gesprochen.

Unternehmensleitlinien sind nicht vollständig konkretisierte Ziele eines Unternehmens.

Zieldimensionen

Inhaltlich lässt sich das Zielsystem auf einige wesentliche Fragestellungen reduzieren. Es lässt sich durch vier grundlegende **Dimensionen** erfassen. Nach *Bleicher* kann jede Dimension zwei gegensätzliche Ausprägungen annehmen (vgl. *Bleicher*, 2017, S. 164 ff.):

- **Ausrichtung auf Anspruchsgruppen:** Hierbei geht es um die Stakeholder- oder Shareholderorientierung eines Unternehmens. Es ist zu klären, inwieweit neben der Verpflichtung auf ökonomische Ziele („the business of business is business") auch gesellschaftlicher Nutzen erbracht werden soll. Dies hängt auch mit dem Zeithorizont zusammen. So kann das opportunistische Erreichen kurzfristiger Ergebnisse oder eine langfristige Nutzenstiftung im Vordergrund stehen. Letztere beruht nicht nur auf der Verwertung gegenwärtiger Erfolgspotenziale, sondern berücksichtigt auch die Entwicklung neuer Erfolgspotenziale.
- **Risikoorientierung:** Dabei geht es um die Chancen- und Risikoperspektive der Unternehmensführung und um die Auseinandersetzung mit der Zukunft. Manche Unternehmen betrachten vor allem Chancen und Risiken in den bestehenden Geschäftsfeldern („konservativ"). Alternativ kann darüber hinaus eine kreative und innovative Auseinandersetzung mit der Zukunft auch außerhalb des bestehenden Geschäfts erfolgen („progressiv").
- **Ökonomische Ausrichtung:** Die Unternehmensführung kann an sachlichen Leistungszielen (Sachziele) oder an finanziellen Wertzielen (Formalziele) orientiert sein. Dem „Durchwursteln" (muddling-through) mit geringem wirtschaftlichem Anspruch steht die integrierte Berücksichtigung sachlicher und finanzieller Ziele („ökonomische Verpflichtung") gegenüber.

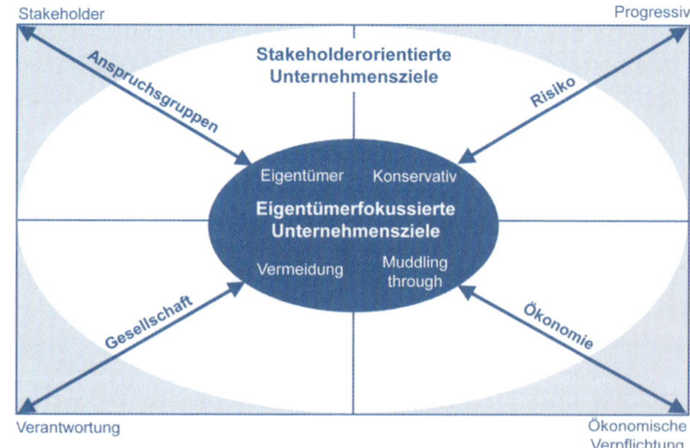

Abb. 2.3.10: Zieldimensionen (vgl. *Bleicher*, 2017, S. 164)

- **Gesellschaftliche Ausrichtung:** Sie kann sich in unterschiedlichem Ausmaß an ökologischen und sozialen Ansprüchen orientieren. Neben der umweltorientierten Unternehmensführung wird dabei auch die Rolle des Unternehmens als verantwortliches Mitglied eines Gemeinwesens (Corporate Citizenship) festgelegt.

Alle vier Zieldimensionen sollten in einer **integrativen Betrachtung** in sich konsistent sein. Die unternehmenspolitische Grundorientierung ermöglicht die Gestaltung der zukünftigen Unternehmensentwicklung. Diese können sich zwischen den extremen Grundorientierungen „Eigentümerfokussiert" und „Stakeholderorientiert" bewegen und sehr vielfältig sein. Allerdings ist in Europa ein Trend in Richtung Stakeholderorientierung festzustellen. Dies ist zweckmäßig, will ein Unternehmen dauerhaft Nutzen erbringen, Erfolgspotenziale schaffen und gesellschaftlich legitimiert sein.

Die Unternehmenspolitik dient der Harmonisierung externer Interessen an ein Unternehmen mit den intern verfolgten Zielen und Ansprüchen. Dadurch soll die Unternehmensführung eine Übereinstimmung („fit") zwischen der Unternehmensumwelt und dem Unternehmen erreichen (vgl. *Bleicher*, 2017, S. 153). Dazu werden im Prozess der Unternehmenspolitik spezifische und zugleich anspruchsvolle Ziele für ein Unternehmen festgelegt. Nur wenn diese klar vorgegeben sind, lässt sich auch der Weg dorthin sinnvoll beschreiben und planen. Die Auswahl von Zielen aus einer Anzahl möglicher Alternativen gehört somit zwingend zu jedem wirtschaftlichen Handeln. Sie schafft Klarheit darüber, was mit diesem Handeln erreicht werden soll (vgl. *Heinen*, 1976, S. 28). Erst durch die Vorgabe von Zielen wird es möglich, die Leistung des Unternehmens und seiner Führung zu beurteilen. **Unternehmensziele** besitzen somit grundlegende, normative Bedeutung. Sie sollten ein hohes Anspruchsniveau haben, um die Fähigkeiten und Kräfte eines Unternehmens zu mobilisieren sowie um Orientierung und Ansporn für jeden einzelnen Mitarbeiter zu sein. Gut formulierte Zielsetzungen sind konkret, verständlich und eignen sich als Maßstab für das bisher Erreichte. Zudem sollten sie ausreichend realistisch sein, um nicht demotivierend zu wirken.

Unternehmensleitlinien sind kein starres System, sondern eine Orientierung für das unternehmerische Denken und Handeln. Mit ihrer Hilfe können unternehmensexterne und -interne Entwicklungen erfasst, Motivation und Engagement der Mitarbeiter gefördert und entsprechende Strategien festgelegt werden (vgl. *Hinterhuber*, 2015, S. 27). Darin kommen die Präferenzen für eine erstrebenswerte Zukunft zum Ausdruck. Die Festlegung der zukünftigen Unternehmensentwicklung im Sinne erfolgversprechender **Entwicklungspfade** basiert auf vergangenheitsgeprägten Erfahrungen. Die Unternehmenspolitik mündet in die Verdichtung und Vorgabe genereller Ziele und Leitlinien der Unternehmensentwicklung als Richtschnur des Handelns (vgl. *Bleicher*, 2017, S. 155). Sie kanalisiert die Entwicklung des Unternehmens, aus der sich Strategien und Maßnahmen ableiten. Die Eingrenzung eines betrieblichen Entwicklungspfads durch einen Ordnungsrahmen kann sowohl durch positive, als auch durch negative Vorgaben erfolgen. Positive Vorgaben sind Zielvorgaben oder Leitlinien. Eine negative Vorgabe grenzt Verhaltensspielräume ein, indem unzulässige Aktionsfelder definiert werden. Dies kann etwa ein Verbot von Korruption sein.

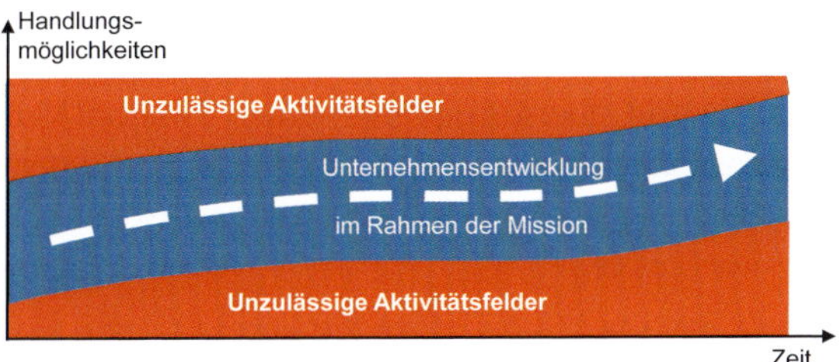

Abb. 2.3.11: Unternehmenspolitischer Entwicklungspfad (in Anlehnung an Pümpin, 1986, S. 41)

Aus sehr langfristigen Visionen entstehen Vorgaben, die in der Unternehmenspolitik in Unternehmensziele und -leitlinien präzisiert werden, die auch als sog. **Moals** (Mid-Term Goals) bezeichnet werden. Diese werden in der Mission als mittelfristige strategische Meilensteine festgelegt und in Jahresziele konkretisiert. Diese müssen nicht unbedingt messbar sein, sondern können auch qualitativ formuliert werden (vgl. *Lobacher*, 2019, S. 244 ff.). Im Rahmen eines agilen **Zielvereinbarungsprozesses** können sie noch weiter in kurzfristige Objectives and Key Results kaskadiert werden. Durch Objectives and Key Results (OKR) fokussiert sich ein Unternehmen für eine kurze Periode auf bis zu fünf anspruchsvolle Ziele (Objectives), welche mithilfe von drei bis fünf Schlüsselergebnissen (Key Results) gemessen und realisiert werden sollen (vgl. Kap. 7.2.3).

Beispiele für Unternehmensmissionen, ihre Abgrenzung zur Vision und die Betonung einzelner Stakeholder sind:

- *Airbnb* hat den Purpose und die kundenorientierte Mission eng verknüpft: „To create a world where anyone can belong anywhere" (www.airbnb.com). Das Unternehmen strebt nach Gastfreundschaft und möchte ein Gefühl der Zugehörigkeit schaffen, egal wo die Kunden in der Welt übernachten.

- *Amazon* verfolgt die kundenorientierte Vision „to be earth's most customer-centric company". Der Unternehmenszweck ist dabei „to build a place where people can come to find and discover anything they might want to buy online". Für die Mission gibt es noch die Ergänzungen, „to offer its customers the lowest possible prices" und „continually raise the bar of the customer experience by using the internet and technology to help consumers find, discover and buy anything, and empower businesses and content creators to maximise their success" (www.amazon.com).
- *Delsey:* „What maters is inside" (www.delsey.com) stellt den Kunden und seine Reisebedürfnisse in den Mittelpunkt. Die Mission lautet „to create and sell distinctive and functional luggage for the individual".
- *Dr. Oetker* denkt als Familienunternehmen in Generationen und übernimmt mit seiner Mission Verantwortung gegenüber Umwelt, Mitarbeitern und der Gesellschaft. Sein Purpose ist „Creating a Taste of Home" (www.oetker.com).
- *Google* hat die Vision „Provide access to the world's information in one klick". Der Unternehmenszweck ist es, die Informationen dieser Welt zu organisieren und allgemein zugänglich und nutzbar zu machen („to organize the world's information and make it universally accessible and useful.") (www.about.google).
- *Microsoft* hat die Mission, jede Person und jedes Unternehmen auf dem Planeten zu befähigen, mehr zu erreichen: „Our mission is to empower every person and every organization on the planet to achieve more. To help people and businesses throughout the world realize their full potential" (www.microsoft.com).
- *SpaceX* verfolgt die Vision „Making Humanity multiplantetary" und leitet daraus seine Mission ab: „SpaceX is working on a next generation of fully reusable launch vehicles that will be the most powerful ever built, capable of carrying humans to Mars and other destinations in the solar system." (www.spacex.com)
- *Waschbär* hat als Mission langfristig einen Beitrag zum Gemeinwohl zu leisten: „Mit unserem Angebot von ökologisch und sozial hergestellten Produkten ermöglichen wir ein gutes Leben im Einklang mit Mensch und Natur." (www. waschbaer.de).
- *Wikipedia* möchte als Purpose Jedermann das Wissen der Welt zugänglich machen. Die Vision verfolgt das Zukunftsbild: „Imagine a world in which every single person is given free access to the sum of all human knowledge" (www. wikipediafoundation.org). Die Mission lautet „Foundation is to empower and engage people around the world to collect and develop educational content under a free license or in the public domain, and to disseminate it effectively and globally". Dazu wird der Zweck präzisiert: „We are the people who keep knowledge free. We take care of the technical infrastructure, the legal challenges, and the growing pains."

2.3.3 Leitbild

Das Unternehmensleitbild ist die Basis der Unternehmensführung auf den strategischen und operativen Ebenen und für alle Führungsfunktionen. Es gibt dem Unternehmen eine gemeinsame Richtung und Identität (vgl. *Bleicher*, 2017, S. 153). Dabei ist es jedoch nicht als starres Regelwerk anzusehen, sondern verleiht vielmehr dem Denken und Handeln der Unternehmensmitglieder **Orientierung.** Mit seiner Hilfe lassen sich unternehmensexterne und -interne Entwicklungen steuern, Motivation und Engagement der Mitarbeiter fördern sowie geeignete Strategien bestimmen (vgl. *Hinterhuber*, 2015, S. 101). Das Leitbild dient gleichsam als Filter, um sich auf die betrieblich relevanten Entwicklungen zu konzentrieren.

Das **Unternehmensleitbild** fasst die Werte, Vision und Mission eines Unternehmens in einem angestrebten Selbstbild zusammen.

Es setzt sich in vielen Organisationen aus drei **Komponenten** zusammen (vgl. *Sichart/Preußig*, 2019, S. 149):

- Die **Werte** und der ethische Anspruch des Unternehmens, die in der Unternehmensphilosophie enthalten sind (vgl. Kap. 2.2.2).
- Die **Vision** als Zukunftsbild, das dem Unternehmen die Richtung weist und die interne Anspruchshaltung des Unternehmens ausdrückt (vgl. Kap. 2.3.1).
- Die **Mission** legt das Tätigkeitsfeld eines Unternehmens fest und beschreibt damit den Unternehmenszweck. Sie fasst zusammen, was ein Unternehmen für seine Stakeholder erreichen will. Hierunter fallen auch die Unternehmensziele als das Ergebnis der Unternehmenspolitik (vgl. Kap. 2.3.2). Sie definieren die Verantwortung eines Unternehmens u. a. gegenüber den Mitarbeitern, Kunden, Kapitalgebern, Lieferanten und der Gesellschaft.

Das Leitbild wird nach außen und innen kommuniziert, um Orientierung zu geben, zu motivieren und die Identifikation der Mitarbeiter mit der Organisation zu ermöglichen (vgl. *Müller-Stewens/Lechner*, 2016, S. 231 f.). Leitbilder sind in der Praxis weit verbreitet. Empirische Studien zeigen, dass bis zu 90 Prozent der Unternehmen ein Leitbild entwickelt haben (vgl. *Müller-Stewens/Lechner*, 2016, S. 231 f.). Damit sind Leitbilder eines der populärsten Konzepte der Unternehmensführung. Sie richten sich sowohl an die Mitarbeiter, als auch an andere Anspruchsgruppen des Unternehmens. Ein Leitbild soll eine von allen geteilte Vorstellung über Zweck und Entwicklung eines Unternehmens erzeugen.

Mit dem Leitbild werden folgende **Funktionen** angestrebt (vgl. *Bleicher*, 2017, S. 275; *Müller-Stewens/Lechner*, 2016, S. 232 ff.):

- **Orientierung:** Ein Leitbild soll den Mitarbeitern eine Art Kompass sein, der ihr Verhalten koordiniert und ausrichtet. Dazu dienen gemeinsame Werte und Verhaltensstandards. Zudem werden der Zweck, die Tätigkeitsfelder sowie die angestrebte Unternehmensentwicklung beschrieben.
- **Konkretisierung:** Die schriftliche Dokumentation zwingt die Unternehmensführung dazu, die Mission präzise zu formulieren. Dies erleichtert deren Kommunikation und fördert ihre Verbindlichkeit und Beständigkeit.
- **Legitimation:** Die Kommunikation des Leitbilds nach außen verdeutlicht die Ziele und den Zweck des Unternehmens gegenüber seinen wichtigsten Stakeholdern. Dies kann dazu dienen, Entscheidungen zu begründen.
- **Motivation:** Das Leitbild hilft den Mitarbeitern, sich besser mit ihrem Unternehmen zu identifizieren. Es soll deutlich machen, warum das Unternehmen als Arbeitgeber attraktiv ist. Es wirkt somit motivierend.

Die Orientierung und Kommunikation der normativen Unternehmensführung durch das Leitbild wird im Beispiel der *Motorservice Gruppe* veranschaulicht.

Zusammenfassend sollen mit einem Leitbild die Ziele und Grundorientierung der zukünftigen Unternehmensent-

Leitbild der Motorservice Gruppe

Die *Motorservice Gruppe* ist die Vertriebsorganisation für die weltweiten Aftermarket-Aktivitäten von *Kolbenschmidt Pierburg*. Sie ist ein führender Anbieter von Motorkomponenten für den freien Ersatzteilmarkt mit den Premium-Marken *KOLBENSCHMIDT, PIERBURG* und *TRW Engine Components*. Ein breites und tiefes Sortiment ermöglicht es den Kunden, Motorenteile aus einer Hand zu beziehen. Als Problemlöser für Handel und Werkstatt bietet sie darüber hinaus ein umfangreiches Leistungspaket und die technische Kompetenz eines großen Automobilzulieferers (www.ms-motorservice.de).

Das Leitbild der *Motorservice Gruppe* ist in Abb. 2.3.12 als Schiff dargestellt, in Analogie zur Abkürzung MS für Motorschiff. Dabei bilden die Werte den Rumpf des Schiffes und sorgen für Stabilität. Die Mission baut darauf auf und ist die Plattform, auf der die Ziele des Unternehmens ruhen. Diese können sich im Zeitablauf verändern, was durch die Container symbolisiert wird. Sie werden beim Erreichen der Ziele entladen und die Reise wird mit neuen Zielen fortgesetzt. Um den Kurs des Schiffes zu bestimmen, hilft die Vision als eine Art Suchscheinwerfer in die Zukunft. Zur Kommunikation des Leitbilds werden auch nautische Bezeichnungen verwendet. Beispielsweise übernimmt die Geschäftsführung die Rolle des Kapitäns und die Zielverantwortlichen sind die Containermanager.

Abb. 2.3.12: Leitbild der Motorservice Gruppe (Alter, 2011, S. 411)

wicklung dargestellt und kommuniziert werden. Diese Erwartung kann in der Unternehmenspraxis jedoch nicht immer erfüllt werden. Zu ehrgeizige, mehrdeutige und unklare Ziele können die Mitarbeiter demotivieren (vgl. *Bart*, 1997, S. 9 ff.). Ein Leitbild hat oft auch geringeren Einfluss auf Entscheidungen als die bestehenden Machtverhältnisse im Unternehmen. Dies bezieht sich etwa auf die Verteilung der vorhandenen Ressourcen. Ein weiteres Problemfeld sind Abweichungen zwischen dem tatsächlichen und dem angestrebten Verhalten. Dies gilt insbesondere für das Handeln der Unternehmensführung. Abweichungen gefährden die Glaubwürdigkeit der angestrebten Werte. Das von der Unternehmensführung vorgelebte Verhalten ist deshalb oftmals flexibler veränderbar, als ein schriftlich fixiertes Leitbild (vgl. *Bleicher*, 2017, S. 255). Um unglaubwürdige und nichtssagende Formulierungen in Leitbildern zu vermeiden, sollten auch Führungskräfte mittlerer und unterer Hierarchieebenen bei dessen Aufstellung einbezogen werden. Auf diese Weise lässt sich die Akzeptanz fördern (vgl. *Müller-Stewens/Lechner*, 2016, S. 233 ff.). Generell sind bei der Leitbildentwicklung dieselben Kriterien zu beachten, wie bei der Formulierung einer Vision.

Das **kommunizierte Unternehmensleitbild** stellt lediglich einen Auszug des Leitbilds dar. Da es sowohl für die Mitarbeiter als auch für Geschäftspartner und die Öffentlichkeit bestimmt ist, kann es nicht alle Werte und die gesamte Vision und Mission umfassen. Zudem werden eher unpräzise und allgemeine Formulierungen verwendet. In einer Mission ist z. B. das Verhältnis gegenüber den Lieferanten durch Leistungsanforderungen und Bezugskonditionen konkret fixiert. Das kommunizierte Leitbild enthält dazu entweder kein konkretes Ziel oder überhaupt keine Aussage, um Interessenkonflikte nicht deutlich zu machen.

Die Mission stellt das angestrebte Selbstbild und -verständnis eines Unternehmens dar. Die erlebbare **Unternehmensidentität** (Corporate Identity) kann jedoch von der Unternehmensmission abweichen. Die Unternehmensidentität als realisiertes Erscheinungsbild eines Unternehmens besteht aus mehreren **Elementen** (vgl. *Eichholz*, 2000, S. 8):

- **Verhalten** des Unternehmens (Corporate Behaviour), welches maßgeblich durch die Unternehmenskultur (vgl. Kap. 2.3) bestimmt wird.
- **Erscheinungsbild** des Unternehmens (Corporate Design), welches die Außen- und Innenwirkung eines Unternehmens etwa durch Farben, Logos, Brief- und Präsentationsvorlagen oder die Gestaltung der Arbeitsplätze prägt.
- **Kommunikation** des Unternehmens (Corporate Communication) mit seinen Stakeholdern. Dies ist ein wesentliches Element zur Beeinflussung des Unternehmensimages.

Zur einfachen Kommunikation wird ein Leitbild auch häufig stark komprimiert zusammengefasst, wie das Beispiel von *Bilfinger* in Abb. 2.3.13 zeigt.

Diese erlebbaren Elemente der Selbstdarstellung formen das Fremdbild eines Unternehmens (**Image**). Abb. 2.3.14 verdeutlicht diesen Zusammenhang.

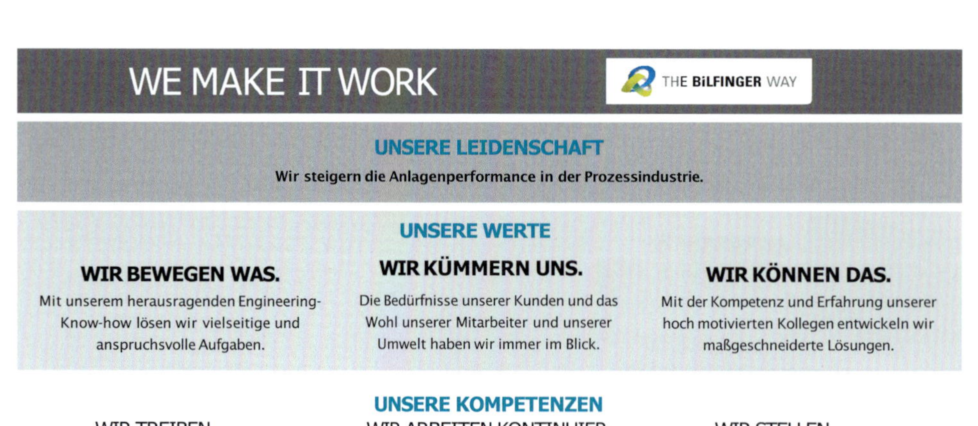

Abb. 2.3.13: Leitbild von Bilfinger (www.bilfinger.com)

Abb. 2.3.14: Zusammenhang zwischen Mission, Identität und Image (in Anlehnung an Eichholz, 2000, S. 6)

Unternehmensleitbild von HP

Hewlett-Packard wurde 1939 gegründet und hat seinen Firmensitz in *Palo Alto*, Kalifornien (USA). Das Unternehmen hat über 55.000 Mitarbeiter, beliefert Kunden in über 170 Ländern und erwirtschaftet einen Umsatz von mehr als 58 Mrd. US$. Der Unternehmenszweck ist die Schaffung neuer Einsatzmöglichkeiten der Computertechnologie. Als eines der weltweit größten Technologie-Unternehmen bietet *HP* ein umfassendes Portfolio von Taschenrechnern, Desktop-PCs, Notebooks, Handhelds über Drucker bis zu Netzwerk-, Server-, Speicher- und Softwarelösungen. *HP* ist Weltmarktführer bei Druckern sowie Kopier- und Multifunktionsgeräten.

„Zum Erzielen der höchstmöglichen Effizienz und Leistung müssen wir zusammen auf gemeinsame Zielsetzungen hinarbeiten und auf allen Ebenen am gleichen Strang ziehen." (*Dave Packard*). Die Zielsetzungen von *HP* leiten das Unternehmen bei der Führung seiner Geschäfte, seit sie von den Gründern *Bill Hewlett* und *Dave Packard* im Jahr 1957 niedergeschrieben wurden. Das übergreifende Unternehmensziel wird wie folgt zusammengefasst: „Wir verfolgen das Ziel, unseren Kunden die qualitativ hochwertigsten und wertvollsten Produkte, Services und Lösungen bereitzustellen, um dadurch ihren Respekt und ihre Loyalität zu erlangen und zu bewahren." Die aktuelle Vision ist es, eine Technologie zu schaffen, die das Leben für alle und allerorts verbessert – für jede Person, jede Organisation und jede Gemeinschaft in der Welt. „Das ist unsere Berufung. Das ist das neue HP: Immer auf das Neueste aus".

Dazu sind folgende Aspekte im **Leitbild** näher ausgeführt:

- **Gewinn:** Wir verfolgen das Ziel, ausreichend Gewinn zu erwirtschaften, um das weitere Wachstum unseres Unternehmens zu finanzieren, unseren Aktionären angemessene Renditen zu sichern und um Ressourcen bereitzustellen, die wir zum Erreichen der anderen Unternehmensziele benötigen.
- **Marktführerschaft:** Wir wollen das Wachstum unseres Unternehmens sichern, indem wir Märkte, auf denen wir bereits vertreten sind, mit sinnvollen und innovativen Produkten, Services und Lösungen bedienen. Wir wollen in neue Bereiche vorstoßen, die auf unsere Technologien und Kompetenzen aufbauen und die Interessen unserer Kunden berücksichtigen.
- **Wachstum:** Wir sehen in den Veränderungen des Marktes eine Chance für mehr Wachstum, um unsere Gewinne und Fähigkeiten in den Dienst der Entwicklung und Bereitstellung innovativer Produkte, Services und Lösungen zu stellen, die den neu entstehenden Ansprüchen unserer Kunden gerecht werden.

- **MitarbeiterInnen:** Wir wollen MitarbeiterInnen von *HP* am Erfolg des Unternehmens beteiligen, der durch sie erst möglich wird. Wir bieten unseren MitarbeiterInnen leistungsorientierte Beschäftigungsmöglichkeiten und schaffen mit ihnen eine sichere und kreative Arbeitsumgebung, in der sowohl die Vielseitigkeit als auch die Individualität jedes Einzelnen geschätzt wird. Außerdem möchten wir dazu beitragen, dass unsere MitarbeiterInnen Zufriedenheit und Erfüllung bei ihrer Arbeit finden.
- **Führungsqualitäten:** Wir wollen auf jeder Hierarchiestufe Führungskräfte fördern, die Verantwortung übernehmen für das Erreichen unserer Unternehmensziele und unsere Grundwerte personifizieren.
- **Gesellschaftliche Verantwortung:** Erfolg im Geschäftsbereich durch gesellschaftliches Engagement. Eine gute Einbindung in die Gesellschaft ist gut für *HP*. Wir kommen unseren Verpflichtungen gegenüber der Gesellschaft nach, indem wir uns an jedem unserer Standorte in der Welt als wirtschaftliche, geistige und soziale Institution etablieren.

Ergänzend dazu sind auch z. B. folgende **Unternehmenswerte** formuliert:

- **Einsatz für den Kunden:** Bei unserem Handeln und unseren Entscheidungen stehen Kunden immer im Vordergrund. Wir schaffen eine Unternehmens- und Managementkultur, die unsere MitarbeiterInnen motiviert und den Kundenanforderungen gerecht wird.
- **Vertrauen und Respekt:** Wir schaffen ein interessantes und inspirierendes Arbeitsumfeld, in dem sich jede(r) von uns einbringen und an den Aufgaben wachsen kann. Wir glauben, dass jede(r) MitarbeiterIn seine/ihre Arbeit optimal erledigen will und diese auch leisten wird, wenn er/sie das optimale Arbeitsumfeld vorfindet. Wir stellen hochbegabte und kreative Menschen verschiedener Herkunft und mit

unterschiedlichen Qualifikationen ein. Im Team können sie außergewöhnliche Leistungen vollbringen.

- **Ergebnisorientierung:** Ergebnisorientierung und persönliche Leistungsbereitschaft bilden die Grundlage von *HP*. Alle MitarbeiterInnen sind engagiert, um die Erwartungen unserer Kunden zu übertreffen. Wir arbeiten ständig an der Verbesserung unserer Ergebnisse.
- **Geschwindigkeit und Flexibilität:** Kurze Entwicklungs- und Vermarktungszeiten, schnell realisierbare Umsätze und Gewinne. Diese Aspekte sind für unseren Erfolg entscheidend. Um schneller zu sein als unsere Mitbewerber, setzen wir die richtige Expertise ein, kennen unsere Entscheidungsprozesse, geben effizienten Lösungen den Vorzug und machen unsere MitarbeiterInnen in ihren Aufgabenbereichen zu Entscheidungsträgern.

- **Wegweisende Innovationen:** Als Technologieunternehmen liefern wir nützliche und innovative Lösungen. Wir haben erkannt, dass wir das Leben unserer Kunden im beruflichen wie im privaten Umfeld nur dann bereichern können, wenn wir uns auf die Lösung ihrer eigentlichen Probleme konzentrieren. Darunter verstehen wir angewandte Entwicklung, die keine Entwicklung zum Selbstzweck ist.
- **Teamwork:** Die effiziente Zusammenarbeit zwischen Teams und Organisationen ist für unseren Erfolg ausschlaggebend. Wir arbeiten als ein Team, um die Erwartungen von Kunden, Aktionären und Geschäftspartnern zu erfüllen. Wir glauben, dass das Können des gesamten Teams – einschließlich unserer Lieferanten und Vertriebspartner – für unseren Erfolg entscheidend sind.
- **Kompromisslose Integrität:** In unseren Geschäftsbeziehungen zeichnen wir uns durch Offenheit und Ehrlichkeit aus. Wir glauben, dass diese Eigenschaften wichtig sind, um das Vertrauen unserer Geschäftspartner zu gewinnen. Es wird erwartet, dass jede(r) Mitarbeiter/In den Ansprüchen unserer Unternehmensethik genügt.

Zusammenfassung

- Eine Unternehmensvision ist ein Zukunftsbild, das dem Unternehmen die Richtung weist und die interne Anspruchshaltung des Unternehmens ausdrückt.
- Erfolgreiche Visionen sind richtungweisend, anspornend, plausibel und prägnant. Eine Unternehmensvision kann durch visionäre Persönlichkeiten oder in einem kollektiven Prozess entwickelt werden. Neben der Formulierung ist die Verankerung im Unternehmen wichtig.
- Unternehmensvisionen haben einen Lebenszyklus. Sie sollten langfristig Bestand haben und rechtzeitig vor ihrer Überalterung modifiziert oder abgelöst werden.
- Die Unternehmensmission legt das Tätigkeitsfeld eines Unternehmens fest und beschreibt damit den Unternehmenszweck. Er fasst zusammen, was ein Unternehmen erreichen will und welche Beiträge es für andere leistet.
- Erfolgreiche Missionen richten ein Unternehmen aus und schaffen Identifikation und Motivation.
- Die Unternehmensmission kann in Teilmissionen von Geschäftsfeldern und/oder Funktionen differenziert und konkretisiert werden.
- Unternehmenspolitik umfasst die Bildung von Unternehmensleitlinien und -zielen durch politischen Interessenausgleich. Sie regelt das Verhalten innerhalb eines Unternehmens im Sinne von Grundsatzentscheidungen.
- Aufgabe der Unternehmenspolitik ist die Harmonisierung externer Interessen und intern verfolgter Ziele und Ansprüche. Dadurch soll die Unternehmensführung eine Übereinstimmung („fit") zwischen der Unternehmensumwelt und dem Unternehmen erreichen.
- Unternehmen haben neben eigenen, auch externe Erwartungen zu erfüllen. Diese werden durch Stakeholder an ein Unternehmen herangetragen.
- Vorrangiges Interesse eines Unternehmens ist es, seinen Unternehmenswert zu steigern. Dies ist nur dann nachhaltig möglich, wenn die Interessen der anderen Stakeholder ebenfalls ausreichend erfüllt werden.
- Unternehmenspolitische Prozesse beschreiben, wie Ziele bei Interessenkonflikten durch Machtausübung festgelegt werden.
- Unternehmensziele sind normative Vorstellungen über einen zukünftigen Zustand, der durch Handlungen hergestellt werden soll. Unternehmensleitlinien sind nicht vollständig konkretisierte Ziele.
- Die Unternehmenspolitik ist inhaltlich auf die Anspruchsgruppen, die zukünftige Entwicklung des Unternehmens sowie auf ökonomische und gesellschaftliche Ziele auszurichten.
- Ein Leitbild fasst die Werte, Vision und Mission eines Unternehmens in einem angestrebten Selbstbild zusammen. Es kann unternehmensintern und -extern kommuniziert werden, um Identität zu stiften. Dabei enthält es nur solche Aussagen, die sowohl für die Mitarbeiter als auch für Geschäftspartner und Öffentlichkeit geeignet sind.

- Das Leitbild ist das angestrebte Selbstbild eines Unternehmens. Die erlebbare Unternehmensidentität (Corporate Identity) wird vom Verhalten (Corporate Behaviour), dem Erscheinungsbild (Corporate Design) und der Kommunikation (Corporate Communication) eines Unternehmens geprägt. Diese Elemente der Selbstdarstellung formen das Fremdbild eines Unternehmens (Image).

Literaturempfehlungen

Bleicher, K.: Das Konzept integriertes Management, 8. Aufl., Frankfurt/New York 2011.

Collins, J. C./Porras, J. I.: Building Your Company's Vision, in: Harvard Business Review, 74. Jg., Nr. 5, 1996, S. 66-77.

Hinterhuber, H. H.: Strategische Unternehmensführung, 9. Aufl., Berlin 2015

Müller-Stewens, G./Lechner, C.: Strategisches Management, 5. Aufl., Stuttgart 2016.

2.4 Unternehmensverfassung und Corporate Governance

Leitfragen

- Was beinhaltet eine Unternehmensverfassung?
- Welche Unterschiede gibt es zwischen angelsächsischen und kontinentaleuropäischen Unternehmen?
- Womit beschäftigt sich die Corporate Governance?
- Welche Grundformen von Governance-Modellen stehen zur Verfügung?
- Was bedeutet Compliance?

Die Unternehmensverfassung und Corporate Governance beinhalten grundlegende organisatorische Regelungen und die Organe eines Unternehmens sowie deren Rechte und Pflichten. Sie bilden einen Ordnungsrahmen für die Organisation eines Unternehmens und sind damit der normative Teil dieser Führungsfunktion.

2.4.1 Eigentümer und Stakeholder

Der Begriff Corporate Governance geht auf *Berle* und *Means* (1932) zurück. Sie erkannten, dass aus der Entwicklung des Gesellschaftsrechts in den Vereinigten Staaten eine Trennung von Eigentum und Kontrolle resultierte. Besonders bei börsennotierten Unternehmen mit weit gestreutem Eigentum wurde ein Auseinanderklaffen von Aktionärsinteressen und der Unternehmensführung erkannt. Tatsächlich lag die Kontrolle des Handelns bei den angestellten Managern, während der typische Aktionär an den täglichen Handlungen des Unternehmens nicht interessiert war. Dadurch entstand die Gefahr, dass die Führungskräfte dies zu ihrem eigenen Vorteil nutzen, ohne dass eine effektive Kontrolle durch die Aktionäre stattfindet.

Die theoretische Basis hierfür bildet die neue Institutionenökonomie und insbesondere die **Principal-Agent-Theorie** (vgl. Kap. 1.2.3). Dort werden Zielkonflikte zwischen dem Auftraggeber (Prinzipal) und des zur Realisierung seiner Interessen eingesetzten Auftragnehmers (Agent) betrachtet. Die Führungskräfte sind in diesem Falle die Agenten der Eigentümer. Sie handeln jedoch nicht immer in deren Interesse, sondern verfolgen auch eigene Zielsetzungen und können Informationen opportunistisch für sich ausnutzen. Die Principal-Agent-Theorie als Teil der neuen Institutionenökonomie liefert Lösungshinweise für diese Delegations-, Informations- und Anreizprobleme. Zunächst wird der grundlegende Interessenskonflikt zwischen Prinzipal und Agent erklärt. Das Eigentum liegt auf Seiten des Prinzipals, z. B. der Aktionäre und ist getrennt von der Handlungsgewalt, die auf Seiten des Agenten liegt. Dieser sog. Agenturkonflikt entsteht, da der Agent nach der Annahme des Homo oeconomicus die Maximierung des eigenen Nutzens verfolgt. So wird stets die Handlungsalternative mit dem größten individuellen Nutzen gewählt, bei gleichzeitigem opportunistischen Handeln und begrenzter Rationalität. Auch besteht eine asymmetrische Informationsverteilung zwischen den Akteuren, aus der Delegations- und Koordinationsprobleme erwachsen. Dabei können alle vier Ausprägungen von Informationsasymmetrien auftreten, nämlich ungleicher Informationsstand über die Eigenschaften (Hidden Characteristics), Absichten (Hidden Intentions), Informationen (Hidden Informations) und Handlungen (Hidden Actions) des Agenten zu Lasten des Prinzipals. Das opportunistische Verhalten des Agenten zum Nachteil des Prinzipals folgt aus dem Handlungsspielraum des Agenten. Der unvollkommene Wissensstand resultiert im Wesentlichen aus der Tatsache, dass sich ein Akteur zwar Wissen aneignen kann, jedoch nicht immer alle notwendigen relevanten Informationen zur Verfügung hat. Opportunistisches Verhalten kann über die reine Nutzenmaximierung hinausgehen und auch betrügerisches Verhalten oder Täuschung einschließen.

Die Beziehung zwischen Prinzipal und Agent kommt durch ökonomische Verträge zustande. Diese können schriftlich fixiert sein, es reicht aber auch schon das Ausüben externer Effekte auf eine andere Person aus, um eine Beeinflussung zu bewirken. Lösungsansätze zur Behebung der Informationsasymmetrien bestehen im sog. Signaling, dem Screening oder der Nutzung gezielter Anreize und Kontrollen. Weiterhin entstehen Transaktionskosten, sog. Agenturkosten. Sie entstehen aus Steuerungs- und Kontrollaufgaben, welche versuchen, die Anstrengungen des Prinzipals zur Verringerung des eigenen Informationsnachteils darzustellen. Aufgegliedert werden können diese in Kosten der Vertragsschließung und Überwachung sowie in Verluste, die aus dem Agenturkonflikt entstehen. Diese hängen von der Größe der Handlungsoptionen des Agenten ab, welche wiederum mit zunehmenden Informationsasymmetrien und Machtbefugnissen wachsen.

Zusammenfassend lassen sich aus der Theorie folgende **Lösungsansätze** dieses Zielkonflikts zwischen Eigentümern und angestellten Führungskräften ableiten:

- **Anreizsysteme**, um die persönliche Zielerreichung der Unternehmensführung mit den Zielen der Eigentümer zu vereinbaren, wie z. B. Aktienoptionen für die Führungskräfte.
- **Überwachungs- und Kontrollinstrumente**, um die Information der Eigentümer zu verbessern, z. B. Wirtschaftsprüfer oder ein Aufsichtsrat.
- **Transparenz**, um Interessenkonflikte abzubauen und Informationsasymmetrien zu reduzieren.
- **Gestaltung** der Organe eines Unternehmens sowie deren Rechte und Pflichten, um die Handlungsspielräume des Prinzipals festzulegen und den Agenturkonflikt möglichst gering zu halten.

Der ursprüngliche Kern der Corporate Governance befasst sich damit, inwieweit die Unternehmensführung tatsächlich die **Eigentümerinteressen** verfolgt (vgl. *Hungenberg*, 2020, S. 33). Ein Hauptanliegen der Corporate Governance ist es, die Unternehmensführung gemäß der Property Rights-Theorie an professionelle Manager zu delegieren und damit den Agenturkonflikt zwischen Eigentum und Entscheidungsgewalt zu lösen. Dabei geht es um die Governance der zwei Gruppen Eigentümer und Unternehmensleitung. Die Interessengegensätze zwischen den beiden Gruppen werden umso größer, je breiter der Eigentumsbesitz gestreut bzw. je größer das Unternehmen ist. Die Trennung von Kontrolle und Eigentum zieht demnach zwei Konsequenzen nach sich: Die Eröffnung von Handlungsspielräumen und die damit in Verbindung stehenden Kosten. Insofern hat die Orientierung an den Interessen der Eigentümer (Shareholder) Priorität, da diese ihr eigenes Kapital in das Unternehmen einbringen. In einem marktwirtschaftlichen Wirtschaftssystem leitet sich aus dem Eigentum am Unternehmen das Recht zur Vorgabe von Unternehmenszielen ab. Diese Ausrichtung an den Zielen der Eigentümer kann jedoch unterschiedlich stark sein. Im Fall eines eigentümergeführten Unternehmens tragen die Eigentümer das Kapitalrisiko, besitzen die Verfügungsgewalt und haben vollen Anspruch auf den erwirtschafteten Gewinn. Diese Konstellation ist bei kleinen und mittelständischen Unternehmen häufig zu finden. Geben die Eigentümer die Unternehmensführungsfunktion an angestellte Führungskräfte ab, dann entsteht eine Trennung zwischen Eigentum und Verfügungsgewalt. Dies führt zu einem Regelungsbedarf, der im Rahmen der Unternehmensverfassung zu lösen ist. Er tritt überwiegend bei Großunternehmen auf.

Mitglieder eines Unternehmens sind aber nicht nur die Eigentümer und die Unternehmensleitung. Darüber hinaus gibt es viele weitere Interessensgruppen, die im Austausch mit einem Unternehmen ihre eigenen Interessen und Ziele verfolgen (Stakeholder). Deren individuelle Erwartungen werden zu Unternehmenszielen, wenn sie von der Unternehmensführung verbindlich festlegt werden (vgl. Kap. 2.3.2).

2.4.2 Unternehmensverfassung

Die Unternehmensverfassung orientiert sich neben den Unternehmenswerten und der Vision und Mission (vgl. Kap. 2.2 und 2.3) auch an den gesetzlichen Anforderungen der Länder, in denen das Unternehmen tätig ist. In deutschen Kapitalgesellschaften können etwa neben den Eigentümerinteressen auch die Interessen der Mitarbeiter in den Organen der Unternehmensführung vertreten sein. Gesetzliche Regelungen schreiben diese Mitbestimmung in der **Betriebsverfassung** vor. Damit ist sie Teil der Unternehmensverfassung. Je nach Ausprägung der Unternehmenswerte können weitere Interessengruppen in die Unternehmensverfassung einbezogen werden.

> Die **Unternehmensverfassung** bestimmt die Organe eines Unternehmens, deren Besetzung sowie ihre Rechte und Pflichten (vgl. *Hungenberg*, 2020, S. 38)

Die Unternehmensverfassung beinhaltet grundlegende Regelungen über die Unternehmensorgane. Sie bilden einen Ordnungsrahmen für die Organisation eines Unternehmens.

Die Unternehmensverfassung besteht zum einen aus gesetzlichen Vorschriften (z. B. Gesellschafts- oder Arbeitsrecht, Betriebsverfassung) und zum anderen aus betrieblich frei gestaltbaren Elementen (z.B. Satzungen oder Geschäftsordnungen). Sie umfasst damit alle Regelungen, welche die Gründung und die Beendigung eines Unternehmens, das Außenverhältnis, grundsätzliche Entscheidungen sowie die Verteilung des ökonomischen Erfolgs betreffen. Insbesondere die Rechte der Spitzenorgane, wie etwa deren Bezeichnung, Zustandekommen, Zusammensetzung, Zusammenwirken und deren Kompetenzen, sind in der Unternehmensverfassung geregelt (vgl. *Bleicher*, 1994, S. 292). Die Unternehmensverfassung teilt Rechte und Pflichten speziellen Personengruppen zu. Sie legt damit auch fest, welche Personengruppen an der Unternehmensführung mitwirken.

Die Unternehmensverfassung beinhaltet folgende **Gestaltungskriterien**:

- Shareholder- oder Stakeholder-Orientierung
- Strukturmerkmale, wie bspw. eine monistische oder dualistische Verfassung
- Direktoriales oder kollegiales Leitungsgremium
- Berücksichtigung der Interessen der Arbeitnehmer
- Publizitäts- und Prüfungsumfang

In der Praxis lassen sich charakteristische Kombinationen dieser Gestaltungskriterien identifizieren, die als sog. Systemtypen oder **Governance-Modelle** bezeichnet werden. Sie werden häufig grafisch als Kette ineinandergreifender Einzelelemente dargestellt (Governance Chain). Abb. 2.4.1 zeigt hierfür ein Beispiel (vgl. *Refakar/Ravaonorohanta*, 2020, S. 8 ff.). Dabei werden die Gremien mit unternehmensinternen Mitgliedern besetzt, die sich auf eine konzentrierte Eigentümerstruktur ausrichten, wie etwa eine Familie. Auf die Möglichkeiten des Kapitalmarkts wird weitgehend verzichtet, wodurch Abhängigkeiten von Fremdkapitalgebern an Bedeutung gewinnen. Die Transparenz und Publizität ist ebenfalls stark eingeschränkt. In diesem Modell liegt die Kontrolle über das Unternehmensgeschehen in wenigen Händen, weshalb es als „control model" bezeichnet wird.

Besondere Bedeutung kommt den Unterschieden zwischen der angelsächsischen und der kontinentaleuropäischen Unternehmensverfassung zu. Diese werden im Folgenden am Beispiel angloamerikanischer Aktiengesellschaften sowie deutscher Aktiengesellschaften und Gesellschaften mit beschränkter Haftung erläutert.

Board-Verfassung

Die US-amerikanische Unternehmensverfassung für Aktiengesellschaften (Stock Corporation) gilt als Prototyp des **angloamerikanischen Modells**. Die amerikanische Unternehmensverfassung für Aktiengesellschaften sieht zwei **Gesellschaftsorgane** vor und wird deshalb als zweistufiges Modell (two-tier) oder als „Board-Verfassung" bezeichnet (vgl. *Kieser/Walgenbach*, 2010, S. 55 ff.; Abb. 2.4.2):

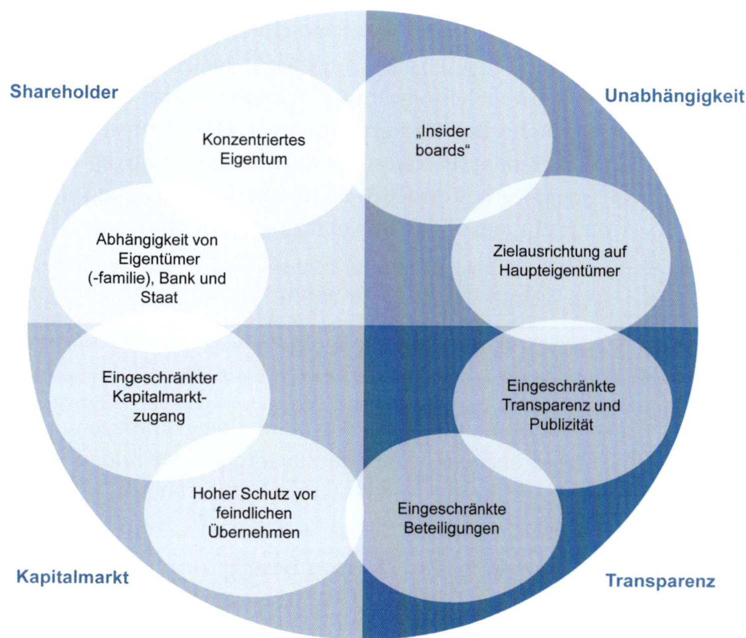

Abb. 2.4.1: Governance Chain als „control model" (in Anlehnung an Refakar/Ravaonorohanta, 2020, S. 10)

Abb. 2.4.2: Unternehmensverfassung amerikanischer Aktiengesellschaften

- Das **Shareholders' Meeting** (Aktionärsversammlung) entspricht weitgehend der deutschen Hauptversammlung und wird einmal jährlich mit folgenden **Aufgaben** einberufen:
  - Bestellung und Abberufung der Mitglieder des Board of Directors.
  - Erstellung und Änderung des Gründungsvertrags (Charter) und der Geschäftsordnung.
  - Beschlussfassung über besondere Angelegenheiten, wie etwa Fusion, Unternehmensauflösung oder Veräußerung wesentlicher Teile des Gesellschaftsvermögens.
- Das **Board of Directors** (Verwaltungsrat) vereint die Leitungs- und Kontrollfunktion des Unternehmens. Innerhalb des Boards werden verschiedene Ausschüsse und Komitees gebildet, die inhaltlich abgegrenzte Leitungsaufgaben wahrnehmen. So ist z. B. das Audit Committee mit der Vorbereitung der Abschlussprüfung betraut. Die operative Unternehmensführung wird an Officers delegiert, die vom Board of Directors ernannt, überwacht und abberufen werden. Die Executive Officers (Chief Executive Officer (CEO), Chief Financial Officer (CFO) etc.) sind Mitglieder der Unternehmensführung, aber kein eigenständiges Organ der Gesellschaft. Häufig gehören sie ebenfalls dem Board an. Insbesondere der Chief Executive Officer übernimmt meist gleichzeitig die Funktion des Board-Vorsitzenden (Chairman). Im Board finden sich zwei Arten von **Mitgliedern**:
  - **Managing Directors** (Inside Directors) sind leitende Führungskräfte des Unternehmens, die zugleich hauptberuflich als Executive Officers dem Board angehören.
  - **Outside Directors** werden in das Board gewählt und sind nebenamtlich tätig. Sie sollen eine Kontrollfunktion übernehmen. Es dürfen keine Fremdkapitalgeber oder Mitarbeiter des Unternehmens berufen werden.

Grundsätzlich ist die Bestellung und Abberufung der Mitglieder des Board of Directors die Aufgabe des Shareholders' Meeting. In der Praxis bevollmächtigen die Gesellschafter häufig den Chief Executive Officer, über die Besetzung des Boards zu bestimmen. Somit kann auch Einfluss auf die Auswahl und Bestellung der Outside Directors ausgeübt werden. Dies schränkt deren Kontrollfunktion ein. Die damit verbundene Machtkonzentration ermöglicht einerseits ein flexibles und schlagkräftiges Handeln, führt aber andererseits zu einer mangelnden Kontrolle der Unternehmensführung.

Verfassung deutscher Aktiengesellschaften

Im Gegensatz zum zweistufigen angloamerikanischen Modell besitzt eine deutsche Aktiengesellschaft **drei Organe** (vgl. *AktG* § 76–149):

- Die **Hauptversammlung** ist das Gesellschafterorgan, zu dem sich die Eigentümer des Unternehmens mindestens einmal im Jahr zusammenfinden. Der Aktienbesitz verleiht dem Aktionär das Recht, Auskunft über die Angelegenheiten der Aktiengesellschaft zu bekommen und Einfluss auf das Unternehmen zu nehmen. Diesen Einfluss nimmt er insbesondere über sein Stimmrecht wahr. Die Hauptversammlung wird in die Entscheidungen der Unternehmensführung nicht einbezogen. Analog zum Shareholders' Meeting hat die Hauptversammlung im Wesentlichen folgende **Aufgaben**:
  - Bestellung der Mitglieder des Aufsichtsrats, wobei in mitbestimmten Gesellschaften die Hälfte der Mitglieder von der Hauptversammlung und die andere Hälfte von den Arbeitnehmern festgelegt werden.
  - Entscheidung über die Verwendung des Bilanzgewinns, die Bestellung der Abschlussprüfer und die Entlastung von Vorstand und Aufsichtsrat.
  - Beschluss über grundlegende Maßnahmen, wie etwa Änderungen der Satzung, Kapitalerhöhungen, die Auflösung des Unternehmens, Fusionen, Umwandlungsmaßnahmen oder Übertragung der Aktiva.

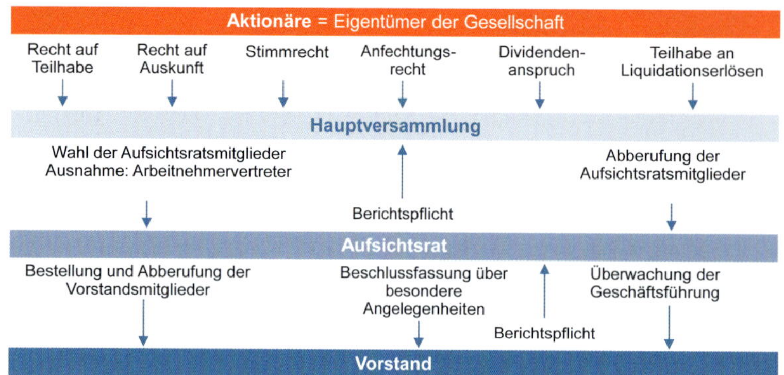

Abb. 2.4.3: Unternehmensverfassung deutscher Aktiengesellschaften

- Der **Aufsichtsrat** kontrolliert für die Eigentümer die Unternehmensführung einer Aktiengesellschaft. Während in den USA überwiegend die Eigentümerinteressen durch das Board of Directors vertreten werden, handelt der deutsche Aufsichtsrat im Interesse der Eigentümer und Beschäftigten. Er ist für das langfristige Wohl des Unternehmens verantwortlich, wogegen sich das amerikanische Board of Directors vor allem auf die Steigerung des Aktionärsvermögens konzentriert. Deutsche Aufsichtsräte müssen sich zweimal im Halbjahr treffen, während amerikanische Boards of Directors dies üblicherweise sechsmal pro Jahr tun. Der Aufsichtsrat hat folgende **Kompetenzen**:
  - Seine Hauptaufgabe ist die Überwachung des Vorstands. Er überprüft die Ordnungsmäßigkeit der Unternehmensführung. Die Überwachungstätigkeit beschränkt sich auf die Prüfung und Beratung der vom Vorstand vorgelegten Berichte. Darüber hinaus hat der Aufsichtsrat das Recht zur Einsicht und Prüfung der Bücher sowie der Vermögensgegenstände der Gesellschaft.
  - Feststellung und Prüfung des Jahresabschlusses sowie Erarbeitung eines Vorschlags über die Verwendung des Gewinns.
  - Einwilligung zu zustimmungspflichtigen Geschäften, die in der Satzung einzeln festgeschrieben werden. Dies sind etwa Entscheidungen über den Erwerb oder die Veräußerung von Beteiligungen, die Expansion von Niederlassungen oder Betriebsstätten sowie die Aufnahme von Kooperationen.
  - Bestellung und Abberufung des Vorstands.
- Der **Vorstand** ist das oberste Führungsorgan der Aktiengesellschaft. Er übernimmt die Unternehmensführung und vertritt das Unternehmen eigenverantwortlich gegenüber außenstehenden Dritten. Seine Einflussmöglichkeiten werden nur durch die Rechte der Hauptversammlung und des Aufsichtsrats sowie durch gesetzliche Vorschriften beschränkt. Sämtliche Mitglieder eines Vorstands sind ausschließlich gemeinschaftlich zur Geschäftsführung befugt (Grundsatz der Gesamtverantwortung). Der Aufsichtsrat kann ein Mitglied des Vorstands zum Vorstandsvorsitzenden ernennen. Dieser repräsentiert den Vorstand nach außen und leitet die Vorstandssitzungen. Nach dem Gesetz ist der Vorstandsvorsitzende somit lediglich ein „Erster unter Gleichen" (primus inter pares). In der Praxis übt er allerdings häufig eine dominierende Stellung im Vorstand aus, da er durch die Aufgabenverteilung im Vorstand meist mit erheblichem Machtpotenzial ausgestattet ist. Vorstandsmitglieder können nicht im Aufsichtsrat tätig sein und umgekehrt.

Kennzeichnend für deutsche Aktiengesellschaften ist die institutionelle Trennung zwischen den Funktionen der Leitung (Vorstand) und der Kontrolle (Aufsichtsrat). Mit der Hauptversammlung gibt es in der deutschen AG-Unternehmensverfassung insgesamt drei Organe. Deshalb wird sie auch als **dreistufiges Modell** bezeichnet. Es wird auch in den Niederlanden, Italien, Österreich und Frankreich angewendet.

Eine weitere Besonderheit der deutschen aktienrechtlichen Unternehmensverfassung ist die **Zusammensetzung des Aufsichtsrats**. Auch wenn den Fremdkapitalgebern kein gesetzliches Beteiligungsrecht am Aufsichtsrat eingeräumt wird, sind deutsche Großbanken dennoch häufig im Aufsichtsrat ihrer Kunden zu finden. Obwohl der Anteilsbesitz der Banken an Unternehmen zunehmend reduziert wird, besitzen sie in den Aufsichtsräten hohen Einfluss. Zudem können sie aufgrund von Vollmachten der Aktionäre, deren Aktien sie verwalten (sog. Depotstimmrecht), vielfach die Beschlüsse der Hauptversammlung wesentlich mitbestimmen. Aus diesem Grund wird auch vom **Insider Control-System** gesprochen. Im Aufsichtsrat sitzen auch Arbeitnehmervertreter, die auf diese Weise ebenfalls Einfluss auf die Unternehmensführung ausüben (vgl. *Kieser/Walgenbach*, 2010, S. 54). Die **Mitbestimmung** der Arbeitnehmer ist in Deutschland wie in keinem anderen Land gesetzlich verankert. Auch hierüber wird kontrovers diskutiert. Diskussionspunkte sind etwa die Rolle der Gewerkschaftsvertreter in den Aufsichtsräten oder der Einbezug von Mitarbeitern ausländischer Standorte in die Mitbestimmungsgremien (vgl. *Hungenberg*, 2020, S. 35).

GmbH-Verfassung

In der **Unternehmensverfassung einer GmbH** vertreten die Eigentümer ihre Interessen in der Gesellschafterversammlung. Sie hat ähnliche Aufgaben wie die Hauptversammlung, während die Aufgaben der Geschäftsführung mit der eines Vorstands vergleichbar sind. Die Geschäftsführung kann aber identisch mit dem oder den Eigentümern sein. Daher ist die Leitung und Kontrolle des Unternehmens nicht unbedingt voneinander getrennt. Die Gesellschafterversammlung kann im Gegensatz zur Aktiengesellschaft die Aufgaben der Geschäftsführung weitgehend selbst bestimmen, sodass eine eigenverantwortliche Geschäftsführung nicht vorhanden sein muss. Ebenfalls kann ein Beirat eingerichtet werden, der vergleichbare Aufgaben wie ein Aufsichtsrat übernimmt. Die Trennung von Leitung und Kontrolle ist bei einer eigentümergeführten Gesellschaft allerdings weniger kritisch, da es in diesem Falle keinen Principal-Agent-Konflikt gibt. Bei einer großen GmbH kann es einen von den Gesellschaftern unabhängigen Beirat zur Überwachung der Unternehmensführung geben. Dann können die Überlegungen zur Unternehmensverfassung einer Aktiengesellschaft übernommen werden.

Familien-Verfassung

Familienunternehmen erfordern aufgrund des Einbezugs der Eigentümer in die Unternehmensführung besondere Regelungen. Diese sind durch eine langfristige strategische Orientierung, kurze Entscheidungswege, hohe Flexibilität sowie Kontinuität der Führung und Eigentumsverhältnisse gekennzeichnet. Prominente Beispiele für große Familienunternehmen sind die *Tengelmann Gruppe*, die *Miele & Cie. KG* oder die *Dr. August Oetker KG*. Um den Zusammenhalt und das Bekenntnis der Eigentümer zum Familienunternehmen zu erhalten, sind eine Reihe von Aspekten zu beachten. Da die im Mittelstand vorherrschenden Familienunternehmen sehr verschieden sind, können die Unternehmensverfassungen weder verbindlich noch standardisiert sein. In Familienunternehmen hat die Rechtfertigung gegenüber der Öffentlichkeit, d. h. die Transparenz nach außen, einen deutlich geringeren Stellenwert.

Besonderheiten von **Unternehmensverfassungen für Familienunternehmen** sind (vgl. *Schmidt*, 2005, S. 39):

- **Unternehmerfamilien** sind die Eigentümer des Unternehmens und damit höchste Entscheidungsinstanz. Sie nehmen meist sowohl die Aufgaben eines Aufsichts- oder Beiratsrats, als auch der Haupt- bzw. Gesellschafterversammlung wahr.
- **Geschäftsführer** sollten nicht aufgrund ihrer Familienzugehörigkeit, sondern ihrer Qualifikation eingesetzt werden. Geschäftsordnungen und -verteilungspläne stellen eine Gleichbehandlung mit angestellten Geschäftsführern sicher und schaffen klare Zuständigkeiten. Die Kontinuität der Geschäftsführung sollte durch eine langfristig angelegte Nachfolgeregelung abgesichert werden.
- **Interessenkonflikte** sind durch Mechanismen zur Konfliktlösung zu beseitigen, um die Angelegenheiten von Familie und Unternehmen nicht zu vermischen. Dabei sollte das Unternehmensinteresse Vorrang vor den Familieninteressen haben. Hierfür sind freiwillig eingerichtete Kontrollorgane hilfreich, wie etwa ein externer Beirat.

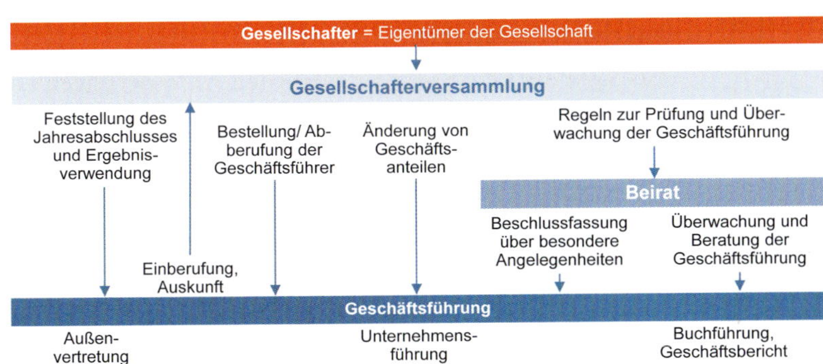

Abb. 2.4.4: Unternehmensverfassung deutscher GmbHs

2.4.3 Corporate Governance

Die **Corporate Governance** befasst sich mit Grundsätzen ordnungsgemäßer und verantwortungsvoller Unternehmensführung. Sie steht für ein Gesamtkonzept der Führung und Überwachung von Unternehmen (vgl. *Werder*, 2003, S. 4). Dabei werden national und international anerkannte Standards herangezogen. Sie gewinnt zunehmend an Bedeutung, da neben rechtlichen Anforderungen auch die Sozial- und Umweltfaktoren und deren Auswirkungen auf die Unternehmen stärker in den Fokus rücken. Die Bedeutung nachhaltiger Wertschöpfung, die digitale Transformation oder die weltweite Corona-Krise sind neue Herausforderungen, aber auch Chancen. Unternehmen sind dabei gefordert, ihre gesellschaftliche Verantwortung wahrzunehmen.

Corporate Governance beschreibt Grundsätze ordnungsgemäßer und verantwortungsvoller Unternehmensführung als Ordnungsrahmen für die Leitung und Überwachung eines Unternehmens (in Anlehnung an *Werder*, 2003, S. 4).

Diese Grundsätze der Unternehmensführung bilden den rechtlichen und faktischen Ordnungsrahmen für die Leitung und Überwachung von Unternehmen zum Wohlergehen aller relevanten Anspruchsgruppen.

Ergänzend zu den gesetzlichen Regelungen wurden in vielen Ländern und internationalen Organisationen sog. **Corporate Governance-Standards** entwickelt. Die Corporate Governance soll auf diese Weise nicht durch Gesetze vorgeschrieben, sondern durch Verhaltenskodizes verbessert werden. Hierzu werden Grundsätze im Sinne sog. „Best Practices" formuliert, die in einem verantwortungsvoll geführten Unternehmen beachtet werden sollten. Die Verbindlichkeit eines Kodex kann von völliger Freiwilligkeit bis zu faktischem Zwang reichen. So kann etwa die Erfüllung von Kodex-Regeln als Voraussetzung für eine Börsenzulassung vorgeschrieben werden (vgl. *Werder*, 2003, S. 16). Im Gegensatz zum Gesetzgebungsverfahren hat ein Kodex den Vorteil, dass er schneller an aktuelle Gegebenheiten angepasst werden kann. Außerdem kann er in begründeten Ausnahmefällen auch einzelnen Unternehmen erlauben, von diesen Standards abzuweichen.

Prinzipien und Ausgestaltungen

Die Grundsätze ordnungsgemäßer und verantwortungsvoller Unternehmensführung werden in nationalen Kodizes zusammengefasst. Ihnen allen ist gemein, dass sie Empfehlungen für die Ausgestaltung der Organe der Unternehmensführung und Rechnungslegungssysteme enthalten, um Risiken, Fehler und Verstöße zu vermeiden. Sie werden laufend aufgrund praktischer Erfahrungen weiterentwickelt.

Prinzipien guter Corporate Governance sind (vgl. z. B. *Cadbury Report*, 2021):

- Gewaltenteilung
- Transparenz in der Unternehmenskommunikation, insbesondere der Rechnungslegung und Finanzberichterstattung
- Reduzierung von Interessenkonflikten
- Funktionsfähige Unternehmensleitung mit sichergestellter Qualifikation und der Motivation, dass die Führungskräfte im Unternehmensinteresse handeln
- Weitere Empfehlungen sind z. B.:
  - Angemessener Umgang mit Risiken
  - Formelles und transparentes Verfahren für die Besetzung der Organe des Unternehmens
  - Ausrichtung auf langfristigen Unternehmenserfolg
  - Angemessene Berücksichtigung der Interessen relevanter Stakeholder
  - Zielgerichtete Zusammenarbeit der Unternehmensleitung und -überwachung

Die Regelungen zur Corporate Governance sind nicht nur auf die angemessene Berücksichtigung der diversen Einzelinteressen aller Bezugsgruppen gerichtet. Jede Unternehmensführung ist nach geltendem Recht primär der Wahrung des Unternehmensinteresses verpflichtet. Dabei ergibt sich das **Unternehmensinteresse als Leitmaxime** nicht nur aufgrund der juristischen Verpflichtung, sondern auch um einen effizienten Ordnungsrahmen für eine langfristige Überlebensfähigkeit eines Unternehmens sicherzustellen. Infolgedessen sprechen ökonomische Gründe dafür, dass sich die Unternehmensführung nicht einseitig auf die Shareholder, sondern zur Steigerung der nachhaltigen Unternehmensentwicklung auf die Interessen aller Stakeholder ausrichtet.

Aus Sicht der betriebswirtschaftlichen Anforderungen an die Unternehmensführung ergeben sich drei **Gestaltungsfelder der Corporate Governance**:

- Die Festlegung der übergeordneten Ausrichtung des Unternehmens, die der Unternehmensführung eine Handlungsmaxime der Unternehmenspolitik bietet, um Interessenkonflikte zwischen den Bezugsgruppen zu bewältigen.

- Die Gestaltung der Strukturen und verantwortlichen Personen der Unternehmensführung, mit deren Hilfe die Ziele des Unternehmens erreicht werden sollen.
- Die regelmäßige Evaluation der Führungsaktivitäten zur Sicherstellung und kontinuierlichen Verbesserung einer ordnungsgemäßen und verantwortlichen Unternehmensführung.
- Die proaktive Unternehmenskommunikation, um bei den Stakeholdern für Transparenz und Vertrauen in die Unternehmensführung zu sorgen.

Die Corporate Governance umfasst drei verschiedene **Regulierungsebenen**:

- Verbindliche gesetzliche Vorschriften, die als Mindeststandards einzuhalten sind.
- Nicht gesetzlich vorgeschriebene Standards („soft law") als freiwillige Selbstverpflichtung des Unternehmens:
  - generelle Regelwerke für eine bestimmte Gruppe von Unternehmen, wie z. B. der Deutsche Corporate Governance Kodex oder Branchenkodizes, sowie
  - unternehmensindividuelle Leitlinien.

Zur Sicherstellung der Corporate Governance können Unternehmen mit internen Kontrollen durch Unternehmensorgane und externen Kontrollen durch den Markt auf zwei unterschiedliche **Mechanismen der Corporate Governance** zurückgreifen:

- **Interne Corporate Governance** ermöglicht Organkontrollen, indem Stakeholder bestimmte Informations-, Überwachungs- und Entscheidungsrechte bekommen. Diese versetzen sie in die Lage, Risiken und Verstöße gegen den Ordnungsrahmen zu erkennen und im Rahmen ihrer Kompetenzen zu reduzieren. Exemplarisch dafür ist ein Aufsichtsrat oder Beirat, der den dort vertretenen Bezugsgruppen erlaubt, die Unternehmensführung zu kontrollieren.
- **Externe Corporate Governance** bzw. Marktkontrolle setzt auf die freiwillige Koordination unterschiedlicher Interessen durch das Spiel der Marktkräfte. Dabei werden z. B. unbefriedigende Leistungen der Unternehmensführung bei börsennotierten Unternehmen vom Markt mit Kursrückgängen, einer feindlichen Übernahme oder der Auswechslung der Unternehmensführung sanktioniert. Dies kann auch auf anderen Märkten und damit zugunsten weiterer Stakeholder erfolgen, z. B. durch die Reputation, welche maßgeblich von den Medien beeinflusst wird.

Deutscher Corporate Governance Kodex

Nachdem in der Vergangenheit zunächst angelsächsische Länder derartige Kodizes entwickelt hatten, wuchs auch in Deutschland das Interesse an einem Corporate Governance Kodex. Diese Entwicklung wurde durch Forderungen ausländischer Investoren beschleunigt. Besonders für institutionelle Anleger, wie z. B. US-amerikanische Pensionsfonds und Versicherungen, waren deutsche Unternehmen aufgrund der unterschiedlichen Unternehmensverfassung und eines hochkomplexen Aktiengesetzes wenig attraktiv. In der Folge wurden mehrere privatwirtschaftliche Initiativen gestartet, um Corporate Governance-Regeln zu erarbeiten. Beispiele sind die *Frankfurter Grundsätze* oder der *Berliner Vorschlag*. Die Bundesregierung setzte eine Regierungskommission, die sog. *Cromme-Kommission* unter Vorsitz von *Gerhard Cromme* ein, dem damaligen Aufsichtsratsvorsitzenden der *ThyssenKrupp AG*. Im Jahr 2002 wurde als Ergebnis der **Deutsche Corporate Governance Kodex** vorgestellt und seither mehrmals überarbeitet (vgl. www.dcgk.de). Die derzeitige Regierungskommission besteht aus Vertretern von Vorständen und Aufsichtsräten kapitalmarktorientierter Unternehmen und deren Stakeholdern, wie z. B. Wissenschaftler, Wirtschaftsprüfer und Gewerkschafter. Die Kommission formuliert „Standards guter und verantwortungsvoller Unternehmensführung" im Deutschen Corporate Governance Kodex. Diese werden jährlich überprüft und weiterentwickelt, um der Forderung nach „guter" Unternehmensführung zu entsprechen.

Die Standards werden nicht allein von der Kommission erarbeitet, sondern auf der Grundlage von Dialogen mit Wirtschaft, Politik und Öffentlichkeit formuliert. Das *Transparenz- und Publizitätsgesetz* aus dem Jahre 2002 verpflichtet börsennotierte Gesellschaften, jährlich Stellung zu nehmen, inwieweit sie diesen Empfehlungen entsprechen. Damit richtet sich der Kodex insbesondere an börsennotierte Gesellschaften aller Größen sowie diesen zugeordneten Tochterunternehmen. Für nicht börsennotierte Gesellschaften wird die Anwendung des Kodex empfohlen. Seit seiner Einführung hat der Deutsche Corporate Governance Kodex in einem sich beständig wandelnden Wirtschaftsumfeld an Bedeutung gewonnen und sich ebenfalls immer weiterentwickelt. Jährlich wird beurteilt, ob er noch der aktuellen Best Practice der Unternehmensführung entspricht.

Der Kodex enthält Empfehlungen, die als Richtlinie ethisch fundierten, eigenverantwortlichen Unternehmenshandelns Ansporn und moralische Verpflichtung zugleich sind. Im Einklang mit dem Prinzip der sozialen Marktwirtschaft und dem Leitbild des ehrbaren Kaufmanns (vgl. Kap. 2.2.2) benennt er Rahmenbedingungen vorbildhafter Unternehmensführung. Dabei werden nicht nur die Eigentümerinteressen eingebunden, sondern alle dem Unternehmen verbundenen Gruppen. Dies soll bei den Mitarbeitern, Eigentümern, Kunden und der Öffentlichkeit Vertrauen schaffen. Im Jahr 2019 wurde im Rahmen der Kodexreform der Deutsche Corporate Governance Kodex umfassend überarbeitet. Die Reform reagierte auf aktuelle Entwicklungen, wie die Gefahr der Fragmentierung durch Parallelstandards. Dies sichert die zentrale Stellung des Deutschen Corporate Governance Kodex auch im internationalen Vergleich.

Der Deutsche Corporate Governance Kodex besteht aus drei **Elementen**:

- **Muss-Vorschriften:** Gesetzliche Vorschriften zur Leitung und Überwachung deutscher börsennotierter Gesellschaften.
- **Empfehlungen:** Darüber hinaus werden international und national anerkannte Standards ordnungsgemäßer und verantwortungsvoller Unternehmensführung in Form von Empfehlungen aufgeführt. Diese werden im Text des Kodex mit „soll" gekennzeichnet. Gesellschaften können davon abweichen, sind dann aber verpflichtet, dies offenzulegen. Dies ermöglicht die Berücksichtigung branchen- und unternehmensspezifischer Anforderungen.
- **Anregungen** werden im Kodex als „Sollte- und Kann-Regelungen" aufgeführt. Unternehmen können davon ohne Offenlegung abweichen.

Ziele des Deutschen Corporate Governance Kodex sind (vgl. www.dcgk.de):

- **Kommunikation und Dokumentation:** Die Zusammenfassung der verstreuten Regelungen und Standards in einem Kodex ist vor allem für ausländische Investoren hilfreich.
- **Transparenz und Nachvollziehbarkeit:** Damit soll das Vertrauen der Anleger, der Kunden, der Mitarbeiter und der Öffentlichkeit in die Leitung und Überwachung deutscher börsennotierter Aktiengesellschaften gefördert werden.

Deutscher Corporate Governance – Kodex (Fassung vom 20. März 2020)
Präambel
A. Leitung und Überwachung
B. Besetzung des Vorstands
C. Zusammensetzung des Aufsichtsrats
D. Arbeitsweise des Aufsichtsrats
E. Interessenkonflikte
F. Transparenz und externe Berichterstattung
G. Vergütung von Vorstand und Aufsichtsrat

Abb. 2.4.5: Inhalte des Deutschen Corporate Governance Kodex (vgl. www.dcgk.de)

- **Qualitätsverbesserung:** Standards der Unternehmensführung, die das geltende Recht ergänzen, sollen die Qualität der Führung und Überwachung der Unternehmen steigern.

Einige ausgewählte **Inhalte** des Deutschen Corporate Governance Kodex sind:

- **Stimmrechte:** Alle Aktionäre sollen gleiche Rechte erhalten, d.h. jede Aktie gewährt grundsätzlich eine Stimme. Höchst-, Vorzugs- und Mehrheitsstimmrechte sollten nicht bestehen. Ebenso sind alle Aktionäre bei Informationen gleich zu behandeln.
- **Vorstandsvergütung:** Die Vergütung des Vorstands sollte sowohl fixe, als auch variable Bestandteile umfassen. Die variablen Vergütungsteile sollten einmalige sowie wiederkehrende erfolgsgebundene Komponenten mit Anreizwirkung und Risikocharakter enthalten. Im Anhang des Konzernabschlusses ist die Vorstandsvergütung individuell und nach ihren Bestandteilen aufgegliedert auszuweisen.
- **Haftungsbegrenzungen** des Vorstands durch spezielle Versicherungen, insbesondere wenn sie vom Unternehmen bezahlt werden, sind im Konzernabschluss zu veröffentlichen.
- **Nebentätigkeiten** der Vorstandsmitglieder außerhalb des Unternehmens erfordern die Zustimmung des Aufsichtsrats. Dies gilt insbesondere für Aufsichtsratsmandate.
- **Interessenkonflikte von Aufsichtsratsmitgliedern** sollten offengelegt werden. Beispielsweise wenn ein Aufsichtsrat gleichzeitig als Kunde, Lieferant oder anderweitiger Geschäftspartner mit einem Unternehmen verbunden ist.

Der Kodex besitzt über die Entsprechenserklärung gemäß § 161 AktG eine gesetzliche Grundlage. Aufgrund der jährlich erforderlichen Selbsterklärung der Unternehmen nach der Devise „Comply or Explain" (Anwendungs- oder Abweichungserklärung) besitzt der Kodex trotz fehlender Rechtsverbindlichkeit eine hohe Steuerungswirkung. Handelt ein Unternehmen nicht nach den Regeln des Kodex, dann sind negative Reaktionen des Marktes und der Öffentlichkeit, wie etwa schlechte Presse, zu befürchten. Das Prinzip des „Comply or Explain" räumt den Unternehmen die notwendige Flexibilität ein, um etwa branchen- oder unternehmensspezifische Bedürfnisse zu berücksichtigen, und stellt gleichzeitig die erforderliche Transparenz sicher. So besteht in Verbindung mit den Unternehmenswerten (vgl. Kap. 2.2) für jedes Unternehmen ein Instrument der Selbstregulierung zur Verfügung, aus dem die Unternehmen für sie maßgeschneiderte Lösungen ableiten können.

Corporate Governance bei adidas

adidas

Die *adidas AG* ist ein weltweit führender Anbieter der Sportartikelbranche mit knapp 62.000 Mitarbeitern in über 160 Ländern. Es werden mehr als 660 Mio. Produkte pro Jahr produziert und damit ein Umsatz von rund 17 Mrd. € generiert. Das Unternehmen ist im DAX notiert und gemäß § 161 *AktG* dem Deutschen Corporate Governance Kodex verpflichtet.

In der Entsprechenserklärung erläutern Vorstand und Aufsichtsrat die Abweichungen von den im Kodex enthaltenen Empfehlungen und Anregungen. Die *adidas AG* erfüllt bis auf eine Ausnahme die Empfehlungen des Deutschen Corporate Governance Kodex, darunter auch ausnahmslos alle unverbindlichen Anregungen.

Im Jahr 2020 wurden folgende Abweichungen zu den Empfehlungen des Kodex aufgeführt (www.adidas-group.com):

- Ein Mitglied des Aufsichtsrats nimmt mehr als drei Mandate in Aufsichtsgremien wahr, die börsennotiert sind bzw. vergleichbare Anforderungen stellen. Dieses Aufsichtsratsmitglied nimmt als institutioneller Investor mehrere Mandate in Aufsichtsgremien von eigenen Tochterunternehmen unter gemeinsamer Kontrolle einer Unternehmensgruppe wahr, die *adidas* vergleichbar zu einem externen Mandat betrachtet.
- Für einen weiteren Aufsichtsrat wird vergewissert, dass die Tätigkeit als CEO eines börsennotierten Unternehmens die ordnungsgemäße Wahrnehmung seiner Aufgaben als Aufsichtsrat nicht beeinflusst.
- Den veränderten Kodex-Empfehlungen zur Vergütung des Vorstands konnte noch nicht vollumfänglich entsprochen werden. Das aktuelle vom Aufsichtsrat beschlossene und von der Hauptversammlung gebilligte System der Vorstandsvergütung soll mit der nächsten Hauptversammlung an die aktuellen Empfehlungen des Kodex angepasst werden.

Aufgrund einer Reihe von **Skandalen**, bei denen ein Fehlverhalten der Unternehmensführung nicht verhindert oder zumindest nicht rechtzeitig entdeckt wurde, steht die Corporate Goverance immer wieder in der Diskussion. In Deutschland musste der börsennotierte deutsche Zahlungsdienstleister *Wirecard* im Jahr 2020 als erstes DAX-Unternehmen Insolvenz anmelden. Zuvor wurden dessen Bilanzen über Jahre hinweg gefälscht und Vermögenswerte von über 1,9 Mrd. Euro waren nicht auffindbar. Aber auch in den Jahren zuvor gab es zahlreiche solche Fälle in Europa und den USA. Beispiele sind die *Siemens*-Schmiergeldaffäre (2006), Sonderprüfungen der Finanzaufsicht *Bafin* und die LIBOR-Zinsmanipulationen der *Deutschen Bank* (2010-2013) oder der Abgasskandal bei *Volkswagen* (2015).

Internationale Standards und Kodizes

Prägend für die Gesetzgebung in Europa und Deutschland war die angloamerikanische Corporate Governance (vgl. *Salzberger*, 2003, S. 165). Durch die Skandale von *Enron* (2001) oder *WorldCom* (2002) wurde dies jedoch infrage gestellt. Um das Vertrauen in die US-Kapitalmärkte wieder herzustellen, wurde 2002 der **Sarbanes-Oxley Act** (SOX) erlassen, der Regelungen über die Ausweitung der Publizitätspflichten und der Haftung der Unternehmensführung beinhaltet. Er bezieht sich nicht auf das Gesellschafts-, sondern das US-Wertpapierrecht. Benannt wurde er nach den beiden Kongressabgeordneten *Sarbanes* und *Oxley*. Verantwortlich für die Einhaltung des Beschlusses ist die amerikanische Börsenaufsichtsbehörde *Security and Exchange Commission* (SEC). Dabei handelt es sich um eine unabhängige Bundesbehörde, die direkt dem US-Kongress unterstellt ist. Die Regelungen betreffen auch ausländische Aktiengesellschaften, die an einer US-Börse notiert sind oder zu US-amerikanischen Konzernen gehören. Als sog. foreign private issuers, d. h. an einer US-Börse notierte Unternehmen, die ihren Stammsitz außerhalb der USA haben, unterliegen auch deutsche Konzerne, wie etwa *Deutsche Bank, SAP, Siemens* und die *Deutsche Telekom*, unmittelbar diesen Regelungen. So musste etwa die *Daimler AG* im Jahr 2009 wegen Verstößen gegen den *Sarbanes-Oxley Act* aufgrund von Korruptionsfällen hohe Strafzahlungen leisten.

Der *Sarbanes-Oxley Act* brachte u. a. folgende **Änderungen der US-amerikanischen Corporate Governance** mit sich (vgl. *Kieser/Walgenbach*, 2010, S. 65 f.; www.nyse.com):

- **Erweiterte Verantwortung und verschärfte Haftung** von Unternehmensführung und Prüfungsausschuss (Audit Committee). Der Chief Executive Officer und der Chief Financial Officer eines Unternehmens haben sicherzustellen, dass die Informationen in allen relevanten Meldungen und Berichten des Unternehmens korrekt erfasst, verarbeitet, gesammelt und fristgerecht veröffentlicht werden. Dies gilt insbesondere für die Quartals- und Jahresberichte eines Unternehmens. Die Bestätigung erfolgt durch eidesstattliche Erklärung. Auf diese Weise übernimmt die Unternehmensführung auch die

Verantwortung für die Einrichtung und Pflege eines internen Kontrollsystems. Verstöße haben erhebliche strafrechtliche Konsequenzen. Auch die Rolle und Verantwortlichkeit des Prüfungsausschusses (Audit Commitee) wird erweitert. Er ist für die Überwachung der Abschlussprüfung sowie des Risikomanagement- und internen Kontrollsystems verantwortlich. Die Mitglieder des Prüfungsausschusses müssen unabhängig von der Unternehmensführung sein (Outside Directors). Sie dürfen neben der Vergütung als Outside Director keine weiteren Zahlungen von der Gesellschaft, etwa für Beratungsleistungen, erhalten.

- **Verschärfte Anforderungen an die Wirtschaftsprüfer** durch die Regulierungsbehörde *Public Company Accounting Oversight Board (PCAOB)*. Dies betrifft sämtliche Wirtschaftsprüfungsgesellschaften von US-amerikanischen, börsennotierten Unternehmen.
- **Verschärfte Publizitätsanforderungen** bezüglich der Genauigkeit und Vollständigkeit von veröffentlichten finanzwirtschaftlichen Informationen.

Aufgrund des damit verbundenen zusätzlichen finanziellen und personellen Aufwands haben sich in der Folge einige Unternehmen, wie etwa *BASF, Bayer, Eon, Infineon* und *Allianz,* aus dem amerikanischen Kapitalmarkt zurückgezogen.

Auch das Europäische Parlament hat Gesetze zur Verbesserung der Corporate Governance erlassen. Mit der Modernisierung der **8. EU-Richtlinie** (EuroSOX) wurden die Anforderungen an die Kontrolle und Transparenz von Unternehmen verschärft und europaweit harmonisiert. So werden etwa die Abschlussprüfungen von EU-Unternehmen weitgehend mit denen der USA gleichgestellt. Die europäische Neuregelung verstärkt die Überwachung und Wirksamkeit interner Kontroll-, Revisions- und Risikomanagementsysteme. Wesentlicher Bestandteil der Neuregelung ist die Ausweitung der Verantwortlichkeit des Aufsichtsrats. Innerhalb des Aufsichtsrats muss ein unabhängiger Prüfungsausschuss gebildet werden. Zu dessen Funktionen zählt, neben der Überprüfung der Wirksamkeit des Risikomanagement- und internen Kontrollsystems, auch die Beaufsichtigung der Abschlussprüfung.

Corporate Governance ist **kein international einheitliches Regelwerk**, sondern bis auf einige wenige international anerkannte, gemeinsame Grundsätze ein länderspezifisches Verständnis verantwortungsbewusster Unternehmensführung. Neben länderspezifischen Corporate-Governance-Bestimmungen existieren zudem länderübergreifende branchenspezifische Regelungen. In vielen Ländern gibt es ähnliche Kodizes, die dem Prinzip „Comply or Explain" folgen. Die Unternehmen dürfen einzelne Empfehlungen außer Acht lassen, solange sie diese Entscheidung ausreichend begründen.

- So gibt es in **Frankreich** zwei Corporate Governance Kodizes, den *Afep-Medef Codex* für große börsennotierte Gesellschaften und den *MiddleNext Codex* für kleinere Gesellschaften.
- In den **Niederlanden** wird der Kodex *Tabaksblat* mit Maßnahmen zur Leitung und Überwachung börsennotierter Gesellschaften verwendet.
- **Österreich** hat anlog zu Deutschland einen eigenen Corporate-Governance-Kodex durch einen nationalen Arbeitskreis erstellt. Der Kodex enthält L-Regeln (Law), die verbindliche Gesetze zusammenfassen, C-Regeln (Comply or Explain) und R-Regeln (Recommendations).
- **Großbritannien** verwendet Standards aus verschiedenen Regelwerken, die im *Stewardship Code* für börsennotierte Unternehmen vom britischen *Financial Reporting Council* (FRC) erlassen wurden (vgl. z. B. *Cadbury Report*, 2021) .
- In der **Schweiz** listet der *Swiss Code of Best Practice* des *Schweizer Wirtschaftsdachverbands* Verhaltensregeln für eine vorbildliche Corporate Governance auf. Deren Anwendung ist freiwillig und in einem Corporate-Governance-Bericht darzulegen.

Regulatorische Anforderungen in Deutschland

Als Reaktion auf die genannten Skandale wurde in Deutschland eine Reihe von **gesetzlichen Regelungen** erlassen:

- Das **Gesetz zur Kontrolle und Transparenz im Unternehmensbereich** (KonTraG) beinhaltet Verschärfungen der Rechnungslegung, Haftung und Wirtschaftsprüfung der Unternehmen. Das Gesetz verpflichtet erstmals alle börsennotierten Unternehmen zur Installation und Anwendung eines Risikomanagementsystems.
- **Verschärfung des Handelsgesetzbuchs:** Ein Beispiel ist die Erweiterung des § 289 HGB, der die Pflicht zu Veröffentlichung zukünftiger Risiken im Lagebericht vorsieht und damit die Einrichtung eines Risikomanagements fordert.
- **Bilanzkontrollgesetz:** In Zweifelsfällen muss die Rechtmäßigkeit von Unternehmensabschlüssen durch eine unabhängige Stelle geprüft werden. Zudem wurden die Bilanzregeln weiterentwickelt und an internationale Rechnungslegungsgrundsätze angepasst.
- Darüber hinaus wurde etwa im **Abschlussprüfer-Aufsichtsgesetz** die Kontrolle der Wirtschaftsprüfer verschärft oder im **Gesetz zur Unternehmensintegrität und**

Modernisierung des Anfechtungsrechts die persönliche Haftung von Vorstand und Aufsichtsrat verstärkt.

In Deutschland wurden 2009 diese Anforderungen der EU durch das **Bilanzrechtsmodernisierungsgesetz (BilMoG)** gesetzlich verankert. Es umfasst eine Reihe von Neuregelungen und verpflichtet den Aufsichtsrat bzw. dessen Prüfungsausschuss auf die Überwachung der Wirksamkeit des internen Kontrollsystems, des Risikomanagementsystems und der internen Revision. Die Unternehmensführung trägt die Verantwortung für deren Einrichtung und Wirksamkeit.

Im Jahr 2020 wurden einige Regelungen weiter verschärft. So wurde die Mindestanforderung an ein Risikomanagementsystem und die Corporate Governance gemäß dem Gesetz zur Kontrolle und Transparenz im Unternehmensbereich durch das *Institut der Wirtschaftsprüfer in Deutschland e. V.* (IDW) neu verfasst und in einem Prüfungsstandard konkretisiert. Demnach bedarf es eines Frühwarnsystems, um besonders gefährliche Risiken für ein Unternehmen zu erkennen. Darüber hinaus wurde die Prävention von Risiken im Unternehmen als Teilaufgabe der Unternehmensführung verschärft. So haftet die Unternehmensführung bei einem Verstoß gegen die sog. „**Business Judgement Rule**". Die Unternehmensführung muss hierfür nachweisen, dass wichtige Entscheidungen auf Basis einer angemessenen Risikoabwägung zum Wohle des Unternehmens und in gutem Glauben getroffen wurden (§ 93 Abs. 1 Satz 2 AktG). Die Anwendung ist nicht nur auf börsennotierte Unternehmen beschränkt, sondern lässt sich sinngemäß auch auf andere Rechtsformen übertragen. Ergänzend wird die Einführung einer Corporate Governance angeordnet, welche das Risikomanagement als zentrale Aufgabe im Unternehmen verankert (vgl. *Romeike/Hager*, 2020, S. 67 ff.).

Während die strengsten Vorgaben zur Corporate Governance an Aktiengesellschaften und damit überwiegend an Großunternehmen gestellt werden, wurden viele Bestimmungen auch auf andere Unternehmen übertragen. Dabei sind die Besonderheiten der **kleinen und mittleren Unternehmen** (KMU) zu berücksichtigen (vgl. *Werder/Talaulicar*, 2005, S. 846). Bei diesen sind Eigentum, Leitung, Haftung, Finanzierung, Risiko und Unternehmensführung häufig vereint. Dies wird auch in den vorherrschenden Rechtsformen des Mittelstands als einzelwirtschaftliches Unternehmen, OHG, KG oder GmbH deutlich. Für diese gibt es weniger gesetzliche Anforderungen zur Etablierung einer Corporate Governance. Aus diesem Grund kann vielen mittelständischen Unternehmen auch ein Blick in die Banken- und Finanzdienstleistungsbranche helfen. Für die Finanzbranche ist das Kreditwesengesetz wesentlich und dabei insbesondere die Forderung des § 25a KWG nach einer ordnungsgemäßen Geschäftsorganisation, was die **Mindestanforderungen** (sog. MaRisk) konkretisiert. Für nicht börsennotierte Unternehmen sind die überwachenden Vorgaben nicht auf einen Aufsichtsrat bezogen, sondern obliegen der Unternehmensführung. Der Aufbau der Corporate Governance ist auch gegenüber Dritten aufzuzeigen. Die Unternehmensführung ist hierbei für die Beachtung der Auflagen verantwortlich und diese Verantwortung kann nicht an andere delegiert werden (vgl. *Glaser*, 2018, S. 319 ff.).

Corporate Governance der Würth Gruppe

Wir wollen Leistung, Berechenbarkeit, Ehrlichkeit und Geradlinigkeit

Die *Adolf Würth GmbH & Co. KG* wurde 1945 durch *Adolf Würth* im süddeutschen Künzelsau gegründet und ist das Mutterunternehmen der global tätigen *Würth-Gruppe*. In seinem Kerngeschäft, dem Handel mit Montage- und Befestigungsmaterial, ist die *Würth Gruppe* Weltmarktführer. Sie besteht aus über 400 Gesellschaften in über 80 Ländern und beschäftigt mehr als 79.000 Mitarbeiter. Das Unternehmen bietet ein Verkaufsprogramm mit über 125.000 Produkten höchster Qualität und erwirtschaftet einen Umsatz von rund 14,4 Mrd. €.

Corporate Governance umfasst die Regeln und Standards guter und verantwortungsvoller Leitung und Überwachung von Unternehmen. In der *Würth-Gruppe* werden die Regeln, Verhaltensweisen und Normen für die Ausübung von Führungs- und Überwachungsfunktionen durch die Unternehmensphilosophie und -kultur näher bestimmt.

Die **Unternehmensphilosophie,** die von *Prof. Dr. h. c. mult. Reinhold Würth* geprägt und definiert wurde, bestimmt das Selbstverständnis und Selbstbild der *Würth-Gruppe*. Die Unternehmenskultur und -ethik beschäftigt sich mit den Werten und Normen, die unternehmerisches Handeln und Entscheiden sowie menschliches Verhalten und Zusammenleben bestimmen. Die Unternehmenskultur bei *Würth* ist geprägt von Begriffen wie Dynamik, Leistungsorientierung, Offenheit, Ehrlichkeit, Zuverlässigkeit und Verantwortungsbewusstsein. Gegenseitiges Vertrauen, Berechenbarkeit, Ehrlichkeit und Geradlinigkeit nach innen und außen sind Grundprinzipien, die in der *Würth-Gruppe* fest verankert sind. Das Bekenntnis zu diesen Werten findet sich bereits in der von *Reinhold Würth* verfassten Firmenphilosophie aus den 1970er Jahren.

Konkret ist die **Corporate Governance** in der *Würth-Gruppe* durch folgende Regelungen und Einrichtungen gewährleistet:

- Schriftliche Unternehmensverfassung, die alle Regeln des Zusammenspiels zwischen Unternehmen, Beirat und Unternehmenseignern, den *Würth*-Familienstiftungen, enthält.
- Einrichtung eines dualen Führungssystems, d. h. Trennung von operativem Management und Aufsichtsorganen. Dabei ist die Konzernführung mit dem Vorstand und der Beirat mit dem Aufsichtsrat einer Aktiengesellschaft vergleichbar.
- Interne Revision.
- Prüfung wesentlicher Einzelabschlüsse und des Konzernabschlusses durch unabhängige Wirtschaftsprüfer.
- Etablierung von Systemen zum Risikomanagement und Risikocontrolling.
- Controllingmethoden zur Schaffung von Transparenz in den operativen Einheiten.
- Rating durch eine internationale Agentur.

Zusätzlich zu diesen Regeln und Einrichtungen verfolgt die Konzernführung die aktuelle Entwicklung des **Deutschen Corporate Governance Kodex** und des **Kodex für Familienunternehmen**. Sie orientiert sich an diesen Kodizes, soweit die Regelungen auf die *Würth-Gruppe* übertragbar sind. Beispielhaft können noch erwähnt werden:

- Durchführung einer Effizienzmessung im Beirat der *Würth-Gruppe.*
- Einrichtung von Ausschüssen im Beirat der *Würth-Gruppe*, z. B. eines Prüfungsausschusses.
- Klare Kompetenzverteilung zwischen den Organen der *Würth-Gruppe* durch einen verbindlichen Zustimmungskatalog für Geschäftsführungsmaßnahmen.
- Leistungsorientierte Bezahlung des Topmanagements mit variablen und fixen Gehaltsbestandteilen.

Ein weiterer Bestandteil der Corporate Governance ist die Einhaltung der Regeln und Standards durch die Mitarbeiter. Die *Würth-Gruppe* braucht mit ihren über 79.000 Beschäftigten klare Regeln, die ihr Verhalten gestalten und den Rahmen für unternehmerische Entscheidungen vorgeben. Dies gilt besonders vor dem Hintergrund der weltweiten Aktivitäten in über 80 Ländern. Es besteht somit die Notwendigkeit, Normen und Verhaltensweisen verbindlich so festzulegen, dass die vorhandenen Gesetze und Wertvorstellungen in verschiedenen Ländern und Kulturkreisen nicht verletzt werden. Basierend auf der beschriebenen Unternehmensphilosophie und -kultur wurde durch die Konzernführung ein **Compliance-Kodex** erarbeitet und vom Beirat genehmigt. Er zeigt Führungskräften sowie Mitarbeitern, welches Verhalten und welche Handlungsweisen von ihnen im Unternehmen und gegenüber der Unternehmensumwelt erwartet werden. Dabei geht es nicht nur um die Einhaltung aller geltenden Regeln und Gesetze, sondern auch um eine entsprechende innere Haltung der Mitarbeiter, die ein wesentlicher Baustein für den nachhaltigen Unternehmenserfolg der *Würth-Gruppe* ist.

Genau diese innere Haltung wollen wir fördern. Gleichzeitig fordern wir auch die strikte Einhaltung aller geltenden nationalen und internationalen Regeln und Gesetze. Um dies sowohl unseren Mitarbeitern als auch unseren Kunden, Lieferanten und sonstigen Geschäftspartnern transparent zu machen, haben wir auf der Grundlage unserer Unternehmenswerte konkrete Verhaltensregeln abgeleitet, die wir im **Code of Compliance** der *Würth-Gruppe* zusammengefasst haben. Dort sind Mindestanforderungen definiert, die alle Mitarbeiter der *Würth-Gruppe* weltweit zu beachten haben. Sie müssen ihn daher kennen und für die Einhaltung der darin enthaltenen Grundsätze und Verhaltensregeln einstehen. Die Geschäftsleitungen und Führungskräfte unserer Gesellschaften haben dabei eine Vorbildfunktion und besondere Verantwortung. Getragen wird unser Code of Compliance von der festen Überzeugung der Familie *Würth*, des Stiftungsaufsichtsrats, des Beirats und der Konzernführung der *Würth-Gruppe*, dass eine gelebte Compliance-Kultur einen wesentlichen Bestandteil für unseren weiteren nachhaltigen Erfolg darstellt.

Der Code of Compliance der *Würth-Gruppe* umfasst allgemeine Verhaltensgrundsätze, Regeln im Umgang mit Geschäftspartnern zur Vermeidung von Interessenkonflikten und regelt den Umgang mit Informationen. Zudem wurde ein internetbasiertes Business Keeper Monitoring System unter dem Motto „Sprich's an" eingeführt, mit dem Hinweise auf kriminelle Handlungen und schwerwiegende Compliance-Verstöße gemeldet werden können (www.wuerth.com).

SPEAKUP
SPRICH'S AN

2.4.4 Internes Kontrollsystem und Compliance

Zur Einhaltung der Grundsätze sind Mechanismen erforderlich, um die Ausnutzung von Spielräumen durch die beteiligten Akteure aufzudecken und Verstöße zu sanktionieren.

Für die Überwachung der Corporate Governance stehen drei **Kontroll- und Sanktionsmechanismen** zur Verfügung (vgl. *Kieser/Walgenbach*, 2010, S. 52 f.; *Werder*, 2003, S. 12 f.):

- **Externe Kontrolle:** Der Markt bestraft schlechte Leistungen der Unternehmensführung, z. B. bei Aktiengesellschaften mit Aktienverkäufen, Kursrückgängen oder einer feindlichen Übernahme. Dieser externe Kontrollmechanismus erfolgt auch durch die Fremdkapitalgeber. Beispielsweise hat das Ergebnis eines Ratings nach den Bestimmungen von *Basel III* Einfluss auf die Finanzierungskosten eines Unternehmens.
- **Gesetzliche Kontrolle:** Verstöße gegen gesetzliche Vorschriften können zivil- und strafrechtlich verfolgt werden. Insbesondere in der US-amerikanischen

Rechtsprechung spielen Schadensersatzklagen und die persönliche Haftung der Unternehmensführung eine wichtige Rolle. Dies gilt auch zunehmend für die deutsche Corporate Governance.

- **Interne Kontrolle** (Organkontrolle): Durch Einsetzung interner Kontrollorgane sollen Risiken erkannt sowie Handlungs- und Entscheidungsbefugnisse der Unternehmensführung eingeschränkt werden. Kontrollorgane sind Personen, denen Informations-, Überwachungs- und Entscheidungsrechte zugeteilt werden. Beispielsweise ernennt und kontrolliert der Aufsichtsrat einer Aktiengesellschaft den Vorstand und kann bei einem Fehlverhalten einzelne Vorstände oder den gesamten Vorstand entlassen.

Die Kontrollen umfassen zwei **Perspektiven** (vgl. *Hungenberg*, 2020, S. 35):

- **Interne Corporate Governance** behandelt die Rollen, Handlungsbefugnisse und Funktionsweisen der Unternehmensorgane (Organverfassung), insbesondere die Gestaltung der Spitzenorgane eines Unternehmens. Zudem sollen die Beziehungen zwischen diesen Organen geregelt werden (Kooperationsverfassung). Beide Aspekte bilden zusammen die Unternehmensverfassung.
- **Externe Corporate Governance** richtet sich auf das Verhältnis des Unternehmens zu dessen wesentlichen Bezugsgruppen. Dabei geht es etwa um die externe Rechnungslegung als Information nach außen (Publizität).

Um beiden Perspektiven gerecht zu werden, bedarf es im Unternehmen einer Systematik wirksamer Kontrolle und Überwachung. Dazu wird ein internes Kontrollsystem etabliert, dass häufig nach den **COSO Enterprise Risk Management-Standards** (2017) aufgebaut ist. Es wurde vom *Committee of Sponsoring Organizations of the Treadway Commission* (COSO) aufgestellt. Dabei handelt es sich um eine privatwirtschaftliche US-amerikanische Organisation, die interne Kontrollsysteme dokumentiert, analysiert und gestaltet. Das COSO-Modell ist ein von der *SEC* anerkannter, weit verbreiteter Standard für interne Kontrollen zur Erfüllung des *Sarbanes-Oxley Act*. Das Modell beschreibt die Prinzipien und den Prozess eines internen Kontrollsystems.

Internes Kontrollsystem

Die **Bestandteile des internen Kontrollsystems** sind (*www.coso.org*):

- Das **Kontrollumfeld** (Control Environment) beschreibt das Kontroll- und Verantwortungsbewusstsein der Unternehmensführung, die Unternehmenswerte und daraus veröffentliche Ethikkodizes. Zudem wird das Kontrollumfeld durch organisatorische Strukturen geprägt. Dies sind Gremien und Stellen, wie etwa Aufsichtsgremien oder Kontroll- bzw. Revisionsabteilungen. Darüber hinaus umfasst dies auch interne Regelungen, Richtlinien und Arbeitsanweisungen.
- **Risikobeurteilung** (Risk Assessment) beinhaltet das System und den Prozess des Risikomanagements.
- **Kontrollaktivitäten** (Control Activities) sind alle Maßnahmen und Vorgehensweisen zur Überwachung bestehender Ziele und Vorgaben. Dies beinhaltet organisatorische Kontrollen, z. B. in Form von Aufgaben- und Funktionstrennung, Einhaltung des Vier-Augen-Prinzips, Sicherung von Dokumenten und Aufzeichnungen oder Zugangskontrollen. Wesentlich sind automatisierte Kontrollen innerhalb der digitalen Informationssysteme. Beispiele sind Freigaberoutinen, Zugriffsberechtigungen, Plausibilitätstests, Wertgrenzen, Schutz kritischer Transaktionen sowie Tests und Freigabeverfahren.
- **Information und Kommunikation** (Information und Communication) sorgt dafür, dass relevante Informationen zeitnah und korrekt an die zuständigen Stellen berichtet werden.
- **Überwachung** (Monitoring) beinhaltet die periodische Überwachung der internen Kontrollen, deren Verbesserung und die Revisionsfunktion.

Diese Elemente des Kontrollsystems stellen die erste Dimension des COSO-Modells dar. Die zweite Dimension sind die organisatorischen Einheiten eines Unternehmens, wie etwa Gesamtunternehmen, Unternehmensbereiche, Geschäfts- oder Produktbereiche sowie Tochterunternehmen. Dadurch soll das gesamte Unternehmen erfasst werden. Die dritte Dimension bilden die Kontrollobjekte. Dies sind die Transaktionen, Finanzberichterstattung und Compliance im Sinne der Einhaltung interner und externer Vorschriften. Die drei Dimensionen formen den in Abb. 2.4.6 dargestellten COSO-Würfel als umfassendes internes Kontrollsystem.

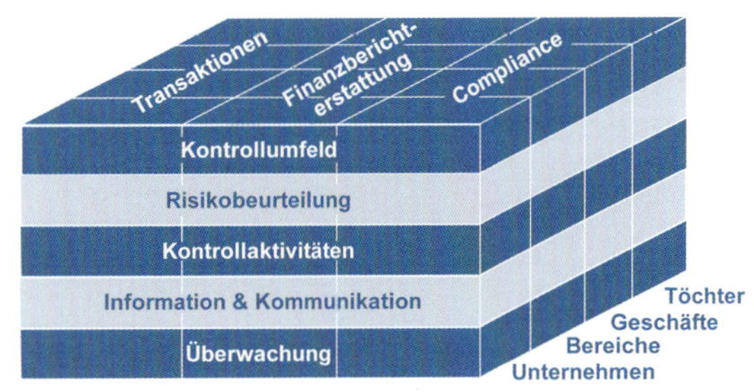

Abb. 2.4.6: COSO-Würfel (www.coso.org)

Um ein Kontrollsystem wie das COSO-Modell im Unternehmen zu betreiben, sind die Zuständigkeiten für die einzelnen Elemente auf Bereiche und Funktionen zuzuweisen. Einige Aspekte des Kontrollsystems sind in der Unternehmensführung bereits integriert, wie z. B. die Inhalte der Corporate Governance (vgl. *Werder*, 2003, S. 14). Werte und Verhaltensrichtlinien sind Gegenstand der Unternehmenswerte. Die auf den Unternehmenswerten und -zielen (vgl. Kap. 2.3) basierenden Anreiz- und Motivationsstrukturen werden durch das Personalmanagement geregelt (vgl. Kap. 6.2.8). Schließlich ist die Finanzberichterstattung Gegenstand der Informationsversorgung des betrieblichen Finanzbereichs für interne und externe Adressaten (vgl. Kap. 7.2.2).

Um eine umfassende **Corporate Governance** zu gewährleisten, sind über die genannten Aufgaben und Funktionen hinaus noch weitere **Teilbereiche** erforderlich:

- Strukturen der **Unternehmensverfassung**.
- **Risikomanagement** ist eine fortlaufende Aufgabe der Unternehmensführung zur systematischen Erkennung, Analyse und Handhabung von zukünftigen Chancen und Gefahren eines Unternehmens (vgl. Kap. 8.4).
- **Interne Revision** unterstützt die Unternehmensleitung in ihrer Kontrollfunktion durch prozessunabhängige Prüfungen auf Ordnungsmäßigkeit hinsichtlich der Einhaltung gesetzlicher Regelungen und interner Standards, wie etwa Kodizes.
- **Compliance** (Regelkonformität) überwacht ebenfalls die Ordnungsmäßigkeit, allerdings durch präventive, prozessintegrierte Kontrollen.

Das **interne Kontrollsystem** eines Unternehmens verknüpft prozessinterne und -externe Kontrollen mit dem Risikomanagement zu einem umfassenden Gesamtsystem.

Ein **internes Kontrollsystem** umfasst alle von der Unternehmensleitung eingeführten Grundsätze, Verfahren und Maßnahmen, die zur Ordnungsmäßigkeit und Verlässlichkeit der internen und externen Rechnungslegung sowie zur Einhaltung der für das Unternehmen maßgeblichen rechtlichen Vorschriften dienen (vgl. *IDW Prüfungsstandard 260*).

Zur Erfüllung der regulatorischen Anforderungen und für alle Aspekte der Corporate Governance bedarf es auch der wirksamen Kontrolle und Überwachung der Unternehmensführung. Das interne Kontrollsystem bezieht sich auf die Ordnungsmäßigkeit des Handelns und umfasst nicht die Kontrolle der Erreichung wirtschaftlicher Ziele, die im Rahmen des Planungs- und Kontrollsystems stattfindet (vgl. Kap. 4.1.3). Das interne Kontrollsystem eines Unternehmens umfasst alle systematisch gestalteten internen Maßnahmen und Kontrollen zur Einhaltung von Gesetzen und Regeln sowie zur Abwehr möglicher Schäden. Das interne Kontrollsystem besteht, wie in Abb. 2.4.7 dargestellt, aus den beiden Teilbereichen der Compliance und der Revision. Die Revision unterstützt die Unternehmensleitung in ihrer Kontrollfunktion durch prozessunabhängige Prüfungen.

Compliance

Compliance umfasst die Gesamtheit der Grundsätze und Maßnahmen zur Einhaltung von Gesetzen, Richtlinien und freiwilligen Kodizes zur Vermeidung von Regelverstößen in einem Unternehmen (in Anlehnung an *IDW Prüfungsstandard* 980).

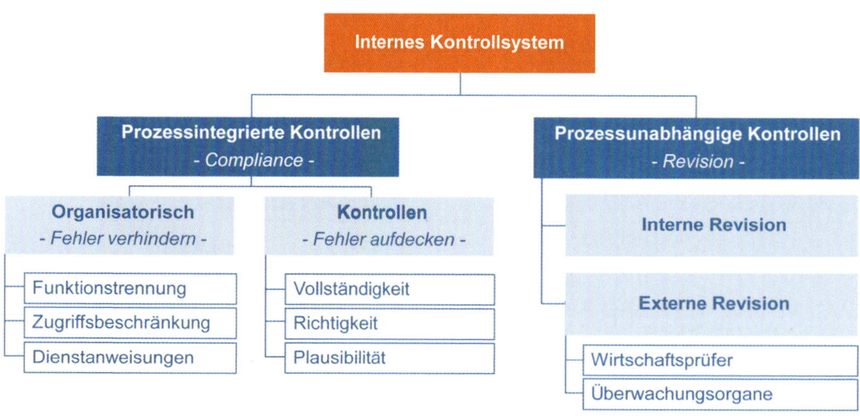

Abb. 2.4.7: Differenzierung des internen Kontrollsystems (in Anlehnung an Horváth et al., 2020, S. 457 f.)

Die **Compliance** (Regelkonformität) überwacht ebenfalls die Ordnungsmäßigkeit, allerdings durch präventive, prozessintegrierte Kontrollen. Ein Beispiel sind die in Abb. 2.4.8 aufgeführten „Golgenden Regeln“ von *Bilfinger.*

10 GOLDENE COMPLIANCE REGELN

Compliance bei Bilfinger besteht aus drei Grundelementen:
Antikorruption, Antikartell, Datenschutz

1. Gesetze und interne Regeln berücksichtigen und integer handeln
2. Vorbild für andere sein
3. Geschützte Daten und Vermögenswerte bewahren
4. Bestechung und Korruption ablehnen
5. Fairness im Wettbewerb beachten
6. Im Interesse des Unternehmens handeln und Konflikte mit persönlichen Interessen vermeiden
7. Geschenke, Bewirtung und Unterhaltung angemessen halten
8. Geschäftspartner vor der Zusammenarbeit überprüfen
9. Mit Amtsträgern besonders sorgfältig umgehen
10. Vermutete Verstöße gegen den Verhaltenskodex melden

BILFINGER

Abb. 2.4.8: Compliance-Regeln von Bilfinger

Ein umfassendes Rahmenwerk für die Compliance und Corporate Governance ist das **Three-Lines-of-Defense-Modell.** Es beschreibt die Aufgabenverteilung zwischen internem Kontrollsystem, Risikomanagement i. e. S. (vgl. Kap. 8.4), Controlling, Revision und operativer Unternehmensführung.

Die **drei Verteidigungslinien** sind (vgl. *Bantleon et al.*, 2017, S. 386 ff.; IDW PS 340):

- Die **operative Unternehmensführung** ist als erste Verteidigungslinie für die Identifikation, Quantifizierung und Überwachung von Risiken sowie die Initiierung von Risikobewältigungsmaßnahmen im Tagesgeschäft verantwortlich. Diese Aufgabe übernehmen die einzelnen Risikoeigner für ihren jeweiligen Bereich. Dazu nutzen sie das **interne Kontrollsystem** eines Unternehmens.
- Die zweite Verteidigungslinie besteht aus **Compliance, Controlling und Risikomanagement i. e. S.**
  - **Risikomanagement und Controlling** haben die Aufgabe, Chancen und Gefahren zu erfassen und zu aggregieren. Sie sollten zur Vorbereitung von unternehmerischen Entscheidungen zusammenarbeiten.
  - Die **Compliance** umfasst organisatorische Maßnahmen, um die Eintrittswahrscheinlichkeiten und Schadenshöhen durch Verhaltensrisiken der Mitarbeiter zu reduzieren.

  Aufgabe der zweiten Linie ist primär das Bereitstellen von Methoden und Prozessen zur Überwachung der risikobezogenen Aktivitäten der ersten Verteidigungslinie und die entscheidungsorientierte Aufbereitung von Governance-Informationen für die Unternehmensführung.
- Die dritte Verteidigungslinie stellt die **interne Revision** als neutrale Stelle dar, die die Umsetzung der Vorgaben durch die erste und zweite Verteidigungslinie überprüft und die Unternehmensführung, gegebenenfalls auch das externe Überwachungsorgan, über diese Prüfergeb-

Abb. 2.4.9: Das Three-Lines-of-Defense-Modell (in Anlehnung an Bantleon et al., 2017, S. 389)

nisse informiert. Die interne Revision ist durch ihre Prüftätigkeit selbst ein Instrument für die Bewältigung verhaltensbezogener Risiken, also Risiken aus dem Fehlverhalten der Mitarbeiter.

Wendemarke für die **Compliance** in Deutschland war die 2006 aufgedeckte Korruptionsaffäre bei *Siemens*. Das Landgericht München verhängte gegen *Siemens* eine Geldbuße von 201 Mio. €. Da *Siemens* den Regelungen des *Sarbanes-Oxley Acts* unterliegt, ermittelte auch die *SEC*. *Siemens* einigte sich Ende 2008 mit den US-Behörden auf eine Strafzahlung von 800 Mio. US$. Der Skandal hatte auch weitreichende personelle Konsequenzen bei Führungskräften, Vorstand und Aufsichtsrat. Seither haben fast alle DAX-Konzerne in Deutschland eine Compliance-Organisation eingeführt. Deren Einführung und Aufgaben zeigt das Beispiel der *Metro Group*.

Compliance bei der METRO Group

METRO

Die *Metro AG* ist ein börsennotiertes Großhandelsunternehmen. Der Konzern mit Hauptsitz in Düsseldorf beschäftigt in 678 Märkten weltweit mehr als 97.000 Mitarbeiter. In Deutschland betreibt das Unternehmen vor allem die *Metro-Cash-&-Carry*-Märkte (www.metroag.de).

„Compliance ist kein Selbstzweck: Rechtmäßiges, aufrichtiges und verantwortungsvolles Handeln dient unseren Kunden, den Mitarbeitern und letztlich unserem Unternehmen".

Wesentlicher Bestandteil sind acht **Geschäftsgrundsätze**:

- **Wir trennen strikt persönliche Interessen von denen des Unternehmens.**

  Bei unserer Tätigkeit für die METRO gilt: Wir repräsentieren die METRO und ihre Interessen. Persönliches und Berufliches müssen dabei immer strikt getrennt werden. Die METRO braucht Ihre ungeteilte Loyalität und Ihren engagierten Einsatz zum Wohle unserer Kunden. Da haben Interessenkonflikte keinen Platz. Im Zweifel fragen wir unseren Vorgesetzten oder Compliance Officer.

- **Wir bieten niemandem einen ungerechtfertigten Vorteil.**

  Im Umgang mit Geschäftspartnern und Behörden gilt immer und überall: Wir bieten keine ungerechtfertigten Vorteile an und vermeiden auch nur den Anschein von Bestechung. Wir bieten an, was leistungsgerecht ist und gerade im Umgang mit Behörden halten wir uns strikt an das Gesetz. Wollen wir einen Vorteil anbieten, der als ungerechtfertigt angesehen werden könnte, suchen wir erst das Gespräch mit unserem Vorgesetzten oder Compliance Officer. In Ordnung sind dabei z. B. geringwertige und symbolhafte Geschenke oder Einladungen von Geschäftspartnern zu Geschäftsessen in einem angemessenen Rahmen.

- **Wir achten das geltende Recht.**

- **Wir nutzen unsere Stellung nicht zu persönlichen Vorteilen aus.**

  Wir arbeiten mit Tausenden von Geschäftspartnern zusammen. Wichtig ist, dass wir bei der Auswahl von Geschäftspartnern keine persönlichen Vorteile fordern oder annehmen. Bei der Auswahl haben wir vielmehr nur die besten Interessen unserer Kunden und des Unternehmens im Blick. Wir vermeiden auch jeden Anschein der Bestechlichkeit und fragen lieber einmal zu oft bei unserem Compliance Officer nach, wenn wir unsicher sind. In Ordnung sind dabei z. B. Einladungen zu fachlichen Veranstaltungen wie Produkteinführungen.

- **Wir gehen vertraulich mit allen Informationen aus dem Unternehmen um.**

  Viele Informationen, die uns helfen, unseren Kunden das bestmögliche Angebot zu machen, sind vertraulich. Damit vertrauliche Informationen nicht in falsche Hände geraten, sind wir immer achtsam, mit wem und wo wir Informationen teilen. Es gilt: Wir geben keine Informationen oder Dokumente aus dem Unternehmen außerhalb unserer normalen geschäftlichen Abläufe an Dritte weiter. Bei Anfragen verweisen wir auf die zuständigen Kollegen. Informationen, die von der METRO veröffentlicht oder öffentlich bestätigt wurden, sind natürlich nicht vertraulich.

- **Wir respektieren die Regeln des fairen Wettbewerbs.**

  Der Wettbewerb treibt uns dazu an, unseren Kunden die bestmöglichen Angebote zu machen. Daher halten wir uns strikt an das Kartellrecht. In der Praxis heißt das: Mit Wettbewerbern sprechen wir nicht über Dinge, die für den Wettbewerb relevant sind, z. B. Einkaufs und Verkaufspreise, Kosten und Kunden. Mit Lieferanten stimmen wir nicht unsere Verkaufspreise ab. Über den Lieferanten beziehen wir keine Informationen über konkrete Wettbewerber.

- **Wir behandeln alle gleich.**

  Diskriminierung ist nicht akzeptabel. Bei METRO begegnen wir einander mit Respekt und schützen alle Mitarbeiter vor jeglicher Diskriminierung, wie etwa aufgrund ihrer Weltanschauung, Herkunft, Religion, Ethnie, ihres Alters, ihrer sexuellen Orientierung und Identität, ihres Geschlechts oder einer Behinderung. Auch jegliche Form von Belästigung, insbesondere Mobbing und sexuelle Belästigung, hat keinerlei Platz in unserer Gemeinschaft.

- **Wir sind ein fairer Arbeitgeber.**

  Unsere Mitarbeiter sind uns wichtig! Darum schaffen und erhalten wir faire Arbeitsbedingungen. Das heißt natürlich, dass wir arbeitsrechtliche Vorschriften einhalten. Das bedeutet auch, dass wir als Unternehmen die nationalen Rechte an unseren vielen Standorten respektieren. So können sich beispielsweise Arbeitnehmer im Rahmen dieser nationalen Gesetze organisieren, wenn sie das wollen.

„Diese Geschäftsgrundsätze sind ein wichtiger Bestandteil unserer Compliance-Kultur. Ihre Einhaltung ist Teil unseres Selbstverständnisses und unseres Versprechens auch gegenüber unseren Kunden. Verstöße gegen unsere Geschäftsgrundsätze werden weder von unserer Gemeinschaft noch von unserem Unternehmen geduldet.

Zu diesen Geschäftsgrundsätzen und weiteren Aspekten analysiert die Compliance-Organisation mögliche Schwachstellen. Die Mitarbeiter werden über die für ihren Arbeitsbereich relevanten Verhaltensstandards und Rechtsvorschriften informiert und bei der Erfüllung der daraus entstehenden Pflichten unterstützt. Dies erfolgt durch Schulungen und Beratung durch die Compliance-Organisation und wird gegebenenfalls durch intranetbasierte Self Assessment Tools ergänzt.

Bei unklaren Situationen stehen den Mitarbeitern ihr jeweiliger Vorgesetzter und ein lokal zuständiger Compliance Officer als Ansprechpartner zur Verfügung. Zudem wird den Mitarbeitern, aber auch außenstehenden Dritten, wie etwa Kunden, Lieferanten oder sonstigen Geschäftspartnern, die Möglichkeit geboten, beobachtete Verstöße an eine Compliance-Hotline zu melden. Meldungen an die Hotline erfolgen dabei entweder über eine kostenfreie Telefonnummer oder direkt über das Internet. Soweit dies erforderlich ist, können Vorfälle auch anonym gemeldet werden.“ (www.metroag.de)

Zusammenfassung

- Die Unternehmensverfassung umfasst grundlegende Regelungen über die Organe eines Unternehmens sowie deren Rechte und Pflichten. Sie verpflichtet die Unternehmensführung zur Erfüllung gesetzlicher Anforderungen und unterstützt die Erreichung der Unternehmensziele.
- Die Unternehmensverfassung setzt sich dabei aus gesetzlichen Vorschriften und betrieblich frei gestaltbaren Elementen zusammen.
- Das angloamerikanische Modell der Unternehmensverfassung sieht als Gesellschaftsorgane das Shareholders' Meeting und das Board of Directors vor.
- Das deutsche Modell der Unternehmensverfassung sieht bei einer Aktiengesellschaft drei Organe vor: Hauptversammlung, Aufsichtsrat und Vorstand. Kontrolle und Unternehmensführung sind voneinander getrennt.
- In der Unternehmensverfassung einer GmbH liegt die Unternehmensführung häufig bei den Eigentümern. Leitung und Kontrolle sind daher nicht unbedingt getrennt. Familienunternehmen benötigen deshalb eigene Corporate Governance-Regeln.
- Die Corporate Governance beschreibt die Grundsätze ordnungsgemäßer und verantwortungsvoller Unternehmensführung als Rahmen für die Leitung und Überwachung eines Unternehmens.
- Die Corporate Governance umfasst neben der Unternehmensverfassung auch Anreiz- und Motivationsfunktionen, Kodizes und Publizitätsregeln, deren Einhaltung durch Kontroll- und Sanktionsmechanismen überwacht wird.
- Gesetzliche Regelungen in Deutschland sind u. a. das KonTraG, Transparenz- und Publizitätsgesetz oder das Bilanzrechtsmodernisierungsgesetz.
- Mit dem Sarbanes-Oxley Act wurden in den USA die Verantwortlichkeiten und die Haftung der Unternehmensführung ausgeweitet sowie die Anforderungen an Wirtschaftsprüfung und Publizität verschärft.
- Ergänzend zu den gesetzlichen Regelungen wurden Verhaltenskodizes wie bspw. der Deutsche Corporate Governance Kodex aufgestellt.
- Ein internes Kontrollsystem umfasst alle von der Unternehmensleitung eingeführten Grundsätze, Verfahren und Maßnahmen, die zur Ordnungsmäßigkeit und Verlässlichkeit der internen und externen Rechnungslegung sowie zur Einhaltung der für das Unternehmen maßgeblichen rechtlichen Vorschriften dienen.
- Die interne Revision unterstützt die Unternehmensleitung in ihrer Kontrollfunktion durch prozessunabhängige Prüfungen auf Ordnungsmäßigkeit hinsichtlich der Einhaltung gesetzlicher Regelungen und interner Standards.
- Compliance umfasst die Gesamtheit der Grundsätze und Maßnahmen zur Einhaltung von Gesetzen, Richtlinien und freiwilligen Kodizes, um Regelverstöße in einem Unternehmen zu vermeiden.

Literaturempfehlungen

Bantleon, U./D'Arcy, A./Eulerich, M./Hucke, A./Knoll, M./Köhler, A. G./Pedell, B.: Das Three-Lines-of-Defence-Modell: ein Beitrag zu einer besseren Corporate Governance?, in: WPg, 70. Jg., Nr. 12, 2017, S. 682–688.

Refakar, M./Ravaonorohanta, N.: The effectiveness of governance mechanisms in emerging markets, in: Corporate Ownership and Control, 17. Jg., Nr. 3, 2020, S. 8–26.

Werder, A.v.: Internationalisierung der Rechnungslegung und Corporate Governance, Stuttgart 2003.

2.5 Normative Unternehmensführung in der Praxis

Leitfragen

- Welche Elemente hat die normative Unternehmensführung bei der Eder-Gruppe?
- Wie ist die ethische Unternehmensführung in der Fallstudie Klee und Berg ausgestaltet?
- Welche Bedeutung spielen Werte und Kultur im Familienunternehmen Würth?
- Wie wird HiPP auf Ökologieorientierung und Nachhaltigkeit ausgerichtet?
- Wie wird die Nachhaltigkeitsstrategie bei Audi entwickelt und umgesetzt?

In diesem Kapitel wird die normative Unternehmensführung an Beispielen veranschaulicht. Alle Aspekte und deren Zusammenhänge zeigt die Fallstudie der *Eder-Gruppe*. Die ethische Unternehmensführung wird anhand der Fallstudie *Klee und Berg* veranschaulicht. Die Unternehmenswerte und -kultur aus Kap. 2.2 werden am Beispiel des Familienunternehmens *Würth* dargestellt. Die Aspekte der Nachhaltigkeit und Ökologieorientierung zeigt das Praxisbeispiel *HiPP*. Als Beispiel zu Kap. 2.2 wird die Nachhaltigkeitsstrategie bei *Audi* erläutert.

2.5.1 Normative Unternehmensführung bei der Eder-Gruppe

Die *Firmengruppe Eder* wurde in Kap. 1.1.3 bereits vorgestellt. Sie besteht aus mehreren Unternehmen unter der Leitung des Inhabers und Geschäftsführers *Erwin Eder*. Die Firmengruppe erzielte im letzten Geschäftsjahr mit rund 200 Mitarbeitern einen Umsatz von 45 Mio. € mit einer Bilanzsumme von 35 Mio. €.

Die *Eder-Gruppe* ist als Holding organisiert, in der die größte Gesellschaft gleichzeitig die Aufgaben der Zentralbereiche mit übernimmt. Die Holding besteht aus einem Gremium, welches sich aus den Geschäftsführungen der Gesellschaften und bis dato *Erwin Eder* an der Spitze zusammensetzt.

Kurz vor seinem 75. Geburtstag wurde von *Erwin Eder* in den Jahresgesprächen mit den Hausbanken, zu denen er einen sehr vertrauensvollen Umgang pflegt, die Frage nach einer Nachfolgeregelung und einer gesicherten Perspektive für die Unternehmensgruppe diskutiert. Seine Kinder haben kein Interesse, in das Geschäft einzusteigen. Daher überlegt er, wie die *Eder Firmengruppe* zukünftig geführt werden kann. Seine favorisierte Lösung sieht dabei vor, dass die Anteile des Unternehmens zukünftig in eine Stiftung eingebracht werden, in der die Familie *Eder* ihre Interessen wahrnimmt. Zudem sollen auch die Geschäftsführer der *Eder-Gruppe* beteiligt werden.

In der Geschäftsleitung wurde festgelegt, dass Führungskräfte im Alter von 65 Jahren ausscheiden müssen. Sie können dem Unternehmen dann noch maximal zwei Jahre beratend zur Seite stehen. Diese Regelung trifft auf *Ralf Estragon* zu, der im nächsten Jahr gehen muss. Nach einer intensiven Personalsuche konnte *Rudi Rastlos (R.R.)* als Nachfolger für *R. Estragon* gewonnen werden. *R.R.* ist 43 Jahre alt und wohnt in der Nähe der *Eder Design GmbH*. Er war bislang bei einem Industriekonzern tätig und verantwortete dort einen Produktbereich. Ein weiterer Karriereschritt wäre jedoch mit einem Aufgabenwechsel und einem Umzug verbunden gewesen. Seinen Kindern wollte er einen Umzug ersparen und auch sein neu gebautes Haus möchte er nicht aufgeben. Daher hatte er sich nach einer anderen Beschäftigung umgeschaut und schnell für eine Führungsaufgabe in der *Eder Firmengruppe* interessiert. Er wird drei Monate gemeinsam mit *Ralf Estragon* die Geschäfte der *Eder Design GmbH* gemeinsam führen und soll zukünftig auch die Verantwortung für alle Marketing- und Vertriebsaktivitäten der Firmengruppe übernehmen.

Die Konzernstruktur umfasst eigenständige rechtliche Gesellschaften, die gleichzeitig auch der Führungsstruktur entsprechen. Alle Gesellschaften sind zu 100 % im Besitz der *Eder-Gruppe*. Der Konzern ist nach **Divisionen** strukturiert:

- Das Stammhaus der Unternehmensgruppe, die *Eder Möbel GmbH*, entwickelt, produziert und vertreibt Gartentische in den Modellen „Luxus" und „Standard". Diese werden direkt an den Einzelhandel vertrieben (Kaufhäuser, Discounter, Möbelgeschäfte). Beide Tische haben einen Röhrenstahlrahmen, auf dem die Tischplatte aufliegt und aus dem auch die Tischbeine geformt sind. Die Oberteile bestehen aus einer mit Vinyl bezogenen Sperrholzplatte. Das Unternehmen ist funktional organisiert. Seit Jahren wird das Stammhaus von *Erich Nergisch* als Geschäftsführer geleitet. Er besitzt das uneingeschränkte Vertrauen von *Erwin Eder.* Auch schätzt *Eder* seinen Geschäftsführer *E. Nergisch* als erfolgreiche und unternehmerisch denkende Führungskraft. Die Bereiche Beschaffung, Produktion, Vertrieb und Verwaltung werden jeweils von einer Führungskraft geleitet.

- Die *Schlummer GmbH* wurde zugekauft, um das Sortiment um Betten zu ergänzen. Das Bettengeschäft umfasst Komplettbetten bestehend aus Rahmen, Lattenrost und Matratze. Die angebotenen Modelle unterscheiden sich vor allem durch das Design und Material des Bettgestells sowie durch den verwendeten Matratzentyp. Die Kernkompetenzen der *Schlummer GmbH* liegen im Design der Bettrahmen und der Entwicklung besonders komfortabler Matratzen. *Susi Schlummer* hat das Unternehmen aufgebaut und im Jahr 2004 an die *Firmengruppe Eder* verkauft. Dabei wurde vereinbart, dass Frau *Schlummer* die Geschäfte mit ihrer bisherigen Belegschaft weiterführt. Der Vertrieb erfolgt ausschließlich über ausgewählte Fachhändler. In den letzten beiden Jahren hatte das Unternehmen nach einer langen Wachstumsphase erstmals deutliche Umsatzrückgänge und sinkende Absatzzahlen hinzunehmen. Im laufenden Jahr beträgt die Auslastung der Fertigungskapazität voraussichtlich nur 64%. *Erwin Eder* ist mit der Entwicklung des Unternehmens seit der Übernahme nicht zufrieden. Die *Schlummer GmbH* hat bislang stets ein Eigenleben in der Firmengruppe geführt. Das Unternehmen ist stark auf *Susi Schlummer* ausgerichtet und unterscheidet sich kulturell deutlich von der *Eder Möbel GmbH*. Seit *Eder* eine neue strategische Ausrichtung von *Susi Schlummer* erwartet und die Unternehmen der Gruppe stärker integrieren will, gibt es erhebliche Spannungen zwischen *EE* und *Susi Schlummer.*
- Die *Eder Design GmbH* unterstützt die Produktentwicklung der *Eder Möbel GmbH* und der *Schlummer GmbH*. Die beiden Unternehmen werden als bevorzugte Kunden bedient. Neben den internen Kunden führt die *Eder Design GmbH* auch externe Entwicklungsaufträge durch. Besonders stolz ist die *Eder Design GmbH* auf die regelmäßigen Aufträge für Möbelentwürfe eines marktführenden schwedischen Möbelunternehmens. Die *Eder Design GmbH* wird vom Geschäftsführer *Ralf Estragon* geführt.
- Die *Eder Service GmbH* bildet das Ersatzteilgeschäft, die Montage der Produkte beim Kunden sowie die Logistik von der Herstellung bis zum Kunden ab. Diese Gesellschaft ist somit ebenfalls eng mit dem Geschäft der *Eder Möbel GmbH* und der *Schlummer GmbH* verbunden. Geleitet wird diese Gesellschaft von *Roberta Asch.* Sie hat ausgesprochen gute soziale Fähigkeiten und wirkt in der Zusammenarbeit mit *Eder, Schlummer* und *Nergisch* ausgleichend.

Die Geschäftsführung der *Eder-Gruppe* besteht aus einem Gremium, welches sich aus den Geschäftsführern der Gesellschaften und *E.E.* zusammensetzt. Jedes der fünf Mitglieder besitzt dabei eine Stimme. Wichtig für die Familie *Eder* ist es dabei, die Geschäftsführung nach der Tradition von *Erna* und *Erwin Eder* ausgeglichen mit Frauen und Männern zu besetzen. *E.E.* hat ein Doppelstimm- und ein Veto-Recht. Damit kann er verhindern, dass gegen seine Eigentümerinteressen entschieden wird. Zur Unterstützung der Geschäftsleitung nimmt *Paul-Uwe Mukl* als Assistent der Geschäftsleitung in den Geschäftsführungssitzungen teil. Zudem ist er für das Rechnungswesen und

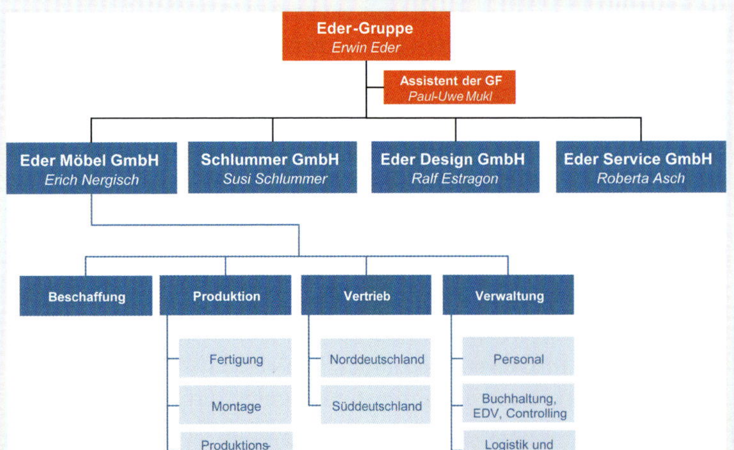

Abb. 2.5.1: Organigramm der Eder Gruppe und der Eder Möbel GmbH

Controlling der *Eder Möbel GmbH* zuständig und ein einflussreicher Berater von *E.E.*

Der Erfolg der *Eder-Gruppe* beruht wesentlich auf dem hohen Qualitätsanspruch des Firmengründers und führte zu seinem Beinamen „*Qualitäts-Eder*". Dieser Philosophie ist *Eder* bis heute treu geblieben. Möbel müssen danach funktionell sein und den speziellen Qualitätsanforderungen für Gastronomie und Privatkunden in jeder Hinsicht genügen. Der perfekte Auftritt der Möbel und damit das Design sind nach seiner Auffassung aber genauso wichtig. So hat sich die *Eder-Gruppe* zu einem der renommiertesten Möbelhersteller der Welt entwickelt. Das *Eder*-Gütesiegel „Echte Markenmöbel" gilt als Garant für Professionalität sowie beste Produkt- und Designqualität.

Die *Firmengruppe Eder* hat in ihren Geschäftsfeldern ehrgeizige Wachstumsziele. *EE* strebt für die Gruppe alle vier Jahre eine Umsatz- und Ergebnisverdopplung an. Dieses Ziel möchte er derzeit vor allem durch eine verstärkte Internationalisierung erreichen. Sein Wunsch ist es, dass *Eder Möbel* in allen Ländern Europas und in den USA verkauft werden. Bislang ist es *EE* noch immer gelungen, seine Ziele zu erreichen. Dafür arbeitet er hart, plant akribisch und fordert von seinen Führungskräften eine hohe Leistungsbereitschaft.

R. Rastlos hat *Erwin Eder* zu einem Gespräch über normative Fragen der Unternehmensführung gebeten, um das Unternehmen besser zu verstehen und auch die Erwartungen an seine Aufgabe innerhalb des Unternehmens zu klären. *E.E.* kommt dieser Bitte gerne nach und lädt *R.R.* zu einem langen Gespräch ein, bei dem *R.R.* immer wieder wesentliche Aussagen notiert. Nach dem Gespräch stehen folgende Aufzeichnungen in seinem Block:

- Ein Lieblingswort von *E.E.* ist „langen Atem haben" – kurzfristiger Aktionismus ist nicht *Eders* Sache.
- Wir bei *Eder* sind keine Planungsriesen und Umsetzungszwerge – im Gegenteil: Wir setzen konsequent um, was wir uns vornehmen und prüfen sehr genau, wie viel wir uns vornehmen können.
- Die Familie *Eder* lebt die Tradition der Gründer: Qualität, Verbindlichkeit, Respekt, Leistungsorientierung und Verantwortung. Vorbild ist dabei *Erwin Eder sen.*, dessen Ideal eines Unternehmers *Robert Bosch* war.
- Der Umgang mit Geschäftspartnern ist sachlich und folgt dem Motto: „hart, aber fair".
- Jede *Eder*-Gesellschaft beschäftigt ganz selbstverständlich auch behinderte Mitarbeiter und nicht nur, um gesetzlichen Pflichten zu genügen.
- Lieferanten dürfen das Unternehmen nie in eine Abhängigkeit bringen – ein *Eder*-Unternehmen darf nicht von Lieferanten erpressbar sein!
- Der gute Name des Unternehmens bei Kunden und in der Branche steht über allem.
- Lieber ein Geschäft verlieren, als auf unehrliche Art einen Konkurrenten ausstechen!
- Zentrales Steuerungs- und Messkriterium für die Führungskräfte ist der Wertbeitrag – auf Kapitaleinsatz achten!
- Im Marketing gilt die Devise: „Auf Qualität kommt es an!" Qualität bedeutet auch, die umweltverträglichsten Produkte im Markt zu haben.
- Geschäftssprache ist Deutsch bzw. Schwäbisch, Anglizismen sind verpönt.
- Mit Mitarbeitern wird sehr offen geredet – Dialog wird großgeschrieben.
- In der Frühstücks- und Mittagspause treffen sich möglichst alle, um gemeinsam zu essen.
- Die Weihnachtsfeier und der Sommerausflug mit Grillen und Bewirtung durch die Führungskräfte sind unantastbar.
- Ausstattung: Firmenwagen bestellen („gehobene Mittelklasse – nicht zu auffällig"), Laptop nach Richtlinie, Büroausstattung ist zu übernehmen („ist noch gut").

Rudi Rastlos versucht, mit den Informationen über das Unternehmen und seinen Notizen die normative Unternehmensführung der Firmengruppe *Eder* zu beschreiben.

Purpose

Als **Purpose** wird die Daseinsberechtigung eines Unternehmens bezeichnet, die Sinn und Identität stiftet. Er beschreibt den Beitrag, den ein Unternehmen zur Umwelt und dem Gemeinwohl leisten möchte und dessen Existenz legitimiert (vgl. Kap. 2.1.1). Bei der *Eder-Gruppe* könnte der geleistete Beitrag und die Existenzberechtigung im hohen Qualitätsanspruch liegen, der auch unternehmensextern als „*Qualitäts-Eder*" wahrgenommen wird. Die hohen Ansprüche an Qualität und Design haben das Unternehmen zu einem der renommiertesten Hersteller der Welt gemacht, was auch im *Eder*-Gütesiegel „Echte Markenmöbel" zum Ausdruck kommt.

Rudi Rastlos formuliert den **Purpose** der *Eder-Gruppe*:

„Als Familienunternehmen denken wir in Generationen und übernehmen soziale und ökologische Verantwortung. Wir sind für unsere Kunden, Lieferanten und Mitarbeiter ein verlässlicher Partner und stehen für Markenmöbel mit bester Produktqualität (Qualitäts-Eder) und einem unverwechselbaren Design."

Die **Unternehmenswerte** beschreiben die Werthaltungen und den ethischen Anspruch des Unternehmens (vgl. Kap. 2.2). Damit wird das Unternehmen legitimiert. Die Unternehmenswerte basieren auf ethischen Überzeugungen sowie den Werten der prägenden Personen und der Gesellschaft. Die *Eder-Gruppe* besitzt keinen niedergeschriebenen Ethikkodex oder formulierte Werte. Vielmehr werden die Werte implizit durch die handelnden Personen verkörpert, insbesondere durch *Erwin Eder jun.* Dazu ordnet *Rudi Rastlos* seine Notizen und fasst seine Interpretation der Werte in Abb. 2.5.2 zusammen.

Die Werte und Ethik des Unternehmens werden glaubhaft durch die Eigentümerfamilie vorgelebt. Wesentliche Lücken im Wertekodex der Firmengruppe bestehen nicht. Lediglich eine explizite Zusammenfassung fehlt bei der *Eder-Gruppe*, so dass die Mitarbeiter die Werte nur durch die Vorbildfunktion der Führungskräfte wahrnehmen. Dies kann zu unterschiedlichen Auslegungen führen und auf diese Weise Missverständnisse hervorrufen.

Kultur

Die **Unternehmenskultur** ist die Gesamtheit historisch gewachsener und gemeinsam gelebter Normen und Denkhaltungen, die im Verhalten, in der Kommunikation, in Entscheidungen, Handlungen, Symbolen und anderen Formen sichtbar werden. Sie entsteht mit der Zeit und ist von der Geschichte des Unternehmens und seiner Umwelt abhängig. Sie wird durch das Verhalten der Unternehmensführung geprägt.

Die Unternehmenskultur kann in drei **Ebenen** unterschieden werden:

- **Grundannahmen**: Basis der Unternehmenskultur sind die gemeinsamen Grundannahmen. Diese betreffen das Menschenbild sowie die Einstellungen eines Unternehmens zur Umwelt und den Zweck eines Unternehmens. Sie sind unbewusste und nach außen hin nicht sichtbare Werte und Überzeugungen, die von den Mitgliedern nicht hinterfragt werden. In der Fallstudie fallen diese Grundannahmen mit den Werten der *Eder-Gruppe* und der Familie *Eder* konsistent zusammen. Zu Letzteren findet sich die Angabe: „Die Familie *Eder* lebt die Tradition der Gründer: Qualität, Verbindlichkeit, Respekt, Leistungsorientierung und Verantwortung. Vorbild ist dabei *Erwin Eder senior*, dessen Ideal eines Unternehmers immer *Robert Bosch* war."

Werte	Belege für diese Werte
Tradition	▪ Existenz seit 1921 – langfristige Orientierung ▪ Bewahrung der Familientradition im Sinne von *Paul* und *Erwin Eder sen.* ▪ Entscheidungsregel: „Wie hätte *Erwin Eder sen.* oder *Paul Eder* entschieden?"
Verantwortung	▪ Weiterbeschäftigung von *Susi Schlummer* ▪ Die Verpflichtung des Unternehmens seinen Kunden und Mitarbeitern gegenüber hat im Zweifelsfall immer Vorrang vor Familieninteressen ▪ „Langen Atem haben" – kurzfristiger Aktionismus ist nicht *Eders* Sache ▪ Beschäftigung behinderter Menschen über die gesetzliche Verpflichtung hinaus ▪ Qualität bedeutet auch, die umweltverträglichsten Produkte im Markt zu haben
Vertrauen, Respekt und Verbindlichkeit	▪ Erich Nergischs Zusammenarbeit mit *Erwin Eder* ▪ Sehr vertrauensvoller Umgang mit den Hausbanken ▪ Erfolgsfaktor ist der hohe Qualitätsanspruch (Beinamen: „Qualitäts-Eder") ▪ Der gute Name des Unternehmens bei Kunden und in der Branche steht über allem ▪ Gleichberechtigung (Besetzung der Geschäftsführung, Tradition von *Erna* und *Erwin Eder*).
Erfolgs- und Leistungsorientierung	▪ Unternehmerisches Denken und Handeln (Hervorhebung der Eigenschaften von *E. Nergisch*) ▪ Ehrgeizige Wachstumsziele: Umsatz- und Ergebnisverdopplung alle vier Jahre ▪ Verstärkte Internationalisierung als Ziel: *Eder Möbel* sollen in allen Ländern Europas und den USA verkauft werden ▪ Bislang ist es *EE* noch immer gelungen, seine Ziele zu erreichen ▪ Wir bei *Eder* sind keine Planungsriesen und Umsetzungszwerge – im Gegenteil, wir setzen konsequent um, was wir uns vornehmen und prüfen sehr genau, wie viel wir uns vornehmen können ▪ *Erwin Eder arbeitet* hart, plant akribisch und erwartet von seinen Führungskräften eine hohe Leistungsbereitschaft

Abb. 2.5.2: Werte der Eder-Gruppe

- **Normen und Standards** sind Auffassungen darüber, was wünschens- oder erstrebenswert ist. Diese Präferenzen bestimmen die Ziele der Mitarbeiter und deren Handlungen werden daran gemessen. Werden sie von der Mehrheit der Unternehmensmitglieder geteilt, dann werden sie zu Verhaltensmaximen im Sinne einer „Ideologie". Sie sind teilweise unbewusst und unsichtbar. Der sichtbare Anteil kommt z. B. in Ge- und Verboten zum Ausdruck.
  - Entscheidungsregel: „Wie hätte *Erwin Eder sen.* oder *Paul Eder* entschieden?"
  - Gleichberechtigung von Frauen und Männern.
  - Doppelstimm- und Veto-Recht für *EE,* um zu verhindern, dass Entscheidungen gegen seine Eigentümerinteressen getroffen werden (Führungsanspruch).
  - Wir bei *Eder* sind keine Planungsriesen und Umsetzungszwerge – im Gegenteil, wir setzen konsequent um, was wir uns vornehmen und prüfen sehr genau, wie viel wir uns vornehmen können.
  - Mit Mitarbeitern wird sehr offen geredet – Dialog wird großgeschrieben.
  - Ein Lieblingswort von *E.E.* ist „langen Atem haben" – kurzfristiger Aktionismus ist nicht *Eders* Sache.
  - Im Marketing gilt die Devise „Auf Qualität kommt es an!"
- **Symbolsysteme** (Artefakte) sind das sichtbare Element der Unternehmenskultur. Dazu zählen die von den Unternehmensmitgliedern entwickelten und gelebten Verhaltensweisen und Umgangsformen sowie andere sichtbare Symbole. Beispiele sind Sitten und Gebräuche (Rituale), Sprache, Kleidungsgewohnheiten, Büroeinrichtung sowie weitere Statussymbole. Bei *Eder* sind das:
  - Geschäftssprache ist Deutsch bzw. Schwäbisch, Anglizismen sind verpönt.
  - Unternehmensinterner Sprachgebrauch für Namen sind Abkürzungen, z. B. EE.
  - In der Frühstücks- und Mittagspause treffen sich wenn möglich alle, um gemeinsam zu essen.
  - Die Weihnachtsfeier und der Sommerausflug mit Grillen und Bewirtung durch die Führungskräfte sind unantastbar.
  - Firmenwagen der gehobenen Mittelklasse, allerdings nicht zu auffällig; Laptop nach Richtlinie; alte Büroausstattung ist zu übernehmen.

Aus dem Zusammenspiel der einzelnen Elemente entsteht die unverwechselbare Kultur des Unternehmens. Allerdings führt die *Schlummer GmbH* ein Eigenleben und ist sehr stark auf die Person *Susi Schlummer* ausgerichtet. Daher gibt es keine einheitliche Kultur, sondern vielmehr existieren zwei parallele Kulturen nebeneinander. Um die *Schlummer GmbH* stärker zu integrieren, ist entweder auf die unterschiedlichen Kulturen Rücksicht zu nehmen oder eine einheitliche Kultur herzustellen.

Vision

Die **Unternehmensvision** ist ein Zukunftsbild, das dem Unternehmen die Richtung weist und die interne Anspruchshaltung des Unternehmens ausdrückt (vgl. Kap. 2.3.1). Damit löst sie Identifikation, Motivation und Engagement bei den Mitarbeitern aus. Visionen sind klare, anspruchsvolle, langfristige und emotional ansprechende Ziele. Sie beschreiben einen spezifischen Ankunftsort, ein Bild von einer gewünschten Zukunft. Auf diese Weise geben sie eine Antwort auf die Frage, wonach ein Unternehmen strebt. Die *Eder-Gruppe* könnte als Vision die ehrgeizigen Wachstumsziele einer Umsatz- und Ergebnisverdopplung alle vier Jahre aufgreifen, die mit der verstärkten Internationalisierung einhergeht.

Rudi Rastlos formuliert die **Vision** für die *Eder-Gruppe*:

„Eder-Vision 2030:
Die Eder-Gruppe ist in allen Ländern Europas und der USA präsent und erzielt einen Umsatz von über 100 Mio. € bei konstanter Rendite."

Diese Vision orientiert sich an den Marktverhältnissen bzw. am Kunden und kann die **Anforderungen** an eine gute Vision erfüllen:

- **Richtungsweisend**: Langfristige Gültigkeit.
- **Anspornend**: Eine Verdopplung des Umsatzes verbunden mit einer starken Internationalisierung.
- **Plausibel**: *Eder* hat bislang seine Ziele immer erreicht, so dass die Vision einleuchtend und glaubwürdig ist.
- **Prägnant**: Einfach, knapp und verständlich.

Mission

Die **Unternehmensmission** legt das Tätigkeitsfeld eines Unternehmens fest und beschreibt damit den Unternehmenszweck. Die Mission beschreibt, was ein Unternehmen erreichen will und welche Beiträge es für seine Stakeholder leistet (vgl. Kap. 2.3.2).

Rudi Rastlos hat folgende Textpassagen gesammelt, die Aussagen zum **Unternehmenszweck** machen:

- Die *Eder Möbel GmbH* entwickelt, produziert und vertreibt Gartentische.
- Die *Schlummer GmbH* bietet Komplettbetten an.

- Kernkompetenzen liegen im Design der Möbel.
- Die *Eder Service GmbH* bildet das Ersatzteilgeschäft, die Montage der Produkte beim Kunden sowie die Logistik von der Herstellung bis zum Kunden ab.
- Das *Eder*-Gütesiegel *„Echte Markenmöbel"* gilt als Garant für Professionalität sowie beste Produktqualität und markantes Design.

Diese Aussagen beziehen sich größtenteils auf einzelne Bereiche des Unternehmens. Für das Gesamtunternehmen formuliert *Rudi Rastlos* zusammenfassend folgenden Unternehmenszweck:

„Die Eder-Gruppe entwickelt, produziert und vertreibt Garten- und Schlafmöbel bester Qualität."

Darin kommt zum Ausdruck, dass die *Eder-Gruppe* z.B. kein Handelshaus ist. Deshalb ist die Produktentwicklung ein integraler Bestandteil des Geschäftes und Premiumprodukte stehen im Vordergrund. Eine Unternehmensmission sollte folgende Anforderungen erfüllen: Allgemeingültigkeit, Wesentlichkeit, Konsistenz, Vollständigkeit, Wahrheit, Realisierbarkeit, Unmissverständlichkeit und langfristige Gültigkeit. Alle Kriterien können bei der Unternehmensmission der *Eder-Gruppe* als erfüllt betrachtet werden.

Die Unternehmenspolitik legt die Beiträge des Unternehmens für seine Stakeholder als Unternehmensziele bzw. -leitlinen fest. Neben der internen Anspruchshaltung der Vision werden auch die Anforderungen von Anspruchsgruppen an das Unternehmen, wie z.B. Staat, Eigentümer oder Mitarbeiter, berücksichtigt. Die Unternehmensleitlinien sind normative Vorstellungen über einen zukünftigen Zustand, der durch Handlungen erreicht werden soll. Unternehmensziele zeigen, was das Unternehmen mit seinen Werten erreichen will und geben ihm dadurch eine Richtung. Sie bringen die Erwartungen verschiedener Einfluss- und Anspruchsgruppen in Einklang. Zur Systematisierung wird die Einteilung in Stakeholder-Gruppen eines Unternehmens verwendet und in Abb. 2.5.3 für *Eder* dargestellt.

Die Aussagen zu den Stakeholdern erfüllen lediglich die Anforderungen als Unternehmensleitlinien. Sie sind nicht vollständig konkretisiert und damit keine eindeutigen Ziele. Zur Führung eines Geschäftsbereiches in der *Eder-Firmengruppe* muss *R. Rastlos* diese Leitlinien in operationale Ziele konkretisieren. Es sind daher jeweils Zielinhalt, -ausmaß, -termin, -verantwortung und -ort zu definieren. Anschließend sind die Ziele auf deren Realisierbarkeit zu prüfen. Außerdem sollte zwischen den Zielen eine Ordnung und eine funktionale Beziehung zwischen Zweck und Mittel hergestellt werden. Häufig erfolgt dies nicht in ausreichendem Maße, so dass die Situation in der *Eder-Gruppe* für viele Unternehmen symptomatisch ist. Dies birgt jedoch die Gefahr eines uneinheitlichen Verhaltens der Geschäftsführer und von Missverständnissen in der Belegschaft. Vermutlich wird *EE* die Instanz sein, welche bei Unstimmigkeiten zwischen den Leitlinien koordiniert und durch sein Handeln eine Konsistenz in der Unternehmenspolitik herstellt.

Um die Unternehmensidentität zu fördern, z.B. vor dem Hintergrund der unvollständigen Integration der *Schlummer GmbH*, können die Werte, Vision und Mission in einem **Leitbild** fixiert werden (vgl. Kap. 2.3.3). Es wird unternehmensintern und -extern verbreitet, um die Identifikation mit dem Unternehmen und seinen Zielen zu fördern. Ein derartiges Leitbild kann hilfreich sein, um eine von allen geteilte Vorstellung über den Zweck und die Entwicklung des Unternehmens zu erzeugen. Diese explizite Formulierung der Mission bzw. einzelner Bestandteile stellt eine wichtige Orientierung für die Gestaltung der Unternehmenskultur bzw. -identität dar. Bevor für die *Eder-Gruppe* ein Leitbild erstellt werden kann, ist es jedoch intern abzustimmen und bedarf einer gemeinsam getragenen Sichtweise der wesentlichen Stakeholder. Es müsste also im nächsten Schritt von *Rudi Rastlos* mit der Unternehmensleitung, den Eigentümern und den wesentlichen Stakeholdern abgestimmt werden.

Unternehmensverfassung und Corporate Governance

Schließlich wendet sich *Rudi Rastlos* noch der **Corporate Governance** zu. Diese beschreibt Grundsätze ordnungsgemäßer und verantwortungsvoller Unternehmensführung als Ordnungsrahmen für die Leitung und Überwachung eines Unternehmens (vgl. Kap. 2.4). Sie beinhaltet grundlegende Regelungen über die Organe eines Unternehmens sowie deren Rechte und Pflichten. Diese bilden einen Ordnungsrahmen für das Verhalten der Führungskräfte und Mitarbeiter. Je nach Rechtsform eines Unternehmens kann die Unternehmensführung gesetzliche Gestaltungsspielräume nutzen, um das Selbstverständnis des Unternehmens organisatorisch umzusetzen. Im Falle eines eigentümergeführten Unternehmens wie der *Eder-Gruppe* tragen die Eigentümer das Kapitalrisiko, besitzen die Verfügungsgewalt und haben vollen Anspruch auf den erwirtschafteten Gewinn. Mit den Geschäftsführern der Gesellschaften geben die Eigentümer die Unternehmensführungsfunktion auch an angestellte Führungskräfte ab, so dass eine Trennung zwischen Eigentum und Verfügungsgewalt entsteht. Die Unternehmensverfassung bestimmt die Organe eines Unternehmens sowie deren Rechte und Pflichten.

Die **Organe** der *Eder-Gruppe* werden im Organigramm (vgl. Abb. 2.5.2) und durch folgende Informationen beschrieben:

- Gesellschaftsanteile je 50 % bei *Erwin Eder jun.* und seiner Schwester *Helga*.
- 100 % der Stimmrechte bzw. des Einflusses liegen bei *Erwin Eder jun.*
- Die *Eder Design GmbH* wird vom Geschäftsführer *Ralf Estragon* (*R.E.*) geführt.
- Die *Eder Service GmbH* wird von Geschäftsführerin *Roberta Asch* geführt.
- Kooperationsverfassung zwischen den Gruppenunternehmen: Die *Eder Design GmbH* und die *Eder Service GmbH* bedienen die anderen Unternehmen als bevorzugte Kunden. Es besteht Bezugszwang für Leistungen in der Gruppe.
- Die Geschäftsführung der *Eder-Gruppe* ist ein Gremium, welches aus den einzelnen Geschäftsführern und *E.E.* besteht. Jedes der fünf Mitglieder besitzt dabei eine Stimme. *EE* besitzt jedoch ein Doppelstimm- und Veto-Recht um zu verhindern, dass gegen seine Eigentümerinteressen entschieden wird.

Stakeholder	Leitlinien
Eigentümer	▪ 100 % der Stimmrechte bzw. des Einflusses liegen bei *Erwin Eder jun.* ▪ Bewahrung der Familientradition im Sinne von *Paul* und *Erwin Eder sen.* ▪ Verpflichtung des Unternehmens gegenüber seinen Kunden und Mitarbeitern hat im Zweifelsfall immer Vorrang vor Familieninteressen ▪ Eigentümer entziehen dem Unternehmen nur selten Kapital und lassen nahezu alle Gewinne im Unternehmen („Tradition verpflichtet") ▪ Doppelstimm- und Veto-Recht für *EE,* um zu verhindern, dass im Unternehmen gegen seine Eigentümerinteressen entschieden wird
Führungskräfte	▪ Erfolgsorientierung („Bislang ist es *EE* noch immer gelungen, seine Ziele zu erreichen.") ▪ Leistungsorientierung („Dafür arbeitet *Erwin Eder* hart, plant akribisch und erwartet von seinen Führungskräften eine hohe Leistungsbereitschaft.") ▪ Wir bei *Eder* sind keine Planungsriesen und Umsetzungszwerge – wir setzen konsequent um, was wir uns vornehmen und prüfen genau, wie viel wir uns vornehmen können ▪ Zentrales Steuerungs- und Messkriterium für die Führungskräfte ist der Wertbeitrag ▪ Ehrgeizige Wachstumsziele: Umsatz- und Ergebnisverdopplung alle vier Jahre ▪ Verstärkte Internationalisierung als Ziel ▪ „Langen Atem haben" – kurzfristiger Aktionismus ist nicht *Eders* Sache
Mitarbeiter	▪ Verpflichtung des Unternehmens gegenüber seinen Mitarbeitern hat Vorrang vor Familieninteressen ▪ Soziale Verantwortung, z. B. Unterstützung und Weiterbeschäftigung von *Susi Schlummer* mit ihrem pflegebedürftigen Mann ▪ Mit Mitarbeitern wird sehr offen geredet – Dialog wird groß geschrieben
Kunden	▪ Verpflichtung des Unternehmens gegenüber seinen Kunden hat Vorrang vor Familieninteressen ▪ Der gute Name des Unternehmens bei Kunden und in der Branche steht über allem ▪ Lieber ein Geschäft verlieren, als auf unehrliche Art einen Konkurrenten ausstechen!
Lieferanten	▪ Lieferanten dürfen das Unternehmen nie in eine Abhängigkeit bringen – ein *Eder*-Unternehmen darf nicht von Lieferanten erpressbar sein! ▪ Mit den Geschäftspartnern ist der Umgang sachlich und folgt dem Motto: „hart, aber fair"
Fremdkapitalgeber	▪ Sehr vertrauensvoller Umgang mit den Hausbanken.
Staat und Gesellschaft	▪ Jede *Eder*-Gesellschaft beschäftigt selbstverständlich behinderte Mitarbeiter ▪ Qualität bedeutet auch, die umweltverträglichsten Produkte im Markt zu haben
Geschäftspartner	▪ Mit den Geschäftspartnern ist der Umgang sachlich und folgt dem Motto: „hart, aber fair"
Konkurrenten	▪ Anerkannter, kreativer Partner der Möbelindustrie ▪ Der gute Name des Unternehmens bei Kunden und in der Branche steht über allem ▪ Lieber ein Geschäft verlieren, als auf unehrliche Art einen Konkurrenten ausstechen! ▪ Produktanspruch in Qualität und Design macht das Unternehmen zu einem der renommiertesten Hersteller ▪ Das *Eder*-Gütesiegel „Echte Markenmöbel" gilt als Garant für Professionalität sowie beste Produktqualität und markantes Design

Abb. 2.5.3: Stakeholderorientierte Unternehmenspolitk der Eder-Gruppe

Diese Aussagen umreißen die Organe und deren Aufgaben. Offen bleibt jedoch die Kompetenzverteilung zwischen den Organen. Welche Rechte und Pflichten besitzen die Geschäftsführer einer Einheit? Welche Aufgaben werden in der Geschäftsführung der Gruppe und welche werden in einer Gesellschaft getroffen? Welche Befugnisse besitzt *EE* und welche Entscheidungs- und Verantwortungsspielräume gewährt er seinen Geschäftsführern? In der Unternehmensverfassung bleiben somit die meisten Fragen offen und einem neuen Geschäftsführer wie *R. Rastlos* ist zu empfehlen, diese Aspekte zu klären.

Angedeutet ist eine mögliche zukünftige Unternehmensverfassung im Rahmen der Nachfolgeregelung für *EE*:

- Die Kinder der Eigentümer haben kein Interesse, in das Geschäft einzusteigen.
- Ein Stiftungsmodell wird angestrebt.
- Die Geschäftsführer sollen beteiligt werden.

Auch hier bleibt das Meiste ungeklärt. Neben der Unternehmensverfassung existieren in der *Eder-Gruppe* auch Ansätze zu den anderen Aspekten der Corporate Governance. Zur Führungsorganisation (Kodizes), Publizitätsregeln oder der Gestaltung von Anreizsystemen fehlen Informationen. Lediglich im Rahmen der Führungsorganisation findet sich der Hinweis auf eine Altersregel in der Geschäftsführung: „In der Geschäftsleitung wurde festgelegt, dass Führungskräfte im Alter von 65 Jahren ausscheiden müssen. Sie können dem Unternehmen dann noch maximal zwei Jahre beratend zur Seite stehen." In Ermangelung von Informationen über Kontroll- und Sanktionsmechanismen dieser Regel kann hier nur spekuliert werden. Allerdings hat *EE* selbst die 65 bereits weit überschritten.

Als Familienunternehmen sind bei der *Eder-Gruppe* einige Besonderheiten anzutreffen. Die Gesellschaftsanteile sind je zur Hälfte auf *Erwin Eder jun.* und seine Schwester *Helga* verteilt. Die Interessen der Familie werden jedoch ausschließlich durch *Erwin Eder jun.* wahrgenommen. Auch für Konfliktfälle gibt es eine Regel: „Die Verpflichtung des Unternehmens gegenüber seinen Kunden und Mitarbeitern hat im Zweifelsfall immer Vorrang vor Familieninteressen." Dies bildet zwar noch keine „Familien-Governance" und bewahrt auch nicht vor Konflikten, skizziert aber das Verständnis der Eigentümerfamilie.

2.5.2 Ethische Unternehmensführung bei Klee und Berg

Fallstudie von Prof. Dr. Dr. Ulrich Hemel (Direktor des Weltethos-Instituts)

Das *Weltethos-Institut* ist eine Forschungs- und Lehreinrichtung an der *Universität Tübingen* mit dem Ziel, Werteorientierung und Vertrauen in Wirtschaft und Gesellschaft zu fördern. Als Teil des „Projekt Weltethos" von *Hans Küng* widmet sich das Institut auf unterschiedliche Weise folgender Frage: Unter welchen Bedingungen können wir in kultureller, weltanschaulicher und religiöser Vielfalt miteinander auf einer bewohnbaren Erde überleben und unser individuelles wie soziales Leben human gestalten? Durch Forschung, Lehre und im Praxistransfer engagiert sich das Institutsteam für eine Kultur zukunftsfähigen Wirtschaftens für Mitwelt, Umwelt und Nachwelt. Der Direktor des Instituts ist der Theologe und Unternehmer *Prof. Dr. Dr. Ulrich Hemel.*

Die Fallstudie befasst sich mit Unternehmensethik anhand des fiktiven Unternehmens *Klee und Berg GmbH* in der Situation nach einem Eigentümerwechsel. Daran werden die wesentlichen Elemente ethischer Unternehmensführung, nämlich die Ethik der Professionalität, Glaubwürdigkeit und des Konflikts, veranschaulicht.

Ethische Unternehmensführung

Eine häufig zu machende Beobachtung ist die problematische Übertragung ethischer Überzeugungen auf den wirtschaftlichen Alltag. Dabei wird übersehen: Der Bereich des wirtschaftlichen Handelns ist ein Bereich mit eigenen Gesetzmäßigkeiten, die auch in ethischer Hinsicht zu beachten sind. Er ist andererseits nicht abgekoppelt von ethischen Grundsätzen, die bereichsübergreifend gelten und gelten müssen.

Machen wir ein Beispiel: Für eine Produktionsfirma ist eine Liefertreue von 98 % ein recht guter Wert. Gemeint ist die Auslieferung der Ware zum Kundenwunschtermin. Für den Bereich der Flugsicherung führt ein Wert von 98 % schnell zu einem tödlichen Desaster. Welcher Wert ist also ethisch richtig? Das alltägliche „Es kommt darauf an!" hat hier sehr wohl seinen Stellenwert. Die Methode der Fallunterscheidung besagt, dass genau unterschieden werden muss, worum es sich handelt. Sie weist auf die Kontextgebundenheit ethischer Erwägungen und Entscheidungen hin. Verwirrend daran ist nur: Was im einen Fall gut und richtig ist – also 98 % Liefertreue bei einer Produktionsfirma – kann im anderen Fall Ausdruck von Schlamperei, unsachgemäßer Arbeit und ethischem Versagen sein.

Weil die genaue Analyse der sachlichen Voraussetzungen erfolgreichen Wirtschaftens Mühe und Sachkunde verlangt, aber auch immer wieder Fälle moralischen Versagens an die Öffentlichkeit gelangen, gibt es eine Reihe von Zeitgenossen, die einen grundsätzlichen Gegensatz zwischen „Moral" und „Wirtschaft" sehen.

Dies aber ist aus verschiedenen Gründen falsch. Zum einen kann es mit einer allgemeinen Ethik nicht weit her sein, die ein so wichtiges und weitgreifendes Feld wie das der Wirtschaft bei seinen Betrachtungen außen vorlässt. Zum anderen gibt es neben kontextgebundenen und bereichsspezifischen ethischen Werten und Normen sehr wohl bereichsübergreifende Verhaltensweisen, welche die Anschlussfähigkeit zwischen Wirtschaft und allgemeiner Ethik herstellen.

Aus anthropologischer Perspektive lohnt sich an dieser Stelle der Hinweis auf die ursprüngliche Funktion des Wirtschaftens als Bedarfsdeckung bei Jägern und Sammlern, bei sesshaft gewordenen Bauern, und später in immer arbeitsteiligerer Form bis hin zur modernen Gesellschaft. Die Monetarisierung unserer Welt hat dort Grenzen, wo es um die ursprünglichen Bedürfnisse des Menschen wie Essen, Trinken, Wohnen und dergleichen geht: Auch diese Bereiche eignen sich zwar grundsätzlich zur Transformation im geldwirtschaftlichen Kreislauf, es spricht aber rein gar nichts dafür, dass mittelalterliche Bauern oder selbst neuzeitliche Kleinbauern in der Subsistenzwirtschaft in erster Linie aus monetären Antrieben ihre Felder bestellen.

Anders gesagt: Wirtschaften im Sinn der Bedarfsdeckung für das tägliche Leben hat eine ethische Qualität, die einer reinen Orientierung am Shareholder Value, am EBITDA, am Gewinn vor Steuern und dergleichen nicht zu vermitteln vermag.

Wirtschaft ist aber auch aus einem weiteren, wesentlichen Grund keine moralfreie Zone. Maschinen produzieren nur, wenn sie bedient werden; Systeme funktionieren nur, wenn sie gesteuert werden. Anders gesagt: nach wie vor ist der Mensch für wirtschaftliches Handeln unverzichtbar. In der Wirtschaftstheorie wird hier häufig die Troika der Produktionsfaktoren „Arbeit, Kapital und Boden" zitiert. Auch diese ist aber anthropologisch zu hinterfragen: Boden alleine ist kein Produktionsfaktor, sondern nur in Verbindung mit menschlicher Tätigkeit; Kapital wiederum ist „geronnene Arbeit", Ausdruck eines von Menschen geschaffenen Mehrwerts (vgl. *Meier/Sill*, 2005).

Wirtschaften ist somit eine zutiefst menschliche Tätigkeit, die Anteil an den besonderen Bedingungen der Umstände des Menschseins (conditio humana) hat. Dazu gehört insbesondere auch das menschliche Interesse an Fairness und Gerechtigkeit. Das fängt mit Entlohnungssystemen an und hört bei der Unternehmenskultur noch nicht auf. Da geht es um mitmenschliche Faktoren („wieso der und nicht ich?") ebenso wie um das Ringen um die gerechte Ausgestaltung der Gesellschaft im Ganzen. Indikatoren dafür sind Gesetze zur Förderung der Beschäftigung behinderter Menschen, Gesetze zum Jugendschutz und gegen Kinderarbeit, aber auch das Allgemeine Gleichbehandlungsgesetz und vieles mehr (vgl. *Hemel*, 2007).

Noch viel tiefer: Es geht darum, ob und in welchem Ausmaß der einzelne Arbeitnehmer für sich empfindet, dass das Verhältnis zwischen „Geben und Nehmen" zwischen ihm und seiner Firma in Ordnung ist. Daraus erwachsen Konflikte, aber auch Situationen tiefer Befriedigung und wechselseitiger Wertschätzung. So beklagt sich beispielsweise ein Mitarbeiter über seinen Vorgesetzten: „Er behandelt uns wie Tiere. Seine Launen sind unerträglich. Aber ich habe hier gebaut, und ich habe zwei Kinder. Was soll ich tun?". Ein anderes Beispiel: „Als mein Kind krank war, hat mein Vorgesetzter toll reagiert. Ich konnte mich kümmern und brauchte kein schlechtes Gewissen zu haben. Ich freue mich, dass ich hier arbeiten kann!".

Was sich in diesen Beispielen zeigt, ist der für die Wirtschaft typische Sachverhalt, dass sich individual- und sozialethische Fragen stets und ständig durchdringen. Es reicht nicht aus, Wirtschaftsethik nur auf die Charakterstärke oder -schwäche einzelner Personen auszurichten. Gerade weil sich Wirtschaften grundsätzlich in einem systemischen Zusammenhang abspielt, handeln Personen stets und ständig vor dem Hintergrund eines systemischen Grundrauschens, das sich als Wand von Handlungserwartungen und als Abgrund von Verhaltenssanktionen vor dem Auge des einzelnen Akteurs auftut. „Ich würde ja gerne etwas sagen", erklärt mir ein Controller, der Angst davor hatte, negative Zahlen zu berichten und befürchtete, eine Anweisung zur Abgabe „geschönter" Darstellungen zu erhalten: „Ich würde ja gerne etwas sagen – aber ich muss meine Familie ernähren und kann mir einen Arbeitsplatzwechsel derzeit nicht leisten".

Die „ethische Flughöhe" konkreten Verhaltens muss daher auch vor dem Hintergrund des systemischen Erwartungsdrucks gewürdigt werden. Tatsächlich verhalten sich die meisten Menschen systemkonform, auch wenn bestimmte Ausprägungen eines unternehmerischen Systems ihren eigenen Vorstellungen von Fairness und Gerechtigkeit zuwiderlaufen.

Umgekehrt heißt dies, dass ethische Unternehmensführung dadurch gekennzeichnet ist, dass der systemische Erwartungsdruck zum Gegenstand bewussten Handelns wird. Was lässt die Geschäftsführung durchgehen, was nicht? Was wird gefördert, was eher kritisiert und behindert? Wo werden Konflikte bagatellisiert, wo eher dramatisiert?

Die Verbindung von Unternehmenskultur, systemischem Erwartungsdruck und gelebten ethischen Werten macht es möglich, ethisches Management im Sinne eines lehr- und lernbaren Handwerkszeugs zu beschreiben – wenn auch unbestritten bleibt, dass die Glaubwürdigkeit ethischer Unternehmensführung an der wahrgenommenen Übereinstimmung zwischen eigenen, persönlichen Werten der Geschäftsführung und dem erfahrenen Managementhandeln hängt.

Wesentliche **Elemente ethischer Unternehmensführung** sind:

- Ethik der Professionalität
- Ethik der Glaubwürdigkeit
- Ethik des Konflikts

Verkauf der Klee und Berg GmbH

Die drei Elemente ethischer Unternehmensführung werden anhand eines Fallbeispiels erläutert und mit einigen praktischen Überlegungen zur ethischen Unternehmensführung abschließen. Beim fiktiven Fallbeispiel handelt es sich um ein mittelständisches Unternehmen aus dem Bereich „Produktion und Handel" in der Situation nach einem Eigentümerwechsel.

Der Verkauf eines Unternehmens ist eine einschneidende Erfahrung für alle **Beteiligten**:

- Handelt es sich beim **Verkäufer** um den Gründer oder jedenfalls einen geschäftsführenden Gesellschafter, hängt grundsätzlich eine Menge Lebenszeit und Herzblut am verkauften Unternehmen, wie rational die Gründe für einen Verkauf auch sein mögen.
- Für die **Mitarbeiter** bedeutet ein Unternehmensverkauf eine Phase erhöhter Ungewissheit. Wie geht es mit dem Unternehmen weiter? Gilt morgen noch, was gestern selbstverständlich war? Wird es einen Abbau von Arbeitsplätzen oder einen Wechsel an der Unternehmensspitze geben?
- Für den **Käufer** eines Unternehmens bedeutet der Kauf hingegen den Anfangs- und Ausgangspunkt zur Verwirklichung eigener Vorstellungen. Wird das neue Unternehmen den Erwartungen gerecht, die zum Zeitpunkt des Kaufs bestehen? Bleiben Märkte und Kunden stabil? Kommen Überraschungen hoch, die trotz sorgfältiger Prüfung nicht vorhersehbar sind oder zu sein scheinen?

Das Beispielunternehmen *Klee und Berg GmbH* wird vom Gründer *Martin Klee* seit über 20 Jahren als Alleingesellschafter geführt. Er hatte den Mitgesellschafter *Berg* wenige Jahre nach Unternehmensgründung ausgezahlt. Das Unternehmen hatte sich erfolgreich entwickelt, war aber mit seinen 30 Mitarbeitern sehr auf den „Chef" zugeschnitten. In den letzten Jahren vor dem Verkauf hatte *Klee* nicht mehr viel investiert, so dass die technische Ausstattung der Fabrik, des Lagers, aber auch der Verwaltung und des Vertriebs auf einem eher spartanischen, teilweise sogar veralteten Stand waren.

Klee hatte zwar schon Gespräche mit mehreren Interessenten geführt, entschied sich aber letztendlich für den Käufer *Wanke* – nicht nur aufgrund des gebotenen Preises, sondern auch, weil dieser ihm aufgrund seiner Branchenkenntnis die Gewähr zur dauerhaften Fortsetzung seines Lebenswerks zu bieten schien. Folgerichtig sagt er dem ebenfalls interessierten Konzern „*Groß und Lang*" ab.

Der Käufer, *Wilfried Wanke*, war auf dem Fachgebiet des Unternehmens sachkundig, weil er über mehrere Jahre Erfahrung in der Branche gesammelt hatte. Dies hatte es ihm ermöglicht, die finanzierenden Banken zu überzeugen, ihm einen Kredit zum Unternehmenskauf zu verschaffen. Das nötige Eigenkapital beschaffte er sich durch das Beleihen seines Hauses und persönliche Rücklagen. Obwohl er verstanden hatte, dass das Unternehmen in einigen Belangen etwas rückständig war, glaubte er an eine gute Marktentwicklung und die vorhandenen Potenziale, die – wie er meinte – mit „frischem Wind" zu heben waren.

Ethische Unternehmensführung fängt genau dort an, wo der Alltag eines Unternehmens beginnt: Bei der sachrichtigen, optimalen Erbringung einer Leistung für die eigenen Kunden. Ein Unternehmen, das keine Wertschöpfung erbringt, handelt nicht ethisch, weil es dem eigenen, unternehmerischen Auftrag nicht gerecht wird. Es ist folglich nicht ethikfremd, sondern ausgesprochen folgerichtig, im Generalpostulat der Professionalität das erste Kriterium ethischer Unternehmensführung zu suchen und zu finden.

Im beschriebenen Fallbeispiel wissen wir von *Martin Klee* folgendes:

(1) Er hat den Anteil des Gesellschafters *Berg* gekauft.

(2) Er hat in den letzten Jahren wenig investiert.

(3) Das Unternehmen ist sehr auf ihn ausgerichtet.

(4) Er verkauft an *Wanke* auch aufgrund seiner Branchenkenntnis.

(5) Er sagt dem Konzern, der Kaufinteressent war, ab.

Ethik der Professionalität

Eine ethische Fallanalyse wird im ersten Schritt vor allem auf die wesentlichen Handlungen eingehen und sie nach dem Kriterium der Professionalität prüfen. Dabei geht es nicht um die Arbeit von Wirtschaftshistorikern, die aufgrund umfangreicher Recherche zu einem Urteil gelangen. Vielmehr geht es zunächst um den Maßstab eines professionellen Handelns im Sinne des Unternehmens und seiner optimalen Wertschöpfung. Bei diesem methodischen Ansatz wird im ersten Schritt in Kauf genommen, dass dieser Maßstab in Spannung mit der individualethischen Beurteilung des Handelns geraten kann.

(1) Beginnen wir mit dem Kauf der Anteile des Mitgesellschafters *Berg*. Für die aktuelle Situation spielt der Sachverhalt keine prägende Rolle mehr. Es darf aber unterstellt werden, dass die Klarheit der unternehmerischen Entwicklung auch durch die Klärung der Eigentümerstruktur positiv beeinflusst wurde. Wenn wir unterstellen, dass im Zweifel eine positive Betrachtungsweise zur Professionalität unternehmerischen Handelns gelten soll, dann darf der frühere Anteilskauf des *Martin Klee* als professionell betrachtet werden. Außen vor bleibt an dieser Stelle die individualethische Beurteilung: Wir wissen nicht, ob *Martin Klee* mit seinem früheren Mitgesellschafter fair umgegangen ist oder ihn über den Tisch gezogen hat. Da das Kriterium der Professionalität hier aber aus dem Blickwinkel des Unternehmens gewürdigt wird, steht nur zur Debatte, ob der genannte Schritt zur professionellen Entwicklung des Unternehmens beigetragen haben kann. Wird diese Frage bejaht, dann spricht erst einmal nichts gegen eine ethisch positive Würdigung des Anteilskaufes.

(2) Anders stellt sich die Lage bei der Aussage dar, in den letzten Jahren sei wenig investiert worden. Nun gibt es zwar Unternehmen, die überinvestieren, also zu teure Maschinen und Anlagen kaufen. Im vorliegenden Fall geht es aber eher darum, die Braut für den Verkauf zu schmücken, denn unterlassene Investitionen wirken sich kurzfristig sehr positiv auf den Cash Flow und Gewinn eines Unternehmens aus. Langfristig gefährden unterlassene Investitionen allerdings die Existenz eines Unternehmens. Im Sinn einer Ethik der Professionalität ist an dieser Stelle also Kritik zu üben: Denn die Maximierung eines möglichen Kaufpreises mag zwar verständlich sein, richtet sich aber im genannten Fall gegen die legitimen Interessen des Unternehmens selbst. Dies gilt auch dann, wenn der neue Käufer Investitionen nachholt. Im Sinne einer „Ethik der Professionalität" erreicht er damit nämlich erst den Stand, den das Unternehmen erreicht hätte, wäre von Anfang an ausreichend investiert worden. Der neue Unternehmer verliert also zunächst einmal Zeit und kann das Unternehmen weniger schnell nach vorne bringen als es im „voll investierten" Zustand der Fall gewesen wäre.

(3) Das Unternehmen ist extrem auf den „Chef" ausgerichtet. Dieser Sachverhalt ist aus sich heraus ethisch ambivalent. Einerseits zeigt er das große Engagement des Geschäftsführers und Eigentümers auf. Andererseits erhöht die starke Ausrichtung auf die Eigenheiten einer einzigen Person das Risiko eines erfolgreichen Verkaufs. Schließlich sind keineswegs alle Eigenheiten des bisherigen Eigentümers übertragbar oder auch nur wünschenswert. Dieses Beispiel soll zeigen, dass es im Rahmen einer „Ethik der Professionalität" nicht immer möglich sein wird, zu einem eindeutigen Urteil zu gelangen. Entscheidend ist am Ende die komplexe Würdigung des Gesamtkontexts. Gehen wir daher zur vierten Aussage über.

(4) *Martin Klee* verkauft an den Branchenkenner *Wanke*. Im Sinne ethischer Unternehmensführung ist dieser Schritt positiv zu werten, weil er aktives Risikomanagement bedeutet. Vermindert wird jedenfalls das Risiko sachfremder Entscheidungen durch einen neuen Eigentümer, der weder vom unternehmerischen Geschehen noch von der Branche Ahnung hat. Es entspricht insoweit hoher Professionalität, wenn sich der Verkäufer auch vom Gedanken an die Zukunft des Unternehmens leiten lässt, statt sich dem Gedanken „nach mir die Sintflut" hinzugeben.

(5) *Martin Klee* sagt dem Konzern als Kaufinteressent ab. Im Hintergrund steht hier der Gedanke, dass der Konzern über kurz oder lang die Produktion schließen und lediglich die Marke des früheren Inhabers beibehalten würde. Bezieht man ethische Unternehmensführung strikt auf das Wohl des Unternehmens, kann man folglich argumentieren, eine solche Absage an den Konzern sei sachrichtig und hilfreich, weil sie den Fortbestand des eigenen Unternehmens absichert.

Auch hier gilt allerdings, dass auch ethische Urteile zuerst auf einer Analyse der Ausgangslage beruhen. Nehmen wir einmal an, das Geschäft des *Martin Klee* sei erkennbar zu klein, um auf Dauer zu überleben. In diesem Fall kehrt sich auch die ethische Betrachtung um: Es wäre in diesem Fall fahrlässig, dem Konzern abzusagen und den Käufer *Wanke* in sein Unglück rennen zu lassen – mit all den bekannten Folgen für Mitarbeiter, Kunden und Lieferanten.

Die Ambivalenz eines Sachverhalts oder die unterschiedliche Würdigung von Zukunftsperspektiven sind allerdings kein Grund zur Relativierung ethischer Urteile. Obwohl die Zukunft ungewiss ist, gibt es sehr wohl einen zumutbaren Standard an Wissen und Erkenntnis in jeder Branche und gegenüber jeder unternehmerischen Situation. Ein sachliches Urteil muss mindestens in Kenntnis dieses zumutbaren Standards an Wissen gefällt werden. Dann ist es auch ethisch vertretbar, selbst wenn sich die faktische Zukunft anders entwickeln sollte. Nehmen wir also für unseren Fall an, *Martin Klee* sei davon überzeugt, dass der Käufer das Geschäft erfolgreich weiter betreiben könnte. Dann ist auch die Absage an den Konzern gemäß den oben vorgebrachten Argumenten folgerichtig.

Insgesamt zeigt *Martin Klee* so auf den ersten Blick das Bild eines professionellen Unternehmers. Lediglich die unterlassenen Investitionen trüben das bisher erreichte Bild.

Betrachten wir in ähnlicher Art und Weise das Verhalten des Käufers. Vom Käufer *Wilfried Wanke* sind folgende Handlungen bekannt:

(1) Er hat Erfahrung in der Branche und wagt den Schritt in die Selbständigkeit.

(2) Er nimmt einen Bankkredit auf und beleiht sein Haus.

(3) Er ist bereit, sich persönlich als geschäftsführender Gesellschafter zu engagieren.

Eine Analyse aus **Sicht des Käufers** stellt sich wie folgt dar:

(1) *Wilfried Wanke* hat mehrere Jahre in der Branche gearbeitet und macht sich nun selbstständig. Von ethischer Bedeutung ist hier die Sachkunde, die der Käufer mitbringt. Ob der Schritt in die Selbstständigkeit zur Persönlichkeit und zu den Fähigkeiten des *Wilfried Wanke* passt, ist zunächst einmal kaum zu entscheiden. Es ist aber zulässig zu unterstellen, dass sein Selbstbild von der Realität nicht extrem weit abweicht. Somit kann er die Rolle eines Existenzgründers durch Übernahme eines bestehenden Geschäfts glaubwürdig übernehmen.

(2) Um den Kaufpreis zu finanzieren, nimmt *Wanke* einen Bankkredit auf und beleiht sein Haus. Im Sinne ethischer Unternehmensführung könnte man nun argumentieren, dass dieser Schritt mit dem Zielunternehmen nur indirekt zu tun habe, weil es diesem egal sein könne, wie sich seine Eigentümer finanzieren. Dieses Argument zieht aber schon deshalb nicht, weil die Finanzierungsstruktur von Eigentümern regelmäßig einen ganz entscheidenden Einfluss auf die Geschicke eines Unternehmens ausübt. Dies zeigen die zahlreichen von Private-Equity-Gesellschaften übernommenen Firmen.

(3) Im Fall des Privatunternehmers *Wanke* zeigt die Beleihung des Hauses ein gewisses unternehmerisches Engagement und den Mut zum Risiko. Solange dieses Risiko kalkuliert ist und nach bestem Wissen und Gewissen eingegangen wird, ist dagegen nichts zu sagen. Problematisch wäre die Situation allerdings, wenn von Anfang an klar wäre, dass *Wanke* sich persönlich und finanziell übernimmt. Dann wäre es übrigens auch von der Bank fahrlässig, einen Kredit zu vergeben.

Ein Indiz für professionelles Handeln ist jedoch die Bereitschaft von *Wilfried Wanke*, sich persönlich als geschäftsführender Gesellschafter zu engagieren. Wenn man ihm zu Recht unternehmerische Eigenschaften zusprechen kann, dann ist dieser Schritt sowohl folgerichtig als auch professionell und entspricht einer „Ethik der Professionalität".

Ethik der Glaubwürdigkeit

Ethische Unternehmensführung erschöpft sich allerdings nicht im Generalpostulat der Professionalität. Der Grund dafür ist leicht einzusehen: Die Professionalität der Unternehmensführung ist ethisch notwendig, aber nicht hinreichend. Es muss zumindest noch die Dimension der Glaubwürdigkeit beleuchtet werden. Andernfalls wäre es leicht, Unternehmensethik in einer rein funktionalen Betrachtungsweise aufgehen zu lassen, und es gäbe ohne Zusatzkriterien womöglich keinen begründbaren Unterschied zwischen der bestmöglichen wirtschaftlichen und der bestmöglichen ethischen Unternehmensführung.

Obwohl es gute Gründe für eine solche Konvergenz wirtschaftlich rationaler und ethischer Unternehmensführung gibt, so lohnt sich doch die zusätzliche Betrachtung der Glaubwürdigkeit unternehmerischen Handelns. Diese Glaubwürdigkeit entsteht aus einem hohen Maß an Übereinstimmung zwischen Ankündigungen und Handlungen, zwischen Proklamationen und tatsächlichen Aktionen, zwischen dem, was gesagt, und dem, was getan wird (vgl. *Mourkogiannis*, 2006).

Glaubwürdigkeit entsteht in der Wahrnehmung jedes einzelnen Betrachters. Sie wird zu einem kollektiven Phänomen dort, wo die Beurteilung der Handlungsweise einer Unternehmensleitung zu einer einhelligen Meinung des Umfelds führt. Möglich ist aber auch eine Divergenz der Meinungen nach dem Motto: „Die einen meinen dieses, die anderen jenes". Eine solche Divergenz der Meinungen ist gleichwohl nicht der Normalfall. Besonders dann, wenn die Informationsbasis hinreichend breit ist, zeichnet sich häufig ein hohes Maß an Übereinstimmung zur Glaubwürdigkeit einer Führungsperson oder einer Unternehmensspitze ab.

Die Frage der Glaubwürdigkeit kann am Beispiel der Übernahme des Unternehmens *Klee und Berg* wieder im Detail betrachtet werden. Martin Klee umgab sich in der Regel mit fleißigen, aber eher unkritischen Mitarbeitern. In der täglichen Praxis delegierte er zahlreiche Aufgaben an seine rechte Hand, Frau *Wollzahn*. Formal hatte diese die Aufgabe der Innendienstleitung. Ihre faktischen Befugnisse reichten allerdings wesentlich weiter. Tatsächlich war sie die graue Eminenz des Unternehmens. An ihrem Geburtstag steckte ihr Herr *Klee* immer 300 € in bar zu. Die anderen Mitarbeiter hatten – ohne davon zu wissen – den Eindruck, er bevorzuge Frau *Wollzahn* über Gebühr. Sie hielten aber aus Angst vor Arbeitsplatzverlust ihren Mund. Drei Jahre vor dem Verkauf hatte jedoch die gut qualifizierte Mitarbeiterin *Sonja Krümmele* aufgrund eines besseren Angebots gekündigt.

Auch an dieser Stelle wäre eine Analyse nach dem Kriterium einer Ethik der Professionalität möglich. Zur Frage steht hier aber die **Dimension der Glaubwürdigkeit**. Tatsächlich lassen sich hier mehrere handlungswirksame Elemente herausfiltern:

(1) *Klee* schaffte um sich herum ein Klima von Anpassung und Duckmäusertum. Gut hatte es vor allem derjenige Mitarbeiter, der sich gut mit dem Chef stellte.

(2) *Klee* ist zwar als Inhaber und Vorgesetzter glaubwürdig und engagiert, untergräbt seine grundsätzliche Glaubwürdigkeit aber durch die faktische Bevorzugung der Innendienstleiterin *Wollzahn*.

(3) Die Kündigung der qualifizierten Kraft *Sonja Krümmele* beeinträchtigt über Jahre hinweg das Vertrauen der Mitarbeiter in Beförderungen und Personalentscheidungen nach Leistung und Qualifikation. Die Firma war folglich für hochqualifizierte, aber auch kritische Mitarbeiter wenig attraktiv.

(4) Frau *Wollzahn* ist ihrem Chef zwar sehr loyal und weiß sich ihm verpflichtet. Sie hat aber insgeheim ein schlechtes Gewissen, weil ihr sehr wohl klar ist, dass ein Geldgeschenk in Höhe von 300 € an sich steuer- und sozialversicherungspflichtig wäre. Sie spricht *Martin Klee* allerdings nie auf das Thema an.

Während die Betrachtung aus dem Blickwinkel einer Ethik der Professionalität bezüglich des Verkaufsprozesses eher positiv ausfällt, werfen die hier diskutierten Sachverhalte einen Schatten sowohl auf die Professionalität als auch auf die Glaubwürdigkeit des Unternehmers *Martin Klee*. Interessanterweise gibt es niemand, der die Themen klar beim Namen nennt. Das eher „unkritische" Betriebsklima und die problematische Führungskultur des Inhabers sind zwar beobachtbar, werden aber von niemand in Frage gestellt.

Als *Berg* den Unternehmensverkauf bekannt gibt, sind die Mitarbeiter zunächst zwar erschüttert, dann aber dankbar, weil er jedem einen „Abschiedsbonus" in Höhe von 1.000 € überweist. Außerdem macht er deutlich, dass er ihnen das Schicksal eines konzernabhängigen „Blinddarms", wie sich *Berg* ausdrückt, erspart hat. Beim Verkauf des Unternehmens muss sich der neue Eigentümer dann mit der Frage nach der unternehmerischen und ethischen Glaubwürdigkeit in der Firma *Klee und Berg* auseinandersetzen.

Die differenzierte Betrachtung eines konkreten unternehmerischen Falls zeigt auf, dass unternehmerisches Handeln eine Vielzahl von Perspektiven ermöglicht, sei es aus dem Blickwinkel des Betrachters, sei es aus dem Blickwinkel eines der Akteure. Weder die Interessen noch die ethischen Maßstäbe der Beteiligten müssen und werden immer übereinstimmen. Weiterhin zeigt sich, dass der ethische Maßstab der Professionalität, speziell aus der Perspektive des Unternehmens, notwendige Voraussetzung für ethische Unternehmensführung ist, alleine aber nicht ausreicht. Benötigt wird die Verbindung mit einer Ethik der Glaubwürdigkeit, aber auch einer Ethik des Konflikts.

Ethik des Konflikts

Bei professionellen Fragen kann es, wie die Praxis zeigt, zu sehr unterschiedlichen Auffassungen kommen. Ethisch geboten ist daher nicht die eine, reine Wahrheit, sondern die Kombination von ausreichender Sachkunde und hinreichender Beschäftigung mit der Materie. Sind diese Voraussetzungen gegeben, dann kommt es auf die Glaubwürdigkeit, Authentizität und Integrität der handelnden Personen an. Aus diesen, eher personalen Voraussetzungen speist sich dann die Konsequenz der Umsetzung von Entscheidungen – so wie wir es beim Eigentümer *Martin Klee* und seinem Nachfolger *Wilfried Wanke* erleben konnten.

Der Unternehmensübergang durch Verkauf zeigt aber auch sehr deutlich, dass sich die konkreten ethischen Vorstellungen von Vor- und Nach-Eigentümer deutlich unterscheiden können. In diesen Fällen kann es zu Spannungen bis hin zum offenen Konflikt kommen. Auch hier gilt, dass nicht allein die Richtung möglicher Entscheidungen das ethische Niveau eines Unternehmens charakterisiert. Wesentlich ist vielmehr eine explizite Ethik des Konflikts: Wie wird mit Konflikten umgegangen? Können Kontroversen ohne Beschädigung von Personen ausgetragen werden? Liegen alle relevanten Fakten auf dem Tisch oder gibt es „Tabuzonen der Entscheidungsfindung"?

In der Managementliteratur findet man in diesem Zusammenhang gelegentlich den markigen Hinweis: „Love it, change it or leave it". Das bedeutet, dass es unprofessionell und Teil eines ethisch fragwürdigen Konfliktmanagements sein kann, wenn jemand in einem Unternehmen ausharrt, obwohl er grundsätzlich mit der Geschäftsausrichtung und vielleicht auch mit den Geschäftspraktiken nicht einverstanden ist.

Eine Ethik des Konflikts setzt zunächst eine klare Situationsanalyse voraus: Wer will was warum und zu welchem Zweck? Anschließend sind die eigenen Handlungsmöglichkeiten kritisch und selbstkritisch zu bewerten. Diese Bewertung mündet in einer Güterabwägung darüber, ob sich der Konflikt überhaupt lohnt und ob die für sinnvoll erachtete Klärung realistisch erwartet werden kann:

- Bleibt ein Thema unterhalb der Eskalationsschwelle, bleibt der offene Konflikt aus.
- Führt der offene Konflikt zu „Kollateralschäden", die der einzelne nicht in Kauf nehmen will, dann wird er sich hüten, einen Konflikt vom Zaun zu brechen.
- Handelt es sich dabei um kollektive, durch Angst vor Arbeitsplatzverlust motivierte Maßnahmen, dann schadet eine solche, individuell sinnvolle Konfliktvermeidung letztlich dem betroffenen Unternehmen.

Auch in Fragen einer Ethik des Konflikts ist es insofern klare Aufgabe der Unternehmensspitze, sensibel und wachsam zu sein, um Fehlentwicklungen vorzubeugen.

Betrachten wir an dieser Stelle das Fallbeispiel weiter: Ab dem 1. Oktober folgte der neue Eigentümer *Wilfried Wanke* auf seinen Vorgänger *Martin Klee*. Er stellte sich den Mitarbeitern persönlich vor und wünschte allen eine gute Zusammenarbeit und viel Erfolg. Da Frau *Wollzahn* einen Arzttermin hatte, konnte das Gespräch mit ihr erst am späteren Nachmittag stattfinden. Zur Überraschung von Herrn *Wanke* erklärte ihm diese: „Ich habe schon gehört, dass Sie mit meinen Mitarbeitern gesprochen haben. Ich möchte Ihnen aber gleich sagen: Das ist hier nicht üblich!". Herr *Wanke* war so verblüfft, dass er gar nichts sagen konnte und seinen ersten Tag als Inhaber eher nachdenklich als begeistert abschloss.

Auch dieses einfache Beispiel eignet sich für alle drei Komponenten ethischer Unternehmensführung: Die Ethik der Professionalität, der Glaubwürdigkeit und des Konflikts.

Es ist leicht zu sehen, dass die Suche nach einer Machtposition gegenüber einem neuen Eigentümer nicht mit der Rolle eines leitenden Angestellten vereinbar ist und insofern unprofessionell wirkt. Andererseits kommt es immer wieder vor, dass gezielte Grenzüberschreitungen sanktionslos hingenommen werden, so dass dann sogar gilt: „Frechheit siegt."

Genau so klar ist es, dass das Verhalten von Frau *Wollzahn* das Ziel hat, ihre bisherige Machtposition zu behaupten. Insofern ist es zwar unethisch, aber glaubwürdig. Da es aber unmöglich ist, sich gegenüber solchen Themen nicht zu verhalten, ist der neue Eigentümer *Wanke* zu einer Stellungnahme verurteilt: Er kann nicht nicht handeln. Tatsächlich ist seine erste Reaktion eher vorsichtig bis abwartend. Dadurch gewinnt *Wanke* Zeit, um sich innerlich zu sortieren und den für ihn besten Weg zu gehen. Geht er auf das Thema nicht mehr ein, hat er im Machtkampf verloren: Die Mannschaft im Innendienst folgt dann weiterhin Frau *Wollzahn*, und er ist Inhaber, hat dort aber nichts zu sagen.

Umgekehrt ist es ein hohes Risiko für ihn, sofort auf die Sachkunde von Frau *Wollzahn* zu verzichten. Viele Vorgänge sind in einem kleinen und mittleren Unternehmen nicht dokumentiert, sondern nur im Kopf führender Mitarbeiter vorhanden. Zum allgemeinen Lebensrisiko des Unternehmenskaufs in finanzieller und sonstiger Hinsicht gesellt sich für *Wanke* dann die Herausforderung, ohne eine gut eingeführte Kraft auskommen zu müssen.

Zur Ethik des Konflikts gehört aber auch die klare Abwägung der verfügbaren Alternativen. Dabei sind unterschiedliche Lösungen denkbar, die ihrerseits auch kontextabhängig sind. Wenn *Wanke* beispielsweise kurz vor dem Unternehmenskauf von seinem Arzt den dringenden Rat erhält, sich einer Operation zu unterziehen, die ihn einige Tage ans Bett fesseln wird, dann könnte seine Entscheidung anders ausfallen, als wenn er komplett gesund wäre oder bliebe.

Will *Wanke* langfristig Erfolg in der nun eigenen Firma, darf er andererseits die Erpressung durch eine noch so tüchtige Führungskraft nicht zulassen. Er würde auf Dauer in eine Abhängigkeit geraten, die weder für ihn noch das Geschäft gut wäre. Die Güterabwägung im Konflikt heißt aber auch, zugunsten eines längerfristigen Nutzens einen kurz bis mittelfristigen Schaden in Kauf zu nehmen. Im vorliegenden Fall ist der kurzfristige Folgeschaden der Erpressung durch Frau *Wollzahn* im Verlust von Know-how begründet, der bei einer Kündigung dieser tüchtigen Kraft zu befürchten wäre (vgl. *Hemel*, 2007; *Lennick/Kiel*, 2006).

Im konkreten Fall entscheidet sich *Wanke* für eine Vorwärtsstrategie. Am nächsten Tag geht er auf die Innendienstleiterin *Wollzahn* zu und bittet sie um ein Vier-Augen-Gespräch. Dabei eröffnet er ihr, dass er ihr Verhalten vom Vortag für unpassend hält. „Sie können doch nicht darüber bestimmen, mit welchen Mitarbeitern ich hier spreche oder nicht!" Frau *Wollzahn* hält dagegen: „Ohne mich bricht der Laden hier zusammen, das hat Ihnen Herr *Berg* sicherlich erzählt!" *Wanke* lässt sich aber nicht aus dem Konzept bringen. „Sie haben gehört, was ich gesagt habe. Wenn Sie Fragen haben, stehe ich jederzeit für Sie zur Verfügung!" In den Folgemonaten kühlte sich das Verhältnis zwischen beiden Personen weiter ab, bis Frau *Wollzahn* sich extern um eine andere Stelle bewarb und das Unternehmen verließ. Ihre junge Nachfolgerin erwies sich für *Wanke* als Glücksgriff, so dass er im Nachhinein froh war, dem Konflikt mit Frau *Wollzahn* nicht aus dem Weg gegangen zu sein.

Ein alltäglicher Fall. Was aber, wenn es sich um größere Unternehmen handelt? Was passiert, wenn *Wanke* nicht Inhaber wäre, sondern Abteilungsleiter – und zwar ohne die Rückendeckung seines Bereichsleiters oder sonstigen Vorgesetzten? Auch diese Situationen kommen tagtäglich vor. Sie können in vielen Fällen nur durch das Verlassen des Felds als eine sinnvolle Art ethischer Konfliktlösung bereinigt werden. Dies gilt vor allem dann, wenn die eigenen Machtmittel nicht ausreichen, um den Konflikt in der an sich gebotenen Art und Weise aufzulösen.

Gerade an dieser Stelle zeigt sich allerdings erneut die Verantwortung der Unternehmensspitze in Gestalt des Managements und der Eigentümer. Sie muss dafür sorgen, dass Konflikte nicht unter den Teppich gekehrt, sondern in der bestmöglichen Art und Weise gelöst werden. Sie muss an einer Unternehmenskultur arbeiten, die nicht konfliktscheu, sondern konfliktkompetent ist. Konfliktkompetenz im Sinn einer offenen Streitkultur bedeutet „Streiten, ohne zu streiten", d.h. unterschiedliche Auffassungen auf den Tisch zu bringen und um die beste Lösung zu ringen, aber dabei niemanden persönlich abzuwerten.

Gerade der professionelle Umgang mit Konflikten zeichnet daher eine wirklich ethische Unternehmensführung aus. Dies gilt einfach schon deshalb, weil Menschen aus guten Gründen unterschiedliche Meinungen haben. Eine offene Unternehmenskultur mit einer Vielzahl von Meinungen kann sehr wohl befruchtend wirken, wenn daraus nicht umgekehrt eine generelle Entscheidungsschwäche wird.

Ethische Unternehmensführung hat letzten Endes einen hohen praktischen Wert. Sie darf aber nicht auf individualethische Überlegungen beschränkt werden. Es ist zwar richtig: Systeme prägen, Menschen handeln. Die Kontextabhängigkeit konkreten Handelns bringt allerdings immer wieder auch systemische Faktoren ins Spiel, die den Entscheidungsspielraum des Einzelnen erheblich einengen.

Die Unternehmensspitze in der Kombination zwischen Management, Aufsichtsrat und Eigentümern hat die größte Verantwortung für eine prägende Unternehmenskultur. Sie kann und darf sich nicht auf das Bild „bedauerlicher Einzelfälle" zurückziehen, wenn Missbrauch und Korruption aufgedeckt werden. Sie muss vielmehr kritisch und selbstkritisch betrachten, welche systemischen Gefährdungen sich aus der vorhandenen Unternehmenskultur, aus geübten Verhaltensweisen, Erwartungen und Sanktionen ergeben und dann gekonnt gegensteuern.

Umgekehrt bleibt wahr: Verantwortung ist eine menschliche Kategorie, keine Aussage über noch so perfekte Systeme. Menschen müssen zu dem stehen, was sie tun. Sie müssen und dürfen lernen, dass sie ihr Gewissen nicht an der Garderobe abzugeben haben, wenn sie in einem Wirtschaftsunternehmen tätig sind. Da in Zeiten demographischen Wandels gute Arbeitskräfte immer knapper werden, ist es für die Unternehmen ratsam, sich auch über eine eigene Wertekultur zu differenzieren: Denn der Faktor Mensch wird in der Zukunft wieder an Bedeutung gewinnen!

2.5.3 Werte und Kultur im Familienunternehmen Würth

Praxisbeispiel von Prof. Dr. Dr. h.c. Harald Unkelbach (Mitglied der Geschäftsführung der Adolf Würth GmbH & Co. KG)

Die *Adolf Würth GmbH & Co. KG* ist das Mutterunternehmen der global tätigen *Würth Gruppe*. In seinem Kerngeschäft, dem Handel mit Montage und Befestigungsmaterial, ist der Konzern Weltmarktführer. Die *Würth Gruppe* besteht aus über 400 Gesellschaften in über 80 Ländern und beschäftigt mehr als 79.000 Mitarbeiter. Das Unternehmen bietet ein Verkaufsprogramm mit über 125.000 Produkten höchster Qualität und erwirtschaftet einen Umsatz von rund 14,4 Mrd. €.

Als familienfremder Geschäftsführer bei *Würth* führte mein Weg nach dem Studium der Mathematik, Physik, Betriebswirtschafts- und Volkswirtschaftslehre zur Promotion am Institut für Mathematik der *Universität Mainz*. Als Unternehmensberater für Betriebsorganisation, Logistik und Informationstechnologie entstand der Kontakt zu *Würth*. 1980 begann meine Tätigkeit in der *Adolf Würth GmbH & Co. KG* als Geschäftsführer Informatik unter *Reinhold Würth*. Nach dem Abschied aus dem operativen Geschäft von *Reinhold Würth* übernahm ich die Rolle als Sprecher der Geschäftsleitung der *Adolf Würth GmbH & Co. KG*. Ich bin Mitglied der Konzernführung der *Würth-Gruppe*, leite die *Akademie Würth* seit ihrer Gründung und bin Vorsitzender des Vorstandes der *Stiftung Würth*. Als Präsident der *IHK Heilbronn-Franken* und Vizepräsident des *Baden-Württembergischen Industrie- und Handelskammertages* ist mir nicht nur das Familienunternehmen *Würth*, sondern auch die durch Familienunternehmen geprägte regionale Wirtschaft bestens vertraut.

Familienunternehmen mit Dynamik und Leidenschaft

Untrennbar ist die Geschichte der *Würth Gruppe* mit dem Unternehmer *Prof. Dr. h. c. mult. Reinhold Würth*, dem heutigen Stiftungsaufsichtsratsvorsitzenden der *Würth Gruppe*, verbunden. Der Aufbau des Familienunternehmens ist eine beispielhafte Erfolgsgeschichte.

Adolf Würth war bereits seit 20 Jahren in der Branche tätig und wollte selbstständig und unabhängig sein. Am 16. Juli 1945 wurde die Schraubengroßhandlung *Adolf Würth* nur vier Wochen nach Ende des Zweiten Weltkriegs ins Handelsregister Künzelsau eingetragen. Die Warenbeschaffung war in den Besatzungszonen nicht einfach und Räumlichkeiten waren schwer zu bekommen. In einem Nebengebäude der Künzelsauer Schlossmühle fand man schließlich einen Raum. Die ersten Schraubenlieferungen aus der 15 km entfernten Schraubenfabrik *Arnold* in Ernsbach wurden mit einem geliehenen Ochsenkarren transportiert.

1949 trat *Reinhold Würth* mit 14 als zweiter Mitarbeiter und erster Lehrling in der väterlichen Schraubengroßhandlung in Künzelsau ein. 1952 schloss er eine strenge Lehre und Ausbildung zum Groß- und Einzelhandelskaufmann ab. Die erste Verkaufsreise führte *Reinhold Würth* 1951 nach Düsseldorf und war richtungsweisend – raus aus der Region, raus in die Welt. Als 1954 der Vater nur 45-jährig an einem Herzinfarkt verstarb, übernahm der damals 19-Jährige das Geschäft mit zwei Mitarbeitern und einem Jahresumsatz von 146.000 DM. Die Erfahrungen gegen Kriegsende und in den Jahren des Aufbaus haben *Reinhold Würth* stark geprägt. Durchsetzungsvermögen, Beharrlichkeit, konkrete Ziele und visionäres Denken bestimmen seine Persönlichkeit und damit auch den Charakter des Unternehmens. Die Zeit zum Ausbau des Unternehmens war günstig: Das Land war zerstört, für den Wiederaufbau wurden Befestigungsteile gebraucht, so dass oft der Einkauf schwieriger war als der Verkauf der Ware.

1962 gründete *Reinhold Würth* die erste Auslandsgesellschaft in den Niederlanden, kurz darauf in der Schweiz, in Italien und Österreich. Heute gehören über 400 Gesellschaften in mehr als 80 Ländern zur *Würth Familie*. „Schauen Sie hinter'n Berg und ums Eck" lautet bis heute das Credo von *Reinhold Würth*. So wurde aus dem regionalen Geschäft in den kommenden Jahren ein weltweit agierendes Handelsunternehmen. Ausgehend von den Aufbaujahren der Nachkriegszeit in Deutschland entwickelte er aus dem damaligen Zweimannbetrieb einen Weltkonzern und Weltmarktführer.

Die Strukturierung des Unternehmens in die Fachbereiche der Divisionen Metall, Auto, Industrie, Holz und Bau war ein weiterer Meilenstein in der Unternehmensgeschichte. Lösungen suchen, Chancen erkennen, mutig nach vorne gehen und dabei Risiken abwägen und eingehen, waren von Anfang an die Charakterstärken von *Würth*. Diese Eigenschaften bestimmen bis heute die unternehmerischen Entscheidungen. 1994 zog sich *Reinhold Würth* aus der operativen Geschäftsführung der *Würth Gruppe* zurück und übernahm den Vorsitz des Unternehmensbeirats. Diesen übergab er 2006 an seine Tochter *Bettina Würth*. *Reinhold Würth* bleibt Vorsitzender des Stiftungsaufsichtsrats der *Würth Gruppe*. 2019 feierte *Reinhold Würth* sein 70-jähriges Arbeitsjubiläum. Mit dem 85. Geburtstag von *Reinhold Würth* und dem 75-jährigen Bestehen des Unternehmens *Würth* wurden im Jahr 2020 gleich zwei Jubiläen begangen.

Dynamik und Wachstum sind Grundannahmen des Unternehmens. Sie werden von *Reinhold Würth* veranschaulicht durch ein Kunstwerk, das ihn inspiriert hat. Es handelt sich um „Il trittico della natura" – das Alpentriptychon von *Giovanni Segantini* aus den Jahren 1898–1899, das im *Segantini* Museum in St. Moritz ausgestellt wird. Es zeigt ein Panorama des Engadins in **drei Bildern**:

- **Werden** – La vita zeigt eine Landschaft bei Soglio im Bergell auf dem Hochplateau Plan Luder in der untergehenden Sonne. Der Blick des Betrachters wird durch den absteigenden Weg zu Mutter und Kind gelenkt, dem eigentlichen Zentrum des Bildes. Die Mutter ist wie mit der Arve verwachsen und stellt das Leben aller Dinge dar, die ihre Wurzeln in der Mutter Natur haben.

- **Sein** – La natura entstand auf dem Schafberg oberhalb von Pontresina. Der Betrachter blickt im letzten Tageslicht auf St. Moritz und die Oberengadiner Seen und im Hintergrund liegt die Berninagruppe. Die heimkehrenden Menschen und Tiere sind ruhig in den Kreislauf der Natur eingebunden. Der Blick des Betrachters ist auf den Himmel fixiert.

- **Vergehen** – La morte zeigt eine winterliche Morgenlandschaft beim Malojapass, in der eine junge Tote aus einer Hütte getragen wird. Die Tote hat das irdische Leben überwunden. Der mit Licht erfüllte Himmel zeigt Hoffnung und Trost.

Aus dem Alpentriptychon entstand die Wachstumsphilosophie von *Würth*, nachdem auf das Leben unweigerlich eine Zeit des Vergehens folgt. Um das Vergehen jedoch möglichst lange zu vermeiden, ist es ratsam, lange in der Phase des „Werdens" zu sein. In ihr gibt es Wachstum und die Stagnation des Seins steht noch bevor. Daher und auch aus der Wachstumshistorie des Unternehmens, hat sich das Bestreben nach mindestens zweistelligem Wachstum in der Unternehmensphilosophie verankert. Dies hat die *Würth Gruppe* in ihrer Historie bislang auch eindrucksvoll bewiesen, wie Abb. 2.5.4 zeigt.

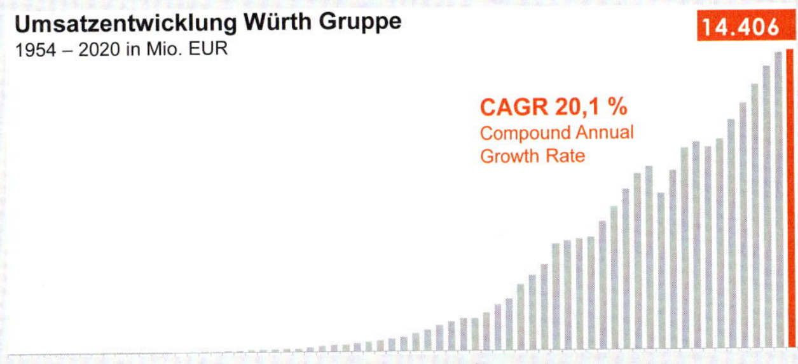

Abb. 2.5.4: Umsatzwachstum der Würth Gruppe

Unternehmenskultur und Werte von Würth

Das Unternehmen *Würth* ist auf einem sehr soliden Wertesystem aufgebaut. Es zeichnet sich durch Bodenständigkeit, Bescheidenheit und Dankbarkeit aus. Diese ausgeprägte Wertekultur gilt seit Jahrzehnten. Sie bewirkt die Kraft und Energie und insbesondere den Zusammenhalt, um für Mitarbeiter und Kunden ein starker Partner zu sein.

Partnerschaft ist das stärkste Bindeglied zwischen *Würth* und seinen Millionen Kunden weltweit. Der direkte Kontakt ist dabei der entscheidende Vertrauensfaktor. Die Unternehmenskultur ist bei *Würth* der Rahmen, der alles umfasst. Die Werte wie Zuverlässigkeit, Berechenbarkeit, Ehrlichkeit und vor allem auch Bodenständigkeit werden oftmals als traditionell verstandenen. Sie sorgen aber für den Zusammenhalt, der als zuverlässiger Partner des Handwerks und der Industrie erforderlich ist.

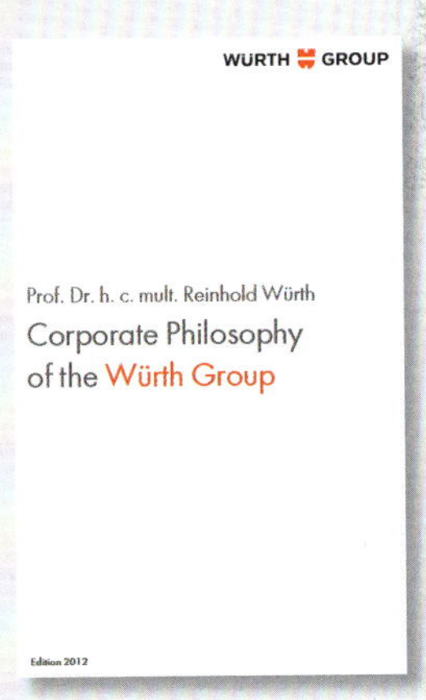

In den frühen Anfängen hat *Reinhold Würth* eine Unternehmenskultur geprägt, die auf Grundwerten wie Optimismus, Dynamik, Hochachtung vor den Mitarbeitern und ihren Leistungen sowie aktivem Einsatz für die Kunden basiert und die ein maßgeblicher Erfolgsmotor des Familienunternehmens ist. Seine Tochter *Bettina Würth*, Beiratsvorsitzende der *Würth Gruppe*, und die Konzernführung führen diese Tradition weiter fort und sorgen dafür, dass die Werte gelebt und weiter gefestigt werden. Bereits in den 1970er-Jahren stellte *Reinhold Würth* eine Firmenphilosophie vor, die ein Bekenntnis zu den **Werten** darstellt:

- **Leistung fordern und fördern:** Im Mittelpunkt des Geschäftslebens bei *Würth* steht der Mensch. Wissbegierig und dynamisch sein, neue Räume ausfüllen, das ist bei *Würth* gelebte Unternehmenskultur. Dazu gehört die Bereitschaft aller Mitarbeiter, sich optimistisch und mit vollem Einsatz für das Unternehmen zu engagieren, neue Herausforderungen anzugehen und Ziele pragmatisch zu realisieren. Gleichzeitig finden die Angestellten an ihrem Arbeitsplatz viele Freiräume vor, Kreativität zu entfalten und ihre Ideen umzusetzen. Verantwortungsvolle Aufgaben sollen soweit wie möglich delegiert werden. Dabei gilt: Je größer der Erfolg, desto größer die Freiheitsgrade. Überdurchschnittliche Leistungen werden anerkannt und honoriert. Denn wir streben nach Perfektion in jedem Bereich unseres Handelns.

- **Dankbarkeit**
  - Die Mitarbeiter arbeiten verantwortlich in gegenseitigem Respekt und handeln geradlinig und berechenbar. Unser wichtigstes Wort im Umgang miteinander heißt „Danke". Denn wir betrachten Dank und Anerkennung für die Leistung der Mitarbeiter als selbstverständliche Basisvoraussetzung, um unser Unternehmen erfolgreich weiterzuentwickeln.
  - Unsere Führungskräfte leben diese Werte in ihrem täglichen Tun und sind Vorbild. Sie sorgen für Transparenz im Unternehmen und vermitteln, wie der Weg in eine erfolgreiche Zukunft aussehen kann. Kommunikation ist dabei das A und O. Die Kommunikation zwischen Führungskräften und Mitarbeitern ist von Höflichkeit und Vertrauen geprägt.
  - Die Unternehmerfamilie stellt sicher, dass die starke Unternehmenskultur im Arbeitsalltag lebendig bleibt. *Prof. Dr. h. c. mult. Reinhold Würth*, Vorsitzender des Stiftungsaufsichtsrats der *Würth-Gruppe*, hat diesen „*Würth* Spirit" seit den Anfangsjahren tief im Unternehmen verankert. Seine Tochter *Bettina Würth* und die Konzernführung sorgen dafür, dass diese Tradition weiter fortgeführt wird. Die *Würth*-Unternehmenskultur und der Rückhalt als Familienunternehmen machen uns zu verlässlichen Partnern bei unseren rund drei Millionen Kunden weltweit.
- **Verantwortung:** Unternehmerisches Handeln bedeutet zukunftsgerichtetes Handeln. *Würth* fühlt sich diesem Grundsatz als Familienunternehmen schon seit den Anfangsjahren verpflichtet. Dies umfasst natürlich unser Kerngeschäft, geht aber als ganzheitlicher Ansatz weit über Kunden- und Mitarbeiterorientierung hinaus. Wir bekennen uns zu unserer Verantwortung in der Gesellschaft:

  - **Kunden**: Wir setzen uns leidenschaftlich für unsere Kunden ein. Denn wir wollen sie nicht nur zufriedenstellen, sondern begeistern. Vor allem der kundennah ausgerichtete Vertrieb, der damit verbundene Servicegedanke und das hohe Qualitätsniveau zeichnen die Produkte und Leistungen der *Würth-Gruppe* aus. Dabei arbeiten wir kontinuierlich daran, wie wir die Kunden in ihrem Geschäft mit unseren Lösungen noch besser unterstützen können. Perfektion in jedem Handlungsbereich zu erreichen, lautet einer unserer wichtigsten Grundsätze. Neue Dinge werden dabei optimistisch, dynamisch und pragmatisch angegangen – mit nur einem Ziel: Jedem Kunden „seinen *Würth*" zu bieten.
  - **Mitarbeiter**: Als verantwortungsvoller Arbeitgeber investiert die *Würth-Gruppe* nachhaltig in die Aus- und Weiterbildung ihrer Mitarbeiter und legt damit einen wichtigen Grundstein für die Zukunft des Unternehmens und seiner Angestellten. Die *Würth-Gruppe* übernimmt aber auch Verantwortung für einen entscheidenden Beitrag zur Lebensqualität ihrer Beschäftigten. Hierzu gehören unter anderem Angebote zur Gesundheitsförderung sowie Kulturveranstaltungen und der Zugang zu den firmeneigenen Museen. Zudem unterstützen wir unsere Mitarbeiter bei der Vereinbarkeit von Familie und Beruf. Hierzu zählen Teilzeitregelungen und Telearbeitsmodelle für Eltern.
  - **Gesellschaft**: Als „guter Bürger" in der Gesellschaft engagieren wir uns in ganz unterschiedlichen Initiativen, unterstützen gemeinnützige Einrichtungen und fördern eine Vielzahl von Projekten aus Kunst und Kultur, Forschung und Wissenschaft sowie Bildung und Erziehung. Um dieses Engagement zusammenzufassen und eine kontinuierliche Fortsetzung zu gewährleisten, gründeten *Reinhold* und *Carmen Würth* 1987 die *Stiftung Würth*. Darüber hinaus engagieren sich die einzelnen *Würth*-Gesellschaften in vielen sozialen Bereichen direkt vor ihrer Haustür in über 80 Ländern.
- **Vision:** Das visionäre Denken treibt uns zum Erreichen immer neuer Meilensteine an und sorgt für die nachhaltige Entwicklung des Familienunternehmens. Dabei sind alle Mitarbeiter aufgerufen, ihre Ideen und Kreativität einzubringen. Beispielhaft für das visionäre Denken im Konzern steht die „Vision 2000", die *Reinhold Würth* 1987 entwickelte: 700 Mio. € betrug der Umsatz der *Würth-Gruppe* im Jahr 1987. Bis zur Jahrtausendwende sollte das Unternehmen fünf Mrd. € Umsatz

erzielen. Tatsächlich wurde dieses Ziel im Geschäftsjahr 2000 punktgenau erreicht. Die *Würth-Gruppe* ist weltweit der größte Anbieter für Montage- und Befestigungsmaterial für Handwerk und Industrie. Was uns antreibt? Wir lieben das Verkaufen. Wir wollen unsere Kunden nicht nur zufriedenstellen, sondern begeistern. Indem wir Ideen mitbringen, die das Geschäft unserer Kunden voranbringen. Wir machen alles Erfolgreiche konsequent weiter und packen neue Dinge an – optimistisch, dynamisch und durchsetzungsstark. Unsere Vision ist es, als beste Verkaufsmannschaft die Nummer 1 beim Kunden zu werden.

Für einen nachhaltigen Unternehmenserfolg der *Adolf Würth GmbH & Co. KG* ist es uns aber nicht nur wichtig, die geltenden Regeln und Gesetze einzuhalten. Einen wesentlichen Baustein bildet die entsprechende innere Haltung der Beschäftigten. Wir möchten genau diese innere Haltung tatkräftig unterstützen. Das bedeutet für uns zugleich, dass von den Mitarbeitern alle national und international geltenden Regeln ausnahmslos eingehalten werden. Dabei setzen wir auf Transparenz gegenüber den Beschäftigten und ebenso gegenüber unseren Kunden, Lieferanten und sonstigen Geschäftspartnern. Aus diesem Grund leiten wir aus den Werten unseres Unternehmens konkrete Verhaltensregeln ab. In unserem Code of Compliance haben wir diese zusammengefasst (vgl. Kap. 2.4.3).

Kunst und Kultur

In seiner beruflichen Laufbahn hat sich *Prof. Dr. h.c. mult. Reinhold Würth* vielfältig sozial und kulturell engagiert. Er setzte sich intensiv mit psychologischen Themen wie Mitarbeitermotivation, Führungskultur und Fragen der Berufsethik auseinander. Dabei hat die Beschäftigung mit der Kunst ihn unglaublich bereichert. Sie vermittelt oft, was alles möglich ist auf dieser Welt. Denn Kunst und Kultur bringen frischen Wind in Gedanken und Tun und eröffnen einen Blick in eine ganz andere Welt. Insofern sind die Kulturaktivitäten Spiegelbild des permanenten Wandels. „Dieses Unternehmen wäre tot, wenn es statisch wäre", ist *Reinhold Würths* tiefe Überzeugung. „Es muss im Grunde jede Woche neu erfunden werden, ohne dass die Wurzeln und die Geschichte verlorengehen."

Kunst und Kultur gehören damit untrennbar zur *Würth Gruppe* und sind ein wichtiger Bestandteil der gesamten Unternehmenskultur und auch ein Bekenntnis zur gesellschaftlichen Verantwortung als Familienunternehmen.

- **Kunst:** Mit dem Kauf eines Aquarells von *Emil Nolde* in den 1960er Jahren begann seine Leidenschaft für das Sammeln von Kunst. Heute verzeichnet die Sammlung *Würth* über 18.300 Bilder und Skulpturen aus rund 500 Jahren. Sie zählt zu den bedeutendsten privaten Kunstsammlungen Europas. Sie wird in fünf Museen in Deutschland sowie in zehn Kunstdependancen an den Unternehmenssitzen der internationalen Gesellschaften mit freiem Eintritt für die Öffentlichkeit gezeigt. Weiteres externes Engagement erfolgt beim *Landesmuseum Württemberg* und bei den staatlichen *Museen zu Berlin / Stiftung Preußischer Kulturbesitz*. Außerdem reisen einzelne Leihgaben oder ganze Ausstellungen der Sammlung *Würth* immer wieder um die Welt. Die Akzente der Sammlung liegen auf Skulpturen, Malerei und Grafiken vom ausgehenden 19. Jahrhundert bis zur Gegenwart, die durch Künstler wie *Max Beckmann, Max Ernst, Ernst Ludwig Kirchner, Edvard Munch, Emil Nolde* oder *Pablo Picasso* eindrucksvoll in der Sammlung vertreten ist.

- **Musik:** Im Hause *Würth* pflegte man von jeher die Hausmusik. *Alma Würth* war eine gute Harmoniumspielerin, *Reinhold* erhielt Violinunterricht und regelmäßiges Singen mit Freunden gehörte auch dazu. *Würth* veranstaltet bereits seit Jahrzehnten das *Würth* Open Air mit Rock, Pop und Klassik und ist Kooperationspartner beim *Hohenloher Kultursommer* oder der *Jeunesses Musicales Deutschland*. Das Engagement im Bereich Musik erreichte mit der Gründung der *Würth Philharmoniker* 2017 einen weiteren Höhepunkt. Seitdem spielt das Orchester mit international bekannten Solisten und Dirigenten als Orchestra in Residence im *Carmen Würth Forum* oder bei Gastspielen weltweit. Weitere Veranstaltungen, wie die *Burgfestspiele Jagsthausen*, die *Festspiele Baden-Baden* und die *Freilichtspiele Schwäbisch Hall*, werden unterstützt.

- **Literatur:** Die *Stiftung Würth* verleiht seit mehr als 30 Jahren den *Würth*-Preis für Europäische Literatur und fördert die Poetik Dozentur an der *Universität Tübingen*. Zahlreiche weltbekannte Literaten lasen bereits an eigenen Veranstaltungsorten, wie beispielsweise dem Kulturhaus *Würth* und dem *Carmen Würth Forum*. Dort finden die verschiedensten Veranstaltungen wie Konzerte, Lesungen, Preisverleihungen, etc. für die Mitarbeiter und die Öffentlichkeit statt.

- **Soziales:** Das soziale Engagement hat eine große Bedeutung, nicht zuletzt deshalb, weil sich *Carmen Würth* seit vielen Jahren für Menschen mit Behinderung einsetzt. In diesem Bereich werden z.B. die *Special Olympics Deutschland*, die *Aktion Sühnezeichen Friedensdienste* oder die *Stiftung Weltethos* gefördert.
- **Bildung:** Auf Initiative von *Bettina Würth* ist die *Freie Schule Anne Sophie* in Künzelsau und Berlin gegründet worden. Zudem engagiert sich das Unternehmen u.a. im Stifterverband für die Deutsche Wissenschaft, an der *Reinhold Würth Hochschule* etc. Von 1999 bis 2003 leitete *Reinhold Würth* zudem das Interfakultative Institut für Entrepreneurship an der *Universität Karlsruhe* und lehrt seither im Master of Business Administration (MBA) – Global Business. Die *Akademie Würth* Business School bietet eine Fülle von Möglichkeiten an Seminaren, Bachelor-Studiengängen bis hin zum MBA. Die Studienangebote stehen auch Interessenten außerhalb der *Würth-Gruppe* offen.

Um das Engagement im Bereich Kunst und Kultur, Forschung und Wissenschaft sowie Bildung und Erziehung zu bündeln, haben *Carmen* und *Reinhold Würth* 1987 gemeinsam die *Stiftung Würth* gegründet. Sie ist eine rechtsfähige und gemeinnützige Stiftung zur Förderung von Wissenschaft und Forschung, Kunst und Kultur, Bildung sowie der Unterstützung von Flüchtlingen und Migranten mit unbefristetem Flüchtlingsstatus und von Menschen mit Behinderungen.

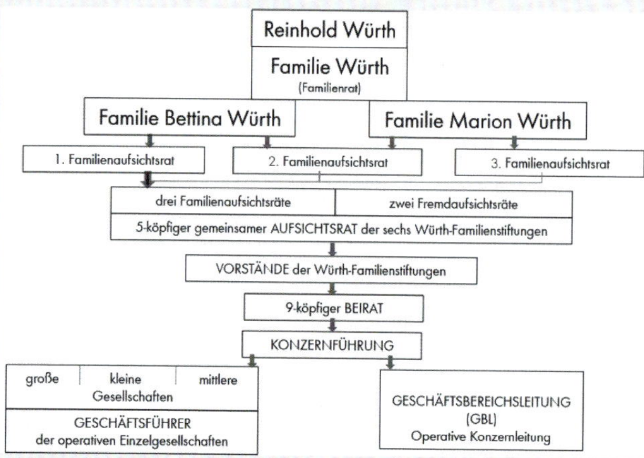

Abb. 2.5.5: Stiftungsstruktur von Würth

Das Familienunternehmen Würth

Die ausgeprägten Werte, die Kultur und das Engagement für Kunst und Kultur sowie die Prägung als Familienunternehmen sind tief im Unternehmen verankert. Die Erfahrung durch den frühen Tod des Vaters führte zu einer vorausschauenden Regelung des Übergangs in die nächste Generation der Familie. Bereits in den 1970er Jahren stellte *Reinhold Würth* eine Firmenphilosophie auf. Mit dem Beenden der operativen Geschäftsführung 1994 wurde das Unternehmen vom familiengeführten zum familienkontrollierten Unternehmen. Seither sind familienfremde Geschäftsführer den unternehmerischen Werten und der Kultur verpflichtet und werden durch den Unternehmensbeirat überwacht.

Der Beirat der *Würth-Gruppe* begleitet das aktive Geschäft der Unternehmensgruppe. Er berät in Fragen der Strategie, genehmigt die Unternehmensplanung sowie die Verwendung der Finanzmittel. Er bestellt die Mitglieder der Konzernführung und die Geschäftsführer der umsatzstärksten Gesellschaften. Der Beirat besteht normalerweise aus neun Mitgliedern. Vorsitzende des Beirats ist *Bettina Würth,* eine Tochter aus der dritten Familiengeneration. Aus der Familie ist noch *Sebastian Würth* aus der vierten Generation als zehntes Mitglied im Beirat sowie acht unternehmensfremde Manager. *Sebastian Würth* ist gleichzeitig Leiter der Division Offshore innerhalb der *Würth-Gruppe.*

Ernannt werden die Beiräte vom Stiftungsrat, der die Familienstiftungen vertritt. Im Jahr 1987 wurde das Firmenvermögen in eine Stiftung einbracht. Ein 250-seitiges Kompendium beschreibt die rechtliche Struktur der *Würth-Gruppe.* Damit befindet sich die *Würth-Gruppe* im Eigentum der *Würth*-Familienstiftungen, die das Unternehmen vor Erbstreitigkeiten und Ausplünderung schützt und die Werte und Tradition verankert. Das primäre Ziel ist die wirtschaftliche Sicherung, den Bestand und das Wachstum der *Würth-Gruppe.* Dabei soll der Charakter der *Würth-Gruppe* als Familienunternehmen erhalten bleiben. Für die Familien und deren leibliche ehelichen Nachkommen soll ein angemessener Lebensunterhalt gesichert und deren Berufsausbildung und Studium gefördert werden. Die Familienstiftung ist aufgeteilt in vier dezentrale, in den vier baden-württembergischen Regierungspräsidien angesiedelte Stiftungen und die österreichische Privatstiftung *Würth*. Diese fünf Stiftungen sind die Anteilseigner der Unternehmensgruppe. Dem Stiftungsaufsichtsrat steht *Reinhold Würth* vor, der zu Lebzeiten das Recht hat, alle Mitglieder des Stiftungsaufsichtsrats zu bestimmen. Aus der Familie ist noch Enkel *Benjamin Würth* im Gremium, der zudem Geschäftsführer der *Würth International AG* in Chur ist. Zudem sind noch drei familienfremde Manager als enge Vertraute der Familie im Stiftungsrat tätig.

Für die Zeit nach seinem Tod hat *Reinhold Würth* die Struktur des obersten Familiengremiums ebenfalls geregelt. Dann werden drei der Mitglieder des Stiftungsaufsichtsrats durch die Familie bestimmt und durch zwei externe Mitglieder ergänzt. Damit ist festgeschrieben, dass die Familie die Mehrheit hat. Jeder Familienstrang der beiden Töchter *Bettina* und *Marion* kann dabei jeweils ein Mitglied in den Stiftungsaufsichtsrat entsenden. Als drittes Familienmitglied im Gremium müssen sich die beiden Familienstränge auf einen gemeinsamen Kandidaten verständigen. Die beiden familienfremden Mitglieder bestimmen ihre Nachfolger einvernehmlich selbst.

2.5.4 Nachhaltigkeit und Ökologieorientierung von HiPP

Praxisbeispiel von Claus Hipp (Gesellschafter)

Die *HiPP GmbH & Co. KG* mit Sitz in Pfaffenhofen erwirtschaftet knapp 1 Mrd. € Umsatz, beschäftigt weltweit rund 3.500 Mitarbeiter und stellt Kinder- und Babynahrung sowie Babypflegeprodukte her. Das Unternehmen wurde 1932 durch *Georg Hipp* gegründet. Die Geschäftsidee wurde bereits 1898 vom Konditor *Joseph Hipp* aus der Not heraus geboren. Da seine Frau ihre Kinder nicht ausreichend stillen konnte, stellte er aus Zwieback und Milch den ersten Babybrei her. Dieser wurde dann auch unter der Marke *„J. HiPP's Kinderzwiebackmehl"* in seiner Konditorei verkauft und schnell über Pfaffenhofen hinaus bekannt. Sohn *Georg* verkaufte das Produkt in München und Umgebung von Tür zu Tür. Mit wachsendem Erfolg wurde der elterliche Betrieb zu klein und 1932 wurde in Pfaffenhofen eine eigene Firma gegründet. Von dort wurde das Kinderzwiebackmehl bis in die 1970er Jahre auf dem deutschen Markt angeboten. Ab 1957 wurde Babynahrung nach amerikanischem Vorbild industriell hergestellt. Zunächst wurden vier Sorten in der Dose und ab 1959 in der praktischeren und hygienischeren Glasverpackung angeboten. Seitdem wurde die Produktpalette immer breiter und umfasst heute Milchnahrung, Beikost, Kindernahrung, Getränke und Pflegeprodukte für Kleinkinder.

Zeitgleich mit der ersten industriellen Erzeugung von Babynahrung begann *Georg Hipp* nach der damals noch wenig verbreiteten Idee der organisch-biologischen Landwirtschaft mit dem Anbau von Obst und Gemüse auf naturbelassenen Böden ohne Einsatz von Chemie. Dazu wurde der familieneigene Bauernhof auf **Bioerzeugung** umgestellt. 1967 übernahm mit *Claus, Georg J.* und *Paulus Hipp* die nächste Generation. Gemeinsam bauten die Brüder den ökologischen Gedanken weiter aus und überzeugten umliegende Bauern für die Biolandwirtschaft. Heute stehen ca. 6.000 Biobauern mit einer Anbaufläche von ca. 15.000 Hektar unter Vertrag. *HiPP* ist der weltweit größte Verarbeiter biologischer Rohstoffe mit Produktionsstätten in Deutschland, Österreich, Ungarn, Ukraine, Kroatien und Russland. Die Babynahrung wird in Pfaffenhofen gefertigt und an Lebensmitteleinzelhändler, Apotheken und Drogerien in ganz Europa geliefert. Die Hälfte des Umsatzes wird im Ausland erwirtschaftet und mit einem Marktanteil von über 50 Prozent ist *HiPP* Marktführer bei Babynahrung in Deutschland. Da die Geburtenrate sich in Deutschland nur wenig verändert, bietet das Ausland und dabei insbesondere Osteuropa dem Unternehmen weitere Wachstumschancen. *HiPP* ist langfristig orientiert und wirtschaftlich erfolgreich.

Werte, Philosophie und Kultur von *HiPP* werden maßgeblich durch dessen Geschichte als Familienunternehmen geprägt. Von 1967 bis 2015 leitete *Claus Hipp* das Unternehmen meist zusammen mit den Brüdern *Georg Johannes Hipp* und *Paulus Hipp*. Im Laufe der Zeit kamen andere Familienmitglieder hinzu. Im Alter von 76 Jahren übergab er die Geschäftsführung seinen Kindern. Sein Sohn *Stefan* tritt inzwischen ebenfalls in Werbekampagnen auf. Dennoch versteht *Claus Hipp* sich auch weiter als Firmenchef. Die Brüder und Söhne führen das Unternehmen als Gesellschafter. Als der Älteste sei es wie bei einem Austragsbauer, der den Hof an die nächste

Generation übergeben hat, aber weiter mitwirkt. Somit war und ist er über Jahrzehnte die prägende Kraft des Unternehmens. Er ist sehr authentisch, berechenbar und glaubwürdig.

Um das Unternehmen *HiPP* besser zu verstehen, ist es erforderlich, etwas mehr über die **Person *Claus Hipp*** zu erfahren. Er wurde 1938 geboren, machte eine Ausbildung zum Maler und studierte Jura, worin er auch promovierte. Als Sportler konnte er von 1960 bis 1977 Erfolge bei internationalen Reitturnieren feiern und arbeitete als Stuntman bei Filmproduktionen. 1964 trat *Claus Hipp* in den elterlichen Betrieb ein und übernahm drei Jahre später aufgrund des plötzlichen Tods seines Vaters im Alter von 29 Jahren die Geschäftsführung. Unter seiner Leitung entwickelte sich das Unternehmen zu einem der führenden Hersteller für Babynahrung, zum Pionier der Biolandwirtschaft und zu einem nachhaltigen Unternehmen.

Neben dem Entrepreneur hat die Person *Claus Hipp* auch eine Reihe anderer Facetten:

- Als **Maler** ist er unter seinem Geburtsnamen *Nikolaus Hipp* freischaffend tätig. In seinem Atelier, einem alten Forsthaus in der Nähe der Firma, entstehen gegenstandslose Bilder. Sein offizielles Werkverzeichnis umfasst rund 1.500 Gemälde, die u. a. in New York, Paris und Kiew ausgestellt werden und in zahlreichen öffentlichen Gebäuden, wie etwa in der Münchner Frauenkirche oder im Haus der Deutschen Wirtschaft in Berlin, hängen. Sein Können gibt er heute als Professor für nicht gegenständliche Malerei an der Staatlichen Kunstakademie in Tiflis/Georgien weiter. Eine Leidenschaft für Dinge außerhalb des eigenen Tätigkeitsfelds ist aus seiner Sicht für die Kreativität und das selbstständige Denken erforderlich, um Lösungen für die Probleme von morgen zu finden.
- Als **Musiker** spielt er Oboe und Englischhorn in einem Orchester in München. Musisches Können ist für ihn auch ein Einstellungskriterium, denn er ist der Überzeugung, dass Musiker besondere Denkstrukturen und Fähigkeiten haben. Deshalb gehören zur Ausbildung junger Mitarbeiter auch Opern-, Konzert- und Theaterbesuche.

- Als **Staatsbürger** nimmt er Verantwortung in der Gesellschaft wahr. *Claus Hipp* ist Ehrenpräsident der Industrie- und Handelskammer für München und Oberbayern. Außerdem ist er Ehrenpräsident der Deutsch-Russischen Außenhandelskammer in Moskau. Seit 2008 ist er Honorarkonsul von Georgien für Bayern und Baden-Württemberg und Vorsitzender der Deutschen Wirtschaftsvereinigung Georgien. Für seine gesellschaftliche Verantwortung, aber auch als Unternehmer wurde er mit zahlreichen Ehrungen ausgezeichnet. Darunter der *Bayerische Verdienstorden*, der *Verdienstorden der Bundesrepublik Deutschland* sowie verschiedene Umweltpreise, wie der *Deutsche Nachhaltigkeitspreis 2009* oder der *Steiger Award*. Im Jahre 2011 wurde er mit dem Mittelstandspreis „Entrepreneur des Jahres" als Unternehmer mit Risikobereitschaft und gesellschaftlichem Engagement geehrt. Schließlich bezieht er als Autor Position zu gesellschaftlichen Zukunftsfragen. In seinem Buch „Agenda Mensch" (*Hipp*, 2010) fordert er ein neues, solidarisches Bündnis zwischen Jung und Alt, um Leistungs- und Generationengerechtigkeit sicherzustellen. Eine gerechte Gesellschaft gehört für ihn demnach ebenso zur Nachhaltigkeit wie ökologisches Wirtschaften. Für sein Lebenswerk wurde er vom IWF ausgezeichnet. 2014 erhielt er den *Münchner Ehren-Querdenker-Preis*. Ebenso wurde ihm bereits mehrfach der *Corporate Social Responsibility-Preis* der Bundesregierung verliehen, zuletzt 2018.
- Als **Katholik** bekennt er sich zu seinem Glauben und zu den christlichen Werten als Basis seines Handelns. Er schließt nicht nur morgens die Dorfkirche auf, sondern engagiert sich etwa als Schirmherr der Münchner Tafel, welche armen Menschen eine warme Mahlzeit ermöglicht.

Claus Hipp ist ein vielseitiger Generalist, der wie sein Vorbild *Goethe* verschiedene Talente pflegt und eine zu starke Spezialisierung für gefährlich hält. Er lebt damit die Balance von Denken, Entscheiden, künstlerischem Wirken und sozialer Verantwortung vor: „Wir brauchen einen Ausgleich zur Pflicht. Wer nicht genießen kann, hat nichts verstanden". Seine Werte, Kontinuität, Verlässlichkeit und Glaubwürdigkeit sind im eigentümergeführten Unternehmen tief verwurzelt. Als Unternehmer kommuniziert er das nachhaltige Engagement konsequent nach außen. In der Werbung trat er selbst für das Qualitätsversprechen des Unternehmens ein: „Dafür stehe ich mit meinem Namen."

Nachhaltigkeit steht daher im Mittelpunkt der **Unternehmensphilosophie**. Dazu gehören die langfristige Ausrichtung des unternehmerischen Handelns, der schonende Umgang mit Ressourcen und Umwelt ebenso wie gesellschaftliche Verantwortung und ein soziales Miteinander.

Die **Mission** lautet: „Als führender Hersteller von Babynahrung trägt *HiPP* besondere Verantwortung."

- **Wirtschaften auf tragfähiger Grundlage**: Nachhaltigkeit ist die ausgewogene Balance zwischen den drei Dimensionen Ökologie, Ökonomie und Soziales. Wenn wir unsere Umwelt, unser soziales Leben und unsere Wirtschaft nachhaltig gestalten, sind wir zukunftsfähig und sichern auch die Chancen der nachfolgenden Generationen auf eine eigene Existenz.
- **Eine zukunftsfähige, lebenswerte Gesellschaft gestalten**: Seit mehr als hundert Jahren wird das Familienunternehmen *HiPP* von christlichen Werten getragen. Die Achtung vor der Schöpfung und der Würde des Menschen stehen im Zentrum unserer Philosophie. Das ist der Grund, warum wir seit 1956 Rohstoffe aus ökologischem Anbau beziehen und faire Preise an unsere Vertragsbauern zahlen. Es erklärt aber auch unser großes Engagement für die Gesundheit, die Motivation und die Weiterbildung unserer Mitarbeiter.
- Und nicht zuletzt macht es klar, warum wir schon so lange eine **Vorreiterrolle in Umwelt-, Klima- und Ressourcenschutz** einnehmen und uns mit aller Kraft für nachhaltige Wirtschaftsweisen einsetzen.

Abb. 2.5.6: Nachhaltigkeit bei HiPP

Natürlich wird der Erfolg von ökonomischen Faktoren bestimmt. Als wahren Maßstab sehen wir allerdings ethische Werte, die im gesellschaftlichen ebenso wie im wirtschaftlichen Miteinander besonders wichtig sind. Aus unserem tief empfundenen Verantwortungsbewusstsein gegenüber Mensch und Natur ist 1999 das **Ethik-Management** hervorgegangen. Es basiert auf Werten, welche die christliche Tradition des Unternehmens unterstreichen. Christliche Werte und Ethik sind bei *HiPP* eine nicht zu trennende Einheit: „Christliche Verantwortung soll unser Handeln prägen."

Seit 2006 hat das Unternehmen auch eine schriftlich fixierte **Ethik-Charta**, welche den Wertekodex des Unternehmens beschreibt und gegenüber Lieferanten, Kunden und Mitarbeitern kommuniziert. Jede Regel wird begründet und die daraus verbundenen Konsequenzen aufgezeigt. Die Verhaltensregeln beschreiben das Verhalten am Markt, gegenüber Mitarbeitern, Staat, Umwelt und Gesellschaft. Darüber hinaus dienen sie auch den Mitarbeitern als Verhaltensorientierung. Vom fairen Wettbewerb am Markt zum respekt- und vertrauensvollen Umgang mit Lieferanten, Kunden und Mitarbeitern gibt sie als moralischer Wegweiser allen, die für *HiPP* arbeiten, die richtige Richtung vor. Und so wie sich Markt und Gesellschaft verändern, wird auch dieses Regelwerk beständig aktualisiert. Ein Verhaltenskodex gegenüber Lieferanten lautet etwa: „*HiPP* ist interessiert an fairen Beziehungen zu seinen Lieferanten, die auf Leistung und Gegenleistung beruhen. Treue wird dabei mit Vertrauen und Sonderleistung mit entsprechendem Entgegenkommen honoriert. Die Leistungsfähigkeit der Lieferanten wird laufend durch ein Bewertungsverfahren überwacht." Als Begründung wird auf die Qualitätsstrategie, gegenseitiges Vertrauen und Integrität verwiesen. Die *HiPP*-Einkäufer und der Agrarservice sollen mit den Lieferanten ein partnerschaftliches Verhältnis pflegen, in dem Qualität, Sicherheit und Wirtschaftlichkeit vorrangig sind. Geschäfte, welche sich nicht mit der Ethik des Unternehmens vereinbaren lassen, werden vermieden. Legendär sind die Preisverhandlungen in den 1990er-Jahren mit der damaligen Drogeriemarktkette *Schlecker. Schlecker* war damals mit einem Umsatzanteil von 25 Prozent einer der wichtigsten Kunden des Unternehmens. Die Preisforderungen von *Schlecker* wurden abgelehnt, denn sie hätten dazu geführt, dass die Qualität der Produkte nicht mehr den hohen Standards von *HiPP* hätten genügen können. *Schlecker* listete die *HiPP*-Produkte in der Folge aus. Das Unternehmen musste einen schweren Umsatzrückgang verkraften und viele Mitarbeiter entlassen. Zwei Jahre später aber wurde *HiPP* zu seinen Konditionen wieder in das *Schlecker*-Sortiment aufgenommen.

Ähnlich konsequent wird die **soziale Nachhaltigkeit** auch hinsichtlich der Mitarbeiter verfolgt. Diese verpflichten sich, die Grundsätze der Ethik-Charta anzuerkennen, die im In- und Ausland gültig sind. Als Einstellungskriterium und in der Karriereentwicklung werden die Ziele des Unternehmens zugrunde gelegt, um eine möglichst hohe Identifikation der Mitarbeiter mit den Unternehmenswerten sicherzustellen. Die unternehmerische Verantwortung gegenüber den Mitarbeitern nimmt das Unternehmen sehr ernst. Die Familienfreundlichkeit zeigt sich im flexiblen Angebot an Arbeitszeitmodellen, Teilzeit, Jobsharing und Telearbeit. Serviceleistungen, wie beispielsweise die Bezuschussung von Abos für Fitnessstudios oder eine Bio-Betriebsgastronomie, die den Mitarbeitern auch die Mitnahme des Essens für die Familie ermöglicht, runden das arbeitnehmerfreundliche Angebot ab. Zur Gesundheitsförderung bietet *HiPP* ein breites Spektrum, wie etwa Grippeimpfungen, Programme zur Stressbewältigung, kostenlose Seh- und Hörtests oder eine Reihe sportlicher Aktivitäten. Für sein soziales Engagement wurde *HiPP* z. B. im Jahr 2018 als familienfreundlichstes Unternehmen gewürdigt, da es seine Mitarbeiter durch rund 200 individuelle Arbeitsmodelle unterstützt.

Als Anbieter von Bioprodukten stellt die **ökologische Nachhaltigkeit** für *HiPP* einen Erfolgsfaktor dar. Die grundlegende Motivation basiert aber auf dem Unternehmensziel der Herstellung gesunder Lebensmittel im Einklang mit der Natur. Als der Vater von *Claus Hipp* 1956 mit der ökologischen Landwirtschaft begann, war das sozusagen revolutionär. Die Bauern hatten damals gerade die industrielle Landwirtschaft für sich entdeckt und gelernt, wie sie ihre Erträge durch den Einsatz von Chemie, wie etwa Unkrautvernichter oder Dünger, deutlich steigern konnten. *Georg Hipp* musste sie erst mühsam von seinen Ideen überzeugen. Als Pionier erprobte er dazu auf dem familieneigenen Bauernhof die biologische Landwirtschaft und verbreitete die Ergebnisse weiter. Bis heute wird der eigene Biohof immer wieder auch experimentell genutzt, seit 2009 etwa als Musterhof für biologische Vielfalt. In diesem landwirtschaftlichen Musterbetrieb ohne Gentechnik testet *HiPP* Umwelt- und Naturschutzmaßnahmen zum Schutz der biologischen Vielfalt. Ziel ist es, für alle *HiPP*-Erzeuger ein praktisches Modell zur Umsetzung im eigenen Betrieb zu entwickeln. Die mehr als 6.000 Vertragsbauern produzieren biologisch gemäß den Vorgaben von *HiPP*, deren Einhaltung streng überwacht wird. *HiPP* war damit auch das erste Unternehmen mit eigenem Öko-Siegel. Die wesentlichen Vorschriften zur ökologischen Nachhaltigkeit sind in den 17 Punkten der Nachhaltigkeitsleitlinien zusammengefasst.

Seit 2009 betreibt das Unternehmen ein systematisches **Nachhaltigkeitsmanagement**, um kontinuierlich nachhaltiges Denken und Handeln weiter umzusetzen. Umweltleitlinien aus dem Jahr 1995 wurden dabei zu Nachhaltigkeitsleitlinien erweitert und seither wird beständig die Ökobilanz verbessert. Seit 2007 produziert *HiPP* in Pfaffenhofen CO_2-neutral. Dabei helfen erneuerbare Energien wie Wasserkraft, Sonnenenergie und Biogas, das aus den organischen Abfällen Strom produziert. Ein Fuhrpark mit abgasarmen, spritsparenden Fahrzeugen, die Verlagerung von Transporten auf die Bahn sowie der verstärkte Einsatz von Videokonferenzen als Ersatz für Geschäftsreisen sind weitere Maßnahmen zur CO_2-Einsparung. Im regelmäßig erscheinenden Nachhaltigkeitsbericht werden die Nachhaltigkeitsmaßnahmen und Erfolge des Babynahrungsherstellers veröffentlicht. Dazu gehören u. a. auch ein umfassendes Recycling sowie die Senkung des Energie- und Ressourcenverbrauchs bei Strom, Wasser, Abfall und Heizung sowie Maßnahmen zur biologischen Vielfalt. Auch wird der CO_2-Fußabdruck für die Produkte systematisch betrachtet.

Als Erfolge konnte der Wasserverbrauch um zwei Drittel und der Energieverbrauch um mehr als die Hälfte gesenkt werden. 97 Prozent aller Abfälle werden recycelt und die Standorte in Deutschland, Österreich und Ungarn werden klimaneutral betrieben. Die CO_2-Vermeidung als Beitrag zum Klimaschutz wurde 2017 mit dem deutschen CSR-Award ausgezeichnet – bei gleichzeitiger Verdopplung des Produktionsvolumens und der Ausdehnung des Produktsortiments. Diese Erfolge brachten dem Unternehmen viele Auszeichnungen ein, wie z. B. den Preis der *Wirtschafts-Woche* für das nachhaltigste Unternehmen Deutschlands oder auch den *Ökologia-Preis* für besonders vorbildliche ökologische Projekte. Im Jahr 2019 wurde *HiPP* mit dem österreichischen Umweltmanagement-Preis für nachhaltige Beschaffung ausgezeichnet. Dadurch wurde die nachhaltige Zusammenarbeit von *HiPP* mit Erzeugern aus aller Welt gewürdigt, wie z. B. in Costa Rica. *HiPP* arbeitet dort mit mehr als 1.200 Bananenbauern zusammen, was etwa 10.000 Menschen durch gesicherte Abnahmen und faire Preise ihre Existenz ermöglicht. Durch den Verzicht auf Pestizide oder Pflanzenschutzmittel beim Anbau wird außerdem der natürliche Lebensraum von Menschen, Pflanzen und Tieren bewahrt und die biologische Vielfalt geschützt.

Nachhaltigkeit ist die ausgewogene Balance zwischen den drei Dimensionen Ökologie, Ökonomie und Soziales. Das Unternehmen *HiPP* präsentiert sich als Vorreiter, die Umwelt, das soziale Leben und die Wirtschaft nachhaltig zu gestalten. Dies sichert nicht nur die wirtschaftliche Zukunft des Unternehmens, sondern auch die Chancen der nachfolgenden Generationen auf eine lebenswerte Existenz. Im Kunst-Lehrbuch von *Nikolaus Hipp* steht „Es ist einfach, aber nicht leicht" (*Hipp*, 2009, S. 24), dies gilt analog auch für die Nachhaltigkeit.

2.5.5 Nachhaltigkeitsstrategie bei Audi

Praxisbeispiel von Dr. Stefanie Augustine und Prof. Dr. Peter Tropschuh, Strategie Nachhaltigkeit, AUDI AG, Ingolstadt

Die *Audi AG* mit Sitz in Ingolstadt ist ein deutscher Automobilhersteller, der seit den 1960er-Jahren dem *Volkswagen*-Konzern angehört und zu den Premiumherstellern gezählt wird. Zur *Audi AG* gehören seit 1998 der Sportwagenhersteller *Lamborghini* und seit 2012 der Motorradhersteller *Ducati*. Die *Audi AG* steht für sportliche Fahrzeuge, hochwertige Verarbeitung und progressives Design – für „Vorsprung durch Technik". Der *Audi* Konzern ist einer der erfolgreichsten Hersteller von Automobilen im Premiumsegment. Um die Transformation in ein neues Mobilitätszeitalter maßgeblich mitzugestalten, setzt das Unternehmen Schritt für Schritt seine Strategie „konsequent *Audi*" um. Mit den Tätigkeitsfeldern Kommunikation/Reporting, Strategieentwicklung und Stakeholder-Management bündelt die Abteilung „Strategie Nachhaltigkeit" die Maßnahmen in allen Geschäftsbereichen und ist für die Erarbeitung der Nachhaltigkeitsstrategie verantwortlich. Mindestens zweimal jährlich berichtet sie direkt an das Nachhaltigkeitsboard – den Gesamtvorstand der *Audi AG*. Die Abteilung leitet außerdem den Steuerkreis Nachhaltigkeit, der eine geschäftsbereichsübergreifende Steuerung des strategischen Handlungsfeldes Nachhaltigkeit ausübt. Seine Beschlüsse sind Grundlage für Entscheidungsvorlagen an den *Audi* Vorstand sowie der produktbezogenen Entscheidungsgremien mit Vorstandsmitgliedern.

Teil der Nachhaltigkeitsstrategie sind Verpflichtungen gegenüber internationalen Prinzipien und Grundsätzen wie der allgemeinen Erklärung der Menschenrechte, den Prinzipien der Internationalen Arbeitsorganisation sowie der OECD, den Grundsätzen der Erklärung von Rio zu Umwelt und Entwicklung sowie der UN-Konvention gegen Korruption. Darüber hinaus sind strategische Key Performance Indikatoren ausgewiesen, die es im Rahmen der Nachhaltigkeitsaktivitäten zu erfüllen gilt. So strebt *Audi* bis 2021 eine Steigerung des Frauenanteils in der ersten Führungsebene unterhalb des Vorstands auf 8 % an, bis 2025 sollen alle Werke CO_2-neutral und bis 2050 will Audi sogar gänzlich CO_2-neutral sein. Dies sind nur einige der ambitionierten Nachhaltigkeitsziele der *Audi AG*. Weitere Ziele sowie Informationen zur Strategie enthält der Nachhaltigkeitsbericht 2019 mit dem Titel „Progress you can feel". Doch welche Rolle spielt ein Nachhaltigkeitsbericht in einem global agierenden Unternehmen wie der *Audi AG*? Wie kann der Nachhaltigkeitsbericht als Teil der Unternehmensstrategie angesehen werden?

Ein zentraler Aspekt im Themenfeld unternehmerischer Nachhaltigkeit – auch Corporate Responsibility genannt – ist das Stakeholder-Management. Nur ein Unternehmen, das seine Stakeholder identifiziert und sich mit deren Bedürfnissen auseinandergesetzt hat, kann eine umfassende Nachhaltigkeitsstrategie mit gesellschaftlichem Impact entwickeln. *Audi* hat im Bereich Nachhaltigkeit im Wesentlichen zwei zentrale Instrumente zur Interaktion mit Stakeholdern.

Zum einen wird seit 2012 zweijährlich eine **Wesentlichkeitsanalyse** durchgeführt. Kern dieser Analyse ist zunächst eine Identifikation der relevanten Stakeholder und Themenfelder. Dies wurde im Rahmen der ersten Wesentlichkeitsanalyse vollzogen. In der jeweiligen Befragung werden Wichtigkeit sowie Wirkung (Impact) ausgewählter Themen aus Sicht der Stakeholder abfragt.

Im Jahr 2019 haben weltweit über 3.000 Personen der verschiedensten Anspruchsgruppen an dieser Umfrage teilgenommen. Die Auswertung der Befragungsergebnisse wird intern im Steuerkreis Nachhaltigkeit auf Plausibilität, Gültigkeit und Praxistauglichkeit untersucht und anschließend im Nachhaltigkeitsbericht veröffentlicht.

1. Ermittlung
2. Priorisierung
3. Validierung
Nachhaltigkeitskontext
Wesentlichkeit
Plausibilität, Gültigkeit, Praxistauglichkeit
Ermittlung der Stakeholder
Ermittlung der Themen
Berechnung der Befragungsergebnisse
Impact-Analyse
Validierung im SK-NH
Veröffentlichung
4. Reflexion, Überprüfung, Weiterentwicklung
Nachhaltigkeitskontext
Einbeziehung von Stakeholdern

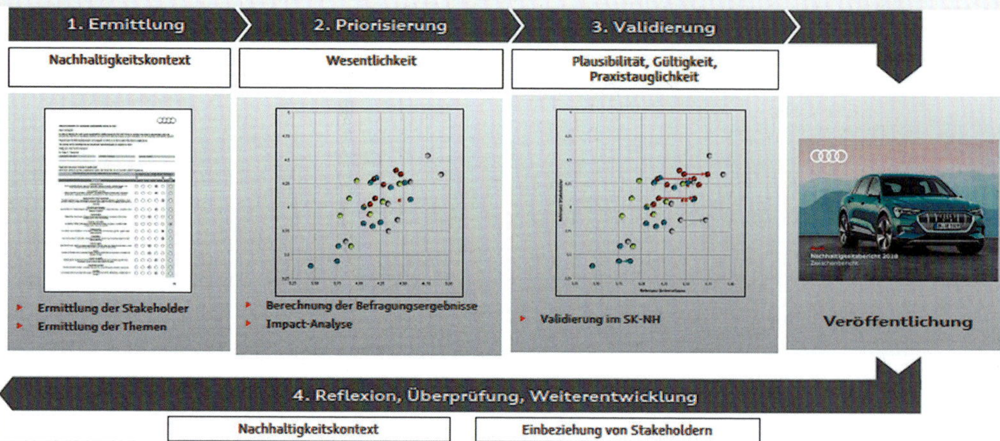

Abb. 2.5.7: Der Prozess der Wesentlichkeitsanalyse der Audi AG

Zum anderen führt *Audi* regelmäßig sogenannte Stakeholderdialoge durch. Diese dienen dem direkten Austausch mit den einzelnen Stakeholder-Gruppen zu aktuellen Themen. Im Jahr 2020 wurde der Dialog mit über 50 Vertretern aus Politik, Wirtschaft, Wissenschaft und Zivilgesellschaft durchgeführt. In kleinen Gruppen (20 bis 25 Personen) diskutierten *Audi* Experten mit fachlich relevanten Stakeholdern vier Themenbereiche: „Ladeinfrastruktur", „Menschenrechte – Beschwerdemechanismen", „digitale Verantwortung" sowie „Kreislaufwirtschaft".

Aus diesen Dialogen mit Stakeholdern wurden sowohl die zentralen Nachhaltigkeitsherausforderungen für *Audi* abgeleitet als auch mit den eigenen Einschätzungen und Analysen des Unternehmens abgeglichen. Dies ist not-

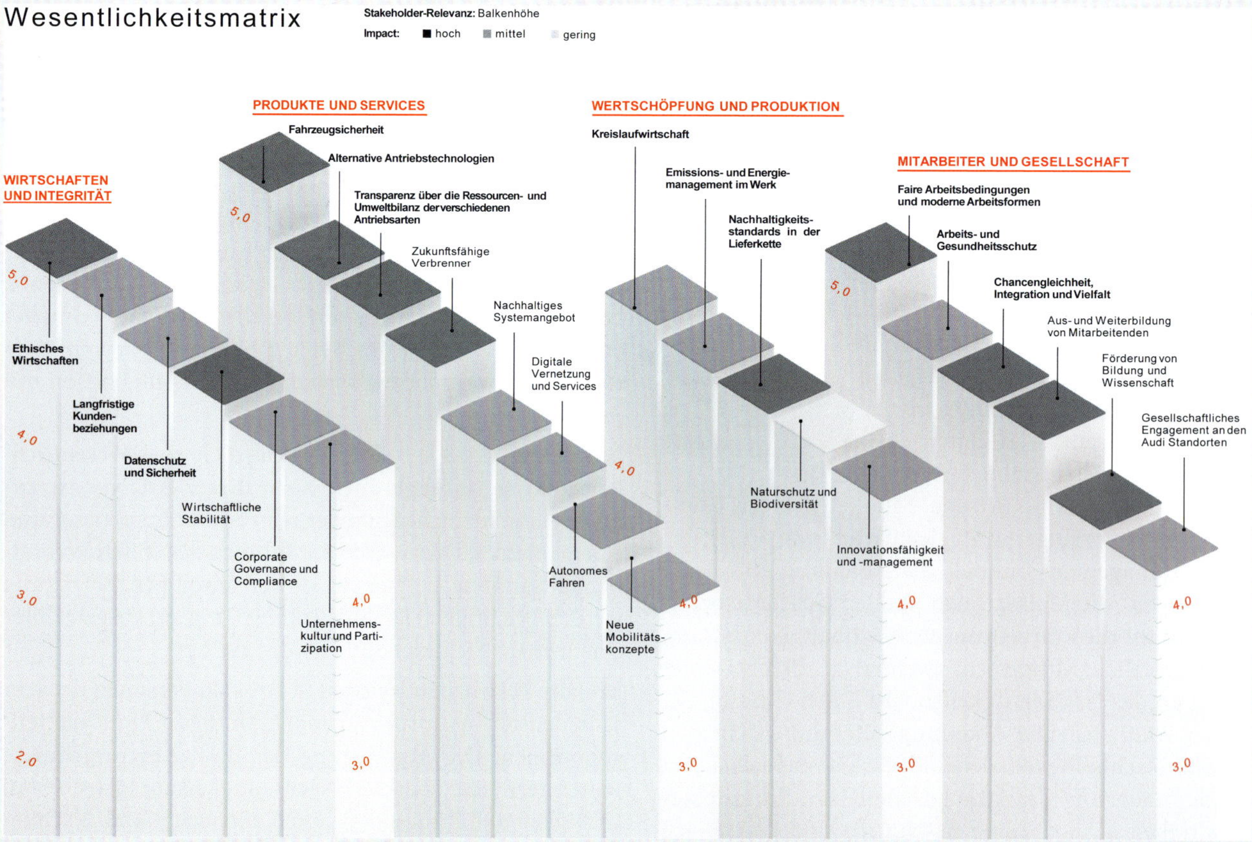

Wesentlichkeitsmatrix
Stakeholder-Relevanz: Balkenhöhe
Impact: hoch mittel gering
WIRTSCHAFTEN UND INTEGRITÄT
Ethisches Wirtschaften
Langfristige Kunden-beziehungen
Datenschutz und Sicherheit
Wirtschaftliche Stabilität
Corporate Governance und Compliance
Unternehmens-kultur und Parti-zipation
PRODUKTE UND SERVICES
Fahrzeugsicherheit
Alternative Antriebstechnologien
Transparenz über die Ressourcen- und Umweltbilanz der verschiedenen Antriebsarten
Zukunftsfähige Verbrenner
Nachhaltiges Systemangebot
Digitale Vernetzung und Services
Autonomes Fahren
Neue Mobilitäts-konzepte
WERTSCHÖPFUNG UND PRODUKTION
Kreislaufwirtschaft
Emissions- und Energie-management im Werk
Nachhaltigkeits-standards in der Lieferkette
Naturschutz und Biodiversität
Innovationsfähigkeit und -management
MITARBEITER UND GESELLSCHAFT
Faire Arbeitsbedingungen und moderne Arbeitsformen
Arbeits- und Gesundheitsschutz
Chancengleichheit, Integration und Vielfalt
Aus- und Weiterbildung von Mitarbeitenden
Förderung von Bildung und Wissenschaft
Gesellschaftliches Engagement an den Audi Standorten
5,0
4,0
3,0
2,0

Abb. 2.5.8: Die Wesentlichkeitsmatrix aus dem Audi Nachhaltigkeitsbericht 2019

Abb. 2.5.9: Die Nachhaltigkeitsroadmap der Audi AG

wendig, um externe und interne Sichtweisen gegenüberzustellen und so zu einer objektiven Sichtweise zu gelangen. Auf einer Meta-Ebene wurden die Nachhaltigkeitsthemen aggregiert und in drei große Handlungsfelder eingeteilt: Klima, Gesundheit und Ressourcen. Diese drei beschreiben die sogenannte Nachhaltigkeitsroadmap von *Audi*. Die Analogie zum Autobahnschild in Abb. 2.5.9 macht deutlich, dass die Roadmap einen Rahmen gibt und die zentrale Richtung aufzeigen soll. Darin ist weiterhin ersichtlich, welche Aspekte unter die einzelnen Handlungsfelder fallen.

Um die festgelegten Nachhaltigkeitsthemen aus der Wesentlichkeitsanalyse, weiteren Stakeholder-Dialogen sowie den internen Unternehmensentscheidungen anschließend steuern zu können, bedarf es konkreter Ziele und Maßnahmen für jedes einzelne Nachhaltigkeitsthema. Diese werden traditionell im Nachhaltigkeitsprogramm der *Audi AG* dokumentiert und im Nachhaltigkeitsbericht veröffentlicht.

Wie in Abb. 2.5.10 zu erkennen ist, werden die einzelnen Ziele jeweils den Sustainable Development Goals (SDGs) der *Vereinten Nationen* zugeordnet. Dem zugrunde liegt eine ausführliche Analyse, auf welche SDGs *Audi* als produzierendes Unternehmen aus dem Automobilsektor einen direkten Einfluss hat. Hieran ist erkennbar, dass *Audi* die externen Perspektiven auf das Thema Nachhaltigkeit bei der eigenen Strategieentwicklung intensiv berücksichtigt. Um dieses Vorgehen transparent zu machen, hat *Audi* im Jahr 2020 im Rahmen des Nachhaltigkeitsberichts 2019 eine Darstellungsform entwickelt, in der übersichtlich alle berücksichtigten internen und externen Quellen für die Nachhaltigkeitsstrategie sowie die daraus resultierende Berichterstattung aufgeführt sind. In Abb. 2.5.11 wird deutlich, dass das Berichtete nicht zufällig ist und der gesamte Prozess im Unternehmen einer Logik unterliegt, die jeder Stakeholder transparent nachvollziehen kann.

In Abb. 2.5.12 ist zur Verdeutlichung ein Ausschnitt des Nachhaltigkeitsberichts beispielhaft dargestellt. Es handelt sich um das Kapitel „Wirtschaften und Integrität“, welchem in der Wesentlichkeitsanalyse die drei Top-Themen „Ethisches Wirtschaften“, „Langfristige Kundenbeziehungen“ und „Datenschutz und Sicherheit“ zugeordnet wurden. Wenn der Kreis von innen nach außen gelesen

Ziel	Maßnahme	Termin	Abgleich SDGs
Erweiterung und Ausbau von Maßnahmen zur Reduktion des Frischwasserverbrauchs an nationalen wie internationalen Standorten	Realisierung des Wasserrecyclings durch den Einsatz eines Membranbioreaktors am Standort Ingolstadt; Reduktionsziel Frischwasserbedarf: 30 Prozent[115]	2019 (abgeschlossen)	6, 12, 13
Systematische Energieverbrauchsreduzierung	Reduzierung des Gesamtenergieverbrauchs durch vom Vorjahresverbrauch abgeleitete Ziele und entsprechende konkrete, umgesetzte und dokumentierte Einzelmaßnahmen der Betreiber- und Planungsbereiche	Kontinuierliche Weiterentwicklung	7, 13
Alle Werke CO_2-neutral	Ausplanung und Umsetzung von standortspezifischen Maßnahmenpaketen zur Zielerreichung	2025	7, 9, 13
Umsetzung des Performance-Standards/Chain of Custody der Aluminium Stewardship Initiative (ASI)	Überprüfung der ASI-Performance-Kriterien und Durchführung des notwendigen Audits zur Erneuerung der ASI-Zertifizierung der Aluminiumbauteile des Audi e-tron Hochvoltspeichers	2021	9, 12, 13, 17
	Ausweitung des ASI-Performance-Standards/Chain of Custody auf weitere Aluminiumbauteile und Produktionsstandorte der AUDI AG	Kontinuierliche Weiterentwicklung	9, 12, 13, 17
Nachhaltigkeit in die Lieferantenkette und die eigene Wertschöpfung von Hochvoltspeichern integrieren	Erarbeitung von Nachhaltigkeitsprinzipien sowie Mitarbeit an der Einführung von Standards für Hochvoltspeicher im Rahmen der Arbeitsgruppen „Kreislaufwirtschaft“ und „Innovationen“ der Global Battery Alliance, veranstaltet vom World Economic Forum	Kontinuierliche Weiterentwicklung	9, 12, 13, 17

Abb. 2.5.10: Auszug aus dem Audi Nachhaltigkeitsprogramm im Nachhaltigkeitsbericht 2019

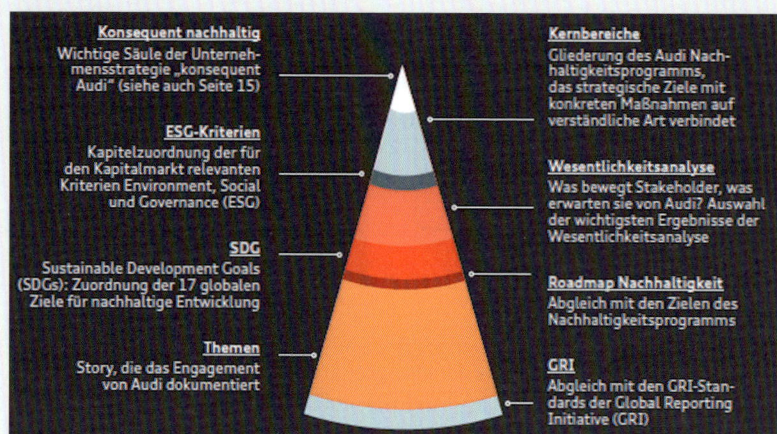

Abb. 2.5.11: Die Themen des Audi Nachhaltigkeitsberichts 2019

wird, wird ersichtlich, welche SDGs *Audi* dem jeweiligen Thema zuordnet und welche Story daraufhin entwickelt wurde. Als Qualitätscheck wurde weiterhin der Abgleich mit den GRI-Standards vorgenommen, um sicherzustellen, dass auch diese entsprechend erfüllt werden. Da an dieser Stelle nicht alle Themen und Kapitel ausführlich beschrieben werden können, wird bei weiterem Interesse auf den gesamten *Audi* Nachhaltigkeitsbericht 2019 verwiesen. Dieser findet sich online unter www.audi.com/nachhaltigkeitsbericht.

Nachdem mit dem Stakeholdermanagement, der Nachhaltigkeitsroadmap und dem Nachhaltigkeitsprogramm die einzelnen Elemente der Nachhaltigkeitsstrategie der *Audi AG* beschrieben wurden, wird nun die Berichterstattung und die Frage nach deren Rolle im Unternehmen erläutert.

Audi veröffentlicht seit 2012 jährlich Informationen zum Thema Nachhaltigkeit. Die Berichterstattung kann dabei als „freiwillige Pflicht“ verstanden werden. So startete die ursprüngliche Veröffentlichung des Nachhaltigkeitsberichts mit der Entscheidung des Unternehmens, die

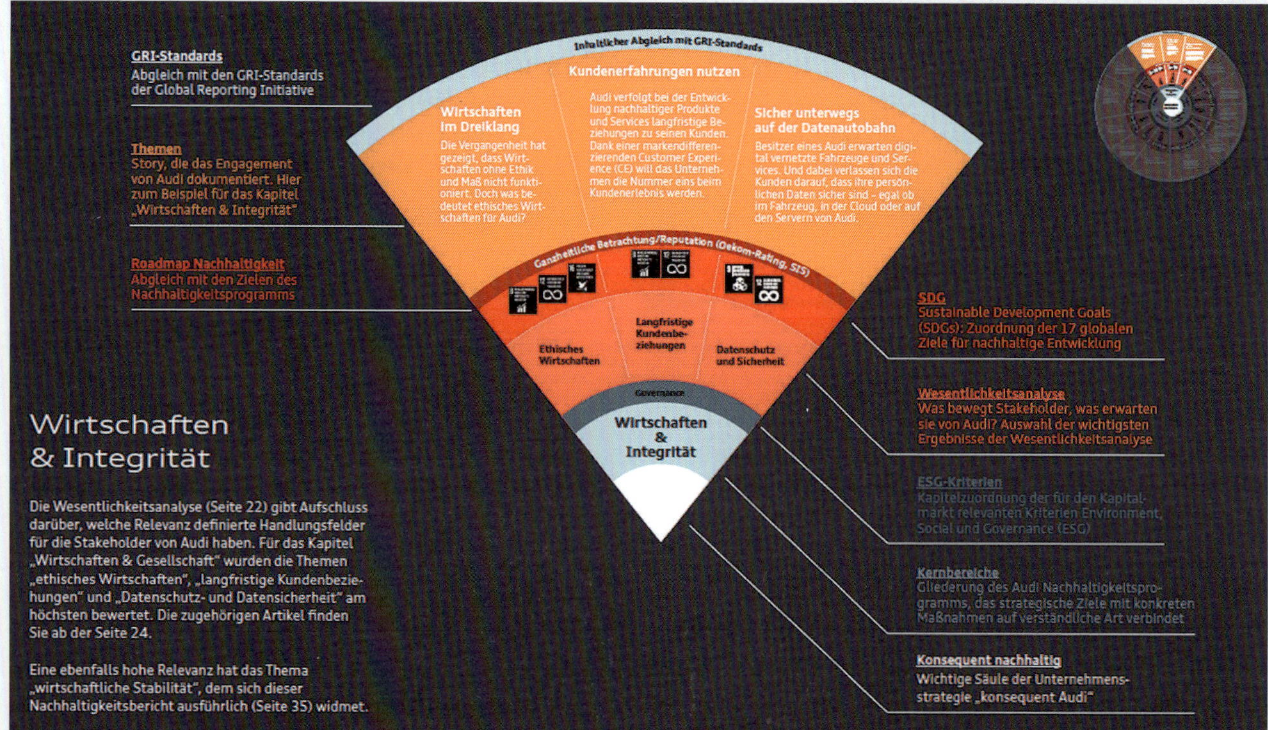

Abb. 2.5.12: Die Themen des Kapitels Wirtschaften & Integrität aus dem Audi Nachhaltigkeitsbericht

Nachhaltigkeitsaktivitäten für alle Stakeholder transparent zu machen – unabhängig von einer gesetzlichen Vorgabe. Hauptgründe hierfür sind zum einen, die öffentliche Wahrnehmung zu diesem Thema zu erhöhen, die Glaubwürdigkeit bei den Stakeholdern zu stärken sowie den Anforderungen des Finanzmarktes nachzukommen. In der Zwischenzeit hat sich auf gesetzlicher Ebene einiges getan und seit dem Geschäftsjahr 2017 gilt eine Berichterstattungspflicht zu nichtfinanziellen Informationen für alle börsennotierten Unternehmen mit mehr als 500 Beschäftigten (CSR-Richtlinien-Umsetzungsgesetz). *Audi* ist dabei abgedeckt durch die *Volkswagen AG*, welche als Mutterkonzern die Berichterstattung für die Tochtergesellschaften übernimmt. In Ergänzung zur Konzern-Berichterstattung informiert *Audi* selbstständig und regelmäßig über seine Nachhaltigkeitsaktivitäten. Denn die eigene Berichterstattung ist weit mehr als ein reiner Nachweis der durchgeführten Handlungen. Das Reporting ist traditionell eher vergangenheitsgerichtet, jedoch wird es immer wichtiger, auch Strategien für die Zukunft sowie sogenannte „white spots" zu berichten. An dieser Tendenz wird erkennbar, dass dem Nachhaltigkeitsbericht als solches eine steuernde Qualität nachgewiesen werden kann. Im Rahmen der Berichtskonzeption setzt man sich mit all diesen Themen auseinander. Zunächst erfolgt eine logische Ableitung der Themen, wie sie in Abb. 2.5.11 beispielhaft für das Berichtsjahr 2019 dargestellt ist. Daraufhin wird im Unternehmen geprüft, welche Projekte hierzu vorliegen, welche Entwicklungen im vergangenen Jahr vorgenommen wurden und wie der Stand der Zielerreichung ist. Daraus lassen sich offene Punkte identifizieren, die an die Fachabteilungen zur weiteren Bearbeitung für das kommende Jahr weitergegeben werden. Somit erfüllt der Bericht nicht nur externe Anforderungen, sondern kann auch als interne Steuerungsgröße im Bereich der Nachhaltigkeitsstrategie verwendet werden.

Bereits jetzt darf mit einer gewissen Spannung die weitere Entwicklung der Berichterstattungslandschaft beobachtet werden. Der Trend zur integrierten Berichterstattung (vgl. Kap. 8.3.4) entwickelt sich seit einigen Jahren und, auch die EU-Taxonomie birgt Herausforderungen im Bereich der Nachhaltigkeitsstrategie für Unternehmen. *Audi* analysiert die Trends genau, wird sich mit diesen Entwicklungen befassen und die Handlungsstrategie entsprechend weiterentwickeln.

Fallstudien zur normativen Unternehmensführung

2.1 Normative Unternehmensführung bei der Eder Möbel GmbH *(Dillerup, R.)*

2.2 Ethische Unternehmensführung am Fallbeispiel Klee und Berg GmbH *(Hemel, U.)*

2.4 Unternehmensnachfolge bei der Manufaktur für Druckstoffe GmbH *(Posselt, S./Schrumpf, R.)*

Kapitel 3

Strategische Unternehmensführung

»*Durch den Fokus auf Kostensenkungen können wir uns niedrigere Preise leisten, was das Wachstum fördert. Durch das Wachstum werden die Fixkosten auf mehr Verkäufe verteilt, wodurch die Kosten pro Einheit sinken, was weitere Preissenkungen ermöglicht. Die Kunden mögen das, und es ist gut für die Aktionäre. Sie können damit rechnen, dass wir diesen Kreislauf wiederholen.*«

Jeff Bezos
Gründer und bis 2021 CEO von Amazon

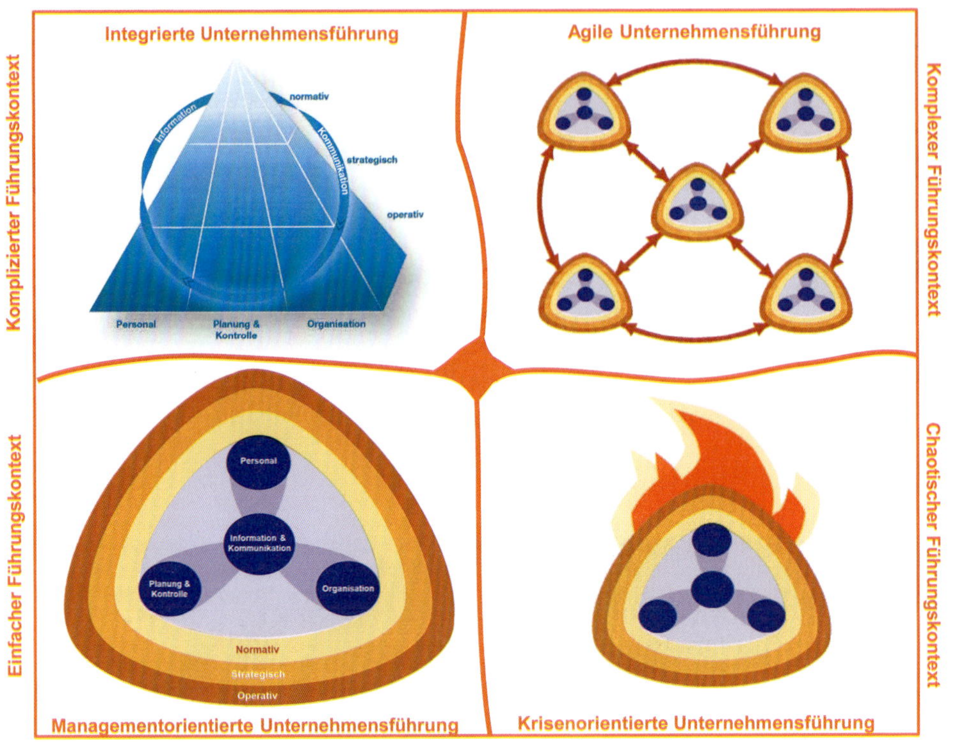

3 Strategische Unternehmensführung

3.1 Grundlagen strategischer Unternehmensführung

Leitfragen

- Wie hat sich die strategische Unternehmensführung entwickelt?
- Was ist eine Strategie?
- Was sind Wettbewerbsvorteile und Erfolgspotenziale?
- Welche Arten von Strategien gibt es?

Die Aufgaben der Unternehmensführung lassen sich in die **Handlungsebenen** normativ, strategisch und operativ unterteilen (vgl. Kap. 1.3.2). Demnach sind strategische Entscheidungen der Unternehmensführung durch ihre große Tragweite gekennzeichnet. Die normative Ebene ist der strategischen Unternehmensführung übergeordnet und verleiht einem Unternehmen seine Identität. Dort werden auch Unternehmensvisionen und -missionen festgelegt (vgl. Kap. 2.3). Auf der strategischen Handlungsebene geht es darum, Wege zur Erreichung der Ziele zu bestimmen. Dazu werden neue Erfolgspotenziale geschaffen und bestehende weiterentwickelt. Auf der operativen Ebene werden diese Erfolgspotenziale ausgeschöpft und der Erfolg eines Unternehmens erarbeitet. Die Führungsebenen hängen als ein integriertes System eng zusammen.

Die **strategische Unternehmensführung** ist auf die Entwicklung bestehender und die Erschließung neuer Erfolgspotenziale ausgerichtet und beschreibt die hierfür erforderlichen Ziele, Leistungspotenziale und Vorgehensweisen

3.1.1 Entwicklung und Konzepte strategischer Unternehmensführung

Die Geburtsstunde der strategischen Unternehmensführung liegt um das Jahr 1960. Ausgangspunkt waren **grundlegende Arbeiten**, welche viele noch heute wichtige Fragen thematisierten:

- ***Chandler*** (1962) brachte den Strategiebegriff in die Unternehmensführung ein. Er konnte durch die empirische Untersuchung US-amerikanischer Großunternehmen zeigen, dass die Entwicklung der betrieblichen Strukturen sich an der Unternehmensstrategie ausrichtet („Structure follows Strategy"; vgl. Kap. 5.1).

- ***Ansoff*** (1965) erarbeitete ein Modell zur strategischen Planung. Er beschäftigte sich mit dem Wachstum von Unternehmen und entwickelte dazu das erste strategische Portfolio, die sog. *Ansoff*-Matrix (vgl. Kap. 3.2.3). Zudem definierte er generische strategische Ausrichtungen sowie Wettbewerbsvorteile und Synergien.

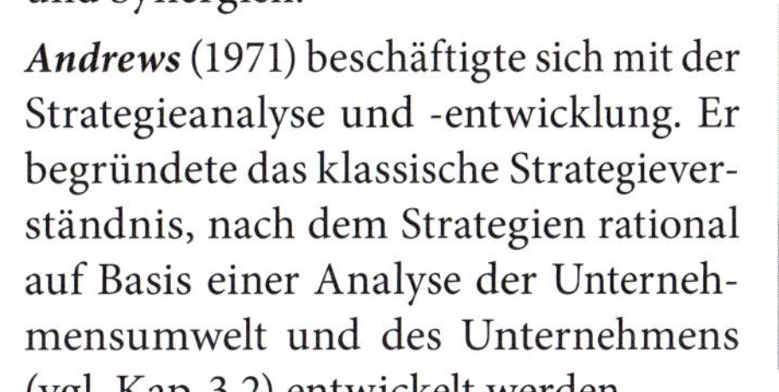

- ***Andrews*** (1971) beschäftigte sich mit der Strategieanalyse und -entwicklung. Er begründete das klassische Strategieverständnis, nach dem Strategien rational auf Basis einer Analyse der Unternehmensumwelt und des Unternehmens (vgl. Kap. 3.2) entwickelt werden.

- ***Drucker*** (1967) beschäftigte sich mit dem Zusammenwirken der Strategie mit der Kultur, den Werten und der Vision eines Unternehmens. Er hob insbesondere die Bedeutung der Unternehmenskultur für den Unternehmenserfolg hervor („Culture eats strategy for breakfast") und wollte damit zum Ausdruck bringen, dass die Unternehmenskultur wichtiger sein kann als eine ausgefeilte Strategie.

In der Unternehmenspraxis begann die strategische Unternehmensführung mit einer Konferenz an der *Universität Pittsburgh* im Jahre 1977. Deren Beiträge wurden in einem Sammelband mit dem Titel „Strategic Management" publiziert (vgl. *Schendel/Hofer*, 1979). Dies gab den Anstoß für die Verbreitung strategischer Gedanken. Die **Entwicklungsstufen** strategischer Unternehmensführung können wie in Abb. 3.1.1 unterteilt werden in (vgl. *Henzler*, 1988, 1286 ff.; *Knyphausen-Aufseß*, 1995, 14 ff.):

- **Finanzplanung:** Nach dem Zweiten Weltkrieg befanden sich die Unternehmen in einer Phase stabilen Wirtschaftswachstums. Der Führungskontext war relativ stabil. Daher bestand die Aufgabe der Unternehmensführung vorrangig darin, das Wachstum eines Unternehmens auf Basis finanzieller Größen zu planen. Erlöse, Kosten und Finanzmittelbedarf wurden meist für ein Jahr im Voraus in Form von Budgets vereinbart. Diese intern ausgerichtete Planung diente zur Koordination der Unternehmensbereiche.
- **Langfristplanung:** Anfang der 1960er-Jahre stieß die Finanzplanung an ihre Grenzen, da Unternehmen mit immer höheren Wachstumsraten, aber auch mit veränderten Kundenbedürfnissen konfrontiert wurden. In einem solchen Umfeld wurde es erforderlich, die Zukunft weiter als für das nächste Jahr zu durchdenken. Daher wurde der betrachtete Zeithorizont für die Planung auf fünf Jahre verlängert. Die Budgets wurden z. T. mit Ziel- und Maßnahmenplanungen verknüpft und als Mehrjahresbudgets festgelegt. Doch blieb die Unternehmensplanung vor allem auf das Unternehmen selbst beschränkt. Die langfristigen Budgets wurden durch Fortschreibung vergangener Entwicklungen erstellt. Aufgrund zunehmender Trendbrüche und konjunktureller Schwankungen trafen diese langfristigen Pläne immer weniger zu. Ursache hierfür waren vor allem zwei Ereignisse des Jahres 1973: die erste Ölkrise und das Ende fester Wechselkurse durch Abschaffung des *Bretton-Woods-Systems.* Darüber hinaus beschleunigte sich der technische Wandel. All diese Herausforderungen machten ein flexibleres Agieren der Unternehmen erforderlich.
- **Strategische Planung:** Die Krise der Langfristplanung begründete die Zeit der Strategie. Die Planungstätigkeiten der Unternehmenspraxis änderten sich sprunghaft. Planung war nicht mehr nur auf das Unternehmen gerichtet, sondern bezog nun auch das Unternehmensumfeld mit ein. Aus dessen Entwicklung sollten Chancen und Risiken systematisch erkannt und daraus Strategien abgeleitet werden. Es setzte sich die Erkenntnis durch, dass mit Strategien flexibel auf Veränderungen der Umwelt reagiert und diese sogar langfristig gestaltet werden kann. Strategische Planung umfasst danach die Formulierung von Strategien und die Zuordnung von Ressourcen. Sie konzentriert sich auf das Planungs- und Kontrollsystem eines Unternehmens. Dafür wurden Konzepte und Instrumente entwickelt, wie etwa Portfolios sowie Wettbewerbsanalysen und -strategien (vgl. Kap. 3.2 und 3.3). Zudem wurde der Zusammenhang von finanziellen Größen mit der unternehmensweiten Ziel- und Maßnahmenplanung in umfassenden Planungssystemen dargestellt (vgl. Kap. 4.1). Die Umsetzung strategischer Pläne war jedoch in der Praxis ein Problem. Dies lag daran, dass die Strategien meist von Stäben der Unternehmensführung entwickelt und deshalb von den Linienmanagern nicht ausreichend akzeptiert wurden. Auch fehlte eine Integration von strategischer und operativer Planung und Kontrolle, da die strategischen und operativen Pläne isoliert voneinander erstellt wurden. Außerdem wurden die zur Umsetzung der Strategien erforderlichen Ressourcen, Strukturen und Mitarbeiter zu wenig berücksichtigt. Diese Probleme sind noch immer häufige Ursachen für das Scheitern von Strategien.
- **Strategische Unternehmensführung:** Aus den Problemen der strategischen Planung und Kontrolle folgte die Notwendigkeit, diese zu einer strategischen Unternehmensführung weiterzuentwickeln. Diese beschränkt sich nicht nur auf Planung und Kontrolle, sondern umfasst alle Führungsfunktionen. Damit erhielten die Funktionen Organisation und Personal sowie Information und Kommunikation ebenfalls strategische Bedeutung.

Abb. 3.1.1: Evolutionsstadien strategischer Unternehmensführung (in Anlehnung an Henzler, 1988, S. 1289)

Evolutionärer Strategieprozess

Einige Autoren sehen in der strategischen Unternehmensführung nicht die letzte Stufe der Entwicklung. In dynamischen Umfeldern sind die Gestaltungsmöglichkeiten der Unternehmensführung begrenzt und deshalb gewinnen agile, selbstorganisatorische und evolutionäre Veränderungsprozesse an Bedeutung (vgl. *Servatius*, 1991). Dies erfordert ein verändertes Führungsverständnis. **Evolutionäre Unternehmensführung** gibt keine konkreten Handlungen vor, sondern gestaltet einen Handlungsrahmen, in dem die Verantwortlichen Strategien entwickeln können. Dabei können sich Variationen von Strategien und strategische Initiativen aus den laufenden Aktivitäten des Unternehmens und aus Chancen des Unternehmensumfelds ergeben. Diese werden als gelenkte Evolution (vgl. Kap. 1.2.4) durch eine gezielte Auswahl selektiert. Im Rahmen der Strategieumsetzung erfolgt dann die Retention, bei der erfolgversprechende Strategien umgesetzt und in die operativen Prozesse verankert werden. Dies ermöglicht eine höhere Flexibilität und Anpassungsfähigkeit des Unternehmens (vgl. *Kirsch*, 1997; Kap. 5.2).

Die weitere **Entwicklung** der strategischen Unternehmensführung ist noch nicht abgeschlossen. Sie wird weiterhin vor allem durch veränderte Anforderungen der Unternehmenspraxis getrieben, die nach neuen strategischen Ansätzen sucht (vgl. *Hungenberg*, 2020, S. 56). Wissenschaftler, Unternehmensberater und die Unternehmen selbst entwickeln immer wieder neue Konzepte und Instrumente der strategischen Unternehmensführung. Dies führt jedoch auch zu **Modewellen**, die zunächst hoch gelobt werden und dann wieder aus der Diskussion verschwinden (vgl. *Kieser*, 1996b, 23 ff.). So propagierte z. B. Anfang der 1990er Jahre das Lean Management den Abbau von Hierarchieebenen und die Rationalisierung der Prozesse (vgl. Kap. 5.4.5). Dies stieß in Zeiten der konjunkturellen Krise bei den Unternehmen auf starkes Interesse. Zwischenzeitlich ist das Streben nach „schlanken" Prozessen jedoch wieder in den Hintergrund gerückt und neue Konzepte, wie etwa die agile Organisation (vgl. Kap. 5.2), werden propagiert.

Rationaler Strategieprozess

Ein grundlegendes Konzept zur strategischen Planung stammt von der ***Harvard Business School***. In der angloamerikanischen Literatur zur strategischen Unternehmensführung wird dabei meist auf das Modell von *Andrews* (1971) verwiesen. Kernstück des Modells ist die Unterteilung des Strategieprozesses in die Strategieformulierung und -implementierung. Bei der Formulierung steht das Treffen strategisch wichtiger Entscheidungen im Vordergrund. Diese werden von Faktoren wie Chancen und Risiken, Ressourcen, persönlichen Wertvorstellungen der Unternehmensführung sowie der Verantwortung gegenüber der Gesellschaft beeinflusst. Die Gesamtheit dieser strategischen Entscheidungen bildet die Unternehmensstrategie. Bei der Implementierung sind die Strategien in einzelne Maßnahmen zu übersetzen. Darauf sind Strukturen, Prozesse, Verhalten und die Personalführung auszurichten. Je besser dies gelingt, desto höher sind die Chancen, die Strategie erfolgreich umzusetzen. Abb. 3.1.3 zeigt diese Zusammenhänge im Überblick.

In Theorie und Praxis wird häufig daraus ein idealtypischer und rationaler Strategieprozess abgeleitet (vgl. Abb. 3.1.4). Besonderheiten und Zusammenhänge der Strategieentwicklung können transparent und leicht verständlich dargestellt werden. Er basiert auf dem Führungsprozess (vgl. Kap. 1.3.3) und ist ausführlich in Kap. 3.2 beschrieben. Im klassischen Strategieverständnis wird davon ausgegangen, dass Strategien geplant und kontrolliert werden. Dieser Prozess ist Teil des Planungs- und Kontrollsystems des Unternehmens und bildet den Ausgangspunkt

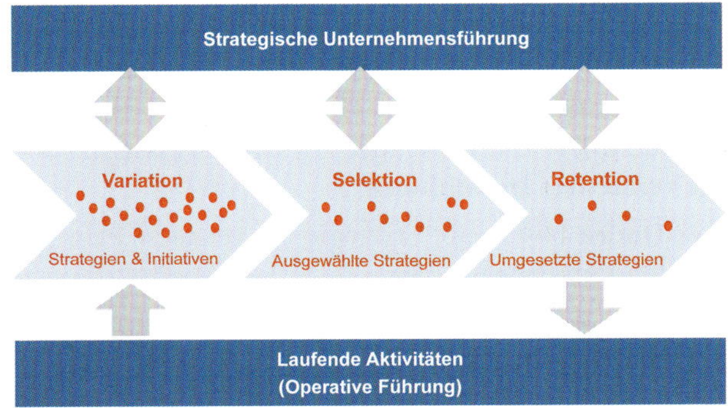

Abb. 3.1.2: Strategieentwicklung als gelenkte Evolution (in Anlehnung an Müller-Stewens/Lechner, 2016, S. 91)

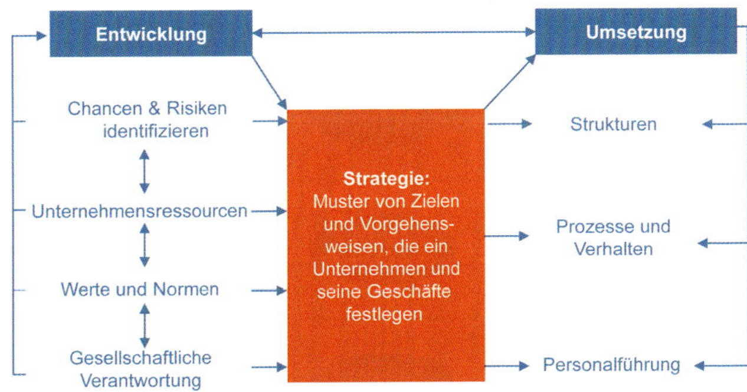

Abb. 3.1.3: Strategiekonzept der Harvard Business School (vgl. Andrews, 1971, S. 21)

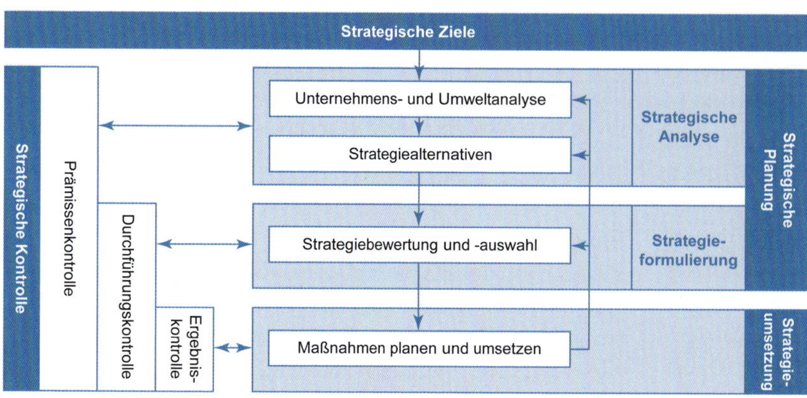

Abb. 3.1.4: Idealtypischer Strategieprozess

für die operative Planung und Kontrolle (vgl. Kap. 4.3). Die strategische Planung und Kontrolle sollte dazu eng mit den personellen und organisatorischen Führungsfunktionen abgestimmt sein.

7-S-Modell

Besonders in der Unternehmenspraxis stieß das von der Unternehmensberatung *McKinsey* entwickelte **7-S-Modell** auf großes Interesse. Es ist das Ergebnis einer vergleichenden Untersuchung betrieblicher Erfolgsfaktoren von *Peters* und *Waterman* (1982). Grundgedanke des Konzepts sind die sieben übergeordneten Faktoren, die den Erfolg eines Unternehmens ausmachen. Diese unterscheiden sich in drei sog. harte Faktoren (Strategie, Struktur, Systeme) und vier sog. weiche Faktoren (Selbstverständnis, Spezialkenntnisse, Stil, Stammpersonal). Dadurch wird betont, dass der Unternehmenserfolg nicht nur von expliziten, rationalen und quantitativen („harten") Faktoren abhängt. Vielmehr sind meist „weiche" Faktoren wichtiger, die eher implizit, emotional und qualitativ sind. Das 7-S-Modell

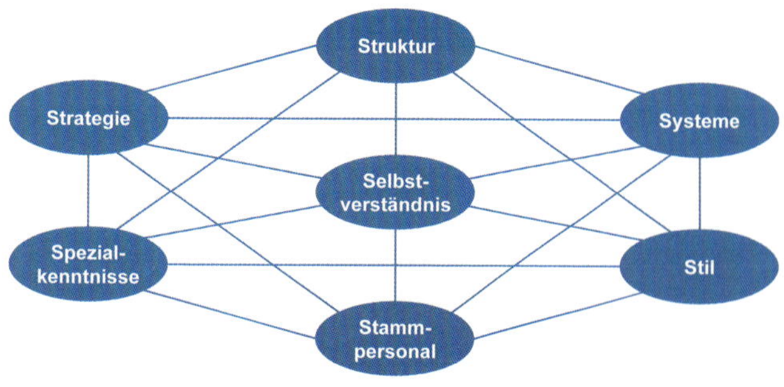

Abb. 3.1.5: Das 7-S-Modell (vgl. Peters/Waterman, 1982, S. 32)

macht den Übergang von der strategischen Planung und Kontrolle zur strategischen Unternehmensführung deutlich.

In allen Konzepten aus Theorie und Praxis der strategischen Unternehmensführung stehen zwei **zentrale Fragen** im Mittelpunkt:

- **Wie gestaltet sich der Strategieprozess?** Diese Frage beschäftigt sich vor allem mit dem Ablauf der Strategieformulierung und -umsetzung (vgl. Kap. 4.2).
- **Welche Inhalte hat eine Strategie?** Dabei stehen die konkreten strategischen Entscheidungen im Vordergrund. Der Strategieinhalt wird relativ breit definiert und umfasst neben der konkreten Ausgestaltung von Strategien auch deren Einflussgrößen und Wirkungen. Dabei geht es im Wesentlichen um strategische Analysen und Ansätze der markt- und ressourcenorientierten Unternehmensführung (vgl. Kap. 3.2 und Kap. 3.3).

3.1.2 Strategiebegriffe

Bevor die zentralen Fragen der strategischen Unternehmensführung beantwortet werden können, sind zunächst die strategischen Grundbegriffe zu klären. Dies umfasst die Begriffe Strategie, Wettbewerbsvorteil, Erfolgspotenzial sowie die verschiedenen Arten von Strategien.

Der Begriff Strategie wird in Theorie und Praxis uneinheitlich definiert und verwendet. Dies zeigen exemplarisch einige verbreitete **Definitionen**:

- Der **Duden** beschreibt Strategie als genauen Plan des eigenen Vorgehens.
- Aus **etymologischer Sicht** kommt der Begriff Strategie aus dem Griechischen „Stratēgìa", dessen Wurzeln in den Begriffen „Stratos" (Heer) und „agein" (führen) liegen. Das Wort „Strategos" (Kunst der Heerführung) bezeichnete die Funktion des Generals im griechi-

schen Heer. Später wurden damit die Fähigkeiten eines Generals bezeichnet, die auch außerhalb des Militärischen erforderlich waren (vgl. *Quinn*, 1992, S. 2). Im deutschen Sprachraum wurde der Begriff im militärischen Bereich vor allem durch *von Clausewitz* (1832) geprägt. Er bezeichnete eine Strategie als „den Gebrauch des Gefechts zum Zweck des Krieges".

- Eingang in die Wirtschaftswissenschaften fand der Strategiebegriff Mitte des 20. Jahrhunderts durch die **Spieltheorie** (vgl. Kap. 1.2.1). Dabei werden Entscheidungen unter Berücksichtigung der Reaktion anderer Akteure (Spieler) analysiert. Eine Strategie ist danach ein vollständiger Plan, der für alle denkbaren Situationen eine richtige Wahlmöglichkeit beinhaltet (vgl. *Neumann/Morgenstern*, 1944, S. 1 ff.). Dieser Plan berücksichtigt sowohl eigene Aktionen als auch die der gegnerischen Spieler.
- Die Verbreitung des Strategiebegriffs in der Betriebswirtschaftslehre erfolgte zunächst in den USA durch die Arbeiten von *Ansoff* (1965), *Chandler* (1962) und *Andrews* (1971) (vgl. Kap. 3.1.1). Sie prägten das **klassische Strategieverständnis**, nach dem eine Strategie das Ergebnis formalisierter, rationaler Planung und Kontrolle ist. Dieses Begriffsverständnis findet sich leicht verändert in den meisten angloamerikanischen Veröffentlichungen wieder. Folgende Beispiele belegen dies:
  - *Andrews* (vgl. 1971, S. 28) versteht Strategie als ein Muster grundsätzlicher Ziele, Zwecke und wesentlicher Leitlinien sowie der Pläne für deren Erreichen.
  - *Chandler* (vgl. 1962, S. 23) definiert Strategie als Maßnahmenbündel und Ressourcenzuweisung zur Erreichung grundlegender, langfristiger Ziele eines Unternehmens.
  - *Henderson/Venkatraman* (vgl. 2000, S. 28) betrachten eine Strategie als nachhaltige Störung des wettbewerblichen Gleichgewichts. Ein bestehendes Wettbewerbssystem soll aktiv gestört und zugunsten des eigenen Unternehmens verändert werden. Ziel ist die Erlangung von Wettbewerbsvorteilen.
  - *Porter* (vgl. 1989, S. 70 ff.) beschreibt Strategie als Aufbau einer einzigartigen und werthaltigen Marktposition des Unternehmens.
  - *Drucker* (vgl. 1986) verkürzt Strategie auf die Devise: „Doing the right things!". Es geht demnach nicht darum, etwas richtig zu tun, sondern das Richtige zu tun. Kernaufgabe eines Unternehmens ist es, die Kunden mit den angebotenen Problemlösungen zufriedenzustellen. Dies soll mit möglichst effizientem Ressourceneinsatz erreicht werden.
  - *Whittington et al.* (vgl. 2019, S. 3) definieren Strategie als langfristige Führung und Aufgabe eines Unternehmens mit dem Ziel, die Interessen der Stakeholder zu erfüllen und dazu die Ressourcen und Kompetenzen so zu konfigurieren, dass sich Vorteile ergeben.
  - *Bea/Haas* (vgl. 2019, S. 51) sehen Strategien als Maßnahmen zur Sicherung des langfristigen Unternehmenserfolgs.

Strategieelemente

Bei aller Unterschiedlichkeit in den Begriffsauffassungen können einige gemeinsame **Merkmale von Strategien** zusammengefasst werden:

- Strategien stehen im Rahmen der Unternehmensführung in einem hierarchischen Verhältnis (vgl. Abb. 3.1.6). Insbesondere Unternehmensvision, -mission und Ziele (vgl. Kap. 2.3) beinhalten die grundsätzliche Sichtweise der Unternehmensführung darüber, in welche Richtung sich das Unternehmen zu entwickeln hat. Unternehmensziele stellen die Vorgaben dar, die durch **Strategien als Wege zur Zielerreichung** erfüllt werden sollen.

Vision, Mission und Ziele
sind Teil der normativen Unternehmensführung.
Diese sichert die Lebens- und Entwicklungsfähigkeit
(Legitimität)

Strategien
sind Maßnahmenbündel zur Positionierung in der Unternehmensumwelt und zur Gestaltung der Ressourcen des Unternehmens.
Sie zielen auf die Erlangung von Wettbewerbsvorteilen
und sichern die Überlebensfähigkeit.
(Effektivität)

Maßnahmen
sind wirkungsvolle Aktionen zur Umsetzung von Strategien
(Effizienz)

Abb. 3.1.6: Strategien als hierarchisches Element der Unternehmensführung

- Strategien sind Bündel zusammenhängender und miteinander zu kombinierender Einzelmaßnahmen oder -entscheidungen (vgl. Abb. 3.1.7). Sie enthalten Maßnahmen zur Erreichung einer angestrebten und vorteilhaften **Positionierung** im Wettbewerb sowie zur Gestaltung der dazu erforderlichen **Ressourcenbasis**. So sind etwa zur Erhöhung des Marktanteils um 10 % in den nächsten drei Jahren Maßnahmen wie die Einführung

Abb. 3.1.7: Zusammenhang der Elemente einer Strategie

neuer Produkte, der Aufbau neuer Vertriebskanäle oder der Ausbau der Produktionskapazitäten erforderlich. Jede dieser Maßnahmen beinhaltet eine Reihe von Aufgaben, welche zusammengefasst zu einem koordinierten Maßnahmenbündel die Strategie ergeben.

> Eine **Strategie** besteht aus Maßnahmenbündeln zur Positionierung in der Unternehmensumwelt und zur Gestaltung der Ressourcen des Unternehmens. Sie soll die Überlebensfähigkeit sichern und zielt auf die Erlangung von Wettbewerbsvorteilen, aus denen neue Erfolgspotenziale geschaffen bzw. bestehende Erfolgspotenziale weiterentwickelt werden.

Wesentliche **Bestandteile einer Strategie** sind (siehe auch Abb. 3.1.8):

- **Maßnahmen zur Positionierung** gewährleisten die inhaltliche Übereinstimmung (strategic fit) zwischen den Stärken und Schwächen eines Unternehmens und den Chancen und Gefahren der Unternehmensumwelt. Eine Strategie beinhaltet somit die Aktionen, um eine angestrebte Position des Unternehmens in seiner Umwelt zu erreichen. Dabei sollen die Chancen der Umwelt genutzt und Risiken im Sinne von Gefahren vermieden werden. Auch gilt es, bestehende Stärken des Unternehmens einzusetzen und Schwächen zu beheben. Dies ist Aufgabe der marktorientierten Unternehmensführung und wird in Kapitel 3.2 und 3.3 vertieft.
- **Maßnahmen zur Ressourcengestaltung** sind erforderlich, damit ein Unternehmen seinen Aufgaben in der angestrebten Position gerecht werden kann. Auch die Positionierung im Wettbewerb erfordert Ressourcen, wie z. B. finanzielle Mittel, Personalkapazitäten oder Fähigkeiten, die es zu entwickeln und zu gestalten gilt. Strategien sind damit immer auch Entscheidungen über die Verteilung knapper Ressourcen (vgl. Kap. 3.2.4).
- **Wettbewerbsvorteile** sind vorteilhafte Positionen gegenüber den Konkurrenten, aus denen Erfolgspotenziale generiert werden. Sie geben die grundsätzliche Ausrichtung der Unternehmensentwicklung an.
- **Erfolgspotenziale** entstehen, wenn eine zukünftige Positionierung im Wettbewerb vorteilhaft ist und Wettbewerbsvorteile verspricht. Ist zudem die zukünftige Ressourcengestaltung des Unternehmens auf diese Anforderungen ausgerichtet, so entsteht eine tragfähige Brücke zwischen der Unternehmensumwelt und dem Unternehmen. Diese repräsentiert den potenziellen Erfolg einer Strategie. Als Erfolgspotenzial ist sie die Voraussetzung, um zukünftig erfolgreich sein zu können. Analog dazu resultiert heutiger Erfolg aus der Übereinstimmung von Unternehmensressourcen und Umweltanforderungen sowie der Positionierung im Wettbewerb.

Damit ist eine Strategie eine **gestalterische Aufgabe** der Unternehmensführung. Es sollen Kunden und Märkte gewonnen bzw. Wettbewerber verdrängt werden. Dies soll durch den Aufbau von Wettbewerbsvorteilen erreicht werden. Gegenstand einer Strategie ist die Schaffung neuer und die Weiterentwicklung bestehender Erfolgspotenziale. Dadurch sollen die Unternehmensziele erreicht werden. Diese Ziele sichern langfristig die Existenz des Unternehmens und können auf die Steigerung des Unternehmenswertes (vgl. Kap. 8.2) oder den Aufbau von Wettbewerbspositionen (vgl. Kap. 3.2) ausgerichtet sein. Erfolgspotenziale sollen ausgeschöpft und in operativen Erfolg umgewandelt werden. Dabei spielen die Strategieumsetzung (vgl.

Abb. 3.1.8: Strategie als Zukunftsgestaltung

Kap. 4.2.2) und die Wandlungsfähigkeit des Unternehmens (vgl. Kap. 6.5) eine wichtige Rolle.

Strategien beinhalten langfristige, in die Zukunft wirkende Entscheidungen. Dies ist angesichts der schwierigen Prognostizierbarkeit der vielfältigen, komplexen und oft widersprüchlichen Einflussfaktoren überaus schwierig. Strategien beruhen daher in weit stärkerem Maße als die operative Unternehmensführung auf einem Abwägen von Argumenten und plausiblen Schlussfolgerungen. Es ist generell nicht möglich, die Zukunft eines Unternehmens vollkommen sicher zu gestalten. Vielmehr geht es darum, die Zukunft bzw. mehrere mögliche Zukunftsszenarien zu durchdenken. Daraus können Einflussfaktoren, Handlungsmöglichkeiten und resultierende Konsequenzen verdeutlicht und sichtbar gemacht werden. Strategische Unternehmensführung ist im Gegensatz zu einer ungesteuerten, rein zufälligen Entwicklung eher eine **„geplante Evolution“** (vgl. Kap. 1.2.4; *Kirsch*, 1997, S. 290).

5 P's der Strategie

Mintzberg (1978) kritisiert aufgrund empirischer Beobachtungen die Annahme der rationalen Planbarkeit von Strategien. Nach seiner Auffassung sind Strategien nicht zwingend das Ergebnis formal-rationaler Planung. Er beschreibt mit den **fünf P's der Strategie** unterschiedliche Strategieverständnisse (vgl. *Mintzberg*, 1978, S. 11 ff.; *Mintzberg et al.*, 2003, S. 3 ff.):

- **Strategien als Pläne (Plan)** beschreiben das bereits vorgestellte klassische Strategieverständnis eines rationalen Maßnahmenplans.
- **Strategien als Positionierungen (Position)** beschränken sich auf das Streben nach einer wettbewerbsfähigen Position. Wird diese geplant, dann entspricht diese Auffassung dem klassischen Strategieverständnis. Häufig werden solche Wettbewerbspositionen jedoch zufällig erreicht. Dies ist etwa der Fall, wenn sich Fehler der Konkurrenten zur Verbesserung der eigenen Position nutzen lassen.
- **Strategien als Perspektive (Perspective):** Eine Strategie kann auch als Denkhaltung in den Köpfen der Unternehmensführung vorhanden sein. Sie ist dann weder schriftlich dokumentiert, noch wird sie ausdrücklich kommuniziert. Sie ist vielmehr ein Bestandteil der Unternehmensphilosophie und beeinflusst die Einstellung der Unternehmensführung.
- **Strategien als List (Ploy)** charakterisieren Strategien im Sinne einer „Kriegslist“. Sie sind spontane Maßnahmen, mit denen Konkurrenten überrascht werden sollen. In diesem Sinne sind insbesondere die Strategeme bekannt. Dabei handelt es sich um schlaue, außergewöhnliche und verblüffende Problemlösungen, bei denen manchmal auch bewusst getäuscht wird. Ein Strategem ist damit keine vollständige Strategie, kann aber in deren Rahmen eingesetzt werden. Strategeme stammen z. B. von römischen Politikern wie von *Frontinus* (* um 40 n. Chr., vgl. *Frontinus*, 1978) oder *Polyänus* (* um 100 n. Chr., vgl. *Polyänus*, 1994). *Homer* lässt *Odysseus* auf seinen Reisen und Irrfahrten zahlreiche Listen anwenden. Beispielsweise ist das *Trojanische Pferd* zum Synonym einer strategischen List geworden. Besonders bekannt sind die 36 Strategeme des chinesischen Generals *Tan Daoji* († 436) aus seinem „geheimen Buch der Kriegskunst“. Diese gehören heute in China zur Allgemeinbildung und gelten als Zeichen der Weisheit.

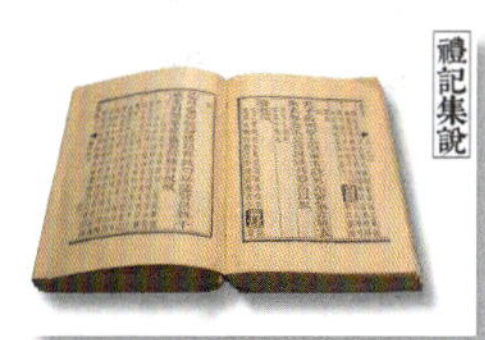

Einige Beispiele aus den 36 **Strategemen** lauten (vgl. *Magi*, 2009; *Matuschczyk*, 2009; *Yuan*, 1993):

- **„Mit dem Messer eines anderen töten“:** Begründung des Vorgehens durch angeblich objektive Sachzwänge oder indirekte Schädigung des Gegners, ohne selbst in Erscheinung zu treten. Ein typisches Beispiel ist es, zu Verhandlungen zwei konkurrierende Firmen einzuladen und gegeneinander auszuspielen.
- **„Aus einem Nichts etwas erzeugen“:** Überbetonung von Eigenschaften, Erfinden von Gerüchten, gezieltes Steuern von Reaktionen durch eigene Aktionen. Chinesische Kaufhäuser beschäftigen etwa Pseudokunden. Wenn dann ein echter Kunde unschlüssig ein Produkt betrachtet, drängen sich diese vor und kaufen laut lobend das Produkt. Scheinfirmen und -geschäfte sind andere Ausprägungen dieses Strategems. Die Vermarktung von Valentinstag und Halloween durch den Handel sind weitere Beispiele.
- **„Verrücktheit mimen, ohne das Gleichgewicht zu verlieren“:** Sich dumm oder krank stellen, Sachverhalte ignorieren und Probleme aussitzen.
- **„Einen [dürren] Baum mit [künstlichen] Blumen schmücken“:** Vorspiegelung einer tatsächlich nicht vorhandenen Kraft, Stärke, Größe oder Bedrohung. Viele Werbemaßnahmen nutzen dieses Strategem. Bei Firmenverkäufen gibt es immer wieder Fälle, in denen die „Braut“ zuvor systematisch hübsch ge-

macht, d.h. schön gerechnet wurde. Repräsentative Firmensitze können auch eine Ausprägung dieses Strategems sein.

- **„Auf das Gras schlagen, um die Schlangen aufzuscheuchen“:** Kommunikation in testender, warnender oder provozierender Weise. Wer mitten in einer Verhandlung seine Unterlagen zusammenpackt und den Raum verlässt, nutzt dieses Strategem.

- **Strategien als Muster (Pattern)** sind bei *Mintzberg* sehr häufig vorzufinden. Demnach entwickelt sich eine Strategie unbeabsichtigt aus dem Handeln und den Entscheidungen der Unternehmensführung. Diese sog. emergenten Strategien entstehen eher zufällig und sind erst im Nachhinein erkennbar. Dies ist dann der Fall, wenn ein zusammenhängendes Muster im Fluss der Entscheidungen deutlich wird. Aus diesem Strategieverständnis ergeben sich nach Auffassung *Mintzbergs* folgende **Grundmuster von Strategietypen** (vgl. *Mintzberg*, 1978, S. 945):
  - **Geplante Strategien** (intended) sind in der Praxis selten. Ein Teil davon wird tatsächlich umgesetzt (deliberate), während ein anderer Teil nicht realisiert wird (unrealized). Gründe hierfür sind etwa unrealistische Annahmen über die Entwicklung der Umwelt oder fehlende Unternehmensressourcen.
  - **Ungeplante Strategien** (emergent) im Sinne der Strategiemuster (Pattern) kommen häufig vor.
  - **Realisierte Strategien** (realized) sind die tatsächlich umgesetzten Strategien, die sowohl aus bewussten als auch ungeplanten Strategien resultieren können.

In der **Praxis** sind Strategien eine Kombination aus geplanten und ungeplanten Verhaltensweisen. Neben den formalen, geplanten Strategien gibt es auch andere Wege, den strategischen Erfolg eines Unternehmens sicherzustellen. Die Unternehmensführung sollte deshalb auch ungeplante Strategien erkennen und diese gegebenenfalls unterstützen. Der Ansatz bietet jedoch wenig Hinweise für die konkrete Gestaltung von Strategien. Im Prinzip kann danach jede Entscheidung in einem Unternehmen als strategisch bezeichnet werden. Ungeplante Strategien sind zudem nicht geeignet, ein Unternehmen zielgerichtet zu führen. Demgemäß wird nachfolgend vom klassischen Strategieverständnis ausgegangen. Es stellt eine vereinfachte und idealtypische Konzeption der strategischen Unternehmensführung dar.

3.1.3 Wettbewerbsvorteile und Erfolgspotenziale

Durch die in einer Strategie festgelegten Maßnahmen sollen **Wettbewerbsvorteile** geschaffen werden. Sie bilden damit das Herzstück einer Strategie. Strategische Unternehmensführung steht für ein Denken in Wettbewerbsvorteilen. Kunden und Märkte sollen dadurch gewonnen oder Wettbewerber verdrängt werden. Sie sind deshalb die Voraussetzung dafür, dass die Ziele einer Strategie erreicht und Erfolgspotenziale geschaffen werden.

Wettbewerbsvorteile

Zur Bestimmung von Wettbewerbsvorteilen bilden folgende **Akteure** ein sog. strategisches Dreieck (vgl. *Ghemawat*, 1997, S. 53 ff.; *Porter*, 1989, S. 31; *Simon*, 1988, S. 461 ff.):

- **Kunden:** Sie vergleichen das Preis-/Leistungsverhältnis der Produkte am Markt. Ein Unternehmen kann ein Alleinstellungsmerkmal besitzen, wenn es über ein herausragendes Leistungsmerkmal verfügt. Damit kann sich dessen Angebot vom Wettbewerb abheben. Im Marketing wird dies auch als veritabler Kundenvorteil bzw. **„Unique Selling Proposition“** oder nach *Reeves* (1961) als „Unique Selling Point“ (USP) bezeichnet. Dieses Alleinstellungsmerkmal sollte so beschaffen sein, dass es das zu vermarktende Produkt von den Wettbewerbern abhebt. Dessen behaupteter oder tatsächlicher Nutzen bezieht sich in der Regel auf eine konkrete Eigenschaft,

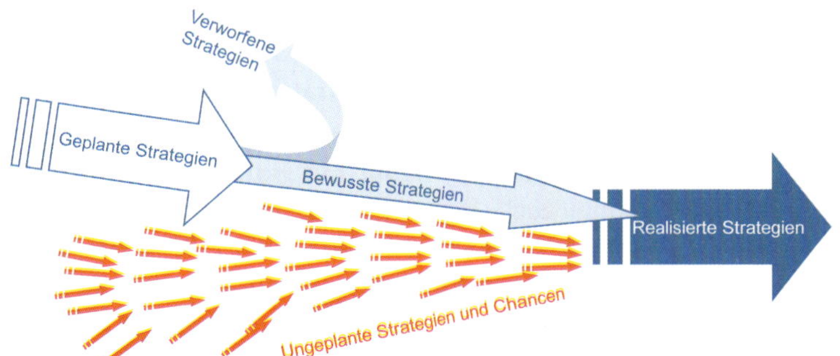

Abb. 3.1.9: Grundmuster von Strategien (vgl. Mintzberg et al., 2012, S. 26)

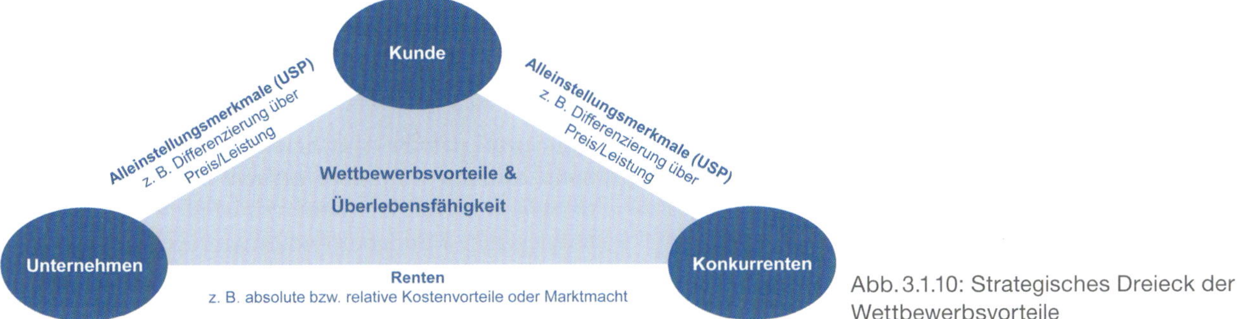

Abb. 3.1.10: Strategisches Dreieck der Wettbewerbsvorteile

die andere Produkte nicht aufweisen oder nicht für sich reklamieren. Die angesprochene Zielgruppe soll dadurch Präferenzen für das beworbene Produkt bilden und es letztlich kaufen. Produkte und Leistungen mit einem höheren Kundenutzen müssen allerdings vom Kunden wahrgenommen und als bedeutsam eingestuft werden. Mit Unterstützung des Marketings sollen derartige komparative Kundenvorteile hervorgehoben und gefördert werden.

- **Konkurrenten** versuchen, sich in den Augen des Kunden ebenfalls zu differenzieren. Zudem sind sie bemüht, die Wettbewerbsvorteile des Unternehmens, z. B. durch Imitation oder ein verbessertes Preis-/Leistungsverhältnis, zu zerstören.
- **Unternehmen** verfolgen mit ihrer Strategie das Ziel, Wettbewerbsvorteile aufzubauen. Die Aktivitäten der Konkurrenten zwingen das Unternehmen zur Verteidigung und Erneuerung ihrer Wettbewerbsvorteile. Diese sind jedoch für das Unternehmen nur dann von Nutzen, wenn der Kunde bereit ist, hierfür einen entsprechenden Preis zu bezahlen. Dieser Mehrwert muss langfristig die damit verbundenen Kosten übersteigen.

Ein Unternehmen hat einen **Wettbewerbsvorteil**, wenn es gegenüber der Konkurrenz entweder Alleinstellungsmerkmale anbietet, für welche die Kunden bereit sind einen Premiumpreis zu bezahlen oder Vorteile aus Renten nutzen kann.

Renten

Wettbewerbsvorteile zielen immer darauf ab, einen Wert zu stiften. Dies wird auch als rentensuchendes Verhalten bezeichnet. Ökonomische Renten entstehen, wenn Unternehmen ihre Ressourcen und Fähigkeiten gegenüber ihren Konkurrenten besser nutzen und auf diese Weise einen Mehrwert generieren (vgl. *Barney*, 1991, S. 126).

Eine **Rente** ist ein Ertrag, der aus der Nutzung einer Ressource entsteht.

Grundsätzlich kann in folgende Arten von **Renten** unterschieden werden (vgl. Kap. 1.2):

- **Monopol-Renten** resultieren aus überlegener Marktmacht und vorteilhaften Produkt-Markt-Positionen (vgl. Kap. 1.2.2). Sie nutzen Unvollkommenheiten in der Industriestruktur aus. Dies können z. B. staatliche Monopole wie Lottogesellschaften sein oder Quasi-Monopole wie im Fall von *Microsoft Windows*.
- **Smith-Renten** entstehen aus absoluten Kostenvorteilen. *Adam Smith* propagierte weltweite Arbeitsteilung und Spezialisierung, um absolute Kostenvorteile zu nutzen. Diese können aus Faktorkosten, wie etwa Arbeitskosten, der Verfügbarkeit von knappen Ressourcen oder besonders günstigen Produktionsbedingungen, wie etwa Kiwis in Neuseeland, resultieren.

- **Ricardo-Renten** gehen auf das Theorem der komparativen Kostenvorteile von *Ricardo* (vgl. 1817, S. 58 ff.) zurück. Demnach strebt ein Akteur nicht nach der absolut günstigsten Position, sondern versucht lediglich, bestimmte Produkte in Relation zu seinen direkten Konkurrenten kostengünstiger herzustellen. Ricardo-Renten resultieren aus ungleich verteilten Ressourcen zwischen den in einem Industriezweig tätigen Unternehmen. Ein Unternehmen verdient *Ricardo*-Renten, wenn es relativ knappe Ressourcen besitzt und ausbeutet, über die seine Wettbewerber nicht oder nur eingeschränkt verfügen.

- **Schumpeter-Renten** wurden durch *Joseph Schumpeter* (1911) mit seiner Theorie der „unternehmerischen Innovation" erklärt. Unternehmen schaffen Neues und zerstören damit bestehende Gleichgewichtssituationen im Wettbewerb (kreative Zerstörung). Daraus entstehen kurzfristige Monopole, sog. Pionier-Renten, aufgrund höherer Produktivität durch Prozessinnovation oder höherer Preise bei Produktinnovationen.

Wesentliche **Merkmale von Wettbewerbsvorteilen** sind (vgl. *Meyer/Davidson*, 2001, S. 324 f.):

- Die **Dauer** bezeichnet die Zeitspanne, in der ein Wettbewerbsvorteil aufrechterhalten werden kann. So sind z. B. ressourcenorientierte Vorteile, wie etwa Rohstoffvorkommen, über lange Zeiträume nutzbar. Je dauerhafter ein Wettbewerbsvorteil ist, desto besser lässt sich daraus Wert schöpfen.
- Die **Anfälligkeit** gegenüber Umweltveränderungen oder Angriffen von Konkurrenten reduziert den Wert eines Wettbewerbsvorteils. So können sich etwa Technologien oder Kundenbedürfnisse schnell ändern und daher der Vorteil vergehen. Insbesondere die Konkurrenz versucht stets, Vorteile zu imitieren oder durch Innovation zunichte zu machen. Die Anfälligkeit des Wettbewerbsvorteils erfordert deshalb auch Maßnahmen zum Erhalt, wie etwa Patentschutz oder Innovation.
- Der **Wert** eines Wettbewerbsvorteils bemisst die Erfolgspotenziale. Diese entstehen entweder durch zusätzlichen Kundennutzen, welcher über ein Preispremium abgeschöpft werden kann, oder durch eine überlegene Kostenposition. Eine günstigere Kostenstruktur führt bei gleichen Marktbedingungen zu einer relativ besseren Wettbewerbsfähigkeit, da bei gleichem Preis dem Unternehmen ein höherer Gewinn zufließt.

Als wichtigste **Quellen von Wettbewerbsvorteilen** gelten:

- Objektive Leistungsvorteile, wie z. B. eine besondere Produktqualität bei *Miele*.
- Subjektiv wahrgenommene Vorteile, wie z. B. das Produktimage bei *Apple*.
- Globale Präsenz, wie z. B. bei *General Electric*.
- Hohes Preis-Leistungsverhältnis, wie z. B. die Lebensmitteldiscounter *Aldi* oder *Lidl*.
- Kompetenzen, Ressourcen oder Kontakte, wie z. B. Ölförderlizenzen bei *EXXON*.

Diese **Quellen von Wettbewerbsvorteilen** lassen sich, wie in Abb. 3.1.11 dargestellt, nach den Dimensionen Kunden- und Wettbewerbsorientierung systematisieren (vgl. *Day/Wensley*, 1988, S. 1 ff.):

- **Kundenspezifische Wettbewerbsvorteile** weisen eine hohe Kunden- und eine geringe Wettbewerbsorientierung auf. Der Wettbewerbsvorteil besteht in einer überlegenen Kundenorientierung durch eine spezifische Problemlösung. Beispiele hierfür sind spezialisierte Fachhändler oder Sondermaschinenbauer.
- **Ressourcenbasierte Wettbewerbsvorteile** sind weder stark an den Kunden noch an den Wettbewerbern ausgerichtet. Die Quelle des Wettbewerbsvorteils ist vielmehr das Unternehmen selbst und dessen einzigartige Ressourcen. Dies können etwa besondere Kompetenzen oder Standortvorteile sein. Beispielsweise basiert der Wettbewerbsvorteil von öl- und salzfördernden Unternehmen auf einer Förderlizenz als strategischer Ressource. Die ressourcenorientierte Unternehmensführung beschäftigt sich mit dem Aufbau und der Nutzung ressourcenbasierter Wettbewerbsvorteile (vgl. Kap. 3.2.4).
- **Konkurrenzbezogene Wettbewerbsvorteile** sind weniger am einzelnen Kunden, sondern vielmehr am Wettbewerb ausgerichtet. Dies ist in Konsumgütermärkten, wie etwa der Getränkebranche, der Fall.
- **Kombinierte (marktspezifische) Wettbewerbsvorteile** richten sich sowohl stark an den Kunden als auch an den Wettbewerbern aus. Derartige Wettbewerbsvorteile sind in Nischenmärkten anzutreffen. Ein Beispiel sind Beratungsgesellschaften, die jeden Auftrag kundenspezifisch ausführen und untereinander in intensivem Wettbewerb stehen.

Abb. 3.1.11: Systematik von Wettbewerbsvorteilen

Erfolgspotenziale

Wettbewerbsvorteile zielen darauf ab, Erfolgspotenziale zu erzielen. Häufig werden Erfolgspotenziale und tatsächlicher Erfolg nicht ausreichend klar voneinander getrennt. Die strategische Unternehmensführung hat die Aufgabe, Wettbewerbsvorteile für ein Unternehmen zu generieren. Daraus sind neue Erfolgspotenziale zu schaffen und bestehende Erfolgspotenziale weiterzuentwickeln. Der Erfolg eines Unternehmens ist dann das Ergebnis der operativen Unternehmensführung unter Nutzung der bestehenden Potenziale. Er mündet in den Gewinn bzw. fließt dem Unternehmen als Liquidität zu.

Erfolgspotenziale sind produkt- und marktspezifische, technologische oder qualifikatorische Voraussetzungen für zukünftigen Erfolg, die aus den Wettbewerbsvorteilen des Unternehmens aufgrund dessen Positionierung im Wettbewerb und Ressourcengestaltung resultieren.

Erfolgspotenziale können unterteilt werden in (vgl. *Gälweiler*, 1987, S. 26):

- **Externe Erfolgspotenziale** leiten sich direkt aus den angestrebten Wettbewerbsvorteilen ab. Sie sollen durch marktorientierte Strategien zur Erreichung einer angestrebten Wettbewerbsposition generiert werden. Beispiele sind Markt- oder Technologiepotenziale.
- **Interne Erfolgspotenziale** beschreiben das Ressourcenpotenzial des Unternehmens. Sie sollen durch Maßnahmen zur Gestaltung der Ressourcenbasis aufgebaut werden. Verfügt ein Unternehmen über kostengünstigere oder leistungsstärkere Ressourcen als die Konkurrenz, dann ist das ein Wettbewerbsvorteil, aus dem interne Erfolgspotenziale generiert werden können.

Abb. 3.1.12 ordnet den Begriff Erfolgspotenzial in das hierarchische Führungssystem und dessen Zielgrößen ein. Das **Erfolgspotenzial** eines Unternehmens setzt sich zusammen aus einem Bündel an materiellen und immateriellen Ressourcen, die entweder selbst geschaffen oder erworben wurden (vgl. Kap. 3.2). Dies macht sie zu Frühindikatoren für den später im Rahmen der operativen Unternehmensführung erwirtschafteten Erfolg. Alle Entscheidungen zum Aufbau und zur Erhaltung von Erfolgspotenzialen wirken sich mit zeitlicher Verzögerung auf den späteren Erfolg aus. Ihr Aufbau erfordert einen langen Zeitraum, der sich kaum verkürzen lässt. Beispiele sind Produktentwicklungen sowie der Aufbau von Produktionskapazitäten, Marktpositionen oder Organisationsstrukturen.

Aus dieser Vorsteuerfunktion resultieren folgende **Eigenschaften** von Erfolgspotenzialen (vgl. *Gälweiler*, 1987, S. 26 ff.):

- Erfolgspotenziale stellen **Obergrenzen** für den realisierbaren Erfolg dar. Je höher diese sind, desto größer ist der Spielraum für den realisierbaren Erfolg.
- Erfolgspotenziale schaffen nur **Voraussetzungen** für hohe Erfolgschancen. Deren Ausnutzung ist Aufgabe der operativen Unternehmensführung und somit können Erfolgspotenziale auch ungenutzt bleiben.
- Jedes Unternehmen verfügt über Erfolgspotenziale, unabhängig davon, ob diese bekannt sind oder nicht. Häufig macht sich ein **Verlust von Erfolgspotenzialen** erst durch ein negatives Ergebnis oder Liquiditätsschwierigkeiten bemerkbar. Dann ist es allerdings für gegensteuernde Maßnahmen meist schon zu spät.
- Erfolgspotenzial, Erfolg und Liquidität sind miteinander verknüpft, beinhalten jedoch unterschiedliche **Steuerungsanforderungen** an die Unternehmensführung. Der Aufbau von Erfolgspotenzialen beeinflusst die finanz- und erfolgswirtschaftliche Situation des Unternehmens. Kurzfristig reduziert der Aufbau von

Ebenen der Unternehmensführung	Elemente der Unternehmensführung	Ziele	Beispiele
Normative Unternehmensführung	Unternehmensvision und -mission	Unternehmensziele ↓	▪ Soll-Gewinn ▪ Soll-Wertbeitrag ▪ Soll-Liquidität
Strategische Unternehmensführung	Strategien	Wettbewerbsvorteile ↓	▪ Markt-/Wettbewerbsposition ▪ Leistungs- oder Kostenvorteil
		Erfolgspotenziale ↓	▪ Ziel-Wettbewerbsposition ▪ Ziel-Ressourcenbasis
		Erfolgsfaktoren (Werttreiber) ↓	▪ Marktanteil ▪ Kundenzufriedenheit ▪ Kostenposition
Operative Unternehmensführung	Maßnahmen	Erfolg	▪ Ist-Gewinn ▪ Ist-Wertbeitrag ▪ Ist-Liquidität

Abb. 3.1.12: Einordnung von Erfolgspotenzialen

Erfolgspotenzialen die Liquidität und den operativen Erfolg. Langfristig bilden Erfolgspotenziale aber die Voraussetzung für Erfolg. Beispielsweise verursacht die Entwicklung neuen Wissens zunächst Aufwand und reduziert damit das operative Ergebnis. Entstehen daraus marktfähige Produkte, dann kann das Unternehmen operative Gewinne und Liquidität generieren.

Die Verknüpfung zwischen Erfolgspotenzial und Erfolg hängt von folgenden **Faktoren** ab (vgl. *Dillerup/Hannss*, 2006, S. 30 ff.):

- **Volkswirtschaft:** Die volkswirtschaftlichen Rahmenbedingungen beeinflussen alle Unternehmen eines Landes. Sie legen damit fest, wie gut Unternehmen ihre Potenziale in Erfolg umwandeln können. Bei ausgezeichneten Standortfaktoren stehen die Chancen für Unternehmenserfolg besser, als dies z. B. bei instabilen politischen Rahmenbedingungen der Fall ist. Faktoren sind etwa langfristige Planungs- und Investitionssicherheit, Bürokratie oder politische, technische und infrastrukturelle Rahmenbedingungen.
- **Branche:** Innerhalb einer Volkswirtschaft spielt die Effizienz der Branche eine wichtige Rolle. Je positiver die Branchenkräfte sind bzw. je attraktiver eine Branche ist, desto wahrscheinlicher führen Erfolgspotenziale beim Unternehmen zu wirtschaftlichem Erfolg (vgl. Kap. 3.2.1).
- **Unternehmensspezifische Umsetzungsqualität**, d. h. wie konsequent das strategische Potenzial eines Unternehmens in Erfolg umgewandelt wird. Sie ist ein Gütezeichen für die Qualität strategischer Unternehmensführung. So spiegeln sich darin die Konsequenz der Führung, die Verknüpfung zwischen operativer und strategischer Planung, die Umsetzung von Zielen, die Effektivität des Controllings und die Fähigkeit zur Wahrnehmung von Chancen wider.

Erfolgsfaktoren

Erfolgspotenziale sind kaum exakt zu beschreiben und schwer zu messen. Deshalb werden sie durch eine Reihe interner und externer **Erfolgsfaktoren** mess- und damit steuerbar gemacht. Diese dienen als Hilfe für die Strategieformulierung. Erfolgsfaktoren wirken sich auf unterschiedliche und schwer prognostizierbare Weise auf die Erfolgspotenziale und den Erfolg aus. Daher lassen sich die Erfolgsaussichten einer Strategie meist schwer beurteilen.

Erfolgsfaktoren sind unternehmensinterne Maßgrößen, die den Unternehmenserfolg entscheidend beeinflussen.

Das Konzept der Erfolgsfaktoren geht davon aus, dass es für jedes Unternehmens nur wenige erfolgsentscheidende Faktoren gibt (vgl. *Rockart*, 1979, S. 85). Zwischen dem Unternehmenserfolg und diesen Faktoren besteht demnach eine hohe Korrelation. Nur wenn die Erfolgsfaktoren vom Unternehmen beherrscht werden, kann es erfolgreich sein. Sie geben Antwort auf die Frage, welche Kriterien einen wesentlichen Einfluss auf das Erfolgspotenzial eines Geschäftsbereichs ausüben. Deshalb werden diese Erfolgsfaktoren auch häufig als **Key Performance Indicators (KPI)** oder im Rahmen der wertorientierten Unternehmensführung (vgl. Kap. 8.2) als **Werttreiber** bezeichnet.

Zur Messung von Erfolgsfaktoren bedarf es einiger Überlegungen zu deren **Ursache-Wirkungs-Beziehungen** (vgl. Kap. 1.2.3). Die Auswirkung der Veränderung eines Erfolgsfaktors auf das Erfolgspotenzial ist von den Wirkungszusammenhängen abhängig. Diese können z. B. in Strategy Maps dargestellt werden (vgl. Kap. 4.2.5).

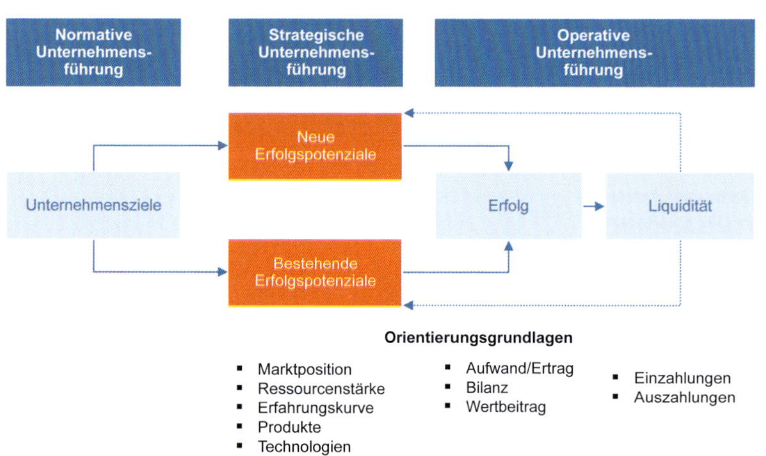

Abb. 3.1.13: Erfolgspotenziale als Vorsteuergröße (in Anlehnung an Gälweiler, 1987, S. 28)

Folgende **Merkmale** bestimmen den Einfluss der Erfolgsfaktoren auf das Erfolgspotenzial:

- **Wirkungsintensität:** Einzelne Erfolgsfaktoren beeinflussen das Erfolgspotenzial unterschiedlich stark. Empirisch wurde nachgewiesen, dass dem Erfolgsfaktor „Marktanteil" eine dominierende Rolle zukommt.
- **Wirkungsabhängigkeiten** bestimmen die Beziehung zwischen Erfolgsfaktoren und dem Erfolgspotenzial. Die meisten Erfolgspotenziale werden durch mehrere Erfolgsfaktoren beeinflusst. Dabei können Rückkopplungen und mehrere Wirkungsbeziehungen aufeinander einwirken. So wirkt etwa eine hohe Qualität als Erfolgsfaktor positiv auf den Umsatz. Dieser Effekt wird z. B. durch einen hohen Marktanteil verstärkt.
- **Dynamik:** Ursache-Wirkungs-Beziehungen der Erfolgsfaktoren ändern sich laufend. Gründe dafür sind etwa technologische Entwicklungen oder Marktänderungen.
- **Heterogenität:** Die Wirkung der Erfolgsfaktoren auf das Erfolgspotenzial kann in einzelnen Geschäftsbereichen eines Unternehmens unterschiedlich stark sein. Aus diesem Grund sind für Geschäftsbereiche spezifische Strategien erforderlich.

Die Kenntnis der Erfolgsfaktoren verbessert das Verständnis für strategische Zusammenhänge und ist hilfreich für die Ableitung der Strategie. In der Unternehmenspraxis stoßen Untersuchungen zu Erfolgsfaktoren deshalb auf hohes Interesse.

Sie lassen sich methodisch in zwei **Kategorien** unterteilen:

- **Fallstudienansatz:** Eine begrenzte Anzahl an Unternehmen wird eingehend untersucht, um daraus Zusammenhänge zwischen Erfolgsfaktoren, Erfolgspotenzial und Erfolg zu bestimmen. Derartige Analysen sind häufig sehr populär. Beispiele sind das 7-S-Modell von *Peters* und *Watermann* (1982) oder die Studie zur Produktivität in der Automobilindustrie von *Womack* und *Jones* (1994). Ebenfalls auf den Bestsellerlisten standen die Bücher von *Simon* (1998, 2021) über die Erfolgsstrategien unbekannter Weltmarktführer, den sogenannten *Hidden Champions*, die zu den Top-3 in ihrem Weltmarkt gehören, weniger als 5 Mrd. € jährlich umsetzen und kaum bekannt sind (vgl. Kap. 1.1.2). Von den weltweit über 2.700 Hidden Champions kommen gut 50 % aus Deutschland.

Diese Firmen zeichnen fünf **Erfolgsfaktoren** aus (vgl. *Simon*, 1998, S. 222 f.; 2021, S. 23 ff.):

1. **Hohe Ambitionen**: Die Hidden Champions wollen in ihrem Markt die Besten weltweit sein.
2. **Fokus**: Die Hidden Champions sind auf ihre Märkte fokussiert.
3. **Globalisierung**: Fokus macht einen Markt klein, durch Globalisierung wird er wieder groß. Dahinter steckt das Prinzip, besser durch regionale Expansion als durch Diversifikation zu wachsen.
4. **Kundennahe Innovation**: Die Hidden Champions sind sehr innovativ. Sie schaffen es dabei besser als Großunternehmen, die Kundenbedürfnisse und Technologien zu integrieren.
5. **Hohe Mitarbeiterqualifikation und -treue**: Die Fluktuationsrate ist niedrig und die Mitarbeiter haben meist eine lange Betriebszugehörigkeit.

Alternativ können auch die Ursachen von Misserfolg untersucht werden und daraus auf die Erfolgsfaktoren geschlossen werden. So konnte z. B. aus einer Untersuchung der Gründe für die Insolvenz des Drogeriemarktes *Schlecker* im Vergleich zum Wachstumschampion *dm* abgeleitet werden, dass ein Erfolgsfaktor in den Werten und der Unternehmenskultur liegt. Mangelndes Vertrauen und Respekt gegenüber den Mitarbeitern war demnach ein Grund des Misserfolgs von *Schlecker*. Demzufolge ist respektvoller Umgang mit Mitarbeitern ein Erfolgsfaktor (vgl. *Alter*, 2012).

Die Ergebnisse derartiger Untersuchungen sind meist schwer nachvollziehbar und sehr generalisierend. Häufig handelt es sich nicht um neue Erkenntnisse, sondern lediglich um „neuen Wein in alten Schläuchen" (vgl. *Kieser*, 1996a, S. 23 ff.). Ob Ergebnisse aus einer Untersuchungsgruppe auf andere Unternehmen übertragbar sind, ist zudem wissenschaftsmethodisch häufig nicht belegt und höchstens bei der Hypothesenbildung hilfreich.

- **Benchmarking-Ansatz:** In einer möglichst umfangreichen empirischen Stichprobe von Unternehmen wird mit statistischen Verfahren nach signifikanten Korrelationen gesucht. Problematisch sind dabei die Quantifizierbarkeit der Zusammenhänge und die Repräsentativität der Daten. Zudem beruhen die Aussagen immer auf Daten der Vergangenheit. Das umfassendste empirische Forschungsprojekt auf dem Gebiet der strategischen Unternehmensführung ist die 1972 ins Leben gerufene **PIMS-Studie** (Profit Impact of Market Strategies). Dabei wurden zunächst ca. 250 Unternehmen aus Nordamerika und Europa mit ca. 3.000 Geschäftsbereichen daraufhin untersucht, welche Faktoren zu deren Erfolg beitragen. Diese ursprünglich interne Studie von *General Electric* wurde von der *Harvard Business School* auf weitere Unternehmen ausgeweitet. Sie wird seit 1979 vom *Strategic Planning Institute* als eigenständiges Unternehmen fortgeführt, das seit 2005 zu *Malik Management* gehört. Heute umfasst die Studie mehr als 12.500 Beobachtungen bei über 4.200 Geschäftsbereichen. Das PIMS-Projekt analysiert die gesammelten Daten, um Probleme und Chancen der einzelnen SGEs zu identifizieren. Die Studie soll anderen Unternehmen in derselben Branche empirische Belege liefern, welche Strategien zu einer höheren Rentabilität führen. Die Datenbanken umfassen derzeit über 25.000 Jahre Geschäftserfahrung auf SGE-Ebene. Jede SGE ist durch Hunderte von Faktoren über einen Zeitraum von mehr als drei Jahren gekennzeichnet, wie z. B. Marktanteil, Kundenpräferenz, relative Preise, Servicequalität, Innovationsrate, vertikale Integration, Marktattraktivitätsfaktoren sowie Finanzkennzahlen und vieles mehr. Es wurden regelmäßig über 50 verschiedene Kenngrößen erhoben. Ziel ist die Entdeckung international gültiger Gesetze des Marktes („Laws of the Market Place"). Tatsächlich wurden 18 Schlüsselfaktoren für den Erfolg von Unternehmen bestimmt. Allerdings lassen sich daraus keine einfachen Marktgesetze ableiten, da die Einflussfaktoren zu komplex sind. Der Erfolg wird mit den Kennzahlen Kapitalrendite (Return on Investment), Kapitalumschlag, Cashflow und Umsatzrendite gemessen. Einfluss auf den Erfolg haben Unternehmensmerkmale, wie etwa Unternehmensgröße, Diversifikationsgrad oder Organisation sowie die Dynamik der genannten Faktoren.

Einfluss haben aber auch **unternehmensexterne Faktoren** (vgl. www.malik-management.com):

- **Marktattraktivität** beeinflusst den Erfolg positiv. Sie wird z. B. durch Marktwachstum, Exportrate, Konzentrationsgrad auf Seite der Anbieter und Nachfrager oder die Position im Produktlebenszyklus bestimmt.
- **Relative Wettbewerbsposition** beeinflusst den Erfolg ebenfalls positiv. Sie wird etwa durch den relativen Marktanteil oder die relative Produktqualität im Verhältnis zu den drei größten Konkurrenten gemessen.
- **Investitionsintensität** schadet dem Erfolg. Sie wird z. B. durch Kapitalintensität, Wertschöpfungstiefe, Auslastung oder Arbeitsproduktivität beurteilt.
- **Günstige Kostenstrukturen** sind ebenfalls positiv für den Erfolg, wie etwa der Marketing- oder F&E-Aufwand in Relation zum Umsatz.

Exemplarisch zeigt Abb. 3.1.14 eine Auswertung aus der *PIMS-Datenbank*. Darin ist zu sehen, dass sowohl der Marktanteil als auch die relative Produktqualität die Rentabilität fördern und sich dabei offensichtlich gegenseitig verstärken.

3.1.4 Arten von Strategien

Der Begriff der Strategie wird heute fast inflationär verwendet. Es wird von Wettbewerbs- und Unternehmensstrategie, aber auch von Angriffs- und Verteidigungsstrategie, von Wachstums-, Stabilisierungs- und Schrumpfungsstrategie sowie von Absatz-, Produktions- und Personalstrategie gesprochen (vgl. *Hungenberg*, 2020, S. 5). Deshalb wird im Folgenden zunächst das breite Spektrum an Strategien systematisiert.

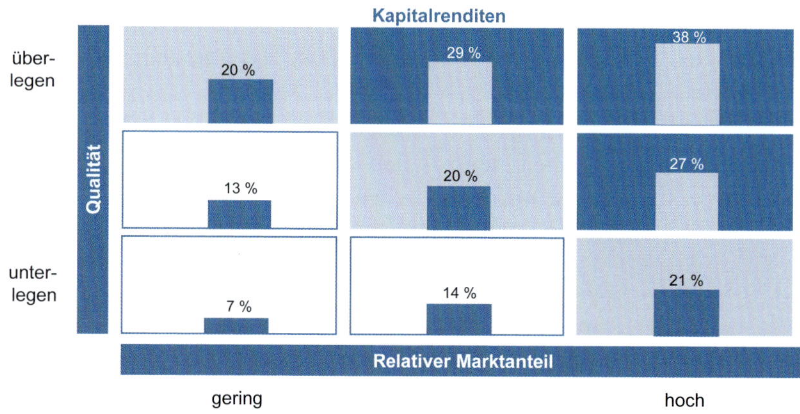

Abb. 3.1.14: PIMS-Auswertung zur Kapitalrendite in Abhängigkeit von relativem Marktanteil und Qualität

Ein Unterscheidungsmerkmal sind die **hierarchischen Führungsebenen**. Unternehmen mit wenigen, relativ homogenen Produkten, benötigen nur eine Strategie. Mit zunehmender Differenzierung des Produktprogramms gehen Unternehmen meist dazu über, mehrere organisatorisch getrennte Geschäftsbereiche (Divisionen, vgl. Kap. 5.1) zu bilden (vgl. *Welge et al.*, 2017, S. 459 ff.). Diese sind meist weitgehend unabhängig und erfordern eine eigenständige strategische Positionierung. Die Geschäftsbereiche werden weiter in sog. **strategische Geschäftsfelder (SGF)** unterteilt, die über eigene Erfolgspotenziale, Chancen und Gefahren sowie Strategien verfügen (vgl. *Müller-Stewens/Lechner*, 2016, S. 143). Sie sollten relativ autonom geführt werden und für die Entwicklung und Umsetzung ihrer Strategie sowie für erforderliche Ressourcen selbst verantwortlich sein.

Unternehmens-, Geschäfts- und Funktionalstrategien

Aus der hierarchischen Gliederung von Strategien folgen die in Abb. 3.1.15 dargestellten drei strategischen Ebenen.

Inhalte der drei Strategieebenen sind (vgl. *Bea/Haas*, 2019, S. 165):

- **Unternehmensstrategien** (Corporate Strategies) beantworten die Frage, in welchen Geschäften ein Unternehmen agieren will und welchen Stellenwert diese untereinander haben. Deshalb befassen sich Unternehmensstrategien vor allem mit der Gestaltung des sog. Geschäftsbereichsportfolios und der Verteilung von Ressourcen auf einzelne Geschäftsbereiche. Zudem sind eventuell erforderliche Veränderungen des Geschäftsbereichsportfolios zu bestimmen. Dazu gehören auch Überlegungen zur strategiegerechten Ausgestaltung der Personalfunktion, Organisation sowie Information und Kommunikation des gesamten Unternehmens, weshalb hier auch von Unternehmensentwicklung gesprochen wird. Wichtige **Aufgaben** der Unternehmensstrategie sind (vgl. 3.2):
  - **Definition von Zielvorgaben** an die Geschäftsbereiche zur Differenzierung der Unternehmensziele (vgl. Kap. 2.3).
  - **Gestaltung des Geschäftsbereichsportfolios:** Zu beantworten ist die Kernfrage, in welchen Geschäftsfeldern das Unternehmen aktiv werden soll. Dazu können grundsätzlich die Konzepte der wertorientierten Unternehmensführung (vgl. Kap. 8.2) und die Branchenwahl (vgl. Kap. 3.2) angewandt werden. Dies erfolgt unter den Kriterien von Wettbewerbsvorteilen, Risiko und Erfolgspotenzial je Geschäftsfeld. Will ein Unternehmen in mehr als einem Geschäftsfeld aktiv sein, so ist zu klären, wie sich diese voneinander abgrenzen und ein eigenständiges strategisches Profil bilden können. Das Ziel der Unternehmensstrategie ist es, einen über die einzelnen Geschäftsfelder hinausgehenden Mehrwert zu schaffen. Mit anderen Worten gilt es, Synergien zwischen den Geschäftsfeldern zu erzeugen.
  - **Unternehmensentwicklung** durch selbst eingeleiteten Wandel (vgl. Kap. 6.5), Kooperationen (vgl. Kap. 5.5) sowie Fusionen und Übernahmen (vgl. Kap. 5.6).
  - Strategiegerechte Gestaltung der **Organisation** (vgl. Kap. 5.1.5), **Personalfunktion** (vgl. Kap. 6.1.2) sowie **Information und Kommunikation** (vgl. Kap. 7.1).
- **Geschäftsstrategien** (Business Strategies) legen fest, wie in einem Geschäftsfeld vorgegangen werden soll, um im Wettbewerb erfolgreich bestehen zu können. Die strategische Kernfrage lautet, wie sich in dem Geschäftsfeld ein Wettbewerbsvorteil erzielen lässt. Der eigene Geschäftsbereich wird dazu im Verhältnis zu dessen Konkurrenten und Kunden betrachtet. Damit er dauerhaft erfolgreich sein kann, benötigt er Wettbewerbsvorteile. Diese können durch markt- oder ressourcenbasierte Strategien (vgl. Kap. 3.3) geschaffen werden. Wettbewerbsvorteile sind für jeden Geschäftsbereich einzeln zu entwickeln und umzusetzen.

Strategieebene	Strategieinhalte
Unternehmensstrategien (Corporate Strategy)	▪ (Wertorientierte) Ziele und Strategien ▪ Gestaltung des Geschäftsbereichsportfolios ▪ Unternehmensentwicklung ▪ Eigenentwicklung/Führung des Wandels ▪ Kooperation ▪ Mergers & Acquisitions ▪ Strategiegerechte Gestaltung der Strukturen ▪ Strategiegerechte Personalaufgaben
Geschäftsstrategien (Business Strategy)	▪ Marktorientierte Strategien ▪ Ressourcenbasierte Strategien ▪ Wettbewerbsstrategien
Funktionalstrategien (Functional Strategy)	▪ Forschungs- und Entwicklungsstrategien ▪ Beschaffungsstrategien ▪ Produktionsstrategien ▪ Vertriebsstrategien ▪ Personalstrategien ▪ Finanzstrategien ▪ ...

Abb. 3.1.15: Klassifizierung von Strategien (vgl. Bea/Haas, 2019, S. 165)

- **Funktionalstrategien** (Functional Strategies) beziehen sich auf die grundlegende strategische Ausrichtung der betrieblichen Funktionsbereiche (vgl. *Wheelen et al.*, 2018, S. 4 ff.). Die Funktionalstrategien werden aus der Geschäftsbereichsstrategie abgeleitet und sollten aufeinander abgestimmt sein (vgl. *Zahn*, 1989, S. 527 f.).

  Wesentliche **Arten** von Funktionalstrategien sind:

  - **Beschaffungsstrategien** zielen vor allem auf grundlegende Fragen der Materialversorgung ab. Sie bestimmen z. B. Lieferantenstruktur, Logistiksysteme, Beschaffungsmarketing, Bereitstellungsprinzipien oder Materialeinsatz.
  - **Produktionsstrategien** beinhalten das strategische Konzept zur Leistungserstellung. Die Produktionsstrategie enthält grundsätzliche Aussagen zu Produktionsaufgabe, -struktur und -ablauf.
  - **Vertriebsstrategien** beinhalten langfristige Konzepte zur Leistungsverwertung, wie z. B. die Marktsegmentierung, Produkt-Markt-Strategien sowie Wettbewerbsstrategien.
  - **Personalstrategien** bestimmen die Entwicklungsrichtung der Personalaktivitäten und schaffen die Voraussetzung zur Realisierung der Unternehmensstrategie. Sie legen etwa den strategischen Personalbedarf fest und bestimmen die strategische Personalentwicklung und -veränderung (vgl. Kap. 6.1.2).
  - **Finanzstrategien** beschäftigen sich mit Liquidität, Investition und Finanzierung sowie grundlegenden Fragen zum Controlling und Rechnungswesen.
  - **Forschungs- und Entwicklungsstrategien** beinhalten die Kernfragen der Entwicklung neuer Leistungen. Beispiele sind Technologiestrategien (vgl. Kap. 8.6.3).

  Exemplarisch für eine Funktionalstrategie zeigt Abb. 3.1.16 die Inhalte einer **Produktionsstrategie**. Diese legt die zu erstellenden Leistungen und die Wertschöpfung fest. Dies erfolgt mit verschiedenen Kriterien, für die nicht nur die derzeitige Ausprägung (Ist-Profil), sondern auch eine Zielausprägung (Soll-Profil) bestimmt wird. Die Produktionsstrategie ergibt sich aus den erforderlichen Maßnahmen zur Erreichung des Soll-Profils (vgl. *Zahn/Dillerup*, 1994, S. 37).

Elemente strategischer Unternehmensführung

Die Elemente strategischer Unternehmensführung und deren wesentliche Zusammenhänge stellt Abb. 3.1.17 zusammenfassend dar.

- Ausgehend von der **normativen Unternehmensführung** (vgl. Kap. 2) hat die strategische Ebene die Vorgaben der **Unternehmensmission** umzusetzen. Die normative Ebene bestimmt die Zielsetzung, während die strategische Ebene die Wege zur Zielerreichung aufzeigt.
- Die **wertorientierte Unternehmensführung** (vgl. Kap. 8.2) knüpft an den Unternehmenszielen an und präzisiert die wirtschaftliche Zielsetzung eines Unternehmens. Unter Berücksichtigung des unternehmerischen Risikos wird ermittelt, welche Mindestverzinsung ein Unternehmen für seine Eigentümer zu erwirtschaften hat und ab wann der Wert des Unternehmens gesteigert wird.

● Ist ○ Soll

		Kriterium		
Aufgabe - Mission	Leistungsdefinition	Produktionsphilosophie	herstellen	problemlösen
		Dienstleistungsanteil	keiner	groß
		Systemcharakter	keiner	groß
	Produktstrategie	Variantenstrategie	wenige	viele
		Teilestrategie	viele	wenige
		Entwicklungskompetenz	keine	groß
		Baukastenstrategie	keine	groß
	Vertikale Integration	Fertigungstiefe	groß	gering
		Lieferantenbeziehung	kompetitiv	kooperativ
		Kundenbeziehung	keine	groß
Struktur	Basisstruktur	Kapazitätsstrategie	spezifisch	universell
		Standortstrategie	lokal	global
		Kopplungsgrad	gering	hoch
		Automationsgrad	gering	hoch
		Technologiestrategie	Ausbeuter	Pionier
	Infrastruktur	Informationssysteme	keine	systemisch
		Planung und Kontrolle	keine	intensiv
		Vernetzung	keine	hoch
		ERP Integration	keine	hoch
Ablauf	Logistik	Working Capital	hoch	gering
		Integration Kunde	gering	hoch
		Integration Lieferant	gering	hoch
	Arbeitsorganisation	Entscheidungsstruktur	hierarchisch	dezentral
		Aufgabenumfang	tayloristisch	groß
		Mitarbeiterqualifikation	gering	hoch
		Flexibilität	gering	hoch

Abb. 3.1.16: Inhalte einer Produktionsstrategie (vgl. Zahn/Dillerup, 1994, S. 38)

- **Strategien** (vgl. Kap. 3.2 und Kap. 3.3) werden auf Basis der Analyse der Unternehmensumwelt und des eigenen Unternehmens entwickelt. Die wertorientierten Zielsetzungen bilden dazu das Anforderungsniveau, welches durch die strategischen Alternativen erreicht werden soll. Sie beschreiben Wege, wie sich Wettbewerbsvorteile markt- oder ressourcenorientiert aufbauen lassen. Sie bilden damit die Vorgabe für die weiteren Elemente der strategischen Unternehmensführung.
- Die **strategische Planung und Kontrolle** (vgl. Kap. 4.2) beschreibt den Prozess der Strategieentwicklung und das Vorgehen bei deren Umsetzung und Kontrolle. Die strategische Planung und Kontrolle ist Teil des Planungs- und Kontrollsystems des Unternehmens und bildet die Basis der operativen Planung und Kontrolle. Die strategische Planung und Kontrolle sollte eng mit der strategischen Personalfunktion, der strategischen Information und Kommunikation sowie der strategischen Organisation abgestimmt sein.
- **Strategische Organisation** (vgl. Kap. 5) beschreibt die auf die Unterstützung einer Strategie ausgerichtete Organisation. Diese bestimmt die operative Organisation, in deren Rahmen die Strategie umgesetzt werden soll. Darunter fallen strategiegerechte Formen der Unternehmensorganisation, Kooperationen, Netzwerke sowie Fusionen und Übernahmen.
- Die **strategische Personalfunktion** umfasst alle im Rahmen der strategischen Unternehmensführung anfallenden personellen Aufgaben. Sie bezieht sich auf das gesamte Unternehmen und abstrahiert von einzelnen Mitarbeitern und Stellen. Sie bestimmt das strategische Personalmanagement (vgl. Kap. 6.1). Darüber hinaus hat die strategische Personalfunktion auch Einfluss auf die Personalführung und das Leadership (vgl. Kap 6.3), die agile Personalführung (vgl. Kap. 6.4) sowie die Führung des Wandels (vgl. Kap. 6.5). Auch dabei ist eine enge Abstimmung mit der Organisation, der Information und Kommunikation sowie der Planung und Kontrolle erforderlich.

Zusammenfassend schließt die strategische Unternehmensführung an die normative Ebene an. Strategien dienen dazu, die in Vision und Mission vorgezeichnete Ausrichtung zu konkretisieren. Dazu werden Wege bestimmt, um Wettbewerbsvorteile zu erzielen und die dazu erforderlichen Maßnahmen abgeleitet. Strategien bestimmen, wie Erfolgspotenziale aufgebaut und weiterentwickelt werden sollen. Die operative Unternehmensführung hat dann die Aufgabe, diese Erfolgspotenziale bestmöglich zu nutzen.

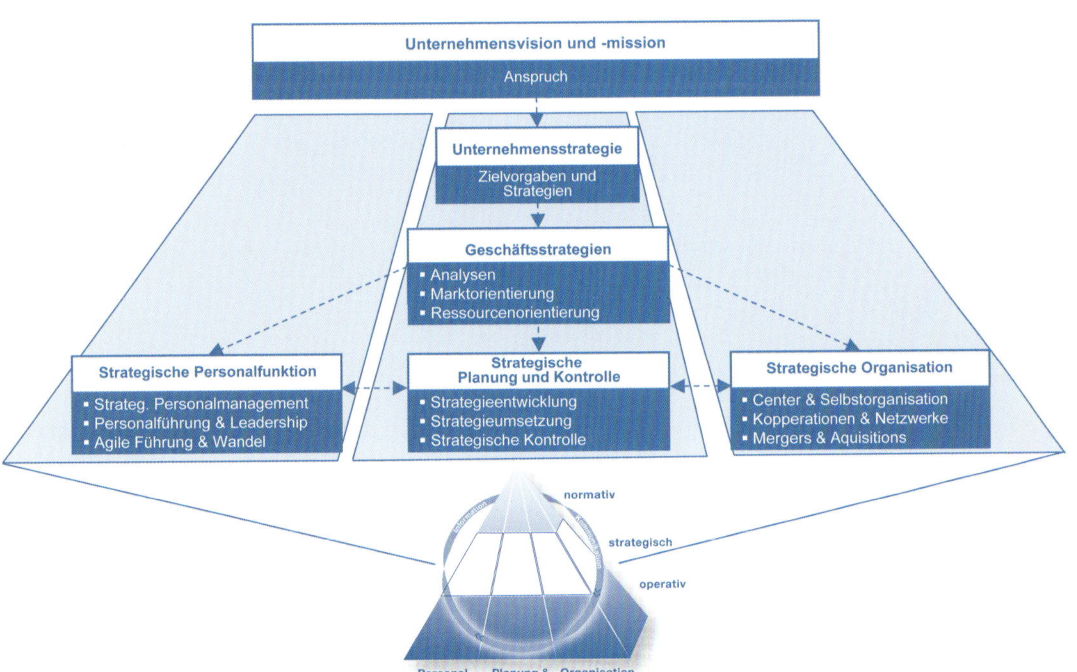

Abb. 3.1.17: Zusammenhänge und Elemente der strategischen Unternehmensführung

Zusammenfassung

- Die strategische Unternehmensführung hat sich in einem Evolutionsprozess aus der Finanz- und Langfristplanung zur strategischen Planung entwickelt. Durch Einbezug der Funktionen Organisation, Personal sowie Information und Kommunikation entstand die strategische Unternehmensführung.
- Die strategische Unternehmensführung ist auf die Entwicklung bestehender und die Erschließung neuer Erfolgspotenziale ausgerichtet und legt die dafür erforderlichen Strategien fest.
- Eine Strategie ist ein geplantes Bündel an Maßnahmen zur Positionierung im Wettbewerb und zur Gestaltung der dazu erforderlichen Ressourcenbasis. Durch die Schaffung neuer und die Entwicklung bestehender Erfolgspotenziale sollen Wettbewerbsvorteile für das Unternehmen generiert werden.
- Strategien unterteilen sich in geplante, ungeplante und realisierte Strategien.
- Ein Unternehmen hat einen Wettbewerbsvorteil, wenn es gegenüber der Konkurrenz entweder Alleinstellungsmerkmale anbietet, für welche die Kunden bereit sind, einen Mehrwert zu bezahlen oder Vorteile aus Renten nutzen kann.
- Eine Rente ist ein Ertrag, der aus der Nutzung einer Ressource entsteht.
- Ein Unternehmen hat gegenüber seinen Konkurrenten einen Wettbewerbsvorteil, wenn es entweder außergewöhnliche Leistungen anbietet, für welche die Kunden einen Mehrwert bezahlen oder Leistungen zu niedrigeren Kosten erstellen und den Kunden ein höheres Preis-Leistungsverhältnis bieten kann.
- Erfolgspotenziale sind produkt- und marktspezifische, technologische oder qualifikatorische Voraussetzungen für zukünftigen Erfolg. Sie resultieren aus den Wettbewerbsvorteilen des Unternehmens, welche durch dessen Positionierung im Wettbewerb und/oder Ressourcengestaltung erreicht werden.
- Erfolgsfaktoren sind alle Faktoren, die den Erfolg oder Misserfolg direkt beeinflussen.
- Strategien sind ein Gesamtsystem aus Unternehmens-, Geschäfts- und Funktionalstrategien.

Literaturempfehlungen

Hungenberg, H.: Strategisches Management im Unternehmen, 9. Aufl., Wiesbaden 2020.

Mintzberg, H./Ahlstrand, B./Lampel, J.: Strategy Safari: Eine Reise durch die Wildnis des strategischen Managements, 2. Aufl., Heidelberg 2012.

Welge, M.K./Al-Laham, A.: Strategisches Management: Grundlagen – Prozess – Implementierung, 7. Aufl., Wiesbaden 2017.

3.2 Unternehmensstrategie

Leitfragen

- Welche Strategie gilt für das gesamte Unternehmen?
- Wie lässt sich die Makro-Umwelt analysieren?
- Welche Wettbewerbsstrategien ermöglichen Wettbewerbsvorteile?
- Wie kann Wachstum in Portfoliostrategien generiert werden?
- Wie lässt sich das Portfolio an Geschäften eines Unternehmens gestalten?
- Wie kann eine Ressourcen- und Kompetenzstrategie entwickelt werden?

Unternehmen mit wenigen, relativ homogenen Produkten, benötigen nur eine Strategie. Mit zunehmender Differenzierung des Produktprogramms gehen Unternehmen meist dazu über, mehrere getrennte Geschäftsbereiche (Divisionen, vgl. Kap. 5.1) zu bilden (vgl. *Welge et al.*, 2017, S. 459 ff.). Diese sind meist weitgehend unabhängig und erfordern eine eigenständige strategische Positionierung. Dies erfolgt in einer Geschäftsstrategie, die sich mit den spezifischen Anforderungen und Strategien der Geschäftsbereiche beschäftigt (vgl. Kap. 3.3).

Strategische Geschäftsfelder

Besteht ein Unternehmen aus mehreren Geschäftsbereichen, dann werden diese häufig organisatorisch als **strategische Geschäftsfelder** (SGF) ausgestaltet.

Ein **strategisches Geschäftsfeld** verfügt über eigene Erfolgspotenziale, Chancen und Risiken sowie Strategien (vgl. *Müller-Stewens/Lechner*, 2016, S. 143).

Sie sollten relativ autonom geführt werden und für die Entwicklung und Umsetzung ihrer Strategie sowie für erforderliche Ressourcen selbst verantwortlich sein. Die Abgrenzung der strategischen Geschäftsfelder erfolgt ähnlich der Segmentierung der Branchen, Märkte und Kunden (vgl. Kap. 3.3).

Folgende **Kriterien** eignen sich für die Bildung von strategischen Geschäftsfeldern:

- **Produktmerkmale,** wie z. B. Produkte mit Übereinstimmungen bei Funktion, Lebenszyklus, Design, Qualität oder Preis.
- **Marktmerkmale,** wie z. B. gleiche bzw. ähnliche Käufergruppen, Absatzregionen, Marktbeziehungen, Absatzmittler oder Wettbewerber.
- **Unternehmensmerkmale,** wie z. B. vergleichbare Produkterfahrung, Technologie oder Funktionsbereiche (Marketing, F&E, Fertigung etc.).

Die strategischen Geschäftsfelder sollten durch Kombination weniger Kriterien möglichst überschneidungsfrei gebildet werden. Weiter wird noch unterschieden, ob ein strategisches Geschäftsfeld auch organisatorisch eigenständig geführt wird. Dann wird es als **strategische Geschäftseinheit (SGE)** bezeichnet. In Abb. 3.2.1 werden SGF und SGE voneinander abgegrenzt.

Strategieebene	Strategisches Geschäftsfeld (SGF)	Strategische Geschäftseinheit (SGE)
Segmentierung	Außensegmentierung	Innensegmentierung
Umsetzungsgrad	Gedankliche Abgrenzung	Organisatorische Abgrenzung
Originärer Charakter	An Geschäftsbereiche gebunden	An SGF gebunden

Abb. 3.2.1: Abgrenzung von strategischen Geschäftsfeldern und Geschäftseinheiten (vgl. Welge et al., 2017, S. 464)

Jedes einzelne Geschäft unterliegt im Zeitverlauf auch einem **strategischen Zerfall** (Strategy Decay; vgl. *Williamson*, 2003, S. 841 ff.). Demnach ist trotz aller Verteidigung und Wachstumsbestrebungen festzustellen, dass Wettbewerbsvorteile und Erfolgspotenziale in einem Geschäftsfeld, z. B. wegen Konkurrenten, Technologieveränderungen oder verändertem Kundenverhalten, nach und nach erodieren. Dies zu verzögern, ist Aufgabe des **Strategiehorizonts 1**, der darauf gerichtet ist, ein bestehendes Geschäftsfeld zu verteidigen und auszubauen. Strategieverfall lässt sich z. B. erkennen, wenn das Gewinnwachstum kleiner ist als das Umsatzwachstum oder sich die Strategien innerhalb einer Branche immer weiter annähern. Um das Überleben abzusichern, bedarf es auch der Entwicklung neuer Geschäftsfelder, der Innovation und strategischer Optionen, um dem Strategieverfall entgegenzuwirken. Dies ist Aufgabe der Unternehmensstrategie mit dem **Strategiehorizont 2** und **3.** Die in Abb. 3.2.2 dargestellten strategischen Horizonte (vgl. *Baghai et al.*, 2000, S. 5 ff.) basieren auf dem normativen Rahmen eines Unternehmens u. a. aus der Unternehmensmission (vgl. Kap. 2.3.2). Sie präzisieren, wie Wachstum, Profitabilität etc. erreicht und im Wettbewerb durchgesetzt werden soll. Dabei bildet die Entwicklung neuer Geschäfte und das Portfoliomanagement der bestehenden Geschäfte den Strategiehorizont 2. Darüber hinaus konzentriert sich der Strategiehorizont 3 auf das Makro-Umfeld des Unternehmens, um es auf Zukunftstrends vorzubereiten. Dies beinhaltet zudem die Gestaltung des Unternehmens, um Synergien oder aus den Ressourcen und Kompetenzen des Unternehmens potenzielle Wettbewerbsvorteile zu schaffen.

Abb. 3.2.2: Strategische Horizonte (in Anlehnung an Baghai et al., 2000, S. 5)

Analyse und Entwicklung von Unternehmensstrategien

Wird für die Entwicklung von Strategien eine rationale Vorgehensweise gewählt, so kommt in Theorie und Praxis eine Kombination aus Planungs- und Positionierungsschule zum Einsatz (vgl. Kap. 4.2). Dadurch lässt sich ein idealtypischer Prozess beschreiben und Besonderheiten sowie Zusammenhänge der Strategieentwicklung lassen sich transparent und leicht verständlich darstellen. Somit orientieren sich die weiteren Überlegungen zur strategischen Unternehmensführung an einem präskriptiven, **idealtypischen Planungsablauf**, der auf dem Führungsprozess basiert (vgl. Kap. 1.3.3).

Die **Phasen** des strategischen Planungs- und Kontrollprozesses zeigt Abb. 3.2.3 (vgl. *Hungenberg*, 2020, S. 42 ff.):

- **Zielbildung:** Ausgangspunkt des strategischen Planungs- und Kontrollprozesses (PuK-Prozesses) sind strategische Ziele. Diese werden in den Unternehmenszielen als Teil der normativen Unternehmensführung festgelegt (vgl. Kap. 2.3). Ein strategisches Ziel könnte etwa die Verteidigung einer Marktführerschaft oder die Erreichung einer bestimmten Unternehmenswertsteigerung sein.
- **Strategieentwicklung:** Um Wege zur Zielerreichung festzulegen, ist ein realistisches Bild der Ausgangslage eines Unternehmens erforderlich. Dafür werden in der Phase der strategischen Analyse die erforderlichen Informationen beschafft. Dies betrifft die gegenwärtige und zukünftige Stellung eines Unternehmens in seinen Umfeldern, in seiner Branche und seinen Märkten sowie im Verhältnis zu seinen Kunden und Konkurrenten. Diese Umweltanalysen sind Gegenstand der marktorientierten Unternehmensführung. Zudem sind die Stärken und Schwächen des eigenen Unternehmens im Vergleich zum Wettbewerb zu analysieren. Diese Analyse ist Gegenstand der ressourcenorientierten Unternehmensführung. Die Gegenüberstellung der Chancen und Gefahren mit den Stärken und Schwächen verdeutlicht die strategischen Handlungsoptionen.
- **Strategieformulierung:** Aus der strategischen Analyse ergibt sich die Situationsbeschreibung eines Unternehmens. Diese lässt sich in die Unternehmens- und Geschäftsebene unterscheiden. Darauf aufbauend sind Strategiealternativen zu entwickeln. Da sich meist mehrere geeignet erscheinende Strategiealternativen ergeben, sind deren Wahrscheinlichkeit der Zielerreichung, ihr Risiko und der erforderliche Ressourceneinsatz möglichst umfassend zu bewerten (vgl. Kap. 4.2). Danach lassen sich diejenigen Alternativen auswählen, die sich am besten zur Zielerreichung eignen. Ausgewählte Strategien können ggf. noch zu strategischen Programmen gebündelt und dabei Wechselwirkungen berücksichtigt werden. Die Bewertung der Strategiealternativen und die Auswahl der umzusetzenden Strategie bilden die Phase der Strategieformulierung.
- **Strategieumsetzung:** Um eine Strategie zu verwirklichen, sind konkrete Maßnahmen zu planen und auszuführen. Dazu ist die Strategie mit den Führungsfunktionen Organisation, Personal sowie Information und Kommunikation abzustimmen. Zudem ist die Strategie mit der nachgeordneten operativen Planung und Kontrolle zu verknüpfen. Dadurch soll die Verteilung der

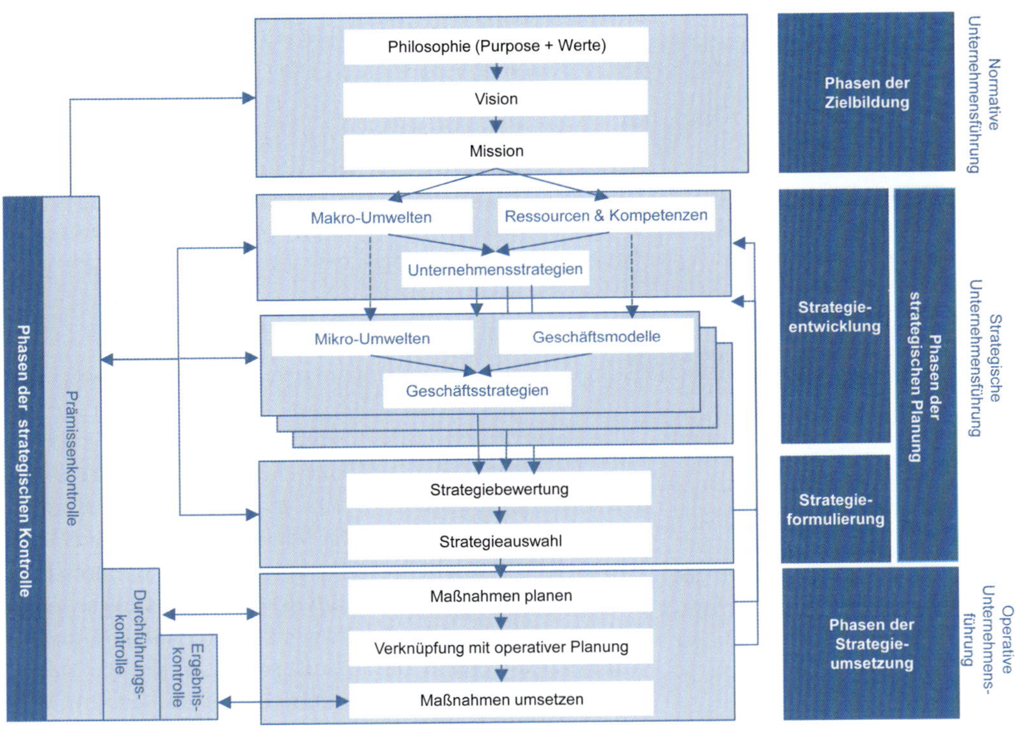

Abb. 3.2.3: Idealisierter Prozess der Planung und Kontrolle

betrieblichen Ressourcen nach strategischen Prioritäten und die operative Umsetzung der Maßnahmen sichergestellt werden. Da die Strategieumsetzung durch die Mitarbeiter erfolgt, ist deren Information und Motivation ein wesentlicher Erfolgsfaktor.

- **Strategische Kontrolle** (vgl. Kap. 4.2.6) erfolgt nicht nur nach der Strategieumsetzung (Ergebniskontrolle), sondern bereits während der Umsetzung, um gegebenenfalls noch steuernd eingreifen zu können (Durchführungskontrolle). Die strategischen Prämissen sind bereits während der strategischen Planung und auch im Rahmen der Strategieumsetzung regelmäßig zu hinterfragen (Prämissenkontrolle).

Makro-Umwelten

Ausgangspunkt einer Strategieentwicklung ist stets ein grundlegendes Verständnis der Unternehmensumwelt. Im Rahmen der Umweltanalysen wird deshalb deren Struktur und Entwicklung untersucht. Die normativen Vorgaben (vgl. Kap. 2) bilden dazu das Anforderungsniveau, welches durch strategische Alternativen erreicht werden soll. Um Strategien als Wege in die Zukunft zur Erreichung der Unternehmensmission bestimmen zu können, bedarf es einer realistischen Einschätzung der aktuellen Situation des Unternehmens und seiner Umwelt. Daneben bilden prognostizierte Veränderungen und Trends die Informationsbasis für die Strategiegestaltung.

> **Strategische Analysen** beurteilen die Chancen und Gefahren aus dem Unternehmensumfeld sowie die Stärken und Schwächen des Unternehmens. Sie zeigen die strategische Position, in der sich das Unternehmen befindet und verdeutlichen strategischen Handlungsbedarf.

Im Vordergrund stehen die Bestandteile der unmittelbaren Umwelt eines Unternehmens: Branchen, die sich ggf. in strategische Gruppen unterteilen und Märkte, auf denen ein Unternehmen mit Konkurrenten im Wettbewerb steht. Auf all diese Umwelten wirkt die globale Umwelt ein, welche branchenübergreifende Entwicklungen beschreibt. Die Makro-Umwelt umfasst dabei auch die Branche mit den dazugehörigen Produkten. Dies bildet den Rahmen für die Mikro-Umwelt mit Märkten bis hin zu den Konkurrenten, Kunden und Geschäftsmodellen. Sie werden gemäß dem Zwiebelmodell in Abb. 3.2.4 nachfolgend näher vorgestellt.

> Das **Makro-Umfeld** des Unternehmens umfasst die globale Umwelt, die Branchen mit ihren Produkten sowie die Ressourcen und Kompetenzen des Unternehmens.

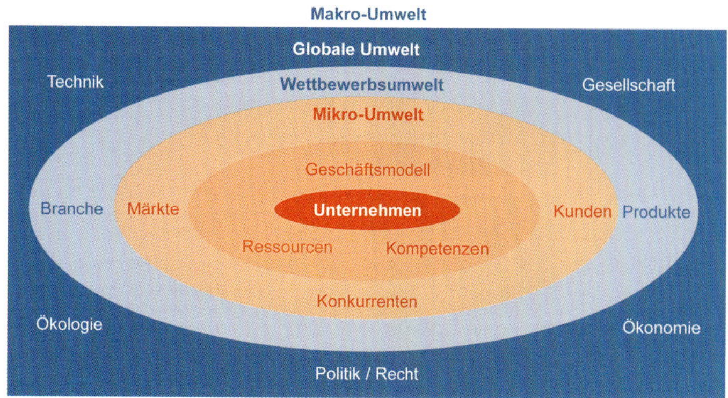

Abb. 3.2.4: Segmentierung der Unternehmensumwelten

Für die Entwicklung von Unternehmensstrategien sind folgende **Analysen des Makro-Umfelds** relevant:

- Die **globale Umweltanalyse** untersucht Faktoren, die nicht nur für ein Unternehmen oder eine Branche, sondern für alle Unternehmen von Bedeutung sind. Sie bilden die politisch-rechtliche, ökonomische, ökologische, gesellschaftliche und technologische Umwelt der Unternehmen (vgl. Kap. 3.2.1).
- Die **Branchenanalyse** untersucht die Attraktivität und Dynamik einer Branche. Sie erklärt, warum die durchschnittlichen Renditen zwischen Branchen unterschiedlich sind und manche Unternehmen einer Branche erfolgreicher sind als andere (vgl. Kap. 3.2.1).
- Die **Produktanalyse** untersucht die Leistungen eines Unternehmens als Teil der untersuchten Märkte. Dabei sind Lebenszyklen, Erfahrungskurveneffekte und Innovationen für eine vorteilhafte Positionierung gegenüber den Konkurrenten wesentlich (vgl. Kap. 3.2.3).

Marktorientierte Strategien gehen davon aus, dass Wettbewerbsvorteile aus einer vorteilhaften Positionierung des Unternehmens in seiner Umwelt erzielt werden können. Die Ressourcenbasis des Unternehmens lässt sich dabei an dieser Zielposition ausrichten. Die Unternehmensstrategien beziehen sich auf das Makro-Umfeld. Dabei sind die globale Umwelt, Produkte und Branchen zu betrachten (vgl. Kap. 3.2.3). Basierend auf der Branchenanalyse sollen Wettbewerbsvorteile durch geplante **Wettbewerbsstrategien** erzielt werden. Darauf aufbauend streben die **Marktstrategien** vorteilhafte Positionen in Form von Produkt-Markt-Kombinationen an.

In der **Unternehmensanalyse** werden die Stärken und Schwächen des Unternehmens ermittelt. Sie befasst sich mit der heutigen und zukünftigen Situation des Unternehmens hinsichtlich seiner Ressourcen und Kompetenzen. Die Unternehmensanalysen führen eine systematische Sammlung, Verdichtung, Auswertung und Interpretation von Informationen über das eigene Unternehmen durch, um dessen Stärken und Schwächen herauszufinden.

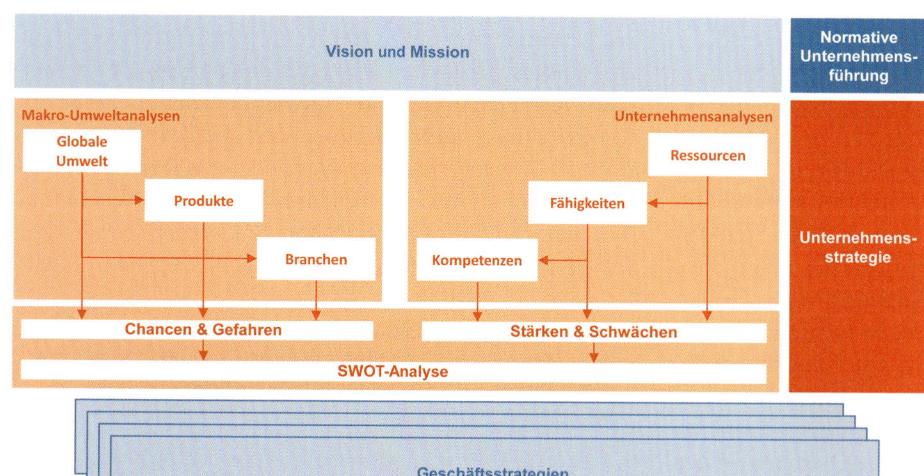

Abb. 3.2.5: Elemente und Zusammenhänge von Unternehmensstrategien

- Im Rahmen der **Ressourcenanalyse** werden die Stärken und Schwächen eines Unternehmens untersucht, die auf die betrieblichen Ressourcen zurückzuführen sind. Jedes Unternehmen ist durch eine spezielle Ressourcenausstattung geprägt, wodurch es etwa bestimmte Aktivitäten besser oder billiger erbringen kann als seine Konkurrenten. Die Bestimmung überlegener Ressourcen erfolgt in Kap. 3.2.4.
- Durch die **Kompetenzanalyse** werden unternehmerische Fähigkeiten untersucht, die für das Geschäftsmodell eines Unternehmens von Bedeutung sind und mit denen die Ressourcen entwickelt werden (vgl. Kap. 3.2.4).

Ressourcenorientierte Strategien basieren auf der Annahme, dass Wettbewerbsvorteile durch betriebliche Ressourcen begründet sind (vgl. Kap. 3.2.4). Unterschiede in den Ressourcen, Fähigkeiten und Kompetenzen können Erfolgspotenziale bieten.

Den Ablauf, die Elemente und die Zusammenhänge der Entwicklung von Unternehmensstrategien zeigt Abb. 3.2.5.

An dieser Logik orientieren sich die folgenden Kapitel.

Inhalte von Unternehmensstrategien

Unternehmensstrategien (Corporate Strategies) beantworten die Frage, in welchen Geschäften ein Unternehmen agieren will und welchen Stellenwert diese untereinander haben. Sie befassen sich vor allem mit der Gestaltung des sog. Geschäftsbereichsportfolios und der Verteilung von Ressourcen auf einzelne Geschäftsbereiche. Zudem sind eventuell erforderliche Veränderungen des Geschäftsbereichsportfolios zu bestimmen (vgl. *Bea/Haas*, 2019, S. 165).

Die **Unternehmensstrategie** legt die Erfolgsdefinition und das Portfolio eines Unternehmens fest. Zudem werden die Wettbewerbsstrategien sowie ressourcen- und kompetenzbasierte Strategien bestimmt.

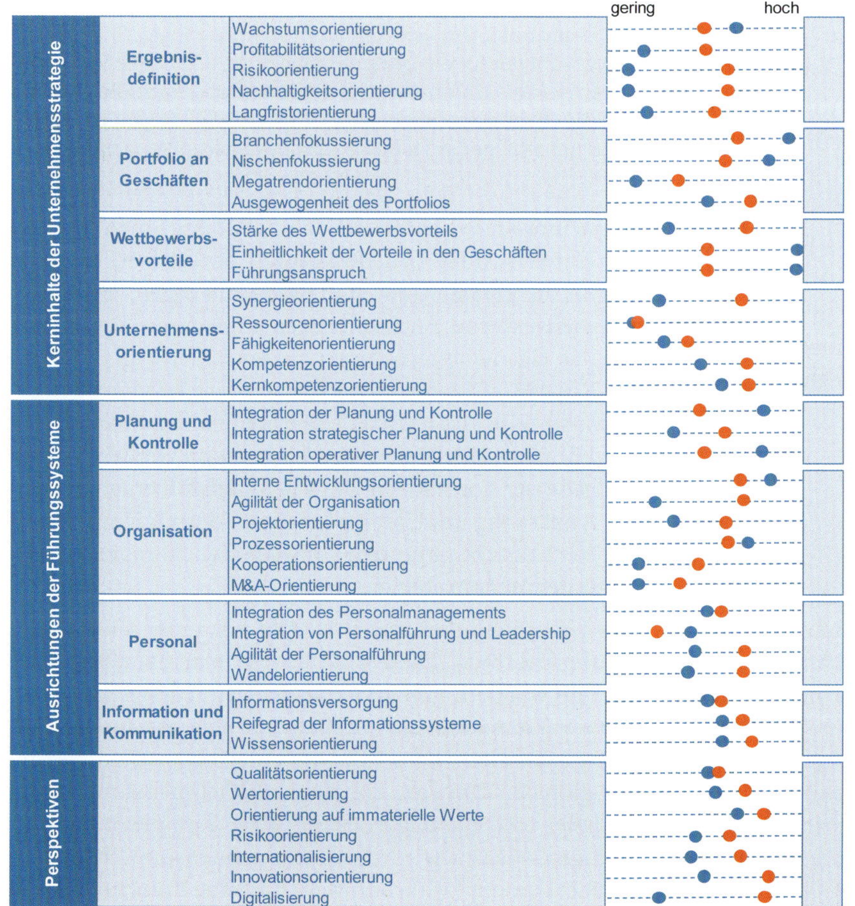

Abb. 3.2.6: Segmentierung der Unternehmensumwelten

Wichtige **Aufgaben** der Unternehmensstrategie sind:

- **Definition von Ergebnisvorgaben** an die Geschäftsbereiche zur Differenzierung der Unternehmensziele (vgl. Kap. 2.3).
- **Gestaltung des Geschäftsportfolios:** Zu beantworten ist die Kernfrage, in welchen Geschäftsfeldern das Unternehmen aktiv werden soll. Dazu können grundsätzlich die Konzepte der wertorientierten Unternehmensführung (vgl. Kap. 8.2) und die Branchenwahl angewandt werden. Dies erfolgt unter den Kriterien von Wettbewerbsvorteilen, Risiko und Erfolgspotenzial je Geschäftsfeld. Will ein Unternehmen in mehr als einem Geschäftsfeld aktiv sein, so ist zu klären, wie sich diese voneinander abgrenzen und ein eigenständiges strategisches Profil bilden können. Das Ziel der Unternehmensstrategie ist es, Mehrwert zu schaffen, der größer ist als die Summe der Geschäftsfelder. Mit anderen Worten gilt es, Synergien zwischen den Geschäftsfeldern zu erzeugen.
- Festlegung der **Wettbewerbsvorteile** und der Autonomie der Geschäftsbereiche (vgl. Kap. 3.2.3).
- **Ressourcenorientierte Strategien,** die auf den betrieblichen Ressourcen und Kompetenzen basieren (vgl. Kap. 3.2.4).
- Zentrale **Leitlinien zur Ausrichtung der Führungssysteme** und der zugehörigen strategischen Orientierungen, wie z. B. Kooperations- oder Akquisitionsstrategien.
- Strategien als Orientierung der **zentralen Perspektiven** der Unternehmensführung: Qualitätsstrategie, wertorientierte Strategien, Orientierung an immateriellen Werten, Risikoorientierung, Internationalisierungs-, Innovations- und Digitalisierungssstrategien.

3.2.1 Makro-Umwelt-Analysen

Die Umwelt eines Unternehmens ist durch eine Vielzahl von Einflussfaktoren geprägt. Dazu zählen z. B. volkswirtschaftliche und gesellschaftliche Faktoren als Rahmenbedingungen für unternehmerische Aktivitäten. Diese können nicht oder nur sehr bedingt durch ein Unternehmen gestaltet werden. Sie prägen damit die normative Unternehmensführung und die Unternehmensstrategie, in der sie als Rahmenbedingungen für unternehmerische Aktivitäten die Strategiebildung des Unternehmens beeinflussen. Die normative Unternehmensführung erfordert deshalb den Einbezug dieser Umweltfaktoren in die Zielbildung des Unternehmens. Die Beobachtung und Analyse der **Unternehmensumwelt** ermöglicht das frühzeitige Erkennen von Chancen und Gefahren für die eigene Geschäftstätigkeit. Stand und Entwicklung der Umweltfaktoren bilden somit die Basis für die Überlebensfähigkeit des Unternehmens. Sofern ein Unternehmen in verschiedenen Geschäften aktiv ist, kann es auch unterschiedlichen Umwelten gegenüberstehen. Dann sind mehrere, umweltspezifische Analysen erforderlich.

Folgende **Fragestellungen** werden durch die Umweltanalyse beantwortet:

- Was macht die globale Umwelt aus?
- Welche Faktoren der globalen Umwelt beeinflussen das Unternehmen?
- Wie können diese Faktoren analysiert und beobachtet werden?
- Welche Bedeutung haben diese Faktoren für die Strategie des Unternehmens?

Aus der Beantwortung dieser Fragen ergeben sich Chancen und Gefahren, die in die Unternehmenspolitik (vgl. Kap. 2.3.2) und auch in die Strategieentwicklung eingehen.

> Die **globale Umwelt** umfasst übergeordnete Faktoren, die nicht nur für ein Unternehmen oder eine Branche, sondern für alle Unternehmen von Bedeutung sind. Sie bilden die politisch-rechtliche, ökonomische, ökologische, gesellschaftliche und technologische Unternehmensumwelt.

Diese branchenübergreifenden Einflussgrößen werden als Umwelt- oder Umfeldfaktoren bezeichnet. Sie werden in die **globale Umweltanalyse** einbezogen, um unternehmensexterne Entwicklungen und deren Bedeutung für das eigene Unternehmen zu beurteilen (vgl. *Bleicher*, 2017, S. 493). Dabei soll geklärt werden, welche Umweltelemente Einfluss auf das Unternehmen ausüben und in die Führungsentscheidungen einbezogen werden sollten. Aufgabe der normativen Unternehmensführung ist somit die Anpassung des Unternehmens an dessen Umwelt und die Berücksichtigung der Umweltentwicklungen in den Unternehmensstrategien.

Die Unternehmensumwelt besteht aus einer Vielzahl an Einflussfaktoren. Diese sind häufig voneinander abhängig und wandeln sich im Laufe der Zeit. Die Veränderung eines Faktors kann sich deshalb auf mehrere andere Faktoren auswirken. Dies führt zu einer hohen Komplexität der globalen Umwelt. Für die Unternehmensführung ist es daher eine Herausforderung, diese Komplexität zu bewältigen. Hierzu wird die Unternehmensumwelt in eine globale Umwelt (Makroumwelt) und eine **Branchenumwelt** (Mikroumwelt) unterteilt. Zur Branchenumwelt zählen unternehmensspezifische Faktoren wie etwa die Kunden, Lieferanten oder Wettbewerber einer Branche. Sie werden im Rahmen der nachfolgenden Branchenanalyse sowie den strategischen Analysen auf Geschäftsebene genauer betrachtet (vgl. Kap. 3.3.2). Die Faktoren der **globalen Umwelt** sind hingegen für alle Unternehmen, die in einer bestimmten Umwelt (z. B. Land, Kontinent etc.) agieren, gleich.

PESTEL-Analyse

Die globale Umwelt wird häufig in Segmente unterteilt. In der angloamerikanischen Literatur werden in der sog. **PESTEL-Analyse** (Political, Economical, Social, Technological, Environmental and Legal Analysis) eine politische, ökonomische, soziale, technologische, ökologische und rechtliche Umwelt unterschieden. Diese Segmente sind in Abb. 3.2.7 aufgeführt (vgl. *Baum*, 1993, S. 55 f.; *Johnson et al.*, 2018, S. 46 ff.; *Wheelen et al.*, 2018, S. 73 ff.):

- **Politisch-rechtliche Umweltfaktoren** umfassen staatlich festgelegte Rahmenbedingungen. Sie sind für alle Unternehmen bindend und können kommunale, landesspezifische, gesamtstaatliche, staatenübergreifende sowie global gültige Bestimmungen enthalten. Sie umfassen die Wirtschafts-, Arbeitsmarkt- und Beschäftigungspolitik sowie das Arbeitsrecht und legen die Rolle der Gewerkschaften fest. Weitere Aspekte sind der Aufbau und die Stabilität des politischen Systems. Beispiele sind soziale Marktwirtschaft, Kündigungsschutz, Mitbestimmungsrechte, Unternehmensverfassung, Besteuerung, Produzentenhaftung sowie Investitions-, Umweltschutz- und Patentvorschriften. In den westeuropäischen Staaten ist die Stabilität der politischen Systeme relativ hoch. In anderen Ländern, wie etwa der Ukraine oder in Ägypten, haben es die Unternehmen z. T. mit relativ instabilen Systemen und Rahmenbedingungen zu tun. In China nimmt z. B. die Regierung großen Einfluss auf die Wirtschaft, während dies in anderen Ländern kaum erfolgt. Die Industrie- und Subventionspolitik eines Staates wirkt sich jedoch stets auf den Wettbewerb des Landes aus. So werden etwa nationale Fluggesellschaften durch viele Regierungen massiv subventioniert.

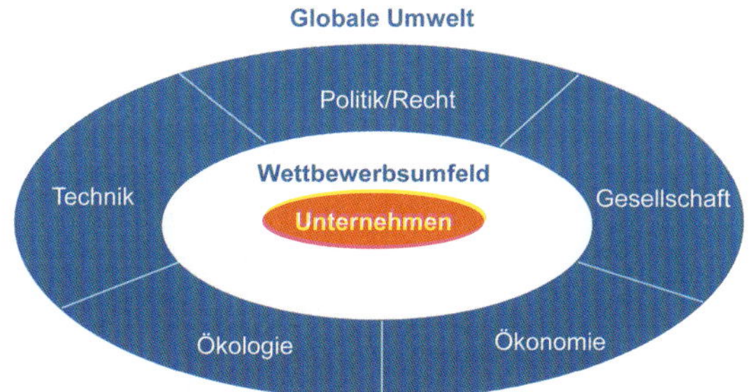

Abb. 3.2.7: Globale Umwelt des Unternehmens

- **Ökonomische Umweltfaktoren** beinhalten nationale und internationale volkswirtschaftliche Entwicklungen und haben unmittelbaren Einfluss auf die Absatz- und Beschaffungsmärkte. Wichtige Einflussfaktoren der ökonomischen Umwelt sind z. B. Konjunkturentwicklung, Zinsen, Inflationsrate oder Wechselkurs. Darüber hinaus sind etwa Beschäftigung, Volkseinkommen oder Kapitalmarktlage von Bedeutung. Ökonomische Faktoren wirken auf Nachfrage, Wettbewerbsintensität, Kostendruck und Investitionsklima. Die Bedeutung der ökonomischen Umwelt bestimmt die Verteilung von Investitionen und Beschäftigung.
- **Gesellschaftliche Umweltfaktoren** beinhalten die Werte, Einstellungen und kulturellen Normen einer Gesellschaft. Das Unternehmen steht mit Mitarbeitern, Kunden oder Lieferanten als Mitglieder der Gesellschaft in Beziehung. Die Veränderungen im soziokulturellen Umfeld werden häufig als „Wertewandel“ bezeichnet, auf den sich die Unternehmen einstellen müssen. Dies betrifft etwa Einstellungen gegenüber der Arbeit (Arbeitsmentalität) oder bestimmten Produkten und Dienstleistungen, Umwelt- und Gesundheitsbewusstsein, Sparneigung, Individualitätsstreben oder Bevölkerungsentwicklung.
- **Technologische Umweltfaktoren** sind vor allem für Industrieunternehmen von Bedeutung, die einem starken technologischen Wandel unterliegen. Die zunehmende Veränderungsgeschwindigkeit etwa in der Mikroelektronik, Robotik, Lasertechnologie oder Gentechnik kann für ein Unternehmen sowohl Chance als auch Gefahr sein. Solche Entwicklungen betreffen vor allem Produktions-, Produkt- und Informationstechnologie. Veränderungen der digitalen Informationstechnologie können z. B. zu völlig neuen betrieblichen Abläufen führen. Beispielsweise wurden durch das Internet neue Geschäftsmodelle möglich und die Zusammenarbeit zwischen Unternehmen revolutioniert (vgl. Kap. 8.7).
- **Ökologische Umweltfaktoren** beziehen sich auf die natürlichen Umweltressourcen als menschliche Lebensgrundlage. Dazu zählt etwa die Verfügbarkeit von Rohstoffen und Energie. Die Abhängigkeit von Rohstoffen wie etwa dem Erdöl bedeutet in vielfacher Hinsicht eine Gefahr. Um der ökologischen Verantwortung des Unternehmens gerecht zu werden, sollte dessen Umweltbelastung erfasst und weitgehend minimiert werden. Eine ökologieorientierte Unternehmensführung rückt durch zunehmende Umweltbelastung und knappe Rohstoffe immer mehr ins öffentliche Interesse. Beispiele sind die

Reinigung von Industrieabgasen oder das Abfallrecycling. Umweltfreundliche Produkte können deshalb für Unternehmen zum Wettbewerbsvorteil werden.

Zur Analyse der Unternehmensumwelt wird diese in Segmente unterteilt und deren Einflussfaktoren bestimmt. Um die Informationsbedürfnisse jedes Unternehmens vollständig zu erfüllen, sind die Segmente und Faktoren weiter zu ergänzen und anzupassen. Dies könnten etwa Sicherheitsaspekte oder Qualifikationen der Mitarbeiter sein. Für die Durchführung der **Umweltanalyse** kann die in Abb. 3.2.8 dargestellte Checkliste mit unternehmensspezifisch angepassten Faktoren verwendet werden. Dabei wird jedes Kriterium auf einer Skala bewertet und nach seiner Bedeutung gewichtet. Auf diese Weise soll der Status der globalen Umwelt dargestellt und analysiert werden. Im Anschluss wird prognostiziert, wie sich die einzelnen Einflussfaktoren verändern und bewertet, ob es sich dabei für das Unternehmen um eine Chance oder eine Gefahr handelt. Daraus kann die Unternehmensführung dann erforderliche Maßnahmen ableiten.

Checkliste zur globalen Umweltanalyse

Umweltfaktoren	Gewicht	Bedeutung	Situationsbeurteilung							Dynamik & Kontext					Wertung	
	Insgesamt 100 %	100 % je Kriterium	nicht attraktiv 0	1	2	3	4	sehr attraktiv 5	Attraktivität	Sicher 1	Risiko 2	Ungewiss 3	Unsicher 4	Dynamik	Chance	Gefahr
1. Politik & Recht	20%								**1,40**					**1,35**		
- Politische Stabilität		15%				x			0,45		x			0,30	x	x
- Parteipolitik		25%		x					0,25	x				0,25		
- Wirtschaftspolitk		20%			x				0,40		x			0,40		x
- Sozialgesetze		10%				x			0,30	x				0,10	x	x
- Arbeitsrecht		20%	x						0,00	x				0,20		x
- Gewerkschaftseinfluss		10%	x						0,00	x				0,10		
- …																
2. Ökonomie	25%								**1,60**					**2,45**		
- Volkseinkommen		20%	x						0,00	x				0,20	x	
- Internationaler Handel		20%			x				0,40		x			0,40	x	
- Wechselkurse		10%		x					0,10				x	0,40	x	
- Inflation		10%				x			0,30			x		0,30		x
- Kapitalmärkte		20%			x				0,40				x	0,80	x	
- Beschäftigung		15%			x				0,30		x			0,30		x
- Zinsen		5%			x				0,10	x				0,05	x	
- …																
3. Gesellschaft	15%								**2,45**					**1,25**		
- Wertewandel		20%			x				0,40	x				0,20		x
- Arbeitsmentalität		25%				x			0,75	x				0,25	x	
- Sparneigung		25%					x		1,00		x			0,50	x	
- Einstellung ggü. Produkten		10%		x					0,10	x				0,10		x
- Konsumeinstellung		10%		x					0,10	x				0,10		x
- Demographie		10%		x					0,10	x				0,10	x	
- …																
4. Technologie	25%								**3,35**					**1,55**		
- Produktionstechnologie		30%					x		1,20	x				0,30	x	
- Produktinnovationen		30%					x		1,20		x			0,60	x	
- Substitutionstechnologien		25%			x				0,50		x			0,50		x
- Recyclingtechnologie		15%				x			0,45	x				0,15		x
- …																
5. Ökologie	15%								**2,15**					**1,25**		
- Rohstoffverfügbarkeit		30%		x					0,30	x				0,30		x
- Energieverfügbarkeit		25%			x				0,50							x
- Umweltschutz		20%					x		0,80	x				0,20	x	
- Recycling		10%					x		0,40			x		0,30	x	
- Abhängigkeiten von Rohstoffen		15%		x					0,15			x		0,45		x
- …																
	100 %							**Umweltattraktivität**	**2,19**				**Umweltdynamik**	**1,50**		

Abb. 3.2.8: Checkliste zur globalen Umweltanalyse

Ein Unternehmen kann jedoch nicht sämtliche Einflussfaktoren berücksichtigen und eindeutig beurteilen. Deshalb wird die Analyse immer selektiv erfolgen. Dabei sollte jedoch stets die Umweltdynamik einbezogen werden (vgl. *Wheelen et al.*, 2018, S. 80 f.). Die Unternehmensführung sollte sich aus der Vielzahl einzelner Faktoren ein **Gesamtbild** der Unternehmensumwelt als Basis für ihre Entscheidungen schaffen.

Diese Faktoren der globalen Umwelt stellen für die Unternehmen branchenübergreifende Einflussgrößen dar. Der Unternehmenserfolg hängt auch davon ab, ob sich das Unternehmen an die Veränderungen seiner Umwelt anpassen bzw. diese mitgestalten kann. Eine solche **proaktive Unternehmensführung** kann etwa durch Lobbyarbeit erfolgen, um auf die politische Umwelt einzuwirken. Das Verständnis der Unternehmensumwelten und der daraus resultierenden unternehmensexternen Anforderungen an ein Unternehmen ist ein wesentlicher Beitrag zur Entwicklung der Unternehmensziele. Unternehmen sollten darüber hinaus auch eine innere Anspruchshaltung besitzen, die in einer Vision ausgedrückt wird. Diese fließt dann ebenfalls in die Entwicklung der Unternehmensstrategie ein.

Trendanalyse

Um Änderungen in den Umweltsegmenten wahrzunehmen, bedarf es einer systematischen Betrachtung. Die Analyse sollte keine reine Aufzählung von Umweltdaten sein, sondern die Einflussfaktoren und deren Auswirkungen richtig interpretieren (vgl. *Welge et al.*, 2017, S. 193). Nach Unterteilung der globalen Umwelt in einzelne Segmente und Kriterien beginnt der in Abb. 3.2.9 dargestellte **Analyseprozess:**

- **Umweltsegmentierung:** Die systematische Untersuchung sämtlicher Umweltsegmente kann sowohl kontinuierlich, periodisch als auch außerplanmäßig durchgeführt werden. Dynamische Umwelten und Segmente sollten laufend beobachtet werden. Weniger dynamische Segmente sollten zumindest periodisch analysiert werden. Bei auftretenden Krisen, wie z. B. einem Börsenzusammenbruch, sind außerplanmäßige Analysen erforderlich.
- **Trendüberwachung** (Environmental Monitoring): Die bei der Analyse gewonnenen Daten über die Umweltentwicklungen werden aufgezeichnet, verfolgt und interpretiert. Daraus lassen sich historische Trendentwicklungen erkennen. Neben der reinen Informationserhebung finden auch Bewertungen über das Ausmaß der Trendänderung statt. Dabei wird auch die Relevanz der Daten und die Zuverlässigkeit der Datenquellen beurteilt. Weiterhin wird geprüft, ob Prognosen zu bestimmten Datenfeldern erforderlich sind. Beispielsweise konnten Unternehmen der Energiebranche in den letzten Jahren aufgrund des deutschen Atomausstiegs ein steigendes Interesse an regenerativen Energien wahrnehmen. Sie beobachten diese Entwicklung und schließen daraus auf die zukünftige Bedeutung regenerativer Energien.
- **Trendprognose** (Environmental Forecasting): In der Prognosephase werden die Entwicklungstendenzen der einzelnen Umweltsegmente ermittelt. Es stellen sich folgende Fragen: Wohin wird ein Trend führen? Wie wird die Zukunft sein? Die Prognose der Umwelttrends führt zu einem Zukunftsbild der Umwelt. Dabei werden Richtung, Ausmaß und Geschwindigkeit ihrer Veränderung betrachtet. Instrumente hierfür sind die strategische Frühaufklärung und die Szenariotechnik (vgl. Kap. 4.2.2). Im Anschluss werden die verschiedenen Trends der einzelnen Umweltsegmente zu Szenarien verknüpft. Beispielsweise prognostizieren Unternehmen der Energiebranche das zukünftige Potenzial regenerativer Energien. In Zukunft könnten sie die Atomkraft und fossile Energieträger möglicherweise vollständig ersetzen. Daraus ergibt sich ein Szenario, in dem Unternehmen nur noch regenerative Energien erzeugen.

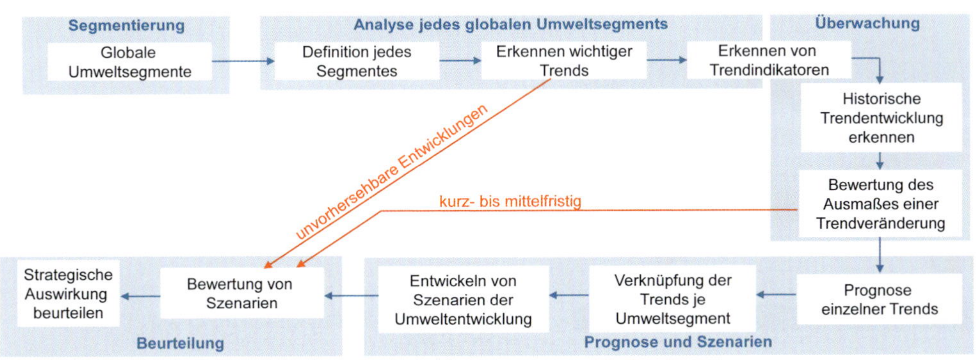

Abb. 3.2.9: Prozess der globalen Umweltanalyse (in Anlehnung an Welge et al., 2017, S. 297)

- **Trendbeurteilung** (Environmental Assessment): In der letzten Phase erfolgt die Bewertung der zuvor erfassten Entwicklungen. Dabei soll herausgefunden werden, ob und in welcher Form die Umweltentwicklungen eintreten und ob sie für das Unternehmen eine Chance oder Gefahr darstellen. Darüber hinaus ist das Ausmaß der Chance bzw. Gefahr zu beurteilen. Ebenso muss bestimmt werden, wie auf eintretende Chancen und Gefahren reagiert werden soll. Ein Instrument hierfür ist das in Abb. 3.2.10 dargestellte **Beeinflussungsportfolio** (Issue-Impact-Matrix). Es dient zur Bewertung und Priorisierung der Entwicklungen. Den prognostizierten Umweltfaktoren wird nach deren Eintrittswahrscheinlichkeit und Auswirkung auf das Unternehmen eine hohe, mittlere oder geringe Priorität zugewiesen. Höchste Priorität haben die Faktoren mit hoher Eintrittswahrscheinlichkeit und bedeutendem Einfluss auf das Unternehmen. Je höher die Priorität, desto umfassender und schneller sollte das Unternehmen handeln, um Gefahren zu vermeiden und Chancen zu nutzen. Beispielsweise haben für die Energieversorger der vermehrte Einsatz der regenerativen Energien und die Abschaltung der Kernkraftwerke große Auswirkungen. Es entstehen hohe Kosten für die Stilllegung der Kraftwerke sowie für den Aufbau der regenerativen Energiequellen. Deshalb ist frühzeitig eine Strategie zu entwickeln, wie sich der Ausstieg aus der Kernenergie und der Aufbau alternativer Energien meistern lassen.

Trends in der globalen Umwelt zeigen Entwicklungen, welche in allen Bereichen von Wirtschaft und Gesellschaft zukünftig eine hohe Relevanz aufweisen. Werden sie durch systematische Analysen beobachtet, beschrieben und bewertet, so lassen sich daraus Zukunftsszenarien ableiten. Mit deren Hilfe können frühzeitig Auswirkungen auf Branchen, Unternehmen und Märkte aufgezeigt werden. Die systematische Identifikation und Bewertung von Trends sind nur über verschiedene methodische Zugänge möglich. Neue Entwicklungen lassen sich anfangs oft nur in Form qualitativer Beobachtungen und der Deutung sogenannter schwacher Signale (vgl. Kap. 7.2.2) erkennen. Deren Muster sollten plausibel interpretiert werden. Zukunftsweisende Trends entstehen dann, wenn sich gesellschaftliche, wirtschaftliche oder technische Innovationen aus den Randbereichen in die gesellschaftliche Mitte hineinbewegen. Alternativ können neue Phänomene eine höhere Relevanz bekommen, wenn eine kleine Avantgarde den Mainstream verändert, z. B. in Lebensformen, Familienmodellen, Mediennutzung, Konsumverhalten, Arbeitswelt oder bei technologischen Anwendungen.

Die Trends lassen sich dabei unterschiedlichen Kategorien zuordnen. Zur Abgrenzung werden dabei meist ihre Herkunft, Wirkebene und Dauer herangezogen. Demnach kann z. B. in natürliche Evolution, soziokulturelle Trends, Technologie-, Konsum- und Modetrends unterschieden werden. Von besonderer Bedeutung sind dabei die Megatrends.

Megatrends

Die frühzeitige Vorbereitung auf diese grundlegenden Umwälzungen ist eine zentrale Voraussetzung, um aktiv an der Gestaltung der Zukunft mitzuwirken. Die Kenntnis der Megatrends und der verschiedenen Subtrends sowie deren richtige Einordnung ist die Voraussetzung, um Trenddynamiken zu erkennen und zu nutzen. Als größte Treiber des Wandels erzeugen Megatrends epochale Veränderungen, die auch die Wirtschaft nicht nur kurzfristig, sondern auf mittlere bis lange Sicht prägen. Sie sind vergleichbar mit einer Lawine, die in Zeitlupe auf die Unternehmen zukommt. Sie entfalten ihre Dynamik zwar über Jahrzehnte, können aber auch die Grundlage für vergleichsweise schnelle Durchbrüche auf den Märkten und für Disruptionen sein. Sie zwingen nicht selten ganze Branchen dazu, ihre Strukturen und Geschäftsmodelle neu auszurichten.

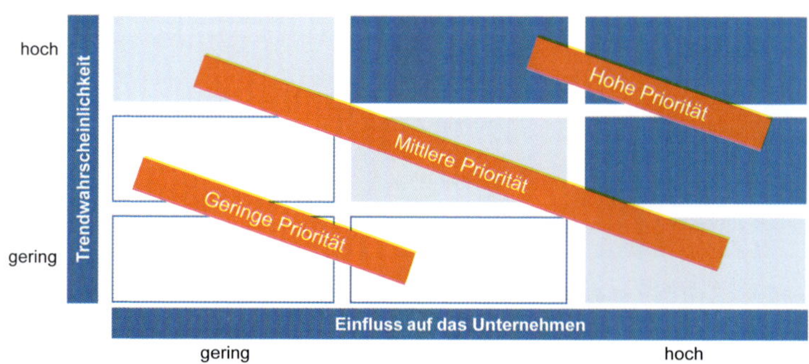

Abb. 3.2.10: Beeinflussungsportfolio (vgl. Wheelen et al., 2018, S. 81)

Megatrends sind epochale langfristige Entwicklungen, die sich weltweit auf viele Umweltsegmente auswirken und komplexe Wechselwirkungen besitzen.

Als **Abgrenzungskriterien** für Megatrends können folgende Kriterien herangezogen werden (www.zukunftsintitut.de):

- **Dauer:** Megatrends haben eine Dauer von mindestens mehreren Jahrzehnten.
- **Ubiquität:** Ihre Auswirkungen zeigen sich in allen gesellschaftlichen Bereichen, in der Ökonomie, im Konsum, im Wertewandel, im Zusammenleben der Menschen, in den Medien, im politischen System etc.
- **Globalität:** Megatrends sind globale Phänomene. Auch wenn sie nicht überall gleichzeitig und gleich stark ausgeprägt sind, so lassen sie sich doch früher oder später überall auf der Welt beobachten.
- **Komplexität:** Megatrends beschreiben vielschichtige und mehrdimensionale Trends. Sie erzeugen ihre Dynamik und ihren evolutionären Druck auch und gerade durch ihre Wechselwirkungen.

Megatrends entwickeln sich zwar langsam, haben aber enorme Wirkungen auf allen gesellschaftlichen Ebenen und beeinflussen so auch die Unternehmen. Sie beschreiben Veränderungsdynamiken und sind ein Modell für den Wandel der Zukunft. Sie sind daher auch vielfach der Ausgangspunkt der Unternehmensstrategie. Viele Zukunftsforschungsinstitute beschreiben weitgehend ähnliche Megatrends. Ein Modell stammt vom *Zukunftsinstitut*, einem europäischen Think Tank, der 1998 von *Matthias Horx* gegründet wurde. Auf Basis von Trendanalysen und Studien werden Potenziale aufgezeigt, um Unternehmen dabei zu helfen, zukunftsweisende Strategien zu entwickeln (vgl. *Horx*, 2020; www.zukunftsinstitut.de).

Es wurden folgende **12 Megatrends** identifiziert:

- **Wissenskultur** beschreibt den Trend des steigenden globalen Bildungsstands. In Verbindung mit dem Megatrend Konnektivität verändern sich das Wissen über die Welt und die Art und Weise des Umgangs mit Informationen. Die Wissensgenerierung und -verbreitung wird digitaler, kooperativer und dezentraler.
- **Urbanisierung** beschreibt die Entwicklung, dass immer mehr Menschen weltweit in Städten leben und diese zu den wichtigsten Lebensräumen der Zukunft werden. Die Anzahl an Mega-Städten mit mehr als 10 Mio. Einwohnern nimmt zu und diese entwickeln sich zu Ballungsräumen. Städte gewinnen als Problemlöser globaler Herausforderungen, kreative Zentren der pluralistischen Gesellschaft und Knotenpunkte der globalisierten Wirtschaft an Bedeutung.
- **Konnektivität** beschreibt das Grundmuster des gesellschaftlichen Wandels im 21. Jahrhundert: die Vernetzung auf Basis digitaler Infrastrukturen. Die digitale Transformation verändert das Leben, Arbeiten und Wirtschaften grundlegend. Sie bringt neue Lebensstile, Verhaltensmuster und Geschäftsmodelle hervor.
- **Neo-Ökologie** beschreibt den Trend zu neuen Werten, die Nachhaltigkeit in jeden Bereich des Alltags bringen. Gesellschaft, Kultur, Politik und Unternehmen richten ihr Handeln sowie das gesamte Wirtschaftssystem ökologisch aus.
- **Globalisierung** bezeichnet das Zusammenwachsen der Weltbevölkerung. Während internationale Wirtschaftsbeziehungen unter schwankenden nationalen Interessenlagen stehen, befinden sich Wissenschaft und Wirtschaft, Kultur und Zivilgesellschaften weltweit im Austausch von Ideen, Talenten und Waren. Diese Verbindungen sind der vielleicht wichtigste Treiber des menschlichen Fortschritts.

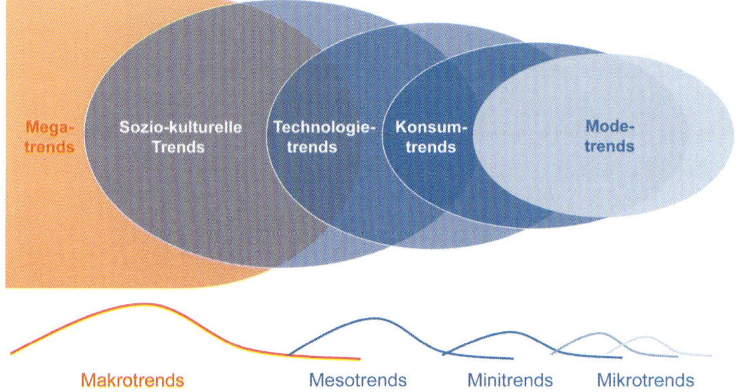

Abb. 3.2.11: Trendsystem (in Anlehnung an Horx, 2020)

- **Individualisierung** spiegelt das zentrale Kulturprinzip der Selbstverwirklichung wider. Dieser Megatrend wird angetrieben durch die Zunahme persönlicher Wahlfreiheiten und individueller Selbstbestimmung. Dabei wird auch das Verhältnis zwischen dem Einzelnen und der Gemeinschaft verschoben. Es wächst die Bedeutung von Gemeinschaften, die der Individualisierung künftig ein neues Gesicht verleihen.
- **Gesundheit** als Fundamentalwert hat sich nicht zuletzt durch die Corona-Pandemie tief im Bewusstsein verankert und ist zum Synonym für hohe Lebensqualität und Freiheit geworden. Als zentrales Lebensziel prägt der Megatrend sämtliche Lebensbereiche.
- **New Work** ist der Wandel im Verständnis von Arbeit. Klassische Karriere verliert an Bedeutung und die Sinnfrage rückt in den Vordergrund. Die Grenzen zwischen Leben und Arbeiten verschwimmen im Alltag auf produktive Weise. Die Arbeit wird künftig agiler, flexibler und digitaler.
- **Gender Shift** lässt tradierte soziale Rollen von Männern und Frauen an gesellschaftlicher Verbindlichkeit verlieren. Veränderte Rollenmuster und aufbrechende Geschlechterstereotypen sorgen für einen radikalen Wandel in Wirtschaft und Gesellschaft hin zu einer neuen Kultur des Pluralismus.
- **Silver Society** stellt die weltweit älter werdenden Menschen in den Vordergrund. Der demografische Wandel stellt die Gesellschaft vor enorme Herausforderungen, bietet aber auch Chancen für eine neue, soziokulturelle Vitalität. Dies erfordert soziale und ökonomische Rahmenbedingungen und auch einen veränderten mentalen Zugang zum Altern.
- **Mobilität** beschreibt die Entstehung einer mobilen Weltkultur, getrieben von einem immer facettenreicher und differenzierter werdenden Angebot an Mobilität. Neue Produkte und Services verändern und erweitern die Perspektive auf die Mobilität und die Nutzung von Verkehrsmitteln. Die Mobilität von morgen wird definiert durch das Ineinandergreifen von Arbeit, Wohnen und Freizeit.

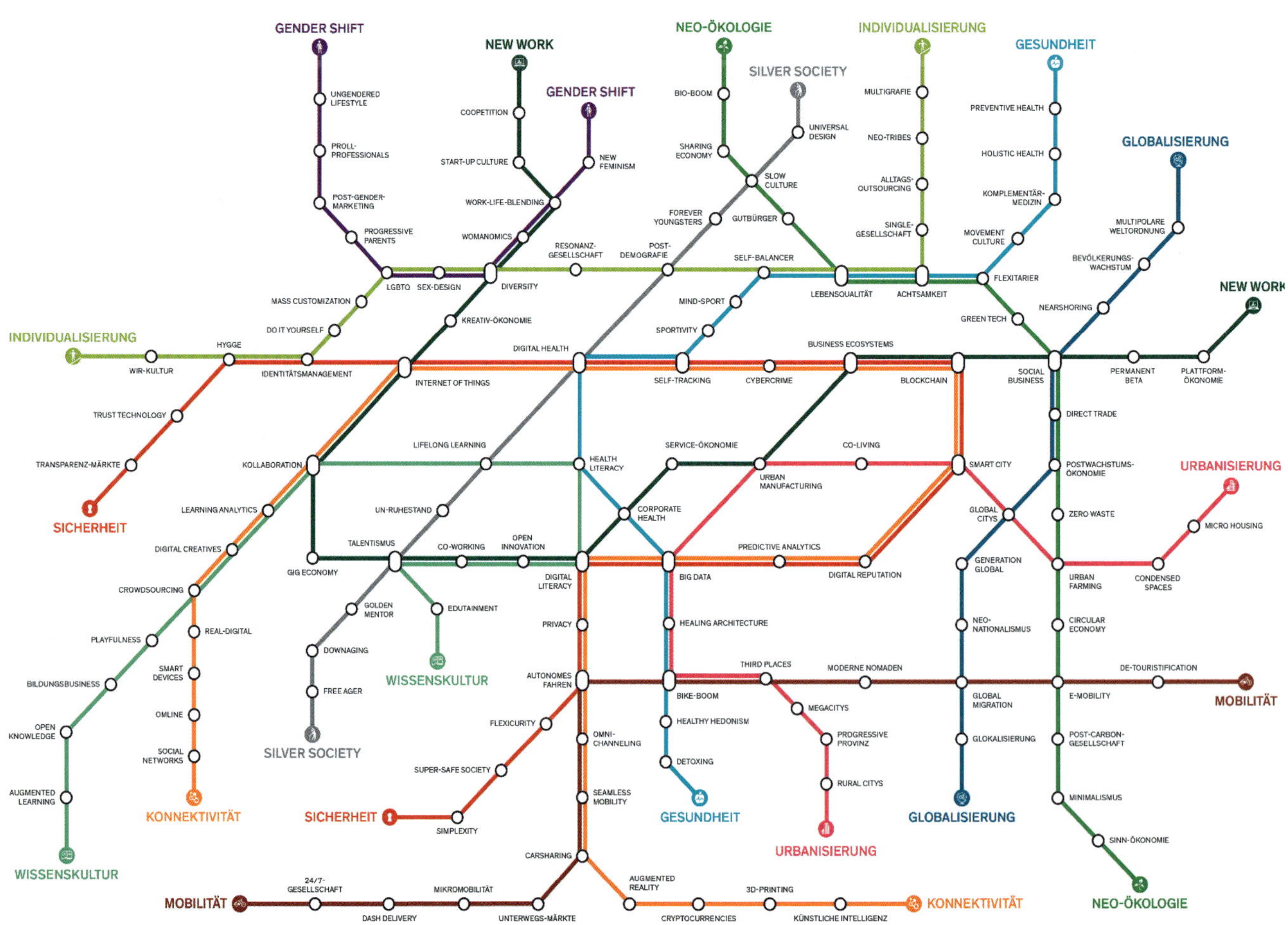

Abb. 3.2.12: Megatrend-Map (www.zukunftsinstitut.de)

- **Sicherheit** ist ein paradoxer Megatrend. Gefühlt gibt es ständig neue Gefahren, doch tatsächlich leben die Menschen heute in der sichersten aller Zeiten. Je sicherer die Welt tatsächlich ist, umso intensiver wird die Unsicherheit durch die zunehmende Vernetzung und globale Umbrüche wahrgenommen.

Diese Megatrends beschreiben und kategorisieren komplexe, langfristige Wandlungsprozesse mit enormen Ausmaßen und Auswirkungen. Sie wirken jedoch nicht eindimensional, sondern vielfältig und vernetzt. Die Megatrends stehen nicht isoliert voneinander, sondern beeinflussen und verstärken sich gegenseitig. So ist beispielsweise für den Megatrend Silver Society nicht nur der demografische Wandel ein entscheidender Treiber, sondern ebenso der Megatrend Gesundheit. Der Megatrend New Work wird maßgeblich geprägt durch die zunehmende digitale Vernetzung, die der Megatrend Konnektivität vorantreibt. Als Veranschaulichung zeigt die **Megatrend-Map** in Abb. 3.2.12 die wichtigsten aktuellen Trendphänomene, welche im Umfeld eines oder mehrerer Megatrends wirken.

Branchenanalyse

Die **Branchenanalyse** untersucht die Attraktivität und Dynamik einer Branche. Sie erklärt, warum die durchschnittlichen Renditen zwischen einzelnen Branchen unterschiedlich sind und manche Unternehmen einer Branche erfolgreicher sind als andere.

Folgende strategische **Fragestellungen** werden dabei behandelt:

- Welche Branchen sind attraktiv und rentabel?
- Welche strategischen Gruppen gibt es in einer Branche?
- Welche Wettbewerbsstrukturen charakterisieren die Branche?
- Wie kann sich ein Unternehmen erfolgreicher als seine Wettbewerber in einer Branche positionieren?
- Wie können Veränderungen einer Branche gestaltet und genutzt werden?

Aus der Beantwortung dieser Fragen ergeben sich Chancen und Gefahren für Unternehmen einer Branche, die in die SWOT-Analyse eingehen (vgl. Kap. 3.3.6). Zudem ergeben sich Ansatzpunkte für Wettbewerbsstrategien (vgl. Kap. 3.2.2).

> Eine **Branche** ist eine Gruppe von Unternehmen, deren Produkte oder Dienstleistungen sich gegenseitig weitgehend ersetzen können.

Basierend auf der Theorie der Industrieökonomik (vgl. Kap. 1.2.2) kann die **Attraktivität einer Branche** durch deren Struktur erklärt werden. Branchenstrukturen geben den Unternehmen darin ein Attraktivitäts- oder Renditeniveau vor, das durch die relative Position innerhalb der Branche und die Mitwirkung an der Veränderung dieser Strukturen gestaltet werden kann. Die Leistungsfähigkeit der Unternehmen einer Branche wird durch das sog. Structure Conduct Performance-Paradigma von *Bain* (1959) erklärt. Der Erfolg eines Unternehmens (Performance) ist danach von Branchenmerkmalen (Structure) abhängig, welche das Verhalten der Unternehmen (Conduct) bestimmen. Es wird unterstellt, dass alle Unternehmen über gleiche und mobile Ressourcen verfügen und ihr Erfolg somit von ihrer Anpassungsfähigkeit an die Rahmenbedingungen der Branche abhängt (vgl. *Müller-Stewens/Lechner*, 2016, S. 129).

Welche Branchenstrukturen attraktiv sind, soll die volkswirtschaftliche **Mikroökonomie** erklären. Sie zeigt die Funktionsweise wirtschaftlicher Austauschbeziehungen zwischen Anbietern und Nachfragern. Von hoher Bedeutung ist dabei die Struktur der Branche und ihrer Märkte, welche durch die Anzahl der darin aktiven Anbieter und Nachfrager bestimmt wird. Wie bereits in Kap. 1.2.2 erläutert, lassen sich drei grundlegende mikroökonomische **Formen** unterscheiden (vgl. *Kotler et al.*, 2021):

- **Angebotsmonopol:** Die Leistung wird lediglich durch ein Unternehmen angeboten. Beispiele sind das ehemalige Briefmonopol der *Deutschen Post AG* oder die Quasi-Monopolstellung des Unternehmens *Microsoft* bei PC-Betriebssystemen. In einem Monopol können hohe Preise mit wenig Werbung und geringen Serviceleistungen durchgesetzt werden.
- **Angebotsoligopol:** In einem Oligopol wird von einer kleinen Zahl an Unternehmen ein weitgehend ähnliches Produkt angeboten. Beispiele für solche Branchen sind Stahl, Autos oder Computer. Die Unternehmen können sich untereinander etwa durch Kosten, Service oder Qualität differenzieren. Auf diese Weise sollen innerhalb einzelner Segmente monopolartige Stellungen erreicht werden.
- **Polypol:** Eine große Zahl an Wettbewerbern bieten für viele Kunden vergleichbare Leistungen an. Ein Beispiel sind Lebensmittel.

Beim Polypol wird ein vollkommener Wettbewerb unterstellt. Dabei stellt sich bei einem bestimmten Preis ein Gleichgewicht zwischen Angebot und Nachfrage ein. Aus betriebswirtschaftlicher Sicht hingegen birgt ein Monopol für das Unternehmen die größten Chancen, da es hohe Preise am Markt durchsetzen kann.

Die **moderne Industrieökonomie** untersucht die betriebswirtschaftlichen Verhaltensmöglichkeiten eines Unternehmens, die von der Struktur und Entwicklung der Branche beeinflusst werden (vgl. *Müller-Stewens/Lechner*, 2016, S. 130). Der erste Schritt hierzu ist die möglichst exakte **Branchenabgrenzung**. Dazu sind diejenigen Produkte zu identifizieren, welche mit den Leistungen des Unternehmens vergleichbar und austauschbar sind (vgl. *Hungenberg*, 2020, S. 98 f.). Eine Branche lässt sich nach unterschiedlichen Kriterien in homogene **Segmente** unterteilen. Merkmale zur Abgrenzung von Wettbewerbergruppen können etwa der Spezialisierungsgrad des Produktangebots, die Ziel-Kunden-Segmente, die Vertriebskanäle oder das Qualitätsniveau der Produkte sein (vgl. *Hungenberg*, 2020, S. 126 f.).

Ein Branchensegment aus Unternehmen mit ähnlicher Strategie wird als **strategische Gruppe** bezeichnet. Normalerweise gibt es in einer Branche mehrere strategische Gruppen. Nur selten besteht die gesamte Branche nur aus einer einzigen strategischen Gruppe bzw. weist so unterschiedliche Positionen auf, dass jedes Unternehmen quasi seine eigene strategische Gruppe bildet (vgl. *Hungenberg*, 2020, S. 131). Gründe für die Bildung strategischer Gruppen sind unterschiedliche Ausgangssituationen hinsichtlich der Ressourcen oder Fähigkeiten von Unternehmen, aber auch abweichende Ziele und Risikoneigungen sowie der Zeitpunkt des Brancheneintritts. Die Branchenstrukturen können in verschiedenen strategischen Gruppen unterschiedlich ausgeprägt sein, weshalb die Analyse der Branchenstruktur für jede strategische Gruppe erfolgen sollte. Innerhalb einer strategischen Gruppe sind die Branchenstrukturen ähnlich. Allerdings können spezifische Unterschiede bestehen. So kann die strategische Gruppe der Premium-Automobilhersteller in Europa und in Nordamerika durch unterschiedliche Anbieter und Kundenbedürfnisse geprägt sein. Derartige Marktbesonderheiten sind Gegenstand der Marktanalyse (vgl. Kap. 3.3.1). Das Ergebnis stellt auf der einen Seite kritische Erfolgsfaktoren im untersuchten Branchensegment dar, auf der anderen Seite können strategische Alternativen für die zukünftige Ausrichtung des Unternehmens ermittelt werden (vgl. *Hinterhuber*, 2015, S. 131). So kann etwa in Abb. 3.2.13 die Branche der betriebswirtschaftlichen Master-Angebote in Deutschland durch das geografische Einzugsgebiet der Studierenden und die inhaltliche Ausrichtung unterteilt werden. Innerhalb der Gesamtbranche bilden sich unterschiedliche strategische Gruppen, die durch verschiedene Branchenstrukturen gekennzeichnet sind. So konzentrieren sich traditionelle Universitäten auf eine Vielzahl an Studienfächern. Sie konkurrieren mit ihrer Forschungsreputation und ziehen Studierende auf nationaler sowie internationaler Ebene an. Im Gegensatz dazu ist die Duale Hochschule an ihren einzelnen Standorten regional verankert und konzentriert sich auf den Wissenstransfer und die kooperative Forschung mit den Ausbildungsunternehmen. Zwischenpositionen nehmen die staatlichen Hochschulen für angewandte Wissenschaften sowie die privaten Business Schools ein.

Um innerhalb einer Branche geeignete Strategien ableiten zu können, sollte die Struktur der Branche bzw. der strategischen Gruppe bekannt sein. Durch eine **Analyse der Branchenstrukturen** sollen diejenigen Kriterien bestimmt werden, die auf die gesamte Branche Einfluss haben. Diese wesentlichen Einflussgrößen werden als sog. **Wettbewerbskräfte** bezeichnet. Sie bestimmen die Intensität des Wettbewerbs und damit die Attraktivität einer Branche. Letztlich schlägt sich die Attraktivität einer Branche in ihrer durchschnittlichen Rentabilität und den darin aktiven Unternehmen nieder. Die Analyse der Branchenstrukturen sollte auch deren Dynamik mit einbeziehen (vgl. *Müller-Stewens/Lechner*, 2016, S. 1296).

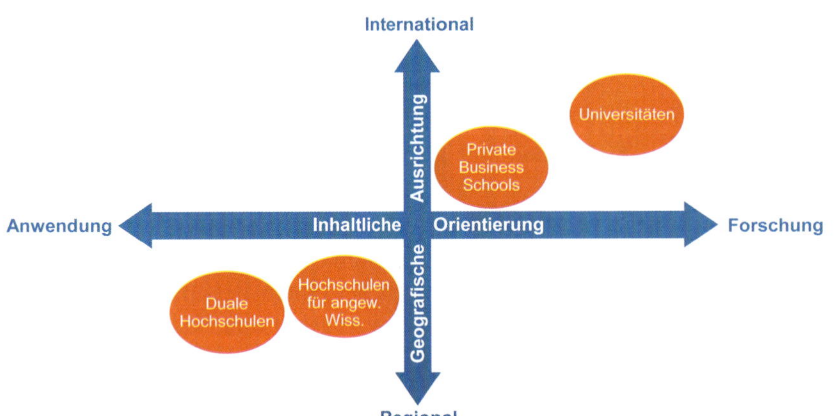

Abb. 3.2.13: Strategische Gruppen der BWL-Master-Branche in Deutschland

Die Industrieökonomie erlebte in den 1980er-Jahren durch *Porter* (1980) eine Renaissance und rückte die Analyse der Branchenstruktur in den Mittelpunkt der strategischen Unternehmensführung. *Porter* unterscheidet **fünf Wettbewerbskräfte einer Branche** (Five Forces Model; vgl. Abb. 3.2.14), welche die Attraktivität der Branche bestimmen. Sie beeinflussen die Preise, Kosten und Investitionen der Unternehmen und dadurch die Rentabilität der Branche. Die Analyse betrachtet nicht nur die aktuelle Ausprägung der Wettbewerbskräfte, sondern auch ihre zeitliche Veränderung und hierdurch erforderliche strategische Anpassungen.

Die **fünf Wettbewerbskräfte** sind (vgl. *Porter*, 1999, S. 28 ff.):

- **Verhandlungsstärke der Lieferanten:** Je intensiver die Verhandlungsstärke der Lieferanten, desto geringer ist die Gewinnspanne der Unternehmen. Die Lieferantenmacht ist unter anderem von der Situation auf dem Beschaffungsmarkt abhängig:
  - **Konzentration der Lieferanten** stärkt deren Einfluss, insbesondere wenn viele kleine Abnehmer einer geringen Anzahl von Lieferanten gegenüberstehen.
  - Geringe **Substitutionsmöglichkeiten** erhöhen die Position der Lieferanten ebenso wie die Lieferung wichtiger Produktbestandteile. Starke Lieferanten können etwa durch die Androhung von Preiserhöhungen oder ihres Brancheneintritts (Vorwärtsintegration) Druck auf eine Branche ausüben. Mächtige Lieferanten sind etwa in der Luftfahrtindustrie die Flugzeughersteller oder die Mineralölkonzerne. In der Pharmaindustrie hingegen haben die Grundstofflieferanten meist eine recht schwache Verhandlungsposition gegenüber den Pharmaunternehmen.
- **Verhandlungsstärke der Kunden:** Die Machtposition der Kunden ist besonders hoch, wenn die zuvor aufgeführten Kriterien der Lieferantenstärke zugunsten der Kunden ausgeprägt sind. Beispielhaft stehen den Fluggesellschaften relativ starke Kunden gegenüber, wie etwa Reiseanbieter oder Großunternehmen. In der Pharmaindustrie sind Medikamente häufig patentiert und werden deshalb nur von einem Anbieter hergestellt. Die Kunden haben in diesem Fall aufgrund fehlender Wahlmöglichkeiten und der eventuell lebenswichtigen Bedeutung des Medikaments eine sehr schwache Verhandlungsposition.
- **Gefahr durch Substitutionsgüter** bezeichnet die Bedrohung, dass die Produkte einer Branche durch Güter anderer Branchen ersetzt werden können. Die Gefahr durch Substitutionsprodukte ist umso höher, je stärker sich das Preis-Leistungsverhältnis der Produkte annähert. Wichtig ist zudem, ob die Kunden zu einem Produktwechsel bereit sind und wie hoch die Umstellungskosten für den Kunden ausfallen. Im Beispiel der Luftfahrtindustrie besteht auf Kurzstrecken eine Substitutionsgefahr durch Bahnreisen. Dies begrenzt die Preise in der Branche. In der Pharmaindustrie gibt es jedoch bei vielen Medikamenten keine Substitutionsgüter. Nach Ablauf des Patentschutzes bieten Generika allerdings direkte Substitutionsmöglichkeiten für einzelne Medikamente.
- **Bedrohung durch neue Konkurrenten:** Neben den vorhandenen Wettbewerbern einer Branche können auch neue Anbieter in den Markt eintreten. Der Erfolg eines solchen Markteintritts ist abhängig von der Höhe der vorhandenen Eintrittsbarrieren. Die Attraktivität der

Abb. 3.2.14: Wettbewerbskräfte einer Branche (vgl. Porter, 1989, S. 26)

Branche steigt durch hohe Eintrittsbarrieren und einen leichten Branchenausstieg. **Eintrittsbarrieren** werden durch folgende Faktoren bestimmt:

- **Skaleneffekte (Economies of Scale):** Etablierte Unternehmen einer Branche besitzen Kostenvorteile durch Mengendegressionseffekte, die von neuen Anbietern zu kompensieren sind. Neben Kostenvorteilen in der Produktion können weitere etwa aus der eingesetzten Technologie oder aus Synergien entstehen.
- **Kapitalbedarf:** Der Eintritt in die Branche verursacht häufig hohe Kapitalkosten. Meist sind dies Investitionen in Produktionsanlagen oder Forschung und Entwicklung. Einen hohen Kapitalbedarf erfordert etwa die Pharmaindustrie.
- **Umstellungskosten**, wie etwa erforderliche Produktanpassungen oder Zulassungen, erschweren es potenziellen Wettbewerbern, in eine Branche einzudringen.
- **Markenidentität und Käuferloyalität** basieren auf Vertrauen und Identifikation der Kunden mit den Produkten. Sie entstehen meist über einen längeren Zeitraum und sind deshalb eine gute Abwehr gegen neue Konkurrenten. Autokäufer zeichnen sich beispielsweise durch eine hohe Markentreue aus.
- **Distributionszugänge** können bereits durch vertragliche Bindungen besetzt sein. So können Exklusivrechte den Zugang zu einem Vertriebskanal für neue Konkurrenten einschränken. Beispielsweise binden sich Restaurants häufig exklusiv an ihre Getränkelieferanten. Neue Wettbewerber müssen dann ein eigenes Vertriebssystem aufbauen, wozu oft hohe Anfangsinvestitionen erforderlich sind.
- **Vertragliche Bindungen der Abnehmer** bewirken, dass die Kunden erst nach Ablauf der Vertragszeit zu einem Wettbewerber wechseln können. Dies ist etwa in der Strom- oder Mobilfunkbranche oft der Fall.
- **Staatliche Restriktionen:** Der Staat kann den Marktzugang fördern oder einschränken. So können etwa gesetzliche Regelungen, wie das Reinheitsgebot für deutsches Bier, den Eintritt neuer Wettbewerber beschränken.

• **Rivalität unter den bestehenden Wettbewerbern** senkt die Attraktivität innerhalb einer Branche. *Porter* sieht die Rivalität unter den bestehenden Unternehmen als zentrale Triebkraft einer Branche, die aus den anderen vier Wettbewerbskräften resultiert. Das Ausmaß der Rivalität hängt von folgenden **Faktoren** ab:

- **Kapazitätsauslastung:** Die Rivalität steigt an, wenn die Kapazitäten der Unternehmen nicht ausgelastet sind. In diesem Fall versuchen die Unternehmen, durch aktiven Wettbewerb zu einer besseren Auslastung zu gelangen.
- **Differenzierungsgrad der Produkte:** Die Wettbewerbsintensität sinkt, wenn die Produkte der einzelnen Anbieter sehr unterschiedlich sind.
- **Umstellungskosten** der Kunden beim Wechsel zu einem Wettbewerber senken die Rivalität. Beispielsweise erfordert der Wechsel einer ERP-Software einen hohen Zeitaufwand für Installation, Einarbeitung und Datenerfassung.
- **Austrittsbarrieren** vergrößern die Rivalität zwischen den Wettbewerbern, da sie die Unternehmen daran hindern, die Branche zu verlassen. Derartige Austrittsbarrieren können z. B. branchenspezialisiertes Personal oder spezifische Anlagen sein.
- **Branchenkultur:** Traditionell gibt es Branchen, in denen ein besonders harter Wettbewerb besteht. Dies gilt beispielsweise für den Handel.

Die Rivalität ist etwa in der Luftfahrtindustrie hoch, da dort insbesondere die Kapazitätsauslastung der Flugzeuge entscheidend ist. In der Pharmaindustrie existiert Rivalität nur in den Fällen, in denen die Medikamente gleiche Anwendungsgebiete aufweisen.

Die **Stärke der fünf Wettbewerbskräfte** entscheidet über die durchschnittliche Rentabilität einer Branche (vgl. *Porter*, 1989, S. 23). In attraktiven Branchen erwirtschaften die Unternehmen hohe Gewinne. Dies gilt etwa für die Pharmaindustrie, in der durchschnittlich zweistellige Renditen erzielt werden. In unattraktiven Branchen, wie z. B. in der Luftfahrtindustrie oder im Einzelhandel, können die Unternehmen dagegen nur geringe Renditen erzielen.

Für die Durchführung der Branchenanalyse kann die in Abb. 3.2.15 dargestellte **Checkliste** verwendet werden. Darin wird zunächst die Gewichtung jeder Wettbewerbskraft aus Sicht des Unternehmens festgelegt. Im Anschluss werden für jedes Kriterium der fünf Wettbewerbskräfte der Branche die Ausprägungen auf einer Skala bewertet und gewichtet. Bei der Rivalität ist etwa das Kriterium „Branchenwachstum“ stark gewichtet. Die Ausprägung wird auf einer Skala von „nicht attraktiv“ (Punktwert 0) bis „sehr attraktiv“ (Punktwert 5) bewertet. Die Multiplikation der Ausprägung mit der Gewichtung ergibt einen gewichteten Punktwert. Die Addition der gewichteten Punktwerte des Bereiches Rivalität ergibt im Beispiel 1,45 und ist danach relativ gering, was sich negativ auf die Attraktivität der

Checkliste zur Branchenstrukturanalyse																
Branchenstrukturfaktoren	Gewicht	Bedeutung	Situationsbeurteilung							Dynamik & Kontext					Wertung	
	Insgesamt 100%	100% je Kriterium	nicht attraktiv 0	1	2	3	4	sehr attraktiv 5	Attraktivität	Sicher 1	Risiko 2	Ungewiss 3	Unsicher 4	Dynamik	Chance	Gefahr
1. Rivalität	32%	**100%**							**1,45**					**2,40**		
- Branchenwachstum		25%				x			0,75			x		0,75	x	
- Wettbewerbergröße		15%		x					0,15			x		0,45		x
- Austrittsbarrieren		15%	x						0,00	x				0,15		x
- Produktdifferenzierung		15%		x					0,15	x				0,15		x
- Fixkosten		20%	x						0,00			x		0,60		x
- Überkapazität		10%					x		0,40			x		0,30	x	
- …																
2. Abnehmer	20%	**100%**							**1,15**					**1,60**		
- Konzentration		20%			x				0,40			x		0,60		x
- Umstellungskosten		10%	x						0,00	x				0,10	x	x
- Informationsgrad der Kunden		15%		x					0,15	x				0,15		x
- Gefahr einer Rückwärtsintegration		5%	x						0,00	x				0,05	x	
- Existenz von Ersatzprodukten		20%	x						0,00	x				0,20		x
- Preisempfindlichkeit		10%			x				0,20			x		0,30		x
- Markenidentität		20%			x				0,40	x				0,20	x	
- …																
3. Ersatzprodukte	14%	**100%**							**0,85**					**2,20**		
- Umstellungskosten Abnehmer		30%	x						0,00			x		0,90		x
- Preis-/Leistungsverhältnis		25%		x					0,25	x				0,25		x
- Eignungsgrad		30%	x						0,00			x		0,90		x
- Produkteinstellung der Abnehmer		15%					x		0,60	x				0,15	x	
- …																
4. Lieferanten	13%	**100%**							**2,15**					**2,40**		
- Lieferantenwettbewerb		20%			x				0,40			x		0,60	x	
- Auftragsvolumen		15%		x					0,15	x				0,15		x
- Standardisierungsgrad der Input-Güter		25%		x					0,25			x		0,75		x
- Umstellungskosten		15%				x			0,45	x				0,15	x	
- Gefahr einer Vorwärtsintegration		5%					x		0,20			x		0,15	x	
- Bedeutung für das Endprodukt		10%				x			0,30			x		0,30	x	
- Substitutionsgüter für Einsatzstoffe		10%					x		0,40			x		0,30	x	
- …																
5. Neue Anbieter	21%	**100%**							**2,55**					**1,95**		
- Bedeutung von Economies of Scale		20%	x						0,00	x				0,20	x	
- Markenidentität der Abnehmer		10%					x		0,40	x				0,10	x	
- Zugänglichkeit Distributionskanäle		20%					x		0,80			x		0,60	x	
- gesetzliche Restriktionen		5%						x	0,25				x	0,20	x	
- Kapitalbedarf		10%						x	0,50				x	0,40	x	
- Standardisierung der Produktionsverfahren		5%		x					0,05	x				0,05		x
- Patente		10%					x		0,40	x				0,10	x	
- Austrittsbarrieren		5%			x				0,10	x				0,05		x
- Gefahr von Vergeltungsmaßnahmen		5%		x					0,05			x		0,15		x
- Kostenvorteile		10%	x						0,00	x				0,10	x	
- …																
	100%						**Branchenattraktivität**		**1,63**			**Branchendynamik**		**2,12**		

Abb. 3.2.15: Checkliste zur Branchenstrukturanalyse

Branche auswirkt. Die Summe der gewichteten Wettbewerbskräfte ergibt eine Branchenattraktivität von eher unattraktiven 1,63.

Die Branchenstrukturanalyse konzentriert sich auf eine abgegrenzte Branche. Es ist jedoch nicht möglich, die Grenzen einer Branche eindeutig zu bestimmen, da diese von den Segmentierungskriterien abhängen. Ein weiterer **Kritikpunkt** der Branchenstrukturanalyse ist die fehlende Berücksichtigung individueller Stärken eines Unternehmens aufgrund besonderer Unternehmensressourcen. Zudem wird nur eine qualitative Analyse vorgenommen. Die Ergebnisse hängen somit von der subjektiven Einschätzung der Analysten ab. Dies ist insbesondere bei den Branchen kritisch, die sich stark verändern. Dort ist eine dynamischere Wettbewerbskonzeption erforderlich (vgl. *Welge et al.*, 2017, S. 309 f.). Zu bedenken ist, dass sich die Branchenstruktur durch die Handlungen der beteiligten Unternehmen verändert und auf diese Weise neu gestaltet werden kann. Es ist auch zu bezweifeln, ob die Rentabilität der Unternehmen tatsächlich vor allem von der Branche bestimmt wird. Studien belegen zwar einen engen Zusammenhang zwischen der Branche und der Rentabilität. Allerdings steigt der Einfluss der Unternehmen mit der Zeit an und die Bedeutung der Branche geht damit zurück (vgl. *Müller-Stewens/Lechner*, 2016, S. 173 f.).

3.2.2 Wettbewerbsstrategien

Durch eine Analyse der Branchenstrukturen sollen diejenigen Kriterien bestimmt werden, die auf die gesamte Branche Einfluss haben. Diese wesentlichen Einflussgrößen der Branchenattraktivität werden als sog. **Wettbewerbskräfte** bezeichnet und prägen die Strukturen einer Branche. Sie beeinflussen die Preise, Kosten und Investitionen der Unternehmen und bestimmen dadurch die Intensität des Wettbewerbs. Letztlich schlägt sich dies in der Attraktivität einer Branche und der durchschnittlichen Rentabilität der darin aktiven Unternehmen nieder. Somit lässt sich erklären, warum die durchschnittlichen Renditen zwischen einzelnen Branchen unterschiedlich sind. Die Analyse betrachtet nicht nur die aktuelle Ausprägung der Wettbewerbskräfte, sondern auch ihre zeitliche Veränderung und hierdurch erforderliche strategische Anpassungen. In einer dynamischen Betrachtung werden somit auch Veränderungen der Branchenstrukturen mitberücksichtigt, wie z. B. in Lebenszykluskonzepten. Insbesondere die Marktführer innerhalb einer Branche sollten demnach bemüht sein, eine Branche so zu verändern, dass sie als Ganzes attraktiver wird.

Generische Wettbewerbsstrategien

Aufbauend auf der Branchenanalyse werden die Wettbewerbsstrategien abgeleitet.

> Eine **Wettbewerbsstrategie** legt fest, auf welche Art und Weise eine strategische Geschäftseinheit einen Wettbewerbsvorteil erzielen soll.

Zur Erreichung von Wettbewerbsvorteilen hat ein Unternehmen seine Kräfte und die benötigten Ressourcen auf eine möglichst attraktive Branchenposition zu konzentrieren (vgl. *Müller-Stewens/Lechner*, 2016, S. 173 ff.). Ein Beispiel für die unterschiedliche Positionierung von Unternehemen zeigt Abb. 3.2.16.

Porter nennt für die Erzielung nachhaltiger Wettbewerbsvorteile die in Abb. 3.2.18 dargestellten drei **generischen Wettbewerbsstrategien** (vgl. 1989, S. 19 f.):

- **Kostenführer** bieten standardisierte Produkte zu einem durchschnittlichen oder vergleichsweise niedrigen Preis und mit einem hohen Preis-Leistungs-Verhältnis an. Dies erfordert relativ zu den Konkurrenten eine bessere Kostenstruktur, wodurch eine höhere Rendite erzielt werden kann. Voraussetzung für eine Kostenführerschaft sind große Leistungsvolumina, Kapazitäten und Abnahmepotenziale des Marktes. Dies erfordert hohe Investitionen, Zugang zum erforderlichen Kapital sowie intensives Kostenmanagement. Die vier wichtigsten Kostentreiber, die zu einer Kostenführerschaft beitragen können, sind dabei niedrigere Input-Kosten, hohe Skalenvorteile und Erfahrungseffekte sowie eine darauf ausgelegte Gestaltung der Produkte und Geschäftsprozesse. Beispiele hierfür sind im Lebensmitteleinzelhandel die Discounter *Aldi* und *Lidl*.

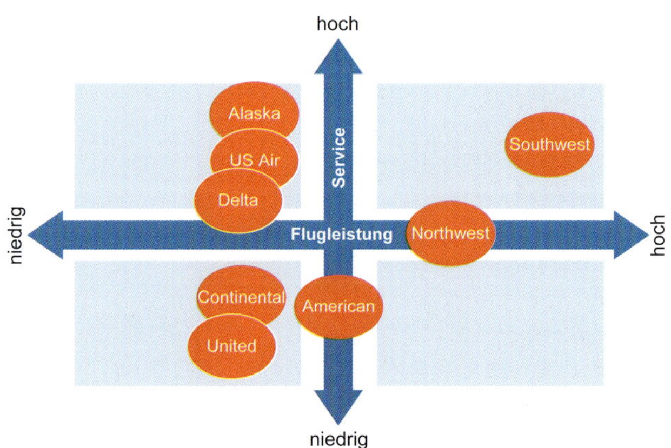

Abb. 3.2.16: Positionierung von Unternehmen der Luftfahrt in den USA (in Anlehnung an Whittington et al., 2019)

- **Differenzierer** streben nach einem Produkt mit einzigartigen Merkmalen, um sich dadurch von den Konkurrenten abzuheben. Für derartige Produkte sind die Kunden bereit, einen im Vergleich zur Konkurrenz höheren Preis zu bezahlen. Ist diese Preisprämie höher als die zusätzlichen Kosten zur Produktdifferenzierung, dann erlaubt die Differenzierungsstrategie ebenfalls überdurchschnittliche Renditen. Differenzierung bedeutet damit eine Einzigartigkeit oder Alleinstellung in einer Dimension, die von den Kunden ausreichend geschätzt wird und daher Preisaufschläge ermöglicht. Differenzierungsvorteile können beispielsweise aus Forschung und Entwicklung, Kundenloyalität, Technologien oder dem Markenimage entstehen. Im Lebensmitteleinzelhandel können dies z. B. Feinkost- oder Bioläden sein.
- **Konzentration** auf Marktnischen, d. h. auf bestimmte Abnehmergruppen oder regional abgegrenzte Marktsegmente. Dort wird entweder eine Kostenführerschaft oder eine Differenzierung angestrebt. Eine segmentspezifische Positionierung kann somit als Variante der beiden erstgenannten Strategietypen angesehen werden. Im Lebensmittelhandel wäre eine segmentbezogene Differenzierung etwa eine regionale Erzeugervermarktung, wie z. B. Milch vom Bauernhof.

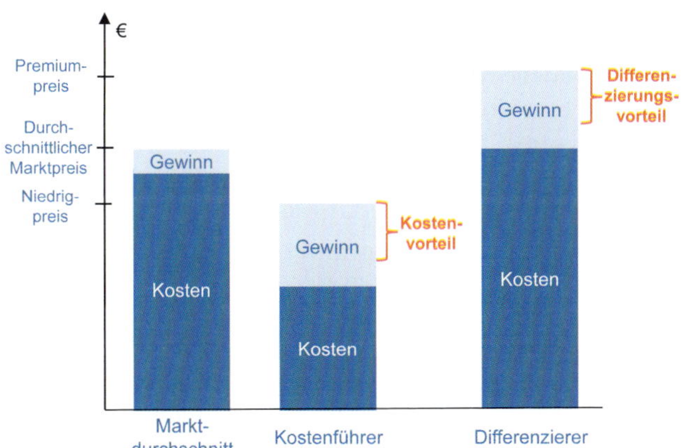

Abb. 3.2.17: Wettbewerbsvorteile bei Kostenführerschaft und Differenzierung

Nach *Porter* müssen sich Unternehmen für eine der beiden Strategieoptionen entscheiden. Ansonsten hätten sie keinen Wettbewerbsvorteil und säßen damit „zwischen den Stühlen" („Stuck in the Middle"). Dies habe eine geringere Wettbewerbsfähigkeit und Rentabilität zur Folge (vgl. *Porter*, 1989, S. 41 ff.). In vielen Branchen ist zu beobachten, dass es zwar meist nur einen Kostenführer, aber mehrere erfolgreiche Differenzierer gibt. Die Differenzierung kann nach *Mintzberg* auf unterschiedlichen Wegen, wie z. B. durch Image, Design oder Qualität der Produkte sowie durch besondere Serviceleistungen, erzielt werden. Jede einzelne Differenzierungsmöglichkeit kann für eine Kundengruppe ein spezifisches Bedürfnis erfüllen (vgl. *Mintzberg et al.*, 2003, S. 121).

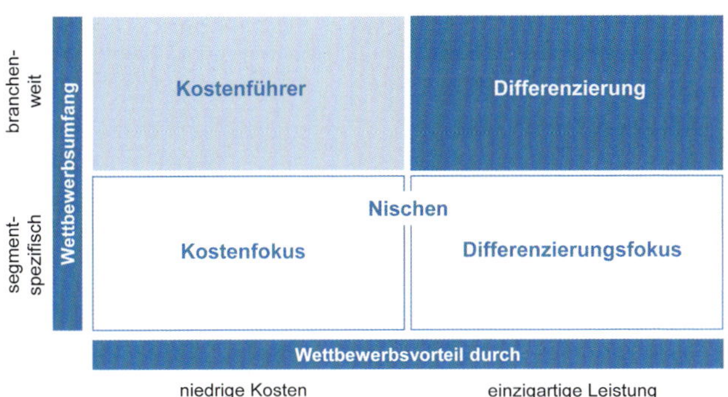

Abb. 3.2.18: Generische Wettbewerbsstrategien (vgl. Porter, 1989, S. 32)

Hybride Wettbewerbsstrategien

Die generischen Wettbewerbsstrategien von *Porter* besitzen in vielen Branchen nach wie vor eine hohe Bedeutung. Doch umfassen sie heute nicht mehr alle Dimensionen von Wettbewerbsstrategien. Eine erste Erweiterung bilden die sog. **hybriden Wettbewerbsstrategien**. Sie gehen nicht mehr davon aus, dass sich Unternehmen kompromisslos entweder auf Kostenführerschaft oder Differenzierung konzentrieren müssen, um erfolgreich zu sein. Vielmehr kann es auch Unternehmen geben, die gleichzeitig sowohl eine Kostenführerschaft als auch eine Differenzierung erreichen (vgl. *Gaitanides/Westphal*, 1991, S. 247 ff.). Zudem gibt es die Möglichkeit einer hybriden Segmentierung, d. h. einer unterschiedlicheen Wettbewerbsstrategie in verschiedenen Branchensegmenten. Abb. 3.3.19 zeigt das daraus entstehende Spektrum an Wettbewerbsstrategien.

Um einen simultanen Wettbewerbsvorteil zu erreichen, werden die Vorteilsdimensionen Differenzierung und Kosten meist nacheinander aufgebaut und eine sog. **Outpacing-Strategie** verfolgt. Dabei können zwei **Varianten** unterschieden werden (vgl. *Gilbert/Strebel*, 1986, S. 4 ff.; *Zahn/Dillerup*, 1994, S. 39):

- **Präventives Outpacing:** Unternehmen streben zunächst als Innovator eine Produktdifferenzierung an. Ausgehend von dieser Position versuchen sie, durch Produktstandardisierung zusätzlich zu einer Kostenführerschaft zu gelangen. Um eine überlegene Kostenposition zu erreichen, sind jedoch ausreichend hohe Stückzahlen

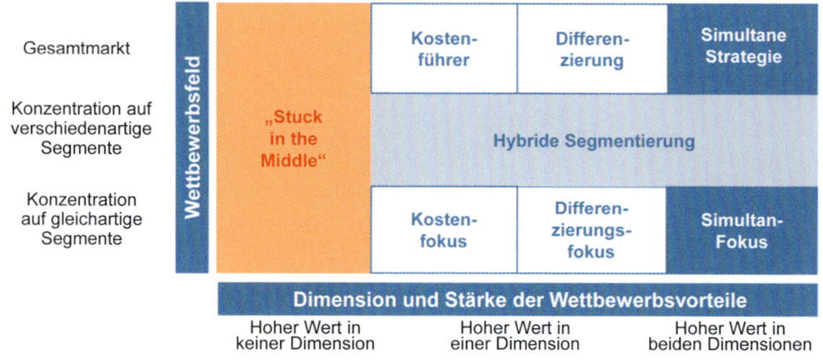

Abb. 3.2.19: Übersicht möglicher Wettbewerbsstrategien (in Anlehnung an Corsten/Will, 1992, S. 4 ff.)

erforderlich. Ein Beispiel hierfür ist die *Volkswagen AG*, die in der strategischen Gruppe „Golf-Klasse“ Differenzierungsführer ist. Gleichzeitig wird daran gearbeitet, sich durch hohe Fertigungsmengen sowie Plattformkonzepte zur Vereinheitlichung von Komponenten und Prozessen auch zu einem Kostenführer zu entwickeln (vgl. Kap. 5.4.6). Dies erfolgt präventiv, um sich vor Angriffen von Wettbewerbern mit einer günstigeren Kostenstruktur zu schützen. Allerdings ist dieser eher europäische Weg des Outpacing mit Schwierigkeiten behaftet. Ein differenziertes Produkt kostengünstiger zu gestalten, ist eine Herausforderung, wie das Beispiel *Volkswagen* zeigt.

- **Proaktives Outpacing:** Ausgehend von einer Kostenführerschaft wird durch Produkterneuerungen zunehmend eine Differenzierung der Produkte vorgenommen. Dabei werden die Produktverbesserungen der Innovatoren nachvollzogen. Sofern noch Differenzierungspotenziale vorhanden sind und diese auch von den Kunden honoriert werden, kann dies proaktiv erfolgen. Auf diese Weise soll entweder auf noch preiswertere Konkurrenten reagiert oder Differenzierungsführer angegriffen werden. Ein Beispiel für diese typisch asiatische Version des Outpacing ist *Toyota*. Aufgrund des berühmten *Toyota*-Produktionssystems verfügt das Unternehmen über die günstigste Kostenstruktur der Automobilbranche. Im Laufe der Zeit wurde die Produktqualität der Fahrzeuge Schritt für Schritt verbessert. Zudem trat das Unternehmen bei Hybridfahrzeugen auch als Innovator auf.

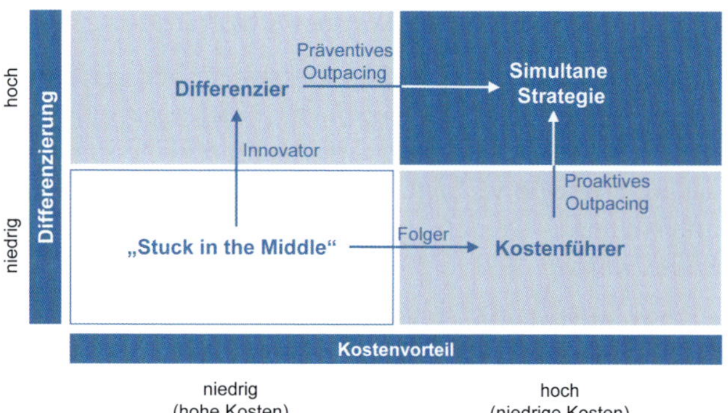

Abb. 3.2.20: Outpacing-Strategien (in Anlehnung an Reitsperger et al., 1993, S. 11)

Um Outpacing-Strategien erfolgreich umzusetzen, sind ausgezeichnete Branchenkenntnisse erforderlich und das Unternehmen muss die kritische Phase der Erweiterung der Vorteilsdimensionen beherrschen. Nach der bisherigen Konzentration auf einen Wettbewerbsvorteil, ist nun die Aufmerksamkeit auf zwei Dimensionen zu richten. Der bestehende Vorteil darf dabei nicht verlorengehen und das Unternehmen dadurch in eine „Stuck in the Middle“-Situation gelangen. Zudem ist der optimale Zeitpunkt für einen Wechsel der Strategie festzulegen. Dies kann durch eine räumliche Entkopplung geschehen, indem in einigen Märkten eine Kostenführerschaft verfolgt wird und in anderen an einer Differenzierung gearbeitet wird. So sind z. B. japanische Automobilhersteller im Heimatmarkt als Differenzierer aufgetreten, während auf den Exportmärkten anfänglich eine Kostenführerschaftsstrategie verfolgt wurde.

Kooperative Wettbewerbsstrategien

Wettbewerbsstrategien lassen sich aber nicht nur bezüglich der verfolgten Wettbewerbsvorteile, sondern auch durch die Wahl der **Kooperationsausrichtung** erweitern. Im Wettbewerbsumfeld lassen sich vielfältige Formen des Zusammenwirkens von Marktteilnehmern unterscheiden.

Die **Beziehungen** zwischen den Marktteilnehmern können, wie in Abb. 3.2.21 dargestellt, unterschiedlich sein (vgl. *Brandenburger/Nalebuff*, 1996, S. 82 ff.):

- **Monopol:** Eine Monopolsituation ist durch geringe Kooperations- und Wettbewerbsorientierung geprägt, da es keine Konkurrenten gibt. Zur Absicherung einer Monopolrente kann eine Wettbewerbsstrategie lediglich

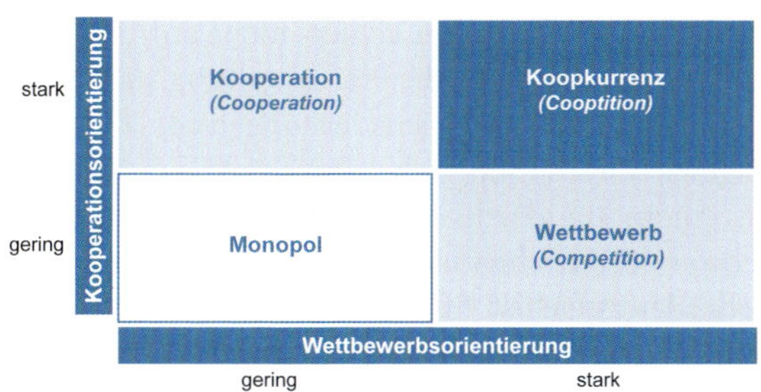

Abb. 3.2.21: Wettbewerbsstrategien nach der Marktsituation

auf die Vermeidung von Substitutionsgefahren und die Absicherung der Branchenstrukturen gerichtet sein. Ein Beispiel hierfür sind kommunale Wasserversorgungsunternehmen.

- **Wettbewerb** (Competition): Unternehmen, die nicht miteinander kooperieren, stehen in einer reinen Konkurrenzbeziehung. In einer solchen Situation sind generische oder mehrdimensionale Wettbewerbsstrategien erforderlich. Beispiele sind Getränkeanbieter wie *Coca-Cola* und *Pepsi*.
- **Kooperation** (Cooperation): In diesem Fall versuchen die Partner, durch Zusammenarbeit gegenüber ihren anderen Konkurrenten gemeinsame Wettbewerbsvorteile zu erzielen. Kooperationen sind zweckmäßig, wenn die Partner gleiche Interessen verfolgen und sich ihre Fähigkeiten in einer Kooperation ergänzen. Ein Beispiel ist die Zusammenarbeit zwischen *Intel* und *Microsoft*. Kooperationsstrategien werden in Kap. 5.5 vertieft.
- **Koopkurrenz** (Coopetition): Unternehmen können zu anderen Marktteilnehmern sowohl kooperative, als auch konkurrierende Beziehungen aufweisen. So stehen z. B. im Luftverkehr Fluggesellschaften beim Verkauf von Tickets im Wettbewerb, während sie bei Dienstleistungen, wie Wartung, Verpflegung oder Bodendienste, miteinander kooperieren.

Das Wettbewerbsumfeld eines Unternehmens wird durch das Zusammenspiel der anderen Marktteilnehmer mit dem eigenen Unternehmen beschrieben. Ausgehend von der Spieltheorie (vgl. Kap. 1.2.1) prägen Kunden, Lieferanten und Konkurrenten als Marktteilnehmer das Wettbewerbsumfeld (vgl. *Hungenberg*, 2020, S. 110 f.). Häufig übernehmen die Marktteilnehmer gleichzeitig unterschiedliche Rollen. In der Luftfahrtbranche sind z. B. Fluggesellschaften wie *Lufthansa* und die Partner der *Star Alliance* Konkurrenten um Passagiere oder Landerechte und Kooperationspartner in Beziehung zu ihren Kunden und bei der Bereitstellung von Flugverbindungen. Solche Koopkurrenz-Strategien sind, wie auch die generischen Wettbewerbsstrategien, besonders für langsam wachsende oder stagnierende Branchen geeignet. In Branchen mit hoher Wettbewerbsdynamik versprechen dagegen dynamische Strategien (vgl. Kap. 3.3.4) mehr Erfolg.

Strategische Uhr

Ausgehend von den generischen Wettbewerbsstrategien, wurde von *Bowman* (1994) mit der strategischen Uhr eine weitergehender strategischer Ansatz entwickelt. Er bezieht hybride Strategien mit ein und konzentriert sich auf die Preise und den Nutzen für die Kunden. Ein Unternehmen verfügt demnach durch Variation des Preises und des wahrgenommenen Wertes über acht generische Strategien, um sich im Wettbewerb zu positionieren (vgl. *Bowman/Faulkner*, 1994, S. 119 ff.):

(1) No Frills-Strategie („Keine Extras"): Eine No Frills-Strategie adressiert das preissensitive Kundensegment. Dabei wird für einen niedrigen Preis lediglich ein Basisprodukt für die grundlegenden Bedürfnisse angeboten. Durch den Verzicht auf zusätzliche wertsteigernde Elemente, wie etwa Marken, Einkaufserlebnis oder ergänzende Serviceleistungen, kann ein sehr günstiger Preis angeboten werden. Solche Strategien verfolgen beispielsweise der Fahrzeughersteller *Dacia* oder die sog. No-Frills-Airline *Ryanair*. Sie alle bieten dem Kunden die Möglichkeit, sein Grundbedürfnis zu befriedigen.

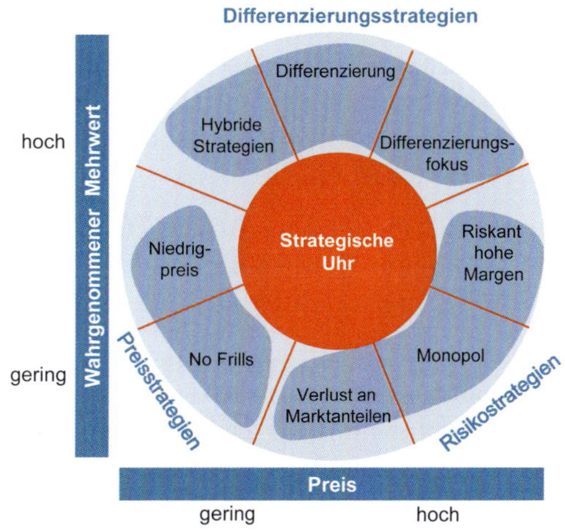

Abb. 3.2.22: Wettbewerbsstrategien der strategischen Uhr (vgl. Faulkner/Bowman, 1994)

(2) **Niedrigpreisstrategie** versucht bei vergleichbarem Kundennutzen niedrigere Preise als die Wettbewerber anzubieten und dadurch Volumenvorteile zu erzielen. Ein solches Vorgehen wird jedoch oft von Wettbewerbern kopiert und birgt die Gefahr von Preiskämpfen. Ein Beispiel sind die Preiskämpfe der Einzelhandelsketten in Deutschland. Erfolgreich kann eine Niedrigpreisstrategie nur in Verbindung mit einer Kostenführerschaft sein. Beispiele sind *Walmart* oder *Amazon*.

(3) **Hybride Strategien** entsprechen den hybriden Wettbewerbsstrategien, welche die generischen Strategien Kostenführerschaft und Differenzierung kombinieren. Bei einer Hybridstrategie nutzen die Unternehmen die aus ihren niedrigen Herstellungskosten resultierenden Gewinne, um einen relativ günstigen Preis in Verbindung mit einem gewissen Grad an Differenzierung zu erreichen. Das Möbelhaus *IKEA* verfolgt erfolgreich eine simultane Strategie der Differenzierung und Kostenführerschaft.

(4) **Differenzierung** bedeutet, analog zu den generischen Wettbewerbsstrategien, Produkte bzw. Leistungen mit einem hohen wahrgenommenen Wert anzubieten. Dadurch hebt sich das Produkt bei einem höheren Preisniveau von ähnlichen Angeboten ab. Letztendlich entscheidet sich der Verbraucher, einen höheren Preis für ein differenziertes Produkt zu zahlen, das er anderswo ohne das Differenzierungsmerkmal für weniger Geld kaufen könnte. *Starbucks* ist ein Unternehmen, das die Differenzierungsstrategie zu seinem Vorteil nutzt.

(5) **Differenzierungsfokus** bezieht sich auf abgegrenzte Segmente. Hier sind die meisten Luxusmarken angesiedelt. Sie haben einen als außerordentlich wahrgenommenen Wert und einen häufig extrem hohen Preis. Unternehmen wie *Rolex* und *Ferrari* sind in dieser Sphäre wettbewerbsfähig, indem sie ihre Produkte an ein sehr gezieltes Publikum vermarkten. Der Markenwert ist ebenfalls sehr hoch.

Risikostrategien haben gemeinsam, dass aus Kundensicht und in Relation zum Wettbewerb der wahrgenommene Nutzen den Preis nicht rechtfertigt. Sie existieren in drei Ausprägungen:

(6) **Riskant hohe Margen** entstehen, wenn Unternehmen für eine durchschnittliche Leistung hohe Preise ansetzen. Oft verlassen diese sich auf den Markenwert, um den Umsatz zu steigern. Dann ist absehbar, dass ein Konkurrent in den Markt eintritt, der ein Produkt mit einem ähnlichen Wert, aber zu einem niedrigeren Preis anbietet.

(7) **Monopolpreisstrategien** achten nicht auf den wahrgenommenen Wert oder die Preisgestaltung, da die Kunden auf die Produkte und Dienstleistungen des Monopolisten angewiesen sind. Ein hoher Preis steht dabei in Relation zu einem standardisierten Nutzwert. Monopole sind schwer zu erreichen und werden oft von Regulierungsbehörden aufgelöst. Eine solche Strategie kann nur dann langfristig erfolgreich sein, wenn das Monopol durch Gesetzgebung oder hohe Eintrittsbarrieren geschützt ist.

(8) **Verlust an Marktanteilen** droht, wenn Produkte mit geringem wahrgenommenen Wert zu einem unverhältnismäßig hohen Preis angeboten werden.

Wettbewerbsstrategien nach dem Branchenlebenszyklus

Neben der Positionierung ist auch die Veränderung einer Branche für das Unternehmen von strategischer Bedeutung. Branchen können einem **Branchenlebenszyklus** unterliegen. Dabei lassen sich charakteristische Verläufe unterscheiden, für die jeweils eigene Strategieempfehlungen gelten (vgl. *Simon*, 2000, S. 28 ff.):

- **Junge Branchen** sind neue Märkte, die durch neue Produkte, hohe Investitionen und häufig ungeklärte Rahmenbedingungen, wie z. B. fehlende rechtliche Bestimmungen, gekennzeichnet sind. Das Marktwachstum und die Anzahl der Wettbewerber sind hoch. Die Unternehmen haben die Chance, die Branchenstruktur aktiv mitzugestalten, um sich so eine stabile Marktposition aufzubauen. Ein Beispiel für junge Branchen sind regenerative Energien.
- **Reife Branchen** bestehen meist aus spezialisierten Unternehmen. Da das Marktwachstum gering ist, herrscht ein starker Wettbewerb um Marktanteile. Dies lässt die Gewinnmargen schrumpfen und den Kostendruck steigen. Deshalb ist es wichtig, die Kosten zu analysieren, um unrentable Produkte aus dem Programm zu streichen und sich auf erfolgreiche Produkte zu konzentrieren. Oftmals ist es auch kostengünstiger, die Kontakte zu bestehenden Kunden zu intensivieren, anstatt neue Abnehmer zu suchen (vgl. Kap. 3.3.2). Ein Beispiel hierfür ist die Automobilbranche.
- **Schrumpfende Branchen** sind durch Umsatzrückgänge, harten Wettbewerbs- und Rationalisierungsdruck, zunehmende Betriebsstilllegungen sowie eine unsichere Entwicklung der Nachfrage geprägt. Um das weitere strategische Vorgehen festzulegen, müssen Unternehmen ihre eigene Position bestimmen. Dafür wird die Attraktivität des Verbleibens in der Branche mit der

relativen Stärke des Unternehmens verglichen. Rechnet ein Unternehmen mit einer Nachfrageerholung, kann es seine Position halten und einen Verdrängungswettbewerb führen. Ob sich das Unternehmen aus der Branche zurückzieht, hängt auch von der Höhe der Austrittsbarrieren ab. So hat sich z. B. die *Preussag AG* zum Rückzug aus dem Bergbau entschlossen und mit der *TUI AG* das größte Touristikunternehmen der Welt aufgebaut.

- **Zersplitterte (fragmentierte) Branchen** sind durch eine Vielzahl kleiner und mittelgroßer Unternehmen gekennzeichnet. Kein Wettbewerber besitzt signifikante Marktanteile. Somit gibt es keinen Branchenführer, der die Struktur der Branche wesentlich beeinflusst. Die Analyse der Gründe für eine Zersplitterung der Branche kann Wege zur Überwindung und Umgestaltung der Branchenstruktur aufzeigen. Ein Beispiel ist die Optik-Branche, die ausgehend von einer hohen Zahl an handwerklich geprägten Optikergeschäften durch die Ausbreitung von Optik-Ketten wie z. B. *Fielmann* komplett verändert wurde. Ein weiteres Beispiel ist das Bäckerhandwerk, bei der viele kleine Familienunternehmen durch Großbäckereien wie etwa *Kamps* verdrängt wurden.
- **Globale Branchen** sind Wirtschaftszweige, die eine weltweite Position der Wettbewerber erfordern (vgl. Kap. 8.5). Weltweiter Wettbewerb setzt voraus, dass in mehreren Ländern ein entsprechendes Nachfragepotenzial für das Produkt existiert. Beispiele hierfür sind Hersteller von Smartphones oder Automobilzulieferer.

Eine weitere Betrachtung des **Branchenlebenszyklus** unterscheidet Branchen nach ihren zeitlichen Stadien und Wachstumsraten. In Untersuchungen der Unternehmensberatung *A.T. Kearney* wurde festgestellt, dass eine Branche etwa 25 Jahre benötigt, um sich zu formen, zu konzentrieren, zu verfestigen und ins Gleichgewicht zu kommen (sog. „Endgame"-Stadium). Die globale Wirtschaft zwingt die Unternehmen, sich auf diese Konsolidierung einzustellen und sie erfolgreich zu durchlaufen.

Auf dem Weg zur globalen Konsolidierung durchläuft eine Branche folgende **Stadien** (vgl. *Kröger/Deans*, 2004, S. 15; www.atkearney.de):

- **Eröffnung:** Die Entwicklung des Branchenlebenszyklus beginnt mit der Vorbereitung auf die Liberalisierung einer Branche (Zeitpunkt Null). Dabei treten neue Anbieter in die Branche ein. Die Konzentrationsrate der Branche, gemessen als Summe der Marktanteile der drei größten Unternehmen, sinkt. In dieser Phase befinden sich z. B. die Eisenbahnen.
- **Konzentration:** Die Unternehmensgröße gewinnt an Bedeutung. Hauptakteure bilden sich heraus und bereiten sich auf die Konsolidierung vor. Die Konzentrationsrate steigt auf etwa 45 Prozent. Es ist ein Trend zu globalen Branchen wie z. B. im Pharmabereich zu erkennen.
- **Verfestigung:** Erfolgreiche Unternehmen erweitern ihr Kerngeschäft und stoßen zweitrangige Bereiche ab. Durch Größenvorteile versuchen sie, die Konkurrenten zu überholen und abzuhängen. Die Verfestigungsphase entspricht etwa der Reife-Phase im Produktlebenszyklus. Ein Beispiel ist die Automobilbranche.
- **Gleichgewicht:** Wenige Unternehmen beherrschen die Branche. Sowohl in der Zigarettenindustrie als auch in der Ölindustrie regieren die Branchenriesen. Da weitere Fusionen in diesem Stadium schwierig sind, bilden die großen Unternehmen Allianzen. Die Konzentrationsrate kann auf über 80 Prozent steigen.

Für die einzelnen Phasen gelten unterschiedliche Voraussetzungen und Handlungsempfehlungen. Unternehmen sind umso erfolgreicher, je besser sie diese Gebote kennen und befolgen. Nach einer Studie von *Kröger* und *Deans* (2004) haben sich langfristig erfolgreiche Unternehmen daran orientiert, ihre Branche eindeutig und planmäßig zu konsolidieren. Beispiele sind *John Deere, Procter & Gamble* und *Pfizer*, welche auf diese Weise hohe Umsatz- und Wertsteigerungen erzielen konnten. Allerdings ist die Messung der Marktanteile nicht klar definiert. In den wenigsten Fällen liegen verlässliche Umsatz- und Absatzzahlen der wesentlichen Akteure einer Branche vor. Zudem kann es schwierig sein, die drei größten Unternehmen der Branche zu ermitteln. Dies ist beispielsweise der Fall, wenn viele Unternehmen ähnliche Umsätze aufweisen. Abb. 3.2.23 ordnet einige Branchen in die sog. Endgames-Kurve ein.

Wettbewerbsstrategische Überlegungen bestehen nicht nur darin, sich die richtige Branche auszusuchen und die dortigen Wettbewerbskräfte besser zu kennen als die Konkurrenz. Unternehmen können diese Kräfte auch aktiv beeinflussen. Im Gegensatz zur traditionellen Industrieökonomie, die das Verhalten der Unternehmen überwiegend als Reaktion auf die Branchenstruktur betrachtet, betont die moderne Industrieökonomie die Gestaltungsmöglichkeiten der Unternehmen durch eine effektive **Wettbewerbsstrategie**. Um die Attraktivität einer Branche zu steigern, können Unternehmen z. B. potenzielle Allianzpartner zur Verbesserung der Wettbewerbssituation für sich gewinnen und dann gemeinsam einen Wettbewerber verdrängen. So erklärt sich etwa die Allianzbildung in der Luftfahrtindustrie.

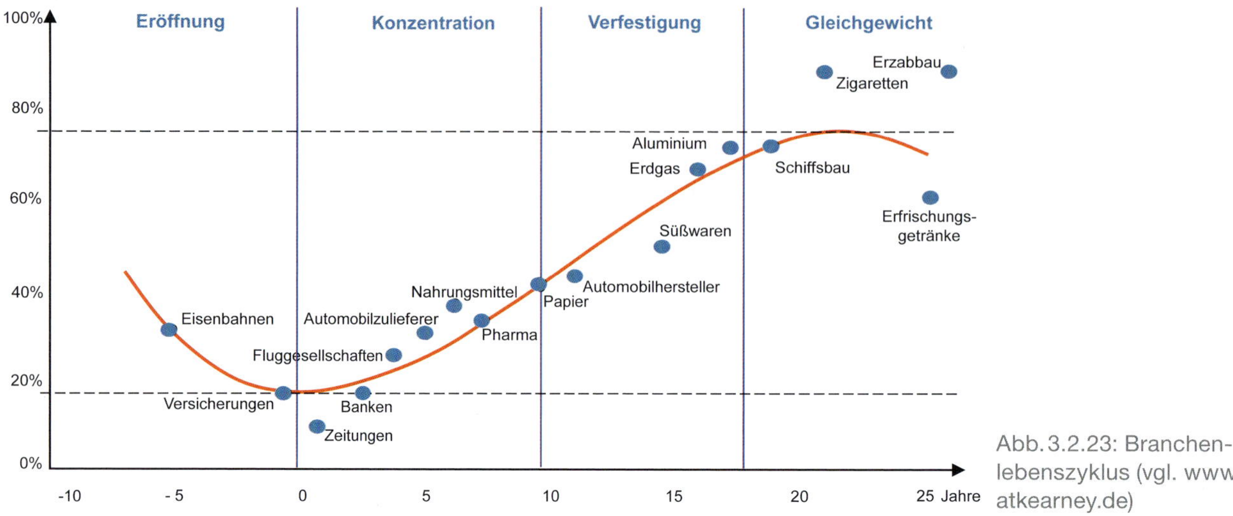

Abb. 3.2.23: Branchenlebenszyklus (vgl. www.atkearney.de)

Delta-Wettbewerbsstrategien

Aus der Untersuchung digitaler Wettbewerbsstrategien wurden Ende der 1990er-Jahre weitere Einflussfaktoren berücksichtigt und die klassischen Wettbewerbsstrategien zum **Delta-Modell** erweitert (vgl. *Hax/Wilde*, 1999, S. 12 ff.).

Das in Abb. 3.2.25 dargestellte **strategische Dreieck** besteht aus drei Kategorien:

- **Produktorientierte Strategien (best product strategies)** fassen die drei strategischen Möglichkeiten der generischen Wettbewerbsstrategien zusammen. Dabei steht das Produkt im strategischen Fokus und es können Wettbewerbsvorteile durch Kostenführerschaft oder Differenzierung sowie Konzentration auf Nischen entstehen. Sie besitzen weiterhin in vielen Branchen insbesondere für produzierende Unternehmen ihre Gültigkeit. Eine besondere Art produktorientierter Wettbewerbsstrategien ist die Differenzierung durch eine **Innovationsstrategie** (vgl. *Müller-Stewens/Lechner*, 2011, S. 401 ff.). Diese werden in Kap. 8.6 ausführlich dargestellt. Innovationen sind Neuerungen und leiten sich vom lateinischen Verb „innovare" (erneuern) ab. Sie beginnen mit einer Erfindung (Invention). Solche neuen Ideen können zufällig oder aktiv aus kreativen Prozessen entstehen. Forschendes Suchen nach neuen Erkenntnissen oder der Lösung eines Problems führt zu neuen Ideen. Diese Inventionen werden dann zu einem Konzept weiterentwickelt und Machbarkeitsprüfungen durchgeführt. Dies kann innerhalb eines Unternehmens (geschlossene Innovation) oder unter Integration und Nutzung externer Informationen und Kompetenzen von Lieferanten, Kunden oder anderen Partnern (offene Innovation) stattfinden. Von Innovation im ökonomischen Sinne wird erst dann gesprochen, wenn eine

Wettbewerbskräfte	Einführung	Wachstum	Reife	Rückgang
Bedrohung durch neue Konkurrenten	Innovation als Eintrittsbarriere	Eintritt vieler neuer Wettbewerber	Kaum Neueintritte	Eintritt ist unattraktiv
Verhandlungsstärke der Lieferanten	gering	ansteigend	hoch	gering
Verhandlungsstärke der Abnehmer	hoch	gering	ansteigend	hoch
Druck durch Substitutionsprodukte	hoch	gering	ansteigend	hoch
Direkte Rivalität unter Wettbewerbern	gering	zunehmende Abhängigkeit	oligopolistisches Verhalten	hoch
Strategischer Schwerpunkt	Forschung & Entwicklung	Marketing	Effektivität	Kostenkontrolle
Ergebnis	niedrig	hoch	durchschnittlich	sinkend

Abb. 3.2.24: Wettbewerbsstrategien in Abhängigkeit vom Branchenlebenszyklus

Abb. 3.2.25: Delta-Modell der Wettbewerbsstrategien

Kundenstrategie von Würth Industrie Service

Die *Würth Industrie Service GmbH & Co. KG* ist als eigenständiges Tochterunternehmen innerhalb der *Würth-Gruppe* für die Belieferung von Industriekunden mit modular aufgebauten C-Teile-Systemlösungen verantwortlich. Am Standort Bad Mergentheim befindet sich auf einem Areal von über 122 Hektar das modernste Logistikzentrum für Industriebelieferung in Europa.

Im Rahmen einer kundenorientierten Strategie bietet das Unternehmen seinen Kunden auf deren spezifische Bedürfnisse individuell zugeschnittene logistische Beschaffungsdienstleistungen. Das Geschäftsmodell als umfassender C-Teile-Partner beinhaltet z. B. scannerunterstützte Regalsysteme, automatisierte elektronische Bestellungen oder eine Just-in-time-Versorgung mittels Kanban-Behältersystemen. Die Belieferung der Kunden erfolgt immer direkt an deren Fertigungslinie in die Produktion. Ein spezialisiertes Sortiment aus mehr als einer Million Artikeln bildet die Basis für die industrielle C-Teile-Abwicklung. Die Artikel umfassen DIN- und Normteile, Verbindungs- und Befestigungselemente, Hilfs- und Betriebsstoffe sowie auf die Kundenanforderungen zugeschnittene Sonder- und Zeichnungsteile.

Den Kunden wird eine Komplettlösung aus kontinuierlicher Prozessoptimierung, maximaler Versorgungssicherheit sowie hoher Sicherheit der System- und Produktqualität geboten. Weltweite Ansprechpartner in mehr als 45 Gesellschaften und Ländern sorgen für eine flächendeckende, persönliche Beratung beim Kunden und eine reibungslose Projektumsetzung auf einem international einheitlich hohen Qualitätsstandard. *Würth Industrie Service* kann bspw. durch Skaleneffekte, Volumenbündelung im Einkauf und moderne Lagertechnik Wettbewerbsvorteile erzielen.

Neuerung erfolgreich im Markt aufgenommen wurde (Diffusion). Eine solche Neuerung kann sowohl absolut neu im Sinne einer Weltneuheit als auch subjektiv neu aus Sicht eines einzelnen Unternehmens oder Kunden sein (vgl. *Hauschildt/Salomo*, 2007).

- **Kundenorientierte Strategien (customer solution strategies)** basieren auf der Annahme, dass ein Unternehmen für seine Kunden das beste Angebot schafft, ohne dabei in seinen einzelnen Produkten eine Führerschaft zu benötigen. Es gilt, die Kundenbedürfnisse sehr gut zu kennen und speziell auf die Bedürfnisse des Kunden zugeschnittene Lösungsangebote zu entwickeln. Diese Strategie könnte auch als Extremform der Nischendifferenzierung der klassischen Wettbewerbsstrategien betrachtet werden, bei der jeder Kunde ein eigenes Marktsegment bildet. Sie werden etwa gerne von Dienstleistern oder im Handel angewandt. Kundenorientierte Strategien konzentrieren sich nicht auf ein einzelnes Produkt, sondern spezialisieren sich auf umfassende, spezifische Kundenlösungen. Aus einer Kombination mehrerer Teillösungen wird für den Kunden ein Mehrwert geschaffen, wobei keine der Teillösungen über eine besonders günstige Kostenstruktur oder Einzigartigkeit verfügen muss. Kundenspezifischer Mehrwert wird durch die Kombination der Leistungen erreicht, wodurch die Bedürfnisse eines Kunden besonders umfassend abgedeckt werden. Eine möglichst enge Integration der Leistungen in die Wertkette des Kunden, spezialisierte Schnittstellen, Kenntnis der Kundenbedürfnisse und gemeinsame Produktentwicklungen ermöglichen kundenbezogene Wettbewerbsvorteile. Ein Beispiel wären Pauschalreisen, bei denen ein Reisebüro etwa Flug, Transfer, Übernachtung, Verpflegung, Ausflüge etc. zu einem Urlaub kombiniert. Die Reisebestandteile werden von unabhängigen Dritten erbracht, wie z. B. einer Fluggesellschaft oder einem Hotel.

- **Systemorientierte Strategien (system lock-in strategies)** umfassen Systemlösungen, die von einem Netzwerk von Partnern geschaffen werden. Wettbewerbsvorteile entstehen aus Standards und den ergänzenden Produkten unabhängiger Komplementoren. Dadurch werden die Kunden gebunden, sofern die Wechselkosten hoch sind. Insbesondere im IT-Sektor spielen Schnittstellen und Standards eine besondere Rolle, weshalb diese Strategie dort häufig angewandt wird.

Die komplexeste Wettbewerbsstrategie ist die **systemorientierte Strategie.** Sie bezieht die strategische Bedeutung von Partnerschaften und Kooperationen in die Wettbewerbsstrategie ein. Aus Kundensicht konkurrieren oftmals Produktsysteme miteinander, nicht die Teilleistung eines Unternehmens. Der strategische Fokus liegt dann auf dem Wettbewerb der Produktsysteme. Ein Systemprodukt als Gesamtsystem muss sich von der Konkurrenz absetzen, weshalb es sich meist um ein Netzwerk von Unternehmen handelt, welche gemeinsam agieren (vgl. Kap. 5.5).

Wettbewerbsvorteile entstehen aus dem Zusammenspiel folgender **Faktoren**:

- **Einbindung von Komplementoren** (Complementor Lock-in), welche Produkte erzeugen, die mit der Leistung des Unternehmens in Verbindung stehen und diese ergänzen oder erweitern. Sie können eine hohe Bedeutung für die Wettbewerbsfähigkeit eines Produktes ausüben. Daher ist es eine zentrale Aufgabe des Systemanbieters, möglichst viele Komplementoren zu integrieren und so die Gesamtattraktivität des Systems zu steigern. Im Falle von Computerspielekonsolen, wie z. B. *PlayStation* oder *Xbox*, sind solche Komplementoren die Spielehersteller, wie etwa *Blizzard* oder *Electronic Arts*. Die Anzahl und Qualität der für die jeweilige Spielekonsole angebotenen Programme entscheidet über deren Verkaufserfolg. Komplementoren können auch als sechste Wettbewerbskraft in die Branchenstrukturanalyse einbezogen werden (vgl. *Hill/Jones*, 2008, S. 91).
- **Setzen von Standards** für die Produktsysteme, um das Zusammenarbeiten der Komplementoren zu erleichtern und zu koordinieren. Die Systemanbieter stellen dabei

Systemorientierte Strategie von Apple

Apple Inc. ist ein US-amerikanischer Technologiekonzern, der Computer, Smartphones und Unterhaltungselektronik herstellt sowie Musik, Filme und Software vertreibt. Als eines der wertvollsten Unternehmen der Welt hat es seinen Hauptsitz im kalifornischen Cupertino. Weltweit beschäftigt *Apple* rund 137.000 Mitarbeiter und erzielt mehr als 260 Mrd. US$ Umsatz (vgl. www.apple.com).

Mithilfe einer systemorientierten Strategie ist es *Apple* gelungen, mit dem *iPhone* im Rekordtempo die Branche der Smartphones zu revolutionieren. Obwohl es erst im Jahr 2007 eingeführt wurde, erreichte das *iPhone* im Jahr 2010 bereits einen dominierenden weltweiten Marktanteil. So konnte *Apple* von 2007 bis 2020 den Anteil des iPhone am weltweiten Smartphone-Absatz auf rund 23 % ausbauen und halten. *Samsung* als direkter Konkurrent kam über denselben Zeitraum auf einen Marktanteil von 19 % (www.statista.com).

Die Smartphones der beiden Hersteller sind dabei stellvertretend für die konkurrierenden Systemstandards. *Apple* basiert auf dem Betriebssystem *iOS*, während *Samsung* das Betriebssystem *Android* von *Google* nutzt. Wesentlich für den Erfolg von *Apple* sind die Komplementoren, welche die Anwendungsprogramme auf der Basis des Betriebssystems anbieten, die sog. Apps. „App“ ist die englische Kurzform für Application und bezeichnet kleine Anwendungsprogramme. Diese können im Internet heruntergeladen werden und erhöhen damit den Wert des Gesamtsystems *iPhone*. Die angebotenen Programme stammen zu einem großen Teil von Drittfirmen und freien Programmierern, von denen über 280.000 von *Apple* registriert sind. Ihnen stellt *Apple* kostenlos eine Entwicklungsumgebung zur Verfügung und vertreibt die Apps nach einer Überprüfung durch *Apple* in seinem App-Store. Ende 2020 standen über 1,8 Millionen Apps für unzählige Anwendungsbereiche zur Verfügung. Im Vergleich dazu konnte das System *Android* im Jahr 2015 erstmals mehr Apps zur Verfügung stellen, die von rund 390.000 aktiven Entwicklern als Komplementoren beigesteuert werden. Aufgrund unterschiedlicher Kategorien von angebotenen Apps unterscheiden sich die Strategien der beiden Systeme. Während *Android* vor allem bei der Anzahl der Spiele, Foto-Apps sowie Musik-Apps punktet, hat *iOS* Stärken bei den Business- und Lifestyle-Apps. Dies macht *iOS* für die App-Entwickler profitabler, während für *Android*-Entwickler eher die große Anzahl an Nutzern attraktiver ist.

Infrastruktur bereit, sorgen für die Leistungsfähigkeit des Gesamtsystems und integrieren möglichst viele Komplementoren. Für die Systempartner ist der Investitionsbedarf gering zu halten, Schnittstellen bereitzustellen und eine offene Systemarchitektur zu gewährleisten. Auf diese Weise entsteht ein Wettbewerb von Systemen, die jeweils über eigene Standards verfügen. Kann ein Standard am Markt durchgesetzt werden, dann lassen sich auch viele Kunden gewinnen. Bei Computerherstellern ist das Betriebssystem *Windows* von *Microsoft* ein Standard, der nahezu eine Monopolstellung aufbauen konnte. Dies gelang zunächst dadurch, dass *Microsoft* als Komplementor von *IBM* das Betriebssystem für deren PC's lieferte. Zudem wurde die Software mit dem Prozessorlieferant *Intel* abgestimmt, sodass auch von der Leistungsfähigkeit des sog. *WINTEL*-Netzwerks gesprochen wurde. Auf diese Weise konnte sich das Betriebssystem von *Microsoft* als Standard etablieren. Die Hersteller von Anwendungssoftware waren somit gezwungen, ihre Programme auf dieses Betriebssystem auszurichten und agierten damit als Komplementoren von *Microsoft*. Dadurch wurde dessen Marktstellung weiter gestärkt. Das Setzen von Produktstandards basiert auf dem Produktmarketingkonzept des sog. Lock-in-Effekts. Dabei werden die Komponenten eines Produktsystems zwar getrennt und mit unterschiedlichen Preismodellen vermarktet, sind aber über den Systemstandard miteinander verknüpft. Dieses Marketingkonzept wird nach der ersten erfolgreichen Anwendung bei Rasierern auch als „Razor-Razorblade-Modell“ bezeichnet. Anstelle der zuvor üblichen nachzuschärfenden Rasiermesser entwickelte *Gillette* ein System aus patentiertem Klingenhalter und nur begrenzte Zeit nutzbaren Wegwerfklingen. Während der Klingenhalter sehr günstig verkauft wird, haben die hierzu passenden und regelmäßig nachzukaufenden Sicherheitsklingen eine hohe Gewinnmarge. Analog gilt dies z. B. für Tintenstrahldrucker und Kartuschen, wie z. B. bei *HP* oder Kaffeemaschinen und Pads, wie z. B. bei *Nespresso*. Die Durchsetzung des Systemstandards und der Schutz des Produktsystems gegen Nachahmung ist damit eine zentrale Voraussetzung für den Erfolg systemorientierter Strategien.

- **Ausschluss von Wettbewerbern** (Competitor Lock-out) basiert wesentlich auf dem Lock-in-Effekt. Demnach werden Kunden an das Produktsystem gebunden und ein Wechsel des Systems wird durch hohe Wechselkosten unwirtschaftlich gemacht. Der Lock-in-Effekt lässt sich durch vertragliche Bindung (z. B. bei Telefonverträgen), produkt- oder technologiespezifisches Lernen (z. B. Einarbeitungszeit oder Suchkosten der Kunden) sowie durch Individualisierung von Produkten nach Kundenwünschen (z. B. bei Online-Handelsplattformen) erzielen. Außerdem gewöhnen sich die Kunden an ein Produktsystem, sodass fehlender Veränderungswille ebenfalls zum Lock-in führt. Zudem sollen die Wechselkosten zwischen konkurrierenden Systemen sowohl für Komplementoren als auch für die Kunden möglichst hoch sein. So ist zwar das PC-Betriebssystem *Windows* eine offene Plattform für Anwendungssoftware, doch ist der Quellcode streng geheim. Zudem sind die Wechselkosten für Softwareanbieter und Kunden zu anderen Betriebssystemen wie z. B. *Linux* hoch genug, um die Dauerhaftigkeit des Wettbewerbsvorteils von *Microsoft* zu gewährleisten. Kunden müssten sich beispielsweise bei einem Wechsel in das neue Programm einarbeiten und könnten ihre Daten eventuell nicht mehr weiterverwenden oder mit ihren Geschäftspartnern austauschen. Die Softwareanbieter müssten hohe Investitionen aufbringen, um ihre Programme auf die neue Systemumgebung anzupassen.

3.2.3 Portfoliostrategien

Bei der Entwicklung von Strategien kommt meist die **Portfoliotechnik** zum Einsatz (vgl. *Hinterhuber*, 2015, S. 204). Dieses in Praxis und Beratung beliebte Instrument stellt komplexe strategische Zusammenhänge vereinfacht dar und unterstützt bei strategischen Entscheidungen. Es hilft dabei, das Unternehmen in seiner Umwelt zu positionieren (vgl. Kap. 3.1). Der Begriff Portfolio stammt vom französischen Wort „Portefeuille“, welches einen Bestand an Wertpapieren bezeichnet. Die Zusammenstellung dieses Wertpapierbestandes wird z. B. durch die erwartete Rendite oder das Risiko der einzelnen Wertpapiere bestimmt (vgl. Kap. 8.2.3). Die Bezeichnung Portfolio wird in der Unternehmensführung auf die Zusammensetzung strategischer Entscheidungsobjekte angewendet, die vergleichbar mit einem Wertpapier-Portefeuille bestimmte Kriterien erfüllen soll. So kann etwa das Produktportfolio eines Unternehmens nach den Lebenszyklusphasen unterschieden und eine möglichst homogene Verteilung der Produkte auf alle Phasen angestrebt werden.

Portfoliomanagement

In einem **Portfolio** wird eine strategische Situation in zwei Dimensionen dargestellt, bewertet und aus der Positionierung der Betrachtungsobjekte standardisierte Normstrategien abgeleitet.

Die Portfoliotechnik ist ein anschauliches und praktikables Instrument, bei dem die Fülle an strategisch relevanten Informationen und damit die Entscheidungskomplexität auf zwei wesentliche Dimensionen reduziert wird. Der **Grundaufbau** eines **Portfolios** ist in Abb. 3.2.26 dargestellt. Eine Dimension beschreibt dabei eine von außen vorgegebene **Umweltvariable**, während die zweite Dimension eine durch das Unternehmen zu beeinflussende **Unternehmensvariable** als Reaktions- bzw. Aktionskomponente darstellt.

Die **Erstellung** eines Portfolios erfolgt in den folgenden **Schritten** (vgl. *Müller-Stewens/Lechner*, 2016, S. 284 f.):

(1) **Objektauswahl:** Die in einem Portfolio betrachteten Objekte werden festgelegt. Dies sind z. B. Produkte, Märkte oder strategische Geschäftsfelder.

(2) **Kriterienauswahl:** Es werden zwei Bewertungskriterien ausgewählt, nach denen die Objekte beurteilt werden. Davon ist ein Faktor unternehmensintern beeinflussbar und einer unternehmensextern vorgegeben. Für diese sind Maßgrößen und deren Berechnungsweise eindeutig festzulegen. Die Maßgrößen können dabei auch aus mehreren Kriterien zusammengesetzt sein (Multifaktorenportfolio). Beispielsweise lässt sich die Marktattraktivität unter anderem durch das Marktwachstum, die Konkurrenzintensität und die Gefahr neuer Wettbewerber beurteilen. Es können auch qualitative Bewertungen vorgenommen werden. Häufig erfolgt eine Kategorisierung der Dimension in hohe und geringe bzw. in hohe, mittlere und geringe Ausprägung.

(3) **Bewertung:** Für die zu untersuchenden Objekte wird die Ausprägung der beiden Dimensionen möglichst quantitativ ermittelt. Bei fehlender Quantifizierbarkeit sind Schätzungen erforderlich, wie z. B. bei der Einordnung von Konkurrenzunternehmen.

(4) **Ist-Positionierung:** Aus den beiden Kriterien wird ein Achsenkreuz gebildet, in das die Objekte eingeordnet werden. Dabei sind die Abgrenzungen der Ausprägungen sowie die Grenzwerte zwischen hoch, mittel und gering festzulegen. Zudem besteht die Möglichkeit, durch Variation der Größe der verwendeten Symbole eine dritte Dimension in die Betrachtung einzubeziehen. Bei Produkt- oder Unternehmensvergleichen werden etwa häufig der Umsatz oder Deckungsbeitrag durch unterschiedlich große Kreise dargestellt.

(5) **Strategieempfehlung:** Aus der Positionierung der Betrachtungsobjekte im Portfolio lassen sich Rückschlüsse auf die bestehende Situation ziehen. Daraus können sog. Normstrategien als standardisierte Empfehlung abgeleitet werden. Eine unreflektierte Übernahme dieser Normstrategien ist jedoch nicht ratsam, da diese sehr pauschal sind und jedes Betrachtungsobjekt einer genauen Beurteilung unterzogen werden sollte. Würden alle Unternehmen einer Branche den Normstrategien folgen, so resultiert daraus keine Unterscheidung im Wettbewerb und es entstünden Modetrends. Für die Betrachtungsobjekte können darüber hinaus Ziele festgelegt und angestrebte Portfoliopositionen markiert werden. Die Entwicklung zur angestrebten Portfolioposition ist in Abb. 3.2.26 mit einem Pfeil gekennzeichnet.

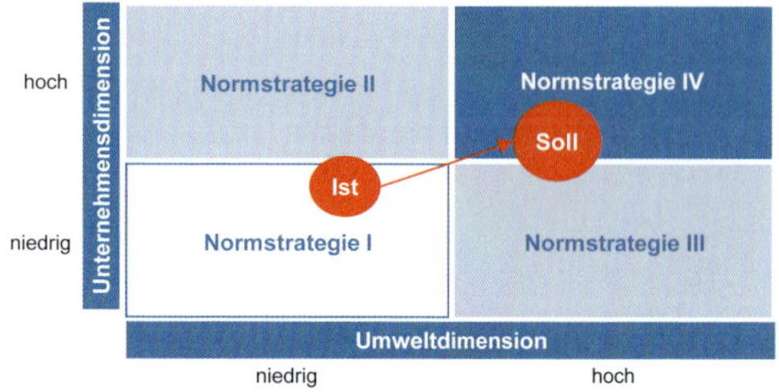

Abb. 3.2.26: Grundaufbau eines Portfolios

Portfolios bestechen durch ihre Einfachheit und tragen zu einem verbesserten Verständnis der Struktur des Unternehmens bei. Die für ihre Erstellung erforderlichen Daten sind meist leicht zu beschaffen. Portfolios sind anschaulich und eignen sich deshalb als Grundlage für strategische Diskussionen. Deshalb sind sie in der Praxis sehr beliebt. Die Ableitung von Strategien auf Basis des Portfolios wird durch die Normstrategien als Handlungsempfehlung unterstützt. Ein großer **Vorteil** ist die Möglichkeit, sowohl quantitative als auch qualitative Einflussfaktoren zu berücksichtigen. Durch die wenigen und einfachen Dimensionen wird die Unternehmensführung gezwungen, sich auf das Wesentliche zu konzentrieren. In der Beschränkung auf zwei bzw. drei Einflussfaktoren und der dadurch zu starken Vereinfachung der komplexen strategischen Zusammenhänge liegt auch der wesentliche **Nachteil** der Portfolio-Methode. Dies birgt die Gefahr, dass die Situation der Betrachtungsobjekte nicht ausreichend widergespiegelt wird und die Normstrategien deshalb unangemessen sind. Ebenso werden Wechselwirkungen zwischen den Dimensionen, wie etwa Synergien oder gegenseitige Abhängigkeiten, nicht berücksichtigt.

Lebenszyklusmanagement

Dynamische Veränderungen des Unternehmens und der Unternehmensumwelt werden in Lebenszykluskonzepten untersucht (vgl. *Müller-Stewens/Lechner*, 2016, S. 129). Sie basieren auf den Entwicklungsphasen eines Lebewesens und lassen sich z. B. in Geburt, Wachstum, Reife, Alter und Tod unterscheiden. Diese Unterteilung wird auf wirtschaftliche Objekte, wie etwa Produkte, Marken, Branchen oder Märkte, übertragen. Wie im Rahmen der Evolutionstheorie in Kap. 1.2.4 dargestellt, gehören evolutionäre Überlegungen zu den ältesten und am weitesten verbreiteten Theorien der Wissenschaft. Die meisten wirtschaftlichen Objekte haben eine beschränkte Lebensdauer und sind dabei typischen, zyklusartigen Entwicklungen unterworfen.

Ein **Lebenszyklusmodell** unterscheidet in Anlehnung an die Lebensphasen eines biologischen Organismus typische Entwicklungsstadien wirtschaftlicher Betrachtungsobjekte.

Die Lebenszyklusanalyse versucht, für die jeweiligen Entwicklungsphasen möglichst allgemeingültige Gesetzmäßigkeiten zu bestimmen. Diese sollen als Anhaltspunkte für die marktorientierte Unternehmensführung dienen. Lebenszyklusmodelle besitzen in der gesamten strategischen Unternehmensführung eine hohe Bedeutung. Das ursprüngliche Konzept ist der **Produkt-Lebenszyklus**. Er beschreibt die Marktentwicklung eines Produktes bzw. einer Produktgruppe und ist unabhängig von deren absoluter Lebensdauer. Allerdings folgen nicht alle Produkte diesem idealtypischen Verlauf.

Abhängig von der Entwicklung des Umsatzes, des Grenzumsatzes und des Gewinns werden meist die in Abb. 3.2.27 dargestellten sechs **Lebenszyklusphasen** unterschieden (vgl. *Bruhn*, 2019, S. 63 ff.):

(1) **Einführung:** In der Markteintrittsphase sind hohe Anfangsinvestitionen z. B. für Produktionsanlagen oder Werbemaßnahmen erforderlich. In dieser Phase ist der Grenzumsatz am größten, der absolute Umsatz jedoch noch gering. Das Produkt erzeugt Verlust.

(2) **Wachstum:** Der Umsatz steigt stark an und das Produkt erwirtschaftet nach Überschreitung der Gewinnschwelle (Break-Even) erstmals Gewinn. In dieser Phase sind die größten Marktanteilssteigerungen möglich.

(3) **Reife:** Sinkendes Umsatzwachstum und das Erreichen des Gewinnmaximums kennzeichnen diese Phase. Der Stückgewinn überschreitet sein Maximum und sinkt dann wieder. Mit dem Rückgang des Umsatzwachstums intensiviert sich der Wettbewerb. Die Wirkung von Marketingmaßnahmen lässt nach und die Senkung der Stückkosten gewinnt an Bedeutung.

(4) **Sättigung:** Der Umsatz eines Produktes erreicht seinen Höhepunkt und geht anschließend langsam zurück. Durch verstärkten Wettbewerb erreicht der Marketingaufwand sein Maximum. Zudem sind häufig Produktverbesserungen und damit zusätzliche Kosten in Entwicklung und Produktion erforderlich. Dadurch sinken die Gewinne.

(5) **Rückgang:** Der Umsatz sinkt und das Marketing wird zurückgefahren. Die Gewinne stabilisieren sich auf niedrigem Niveau oder gehen in Verluste über.

(6) **Absterben** oder **Weiterentwicklung:** Die letzte Lebensphase kann die Einstellung der Produktion und den Ersatz durch ein neues Produkt bedeuten. Dies kann durch neue technologische Standards (z. B. bei Smartphones) oder Substitutionsprodukte (z. B. MP3 statt CD) bedingt sein. Auf der anderen Seite kann das Produkt auch im Rahmen eines sog. Relaunches entsprechend modifiziert werden und anschließend einen weiteren Lebenszyklus durchlaufen. Die Grenze zwischen einem weiterentwickelten und einem neuen Produkt ist

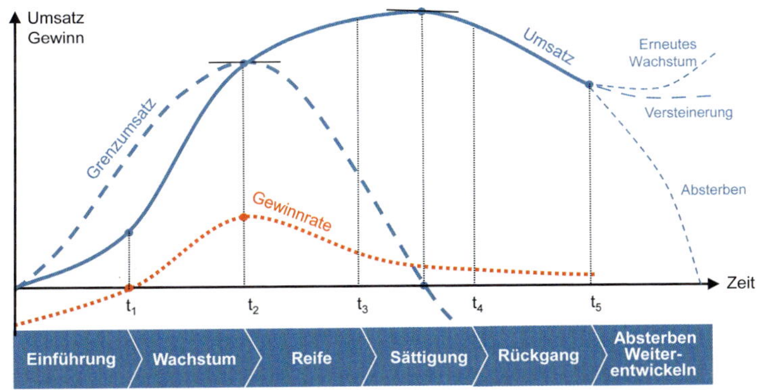

Abb. 3.2.27: Produkt-Lebenszyklus

allerdings fließend. Außerdem kann sich der Umsatz auf einem bestimmten Niveau auch verfestigen (Versteinerung). Dies ist z. B. bei Grundnahrungsmitteln der Fall, für die ein dauerhafter Bedarf besteht.

In der Literatur werden diese Phasen teilweise mehr oder weniger stark differenziert. Einige Ansätze ergänzen den Marktzyklus noch um einen vorgelagerten Produktentstehungszyklus sowie einen nachgelagerten Nachsorgezyklus.

Ein Unternehmen sollte sein **Produktprogramm** so gestalten, dass ein Ausgleich zwischen wachsenden und schrumpfenden Produkten erreicht wird (vgl. *Bruhn*, 2019, S. 65). Die Produkte eines Unternehmens sollten sich gleichmäßig auf alle Phasen verteilen. Auf diese Weise gleichen sich die phasenspezifisch unterschiedlichen Kosten und Gewinne aus und eine stetige Entwicklung des Unternehmens wird ermöglicht. Um Liquiditätsengpässe zu vermeiden und das Unternehmen im finanziellen Gleichgewicht zu halten, ist daher in regelmäßigen Abständen eine Analyse der Lebensphasen der einzelnen Produkte erforderlich (vgl. *Baum et al.*, 2013, S. 197).

Mit dem Produkt-Lebenszyklus kann die zukünftige Produktentwicklung als Ausgangspunkt für die Produktprogrammplanung prognostiziert werden. Zudem liefert er Gestaltungsempfehlungen für die Produktpolitik. Diese sind zusammenfassend in Abb. 3.2.28 dargestellt. Allerdings handelt es sich um keine allgemeingültige Gesetzmäßigkeit, sondern vielmehr um einen häufig zu beobachtenden Verlauf. Daher kann ein Produkt sich im Einzelfall auch völlig anders entwickeln oder es können Schwierigkeiten bei der Phasenabgrenzung auftreten.

Neben Produkten lassen sich mit dem Lebenszyklus-Modell auch andere Betrachtungsobjekte, wie z. B. Märkte, Technologien, Branchen und Volkswirtschaften, analysieren. Diese Analysen sollten jedoch nicht getrennt voneinander betrachtet werden, sondern stehen in einem engen **Zusammenhang**. Produkte nutzen z. B. die zugrunde liegenden Technologien und werden deshalb auch vom Technologie-Lebenszyklus beeinflusst. Auf den Markt oder die Branche wirken wiederum die Lebenszyklen der Produkte und Technologien ein. Produkte der alten Technologie sterben ab und dadurch verändern neue Technologien auch den Markt und die Branche. So wurde etwa die Technologie der Videorekorder von Festplattenrekordern und diese wiederum von Streaminganbietern verdrängt. Da Volkswirtschaften häufig einseitig auf einzelnen Branchen beruhen, wirken sich die Lebenszyklen der Branchen und Märkte auch auf die konjunkturelle Entwicklung einer Volkswirtschaft aus. Deutschland ist z. B. in hohem Maße von der Automobil- und Maschinenbaubranche abhängig. Abb. 3.3.29 veranschaulicht diesen Zusammenhang. Vertiefend wurde der Branchenlebenszyklus bereits im Zusammenhang mit den Wettbewerbssstrategien in Abb. 3.2.23 vorgestellt. Die Anwendungen auf Märkte und Kunden erfolgt in Kap. 3.3.1 und 3.3.2. Der Technologielebenszyklus ist in Kap. 8.6.3 dargestellt.

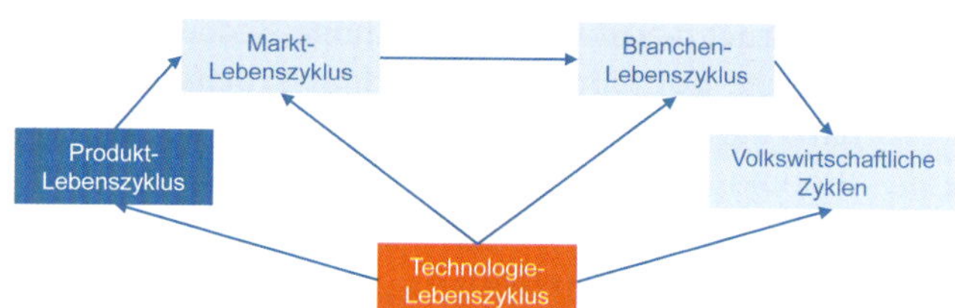

Abb. 3.2.29: Zusammenhang der Lebenszykluskonzepte

Kriterium	Einführung	Wachstum	Reife/Sättigung	Rückgang
Umsatzwachstum	hoch	hoch	sinkend	negativ
Stückgewinn	negativ	hoch	sinkend	gering/negativ
Wettbewerber	wenige	mehrere	viele	wenige
Marktanteil	sehr hoch	hoch	hoch bis gering	gering
Marktstellung	Marktführer	Marktführer & -folger	Marktfolger & Grenzanbieter	Grenzanbieter
Kosten pro Kunde	sehr hoch	hoch bis mittel	mittel bis niedrig	niedrig
Produktpolitik	Standardisierung	Markenpositionierung	Markendifferenzierung	Selektion
Preispolitik	Innovationsprämie	wettbewerbsorientiert	defensiv	wettbewerbsorientiert
Kommunikation	Bekanntmachung	Nutzenorientiert	Emotionalisierung	weniger wichtig
Distribution	Aufbauen	Intensivieren	Netz verdichten	Selektion
Zielkunden	Innovatoren	Erstkäufer	Erst- & Wiederholungskäufer	Wiederholungskäufer

Abb. 3.2.28: Merkmale der Produkt-Lebenszyklusphasen (in Anlehnung an Kotler et al., 2021, S. 667 ff.)

Wachstumsstrategien

Basierend auf der Analyse der relevanten Branchen werden Strategien für die bearbeiteten Märkte entwickelt. Dabei können eine Reihe von Portfolio-Techniken Hilfe leisten. Das älteste und bekannteste Instrument ist das **Produkt-Markt-Portfolio** von *Ansoff* (1965) zur Ableitung von **Wachstumsstrategien**. Produkte und Märkte werden dabei danach beurteilt, ob sie durch das Unternehmen bereits hergestellt bzw. beliefert werden oder nicht.

Daraus ergeben sich die in Abb. 3.2.30 dargestllten vier generischen **Wachstumsstrategien** (vgl. *Ansoff*, 1965):

- **Marktdurchdringung** (Penetration): Intensivere Bearbeitung des gegenwärtigen Marktes mit den vorhandenen Produkten. Die strategische Stoßrichtung zielt auf eine Ausweitung des Marktanteils durch:
  - **Absatzsteigerung bei bestehenden Kunden,** z. B. wird von einer Zoohandlung bei Aquarienbesitzern durch Werbung der Wunsch nach neuen Zierfischen geweckt.
  - **Kundengewinnung von der Konkurrenz:** Schwächen der Wettbewerber werden ausgenutzt bzw. Kunden durch Prämien oder Preisnachlässe zu einem Anbieterwechsel veranlasst. Beispielsweise erhalten die Kunden beim Abschluss eines neuen Mobilfunkvertrags ein kostenloses Smartphone.
  - **Gewinnung potenzieller Kunden:** Erschließung des ungenutzten Marktpotenzials im relevanten Markt. Z. B. könnte bei den bisherigen Kunden der Wunsch nach einem zweiten Smartphone geweckt werden.

  Ist eine Marktdurchdringung nicht möglich bzw. sinnvoll und die gegenwärtige Marktsituation nicht zufriedenstellend, so empfiehlt sich ein Rückzug aus dem Marktsegment.

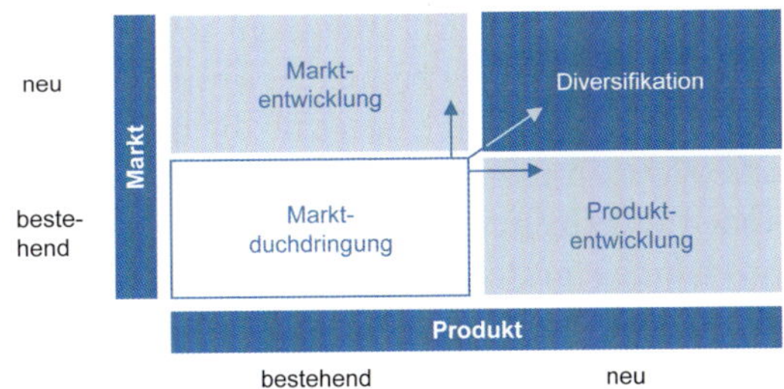

Abb. 3.2.30: Produkt-Markt-Portfolio (vgl. Ansoff, 1966, S. 132)

- **Produktentwicklung:** Entwicklung neuer Produkte für den bestehenden Markt. Die Produktentwicklung ist mit Risiken behaftet, weshalb diese strategische Stoßrichtung stets durch eine Marktdurchdringung ergänzt werden oder auf diese folgen sollte. Im Beispiel der Smartphones könnte das Produktangebot durch unterschiedliche Klingeltöne oder Zubehör erweitert werden.
- **Marktentwicklung:** Erschließung neuer Märkte mit bestehenden Produkten. Auch bei dieser strategischen Stoßrichtung ist das Risiko größer als bei einer Marktdurchdringung, da der bisherige Markt verlassen wird. Folgende Möglichkeiten stehen dabei zur Verfügung:
  - **Neue Abnehmergruppen** durch Erweiterung des Marktes erschließen. Im Beispiel der Smartphones könnte der Handel auf den gewerblichen Bereich ausgedehnt werden.
  - **Neue Distributionskanäle** entwickeln, indem z. B. dieselbe Zielgruppe eines Produktes über einen anderen Vertriebskanal angesprochen wird. So könnten die Smartphones nicht nur in Fachmärkten, sondern auch über das Internet vertrieben werden.
  - **Geographische Erweiterung** der Märkte, z. B. durch Ausdehnung des Handels auf andere Länder.

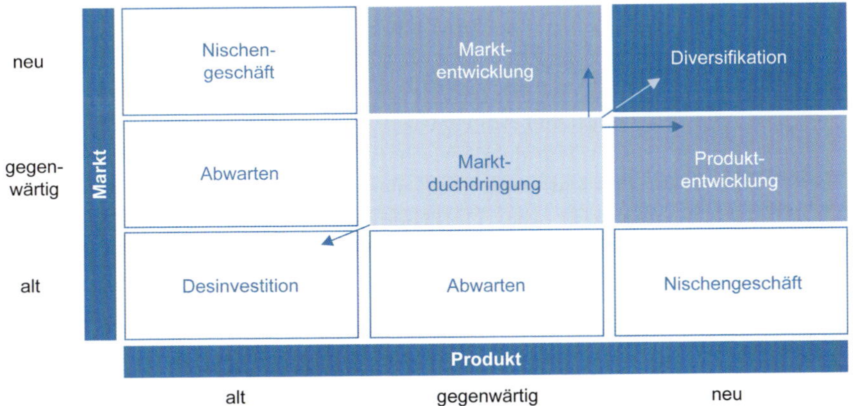

Abb. 3.2.31: Erweitertes Produkt-Markt-Portfolio (vgl. Müller-Stewens/Lechner, 2016, S. 255)

- **Diversifikation:** Mit neuen Produkten sollen neue Märkte erobert werden. Dies beinhaltet sowohl Markt- als auch Produktrisiken und ist deshalb die riskanteste strategische Stoßrichtung. Sie bietet sich an, wenn ein Unternehmen außerhalb seiner Tätigkeitsfelder auf eine vielversprechende Marktchance stößt, die mit den Stärken des Unternehmens vereinbar ist. Nach der Stellung in der Wertschöpfungskette lassen sich folgende **Formen** der Diversifikation unterscheiden:
  - **Horizontale Diversifikation:** Ausweitung auf Märkte der gleichen Wertschöpfungsstufe. So könnte z. B. ein Smartphonehändler modische Accessoires in sein Produktprogramm aufnehmen.
  - **Vertikale Diversifikation:** Ausweitung auf Märkte einer vor- bzw. nachgelagerten Wertschöpfungsstufe. Beispielsweise könnte der Smartphonehändler als vorgelagerte Diversifikation Zubehör wie z. B. Lederetuis herstellen bzw. als nachgelagerte Diversifikation eine Reparaturwerkstatt für Smartphones eröffnen.
  - Als **laterale (konglomerate) Diversifikation** wird eine Ausweitung auf Tätigkeitsbereiche bezeichnet, die in keinem Zusammenhang mit den derzeitigen Produkten, Fertigungstechniken und Märkten stehen. Sie hat keinerlei Bezug zur bisherigen Wertschöpfungskette und ist deshalb die riskanteste Form der Diversifikation. Für den Smartphonehändler wäre das etwa die Eröffnung eines Fast-Food-Restaurants.

Neben dieser klassischen Einteilung des **Produkt-Markt-Portfolios** ist der Einbezug alter Märkte bzw. Produkte als zusätzliche Kategorien sinnvoll. Diese bilden Nischengeschäfte bzw. schrumpfende Geschäfte ab, welche das Wachstum bzw. die Rentabilität eines Unternehmens negativ beeinflussen können. Daher sind diese Kategorien im Sinne einer ausgewogenen Portfoliobetrachtung, wie in Abb. 3.2.31 dargestellt, einzubeziehen.

Wachstumsstrategie \ Wachstumsform	Organisch	Kooperativ	Akquisition
Diversifikation	Organische Diversifikation	Kooperative Diversifikation	Akquirierte Diversifikation
Produktentwicklung	Innovation	Open Innovation	Innovationszukauf
Marktentwicklung	Organischer Markteintritt	Kooperativer Markteintritt	Zugekaufter Markteintritt
Marktdurchdringung	Penetration	Partnering	Konkurrentenzukauf
Konsolidierung	Turn-around	Outsourcing	Verkauf

Abb. 3.2.32: Portfolio an Marktstrategien

Jede dieser Wachstumsoptionen kann organisch mit eigenen Ressourcen, kooperativ mit Ressourcen von Partnern oder durch Akquisition erreicht werden. Die organisatorische Umsetzung aus eigener Kraft wird in Kap. 5.1 bis 5.4 vertieft, Kooperationen in Kap. 5.5 und Akquisitionen in Kap. 5.6. Werden die Wachstumsformen mit den Wachstumsstrategien kombiniert, so ergibt sich das in Abb. 3.2.32 dargestellte **Portfolio an Marktstrategien.**

Ein Instrument zur Untersuchung eines Bündels an Strategiealternativen ist die **strategische Lückenanalyse (GAP-Analyse)**. Dabei wird die unter gegebenen Umständen zu erwartende Entwicklung einer Größe mit dem angestrebten Ziel verglichen (vgl. *Welge et al.*, 2017, S. 414). Beispiele für solche Zielgrößen sind Umsatz, Gewinn, Deckungsbeitrag oder Wertbeitrag. Die Ziele können sich dabei auf das Unternehmen, auf Produktgruppen, Produktlinien oder Geschäftsbereiche beziehen. Die festgestellte Lücke wird in einen operativen und einen strategischen Bereich aufgeteilt. Der operative Bereich kann durch verbesserte Ausschöpfung bestehender Erfolgspotenziale geschlossen werden. Hierunter fallen die Maßnahmen der Marktdurchdringung, wie etwa Werbeaktionen oder die Erhöhung der Produktivität. Die verbleibende strategische Lücke erfordert dagegen neue Strategien. Die Lückenanalyse macht deutlich, welche strategischen Alternativen miteinander zu kombinieren sind, um ein vorgegebenes Ziel zu erreichen. Am Beispiel einer Marktstrategie kann die Lücke durch Expansionsstrategien der Produkt- oder Marktentwicklung sowie durch Diversifikation geschlossen werden. Abb. 3.2.33 zeigt ein Beispiel für die strategische Lückenanalyse.

Ist die Zielwirksamkeit aller Strategiealternativen beurteilt, dann ist eine **Auswahlentscheidung** (Strategic Choice) zu treffen. Dabei werden die Alternativen mit der bestmöglichen Zielerreichung ermittelt (vgl. *Hungenberg*, 2020, S. 265). Das Vorgehen ist mit der Festlegung der Unternehmensziele vergleichbar und wurde bereits in Kap. 2.3.2 beschrieben. Die Auswahl von Strategien aus einer Anzahl möglicher Alternativen gehört somit zu jedem wirtschaftlichen Handeln. Sie schafft Klarheit darüber, was strategisch erreicht werden soll. Dies mobilisiert die Fähigkeiten und Kräfte eines Unternehmens und soll Orientierung und Ansporn für jeden einzelnen Mitarbeiter sein. Die Ergebnisse der Strategieauswahl sind verabschiedete Strategiepläne mit Maßnahmen, Terminen, Verantwortlichen und Kosten.

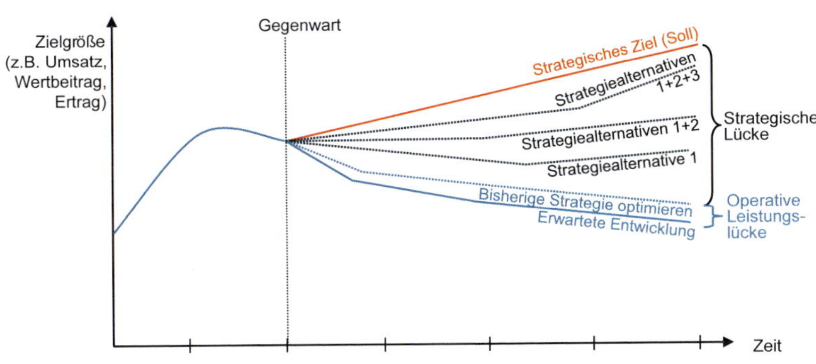

Abb. 3.2.33: Strategische Lückenanalyse (in Anlehnung an Ansoff, 1966, S. 164)

Produktstrategien und Erfahrungskurve

Die **Produktanalyse** untersucht die Leistungen eines Unternehmens als Teil der untersuchten Märkte. Dabei sind Lebenszyklen, Erfahrungskurveneffekte und Innovationen wesentlich für eine vorteilhafte Positionierung gegenüber Konkurrenten.

Bei der Produktanalyse sind folgende **Fragestellungen** zu beantworten:

- Wie sind die Produkte im Lebenszyklus eingeordnet?
- Wie weit sind die Produkte in der Erfahrungskurve vorangeschritten?
- Worin liegen die Stärken und Schwächen der Produkte im Konkurrenzvergleich?

Aus der Beantwortung dieser Fragen ergeben sich Chancen und Gefahren für ein Unternehmen, die Eingang in die SWOT-Analyse finden (vgl. Kap. 3.3.6).

Bei der **Erfahrungskurve** handelt es sich um eine Gesetzmäßigkeit, welche die Entwicklung der realen Stückkosten eines Produktes in Abhängigkeit von der kumulierten Produktionsmenge beschreibt. Die Erfahrungskurve ist ein betriebswirtschaftliches Konzept, das erstmals 1925 im US-amerikanischen Flugzeugbau entdeckt wurde (vgl. *Wright*, 1936, S. 122 ff.). Es wurde in den 1970er-Jahren durch die Strategieberatung *Boston Consulting Group* in die strategische Produktanalyse eingebracht und wird auch als „Boston-Effekt" bezeichnet.

Nach der **Erfahrungskurve** sinken die inflationsbereinigten Stückkosten eines Produktes mit jeder Verdoppelung der kumulierten Produktionsmenge potenziell um durchschnittlich 20 bis 30 Prozent.

Lern-, Spezialisierungs-, Betriebsgrößen-, Skalen- und Losgrößendegressionseffekte sowie Produkt- und Verfahrensinnovationen sind die wichtigsten Ursachen der potenziellen Kostenreduktion. Das Ausmaß des Erfahrungskurveneffektes ist produkt- und branchenspezifisch. Die Kostensenkung findet nicht automatisch statt, sondern erfordert geeignete Maßnahmen. Langfristig folgen dabei die Preise meist den sinkenden Kosten, da sonst andere Anbieter von hohen Gewinnspannen angelockt werden.

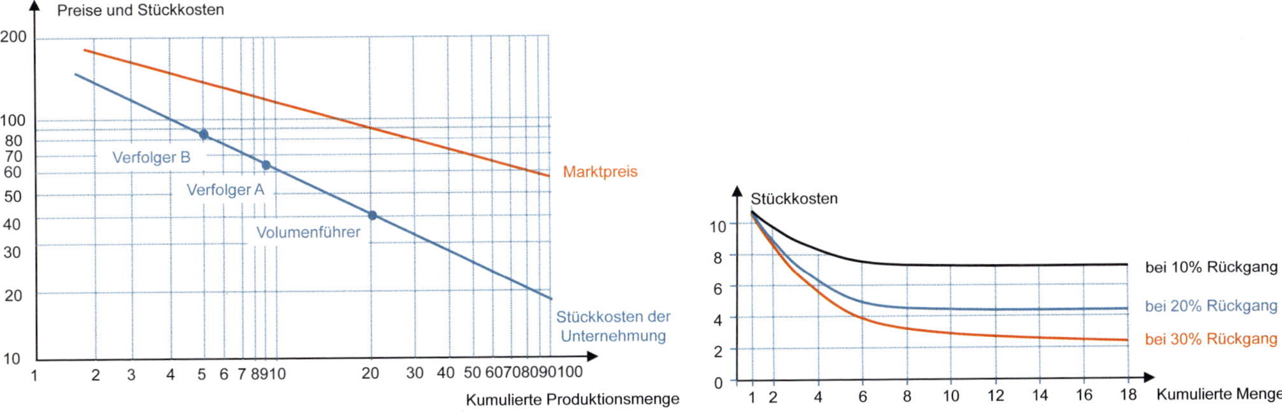

Abb. 3.2.34: Erfahrungskurve in logarithmischer (links) und normal skalierter (rechts) Darstellung (in Anlehnung an Hinterhuber, 2015, S. 37)

Diese Erfahrungswerte sind für die Planung von strategischen Geschäftsfeldern von großer Bedeutung.

Daraus lassen sich folgende **strategische Konsequenzen** ableiten (vgl. *Müller-Stewens/Lechner*, 2016, S. 259):

- **Hohe Marktanteile** sind Grundvoraussetzung für eine hohe Rentabilität. Ein Mengenführer hat bei gegebenem Marktpreis wegen der geringsten Stückkosten die höchste Gewinnspanne und damit das größte Erfolgspotenzial. Ein Anbieter mit geringen Stückzahlen hat deshalb im Vergleich zum Konkurrenten keine überdurchschnittlichen Gewinnaussichten.
- **Ausbau der Marktanteile** ist insbesondere in stark wachsenden Märkten anzustreben. Die kumulierten Mengen steigen in diesen Märkten schnell an und die Erfahrungskurveneffekte sind besonders deutlich spürbar.

Die **Auswirkungen** des Erfahrungskurveneffektes werden häufig überschätzt (vgl. *Müller-Stewens/Lechner*, 2016, S. 259 ff.). So belegen empirische Studien, wie z. B. Auswertungen aus der PIMS-Datenbank (vgl. Kap. 3.1), dass der Kostensenkungseffekt durchschnittlich nur bei rund 10 Prozent liegt und stark branchenabhängig ist. Dies liegt daran, dass die höhere Produkterfahrung entweder nicht immer unmittelbar in relative Kostenvorteile umgesetzt werden kann oder der gesamten Branche zugutekommt. Ein Kritikpunkt ist auch die Abhängigkeit von der Länge der Produktlebenszyklen. Im Falle kurzer Lebenszyklen haben Erfahrungseffekte keine oder nur geringe Bedeutung.

Ein Beispiel für den Erfahrungskurveneffekt stellt die Entwicklung der Modulpreise für Photovoltaikanlagen in Deutschland dar. In Abb. 3.2.35 sind die historischen Marktpreise abgebildet, welche einen Erfahrungskurveneffekt von 24,9 % für den Zeitraum von 1980 bis 2017 ergeben. Daraus lassen sich Prognosen für die Preis- und Kostenentwicklung der nächsten Jahre für zu erwartende Absatzentwicklungen ableiten. Allerdings wird sich dieser Erfahrungskurveneffekt abschwächen, da der Anteil der Materialkosten an den Modulen steigt und diese sich aufgrund knapper Ressourcen nicht in gleichem Umfang weiter reduzieren lassen.

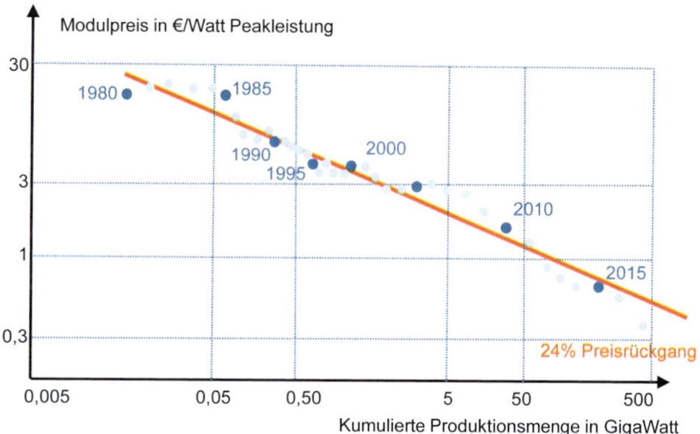

Abb. 3.2.35: Preis-Erfahrungskurve von Photovoltaik-Modulen in Deutschland (vgl. Fraunhofer ISE, 2018)

Marktportfolios

Portfoliostrategien folgen dem **marktorientierten Strategieansatz** (Market-based View) oder auch der modernen Industrieökonomie. Sie leiten Strategieempfehlungen ab, indem sie die Verhaltensmöglichkeiten von Unternehmen in bestimmten Branchen- und Marktsituationen aufzeigen (vgl. Kap. 1.2.2). Für Unternehmen ist es danach eine entscheidende Frage, welche Strukturen sie vorfinden, an die sich das Unternehmen anpassen muss, um erfolgreich zu sein. In einer dynamischen Betrachtung werden auch Strukturveränderungen mitberücksichtigt, wie z. B. in Lebenszykluskonzepten.

Marktstrategien lassen sich auch aus dem Produktlebenszyklus und dem Erfahrungskurveneffekt ableiten. Die Beratungsgesellschaft *Boston Consulting Group* (BCG) entwickelte dazu das in Abb. 3.2.36 dargestellte **Marktwachstums-Marktanteils-Portfolio**. Das Portfolio wird auch als **BCG-Matrix** bezeichnet und wurde von *Henderson*, dem Gründer der BCG, im Jahr 1970 entwickelt. Dieses Konzept baut auf dem Zusammenhang zwischen dem Produktlebenszyklus und der Erfahrungskurve auf. Es war zunächst als ein Portfolio von Produkten mit unterschiedlichen Wachstumsraten und Marktanteilen konzipiert. Es lässt sich auch als Portfolio von Geschäftsfeldern anwenden.

Demnach bestimmen vier **Regeln** den Cashflow eines Produkts (vgl. *Henderson*, 1970):

- Margen und erwirtschafteter Cashflow sind eine Funktion des Marktanteils. Hohe Margen und hoher Marktanteil können gemeinsam auftreten und werden durch den Erfahrungskurveneffekt erklärt.
- Wachstum erfordert Cash-Input zur Finanzierung zusätzlicher Vermögenswerte. Die zusätzlichen Barmittel, die benötigt werden, um den Anteil zu halten, sind abhängig von den Wachstumsraten.

- Ein hoher Marktanteil muss verdient oder gekauft werden. Der Kauf von Marktanteilen erfordert zusätzliche Investitionen.
- Kein Produktmarkt kann auf unbestimmte Zeit wachsen. Die Auszahlung aus dem Wachstum muss erfolgen, wenn es sich verlangsamt, oder sie wird nie erfolgen. Sie sollte nicht in ein Produkt reinvestiert werden.

Im Marktwachstums-Marktanteils-Portfolio dient das Marktwachstum dabei als Indikator für die Phase des Lebenszyklus, in dem sich das Geschäftsfeld befindet. Dabei ist die Einteilung in „hoch“ und „niedrig“ an den Branchenverhältnissen zu orientieren. Der relative Marktanteil, als Quotient aus dem Marktanteil des Geschäftsfelds zum Marktanteil seines stärksten Konkurrenten, drückt dessen Marktstellung aus. Die Grenze zwischen den beiden Bereichen wird häufig bei einem Wert von 1 gezogen. Wie die Skalierung des relativen Markanteils ausfällt, ist abhängig von der Verteilung der Marktanteile. Damit verbunden sind auch Größenvorteile aufgrund von Erfahrungskurveneffekten.

Das Marktwachstums-Marktanteils-Portfolio bietet je nach Positionierung im Portfolio unterschiedliche **Normstrategien** als Handlungsempfehlungen an (vgl. *Henderson*, 1970; *Bruhn*, 2019, S. 71):

- **Fragezeichen** (Question marks) bezeichnen Geschäftsfelder in einem stark wachsenden Markt, in dem das Unternehmen jedoch nur über eine schwache Position verfügt. Normalerweise betrifft dies Produkte in der Phase der Markteinführung, deren Entwicklung noch unklar ist. Im günstigsten Fall werden sich die Produkte zu Stars und später zu Cash cows entwickeln. Dazu sind allerdings Investitionen und somit hohe Auszahlungen erforderlich, denen in dieser Phase noch geringe Einzahlungen gegenüberstehen. Je nach Erfolgsaussicht ist entweder eine offensive oder eine defensive Normstrategie empfehlenswert:
  - **Offensivstrategie** erfordert hohe Investitionen, um den Marktanteil zu steigern und das Geschäftsfeld in die Position eines Sterns zu bringen. Sie ist für Geschäftsfelder mit guten Erfolgschancen geeignet.
  - **Defensivstrategie** bedeutet den Rückzug aus dem Marktsegment und ist bei schlechten Erfolgsaussichten anzuraten.
- **Sterne** (Stars) sind die Hoffnungsträger des Unternehmens, da es auf diesen stark wachsenden Feldern eine vorherrschende Marktposition hat. Der relative Marktanteil sollte gehalten bzw. ausgebaut werden. Für diese **Investitionsstrategie** sind hohe Finanzmittel erforderlich, die jedoch weitgehend durch das Geschäftsfeld selbst erwirtschaftet werden. Im Produktlebenszyklus entspricht dies der Wachstumsphase, in der zunehmende Produktionsmengen zu Erfahrungseffekten führen.
- **Melkkühe** (Cash cows) sind die Geldlieferanten des Unternehmens, da deren Einzahlungen die Auszahlungen weit übersteigen, etwa durch einen vergleichsweise geringen Reinvestitionsbedarf und niedrigere

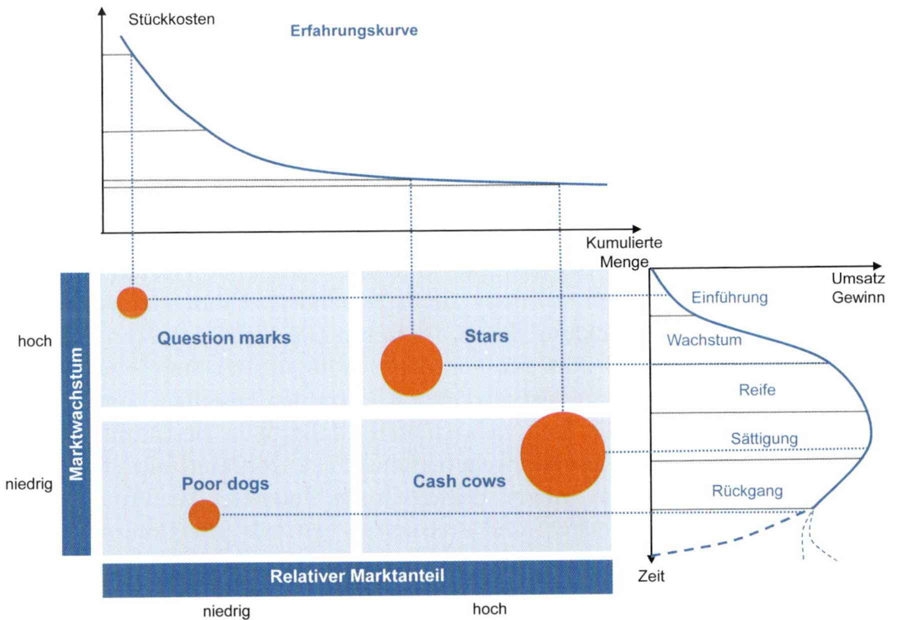

Abb. 3.2.36: Verknüpfung der BCG-Matrix mit Erfahrungskurve und Lebenszyklus (vgl. Wheelen et al., 2018, S. 180)

Auszahlungen für Marketingaktivitäten. Dieser Überschuss muss und sollte auch nicht in diese Produkte reinvestiert werden. Sie liefern die für die aussichtsreichen Fragezeichen erforderlichen Finanzmittel. Im Produktlebenszyklus entspricht dies der Reifephase, in der das Marktwachstum nur noch gering ist. Die strategische Empfehlung lautet, den Marktanteil zu halten und Gewinne mitzunehmen **(Abschöpfungsstrategie)**. Investitionen beschränken sich auf die Erhaltung der bestehenden Wettbewerbsposition.

- **Arme Hunde** (Poor dogs) verfügen auf einem unattraktiven Markt über eine schwache Marktposition. Diese Felder befinden sich im Produktlebenszyklus am Ende der Sättigungs- bzw. bereits in der Rückgangsphase. Sie erwirtschaften nur geringe Einzahlungen. Die Investitionen des Unternehmens beschränken sich auf das Mindestmaß. Aus diesen Geschäftsfeldern mit negativen Zukunftsaussichten sollte sich das Unternehmen langfristig zurückziehen **(Desinvestitionsstrategie)**. *Henderson* bezeichnete diese als „Haustiere", die nicht notwendig sind und nur Geld kosten. Sie weisen einen negativen Cashflow auf. Diese Geschäftsfelder konnten entweder in der Wachstumsphase keine Führungsposition erreichen oder der rechtzeitige Ausstieg wurde verpasst.

Die strategischen Geschäftsfelder (SGF) des Unternehmens werden im Allgemeinen in Form eines Kreises in die Vier-Felder-Matrix eingetragen, wobei häufig der Kreisumfang als dritte Dimension die Umsatzhöhe oder den Deckungsbeitrag des Geschäftsfeldes repräsentiert.

Durch die Betrachtung des Gesamtportfolios kann erkannt werden, ob sich das Unternehmen insgesamt in einem ausgewogenen Zustand befindet. Das Verhältnis von jungen, risikoreichen Geschäftsfeldern (Question marks, Stars) zu reifen, risikoarmen Geschäftsfeldern (Cash cows) sollte möglichst ausgeglichen sein. Im Portfolio wird offensichtlich, dass jedes Unternehmen Geschäftsfelder braucht, in die es Finanzmittel investieren kann. Jedes Unternehmen braucht aber auch Geschäftsfelder, um diese zu generieren. Und jedes Geschäftsfeld sollte in seinem Lebenszyklus zum Cashflow-Erzeuger werden. Nur mit einem ausgewogenen Portfolio kann ein Unternehmen seine Wachstumschancen ausschöpfen.

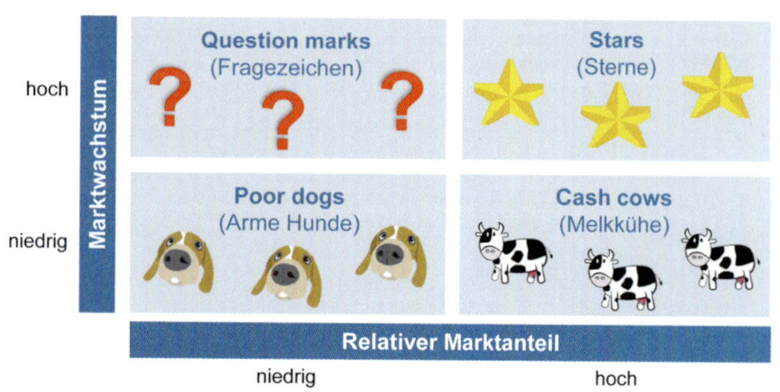

Abb. 3.2.37: Marktwachstums-Marktanteils-Portfolio (vgl. Welge et al., 2017, S. 180)

Ein **ausgewogenes Portfolio** verfügt über:

- Stars, deren hoher relativer Marktanteil und hohes Wachstum die Zukunft sichern,
- Cash cows, welche die finanziellen Mittel für dieses zukünftige Wachstum liefern und
- Fragezeichen, die mit den zusätzlichen Finanzmitteln in Stars umgewandelt werden sollen.

Um langfristig erfolgreich zu sein, ist darauf zu achten, dass die heutigen Stars und Fragezeichen zukünftig genug Cashflow generieren, um die Cash cows zu ersetzen, welche sich in einer späten Lebenszyklusphase befinden.

Im Marktwachstums-Marktanteils-Portfolio wird der Ursprung von Wettbewerbsvorteilen im Marktanteil gesehen, auf dessen Basis Erfahrungskurveneffekte realisiert werden. Ist ein Unternehmen in der Lage, seine Marktanteile schneller zu erhöhen als die Konkurrenten, dann drückt dies die Wettbewerbsstärke eines Geschäftsfeldes aus. Ein schnell wachsender Markt bietet größere Chancen zur Realisierung von Kostenvorteilen. Das Marktwachstum wird somit als Maß für die Attraktivität eines Marktes angesehen. Andere Faktoren, wie z. B. Produktdifferenzierung oder Ressourcenvorteile, werden nicht betrachtet. Daher ist dieses Portfolio vor allem für Volumenmärkte ohne Differenzierungsmöglichkeiten geeignet. Die Annahmen über die Finanzflüsse im Portfolio sind zwar prinzipiell richtig, dennoch können im Einzelfall auch Fragezeichen, Hunde oder Sterne positive Cashflows erwirtschaften (vgl. *Welge et al.*, 2017, S. 480 f.).

McKinsey&Company

Die Unternehmensberatung *McKinsey* entwickelte zusammen mit *General Electric* das **Marktattraktivitäts-Wettbewerbsvorteil-Portfolio** (vgl. *McKinsey*, 2008). Es handelt sich um eine Weiterentwicklung der *BCG-Matrix*. Die *Mc-Kinsey-Matrix* unterscheidet sich vor allem dadurch, dass ihre Dimensionen nicht aus einzelnen Kennzahlen bestehen, sondern aus mehreren, gewichteten Maßgrößen bestimmt werden (Multifaktorenportfolio). Die Marktattraktivität wird u. a. anhand dessen Größe, Potenzial, Struktur, Wachstumsrate und Preisniveau beurteilt. Die Unternehmensdimension wird durch dessen relative Wettbewerbsvorteile ausgedrückt. Sie werden u. a. aus den Größen relativer

	Kriterien	Gewichtung	Bewertung 0	1	2	3	4	5	6	7	8	9	10
Marktattraktivität	Marktgröße (Mrd. €)	10%	<3	<5	<7	<10	<15	<20	<25	<30	<40	<50	>50
	Marktdynamik (% p.a.)	40%	<-5	<-3,5	<-2	<0,5	<1	<2.5	<4	<5,5	<7	<8.5	>8.5
	Marktstruktur (5 Forces)	15%	unattraktiv				mittel				attraktiv		
	Markteigenschaften	15%	unattraktiv				mittel				attraktiv		
	Chancen vs. Risiken	20%	Risiken > Chancen				Risiken = Chancen				Risiken < Chancen		
Relativer Wettbewerbsvorteil	Relativer Marktanteil	40%	<0,05	<0,1	<0,2	<0,3	<0,4	<0,5	<0,6	<0,7	<0,8	<0,9	=1
	Erfüllung Erfolgsfaktoren	20%	< Wettbewerb				= Wettbewerb				> Wettbewerb		
	Wettbewerbsdynamik	20%	hoch				mittel				niedrig		
	Preisentwicklung	20%	unattraktiv				mittel				attraktiv		

Abb. 3.2.38: Bestimmung von Marktattraktivität und relativem Wettbewerbsvorteil (vgl. Alter, 2019, S. 217)

Marktanteil im Vergleich zum stärksten Wettbewerber, Kundenorientierung, Qualifikation der Mitarbeiter oder F&E-Potenzial ermittelt. Beispielhaft zeigt Abb. 3.2.38, wie sich die Marktattraktivität und der relative Wettbewerbsvorteil in einem Scoring-Modell ermitteln lassen.

Das *McKinsey-Portfolio* besteht aus neun Feldern, womit präzisere Aussagen getroffen werden können als bei der *BCG-Matrix*. Aus der Positionierung der Geschäftsfelder lassen sich die in Abb. 3.2.39 dargestellten **Normstrategien** ableiten (vgl. *Whittington et al.*, 2019, S. 247 ff.):

- **Abschöpfungs- oder Desinvestitionsstrategie:** Unternehmen sollten keine bzw. geringe Investitionen durchführen und Gewinne solange wie möglich abschöpfen. Drohen dagegen Verluste, dann sollte sich das Unternehmen von diesen Geschäftsfeldern trennen.

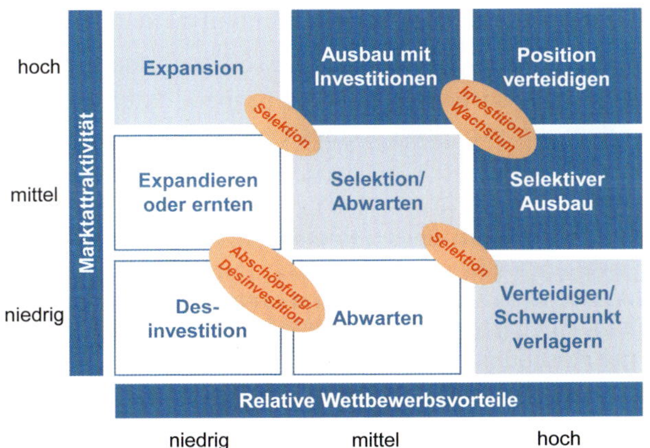

Abb. 3.2.39: Marktattraktivitäts-Wettbewerbsvorteil-Portfolio (vgl. Wheelen et al., 2018, S. 182)

- **Selektivstrategien:** In diesen Geschäftsfeldern sollte das Unternehmen mit begrenztem Risiko und geringen Investitionen expandieren oder seine Wettbewerbsstärke verteidigen.
- **Investitions- oder Wachstumsstrategien:** Die starke Wettbewerbsposition dieser attraktiv positionierten Geschäftsfelder sollte ausgebaut bzw. verteidigt werden.

Die **Problematik** liegt in der Auswahl, Messung und Gewichtung der Kriterien, die in die beiden Dimensionen eingehen (vgl. *Welge et al.*, 2017, S. 484). Die hierzu verwendeten Scoring-Modelle sind stets subjektiv und kaum vergleichbar. Die erforderliche Unabhängigkeit der Kriterien kann oft nicht sichergestellt werden. Zudem weisen sie aufgrund ihrer mehrdimensionalen Skalierung eine gewisse Tendenz zu durchschnittlichen Ergebnissen in der Portfolio-Mitte auf. Daher kommt der Bestimmung von Grenzwerten zwischen den Ausprägungen große Bedeutung für die abgeleiteten Empfehlungen zu.

Eine moderne Weiterentwicklung des Marktwachstums-Marktanteils-Portfolios ist das **Ampel-Portfolio** (Traffic-Light-Portfolio). Es erweitert die Dimensionen Marktwachstum zum strategischen Potenzial und den relativen Marktanteil zum Wertschaffungspotenzial (vgl. Kap. 8.2). Die multifaktoriellen Dimensionen werden jeweils aus einer Reihe von Kennzahlen ermittelt, so dass z. B. Markteintrittsbarrieren, Branchenprofitabilität oder investiertes Kapital mitbetrachtet werden können. Normstrategien für die strategischen Geschäftseinheiten sind je nach Positionierung die Prüfung des Ausstiegs, opportunistisches Halten und Abschöpfen, Ausbauen oder die operative Verbesserung. Für die indifferenten Felder sind Richtungsent-

Abb. 3.2.40: Ampel-Portfolio (vgl. Alter, 2019, S. 201)

scheidungen erforderlich, um strategische Geschäftseinheiten eindeutiger zu positionieren (vgl. *Alter*, 2019, S. 214).

3.2.4 Ressourcen- und Kompetenzstrategien

In den theoretischen Grundlagen zum **erweiterten ressourcenorientierten Ansatz** (vgl. Kap. 1.2.3) wird der Zusammenhang von Rente, Ressourcen, Fähigkeiten und Kompetenzen erklärt. Der heutige Markterfolg eines Unternehmens wird danach durch seine Ressourcen und Prozesse bestimmt, die gemeinsam das Geschäftsmodell bilden. Wettbewerbsvorteile können durch besondere Ressourcen, Fähigkeiten oder Kompetenzen eines Unternehmens entstehen. Die Entwicklung darauf basierender Strategien ist Gegenstand der ressourcenorientierten Strategien. Die **Ressourcenstrategien** gehen davon aus, dass Unterschiede zwischen Unternehmen und damit auch deren Wettbewerbsvorteile durch die betrieblichen Ressourcen begründet sind. Jedes Unternehmen ist damit durch seine spezielle Ressourcenausstattung geprägt (vgl. *Schendel*, 1996, S. 3). Dieses Ressourcenbündel ist historisch gewachsen und unterliegt einem ständigen Wandel. Wettbewerbsrelevante Ressourcen ermöglichen es, bestimmte Aktivitäten besser oder billiger zu erbringen als die Konkurrenten. Wettbewerbsvorteile eines Unternehmens können also nicht nur auf dessen Marktstellung basieren, sondern auch auf seinen überlegenen Ressourcen.

> **Ressourcen** sind die zur Leistungserstellung eines Unternehmens erforderlichen materiellen und immateriellen Güter (vgl. *Barney*, 1991, S. 101).

Diese Ressourcen sind meist unternehmensspezifisch und daher schwer imitierbar (vgl. *Teece et al.*, 1997, S. 516). Der Erfolg von Unternehmen wird demnach durch heterogene Ressourcen bestimmt und Wettbewerbsvorteile entstehen aus ungleichen Ressourcenausstattungen. Das Resources-Conduct-Performance-Paradigma („Ressourcen-Verhalten-Leistung“) ist damit der Gegenpol zum „Structure-Conduct-Performance-Paradigma“ („Leistungsstruktur-Verhalten-Leistung“) der Industrieökonomie. Die Ressourcenunterschiede ermöglichen es, über einen längeren Zeitraum Renten zu erwirtschaften. Diese entstehen, wenn ein Unternehmen seine Ressourcen dort einsetzt, wo sie mehr Wert schaffen, als sie an anderer Stelle einbringen (Opportunitätskosten, vgl. ausführlich Kap. 1.2.3).

Im ressourcenorientierten Ansatz entstehen Renten durch unvollkommene Inputfaktoren. Nach *Ricardo* (1817, S. 58 ff.) entstehen sog. **Ricardo-Renten** aus begrenzt verfügbaren Ressourcen. Er formulierte das Theorem der **komparativen Kostenvorteile**. Demnach kommt es nicht auf die absolut günstigste Kostenposition an, sondern lediglich darauf, dass ein Akteur bestimmte Produkte günstiger herstellen kann als sein Handelspartner.

Um eine *Ricardo*-Rente erzielen zu können, sind wertvolle Ressourcen mit Rentenpotenzial aufzuspüren (Resource-picking), im Wettbewerb zu nutzen sowie an ein Unternehmen zu binden und damit immobil zu machen.

Eine Weiterentwicklung der Ressourcenorientierung ist der **fähigkeitsorientierte Ansatz** (Capability-based View), bei dem die Fähigkeiten eines Unternehmens im Mittelpunkt stehen.

> Die **Fähigkeiten** eines Unternehmens beinhalten das zur Leistungserstellung erforderliche anwendungsbezogene Wissen und Können. Sie sind unternehmensspezifisch und ermöglichen es, Effizienzvorteile aus den vorhandenen Ressourcen zu gewinnen.

Ein Unternehmen kann danach erst durch seine Fähigkeiten eine Rente erzielen (vgl. *Amit/Schoemaker*, 1993, S. 35).

Die Ressourcen bilden somit das Werkzeug, das mithilfe der Fähigkeiten geschickt einzusetzen ist. Fähigkeiten sind an einzelne Menschen sowie Gruppen von Mitarbeitern gebunden. Sie müssen vom Unternehmen selbst entwickelt werden und sind deshalb unternehmensspezifisch. Sie lassen sich nur begrenzt übertragen oder erwerben. Dabei zeichnen sich Fähigkeiten dadurch aus (vgl. *Teece et al.*, 1997, S. 516), dass sie auf organisationalen Routinen beruhen, sich pfadabhängig entwickeln („History matters") und einer dynamischen Anpassung unterliegen.

Der fähigkeitsorientierte Ansatz hat seinen Schwerpunkt auf der Erzielung sog. **Schumpeter-Renten**. Diese ergeben sich aus risikofreudigen, unternehmerischen Entscheidungen in einer ungewissen Umwelt. Im Sinne der von *Schumpeter* (1911) definierten „unternehmerischen Innovation" wird etwas Neues geschaffen und damit werden bestehende Gleichgewichtssituationen zerstört (kreative Zerstörung). Lassen sich daraus Vorteile erzielen, so resultiert der Erfolg eines Unternehmens im fähigkeitsorientierten Ansatz weniger aus den Eigenschaften der Ressourcen als vielmehr aus deren innovativer Kombination.

Wertvolle Ressourcen und darauf aufbauende Prozesse erlauben Effizienzvorteile. Um an diese Ressourcen zu kommen, sind Fähigkeiten erforderlich. Eine besondere Fähigkeit ist es, solche wertvollen Ressourcen zu entwickeln. Diese Fähigkeit wird auch als Kompetenz bezeichnet.

Kompetenzen sind unternehmerische Fähigkeiten, die zur Problemlösung geeignet sind und wertvolle Ressourcen entwickeln können.

Im **erweiterten ressourcenorientierten Ansatz** wird die Erzielung von Effizienzvorteilen durch den Zusammenhang von Renten, Ressourcen, Fähigkeiten und Kompetenzen erklärt. So kann z. B. der Markterfolg eines Unternehmens durch ein besonderes Produktionsverfahren begründet sein. Die hierfür erforderlichen Ressourcen sind dann z. B. spezifische Produktionsanlagen. Damit diese Ressourcen einen Vorteil bieten, sind Fähigkeiten erforderlich. So kann z. B. für die Konstruktion einer Maschine spezifisches Wissen erforderlich sein oder austauschbare Maschinen werden durch besondere Prozesskenntnisse einzigartig miteinander kombiniert. Die Fähigkeit, das gesamte System zu gestalten und daraus eine Rente zu erzielen, ist dann die zugrundeliegende Kompetenz. Die Kompetenz des Automobilherstellers *Toyota* besteht beispielsweise in der Gestaltung von Fertigungs- und Montageprozessen (vgl. Kap. 5.4.5). Daraus werden Fähigkeiten wie z. B. Logistikkonzepte oder eine hohe Prozessqualität entwickelt, welche die Montageressourcen effizienter machen. Die Effizienz äußert sich in überdurchschnittlicher Produktivität, welche dem Unternehmen als Rente zufließt und es zu einem der profitabelsten Automobilhersteller der Welt macht.

Der **fähigkeitsorientierte Ansatz** dynamisiert die Betrachtungsweise des ressourcenorientierten Ansatzes. In den Vordergrund rückt der Prozess der Entwicklung von Fähigkeiten in Form des organisationalen Lernens (vgl. Kap. 7.4.2). Kritisch zu sehen ist die unscharfe Unterscheidung zwischen Ressourcen, Fähigkeiten und Kompetenzen. Da Fähigkeiten auf den Einsatz von Ressourcen abzielen, können sie auch als spezifische Ressource betrachtet werden. Zudem sind Fähigkeiten nur schwer erfass- und damit gestaltbar. Die Bestimmung des Wertes einer Ressource oder einer Fähigkeit ist ebenfalls unklar, denn oft entsteht dieser erst durch deren Kombination.

Wie strategisch relevante Ressourcen, Fähigkeiten und Kompetenzen identifiziert und genutzt werden können, um daraus Wettbewerbsvorteile zu erzielen, ist Gegenstand des **erweiterten Ressourcen-Ansatzes** (Resource-based View). Dabei geht es darum, wie Unternehmen ihre Ressourcen bündeln und entwickeln. Die dynamische Perspektive spielt dabei eine besondere Rolle, sind die Quellen von Wettbewerbsvorteilen doch häufig in immateriellen Ressourcen wie Wissen oder Beziehungen gebunden, welche sich erst im Zeitverlauf aufbauen lassen. Im Entwicklungsprozess von Unternehmen werden immer wieder Entscheidungen getroffen, die zu unterschiedlichen materiellen oder immateriellen Ressourcen führen. Dies kann einem Unternehmen zu Opportunitätskostenvorteilen verhelfen.

Dies basiert auf der Annahme, dass Unterschiede zwischen Unternehmen und damit auch deren Wettbewerbsvorteile durch die betrieblichen Ressourcen begründet sind. Jedes Unternehmen ist damit durch seine spezielle Ressourcenausstattung geprägt. Dieses Ressourcenbündel ist historisch gewachsen und unterliegt einem ständigen Wandel. Wettbewerbsrelevante Ressourcen ermöglichen es, bestimmte Aktivitäten besser oder billiger zu erbringen als die Konkurrenten. Wettbewerbsvorteile eines Unternehmens können also nicht nur auf dessen Marktstellung basieren, sondern auch auf seinen überlegenen Ressourcen. Dabei sind Ressourcen die zur Leistungserstellung eines Unternehmens erforderlichen materiellen und immateriellen Güter. Sie können in Sachanlagen, Finanzanlagen und immaterielles Vermögen unterteilt werden. Im ressourcenorientierten Ansatz liegt der Schwerpunkt auf den **immateriellen Ressourcen** und deren Komponenten Human-, Kunden-, Beziehungs- und Strukturkapital. Ihre strategische Bedeutung zeigt sich darin, dass sie häufig einen wesentlichen Teil des Unternehmenswertes ausmachen. Dies wird beispielsweise an der Differenz zwischen Markt- und Buchwert börsennotierter Unternehmen deutlich (vgl. Kap. 8.3.1). Immaterielle Ressourcen können zu schwer imitierbaren Wettbewerbsvorteilen führen, wie z. B. die Reputation eines Unternehmens.

Wesentlich für ein Unternehmen ist es, die strategisch relevanten Ressourcen zu identifizieren und zu klassifizieren. Ressourcen können nach ihrer Qualität und Anzahl analysiert werden. Insbesondere ein Konkurrenzvergleich vermag Stärken und Schwächen der eigenen Ressourcen aufzuzeigen. Die Kernaufgabe der Ressourcenanalyse besteht darin, die Ressourcen mit hohem Erfolgspotenzial zu bestimmen. Diese werden als sog. **strategische Ressourcen** bezeichnet.

Der Erfolg des Unternehmens wird in kurzer Sicht von seinen Ressourcen und Prozessen bestimmt und wie gut diese auf die Marktanforderungen zugeschnitten sind. Um Ressourcen und Prozesse gestalten zu können, sind Fähigkeiten und Kompetenzen erforderlich. **Fähigkeiten** sind anwendungsbezogenes Wissen, das zur Lösung betrieblicher Problemstellungen eingesetzt werden kann. Sie zeichnen sich dadurch aus, dass sie in betrieblichen Abläufen verankert, im Zeitablauf entwickelt und permanent angepasst werden. Fähigkeiten (capabilities) umfassen anwendungsbezogenes Wissen, welches Unternehmen in die Lage versetzt, technische oder organisatorische Leistungen zu erbringen. Beispiele für solche Leistungen sind die Chiptechnologie oder die Logistik eines Versandhandelsunternehmens. **Kompetenzen** entstehen, wenn das Handeln zur Lösung der jeweiligen Problemstellung geeignet ist (vgl. *North*, 2016, S. 32). Fähigkeiten und Kompetenzen sind dabei nicht an eine einzelne Person gebunden, sondern beruhen auf einer Kombination aus Ressourcen und Wissen des Unternehmens. Eine besondere Fähigkeit und Kompetenz ist es, Ressourcen zu nutzen, aufzubauen und zu entwickeln.

Die Erzielung von **Wettbewerbsvorteilen** kann durch den Zusammenhang von Ressourcen, Fähigkeiten und Kompetenzen erklärt werden. So kann etwa der Markterfolg eines Unternehmens durch ein besonderes Produktionsverfahren begründet sein. Die hierfür erforderlichen Ressourcen sind z. B. spezifische Produktionsanlagen und -abläufe. Damit diese Ressourcen einen Vorteil bieten, sind Fähigkeiten erforderlich, wie etwa spezifisches Wissen zur Konstruktion dieser Anlage. Auch die einzigartige Kombination von austauschbaren Anlagen durch besondere Prozesskenntnisse ist dafür ein Beispiel. In diesem Fall ist die Fähigkeit der wirtschaftlichen Gestaltung des gesamten Systems die zugrundeliegende Kompetenz. Oft sind es weniger die strategischen Ressourcen, die den Erfolg eines Unternehmens ausmachen. Häufig sind die unterschiedlichen Fähigkeiten zur Nutzung betrieblicher Ressourcen ausschlaggebend. Im Vordergrund steht dabei die einzigartige Kombination von Ressourcen, die vom Kunden als Zusatznutzen empfunden wird. Dies kann sich entscheidend auf den Erfolg auswirken. Deshalb ist es Aufgabe der **Kompetenzanalyse**, solche Kompetenzen zu identifizieren und zu bewerten. Ziel ist die Entdeckung sog. Kernkompetenzen (core competencies), die Wettbewerbsvorteile ermöglichen. **Kernkompetenzen** sind einzelne oder miteinander kombinierte Kompetenzen, aus denen ein Unternehmen Wettbewerbsvorteile erzielen kann. Kernkompetenzen lassen sich von der Konkurrenz nur schwer imitieren, da sie meist aus einem umfassenden Bündel aufeinander abgestimmter Kompetenzen und Ressourcen bestehen. Deshalb ermöglichen sie den Aufbau von dauerhaften Wettbewerbsvorteilen.

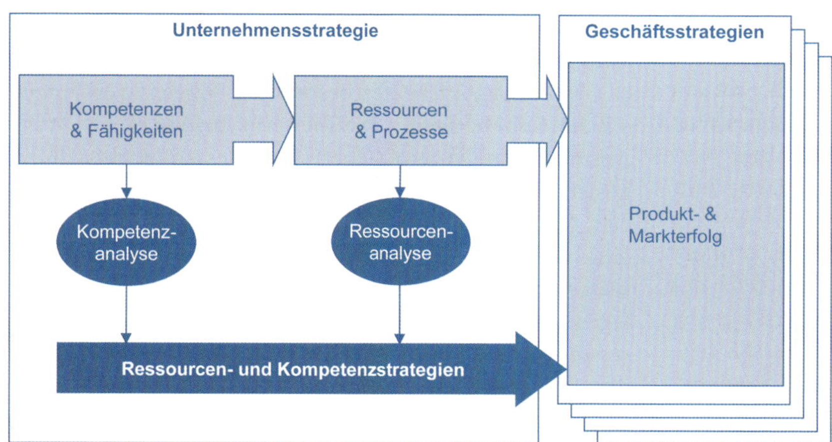

Abb. 3.2.41: Aufbau und Einordnung der Unternehmensanalyse

Daraus ergeben sich folgende **unternehmensstrategische Fragen**:

- Welche Ressourcen, Fähigkeiten und Kompetenzen ermöglichen Wettbewerbsvorteile?
- Wie lassen sich strategische Ressourcen, Fähigkeiten und Kompetenzen entwickeln?
- Wie können Ressourcen, Fähigkeiten und Kompetenzen zu Kernkompetenzen verknüpft werden?
- In welchen Branchen und Märkten lassen sich Wettbewerbsvorteile mit den vorhandenen Ressourcen, Fähigkeiten und Kompetenzen erzielen?

Der Erfolg des Unternehmens wird in kurzer Sicht von seinen Ressourcen und Prozessen bestimmt und wie gut diese auf die Marktanforderungen zugeschnitten sind. Die Kombination aus Ressourcen und Kompetenzen wird im Rahmen der Geschäftsmodellanalyse untersucht (vgl. Kap. 3.3.4). Die Spezifika der eingesetzten Ressourcen und deren strategische Bedeutung ist Gegenstand der Ressourcenanalyse. Um schließlich Ressourcen und Prozesse gestalten zu können, sind Fähigkeiten und Kompetenzen erforderlich. Diese werden in der Kompetenzanalyse untersucht.

Voraussetzung für solche überlegenen Ressourcen sind unvollkommene Märkte, die den Zugang zu diesen Ressourcen für alle Unternehmen verhindern. Somit lassen sich Wettbewerbsvorteile nicht unmittelbar durch Transaktionen am Markt ausgleichen. Die marktorientierte Unternehmensführung begründet den Erfolg von Unternehmen durch Unterschiede in der Branchenstruktur. Neben den Chancen und Risiken auf dem Markt spielen aber auch die internen Stärken und Schwächen eines Unternehmens eine strategische Rolle. Gegenpol und Ergänzung dazu ist die ressourcenorientierte Unternehmensführung.

Dabei können Ressourcen und Kompetenzen auch nach ihrer Wirkung unterschieden werden. Demnach dienen einige Ressourcen oder Kompetenzen dazu, als Mindestanforderungen das Überleben abzusichern. Diese grundlegenden Ressourcen und Kompetenzen ermöglichen es einem Unternehmen, im Geschäft zu bleiben. So bedarf es bei Automobilherstellern als Schwellenwert-Ressourcen etwa Fabriken und die Ausrüstung, um Fahrzeuge in akzeptabler Qualität herzustellen und entsprechend der Schwellenwertfähigkeiten im Geschäft zu bleiben. Andere Ressourcen und Kompetenzen ermöglichen es, einen Wettbewerbsvorteil zu erzielen. Solche **strategische Ressourcen** versetzen ein Unternehmen in die Lage, eine Leistung besser als die Konkurrenz zu erbringen und sind dabei schwer zu imitieren bzw. zu beschaffen. Ein Beispiel sind Landerechte an einem Flughafen. Kernkompetenzen sind einzelne oder miteinander kombinierte Kompetenzen, aus denen ein Unternehmen Wettbewerbsvorteile erzielen kann.

	Ressourcen	Kompetenzen
Mindestanforderung	Schwellenwert-Ressourcen	Schwellenwert-kompetenzen
Wettbewerbsvorteile	Strategische Ressourcen	Kernkompetenzen

Abb. 3.2.42: Ressourcen vs. Kompetenzen

Ressourcenanalyse

Die Ressourcen eines Unternehmens bestimmen darüber, welche Leistungen es erbringen kann. Sie unterscheiden es von anderen Unternehmen und machen es einzigartig. Die **Ressourcenanalyse** beschäftigt sich deshalb damit, diese Ressourcen zu identifizieren und zu klassifizieren. Ermöglichen sie einen Wettbewerbsvorteil, dann kann daraus eine ressourcenorientierte Strategie abgeleitet werden. Die **Identifikation und Klassifizierung** von Ressourcen kann nach deren Qualität und Anzahl erfolgen (vgl. *Hungenberg*, 2020, S. 48 f.). Ein Zeitvergleich deckt Veränderungen auf und macht deren Ursachen deutlich. Aussagekräftiger ist jedoch ein Konkurrenzvergleich, der die Stärken und Schwächen der eigenen Ressourcen aufzeigt (vgl. Kap. 3.3.3).

Die Kernaufgabe der Ressourcenanalyse besteht darin, die Ressourcen mit hohem Erfolgspotenzial zu bestimmen. Diese werden als sog. **strategische Ressourcen** bezeichnet. Von strategischen Ressourcen kann gesprochen werden, wenn sie die in Abb. 3.2.43 aufgeführten **Kriterien** erfüllen (vgl. *Hamel/Prahalad*, 1995, S. 309; *Knyphausen*, 1993, S. 777 ff.):

- **Überlegenheit** im Vergleich zur Konkurrenz ist die Grundvoraussetzung einer strategischen Ressource. Häufig entsteht diese Überlegenheit nicht durch eine Ressource allein, sondern erst durch die Kombination mehrerer Ressourcen.

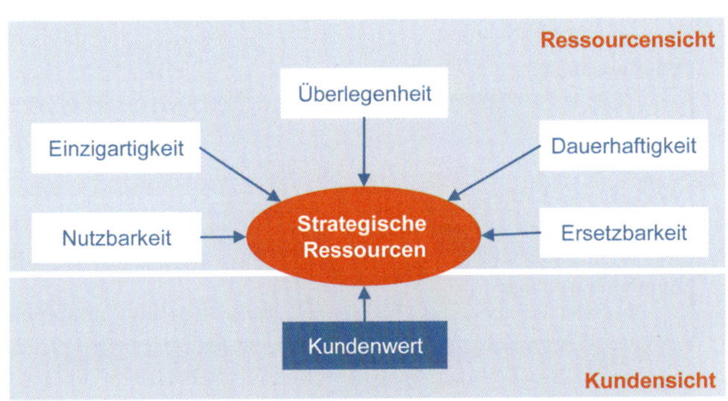

Abb. 3.2.43: Kriterien für strategische Ressourcen

- **Einzigartigkeit** bezeichnet die Imitierbarkeit durch die Konkurrenten. Ressourcen können physisch einzigartig sein. Dies ist etwa bei Schürfrechten zur Öl- oder Salzförderung der Fall. Eine Nachahmung ist auch schwierig, wenn Ressourcen über einen langen Zeitraum aufgebaut wurden. Beispiele sind Marken, Patente und technologische Fähigkeiten. Einzigartigkeit bedeutet auch, dass eine Ressource nicht am Markt erworben werden kann.
- **Dauerhaftigkeit** beschreibt, wie lange sich der Vorteil aus einer einzigartigen Ressource aufrechterhalten lässt. Eine dauerhafte Ressource wie etwa ein Salzförderrecht kann die Basis für eine Strategie bilden. Ressourcen mit

Ressourcenanalyse der Dieffenbacher-Gruppe

DIEFFENBACHER

Die *Dieffenbacher Holding GmbH & Co. KG* entwickelt Maschinen und Anlagen. Sie ist einer der fortschrittlichsten Hersteller von Pressensystemen und kompletten Produktionsanlagen für die Holzwerkstoff-, Composites- und Recyclingindustrie. *Dieffenbacher* ist seit 1873 ein unabhängiges Familienunternehmen in der fünften Generation mit Sitz in Eppingen und beschäftigt weltweit über 1.700 Mitarbeiter an 16 Produktions-, Service- bzw. Vertriebsstandorten. Als Systemlieferant bietet das Unternehmen seinen Kunden Komplettlösungen aus einer Hand (www.dieffenbacher.de). Im Rahmen von Verlagerungsentscheidungen zwischen den Standorten oder der Vergabe von Teilaufträgen an Lieferanten, wird dabei mit der Checkliste aus Abb. 3.2.43 geprüft, ob es sich um Prozesse handelt, welche strategische Ressourcen oder Kompetenzen beinhalten.

DIEFFENBACHER

Identifikation strategischer Ressourcen & Kernprozesse

Fragen zu den Prozessbeiträgen für Wettbewerbsvorteile

Prozessbezeichnung:

Musterprozess

Zutreffendes ankreuzen

Einzigartigkeit/Nachahmbarkeit:
Ist der Prozess oder die darin enthaltenen Ressourcen für Wettbewerber schwer imitierbar? (z.B. enthaltenes Know-how, Patente, Technologien, Marken …)

Dauerhaftigkeit:
Nutzt sich der Vorteil aus dem Prozess bzw. der darin enthaltenen Ressourcen langsam bzw. kaum ab? (z.B. technische Veralterung, Wettbewerbsdynamik …)

Nutzbarkeit:
Profitiert das Unternehmen von den Gewinnen/positiven Effekten des Prozesses bzw. der darin enthaltenen Ressource? (z.B. Marktmacht der Kunden, Lieferanten …)

Ersetzbarkeit:
Kann der Vorteil aus dem Prozess bzw. der darin enthaltenen Ressourcen verdrängt oder substituiert werden? (z.B. Ersatztechnologie)

Überlegenheit:
Bietet der Prozess bzw. die darin enthaltenen Ressourcen wirklich einen Vorteil im Vergleich zur Konkurrenz?

Knappheit:
Ist der Prozess bzw. die darin enthaltenen Ressourcen am Markt knapp?

Wesentlicher Einfluss:
Hat der Prozess bzw. die darin enthaltenen Ressourcen einen wichtigen Einfluss auf die erfolgskritischen Faktoren des Unternehmens?

Kundenbeziehung:
Beinhaltet der Prozess bzw. die darin enthaltenen Ressourcen eine wettbewerbsrelevante Kundenbeziehung?

Sofern es sich um keinen strategischen Prozess handelt, ist zu untersuchen, ob sich der Prozess standardisieren und verlagern lässt.

Abb. 3.2.44: Fragenkatalog zu strategischen Ressourcen der Dieffenbacher-Gruppe

kurzer Dauerhaftigkeit haben dagegen kein strategisches Potenzial.

- **Nutzbarkeit** beschreibt die Möglichkeit des Unternehmens, die aufgrund der Ressourcen erzielten Gewinne für sich zu behalten. Die Gewinnverteilung kann auch zwischen den Marktpartnern verhandelbar sein. So können etwa Schürfrechte die Pflicht zur Abführung eines Großteils der erzielten Erträge beinhalten.
- **Ersetzbarkeit** (Begrenzte Substituierbarkeit), d.h. die Ressource kann nur schlecht durch eine andere ersetzt werden. So kann etwa die Entwicklung einer alternativen Technologie dazu führen, dass eine einzigartige Ressource stark an Wert verliert. Ein Beispiel hierzu ist die Entwicklung von Kunststoffen aus Erdöl, die einen massiven Preiseinbruch in den 1940er-Jahren auf dem Kautschuk-Markt auslöste. Heute lohnt sich der Anbau von Kautschuk kaum noch, während er früher hochprofitabel war.
- **Kundenwert** bedeutet, dass die Ressource für den Kunden zur Befriedigung seiner Bedürfnisse einen Nutzen bringt, für den er auch bereit ist, etwas zu bezahlen.

Strategische Ressourcen zeichnen sich zusammenfassend durch zwei wesentliche Eigenschaften aus: Sie sind sowohl aus Kunden- als auch aus Unternehmenssicht wertvoll. Die Ressourcenanalyse zeigt, warum die Ölindustrie unter den weltweit größten Unternehmen stark vertreten ist. Unternehmen dieser Branche verfügen über strategische Ressourcen, die alle genannten Kriterien erfüllen. So ist Erdöl aus Kundensicht für viele Anwendungen sehr wertvoll. Die Ausbeutung der Ölvorkommen ist von Konkurrenten nicht nachzuahmen und bildet eine dauerhafte Wettbewerbsbasis. Da die Unternehmen die Wertschöpfungskette kontrollieren, fließt ihnen ein Großteil der Erlöse zu. Insbesondere lässt sich Erdöl in vielen Fällen nicht substituieren.

Ressourcenstrategien

Immaterielle Werttreiber generieren keinen Wert aus sich heraus, sondern erst in Kombination mit anderen materiellen und immateriellen Produktionsfaktoren. Sie sind deshalb immer im Zusammenhang und unter Berücksichtigung ihrer Wechselwirkungen zu betrachten. Die Rolle immaterieller Werttreiber ist vom Unternehmen abhängig. Die Analyse der Ressourcen macht transparent, wie das Unternehmen funktioniert und Kundennutzen erzeugt wird. Schlussendlich gilt es zu verstehen, wie der Unternehmenswert, bestehend aus materiellen und immateriellen Ressourcen, gesteigert werden kann. Hierzu sind die Stellhebel für die Verbesserung der Unternehmensleistung zu identifizieren. Abb. 3.2.45 verdeutlicht das Vorgehen bei der Analyse der Wertsteigerung.

Folgende **Wertschöpfungsstrukturen** lassen sich unterscheiden (vgl. *Daum*, 2005, S. 12 ff.):

- **Value Shop (Werkstatt):** Es werden komplexe, individuelle Kundenlösungen erstellt. Dabei hat vor allem das Humankapital einen hohen Anteil an der Wertschöpfung. Ein Beispiel ist ein Friseur oder ein Schreiner.
- **Value Chain (Wertkette):** Durch Standardisierung von festgelegten sequentiellen Prozessschritten sollen standardisierte Produkte und Dienstleistungen möglichst effizient hergestellt werden. Ein Beispiel ist die Möbelproduktion bei *IKEA*.
- **Value Network (Wertenetzwerk):** Wert wird dadurch geschaffen, dass Kunden zusammengebracht oder verbunden werden. Beispiele sind elektronische Handelsplattformen wie etwa *eBay* oder auch Versicherungen, die durch kollektive Risikoübernahme (risk pooling) das individuelle Risiko des einzelnen Kunden reduzieren.

Je nach Wertschöpfungsstruktur stehen unterschiedliche immaterielle Werttreiber im Vordergrund. Jedes Unternehmen sollte seine Wertschöpfungsstruktur, die darin relevanten immateriellen Werttreiber und deren Zusammenhang eingehend analysieren. Ursache-Wirkungs-Beziehungen der Wertschöpfung lassen sich wie in Abb. 3.2.46 mit einer immateriellen Landkarte (Intangible Value Map) veranschaulichen.

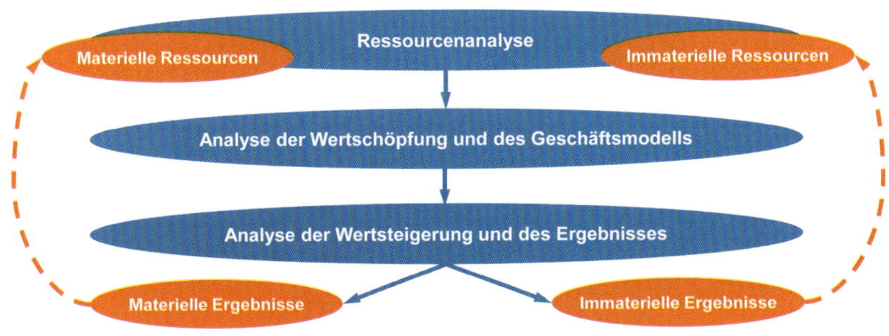

Abb. 3.2.45: Prozess der Wertsteigerungsanalyse

Die Wertschöpfung von Unternehmen und daraus resultierend auch die Führungsanforderungen unterscheiden sich somit je nach deren immateriellen Werttreibern. Diese herauszufinden und ihre Beziehungen und Wirkungsrichtungen im Hinblick auf den Unternehmenswert zu verstehen, wird somit zur vorrangigen Aufgabe der Unternehmensführung. Jedes Unternehmen sollte deshalb seine immateriellen Werttreiber möglichst umfassend identifizieren, die kausalen Zusammenhänge im Hinblick auf eine nachhaltige Wertsteigerung bestimmen und dann zielgerecht gestalten (vgl. Kap. 8.3).

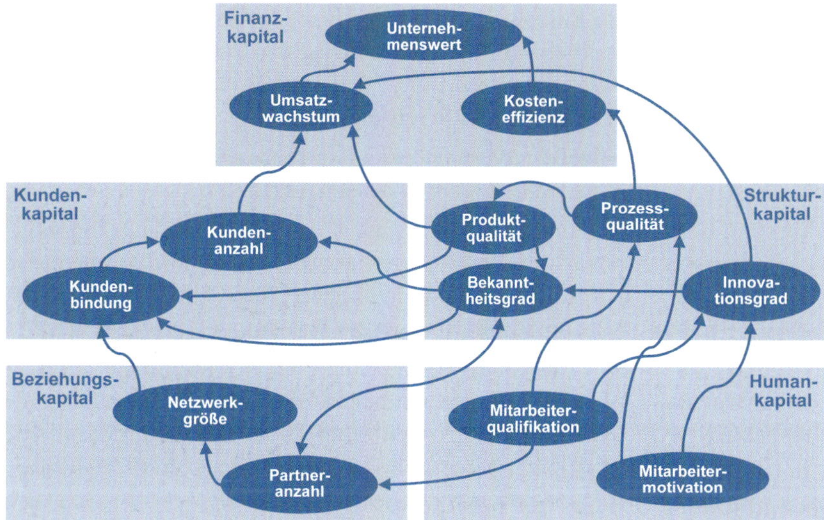

Abb. 3.2.46: Beispiel für eine immaterielle Landkarte

Wertschöpfungsstrukturen der Unternehmensberatung

Die Wertgenerierung und die Bedeutung von immateriellen Werttreibern soll am Beispiel von zwei Unternehmensberatungen verdeutlicht werden (in Anlehnung an *Daum*, 2005, S. 12 ff.; *Roos et al.*, 2004, S. 130 f.):

- **Unternehmensberatung A** arbeitet mit der Wertschöpfungsstruktur des Value Shops. Im Zentrum stehen hoch spezialisierte Fachleute, die über mehrjährige Berufserfahrung als Führungskräfte aus ihren bisherigen Tätigkeiten verfügen. Alle Berater sind starke Persönlichkeiten mit hoher Kompetenz. Sie haben ein breites Netzwerk an Beziehungen zu Führungskräften anderer Unternehmen, von denen eine Vielzahl ihre Kunden sind. Formalisierte Prozesse und Strukturen existieren nicht. Aus diesem Grund wird für jedes Projekt „das Rad neu erfunden". Wert wird dadurch generiert, dass für die Berater aufgrund ihrer Kompetenz und Erfahrung hohe Stundensätze fakturierbar sind. Darüber hinaus ermöglicht die enge persönliche Beziehung zu den Kunden die Gewinnung neuer Beratungsprojekte.
- **Unternehmensberatung B** verfolgt dagegen die Wertschöpfungsstruktur der Value Chain. Es werden vor allem junge Hochschulabsolventen eingestellt, die nach einem Methodik-Crashkurs standardisierte Beratungslösungen bei den Kunden umsetzen. Die Qualität der Beratungsleistung wird durch interne Strukturen und Prozesse sowie umfassende Dokumentation sichergestellt. Die Beziehung der Kunden ist stärker auf das Unternehmen als Organisation und dessen Reputation und weniger auf den einzelnen Berater ausgerichtet. Für die unerfahrenen Berater können nur moderate Stundensätze berechnet werden. Wert wird vor allem durch die Standardisierung der Beratungsleistung und die organisationale Beziehung zwischen Unternehmensberatung und Kunden generiert.

Der Unterschied in der Wertgenerierung beider Unternehmen wird deutlich, wenn die Rolle der immateriellen Faktoren innerhalb der Wertschöpfungsstruktur betrachtet wird. Unternehmen A schöpft, wie in Abb. 3.2.47 dargestellt, seinen Wert aus seinem Humankapital, das darüber hinaus Kundenkapital generiert. Die Verfügungsrechte an den immateriellen Werttreibern sind jedoch begrenzt. Es besteht die Gefahr, beim Weggang von Beratern nicht nur Humankapital, sondern auch damit verbundenes Kundenkapital zu verlieren. Dies gilt insbesondere für den Fall, dass sich Berater selbstständig machen oder zu einem Konkurrenten wechseln. Das Unternehmen hat darüber hinaus auch Probleme zu wachsen, da die erforderlichen Kompetenzen und Ressourcen kaum oder nur sehr zeitaufwendig multiplizierbar sind. Für die Konkurrenten ist es andererseits aber auch schwerer, die Wettbewerbsvorteile des Unternehmens A zu imitieren.

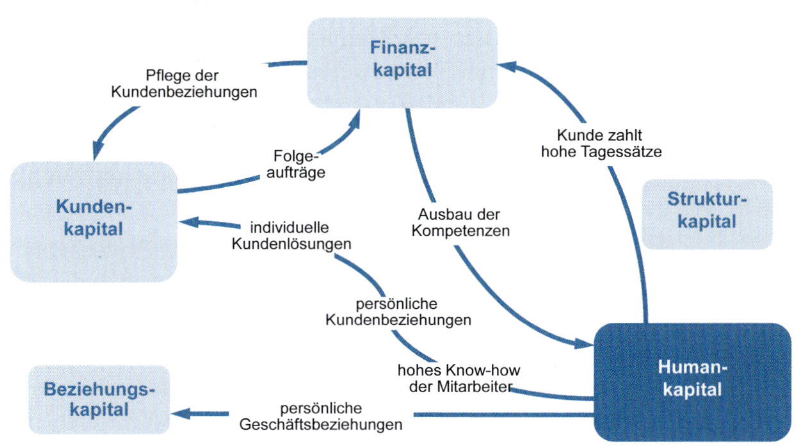

Abb. 3.2.47: Wertschöpfungsstruktur der Unternehmensberatung A (Value Shop)

Die Wertschöpfung des Unternehmens B basiert vor allem auf seinem Strukturkapital, welches Eigentum des Unternehmens ist. Wie in Abb. 3.2.48 zu sehen, nimmt das Humankapital keine dominante Stellung wie beim Unternehmen A ein. Die Mitarbeiter sind aufgrund des Organisationskapitals (Strukturen, Prozesse, Führung) mehr oder weniger leicht austauschbar. Das Kundenkapital wird überwiegend durch das Imagekapital generiert. Ein laufender Wechsel von Mitarbeitern ist relativ unproblematisch und dient der Auswahl von Führungskräften („Up or out"). Das Unternehmen B muss zur Projektakquise allerdings Werbung betreiben und benötigt auch einen zentralen Entwicklungsbereich, um neue standardisierte Lösungen zu generieren. Daraus resultiert ein höherer Gemeinkostenaufwand für diese indirekten Bereiche. Das Unternehmen kann leichter wachsen, ist allerdings im Vergleich zur Beratung A weniger flexibel.

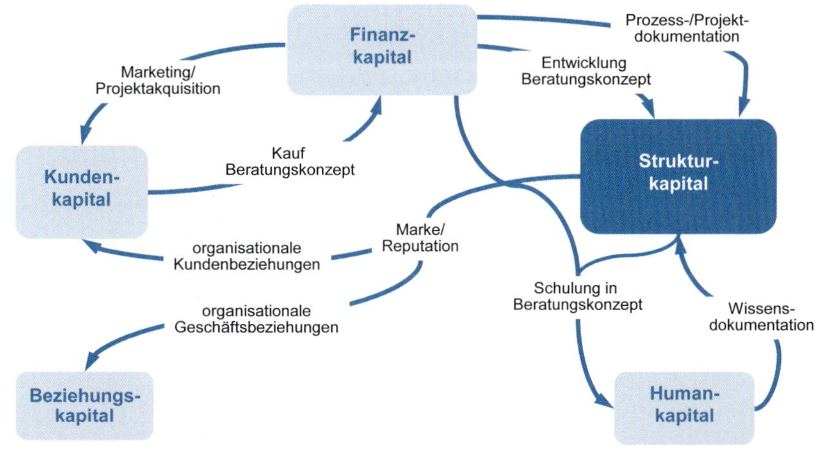

Abb. 3.2.48: Wertschöpfungsstruktur der Unternehmensberatung B (Value Chain)

Kompetenzanalyse

Die Erzielung von Wettbewerbsvorteilen kann durch den Zusammenhang von Ressourcen, Fähigkeiten und Kompetenzen erklärt werden. So kann etwa der Markterfolg eines Unternehmens durch ein besonderes Produktionsverfahren begründet sein. Die hierfür erforderlichen Ressourcen sind z. B. spezifische Produktionsanlagen und -abläufe. Damit diese Ressourcen einen Vorteil bieten, sind Fähigkeiten erforderlich, wie etwa spezifisches Wissen zur Konstruktion dieser Anlage. Auch die einzigartige Kombination von austauschbaren Anlagen durch besondere Prozesskenntnisse ist dafür ein Beispiel. In diesem Fall ist die Fähigkeit der wirtschaftlichen Gestaltung des gesamten Systems die zugrundeliegende Kompetenz. Oft sind es weniger die strategischen Ressourcen, die den Erfolg eines Unternehmens ausmachen. Häufig sind die unterschiedlichen Fähigkeiten zur Nutzung betrieblicher Ressourcen ausschlaggebend (vgl. *Hungenberg*, 2020, S. 143). Im Vordergrund steht dabei die einzigartige Kombination von Ressourcen, die vom Kunden als Zusatznutzen empfunden wird. Dies kann sich entscheidend auf den Erfolg auswirken (vgl. *Hinterhuber*, 2015, S. 133). Deshalb ist es Aufgabe der **Kompetenzanalyse**, die Kompetenzen zu identifizieren und zu bewerten. Ziel ist die Entdeckung sog. Kernkompetenzen (core competencies), die Wettbewerbsvorteile ermöglichen.

> **Kernkompetenzen** sind einzelne oder miteinander kombinierte Kompetenzen, aus denen ein Unternehmen Wettbewerbsvorteile erzielen kann.

Kernkompetenzen lassen sich von der Konkurrenz nur schwer imitieren, da sie meist aus einem umfassenden Bündel aufeinander abgestimmter Kompetenzen und Ressourcen bestehen. Deshalb ermöglichen sie den Aufbau von dauerhaften Wettbewerbsvorteilen. Die Kriterien zur Bestimmung von Kernkompetenzen stimmen weitgehend mit denen zur Identifikation strategischer Ressourcen überein. Eine Kernkompetenz liegt vor, wenn die sogenannten **VRIO-Kriterien** nach *Barney* erfüllt sind (vgl. *Barney*, 1991, S. 101 ff.):

- **Value: Wertvoll**, d. h. ihre Nutzung erzeugt für die Kunden einen Mehrwert, für den sie bereit sind, einen entsprechenden Preis zu zahlen. Dann verbessern sie die Wettbewerbsposition und ermöglichen es, die Stärken des Unternehmens auszuschöpfen und die Gefahren der Umwelt zu minimieren.
- **Rarity: Einzigartigkeit** schafft Differenzierungsvorteile gegenüber den Konkurrenten.
- **Imitability: Eingeschränkte Imitierbarkeit** oder fehlende Substituierbarkeit liegt vor, wenn die Wettbewerber diese Fähigkeiten oder Ressourcen nicht oder nur zu hohen Kosten nachbilden oder ersetzen können. Nur dann lassen sich Kompetenzvorsprünge und daraus resultierende Wettbewerbsvorteile dauerhaft verteidigen.
- **Organization: Breite Verankerung** in der Organisation und Nutzung in mehreren Bereichen, d. h. solche Fähigkeiten lassen sich auf neue Produkte und Problemlösungen übertragen.

Abb. 3.2.49 zeigt die **VRIO-Kriterien** als Prüfschema zur Identifikation von Kernkompetenzen und auch den Wettbewerbseffekt, wenn nicht alle der Kriterien erfüllt sind.

Zur **Identifikation** von Kernkompetenzen kann das in Abb. 3.3.50 dargestellte **Kompetenzportfolio** mit den Dimensionen Kundenwert und Kompetenzstärke dienen. Die relative Kompetenzstärke im Vergleich zu den stärksten Wettbewerbern erfordert eine Analyse der Wertschöpfungskette. Im Mittelpunkt stehen Kompetenzen zur Erbringung der für den Kunden wahrnehmbaren Leistungen. Die relative Stärke folgt aus dem Konkurrenzvergleich. Der Kundenwert der Kompetenzen folgt aus den gegenwärtigen und zukünftigen Kundenanforderungen (vgl. Kap. 3.3.2). Er setzt eine marktorientierte Betrachtung voraus.

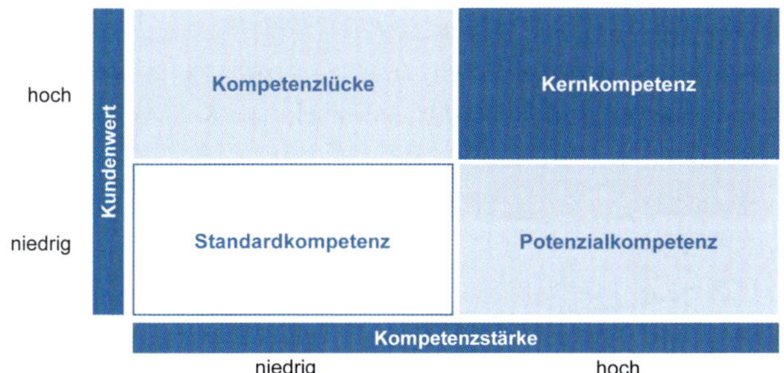

Abb. 3.2.50: Kompetenzportfolio (vgl. Hinterhuber, 2015, S. 145)

Abb. 3.2.49: VRIO-Prüfschema für Kernkompetenzen (in Anlehnung an Barney, 1991, S. 101 ff.)

Im Kompetenzportfolio in Abb. 3.2.50 werden folgende **Kompetenzarten** unterschieden:

- **Standardkompetenzen** haben für die Kunden keine große Bedeutung und werden von den Wettbewerbern gleich gut oder besser beherrscht. Dies sind etwa Fähigkeiten zur Aufrechterhaltung des normalen Geschäftsbetriebs oder zur Abrundung des Produktangebots. Da Standardkompetenzen keinen Wettbewerbsvorteil ermöglichen, können sie zugekauft oder ausgelagert werden.
- **Kompetenzlücken** entstehen, wenn eine Fähigkeit für die Kunden eine hohe Bedeutung hat, aber das Unternehmen für diese nur eine geringe Kompetenz besitzt. Diese Lücke zwischen Marktanforderung und unternehmerischer Kompetenz ist von hoher strategischer Relevanz. Sie kann aus eigener Kraft, mithilfe von Fusionen und Übernahmen (vgl. Kap. 5.6) oder durch Kooperation (vgl. 5.5) geschlossen werden.
- **Potenzialkompetenzen** werden zwar vom Unternehmen besonders gut beherrscht, allerdings erzielen sie für den Kunden nur einen geringen Nutzen. Ein Beispiel ist eine am Kundenbedarf vorbeigehende Produktentwicklung im Sinne technikverliebter Perfektion, die der Kunde nicht honoriert (Over-Engineering). Potenzialkompetenzen können entstehen, wenn sich die Anforderungen der Kunden ändern und bestehende Stärken nicht mehr erforderlich sind. Sie können in einer Kooperation von Nutzen sein.
- **Kernkompetenzen** beherrscht das Unternehmen besser als die Konkurrenz. Sie erzeugen einen hohen Kundenwert und bilden die Grundlage für kernkompetenzbasierte Strategien.

Die Identifikation und Abgrenzung von Kernkompetenzen ist eine schwierige Aufgabe. Dabei besteht die Gefahr, dass alle denkbaren Fähigkeiten eines Unternehmens als Kernkompetenzen bezeichnet werden (vgl. *Welge et al.*, 2017, S. 267). Zu ihrer Überprüfung gibt es neben dem Portfolio eine Fülle weiterer Methoden. So können vertiefende Fragestellungen oder Checklisten eingesetzt werden. Da Kernkompetenzen meist nicht direkt als Verursacher von Wettbewerbsvorteilen erkennbar sind, können ihre Zusammenhänge mithilfe von Ursache-Wirkungsketten verdeutlicht werden (vgl. *Krüger/Homp*, 1997, S. 29 ff.). Anschließend werden sie den Erfolgsfaktoren aus der Umweltanalyse gegenübergestellt und daraus Gruppen von Kompetenzen bestimmt.

Kernkompetenzstrategien

Kernkompetenzstrategien fokussieren nach *Hamel* und *Prahalad* auf die wesentlichen Kompetenzen eines Unternehmens. Diese lassen sich wie in Abb. 3.2.51 als **Kompetenz-Baum** veranschaulichen (vgl. 1990, S. 79 ff.). Ähnlich wie die Wurzeln den Baum mit Nährstoffen versorgen und ihm zugleich Stabilität verleihen, stellen die Kernkompetenzen die Quelle für das Überleben eines Unternehmens dar. Während sich die Blätter eines Baumes je nach Jahreszeit verändern, abfallen und nachwachsen, bleiben die Wurzeln bestehen. Analog dazu unterliegen die Produkte am Markt einem Lebenszyklus. Kernkompetenzen sind dagegen dauerhafter Natur und verleihen dem Unternehmen damit Stabilität.

Aus den Wurzeln des Baums geht ein kräftiger Stamm hervor, der sich in zahlreiche und weit verzweigte Äste teilt. Analog gehen aus den Kernkompetenzen unternehmensweite **Kernprodukte** hervor. Diese sind in vielen Geschäftsbereichen verwendbar und eröffnen dort neue Anwendungsmöglichkeiten. Daher kommt dem Marktanteil bei den Kernprodukten höhere Bedeutung zu als bei den Endprodukten. Die großen Äste symbolisieren die **Geschäftsfelder**, die kleinen Äste die Produktbereiche und die Blätter die **Endprodukte** eines Unternehmens. Die Stärke eines Baumes zeigt sich nicht nur an den Ästen und Blättern, denn erst die Wurzeln ermöglichen deren Wachstum. Sie entscheiden darüber, wie fest ein Baum in der Erde verankert ist und ob er einem Sturm standhält.

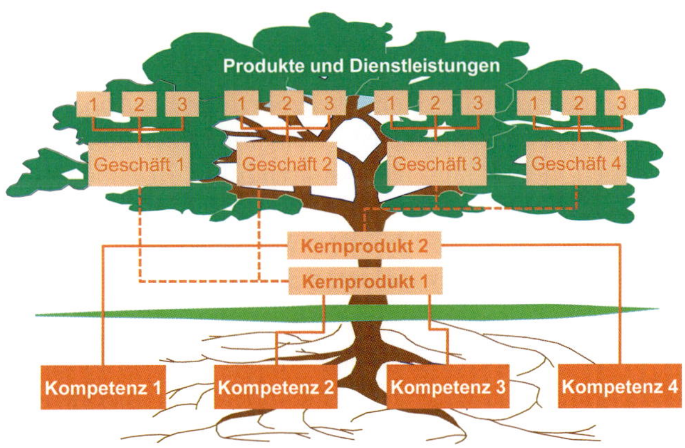

Abb. 3.2.51: Das Baum-Modell des Kernkompetenz-Ansatzes (vgl. Prahalad/Hamel, 1990, S. 811)

Beispiele für Kernkompetenzstrategien

Canon verfügt über besondere Fähigkeiten in der Präzisionsmechanik, Feinoptik und Mikroelektronik, die gemeinsam eine Kernkompetenz bilden. Daraus entstanden unterschiedliche Geschäftsfelder von Fotokameras bis zu Kopiergeräten.

Honda kombiniert seine Kompetenzen aus der Motorentwicklung, -fertigung und -anpassung miteinander. Daraus resultiert der Motor als wesentliches Kernprodukt. Mit einer Jahresproduktion von über 29 Millionen Motoren ist *Honda* der größte Motorenhersteller der Welt. Der Motor ist die Basis sämtlicher Geschäftsfelder: Motorräder, Automobile, Geländefahrzeuge (All Terrain Vehicles/Quads), Garten, Industrie und Marine.

Samsung kombiniert seine Kompetenzen in Feinmechanik, Optik und Elektronik zur Kernkompetenz der Herstellung von Bildschirmen. Diese werden u.a. in PC-Monitoren, Fernsehern, Smartphones oder Digitalkameras verwendet. Dies macht *Samsung* zum weltweit größten Hersteller von Fernsehern und Smartphones.

Erfolgreich eingesetzte Kernkompetenzen lassen sich im Nachhinein einfach erklären. Für die Unternehmensführung stellt sich jedoch die Frage, wie Kernkompetenzen vorausschauend erkannt, entwickelt und genutzt werden können (vgl. *Coenenberg et al.*, 2015, S. 236).

Ein Gestaltungsansatz für Kernkompetenzstrategien ist der in Abb. 3.2.52 dargestellte **Kernkompetenz-Führungskreislauf** (vgl. *Hamel/Prahalad*, 1995, S. 337 ff.):

- **Identifikation** und Einordnung der Kernkompetenzen.
- **Entwicklung** von Kernkompetenzen durch Festigung, Aufbau und Verbesserung bestehender Kompetenzen sowie die Weiter- und Neuentwicklung zukünftiger Kompetenzen. Das **Kompetenzportfolio** aus Abb. 3.2.53 bietet der Unternehmensführung mit seinen Normstrategien hierfür konkrete Ansatzpunkte. In Anlehnung an das Produkt-Markt-Portfolio (vgl. Kap. 3.2.3) wird dabei zwischen bestehenden und neuen Kompetenzen bzw. Produktmärkten unterschieden. Daraus ergeben sich folgende Handlungsalternativen:
  - **Kernkompetenzen hebeln:** In bestehenden Märkten können existierende Kernkompetenzen in bestehenden Märkten eingesetzt und damit der Kernkompetenz ein größerer Hebel verschafft werden. Der Wettbewerbsvorteil aus einer Kernkompetenz soll in möglichst allen bearbeiteten Märkten zum Tragen kommen und genutzt werden. So gelang es z. B. *Canon*, seine Kernkompetenzen in Präzisionsmechanik, Feinoptik, Mikroelektronik und elektronischer Bildverarbeitung in sämtlichen Produktlinien anzuwenden.
  - **Pionier-Innovation** entsteht, wenn neue Kompetenzen auf gegenwärtigen Märkten eingebracht werden. Als Pionier kann dann eine herausragende Position mit Innovationsrenten entstehen. Dies wird in Kap. 8.6.2 vertieft.
  - **Kernkompetenzbasierte Marktentwicklung** ermöglicht es, gegenwärtige Kompetenzen in neuen Märkten einzusetzen. So konnte z. B. *Dunlop* seine Kernkompetenzen im Bereich der Kautschuk- und Kunststoffverarbeitung erfolgreich vom Reifengeschäft auf Matratzen, Polster, Bodenbeläge und Tennisbälle übertragen.
  - **Revolutionäre Innovation** baut auf völlig neuen Kompetenzen auf, mit denen zukünftig entstehende Märkte erschlossen werden können (vgl. Kap. 8.6). So kann z. B. an neuen Kompetenzen und Technologien der Raumfahrt geforscht werden. *Elon Musk* führt

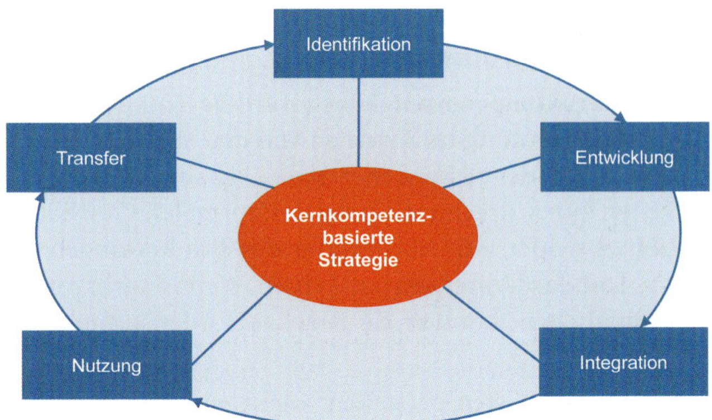

Abb. 3.2.52: Kernkompetenz-Führungskreislauf (in Anlehnung an Krüger/Homp, 1997, S. 265)

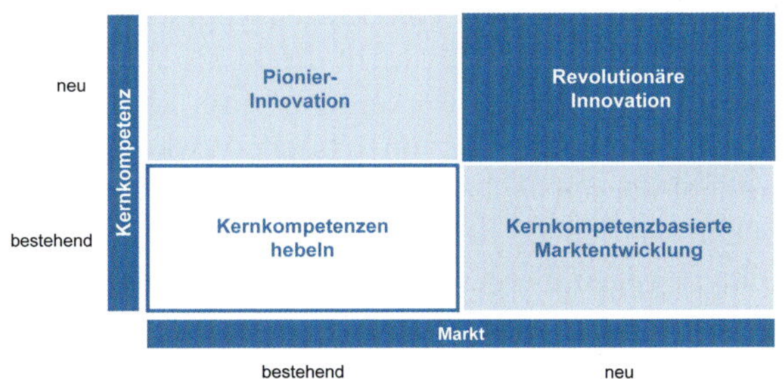

Abb. 3.2.53: Kompetenz-Markt-Portfolio (vgl. Hamel/Prahalad, 1995, S. 341)

mit dem von ihm gegründeten privaten Raumfahrtunternehmen *SpaceX* seit 2021 touristische Weltraummissionen durch und hat mit *Tesla Motors* die Elektromobilität revolutioniert.

Da Kernkompetenzen vor allem aus organisationalen Lernprozessen entstehen (vgl. Kap. 7.4.2), ist deren Entwicklung im Wesentlichen ein Prozess des unternehmerischen Wandels (vgl. Kap. 6.5).

- **Integration:** Die Fähigkeiten sind so zu Kernkompetenzen zu kombinieren, dass sie optimal nutzbar sind. Dazu ist das Denken in Kompetenzen organisatorisch zu verankern. Dies kann erreicht werden, indem das Unternehmen nicht marktorientiert in strategische Geschäftseinheiten, sondern in sog. Kompetenzzentren (Centers of Competence) gegliedert wird. Darin sollen Fähigkeiten zu Kernkompetenzen verknüpft werden. So basiert z. B. die Kernkompetenz der Miniaturisierung von *Sony* auf der Verknüpfung von Fähigkeiten aus Forschung, Entwicklung, Produktion und Marketing.
- **Nutzung:** Zeitraum, in dem die aus den Kernkompetenzen realisierten Erfolgspotenziale ausgeschöpft werden können. Da der Aufbau von Kernkompetenzen langwierig und kostenintensiv ist, sollten sie möglichst lange und in vielen Geschäftsbereichen nutzbar sein.
- **Transfer:** Die Übertragung auf neue Anwendungsfelder kann neue Produkte/Leistungen, Kunden/Regionen oder gänzlich neue Geschäftsfelder umfassen. Nach der Analogie des Baumes gilt es, möglichst viele Blätter hervorzubringen. Das Potenzial von Kernkompetenzen wird erst durch deren Übertragung auf neue Produkt-Markt-Anwendungen ausgeschöpft. Auch hierzu lässt sich das Kompetenz-Markt-Portfolio nutzen.

Die Ressourcenorientierung bildet neben der Marktorientierung die zweite Säule strategischer Unternehmensführung. Sie bildet die Basis für die Unternehmensanalyse und daraus abgeleiteter ressourcen- und kompetenzorientierter Strategien. So einleuchtend die Empfehlungen zur Konzentration auf Ressourcen und Kernkompetenzen sind, so schwierig sind sie allerdings umzusetzen. In vielen Fällen lassen sich keine Wettbewerbsvorteile auf Basis von Ressourcen oder Kompetenzen aufbauen, da dem Unternehmen die Voraussetzungen hierzu fehlen.

Zusammenfassung

- Die globale Umwelt umfasst übergeordnete Faktoren, die nicht nur für ein Unternehmen oder eine Branche, sondern für alle Unternehmen von Bedeutung sind. Sie bilden die politisch-rechtliche, ökonomische, ökologische, gesellschaftliche und technologische Unternehmensumwelt.
- Megatrends sind epochale langfristige Entwicklungen, die sich weltweit auf viele Umweltsegmente auswirken und komplexe Wechselwirkungen besitzen.
- Eine Branche ist eine Gruppe von Unternehmen, deren Produkte oder Dienstleistungen sich gegenseitig weitgehend ersetzen können. Ihre Attraktivität kann durch die Analyse der fünf Wettbewerbskräfte bestimmt werden: Verhandlungsstärke der Lieferanten und Abnehmer, Bedrohung durch neue Konkurrenten, Druck durch Substitutionsgüter und die direkte Rivalität unter den Wettbewerbern.
- Strategiekonzepte generieren alternative Wege in die Zukunft, um diese im nachfolgenden Prozess der Strategieformulierung zu bewerten und die erfolgversprechendsten Strategien auszuwählen.
- Ein Lebenszyklusmodell stellt analog zu den Lebensphasen eines biologischen Organismus typische Entwicklungsphasen wirtschaftlicher Betrachtungsobjekte, wie Produkte, Märkte, Branchen und Technologien, dar und leitet daraus Strategieempfehlungen ab.
- Nach der Erfahrungskurve sinken die inflationsbereinigten Stückkosten eines Produktes mit jeder Verdoppelung der kumulierten Produktionsmenge potenziell um ca. 20 bis 30 Prozent.
- In einem Portfolio wird eine strategische Situation in zwei Dimensionen dargestellt, bewertet und aus der Positionierung der Objekte standardisierte Normstrategien abgeleitet.
- Marktorientierte Strategien gehen davon aus, dass Wettbewerbsvorteile aus einer vorteilhaften Positionierung eines Unternehmens in seiner Umwelt erzielt werden können und die Ressourcenbasis des Unternehmens sich an dieser Zielposition ausrichten lässt.
- Für die Erzielung nachhaltiger Wettbewerbsvorteile in einer Branche können die grundlegenden Wettbewerbsstrategien Kostenführerschaft, Differenzierung oder Konzentration, der Branchen-Lebenszyklus und hybride Wettbewerbsstrategien herangezogen werden. Neben diesen produktorientierten Strategien sind nach dem Delta-Modell auch kunden- und systemorientierte Strategien möglich.

- Portfoliostrategien streben vorteilhafte Positionen in Produkt-Markt-Kombinationen an. Aus dem Produkt-Markt-Portfolio ergeben sich die Wachstumsstrategien Marktdurchdringung, Markt- und Produktentwicklung sowie Diversifikation. Das Marktwachstums-Marktanteils-Portfolio bietet Normstrategien in Abhängigkeit der Phase des Produktlebenszyklus und der Marktstellung des Unternehmens. Das Marktattraktivitäts-Wettbewerbsvorteil-Portfolio leitet die Normstrategien Abschöpfung, Selektion und Wachstum ab.
- Ressourcen sind die zur Leistungserstellung eines Unternehmens erforderlichen materiellen und immateriellen Güter. Ressourcenorientierte Strategie basieren auf strategischen Ressourcen. Diese ermöglichen Wettbewerbsvorteile und zeichnen sich dadurch aus, dass sie Kundenwert stiften und breit nutzbar, einzigartig, überlegen, dauerhaft sowie nicht ersetzbar sind.
- Fähigkeiten sind anwendungsbezogenes Wissen, das zur Lösung betrieblicher Problemstellungen eingesetzt werden kann. Kompetenzen entstehen, wenn das Handeln zur Lösung der jeweiligen Problemstellung geeignet ist.
- Kernkompetenzen sind einzelne oder miteinander kombinierte Kompetenzen, aus denen ein Unternehmen Wettbewerbsvorteile erzielen kann.
- Kernkompetenzstrategien identifizieren Kernkompetenzen, entwickeln sie und integrieren diese zu Kernprodukten, die in eine Vielzahl unterschiedlicher Produkte eingehen.
- Aus der Fülle an Maßnahmen und Strategiealternativen, die aus den einzelnen Konzepten zusammengeführt werden, sind Bündel an Aktivitäten zu bilden, die untereinander konsistent sind. Die Konzentration liegt dabei auf den erfolgskritischen Bereichen der Strategie im Sinne von Erfolgsfaktoren.

Literaturempfehlungen

Alter, R.: Strategisches Controlling, 3. Aufl., Berlin/Boston 2019.

Hamel, G./Prahalad, C.K.: Wettlauf um die Zukunft, Frankfurt/Main 1997.

Hungenberg, H.: Strategisches Management im Unternehmen, 8. Aufl., Wiesbaden 2014.

Whittington, R./Regnér, P./Duncan, A./Johnson, G./Scholes, K.: Exploring strategy, 12. Aufl., London/New York/Munich 2019.

Müller-Stewens, G./Lechner, C.: Strategisches Management, 5. Aufl., Stuttgart 2016.

Porter, M. E.: Wettbewerbsvorteile, Frankfurt/New York *1989.*

Welge, M. K./Al-Laham, A./Eulerich, M.: Strategisches Management, 7. Aufl., Wiesbaden 2017.

3.3 Geschäftsstrategien

Leitfragen

- Wie kann sich ein Geschäftsfeld in seiner Branche positionieren?
- Wie lässt sich die Mikro-Umwelt analysieren?
- Wie lässt sich eine marktorientierte Geschäftsstrategie entwickeln?
- Wie können Wettbewerbsvorteile durch Kundenstrategien entstehen?
- Welche dynamischen Strategien ergeben sich aus dem Wechselspiel mit der Konkurrenz?
- Welche Chancen und Gefahren aus der Umwelt bestehen für Unternehmen?
- Welche relativen Stärken und Schwächen besitzt ein Unternehmen?

Die Entwicklung von Geschäftsstrategien folgt dem **marktorientierten Ansatz** (Market-based View) (vgl. Kap. 1.2.2). Er setzt den Fokus auf die Marktsituation, aus der sich das Handeln des Unternehmens ableitet. Für das Unternehmen ist es danach eine entscheidende Frage, in welchem Wettbewerbsumfeld es tätig ist. So kann zunächst in einer statischen Betrachtung die Attraktivität einer Branche aufgrund einiger Brancheneigenschaften bestimmt und prognostiziert werden (vgl. Kap. 3.2.1). Dabei werden die sog. Wettbewerbskräfte analysiert: Die Macht der Abnehmer und der Lieferanten, Substitutionsprodukte, die Gefahr neuer Konkurrenten und die Rivalität der bestehenden Konkurrenten. Sie beeinflussen die Preise, Kosten und Investitionen der Unternehmen und bestimmen dadurch die Intensität des Wettbewerbs. Insofern wählt jedes Unternehmen im Rahmen seiner Unternehmensstrategie diejenigen Branchen aus, in denen es Strukturen vorfindet, an die es sich so anpassen kann, dass es ähnlich erfolgreich wie die gesamte Branche ist.

Innerhalb eines Geschäftsfelds ergeben sich demnach folgende **geschäftsstrategische Fragestellungen**:

- Welche Segmente bzw. strategische Gruppen gibt es innerhalb einer Branche?
- Welche Märkte sind attraktiv und rentabel?
- In welchen Segmenten/Nischen möchte das Unternehmen aktiv sein oder bleiben?
- Wie kann ein Geschäftsbereich bei seinen Kunden erfolgreich sein?
- Wie kann sich ein Geschäftsbereich gegenüber seinen Konkurrenten erfolgreich positionieren?
- Wie lassen sich Geschäftsmodelle auf einzelne Märkte ausrichten?
- Wie können Wettbewerbsvorteile geschaffen werden, damit ein Geschäftsbereich erfolgreich sein kann?

Zusammenfassend stehen die Branchen und Märkte im Zentrum des marktorientierten Ansatzes. Dieser geht davon aus, dass Unternehmen sich an geänderte Branchenstrukturen anpassen (outside-in) und die dazu erforderlichen unternehmensinternen Ressourcen beliebig mobil und handelbar sind. Wer die fünf attraktivitätsbestimmenden Einflusskräfte besser versteht als die Konkurrenz, kann sich durch geeignete Wettbewerbsstrategien Vorteile verschaffen. Ein Unternehmen sollte sich demnach eindeutig für eine Wettbewerbsposition entscheiden.

Inhalte von Geschäftsstrategien

In einer **Geschäftsstrategie** (Business Strategy) wird festgelegt, wie in einem spezifischen Geschäftsfeld vorgegangen werden soll, um im Wettbewerb erfolgreich bestehen zu können (vgl. *Bea/Haas*, 2019, S. 165). Die strategische Kernfrage lautet, wie sich in dem Geschäftsfeld ein Wettbewerbsvorteil erzielen lässt. Der eigene Geschäftsbereich wird dazu im Verhältnis zu dessen Konkurrenten und Kunden betrachtet. Damit er dauerhaft erfolgreich sein kann, benötigt er Wettbewerbsvorteile. Wettbewerbsvorteile sind für jeden Geschäftsbereich einzeln zu entwickeln und umzusetzen.

Gegenstand einer **Geschäftsstrategie** ist die Erhaltung und Weiterentwicklung bestehender Erfolgspotenziale in einzelnen strategischen Geschäftsfeldern eines Unternehmens.

Der strategische Horizont einer Geschäftsstrategie bezieht sich dabei auf ein bestehendes Geschäftsfeld und darauf,

Abb. 3.3.1: Strategische Horizonte (in Anlehnung an Baghai et al., 2000, S. 5)

wie dieses verteidigt und ausgebaut werden kann (vgl. *Baghai et al.*, 2000, S. 5 ff.). Dieser **Strategiehorizont 1** umfasst die evolutionäre Entwicklung eines Geschäfts und ist abhängig von der bisherigen Positionierung. In der strategischen Prioritätenliste ist es zunächst unabdingbar, für jedes Geschäftsfeld diesen ersten Horizont zu verfolgen. Die in Abb. 3.3.1 dargestellten darüber hinausgehenden strategischen Horizonte sind dann Gegenstand der Unternehmensstrategie (vgl. Kap. 3.2). Strategien basieren auf dem normativen Rahmen eines Unternehmens und präzisieren die Unternehmensmission (vgl. Kap. 2.3.2). Vorgaben sind auch die wertorientierten Ziele und Steuerungssysteme. Wie aber Wachstum, Profitabilität etc. erreicht und in einem Geschäft durchgesetzt werden sollen, ist Gegenstand der Geschäftsstrategien.

Im Kapitel 3.1.2 wurde der Begriff der Strategie bereits wie folgt definiert:

> Eine **Strategie** besteht aus Maßnahmenbündeln zur Positionierung in der Unternehmensumwelt und zur Gestaltung der Ressourcen des Unternehmens. Sie soll die Überlebensfähigkeit sichern und zielt auf die Erlangung von Wettbewerbsvorteilen, aus denen neue Erfolgspotenziale geschaffen bzw. bestehende Erfolgspotenziale weiterentwickelt werden.

Die Entwicklung einer Strategie ist eine **gestalterische Aufgabe** der Unternehmensführung. Es sollen Kunden und Märkte gewonnen bzw. Wettbewerber verdrängt werden. Dies soll durch den Aufbau von Wettbewerbsvorteilen erreicht werden.

Strategien beinhalten langfristige, in die Zukunft wirkende Entscheidungen. Dies ist angesichts der schwierigen Prognostizierbarkeit der vielfältigen, komplexen und oft widersprüchlichen Einflussfaktoren überaus schwierig. Strategien beruhen daher in weit stärkerem Maße als die operative Unternehmensführung auf einem Abwägen von Argumenten und plausiblen Schlussfolgerungen. Es ist generell nicht möglich, die Zukunft eines Unternehmens vollkommen sicher zu gestalten. Vielmehr geht es darum, die Zukunft bzw. mehrere mögliche Zukunftsszenarien zu durchdenken. Daraus können Einflussfaktoren, Handlungsmöglichkeiten und resultierende Konsequenzen verdeutlicht und sichtbar gemacht werden. Strategische Unternehmensführung ist im Gegensatz zu einer ungesteuerten, rein zufälligen Entwicklung eher eine **„geplante Evolution“** (vgl. Kap. 1.2.4; *Kirsch*, 1997, S. 290).

Mikro-Umwelt

Ausgangspunkt einer Strategieentwicklung ist stets ein grundlegendes Verständnis der Unternehmensumwelt. Im Rahmen der Umweltanalysen der Mikro-Umwelt wird deshalb deren Struktur und Entwicklung untersucht. Daraus werden die Chancen und Gefahren eines Geschäftsfeldes bestimmt und folgende **Fragen** beantwortet:

- Wie ist die Position eines Geschäftsfelds innerhalb seiner Branche?
- Wie ist dessen Position in den Märkten?
- Wie verhält sich ein Geschäftsfeld gegenüber den Kunden und Konkurrenten?
- Wie lässt sich dessen Geschäftsmodell gestalten?

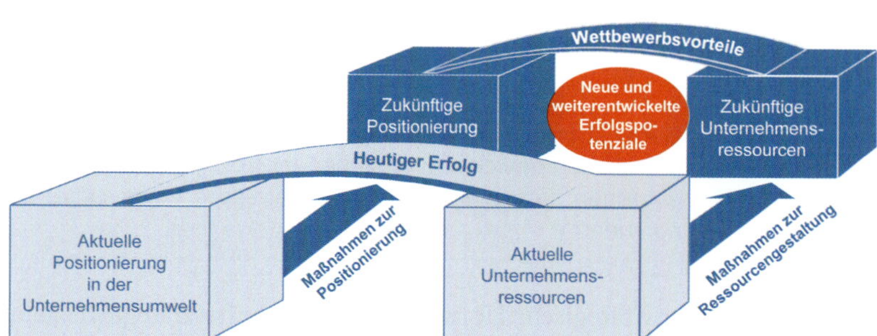

Abb. 3.3.2: Elemente einer Strategie

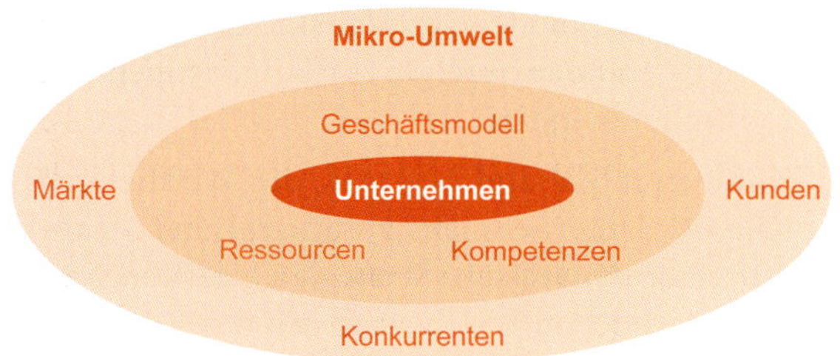

Abb. 3.3.3: Segmentierung der Mikro-Umwelt

- Wie entwickelt sich die Umwelt und welchen Einfluss hat dies auf das Geschäftsfeld?
- Welche Chancen und Risiken ergeben sich aus der Umwelt für das Geschäftsfeld?

Geschäftsstrategien werden auf Basis von strategischen Analysen des Mikro-Umfelds entwickelt. Dazu werden die Vorgaben aus der Unternehmensstrategie (vgl. Kap. 3.2) für ein Geschäftsfeld konkretisiert. **Strategische Analysen** beurteilen die Chancen und Gefahren aus dem Mikro-Umfeld sowie die Stärken und Schwächen des Geschäftsfelds. Sie zeigen die strategische Position, in der sich das Geschäft befindet und verdeutlichen den strategischen Handlungsbedarf. Im Vordergrund stehen die Bestandteile der unmittelbaren Umwelt eines Geschäftsfelds, nämlich die in der Unternehmensstrategie gewählte Branche und Wettbewerbsstrategie und wie diese in den Märkten mit seinen Produkten, Kunden und Konkurrenten im Wettbewerb steht.

> Das **Mikro-Umfeld** des Unternehmens wird vom Makro-Umfeld beeinflusst und umfasst die Märkte, Kunden und Konkurrenten sowie das Geschäftsmodell des Unternehmens.

Um ein umfassendes Bild über die Lage eines Unternehmens und eine solide Informationsbasis für die Strategieentwicklung zu gewinnen, sollten **strategische Analysen** durchgeführt werden:

- Unternehmen agieren in ihren Umwelten und müssen sich in diesen behaupten. Deren Untersuchung ist Gegenstand der **Umweltanalysen**. Die Betrachtung der Unternehmensumwelten zeigt Chancen und Gefahren auf, welche sich für ein Unternehmen ergeben.
- In der **Unternehmensanalyse** werden Stärken und Schwächen des Unternehmens im Vergleich zur Konkurrenz ermittelt. Sie befasst sich mit der heutigen und zukünftigen Situation des Unternehmens hinsichtlich seines Geschäftsmodells sowie seiner Ressourcen und Kompetenzen.

Für die Entwicklung von Unternehmensstrategien sind alle Analysen des Makro-Umfelds relevant. Sie umfassen die globale Umwelt, die Branchen mit ihren Produkten sowie die Ressourcen und Kompetenzen des Unternehmens (vgl. Kap. 3.2).

Zur Entwicklung von **Geschäftsstrategien** dienen die Analysen des Mikro-Umfelds:

- Die **Marktanalyse** baut auf der Branchenanalyse auf und beschäftigt sich mit der Attraktivität und Dynamik der Märkte einer Branche. Untersuchungsgegenstände sind die Rentabilität, Segmentierung, Struktur und Entwicklung der Märkte (vgl. Kap. 3.3.1).
- Die **Kundenanalyse** rückt den Kunden als wesentlichen Erfolgsfaktor in den Mittelpunkt. Kunden sind eingebettet in Märkte, weshalb diese im Vorfeld zu untersuchen sind. Bestehende und zukünftige Kundenwünsche und die langfristige Bindung wertvoller Kunden werden mit ihren heutigen und zukünftigen Anforderungen an ein Unternehmen analysiert (vgl. Kap. 3.3.2).
- Die **Konkurrenzanalyse** (vgl. Kap. 3.3.3) ist in doppelter Hinsicht für das Verständnis der strategischen Situation eines Unternehmens wesentlich. Einerseits sind Wettbewerber ein zentrales Element der Branchenumwelt, der Märkte und der Aufmerksamkeit der Kunden. Insofern sind die Konkurrenten als Teil der Unternehmensumwelt zu analysieren. Andererseits kann die Bestimmung der relativen Stärken und Schwächen eines Unternehmens nur in Bezug zu den Wettbewerbern erfolgen.
- Mit der **Geschäftsmodellanalyse** wird die Kombination der Aktivitäten und Ressourcen betrachtet, mit welcher die Leistungen des Unternehmens in einem Geschäftsfeld erbracht werden. Die Unterschiede in den Geschäftsmodellen ergeben sich aus dem Vergleich des eigenen Geschäftsmodells mit denen der Konkurrenz. Diese Gegenüberstellung kann den Erfolg oder Misserfolg eines Unternehmens erklären (vgl. Kap. 3.3.4).
- Die Gegenüberstellung der Chancen und Gefahren mit den Stärken und Schwächen erfolgt mithilfe der **SWOT-Analyse** (vgl. Kap. 3.3.5). Sie kombiniert die Stärken (S = Strengths) und Schwächen (W = Weaknesses) eines Unternehmens mit den Chancen (O = Opportunities) und Gefahren (T = Threats) der Umwelt. Auf diese Weise werden die Ergebnisse aller strategischen Analysen zusammengeführt und die strategische Situation dargestellt. Mit der SWOT-Analyse wird der Handlungsbedarf für die Entwicklung neuer oder die Überarbeitung bestehender Strategien aufgezeigt.

Analyse und Entwicklung von Geschäftsstrategien

Strategien handeln von angestrebten **Positionen** in Märkten und den daraus resultierenden **Wettbewerbsvorteilen.** Sie beschreiben Zielpositionen und die Wege dorthin. Basis der Strategien sind die aus den strategischen Analysen ermittelten Chancen und Gefahren der Unternehmensumwelt sowie Stärken und Schwächen des Unternehmens. Wird eine rationale Strategieentwicklung unterstellt, dann sind Strategien die Ergebnisse eines geplanten Prozesses (vgl. Kap. 3.1). Dabei werden alternative Wege in die Zukunft generiert, um diese später in der Strategieformulierung zu bewerten und die erfolgversprechendsten Strategien auszuwählen (strategic choice). Abschließend werden die Strategiealternativen in einer abgestimmten Strategie zusammengefasst.

Den Ablauf sowie die Elemente und Zusammenhänge der Entwicklung von Geschäftsstrategien zeigt Abb. 3.3.4. An dieser Logik orientieren sich die nachfolgenden Teilkapitel.

- **Marktorientierte Strategien** (vgl. Kap. 3.3.2) gehen davon aus, dass Wettbewerbsvorteile aus einer vorteilhaften Positionierung des Unternehmens in seiner Umwelt erzielt werden können. Die Ressourcenbasis des Unternehmens lässt sich dabei an dieser Zielposition ausrichten. Dazu zählen folgende **Strategiekonzepte:**
  - Ausgangspunkt sind die Unternehmensstrategien (vgl. Kap. 3.2), die auf der Analyse des Makro-Umfelds basieren. Dabei sind möglichst attraktive Branchenpositionen anzustreben (vgl. Kap. 3.2.1). Basierend auf der Branchenanalyse sollen Wettbewerbsvorteile durch geplante **Wettbewerbsstrategien** erzielt werden.
  - Aufbauend auf den Marktanalysen (vgl. Kap. 3.3.1) streben **Marktstrategien** vorteilhafte Positionen in Form von Produkt-Markt-Kombinationen an.
  - Die Kundenanalyse (vgl. Kap. 3.3.2) rückt den Kunden als wesentlichen Faktor jedes Unternehmens in den Mittelpunkt. Die Identifikation bestehender und zukünftiger Kundenwünsche sind die Voraussetzung für eine **Kundenstrategie** zur langfristigen Bindung wertvoller Kunden.
  - Konkurrenten sind bestrebt, die Wettbewerbsvorteile des Unternehmens zu untergraben. Daher beschreiben **dynamische Strategien** (vgl. Kap. 3.3.3) das Wechselspiel im Wettbewerb mit den Konkurrenten auf Basis der Informationen aus der Konkurrenzanalyse. Dabei kann ein Unternehmens in einem spezifischen Geschäftsfeld durch das Zusammenspiel der Kunden, Lieferanten und Konkurrenten spielthoretisch verstanden werden (vgl. Kap. 1.2).
- **Ressourcenorientierte Strategien** basieren auf der Annahme, dass Wettbewerbsvorteile durch betriebliche Ressourcen begründet sind (vgl. Kap. 3.2.4). Unterschiede in den Geschäftsmodellen einer Branche können Erfolgspotenziale bieten, die Bestandteile der **Geschäftsmodellstrategien** sind. Die Informationsbasis dazu wird in der Geschäftsmodellanalyse gelegt (vgl. Kap. 3.3.5).
- Abschließend ist die Fülle der **Strategiealternativen** zusammenzuführen und daraus konsistente Maßnahmenbündel zu bilden (vgl. Kap 3.3.4). Dazu dient die Zusammenfassung der strategischen Situation eines Geschäfts in der **SWOT-Analyse** (vgl. Kap 3.3.5). Sie fasst Chancen und Gefahren aus der Betrachtung der Unternehmensumwelten ebenso wie die Stärken und Schwächen des Unternehmens zusammen.

3.3.1 Märkte

Basierend auf der **Mikroökonomie,** als Teilgebiet der Volkswirtschaftslehre, das sich mit dem wirtschaftlichen Verhalten von Wirtschaftseinheiten beschäftigt (vgl. Kap. 1.2.3), können grundlegende Marktstrukturen und die jeweiligen Rahmenbedingungen unterschieden werden.

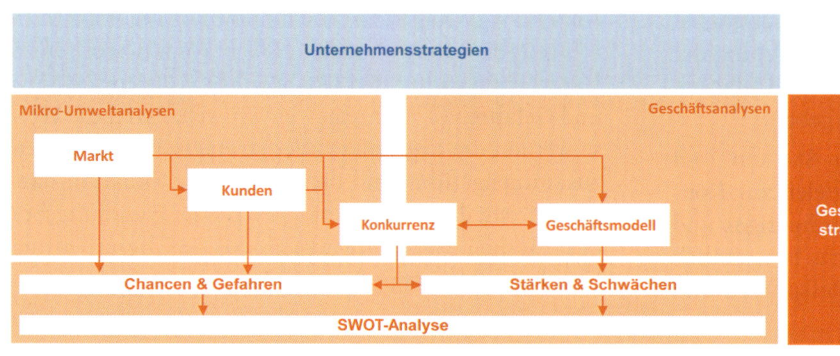

Abb. 3.3.4: Elemente und Zusammenhänge von Geschäftsstrategien

Marktformen

Wesentlicher Bestimmungsfaktor von Märkten ist die Marktstruktur. Sie wird durch die Anzahl der auf diesem Markt aktiven Anbieter und Nachfrager beschrieben. Eine Übersicht der daraus folgenden Marktformen gibt Abb. 1.2.7 in Kapitel 1 unter der Annahme wieder, dass die Machtverteilung der Akteure innerhalb eines Marktes gleichmäßig ist.

Ein **Monopol** ist eine Marktform, in der es nur einen Anbieter gibt (vgl. *Kolmar*, 2017, S. 221 ff.; *Pindyck/Rubinfeld*, 2018, S. 369 ff.). In einem Monopol gibt es keinen Wettbewerb und der alleinige Anbieter bzw. Monopolist kann entweder die Preise oder die Mengen frei gestalten. Dabei ist zu berücksichtigen, dass höhere Preise zu einem Nachfragerückgang führen. Dieses Phänomen veranschaulicht die Preis-Absatz-Funktion. Der Monopolist maximiert seinen Gewinn, indem er die Angebotsmenge bzw. den Preis am sog. „Cournotschen Punkt" (vgl. *Cournot*, 1838) mit dem Gewinnmaximum wählt. Je nach Nachfragesituation kann das Monopol in verschiedenen Varianten auftreten. Im **reinen Monopol** stehen dem monopolistischen Anbieter viele Nachfrager gegenüber. Die Leistung wird lediglich durch ein Unternehmen angeboten, es wird auch als Angebotsmonopol bezeichnet. Darüber hinaus können Monopole auch nach der Entstehungsursache unterschieden werden. So entsteht z. B. ein natürliches Monopol aufgrund der alleinigen Verfügung über Technologien oder Rohstoffe sowie durch bestimmte Eintrittsbarrieren in den Markt. So sind natürliche Markteintrittsbarrieren z. B. eine aufwendige, flächendeckende Infrastruktur, wie etwa bei Telekomunikations- und Eisenbahnnetzen oder bei der Versorgung mit Strom, Wasser oder Gas. Betriebswirtschaftlich wird ein Monopolist stets bestrebt sein, die alleinige Marktführerschaft zu halten. Dafür ist es notwendig, seine Produkte mit einem qualitativ hohen Anspruch (z. B. durch Innovationsvorsprünge) auszustatten, um die Substitution der Produkte zu vermeiden. Eine Monopolstellung verspricht höchstmöglichen Gewinn bzw. eine **Monopol-Rente**. Deshalb wird ein Monopolist versuchen, den Markt vor möglichen Konkurrenten abzuschirmen. Für die Verteidigung eines Monopols stehen z. B. Strategien wie das Dumping zur Verfügung, bei dem mit nicht kostendeckenden Preisen Konkurrenten aus dem Markt gedrängt werden sollen. Denkbar ist auch der Aufkauf von Konkurrenten oder staatlicher Schutz.

Ein **Oligopol** ist ein Markt, in dem sowohl auf Nachfrage- als auch Angebotsseite wenige Akteure aufeinandertreffen. Dabei gibt es verschiedene **Oligopolsituationen** (vgl. *Kolmar*, 2017, S. 281 ff.; *Pindyck/Rubinfeld*, 2018, S. 470 ff.). Im Angebotsoligopol stehen viele Nachfrager wenigen Anbietern gegenüber. Gibt es nur zwei Anbieter, so handelt es sich um ein Duopol. Ein Oligopson ist genau der umgekehrte Fall. Dabei treffen wenige Nachfrager auf viele Anbieter. Es wird daher auch Nachfrageoligopol genannt. Schließlich ist ein bilaterales oder zweiseitiges Oligopol eine Situation mit wenigen Anbietern und wenigen Nachfragern. Bei allen Oligopolsituationen hängen die Akteure in ihrer Preis- oder Mengensetzung voneinander ab. Jeder Anbieter verfügt über Marktmacht und beeinflusst damit durch sein eigenes Handeln das Marktgeschehen und ist umgekehrt davon abhängig, wie sich die Konkurrenz verhält. Es besteht eine strategische Interdependenz zwischen den Anbietern, welche diese in ihre Entscheidungen einbeziehen. Ein Oligopolist steht also vor einem komplexen Entscheidungsproblem. Die Qualität der eigenen Entscheidung hängt maßgeblich davon ab, wie gut er seinen Einfluss auf die Entscheidungen anderer abschätzen und dies für sich nutzen kann. Oligopole können hohe Gewinne erwirtschaften, wenn sich die Akteure kooperativ verhalten und nach dem höchsten gemeinsamen Gewinn bzw. dem Kollusionsgewinn streben. Allerdings ist diese Situation instabil. Sofern alle anderen Anbieter sich kooperativ verhalten, gewinnt ein Anbieter einen kurzfristigen Vorteil, wenn er z. B. Gewinne mit niedrigeren Preisen über Zusatzmengen realisieren kann. Langfristig führt dies jedoch zu einem häufig besonders intensiven Wettbewerb. Denn als Reaktion auf eine einseitige Preissenkung werden auch die Konkurrenten ihre Preise entsprechend anpassen, um keine Kunden zu verlieren. Dies kann dann zu Preiskämpfen führen, bis hin zum vollständigen Verlust aller Gewinne für alle Akteure. Ein Beispiel hierfür ist der Preiskampf der großen Discounter im deutschen Lebensmitteleinzelhandel. Theoretisch lassen sich Oligopole mit den Instrumenten der Spieltheorie analysieren (vgl. Kap. 1.2.1). In einem solchen Spiel kann bei vollständiger Information jeder Anbieter die optimale Reaktion der Konkurrenten antizipieren. Ein Marktgleichgewicht (*Nash*-Gleichgewicht) liegt dann vor, wenn keiner der Anbieter einen Anreiz hat, seine Menge bzw. seinen Preis zu verändern. Je nach Konfiguration ergeben sich daraus typische Oligopolmodelle mit jeweils eigenen Verhaltensempfehlungen. Ausschlaggebend für die Bestimmung der optimalen Gewinne, Preise und Mengen sind die Grenzkosten der Unternehmen. Für Unternehmen ergeben sich in einer Oligopolsituation Strategieoptionen, wie z. B. die Preisführerschaft, bei der ein Oligopolist von den anderen Unternehmen als Preisführer anerkannt wird, die Koalitionsstrategie mit abgestimmten Verhaltensweisen und Kartellbildung, der ruinöse Wettbewerb mit aggressivem

Preisverhalten oder der Differenzierungswettbewerb, bei dem innerhalb einzelner Segmente monopolartige Stellungen erreicht werden.

Ein **Polypol** ist ein Markt, in dem viele Anbieter auf viele Nachfrager treffen. Der Marktform des homogenen Polypols am nächsten kommen Börsen. Kein Marktteilnehmer hat dabei die Macht, seine Interessen durchzusetzen. Auf diese Weise führt der Wettbewerb zwischen den Teilnehmern zu einem Gleichgewichtspunkt, der Angebot und Nachfrage zum Ausgleich bringt. Somit stellt sich der preisoptimale Punkt ein, bei dem weder Anbieter noch Nachfrager einen Vorteil haben.

Märkte und Segmente

Im volkswirtschaftlichen Sinne ist der Markt ein Ort, an dem Angebot und Nachfrage zusammentreffen. Betriebswirtschaftlich werden unter dem Markt nicht nur die Anbieter und Nachfrager, sondern auch deren Austauschbeziehungen betrachtet (vgl. *Homburg*, 2017, S. 2 ff.).

Ein **Markt** besteht aus den Nachfragern und Anbietern eines bestimmten Produkts sowie den zur Abwicklung des Leistungsaustauschs erforderlichen Beziehungen.

Die **Marktstruktur** ergibt sich aus folgenden **Elementen** (vgl. *Kotler et al.*, 2019, S. 49 ff.):

- **Nachfrager** bzw. Kunden bestimmen die Marktstruktur durch deren Anzahl, Beschaffungsvolumen, Verhalten und Preissensibilität. Die Nachfrager können in potenzielle und tatsächliche Kunden unterteilt werden. Um ihre Bedürfnisse zu befriedigen, fragen sie Leistungen auf dem Markt nach (vgl. vertiefend Kap. 3.3.2).
- **Anbieter** sind alle Unternehmen, die Leistungen für ein bestimmtes Kundenbedürfnis auf dem Markt zum Kauf anbieten. Die Anbieter stehen auf dem Markt im Wettbewerb und konkurrieren mit ihren Leistungen um die Kunden. Die Gesamtheit der Anbieter einer Leistung bildet eine Branche (vgl. Kap. 3.2.2). Auf die Konkurrenzbeziehungen der Unternehmen wird im Rahmen der Konkurrenzstrategien eingegangen (vgl. Kap. 3.3.3).
- **Austauschbeziehungen** verbinden Anbieter und Nachfrager miteinander. Ein Verkäufer bringt seine Produkte auf den Markt und informiert darüber den Kunden. Beim Verkauf seiner Leistung erhält er dafür eine Gegenleistung, in aller Regel Geld.

Mit Hilfe dieser Elemente können Märkte auf vielfältige Weise klassifiziert werden. Nach der Art der Nachfrager wird häufig zwischen Konsum- und Industriegütermärkten unterschieden. Im Vordergrund der Marktanalyse steht die Beziehung des Unternehmens zu seinen Nachfragern. Da sich Kunden etwa in ihren Bedürfnissen, ihrer regionalen Herkunft oder anderen Kaufkriterien stark unterscheiden, ist der Gesamtmarkt auf den relevanten Markt einzuschränken (vgl. *Kotler et al.*, 2021, S. 456 ff.). Dieser umfasst die für eine Zielkundengruppe definierte Leistung, auf die ein Unternehmen seine Aktivitäten konzentriert.

Der **relevante Markt** ist der Teil des Gesamtmarktes, auf dem es für ein Unternehmen attraktiv ist, seine Produkte und Dienstleistungen anzubieten.

Jedes Unternehmen sollte seinen relevanten Markt genau kennen. Dieser wird hierfür zunächst im Rahmen der **Marktsegmentierung** bestimmt und abgegrenzt (vgl. *Bruhn*, 2019, S. 18 ff.). Dabei erfolgt eine Unterteilung des Gesamtmarktes in homogene Teilmärkte, die als Marktsegmente bezeichnet werden. Ein Marktsegment sollte selbst weitgehend homogen sein. Gegenüber anderen Segmenten sollte es sich dagegen möglichst stark unterscheiden (vgl. *Bruhn*, 2019, S. 58 ff.). Die Marktsegmentierung bildet die Grundlage einer differenzierten Marktbearbeitung.

Folgende **Voraussetzungen** sind dabei zu beachten:

- **Abgrenzungskriterien,** wie etwa funktionale, ästhetische oder physikalische Produktunterschiede.
- Der Gesamtmarkt erfordert eine **minimale Größe,** damit Teilmärkte gebildet werden können.
- Die Marktsegmente sollten möglichst **eindeutig zu unterscheiden** sein. Sie sollten etwa verschiedene Anbieter oder Kunden haben. Darüber hinaus sollten Umsatzverluste durch eine nicht vollständige Aufteilung des Gesamtmarktes (Streulücken) und überlappende Segmente (Kannibalisierung) vermieden werden.

Die Marktsegmentierung wird in folgenden **Schritten** durchgeführt (vgl. *Bruhn*, 2019, S. 58 ff.; *Kotler et al.*, 2021, S. 457):

- **Segmentbildung:** Aufteilung des Marktes in unterschiedliche Gruppen von Kaufinteressenten mit unterschiedlichen Bedürfnissen, Merkmalen und Verhaltensweisen. Wird die Segmentierung zur Abgrenzung gegenüber den Konkurrenten genutzt, dann kann sie zu einer besseren Marktbearbeitung und damit zu Wettbewerbsvorteilen beitragen. Es gibt eine Vielzahl von Methoden zur Segmentierung. Bei der Interdependenzanalyse werden etwa Zusammenhänge zwischen verschiedenen Variablen untersucht, um die Strukturen eines Marktes aufzudecken. Die Faktoranalyse stellt

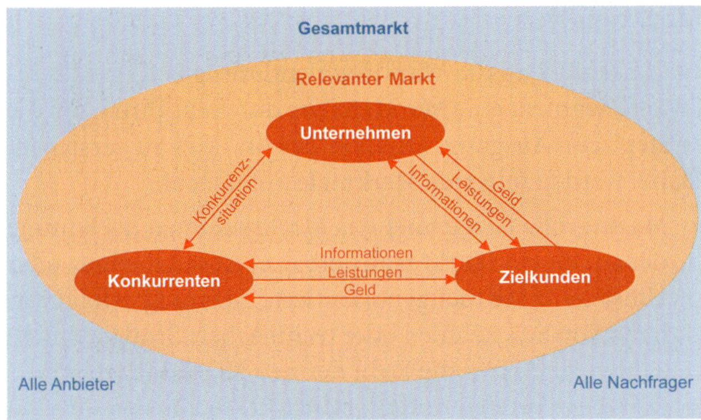

Abb. 3.3.5: Elemente eines Marktes

dabei die Zusammenhänge zwischen Variablen als Wirkungsgeflecht dar. Um die wesentlichen Einflussfaktoren zu erkennen, lassen sich mithilfe einer Clusteranalyse Gruppierungen mit ähnlichen Merkmalen bilden.

Kriterien zur Abgrenzung von Segmenten sind z. B.:

- **Kundenmerkmale:** Je nachdem, ob die Kunden Privatpersonen oder Unternehmen sind, lassen sich Konsum- und Industriegütermärkte unterscheiden. Für Konsumgüter kann der Markt etwa nach Alter, Geschlecht, Einkommen oder Kaufgewohnheiten der Kunden systematisiert werden. Der Industriegüterbereich wird nach Unternehmensmerkmalen aufgeteilt. Dies sind z. B. Branche, Unternehmensgröße oder Vertriebsregion. Der Industriegütermarkt kann auch nach Produktionsmerkmalen, wie etwa der verwendeten Technologie oder dem Produktionsprozess, differenziert werden. Darüber hinaus kann auch die Organisation und der Ablauf des Einkaufs, wie etwa die Einkaufspolitik oder Kaufkriterien der Kunden, verwendet werden.
- **Geografisch-regional** wird ein Markt z. B. in Kontinente, Staaten oder Regionen unterteilt.

- **Segmentbewertung und -auswahl** beschreibt und analysiert die gebildeten Marktsegmente. Die Segmentbewertung erfolgt analog zur Branchenbewertung (vgl. Kap. 3.2.1). Darüber hinaus werden hierzu auch Instrumente der Kundenanalyse, wie z. B. das Kundenportfolio (vgl. Kap. 3.3.2), eingesetzt. Eine wichtige Rolle spielen ebenso die Stärken und Schwächen des Unternehmens im Vergleich zu den Konkurrenten (vgl. Kap. 3.3.3). Unter Berücksichtigung dieser Aspekte sind Marktsegmente auszuwählen und der relevante Markt festzulegen, in denen ein Unternehmen aktiv wird.
- **Marktpositionierung** legt die angestrebte Stellung des Unternehmens innerhalb des Zielmarktes gegenüber seinen Konkurrenten fest. Es geht um die Bestimmung der Wettbewerbsvorteile des Unternehmens, der darauf ausgerichteten Marktbearbeitung und die Ableitung der Wettbewerbsstrategie (vgl. Kap. 3.3.1).

Die eindeutige Festlegung des relevanten Marktes ist Voraussetzung für die Marktanalyse und die Festlegung der Marktbearbeitung durch eine Marktstrategie. Abb. 3.3.6 zeigt beispielhaft die Festlegung des relevanten Marktes mit Hilfe von drei Segmentierungskriterien. Dies verdeutlicht die Vielschichtigkeit der Marktsegmentierung.

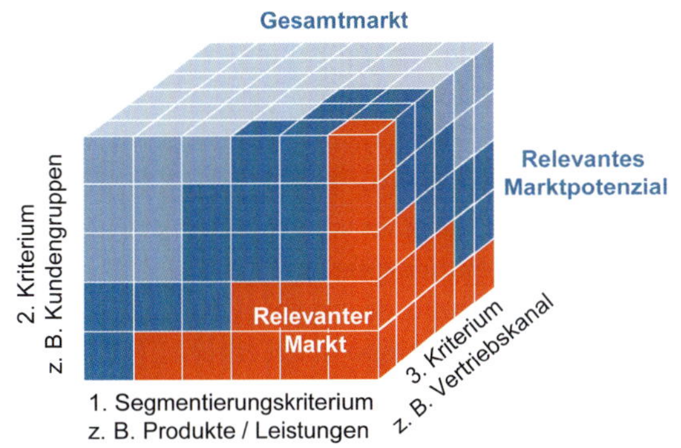

Abb. 3.3.6: Marktsegmentierung

Sowohl der Gesamtmarkt als auch dessen Segmente verändern sich aufgrund der **Evolution der Marktanforderungen** laufend (vgl. *Backhaus/Voeth*, 2010, S. 238 ff.). Die Unternehmen unterliegen dadurch einem Evolutionsdruck: Anbieter versuchen, die Anforderungen der Nachfrager zu erfüllen. Dies führt bei den Nachfragern zu steigenden Leistungsanforderungen. Aus diesem Grund sind die Unternehmen gezwungen, ihr Angebot weiterzuentwickeln. Das veränderte Angebot führt in der Folge zu weiter steigenden Leistungsanforderungen.

Die Marktanforderungen durchlaufen in der Regel die folgenden **Evolutionsphasen** (vgl. *Zahn/Dillerup*, 1995, S. 4):

- **Preis:** In der ersten Phase ist meist die Zahl der Konkurrenten begrenzt und deren Rivalität gering. Bei unterversorgten und weitgehend homogenen Märkten reagieren die Unternehmen mit der Ausnutzung von Erfahrungskurveneffekten (vgl. Kap. 3.2.3).
- **Qualität:** In der Folge sind die Märkte zunehmend gesättigt. Die Kunden fordern eine bessere Produktqualität. Unternehmen versuchen deshalb, Wettbewerbsvorteile durch Qualitätssteigerungen zu erlangen. Um den wachsenden Anforderungen gerecht zu werden,

werden Qualitätsmanagementsysteme eingeführt (vgl. Kap. 8.1.2).

- **Flexibilität:** Die Kunden fordern zunehmend Produkte, die auf ihre individuellen Anforderungen ausgerichtet sind. Die Unternehmen reagieren darauf mit flexiblerer Produktion zur bedarfsgerechten Leistungserstellung und der Ausweitung des Angebots.
- **Zeit:** Die Kunden fordern kürzere Entwicklungs- und Lieferzeiten. Außerdem sollte ein Unternehmen schnell auf das Verhalten seiner Konkurrenten reagieren (vgl. Kap. 3.3.3). Der Faktor Zeit wird zur Quelle für Wettbewerbsvorteile.
- **Innovation:** Die laufende Änderung der Kundenbedürfnisse zwingt Unternehmen zur Innovation. Der Wettbewerbsvorteil ist die Fähigkeit, diese Bedürfnisse durch neue und bessere Lösungen erfüllen zu können (vgl. Kap. 8.6).

In der **Praxis** verläuft die Entwicklung der Marktanforderungen nicht so klar voneinander getrennt wie in Abb. 3.3.7. Der Evolutionspfad stellt die Unternehmen vor immer neue Marktanforderungen. Unklar ist jedoch, ob sich das Veränderungstempo dabei erhöht. Dafür sprechen etwa die steigende Innovationsrate, sinkende Zeiträume zwischen Innovation und Markteinführung sowie verkürzte Produktlebenszyklen (vgl. Kap. 3.2.3). Allerdings gibt es Grenzen der Beschleunigung. In einigen Branchen und Märkten ist sogar eine „Entschleunigung" zu beobachten. So wurde z. B. in der Automobilindustrie der Produktlebenszyklus stark verkürzt. Allerdings gibt es auch. Modelle mit sehr langen Produktlebenszyklen, wie etwa der *VW Golf* oder der *Porsche 911*.

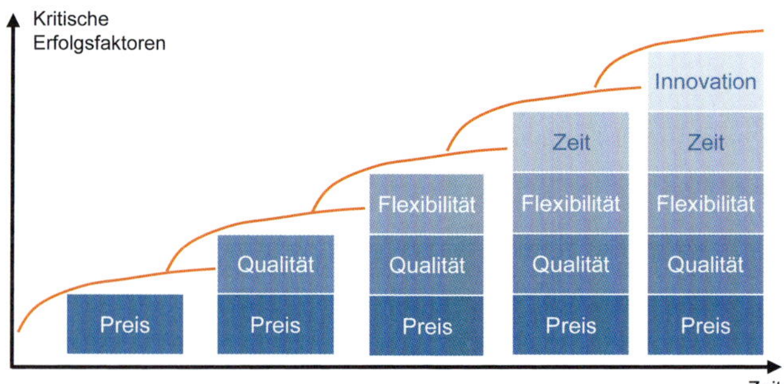

Abb. 3.3.7: Evolution der Marktanforderungen

Marktanalyse

Im Anschluss an die Marktsegmentierung ist für jedes relevante Segment eine **Marktanalyse** durchzuführen, um die strategische Ausgangssituation des Marktes zu verstehen. Dabei werden folgende **Merkmale** untersucht:

- **Marktgröße** bezeichnet das Marktvolumen als Summe der auf einem Markt realisierbaren Absatzmengen oder Umsätze. Eine mengenorientierte Messung erfolgt anhand von Stückzahlen oder technischen Größen. Stückzahlen sind etwa die Zahl der neu zugelassenen Kraftfahrzeuge für den Automobilmarkt. Technische Größen sind z. B. die installierte Leistung erneuerbarer Energien in Gigawatt für den Strommarkt. Die Messung in Mengengrößen ist einfacher und genauer als die Messung in Wertgrößen, da letztere zusätzliche Bewertungsprobleme mit sich bringen. Der Marktumsatz berücksichtigt neben der Mengenkomponente den durchschnittlichen Marktpreis. Daher tendieren Unternehmen mit unterdurchschnittlichen Preisen zu einer mengenorientierten Betrachtung, während für hochpreisige Anbieter eine wertmäßige Messung vorteilhafter ist. Neben dem derzeitigen Marktvolumen ist auch das Marktpotenzial von Bedeutung. Es gibt die Obergrenze der Gesamtnachfrage an und berücksichtigt neben der realisierten Absatzmenge auch potenzielle Kunden. Das Verhältnis des Marktvolumens zum Marktpotenzial gibt Auskunft über die Wachstumschancen eines Marktes.
- **Marktdynamik** kennzeichnet die Entwicklung eines Marktes und ist für die Strategieentwicklung entscheidend. Die Marktdynamik wird meist durch das Marktwachstum gemessen, das die Zunahme der Marktgröße innerhalb eines festgelegten Zeitraums darstellt. Neben dem generellen Marktwachstum sollten auch konjunkturelle und saisonale Einflüsse in die Betrachtung einbezogen werden.
- **Marktstruktur** beschreibt die Art und Anzahl der Marktteilnehmer. Auf der Anbieterseite gibt es Hersteller von Leistungen und dazugehörige Absatzmittler. Auf der Nachfrageseite stehen die Kunden. Zudem wirken die Konkurrenten auf die Marktstruktur ein. Die Marktstruktur kann analog zur Branchenstruktur nach den fünf Wettbewerbskräften analysiert werden (vgl. Kap. 3.2.1).
- **Spezielle Markteigenschaften** spiegeln die besonderen Merkmale eines Marktes wider. Dies können etwa besondere Anforderungen der Kunden hinsichtlich Produktqualität, Service, Vertriebswegen oder politische Einflüsse sein.

- **Marktposition** wird durch den prozentualen Anteil des Unternehmens am Marktvolumen gemessen. Aussagekräftiger als der absolute ist der relative Marktanteil. Er drückt das Verhältnis eines Unternehmens zum größten Wettbewerber aus und verdeutlicht somit die Stellung des Unternehmens im Markt. So kann ein Unternehmen mit einem absoluten Marktanteil von 20 % je nach Anzahl der Wettbewerber sowohl einer von vielen Anbietern (= relativer Marktanteil < 1) als auch Marktführer (= relativer Marktanteil > 1) sein. Alternativ kann auch definiert werden, dass der relative Marktanteil im Verhältnis zum Marktführer gemessen wird. Ist das eigene Unternehmen selbst Marktführer, so wäre der Maximalwert für den relativen Marktanteil nach dieser Definition 1. Als Vergleichsgröße können auch etwa die größten Wettbewerber herangezogen werden. Daneben ist auch die Preisposition in einem Markt von Bedeutung. Sie wird durch die Preissensibilität der Kunden sowie die erwartete Preisentwicklung beurteilt und bestimmt wesentlich die Marktattraktivität.

Die **Marktanalyse** untersucht die Attraktivität und Dynamik eines Marktes innerhalb einer Branche. Folgende strategische **Fragestellungen** werden dabei behandelt:

- Wie attraktiv ist ein Markt?
- Wie ist der Marktkontext und wie dynamisch ist ein Markt?
- Welche Chancen und Gefahren ergeben sich für einen Geschäftsbereich in einem Markt?

Aus der Beantwortung dieser Fragen ergeben sich Chancen und Gefahren, die Eingang in die SWOT-Analyse finden (vgl. Kap. 3.3.5). Zudem kann der vorherrschende Führungskontext bestimmt werden, der einen Markt prägt.

Für die Marktanalyse ist eine Vielzahl an Informationen zu erheben. Dies ist Aufgabe der **Marktforschung.** Häufig werden solche Auswertungen und Analysen von Branchenverbänden oder Marktforschungsinstituten erstellt. Stehen solche Informationsquellen nicht zur Verfügung, so sind die Daten selbst zu erheben (vgl. *Backhaus/Voeth*, 2010, S. 238 ff.). Die Informationsbeschaffung ist ein kritischer Faktor der Marktanalyse. Zeitnahe Informationen zu den

Checkliste zur Marktanalyse

Marktfaktoren	Gewicht	Bedeutung	Marktbeurteilung							Dynamik & Kontext					Wertung	
	Insgesamt 100%	100% je Kriterium	0 (nicht attraktiv)	1	2	3	4	5 (sehr attraktiv)	Attraktivität	1 Sicher	2 Risiko	3 Ungewiss	4 Unsicher	Dynamik	Chance	Gefahr
1. Marktgröße	24%	**100%**							**3,70**					**2,85**		
- Marktvolumen		70%					x		2,80			x		2,10	x	
- Marktpotenzial		15%					x		0,60			x		0,45		x
- Abstand Volumen zu Potenzial		15%			x				0,30		x			0,30	x	
- …																
2. Marktdynamik	18%	**100%**							**3,00**					**2,60**		
- Marktwachstum		60%					x		2,40			x		1,80	x	
- konjunkturelle Schwankungen		20%		x					0,20			x		0,60		x
- saisonale Schwankungen		20%			x				0,40	x				0,20	x	
- …																
3. Marktstruktur	12%	**100%**							**3,20**					**1,90**		
- Verhandlungsstärke der Lieferanten		20%					x		0,80			x		0,60	x	
- Verhandlungsstärke der Kunden		30%				x			0,90	x				0,30	x	
- Gefahr durch Substitutionsgüter		20%				x			0,60		x			0,40	x	
- Bedrohung durch neue Konkurrenten		10%				x			0,30		x			0,20	x	
- Rivalität unter den Wettbewerbern		20%				x			0,60		x			0,40	x	
- …																
4. Marktposition	21%	**100%**							**3,30**					**1,60**		
- absoluter Marktanteil		45%				x			1,35	x				0,45		x
- relativer Marktanteil		20%		x					0,20	x				0,20	x	
- Preissensibilität der Abnehmer		5%						x	0,25	x				0,05	x	
- Preisentwicklung		30%						x	1,50			x		0,90	x	
- …																
5. Spezielle Markteigenschaften	25%	**100%**							**3,50**					**3,00**		
- Qualitätsanforderungen der Abnehmer		50%				x			1,50					2,50		x
- Stärke politischer Einflüsse		50%					x		2,00	x				0,50	x	
- …																
	100%							**Marktattraktivität**	**3,38**				**Marktdynamik**	**2,47**		

Abb. 3.3.8: Checkliste zur Marktanalyse

relevanten Marktmerkmalen sind für eine realistische Einschätzung der Entwicklung eines Marktes erforderlich. Abb. 3.3.9 fasst die wesentlichen Informationsquellen zusammen.

	Unternehmensintern	Unternehmensextern
Primärquellen	▪ Außendienstinformationen ▪ Eigene Marktforschungsstudien ▪ Erfahrungswerte ▪ Daten aus Marktinteraktionen	▪ Auswertungen von Testmärkten ▪ Umfragen
Sekundärquellen	▪ Kundenstatistik ▪ Verkaufsstatistik ▪ Marktstudien einzelner Abteilungen	▪ Branchenverbände / Kammern ▪ Umfrageinstitute ▪ Analyse früherer Marktaktionen

Abb. 3.3.9: Informationsquellen der Marktforschung (vgl. Kohlöffel, 2000, S. 13)

Marktstrategien

Marktstrategien folgen dem **marktorientierten Strategieansatz** (Market-based View) oder auch der modernen Industrieökonomie. Sie leiten Strategieempfehlungen ab, indem sie die Verhaltensmöglichkeiten von Unternehmen in bestimmten Marktsituationen aufzeigen (vgl. Kap. 1.2.2). Die Unternehmen müssen sich an die Marktstrukturen anpassen, um im Markt erfolgreich zu sein. In einer dynamischen Betrachtung werden auch Veränderungen der Marktstrukturen mitberücksichtigt, wie z. B. in Lebenszykluskonzepten. Insbesondere die Marktführer sollten demnach bemüht sein, einen Markt so zu verändern, dass dieser als Ganzes attraktiver wird.

Marktstrategien lassen sich auch aus dem Produktlebenszyklus und dem Erfahrungskurveneffekt (vgl. Kap. 3.3.1) ableiten. Das von der Beratungsgesellschaft *Boston Consulting Group* (BCG) entwickelte und in Abb. 3.2.37 dargestellte **Marktwachstums-Marktanteils-Portfolio** liefert Hinweise für die Marktstrategie, wenn im Portfolio unterschiedliche Produkte eines Geschäftsfelds eingetragen werden. Das Portfolio kann auch für die Unternehmensstrategie genutzt werden, wenn darin anstelle der Produkte eines Geschäftsfelds die Geschäftsfelder eines Unternehmens positioniert werden (vgl. Kap. 3.2.3). Die Zusammensetzung des Portfolios sollte zwischen den Cashflows ein Gleichgewicht ergeben. Der erwirtschaftete Cashflow ist dabei abhängig vom relativen Marktanteil (vgl. *Henderson*, 1970).

Das Marktwachstums-Marktanteils-Portfolio bietet je nach Positionierung im Portfolio die in Kap. 3.2.3 dargestellten **Normstrategien** als Handlungsempfehlung.

Die strategischen Geschäftsfelder (SGF) des Unternehmens werden im Allgemeinen in Form eines Kreises in die Vier-Felder-Matrix eingetragen, wobei häufig der Kreisumfang als dritte Dimension die Umsatzhöhe oder den Deckungsbeitrag der Produkte repräsentiert. In Abb. 3.3.11 ist eine mögliche Entwicklung eines Produktes im Zeitablauf veranschaulicht.

Die Unternehmensberatung *McKinsey* entwickelte zusammen mit *General Electric* das in Abb. 3.3.12 dargestellte **Marktattraktivitäts-Wettbewerbsvorteil-Portfolio** (vgl. *McKinsey*, 2008) als Weiterentwicklung der BCG-Matrix. Die *Mc-Kinsey-Matrix* unterscheidet sich vor allem dadurch, dass ihre Dimensionen nicht aus einzelnen Kennzahlen bestehen, sondern aus mehreren, gewichteten Maßgrößen bestimmt werden (vgl. Kap. 3.2.3).

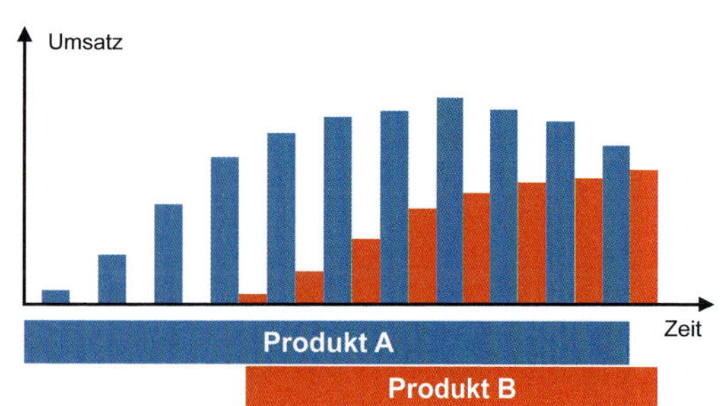

Abb. 3.3.10: Bestimmung des Produktlebenszyklus einzelner Produkte

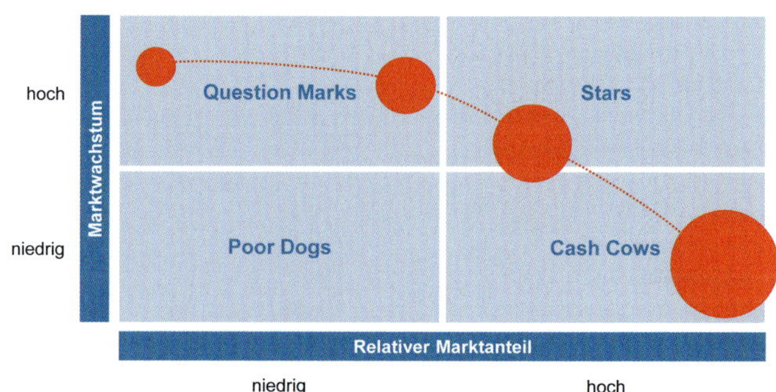

Abb. 3.3.11: Marktwachstums-Marktanteils-Portfolio (vgl. Welge et al., 2017, S. 180)

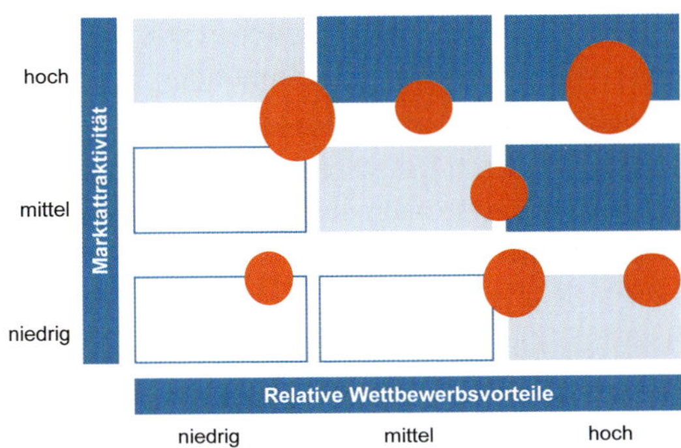

Abb. 3.3.12: Marktattraktivitäts-Wettbewerbsvorteil-Portfolio (vgl. Wheelen et al., 2018, S. 182)

3.3.2 Kunden

Kunden sind ein wesentlicher strategischer Faktor eines jeden Unternehmens. Sie spielen deshalb nicht nur bei der Analyse der Branche (vgl. Kap. 3.2.1) und des Marktes (vgl. Kap. 3.3.1) eine zentrale Rolle. Die Identifikation bestehender und zukünftiger Kundenwünsche und die langfristige Bindung wertvoller Kunden sind die Voraussetzung für eine erfolgreiche Strategie. Kundenbindung und -orientierung sind daher wesentlich für die strategische Analyse.

Folgende **Fragestellungen** sind dabei relevant:

- Wer sind die bestehenden und potenziellen Kunden eines Unternehmens?
- Welche Anforderungen haben die Kunden und was macht sie „wertvoll“?
- Wie lassen sich Kunden gewinnen und an das Unternehmen binden?

Kunden und Kundensegmente

Aus der Beantwortung dieser Fragen ergeben sich Chancen und Gefahren, die in die SWOT-Analyse eingehen (vgl. Kap. 3.3.5). Ausgangspunkt der **Kundenanalyse** ist die Frage nach den bestehenden und potenziellen Kunden.

> **Kunden** sind einzelne Personen oder Gruppen, welche die Entscheidung zum Kauf einer Leistung des Unternehmens treffen.

Kunden können somit nicht nur Einzelpersonen, sondern auch Institutionen mit mehreren Entscheidungsträgern (sog. Buying Center) sein. Leistungen eines Unternehmens sind physische Produkte, Dienstleistungen oder eine Kombination daraus. Nach der Häufigkeit des Kaufes werden bestehende und potenzielle Kunden unterschieden. **Bestehende Kunden** kaufen die Leistung zum wiederholten Male (Wiederholungskäufer). **Potenzielle Kunden** haben bisher noch kein Produkt des Unternehmens erworben, kommen jedoch zukünftig als Käufer infrage. Andere Definitionen fassen den Kundenbegriff weiter und schließen sämtliche potenziellen Produktinteressenten mit ein (vgl. *Spielvogel*, 2004, S. 50 f.). Diese Auffassung ist für die Zwecke der Kundenanalyse zu breit. Die Interessenten stellen vielmehr potenzielle Kunden dar. Eine Kaufentscheidung kann auch von mehreren Personen gemeinsam getroffen werden. Auf diese Entscheidungsträger wird als Kunden im engeren Sinne abgestellt, um den Kundenbegriff zu präzisieren. In der Praxis ist schwer feststellbar, wer die Kaufentscheidung tatsächlich trifft. So sieht sich etwa ein Bekleidungshersteller mit den Wünschen des Zwischenhändlers, der Boutiquen und der Endkunden konfrontiert. Daher kann für jeden Vertriebsweg oder auch für die Glieder einer mehrstufigen Wertschöpfungskette der Kundenbegriff unterschiedlich definiert sein.

In vielen Branchen finden sich verschiedene Kundengruppen mit unterschiedlichen Anforderungen (vgl. *Hungenberg*, 2020, S. 127 ff.). Um homogene Kundengruppen zu erhalten, wird mit Hilfe produktbezogener Kriterien eine **Kundensegmentierung** vorgenommen. Generell wird zwischen Konsum- und Investitionsgütern unterschieden. **Konsumgüter** sind Güter und Dienstleistungen für den persönlichen Gebrauch (vgl. *Kotler et al.*, 2021, S. 410 ff.). **Investitionsgüter** sind hingegen Güter und Dienstleistun-

Kriterium	Konsumgüter	Investitionsgüter
Kundenmerkmale	▪ Alter ▪ Geschlecht ▪ Einkommen ▪ Haushaltsgröße ▪ Lebensstil	▪ Branche ▪ Produkt-/Serviceangebot ▪ Standort ▪ Unternehmensgröße ▪ Technologie
Kaufgewohnheiten	▪ Einkaufsmenge ▪ Bedeutung des Kaufs ▪ Markenloyalität ▪ Nutzungsgewohnheiten ▪ Entscheidungskriterien	▪ Einkaufsvolumen ▪ Bedeutung des Kaufs ▪ Einkaufshäufigkeit ▪ Einkaufsverhalten ▪ Entscheidungskriterien
Kundenbedürfnisse/-präferenzen	▪ Preispräferenz ▪ Markenpräferenz ▪ Gewünschte Funktionen ▪ Qualität	▪ Produkt-/Leistungsanforderungen ▪ Markenpräferenz ▪ Gewünschte Funktionen ▪ Serviceansprüche

Abb. 3.3.13: Kriterien zur Kundensegmentierung (vgl. Hungenberg, 2020, S. 127)

gen, die von Unternehmen beschafft werden, um damit andere Güter zur Fremdbedarfsdeckung zu erstellen (vgl. *Meffert et al.*, 2018, S. 21 ff.). Die Kundensegmentierung lässt sich nach den Kriterien in Abb. 3.3.13 durchführen.

Die gebildeten Kundensegmente besitzen für das Unternehmen unterschiedliche Attraktivität. Durch Untersuchung der Kundensegmente lassen sich die jeweiligen Kundenanforderungen und Kundenwerte ermitteln. Daraus leiten die Unternehmen dann Kundenbearbeitungsstrategien ab.

Der **Kundenwert** soll dem Unternehmen die profitablen Kunden bzw. Kundensegmente aufzeigen, um sich darauf zu konzentrieren (vgl. *Kotler et al.*, 2021, S. 330 ff.). Für die Bestimmung des Kundenwerts sind das heutige und das zukünftige Potenzial der Kunden zu beurteilen. Neben den kundenspezifischen Erlösen sind auch die Kosten für die Beziehungspflege, Reklamationen, Werbung usw. mit einzukalkulieren.

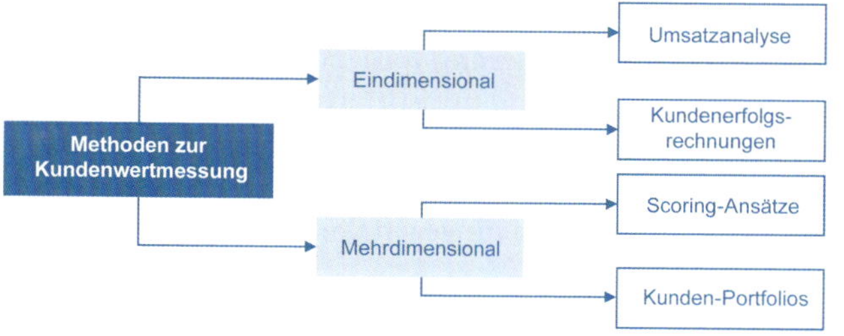

Abb. 3.3.14: Methoden zur Kundenwertbestimmung (vgl. Backhaus/Voeth, 2010, S. 175)

Zur Analyse des Kundenwerts stehen die in Abb. 3.3.14 aufgeführten **Methoden** zur Verfügung:

- **Umsatzanalyse:** Kunden werden, wie in Abb. 3.3.15 dargestellt, nach ihren Umsätzen geordnet und im Rahmen einer ABC-Analyse nach der *Pareto*-Regel in drei Gruppen unterteilt:
  - **A-Kunden** sind außerordentlich umsatzstark. Obwohl sie nur die 20 % umsatzstärksten Kunden umfassen, erwirtschaften sie rund zwei Drittel des Umsatzes.
  - **B-Kunden** sind die nächsten 35 % der Kunden und erwirtschaften rund 30 % des Umsatzes.
  - **C-Kunden** sind die restlichen 45 % der Kunden, die nur 5 % zum Umsatz beitragen.

  Durch Einteilung der Kunden nach der Umsatzhöhe soll die Aufmerksamkeit auf die wichtigsten Kunden gelenkt werden. So lohnt sich etwa für A-Kunden die Einrichtung eines speziellen Kundenbetreuers (Key Account Manager). Die Beziehung zu B-Kunden sollte weiter intensiviert werden. Die Bearbeitung der Masse an C-Kunden sollte dagegen so effizient wie möglich erfolgen.
- **Kundenerfolgsrechnungen:** Die einem Kunden zurechenbaren Kosten und Erlöse werden einander gegenübergestellt und ein Kundendeckungsbeitrag ermittelt. Daraus lässt sich eine Rangliste der rentabelsten Kunden aufstellen. Kunden mit negativen Deckungsbeiträgen sind generell unrentabel. Da es sich allerdings um eine Momentaufnahme handelt, sollte die Kundenklassifikation mehrere Faktoren berücksichtigen. Dies könnten etwa Angaben über Referenz- oder Wachstumskunden

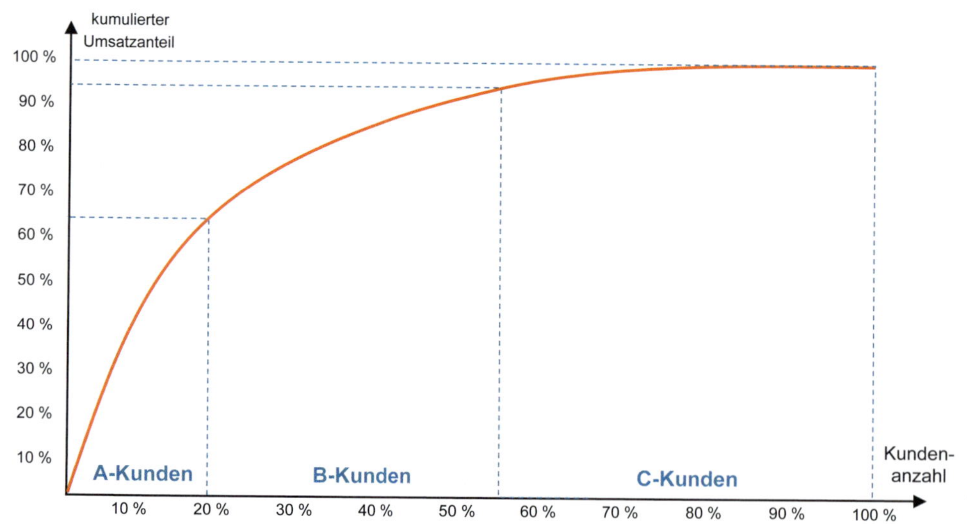

Abb. 3.3.15: ABC-Kunden-analyse

Kundenfaktoren	Gewichtung	Situationsbeurteilung							Dynamik & Kontext					Wertung	
	Insgesamt 100 %	nicht attraktiv 0	1	2	3	4	sehr attraktiv 5	Attraktivität	Sicher 1	Risiko 2	Ungewiss 3	Unsicher 4	Dynamik	Chance	Gefahr
- Rentabilität	30%				x			0,90		x			0,60	x	
- Auftragspotenzial	25%		x					0,25	x				0,25	x	
- Imagepotenzial	10%			x				0,20		x			0,20		x
- Kundentreue	15%				x			0,45	x				0,15	x	
- Preiserhöhungsflexibilität	15%	x						0,00	x				0,15		x
- Weiterempfehlungshäufigkeit	5%	x						0,00	x				0,05		x
							Kundenattraktivität	1,80				Kundendynamik	1,40		

Abb. 3.3.16: Scoring-Ansatz zur Kundenbewertung

sein. Der Kundenerfolg lässt sich auch zukunftsorientiert als die Summe aller diskontierten Ein- und Auszahlungen eines Kunden ermitteln (Customer Lifetime Value). Die Schwierigkeit besteht in der Prognose der kundenbezogenen Ein- und Auszahlungen (vgl. *Meffert et al.*, 2019, S. 74 ff.).

- **Scoring-Ansätze (Nutzwertanalyse):** Unterschiedliche Aspekte von Kundenbeziehungen lassen sich mit Hilfe sog. Scoring-Modelle systematisch erfassen und quantifizieren. Dabei werden wesentliche Merkmale einer Kundenbeziehung in einem Kriterienkatalog zusammengestellt. Ein Beispiel für ein Scoring-Modell zur Kundenbewertung stellt Abb. 3.3.16 dar. Die unterschiedliche Relevanz der Kriterien wird mit Gewichtungsfaktoren bewertet (Spalte „Gewicht"). Die Erfüllung der einzelnen Kriterien wird mithilfe einer Punkteskala subjektiv quantifiziert (Spalte „Situationsbeurteilung"). Die Gesamtbewertung erfolgt durch Gewichtung der ermittelten Punktwerte. Neben der gegenwärtigen Kundensituation beinhaltet die Darstellung zusätzlich eine Prognose der Entwicklung sowie eine Einschätzung des Kriteriums als Chance oder Gefahr für das Unternehmen.
- **Kundenportfolios** werden häufig ergänzend zur Kundenbewertung eingesetzt, wenn die Anzahl der Kunden überschaubar ist (vgl. *Backhaus/Voeth*, 2010, S. 181). In Anlehnung an die zur Marktanalyse eingesetzte *BCG-Matrix* (vgl. Kap. 3.3.1) lassen sich die Kunden etwa nach deren Attraktivität und relativer Lieferposition klassifizieren. Die Kundenattraktivität kann etwa mithilfe folgender Faktoren ermittelt werden: Kundendeckungsbeitrag, durchschnittliches Kaufvolumen, Umsatzwachstum, erzielbarer Verkaufspreis Imagefaktor als Referenzkunde. Die relative Lieferposition gibt bezogen auf den jeweiligen Kunden das Verhältnis des Liefervolumens des Unternehmens zu dem des stärksten Wettbewerbers an. Entsprechend der *BCG-Matrix* ergeben sich für den Umgang mit den betreffenden Kunden analoge Normstrategien. Ein weiterer Portfolioansatz differenziert nach der Höhe des Umsatzes und der Branche der Kunden. Demnach können branchenspezifische Kundenanforderungen und Risikoaspekte verdeutlicht werden. Das Beispiel in Abb. 3.3.17 zeigt eine starke Abhängigkeit von Branche A und dass zwei Branchen nur geringe Kundenumsätze aufweisen. Dies könnte eine Chance sein, über Referenzkunden ein neues Kundensegment zu erobern oder ein Indikator dafür, dass die Einstellung der Belieferung dieser Branchen ein Potenzial zur Varianten- und damit Kostensenkung bietet.

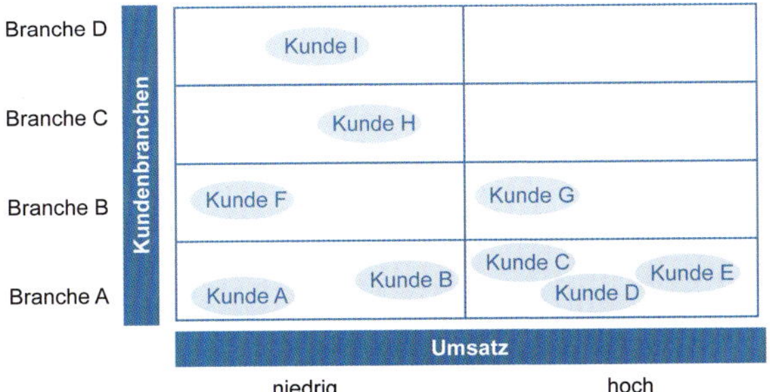

Abb. 3.3.17: Kundensegmentierung nach Branche und Umsatz

Der Kundenwert kann auch hinsichtlich des gegenwärtigen und potenziellen Wertes differenziert werden. Zusätzlich lässt sich auch noch der komplementäre Wertbeitrag berücksichtigen, also das Referenzpotenzial hinsichtlich einer Weiterempfehlung oder einer Erhöhung des Images. Diese drei Dimensionen ergeben den in Abb. 3.3.18 dargestellten **Kundenkubus**. Für die jeweiligen Kundengruppen werden Normempfehlungen gegeben (vgl. *Alter*, 2019, S. 143 f.). Verzichtskunden haben weder gegenwärtig noch zukünftig Erfolgspotenzial und sind auch keine Referenz. Solche Kunden können aufgegeben werden. Am anderen Ende des Spektrums sind die sog. „Blue-Chip-Kunden", welche heute und zukünftig Wert schaffen sowie zudem als Referenz dienen.

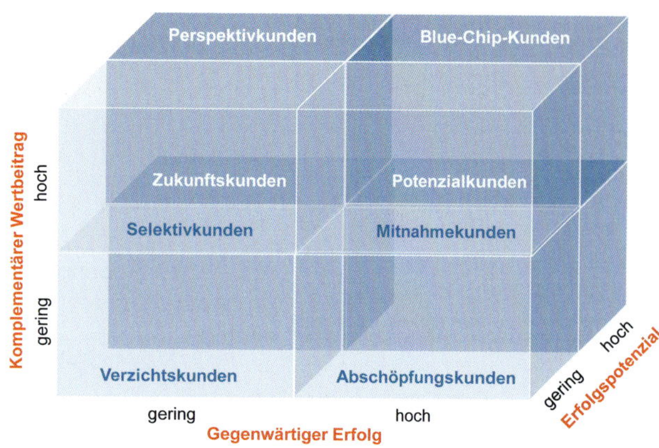

Abb. 3.3.18: Kundensegmentierung im Kundenkubus (vgl. Alter, 2019, S. 143)

Für die Kundensegmentierung von Endkunden werden häufig Zielgruppeneinteilungen nach Milieus verwendet, z. B. bei Markenartikelherstellern oder Dienstleistern und in der Medienwirtschaft oder Werbung. In den Sozialwissenschaften werden Milieus als Gruppen Gleichgesinnter mit ähnlichen Grundwerten und Prinzipien der Lebensführung verstanden, die sich durch erhöhte Binnenkommunikation und Abgrenzung gegenüber anderen Gruppen auszeichnen. Weit verbreitet und wissenschaftlich fundiert sind die *Sinus-Milieus* des unabhängigen Heidelberger *SINUS-Instituts für psychologische und sozialwissenschaftliche Forschung und Beratung.* Die *Sinus-Milieus* sind eine Gesellschafts- und Zielgruppen-Typologie für mehr als 40 Länder, die auf sozialen Merkmalen basiert. Sie gruppieren Menschen, die sich in ihrer Lebensauffassung und Lebensweise ähneln. Die Milieu-Einteilung erfolgt durch die Dimensionen soziale Lage und Grundorientierung. Die *Sinus*-Milieumodelle werden kontinuierlich an die soziokulturellen und sozialstrukturellen Veränderungen in den jeweiligen Gesellschaften angepasst. Das *Sinus*-Milieumodell für Deutschland aus dem Jahr 2019 zeigt die Abb. 3.3.19.

Je höher ein Milieu in dieser Grafik angesiedelt ist, desto gehobener sind Bildung, Einkommen und berufliche Stellung. Je weiter rechts es positioniert ist, desto moderner sind Wertorientierungen und Lebensstile. Die Überschneidungen der Cluster zeigen an, dass die Übergänge zwischen den Milieus fließend sind. Die **Milieu-Gruppen** in Deutschland sind dabei als Kundensegmente wie folgt zu beschreiben (vgl. *Barth et al.*, 2018):

- **Konservativ-Etablierte** bezeichnen das klassische Establishment: Verantwortungs- und Erfolgsethik, Exklusivitäts- und Führungsansprüche, Standesbewusstsein, zunehmender Wunsch nach Ordnung und Balance.
- **Liberale** sind die aufgeklärte Bildungselite: kritische Weltsicht, liberale Grundhaltung und postmaterielle Wurzeln, Wunsch nach Selbstbestimmung und Selbstentfaltung.
- **Performer** stehen für die multioptionale, effizienzorientierte Leistungselite: globalökonomisches Denken, Selbstbild als Konsum- und Stil-Avantgarde, hohe Technik- und IT-Affinität, Etablierungstendenz, Erosion des visionären Elans.
- **Expeditive** sind die ambitionierte kreative Avantgarde bzw. die Elite der Zukunft (Urban Styler): jung, hip, nonkonformistisch, globale Mobilität (mental, kulturell, sozial, geographisch), leistungsorientiert ohne klassisches Karrieredenken, auf der Suche nach neuen Grenzen und Lösungen.
- **Adaptiv-Pragmatische** sind die moderne junge Mitte bzw. die klassische Familie der Zukunft: Ausgeprägter Lebenspragmatismus, Realismus und Nützlichkeitsdenken, leistungs- und anpassungsbereit, aber auch Wunsch nach Spaß und Unterhaltung, zielstrebig, flexibel, aufgeschlossen bei gleichzeitig starkem Bedürfnis nach Verankerung und Zugehörigkeit.

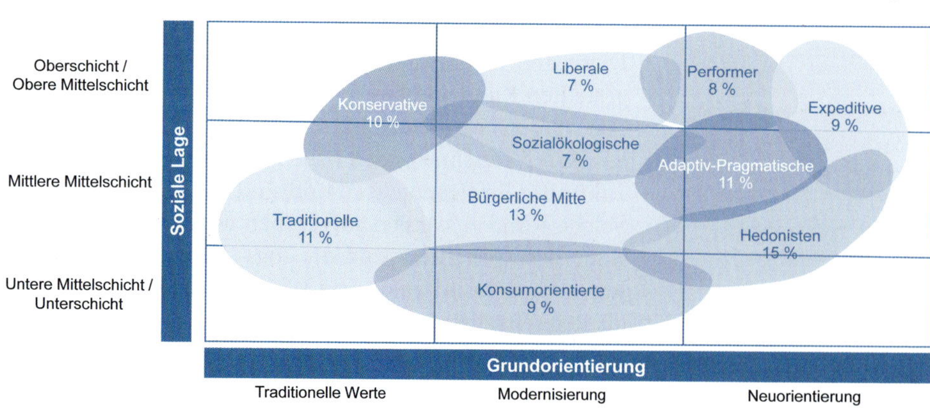

Abb. 3.3.19: Kundensegmentierung in Sinus-Milieus in Deutschland (www.sinus-institut.de)

- **Bürgerliche Mitte** bezeichnet den leistungs- und anpassungsbereiten bürgerlichen Mainstream: Generelle Bejahung der gesellschaftlichen Ordnung, Wunsch nach beruflicher und sozialer Etablierung sowie nach gesicherten und harmonischen Verhältnissen, wachsende Überforderung und Abstiegsängste.
- **Sozialökologisches Milieu** umfasst das engagiert gesellschaftskritische Milieu mit normativen Vorstellungen vom richtigen Leben: Ausgeprägtes ökologisches und soziales Gewissen, Globalisierungs-Skeptiker, Vorkämpfer für diskriminierungsfreie Verhältnisse und Diversität.
- **Traditionelle** sind die Sicherheit und Ordnung liebende ältere Generation: Verhaftet in der kleinbürgerlichen Welt bzw. in der traditionellen Arbeiterkultur, Sparsamkeit und Anpassung an die Notwendigkeiten, zunehmende Resignation und Gefühl des Abgehängtseins.
- **Hedonisten** sind die spaß- und erlebnisorientierte moderne Unterschicht beziehungsweise untere Mitte: Leben im Hier und Jetzt, unbekümmert und spontan, häufig angepasst im Beruf, brechen aber in der Freizeit aus den Zwängen des Alltags aus.
- **Konsumorientierte** bzw. Prekäre sind die um Orientierung und Teilhabe bemühte Unterschicht: Wunsch, an die Konsumstandards der breiten Mitte Anschluss zu halten, Häufung sozialer Benachteiligungen, Ausgrenzungserfahrungen, Verbitterung und Ressentiments.

Kundenbindung und -zufriedenheit

Im nächsten Schritt der Kundenanalyse ist zu klären, wie Kunden auf Dauer an das Unternehmen gebunden werden können und was sie vom Unternehmen erwarten. Die hohe Bedeutung der **Kundenorientierung** wird durch empirische Studien belegt. Diese zeigen, dass die Gewinnung eines Neukunden fünfmal so hohe Kosten verursacht, als einen bestehenden Kunden im Kundenstamm zu halten. Noch aufwendiger ist es, einen verlorenen Kunden zurückzugewinnen (vgl. *Kotler et al.*, 2021, S. 182).

> **Kundenbindung** bezeichnet den Wunsch der Kunden, eine dauerhafte Beziehung zum Unternehmen aufrechtzuerhalten.

Die **Messung der Kundenzufriedenheit** kann direkt durch Kundenbefragung oder indirekt erfolgen. Indirekte Messungen sind etwa die Befragung von Mitarbeitern mit Kundenkontakt oder die Analyse interner Daten, wie etwa Lieferzeiten, Kundenbeschwerden oder Garantiefälle. Die unmittelbare Befragung des Kunden nach dem Kauf ermöglicht eine schnelle Reaktion auf Beanstandungen und gilt als bester Weg, um ggf. die Zufriedenheit des Kunden wiederherzustellen.

Zur **Messung der Kundenzufriedenheit** stehen folgende **Methoden** zur Verfügung (vgl. *Kotler et al.*, 2021, S. 165 ff.):

- **Qualitative Methoden** informieren über Probleme mit der Kundenzufriedenheit.
  - **Beschwerden und Reklamationen** beschreiben die (Un-)Zufriedenheit der Kunden. Allerdings beschweren sich lediglich rund fünf Prozent aller unzufriedenen Kunden.
  - **Methode der kritischen Ereignisse** (Critical Incident Technique): Sämtliche Vorkommnisse, welche die Zufriedenheit des Kunden beeinflusst haben, werden erfasst und aus dessen Sicht bewertet. Die Durchführung erfolgt durch Interviews mit offenen Fragen.
  - **Sequentielle Ereignismethode:** Testkunden schildern ihre Gefühle, Gedanken und Erlebnisse in den Phasen des Kaufs und der Nutzung eines Produkts.
- **Quantitative Methoden** messen die Höhe der Kundenzufriedenheit.
  - **Diskrepanzmodelle:** Kundenbefragung zur Messung des Abstands zwischen den Erwartungen und der wahrgenommenen Produktleistung.
  - **Gesamtzufriedenheitsbefragung:** Mithilfe von skalierten Fragen, denen Zahlenwerte zugewiesen werden, erfolgt die Ermittlung einer Kundenzufriedenheitskennzahl. Der Kunde wird etwa wie in Abb. 3.3.20 nach verschiedenen Produkteigenschaften befragt und vergibt dafür Schulnoten mit den Werten eins für „sehr gut" bis sechs für „ungenügend". Daraus lässt sich dann ein Durchschnittswert errechnen, der die Kundenzufriedenheit angibt.
  - **Multiattributive Messung:** Befragung nach einzelnen Produktattributen, die unterstellt, dass sich die Gesamtzufriedenheit eines Kunden mit einem Produkt aus der Zufriedenheit mit dessen einzelnen Eigenschaften und Merkmalen zusammensetzt. Die Bewertung der Produktattribute wird gewichtet und zu einem Gesamtwert zusammengefasst.

Unternehmen, die sich nach DIN EN ISO 9001 zertifizieren lassen (vgl. Kap. 8.1), führen meist eine Kundenzufriedenheitsbefragung durch. Daher ist dies in der Praxis die häufigste Methode zur Kundenzufriedenheitsmessung. Oft werden auch mehrere Verfahren gemeinsam eingesetzt, um so eine verlässlichere Aussage über die tatsächliche

Bewertung	Sehr gut	Gut	Mittel-mäßig	Aus-reichend	Mangel-haft	Unge-nügend
Fragen zu unseren Produkten Wie sind Sie zufrieden …						
– mit der Qualität?	☐	☐	☐	☐	☐	☐
– mit der Funktionalität?	☐	☐	☐	☐	☐	☐
– mit dem Service?	☐	☐	☐	☐	☐	☐
– mit dem Preis?	☐	☐	☐	☐	☐	☐
– im Vergleich zu Konkurrenzprodukten?	☐	☐	☐	☐	☐	☐
Wurden Ihre Erwartungen in das Produkt erfüllt?	☐	☐	☐	☐	☐	☐
Wie fanden Sie die Informationen zum Produkt?	☐	☐	☐	☐	☐	☐
Fragen zu unserem Unternehmen Wie sind Sie zufrieden …						
– mit der Abwicklung Ihrer Aufträge?	☐	☐	☐	☐	☐	☐
– mit unseren Serviceleistungen?	☐	☐	☐	☐	☐	☐
– mit unserer Erreichbarkeit?	☐	☐	☐	☐	☐	☐
– mit unserem Preis- und Bonisystem?	☐	☐	☐	☐	☐	☐
– mit unseren Lieferzeiten?	☐	☐	☐	☐	☐	☐
– mit unserer Kundenbetreuung?	☐	☐	☐	☐	☐	☐

Abb. 3.3.20: Aufbau eines Kundenfragebogens

Zufriedenheit zu erhalten. So lassen sich etwa jährliche Kundenbefragungen, ein Beschwerdesystem und die Befragung ausgewählter Kunden nach kritischen Ereignissen miteinander kombinieren. Abb. 3.3.21 zeigt ein Beispiel für eine Kundenzufriedenheitscheckliste.

> Durch Maßnahmen der **Kundenbindung** soll eine dauerhafte Beziehung des Kunden zum Unternehmen aufrechterhalten werden.

Die Kundenbindung soll Wiederholungskäufe erreichen, wobei die Kunden sowohl mehrmals das gleiche als auch andere Produkte des Unternehmens erwerben können. Um die Kundenbindung zu intensivieren und die attraktiven Phasen des Kunden-Lebenszyklus zu nutzen bzw. zu verlängern, werden Kundenbindungsprogramme durchgeführt. Ein solches sog. **Customer Relationship Management** (CRM) integriert und optimiert abteilungsübergreifend alle kundenbezogenen Prozesse, um die Beziehungen zwi-

Checkliste zur Kundenzufriedenheit

Kundenzufriedenheitsfaktoren	Gewicht	Bedeutung	Zufriedenheitsbeurteilung						
	Insgesamt 100%	100% je Kriterium	nicht zufrieden 0	1	2	3	4	sehr zufrieden 5	Gesamturteil
Produkt	67%	**100%**							**4,05**
- Qualität		15%				x			0,45
- Funktionalität		15%						x	0,75
- Service		15%					x		0,60
- Preis		20%						x	1,00
- Vergleich zu Konkurrenzprodukten		10%				x			0,30
- Erwartung in das Produkt		20%					x		0,80
- Produktinformationen		5%				x			0,15
- …									
Unternehmen	33%	**100%**							**3,60**
- Auftragsabwicklung		20%			x				0,40
- Serviceleistung		25%					x		1,00
- Preis- und Bonisysteme		25%					x		1,00
- Lieferzeiten		15%					x		0,60
- Kundenbetreuung		15%					x		0,60
- …									
	100%		**Kundenzufriedenheit**						**3,90**

Abb. 3.3.21: Checkliste zur Kundenzufriedenheit

schen Kunden und Lieferanten zu verbessern (vgl. *Schnauffer/Jung*, 2004, S. 5 ff.). Dabei sollen die als profitabel und langlebig eingestuften Kundenbeziehungen ausgebaut werden. Als Basis dazu dienen Aufzeichnungen über bestehende langfristige Kundenbeziehungen, die in Datenbanken gesammelt werden. Darin werden die Kundendaten aus Vertrieb, Marketing, Call-Center und Service zusammengeführt und bereinigt. Daraus sollen Verhaltensmuster der Kunden bestimmt werden.

Ein Beispiel für Kundenbindungsmaßnahmen sind Kundenkartenprogramme, wie etwa von Tankstellen oder Kaufhäusern. Mit ihnen sollen sowohl Anreize für weitere Käufe geschaffen, als auch Informationen über das Kaufverhalten und die Präferenzen der Kunden gewonnen werden. In der Praxis zeigt sich jedoch, dass die meisten CRM-Maßnahmen nicht zu einer höheren Kundenbindung und -zufriedenheit führen. Hierzu ist eine konsequente Ausrichtung auf den Kunden in allen Prozessen des Unternehmens erforderlich. Zufriedene Kunden lassen sich leichter dauerhaft an ein Unternehmen binden (vgl. *Meffert et al.*, 2019, S. 130 ff.). Um Kundenzufriedenheit zu erzielen, sind daher zunächst die Anforderungen des Kunden zu untersuchen.

Die **Kundenzufriedenheit** bezeichnet den vom Kunden wahrgenommenen Erfüllungsgrad seiner Erwartungen (vgl. *Kano*, 1993, S. 12 ff.).

Kundenanforderungen lassen sich nach dem in Abb. 3.3.22 dargestellten **Kundenzufriedenheitsmodell** des japanischen Qualitätsforschers *Kano* differenzieren in (vgl. *Seidenschwarz*, 1997, S. 61 ff.):

- **Basisanforderungen**: Sie werden vom Kunden nicht ausdrücklich gefordert, sondern als selbstverständlich vorausgesetzt. Werden sie nicht erfüllt, resultiert daraus hohe Unzufriedenheit. Ein Kunde erwartet beispielsweise bei einem Autounfall von seiner Kfz-Versicherung, dass diese umgehend telefonisch erreichbar ist oder seine Versicherungskonditionen bekannt sind.
- **Leistungsanforderungen**: Ihre Erfüllung wird vom Kunden ausdrücklich gefordert und mit anderen Anbietern genau verglichen. Gelingt es dem Unternehmen, die gewünschten Leistungsanforderungen zu übertreffen, so steigt dadurch die Kundenzufriedenheit. Im obigen Beispiel wäre dies beispielsweise die Dauer, innerhalb der dem Versicherungsnehmer der Schadensbetrag überwiesen wird.
- **Begeisterungsanforderungen**: Durch positive Überraschungen in Form einzigartiger und unerwarteter Leistungen kann die Kundenzufriedenheit stark verbessert werden. Im obigen Beispiel wäre dies beispielsweise die Abholung des Kunden vom Unfallort.

Durch die Erfüllung der Basisanforderungen lässt sich Unzufriedenheit vermeiden. Leistungsanforderungen können je nach Erfüllungsgrad sowohl Unzufriedenheit als auch Zufriedenheit erzeugen. Begeisterungseigenschaften wirken sich nur dann positiv auf die Kundenzufriedenheit aus, wenn sie von den Kunden wahrgenommen und als nutzbringend bewertet werden (vgl. *Backhaus/Voeth*, 2010, S. 41). Die Gesamtzufriedenheit des Kunden ergibt sich aus der Addition der drei Zufriedenheitswerte.

Die Messung und Bewertung der Kundenanforderungen und -zufriedenheit sollte nicht nur gegenwarts- oder vergangenheitsorientiert erfolgen. In einer zukunftsorientierten Perspektive ist eine **Weiterentwicklung von Kundenanforderungen** zu erwarten. Diese kann sich z. B. aus der Evolution von Märkten oder technologischen Änderungen ergeben. Was Kunden heute begeistert, kann zukünftig zu einer Basisanforderung werden. Automobilkäufer empfinden etwa technische Innovationen meist als Begeisterungsanforderung. Nach wenigen Jahren werden diese zu einer Leistungsanforderung und dann zur erwarteten Grund-

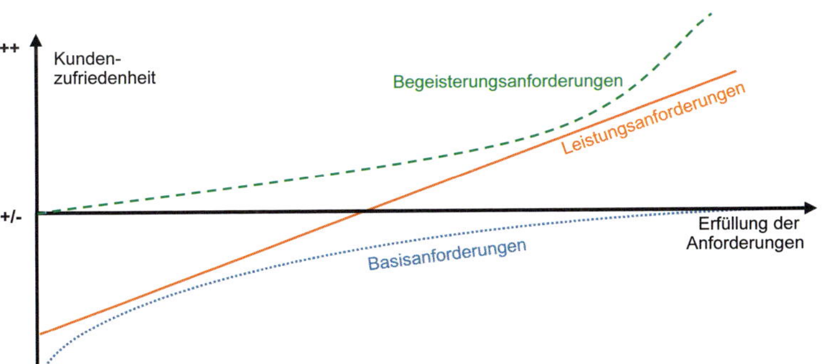

Abb. 3.3.22: Kundenzufriedenheitsmodell nach Kano (in Anlehnung an Seidenschwarz, 1997, S. 62)

Abb. 3.3.23: Inhalte eines Kundenprofils (vgl. Alter, 2019, S. 142)

ausstattung. So wurde z. B. das elektronische Stabilitätsprogramm (ESP) erstmals 1995 in die *Mercedes S-Klasse* eingebaut, während Fahrdynamikregelungen zwischenzeitlich von den meisten Herstellern für sämtliche Fahrzeugklassen in Serie angeboten werden.

Für wichtige Kunden können die strategisch relevanten Informationen, ihre Kauf-, Service- und Kontaktdaten sowie insbesondere deren Interaktionen in einem Kundenprofil zusammengefasst werden. Abb. 3.3.23 zeigt ein Beispiel für ein Kundenprofil.

Kundenstrategien

Ausgehend von der Kundenanalyse können Strategien für Kunden abgeleitet werden. Ein Ansatz dazu ist eine dynamische Betrachtung der Kunden bzw. des Kundenwerts.

Der **Kundenlebenszyklus** unterteilt die Geschäftsbeziehung in folgende Phasen:

(1) **Kenntnisnahme:** Ein Unternehmen versucht, das Interesse eines Kunden an seinen Produkten zu wecken. Dies kann z. B. durch Außendienstbesuche oder Werbung geschehen. Dadurch werden jedoch hohe Kosten verursacht. Beispielsweise versucht ein Kopiergerätehersteller A, seine Geräte über den Bürogeräte-Einzelhändler B zu vertreiben. Dazu nimmt der Kopiergerätehersteller über die Vertriebsbesuche Kontakt mit B auf.

(2) **Erkundung:** Durch intensive Kundenbetreuung wird ein Kundenkontakt aufgebaut. Der Kunde erhält dabei z. B. Warenproben. Eventuell sind auch technische Probeläufe erforderlich, wodurch die Betreuungskosten erheblich ansteigen. Beispielsweise werden ein Kopiergerät an den Einzelhändler B zur Erprobung geliefert und Schulungen für die Mitarbeiter durchgeführt.

(3) **Entwicklung:** Wenn der Kunde zufriedengestellt wurde, entwickelt sich nach dem Erstkauf ein Vertrauensverhältnis. Der Betreuungsaufwand für den Kunden sinkt langsam. Beispielsweise verfestigt sich die Kundenbeziehung des Kopiergeräteherstellers A zum Einzelhändler B durch reibungslose Folgegeschäfte.

(4) **Einbindung:** Durch Maßnahmen der Kundenbindung wird der Kunde zum loyalen Käufer. Der Umsatz mit dem Kunden kann dann auch auf andere Produkte ausgedehnt werden. Beispielsweise bestellt der Einzelhändler B in der Folge bei A auch z. B. Laserdrucker, Ersatzteile und Toner.

(5) **Auflösung:** Die Geschäftsbeziehung zu einem zuvor loyalen Kunden kann aus unterschiedlichen Gründen

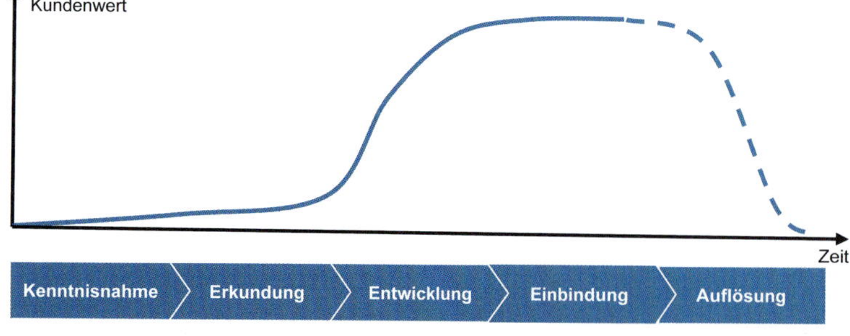

Abb. 3.3.24: Kunden-Lebenszyklus

beendet werden. Beispielsweise wird dem Kunden B ein gleichartiges Kopiergerät von einem Wettbewerber C zu einem niedrigeren Preis angeboten. Daraufhin könnte sich der Kunde B entschließen, seine Produkte zukünftig beim Wettbewerber C zu bestellen. Eventuell lässt sich die Kundenbeziehung mit entsprechenden Kosten weiter aufrechterhalten. Dies könnte z. B. durch das Angebot einer Wartung des Kopierers oder Sonderkonditionen für den Bezug des Toners erfolgen.

Demnach wächst das Gewinnpotenzial eines Kunden mit zunehmender Dauer der Geschäftsbeziehung. Der Betreuungsaufwand des Kunden sinkt und mit steigendem Vertrauen und zunehmender Bindung reagiert er auch weniger sensibel auf Preisänderungen (vgl. *Schneider*, 2000, S. 47). Weitere Kriterien zur Bestimmung des Kundenwerts und der Unterscheidung zwischen guten und schlechten Kunden zeigt Abb. 3.3.25.

Gute Kunden sind rentabel, wenig preissensibel und langfristige Geschäftspartner. Sie haben strategische Ziele, die nicht im Widerspruch zu den eigenen Interessen stehen und besitzen Umsatz-, Weiterempfehlungs- und Vorzeigepotenzial.

Kriterien	Gute Kunden	Schlechte Kunden
Rentabilität	Hoher Deckungsbeitrag	Niedriger bzw. negativer Deckungsbeitrag
Referenzpotenzial	Neukundenanfragen mit Hinweis auf diesen Kunden	Keinerlei Anfragen von Neukunden aufgrund dieses Kunden
Image	Referenz/Vorzeigepotenzial	Unbekannter Kunde
Umsatzpotenzial	Gesamtpotenzial nicht ausgeschöpft, kauft auch bei Wettbewerbern	Gesamtpotenzial ausgeschöpft
Preissensibilität	Preise können ohne größeren Mengenrückgang angehoben werden	Preiserhöhungen führen zu starkem Mengenrückgang; hohe Rabattforderungen
Strategische Absichten	Strategische Ziele sind vereinbar, keine Gefahr der Rückwärtsintegration	Strategische Zielkonflikte und drohende Rückwärtsintegration

Abb. 3.3.25: Kriterien für gute und schlechte Kunden

Im Rahmen von **Kundenstrategien** ist eine kurz- und eine langfristige Komponente zu unterscheiden: Kurzfristig müssen die bestehenden Kundenanforderungen erfüllt werden. Langfristig ist zu bestimmen, welche Lösungen es für noch nicht genau definierte Kundenwünsche und -probleme geben kann. Strategisch gesehen verhindert daher eine zu starke Ausrichtung auf die bestehenden Anforderungen den Blick auf die zukünftigen Erwartungen der Kunden. Alle Maßnahmen zum Aufbau zukünftigen Kundennutzens und damit zur Erzielung von Wettbewerbsvorteilen sind daher in einer kundenorientierten Strategie zusammenzufassen.

Mögliche **Kundenstrategien** sind:

- **Kundenindividuelle Strategien** (Customer Solution) basieren auf der Annahme, dass ein Unternehmen für seine Kunden das beste Angebot schafft, ohne dabei in seinen einzelnen Produkten eine Führerschaft zu benötigen. Es gilt, die Kundenbedürfnisse sehr gut zu kennen und speziell auf die Bedürfnisse des Kunden zugeschnittene Lösungsangebote zu entwickeln. Diese Strategie könnte auch als Extremform der Nischendifferenzierung der klassischen Wettbewerbsstrategien betrachtet werden, bei der jeder Kunde ein eigenes Marktsegment bildet. Sie werden etwa von Dienstleistern oder im Handel angewandt. Dabei wird für jeden Kunden die Ausrichtung spezifisch festgelegt. Schlüsselfaktoren sind dabei eine hohe Kundennähe (Customer-Proximity) und kundenindividuelle Anpassungen (Customization). Hierfür werden meist Key-Account Manager eingesetzt.
- **Kundensegmentorientierte Strategien** (Customer Experience) fassen Kundengruppen zusammen und richten ihre Strategien auf die durchschnittlichen Bedürfnisse eines Segments aus. Dies wären z. B. die *Sinus-Milieu-Gruppen* aus der Kundensegmentierung. Für jede Zielgruppe wird versucht, eine bestmögliche Kundenerfahrung zu bieten.
- **Lebenszyklusorientierte Strategien** (Customer Lifecycle) versuchen eine Kundenbeziehung zu entwickeln, um eine möglichst hohe Potenzialausschöpfung zu erreichen und zu bewahren. Es gilt, ein langfristiger Partner des Kunden zu werden.
- **Produktorientierte Strategien** (Best Product) versuchen, den Kunden das beste Produkt bzw. Leistungsangebot zu bieten. Dies entspricht der Suche nach einem kundenspezifischen Wettbewerbsvorteil, etwa durch Kostenführerschaft oder Differenzierung des Produktes sowie die Konzentration auf Nischen.
- **Innovationspartnerschaftsstrategien** (Innovation Partnership) sind eine besondere Art der Differenzierung durch Innovation (vgl. *Müller-Stewens/Lechner*, 2016, S. 410 ff.). Diese werden in Kap. 8.6 ausführlich darge-

stellt. Wenn Innovationen unter Integration und Nutzung externer Informationen und Kompetenzen von Lieferanten oder Kunden stattfinden (Open Innovation), können dadurch langfristige Partnerschaften mit gegenseitiger Abhängigkeit (Lock-in Effekte) entstehen.

Kundenorientierte Strategien konzentrieren sich nicht auf ein einzelnes Produkt, sondern spezialisieren sich auf umfassende, spezifische Kundenlösungen. Aus einer Kombination mehrerer Teillösungen wird für den Kunden ein Mehrwert geschaffen, wobei keine der Teillösungen über eine besonders günstige Kostenstruktur oder Einzigartigkeit verfügen muss. Die strategischen Optionen werden in Kap. 3.2.2 näher erläutert. Kundenspezifischer Mehrwert wird durch die Kombination der Leistungen erreicht, wodurch die Bedürfnisse eines Kunden besonders umfassend abgedeckt werden. Eine möglichst enge Integration der Leistungen in die Wertkette des Kunden, spezialisierte Schnittstellen, Kenntnis der Kundenbedürfnisse und gemeinsame Produktentwicklungen ermöglichen derartige kundenbezogene Wettbewerbsvorteile.

3.3.3 Konkurrenz

Ein Unternehmen kann in der Regel nur dann dauerhaft erfolgreich sein, wenn es die Bedürfnisse seiner Kunden besser erfüllt als seine Konkurrenten. Die Wettbewerber sind deshalb das zentrale Element der Branchenumwelt (vgl. *Hungenberg*, 2020, S. 127 f.).

> **Konkurrenten** bieten Produkte an, welche die gleichen Kundenbedürfnisse befriedigen, wie die Produkte des eigenen Unternehmens (vgl. *Hungenberg*, 2020, S. 132).

Die Definition der Konkurrenten aus Sicht des Kunden zeigt, dass deren Produkte die eigenen Produkte substituieren. Ein Unternehmen steht deshalb mit seinen Konkurrenten im Wettbewerb um die Kunden. Da die Konkurrenten gleiche oder ähnliche Zielsetzungen verfolgen wie das eigene Unternehmen, folgt aus einer höheren Zielerreichung der Konkurrenz eine schlechtere Zielerreichung des eigenen Unternehmens. Daher werden die Begriffe Konkurrent und Wettbewerber meist synonym verwendet.

Eine **Unterscheidung der Konkurrenten** kann nach deren Marktpräsenz erfolgen in (vgl. *Porter*, 1999, S. 89):

- **Aktuelle Konkurrenten** sind bestehende Marktteilnehmer mit vergleichbaren Produkten. Die Substituierbarkeit eines Produktes kann durch die Kreuz-Preis-Elastizität der Nachfrage gemessen werden. Sie gibt an, wie sich eine einprozentige Preisänderung eines Produktes prozentual auf die Nachfrage nach einem anderen Gut auswirkt. Neben direkten Konkurrenten sind auch Wettbewerber zu identifizieren, die zwar ähnliche Produkte anbieten, aus Kundensicht aber anders wahrgenommen werden. Derartige Konkurrenten werden auch als Mitbewerber bezeichnet.
- **Neue Konkurrenten** sind Unternehmen, die in den Markt eintreten. Dies ist mit erhöhter Wettbewerbsintensität und einer Verschlechterung der Ertragslage verbunden.
- **Potenzielle Konkurrenten** sind Unternehmen außerhalb des bearbeiteten Marktsegments, welche vorhandene Eintrittsbarrieren überwinden können und einen Anreiz haben, in den Markt einzudringen. Ein solches Vorgehen könnte für sie etwa eine strategische Erweiterung darstellen. Besonders von Zulieferern und Kunden, die eine Vorwärts- bzw. Rückwärtsintegration in Betracht ziehen, geht die Gefahr aus, dass sie zu neuen Konkurrenten werden.

Eine wesentliche Inforamtionsbasis ist die Übersicht der wesentlichen Konkurrenten und die Einordnung des eigenen Geschäftsfelds, wie exemplarisch in Abb. 3.3.26 dargestellt.

Konkurrenzanalyse

Bei der **Konkurrenzanalyse** sind folgende **Fragestellungen** zu beantworten:

- Wer sind die Konkurrenten?
- Was sind ihre strategischen Ziele?
- Worin liegen ihre Stärken und Schwächen?
- Welche Strategie verfolgen sie?

Abb. 3.3.26: Einordnung des Geschäftsfelds in die Konkurrenzlandschaft (Marktanteile in %)

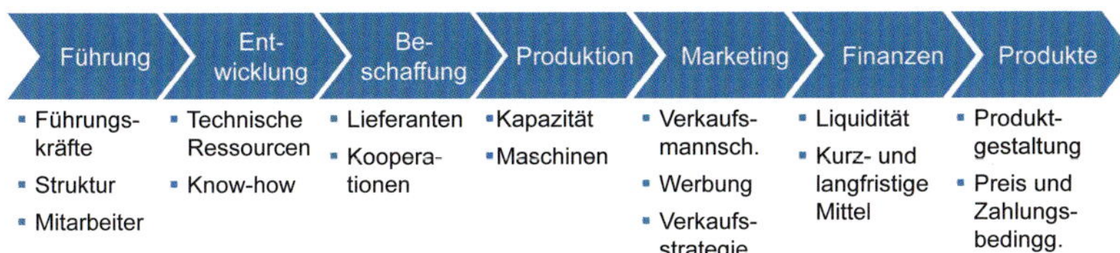

Abb. 3.3.27: Gesamtbild einer Konkurrenz-analyse (vgl. Porter, 1999, S. 106 f.)

Aus der Beantwortung dieser Fragen ergeben sich Chancen und Gefahren für das Unternehmen und dessen Geschäftsbereiche, die Eingang in die SWOT-Analyse finden (vgl. Kap. 3.3.5).

Grundproblem und damit erster Schritt der Konkurrenzanalyse ist die **Identifikation der relevanten Konkurrenten** (vgl. *Hungenberg*, 2020, S. 132). Das Vorgehen ist dabei vergleichbar mit der Kundensegmentierung. Sämtliche Konkurrenten werden hierfür nach ihrem Wettbewerbsverhalten gruppiert. Unternehmen mit gleicher oder ähnlicher Strategie bilden eine **strategische Gruppe** (vgl. Kap. 3.2.2; *Homburg/Sütterlin*, 1992, S. 635 ff.).

Die **Konkurrenzanalyse** beschäftigt sich mit der systematischen Sammlung, Verdichtung, Auswertung und Interpretation von Informationen über die derzeitige und zukünftige Situation der Wettbewerber.

Durch die Einteilung der Konkurrenten in strategische Gruppen soll bestimmt werden, wer die relevanten Wettbewerber sind, welche Ziele sie verfolgen und über welche Stärken und Schwächen sie verfügen. Wenn das Unternehmen seine Wettbewerber genau kennt, dann kann es deren zukünftiges Verhalten besser prognostizieren und darauf strategische Antworten finden. Zunächst ist daher das Verhalten bestehender Konkurrenten sowie möglicher neuer Konkurrenten zu analysieren. Dazu werden alle wesentlichen Unternehmensmerkmale der Konkurrenten beurteilt und daraus ein **integriertes Gesamtbild** erstellt.

Häufig verfügen die betrieblichen Fachbereiche über Konkurrenzinformationen. Diese sind jedoch erst im Zusammenhang mit den Kenntnissen anderer Bereiche aussagekräftig. So führt etwa die Beteiligung eines Konkurrenten an einem finanzschwachen Unternehmen erst in Verbindung mit der Information, dass es sich um einen wesentlichen Lieferanten handelt, zur richtigen Interpretation. Beispiele für einzelne Kriterien der Konkurrenzanalyse zeigt Abb. 3.3.28.

Um seine Konkurrenten beurteilen zu können, reicht es nicht aus, deren Prospekte und Preislisten zu sammeln. Die Informationsbeschaffung für eine Konkurrenzanalyse erfordert eine Reihe von **Informationsquellen**. Einen Überblick gibt Abb. 3.3.29.

Bereich	Untersuchungsgegenstand
Führung	▪ Führungskräfte: Ziele, Prioritäten, Werte, Entlohnungssystem ▪ Entscheidungsfindung: Ort, Art, Geschwindigkeit ▪ Planung: Arten, Engagement, Zeithorizont ▪ Mitarbeiter: Fluktuation, Erfahrung, Beförderungspolitik, Kompetenzen ▪ Organisation: Zentralisation, Funktionen, Stäbe
Entwicklung	▪ Technische Ressourcen: Konzepte, Patente, Qualität, Integration ▪ Know-how ▪ Finanzielle Mittel: Summe, Kontinuität, Anteil Eigen-/Fremdmittel
Beschaffung	▪ Methoden/Systeme: Integration mit Absatz- und Produktionsplanung, Informationssysteme, Lagerhaltungs- und Transportsysteme ▪ Lieferanten: Anzahl je eingekauftes Material/Bauteil, Kooperationen
Produktion	▪ Kapazität/Fabriken: Größe, Lage, Alter ▪ Maschinen: Automatisierung, Flexibilität, Prozesse, Technik ▪ Integrationsgrad
Marketing	▪ Verkaufsmannschaft: Fähigkeiten, Größe, Art, Standorte ▪ Distributionssystem ▪ Marktforschung: Qualität, Struktur ▪ Service- und Verkaufsstrategie ▪ Werbung: Qualität, Art ▪ Finanzielle Mittel: Gesamt, Prozent des Umsatzes, Entlohnungssystem
Finanzen	▪ Langfristige Mittel: Eigenkapitalquote, Kosten des Fremdkapitals ▪ Kurzfristige Mittel: Kreditlinien, Art und Kosten des Fremdkapitals ▪ Liquidität: Cash-Flow, Außenstände, Bestandsumschlag ▪ Mitarbeiter: Führungskräfte, Fähigkeiten, Fluktuation ▪ Systeme: Budget, Prognose, Planung, Kontrolle
Produkte	▪ Nutzbare Leistung ▪ Preis, Zahlungsbedingungen ▪ Zuverlässigkeit, Qualität ▪ Marktanteil (in verschiedenen Märkten) ▪ Image

Abb. 3.3.28: Untersuchungsbereiche der Konkurrenzanalyse (vgl. Welge et al., 2017)

	Unternehmensintern	Unternehmensextern
Primärquellen	▪ Außendienstinformationen ▪ Technische Analyse von Konkurrenzprodukten ▪ Marktforschungsstudien ▪ Interne Expertenurteile	▪ Tagungen, Messen und Kongresse ▪ Gemeinsame Kunden und Lieferanten ▪ Simulierte Kundenanfragen ▪ Konkurrenzmitarbeiter ▪ Branchenverbände, Kammern ▪ Analyse früherer Konkurrenzaktionen
Sekundärquellen	▪ Daten der Kunden ▪ Verkaufsstatistiken ▪ Branchenstudien einzelner Abteilungen	▪ Presseartikel ▪ Geschäftsberichte, Jahresabschluss ▪ Produktbroschüren und Homepage ▪ Patentveröffentlichungen

Abb. 3.3.29: Informationsquellen zur Konkurrenzanalyse

Um seinen Konkurrenten einzuschätzen, sollte ein Unternehmen die Fragen aus Abb. 3.3.30 beantworten. Mit dieser Checkliste soll nicht nur die gegenwärtige Situation eines Konkurrenten, sondern auch dessen wahrscheinliche Entwicklung beurteilt werden. Darüber hinaus wird untersucht, ob dies aus Sicht des eigenen Unternehmens eine Chance oder Gefahr darstellt.

Stärken-Schwächen- und Reaktionsprofile

Eine systematische und permanente Sammlung, Verdichtung und Auswertung von Informationen über die Konkurrenten ist Voraussetzung der Konkurrenzanalyse (vgl. *Backhaus/Voeth*, 2010, S. 209 f.). Diese zeigt die Stärken und Schwächen der Konkurrenten im Vergleich zum eigenen Unternehmen. Dargestellt wird dies, wie Abb. 3.3.31 zeigt, in einem **Stärken-Schwächen-Profil.** Darin werden verschiedene Untersuchungsbereiche für das eigene Unternehmen und den Konkurrenten beurteilt. In den Bereichen, in denen die Abstände besonders hoch sind, zeigen sich relative Stärken oder Schwächen gegenüber dem Konkurrenten und damit Ansatzpunkte für eine Konkurrenzstrategie. Die übliche Darstellung als Profil verbindet die einzelnen Beurteilungspunkte, auch wenn diese Verbindung keinen Informationsgehalt hat.

Die Stärken-Schwächen-Profile sind im Vergleich zu jedem relevanten Konkurrenten zu erstellen. Häufig wird die Darstellung noch verdichtet, indem für jedes Kriterium der stärkste Konkurrent herangezogen wird. Dieses Vorgehen orientiert sich am Gedanken des **Benchmarking** (vgl. *Camp*, 1994). Benchmarking geht dabei über die reine Kon-

Checkliste zur Konkurrenzanalyse

Konkurrenzfaktoren	Gewicht	Bedeutung	Situationsbeurteilung							Dynamik & Kontext					Wertung	
	Insgesamt 100%	100% je Kriterium	0 (nicht attraktiv)	1	2	3	4	5 (sehr attrakti)	Attraktivität	1 (Sicher)	2 (Ungewiss: Risiko)	3	4 (Ungewiss: Unsicher)	Dynamik	Chance	Gefahr
1. Führung	10%	**15%**							**2,30**					**2,10**		
- Führungskräfte (Ziele, Prioriäten, Werte, Entlohnungssystem) - …		15%				x			0,45		x			0,30	x	x
2. Entwicklung	21%	**20%**							**4,01**					**1,80**		
- Technik (Konzepte, Patente, Technologie, Integration) - …		20%	x						0,00	x				0,20	x	
3. Beschaffung	16%	**20%**							**3,76**					**2,30**		
- Lieferanten (Sourcing, Kooperationen) - …		20%			x				0,40	x				0,20		x
4. Produktion	10%	**30%**							**2,80**					**1,20**		
- Maschinen (Automatisierung, Instandhaltung, Flexibilität, Technik) - …		30%					x		1,20	x				0,30	x	
5. Marketing/Vertrieb	9%	**40%**							**3,10**					2,80		
- Verkaufsmannschaft (Fähigkeiten, Größe, Art, Standorte) - …		40%		x					0,40		x			0,80		x
6. Finanzen	19%	**15%**							**0,56**					**3,40**		
- kurzfristige Mittel (Kreditlinien, Kosten des Fremdkapitals) - …		15%		x					0,15	x				0,15		x
7. Produkte	15%	**25%**							**2,98**					**2,80**		
- Zuverlässigkeit, Qualität - …		25%		x					0,25	x				0,25		x
	100%		**Konkurrenzattraktivität**						**2,79**	**Konkurrenzdynamik**				**2,39**		

Abb. 3.3.30: Checkliste zur Konkurrenzanalyse

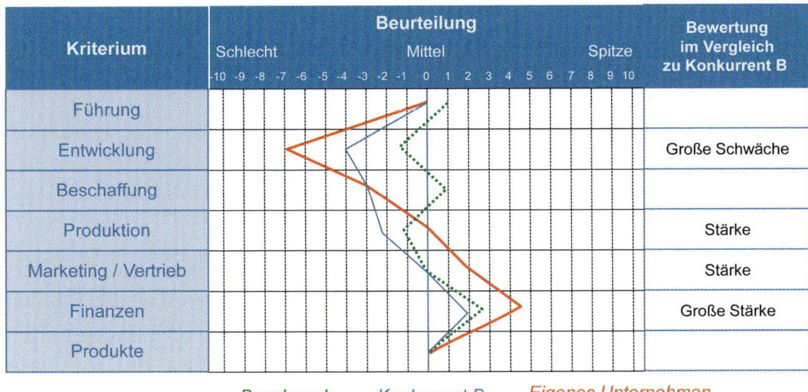

Abb. 3.3.31: Stärken-Schwächen-Profil im Wettbewerbsvergleich

kurrenzanalyse hinaus, denn Vergleichspartner können auch andere Geschäftsbereiche des Unternehmens sowie Nicht-Konkurrenten aus der gleichen oder einer anderen Branche sein (vgl. Kap. 7.2.3). So können beispielsweise für die Fakturierung ein Kreditkartenunternehmen und für die Logistik ein Versandhaus als Vergleichspartner dienen. Das Benchmarking versucht, für das Untersuchungsobjekt das erreichbare Leistungsniveau zu bestimmen. Dies wird als „Benchmark" im Sinne eines Bezugspunkts bzw. Maßstabs für die eigene Leistungsfähigkeit verstanden. Benchmarking kann sich darauf beschränken, die bestehenden Unterschiede bei Kosten, Zeit, Qualität oder Kundenzufriedenheit zu ermitteln. Erfolgversprechender ist es aber, die dahinterstehenden Ursachen zu analysieren. Durch den Vergleich mit den „Besten der Besten" soll aus deren Erfahrungen gelernt und dadurch Ansätze für Verbesserungen abgeleitet werden (vgl. *Horváth/Herter*, 1992, S. 4 ff.). Durch die Kombination von Konkurrenzanalyse und Benchmarking können nicht nur die Stärken und Schwächen im Vergleich zur Konkurrenz, sondern auch Maßnahmen zur Verbesserung der Wettbewerbsfähigkeit erarbeitet werden.

Die Informationen über wichtige Konkurrenten können, wie in Abb. 3.3.32 dargestellt, übersichtlich in einem Konkurrentenprofil zusammengefasst werden.

Operative Informationen über die Konkurrenten, wie etwa Anzahl der Mitarbeiter, Gewinn, Rentabilität oder Marktanteil, sind meist einfach zu beschaffen. Dagegen sind deren strategische Maßnahmen und Reaktionen auf die Strategie des eigenen Unternehmens nur schwer zu prognostizieren. Die detaillierte Analyse einzelner Konkurrenten zielt vor allem darauf ab, ihr voraussichtliches Verhalten zu bestimmen. Ausgangspunkt ist deshalb die Beurteilung der jetzigen Situation der Wettbewerber und

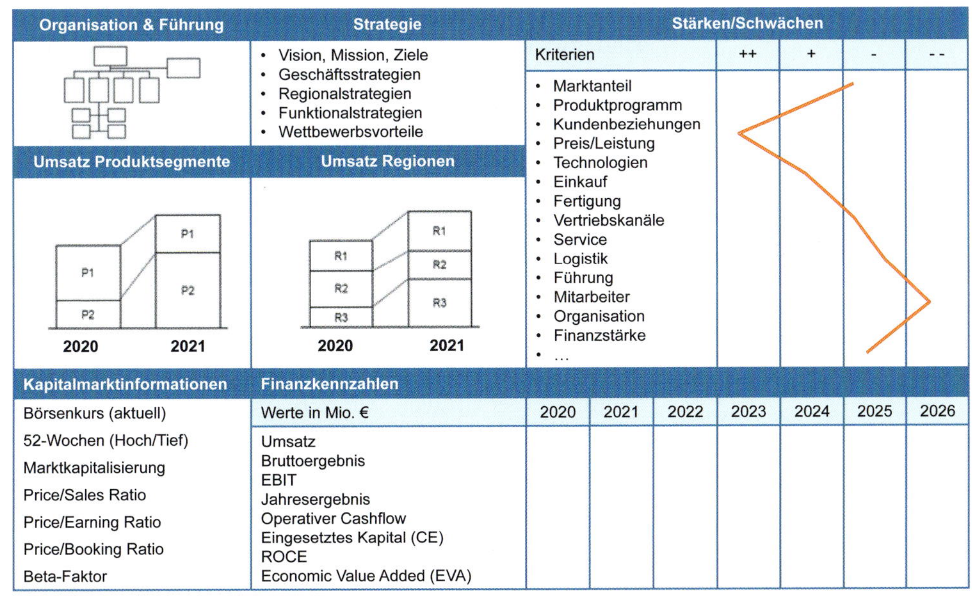

Abb. 3.3.32: Konkurrentenprofil (in Anlehnung an Alter, 2019, S. 149)

des Erfolgs ihrer gegenwärtigen Strategie (vgl. *Hungenberg*, 2020, S. 133). Ist beispielsweise die derzeitige finanzielle Situation eines Wettbewerbers unbefriedigend, so könnte dies einen Strategiewechsel nach sich ziehen. Zusammenfassend ist es daher das Ziel der Konkurrenzanalyse, die Strategie der Wettbewerber und deren Erfolgschancen zu beurteilen sowie ihre Reaktion auf Veränderungen der Branche vorherzusagen. Die Konkurrenzanalyse sollte daher neben aktuellen und neuen auch ausgewählte potenzielle Konkurrenten umfassen. Dies können etwa Innovationsführer oder bevorzugte Lieferanten von Schlüsselkunden sein.

Bei der Konkurrenzanalyse sollten, wie in Abb. 3.3.33 dargestellt, folgende **Elemente des Konkurrenten** untersucht werden (vgl. *Porter*, 1999, S. 86 ff.):

- **Ziele:** Die Unternehmensziele können sehr unterschiedlich ausgeprägt sein. Einem Wettbewerber kann es etwa wichtig sein, seinen Bekanntheitsgrad zu steigern oder seine Marktführerschaft auszubauen. Da die Ziele der Konkurrenz nicht öffentlich bekannt sind, müssen sie mit Hilfe von Indikatoren eingeschätzt werden. Dies können z. B. gegenwärtige Geschäftsergebnisse, Bindungen an bestimmte Geschäftseinheiten oder vorhandene Organisationsstrukturen sein.
- **Strategien:** Die Wettbewerbsstrategie bestimmt das angebotene Produktspektrum und das Verhalten gegenüber den Wettbewerbern. Die Kenntnis der gegenwärtigen und zukünftigen Strategie der Wettbewerber beeinflusst die eigene Strategieformulierung. Beurteilt werden folgende Verhaltensweisen der Konkurrenz:
  - **Kooperationsverhalten:** Wie und mit wem kooperiert der Wettbewerber?
  - **Konfliktverhalten:** Wie löst er Konflikte?
  - **Ausweichverhalten:** Wie schnell weicht er auf andere Branchen aus?
  - **Anpassungsverhalten:** Wie flexibel passt er sich an Veränderungen an?
- **Potenziale:** Die Analyse der Stärken und Schwächen des Wettbewerbers gibt Aufschluss über dessen Potenzial, seine Strategie erfolgreich umzusetzen und auf Veränderungen der Branche zu reagieren bzw. diese selbst mitzubestimmen. Beurteilt werden die Fähigkeiten und Ressourcen des Konkurrenten. Dies gilt vor allem hinsichtlich seiner Wachstums- und Anpassungsfähigkeit sowie seiner Widerstandsfähigkeit gegenüber dem Wettbewerbsdruck.
- **Selbstverständnis:** Mit dem Selbstverständnis soll die normative Ebene des Wettbewerbers beurteilt werden. Es geht um ein Verständnis der Werte und Mission des Konkurrenten, um dessen Verhaltensweisen nachvollziehen zu können.

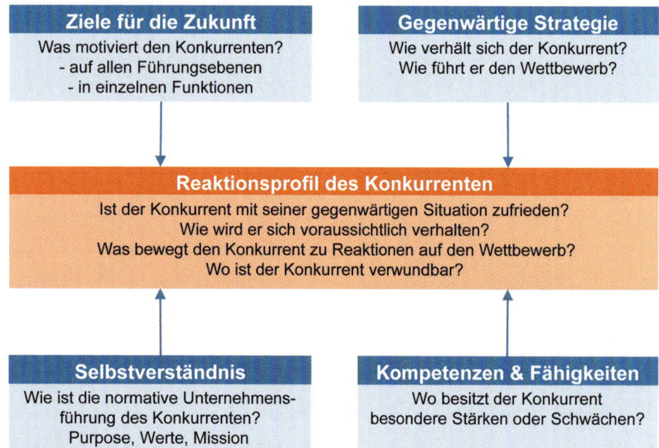

Abb. 3.3.33: Elemente der Konkurrenzanalyse (vgl. Porter, 1999, S. 88)

Aus den genannten Elementen lässt sich ein erwartetes **Reaktionsprofil des Konkurrenten** ermitteln. Beispielsweise könnte ein Wettbewerber seine bisher verfolgte Strategie ändern und seine Produktpalette ausweiten. Derartige Gefahren sollen durch die Konkurrenzanalyse frühzeitig erkannt werden, um im Vorfeld darauf reagieren zu können.

Interaktive, spieltheoretische Strategien

Die Wahl einer Geschäftsstrategie hängt maßgeblich davon ab, wie die Wettbewerber sich verhalten. Der Wettbewerb ist interaktiv, denn der Markterfolg eines Unternehmens hängt vom Verhalten der Konkurrenten ab. Unternehmen sind etwa herausgefordert, auf einen Niedrigpreis-Rivalen zu reagieren. Erfolgreiche Preiskämpfer, wie z. B. *Aldi*, verändern die Art des Wettbewerbs, indem sie sich auf wenige Segmente mit standardisierten Produkten konzentrieren. Preiskämpfe führen in der Regel zum Abschmelzen der Gewinne der etablierten Unternehmen. So erfordert ein Preisangriff eine Reaktion, wie z. B. eigene Preissenkungen. In jedem Fall ist auf Ungleichgewichte zu reagieren. Interaktive Strategien erfordern Schnelligkeit und Initiative statt eines defensiven Vorgehens (vgl. *Kumar*, 2006, S. 104 f.) Dabei kann auch eine Kooperation mit einem Wettbewerber sinnvoll sein, z. B. um neue oder disruptive Konkurrenten gemeinsam zu bekämpfen (vgl. *Porter*, 1980, S. 280 ff.).

Um die wahrscheinlichen Maßnahmen der Konkurrenten und deren Auswirkungen auf die eigene Strategie zu prognostizieren, kann auf die Spieltheorie zurückgegriffen werden. Die **Spieltheorie** ist eine mathematische Theorie, bei der Entscheidungssituationen mit mehreren miteinander interagierenden Beteiligten modelliert werden (vgl. Kap. 1.2.1). Der Erfolg des Einzelnen hängt dabei nicht nur vom eigenen Handeln, sondern auch von dem der Anderen ab.

Die Spieltheorie kann verwendet werden, um die optimalen Strategien zu bestimmen. Dazu werden sogenannte Lösungskonzepte verwendet. Das prominenteste ist das **Nash-Gleichgewicht** (vgl. *Nash*, 1950). Es beschreibt eine Kombination von Strategien, bei der kein Spieler einen Anreiz hat, einseitig davon abzuweichen. In einem *Nash*-Gleichgewicht ist daher jeder Spieler auch im Nachhinein mit seiner Strategiewahl einverstanden und würde sie genauso wieder treffen. Die Strategien der Spieler sind demnach gegenseitig optimal und die Strategie-Kombination besitzt eine gewisse Stabilität. Spieltheoretisch bedeutet dies, dass sich der Nutzen eines Spielers, der seine Strategie als Einzelner ändert, aufgrund dieser Änderung nicht erhöhen darf.

Ein Beispiel für ein spieltheoretisches Problem mit genau einem *Nash*-Gleichgewicht ist das **Gefangenendilemma** (vgl. Kap. 1.2.1). Analog lässt sich die Situation für die Preisfindung bei zwei Konkurrenten darstellen. Da jeder Akteur versucht, für sich das beste Ergebnis zu erzielen, verhalten diese sich nicht kooperativ, auch wenn es für alle Beteiligten die beste Lösung wäre. Stabil im Sinne eines *Nash*-Gleichgewichtes ist die Strategie-Kombination, bei der beide Unternehmen ihren Preis senken. Dann kann sich kein einzelnes Unternehmen einen Vorteil verschaffen, so dass ein *Nash*-Gleichgewicht vorliegt. Dieses *Nash*-Gleichgewicht liefert aber für beide Unternehmen schlechtere Ergebnisse als beiderseitige Preiskonstanz, welche nur durch Kooperation erreichbar ist.

Das *Nash*-Gleichgewicht hat u a. eine zentrale Bedeutung bei der Verteilung von Gütern und bei der Preisfindung. In der Marktwirtschaft ist eine Situation denkbar, bei der mehrere Anbieter in einem Markt die Preise ihrer konkurrierenden Produkte soweit gesenkt haben, dass sie gerade noch wirtschaftlich arbeiten. Für den einzelnen Anbieter wäre eine ausweichende Strategie nicht möglich. Senkt er seinen Preis, um seinen Absatz zu erhöhen, fällt er unter die Wirtschaftlichkeit; erhöht er ihn, werden die Käufer auf die Konkurrenzprodukte ausweichen und sein Gewinn sinkt ebenfalls. Ein Ausweg kann nun etwa darin bestehen, (beinahe) gleichzeitig mit einem Konkurrenten eine Produktinnovation einzuführen, um damit einen höheren Preis zu begründen. Dabei handelt es sich um eine Koopkurrenz-Strategie, welche z. B. von Fluggesellschaften eingesetzt werden (vgl. Kap. 3.2.2).

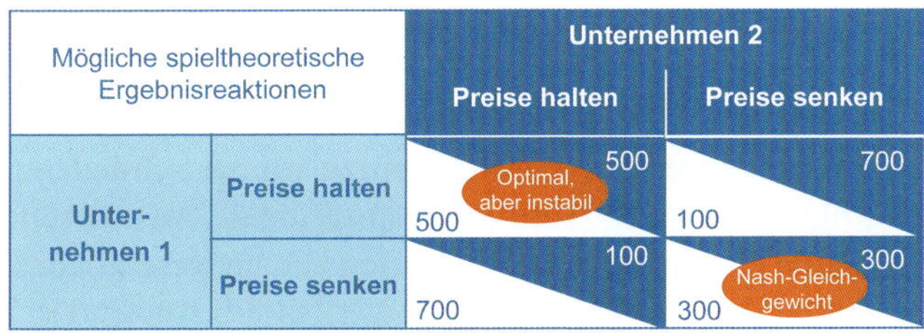

Mögliche spieltheoretische Ergebnisreaktionen		Unternehmen 2: Preise halten	Unternehmen 2: Preise senken
Unternehmen 1	Preise halten	500 / 500 (Optimal, aber instabil)	700 / 100
Unternehmen 1	Preise senken	100 / 700	300 / 300 (Nash-Gleichgewicht)

Abb. 3.3.34: Nash-Gleichgewicht in einer Preissetzungssituation

Hyperwettbewerb

Die Konkurrenzanalyse ermöglicht Rückschlüsse auf das Verhalten der Wettbewerber als Basis für die Erstellung einer konkurrenzorientierten Strategie. Sie fasst die Reaktionen der Konkurrenten auf Veränderungen der Branche und Umwelt sowie Verteidigungsmaßnahmen gegenüber möglichen Angriffen zusammen.

Die **dynamische Strategie** soll folgende **Fragen** beantworten:

- Welche strategischen Maßnahmen treffen den Konkurrenten?
- Welche dieser Maßnahmen provozieren Vergeltung?
- Wie sieht eine mögliche Vergeltung aus und ist der Wettbewerber dazu imstande?

Daraus lassen sich sowohl dynamische Strategien für die einzelnen Wettbewerber ableiten, als auch Anhaltspunkte für die Gestaltung der Konkurrenzstruktur finden. Dies kann etwa durch energische Bekämpfung eines Konkurrenten oder Abschreckung potenzieller Konkurrenten durch Eintrittsbarrieren erfolgen.

Um dynamische Strategien zu entwickeln, kann auf die Spieltheorie zurückgegriffen werden. Dabei wird angenommen, dass die Wettbewerber ihren eigenen Nutzen maximieren wollen. Allerdings sind die einzelnen Akteure bei ihrer Nutzenmaximierung nicht voneinander unabhängig, da das Ergebnis ihres Handelns vom Verhalten der anderen Wettbewerber beeinflusst wird. Dies wird von den Akteuren bei ihren Entscheidungen berücksichtigt (vgl. *Hungenberg*, 2020, S. 117).

Durch die Reaktionen auf das Konkurrenzverhalten entsteht somit ein **dynamischer Wettbewerb**. Anzeichen hierfür lassen sich in einigen Branchen finden (vgl. *D'Aveni*, 1995, S. 24 f.; *Welge et al.*, 2017, S. 230 f.):

- Produktlebenszyklen verkürzen sich, wie z. B. für Computer oder Smartphones.

- Eintrittsbarrieren sinken, wie z. B. in der Telekommunikation oder bei der Post.
- Kunden und Lieferanten werden als Partner in die Leistungserstellung einbezogen. Sie übernehmen dabei bestimmte Aktivitäten selbst, wie etwa die Erfassung von Buchungen durch den Kunden beim Online-Banking. Dadurch entstehen flexible Netzwerke aus kooperierenden Unternehmen, Lieferanten und Kunden (vgl. Kap. 5.5).
- Da das Produkt- und Markt-Know-how schneller veraltet, wird das Lernen, Verlernen und Umlernen für ein Unternehmen immer wichtiger. Dies bedeutet auch, Veränderungsprozesse als Chance wahrzunehmen und aktiv mitzugestalten (vgl. Kap. 6.5).

Derartige Veränderungen kennzeichnen ein Wettbewerbsumfeld, das durch immer höhere Unsicherheit, Dynamik und Feindseligkeit gekennzeichnet ist. *D'Aveni* (1995) bezeichnet diese Bedingungen als **Hyperwettbewerb** (Hypercompetition). Nach seiner Auffassung bilden stabile Wettbewerbsbedingungen die Ausnahme, d. h. Wettbewerb ist durch kontinuierliche Veränderung geprägt. Wettbewerbsvorteile sind in diesem Fall nur temporär, da sie mit der Zeit von der Konkurrenz aufgeholt werden. Statt nach dauerhaften Wettbewerbsvorteilen zu suchen, konzentrieren sich Unternehmen im Hyperwettbewerb auf den Aufbau temporärer Vorteile. Anstelle der Suche nach Stabilität und Gleichgewicht, tritt die Erschütterung des Status quo als strategisches Ziel in den Vordergrund (vgl. *D'Aveni*, 1995, S. 26). Dieser Überlegung liegt die *Schumpetersche* Idee der schöpferischen Zerstörung zugrunde: Ziel der Strategieformulierung ist es danach nicht, Wettbewerbsvorteile aufzubauen und zu festigen, sondern diese möglichst schnell auszuschöpfen und dann wieder durch neue zu ersetzen.

Die Reaktionen der Konkurrenten führen zu unterschiedlichen **Wettbewerbsarenen**. Die Maßnahmen eines Wettbewerbers provozieren in einer in Abb. 3.3.35 dargestellten „**Eskalationsleiter**" Vergeltungsmaßnahmen der Konkurrenten, wodurch der Wettbewerb immer härter wird (vgl. *D'Aveni*, 1995, S. 26 ff.):

- **Erste Arena – Kosten- und Qualitätswettbewerb**: Ausgangspunkt der Wettbewerbseskalation sind Preiskriege in einer Branche. Sie beginnen, wenn die Produktqualität in einer Branche ein vergleichbares Niveau erreicht hat. Einzelne Wettbewerber senken dann die Preise, um den anderen Unternehmen Marktanteile abzunehmen. Auf diese Weise wollen sie Kostendegressionseffekte erzielen. Einige Wettbewerber folgen dem Preiskrieg und bieten standardisierte Produkte zu einem geringeren Preis an (Position des Kostenführers). Andere Unternehmen positionieren ihr Produkt mit höherer Qualität zu einem Premiumpreis (Position der Differenzierung). Zudem bieten einige Unternehmen statt eines vollen Sortiments lediglich Nischenlösungen an (Position der Fokussierung). Neu besetzte Marktnischen überschneiden sich dabei häufig mit den Marktsegmenten etablierter Anbieter. Diese sehen sich daher gezwungen, den Kundennutzen durch Preissenkungen oder Qualitätsverbesserungen zu erhöhen. Dadurch bewegen sich die Unternehmen auf ein hohes Qualitätsniveau bei niedrigen Preisen zu, dem sog. Wertoptimum. Langfristig betrachtet lassen sich deshalb in einer Branche über Preis-, Kosten- und Qualitätswettbewerb keine dauerhaften Vorteile erzielen.
- **Zweite Arena – Zeit- und Innovationswettbewerb**: Mit Erreichen des Wertoptimums beginnt der Eintritt in die nächste Wettbewerbsarena. Maßnahmen und Gegenmaßnahmen erzeugen auch hier einen Prozess, in dessen Verlauf die Unternehmen nun Innovationen einführen. Dabei imitieren sie sich aber gegenseitig so lange, bis schließlich alle ursprünglichen Wettbewerbsvorteile zunichtegemacht wurden. Der Wettbewerbsprozess beginnt mit der Positionierung einer Innovation, mit der ein Unternehmen ein neues Marktsegment eröffnet. Die etablierten Unternehmen beobachten zunächst den Erfolg oder Misserfolg dieses neuen Produktes. Ist der Erstanbieter erfolgreich, beginnt die Phase der Imitation, in der ein Pionier zunächst eine Monopolrente abschöpfen kann. Da die Nachahmer aus den Fehlern des Erstanbieters lernen, positionieren sie verbesserte Produkte unter Vermeidung hoher Erstentwicklungskosten. Innovatoren versuchen sich vor der Nachahmung durch Imitationsbarrieren, wie z. B. Patente oder Exklusivverträge mit Lieferanten und Abnehmern, zu schützen. All diese Imitationsbarrieren werden jedoch mit der Zeit von den Nachahmern überwunden. Häufig wird dabei nicht nur das Produkt, sondern auch die Ressourcenbasis des Innovators imitiert, wie etwa dessen Fertigungs- oder Vertriebs-Know-how. Eine hohe Reaktionsgeschwindigkeit der Wettbewerber sowie kurze Nachahmungszyklen führen zu immer schnellerer Angleichung der Wettbewerbspositionen. Aus diesem Grund ermöglichen Innovationen keinen wesentlichen Wettbewerbsvorteil mehr. Der Wettbewerb konzentriert sich darauf, die eigene Ressourcenbasis auszubauen. Kritisch ist der richtige Zeitpunkt für Innovationen und

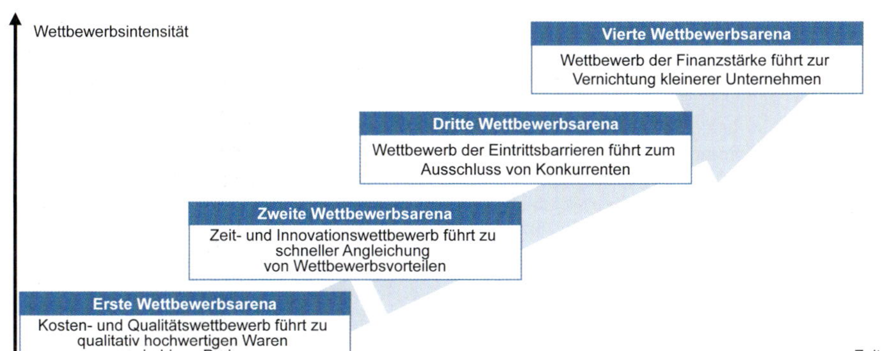

Abb. 3.3.35: Wettbewerbsarenen bei eskalierendem Wettbewerb (vgl. D'Aveni, 1995, S. 48)

die Entscheidung, ob diese entweder als Erstanbieter oder als Imitator auf den Markt gebracht werden sollen.

- **Dritte Arena – Wettbewerb der Eintrittsbarrieren**: Der Aufbau von Eintrittsbarrieren für den Gesamtmarkt oder einzelne Marktsegmente schützt die Unternehmen vor neuen Wettbewerbern. Da diese Eintrittsbarrieren mit der Zeit überwunden werden, ist dieser Schutz nur temporär wirksam. Eintrittsbarrieren im Wettbewerb wurden im Zusammenhang mit den Wettbewerbskräften in Kap. 3.2.1 erläutert.
- **Vierte Arena – Wettbewerb der Finanzstärke**: Sind diese Eskalationsstufen durchlaufen und eine globale Branche entstanden, dann verlagert sich der Wettbewerb auf die finanzielle Stärke der Unternehmen. Durch die Finanzkraft großer Konzerne können kleinere Konkurrenten verdrängt, übernommen oder kontrolliert werden.

Wettbewerb zwischen Coca-Cola und Pepsi

Coca-Cola ist das größte Unternehmen für nichtalkoholische Getränke der Welt und in mehr als 200 Ländern aktiv. Sein Purpose lautet: „Refresh the world. Make a difference." Das Unternehmen verfügt über 4.000 Produkte im Bereich alkoholfreier Getränke und über 500 Marken. Täglich werden weltweit über 1 Mrd. Getränke von *Coca-Cola* konsumiert. Das Unternehmen beschäftigt rund 80.000 Mitarbeiter und erzielt einen Umsatz von über 38 Mrd. US$. Die Erfolgsgeschichte reicht über 130 Jahre zurück. Laut dem Schweizer Markenberatungsunternehmen *Interbrand* ist *Coca-Cola* eine der weltweit wertvollsten Marken. Deutschland ist einer der wichtigsten Märkte in Europa (www.coca-cola.com).

Die Erfrischungsgetränkebranche wurde von *Coca-Cola* im Jahre 1886 durch die Erfindung des gleichnamigen Getränks gegründet. *Coca-Cola* wurde 1886 in Atlanta erfunden. *John S. Pemberton* mischte als Apotheker aus Coca-Blättern, Cola-Nüssen, Kohlensäure und einigen anderen Zutaten ein wohlschmeckendes Gebräu, das er einerseits für einen guten Durstlöscher, andererseits aber auch für eine Medizin gegen Kopfschmerzen und Magendrücken hielt. In einem lokalen Getränkeladen fand er die ersten Abnehmer für seine Neuentwicklung, die er als Sirup verkaufte, der mit Wasser zu mischen war. Schon in den ersten Jahrzehnten der Unternehmensgeschichte hatten Hunderte von meist kleinen Herstellern versucht, eine eigene Cola auf den Markt zu bringen. Die Unternehmensleitung in Atlanta ging jedoch rigoros mit rechtlichen Mitteln gegen jeden noch so kleinen Limonadenbrauer vor, der versuchte, *Coca-Cola* zu kopieren. Allein 1916 soll das Unternehmen 153 Rivalen durch gerichtliche Schritte oder Repressalien vom Markt verdrängt haben.

PepsiCo bietet die weltweit größte Produktpalette an Nahrungsmittel- und Getränkemarken. Sie umfasst 19 verschiedene Produktlinien. *Pepsi* beschäftigt rund 290.000 Mitarbeiter und bedient Konsumenten in mehr als 200 Ländern. Der Jahresumsatz beträgt über 70 Mrd. US$ und beinhaltet auch andere Geschäftsfelder (www.pepsi.de). *Pepsi* wurde 1898 von dem Apotheker *Caleb D. Bradham* in New Bern zusammengemischt aus Cola-Nüssen, Vanille, Öl, Kokosnuss und Zucker. Er verkaufte es als Medizin gegen Verdauungsstörungen, in der Fachsprache „Dyspepsie" genannt, was dem Getränk auch seinen Namen gab. An der Tatsache, dass *Pepsi* als Medikament verkauft wurde, lag es auch, dass *Coca-Cola* den Konkurrenten übersah.

Diese beiden Marktführer für Erfrischungsgetränke sind ein Beispiel für eskalierenden Wettbewerb (vgl. *D'Aveni*, 1995, S. 219; www.pepsi.com). *Coca-Cola* erreichte schnell die Marktführerschaft mit seiner Cola. Das Unternehmen galt bis in die 1960er Jahre als unangreifbar und prägte als dominanter Branchenführer die Märkte. So wurde z. B. 1931 in einer Werbekampagne von einem Zeichner die Darstellung eines Weihnachtsmanns entwickelt, um *Coca-Cola* nicht nur als erfrischendes Sommergetränk, sondern auch im Winter besser zu vermarkten. Der *Coca-Cola*-Weihnachtsmann im roten Gewand fiel so überzeugend aus, dass er bis heute die allgemeingültige Vorstellung vom Weihnachtsmann ist.

1933 startete *Pepsi* den Konkurrenzkampf mit einer ersten aggressiven Wettbewerbsmaßnahme: „Twice as Much for a Nickel". Unter dieser Devise wurde die doppelte Menge *Pepsi* zum gleichen Preis verkauft und damit ein Preisvorteil gegenüber *Coca-Cola* erzielt. *Coca-Cola* reagierte auf diese Maßnahme zunächst nicht, während *Pepsi* durch seinen Preisvorteil seine Marktposition bis auf den zweiten Platz in der Branche verbessern konnte. Später hob *Pepsi* seinen Preis allmählich wieder auf das Niveau von *Coca-Cola* an.

Gleichzeitig verlagerte es den Wettbewerb von der Preis- auf die Qualitätsdimension, indem es zunächst das Segment der jugendlichen Konsumenten angriff. 1963 startete *Pepsi* eine Werbekampagne, die das Getränk mit einer besonderen Lebensart in Verbindung brachte. Die „Pepsi Generation" war jung oder fühlte sich so und trank *Pepsi.* Später in den 1970er Jahren entdeckte *Pepsi,* dass ihr Getränk bei Blindtests besser abschnitt als *Coca-Cola*. Daraus wurde eine weitere Kampagne „Take the *Pepsi* Challenge" gestartet und der Geschmack hervorgehoben. Im US-Einzelhandel konnte *Pepsi* damit den Rivalen *Coca-Cola* 1980 überholen. Dies veranlasste *Coca-Cola* erstmals in der fast hundertjährigen Geschichte im Jahr 1985 die Rezeptur ihres Getränks zu ändern. *Coca Cola* wurde süßer und schmeckte als *New Coke* nun mehr wie *Pepsi*. Anschließend waren nur noch geringe Unterschiede im wahrgenommenen Geschmack der beiden Konkurrenten erkennbar. Doch die Einführung von *New Coke* erwies sich von Anfang an als Debakel. Eine Welle des Entsetzens ging durch die Vereinigten Staaten, eine Organisation der „Old Cola Drinkers of America" formierte sich und die Popularität von *Coca-Cola* sank. Drei Monate nach Einführung von New Coke wurde die alte Rezeptur als *Coca-Cola Classic* wieder eingeführt und *New Coke* verschwand vom Markt. So verlagerte sich der Konkurrenzkampf wieder auf die Preisdimension. *Coca-Cola* startete einen Preiskrieg, dem *Pepsi* schnell folgte, so dass sich für die Konsumenten ein Wertoptimum einstellte.

Pepsi entwickelte Innovationen bei Verpackung und Vertrieb, indem die Glasflaschen durch Aluminiumdosen und Plastikflaschen ersetzt wurden. So wurde in den 1950er Jahren die erste 0,7-Liter-Flasche, in den 1970er Jahren die Zweiliter-Familienflasche und schließlich 1984 die Dreiliterflasche eingeführt. *Coca-Cola* entschloss sich erst Jahre später zu größeren Flaschen, um dem Angriff entgegenzuwirken. Der Zyklus von Innovation und Imitation in der Erfrischungsgetränkebranche beschleunigte sich zunehmend. So führte *Royal Crown* in den frühen 1960er Jahren die koffeinfreie Cola ein. Diese Innovation wurde innerhalb von drei Jahren von den beiden Marktführern imitiert. Die Entwicklung einer Diätcola durch *Pepsi* 1964 wurde in nur sechs Wochen von *Coca-Cola* nachgeahmt. Als neues Kapitel im Innovationskampf trieb die *Coca-Cola Company* die Zulassung des Süßstoffs Stevia u. a. in der EU voran. Als Pionier wurden im Jahr 2012 in Deutschland mit Stevia gesüßte Getränke getestet und seit 2015 mit *Coca-Cola Life* ein eigenes Produkt angeboten. Bereits vier Monate nach *Coca-Cola* brachte der Konkurrent *Fritz-Kola* als Reaktion eine Cola mit Stevia auf den Markt.

In der Erfrischungsgetränkebranche ist der Vertrieb die entscheidende Eintrittsbarriere. *Coca-Cola* erreichte bereits um das Jahr 1900 durch ein Franchisesystem mit regionalen Exklusivrechten ein flächendeckendes Vertriebsnetz. Zudem wurden Exklusivverkaufsrechte an Theater, Kinos, Restaurants, Cafés und Bars sowie Verkaufsautomaten an Tankstellen und öffentlichen Einrichtungen vergeben. *Pepsi* verfolgte von Beginn an eine andere Strategie. Durch die Akquisition ganzer Fast-Food-Ketten, wie etwa *Taco Bell* oder *Pizza Hut* sowie Exklusivverkaufsrechten in Restaurants wurde eine dominierende Marktpräsenz in diesem Segment aufgebaut. In den 1960er und 1970er Jahren verlagerte sich der Wettbewerb auf internationale Märkte. *Coca-Cola* belieferte exklusiv die amerikanischen Truppen und konnte eine marktbeherrschende Stellung in Europa und Asien aufbauen. *Pepsi* sicherte sich 1972 die Lizenz für die erste Abfüllstation in der ehemaligen UdSSR und erreichte somit als Pionier den Markteintritt in Osteuropa.

Zu den strategischen Stärken von *Coca-Cola* gehört seine finanzielle Position. Diese zeigt sich z. B. in modernen Produktionsstätten und einem großen Werbeetat. Auf der anderen Seite begann *Pepsi* bereits in den 1960er Jahren seinen Einfluss auf die Abfüller auszuweiten, indem über 32 % der ursprünglich vergebenen Lizenzen zurückgekauft wurden. *Pepsi* diversifizierte frühzeitig in die Bereiche Fast-Food und Snacks. 1991 setzte ein neuer Angriff von *Pepsi* den Marktführer *Coca-Cola* unter Druck. So ist *Pepsi* mit kohlesäure- und zuckerfreien Getränken in den schnell wachsenden Sparten Mineralwasser, Fitness- und Teegetränke führend. Dies ermöglichte auch einige Exklusivverträge von *Coca-Cola* aufzuweichen. So wurde *Coca-Cola* etwa bei *McDonald's* vom Exklusivlieferant zum bevorzugten Getränkelieferanten herabgestuft.

Dynamische Strategien

Um dynamische Strategien formulieren und umsetzen zu können, sind folgende **Voraussetzungen** erforderlich:

- Prognose zukünftiger Maßnahmen der relevanten Wettbewerber mit Hilfe einer Konkurrenzanalyse.
- Beurteilung der Wettbewerbsdynamik, um Wettbewerbsprozesse zu beeinflussen.

Nur wer die Wettbewerbsbedingungen und die Absichten der Konkurrenten früh erkennt und schnell darauf reagiert, kann sich demnach langfristig behaupten. Planungshorizonte werden in dynamischen Umfeldern immer kurzfristiger, weshalb die eingeschlagene Strategie permanent zu hinterfragen ist. Während generische Wettbewerbsstrategien (vgl. Kap. 3.2.3) den Schwerpunkt auf die Entwicklung von dauerhaften Wettbewerbsvorteilen legen, konzentrieren sich dynamische Strategien auf **temporäre Wettbewerbsvorteile**. Statt Stabilität und Gleichgewicht, wird die Erschütterung des Status quo zum strategischen Ziel (vgl. *Welge et al.*, 2017, S. 310 f.). Strategie wird zu einem dynamischen Prozess und ist auf zwei Aspekte ausgerichtet: die Nutzung bestehender Wettbewerbsvorteile und die Auslösung von Veränderungen, um neue Wettbewerbsvorteile zu schaffen (vgl. *Zahn*, 2000, S. 12 ff.). Die Beschleunigung der Wettbewerbsintensität führt zu immer kürzer währenden Wettbewerbsvorteilen und damit einhergehend auch zu sinkenden Gewinnpotenzialen.

Der **Prozess dynamischer Strategien** beginnt mit der Branchenanalyse (vgl. Kap. 3.2.3), dem Verständnis der Branchenstrukturen sowie deren Prognose. Dies ermöglicht die Bestimmung zukünftiger Wettbewerbsvorteile. Dazu dient auch die Analyse der Konkurrenten. Mit der Festlegung einer dynamischen Strategie werden Initiativen im Wettbewerb geplant, um Wettbewerbsvorteile schneller als die Konkurrenz aufzubauen. In der Konsequenz muss ein Unternehmen seinen bestehenden Wettbewerbsvorteil zwar möglichst lange verteidigen, sich aber auch rechtzeitig auf die Errichtung neuer, temporärer Wettbewerbsvorteile konzentrieren. Der Wegfall des eigenen Vorteils

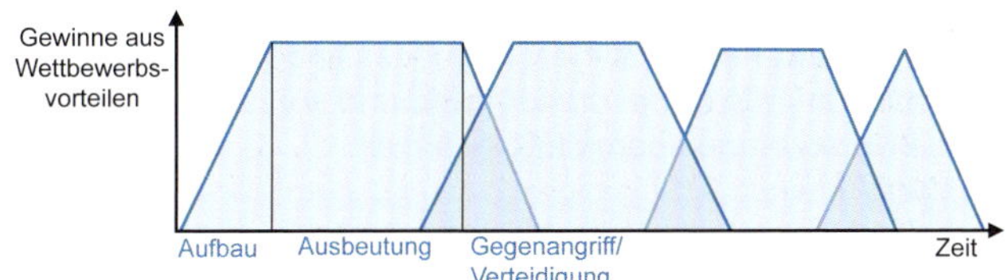

Abb. 3.3.36: Abnehmende Dauerhaftigkeit von Wettbewerbsvorteilen (vgl. D'Aveni, 1995, S. 242)

ist rechtzeitig zu erkennen. Erfolgskritisch sind dabei der Aufbau der erforderlichen Ressourcen und Fähigkeiten sowie der Zeitpunkt des Wechsels der Wettbewerbsvorteile. Mit dieser Strategie sollen bestehende Wettbewerbsvorteile möglichst lange ausgeschöpft und verteidigt werden. Dazu gehört auch die Zerstörung von Wettbewerbsvorteilen der Konkurrenten. Abb. 3.3.37 veranschaulicht diesen Prozess.

Das Konzept der dynamischen Strategien beschreibt die Realität in vielen Branchen. Dynamische Strategien eignen sich danach in stagnierenden Märkten, wie z. B. der Automobilbranche oder Branchen mit dynamischem Technologiewandel, wie etwa der Smartphoneindustrie. Ist die Branchenstruktur jedoch z. B. aufgrund stark wachsender Märkte sehr attraktiv, so ist eher nicht mit einem eskalierenden Wettbewerb zu rechnen. Das Konzept berücksichtigt die kreativen, temporären und schöpferischen Aspekte von Wettbewerbsvorteilen. Es fokussiert auf das Verhalten der Konkurrenten und stellt eine wichtige Bereicherung der strategischen Unternehmensführung dar.

3.3.4 Geschäftsmodelle

Jedes Geschäftsfeld verfügt über ein individuelles Geschäftsmodell. Für Unternehmen einer Branche sind jedoch in deren Aktivitäten meist ähnliche Grundstrukturen erkennbar. Ein Geschäftsmodell beruht auf der Vorstellung, dass die Leistungen eines Unternehmens durch Nutzung seiner Fähigkeiten und Kompetenzen sowie unter Einsatz der betrieblichen Ressourcen und Technologien erstellt werden.

Abb. 3.3.37: Prozess dynamischer Strategien (in Anlehnung an D'Aveni, 1995, S. 293)

> Das **Geschäftsmodell** beschreibt den angebotenen Kundennutzen, wie dieser erzeugt wird und auf welche Weise das Unternehmen damit Erlöse erzielt.

Ein Geschäftsmodell kombiniert die Kompetenzen und Ressourcen mit den spezifischen Anforderungen eines Marktes. Es verdeutlicht damit die Schlüsselfaktoren des Unternehmenserfolges und wie die Mission (vgl. Kap. 2.3.2) und Unternehmensstrategie (vgl. Kap. 3.2) in einem spezifischen Geschäftsfeld verfolgt werden soll. Die Unterschiede in den Geschäftsmodellen einer Branche können den Erfolg oder Misserfolg der Geschäftsfelder erklären bzw. Erfolgspotenziale aufdecken. Die Analyse des Geschäftsmodells vermittelt damit ein Verständnis dafür, wie ein Unternehmen ein Geschäftsfeld betreibt.

Die wesentlichen **Elemente eines Geschäftsmodells** sind (vgl. *Alter*, 2019, S. 170 ff.):

- **Nutzenversprechen:** Ein Geschäftsmodell beschreibt, welchen Nutzen die Kunden oder andere Partner des Unternehmens aus der Verbindung ziehen. Dieser Teil eines Geschäftsmodells wird Value Proposition, Wertangebot oder Nutzenversprechen genannt. Es beantwortet die Frage: Welchen Nutzen stiftet das Unternehmen für die Kunden?
- **Wertschöpfungsmodell:** Es stellt die verschiedenen Stufen der Wertschöpfung dar und beantwortet die Frage: Wie wird die Leistung erstellt?
- **Ertragsmodell:** Es verdeutlicht, welche Erlöse das Unternehmen aus welchen Quellen generiert und welche Kosten wofür aufgewendet werden. Die zukünftigen Unternehmensgewinne entscheiden über den Wert des Geschäftsmodells und damit über seine Nachhaltigkeit. Es beantwortet die Frage: Wodurch wird Geld verdient?

Durch die Digitalisierung sind viele neuartige Geschäftsmodelle entstanden (vgl. Kap. 8.7.2). Dabei werden die Erlöse häufig nicht mit den Kunden, sondern durch Dritte erzielt, wie etwa durch Werbung.

Um die Unterscheide zwischen Geschäftsmodellen zu beschreiben, können diese wie in Abb. 3.3.38 anhand von neun Bausteinen als **Business Model Canvas** (Geschäftsmodellkontur) dargestellt werden (vgl. *Osterwalder/Pigneur*, 2010, S. 5 ff.):

- **Nutzenversprechen**
  - **Kundensegmente** zeigen die verschiedenen Zielgruppen, auf die sich ein Unternehmen konzentriert.
  - **Kundenbeziehungen** beschreiben die Beziehung, die ein Unternehmen zu einem Kundensegment entwickelt. Sie reichen von persönlichen bis zu automatisierten Kundenbeziehungen und können sich in den Phasen des Kundenlebenszyklus unterscheiden. Beispielsweise bei der Neukundengewinnung oder Kundenbindung.
  - **Kommunikations- und Vertriebskanäle** erfassen, wie mit den Kunden kommuniziert und auf welchen Vertriebswegen der Kunde erreicht wird. Sie beschreiben die Schnittstellen als Kontaktpunkte zwischen den Kunden und dem Unternehmen.
  - **Wertangebote** präzisieren, welchen Nutzen die Produkte oder Dienstleistungen für ein bestimmtes Kundensegment stiften. Damit wird erklärt, warum sich Kunden für oder gegen ein Unternehmen entscheiden.

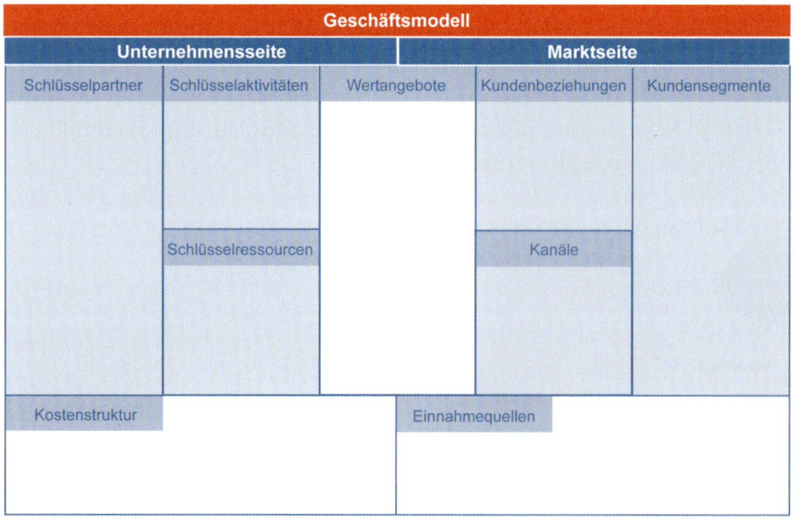

Geschäftsmodell

Unternehmensseite | Marktseite

Schlüsselpartner | Schlüsselaktivitäten | Wertangebote | Kundenbeziehungen | Kundensegmente

Schlüsselressourcen | Kanäle

Kostenstruktur | Einnahmequellen

Abb. 3.3.38: Geschäftsmodell-Canvas (in Anlehnung an Osterwalder/Pigneur, 2010, S. 5)

- **Wertschöpfungsmodell**
  - **Schlüsselressourcen** sind die wichtigsten Ressourcen, Fähigkeiten und Kompetenzen, die benötigt werden, um ein Geschäftsmodell umzusetzen (vgl. Ressourcen- und Kompetenzstrategien in Kap. 3.2.4).
  - **Schlüsselaktivitäten** beschreiben die erfolgsentscheidenden Aktivitäten eines Unternehmens zur Umsetzung eines Geschäftsmodells.
  - **Schlüsselpartner** unterstützen das Geschäftsmodell als Zulieferer und Partner. Wird das Geschäft nicht vollständig in eigener Regie betrieben, so sind die Kooperationspartner häufig Eckpfeiler vieler Geschäftsmodelle in Käufer-Lieferanten-Beziehungen oder strategischen Kooperationen (vgl. Kap. 5.5).
- **Ertragsmodell**
  - **Kostenstruktur** zeigt die wichtigsten Kostenfaktoren eines Geschäftsmodells und hilft, die größten Kostenpositionen zu verstehen.
  - **Einnahmequellen** erklären, für welche Leistungen die Kunden bereit sind zu bezahlen. Jede Einnahmequelle kann unterschiedliche Preismechanismen haben, wie etwa Listenpreise, Verhandlungsbasis oder Auktionen. In einem Geschäftsmodell können verschiedene Einnahmequellen kombiniert werden.

Ein Geschäftsmodell dient im Rahmen der strategischen Analysen dazu, das eigene Geschäft besser zu verstehen und weiterzuentwickeln. Dadurch möchte sich das Unternehmen gegenüber seinen Konkurrenten differenzieren, um neue Geschäftsideen systematisch darzustellen und zu evaluieren sowie um zu prüfen, ob ein Geschäftsmodell skalierbar ist und damit Wachstum realisiert werden kann. Vertiefend können noch Wertketten, Wertschöpfungsnetze oder unternehmensübergreifende Wertschöpfungssysteme analysiert werden.

Wertschöpfungsmodelle

Das Wertschöpfungsmodell eines Unternehmens kann mit Hilfe der **Wertkettenanalyse** (Value Chain Analysis) differenziert dargestellt und untersucht werden. Sie wurde von *Porter* (1989) entwickelt, um die Ursachen von Wettbewerbsvorteilen zu bestimmen. Ein Unternehmen wird dabei als Ansammlung von Teilaktivitäten angesehen, welche gemeinsam wie die Glieder einer Kette zur Wertschöpfung beitragen. Deshalb wird sie auch als Wertschöpfungskette bezeichnet. Sie beschreibt unter strategischen Gesichtspunkten die Tätigkeiten eines Unternehmens sowie deren Zusammenhänge (vgl. *Dillerup*, 1998, S. 82; *Porter/Millar*, 1988, S. 26 ff.). Dabei geht es nicht um die Erstellung eines detaillierten organisatorischen Prozessmodells (vgl. Kap. 5.4). Es sollen vielmehr die strategisch relevanten Unterschiede in der Wertschöpfung aufgezeigt werden. Dazu sind die Wertschöpfungsaktivitäten so zu gestalten, dass die Leistungserstellung preisgünstiger und/oder qualitativ besser erfolgt als die der Konkurrenten.

> **Wertschöpfung** bezeichnet die Differenz zwischen dem Wert der vom Unternehmen erstellten Leistungen und den Vorleistungen seiner Lieferanten.

Die Wertschöpfung misst die geschaffene Werterhöhung bzw. den Mehrwert (value added). Damit drückt sie die Eigenleistung eines Unternehmens aus. Der Gesamtwert eines Produktes oder einer Dienstleistung ist dabei der Betrag, den der Kunde dafür zu zahlen bereit ist. Übersteigt er die Wertschöpfung des Unternehmens und den Wert der Vorleistungen, dann erzielt es einen Gewinn. Die Prozesse des Unternehmens werden in **Wertschöpfungsaktivitäten** aufgeteilt. Sie ermöglichen die Analyse von Unterschieden im Vergleich zur Wertschöpfung der Konkurrenten.

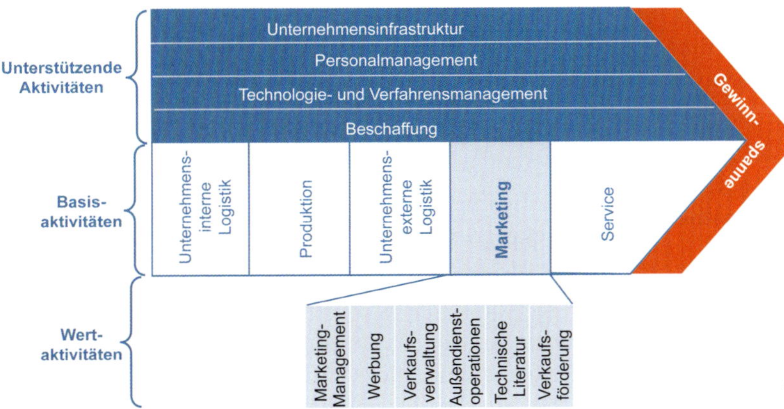

Abb. 3.3.39: Wertschöpfungskette (vgl. Porter, 1989, S. 78)

Die **Teilaktivitäten** sind, wie in Abb. 3.3.39 dargestellt, entlang des Wertschöpfungsprozesses angeordnet (vgl. *Porter*, 1989, S. 68):

- **Basisaktivitäten** bzw. primäre Aktivitäten beziehen sich auf die unmittelbare Versorgung des Marktes mit Produkten und Dienstleistungen. Sie gliedern sich nach den Stufen, die ein Produkt während seines Wertschöpfungsprozesses durchläuft:
  - **Unternehmensinterne Logistik** (Eingangslogistik) umfasst sämtliche Abwicklungsaktivitäten, die mit der Bereitstellung von Betriebsmitteln und Werkstoffen verbunden sind. Dies sind etwa Disposition von Materialien, Eingangskontrolle oder Bereitstellung.
  - **Produktion** (Operationen) sind alle Produkterstellungstätigkeiten. Beispiele sind Materialumformung, Zwischenlager, Montage, Instandhaltung oder Verpackung.
  - **Unternehmensexterne Logistik** (Ausgangslogistik) beinhaltet die Abwicklungstätigkeiten zur Auslieferung des Produktes bzw. der Dienstleistung an den Kunden. Beispiele sind Fertigwarenlager, Transport und Auftragsabwicklung.
  - **Marketing** enthält alle Aktivitäten, um einen Auftrag zu erhalten. Beispiele sind Kundenakquisition, Kundenbetreuung, Werbung, Außendienst oder Preisfestlegung.
  - **Service** beschreibt sämtliche Tätigkeiten der Kundenpflege. Beispiele sind Reparaturdienst oder Ersatzteillieferung.
- **Unterstützende (sekundäre) Aktivitäten** halten die Basisaktivitäten aufrecht.
  - **Beschaffung** bezieht sich auf alle Einkaufsaktivitäten des Unternehmens. Beispiele sind Computerdienstleistungen oder Fertigungsmaterial.
  - **Technologie- und Verfahrensmanagement** beinhaltet alle Technologien und Verfahren, die ein Unternehmen benötigt. Beispiele sind Forschung und Entwicklung, Bürokommunikation, Marktforschung oder Informationssysteme.
  - **Personalmanagement** umfasst alle auf die Mitarbeiter bezogenen Planungs-, Steuerungs- und Kontrollaufgaben (vgl. Kap. 6.2). Beispiele sind Personalbeschaffung, -einsatzplanung oder -entwicklung.
  - **Unternehmensinfrastruktur** sind Aktivitäten zur Planung und Kontrolle sowie zur Organisation. Beispiele sind Rechnungswesen oder Rechtsabteilung.

Mit der Wertschöpfungskette lassen sich Wertschöpfungsaktivitäten beschreiben und Ursachen von Wettbewerbsvorteilen identifizieren. Hierzu ist neben der Analyse des eigenen Unternehmens auch ein Vergleich mit der Konkurrenz erforderlich. Daraus ergeben sich Ansatzpunkte für die Gestaltung der Wertschöpfungskette. Diese reichen von der Optimierung der Gewinnspanne bis hin zur Umgestaltung des Geschäftsmodells.

Von besonderer Bedeutung sind die **Wechselwirkungen** und Abhängigkeiten unter den Wertschöpfungsaktivitäten. Sie bestimmen häufig den Gesamtwert für den Kunden. So kann etwa die Verknüpfung der Produktentwicklung mit der Fertigung wesentlich sein, um neue Produkte schnell und qualitativ hochwertig ausliefern zu können. Im Maschinenbau kann z. B. eine enge Zusammenarbeit von Kundendienst, Fertigung und Entwicklung erforderlich sein, um Maschinenausfälle beim Kunden möglichst schnell zu beheben.

Die **Wertkettenanalyse** gliedert sich in die Analyse der

- eigenen Wertschöpfungsaktivitäten,
- der Verknüpfungen zwischen den eigenen Wertschöpfungsaktivitäten,
- der Wertschöpfungskette der Konkurrenten,
- der Wertschöpfungskette aus Sicht der Kundenanforderungen und der
- Wertschöpfungskette aus Sicht angrenzender Wertschöpfungsstufen.

Zur Optimierung der Wertschöpfungskette können strategisch unbedeutende Aktivitäten auf andere Unternehmen ausgelagert werden (Outsourcing). Diese sind auf einzelne Funktionen spezialisiert und können die Aktivitäten somit kostengünstiger und meist auch qualitativ hochwertiger erbringen als das eigene Unternehmen. Auf diese Weise entsteht eine sog. **modulare Wertschöpfungskette**, bei der sich jedes einzelne Unternehmen auf seine Kernkompetenzen fokussiert (vgl. Abb. 3.3.40). Beispiele für auszulagernde Aktivitäten sind Anlagenwartung, Rechenzentrum, IT-Dienstleistungen oder Logistik (vgl. *Dillerup/Foschiani*, 1996, S. 40). Dies kann sogar zur Entstehung einer **virtuellen Wertschöpfungskette** führen (vgl. Abb. 3.3.41). Diese ist zeitlich befristet und auftragsbezogen zusammengestellt, wozu häufig intensiv auf die digitale Informationstechnologie zurückgegriffen wird. Ein Unternehmen koordiniert die Prozesse und übernimmt lediglich als Generalunternehmer die Aktivitäten mit direktem Kundenkontakt (vgl. Kap. 5.5).

Die **Kritik** an der Wertschöpfungskette betrifft vor allem die fehlende Berücksichtigung des Menschen als wesentliches Element betrieblicher Prozesse. Zudem werden

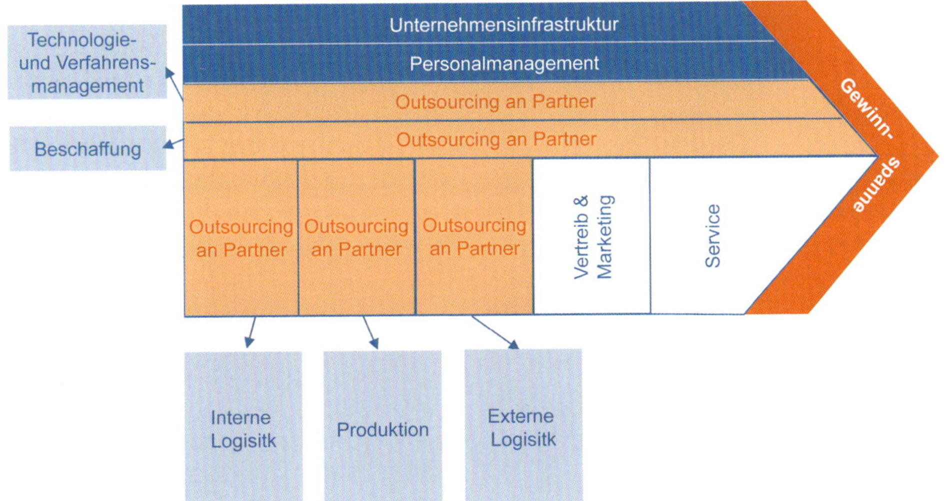

Abb. 3.3.40: Modulare Wertschöpfungskette

lediglich qualitative Aussagen gemacht, ohne diese etwa hinsichtlich der Kostenanteile zu präzisieren. Schließlich unterstellt die Wertschöpfungskette einen linearen, schrittweisen Ablauf. Die Berücksichtigung ökologischer Aspekte sollte z. B. auch das Recycling als Kreislauf von Stoffen oder Energien beinhalten (vgl. *Schmid*, 1996, S. 154 ff.).

Weiterentwicklungen setzen an diesen Kritikpunkten an. Dies betrifft insbesondere die Abkehr von sukzessiven Abläufen der Wertschöpfungsaktivitäten und deren Verknüpfung zu einem **Wertschöpfungsnetz** (vgl. *Hungenberg*, 2020, S. 115 f.). Damit können flexible Formen der Zusammenarbeit in Kooperationen und Netzwerken besser dargestellt werden. So lassen sich darin etwa Aktivitäten aufgeben, die Rolle von Wertschöpfungspartnern verändern oder neue Aktivitäten bzw. Partner aufnehmen. Auf diese Weise können neue Geschäftsmodelle gebildet werden. Abb. 3.3.42 zeigt exemplarisch einen Ausschnitt des Wertschöpfungsnetzes des Möbelhauses *IKEA,* wobei die wesentlichen strategischen Themenfelder dunkelblau und die Aktivitäten, die auf die Kunden übertragen wurden, orange schraffiert sind *(vgl. Porter,* 1999, S. 56).

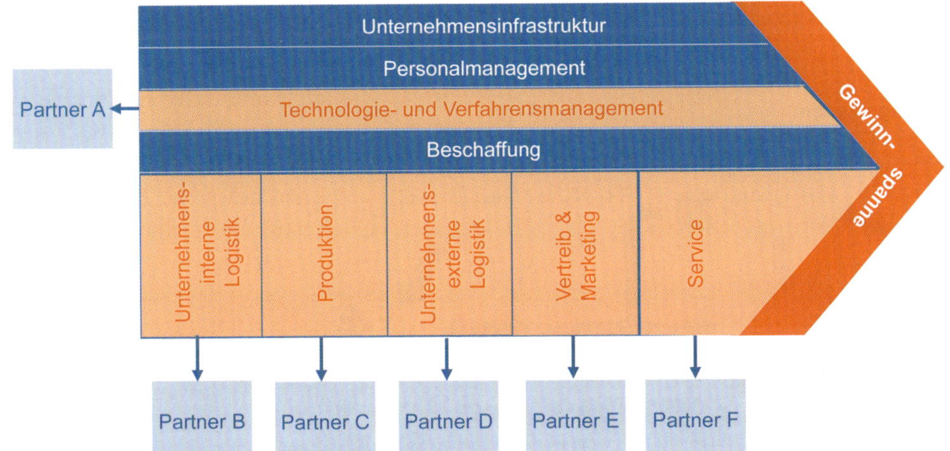

Abb. 3.3.41: Virtuelle Wertschöpfungskette

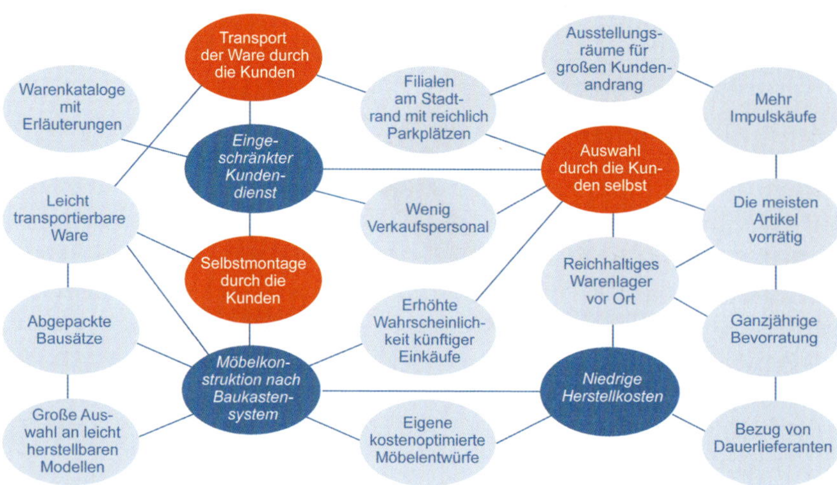

Abb. 3.3.42: Wertschöpfungsnetz am Beispiel von IKEA (vgl. Porter, 1999, S. 56)

Wertschöpfungssysteme

Neben der Wertschöpfungskette eines Unternehmens ist im Rahmen der Unternehmensanalyse auch dessen Einbettung in die Branche zu untersuchen. Abb. 3.3.43 zeigt exemplarisch die Verknüpfungen innerhalb eines Wertschöpfungssystems.

> Ein **Wertschöpfungssystem** stellt unternehmensübergreifend die gesamte Wertschöpfung einer Branche dar (vgl. *Porter*, 1989, S. 65).

Wertschöpfungssysteme bzw. ganze Geschäftsmodelle stehen dabei im Wettbewerb zu denen der Konkurrenz. Dies stellt nicht nur die Frage nach der richtigen Positionierung eines Unternehmens innerhalb eines vergleichbaren Wertschöpfungssystems, sondern vielmehr auch nach der besten Konfiguration eines Geschäftsmodells.

Auf der Basis von Analysen des Geschäftsmodells kann die Position eines Unternehmens im Wertschöpfungssystem hinsichtlich einer möglichst vorteilhaften Verteilung der Wertschöpfung in der eigenen Branche gestaltet werden. Die Verschiebung der Wertschöpfung zwischen Unternehmen einer Branche wird **Wertwanderung** (Value Migration) genannt (vgl. *Hungenberg/Wulf*, 2015, S. 117). So verschieben sich z. B. in der Automobilindustrie die Wertanteile zu Gunsten der Zulieferer, da die Hersteller sich zunehmend auf die Vermarktung der Automobile und auf die Systementwicklung und -integration konzentrieren. Sogar Fertigungs- und Entwicklungsaufgaben werden auf die Zulieferer verlagert. Solche Wertschöpfungsverschiebungen sind für Unternehmen einer Branche bedeutsam, da sie

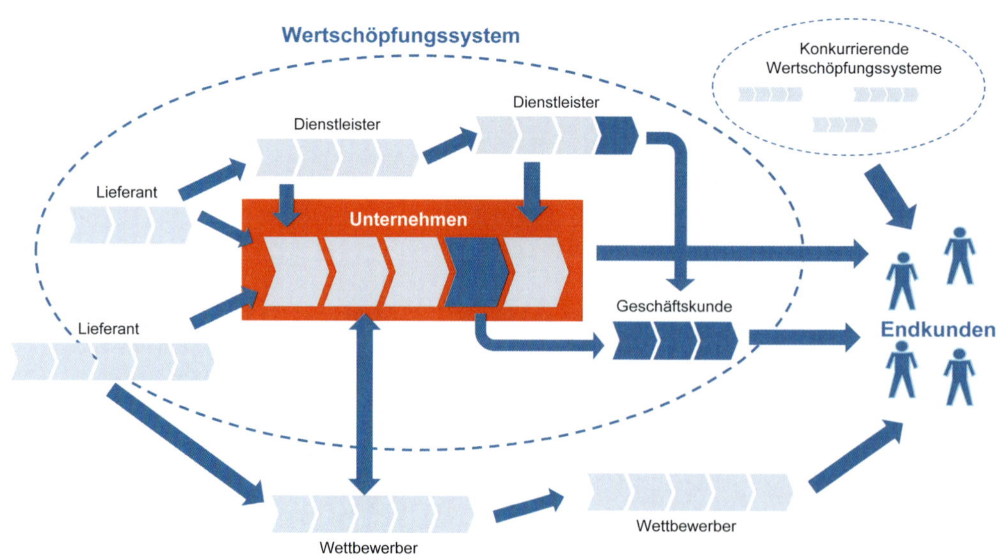

Abb. 3.3.43: Konkurrierende überbetriebliche Wertschöpfungssysteme (in Anlehnung an Bach et al., 2017, S. 6)

Hinweise auf Veränderungen der Konkurrenten und die Positionierung des eigenen Unternehmens bieten. Neben den Wertschöpfungsanteilen ist auch die Verteilung des Gesamtgewinns entlang der Wertschöpfungskette wichtig. In vielen Wertschöpfungsketten existieren profitable und weniger profitable Bereiche. Kennt das Unternehmen diese Unterschiede, dann kann es versuchen, sich in den attraktiven Bereichen der Wertschöpfungskette zu positionieren.

Ein Beispiel für diese **Wertverteilungsanalyse** (Profit Pool Analyse) zeigt Abb. 3.3.44 (vgl. *Gadiesh/Gilbert*, 1998, S. 141 f.). Dort werden die Wertanteile des eigenen Unternehmens an der gesamten Wertschöpfungskette dargestellt.

Häufig kann das Geschäftsmodell durch eine Kombination von **materiellen und immateriellen Ressourcen** Wert für den Kunden erzeugen (vgl. Kap. 8.3). Durch Einbezug der immateriellen Ressourcen kann eine Wertsteigerung für den Kunden erzielt werden (vgl. Kap. 3.2.4; *Daum*, 2005, S. 12 ff.).

Neben der Betrachtung des Geschäftsmodells des eigenen Unternehmens gewinnt auch die Betrachtung von Wertschöpfungssystemen im Rahmen des **Supply Chain Managements** an Bedeutung (vgl. *Corsten et al.*, 2021). Es hat seinen Ursprung in der Logistik und wird deshalb im Folgenden als **integrativer Logistikansatz für Unternehmensnetzwerke** angesehen (vgl. *Göpfert*, 2004, S. 30 ff.).

Supply Chain Management ist die unternehmensübergreifende Koordination der zur Leistungserstellung erforderlichen Güter-, Informations- und Geldflüsse, um die Wettbewerbsfähigkeit der gesamten Wertschöpfungskette zu erhöhen.

Supply Chain Management entwickelt, gestaltet und lenkt die unternehmensübergreifenden Güter-, Informations- und Geldflüsse, um Erfolgspotenziale aus einem Unternehmensnetzwerk zu erschließen. Dabei soll die Wertschöpfungskette ganzheitlich auf die Bedürfnisse der Endkunden ausgerichtet werden. Ziel ist es, durch eine langfristige Zusammenarbeit mit ausgewählten Kooperationspartnern gemeinsame Fähigkeiten so abzustimmen, zu nutzen und zu verbessern, dass die **Wettbewerbsposition der gesamten Wertschöpfungskette** gesteigert wird.

Der Wettbewerb findet nicht mehr zwischen einzelnen Unternehmen, sondern zwischen den am Markt agierenden Wertschöpfungssystemen statt. Dies ermöglicht den einzelnen Partnern, sich auf ihre Kernkompetenzen zu konzentrieren (vgl. *Corsten/Gabriel*, 2004, S. 4). Betrachtet wird die gesamte Breite und Länge des Wertschöpfungssystems. Die Breite bezieht sich auf die darin ablaufenden Prozesse. Die Länge umfasst aus Sicht eines Unternehmens alle vorgelagerten Lieferanten (Lieferanten der Lieferanten) und nachgelagerten Kunden (Kunden der Kunden). Aufgrund der vielfältigen Verflechtungen zwischen den Wertschöpfungspartnern wird auch von einem **Wertschöpfungsnetzwerk** gesprochen (vgl. Kap. 5.5.4). Sowohl die beteiligten Partner als auch die Beziehungen innerhalb des Netzes unterliegen dabei einem ständigen Wandel.

Durch das Supply Chain Management soll der Kundennutzen maximiert und die im Wertschöpfungssystem anfallenden Kosten für alle Beteiligten minimiert werden. Folgende **Verbesserungen** werden angestrebt (vgl. *Busch/Dangelmaier*, 2004, S. 8 f.):

- Verkürzung von Durchlauf- und Lieferzeiten sowie Erhöhung der Termintreue.
- Kosteneinsparungen, etwa durch Abbau von Lagerbeständen, Senkung von Transaktionskosten oder bessere Kapazitätsauslastung.
- Steigerung der Anpassungsfähigkeit der Wertschöpfungskette an veränderte Marktbedingungen und Beschleunigung von Innovationen.
- Erhöhung der Prognose- und Planungsgenauigkeit und Reduzierung von Marktrisiken.
- Vermeidung von Produktionsverzögerungen, zwischenbetrieblichen Liegezeiten, Nachbesserungen und Reklamationen.

Um diese Verbesserungen zu realisieren, sollten einige generelle **Prinzipien** für ein erfolgreiches Supply Chain Management befolgt werden (vgl. *Corsten/Gabriel*, 2004, S. 11 ff.):

- **Planungskoordination**: Die Beschaffungs-, Produktions- und Vertriebsplanung wird nicht mehr von jedem Unternehmen separat durchgeführt, sondern für die gesamte Wertschöpfungskette aufeinander ab-

Vorleistungen Lieferanten	Wertschöpfung Fertigung	Entwicklung	Verwaltung	Vertrieb/ Marketing	Gewinn	Vertriebspartner	Endkundenpreis
26%	11%	2%	2%	11%	3%	45%	100%

Abb. 3.3.44: Wertverteilungsanalyse

gestimmt. Ohne eine koordinierte Planung kommt es in der Wertschöpfungskette zur Verstärkung von Auftragsschwankungen. Diese sind umso stärker, je weiter das Unternehmen in der Kette vom Endkunden entfernt positioniert ist. Geringe Schwankungen der Endkundennachfrage schaukeln sich so zu starken Auftragsschwankungen bei den Rohstofflieferanten auf. Ursachen für diesen in Abb. 3.3.45 dargestellten sog. **Peitscheneffekt** (Bullwhip-Effekt; vgl. *Forrester*, 1961) sind vor allem Informationsverzögerungen. Insbesondere wenn sich die einzelnen Glieder in der Kette nur am Bestellverhalten ihres unmittelbaren Kunden orientieren, können vereinzelte Auftragsschwankungen, z. B. aufgrund von Sonderangeboten, Sammelbestellungen oder erwarteten Lieferengpässen, derartige Überreaktionen auslösen (vgl. *Corsten et al.*, 2021).

- **Integrierte digitale Informationssysteme** sind die Basis für eine koordinierte Beschaffungs-, Produktions- und Vertriebsplanung. Um die Güter-, Informations- und Geldflüsse der gesamten Wertschöpfungskette abzubilden, sind die hierfür erforderlichen Schnittstellen für den Informationsaustausch zwischen den beteiligten Unternehmen einzurichten. Durch ein integriertes Planungs- und Prognosesystem können alle Mitglieder der Wertschöpfungskette auf die gleichen Informationen über die Entwicklung der Endkundennachfrage zurückgreifen. Die Unternehmen können dadurch auf allen Stufen unmittelbar auf Schwankungen reagieren. Auf diese Weise lassen sich die beschriebenen Ausschläge der Auftragsmengen und die damit verbundenen Nachteile, wie z. B. Überbestände, erheblich reduzieren.
- **Partnerschaft und Vertrauen** sind die wichtigsten Voraussetzungen für ein erfolgreiches Supply Chain Management. Alle Partner sollten die Optimierung der gesamten Wertschöpfungskette im Sinne einer „Win-Win-Situation" anstreben und nicht ausschließlich auf ihren eigenen Vorteil bedacht sein. Nur durch eine partnerschaftliche Beziehung, die im Idealfall von der gemeinsamen Entwicklung des Produktes über dessen gesamten Lebenszyklus andauert, lässt sich die Wettbewerbsfähigkeit der gesamten Wertschöpfungskette steigern. Die in der Wertschöpfungskette entstehenden Kosten sind deshalb insgesamt zu reduzieren und nicht nur auf andere Partner abzuwälzen.
- **Späte Produktdifferenzierung** (Postponement) ermöglicht es, in der Wertschöpfungskette zunächst nur Standardprodukte zu erstellen und die Bildung kundenspezifischer Varianten erst kurz vor dem Verkauf zuzulassen. Durch diese flexible Leistungserstellung sollen Probleme durch die zunehmenden Produktvarianten, wie z. B. kleine Losgrößen und Bestellmengen oder hoher Koordinationsaufwand, verhindert werden. Kostenvorteile bei der Produktion lassen sich dann ohne erhöhte Absatzrisiken und Lagerbestände erzielen. Diese kundenindividuelle Massenproduktion wird als **Mass Customization** bezeichnet (vgl. Kap. 5.4.6). Bei Mobiltelefonen kann etwa der Kunde aus einer großen Zahl unterschiedlicher Gehäuse auswählen. Somit kann er das Design seines Telefons selbst bestimmen. Je modularer die Produkte aufgebaut sind, desto später lässt sich die Produktdifferenzierung durchführen.
- Die Leistungserstellung kann entweder vom Unternehmen (Push-Prinzip) oder vom Kunden (Pull-Prinzip) angestoßen werden (vgl. Kap. 5.4.5). Vielfach wird beim Supply Chain Management das **Pull-Prinzip** propagiert. Danach werden erst dann Leistungen von den Gliedern der Kette erstellt, wenn ein konkreter Kundenauftrag vorliegt. Auf diese Weise „zieht" der Kunde durch seine Bestellung die Wertschöpfungskette. Absatzrisiken und Lagerbestände lassen sich auf diese Weise reduzieren. Nach dem **Push-Prinzip** produzieren die Unternehmen ohne vorherigen Auftrag eine hohe Menge an Erzeugnissen auf Lager. Danach versuchen sie diese weiter zu ihren Kunden zu „schieben". Dies ermöglicht Kostenvorteile bei der Produktion (Economies of Scale), kurze Lieferzeiten, die Senkung von Rüstkosten und -zeiten sowie die Vermeidung von Fertigungsproblemen durch schwankende Nachfrage. Eine ausschließliche Festlegung auf das Pull-Prinzip ist somit wenig sinnvoll. Die Steuerung der Leistungserstellung sollte sich vielmehr

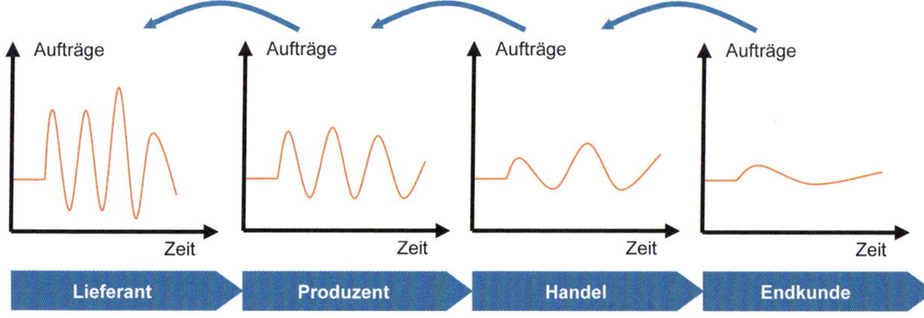

Abb. 3.3.45: Peitscheneffekt

nach den Produkteigenschaften richten. Das Pull-Prinzip ist bei hochwertigen, kundenspezifischen Produkten mit kurzem Lebenszyklus vorteilhaft. Das Push-Prinzip ist dagegen bei geringwertigen, langlebigen Massenprodukten und stark schwankender Nachfrage besser geeignet. Durch späte Produktdifferenzierung lassen sich die Vorteile beider Prinzipien verbinden.

Innerhalb einer Wertschöpfungskette hat meist jenes Unternehmen die größte Macht, welches zum Endprodukt den höchsten Kundennutzen beisteuert. Es kann dadurch im Wertschöpfungssystem eine beherrschende Stellung einnehmen (fokales Unternehmen, vgl. Kap. 5.5.2). Um die **Positionierung** des einzelnen Unternehmens zu verbessern, sind zunächst die Bedürfnisse der Endkunden zu identifizieren. Danach ist die Wertschöpfungskette mit den beteiligten Unternehmen zu erfassen. Im Anschluss sind die kritischen Leistungen zu bestimmen, die für den Endkunden einen erkennbar hohen Nutzen erzeugen. Die Leistung des Unternehmens sollte daraufhin entsprechend positioniert und der erzeugte Kundennutzen erhöht werden. Wie etwa der Chiphersteller *Intel* mit seiner „*Intel inside*"-Kampagne beweist, ist hierfür ein direkter Endkundenzugang nicht unbedingt erforderlich.

Um eine Zusammenarbeit über Bereichs- und Unternehmensgrenzen zu ermöglichen, sind ganzheitliche Entscheidungen über die Mitglieder und deren Anordnung in der Wertschöpfungskette zu treffen (vgl. *Pfohl*, 2018, S. 8 ff.). Dies erfordert eine ausreichende Transparenz über Bestandteile und Mitglieder der Wertschöpfungskette. Ein branchenunabhängiges Referenzmodell zur Beschreibung unternehmensübergreifender Wertschöpfungsketten ist das **Supply Chain Operations Reference Modell (SCOR-Modell)**. Es beschreibt die gesamte Wertschöpfungskette durch die fünf Kernprozesse Planen (plan), Beschaffen (source), Herstellen (make), Liefern (deliver) und Zurückliefern (return). Das Zurückliefern umfasst sowohl die Rücksendung von Rohstoffen an den Lieferanten, als auch die Rücknahme von Produkten vom Kunden. Mit Hilfe dieser Kernprozesse lässt sich die gesamte Wertschöpfungskette darstellen und in Kunden-Lieferanten-Beziehungen aufteilen (vgl. Abb. 3.3.46). Dies ermöglicht sowohl eine übergreifende Planung der gesamten Wertschöpfungskette, als auch eine detaillierte Analyse der Leistungserstellung. Hierzu werden die Kernprozesse schrittweise zunächst in generelle Prozesskategorien und Prozesselemente und dann in unternehmensspezifische Aktivitäten weiter differenziert (vgl. *Corsten et al.*, 2021).

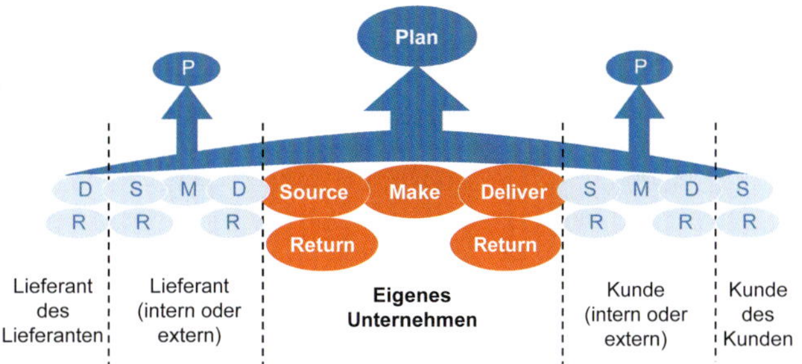

Abb. 3.3.46: Kernprozesse des SCOR-Modells (vgl. Supply Chain Council, www.ascm.org)

Die **Einführung** eines Supply Chain Managements erfordert bei allen beteiligten Partnern teilweise erhebliche Investitionen in die digitalen Informationssysteme. Darüber hinaus können u. a. organisatorische Umstrukturierungen sowie Schulungsmaßnahmen zur Sicherstellung des gemeinsamen Informationsaustauschs anfallen. Partnersuche, Verhandlungen und Modellierung der Wertschöpfungskette sind meist sehr kosten- und zeitaufwendig. Die Komplexität der Wertschöpfungskette kann einen hohen laufenden Koordinationsaufwand erfordern. Daher sind bei der Einführung eines Supply Chain Managements Kosten und Nutzen sorgfältig abzuwägen.

Im heutigen Wettbewerbsumfeld kann es aufgrund der Vernetzung mit Lieferanten, Vertriebspartnern und Kunden nicht mehr ausreichend sein, nur die internen Strukturen und Prozesse zu verbessern. Um die Wünsche der Kunden nach großer Auswahl, geringen Preisen und hoher Qualität zu erfüllen, wird zunehmend eine Optimierung der gesamten Wertschöpfungskette erforderlich. Eine wesentliche Herausforderung ist dabei die enge und langfristige **Zusammenarbeit** von rechtlich und wirtschaftlich selbstständigen Unternehmen. Um die Prozesse in einer unternehmensübergreifenden Wertschöpfungskette optimieren zu können, ist ein intensiver Austausch auch von vertraulichen Informationen unabdingbar. Mangelnde Kooperationsfähigkeit ist eines der größten Probleme bei der Umsetzung des Supply Chain Managements. Gelingt die Zusammenarbeit, dann verspricht das Supply Chain Management Verbesserungen im Sinne aller beteiligten Partner.

Supply Chain Management bei McKesson Europe

MCKESSON

Die *McKesson Europe AG* ist ein internationales Groß- und Einzelhandelsunternehmen im Pharma- und Gesundheitssektor mit rund 37.000 Mitarbeitern in 13 Ländern. Das Unternehmen gehört mehrheitlich dem US-amerikanischen McKesson-Konzern und hieß vor der Übernahme im Jahr 2014 *Celesio AG* (www.mckesson.eu).

Das Unternehmen gliedert sich in zwei **Geschäftsbereiche**:

- **Pharmacy Solutions** bündelt die Großhandelsaktivitäten mit Pharmaprodukten in neun europäischen Ländern. Hierbei werden täglich mehr als 50.000 Apotheken sowie Krankenhäuser von 116 Großhandelsniederlassungen beliefert. Ferner werden Zusatzservices für Apotheker wie Apothekenkooperationen und das Bereitstellen von IT-Plattformen bereitgestellt.
- **Consumer Solutions** richtet sich an Patienten und Verbraucher und beinhaltet insbesondere Aktivitäten in den Bereichen Präsenz- und Versandapotheken sowie häusliche Pflege. Das Unternehmen betreibt etwa 1.900 Präsenzapotheken in fünf Ländern und 6.900 Partner- und Markenpartnerapotheken.

Täglich betreut *McKesson Europe* über zwei Millionen Kunden. 118 Vertriebszentren beliefern mehr als 50.000 Apotheken sowie Krankenhäuser mit rund 100.000 verschiedenen Produkten. Jeden Tag werden rund 8,5 Mio. Produkte ausgeliefert. Dieses Kerngeschäft erfordert einen hohen logistischen Aufwand. In den Lagern werden große Mengen an Pharmazeutika angenommen, eingelagert, apothekengerecht kommissioniert und schließlich direkt an die Apotheken ausgeliefert.

Fast alle Lager von *McKesson Europe* sind teilautomatisiert. Das breite Sortiment und die geringen Auftragsgrößen erfordern jedoch eine manuelle Kommissionierung und händische Automatenbefüllung. Einige Produkte im pharmazeutischen Großhandel benötigen besondere Vorsorge. Bei Kühlarzneimitteln, wie etwa Insulin, ist eine durchgängige Kühlkette einzuhalten, damit das Produkt nicht beschädigt wird.

Darüber hinaus sind nationale und internationale Vorschriften über den Umgang mit Arzneimitteln zu beachten. Beispielhaft sei hier die „Good Distribution Practice“ der *Europäischen Kommission* genannt. Sie soll die Kontrolle der Lieferkette sicherstellen, um die Qualität der Produkte zu gewährleisten und verhindern, dass gefälschte Arzneimittel in den Vertrieb gelangen. Bei Betäubungsmitteln sind in vielen Ländern gesetzliche Aufzeichnungspflichten zu beachten. Zudem wird die lückenlose Chargenerfassung zur Gewährleistung der Arzneimittelsicherheit und für etwaige Rückrufe immer wichtiger.

Der zunehmende Kostendruck erfordert ein effizientes Supply Chain Management. Die Marge des pharmazeutischen Großhandels wird in den meisten Ländern vom Gesetzgeber streng reglementiert. In Deutschland besteht sie nach §2 der Arzneimittelpreisverordnung aus einem proportionalen Anteil von 3,15 % auf den Herstellerabgabepreis bis zu einem Höchstbetrag von 37,80 Euro und einem Festzuschlag von 70 Cent je Packung. Ein Teil dieser Großhandelsspanne wird über Rabattverträge an die Apotheken abgegeben.

Beim Supply Chain Management sind auch länderspezifische Marktbedingungen zu berücksichtigen. Dabei existieren sowohl große Unterschiede bei der Zahl an Apotheken je km² und je Einwohner, als auch bei der Belieferungshäufigkeit und Sortimentsbreite. In Deutschland werden Apotheken durchschnittlich mehr als drei Mal am Tag beliefert, in Norwegen dagegen seltener als einmal täglich. Das deutsche Sortiment ist fast zehnmal so groß wie in Norwegen. Der Auslieferungsradius beträgt in einem Flächenland wie Norwegen bis zu 1.000 km, in Deutschland dagegen nur ca. 150 km.

Generische Geschäftsmodellstrategien

Das Geschäftsmodell eines Geschäftsfelds steht im Wettbewerb zur Konkurrenz. Dies stellt nicht nur die Frage nach der richtigen Positionierung innerhalb eines vergleichbaren Wertschöpfungssystems, sondern vielmehr auch nach der besten Konfiguration eines Geschäftsmodells. Einige **generische Geschäftsmodellstrategien** können aus der Wertwanderung (Value Migration) bzw. Wertverteilungsanalyse (Profit Pool Analyse) abgeleitet werden (vgl. *Hungenberg*, 2020, S. 117 ff.; *Müller-Stewens/Lechner*, 2016, S. 354 ff.).

Neben Ansatzpunkten zur besseren Koordination der Wertschöpfungskette können Wettbewerbsvorteile auch durch völlig neue Wertschöpfungsstrukturen erzielt werden. Dabei können die in Abb. 3.3.47 dargestellten **grundlegenden Wertschöpfungsstrukturen** unterschieden werden (vgl. *Hungenberg*, 2020, S. 117 ff.; *Müller-Stewens/Lechner*, 2016, S. 354 ff.):

- **Schichtenspezialisten** sind Unternehmen, die sich auf eine oder wenige Stufen einer Wertschöpfungskette konzentrieren. Sie lösen diese Stufe aus der bisher integrierten Wertschöpfungskette heraus und bieten ihre Leistungen in mehreren Branchen an. Beispielweise erbringt das Unternehmen *Flextronics* Produktionsleistungen für Unternehmen aus nahezu allen Bereichen der Elektronikindustrie, wie etwa für die Bereiche Unterhaltungselektronik, Telekommunikation, Kopiergeräte oder Computer.

- **Pioniere** versuchen, bestehende Wertschöpfungsketten durch Innovationen um zusätzliche Wertschöpfungsstufen zu ergänzen. Sie bieten neue Leistungen und schaffen so neue Märkte. Ein Beispiel hierfür ist *Sabre*, das weltgrößte Computer-Reservierungssystem für Reisebüros. Damit lassen sich weltweit Flüge, Hotelübernachtungen, Zugverbindungen sowie weitere Dienstleistungen auf Verfügbarkeit prüfen und für den Kunden buchen. Ohne ein solches Reservierungssystem müssten die Reisebüros bei jedem einzelnen Anbieter direkt anfragen. Die Fluglinien bezahlen für die Aufnahme in das Reservierungssystem eine Gebühr auf jedes gebuchte Ticket, um auf diese Weise mit ihren Leistungen in vielen Reisebüros vertreten zu sein.
- **Orchestratoren** konzentrieren sich ähnlich wie Schichtenspezialisten auf einzelne Elemente der Wertschöpfungskette. Wie ein Dirigent steuern sie ein Netzwerk an Partnerunternehmen und beschränken sich auf wesentliche Kernstufen, wie z. B. Produktentwicklung oder Marketing. Ein Beispiel hierfür ist der Sportartikelhersteller *Puma*, der sich im Wesentlichen auf die Koordination des Gesamtsystems beschränkt und alle Partner für die einzelnen Wertaktivitäten abstimmt.
- **Integratoren** vollbringen die Leistungen einer Wertschöpfungskette überwiegend selbst und minimieren dadurch die Transaktionskosten zwischen den einzelnen Wertschöpfungsstufen. Eine voll integrierte Wertschöpfungskette ist dann sinnvoll, wenn die Leistungserstellung mit hohen Investitionen und großem Risiko verbunden ist. Auf diese Weise wird der Zugang zu kritischen Ressourcen und Vertriebskanälen gesichert. Ein Beispiel hierfür sind Energieversorgungsunternehmen wie etwa die *EnBW AG*, welche beim Strom sämtliche Wertschöpfungsstufen von der Erzeugung über Handel/Beschaffung, Übertragung/Verteilung bis zum Vertrieb selbst abdeckt.

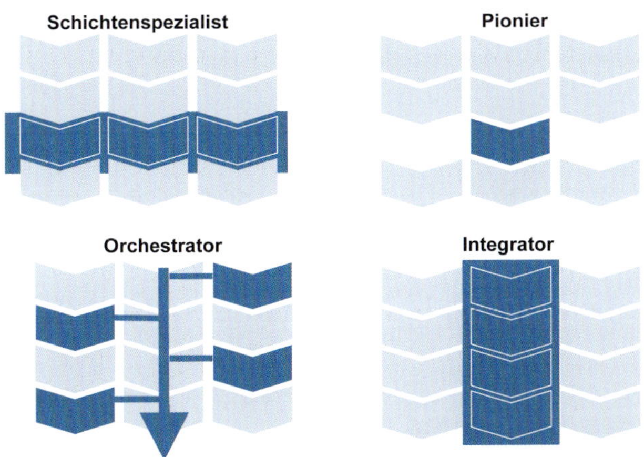

Abb. 3.3.47: Generische Geschäftsmodellstrategien (vgl. Müller-Stewens/Lechner, 2016, S. 370)

Blue Ocean-Strategien

Neben den generischen Geschäftsmodellstrategien können Innovationen bei Geschäftsmodellen nach dem Konzept der **Blue Ocean-Strategie** von *Cham Kim* und *Renée Mauborgne* entwickelt werden (vgl. *Kim/Mauborgne*, 2004, 70 ff.). Dabei handelt es sich um eine spezifische Innovationsmethode für Geschäftsmodelle. Diese wurde aus mehr als 100 Beispielunternehmen abgeleitet, die neue Geschäftsmodelle entwickelt und erfolgreiche Geschäftsmodellinnovationen hervorgebracht haben. Die Blue Ocean-Strategie geht davon aus, dass erfolgreiche Unternehmen sich nicht am Wettbewerb orientieren, sondern durch innovative Geschäftsmodelle neue Märkte schaffen. Erfolgreiche Innovationen beruhen dabei weniger auf technologischen Neuerungen, sondern vielmehr auf einer neuartigen Gestaltung des Gesamtangebots, wie z. B. einer Neudefinition des Marktes oder des Kunden. „Ozean" steht dabei für den Markt. Blaue Ozeane (Blue Oceans) sind danach unberührte, neue Märkte, in denen es wenig oder keine Konkurrenz gibt. Rote Ozeane (Red Oceans) sind hingegen gesättigte Märkte mit hartem Wettbewerb und geringem Differenzierungspotenzial.

Ausgangspunkt ist die Analyse der relativen Positionierung der eigenen Leistungsmerkmale im Vergleich zur Konkurrenz bzw. dem Branchendurchschnitt. Dies lässt sich anhand einer **Strategy Canvas** (Strategischen Kontur) mit folgenden Inhalten darstellen (vgl. *Kim/Mauborgne*, 2016, S. 79 f.):

- **Kritische Erfolgsfaktoren** (vgl. Kap. 3.1.3) sind alle Faktoren, die den Erfolg oder Misserfolg eines Unternehmens direkt beeinflussen. Sie werden aus Kundensicht betrachtet und in ihrer Wichtigkeit zur Differenzierung oder für Kostenvorteile eingeschätzt. Sie sind deshalb Quellen von Wettbewerbsvor- oder -nachteilen. In Abb. 3.3.48 sind bislang die kritischen Erfolgsfaktoren A-G etabliert.
- **Nutzenkurven** stellen grafisch dar, wie die Kunden die relativen Leistungsmerkmale der Konkurrenten bezüglich der kritischen Erfolgsfaktoren wahrnehmen. In Abb. 3.3.48 sind die Unternehmen X und Y sehr nahe am Branchenstandard. Da sie sich wenig unterscheiden, ist davon auszugehen, dass eine hohe Rivalität zwischen

den beiden Unternehmen herrscht und diese geringe Gewinne erzielen. Dieser Bereich stellt den roten Ozean (**Red Ocean**) mit gesättigten Märkten, hartem Wettbewerb und geringem Differenzierungspotenzial dar. Bildlich stehen rote Ozeane für blutigen Konkurrenzkampf und rote Zahlen, beides Faktoren, die es zu vermeiden gilt.

- **Nutzeninnovation** ist die Schaffung neuer Nutzenprofile durch herausragende Leistungsmerkmale bei bestehenden Erfolgsfaktoren, bei denen die Konkurrenz schlecht abschneidet und/oder durch die Schaffung neuer kritischer Erfolgsfaktoren, die bisher unerkannte Kundenwünsche erfüllen. In Abb. 3.3.48 differenziert sich der Geschäftsmodellinnovator aufgrund herausragender Leistungen in den Merkmalen F und G hinsichtlich bestehender Kundenbedürfnisse und spart auf der anderen Seite Kosten durch Reduktion der Leistung der Merkmale A bis D. Darüber hinaus bietet er eine neues Leistungsmerkmal H an, mit welchem die Kunden besser zufriedengestellt werden können. Damit wird ein blauer Ozean **(Blue Ocean)** erschlossen, in dem es wenig oder keine Konkurrenz gibt. Blaue Ozeane sind neue Branchen und Märkte mit minimalem Wettbewerb. Diese strategischen Lücken verfügen über hohe Potenziale und lassen sich mit der Weite des Meeres vergleichen.

Die Billigfluglinie *Ryanair* schuf einen neuen Markt, indem sie ihre Flugpreise drastisch reduziert, differenzierende Dienstleistungen gestrichen sowie Check-in-Zeiten und Abflugfrequenzen verbessert hat. Die Kunden wurden neu definiert, denn es sind nicht mehr primär Geschäfts- oder Urlaubsreisende, sondern Menschen, die im Alltag von A nach B kommen wollen. Die Preise sind mit der Fahrt mit Bahn oder PKW vergleichbar, allerdings ist die Reisegeschwindigkeit mit dem Flugzeug erheblich höher.

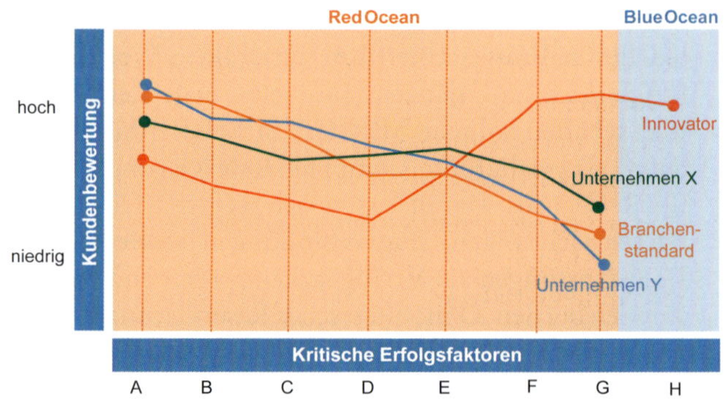

Abb. 3.3.48: Strategy Canvas verschiedener Wettbewerber (in Anlehnung an Kim/Mauborgne, 2004, S. 79)

Die in Abb. 3.3.50 dargestellte sog. **EERC-Matrix** zeigt die Möglichkeiten zur Schaffung von Blue Ocean-Geschäftsmodellen. Dabei werden die kritischen Erfolgsfaktoren des Geschäfts unter Abwägung von Kosten und Nutzen variiert und folgende **Möglichkeiten** geprüft (vgl. *Kim/Mauborgne*, 2016, S. 36 ff.):

Strategy Canvas beim Cirque du Soleil

Ähnlich radikal hat sich der Zirkus *Cirque du Soleil* aus Montréal/Kanada einen neuen Markt geschaffen. Anders als in einem konventionellen Zirkus wird auf Tierdressuren verzichtet und stattdessen auf spektakuläre Artistik, opulentes Theater, fantasievolle Bühnenbilder und Livemusik gesetzt. Zielgruppe sind nun nicht mehr Familien mit Kindern, sondern vornehmlich Erwachsene. Dadurch hat sich der Cirque du Soleil zu einem Entertainment-Unternehmen mit weltweit 1.300 Artisten aus fast 50 Ländern und insgesamt über 5.000 Mitarbeitern entwickelt. Die Innovation des Geschäftsmodells wird anhand des Strategy Canvas des *Cirque du Soleil* in Abb. 3.3.49 deutlich.

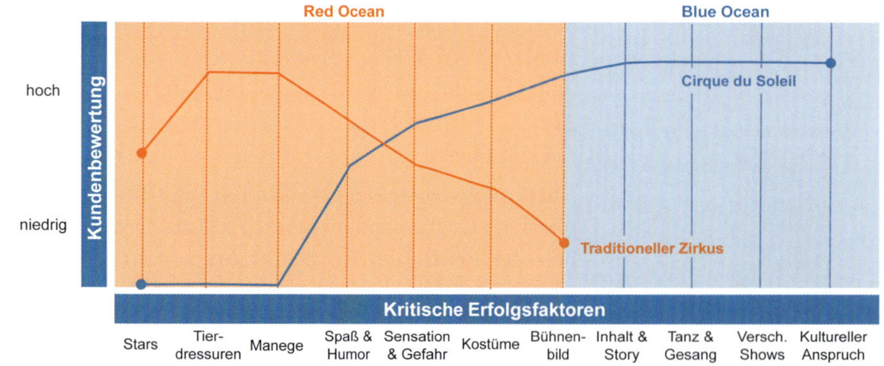

Abb. 3.3.49: Strategy Canvas des Cirque du Soleil (in Anlehnung an Kim/Mauborgne, 2015, S. 43)

- **Eliminierung:** Für die Kunden unwichtige Faktoren des Geschäftsmodells oder Produkts werden weggelassen.
- **Reduzierung:** Radikale Kürzung der Leistungen, um eine zu starke Differenzierung abzubauen, welche die Kosten in die Höhe treibt oder die Kunden überfordert.
- **Steigerung:** Elemente des Produkts über den Marktstandard anheben, was mit erheblichen Kostenwirkungen verbunden sein kann, aber nicht zwingend sein muss.
- **Erschaffung:** Neuerfindung von Komponenten eines Produkts, indem neuer Nutzen gestiftet wird. Dies kann im Idealfall mit einer geringen Kostenwirkung verbunden sein, könnte aber auch erhebliche Kosten verursachen und wäre dann eine teure Differenzierung.

Abb. 3.3.50: EERC-Matrix zur Innovation von Geschäftsmodellen (in Anlehnung an Kim/Mauborgne, 2016, S. 36)

Blue Ocean-Strategie bei Starbucks

Starbucks revolutionierte Kaffeehäuser, nachdem es 1971 im alten Hafen von Seattle ein altes Kaffee-, Tee- und Gewürzgeschäft übernommen hatte. Das Geschäftsmodell wurde vom damaligen CEO *Howard Schultz* entwickelt, der nach einem Aufenthalt in Italien von den dortigen Kaffeebars und der Romantik des Kaffeegenusses inspiriert wurde. *Starbucks* hat die italienische Kaffeebartradition in die USA übertragen und daraus ein neuartiges Geschäftsmodell entwickelt, wie es im Strategy Canvas in Abb. 3.3.50 dargestellt ist.

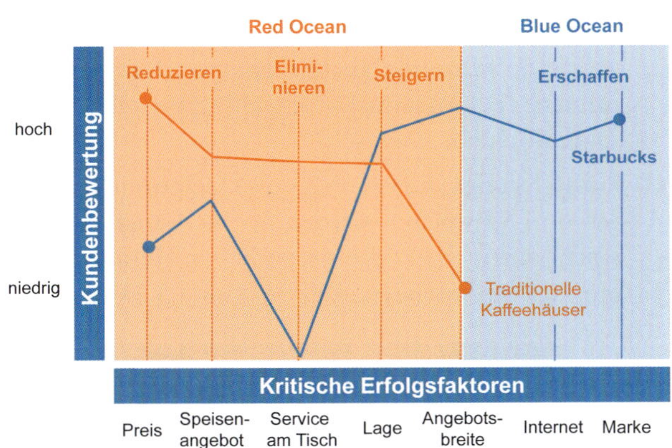

Abb. 3.3.51: Strategy Canvas von Starbucks

Die wesentlichen Maßnahmen der EERC-Matrix waren:

- **Eliminierung:** Bei *Starbucks* wird nicht am Tisch bedient. Die Bedienung im Lokal entfällt.
- **Reduzierung:** Die angebotenen Speisen sind stark standardisiert und darüber findet keine Differenzierung statt.
- **Steigerung:** Das Kaffeeangebot wird durch eine sehr große Auswahl an Kaffee- und Teesorten und verschiedensten Kombinationsmöglichkeiten neu definiert.
- **Erschaffung:** Es wird freier Internetempfang in jedem Lokal angeboten und *Starbucks* ist eine weltweit bekannte Marke.

Heute ist *Starbucks* mit mehr als 30.000 Läden in 80 Ländern die größte Kaffeekette der Welt. Für jedes Teilgeschäft kann dabei die konkrete Ausprägung des Geschäftsmodells in einem Business Model Canvas veranschaulicht werden. So zeigt das nachfolgende Bild exemplarisch das Geschäft mit *Frappucciono*, einem kalten Cappuccino, welcher auch außerhalb der *Starbucks*-Filialen in Supermärkten, Kiosken und Verkaufsautomaten verkauft wird.

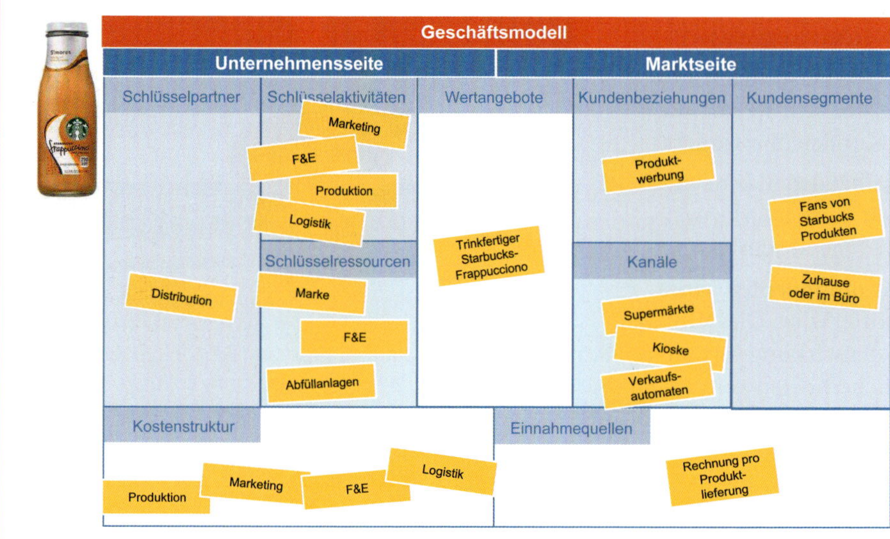

Abb. 3.3.52: Business Model Canvas für das Frappucciono-Geschäft (vgl. valuechaingenerator.com)

3.3.5 Strategische Positionierung: SWOT-Analyse

Die Analyse der Mikro-Umwelten (vgl. Kap. 3.3.2), in der für jedes Geschäftsfeld die Märkte, Kunden, Konkurrenten und Geschäftsmodelle untersucht werden, identifiziert die Chancen und Gefahren eines Unternehmens. Aus der Unternehmensanalyse (vgl. Kap. 3.2.1) werden dessen Stärken und Schwächen deutlich. Die Zusammenführung der Analyseergebnisse zeigt die strategische Situation und den strategischen Handlungsbedarf. Die **SWOT-Analyse** kombiniert die priorisierten Stärken (S = Strengths) und Schwächen (W = Weaknesses) eines Unternehmens mit den Chancen (O = Opportunities) und Gefahren (T = Threats) aus der Unternehmensumwelt.

Dies erfolgt in fünf **Schritten** (vgl. *Bruhn*, 2019, S. 41 ff.):

(1) Zusammenfassung der Chancen und Gefahren: Aus den Umweltanalysen werden die als Chance oder Gefahr bewerteten Entwicklungen und Einflussfaktoren zusammengefasst. Dabei wird die Betrachtung auf die Chancen und Gefahren fokussiert, die für ein spezifisches Geschäftsfeld relevant sind, während allgemeine Faktoren auf Unternehmensebene betrachtet werden. Die risikoorientierte Unternehmensführung wird in Kap. 8.4 vertieft. Chancen sind etwa Wachstumsmöglichkeiten, Bedarf an neuen Produkten oder neue Vertriebsmöglichkeiten. Beispiele für Gefahren sind Preisverfall, neue Konkurrenten aus dem Ausland oder Substitutionsprodukte. Einige Chancen und Gefahren lassen sich erst aus der Kombination der Ergebnisse im Gesamtbild der strategischen Ausgangslage erkennen. Beispielsweise kann ein Kostenrisiko entstehen, wenn gleichzeitig neue Konkurrenten auftreten und wichtige Rohstoffe teurer werden.

(2) Zusammenfassung der Stärken und Schwächen: Die in der Unternehmens- und Konkurrenzanalyse ermittelten Stärken und Schwächen werden in einem Stärken-Schwächen-Profil zusammengefasst. Dabei liegt der Fokus auf den Stärken und Schwächen in Relation zu den Konkurrenten. Andere Bereiche, in denen ein Unternehmen mit den Wettbewerbern gleichauf ist, werden nur am Rande betrachtet. Stärken sind etwa hoch qualifizierte Mitarbeiter, internationale Marktpräsenz oder eine führende Technologieposition. Schwächen können z. B. langsame Entscheidungsprozesse oder fehlende Kooperationen sein.

(3) Priorisierung: Die Chancen und Gefahren sowie Stärken und Schwächen werden in eine Rangordnung gebracht, um sich auf die wesentlichen Herausforderungen zu konzentrieren. Das in Abb. 3.3.53 dargestellte

Unternehmensorientierung	
1. 2. 3. 4. 5. **Stärken** *Strengths*	1. 2. 3. 4. 5. **Schwächen** *Weaknesses*
1. 2. 3. 4. 5. **Chancen** *Opportunities*	1. 2. 3. 4. 5. **Gefahren** *Threats*
Umweltorientierung	

Abb. 3.3.53: SWOT-Inventar

SWOT-Inventar bildet eine Zusammenfassung und Momentaufnahme einer strategischen Situation ab.

(4) **Gegenüberstellung** der Chancen und Gefahren zu den Stärken und Schwächen. Es können auch wechselseitige Beziehungen von externen und internen Faktoren identifiziert und beschrieben werden.

(5) **Ableitung von Normstrategien:** Mithilfe der TOWS-Matrix können Schlussfolgerungen in Form von Normstrategien abgeleitet werden. Dazu wird die Faustregel „Stärken betonen, Schwächen vermeiden" mit den wichtigsten Chancen und Gefahren eines Unternehmens kombiniert. Daraus folgen vier Felder, welche die jeweils wichtigsten strategischen Handlungserfordernisse aufzeigen. Daraus können für alle Felder strategische Stoßrichtungen abgeleitet werden, welche anschließend zu einer Gesamtstrategie zu bündeln sind (vgl. Kap. 4.2.2)

- **S-O-Strategien – Offensivstrategien** stellen den Idealfall dar. Die eigenen Stärken können genutzt werden, um Chancen auszuschöpfen. Das Unternehmen sollte seine Wettbewerbsposition dadurch **ausbauen**. So lässt sich etwa die Stärke in der Produkttechnologie mit der Chance eines Marktwachstums in Asien zur strategischen Stoßrichtung „Expansion in Asien" kombinieren.
- **W-O-Strategien – Entwicklungsstrategien** bezeichnen eine Situation, in der Unternehmen interne Schwächen beseitigen oder reduzieren sollten, um Chancen des Umfelds wahrnehmen zu können. Um eine S-O-Situation zu erreichen, sollte das Unternehmen deshalb **aufholen**. Die Überwindung der eigenen Schwächen wird durch die Nutzung externer Chancen ermöglicht. So kann ein Unternehmen mit schwacher Produktentwicklung in Zeiten hohen Marktwachstums etwa durch Kooperationen seine Schwächen abbauen.
- **S-T-Strategien – Präventionsstrategien** verwenden eigene Stärken, um Gefahren **abzusichern** oder deren Auswirkungen zu mindern. Beispielsweise kann eine führende technologische Position dazu genutzt werden, der Gefahr neuer Wettbewerber zu begegnen.
- **W-T-Strategien – Defensivstrategien** sind im Falle des Aufeinandertreffens von Schwächen und Gefahren erforderlich. Um existenzbedrohliche Situationen zu **vermeiden**, sollten die betreffenden Schwächen abgebaut werden. So ist etwa die Gefahr von Engpässen bei produktionsnotwenigen Rohstoffen durch eine Verbesserung der Einkaufs- und Logistikfunktion zu begegnen.

Die Entwicklung strategischer Stoßrichtungen mit der SWOT-Analyse ist eine weit verbreitete und relativ einfache Vorgehensweise zur Ableitung strategischer Handlungsoptionen für einzelne Geschäftsfelder. Ein weiterer **Vorteil** ist der systematische Überblick über die strategisch relevanten Faktoren. **Nachteile** sind die subjektive Beurteilung der Rangfolge und die mangelnde Quantifizierbarkeit der Kriterien. Dies führt auch zu einer erschwerten Bestimmung der Entwicklungen der Faktoren. Darüber hinaus lassen sich Wechselwirkungen zwischen strategischen Optionen kaum erkennen.

Die Analyse der strategischen Situation eines Unternehmens reduziert die reale Komplexität, indem die Situation durch verschiedene Teilanalysen beschrieben wird. Dies erzeugt eine Fülle von Chancen und Gefahren sowie Stärken und Schwächen, die gemeinsam den strategischen Handlungsbedarf beschreiben. Nach dem Prozess der rationalen Strategieentwicklung (vgl. Kap. 4.2.3) werden anschließend Strategievorschläge generiert, welche wiederum aus den verschiedenen markt- und ressourcenorientierten Konzepten abgeleitet werden. Jedes Konzept ist darauf ausgelegt, Wege in die Zukunft aufzuzeigen und mit Normstrategien rationale Empfehlungen abzugeben. Da

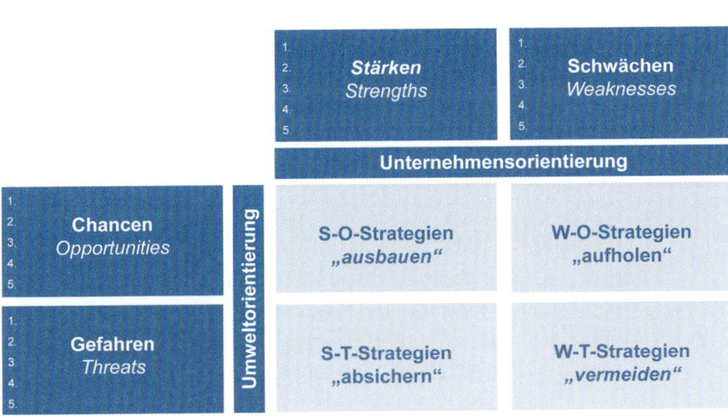

Abb. 3.3.54: TOWS-Matrix (vgl. Wheelen et al., 2018, S. 144)

die Strategien auf Annahmen über die Zukunft beruhen, können daraus alternative **Szenarien** (vgl. Kap. 4.2.2) entwickelt werden. Das Ergebnis ist wiederum eine Fülle von Alternativen, welche für sich betrachtet nachvollziehbar und zweckmäßig sind.

Anschließend ist zu klären, wie mit den als wichtig erkannten Maßnahmen umzugehen und die Komplexität zu beherrschen ist. Alle Strategiealternativen sind deshalb u. a. auf Realisierbarkeit, erforderlichen Ressourceneinsatz und unter Risikogesichtspunkten zu bewerten, zu priorisieren und auszuwählen. Dabei ist auch die Betrachtung des **Zusammenwirkens** der strategischen Optionen erforderlich. Viele Einzelmaßnahmen und Teilstrategien stehen miteinander in Beziehung, verstärken sich gegenseitig oder schließen einander aus. Auch sind nicht alle Aspekte gleich wichtig, so dass es zweckmäßig ist, sich auf erfolgskritische Bereiche der Strategie im Sinne von **Erfolgsfaktoren** (vgl. Kap. 3.1.3) zu konzentrieren. Insofern sind Strategien aufeinander **abgestimmte Maßnahmenbündel**, strategische Programme oder Initiativen. Dies ist eine zentrale Aufgabe der Strategieformulierung (vgl. Kap. 4.2.4).

In der Praxis herrscht auch weniger ein Mangel an Strategieüberlegungen und -alternativen als an deren konsequenter **Umsetzung** (vgl. Kap. 4.2.5). Erst durch die Verknüpfung von Strategieentwicklung, -formulierung und -umsetzung wird der Strategieprozess erfolgreich abgeschlossen. **Strategischer Erfolg** ist somit ein Produkt aus der Qualität der Strategie und ihrer wirkungsvollen Umsetzung.

Allerdings ist der Eindruck zu vermeiden, dass eine Strategieentwicklung durch sachgemäße Anwendung der vorgestellten Instrumente und Konzepte automatisch Wettbewerbsvorteile generiert. Eine solche Führungsperspektive orientiert sich ausschließlich daran, was normalerweise richtig und sinnvoll ist. Wenn also z. B. alle Unternehmen eine Branchenentwicklung ähnlich einschätzen und aufgrund strategischer Überlegungen auch ähnliche Normstrategien verfolgen, so lässt sich damit ein gleichförmiges strategisches Verhalten erklären. Durch ein solches „Mainstream-Verhalten“ lassen sich strategische Fehler vermeiden. Dies mag in vielen Fällen ausreichend sein, um das Überleben eines Unternehmens zu sichern. Im Rahmen der strategischen Unternehmensführung geht es aber insbesondere darum, sich vom Wettbewerb abzuheben. Deshalb kann es durchaus sinnvoll sein, von strategischen Empfehlungen bewusst abzuweichen und neue, zukunftsweisende Wege zu gehen. **Abweichungen vom „Mainstream“** sind allerdings erklärungsbedürftig und erfordern Mut zum Anderssein. Insofern ist spätestens nach der systematischen Durchführung der strategischen Analysen auch visionäres Denken und Leadership (vgl. Kap. 6.3.2) gefordert, um eine erfolgreiche Positionierung im Wettbewerb zu erreichen.

Zusammenfassung

- Gegenstand einer Geschäftsstrategie ist die Erhaltung und die Weiterentwicklung bestehender Erfolgspotenziale in einzelnen strategischen Geschäftsfeldern eines Unternehmens.
- Das Mikro-Umfeld des Unternehmens wird vom Makro-Umfeld beeinflusst und umfasst die Märkte, Kunden und Konkurrenten sowie das Geschäftsmodell des Unternehmens.
- Marktorientierte Strategien gehen davon aus, dass Wettbewerbsvorteile aus einer vorteilhaften Positionierung eines Unternehmens in seiner Umwelt erzielt werden können und die dafür erforderliche Ressourcenbasis sich an der Zielposition ausrichten lässt. Sie umfassen die Wettbewerbs-, Markt- und Kundenstrategie sowie dynamische Strategien.
- Strategische Analysen beurteilen die Chancen und Gefahren aus dem Unternehmensumfeld sowie die Stärken und Schwächen des Unternehmens. Sie zeigen die strategische Position, in der sich ein Geschäftsfeld befindet und verdeutlichen strategischen Handlungsbedarf.
- Ein Markt besteht aus den Nachfragern und Anbietern eines bestimmten Produktes sowie den zur Abwicklung des Leistungsaustausches erforderlichen Beziehungen. Der relevante Markt ist der Teil des Gesamtmarktes, auf dem es für ein Unternehmen attraktiv ist, seine Produkte und Dienstleistungen anzubieten.
- In der Marktanalyse werden die Marktgröße, -dynamik, -struktur, -anforderungen und -position sowie deren Entwicklung untersucht.
- Marktstrategien streben vorteilhafte Positionen in Produkt-Markt-Kombinationen an.
- Kunden sind einzelne Personen oder Gruppen, welche die Entscheidung für den Kauf einer Leistung des Unternehmens treffen. Gute Kunden sind rentabel, wenig preissensibel und langfristige Geschäftspartner.

- Kundenorientierte Strategien sehen den Kunden als wesentlichen Erfolgsfaktor und umfassen alle Maßnahmen zum Aufbau zukünftiger Kundenzufriedenheit.
- Konkurrenten bieten Produkte an, welche die gleichen Kundenbedürfnisse befriedigen wie die Produkte des eigenen Unternehmens. Die Konkurrenzanalyse beschäftigt sich mit der systematischen Sammlung, Verdichtung, Auswertung und Interpretation von Informationen über die derzeitige und zukünftige Situation der Wettbewerber.
- Dynamische Strategien sind durch das Wettbewerbsumfeld gekennzeichnet und zielen auf temporäre Wettbewerbsvorteile. Dabei werden Reaktionen der Konkurrenz berücksichtigt.
- Das Geschäftsmodell stellt die logische Funktionsweise eines Unternehmens dar und beschreibt insbesondere die spezifische Art und Weise, wie Kompetenzen und Ressourcen eines Unternehmens miteinander kombiniert und daraus Gewinne erwirtschaftet werden. Es verdeutlicht damit die Schlüsselfaktoren des Unternehmenserfolgs und wie Mission und Strategie verfolgt werden.
- Geschäftsmodellorientierte Strategien leiten sich aus der Geschäftsmodellanalyse ab. Daraus kann das Unternehmen die Position im Wertschöpfungssystem hinsichtlich einer möglichst vorteilhaften Verteilung der Wertschöpfung in der eigenen Branche gestalten.
- Die SWOT-Analyse kombiniert die Stärken und Schwächen eines Unternehmens mit den Chancen und Gefahren aus seiner Umwelt und leitet daraus strategischen Handlungsbedarf ab.
- Aus der Fülle an Maßnahmen und Strategiealternativen, die aus den einzelnen Konzepten zusammengeführt werden, sind Bündel an Aktivitäten zu bilden, die untereinander konsistent sind. Die Konzentration liegt dabei auf den erfolgskritischen Bereichen der Strategie im Sinne von Erfolgsfaktoren.

Literaturempfehlungen

Alter, R.: Strategisches Controlling: Unterstützung des strategischen Managements, 3. Aufl., München 2019.

Hungenberg, H.: Strategisches Management im Unternehmen, 8. Aufl., Wiesbaden 2014.

Müller-Stewens, G./Lechner, C.: Strategisches Management, 5. Aufl., Stuttgart 2016.

Porter, M.E.: Wettbewerbsvorteile, Frankfurt/Main 1989.

Welge, M.K./Al-Laham, A.: Strategisches Management: Grundlagen – Prozess – Implementierung, 7. Aufl., Wiesbaden 2017.

Wheelen, T. L./Hunger, J. D./Hoffman, A. N./Bamford, C. E.: Concepts in strategic management and business policy, 15. Aufl., Harlow u. a. 2018.

Whittington, R./Regnér, P./Duncan, A./Johnson, G./Scholes, K.: Exploring strategy, 12. Aufl., London/New York/Munich 2019.

3.4 Strategische Unternehmensführung in der Praxis

Leitfragen

- Wie werden strategische Analysen bei der Eder-Gruppe angewandt?
- Wie geht die Eder-Gruppe mit internen und externen Wachstumsstrategien um?
- Wie kann Schlummer seine strategische Lücke schließen?
- Welche Oligopolstrategien wenden Airbus und Boeing an?

In diesem Kapitel werden die Aspekte der strategischen Unternehmensführung an Beispielen veranschaulicht. Alle Analysen der Makro- und Mikro-Umwelten und deren Zusammenhänge sowie die Wachstumsstrategien zeigen die Fallstudien der *Eder-Gruppe*. Wie ein Unternehmen seine strategische Lücke schließen kann, wird anhand des Beispiels der *Schlummer GmbH* dargestellt. Die Aspekte von dynamischen Strategien im Duopolmarkt zeigt das Praxisbeispiel *Airbus* und *Boeing*.

3.4.1 Strategische Analysen bei Eder Möbel

Die *Firmengruppe Eder* wurde in Kap. 1.1.3 bereits vorgestellt. Sie besteht aus mehreren Unternehmen unter der Leitung des Inhabers und Geschäftsführers *Erwin Eder*. Die Firmengruppe erzielte im letzten Geschäftsjahr mit rund 200 Mitarbeitern einen Umsatz von 45 Mio. €.

Die **globale Umweltanalyse** bei der *Eder Möbel GmbH* zeigt Abb. 3.4.1. Die Unternehmensführung der *Eder Möbel GmbH* ist ständig darauf bedacht, die globale Umwelt im Auge zu behalten und mögliche Trends sowie sich daraus ergebende Chancen und Gefahren früh zu erkennen. Deshalb führt das Unternehmen kontinuierliche, aber auch periodische und bei auftretenden Krisen auch außerplanmäßige Analysen der globalen Umwelt durch. Die Analyse konzentriert sich auf den nationalen Markt, da das Unternehmen vornehmlich dort tätig ist. Weltpolitische Entwicklungen betreffen das Unternehmen im Regelfall nicht.

Die Analyse der Umweltsegmente ergibt für die *Eder Möbel GmbH* ein unterdurchschnittliches Ergebnis. Die Prognose der zukünftigen Umweltentwicklungen ergab, dass das

Globale Umweltanalyse der Eder Möbel GmbH

Umweltfaktoren	Gewicht	Bedeutung	Situationsbeurteilung							Dynamik & Kontext					Wertung	
	Insgesamt 100%	100% je Kriterium	0 (nicht attraktiv)	1	2	3	4	5 (sehr attraktiv)	Attraktivität	1 Sicher	2 Risiko	3 Ungewiss	4 Unsicher	Dynamik	Chance	Gefahr
1. Politik & Recht	20%								**2,10**					**3,10**		
- Arbeitsrecht		20%					x		0,80	x				0,20	x	
- …																
2. Ökonomie	25%								**1,40**					**2,90**		
- Volkseinkommen		20%		x					0,20	x				0,20		x
- …																
3. Gesellschaft	15%								**0,80**					**4,30**		
- Sparneigung		25%	x						0,00		x			0,50		x
- …																
4. Technologie	25%								**3,10**					**2,10**		
- Produktionstechnologie		30%					x		1,20	x				0,30	x	
- …																
5. Ökologie	15%								**1,20**					**2,40**		
- Rohstoffverfügbarkeit		30%					x		1,20	x				0,30	x	
- …																
								Umweltattraktivität	**1,85**				Umweltdynamik	**2,88**		

Abb. 3.4.1: Auszug der Checkliste zur globalen Umweltanalyse für die Eder Möbel GmbH

Unternehmen in drei Bereichen Chancen sieht. Zum einen bieten bereits vorbereitete Gesetze zur Lockerung des Kündigungsschutzes dem Unternehmen Möglichkeiten zur Einstellung von Arbeitskräften, denen bei einer schlechteren Auslastung leichter wieder gekündigt werden kann. In neu entwickelten Produktionstechnologien vermutet das Unternehmen eine Chance zur Verbesserung der Qualität bei reduzierten Produktionskosten. Als dritte Chance beurteilt die *Eder Möbel GmbH* die zukünftig ausreichend vorhandenen Rohstoffe (Holz, Plastik). Andere Unternehmen haben bereits mit knappen natürlichen Ressourcen zu kämpfen. Gefahren werden in den ökonomischen und gesellschaftlichen Umweltfaktoren gesehen. Aufgrund des sinkenden Volkseinkommens und der Sparsamkeit der Bürger könnte der Umsatz zurückgehen.

Diese globalen Umweltentwicklungen wirken auch auf die **Branche** ein. Zur Branche der Möbelindustrie gehören alle Unternehmen, die Möbelstücke aus unterschiedlichen Materialien, wie etwa Holz, Metall oder Plastik, herstellen. Für die *Eder Möbel GmbH* ist die relevante strategische Gruppe jedoch der Teil der Möbelindustrie, der sich mit Gartenmöbeln beschäftigt. In der Gartenmöbelindustrie sind viele Anbieter mit gleichen bzw. ähnlichen Produkten tätig. Es herrscht daher ein polypolistischer Wettbewerb. Die Branchenstrukturanalyse zeigt in Abb. 3.4.2 die langfristigen Erfolgschancen der Gartenmöbelbranche und damit auch die der *Eder Möbel GmbH.*

Das Wachstum der Möbelbranche wird zwar als relativ gering eingeschätzt. Da mit stabilem Wachstum gerechnet wird, liegt darin eine Chance für die Branche. Für die Käufer von Gartenmöbeln fallen bei einem Wechsel des Herstellers keine Umstellungskosten an, sofern es sich nicht um die seltene Ersatzbeschaffung eines Möbelteils zu einer bestehenden Möbelausstattung handelt. Dies kann für *Eder* sowohl eine Chance als auch Gefahr bedeuten. Eine Chance, neue Kunden zu gewinnen oder von den Konkurrenten abzuwerben. Aber auch eine Gefahr, ihre Kunden an die Konkurrenz zu verlieren. Da in der Branche viele gleichartige Produkte angeboten werden, hat *Eder* Schwierigkeiten, seine Kunden zu halten. Die *Eder Möbel GmbH* ist nicht in der Lage, Änderungen der Konkurrenzprodukte zu prognostizieren. Dies stellt ein unkalkulierbares Risiko dar. Das Unternehmen bezieht seine Rohstoffe von mehreren Lieferanten, so dass nicht mit Beschaffungsproblemen zu rechnen ist. Der Einstieg in die Möbelbranche ist mit relativ hohem Kapitalbedarf verbunden, weshalb in absehbarer Zeit nicht mit neuen Konkurrenten zu rechnen ist. Dies macht die Branche attraktiver. Die Gesamtattraktivität der Branche setzt sich aus den fünf einzelnen Wettbewerbskräften zusammen

Branchenstrukturanalyse der Eder Möbel GmbH																
Branchenstrukturfaktoren	Gewicht	Bedeutung	Situationsbeurteilung							Dynamik & Kontext					Wertung	
	Insgesamt 100%	100% je Kriterium	0 (nicht attraktiv)	1	2	3	4	5 (sehr attraktiv)	Attraktivität	1 (Sicher)	2 (Ungewiss: Risiko)	3	4 (Unsicher)	Dynamik	Chance	Gefahr
1. Rivalität	37%								**2,52**					**0,30**		
- Branchenwachstum		10%		x					0,10			x		0,30	x	
- …																
2. Abnehmer	13%								**2,30**					**1,60**		
- Umstellungskosten		10%	x						0,00	x				0,10		x
- …																
3. Ersatzprodukte	2%								**2,70**					**1,30**		
- Eignungsgrad		30%		x					0,30	x				0,30	x	
- …																
4. Lieferanten	23%								**3,58**					**0,60**		
- Lieferantenwettbewerb		20%					x		0,80	x				0,20		x
- …																
5. Neue Anbieter	25%								**2,25**					**0,80**		
- Zugänglichkeit Distributionskanäle		20%				x			0,60				x	0,80		x
- …																
								Branchenattraktivität	**2,67**				**Branchendynamik**	**0,68**		

Abb. 3.4.2: Auszug der Checkliste zur Branchenstrukturanalyse für die Eder Möbel GmbH

und ergibt im Beispiel der *Eder Möbel GmbH* eine Bewertung von 2,67. Dies bedeutet, dass die Möbelbranche für bestehende Unternehmen mittlere Renditen verspricht.

Exemplarisch werden im folgenden **Marktstrategien** für die *Eder Möbel GmbH* aufgezeigt. Ausgangspunkt sind die Ergebnisse der Marktanalyse des Unternehmens. Die Ableitung von Marktstrategien erfolgt bei der *Eder Möbel GmbH* auf Basis des in Abb. 3.4.3 dargestellten Marktattraktivitäts-Wettbewerbsvorteils-Portfolios. Darin werden die Marktsegmente bzw. die beiden Produkte L (Luxus) und S (Standard) positioniert. Das Segment Premium-Möbel besitzt eine hohe Marktattraktivität. Allerdings werden die direkten Konkurrenten aufgrund von Vorteilen in der Fertigungstechnologie als sehr stark eingestuft bzw. die eigenen Wettbewerbsvorteile als niedrig. Die strategische Stoßrichtung zielt auf den Ausbau der Wettbewerbsvorteile durch Investitionen, um diese Position zu verbessern. Im Marktsegment Standard-Möbel liegt die *Eder Möbel GmbH* sowohl bei der Marktattraktivität als auch beim relativen Marktanteil im Mittelfeld. Auch hier sind Maßnahmen zur Verbesserung der Position und der Marktattraktivität erforderlich.

Die *Eder Möbel GmbH* liefert Gartentische in den Modellen „Luxus" und „Standard". Diese werden über Einzelhändler, wie Kaufhäuser, Discounter oder Möbelgeschäfte, vertrieben. Der **Kunde** des Unternehmens ist demnach der Einzelhandel. Bei einer differenzierteren Betrachtung kann zwischen Einzelhandel und Endkunde unterschieden werden: Ohne die Aufnahme der Möbel in das Angebot des Einzelhandels kann ein Endkunde die Gartentische der *Eder Möbel GmbH* nicht kaufen. Neben dieser Erstentscheidung des Einzelhandels liegt die endgültige Kaufentscheidung beim Endkunden. Nur wenn die Artikel verkauft werden, wird der Einzelhändler weiter bei der *Eder Möbel GmbH* bestellen.

Das Unternehmen orientiert sich aus folgenden **Gründen** vorwiegend am Einzelhandel:

- Endkunden wiederholen ihre Kaufentscheidung für Gartentische in großen Zeitabständen. Eine hohe Endkundenbindung ist deshalb nicht maßgeblich für den Unternehmenserfolg.
- Dem Einzelhandel liegen Informationen über die Endkunden vor. Für die *Eder Möbel GmbH* ist es allerdings schwierig, selbst an solche Informationen zu gelangen. Die Informationen, die der Einzelhandel über die Kundenbedürfnisse an die *Eder Möbel GmbH* weitergibt, sind daher unvollständig, gefiltert und durch dessen Eigeninteresse geprägt.
- Die Einzelhändler gehören z. T. größeren Ketten wie etwa *OBI* an und bestellen in hohen Mengen. Durch ihre Produktpräsentation und Werbung beeinflussen sie maßgeblich die Kaufentscheidung der Endkunden.

Die *Eder Möbel GmbH* erzielte im letzten Jahr mit 60 Kunden einen Umsatz von 40 Mio. Euro. Das Controlling erstellte eine Kunden-Deckungsbeitragsrechnung (Abb. 3.4.3). Damit konnten die profitabelsten Kunden ermittelt werden.

Es gibt aber auch Kunden mit negativen Deckungsbeiträgen. Für diese ist zu überlegen, ob sie weiterhin zu den bisherigen Konditionen beliefert werden oder ob etwa Preiserhöhungen vorzunehmen sind. Bei den Möbelhäusern *Schmidt* und *moebelauktion.de* handelt es sich um Kunden mit häufigen Reklamationen und hohen Transportkosten. Bei diesen überprüfte die *Eder Möbel GmbH* deshalb den Kundenlebenszyklus. Eine Analyse der beiden Möbelhäuser mit der Checkliste zur Kundenanalyse ergab, dass *Möbelhaus Schmidt* ein Neukunde ist, so dass zukünftig mit einer Verbesserung der Rentabilität gerechnet werden kann. Der Kunde *moebelauktion.de* besitzt ein unterschiedliches Geschäftsmodell: Er vertreibt Möbel in Auktionen über das Internet. Daher überlegt die Unternehmensführung der *Eder Möbel GmbH*, wie dieses geänderte Geschäftsmodell die gesamte Kunden- bzw. Branchenstruktur beeinflusst und welche Antworten das Unternehmen darauf haben sollte.

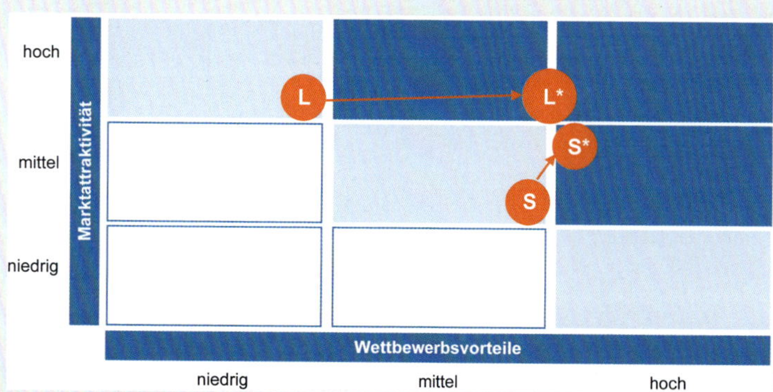

Abb. 3.4.3: Marktattraktivitäts-Wettbewerbsvorteil-Portfolio von Eder Möbel

	Umsatz	Deckungsbeitrag
Möbelhaus Müller	12.000.000	4.280.000
Gartencenter Blumenland	5.808.000	2.161.600
Gartencenter Maier	2.400.000	904.000
Discounter Lodil	5.100.000	408.000
Gartencenter Max	1.800.000	378.000
Gartencenter Baumparadies	1.800.000	324.000
Freizeitmarkt Aktiv	1.200.000	242.400
Gartencenter Neudorf	1.200.000	222.000
Superlo	1.200.000	216.000
Handelskette Gartenkönig	1.380.000	193.200
Möbelhaus Weinmeier	942.000	178.980
...		
...		
...		
Möbelhaus Schmidt	2.000.000	–660.000
moebelauktion.de	2.600.000	–1.056.000
	40.000.000	**9.164.040**

Abb. 3.4.4: Kunden-Deckungsbeitragsrechnung der Eder Möbel GmbH

Auch die *Eder Möbel GmbH* misst ihre Kundenzufriedenheit durch Befragungen. Während bei der Kundenbewertung aufgrund der fehlenden Informationsbasis nur bestehende Kunden betrachtet werden, erfolgt die Zufriedenheitsmessung sowohl bei den Einkäufern der Einzelhändler, bei der Warenauslieferung und zweimal jährlich auch bei den Endkunden. Dazu nutzt die *Eder Möbel GmbH* drei verschiedene **Befragungsformulare**:

- **Einzelhandel:** Versand von Fragebögen differenziert nach Produktgruppen.
- **Warenauslieferung:** Befragung ausgewählter Einzelhändler durch den Außendienst hinsichtlich der Zufriedenheit mit Preis, Lieferung und Qualität.
- **Endkundenbefragung:** Interviews in Möbelhäusern nach dem Bekanntheitsgrad der Produkte, den Kundenwünschen und der Beurteilung der Produkte im Vergleich zur Konkurrenz.

Aufgrund der langen Nutzungsdauer der Produkte von ca. zehn Jahren steht bei *Eder Möbel* das Weiterempfehlungspotenzial der Kunden vor der Kundenbindung. Aus den Befragungen konnten wertvolle Informationen über Produktverbesserungen gewonnen werden. Aus den Kundenwünschen wurden zudem Ideen für neue Produkte abgeleitet. Da die Wettbewerber keine Befragungen durchführen, versetzen derartige Informationen das Unternehmen in die Lage, besser auf die Kunden einzugehen. Darauf lässt sich der Erfolg der Produktlinie *Luxus* zurückführen.

Die *Eder Möbel GmbH* hat im Rahmen ihrer **Konkurrenzanalyse** fünf derzeitige Konkurrenten mit vergleichbaren Produkten und ähnlicher Unternehmensgröße ausgemacht. Zusätzlich wurden zwei potenzielle Konkurrenten identifiziert. Diese führen derzeit zwar noch keine Gartenmöbel in ihrem Sortiment, könnten aber aufgrund bestehender Überkapazitäten und vorhandener Branchenkenntnisse leicht in diesen Markt eintreten. Diese sieben Konkurrenten wurden mit Hilfe der Checkliste aus Abb. 3.3.30 in Kap 3.3.3 analysiert. Dazu wurden so viele Informationen wie möglich über die einzelnen Konkurrenten gesammelt. Da fast die gesamte Gartenmöbelbranche ausschließlich aus mittelständischen Unternehmen besteht, dominiert dort die Rechtsform der GmbH. Aus diesem Grund ist es schwierig, finanzielle Informationen über die Wettbewerber zu erhalten. Hilfreich sind Informationen des Branchenverbands der Gartenmöbelindustrie, da dieser seinen Mitgliedern Finanzdaten, wie etwa die Eigenkapitalquote, Außenstände oder die Kosten des Fremdkapitals, über die Konkurrenten zur Verfügung stellt. Für die anderen Untersuchungsbereiche waren die Internetauftritte der Wettbewerber, Informationen des eigenen Außendienstes und die Befragung gemeinsamer Kunden aufschlussreich. Die gewonnenen Informationen wurden für jeden Konkurrenten zu einem Stärken-Schwächen-Profil verdichtet (vgl. Abb. 3.3.31).

Basierend darauf wurden die zukünftigen Ziele und Strategien einzelner Konkurrenten beurteilt. Aufgrund der eingeschränkten Informationen waren hierzu Vermutungen bzw. Annahmen erforderlich. Anschließend wurde ein Reaktionsprofil für jeden einzelnen Konkurrenten erstellt.

Die wichtigsten **Erkenntnisse der Konkurrenzanalyse** für die *Eder Möbel GmbH* sind:

- Einer der beiden potenziellen Konkurrenten wird wahrscheinlich in den nächsten Monaten eine eigene Produktlinie für Gartenmöbel einführen. Dessen große Überkapazitäten sowie erste Verhandlungen mit einzelnen Möbelhäusern bestätigen diese Annahme.
- Ein bestehender Konkurrent wird vermutlich mit einer neuen Produktlinie im Premium-Segment der Gartenmöbel versuchen, neue Marktanteile zu erobern. Dies könnte insbesondere zu einem Absatzrückgang der erfolgreichen Produktlinie *Luxus* führen.

Aufgrund des Ergebnisses der Konkurrenzanalyse hat sich die *Eder Möbel GmbH* dazu entschlossen, langfristige Lieferverträge für die Produktlinie *Luxus* mit den Möbelhäusern einzugehen. Dadurch soll es Wettbewerbern erschwert werden, sich im Premium-Segment zu etablieren. Die Möbelhäuser waren aber zu einer langfristigen Bindung erst bereit, nachdem ein zusätzlicher Rabatt auf die Produktlinie *Luxus* gewährt wurde.

Die *Eder Möbel GmbH* wird stark vom Unternehmensinhaber *Erwin Eder* geprägt. Die meisten Entscheidungen erfordern seine Zustimmung. Aufgrund der flachen Hierarchiestruktur und der überschaubaren Anzahl an Mitarbeitern werden Entscheidungen deshalb schnell und unbürokratisch getroffen. Die Organisationsstruktur prägt auch die einzelnen Wertschöpfungsaktivitäten im Unternehmen. Die meisten Mitarbeiter sind nicht nur mit ihren eigenen Tätigkeiten vertraut, sondern kennen auch die vor- und nachgelagerten Aktivitäten ihrer Kollegen. Die Führungskräfte sind oftmals für mehrere Funktionalbereiche verantwortlich, wodurch **Wertschöpfungsaktivitäten** schnell verknüpft werden können.

Exemplarisch sind folgende **Unterschiede in der Wertschöpfungskette** der *Eder Möbel GmbH* im Vergleich zu *IKEA* zu nennen:

- Im Gegensatz zum weltweit agierenden Einkauf von *IKEA* werden bei *Eder* die Rohstoffe für die Produktion nicht von einer zentralen Einkaufsabteilung beschafft. Der Produktionsleiter bestellt die Rohstoffe bedarfsgerecht bei einem langjährigen Lieferanten aus der Umgebung. Dies garantiert, dass die Rohmaterialien genau auf die Produktionsanlagen abgestimmt sind und auch eine konstant hohe Qualität des Rohmaterials. Allerdings verursacht es hohe Beschaffungskosten.
- Auch in der Produktion gibt es starke Unterschiede zwischen den beiden Unternehmen. Die *Eder Möbel GmbH* fertigt ihre gesamte Produktpalette im eigenen Werk, um flexibel auf die Kundenbedürfnisse reagieren zu können. Die Wartung und Instandsetzung der Produktionsanlagen sowie die Montage der Möbel erfolgt durch eigene Mitarbeiter. *IKEA* hingegen lässt viele seiner Produkte von Fremdfirmen fertigen. Um die Herstellkosten zu optimieren, werden weltweit Fertigungsunternehmen beauftragt. Der Kostenvorteil wird durch langfristige Verträge abgesichert, was eine flexible Anpassung des Produktionsprogramms erschwert.
- Die *Eder Möbel GmbH* liefert und montiert die Möbel selbst und unterzieht sie danach einer eingehenden Qualitätskontrolle. Der Transport zu den Kunden erfolgt mit einem eigenen Fuhrpark. *IKEA* überlässt den Transport und die Montage der Möbelstücke den Kunden. Für die Übernahme dieser Aktivitäten erhalten die Kunden allerdings einen günstigeren Preis.
- Der Vertrieb der Produkte erfolgt bei der *Eder Möbel GmbH* über eigene Außendienstmitarbeiter. Diese besuchen die Möbelhäuser, nehmen Markt- und Kundenbedürfnisse auf und bearbeiten Kundenreklamationen. *IKEA* hingegen vertreibt seine Produkte nur in eigenen Möbelhäusern. Auf diese Weise übernimmt das Unternehmen selbst die Wertschöpfungsstufe „Vertrieb an den Endkunden".

Aus diesen Beispielen lassen sich die Unterschiede in der Wertschöpfung der beiden Unternehmen erkennen. Bei der *Eder Möbel GmbH* ist die Verknüpfung zwischen Vertrieb, Fertigung und Produktentwicklung sowie zwischen Fertigung und Beschaffung von hoher Bedeutung. Darin liegen die Besonderheiten des Geschäftsmodells. Zusammenfassend ist die Wertschöpfungskette der *Eder Möbel GmbH* in Abb. 3.4.5 dargestellt.

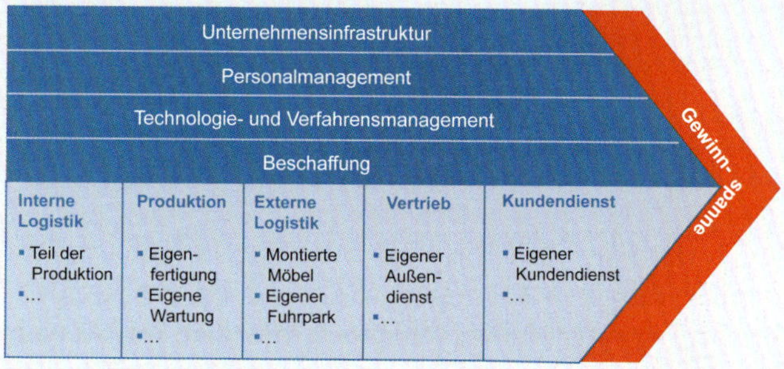

Abb. 3.4.5: Wertschöpfungskette der Eder Möbel GmbH

Aus den vorangegangenen Analysen stellt die *Eder Möbel GmbH* ihre Chancen und Gefahren zusammen. Abb. 3.4.6 zeigt einen Auszug daraus. In gleicher Weise werden die Stärken und Schwächen aus der Umweltanalyse zusammengefasst.

In einer Geschäftsleitungssitzung hat die Unternehmensführung der *Eder Möbel GmbH* mit einer Reihe von Mitarbeitern über die Chancen und Gefahren sowie Stärken und Schwächen diskutiert und diese in eine Rangfolge gebracht. Aus der Vielzahl an Merkmalen wurden im Anschluss jeweils die wichtigsten ausgewählt. Die Gegenüberstellung in einem **SWOT-Inventar** zeigt Abb. 3.4.6.

Intensive Diskussionen führten zu folgenden strategischen **Handlungsmöglichkeiten,** die in der TOWS-Matrix in Abb. 3.4.7 zusammengefasst sind:

- **S-O-Strategien:** Durch abteilungsübergreifende Gruppenarbeit in der Produktion sieht die *Eder Möbel GmbH* eine Möglichkeit, die Vorteile ihrer flachen Hierarchie und des hohen Qualitätsstandards bei der Anwendung neuer Produktionstechnologien zu nutzen. Zudem soll ein flexibler Personalpool aufgebaut werden. Die Produktionsflexibilität wird durch tarifrechtliche Erleichterungen weiter erhöht.
- **W-O-Strategien:** Um die hohe Abhängigkeit vom Einzelhandel zu reduzieren und direkte Kundenbeziehun-

	Chancen	Gefahren
Globale Umwelt	▪ Änderungen des Arbeitsrechts ▪ Neue Produktionstechnologie ▪ Hohe Rohstoffverfügbarkeit ▪ …	▪ Sinkendes Volkseinkommen ▪ Hohe Sparneigung ▪ Hohe Recyclinganforderungen ▪ …
Branche	▪ Hohes Branchenwachstum ▪ Viele Lieferanten im Wettbewerb ▪ Hoher Kapitalbedarf für neue Konkurrenten ▪ …	▪ Geringe Umstellungskosten für Abnehmer ▪ Schwieriger Zugang zu den Distributionskanälen ▪ Hohe Preissensibilität ▪ …
Markt	▪ Großes Marktvolumen ▪ Geringe Macht der Lieferanten ▪ Existenz alternativer Rohstoffe ▪ …	▪ Geringer Marktanteil ▪ Steigende Qualitätsansprüche ▪ Starke Konjunkturabhängigkeit ▪ …
Konkurrenz-analyse	▪ Langjährige Beziehungen zu Möbelhäusern (Premium-Segment) ▪ Flache Hierarchien ▪ Flexible Produktion ▪ …	▪ Schlechtere Kostenstruktur ▪ Steigender Wettbewerb/Überkapazitäten ▪ Neue Produktlinien der Konkurrenz im Segment Premium Möbel ▪ …
Kunden-analyse	▪ Fairer Preis ▪ Hohe Qualität ▪ Schnelle Lieferzeiten ▪ …	▪ Informationen Produkt/Marke ▪ Geringe Differenzierung von Konkurrenten ▪ …

Abb. 3.4.6: SWOT-Inventar von Eder Möbel

gen aufzubauen, soll die Marke *Eder Möbel* beim Endkunden bekannter gemacht werden. Dazu plant die *Eder Möbel GmbH* mehr Präsenz auf Kundenmessen und den Aufbau eines Direktvertriebs. Durch neue Produktionsverfahren und günstige Materialien sollen die Kostenstrukturen verbessert werden.

- **S-T-Strategien:** Der sinkenden Kaufkraft und dem Wertewandel soll eine imagefördernde Werbekampagne entgegenwirken. Durch spezielle Angebote im Internet sollen auch preisorientierte Kunden direkt angesprochen werden.
- **W-T-Strategien:** Prozessoptimierungen im Materialfluss sollen zu einer Senkung der Herstellkosten und einer Reduktion der Fertigungszeit führen. Auf diese Weise soll auch besser auf saisonale Auftragsschwankungen reagiert werden. Zudem wird durch neue Produkte unter der Eigenmarke *Eder Möbel* eine stärkere Differenzierung gegenüber der Konkurrenz angestrebt.

3.4.2 Wachstumsstrategien bei Eder Möbel

Die *Eder Möbel GmbH* ist das Stammhaus der *Firmengruppe Eder*, die aus mehreren Unternehmen besteht (vgl. Kap. 1.1.3). Diese Fallstudie zeigt, wie Strategieoptionen bewertet und gebündelt werden können. Die *Firmengruppe Eder* hat in ihren Geschäftsfeldern ehrgeizige Wachstumsziele. Bislang ist es dem geschäftsführenden Gesellschafter *Erwin Eder* (kurz: *EE*) noch immer gelungen, seine ambitionierten Ziele zu erreichen. Dafür arbeitet er hart und diesen Einsatz fordert er auch von seinen Führungskräften. Das angestrebte Wachstum basiert auf einer akribischen strategischen Planung und beruht auf einer fundierten Markt- und Ressourcensicht. Daraus resultieren in diesem Geschäftsjahr jedoch weit mehr strategische Optionen, als es sich die Firmengruppe leisten kann. Deshalb fordert *EE* alle Bereiche auf, ihre strategischen Optionen zu bewerten.

Auf einer Tagung konnte *E. Nergisch*, Geschäftsführer der *Eder Möbel GmbH*, einen neuen Kunden gewinnen, der ein sehr langfristiges und stabiles Geschäft vereinbart hat. Außerdem startet er eine Initiative „Fit für die Zukunft“. Diese beinhaltet ein Bündel von Einzelmaßnahmen, wel-

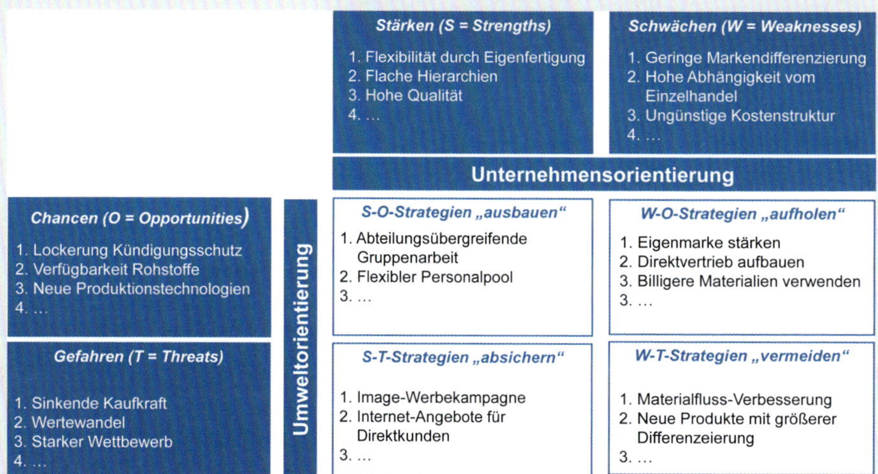

Abb. 3.4.7: TOWS-Matrix der Eder Möbel GmbH

che er vereinfachend in seiner schwäbischen Art als SNS-Strategie bezeichnet: „Schaffa, net schwätza“.

Im Einzelnen besteht diese aus folgenden **Maßnahmen**:

(1) Erhöhung des Umsatzes durch den Neukunden auf 54 Mio. € mit verschärften Zahlungszielen, so dass ein Forderungsbestand von 8,2 Mio. € erreicht wird. Der Vorratsbestand kann unverändert bleiben.

(2) Die Ausdehnung des Umsatzes erfolgt mit demselben Anlagevermögen und erfordert keine weiteren Investitionen. Die Betriebs- und Geschäftsausstattung wird nicht vollständig erneuert, so dass deren Buchwert sinkt. Abschreibungen und Investitionen können daher insgesamt auf dem ursprünglich geplanten Niveau gehalten werden.

(3) In der Produktion sollen Skaleneffekte realisiert und so die Herstellkosten gedrückt werden. Neben dem Rationalisierungsprojekt in der Produktion sind auch im Gemeinkostenbereich eine Reihe von Aktivitäten geplant. Dadurch soll der Anteil der Gemeinkosten am Umsatz sinken.

(4) Die langfristigen Verbindlichkeiten werden reduziert. Dies stärkt die Bonität des Unternehmens. Zudem kann eine Refinanzierung durchgeführt werden, welche die durchschnittlichen Fremdkapitalkosten senkt.

(5) Der neue Kunde wirkt sich aufgrund der sehr erfolgreichen Vertragsgestaltung nachhaltig positiv auf die Risikostruktur der *Eder Möbel GmbH* aus. Im Vergleich zum branchenüblichen Niveau sinkt die Risikoposition. Dies freut *Erwin Eder* ganz besonders.

Als Ausgangspunkt für eine Entscheidung der Strategieoption „internes Wachstum SNS“ wird die Planerfolgsrechnung ohne SNS-Strategie als Referenzszenario herangezogen. Demnach wird in einer wertorientierten Erfolgsermittlung nach der EVA-Methode (vgl. Kap. 8.2) von folgenden Annahmen ausgegangen: Der risikofreie Zinssatz ist mit 4 % angegeben. Für die Branche werden 9 % als Marktrisiko-Zinssatz angesetzt. Die Marktrisikoprämie beträgt damit 5 %. Mit dem Betafaktor in Höhe von 0,9 ergibt sich ein Eigenkapitalkostensatz von 8,5 %. Die Fremdkapitalkosten nach Steuern betragen 3,5 % und das Verhältnis von Eigen- zu Fremdkapital ist 30 % zu 70 %. Daraus lassen sich die gewichteten Kapitalkosten in Höhe von 5 % ermitteln. In absoluten Werten ausgedrückt, d. h. durch Multiplikation mit dem netto investierten Kapital, bedeutet dies jährlich zu erwirtschaftende Kapitalkosten in Höhe von 3,95 Mio. €. Die *Eder Möbel GmbH* plant mit einem NOPAT von 5,38 Mio. €, was einer Nettokapitalrendite von 6,84 % (ROCE) entspricht und die Kapitalkosten um 1,84 % (Überrendite) übertrifft bzw. einen Übergewinn in Höhe von rund 1,45 Mio. € ergibt.

Die fünf Strategieoptionen der SNS-Strategie werden daraufhin bewertet, inwieweit sie gegenüber dem Referenzszenario neben Umsatzwachstum auch Erfolgswirkung zeigen. Dazu werden zunächst die SNS-Strategiemaßnahmen den **Werthebeln** zugeordnet:

- Die SNS Maßnahmen (2) und (3) steigern die Profitabilität und führen so zu einem positiven Wertbeitrag.
- Die SNS Maßnahme (1) ermöglicht ein Umsatzwachstum bei mindestens konstanter Kapitalrendite.
- Die SNS Maßnahmen (4) und (5) führen zu einer Reduzierung des eingesetzten Kapitals bzw. der Kapitalkosten.

Die SNS-Strategie ist rein auf ein bestehendes Geschäftsfeld ausgerichtet. Insofern hat es keine Wirkung auf das

Portfoliomanagement im Rahmen der Unternehmensstrategie der *Eder Firmengruppe*.

Werden die Auswirkungen der fünf SNS-Strategiemaßnahmen quantifiziert und als Veränderung zum Referenzszenario eingearbeitet, so wird die Wirkung auf die Wertbeiträge aufgezeigt. Die Strategieüberlegungen von *E. Nergisch* verbessern den EVA von 1,45 auf 3,95 Mio. € bzw. die Überrendite von 1,84 % auf 5,2 %. Damit führt die Strategieoption SNS unter Wachstums-, Ergebnis- und Risikoaspekten zu positiven Wirkungen. Isoliert betrachtet wäre die Strategieoption zu befürworten, sofern die Umsetzungskapazität vorhanden ist und das avisierte Wachstum auch erreicht werden kann. Der mögliche Engpass wäre dabei vermutlich die Kapazität von *E. Nergisch* und aller an dem Projekt arbeitenden Mitarbeiter.

Ergänzend wird das angestrebte Wachstum der *Eder Firmengruppe* auch durch die Bereitschaft gefördert, gezielt Unternehmen zuzukaufen. So wurde bereits vor einigen Jahren das heutige Tochterunternehmen *Schlummer GmbH* zugekauft. Dieses bietet Komplettbetten bestehend aus Bettgestell, Lattenrost und Matratze an. Die Chance zu diesem Zukauf ergab sich, als *Susi Schlummer,* die das Unternehmen vor 40 Jahren aufgebaut hatte, nach der Erkrankung ihres Mannes auf *Eder* zukam.

Damals war *EE* von dieser Akquisitionschance etwas überrascht worden. Aus dem Zukauf zog er jedoch die Lehre, dass Akquisitionen eine auch zukünftig interessante Möglichkeit zur Unternehmensentwicklung sind. Dazu hat er als Teil seiner Wachstumsstrategie eine **M&A-Strategie** ausgearbeitet, die wie folgt umrissen werden kann: Akquisitionen tätigt die *Unternehmensgruppe Eder* immer nur als strategischer Investor, um das bestehende Geschäft auszubauen oder in vorgelagerte bzw. angrenzende Wertschöpfungsstufen zu expandieren. Wenn ein Unternehmen zugekauft wird, so werden alle Anteile übernommen, Minderheitsgesellschafter ist *Eders* Sache nicht. Zugekauft wird dann, wenn ein Unternehmen gesund ist und sich die Möglichkeit zur Produkt- oder Marktentwicklung bietet. Direkte Wettbewerber werden nicht aufgekauft. Für eine Akquisition ist *Eder* bereit, marktübliche Ergebnis- und Umsatzmultiplikatoren vergangener Transaktionen zu bezahlen. Auf jeden Fall soll der Kaufpreis eines zugekauften Unternehmens mit den EVA der nächsten 15 Jahre kompensiert werden können. Die M&A-Aktivitäten betreibt in der Geschäftsleitung nur *EE* selbst. Er führt eine Liste potenzieller Übernahmekandidaten, mit denen er regelmäßig in Kontakt steht, um zu erfahren, ob diese verkaufsbereit sind.

Eines Tages sitzt *Eder* in seinem Büro, als er in seiner Post einen Brief mit dem Zusatz „persönlich & vertraulich" findet. Interessiert öffnet er den Umschlag und findet einen handgeschriebenen Brief mit folgendem Inhalt:

> Müller Möbel MÜMÖ GmbH
>
> Lieber Erwin,
>
> wir haben immer wieder darüber geredet, wie es weiter geht, wenn ich altershalber mein Unternehmen in andere Hände gebe. Da ich keine Kinder habe und aus dem Management meines Unternehmens keine Nachfolger zur Verfügung stehen, komme ich nun auf dich zu. Du hast mir mehrfach angeboten, dass du mein Unternehmen kaufen würdest. Mach mir nun ein faires Angebot, dann können wir darüber reden. Ich weiß, dass mein Unternehmen bei dir in guten Händen ist.
>
> Beste Grüße
> dein Hans Müller

Im Umschlag liegt auch der Geschäftsbericht der *MÜMÖ GmbH.* Zunächst lehnt sich *EE* in seinem Schreibtischstuhl zurück und freut sich, dass seine Ausdauer ihm diese Chance eröffnet hat. Schließlich ist die *MÜMÖ GmbH* seit langem ein guter Geschäftspartner bei komplementären Produkten. Überschneidungen in Produkten und Märkten gibt es so gut wie nicht und auch kulturell ist das Unternehmen recht ähnlich. Die *MÜMÖ GmbH* steht deshalb seit langem weit oben auf der Liste seiner Akquisitionskandidaten. Schließlich verstehen sich *Erwin Eder* und *Hans Müller* auch persönlich gut und gehen seit Jahren einmal im Jahr zusammen Skifahren. Daher weiß *EE* die Offerte zu schätzen und ist sich bewusst, dass er das ihm entgegengebrachte Vertrauen mit einem soliden Angebot begegnen will.

So macht er sich gleich an die Arbeit und kopiert den Geschäftsbericht, entfernt alles was auf den Namen des Unternehmens hinweist und ersetzt dafür die Unterlagen mit dem Codename *„White House"*. Dies deutet auf das schöne weiße Gebäude hin, in dem *Hans Müller* wohnt und die wichtigen Entscheidungen der *MÜMÖ GmbH* fallen. Zudem notiert er, dass alle Werte ohne stille Reserven oder Lasten zu betrachten sind. Dann ruft *Eder* noch seine Hausbank an und lässt sich die aktuellen Multiplikatoren zur Unternehmensbewertung für Umsatz und EBIT geben. Die Hausbank liefert *Eder* Werte für den Umsatzmultiplikator in Höhe von 1,3 und den EBIT-Multiplikator in Höhe von 9. Diese Informationen übergibt er kommentarlos seinem Assistenten *Paul-Uwe Mukl* und betreut ihn mit der Aufgabe, einen Unternehmenswert nach dem Discounted Cashflow-Verfahren und der Multiplikatormethode zu ermitteln (vgl. Kap. 8.2). Auf dieser Basis möchte er einen Vorschlag für einen „fairen" Kaufpreis abgeben.

Zunächst wird das unternehmerische Risiko in Anlehnung an das CAPM-Modell abgebildet. Dabei werden die Eigenkapitalkosten mit 10,5 % und ein unternehmensspezifischer Risikoaufschlag der *MÜMÖ* von 10 % eingerechnet. Der Marktwert des Fremdkapitals beträgt 2 Mio. €. Daraus bestimmt *Mukl* die gewichteten Kapitalkosten in Höhe von 6,6 %. In absoluten Werten bedeutet dies jährlich zu erwirtschaftende Kapitalkosten in Höhe von 197 T€. Für die Ermittlung des Wertbeitrags wird ebenfalls die EVA-Methode verwendet. Ausgehend von der Gewinn- und Verlustrechnung werden vom operativen Ergebnis die Steuern abgezogen. *White House* konnte in den letzten Jahren eine kleine Überrendite von 0,6 % bzw. einen Übergewinn in Höhe von 17,5 T€ pro Jahr erwirtschaften. Für die Unternehmensbewertung wurden mit den beiden Verfahren die in Abb. 3.4.9 dargestellten Unternehmens- und Eigenkapitalwerte ermittelt.

Die Ergebnisse zeigen, dass EBIT und EVA geringer ausfallen als die anderen Unternehmens- bzw. Eigenkapitalwerte. Dies deutet darauf hin, dass die *MÜMÖ GmbH* im Verhältnis zu ihrem Risiko und zum Markt unterdurchschnittliche Profitabilität aufweist, was im großen Unterschied zum Umsatzmultiplikator zum Ausdruck kommt. Nach der *Eder*-Regel, dass der Kaufpreis mit einem fünfzehnfachen EVA-Multiplikator die Höchstgrenze bildet, wäre der Unternehmenswert recht gering, weit unter den Bilanzwerten. Die Empfehlung von *Mukl,* einen Eigenkapitalwert von 1 Mio. € anzusetzen, orientiert sich daher nicht am Durchschnitt der Werte, sondern an den Bilanzwerten als Untergrenze. Neben diesen Werten ist noch ein Zuschlag für den Erwerb der Kontrolle über das Unternehmen bzw. für eine Machtübergabe zu berücksichtigen, welcher je nach Situation prozentual aufgeschlagen wird. *Erwin Eder* wird vermutlich, da ihm das Unternehmen angetragen wird und die Profitabilität des Unternehmens unterdurchschnittlich ist, einen geringeren Kontrollzuschlag ansetzen. Dieser kann z. B. bei 5 bis 10 % liegen. Insofern könnte *EE* für die *MÜMÖ GmbH* einen Zielwert von z. B. 1,1 Mio. € anstreben und je nach Verhandlungstaktik mit einem entsprechenden Angebot auf *Hans Müller* zugehen.

Unternehmensbewertungen						
(in TEURO)	White House					White House
Multiplikatoren						
Bezug	Betrag		Multiplikator		Unternehmenswert	Eigenkapitalwert
Umsatz	2400,0	*	1,3	=	3120,0	1120,0
EBIT	250,0	*	9	=	2250,0	250,0
EVA	17,5	*	15	=		262,5
Discounted Cashflow						
Discounted Cashflow					3127,3	1127,3
Bilanzielle Werte					3000,0	1000,0
"Faire Werte"						
			Durchschnitt		2874,3	752,0
			Empfehlung		3000,0	1000,0

Abb. 3.4.9: Unternehmenswerte für White House

Als Wachstumsstrategie bietet diese Akquisitionschance eine schnelle Alternative zu einem internen, organischen Wachstum durch Produkt- oder Marktentwicklung. Für das Wachstum eines neuen Geschäftsfelds in dieser Größenordnung wären Inventionen erforderlich. Fraglich ist jedoch, ob die *MÜMÖ* als eigenständiges Geschäftsfeld die erforderliche Größe aufweist, um neben den bestehenden Geschäftsfeldern Gartenmöbel und Betten zu bestehen. Doch sieht *EE* hier großes Wachstumspotenzial, um über die Akquisition den Einstieg in ein neues Geschäftsfeld zu erreichen. Die *MÜMÖ* kann damit zum Star in der BCG-Matrix werden und das Geschäftsbereichsportfolio sinnvoll ergänzen. Mit dieser unternehmensstrategischen Überlegung greift *EE* zum Telefon und verabredet sich mit *Hans Müller,* um diese Chance zur Unternehmensentwicklung voranzutreiben.

Sofern die Personalkapazität bei der *Eder Firmengruppe* ausreicht, könnten also durchaus sowohl das externe Wachstum aus der Strategieoption *White House* als auch die interne Strategieoption *SNS* realisiert werden. Da die *Eder-Gruppe* jedoch stets auf realistische Strategiegestaltung aus ist, wäre es riskant, beide Strategieoptionen parallel zu verfolgen. Andererseits sieht *EE* die beiden ungeplanten Strategieoptionen als große Chancen für die Unternehmensentwicklung. Insofern tendiert er dazu, beide Optionen zu verwirklichen und eine Entscheidung für eine der beiden Strategien zu unterlassen. Um diesen Konflikt zu vermeiden, werden internes Wachstum und externes Wachstum gebündelt in eine übergreifende Wachstumsstrategie. Ergänzend dazu wird noch die Produktentwicklung bei *Schlummer* einbezogen, so dass bis auf die Diversifikation alle Wachstumsfelder genutzt werden. Dies eröffnet die Chance, die Vision der *Eder-Gruppe* schneller zu erreichen. Die Vision (vgl. Kap. 2.5.1) lautet: „Präsenz in allen Ländern Europas und der USA mit einem Umsatz von über 100 Mio. Euro bei konstanter Rendite." Die ehrgeizigen Wachstumsziele einer Umsatz- und Ergebnisverdopplung alle vier Jahre kann damit sogar noch beschleunigt werden, indem aus den bestehenden Märkten mehr Wachstum generiert wird. Ergänzend dazu bedarf es einer Strategie der verstärkten Internationalisierung in alle Länder Europas und der USA.

Die Wachstumsstrategien werden daher in zwei **Teilstrategien** gebündelt:

- Beschleunigtes Wachstum in bestehenden Märkten unter der Strategiebezeichnung „*EZZ: Eder Zack Zack*". *EZZ* wird fundamentaler Bestandteil der Geschäftsstrategien in den bestehenden Geschäftsfeldern und ist auch durch diese zu realisieren.

- Internationalisierung in Europa und den USA unter der Bezeichnung „*EGI: Eder Goes International*". Diese Strategie wird Teil der Unternehmensstrategie und wird als Aufbau eines neuen Geschäftsfelds „*Eder International*" betrachtet. Dafür wird ein strategisches Projekt initiiert, um die Internationalisierung voranzutreiben.

3.4.3 Strategische Lückenanalyse bei Schlummer

Die *Schlummer GmbH* ist eine Tochtergesellschaft der *Eder-Gruppe* und produziert und vertreibt Komplettbetten bestehend aus Bettgestell, Lattenrost und Matratze (vgl. Kap. 1.1.3). Der Vertrieb erfolgt bislang ausschließlich über den Fachhandel. Die Kernkompetenzen der *Schlummer GmbH* liegen im Design der Bettrahmen und der Entwicklung besonders komfortabler Matratzen. Das Unternehmen gilt gemäß der Vision der *Eder-Gruppe* mit seinen drei Modellen *Schlafgut* (Federkern), *Träumsüß* (Schaumstoff) und *Tiefschlaf* (Latex) in der Branche als qualitativ hochwertiger Anbieter (vgl. i. F. *Stoi*, 2012, S. 160 ff.).

Erwin Eder, Geschäftsführer der *Eder*-Gruppe, ist mit der Entwicklung des Unternehmens seit der Übernahme nicht zufrieden. Er erwartet von seiner Tochtergesellschaft ein jährliches Umsatzwachstum von mindestens 3 %. In den letzten beiden Jahren hatte das Unternehmen allerdings nach einer langen Wachstumsphase erstmals deutliche Umsatzrückgänge und sinkende Absatzzahlen hinzunehmen. Darüber hinaus gibt es Qualitätsprobleme mit dem Produkt *Tiefschlaf*. Die daraufhin erstellte Gap-Analyse in Abb. 3.4.10 zeigt eine zunehmende Umsatzlücke.

Erwin Eder fordert deshalb eine neue strategische Ausrichtung von *Susi Schlummer*. Dabei steht auch zur Diskussion, ob nächstes Jahr für das Luxussegment ein bereits fertig entwickeltes Wasserbett *Aquadream* ins Programm aufgenommen werden soll. Außerdem hat die *Schlummer GmbH* vom Bettendiscounter *Schwäbisches Bettenlager* das Angebot, dort etwas vereinfachte Ausführungen der Modelle *Schlafgut* und *Träumsüß* exklusiv zu vertreiben. Um die Umsatzlücke zu schließen, erarbeitet *Susi Schlummer* in einem Workshop mit ihren Führungskräften und *Eders* Assistenten *Paul-Uwe Mukl* die in der Produkt-Markt-Matrix in Abb. 3.4.11 aufgeführten möglichen Maßnahmen.

Durch stimmige Kombination einzelner Wachstumsoptionen werden im Strategie-Workshop verschiedene Wachstumsstrategien erarbeitet. Diese werden im Anschluss durch *Paul-Uwe Mukl* auf deren Umsatz- und Ergebniswirkungen hin untersucht, wobei er auch verschiedene Szenarien in die Betrachtung einbezieht. Auf dieser Basis wird dann von *Susi Schlummer* und *Erwin Eder* eine geeignete Wachstumsstrategie ausgewählt, um die strategische Lücke zu schließen.

Langfristig will die *Schlummer GmbH* prüfen, ob die Produktion ausgewählter Modelle ins Ausland verlagert werden soll oder eine Fremdfertigung in Osteuropa erfolgen kann. Denkbar wäre etwa eine Verlagerung der Modelle für das *Schwäbische Bettenlager*, die in einem sehr preissensitiven Segment angeboten werden. In diesem Fall

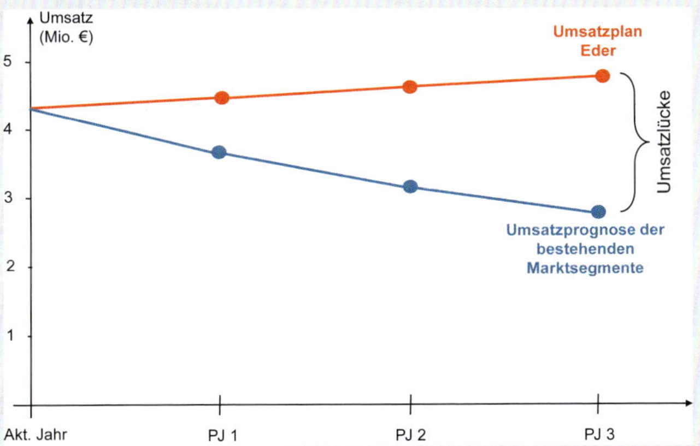

Abb. 3.4.10: Umsatzlücke bei Schlummer

Abb. 3.4.11: Wachstumsoptionen für Schlummer in der Produkt-Markt-Matrix

müsste jedoch die Produktion der *Schlummer GmbH* im Inland stark zurückgefahren werden. Da sich *Eder* jedoch für seine Mitarbeiter verantwortlich fühlt, ist dies für ihn zumindest kurzfristig keine Option.

Ebenso überlegt *Susi Schlummer*, die bisherigen Modelle *Schlafgut* und *Träumsüß* durch exklusivere Ausführungen zu ersetzen. Dadurch könnten neben dem Wasserbett noch weitere Modelle im Luxussegment platziert werden. Dies würde eine klarere Ausrichtung des Unternehmens auf eine Differenzierungsstrategie bedeuten. Hilfreich hierfür wären das gute Markenimage der *Eder-Gruppe* und die starke Präsenz von *Schlummer* im Fachhandel. Auch das Modell *Tiefschlaf* könnte auf diese Weise weiterentwickelt werden, insbesondere da es für Allergiker geeignet ist und deren Anzahl in Deutschland immer weiter steigt.

Während im mittleren und unteren Preissegment ein harter Verdrängungswettbewerb herrscht, verspricht das Luxussegment die Realisierung einer Nischenstrategie mit hohen Deckungsbeiträgen. Diese Überlegungen könnten zu einer **Blue-Ocean-Strategie** weiterentwickelt werden, bei der sich erfolgreiche Unternehmen nicht am Wettbewerb orientieren, sondern durch innovative Geschäftsmodelle neue Märkte (Blue Oceans) schaffen.

In der hart umkämpften Bettenbranche wären für *Schlummer* hierzu folgende **Möglichkeiten** denkbar, die in Abb. 3.4.12 im EERC-Grid dargestellt sind:

- **Eliminierung:** Faktoren des Geschäftsmodells oder des Produkts werden weggelassen, um veränderte Kundenerwartungen zu erfüllen. Die *Schlummer GmbH* könnte sich auf die Herstellung der Matratzen konzentrieren und die Produktion der Betten einstellen bzw. zukünftig etwa bei der *Eder Möbel GmbH* vornehmen lassen.
- **Reduzierung:** Kürzung der Leistungen, um eine zu starke Differenzierung abzubauen. *Schlummer* könnte die Anzahl unterschiedlicher Matratzentypen verringern und nur noch Matratzen mit besten Liegeeigenschaften und höchstem Ertragspotenzial anbieten.
- **Steigerung:** Elemente des Produkts über den Marktstandard anheben. Die *Schlummer GmbH* könnte die Beratung der Kunden bei den Fachhändlern durch ein Schulungsprogramm auf ein neues Niveau bringen. Damit könnten den Endkunden in den Bettenfachgeschäften die Vorzüge der *Schlummer*-Produkte nähergebracht und das Einkaufserlebnis gesteigert werden. Darüber hinaus könnten etwa exklusive Stoffe oder unterschiedliche Düfte und zusätzliche Dienstleistungen, wie etwa eine Schläfertypberatung oder individuelle Körpervermessung, die *Schlummer*-Produkte aufwerten.
- **Erschaffung:** Neuerfindung von Komponenten eines Produkts, indem neuer Nutzen gestiftet wird. Die *Schlummer GmbH* könnte eine neue Matratze entwickeln, die aus einer Vielzahl einzelner Luftkammern besteht und dem Kunden so das Gefühl vermittelt, auf der Matratze quasi wie im Himmel zu schweben. Ein solches „Luftbett" könnte ein völlig neues Schlaferlebnis bieten und den Matratzenmarkt revolutionieren.

Eliminieren (Eliminate)	Steigern (Raise)
Auf Herstellung der Matratzen konzentrieren und Produktion der Betten einstellen bzw. zukünftig etwa bei Eder Möbel durchführen lassen	Einkaufserlebnis bei den Fachhändlern, exklusive Stoffe und Düfte, neue Dienstleistungen (Schläfertypus, Körpervermessung)
Reduzieren (Reduce)	**Erschaffen (Create)**
Anzahl unterschiedlicher Matratzentypen verringern und nur noch die Matratzen mit den besten Liegeeigenschaften und dem höchsten Ertragspotenzial anbieten	Matratze aus Luftkammern entwickeln, die ein völlig neues Schlaferlebnis bietet und den Matratzenmarkt revolutioniert
Kostensenkung	Nutzensteigerung

Abb. 3.4.12: Maßnahmen einer Blue Ocean Strategie für Schlummer im EERC-Grid

3.4.4 Oligopolstrategien Airbus und Boeing

Praxisbeispiel von Hendrik Voss, MBA (AIRBUS Operations GmbH, Hamburg) und Prof. Dr. Annette Förster (Hochschule Heilbronn)

AIRBUS

Airbus ist der größte Flugzeughersteller der Welt (www.airbus.com) und mit rund 180 Standorten und 12.000 direkten Zulieferern weltweit aktiv. Das Unternehmen verfügt über Endmontagelinien für Flugzeuge und Hubschrauber in Europa, Asien und Amerika. *Airbus* lieferte sein erstes Flugzeug vom Typ *Airbus* A300 am 30. Mai 1974 an den Erstkunden *Air France*. Seit dem Jahr 2000 werden neben zivilen auch militärische Flugzeuge produziert. Montagewerke befinden sich in Frankreich, Deutschland, Spanien und Großbritannien.

Zusammen mit *Boeing* bildet *Airbus* ein Duopol für Mittel- und Langstreckenflugzeuge. Gemessen an den Erlösen für Verkehrsflugzeuge waren in der Vergangenheit *Boeing* und *Airbus* relativ gleich stark. Ihre Marktanteile lagen meist um weniger als zehn Prozentpunkte auseinander. Bedingt durch ein zweijähriges Flugverbot der *Boeing 737MAX* sowie Produktionsproblemen beim Langstreckenjet 787 Dreamliner verlor *Boeing* jedoch seit 2019 massiv an Marktanteil. 2021 lieferte *Boeing* nur knapp halb soviele Verkehrsflugzeuge aus wie *Airbus* und machte fast 4 Mrd. US$ Verlust.

Noch zu Beginn der Ära großer Flugzeuge mit über 100 Sitzplätzen in den 1950er-Jahren existierten zahlreiche Flugzeughersteller in vielen Ländern der Erde. Die folgende Branchenlebenszyklusphase war geprägt von immer komplexerer Technologie, sehr hohen Entwicklungskosten, langen Rückflusszeiten getätigter Investitionen und einem stark schwankenden, zyklischen Markt. Diese und weitere Faktoren bewirkten, dass einzelne Hersteller nicht mehr die technische und monetäre Kapazität besaßen, um Flugzeugprojekte dieser Größenordnung alleine umzusetzen. Die Marktstrukturen veränderten sich auch durch Fusionen und Akquisitionen, z. B. der beiden US-Hersteller *McDonnell Douglas* und *Boeing* im Jahr 1997. In Europa erkannten die Regierungen, dass ihre Luftfahrtindustrie nur durch ein gemeinsames Unternehmen überlebensfähig war. Deshalb fusionierten mehrere europäische Unternehmen zu *Airbus*.

Die **Gründe** für die oligopolistische Prägung im zivilen Luftfahrzeugmarkt sind:

- Zur Produktion von Verkehrsflugzeugen, die aus mehreren Millionen von Einzelteilen bestehen, gibt es besonders hohe Markteintrittsbarrieren, welche im Aufbau der nötigen Produktionskapazitäten und Initialinvestitionen liegen. *Airbus* z. B. baut seine Einzelteile über ganz Europa verteilt, da die Produktionslinien nicht nur kostenintensiv sind, sondern auch viel Platz benötigen. Allein das Hamburger Werk, das zweitgrößte im Konzern, verfügt über eine Fläche von 500 Fußballfeldern.
- Neben den Markteintrittsbarrieren sind auch eine hohe Zahl an Kosten über den gesamten Produktlebenszyklus zu decken. Gerade im Bereich Customer Service und Ersatzteilversorgung gilt es, die Kunden im Falle von Reparaturen schnell und effizient zu versorgen. Zudem müssen Neuentwicklungen über bestehende Bestellungen vorfinanziert werden. Im Jahr 2020 stockte *Airbus* seinen Anteil an der *C-Series* von *Bombardier* auf 75 % auf und es scheiterte die Übernahme von *Embraer* durch *Boeing*.

- Ebenso ist dieser Markt stark politisch motiviert. In den großen Industrienationen gibt es das nationale Bestreben, an diesem Markt teilzuhaben. Daher kommt es auch oft zu Subventionen für neue Standorte und Produkte durch die Anteilsländer. Auch das Marktumfeld ist politisch geprägt. Bereits seit einigen Jahren versuchen China mit der Firma *COMAC* und Russland mit verschiedenen Firmen wieder Fuß im Markt zu fassen. Dadruch könnte sich zukünftig die Konkurrenzsituation auf dem Markt der zivilen Verkehrsflugzeuge verschieben. Mehr Konkurrenz gibt es bei sog. Regionaljets. Dies sind Flugzeuge mit einer Reichweite von etwa 3000 km und maximal 150 Sitzplätzen. Sie konkurrieren in ihrer jeweils größten Version mit den kleinsten Modellen von *Airbus A220*, der ehemaligen *Bombardier C-Series* und der *Boeing 737 MAX 7*. Für derartige Flugzeuge gibt es weitere Anbieter wie *Embraer* aus Brasilien, *Antonow* aus der Ukraine, das russische Konsortium *OAK* mit den Marken *Suchoi*, *Tupolew* und *Irkut*, *COMAC* aus China sowie potenziell auch vom japanischen *Mitsubishi-Konzern*. Hierbei stehen jedoch einige Neuentwicklungen zur Debatte, welche noch nicht zugelassen sind und bei denen unklar ist, ob sie bis zur Marktreife weiterentwickelt werden.

Die genannten Gründe zeigen, warum *Airbus* und *Boeing* eines der bekanntesten Oligopole der Welt sind. In Zukunft ist auch nicht zu erwarten, dass sich allzu schnell ewas an dieser Situation ändern wird.

Im Geschäftsfeld der zivilen Passagierflugzeuge im Mittel- und Langstreckenbereich dominieren *Airbus* und *Boeing*. Das Duopol in diesem Marktsegment lässt sich mit dem Oligopolmodell von *Bertrand* beschreiben: Hier konkurrieren die Unternehmen durch die Preise miteinander, nicht aber durch ihre Outputmengen. Diese Annahme ist für dieses Marktsegment realistisch, da in diesem Bereich Preisanpassungen einfacher und schneller vorzunehmen sind als Mengenanpassungen. Letzteres erfordert u. U. eine Erweiterung der Produktionskapazitäten, was im Flugzeugbau nicht ohne weiteres vorzunehmen ist. Unter der Annahme gleicher Kostenstrukturen für beide Unternehmen führt der *Bertrand-Wettbewerb* im Duopol dazu, dass im *Nash*-Gleichgewicht die Preise der Unternehmen mit den Grenzkosten übereinstimmen. Solange die Preise höher sind als die Grenzkosten, versuchen die Unternehmen, sich gegenseitig im Preis zu unterbieten, um den Umsatz zu steigern. Sind die Preise gleich den Grenzkosten, ist ein weiteres Unterbieten nicht sinnvoll, da es zu Verlusten führen würde. Die Listenpreise bei *Boeing* und *Airbus* sind demnach deutlich höher als die Grenzkosten, so dass in Preisverhandlungen mit Großabnehmern Preisrabatte von 40 bis 50 % eingeräumt werden. Durch die Gewährung der Preisnachlässe bewegen sich die Preisanpassungen in Richtung der Grenzkosten. Im Jahr 2018 gab es einen signifikanten Anstieg der Listenpreise bei *Boeing* und *Airbus* verbunden mit Rekordgewinnen bei beiden Unternehmen. Dabei war eine Abkehr vom *Bertrand*-Modell zu erkennen. Die Preise wurden aufgrund gestiegener Aufträge und voll ausgelasteter Kapazitäten nach oben angepasst. Die Corona-Krise 2020/21 hat die Situation auf dem Flugzeugmarkt jedoch dramatisch verändert.

Die interaktiven Strategiemuster werden am Beispiel der Einführung des *Airbus A320neo* bzw. der *Boeing 737 MAX* deutlich. Die Vorgängerbaureihen *A320ceo* und *737 NG* waren in die Jahre gekommen und mussten erneuert werden. Der *Airbus 320* hatte seinen Jungfernflug im Jahr 1987, während die *Boeing 737* bereits 20 Jahre früher im Jahr 1967 an den Start ging. Daher konnte *Airbus* mit wenig Aufwand, kleineren Veränderungen und neuen Triebwerken die *A320*-Familie fit für eine weitere Zukunft machen. *Boeing* wollte eigentlich einen neuen Flugzeugentwurf auf den Markt bringen, geriet aber durch die frühere Einführung der *A320neo* unter Konkurrenzdruck. Die Entwickler des neuen Modells *737 Max* konnten die sparsameren Turbinen nicht unter die Flügel montieren und brachten sie weiter vorne an. Damit die Maschine dadurch nicht nach hinten kippt, entwickelte *Boeing* eine Software, die einen Strömungsabriss bei zu steilem Anstieg verhindern sollte. Aufgrund von Fehlfunktionen dieser Steuerungssoftware stürzten zwei Maschinen ab, wobei 346 Menschen ums Leben kamen. Ab März 2019 wurde der *737 Max* deshalb für knapp zwei Jahre ein weltweites Flugverbot auferlegt. *Boeing* einigte sich 2021 mit dem US-Justizministerium auf Entschädigungs- und Strafzahlungen in Höhe von 2,5 Mrd. US$. Diese Situation war zusätzlich erschwerend für *Boeing*, da dieses Segment der Schmalrumpfflugzeuge den größten Anteil am Umsatz von sowohl *Boeing* als auch *Airbus* ausmacht. Die ähnlichen und kurz aufeinander folgenden strategischen Entscheidungen der beiden Marktteilnehmer weisen auf eine Imitationsstrategie hin, ein typisches Verhalten in Oligopolen. Ein Marktteilnehmer versucht den Marktführer „nachzuahmen".

Ein weiterer Oligopolaspekt ist in der Produktpolitik der beiden Hersteller zu erkennen. Die Schmalrumpfflugzeuge sind die „Cash Cows" im Produktportfolio. Hier ist ebenfalls zu erkennen, dass die Oligopolisten mit einer ähnlichen Produktsegmentierung auf den Markt antworten, da sowohl der *A320* als auch die *Boeing 737* vergleichbare Kapazitäten und technische Spezifikationen vorweisen. Im Marktsegment des interkontinentalen Langstreckenverkehrs lässt sich ein ähnliches Muster erkennen. Kurz nach der Einführung der *Boeing 787 Dreamliner* startete *Airbus* die Einführung des ähnlichen Flugzeugmodells *A350 XWB*.

Fallstudien zur strategischen Unternehmensführung

3.1 Wertorientierte Unternehmensführung bei der *Eder Möbel GmbH (Dillerup, R.)*

3.2 Wertorientierte Unternehmens- und Strategiebewertung der *MÜMÖ GmbH (Dillerup, R.)*

3.3 Strategische Planung bei der *FLEXITEC GmbH (Steinhaus, H./Brehm, C.)*

3.5 Branchenstrukturen in der Energiewirtschaft *(Weidler, A.)*

3.6 Kundenwertanalyse bei der *LEICHT Küchen AG (Hardock, P./Gutheil, S.)*

3.7 Marketingkonzept für die *Cofbar GmbH (Thurm, M.)*

4.1 Strategische Planung bei der *Schlummer GmbH (Stoi, R.)*

4.2 Strategieumsetzung mit der Balanced Scorecard bei der Schlummer GmbH (*Stoi, R.*)

Kapitel 4

Planung und Kontrolle

»*Fundierte Planung erfordert klare Zielsetzungen und ein Denken in Szenarien.*«

Prof. Dr. Stefan Asenkerschbaumer, Vorsitzender des Aufsichtsrats der Robert Bosch GmbH

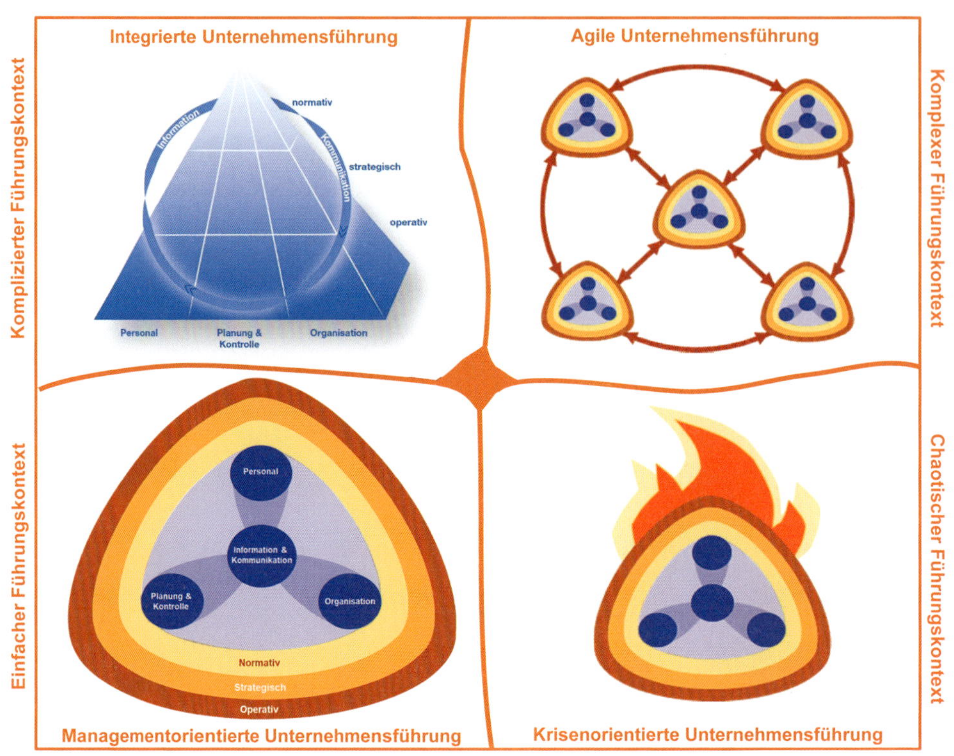

4 Planung und Kontrolle

4.1 Führungsfunktion Planung und Kontrolle

Leitfragen

- Welche Funktionen haben Planung und Kontrolle im Unternehmen?
- Welche Formen der Planung und Kontrolle gibt es?
- Was ist das Planungs- und Kontrollsystem und woraus besteht es?
- Wo liegen die Grenzen der Plan- und Kontrollierbarkeit?
- Welchen Einfluss hat die Digitalisierung auf die Planung und Kontrolle?
- Welche Trends sind bei Planung und Kontrolle zu erkennen?

4.1.1 Grundlagen der Planung und Kontrolle

In Kap. 1.3.3 wurden Planung und Kontrolle als wesentliche Funktionen der Unternehmensführung vorgestellt.

Planung bezeichnet das systematische, zukunftsbezogene Durchdenken und Festlegen von Zielen, Maßnahmen, Mitteln und Wegen zur zukünftigen Zielerreichung.

Die Planung als Prozess der Willensbildung beschreibt im weiteren Sinne die Entscheidungsfindung der Unternehmensführung (vgl. Kap. 1.3.3). Sie beginnt mit der Ableitung von Zielen, die festlegen, was in welchem Ausmaß und bis wann erreicht werden soll. Danach werden die Hindernisse analysiert, die der Zielerreichung entgegenstehen. Es folgt die Suche nach Alternativen und deren Bewertung im Hinblick auf die Zielerreichung. Abschließend wird der Weg zum Ziel ausgewählt und im Plan dokumentiert.

Kontrolle ist der beurteilende Vergleich zwischen zwei Größen sowie die daran anschließende Bestimmung und Analyse auftretender Abweichungen.

Meist wird unter Kontrolle lediglich der Soll-Ist-Vergleich als Gegenüberstellung von geplanten und realisierten Ergebnissen verstanden. Diese Ergebniskontrolle kann während oder nach der Planausführung erfolgen. Es existieren allerdings noch viele weitere Kontrollformen, wie in Kap. 4.1.2 gezeigt wird. Auch wenn Kontrolle bei vielen Menschen eher negative Emotionen auslöst, spielt sie bei der Zielerreichung eine wichtige Rolle.

Planung und Kontrolle (kurz: PuK) bilden aus funktionaler Sicht eine **Einheit**. Planung ist ohne Kontrolle zwecklos und Kontrolle ohne Planung unmöglich. Denn ohne Kontrolle wüsste niemand, ob die Pläne tatsächlich realisiert wurden. Kontrolle gewährleistet, dass Mitarbeiter ihr Verhalten an den Plänen ausrichten und deren Leistung beurteilt werden kann. Die Feststellung von Abweichungen und deren Ursachen im Rahmen der Kontrolle ermöglicht Lernprozesse und ist die Basis für Verbesserungen und Leistungssteigerungen. Der Abstimmungsbedarf von Planung und Kontrolle beginnt schon mit der Zielbildung, bei der auf messbare und somit auch kontrollierbare Ziele zu achten ist (vgl. *Hahn/Hungenberg*, 2001, S. 47 ff.).

Planung und Kontrolle bilden einen **Regelkreis**, der mit der Vorgabe von Soll-Werten aus der Planung an die ausführenden Ebenen beginnt. Die realisierten Ergebnisse werden während und nach der Ausführung als Ist-Werte erfasst und im Rahmen der Kontrolle mit den Soll-Werten verglichen. Liegen festgestellte Abweichungen außerhalb eines vorgegebenen Toleranzbereichs, sind bereits während der Planausführung geeignete Gegenmaßnahmen einzuleiten. Die Abweichungsanalyse bestimmt die Ursachen für die Nichterreichung der Planziele. Sie dient der Verbesserung des nächsten Planungsprozesses, der neue Zielvorgaben zur Folge hat (vgl. *Pfohl/Stölzle*, 1997, S. 13 ff.). Dieser Planungs- und Kontrollzyklus ist in Abb. 4.1.1 dargestellt.

Funktionen

Planung und Kontrolle haben im Unternehmen unterschiedliche **Funktionen** (vgl. *Wild*, 1982, S. 18):

- **Koordination:** Die Aufstellung von Plänen und deren Kontrolle dient der Abstimmung und Harmonisierung von Aktivitäten, Einheiten und Teilbereichen eines Unternehmens im Hinblick auf die gemeinsame Zielerreichung. Die integrative Betrachtung des Unternehmens ermöglicht dabei Synergieeffekte. Durch die Aufteilung von Gesamtproblemen in einzelne Problemstellungen

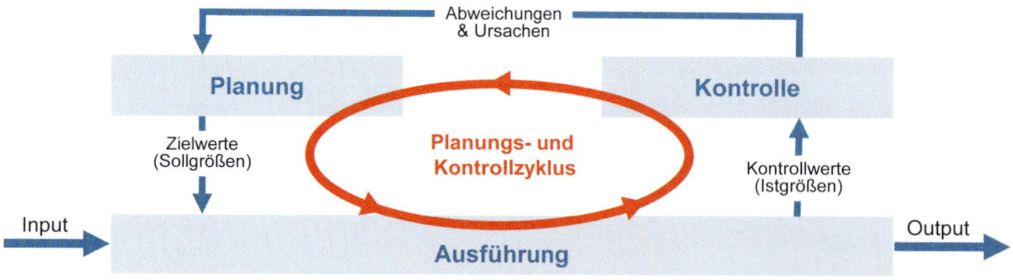

Abb. 4.1.1: Der Planungs- und Kontrollzyklus

lässt sich die Kompliziertheit abbauen und besser beherrschen.

- **Motivation:** Die Leistung der Mitarbeiter wird an der Planerfüllung gemessen, welche häufig mit Anreizen verknüpft ist. Dies soll zu zielorientiertem Handeln motivieren.
- **Optimierung:** Planung und Kontrolle sollen durch bestmöglichen Einsatz der knappen Ressourcen zur Erfolgssicherung und Effizienzsteigerung des Unternehmens beitragen.
- **Zukunftssicherung:** Durch frühzeitige Erkennung und Analyse zukünftiger Entwicklungen sollen Gefahren vermieden und Chancen genutzt werden.
- **Innovation:** Neue und kreative Lösungen für schlecht strukturierte zukünftige Problemstellungen sollen bestimmt und umgesetzt werden.
- **Flexibilität:** Durch frühzeitige Bestimmung von Handlungsalternativen und die Schaffung von Handlungsspielräumen soll sich das Unternehmen flexibel an zukünftige Entwicklungen anpassen können.
- **Information:** Der Plan soll die Ziele sowie die Maßnahmen, Mittel und Wege zu deren Erreichung dokumentieren. Die Kontrolle soll das Ausmaß der Zielerreichung bestimmen sowie Informationen über Abweichungen und deren Ursachen liefern.

Da sich diese Funktionen nur in Verbindung mit der Kontrolle realisieren lassen, wird im Folgenden auf eine Unterscheidung zwischen Planungs- und Kontrollfunktionen verzichtet. Zwischen den genannten Funktionen bestehen sowohl komplementäre als auch konfliktäre Beziehungen. Da sich die Auswirkungen der Planung und Kontrolle somit abschwächen oder auch verstärken können, sollten sie stets im **Wirkungsverbund** betrachtet werden. Eine ausgeprägte Abstimmung zwischen den Planungsträgern (Koordinationsfunktion) kann beispielsweise eine bessere Zielerreichung ermöglichen (Optimierungsfunktion). Ein zu ausgeprägtes Optimierungsstreben wirkt auf die Mitarbeiter dagegen häufig demotivierend (vgl. *Pfohl/Stölzle*, 1997, S. 69 f.).

Die Unternehmensführung kann im Einzelfall auch bewusst eine oder mehrere Funktionen stärker betonen. Dies sollte jedoch unter Beachtung ihrer Beziehungen und Wechselwirkungen erfolgen. Die Erfüllung der PuK-Funktionen bestimmt die Effizienz und Effektivität des PuK-Systems (vgl. Kap. 4.1.3).

Der Plan ist im Gegensatz zur Prognose nicht nur ein Blick in die Zukunft, sondern eine **verbindliche, oftmals herausfordernde Zielvorgabe** an die ausführenden Ebenen, um die Zukunft im Sinne des Unternehmens zu gestalten.

Ziele sind Vorstellungen über einen zukünftigen Zustand, welche durch die Umsetzung des Plans erreicht werden sollen.

Ziele sollten **SMART** formuliert sein:

- Spezifischer Zielinhalt,
- Messbares Zielausmaß,
- Anspruchsvolles Zielausmaß und herausfordernder Zieltermin,
- Realistisches Zielausmaß sowie
- Terminlich festgelegte Zielerreichung.

Eindeutig definierte Ziele mit klaren Verantwortlichkeiten sind die Voraussetzung, um diese umzusetzen. Beispiele sind in Abb. 4.1.2 dargestellt. Mithilfe dieser **Operationalisierung** lässt sich der Zielerreichungsgrad messen und eine Erfolgskontrolle durchführen.

Nachdem Ziele eindeutig festgelegt wurden, ist ihre **Realisierbarkeit** zu prüfen. Hierbei kommt es auf das richtige Zielausmaß oder Anspruchsniveau an. Damit sie motivierend wirken, sollten Ziele weder zu einfach noch zu schwierig erreichbar sein. Ferner ist zu berücksichtigen, ob die Zielerreichung im Rahmen der zur Verfügung stehenden Ressourcen, personellen Kompetenzen und dem organisatorischen Leistungspotenzial möglich ist. Dies kann allerdings erst nach Bestimmung der erforderlichen Maßnahmen und Ressourcen erfolgen.

Um die **Durchsetzung** von Zielen zu gewährleisten, sind drei **Voraussetzungen** zu erfüllen (vgl. *Wild*, 1982, S. 62 f.):

Zielmerkmale	Fragestellung	Beispiel
Zielinhalt	Was soll erreicht werden?	Erhöhung des Marktanteils
Zielausmaß	Wie viel soll erreicht werden?	5 %
Zieltermin	Wann soll etwas erreicht werden?	Ende nächstes Jahr
Zielverantwortung	Wer ist für die Erreichung verantwortlich?	Geschäftsleiter Vertrieb
Zielort	Wo soll das Ziel erreicht werden?	Ländermarkt China

Abb. 4.1.2: Merkmale operationalisierter Ziele

- **Verständlichkeit:** Ziele müssen von den Mitarbeitern inhaltlich verstanden werden.
- **Identifikation:** Die Mitarbeiter sollten sich mit den Zielen identifizieren, um motivierend zu wirken.
- **Verfügbarkeit:** Die persönliche Qualifikation sowie die organisatorische Ausstattung mit Ressourcen und Kompetenzen sind zu gewährleisten.

Bestandteile eines Plans

Das Ergebnis der Planung ist der **Plan** oder ein System von Plänen. Neben den Maßnahmen zur Problemlösung sollte ein Plan auch Angaben über die Problemstellung, verfolgte Ziele, Wirkungszusammenhänge, erwartete Ergebnisse sowie Informationen zu seiner Ausführung und Kontrolle beinhalten.

> Ein **Plan** bestimmt die zu erreichenden Ziele und beschreibt den Weg dorthin, indem er Maßnahmen, Ressourcen, Termine und die hierfür verantwortlichen Aufgabenträger festlegt.

Ein Plan besteht aus folgenden **Bestandteilen** (vgl. *Wild*, 1982, S. 49 ff.):

- **Ziele** (Was, in welchem Ausmaß und bis wann): Welche Ergebnisse sollen bei welchen Größen bis zu welchem Zeitpunkt erreicht werden? Die Ziele stellen Soll-Werte dar, die im Rahmen der Kontrolle mit den Ist-Werten verglichen werden. Sie sollten operationalisiert werden, um sie messen und damit auch kontrollieren zu können.
- **Problemstellung** (Warum): Aus welchem Grund ist der bisherige Zustand unbefriedigend und welche Hindernisse stehen der Zielerreichung entgegen? Wo steht das Unternehmen derzeit, wie weit ist es vom Ziel entfernt und wie anspruchsvoll wird die Zielerreichung eingeschätzt?
- **Prämissen** (Bedingungen): Auf welchen Annahmen basiert der Plan?
- **Maßnahmen** (Wie): Auf welchem Weg soll das Ziel erreicht werden?
- **Ressourcen** (Womit): Mit welchen finanziellen, sachlichen und personellen Mitteln soll das Ziel erreicht werden und wie sind diese Ressourcen einzusetzen?
- **Termine** (Wann): Zu welchen Zeitpunkten sollen welche Maßnahmen durchgeführt, welche Ressourcen verwendet und welche (Teil-)Ziele erreicht werden?
- **Träger der Planerfüllung** (Wer): Welche Mitarbeiter und Organisationseinheiten sind für die Durchführung der Maßnahmen und die Zielerreichung verantwortlich?
- **Ergebnisse** (Auswirkungen): Welche Konsequenzen resultieren aus der Erfüllung des Plans? Welcher Nutzen entsteht daraus und welche Wirtschaftlichkeit ist unter Berücksichtigung der Kosten realisierbar?

Zum besseren Verständnis der Bestandteile eines Plans sind in Abb. 4.1.3 einige Beispiele aufgeführt.

4.1.2 Merkmale und Ausprägungen der Planung und Kontrolle

Die Planung und Kontrolle eines Unternehmens ist äußerst kompliziert und vielschichtig. Die Unternehmensführung verfügt über eine Vielzahl von Möglichkeiten, um die Planung und Kontrolle entsprechend den Anforderungen des Unternehmens zu gestalten. Für ein besseres Verständnis sollen die wesentlichen **Gestaltungsmöglichkeiten** im Folgenden anhand unterschiedlicher Merkmale systematisiert werden. Es existieren sowohl Kriterien, die für beide gemeinsam gelten, als auch solche, die nur für die Planung bzw. Kontrolle von Bedeutung sind. Merkmale, die sowohl für Planung als auch Kontrolle relevant sind und daraus resultierende Ausprägungsformen zeigt Abb. 4.1.4. Die Ausprägungen der einzelnen Merkmale charakterisieren das Planungs- und Kontrollsystem (vgl. Kap. 4.1.3).

Grundbestandteile	Beispiele
Ziele	▪ Umsatzsteigerung im nächsten Geschäftsjahr um 10 % ▪ Erhöhung des Marktanteils bis in drei Jahren auf 20 % ▪ Ausweitung des Bekanntheitsgrads in einem Jahr auf 60 %
Problemstellung	▪ Stagnierender Umsatz im laufenden Geschäftsjahr ▪ Verzögerungen bei der Entwicklung neuer Produkte ▪ Eintritt neuer Konkurrenten in den Markt
Prämissen	▪ Konjunkturelle Entwicklung ▪ Devisenkurse ▪ Konkurrenzsituation
Maßnahmen	▪ Marketingkampagne ▪ Neueinstellungen von Entwicklungsingenieuren ▪ Expansion ins europäische Ausland
Ressourcen	▪ 5 Mio. Euro für Marketingkampagne ▪ Einstellung von zehn neuen Ingenieuren mit einem Bruttogehalt von 60 TEuro p.a. ▪ Entsendung von zehn Mitarbeitern und Bereitstellung von 20 Mio. Euro zum Aufbau einer Vertriebsgesellschaft in Spanien
Termine	▪ Marketingkampagne von März bis August des Planjahres ▪ Einstellung der Entwicklungsingenieure zum Jahresbeginn ▪ Aufbau einer Vertriebsniederlassung zum 1. Juli des Planjahres
Träger der Planerfüllung	▪ Vertriebsleiter verantwortet die Marketingkampagne ▪ Bewerberauswahl der Ingenieure durch Personal- und Entwicklungsleiter ▪ Bestimmung der Vertriebsmitarbeiter, die nach Spanien entsandt werden
Ergebnisse	▪ 3 % Umsatzerhöhung im 2. Quartal durch Marketingkampagne ▪ Beschleunigung der Produktentwicklung durch Ingenieure um drei Monate ▪ Senkung der Herstellkosten um 5 % durch Rationalisierungsmaßnahmen

Abb. 4.1.3: Beispiele für Planinhalte

Merkmal		Ausprägungen der Planung und Kontrolle
Betriebliche Bereiche	Funktionen	▪ Beschaffung ▪ Produktion ▪ Absatz ▪ Personal ▪ etc.
	Geltungsbereiche	▪ Gesamtes Unternehmen ▪ Unternehmensbereiche ▪ Stellen
Zeithorizonte		▪ Kurzfristig ▪ Mittelfristig ▪ Langfristig
Ebenen		▪ Strategisch ▪ Operativ
Zieldimensionen		▪ Sachzielorientiert ▪ Wertzielorientiert
Gestaltungsdimensionen		▪ Inhaltliche Aufgaben ▪ Unterstützungsaufgaben ▪ Formale Aufgaben
Gegenstände		▪ Potenziale ▪ Programme ▪ Prozesse

Abb. 4.1.4: Merkmale und Ausprägungen der Planung und Kontrolle

Betriebliche Bereiche

Die Unterscheidung der Planung und Kontrolle nach dem **betrieblichen Funktionsbereich** bezieht sich auf die Aufstellung von Plänen und die Durchführung von Kontrollen für funktionale Einheiten. Dies betrifft nicht nur die Grundfunktionen Beschaffung, Produktion und Absatz, sondern auch die Querschnittsfunktionen, wie z. B. Personal, Controlling, IT oder Forschung & Entwicklung. Die Gesamtheit der Pläne und deren Beziehungen untereinander bilden das **Plansystem**. Bei sukzessiver Planerstellung stellt meist die Absatzplanung als dominierender betrieblicher Engpass den Ausgangspunkt der Planung dar (vgl. Kap. 4.1.3).

Der **betriebliche Geltungsbereich** eines Plans kann sich auf das gesamte Unternehmen, einen Unternehmensbereich oder einzelne Stellen des Unternehmens beziehen. Dabei ist es erforderlich, den Zusammenhang der Pläne für die einzelnen hierarchischen Ebenen in vertikaler und horizontaler Richtung sicherzustellen. Die vertikale Abstimmung erfolgt z. B. durch die Ableitung der Teilpläne aus dem Plan der darüber liegenden Ebene. Horizontal, d. h. zwischen organisatorischen Einheiten auf der gleichen hierarchischen Ebene, kann die Abstimmung etwa durch gemeinsame Gremien oder eine übergeordnete Stelle erfolgen (vgl. Kap. 4.1.3). Für die Aufstellung, den Inhalt und die Erfüllung des Plans ist eine dem Geltungsbereich entsprechende Führungsebene verantwortlich (vgl. *Klein/Scholl*, 2011, S. 17).

Generell sinkt die Detailliertheit der Pläne mit zunehmendem Geltungsbereich. Auf Ebene des Gesamtunternehmens findet meist eine Grob- bzw. Umrissplanung statt. Dabei wird den organisatorischen Einheiten lediglich ein Planrahmen vorgegeben, der die Gestaltung der Einzelheiten den verantwortlichen Stellen überlässt. Auf den unteren Ebenen erfolgt dann die Detail- bzw. Feinplanung.

Zeithorizonte

Der **Zeithorizont** bzw. die Bezugszeit oder Fristigkeit bezeichnet den Zeitraum, über den sich ein Plan erstreckt. Er sollte umso länger sein, je mehr Zeit die Erreichung der angestrebten Ziele erfordert. Im Rahmen der **Geltungsdauer** ist der Plan für die Entscheidungsträger verbindlich. Zeithorizont und Geltungsdauer können sowohl identisch sein als auch voneinander abweichen. Hat beispielsweise ein Plan mit einem Zeithorizont von fünf Jahren eine Geltungsdauer von einem Jahr, so wird er nach Ablauf des Jahres überarbeitet und durch einen neuen, aktualisierten Plan ersetzt.

Üblicherweise werden bei der Planung die drei Zeithorizonte **lang-**, **mittel-** und **kurzfristig** unterschieden. Aufgrund unternehmensspezifischer Besonderheiten, wie etwa der Branche, dem Technologielebenszyklus, dem Produktprogramm oder der Unternehmensgröße, kann es keine verbindliche Festlegung der zugrundeliegenden Zeitintervalle geben. Die in Abb. 4.1.5 aufgeführten gebräuchlichen Zeiträume dienen lediglich als Anhaltspunkte. Vielfach wird heute in der Praxis auf eine mittelfristige Planung verzichtet und nur zwischen kurz- und langfristiger Planung unterschieden.

Planungsform	Üblicher Zeithorizont	Detaillierungsgrad der Pläne	Toleranzgrenzen der Kontrolle
Langfristig	≥ 3 Jahre	Gering	Hoch
Mittelfristig	2-3 Jahre	Mittel	Mittel
Kurzfristig	≤ 1 Jahr	Hoch	Gering

Abb. 4.1.5: Planung und Kontrolle nach dem Zeithorizont

Da die Unsicherheit mit dem Zeithorizont der Planung wächst, ist es aus Kosten-Nutzen-Gesichtspunkten wenig sinnvoll, weit in der Zukunft liegende Sachverhalte präzise zu planen. Je länger der Planungshorizont, umso geringer ist somit der Detaillierungsgrad der Pläne. Kurzfristige Planung ist meist eine Fein- bzw. Detailplanung, während für die langfristige Planung eine Grob- bzw. Umrissplanung ausreicht (vgl. *Mag*, 1995, S. 107 ff.). Dies gilt auch für die Kontrolle, deren Toleranzgrenzen mit zunehmendem Zeithorizont größer werden. Die Verkettung der unterschiedlichen Zeithorizonte wird in Kap. 4.1.3 erläutert.

Ebenen

Aufgrund der unternehmensspezifischen Festlegung der Planungshorizonte ist zur Charakterisierung der Anforderungen und Aufgaben der Planung und Kontrolle eine Differenzierung nach den **Führungsebenen** besser geeignet (vgl. Kap. 1.3.2). Die Unterscheidung erfolgt dabei anhand der Tragweite der getroffenen Entscheidungen und dem Ausmaß der geplanten Systemänderung. Die Planungsebenen bilden eine Hierarchie, wobei die übergeordnete Ebene jeweils den Rahmen für die nachfolgende Ebene vorgibt. Sie bilden das oberste Strukturierungsmerkmal sowohl für das integrierte Führungssystem (vgl. Kap. 1.3.4) als auch für das Planungs- und Kontrollsystem (vgl. *Pfohl/Stölzle*, 1997, S. 86).

Die oberste Planungsebene ist die **normative Planung und Kontrolle**. Sie gibt den Rahmen für alle Teilplanungen und das ganze Unternehmen vor. Die darin festgelegten Sachverhalte gelten für alle künftigen Entscheidungen prinzipiell unbefristet. Die daraus abgeleitete **generelle Zielplanung** bzw. Grundsatzplanung ist der strategischen Planung vorgelagert und umfasst die maßgeblichen Leitlinien für die angestrebte Entwicklung des Unternehmens (vgl. *Mag*, 1995, S. 156 f.). Wesentliche Inhalte der normativen Planung und Kontrolle sind im zweiten Kapitel dargestellt und werden deshalb an dieser Stelle nicht weiter ausgeführt. Ziel der **strategischen Planung und Kontrolle** ist die Sicherung bestehender und die Erschließung neuer Erfolgspotenziale, während die **operative Planung und Kontrolle** die bestmögliche Nutzung bestehender Erfolgspotenziale anstrebt. Die Erstellung einer taktischen Planung zur inhaltlichen Konkretisierung der Strategie und als Bindeglied zwischen strategischer und operativer Ebene ist nicht mehr zeitgemäß. Die Strategie lässt sich mithilfe des Performance Measurement wesentlich effektiver in operative Ziele und Maßnahmen überführen, wodurch eine taktische Planung überflüssig wird (vgl. Kap. 4.2.5 und Kap. 7.2.3). Wesentliche Unterscheidungskriterien zwischen den beiden Planungsebenen zeigt Abb. 4.1.6.

Generell ist anzumerken, dass strategisch nicht mit langfristig und operativ nicht mit kurzfristig gleichgesetzt werden darf. Die strategische Planung und Kontrolle bezieht

Merkmale	Strategische PuK	Operative PuK
Zielperspektive	Effektivität („Die richtigen Dinge tun")	Effizienz („Die Dinge richtig tun")
Inhaltlicher Fokus	Wettbewerbsvorteile und Erfolgspotenziale	Maßnahmen und Erfolgsgrößen
Aggregation/ Differenziertheit	Wenig (Gesamtplan)	Stark (viele Teilpläne)
Detailliertheit	Globale Größen (Problemfelder)	Detaillierte Größen (Detailprobleme)
Präzision/Bestimmtheit der Informationen	Grobe Informationen	Feine („exakte") Informationen
Planungshorizont	Lang- bis mittelfristig	Kurzfristig

Abb. 4.1.6: Unterschiede zw. strategischer und operativer Planung und Kontrolle (PuK) (in Anlehnung an Pfohl/Stölzle, 1997, S. 87)

sich zwar auf ein langfristiges Konzept zur Nutzung der Erfolgspotenziale und umfasst somit meist einen langen Zeithorizont. Dennoch können auch kurz- und mittelfristig getroffene Entscheidungen hohe strategische Bedeutung besitzen. Beispiele wären die Akquisition eines Start-ups oder die Reaktion auf den Markteintritt eines ausländischen Konkurrenten, über die häufig unter Zeitdruck entschieden werden muss.

Dimensionen, Aufgaben und Gegenstände

Planung und Kontrolle dienen der Erreichung der Unternehmensziele, welche sich nach der **Zieldimension** unterscheiden lassen in (vgl. *Kosiol*, 1966, S. 212):

- **Sachziele** beziehen sich auf reale Objekte und hiermit verbundene Handlungen. Beispiele sind die Herstellung einer bestimmten Anzahl eines Produkts oder die Anschaffung einer neuen Maschine.
- **Wertziele** beziehen sich auf die finanziellen Auswirkungen betrieblicher Aktivitäten, wie etwa auf Umsatz, Rentabilität, Kosten, Gewinn oder Wertbeitrag.

Bei der Planung und Kontrolle sind stets beide Zieldimensionen zu berücksichtigen. Daher lässt sich unterscheiden in (vgl. *Dambrowski*, 1986, S. 23 ff.):

- **Sachzielorientierte Planung und Kontrolle** legt die Sachziele sowie deren Realisierung und Kontrolle fest.
- **Wertzielorientierte Planung und Kontrolle (Budgetierung):** Konkretisierung, Vorgabe und Kontrolle monetärer Ziele. Sie bezieht sich auf Erfolgs- und Liquiditätsaspekte und ist auf die Erreichung wertmäßiger Ergebnisse gerichtet.

> Bei der Planung und Kontrolle wird zwischen der sachzielorientierten **Aktionsplanung und -kontrolle** und der wertzielorientierten **Budgetierung** unterschieden.

Budgets und Aktionspläne existieren auf allen Planungsebenen und müssen aufeinander abgestimmt werden. Der Detaillierungsgrad von Budgets nimmt von der strategischen zur operativen Ebene zu. Die Übergänge zwischen Aktionsplanung und Budgetierung sind fließend. Es bestehen häufig inhaltliche Überschneidungen und die Verantwortung liegt oft bei den gleichen Stellen (vgl. *Horváth et al.*, 2020, S. 133 ff.).

Hinsichtlich der **zeitlichen Reihenfolge der Erstellung von Aktionsplänen und Budgets** existieren zwei grundsätzliche Vorgehensweisen. Entweder es werden zunächst die Aktionspläne aufgestellt, für die dann die Budgets bestimmt werden oder zuerst wird budgetiert und danach die Aktionspläne im Rahmen der vorgegebenen Budgets abgeleitet. Abb. 4.1.7 gibt einen Überblick über die Vor- und Nachteile beider Vorgehensweisen. In der Praxis dominieren Mischformen. Häufig werden dabei die Maßnahmen und Programme zunächst nur global geplant. Durch die Budgetierung wird dann anschließend der nominale Handlungsspielraum festgelegt, in dessen Rahmen konkrete Aktionen durchgeführt werden können (vgl. *Jung*, 1985, S. 69 ff.).

Gestaltungsvariante	Vorteile	Nachteile
Budgets basieren auf Aktionsplänen	Sachziel- und Maßnahmenplanung können sich ausschließlich an der Marktsituation und den vorhandenen Marktchancen orientieren	Die aus den Aktionsplänen abgeleiteten Budgets entsprechen häufig nicht den verfügbaren Ressourcen, dem erforderlichen Liquiditätsbedarf und dem Rentabilitätsziel
Aktionspläne basieren auf Budgets	Aktionspläne sind stets auf die Realisation eines wirtschaftlichen Ergebnisses ausgerichtet	Nicht immer existieren geeignete Maßnahmenprogramme zur Verwirklichung der Budgets

Abb. 4.1.7: Abstimmungsmöglichkeiten zwischen Aktionsplanung und Budgetierung

Ein wesentliches Kriterium zur Systematisierung der Planungs- und Kontrollaufgaben ist die **Gestaltungsdimension**. Dabei geht es um die Frage, ob es sich vor allem um formale oder um inhaltliche Aufgaben handelt. Nach der

Art der Verrichtung können drei wesentliche **Aufgaben** der Planung und Kontrolle unterschieden werden (vgl. *Szyperski/Müller-Böling*, 1984, S. 124 ff.):

- **Inhaltliche Aufgaben:** Aufstellung der Pläne und Durchführung von Kontrollen. Gegenstand ist der Inhalt der Planung und Kontrolle (sog. materielle Planung und Kontrolle).
- **Unterstützungsaufgaben:** Planung, Organisation und Steuerung von Planungs- und Kontrollprozessen. Dies kann auch als Management von Planung und Kontrolle bezeichnet werden. Gegenstand ist der PuK-Prozess.
- **Formale Aufgaben:** Gestaltung des Aufbaus der Planung und Kontrolle. Gegenstand ist das PuK-System. Da hier die Planung und Kontrolle selbst geplant und kontrolliert wird, wird dies auch als Metaplanung und -kontrolle bezeichnet.

Jede Hauptaufgabe umfasst eine Vielzahl einzelner Aktivitäten. Abb. 4.1.8 gibt einen Überblick über die wesentlichen Planungs- und Kontrollaufgaben.

Neben den Gestaltungsdimensionen lassen sich die PuK-Aufgaben auch nach den **Phasen des Führungsprozesses** unterteilen. Danach besteht die Planung aus den Teilaufgaben Zielbildung, Problemanalyse, Alternativensuche und -bewertung sowie Entscheidung. Wesentliche Teilaufgaben der Kontrolle sind entsprechend die Kontrollvorbereitung und -durchführung (vgl. Kap. 1.3.3).

Gegenstände bzw. Objekte der Planung und Kontrolle sind (vgl. *Klein/Scholl*, 2011, S. 15 f.):

- **Potenziale:** Träger eines Leistungsvermögens, das über einen längeren Zeitraum in Anspruch genommen wird. Dies können z. B. Maschinen oder Mitarbeiter sein. Die Planung und Kontrolle bezieht sich dabei etwa auf Fragen der Finanzierung und Investition oder der Personalentwicklung.
- **Programme:** Art, Menge und Qualität von Produkten und Dienstleistungen, die im Planungszeitraum hergestellt und abgesetzt werden sollen.
- **Prozesse:** Abfolge der Aktivitäten zur Zielerreichung. Beispiele sind Produktions-, Entwicklungs- oder Auftragsabwicklungsprozesse.

Häufigkeit, Verbindlichkeit und Flexibilität der Planung

Neben den genannten Kriterien, welche sowohl für Planung als auch für Kontrolle gelten, gibt es auch solche, die nur für die Planung relevant sind. Einen Überblick zeigt Abb. 4.1.9. Diese werden nachfolgend bzw. im Rahmen des Planungs- und Kontrollprozesses in Kapitel 4.1.3 erläutert.

Nach der **Planungshäufigkeit** wird unterschieden in (vgl. *Hahn/Hungenberg*, 2001, S. 86 ff.):

- **Laufende Planung:** Der Planungsgegenstand wird regelmäßig in festen zeitlichen Abständen geplant. Der Planungshorizont bezieht sich stets auf einen festgelegten Kalenderzeitraum (periodische Planung).
- **Fallweise Planung:** Der Planungsgegenstand wird in unregelmäßigen zeitlichen Abständen bzw. einmalig geplant. Der Planungshorizont ist unterschiedlich und kann auch innerhalb einer Periode liegen oder sich über mehrere Perioden erstrecken (aperiodische Planung). Dies gilt insbesondere für die Planung von Projekten (vgl. Kap. 5.3.4).

Die Ausgestaltung der Planung sollte sich nach dem **Führungskontext** richten (vgl. Kap. 1.3.5), denn Pläne können schnell von der Wirklichkeit überholt werden. Die

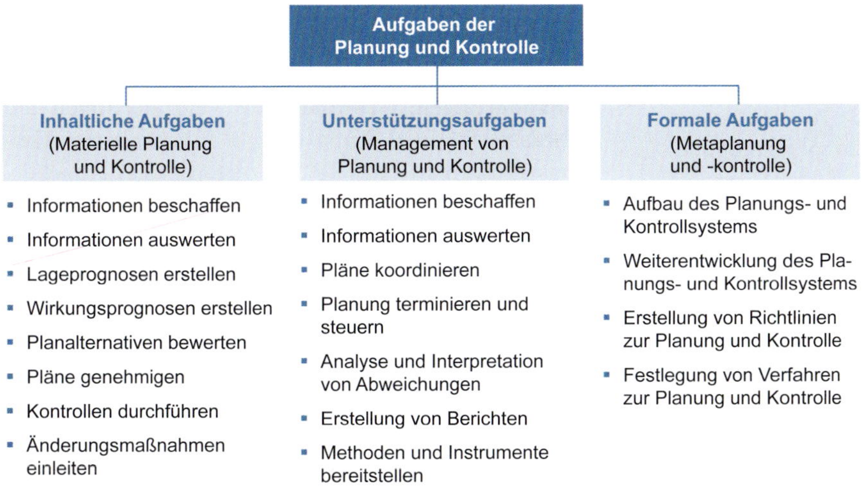

Abb. 4.1.8: Differenzierung der Planungs- und Kontrollaufgaben (in Anlehnung an Szyperski/Müller-Böling, 1984, S. 124 ff.)

Merkmal	Ausprägungen der Planung
Häufigkeit	▪ Laufend ▪ Fallweise
Verbindlichkeit und -flexibilität	▪ Starr ▪ Flexibel
Ablauf der Planerstellung	▪ Simultan ▪ Sukzessiv
Hierarchische Ableitung	▪ Retrograd (Top-down) ▪ Progressiv (Bottom-up) ▪ Zirkulär (Gegenstrom)
Zeitliche Verkettung	▪ Reihung ▪ Staffelung ▪ Schachtelung
Rhythmus	▪ Anschließend ▪ Rollend ▪ Revolvierend

Abb. 4.1.9: Spezielle Merkmale und Ausprägungen der Planung

Frage ist, wie sich unvorhergesehene Entwicklungen in der Planung berücksichtigen lassen. Bei einer **starren Planung** werden derartige Anpassungen nicht vorgenommen und die Pläne sind während des gesamten Planungszeitraums verbindlich. Diese unwiderruflichen Pläne engen den Handlungsspielraum und die Reaktionsfähigkeit des Unternehmens in hohem Maße ein. Ein solches Vorgehen wäre nur in einem einfachen Kontext zweckmäßig. In komplizierten Kontexten sollte die Planung dagegen möglichst so gestaltet werden, dass sie die Anpassungsfähigkeit des Unternehmens weiterhin gewährleistet. Dafür muss bestimmt werden, **wann, wie oft** und **in welcher Form** Pläne überarbeitet und aktualisiert werden sollen. Selbst in komplexen Kontexten ist ein gewisses Maß an Planung weiterhin sinnvoll, da auch selbstgesteuerte Teams eine langfristige Orientierung benötigen und die gesamte Organisation ansonsten permanent improvisieren müsste. Die Pläne haben in diesem Fall aber nur einen sehr geringen Zeithorizont und werden in kurzen Zyklen überarbeitet. Hierfür lässt sich etwa die Methode Objectives and Key Results (OKR) verwenden (vgl. Kap. 7.2.3). In chaotischen Kontexten hingegen ist eine Planung nicht mehr möglich. Das Unternehmen lässt sich nur noch auf Sicht steuern, bis es wieder einen beherrschbaren Kontext erreicht.

Grundsätzlich existieren zwei **Anpassungsmöglichkeiten**:

- **Nachträgliche** Änderungen durch mehrere Zyklen im Planungsprozess und auf Basis der Kontrollergebnisse (Planungs- bzw. Anpassungsrhythmus, vgl. Kap. 4.1.3).
- **Vorheriger** Einbezug möglicher Anpassungserfordernisse (Planungsflexibilität).

Um **Planungsflexibilität** zu erreichen, müssen folgende **Voraussetzungen** gegeben sein (vgl. *Pfohl/Stölzle*, 1997, S. 95 f.):

- **Handlungsspektrum:** Die Planung soll Alternativen aufzeigen, wie auf Veränderungen reagiert werden kann.
- **Reaktionsgeschwindigkeit:** Die Planung soll innerhalb eines vertretbaren Zeitraums anpassbar sein.
- **Prognosefähigkeit:** Die Planung soll relevante Veränderungen der Unternehmensumwelt wahrnehmen und abbilden, um deren Auswirkungen vorhersagen zu können.

Flexibilisierungsoptionen, um zukünftige Veränderungen in der Planung besser zu berücksichtigen, sind (vgl. *Horváth et al.*, 2020, S. 99 ff.):

- **Aufschiebung:** Die Verabschiedung des Plans wird so lange wie möglich hinausgezögert, um aktuelle Informationen in die Entscheidung einbeziehen zu können. Durch die zeitliche Aufspaltung der Pläne können Änderungen bis zum Beginn der nächsten Teilperiode berücksichtigt werden. Dieses Prinzip wendet etwa die revolvierende Planung an, bei der die Pläne zeitlich geschachtelt sind und in kurzem Rhythmus überarbeitet werden (vgl. Kap. 4.1.3).
- **Planreserven:** Durch die Berücksichtigung von Reserven (sog. Slacks) werden Anpassungen im Rahmen des bestehenden Plans ermöglicht. Solche Spielräume lassen sich etwa bei Fertigungskapazitäten, Mitarbeitern oder Finanzen einplanen. Unterjährige Genehmigungsprozesse ermöglichen eine schnelle Reaktion auf eintretende Chancen. Ebenso sollten nicht ausgeschöpfte Budgets in das Folgejahr übernommen werden können.
- **Alternativplanung:** Für eine Planperiode werden auf unterschiedlichen Prämissen basierende Pläne erstellt (Schubladenpläne). Vor Beginn der Planperiode wird dann die Alternative ausgewählt, deren Prämissen der Realität am nächsten kommen.
- **Planänderungen:** Grundlegende Veränderungen der Prämissen können Anpassungen innerhalb des Geltungszeitraums eines Plans erforderlich machen. Derartige Planänderungen sollten jedoch nur in Ausnahmefällen durchgeführt werden, da sie u. a. die Glaubwürdigkeit der Planung gefährden und sich die Mitarbeiterleistung dann nicht mehr an der Planerfüllung messen lässt.
- **Ereignisbasierte Planung:** Wesentliche Veränderungen der Unternehmensumwelt, wie etwa der Markteintritt eines neuen Konkurrenten, werden von Fall zu Fall in der Planung berücksichtigt (Event-based planning).

- **Bandbreitenplanung**: Die Planziele werden nicht als punktgenaue Werte, sondern als Korridor innerhalb bestimmter Grenzen festgelegt. Durch den Einbezug von Eintrittswahrscheinlichkeiten für die Entwicklung wesentlicher Zielgrößen lassen sich Planszenarien aufstellen, um auf Chancen und Risiken besser reagieren zu können.

Eine pragmatische Möglichkeit der Planungsflexibilisierung ist die Verwendung **relativer Ziele**, welche sich automatisch an veränderte Umweltentwicklungen anpassen (vgl. Kap. 4.3.4). Das Unternehmen könnte etwa ein Umsatzwachstum anstreben, welches über dem Branchendurchschnitt liegt. Die zu erzielende Umsatzhöhe ändert sich dann je nach Entwicklung der Branche.

Bei der **flexiblen Planung** werden bei der Planaufstellung bereits alternative Handlungsmöglichkeiten und Folgeentscheidungen berücksichtigt. Endgültig entschieden werden aber nur jene Vorgänge, welche in der folgenden Periode realisiert werden. Darstellen lässt sich ein solches Entscheidungsproblem mithilfe eines Entscheidungsbaums, der Eintrittswahrscheinlichkeiten für die unsicheren Alternativen enthält. Da die Folgeentscheidungen in den späteren Perioden offenbleiben, führt dies zu einer potenziell höheren Flexibilität. Die praktische Anwendung setzt jedoch die Möglichkeit der sachlichen und zeitlichen Aufspaltung des Planungsproblems sowie die Anpassungsfähigkeit des Planungsgegenstandes (Maschinen, Mitarbeiter etc.) voraus. Darüber hinaus ist die Erfassung bzw. Abschätzung aller relevanten Alternativen und Zukunftslagen sowie deren Eintrittswahrscheinlichkeiten sehr schwierig und zeitaufwendig (vgl. *Mag*, 1995, S. 103 ff.).

Um sowohl den Plan als verbindliche und herausfordernde Zielsetzung beizubehalten als auch gleichzeitig flexibel auf aktuelle Entwicklungen zu reagieren, bietet sich eine Kombination aus Planung und **rollierender Prognose** (Rolling Forecast) an. Dabei wird unterjährig in regelmäßigen Abständen stets ein gleicher Zeitraum prognostiziert, wie beispielsweise die nächsten sechs Monate (vgl. Abb. 4.1.10). Damit lassen sich sowohl die Realisierbarkeit der Planziele als auch die Dringlichkeit von Steuerungsmaßnahmen laufend beurteilen. Die Prognose (vgl. Kap. 7.2.2) soll dabei eine möglichst realistische Einschätzung über die Entwicklung wichtiger

Planung und rollierende Prognose bei Ensinger

Ensinger

Die *Ensinger GmbH* ist ein führendes Unternehmen für Hochleistungskunststoffe mit Sitz in Nufringen (Baden-Württemberg) und erzielt mit über 2.600 Mitarbeitern einen Umsatz von rund 460 Mio. € (vgl. i. F. *Graf/Schmitz*, 2018, S. 32 ff.).

Die Planung des Unternehmens besteht aus drei **integrierten Bestandteilen**:

- **Strategische Planung** mit einem Planungshorizont von fünf Jahren zur Ermittlung der mittelfristigen Entwicklungsziele, erstellt auf Basis der letzten rollierenden Prognose.
- **Jahreszielsetzung** mit einem Planungshorizont von einem Geschäftsjahr, basierend auf den aggregierten Werten des ersten Jahres der strategischen Planung.
- **Rollierende Prognose** mit einem Horizont von fünf Quartalen zur Vorhersage der Geschäftsentwicklung der Sparten und Unternehmensgruppe über das Geschäftsjahresende hinaus. Dieser wird ausgehend von der Jahreszielsetzung des nächsten Geschäftsjahres jeweils vierteljährlich erstellt.

Viele Unternehmen prognostizieren die Zielerreichung nur bis zum Ende des Planjahres (Jahresendprognose). Wie in Abb. 4.1.10 deutlich wird, entsteht dadurch im Jahresverlauf ein zunehmender „blinder Fleck", da Entwicklungen nach dem Geschäftsjahresende nicht betrachtet werden. Diese werden erst in der darauffolgenden operativen Planung berücksichtigt, was für wirksame Maßnahmen aber bereits zu spät sein kann. Die rollierende Prognose hat dagegen stets die kommenden 15 Monate im Blick und ermöglicht so bei Bedarf ein flexibles Eingreifen.

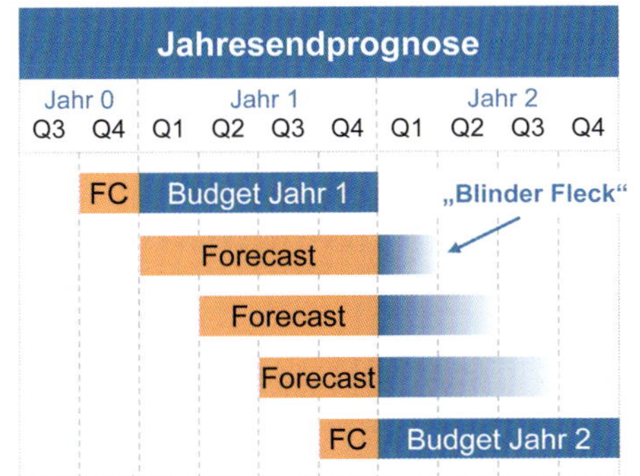

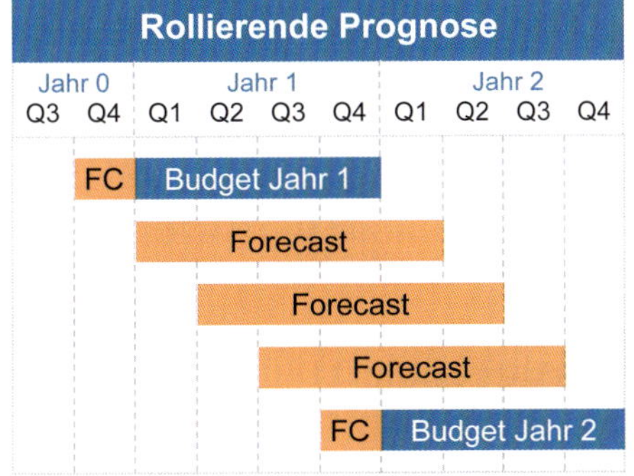

Abb. 4.1.10: Vergleich zwischen Jahresendprognose und rollierender Prognose (in Anlehnung an Graf/Schmitz, 2018, S. 31)

Zielgrößen sein. Bei einem revolvierenden Planungsrhythmus lässt sich der Plan dann bei Bedarf unterjährig zyklisch anpassen, wobei allerdings der Schwierigkeitsgrad der Zielerreichung gleichbleiben sollte (vgl. Kap. 4.1.3). Nach einer Studie des *WHU Controller Panels*, an der 396 Führungskräfte aus dem Bereich Rechnungswesen und Controlling teilnahmen, nutzt bereits knapp ein Drittel (29 %) der Unternehmen rollierende Prognosen (vgl. *Reimer et al.*, 2019, S. 23).

Zusätzlich können bei gravierenden Ereignissen oder starken Schwankungen von Schlüsselindikatoren auch **fallspezifische Prognosen** (Event-based Forecasts) erstellt werden. Mögliche Auslöser sind etwa der Markteintritt eines neuen Wettbewerbers, Qualitätsprobleme im Serienanlauf oder steigende Bestellzahlen bei niedrigen Warenbeständen. Auf diese Weise lassen sich besonders kritische Faktoren genauer verfolgen und besser beherrschen (vgl. *Becker/Goretzki*, 2015, S. 38 ff.). Mithilfe von Business Analytics lassen sich auf Basis von Big Data neue Zusammenhänge maschinell erkennen und Prognosen automatisieren (vgl. Kap. 7.3.3).

Eine flexible Planung lässt sich auch durch eine **treiberbasierte Planung** umzusetzen. Dabei werden geschäftsspezifische Modelle aufgestellt, welche die Wirkungszusammenhänge zwischen internen und externen Einflussgrößen mit den Planzielen abbilden. Bei veränderten Planungsprämissen berechnet ein computergestütztes Planungsmodell auf Basis der Treibergrößen dann die Auswirkungen auf die geplanten Ergebnisse und zeigt mögliche Szenarien auf (vgl. *Graf/Schmitz*, 2018, S. 33). Abb. 4.1.11 zeigt ein Beispiel für ein Werttreibermodell, bei dem die Spitzenkennzahl in rechnerisch verknüpfte finanzielle Ergebnisgrößen und Treiber differenziert und um zusätzliche Erklärungs- und Einflussfaktoren ergänzt wird. Eine flexiblere und auch häufigere Planung in kürzeren Zyklen ist ein wichtiger Baustein für eine agile Unternehmensführung in einem komplexen Führungskontext, um besser als die Wettbewerber mit unvorhergesehenen Entwicklungen zurecht zu kommen (vgl. Kap. 1.3.6).

Zeitpunkte, Vergleichsgrößen und Objekte der Kontrolle

Spezielle Merkmale zur Unterscheidung verschiedener Ausprägungen der Kontrolle zeigt Abb. 4.1.12.

Merkmal	Ausprägungen der Kontrolle
Zeitpunkte	▪ Prämissen ▪ Planfortschritt ▪ Realisation
Vergleichsgrößen	▪ Ex-post (Ist-Ist) ▪ Prämissen (Wird-Ist) ▪ Prognosekonsistenz (Wird-Wird) ▪ Ergebnis (Soll-Ist) ▪ Zielerreichbarkeit (Soll-Wird) ▪ Zielkonsistenz (Soll-Soll)
Objekte	▪ Ergebnis ▪ Verfahren ▪ Verhalten

Abb. 4.1.12: Merkmale und Ausprägungen der Kontrolle

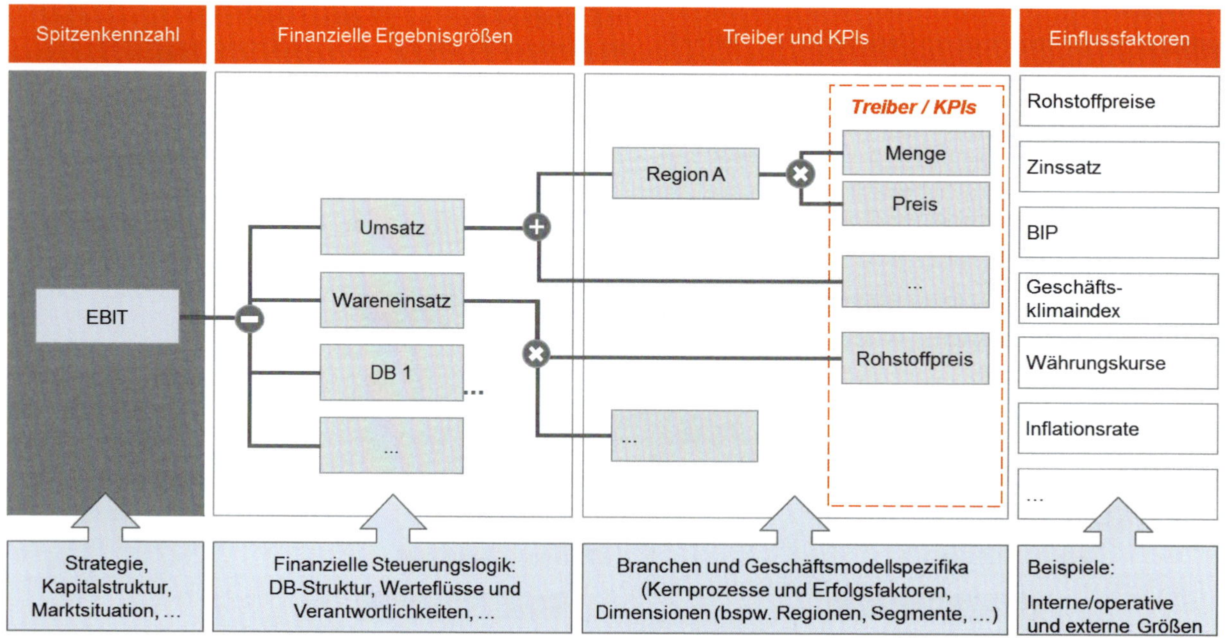

Abb. 4.1.11: Aufbau eines Werttreibermodels (vgl. Math/Borkenhagen, 2016, S. 70)

Nach dem **Kontrollzeitpunkt** lassen sich unterscheiden (vgl. *Küpper et al.*, 2013, S. 257 ff.):

- **Prämissenkontrolle** (vorauseilende/antizipierende Kontrolle; Feedforward): Die geplanten Werte werden *vor* der Planumsetzung mit prognostizierten Größen verglichen, um Planungsmängel zu erkennen. Diese Kontrollen sind erforderlich, da auf falschen Prämissen basierende Pläne meist nicht realisierbar sind.
- **Planfortschrittskontrolle** (mitlaufende Kontrolle): Die geplanten Werte werden *während* der Planumsetzung mit realisierten Zwischenergebnissen entweder bei Erreichung festgelegter Meilensteine oder zu bestimmten Zeitpunkten verglichen. Dadurch soll der Planfortschritt festgestellt werden. Treten gravierende Abweichungen auf, lassen sich frühzeitig Gegensteuerungsmaßnahmen einleiten, um die Planziele noch erreichen zu können bzw. die Verfehlung so gering wie möglich zu halten.
- **Realisationskontrolle** (nachlaufende Kontrolle; Feedback): Die geplanten Werte werden *nach* der Planumsetzung mit den tatsächlich realisierten Endergebnissen verglichen, um Abweichungen und deren Ursachen feststellen zu können. Erkenntnisse der Abweichungsanalyse dienen der Verbesserung des Führungsprozesses.

Als **Vergleichsgrößen** der Kontrolle können sowohl für die Kontrollgröße als auch für deren Vergleichsmaßstab drei unterschiedliche Kategorien verwendet werden: realisierte Ergebnisse **(Ist)**, prognostizierte Werte **(Wird)** oder geplante Größen **(Soll)**. Bei der Bezeichnung der Kontrollformen wird zuerst der Vergleichsmaßstab und dann die daran gemessene Kontrollgröße genannt. Werden etwa die geplanten Werte (Soll) mit den realisierten Ergebnissen (Ist) verglichen, dann wird dies als „Soll-Ist-Kontrolle" bezeichnet.

Daraus folgen sechs inhaltlich sinnvolle **Kontrollformen**, die Abb. 4.1.13 zeigt (vgl. *Amshoff*, 1994, S. 265 f.):

- **Ex-post-Kontrolle (Ist-Ist):** Der nachträgliche Vergleich realisierter Größen kann sich auf unterschiedliche Zeitpunkte beziehen (Zeitvergleich) oder zwischen unterschiedlichen Einheiten zum selben Zeitpunkt vorgenommen werden (inner- oder zwischenbetrieblicher Vergleich). Beispiele sind die Betrachtung der Umsatzentwicklung der letzten Jahre oder die Gegenüberstellung des eigenen Marktanteils zum Marktanteil des größten Konkurrenten.
- **Prämissenkontrolle (Wird-Ist):** Durch den Vergleich prognostizierter Größen mit tatsächlich eingetretenen Werten wird festgestellt, ob die Annahmen der Planung zutreffend waren. Ein Beispiel ist der Vergleich des prognostizierten Marktwachstums mit der tatsächlichen Marktentwicklung. Erkenntnisse aus der Prämissenkontrolle können zur Verbesserung zukünftiger Prognosen beitragen.
- **Prognosekonsistenzkontrolle (Wird-Wird):** Ein Vergleich von Prognosewerten ist sinnvoll, wenn eine Größe mit unterschiedlichen Verfahren prognostiziert oder die Prognose aufgrund neuerer Informationen wiederholt wird. Die Überprüfung der Planungsprämissen ermöglicht es, widersprüchliche Erwartungen zu verhindern sowie unzutreffende Prognosen frühzeitig zu korrigieren. Ein Beispiel ist ein unerwarteter Ausbruch eines internationalen Konflikts, der zur Erhöhung des Ölpreises und zu Währungsschwankungen führt.
- **Zielerreichbarkeitskontrolle (Soll-Wird):** Der Vergleich zwischen geplanten und prognostizierten Werten macht deutlich, inwieweit die Zielerreichung (noch) wahrscheinlich ist. Die Bestimmung von Soll-Wird-Abweichungen während der Planausführung ermöglicht eine frühzeitige Problemerkennung und Einleitung von Gegenmaßnahmen. Ein Beispiel ist die unterjährige Prognose des Jahresabsatzes eines Produktes, welche deutlich macht, dass aufgrund von Qualitätsproblemen die geplanten Mengen ohne entsprechende zusätzliche Maßnahmen nicht abgesetzt werden können.
- **Zielkonsistenzkontrolle (Soll-Soll):** Die Gegenüberstellung von Plangrößen dient zur Bestimmung von Zielkonflikten und Widersprüchen in den Zielvorgaben. Diese Kontrolle bezieht sich auf die Planung selbst und nicht auf deren Durchführung. Dies kann etwa der Ver-

Kontrollgröße \ Vergleichsmaßstab	IST	WIRD	SOLL
IST	Ex-Post-Kontrolle (Ist-Ist)	Prämissenkontrolle (Wird-Ist)	Ergebniskontrolle (Soll-Ist)
WIRD		Prognosekonsistenz-kontrolle (Wird-Wird)	Zielerreichbarkeits-kontrolle (Soll-Wird)
SOLL			Zielkonsistenzkontrolle (Soll-Soll)

Abb. 4.1.13: Kontrollformen nach den Vergleichsgrößen der Kontrolle

gleich des von der Konzernzentrale vorgegebenen Gesamtumsatzes mit der Summe der geplanten Umsätze der Tochtergesellschaften sein.

- **Ergebniskontrolle (Soll-Ist):** Die Überprüfung der Zielerreichung erfolgt durch Gegenüberstellung von realisierten Ergebnissen und angestrebten Zielen. Die Ergebniskontrolle kann sowohl als begleitende Fortschrittskontrolle als auch nachlaufende Endergebniskontrolle stattfinden. Die festgestellten Abweichungen werden analysiert und können begleitende Gegenmaßnahmen auslösen oder werden als Basis für den nächsten Planungsprozess genutzt. Ein Beispiel ist der Vergleich der geplanten mit den tatsächlichen Herstellkosten eines Produktes.

Nach den **Objekten** der Kontrolle werden unterschieden (vgl. *Küpper et al.*, 2013, S. 257):

- **Ergebniskontrolle:** Überprüfung der Zielerreichung durch Soll-Ist-Vergleich.
- **Verfahrenskontrolle:** Überprüfung des Durchführungsprozesses, der zu den realisierten Ergebnissen geführt hat. Es wird analysiert, wie Prozesse abgelaufen sind und warum die gewünschten Ergebnisse nicht erzielt wurden. Auf diese Weise lassen sich Abweichungsursachen und methodische Mängel bei der Durchführung bestimmen.
- **Verhaltenskontrolle:** Prüfungsgegenstand ist das Verhalten der Personen, die für die Steuerung oder Durchführung der Prozesse verantwortlich sind. Im Gegensatz zur Ergebniskontrolle werden dabei auch die Veränderungen der Rahmenbedingungen berücksichtigt. Verhaltenskontrollen sollen feststellen, ob die Zielerreichung in der Verantwortung der Mitarbeiter lag oder auf Ursachen außerhalb ihres Einflussbereichs zurückzuführen ist. Dies können sowohl Entwicklungen der Rahmenbedingungen als auch unrealistische Zielsetzungen, planerische Mängel oder Fehler bei der Auswahl der ausführenden Mitarbeiter sein. Verhaltenskontrollen dienen vor allem der personellen Leistungsbeurteilung.

Meist wird unter Kontrolle vor allem der Soll-Ist-Vergleich verstanden. Die Ergebniskontrolle besitzt die höchste praktische Bedeutung und macht den unmittelbaren Bezug zwischen Planung und Kontrolle deutlich.

4.1.3 Planungs- und Kontrollsystem

Planung und Kontrolle als komplizierte, arbeitsteilige Vorgänge müssen selbst geplant und kontrolliert werden. Diese übergeordneten formalen Aufgaben werden als **Metaplanung und -kontrolle** bezeichnet. Ziel ist die Entwicklung und Gestaltung eines Planungs- und Kontrollsystems.

> Das **Planungs- und Kontrollsystem** (PuK-System) beschreibt den Aufbau und Zusammenhang der Pläne und Kontrollen, den Ablauf des Planungs- und Kontrollprozesses sowie die dabei eingesetzten Organe und Instrumente.

Das PuK-System liefert den Rahmen für die inhaltliche Planung und Kontrolle. Es basiert auf der im Unternehmen geltenden **Planungs- und Kontrollphilosophie**, welche die Rolle der Planung und Kontrolle prägt. Werden Pläne aufgestellt und Kontrollen durchgeführt, um innovative Lösungen zu finden, die Mitarbeiter zu motivieren und die Leistung des Unternehmens zu steigern oder dienen sie nur der Vorgabe und Überwachung in einem von Misstrauen geprägten Umfeld? Diese grundlegenden Fragestellungen werden durch die unternehmerischen Werte geprägt und von der Unternehmensführung auf der normativen Ebene festgelegt (vgl. Kap. 2.2). Zahlreiche im Rahmen der Planung und Kontrolle auftretenden Konflikte sind nicht auf Sachfragen, sondern auf die Rolle der Planung und Kontrolle im Rahmen des Führungssystems zurückzuführen. Darüber hinaus beeinflussen externe und interne Kontextfaktoren die Gestaltung des PuK-Systems. Dies sind z. B. Unternehmensgröße, Branche oder Marktdynamik bzw. generell der Führungskontext (vgl. Kap. 1.3.5).

Planung und Kontrolle werden häufig wenig systematisch betrieben. Um einen reibungslosen Ablauf sowie Effizienz und Effektivität der Planung und Kontrolle zu gewährleisten, sollte diese jedoch ebenfalls systematisch geplant und kontrolliert werden.

Die wesentlichen **Aufgaben der Metaplanung und -kontrolle** sind (vgl. *Hill*, 1989, Sp. 1457 ff.; *Töpfer*, 1989, Sp. 1516):

- **Gestaltung** (Wer plant und kontrolliert was, wie und womit?): Aufbau, Einführung und Anpassung des PuK-Systems. Dabei werden die Träger (Wer?), Inhalte (Was?), Durchführung (Wie?) und Instrumente (Womit?) der Planung und Kontrolle festgelegt. Darüber hinaus müssen die Führungs-, Motivations- und Anreizsysteme an die Ziele der Planung und Kontrolle angepasst werden. Etwa ist zu klären, ob der Grad der Planerfüllung mit Belohnungen oder Sanktionen gekoppelt sein soll.
- **Lenkung:** Sicherstellung der zweckmäßigen Wahrnehmung der PuK-Aufgaben. Die Steuerung der laufenden

PuK-Prozesse umfasst die Regelung des zeitlichen Ablaufs und die Qualitätssicherung der Pläne und Kontrollen, die Koordination der Teilplanungen sowie die Genehmigung und Verabschiedung der Pläne. Darüber hinaus sollen Plananpassungen ermöglicht sowie eine positive Einstellung des Linienmanagements zur Planung und Kontrolle gefördert werden.

- **Analyse:** Kritische Prüfung des Systems und der darin stattfindenden Aktivitäten im Rahmen eines PuK-Audits. Dieses kann aufgrund konkreter Probleme oder in regelmäßigen Abständen durchgeführt werden. Hierbei wird die bestehende Planung und Kontrolle infrage gestellt und deren Auswirkungen bewertet. Dadurch soll sowohl die Gestaltung des PuK-Systems als auch die Steuerung der laufenden PuK-Prozesse langfristig verbessert werden.

Das PuK-System lässt sich aus **drei Blickrichtungen** beschreiben, die als Subsysteme miteinander in Beziehung stehen (vgl. *Bircher*, 1976, S. 81 ff.):

- **Funktionale Sichtweise:** Was und wie wird geplant und kontrolliert?
  - **Pläne und Kontrollen:** Inhalte der PuK
  - **PuK-Aktivitäten:** Aufgaben der PuK
- **Institutionale Sichtweise:** Wer plant und kontrolliert was und wann?
  - **PuK-Organe:** Aufbauorganisation der PuK
  - **PuK-Prozess:** Ablauforganisation der PuK
- **Instrumentale Sichtweise:** Womit wird geplant und kontrolliert?
  - **Methodische PuK-Instrumente:** Methoden, Techniken, Verfahren und Modelle
  - **Digitale PuK-Instrumente:** Digitale Informationssysteme und -technologien (vgl. Kap. 7.3)

Abb. 4.1.14 fasst die Zusammenhänge und Elemente des PuK-Systems zusammen.

In der Literatur existiert eine Vielzahl konzeptioneller PuK-Systeme (zum Überblick vgl. *Horváth et al.*, 2020, S. 88 ff.). Diese sog. **Denkmodelle** sind idealtypisch und sollen den Unternehmen als Gestaltungsvorschläge dienen. Das in Abb. 4.1.15 dargestellte Beispiel veranschaulicht den prinzipiellen Aufbau eines PuK-Systems nach den Ebenen und Zieldimensionen der Planung. Die Aufgaben und Bestandteile der Kontrolle werden in diesem Modell nicht weiter differenziert, beziehen sich aber jeweils auf dessen einzelne Elemente.

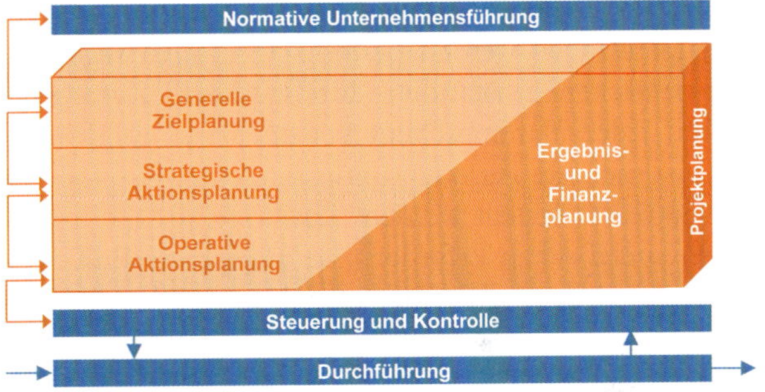

Abb. 4.1.15: Prinzipieller Aufbau eines PuK-Systems (in Anlehnung an Hahn/Hungenberg, 2001, S. 5)

Abb. 4.1.14: Zusammenhänge und Elemente des PuK-Systems

Das PuK-System basiert auf den Zielen und Werten der normativen Unternehmensführung (vgl. Kap. 2.2) und besteht aus den folgenden, aufeinander aufbauenden **Teilplanungen** (vgl. *Hahn/Hungenberg*, 2001, S. 96 ff.):

- **Generelle Zielplanung:** Festlegung der grundlegenden Zielsetzungen, die aus der Unternehmensmission abgeleitet werden.
- **Strategische (Aktions-)Planung:** Bestimmung der grundlegenden, langfristigen Sachziele für die Geschäftseinheiten sowie der hierfür erforderlichen Erfolgspotenziale.
- **Operative (Aktions-)Planung:** Ableitung der kurzfristig auszuführenden Aktionen zur bestmöglichen Ausschöpfung der bestehenden Erfolgspotenziale.
- **Ergebnis- und Finanzplanung:** Vorgabe und Bestimmung von Erfolgs- und Liquiditätsaspekten der in der Aktionsplanung festgelegten Maßnahmen. Diese wertzielorientierte Planung und Kontrolle verbindet die Teilplanungen miteinander. Ihre Bedeutung und Detaillierung nimmt von der generellen Zielplanung bis hin zur operativen Aktionsplanung zu.

Die Teilplanungen werden periodisch, d. h. in regelmäßigen zeitlichen Abständen durchgeführt. Zusätzlich kann auf jeder Planungsebene bei Bedarf eine fallweise und meist mehrere Perioden umfassende Projektplanung (vgl. Kap. 5.3.4) erstellt werden. Konkrete, an die unternehmensspezifischen Erfordernisse angepasste PuK-Systeme aus der Praxis werden als **Betriebsmodell** bezeichnet. Beispiele sind *Bechtle* in diesem Kapitel, die *Eder*-Fallstudie in Kap. 4.4.1 und *Bosch* in Kap. 4.4.4.

Der *Bundesverband Deutscher Unternehmensberater (BDU)* hat einen Leitfaden zur Gestaltung von PuK-Systemen erstellt, die sog. **Grundsätze ordnungsgemäßer Planung** (GoP). Darin werden Anforderungen an die Planung und Kontrolle erläutert und Gestaltungempfehlungen für Unternehmen aller Größenordnungen und Branchen gegeben. Diese sollen als einheitlicher Standard zur Erstellung und Beurteilung von PuK-Systemen dienen. Sie beinhalten Informationen zu gesetzlichen Grundlagen, Grundsätzen, Analysen, zur Ziel- und Strategiedefinition, zur strategischen und operativen Planung sowie zu Kontrollen und Prognosen. Mit einem nach diesen Grundsätzen gestalteten PuK-System erhalten die Unternehmen mehr Transparenz über ihre Planannahmen und den Grad der Planungssicherheit. Darüber hinaus verbessert ein solches PuK-System die Verhandlungsoptionen gegenüber Kreditgebern. Die Grundsätze ordnungsgemäßer Planung sind unter *www.bdu.de* online abrufbar (vgl. *BDU*, 2009, S. 3 ff.; *Gleißner/Presber*, 2010, S. 82 ff.)

Ausgangspunkt der Gestaltung des PuK-Systems ist die **funktionale Analyse**. Dabei sollen die zu erstellenden Pläne, die durchzuführenden Kontrollen, die PuK-Aufgaben sowie deren Beziehungen bestimmt werden. Inhaltlich geht es darum, das komplizierte Planungsproblem in mehrere, überschaubare Teilpläne zu unterteilen. Die Differenzierung der Teilpläne kann dabei mehrdimensional erfolgen, wie etwa nach unternehmerischen Funktions- und Geltungsbereichen, Zeithorizonten, Ebenen, Zieldimensionen oder Gegenständen (vgl. Abb. 4.1.4).

Um den Planungszusammenhang zu wahren sowie Zielkonflikte, Suboptimas und Widersprüche zu vermeiden, werden Teilpläne untereinander abgestimmt und zu einem Plansystem zusammengefasst.

Das **Plansystem** besteht aus mehreren Teilplänen, die aufeinander abgestimmt und logisch miteinander verknüpft sind.

Im Anschluss sind die auf das Plansystem bzw. die einzelnen Teilpläne bezogenen Kontrollformen zu bestimmen. Um sowohl Verantwortlichkeiten als auch den Ablauf der Planung und Kontrolle festzulegen, sind sämtliche Planungs- und Kontrollaktivitäten systematisch zu konkretisieren. Einige Differenzierungsmöglichkeiten wurden bereits in Kapitel 4.1.2 vorgestellt. Nach der Bestimmung der Aufgaben geht es um die Frage, wer diese im Unternehmen wahrnehmen soll (Aufbauorganisation) und in welcher sachlichen und zeitlichen Reihenfolge diese Aufgaben durchzuführen sind (Ablauforganisation).

Aufbauorganisation: Planungs- und Kontrollorgane

Die Kompliziertheit der Planung und Kontrolle steigt mit der Unternehmensgröße an. Deshalb ist die Unternehmensführung in mittleren und großen Unternehmen nicht mehr in der Lage, alle anstehenden Aufgaben selbst durchzuführen. Aus diesem Grund werden Aufgaben teilweise oder vollständig an andere Stellen delegiert. Hierfür sprechen neben der zeitlichen Entlastung der Führungskräfte auch die in der Organisation verteilten Methodenkompetenzen und Detailkenntnisse. Der Einbezug mehrerer organisatorischer Einheiten erhöht auch die Objektivität der Planung und Kontrolle.

Planungs- und Kontrollorgane sind Personen oder organisatorische Einheiten, die an der Planung und Kontrolle dauerhaft oder fallweise mitwirken.

Ihre Funktionen und Kompetenzen werden von der hierarchischen Position und ihren spezifischen Kenntnissen und Fähigkeiten bestimmt. Die Kompetenzen beziehen sich auf das Recht zur Aufstellung, Entscheidung, Genehmigung und Kontrolle der Pläne. Insbesondere bei der operativen Planung sind diese Kompetenzen meist auf mehrere organisatorische Ebenen verteilt.

Bei der Auswahl der PuK-Organe sollten folgende **Grundsätze** beachtet werden (vgl. *Pfohl/Stölzle*, 1997, S. 194):

- **Optimale Distanz:** Die PuK-Organe sollten inhaltliche Detailkenntnisse über das Planungsobjekt besitzen, auf der anderen Seite aber auch eine gewisse Distanz wahren, um die notwendige Übersicht und Neutralität zu gewährleisten.
- **Wertigkeit:** Je wichtiger der Planungsinhalt für die Zukunft des Unternehmens, umso höher sollte die zuständige hierarchische Ebene sein. Die strategische Planung ist somit Aufgabe der oberen Führungsebenen. Aufstellung und Kontrolle der operativen Pläne erfolgen meist dezentral durch untere Führungskräfte, genehmigt werden diese dann von der Unternehmensführung. Auf diese Weise entstehen mehrstufige PuK-Systeme.

PuK-Aufgaben können auf eine Vielzahl von Stellen im Unternehmen übertragen werden. Die Auswahl und Einrichtung dieser PuK-Organe hängen von der Unternehmensgröße, der Branche und dem jeweiligen Planungsproblem ab. Unverzichtbar sind die Beteiligung des Linienmanagements bei der inhaltlichen Planerstellung sowie die Genehmigung der Pläne durch die Unternehmensführung.

Mögliche **Planungs- und Kontrollorgane** sind (vgl. *Fürtjes*, 1989, Sp. 1464 ff.):

- **Unternehmensführung:** Planung und Kontrolle sind laufende Aufgaben der obersten Führungsebene. Schwerpunkte sind die inhaltliche Planung übergeordneter Themenstellungen (z. B. Vorgabe grundlegender Unternehmensziele, Genehmigung von Teilplänen etc.), die Motivation der Mitarbeiter zur Planung und die Durchführung der Fremdkontrolle auf Gesamtunternehmensebene.
- **Linienmanagement:** Alle übrigen organisatorischen Einheiten mit Entscheidungs- und Weisungsbefugnissen sind für ihren jeweiligen Verantwortungsbereich mit der inhaltlichen Planung und der Kontrolle der Planausführung betraut. Dies umfasst beispielsweise die Erstellung von Planentwürfen oder die Einleitung von Gegenmaßnahmen bei Abweichungen. Darüber hinaus sind sie für die Realisierung der Teilpläne verantwortlich.
- **Planungsstäbe und -abteilungen:** Diese Stellen werden speziell zur Wahrnehmung von Planungsaufgaben eingerichtet. Sie haben meist keine Entscheidungs- und nur geringe Weisungsbefugnis. Dezentral unterstützen sie vor allem die Linieninstanzen bei der Überwachung und Kontrolle der Planerstellung. Teilweise übernehmen sie auch inhaltliche Planungsaufgaben, wie etwa die Entwicklung und Bewertung von Planalternativen. Zentrale Stäbe und Abteilungen sind an der Metaplanung und -kontrolle sowie dem Planungsmanagement beteiligt. Beispiele sind die Koordination der Teilpläne oder Plananalysen. Sie unterstützen die Fachabteilungen bei der Planerstellung etwa durch Informationen und Beratungsleistungen.
- **Controller:** Sind keine Planungsstäbe und -abteilungen vorhanden, so werden deren Aufgaben in der Regel vom Controlling als Unterstützungsfunktion der Unternehmensführung wahrgenommen. Das Controlling unterstützt die Linienverantwortlichen bei der Kontrolle der Planerfüllung und soll Abweichungen frühzeitig erkennen und deren Ursachen analysieren. Der Fokus des Controllings liegt auf der wertzielorientierten Planung und Kontrolle (vgl. Kap. 4.3).
- **Planungskomitee (-kommission, -kollegium):** Dauerhaft angelegtes Planungsorgan aus Personen unterschiedlicher Fachbereiche und Hierarchieebenen, welche sich regelmäßig treffen. Ihre Aufgaben sind die Koordination und Integration von Teilplanungen, die Erstellung von Ziel- und Maßnahmenvorschauen und die Diskussion von Alternativplänen. Ist die Unternehmensführung im Planungskomitee vertreten, dann werden dort in aller Regel auch die Pläne verabschiedet.
- **Planungsteams:** Temporäre, weitgehend hierarchiefreie Projektgruppen, die zur Lösung spezieller Planungsaufgaben gebildet werden. Ein Beispiel wäre die Aufstellung unterschiedlicher Planszenarios.
- **Externe PuK-Organe:** Spezielle Teilaufgaben können auch von unternehmensexternen Organen, wie beispielsweise Beratern, Marktforschungsinstituten, Verbänden oder einer Muttergesellschaft, durchgeführt werden. Sie wirken vor allem als PuK-Informanten oder liefern neue Impulse für die Gestaltung des PuK-Systems. Der Einfluss einer Muttergesellschaft reicht von der Vorgabe globaler Ziele bis zur Mitwirkung an der Detailplanung.

PuK-Informanten sind alle unternehmensinternen und -externen Personen, die von den PuK-Organen um Informationen gebeten werden. Von den internen Informanten sind vor allem die Personen von Bedeutung, welche die Pläne ausführen oder davon unmittelbar betroffen sind. Sie verfügen meist über detaillierte Informationen zur Umsetzbarkeit der Pläne und zu den Auswirkungen von Planalternativen. Ihr frühzeitiger Einbezug ist auch aus Motivationsgesichtspunkten sinnvoll. Gründe für die Beteiligung externer Informanten sind etwa im Unternehmen fehlende Fachkenntnisse, der Bedarf einer neutralen Einschätzung oder Unsicherheiten über Planalternativen und deren Auswirkungen (vgl. *Mag*, 1995, S. 117 ff.).

Die **Qualität der Pläne** wird nicht nur durch die verfügbaren Informationen und eingesetzten Instrumente, sondern auch durch die Qualifikation der Planungsorgane bestimmt. Neben einer genauen Kenntnis des Planungsobjekts und der PuK-Instrumente sollten sie über ein ganzheitliches, kreatives und abstraktes Denken sowie über Führungskompetenzen im Bereich Kommunikation, Kooperation und Motivation verfügen.

Ablauforganisation: Planungs- und Kontrollprozess

Der PuK-Prozess wiederholt sich im Unternehmen sowohl regelmäßig (zyklisch) als auch unregelmäßig. Gestaltungsaspekte sind die hierarchische Ableitung der Pläne, der Ablauf der Planerstellung, die zeitliche Verkettung der Pläne, der Planungsrhythmus und die Terminplanung. Hierzu zeigt Kap. 4.4.1 ein anschauliches Fallbeispiel.

> Der **Planungs- und Kontrollprozess** beschreibt die sachliche und zeitliche Abfolge der einzelnen Planungs- und Kontrollaktivitäten.

Hierarchische Ableitung der Pläne

Da die inhaltliche Planung auf verschiedenen hierarchischen Ebenen des Unternehmens stattfindet, ist zu klären, welche Stellen, in welcher Reihenfolge und mit welchen Kompetenzen an der Planung mitwirken sollen. Die Frage der Entstehung, Koordination, Integration und Durchsetzung von Plänen über verschiedene Hierarchieebenen wird als Hierarchiedynamik bzw. **Planungsrichtung** bezeichnet. Dabei wird bestimmt, wie die Planungsträger sachlich und zeitlich zusammenwirken, um einen reibungslosen Planungsablauf und ein bestmögliches Planungsergebnis zu gewährleisten. Deren Prinzip wird im Folgenden jeweils am Beispiel einer dreistufigen Planungshierarchie veranschaulicht. Die Vor- und Nachteile der Ableitungsrichtungen fasst Abb. 4.1.19 zusammen.

Grundsätzlich existieren drei **Planungsrichtungen**:

- **Retrograde Planung (Top-down):** Die Planung wird in der Unternehmenshierarchie „von oben nach unten“ durchgeführt. Die Unternehmensführung gibt die obersten Planziele in einem globalen Rahmenplan vor, der in den nachfolgenden Hierarchiestufen schrittweise für die jeweiligen Verantwortungsbereiche konkretisiert wird. Dies ermöglicht eine rasche Planerstellung, die Durchführung tiefgreifender Veränderungen und eine hohe Übereinstimmung der Planziele auf allen hierarchischen Ebenen. Da die Planungsorgane eine hohe Distanz zur Planausführung aufweisen, verfügen sie meist nicht über genügend Informationen, um die Realisierbarkeit der Pläne ausreichend beurteilen zu können. Deshalb können Wunsch und Wirklichkeit weit auseinanderliegen. Die mangelnde Beteiligung der ausführenden Ebene an der Planerstellung kann sich auch negativ auf die Motivation der für die Planerfüllung verantwortlichen Mitarbeiter auswirken. Dies gilt insbesondere bei unrealistischen Planvorgaben.
- **Progressive Planung (Bottom-up):** Die Planung wird in der Unternehmenshierarchie „von unten nach oben“ durchgeführt. Sie beginnt in den unteren hierarchischen Ebenen und bewegt sich dann schrittweise aufwärts. Jede Ebene plant ihre Ziele, Maßnahmen und erforderlichen Ressourcen und übergibt dann ihren Plan an die übergeordnete Ebene. Dort werden die Teilpläne abgestimmt, kontrolliert, konsolidiert und danach wieder an die darüberliegende Ebene weitergeleitet. Nach Durchlauf aller Ebenen ergibt sich daraus der Plan für das gesamte Unternehmen. Dieses Vorgehen eignet sich

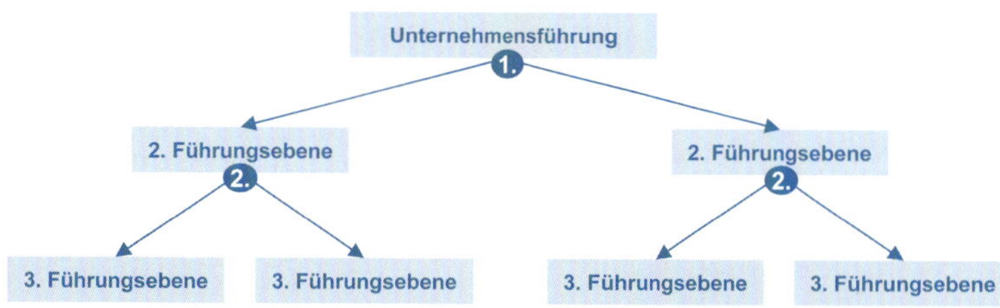

Abb. 4.1.16: Prinzip der retrograden Planung (Top-down)

vor allem für evolutionäre Entwicklungen und wirkt motivierend. Es ermöglicht die Identifikation mit den Planinhalten und eine bessere Realisierbarkeit der Pläne durch den Einbezug der inhaltlichen Detaillkenntnisse der ausführenden Ebenen. Allerdings kann es passieren, dass Suboptima und Zielkonflikte auftreten und die einzelnen Teilpläne nicht zum gewünschten Gesamtziel des Unternehmens führen. Die dezentralen Einheiten setzen sich meist wenig herausfordernde Ziele oder schreiben diese einfach fort. Die erforderlichen Abstimmungs- und Integrationsvorgänge erhöhen den Zeitbedarf für die Planerstellung.

- **Zirkuläre Planung (Gegenstromverfahren):** Durch Kombination von retrograder und progressiver Planung wird versucht, die Vorteile beider Vorgehensweisen zu vereinen, ohne deren Nachteile in Kauf nehmen zu müssen. Auf diese Weise soll das logische Zirkelproblem der Planung gelöst werden: Demnach kann erst dann über untergeordnete Ziele und Pläne entschieden werden, wenn die übergeordneten Ziele und Pläne bekannt sind. Umgekehrt erfordern die übergeordneten Ziele und Pläne die Kenntnis der Realisationsmöglichkeiten auf den untergeordneten Ebenen. Die Kombination von retrograder und progressiver Planung beginnt zweckmäßigerweise Top-down. Dabei werden von der Unternehmensführung zunächst vorläufige Oberziele und Orientierungsgrößen gesetzt. Aus diesen leiten die nachfolgenden Ebenen schrittweise Unterziele und Teilpläne ab und überprüfen deren Realisierbarkeit. Im an-

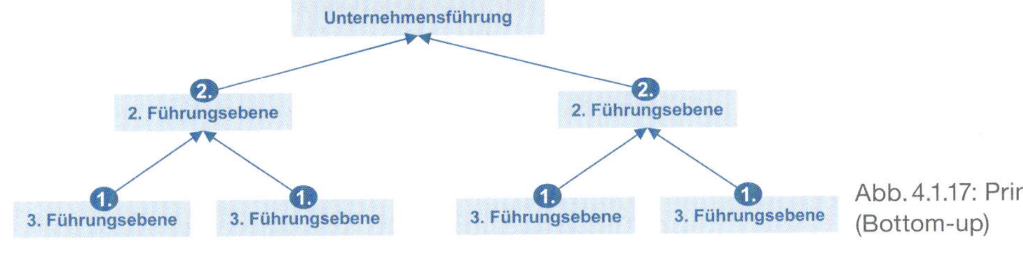

Abb. 4.1.17: Prinzip der progressiven Planung (Bottom-up)

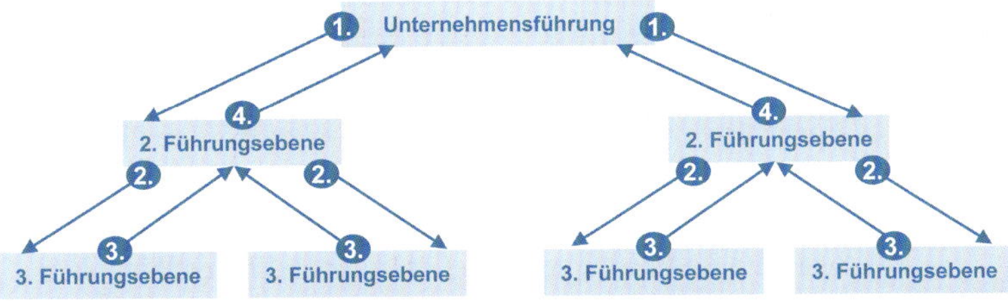

Abb. 4.1.18: Prinzip der zirkulären Planung mit Top-down-Eröffnung

	Retrograde Planung (top-down)	Progressive Planung (bottom-up)	Zirkuläre Planung (Gegenstromverfahren)
Grundprinzip	Die Planung erfolgt in der Organisation „von oben nach unten"	Die Planung erfolgt in der Organisation „von unten nach oben"	Durch Vor- und Rückläufe werden progressive und retrograde Elemente verbunden
Realisierbarkeit der Planung	Ist nur teilweise erfüllt, da nur ein Mittelrahmen bekannt ist	Besser als bei retrograder Planung, da Pläne von den Umsetzenden entwickelt werden	Sehr gut, da Planung und Realisationsmöglichkeiten durchgehend abgestimmt werden
Mitarbeitermotivation	Vorgabecharakter kann demotivierend wirken	Planungsmitwirkung motiviert, Gefahr der Fortschreibung alter Ziele	Mehrstufiges Abstimmungsverfahren wirkt motivierend
Koordinationsmöglichkeiten	Koordinationserfordernis wird häufig nicht erkannt	Horizontale Koordination nicht gegeben	Vertikale und horizontale Koordination vorgesehen
Zeitaufwand	Rückkopplungen wegen Informationsbedarf der Führungsebene	Rückläufe und aufwendige Abstimmung/Integration	Aufwendigstes Verfahren durch mehrere Vor- und Rückläufe
Fazit	Frage: „Was müssen wir tun?" Gefahr der Suboptimierung, vertikale Abhängigkeiten erfordern Zentralisation	Frage: „Was können wir tun?" Gefahr der Suboptimierung, horizontale Koordination erforderlich	Kein einseitiger Denkansatz: Vermeidet Suboptimierung, berücksichtigt vertikale Abhängigkeiten, aber sehr aufwendig

Abb. 4.1.19: Vergleich der Planungsrichtungen (in Anlehnung an Wild, 1982, S. 191 ff.)

schließenden Bottom-up-Rücklauf werden, ausgehend von der untersten Planungsebene, die Pläne schrittweise koordiniert und zusammengefasst. Der Planungsprozess endet mit der Verabschiedung der Unternehmensziele und -pläne durch die Unternehmensführung. In der Praxis sind häufig mehrere Durchläufe erforderlich, bis der endgültige Unternehmensplan feststeht. Auf diese Weise plant jede hierarchische Ebene ihren Verantwortungsbereich und steuert gleichzeitig die Planung der nachgeordneten Ebenen. Das Gegenstromverfahren trägt sowohl zur Vermeidung von Zielkonflikten und Suboptima als auch zur Sicherstellung der Realisierbarkeit der Pläne und Motivation der ausführenden Ebenen bei. Aufgrund der aufwendigen Abstimmung zwischen den zentralen und dezentralen Einheiten bindet es jedoch viele Ressourcen und ist entsprechend langwierig.

Nach Ergebnissen des *WHU Controller Panels* planen mit 48 % die meisten deutschen Unternehmen zirkulär. 34 % planen top-down und nur 18 % bottom-up. Allerdings ist in den letzten Jahren ein Trend zur Top-down-Planung zu beobachten (vgl. *Reimer et al.*, 2019, S. 4).

Eine moderne Variante der zirkulären Planung erfolgt **Top-down-Middle-up** und ist in Abb. 4.1.20 veranschaulicht (vgl. Kap. 4.3.4 und das Praxisbeispiel von *Bosch* in Kap. 4.4.4). Um den hohen Zeit- und Ressourcenaufwand der zirkulären Planung zu reduzieren, ohne dabei die Realisierbarkeit der Pläne aus den Augen zu verlieren, werden aggregierte Top-Down-Ziele in einem ersten Schritt nur den Führungskräften der mittleren Ebene als Leitplanken kommuniziert (sog. Front Loading). Diese planen daraufhin ihre wesentlichen Erfolgsgrößen und bestimmen die Ziellücke zu den Vorgaben der Unternehmensführung. Bei dieser sog. Middle-up-Validierung werden die Zielvorgaben plausibilisiert. Anschließend erarbeiten die mittleren Führungskräfte geeignete Maßnahmen, um ihre Lücken zu schließen und aktualisieren daraufhin ihre Teilpläne. In einem iterativen Prozess werden zusammen mit der Unternehmensführung belastbare und akzeptierte Ziele abgeleitet und dann als verbindliche Vorgabe verabschiedet. Diese werden anschließend auf alle Führungsebenen heruntergebrochen und erst danach im Detail auf den unteren Ebenen ausgeplant (vgl. *Rauh et al.*, 2016, S. 6 ff.).

Zeitlicher Ablauf der Planerstellung

Bei der Festlegung des Planungsablaufs geht es primär um die **inhaltliche Abstimmung der einzelnen Teilpläne**. Die bestehenden Abhängigkeiten, etwa zwischen Produktions- und Beschaffungsplanung, sollen so weit als möglich berücksichtigt werden. Um das Gesamtoptimum zu erreichen, müssten hierfür idealerweise alle Planinhalte gleichzeitig aufeinander abgestimmt werden (vgl. *Hahn/Hungenberg*, 2001, S. 81 ff.).

Eine solche **simultane Planung** wird mithilfe optimierender Entscheidungsverfahren durchgeführt, wie etwa der linearen Programmierung. Deren praktische Anwendbarkeit ist aufgrund der Vielzahl von Entscheidungsvariablen der Planung, dem zeitlichen und finanziellen Aufwand sowie der laufenden Anpassungserfordernisse auf spezielle Fragestellungen beschränkt, wie etwa zur optimalen Belegung einer Maschine.

In der Praxis werden die Pläne deshalb sukzessive, d. h. schrittweise nacheinander erstellt. Bei der **sukzessiven Planung** basieren die Teilpläne auf sachlich und zeitlich vorgelagerten Plänen, welche die Rahmendaten der nachgelagerten Pläne festlegen. Die Abstimmung erfolgt jedoch nur mit dem jeweils vorgelagerten Plan. Deshalb wird versucht, durch mehrfaches Durchlaufen (Iteration) der Pläne eine Annäherung an das Gesamtoptimum zu erreichen. Dabei ist zu klären, mit welchem Teilplan begonnen wird und in welcher Reihenfolge die Teilpläne erstellt werden sollen.

Nach dem von *Gutenberg* (vgl. 1983, S. 163 ff.) formulierten **Ausgleichsgesetz der Planung** soll zuerst der Engpassbereich eines Unternehmens geplant werden, da er die anderen Teilplanungen begrenzt (Minimumsektor). Hat ein Unternehmen beispielsweise Schwierigkeiten bei der Beschaffung erforderlicher Rohstoffe, dann muss die gesamte Planung darauf

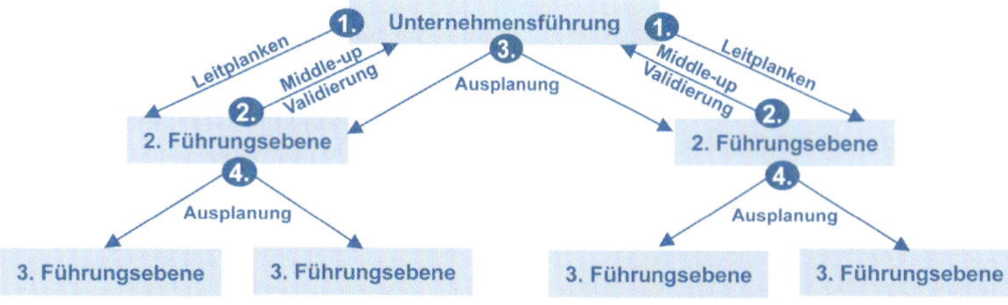

Abb. 4.1.20: Prinzip der Top-down-Middle-up-Planung

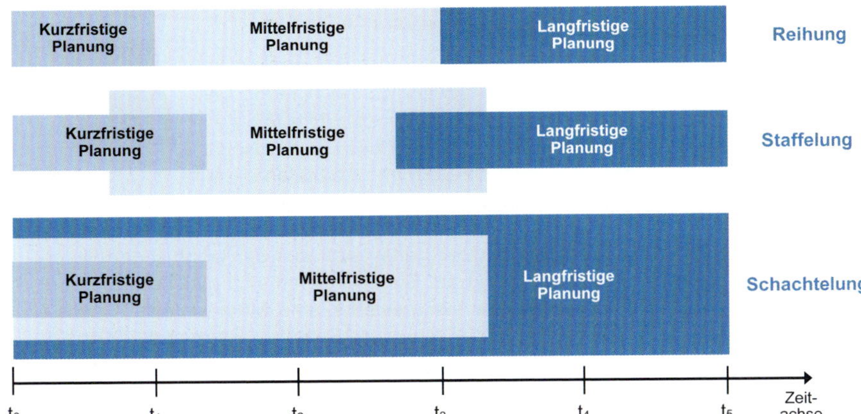

Abb. 4.1.21: Möglichkeiten der zeitlichen Verkettung von Teilplänen

ausgerichtet werden. Auf längere Sicht sollte das Unternehmen allerdings versuchen, solche Engpässe z. B. durch Investitionen zu beseitigen. Die Planung beginnt dann mit dem vorrangigen Unternehmensbereich. Dies ist in der Regel der Vertrieb, da dieser die Erlöse bestimmt und der Absatz vom Markt beschränkt wird. Aus diesem Planabsatz wird dann in der Produktionsplanung die Zahl der herzustellenden Güter festgelegt. Darauf aufbauend werden die hierfür erforderlichen Ressourcen bestimmt sowie weitere, daran anschließende Teilplanungen erstellt. Die in der Praxis am häufigsten anzutreffende Abfolge **der sukzessiven Planung** ist deshalb vereinfachend: Vertrieb – Produktion – Beschaffung. Im Detail wird hierauf im Rahmen der Budgeterstellung in Kap. 4.3.2 eingegangen.

Zur **zeitlichen Verkettung** von Teilplanungen mit unterschiedlichen Zeithorizonten existieren drei **Möglichkeiten** (Abb. 4.1.21, vgl. *Mag*, 1995, S. 110 f.):

- **Reihung** (isolierte zeitliche Stufen ohne Überlappung): Pläne gleicher bzw. unterschiedlicher Fristigkeit folgen lückenlos hintereinander, wobei sich die jeweiligen Planungshorizonte nicht überlappen.
- **Staffelung** (teilweise zeitlich-überlappende Stufen): Die Planungshorizonte aufeinanderfolgender Pläne mit gleicher bzw. unterschiedlicher Fristigkeit überlappen sich.
- **Schachtelung** (zeitlich vollständige Integration der Stufen): Pläne unterschiedlicher Fristigkeit werden vollständig integriert, indem die Planungshorizonte der kurzfristigen in denen der längerfristigen Pläne eingebettet sind.

Sowohl bei der Reihung als auch der Staffelung der Teilpläne ist deren inhaltlicher Zusammenhang nicht sichergestellt. Dies kann zu Widersprüchen und Zielkonflikten zwischen den Teilplänen führen. Bei der Staffelung stellt sich zudem die Frage, in welchem Ausmaß sich die Pläne überlappen sollen. Nur das Prinzip der Schachtelung gewährleistet die Integration der Teilpläne und stellt deshalb für die Unternehmenspraxis die einzig brauchbare Verkettungsform dar.

Planung und Kontrolle bei Bechtle

Die *Bechtle AG* mit Sitz in Neckarsulm ist mit rund 11.500 Mitarbeitern und mehr als 5,3 Mrd. € Umsatz Deutschlands größtes IT-Systemhaus und führender IT-E-Commerce-Anbieter in Europa. Aus der Vision „*Bechtle*: Der IT-Zukunftspartner" folgt als oberste Maxime die Kundenorientierung, die am Erfolg der Kunden gemessen werden soll.

Der Vorstand der *Bechtle AG* ist für die Gesamtplanung und Realisierung der langfristigen Konzernziele verantwortlich. Oberstes Ziel der Unternehmensentwicklung ist die Steigerung des Unternehmenswerts durch profitables Wachstum. Hierzu wird in der Vision 2030 eine Vorsteuermarge von mindestens 5 % und ein Gesamtumsatz von 10 Mrd. € angestrebt sowie das Erreichen der Marktführerschaft in allen Märkten, in denen das Unternehmen tätig ist.

Zur besseren Bewertung der Reputation im Markt führt Bechtle regelmäßig Kundenbefragungen durch. Die Ergebnisse werden im Rahmen der strategischen Planung verwendet, um die Wahrnehmung des Unternehmens in Relation zum Wettbewerb einzuschätzen und etwa die Vertriebsaktivitäten darauf auszurichten. Kurz- und Mittelfristplanung, die der Steuerung der operativen Einheiten dienen, sowie die daraus resultierenden Maßnahmen, leiten sich aus der langfristigen Unternehmensplanung ab. Sie orientieren sich gleichzeitig an der Entwicklung des Wettbewerbs- und Marktumfelds. Höchste Priorität haben Wachstum und Renditesteigerung durch erfolgreiche Kunden.

Relevante Steuerungsgrößen sind Umsatz, Umsatzwachstum, Deckungsbeitrag, Vorsteuerergebnis (EBT) sowie EBT-Marge. Über eine individuelle Erfolgsbeteiligung sollen die Mitarbeiter motiviert werden, die vereinbarten Ziele engagiert zu erreichen. Die Verkettung der Pläne zeigt Abb. 4.1.22.

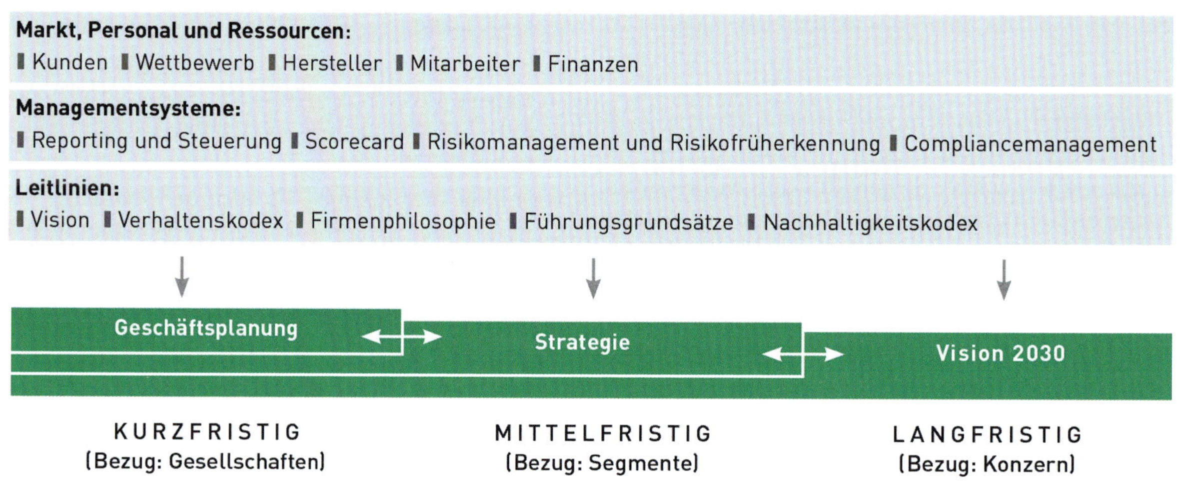

Abb. 4.1.22: Verkettung der Pläne bei Bechtle

Den Ablauf des **Planungs- und Kontrollprozesses** zeigt Abb. 4.1.23. Aufsichtsrat und Vorstand geben ausgehend von der strategischen Planung die Leitplanken der Unternehmensentwicklung vor. Der Planungsprozess ist aufgrund der dezentralen Organisationsstruktur an den rund 100 operativen Gesellschaften ausgerichtet. Deren Geschäftsführer sind voll ergebnisverantwortlich und in starkem Maße erfolgsbeteiligt. Der Planungsprozess umfasst die Fokusplanung und die Planungsgespräche, die sich überlappen und zeitlich nicht klar voneinander getrennt sind. Er beginnt im Herbst und ist im darauffolgenden März mit der formalen Zustimmung des Aufsichtsrats abgeschlossen. Der Geschäftsplan umfasst jeweils das Kalenderjahr. Die Monate zu Jahresbeginn bis zur Aufsichtsratssitzung werden durch die Einzelplanungen der Gesellschaften überbrückt bzw. die Gesellschaften orientieren sich an dem in der Vision vorgegebenen Wachstumsziel von 7 %, welches als Minimum vorausgesetzt wird.

Die **Fokusplanung** widmet sich jedes Jahr einem ganz bestimmten Thema, das verstärkt vorangetrieben werden soll, wie etwa Virtualisierung oder IT-Security. Sie wird nur mit bestimmten Gesellschaften durchgeführt, die beispielsweise nach deren Kunden, Kapazitäten oder Know-how ausgewählt werden.

Planungsgespräche werden individuell zwischen den Geschäftsführern jeder operativen Gesellschaft und dem Controlling, dem jeweiligen Bereichsvorstand und/oder dem Vorstand geführt. Ziel ist es, mehr Unternehmertum in den Gesellschaften zu fordern und zu fördern. Die Festlegung der konkreten Ziele entwickelt sich dann in der Diskussion basierend etwa auf der Historie oder makroökonomischer Trends. Die Einzelplanungen werden auf Länder- und Segmentebene konsolidiert und dann gesamtheitlich auf der Bilanzsitzung im März dem Aufsichtsrat vorgelegt. Die daraus abgeleiteten operativen Ziele und Aufgaben werden durch die Geschäftsführer und Bereichsvorstände in die jeweiligen Einzelgesellschaften sowie Unternehmensbereiche kommuniziert. Grundlage der individuellen Leistungsziele sind aber ausschließlich die Einzelplanungen. Ausnahme sind die Verwaltungsmitarbeiter, deren variabler Gehaltsbestandteil sich am Konzern-EBT orientiert.

Verschiedene **Berichtssysteme** stellen sicher, dass alle Einheiten jederzeit einen Überblick über die für sie relevanten Kennzahlen haben und das operative Geschäft dementsprechend steuern können. Die Daten werden über alle operativen Einheiten aggregiert und auf Konzernebene für die Koordination von Investitions- und Finanzierungsentscheidungen, das frühzeitige Erkennen von Soll-Ist-Abweichungen sowie die Einleitung geeigneter Maßnahmen genutzt. Mithilfe eines Cashflow-Cockpits erhalten alle Einzelgesellschaften regelmäßig einen detaillierten Einblick in ihre Kapitalflüsse, um diese konzernweit zu optimieren.

Die Erfüllung der Geschäftsplanung wird monatlich vom Vorstand an den Aufsichtsrat berichtet.

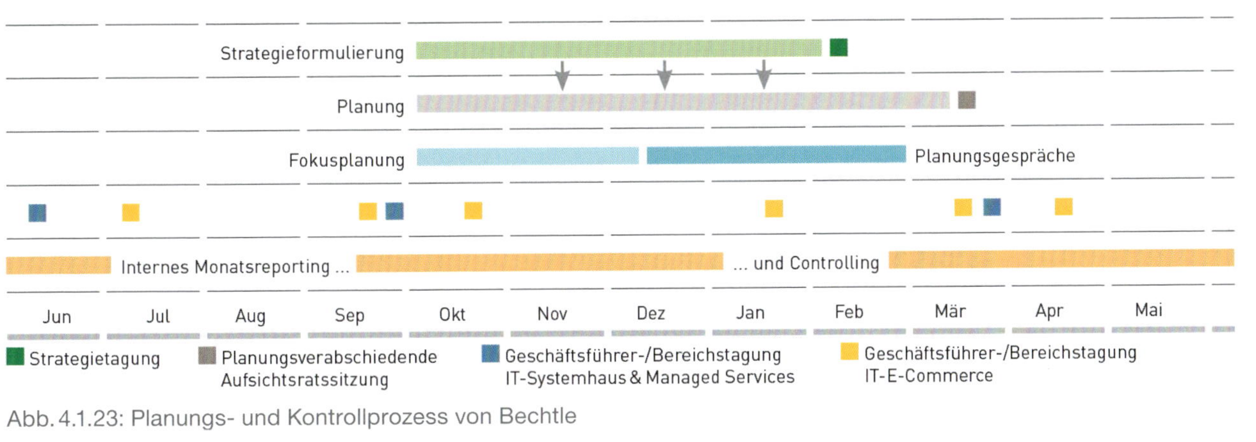

Abb. 4.1.23: Planungs- und Kontrollprozess von Bechtle

Planungsrhythmus

Der Planungsrhythmus bestimmt, wann und wie oft verabschiedete Pläne geprüft, konkretisiert und weiterentwickelt werden. Die Notwendigkeit einer Planänderung folgt meist aus den Ergebnissen der Kontrolle, wenn gravierende Abweichungen zwischen den Plandaten und den realisierten Ergebnissen (Plan-Ist) oder den aktuellen Prognosen (Plan-Wird) festgestellt werden. Darüber hinaus können auch Änderungen der Unternehmensumwelt eine Planrevision erforderlich machen. Der Planungsrhythmus hat somit entscheidenden Einfluss auf die Flexibilität der Planung (vgl. Kap. 4.1.2; *Horváth et al.*, 2020, S. 111 ff.).

Grundsätzlich sind folgende **Planungsrhythmen** zu unterscheiden (vgl. *Klein/Scholl*, 2011, S. 199 ff.):

- **Anschließende (serielle) Planung:** Jeder Plan wird nur einmal erstellt und die einzelnen Pläne folgen unmittelbar und überschneidungsfrei aufeinander. Nachträgliche Plananpassungen sind nicht vorgesehen. Das Prinzip veranschaulicht Abb. 4.1.24 am Beispiel eines dreijährigen Planungshorizonts.
- **Rollierende (rollende/überlappende/gleitende) Planung:** Der Planungshorizont wird in zwei Abschnitte unterteilt. Der zeitlich näherliegende, kurzfristige Abschnitt wird detailliert und der nachfolgende, längerfristige Abschnitt grob geplant. Nach Ablauf des ersten Abschnitts wird auf Basis der vorherigen Grobplanung der darauffolgende Planungsabschnitt detailliert geplant. Die restliche Planung wird bei dieser Gelegenheit aufgrund der neuesten Erkenntnisse überarbeitet und zeitlich um den abgelaufenen Abschnitt verlängert. Der Planungshorizont bleibt somit immer gleich. Wie in Abb. 4.1.25 dargestellt, besteht z. B. eine rollende Fünfjahresplanung aus einem detaillierten Plan für das erste Jahr und einem wenig differenzierten Plan für die darauffolgenden vier Jahre. Nach Ablauf der ersten Planperiode wird das Folgejahr detailliert geplant und anschließend der grobe Plan um ein weiteres Jahr verlängert. Am Ende liegt somit wieder ein Fünfjahresplan vor. Konkretisierung, Aktualisierung und Erweiterung der Pläne erfolgen dabei in einem festgelegten Rhythmus.

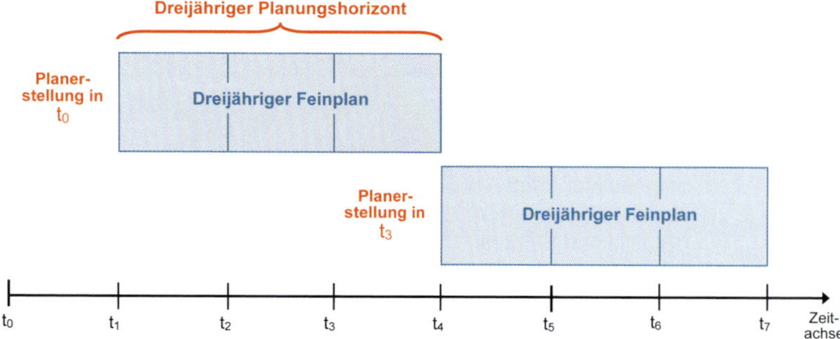

Abb. 4.1.24: Prinzip der anschließenden Planung

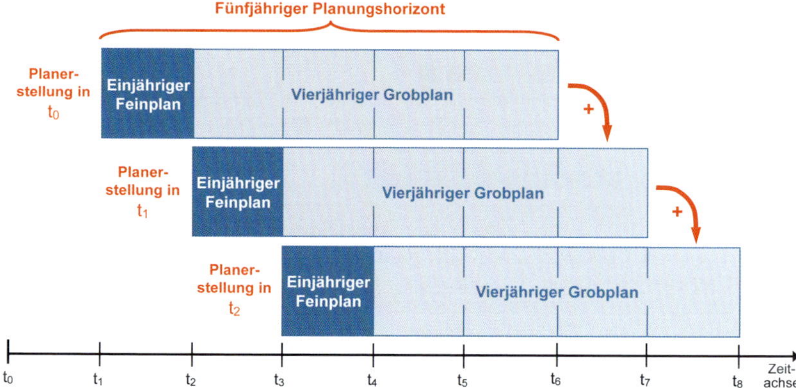

Abb. 4.1.25: Prinzip der rollierenden Planung

- **Revolvierende (rekursive) Planung:** Die revolvierende Planung ist eine Sonderform der rollierenden Planung mit einer höheren Planungsfrequenz für die zeitlich geschachtelten Pläne. Die Pläne geringerer Fristigkeit werden ebenfalls aus den längerfristigen abgeleitet und rhythmisch überprüft, aktualisiert und erweitert. Die Planrevision findet jedoch nicht nur einmal jährlich, sondern mehrmals unterjährig statt. Dies ermöglicht in Kombination mit einem rollierenden Forecast aktuellere Pläne und flexibleres Reagieren auf geänderte Planprämissen, was insbesondere in einem komplexen Führungskontext bzw. einer VUKA-Umwelt wichtig ist (vgl. Kap. 1.3.5). Allerdings verursacht die mehrmalige Aktualisierung auch einen wesentlich höheren Planungsaufwand und erfordert ein integriertes, digitales Planungssystem. Wie in Abb. 4.1.26 am Beispiel einer dreijährigen Planung zu sehen, wird nach jedem Quartal ein detaillierter Plan für die nächsten vier Quartale und eine Grobplanung für die darauffolgenden Jahre erstellt. Damit umfasst die Feinplanung unabhängig vom Kalenderjahr immer zwölf Monate. Dies reduziert die in der Praxis bei der rollierenden Planung zu beobachtende „Jahresendproblematik". Dabei wird die Zielerreichung manipuliert, in dem zum Ende des Planjahres zeitlich unkritische Geschäftsvorfälle, wie etwa Einkäufe, Aufträge oder Zahlungen, in das Folgejahr verschoben werden.

Terminplanung

Die Terminplanung legt die Fertigstellungszeitpunkte und Ausführungsdauern der inhaltlichen Planungsaufgaben fest. Die verbindliche Vorgabe von Terminen ist für einen reibungslosen und zügigen Ablauf der Planung und Kontrolle erforderlich. Eine Reihe von Aufgaben in betrieblichen Teilplänen ist voneinander unabhängig und kann parallel durchgeführt werden. Auf diese Weise lässt sich der Zeitbedarf der Planung verkürzen.

Der **Planungskalender** stellt den gesamten Planungsprozess übersichtlich dar. Er zeigt, wie die Planungsaktivitäten nacheinander ablaufen, wie viel Zeit sie brauchen, wann sie beginnen und zu welchem Zeitpunkt sie abgeschlossen sein müssen. Ebenso wird ersichtlich, welche Aktivitäten hintereinander ausgeführt werden und welche parallel erfolgen, wer für ihre Durchführung verantwortlich ist und welche Aktivitäten vor- und nachgelagert sind. Er ist somit ein wichtiges Instrument zur Überwachung des Planungsfortschritts und zur Koordination des Planungsablaufs. Ein Beispiel für einen Planungskalender zeigt Abb. 4.1.27. Die Planung lässt sich als Projekt ansehen und selbst ent-

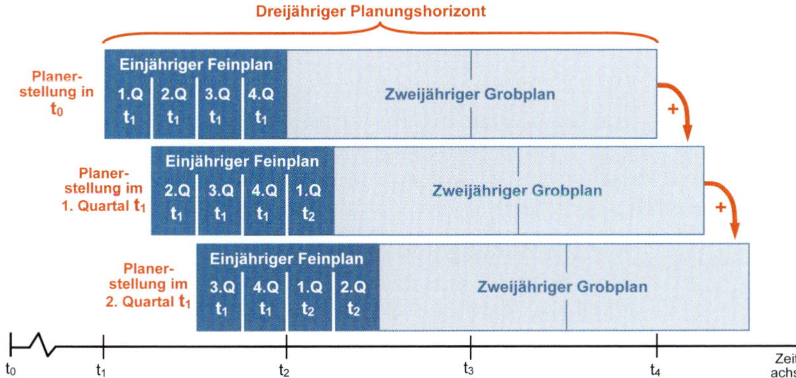

Abb. 4.1.26: Prinzip der revolvierenden Planung

sprechend planen (vgl. Kap. 5.3.4). Um die Gesamtdauer der Planerstellung zu reduzieren, sollten die Planungsaktivitäten so weit als möglich parallel durchgeführt werden. Bei aufeinander aufbauenden Planungsaktivitäten ist auf strikte Termineinhaltung zu achten. Die Termine für die Durchführung regelmäßiger Kontrollen während und nach der Planausführung sind entsprechend festzulegen (vgl. *Mag*, 1995, S. 27 ff.).

Das **Dilemma der Terminplanung** besteht darin, dass der Planungsprozess auf der einen Seite möglichst spät beginnen sollte, damit die Planung auf aktuellen Informationen erstellt werden kann, auf der anderen Seite aber auch noch genügend Zeit für die Suche und Bewertung von Entscheidungsalternativen zur Verfügung steht (vgl. *Hahn/Hungenberg*, 2001, S. 799). Der Zeitbedarf der Planung steigt generell mit dem Detaillierungsgrad der Pläne an. Eine Grobplanung lässt sich wesentlich rascher durchführen und kann deshalb durch einen späteren Anfangstermin auf aktuelleren Informationen basieren (vgl. hierzu Kap. 4.3.4).

Instrumente

Zur Unterstützung der Planung und Kontrolle stehen zwei Kategorien von **Instrumenten** zur Verfügung:

- **Methodische Instrumente:** Methoden, Techniken, Verfahren und Modelle
- **Digitale Instrumente:** Digitale Informationssysteme und -technologien (vgl. Kap. 7.3)

Das Spektrum an **methodischen Instrumenten** ist kaum zu überschauen. Gängige Differenzierungen werden nach den Phasen des Führungsprozesses, der primären Nutzung, der Exaktheit, der PuK-Funktion oder der Art des Denk- und Informationsansatzes vorgenommen. Letztere unterscheidet beispielsweise zwischen Analysen, Prognosen, Heuristiken, Bewertungsansätzen und Entscheidungsmodellen.

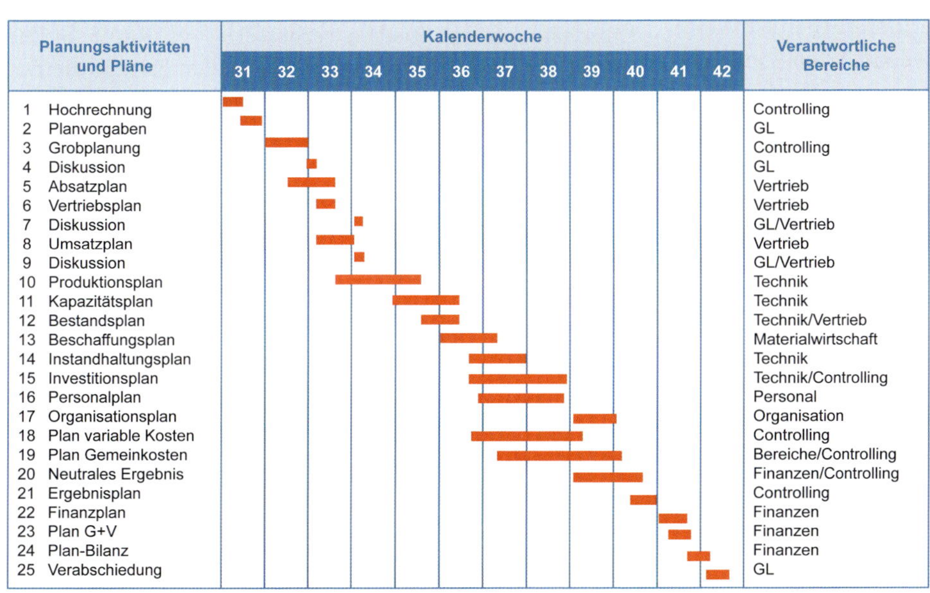

Abb. 4.1.27: Exemplarischer Aufbau eines Planungskalenders (vgl. Schröder, 2003, S. 119)

Instrumente der Kontrolle werden dabei häufig nur am Rande genannt (vgl. *Pfohl/Stölzle*, 1997, S. 127 ff.; *Schlegel*, 1996, S. 42 f.).

Eine praxisorientierte Einteilung orientiert sich an den **Phasen des Führungsprozesses** (vgl. *Weber/Wallenburg*, 2010, S. 121 ff.):

- **Analyseinstrumente:** Die Planung sollte stets mit der Beurteilung der gegebenen Ausgangssituation beginnen. Hierzu ist sowohl das eigene Unternehmen als auch dessen Umwelt zu analysieren (vgl. Kap. 3.3). Dabei eingesetzte Instrumente sind etwa Erfolgsfaktoranalyse, SWOT-Analyse, Produktlebenszyklusanalyse, Erfahrungskurvenkonzept, Wertschöpfungskettenanalyse oder Benchmarking.
- **Prognoseinstrumente:** Sie sollen Vorhersagen treffen, wie sich Tatbestände zukünftig unter bestimmten Bedingungen entwickeln. Beispielhaft seien hier die Gap-Analyse, Kostenschätzmodelle, Nutzschwellenanalysen und Simulationsrechnungen genannt (vgl. Kap. 7.2.2).
- **Bewertungsinstrumente:** Um zwischen mehreren Handlungsalternativen eine Auswahl zu treffen, müssen diese im Hinblick auf ihren Beitrag zur Zielerreichung bewertet werden. Der Einsatz eines Bewertungsinstruments ist dabei von der Entscheidungssituation abhängig. Beispiele sind Kostenvergleiche, Deckungsbeitragsrechnungen, Investitionsrechnungen sowie mehrdimensionale Scoring-Modelle.
- **Kontrollinstrumente:** Sie dienen zur Beurteilung der Zielerreichung und zur Bestimmung von Ursachen festgestellter Abweichungen. Besondere Bedeutung kommt hier der Abweichungsanalyse zu. Um den Aufwand für die Erfassung der zur Kontrolle erforderlichen Ist-Werte zu begrenzen, existieren verschiedene Arten von Stichprobenanalysen.

Aufgrund der komplizierten Zusammenhänge und der enormen Datenmengen ist die Planung und Kontrolle in heutigen Unternehmen ohne **digitale Instrumente** nicht mehr vorstellbar. Der Einsatz digitaler Informationssysteme und -technologien bietet der Unternehmensführung folgende **Möglichkeiten**:

- Verbesserung der Informationsbasis für Entscheidungen,
- Entlastung von Routinetätigkeiten,
- Vergrößerung des Umfangs und der Detaillierung,
- Nutzung mathematisch anspruchsvoller Methoden (z. B. Simulationsmodelle, Advanced Analytics),
- Verkürzung des Zeitaufwands für die Planerstellung und -anpassung.

Die IT-Unterstützung kann von der reinen Bereitstellung von Ist-Werten bis zur Verwendung von Big Data (vgl. Kap. 7.3.2) und Business Analytics (vgl. Kap. 7.3.3) reichen. Sie kann sich auf eine isolierte Betrachtung eines Teilbereichs beziehen oder zu einer unternehmensweit integrierten Planung und Kontrolle ausgebaut werden. Allerdings birgt der Einsatz digitaler Informationssysteme auch Gefahren. So kann etwa die programmierte Systematik einer Planungssoftware für das Unternehmen ungeeignet oder zu starr sein. Insbesondere sollte die Unternehmensführung der Versuchung widerstehen, aufgrund der heute vorhandenen informationstechnischen Möglichkeiten alles bis ins kleinste Detail zu planen. Die daraus resultierende Scheingenauigkeit wäre für die Erfüllung der Aufgaben der Planung und Kontrolle in höchstem Maße kontraproduktiv.

Der Einsatz von Instrumenten im Rahmen von Planung und Kontrolle dient nicht nur einer **sachlichen Unterstützung** zur Verbesserung der Entdeckung, Strukturierung und Lösung von Problemen. Vielmehr haben diese auch Auswirkungen auf das **Verhalten** der am Planungsprozess Beteiligten und die **organisatorische Gestaltung** des Prozesses. Die Verwendung solcher Instrumente führt bei den PuK-Organen häufig zu einem geänderten Informationsverhalten. Methodische Instrumente stellen beispielsweise den Informationsbedarf ausdrücklich dar und ermöglichen so eine gezielte Informationsnachfrage (vgl. Kap. 7.2). Instrumente, die zur Auseinandersetzung mit verschiedenen Handlungsalternativen auffordern, verändern das Risikobewusstsein und können die Fähigkeit zur Einschätzung von Risiken verbessern (vgl. Kap. 8.4). Die Verwendung von Entscheidungsmodellen zwingt die Beteiligten, sich mit den Planzielen auseinanderzusetzen und diese ausdrücklich zu dokumentieren. Einfluss auf die Organisation des Unternehmens haben digitale Instrumente vor allem dann, wenn sie koordinierende Funktionen ausüben. Dies gilt z. B. für den Einsatz einer ERP-Software, der ein bestimmtes Unternehmensmodell zugrunde liegt (vgl. Kap. 7.3.1).

Einzelne Instrumente werden nachfolgend problemorientiert im Zusammenhang mit der strategischen und operativen Planung und Kontrolle dargestellt. Instrumente, die vor allem der Informationsversorgung der Unternehmensführung dienen, werden im Rahmen der Führungsfunktion Information und Kommunikation (Kap. 7) erläutert.

Dokumentation

Die **Dokumentation** der operationalen Planung sind die **Pläne**. Der jährliche Planungsprozess wird im **Planungsbericht** festgehalten, während die Kontrollinformationen im betrieblichen **Berichtswesen** dargestellt werden (vgl. Kap. 7.2.3). Aber auch der Aufbau des PuK-Systems sollte dokumentiert werden. Dabei wird festgehalten, wie, wann und durch wen die inhaltliche Planung und Kontrolle erfolgen soll (vgl. im Folgenden *Dürolf*, 1988, S. 165 ff.; *Horváth et al.*, 2020, S. 116 f.).

Die PuK-Dokumentation erfüllt zwei **Funktionen:**

- **Richtlinie:** Verbindliche Regelung des inhaltlichen und zeitlichen Planungsablaufs sowie der Vorgaben, Verantwortlichkeiten und Planinhalte.
- **Information:** Darstellung aller Weisungen, Regelungen und Definitionen als Nachschlagewerk und Hilfestellung für alle PuK-Organe.

Die PuK-Dokumentation sollte folgende **Bestandteile** umfassen:

- **Einleitung und allgemeine Hinweise:** Autorisierung der Dokumentation durch die Unternehmensführung und Verdeutlichung der Bedeutung, Möglichkeiten, aber auch Grenzen von Planung und Kontrolle. Information über Zweck und Nutzung der Dokumentation sowie der Verbindlichkeit der Regelungen und Beschreibung der PuK-Philosophie.
- **PuK-System:** Darstellung des Systems aus Plänen und Kontrollen sowie der Ziele, Inhalte, Bestandteile, Instrumente und Aufgaben aller Teilpläne.
- **PuK-Organe:** Personelle und inhaltliche Zuordnung der Kompetenzen und Aufgaben im Rahmen der PuK.
- **PuK-Prozess:** Formalisierung des Planungsablaufs mit möglichst einfachen Hilfsmitteln, wie etwa einem Planungskalender. Checklisten dokumentieren PuK-Prozesse auf Basis praktischer Erfahrungen und sollen helfen, festgelegte Regeln und Abläufe einzuhalten.
- **PuK-Instrumente:** Überblick über die zur Verfügung stehenden Instrumente sowie Hinweise über deren Funktionen, Einsatzmöglichkeiten und die Interpretation der Ergebnisse.
- **PuK-Lexikon:** Alphabetisch geordnete Erklärung zentraler Begriffe, um ein gemeinsames Verständnis im Unternehmen sicherzustellen.

Die Dokumentation kann in schriftlicher Form als sog. **Planungs- und Kontrollhandbuch**, als Intranet-Lösung oder im Rahmen der eingesetzten Planungssoftware realisiert werden. Eine Intranet-Lösung hat gegenüber der gedruckten Version viele Vorteile. Alle an der Planung und Kontrolle beteiligten Mitarbeiter können jederzeit darauf zugreifen. Sinnvoll wäre es, den Mitarbeitern alle Informationen frei zugänglich zu machen, um diese zu unternehmerischem Denken und Handeln zu befähigen (vgl. Kap. 6.4.5). Vorteilhaft ist auch die leichte und schnelle Aktualisierbarkeit, z. B. beim Wechsel von Zuständigkeiten oder Ansprechpartnern. Über Hyperlinks lässt sich die Dokumentation interaktiv gestalten und es können verschiedene Sichtweisen und Zugriffsrechte, wie etwa für das Linienmanagement oder das Controlling, vorgesehen werden. Denkbar wäre auch die Einrichtung eines internen PuK-Blogs, über den sich alle Planungsorgane austauschen können.

4.1.4 Grenzen der Plan- und Kontrollierbarkeit

Nicht alles lässt sich planen und kontrollieren. Planung und Kontrolle vermitteln der Unternehmensführung zwar ein Gefühl der Sicherheit, das sich in der Praxis jedoch oft genug als Illusion herausstellt. Da sich die Planung auf eine unsichere Zukunft bezieht, ersetzt sie grundsätzlich nur den Zufall durch den Irrtum. Angesichts einer Unternehmenswelt, die immer stärker von Volatilität, Unsicherheit, Komplexität und Ambiguität (VUKA) geprägt ist, stößt die Plan- und Kontrollierbarkeit zunehmend an ihre Grenzen (vgl. Kap. 1.3.5).

Folgende **Grenzen der Planung und Kontrolle** sind generell zu beachten (vgl. *Arbeitskreis „Integrierte Unternehmensplanung“* 1991, S. 812 ff.):

- **Prinzipielle Grenzen:** Grundlegende Grenzen und Widersprüche der Planung und Kontrolle an sich, wie z. B. die Ableitbarkeit zukünftiger Entwicklungen aus Informationen der Vergangenheit, die deterministische Planung einer unsicheren Zukunft, die Einschränkung der Kreativität durch formalisiertes Vorgehen oder der Verlust an Flexibilität durch verbindliche Festlegung von Alternativen.
- **Personenbezogene Grenzen:** Planungsorgane handeln generell nicht vollkommen rational. Zudem verfügen Menschen nur über begrenzte intellektuelle Fähigkeiten zur Vorhersage und Beurteilung zukünftiger Entwicklungen. Personenbezogene Einschränkungen können darüber hinaus auch durch mangelnde Motivation oder bewusste Manipulation entstehen.
- **Sachbezogene Grenzen:** Probleme der Zugänglichkeit und Zuverlässigkeit von Informationen sowie der Leis-

tungsfähigkeit von Instrumenten, wie etwa Prognosemethoden oder Planungsmodellen. Da Planung und Kontrolle selbst Ressourcen erfordern, sind auch finanzielle Grenzen zu beachten. Der verursachte Aufwand muss in einem vertretbaren Verhältnis zum erzielten Nutzen stehen.

Während die prinzipiellen Grenzen jedes Unternehmen betreffen, sind die personen- und sachbezogenen Grenzen unternehmensspezifisch. Beispiele sind eine hinderliche PuK-Philosophie, unternehmenspolitische Einflüsse oder ein unzureichendes PuK-System. Die Unternehmensführung sollte die Grenzen der Planung und Kontrolle realistisch einschätzen und entweder soweit als möglich beseitigen oder andernfalls angemessen bei der Unternehmenssteuerung berücksichtigen.

Die Grenzen der Planung werden beim Eintreten von **Extremrisiken** deutlich. Dabei handelt es sich um Ereignisse, die weitreichende Auswirkungen auf das Unternehmen haben können, aber als sehr unwahrscheinlich eingestuft werden. Beispiele sind politische Krisen, Naturkatastrophen sowie Währungs-, Vertrauens-, Handels- oder Versorgungskrisen. So waren die Finanzkrise 2008 eine Vertrauenskrise im Finanzsystem und die Corona-Krise 2020/21 und der Ukraine-Krieg 2022 Versorgungskrisen, welche zu massiven Produktionsausfällen führten (vgl. *Gleißner*, 2020, S. 234). Darüber hinaus gibt es unvorhersehbare Risiken, auf die sich das Unternehmen nicht vorbereiten kann. Solche Ereignisse werden als sog. „**schwarze Schwäne**" (vgl. Kap. 8.4.5) bezeichnet (vgl. *Taleb*, 2010).

Extreme Risiken sollten bei der Risikoanalyse erkannt werden und in Worst-Case-Szenarios einfließen. Dann können hierfür grobe Notfallpläne für das Krisenmanagement entwickelt werden. In der Praxis treffen Extremrisiken die meisten Unternehmen jedoch völlig unvorbereitet und erfordern den Übergang zu einer „**Steuerung auf Sicht**". Dabei wird der ursprüngliche, nun obsolet gewordene Plan verworfen und nur noch für die nächsten Wochen oder Monate die wichtigsten Maßnahmen und wesentlichen Schlüsselindikatoren auf Basis aktueller Ist-Werte vorausgeplant, um nicht völlig unkontrolliert von den Ereignissen getrieben zu werden. Häufig steht dabei das Überleben des Unternehmens im Vordergrund, wie etwa Aktivitäten zur Sicherstellung der Liquidität. Diese kurzfristige Steuerung durch eine krisenorientierte Unternehmensführung ist hochflexibel und berücksichtigt laufend die aktuellen Entwicklungen. Nach Abflauen der Krise kann dann in einem wieder beherrschbaren Führungskontext ein neuer Plan auf Basis aktualisierter Prämissen erstellt werden (vgl. Kap. 1.3.6).

In der Praxis sind bei Planung und Kontrolle folgende **Probleme** zu beobachten (vgl. *Schröder*, 2003, S. 126 ff.):

- **Planung und Tagesroutine:** Oft hat das dringende Tagesgeschäft für Linienmanager aufgrund des kurzfristigen Erfolgsdrucks Vorrang vor den Planungsaktivitäten.
- **Abneigung der Linieneinheiten gegen die Planung:** Pläne werden als zentralistische Vorgabe missverstanden, die ausschließlich zur Einschränkung des Handlungsspielraums der Mitarbeiter und deren Fremdkontrolle dienen.
- **Subjektive Wahrnehmungsverzerrungen:** Manche Führungskräfte lassen sich bei der Planung zu sehr von vergangenen Erfolgen oder Misserfolgen beeinflussen und schätzen die Zukunft deshalb falsch ein.
- **Optimistische Planungsmentalität:** Manche Linienverantwortliche beurteilen zukünftige Entwicklungen zu positiv. Dies macht eine Realisierbarkeitsprüfung der einzelnen Teilpläne und notfalls eine Planrevision erforderlich.
- **Stille Reserven:** Ist die Vergütung mit der Planerfüllung verknüpft, dann planen Linienverantwortliche häufig Puffer für unvorhergesehene Entwicklungen ein. Teilweise werden sogar Informationen verschwiegen oder manipuliert.
- **Termineinhaltung:** Aufgrund des Tagesgeschäfts kann sich die Abgabe einzelner Teilpläne verzögern. Dies kann den Fertigstellungstermin des Plans gefährden.
- **Ressortegoismus:** Linienverantwortliche versuchen, ihren Bereich zu optimieren und vernachlässigen dabei gesamtunternehmensbezogene Interessen.
- **Bürokratisches Verhalten:** Die strikte Einhaltung formaler Planungsabläufe behindert die Kreativität und erschwert das Erkennen von Chancen und Risiken.
- **Vernachlässigung strategischer Aspekte:** In einigen Unternehmen dominiert die auf Effizienz und kurzfristige Ergebnisse ausgerichtete operative Planung, während für die Suche nach neuen Erfolgspotenzialen nur wenig Zeit bleibt. Strategien bleiben dann eher vage oder sind nicht schriftlich dokumentiert.
- **Strategieumsetzung:** Die Verknüpfung von strategischer und operativer Planung und damit die Umsetzung der Strategie in das operative Geschäft sind häufig unzureichend.

Im Kapitel 4.3.3 werden die aufgeführten Schwierigkeiten, die vermehrt bei der Budgetierung auftreten, weiter vertieft und hierzu moderne Lösungsansätze vorgestellt.

4.1.5 Digitale Planung und Kontrolle

In einer internationalen Studie gaben 81 % der 1.036 befragten Planungsverantwortlichen an, dass für sie Tabellenkalkulationsprogramme, wie *Excel,* nach wie vor das wichtigste Werkzeug der Unternehmensplanung sind. In Deutschland lag der Anteil mit 73 % kaum niedriger. Üblicherweise sind in solchen Unternehmen vielfältige Insellösungen mit inkonsistenten, fragmentierten Daten, geringer Automatisierung und hohem manuellen Konsolidierungs- und Kontrollaufwand zu beobachten (vgl. *Tucker*, 2019, S. 52; 2020, S. 33 ff.).

Die zwar leicht verständliche, aber nur zweidimensionale Einteilung in Spalten und Zeilen, reicht für eine digitale Planung und Kontrolle nicht aus. Hierfür müssen die Daten mehrdimensional betrachtet werden, etwa nach Produkten, Zeiträumen und Regionen. *Excel*-Anwendungen zur Planung und Kontrolle werden erfahrungsgemäß im Laufe der Zeit von ihren Anwendern nach und nach weiterentwickelt. Dabei treten jedoch in der Praxis zunehmend Probleme auf, wie etwa Formelfehler, lange Verarbeitungszeiten, Systemabstürze oder nicht mehr nachvollziehbare Ergebnisse. Zudem sind nur noch wenige Anwender in der Lage, die Logik der Berechnungen zu verstehen und Anpassungen vorzunehmen. Auf diese Weise macht sich das Unternehmen von einzelnen Personen abhängig. Die heutigen Anforderungen an die Planung und Kontrolle, mit weniger Ressourcen häufigere Planungszyklen und mehr Iterationen durchzuführen, sind mit Tabellenkalkulationen nicht zu erfüllen (vgl. *Matzke*, 2019, S. 177 ff.).

Die Digitalisierung der Planung und Kontrolle erfordert einen ausreichenden digitalen Reifegrad des Unternehmens (**Digital Readiness**). Oftmals fehlen bislang die organisatorischen, technischen und personellen Voraussetzungen, um die digitale Transformation umsetzen zu können.

Die Herausforderungen der Planung und Kontrolle steigen, wie in Abb. 4.1.28 dargestellt, durch die Digitalisierung weiter an. Der Einbezug von Partnern der Wertschöpfungskette sowie externer Datenquellen verbessert die Informationsgrundlage, stellt jedoch auch hohe Anforderungen an die Qualität, Konsistenz und Sicherheit der verarbeiteten Daten. Die meist historisch gewachsenen und heterogenen betrieblichen Informationssysteme sind oft hinsichtlich Leistungsfähigkeit, Bedienbarkeit, Flexibilität und Funktionalität nicht ausreichend (vgl. *Dillerup et al.*, 2019, S. 46 ff.).

Um die neuen Technologien nutzen zu können, ist deshalb bei vielen Unternehmen mit hohen Investitionen in zusätzliche Hard- und Software zu rechnen. Die Migration von Daten aus Altsystemen ist ebenfalls zeitaufwendig und teuer (vgl. *Horváth et al.*, 2020, S. 119). Die Akzeptanz digitaler Systeme im Unternehmen hängt stark davon ab, wie benutzerfreundlich und leistungsfähig diese sind. Hierfür sind intuitive Bedienbarkeit, ansprechende Benutzeroberflächen und kurze Antwortzeiten wichtig.

Viele Unternehmen sehen in folgenden **digitalen Technologien** (vgl. Kap. 7.3) die Möglichkeit, die Grenzen der Plan- und Kontrollierbarkeit zu verschieben (vgl. *Dillerup et al.*, 2019, S. 48 ff.):

- **Big Data** stellt die Planung und Kontrolle auf ein wesentlich breiteres Datenfundament, aus dem sich neue Einblicke in die Zukunft des Unternehmens und Erkenntnisse über die Ursachen von Abweichungen gewinnen lassen (vgl. Kap. 7.3.2).
- **Advanced Analytics** verwendet komplizierte statistische Verfahren, um Muster in Big Data zu erkennen und daraus Vorhersagen (Predictive Analytics) und Handlungsempfehlungen (Prescriptive Analytics) als Basis für die Planung abzuleiten. Identifizierte Wirkungszusammenhänge lassen sich zur Simulation von Szenarien nutzen (vgl. Kap. 7.3.3).
- **In-Memory-Computing** liefert die nötige Infrastruktur zur Verarbeitung hoher, teils unstrukturierter Datenmengen in Echtzeit. Damit lassen sich komplizierte, integrierte Planungsmodelle simulieren, maschinelle

Abb. 4.1.28: Traditionelle und digitale Herausforderungen der Planung und Kontrolle (in Anlehnung an *Dillerup et al.*, 2019, S. 47)

Prognosen erstellen und Pläne interaktiv validieren (vgl. Kap. 7.3.1).

- **Industrie 4.0** bedeutet, dass Fertigungs- und Logistikprozesse von intelligenten, miteinander vernetzten Objekten selbst gesteuert werden. Durch die Integration der Wertschöpfungspartner lassen sich etwa Peitscheneffekte vermeiden, Lagerbestände senken und das Risiko von Lieferengpässen reduzieren (vgl. Kap. 7.3.4).
- **Cloud Computing** stellt den Unternehmen eine flexible und skalierbare Infrastruktur zur effizienten Planungsabwicklung zur Verfügung. Über Webbrowser kann auf Anwendungen externer Anbieter in der Cloud, wie etwa Planungs-, Simulations- oder Analysetools, zugegriffen werden. Ein Beispiel für eine cloudbasierte Software für Berichtswesen, Planung und Prognose ist *SAP Analytics Cloud* (vgl. Kap. 7.3.5).
- **Künstliche Intelligenz (KI)** ermöglicht die maschinelle Erkennung von Ursache-Wirkungs-Zusammenhängen, darauf basierende automatisierte Prognosen durch selbstlernende Algorithmen bis hin zu intelligenten Assistenzsystemen, um die Führungskräfte interaktiv zu unterstützen (vgl. Kap. 7.3.6).
- **Robotic Process Automation (RPA)** reduziert den Ressourcenbedarf und Zeitaufwand der PuK-Aktivitäten. Eine Vielzahl manueller Benutzertätigkeiten in heterogenen Informationssystemen lassen sich durch Softwareroboter schnittstellenübergreifend automatisieren. Dies trägt auch zur Reduktion von Fehlern und der Verbesserung der Qualität bei. Darüber hinaus lässt sich die Frequenz der Planung und Kontrolle steigern. RPA kann insbesondere die Effizienz der Budgetierung verbessern (vgl. Kap. 7.3.7).
- **Blockchain-Technologien** ermöglichen eine unveränderliche, transparente und fälschungssichere Speicherung von Transaktionsdaten in einer verteilten, dezentralen Datenbank. Beispielsweise lassen sich die Aktivitäten aller Wertschöpfungspartner über Unternehmensgrenzen hinweg in einer Blockchain abbilden, wodurch das für die Zusammenarbeit erforderliche gegenseitige Vertrauen gewährleistet werden kann (vgl. Kap. 7.3.8).

Diese Technologien sind die Basis für eine **digitale Planung und Kontrolle**, welche treiberbasiert den Fokus auf die wesentlichen Steuerungsgrößen legt und zukünftig eine agile Unternehmensführung in Echtzeit verspricht (vgl. Kap. 1.3.6). Hierzu werden von den Planungsverantwortlichen die unternehmensspezifischen Werttreiber bestimmt, welche Einfluss auf die finanziellen Erfolgsgrößen, wie etwa den ROCE, haben. Anhand ihrer Ursache-Wirkungs-Beziehungen werden sie zu Werttreiberbäumen (vgl. Kap. 8.2.1) verknüpft und deren Zusammenhänge quantifiziert. Darüber hinaus kann auch der Einfluss externer Faktoren und möglicher Handlungsoptionen im Modell berücksichtigt werden.

Der Aufbau eines solchen Planungsmodells ist ein Lernprozess, weshalb es regelmäßig anzupassen und weiterzuentwickeln ist. Die Ursache-Wirkungs-Beziehungen lassen sich durch maschinelles Lernen ermitteln, indem historische Daten nach Mustern und Regeln durchsucht werden (vgl. Kap. 7.3.6). Damit kann beispielsweise bestimmt werden, welche Variablen eine Kaufentscheidung in welchem Ausmaß beeinflussen, wie etwa die Besuchsfrequenz der Vertriebsmitarbeiter oder Werbemaßnahmen. Zur Einschätzung der Stärke der festgestellten Zusammenhänge können Sensitivitätsanalysen genutzt werden. Über die Variation der Werttreiber lassen sich Szenarien automatisch simulieren und Entscheidungsempfehlungen maschinell ableiten. Daraus entsteht ein **neues Verständnis von Planung**, weg vom fixen Plan hin zum Denken in Szenarien und Handlungsoptionen. Ausgehend von einem Basisszenario lassen sich die Wirkungen einzelner Effekte und Maßnahmen untersuchen. Dies ist die Grundlage einer faktenbasierten Diskussion über Planziele, wodurch die Planungsqualität bei niedrigerem Aufwand verbessert wird. Die Berücksichtigung von Unsicherheiten, etwa mit der Monte-Carlo-Methode, führt zur Berechnung von Bandbreiten möglicher Planwerte, die mit einer bestimmten Wahrscheinlichkeit eintreten. Diese Transparenz unterstützt den Einbezug von Chancen und Risiken in die Planung (vgl. *Hagl et al.*, 2018, S. 29 ff.; *Oehler*, 2020, S. 23 ff.).

Bei einem Sachversicherer lassen sich etwa die Kosten der Schadensregulierung auf Basis statistischer Häufigkeiten regionaler Schadensfälle sowie der Verknüpfung mit Wetter- und Klimadaten vorausplanen. Dies fließt in Entscheidungen über die Prämiengestaltung oder Kundenkampagnen ein. In einem Hotel kann auf Basis der Auslastungen der Vorjahre, der Berücksichtigung von Feiertagen, der verfügbaren Zimmerkontingente sowie der Verknüpfung mit einem regionalen Veranstaltungskalender die Auslastung täglich automatisiert vorhergesagt werden. Auf dieser Basis lassen sich die Personalplanung optimieren, Zimmerpreise flexibel anpassen und so die Rentabilität steigern (vgl. *Gegenmantel*, 2020, S. 43 f.).

Nach den in Abb. 4.1.29 dargestellten Ergebnissen von 30 Experteninterviews mit Managern mittelständischer und großer deutscher Unternehmen liegt die Einschätzung des Potenzials digitaler Technologien für die Planung und

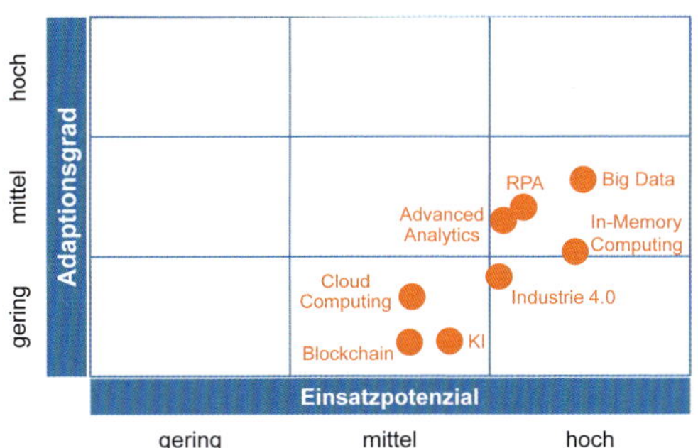

Abb. 4.1.29: Beurteilung des Potenzials und Umsetzungsgrads digitaler Technologien in der Praxis (vgl. Dillerup et al., 2019, S. 50)

Kontrolle und deren Umsetzung in der Praxis weit auseinander (vgl. *Dillerup et al.*, 2019, S. 50 ff.).

Die Digitalisierung ist ein wesentlicher Auslöser vieler im nächsten Kapitel beschriebener Trends der Planung und Kontrolle. Sach- und formalzielorientierte Planung sowie die unterschiedlichen Planungshorizonte werden zukünftig auf Basis einer einheitlichen IT-Plattform mit zentraler Datenspeicherung als „Single Point of Truth" hochgradig integriert sein. Durch Advanced Analytics (vgl. Kap. 7.3.3) sind bessere, schnellere und objektivere Prognosen möglich. Pläne werden ausgehend von Top-down-abgeleiteten Zielen in digitalen Werttreibermodellen automatisiert erstellt und Handlungsoptionen interaktiv simuliert. Planungs- und Kontrollprozesse werden damit effizienter, weshalb sie auch kurzfristiger und häufiger durchführbar sind. Dies bedeutet jedoch nicht, dass permanent im Sinne einer laufenden Anpassung von Zielen und Ressourcenzuweisungen geplant werden sollte. In diesem Fall würde die Planung ihren Vorgabecharakter verlieren. Allerdings ist zu erwarten, dass die Unternehmen ihre Planungsfrequenz erhöhen, also statt einmal jährlich nun etwa quartalsweise planen (vgl. *Kappes/Leyk*, 2018, S. 5 ff.; *Kappes/Schentler*, 2019, S. 57 ff.).

Vorhersagen lassen sich somit in kurzer Zeit auf Basis der neuesten Informationen permanent aktualisieren. Überschreiten dabei Schlüsselkennzahlen zuvor festgelegte Bandbreiten, werden die Verantwortlichen zur Erarbeitung von Gegenmaßnahmen aufgefordert und deren Auswirkungen unmittelbar simuliert. Auf diese Weise lassen sich auch bei unerwarteten Ereignissen schnelle, aber dennoch fundierte Entscheidungen treffen. Predictive Analytics liefert hierfür auf Basis eines festgelegten Regelwerks automatisierte Entscheidungsempfehlungen. Die Planungs- und Kontrollorgane werden durch die Digitalisierung sowohl von Routinetätigkeiten entlastet als auch bei ihren kreativen Aufgaben bei der Gestaltung der Unternehmenszukunft wirkungsvoll unterstützt. Die Interpretation der Ergebnisse, Ableitung entsprechender Maßnahmen und Kommunikation der Ziele bleiben allerdings Aufgabe der verantwortlichen Führungskräfte (vgl. *Doerfner/Kläsener*, 2018, S. 178 ff.; *Ehlken/Schäffer*, 2017, S. 38 ff.). Abb. 4.1.30 gibt einen Überblick über die Vorteile der digitalen Planung und Kontrolle.

Abb. 4.1.30: Vorteile der digitalen Planung und Kontrolle (in Anlehnung an Kappes/Leyk, 2018, S. 11)

4.1.6 Nutzen und Trends der Planung und Kontrolle

Planung bedeutet **Zukunftsgestaltung**. Pläne dienen dazu, die begrenzten Ressourcen des Unternehmens im Sinne der Erreichung der Unternehmensziele bestmöglich einzusetzen. Mit ihrer Hilfe sollen mit vertretbarem finanziellen und zeitlichen Aufwand dezentrale Entscheidungen koordiniert und auf übergeordnete Ziele ausgerichtet werden. Maßnahmen und Handlungen werden auf diese Weise im Vorfeld durchdacht und aufeinander abgestimmt. Planung und Kontrolle können aber weder die Zukunft vorhersagen noch das unternehmerische Risiko beseitigen (vgl. Kap. 8.4.1). Das Eingehen von Risiken und das Erkennen von Chancen und Gefahren sind Voraussetzung für unternehmerischen Erfolg. Aufgrund dieser Unsicherheiten empfiehlt sich ein Denken und Planen in Bandbreiten, statt einzelne, punktgenaue Planwerte anzustreben. Planung bedeutet nicht Prognose durch Fortschreibung der Vergangenheit, sondern dient durch Vorgabe anspruchsvoller Ziele insbesondere der Koordination, Motivation und Verhaltenssteuerung (vgl. *Rieg*, 2015, S. 223 f.; 2018, S. 22 ff.).

Planung und Kontrolle zeigen, wie eine mögliche Zukunft aussehen kann und wie sich das Unternehmen darin mit welchen Maßnahmen und Wirkungen steuern lässt. *Peter Drucker* fasst es treffend zusammen: *„Der Zufall belohnt denjenigen, der darauf vorbereitet ist."* (*Krames*, 2009, S. 34).

Kontextbedingte Planung und Kontrolle

Möglichkeiten und Gestaltung der Planung und Kontrolle sind **abhängig vom Führungskontext**, in dem das Unternehmen agiert (vgl. Kap. 1.3.5). Die Unternehmensführung muss deshalb in enger Zusammenarbeit mit dem Controlling entscheiden, welche und wie viel Planung und Kontrolle letztendlich sinnvoll sind. Das PuK-System ist auf die spezifischen Merkmale, Gegebenheiten und Anforderungen eines Unternehmens individuell anzupassen. Eine allgemeingültige, für alle Unternehmen ideale Planung und Kontrolle im Sinne eines „One size fits all" kann es daher nicht geben (vgl. *Rateike/Lindner*, 2009, S. 231 ff.).

Beispielsweise ist ein **Energieerzeuger** auf einem oligopolistischen, reifen Markt tätig. Seine Kapitalbindung ist durch Investitionen in Kraftwerke außerordentlich langfristig. Seine Erlöse basieren auf dauerhaften Verträgen mit seinen Abnehmern, und die laufenden Kosten hängen vor allem von den schwankenden Rohstoffpreisen ab. Ein solches Unternehmen bewegt sich in einem **einfachen bis komplizierten Kontext**. Planung und Kontrolle sind hier geeignete Führungsinstrumente und müssen nicht besonders flexibel sein. Die operative Planung erfolgt einmal jährlich und umfasst einen langen Planungshorizont, beispielsweise fünf Jahre. Kurzfristige Anpassungen sind normalerweise nicht erforderlich und geplant wird zum Großteil durch Fortschreibung bisheriger Entwicklungen. Die Unternehmenssteuerung kann sich an monatlichen Soll-Ist-Vergleichen orientieren. Die Auswahl des Planungsrhythmus spielt in diesem Falle keine entscheidende Rolle.

Ein **Halbleiterproduzent**, der in einem **komplizierten bis komplexen Kontext** für einen polypolistischen Markt tätig ist, kann dagegen nur sehr kurze Zeiträume überblicken. Der Halbleitermarkt ist recht dynamisch und weist zyklische Schwankungen auf. Globale wirtschaftliche Entwicklungen, wie etwa die Finanzkrise 2008 oder die Corona-Krise 2020 und daran anschließende staatliche Subventionsprogramme, führen zu starken Ausschlägen in der weltweiten Halbleiternachfrage. Mittel- bis langfristige Planungen sind in einem solchen Umfeld nicht sinnvoll, weshalb sich das Unternehmen langfristig nur an groben Prognosen orientieren kann. Für die operative Steuerung sollten die Planungshorizonte kurz und die Planungsfrequenz hoch sein. Dies erfordert sowohl rollierende Prognosen als auch digitale, treiberbasierte Planungssysteme. Die Planung sollte partizipativ, aber auch schnell und effizient erfolgen, also etwa Top-down-Middle-up (vgl. Kap. 4.1.3). Kurzfristige Ziele und Maßnahmen lassen sich auch mit der OKR-Methode effektiv planen und verfolgen (vgl. Kap. 7.2.3). Überwiegt der komplexe Führungskontext, wäre der Übergang zu einer agilen Organisation sinnvoll. Diese besteht aus selbstorganisierten Teams, die sich an langfristigen Zielen orientieren und operativ selbst steuern (vgl. Kap. 5.2 und Kap. 6.4).

In **chaotischen Kontexten** lässt sich die Zukunft nicht mehr planen. Volatilität, Unsicherheit und Mehrdeutigkeit erfordern ein äußerst flexibles Vorgehen, um auf Basis zyklischer Prognosen laufend die Wirksamkeit kurzfristiger Handlungen und die Realisierbarkeit der Ziele im Blick zu haben. Die zunehmende Digitalisierung der Informationssysteme kann auch bei einer solchen „Steuerung auf Sicht" einen wertvollen Beitrag leisten.

Trends

Welche **Trends** die Planung und Kontrolle zukünftig prägen, hat eine Studie der *Hochschule Heilbronn* in Zu-

Abb. 4.1.31: Trends der Planung und Kontrolle (vgl. Dillerup et al., 2020, S. 48 ff.)

sammenarbeit mit *Deloitte* untersucht. Dabei wurden 115 Planungsexperten zu den in Abb. 4.1.31 dargestellten Entwicklungen hinsichtlich Planungsprozessen und -inhalten, Organisation, Technologie und Unternehmenskultur befragt. Am wichtigsten wird die Entwicklung des Controllers zum unternehmerisch denkenden und agierenden Co-Piloten eingeschätzt. Die Umsetzung von Top-down-orientierten Planungsansätzen, wie etwa Top-down-Middle-up (vgl. Kap. 4.1.3), ist in der Praxis am weitesten fortgeschritten. Obwohl die meisten Unternehmen diese Trends bestätigen, ist die Diskrepanz zwischen Zustimmung und Umsetzung noch hoch. Doch mehr als zwei Drittel der Befragten arbeiten daran, ihre Planung zukünftig flexibler, schneller und einfacher zu gestalten (vgl. *Dillerup et al.*, 2020, S. 47 ff.).

Zusammenfassung

- Planung bezeichnet das systematische, zukunftsbezogene Durchdenken und Festlegen von Zielen, Maßnahmen, Mitteln und Wegen zur zukünftigen Zielerreichung.
- Kontrolle ist der beurteilende Vergleich zwischen zwei Größen sowie die daran anschließende Bestimmung und Analyse auftretender Abweichungen.
- Planung und Kontrolle bilden eine Einheit. Eine Planung der Ausführung ist ohne Kontrolle zwecklos und eine Kontrolle der Planausführung ist ohne Planung nicht möglich.
- Funktionen der Planung und Kontrolle sind Koordination, Motivation, Optimierung, Zukunftssicherung, Innovation, Flexibilität und Information.
- Ergebnis der Planung ist der Plan. Er bestimmt die Ziele und beschreibt den Weg zur Zielerreichung, indem er Maßnahmen, Ressourcen, Termine und die hierfür verantwortlichen Aufgabenträger festlegt.
- Die Gesamtheit der Pläne und ihre Beziehungen untereinander bilden das Plansystem.
- Planung und Kontrolle lassen sich nach einer Reihe von Kriterien systematisieren. Ihre Ausprägungsformen charakterisieren das betriebliche Planungs- und Kontrollsystem (PuK-System).
- Ziel der strategischen Planung und Kontrolle ist die Sicherung bestehender und die Erschließung neuer Erfolgspotenziale, während die operative Planung und Kontrolle die bestmögliche Nutzung bestehender Erfolgspotenziale anstrebt.
- Nach der Zieldimension lassen sich Sach- und Wertziele unterscheiden. Die Aktionsplanung und -kontrolle ist sachzielorientiert und die Budgetierung wertzielorientiert.
- Im Rahmen der Planung und Kontrolle gibt es inhaltliche Aufgaben (materielle Planung und Kontrolle), Unterstützungsaufgaben (Management von Planung und Kontrolle) und formale Aufgaben (Metaplanung und -kontrolle).
- Planung und Kontrolle müssen selbst geplant und kontrolliert werden. Diese Metaplanung und -kontrolle umfasst die Gestaltung, Lenkung und Analyse des PuK-Systems.
- Das PuK-System beschreibt den Aufbau und Zusammenhang der Pläne und Kontrollen, den Ablauf des Planungs- und Kontrollprozesses sowie die dabei eingesetzten Organe und Instrumente.
- PuK-Organe sind Personen und organisatorische Einheiten, die an Planung und Kontrolle mitwirken.
- Die Ablauforganisation beschreibt die zeitliche Gliederung und Ordnung der PuK-Aktivitäten. Gestaltungsaspekte sind die hierarchische Ableitung der Pläne, der Ablauf der Planerstellung, die zeitliche Verkettung der Pläne, der Planungsrhythmus und die Terminplanung.
- Es werden methodische und digitale PuK-Instrumente eingesetzt.
- Die PuK-Dokumentation dient als Richtlinie und zur Information aller PuK-Organe.
- Planung ersetzt den Zufall durch den Irrtum. Die Plan- und Kontrollierbarkeit stößt auf prinzipielle, personen- und sachbezogene Grenzen.
- Digitale Informationssysteme ermöglichen eine treiberbasierte Planung und Kontrolle mit Fokus auf die wesentlichen Steuerungsgrößen. Handlungsoptionen lassen sich durch schnelle und bessere maschinelle Prognosen bewerten, wodurch die Entscheidungsträger bei der Zielfestlegung und -verfolgung unterstützt werden.
- Planung und Kontrolle sind unternehmensindividuell kontextabhängig zu gestalten.

Literaturempfehlungen

Hahn, D./Hungenberg, H.: Planungs- und Kontrollrechnung, 6. Aufl., Wiesbaden 2001.

Pfohl, H.-C./Stölzle, W.: Planung und Kontrolle, 2. Aufl., München 1997.

Wild, J.: Grundlagen der Unternehmensplanung, 4. Aufl., Reinbek bei Hamburg 1982.

4.2 Strategische Planung und Kontrolle

Leitfragen

- Wie entstehen Strategien?
- Wie kann strategische Planung und Kontrolle in verschiedenen Kontexten erfolgen?
- Wie werden Strategien geplant und ausgewählt?
- Wie können Strategien wirkungsvoll umgesetzt werden?
- Wie lassen sich Strategien kontrollieren?

Eine Strategie ist ein geplantes Bündel an Maßnahmen zur Positionierung des Unternehmens im Wettbewerb und zur Gestaltung der dazu erforderlichen Ressourcenbasis. Strategien zielen auf Wettbewerbsvorteile, durch die Erfolgspotenziale geschaffen und weiterentwickelt werden. Die strategische Unternehmensführung wurde in Kap. 3 behandelt. In diesem Kapitel wird der **strategische Planungs- und Kontrollprozess** erläutert.

> Die **strategische Planung und Kontrolle** beschreibt den Prozess der Aufstellung, Umsetzung und Kontrolle von Strategien.

4.2.1 Kontextbedingter Prozess der Strategieentwicklung

Eines der ältesten Probleme der strategischen Unternehmensführung ist die Frage, wie Strategien entstehen. Zur Strategieentwicklung gibt es sehr vielfältige Ansichten.

Denkschulen der Strategieentwicklung

Mintzberg unterscheidet zehn sog. **Denkschulen** der Strategieentwicklung, welche sich in der Philosophie und dem Ablauf der strategischen Unternehmensführung unterscheiden (vgl. *Mintzberg et al.*, 2012, 16 ff.):

- **Präskriptive Ansätze**
  - Die **Designschule** ist das Konzept zur Strategieentwicklung nach der *Harvard Business School* (vgl. Kap. 3.1.1). Danach besteht der strategische Planungsprozess aus den Phasen Strategieformulierung und -umsetzung. Bei der Formulierung steht das Treffen strategisch wichtiger Entscheidungen im Vordergrund. Bei der Implementierung sind die Strategien in einzelne Maßnahmen zu übersetzen. Dazu sind Strukturen, Prozesse, Verhalten sowie der Führungsstil zu gestalten. Je besser dies gelingt, desto höher sind die Chancen, die Strategie erfolgreich umzusetzen.
  - Die **Planungsschule** ist eine Weiterentwicklung der Designschule, bei der das ursprüngliche Konzept in mehrere Phasen und Schritte unterteilt wird.
  - Nach der **Positionierungsschule** ist die Strategieentwicklung ein analytischer Prozess zur Bestimmung vorteilhafter Wettbewerbspositionen. Auf Basis von Analysen wird ermittelt, welche Strategien zu nachhaltigen Wettbewerbsvorteilen führen. Darüber hinaus wird dargestellt, welche Strategietypen in welcher Branchenstruktur am erfolgreichsten sind. Dazu werden eine Reihe von Analysetechniken und Konzepte vorgeschlagen, die in Kap. 3.3 erläutert sind.
- **Deskriptive Ansätze**
  - Die **Unternehmerschule** stellt die Person des Unternehmers in den Mittelpunkt der Strategieentwicklung. Danach werden Strategien unmittelbar vom Unternehmer und dessen Vision (vgl. Kap. 2.3.1) geprägt. Dieser schaltet sich in die operative Unternehmensführung ein und kontrolliert direkt, ob das Unternehmen seiner Vision folgt. Dabei ist er flexibel und passt die Strategie situativ an.
  - Die **kognitive Schule** fasst die Strategieentwicklung als mentalen Prozess auf. Im Vordergrund stehen Wahrnehmungen und deren psychologische Verarbeitung im Rahmen der Strategieentwicklung. Die Denkprozesse, Schemata und Konzepte der Unternehmensführung erklären, wie Strategien entstehen.
  - Die **Lernschule** beschreibt die Strategieentwicklung als laufenden Lernprozess, der von den Denk- und

Verhaltensweisen sowie Handlungen der Unternehmensführung abhängt. Formulierung und Umsetzung der Strategie werden als untrennbar angesehen. Die Unternehmensführung soll diesen kollektiven Lernprozess (vgl. Kap. 7.4.2) und den dadurch ausgelösten Wandel unterstützen (vgl. Kap. 6.5).

- Die **Machtschule** versteht die Entwicklung von Strategien als Verhandlungsprozess. In der Unternehmenspraxis ist die Formulierung von Strategien häufig ein Akt der Machtausübung. Politische Winkelzüge und Beeinflussungsversuche prägen die Bildung von Strategien. Dabei treten unterschiedliche Interessen auf. Deshalb entstehen wechselnde Koalitionen, die miteinander verhandeln und Konflikte austragen. Strategien sind demzufolge das Ergebnis eines politischen Prozesses.
- Die **Kulturschule** betrachtet die Strategieentwicklung als kollektiven, sozialen Prozess, der durch die Werte des Unternehmens und die Unternehmenskultur geprägt wird (vgl. Kap. 2.2). Die Mitarbeiter übernehmen diese Kultur, was strategisches Handeln in Übereinstimmung mit der bestehenden Kultur fördert.
- Die **Umweltschule** kennzeichnet die Strategieentwicklung als reaktiven, von der Umwelt getriebenen Prozess. Die Umwelt ist dabei der bestimmende Faktor, an den sich ein Unternehmen bestmöglich anpassen soll.
- Die **Konfigurationsschule** nutzt einzelne Bestandteile der vorherigen Schulen und ordnet sie unternehmensspezifisch an. Ist diese Kombination bzw. Konfiguration über einen gewissen Zeitraum stabil, so bringt sie Strategien hervor, die zu diesem Muster passen. Die Strategieformulierung ist demnach je nach Zeit und Kontext entweder als formelle Planung, konzeptionelles Design oder im Sinne einer der anderen Schulen zu verstehen.

Die Einteilung der Vorschläge in zehn Denkschulen ist eine übersichtliche Klassifikation der Vorstellungen zur Strategieentwicklung. Allerdings ist sie nicht überschneidungsfrei. Beispielsweise spielen auch in der Unternehmerschule kognitive oder politische Phänomene eine Rolle. Ebenfalls stehen die Schulen nicht unbedingt im Widerspruch zueinander. Aus den vielfältigen Ansätzen wird deutlich, dass es nicht nur eine, sondern **verschiedene Möglichkeiten der Strategieentwicklung** gibt. Ein allgemein gültiges Modell existiert daher nicht. Tatsächlich ist die Formulierung von Strategien so komplex, dass sie aus verschiedenen Blickwinkeln zu betrachten ist und aus den Überlegungen aller Strategieentwicklungsschulen profitieren kann.

	Schulen	Strategiefindung als
präskriptiv	Designschule	konzeptioneller Prozess
	Planungsschule	formaler Prozess
	Positionierungsschule	analytischer Prozess
deskriptiv	Unternehmerschule	visionärer Prozess
	Kognitionsschule	mentaler Prozess
	Machtschule	Verhandlungsprozess
	Kulturschule	kollektiver Prozess
	Lernschule	emergenter Prozess
	Umweltschule	reaktiver Anpassungsprozess
	Konfigurationsschule	Transformationsprozess

Abb. 4.2.1: Denkschulen der Strategieentwicklung (vgl. Mintzberg et al., 2012, S. 17)

Die Denkschulen lassen sich generell in zwei **Ansätze** unterscheiden:

- **Präskriptive Ansätze** verfolgen das klassisch-rationale Strategieverständnis, nach dem sich die Strategieentwicklung systematisch planen lässt. Auf dieser Basis werden Gestaltungsempfehlungen für einen möglichst effizienten Ablauf der strategischen Planung gemacht. Der Strategieprozess ist demnach eine systematische Abfolge von Teilschritten und Aufgaben der Unternehmensführung. Diese Modelle liefern Muster, Leitfäden und Schrittfolgen zur Strategieformulierung.
- **Deskriptive Ansätze** wurden durch empirische Beobachtung konkreter strategischer Planungsprozesse aufgestellt. In der Praxis läuft die strategische Planung häufig nicht nach strengen Mustern und eindeutigen

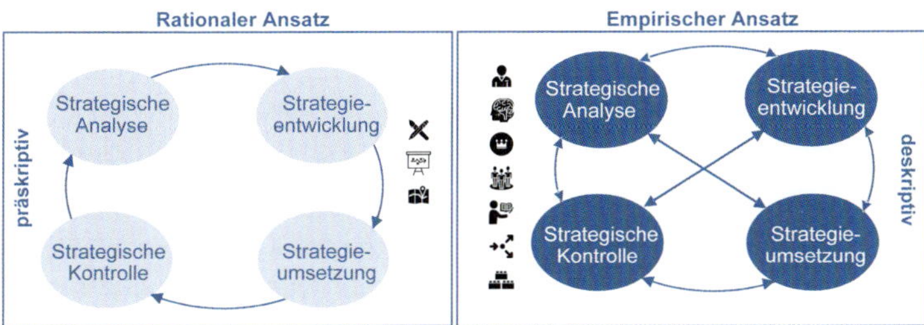

Abb. 4.2.2: Ansätze der Strategieentwicklung

Schrittfolgen ab. Vielmehr hängen alle Elemente wechselseitig voneinander ab. Auch hat sich in der Praxis kein präskriptives Planungsmodell als generell wirkungsvoll herausgestellt. Deskriptive Ansätze beschreiben, wie Strategien in der Praxis zustande kommen. Sie konzentrieren sich dabei jeweils auf spezifische Fragestellungen der Strategieentwicklung mit Schwerpunkten auf organisatorischen, psychologischen und politischen Aspekten.

Aus diesen Denkschulen ergeben sich folgende **Grundmuster von Strategietypen** (vgl. *Mintzberg*, 1978, S. 945; Abb. 4.2.3):

- **Geplante Strategien** (intended) sind in der Praxis selten. Ein Teil davon wird tatsächlich umgesetzt und ist bewusst (deliberate), während ein anderer Teil verworfen wird (unrealized). Gründe hierfür sind etwa unrealistische Annahmen über die Entwicklung der Umwelt oder fehlende Unternehmensressourcen.
- **Ungeplante Strategien** (emergent) im Sinne der Strategiemuster (Pattern). Dabei werden plötzlich auftauchende Chancen ergriffen und durch unternehmerisches Handeln entsteht ein Muster, welches die strategische Orientierung ergibt. Dies ist weniger geplant als vielmehr opportunitätsgetrieben. Sie kommen in der Praxis häufig vor.
- **Realisierte Strategien** (realized) sind die tatsächlich umgesetzten Strategien. Sie können sowohl aus bewusst geplanten Strategien als auch dem ungeplanten Wahrnehmen von Opportunitäten resultieren.

In der Praxis bilden Strategien eine Kombination aus geplanten und ungeplanten Verhaltensweisen. Neben den formalen, geplanten Strategien gibt es auch andere Wege, den strategischen Erfolg eines Unternehmens sicherzustellen. Die Unternehmensführung sollte deshalb auch ungeplante Strategien erkennen und diese gegebenenfalls unterstützen. Der Ansatz bietet jedoch wenig Hinweise für die konkrete Gestaltung von Strategien. Im Prinzip kann danach jede Entscheidung in einem Unternehmen als strategisch bezeichnet werden. Ungeplante Strategien sind zudem nicht geeignet, ein Unternehmen zielgerichtet zu führen. Demgemäß wird nachfolgend vom klassischen Strategieverständnis ausgegangen. Es stellt eine vereinfachte und idealtypische Konzeption der strategischen Unternehmensführung dar.

Strategieentwicklung nach Führungskontexten

Werden die unterschiedlichen Führungskontexte (vgl. Kap. 1.3.5) und insbesondere die Umweltunsicherheiten mit den Denkschulen der Strategieentwicklung kombiniert, so lässt sich die **Planbarkeit** in vier Stufen unterscheiden (vgl. *Courtney et al.*, 1997, S. 67 ff.):

- **Sicherheit** beschreibt eine Situation, in der die Unsicherheiten über die Umwelt für ein Unternehmen irrelevant sind. Die Anforderungen sind somit ausreichend bekannt und gut planbar. Unternehmen können sich bei der Planung auf eine einzige Prognose stützen. Die strategische Planung und Kontrolle kann präskriptiv gelöst werden.
- **Risiko** beschreibt einen Kontext in wenigen klar abgrenzbaren sogenannten diskreten Szenarien. Die möglichen Ausprägungen können beschrieben werden, ohne jedoch erkennen zu können, welche Situation eintreten wird. Eventuell lassen sich Wahrscheinlichkeiten für die Szenarien bestimmen. Es gilt dann, eine Reihe von alternativen Strategien zu entwickeln.
- **Ungewissheit**: Diese Situation geht über das Risiko hinaus, indem zwar eine Reihe potenzieller Umweltanforderungen identifiziert werden kann, diese sich aber in Bandbreiten und nicht in klar abgrenzbaren Optionen darstellen. Dies ist z. B. typisch für Unternehmen, die sich neue Industrien, Technologien oder geografische Märkte erschließen. Dann kann eine Reihe von Szenarien identifiziert werden, die alternative zukünftige Umweltanforderungen beschreiben. Sie sind abhängig

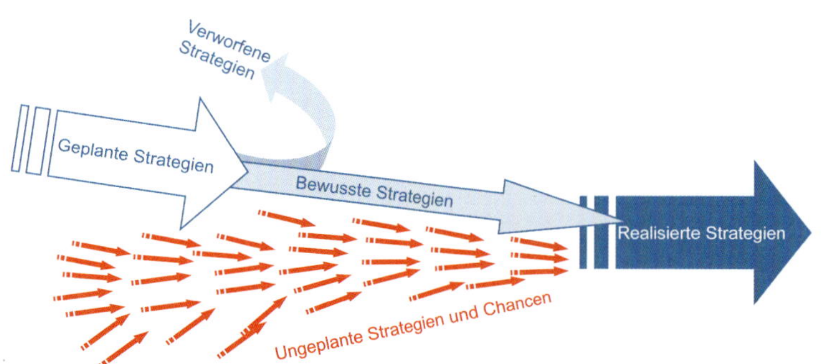

Abb. 4.2.3: Grundmuster von Strategien (vgl. Mintzberg et al., 2012, S. 26)

von der Entwicklung einiger Schlüsselvariablen und die Analyse sollte sich auf die auslösenden Ereignisse konzentrieren. So lässt sich erkennen, dass sich die Umweltanforderungen auf das eine oder andere Szenario zubewegen. Die Entwicklung von Szenarien unter Ungewissheit ist jedoch schwierig, denn zwischen den Extremen der bestmöglichen und schlechtesten Umweltanforderungen gibt es keine klar abgrenzbaren Szenarien. Dann gilt es vereinfachend, eine begrenzte Anzahl an Alternativszenarien zu entwickeln, die nicht redundant sind und die wahrscheinliche Bandbreite künftiger Umweltentwicklungen abdecken.

- **Vollkommene Unsicherheit** (Knightsche Unsicherheit) beschreibt besonders schwierige Rahmenbedingungen eines Unternehmens. In einem vollkommen unsicheren Umfeld ist es unmöglich vorherzusagen, wie sich die Umwelt entwickelt. Es gelingt nicht mehr, potenzielle Ergebnisse zu identifizieren, geschweige denn, Szenarien innerhalb eines Bereichs aufzustellen. Möglicherweise ist es nicht einmal möglich, alle relevanten Variablen, die die Zukunft definieren, zu identifizieren oder vorherzusagen. Solche Situationen sind recht selten und sie neigen dazu, sich im Laufe der Zeit wieder auf eine der anderen Unsicherheitsstufen zuzubewegen. In einem solchen Krisenmodus kann nicht strategisch geplant und kontrolliert werden, sondern es müssen vielmehr Maßnahmen verfolgt werden, um wieder höhere Stabilität herzustellen.

Vereinfachend wird auch für ungewisse und z. T. auch vollkommen ungewisse Umwelten der Begriff **VUKA** verwendet (vgl. Kap. 1.3.5). VUKA ist ein Akronym für die Begriffe Volatilität, im Sinne von Anzahl und Dynamik von Veränderungen, Unsicherheit, im Sinne geringerer Vorhersagbarkeit, Komplexität und Ambiguität als Mehrdeutigkeit einer Situation (vgl. *Johansen*, 2012; *Mack et al.*, 2016).

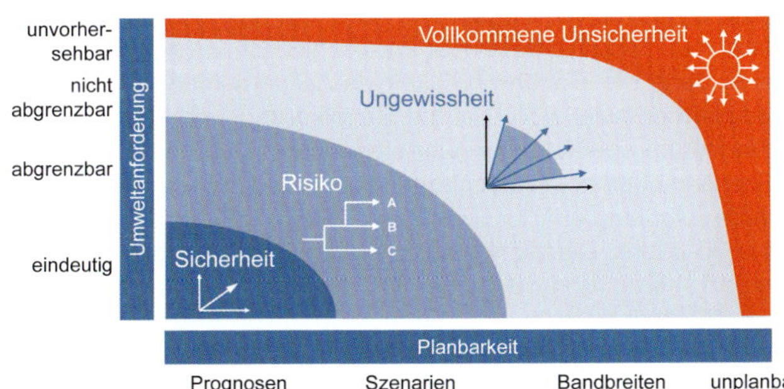

Abb. 4.2.4: Strategische Planung und Kontrolle nach der Umweltunsicherheit

4.2.2 Szenariobasierte Strategieprozesse

Die **Szenariotechnik** ist ein expertengestütztes Prognoseverfahren (vgl. *Gausemeier et al.*, 1996). Dabei werden Strategien als mögliche zukünftige Zustände von Unternehmen und der Unternehmensumwelt abgebildet und aus der gegenwärtigen Situation systematisch und nachvollziehbar abgeleitet (vgl. Kap. 7.2.2). Die wesentlichen Einflussfaktoren auf die Strategie werden identifiziert und zu Schlüsselfaktoren verdichtet. Diese werden jeweils über den Betrachtungszeitraum prognostiziert und daraus konsistente Projektionen als Szenarien abgeleitet. Für diese potenziellen Entwicklungen werden dann unterschiedliche Annahmen und Ausprägungen im Sinne von Sensitivitäten erarbeitet.

Sensitivitätsanalysen regen in aussagekräftigen, konträren und stabilen Szenarien zum Denken in Alternativen an. Die Schwankungsbreite zukünftiger Situationen bildet wie in Abb. 4.2.5 dargestellt einen Trichter, der sich aufgrund der wachsenden zukünftigen Entscheidungsmöglichkeiten immer weiter öffnet. Die Grenzen des Trichters ergeben sich aus den Szenarien, welche die beiden Entwicklungsrichtungen abbilden. Die optimistische Betrachtung wird als „Best Case" und die pessimistische als „Worst Case" bezeichnet. Ausgehend vom wahrscheinlichsten Szenario (Trendszenario bzw. Management Case) werden die Auswirkungen möglicher Störungen und die bestehenden Reaktionsmöglichkeiten analysiert (vgl. *Klein/Scholl*, 2011, S. 329 ff.). Durch den Einsatz von Business Analytics können auch komplexe Szenarien schnell simuliert werden. Dadurch lassen sich wesentlich mehr Szenarien durchspielen und strategische Alternativen somit besser beurteilen (vgl. Kap. 7.3.3).

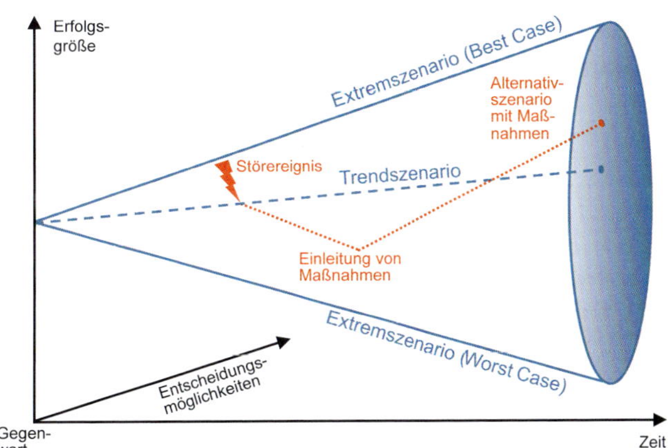

Abb. 4.2.5: Szenariotechnik (in Anlehnung an Geschka/Hammer, 1990, S. 315)

Die **Szeanarioplanung** wurde bereits 1965 bei *Royal Dutch Shell* eingesetzt, um die Steuerung des Cashflows zu verbessern (vgl. *Wack*, 1985, S. 73 ff.). Daneben wurden Langzeitstudien gestartet, um eine ungewisse Zukunft experimentell in alternativen Perspektiven abzubilden. 1967 wurden in einer Studie über das Jahr 2000 verschiedene Ölpreisszenarien entwickelt. Um die Aufmerksamkeit und das Interesse der obersten Führungskräfte von *Shell* zu

Szenarioplanung bei Royal Dutch Shell

Die *Royal Dutch Shell* ist eines der weltweit größten Mineralöl- und Erdgas-Unternehmen. Der Konzern ist in mehr als 140 Ländern aktiv. Weltweit beschäftigt *Shell* über 86.000 Mitarbeiter in mehr als 70 Ländern. Im Jahr 2019 erzielte das Unternehmen einen Gesamtumsatz von rund 350 Mrd. US$ und ist eines der Unternehmen mit dem weltweit höchsten Ausstoß an CO_2 (www.shell.com). Das Unternehmen beschäftigt sich mit der Exploration, Produktion, Raffinierung und Vermarktung von Erdöl und Erdgas sowie der Herstellung und Vermarktung von Chemikalien. Die Strategie besteht darin, die Position als führendes Energieunternehmen durch die Bereitstellung von Öl, Gas und kohlenstoffarmer Energie zu stärken. Sicherheit und soziale Verantwortung sind grundlegende Werte des Unternehmens, weshalb *Shell* intensiv mit Kunden, Regierungen, Geschäftspartnern, Investoren und anderen Interessengruppen zusammenarbeitet.

Der steigende Lebensstandard einer wachsenden Weltbevölkerung wird wahrscheinlich auch in den kommenden Jahren die Nachfrage nach Energie, einschließlich Öl und Gas, weiter ankurbeln. Gleichzeitig bedeuten technologische Veränderungen und die Notwendigkeit, den Klimawandel zu bekämpfen, dass ein Übergang zu einem kohlenstoffärmeren Energiesystem mit mehreren Energiequellen und einer größeren Auswahl für die Kunden erforderlich ist. Die Umsetzung der *Shell*-Strategie basiert darauf, ein kundenorientierteres und schlankeres Unternehmen zu werden, das sich auf wachsende Erträge und freien Cashflow konzentriert. Durch Investitionen in wettbewerbsfähige Projekte, Kostensenkungen und den Verkauf von Nicht-Kerngeschäften wird das Portfolio kontinuierlich umgeformt, um ein widerstandsfähigeres und fokussierteres Unternehmen zu werden.

Shell entwickelt seit den frühen 1970er-Jahren mögliche Zukunftsvisionen und hilft damit Generationen von *Shell*-Führungskräften, Akademikern, Regierungen und Unternehmen, neue Wege zu erkunden und bessere Entscheidungen zu treffen. *Shell*-Szenarien stellen Fragen nach dem "Was wäre, wenn" und ermutigen Führungskräfte dazu, Ereignisse in Betracht zu ziehen, die vielleicht nur entfernte Möglichkeiten darstellen, und ihr Denken zu erweitern. Sie sind plausible und herausfordernde Beschreibungen der Zukunft. Sie dehnen das Denken aus und helfen in Zeiten der Unsicherheit und des Wandels, bessere Entscheidungen zu treffen.

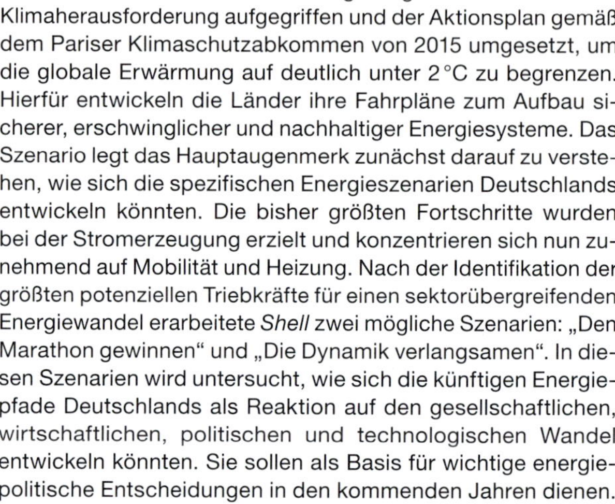

Exemplarisch wurde 2020 das Szenario „Deutschlands Energiepfade erforschen" veröffentlicht. Dabei wird die Bedeutung der globalen Klimaherausforderung aufgegriffen und der Aktionsplan gemäß dem Pariser Klimaschutzabkommen von 2015 umgesetzt, um die globale Erwärmung auf deutlich unter 2 °C zu begrenzen. Hierfür entwickeln die Länder ihre Fahrpläne zum Aufbau sicherer, erschwinglicher und nachhaltiger Energiesysteme. Das Szenario legt das Hauptaugenmerk zunächst darauf zu verstehen, wie sich die spezifischen Energieszenarien Deutschlands entwickeln könnten. Die bisher größten Fortschritte wurden bei der Stromerzeugung erzielt und konzentrieren sich nun zunehmend auf Mobilität und Heizung. Nach der Identifikation der größten potenziellen Triebkräfte für einen sektorübergreifenden Energiewandel erarbeitete *Shell* zwei mögliche Szenarien: „Den Marathon gewinnen" und „Die Dynamik verlangsamen". In diesen Szenarien wird untersucht, wie sich die künftigen Energiepfade Deutschlands als Reaktion auf den gesellschaftlichen, wirtschaftlichen, politischen und technologischen Wandel entwickeln könnten. Sie sollen als Basis für wichtige energiepolitische Entscheidungen in den kommenden Jahren dienen.

- **„Den Marathon gewinnen"** ist ein normatives Szenario. Es bildet die angestrebte Reduktion von 80 % der deutschen CO_2-Emissionen bis 2050 (im Vergleich zu 1990) in Deutschland ab. Das Szenario zeigt, dass das Ziel erreicht werden könnte, wenn alle möglichen Hebel ausgereizt werden. Allerdings entsprechen die Anstrengungen bis 2050 einem Dauerlauf mit vielen Hürden. Einige von ihnen werden leichter, andere schwieriger zu überspringen sein und manche könnten zum Stolpern führen. Aber letztlich würde Deutschland den „Marathon-Hürdenlauf" überstehen.
- **„Die Dynamik verlangsamen"** baut auf den gleichen Faktoren auf, beurteilt diese aber unterschiedlich. Es geht davon aus, dass die Geschwindigkeit des allgemeinen Wandels langsamer sein wird, da die Bevölkerung und das BIP-Wachstum ebenfalls geringer eingeschätzt werden. Dieses Szenario beginnt mit einer hohen Dynamik der Energiewende in Deutschland auf der Grundlage der Erfolge der letzten 10 bis 20 Jahre. Deutschland hat ehrgeizige Ziele, aber aufgrund interner und/oder externer Faktoren, wie etwa Klagen von Bürgerinitiativen gegen den Ausbau von Stromtrassen, wird die weitere Umsetzung verzögert. Dies wird letztlich zu einer unter dem Ziel liegenden Dekarbonisierung von 70 % bis zum Jahr 2050 führen.

gewinnen, wurden in plausiblen Geschichten die mögliche Entwicklung des geschäftlichen Kontextes von *Shell* erzählt. Bei diesen Szenarien ging es nicht darum, die Zukunft vorherzusagen, sondern die wesentlichen Einflussfaktoren zu identifizieren und Verbindungen zwischen ihnen herzustellen. So kann das in Unternehmen häufig tief verwurzelte Denkmuster überwunden werden, dass die Zukunft ähnlich wie die Gegenwart aussehen wird. Solche Szenarien können den Führungskräften die Vorstellung für bisher unvorstellbare oder nicht wahrnehmbare Entwicklungen öffnen.

Die Szenarioplanung wird bei *Shell* seit mehr als 50 Jahren eingesetzt. Sie hat sich von den Ursprüngen weiterentwickelt und dazu beigetragen, das globale Denken des Unternehmens und auch seine Strategie mitzugestalten. Die erste formelle Runde der *Shell*-Szenarien wurde 1971 abgeschlossen. Seitdem wurden unter anderem in mehr als 30 Runden globale und langfristige Energieszenarien erstellt. *Shell*-Szenarien stellen „Was wäre, wenn"-Fragen. Sie sollen die Führungskräfte dazu ermutigen, über Ereignisse nachzudenken, die vielleicht nur entfernte Möglichkeiten darstellen, um so ihr Denken zu erweitern. Die Szenarien helfen Regierungen, Wissenschaft und Wirtschaft auch dabei, Möglichkeiten und Unsicherheiten der Zukunft zu verstehen.

Auch außerhalb von *Shell* erlebt die Szenarioplanung eine Renaissance, um Veränderungen wahrzunehmen, zu interpretieren und darauf zu reagieren. Zudem ermöglichen sie eine verbesserte Fähigkeit zum organisationalen Lernen (vgl. *Wilkinson/Kupers*, 2013, S. 118 ff.). Szenarien können nicht alle Kräfte identifizieren, die im Spiel sind. Daher sind Szenarien keine Vorhersagen, sondern eine breitere Grundlage für die Planung im Sinne einer Annäherung an die Zukunft. Szenarien betonen die Plausibilität anstelle von Wahrscheinlichkeiten. Plausible Geschichten fördern das Urteilsvermögen, anstatt sich nur auf Daten zu beziehen. Die Plausibilität kann dadurch gestärkt werden, wie relevant und einprägsam ein Szenario ist. Eine große Stärke von Szenarien im Unterschied zu Prognosen besteht darin, dass sie Diskontinuitäten berücksichtigen, um strategische Überlegungen und die Anpassungsfähigkeit eines Unternehmens zu unterstützen. Die Überzeugungskraft von Szenarien in der Geschäftswelt beruht auf einer wirksamen Kombination aus einer interessanten Erzählung und fundierten Daten.

Simulationsverfahren untersuchen das dynamische Verhalten komplexer Systeme. Damit können Umweltentwicklungen und/oder Wirkungen von Handlungsalternativen prognostiziert werden, um eine Einschätzung der Zukunft abgeben zu können. Simulation ist das Nachbilden eines Systems mit seinen dynamischen Prozessen in einem experimentierfähigen Modell, um auf die Wirklichkeit übertragbare Erkenntnisse zu gewinnen (vgl. *VDI*-Richtlinie 3633). Mit Experimenten wird das Verhalten eines nachgebildeten Systems erforscht. Komplexe Strategiealternativen können unter Einbezug dynamischer Phänomene innerhalb verschiedener Umweltszenarien umfassend bewertet werden. Beispiele sind die auf Stichprobenexperimenten basierende Monte-Carlo-Simulation oder das auf dynamischen Strukturen und Rückkopplungsbeziehungen basierende System Dynamics, welches sich insbesondere zur Untersuchung des langfristigen Verhaltens von Systemen eignet (vgl. *Dillerup*, 1998, 12 ff.). Die Entwicklung von Simulationsmodellen ist zeitaufwendig und nur dann sinnvoll, wenn dynamische Effekte besonders wichtig sind.

4.2.3 Rationale Strategieprozesse

Ein grundlegendes Konzept zur strategischen Planung stammt von der *Harvard Business School*. In der angloamerikanischen Literatur zur strategischen Unternehmensführung wird dabei meist auf das Modell von *Andrews* (1971) verwiesen. Kernstück des Modells ist die Unterteilung des Strategieprozesses in die Strategieformulierung und -implementierung. Bei der Formulierung steht das Treffen strategisch wichtiger Entscheidungen im Vordergrund. Diese werden von Faktoren wie Chancen und Risiken, Ressourcen, persönliche Wertvorstellungen der Unternehmensführung sowie die Verantwortung gegenüber der Gesellschaft beeinflusst. Die Gesamtheit dieser strategischen Entscheidungen bilden die Unternehmensstrategie. Bei der Implementierung sind die Strategien in einzelne Maßnahmen zu übersetzen. Darauf sind Strukturen, Prozesse, Verhalten und die Personalführung auszurichten. Je besser dies gelingt, desto höher sind die Chancen, die Strategie erfolgreich umzusetzen. Abb. 4.2.6 zeigt diese Zusammenhänge im Überblick.

Strategische Planung beschäftigt sich mit der **rationalen Strategieformulierung und -umsetzung**. Dabei liegt der Schwerpunkt auf geplanten Strategien. In der Praxis gibt es aber auch ungeplante, sog. emergente Strategien. Sie entstehen durch das Ergreifen auftretender Chancen und sind somit nicht Bestandteil einer systematischen strategischen Planung und Kontrolle (vgl. *Welge et al.*, 2017, S. 19 ff.). Im klassischen Strategieverständnis wird davon ausge-

Abb. 4.2.6: Strategiekonzept der Harvard Business School (vgl. Andrews, 1971, S. 21)

gangen, dass Strategien geplant und kontrolliert werden. Dieser Prozess ist Teil des Planungs- und Kontrollsystems des Unternehmens und bildet den Ausgangspunkt für die operative Planung und Kontrolle (vgl. Kap. 4.3). Die strategische Planung und Kontrolle sollte dazu eng mit den personellen und organisatorischen Führungsfunktionen abgestimmt sein.

In Theorie und Praxis dominiert die Kombination aus Planungs- und Positionierungsschule. Dadurch lässt sich ein idealtypischer Prozess beschreiben. Besonderheiten und Zusammenhänge der Strategieentwicklung können transparent und leicht verständlich dargestellt werden. Daher orientieren sich die weiteren Überlegungen zur strategischen Planung und Kontrolle an einem präskriptiven, **idealtypischen Planungsablauf.** Er basiert auf dem Führungsprozess (vgl. Kap. 1.3.3) und ist ausführlich in Kap. 3.1.1 beschrieben.

Ausgehend von den strategischen Zielen des Unternehmens sollen Wege zur Zielerreichung festgelegt werden. Dazu ist ein realistisches Bild der Ausgangssituation eines Unternehmens erforderlich, welches durch die strategische Analyse erarbeitet wird. Aus Chancen und Risiken des Unternehmensumfelds sowie den Stärken und Schwächen des Unternehmens können dann Strategiealternativen abgeleitet werden. Die geeignet erscheinenden Strategiealternativen werden anschließend hinsichtlich der Wahrscheinlichkeit der Zielerreichung, ihres Risikos und des erforderlichen Ressourceneinsatzes bewertet. Nach der Entscheidung über die Strategiealternativen können diese zu strategischen Programmen gebündelt und Wechselwirkungen zwischen Strategien berücksichtigt werden. Die Bewertung der Strategiealternativen und die Auswahl der umzusetzenden Strategie bilden die Phase der Strategieformulierung. Zur Strategieumsetzung werden konkrete Maßnahmen geplant und ausgeführt. Die strategische Kontrolle (vgl. Kap. 4.2.6) erfolgt nicht nur nach deren Umsetzung (Ergebniskontrolle), sondern bereits während der Umsetzung, um gegebenenfalls noch steuernd eingreifen zu können (Durchführungskontrolle). Die strategischen Prämissen sind bereits während der strategischen Planung und auch im Rahmen der Strategieumsetzung regelmäßig zu hinterfragen (Prämissenkontrolle).

In diesem Prozess kommt der Grundgedanke zum Ausdruck, dass die **Strategie das übergeordnete Element** der strategischen Unternehmensführung ist. Sie gibt die Richtung für das strategische Handeln vor. Die Führungsfunktionen Organisation (vgl. Kap. 5) und Personal (vgl. Kap. 6) tragen unterstützend bei und sind deshalb strategiegerecht zu gestalten.

Rückkopplungen im Führungsprozess machen deutlich, dass die Phasen miteinander verknüpft sind, aufeinander aufbauen und sich gegenseitig beeinflussen. Beispielsweise bewirken unbefriedigende Ergebnisse in der Strategieumsetzung meist neue strategische Überlegungen, die zu veränderten Strategiealternativen führen können. Die erfolgreiche Umsetzung von Strategien verändert die Wettbewerbsposition und Ressourcenbasis eines Unternehmens. Dies bewirkt eine veränderte strategische Ausgangssituation für die nächste Strategieentwicklung. Diese sog. **Pfadabhängigkeit** bedeutet, dass vergangene strategi-

Abb. 4.2.7: Idealtypischer Prozess der strategischen Planung und Kontrolle

Abb. 4.2.8: Phasen einer durchgängigen strategischen Planung (in Anlehnung an Alter, 2019, S. 346)

sche Entscheidungen die zukünftigen Handlungsmöglichkeiten eines Unternehmens prägen.

Da die Phase der Zielbildung (vgl. Kap. 3.1) und der strategischen Analyse (vgl. Kap. 3.3) bereits in anderen Kapiteln erläutert wurde, konzentrieren sich die nächsten Abschnitte auf die Phasen der Strategieformulierung und -umsetzung sowie der strategischen Kontrolle. Ein durchgängiger strategischer Planungsprozess besteht, wie in Abb. 4.2.8 dargestellt, aus Strategiebewertung, -auswahl und -entscheidung.

Strategische Planung bei WITTENSTEIN

WITTENSTEIN

Die WITTENSTEIN SE mit Hauptsitz in Igersheim erzielt mit rund 3.000 Mitarbeitern einem Umsatz von über 430 Mio. € und entwickelt kundenspezifische Produkte, Systeme und Lösungen für hochdynamische Bewegung, präzise Positionierung und intelligente Vernetzung in der mechatronischen Antriebstechnik. Einsatzgebiete sind Roboter, Werkzeugmaschinen, die Verpackungstechnik, Förder- und Verfahrenstechnik, Papier- und Druckmaschinen, die Medizintechnik sowie die Luft- und Raumfahrt.

Die Unternehmensgeschichte der *WITTENSTEIN SE* begann bereits im Jahr 1949. Die beiden Unternehmer *Walter Wittenstein* und *Bruno Dähn* gründeten die Firma *Dewitta*. Schwerpunkt des kleinen Unternehmens war die Produktion einer Doppelketten-Stichmaschine zur Herstellung von Handschuhen. Heute sind die Produkte der *WITTENSTEIN SE* überall dort zu finden, wo äußerst präzise angetrieben, gesteuert und geregelt werden muss. Die *WITTENSTEIN SE* entwickelt kundenspezifische Produkte, Systeme und Lösungen für hochdynamische Bewegung, präziseste Positionierung und intelligente Vernetzung in der mechatronischen Antriebstechnik. Einsatzgebiete sind Roboter, Werkzeugmaschinen, die Verpackungstechnik, Förder- und Verfahrenstechnik, Papier- und Druckmaschinen, die Medizintechnik sowie die Luft- und Raumfahrt. Für die stark wachsende *WITTENSTEIN SE* wurde es immer bedeutender, weltweit vertreten zu sein. Im Jahre 1989 startete die Internationalisierung und mittlerweile verfügt die *WITTENSTEIN SE* weltweit über 28 Tochterunternehmen sowie zahlreiche Vertretungen in mehr als 35 Ländern. Die Exportquote beläuft sich auf ca. 60 %.

Als Familienunternehmen ist *WITTENSTEIN* ein unabhängiges Unternehmen mit starken Prinzipien: „Wir wissen sehr genau, wer wir sind, und wohin wir wollen. Der schnelle Gewinn interessiert uns nicht und das Unternehmen verfügt über eine sehr hohe Eigenkapitalquote. Unsere Leidenschaft ist Innovation: Die Suche nach neuen Wegen, das Überschreiten von Grenzen, das ist es, was uns jeden Tag antreibt".

Bei der Entwicklung von Produkten setzen wir konsequent auf unsere **MINI-Strategie**. Sie gründet auf den Eckpunkten Miniaturisierung, Innovation, Netzwerk und Intelligenz. MINI führt immer wieder zu Lösungen, die unseren Kunden klare Vorteile bieten – weil sie ressourceneffizienter sind, die Leistung steigern oder die Komplexität verringern. Im Fokus unserer **Marktstrategie SIR** stehen die Aspekte Sicherheit, Intelligenz und Ressourceneffizienz. Mit SIR richten wir unsere Entwicklungen klar auf die Hauptanforderungen unserer Kunden aus. Das gewährleistet, dass ein Produkt aus unserem Haus immer einen relevanten Mehrwert für unseren Auftraggeber besitzt und ihm einen wesentlichen Vorsprung im Markt verschafft.

Die industrielle Produktion wird ständig komplexer: Produkte werden immer individueller und Innovationszyklen immer kürzer. Die Beherrschung von Komplexität ist daher die zentrale Herausforderung. Dezentrale Selbstorganisation statt zentraler Steuerung ist der Lösungsansatz. Deshalb arbeiten wir daran, die Fertigung mithilfe von Industrie 4.0-Technologie intelligent zu machen. Und wir entwickeln Produkte, die für die Verschmelzung der physischen mit der virtuellen Welt geeignet sind. Die hochmoderne Produktionsstätte für Verzahnungen befindet sich in unmittelbarer Nähe eines Wohngebiets. Sie ist geräusch- und emissionsarm sowie ökologisch und ökonomisch zukunftsweisend. Hier entwickeln und erproben wir auch Konzepte für die Industrie 4.0.

Ausgangspunkt des Strategieprozesses ist die **Unternehmensstrategie** und deren Konkretisierung in einer sog. „5-Jahres-Roadmap". Darin sind die Konzernziele durch den Vorstand ausgearbeitet. Die Roadmap umfasst das Gesamtunternehmen und die Beiträge der Business Units mit ihren Tochtergesellschaften. Die Überprüfung dieser Aktivitäten auf Zielkongruenzen und -indifferenzen zwischen den Geschäftsbereichen, zwischen Mutter- und Tochtergesellschaften sowie auch zwischen einzelnen Tochtergesellschaften, mündet in die abgestimmte 5-Jahresplanung.

Mit der Balanced Scorecard bricht *WITTENSTEIN* die Konzernziele auf die Ziele der Business Units und einzelnen Tochtergesellschaften herunter. Im Rahmen von jährlich durchgeführten eintägigen Workshops zur Ausarbeitung der Balanced Scorecards für die Einheiten werden Strategien konkretisiert und unternehmensweit kommuniziert. Dabei werden zahlreiche gemeinsame Diskussionen zwischen der Konzernzentrale und den Geschäftsbereichen sowie den internationalen Beteiligungen geführt, um die Konzernstrategie zu erläutern. Andererseits haben die Geschäftsführer der Beteiligungen und Bereiche die Möglichkeit, strategische Zielsetzungen und Unterstützungsbedarf direkt an die Zentrale zu kommunizieren. Das gemeinsame Erarbeiten der Zielsetzungen motiviert die dezentralen Entscheidungsträger, vereinbarte Strategien und Ziele zu erreichen.

Im Anschluss an die Ausarbeitung der Ziele erstellen die Bereiche und Beteiligungen ihre Jahresplanung. Sie dient der frühzeitigen Erkennung von Trends und der richtigen Allokation der Ressourcen und Investitionen. Die Jahresplanung besteht aus der Planung der Gewinn- und Verlustrechnung, der Bilanz sowie der Investitions- und Personalplanung. Ergänzt wird die Jahresplanung durch eine Risikoanalyse, welche die Chancen- und Risikosituation strukturiert darstellt.

Die strategischen Ziele werden zusammen mit der Risikoanalyse und der Jahresplanung vom Vorstand mit dem jeweiligen Geschäftsführer diskutiert, ggf. angepasst und dann verabschiedet. In der Folge werden die Balanced Scorecards der Bereiche und Beteiligungen in Abteilungs- und teilweise Team-Balanced Scorecards heruntergebrochen. Die weltweite, vom Vorstand unterschriebene Balanced Scorecard wird in allen Tochterfirmen auf Informationstafeln bekannt gemacht und um die jeweilige Scorecard des Bereichs ergänzt.

Abb. 4.2.9: Weltweite strategische Landkarte von WITTENSTEIN

4.2.4 Strategieformulierung

Im Anschluss an die Phase der strategischen Analyse und den daraus hervorgehenden Strategiealternativen schließt sich die Phase der Strategieformulierung an. Dabei werden die strategischen Alternativen bewertet. Auf dieser Basis werden die zu realisierenden Strategiealternativen ausgewählt.

Die **Strategieformulierung** umfasst die Bewertung und Auswahl der strategischen Alternativen.

Der erste Teilschritt zur Strategieformulierung ist die **Strategiebewertung**. Ihre Aufgabe ist es, die Zielerreichung von Strategiealternativen zu bestimmen. Dazu wird jede Strategiealternative isoliert auf ihre Erfolgspotenziale hin überprüft und anschließend werden mehrere Strategiealternativen zu einer konsistenten Gesamtstrategie gebündelt.

Erfolgspotenziale

Erfolgspotenziale sind produkt- und marktspezifische, technologische oder qualifikatorische Voraussetzungen für zukünftigen Erfolg. Sie resultieren aus den Wettbewerbsvorteilen des Unternehmens aufgrund dessen Positionierung im Wettbewerb und Ressourcengestaltung.

Häufig werden Erfolgspotenziale und tatsächlicher Erfolg nicht ausreichend klar voneinander getrennt. Die strategische Unternehmensführung hat die Aufgabe, Wettbewerbsvorteile für ein Unternehmen zu generieren. Daraus sind neue Erfolgspotenziale zu schaffen und bestehende Erfolgspotenziale weiterzuentwickeln. Der Erfolg eines Unternehmens ist dann das Ergebnis der operativen Unternehmensführung unter Nutzung der bestehenden Potenziale. Er mündet in den Gewinn bzw. fließt dem Unternehmen als Liquidität zu.

Die Verknüpfung zwischen Erfolgspotenzial und Erfolg hängt von folgenden **Faktoren** ab (vgl. *Dillerup/Hannss*, 2006, S. 30 ff.):

- **Volkswirtschaft:** Die volkswirtschaftlichen Rahmenbedingungen beeinflussen alle Unternehmen eines Landes. Sie legen damit fest, wie gut Unternehmen ihre Potenziale in Erfolg umwandeln können. Bei ausgezeichneten Standortfaktoren stehen die Chancen für Unternehmenserfolg besser, als dies z. B. bei unstabilen politischen Rahmenbedingungen der Fall ist. Faktoren sind etwa langfristige Planungs- und Investitionssicherheit, Bürokratie oder politische, technische und infrastrukturelle Rahmenbedingungen.
- **Branche:** Innerhalb einer Volkswirtschaft spielt die Effizienz der Branche eine wichtige Rolle. Je positiver die Branchenkräfte sind bzw. je attraktiver eine Branche ist, desto wahrscheinlicher führen Erfolgspotenziale beim Unternehmen auch zu wirtschaftlichem Erfolg (vgl. Kap. 3.2.1).
- **Unternehmensspezifische Umsetzungsqualität**, d. h. wie konsequent das strategische Potenzial eines Unternehmens in Erfolg umgewandelt wird. Sie ist daher ein Gütezeichen für die Qualität strategischer Unternehmensführung. So spiegeln sich darin die Konsequenz der Führung, die Verknüpfung zwischen operativer und strategischer Planung, die Umsetzung von Zielen, die Effektivität des Controllings und die Fähigkeit zur Wahrnehmung von Chancen wider.

Erfolgspotenziale sind kaum exakt zu beschreiben und schwer zu messen. Deshalb werden sie durch eine Reihe interner und externer **Erfolgsfaktoren** mess- und damit steuerbar gemacht. Diese dienen als Hilfe für die Strategieformulierung. Erfolgsfaktoren wirken sich auf unterschiedliche und schwer prognostizierbare Weise auf die Erfolgspotenziale und den Erfolg aus. Daher lassen sich die Erfolgsaussichten einer Strategie meist schwer beurteilen.

Erfolgsfaktoren sind alle unternehmensinternen Faktoren, die den Erfolg eines Unternehmens entscheidend beeinflussen.

Das Konzept der Erfolgsfaktoren geht davon aus, dass es für jedes Unternehmen nur wenige erfolgsentscheidene Faktoren gibt (vgl. *Rockart*, 1979, S. 85). Zwischen dem Unternehmenserfolg und diesen Faktoren besteht demnach eine hohe Korrelation. Nur wenn die Erfolgsfaktoren vom Unternehmen beherrscht werden, kann es erfolgreich sein. Sie geben Antwort auf die Frage, welche Kriterien einen wesentlichen Einfluss auf das Erfolgspotenzial eines Geschäftsbereichs ausüben. Deshalb werden diese Erfolgsfaktoren auch häufig als **kritische Erfolgsfaktoren** oder im Rahmen der wertorientierten Unternehmensführung (vgl. Kap. 8.2) auch als **Werttreiber** bezeichnet.

Zur Messung von Erfolgsfaktoren bedarf es einiger Überlegungen zu deren **Ursache-Wirkungs-Beziehungen** (vgl. Kap. 1.2.3). Die Auswirkung der Veränderung eines Erfolgsfaktors auf das Erfolgspotenzial ist von den Wirkungszusammenhängen abhängig. Diese können z. B. in Strategy Maps dargestellt werden (vgl. Kap. 4.2.5).

Folgende **Merkmale** bestimmen den Einfluss der Erfolgsfaktoren auf das Erfolgspotenzial:

- **Wirkungsintensität:** Einzelne Erfolgsfaktoren beeinflussen das Erfolgspotenzial unterschiedlich stark. Empirisch wurde nachgewiesen, dass dem Erfolgsfaktor „Marktanteil“ eine dominierende Rolle zukommt.
- **Wirkungsabhängigkeiten** bestimmen die Beziehung zwischen Erfolgsfaktoren und dem Erfolgspotenzial. Die meisten Erfolgspotenziale werden durch mehrere Erfolgsfaktoren beeinflusst. Dabei können Rückkopplungen und mehrere Wirkungsbeziehungen aufeinander einwirken. So wirkt etwa hohe Qualität als Erfolgsfaktor positiv auf den Umsatz. Dieser Effekt wird z. B. durch einen hohen Marktanteil verstärkt.
- **Dynamik:** Ursache-Wirkungs-Beziehungen der Erfolgsfaktoren ändern sich laufend. Gründe dafür sind etwa technologische Entwicklungen oder Marktänderungen.
- **Heterogenität:** Die Wirkung der Erfolgsfaktoren auf das Erfolgspotenzial kann in einzelnen Geschäftsbereichen

eines Unternehmens unterschiedlich stark sein. Aus diesem Grund sind für Geschäftsbereiche spezifische Strategien erforderlich.

Die Kenntnis der Erfolgsfaktoren verbessert das Verständnis für strategische Zusammenhänge und ist hilfreich für die Ableitung der Strategie. In der Unternehmenspraxis stoßen Untersuchungen zu Erfolgsfaktoren deshalb auf hohes Interesse. Sie lassen sich methodisch in zwei **Kategorien** unterteilen:

- **Fallstudienansatz:** Eine begrenzte Anzahl an Unternehmen wird eingehend untersucht, um daraus Zusammenhänge zwischen Erfolgsfaktoren, Erfolgspotenzial und Erfolg zu bestimmen. Derartige Analysen sind häufig sehr populär. Beispiele sind das 7-S-Modell von *Peters* und *Watermann* (1982) oder die Studie zur Produktivität in der Automobilindustrie von *Womack* und *Jones* (1994). Ebenfalls auf den Bestsellerlisten war das Buch von *Simon* (1998) „Die heimlichen Gewinner: Die Erfolgsstrategien unbekannter Weltmarktführer". Darin werden sogenannte *Hidden Champions* untersucht, die zu den Top-3 in ihrem Weltmarkt gehören, weniger als 5 Mrd. € umsetzen und kaum bekannt sind (vgl. Kap. 1.1.2). Von den weltweit über 2.700 Hidden Champions kommen gut 50 % aus Deutschland. Diese Firmen zeichnen fünf **Erfolgsfaktoren** aus (vgl. *Simon*, 1998, S. 222 f.):

  1. **Hohe Ambitionen**: Die Hidden Champions wollen in ihrem Markt der Beste weltweit sein.
  2. **Fokus**: Die Hidden Champions sind auf Nischenmärkte fokussiert.
  3. **Globalisierung**: Fokus macht einen Markt klein, durch Globalisierung wird er wieder groß. Dahinter steckt das Prinzip, besser durch regionale Expansion als durch Diversifikation zu wachsen.
  4. **Kundennahe Innovation**: Die Hidden Champions sind sehr innovativ. Sie schaffen es dabei besser als Großunternehmen, Kundenbedürfnisse und Technologie zu integrieren.
  5. **Hohe Mitarbeiterqualifikation und -treue**: Die Fluktuationsrate ist niedrig und die Mitarbeiter haben meist eine lange Betriebszugehörigkeit.

  Alternativ können auch die Ursachen von Misserfolg untersucht werden und daraus auf die Erfolgsfaktoren geschlossen werden. So konnte z. B. aus einer Untersuchung der Gründe für die Insolvenz des Drogeriemarktes *Schlecker* im Vergleich zum Wachstumschampion *dm* abgeleitet werden, dass ein Erfolgsfaktor in den Werten und der Unternehmenskultur liegt. Mangelndes Vertrauen und Respekt gegenüber den Mitarbeitern war demnach ein Grund des Misserfolgs von *Schlecker*. Demzufolge ist respektvoller Umgang mit Mitarbeitern ein Erfolgsfaktor (vgl. *Alter*, 2012).

  Die Ergebnisse derartiger Untersuchungen sind meist schwer nachvollziehbar und sehr generalisierend. Häufig handelt es sich nicht um neue Erkenntnisse, sondern lediglich um „neuen Wein in alten Schläuchen" (vgl. *Kieser*, 1996, S. 23 ff.). Ob Ergebnisse aus einer Untersuchungsgruppe auf andere Unternehmen übertragbar sind, ist zudem häufig nicht belegt und höchstens bei der Hypothesenbildung hilfreich.

- **Benchmarking-Ansatz:** In einer möglichst umfangreichen empirischen Stichprobe von Unternehmen wird mit statistischen Verfahren nach signifikanten Korrelationen gesucht. Problematisch sind dabei die Quantifizierbarkeit der Zusammenhänge und die Repräsentativität der Daten. Zudem beruhen die Aussagen immer auf Daten der Vergangenheit. Das umfassendste empirische Forschungsprojekt auf dem Gebiet der strategischen Unternehmensführung ist die 1972 ins Leben gerufene **PIMS-Studie** (Profit Impact of Market Strategies). Dabei wurden zunächst ca. 250 Unternehmen aus Nordamerika und Europa mit ca. 3.000 Geschäftsbereichen daraufhin untersucht, welche Faktoren zu deren Erfolg beitragen. Diese ursprünglich interne Studie von *General Electric* wurde von der *Harvard Business School* auf weitere Unternehmen ausgeweitet. Sie wird seit 1979 vom *Strategic Planning Institute* als eigenständiges Unternehmen fortgeführt, das seit 2005 zu *Malik Management* gehört. Heute umfasst die Studie mehr

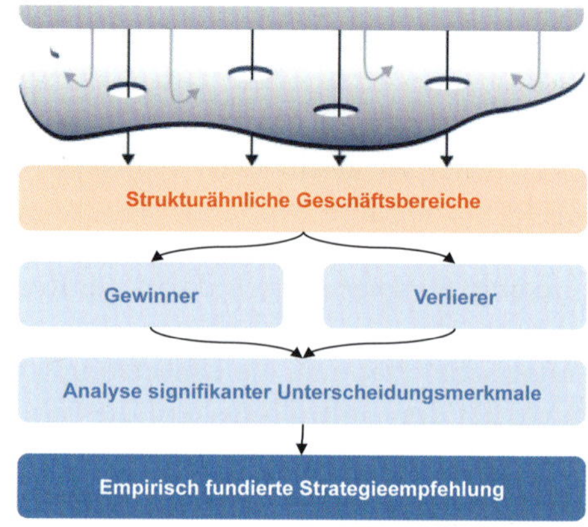

Abb. 4.2.10: PIMS-Auswertung zur benchmarkbasierten Strategieempfehlung (vgl. malik-managment.com)

als 12.500 Beobachtungen bei über 4.200 Geschäftsbereichen. Das PIMS-Projekt analysiert die gesammelten Daten, um Probleme und Chancen der einzelnen SGEs zu identifizieren. Die Studie soll anderen Unternehmen in derselben Branche empirische Belege liefern, welche Strategien zu einer höheren Rentabilität führen. Die Datenbanken umfassen derzeit über 25.000 Jahre Geschäftserfahrung auf SGE-Ebene. Jede SGE ist durch Hunderte von Faktoren über einen Zeitraum von mehr als drei Jahren gekennzeichnet, wie z.B. Marktanteil, Kundenpräferenz, relative Preise, Servicequalität, Innovationsrate, vertikale Integration, Marktattraktivitätsfaktoren sowie Finanzkennzahlen und vieles mehr. Es wurden regelmäßig über 50 verschiedene Kenngrößen erhoben. Ziel ist die Entdeckung international gültiger Gesetze des Marktes („Laws of the Market Place").

Tatsächlich wurden 18 Schlüsselfaktoren für den Erfolg von Unternehmen bestimmt. Allerdings lassen sich daraus keine einfachen Marktgesetze ableiten, da die Einflussfaktoren zu komplex sind. Der Erfolg wird mit den Kennzahlen Kapitalrendite (Return on Investment), Kapitalumschlag, Cashflow und Umsatzrendite gemessen. Einfluss auf den Erfolg haben Unternehmensmerkmale, wie etwa Unternehmensgröße, Diversifikationsgrad oder Organisation sowie die Dynamik der genannten Faktoren.

Einfluss haben aber auch etwa folgende **unternehmensexterne Faktoren** (vgl. www.malik-management.com):

- **Marktattraktivität** beeinflusst den Erfolg positiv. Sie wird z.B. durch Marktwachstum, Exportrate, Konzentrationsgrad auf Seite der Anbieter und Nachfrager oder die Position im Produktlebenszyklus bestimmt.
- **Relative Wettbewerbsposition** beeinflusst den Erfolg ebenfalls positiv. Sie wird etwa durch den relativen Marktanteil oder die relative Produktqualität im Verhältnis zu den drei größten Konkurrenten gemessen.
- **Investitionsintensität** schadet dem Erfolg. Sie wird z.B. durch Kapitalintensität, Wertschöpfungstiefe, Kapazitätsauslastung oder Produktivität beurteilt.
- **Günstige Kostenstrukturen** sind ebenfalls positiv für den Erfolg, wie etwa der Marketing- oder F&E-Aufwand in Relation zum Umsatz.
- Weitere Erfolgsfaktoren finden sich in den Bereichen **Unternehmensmerkmale,** wie z.B. Unternehmensgröße, Diversifikationsgrad oder Organisation. Ebenfalls von Bedeutung ist die **Dynamik** der genannten Faktoren. Beispiele sind Änderungen der Marktanteile oder der Produktqualität.

Exemplarisch zeigt Abb. 4.2.11 eine Auswertung aus der PIMS-Datenbank. Darin ist zu sehen, dass sowohl der Marktanteil als auch die relative Produktqualität die Rentabilität fördern und sich dabei offensichtlich gegenseitig verstärken.

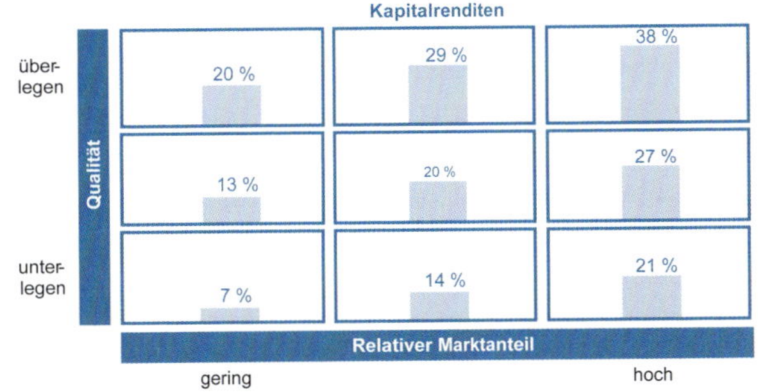

Abb. 4.2.11: PIMS-Auswertung zur Kapitalrendite in Abhängigkeit von relativem Marktanteil und Qualität

Strategiebewertung

Die **Bewertung einer Strategiealternative** erfolgt hinsichtlich ihres Beitrags zur Entwicklung von Erfolgspotenzialen. Zunächst werden dafür Daten über die einzelnen Auswirkungen gesammelt, Werte zugeordnet und schließlich diejenige Strategiealternative mit dem höchsten Wert ausgewählt. Die Strategiebewertung wird wesentlich durch die Art und Menge der verfügbaren Informationen, die Bewertungsmethode sowie subjektive Meinungen und Erfahrungen beeinflusst. Zudem ist sie immer mit Unsicherheiten über die prognostizierten Konsequenzen behaftet (vgl. *Dillerup et al.*, 1994, S. 247 ff.; *Zahn et al.*, 1988, S. 260).

Häufig werden strategische Alternativen **intuitiv** beurteilt. Zwar verfügen Entscheidungsträger meist über umfangreiche Erfahrungen, doch kann dieses Wissen nur schwer untersucht und überprüft werden. Auch kann implizites Wissen (vgl. Kap. 7.1.1) unterschiedlich interpretiert werden und widersprüchlich sein. Nach *Forrester* beruhen letztlich alle menschlichen Entscheidungen auf den gedanklichen Vorstellungen des Entscheidungsträgers (vgl. *Forrester*, 1961, S. 213). Die Strategiebewertung sollte deshalb möglichst objektiv sowie transparent und überprüfbar erfolgen.

Hierzu eignet sich eine systematische und logische Darstellung von Strategiealternativen in Modellen. Nach dem Strukturierungsgrad können folgende **Strategiebewertungsmethoden** unterschieden werden (vgl. *Zahn*, 1991, S. 49):

- Die **finanzielle Strategiebewertung** wird am häufigsten angewandt. Sie betrachtet die Konsequenzen einer Strategiealternative im Hinblick auf die Erreichung eines monetären Ziels. Folgende **Methoden** stehen zur Auswahl:
  - **Investitionsrechnungsverfahren:** Strategiealternativen werden als Investitionen betrachtet und alle damit in Verbindung stehenden Zahlungsströme bewertet. Statische Methoden rechnen mit durchschnittlichen Kosten und Leistungen über alle Perioden. Zu unterscheiden sind Kostenvergleichs-, Gewinnvergleichs-, Rentabilitäts- und Amortisationsrechnung. Zur Bewertung mehrperiodischer Strategiealternativen sind diese jedoch nicht geeignet. Dynamische Verfahren berücksichtigen deshalb den Zeitwert des Geldes und die prognostizierten Ein- und Auszahlungen in den einzelnen Planperioden. Die gebräuchlichsten Beurteilungskriterien sind Kapitalwert, interner Zinsfuß und Annuität.
  - **Wertbeiträge:** Die finanzielle Strategiebewertung kann auf die Methodik der wertorientierten Unternehmensführung (vgl. Kap. 8.2) zurückgreifen. Mit ihrer Hilfe lassen sich die Steigerungen des Unternehmenswerts aufgrund einer Strategiealternative berechnen. Exemplarisch wird das Discounted Cashflow-Verfahren als Variante der Kapitalwertmethode im Kap. 8.2.6 näher erläutert.
  - **Realoptionsmodelle** eignen sich für die Beurteilung von Strategien, die durch Unsicherheit, Irreversibilität und Flexibilitätsbedarf gekennzeichnet sind. Die Anwendung der Optionspreistheorie kann strategische Alternativen identifizieren und ein Portfolio an Alternativen (Optionsportfolio) eröffnen. Da die Optionspreistheorie mathematisch anspruchsvoll ist, erfordert deren Anwendung leicht verständliche und bedienbare Werkzeuge, mit denen auch Szenarien abgebildet werden können (vgl. *Mehler-Bicher*, 2001). Die Grundidee kann vereinfacht mit einer finanzwirtschaftlichen Optionsschuldverschreibung verglichen werden (vgl. *Pritsch/Weber*, 2001, S. 13 ff.). Diese besteht aus einer Schuldverschreibung mit einem trennbaren Anwartschaftsrecht (Optionsschein). Es ermöglicht dem Inhaber, innerhalb eines bestimmten Zeitraums, eine festgelegte Zahl von Aktien zu einem bestimmten Kurs zu beziehen. Optionselemente sind die Optionsfrist, der Bezugskurs und das Bezugsverhältnis der Aktien. Es können dabei Verkaufs- und Kaufoptionen unterschieden werden. Der Wert einer Option ermittelt sich aus dem Vorteil bei sofortiger Ausübung und einem Zinsanteil. Eine Realoption überträgt diese Logik auf reale Objekte. Für eine Strategiealternative können damit Handlungsmöglichkeiten als Wahlrechte bewertet werden. Für Strategien sind dies insbesondere:
    - **Wachstumsoptionen** zur Ausdehnung des Geschäftes auf Basis einer getätigten Investition.
    - **Aufschuboptionen** erlauben das bewusste Verzögern von Entscheidungen, um neue Informationen einzubeziehen oder Risiken zu minimieren.
    - **Abbruchoptionen** ermöglichen eine vorzeitige Beendigung einer Strategieumsetzung, sofern bestimmte Zwischenergebnisse nicht erreicht werden können.
    - **Änderungsoptionen** bauen Flexibilität in Strategien ein, um Festlegungen erst zu späteren Zeitpunkten vornehmen zu müssen.

    Das Instrumentarium der Realoptionen ist ein für die strategische Bewertung zweckmäßiger Ansatz, der jedoch aufgrund seiner Komplexität nur für finanziell umfangreiche strategische Alternativen, wie z. B. bei M&A-Aktivitäten, eingesetzt wird.
- **Risikobewertung:** Strategien befassen sich mit zukünftigen Entwicklungen, die per se ungewiss sind. Dies beinhaltet nicht nur strategische Chancen, sondern birgt auch Risiken, welche dem Unternehmen potenziell Schaden zufügen können. Die Strategiebewertung greift für die Risikobewertung auf die risikoorientierte Unternehmensführung zurück (vgl. Kap. 8.4). Mit ihrer Hilfe lassen sich die Chancen und Gefahren einer Strategie systematisch erkennen, analysieren und handhaben. Die Strategiebewertung kann zudem um Früherkennungssysteme ergänzt werden, um für kritische Annahmen einer Strategie gezielt nach schwachen Signalen zu suchen. Dafür kann ein strategisches Radar aufgebaut werden, welches relevante Entwicklungen der Unternehmensumwelt aufspürt (vgl. Kap. 7.2.2). Dies können z. B. Meinungen oder Äußerungen von Schlüsselpersonen oder -organisationen sein, welche Einfluss auf die Annahmen einer Strategie haben.
- **Heuristiken** sind Handlungsvorschriften bzw. Suchverfahren, die aus einer Menge von Lösungen eine Auswahl treffen. Dabei ist es nicht erforderlich, alle Alternativen zu kennen bzw. systematisch zu bewerten. Beispiele für heuristische Methoden sind Argumentenbilanzen, Ursache-Wirkungs-Diagramme oder Instrumente des Qualitätsmanagements wie z. B. Fischgrätendiagramme (vgl. Kap. 8.1.4). Derartige Instrumente ermöglichen eine Komplexitätsreduktion, fördern die Kommunikation

über die Strategiealternativen und erlauben die kombinierte Betrachtung quantitativer sowie qualitativer Größen. Dazu werden Kriterienkataloge vorgeschlagen, um die Strategiealternativen grob zu untersuchen. Beurteilungskriterien sind etwa Ressourcenabdeckung, Machbarkeit, Vereinbarkeit mit den Werten und der Vision des Unternehmens, Konsistenz sowie Durchführbarkeit. Auch die Ergebnisse und Kriterien der PIMS-Studie können hierzu verwendet werden. Eine Erweiterung von Kriterienlisten sind Strategieprofile. Sie stellen eine Strategie als Gesamtbild aus mehreren Kriterien mit unterschiedlichen Ausprägungen grafisch dar.

- **Mehrdimensionale Verfahren** berücksichtigen mindestens zwei Zielaspekte (multiattributiv). Ein typisches Beispiel hierfür sind Nutzwertanalysen. Die Auswirkungen einzelner Strategiealternativen werden dabei verschiedenen Kriterien zugeordnet und bewertet. Anschließend werden die Kriterien gewichtet und zu einem Gesamtwert zusammengefasst (vgl. z. B. die Nutzwertanalyse zur Branchenstrukturanalyse in Kap 3.2.1).
- **Businesspläne** dienen als umfassende Entscheidungsgrundlage über eine Strategiealternative. Sie werden von externen Kapitalgebern als Basis für Finanzierungszusagen und unternehmensintern in vereinfachter Form als sog. Business Case verwendet. Der angelsächsische Begriff Businessplan wird in Deutschland gleichbedeutend mit den Begriffen Geschäftsplan oder Unternehmensplan gebraucht. Es handelt sich dabei um ein schriftliches Dokument, in dem Ziele und Strategien dargestellt werden. Es gibt detailliert Auskunft über Produkte bzw. Dienstleistungen, Zusammensetzung und Erfahrung der Unternehmensführung, Marktperspektiven und Konkurrenzverhältnisse sowie die beabsichtigte Finanzierung (vgl. *Zeis/Naumann*, 2006). Die Ausführungen münden in eine integrierte Bilanz-, Erfolgs- und Finanzplanungsrechnung, in der die zukünftige Unternehmensentwicklung zahlenmäßig für einen Zeitraum von meist fünf Jahren abgebildet wird. Mit Strategiealternativen ist oft ein Kapitalbedarf verbunden, der aus eigenen Mitteln nicht befriedigt werden kann oder soll. Businesspläne sind das zentrale Instrument zur Kommunikation an potenzielle Investoren. Kapitalgeber, wie etwa Banken oder Beteiligungsgesellschaften, setzen ihn als Bedingung für die Aufnahme von Finanzierungsverhandlungen voraus. Er dient zur Prüfung der Kapitaldienstfähigkeit bzw. der Renditebeurteilung und vermittelt ein Bild des geplanten Vorhabens (vgl. *Bernasconi/Galli*, 1999, S. 347). Typische Inhalte von Businessplänen zeigt Abb. 4.2.12 (vgl. *Deimel*, 2005; *Wupperfeld*, 1999, S. 13).

Bestandteile	Inhalte
Deckblatt	▪ Firma, Anschrift, Logo ▪ Name und Telefonnummer des Ansprechpartners ▪ Datum und Vertraulichkeitsvermerk
Zusammenfassung	▪ Unternehmensgegenstand und -ziele ▪ Angebotene Produkte mit ihren Wettbewerbsvorteilen ▪ Relevante Märkte mit ihren Potenzialen und der Absatzstrategie ▪ Managementkompetenzen ▪ Wichtige historische und geplante Finanzdaten ▪ Erforderlicher Kapitalbedarf
Kurzprofil des Unternehmens	▪ Unternehmensgegenstand ▪ Rechtliche Verhältnisse und Kapitalausstattung ▪ Standort und Branchenzugehörigkeit ▪ Wichtige Verträge ▪ Entwicklung der wirtschaftlichen Verhältnisse sowie Mitarbeiterzahl
Märkte und Konkurrenz	▪ Branchen-, Markt- und Preisentwicklung sowie Segmentierung ▪ Branchentypische Attraktivität und Renditen ▪ Chancen und Risiken ▪ Konkurrenzanalyse
Produkte bzw. Dienstleistungen	▪ Beschreibung der Leistungen, Entwicklungsstand und Perspektiven ▪ Vergleich zu Konkurrenzprodukten ▪ Kundennutzen der Leistungen ▪ Alleinstellungsmerkmale und Zusatznutzen
Marketing	▪ Produktpolitik ▪ Preispolitik ▪ Distributionspolitik ▪ Kommunikationspolitik
Geschäftssystem	▪ Erlös- und Wertschöpfungsmodell ▪ Verkaufte Leistungen und Kunden ▪ Produktions- und Absatzsystem ▪ Bestehende und angestrebte Wettbewerbsvorteile
Unternehmensführung und Personal	▪ Organigramm des Unternehmens ▪ Externe Berater, Beiräte o. ä. und deren Aufgaben ▪ Schlüsselpersonen und deren Aufgaben, Kapitalbeteiligung, Qualifikation, Entlohnung und Motivation
Planungsrechnungen	▪ Gewinn- u. Verlustrechnungen, Bilanzen und Kapitalflussrechnungen ▪ Integrierte Planungsrechnung aus folgenden Teilplänen: Investitionen, Abschreibungen, Personal, Absatz, Umsatz, Produktion, Kapitalbedarf ▪ Alternativszenarien
Risikoanalyse	▪ Risiken des Vorhabens und Risikomanagement ▪ Berücksichtigung der Risiken in der Planungsrechnung
Anhang	▪ z. B. Marktforschungsanalysen, Bewertungsgutachten, unterschriebene Lebensläufe des Managements, Patente, Lizenzen, Detailrechnungen

Abb. 4.2.12: Bestandteile eines Businessplans (in Anlehnung an Wupperfeld, 1999, S. 1)

Business Plan von Apple aus dem Jahr 1977

Apple Inc. ist ein US-amerikanischer Technologiekonzern, der Computer, Smartphones und Unterhaltungselektronik herstellt sowie Musik, Filme und Software vertreibt. Als eines der wertvollsten Unternehmen der Welt hat es seinen Hauptsitz im kalifornischen Cupertino. Weltweit beschäftigt *Apple* rund 137.000 Mitarbeiter und erzielt mehr als 260 Mrd. US$ Umsatz (vgl. www.apple.com).

Apple wurde am 1. April 1976 von *Steve Wozniak, Steve Jobs* und *Ron Wayne* als Garagenfirma gegründet und zählte zu den ersten Herstellern von Personal-Computern. Das Unternehmen trug maßgeblich dazu bei, dass sich diese zu einem Massenprodukt entwickelt haben. Das Startkapital von *Apple* betrug 1.300 US$. Die Geschäftsanteile zwischen *Jobs, Wozniak* und *Wayne* waren nach dem Schlüssel 45 %: 45 % : 10 % verteilt. Alle drei kannten sich aus dem *Homebrew Computer Club*, einem Verein von Computerenthusiasten und Hackern. In dem Trio war *Wozniak* der kreative Bastler, dem jedoch jedes Gefühl für Geschäftliches fehlte; *Jobs* war der Visionär, der die Idee zur Firmengründung vorantrieb und *Wayne* war derjenige, der die beiden zusammenbrachte und zwischen ihnen vermittelte, sodass sie sich auf ein gemeinsames Konzept einigten. *Wayne* kümmerte sich um die juristischen Formalien der Firmengründung und zeichnete auch das erste Logo der neuen Firma. Es zeigte *Isaac Newton*, der unter einem Apfelbaum sitzt, an dem ein einzelner Apfel hängt. Allerdings verließ *Wayne* das neue Unternehmen *Apple* bereits elf Tage nach der Gründung.

Das Konzept und die Entwürfe für den *Apple I,* den weltweit ersten Personal-Computer, entstanden unter Federführung von *Wozniak* kurz vor der Firmengründung in Los Altos im Silicon Valley. Sein PC lieferte die Basis für die Idee zur Firmengründung und war gleichzeitig das erste Produkt von *Apple*. Die anschließend mithilfe von *Jobs* montierten Baugruppen des Gerätes wurden ab Juli 1976 bei der Computerkette *Byte Shop* unter dem Slogan „Byte into an Apple“ für einen Verkaufspreis von 666,66 US$ in geringen Stückzahlen von etwa 200 Exemplaren verkauft. Das Nachfolgemodell, der 1977 erschienene *Apple II,* war der letzte PC, der vollständig von *Wozniak* entworfen wurde. Zur Entwicklung und Vermarktung dieses Computers waren weitere Investitionen notwendig. Dies machte 1977 die Umwandlung von ***Apple*** in eine Kapitalgesellschaft erforderlich.

Dafür wurde ein erster Businessplan erstellt, auf dessen Basis 250.000 US$ für 26 % der Firmenanteile eingeworben wurden (www.computerhistory.org):

„Apple Computer Inc. began as Apple Computer Co., a partnership, in January of 1976. The company was operated from Los Altos, California, supplying Apple I, a single board hobby computer, until January of 1977.

Apple I was successfully accepted among the embryonic computer hobbyist community and several hundred systems were sold. During the later part of 1976 it became evident to the two founders that a much larger and more profitable market would come into existence as small computers moved from the hobby market into the home (consumer) market. By January of 1977, a third member was identified who also supplied $250,000 initial financial backing, and the company was incorporated; a second, more consumer oriented product, Apple II, was defined, and production and marketing plans were laid for 1977.

Shipments of Apple II began in late May. By the end of September, cumulative revenues were $756,391 with a net retained earnings of $48,882. Three new mainframe products and new peripherals had been defined and scheduled for introduction from October '77 to June '79, over 180 authorized dealer locations had been signed up and stocked, and a separate European distribution company, Eurapple, had been structured and staffed.

The current business plan indicates the company's revenues for fiscal 1978 will be in excess of 13 million with earnings of 2 million. Capital needs will be approximately 3 million which the company intends to raise from a combination of equity financing, profits, and long term debt.“

Strategieauswahl

An die Prüfung und Bewertung der Zielerreichung jeder einzelnen Strategiealternative schließt sich die Bündelung von Strategievorschlägen zu einer stimmigen Gesamtstrategie an. Diese wird auch als **strategisches Programm** oder **strategische Initiative** bezeichnet. Dies kann beispielsweise ein Wachstumsprogramm aus Einzelstrategien, wie etwa Markteintritt in Land A, Marktpenetration in Land B und Akquisition in Markt C sein.

Für die Bildung einer Gesamtstrategie aus einzelnen Strategien stehen folgende **Methoden** zur Verfügung:

- **Mehrstufige Strategiebewertungsverfahren** nutzen die oben beschriebenen Verfahren zur Bewertung einer Strategie, um ein Bündel an Strategien zusammenzufassen. So können die finanziellen Ergebnisse von Einzelstrategien unter Berücksichtigung von Wechselbeziehungen zu einem Gesamtergebnis aggregiert werden, etwa indem die Kapitalwerte oder die Wertbeiträge als Gesamtsumme ermittelt werden. Analog können zu dem Bündel an Strategien Businesspläne, Szenarien oder Simulationen erstellt werden.

- Die **strategische Lückenanalyse** (GAP-Analyse; vgl. Kap. 3.2.3) ist ein Instrument zur Untersuchung eines Bündels an Strategiealternativen. Dabei wird die unter gegebenen Umständen zu erwartende Entwicklung einer Größe mit dem angestrebten Ziel verglichen. Die festgestellte Lücke wird in einen operativen und einen strategischen Bereich aufgeteilt. Die operative Lücke kann durch verbesserte Ausschöpfung bestehender Erfolgspotenziale im Rahmen der Marktdurchdringung geschlossen werden. Die verbleibende strategische Lücke erfordert dagegen neue Strategien. Die Lückenanalyse macht deutlich, welche strategischen Alternativen miteinander zu kombinieren sind, um ein vorgegebenes Ziel zu erreichen.
- **Konsistenzprüfung** prüft die Widerspruchsfreiheit (Konsistenz) der einzelnen Strategien (vgl. *Müller-Stewens/Lechner*, 2016, S. 326). Die strategischen Maßnahmen sollen nach *Müller-Stewens* und *Lechner* möglichst gut zusammenpassen (Strategic Fit). Dabei können drei **Arten** von Konsistenz unterschieden werden:
  - **Intra-Strategie-Fit** prüft, ob die einzelnen Elemente und Maßnahmen einer Strategie zusammenpassen. So können z. B. bei einer Markterschließungsstrategie die Einzelmaßnahmen zeitlich und hinsichtlich der Ressourcen aufeinander abgestimmt werden.
  - **Intra-System-Fit** ist die Widerspruchsfreiheit der Elemente und Maßnahmen einer Strategie mit anderen Strategien. In diesem Fall lassen sich die Strategien bündeln. So kann eine Markterschließung mit der Strategie zur Produkterneuerung nicht nur widerspruchsfrei sein, sondern sich in ihrer Wirkung sogar gegenseitig verstärken.
  - **Strategie-System-Fit** bezeichnet die Übereinstimmung der Strategie mit dem Führungssystem. So kann eine Strategie zur Zielerreichung geeignet, aber nicht mit den Werten eines Unternehmens vereinbar sein. Dies wäre etwa der Fall, wenn zur Markterschließung ein Unternehmenskauf ausgeschlossen wird, da dies aus normativen Risiko- und Entwicklungsüberlegungen oder aufgrund der Unternehmenskultur abgelehnt wird.
- **Strategische Härtegrade** bündeln eine Vielzahl an Strategievorschlägen nach ihrer inhaltlichen Konkretisierung. Härtegrade kommen auch im Prozessmanagement zum Einsatz und können in verschiedene Kategorien und Anwendungsbereiche eingeteilt werden (vgl. Kap 5.4.4). Der **Härtegrad einer Strategie** drückt deren Konkretisierung und Umsetzungsstand aus. Abhängig von der unternehmensspezifischen Aufteilung

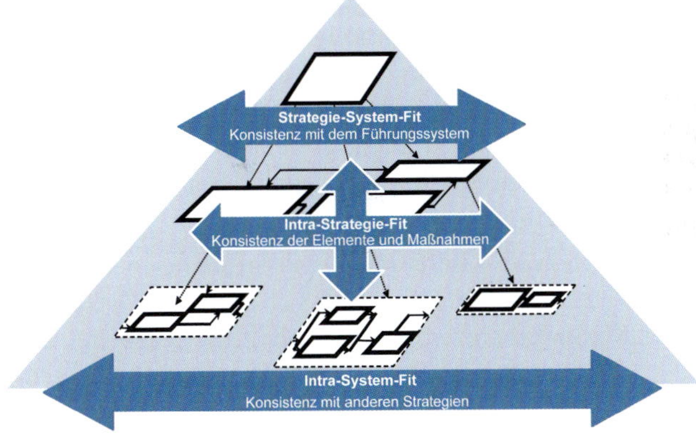

Abb. 4.2.14: Strategische Konsistenzprüfungen

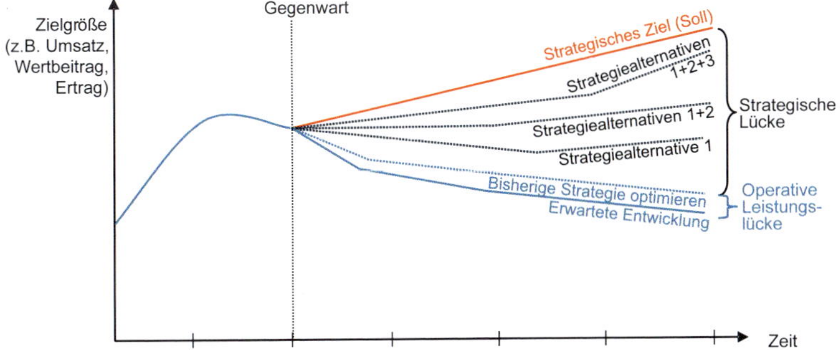

Abb. 4.2.13: Strategische Lückenanalyse (in Anlehnung an Ansoff, 1965)

werden unterschiedliche **strategische Härtegrade** gebildet (vgl. *Becker*, 2018, S. 253 ff.):

- **Härtegrad 1:** Ausgangspunkt ist eine Idee oder ein strategischer Handlungsbedarf. Dabei ist lediglich das Problem und die daraus abgeleitete Zielvorstellung definiert, nicht jedoch das Vorgehen zur Zielerreichung. Beispielsweise hat ein Konkurrent ein technisch besseres Produkt auf den Markt gebracht und die Umsatzentwicklung des Unternehmens ist deshalb rückläufig. Ein Ziel wäre z. B. die baldige Einführung eines Neuproduktes. Dieses soll nicht nur gleich gut wie das Konkurrenzprodukt sein, sondern weitere Innovationen beinhalten.
- **Härtegrad 2** ergänzt die Problem- und Zieldefinition um ausgearbeitete Maßnahmen zur Zielerreichung (Action Plans). Um schnell ein technisch überlegenes Produkt zu entwickeln, kann z. B. mit Hochschulen, Entwicklungspartnern oder Lieferanten zusammengearbeitet werden. Dazu existiert ein detaillierter Maßnahmenplan mit Ressourcenbedarfen und Terminen.
- **Härtegrad 3** ist erreicht, wenn die Strategie bewertet und genehmigt wurde. Sie erfüllt damit die Erwartungen und passt in das gesamte strategische Programm eines Unternehmens. Die Strategie zur Produktentwicklung wurde etwa auf deren Wertbeitrag und Konsistenz bewertet. Nach der strategischen Entscheidung ist auch festgelegt, wer mit welchen Ressourcen den Maßnahmenplan bearbeitet und verantwortet.
- **Härtegrad 4** beschreibt eine Strategie in der Umsetzungsphase. Dabei lässt sich messen, wie einzelne Maßnahmen zeitlich und inhaltlich bearbeitet werden. So können die Projektpläne bei der Produktentwicklung nachverfolgt und die Produktentstehung begleitet werden.
- **Härtegrad 5** wird vergeben, wenn die Zielerreichung durch die Strategie nachgewiesen werden kann. So kann im Beispiel der Neuprodukteinführung nach der Markteinführung eines Neuproduktes die angestrebte Umsatzentwicklung und damit die Wirksamkeit der Strategie beobachtet werden.
- **Weitere Härtegrade** können die fünf vorhergehenden Grade tiefer detaillieren oder auch die vorgelagerten Phasen des Strategieprozesses mitberücksichtigen. So können Härtegrade für die strategische Analyse oder die Informationsgüte im Strategieentwicklungsprozess, z. B. mit überprüften Annahmen und belastbarem Datenmaterial, vergeben werden.

Für die Bündelung von Strategiealternativen zu einer Gesamtstrategie ist es wichtig, dass sämtliche Alternativen eindeutig nach ihrem Härtegrad bezeichnet und ausreichend Strategievorschläge mit niedrigerem Härtegrad vorhanden sind. Somit können ggf. Strategien ergänzt werden, wenn die Wirksamkeit der ausgewählten Strategien nicht ausreicht.

- **Kombinierte Strategiebewertung** nutzt mehrere Verfahren und bildet daraus eine Gesamtbewertung einer Strategie. Abb. 4.2.16 zeigt exemplarisch eine Entscheidungsmatrix, um die Bewertung der Aspekte Positionierung, Wettbewerbsvorteil, Zielbeitrag und Umsetzbarkeit zu einer Rangfolge der Strategiealternativen zum Ausdruck zu bringen. Dabei wird jede Strategiealternative nach den Bewertungsdimensionen eingeschätzt und prozentual quantifiziert, inwieweit die angestrebten Erwartungen erreicht werden können. Anschließend werden die Strategiealternativen abgewogen und nach der Gesamteinschätzung der Unternehmensführung eine Rangfolge erstellt. Als strategische Entscheidung wird dabei auf einen aggregierten Nutzwert verzichtet, um einer situationsgerechten Wertung der Dimensionen und deren Ausprägungen in einem politischen Entscheidungsprozess Rechnung zu tragen. Dies kann auch dazu führen, dass zwei Strategien sehr unterschiedlich ausgeprägt, insgesamt jedoch gleichranging zu betrachten sind.

Ist die Zielwirksamkeit aller **Strategiealternativen** beurteilt, dann ist eine **Auswahlentscheidung** (Strategic Choice) zu treffen. Dabei sind diejenigen Alternativen mit der bestmöglichen Zielerreichung auszusuchen. Das Vorgehen entspricht der Festlegung der Unternehmensziele und ist in Kap. 3.1 beschrieben. Die Auswahl von Strategien

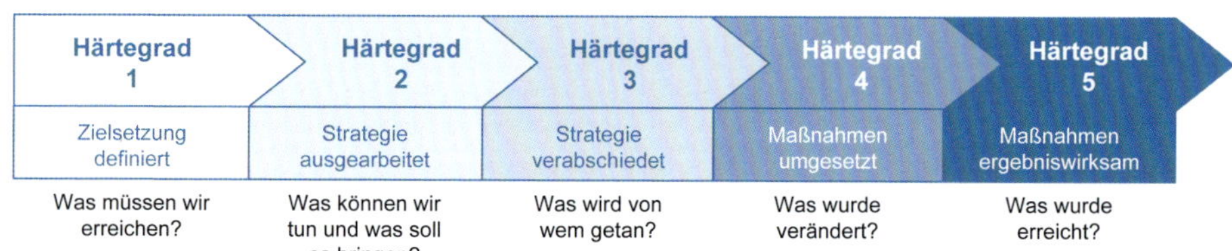

Abb. 4.2.15: Härtegrade der Strategieumsetzung (in Anlehnung an Alter, 2019, S. 402)

	Positionierung		Wettbewerbsvorteil		Erfolgspotenzial		Umsetzbarkeit	
Strategie 0711	- Verbesserung der SWOT-Situation - Verbesserung der Portfolio-Situation - ...	80%	- Art des Wettbewerbsvorteils - Dauerhaftigkeit - Höhe / Intensität - ...	90%	- Risiko - Kapitalwerte - Wertbeiträge - ...	80%	- Schlüsselpersonen - Finanzielle Mittel - Verfügbare Zeit - Führung des Wandels - ...	100%
Strategie 4711		70%		70%		60%		80%
Strategie 0815		70%		50%		45%		50%
Strategie 0911		50%		30%		35%		10%
Strategie 2025		40%		10%		20%		0%

Abb. 4.2.16: Beispiel für eine kombinierte Strategiebewertung

aus einer Anzahl möglicher Alternativen gehört somit zu jedem wirtschaftlichen Handeln. Sie schafft Klarheit darüber, was strategisch erreicht werden soll. Dies mobilisiert die Fähigkeiten und Kräfte eines Unternehmens und soll Orientierung und Ansporn für jeden einzelnen Mitarbeiter geben. Die Ergebnisse der Strategieauswahl sind verabschiedete Strategiepläne mit Maßnahmen, Terminen, Verantwortlichen und Kosten.

4.2.5 Strategieumsetzung

Erst die **Strategieumsetzung** entscheidet darüber, ob die Strategie auch erfolgreich ist. Strategischer Erfolg ist somit das Produkt aus der Qualität der Strategie und der Strategieumsetzung. Obwohl die Strategieentwicklung meist standardisiert abläuft, ist die Verknüpfung mit der operativen Planung und damit die Umsetzung der Strategie in vielen Fällen unzureichend. Eine wesentliche Ursache ist die organisatorische Trennung zwischen Strategieentwicklung und -umsetzung. Während die Unternehmensführung die Strategie ausarbeitet, wird deren Umsetzung den nachgeordneten Ebenen überlassen.

Dies lässt sich durch folgende **Fabel** veranschaulichen: Eine Mäusekolonie wird seit einiger Zeit durch eine Katze stark dezimiert. Darauf tagt der Rat der oberen Mäuse und beschließt folgende Strategie, die allseitige Zustimmung findet: Der Katze soll eine Klingel umgehängt werden. Dadurch wäre schon von Weitem zu hören, wann sie auftaucht und jeder könnte sich rechtzeitig in Sicherheit bringen. Eine Maus erhebt allerdings einen Einwand: Die Strategie enthalte keinen Hinweis darauf, wer der Katze die Klingel umhängen soll und wie dies zu geschehen habe (vgl. *Reinermann*, 1978, S. 51 f.).

Die **Strategieumsetzung** umfasst die Bestimmung und Ausführung operativer Maßnahmen zur Realisation einer Strategie.

Die häufigsten **Probleme der Strategieumsetzung** in der Praxis sind (vgl. *Horváth & Partners*, 2007, S. 19 ff.; *Kaplan/Norton*, 1992, S. 71 ff.; 1997, S. 184 f.; 1996b, S. 75 ff.):

- **Mangelndes Strategieverständnis:** Umsetzungsprobleme beginnen schon bei der missverständlichen Formulierung von Strategien. Viele Führungskräfte und Mitarbeiter verstehen nicht, was sie überhaupt umsetzen sollen. Eigene Interpretationen der Strategie führen dazu, dass die Führungskräfte an ihre Mitarbeiter unterschiedliche Zielvorstellungen weitergeben. Darüber hinaus wird die Strategie häufig nicht an diejenigen kommuniziert, die sie realisieren sollen. Die Mitarbeiter wissen zudem meist nicht, welchen Beitrag sie zur Strategieumsetzung leisten können und sollen.
- **Mangelnde Verknüpfung der Strategie mit untergeordneten Zielen und Anreizen:** Zielvorgaben für Unternehmensbereiche, Abteilungen und Mitarbeiter sollten aus der Strategie abgeleitet werden. Sonst besteht die Gefahr, dass untergeordnete Ebenen kurzfristige operative Ziele verfolgen, die keinen Zusammenhang mit der Strategie aufweisen oder ihr sogar widersprechen. Anreizsysteme, die auf die Erreichung kurzfristiger Zielsetzungen wie etwa Umsatzmaximierung ausgerichtet sind, verstärken das Problem.

- **Keine strategische Ressourcenverteilung:** Die Strategie sollte die Grundlage für die langfristige Ressourcenverteilung im Unternehmen sein. Werden strategische und operative Planung getrennt voneinander erstellt, entspricht die Ressourcenverteilung in den Budgets selten den strategischen Prioritäten.
- **Fehlende Messung der Strategieumsetzung:** Die Strategieumsetzung sollte laufend überprüft werden. Die Berichterstattung beschränkt sich jedoch meist auf operative Soll-Ist-Vergleiche kurzfristiger finanzieller Größen. Die existierenden operativen Mess- und Kontrollsysteme sind oftmals nicht oder nur begrenzt dazu geeignet, Informationen über den Stand der Strategieimplementierung zu liefern.

Erst die koordinierte **Ausrichtung des gesamten Unternehmens**, seiner Funktionen und seiner strategischen Geschäftsbereiche auf die gemeinsame Strategie ermöglicht eine erfolgreiche Strategieumsetzung. Die Unternehmensführung übernimmt dabei die Rolle eines Steuermanns in einem Ruderboot. Obwohl der Steuermann zusätzliches Gewicht bedeutet und nicht selbst rudert, kann auch die beste Mannschaft ohne seine Hilfe kein Rennen gewinnen. Ein guter Steuermann kennt die Stärken und Schwächen jedes Ruderers, die Rennstrecke, die Konkurrenten und die Wetterbedingungen. Daraus entwickelt er eine Strategie für das Rennen. Während des Rennens sorgt er dafür, dass jeder einzelne Athlet synchron im Einklang mit der gesamten Mannschaft und im Sinne der Strategie mit maximaler Leistung rudert. Viele Unternehmen sind wie ein unkoordiniertes Ruderboot, bei denen zwar die strategischen Geschäftseinheiten und deren Mitarbeiter ihr Bestes geben, aber aufgrund mangelnder strategischer Ausrichtung die Ergebnisse des Unternehmens hinter den Erwartungen zurückbleiben (vgl. *Kaplan/Norton*, 2006, S. 1 ff.).

Um die häufigsten Problemfelder der **Strategieumsetzung** zu vermeiden, bedarf es einer präzise formulierten Strategie mit Zielen, Maßnahmen, Zeitplänen und Prämissen. Die Strategieinhalte sowie deren Präzisierung und exemplarische Dokumentation in Strategiepapieren zeigt Abb. 4.2.17.

Zentrale **Aufgaben der Strategieumsetzung** sind:

- **Verknüpfung der Strategie mit der operativen Planung und Kontrolle:** Die Sach- und Formalziele aus einer Strategie sind in die operative Planung zu integrieren und detailliert herunterzubrechen. So sind etwa aus einer Strategie einzelne Jahre zu betrachten und in die Budgetierung einzuarbeiten. Die operative Planung ist im Gegenzug ggf. an neue strategische Vorgaben anzupassen, um Widersprüche zu vermeiden. Zudem sind der erforderliche Ressourcenbedarf für die Umsetzung von Strategien zu berücksichtigen (vgl. Kap. 4.3.4).
- **Strategische Projekte:** Strategien als Maßnahmenbündel lassen sich zielgerichtet umsetzen, wenn sie als Projekte verstanden werden. Dabei kommen insbesondere das Projektmanagement sowie das Multi-Projektmanagement zum Einsatz (vgl. Kap. 5.3.6).
- **Führung des Wandels:** Die zentrale Herausforderung der Strategieumsetzung liegt in der erfolgreichen Führung des Wandels (vgl. Kap. 6.5). Jede Strategie zielt darauf ab, Veränderungen in der Organisation des Unternehmens und insbesondere bei den Mitarbeitern zu

Strategieinhalte
- **Ziele** Was und wieviel soll erreicht werden?
- **Prämissen** Welche Annahmen gelten?
- **Maßnahmen** Wie soll es erfolgen?
- **Termine** Wann soll es realisiert sein?
- **Ressourcen** Womit soll es realisiert werden?
- **Verantwortlichkeiten** Wer sorgt für die Umsetzung?

Strategieumsetzung
- **Ziele** Zielpositionen mit messbaren Indikatoren
- **Prämissenkontrolle** Formulierung und Überwachung der Annahmen
- **Maßnahmenplan** Projekte und Linienaufgaben
- **Zeitplan** Terminplanung verknüpfbar mit operativer Planung
- **Ressourcenplan** Budgets, Investitionen und Personalbedarf
- **Verantwortlichkeiten** Strategieverantwortung für jede Maßnahme

Strategiedokumente
...
Maßnahmen
Prämissen
Strategie XY
xxxxxxxxxxxxxxxxx
xxxxxxxxxxxxxxxxx
xxxxxxxxxxxxxxxxx
xxxxxxxxxx

Abb. 4.2.17: Strategiepapiere in der Strategieumsetzungsphase (in Anlehnung an Alter, 2019, S. 388)

bewirken. Dies erfordert Leadership (vgl. Kap. 6.3.2). Denn wirkliche Veränderungen treten erst dann ein, wenn die Mitarbeiter innerhalb einer Organisation nach den Grundsätzen der neuen Strategie handeln. So wird oft vergessen, dass Menschen nicht plötzlich ihr Verhalten ändern, wenn eine neue Strategie formuliert und verkündet wurde.

- **Strategiekommunikation,** um diejenigen Personen zu informieren, welchen einen Beitrag zur Strategieumsetzung leisten können und sollen. Die involvierten Führungskräfte und Mitarbeiter müssen die Strategie verstehen, um ihren Beitrag einbringen zu können. Allerdings sind strategische Informationen auch sensitiv, sodass genau abzuwägen ist, wer welche Informationen in welcher Tiefe benötigt (vgl. Kap. 7.2).

Empirische Studien zur Strategieumsetzung versuchen, Erkenntnisse darüber zu gewinnen, welche Faktoren für eine erfolgreiche Strategieumsetzung die besten Ergebnisse erzielen. Ausgehend von der Studie von *Nutt* (vgl. 1987, S. 1 ff.) können verschiedene Kriterien zur Definition des Erfolges einer Strategieumsetzung herangezogen werden. Beispiele sind technischer oder wettbewerblicher Erfolg, Prozessverbesserung sowie Implementierungserfolg. Obwohl je nach Studie die Einschätzung der Erfolgsraten stark schwankt, liegt die Bandbreite des Misserfolgs mit 50 bis 90 % sehr hoch (vgl. *Cândido/Santos*, 2015, S. 237 ff.). Allerdings sinken die Misserfolgsraten im Zeitverlauf aufgrund zunehmenden Augenmerks auf die Strategieumsetzung allmählich. Dennoch werden derzeit noch rund 60 % der Strategien unzureichend implementiert. Als gescheitert werden dabei diejenigen Strategien bezeichnet, welche entweder formuliert und nicht umgesetzt wurden oder bei denen die Resultate nach der Umsetzung und Implementierung schlecht waren. Umgekehrt gilt demnach eine Strategie als erfolgreich implementiert, wenn diese in der erwarteten Zeit, mit dem beabsichtigten Ergebnis und der erforderlichen Akzeptanz innerhalb der Organisation realisiert wurde. Der Implementierungserfolg von Strategien wird den Studien nach durch die Faktoren Unterstützung des Top-Managements, Beurteilbarkeit, Spezifizität, kulturelle Empfänglichkeit, Zweckmäßigkeit, Vertrautheit, Priorisierung, Verfügbarkeit von Ressourcen, strukturelle Anpassung und Flexibilität bestimmt (vgl. *Miller*, 1997, S. 577 ff.).

Strategieumsetzung mit der Balanced Scorecard

Ein in der Praxis erfolgreiches Konzept des Performance Measurements (vgl. Kap. 7.2.3) zur Verbesserung der strategischen Ausrichtung und der Strategierealisierungskompetenz ist die **Balanced Scorecard.** Sie beurteilt die Leistung des Unternehmens mithilfe mehrdimensionaler Kennzahlen aus unterschiedlichen Perspektiven. Die Balanced Scorecard wurde Anfang der 1990er Jahre von *Robert Kaplan* und *David Norton* entwickelt, um die betriebliche Leistungsmessung zu verbessern (vgl. *Kaplan/Norton*, 1996b, S. 71 ff.).

Der Name „Balanced Scorecard" verdeutlicht die Intention des Konzeptes: Eine „Scorecard" ist (in Anlehnung an eine Zählkarte aus dem Boxsport) ein Berichtsbogen, mit dem erzielte Ergebnisse erfasst werden. Die Messung soll sich dabei auf die wichtigsten Größen beschränken und ausgewogen („balanced") sein. Sie basiert nicht nur auf rein finanziellen Maßgrößen, sondern erfolgt aus unterschiedlichen Perspektiven und mit mehrdimensionalen Kennzahlen. Die verwendeten Kennzahlen sollen über die Vergangenheit, Gegenwart und Zukunft des Unternehmens Auskunft geben. Deshalb besteht eine Balanced Scorecard sowohl aus Ergebniskennzahlen, die als Spätindikatoren die Resultate von Prozessen oder Aktivitäten messen (z. B. Umsatz, Marktanteil, Kundenrentabilität, Mitarbeiterzufriedenheit etc.), als auch aus Leistungstreiberkennzahlen, die als Frühindikatoren auf zukünftige Entwicklungen und Potenziale hinweisen (z. B. Schulungstage pro Mitarbeiter, Umsatzanteil neuer Produkte etc.). Die Leistungsmessung mithilfe dieses „ausgewogenen Berichtsbogens" soll einen engeren Strategiebezug aufweisen als die kurzfristig und operativ ausgerichteten traditionellen Kennzahlensysteme. Die Ableitung der verwendeten Perspektiven, Ziele und Maßgrößen erfolgt auf Basis der Strategie und Vision des Unternehmens.

Die Balanced Scorecard betrachtet das Unternehmen aus vier **Perspektiven** (vgl. *Kaplan/Norton*, 1996b, S. 9 ff.):

- Die **Lern- und Entwicklungsperspektive** (auch als Potenzialperspektive oder Innovations- und Wissensperspektive bezeichnet) soll zeigen, ob das Unternehmen in der Lage ist, seine Leistungen zu steigern und neue Innovationen hervorzubringen. Eine wichtige Rolle spielen dabei die Mitarbeiter.

- Die **interne Geschäftsprozessperspektive** soll Auskunft über die betrieblichen Abläufe geben, die Einfluss auf die Erfüllung der Kundenbedürfnisse haben.
- Die **Kundenperspektive** soll darstellen, wie die Erwartungen der Kunden an das Unternehmen durch seine Produkte und Dienstleistungen erfüllt werden.
- Die **finanzwirtschaftliche Perspektive** soll zeigen, welche finanziellen Ergebnisse durch die Umsetzung der Unternehmensstrategie erreicht werden.

Aufgrund ihres Strategiebezugs ist jede Balanced Scorecard individuell auf das Unternehmen zugeschnitten. Die genannten Perspektiven sind deshalb keine strikte Vorgabe, sondern können unternehmensspezifisch ergänzt oder angepasst werden. Spielt beispielsweise die Zusammenarbeit mit den Lieferanten im Sinne einer Wertschöpfungspartnerschaft eine wichtige Rolle, kann eine zusätzliche Lieferantenperspektive sinnvoll sein. Ist dagegen vor allem das Humankapital, wie etwa bei Dienstleistern, von Bedeutung, dann lässt sich dies in einer Mitarbeiterperspektive abbilden. Diese ersetzt dann in vielen Fällen die Lern- und Entwicklungsperspektive.

Ausgangspunkt der Strategieumsetzung ist immer die Vision und Strategie des Unternehmens bzw. der strategischen Geschäftseinheit, für welche die Balanced Scorecard aufgestellt wird. Die **Operationalisierung der Strategie** erfolgt, wie in Abb. 4.2.19 dargestellt, in fünf Schritten (vgl. *Gaiser/Greiner*, 2002, S. 199 ff.; *Kaplan/Norton*, 1996b, S. 8 ff.; 42 ff.):

- **Aufteilung in Perspektiven:** Die Strategie wird in der Balanced Scorecard aus unterschiedlichen Blickwinkeln betrachtet. Dies verhindert einseitiges Denken bei der Ableitung und Verfolgung von Zielen und stellt den Zusammenhang der verschiedenen Aspekte im Rahmen der Strategieumsetzung dar.
- **Ableitung strategischer Zielsetzungen:** Im nächsten Schritt werden für jede Perspektive aus der Strategie mehrere strategische (Teil-)Ziele abgeleitet. Verfolgt das Unternehmen etwa die Strategie der Kostenführerschaft, könnte deshalb in der internen Geschäftsprozessperspektive eine Senkung der Durchlaufzeiten angestrebt werden.
- **Bestimmung von Maßgrößen:** Um die Erreichung der Ziele beurteilen zu können, sind diese messbar zu machen. Deshalb werden für alle strategischen Ziele finanzielle und nicht-finanzielle Maßgrößen bestimmt, mit denen die Zielerreichung quantifiziert werden kann. Soll etwa die Prozessqualität in der Fertigung verbessert werden, wären hierfür Fehlerquoten oder die Anzahl an Garantiefällen denkbare Maßgrößen. Die gewählten Kennzahlen sollen von der Unternehmensführung beeinflussbar sein und große Auswirkungen auf die Erreichung der strategischen Ziele haben.
- **Festlegung von Zielwerten:** Bevor über die anzustrebenden Zielwerte diskutiert werden kann, sind zunächst die Ausgangswerte der Maßgrößen zu bestimmen. Im Anschluss werden Zielwerte abgeleitet, die in einem festgelegten Zeitraum erreicht werden sollen. Durch die Gegenüberstellung von Soll- und Ist-Werten wird im Laufe der strategischen Kontrolle auf den Grad der Strategieumsetzung geschlossen.
- **Aufstellung strategischer Maßnahmen:** Um die Erreichung strategischer Ziele sicherzustellen, werden für jedes Ziel strategische Aktionsprogramme aufgestellt. Jeder Maßnahme werden hierfür Termine, Ressourcen und Verantwortliche zugewiesen.

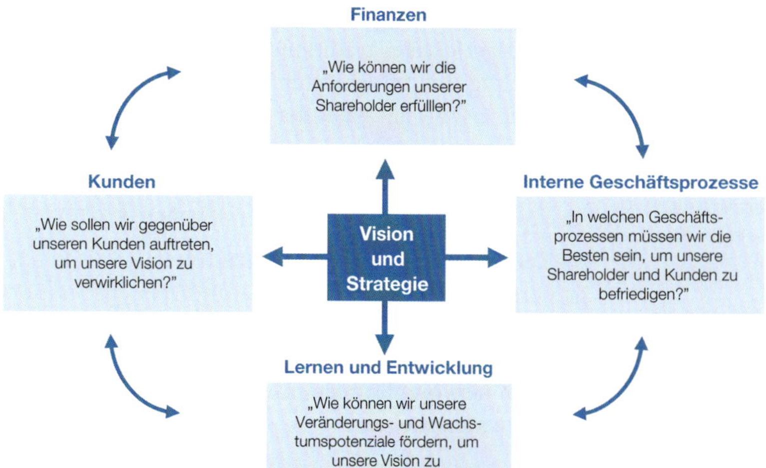

Abb. 4.2.18: Die vier Perspektiven der Balanced Scorecard (vgl. Kaplan/Norton, 1996b, S. 9)

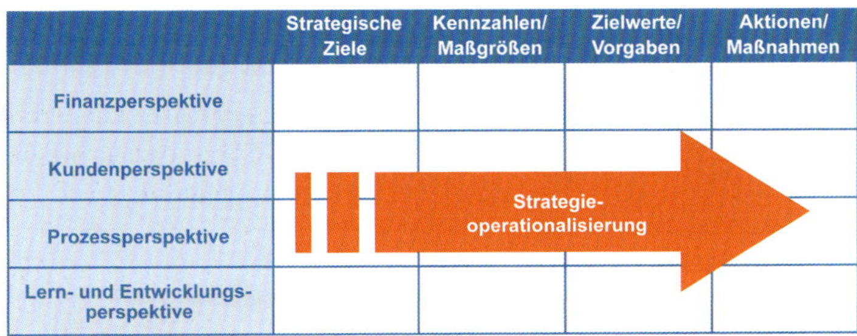

Abb. 4.2.19: Strategieoperationalisierung in der Balanced Scorecard

Das systematische Herunterbrechen der Gesamtstrategie zu strategischen (Teil-)Zielen, die Verknüpfung mit geeigneten Maßgrößen und Zielvorgaben sowie die Ableitung strategischer Aktionsprogramme ermöglicht eine schrittweise Strategieumsetzung. Diese wird anschließend durch die Zuweisung von Verantwortlichkeiten und Ressourcen sowie die laufende Messung der Zielerreichung mithilfe der festgelegten Kennzahlen sichergestellt. *Kaplan/Norton* bezeichnen dieses Vorgehen als **„Translating Strategy into Action“** (1996a). Abb. 4.2.20 zeigt diesen Prozess der Strategieumsetzung am Beispiel eines Kopiergeräteherstellers.

Perspektiven	Strategische Ziele	Messgrößen	Zielwerte	Strategische Aktionen
Finanzielle Perspektive Welche Zielsetzungen leiten sich aus den Erwartungen der Kapitalgeber ab?	CFROI deutlich steigern	CFROI	18 %	In den folgenden Perspektiven definiert
	Konkurrenzfähige Kostenstruktur aufbauen	% Gesamtkosten vom Umsatz % Vertriebs- und Verwaltungskosten	80 % 7 %	In den folgenden Perspektiven definiert
	Internationales Wachstum vorantreiben	Gesamtumsatz % Umsatz nicht EU/ nicht USA	2 Mrd. € 90 Mio. €	Marktstudie „Mittel-Ost-Europa“ Task Force
Kundenperspektive Welche Ziele sind aus Kundensicht zu setzen, um die finanziellen Ziele zu erreichen?	Attraktive Einfach-Geräte am Markt positionieren	Marktanteil im Massensegment Bewertungsindex Händler	12 % 75 Indexpunkte	Marketingoffensive Einrichtung Händlerforum
	Im Hochpreissegment mit Qualität überzeugen	Marktanteil im Hochpreissegment Imagewerte Zielkunden	16 % 88 Indexpunkte	Designstudie Überarbeitung Marketingmaterial
	Funktionssicherheit erhöhen	Anzahl Störfälle	–45 %	Technikumstellung Projektgruppe „No excuses“
	Kundenbetreuung aktiver gestalten	Wiederverkaufsquote Besuche/Zielkunde	75 % 2 p.a.	Key Account Management Ausrichtung Vertriebsmeeting
Prozessperspektive Welche Ziele sind aus Unternehmenssicht zu setzen, um die Ziele der Finanz- und Kundenperspektive zu erfüllen?	Produkte standardisieren	Gleichteilkosten in Relation zu den gesamten Materialkosten	65 %	Benchmarking mit ABC AG Baukastensystem
	Synergien nutzen	Personalkosten in % vom Umsatz Synergiebericht	8,5 % Kein Zielwert	Synergieleitfaden erarbeiten Synergiezirkel initiieren
	Fertigungstiefe an Kernkompetenzen anpassen	Kerntechnologiequote	80 %	Definition der Kernkompetenzen Anpassung Fertigungslayout
	Interne Kundenorientierung erhöhen	Schnittstellenbefragungsindex	75 Indexpunkte	Synergiezirkel initiieren Einführung Prozessmanagement
Potenzialperspektive Welche Potenziale sind aufzubauen, um sich auf zukünftige Anforderungen vorzubereiten?	Entwicklungskompetenz steigern	Assessmentwerte (durch F&E, Vertrieb, Produktion, Management)	80 Indexpunkte	Rekrutierungsoffensive Hochschulpartnerschaft ABC
	Neue Medien nutzen	Bestellvorgänge über das Internet	+125 %	Neugestaltung Homepage Webauftritt intensiv bewerben
	Mitarbeitermotivation erhöhen	Austritte von Key Employees Mitarbeiterbefragungswerte	3 % 85 % Indexwerte	Einführung Mitarbeiterbefragung Feedbacksysteme überarbeiten

Abb. 4.2.20: Konkretisierung der Strategie mit der BSC (vgl. Horváth & Partners, 2007, S. 4)

Die Balanced Scorecard wird von vielen deutschen Unternehmen als Methode zur Strategieumsetzung verwendet. Die vier beschriebenen Dimensionen werden in der Praxis teilweise modifiziert oder auch weitere hinzugefügt. Die Methode wird nicht nur in klassischen Unternehmen, sondern auch in Non-Profit-Organisationen eingesetzt. Ein Beispiel für eine modifizierte Balanced Scorecard ist der Fußballverein *VfB Stuttgart 1893 e. V.*

Balanced Scorecard beim VfB Stuttgart 1893 e. V.

Der *VfB Stuttgart 1893 e. V.* ist ein Sportverein mit mehr als 70.000 Mitgliedern. Bekannt ist vor allem dessen Fußballabteilung, die 2017 in die *VfB Stuttgart 1893 AG* ausgegliedert wurde.

Um den *VfB Stuttgart* ebenso professionell wie ein Unternehmen zu führen, nutzt der Verein die Balanced Scorecard (vgl. *Staudt*, 2006, S. 127). Die klassische Balanced Scorecard wurde dafür auf die Besonderheiten des Profifußballs angepasst. Ein Fußballverein sieht sich bei der Ziel- und Entscheidungsfindung vielen Anspruchsgruppen gegenüber. Zudem ist das primäre Produkt des Fußballspiels maßgeblich für den Erfolg der sekundären Produkte, wie etwa Merchandising oder TV-Rechte. Diese sekundären Produkte erzielen jedoch die Haupteinnahmen. Auch das Primärprodukt „Fußballspiel" hat einige Besonderheiten. Es kann nicht alleine angeboten werden, sondern die Attraktivität hängt von der Existenz attraktiver Wettbewerber ab. Diese sind zur Austragung eines Spiels erforderlich, befinden sich gleichzeitig aber in einer Wettbewerbssituation um die Tabellenplätze. Es besteht daher eine hohe Unsicherheit hinsichtlich des sportlichen Erfolgs bzw. des Saisonausgangs.

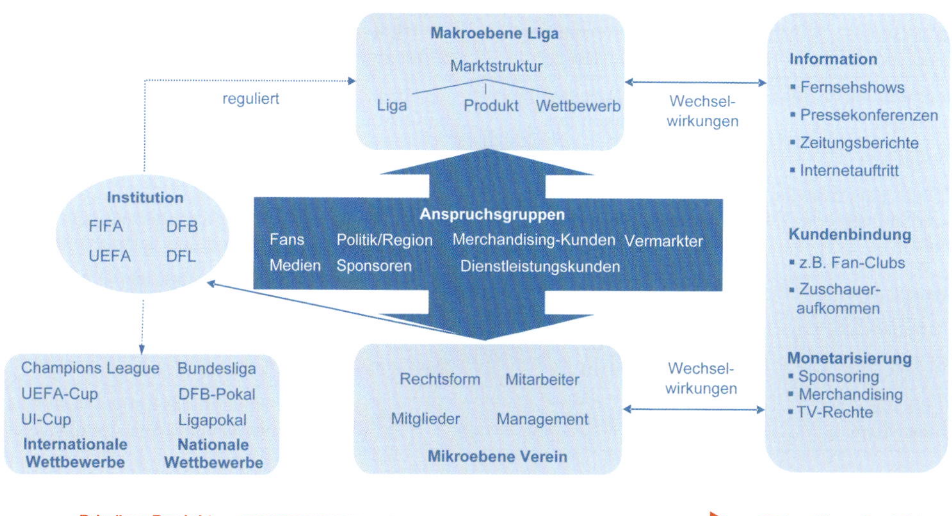

Abb. 4.2.21: Das System Profifußball (vgl. *Staudt*, 2006, S. 127)

Das für den *VfB Stuttgart* entwickelte „Balanced Scorecard Planning System" (BalPlan) umfasst insgesamt 130 Kennzahlen, wovon 100 Kennzahlen auf die einzelnen Abteilungen und 30 Kennzahlen auf den Vorstand entfallen. Ausgangspunkt sind die Ziele des Vereins, die als Leitbild offen kommuniziert werden. Sie umfassen etwa sportlichen Erfolg, Wirtschaftlichkeit oder eine attraktive Marke. Ziel ist eine nachhaltige Sicherung des sportlichen und wirtschaftlichen Erfolgs. Für die Balanced Scorecard wurden die Perspektiven auf eine wirtschaftliche, eine sportliche, eine Kunden- sowie eine Prozess- und Potenzialperspektive angepasst.

Die Scorecard des *VfB Stuttgart* ist IT-gestützt und liefert entscheidungsrelevante Informationen per Knopfdruck. Die Zahlen werden ständig aktualisiert und auf wöchentlichen Vorstandssitzungen analysiert. So kann schnell und flexibel auf Veränderungen reagiert werden. Die höhere Transparenz und das Verständnis für wesentliche Zusammenhänge führten zu einer gemeinsamen Sprache, besseren Zielausrichtung bei Entscheidungen und sind damit wichtiger Bestandteil des Führungssystems geworden.

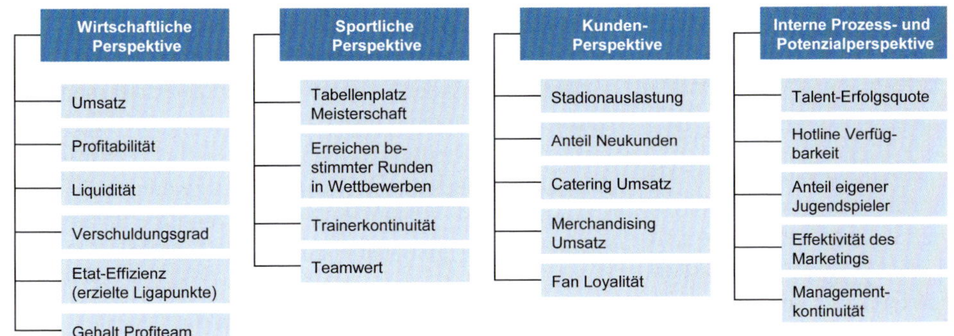

Abb. 4.2.22: Perspektiven und Steuerungsgrößen des VfB Stuttgart

Die strategischen Ziele sowie deren Maßgrößen, Vorgaben und Aktionen sind in einer Balanced Scorecard nicht unabhängig voneinander, sondern durch eine Vielzahl von Ursache-Wirkungs-Beziehungen verbunden. Die Umsetzung eines Ziels beeinflusst die Erreichung von Zielen der gleichen oder einer anderen Perspektive. Somit beschreibt erst die Verknüpfung der Ziele die Strategie vollständig (vgl. *Gaiser/Greiner*, 2002, S. 200).

Abb. 4.2.23 zeigt die Sichtweisen der Balanced Scorecard mit Beispielen für strategische Ziele und Maßgrößen. Darin wird sowohl das Herunterbrechen der Vision und Strategie auf die Perspektiven als auch der zwischen diesen bestehende **Ursache-Wirkungs-Zusammenhang** sichtbar. Die Grundlage für den zukünftigen Unternehmenserfolg und die Ausgangsbasis jeglicher Zielerreichung bildet die Potenzialperspektive. Ein ausgeprägtes Lern- und Entwicklungspotenzial ermöglicht es, in den internen Ge-

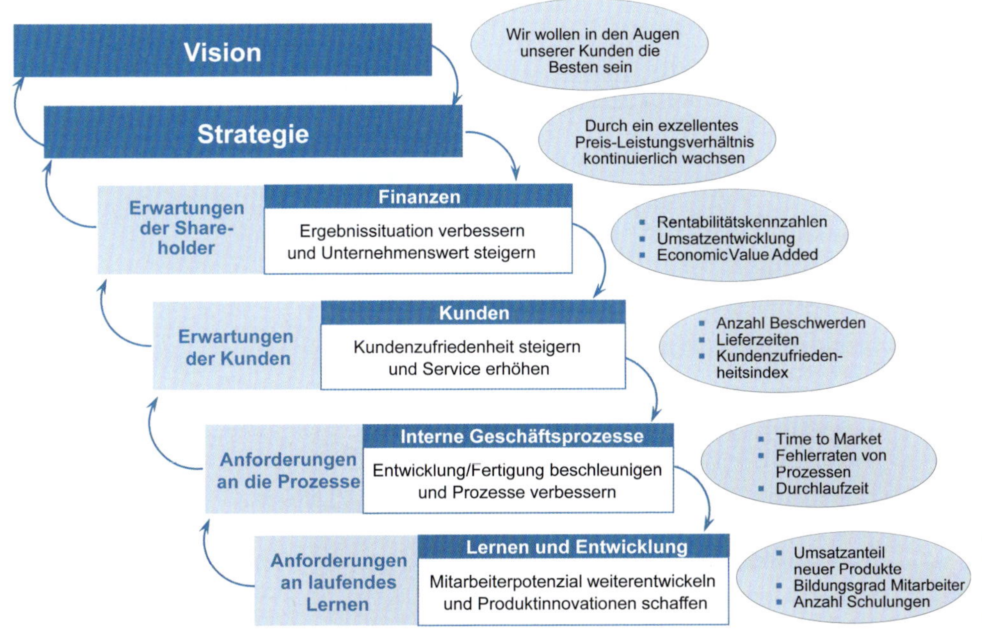

Abb. 4.2.23: Ursache-Wirkungs-Zusammenhang der Balanced Scorecard (in Anlehnung an Maisel, 1992, S. 49)

schäftsprozessen exzellente Prozesse zu realisieren, mit denen die Kundenanforderungen erfüllt werden können. Die daraus resultierende Kundenzufriedenheit und -bindung soll die Erreichung der finanziellen Zielsetzungen des Unternehmens sicherstellen.

Strategy Map

Die Identifikation und Darstellung der strategisch relevanten Ursache-Wirkungs-Ketten erfolgt durch eine sog. **Strategy Map** (strategische Landkarte). Darin werden die Strategie und die dahinterstehenden Annahmen als Ursache-Wirkungs-Netzwerk grafisch dargestellt und offengelegt. Bei der Erstellung einer Strategy Map sollte sich die Unternehmensführung auf die wesentlichen strategischen Zusammenhänge konzentrieren. Es geht nicht um die Abbildung aller denkbaren Verknüpfungen, sondern um das Erkennen des Zusammenspiels zwischen den strategischen Zielen. Dadurch wird die Logik der Strategie im Sinne einer sog. „Strategic Story" verdeutlicht und ihre Komplexität auf die zentralen Wirkungszusammenhänge reduziert. Im Idealfall wird dabei auch der Einfluss immaterieller Werttreiber berücksichtigt (vgl. Kap. 3.2.4). Durch die Übersetzung der Strategie in die schlüssige Struktur einer Strategy Map wird ein gemeinsamer und verständlicher Rahmen für sämtliche Organisationseinheiten und Mitarbeiter geschaffen. Dies macht sie zu einem wirkungsvollen Instrument zur unternehmensweiten Kommunikation der Strategie (vgl. *Kaplan/Norton*, 2001, S. 12 f.).

Die Erarbeitung von Ursache-Wirkungs-Ketten geschieht in einem möglichst interdisziplinär zusammengesetzten Kreis an Führungskräften und basiert vor allem auf Erfahrung und Intuition. Die stattfindende Diskussion fördert das gemeinsame Verständnis über die wesentlichen strategischen Handlungsfelder (vgl. *Horváth & Partners*, 2007, S. 53 ff.). Da die Aussagen über die Zusammenhänge zwischen den strategischen Zielen sehr subjektiv sind, ist soweit möglich deren Überprüfung mithilfe empirischer Verfahren ratsam. Die Gültigkeit der Beziehungen zeigt sich auch im Laufe der strategischen Kontrolle, die ggf. eine Überarbeitung der Strategy Map erforderlich macht oder sogar die Strategie selbst auf den Prüfstand stellt. Die vereinfachte Darstellung kann allerdings die Erkennung langfristiger strategischer Wirkungen erschweren (vgl. *Friedag/Schmidt*, 2002, S. 21 f.). Abb. 4.2.24 zeigt die Strategy Map für das vorherige Beispiel des Kopiergeräteherstellers.

Dynamische Balanced Scorecard

Die **Ursachen** für das häufige Scheitern strategischer Initiativen liegen in der Vernachlässigung von Rückkopplungsschleifen, Nichtlinearität und Zeitverzögerungen:

- Die Strukturen eines Unternehmens werden mit Rückkopplungsschleifen realistischer beschrieben als mit gleichlaufenden Kausalbeziehungen mit nur einer übergeordneten Kennzahl in der Finanzperspektive.
- Selten liegen in diesen Strukturen ausschließlich lineare Ursache-Wirkungs-Beziehungen vor, was bedeuten würde, dass sich ein Effekt proportional zur Wirkung verhält. Daraus resultiert das Risiko, dass Entscheider das Ausmaß von strategischen Initiativen falsch einschätzen.

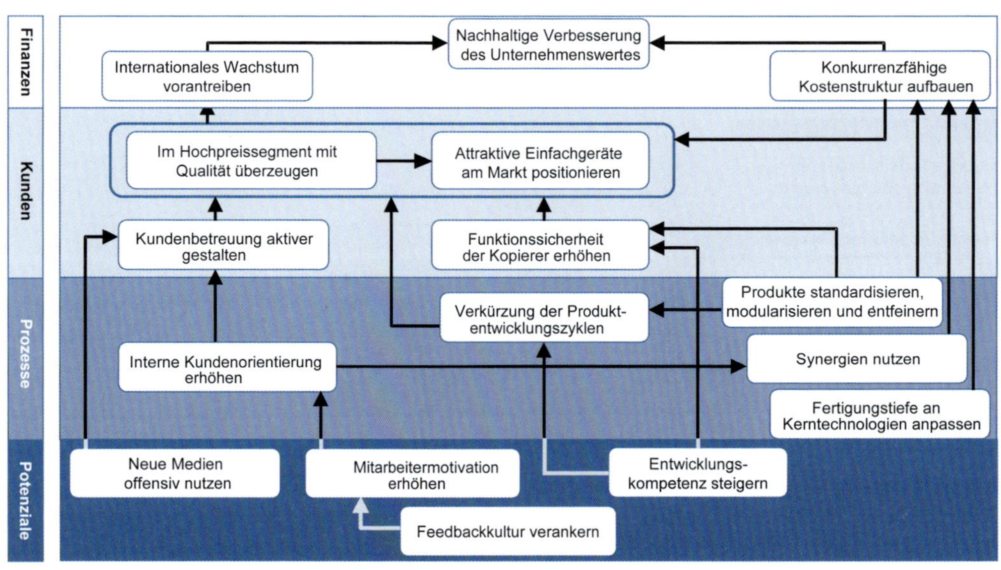

Abb. 4.2.24: Beispiel einer Strategy Map (Horváth & Partners, 2007, S. 4)

Dynamische Balanced Scorecard eines europäischen Automobilherstellers

Praxisbeispiel von Prof. Dr. *Florian Kapmeier* (ESB Business School) und PA Consulting

Das Unternehmen *PA Consulting Group* ist eine international führende Management-, System- und Technologieberatung, die System Dynamics zur Analyse strategischer Entscheidungsoptionen in komplexen Märkten und Wertschöpfungsprozessen nutzt. Die Entwicklung dynamischer Balanced Scorecards in enger Zusammenarbeit mit Kunden zählt zum Beratungsgebiet der *PA Consulting Group*. Das Anwendungsbeispiel beschreibt eine dynamische Balanced Scorecard eines europäischen Automobilherstellers. Dieser verfolgt von jeher das Ziel, internationale Standards bei Technologie, Stil, Design und Leistung zu setzen. Das Unternehmen sah sich allerdings einem zunehmenden asiatischen Wettbewerb ausgesetzt, dem es mit neu entwickelten Fahrzeugen begegnen wollte. Um diese vor der Konkurrenz in den Markt einzuführen, sollten die Entwicklungsprozesse beträchtlich gestrafft werden. Zugleich sollten die Fahrzeuge zu attraktiven Preisen mit wettbewerbsfähiger und qualitativ hochwertiger Ausstattung angeboten und die unternehmensweiten Profitabilitätsziele erreicht werden.

Als ausschlaggebenden Faktor zur Erreichung dieser Ziele hatte die Unternehmensführung die erfolgreiche Steuerung des Entwicklungsprogrammportfolios identifiziert. Als besonders kritisch wurde die Abschätzung von Wechselwirkungen innerhalb eines Entwicklungsprogramms und zwischen zeitlich versetzten Entwicklungsprogrammen gesehen. Die Führungskräfte forderten daher ein innovatives, dynamisches Berichtssystem, das sämtliche Perspektiven einer Balanced Scorecard miteinander verknüpft und zeitliche Entwicklungen abbildet. Um diesen Anforderungen gerecht zu werden, wurde eine simulationsgestützte dynamische Balanced Scorecard entwickelt.

Die Unternehmensführung nutzt die dynamische Balanced Scorecard in der Strategieentwicklung und -umsetzung. Während der Strategieentwicklung werden strategische Unternehmensziele auf ihre Plausibilität getestet. Strategieszenarien werden mit Monte-Carlo-Analysen simuliert und ihre kurz-, mittel- und langfristigen Auswirkungen auf die unterschiedlichen Perspektiven der dynamischen Balanced Scorecard getestet und bewertet. Daraus gewonnene Erkenntnisse bieten der Unternehmensführung die Gelegenheit, strategische Ziele zu überdenken und ggf. anzupassen. Während der Strategieumsetzung wird die dynamische Balanced Scorecard zur Überprüfung von Programmannahmen und zum Risikomanagement genutzt.

Strategieentwicklung	Strategieumsetzung	
Strategische Ziele	**Programmannahmen**	**Risikomanagement**
Testen strategischer Ziele hinsichtlich ihrer Plausibilität	▪ Testen von Prozessänderungen auf Entwicklungsprogramme und das Entwicklungsprogrammportfolio	▪ Auswirkungen einer möglichen Prozessreorganisation auf das Entwicklungsprogrammportfolio
Testen alternativer Maßnahmen zur Zielerreichung	▪ Testen von Prozessänderungen auf Entwicklungsprogrammbudgets	▪ Auswirkungen von Terminverschiebungen auf einzelne Entwicklungen und das Portfolio
Identifikation kritischer Pfade	▪ Testen von Designänderungen auf Entwicklungsprogramm und das Entwicklungsprogrammportfolio	▪ Auswirkungen von Ressourcenengpässen auf das Entwicklungsprogrammportfolio

Abb. 4.2.25: Auswahl der mit der dynamischen Balanced Scorecard behandelten Themenfelder

Charakteristisch für eine dynamische Balanced Scorecard ist die dynamische Rückkopplung zwischen den Perspektiven mit ihren Zeitverzögerungen und nichtlinearen Zusammenhängen.

Ein Beispiel ist die in Abb. 4.2.26 dargestellte Beurteilung des Risikos einer Prozessreorganisation im Entwicklungs- und Fertigungsbereich für den langfristigen Unternehmensgewinn. Es zeigt, wie die Konsequenzen einer Entscheidung durch die Perspektiven der dynamischen Balanced Scorecard wandern. Aufgrund der durch die Prozessänderungen anfallenden Mehrarbeit erhöht sich für einen gewissen Zeitraum die Arbeitsbelastung, weshalb die erforderliche Zahl der Mitarbeiter gegenüber dem Referenzszenario steigt (oben links). Die Änderung der Prozesse beeinflusst die Fahrzeugqualität zunächst nicht (oben rechts) – dies lässt sich auf die Zeitverzögerung zwischen der Einführung der Prozessänderung und einem sichtbaren Effekt dieser Veränderung zurückführen, wodurch die Fahrzeugqualität zunächst weiter sinkt. Nach Abschluss des Reengineeringprogramms setzt sich allerdings die Fahrzeugqualität vom Referenzszenario ab und steigt.

Die entworfene und produzierte Fahrzeugqualität beeinflusst die Garantiekosten aufgrund einer sinkenden Zahl zurückgerufener Fahrzeuge – allerdings auch wieder mit Zeitverzögerung (unten links). Die Garantiekosten sinken nach einer gewissen Zeit fast kontinuierlich und nähern sich einem niedrigen Wert an. Der Anstieg der von den Kunden wahrgenommenen Qualität spricht sich aufgrund positiver „Mundpropaganda“ herum, weshalb das Vertrauen in die Fahrzeuge steigt und mehr Einheiten verkauft werden. In der Zwischenzeit laufen die neuen Entwicklungs- und Fertigungsprozesse reibungslos und es werden im Vergleich zum Referenzszenario wieder weniger Mitarbeiter benötigt (oben links). Der Unternehmensgewinn (unten rechts) entwickelt sich aufgrund der durch die Prozessänderung verursachten Kosten zunächst schlechter als im Referenzszenario. In der zweiten Hälfte des abgebildeten Zeitraums steigen Fahrzeugqualität und Absatz und sinken die Garantiekosten. Der gesteigerte Absatz und höhere Marktanteil senken die Gesamtkosten und steigern den Unternehmensgewinn weit über den des Referenzszenarios. Dieses sogenannte „Schlechter-vor-besser"-Verhalten ließe sich ohne eine ganzheitliche, dynamische Betrachtung schwer erfassen.

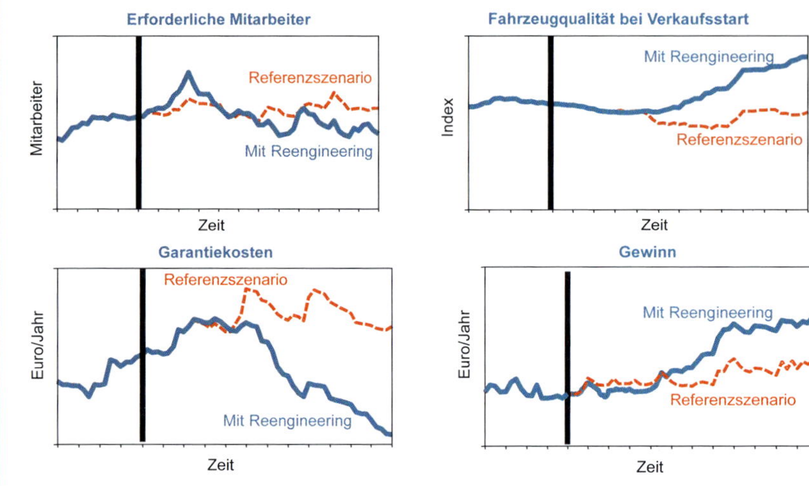

Abb. 4.2.26: Simulationsverläufe eines Strategieszenarios

- Bleiben Zeitverzögerungen in diesen Strukturen unberücksichtigt, resultiert daraus die Gefahr, dass Entscheider fehlerhafte Annahmen zum zeitlichen Verlauf strategischer Initiativen treffen.

Folglich ist die Berücksichtigung dieser Eigenschaften für die Beurteilung strategischer Entscheidungsalternativen essentiell, da sie häufig zu überraschendem und kontraintuitivem Systemverhalten führen (vgl. *Sterman*, 2009, S. 22). Auf der System-Dynamics-Methode basierende dynamische Balanced Scorecards können diese Facetten berücksichtigen.

Dynamische Balanced Scorecards überwinden die Schwächen des klassischen Ansatzes und kombinieren die Ursache-Wirkungs-Ketten der Strategy-Maps mit der Dynamisierung und ganzheitlichen Betrachtung der System-Dynamics-Methode. Sie erweitern das Anwendungsspektrum auf den gesamten Strategieprozess und betrachten Rückkopplungsbeziehungen als elementare Bestandteile sozioökonomischer Systeme. Sie berücksichtigen nichtlineare Verknüpfungen sowie Zeitverzögerungen zwischen Ursache und Wirkung (vgl. Kap. 1.2.4).

Die Balanced Scorecard als strategisches Führungssystem

Durch die Balanced Scorecard werden die Vision und Strategie dargestellt, kommuniziert, auf untergeordnete Ebenen heruntergebrochen und Umsetzungserfolge gemessen. Sie kann somit als Führungssystem angesehen werden, das auf allen Ebenen des Unternehmens strategisches Denken und Handeln gewährleistet (vgl. *Kaplan/Norton*, 2004). In diesem Zusammenhang wird die Balanced Scorecard deshalb auch als **Performance Management-System** (vgl. Kap. 7.2.3) bezeichnet.

Es beinhaltet einen **Regelkreis** mit folgenden Stufen (vgl. *Kaplan/Norton*, 1993, S. 134 ff.; *Kaplan/Norton*, 1996b, S. 10 ff.; 191 ff.):

- **Klärung und Vermittlung von Vision und Strategie:** Die eindeutige Beschreibung der Strategie geschieht in der Balanced Scorecard durch Aufspaltung in unterschiedliche Perspektiven und strategische Teilziele. Die Strategy Map veranschaulicht die Ursache-Wirkungs-Beziehungen zwischen diesen Perspektiven und Zielen. Mithilfe von Kennzahlen lassen sich vage und unkonkret formulierte Strategien eindeutig beschreiben und ein Konsens in der Unternehmensführung herstellen. Durch ein einheitliches Verständnis der strategischen

Annahmen können alle Organisationseinheiten und Ressourcen auf die Strategieumsetzung ausgerichtet werden. Dabei wird jedem einzelnen Mitarbeiter deutlich, welchen Beitrag er zur Erreichung der strategischen Ziele leistet.

- **Kommunikation und Verknüpfung mit der Strategie:** Nur wenn alle Mitarbeiter über die Strategie richtig informiert sind, können sie zu einer erfolgreichen Strategieumsetzung beitragen. Die Konkretisierung erfolgt durch die Ableitung individueller Ziele für die Mitarbeiter und Abteilungen aus den strategischen Unternehmenszielen. Um die Umsetzung sicherzustellen, sollte die strategische Zielerreichung mit dem Anreizsystem verknüpft werden. Auf diese Weise lässt sich die Leistung der Mitarbeiter zur Strategieerreichung beurteilen.
- **Planung und Zielvorgaben:** Aus den strategischen Zielen werden Zielvorgaben abgeleitet und für deren Umsetzung strategische Aktionsprogramme aufgestellt. Die strategische und operative Planung wird durch die Verbindung der strategischen Zielvorgaben mit dem jährlichen Budgetierungsprozess verknüpft. Auf diese Weise wird sichergestellt, dass die knappen Ressourcen im Sinne der Strategie eingesetzt werden.
- **Strategisches Feedback und Lernprozess:** Aufgrund ständiger Veränderungen im Wettbewerbsumfeld können gegenwärtig erfolgreiche Strategien zukünftig in eine Sackgasse führen. Durch die laufende Messung der Strategieumsetzung wird die Strategie ständig auf ihre Gültigkeit geprüft. Dabei werden Abweichungen ermittelt und Hinweise auf eine erforderliche Anpassung bzw. grundlegende Änderung der Strategie abgeleitet. Haben sich etwa erwartete Ergebnisse trotz der Erreichung von Zielvorgaben nicht eingestellt, so signalisiert dies falsche Annahmen über strategische Zusammenhänge. Aufgrund dessen sind im Sinne eines strategischen Lernprozesses die Prämissen unter den veränderten Umweltbedingungen immer wieder infrage zu stellen. Eine Änderung der Strategie erfordert zwangsläufig auch eine Anpassung der Balanced Scorecard. Der Regelkreis beginnt von neuem und die Ziele aus den verschiedenen Perspektiven werden überdacht, aktualisiert und ersetzt.

Strategische Änderungen erfordern auch eine Anpassung der Balanced Scorecard. Im Rahmen der strategischen Planung wären verschiedene **Ursache-Wirkungs-Modelle** denkbar, mit denen strategische Neuausrichtungen unterstützt werden können (vgl. *Kaplan/Norton*, 2001, S. 271 ff.). Voraussetzung für die rasche Anpassung der Balanced Scorecard ist eine flexible, integrierte informationstechnische Umsetzung (vgl. Kap. 7.3). Business-Intelligence-Anwendungen unterstützen die Unternehmensführung bei der Analyse der einzelnen Kennzahlen. OLAP-Werkzeuge ermöglichen eine mehrdimensionale Auswertung und mithilfe von Data-Mining können Interdependenzen zwischen den Kennzahlen bestimmt werden. Auf Basis von Big Data lassen sich die Auswirkungen der Variation einer oder mehrerer Maßgrößen auf andere Kennzahlen mithilfe von Business Analytics simulieren. Es bietet sich an, die Balanced Scorecard in das Berichtssystem zu integrieren. Auf diese Weise können sich Führungskräfte und Mitarbeiter (eventuell nach Zugangsrecht mit unterschiedlichen Sichten) jederzeit ein Bild über die Unternehmenssituation und die Erreichung der strategischen Ziele machen (vgl. *Schwab/Weich*, 2001, S. 159 ff.).

Die Weiterentwicklung der Balanced Scorecard zu einem strategischen Führungskreislauf wird nach *Kaplan* und *Norton* als **Execution Premium Process** (XPP) bezeichnet. Das 6-Phasen-System mit seinen jeweiligen Aufgaben und Ergebnissen zeigt zusammenfassend Abb. 4.2.27.

Die Balanced Scorecard stellt die strategischen Zielsetzungen und Zusammenhänge konzentriert und für alle Beteiligten leicht verständlich dar. Die Zuordnung zu unterschiedlichen Perspektiven verhindert ein einseitiges Denken bei der Aufstellung und Verfolgung der Ziele. Allerdings ist es nicht leicht, geeignete Kennzahlen zur Messung der strategischen Ziele zu finden. Schwierigkeiten bereitet auch das Herunterbrechen von Zielen und Maßgrößen auf nachgeordnete Ebenen bei hierarchischer Verknüpfung mehrerer Scorecards (vgl. *Gaiser/Greiner*, 2002, S. 216 ff.).

Kritisiert wird an der Balanced Scorecard, dass sie abgesehen von den Kunden keinen Bezug zur Unternehmensumwelt aufweist und nicht besonders ausgewogen erscheint. Bei Betrachtung der Ursache-Wirkungs-Beziehungen stehen die Interessen der Eigentümer im Vordergrund, während andere Stakeholder, wie z. B. Mitarbeiter oder Lieferanten, eher vernachlässigt werden. Deshalb wird die Erweiterung um zusätzliche Perspektiven empfohlen. Die teilweise kritisierte Einfachheit stellt auf der anderen Seite auch eine ihrer Stärken dar und ist ein Grund für ihre Verbreitung in der Unternehmenspraxis (vgl. *Grüning*, 2002, S. 29; *Klingebiel*, 1998, S. 8; *Schreyer*, 2007, S. 52).

Wesentliche Erfolgsfaktoren für die **Einführung einer Balanced Scorecard** sind die Unterstützung durch die Unternehmensführung, der rechtzeitige Einbezug aller Beteiligten sowie ein effektives Projektmanagement (vgl. *Bourne et al.*, 2003, S. 245 ff.; *Hügens*, 2008, S. 106; *Schreyer*, 2007, S. 289). Ebenso muss zuvor die Aufstellung der Strategie

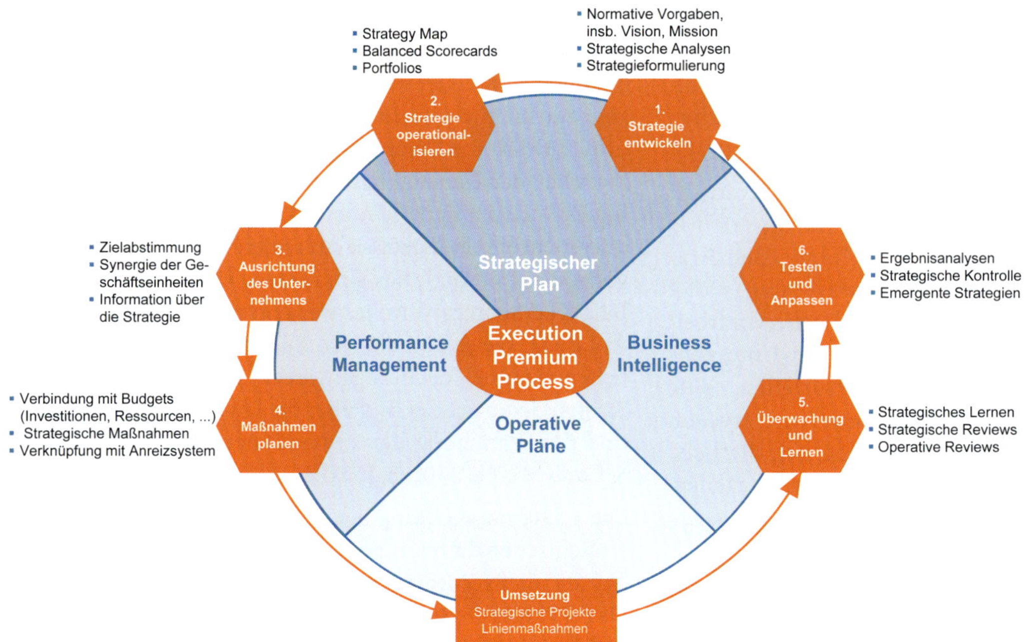

Abb. 4.2.27: Execution Premium Process (XPP) (in Anlehnung an Kaplan/Norton, 2009, S. 191)

(vgl. Kap. 3.2 und 3.3) erfolgt sein, denn die Balanced Scorecard ist kein Instrument zur Strategieentwicklung. In der Praxis scheitert die BSC meist an einem falschen Verständnis. Wird sie lediglich als mehrdimensionales, operatives Kennzahlensystem verwendet, kann naturgemäß die Strategieumsetzung nicht unterstützt werden. In diesem Fall wird der „Kennzahlenfriedhof" nur um zusätzliche Felder erweitert (vgl. *Weber/Schäffer*, 2020, S. 197 ff.).

Richtig eingesetzt kann die Balanced Scorecard zu einer konsequenten Ausrichtung auf die Strategie genutzt werden. Je besser dies gelingt, umso erfolgreicher wird das Unternehmen langfristig sein (vgl. *Kaplan/Norton*, 2006, S. 3 ff.).

Folgende **Merkmale** kennzeichnen eine solche **strategiefokussierte Organisation** (vgl. *Kaplan/Norton*, 2001, S. 8 ff.):

- **Beschreibung und Operationalisierung der Strategie:** Voraussetzung der Strategieumsetzung ist deren eindeutige und verständliche Beschreibung. Die Übersetzung der Strategie in die Balanced Scorecard und die Darstellung der Zusammenhänge in einer Strategy Map ermöglichen eine solch eindeutige und verständliche Beschreibung.
- **Gemeinsame strategische Ausrichtung dezentraler Einheiten:** In einem dezentral organisierten Unternehmen sollten Geschäfts- und Funktionsbereichsstrategien integriert sein, um Konflikte zu vermeiden und Synergien sicherzustellen. Dazu sind aus einer gemeinsamen Strategie abgeleitete und abgestimmte Teilziele für die Untereinheiten zu bilden. Dies kann durch den Aufbau dezentraler Scorecards geschehen, die aus der zentralen Scorecard des Gesamtunternehmens entwickelt werden.
- **Strategieumsetzung als Aufgabe jedes Mitarbeiters:** Eine erfolgreiche Strategierealisierung erfordert das Engagement aller Mitarbeiter. Sie sollten die Strategie verinnerlicht haben und sich in ihrer täglichen Arbeit stets fragen, ob ihre Entscheidungen und Handlungen einen Beitrag zur Erreichung der strategischen Ziele leisten. Die Strategie soll zur tagtäglichen Aufgabenstellung eines jeden Mitarbeiters werden: „Make Strategy Everyone's Everyday Job" (*Kaplan/Norton*, 2001, S. 211). Hierzu sollten die strategischen Ziele in die Zielvereinbarung und Leistungsbeurteilung der Mitarbeiter einfließen.
- **Strategische Planung als kontinuierlicher Prozess:** In vielen Unternehmen wird die strategische und operative Planung voneinander getrennt, wobei Fragen der Strategieumsetzung vernachlässigt werden. Um eine strategiegerechte Ressourcenverteilung sicherzustellen, sind strategische und operative Planung miteinander zu verknüpfen. Regelmäßige Sitzungen der Unternehmensführung dienen dazu, über die Gültigkeit der Strategie und den Stand der Umsetzung zu diskutieren. Änderungen sollten umgehend in der Balanced Scorecard und den enthaltenen Zielen, Maßgrößen, Zielwerten und strategischen Aktionen berücksichtigt werden. Die Strategie entwickelt sich ständig weiter und die strategische Planung wird zu einer kontinuierlichen Aufgabe der Unternehmensführung.

Abb. 4.2.28: Merkmale einer strategiefokussierten Organisation (in Anlehnung an Kaplan/Norton, 2001, S. 9)

- **Strategie erfordert eine Führung des Wandels:** Ein strategiefokussiertes Unternehmen benötigt Leadership (vgl. Kap. 6.3.2), das die Mitarbeiter für Veränderungen mobilisiert. Strategische Planung als kontinuierlicher Prozess bedeutet nicht, dass die Strategie ständig geändert werden soll. Dadurch würde die Unternehmensführung unglaubwürdig und die Mitarbeiter wären verunsichert. Die Kunst der Führung des Wandels liegt in der Gratwanderung zwischen Stabilität und Wandel (vgl. Kap. 6.5).

Ein modernes Performance Measurement System zur Strategieumsetzung, das sich in der Praxis zunehmender Beliebtheit erfreut, ist **Objectives and Key Results (OKR)**. Es dient ähnlich wie die Balanced Scorecard dazu, die Vision und Strategie des Unternehmens über Ziele in Aktionen zu übersetzen. OKR ist allerdings kurzfristiger und auf stetiges Lernen in schnellen Zyklen ausgerichtet. Das Unternehmen fokussiert sich für eine kurze Periode von meist drei Monaten auf maximal fünf anspruchsvolle Ziele (Objectives), welche mithilfe von drei bis fünf Schlüsselergebnissen (Key Results) gemessen und realisiert werden sollen. Die OKR-Methode wird in Kap. 7.2.3 erläutert.

4.2.6 Strategische Kontrolle

Die strategische Kontrolle befasst sich mit der Frage, ob die strategischen Zielsetzungen erreicht werden konnten und ob es erforderlich ist, die Strategie anzupassen. Aufgabe der strategischen Kontrolle ist es, im Rahmen der Strategieumsetzung auftretende Abweichungen zum strategischen Plan zu erkennen und gegebenenfalls Korrekturmaßnahmen einzuleiten. Die Erkenntnisse aus der strategischen Abweichungsanalyse ermöglichen die Verbesserung des nächsten Strategieprozesses. Zeigt eine Strategie nicht die gewünschte Wirkung, kann dies an unrealistischen Annahmen, einer fehlerhaften Strategie oder Problemen der Strategieumsetzung liegen. Daher findet die strategische Kontrolle nicht nur am Ende, sondern auch während des Strategieprozesses statt (vgl. *Hahn*, 2006, S. 452). Strategische Kontrolle begleitet somit die gesamte strategische Planung und Umsetzung (vgl. Abb. 4.2.29).

> Die **strategische Kontrolle** überprüft die strategischen Planungsprämissen, den strategischen Planungs- und Umsetzungsprozess sowie die strategischen Ergebnisse.

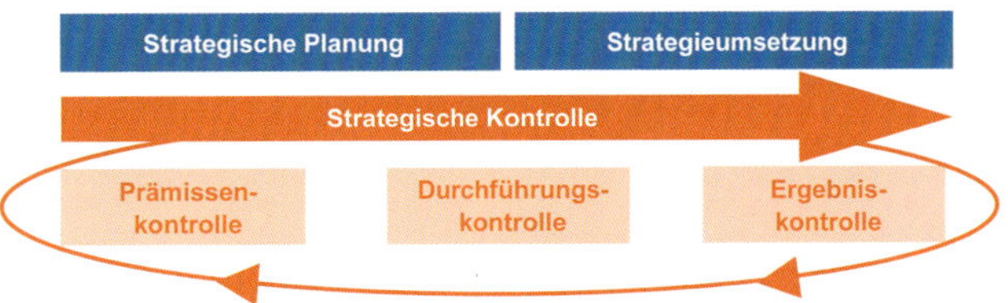

Abb. 4.2.29: Formen der strategischen Kontrolle

Es lassen sich, wie in Abb. 4.2.29 dargestellt, drei **Formen** der strategischen Kontrolle unterscheiden (vgl. *Hahn*, 2006, S. 452 ff.):

- **Prämissenkontrolle** (Wird-Ist-Vergleich) überwacht die zugrundegelegten strategischen Annahmen und überprüft sie an der Wirklichkeit. Die Planungsprämissen sollten deshalb für die Unternehmensführung transparent sein. Während der Planung und Umsetzung der Strategien ist die Gültigkeit der Prämissen laufend zu prüfen. Beispielsweise kann eine Marktstrategie auf Annahmen, etwa über Marktwachstum, Inflationsrate oder Konkurrenzverhalten, beruhen. Neben den einzelnen Prämissen sind dabei auch die unterstellten strategischen Zusammenhänge zu prüfen. Dies umfasst die Wirkungsbeziehungen zwischen strategischen Zielen und Maßnahmen, die etwa in einer Strategy Map dargestellt sind. Dadurch lässt sich feststellen, ob die Ziele einer Strategie noch realistisch sind. Beispielsweise kann sich herausstellen, dass eine Zielvorgabe in einem Geschäftsfeld nicht mehr erfüllt werden kann oder der Zeitraum für deren Erreichung unrealistisch ist. Hierzu werden Prognosen und Früherkennungssysteme eingesetzt (vgl. Kap. 7.2.2). Ein Beispiel für Prämissen zur strategischen Kontrolle zeigt Abb. 4.2.30.
- **Durchführungskontrolle** (Soll-Wird-Vergleich) überprüft den Prozess der Strategieumsetzung. Es soll insbesondere die Konsistenz der strategischen Planung sichergestellt werden. Hierfür wird formal auf den logischen Aufbau, die Verwendung geeigneter Methoden

Externe Prämissen		Interne Prämissen
Generelle Umwelt ▪ Wirtschaftswachstum ▪ Gesetzeslage ▪ Internationaler Handel ▪ Internationaler Kapitalfluss ▪ …	**Markt/Kunden** ▪ Marktgröße-Stück ▪ Marktgröße-EUR ▪ Kaufkriterien ▪ Produktlebenszyklusdauer ▪ Kundenstruktur ▪ …	**Eigentümererwartung** ▪ Rendite ▪ … **Personelle Ressourcen** ▪ Eignung ▪ Verfügbarkeit ▪ … **Technische Ressourcen** ▪ Eignung ▪ Verfügbarkeit ▪ … **Finanzielle Ressourcen** ▪ Cashflow aus lfd. Geschäft ▪ … **Strukturen und Systeme** ▪ Eignung zur Strategieumsetzung ▪ …
Konkurrenz ▪ Wettbewerberstruktur ▪ Strategie der Wettbewerber ▪ Eintritt neuer Wettbewerber ▪ …	**Lieferanten** ▪ Lieferantenstruktur ▪ Rohstoffverfügbarkeit/-preise ▪ …	
…	**Banken** ▪ FK-Zinssatz ▪ Kreditvolumen ▪ …	

Abb. 4.2.30: Beispiele strategischer Prämissen (vgl. Alter, 2019, S. 411)

und die Vollständigkeit der Informationsgrundlagen geachtet. Die materielle Konsistenzkontrolle beschäftigt sich mit der inhaltlichen Widerspruchsfreiheit der strategischen Pläne. Untersucht werden folgende Aspekte:

- **Prinzipienkontrolle:** Werden die Planungsgrundsätze eingehalten?
- **Verfahrenskontrolle:** Werden die eingesetzten Planungsmethoden (vgl. Kap. 4.1.2 und 4.3.2) korrekt angewendet?
- **Ablaufkontrolle:** Wird der Strategieprozess ordnungsgemäß durchgeführt? Als Kontrollinstrumente stehen die Instrumente des Projektmanagements zur Verfügung, wie etwa die Meilensteintrendanalyse oder Gantt-Diagramme (vgl. Kap. 5.3.4).
- **Verhaltenskontrolle:** Sind die richtigen Personen mit der Umsetzung betraut und gelingt der Wandel (vgl. Kap. 6.5)?

• **Ergebniskontrolle** (Soll-Ist-Vergleich) erfasst Abweichungen zwischen den erreichten Ergebnissen und den strategischen Zielen. Sie wird nicht nur am Ende, sondern bereits während der Strategieumsetzung durchgeführt. Hierfür wird etwa, wie in Abb. 4.2.31 dargestellt, die zeitliche Entwicklung der Härtegrade verfolgt. Durch diese Planfortschrittskontrolle werden Abweichungen vom gewählten strategischen Kurs aufgezeigt. Daraus können sowohl Gegensteuerungsmaßnahmen als auch die Anpassung der strategischen Ziele folgen.

Die strategische Kontrolle sollte in das Performance Measurement System des Unternehmens integriert werden (vgl. Kap. 7.2.3). Häufig kommt dabei die Balanced Scorecard zum Einsatz, bei der die Erreichung der strategischen Ziele etwa in einer Ampelsystematik nachverfolgt wird. Alternativ kann die strategische Kontrolle auch mithilfe strukturierter Fragenkataloge durchgeführt werden. Ein Beispiel dazu zeigt Abb. 4.2.32.

Die strategische Kontrolle dient der Überwachung des Planungsprozesses (vgl. *Alter*, 2019, S. 391). Dabei stehen Strategieprämissen, -konsistenz und -umsetzung im Vordergrund. Ein **strategisches Controlling** kann diese pro-

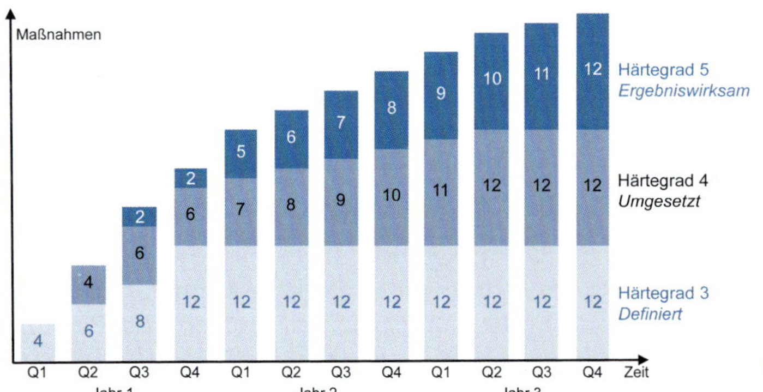

Abb. 4.2.31: Beispiel zur Kontrolle strategischer Härtegrade

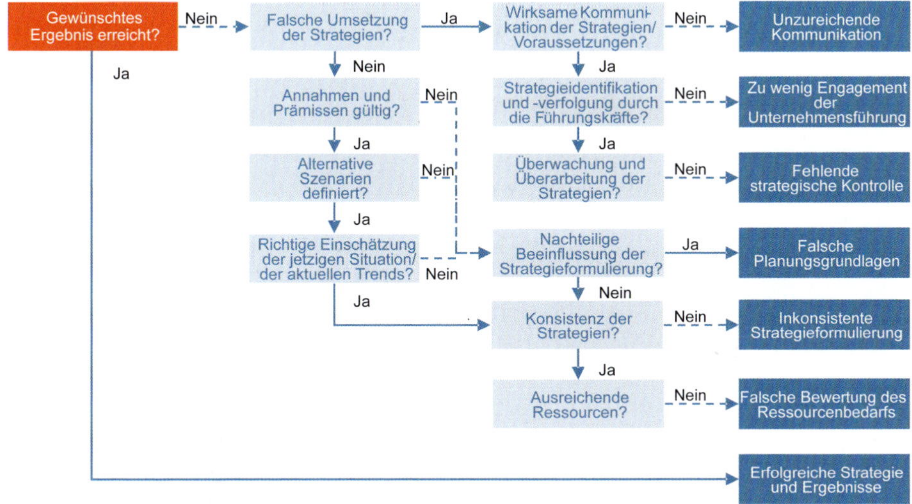

Abb. 4.2.32: Fragenkatalog zur strategischen Kontrolle (vgl. Wheelen/ Hunger, 2010, S. 264)

zessbegleitende Kontrollfunktion als Führungsunterstützungsfunktion übernehmen. Eine solche Arbeitsteilung ist zweckmäßig, da die Führung selbst maßgeblich an den Inhalten der Strategie beteiligt sein sollte und daher eine unabhängige Kontrollfunktion nicht gewährleistet werden kann. Als Ergebnis der strategischen Kontrolle sind Abweichungen von der Strategie und deren Ursachen zu bestimmen, Vorschläge für eventuell erforderliche Maßnahmen zu erarbeiten und notwendige Anpassungen zu initiieren.

Zusammenfassung

- Die strategische Planung und Kontrolle beschreibt den Prozess der Aufstellung, Umsetzung und Kontrolle der Strategie.
- Nach dem präskriptiven Verständnis lässt sich die Strategieentwicklung planen und der Strategieprozess ist eine systematische Abfolge von Teilschritten. Deskriptive Ansätze werden durch empirische Beobachtung konkreter strategischer Planungsprozesse aufgestellt und beschreiben, wie Strategien tatsächlich zustande kommen.
- In einem idealtypischen Prozess der Strategieentwicklung werden Ziele gebildet, strategische Analysen durchgeführt, Strategien bewertet, formuliert, umgesetzt und der strategischen Kontrolle unterworfen.
- Die Strategieformulierung umfasst die Bewertung und Auswahl der Strategiealternativen.
- Die Strategieumsetzung bedeutet die Bestimmung und Ausführung operativer Maßnahmen zur Erreichung der strategischen Ziele und damit zur Realisation der Strategie.
- Mithilfe der Balanced Scorecard können Strategien wirkungsvoll umgesetzt werden. Sie unterstützt die Operationalisierung der Strategie und beschreibt durch eine Strategy Map die strategisch relevanten Ursache-Wirkungs-Ketten.
- Die strategische Kontrolle überprüft die strategischen Planungsprämissen, den strategischen Planungs- und Umsetzungsprozess sowie die strategischen Ergebnisse.

Literaturempfehlungen

Alter, R.: Strategisches Controlling: Unterstützung des strategischen Managements, 3. Aufl., München 2019.

Kaplan, R./Norton, D.: Der effektive Strategieprozess, Frankfurt/Main 2009.

Müller-Stewens, G./Lechner, C.: Strategisches Management, 5. Aufl., Stuttgart 2016.

4.3 Operative Planung und Kontrolle

Leitfragen

- Worum geht es bei der operativen Planung und Kontrolle?
- Was beinhaltet die Budgetierung und wie wird sie durchgeführt?
- Wie wird das Verhalten der Mitarbeiter durch die Budgetierung beeinflusst?
- Welche neuen Lösungsansätze für die Probleme der Budgetierung gibt es?
- Was zeichnet eine wirksame Budgetierung aus?

Während es auf der strategischen Planungsebene um die Sicherung bestehender und die Schaffung neuer Erfolgspotenziale geht, soll die operative Planung und Kontrolle für die bestmögliche Nutzung der vorhandenen Erfolgspotenziale eines Unternehmens sorgen. Sie verfügt meist über einen hohen Detaillierungsgrad und kurzfristigen Planungshorizont. In der Praxis wird das kommende Geschäftsjahr häufig auf Monats- oder Quartalsbasis geplant. Im Vordergrund der operativen Planung und Kontrolle steht die Effizienz der ausführenden Tätigkeiten. Von besonderer Bedeutung ist dabei die in Kap. 4.1.2 vorgenommene Unterscheidung anhand der Zieldimensionen in die sachzielorientierte Aktionsplanung und -kontrolle und die wertzielorientierte Budgetierung.

4.3.1 Aktionsplanung und -kontrolle

Die **Aktionsplanung** beinhaltet die detaillierte Festlegung zukünftiger Aktivitäten und der dabei eingesetzten Personen, Verfahren und Objekte. Sie bestimmt, wer, was, wann, wie, womit und wo tun soll, um angestrebte Sachziele zu erreichen. Die Überprüfung der Erreichung dieser Ziele erfolgt durch die **Aktionskontrolle**.

Ist ein solches Sachziel beispielsweise die Entwicklung eines neuen Produktes, dann umfasst die Aktionsplanung u. a. die beteiligten Ingenieure, die Produktspezifikation, Entwicklungsdauer sowie eingesetzte Verfahren, Technologien und Systeme. Im Rahmen der Aktionskontrolle werden dann beispielsweise die termingerechte Entwicklung des Produktes und dessen Eigenschaften überprüft. Die Aktionsplanung verringert somit den Entscheidungsspielraum der ausführenden Einheiten erheblich. Dieser beschränkt sich lediglich darauf, die zu realisierenden Alternativen weiter zu verfeinern. So hat beispielsweise ein Mechaniker am Fließband bei der Herstellung eines Produkts genaue Anweisungen und Abläufe zu befolgen. Einer zentral durchgeführten Aktionsplanung und -kontrolle der operativen Abläufe sind deshalb enge Grenzen gesetzt. Gründe hierfür sind die Vielzahl an durchzuführenden Maßnahmen, unvorhergesehene Ereignisse bei der Planausführung und die demotivierende Wirkung detaillierter Vorgaben, penibler Ausführungskontrollen und der geringen Autonomie der ausführenden Mitarbeiter. Die wertzielorientierte Planung und Kontrolle räumt den dezentralen Verantwortlichen deutlich mehr Freiheiten ein, da diese selbst entscheiden können, auf welchem Weg sie ihre budgetierten Ziele erreichen.

Aktionspläne und Budgets müssen grundsätzlich miteinander vereinbar und aufeinander abgestimmt sein (vgl. Kap. 4.1.2). Auf der einen Seite lassen sich wertmäßige Ziele nur durch entsprechende Maßnahmen realisieren, auf der anderen Seite resultieren monetäre Ergebnisse aus den durchgeführten Maßnahmen. Den Zusammenhang zwischen sach- und wertzielorientierter Planung in Industrieunternehmen zeigt Abb. 4.3.1. Den Ausgangspunkt der **Aktionsplanung** bildet dabei in der Regel die Absatzplanung als Engpass des Unternehmens. Die Festlegung des Leistungsprogramms geschieht meist auf Basis von Marktforschungsergebnissen und Erfahrungswerten. Die Absatzplanung bestimmt die Planung des Produktionsprogramms, bei dem festgelegt wird, welche Produkte in welchen Mengen hergestellt werden sollen. In welcher Form diese Produktion stattfindet, wird in der Produktionsablaufplanung bestimmt. Ausgangspunkt hierfür sind Arbeitsgangpläne, die für jedes Produkt detailliert die einzelnen Arbeitsschritte, Bearbeitungszeiten sowie die eingesetzten Werkzeuge und Maschinen beschreiben. Im Rahmen der Produktionsablaufplanung wird festgelegt, wie die Herstellung des Produktionsprogramms optimal auf die bestehenden Kapazitäten verteilt wird. Daraus leitet sich die Planung der Beschaffung und Bereitstellung von Betriebsmitteln, Personal sowie Material und Vorproduk-

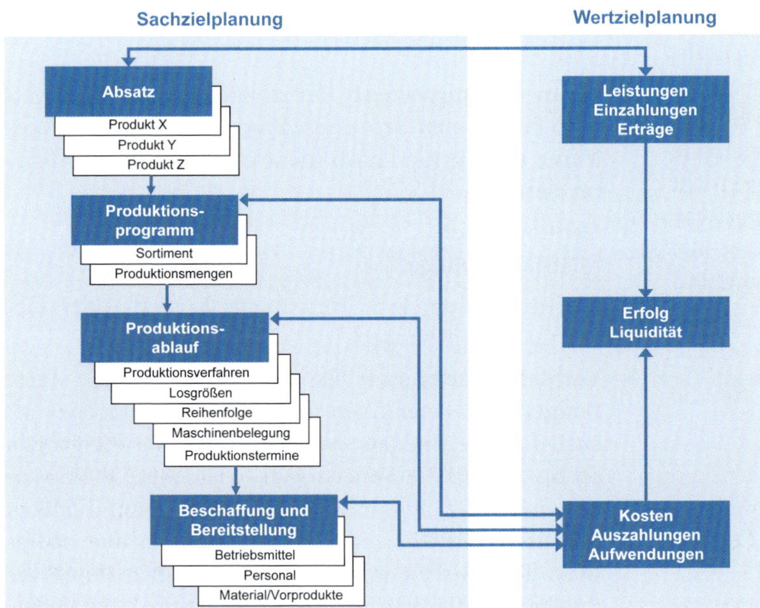

Abb. 4.3.1: Zusammenhang zwischen sach- und wertzielorientierter Planung

ten ab. Ein wichtiges Hilfsmittel sind dabei Stücklisten, die für jedes einzelne Produkt beschreiben, welche Materialien und Bauteile darin eingehen. Darüber hinaus werden im Rahmen der Aktionsplanung auch die Tätigkeiten in administrativen und dispositiven Bereichen geplant, wie etwa dem Marketing, der Personalabteilung oder dem Rechnungswesen. Diese lassen sich jedoch nicht ohne Weiteres analytisch aus der Absatzplanung ableiten. Deshalb weist die Planung dieser indirekten Bereiche einen wesentlich geringeren Detaillierungsgrad auf (vgl. *Weber/Schäffer*, 2020, S. 304 ff.).

Im Rahmen der **Aktionskontrolle** wird ermittelt, ob die in der Aktionsplanung festgelegten Termine, Leistungsmengen, Qualitätsanforderungen und die angestrebte Zufriedenheit der Anspruchsgruppen (Kunden, Lieferanten, Mitarbeiter etc.) erreicht wurden. Die Zielerreichung ist jedoch aufgrund der teilweise unzureichenden Quantifizierbarkeit qualitativer Ziele oft nicht eindeutig feststellbar. Auf der operativen Ebene liegt der Fokus deshalb auf der Budgetierung, welche im Folgenden ausführlich dargestellt wird.

4.3.2 Grundlagen der Budgetierung

Im Gegensatz zur Aktionsplanung und -kontrolle legt die Budgetierung nicht die Maßnahmen, sondern die hierfür zur Verfügung stehenden finanziellen Ressourcen bzw. die zu erreichenden monetären Ergebnisse fest. Auf welche Art und Weise diese wertmäßigen Ziele erreicht werden, bleibt den Entscheidungsträgern dabei weitgehend selbst überlassen. Die Budgetierung setzt somit nicht an den Handlungen, sondern an deren Konsequenzen an. Sie gibt einen **Rahmen** vor, innerhalb dessen die Verantwortlichen mehr oder weniger frei entscheiden können (vgl. *Dambrowski*, 1986, S. 23 ff.). Diese Entscheidungs- und Handlungsspielräume bewirken grundsätzlich eine höhere Motivation, Eigeninitiative und Leistungsbereitschaft sowie schnellere Reaktion auf kurzfristige Veränderungen. Darüber hinaus müssen im Vergleich zur Aktionsplanung und -kontrolle viel weniger Größen geplant und kontrolliert werden. Die Verantwortlichen werden zum Nachdenken über die zukünftig erzielbaren Erfolge angeregt, wodurch mehr Erfahrung und Wissen in die Planung eingehen. Kommunikation und Abstimmung zwischen den Bereichen während des Planungsprozesses werden gefördert und somit lassen sich Probleme oder Engpässe frühzeitig erkennen und beseitigen.

Die Budgetierung ermöglicht auch die Planung und Kontrolle „undurchsichtiger" organisatorischer Bereiche. Beispiele sind Forschung und Entwicklung oder die Rechtsabteilung. Eine exakte Festlegung der durchzuführenden Aktivitäten ist in diesen Bereichen kaum möglich, da die Unternehmensführung die dort ablaufenden Prozesse zu wenig kennt, sich diese laufend ändern und zudem hohe Unsicherheiten bestehen (vgl. *Küpper et al.*, 2013, S. 433 ff.).

Die **Budgetierung** umfasst die Planung und Kontrolle wertmäßiger Ergebnisse. Sie bezieht sich auf die monetären Auswirkungen geplanter Handlungen und dient der Erreichung wertorientierter Ziele.

Auf der strategischen Ebene, die durch hohe Unsicherheiten und vermehrt qualitative, nicht monetäre Zielsetzungen geprägt ist, beschränkt sich die Budgetierung auf die Vorgabe globaler Rahmenwerte. Bei der operativen Planung und Kontrolle nimmt sie dagegen eine dominierende Rolle ein. Die Budgetierung bezieht sich in der Regel nicht auf einzelne Mitarbeiter, sondern umfasst organisatorische Verantwortungsbereiche. Grundsätzlich kommen ihr alle in Kap. 4.1.2 beschriebenen Funktionen der Planung und Kontrolle zu.

Wesentliche **Aufgaben** der Budgetierung sind:

- Verbindliche Festlegung der monetären Ziele für die nächste Geschäftsperiode,
- Vorgabe von Leistungsmaßstäben,
- Koordination der verschiedenen Teilbereiche und
- Prognose der finanziellen Situation und Ergebnisse des Unternehmens.

Die Budgetierung ist somit eine **multifunktionale Mischung** aus Prognose, Zielsetzung, Leistungsmessung und Koordination. Daraus resultieren in der Praxis allerdings auch einige Probleme, die in Kap. 4.3.3 thematisiert werden. Eine Befragung von 396 Führungskräften aus dem Bereich Rechnungswesen und Controlling im Rahmen des *WHU-Controller Panels* ergab, dass 53 % der Unternehmen die Leistung ihrer Manager überwiegend auf Basis der Einhaltung vorgegebener Budgetziele beurteilen. Die Hälfte sieht dies als verlässlichen Maßstab für den Erfolg ihrer Führungskräfte (vgl. *Reimer et al.*, 2019, S. 18).

Ursprünglich wurde der Budgetbegriff für die Erstellung öffentlicher Haushalte verwendet und steht dabei für die Gegenüberstellung von Einnahmen und Ausgaben im Sinne eines Finanzplans oder Etats. Betriebswirtschaftlich wäre das Budget somit die Zuordnung finanzieller Ressourcen zu bestimmten organisatorischen Bereichen (vgl. *Szyperski/Winand*, 1980, S. 22). Zur Erfüllung der vielfältigen Funktionen der Budgetierung ist diese Begriffsauffassung jedoch zu eng. Eine Gleichsetzung von Budget und Plan ist ebenfalls nicht sinnvoll, da sich die operative Planung nicht nur mit den finanziellen Zielen eines Unternehmens beschäftigt. Das Budget ist vielmehr Ausdruck und Ergebnis der wertzielorientierten Planung und Kontrolle (vgl. *Horváth et al.*, 2020, S. 134).

Ein **Budget** ist ein in wertmäßigen Größen formulierter und wertzielorientierter Plan, der einem Verantwortungsbereich für einen gewissen Zeitraum verbindlich vorgegeben wird.

Merkmale von Budgets sind (vgl. *Horváth et al.*, 2020, S. 135):

- **Verantwortungsbereich:** Horizontal lassen sich Budgets nach Funktionen, Prozessen, Produkten, Regionen, Projekten und vertikal nach hierarchischen Ebenen differenzieren.
- **Geltungsdauer:** z. B. Monats-, Quartals-, Jahres- oder Mehrjahresbudgets.
- **Wertdimension:** z. B. Ausgaben-, Kosten- oder Deckungsbeitragsbudgets.
- **Verbindlichkeitsgrad:** Es existieren sowohl starre Budgets mit einer fixen Ober- bzw. Untergrenze als auch flexible Budgets, bei denen sich die Zielgrößen an bestimmte Veränderungen, wie etwa die Kapazitätsauslastung, automatisch anpassen. Verbindlichkeit bedeutet einerseits die Akzeptanz der in den operativen Teilplänen enthaltenen Zielvorgaben durch die Budgetverantwortlichen und andererseits, dass für die Unternehmensführung die Erreichung der budgetierten Ziele zufriedenstellend ist.

Budgets beschränken sich demnach auf **wertmäßige Größen.** Sachzielorientierte Kennzahlen, wie beispielsweise Mengen oder Zeiten, sind somit nicht Bestandteil der Budgetierung. Sie werden zwar für die Erstellung der Budgets herangezogen, aber im Rahmen der Aktionsplanung ermittelt.

Budgetangaben können sowohl inputbezogen den **Ressourceneinsatz** (in Form von Auszahlungen, Aufwand oder Kosten) als auch outputbezogen die zu erzielenden **wertmäßigen Ergebnisse** umfassen. Beispiele hierfür sind der Wert der hergestellten Produkte, Umsatz oder Gewinn. Eine Beschränkung auf den Ressourceneinsatz ist nur dann sinnvoll, wenn die Ergebnisse nicht wertmäßig erfasst werden können, wie etwa für eine Marketingmaßnahme oder die Rechtsabteilung. In diesen Fällen sollte das Budget jedoch im Rahmen der Aktionsplanung durch qualitative Angaben ergänzt werden (vgl. *Dambrowski*, 1986, S. 34 f.; *Wild*, 1974, S. 326).

Das **Budgetierungssystem** ist der wertzielorientierte Teil des Planungs- und Kontrollsystems.

Das Budgetierungssystem hat Einfluss auf die Erfüllung der Budgetierungsfunktionen. Nach der Einteilung in Kap. 4.1.3 kann das Budgetierungssystem aus **drei Blickrichtungen** beschrieben werden (vgl. *Horváth et al.*, 2020, S. 135):

- **Funktional** betrachtet geht es um die Bestimmung der Budgetierungsaktivitäten und die Frage, welche Budgets erstellt werden und wie diese zueinander in Beziehung stehen (Budgetsystem).
- **Institutional** gesehen wird festgelegt, wer in welcher Form an der Budgetierung mitwirkt (Budgetierungsorgane) und in welcher zeitlichen und inhaltlichen Reihenfolge die Budgetierungsaktivitäten durchzuführen sind (Budgetierungsprozess).
- **Instrumental** geht es um die methodischen und digitalen Werkzeuge, die bei der Budgetierung eingesetzt werden.

> Das **Budgetsystem** besteht aus inhaltlich aufeinander abgestimmten Teilbudgets, die abhängig von ihrer Zahlungs- und Erfolgswirksamkeit zusammenfassend verdichtet werden.

Die **Teilbudgets** werden häufig nach den Funktionsbereichen des Unternehmens unterschieden, wie etwa in Umsatz-, Produktions-, Beschaffungs-, Vertriebs-, Verwaltungs- oder F&E-Budget. Diese lassen sich wiederum weiter unterteilen, wie etwa das Umsatzbudget nach Produkten, Kunden oder Regionen. Ist ein Unternehmen in mehrere Geschäftsbereiche oder rechtliche Einheiten gegliedert, so verfügen diese in der Regel über eigene Budgetsysteme, die zu einem Gesamtbudgetsystem konsolidiert werden. Budgets unterschiedlicher Fristigkeiten sind meist zeitlich ineinander geschachtelt.

Die Verdichtung der Teilbudgets erfolgt in drei **Richtungen** (vgl. *Horváth et al.*, 2020, S. 136):

- **Finanzbudget:** Gegenüberstellung der sich aus den Teilbudgets ergebenden Ein- und Auszahlungen der Planperiode. Das Finanzbudget ist ein wichtiges Hilfsmittel zur Sicherstellung der Liquidität.
- **Budgetierte Erfolgsrechnung (Plan-GuV):** Gegenüberstellung der sich aus den Teilbudgets ergebenden geplanten Aufwendungen und Erträge der Periode zur Bestimmung des zu erwartenden Periodenerfolgs.
- **Budgetierte Bilanz (Planbilanz):** Zusammenfassende Darstellung der Auswirkungen aller Teilbudgets sowie des Finanzbudgets und der Plan-GuV auf die Bilanzpositionen des Unternehmens. Die Planbilanz bildet den Abschluss der Budgeterstellung.

Um das kurzfristige Betriebsergebnis zu bestimmen, wird der Plan-GuV meist eine **budgetierte Betriebsergebnisrechnung** vorgeschaltet. Darin werden die in den Teilbudgets enthaltenen Kosten und Leistungen gegenübergestellt. Finanzbudget und Plan-GuV geben häufig Anlass zur Überarbeitung der Teilbudgets, um die Liquidität sicherzustellen bzw. den erwarteten Periodenerfolg zu verbessern. Maßnahmen hierzu können etwa die Senkung der Auszahlungen durch Verschiebung von Investitionen oder Reduktion der Herstellkosten sowie die Erhöhung der Einzahlungen durch anspruchsvollere Umsatzziele oder kürzere Zahlungsfristen sein. Überarbeitungen und Anpassungen der Teilbudgets werden solange vorgenommen, bis Periodenerfolg und Liquidität als zufriedenstellend oder nicht weiter optimierbar angesehen werden. Dieser iterative und oftmals langwierige Prozess wird als **Budget-Knetphase** bezeichnet. Die Planbilanz ermöglicht die Analyse der zukünftigen Vermögens- und Kapitalstruktur und ist deshalb insbesondere für Banken oder Investoren interessant.

Da die Budgetierung überwiegend sukzessiv vorgenommen wird, bestimmt der Aufbau des Budgetsystems auch die **Reihenfolge** der Erstellung der Teilbudgets. Nach dem in Kap. 4.1.3 erläuterten Ausgleichsgesetz der Planung stellt auch bei der Budgetierung der Engpassbereich den Ausgangspunkt der Budgeterstellung dar. Da dies meist der Absatzmarkt ist, beginnt die Budgetierung in aller Regel mit dem Umsatzbudget. Darin werden die geplanten Mengen aus dem Absatzplan mit den angestrebten Verkaufspreisen bewertet. Aus dem Umsatzbudget werden dann die Budgets für die Produktion, Beschaffung, indirekten Bereiche und Investitionen abgeleitet.

Beim Entwurf des Budgetsystems ist darauf zu achten, dass für jedes Teilbudget eine klare Verantwortung existiert. Die Struktur des Budgetsystems leitet sich deshalb häufig aus der Organisationsstruktur des Unternehmens ab. Die Geschlossenheit des Budgetsystems ist erforderlich, um die Teilbudgets konsolidieren zu können. Die Gliederungstiefe der Teilbudgets ist unternehmensspezifisch. In Industrieunternehmen wird etwa das Produktionsbudget häufig nach Produktionsstufen oder -bereichen unterteilt.

Ein einfaches Beispiel für ein Budgetsystem zeigt Abb. 4.3.2. Darin sind auch die weitere Unterteilung der Teilbudgets sowie die Verdichtung zum Finanzbudget, zur Plan-GuV und zur Planbilanz zu erkennen. In Kap. 4.4.3 werden das Budgetsystem und die Budgeterstellung anhand der Fallstudie der *Eder Möbel GmbH* ausführlich erläutert.

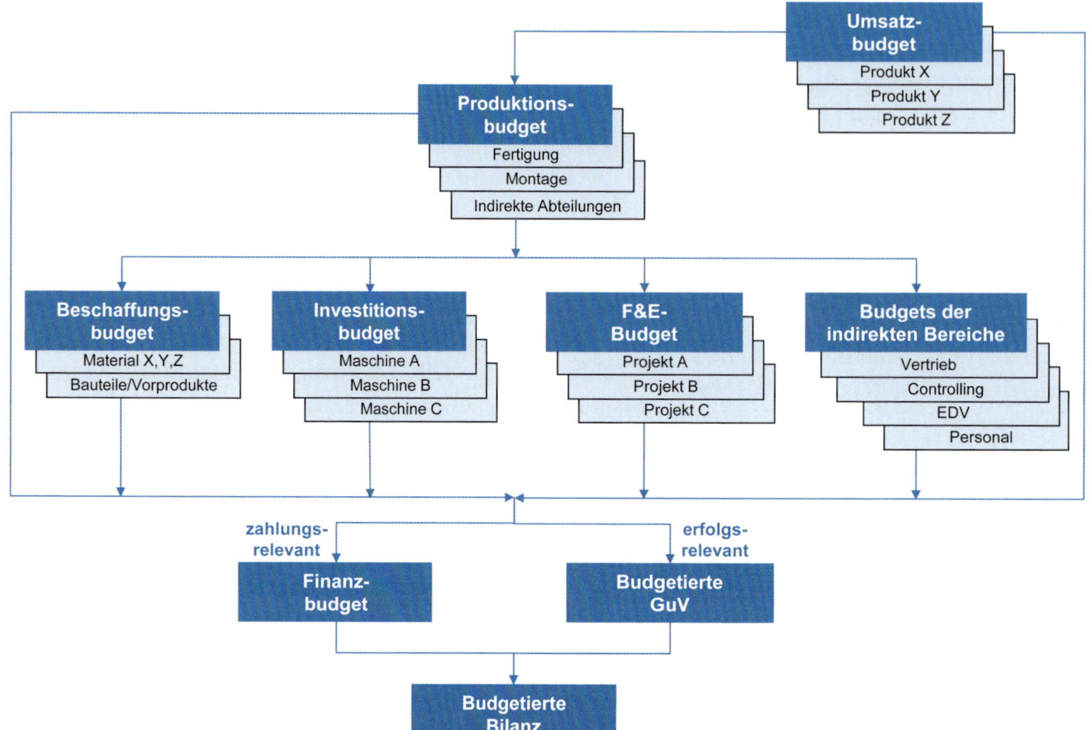

Abb. 4.3.2: Aufbau eines Budgetsystems

Budgetierungsorgane und Budgetierungsprozess

Als **Budgetierungsorgane** kommen grundsätzlich alle in Kap. 4.1.3 aufgeführten Planungs- und Kontrollorgane infrage. Traditionell ist die Budgetierung jedoch eine Kernaufgabe des **Controllings**. Es unterstützt die Linieninstanzen bei der Erstellung und Kontrolle der Teilbudgets und koordiniert den Ablauf der Budgetierung. Ebenso prüft und konsolidiert es die Teilbudgets der hierarchischen Ebenen und fasst diese zum Finanzbudget sowie zur Plan-GuV und Planbilanz zusammen. Das Controlling ist meist auch für die Gestaltung, Lenkung und Analyse des Budgetierungssystems zuständig. Darüber hinaus überwacht es die Budgetrealisierung, um Abweichungen frühzeitig zu erkennen und deren Ursachen herauszufinden. Die inhaltliche Budgeterstellung ist jedoch Aufgabe der **Linieninstanzen**. Die **Unternehmensführung** gibt die generellen Richtlinien und Ziele vor, genehmigt die Teilbudgets und verabschiedet das konsolidierte Gesamtbudget.

> Der **Budgetierungsprozess** beschreibt den zeitlichen und inhaltlichen Ablauf der Budgetierungsaktivitäten.

Die bestehenden Gestaltungsmöglichkeiten wurden bereits in Kap. 4.1.3 erläutert. Die Erfolgsplanung kann sowohl progressiv als auch retrograd erfolgen. Während sich bei der **progressiven Erfolgsplanung** der budgetierte Erfolg aus den einzelnen Teilbudgets ergibt, werden bei der **retrograden Erfolgsplanung** die Teilbudgets aus den übergeordneten Erfolgsgrößen abgeleitet. In der Praxis erfolgt die Budgetierung meist rollierend im Gegenstromverfahren mit Top-down-Eröffnung (vgl. Kap. 4.1.3).

Die wesentlichen **Phasen des Budgetierungsprozesses** sind (vgl. *Friedl*, 2013, S. 211 ff.; *Weber/Schäffer*, 2020, S. 305 ff.):

- **Entwicklung von Budgetrichtlinien:** Zu Beginn legt die Unternehmensführung die übergeordneten Erfolgs- und Liquiditätsziele sowie die einzuhaltenden Absatz- und Ressourcenrestriktionen fest. Grundlage hierfür sind die Vorgaben aus der strategischen Planung, Prognosen über relevante Faktoren sowie Erkenntnisse aus der Analyse der vorhergehenden Budgetperiode. Darüber hinaus werden Termine und Verantwortlichkeiten bestimmt.
- **Aufstellung der Teilbudgets:** Auf Basis der Budgetvorgaben sowie weiterer Prognosen und Kostenplanungen erstellen die Linienmanager für ihren Verantwortungsbereich jeweils einen Budgetentwurf.
- **Budgetabstimmung und -verhandlung:** Abstimmungen zwischen den Verantwortungsbereichen sollen Konflikte und Inkonsistenzen aufdecken (horizontale Koordination). Ebenso finden mehrere Durchsprachen mit den

übergeordneten Instanzen statt, bis der Budgetentwurf zur Genehmigung weitergeleitet wird.

- **Budgetprüfung und -konsolidierung:** Die Budgetentwürfe werden im Anschluss zunächst auf ihre inhaltliche und formale Richtigkeit überprüft. Dies umfasst etwa die Einhaltung der generellen Richtlinien oder Strukturen. Danach werden die Teilbudgets in die Ergebnisbudgets des Unternehmens verdichtet. Aufgrund der meist vielfältigen innerbetrieblichen Liefer- und Leistungsbeziehungen ist hierfür eine Konsolidierung erforderlich. Dabei werden unternehmensinterne Beziehungen vollständig eliminiert und bestimmte Vorgänge aus Sicht des gesamten Unternehmens zusammengefasst. Ziel ist die Darstellung des Unternehmens als wirtschaftliche Einheit, unabhängig von bestehenden rechtlichen Strukturen. Diese Konsolidierung wird für das gesamte Unternehmen und häufig auch für einzelne Unternehmensteile (sog. Konsolidierungskreise) vorgenommen. Die aus den Ergebnisbudgets folgenden Resultate werden mit den Erfolgs- und Liquiditätszielen der Budgetperiode verglichen. Bis letztlich die Gesamtheit der Teilbudgets zu einem stimmigen und zufriedenstellenden Ergebnis führt, sind meist mehrstufige Überarbeitungen der Teilbudgets durch die Linienverantwortlichen erforderlich (vertikale Koordination). Diese Budgetknetphase erfordert häufig einen erheblichen Zeitaufwand. Die unterschiedlichen Überarbeitungsschleifen veranschaulicht Abb. 4.3.3.
- **Genehmigung und Vorgabe:** Ist die vertikale und horizontale Abstimmung erfolgreich abgeschlossen, werden die Budgets von der Unternehmensführung genehmigt. Für die Linienmanager stellen sie die verbindliche Vorgabe für die in der nächsten Periode angestrebten wertmäßigen Ziele dar. Den Linienmanagern wird damit aber auch die Kompetenz verliehen, Entscheidungen im Rahmen ihres Budgets frei zu treffen.
- **Kontrolle und Abweichungsanalyse:** Im Rahmen der Budgetkontrolle werden sowohl während als auch nach Ablauf der Budgetperiode die wesentlichen Prämissen überprüft und die budgetierten Ziele mit den realisierten Ergebnissen verglichen. Die Abweichungsanalyse dient zur Bestimmung der Ursachen von Zielverfehlungen sowie zur Einschätzung der Bedeutung von Abweichungen. Dabei weist auch eine deutliche Übererfüllung von Zielen auf Mängel in der Budgeterstellung hin (vgl. Kap. 4.3.3). Die festgestellten Abweichungen werden zur Ursachenbestimmung meist in Teilabweichungen aufgespalten. Die Bedeutung einer Abweichung ergibt sich aus deren Erfolgs- und Liquiditätswirkungen

Der Budgetierungsprozess läuft in der Unternehmenspraxis routinemäßig ab und ist oft bis ins kleinste Detail durchgeplant. Zur Sicherstellung des reibungslosen Budgetierungsablaufs dient ein Budgetierungskalender, der die einzelnen Schritte und Verantwortlichkeiten exakt festlegt. Um den Budgetierungsprozess termingerecht abzuschließen, ist die Einhaltung der Abgabetermine der Teilbudgets sowie die Dauer der Budgetierungsaktivitäten genau zu verfolgen (vgl. Kap. 4.1.3).

Ein Beispiel für mögliche Aktivitäten sowie Träger der Budgetierung veranschaulicht Abb. 4.3.4. Darin sind die Verantwortlichkeiten der jeweiligen Aktivitäten und Ergebnisempfänger zu erkennen. Ebenso ist zu sehen, dass die hierarchischen Ebenen im Budgetierungsprozess mehrfach durchlaufen werden. Eine gewisse Routine ist bei der operativen Planung und Kontrolle in Großunternehmen

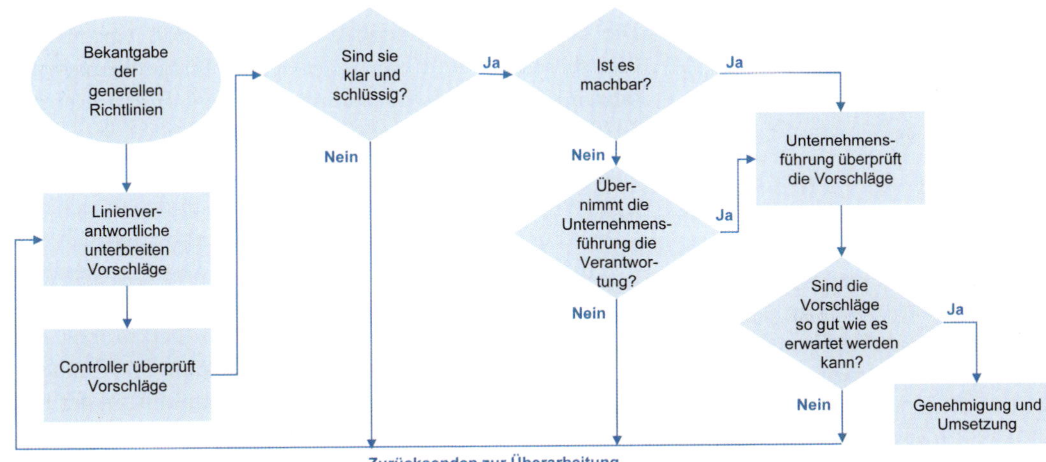

Abb. 4.3.3: Iterative Budgetabstimmung (in Anlehnung an Shillinglaw, 1982, S. 229)

Vorplanung

1. Erarbeitung von Prämissen und Analyse von Chancen/Risiken
2. Analyse der bisherigen Marktstellung des Unternehmens
3. Erarbeitung und Bekanntgabe der Unternehmensziele
4. Erstellung der langfristigen Unternehmens- und Investitionspläne zur Erfüllung der Ziele
5. Diskussion, Verabschiedung und Bekanntgabe der Unternehmens- und Investitionspläne

Budgeterstellung

6. Erstellung detailierter Geschäftspläne für das nächste Jahr
7. Investitions- und Finanzplanung
8. Budgetkonsolidierung und -zusammenfassung
9. Berichtigung der Aktionspläne und Budgets
10. Budgetkonsolidierung und -zusammenfassung
11. Endgültige Genehmigung und Veröffentlichung

Kontrolle

12. Erstellung regelmäßiger Berichte (Soll/Ist-Vergleich) und Analyse der Abweichungen
13. Falls nötig, korrigierende Maßnahmen und Revision der Budgets

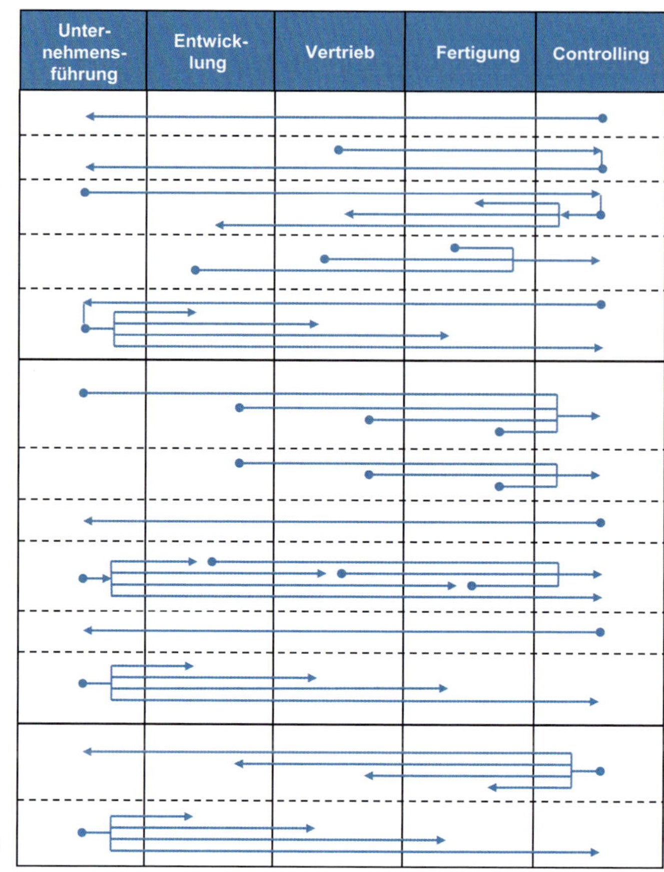

Abb. 4.3.4: Beispielhafter Ablauf und Träger der Budgetierung (in Anlehnung an Goronzy, 1975, S. 24)

sicher hilfreich, wenn dadurch notwendige Anpassungen des Budgetierungsprozesses nicht behindert werden.

Budgetierungsinstrumente

Aufgrund des enormen Datenvolumens ist die Budgetierung heute in mittleren und größeren Unternehmen ohne **digitale Instrumente** nicht mehr praktikabel. Die Digitalisierung der Budgetierung verbessert nicht nur die Effizienz, sondern ermöglicht eine automatisierte Prognose und Simulation von Budgets und deren Auswirkungen auf Erfolg und Liquidität. Die Budgetierung lässt sich dadurch auch flexibler gestalten (vgl. Kap. 4.1.5).

Bei den **methodischen Instrumenten** ist zwischen Budgetplanung und -kontrolle zu unterscheiden. Welche **Budgetplanungsinstrumente** zur Erstellung der Budgets eingesetzt werden, hängt vor allem von den Prozessen in den betreffenden Verantwortungsbereichen ab. Die Auswahl erfolgt nach dem **Wiederholungsgrad der Prozesse** und der **monetären Quantifizierbarkeit der Prozessergebnisse**. Sich wiederholende, repetitive Prozesse laufen mehr oder weniger immer gleich ab. Der Prozessablauf ist bekannt und lässt sich genau beschreiben. Beispiele sind die Herstellung eines Produkts oder die Beschaffung von Rohstoffen. Einmalige und neuartige Prozesse lassen sich dagegen kaum beschreiben. Dies gilt auch für Prozesse, auf welche wenig beeinflussbare Faktoren wie z. B. konjunkturelle Entwicklungen einwirken. Deren Ergebnisse sind deshalb nur schwer vorherzubestimmen. Beispiele hierfür sind die Forschung und Entwicklung oder Marketingmaßnahmen.

Die sich daraus ergebenden Kategorien von Verantwortungsbereichen und hierfür geeignete **Budgetierungsverfahren** sind in Abb. 4.3.5 dargestellt (vgl. *Horváth et al.*, 2020, S. 142; *Küpper et al.*, 2013, S. 446 ff.):

- **Input-Output-Budgetierung:** Am einfachsten zu budgetieren sind Verantwortungsbereiche, in denen sich sowohl der Prozessablauf ständig wiederholt als auch das Prozessergebnis monetär messbar ist. Der Schwerpunkt liegt auf der Verbesserung der Effizienz als Verhältnis von monetärem Input zu monetärem Output bzw. auf der Ermittlung des bewerteten Ressourcenverbrauchs für eine Leistungseinheit. Ausgangspunkt ist in der Regel das Absatz- bzw. Produktionsprogramm, das von den betroffenen Verantwortungsbereichen jedoch meist

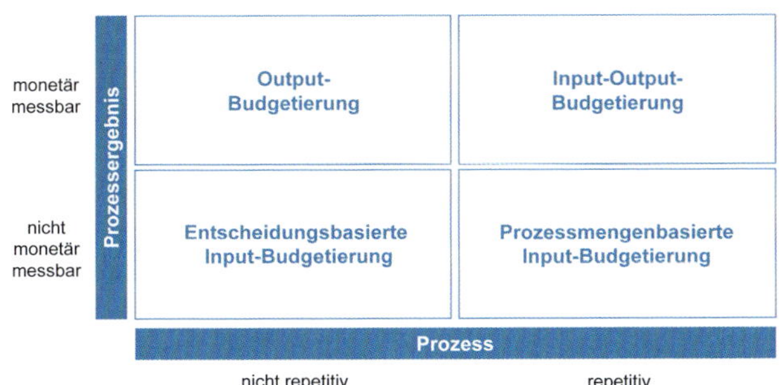

Abb. 4.3.5: Verantwortungsbereiche und Budgetplanung (in Anlehnung an Camillus, 1984, S. 5)

nicht beeinflussbar ist. Das Produktionsbudget ergibt sich etwa aus der Multiplikation der budgetierten Stückherstellkosten mit den geplanten Fertigungsmengen. Häufig eingesetzte Verfahren sind die Systeme der Plan- und Normalkostenrechnung. Sie werden vor allem für Fertigungs- und Beschaffungsbudgets verwendet.

- **Output-Budgetierung:** In diesen Verantwortungsbereichen kann der Output monetär gemessen werden. Aufgrund der Einmaligkeit oder dem Neuigkeitsgrad der Prozesse sowie externer Einflüsse lässt sich aber kein eindeutiger Zusammenhang zwischen monetärem In- und Output herstellen. In diesen Fällen wird nur das Ergebnis budgetiert. Ein Beispiel ist die Festlegung des Umsatzbudgets auf Basis der geplanten Absatzmengen und Verkaufspreise der Produkte. Dabei werden Entscheidungs- und Prognosemodelle eingesetzt, etwa mithilfe von Advanced Analytics oder digitaler, treiberbasierter Planungssysteme (vgl. Kap. 4.1.5).
- **Prozessmengenbasierte Input-Budgetierung:** Die Prozesse in den Gemeinkostenbereichen haben normalerweise keinen direkten Marktbezug und führen deshalb nicht unmittelbar zu Erlösen. Wiederholen sich die Prozesse jedoch identisch, dann lässt sich die Leistung der Verantwortungsbereiche über die Anzahl der Wiederholungen quantifizieren. Im externen Rechnungswesen könnte dies z. B. die Zahl der Buchungsvorgänge sein. Besteht dabei ein mittelbarer Zusammenhang zwischen der zu erbringenden Leistung und dem Produktions- und Absatzprogramm, dann lässt sich der erforderliche Ressourcenbedarf der Verantwortungsbereiche bestimmen. Das Personalbudget kann etwa anhand der für Herstellung und Vertrieb des Produktions- und Absatzprogramms benötigten Mitarbeiter sowie der geplanten Neueinstellungen und Entlassungen aufgestellt werden. Ein Instrument hierfür ist die Prozesskostenrechnung (vgl. Kap. 5.4.3).
- **Entscheidungsbasierte Input-Budgetierung:** In einigen Gemeinkostenbereichen wiederholen sich die Prozesse nicht in ähnlicher Form und die zu erbringenden Leistungen können auch nicht aus dem Produktions- und Absatzprogramm hergeleitet werden. In diesen Fällen entscheidet die Unternehmensführung auf Basis qualitativer Kriterien oder pauschaler Regelungen über die Höhe der zur Verfügung gestellten Ressourcen. Ein Beispiel ist das Budget für Grundlagenforschung, deren Ergebnisse nicht unmittelbar am Markt verwertbar sind. In diesen Verantwortungsbereichen werden Budgets häufig auf Basis des Vorjahreswerts fortgeschrieben. Dieser wird z. B. an die Umsatzentwicklung der vergangenen, laufenden oder folgenden Periode oder an den entsprechenden Ressourceneinsatz der Konkurrenten angepasst. Eine Planung im eigentlichen Sinn findet somit nicht statt. Dadurch besteht die Gefahr, dass alte Strukturen zementiert und Ineffizienzen nicht erkannt werden.

Die genannten Budgetierungsverfahren lassen sich in den einzelnen Verantwortungsbereichen **periodisch** einsetzen. Darüber hinaus gibt es ergänzende **aperiodische Verfahren**, die im Abstand von mehreren Perioden oder auch für einmalige Sachverhalte zum Einsatz kommen. Zu nennen sind hier vor allem (vgl. *Küpper et al.*, 2013, S. 446 ff.):

- **Projektbudgetierung:** Projekte als einmalige und komplexe Vorhaben sind jeweils fallweise zu budgetieren. Das Projektbudget umfasst Angaben über die benötigten monetären Ressourcen für Personal, Material, Betriebsmittel und Fremdleistungen sowie die bewerteten Projektergebnisse (vgl. Kap. 5.3.4).
- **Wertanalytische Verfahren:** Ziel der wertanalytischen Verfahren ist insbesondere die Verbesserung der Effizienz und Senkung der Kosten in den indirekten Bereichen. Die Analyse bezieht sich vor allem auf die einzusetzenden Ressourcen. Die Zweckmäßigkeit der Leistungen wird jedoch meist nicht infrage gestellt. Ein Team aus Mitarbeitern der betroffenen Verantwortungsbereiche sucht dabei nach Möglichkeiten, um die Funktionen von Produkten bzw. Prozessen rationeller zu erbringen und überflüssige Funktionen abzubauen. Das bekannteste Verfahren ist die Gemeinkostenwertanalyse, die Kosten und Nutzen indirekter Leistungen abwägt, um deutliche Kosteneinsparungen ohne wesentliche Leistungseinbußen zu erreichen.
- **Zero-Base-Budgeting** soll sicherstellen, dass in den Gemeinkostenbereichen die knappen finanziellen Ressourcen nur für die wirklich wesentlichen Aufgaben eingesetzt werden. Das Verfahren zielt weniger auf eine Senkung der Kosten ab, als vielmehr auf die Umver-

teilung der Ressourcen im Sinne strategischer Zielsetzungen. Jeder Verantwortungsbereich muss sein Budget für sämtliche Aktivitäten „von Null auf" begründen. Dabei wird untersucht, ob und in welcher Qualität die Aktivitäten des Verantwortungsbereichs zu erbringen sind und wie dies zu möglichst geringen Kosten erfolgen kann. Aufgrund seiner Kompliziertheit und des hohen Zeitaufwands ist das Zero-Base-Budgeting für akute Krisensituationen nicht geeignet. Es stößt jedoch auf geringeren Widerstand als die auf Kostensenkungen und Personalabbau fokussierten wertanalytischen Verfahren.

Wesentliche **Budgetkontrollinstrumente** sind die verschiedenen Formen der Abweichungsanalyse. Sie sollen die Abweichungsursachen aufzeigen, um sinnvolle Gegenmaßnahmen einleiten und zukünftige Budgetierungsprozesse verbessern zu können. Die Abweichungsanalyse hängt stark von den bei der Budgetierung eingesetzten Verfahren der Kosten- und Leistungsrechnung ab. Wird beispielsweise im Produktionsbereich eine flexible Plankostenrechnung verwendet, dann lassen sich Abweichungen des Produktionsbudgets sehr differenziert etwa nach Beschäftigungs-, Preis- oder Verbrauchsursachen analysieren. Zur Beurteilung der Bedeutung von Abweichungen und der Prognose zukünftiger Entwicklungen spielt auch die Digitalisierung der Kontrolle eine zunehmende Rolle (vgl. Kap. 4.1.5).

4.3.3 Verhaltenswirkungen der Budgetierung

Budgets stellen Vorgaben für die dezentralen Entscheidungsträger dar, welche deren Verhalten beeinflussen. Sie sollten generell so gestaltet werden, dass sich die Entscheidungsträger mit den budgetierten Zielen identifizieren. Förderlich für die Zielakzeptanz sind die Beteiligung der Verantwortlichen an der Zielfindung und eine möglichst exakte Zielvorgabe. Wird die Zielerreichung etwa im Sinne eines „Pay for Performance" mit Anreizen verbunden, dann beeinflusst der Schwierigkeitsgrad der Zielvorgabe entscheidend die Anstrengungen und Ergebnisse der Verantwortungsbereiche (vgl. *Friedl*, 2013, S. 220 ff.; *Locke/Latham*, 1984, S. 21 ff.).

Die Frage ist nun, wie anspruchsvoll die budgetierten Ziele sein sollen. In Abb. 4.3.6 sind die Zusammenhänge zwischen der Schwierigkeit der Erreichung der Budgetziele und der tatsächlich erzielten Leistung dargestellt. Es lassen sich drei **Bereiche der Erzielungsschwierigkeit** unterscheiden (vgl. *Posselt*, 1986, S. 135 ff.):

- **Mindestanforderung**: Unterschreitet die Vorgabe ein von den Verantwortlichen erwartetes Ergebnis, dann wird das Ziel zwar meist erreicht, allerdings wäre die Leistung ohne Zielsetzung gleich oder sogar höher ausgefallen. Das Ziel liefert somit keinen Leistungsanreiz. Es wird als zu einfach angesehen, so dass sich die Verantwortlichen kaum anstrengen („Das schaffen wir mit links").
- **Herausforderndes Budget**: Liegt die Zielvorgabe über dem erwarteten Ergebnis, dann steigt die Leistung mit zunehmender Schwierigkeit so lange an, wie das Ziel von den Verantwortlichen noch als realisierbar angesehen wird. Das Ziel wirkt in diesem Falle leistungssteigernd, da es zwar als schwierig, aber auch erreichbar angesehen wird („Packen wir's an"). Solche anspruchsvollen, nur unter hohem Einsatz und mit neuen Denk- und Handlungsweisen zu erreichenden Ziele werden auch als „Stretch Targets" bezeichnet.

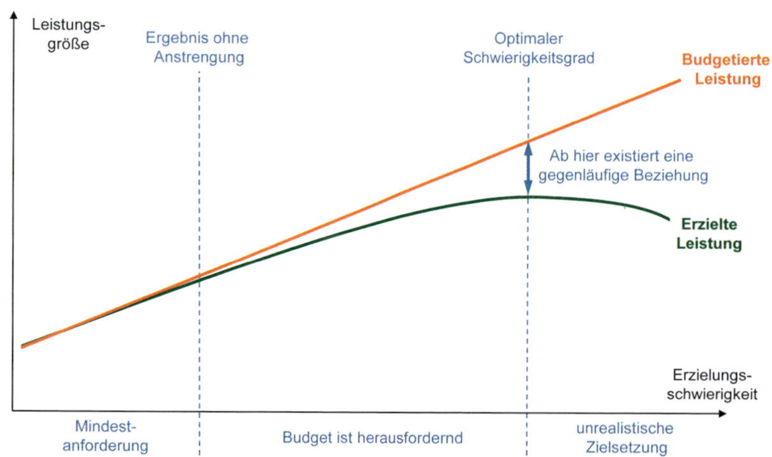

Abb. 4.3.6: Leistungswirkungen von Vorgaben (vgl. Posselt, 1986, S. 136)

- **Unrealistische Zielsetzung**: Wird die Vorgabe nicht mehr als realisierbar angesehen, dann wirkt sie demotivierend und leistungsmindernd. Die Verantwortlichen fühlen sich überfordert und resignieren („Was soll's, das schaffen wir sowieso nicht").

38 % der Befragten des *WHU-Controller Panels* beurteilen die Zielerreichung ihrer Budgets als eher schwierig und nur 17 % als eher leicht. In Großunternehmen mit einem Umsatz über 1 Mrd. € sehen 55 % die Erreichbarkeit der Budgetziele als schwierig an, in kleinen und mittleren Unternehmen dagegen nur rund ein Drittel. Der Schwierigkeitsgrad der Zielerreichung hat auch Einfluss auf die Bedeutung der Budgetziele. Für 47 % der befragten Unternehmen mit eher ambitionierten Zielen sind die Budgetziele auch wichtig zur Beurteilung der Führungskräfte. Dagegen gilt dies nur für 23 % der Unternehmen, in denen eher leicht zu erreichende Ziele vereinbart wurden (vgl. *Reimer et al.*, 2019, S. 16 ff.).

Eine Befragung von 97 deutschen Großunternehmen ergab, dass ambitionierte Ziele, die bei maximaler Anstrengung gerade noch erreichbar sind, die größte Motivations- und auch Ergebniswirkung haben. Optimal für diesen **Zielschwierigkeitseffekt** wäre danach eine Erreichbarkeit in etwa 20 % der Fälle. Um die Motivationswirkung aufrechtzuerhalten, werden Zielsetzungen bei manchen Unternehmen unterjährig angepasst, wenn diese aufgrund geänderter Umweltbedingungen als unerreichbar gelten. Ist die Zielerreichung mit Anreizen verknüpft und werden Zielanpassungen erwartet, dann besteht jedoch die Gefahr, dass diese durch manipulative Maßnahmen beeinflusst werden. Beispielsweise werden Kundenaufträge vorgezogen oder geplante Ausgaben verschoben. Diesem Verhalten ließe sich durch Kontrollmaßnahmen und Sanktionsmechanismen begegnen (vgl. *Artz/Arnold*, 2018, S. 16 ff.). Sinnvoller wäre es allerdings, die intrinsische Motivation zu stärken, statt individuelle Bonuszahlungen mit der Zielerreichung zu verknüpfen. Durch Leadership lassen sich die Verantwortlichen für die Erreichung einer gemeinsamen Vision begeistern (vgl. Kap. 6.3.2). Ehrgeizige Ziele können dann sogar mit diesen gemeinsam vereinbart werden. Alternativ können Zielanpassungen auch generell unterbleiben. Allerdings besteht dann die Gefahr, dass Ziele ihre Motivationswirkung verlieren, wenn sie durch unvorhergesehene Entwicklungen von den Verantwortlichen entweder als sicher oder unerreichbar eingeschätzt werden (vgl. *Bittner*, 2015, S. 9f.).

Es wird deutlich, dass es eigentlich zwei Budgets geben müsste. Zum einen eine möglichst realistische Prognose der Unternehmensaktivitäten, zum anderen eine herausfordernde Zielvorgabe mit Motivationscharakter. In der Praxis wird hier meist ein mehr oder weniger guter Kompromiss angestrebt. Lösungsansätze wären einerseits die Trennung von Prognose und Zielsetzung und andererseits die Vorgabe sog. relativer Ziele, bei denen die Leistung etwa im Vergleich zum stärksten Konkurrenten beurteilt wird (vgl. Kap. 4.3.3 und Kap. 6.4.5).

In der Praxis haben Budgets häufig unerwünschte, sog. **dysfunktionale Wirkungen**. Sie können auftreten, wenn die persönlichen Ziele der dezentralen Verantwortlichen, wie etwa Sicherheit oder Karriere, sich von den Unternehmenszielen unterscheiden und die Verantwortlichen Informationsvorsprünge gegenüber der Unternehmensführung besitzen. Falsche oder unvollständige Angaben über erreichbare Ziele oder erforderliche Ressourcen führen zu Budgetverschwendung und dem Aufbau von Budgetreserven, die dem Unternehmen schaden (vgl. *Friedl*, 2013, S. 220 ff.; *Höller*, 1978, S. 227 ff.). Abb. 4.3.7 gibt einen Überblick über mögliche Fehlsteuerungen durch die Budgetierung.

Im Rahmen von **Budgetverhandlungen** existiert ein Spannungsfeld zwischen den Interessen der beteiligten Führungsebenen gemäß der Principal-Agent-Theorie (vgl. Kap. 1.2.3). Während die vorgesetzte Instanz ein hohes Anspruchsniveau durchsetzen möchte, versuchen nachgelagerte Instanzen nur solche Budgetziele zu vereinbaren, die auch bei unvorhergesehenen Schwankungen erreichbar bleiben und hieran gekoppelte Anreize sicherstellen. Expe-

Abb. 4.3.7: Dysfunktionale Verhaltenswirkungen der Budgetierung (vgl. Greiner, 2006, S. 14)

rimentelle Forschungen zum menschlichen Verhalten in Budgetverhandlungen liefern hierzu interessante Einsichten. Zunächst unterliegen Menschen in Verhandlungen sozialen Normen, die auch ohne Zwang zu Zugeständnissen an den Verhandlungspartner führen. Der Vorgesetzte geht in der Budgetverhandlung von einem vermuteten allgemeinen Leistungsniveau aus, da er die tatsächliche Leistungsfähigkeit des Mitarbeiters nur schwer einschätzen kann. Der Mitarbeiter hingegen verhandelt strategisch, in dem er ausgehend von seinem ihm bekannten Leistungsniveau einen deutlich niedrigeren Budgetvorschlag macht. Dabei kalkuliert er aus der Verhandlung resultierende Auf- bzw. Abschläge bereits im Vorfeld mit ein (vgl. *Fisher et al.*, 2000, S. 93 ff.; *Schäffer/Kramer*, 2009, S. 254 ff.).

Budgetreserven treten also auf, wenn die Verantwortlichen an der Budgeterreichung gemessen werden und damit positive oder negative Sanktionen verknüpft sind. Die Doppelfunktion des Budgets als Prognose- und Anreizinstrument führt zu opportunistischem Verhalten. Bewusst eingeplante **Reserven (Slacks)** erleichtern den Budgetverantwortlichen die Erreichung ihrer Ziele und verschaffen ihnen ein Polster für unvorhergesehene Ereignisse (sog. Sandbagging). Aber auch die Budgetgeber können im eigenen Interesse handeln. Die in Aussicht gestellten Budgetprämien lassen sich zu einer Reduktion der Grundvergütung des Budgetnehmers nutzen und überhöhte Zielvorgaben können Einsparungen bei der Vergütung zum Ziel haben (vgl. *Abel/Nevries*, 2019, S. 50). Offen ausgewiesene, strategische Budgetreserven sind dagegen zur Nutzung unvorhergesehener Chancen sinnvoll.

Die Verbindung der Budgeterreichung mit Anreizen führt auch häufig zu **verstärktem Bereichsdenken** und **kurzfristiger Unternehmenspolitik**. In diesem Fall versuchen die Verantwortlichen, ihre Ziele zulasten anderer organisatorischer Einheiten bzw. durch Unterlassung langfristig notwendiger Maßnahmen zu erreichen. **Budgetverschwendung** tritt vor allem gegen Ende einer Periode auf. Dabei werden bis dato noch nicht benötigte Mittel ohne zwingende Notwendigkeit verbraucht. Ursache dieses zum Jahresende hin auftretenden sog. „Dezemberfiebers“ ist, dass die Neubewilligung inputorientierter Budgets von der Ausschöpfung des Vorjahresbudgets abhängig gemacht wird. Hinzu kommt ein typisches Etatdenken der Budgetverantwortlichen. Häufige Maßnahmen gegen diese Budgetverschwendung sind das überraschende Einfrieren, Streichen oder Herabsetzen der Restbudgets vor dem erwarteten Verschwendungsbeginn, wie etwa im öffentlichen Sektor übliche Haushaltssperren. Ein solches Vorgehen ist jedoch unsinnig, da es Verantwortliche bestraft, die realistisch geplant haben. Im Endeffekt führt dies sogar zu höheren Budgetreserven und zeitlich vorgezogener Budgetverschwendung. Sinnvoller ist es, die Neubewilligung nicht von der Ausschöpfung vergangener Budgets abhängig zu machen, sondern ausschließlich vom glaubhaften Nachweis des zukünftig erforderlichen Ressourcenbedarfs.

Unter die Budgetverschwendung fällt auch das Unterlassen von Möglichkeiten zur Ergebnissteigerung. Bei einer Fortschreibungsbudgetierung müssen die Verantwortlichen höhere Leistungsanforderungen befürchten, wenn sie ihre budgetierten Ziele übertreffen. Sie werden sich deshalb während eines laufenden Jahres mit der Erreichung ihrer Ziele zufriedengeben und vermeiden, darüber hinauszuschießen, damit diese zukünftig nicht angehoben werden. Diese Leistungszurückhaltung wird auch als **Ratscheneffekt** (Ratchet-Effect) bezeichnet. Eine Ratsche ist ein Schraubwerkzeug, bei dem eine Drehbewegung nur in eine Richtung möglich ist. Denn bei der Zielvereinbarung gibt es meist kein Zurück, auch wenn die Ziele in der Vergangenheit verfehlt wurden. Um diesen Effekt zu reduzieren, könnte sich die Unternehmensführung bereit erklären, die Budgetziele für einen bestimmten Zeitraum konstant zu halten. In der Praxis ist dies allerdings eher schwierig. Besser wäre es, die Leistung nicht an absoluten Zielwerten, sondern relativ zu messen, etwa im Vergleich zu anderen Unternehmensbereichen oder dem Wettbewerber (vgl. Kap. 4.3.4). Es könnte auch eine subjektive Komponente in die Leistungsbeurteilung einfließen, bei der die Unternehmensführung einschätzt, ob die Ergebnisse des Budgetverantwortlichen primär durch eigene Anstrengungen oder äußere Umstände zustande gekommen sind (vgl. *Mahlendorf*, 2015, S. 27 ff.).

Die monetäre Fokussierung der Budgetierung führt häufig zur **Vernachlässigung immaterieller Werte**, wie etwa der Erhöhung des Wissens durch Mitarbeiterschulungen oder Forschungsinvestitionen. Ausgaben hierfür wirken sich kurzfristig zunächst negativ auf die Zielerreichung aus (vgl. Kap. 8.3). Die Budgetverantwortlichen legen ihr Augenmerk im Sinne eines „What you measure, is what you get“ nur auf die budgetierten Erfolgsmaßstäbe und nicht auf die übergeordneten Ziele des Unternehmens (vgl. *Abel/Nevries*, 2019, S. 50). Dies fördert auch das **„Silo-Denken“**, bei dem die Führungskräfte ausschließlich auf die Ziele ihres Verantwortungsbereichs achten. Die Auswirkungen von Entscheidungen auf andere Abteilungen werden ausgeblendet und eine bereichsübergreifende Zusammenarbeit findet nicht statt. Im Rahmen der Digitalisierung der Budgetierung könnte dies etwa zu inkompatiblen Insellösungen und Schnittstellenproblemen führen.

In der Budgetierung sind auch **Wahrnehmungsverzerrungen** (Biases) ein weit verbreitetes Phänomen (vgl. Kap. 7.2.4). Entscheidungen werden danach nicht rein mit Blick auf die Zukunft getroffen, sondern von vergangenen Ereignissen, wie etwa der Über- oder Untererfüllung von Zielvorgaben, beeinflusst.

Der Wirtschaftsnobelpreisträger *Richard Thaler* beschreibt folgende **Verhaltenseffekte** (vgl. *Thaler/Johnson*, 1990, S. 657f.):

- **Spielgewinneffekt** (House Money Effect): Menschen gehen mit einem erzielten Gewinn risikofreudiger um als mit vorhandenem Vermögen. „House Money" bezeichnet im Glücksspiel das bereits gewonnene Geld, z. B. in einem Casino. Wenn Spieler dieses wieder verlieren, wird dies als weniger unangenehm empfunden als der Verlust des von zuhause mitgebrachten Geldes. Dies lässt sich auch auf andere Gewinne übertragen, wie z. B. am Aktienmarkt.
- **Verlustausgleichseffekt** (Break-Even Effect): Um erlittene Verluste wettzumachen, gehen Menschen hohe Risiken ein. Hat ein Spieler beim letzten Spiel des Abends die Chance, seine vorherigen Verluste wieder zurückzugewinnen, dann setzt er sprichwörtlich alles auf eine Karte. Da er dies ansonsten aus Sicherheitsgründen nicht getan hätte, kann ein solches Verhalten fatale Folgen haben.

Diese Effekte sind auch bei der Budgetierung zu beobachten. Kann ein Budgetverantwortlicher etwa in einem Quartal die budgetierten Ziele übertreffen, so geht er mit diesem vermeintlichen Puffer im restlichen Jahr sorgloser um. Beispielsweise führt er damit riskante Investitionen durch („Gambling with the House Money"). Bei negativen Quartalsergebnissen versuchen manche Budgetnehmer, Fehlbeträge „koste es, was es wolle" wieder auszugleichen („Trying to Break-Even"). Beispielsweise werden Aufträge von Kunden angenommen, deren Bonität zweifelhaft ist. In beiden Fällen führt das risikofreudigere Verhalten der Budgetnehmer zu einem höheren Unternehmensrisiko. Um dieses Verhalten zu vermeiden, sind kürzere Planungszyklen und rollierende Prognosen nützlich, da somit die zuvor erzielten Ergebnisse laufend relativiert werden. Eine Abweichungsanalyse lässt erkennen, unter welchen Umständen die Ergebnisse zustande gekommen sind. Ein Lösungsansatz ist auch hier die Trennung zwischen Anreiz- und Planungsfunktion (vgl. *Abel/Nevries*, 2019, S. 51 ff.).

In der Praxis ähnelt der Budgetierungsprozess häufig eher einem Basar, auf dem man sich meist irgendwo in der Mitte einigt, statt gemeinsam nach Möglichkeiten zur Leistungsverbesserung zu suchen (vgl. *Greiner*, 2006, S. 13). Am geringsten fallen die Leistungen aus, wenn in den Budgetverhandlungen keine Einigung erzielt wurde und deshalb das Budget von oben festlegt wird. In diesem Fall fühlen sich die Budgetverantwortlichen unfair behandelt, was demotivierend wirkt. Die besten Verhandlungsergebnisse werden erzielt, wenn beide Seiten gemäßigt auftreten und sich aufgrund vergangener Verhandlungen gegenseitig vertrauen (vgl. *Fisher et al.*, 2000, S. 93 ff.; *Schäffer/Kramer*, 2009, S. 254 ff.).

Eine Reihe dieser unerwünschten Verhaltensweisen lässt sich vermeiden, wenn auf die Verknüpfung der Erreichung der Budgetziele mit persönlichen Anreizen („Pay for Performance") verzichtet wird. **Anreize** sollten eher auf marktorientierten Zeitvergleichen (Ist-Ist), statt auf budgetierten Planzielen basieren. Dadurch lassen sich realistische, aber auch ambitionierte Ziele im Verhandlungsprozess festlegen, ohne dass persönliche Interessen die Diskussion negativ beeinflussen oder verzögern (vgl. *Ehlken/Schäffer*, 2017, S. 37). Budgets sollten generell nicht auf Basis der Vorperiode aufgestellt werden, sondern sich an möglichst realistischen zukünftigen Erwartungen orientieren.

Budgetkontrolle

Budgetkontrollen werden von den Betroffenen häufig als Beurteilung ihrer Person empfunden und wirken sich auf deren Selbsteinschätzung und auf die Beziehung zu den Kontrolleuren aus. Deshalb lehnen viele Mitarbeiter (bewusst oder unbewusst) Kontrollen eher ab.

Die **Verhaltenswirkungen der Budgetkontrolle** werden durch folgende **Faktoren** beeinflusst (vgl. *Höller*, 1978, S. 189 ff.; *Siegwart/Menzl*, 1978, S. 192 ff.; *Thieme*, 1982, S. 81 ff.):

- **Aufgabe:** Die Art der auszuführenden Aufgaben hat großen Einfluss auf die bestehenden Kontrollmöglichkeiten. Für schlecht strukturierte Aufgaben gibt es keinen eindeutigen Lösungsweg. Aus diesem Grund lässt sich die Qualität einer gefundenen Lösung häufig schlecht beurteilen. Je höher die Unsicherheit der Informationen und Lösungsmöglichkeiten und je geringer die Beeinflussbarkeit der Ergebnisse, umso weniger ist der Kontrollierte bereit, Verantwortung für die Ergebnisse zu übernehmen. In diesen Fällen sind Verhaltenskontrollen besser geeignet, weil dabei die Anstrengung des Kontrollierten unter Berücksichtigung externer Einflüsse beurteilt wird. Je höher der Kontrollierte die Bedeutung seiner Aufgabe einschätzt, umso eher akzeptiert er Kontrollen.

- **Kontrollform:** Kontrollen sollten möglichst präzise, nachvollziehbar und objektiv sein, um die Gleichbehandlung aller Mitarbeiter zu gewährleisten. Durch die Beteiligung der Mitarbeiter an den Kontrollen erhalten sie direkte Informationen über die Ergebnisse ihres Handelns. Dadurch können sie ihre eigene Leistung besser beurteilen. Diese Verbindung von Selbst- und Fremdkontrolle fördert auch die Beziehung zum Kontrollierenden. Je eindeutiger die Vergleichsbasis, umso eher werden die Kontrollergebnisse akzeptiert. Deshalb werden Kontrollen auf Basis prognostizierter Werte häufig infrage gestellt, wenn sie zu unerwünschten Ergebnissen führen. Verhaltenskontrollen können die spezifischen Umstände der Zielerreichung besser berücksichtigen als Ergebniskontrollen. Allerdings besteht dabei die Gefahr, dass der Mitarbeiter die Kontrolle auf seine Person bezieht und sich dies negativ auf dessen Selbstwertgefühl und Leistungsmotivation auswirkt. Zu häufige Kontrollen erhöhen den Druck auf die Mitarbeiter und provozieren Abwehrreaktionen. Allerdings fördern regelmäßige Kontrollen die Akzeptanz, da diese nicht mehr als außergewöhnlich angesehen werden. Werden die Kontrollergebnisse nicht zur Überwachung der Mitarbeiter, sondern für betriebliche Verbesserungen verwendet, dann wird ihre Zweckmäßigkeit leichter anerkannt.
- **Arbeitssituation:** Je besser sich der Mitarbeiter in seinem Aufgabenbereich auskennt, desto sicherer kann er seine Aufgaben erledigen und umso geringer ist seine Furcht vor Kontrollen. Mit zunehmendem Wettbewerbs- und Konkurrenzdruck akzeptieren die Mitarbeiter ein höheres Maß an Kontrollen. Allerdings nehmen in solchen Situationen die emotionale Anspannung der Mitarbeiter und die Sensibilität gegenüber Kontrollen zu. In diesem Falle ist die Kontrollform besonders wichtig.
- **Betriebsklima:** Ein positives Betriebsklima fördert die Akzeptanz von Kontrollen. Misstrauen und Sensibilität sind in diesem Fall geringer und auch die Beziehung zwischen Kontrollierendem und Kontrolliertem ist besser.
- **Kontrollierter:** Die Einstellung der Mitarbeiter zu Kontrollen hängt stark von deren Motivation, Persönlichkeit und bisherigen Erfahrungen mit Kontrollen ab. Personen, die eher extrinsisch (z. B. durch Bonuszahlungen) motiviert sind, lassen sich durch Kontrollen gezielt beeinflussen. Sie sind darauf bedacht, Misserfolge zu vermeiden und empfinden Kontrollen als unangenehm. Die Angst vor Fehlern und deren Aufdeckung durch Kontrollen führt häufig zu einem übervorsichtigen und rechtfertigenden Verhalten. Anders reagieren dagegen Mitarbeiter, die intrinsisch motiviert sind und damit aus eigenem Antrieb handeln. Erfolgsorientierte Mitarbeiter haben gegenüber Kontrollen weniger Furcht, empfinden diese aber eher als Einschränkung ihrer Selbstbestimmtheit.
- **Kontrollorgane:** Verhaltenswirkungen entstehen auch durch die Persönlichkeit und das Verhalten des Kontrolleurs, die sowohl emotional als auch rational sein können. Emotionale Führungskräfte begeistern zwar oft die Mitarbeiter, neigen aber auch mehr zu Aggressionen, welche Abwehr- und Gegenreaktionen auslösen. Sachliche Kontrollen und konstruktive Kritik wirken dagegen leistungsfördernd. Die Führungseigenschaften des Kontrolleurs zeigen sich darin, inwiefern er die Mitarbeiter von den Zielen des Verantwortungsbereichs überzeugen kann. Wenn die Mitarbeiter die fachliche Qualifikation der Führungskraft anerkennen und ein gutes persönliches Verhältnis mit ihr pflegen, dann akzeptieren sie auch eher deren Kontrolle. Generell sollte der Kontrolleur darauf achten, nicht das Selbstwertgefühl der Mitarbeiter anzugreifen.

Budgetierungsgrundsätze

Aufgrund der genannten Verhaltenswirkungen sollten folgende **Budgetierungsgrundsätze** beachtet werden (vgl. *Friedl*, 2013, S. 233 ff.; *Küpper et al.*, 2013, S. 331 ff.):

- **Verantwortung:** Für jedes Budget sollte es einen eindeutigen Verantwortlichen geben, um die Zielerreichung nicht dem Zufall zu überlassen.
- **Zielniveau:** Das Budget sollte herausfordernd, aber auch erreichbar sein. Erst die Ausgewogenheit motiviert zur Einhaltung. Die Zielvorgaben sollten eine am Leistungsvermögen des Verantwortlichen ausgerichtete Schwierigkeit aufweisen.
- **Beeinflussbarkeit:** Es sollten nur solche Ziele vorgegeben werden, die vom Verantwortlichen aufgrund seiner Kompetenzen auch direkt beeinflusst werden können. Dieser sollte das Gefühl haben, dass die Zielerreichung primär von ihm abhängt. Ist sie dagegen stark von äußeren Umständen geprägt, dann wirkt dies demotivierend.

- **Partizipation:** Der Budgetverantwortliche sollte an der Erarbeitung des Budgets beteiligt sein, damit er sich mit den budgetierten Zielen identifiziert und dafür verantwortlich fühlt. Der besseren Motivation und Nutzung des dezentralen Detailwissens steht jedoch die Gefahr der Manipulation von Informationen gegenüber. Hier ist ein praktikabler Mittelweg ratsam.
- **Eindeutigkeit:** Das Budget ist ein vereinbartes Ziel. Deshalb sollte es für einen Verantwortungsbereich auch nur ein gültiges Budget geben. Schatten- oder Notbudgets sind unzulässig, denn bei mehreren Budgets wird keins davon richtig ernst genommen. Die Budgetvorgabe sowie die Abweichungstoleranzen sollten inhaltlich und zeitlich genau bestimmt sein, damit der Verantwortliche die Auswirkungen seiner Handlungen auf die Zielerreichung und die damit verbundenen Anreize möglichst gut abschätzen kann.
- **Differenzierung:** Um der Gefahr des kurzfristigen, bereichsorientierten und rein monetären Denkens zu begegnen, sollten die Zielvorgaben möglichst differenziert sein. Diese können sich beispielsweise auf unterschiedliche Zeiträume oder hierarchische Ebenen beziehen und durch nicht-monetäre Ziele aus der Aktionsplanung ergänzt werden.
- **Aufstellung:** Das Budget sollte im Gegenstromverfahren mit Top-down-Zielvorgaben und einem dezentralen Bottom-up-Rücklauf erstellt werden. Es sollte nicht auf Grundlage der Vorperiode fortgeschrieben, sondern stets anhand der zukünftig erforderlichen Aktivitäten bzw. der realisierbaren Ergebnisse vollständig neu erstellt werden.
- **Flexibilität:** Das Budget als Zielvorgabe und Maßstab der Zielerreichung sollte während der Budgetperiode grundsätzlich unverändert bleiben. Anpassungen sollten nur dann vorgenommen werden, wenn sich grundlegende Budgetprämissen nachhaltig ändern. Häufige Anpassungen haben einen ungünstigen Einfluss auf die Akzeptanz der Ziele. Zur Ausschaltung externer Einflüsse eignet sich eine flexible Budgetgestaltung, bei der sich der budgetierte Wert automatisch an die Entwicklung bestimmter Einflussgrößen anpasst, wie etwa der Kapazitätsauslastung in der Budgetperiode.
- **Kontrollen**: Die Zielerreichung ist möglichst zeitnah und regelmäßig, aber nicht übertrieben häufig zu kontrollieren. Die Budgetverantwortlichen sollten in die Kontrolle einbezogen werden und die Kontrollergebnisse als Erste erhalten. Bei Überschreitung festgelegter Abweichungstoleranzen sollte der Budgetverantwortliche seinen Vorgesetzten verständigen. Kontrollen sind möglichst sachlich und konstruktiv durchzuführen und bei Abweichungen ist nicht nach Schuldigen, sondern gemeinsam nach Lösungen zu suchen.

4.3.4 Moderne Ansätze einer wirksamen operativen Planung und Kontrolle

Die Budgetierung soll Aktivitäten auf unterschiedlichen hierarchischen Ebenen und zwischen Verantwortungsbereichen koordinieren, die Mitarbeiter zu hohen Leistungen motivieren und die zu erwartenden Ergebnisse des nächsten Geschäftsjahres vorhersagen. Es ist allerdings kaum möglich, all diese Funktionen gleichermaßen zu erfüllen. Die traditionelle Budgetierung steht wegen ihrer unerwünschten Verhaltenswirkungen zunehmend in der Kritik. Der erforderliche Ressourcenaufwand wird als zu hoch angesehen und der erzielte Nutzen infrage gestellt. Nach Ergebnissen des *WHU-Controller Panels* dauert der Budgetierungsprozess in Großunternehmen mit einem Umsatz über 1 Mrd. € im Mittel 16 Wochen. Nur 17 % der Großunternehmen sind mit der Budgeterstellung zufrieden, knapp ein Drittel dagegen unzufrieden (vgl. *Reimer et al.*, 2019, S. 12).

Wesentliche **Probleme der Budgetierung** sind (vgl. *Gleich/Kopp*, 2001, S. 429 ff.; *Kopp/Leyk*, 2004a, S. 4 ff.):

- **Mangelnde Verbindung zwischen strategischer und operativer Planung:** Strategische und operative Planung werden in vielen Unternehmen getrennt voneinander erstellt. Die Strategien werden dadurch in der operativen Planung zu wenig in konkrete Maßnahmen umgesetzt und nur selten wertmäßig abgebildet (vgl. Kap. 4.2.5).
- **Eindimensionalität:** Die Budgetierung ist in vielen Unternehmen nur auf monetäre Größen ausgerichtet, während qualitative, nicht-monetäre Ziele, wie etwa Kundenzufriedenheit oder Servicegrad, vernachlässigt werden.
- **Geringe Aktualität und Flexibilität:** Ursache sind vor allem eine lange Erstellungsdauer und die Festschreibung der Budgets während des Planungshorizonts. Viele Unternehmen stellen zu Beginn eines Geschäftsjahrs fest, dass ihre Budgets bereits nicht mehr aktuell und kaum noch zur Steuerung geeignet sind. Trotzdem finden oft keine Zielanpassungen an die geänderten Rahmenbedingungen statt.
- **Hoher Ressourcenaufwand:** Die Budgetierung verursacht bei den Linienverantwortlichen, der Unternehmensführung und insbesondere im Controlling erheblichen Zeitaufwand. Gründe sind mehrfache Planungsschleifen, langwierige Budgetverhandlungen, starre Periodenfixierung, unzureichende Informations-

systeme sowie eine geringe Abstimmung der Teilpläne. Der größte Zeitfresser ist ein zu hoher Detaillierungsgrad.

- **Fehlende Akzeptanz:** Linienverantwortliche haben häufig eine ablehnende Haltung gegenüber der Budgetierung. Diese äußert sich etwa in Verzögerungen bei der Abgabe der Teilpläne oder geringer Sorgfalt bei der Erstellung der Planentwürfe.

Zur Lösung dieser Probleme existieren unterschiedliche **Ansätze**:

- **Digitalisierung der Budgetierung**: Stärkere Unterstützung und Automatisierung durch Informationssysteme
- **Better Budgeting**: Evolutionäre Verbesserung der Budgetierung
- **Beyond Budgeting**: Ersatz der Budgetierung durch ein adaptiv-dezentrales Führungsmodell

In vielen Unternehmen wird die Budgetierung nach wie vor mit Tabellenkalkulationsprogrammen durchgeführt. Der einfachen Bedienbarkeit stehen jedoch Fehleranfälligkeit, mangelnde Transparenz, Inkonsistenzen und hoher Pflegeaufwand gegenüber. Die Budgetierung gilt deshalb als einer der betrieblichen Aufgabenbereiche mit dem höchsten Digitalisierungspotenzial. Operative Planung und Kontrolle lassen sich durch eine **digitale Budgetierung** (vgl. Kap. 4.1.5) nicht nur effizienter, sondern auch qualitativ besser durchführen. Dies umfasst unter anderem flexible Prognosen und Simulationen auf Basis von Big Data und Advanced Analytics, eine treiberbasierte maschinelle Planung und die robotergestützte Automatisierung manueller Benutzertätigkeiten (vgl. Kap. 7.3). Die Digitalisierung kann jedoch die genannten grundsätzlichen Probleme nicht lösen. Zunächst sollte die Budgetierung deshalb flexibler und effizienter gestaltet werden, da ansonsten unzureichende Strukturen und veraltete Denkweisen durch die Digitalisierung zementiert werden.

Better Budgeting

Die Rolle der Budgetierung als Führungsinstrument wird beim Better Budgeting nicht infrage gestellt.

> **Better Budgeting** steht zusammenfassend für sämtliche Maßnahmen, um die Budgetierung sowohl effizienter als auch effektiver zu gestalten.

Die Verbesserungsmaßnahmen beziehen sich auf zwei **Bereiche** (vgl. *Kopp/Leyk*, 2004b, S. 16 f.; *Schentler et al.*, 2010, S. 11):

- **Budgetierungsablauf:** Der Budgetierungsprozess soll einfacher, schneller und flexibler werden. Um die Notwendigkeit zeitaufwendiger Planungsschleifen zu reduzieren, werden Ausmaß und Verbindlichkeit von Top-down-Vorgaben verstärkt und diese für die folgenden Ebenen nachvollziehbar abgeleitet (Front-Loading). Die aggregierten Top-down-Ziele werden in manchen Unternehmen nur noch mit der mittleren Führungsebene abgestimmt (Middle-up-Validierung) und danach kaskadenförmig dezentral ausgeplant (vgl. Kap. 4.1.3). In der Praxis ist deshalb ein Trend zur Zentralisierung zu beobachten (vgl. Kap. 4.1.6). Frequenz und Anzahl von Fremdkontrollen sollen durch mehr Selbstkontrolle zurückgefahren werden. Abweichungen sind nur bei Überschreitung vereinbarter Toleranzen an vorgesetzte Ebenen zu melden. Budgetvereinbarung und -verabschiedung werden vereinfacht.
- **Budgetierungsinhalt:** Durch Konzentration auf wenige, dafür aber wesentliche Zielgrößen soll der Detaillierungsgrad der Budgets gesenkt werden (Eckwerteplanung). Statt einzelne Maßnahmen zu planen, stehen die beabsichtigten Wirkungen im Vordergrund. Da jede geplante Größe auch kontrolliert werden muss, verringert dies auch den Aufwand für Kontrolle und Berichtswesen. Beispielsweise werden im Umsatzbudget nur noch wesentliche Produkte geplant, während alle anderen gemeinsam und im Durchschnitt z. B. auf Ebene der Produktgruppen betrachtet werden. Die Bedeutung eines Produkts bemisst sich dabei z. B. anhand seines Deckungsbeitrags, Umsatzvolumens oder seiner Marktposition. Ebenso lassen sich viele Kostenarten und auch Kostenstellen etwa aufgrund geringen Volumens oder eingeschränkter Beeinflussbarkeit zusammenfassen. Nach dem 80:20-Prinzip gehen häufig 80 % der Kosten auf nur 20 % der Kostenarten bzw. Kostenstellen zurück. Der Detaillierungsgrad von Plänen und Kontrollen sollte generell an der spezifischen Komplexität des Verantwortungsbereichs ausgerichtet werden. Je dynamischer und komplizierter ein Verantwortungsbereich ist, umso geringer sollte der Detaillierungsgrad sein. Allerdings fällt es vielen Führungskräften schwer, auf Details zu verzichten, da sie den Zahlen dann weniger vertrauen. Hier ist Aufklärung nötig, da der hohe Detaillierungsgrad der Budgets oftmals nur eine Scheingenauigkeit darstellt. Eine effektive Steuerung setzt deshalb besser auf einem aggregierteren Niveau an. Die Fokussierung und Verschlankung der Planung ermöglichen auch eine höhere Flexibilität und Prognosegenauigkeit.

Wie das Praxisbeispiel zum Better Budgeting in Kap. 4.4.4 zeigt, ist es *Bosch* auf diese Weise gelungen, die Dauer des Budgetierungsprozesses auf acht Wochen zu halbieren und gleichzeitig dezentrale Verantwortung und unternehmerisches Denken und Handeln im Unternehmen zu stärken.

Ein vielversprechender Ansatz des Better Budgetings ist die **Campus-Planung** (Campus for Planning). Die Merkmale eines Hochschulcampus, auf dem die studentischen Einrichtungen nah beieinanderliegen, werden dabei auf den Planungsprozess übertragen. Statt formaler Prozesse steht die direkte Interaktion der Planungsbeteiligten im Vordergrund. Die Planung fokussiert sich auf wesentliche Zielgrößen, welche zu Beginn als Leitplanken durch die Unternehmensführung festgelegt werden. Der Planungsprozess findet dann während eines eng begrenzten Zeitraums im Rahmen einer oder mehrerer gemeinsamer Veranstaltungen statt. Diese können teilweise auch virtuell erfolgen. Auf Basis der Zielvorgaben planen die Bereiche zuvor im kleinen Kreis nur die wesentlichsten Schlüsselgrößen. Unternehmensführung, Linienverantwortliche und Controller treffen sich dann auf unternehmensweiten und hierarchieübergreifenden Campus-Veranstaltungen. Dort werden die Bereichsplanungen vorgestellt, Abweichungen zum Gesamtziel und übergreifende Themen diskutiert sowie Gegenmaßnahmen erarbeitet und Umsetzungsverantwortliche bestimmt. Die Campus-Planung bringt somit alle relevanten Entscheider für mehrere Tage zusammen und lässt sie erst dann wieder frei, wenn wie bei einem Konklave „weißer Rauch aufgestiegen ist". Auf dem zweiwöchigen Planungscampus der *Deutschen Telekom* sind beispielsweise phasenweise bis zu 300 Teilnehmer anwesend und können sich so direkt vor Ort z. B. über die Schließung von Ergebnislücken einigen. Die Planung wird für alle Beteiligten transparent und kann am Ende der Veranstaltung auch gemeinsam verabschiedet werden. Dadurch wird sowohl eine breitere Zustimmung und Selbstverpflichtung der Führungskräfte (Commitment) als auch eine hohe Belastbarkeit der Planzahlen erreicht. Bereichsorientiertes Silo-Denken und langwierige Abstimmungen werden reduziert. Erst im Anschluss erfolgt das Herunterbrechen der verabschiedeten Ziele und die detaillierte Ausplanung auf allen Ebenen (vgl. *Ehlken/Neumann-Giesen*, 2015, S. 49 ff.; *Wilkens/Schäffer*, 2015, S. 56 ff.).

Die Campus-Planung ermöglicht klare und akzeptierte Zielvorgaben, eine enge inhaltliche und personelle Abstimmung sowie die Konzentration auf die wesentlichen Eckdaten. Durch das **gruppenorientierte Vorgehen** basiert die Planung auf einer breiteren Wissens- und Erfahrungsbasis, Interessen lassen sich leichter ausgleichen und es erfolgt eine stärkere Verpflichtung zur Zielerreichung. Allerdings besteht bei einer teambasierten Planung die **Gefahr sozialer Effekte** aufgrund der Beeinflussbarkeit des Menschen, etwa durch die Tendenz zur Konformität oder besonders vehement vorgetragener Äußerungen von Meinungsfüh-

Campus-Planung bei DB Cargo

DB

Die *DB Cargo AG* ist eine Tochter der *Deutschen Bahn AG* und mit einem Umsatz von über 4,2 Mrd. € und rund 30.000 Mitarbeitern Marktführer im europäischen Schienengüterverkehr. Den Planungsprozess der Campus-Planung veranschaulicht Abb. 4.3.8 (vgl. i.F. *Rösler et al.*, 2015, S. 62 ff.).

Durch eng aufeinander abgestimmte und verbindliche Zeitpläne konnte die Planungskernphase von fünf Monaten auf einen Monat verkürzt und die Anzahl der Planungsbeteiligten um zwei Drittel reduziert werden. Aufgrund des aktiven Einbezugs aller Beteiligten wird die Campus-Planung nicht als Controlling-, sondern als Führungsprojekt wahrgenommen. Einem Festhalten am hohen Detaillierungsgrad der Planung wurde so erfolgreich entgegengewirkt. Die Planergebnisse gelten als bestmögliche Einschätzung, wobei Ungenauigkeiten bewusst in Kauf genommen werden.

Die Planzahlen haben eine hohe Belastbarkeit, da sie mit konkreten Maßnahmen hinterlegt sind und sich die Führungskräfte gemeinsam zu den Zielen verpflichten. Erst in einer nachgelagerten Ausplanung wird die Organisation breit eingebunden. Die Steuerungsfähigkeit in der wettbewerbsintensiven, dynamischen Logistikbranche wurde durch die Campus-Planung entscheidend verbessert.

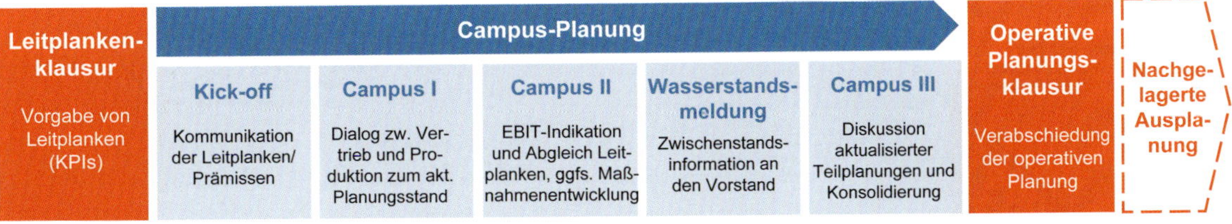

Abb. 4.3.8: Ablauf der Campus-Planung bei DB Cargo (in Anlehnung an Rösler et al., 2015, S. 63)

rern. Aufgrund des Herdentriebs tendieren Gruppen allgemein zu extremeren Entscheidungen, die sowohl deutlich riskanter als auch übertrieben vorsichtig ausfallen können. Die Campus-Planung ist deshalb kein Selbstläufer, sondern muss sorgfältig vorbereitet und moderiert werden, um die Weisheit der Gruppe zu nutzen (vgl. *Rieg*, 2019, S. 56 ff.).

Aus den zahlreichen Ansätzen des Better Budgetings hat der *Internationale Controller Verein* das praxisorientierte Modell der **modernen Budgetierung** entwickelt, das in Abb. 4.3.9 dargestellt ist. Es soll zu einem einfachen, flexiblen und integrierten Budgetierungsprozess führen, Organisation und Wertschöpfung abbilden und Ziele eindeutig kommunizieren. Die folgenden Prinzipien dienen lediglich als Orientierungsrahmen, den jedes Unternehmen selbst individuell ausgestalten kann (vgl. *Gleich et al.*, 2015, S. 35 ff.).

Gestaltungsempfehlungen für die Planungsprozesse und -strukturen sind:

- **Einfachheit:** Die Detaillierung der Budgetierung soll verringert, ihr Aufbau und Ablauf vereinfacht und der Planungsprozess konsequent eingehalten werden. Schlanke Abläufe und Strukturen sind leichter verständlich und einfacher an Veränderungen anpassbar. Dadurch steigt auch die Akzeptanz der Budgetierung.
- **Flexibilität**: Unternehmen sollen auch unterjährig auf Veränderungen reagieren können. Um diese frühzeitig zu erkennen, sind kontinuierlich durchgeführte rollierende Forecasts und der Einbezug von Sensitivitäten und Szenarien empfehlenswert. Unterjährige Reaktionsfähigkeit lässt sich durch pragmatische Budgetumschichtungen, Sonderbudgets für unvorhergesehene Chancen und anlassbezogene Budgetüberträge ins Folgejahr ermöglichen.
- **Integration:** Strategische und operative Planung sollen inhaltlich miteinander verzahnt, zeitlich jedoch entkoppelt werden. Strategische Ziele und Prämissen bilden den Ausgangspunkt der Budgetierung und müssen deshalb im Vorfeld feststehen. Anreizsysteme sollen mehrdimensional sein, das heißt sowohl persönliche, Bereichs- und Unternehmensziele, finanzielle und nicht-finanzielle Größen als auch kurz- und langfristige Aspekte berücksichtigen.

Fundamente einer modernen Budgetierung sind:

- **Wertschöpfung abbilden:** Planung erfordert ein grundlegendes Verständnis der Wertschöpfungskette und soll auf das Geschäftsmodell des Unternehmens ausgerichtet sein. Der Planungsfokus soll auf dem Output

Abb. 4.3.9: Bausteine und Empfehlungen der modernen Budgetierung (Tschandl/Schentler, 2012, S. 106)

liegen, weshalb Umsatz- und Ergebnisziele sowie die Markt- und Kundensicht im Vordergrund stehen. Absolute Ziele sollen, soweit praktikabel, durch relative Ziele ersetzt werden (vgl. Kap. 6.4.5).

- **Organisation abbilden:** Pläne sollen vertikal und horizontal abgestimmt sein. Es wird empfohlen Top-down zu planen, jedoch vorteilhafte Bottom-up-Initiativen zuzulassen. Es sollen nach dem 80-20-Prinzip nur die maßgeblichen internen Leistungen verrechnet und die Gemeinkosten regelmäßig hinterfragt werden.
- **Absichten klarmachen und kommunizieren:** Ziele und damit verfolgte Absichten sollen im Unternehmen eindeutig kommuniziert und Verantwortlichkeiten delegiert werden. Das Herunterbrechen der Zielvorgaben und die Festlegung konkreter Maßnahmen sind Aufgabe der Budgetverantwortlichen. Adressatenorientierte Berichte sollen Klarheit schaffen und das Verständnis für ergriffene Maßnahmen sicherstellen.

Für die praktische Umsetzung dieser Prinzipien kann die Digitalisierung der Budgetierung einen wichtigen Beitrag leisten. Beispielsweise unterstützt die Fokussierung auf wesentliche Planungstreiber die Einfachheit, Echtzeit-Simulationen erhöhen die Flexibilität und zentrale Datenplattformen ermöglichen die Integration. Die Beteiligung der Budgetverantwortlichen und die Transparenz lassen sich etwa durch digitale Planungssysteme verbessern, bei denen Prognosen, Budgets und Kontrollergebnisse adressatengerecht aufbereitet und allen Beteiligten zugänglich gemacht werden (vgl. *Nasca et al.*, 2018, S. 43 ff.).

Durch das Better Budgeting kann der Planungsprozess beschleunigt, Ressourcenaufwand reduziert und die Planungsqualität erhöht werden. Die grundsätzlichen Probleme der Budgetierung, wie etwa die mangelnde Verbindung von strategischer und operativer Planung, die Eindimensionalität sowie unerwünschte Verhaltenswirkungen, lassen sich dadurch allerdings kaum lösen. Die Verfechter des Beyond Budgeting fordern deshalb, die Budgetierung vollständig abzuschaffen (vgl. *Fraser/Hope*, 2001, S. 437 ff.).

Beyond Budgeting

Das Führungsprinzip der Weisung und Kontrolle lenkt die Aufmerksamkeit in komplexen Führungskontexten weg vom Hier und Jetzt hin zu schnell veralteten Budgetvorgaben. In agilen Organisationen verfügen die Teams deshalb weitgehend über die finanzielle Hoheit über ihre Projekte und tragen dafür selbst die Verantwortung (vgl. Kap. 5.2 und Kap. 6.4).

> **Beyond Budgeting** bezeichnet eine **adaptiv-dezentrale Führung,** die auf flexiblen, sich selbst anpassenden Führungsprozessen basiert und die Mitarbeiter durch eine Kultur dezentraler Verantwortung zu unternehmerischem Denken und Handeln befähigen soll.

1997 wurde von der britischen Zweigstelle der internationalen Forschungsvereinigung *CAM-I* (*Consortium for Advanced Manufacturing – International*) ein Konzept zur Unternehmenssteuerung ohne Budgets vorgestellt. Im folgenden Jahr wurde zusammen mit 33 Unternehmen der Arbeitskreis *Beyond Budgeting Round Table (BBRT)* gegründet. Das *BBRT* ist heute ein weltweites Netzwerk, um Erfahrungen mit dem Beyond Budgeting auszutauschen und es weiterzuentwickeln (www.bbrt.org).

Ein populäres Praxisbeispiel ist das schwedische Kreditinstitut *Svenska Handelsbanken*, eine der größten Banken in Nordeuropa. Das Unternehmen wird seit den 1970er-Jahren, auf Initiative des damaligen Vorstandsvorsitzenden *Jan Wallander*, erfolgreich ohne Budgets gesteuert (vgl. *Wallander*, 1995).

Die beiden **Grundsätze der adaptiv-dezentralen Führung** sind (vgl. *Hope/Fraser*, 2003, S. 17 ff.):

- **Flexible und adaptive Führungsprozesse:** Relative Ziele, rollierende Prognosen und der Verzicht auf fixe Ressourcenpläne ermöglichen eine schnelle, marktorientierte Anpassung an neue Kundenanforderungen und Marktentwicklungen.
- **Dezentralisierung von Verantwortung als neue Führungskultur:** Autonomie und Entscheidungsbefugnisse der Linienverantwortlichen führen zu schnelleren Entscheidungen und mehr Handlungsflexibilität. Auf diese Weise kann das Potenzial der Mitarbeiter besser genutzt werden. Dies erfordert einen kulturellen Wandel in der Unternehmensführung. Statt den dezentralen Einheiten Weisungen zu erteilen und deren Umsetzung zu kontrollieren (Command & Control), werden marktorientierte Teams zu Entscheidungen befähigt und bestmöglich unterstützt (Coach & Support).

Entgegen der etwas irreführenden Bezeichnung geht es beim Beyond Budgeting nicht vorrangig um den Verzicht auf Budgets, sondern um die Einführung einer **agilen Führung**. Die adaptiv-dezentrale Führung wird ausführlich in Kap. 6.4.5 erläutert und die praktische Umsetzung in Kap. 6.6.4 bei der *B. Braun Melsungen AG* veranschaulicht.

Dezentrale Organisation und Führung bei ALDI

Die Lebensmitteleinzelhandelsgruppe *ALDI* besteht aus den beiden rechtlich und organisatorisch selbstständigen Unternehmen *ALDI NORD* und *ALDI SÜD*, die zusammen weltweit ca. 11.000 Filialen mit rund 220.000 Mitarbeitern betreiben.

Der Discounter konzentriert sein Sortiment auf Artikel des täglichen Bedarfs. Darüber hinaus werden zweimal wöchentlich wechselnde Aktionsartikel verkauft. Das Unternehmen verzichtet in seinen Filialen auf breite und tiefe Sortimente sowie aufwendige Warenpräsentationen. Statt Markenerzeugnisse werden weitgehend Eigenmarken mit hohem Preis-Leistungs-Verhältnis angeboten. Die Preise werden nicht nach Absatzgebieten, Standorten oder verkaufspsychologischen Überlegungen differenziert (vgl. im Folgenden *Brandes*, 2005, S. 79 ff.; 2006).

Die Mission des Unternehmens beschreibt das sog. „*ALDI*-Prinzip": „Wir wollen, dass die Verbraucher die wichtigsten Lebensmittel ganz in der Nähe, immer frisch, immer von hoher Qualität und immer zum günstigen Preis kaufen können. Daraus haben wir ein Prinzip gemacht: Qualität ganz oben – Preis ganz unten."

Hohe Dezentralisierung und die konsequente Delegation von Verantwortung charakterisieren die Organisation von *ALDI* als dezentralen Gleichordnungskonzern. In Deutschland besteht *ALDI NORD* aus 30 und *ALDI SÜD* aus 31 rechtlich selbstständigen Regionalgesellschaften, die jeweils 50 bis 70 Filialen umfassen. Wächst eine solche dezentrale Einheit darüber hinaus, dann wird sie wieder geteilt, um ihre Steuerbarkeit sicherzustellen. Sortiments- und Preispolitik werden in den zentralen Einkaufsabteilungen festgelegt, alles andere wird den Regionalgesellschaften überlassen. Diese dezentrale Struktur ermöglicht flache Hierarchien, Autonomie, Gemeinschaftsgefühl und Flexibilität. Die Notwendigkeit zentraler Koordination und Kommunikation wird auf ein Mindestmaß reduziert und dadurch zeitaufwendige, bürokratische Abläufe vermieden.

Die Konzentration auf das Wesentliche steht auch bei der Führung im Vordergrund. Die Führung basiert auf klaren Zielen, Delegation, Vertrauen und Komplexitätsreduktion. Jede Führungskraft analysiert, interpretiert und bewertet ihren Verantwortungsbereich selbst und entscheidet auch darüber, welche Informationen sie benötigt. Generell werden bei *ALDI* nur wenige und einfache Kennzahlen verwendet, wie etwa Umsatz pro Filiale oder Umsatz und Marge pro Artikel. Kennzahlen werden nur dann erhoben, wenn sie auch sinnvolle Steuerungsinformationen liefern. So wird z. B. auf die im Einzelhandel übliche Kenngröße Umsatz pro m^2 verzichtet, da die Filialgröße unveränderbar und somit lediglich der Umsatz durch die Filialführung beeinflussbar ist. Der Vergleich gemeinsam festgelegter Kennzahlen findet sowohl zeitlich als auch mit anderen Filialen und dezentralen Einheiten statt. Auf Budgets wird bei *ALDI* seit jeher verzichtet. Die Ermittlung von Planvorgaben und Soll-Werten wird als überflüssig angesehen. Die Leistung einer Filiale oder Region wird stattdessen auf Basis der erzielten Ergebnisse, interner Vergleiche und der zeitlichen Entwicklung beurteilt. Rankings der Filialen ergeben einen internen Wettbewerb, der die Beurteilungsmaßstäbe setzt.

Empfehlungen für eine wirksame operative Planung und Kontrolle

Als Fazit des Kapitels lassen sich folgende **Empfehlungen** ableiten (vgl. *Kopp/Leyk*, 2004a, S. 11 ff.; *Rieg*, 2015, S. 81 ff.):

- **Strategische und operative Planung integrieren statt trennen:** Die Strategie bildet den Rahmen für die operative Planung. In dieser soll wiederum konkret gezeigt werden, wie die strategischen Ziele zu erreichen sind. Die Abstimmung zwischen diesen Ebenen ist eine laufende Aufgabe und kein einmaliger jährlicher Vorgang. Wie in Kap. 4.2.5 dargestellt, kann etwa die Balanced Scorecard einen wertvollen Beitrag zur Integration von strategischen und operativen Zielen leisten. Ein neuerer Ansatz hierzu ist die Methode Objectives and Key Results (vgl. Kap. 7.2.3).
- **Dynamisch rollierende Planung statt reinem Jahresbezug:** Starre Jahreshorizonte verhindern den Einbezug unterjährig auftretender, unvorhergesehener Ereignisse. Durch eine dynamisch rollierende Planung lassen sich dagegen Umweltänderungen zeitnah integrieren (vgl. Kap. 4.1.3). Beispielsweise können bei einer Unterteilung des Planungshorizonts in Quartale die Pläne alle vier Monate überprüft und angepasst werden. Die Planung wird dadurch aktueller und realistischer. Durch eine Digitalisierung des Budgetierungsprozesses lässt sich dies ohne höheren Planungsaufwand erreichen.
- **Top-down-Middle-up statt klassischem Planungsrhythmus**: Eine iterative Bottom-up-Planung ist sehr zeitaufwendig und führt meist zu Zielvereinbarungen mit niedrigem Anspruchsniveau. Die Ziele der Top-down-Planung gehen oft an der Wirklichkeit vorbei und werden schlecht akzeptiert. Auch die zirkuläre Planung als Mischung beider Vorgehensweisen ist aufgrund vieler Schleifen recht langwierig. Besser ist es, zunächst in einem vorgeschalteten Zielsetzungsprozess auf Basis der Strategie und Benchmarks der Wettbewerber realistische und ambitionierte Ziele abzuleiten (Frontloading). Diese werden dann durch die mittlere Führungsebene plausibilisiert (Middle-up-Validierung) und daraus akzeptierte Unternehmensziele im Dialog mit der Unternehmensführung abgeleitet. Da die unteren Ebenen in

diesen Zielsetzungsprozess nicht einbezogen werden, spart dies Zeit und Ressourcen. Die detaillierte Ausplanung der Budgets liegt dann in der alleinigen Verantwortung der dezentralen Einheiten (vgl. Kap. 4.1.3).

- **Marktorientierte statt intern ausgerichtete Ziele:** Operative Planziele sind häufig das Ergebnis langwieriger Verhandlungen und reduzieren sich deshalb meist auf das intern Machbare als kleinsten gemeinsamen Nenner. Für die Motivation der Mitarbeiter und damit auch die erzielbare Leistung besser geeignet sind jedoch anspruchsvolle, gleichzeitig aber noch realistische Ziele (vgl. Kap. 4.3.3). Idealerweise sollten diese am Wettbewerb ausgerichtet werden, der auch innerhalb des Unternehmens stattfinden kann. Zur Ableitung solcher Ziele eignet sich das Benchmarking.
- **Trennung von Prognose und Zielsetzung statt Verknüpfung beider Funktionen:** Budgets dienen sowohl zur Prognose der zukünftigen Unternehmensentwicklung als auch zur Zielvorgabe für die Verantwortungsbereiche. Ziele sollen jedoch herausfordernd und Prognosen möglichst realistisch sein. Beide Funktionen lassen sich durch Budgets deshalb nicht gleichzeitig erfüllen, weshalb Prognose und Zielsetzung zu trennen sind. Idealerweise sollten auch die Prognosen rollierend durchgeführt werden (Rolling Forecast). Die Prognose bezieht sich dabei stets auf einen festen Zeitraum von beispielsweise zwölf Monaten und wird dann z. B. jedes Quartal aktualisiert sowie um ein weiteres Quartal erweitert (vgl. Kap. 4.1.2). Da die Linienverantwortlichen nicht an der Erreichung der prognostizierten Werte gemessen werden, gibt es auch keinen Grund mehr für Manipulationen. Dies gewährleistet ein realistisches und aktuelles Zukunftsbild und damit eine verlässliche Basis für die Entscheidungen der Unternehmensführung (vgl. das Praxisbeispiel von *B. Braun* in Kap. 6.6.4).
- **Mehrdimensionale Ziele statt alleinige Ausrichtung auf monetäre Größen:** Während im Rahmen der strategischen Planung qualitative, nicht-monetäre Faktoren eine hohe Bedeutung besitzen, dominieren bei der operativen Planung und Kontrolle vor allem finanzielle Aspekte. Budgets sollen in Geldeinheiten detailliert über die betrieblichen Vorgänge im nächsten Geschäftsjahr Auskunft geben. Damit lassen sich zwar Soll-Ist-Abweichungen feststellen, deren Ursachen werden jedoch kaum ersichtlich. Waren beispielsweise die Kunden unzufrieden oder gab es Schwierigkeiten bei der Auftragsabwicklung? Die operative Planung und Kontrolle sollte deshalb stärker auch nicht-monetäre Größen wie etwa Qualitäten, Zeiten, Mengen oder Zufriedenheitswerte einbeziehen. Da diese leichter zu verstehen sind, eignen sie sich auch besser zur Steuerung unterer Hierarchieebenen. Ein Meister in der Fertigung kann z. B. mit Ausschussquoten und Durchlaufzeiten mehr anfangen als mit Rentabilitätskennzahlen und Wertbeiträgen. Budgetziele sollten auch kein alleiniger Leistungsmaßstab sein, sondern für jeden Mitarbeiter um individuelle Ziele ergänzt werden. Im Fokus der operativen Planung und Kontrolle sollte die Koordinationsfunktion und nicht die Verhaltenssteuerung der Mitarbeiter stehen.
- **Dezentralisation von Verantwortung statt zentraler Detailpläne und Kontrollen:** In vielen Unternehmen wird versucht, das gesamte betriebliche Geschehen detailliert vorauszuplanen und anschließend die Planeinhaltung zu kontrollieren. Diese hohe Detaillierung führt auf der einen Seite zu einem entsprechend hohen Planungs- und Kontrollaufwand, auf der anderen Seite wird dadurch die Handlungs- und Reaktionsfähigkeit der Linienverantwortlichen stark eingeschränkt. Zweckmäßiger ist eine globalere Betrachtung, die sich einerseits auf die wesentlichen Schlüsselgrößen beschränkt und andererseits dezentrale Leistungsverantwortung und Handlungsspielräume fördert. Die dezentralen Entscheidungsträger werden dadurch in die Lage versetzt, schneller auf Marktereignisse zu reagieren, ohne an starre, zentrale Regelungen gebunden zu sein.
- **Sich selbst anpassende, relative Ziele statt fixer, absoluter Vorgaben:** Im Gegensatz zu fixen, absoluten und am Ressourceneinsatz (Input) orientierten Zielen sind relative Ziele am erzielten Ergebnis (Output) orientiert. Dadurch passen sie sich selbstständig an veränderte Umweltentwicklungen an. Bei fixen, absoluten Zielen besteht die Gefahr, dass sich während des Planungshorizonts ohne Zutun der Verantwortlichen der Schwierigkeitsgrad der Zielerreichung verändert. Ein Beispiel ist die Vorgabe eines bestimmten Umsatzes als Zielgröße. Dessen Realisierung kann durch entsprechende Entwicklungen, wie etwa Qualitätsprobleme des Konkurrenten oder konjunkturelle Einbrüche, entweder sehr einfach oder auch unmöglich werden. Relative Ziele sind dagegen meist an bestimmte Umweltfaktoren wie z. B. das Marktwachstum gekoppelt. Sie lassen sich aber auch auf Basis von Vergleichen mit anderen internen Verantwortungsbereichen oder mit externen Wettbewerbern aufstellen. Ein Beispiel wäre eine Umsatzsteigerung über dem Marktdurchschnitt oder über der des stärksten Wettbewerbers. Relative Ziele passen sich dadurch an veränderte Bedingungen kontinuierlich selbst an und garantieren somit einen gleichbleibenden

Schwierigkeitsgrad. Die Linienverantwortlichen kennen zwar die Beurteilungskriterien ihrer Leistung, deren Höhe im Vergleich zu anderen internen Einheiten bzw. den Wettbewerbern steht jedoch erst nach Ablauf der Periode fest. Systematische Vergleiche zwischen den dezentralen Verantwortungsbereichen bewirken einen anspornenden internen Wettbewerb.

Ein Beispiel für den Unterschied zwischen absoluten und relativen Zielen zeigt Abb. 4.3.10. Ein absolutes Ziel wäre die Erreichung eines ROCE (Return on Capital Employed) von 15 %, der auf Basis der Annahmen über die Marktentwicklung geplant wurde. Das relative Ziel orientiert sich dagegen an der tatsächlichen Entwicklung des Gesamtmarktes, die erst nach Ablauf des Geschäftsjahres bekannt ist. Im Beispiel führt der Plan-Ist-Vergleich zu falschen Schlüssen: Die deutliche Planüberschreitung um 6 % wird als Erfolg gewertet und den Verantwortlichen winken Bonuszahlungen. Der bessere ROCE des Marktdurchschnittes (25 %) und des wichtigsten Wettbewerbers (28 %) werden aber nicht berücksichtigt. Erst bei relativer Betrachtung wird die Leistung richtig beurteilt, denn sie bleibt um 4 % hinter dem Markt und um 7 % hinter dem wichtigsten Wettbewerber zurück. Bei relativen Zielen spielen somit Planungsprämissen über die Entwicklung des Marktes keine Rolle. Deshalb bleiben relative Ziele stets aktuell, herausfordernd und relevant. Bezüglich des Weges zur Zielerreichung gewähren sie den dezentralen Einheiten große Freiheiten. Das zentrale, hierarchische Jahresbudget wird somit durch eine Vielzahl an zeitnahen, dezentralen Maßnahmenplänen ersetzt. Relative Ziele müssen nicht jedes Jahr neu verhandelt werden, sondern sind im Idealfall zeitlos gültig. Den Konkurrenten zu schlagen ist beispielsweise immer ein herausforderndes Ziel.

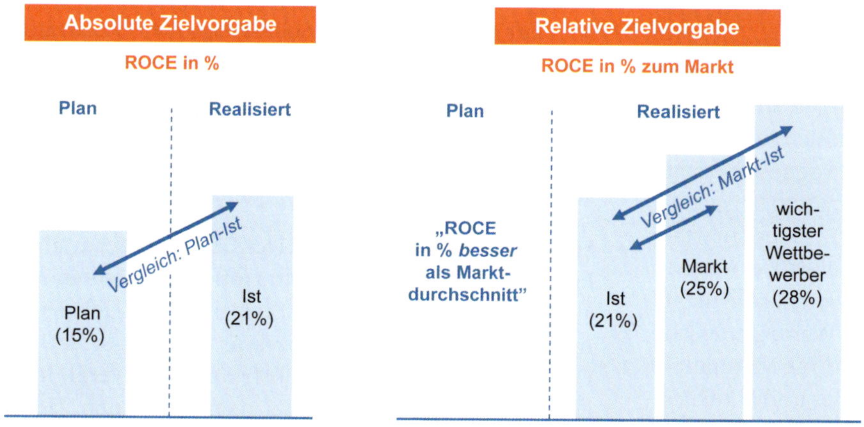

Abb. 4.3.10: Absolute vs. relative Zielvorgabe (vgl. Pfläging, 2011, S. 112)

Zusammenfassung

- Die operative Planung und Kontrolle dient zur bestmöglichen Nutzung der bestehenden Erfolgspotenziale eines Unternehmens. Sie ist relativ detailliert und hat einen kurzfristigen Planungshorizont.
- Die Aktionsplanung und -kontrolle bestimmt, wer, was, wann, wie, womit und wo tun muss, um ein angestrebtes Sachziel zu erreichen. Die Budgetierung bezieht sich auf die monetären Auswirkungen geplanter Handlungen und dient der Erreichung wertorientierter Ziele. Beide sind eng miteinander verflochten.
- Ein Budget ist ein in wertmäßigen Größen formulierter und wertzielorientierter Plan, der einem Verantwortungsbereich für einen gewissen Zeitraum verbindlich vorgegeben wird.
- Das Budgetierungssystem ist Bestandteil des Planungs- und Kontrollsystems und umfasst die wertzielorientierte Planung und Kontrolle.
- Die aufeinander abgestimmten Teilbudgets eines Unternehmens sowie deren Beziehungen untereinander bilden das Budgetsystem. Die Verdichtung der Teilbudgets erfolgt in drei Richtungen: Finanzbudget, Plan-GuV und Planbilanz.
- Der Budgetierungsprozess beschreibt den zeitlichen und inhaltlichen Ablauf der Budgetierungsaktivitäten.
- Die Budgetierung ist eines der wesentlichen Aufgabenfelder des Controllings.

- Ohne digitale Informationssysteme ist die Budgetierung kaum durchführbar. Welche Budgetplanungsinstrumente eingesetzt werden, hängt vor allem vom Wiederholungsgrad der Prozesse und der monetären Quantifizierbarkeit der Prozessergebnisse ab. Wesentliches Budgetkontrollinstrument ist die Abweichungsanalyse.
- Budgets beeinflussen das Verhalten der dezentralen Entscheidungsträger. Dabei gibt es auch unerwünschte, dysfunktionale Wirkungen, wie z. B. Budgetverschwendung oder der Aufbau von Budgetreserven. Deshalb sollten Budgetierungsgrundsätze beachtet werden.
- Problemfelder der Planung und Kontrolle sind die mangelnde Verbindung zwischen strategischer und operativer Planung, Eindimensionalität, unzureichende Aktualität und Flexibilität, hoher Ressourcenaufwand sowie fehlende Akzeptanz.
- Verbesserungsansätze sind eine stärkere Unterstützung durch digitale Informationssysteme (digitale Budgetierung), die evolutionäre Steigerung der Effizienz und Effektivität (Better Budgeting) oder der vollständige Ersatz der Budgetierung durch eine adaptiv-dezentrale Führung (Beyond Budgeting).
- Eine wirksame operative Planung und Kontrolle ist integriert, dynamisch rollierend, marktorientiert, mehrdimensional und dezentralisiert. Prognosen und (insbesondere anreizbezogene) Ziele sollten voneinander getrennt sein. Relative Ziele passen sich selbst an veränderte Umweltbedingungen an. Als effizienter und zugleich effektiver Planungsrhythmus empfiehlt sich Top-down-Middle-up.

Literaturempfehlungen

Dambrowski, J.: Budgetierungssysteme in der deutschen Unternehmenspraxis, Darmstadt 1986.

Gleich, R./Kappes, M./Leyk, J. (Hrsg.): Planung, Budgetierung und Forecasting, Freiburg/München/Stuttgart 2019.

Rieg, R.: Planung und Budgetierung: Was wirklich funktioniert, 2. Aufl., Wiesbaden 2015.

4.4 Die Planungs- und Kontrollfunktion in der Praxis

Leitfragen

- Wie läuft die Planung im Eder-Konzern ab?
- Wie operationalisiert die Schlummer GmbH ihre Strategie mithilfe der Balanced Scorecard?
- Wie hängen die Teilbudgets der Eder Möbel GmbH miteinander zusammen und wie werden sie verdichtet?
- Wie hat Bosch seine Wirtschaftsplanung modernisiert und verkürzt?
- Welche Vorteile bietet der neue Budgetierungsprozess für Bosch?

In diesem Kapitel wird am Beispiel der *Eder-Gruppe* der in Kap. 4.1.3 erläuterte Planungsablauf beschrieben. Die in Kap. 4.2.5 dargestellte Strategieumsetzung mit der Balanced Scorecard wird anhand der *Schlummer GmbH* veranschaulicht. Ein Beispiel für einen kompletten Budgetierungsprozess nach Kap. 4.3.2 liefert die Budgetierung bei der *Eder Möbel GmbH*. Abschließend wird mit der Neugestaltung der Wirtschaftsplanung bei der *Robert Bosch GmbH* ein umfassendes Praxisbeispiel für das Better Budgeting aus Kap. 4.3.4 gegeben.

4.4.1 Der Planungsprozess der Eder-Gruppe

Die *Eder-Gruppe* wurde in Kap. 1.1.3 vorgestellt. Die Planung des Unternehmens findet mehrstufig und interaktiv im Gegenstromverfahren mit Top-down-Eröffnung statt, wie der Planungszyklus in Abb. 4.4.1 zeigt. Die langfristigen Ziele des Konzerns und seiner Tochtergesellschaften werden im Rahmen der strategischen Planung für fünf Jahre sowie mehrere Produkt- und Technologiegenerationen festgelegt. Im Anschluss entscheidet die Geschäftsführung, welche strategischen Maßnahmen im folgenden Jahr umgesetzt werden sollen.

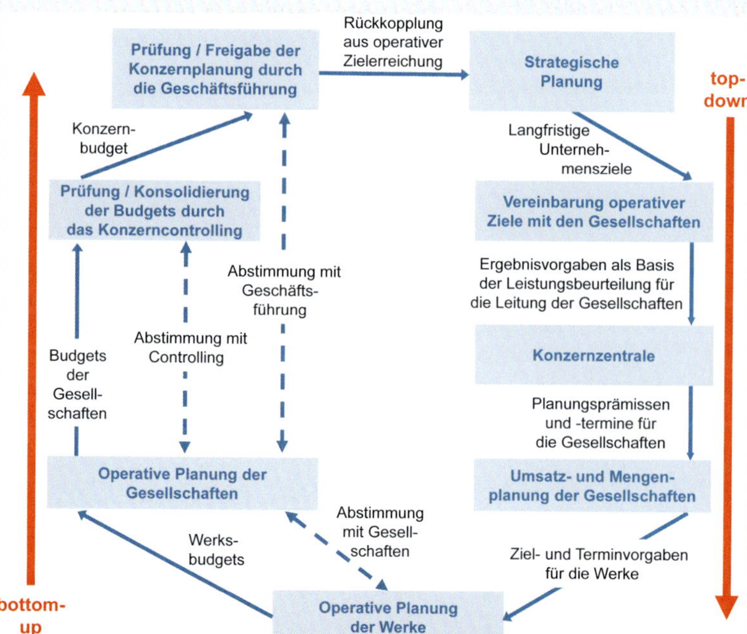

Abb. 4.4.1: Planungszyklus der Eder-Gruppe

Die Konzernzentrale erarbeitet die zentralen Planungsprämissen, wie etwa Rohstoffpreise, konjunkturelle Einschätzungen oder Wechselkurse. Die Ziele werden im Rahmen eines Zielentfaltungsprozesses kaskadenförmig auf die Gesellschaften und deren Werke, Abteilungen und Produktgruppen heruntergebrochen.

In den Gesellschaften werden auf Basis vorliegender Kundenanfragen und Marktprognosen die erwarteten Absatzmengen, Verkaufspreise und Umsätze der einzelnen Produktgruppen budgetiert. Auf Basis dieser Vertriebsplanzahlen erfolgt die Ableitung der technischen Planzahlen, welche die Produktionsmengen und deren Verteilung auf die einzelnen Werke sowie die dort vorzuhaltenden Kapazitäten bestimmen. Danach erarbeiten die Gesellschaften die Kostenbudgets und operativen Ziele für die Werke. Diese umfassen die angestrebten Herstellkosten für die gefertigten Produkte sowie die geplanten Investitionen, Bestände, Mitarbeiter und Gemeinkosten. Die Werksleitungen sprechen ihre Budgets mit der Geschäftsführung der Gesellschaft durch und erhalten gegebenenfalls Änderungsauflagen. Basierend auf den Werksbudgets und den geplanten Gemeinkosten wird die Erfolgsplanung in den Gesellschaften aufgestellt.

Aus der Konsolidierung der einzelnen Teilpläne (Werke, Produktbereiche sowie Entwicklung, Vertrieb und Verwaltung) ergeben sich die Budgets der Gesellschaften, die vom zentralen Controller *Paul-Uwe Mukl* geprüft, abgestimmt und aufbereitet werden. Sie werden im Anschluss intensiv mit *Erwin Eder*, Inhaber und Geschäftsführer der *Eder-Gruppe*, diskutiert und meist mit zusätzlichen Auflagen freigegeben. Nach Einarbeitung der Plananpassungen und nochmaliger Konsolidierung wird das Budget der *Eder-Gruppe* als verbindliche Vorgabe für das nächste Geschäftsjahr verabschiedet. Den Planungskalender der *Eder-Gruppe* zeigt Abb. 4.4.2.

4.4.2 Strategieumsetzung bei Schlummer

Die *Schlummer GmbH* ist eine Tochtergesellschaft der *Eder-Gruppe* und produziert und vertreibt Komplettbetten bestehend aus Bettgestell, Lattenrost und Matratze. Der Vertrieb erfolgt bislang ausschließlich über den Fachhandel. Die Kernkompetenzen der *Schlummer GmbH* liegen im Design der Bettrahmen und der Entwicklung besonders komfortabler Matratzen. Das Unternehmen gilt gemäß der Vision der *Eder-Gruppe* in der Branche als qualitativ hochwertiger Anbieter (vgl. *Stoi*, 2012, S. 185 ff.).

In den letzten beiden Jahren hatte das Unternehmen mit deutlichen Umsatzrückgängen und sinkenden Absatzzahlen zu kämpfen. Die vorhandenen Kapazitäten sollen nun durch eine Kooperation mit dem Bettendiscounter *Schwäbisches Bettenlager* besser ausgelastet werden. Um das Qualitätsimage von *Schlummer* nicht zu gefährden, sollen billigere Ausführungen zweier älterer Modelle über die Hausmarke *Wolke Sieben* des Discounters vertrieben werden. Die neue Produktdivision soll mit den beiden Modellen *Ratzfein* und *Nickerle* primär einen Beitrag zu den visionären Wachstumszielen der *Eder-Gruppe* leisten.

Folgende Strategie wurde für die Division verabschiedet: „Durch langfristige Kooperation mit dem Discounter

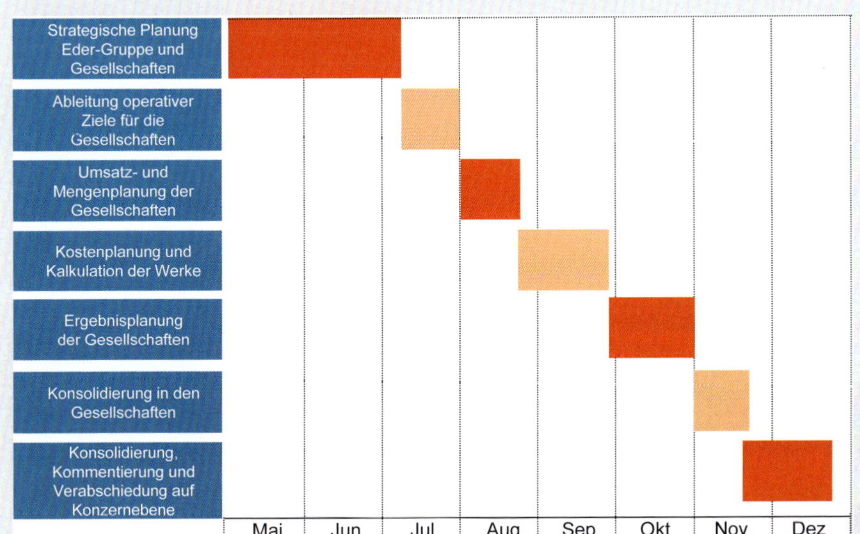

Abb. 4.4.2: Planungskalender der Eder-Gruppe

Schwäbisches Bettenlager soll die Fertigungskapazität der *Schlummer GmbH* voll ausgelastet, der Segmentumsatz jährlich verdoppelt und ein maßgeblicher Beitrag zum Unternehmenserfolg geleistet werden. Die Produktqualität soll den Ansprüchen der Discountkunden genügen. Um im Discountmarkt wettbewerbsfähig zu sein, liegt der strategische Schwerpunkt auf einer möglichst effizienten und wirtschaftlichen Massenproduktion."

Die Geschäftsführer *Susi Schlummer* und *Willi Wuschig* erstellen gemeinsam mit dem Konzerncontroller *Paul-Uwe Mukl* eine Balanced Scorecard, mit der die Divisionsstrategie in operative Ziele und Maßnahmen überführt werden soll. Für jede der vier BSC-Perspektiven werden von ihnen strategische Teilziele aus der Strategie abgeleitet, die in Abb. 4.4.3 zu sehen sind.

Abb. 4.4.3: Strategische Ziele der Produktdivision „Schwäbisches Bettenlager"

Die strategischen Teilziele sind miteinander verbunden und beeinflussen sich gegenseitig. Die in Abb. 4.4.4 dargestellte Strategy Map veranschaulicht dieses Ursache-Wirkungs-Netzwerk und macht die wesentlichen strategischen Zusammenhänge deutlich.

Um die Strategieumsetzung messbar zu machen, werden von *Paul-Uwe Mukl* für jedes strategische Teilziel geeignete Kennzahlen ermittelt. Im Anschluss legen *Susi Schlummer* und *Willi Wuschig* für jede Maßgröße die Zielvorgaben für das nächste Geschäftsjahr fest. Zusammen mit der Beschaffungsleiterin *Karin Kauf* und dem Produktionsleiter *Harry Hammer* werden im Anschluss strategische Aktionsprogramme ausgearbeitet, mit denen diese Zielvorgaben erreicht werden sollen. Abb. 4.4.5 zeigt die erarbeiteten Maßgrößen, Zielwerte und Aktionen für die Division *Schwäbisches Bettenlager.*

4.4.3 Budgetierung bei Eder Möbel

Wie in Kap. 1.1.3 vorgestellt, ist die *Eder Möbel GmbH* eine Tochtergesellschaft des *Eder-Konzerns.* Das Organigramm des Unternehmens zeigt Abb. 4.4.6. Dieses Fallbeispiel soll die Zusammenhänge zwischen den Teilbudgets und deren Verdichtung veranschaulichen. Generell wird auch bei der *Eder Möbel GmbH* das Budget für das komplette Geschäftsjahr geplant, aus Gründen der Übersichtlichkeit wird hier aber nur das erste Quartal dargestellt. Die *Eder Möbel GmbH* erzielte im letzten Geschäftsjahr mit 100 Mitarbeitern einen Umsatz von 40 Mio. €.

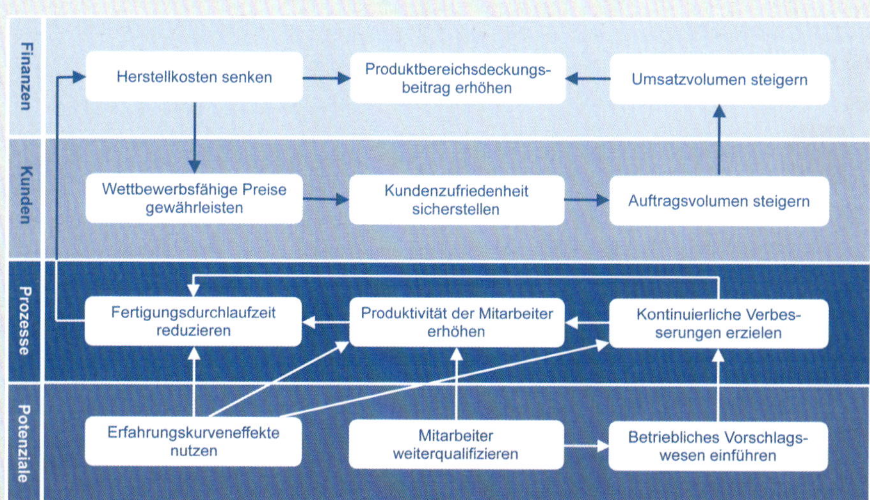

Abb. 4.4.4: Strategy Map der Produktdivision „Schwäbisches Bettenlager"

Perspektive	Strategische Ziele	Maßgrößen	Zielwerte Folgejahr	Strategische Aktionen
Finanzen	Herstellkosten senken	Herstellkosten	Ratzfein 140,– € Nickerle 180,– €	Interdisziplinäres Projektteam zur Herstellkostensenkung bilden
	Umsatzvolumen steigern	Umsatz	1 Mio. €	Preis- und Lieferzusagen an Schwäbisches Bettenlager nachverfolgen und sicherstellen
	Produktbereichsdeckungsbeitrag erhöhen	Produktbereichsdeckungsbeitrag	356 T€	Kosten, Preise, Deckungsbeiträge und Absatzmengen laufend im Controlling überwachen
Kunden	Kundenzufriedenheit sicherstellen	Liefertreue	100 %	Umstellung der Fertigung auf Just-in-Time und Optimierung der Versandlogistik für Selbstabholung
	Wettbewerbsfähige Preise gewährleisten	Preisabweichung gegenüber Konkurrenzprodukten in %	< +5 %	Senkung der Herstellkosten an den Kunden weitergeben
	Auftragsvolumen steigern	Steigerung der Absatzmenge gegenüber dem Vorjahr in %	100 %	Intensiver Kundenkontakt durch Key Account Manager für Schwäbisches Bettenlager
Prozesse	Kontinuierliche Verbesserungen erzielen	Anzahl realisierter Verbesserungen	50 Maßnahmen	KVP-Beauftragten einsetzen, der Projekte initiiert und überwacht
	Produktivität der Mitarbeiter erhöhen	Mitarbeiterproduktivität in Zahl der hergestellten Betten pro Tag	3 Stück / Tag je Mitarbeiter	Entlohnung auf Akkordsystem umstellen, Mitarbeiter schulen, Fertigungsprozesse optimieren
	Fertigungsdurchlaufzeit reduzieren	Fertigungsdurchlaufzeit je Bett in Minuten	120 min je Bett	Projektteam zur Optimierung des Fertigungsprozesses bilden und konsequent vereinfachen
Potenziale	Mitarbeiter weiterqualifizieren	Anzahl Schulungstage je Mitarbeiter	5 Tage	Schulung der Mitarbeiter, um deren Produktivität zu erhöhen und KVP-Philosophie zu vermitteln
	Erfahrungskurveneffekte nutzen	Anzahl der Verdopplungen der kumulierten Produktionsmenge	1,5 Verdopplungen	Projektteam zur Erarbeitung von Rationalisierungsmaßnahmen aus Erfahrungskurveneffekten bilden
	Betriebliches Vorschlagswesen einführen	Anzahl an Verbesserungsvorschlägen je Mitarbeiter	3 Vorschläge	Interne Kampagne „Gemeinsam besser“ und Bonussystem für Verbesserungsvorschläge

Abb. 4.4.5: Operationalisierung der Strategie der Division „Schwäbisches Bettenlager“

Die *Eder Möbel GmbH* fertigt Gartentische in den Modellen *Luxus* und *Standard*. Diese werden direkt an den Einzelhandel vertrieben (Kaufhäuser, Discounter, Möbelgeschäfte). Die Modelle *Luxus* und *Standard* haben empfohlene Verkaufspreise von 24,95 € und 19,95 €. Sie werden an die Händler ca. 40 % unterhalb des Verkaufspreises zu 15,– € und 12,– € verkauft. Beide Tische haben einen Röhrenstahlrahmen, auf dem die Tischplatte aufliegt und aus dem auch die Tischbeine geformt sind. Die Oberteile bestehen aus einer mit Vinyl überzogenen Sperrholzplatte. Das Modell

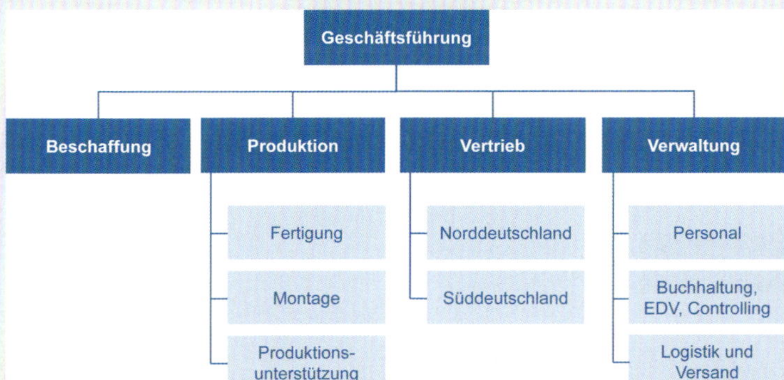

Abb. 4.4.6: Organigramm der Eder Möbel GmbH

Luxus ist etwas höher und hat eine größere Tischplatte als das Modell *Standard*. Beide Modelle verursachen in der Herstellung und Verwaltung den gleichen Arbeitsaufwand.

Die Budgetierung findet im Herbst eines jeden Jahres im Gegenstromverfahren mit Top-down-Eröffnung statt. *Erich Nergisch*, Geschäftsführer der *Eder Möbel GmbH*, teilt Ende Juli den Leitern der Bereiche Beschaffung, Produktion, Vertrieb und Verwaltung die generellen Zielsetzungen bezüglich Umsatzentwicklung, Umsatzrentabilität und Marktanteil mit. Im Anschluss erstellen die Bereichsleiter bis Mitte Oktober die Budgets für ihre jeweiligen Verantwortungsbereiche. Dies erfolgt in enger Abstimmung mit dem Konzerncontroller *Paul-Uwe Mukl*, der den gesamten Budgetierungsprozess koordiniert. Er verdichtet und konsolidiert die Teilbudgets. Danach erfolgt die Durchsprache des Finanzbudgets und der Plan-GuV zwischen *Erich Nergisch und Erwin Eder, Geschäftsführer der Eder-Gruppe*. Daraus folgende Nachbesserungen diskutiert Herr *Nergisch* dann mit seinen Linienverantwortlichen. Nach Abschluss dieser „Budgetknetphase" wird das Budget Ende November von *Erwin Eder* verabschiedet. Es stellt die verbindliche Vorgabe für das nächste Geschäftsjahr dar und ist Basis der Leistungsbeurteilung der Linienverantwortlichen. Das **Budgetsystem,** das in Abb. 4.4.7 dargestellt ist, veranschaulicht den Zusammenhang der Teilbudgets. Der Prozess der Budgeterstellung wird im Folgenden Schritt für Schritt erläutert.

Wie in Abb. 4.4.7 zu sehen ist, bildet auch bei der *Eder Möbel GmbH* das **Umsatzbudget** den Ausgangspunkt für die Budgeterstellung. Es ist, wie in Tab. 1 (Abb. 4.4.8) dargestellt, nach den Regionen Nord- und Süddeutschland, den Produkten sowie den zu budgetierenden Monaten unterteilt. Im Umsatzbudget wird der Umsatz der Produkte in den einzelnen Monaten und Vertriebsregionen durch Multiplikation der geplanten Absatzmengen und Verkaufspreise ermittelt. Preisunterschiede in den Vertriebsregionen und Preisänderungen in den einzelnen Monaten sind in der Praxis keine Seltenheit, werden aber hier aus Vereinfachungsgründen vernachlässigt. Die Umsatzzahlen der einzelnen Monate werden zum Quartalsumsatz verdichtet. Auf diese Weise ergibt sich ein geplanter Umsatz für das erste Quartal in Höhe von 11.250 T€.

Zeitgleich zur Budgeterstellung erfolgt die **Planung und Kalkulation der Herstellkosten**. Die Ergebnisse gehen beispielsweise in die Preisfindung, Bestandsbewertung oder die betriebliche Erfolgsrechnung ein. Bei der *Eder Möbel GmbH* wird in den Abteilungen Fertigung und Montage eine Vollkostenkalkulation durchgeführt.

Wie in Abb. 4.4.9 dargestellt, werden die anfallenden Lohnkosten auf Basis der direkten Arbeitsstunden (DAS) kalkuliert. Dies ist die geplante Arbeitszeit in den Abteilungen Fertigung und Montage. Die direkten Arbeitsstunden sind auch die Verteilungsbasis für die **Produktionsgemeinkosten**. Der Produktionsgemeinkostensatz beträgt 60 €/DAS. Berechnet wird er durch Division des Produktionsunterstützungsbudgets durch die direkten Arbeitsstunden. Die Aufstellung des Produktionsunterstützungsbudgets (Tab. 6) wird später noch dargestellt.

In der **Abteilung Fertigung** werden die Stahlrohre gebogen und verschweißt sowie die Sperrholzplatten gesägt. Das Modell *Luxus* benötigt 10 m Stahlrohr sowie 1,2 m² Sperr-

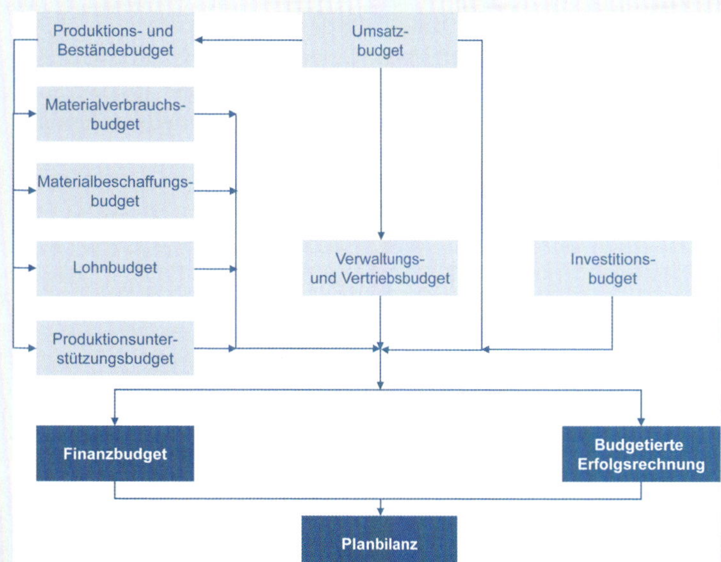

Abb. 4.4.7: Das Budgetsystem der Eder Möbel GmbH

Umsatzbudget (1. Quartal) — **Eder Möbel GmbH**

Region	Produkte	Stückpreis (Euro)	Januar Absatz (TStück)	Januar Umsatz (TEuro)	Februar Absatz (TStück)	Februar Umsatz (TEuro)	März Absatz (TStück)	März Umsatz (TEuro)	1. Quartal Absatz (TStück)	1. Quartal Umsatz (TEuro)
Norden	Luxus	15,00	60	900	60	900	50	750	170	2.550
	Standard	12,00	100	1200	100	1200	110	1320	310	3.720
										6.270
Süden	Luxus	15,00	40	600	50	750	50	750	140	2.100
	Standard	12,00	80	960	80	960	80	960	240	2.880
										4.980
Deutschland	Luxus	15,00	100	1500	110	1650	100	1500	310	4.650
	Standard	12,00	180	2160	180	2160	190	2280	550	6.600
Umsatz für GuV- und Finanzbudget										**11.250**

Absatz April (TStück)

Region	Luxus	Standard
Norden	60	100
Süden	40	80
Deutschland	**100**	**180**

Abb. 4.4.8: Umsatzbudget der Eder Möbel GmbH (Tab. 1)

holzplatte und das Modell Standard 9 m Stahlrohr und 0,9 m² Sperrholzplatte. Multipliziert mit dem Einstandspreis von 0,20 €/m Stahlrohr bzw. 1 €/m² Sperrholzplatte ergeben sich Materialkosten von 3,20 € (Luxus) bzw. 2,70 € (Standard). Da die Fertigung weitgehend automatisiert ist, fallen hierfür pro Tisch nur ca. 36 Sekunden bzw. 0,01 direkte Arbeitsstunden an. Der Stundensatz je Mitarbeiter in der Fertigung einschließlich Lohnnebenkosten beträgt 60 €/DAS. Daraus ergeben sich 0,6 € Lohnkosten pro Stück. Als Werkgemeinkostensatz folgt daraus ebenfalls 60 €/DAS. Die Werkgemeinkosten werden auf Basis der direkten Arbeitsstunden verteilt, woraus sich Werkgemeinkosten von 0,6 €/Stück ergeben. Somit betragen die Herstellkosten pro Stück in der Abteilung Fertigung 4,40 € (Luxus) bzw. 3,90 € (Standard).

Plankalkulation (je Tisch) — **Eder Möbel GmbH**

Abteilung Fertigung	Menge	Preis	Geplante Kosten je Tisch: Luxus	Standard
Materialkosten				
Stahlrohr	10,0 m	0,20 Euro/m	2,00 Euro	
	9,0 m	0,20 Euro/m		1,80 Euro
Sperrholzplatte	1,2 m²	1,00 Euro/m²	1,20 Euro	
	0,9 m²	1,00 Euro/m²		0,90 Euro
Gesamte Materialkosten			**3,20 Euro**	**2,70 Euro**
	DAS*	**Stundensatz****		
Lohn	0,01	60,00 Euro/DAS	0,60 Euro	0,60 Euro
Produktionsgemeinkosten	0,01	60,00 Euro/DAS	0,60 Euro	0,60 Euro
Herstellkosten/Stück			**4,40 Euro**	**3,90 Euro**
Abteilung Montage	**Menge**	**Preis**	**Geplante Kosten je Tisch: Luxus**	**Standard**
Materialkosten				
Vinyloberfläche	1,2 m²	0,50 Euro/m²	0,60 Euro	
	0,9 m²	0,50 Euro/m²		0,45 Euro
Montagesatz	1 St.	1,00 Euro/St.	1,00 Euro	1,00 Euro
Gesamte Materialkosten			**1,60 Euro**	**1,45 Euro**
	DAS*	**Stundensatz****		
Lohn	0,02	50,00 Euro/DAS	1,00 Euro	1,00 Euro
Produktionsgemeinkosten	0,02	60,00 Euro/DAS	1,20 Euro	1,20 Euro
Herstellkosten/Stück			**3,80 Euro**	**3,65 Euro**
Gesamte Herstellkosten/Stück			**8,20 Euro**	**7,55 Euro**

* DAS = direkte Arbeitsstunden
** Die Produktionsgemeinkosten werden in Tab. 6 kalkuliert
Gesamte budgetierte Produktionsunterstützung: 1.548 TEuro
Gesamte budgetierte DAS (8.600 h + 17.200 h): 25.800 h
Produktionsgemeinkostensatz je DAS: 60,– Euro

Abb. 4.4.9: Plankalkulation der Eder Möbel GmbH

In der **Abteilung Montage** wird die Sperrholzplatte mit einer Vinyloberfläche überzogen und der Stahlrohrrahmen mit der Tischplatte verschraubt. Die erforderlichen Materialien werden von einem Lieferanten als Montagesatz zum Preis von 1,– € je Stück geliefert. Addiert man hierzu die Kosten für die Vinyloberfläche von 0,5 €/m² ergeben sich daraus die Materialkosten von 1,60 € (*Luxus*) bzw. 1,45 € (*Standard*). In der Montage sind pro Tisch ca. 72 Sekunden bzw. 0,02 direkte Arbeitsstunden erforderlich. Bei einem Stundensatz von 50 €/DAS folgen daraus pro Stück Lohnkosten von 1 € und Werkgemeinkosten von 1,20 €. Die Herstellkosten in der Abteilung Montage betragen pro Stück 3,80 € (*Luxus*) bzw. 3,65 € (*Standard*). Insgesamt ergeben sich **Herstellkosten pro Stück** von 8,20 € für das Modell *Luxus* und von 7,55 € für das Modell *Standard*.

Das Umsatzbudget (Tab. 1) beinhaltet auch die geplanten Absatzzahlen der beiden Produkte. Um im nächsten Schritt auf die Produktionszahlen der einzelnen Monate zu kommen, müssen die Bestände an Fertigerzeugnissen und die Produktionskapazitäten in die Planung einbezogen werden. **Bestandspolitik** der *Eder Möbel GmbH* ist es, aus Gründen der Liefersicherheit am Monatsende Fertigerzeugnisse in Höhe des erwarteten Absatzes des Folgemonats auf Lager zu haben.

Um die in einem Monat zu produzierenden Einheiten zu bestimmen, wird zunächst der geplante monatliche Absatz zum geforderten Endbestand addiert. Dieser folgt aus dem Absatz des Folgemonats. Der Anfangsbestand entspricht somit immer dem Absatz des jeweiligen Monats. Aus der Differenz von geplantem Anfangs- und Endbestand ergeben sich die monatlich zu produzierenden Einheiten. Diese bilden die Basis für die Planung der Materialbeschaffung, des Materialverbrauchs und des direkten Personalaufwands. Werden die gesamten zu produzierenden Einheiten im ersten Quartal aufsummiert und mit den Herstellkosten bewertet, so erhält man das in Tab. 2 (Abb. 4.4.10) dargestellte **Produktionsbudget**. Die *Eder Möbel GmbH* plant einen Produktionsaufwand von 6.694,5 T€, der vom Produktionsleiter verantwortet wird.

Nachdem die Produktionszahlen festgelegt wurden, kann im nächsten Schritt das **Materialverbrauchsbudget** aufgestellt werden (vgl. Tab. 3; Abb. 4.4.11). Es bestimmt den für die Herstellung der geplanten Produktionsmengen erforderlichen Materialaufwand. Hierzu sind zunächst die Verbrauchsmengen der einzelnen Materialarten (Stahlrohre, Sperrholzplatten, Vinylfolie und Montagesätze) zu ermitteln. Dies geschieht durch Multiplikation der geplanten Produktionsmengen mit dem Materialbedarf je Stück. Der Materialaufwand ergibt sich durch Multiplikation mit den Einstandspreisen der Materialarten. In Summe ergibt sich ein Materialverbrauch für das erste Quartal von 3.770,5 T€, der in die budgetierte Erfolgsrechnung (Tab. 9) eingeht. Während der Produktionsleiter für die Einhaltung des mengenmäßigen Materialverbrauchs gemäß Arbeitsplan verantwortlich ist, hat der Beschaffungsleiter für die Einhaltung der geplanten Einkaufspreise der Materialarten zu sorgen. Materialdisposition und Logistik werden aus Vereinfachungsgründen in diesem Beispiel nicht näher dargestellt.

Aufwandswirksam ist Material dann, wenn es verbraucht wird. Zahlungswirksam ist es hingegen bereits bei der Beschaffung. Aus diesem Grund ist ein separates Materialbeschaffungsbudget erforderlich. Im **Materialbeschaffungsbudget** wird geplant, zu welchem Zeitpunkt und in welchem Umfang das für die Produktion erforderliche Material zu beziehen ist. Das Materialbeschaffungsbudget zeigt Tab. 4 (Abb. 4.4.12). Auch hier spielt die Bestandspolitik wieder eine wichtige Rolle. Analog zum Fertigwarenlager verfolgt die *Eder Möbel GmbH* auch im Materiallager das Ziel, am Monatsende bei jeder Materialart einen Bestand in Höhe

Produktionsbudget (1. Quartal) — **Eder Möbel GmbH**

Produkt		Januar	Februar	März	1. Quartal	HK/St. (Euro)	Produktionsbudget (TEuro)
Luxus							
Verkaufte Einheiten (aus Tab. 1)		100.000	110.000	100.000	310.000		
zzgl. geplanter Endbestand	+	110.000	100.000	100.000	100.000		
Benötigte Einheiten für Verkäufe und Bestände	=	210.000	210.000	200.000	410.000		
abzgl. geplanter Anfangsbestand	-	100.000	110.000	100.000	100.000		
Zu produzierende Einheiten	=	**110.000**	**100.000**	**100.000**	**310.000**	8,20	**2.542,0**
Standard							
Verkaufte Einheiten (aus Tab. 1)		180.000	180.000	190.000	550.000		
zzgl. geplanter Endbestand	+	180.000	190.000	180.000	180.000		
Benötigte Einheiten für Verkäufe und Bestände	=	360.000	370.000	370.000	730.000		
abzgl. geplanter Anfangsbestand	-	180.000	180.000	190.000	180.000		
Zu produzierende Einheiten	=	**180.000**	**190.000**	**180.000**	**550.000**	7,55	**4.152,5**
Produktionsbudget 1. Quartal							**6.694,5**

Abb. 4.4.10: Produktionsbudget der Eder Möbel GmbH (Tab. 2)

Materialverbrauchsbudget (1. Quartal) — **Eder Möbel GmbH**

Material	Monat	Luxus: geplante Produktion (TStück)	Luxus: Einheiten je Stück	Luxus: Benötigte Menge (TEinh.)	Standard: geplante Produktion (TStück)	Standard: Einheiten je Stück	Standard: Benötigte Menge (TEinh.)	1. Quartal: Bedarf Produktion (TEinh.)	1. Quartal: Preis je Einheit (Euro)	1. Quartal: Material-aufwand (TEuro)
Stahlrohr (m)										
	Januar	110	10	1.100	180	9	1.620	2.720	0,20	544,0
	Februar	100	10	1.000	190	9	1.710	2.710	0,20	542,0
	März	100	10	1.000	180	9	1.620	2.620	0,20	524,0
	1. Quartal	**310**		**3.100**	**550**		**4.950**	**8.050**		**1.610,0**
Sperrholz-platte (m²)	Januar	110	1,2	132	180	0,9	162	294	1,00	294,0
	Februar	100	1,2	120	190	0,9	171	291	1,00	291,0
	März	100	1,2	120	180	0,9	162	282	1,00	282,0
	1. Quartal	**310**		**372**	**550**		**495**	**867**		**867,0**
Vinyl (m²)										
	Januar	110	1,2	132	180	0,9	162	294	0,50	147,0
	Februar	100	1,2	120	190	0,9	171	291	0,50	145,5
	März	100	1,2	120	180	0,9	162	282	0,50	141,0
	1. Quartal	**310**		**372**	**550**		**495**	**867**		**433,5**
Montagesatz (Stück)	Januar	110	1	110	180	1	180	290	1,00	290,0
	Februar	100	1	100	190	1	190	290	1,00	290,0
	März	100	1	100	180	1	180	280	1,00	280,0
	1. Quartal	**310**		**310**	**550**		**550**	**860**		**860,0**
Materialverbrauch (in budgetierte GuV):										**3.770,5**

Abb. 4.4.11: Materialverbrauchsbudget der Eder Möbel GmbH (Tab. 3)

des Materialbedarfs des Folgemonats zu haben. Die im Januar zu beschaffende Menge an Stahlrohr von 2.710 Tm errechnet sich wie folgt: Zum Materialbedarf im Januar von 2.720 Tm wird der Materialbedarf des Februars von 2.710 Tm addiert. Dieser stellt gleichzeitig den geforderten Endbestand im Januar dar. Im nächsten Schritt wird davon der Anfangsbestand des Januars in Höhe von 2.720 Tm abgezogen. Dieser entspricht dem Materialbedarf im Januar und wurde somit bereits im Dezember bevorratet.

Der Beschaffungsleiter hat dafür zu sorgen, dass diese Materialmengen in den einzelnen Monaten eingekauft werden. Werden diese mit den Einstandspreisen bewertet, so ergibt sich ein Materialbeschaffungsbudget von insgesamt 3.722,5 T€, das in der Verantwortung des Beschaffungslei-

Materialbeschaffungsbudget (1. Quartal) — **Eder Möbel GmbH**

Material	Monat	Mat.bedarf Produktion (TEinh.)	zzgl. Endbestand (TEinh.)	Gesamtbedarf (TEinh.)	abzgl. Anfangsbestand (TEinh.)	Einkaufsmenge (TEinh.)	Preis je Einheit (Euro)	1. Quartal (TEuro)
Stahlrohr (m)								
	Januar	2.720	2.710	5.430	2.720	2.710	0,20	542,0
	Februar	2.710	2.620	5.330	2.710	2.620	0,20	524,0
	März	2.620	2.620	5.240	2.620	2.620	0,20	524,0
	1. Quartal	**8.050**	**7.950**	**16.000**	**8.050**	**7.950**		**1.590,0**
Sperrholz-platte (m²)	Januar	294	291	585	294	291	1,00	291,0
	Februar	291	282	573	291	282	1,00	282,0
	März	282	282	564	282	282	1,00	282,0
	1. Quartal	**867**	**855**	**1.722**	**867**	**855**		**855,0**
Vinyl (m²)								
	Januar	294	291	585	294	291	0,50	145,5
	Februar	291	282	573	291	282	0,50	141,0
	März	282	282	564	282	282	0,50	141,0
	1. Quartal	**867**	**855**	**1.722**	**867**	**855**		**427,5**
Montagesatz (Stück)	Januar	290	290	580	290	290	1,00	290,0
	Februar	290	280	570	290	280	1,00	280,0
	März	280	280	560	280	280	1,00	280,0
	1. Quartal	**860**	**850**	**1.710**	**860**	**850**		**850,0**

Materialbeschaffungsbudget im ersten Quartal

	Stahlrohr (TEuro)	Sperrholz (TEuro)	Vinyl (TEuro)	Montagesatz (TEuro)	Summe (TEuro)
Januar	542,0	291,0	145,5	290,0	**1.268,5**
Februar	524,0	282,0	141,0	280,0	**1.227,0**
März	524,0	282,0	141,0	280,0	**1.227,0**
1. Quartal	**1.590,0**	**855,0**	**427,5**	**850,0**	**3.722,5**

Abb. 4.4.12: Materialbeschaffungsbudget der Eder Möbel GmbH (Tab. 4)

Lohnbudget
(1. Quartal) **Eder Möbel GmbH**

Monat	Abteilung	Luxus geplante Produktion (TStück)	Luxus DAS je Stück	Luxus Stunden	Standard geplante Produktion (TStück)	Standard DAS je Stück	Standard Stunden	Gesamt Gesamtstunden	Gesamt Lohn je DAS (Euro)	Gesamt Lohnaufwand (TEuro)
Januar	Fertigung	110	0,01	1.100	180	0,01	1.800	2.900	60,00	174,0
	Montage	110	0,02	2.200	180	0,02	3.600	5.800	50,00	290,0
				3.300			**5.400**	**8.700**		**464,0**
Februar	Fertigung	100	0,01	1.000	190	0,01	1.900	2.900	60,00	174,0
	Montage	100	0,02	2.000	190	0,02	3.800	5.800	50,00	290,0
				3.000			**5.700**	**8.700**		**464,0**
März	Fertigung	100	0,01	1.000	180	0,01	1.800	2.800	60,00	168,0
	Montage	100	0,02	2.000	180	0,02	3.600	5.600	50,00	280,0
				3.000			**5.400**	**8.400**		**448,0**
1. Quartal	Fertigung	310	0,01	3.100	550	0,01	5.500	8.600	60,00	516,0
	Montage	310	0,02	6.200	550	0,02	11.000	17.200	50,00	860,0
				9.300			**16.500**	**25.800**		
Lohnbudget für die budgetierte GuV:										**1.376,0**

Abb. 4.4.13: Lohnbudget der Eder Möbel GmbH (Tab. 5)

ters liegt. Unter der Annahme, dass die Materialbeschaffung im selben Monat voll zahlungswirksam ist (Skonti, Rabatte, Zahlungsziele etc. werden vernachlässigt), gehen diese Werte als Auszahlungen (Tab. 8b) in das Finanzbudget (Tab. 8) ein.

Ebenfalls auf Basis des Produktionsbudgets erfolgt die **Planung des direkten Personalaufwands** in den Abteilungen Fertigung und Montage. Die Beschäftigung in den Abteilungen wird ermittelt, indem die geplante Produktionsmenge aus dem Produktionsbudget (Tab. 2) mit dem Zeitbedarf je Stück multipliziert wird. Die Multiplikation der Fertigungs- und Montagestunden mit den jeweiligen Stundensätzen von 60 €/DAS bzw. 50 €/DAS ergibt den Lohnaufwand in den einzelnen Monaten und Abteilungen. Dabei wird vereinfachend unterstellt, dass die Vergütung der Mitarbeiter ausschließlich variabel ist und anhand der gefertigten Stückzahlen bzw. der tatsächlichen Arbeitsstunden erfolgt. Fixe Entgeltanteile bzw. Aufwendungen für nicht ausgelastete Kapazitäten werden vernachlässigt. Der Lohnaufwand im ersten Quartal in den Abteilungen Fertigung und Montage und somit das **Lohnbudget** beträgt 1.376 T€. Es geht in die budgetierte Erfolgsrechnung (Tab. 9) ein. Der Lohnaufwand ist darüber hinaus als Auszahlung (Tab. 8b) im Finanzbudget (Tab. 8) zu berücksichtigen.

Produktionsunterstützungsbudget
(1. Quartal) **Eder Möbel GmbH**

Abteilung	Kostenart	Flexibles Budget (Euro) fix		Flexibles Budget (Euro) variabel	Januar (TEuro)	Februar (TEuro)	März (TEuro)
Fertigung				**DAS***	**2.900h**	**2.900h**	**2.800h**
	Meistergehälter	30.000	+	0,00 /DAS	30,0	30,0	30,0
	Abschreibung	12.000	+	0,00 /DAS	12,0	12,0	12,0
	Logistik	0	+	10,00 /DAS	29,0	29,0	28,0
	Energie	20.000	+	1,00 /DAS	22,9	22,9	22,8
	Sonstiger Aufwand	4.000	+	9,00 /DAS	30,1	30,1	29,2
	Gesamt	**66.000**	**+**	**20,00 /DAS**	**124,0**	**124,0**	**122,0**
Montage				**DAS***	**5.800h**	**5.800h**	**5.600h**
	Meistergehälter	48.000	+	0,00 /DAS	48,0	48,0	48,0
	Abschreibung	10.000	+	0,00 /DAS	10,0	10,0	10,0
	Logistik	0	+	20,00 /DAS	116,0	116,0	112,0
	Energie	10.000	+	2,00 /DAS	21,6	21,6	21,2
	Sonstiger Aufwand	6.000	+	8,00 /DAS	52,4	52,4	50,8
	Gesamt	**74.000**	**+**	**30,00 /DAS**	**248,0**	**248,0**	**242,0**
Instandhaltung				**DIS***	**3.000h**	**3.000h**	**4.000h**
	Meistergehälter	11.000	+	0,00 /DIS	11,0	11,0	11,0
	Indirekte Arbeitslöhne	4.000	+	1,00 /DIS	7,0	7,0	8,0
	Sonstiger Aufwand	0	+	2,50 /DIS	7,5	7,5	10,0
	Gesamt	**15.000**	**+**	**3,50 /DIS**	**25,5**	**25,5**	**29,0**
Allg. Produktionsunterstützung (fix)							
	Gehälter				60,0	60,0	60,0
	Abschreibungen				40,0	40,0	40,0
	Sonstiger Aufwand				20,0	20,0	20,0
	Gesamt				**120,0**	**120,0**	**120,0**
Summe					**517,5**	**517,5**	**513,0**
Produktionsunterstützungsbudget 1. Quartal							**1.548,0**

* DIS = Direkte Instandhaltungsstunden DAS = Direkte Arbeitsstunden

Abb. 4.4.14: Produktionsunterstützungsbudget der Eder Möbel GmbH (Tab. 6)

Die geplante **Kapazitätsauslastung** in den Abteilungen Fertigung und Montage im ersten Quartal beträgt insgesamt 25.800 direkte Arbeitsstunden. Sie geht in die Berechnung des Produktionsunterstützungszuschlagssatzes zur Kalkulation der Herstellkosten und in die Personalkapazitätsplanung ein. Das Lohnbudget ist in Tab. 5 (Abb. 4.4.13) dargestellt.

Die Produktionsunterstützung befasst sich mit den planenden, steuernden und kontrollierenden Tätigkeiten im Produktionsbereich und ist für den Betrieb und die Instandhaltung der Produktionsanlagen zuständig. Aufwendungen entstehen insbesondere für Meistergehälter, Abschreibungen, Logistik und Energie. Darüber hinaus existiert eine Instandhaltungsabteilung für die Wartung und Reparatur des Maschinenparks, für die im **Produktionsunterstützungsbudget** direkte Instandhaltungsstunden (DIS) auf Basis von Erfahrungswerten eingeplant werden.

Ein Großteil des in Abb. 4.4.14 dargestellten Produktionsunterstützungsbudgets wird flexibel in Abhängigkeit der direkten Arbeitsstunden aus dem Lohnbudget (Tab. 5) bzw. in Abhängigkeit der direkten Instandhaltungsstunden eingeplant. Die direkten Instandhaltungsstunden werden separat geplant und sind in diesem Beispiel vorgegeben. Der Produktionsunterstützungsaufwand von 1.548 T€ geht in die budgetierte Erfolgsrechnung (Tab. 9) ein und wird über die direkten Arbeitsstunden (25.800 DAS) in der Kalkulation auf die Produkte mit einem Satz von 60 €/DAS verrechnet (vgl. Kalkulation in Abb. 4.4.9). Die zahlungswirksamen Bestandteile des Produktionsunterstützungsaufwands gehen in das Finanzbudget (Tab. 8) ein.

Das **Investitionsbudget** enthält die geplanten Investitionen nach Zeitpunkt und Höhe. Die *Eder Möbel GmbH* plant Ende März die Anschaffung von zehn neuen Stahlrohrbiegemaschinen im Wert von insgesamt 3.477,5 T€. Die Maschinen müssen bei Lieferung bezahlt werden und sollen ab 1. April alte Maschinen ersetzen. Ansonsten sind keine weiteren Investitionen im ersten Quartal vorgesehen.

Das **Verwaltungs- und Vertriebsbudget** für die ersten drei Monate besteht aus fixen Gehältern, Abschreibungen und einem variablen Anteil für Logistik und Versand in Höhe von 10 % des geplanten Umsatzes. Abb. 4.4.15 zeigt die Zusammensetzung des Verwaltungs- und Vertriebsbudgets in Höhe von 1.575 T€.

Verwaltungs- und Vertriebsbudget (1. Quartal) in TEuro	Eder Möbel GmbH		
	Januar	Februar	März
variable Aufwendungen (10 % v. Umsatz)	366	381	378
fixe Gehälter	120	120	120
Abschreibungen	30	30	30
Summe	**516**	**531**	**528**
Verwaltungs- und Vertriebsbudget			**1.575**

Abb. 4.4.15: Verwaltungs- und Vertriebsbudget der Eder Möbel GmbH (Tab. 7)

Zur Aufstellung des **Finanzbudgets** müssen die Ein- und Auszahlungen im Budgetierungszeitraum ermittelt werden. Die Einzahlungen der *Eder Möbel GmbH* im ersten Quartal stammen aus dem geplanten Umsatz (Tab. 1). Nach Erfahrungen der *Eder Möbel GmbH* wird die Hälfte der Verkäufe im laufenden Monat bezahlt und der Rest im Folgemonat. Zur Vereinfachung wird von Forderungsausfällen, Erlösschmälerungen und Finanzeinnahmen abgesehen. Die **Zahlungseingänge** im ersten Quartal sind in Tabelle 8a (Abb. 4.4.16) dargestellt. Die Forderungen aus Lieferungen und Leistungen belaufen sich am 31.03. auf 1.890 T€. Sie entsprechen der Hälfte des März-Umsatzes und gehen in die Planbilanz ein (Abb. 4.4.20).

Zahlungseingänge (1. Quartal)	Eder Möbel GmbH			
Verkaufsmonat	Umsatz (TEuro)	Januar (TEuro)	Februar (TEuro)	März (TEuro)
Dezember	3.500	1.750		
Januar	3.660	1.830	1.830	
Februar	3.810		1.905	1.905
März	3.780			1.890
Monatliche Einzahlungen		**3.580**	**3.735**	**3.795**

Abb. 4.4.16: Betriebliche Zahlungseingänge im 1. Quartal (Tab. 8a)

Die betrieblichen **Zahlungsausgänge** des ersten Quartals in Tab. 8b (Abb. 4.4.17) stammen aus unterschiedlichen Teilbudgets. Die jeweiligen Referenztabellen sind dabei in Klammern aufgeführt. Die Auszahlungen für Fertigungsmaterial werden im Materialbeschaffungsbudget (Tab. 4) und für Löhne im Lohnbudget (Tab. 5) geplant. Beim Budget für die Produktionsunterstützung (Tab. 6) sowie für die Verwaltung (Tab. 7) muss die Zahlungswirksamkeit der Aufwendungen berücksichtigt werden. Beide Budgets werden deshalb um die nicht zahlungswirksamen Abschreibungen korrigiert.

Im **Finanzbudget** (Tab. 8c; Abb. 4.4.18) werden sämtliche Ein- und Auszahlungen im Budgetierungszeitraum gegenübergestellt. Auf diese Weise wird erkennbar, ob in der betrachteten Periode ein Liquiditätsengpass auftritt oder ob überschüssige liquide Mittel z. B. für eine vorzeitige Kredittilgung zur Verfügung stehen. Das Finanzbudget ist deshalb ein wichtiges Instrument zur Liquiditätsplanung und -sicherung. Der geforderte Mindestbestand an liquiden Mitteln der *Eder Möbel GmbH* beträgt 50 T€, der

Zahlungsausgänge (1. Quartal) in TEuro	Eder Möbel GmbH					
	Januar		Februar		März	
Material (Tab. 4)		**1.268,5**		**1.227,0**		**1.227,0**
Lohn (Tab. 5)		**464,0**		**464,0**		**448,0**
Prod.unterstützung (Tab. 6)	517,5		517,5		513,0	
abzgl. Abschreibungen	62,0		62,0		62,0	
= Prod.unterstützung ohne AfA		**455,5**		**455,5**		**451,0**
Verwaltung und Vertrieb (Tab. 7)	516,0		531,0		528,0	
abzgl. Abschreibungen	30,0		30,0		30,0	
= Verw./Vertrieb ohne AfA		**486,0**		**501,0**		**498,0**
Gesamte Auszahlungen		**2.674,0**		**2.647,5**		**2.624,0**

Abb. 4.4.17: Betriebliche Zahlungsausgänge im 1. Quartal (Tab. 8b)

Finanzbudget (1. Quartal) in TEuro	Eder Möbel GmbH		
	Januar	Februar	März
Anfangsbestand	50,0	956,0	2.043,5
+ Einzahlungen (Tab. 8a)	3.580,0	3.735,0	3.795,0
- Auszahlungen			
- aus gew. Geschäftstätigkeit (Tab. 8b)	-2.674,0	-2.647,5	-2.624,0
- Investition in neue Maschinen	0,0	0,0	-3.477,5
- Zinszahlung Darlehen	0,0	0,0	-22,5
Saldo	**956,0**	**2.043,5**	**-285,5**
Finanzierung			
Kreditaufnahme	0,0	0,0	335,5
Kredittilgung	0,0	0,0	0,0
Liquide Mittel	**956,0**	**2.043,5**	**50,0**

Abb. 4.4.18: Finanzbudget der Eder Möbel GmbH (Tab. 8c)

auch zu Beginn des Budgetjahres erfüllt ist. Der Zahlungsmittelbestand wird durch die geplanten Ein- und Auszahlungen verändert und entspricht am Monatsende jeweils dem Anfangsbestand des Folgemonats. Für das langfristige Darlehen in Höhe von 1 Mio. € sind jeweils am Quartalsende Zinsen zu entrichten. Bei einem Darlehenszins von 9 % p. a. ergeben sich somit vierteljährliche Zinszahlungen von 22,5 T€. Trotz des Zuflusses an liquiden Mitteln aus dem Umsatzprozess ist der für Ende März geplante Kauf von zehn Stahlrohrbiegemaschinen nicht aus eigenen Mitteln zu finanzieren. Um einen Liquiditätsengpass zu vermeiden sowie den Mindestbestand an liquiden Mitteln sicherzustellen, ist deshalb im März die Aufnahme eines Bankkredits über 335,5 T€ erforderlich. Der Endbestand an liquiden Mitteln sowie die Aufnahme des Bankkredits gehen in die Planbilanz ein (vgl. Tab. 10; Abb. 4.4.20).

Die Gegenüberstellung der in den Teilbudgets enthaltenen Erträge und Aufwendungen erfolgt in der **budgetierten Erfolgsrechnung**. Sie ermittelt das aus den Teilbudgets resultierende Geschäftsergebnis und ist deshalb ein wichtiges Hilfsmittel zur Erfolgsplanung. Die *Eder Möbel GmbH* verwendet hierzu, wie in Abb. 4.4.19 dargestellt, das Gesamtkostenverfahren. Die jeweiligen Referenztabellen sind in Klammern angegeben. Die Umsatzerlöse stammen aus dem Umsatzbudget. Bestandsveränderungen sind im ersten Quartal nicht aufgetreten, sonst würden sie mit den kalkulierten Herstellkosten bewertet. Der Materialaufwand entstammt dem Materialverbrauchsbudget, der direkte Personalaufwand dem Lohnbudget, der Produktionsunterstützungsaufwand dem Produktionsunterstützungsbudget und der Verwaltungs- und Vertriebsaufwand dem Verwaltungs- und Vertriebsbudget. Das Finanzergebnis besteht aus den Zinszahlungen für das Darlehen, die aus dem Finanzbudget stammen. Daraus resultiert ein **Ergebnis vor Steuern** im ersten Quartal von 2.958 T€. Unter Annahme eines Ertragssteuersatzes von 50 % verbleibt ein Ergebnis nach Steuern von 1.479 T€.

Die Aufstellung der **Planbilanz** in Abb. 4.4.20 schließt die Budgeterstellung ab. Sie stellt die aus den einzelnen Teilbudgets resultierenden Veränderungen der Aktiv- und Passivposten des Unternehmens dar. Die angegebenen Referenztabellen bestimmen die Herkunft der einzelnen Werte.

Budgetierte Erfolgsrechnung (1. Quartal) in TEuro		Eder Möbel GmbH
	Umsatz (Tab. 1)	11.250,0
+/-	Bestandsveränderungen	-
-	Materialaufwand (Tab. 3)	3.770,5
-	direkter Personalaufwand (Tab. 5)	1.376,0
-	Produktionsunterstützungsaufwand (Tab. 6)	1.548,0
-	Verwaltungs- und Vertriebsaufwand (Tab. 7)	1.575,0
=	Betriebsergebnis	2.980,5
-	Finanzergebnis (Darlehenszins)	22,5
=	Gewinn vor Steuern	2.958,0
-	Ertragssteuer (50%)	1.479,0
=	**Gewinn nach Steuern**	**1.479,0**

Abb. 4.4.19: Budgetierte Erfolgsrechnung nach dem Gesamtkostenverfahren (Tab. 9)

Planbilanz zum 31. März (in TEuro) **Eder Möbel GmbH**

	Aktiva		Passiva		
	Anlagevermögen		**Eigenkapital**		
	Grundstücke*	500,0	Grundkapital*	10.000,0	
	Gebäude*	9.000,0	Kapitalrücklage*	4.000,0	
	Maschinen*	5.727,5	Gewinnrücklage*	2.280,0	
			Jahresüberschuss	1.479,0	Tab. 9
			Verbindlichkeiten		
	Umlaufvermögen		*langfristige Verbindlichkeiten*		
Tab. 2	Bestand Fertigprodukte	2.179,0	Darlehen*	1.000,0	
Tab. 4	Bestand Material	1.227,0			
Tab. 8a	Forderungsbestand	1.890,0	*kurzfristige Verbindlichkeiten*		
Tab. 8c	Liquide Mittel	50,0	Bankkredit	335,5	Tab. 8c
			Steuerschuld	1.479,0	Tab. 9
		20.573,5		**20.573,5**	

* Diese Werte sind im Fallbeispiel gegebene Größen

Abb. 4.4.20: Planbilanz der Eder Möbel GmbH zum 31. März (Tab. 10)

- Der Bestand an Fertigprodukten basiert auf dem Produktionsbudget (Tab. 2). Der Lagerendbestand des Monats März multipliziert mit den Herstellkosten je Stück ergibt den Wert der Bestände an Fertigerzeugnissen:

  100.000 Luxus * 8,20 €/St
  + 180.000 Standard * 7,55 €/St
  = 2.179 T€

- Der Bestand an Material basiert auf dem Materialbeschaffungsbudget (Tab. 4). Der Lagerendbestand des Monats März multipliziert mit dem Einstandspreis der Materialarten ergibt den Wert der Materialbestände:

  2.620.000 m Stahlrohr * 0,20 €/m
  + 282.000 m^2 Sperrholzplatte * 1,– €/m^2
  + 282.000 m^2 Vinylfolie * 0,50 €/m^2
  + 280.000 Montagesätze * 1,– €/St.
  = 1.227 T€

- Der Forderungsbestand entspricht der Hälfte des Umsatzes im Monat März und entstammt der Aufstellung der Einzahlungen im ersten Quartal (Tab. 8a).
- Die liquiden Mittel und der Bankkredit entstammen dem Finanzbudget (Tab. 8c).
- Jahresüberschuss und Ertragssteuer wurden in der Plan-GuV (Tab. 9) ermittelt.

Zum besseren Verständnis der Zusammenhänge wurden im Fallbeispiel der *Eder Möbel GmbH* nur die ersten drei Monate der Budgetplanung für ein relativ kleines Unternehmen mit zwei sehr ähnlichen Produkten betrachtet. Trotz dieser starken Vereinfachungen ist das Beispiel bereits recht kompliziert. Die Budgetierung in diversifizierten, globalen Unternehmen ist ungleich schwieriger und verursacht deshalb einen hohen Koordinationsaufwand.

4.4.4 Better Budgeting bei Bosch

Die *Bosch-Gruppe* ist ein international führendes Technologie- und Dienstleistungsunternehmen und mit einem Umsatz von über 77 Mrd. € und rund 400.000 Mitarbeitern eines der größten Industrieunternehmen in Deutschland.

Die Budgetierung bei *Bosch* bestand über viele Jahre aus einem dreijährigen **Wirtschaftsplan** und basierte auf der Kalkulation einer halben Million Sachnummern über alle Fertigungsstandorte weltweit. Sie war zu detailliert, um flexibel auf aktuelle Entwicklungen reagieren zu können. Insgesamt wurden dadurch nicht nur im Controlling, sondern auf allen Führungsebenen viele Ressourcen weltweit und über einen langen Zeitraum gebunden. Aufgrund des frühen Beginns der Wirtschaftsplanung im Mai waren Pläne bei ihrer Verabschiedung häufig bereits überholt. Auf die Konsistenz der Daten wurde großen Wert gelegt. Die pauschale Einarbeitung zusätzlicher Zielvorgaben am Ende des Planungsprozesses untergrub jedoch diese Konsistenz und entwertete die enthaltenen Detailinformationen. Dies war der Ausgangspunkt für die grundlegende Erneuerung des gesamten Planungsprozesses (vgl. i.F. *Stoi et al.*, 2015, S. 16 ff.).

In Rahmen des in 2010 gestarteten Projekts „**Smart Business Plan**" wurde der Planungshorizont bereits auf zwei Jahre reduziert, das dritte Planjahr abgeschafft und das zweite beschränkte sich auf wenige Eckdaten. Strategische und operative Planung wurden zeitlich und inhaltlich eng miteinander verzahnt und die Teilplanungen, soweit möglich und sinnvoll, parallel durchgeführt. Planungsinformationen wurden frühzeitig weitergeleitet und Wartezeiten in Genehmigungsprozessen verringert. Dies lieferte einen wichtigen Beitrag zur Verkürzung des Planungsprozesses.

Zur Sicherung der Akzeptanz im gesamten Konzern gab nicht die Zentrale vor, wo und wie die Prozesse verändert werden, sondern die Verbesserungsvorschläge wurden überwiegend von den Geschäftsbereichen selbst erarbeitet. Das Ergebnis war ein auf die Anforderungen der Geschäftsbereiche ausgerichtetes, umsetzbares Konzept, das von Controllern und Führungskräften aktiv mitgetragen wurde.

Dennoch waren Planungsdauer, Ressourceneinsatz und Detaillierungsgrad weiterhin beträchtlich und bei den Kennzahlen hatte nur eine geringe Entschlackung stattgefunden. Das in 2013 gestartet Projekt „Target Business Plan" hatte zum Ziel, die eigentliche Planung künftig so spät wie möglich zu beginnen und insgesamt eine zielorientiertere Steuerung zu realisieren.

Target Business Plan: Planung umdenken

Bei der Planung war *Bosch* bis zu diesem Zeitpunkt „vom Detail zum Groben" vorgegangen. In den Werken wurde Bottom-up auf Ebene von Kostenstellen, Projekten und Sachnummern geplant. Bei der Zusammenfassung der Planwerte wurde nicht selten festgestellt, dass gesetzte Ziele verfehlt wurden. Die daraus folgende Vorgabe von aggregierten Zusatzzielen auf verschiedenen Ebenen entwertete die detaillierten Pläne. Deshalb sollte der Planungsprozess zielorientierter ausgerichtet werden. Durch intensiven Austausch mit Drittunternehmen flossen dabei Benchmarks in die Neukonzeption mit ein. Von Interesse waren insbesondere Top-down-Planungsmodelle mit starker Zielorientierung nach der Philosophie „vom Groben zum Detail". Abb. 4.4.21 zeigt die wesentlichen Unterschiede zwischen alter und neuer **Planungsphilosophie**. Sie wurde in einem systematischen Wandelprozess im Konzern verbreitet, wobei die Mitarbeiter über die Analogie zum Fußball emotional angesprochen wurden (vgl. hierzu auch Kap. 6.5.6).

Den neugestalteten Planungsprozess zeigt Abb. 4.4.22. Mit der detaillierten Ausplanung wird jetzt erst begonnen, wenn die Eckdaten des Plans bereits feststehen. Die Geschäftsführung legt hierzu vor Planungsbeginn auf Basis von Wettbewerbervergleichen realistische Ergebnisziele für die Geschäftsbereiche fest. Diese erstellen dann einen Wirtschaftsplan zur Erreichung dieser verbindlichen Zielwerte und brechen sie auf ihre Einheiten herunter. Auf diese Weise sollen zeitaufwendige und unproduktive Verhandlungen zwischen den einzelnen Unternehmensebenen über die Höhe der Ziele – und damit auch eine Abschwächung der Vorgaben – vermieden werden. Durch den Wegfall zeitintensiver Rekursionen und zusätzlicher Zielvereinbarungsrunden wird die Komplexität des Planungsprozesses deutlich reduziert. Der Fokus soll auf der Erarbeitung von Maßnahmen zur Zielerreichung liegen.

Im Anschluss ermittelt das Zentral-Controlling auf Basis der Planwerte der Geschäftsbereiche eine konsolidierte Gesamtsicht für Planrendite und -umsatz des Konzerns. Stimmt diese nicht mit den Erwartungen der Geschäftsführung überein, können Anpassungen auf Geschäftsbereichsebene erforderlich sein. Danach werden die Planwerte als verbindliche Vorgabe für die jeweiligen Geschäftsbereiche verabschiedet und an diese Anfang September zusammen mit den zentralen Prämissen kommuniziert. Nun ist es Aufgabe der Geschäftsbereiche, innerhalb von acht Wochen

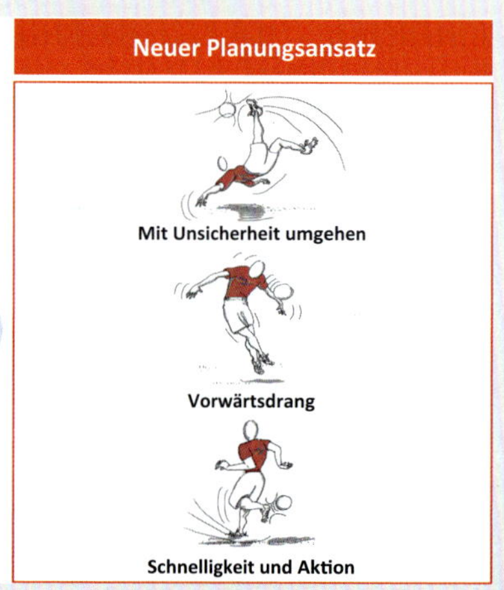

Abb. 4.4.21: Vergleich zwischen alter und neuer Planungsphilosophie

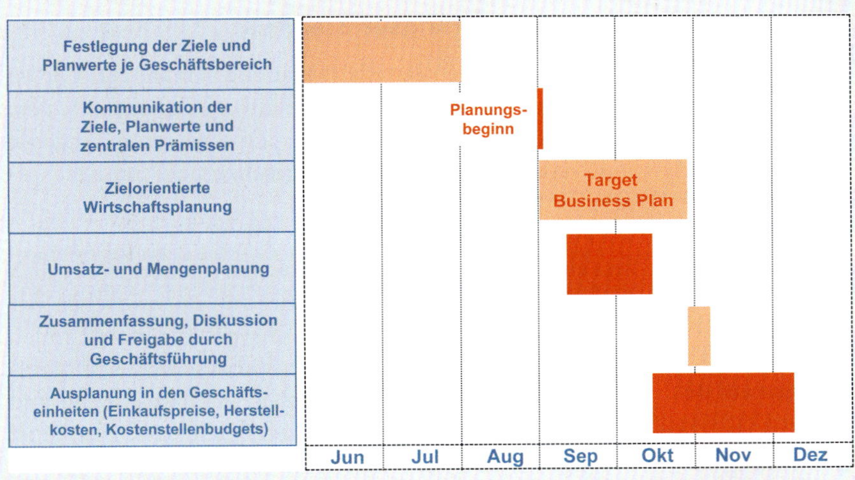

Abb. 4.4.22: Zielorientierter Planungsprozess bei Bosch

einen ziel- und maßnahmenorientierten Wirtschaftsplan zur Erreichung dieser festgelegten Zielwerte zu erstellen.

Dieser **Target-Business-Plan** läuft in vier Phasen ab (vgl. Abb. 4.4.23):

- **Top-down Target Deployment:** Der Geschäftsbereich bricht seine zentralen Planziele auf die Einheiten bis auf die maximal vierte Führungsebene (z. B. Werk, Rechtseinheit, Vertriebs- oder Entwicklungsbereich) herunter. Diese Zielkaskadierung erfolgt ohne Übersteuerung, das heißt, die Summe der heruntergebrochenen Teilziele entspricht dem übergeordneten Ziel des Geschäftsbereichs. In der Vergangenheit wurden oft zusätzliche Vorgaben in die Ziele der nachgelagerten Führungsebenen eingeplant. Da dies den Verantwortlichen allgemein bekannt war, verloren die Ziele ihre Glaubwürdigkeit. Die Zielableitung wird nun inhaltlich durchgeführt, das heißt, sämtliche Ziele müssen erklärbar und nachvollziehbar sein. Jede Ebene verpflichtet sich zur Einhaltung ihrer Zielvorgaben.
- **Action Planning:** Der Fokus der Planung liegt auf der Erarbeitung von Maßnahmen zur Zielerreichung, die vom Management entwickelt und dann durch das Controlling hinsichtlich der zu erwartenden Effekte im Planungszeitraum bewertet werden. Abweichungen vom Zielwert sind nicht zulässig. Lediglich hinsichtlich ihrer Härte- und Füllgrade können die Maßnahmen unterschiedlich bewertet werden. Der Härtegrad quantifiziert, wie konkret die Inhalte der Maßnahmen definiert sind. Der Füllgrad zeigt, inwieweit das Ziel

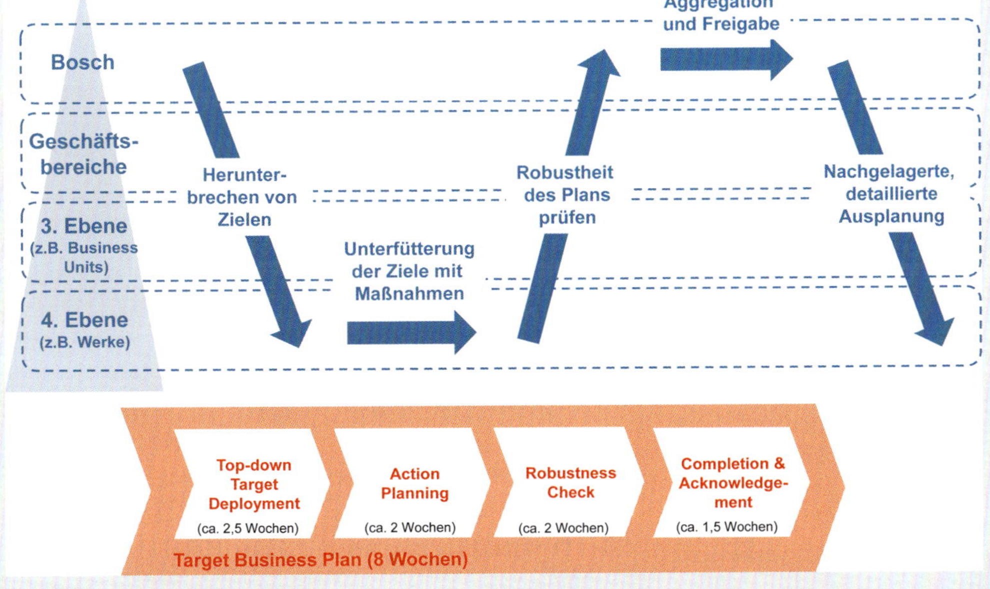

Abb. 4.4.23: Phasen des Target Business Plans mit anschließender Ausplanung

durch Maßnahmen unterfüttert ist. Bestehende Lücken sind aufzuzeigen und Maßnahmen zu deren Schließung gemeinsam mit der übergeordneten Führungsebene zu diskutieren.

- **Robustness Check:** Die Einzelpläne werden von der vierten Führungsebene an aufwärts bis zur Geschäftsbereichsebene präsentiert, diskutiert und freigegeben. Ziel dieser Abstimmung ist die Prüfung der Plausibilität und Robustheit der Pläne untergeordneter Einheiten hinsichtlich ihrer Zielerreichung und der Füll- und Härtegrade der Maßnahmen. Die Durchsprachen enden mit der Freigabe des Plans durch das Management der nächsthöheren Ebene.
- **Completion & Acknowledgement:** Das Controlling verdichtet die freigegebenen Pläne zum Gesamtplan des Geschäftsbereichs, der schließlich durch den Bereichsvorstand verabschiedet wird. Eine Konsolidierung im buchhalterischen Sinne findet dabei nicht statt. Anschließend folgen die Diskussion der Zielerreichung mit dem zuständigen Geschäftsführer und die Freigabe des Geschäftsbereichsbudgets. In der Vergangenheit übliche nachträgliche Zielauflagen der Geschäftsführung gibt es im Target Business Plan nicht mehr.

Nach Freigabe des Wirtschaftsplans beginnt die Ausplanung der bestätigten Ziele und Maßnahmen in den nachgeordneten Einheiten, welche unter anderem die Umsatz- und Mengenplanung, die Einkaufspreisplanung, die Herstellkostenkalkulation und die Kostenstellenplanung umfasst. Dabei liegt der Schwerpunkt auf der Einarbeitung der Ziele in die nachgelagerten Pläne sowie auf der weiteren Detaillierung der zur Zielerreichung erforderlichen Maßnahmen. Die Erreichung der heruntergebrochenen Ziele liegt in der Verantwortung der jeweiligen Führungsebene. Auf eine Konsolidierung der geplanten Ergebnisse sämtlicher Einheiten wird verzichtet. Sie würde keinen Mehrwert bringen, da der Plan bereits verabschiedet wurde und die Ziele nicht mehr angepasst werden können.

Da es immer Abweichungen zwischen Ist und Plan geben wird, fokussiert sich *Bosch* bei der unterjährigen Steuerung nun auf Ist-Ist- und Ist-Vorschau-Betrachtungen, wie etwa Vergleiche zum Vorjahr und rollierende Prognosen. Die Trennung zwischen Anreizen und Planzielen verhindert zeitintensive Verhandlungen auf allen Hierarchieebenen, die zu Kompromissen und dezentralen Puffern führten. Die Ziele sollen nun auf allen Ebenen anspruchsvoll, aber auch realistisch sein. Sie werden für die nachgelagerten Ebenen transparent und nachvollziehbar abgeleitet. Der Prozess wird durch jährlich durchgeführte Lessons Learned Workshops auf allen Ebenen kontinuierlich verbessert.

Ein neues Führungsverständnis

Die neu gestaltete Wirtschaftsplanung beinhaltet für *Bosch* weitreichende Änderungen der Führung auf allen Ebenen. Da nach der Zielvereinbarung keine weiteren Eingriffe und Verhandlungsprozesse vorgesehen sind, muss die Geschäftsführung mehr Verantwortung an die nachgelagerten Führungsebenen übertragen. Die in den Planungsprozess einbezogenen personellen Ressourcen werden deutlich entlastet. Nachdem die Zielfestlegung nur zwischen der Geschäftsführung und den Bereichsvorständen stattfindet, beginnt der eigentliche Planungsprozess in der Organisation nun erst Anfang September. Planungsinhalte und Detaillierungsgrad sind dabei stark reduziert. Nur so ist es möglich, den Wirtschaftsplan innerhalb von acht Wochen zu erstellen. Die detaillierte Ausplanung fokussiert sich auf die Maßnahmen zur Zielerreichung, während die Ziele selbst nicht mehr hinterfragt werden. Statt sich in Planungsdetails zu verlieren und deren Einhaltung penibel zu kontrollieren, sollen die Controller nun als Business Partner die Führungskräfte auf allen Ebenen bei der Zielerreichung unterstützen.

Prof. Dr. *Stefan Asenkerschbaumer*, Vorsitzender des Aufsichtsrats, ist überzeugt, dass „in einem immer volatileren Markt- und Wettbewerbsumfeld der Target Business Plan einen wichtigen Beitrag zur Erhöhung der Aktualität, Agilität und Effizienz der Planung leistet und gleichzeitig das Unternehmertum in allen Bereichen stärkt".

Fallstudien zur Planung und Kontrolle

3.3 Strategische Planung bei der FLEXITEC GmbH (*Steinhaus, H./Brehm, C.*)

4.1 Strategische Planung bei der Schlummer GmbH (*Stoi, R.*)

4.2 Strategieumsetzung mit der Balanced Scorecard bei der Schlummer GmbH (*Stoi, R.*)

4.3 Planung und Kontrolle bei der Automotive GmbH (*Binder, B.*)

4.4 Operative Planung bei der Leisetreter GmbH (*Schiess, H.-F.*)

4.5 Operative Planung bei der Paul Zwerg KG (*Schiess, H.-F.*)

6.4 Personalführung bei der Hans Herrlich oHG (*Posselt, S.*)

Kapitel 5
Organisation

» *Ich glaube, es ist auch für normale Menschen möglich, sich dafür zu entscheiden, außergewöhnlich zu sein.* «

Elon Musk, US-amerikanischer Visionär
und CEO von Tesla und SpaceX

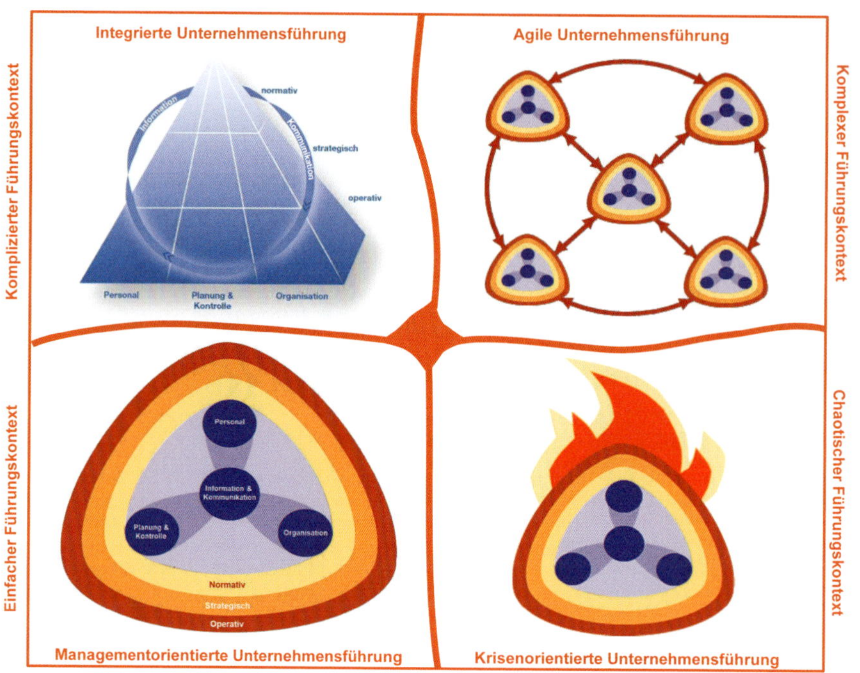

5 Organisation

5.1 Führungsfunktion Organisation

Leitfragen

- Welche Rolle hat die Führungsfunktion Organisation in der Unternehmensführung?
- Was ist Organisation?
- Mit welchen Parametern lassen sich Organisationen gestalten?
- Welche grundlegenden Organisationsmodelle gibt es?
- Wie hängen Strategie und Organisation zusammen?
- Welche Organisationskonzepte geben Antworten auf die strategischen Anforderungen?

5.1.1 Organisationsbegriff

Im Rahmen der Führungsfunktionen der Unternehmensführung (vgl. Kap. 1.3.3) werden Unternehmen durch Lenkungsmechanismen auf Ziele ausgerichtet. Um ein Unternehmen zu lenken, zu gestalten und zu entwickeln, kann nach den Inhalten des Führungshandelns in die **Führungsfunktionen** Personal, Planung und Kontrolle, Organisation sowie Information und Kommunikation unterschieden werden. Die Funktion **Organisation** betrifft die zweckgerichtete Gestaltung betrieblicher Strukturen. Sie regelt den hierarchischen Aufbau des Unternehmens und den Ablauf der darin stattfindenden Vorgänge. Somit geht es bei dieser Führungsfunktion um die Gestaltung von Strukturen und Abläufen des Unternehmens. Es geht um die Frage: „Wie soll etwas erreicht werden?"

Die Führungsfunktionen wirken integrativ zusammen, wobei alle Funktionen miteinander in Verbindung stehen. Sie bilden zusammen eine Führungszelle, die durch Interaktionen untereinander zusammengehalten wird. Je nach Unternehmen, dessen Werte und normativer Ausgestaltung oder auch abhängig von dessen Art, Alter, Größe, Branche und Führungskontext, sind die einzelnen Führungssysteme unterschiedlich stark ausgeprägt (vgl. *Bleicher*, 2011, S. 94 ff.; *Gälweiler*, 2005, S. 204). So ist bei kleinen und jungen Unternehmen sowie in einfachen Führungskontexten die Organisationsfunktion meist kaum ausgeprägt. In komplizierten und komplexen Kontexten, in denen sich häufig auch Großunternehmen befinden, wird die Organisationsfunktion intensiv genutzt. Außerdem bedarf es in komplexen Kontexten agiler Organisationsstrukturen, um ausreichende Anpassungsfähigkeit bei gleichzeitiger Stabilität zu gewährleisten.

Die Unternehmensführung ist mit vielfältigen, arbeitsteiligen Aufgaben befasst. Um diese effizient bearbeiten zu können, ist ein **Ordnungsrahmen** erforderlich. Dessen Gestaltung ist Gegenstand der Organisation. Sie schafft Strukturen für das Zusammenwirken von Personen, Sachmitteln und Informationen. Das Ergebnis der organisatorischen Gestaltung ist eine bestimmte Unternehmensstruktur (Konfiguration). Diese **Strukturen** bilden die Sichtweise der Unternehmensführung ab und werden auch als **Führungssicht** bezeichnet. Im Gegensatz dazu können die Strukturen und Organe im juristischen Sinne als **legale Sicht** angesehen werden. Auf diese wird im Zusammenhang mit Fragen zur Unternehmensverfassung in Kap. 2.4 näher eingegangen.

Organisation legt dauerhafte Regeln zur Aufgabenerfüllung fest. Im Gegensatz dazu bezieht sich die **Disposition** auf eine fallweise, situationsbezogene Ordnung. Diese kann frei von Rahmenbedingungen (freie Disposition) oder unter Berücksichtigung von übergreifenden Vorschriften und Regeln (gebundene Disposition) erfolgen. Für die Bearbeitung einer Aufgabe werden den Mitarbeitern innerhalb vorgegebener Grenzen Spielräume eingeräumt, die im Einzelfall nach eigenen Vorstellungen genutzt werden können. Dies wirkt motivierend und ermöglicht kreative und innovative Lösungen. Während die Disposition eine fallweise Ordnung schafft, bedeutet **Improvisation** nur eine vorläufige Ordnung für einen begrenzten Zeitraum. Dies ist sinnvoll, wenn sich Bedingungen schnell ändern und dauerhafte Regelungen nicht effizient sind. Improvisation wird angewandt, wenn die Erfahrungen für eine organisatorische Regelung nicht ausreichen, eine zu starke Festlegung vermieden werden soll oder die Anpassungsfähigkeit, wie etwa in komplexen und chaotischen Kontexten, von hoher Bedeutung ist.

Die drei Instrumente Organisation, Disposition und Improvisation bilden den **strukturellen Rahmen** eines Unternehmens (vgl. *Schulte-Zurhausen*, 2014, S. 3). Die Grenze zwischen diesen Instrumenten ist jedoch fließend, weshalb Organisation im Folgenden in einem übergreifenden Verständnis auch die Disposition und Improvisation mit einschließt. Organisatorische Regelungen sind auf Dauer angelegt, müssen sich aber veränderten Bedingungen anpassen. Nach dem „Substitutionsgesetz der Organisation" von *Gutenberg* (1983) wird mit zunehmender Gleichartigkeit und Wiederholungsrate zunächst die Improvisation durch Disposition und dann die Disposition durch Organisation ersetzt. Dies erhöht die **Stabilität** und **Effizienz**, wobei sich gleichzeitig die **Elastizität** bzw. **Flexibilität** verringert. Regeln und Strukturen werden durch die handelnden Personen verändert. Daher sind Organisationen dynamisch zu betrachten. Das Verhältnis von Organisation, Disposition und Improvisation ist den sich wandelnden Anforderungen entsprechend ausgewogen zu gestalten.

Auf diese Weise soll Über- bzw. Unterorganisation vermieden und ein optimaler **Organisationsgrad** gefunden werden. Die dazu gehörenden **organisatorischen Gestaltungsaufgaben** sind:

- **Aufbauorganisation** legt fest, wer (welche Personen), was (welche Aufgaben), unter Einsatz welcher Ressourcen (womit) erledigt. Hierzu wird die Gesamtaufgabe des Unternehmens zunächst zerteilt. Dann wird sie anhand bestimmter Kriterien wieder zusammengefasst und einzelnen Aufgabenträgern zugewiesen. Dadurch wird die Unternehmensstruktur festgelegt. Im Vordergrund stehen die Zuständigkeiten von Organisationseinheiten für bestimmte Aufgaben und deren Kommunikationsbeziehungen.
- **Ablauforganisation** definiert, in welcher Reihenfolge und an welchen Orten die Aufgaben erfüllt werden. Die Ablauforganisation strukturiert Prozesse zeitlich und räumlich.

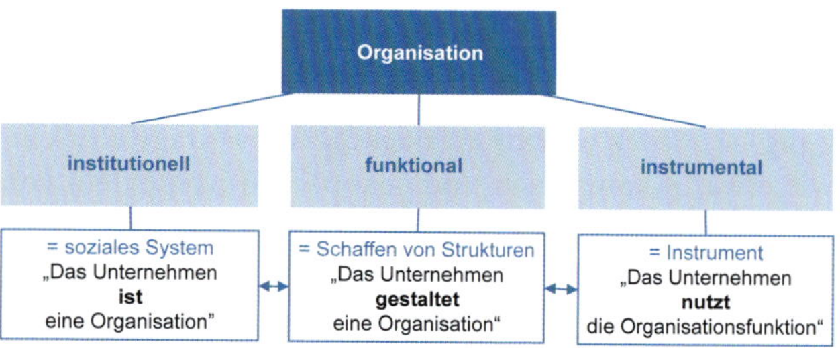

Abb. 5.1.1: Kategorien von Organisationsbegriffen

- **Fremd- und Selbstorganisation:** Bestimmung des Ausmaßes an Formalisierung, bei dem es darum geht, neben formalen Regelungen auch ungeregelte, implizit festgelegte Verhaltensweisen sowie informelle Strukturen und Prozesse zu ermöglichen.

Der **Begriff Organisation** wird, wie in Abb. 5.1.1 dargestellt, unterschiedlich definiert. Organisation kann danach institutionell, funktional und instrumental verstanden werden (vgl. *Schulte-Zurhausen*, 2014, S. 1; *Vahs*, 2019, S. 10 f.).

> Nach dem **institutionellen Organisationsbegriff** werden Unternehmen und Organisation gleichgesetzt: „Das Unternehmen ist eine Organisation".

Dieser Organisationsbegriff wird vor allem in der sozialwissenschaftlichen und angelsächsischen Organisationsliteratur verwendet. Eine Organisation wird als ein soziales System mit mehreren Mitgliedern angesehen.

> Nach dem **funktionalen Organisationsbegriff** ist Organisation eine Tätigkeit zur Gestaltung von Ordnungsmustern: „Das Unternehmen gestaltet die Organisation".

In dieser funktionalen Definition steht die Tätigkeit des Organisierens im Vordergrund. Dies bedeutet dauerhaftes oder temporäres Ordnen bzw. Strukturieren eines Unternehmens.

> Nach dem **instrumentalen Organisationsbegriff** ist Organisation ein Werkzeug der Unternehmensführung: „Das Unternehmen nutzt Organisation als Führungsinstrument".

Demnach umfasst die Organisation Regeln, Hierarchien und Prozesse zur Unternehmensführung.

5.1.2 Organisationsgestaltung

Zunächst wird im Sinne des funktionalen Organisationsbegriffs der Prozess der Schaffung von Strukturen erläutert. Dabei kann Organisation nach der institutionellen Struktur von Aufgabenträgern (**Aufbaustruktur/Aufbauorganisation**) und nach der zeitlichen sowie räumlichen Struktur der Aufgabenerfüllung (**Ablauf- oder Prozessstruktur/Prozessorganisation**) unterschieden werden.

Nach *Kosiol* wird die arbeitsteilige Aufgabenerfüllung im Unternehmen aus verschiedenen **Blickwinkeln** betrachtet (vgl. *Kosiol*, 1976, S. 32 ff.):

- **Arbeitsteilung und Koordination:** Unternehmen erfüllen ihre Aufgaben ab einer bestimmten Größe arbeitsteilig. Damit alle Mitarbeiter eines Unternehmens trotz dieser Arbeitsteilung auf gleiche Ziele ausgerichtet sind, ist ihr Handeln zu koordinieren. Arbeitsteilung und Koordination sind untrennbar verbunden und eine zentrale Aufgabe der Organisation.
- **Differenzierung:** Bei der Gestaltung von Organisationsstrukturen wird eine Gesamtaufgabe in Teilaufgaben unterteilt. Wie stark diese Unterteilung sein soll, ist eine Frage des Organisationsgrads. Er umschreibt die Detaillierung, Ausführlichkeit, Einheitlichkeit, Strenge und Dauerhaftigkeit von organisatorischen Regelungen sowie deren Dokumentation.
- **Integration**: Die durch Differenzierung entstandenen Teilaufgaben werden zu Aufgabenkomplexen zusammengefasst und an organisatorische Einheiten (Stellen) übertragen. Diese werden anschließend zu größeren Einheiten (Gruppen, Abteilungen, Hauptabteilungen etc.) gebündelt und aufeinander abgestimmt (Integration). Die Zusammenfassung von Teilaufgaben zu Aufgabenkomplexen orientiert sich sowohl an sachlichen Zusammenhängen als auch am Leistungspotenzial (Kapazität) der Aufgabenträger. Da organisatorische Regelungen dauerhaft sind, sollte bei der Integration von einzelnen Aufgabenträgern abstrahiert und von einem durchschnittlichen Leistungspotenzial ausgegangen werden. Als Hilfsmittel zur Bestimmung der Kapazitäten dienen z. B. Arbeitszeitstudien wie das REFA-Verfahren oder die Multimomentaufnahme.
- **Reorganisation und Neuorganisation**: Besteht bereits eine Organisation, so kann im Rahmen einer Reorganisation auf Erfahrungen der Fachexperten sowie auf bisherige organisatorische Regelungen zurückgegriffen werden. Eine Neuorganisation muss auf derartige Informationsquellen verzichten und aus theoretischen Überlegungen abgeleitet werden.

Während die Aufbaustruktur, wie in Abb. 5.1.2 zu sehen, institutionelle Beziehungen von Aufgabenträgern festlegt, ist die **Ablaufstruktur** das Resultat der Gestaltung der zeitlichen und räumlichen Aufgabenerfüllung. Die Gestaltung von Abläufen ist der zweite Aufgabenbereich der Organisation. Zwischen beiden bestehen zahlreiche Wechselwirkungen. Sie bilden quasi zwei Seiten einer Medaille.

Der **traditionelle organisatorische Denkansatz** geht von der Vorstellung aus, dass zuerst Aufbaustrukturen zu gestalten sind. Innerhalb der bestehenden Aufbaustruktur werden die notwendigen Abläufe und Prozessschritte geregelt. Dabei stehen operative Ziele wie Kapazitätsauslastung und Durchlaufzeit im Vordergrund. Die Prozessorganisation ist der Aufbauorganisation nachgelagert. Die Arbeitsteilung in den Prozessen wird somit durch die Aufbaustruktur vorgegeben. Die Festlegung von Stellen und Abteilungen ist demnach eine strategische Aufgabe, der sich die Prozesse unterordnen (vgl. *Kosiol*, 1976, S. 45 ff.).

Da Prozessen und deren Geschwindigkeit, Flexibilität und Kundenfreundlichkeit eine steigende Bedeutung im Wettbewerb zukommt, hat sich die traditionelle Sichtweise gewandelt (vgl. Kap. 5.4). Um durchgängige Material- und Informationsflüsse schnell, kostengünstig und qualitativ abzuwickeln, sind Prozesse ganzheitlich zu betrachten und zu gestalten. Das **Prozessdenken** gewinnt an Bedeutung, weshalb Prozesse zunehmend zum Ausgangspunkt organisatorischer Gestaltung werden. Prozesse werden dann zum bestimmenden Faktor für die Aufbaustruktur, um abteilungsübergreifende Abläufe zu gestalten (vgl. *Gaitanides et al.*, 1994, S. 62).

Zusammenfassend beinhaltet die Führungsfunktion Organisation die Gestaltung der Strukturen eines Unternehmens. Dies umfasst folgende organisatorische **Aufgaben:**

- Bildung von Stellen, Gruppen und Bereichen,
- Gestaltung von Kommunikationswegen,
- Ausstattung der Aufgabenträger mit Kompetenzen und Verantwortung,
- Gestaltung der Aufbauorganisation,
- Gestaltung der Ablauforganisation sowie
- Einführung und Dokumentation neuer Systeme.

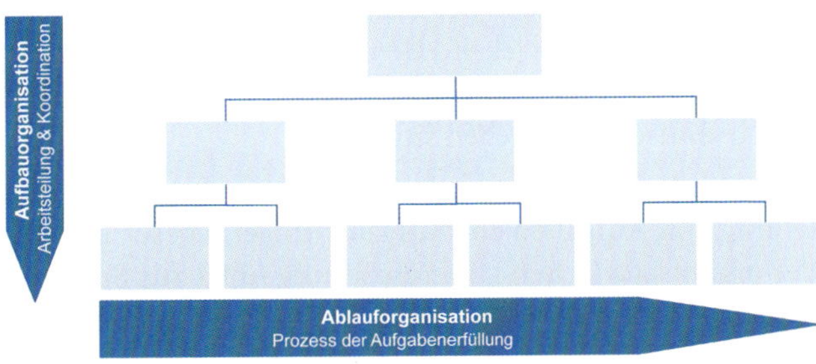

Abb. 5.1.2: Zusammenhang von Aufbau- und Ablauforganisation

Die Unternehmensführung ist in der Praxis durch vielfältige organisatorische Lösungen gekennzeichnet. Diese lassen sich jedoch auf einige strukturelle Grundmuster zurückführen. Sie entstehen aus unterschiedlichen Ausprägungen und Kombinationen der organisatorischen **Gestaltungsparameter**. Je nachdem wie diese ausgeprägt sind, entstehen unterschiedliche Organisationsstrukturen. Die Parameter organisatorischer Gestaltung sind Spezialisierung, Kompetenzverteilung und Zentralisierung (vgl. *Krüger*, 1994, S. 95; *Picot et al.*, 2008, S. 238; *Vahs*, 2019, S. 49 ff.).

Arbeitsteilung – Spezialisierung

Die Stärken und Schwächen der **Arbeitsteilung** hängen von ihrer konkreten Ausgestaltung ab. Die Spezialisierung bietet einige Vorteile, die *Adam Smith* bereits im 18. Jahrhundert beschrieb (vgl. 1776, S. 9). So ist eine erhöhte Wirtschaftlichkeit der Aufgabenerfüllung zu erwarten, da die Anforderungen an eine spezialisierte Stelle reduziert werden, Übungs- und Lerneffekte auftreten und Verantwortlichkeiten klar abgegrenzt sind. Eine zu starke Arbeitsteilung kann jedoch auch zu Monotonie, Entfremdung, Flexibilitätsverlust und einseitiger Belastung der Mitarbeiter führen.

Taylor führte (1911) die **„wissenschaftliche Betriebsführung“** (Scientific Management) ein. Er ging davon aus, dass Arbeiter dumm und faul sind. Da sie Konsum glücklich macht, lassen sie sich nur durch finanzielle Anreize motivieren und müssen strengen Regeln unterworfen werden. Weitgehende Arbeitsteilung, Ersatz von Erfahrungswissen durch Expertenwissen sowie Steuerung und Kontrolle mittels Arbeitsrichtlinien und Plänen steigern nach dieser Auffassung die betriebliche Effizienz. Auf Basis der Erkenntnisse des Taylorismus (vgl. Kap. 5.4.5) entwickelte *Henry Ford* das Fließband, bei dem Arbeitsteilung, Bewegungsabläufe und Arbeitsrhythmen technisch vorgegeben sind.

Arbeitsteilung im Unternehmen entsteht durch die Verteilung von Aufgaben auf Aufgabenträger. Dieser Prozess der organisatorischen Differenzierung führt zur **Spezialisierung**, wenn sich Personen auf bestimmte Aufgaben konzentrieren (vgl. *Grochla*, 1991, S. 32 ff.; *Kieser/Walgenbach*, 2010, S. 72 ff.).

> **Spezialisierung bzw. Differenzierung** umfasst die Verteilung von Aufgaben und die Zuweisung von organisatorischen Kompetenzen.

Dabei umfassen die Aufgaben alle Arbeiten, Pflichten, Lasten und die Verantwortung hierfür, während die organisatorischen Kompetenzen alle Rechte, Befugnisse, Macht, Einfluss und Autorität beinhalten. Nach dem **Kongruenzprinzip** sollte für jede Organisationseinheit eine Balance zwischen deren Aufgaben und ihren Rechten und Pflichten bestehen. Bei der einfachsten Form der Aufgabenverteilung erfüllt jeder Aufgabenträger eine Teilaufgabe. Sind die Aufgaben mehrerer Mitarbeiter inhaltlich identisch, dann wird dies als **Mengenteilung** bezeichnet. Sie ist immer dann erforderlich, wenn Teilaufgaben zu umfangreich sind, um von einem Aufgabenträger allein erfüllt zu werden. Echte Spezialisierung liegt vor, wenn es zu einer inhaltlichen Arbeitsteilung kommt und verschiedene Aufgabenträger unterschiedliche Teilaufgaben erfüllen. Diese **Artenteilung** kann nach unterschiedlichen Kriterien erfolgen.

Daraus lassen sich die in Abb. 5.1.3 aufgeführten **Grundformen der Spezialisierung** unterscheiden (vgl. *Kosiol*, 1976, S. 45 ff.):

- **Funktionale Spezialisierung:** Die zu erfüllenden Aufgaben werden so auf die Aufgabenträger verteilt, dass jeder von ihnen nur eine bestimmte Verrichtung erfüllt. Diese üben sie dann an unterschiedlichen Objekten aus. Ein Aufgabenträger oder eine Gruppe gleichartiger Aufgabenträger erfüllen eine Funktion, wenn gleichartige Verrichtungen zusammengefasst werden. Ein Beispiel ist die Montage von Produkten.
- **Objektorientierte Spezialisierung:** Dabei orientiert sich die Arbeitsteilung an unterschiedlichen Objekten, an denen verschiedene Tätigkeiten vollbracht werden. Objekte können etwa die Produkte des Unternehmens sein. Dann ist ein Aufgabenträger nur für einen Teil der Produkte verantwortlich und übernimmt dafür unterschiedliche Funktionen (produktorientierte Spezialisierung). Alternativ kann auch eine Aufgabenverteilung nach regionalen oder kundenorientierten Gesichtspunkten stattfinden.
- **Arbeitsmittelorientierte Spezialisierung:** Analog zur funktionalen Spezialisierung kann nach den zu verwendenden Arbeitsmitteln differenziert werden. In diesem Fall werden z. B. alle Tätigkeiten an einer bestimmten Maschine von einem Mitarbeiter durchgeführt.
- **Hierarchische Spezialisierung:** Zerlegung einer Aufgabe nach der hierarchischen Stellung. Es wird zwischen Führungsaufgaben und ausführenden Tätigkeiten getrennt.

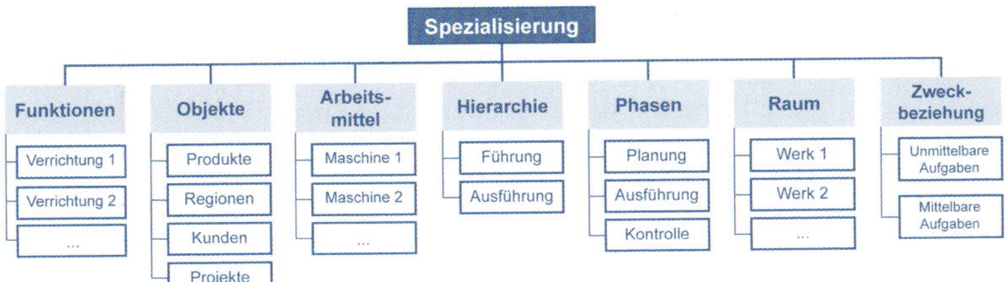

Abb. 5.1.3: Formen organisatorischer Spezialisierung

- **Phasenorientierte Spezialisierung:** Unterscheidung der Aufgaben in Planung, Durchführung und Kontrolle.
- **Räumliche Spezialisierung,** z.B. nach Werken oder Standorten.
- **Spezialisierung nach der Zweckbeziehung:** Es wird zwischen unmittelbar auf den eigentlichen Zweck des Unternehmens ausgerichteten direkten Aufgaben und hierfür unterstützenden mittelbaren, indirekten Aufgaben unterschieden, beispielsweise zwischen Produktion und Verwaltung.

In Unternehmen können auf verschiedenen Hierarchieebenen mehrere Gliederungsprinzipien zur Anwendung kommen. Dadurch werden die Aufgaben des Unternehmens auf mehrere Aufgabenträger verteilt.

Als Ergebnis werden aus organisatorischer Sicht **Stellen** und **Abteilungen** gebildet:

- Eine **Stelle** ist eine organisatorische Einheit, der ein Aufgabenkomplex zugewiesen wird, welcher von einer qualifizierten Person unter normalen Umständen bewältigt werden kann. Eine Stelle ist damit grundsätzlich vom jeweiligen Stelleninhaber unabhängig.
- Eine **Abteilung** entsteht durch die Zusammenfassung mehrerer Stellen, die nach einem gemeinsamen Spezialisierungsmerkmal gebildet worden sind. Sie werden von einer Stelle mit Weisungsbefugnissen geleitet, die als Instanz bezeichnet wird.

Die Differenzierung bzw. Arbeitsteilung legt fest, wie Gesamtaufgaben in einzelne Pakete zerteilt und einzelnen Stellen zugeteilt werden. Sie führt daher zu verschiedenen Organisationsformen, die z.B. nach Funktionen, Objekten oder Regionen gegliedert sein können.

Kompetenzverteilung – Integration

Aufgrund der bestehenden Abhängigkeiten zwischen einzelnen Stellen ist im Anschluss an die Differenzierung eine Integration erforderlich. Die Arbeitsteilung bewirkt, dass der einzelne Aufgabenträger nicht mehr alle Aktivitäten im Unternehmen vollständig überblicken kann. Zudem verfolgen die Mitarbeiter auch eigene Interessen. Organisatorische **Integration** bedeutet daher, einzelne Arbeitspakete wieder zusammenzufassen und die Zusammenarbeit zwischen den betroffenen Stellen zu regeln. Sie ist daher das Gegenstück zur Differenzierung.

> Organisatorische **Integration** bezeichnet die Zusammenfassung von Menschen, Aufgaben und Stellen zu einer Organisationseinheit.

Neben der Integration, die neue Organisationseinheiten bildet, kann auch eine Ausrichtung bestehender Strukturen erforderlich sein.

> Organisatorische **Koordination** bezeichnet die Abstimmung mehrerer Organisationseinheiten auf gemeinsame Ziele.

Die hierarchische Ausgestaltung der **Entscheidungs- und Weisungsbefugnisse** ist das wichtigste organisatorische Instrument (vgl. *Grochla*, 1991, S. 37 ff.). Die vertikale Integration bezieht sich auf die Leitungsbeziehungen sowie das Ausmaß der Standardisierung. Die horizontale Integration beschreibt das Ausmaß der Selbstabstimmung zwischen den organisatorischen Einheiten. Die **Kompetenzteilung** regelt die Aufteilung organisatorischer Kompetenzen auf mehrere Organisationseinheiten.

> Organisatorische **Kompetenz** steht für Befugnis, Lizenz oder Verfügungsrecht einer Organisationseinheit und ermöglicht deren Autonomie.

Grundformen der Gestaltung von Weisungsbefugnissen sind Ein-, Stab-Linien- und Mehrliniensysteme (vgl. *Kieser/Kubicek*, 1992, S. 105; *Picot et al.*, 2008, S. 247 ff.; vgl. *Vahs*, 2019).

> In einem **Einliniensystem** haben die Organisationseinheiten jeweils eine übergeordnete Instanz. Diese verfügt gegenüber der untergeordneten Einheit über Kompetenzen zur Entscheidung, Genehmigung, Anweisung und zum Veto.

Das **Einliniensystem** oder Liniensystem gestaltet die Weisungsbefugnis nach dem Prinzip der Einheit der Auftragserteilung (Unité de Commande). Diese Richtlinie ist das bekannteste Führungsprinzip von *Fayol* (1916, S. 58): „Un agent ne doit recevoir des ordres que d'un seul chef". Danach soll ein Mitarbeiter nur Anweisungen von einer Führungskraft entgegennehmen. Die Mitarbeiter unterstehen damit stets nur einem Vorgesetzten, dem sie allein verantwortlich sind. Umgekehrt hat jeder Vorgesetzte eine begrenzte Anzahl von direkt Untergebenen. Die Anzahl an untergeordneten Einheiten wird als **Kontroll- oder Leitungsspanne** bezeichnet.

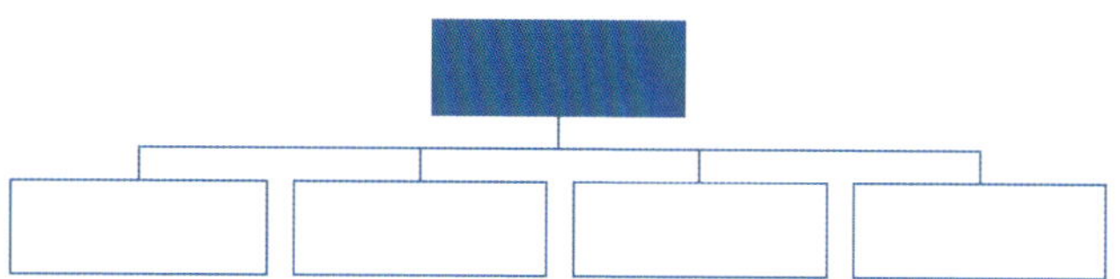

Abb. 5.1.4: Einlinien-Organisation

Die Weisungsbeziehungen sind bei dieser Organisationsform einheitlich und klar geregelt. Die Eindeutigkeit der Kompetenzregelung bzw. Verantwortlichkeit sowie die Kontrollmöglichkeiten sind **Vorteile.** Bei Unstimmigkeiten wird das Anliegen bis zu der hierarchischen Stufe eskaliert, auf der sich der gemeinsame Vorgesetzte der betroffenen Parteien befindet. Aufgrund seiner Weisungsbefugnisse kann dieser dann die Probleme regeln. Dies führt jedoch häufig zu einer starken Belastung der Instanzen mit Koordinationsaufgaben. Die streng hierarchische Ordnung kann zu einer Vielzahl von Hierarchieebenen führen. Daraus entstehen auch **Nachteile**. Lange Kommunikationswege führen zu langwierigen Entscheidungsprozessen bei bereichsübergreifenden Problemstellungen. Die streng arbeitsteilige Aufgabenerfüllung fördert die Rivalität zwischen den Stelleninhabern und begrenzt Kreativität und Engagement. Zudem fördern Einliniensysteme eine Risikovermeidungs- und Sicherheitshaltung, indem Entscheidungen nach oben delegiert werden. Insbesondere bei Veränderungen in der Unternehmensumwelt wird flexibles, informelles und eigenverantwortliches Handeln durch eine starre Kompetenzverteilung blockiert.

Um diese Probleme zu entschärfen, kann das Einliniensystem zum **Stab-Linien-System** weiterentwickelt werden. Dann werden die Entscheidungsträger von Stabsstellen unterstützt, die Informations- und Beratungsaufgaben ohne Weisungsbefugnisse übernehmen. Die Stäbe bringen ihre spezialisierten Fachkenntnisse in komplexe Entscheidungsprobleme ein. Stabseinheiten sind daher mit Fachleuten besetzt, die über spezielle Kenntnisse verfügen. Dies können etwa juristische oder technische Experten oder auch verschiedene Unterstützungsfunktionen der Unternehmensführung wie Marketing oder Controlling sein. Sie treffen keine Entscheidungen, sondern bereiten diese vor. Ihre Aufgaben sind z. B. die Sammlung von Informationen, Suche nach Lösungsalternativen oder Empfehlung von Maßnahmen.

Eine **Stab-Linien-Organisation** delegiert die Entscheidungsvorbereitung auf Stabsstellen, während die Entscheidungskompetenzen bei der Linie verbleiben.

Bei der Stab-Linien-Organisation sind folgende **Ausprägungen** möglich:

- **Stab-Linien-System mit Führungsstab:** Nur die oberste Instanz, z. B. Vorstand oder Geschäftsführung, besitzt einen Stab.
- **Stab-Linien-System mit zentraler Stabsstelle:** Der Stab übernimmt Beratungs- und Unterstützungsfunktionen für alle untergeordneten Instanzen.
- **Stab-Linien-System mit Stäben auf mehreren hierarchischen Ebenen:** Stäbe können auf mehreren Ebenen existieren. Sie übernehmen dabei Beratungs- und Unterstützungsfunktionen für die jeweilige Instanz, der sie zugeordnet sind.
- **Stab-Linien-System mit Stabshierarchie:** Dabei besteht zwischen den Stäben der verschiedenen Hierarchieebenen ebenfalls ein hierarchisches Gefüge (Sekundärhierarchie). So kann es etwa eine Controllinghierarchie geben, wobei ein zentrales Controlling als Stab der Unternehmensführung über fachliche Kompetenzen gegenüber Controlling-Stäben untergeordneter Instanzen verfügt. Im Organigramm werden fachliche Weisungsbefugnisse mit gestrichelten Linien verdeutlicht. Deshalb wird die Trennung fachlicher und disziplinarischer Kompetenzen auch als „Dotted-Line-Prinzip" bezeichnet.

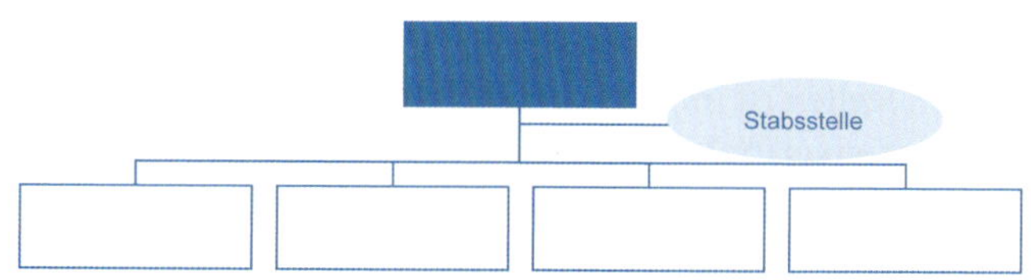

Abb. 5.1.5: Stab-Linien-Organisation

Während Stäbe i. d. R. keine Weisungsbefugnisse besitzen, verfügen sie in der Praxis häufig über informelle Autorität. Die Macht eines Stabes ergibt sich aus seinem Wissens- und Informationsvorsprung. Darüber hinaus spielt auch dessen enger Kontakt zur Linieneinheit, der er zugeordnet ist, eine Rolle. Der Übergang zu einem Mehrliniensystem ist deshalb fließend.

In einem **Mehrliniensystem** haben Organisationseinheiten zwei oder mehrere übergeordnete Stellen. Deren Weisungskompetenzen können sowohl gleich als auch unterschiedlich stark sein.

Beim **Mehrliniensystem** kommt es zu einer gewollten Überschneidung von Weisungsbefugnissen. Es wurde von *Taylor* entwickelt, der im Produktionsbereich mehrere spezialisierte Meister als Vorgesetzte empfahl (vgl. *Taylor*, 1911). Die Verallgemeinerung dieses Prinzips zur Stärkung der Fachkompetenz führt zum Mehrliniensystem. Dabei erhalten einzelne Stellen von mehreren Instanzen Weisungen, die unter Umständen widersprüchlich sein können. Dies kann zu unklaren Verhältnissen, Reibungsverlusten und Konflikten sowie zusätzlichem Abstimmungsaufwand führen. Auf der anderen Seite lassen sich durch die Spezialisierung der Vorgesetzten Entscheidungsprozesse verbessern und beschleunigen.

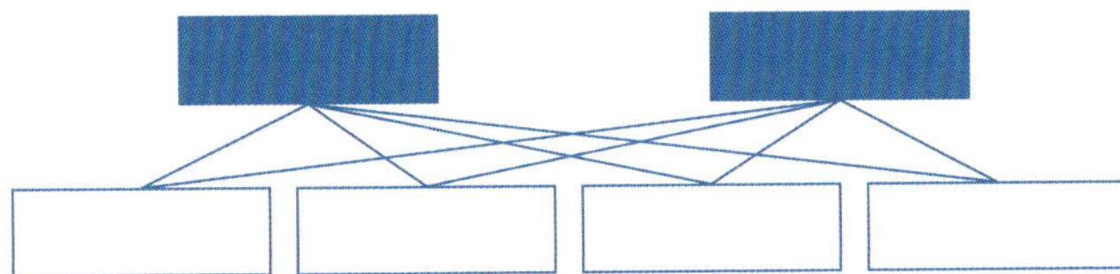

Abb. 5.1.6: Zweilinien-Organisation als Beispiel für ein Mehrliniensystem

Diese grundlegenden Organisationsformen regeln die **Primärorganisation.** Diese umfasst dauerhaft eingerichtete Stellen und Abteilungen. Ergänzt wird sie häufig durch eine **Sekundärorganisation**. Dies sind temporäre, die Primärorganisation überlagernde Organisationseinheiten. Sie werden für neuartige Aufgabenbereiche oder zur Koordination gebildet. Beispiele sind Projektgruppen, Gremien, Ausschüsse, Kommissionen, Beiräte, Zirkel und Arbeitskreise oder agile Organisationsformen (vgl. z.B. Kap. 5.2 und Kap. 5.3). Für einzelne Mitarbeiter kann sich eine **Dualorganisation** ergeben, d.h. eine Kombination von Primärorganisation und überlagernder Sekundärorganisation. Unterschiedliche Aufgaben sind dann unter verschiedenen organisatorischen Bedingungen zu leisten. Regelaufgaben werden etwa im Rahmen der Linientätigkeit durchgeführt und Sonderaufgaben durch hierarchiefreie, vom Alltagsgeschäft abgekoppelte Teams erfüllt.

Neben der Kompetenzverteilung wird in der Unternehmenspraxis noch eine Vielzahl weiterer organisatorischer Instrumente zur Integration und Koordination eingesetzt. So können organisatorische Regelungen z. B. in Form von Stellenbeschreibungen, Datenflussplänen, Entscheidungstabellen, Netzplänen und Organisationsanweisungen eingesetzt werden. Dies sind Formen der **Fremdkoordination**, bei der die Koordination durch Dritte erfolgt. Dabei handelt es sich in der Regel um eine übergeordnete hierarchische Instanz. Dies lässt sich auch mit Elementen der **Selbstkoordination** kombinieren. Dabei erfolgt die Abstimmung über direkte Kommunikation zwischen den zu koordinierenden Organisationseinheiten. Beispielswiese durch informellen Informationsaustausch, Kollegien oder Teamarbeit.

Eine weitere Form der Kompetenzteilung ist die **Partizipation**. Dabei werden Rechte von mehreren Personen bzw. Stellen gemeinsam ausgeübt, die sich eigenständig koordinieren. Partizipation macht Betroffene zu Beteiligten. Für die Ausübung von Kompetenzen ist die Entscheidungsfindung zuvor zu regeln. Dies kann etwa durch Mehrheitsbeschlüsse oder durch Einstimmigkeit (Konsensprinzip) geschehen. Bei der direkten Partizipation sind die Mitglieder selbst an den Entscheidungsprozessen beteiligt. Bei indirekter Partizipation werden hingegen die individuellen Interessen über Interessenvertreter eingebracht. Dies können z. B. Betriebsräte, Sprecher der leitenden Angestellten oder Gruppensprecher sein.

Zentralisierung – Autonomie

Der dritte organisatorische Gestaltungsparameter betrifft die Verteilung der Entscheidungsaufgaben. Es handelt sich dabei um einen speziellen Aspekt der Verteilung, nämlich die Bestimmung des **Autonomiegrads** von Organisationseinheiten (vgl. *Kieser/Walgenbach*, 2010, S. 160 f.; *Robbins*, 2001, S. 490).

Organisatorische **Autonomie** bezeichnet die Ausstattung einer Organisationseinheit mit Entscheidungskompetenzen.

Die Autonomie ist nicht mit der **Autarkie** einer Einheit zu verwechseln. Diese bezeichnet die Ausstattung einer Organisationseinheit mit eigenen Ressourcen, wie etwa Know-how, Mitarbeitern oder Anlagen. Die Verteilung von Entscheidungsaufgaben auf verschiedene Führungsebenen eines Unternehmens wird auch unter dem Stichwort **Zentralisation versus Dezentralisation** diskutiert. Werden die Kompetenzen bei einer Person oder wenigen Personen konzentriert, so bezeichnet dies eine hohe Entscheidungszentralisation; werden sie an einen größeren Personenkreis delegiert, so liegt Entscheidungsdezentralisation vor.

Die beiden Begriffe stehen nicht nur für die **Richtung der Kompetenzverteilung**, sondern auch für deren maximale Ausprägung:

- **Dezentralisation** steht für die vollständige Aufteilung von Entscheidungskompetenzen auf untergeordnete Einheiten.
- **Zentralisation** steht für die Bündelung von Entscheidungskompetenzen in der Unternehmensspitze.

Beide Extreme sind lediglich theoretisch vorstellbar. Praktisch geht es bei der Verteilung von Entscheidungsaufgaben um die Bestimmung des **Dezentralisationsgrads.** Unterschiedliche Ausprägungen von Zentralisation und Dezentralisation unterscheiden sich durch das Ausmaß der Verteilung von Entscheidungsbefugnissen. Abb. 5.1.7 zeigt unterschiedliche Dezentralisationsgrade.

Strukturelle Ziele und Konfigurationen

Zusammenfassend können Organisationsstrukturen auf folgende **Organisationsziele** ausgerichtet werden (vgl. *Blau/Schoenherr*, 1971; *Pugh/Hickson*, 1976):

- **Effizienz versus Effektivität**
  - **Ressourceneffizienz:** Organisationen können sachliche, personelle und finanzielle Ressourcen unterschiedlich effizient nutzen. Effizienter Ressourcenumgang zielt auf Skaleneffekte.
  - **Marktorientierung:** Als Gegenposition können Organisationen alle Funktionen an den jeweiligen Produkten, Märkten oder Kunden ausrichten und dafür ganzheitliche Verantwortung schaffen. Dies erzeugt Effektivität zu Lasten der Effizienz.
- **Stabilität versus Flexibilität**
  - Die **Stabilität** des strukturellen Rahmens eines Unternehmens kann durch die Gewährung von Autonomie und zentrale Koordinationsmechanismen erzielt werden.
  - **Flexibilität** zeigt sich in der Fähigkeit der Organisation, sich an die Veränderungen des Unternehmensumfelds anzupassen. Dazu werden kürzere Gestaltungszeiträume und Zielhorizonte verwendet. Die Strukturen sollen ein hohes Maß an Selbstverantwortung und Selbstorganisation ermöglichen.

Zusammenfassend lassen sich die Ziele einer Organisation auch grafisch, wie in Abb. 5.1.8 dargestellt, veranschaulichen. Dort ist exemplarisch eine auf Stabilität und Effizienz ausgelegte Gestaltung abgebildet.

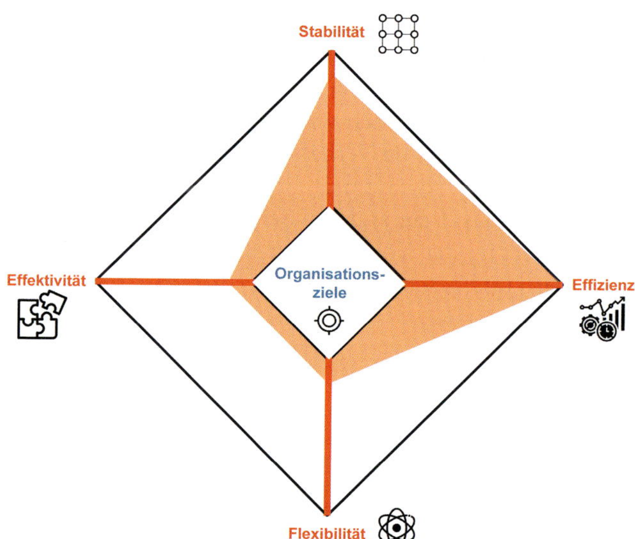

Abb. 5.1.8: Mögliche Ausprägung der Organisationsziele

Die Unternehmensführung fällt …				
Alle wesentlichen Entscheidungen	Entscheidungen zur Koordination der Bereiche	Entscheidungen zur Zielsetzung	Entscheidungen zum Zusammenhalt der Bereiche	Keine Entscheidungen, sondern sichert den Informationsfluss
Zentralisiert	Koordination	Direktion	Kohäsion	Information
Zentral				Dezentral

Abb. 5.1.7: Dezentralisationsgrade

Je nach organisatorischer Zielsetzung können sich die Organisationsstrukturen an folgenden **Gestaltungsparmetern** ausrichten:

- **Formalisierungsgrad:** Einerseits ist die formale Organisation durch schriftliche Regelungen sowie durch die Verteilung von Aufgaben, Kompetenzen und Arbeitsprozessen bestimmt. Andererseits spielen auch informelle Handlungen, verbale Kommunikation sowie Normen und Werte eine Rolle.
- **Sach- versus Personenorientierung:** Strukturen können an sach-rationalen Aspekten ausgerichtet sein. Beispiele sind Optimierungs- und Funktionalitätsgesichtspunkte. Alternativ kann die Organisation auch durch die Motivation und Macht einzelner Personen geprägt sein.
- **Zeitliche Perspektive:** Strukturen können zeitlich befristet oder dauerhaft angelegt sein.
- **Koordination:** Organisationen können selbst- oder fremdkoordiniert bzw. -organisiert sein.
- **Machtverteilung:** In einer zentralisierten Struktur konzentriert sich die Entscheidungsgewalt auf eine höchstmögliche Instanz. Verteilte Strukturen dezentralisieren Verantwortung auf die Stellen mit der jeweils höchsten Sachkompetenz.
- Die **Arbeitsteilung/Spezialisierung** kann stark (Spezialistenorganisation) oder gering (Generalistenorganisation) ausgeprägt sein.
- Die **Autonomie** der Organisationseinheiten und damit deren Entscheidungskompetenzen können unterschiedlich hoch sein.
- Die **Konfiguration** bezeichnet die Anzahl der Hierarchieebenen. Eine flache Konfiguration bedeutet wenige und eine steile Konfiguration viele Ebenen.

Mithilfe dieser Organisationsparmeter lassen sich bestehende Organisationen analysieren oder auch Soll-Profile aufstellen. Exemplarisch zeigt Abb. 5.1.9 eine Organisationsgestaltung in Form der orange schraffierten Fläche. Die acht Dimensionen stellen Spannungsfelder dar, zwischen deren Pole die jeweilige Organisation positioniert wird. Im Innenkreis liegende Ausprägungen stehen für eine stabile, robuste Organisation und die äußeren Organisationsmerkmale für flexible, entwicklungsfähige Strukturen. Somit entsprechen die Organisationsformen unterschiedlichen Kontextanforderungen.

Liegen die Ausprägungen der Dimensionen auf einer Kreislinie, dann sind die Strukturen homogen. Weichen einzelne Dimensionen von der Kreislinie ab, sind Koordinationsprobleme zu erwarten. In Phasen des Wandels empfehlen sich außenstehende Ausprägungen und in Phasen relativer Stabilität die inneren Ausprägungen.

Aus den organisatorischen Gestaltungsoptionen sowie aus der erforderlichen Abstimmung mit den anderen Funktionen der Unternehmensführung lassen sich Organi-

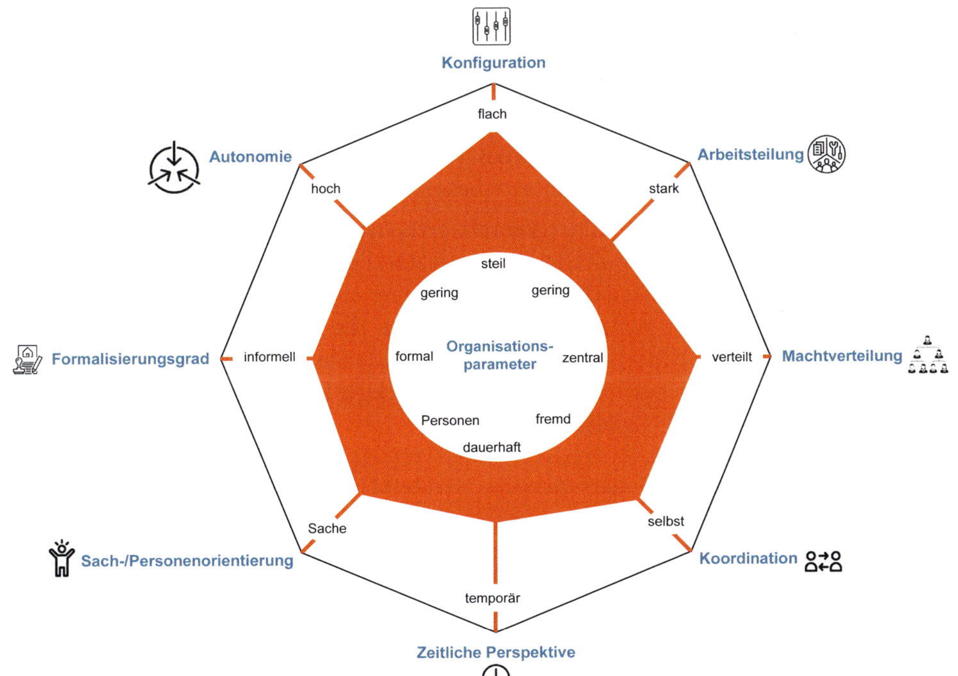

Abb. 5.1.9: Organisatorische Gestaltungsparameter

sationsstrukturen gestalten. Sie beeinflussen den Erfolg eines Unternehmens und bestimmen dessen Fähigkeit, auf Veränderungen und Entwicklungen der Umwelt zu reagieren. Da sich aus den Kontextbedingungen und Strategien immer wieder neue Anforderungen an die Organisation ergeben, unterliegt diese ebenfalls einer **evolutionären Veränderung.** Neue und innovative Organisationskonzepte sind eine Reaktion auf veränderte Anforderungen an die Unternehmensführung. Sie unterscheiden sich in der Ausgestaltung der hierarchischen Organe und Prozesse, der Einbeziehung von selbstorganisatorischer Koordination sowie kooperativer Machtverteilung (vgl. Kap. 5.2.2).

5.1.3 Organisatorische Grundformen

Aus den unterschiedlichen Ausprägungen der organisatorischen Gestaltungsparameter können idealtypische Aufbauorganisationen gebildet werden. Diese Grundformen sind in der Praxis kaum zu beobachten, doch lassen sich die realen Organisationen auf diese **Idealtypen** zurückführen. Variationen von Idealtypen sind Versuche, einzelne Elemente der verschiedenen Organisationsformen so miteinander zu vereinen, dass sich ihre Schwächen vermeiden und ihre Stärken nutzen lassen. Die Beschreibung und Beurteilung der idealtypischen Organisationsformen ist daher eine Voraussetzung, um die **Realtypen** der Unternehmenspraxis verstehen und gestalten zu können. Diese hängen vom Führungskontext und der Geschichte des Unternehmens ab. **Grundformen** der Aufbauorganisation sind die funktionale und divisionale Organisation, die Matrixorganisation, die Prozessorganisation und die agile Organisation (vgl. *Frese et al.*, 2019, S. 339 ff.; *Krüger*, 1994, S. 95 ff.; *Vahs*, 2019, S. 141 ff.).

Funktionale Organisation

Die funktionale Organisation geht von den zentralen Funktionen eines Unternehmens aus. Prägend ist die **funktionale Aufgabenspezialisierung.** Dies bedeutet, dass die Gliederung der zweiten Führungsebene nach den Verrichtungen erfolgt. Diese bestimmen den Leistungserstellungsprozess des Unternehmens. In einem Industrieunternehmen sind dies z. B. Forschung und Entwicklung, Produktion, Absatz oder Verwaltung (vgl. Abb. 5.1.10). Auf den weiteren Gliederungsebenen lassen sich dann organisatorische Einheiten wiederum nach verschiedenen Tätigkeitsbereichen bilden. So kann etwa der Beschaffungsbereich weiter in Beschaffungsmarktforschung, Einkauf und Disposition unterteilt werden. Die Funktionsbereiche können intern auch nach Objekten gegliedert werden. Ein Beispiel ist die Unterteilung der Beschaffung nach Warengruppen.

> **Funktionale Organisation** strukturiert ein Unternehmen nach Verrichtungen.

Die Führung der Funktionsbereiche erfolgt nach dem **Einliniensystem**, d. h. sie sind der Unternehmensführung unmittelbar unterstellt. Weisungen erhält jeder Mitarbeiter nur von seinem direkten Vorgesetzten nach dem Prinzip der Einheit der Auftragserteilung (Unité de Commande). Zwischen den Funktionen bestehen allerdings vielfältige Abhängigkeiten, da kein Bereich eine eigenständige Marktleistung erbringt. Alle Bereiche müssen zusammenwirken, um die Kundenanforderungen zu erfüllen. Nur die Unternehmensführung verfügt über den Gesamtüberblick, weshalb die Funktionsbereiche intensiv koordiniert werden müssen. Daraus ergibt sich insbesondere bei strategischen Entscheidungen eine Tendenz zur **Zentralisation** von Entscheidungsaufgaben.

Funktionale Organisationen haben folgende **Vorteile:**

- **Spezialisierung und Aufbau funktionsspezifischer Fähigkeiten:** Einzelne Bereiche können sich ausschließlich auf die ihnen gestellte Teilaufgabe konzentrieren und ihr Wissen auf dem aktuellsten Stand halten.
- **Lern- und Erfahrungskurveneffekte:** Je mehr Aufgaben routinemäßig zu erbringen sind, desto besser können Abläufe verbessert und die Effizienz gesteigert werden.
- **Klare Verantwortlichkeiten:** Es ist unmittelbar ersichtlich, wer für welche Funktion zuständig und verantwortlich ist. Die Leiter der Funktionsbereiche berichten meist auch direkt an die Unternehmensführung. Auf diese Weise lassen sich Planung und Kontrolle zentralisieren und die Strategie in den jeweiligen Funktionen direkt umsetzen.

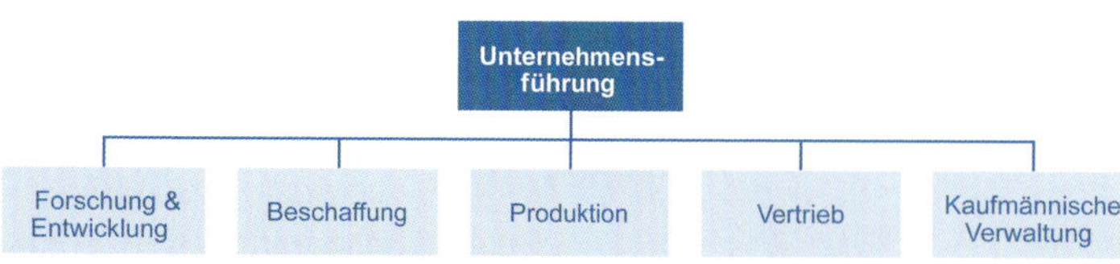

Abb. 5.1.10: Funktionale Organisation

Nachteile der funktionalen Organisation sind:

- **Hoher Koordinationsaufwand zwischen Bereichen und Funktionen:** Alle übergreifenden Entscheidungen müssen von der Unternehmensführung getroffen werden. Ein breites und relativ heterogenes Leistungsspektrum macht die Vorteile der Spezialisierung durch den erhöhten Koordinationsaufwand leicht zunichte.
- **Rivalitäten zwischen den Funktionsbereichen:** Auseinandersetzungen sind aufgrund unterschiedlicher funktionaler Interessen häufig unvermeidlich. Ein klassisches Konfliktfeld besteht z. B. zwischen den Wünschen der Produktion nach möglichst gleichmäßiger Auslastung und dem Vertrieb, der flexibel auf die Nachfrage reagieren möchte.
- **Bereichsegoismen:** Funktionale Strukturen verstellen den Blick für die Anforderungen des gesamten Unternehmens, denn die Führungskräfte sind nur auf ihre Bereiche fokussiert. Dies kann durch Anreize verschärft werden, welche auf die Ergebnisse der einzelnen Bereiche abzielen. Die funktionale Spezialisierung erschwert zudem den Wechsel von Führungskräften und Mitarbeitern in andere Bereiche.
- **Fehlende Ergebnisverantwortung:** Die Ergebnisverantwortung liegt ausschließlich bei der Unternehmensführung. Ihre hohe Leitungsspanne birgt die Gefahr der Überlastung und langwieriger Entscheidungsprozesse.

Die funktionale Organisation ist die älteste Organisationsform. Sie ist typisch für Unternehmen in einfachen Kontexten (vgl. Kap. 1.3.6). Sie ermöglicht Spezialisierungsvorteile und effiziente Ressourcennutzung. Prozesse innerhalb einzelner Funktionen sind durch die Arbeitsteilung effizient, bereichsübergreifende Prozesse allerdings nicht. Ihre wesentliche Schwäche liegt in der geringen Marktorientierung und Veränderungsgeschwindigkeit. Die funktionale Organisation ist für Unternehmen geeignet, die über eine begrenzte Produktpalette verfügen und nur in einem Geschäftsfeld tätig sind.

Keiner der Funktionsbereiche überblickt das gesamte Leistungsspektrum des Unternehmens. Dies behindert das wechselseitige Verständnis der Bereiche und führt zum Entstehen von Bereichsegoismen. Flexibilität ist daher nur bedingt gegeben, denn die Veränderung der Organisation ist nur schwer möglich. Bei Anpassungen sind wegen der ausgeprägten Abhängigkeiten alle Funktionsbereiche einzubeziehen. Eine **Variante** der funktionalen Organisationsstruktur ist die Orientierung an Produkten statt an Tätigkeiten. So kann eine Stab-Produkt-Organisation die Unternehmensführung produktorientiert unterstützen. Dies kann auch durch die produktorientierte Untergliederung eines Funktionsbereichs erreicht werden. Dabei wird der Funktionsbereich, z. B. das Marketing, nach Produktgruppen unterteilt.

Divisionale Organisation

Bei der divisionalen Organisation sind die Weisungsbeziehungen nach dem **Einliniensystem** gestaltet. Weisungen

Funktionale Organisation bei Eder Möbel

EDER MÖBEL

Die *Eder Möbel GmbH* ist eine Tochtergesellschaft der *Eder-Gruppe* und entwickelt, produziert und vertreibt Gartentische (vgl. Kap. 1.1.3). Das Unternehmen ist funktional in die Bereiche Beschaffung, Produktion, Vertrieb und Verwaltung gegliedert. Jede dieser Abteilungen wird jeweils von einer Führungskraft in einem Einliniensystem geleitet. Abb. 5.1.11 zeigt das Organigramm der *Eder Möbel GmbH* als typisches Beispiel einer funktionalen Organisation.

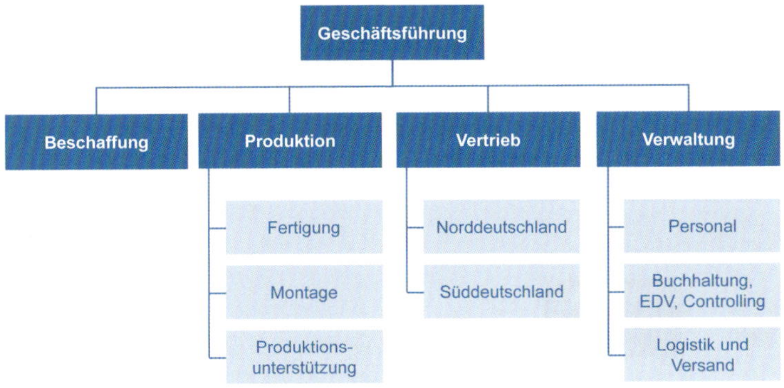

Abb. 5.1.11: Organigramm der Eder Möbel GmbH

erhält jeder Mitarbeiter, ebenso wie bei der funktionalen Organisation, nur von seinem direkten Vorgesetzten.

> Die **divisionale Organisation** strukturiert ein Unternehmen nach Objekten, etwa nach Produkten, Kunden oder Regionen.

Die entstehenden Organisationseinheiten werden Divisionen, Unternehmensbereiche oder Sparten genannt. Die divisionale Organisation wird deshalb auch als Spartenorganisation bezeichnet.

Differenzierungsmöglichkeiten der divisionalen Organisation sind:

- **Produkte:** Dies ist die häufigste Form der divisionalen Organisation. Sie bietet sich an, wenn die Produkte sich hinsichtlich Kunden, Wettbewerberstrukturen und Leistungserstellungsprozessen deutlich voneinander unterscheiden. Dies ist oft bei Industrieunternehmen der Fall, die über ein heterogenes Produktprogramm verfügen. Ein Beispiel ist die *Rio Tinto Group.*
- **Kunden:** Bedient das Unternehmen heterogene Kundensegmente mit unterschiedlichen Bedürfnissen, so kann eine Aufteilung nach Kundengruppen sinnvoll sein. Ein Beispiel ist die *Deutsche Bank AG.*
- **Regionen:** Insbesondere für international tätige Unternehmen kann die Regionalorganisation zweckmäßig sein. Auf diese Weise lassen sich bestehende Unterschiede etwa im Nachfrageverhalten, Produktanforderungen, in gesetzlichen Bestimmungen, den Wettbewerbsbedin-

Divisionale Organisation bei Rio Tinto

RioTinto

Mit einem Umsatz von rund 45 Mrd. US$ gehört die *Rio Tinto Group* zu den drei größten Bergbauunternehmen der Welt, ist der weltweit führende Aluminiumproduzent und eines der profitabelsten Unternehmen (vgl. www.riotinto.com). Sie beschäftigt mehr als 46.000 Mitarbeiter an 60 Standorten in 36 Ländern. Das Unternehmen ist als Konzern organisiert, der juristisch aus zwei börsennotierten Unternehmen besteht. Die *Rio Tinto plc* mit Sitz und Börsennotierung in London und die *Rio Tinto Limited* mit Sitz in Melbourne und Notierung an der australischen Börse. Beide Gesellschaften werden bei gleichen Stimmrechten und Dividenden von einem gemeinsamen Vorstand geführt. Unterhalb der kollektiven Unternehmensführung gliedert sich die Gruppe in fünf globale Produktbereiche sowie Zentralbereiche u. a. für Exploration und Technologie. Die fünf Produktgruppen haben ihrerseits Unternehmenszentralen mit globaler Verteilung: zwei in Australien, zwei in London und eine in Montreal.

Alle Geschäftsbereiche verfolgen die Mission, natürliche Ressourcen zu finden, zu erschließen, auszubeuten und zu verarbeiten.

- **Eisenerz:** Eisenerz wird gefördert, aufbereitet und zu den Stahlproduzenten transportiert. Als weltweit zweitgrößter Produzent bestehen die integrierten Eisenerzbetriebe aus einem Netzwerk von 16 Eisenerzminen, vier unabhängigen Hafenterminals, einem 1.700 Kilometer langen Schienennetz und der dazugehörigen Infrastruktur im westaustralischen Pilbara.
- **Aluminium:** Als globaler Weltmarktführer werden Bauxit abgebaut und Aluminium erzeugt. Mit eigener Versorgung und auch durch den Zukauf von Wettbewerbern ist *Rio Tinto* das branchenführende Unternehmen für Primäraluminiummetall.

- **Kupfer & Diamanten:** *Rio Tinto* ist einer der weltgrößten Kupferproduzenten und baut auch Gold, Silber, Diamanten und Nickel in Anlagen in der USA, Mongolei und Chile ab.
- **Energie & Mineralien:** Dieser Geschäftsbereich gewinnt Kohle und Uran als Energiequelle sowie Mineralien, wie z. B. Titan und Talk. Die Division ist führender Anbieter von Titandioxid, Zirkon und Boraten.

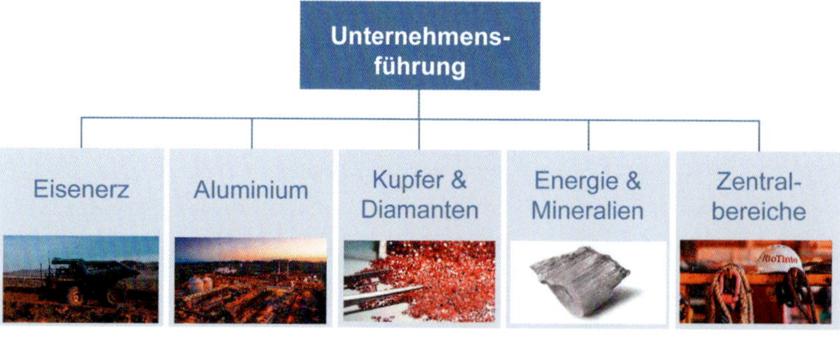

Abb. 5.1.12: Divisionale Organisation nach Produkten der Rio Tinto Group

gungen oder Landeskulturen besser berücksichtigen. Ein Beispiel ist die *Ford Motor Company*.

Da in den einzelnen Divisionen weitgehend eigenständige Marktleistungen erbracht werden, gibt es deutlich weniger bereichsübergreifende Interdependenzen als in der funktionalen Organisation. Die Divisionen sind gewissermaßen „Unternehmen im Unternehmen“, die unabhängig voneinander handeln. Damit verringert sich auch der Koordinationsbedarf an der Unternehmensspitze. Es besteht eine Tendenz zu relativ großer Autonomie der Divisionen und damit zur **Dezentralisation** von Entscheidungen. Dennoch unterliegen die Divisionen einer einheitlichen Führung durch die Unternehmensspitze. Innerhalb einer Sparte kann wiederum eine funktionale oder eine objektorientierte Struktur gewählt werden.

Die Divisionen sind mit allen Funktionen auszustatten, die zur Erfüllung ihrer Marktaufgabe erforderlich sind. Von dieser Regel ausgenommen sind meist Funktionen, die:

- nicht unmittelbar der Leistungserbringung dienen,
- in allen Divisionen in ähnlicher Form vorhanden sind (z. B. Beschaffung).
- der divisionsübergreifenden Koordination des Unternehmens dienen, wie z. B. das Controlling.

Solche Aufgaben werden in sog. **Zentralbereichen** gebündelt, die für ihren Aufgabenbereich fachliche Richtlinienkompetenzen gegenüber den Divisionen besitzen.

Divisionale Organisation bei der Deutschen Bank

Die *Deutsche Bank AG* ist mit einer Bilanzsumme von knapp 1,3 Mrd. € und rund 88.000 Mitarbeitern das größte Kreditinstitut Deutschlands (www.deutsche-bank.de). Das Unternehmen mit Sitz in Frankfurt am Main ist als Universalbank tätig und unterhält Niederlassungen in London, New York City, Singapur, Hongkong und Sydney. Die Bank bietet vielfältige Finanzdienstleistungen für Privatkunden, mittelständische Unternehmen, Konzerne, die öffentliche Hand und institutionelle Anleger.

Die **Mission** der *Deutsche Bank* ist

- eine führende europäische Bank in Europas größter Volkswirtschaft,
- ein starker Anbieter im Investmentbanking, im Privatkundengeschäft, dem Geschäft mit vermögenden Kunden und dem Asset Management,
- klar auf die Stärken der deutschen Wirtschaft in den Bereichen Handel und Investitionen ausgerichtet,
- fokussiert auf die Bedürfnisse der Firmenkunden, institutionellen Kunden und Privatkunden,
- der Risiko-Manager und zuverlässige Berater der Kunden zu sein.

Dazu hat die *Deutsche Bank* vier kundenorientierte **Divisionen** gebildet, die sich an den Bedürfnissen der Kunden ausrichten:

- Die **Unternehmensbank** als zentrale Einheit für Firmen- und Geschäftskunden. Den Kern der Unternehmensbank bildet die globale Transaktionsbank, die in Europa ein etablierter Marktführer ist und ihre Kunden in 60 Ländern vor Ort betreut.
- Die **Investmentbank** konzentriert sich auf Firmenkunden im Finanzierungs-, Beratungs-, Zins- und Währungsgeschäft. Sie bündelt zudem die Bereiche des Kapitalmarktgeschäfts.
- Die **Privatkundenbank** bündelt das Privatkundengeschäft inklusive der *Postbank* in Deutschland. Ziel ist es, die Position als Marktführer in Deutschland und weltweit das Geschäft mit vermögenden Kunden (Wealth Management) auszubauen.
- Die **DWS** ist einer der weltweit führenden Vermögensverwalter. Sie bietet Institutionen Zugang zu Anlagekompetenzen in allen wichtigen Anlagekategorien sowie Lösungen, die sich an Wachstumstrends orientieren. Sie verfolgt ihr Ziel, einer der Top-10 Vermögensverwalter weltweit zu werden. Dazu will die *DWS* in Wachstumsfelder investieren und eine aktive Rolle in der Konsolidierung der Vermögensverwaltungsbranche spielen.

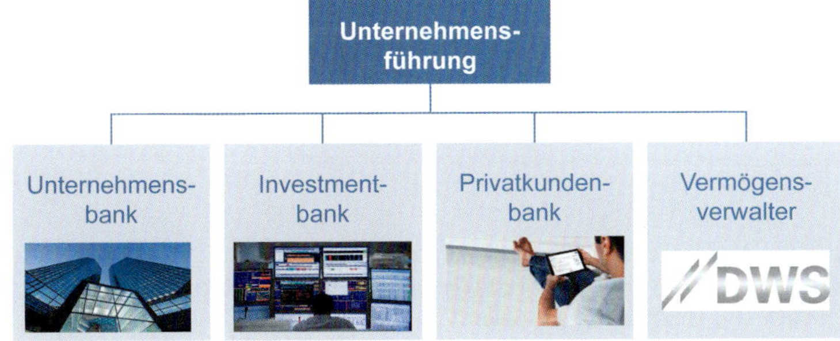

Abb. 5.1.13: Divisionale Organisation nach Kunden bei der Deutschen Bank AG

Dadurch werden die Autonomie der Divisionen und die Eindeutigkeit der Weisungsbeziehungen eingeschränkt. Auf der anderen Seite lassen sich Größen- und Spezialisierungsvorteile nutzen, die bei einer Aufteilung der Aufgaben auf die einzelnen Divisionen nicht zu realisieren wären. Typische Querschnittsfunktionen, wie Personalwesen, Organisation, Finanzierung oder Controlling, werden dann in den Geschäftsbereichen durchgeführt, sind aber in der Unternehmenszentrale organisatorisch verankert. Zentralbereiche haben die Aufgabe, Rahmenbedingungen für die Funktionserfüllung in den Geschäftsbereichen zu setzen. Nach dem Ausmaß der Erfolgsverantwortung der Divisionen werden auch **Center-Konzepte** unterschieden.

Die Entstehung und Verbreitung der divisionalen Organisation zur Vermeidung der Nachteile der funktionalen Organisation hat mehrere **Ursachen:**

- Mit zunehmender **Diversifikation** und **Internationalisierung** von Unternehmen verliert die funktionale Organisation an Effizienz. So sind bereits 1930 einige amerikanische Mischkonzerne zur Spartenorganisation übergegangen, wie z. B. *DuPont*.
- **Größenwachstum:** Funktionale Strukturen führen ab einer kritischen Größe zu Funktionsbereichen, die aufgrund ihrer Kompliziertheit kaum zu beherrschen sind.
- Bei steigender **Umweltdynamik**, etwa durch Markt- und Technologieentwicklungen, sind funktionale weniger flexibel als divisionale Strukturen.

Vorteile der divisionalen Organisation sind:

- **Marktorientierung:** Mit den Divisionen werden überschaubare, eigenständige Einheiten gebildet, die sich vollständig auf die Besonderheiten eines bestimmten Produktes, einer Region oder einer Kundengruppe konzentrieren können.
- **Flexibilität:** Durch größere Marktnähe werden Umfeldentwicklungen schneller erkannt und es ist möglich, rasch und selbstständig darauf zu reagieren.

Divisionale Organisation bei Ford

Die *Ford Motor Company* basiert auf einer von *Henry Ford* im Jahr 1903 in Detroit gegründeten Fabrik. Mit seiner visionären Idee, ein für jedermann erschwingliches Fahrzeug auf den Markt zu bringen, hat *Ford* einen radikalen Umbruch in der Autoindustrie eingeleitet. Dazu führte er die bewegliche Fertigungsstraße sowie weitere Massenproduktionsmethoden ein und setzte damit neue industrielle Maßstäbe. Die Fertigungsstraße der Fabrik in Highland Park, Michigan war 1913 die erste Fließbandproduktion der Welt. Inspiriert von den Erkenntnissen von *Taylor* revolutionierte *Ford* damit den Fertigungsprozess des *Ford Modell T*. Auf der beweglichen Fertigungsstraße wurde das Fahrgestell zu verschiedenen Stationen befördert, bis das fertige Automobil vom Band fahren konnte. Um diesen Prozess zu ermöglichen, mussten alle Zulieferbänder optimal synchronisiert sein und die passenden Zubehörteile zur richtigen Zeit angeliefert werden.

Das *Modell T* veränderte die Rahmenbedingungen der Produktion von Grund auf. Zum einen wurde der Lebensstandard der Arbeiter durch die Anhebung des Tageslohns auf fünf US$ deutlich erhöht. Zum anderen bedeutete der Einsatz beweglicher Fertigungsstraßen den Beginn der zweiten industriellen Revolution. Mit der Markteinführung des *Modell T* im Jahr 1908 verwirklichte *Henry Ford* seinen langjährigen Traum, ein zuverlässiges und effizientes Fahrzeug zu einem günstigen Preis herzustellen. Das *T-Modell* läutete eine neue Ära in der Personenbeförderung ein. Es war auch bei schwierigen Straßenverhältnissen leicht zu bedienen und besonders wartungsarm. Diese Eigenschaften machten das *T-Modell* weltweit zu einem Erfolg.

Heute ist die *Ford Motor Company* mit Sitz im US-amerikanischen Dearborn, mit einem Umsatz von über 160 Mrd. US$ einer der größten Automobilhersteller der Welt. Das Unternehmen ist auf sechs Kontinenten aktiv und gliedert sich, neben einigen Zentralbereichen, in die Geschäftsbereiche bzw. Divisionen Amerika, Asien, Pazifik & Afrika, China sowie Europa.

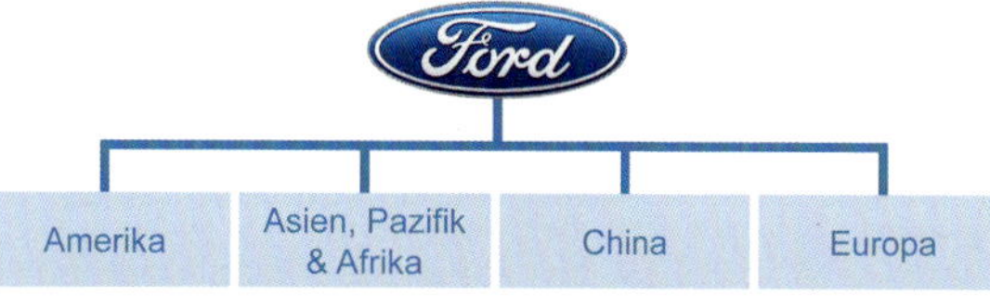

Abb. 5.1.14: Divisionale Organisation nach Regionen bei der Ford Motor Company

- **Autonomie:** Da die Divisionen relativ autonome Einheiten sind, können divisionale Entscheidungen rasch getroffen und realisiert werden. Die Spartenleitung trägt unternehmerische Verantwortung. Dies erhöht die Motivation der Führungskräfte und ermöglicht eine gezielte Bearbeitung der jeweiligen Aufgaben.
- **Entlastung der Unternehmensführung:** Es entfällt ein Großteil der in einer funktionalen Organisation erforderlichen Koordination. Die Ergebnisverantwortung liegt bei den Objektbereichen, während sich die Unternehmensleitung der übergreifenden, strategischen Ausrichtung zuwendet.

Wesentliche **Nachteile** der divisionalen Organisation sind:

- **Bereichsegoismen:** Der Einfluss auf die einzelnen Objektbereiche ist geringer als in der funktionalen Organisation. Die Sparten verfolgen nur ihre eigenen Ziele, auch wenn dies zu Lasten des Gesamtunternehmens geschieht. Die Schaffung von Synergien obliegt der Unternehmensführung.
- **Konflikte:** Im Falle gemeinsam genutzter Ressourcen sowie bei der Betreuung gemeinsamer Kunden können Konflikte zwischen den Divisionen entstehen. Dies erfordert eine übergreifende Koordination.
- **Geringe Ressourceneffizienz:** Spezialisierungsvorteile gehen verloren, da die Divisionen ihre Aufgaben unabhängig voneinander erfüllen. Die Dezentralisierung kann zu Doppelarbeiten und Redundanzen führen. Gleichartige Funktionsbereiche werden u. U. mehrfach gebildet. So ist es etwa denkbar, dass jede Sparte eine eigene Personalabteilung hat. Dies erhöht auch den Bedarf an qualifizierten Führungskräften.

Matrixorganisation

Matrixstrukturen wurden erstmals bei amerikanischen Großprojekten der Luft- und Raumfahrt eingesetzt (vgl. *Grochla*, 1991, S. 140). Sie sind eine Kombination von funktionaler und divisionaler Organisation. Es handelt sich daher um eine **mehrdimensionale Organisationsstruktur** bzw. ein **Mehrliniensystem**. Häufig wird die funktionale Gliederung weiter nach Produkten oder Regionen differenziert. In Frage kommen auch Kombinationen zwischen mehreren Objektbereichen, etwa Regionen und Produktgruppen. Somit kann die Strukturierung durch Kombinationen aus Funktionen, Produkten, Regionen oder Projekten erfolgen (vgl. *Davis/Lawrence*, 1977; *Robbins*, 2001, S. 494).

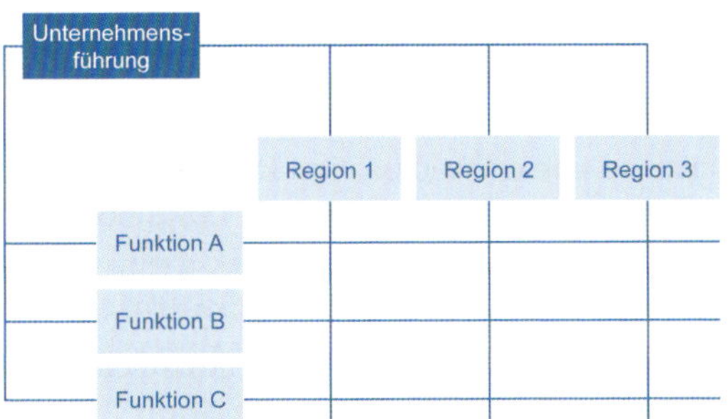

Abb. 5.1.15: Matrixorganisation

Eine **Matrixorganisation** ist ein Zweiliniensystem, bei dem die Organisation gleichzeitig nach zwei Kriterien differenziert wird.

Die Mitarbeiter einer Matrixorganisation sind somit zwei Instanzen unterstellt. Eine Matrixorganisation besteht aus der Matrixleitung, den Matrixstellen sowie den Matrixschnittstellen. An den Schnittstellen kommt es zur beabsichtigten Überkreuzung von Zuständigkeiten. Dort müssen sich die Matrixstellen, die je nach Gliederung mit Funktions- oder Objektaufgaben betraut sind, zur Aufgabenerfüllung miteinander abstimmen. Die Schnittstellen werden somit von zwei Einheiten geführt.

Im Grundmodell der Matrixorganisation, der **balancierten Matrix**, werden Weisungsbefugnisse gleichberechtigt auf die beiden Führungsebenen verteilt. Die betroffenen Mitarbeiter der untergeordneten Ebene bekommen von beiden Instanzen gleichberechtigte Weisungen. Hierdurch soll die Koordination im Unternehmen gefördert werden. Allerdings werden so auch Konfliktfelder geschaffen, die nach einer produktiven Konfliktlösung verlangen. Die ausgewogene Berücksichtigung von Funktions- und Objektinteressen soll zu qualitativ besseren Entscheidungen führen. Diese werden insbesondere aufgrund der „produktiven" Konflikte zwischen den beiden Linienmanagern erwartet. Im Verhältnis zwischen der ersten und der zweiten Führungsebene geht die Matrixorganisation dabei von einer dezentralen Verteilung von Entscheidungsaufgaben aus. Angesichts der Mehrfachunterstellung der Mitarbeiter ist jedoch eine weitergehende Dezentralisation kaum noch möglich.

Das zentrale Gestaltungsproblem der Matrixorganisation besteht in der Kompetenzabgrenzung. Abweichend vom Grundmodell kann deshalb jeweils einer Führungsebene mehr Kompetenz eingeräumt werden. Dann entsteht eine **asymmetrische Matrixorganisation**, die auch als unbalancierte oder abgeschwächte Matrixorganisation bezeichnet wird. Darin verwischen allerdings die Unterschiede zu den eindimensionalen Organisationsformen, z. B. zur divisionalen Organisation mit Zentralbereichen. Die Kompetenzverteilung kann so aussehen, dass eine Linie entscheidet, was wann zu tun ist, während die zweite Linie über die Ressourcen (wie und wer) bestimmt.

Die Doppelunterstellung bringt hohe Anforderungen für die beteiligten Stellen mit sich. Daher ist sie nur zu empfehlen, wenn folgende **Voraussetzungen** erfüllt sind:

- Die Aufgabenstellung ist so kompliziert, dass mindestens zwei Gliederungskriterien erforderlich sind. Andernfalls rechtfertigt sich der hohe Abstimmungsaufwand nicht.
- Die beteiligten Stellen haben mit der Doppelunterstellung potenzielle Konflikte zu lösen. Jede Aufgabenstellung wird zwangsläufig aus unterschiedlichen Blickwinkeln analysiert. Dadurch wird die Entscheidungsfindung komplizierter, sachgerechter, aber auch langwieriger.
- Zur bestmöglichen Erfüllung der unternehmerischen Aufgabe ist die gemeinsame Nutzung von Ressourcen durch Funktionen und Objekte erforderlich. Sind die Ressourcen problemlos aufteilbar, dann ist jedoch keine Matrixstruktur notwendig.

Die Matrixorganisation ist entstanden, um die Stärken der beiden eindimensionalen Organisationsformen zu kombinieren und ihre Schwächen zu vermeiden. Daher gelten die Stärken der beiden anderen Idealtypen hier analog. Ergänzend weist die Matrixstruktur eine Reihe weiterer **Vorteile** auf:

- Sie ermöglicht eine mehrdimensionale Entscheidungsfindung, da zwei oder mehrere Ausrichtungen in der Organisation verankert und priorisiert sind.
- Ein System gegenseitiger Kontrolle („checks and balances") führt verschiedene Sichtweisen zusammen.
- Innerbetriebliche Kooperation und der Aufbau von Konsens wird unterstützt. Dies trägt zur Koordination komplexer Aufgabenstellungen bei.

Matrix- bzw. Tensororganisation bei Volkswagen

VOLKSWAGEN
AKTIENGESELLSCHAFT

Der Volkswagen Konzern mit Sitz in Wolfsburg ist mit rund 670.000 Mitarbeitern einer der weltweit führenden Automobilhersteller. Es werden jährlich knapp 11 Mio. Fahrzeuge ausgeliefert und ein Umsatz von über 250 Mrd. € erwirtschaftet. Der Konzern betreibt rund 120 Fertigungsstätten in Europa, Amerika, Asien und Afrika.

Volkswagen gliedert sich in zwei **Konzernbereiche**:

- **Finanzdienstleistungen** umfasst die Händler- und Kundenfinanzierung, das Fahrzeug-Leasing, das Direktbank- und Versicherungsgeschäft sowie das Flottenmanagement und Mobilitätsangebote.
- **Automobile** besteht aus den Bereichen PKW, Nutzfahrzeuge und Power Engineering und umfasst die Funktionen Entwicklung, Fahrzeugkomponenten & Beschaffung, Produktion und Vertrieb. Dies gilt für PKW, leichte Nutzfahrzeuge, LKW, Busse und Motorräder sowie das Geschäft mit Originalteilen, Großdieselmotoren, Turbomaschinen, Spezialgetrieben, Komponenten der Antriebstechnik und Prüfsystemen.

Der Automobilbereich gliedert sich neben den Funktionen aber auch in zwölf Marken mit eigenständigem Charakter, die selbständig im Markt operieren. Zum Konzern gehören die Marken *Volkswagen PKW, Audi, SEAT, ŠKODA, Bentley, Bugatti, Lamborghini, Porsche, Ducati, Volkswagen Nutzfahrzeuge, Scania* und *MAN*. Die Markengruppe „Volumen" umfasst die Marken *Volkswagen PKW, SEAT, ŠKODA* und *Volkswagen Nutzfahrzeuge*. Die Marken *Audi, Lamborghini* und *Ducati* bilden die Markengruppe „Premium". „Sport & Luxury" besteht aus den Marken *Porsche, Bentley* und *Bugatti*. Die Markengruppe „Truck & Bus" fungiert als Dach für die Marken *Scania* und *MAN*. Alle Marken im Konzernbereich Automobile sind – mit Ausnahme der Marken *Volkswagen PKW* und *Volkswagen Nutzfahrzeuge* – in eigenen Gesellschaften rechtlich verselbstständigt.

Organisatorisch entsteht damit, wie in Abb. 5.1.17 dargestellt, im Bereich PKW eine Matrix aus Funktionen und Marken.

Analog werden im Bereich Nutzfahrzeuge die Funktionen Entwicklung, Produktion und Vertrieb von leichten Nutzfahrzeugen, LKW und Bussen in einer Matrix koordiniert. Sie umfasst die Marken *Volkswagen Nutzfahrzeuge, Scania* und *MAN* der rechtlich selbstständigen, börsennotierten *TRATON Group*.

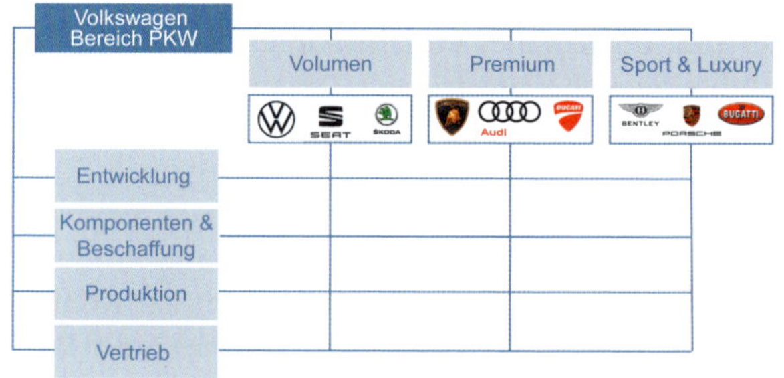

Abb. 5.1.16: Matrixorganisation im Bereich PKW bei Volkswagen

Die Matrixorganisation besitzt aber auch einige **Nachteile**, die weder in der funktionalen noch der divisionalen Organisation auftreten. Sie werden vor allem durch die institutionalisierten Konflikte hervorgerufen, die aus der Mehrfachunterstellung der Mitarbeiter folgen:

- Das Konfliktpotenzial zwischen den einzelnen Stellen ist relativ hoch. Unterschiedliche Interessen prallen aufeinander und sollen zu kreativen und produktiven Problemlösungen führen. Es kann aber auch zu Machtkämpfen kommen, die Entscheidungs- und Anpassungsprozesse verlangsamen und wenig sachgerechte Kompromisslösungen hervorbringen. Dies fördert eine Innenorientierung, da interne Verhandlungsprozesse und Absicherungsbedarf die Folge sind.
- Es besteht die Gefahr einer Überlastung der Unternehmensführung. Können sich beide Matrixstellen nicht einigen, so hat die Matrixleitung eine Entscheidung zu treffen. Die Doppelunterstellung kann dabei auch zu unklaren Verantwortlichkeiten führen. Je mehr Konflikte auftreten und je angespannter der Umgang miteinander ist, desto mehr hat sie folglich zu tun.
- Die Leitungsspanne der Unternehmensführung ist groß, da zwei Linien zu führen sind. Dies bedeutet auch einen hohen Bedarf an Führungskräften, um den damit verbundenen Koordinationsaufwand zu gewährleisten. Dies macht die Matrixorganisation relativ kostspielig.

Die Beurteilung des Grundmodells der Matrixorganisation ist aufgrund der Schwachstellen eher negativ (vgl. *Reiß*, 1994, S. 152 ff.). Reine Matrixstrukturen sind daher in der Praxis kaum zu finden. Meist dominiert eine Dimension über die andere und kann Entscheidungen letztendlich in ihrem Sinne fällen.

Sehr häufig wird eine Matrixdimension als Verbindung von **Funktionen und Projekten** gebildet (vgl. Kap. 5.3.2). Sie findet Anwendung im Entwicklungsbereich von Unternehmen. Dabei wird eine Dimension nach den Funktionen im Entwicklungsprozess und die andere nach Projekten unterteilt. So wird etwa der Entwicklungsbereich der *Mercedes-Benz Group* nach funktionalen Entwicklungsabteilungen und nach Projekten organisiert. Ähnlich wird die Matrixorganisation auch im Maschinenbau, in Beratungs- und Softwareunternehmen oder Wirtschaftsprüfungen genutzt.

Als besondere Variante eines Mehrliniensystems ist es auch möglich, sich nach mehr als zwei Dimensionen zu spezialisieren. Eine dreidimensionale Struktur wird als **Tensororganisation** bezeichnet. Sie wird meist nach den Kriterien Funktion, Produkt bzw. Projekt und Region gegliedert (vgl. *Bleicher*, 1991, S. 593 ff.). Sie ist in einigen Großunternehmen zu finden. Beispielsweise verwendet die *Volkswagen AG* die Marken, Funktionen und Regionen als Gliederungsmerkmale. Große Wirtschaftsprüfungsgesellschaften sind etwa nach den drei Dimensionen Regionen, Klientengruppen/Branchen und Produkte/Dienstleistungen gegliedert. Die Tensororganisation erscheint vor allem für international tätige Unternehmen interessant, die in vergleichsweise heterogenen Märkten und Regionen operieren. Sie ist eine Erweiterung der Matrixorganisation, weshalb sie in ihren Stärken und Schwächen mit dieser vergleichbar ist. Deren Nachteile werden allerdings durch die zusätzliche Dimension noch verstärkt, insbesondere hinsichtlich der Konflikt- und Koordinationsprobleme.

Darüber hinaus hat der *Volkswagen Konzern* noch besondere Bereiche wie etwa die Region China oder die Digitalisierung mit eigenen Vorstandsressorts ausgestattet, welche mit ihren Linien die Matrix überlagern und somit teilweise eine Tensororganisation bilden.

Prozessorganisation

Die Gesamtheit der in einem Unternehmen ablaufenden Prozesse bildet dessen Prozessstruktur. Horizontal gesehen haben die Prozesse einen Anfang und ein Ende. An diesen Schnittstellen sind sie mit anderen Prozessen zu einer Vielzahl unterschiedlicher Prozessketten verknüpft. Vertikal lassen sich die Prozesse mit einem unterschiedlichen Detaillierungsgrad betrachten und bilden somit eine **Prozesshierarchie**.

> Die **Prozessorganisation** strukturiert das Unternehmen nach den betrieblichen Abläufen.

Auf der obersten hierarchischen Ebene stehen die **Geschäftsprozesse**, welche die grundlegenden Aufgabenfelder des Unternehmens abbilden. Als Kern- bzw. Schlüsselprozesse leisten sie einen wesentlichen Beitrag zum Kundennutzen und zur betrieblichen Wertschöpfung. Geschäftsprozesse sind die zur Erzeugung des Kundennutzens wesentlichen Vorgänge eines Unternehmens. Sie bestehen aus logisch zusammenhängenden wertschöpfenden Aktivitäten, die bereichsübergreifend verknüpft und aggregiert werden. Sie werden von externen Kundenanforderungen ausgelöst und enden mit der Übergabe ihrer Ergebnisse an die externen Kunden (End-to-End-Prozesse).

Da Geschäftsprozesse beim Kunden beginnen und enden, steht die optimale Gestaltung der Anforderungs-Leistungs-Beziehung zwischen dem Unternehmen und seinen Kunden im Vordergrund (vgl. *Schmelzer/Sesselmann*, 2020, S. 63 ff.; *Scholz/Vrohlings*, 1994, S. 45 ff.). Die Prozessorganisation wird in Kap. 5.4 erläutert. In Kap. 5.7.3 ist mit der *Christian Bürkert GmbH* ein Praxisbeispiel zur Prozessorganisation beschrieben.

Agile Organisation

Die agilen Organisationen werden in Kap. 5.2 vertieft. Sie gestalten das Unternehmen, um die Organisationsziele **Marktorientierung und Flexibilität** bestmöglich zu erreichen. Im Vordergrund der organisatorischen Gestaltung steht die Fähigkeit der Organisation, sich an Veränderungen des Unternehmensumfelds anzupassen und gleichzeitig eine hinreichende Stabilität zu gewährleisten. Dazu werden die organisatorischen Instrumente der Disposition und Improvisation verstärkt eingesetzt. Die Gestaltungsparameter werden dafür entsprechend ausgestaltet. Die Formalisierung ist so gering wie möglich und informelle Handlungen, verbale Kommunikation sowie Normen und Werte sind bedeutsam. Die Organisation orientiert sich stark an den Personen mit ihrem Wissen, ihrer Motivation und ihren Befugnissen. Die Strukturen sind auf kürzere Zeiträume projektartig angelegt und schnell veränderbar. Die Koordination wird vorwiegend durch selbstorganisierte Teams vorgenommen. Die Entscheidungsmacht ist verteilt, die Autonomie hoch und die Konfiguration möglichst flach.

> Eine **agile Organisation** richtet ein Unternehmen marktorientiert und flexibel aus, um eine möglichst hohe Anpassungsfähigkeit zu erreichen. Sie hat eine geringe Arbeitsteilung, verteilte Macht, koordiniert sich selbstorganisatorisch und ist personenorientiert sowie temporär. Die Formalisierung ist gering, die Autonomie hoch und die Konfiguration ist flach.

Die Organisationeinheiten arbeiten als Netzwerke aus funktionsübergreifenden Teams. Sie ermöglichen damit ein hohes Maß an Selbstverantwortung und Selbstorganisation. Eine agile Führung sorgt für Rahmenbedingungen, in denen die Mitarbeiter selbstständig entscheiden und handeln können und vermittelt ihnen Orientierung und Sinn (vgl. Kap. 6.4). Alle Prozesse und Strukturen sind darauf ausgelegt, schnellstmöglich auf unerwartete Herausforderungen, Ereignisse und Chancen reagieren zu können. Hierzu bilden sich funktionsübergreifende Teams, die auf Basis agiler Werte, Prinzipien und Praktiken zusammenarbeiten. Die Art der Zusammenarbeit ermöglicht die Entstehung von Schwarmintelligenz und die Nutzung von Selbstorganisation (vgl. Kap. 1.2.4).

Die Kernkompetenz der agilen Organisation ist ihre Fähigkeit zur Selbstorganisation, welche hierarchische Vorgaben ersetzt. Die Struktur agiler Organisationen ist durch Teams anstelle von Organisationseinheiten geprägt. Sie ähnelt der Projektorganisation, jedoch mit spezifischen Ausgestaltungen, wie z. B. Scrum. Ein Pionier agiler Organisationen ist das Unternehmen *Spotify* (vgl. Kap. 5.2.3).

Einordnung der organisatorischen Gestaltungsmöglichkeiten

Welche Strukturen den Unternehmenserfolg in welcher Weise beeinflussen, wurde durch zahlreiche empirische Forschungen untersucht. Diese betrachten zunächst den Zusammenhang der organisatorischen Gestaltungsparameter mit den **Kontextfaktoren der Unternehmensumwelt**:

- **Umweltdynamik:** Die Gestaltung der Organisation ist abhängig von der Dynamik der Unternehmensumwelt. In relativ stabilen Umwelten eignen sich eher stabile, bürokratische Strukturen, während flexible Strukturen bei dynamischen Umwelten mehr Erfolg versprechen (vgl. *Burns/Stalker*, 1971, S. 147 ff.).
- **Umweltunsicherheit:** Strukturen sind von der Dynamik und Unsicherheit ihrer Umwelten geprägt. Unternehmen in dynamischen und unsicheren Umwelten weisen weniger Hierarchieebenen auf und besitzen einen geringeren Formalisierungsgrad (vgl. *Davis/Lawrence*, 1977, S. 23 ff.).
- **Wettbewerbsunsicherheit:** Unternehmen, die eine durch den Wettbewerb bedingte Umweltunsicherheit erleben, bevorzugen personelle Spezialisierung und Koordinationsmechanismen. Bei vorwiegend technischem Wandel wird eher über Pläne und Regelungen koordiniert (vgl. *Khandwalla*, 1974, S. 74 ff.).
- Neben den Umweltkontexten sind auch die Organisationsziele für die Eignung einer Organisationsform wesentlich. Damit ergeben sich auch Zusammenhänge der organisatorischen Gestaltungsparameter mit den Unternehmenszielen und dem Führungskontext. Die Beurteilung von Organisationsstrukturen erfolgt daher nach deren Ziel- und Strategieauswirkung und ist abhängig vom **Unternehmenskontext** (vgl. *Blau/Schoenherr*, 1971; *Pugh/Hickson*, 1976).
- **Unternehmensgröße:** Mit steigender Größe und damit Kompliziertheit einer Organisation nimmt der Grad

an Dezentralisation zu. Zudem haben größere Unternehmen ein höheres Maß an Spezialisierung, Standardisierung und Formalisierung als kleine Unternehmen.

- **Ressourceneffizienz:** Organisationen nutzen ihre sachlichen, personellen und finanziellen Ressourcen unterschiedlich effizient. Die funktionale Organisation legt Priorität auf einen effizienten Ressourcenumgang. Dabei werden Funktionen gebündelt, Skaleneffekte ermöglicht und das Kostenmanagement gefördert. Dies gelingt insbesondere für ein relativ homogenes Produktprogramm, in dem bereichsübergreifende Aufgaben überschaubar sind. Für Strategien der Kostenführerschaft hat die Ressourceneffizienz die oberste Priorität.
- **Stabilität** des strukturellen Rahmens eines Unternehmens kann durch ausreichende Autonomie in der divisionalen Organisation geschaffen werden. Da einzelne Divisionen sich auf ihre spezifischen Marktanforderungen konzentrieren können, sind bereichsübergreifende Interdependenzen geringer als in der funktionalen Organisation. Die Divisionen sind gewissermaßen „Unternehmen im Unternehmen", die unabhängig voneinander handeln. Damit verringert sich auch der Koordinationsbedarf an der Unternehmensspitze. Es besteht eine Tendenz zu relativ großer Autonomie der Divisionen und damit zur Dezentralisation von Entscheidungen.
- Die **Matrixorganisation** stellt eine Kompromisslösung dar, die gleichzeitig auf Ressourceneffizienz und Marktorientierung abzielt. Für eine Strategie der Kostenführerschaft ist sie zu aufwendig. Für eine Differenzierungsstrategie bindet sie viel Energie in internen Abstimmungsprozessen, was eine konsequente Marktorientierung erschwert. Werden dynamische oder simultane Wettbewerbsstrategien verfolgt (vgl. Kap. 3.3), bei denen mehrere Erfolgsfaktoren gleichzeitig zu erfüllen sind, dann kann die Matrixorganisation geeignet sein. Diese Anforderungen können z. B. in Unternehmen der Luft- und Raumfahrt oder Unternehmensberatungen erfüllt sein. Teilweise ist eine Matrixorganisation auch nur für einzelne Teilbereiche eines Unternehmens, wie z. B. die Forschung und Entwicklung, sinnvoll.
- **Marktorientierung** richtet alle Funktionen auf die jeweiligen Produkte, Märkte oder Kunden aus und schafft hierfür eine ganzheitliche Verantwortung. Durch die dezentralen Entscheidungskompetenzen verbessert sie auch die Flexibilität des Unternehmens. Für Differenzierungsstrategien, die ein Unternehmen konsequent auf den Kunden ausrichten, um sich in dessen Augen von den Konkurrenten abzuheben, ist insbesondere die Prozessorganisation sinnvoll.
- **Flexibilität** betrifft die Fähigkeit der Organisation, sich an Veränderungen des Unternehmensumfelds anzupassen. Dazu werden die Gestaltungszeiträume und Strukturen auf kurzfristig erreichbare Ziele ausgelegt. Mithilfe der organisatorischen Instrumente Disposition und Improvisation ermöglicht die agile Organisation ein hohes Maß an Selbstverantwortung und -organisation.

Abb. 5.1.17 zeigt die Eignung der Organisationsgestaltungen in Abhängigkeit der Organisationsziele und dem Führungskontext.

5.1.4 Holding- und Center-Konzepte

Die organisatorische Gestaltung von Geschäftsfeldern in diversifizierten Unternehmen hat durch Fusionen und Übernahmen (vgl. Kap. 5.5), durch Kooperationen (vgl. Kap. 5.6) und durch Internationalisierung (vgl. Kap. 8.5) zu einer zunehmenden Bedeutung von Center- und Holding-Konzepten geführt.

	Organisationgestaltungen				
Organisationsziele	Funktional	Divisional	Matrix	Prozess	Agil
Marktorientierung	○	◍	◍	●	●
Ressourceneffizienz	●	◍	◍	◍	○
Stabilität	●	●	◍	◍	○
Flexibilität	○	◍	◍	◍	●
Geeigneter Führungskontext	einfach	kompliziert	kompliziert & komplex	kompliziert & komplex	komplex

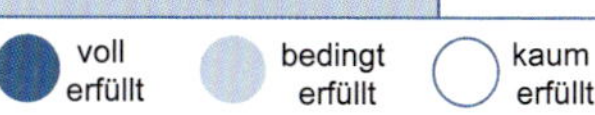

Abb. 5.1.17: Eignung der Organisationsgestaltungen nach Organisationszielen und Führungskontext

Nach deutschem Aktienrecht ist ein **Konzern** ein unter einheitlicher Leitung stehendes Unternehmen mit mindestens zwei rechtlich selbstständigen Teilgesellschaften (vgl. § 18 AktG). Nach dem Eigentums- und Kontrollumfang kann in Abhängigkeit der Gesetzeslage und der Rechnungslegungsvorschriften zwischen folgenden **Formen** der Verbindung von Unternehmen unterschieden werden:

- **Minderheitseinfluss** auf ein Unternehmen besteht, wenn die Mehrheit der Eigentümerstimmrechte und die vertraglichen Regelungen zur Einflussnahme eine Abhängigkeit zu einem anderen Unternehmen begründet.
- **Beherrschender Einfluss** beschreibt eine Situation, bei der ein herrschendes Unternehmen unmittelbar oder mittelbar auf ein Unternehmen einwirkt. Dazu werden die Stimmrechte als Eigentümer und weitere Einflussmöglichkeiten genutzt, wie etwa die Besetzung von Kontrollorganen. So besitzt z. B. das Land Niedersachsen bei der *Volkswagen AG* als Aktionär mit Sperrminorität maßgeblichen Einfluss, obwohl formal lediglich 12,5 % der stimmberechtigen Aktien gehalten werden.
- **Konzernzugehörigkeit** bezeichnet ein Unternehmen, das unter einheitlicher Leitung steht. Dies ist meist in einem Beherrschungsvertrag geregelt.

In der Regel wird der Konzernbegriff jedoch weiter gefasst und auch für Verbindungen rechtlich selbstständiger Teilgesellschaften und unselbstständig operierender Unternehmens- oder Geschäftsbereiche verwendet. Nahezu alle Unternehmen verfügen über konzernähnliche Verbindungen mit weiteren Gesellschaften. Daher soll der Konzernbegriff nicht als Rechts-, sondern als **Organisationsform** der Holding betrachtet werden.

Aufgaben und Kompetenzen der	
Holding	**Bereichsleitung**
▪ Gruppenziele und -strategie ▪ Genehmigung der Bereichsziele und -strategien ▪ Genehmigung operativer Pläne und Budgets ▪ Beschaffung und Zuordnung des Kapitals ▪ Bestellung von Führungskräften der Bereiche ▪ Führungskräftenachwuchs ▪ Zentralbereiche mit Richtlinienkompetenz, z. B. Finanzen, Personal, Controlling ▪ Konzernstäbe mit Beratungsfunktionen, z. B. Ökologie, Öffentlichkeitsarbeit	▪ Bereichsziele und -strategien ▪ Operative Geschäftsführung ▪ Erstellung und Umsetzung operativer Pläne ▪ Ergebnisverantwortung ▪ Verantwortung für Schlüssel- und Querschnittsfunktionen

Abb. 5.1.18: Aufgaben und Kompetenzen einer Managementholding (vgl. Bleicher, 1994, S. 405)

Holding-Konzepte

Eine **Holding** ist ein Verbund mehrerer, rechtlich selbstständiger Unternehmen unter einer einheitlichen Leitung.

In einer Holding erfolgt die Gliederung des Unternehmens objektorientiert in Divisionen. Im Unterschied zur divisionalen Organisation sind in der Reinform einer Holding die einzelnen Divisionen gesellschaftsrechtlich selbstständig (vgl. *Bach et al.*, 2017, S. 308 f.). Die **Rollenverteilung** zwischen der Holding als Obergesellschaft und den Teilgesellschaften, wie etwa den Geschäftsbereichen, Beteiligungen oder Auslandsgesellschaften, kann unterschiedlich sein. Als Extrempunkte kann zwischen Management- und Finanzholding unterschieden werden:

- **Finanzholding:** Die Holding betrachtet die Teilbereiche als Beteiligungen oder Investitionsobjekte. Sie beschränkt sich auf die juristische Verwaltung, Finanzierung und ggf. die Kontrolle der untergeordneten Unternehmen oder Unternehmenseinheiten. Die strategische, operative und teilweise auch normative Unternehmensführung obliegt den Teilbereichen.
- **Managementholding:** Die übergeordnete Holding nimmt inhaltlichen Einfluss auf die Führung der Teilbereiche. Sie bestimmt die Rechtsform, legt die Gesamtstrategie fest, trifft Entscheidungen über Ressourcen, besetzt wichtige Führungspositionen und überwacht einzelne Bereiche. Diese Organisationsform realisiert organisatorisch die strategische Zweiteilung in Geschäftseinheiten und Gesamtunternehmen. Die Führung der Obergesellschaft trägt die Gesamtverantwortung und legt übergeordnete Ziele und Strategien fest. Die Holding vollzieht die unternehmensweite Kapital-, Liquiditäts- und Erfolgsplanung sowie den Kauf und Verkauf von Unternehmen oder Unternehmensteilen. Die Ziele und Strategien der Holding bilden den Handlungsrahmen für das Management der Teilgesellschaften. Diese sind für die Produktions-, Absatz- und Vertriebsstrategien, das Technologie- und Personalmanagement sowie das Tagesgeschäft zuständig. Die Managementholding wird häufig bei größeren, diversifizierten Unternehmen angewandt und erlaubt ein hohes Maß an Flexibilität. Beispielsweise fungiert die *Daimler Truck AG* als Managementholding. Die Konzernzentrale führt die Sparten, welche z. T. unabhängig von der rechtlichen Struktur ein Geschäftssegment verantworten. So ist etwa die *EvoBus GmbH* für das Geschäft mit Bussen nach Vorgaben der Holding verantwortlich.

Center-Konzepte

Die **Erfolgsverantwortung** kann innerhalb eines Unternehmens, unabhängig von dessen rechtlichen Struktur, unterschiedlich stark delegiert werden. Zentralisierung versus Dezentralisierung ist ein Grundproblem organisatorischer Gestaltung. Dabei werden Aufgaben, Entscheidung und Verantwortung (Kompetenzen) auf Organisationseinheiten verteilt. Ein Unternehmen wird dazu in einzelne interne Einheiten bzw. Center aufgeteilt. Diese sind autonome Organisationseinheiten mit eigenen Zielen und Kompetenzen.

> **Center** sind Organisationseinheiten, die definierte Leistungen erbringen und dafür Aufgaben bereichsübergreifend wahrnehmen. Ihre Entscheidungs- und Ergebnisverantwortung kann unterschiedlich stark ausgeprägt sein.

Center-Konzepte beschreiben autonome Organisationseinheiten mit Marktorientierung und dezentralisierter Verantwortung. Sie erbringen Leistungen für interne oder externe Kunden. Sie können mit unterschiedlicher Kompetenz und Ergebnisverantwortung ausgestattet sein:

- **Cost-Center** (Expense-Center) sind für die Einhaltung von Kostenbudgets für die zu erbringenden Leistungen verantwortlich. Damit liegen die Entscheidungsautonomie und Verantwortung auf der Steuerung des Ressourcenverbrauchs bzw. Inputs und dem Leistungserstellungsprozess. Kosten dienen dann als Erfolgsindikator für die Effizienz der Leistungserstellung. Die Erfolgsgröße kann auch als Kosten-Leistungsverhältnis definiert sein, z. B. in der Buchhaltung als Kosten je Buchungsvorgang. Cost Center kommen zum Einsatz, wenn Art und Menge der erbrachten Leistungen sowie die einzusetzenden Kapazitäten weitgehend durch die Entscheidungen anderer organisatorischer Einheiten festgelegt oder kaum messbar sind. Dazu werden häufig auch die zu erbringenden Leistungen in Aufgabenkatalogen oder Leistungs- bzw. Servicevereinbarungen definiert. Auch sind sie keinem Druck aus dem (externen) Markt ausgesetzt. Sie erbringen häufig Stabsaufgaben oder Aufgaben in kernkompetenzrelevanten Bereichen (Competence-Center). Cost-Center können auch zur Unterstützung der Unternehmensführung dienen. Sie nehmen dann hoheitliche Aufgaben wahr und verfügen über Richtlinienkompetenzen (Corporate-Center) oder beratende Stabsfunktionen (Service-Center).
- **Umsatz-Center** (Revenue-Center) sind darüber hinaus auch für Umsätze bzw. Erlöse verantwortlich. Diese sind unter gegebenen Bedingungen und Kapazitäten zu erreichen. Entscheidungen über den Ressourcenverbrauch sind nur innerhalb einer feststehenden Kosten-Erlös-Relation erlaubt. Dieser Center-Typ wird vor allem im Vertriebsbereich eingesetzt. Kann die erbrachte Leistung nicht eindeutig monetär bewertet und zugeordnet werden, so können auch andere Outputgrößen zur Steuerung herangezogen werden (Output-Center).
- **Profit-Center** umfassen für eine Organisationseinheit nicht nur die Verantwortung von Input- oder Output, sondern auch über den Erfolg. Erfolgsgrößen sind etwa EBIT oder Deckungsbeiträge. Profit-Center dezentralisieren die Gewinnverantwortung des Gesamtunternehmens. Ihre Entscheidungs- und Weisungsbefugnisse ermöglichen die Steuerung der Ressourcen, Prozesse und des Leistungsprogramms. In Profit-Centern wird der

Center-Art	Merkmale und Befugnisse	Erfolgsmaßstab
Discretionary Cost-Center	▪ Keine eindeutig messbare Leistung ▪ Entscheidung über den Ressourcenverbrauch ▪ Vorgegebene, bestehende Kapazitäten	Kosten- oder Budgeteinhaltung
Standard Cost-Center	▪ Eindeutig messbare Leistung ▪ Entscheidung über den Ressourcenverbrauch ▪ Vorgegebene, bestehende Kapazitäten	Kosten-Leistungs-Relation
Umsatz-Center (Revenue-Center)	▪ Leistung des Centers sind Erlöse ▪ Entscheidung über den Ressourcenverbrauch in einer feststehenden Kosten-Erlös-Relation ▪ Vorgegebene, bestehende Kapazitäten	Umsatz
Profit-Center	▪ Entscheidung über den Ressourcenverbrauch ▪ Entscheidung über Erlöse ▪ Vorgegebene, bestehende Kapazitäten	Gewinn oder Deckungsbeitrag
Investment-Center	▪ Entscheidung über den Ressourcenverbrauch ▪ Entscheidung über Erlöse ▪ Vorgegebene, bestehende Kapazitäten (Investitionen)	ROI oder Wertbeitrag

Abb. 5.1.19: Arten von Centern

Erfolg einer Organisationseinheit unmittelbar sichtbar und kann intern oder mit dem externen Markt verglichen werden. Damit soll auch im Innenverhältnis eine marktorientierte Denkweise gefördert werden, indem Leistungen kundengerecht gestaltet und Kosten dem Marktdruck ausgesetzt werden. Handelt es sich um Organisationseinheiten, die ihre Leistungen am externen Markt anbieten, so umfasst die Verantwortung auch die Gestaltung der Verkaufspreise und eignet sich zur Steuerung von Geschäftsbereichen. Agieren die Organisationseinheiten nicht am externen Markt, so können interne Märkte geschaffen werden. Die Center sollen durch unternehmensinterne Preise für ihre Leistungen die Effizienz- und Transparenzvorteile des Marktes nutzen. Hierzu vereinbaren sie unternehmensinterne Preise und Leistungen in sog. Service Level Agreements. Interne Preise können durch Verrechnungspreise, plankostenorientierte Kalkulationssätze, Prozesskostensätze oder benchmarkorientierte Marktpreise gebildet werden. Eine besondere Form der Profit-Center sind Shared Service Center. Sie bündeln durch verschiedene Organisationseinheiten wahrgenommene interne Dienstleistungen in einer wirtschaftlich und z. T. auch rechtlich eigenständigen Einheit. Dadurch können Kostensenkungen und Leistungssteigerungen erzielt werden. Wesentliche Effekte sind dabei die Standardisierung und Professionalisierung von Prozessen und Informationssystemen, der Abbau von Redundanzen sowie Kostensenkungen durch eine Standortverlagerung ins Ausland.

- **Investment-Center** tragen neben der Ergebnisverantwortung auch die Verantwortung für Investitionsentscheidungen der Organisationseinheit. Sie besitzen die höchste Autonomie unter den gesamten Center-Konzepten und stellen damit die konsequenteste Umsetzung dezentraler Unternehmungsführung dar. Zusätzlich zu den Befugnissen von Profit-Centern, sind sie auch für den Kapitaleinsatz verantwortlich. Sie tragen damit Verantwortung für das Ergebnis, Investitionen und die Aktiva der Bilanz. Als Erfolgsmaßstab dienen Rentabilitätsgrößen wie der Return on Investment. Da diese Kennzahlen Fehlsteuerungen wie etwa Unterinvestitionen bewirken können, kommen zunehmend wertorientierte Ergebnisgrößen zum Einsatz, wie z. B. der ökonomische Wertbeitrag (Economic Value Added; vgl. Kap. 8.2.4). Investment-Center eignen sich für die Steuerung von (strategischen) Geschäftsbereichen, Divisionen und Einheiten, die ihre Aufgaben quasi wie eine rechtliche Einheit wahrnehmen. Die Grenzen zwischen Profit- und Investment-Centern sind jedoch fließend. So können in Profit-Centern in der Erfolgsdefinition auch Investitionen mitberücksichtigt werden, andererseits verfügen Entscheidungsträger in Investment-Centern bei bereichsbezogenen Investitionen meist nur über eine eingeschränkte Entscheidungsbefugnis.

Für eine erfolgreiche Umsetzung des Center-Konzepts sind mehrere **Voraussetzungen** wesentlich:

- **Organisatorische Voraussetzung** für die Center-Steuerung sind definierte Lieferbeziehungen mit abgestimmten Leistungsmerkmalen hinsichtlich Qualität, Menge und ggf. Preis. Zudem ist die Koordination zwischen den Centern sowie deren aufbauorganisatorische Ein- und Unterordnung zu regeln. Für jedes Center ist schließlich die Kongruenz zwischen Entscheidungsautonomie und Verantwortung einerseits und die weitgehende Unabhängigkeit des Centers von der Einflussnahme der übergeordneten Führung oder anderer Center andererseits herzustellen.
- **Rechnungstechnische Voraussetzung** ist die Bestimmbarkeit der Erfolgsgrößen der Center. Dies bedeutet eindeutige Kostenzuordnung sowie ggf. Zuordnung von Erlösen bzw. Investitionen, insbesondere auch bei komplexen Leistungsverflechtungen oder Verbundeffekten. In einer Center-Erfolgsrechnung sollten die Entscheidungskompetenzen möglichst direkt mit dem Erfolgsmaßstab verknüpft und als Führungsinformation transparent sein. Zudem sind die Zielsetzungen der Center untereinander auf ihre Vereinbarkeit horizontal und vertikal abzustimmen, um zu vermeiden, dass eine Einheit ihr Ergebnis zu Lasten anderer Center verbessert.
- **Personelle Voraussetzung** ist je eine Führungskraft für jedes Center, welche die Erfolgsverantwortung trägt. Neben funktionsspezifischem Wissen sind für die Center-Steuerung auch Führungsqualitäten sowie die Be-

Vorteile	Nachteile
▪ Schnelle und flexible Entscheidungsfindung ▪ Kurze Kommunikationswege ▪ Eindeutige Verantwortung und Leistungszuordnung ▪ Entlastung der Führungsebene durch Dezentralisierung von Verantwortung ▪ Motivation der Mitarbeiter durch erweiterte Verantwortungsbereiche	▪ Höhere Anforderungen und Bedarf an Führungskräften in den Centern ▪ Gefahr der Einzeloptimierung und kurzfristiges Erfolgsdenken in den Centern ▪ Gefahr ineffizienten und redundanten Ressourceneinsatzes bzw. Verlust von Spezialisierungsvorteilen ▪ Verringerte Kontrollmöglichkeiten der Führungsebene ▪ Koordinationsbedarf zwischen den Centern

Abb. 5.1.20: Vor- und Nachteile von Centern

reitschaft und Fähigkeit zu unternehmerischem Denken und Handeln erforderlich. Zudem ist auch die Anreizgestaltung zwischen dezentraler und übergeordneter Führungsebene, etwa in Form von variablen bzw. erfolgsabhängigen Vergütungen, zu regeln.

Zusammenfassend sind mit Centern die in Abb. 5.2.20 aufgeführten **Vor- und Nachteile** verbunden, welche gegeneinander abzuwägen sind.

Shared Service Center

Der globale Wettbewerb erhöht in Hochlohnländern den **Kostendruck**, so dass Effizienzvorteile durch Standardisierung auch für dezentrale Unternehmen an Bedeutung gewinnen (vgl. *Campenhausen/Rudolf*, 2001, S. 82 ff.). Dezentrale Einheiten ermöglichen zwar Markt- und Kundenorientierung, dafür führen lokal angepasste Prozesse und Systeme zu einem Anstieg der Gemeinkosten (vgl. *Deimel/Quante*, 2003, S. 301 f.). Im Vergleich zu zentralisierten Einheiten entstehen höhere Personal- und Infrastrukturkosten sowie geringere Skaleneffekte. Darüber hinaus verfügen die dezentralen Einheiten häufig über nicht standardisierte Informationssysteme und redundante Prozesse. Um dennoch Effizienzvorteile aus standardisierten Prozessabläufen und Systemen zu erzielen, werden **Shared Service Center** gegründet.

> **Shared Service Center** bündeln durch verschiedene Organisationseinheiten wahrgenommene interne Dienstleistungen in einer wirtschaftlich und z. T. auch rechtlich eigenständigen Einheit, um Kosten einzusparen und die Geschäftseinheiten besser zu unterstützen.

Dienstleistungen sind das **Kerngeschäft** für Shared Service Center. Diese werden den Geschäftsbereichen und teilweise auch externen Dritten unter marktähnlichen Bedingungen und zu wettbewerbsorientierten Preisen angeboten. Daher werden Shared Service Center auch als internes Outsourcing oder Ausgliederung bezeichnet (vgl. *Keuper/Oecking*, 2006, S. VIII; *Riedl*, 2003, S. 7). Sie eignen sich insbesondere für administrative und unterstützende Prozesse mit hohem Transaktionsvolumen. Beispiele sind Personalabrechnung, Finanzbuchhaltung oder Datenverarbeitung.

Shared Service Center entlasten die Geschäftseinheiten von Aufgaben, die nicht zu ihren Kernprozessen gehören. Dies ermöglicht **Prozessverbesserungen** durch Standardisierung und Optimierung des Ressourceneinsatzes. Die Bündelung des Transaktionsvolumens kann weitere **Synergie- und Skaleneffekte** mit sich bringen (Konsolidierung). Kostensenkungen können auch über Personalkosteneinsparungen durch die Verlagerung des Standorts, z. B. nach Osteuropa oder Indien, erzielt werden. Ein Wechsel des Standorts oder der Rechtsform kann auch Änderungen in den Tarifverträgen ermöglichen (vgl. *Dillerup/Foschiani*, 1996, S. 39).

Die Quellen der Kostenvorteile sind in Abb. 5.1.21 und Abb. 5.1.22 dargestellt. Häufig sind somit Kostensenkungen von 25 bis 30 Prozent erzielbar (vgl. *Deimel/Quante*, 2003, S. 301 f.). Zudem lassen sich die Kosten den Kostenstellen und -trägern leichter zurechnen. Dies erhöht die Transparenz und verbessert die Kalkulation. Dies schafft für die Leistungsempfänger auch einen Anreiz, die Leistungen des Shared Service Centers möglichst wirtschaftlich zu nutzen. Weitere Kostenvorteile verspricht die **robotergestützte Prozessautomatisierung**. Sie wird in Shared Service Centern zunehmend eingesetzt, da dort überwiegend repetitive Aufgaben ausgeführt werden (vgl. Kap. 7.3.7).

Prozesse mit Unterstützungscharakter können alle indirekten Bereiche betreffen. So kommen für Shared Service Center die Funktionen Logistik, Einkauf, Kundenservice, IT, Personal, Finanzen, Rechnungswesen oder Controlling in Betracht. Manche Prozesse unterstützen die Unternehmensführung auch unmittelbar. In diesem Fall ist eine Stabsfunktion (**Corporate Center**) besser geeignet. Dies gilt etwa für die interne Revision (vgl. *Schimank*, 2004, S. 171). Die Unterschiede verdeutlicht Abb. 5.1.23.

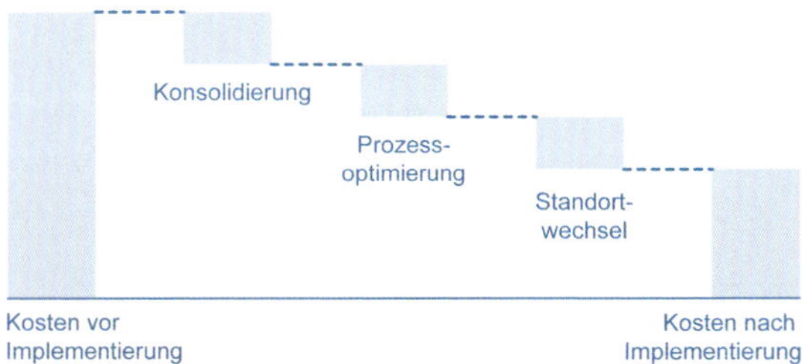

Abb. 5.1.21: Kosteneinsparungen durch Shared Service Center (vgl. Campenhausen/Rudolf, 2001, S. 82 ff.)

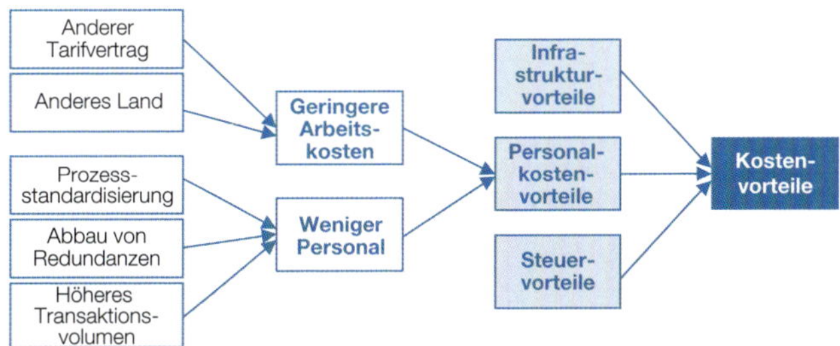

Abb. 5.1.22: Ursachen von Kostenvorteilen in Shared Service Centern

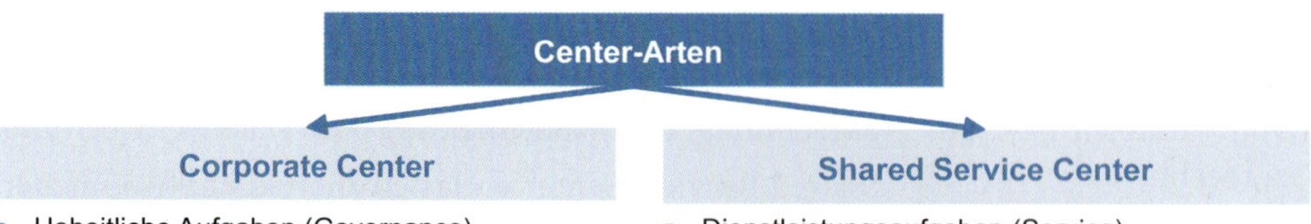

Abb. 5.1.23: Corporate versus Shared Service Center

Ob in einem Shared Service Center die o.g. Potenziale realisiert werden können, lässt sich mithilfe des **Prüfschemas für Prozesse** aus Abb. 5.1.24 feststellen. Daraus kann bestimmt werden, ob ein Prozess entfallen kann, besser in einer dezentralen Einheit verbleibt oder die Einrichtung eines Service-Centers sinnvoll ist.

Die Gestaltung eines Shared Service Centers orientiert sich an drei **Gestaltungsbereichen** (vgl. *Campenhausen/Rudolf*, 2001, S. 82 ff.; *Wißkirchen*, 2002a, S. 26 ff.):

- **Prozessumfang**
  - **Funktionen:** Ein Shared Service Center kann sich über einen Funktionalbereich, mehrere Funktionen oder alle unterstützenden Prozesse erstrecken.
  - **Funktionsumfang:** Es ist festzulegen, in welchem Umfang eine Funktion oder ein Prozess in ein Shared Service Center eingebracht werden soll. Das Spektrum reicht von einzelnen Aktivitäten über Prozesse bis hin zum gesamten Funktionsbereich.
- **Standort**
  - **Standortanzahl:** Ein Shared Service Center kann für das gesamte Unternehmen zentral an einem Standort oder an mehreren Standorten aufgebaut werden. Werden mehrere Einheiten mit einer hierarchischen Struktur untereinander verknüpft, dann entsteht ein Center of Excellence. Dieses führt die jeweils unterstellten Satelliten-Einheiten.
  - **Reichweite:** Es wird festgelegt, für welche geografische Region das Shared Service Center seine Leistungen erbringt. Regionale Center können auf lokale Besonderheiten eingehen. Nationale Center können Besonderheiten eines Landes berücksichtigen. Dies ist etwa in der Buchführung wichtig. Darüber hinaus können kontinentale oder sogar globale Center mit weltweiter Reichweite eingerichtet werden.
  - **Länderorientierung:** Ein Standort kann im Heimatland des Unternehmens angesiedelt oder im Ausland aufgebaut werden. Für eine Standortverlagerung ins Ausland sprechen insbesondere steuerliche Aspekte und geringere Personalkosten.
- **Organisatorische und juristische Ausgestaltung**
  - **Rechtliche Eigenständigkeit:** Shared Service Center können virtuelle Organisationseinheiten sein, die räumlich oder zeitlich verteilt zusammenarbeiten. Dies kann auch in Telearbeit erfolgen. Die einzelnen Mitarbeiter lassen sich organisatorisch zu einem virtuellen Shared Service Center bündeln.
  - **Vertragliche Fixierung:** Ein Shared Service Center kann mit seinen internen Kunden auch ohne Verträge zusammenarbeiten. Ist es rechtlich selbstständig, werden Verträge über die Leistungserstellung abgeschlossen. Diese Service Level Agreements stellen die Basis einer internen Lieferanten-Kunden-Beziehung dar. Darin werden die Leistungen nach Art, Qualität, Menge, Preis sowie Zuständigkeiten festgehalten und Sanktionen bei Vertragsverletzungen vereinbart.

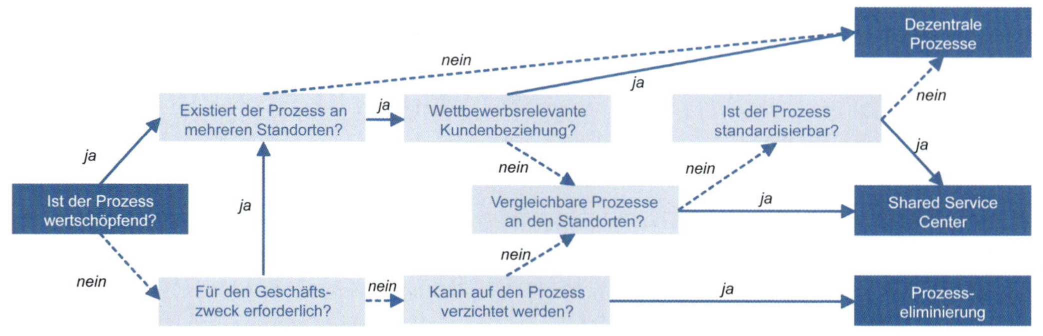

Abb. 5.1.24: Schema zur Auswahl geeigneter Prozesse für ein Shared Service Center

Abb. 5.1.25 fasst die Gestaltungsalternativen von Shared Service Centern zusammen.

Erfolgsfaktoren für Shared Service Center sind (vgl. *Deimel/Quante*, 2003, S. 301 ff.):

- **Markt- und Wettbewerbsbedingungen:** Marktähnliche Verhältnisse lassen sich durch Benchmarks oder die Teilnahme am externen Wettbewerb erzielen. Wettbewerbsbedingungen werden auch dadurch geschaffen, dass die internen Kunden auch Leistungen von externen Lieferanten beziehen dürfen.
- **Performance Measurement:** Die Leistungen des Shared Service Centers sind mit geeigneten Maßgrößen zu planen und zu kontrollieren, um den Vergleich mit externen Leistungsanbietern zu ermöglichen (vgl. Kap. 7.2.3).
- **Prozessauswahl und -gestaltung:** Wird ein Dienstleistungszentrum aufgebaut, so sind zunächst die hierfür geeigneten Aktivitäten zu identifizieren und an die Kundenanforderungen anzupassen.
- **Vertragsvereinbarungen:** Ohne vertragliche Festlegung fehlt der Anreiz, Kostenstrukturen zu überprüfen und die Prozesse am externen Markt auszurichten. Die Service Level Agreements sind das zentrale Steuerungsinstrument eines Shared Service Centers.
- **Strategieorientierung:** Das Betreiben eines Dienstleistungszentrums bringt langfristige Verpflichtungen mit sich und reduziert die Flexibilität, wie etwa beim Verkauf von Unternehmenseinheiten. Daher sollten Shared Service Center nicht nur aus Kostengründen, sondern auch aufgrund strategischer Überlegungen gebildet werden.

Für global agierende Unternehmen bieten Shared Service Center die Chance, Kostensenkungen und Transparenz in den Gemeinkostenbereichen zu erzielen. Ausschlaggebend hierfür sind die Bündelung von Unternehmensressourcen sowie die Restrukturierung und Verbesserung interner Abläufe. Neben der Kostenkomponente erhöht sich die Kunden- und Marktorientierung, da das Shared Service Center seine Leistungen an die Geschäftseinheiten verkaufen muss.

Die Organisation hat auf der strategischen Ebene wesentlichen Einfluss auf die Erreichung der Unternehmensziele. Die Strukturen eines Unternehmens haben wiederum Auswirkungen auf die Strategie. Ebenso hängt die Umsetzung von Strategien auch von den handelnden Personen und strukturellen Rahmenbedingungen ab. So sind die Funktionen der Unternehmensführung zu einem integrierten Gesamtsystem abzustimmen (vgl. Kap. 1.3.3).

Shared Service Center

Der Automobilzulieferer *GETRAG* (vgl. auch Kap. 5.6.3) hat ein Shared Service Center als Profit-Center am Konzernstandort in Heilbronn aufgebaut und dort mehrere Funktionalbereiche, wie z. B. Personal, IT, Buchhaltung und Finanzen, zusammengefasst.

Der Softwarehersteller *Oracle* verfolgt bei seinen Shared Service Centern eine Multi-Standort-Strategie mit weltweit drei Standorten. In Dublin, den USA und in Australien werden Aufgaben aus dem Finanzbereich als gemeinsame Dienstleistung angeboten.

Im Gegensatz dazu hat *Rhodia* in Prag den gesamten Finanzbereich vereint und konnte damit eine deutliche Kostensenkung erzielen.

Kriterium	Ausprägungen			
Umfang an Funktionen	Eine Funktion	Mehrere Funktionen		Alle Unterstützungsfunktionen
Funktionsbreite	Einzelne Funktionen	Partieller Funktionalbereich		Vollständiger Funktionsumfang
Standortzahl	Ein Standort	Hauptstandort und mehrere Außenstellen		Mehrere gleichwertige Standorte
Reichweite	Regional	National	Kontinental	Global
Rechtliche Form	Virtuelle Organisation	Abteilung	Rechtlich unabhängig, wirtschaftlich abhängig	Rechtlich und wirtschaftlich unabhängig
Verträge	Keine	Service Level Agreements		Outsourcing-Vertrag

Abb. 5.1.25: Ausprägungen von Shared Service Centern

Holding- und Centerstrukturen bei Siemens

SIEMENS

In der *Siemens AG* entwickeln und fertigen rund 385.000 Mitarbeiter in über 200 Ländern weltweit Systeme, Anlagen und Lösungen mit dem Fokus auf Elektrifizierung, Automatisierung und Digitalisierung. Das Unternehmen hat seinen Firmensitz in Berlin und München (www.siemens.com). *Siemens* ermöglicht durch seine Konzernstruktur für die einzelnen Geschäftsfelder mehr unternehmerische Freiheit unter der starken Marke *Siemens*.

Unterhalb der Konzern-Ebene gibt es folgendes **Portfolio** an Geschäftssektoren als Profit- oder Investment-Center:

- **Siemens Energy** ist ein Energietechnologie-Unternehmen mit Leistungen, die nahezu die gesamte Energiewertschöpfungskette abdecken. Die Produkte, Lösungen und Services reichen von der Verringerung von CO_2-Emissionen in Kohlekraftwerken, Gaskraftwerken, Stromtransport bis zu Zukunftstechnologien wie die Elektrolyse im industriellen Maßstab.
- **Smart Infrastructure** verbindet auf intelligente Weise Energiesysteme, Gebäude und Industrien. So werden mit Kunden und Partnern Ökosysteme geschaffen, um auf die Bedürfnisse der Menschen zu reagieren und Ressourcen effizient zu nutzen.
- **Siemens Digital Industries** ist ein Innovationsführer in der Automatisierung und Digitalisierung. Die Kunden der diskreten Industrie und der Prozessindustrie werden bei der digitalen Transformation beraten und begleitet.
- **Siemens Mobility** ist ein führender Anbieter von vernetzten Verkehrslösungen. Im Angebotsportfolio befinden sich die Kernbereiche Schienenfahrzeuge, Bahnautomatisierungs- und Elektrifizierungslösungen, intelligente Straßenverkehrstechnik, dazugehörige Dienstleistungen und schlüsselfertige Systeme.
- **Siemens Gamesa Renewable Energy** ist ein börsennotierter Anbieter von Windkraftlösungen für Kunden rund um den Globus. Als Key Player und innovativer Vorreiter im Sektor für erneuerbare Energien mit rund 23.000 Mitarbeitern sind in über 90 Ländern Produkte und Technologien mit einer Kapazität von mehr als 90 GW installiert.
- **Siemens Healthineers** ist ein börsennotiertes Medizintechnikunternehmen, das innovative Technologien und Dienstleistungen im Bereich der diagnostischen und therapeutischen Bildgebung, Labordiagnostik und molekularen Medizin sowie digitale Gesundheitsservices und Krankenhausmanagement anbietet.

Die zentrale Holdingstruktur beinhaltet mehrere **Corporate Center**, welche die Aufgaben der Holding wahrnehmen. Dies sind etwa die Zentralbereiche Finance and Controlling, Legal and Compliance oder Human Resources.

Zusätzlich gibt es einige **Shared Service Center:**

- Die **Siemens Financial Services Company** (SFS) bietet internationale Finanzlösungen im Firmenkundengeschäft an. Mit projektbezogenen und strukturierten Finanzierungen sowie Leasing- und Ausrüstungsfinanzierung werden die Kunden bei Investitionsvorhaben unterstützt.
- **Global Business Services** entwickelt, gestaltet, transformiert und betreibt intelligente digitale End-to-End-Lösungen für Siemens-Einheiten und externe Kunden.
- **Real Estate Services** ist für das globale Immobilienportfolio von *Siemens* verantwortlich und unterstützt das Management der weltweiten Büro- und Produktionsstandorte.
- **Next47** ist ein unabhängiges, weltweit aktives Venture-Unternehmen.

5.1.5 Strategie- und kontextorientierte Ausrichtung der Organisationsstruktur

Strategien und Organisationsstrukturen stehen in engem Zusammenhang. *Chandler* führte hierzu bereits Anfang der 1960er Jahre eine Langzeituntersuchung über die Entwicklung US-amerikanischer Unternehmen durch (vgl. *Chandler*, 1962). Diese zeigte, dass Veränderungen von Strategien zu Anpassungen der Organisationsstrukturen führen. Beispielsweise gehen Unternehmen mit zunehmender Diversifikation von einer funktionalen zu einer divisionalen Organisationsstruktur über. Auf Basis dieser Untersuchung formulierte *Chandler* seine berühmte These **„Structure follows Strategy"**.

Deren Gültigkeit wurde auch in deutschen Unternehmen untersucht. Dabei wurden folgende **Zusammenhänge** entdeckt (vgl. *Hungenberg*, 2015, S. 321):

- Divisionale Organisationen richten sich weniger an Regionen und Kunden und dafür mehr an Produkten aus.
- Zentralbereiche und Holding-Strukturen gewinnen an Bedeutung.
- Aufgrund gestiegener Komplexität werden häufiger Matrixstrukturen angewendet.
- Die Strukturen deutscher und angelsächsischer Unternehmen nähern sich an.

- Reorganisationen und Strategiewechsel nehmen zu.

In vielen weiteren theoretischen und empirischen Arbeiten wurde der Strategie-Struktur-Zusammenhang überprüft. Die Ergebnisse können in zwei **Grundaussagen** zusammengefasst werden (vgl. *Hungenberg*, 2014, S. 321):

- Strategie ist neben vielen weiteren beeinflussenden Faktoren eine wesentliche Einflussgröße auf die Organisation (**„Structure follows Strategy"**).
- Die Gegenthese **„Strategy follows Structure"** verdeutlicht, dass die Aufgaben- und Machtverteilung einer Organisationsstruktur auch die Strategie beeinflusst.

Beide Grundthesen sind nicht unabhängig voneinander. Organisationsstrukturen und Strategien bedingen sich wechselseitig und wirken aufeinander ein. Obwohl die Strukturen eines Unternehmens die Strategieauswahl beeinflussen, sollten die Sachziele einer Strategie die Struktur dominieren. Daher ist die Strategie die wichtigste Einflussgröße auf die Organisation. Umgekehrt gilt eine **strategiegerechte Organisation** als maßgebliche Erfolgsbedingung für die Strategieumsetzung. Strukturen sind dafür so zu gestalten, dass Mitarbeiter ihr Verhalten bestmöglich auf die strategischen Anforderungen ausrichten. Organisationsstrukturen bilden die Rahmenbedingung für das darin stattfindende menschliche Handeln. Somit beeinflusst die Gestaltung der Strukturen das Verhalten der Mitarbeiter. Da eine Änderung der Strategie auch Verhaltensänderungen erfordert, zieht strategischer Wandel meist auch eine Anpassung der Organisation nach sich (vgl. Kap. 6.5).

Welche Strukturen zu welchen Strategien passen bzw. diese unterstützen, lässt sich erst im Zusammenhang mit Einflussgrößen, wie etwa dem Führungskontext, der Unternehmensumwelt, dem Produktportfolio, den Technologien oder der Eigentümerstruktur, sagen. Anforderungen des Markt- und Wettbewerbsumfelds und die Wettbewerbsstrategie spiegeln sich nicht nur in der Aufbauorganisation, sondern auch in der Gestaltung erfolgskritischer **Geschäftsprozesse** wider (vgl. Kap. 5.4.2). So legt etwa in der Automobilindustrie der Kernprozess „Produktentwicklung" sowohl die Kundenakzeptanz als auch das Kostenniveau der Produkte fest und ist daher ein Erfolgsfaktor.

Mithilfe der organisatorischen Gestaltungsoptionen (vgl. Kap. 5.1.2) lassen sich Organisationsstrukturen in Abstimmung mit den weiteren Teilsystemen der Unternehmensführung und der Strategie (vgl. Kap. 3.1) gestalten. Sie beeinflussen den Erfolg eines Unternehmens und bestimmen dessen Fähigkeit, auf Veränderungen und Entwicklungen der Umwelt zu reagieren. Da sich aus dem **Führungskontext** immer wieder neue Anforderungen an die Organisation ergeben, unterliegt diese ebenfalls einer evolutionären Veränderung. Neue und innovative Organisationskonzepte sind eine Reaktion auf geänderte Anforderungen an die Unternehmensführung. Sie unterscheiden sich in der Ausgestaltung der hierarchischen Organe, der Prozessgestaltung sowie deren Koordination und Kooperation.

Mit der Zunahme von Markt- und Wettbewerbsanforderungen hat sich die Zielsetzung der Organisation von rationeller Aufgabenerfüllung über Prozess- und Produktqualität hin zur Markt- und Kundenorientierung verlagert. Dieser **Zielevolution** von operativer Effizienz über kontinuierliche Verbesserung bis hin zur strategischen Erneuerung tragen innovative Organisationskonzepte Rechnung (vgl. *Zahn/Dillerup*, 1995, S. 42).

In **einfachen Führungskontexten** ist die Organisation auf eine eindimensionale Zielerreichung ausgelegt und auf einzelne Prozesse fokussiert:

- **Funktionale Organisationen** zielen auf Produktivität und Effizienz (vgl. Kap. 5.1.3)
- **Holding- und Center-Konzepte** erfreuen sich in diversifizierten Unternehmen zunehmender Beliebtheit. Sie führen auch in kleinen und mittleren Unternehmen zu konzernähnlichen Strukturen. Shared Service Center ermöglichen es, in dezentralisierten Unternehmen Standardisierungsvorteile zu erzielen (vgl. Kap. 5.1.4)

In **komplizierten Führungskontexten** steigt der Bedarf an Organisation, um der Ausrichtung an mehreren, z. T. konfliktären Zielen und der höheren Unternehmensgröße gerecht zu werden. Zunächst erfordert der anspruchsvollere Führungskontext ebenfalls eine effiziente Ausführung von Aufgaben. Darüber hinaus ist der wachsenden Individualisierung von Kundenwünschen und den daraus folgenden Anforderungen an die Flexibilität und Schnelligkeit Rechnung zu tragen. Damit verlagert sich der organisatorische Betrachtungsschwerpunkt von einzelnen Prozessen auf die Integration. Hierzu werden digitale Informationstechnologien genutzt und integrierte Führungssysteme bestimmen die Organisation.

Deshalb sind im komplizierten Führungskotext die folgenden **Organisationskonzepte** relevant:

- **Klassisches Projektmanagement** wird für zeitlich befristete Formen der Zusammenarbeit eingesetzt, um einzigartige oder neuartige Aufgaben zu bewältigen (vgl. Kap. 5.3).
- **Divisionale Organisation** richtet das Unternehmen auf Markt und Kunden aus und ermöglicht in den verschiedenen Divisionen unterschiedliche Ausprägungen (vgl. Kap. 5.1.3)

- Die **Matrixorganisation** zielt gleichzeitig auf Ressourceneffizienz und Marktorientierung (vgl. Kap. 5.1.3). Dies unterstützt Differenzierungsstrategien und dynamische oder simultane Wettbewerbsstrategien.
- Die **Prozessorganisation** bezieht sich primär auf die Verbesserung der operativen Abläufe. Die Beherrschung der Geschäftsprozesse als kritische Erfolgsfaktoren hat jedoch auch strategische Bedeutung (vgl. Kap. 5.4.2).
- **Lean Management** ermöglicht die Beseitigung von Ressourcenverschwendung und die Suche nach Potenzialen zur Kostensenkung und Leistungsverbesserung (vgl. Kap. 5.4.5).
- **Mass Customization** lässt sich durch Modularisierung und effiziente Gestaltung der Wertschöpfung erzielen. Dabei werden individualisierte Leistungen mit einer Massen- bzw. Serienproduktion kombiniert (vgl. Kap. 5.4.6).
- Schließlich lassen sich Organisationen umgestalten und strategisch ausrichten, indem die Unternehmensgrenzen durch **Fusionen** und **Übernahmen** (vgl. Kap 5.6) verschoben werden.

Für **komplexe Führungskontexte** ermöglichen moderne Organisationskonzepte eine hohe Anpassungsfähigkeit und Kundenorientierung. Sie gestalten die organisatorischen Gestaltungsparameter innerhalb des Unternehmens und über die Unternehmensgrenzen hinaus:

- **Agiles Projektmanagement** führt die Projekte in einem inkrementellen und iterativen Vorgehen in enger Abstimmung mit dem Kunden durch, um möglichst flexibel auf die Kundenwünsche einzugehen (vgl. Kap. 5.3.5).
- **Agile Organisation** richtet ein Unternehmen marktorientiert und flexibel aus, um eine möglichst hohe Anpassungsfähigkeit zu erreichen. Sie hat eine geringe Arbeitsteilung, verteilte Macht, koordiniert sich selbstorganisatorisch und ist personenorientiert sowie temporär. Die Formalisierung ist gering, die Autonomie hoch und die Konfiguration ist flach (vgl. Kap. 5.2).
- Kooperationen über die Unternehmensgrenzen hinaus ermöglichen Anpassungsfähigkeit, Effizienz- und Kompetenzvorteile. Die langfristige bilaterale Zusammenarbeit von Unternehmen in **strategischen Allianzen und Joint Ventures** wird in Kap. 5.5.3 vertieft.
- Kooperationen von mehreren Unternehmen in **Netzwerken** dehnen die Anpassungsfähigkeit und Kundenorientierung von der Unternehmensebene auf die unternehmensübergreifende Ebene aus und ermöglichen digitale plattformbasierte Ökosysteme. Kurzfristige und auftragsbezogene Kooperationen erfolgen in Form von **virtuellen Unternehmen** (vgl. Kap. 5.5.4).

Der unterschiedliche Betrachtungsfokus und die kontextbedingte Eignung der verschiedenen Organisationskonzepte zeigt Abb. 5.1.26. Diese werden in den folgenden Kapiteln näher erläutert.

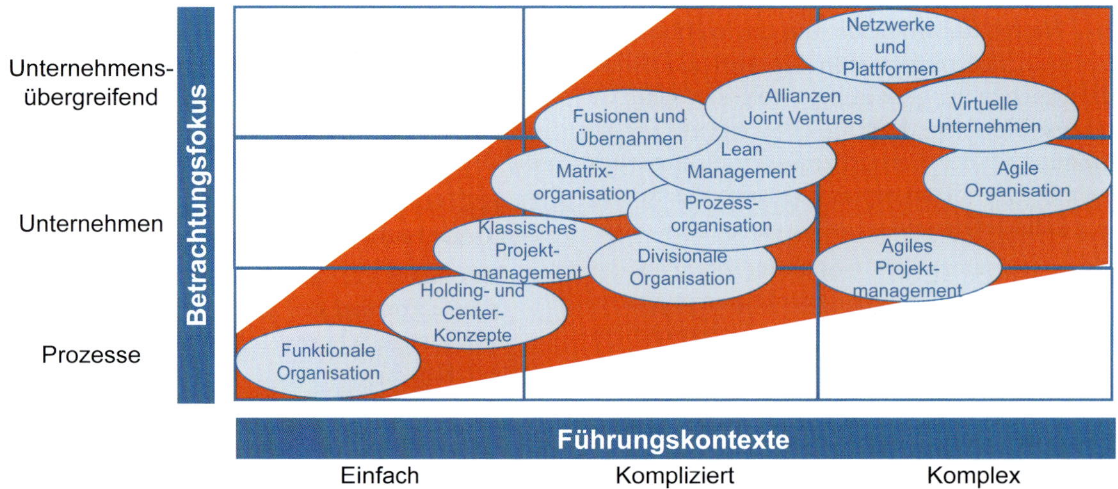

Abb. 5.1.26: Evolution von Organisationskonzepten

Zusammenfassung

- Nach dem institutionalen Organisationsbegriff werden Unternehmen und Organisation gleichgesetzt: „Das Unternehmen ist eine Organisation".
- Nach dem funktionalen Organisationsbegriff ist Organisation eine Tätigkeit zur Gestaltung von Ordnungsmustern eines Unternehmens: „Das Unternehmen gestaltet die Organisation".
- Nach dem instrumentalen Organisationsbegriff ist Organisation ein Instrument der Unternehmensführung: „Das Unternehmen nutzt Organisation als Führungsinstrument".
- Die Aufbauorganisation regelt die Zuteilung von Aufgaben und Kompetenzen auf die organisatorischen Einheiten.
- Die Ablauforganisation regelt den Prozess der Aufgabenerfüllung.
- Für die Gestaltung einer Organisation ist die Arbeitsteilung meist verrichtungs- oder objektorientiert vorzunehmen, um Spezialisierungsvorteile zu erzielen. Die gebildeten Stellen sind zu integrieren und zu koordinieren, wozu Kompetenzen verteilt werden. Daraus lassen sich Ein-, Stab-Linien- und Mehrliniensysteme bilden.
- Durch die Ausgestaltung der organisatorischen Parameter lassen sich drei grundlegende Organisationsformen für die Aufbauorganisation unterscheiden.
- Eine funktionale Organisation gliedert ein Unternehmen nach betrieblichen Funktionen. Es schafft eindeutige Verantwortungsbereiche und eine effiziente Ressourcennutzung. Der Marktbezug bleibt dagegen auf die Unternehmensführung beschränkt.
- Eine divisionale Organisation gliedert ein Unternehmen nach Produktgruppen, Kundengruppen oder Regionen. Die Divisionen sind flexible und marktorientierte Einheiten. Ressourceneffizienz und Synergien bilden den Schwerpunkt der Unternehmensführung.
- Eine Matrixorganisation ist ein Mehrliniensystem, bei dem das Unternehmen gleichzeitig nach zwei Kriterien strukturiert wird. Auf diese Weise wird versucht, die Vorteile von funktionaler und divisionaler Organisation zu kombinieren. Allerdings steigt auch die Komplexität der Organisation, und die institutionalisierten Konflikte können zu Problemen führen.
- Eine Holdingorganisation ist ein Verbund mehrerer rechtlich selbstständiger Unternehmen unter einer einheitlichen Leitung.
- Center sind Organisationseinheiten, die Aufgaben bereichsübergreifend wahrnehmen. Sie erbringen Leistungen für mehrere interne Kunden und sind für einen bestimmten Leistungsumfang verantwortlich.
- Shared Service Center führen zuvor durch verschiedene Organisationseinheiten wahrgenommene interne Dienstleistungen in einer wirtschaftlich und z. T. auch rechtlich eigenständigen Einheit zusammen, um Kosten einzusparen und die Geschäftseinheiten besser zu unterstützen.
- Strategie und Organisation bedingen sich wechselseitig und wirken aufeinander ein. Sowohl die These „Structure follows Strategy" als auch die Gegenthese „Strategy follows Structure" haben somit ihre Gültigkeit. Strategiegerechte Organisation ist ein maßgeblicher Erfolgsfaktor des Unternehmens.
- Die Zielevolution von operativer Effizienz über kontinuierlicher Verbesserung hin zur strategischen Erneuerung lässt sich durch innovative Organisationskonzepte abbilden, die auch in Abhängigkeit des Führungskontextes auszuwählen sind.

Literaturempfehlungen

Kieser, A./Walgenbach, P.: Organisation, 6. Aufl., Stuttgart 2010.

Schulte-Zurhausen, M.: Organisation, 6. Aufl., München 2014.

Frese, E./Graumann, M./Talaulicar, T./Theuvsen, L.: Grundlagen der Organisation, 11. Aufl., Wiesbaden 2019.

Vahs, D.: Organisation, 10. Aufl., Stuttgart 2019.

5.2 Agile Organisation

Leitfragen

- Auf welchen Theorien bauen agile Organisationen auf?
- Welche organisatorischen Gestaltungsparmeter machen eine Organisation agil?
- Welche Organisationskonzepte waren Vorläufer auf dem Weg zur agilen Organisation?
- Welche agilen Organisationsmodelle gibt es?
- Wie funktioniert eine agile Organisation?
- Wie wirkt die agile Organisation mit agilen Werten, Führungsprinzipien und Werkzeugen zusammen?

5.2.1 Agile Organisation als Basis agiler Unternehmensführung

In komplexen Führungskontexten sind Wechselwirkungen nicht linear, und geringfügige Änderungen können unverhältnismäßig große Folgen haben. Ein Unternehmen ist durch einen Prozess der Evolution mit der Umwelt verbunden. Die Umwelt ist kaum vorhersehbar, weil sich die äußeren Bedingungen und Systeme ständig ändern. Das experimentelle Herausbilden von Lösungswegen durch Ausprobieren ist damit Teil der unvollständigen Beherrschbarkeit (vgl. Kap. 1.3.5).

Agilität bedeutet, flexibel und proaktiv, antizipativ und initiativ zu agieren, um in komplexen Führungskontexten eine hohe Anpassungsfähigkeit zu gewährleisten.

Für ein Unternehmen bedeutet Agilität die Fähigkeit, in einem Kontext erfolgreich zu operieren, der durch ständige unvorhersehbare Veränderungen charakterisiert ist. Immer mehr Unternehmen befinden sich in solchen komplexen Führungskontexten, weshalb die unternehmerische Anpassungsfähigkeit bzw. Agilität zunehmende Bedeutung hat.

Agile Unternehmensführung eignet sich für komplexe Führungskontexte und fördert einen Prozess der gelenkten Selbstorganisation und Evolution.

Die Aspekte der agilen Unternehmensführung entfalten ihre Wirkung im Zusammenwirken, wobei die agile Organisation lediglich ein Aspekt ist. Neben der agilen Organisation umfasst Agilität vier weitere **Dimensionen** (vgl. *Häusling/Fischer*, 2020; *Seidel*, 2019, S. 53 ff.):

- **Agiles Zielbild**: Agilität umfasst das gesamte Unternehmen und nicht nur einzelne Prozesse oder Projekte (vgl. Kap. 2.1 und 3.2). Sie ist auf der normativen Führungsebene in der Vision, Mission und den Unternehmenszielen verankert.
- **Agile Prozesse** sind iterativ und inkrementell. Sie fokussieren auf kurzfristige Ergebnisse und ermöglichen eine schnelle Anpassungsfähigkeit an veränderte Rahmenbedingungen. Fehler werden frühzeitig erkannt und können zeitnah korrigiert werden. Das iterative Vorgehen verringert den Zeitaufwand für Planung und Konzeption. Bei der Scrum-Methode erhalten etwa die Kunden im Laufe des Entwicklungsprozesses die Produkte und Leistungen in rascher Abfolge in kleineren,

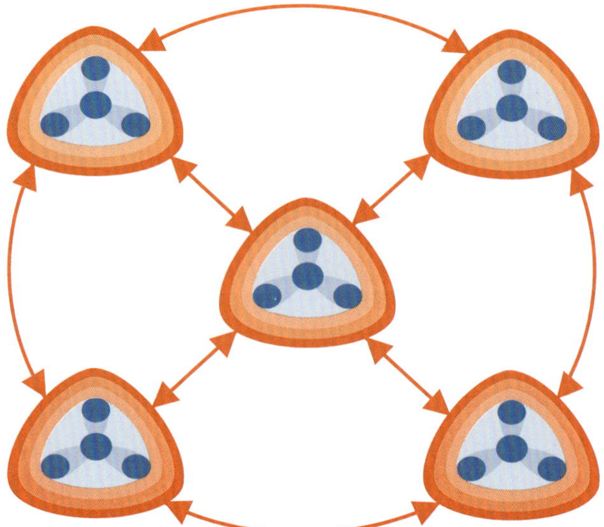

Abb. 5.2.1: Agile Unternehmensführung im komplexen Führungskontext

funktionsfähigen Teilen, statt nach einem langen Zeitraum als perfekte Gesamtlösung (vgl. Kap. 5.3.5).

- **Agile Führung**: Die Einflussnahme auf das Verhalten der Mitarbeiter und Teams erfolgt in agilen Organisationen aus verschiedenen Richtungen als agile 360°-Führung (vgl. Kap. 6.4.3). Dies umfasst agiles Leadership (von oben), Selbstführung (von innen), dienende Führung (von der Seite) und zellulare Führung (von unten). Führungskräfte stellen sich in den Dienst der Teams, damit diese die Kundenbedürfnisse bestmöglich erfüllen können.
- **Agile Kulturen** sind geprägt von Transparenz, Dialog, einer Haltung des Vertrauens sowie von kurzfristigen Feedback-Mechanismen. In traditionellen Organisationsstrukturen herrscht oft eine Kultur aus engen Regeln, standardisierten Vorgaben und wenig Entscheidungsfreiheit. In agilen Unternehmen wird Wissen geteilt, Fehler offen und konstruktiv angesprochen und auf Statussymbole verzichtet (vgl. Kap. 2.2).

Agilität soll dabei helfen, sich erfolgreich in einer zunehmend komplexer werdenden Welt zu bewegen. Wie agil eine Organisation ist, lässt sich an zwei **Dimensionen** beurteilen (vgl. *Aulinger*, 2017, S. 2 ff.):

- **Äußere Agilität** zeigt sich in der Anpassungsfähigkeit und Innovationskraft einer Organisation. Dabei sind Innovationskraft, Agilität und Flexibilität nicht gleichzusetzen. Überleben und Innovationskraft setzen Flexibilität voraus. Dauerhaftes Überleben und Innovationskraft erfordern jedoch auch eine gewisse Stabilität. Dies können einzelne Funktionsbereiche sein, welche etwa einen bestimmten Qualitäts- oder Servicelevel bereitstellen. Stabilität kann aber auch durch eine langfristige Vision, übergeordnete Organisationsprinzipien oder festgeschriebene Vorgehensweisen erreicht werden, die den Rahmen schaffen, innerhalb dessen Flexibilität erst gelingen kann.
- **Innere Agilität** beschreibt die Gestaltungsparameter einer Organisation. Hier geht es um die Frage, welche Organisationsprinzipien in einem Unternehmen vorherrschen sollen, damit es flexibel auf Umweltveränderungen und neue Kundenanforderungen reagieren und Innovationskraft entwickeln kann. Dabei wird unterstellt, dass aus innerer Agilität äußere Agilität entsteht. Wenn z. B. intern Kundennähe, Fehlerfreundlichkeit und Innovationsdenken gelebt wird, dann kann auch äußere Agilität besser gelingen. Innere Agilität immunisiert gegen die Abhängigkeit von einzelnen Personen oder Teams. Sie nutzt die Erfahrung vieler Organisationsmitglieder, um dezentrale Entscheidungen zu treffen und Macht zu verteilen.

Abb. 5.2.2: Äußere und innere Agilität (vgl. Aulinger, 2017, S. 3)

Eine **agile Organisation** ist damit nur ein Baustein agiler Unternehmensführung, der in Wechselwirkung mit anderen Bestandteilen und deren Zusammenwirken steht. Wie in Kap. 5.1 beschrieben, sollen durch eine agile Organisation die **Marktorientierung und Flexibilität** bestmöglich erreicht werden. Im Vordergrund der organisatorischen Gestaltung steht die Fähigkeit der Organisation, sich an Veränderungen des Unternehmensumfelds anzupassen und gleichzeitig eine hinreichende Stabilität zu gewährleisten. Die organisatorischen Gestaltungsparameter sind dafür entsprechend auszuwählen. Die Formalisierung ist so gering wie möglich und informelle Handlungen, verbale Kommunikation sowie Normen und Werte sind bedeutsam. Die Organisation orientiert sich stark an den Personen mit ihrem Wissen, ihrer Motivation und ihren Machtbefugnissen. Die Strukturen sind auf kürzere Zeiträume projektartig angelegt und schnell veränderlich. Die Koordination wird vorwiegend durch selbstorganisierte Teams vorgenommen. Die Entscheidungsmacht ist verteilt und die Konfiguration möglichst flach.

> Eine **agile Organisation** richtet ein Unternehmen marktorientiert und flexibel aus, um eine möglichst hohe Anpassungsfähigkeit zu erreichen. Sie hat eine geringe Arbeitsteilung, verteilte Macht, koordiniert sich selbstorganisatorisch und ist personenorientiert sowie temporär. Die Formalisierung ist gering, die Autonomie hoch und die Konfiguration ist flach.

Durch eine agile Organisation soll die größtmögliche **Anpassungsfähigkeit des Unternehmens** erreicht werden, um das Unternehmen in komplexen Führungskontexten erfolgreich steuern zu können. Organisation trägt somit dazu bei, dass sich das Unternehmen kontinuierlich an komplexe, turbulente und unsichere Umwelten anpassen kann. Abb. 5.2.3 zeigt die organisatorischen **Faktoren der Anpassungsfähigkeit** nach dem **Trafo-Modell**. Eine agile Organisation sollte über die außenliegenden Merkmale verfügen (vgl. Kap. 1.3.6; *Häusling/Fischer*, 2020; *Seidel*, 2019, S. 53 ff.). Von zentraler Bedeutung sind dabei die Selbstorganisation und dezentrale Machtverteilung.

5.2.2 Organisatorische Gestaltung gelenkter Selbstorganisation und Evolution

Organisation wird häufig mit Fremdorganisation gleichgesetzt, d. h. der Organisator als übergeordnete Instanz gestaltet die Strukturen und Abläufe. Daneben gibt es aber auch die Möglichkeit der Selbstorganisation (vgl. Kap. 1.2.4). Sie verspricht besonders in dynamischen Umfeldern eine schnelle, flexible und kreative Anpassung. Organisatorische Flexibilität kann aus einem **Spannungsfeld von Selbst- und Fremdorganisation** entstehen. Hier einen Mittelweg zwischen perfekter Ordnung und völliger Unordnung, zwischen Flexibilität und Stabilität zu finden, ist eine zentrale Herausforderung der Organisation (vgl. *Zahn/Dillerup*, 1995, S. 53). Daher gilt es, zunächst die theoretische Basis und deren Implikationen für die agile Organisation zu erläutern.

Theorie der Selbstorganisation und Evolution

Agile Organisationen basieren auf gelenkter Selbstorganisation und evolutionären Prozessen. Unter den nichtlinearen dynamischen Systemen ist die begrenzte Beherrschbarkeit noch weiter einzuschränken. Ein System ist selbstorganisierend, wenn es sich ohne steuernden Eingriff selbst erschafft und erhält. Es führt dann gleichsam ein Eigenleben.

Zum Verständnis **lebender Systeme** kann auf die Biologie zurückgegriffen werden. Dort wurden die notwendigen und hinreichenden Eigenschaften von Systemen erforscht, um sie als „lebendig" bezeichnen zu können. *Maturana* und *Varela* (1974) stellen dafür Bedingungen auf (vgl. *Varela et al.*, 1974, S. 187 ff.; Kap. 1.2.4). So bedarf es u. a. eines systemeigenen Reproduktionsprozesses. Die Komponenten werden durch das System selbst reproduziert oder sie entstehen durch Transformation von externen

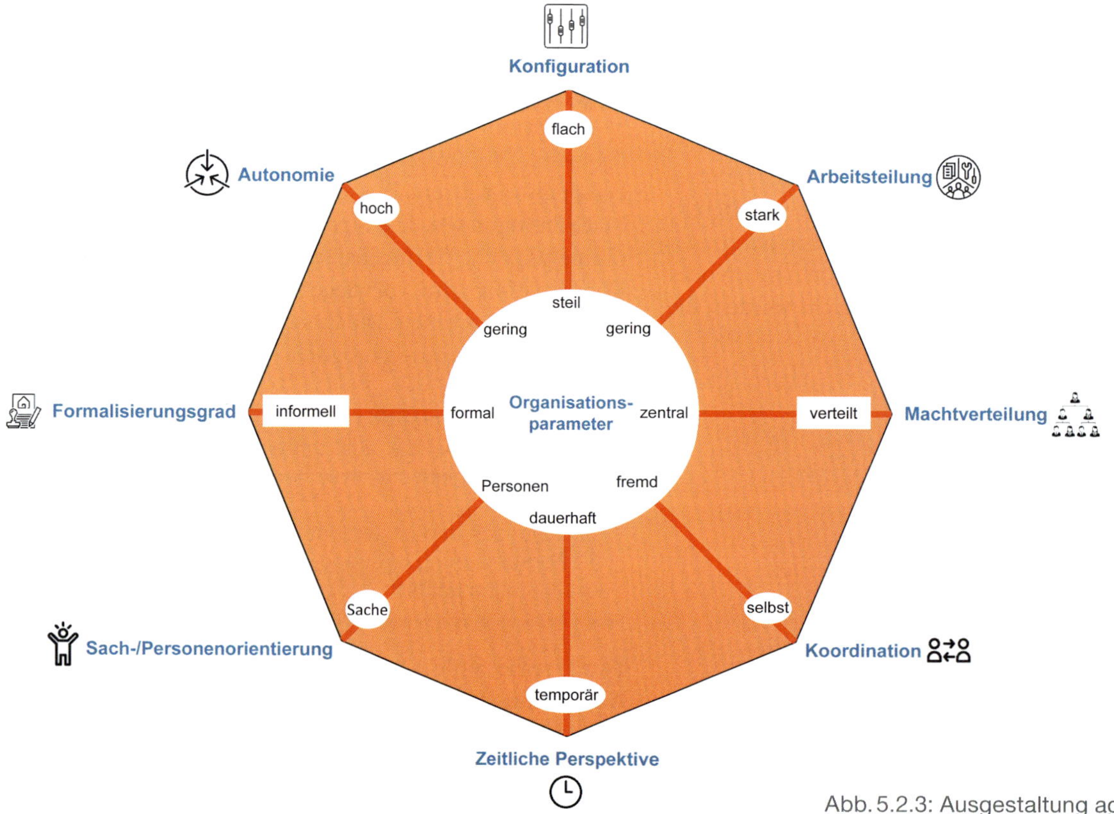

Abb. 5.2.3: Ausgestaltung agiler Organisation

Elementen durch interne Komponenten. So erneuern sich Zellen eigenständig unter Verwendung von Materie und Energie. Zellen mit verschiedenen Funktionen können auch unterschiedliche Reproduktionsweisen haben. Hierbei handelt es sich um selbstorganisierte und spontane Prozesse. Als Ergebnis des Reproduktionsprozesses ist ein zentrales Merkmal lebender Systeme, dass sie selbstrekursiv sind, d.h. sie erschaffen sich aus sich selbst heraus. Diese Eigenschaft wird als Autopoiese bezeichnet und beschreibt den Prozess der Selbsterschaffung und -erhaltung eines Systems.

Die Selbstorganisation sozialer Systeme (vgl. Kap. 1.2.4) ist durch folgende **Merkmale** gekennzeichnet (vgl. *Probst*, 1992, S. 225 ff.):

- **Redundanz** beschreibt das mehrfache Vorhandensein von Ressourcen, Fähigkeiten und Verfügungsmöglichkeiten einer Organisationseinheit.
- **Selbstreferenz** ist die Geschlossenheit eines Systems, welches aus selbstähnlichen Elementen besteht, die sich aufeinander beziehen.
- **Autonomie** charakterisiert den Handlungsspielraum einzelner Organisationseinheiten. Sie entsteht durch ausreichende Kompetenzen und Verantwortung für die zu erbringende Leistung.
- **Komplexität** resultiert aus den genannten Merkmalen sowie selbstorganisatorischen Prozessen. Das System beinhaltet eine Vielzahl an Elementen (Kompliziertheit), die sich laufend verändern (Dynamik).

Selbstorganisation umfasst nicht hierarchisch kontrollierte (selbst gesteuerte) und nicht extern angetriebene (selbstgenerierte) Prozesse. Durch spontane Systemänderungen, die auf zufälligen und unerwarteten Ereignissen beruhen, werden neue Muster erzeugt. Die Selbstorganisation führt zu neuen, stabilen Strukturen (vgl. *Goldstein*, 1994, S. 33 ff.)

In der **Theorie dynamischer Systeme** (vgl. Kap. 1.2.4) werden Veränderungs- und Anpassungsvorgänge als evolutionärer Prozess betrachtet. Die **Evolutionstheorie** kann Erklärungen für das Zustandekommen eines Zustands liefern, ohne zukünftige Veränderungen vorherzusagen. Solche Prozesse des Wandels betreffen nicht nur biologische Organismen. Ökonomische und biologische Systeme weisen wesentliche Gemeinsamkeiten auf und unterliegen daher grundsätzlich ähnlichen Wirkungsmechanismen. Entwicklung erfolgt als dynamischer Prozess, bei dem plötzlich auftretende Neuerungen die Systeme verändern.

Die ökonomische Evolution (vgl. Kap. 1.2.4) wendet die Evolutionstheorie auf wirtschaftliche Phänomene an und befasst sich mit Veränderungsprozessen. Dabei wird nicht ein statischer Zustand zu einem bestimmten Zeitpunkt, sondern die für dessen Entstehung verantwortlichen Mechanismen und Prozesse betrachtet. **Ökonomische Evolution** ist die Fähigkeit eines wirtschaftlichen Systems, sich aus sich selbst heraus zu wandeln (vgl. *Witt*, 1994, S. 503).

Die Annahme einer vollständigen Plan- und Gestaltbarkeit von Unternehmen wird bei der **evolutionären Unternehmensführung** aufgegeben. Die Frage ist, wodurch sich das Überleben eines Unternehmens sicherstellen lässt. Es soll so gelenkt werden, dass es sich wie ein lebender Organismus erhalten, anpassen und verändern kann (vgl. *Schmidt*, 1992, S. 42). Hierfür sind zum einen die Grenzen der Beherrschbarkeit komplexer Systeme zu akzeptieren und zum anderen ganzheitliches Denken und Handeln erforderlich (vgl. *Ulrich/Probst*, 2001, S. 12). Unternehmen sind danach sich selbst steuernde und organisierende Systeme, in denen die Unternehmensführung wie ein Katalysator Rahmenbedingungen für günstige evolutionäre Veränderungen zu entwickeln hat.

Aus diesen Überlegungen lassen sich folgende **Leitlinien** einer evolutionären Unternehmensführung zusammenfassen (vgl. *Malik*, 1999, S. 48 ff.):

- Unternehmensführung bezieht sich auf ein System und geht damit über die reine Menschenführung hinaus. Sie ist Aufgabe vieler Personen und sollte **ganzheitlich** und **vernetzt** vollzogen werden.
- Unternehmensführung kann die Komplexität nicht vollständig beherrschen und nicht alle Prozesse im Unternehmen **direkt** beeinflussen. Sie muss deshalb auch **indirekt** erfolgen, indem die Systemstruktur und die Rahmenbedingungen gestaltet werden.
- Unternehmensführung verfolgt das Ziel der **Anpassungs-** und damit **(Über-)Lebensfähigkeit** des Unternehmens.

Evolutionäre Unternehmensführung gibt keine konkreten Handlungen vor, sondern gestaltet einen Handlungsrahmen, in dem die Verantwortlichen das Unternehmen entwickeln können. Dabei können Variationen aus den laufenden Aktivitäten des Unternehmens und aus Chancen des Unternehmensumfelds entstehen. Diese werden als **gelenkte Evolution** durch eine gezielte Auswahl selektiert. Dies ermöglicht eine höhere Flexibilität, Anpassungsfähigkeit und Agilität des Unternehmens.

Folgende Maßnahmen eignen sich zur **Anregung von Prozessen der Selbstorganisation** in Unternehmen (vgl. *Goldstein*, 1994, S. 36 f.):

- **Spontane Prozessauslösung:** Selbstorganisation wird durch externe Faktoren in Gang gesetzt. So kann verschärfter Wettbewerb zu Strategiewechseln und Reorganisationen führen. Dies kann durch neue Einsichten, etwa in Strategieworkshops, Krisensitzungen und Beratungsprozessen, ausgelöst werden.
- **Entfernung vom alten Gleichgewicht:** Durch nichtlineare Prozesse, d.h. ungewohnte Maßnahmen, kann ein System aus seinem ursprünglichen Gleichgewichtszustand gebracht werden. Beispielsweise kann freier Informationszugang oder Delegation von Verantwortung das Potenzial der Selbstorganisation entfesseln. Dabei gilt es, einen Rückfall in herkömmliche Verhaltensweisen bzw. den alten Gleichgewichtszustand zu verhindern. Diese „Fernab-vom-Gleichgewicht"-Bedingungen ermöglichen Veränderungen im Denken und führen mittelfristig zu neuen Gleichgewichtssituationen.
- **Errichtung fester, aber durchlässiger Systemgrenzen:** Selbstorganisation findet im Rahmen von Grenzen statt. Diese stellen sicher, dass das System als Ganzes intakt bleibt. So kann z. B. ein Unternehmensbereich als feste Grenze bestehen, aber seine Durchlässigkeit durch Unternehmensübernahmen oder die Verlagerung von Aktivitäten gegeben sein. Daraus können neue Gleichgewichte mit veränderten Aufgaben, Kulturen, Rollen und Verantwortlichkeiten folgen.
- **Gelenkte Selbstorganisation:** Selbstorganisation ist ein evolutionärer und damit auch zufälliger Vorgang. Er generiert unvorhersehbare Ereignisse. Richtung und Geschwindigkeit von Veränderungen werden maßgeblich durch das Auftreten neuer Chancen und Risiken beeinflusst. Dies macht eine Vorhersage und Planung der Prozessverläufe und Ergebnisse unmöglich. Die Ergebnisse entstehen aus spontaner Selbstregelung, die zwar schnell ist, aber nicht immer zu einem Gesamtoptimum führt. Insofern ist die durch Selbstorganisation erzeugte Flexibilität nicht unbedingt besser als fremdorganisatorische Lösungen. Nach der Idee spontaner Ordnung soll die Unternehmensführung geeignete Bedingungen schaffen, um Selbstorganisation zu ermöglichen. Beispielsweise erfordern selbstorganisatorische Prozesse eine offene und freie Informationsversorgung. Um diese Voraussetzungen der Selbstorganisation zu schaffen, ist jedoch Fremdorganisation erforderlich.

Eine stärkere Berücksichtigung selbstorganisatorischer Prozesse ist insbesondere in komplexen Umfeldern sinnvoll. Unter solchen Bedingungen kann Marktorientierung nur mit flexiblen, dynamisch stabilen Organisationen erreicht werden (vgl. *Zahn et al.*, 1997, S. 185). Einen Mittelweg zwischen perfekter Ordnung und völliger Unordnung, zwischen Flexibilität und Stabilität zu finden, ist eine zentrale Herausforderung der Unternehmensführung in komplexen Führungskontexten (vgl. *Zahn/Dillerup*, 1995, S. 53). Die Perspektive der Führungskontexte (vgl. Kap. 1.3.5) greift die Anpassungs- und damit (Über-)Lebensfähigkeit des Unternehmens auf. In komplexen Kontexten können hierarchische Unternehmen nicht mehr schnell genug agieren. Unternehmen benötigen damit Agilität als Fähigkeit, sich in einem komplexen Kontext zu behaupten, welcher durch ständige Veränderungen und unvorhersehbare Situationen geprägt ist.

Grundfähigkeiten selbsterhaltender Systeme

Zur Selbsterhaltung und -organisation bedarf es agiler Fähigkeiten. Dazu wird häufig auf die Theorie des amerikanischen Soziologen *Talcott Parsons* (1951) verwiesen. Dieser ist jedoch kein Vordenker der Agilität, sondern erklärt die Selbsterhaltung sozialer Systeme. Alle sozialen Systeme sind demnach darauf angewiesen, sich an ihre Umwelt anzupassen, Ziele zu erreichen, Subsysteme zu integrieren und ihre kulturellen Normen zu erhalten. Er beschreibt vier **Grundfähigkeiten**, die ein System besitzen muss, um sich selbst erhalten zu können:

- **Adaptation:** Anpassungsfähigkeit eines Systems an die sich verändernden äußeren Umweltbedingungen.
- **Goal Attainment:** Die Zielerreichungsfähigkeit betrifft die Definition und Verfolgung der Ziele eines Systems. Diese Handlungsorientierung basiert auf persönlichen Motiven der Systemmitglieder.
- **Integration** bedeutet, die Kohäsion (Zusammenhalt) und Inklusion der Elemente eines Systems herzustellen und abzusichern. Soziale Systeme stützen sich auf Rollen, welche die Handlungen verschiedener Akteure miteinander verbinden. Wie Macht und Entscheidungskompetenz innerhalb eines Systems verteilt und integriert werden, ist eine zentrale Frage der Agilität.
- **Latency:** Die Aufrechterhaltungsfähigkeit soll die grundlegenden Strukturen und Wertmuster eines Systems bewahren und für ausreichende Stabilität sorgen. Sie basiert auf Werten, Normen und Symbolen, welche die Handlungen der Akteure beeinflussen.

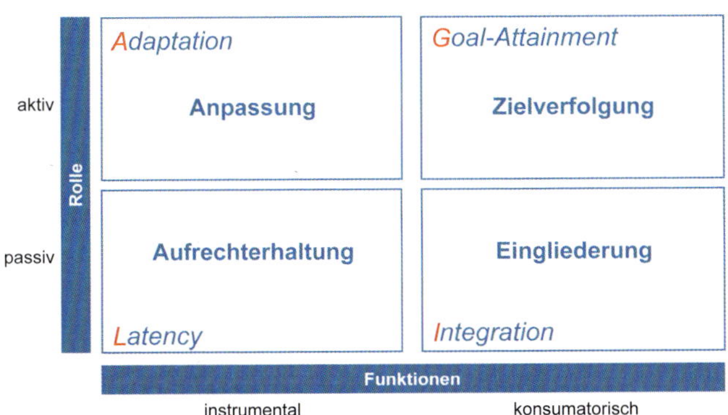

Abb. 5.2.5: Grundfähigkeiten selbsterhaltender Systeme (in Anlehnung an Parsons, 1951, S. 113 ff.)

Werden die Anfangsbuchstaben der Grundfunktionen zusammengefügt, so lassen sie sich als **AGIL-Schema** wie in Abb. 5.2.5 in einem Raster anordnen. Diese Abkürzung wird fälschlicherweise häufig als Ursprung und Begründung der Agilität bezeichnet, während *Parsons* sich jedoch auf die vier zentralen Grundfähigkeiten selbstorganisierender sozialer Systeme bezog. Die beiden Funktionen Adaptation und Latency sind instrumental, da sie als Hilfsmittel zur Erfüllung anderer Zwecke dienen. Demgegenüber stiften die beiden konsumatorischen Funktionen Goal Attainment und Integration einen direkten Nutzen, wodurch sie quasi konsumiert werden. Die Funktionen Adaptation und Goal-Attainment nehmen eine aktive, verändernde Rolle ein. Die beiden Funktionen Integration und Latency repräsentieren eine eher passive, konservierende Rolle. Die jeweils horizontal nebeneinanderstehenden Teilbereiche interagieren durch symbolische Tauschmittel wie Geld, Macht oder Einfluss. In der Reihenfolge Adaptation, Goal Attainment, Integration und Latency nehmen die verändernden Kräfte immer weiter ab, während die bewahrenden Kräfte zunehmen.

Gelenkte Selbstorganisation in der fraktalen Fabrik

Ein Führungsansatz, der auf der Problemlösungskraft selbstorganisatorischer Prozesse basiert, ist die **fraktale Fabrik** (vgl. *Warnecke*, 1993). Basierend auf der fraktalen Geometrie gliedert sich ein Unternehmen danach in **Fraktale** als selbstorganisierende, teilautonome, dynamische und selbstähnliche Gebilde. In ihnen werden möglichst ganzheitliche Tätigkeiten wahrgenommen und Verantwortung weitgehend delegiert. Die Freiräume der Einheiten sind Voraussetzung zur Selbstorganisation, -optimierung und -steuerung sowie zur Zielorientierung. Sie verfügen über Leistungspotenziale, etwa in Form von Ressourcen, Fähigkeiten, Kompetenzen oder Qualifikationen. Darüber hinaus werden ihnen Entwicklungsfreiräume durch eine übergeordnete Führungsinstanz zugestanden. Die Fraktale agieren weitgehend eigenständig. Sie wirken an ihrer eigenen Entstehung, Veränderung und Auflösung aktiv mit und richten ihre Ziele an den übergeordneten Unternehmenszielen aus.

Mettler-Toledo als Beispiel für fraktale Unternehmen

Die Unternehmensgruppe *Mettler-Toledo* ist der weltgrößte Hersteller und Vermarkter von Präzisionsinstrumenten für den Einsatz in Labor, Industrie und Lebensmitteleinzelhandel. Der Wägebereich reicht von 0,0001 Milligramm bis 1.000 Tonnen. Weltweit beschäftigt *Mettler-Toledo* mehr als 15.400 Mitarbeiter und erwirtschaftet einen Umsatz von über 2,7 Mrd. US$ (www.mt.com).

Die Unternehmensgruppe *Mettler Toledo* hat ihren Sitz in Columbus, Ohio und die operative Hauptzentrale in der Schweiz. Am Standort in Albstadt werden Waagen nach einem Konzept der „absatzgesteuerten Produktion" hergestellt: Produziert werden nur Waagen, für die bereits eine Bestellung vorliegt. Dazu setzte *Mettler-Toledo* auf eine betont einfache, flache Hierarchie nach dem Vorbild der fraktalen Fabrik. Die Teams agieren sehr autonom und haben weitgehende Entscheidungsbefugnisse. Wachstum wird organisatorisch nach dem Prinzip der Redundanz ermöglicht, indem immer wieder neue, weitgehend autonome und selbstähnliche Teams zur Lösung einer Aufgabe, wie z. B. der Montage von Waagen, gebildet werden. Jedes Team versucht dabei, die Komplexität soweit als möglich innerhalb der Gruppe zu bewältigen. In ähnlicher Weise sind neben dem Produktionsprozess auch die Produktentstehung und die Bereitstellung von Basisdiensten, wie etwa EDV, Personalwesen, Kantine oder Geschäftsleitung, strukturiert. Der Waagenhersteller *Mettler-Toledo* führt seinen Erfolg maßgeblich auf diese Freiräume zur Selbstorganisation zurück (vgl. *Braun et al.*, 1995, S. 26 ff.; *Hüser/Kaun*, 1995, S. 315 ff.).

Die Fraktale bieten ihre Leistungen den unternehmensinternen oder -externen Kunden an. Sie beziehen erforderliche Vorleistungen aus einem internen oder externen **Netzwerk** (vgl. Kap. 5.5). Im Verbund mit anderen Fraktalen kooperieren sie bei der gemeinsamen Leistungserstellung über intensive Kommunikationsbeziehungen miteinander. Andererseits verfolgen sie ihre individuellen Interessen und konkurrieren z. B. um Ressourcen. Das Zusammenwirken der Fraktale erfolgt nach Regeln der Kooperation und des Wettbewerbs (vgl. *Zahn/Schmid*, 1996, S. 102 f.). Die einzelnen Fraktale und deren Netzwerk sollen durch die Unternehmensführung im Sinne einer **geplanten Evolution** fortentwickelt werden. Fraktale Unternehmen lassen sich auch als eigenständig agierende Fraktale interpretieren, die um einen starken Kern angeordnet sind. Dieser nimmt normative Aufgaben wahr, wie etwa die Bestimmung grundsätzlicher Werte. Aber auch strategische Entscheidungen, wie z. B. in welchen Geschäftsfeldern das Unternehmen agieren soll, werden zentral getroffen. Die Unternehmensführung greift nur dann ein, wenn andere Koordinationsmechanismen versagen. Die hierarchische Koordination wird daher umso strenger, je weniger erfolgreich die Fraktale operieren (vgl. *Reichwald/Koller*, 1996, S. 121). Die Unternehmensführung hat dafür Sorge zu tragen, dass die Fraktale über Entscheidungsfreiheit verfügen und Verantwortung für das Gesamtunternehmen übernehmen. Die fraktale Fabrik zeigt, wie sich selbstorganisatorische Prinzipien in der industriellen Fertigung umsetzen lassen.

Neben dem Beispiel von *Mettler-Toledo* zeigen auch viele weitere Erfolgsbeispiele fraktaler Unternehmen, wie selbstorganisatorische Potenziale genutzt werden können. Daraus haben sich neue Organisationsansätze entwickelt, welche durch selbstorganisatorische Prinzipien eine wandlungsfähige Organisation erreichen.

5.2.3 Organisatorische Gestaltung von Macht

Machtverteilung bzw. der Umgang mit Macht ist von zentraler Bedeutung für die Anpassungsfähigkeit, Flexibilität und Geschwindigkeit einer Organisation. Es geht dabei um die Aufteilung von Führungsverantwortung und verteilte Machtausübung (Empowerment) sowie die generelle Partizipation aller an der Organisation. Im Kern steht die Frage, wie die Macht in der Organisation verteilt ist. Anpassungsfähigkeit erfordert dezentrale Führung. Die Organisation schafft Strukturen und diese prägen das Verhalten. Agile Organisation erfordert eine **agile Führung** (vgl. Kap. 6.4). Während in der traditionellen Organisation die Struktur im Vordergrund steht, betonen agile Organisationen die Rolle des Menschen und übernehmen die Aufgabe eines „Enablers“ (vgl. *Hofert/Thonet*, 2019, S. 154).

Traditionelle Organisationen und Bürokratie

> Unternehmen in einfachen und komplizierten Führungskontexten, die meist auch vereinfachend als **traditionelle Organisationen** bezeichnet werden, fokussieren sich stark auf Hierarchien (vgl. *Vahs*, 2019, S. 546).

In einem komplexen Führungskontext sind diese Organisationsstrukturen zu langsam. Die Macht in traditionellen Organisationen ist auf eine oder wenige Personen zentriert. Dort werden die wichtigen Entscheidungen getroffen und deren Umsetzung kontrolliert. Es herrscht ein ausgeprägtes Top-down-Führungsverständnis. Anweisung und Kontrolle sind gängige Mittel der Steuerung. Es gibt klare Abstufungen in der Auffassung der Wertigkeit einzelner Mitarbeitergruppen und Individuen. Die Struktur der Organisation ist entsprechend pyramidal. In kleinen Organisationen äußert sich das in nur einem oder wenigen Geschäftsführern und einer überschaubaren Führungsmannschaft. In größeren Organisationen ist die Strukturierung dagegen stark ausgeprägt. Dies zeigt sich in zahlreichen funktionalen, silohaften Bereichen und einem ausdifferenzierten Organigramm als Aufbauorganisation. Die Zusammenarbeit zwischen Bereichen und Teams ist gering, da die Struktur darauf nicht ausgelegt ist. Zusammenarbeit wird zentral entlang der Linie koordiniert und kontrolliert. Eigenmächtige Kooperation und Kollaboration sind eher nicht gewollt, da sie potenziell die Macht und Stabilität des Systems gefährden. Jeder Bereich, jedes Team und jeder Einzelne konzentrieren sich auf ihren Teilbereich. Für die Beachtung der Zusammenhänge soll die Führungsspitze sorgen. Die Tätigkeiten werden funktional eingeteilt und arbeitsteilig vollzogen. Die Arbeitsweise ist stark regel- und prozessgetrieben. Es gibt klar definierte, aber relativ starre und häufig bürokratische Abläufe. Die formalen Prozesse sind unidirektional und dienen der Stabilität der Pyramide. Die Organisationsstrukturen sind auf eine hohe Stabilität der Umwelt ausgerichtet. Solche traditionellen Organisationen sind effizienzorientiert und stabilitätssuchend (vgl. *Häusling/Fischer*, 2020, S. 17 ff.).

In der genauen Übersetzung heißt Hierarchie „Rangordnung“, d. h. Einer steht also über den Anderen. Eine übergeordnete Person entscheidet, weil sie hierzu die formale Befugnis besitzt. Hierarchie ist durch disziplinarische Befugnis (Entscheidung) und/oder die Reihenfolge in der Entscheidungskompetenz (Rangordnung) gekennzeichnet. Eine **Bürokratie** schafft durch die verliehene Entscheidungsmacht eine Hierarchie. Bürokratien koordinieren ihre Aktivitäten durch Regeln, Verfahren und Routinen, deren Einhaltung vor allem extrinsisch belohnt wird. Dies kann in einfachen und komplizierten Kontexten zweckmäßig sein, wie etwa in stabilen Branchen oder in funktionalen Bereichen, wie z. B. der Buchhaltung.Welche Entscheidungskompetenzen genutzt werden, ist eine weitere Frage. Bei der Selbstorganisation gibt die Führung dagegen lediglich eine Richtung vor, in welche die Mitarbeiter und das Unternehmen steuern sollen (vgl. *Hofert/Thonet*, 2019, S. 162).

Adhokratie und Meritokratie

Der Begriff Adhokratie bezeichnet eine Organisationsform, die im Gegensatz zur Bürokratie steht. Der Begriff verbreitete sich um 1990 im Zusammenhang mit digitalen Unternehmen (vgl. *Watermann*, 1990). Der Name Adhokratie leitet sich vom lateinischen ad hoc ab, das mit „aus dem Moment heraus“ oder etwas freier „eigens zu diesem Zweck geschaffen“ übersetzt werden kann. Nach *Mintzberg* (1989) handelt es sich dabei um die derzeit modernste Organisationsform, da sie über das größte Innovationspotenzial und maximale Flexibilität verfügt.

Eine **Adhokratie** zeichnet sich dadurch aus, dass sie ihre Autorität aus entschiedenem Handeln zieht. Es wird experimentiert, d. h. neue Vorgehensweisen erprobt, verändert und deren Erfolg laufend überprüft.

Die Aufmerksamkeit wird auf die Maßnahmen gelegt und die Zeit für die Analyse der Problemstellung reduziert. Dies ist in komplexen Führungskontexten sinnvoll. Adhokratie ist z. B. für Start-ups oder digitale Unternehmen oder kundenorientierte Vertriebsfunktionen geeignet (vgl. *Cyert/March*, 1964; *Birkinshaw/Ridderstråle*, 2005, S. 3 ff.; *Hofert/Thonet*, 2019, S. 163).

Eine **Meritokratie** ist eine Ausprägung zwischen Bürokratie und Adhokratie. Sie bezieht ihre Autorität aus Wissen. Experten treffen darin in komplizierten Führungskontexten durch sorgfältige Analyse faktenbasiert Entscheidungen. Bestehende Lösungen werden dabei an neue Anforderungen angepasst (Good Practice).

Auch in schwierigen Situationen nach einer bestmöglichen Entscheidung zu suchen, wirkt auf die Organisationsmitglieder motivierend. In der Meritokratie ist Macht nicht hierarchisch, sondern soll rollenbezogen für gute Entscheidungen sorgen. Eine solche erfahrungs- und kompetenzorientierte Rangordnung mag sinnvoller als disziplinarische Strukturen sein, wenn es um fachliche Entscheidungen geht. Die Meritokratie kann bei wissensintensiven Unternehmen (vgl. Kap. 7.4.1) sinnvoll sein, wie z. B. für spezialisierte Dienstleister oder High-Tech-Unternehmen.

In einer Adhoc-Herrschaft gibt es wenige formalisierte Verhaltensvorgaben. Kleine, marktorientierte Projektteams stehen im Vordergrund, um die Arbeit zu bewältigen. Dazu koordinieren sie sich innerhalb und zwischen den Teams selbstorganisatorisch. Um kreative und innovative Lösungen zu erzielen, sollten die Teams aus Mitarbeitern mit einander ergänzenden Persönlichkeiten, Fähigkeiten und Talenten bestehen (Cross functional Team of T-shaped Professionals; vgl. Kap. 6.4.3). Diese funktionsübergreifenden Teams tragen für ihre Koordination und Zielerreichung selbst die Verantwortung. Agile Organisation räumt dem Handeln auf Basis schneller Entscheidungen den Vorrang ein. In komplexen Kontexten kommt es in Bürokratien und Meritokratien zur Informationsüberlastung, was zu Fehlentscheidungen führen kann. In Meritokratien besteht die Gefahr von zu langsamen Entscheidungen aufgrund einer Analyselähmung durch endlose Debatten der Experten (vgl. *Kahneman*, 2012).

Ein **Ad-hoc-Vorgehen** lässt sich in vielen organisatorischen Zusammenhängen beobachten. Beispielsweise liegt der Fokus in der Notaufnahme eines Krankenhauses oder auf dem Börsenparkett darauf, möglichst schnell zu

	Bürokratie	Meritokratie	Adhokratie
Autoritätsbasis	Formale Hierarchie	Wissen	Entschiedenes Handeln
Führungskontexte	Einfach und chaotisch	Kompliziert	Komplex
Koordination	Regeln und Verfahren	Problembezogen	Anpassung und Ideen
Entscheidungsfindung	Anweisungen	Fachliche Argumentation	Experimentieren
Motivatoren	Extrinsisch	Anerkennung	Intrinsisch

Abb. 5.2.6: Vergleich von Büro-, Merito- und Adhokratie (vgl. Birkinshaw/Ridderstråle, 2005, S. 3)

entscheiden. Viele Unternehmen haben hierzu „Skunk-works"-Operationen eingesetzt. Dabei handelt es sich um kleine Projektteams, die dringende Probleme außerhalb der formalen organisatorischen Entscheidungsprozesse angehen. Viele kleine Unternehmen haben Methoden des Design Thinking (vgl. Kap. 8.6.4) übernommen, bei dem der Schwerpunkt auf frühzeitigem Prototyping und der raschen Umsetzung liegt. In all diesen Situationen zählt entschiedenes Handeln mehr als formale Autorität oder Expertenwissen. Das Modell der Entscheidungsfindung in einer Adhokratie ist experimentell, d. h. interne Beratungen werden bewusst verkürzt und Lösungen mit Kunden ausprobiert, um rasches Feedback zu erhalten (vgl. *Travica*, 1999, S. 4 ff.).

Garbage-Can-Modell

Entscheidungen in der Adhokratie stehen im Gegensatz zum klassischen Entscheidungsprozess, bei dem Entscheidungsträger ein Problem rational lösen (vgl. Kap. 1.3.3). Eine Adhokratie zeichnet sich dadurch aus, dass sie keine stabilen, dauerhaften und einheitlichen Ziele hat und es für viele Prozesse keine etablierten Vorgehensstandards oder feste Regeln gibt. Das Vorgehen ist manchmal undurchschaubar und wird nicht von jedem Organisationsmitglied verstanden. Stattdessen befinden sie sich stets im Fluss und die Prinzipien des Experimentierens kennzeichnen die Suche nach der besten Lösung.

Entscheidungen werden dabei nicht durch Hierarchie oder Expertenwissen getroffen, sondern folgen der Logik des Garbage-Can-Modells (**Mülleimer-Modell**). Es wurde von *Cohen et. al* (1972) aufgestellt und von *Kingdon* (2003) weiterentwickelt. Adhokratien werden dabei verglichen mit einer Ansammlung von Mülleimern (garbage cans). In ihnen sammeln sich zufällige Kombinationen von Problemen, Lösungen, Teilnehmern und Entscheidungsenergie:

- **Probleme**, die unabhängig von Lösungen, Akteuren und Gelegenheiten bearbeitet werden müssen.
- **Teilnehmer**, die eine Rolle spielen wollen und entsprechenden Handlungswillen mitbringen.
- **Entscheidungsenergie oder Problemdruck**, d. h. ausreichend großer Wille zur Entscheidung und dazu, diese voranzutreiben. Das Engagement der Beteiligten hängt von deren Energie, Interesse und zeitlichen Möglichkeiten ab, so dass die Entscheidungsakteure ebenso wie deren Präferenzen wechseln können.
- **Lösungen**, wobei unklar ist, welche Mittel welchen Zweck erfüllen. Durch Ausprobieren sollen die Ursachen für das Funktionieren von Lösungen verständlich werden.

Aus dem Zusammenspiel dieser Faktoren ergeben sich Situationen, die bestimmte Entscheidungen begünstigen. Es kommt also nur dann zu einer Entscheidung, wenn diese vier Faktoren kurzzeitig zueinander kompatibel sind. Gelingt dies nicht, bleibt der Inhalt weiter in der Mülltonne. Entscheidungsfindung ist demnach ein stochastischer Prozess. Eine Entscheidung wird getroffen bzw. ein Problem gelöst, wenn zufällig in einem der Mülleimer die passenden Entscheidungsträger mit ausreichender Entscheidungsenergie oder hohem Problemdruck und entsprechendem Handlungswillen zum gleichen Zeitpunkt mit derselben Lösungsidee für dasselbe Problem aufeinandertreffen.

Garbage-Can-Modell beim FCB

Beim Vergleich der Erfolgsmerkmale des *FC Bayern München* vom August 2020 mit dem vom November 2019 liegen Welten, z. B. bezüglich Kaderqualität, Transfergeschick, Trainerleistung, Stimmung in der Mannschaft und Managementkompetenz. Nur 10 Monate vergingen zwischen einer der höchsten Niederlagen der Vereinsgeschichte mit anschließender Trainerentlassung von *Niko Kovač* wegen sportlicher Perspektivlosigkeit und dem Gewinn der Champions League zur Komplettierung des Triples nach 30 Spielen ohne Niederlage mit über 20 Siegen in Folge. Diese Veränderung war keine von langer Hand geplante, strategische Wahl eines Trainers, dessen Spielphilosophie punktgenau auf die spielerischen Mittel des Kaders und die Werte des Vereins zugeschnitten war. Vielmehr war gemäß dem Garbage-Can-Modell ein zeitgleiches Zusammenkommen einer Reihe glücklicher Umstände rund um Trainer, Mannschaft und Spielsystem ausschlaggebend. *Hansi Flick* war der richtige Trainer zum richtigen Zeitpunkt an der richtigen Stelle, der den passenden menschlichen Zugang und die richtige Spielidee für die vorhandenen Spieler hatte und der genau zu den Vorstellungen des Vereins passte. Das Resultat war eine Mannschaft in perfekter Form mit herausragender Einstellung und Motivation, überragender Leistungsfähigkeit und phänomenalen Ergebnissen. Der Erfolg resultierte aus einer spontanen und idealen Kombination aus Trainer, Spielern, System und Verein.

Abgeleitet wurde das Modell am Beispiel einer Universität als realtypisches Beispiel einer Adhokratie. Mit ihrer administrativen und fachlichen Komplexität verfügt diese über viele, teils lose gekoppelte Bereiche. Sie ist gekennzeichnet durch uneinheitliche bzw. unklare Ziele sowie nicht einheitlich und stringent definierte Entscheidungsprozesse. Dabei ist ein pragmatisches Vorgehen häufig wichtiger als das Befolgen fester Regeln.

Exemplarisch lässt sich dies auch an einem Fußballverein veranschaulichen. Wechselnde Mitglieder versuchen, mit oft uneinheitlichen Zielvorstellungen und Lösungen erfolgreich zu sein. Analog zur zufälligen Zusammenkunft von Problemen, Lösungen, Entscheidungsträgern und Entscheidungsenergie ist der sportliche Erfolg einer Fußballmannschaft oft das Ergebnis einer zufälligen Kompatibilität von Trainern, Spielern, Taktik und weiteren Faktoren, wie z. B. Trainingsmethoden, Spielsystem, Management oder medizinischer Versorgung. Der Erfolg hängt ab von den Personen, deren Zusammensetzung und ihrem Handlungswillen. Deshalb sind Entscheidungen bzw. deren Wirkungen sehr flüchtig und kaum planbar.

Parallelität von Strukturen

Die drei Modelle Bürokratie, Meritokratie und Adhokratie interpretieren formale Autorität, Wissen und Handeln unterschiedlich. Die ideale Organisation ergibt sich, wenn die Vorteile aller drei Strukturen sich verbinden: Menschen, die ihr Wissen und ihre formale Autorität einbringen, um entschlossen und wenn erforderlich intuitiv zu handeln (vgl. *Vahs*, 2019, S. 544). Allerdings können die einzelnen Bereiche einer Organisation nicht gleichzeitig alle drei Dimensionen betonen. Deshalb ist jeweils festzulegen, ob der Fokus leistungsorientiert, expertenbezogen oder handlungsorientiert sein soll, um erfolgreich im jeweiligen Führungskotentext zu agieren.

Unternehmensführung und die jeweils dazu passenden Führungskonzepte sind demnach abhängig vom Führungskontext. Viele Führungskräfte führen in einem oder zwei Kontexten effektiv, aber nur wenige bereiten ihre Unternehmen auf unterschiedliche Kontexte vor. Die Unternehmensführung muss sich jedoch an sich ändernde Umwelten anpassen. Einfache, komplizierte, komplexe und chaotische Kontexte erfordern jeweils unterschiedliche Führung. Durch richtiges Erkennen des Führungskontextes, das Wahrnehmen von Gefahrensignalen und das Vermeiden unangemessener Reaktionen kann die Unternehmensführung in einer Vielzahl von Situationen angemessen handeln (vgl. Kap. 1.3.6; *Stoi*, 2022, S. 72 ff.).

Welche Struktur ein Unternehmen und dessen Bereiche erhalten soll, ist deshalb abhängig vom vorherrschenden Führungskotentext. Der Agilitätsgrad muss zur Struktur passen, denn **Struktur schafft Verhalten.** Kleinere Unternehmen sind von Natur aus flexibel und kommen mit wenigen Hierarchien aus. Größere Unternehmen setzen auf Hierarchien, um sie auf ein gemeinsames Ziel auszurichten. Es braucht Leitlinien, Prozesse, Regeln sowie Planungssysteme. Allerdings tun sich größere Unternehmen schwer damit, Marktchancen und Risiken schnell zu erkennen und darauf sofort zu reagieren. Kleine Organisationseinheiten oder Unternehmen können Ideen leichter aufgreifen und schneller umsetzen (vgl. *Hofert/Thonet*, 2019, S. 157). Dies zeigen z. B. erfolgreiche Start-ups, die netzwerkartig zusammenarbeiten und sich immer wieder neu erfinden.

Große, bürokratische Unternehmen haben Schwierigkeiten damit, die Agilität in ihre Organisation zu integrieren. *Kotter* (2014) plädiert für ein Sowohl-als-auch, für Stabilität und Agilität, für Hierarchien und agile Organisation. Er plädiert für ein **duales Betriebssystem,** das wie in Abb. 5.2.7 sowohl eine stabile und effizienzfördernde Hierarchie als auch schnelle und agile Strukturen aufweist.

Nach *Pfläging* (2020) bestehen alle Organisationen sogar aus **drei Strukturen**, die auf unterschiedlichen Arten von Macht aufbauen (vgl. *Hermann/Pfläging*, 2020, S. 25 ff.):

- **Formelle Struktur** ist die verankerte Macht der Hierarchie aus Weisungs- und Berichtsbeziehungen. Sie übernimmt das Management der operativen Abläufe, um deren Effizienz sicherzustellen. Dies ist die Struktur, die in Organigrammen abgebildet wird und durch die Übertragung formeller Macht etabliert wird.

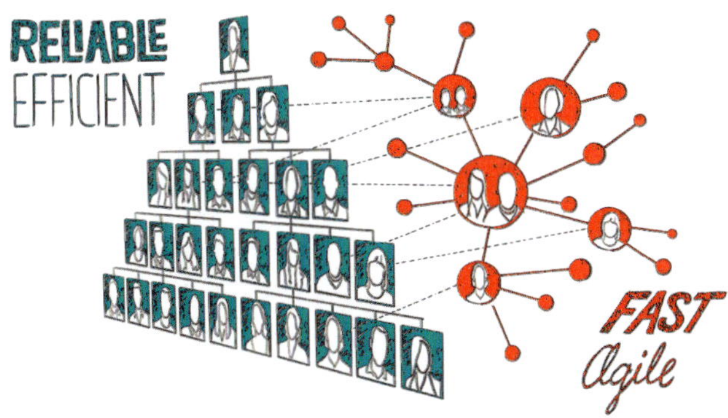

Abb. 5.2.7: Dualität agiler Organisationsstrukturen (Kotter, 2012, S. 46)

Sie ist erforderlich, um die Einhaltung von Gesetzen sowie externen und internen Regeln und Vorschriften zu gewährleisten (Compliance). Um Bürokratie zu vermeiden und die Kundenwünsche nicht aus den Augen zu verlieren, sollte sich die Weisungshierarchie möglichst an den am Markt agierenden Einheiten ausrichten.

- **Wertschöpfungsstruktur** befasst sich mit der Leistungserstellung, Wettbewerbsfähigkeit und Innovation. Hier werden Leistungen generiert und Werte für den externen Markt geschaffen. Die Wertschöpfung findet in den Zellen als funktional integrierte Teams statt, welche miteinander interagieren. Dabei erzeugt eine Zelle entweder einen Nutzen für andere Zellen oder für den externen Kunden, der die Leistungserbringung von außen anstößt. Die Teams nutzen ihre Kompetenz, um die Wertschöpfung zu erbringen.
- **Informelle Struktur** beschreibt die sozialen Beziehungen innerhalb der Organisation. Diese informellen Machtstrukturen können die organisationale und individuelle Leistungsfähigkeit sowie das Wohlbefinden der Mitarbeiter beeinflussen. Daraus können gemeinschaftliches Wir-Gefühl und gegenseitiges Miteinander, aber auch Konflikte und Widerstände entstehen. Ihre positiven Effekte lassen sich etwa durch Transparenz, Dezentralisierung und geteilte Werte beeinflussen. Informelle Strukturen werden durch soziale Interaktion und Beeinflussung geführt.

Jedes Mitglied einer Organisation ist dabei in allen Strukturen präsent. In der formellen Struktur hat jede Person eine Position, in der informellen Struktur betreibt sie ein Netz sozialer Beziehungen und in der Wertschöpfungsstruktur übernimmt sie verschiedene Rollen bei der Bearbeitung von Aufgaben. Die Gestaltung der Organisation erfolgt dabei aus Interventionen, welche die Wirkung auf die drei Strukturen berücksichtigen. Für jede Intervention ist zu prüfen, welche Akteure aus den drei Strukturen benötigt werden, um ein gewünschtes Ergebnis zu erreichen. Wenn die Mitarbeiter eigene Initiativen anstoßen und gemeinsam vorantreiben, kann daraus Agilität, Schnelligkeit und stetige Innovation entstehen (vgl. *Kotter*, 2015, S. 28 f.). Abb. 5.2.8 zeigt das Zusammenwirken der Unternehmensstrukturen.

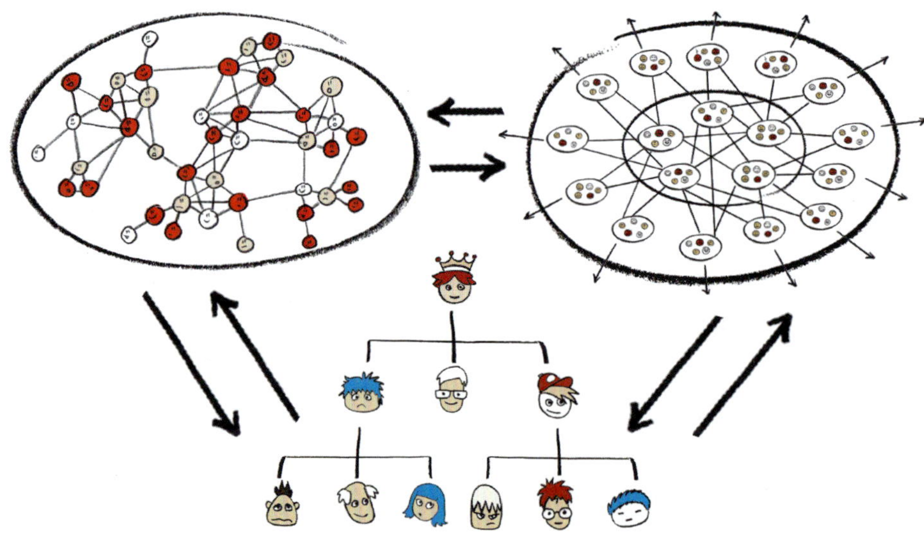

Abb. 5.2.8: Trilogie agiler Organisationsstrukturen (in Anlehnung an Hermann/Pfläging, 2020, S. 25)

5.2.4 Entwicklung agiler Organisationen

Die **Einflussgrößen organisatorischer Gestaltung** auf dem Weg zur agilen Organisation sind (vgl. *Vahs*, 2019, S. 538):

- Zunehmend ungewisse Unternehmensumwelten (VUKA; vgl. Kap. 1.3.5), woraus sich komplexe Führungskontexte ergeben, welche komplexe Organisationsstrukturen erfordern.
- Um im Wettbewerb zu bestehen, sind verstärkt hybride Strategien erforderlich (vgl. Kap. 3.2.2). So steht z. B. steigender Zeit-, Qualitäts- und Kostendruck sinkenden Margen gegenüber.
- Erhöhter Flexibilitäts- und Innovationsbedarf, um der zunehmenden Wettbewerbsintensität, der kürzeren Innovations- und Produktlebenszyklen und den steigenden Kundenanforderungen zu begegnen (vgl. Kap. 8.6).
- Wachsende Globalisierung der wirtschaftlichen Aktivitäten und das Verschwinden klassischer Branchengrenzen. Ursachen sind das Entstehen größerer Wirtschafts- und Währungsräume und die vermehrte Bildung transnationaler Wertschöpfungsbeziehungen zwischen den Unternehmen sowie neue Kooperationsformen (vgl. Kap. 8.5).

Die organisatorische Gestaltung soll somit mehrere Ziele unterstützen (vgl. Kap. 5.1.2). Agile Organisationen sollen sowohl flexible als auch stabile Strukturen aufweisen. Diese Forderung lässt sich am Dilemma eines Regierungssitzes veranschaulichen (vgl. *Probst*, 1992, S. 580): Auf der einen Seite sollte er sein wie ein **Palast,** der wehrhaft und uneinnehmbar ist. Dieser ist von Mauern umgeben, einsam gelegen und beschützt das umliegende bewirtschaftete Land. Auf der anderen Seite sollte er einem **Zeltlager** gleichen, das zum Angriff gerüstet und reaktionsschnell ist. Es lässt sich jederzeit verlegen, sollte dies aufgrund von Gefahren oder Chancen erforderlich sein.

Agile Organisationskonzepte sollen sowohl effektiv in der strategischen Ausrichtung ihrer Potenziale als auch effizient in der Gestaltung ihrer Leistungen, Strukturen und Prozesse sein. Daraus resultieren folgende organisatorische **Gestaltungsempfehlungen** (vgl. *Vahs*, 2019, S. 539):

- Im **Innenverhältnis** sollten Organisationen ein ausgewogenes Verhältnis von Stabilität einerseits und Flexibilität andererseits aufweisen. Wiederkehrende Aufgaben und deren Abwicklung erfordern Strukturen, die sich nicht laufend verändern, sondern ein gewisses Maß an Standardisierung ermöglichen. Nur so lässt sich eine ausreichende Effizienz und Qualität der internen Leistungserstellung und -verwertung erreichen. Diese Stabilität ist eher bei den Sekundärprozessen erforderlich, die keinen unmittelbaren Marktbezug aufweisen und für die Aufrechterhaltung der Betriebsbereitschaft verantwortlich sind. Im Hinblick auf den externen Markt ist allerdings zeitnah und flexibel auf die Anforderungen der Kunden und auf die Aktivitäten der Wettbewerber zu reagieren. Das erfordert kurze Entscheidungswege, die Delegation von Kompetenzen, neue Formen der Projektorganisation und die Vermeidung von Bürokratie.
- Im Hinblick auf das **Außenverhältnis** wird die Offenheit für eine organisationsübergreifende Aufgabenbewältigung zu einem wesentlichen Erfolgsfaktor. Während sich viele Unternehmen heute immer noch als weitgehend autonome Einheiten betrachten, werden sie sich in Zukunft unter Beibehaltung ihrer individuellen Ziel- und Wertesysteme mehr auf Kooperationen mit externen Akteuren einlassen müssen, um die wachsende Komplexität des Marktes erfolgreich bewältigen zu können. Durch die Konzentration auf Kernkompetenzen und die kundenorientierte Integration der Teilprozesse der Wertschöpfungskette lassen sich die Effizienz erhöhen, der Kundennutzen steigern und damit die ökonomischen Ziele besser erreichen. Durch Koopera-

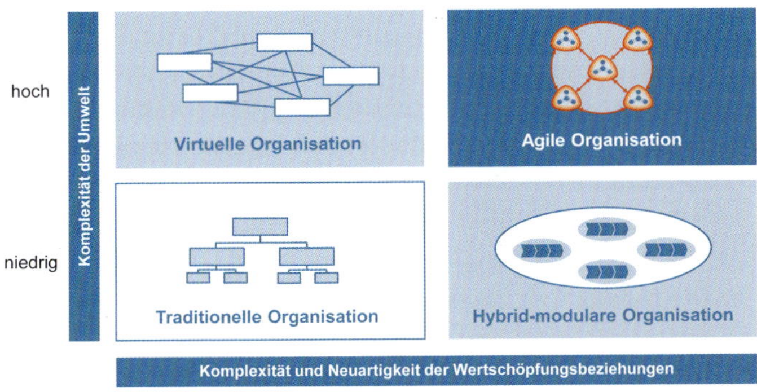

Abb. 5.2.9: Entwicklung zur agilen Organisationen (in Anlehnung an Vahs, 2019, S. 540)

tionen werden die Grenzen zwischen den Unternehmen fließend (vgl. Kap. 5.5).

Der Ausgangspunkt auf dem Weg zur agilen Organisation ist, wie in Abb. 5.2.8 dargestellt, meist eine traditionelle Organisation als Bürokratie mit einer pyramidenförmigen Linienorganisation.

Traditionelle Organisation

Hier findet die Wertschöpfung auf der untersten Ebene statt. Darüber liegen eine Reihe von Managementebenen bis hin zum Top-Management. Die Ebenen sind streng hierarchisch aufgebaut, d. h. jede Organisationseinheit hat eine übergeordnete Einheit. Jeder Mitarbeiter ist in einem Einliniensystem Teil einer Organisationseinheit. Jede Einheit hat gewöhnlich eine Leitung, die von einer einzelnen Person unbefristet wahrgenommen wird. Die Macht in der Linienorganisation verläuft zum einen von oben nach unten und zum anderen seitwärts, beispielsweise dadurch, dass Fachabteilungen anderen Abteilungen Arbeitsmittel, Prozesse und Regeln vorgeben (vgl. *Oestereich/Schröder*, 2020, S. 71). Die pyramidenförmige Linienorganisation ist typisch für tayloristisch strukturierte Unternehmen. Sie kann gemäß den traditionellen Organisationsmodellen um Stabsstellen oder Projekte etc. ergänzt werden. Vorherrschend ist insbesondere die funktionale Organisation (vgl. Kap. 5.1.3 und 5.1.4).

Die Entwicklung weg von der klassisch hierarchischen Organisation orientiert sich dabei an den Anforderungen im Innen- und Außenverhältnis. Theorie und Praxis entwickeln sich von den traditionellen Strukturmustern hin zu polyzentrischen und vernetzten Hybridorganisationen. Auf dem Weg zur agilen Organisation werden viele Gestaltungsmöglichkeiten diskutiert, wie etwa Team-, Prozess- oder Netzwerkstrukturen. Darüber hinaus werden aus der Unternehmenspraxis, Wissenschaft und Beratung eine Fülle von Konzepten vorgeschlagen. Die Organisationsformen lassen sich in der Matrix in Abb. 5.2.9 nach der Komplexität und Neuartigkeit der Wertschöpfungsbeziehungen sowie der Komplexität der Umwelt kategorisieren.

Hybrid-modulare Organisation

Die hybrid-modulare Organisation eignet sich für solche Unternehmen, die ein komplexes Leistungsprogramm mit vielen Produktvarianten aufweisen. Die operativen Aufgaben, die Ergebnisverantwortung und die Kompetenzen sind weitgehend dezentralisiert und gewähren den einzelnen Modulen hinsichtlich ihres Ressourceneinsatzes ein hohes Maß an Entscheidungsautonomie. Organisatorische Schnittstellen und die damit verbundenen Probleme werden durch die strukturelle Zusammenfassung von interdependenten Aufgaben weitgehend vermieden. Dadurch wird einerseits die Komplexität der Leistungserstellung reduziert und andererseits die Nähe zum Markt erhöht. Die Module können schnell und flexibel auf Veränderungen ihres Umfeldes reagieren. Die konsequente Prozessorientierung der Module führt zum Abbau von Barrieren innerhalb der Organisationseinheiten und zwischen den einzelnen Segmenten. Durch diese Verbindung primär- und sekundärorganisatorischer Muster entsteht ein unternehmensinternes Netzwerk von autonomen Subsystemen, die über vielfältige Leistungsbeziehungen mit ihren internen und externen Lieferanten und Kunden verbunden sind.

> Die **hybrid-modulare Organisation** ist durch relativ kleine und überschaubare Einheiten (sogenannte Module oder Segmente) gekennzeichnet, deren Prozesse konsequent und ganzheitlich auf den externen Markt ausgerichtet sind.

In Kap. 5.4.5 wird dies ausgehend vom Konzept der Lean Production vertieft. Die Ausdehnung auf die gesamte Organisation führt zum **Lean Management**. Darunter wird die Gesamtheit der Denkprinzipien, Methoden und Verfahrensweisen zur effizienten Gestaltung sämtlicher betrieblicher Tätigkeiten verstanden. Damit sollen jede Form von Verschwendung, Fehler und unnötige Kosten vermieden als auch bestmögliche Qualität erzielt werden. Dies erfolgt durch die fünf Lean-Prinzipien Kundenorientierung (Identify Value), Wertschöpfungsorientierung (Map Value Stream), Fluss-Prinzip (Create Flow/One-piece-flow), Pull-Prinzip (Establish Pull/Kanban) und Perfektion durch kontinuierliche Verbesserung (Seek Perfection/KVP).

Ein Konzept hybrid-modularer Organisation ist **Mass Customization** (vgl. Kap. 5.4.6), das die Effizienz der Massen- bzw. Serienproduktion von Standardprodukten (Mass Production) mit kundenspezifischen Lösungen (Customization) kombiniert. Es beruht auf dem Prinzip der Modularität, nach dem die Produkte in Komponenten, Baugruppen oder Bauteile aufgeteilt werden. Über standardisierte Schnittstellen und mithilfe von Baukastensystemen ist eine vielfältige Kombinierbarkeit möglich. Auf diese Weise lassen sich kundenindividuelle Produkte in vielen Varianten effizient herstellen.

Die Herstellung und Entwicklung der Module erfolgt häufig nach dem Prinzip der Kooperation in **Netzwerken**. Dies wird in Kap. 5.5 vertieft. Dabei entsteht ein Beziehungsgeflecht aus selbstständigen Organisationseinheiten.

Virtuelle Organisation

Der Begriff virtuell bezeichnet in der Informationstechnologie eine digitale Abbildung der Realität, welche für den Anwender täuschend echt erscheint. Die **Virtualität** wurde von *Davidow* und *Malone* (1992) in die Betriebswirtschaftslehre eingeführt. Sie beschreibt eine scheinbare Wirklichkeit, die sich jedoch in einigen wesentlichen Aspekten durchaus als real erfahren lässt.

Die virtuelle Organisation verbindet die Kennzeichen traditioneller mit denen agiler Strukturen. Die Ursprünge der Virtualisierung finden sich in der Informatik der 1970er Jahre. Damals wurden „virtuelle" Datenspeicher entwickelt, bei denen durch Auslagerung von Daten und Programmen eine scheinbar größere Kapazität des Hauptspeichers erzielt wurde.

Virtuelle Organisationen stellen eine Form der Kooperation auf Zeit dar. Vor dem Hintergrund der Konzentration vieler Unternehmen auf ihre Kernkompetenzen dienen sie der Optimierung der Wertschöpfung. Virtuelle Unternehmen sind temporäre Organisationseinheiten zur Lösung von Kundenproblemen (vgl. *Picot et al.*, 2020, S. 118 f.). Nach der erfolgreichen Abwicklung einer Aufgabe lösen sie sich i. d. R. wieder auf. Bei der Konfiguration virtueller Organisation stehen nicht die vorhandenen Ressourcen, sondern vielmehr die notwendigen Kompetenzen im Vordergrund (vgl. *Davidow/Malone*, 1992). Sie werden in Kap. 5.5.4 erläutert.

> **Virtuelle Organisationen** sind temporäre Netzwerke aus autonom handelnden Einheiten. Sie organisieren und optimieren ihre Wertschöpfung mit Hilfe digitaler Informationstechnologie und treten gegenüber den Kunden eigenständig auf.

Virtuelle Organisationen sind Einheiten mit besonders hoher struktureller Veränderlichkeit. Da ihre Strukturen einem fortwährenden Wandel unterworfen sind, verfügen sie weder über ein Entscheidungszentrum noch eine ausgeprägte formale Organisationsstruktur (vgl. *Schulte-Zurhausen*, 2013, S. 294).

Merkmale virtueller Unternehmen sind (vgl. *Picot et al.*, 2020, S. 127 ff.):

- **Virtuelle Modularität:** Das virtuelle Unternehmen besteht aus modularen Einheiten, also relativ kleinen, überschaubaren Teilsystemen mit dezentraler Entscheidungskompetenz und Ergebnisverantwortung. Ohne die Modularität der Komponenten, ihre innere Geschlossenheit und ihre äußere Offenheit durch klare Schnittstellen, ist die effiziente dynamische Rekonfiguration einer virtuellen Organisation nicht realisierbar. Die Nutzung virtueller Modularität erfolgt nach dem Offen-Geschlossen-Prinzip: Die virtuelle Organisation tritt am Markt geschlossen auf, verfügt aber gleichzeitig über offene, dynamische Strukturen. Der Kunde erteilt seinen Auftrag der virtuellen Organisation als direkter Ansprechpartner, die auf seine speziellen Anforderungen optimal zugeschnitten ist. Diese Organisationseinheit kümmert sich um die Konfiguration und Steuerung des virtuellen Verbundes. Nach außen entsteht für den Auftraggeber eine Art sichtbare „Hülle", die sich als geschlossenes Ganzes präsentiert. Die tatsächlich maßgeschneiderte Organisation zur Abwicklung des Auftrags bildet sich häufig erst im Prozess der Auftragserfüllung, da die innere Struktur ein offenes System bildet.
- **Heterogenität:** Die Bausteine der virtuellen Organisation unterscheiden sich hinsichtlich ihrer Stärken, Kompetenzen und Leistungsprofile. Dies ermöglicht den Aufbau eines symbiotischen Netzwerks. Ohne diese inhaltlichen Unterschiede würde sich die dynamische Rekonfiguration des Systems auf eine rein quantitative Größenanpassung beschränken. Weitergehende Leistungsziele, beispielsweise in Bezug auf Qualität und Flexibilität, wären nicht realisierbar und die Vorteilhaftigkeit gegenüber anderen Organisationsformen fraglich. Nach dem Komplementaritätsprinzip ergänzen sich in der virtuellen Organisation die modularen Einheiten mit ihren unterschiedlichen Leistungsprofilen durch komplementäre Kompetenzen.
- **Räumliche und zeitliche Flexibilität:** Die Module des virtuellen Unternehmens sind räumlich verteilt. Ihre Zugehörigkeit bzw. Nichtzugehörigkeit unterliegt dynamischer Rekonfiguration und bedarf hoher Transparenz. Informations- und kommunikationstechnische Infrastrukturen können dem virtuellen Unternehmen aber auch im Zeitalter der Digitalisierung Grenzen setzen. Die Kenntnis des konkreten Ortes der Leistungserbringung ist für den Kunden irrelevant. Durch die permanente Rekonfiguration erscheint die Organisation aus Sicht des Kunden zu jedem Zeitpunkt wie auf seine speziellen Bedürfnisse zugeschnitten.

Es lassen sich folgende **Dimensionen der Virtualität** unterscheiden (vgl. *Picot et al.*, 2020, S. 403 ff.):

- **Institutionelle Virtualisierung:** Zusammenarbeit verschiedener organisatorischer Einheiten innerhalb eines

Unternehmens oder auch über Unternehmensgrenzen hinweg.

- **Räumliche Virtualisierung:** Die digitale Informationstechnologie ermöglicht z. B. Telearbeit als mediengestützte verteilte Aufgabenbewältigung. Diese kann sowohl die Aufgabenkoordination (Telemanagement) als auch die Aufgabenerfüllung (Teleleistung) umfassen. Auf diese Weise können Personen zusammenarbeiten, die räumlich weltweit verteilt sind.
- **Zeitliche Virtualisierung:** Die Aufgabendurchführung kann mithilfe digitaler Informationstechnologie zeitlich flexibel gestaltet werden. Dabei kann für jeden Aufgabenträger individuell festgelegt werden, wie viel (chronometrisch) und wann (chronologisch) dieser arbeiten soll (vgl. Kap. 6.2.6). Beispiele sind der Wegfall fester Arbeitszeiten durch elektronische Kommunikationsmöglichkeiten.

Im Zeitalter der Digitalisierung erhält die Virtualisierung eine besondere Bedeutung, da Aufgaben aufgrund der technologischen Möglichkeiten und der sinkenden Transaktionskosten in immer größerem Maße standortverteilt und standortunabhängig bewältigt werden können. Nach der räumlichen und zeitlichen Verteilung lassen sich mithilfe der in Abb. 5.2.10 dargestellten „Anytime/Anyplace-Matrix" vier grundsätzliche **Virtualisierungsgrade** unterscheiden (vgl. *Vahs*, 2019, S. 544 ff.; *Picot et al.*, 2020, S. 131 ff.):

- **Traditionelle Organisationen** sind nicht virtuell. Die Mitarbeiter arbeiten am gleichen Ort zur gleichen Zeit.
- **Zeitliche Virtualisierung** mit unterschiedlichen Formen flexibler Arbeitszeitmodelle werden in Kap. 6.2.6 vorgestellt. Dies kann bei einem hohen Digitalisierungsgrad und einer Vernetzung der gesamten Wertschöpfungskette zu vollständig integrierten, reaktionsschnellen Organisationen führen. Echtzeitunternehmen (realtime enterprises) kommunizieren stets über den aktuellen Informationsstand ohne Zeitverzögerung.
- **Räumliche Virtualisierung** bedeutet einen Verzicht auf festgelegte Arbeitsstandorte. Der Arbeitsort wird an die Anforderungen der Kunden und Mitarbeiter angepasst. Mobile Büros lassen sich etwa über die Nutzung mobiler Endgeräte oder Coworking Spaces realisieren. Coworking Spaces sind geteilte Arbeitsräumlichkeiten, die sowohl über die notwendige Infrastruktur verfügen als auch eine vernetzte Zusammenarbeit mit Gleichgesinnten ermöglichen. Mobile Endgeräte ermöglichen ein flexibles, multilokales Arbeiten, d. h. an verschiedenen Orten innerhalb und außerhalb des Unternehmens. In der Corona-Krise 2020/21 mussten viele Büroangestellte ihre Tätigkeit von zu Hause aus erledigen (Home Office). Dabei zeigte sich, dass dies ebenfalls effizient und zweckmäßig sein kann, wodurch die Akzeptanz bei den Unternehmen deutlich zugenommen hat. Für Unternehmen ergeben sich hier mitunter hohe Einsparungspotenziale, wenn auf teure Dienstreisen verzichtet werden kann und nicht mehr für jeden Mitarbeiter ein standortbezogener Arbeitsplatz erforderlich ist. Die räumliche Virtualisierung bietet auch den Vorteil, dass die Kompetenzen von Mitarbeitern weltweit genutzt und organisatorisch eingebunden werden können. Zudem kann dadurch eine größere Nähe zum Kunden hergestellt werden.
- **Vollständige Virtualisierung** bedeutet, dass die Mitarbeiter digital vernetzt sind und ihre Tätigkeiten zeitlich flexibel und ortsunabhängig ausführen. Es existiert nur ein minimale oder keine Präsenzzeit und die Kollabora-

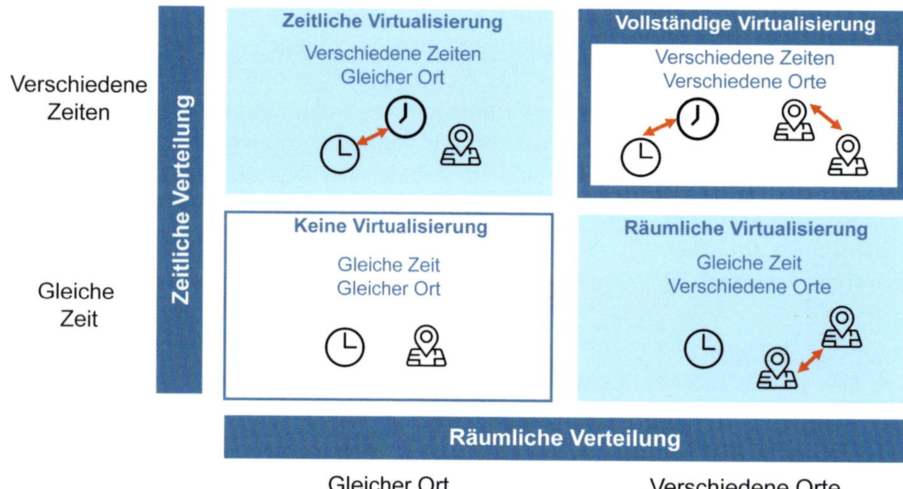

Abb. 5.2.10: Anytime/Anyplace-Matrix (in Anlehnung an Picot et al., 2020, S. 127)

tion findet in virtuellen Räumen statt. Kommunikation und Informationsaustausch erfolgen in erster Linie über digitale Medien, wie etwa E-Mail, Videotelefonie oder Web-Konferenzen. Für die erfolgreiche Arbeit von virtuellen Teams bedarf es neben klaren organisationalen Rahmenbedingungen und einer funktionierenden IT-Infrastruktur vor allem guter Kommunikationsfähigkeiten. Darüber hinaus spielt die emotionale Intelligenz der Teammitglieder eine wichtige Rolle. Emotionale Intelligenz beschreibt die Fähigkeit, die Gefühle und Emotionen anderer Menschen zu verstehen und darauf in der Kommunikation und der sozialen Interaktion einzugehen (vgl. Kap. 6.3.1). Die Führungskräfte sollen in einem virtuellen Kontext die zwischen den Mitgliedern liegende physische Distanz überbrücken. In der virtuellen Zusammenarbeit spielt Vertrauen eine große Rolle. Dieses ist aber gleichzeitig auch schwerer aufzubauen als in einem persönlichen Kontakt.

In virtuellen Organisationen wird den Kunden ein Produkt scheinbar aus einer Hand angeboten, welches jedoch tatsächlich aus einer temporären Kooperation zur Erstellung dieser Leistung entstanden ist. Die Kooperation nimmt gemeinsam Chancen wahr und arbeitet bis zur Erreichung ihrer Ziele zusammen. Die beteiligten Organisationseinheiten verzichten weitgehend auf die Institutionalisierung von Funktionen und bringen ihre spezifischen Kompetenzen ein.

5.2.5 Konzepte agiler Organisationen

Agile Organisationen zeichnen sich dadurch aus, dass sie die Merkmale der virtuellen und der hybrid-modularen Organisationen verbinden. Agilität umfasst die schnelle Planung und Umsetzung von Maßnahmen, hohe Anpassungsfähigkeit, ausgeprägte Kundenorientierung und eine offene mentale Haltung der Organisationsmitglieder im Umgang mit Veränderungen. Agile Organisationen richten ihre Strategie am Kunden aus und streben eine Maximierung des Kundennutzens an. Sie sind im Vergleich zu traditionellen Unternehmen durch andere Koordinationsmechanismen und Machtverteilungen geprägt, wie z. B. Netzwerkstrukturen anstelle von Hierarchien (vgl. *Vahs*, 2019, S. 546). So erfolgt etwa beim agilen Projektmanagement nach der Scrum-Methode (vgl. Kap. 5.3.5) eine Dezentralisierung von Verantwortung auf selbstgesteuerte Teams. Mithilfe des Design-Thinking werden innovative Kundenlösungen kooperativ erstellt. Weitere agile Werkzeuge sind etwa Kanban-Boards oder die Lean Startup-Methode (vgl. Kap. 8.7; *Aulinger*, 2017).

> Die agile Organisation ist eine **Netzwerkorganisation**. Sie hat keine feste, beschreibbare Struktur, sondern diese wird kontextabhängig, bedarfsgerecht und lösungsorientiert gebildet.

Diese jeweils temporäre Struktur dient ausschließlich der Wertschöpfung und richtet sich dementsprechend vollständig an der Ablauforganisation aus. Die Prozesse werden daher konsequent von außen nach innen gedacht, d. h. ausgehend vom Markt und Kunden. Es wird dabei die gesamte Wertschöpfungskette betrachtet. Die Prozesse werden permanent überprüft und bei Bedarf angepasst. Macht ist in einer agilen Organisation hochgradig dezentralisiert. Entscheidungen werden dort getroffen, wo die Kompetenz liegt. Die Organisationseinheiten haben größtmögliche Autonomie.

Eine **gemeinsame Ausrichtung** erlangen die Organisationseinheiten und Menschen in der Organisation über den Purpose und geteilte Werte sowie die Vision und Mission. Die Strategien zum Vorgehen und Erreichen der Ziele entstehen ebenfalls dezentral. Daher ist es nötig, dass Sinn und Zweck der Organisation klar und transparent sind (vgl. Kap. 2.1). Die Ausrichtung wird auch durch vereinbarte Rahmenbedingungen erreicht, wie etwa die Verpflichtung zur Offenheit. Führung wird als Aufgabe wie jede andere verstanden und in der Organisation verteilt. Dabei findet eine temporäre und situative Verantwortungsübernahme statt. Die agile Organisation ist hochgradig entwicklungsorientiert. Lernen und Weiterentwicklung sind wichtige Werte. Es herrscht ein evolutionäres Entwicklungsverständnis. Inkrementelle Vorgehensweisen ermöglichen Ausprobieren und Lernen. Prozessual etablierte Rückkopplungsschleifen fördern eine kontinuierliche Anpassung an sich verändernde Umstände. Die Verantwortung für die Weiterentwicklung und kontinuierliche Verbesserung der Organisation wird ebenfalls dezentral wahrgenommen und von allen gelebt. Jeder Einzelne strebt danach, sich selbst weiterzuentwickeln und verbessert dadurch die gesamte Organisation. Ebenso verschwimmen die Außengrenzen der Organisation. Dienstleister und Kunden werden als Partner verstanden, mit denen gemeinsam übergeordnete Ziele angestrebt werden (vgl. *Häusling/Fischer*, 2020, S. 17 ff.; *Hofert/Thonet*, 2019, S. 156).

Die meisten agilen Modelle beruhen auf einer **Kreisorganisation** (vgl. *Laloux*, 2015), die hierarchische Beziehungen auf eine neue Art erzeugt. Es existierten beispielsweise übergeordnete und untergeordnete Kreise, aber kein unten und oben. Wer die Rolle und damit die Verantwortung für etwas hat, kann etwas Neues auch ohne hierarchische

Abstimmungsprozesse initiieren. Rangordnungen können auch aus der Erfahrung und Kompetenz der Mitarbeiter folgen, etwa im Sinne eines Meister-Schüler-Verhältnisses. Diese sind dabei flexibel und veränderbar. Wesentliche Konzepte agiler Organisationen werden im Folgenden vorgestellt.

Soziokratie

Der Begriff Soziokratie leitet sich aus den lateinischen und altgriechischen Wörtern socius (gemeinsam, verbunden) und kratein (Herrschaft) ab. Der Begriff wurde 1851 vom französischen Philosoph *Auguste Comte* geprägt und geht auf das konsensbasierte Entscheidungsprinzip der Glaubensgemeinschaft der Quäker zurück. Die grundlegenden soziokratischen Werte und Prinzipien wurden vom niederländischen Reformpädagogen *Boeke* entwickelt, der 1926 in Bilthoven bei Utrecht die **Reformschule** „Werkplaats Kindergemeenschap" gründete. Die Schule arbeitet bis heute nach den soziokratischen Prinzipien und unterrichtet auch die Kinder des niederländischen Königshauses (www.wpkeesboeke.nl). Die Gestaltungsprinzipien wurden 1946 nach dem Ende des zweiten Weltkriegs veröffentlicht und für die Anwendung in Unternehmen weiterentwickelt (vgl. *Strauch/Reijmer*, 2018).

Endenburg, ein Schüler der niederländischen Reformschule, bemerkte in seinem Studium, dass an der Universität weniger die Eigenverantwortung, als vielmehr die Erfüllung von Vorgaben im Vordergrund stand. 1968 übernahm er von seinem Vater das Familienunternehmen (www.endenburg.nl) und gestaltete es als soziokratische Kreisorganisation um. Dabei ersetzte er Top-down-Entscheidungen durch demokratische, mehrheitsbasierte Abstimmungsprozesse. Das Unternehmen wandelte er 1980 in eine Stiftung um. Seitdem gehört sich das Unternehmen selbst. Die soziokratische Organisation wurde dabei in den Stiftungsstatuten festgelegt. 1997 trat *Endenburg* als CEO zurück. Er gründete 1978 das *Soziokratische Zentrum der Niederlande*, welches die soziokratischen Prinzipien weiterentwickelt und verbreitet. Daraus entwickelte sich „*The Sociocracy Group (TSG)*" als weltweite Dachorganisation der Soziokratie (thesociocracygroup.com), deren Organisationsmodell in Abb. 5.2.11 dargestellt ist.

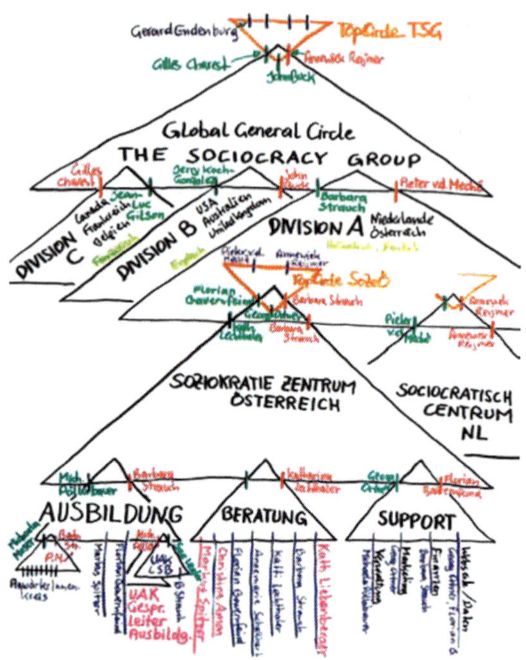

Abb. 5.2.11: Das Organisationsmodell der weltweiten Soziokratie-Gruppe (www.soziokratie.at)

> **Soziokratie** ist eine agile Organisationsform, die durch Selbstorganisation und konsensbasierte Entscheidungen geprägt ist.

Soziokratie basiert auf folgenden **Grundprinzipien** (vgl. *Oestereich/Schröder*, 2020, S. 221 ff.):

- **Gleichwertigkeit** aller Beteiligten, beispielsweise durch Konsent. Alle Beteiligten sind so lange im Konsent, bis jemand einen Einwand hervorbringt. Entscheidungen können sehr schnell getroffen werden, denn ein Einwand ist kein Veto und es gibt viele Möglichkeiten, einen Einwand zu berücksichtigen.
- **Subsidiaritätsprinzip**: Entscheidungen sollen stets auf der untersten Ebene getroffen werden, welche dazu in der Lage ist.
- **Transparenz** über wirtschaftliche, soziale, inhaltliche und organisatorische Sachverhalte. Beispielsweise legte *Endenburg* von Anfang an sein Gehalt offen.
- **Fairness** zwischen Kapitalgebern und Arbeitskräften, beispielsweise durch angemessene Entlohnung und gegenseitigen Respekt.

Die soziokratische **Kreisorganisation** ist, wie die pyramidenförmige Linienorganisation, hierarchisch strukturiert, d. h. jede Kreis-Organisationseinheit hat genau einen Oberkreis:

- Der **Allgemeine Kreis** übernimmt die Geschäftsführung und ist das oberste Organ der Organisation.
- Der **Topkreis** übernimmt die Rolle eines Aufsichtsrats und bildet die Schnittstelle zur Umwelt. Er besteht aus dem CEO und einem weiteren Vertreter des Allgemeinen Kreises, einem Vertreter der Eigentümer sowie externen Experten. Er bestimmt die Rahmenbedingungen der Organisation, z. B. die Unternehmenswerte.
- Unterhalb des Topkreises organisieren sich **Bereichskreise**, **Abteilungen** und einzelne **Teams**. Die direkte Wertschöpfung liegt typischerweise am unteren Rand.

Wie in Abb. 5.2.12 zu sehen, werden die Kreise häufig auch als Dreiecke dargestellt, um auf diese Weise die Hierarchie der Kreis-Ebenen als rechtlich verbindliche Entscheidungsstrukturen auszudrücken (vgl. *Strauch/Reijmer*, 2018, S. 141). Aufgrund der Ähnlichkeit zum Pyramidenmodell lässt sich eine soziokratische Kreisstruktur aus einer traditionellen Linienorganisation ableiten. Im Unterschied zur pyramidalen Organisation entsenden Unterkreise jedoch gewählte Repräsentanten in Oberkreise und die Oberkreise wiederum Kreisführungen in die Unterkreise. Zwischen den Kreisen bestehen also doppelte Verknüpfungen, sog. Doppelverbinder. Jeder Kreis vollzieht einen dynamischen Steuerungsprozess aus den Teilaufgaben Leiten, Ausführen und Messen. Die Funktion Leiten wird dabei dem Repräsentanten aus dem Oberkreis zugeschrieben und Messen dem in den Oberkreis entsandten Repräsentanten. Innerhalb eines Kreises sind die Mitglieder gleichberechtigt und einzelne Mitarbeiter sind typischerweise Mitglied in mehreren Kreisen. Die in die Oberkreise entsandten Repräsentanten werden durch offene Wahl im Konsent bestimmt. So entwickeln die Mitglieder einer Organisation Mitverantwortung sowohl für den Erfolg der Organisation als Ganzes als auch für jeden Einzelnen.

Holakratie

Die synonym verwendeten Begriffe Holokratie bzw. Holakratie (Holacracy) gehen zurück auf die altgriechischen Bezeichnungen „holos“ (vollständig, ganz) und „kratía“ (Herrschaft). Die Holakratie ist demzufolge eine Organisationsform, die selbstständige Einheiten hierarchiefrei zu einem übergeordneten Ganzen verbindet. Sie wurde vom Unternehmer *Robertson* im Jahr 2007 für seine Firma *Ternary Software Corporation* entwickelt. Dabei soll die Entscheidungsfindung über alle Ebenen hinweg transparenter, partizipativer und agiler gestaltet werden (vgl. *Robertson*, 2016). Das Konzept stellt eine Weiterentwicklung der Soziokratie dar. *Robertson* wurde vom Soziokratie-Trainer *Buck* unterstützt und stand in direktem Kontakt zu *Endenburg*. Er berücksichtigte in seinem Konzept zudem die integrale Theorie nach *Wilber* (2006) und Aspekte der agilen Softwareentwicklung mit Scrum (vgl. Kap. 5.3.5).

Die weltweite Verbreitung und kontinuierliche Weiterentwicklung der Holakratie treibt *Robertson* mit seinem Beratungsunternehmen *Holacracy One* (2020) voran. Aktuell praktizieren über 1.000 Unternehmen und Nonprofit-Organisationen Holakratie, u. a. die Umweltbewegung *Extinction Rebellion* oder *mymuesli*. Bekanntheit gewann das Konzept insbesondere durch die Einführung beim US-Onlineschuhhändler *Zappos*.

Holakratie ist eine neue Art der Strukturierung und Führung einer Organisation, welche die Hierarchie ersetzt. Anstatt von oben nach unten durchzuregieren, wird die Macht in der gesamten Organisation verteilt. Dadurch erhalten Mitarbeiter und Teams mehr Freiheit zur Selbst-

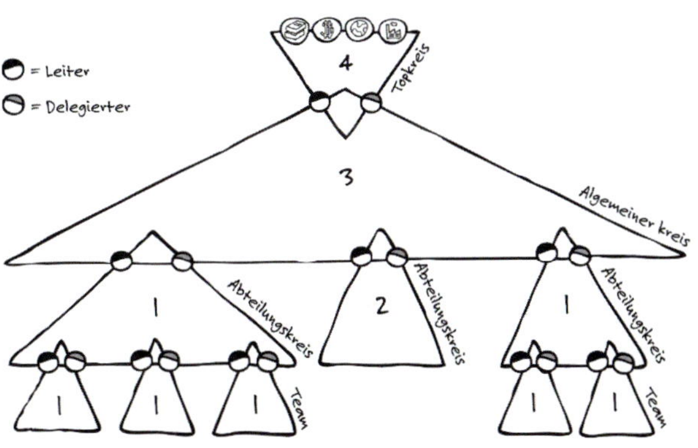

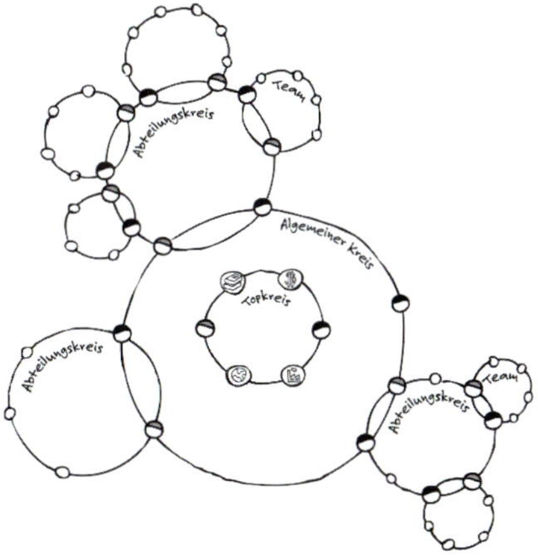

Abb. 5.2.12: Formen der soziokratischen Kreisorganisation (vgl. Strauch/Reijmer, 2018, S. 142 ff.)

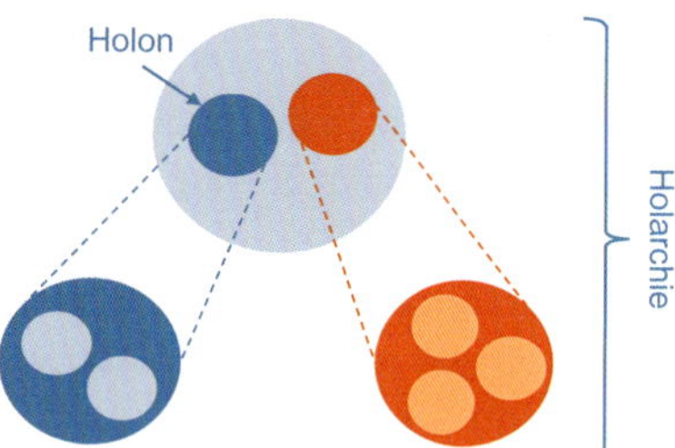

Abb. 5.2.13: Holakratie als Herrschaft durch das Ganze

verwaltung. Gleichzeitig bleibt die Organisation auf den Unternehmenszweck ausgerichtet.

> **Holakratie** bietet einen organisatorischen Rahmen für Autonomie, Agilität und Zweckorientierung, bei der verteilte und dynamische Kreisstrukturen die Hierarchie ersetzen (vgl. www.holacracy.org; *Robertson*, 2016, S. 15 ff.).

Die Basis der Holakratie bildet eine **Verfassung** (holacracy constitution) als verbindliches Regelwerk, das kontinuierlich weiterentwickelt wird (www.holacracy.org/constitution). Darin werden die Rollentypen, Regeln, Strukturen und Prozesse für die agile Führung des Unternehmens festgelegt. Dadurch wird sichergestellt, dass die Verteilung von Autorität als Kernelement der Holakratie gelingt.

Als kleinste organisatorische Einheit fungiert die **Rolle**, welche drei Elemente umfasst: Eine zu erfüllende Aufgabe (Purpose), möglicherweise einen Autoritätsbereich (Domain), über den die Rolle bestimmen kann sowie Verantwortlichkeiten (Accountabilities), welche von der Rolle umgesetzt werden sollen. Die Organisationsstruktur wird somit nicht durch die einzelnen Mitarbeiter, sondern die Rollen bestimmt, welche das Unternehmen braucht, um seinen Zweck zu erfüllen. Diese Rollen werden dann im zweiten Schritt von den Mitarbeitern ausgefüllt (vgl. *Roberston*, 2016, S. 41).

Mit einer Rolle sind Zuständigkeiten und Handlungskompetenzen verbunden, um jede für die Wahrnehmung der Rolle zielführende Aktivität durchzuführen, solange nicht die Handlungskompetenz anderer Rollen verletzt wird. Mitarbeiter können ein ganzes Bündel verschiedener Rollen übernehmen. Im Zeitablauf nicht mehr benötigte Rollen entfallen. Die Rollen sind in Kreisen (holacracy circles) als größere Einheiten zusammengefasst, z. B. einem Produktionskreis, einem Marketingkreis usw. In größeren Organisationen können diese Kreise wiederum in übergeordnete Kreise, sogenannte Superkreise, eingruppiert werden. Oberste Einheit ist der Ankerkreis (general company circle), der die Gesamtorganisation darstellt. Die gewählte Kreisstruktur soll deutlich machen, dass es keine Hierarchie gibt. Abb. 5.2.14 zeigt die verschiedenen Rollen in einer Holakratie.

Wesentliche **Leitlinien und Rollen** der Holakratie sind (vgl. *Hofert/Thonet*, 2019, S. 159; *Robertson*, 2016, S. 36 ff.)

- **Doppelte Verbindung (double-linking):** Um eine klare Kommunikation zwischen den verschiedenen Kreisen zu gewährleisten, arbeitet die Holakratie mit doppelten Verbindungen. Jeder Kreis wählt sowohl einen (oder mehrere) Vertreter als sog. **Rep-Link** in den nächsthöheren Kreis als auch Vertreter als **Lead-Link** in die zugehörigen unteren Kreise. Die Lead-Links stellen sicher, dass die unteren Kreise über die Ziele, Maßnahmen und Anforderungen des jeweils höheren Kreises informiert sind und ihre Aktivitäten entsprechend ausrichten. Falls erforderlich, können auch Cross-Links eingesetzt werden, die verschiedene Nachbarkreise miteinander verbinden. Die jeweiligen Vertreter leiten aktuelle Informationen aus ihrem Kreis weiter und setzen sich für die Interessen ihres Kreises in den anderen Kreisen ein. Sie sind bei Entscheidungen in den einzelnen Kreisen gleichberechtigt. Durch dieses System von Verbindungen sollen Entscheidungen in den jeweiligen Kreisen unter Beteiligung vieler Mitglieder konsensbasiert getroffen werden.

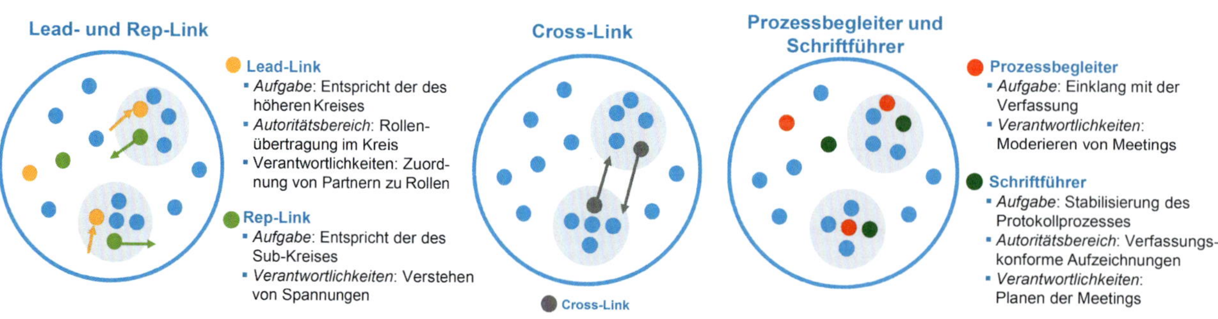

Abb. 5.2.14: Rollen in der Holakratie (in Anlehnung an Robertson, 2016, S. 37 ff.)

Holakratie bei Zappos

Der amerikanische Online-Schuhhändler *Zappos* beschäftigt über 1.500 Mitarbeiter und setzt rund 1 Mrd. US$ pro Jahr um. Im Jahr 1999 wurde *Zappos* (angelehnt an zapatos, spanisch für Schuhe) in San Francisco gegründet. Das Unternehmen baute einen Onlineshop für den Verkauf von Schuhen und Modeartikeln auf und eröffnete ein eigenes Versandcenter in Shepherdsville, Kentucky. Im Jahr 2004 verlegte das Unternehmen seinen Hauptsitz nach Las Vegas und wuchs rasant. Seit 2013 ist das ehemalige Rathaus von Las Vegas die Unternehmenszentrale. Im Jahr 2009 wurde *Zappos* von *Amazon* übernommen, aber bis zu seinem Ausscheiden 2020 eigenständig unter der Leitung des Gründers und CEO *Tony Hsieh* geführt (www.zappos.com). Das Unternehmen erwirtschaftet 80 Prozent des Umsatzes durch den Onlinevertrieb von Schuhen und Schuhzubehör, weitere 20 % entfallen auf Haushaltswaren, Taschen, Schmuck und Kosmetika. In Deutschland wurde 2008 nach dem Vorbild von *Zappos* der Online-Schuhhändler *Zalando* gegründet.

Zappos gilt als das prominenteste Beispiel für ein holakratisch organisiertes Unternehmen. *Zappos* beschreibt seine Organisationsstruktur selbst wie folgt (www.zappos.com): In den meisten Unternehmen müssen neue Ideen von einem Manager oder einer Kette von Managern genehmigt werden. Als ein Unternehmen, das eine selbstverwaltete Organisationsstruktur verwendet, ermutigen wir die *Zapponians* dazu, Chancen innerhalb der Organisation zu identifizieren und Lösungen vorzuschlagen. Im Kern bedeutet Selbstmanagement, genau zu wissen, wofür die Mitarbeiter verantwortlich sind, und die Freiheit zu haben, diese Erwartungen so zu erfüllen, wie diese es für das Beste halten. Die Holakratie ist das Betriebssystem für das Unternehmen mit vordefinierten Regeln und Prozessen, Kontrollmechanismen und Richtlinien. *Zappos* war schon immer auf außergewöhnlichen Kundenservice ausgelegt, einen sog. WOW-Service. Dazu ist es wichtig, dass jeder Mitarbeiter die Bedürfnisse der Kunden versteht und das Kundenerlebnis verbessert. Holakratie ermöglicht jedem Mitarbeiter, schnell auf Kundenfeedback zu reagieren und eigenständig zu entscheiden.

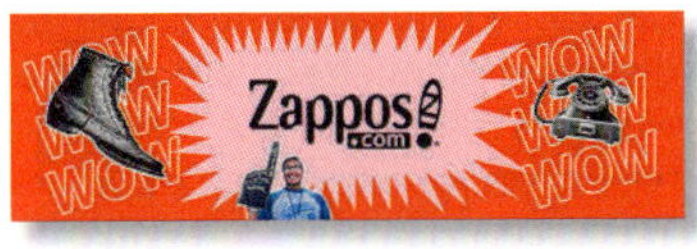

Bei *Zappos* bilden die Kreise bzw. Teams die wesentlichen Bausteine der Organisation. In ihnen werden individuelle Rollen kollektiv definiert und zur Erfüllung der Arbeit zugewiesen. Diese gliedern die gesamte Struktur sehr fein. So wurden bei *Zappos* aus 150 Abteilungen rund 500 Kreise. Diese Teams verändern sich wie Projektteams mit der Möglichkeit, Ad-hoc-Gruppen zu bilden. Die Verfassung von *Zappos* bildet die Grundlage der Organisation. Sie ist ein lebendiges Dokument, das die Regeln für die Bildung, Veränderung und Beseitigung von Kreisen festlegt. Sie beschreibt die Rollen sowie deren Grenzen und Interaktionen (vgl. *Bernstein et al.*, 2016, S. 38 ff.). Die Hierarchie der Kreise veranschaulicht Abb. 5.2.16.

Darüber hinaus können die Mitarbeiter formelle Vereinbarungen festlegen, die als **kollegiale Absichtserklärungen** (Colleague Letters of Understanding, CLOUs) bezeichnet werden. Sie beschreiben Verantwortlichkeiten, Aktivitäten und Ziele sowie detaillierte Maßstäbe zur Leistungsbewertung. Die Führungsrollen bei *Zappos* entsprechen den Vorgaben von *Holacracy One*. *Zappos* hat sehr viele Lead-Link-Rollen und dezentralisiert damit Führungsverantwortung. Die Mitarbeiter

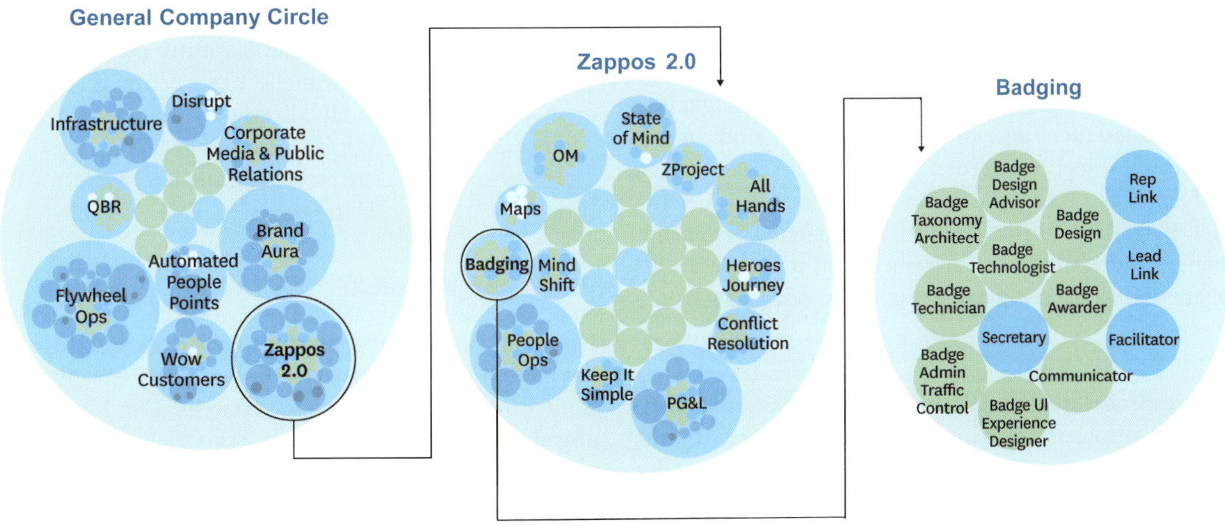

Abb. 5.2.15: Hierarchie der Kreise bei Zappos (vgl. Bernstein et al., 2016, S. 38 ff.)

bei *Zappos* nehmen dabei stets mehrere spezifische Rollen ein, im Durchschnitt sind es 7,4 Rollen je Mitarbeiter. Jede Rolle wird erstellt, überarbeitet und immer wieder angepasst. Bei den Verhandlungen untereinander teilen die Mitarbeiter die Aufgaben denjenigen zu, die am besten geeignet sind, diese auszuführen. Dies führt auch zu einer Fragmentierung der Arbeit. Bei *Zappos* enthält jede Rolle, die ein Mitarbeiter ausfüllt, durchschnittlich 3,57 verschiedene Verantwortlichkeiten, was zu mehr als 25 Verantwortlichkeiten pro Mitarbeiter führt. Dies hat eine mangelnde Priorisierung und hohen kreisübergreifenden Koordinationsaufwand zur Folge, weshalb teilweise auch wieder Manager eingeführt wurden.

Um diesen Herausforderungen zu begegnen, führte *Zappos* das Instrument **„People Points"** ein. Dabei erhält jeder Kreis eine bestimmte Anzahl von Punkten, mit denen Mitarbeiter für Rollen rekrutiert werden können. Die Punkte geben den Wert der Arbeit des Kreises an. Jeder *Zapponianer* erhält ein Kontingent an Punkten, die nach eigenem Ermessen verteilt werden können. So werden Crowdfunding-Modelle genutzt, um die Zeit der Mitarbeiter mit wertvollen Aufgaben zu füllen. Da die Mitarbeiter ihre persönlichen Rollenportfolios selbst zusammenstellen und diese nur eingeschränkt vergleichbar sind, fehlt die Basis für eine anforderungs- und leistungsgerechte Vergütung (vgl. Kap. 6.2.8). *Zappos* experimentiert damit, die Vergütung auf der Grundlage des Erwerbs oder der Anwendung von Qualifikationsplaketten festzulegen. Darüber hinaus ist auch die Verwaltung der Rollen sehr zeitaufwändig. *Zappos* nimmt mithilfe des digitalen „Role Marketplace" rund 195 Rollenzuweisungen pro Tag vor.

Ein Kreis bei *Zappos* ist mit der Überwachung der Einführung der Holakratie beauftragt und überprüft die Wirksamkeit der Methode. So wurde 2015 vom damaligen CEO *Tony Hsieh* allen Mitarbeitern, für die das Selbstmanagement nicht passte, ein Abfindungsangebot gemacht („Adopt Holocracy or Leave!"). Rund ein Fünftel der Beschäftigten verließen daraufhin das Unternehmen. Als Gründe gaben sie an, dass sie in Schulungen zwar neue Schlagwörter lernen würden, dies aber kaum Unterschiede in der Art und Weise machte, wie die Arbeit durchgeführt wurde. Bemängelt wurde auch die Zweideutigkeit und mangelnde Klarheit in Bezug auf Fortschritt, Vergütung und Verantwortlichkeiten.

- **Trennung von Steuerungsmeetings und operativen Besprechungen:** Steuerung ist im holakratischen System in allen Elementen der Organisation verteilt. In den Steuerungsmeetings, die jeder Kreis abhält, wird darüber entschieden, wie die Zusammenarbeit innerhalb des Kreises stattfindet. Zuständigkeiten und Entscheidungsbefugnisse werden festgelegt und die Strukturen weiterentwickelt. In Steuerungs-Meetings wird bewusst nicht über Ressourcenfragen entschieden. Die operativen Besprechungen regeln die Aktivitäten des Tagesgeschäfts.
- **Zuständigkeiten und Rollen:** Holakratie legt Wert darauf, nicht in traditionellen Organigrammen und Ämterhierarchien, sondern in Rollen und Zuständigkeiten zu denken. Konflikte entstehen, wo Zuständigkeiten oder Rollen nicht oder mangelhaft geklärt sind. In den Steuerungsmeetings werden Konflikte und Spannungen aufgegriffen und für die Entwicklung und Optimierung der Betriebsstruktur genutzt. Bestehende Zuständigkeiten und Rollen werden gemeinsam und präzise geklärt und wenn nötig neue geschaffen oder bestehende aufgegeben. Auf diese Weise sollen alle regelmäßig erforderlichen Aufgaben abgebildet werden.
- **Dynamische Steuerung:** Wichtige Steuerungsentscheidungen erfolgen in jedem Kreis durch integrative Entscheidungsfindung. Dabei werden die Meinungen aller Beteiligten einbezogen. Entscheidungen sind jederzeit änderbar, wenn sie sich in der Praxis nicht bewähren. In diesem Fall kann jeder einen neuen Vorschlag einbringen. Es wird nicht nach einer perfekten, sondern einer brauchbaren Lösung gesucht. Die Entscheidung gilt auch nicht für immer, sondern nur für den aktuellen Kontext auf Basis der zur Verfügung stehenden Informationen. Die Steuerung findet im Sinne einer evolutionären Entwicklung als Prozess häufiger, kleiner Kurskorrekturen statt.

Problematisch in holakratischen Organisationen sind die Vergütung und Karrieremöglichkeiten. So gibt es keine klassischen Karrierewege und auch die Vergleichbarkeit und Bewertung der verschiedenen Rollen sind schwierig. Oft bildet sich eine informelle Hierarchie heraus, die der traditionellen Hierarchie nahekommt (vgl. *Oestereich/Schröder*, 2020, S. 76). Manche Unternehmen sind daher auch wieder von der Holakratie abgerückt (vgl. *Hofert/Thonet*, 2019, S. 158). Holakratie eignet sich für bestimmte Unternehmensstrukturen und Branchen, wie etwa Beratungs- oder Online-Unternehmen.

Pfirsichorganisation

Diese agile Organisationsstruktur ähnelt, wie in Abb. 5.2.17 dargestellt, einem Pfirsich, dessen Kern das normative Zentrum des Unternehmens darstellt. Der Kern ist klar abgegrenzt vom umgebenden Fruchfleisch als Peripherie. Diese umfasst die direkten Wertschöpfungsfunktionen und steht im Kontakt mit der Umwelt. Die Peripherie richtet sich zum Kunden hin aus. Sie fokussiert auf die Wertschöpfung in komplexen Führungskontexten durch

Dezentralisierung von Ressourcen und Macht sowie direkter Interaktion zwischen Mitarbeitern und Kunden. Die Macht verläuft entgegengesetzt zur Soziokratie von außen nach innen. Im äußeren Kreis (Peripherie) erfolgt die direkte Wertschöpfung, während das Zentrum die selbstgesteuerten Zellen durch indirekte Dienstleistungen unterstützt.

> Eine Mischung aus sozio- und holakratischer Kreisstruktur ist die sog. **Pfirsichorganisation.**

Das von *Pfläging* entwickelte Modell besteht aus folgenden **Bestandteilen** (vgl. 2009; 2011; 2013):

- Die Teams in der **Peripherie** schaffen Wert in direktem Austausch mit der Außenwelt. Dabei werden Kunden, Lieferanten, Wettbewerber und Eigentümer des Unternehmens ebenso zur Außenwelt gerechnet wie die Gesellschaft. Zudem verwalten die perpihären Teams die Finanzen und steuern die Organisation. Die Kreise einer Pfirsichorganisation sind multidisziplinär und sie profitieren von komplementären fachlichen Spezialisierungen. Sie erbringen ihre Ergebnisse ganzheitlich und müssen alle für ihre Wertschöpfung notwendigen Fertigkeiten beinhalten. Die Einheiten mit direktem Marktbezug lernen vom Markt und müssen sich schnell und intelligent an geänderte Marktanforderungen anpassen. Durch den direkten Marktkontakt wissen diese selbstgesteuerten Zellen am besten, was ihre Kunden wollen und können sich daran ausrichten. Kundenrelevante Entscheidungen sollen deshalb so dezentral wie möglich getroffen werden. Die Kunden werden den Zellen eindeutig zugeordnet, um interne Konkurrenzkämpfe zu vermeiden.
- Das **Zentrum** erbringt Dienstleistungen, um die Peripherie zu unterstützen. Spezielle Funktionen sind ebenfalls zentral als interne Dienstleister angesiedelt, die auch als Org-Shops bezeichnet werden. Diese stellen den Zellen übergreifende oder spezifische Organisations- und Informationsdienstleistungen zur Verfügung. Beispiele sind IT, Recht oder Finanzen. Sie bieten den wertschöpfenden Kreisen ihre internen Dienstleistungen an, wodurch die Machtrichtung von außen nach innen verläuft. Die Unternehmenszentrale übt in dieser Organisationsform keine Macht aus, sondern soll die Zellen durch geeignete Rahmenbedingungen in ihren Entscheidungen unterstützen. Das Zentrum ist durch die Peripherie vom Markt isoliert, weshalb es nicht als zentrale Steuerungseinheit dienen kann. Vielmehr ist die Kopplung zwischen Peripherie und Zentrum so zu gestalten, dass die dezentralen Einheiten die Autonomie und Entscheidungsbefugnis übertragen bekommen, um möglichst unabhängig handeln zu können. Das Zentrum entwickelt die Organisation weiter und koordiniert die Beziehungen zwischen den Einheiten der Peripherie. Führung, Koordination und Selbstorganisation erfolgen damit überwiegend von außen nach innen.
- Die **Beziehungen** der einzelnen Zellen unterliegen, anders als bei der Holakratie und Soziokratie, keinen zwingenden Gestaltungskriterien, sondern folgen den von außen nach innen verlaufenden Anforderungen der Kunden. Sie werden miteinander verbunden, um Zusammenarbeit

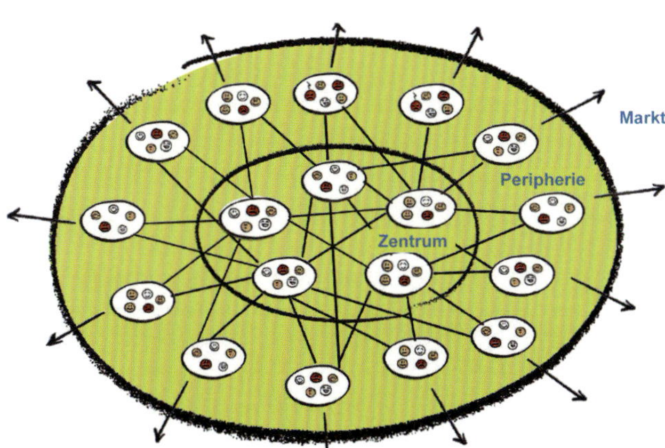

Abb. 5.2.16: Pfirsichorganisation (Hermann/Pfläging, 2020, S. 28)

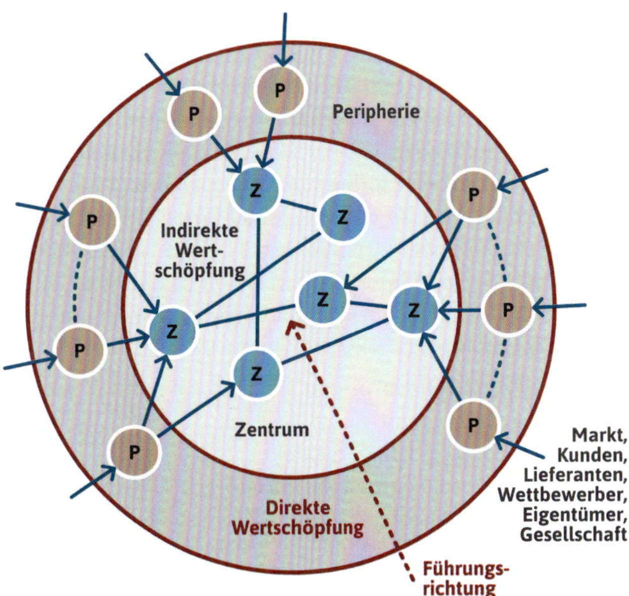

Abb. 5.2.17: Prinzip einer Pfirsichorganisation (Oestereich/Schröder, 2020, S. 79)

bei gegenseitigen Abhängigkeiten und gemeinsame Entscheidungen zu ermöglichen. Die Koordination zwischen den Zellen erfolgt durch Selbstabstimmung auf internen Märkten. Angebot und Nachfrage werden dort mithilfe von Verrechnungspreisen aufeinander ausgerichtet. Da Gewinne nur in den Zellen mit direktem Kundenkontakt entstehen sollen, werden die Verrechnungspreise der zentralen Dienste auf Kostenbasis gebildet.

- Die **Mitarbeiter** sind typischerweise Mitglied in mehreren Zellen. Die Trennung in die verschiedenen Bereiche ist nicht an Personen, sondern an deren Rollen und Zellmitgliedschaften orientiert. Die Entscheidungskompetenz wird in der dezentralen Organisation auf die marktnahen Einheiten verlagert. Dabei gilt das Konsultationsprinzip: Je größer die Tragweite einer Entscheidung, umso mehr Kollegen sind in die Meinungsbildung einzubeziehen. Die Entscheidung und deren Verantwortung übernimmt jedoch derjenige Mitarbeiter, der ein Problem identifiziert hat. Entscheidungen zu treffen und damit zu führen, ist somit nicht an hierarchische Positionen gebunden, sondern Aufgabe jedes Mitarbeiters. Fehlentscheidungen werden als unternehmerisches Risiko und als Chance zur Verbesserung gesehen. Auf diese Weise werden die Mitarbeiter dazu ermutigt, unternehmerisch zu handeln – also Entscheidungen zu treffen und Verantwortung zu übernehmen.

Spotify-Modell

Als einer der Pioniere agiler Organisationen gilt der schwedische Musikstreamingdienst *Spotify*. Dessen Organisationsmodell wurde bereits häufig auf andere Unternehmen adaptiert, wie das Praxisbeispiel von *T Systems* zeigt. *Spotify* wurde im Jahr 2008 gestartet. Neben Musik können auch Hörbücher, Podcasts und Videos gestreamt werden. *Spotify* hat das Musikhören revolutioniert und bietet heute über 70 Millionen Titel für rund 380 Millionen Nutzer. Das Unternehmen erzielt rund 8 Mrd. Euro Umsatz und verfügt über eine Marktkapitalisierung von rund 38 Mrd. Euro (www.spotify.com).

Das **Spotify-Modell** wurde von *Kniberg* und *Ivarsson* (2012) entwickelt und besteht, wie in Abb. 5.2.18 dargestellt, aus vier verschiedenen **Organisationseinheiten** (vgl. *Oestereich/Schröder*, 2020, S. 210):

- **Truppe (Squad)**: Den Kern bilden kleine autonome Teams, sogenannte „Squads“. Diese funktionsübergreifend besetzten Teams von bis zu acht Personen haben die Gesamtprozessverantwortung für einen ausgewählten Bereich. Sie sind von der Idee, über die Konzeption und Entwicklung bis zum kommerziellen Erfolg ihrer Arbeit verantwortlich. Die Truppen werden von ihrer eigenen langfristigen Mission geleitet und können frei entscheiden, wie sie ihre Zusammenarbeit gestalten. Dabei ordnen die Squads ihre Mission der übergreifenden Strategie und den Zielen des Unternehmens unter, indem sie ihre Ziele in kürzeren Zeitabständen, wie z. B. Quartalen, festlegen.
- **Stamm (Tribe)** ist eine Menge von Truppen aus einem Arbeitsumfeld von bis zu 100 Personen. Jede Truppe ist dabei genau einem Stamm zugeordnet. Ein Stamm koordiniert die Ziele der Squads und auch die Verbände. Ein Tribe hat Ähnlichkeit mit einem Geschäftsbereich.
- **Verband (Chapter):** Innerhalb eines Stammes können sich Personen mit gleichen Rollen, Zuständigkeiten und Fähigkeiten in einem Verband koordinieren und fachlich austauschen. Chapter strukturieren sich fachlich, z. B. gehören alle Designer innerhalb eines Stammes einem Verband an. Die Leitung eines Verbands ist auch gleichzeitig die Führungskraft des jeweiligen Mitarbeiters. Somit entsteht eine Matrixorganisation aus Verbänden und Truppen.
- **Zunft (Guild)** ist eine offene, informelle und unternehmensweite Gruppe von Personen mit gleichen Interessen. Es ist eine freiwillige Gemeinschaft, die den fachlichen Austausch ihrer Mitglieder über die Stammesgrenzen hinaus fördert, z. B. in regelmäßigen Treffen oder sozialen Netzwerken.

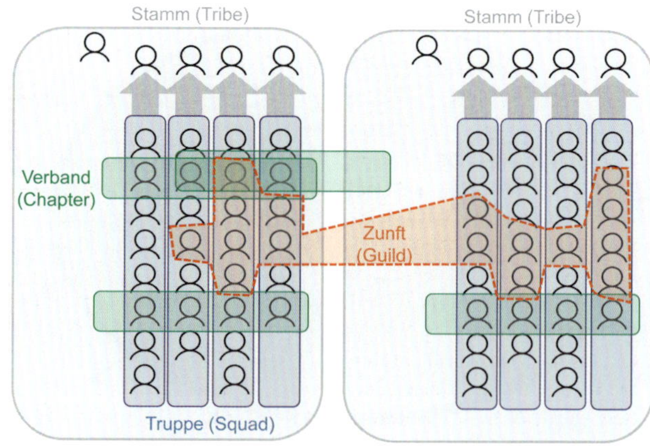

Abb. 5.2.18: Agile Organisation im Spotify-Modell (in Anlehnung an Kniberg/Ivarsson, 2012)

Agile Organisation bei T-Systems

T · ·Systems·

Praxisbeispiel von Oliver Herrmann (Senior Vice President New Ways of Working, Deutsche Telekom)

Die *T-Systems International GmbH* ist die Großkundensparte der *Deutschen Telekom AG*. Mit Standorten in über 20 Ländern, mehr als 37.500 Mitarbeitern und einem externen Umsatz von 6,8 Mrd. Euro ist *T-Systems* einer der weltweit führenden, herstellerübergreifenden Digitaldienstleister.

Als führender Digitalisierungsanbieter bewegt sich *T-Systems* an der vordersten Front von IT-getriebenen Innovationen. Die Veränderungsgeschwindigkeit hat enorm zugenommen und betrifft alle Marktteilnehmer – Kunden, Mitarbeiter, Partner und Wettbewerber. Unter anderem deswegen hat *T-Systems* im Jahr 2018 ein Veränderungsprogramm auf den Weg gebracht, mit dem Ziel, sowohl schneller reagieren als auch transparenter und effizienter agieren zu können. Hierfür wurde die Unternehmensstruktur an Portfolioelementen ausgerichtet und eine vom *Spotify-Modell* inspirierte flexible Organisation, die sog. „FlexOrg", eingeführt.

Die sog. **Portfolio Units (PU)** wurden so gebildet, dass sie ganzheitlich für ein definiertes Geschäftsfeld aus Lösungen und Produkten zuständig sind. Ganzheitlich bedeutet in diesem Zusammenhang, dass sie eigenständig am Markt agieren können. Sie haben ihren eigenen Vertrieb, ihre eigene Produktion und die entsprechenden unterstützenden Funktionen und werden an ihrem EBIT-Beitrag zum Unternehmenserfolg gemessen. Innerhalb dieser PUs wurde das in Abb. 5.2.19 dargestellte **flexible Organisationsmodell (FlexOrg)** implementiert, um schneller auf Veränderungen am Markt reagieren zu können.

Org-Einheit
- Alle Mitarbeiter gehören disziplinarisch zum Leiter dieser Organisationseinheit
- Der Leiter hat die Möglichkeit, die disziplinarische Führung an einen oder mehrere Manager in der Einheit zu delegieren

Tribe
- Koordination der Squads mit einem gemeinsamen Ziel
- Tribe Lead ist verantwortlich für die fachliche Führung der Squad Leader

Org-Einheit | Tribe | Chapter | Chapter | Squad | Squad | Ressource Management

Chapter
- Mitarbeiter mit gemeinsamen Arbeitsmethoden und/oder Kompetenzen
- Chapter Leader ist verantwortlich für die Kompetenzentwicklung der Mitarbeiter und deren teildisziplinarischer Führung

Ressource Management (RM)
- Größere Squads oder Tribes benötigen z.T. ein eigenes Ressourcenmanagement
- Dieses vermittelt Mitarbeiter an die Squads basierend auf deren Kompetenzen, Neigungen und Verfügbarkeit

Squad
- Temporäres Team von Mitarbeitern mit einem gemeinsamen Ziel/Zweck
- Squad Leader ist verantwortlich für die fachliche Führung der Mitarbeiter

Abb. 5.2.19: Flexibles Organisationsmodell von T-Systems

Die kleinste wertschöpfende Einheit darin ist das **Squad** (Truppe). Es ist ein i.d.R. temporäres Team von Mitarbeitern, das einen definierten Geschäftszweck verfolgt. Das kann z.B. ein Softwareentwicklungsprojekt oder ein Vertriebsvorhaben sein. Squads sind autonome Einheiten, die Ende-zu-Ende für ihren Geschäftsauftrag verantwortlich sind und alle zur Erreichung notwendigen Entscheidungen autark treffen.

Squads mit einem gemeinsamen Zweck werden in sog. **Tribes** (Stämme) gebündelt. Das kann beispielsweise ein gemeinsamer Kunde oder ein ähnliches Geschäftsmodell sein. Der Tribe Leader hat die Aufgabe, diesen gemeinsamen Zweck weiter zu entwickeln, sei es vertraglich, inhaltlich oder vertrieblich. Zudem obliegt ihm die fachliche Führung der jeweiligen Squads. Auch der Tribe ist auf dieser Ebene autonom.

Damit diese Form von Autonomie und Selbstorganisation stattfinden kann, müssen die dafür notwendigen Kompetenzen in der Belegschaft vorhanden sein. Deren Entwicklung ist die Hauptaufgabe der sog. **Chapter** (Verbände). Die Chapter Leader führen ihre Mitarbeiter teildisziplinarisch. Die Zuordnung zu einem Chapter erfolgt anhand von gemeinsamen Kompetenzen oder ähnlichen Arbeitsmethoden. Beispielsweise können in einem Chapter alle für einen Fachprozess wie „Logistik" notwendigen Kompetenzen gebündelt und weiterentwickelt werden.

In einzelnen Fällen gibt es für besonders große Tribes ein eigenes **Ressourcenmanagement**, um die Zuordnung der Mitarbeiter zu den Squads bestmöglich zu optimieren. Das kann beispielsweise bei einem Tribe notwendig sein, der ein gesamtes Geschäftsfeld umfasst.

Die FlexOrg ist jedoch nur der organisatorische Rahmen, in dem die Veränderungen stattfinden. Wesentlicher war die parallele Einführung des **„Agile Collaboration Model" (ACM)** als neues „Betriebssystem", welches die Zusammenarbeit im Unternehmen grundlegend verändert hat (vgl. Abb. 5.2.20).

Abb. 5.2.20: Das Agile Collaboration Model

Das ACM wurde in seiner Version 1.0 *aus* der Organisation *für* die Organisation entwickelt, also von den Mitarbeitern selbst. Die Versionsnummer deutet an, dass es sich ständig weiterentwickelt, um auf die permanenten Veränderungen zu reagieren.

Das ACM beruht auf vier **Eckpfeilern**:

- **Empowerment** bedeutet, dass die Entscheidungen dort getroffen werden sollen, wo die Kompetenz ist. Normalerweise ist das dezentral in den vollverantwortlichen Squads der Fall, die nahe am Kunden agieren. Damit erreicht *T-Systems* sowohl eine hohe Reaktionsgeschwindigkeit als auch beste Entscheidungsfähigkeit.
- **Kompetenz** ist eine Grundvoraussetzung, um Empowerment zu gewährleisten. Die notwendigen Kompetenzen müssen in der Organisation vorhanden sein und permanent – individuell sowie als Organisation – weiterentwickelt werden.
- **Führung** verteilt sich auf wesentlich mehr Schultern als bisher und findet disziplinarisch und fachlich statt. Jeder kann Führungsrollen einnehmen. Wesentlich wird die Haltung – Führung bekommt einen stärker unterstützenden Charakter.
- **Framework** bereitet den dafür notwendigen Rahmen. Dazu gehören die FlexOrg, aber auch schlanke und schnelle Prozesse und eine deutlich flachere Organisation mit zwei Hierarchieebenen weniger als in der Vergangenheit.

Mit diesen Eckpunkten gelang es, die umfangreichen Änderungen in kurzer Zeit und mit sichtbarem Erfolg umzusetzen. Entscheidungen werden heute schneller und am Kunden orientierter getroffen. Die Kompetenzen wurden in einem zentralen Ressource-Management-System nachvollziehbar weiterentwickelt und die Führungskräfteentwicklung durch neue Formate einem breiteren Kreis zugänglich gemacht.

Das Spotify-Modell ermöglicht viel Autonomie und ermutigt die Mitarbeiter, etwas Neues zu probieren. Mitarbeiter dürfen 10 % ihrer Arbeitszeit für eigene Vorhaben (Hacks) verplanen. Zudem veranstaltet *Spotify* regelmäßige „Hack Weeks“, in denen Mitarbeiter in freien Teams an eigenen Projekten arbeiten können.

5.2.6 Potenzial und Beurteilung agiler Organisationen

Folgende **Merkmale** prägen agile Organisationen (vgl. *Kotter*, 2014; *Vahs*, 2019, S. 552):

- **Personenorientierung und Entbürokratisierung**: Informelle Strukturen, die mehr Initiative und Kreativität ermöglichen und so den Leistungswillen fördern, ersetzen formale Regeln. Vor allem bei den Führungspositionen ergibt sich daraus eine wesentlich stärkere Organisation ad personam, die auch als Mittel der Persönlichkeitsentwicklung zu verstehen ist.
- **Überschaubare und flexible Organisationseinheiten:** Die konsequente Dezentralisierung trägt zur Überwindung der Schwerfälligkeit größerer Organisationen bei. Dies führt zur Bildung teilautonomer Einheiten, die selbstständig und marktnah agieren können. In diesem Spannungsbogen kann eine innovationsfreudigere Unternehmenskultur mit besseren Chancen für unternehmerisch denkende und handelnde Mitarbeiter entstehen, in der selbstorganisierende Teams zielgerichtet ihre eigenen Organisationsstrukturen schaffen.
- **Mehrdimensionalität der Organisation**: Neben einer stabilen „Palastorganisation“ mit spezialisierten Daueraufgaben tritt eine flexible „Zeltorganisation“ mit zeitlich befristeten, agilen Einheiten. Ihre Aufgabe ist die Bewältigung des marktlichen und technologischen Wandels in einem komplexen Führungskontext.
- **Horizontalisierung:** Horizontale Prozesse und Netzwerke lateraler Zusammenarbeit dominieren. Die Akteure agieren auf Augenhöhe.
- **Digitalisierung** überwindet die Grenzen des Unternehmens sowie räumliche und zeitliche Abhängigkeiten. Dadurch ergeben sich auch neue Anwendungsmöglichkeiten für agile Projekte und Netzwerkorganisationen.

Agile Organisation bei Datwyler

DÄTWYLER

Praxisbeispiel von Dirk Lambrecht (CEO)

Das Familienunternehmen *Dätwyler* im Kanton Uri wurde 1915 von *Adolf Dätwyler* gegründet. *Dätwyler* fokussiert sich auf hochwertige, systemkritische Elastomerkomponenten und verfügt über führende Positionen in globalen Märkten wie Healthcare, Mobility, Oil & Gas und Food & Beverage. Mit über 20 operativen Gesellschaften und Verkäufen in über 100 Ländern erwirtschaftet *Dätwyler* einen Jahresumsatz von mehr als 1 Mrd. CHF. Dank der anerkannten Kernkompetenzen und Technologieführerschaft bedient das Unternehmen als Hightech-Konzern mit über 7.000 Mitarbeitern weltweit über 1.000 Kunden (www.datwyler.com).

Das Familienunternehmen lebt seine **Werte** aus Überzeugung. Zum 100-jährigen Firmenjubiläum wurden 2015 die Unternehmenswerte festgeschrieben, welche die Kultur und Führung der *Dätwyler Gruppe* auf der ganzen Welt prägen. Ein zentraler Wert lautet dabei „Wir sind Unternehmer". Bei *Dätwyler* trägt jeder zum gemeinsamen Erfolg bei – egal, was er tut, woher er kommt oder wie viel Verantwortung er hat. Wir verstehen uns als Führungskraft und nicht als Manager. Und: Wir sind sehr wettbewerbsfähig und lieben es, zu gewinnen.

Zu diesem Wert passt auch die 2020 durchgeführte **Reorganisation** des Unternehmens. Dabei wurde neben strategischen Prioritäten, wie der Stärkung des Marktfokus und der Kernkompetenzen, auch die Agilität in den Vordergrund gestellt. Ziel war es, den Marktfokus und die Nähe zum Kunden zu stärken sowie die langjährigen Kernkompetenzen effizienter zu nutzen. Hierzu wurden die Markt- und Produktionsaktivitäten in die beiden Geschäftsbereiche *Healthcare Solutions* und *Industrial Solutions* zusammengefasst. Das Produktspektrum umfasst im Bereich Healthcare systemkritische Komponenten, wie z. B. Verschlüsse für injizierbare Arzneimittel wie Fläschchen, vorgefüllte Spritzen oder Diagnostika. Der Bereich Mobility stellt Anwendungen in Fahrzeugen her, wie Bremsen, Einspritz- und Motorenmanagement, Abgasnachbehandlung oder Elektromobilität. Darüber hinaus besteht im Bereich Food & Beverage eine langjährige Partnerschaft mit dem weltweit führenden Anbieter für portionierten Kaffee. Die Geschäftsbereiche werden durch die Serviceeinheiten Technology & Innovation sowie Finance & Shared Services unterstützt. Insgesamt konnte in den letzten zehn Jahren der Umsatz verdoppelt und der EBIT verdreifacht werden. Mit der neuen Organisation wurden bisherige Synergien und die Innovationskraft gestärkt sowie Kostenstrukturen optimiert.

Von besonderer Bedeutung ist die Co-Entwicklung von innovativen Lösungen mit dem Kunden sowie die Beschleunigung der Organisation und Digitalisierung. Eine strategische Priorität ist es deshalb, die Agilität zu steigern. Die sich immer rascher verändernden Märkte und Rahmenbedingungen verlangen nach Schnelligkeit, Flexibilität und Anpassungsfähigkeit. Der Wert „Wir sind Unternehmer" ist die ideale Voraussetzung für eine agile und innovationsstarke Organisation. Neben den dynami-

Abb. 5.2.21: Landkarte der agilen Zukunft von Datwyler

scheren und schlechter planbaren Umweltanforderungen verändert sich der Führungskontext auch aufgrund der Herausforderungen durch den bisherigen Erfolg und das Wachstum. So führte die zunehmende Größe der Organisation zu komplizierten Entscheidungsprozessen, langen Reaktionszeiten, eingeschränktem internen Wissensaustausch, verzögerter technologischer Entwicklung, langsamer Integration der Akquisitionen und unvollständiger Kundenorientierung. Damit hinkte die Anpassungsfähigkeit der Organisation den Umweltanforderungen hinterher. Das Ziel „Agilität steigern" umfasste daher neben der agilen Organisation auch andere Agilitätsaspekte, wie etwa die Einführung einer neuen Führungskultur oder der Förderung agiler Arbeitsweisen und Methoden, wie z. B. Scrum oder Objectives and Key Results (OKR). Ausgangspunkt des sog. **Agility Movement** ist ein kühnes und inspirierendes Bild der Zukunft, das in Abb. 5.2.21 visualisiert ist.

Die bisherige hierarchische Organisation sollte aufgebrochen werden, um die Entscheidungsfindung zu beschleunigen und eine selbstlernende Organisation mit schnellen und dezentralen Entscheidungsprozessen zu entwickeln. Dabei wird eine agile Zellorganisation angestrebt, die markt- und kundennah agieren kann. Impulse vom Markt können so schnell erkannt und entsprechend (re)agiert werden. Entscheidungen werden dort getroffen, wo die Interaktionen mit dem Markt stattfinden. Dafür ist die Peripherie zuständig, also die Mitarbeiter nahe am Markt. Dies führt zu schnellen Entscheidungen und kurzen Reaktionszeiten.

Die Einführung einer agilen Organisation ist jedoch ein Prozess, der begonnen wurde, aber noch nicht das ganze Unternehmen durchdringt. Ein globales Netzwerk zur Unterstützung und Förderung agiler Arbeitsweisen wurde aufgebaut und stößt im Unternehmen auf großes Interesse. Die Schulungen wurden sehr gut aufgenommen und agile Methoden werden eingesetzt. So unterstützen Scrum Master unterschiedliche Projekte im gesamten Unternehmen. Das Arbeiten in agilen Zellstrukturen wurde mit Freiwilligen begonnen, die in selbstorganisierten Teams arbeiten. Abb. 5.2.22 zeigt exemplarisch eine Momentaufnahme der Projekte und Teams des Datwyler Agility Movement.

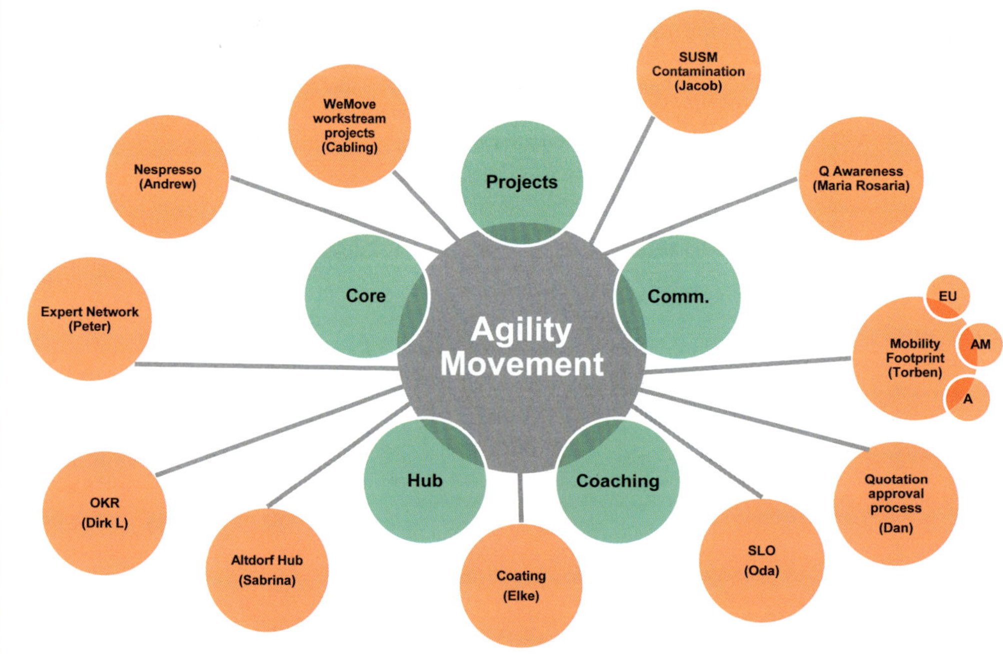

Abb. 5.2.22: Exemplarische Projekte des Datwyler Agility Movement

- **Kundenfokussierung** ist die Grundmaxime aller agilen Überlegungen. Nicht wertschöpfende Tätigkeiten werden soweit wie möglich reduziert und die frei gewordenen Ressourcen stattdessen zur Verbesserung der Kunden-Lieferanten-Beziehungen genutzt.

Kritisch für agile Unternehmen ist die Rolle der Führungskräfte, insbesondere im Prozess des Wandels hin zu einer agilen Organisation. Dafür ist ein klares Bekenntnis der obersten Führungsebene erforderlich, dass dieses neue Führungs- und Rollenverständnis gewollt ist und von allen Führungskräften eingefordert wird. Zudem erfordert es von den Mitarbeitern den Mut, die neu gewonnenen Entscheidungskompetenzen und Freiräume auch tatsächlich zu nutzen. Dies gilt ganz besonders, wenn dabei der eine oder andere Fehler unterlaufen sollte. Eine höhere Fehlertoleranz und ein ausgeprägtes Fehlerlernen ist unabdingbar für Agilität. Damit treten bei den Führungskräften soziale Fähigkeiten, wie etwa die Vermittlung der Vision, offene Kommunikation oder Motivationskraft, in den Vordergrund (vgl. *Vahs*, 2019, S. 553).

Agilität ist in komplexen Führungskontexten unerlässlich und soll gleichzeitig **Schnelligkeit und Stabilität** ermöglichen. Ein Erfolgsfaktor für agile Organisationen ist die strukturelle und kulturelle Stabilität bei standardisierten Abläufen sowie eine gemeinsame Sinnorientierung und von allen geteilte Werte. Andererseits unterstützen agile Organisationen auch dynamische Fähigkeiten, wie etwa wechselnde Teamzusammensetzungen, um schnell auf geänderte Umweltanforderungen zu reagieren.

Wenn Flexibilität und Stabilität ausbalanciert werden, können Organisationen gemäß einer Studie der Unternehmensberatung *McKinsey* aus der Transformation zu einer agilen Organisation folgende **positive Effekte** erwarten (vgl. *Wouter et al.*, 2020, S. 1 ff.):

- Die **Kundenfokussierung** ist der Ausgangspunkt jeder agilen Organisation. Dazu ist der Unternehmenszweck als Orientierung unerlässlich, da er alle Entscheidungen beeinflusst (vgl. Kap. 2.2). Exemplarisch lautet die Mission von *Amazon* „to be Earth's most customer-centric company, where customers can find and discover anything they might want to buy online, and endeavors to offer its customers the lowest possible prices." Dies wird in vier Leitprinzipien wie z. B. „Kundenbesessenheit statt Konkurrenzorientierung" noch weiter präzisiert. Durch die konsequente Ausrichtung auf die Kunden können agile Organisationen die Kundenzufriedenheit um 10 bis 30 % verbessern.
- Die Studie ergab eine Verbesserung des **Mitarbeiterengagements** von 20 bis 30 %. Dies kann durch die drei Motivationsfaktoren Autonomie, Kompetenz und Zielstrebigkeit erklärt werden. Die Autonomie wird durch kleine, funktionsübergreifende Teams mit voller Verantwortlichkeit für bestimmte Aufgaben erreicht. Kompetenz bezeichnet anwendungsbezogenes Wissen, das in verschiedenen Aufgabenbereichen angewendet werden kann. Die Zielstrebigkeit wird durch klare Ziele und Performance-Measurement-Systeme unterstützt, wie etwa Objectives and Key Results (OKR; vgl. Kap. 7.2.3).
- Die betrieblichen **Leistungsindikatoren** variieren je nach Branche. Beispiele sind die Zeit bis zur Markteinführung, die Geschwindigkeit der Problemlösung, die Prognostizierbarkeit und die Produktionsmenge. Die Maßgrößen werden in die Kategorien Geschwindigkeit, Zielerreichungsraten und branchenspezifische Kennzahlen unterteilt. Die Studienergebnisse zeigen, dass die Implementierung einer agilen Organisation eine Verbesserung dieser Maßgrößen um 30 bis 50 % bewirken kann.

Diese positiven Effekte führten darüber hinaus bei den befragten Unternehmen zu Kostensenkungen von 20 bis 30 %.

Zusammenfassung

- Agilität bedeutet, flexibel und proaktiv, antizipativ und initiativ zu agieren, um in komplexen Führungskontexten eine hohe Anpassungsfähigkeit zu gewährleisten.
- Agile Unternehmensführung eignet sich für komplexe Führungskontexte und fördert einen Prozess der gelenkten Selbstorganisation und Evolution.
- Eine agile Organisation richtet ein Unternehmen marktorientiert und flexibel aus, um eine möglichst hohe Anpassungsfähigkeit zu erreichen. Sie hat eine geringe Arbeitsteilung, verteilte Macht, koordiniert sich selbstorganisatorisch und ist personenorientiert sowie temporär. Die Formalisierung ist gering, die Autonomie hoch und die Konfiguration flach.
- Selbstorganisation umfasst nicht hierarchisch kontrollierte (selbst gesteuerte) und nicht extern angetriebene (selbstgenerierte) Prozesse. Durch spontane Systemänderungen, die auf zufälligen und unerwarteten Ereignissen beruhen, werden neue Muster erzeugt. Die Selbstorganisation führt zu neuen, stabilen Strukturen.

- Zur Selbsterhaltung und -organisation bedarf es agiler Grundfähigkeiten nach dem AGIL-Schema: Adaptation, Goal Attainment, Integration und Latency.
- Ein Führungsansatz, der auf der Problemlösungskraft selbstorganisatorischer Prozesse basiert, ist die fraktale Fabrik. Basierend auf der fraktalen Geometrie gliedert sich ein Unternehmen danach in selbstorganisierende, teilautonome, dynamische und selbstähnliche Gebilde.
- Unternehmen in einfachen und komplizierten Führungskontexten (traditionelle Organisationen) fokussieren sich stark auf Hierarchien.
- Eine Adhokratie zeichnet sich dadurch aus, dass sie ihre Autorität aus entschiedenem Handeln zieht. Es wird experimentiert, d. h. neue Vorgehensweisen erprobt, verändert und deren Erfolg laufend überprüft. Entscheidungen in der Adhokratie folgen der Logik des „Garbage Can Model" (Mülleimer-Modell) als zufällige Kombinationen von Problemen, Lösungen, Teilnehmern und Entscheidungsenergie.
- Eine Meritokratie ist eine Ausprägung zwischen Bürokratie und Adhokratie. Sie bezieht ihre Autorität aus Wissen. Experten treffen darin in komplizierten Führungskontexten durch sorgfältige Analyse faktenbasiert Entscheidungen. Bestehende Lösungen werden dabei an neue Anforderungen angepasst (Good Practice).
- Unternehmen benötigen ein duales Betriebssystem, das sowohl eine stabile und effizienzfördernde Hierarchie als auch schnelle und agile Strukturen aufweist.
- Organisationen bestehen aus drei Strukturen: Die formelle Struktur ist die verankerte Macht der Hierarchie aus Weisungs- und Berichtsbeziehungen. Die informelle Struktur beschreibt die sozialen Beziehungen innerhalb der Organisation. Die Wertschöpfungsstruktur befasst sich mit der Leistungserstellung, Wettbewerbsfähigkeit und Innovation.
- Die hybrid-modulare Organisation ist durch relativ kleine und überschaubare Einheiten (sogenannte Module oder Segmente) gekennzeichnet, deren Prozesse konsequent und ganzheitlich auf den externen Markt ausgerichtet sind.
- Virtuelle Organisationen sind temporäre Netzwerke aus autonom handelnden Einheiten. Sie organisieren und optimieren ihre Wertschöpfung mit Hilfe digitaler Informationstechnologie und treten gegenüber den Kunden eigenständig auf.
- In der „Anytime/Anyplace-Matrix" können Virtualisierungsgrade unterschieden werden. Traditionelle Organisationen sind nicht virtuell. Die Mitarbeiter arbeiten am gleichen Ort zur gleichen Zeit. Zeitliche Virtualisierung hat unterschiedliche Formen flexibler Arbeitszeitmodelle. Räumliche Virtualisierung bedeutet einen Verzicht auf festgelegte Arbeitsstandorte. Vollständige Virtualisierung bedeutet, dass die Mitarbeiter digital vernetzt sind und ihre Tätigkeiten standortverteilt und ortsunabhängig gemeinsam ausführen.
- Die agile Organisation ist eine Netzwerkorganisation. Sie hat keine feste, beschreibbare Struktur, sondern diese wird kontextabhängig, bedarfsgerecht und lösungsorientiert gebildet.
- Soziokratie ist eine agile Organisationsform, die durch Selbstorganisation und konsensbasierte Entscheidungen geprägt ist.
- Holakratie bietet einen organisatorischen Rahmen für Autonomie, Agilität und Zweckorientierung, bei der verteilte und dynamische Kreisstrukturen die Hierarchie ersetzen.
- Eine Mischung aus sozio- und holakratischer Kreisstruktur ist die sog. Pfirsichorganisation.
- Das Spotify-Modell besteht aus den vier verschiedenen Organisationseinheiten Truppe (Squad), Stamm (Tribe), Verband (Chapter) und Zunft (Guild).
- Agile Organisationen sind geprägt durch Personenorientierung und Entbürokratisierung, überschaubare und flexible Organisationseinheiten, Mehrdimensionalität der Organisation, Horizontalisierung und Kundenfokussierung.

Literaturempfehlungen

Davidow, W. H./Malone, M. S.: The Virtual Corporation: Structuring and Revitalizing the Corporation for the 21st Century, New York 1992.

Hermann, S./Pfläging, N.: OpenSpace Beta: Das Handbuch für organisationale Transformation in nur 90 Tagen, München 2020.

Kotter, J. P.: Accelerate: Strategischen Herausforderungen schnell, agil und kreativ begegnen, München 2015.

Oestereich, B./Schröder, C.: Agile Organisationsentwicklung: Handbuch zum Aufbau anpassungsfähiger Organisationen, München 2020.

Robertson, B.: Holocracy: Ein revolutionäres Management-System für eine volatile Welt, München 2016.

5.3 Projektmanagement

Leitfragen

- Was ist ein Projekt?
- Welche Bausteine hat das Projektmanagement?
- Wie ist mit einer Vielzahl an parallelen Projekten umzugehen?
- Wie lässt sich das Projektmanagement agil gestalten?

Projekte sind **temporäre Organisationseinheiten**, die für besondere Anlässe gebildet und anschließend wieder aufgelöst werden. Die Anlässe können sowohl strategischer als auch operativer Natur sein. Projekte verändern die Primärorganisation eines Unternehmens jedoch meist nicht grundlegend. Allerdings gibt es auch Unternehmen oder Bereiche, die auf die Durchführung von Projekten ausgelegt sind. Dort kann daher die Projektorganisation zur Primärorganisation werden.

5.3.1 Bausteine und Ziele des Projektmanagements

Die Notwendigkeit des Projektmanagements folgt u.a. aus zunehmenden überbetrieblichen Kooperationen, steigender Kompliziertheit oder dem Trend zu kundenspezifischen Systemlösungen. Auch steigende Ansprüche an die Transparenz gegenüber internen und externen Auftraggebern spielen eine Rolle. In dauerhaften Organisationsformen bewirken solche interdisziplinären Aufgaben komplizierte und langwierige Entscheidungsprozesse. Hierarchische Organisationsformen sind durch starre Entscheidungs- und Kompetenzaufteilung gekennzeichnet. Ist ein stellenübergreifendes Problem zu lösen, so ist die jeweils übergeordnete hierarchische Ebene zuständig. Für interdisziplinäre Fragestellungen folgt daraus die Trennung zwischen fachlicher Kompetenz und Entscheidungsbefugnis. Für bestimmte Vorhaben ist die Durchführung als Projekt daher die bessere Alternative (vgl. *Heintel/Krainz*, 2015, S. 27 ff.). Projekte besitzen das Potenzial zur Steigerung der organisatorischen Flexibilität, zur Dezentralisierung von Führungsfunktionen und Verantwortung sowie zur ganzheitlichen Lösung einer Aufgabe (vgl. *Dillerup*, 1998, S. 149).

Projektmanagement wurde bereits in der frühen Menschheitsgeschichte betrieben. Heute würde z.B. der Bau der ägyptischen Pyramiden oder der Chinesischen Mauer als (Groß-)Projekt bezeichnet. Die Geburtsstunde des Projektmanagements war die 1941 gestartete Entwicklung der Atombombe in den USA. Diese erschien mit traditionellen Organisationsformen undurchführbar, sodass dabei erstmals das Projektmanagement als neue Organisationsform zum Einsatz kam.

Ausgehend vom Hauptquartier in New York City, woraus sich der Name *Manhattan Engineering District Project* ableitet, wurde hierfür eine Forschungsstadt bei Los Alamos in den Bergen von New Mexico errichtet. Zeitweilig arbeiteten dort über 100.000 Menschen am Manhattan-Projekt, und es endete mit der erfolgreichen Entwicklung der Atombombe. Das Projektmanagement wurde in der Folge für Rüstungs- und Raumfahrtvorhaben weltweit eingesetzt.

Für Projekte existiert eine Vielzahl von Definitionen. Zur Vereinheitlichung wurde in der *DIN 69901* folgende Festlegung vorgenommen: „Ein Projekt ist ein Vorhaben, das im Wesentlichen durch Einmaligkeit der Bedingungen in ihrer Gesamtheit gekennzeichnet ist, wie z.B. projektspezifische Organisation, Zielvorgabe, zeitliche, finanzielle, personelle oder andere Begrenzungen". Die „Einmaligkeit der Bedingungen" ist jedoch recht unscharf formuliert. Daher wird folgende Begriffsbestimmung zugrunde gelegt:

Ein **Projekt** bezeichnet ein einmaliges, zeitlich begrenztes und komplexes Vorhaben, zu dessen Bewältigung mehrere Mitarbeiter aus unterschiedlichen Organisationseinheiten und Fachbereichen erforderlich sind (vgl. *Kraus/Westermann*, 2019, S. 2).

Ein Projekt ist damit durch die in Abb. 5.3.1 dargestellten **Merkmale** gekennzeichnet:

- **Einmaligkeit:** Die zu lösende Aufgabe ist keine wiederkehrende Routinetätigkeit. Die spezifischen Anforderungen würden die Abwicklung im Rahmen der klassischen Linienorganisation sehr aufwendig machen. Aufgrund topografischer Bedingungen und den Wünschen der Bauherren sind z. B. Bauvorhaben so unterschiedlich, dass diese als einmalig angesehen werden können und eine eigenständige Organisation erfordern.
- **Terminierung:** Ein Projekt besitzt einen definierten Start- und Endtermin.
- **Komplexität:** Projekte sind durch eine hohe Anzahl der zu berücksichtigenden Elemente (Kompliziertheit) und starke Veränderlichkeit im Zeitablauf (Dynamik) gekennzeichnet. Dies erhöht den Koordinationsaufwand und spricht gegen die Eingliederung der Aufgaben in eine dauerhafte Organisationsstruktur.
- **Interdisziplinarität:** Ein Projekt erfordert die Beteiligung mehrerer Stellen und Ressourcen aus unterschiedlichen Disziplinen, welche zur effizienten Problemlösung organisatorisch zusammengefasst werden.
- **Optionale Merkmale:** Zu diesen grundlegenden Merkmalen eines jeden Projekts können auch noch andere spezifische Merkmale hinzukommen. So sind einmalige Vorhaben häufig auch innovativ und bergen daher besondere wirtschaftliche Risiken. Dies gilt z. B. hinsichtlich der Realisation, Verwertbarkeit, Termine oder der Kosten. Die Aufgabenstellung ist nur lösbar, wenn die gegenseitige Abhängigkeit (Interdependenz) der Mitwirkenden berücksichtigt wird. Projekte unterliegen einem Lebenszyklus, da sie zu einem bestimmten Zeitpunkt begonnen werden und an einem definierten Termin enden. Während dieser Zeit ist das Projekt ausschließlich auf die Zielerreichung ausgerichtet. Daraus ergeben sich auch Konflikte etwa im Zusammenwirken mit der dauerhaften Linienorganisation. Derartige ergänzende Merkmale resultieren aus den vier konstituierenden Merkmalen.

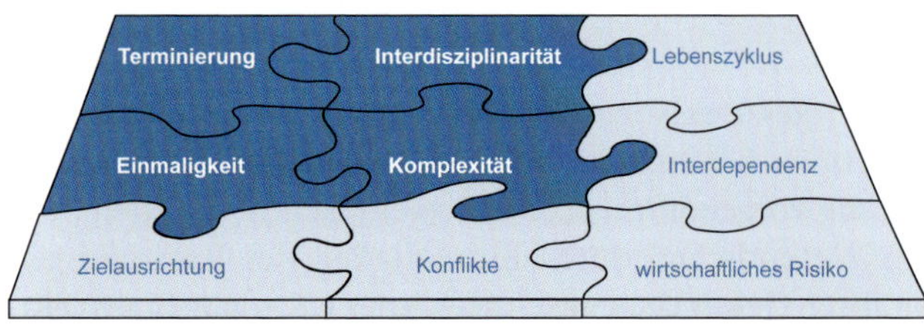

Abb. 5.3.1: Merkmale von Projekten

Projekte unterscheiden sich grundlegend von **dauerhaften Organisationsformen** (vgl. *Heche*, 2004, S. 8 ff.). Funktionsbereiche sind auf sich wiederholende Leistungen und Prozesse ausgerichtet. Sie verfolgen fortlaufend mehrere Ziele, die mit größerer Sicherheit bezüglich Ergebnis, Kosten und Terminen versehen sind, als dies in Projekten der Fall ist. Zudem sind Systeme zur Leistungsintegration und -unterstützung vorhanden. Die Mitarbeiter von Funktionsbereichen sind eher homogen und eingespielt. Projekte konzentrieren sich dagegen auf die Erreichung einer spezifischen Zielsetzung und haben eine begrenzte Dauer. Dazu sind Mitarbeiter unterschiedlicher Disziplinen erforderlich, die deshalb in ihrer Zusammensetzung heterogen sind. Die Prozesse und Systeme zur Leistungsintegration sind bei Projekten erst zu definieren. Wegen dieser Unterschiede hat sich hierfür ein **eigenständiger Führungstypus** etabliert.

Projektmanagement bezeichnet die Gesamtheit aller für die Abwicklung eines Projekts erforderlichen Führungsbausteine. Dies umfasst Projektziele, Aufbau- und Ablauforganisation, Projektplanung und -controlling sowie Mitarbeiterführung (in Anlehnung an *DIN 69901*).

Das Projektmanagement kann wie in Abb. 5.3.2 in sechs **Bausteine** aufgeteilt werden (vgl. *Litke*, 2017, S. 20):

- **Projektziele:** Eindeutige Vorgabe von Zielen hinsichtlich Zeit, Kosten und Ergebnisqualität. Diese Vorgaben beeinflussen alle anderen Bausteine, weshalb der Zielsetzung eine übergeordnete Rolle zukommt.
- **Aufbauorganisation:** Aufbau einer zeitlich befristeten, für die Aufgabe geeigneten Projektorganisation mit personeller Verantwortung.
- **Ablauforganisation:** Bestimmung eines technisch und wirtschaftlich geeigneten Projektablaufs mit eindeutigen Zwischenergebnissen.
- **Führung:** Motivation, Engagement und Zusammenarbeit aller Betroffenen.

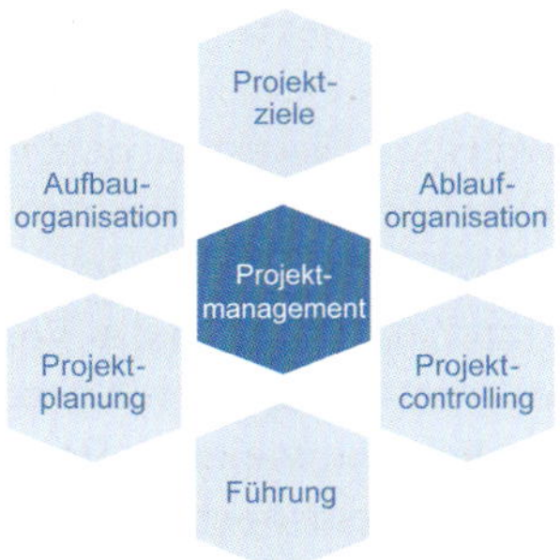

Abb. 5.3.2: Bausteine des Projektmanagements

- **Projektplanung:** Planung von realistischen und abgestimmten Leistungen, Terminen, Kapazitäten und Kosten.
- **Projektcontrolling:** Laufende Überwachung und sofortige Gegensteuerung bei Abweichungen für alle Rahmenbedingungen, Ziele und Ergebnisse.

Projektziele und -erfolg

Projekte dienen der Erreichung einer bestimmten Zielsetzung. Dies unterscheidet sie von dauerhaften Organisationsstrukturen, in denen gleichzeitig eine Reihe unterschiedlicher Ziele zu erfüllen sind. Die fokussierte Zielausrichtung eines Projekts erfordert es, alle anderen Bausteine des Projektmanagements konsequent darauf auszurichten.

Die **Ziele** eines Projekts sind dabei dreifach zu spezifizieren:

- **Ergebnisqualität:** Das gewünschte Projektergebnis wird durch Qualitätsmerkmale beschrieben. Dies wird häufig in einem Pflichten- oder Lastenheft dokumentiert. Darin werden die zu erfüllenden Merkmale soweit festgelegt, dass die Ergebnisse messbar und in Zwischenschritten überprüfbar sind. So kann z. B. ein Produktentwicklungsprojekt eindeutige Beschreibungen des zu entwickelnden Produktes enthalten.
- **Kosten/Aufwand:** Zur Erfüllung des Projektauftrags ist ein Kosten- oder Aufwandsrahmen festzulegen. Welche Wertekategorie verwendet wird, ist dabei abhängig vom Entwicklungsstand des Rechnungswesens. Dieses Budget an verfügbaren Ressourcen steht zur Erreichung der angestrebten Ergebnisqualität zur Verfügung und steckt den Ressourcenrahmen ab.
- **Zeit/Termine:** Als dritte Zieldimension ist der Zeitrahmen festzulegen. Dies betrifft insbesondere Start- und Endtermine sowie Meilensteine als Zwischenetappen.

Da zwischen diesen Zielen häufig Konflikte auftreten, liegt die Herausforderung des Projektmanagements in der gleichzeitigen Erreichung aller drei Zieldimensionen. So

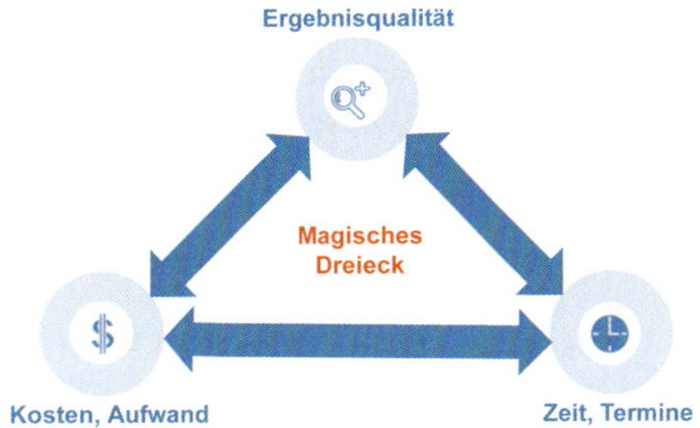

Abb. 5.3.3: Magisches Zieldreieck des Projektmanagements

lässt sich meist die Ergebnisqualität steigern, indem erhöhte Kosten oder mehr Zeit zur Verfügung gestellt werden. Die Einhaltung von Terminen kann oftmals durch vermehrten Ressourceneinsatz erreicht werden, wodurch jedoch die Kosten steigen. Da Projekte ausschließlich für eine bestimmte Zielsetzung definiert werden, kann kein Ausgleich der Zieldimensionen durch Prioritätensetzung mit anderen Aufgaben erfolgen, wie dies in dauerhaften Strukturen machbar ist. Daher ist die Widersprüchlichkeit der Zielbeziehungen unmittelbar spürbar und nur durch eindeutige Prioritätensetzung zwischen den Zieldimensionen zu lösen. So kann bei einer Produktenwicklung eine definierte Qualität mit einem Zeit- und Kostenrahmen in einem Lastenheft zu erfüllen sein. In einem Entwicklungsprojekt wird dabei meist dem Zieltermin Vorrang eingeräumt, innerhalb dessen die beiden anderen Zieldimensionen zu erreichen sind (vgl. Kap. 8.5.2). Die kumulative Erreichung der drei Zieldimensionen wird daher auch als **„magisches Dreieck“** bezeichnet, das in Abb. 5.3.3 dargestellt ist (vgl. *Meredith et al.*, 2018, S. 3).

Für die **Messung des Projekterfolgs** gibt es mehrere Ansätze. Der Erfolg kann sich auf die Größen Kosten, Zeit und Qualität, aber auch z. B. auf die Kundenzufriedenheit beziehen. Deshalb ist es nicht verwunderlich, dass sehr unterschiedliche Erfolgsfaktoren des Projektmanagements genannt werden. Exemplarisch zeigt Abb. 5.3.4 das Modell der *Deutschen Gesellschaft für Projektmanagement e. V.* zur Messung des Projekterfolgs. Auf dessen Basis werden

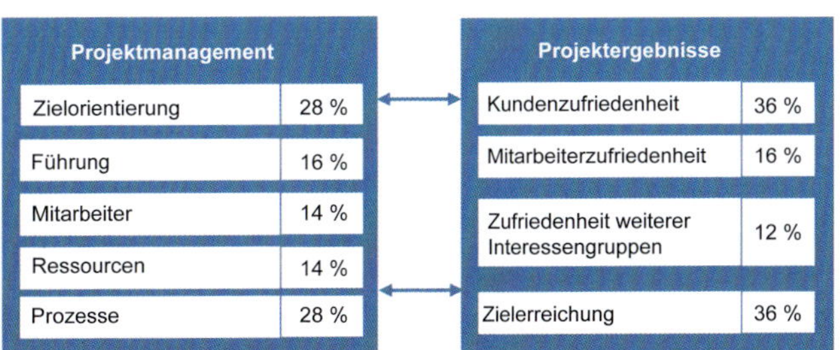

Abb. 5.3.4: Kriterien für exzellentes Projektmanagement

jährlich für besonders erfolgreiche Projekte Auszeichnungen verliehen. Dazu werden verschiedene Kriterien miteinander kombiniert. Diese sind in die Dimensionen Projektmanagement und -ergebnisse eingeteilt und werden unterschiedlich gewichtet. Die höchste Bedeutung haben die Zielerreichung und die Kundenzufriedenheit.

Projektkategorien

Die genannte Definition von Projekten ist sehr umfassend und trifft für eine Vielzahl an Vorhaben zu. Deshalb werden Projekte nach folgenden Kriterien **klassifiziert** (vgl. *Keßler/Winkelhofer*, 2004, S. 32 ff.):

- **Reichweite**, z. B. international, national, Konzern, Unternehmen, Werk, Bereich.
- **Fachlicher Inhalt**, z. B. Strategie, Struktur, Produkt, Bau, Kooperation, Markt, IT.
- **Größe**, z. B. hinsichtlich Zeitdauer, Kosten, Kapazitäten, Bedeutung.
- **Vorgehen**, z. B. nach den Ablaufschritten der Projektdurchführung.
- **Strukturelemente**, z. B. Vorprojekte, Analyse, Konzeption, Implementierung.

Neben diesen Einteilungen werden Projekte oftmals auch nach der Art und Konkretisierbarkeit der Ziele in **offene** und **deterministische Projekte** unterschieden (vgl. *Diethelm*, 2000, S. 14 ff.). Bei einigen Projekten, z. B. bei Rationalisierungsprojekten, lässt sich sowohl Zielsetzung als auch Nutzen im Vorfeld exakt bestimmen. Von diesen deterministischen Projekten unterscheiden sich offene Projekte, bei denen die Ziele während des Vorhabens laufend angepasst werden und der Erfolg nicht exakt ermittelbar ist. In solchen Projekten, wie etwa der Grundlagenforschung, ist das Risiko sehr hoch. Sie unterscheiden sich auch in der Vorgehensweise, im Zeitrahmen sowie in den Kosten. Hier können exakte Zielvorgaben sogar den Weg zu unerwarteten Lösungen verbauen. Aus der Analyse erfolgreicher Projekte können **Erfolgsfaktoren** abgeleitet werden. Exemplarisch sind sie in Abb. 5.3.5 dargestellt. Unabhängig von der Projektart ist der wichtigste Erfolgsfaktor die **Motivation der Projektmitarbeiter**. Sie ist in allen Projektphasen die dominierende Einflussgröße auf den Projekterfolg.

Für die unterschiedlichen Projektarten wurden spezifische Methoden entwickelt, die unter dem Begriff **spezifisches Projektmanagement** zusammengefasst werden. Exemplarisch hierfür sind folgende **Projektarten** (vgl. *Kraus/Westermann*, 2019, S. 5):

- **Bauprojekte:** In Bauprojekten spielen Verträge eine wichtige Rolle. Umfang, Ziele und Risiken des Projekts sind darin bereits vor Projektstart bis ins Detail fest-

<table>
<tr><th>Einflussfaktoren</th><th>Deterministische Projekte</th><th>Offene Projekte</th></tr>
<tr><td>Projektziele</td><td colspan="2">▪ Eindeutige Zielsetzung
▪ Unterstützung durch das Topmanagement</td></tr>
<tr><td>Projektplanung</td><td>▪ Strukturierte Methoden
▪ Netzplantechnik</td><td>▪ Einsatz von Kreativitätstechniken</td></tr>
<tr><td>Organisation</td><td>▪ Häufig Fachabteilungs- oder Stabsorganisation
▪ Strukturierte Projektphasenmodelle</td><td>▪ Häufig reine Projektorganisation
▪ Flexible Projektphasenmodelle z.B. Versionenkonzept</td></tr>
<tr><td rowspan="2">Mitarbeiter</td><td>▪ Standardisierte Information und Kommunikation</td><td>▪ Heterogene Teams
▪ Weitgehende Entscheidungs- und Handlungsspielräume</td></tr>
<tr><td colspan="2">▪ Personalauswahl</td></tr>
<tr><td rowspan="2">Projektleitung</td><td>▪ Realisierungskompetenz
▪ Konfliktbewältigung
▪ Motivation sowie soziale Fähigkeiten
▪ Integrationsfördernde und leistungsorientierte Projektkultur</td><td>▪ Zur Projektorganisation passende Führung und Motivation
▪ Kreativitäts- und innovationsfördernde Projektkultur
▪ Karriereplanung für die aus der Linie herausgelösten Mitarbeiter</td></tr>
<tr><td colspan="2">▪ Realisierungskompetenz
▪ Konfliktbewältigung
▪ Straffe Überwachung und Steuerung</td></tr>
<tr><td>Projektergebnis</td><td colspan="2">▪ Einbindung/Akzeptanz durch Projektbetroffene
▪ Aktive Unterstützung der Implementierung</td></tr>
</table>

Abb. 5.3.5: Erfolgsfaktoren des Projektmanagements (in Anlehnung an Slevin/Pinto, 2006, S. 194 ff.)

gehalten. Es ist eine Vielzahl an gewerblichen Mitarbeitern beteiligt. Die den Bauprojekten zugrundeliegenden Prozesse sind bekannt und die ausführenden Mitarbeiter meist sehr erfahren. Während sich der Zeitdruck häufig in Grenzen hält, kommt den Kosten entscheidende Bedeutung zu.

- **Produktentwicklungsprojekte** sind äußerst risikoreich, da sie den State of the Art verändern. Die Zeitspanne bis zur Markteinführung hat oft eine höhere Bedeutung als die Projektkosten. Ein weiterer kritischer Faktor im Bereich der Produktentwicklung ist die Qualität. Der Projektumfang kann sich während der Projektrealisierung verändern (vgl. Kap. 8.5.2).
- **Forschungsprojekte** sind offene Projekte und erstrecken sich über längere Zeiträume. Im Vordergrund steht die Qualität der Projektergebnisse. Charakteristisch ist ein zeitintensiver, kreativer Prozess, wobei Projektumfang und -ziele meist zu Beginn nicht eindeutig feststehen. Häufige, radikale Änderungen des Projektumfangs und der Projektziele sind typische Merkmale dieser Projektart. Hieraus folgt ein hohes Risiko.

5.3.2 Projektorganisationsformen

Die Projektorganisation schafft Strukturen zur Projektdurchführung. Projekte sind temporäre Organisationseinheiten und müssen daher zunächst strukturell festgelegt werden. Von zentraler Bedeutung ist es, die von einem Projekt betroffenen Einheiten und deren Mitwirkung am Projekt zu definieren. Dies sind z. B. die zur Problemlösung erforderlichen Mitarbeiter, deren Linienvorgesetzte, die von den Projektergebnissen betroffenen Personen sowie Kunden oder Berater. Ihr Einfluss kann sehr unterschiedlich sein. Das Spektrum reicht von direkter Einwirkung über mittelbare Beeinflussung bis zu rein informativem Interesse. Zudem können die einzelnen **Projektbetroffenen** und **-beteiligten** gegenüber dem Projekt unterschiedliche Einstellungen haben. Dies kann von Unterstützung bis zum massiven Widerstand reichen. Somit sollten die Interessen der betroffenen Gruppen im Vorfeld analysiert und ausreichend berücksichtigt werden.

Dies erfolgt im Vorfeld eines Projekts zusammen mit der **sachlichen Strukturierung**. Hierzu wird häufig eine Vorstudie erstellt. Die Ergebnisse werden in einem Projektantrag zusammengefasst, der die Projektziele festschreibt und als Entscheidungsgrundlage für die Durchführung des Projekts dient (vgl. *Hansel/Lomnitz*, 2003, S. 31 f.). Die Entscheidungsträger, welche auf Basis eines Projektantrags ein Projekt ins Leben rufen, werden **Auftraggeber** genannt. Diese Rolle können eine oder mehrere Personen gemeinsam als Steuerungsgremium erfüllen. Sie stammen stets aus dem Unternehmen, verfügen über die erforderlichen Ressourcen und nehmen das Projektergebnis entgegen. Die Rolle des Auftraggebers unterscheidet sich vom externen Kunden, der z. B. einem Spezialmaschinenbauer einen Auftrag erteilt. Die Auftragsbearbeitung erfolgt dann unternehmensintern etwa durch ein Projekt, das vom internen Auftraggeber verantwortet wird (vgl. *Litke*, 2017, S. 35).

Der Auftraggeber hat dabei folgende **Aufgaben** zu erfüllen (vgl. *Kraus/Westermann*, 2019, S. 28 f.):

- Formulierung des **Projektauftrags** mit einer detaillierten Zielformulierung der Randbedingungen sowie Zuteilung der für ein Projekt erforderlichen Ressourcen.
- Ernennung eines **Projektleiters** und Festlegung einer Projektorganisation.
- Festlegung von **Prioritäten und Kompetenzen** zwischen verschiedenen Projekten sowie zwischen Projekt und Linie.
- Festlegung von **Projektphasen und Zwischenergebnissen** (Meilensteine) sowie Genehmigung der Teilergebnisse.
- **Unterstützung (Promotion)** des Projekts gegenüber der Linie und anderen Projekten sowie Durchsetzung übergeordneter Unternehmensinteressen.
- **Mitwirkung bei der Steuerung** des Projekts zusammen mit dem Projektleiter.

Die Mitwirkung des Auftraggebers ist **abhängig von der Art des Projekts** (vgl. *Aggteleky/Bajna*, 1992, S. 43). Bei deterministischen Projekten ist zu Beginn und im Vorfeld eine starke Mitwirkung zur Zielfestlegung erforderlich. In einem laufenden Projekt wird der Auftraggeber lediglich für Meilensteinentscheidungen benötigt. Im Gegensatz dazu ist bei offenen Projekten eine laufende Mitwirkung des Auftraggebers bei der Planung und der fortlaufenden Projektüberwachung gefordert. Partner des Auftraggebers sind die Auftragnehmer, nämlich Projektleiter und -mitarbeiter (vgl. *Kraus/Westermann*, 2019, S. 29 ff.).

Die **Projektmitarbeiter** werden für die Dauer der Projektarbeit ganz oder teilweise aus der dauerhaften Organisation herausgelöst. Sie übernehmen ihre Rollen im Rahmen einer temporären Projektorganisation (vgl. *Keßler/Winkelhofer*, 2004, S. 95). Ein Projekt umfasst meist Mitarbeiter verschiedener Hierarchiestufen und Funktionsbereiche, die von einem Projektleiter geführt werden. In Abb. 5.3.6 ist auch die Rolle des Auftraggebers dargestellt, die von einer übergeordneten Führungsebene wahrgenommen wird.

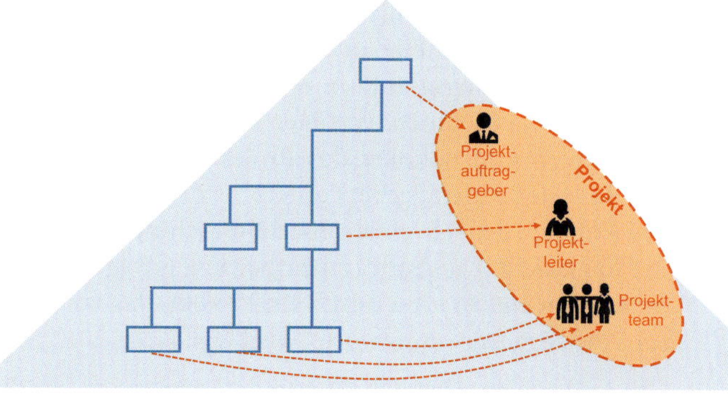

Abb. 5.3.6: Projektbeteiligte in der temporären Projektorganisation

Die **aufbauorganisatorischen Gestaltungsformen** von Projekten unterscheiden sich in der Ausrichtung auf die Projektziele und ihren Weisungsbefugnissen (vgl. *Zijl et al.*, 1988, S. 12). Die Ausprägungen reichen von Fachabteilungs-Projektorganisation bis hin zur reinen Projektorganisation. Bei der ersten Form verfügt die Projektleitung kaum über Weisungsbefugnisse, wodurch die Ausrichtung auf die Projektziele meist gering ist. Die reine Projektorganisation zeichnet sich dagegen durch volle Weisungsbefugnisse und maximale Ausrichtung auf die Projektziele aus. Dazwischen liegen Stabs- und Matrix-Projektorganisation (vgl. *Rinza*, 1998, S. 133). Diese Gestaltungsformen stellen Grundmuster dar, die in der Praxis in ihrer Ausprägung differenziert und zu Mischformen kombiniert werden.

Fachabteilungs-Projektorganisation

> Als **Fachabteilungs-Projektorganisation** wird eine Organisationsform bezeichnet, bei der eine Fachabteilung zusätzlich zu den bestehenden Linienaufgaben noch die Leitung für ein Projekt übernimmt.

Die **Fachabteilung** mit gleichzeitiger Projektleitung koordiniert Teilaufträge an andere Fachabteilungen. Die Unternehmensführung ermächtigt sie, Aufgaben an andere Abteilungen zu delegieren. Diese Organisationsform verändert die bestehende Organisation kaum. Daher entstehen nur geringe zusätzliche Personalkosten und die Akzeptanz der Linie ist hoch.

Die Fachabteilungs-Projektorganisation ist zweckmäßig, wenn eine Abteilung großen Anteil an einem Projekt hat und die Mitwirkung anderer Bereiche gering ist. Zudem sollte der Projektumfang klein sein und die eigentliche Aufgabenstellung der Fachabteilung nicht dominieren. In diesem Fall ist die direkte Abstimmung und Entscheidungsfindung innerhalb der Abteilung mit der Projektleitung vorteilhaft. Zudem kann das Projektergebnis und das dort entstandene Know-how nach Ende des Projekts direkt in den betroffenen Abteilungen genutzt werden.

Schwierigkeiten können bei abteilungsübergreifenden Informations- und Entscheidungsprozessen auftreten. Die Projektleitung verfügt lediglich über projektbezogene Weisungsbefugnisse ohne direkten Zugriff auf die erforderlichen Ressourcen anderer Abteilungen. Im Konfliktfall kann es zu unklaren Kompetenz- und Weisungsbefugnissen sowie zu Zeitverzögerungen kommen. Zudem liegt die Aufgabe der Projektüberwachung und -kontrolle bei der Instanz, die den größten Anteil an der Umsetzung hat. Somit ist keine neutrale Projektkontrolle gewährleistet (vgl. *Kraus/Westermann*, 2019, S. 43 ff.; *Rinza*, 1998, S. 123 ff.).

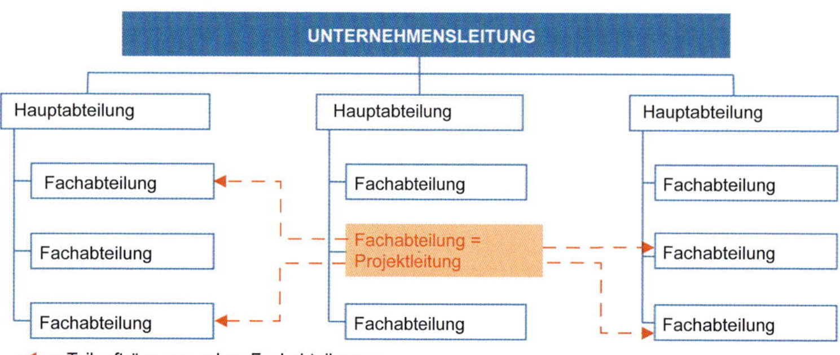

Abb. 5.3.7: Fachabteilungs-Projektorganisation

Stabs-Projektorganisation

Bei der **Stabs-Projektorganisation** bzw. dem **Einfluss-Projektmanagement** wird für die Projektleitung eine eigenständige Stabsstelle eingerichtet. Alle weiteren Projektbeteiligten verbleiben jedoch in ihren Fachabteilungen.

Die **Stabsstelle** koordiniert die Projektarbeit, welche in Form von Teilaufgaben an die bestehenden Organisationseinheiten delegiert werden. Der Projektleiter besitzt nur projektbezogene und keine disziplinarischen Weisungsbefugnisse. Damit hat das Projekt eine eigenständige Leitung, die den Projektzielen verpflichtet ist und als neutrale Instanz über das Projektgeschehen wacht. Auch bei dieser Organisationsform wird die bestehende Organisation nicht wesentlich verändert. Durch die einzurichtende Stabsstelle können allerdings zusätzliche Personalkosten entstehen. Am Ende des Projekts ist die Integration der Projektergebnisse in die Linie und auch die Akzeptanz der Projektergebnisse zu gewährleisten. Die Stabs-Projektorganisation eignet sich für viele Arten von Projekten. Die Identifikation mit dem Projekt ist durch die auf eine Person übertragene Projektleitung hoch und die erforderlichen organisatorischen Änderungen überschaubar. Die Durchsetzungsfähigkeit des Projektleiters ist abhängig von der Unterstützung der Stabsstelle durch die hierarchisch vorgesetzte Führungskraft. Mithilfe der Unterstützung und des Einbezugs des Projektauftraggebers kann der Projektleiter eine hohe Durchsetzungskraft erzielen. Fehlt diese Rückendeckung für die Projektleitung, dann eignet sich die Stabs-Projektorganisation kaum bzw. eher für kleinere Projekte mit geringem Zeitdruck.

Die Vorteile der Stabs-Projektorganisation liegen darin, dass eine neutrale Instanz hierarchisch getrennte Bereiche koordiniert und die bestehende Organisation kaum geändert wird. Die Nachteile liegen in der eingeschränkten Weisungsbefugnis des Projektleiters, der somit keine umfassende Verantwortung übernehmen kann. Bei Störungen im Projektablauf ist der Koordinationsaufwand hoch und die Reaktionsgeschwindigkeit gering. Diese Nachteile kommen insbesondere dann zum Tragen, wenn die Unterstützung der Projektleitung durch den Auftraggeber nicht ausreichend ist.

Matrix-Projektorganisation

Bei der **Matrix-Projektorganisation** werden für Projekte eigene Linieneinheiten geschaffen. Sie ergänzt die bestehende Organisation und bildet so eine Zwei-Linien-Organisation. Die untergeordneten Stellen sind beiden Linien unterstellt.

Die fachlichen und disziplinarischen Kompetenzen werden getrennt. Beide Linien treffen auf der untergeordneten hierarchischen Ebene zusammen, sodass diese Einheiten „Diener zweier Herren“ sind. Voraussetzung für eine effiziente **Matrixorganisation** ist ein demokratischer Führungsstil sowie Toleranz und Diskussionsfähigkeit der doppelt unterstellten Mitarbeiter (vgl. *Heintel/Krainz*, 2015, S. 42 ff.).

Von der Matrix-Projektorganisation kann es drei unterschiedliche **Ausprägungen** geben:

- Die **balancierte Matrix** besteht aus zwei gleichrangigen Linien, die beide mit gleichen Kompetenzen ausgestattet sind. Jede Linie koordiniert ihre Belange. Die untergeordneten Stellen sollen gleichzeitig die Anforderungen des Projekts und der anderen Linie erfüllen. Dies erfordert hohen Abstimmungsaufwand.
- Bei der **projektdominierten Matrix** ist die Projektdimension mit stärkeren Befugnissen ausgestattet.
- Umgekehrt verhält es sich mit der **funktionsdominierten Matrix**, bei der die Funktionen Vorrang haben.

Je nach Organisationsziel kann mit einer projekt- oder funktionsdominierten Matrix der hohe Koordinationsauf-

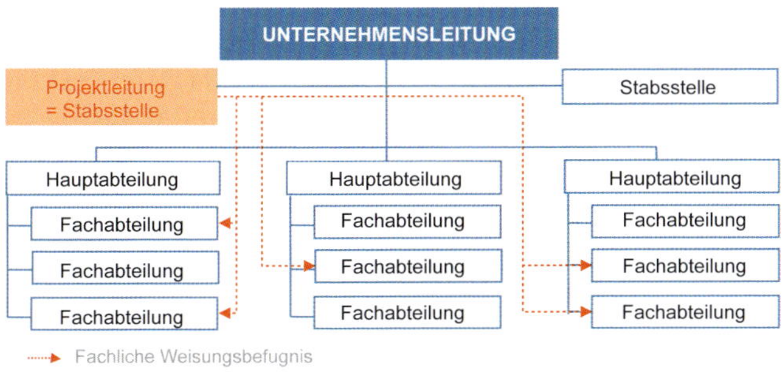

UNTERNEHMENSLEITUNG
Projektleitung = Stabsstelle
Stabsstelle
Hauptabteilung
Fachabteilung
Fachabteilung
Fachabteilung
Hauptabteilung
Fachabteilung
Fachabteilung
Fachabteilung
Hauptabteilung
Fachabteilung
Fachabteilung
Fachabteilung
Fachliche Weisungsbefugnis

Abb. 5.3.8: Stabs-Projektorganisation

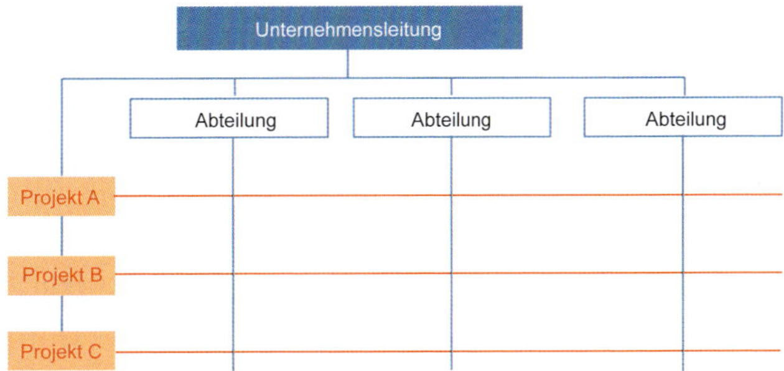

Abb. 5.3.9: Matrix-Projektorganisation

wand einer Matrix reduziert werden. Eine **Voraussetzung** der Matrixorganisation ist, dass ständig mehrere Projekte parallel vorhanden sind. Dies ist z. B. für die Produktentwicklung im Automobilbau der Fall. Dort werden laufend komplexe Produktprojekte mit hohem Koordinationsaufwand sowohl hinsichtlich der Projekte als auch der Funktionen durchgeführt. Auch in Beratungsunternehmen, bei denen laufend neue Projekte bzw. Projektteams mit variablem Bedarf an Mitarbeitern über die Projektlaufzeit gebildet werden, eignet sich diese Organisationsform. Die Projekte integrieren alle zur Problemlösung erforderlichen Mitarbeiter. Die funktionale Linie achtet auf methodische Qualität und effektive Ressourcennutzung.

Aus der Matrix-Konstruktion ergeben sich **Nachteile** aufgrund der Doppelunterstellung der Projektmitarbeiter. Diese organisatorisch angelegte Konfliktträchtigkeit zwischen Projekt und Linie erfordert eine hohe Kommunikationsfähigkeit der Beteiligten. Dafür bietet das Modell auch eine Reihe von **Vorteilen**. Ein unabhängiger Projektleiter verfügt über klare Aufgaben, Kompetenzen und Verantwortungsbereiche. Projekt-Matrixorganisationen können interdisziplinäre Gruppen schnell und flexibel zusammenfassen, ohne am Projektbeginn und -ende Versetzungsprobleme der Mitarbeiter lösen zu müssen. Für die Mitarbeiter bietet die fachliche Linie eine dauerhafte Heimat und sowohl fachlich als auch projektbezogen kurze Informationswege (vgl. *Heeg*, 1993, S. 79).

Reine Projektorganisation

In der **reinen Projektorganisation** werden Projektleiter und Projektmitarbeiter für die Projektdauer zu einer eigenständigen Organisationseinheit zusammengefasst.

Während der Projektlaufzeit besitzt der Projektleiter damit volle disziplinarische und fachliche Weisungsbefugnisse und kann über die erforderlichen Ressourcen entscheiden. Damit ist die maximale Verantwortung und Identifikation mit dem Projekt gewährleistet. Die reine Projektorganisation ist für große, bedeutende Projekte zu empfehlen, die zu einem schnellen Ergebnis kommen sollen. Da die Projektleitung über volle Kompetenz und Verantwortung verfügt, kann auf Störungen schnell reagiert werden. Die Kommunikationswege im Projekt sind kurz, und daher ist der Koordinationsaufwand gering.

Diesen Vorteilen der reinen Projektorganisation stehen jedoch auch Nachteile gegenüber. So bewirkt die Eigenständigkeit des Projekts die Gefahr von Parallelarbeit und Redundanzen zwischen Projekt und Linie. Die Ressourcen werden vollständig in das Projekt integriert. Dadurch sollen temporär schlecht ausgelastete Kapazitäten vermieden werden. Dies birgt aber auch Konflikte, wenn nur sporadisch für ein Projekt erforderliche Ressourcen außerhalb des Projektteams beschafft werden. Weitere Probleme sind die Sicherung des Know-hows am Ende eines Projekts sowie der Transfer von Resultaten der Projektarbeit in die Linie. Auch für die Mitarbeiter sind die beruflichen Perspektiven nach Projektende zu klären und Versetzungsprobleme zu lösen. Das ausgeprägte Eigenleben einer Projektgruppe birgt das Risiko, dass sich Projekte gegenüber der Linienorganisation verselbstständigen. Deshalb ist eine neutrale Projektüberwachung erforderlich, um auch die Akzeptanz eines Projekts in der Linie sicherzustellen (vgl. *Kraus/Westermann*, 2019, S. 22 f.).

Welche **Organisationsform** für ein Projekt sinnvoll ist, wird durch die Projektanzahl und -größe bestimmt. Grundsätzlich ist für kleine und wenig komplexe Projekte eher eine Fachabteilungs-Projektorganisation oder eine Stabs-Projektorganisation geeignet. Mit steigender Größe und Komplexität eines Projekts kommt die reine Projektorganisation in Betracht. Gibt es ständig viele komplexe Projekte im Unternehmen, so kommen die Vorteile der Projekt-Matrix-Organisation am besten zur Geltung. Abb. 5.3.11

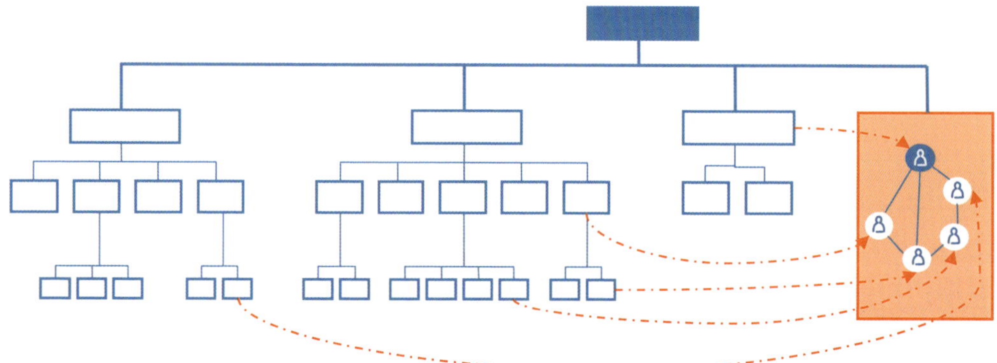

Abb. 5.3.10: Reine Projektorganisation

Projektmerkmale	Fachabteilungs-/Stabs-Projektorganisation	Matrix-Projektorganisation	Reine Projektorganisation
Bedeutung	gering	mittel	hoch
Umfang	gering	mittel	hoch
Komplexität	gering	mittel	hoch
Risiko	gering	mittel	hoch
Zeitdruck	gering	mittel	hoch
Dauer	kurz	mittel	lang
Mitarbeitereinsatz	zeitweise (variabel)	zeitweise (variabel)	Vollzeit

Abb. 5.3.11: Anwendungskriterien verschiedener Projektorganisationsformen (vgl. Keßler/Winkelhofer, 2004, S. 30)

stellt die unterschiedlichen Projektorganisationsformen zusammenfassend gegenüber.

Projektphasen

Da Projekte einmalig sind, ist ihr Ablauf ebenfalls am Projektziel zu orientieren. Dazu wird ein Gesamtvorhaben in Teilaktivitäten zerlegt und in eine sachliche und zeitliche Reihenfolge gebracht. Dies bietet die Grundlage zur Planung und Überwachung von Terminen, Kapazitäten und Kosten. Die Festlegung des Projektablaufs erfolgt mithilfe sog. **Phasenmodelle** (vgl. *Keßler/Winkelhofer*, 2004, S. 124). Die Einteilung in Phasen mit klar definierten Zwischenzielen ermöglicht eine transparente Planung und Überwachung, die Optimierung der Teilschritte sowie Rückkopplungen. Darüber hinaus dienen die Phasen als Ansatzpunkte für Zwischenentscheidungen und zur Einflussnahme durch Projektleitung und Auftraggeber.

Projekte folgen einem allgemeinen Muster. Die Unterteilung eines Projektes in Phasen erfolgt deshalb auf Basis **genereller Projektphasenmodelle**. Deren Spektrum reicht von einer Zweiteilung in Planung und Realisierung über eine Dreiteilung in Planung, Realisierung und Projektabschluss bis hin zu fünf oder mehr Projektphasen. Die Inhalte über die Projektlebensdauer sind dabei weitgehend identisch, lediglich die Differenzierung in unterschiedliche Abschnitte unterscheidet sich.

Generell besteht ein Projekt aus folgenden **Phasen** (vgl. *Keßler/Winkelhofer*, 2004, S. 117 ff.):

- **Projektdefinition** (Phase 0, Anlaufphase, Vorprojekt): In der ersten Projekthase sind die Voraussetzungen des Projekts zu prüfen. Darauf aufbauend werden die Aufgaben und Ziele grob mit Vorgaben, Prioritäten und zu berücksichtigenden Rahmenbedingungen definiert. Im Anschluss erfolgt ein erster Vorschlag zur Projektaufbauorganisation und zum Projektablauf. Dies dient zur Planung von Anlaufmaßnahmen und zur Auswahl des Schlüsselpersonals, insbesondere des Projektleiters. Zusammenfassend werden Kosten und Nutzen sowie der Zeitbedarf abgeschätzt. Die Ergebnisse der Definitionsphase dienen als Projektantrag, der die Basis für die Genehmigung des Auftraggebers ist. Die Freigabe des Projektantrags ist der Startpunkt für die nächste Phase. Er sollte als Projektauftrag schriftlich fixiert sein.
- **Konzeption** (Grobkonzeption, Analysephase): Nachdem in der Projektdefinition ein grober Rahmen für das Projekt abgesteckt wurde, werden nun alternative Lösungswege ausgearbeitet und beurteilt. Ziel ist es, die beste Problemlösungsalternative zu finden und das Lösungskonzept festzulegen. Dazu ist die Ausgangssituation zu analysieren und mögliche Problemfelder zu untersuchen. Auf dieser Basis ist die Zielsetzung präzise festzulegen. Alternative Lösungen sind zu erarbeiten und hinsichtlich ihrer Chancen, Risiken und Wirtschaftlichkeit zu prüfen. Der Auftraggeber genehmigt in seiner Meilensteinentscheidung das Konzept und erteilt die Freigabe für die folgende Phase.
- **Gestaltung** (Planungsphase, Feinkonzeption): Auf der Basis des festgelegten Lösungskonzepts wird das Projekt inhaltlich spezifiziert. Die endgültige Leistungsbeschreibung wird in Arbeitspakete gegliedert und daraus der Ablauf im Detail geplant. Dem Projekt werden Kapazitäten und Ressourcen zugeordnet. Nach Lösung von Kapazitäts- und Terminkollisionen kann daraus eine Kosten- und Finanzplanung abgeleitet sowie eine detaillierte Wirtschaftlichkeitsanalyse erstellt werden. Das Ergebnis ist die operative Projektplanung, welche im nachfolgenden Kapitel näher erläutert wird. Sie bildet die Basis für das Projektcontrolling. Die Meilensteinentscheidung des Auftraggebers teilt die Ressourcen verbindlich zu und schreibt eine Planvariante fest.
- **Realisierung** (Umsetzungsphase): Die Umsetzung eines Projekts beinhaltet die Bearbeitung der Arbeitspakete und ist meist die zeit- und kostenintensivste Phase. Die Projektleitung ist mit der Überwachung und Steuerung der Leistungserbringung hinsichtlich Terminen, Kosten

und der Ergebnisqualität beschäftigt. Für diesen Projektabschnitt ist ein wirksames Projektcontrolling erforderlich. Die Realisierungsphase wird durch inhaltlich geprägte Meilensteinentscheidungen begleitet, welche die Arbeitspakete abschließen.

- **Implementierung** (Projektabschluss, -auslauf, -ende): Jedes Projekt sollte am Ende ausführlich dokumentiert werden. Ansonsten würde das im Projekt erworbene Wissen verloren gehen. Die Projektergebnisse sollten für die Linieneinheiten, welche die Projektergebnisse nutzen, nachvollziehbar sein. Schließlich ist kritisch zu prüfen, ob die Projektziele erreicht wurden. Bevor die Projektorganisation aufgelöst wird, sind Maßnahmen zur Sicherstellung des Projekterfolgs zu bestimmen (Post-Project-Aktivitäten). Dies könnten z. B. Pflege- und Wartungsarbeiten für eine neu entwickelte Software sein. Zudem sollte festgehalten werden, welche neuen Erkenntnisse das Projekt erbracht hat. Dies kann dazu führen, dass weitere Projekte oder Maßnahmen an den Auftraggeber herangetragen werden (Follow-up-Aktivitäten). So könnte sich etwa die Nutzung einer neuen Software auch für Unternehmensbereiche eignen, die im ursprünglichen Projektumfang nicht enthalten waren. Diese Aspekte werden im Abschlussbericht zusammengefasst und dem Auftraggeber übergeben. Dieser löst dann bei erfolgreichem Projektabschluss die Projektorganisation auf.

Die sequenzielle Darstellung der **Projektphasen** bedeutet nicht, dass diese immer streng nacheinander ablaufen. Um Zeit einzusparen, kann es durchaus sinnvoll sein, einzelne Projektphasen überlappend durchzuführen. Die Bedeutung der einzelnen Phasen für den Projekterfolg ist unterschiedlich. Frühe Phasen haben großen Einfluss, ohne jedoch den Umsetzungsstand voranzubringen. In späteren Phasen wird dagegen der Bearbeitungsstand beeinflusst, die Tragweite der Entscheidungen nimmt jedoch kontinuierlich ab. Mit anderen Worten wird zu Projektbeginn über die strategischen Elemente eines Projekts entschieden. Es geht um die Lösung des richtig definierten Problems und die Minimierung des Projektrisikos. In den nachfolgenden Phasen wird dann nicht mehr auf die **Projekteffektivität**, sondern über die **operative Qualität** bzw. die **Projekteffizienz** entschieden. Dies zeigt sich auch im relativen Kostenvergleich der einzelnen Projektphasen. Die Phasen vor der Realisierung verursachen häufig weniger als 10 % der gesamten Projektkosten, beeinflussen aber maßgeblich das gesamten Kostenvolumen. Daher ist den frühen Phasen große Bedeutung zuzumessen. Erst nach einer wohlüberlegten Projektplanung sollte mit der Umsetzung begonnen werden. Mit dem Übergang von der Planung zur Umsetzung ändern sich die Aufgaben des Projektmanagements und die konsequente Realisierung rückt in den Vordergrund (vgl. *Corsten et al.*, 2008, S. 11 ff.).

Da es viele unterschiedliche Projektarten gibt und branchenbezogene Besonderheiten zu berücksichtigen sind, gibt es eine Vielzahl von **spezifischen Phasenmodellen**. Abb. 5.3.12 zeigt exemplarisch einige Beispiele. In manchen Branchen, wie z. B. der Baubranche, dienen die Phasenmodelle als Standard. Danach werden alle Vorhaben einheitlich gegliedert. Sie werden für die Bestimmung des Auftragsumfangs und die Abrechnung verbindlich festgelegt. Die Phasenmodelle werden dabei nicht nur für deterministische, sondern auch für offene Projekte verwendet. Beispiele sind Forschungs- oder Kreativprojekte.

<table>
<tr><th>Investitionsprojekte</th><th>F&E-Projekte</th><th colspan="2">Organisationsprojekte</th></tr>
<tr><th>Anlagenbau
Bauwirtschaft</th><th>Produktentwicklung</th><th>Verwaltungsprojekt</th><th>IT-Projekt</th></tr>
<tr><td>Grundlagenvermittlung</td><td>Problemanalyse</td><td>Vorstudie</td><td>Problemanalyse</td></tr>
<tr><td>Vorplanung</td><td>Konzeptfindung</td><td>Konzeption</td><td>Systemplanung</td></tr>
<tr><td>Entwurfsplanung</td><td>Produktdefinition</td><td>Detailplanung</td><td>Detailorganisation</td></tr>
<tr><td>Genehmigungsplanung</td><td>Produktentwicklung</td><td rowspan="2">Realisierung</td><td rowspan="2">Realisierung</td></tr>
<tr><td>Ausführungsplanung</td><td rowspan="2">Realisierung</td></tr>
<tr><td>Ausschreibung
und Vergabe</td><td rowspan="2">Einführung</td><td>Installation</td></tr>
<tr><td>Bauausführung</td><td>Produktion</td><td>Abnahme</td></tr>
<tr><td>Objektverwaltung</td><td>Außerdienststellung</td><td>Abnahme</td><td>Pflege</td></tr>
</table>

Abb. 5.3.12: Beispiele spezifischer Projektphasenmodelle

5.3.3 Projektteam und -führung

Die Führung der Projektmitarbeiter kann nach sachlichen, methodischen und personellen Aspekten differenziert werden. Die Sachebene beschäftigt sich mit der inhaltlichen Lösung der Projektaufgabe, während die Methodenebene das Vorgehen und die angewandten Prozesse beschreibt. Die Personenebene beinhaltet die personellen Führungsaspekte. Damit ergeben sich die in Abb. 5.3.13 aufgeführten Ebenen der Projektführung.

Reichweite	Projektmitarbeiter	Projektleiter
Sachebene (Inhalte, Ziele)	Realisierung der Projektaufgaben	Koordination der Projektelemente
Methodenebene (Vorgehen, Prozess)	Projektstrukturierung, Projektorganisation, Controlling	Planung und Kontrolle, Beauftragung, Steuerung
Personenebene (Beziehungen)	Konfliktmanagement, Gruppenprozesse	Motivation, Information, Teamentwicklung

Abb. 5.3.13: Ebenen der Projektführung (vgl. Keßler/Winkelhofer, 2004, S. 12)

Projektmitarbeiter sind sämtliche Personen, die einen Beitrag zur Erreichung der Projektergebnisse leisten. Diese weite Begriffsfassung, häufig auch als Projektteam im weiteren Sinne bezeichnet, beinhaltet u. U. sehr viele Personen. Deshalb erfolgt eine weitere Unterscheidung nach der **Art der Mitarbeit**.

Direkten Einfluss auf ein Projekt hat zunächst der **Projektleiter**, welcher im folgenden Abschnitt betrachtet wird. Nach dem Umfang der Projektbeeinflussung kann um den Kern der Projektleitung das **Projektteam** angeordnet werden. Es übernimmt gemeinsam die Projektumsetzung und arbeitet intensiv zusammen. Das Projektteam wird durch **zeitweilig Beteiligte** unterstützt. Dies sind z. B. spezifisch hinzugezogene Experten, Auftraggeber oder ein begleitendes Steuerungsgremium. Zudem können Dienstleistungen aus der Linie und von Unternehmensexternen erbracht werden. Beispiele sind logistische oder administrative Aufgaben.

Welche **Beteiligte und Betroffene** in welcher Form einzubinden sind, ist eine wesentliche Frage der Projektführung. Sämtliche unmittelbar am Projekt beteiligten Know-how-Träger sollten Teil des Projektteams sein. Mittelbar Beteiligte sind z. B. vom Projektergebnis Betroffene oder Vorgesetzte der Teammitglieder. Sie sollten regelmäßig informiert werden, um ihre Unterstützung sicherzustellen. Andere an einem Projekt interessierte Personen sollten laufend informiert werden. Dies kann etwa durch Auftaktveranstaltungen (Kick-off) oder Informationsbroschüren geschehen (vgl. *Stern/Jaberg*, 2010, S. 275).

Teamgröße

Die Anzahl der Mitwirkenden ist sorgfältig abzuwägen. Die Größe eines Projektteams ist erfolgskritisch, da sie hohen Einfluss auf die Effizienz der Projektarbeit hat. Die **Anzahl der Projektmitarbeiter** eines Projektteams hängt insbesondere davon ab, wie intensiv sich die Teammitglieder untereinander abstimmen müssen. Sind die Teammitglieder aufgrund eindeutig abgrenzbarer Teilaufgaben weitgehend unabhängig voneinander, so kann durch eine Verteilung der Aufgaben auf ein größeres Projektteam das Ergebnis schneller erzielt werden. Ist jedoch eine intensive Kommunikation unter den Teammitgliedern erforderlich, dann ist die Gruppengröße begrenzt (vgl. *Kraus/Westermann*, 2019, S. 146 ff.). Kommunizieren alle Gruppenmitglieder direkt miteinander, ergibt sich die Anzahl der **Kommunikationsbeziehungen** aus der folgenden Formel:

$$N = n \cdot \frac{(n-1)}{2}$$

N = Anzahl der Kommunikationsbeziehungen

n = Anzahl der Teammitglieder

Daraus folgt, dass drei Teammitglieder drei Kommunikationsbeziehungen haben. Vier Partner benötigen bereits sechs Beziehungen und bei acht Personen steigt die Anzahl auf 28. Ist eine intensive direkte Abstimmung erforderlich, dann liegt die ideale Gruppengröße zwischen sechs und neun Personen. Allerdings werden nicht in jedem Projekt alle Kommunikationsbeziehungen benötigt. Dieses Modell dient deshalb nur als Anhaltspunkt.

Teammitglieder	3	4	5	10
Kommunikationsstruktur				
Anzahl der Kommunikationsmöglichkeiten	3	6	10	45

Abb. 5.3.14: Kommunikationsstrukturen und -beziehungen

Für jedes Projekt ist die Kommunikationsintensität in Abhängigkeit der Aufgaben und ihrer Dynamik zu bestimmen. Die aufgabenbezogene Zusammenstellung und die richtige Größe eines Projektteams sind zwei Erfolgsfaktoren für effiziente Teams. Um aus einer Arbeitsgruppe ein wirkliches Team zu formen, bedarf es aber weiterer Aspekte.

Merkmale wirkungsvoller bzw. effizienter Projektteams sind (vgl. *Diethelm*, 2000, S. 32):

- **Eindeutige Ziele:** Die Teammitglieder haben ein klar definiertes Ziel, das auch von allen verstanden und geteilt wird. Die Identifikation mit dem Projektziel stiftet Klarheit über die Rollen, Verantwortung und Beiträge der Teammitglieder.
- **Hohe gegenseitige Abhängigkeit:** Da die Projektaufgabe ohne die Zusammenarbeit in der Gruppe nicht gelöst werden kann, sind die Mitglieder aufeinander angewiesen.
- **Teamgeist:** Durch intensive Zusammenarbeit und Gruppenkonsens entsteht Identität und Zusammengehörigkeit.
- **Vertrauen:** Meinungsverschiedenheiten sollten offen angesprochen und konstruktiv gelöst werden. Ein offener, respektvoller Umgang kann ein Team beflügeln.
- **Überzeugung:** Ein kollektiver Glaube an die Erreichung der Projektziele ist eine wichtige Motivationsquelle. Deshalb sind schnelle Anfangserfolge von Vorteil.

Ein **effizientes Projektteam** ist eine kleine Arbeitsgruppe mit gemeinsamer Zielsetzung, intensiven, wechselseitigen Beziehungen, einem ausgeprägten Gemeinschaftsgeist und einer hohen Zusammengehörigkeit.

Teamentwicklung

Um eine Gruppe von Mitarbeitern zu einem effizienten Projektteam zu formen, durchlaufen die Projektmitglieder einen gruppendynamischen Prozess. Da ein Projektteam für eine Aufgabenstellung zusammengestellt wird, fehlt im Gegensatz zur Linienorganisation zunächst die Vertrautheit mit den Kollegen und der Aufgabe. In Abb. 5.3.15 sind die zu durchlaufenden **Phasen der Teamentwicklung** beschrieben.

Die Gruppendynamik und das unterschiedliche Verhalten der Projektmitarbeiter bei der Teamentwicklung stellen den Projektleiter immer wieder vor neue Herausforderungen. Mit den Phasen der Teamentwicklung wandelt sich der angemessene **Führungsstil** von einem direktiven über einen beratenden zu einem delegativen Führungsstil (vgl. Kap. 6.3.1). Ebenso verändern sich im Laufe der Zeit die erfolgskritischen Teammerkmale. Während zu Beginn eindeutige Zielvorgaben dominieren, ist in der Konfliktphase ein Verständnis für die gegenseitige Abhängigkeit zu erzeugen. Gegen Ende eines Projekts wird der Glaube

Phase	Emotionales Verhalten	Aufgabenbezogenes Verhalten
Formierungsphase (Forming)	▪ Unsicherheit ▪ Gegenseitiges Abtasten ▪ Abhängigkeit von der Führung ▪ Akzeptables Verhalten testen ▪ Hohe Erwartung und Abwarten	▪ Mitglieder definieren Aufgaben, Regeln u. Methoden ▪ Informationsbedarfe decken ▪ Verständnisbildung
Konfliktphase (Storming)	▪ Konflikte zwischen Untergruppen ▪ „Aufstand“ gegen die Führung ▪ Polarisierung der Meinungen ▪ Ablehnung von Kontrolle ▪ Konflikte um Einsatz der Mittel	▪ emotionale Ablehnung der Aufgabenanforderungen ▪ „Konfliktregelung“ abhängig von der Kommunikation
Normierungsphase (Norming)	▪ Gruppenzusammengehörigkeit und Gruppennormen entstehen ▪ Abbau von Widerständen ▪ Gruppe wird arbeitsfähig	▪ offener Austausch von Meinungen und Gefühlen ▪ Kooperation entsteht ▪ Redefinition von Aufgaben
Arbeitsphase (Performing)	▪ Interpersonelle Probleme gelöst ▪ Funktionale Gruppenstruktur ▪ Flexible funktionale Rollen ▪ Vertrauen, Zielbewusstsein, Kommunikation und Kooperation innerhalb der Gruppe	▪ Problemlösungen tauchen auf ▪ konstruktive Aufgabenbearbeitung ▪ Energie wird ganz der Aufgabe gewidmet
Auflösungs-/Trauerphase (Mourning)	▪ Rollenverhalten wird verlassen ▪ Eigeninteressen werden wichtiger ▪ Perspektivfragen	▪ Zeitdruck der Abschlussarbeiten ▪ Redefinition von Aufgaben

Abb. 5.3.15: Phasen der Teamentwicklung (vgl. Keßler/Winkelhofer, 2004, S. 57 f.)

an die Erreichung des Ziels wichtiger. Somit verändert sich die **Rolle der Projektleitung** (vgl. *Kraus/Westermann*, 2019, S. 157). Sie ist im Projektverlauf sowohl als Berater, Stratege, Moderator und Teamentwickler, aber auch als Macher mit Umsetzungsqualitäten gefordert.

Aus diesem Grund unterscheidet sich die **Leitung von Projekten** von einer Führungsaufgabe in der Linie. In einer dauerhaften Organisationseinheit sind Prozesse definiert, Zuständigkeiten festgelegt und Abhängigkeiten im Zusammenhang mit anderen Abteilungen oder im Jahresablauf zu berücksichtigen. Die Führung einer Linieneinheit erfordert sowohl fachliches Spezialwissen als auch Kontinuität. In Projekten hingegen stehen nicht kontinuierliche Abläufe, sondern die Motivation zur Erreichung des Projektziels im Vordergrund. Prozesse und Abhängigkeiten sind somit erst zu etablieren. Da die Projektarbeit interdisziplinär und ganzheitlich zu lösen ist, sollten Projektleiter eher Generalisten sein. Ein Projektleiter ähnelt einem Trainer für Kurzstreckenläufer. Es gilt, alle Kraft schnellstmöglich zu entfalten, um ein Ziel zu erreichen. Linienführungskräfte trainieren dagegen eher Marathonläufer, bei denen die Ausdauer im Vordergrund steht. Eine wichtige Aufgabe des Projektleiters ist die **Lösung von Konflikten**. Im Umgang mit Projektmitarbeitern, aber auch mit Linienmanagern gibt es viele Konfliktursachen, deren Quellen und Intensität sehr unterschiedlich sein können (vgl. *Kerzner*, 2004, S. 256). Mögliche Reaktionen auf Konflikte sind Flucht, Rückzug, Druckausübung, Einigung oder Konsensfindung bis hin zur Schlichtung.

Um Projekte erfolgreich zu führen, sollte ein Projektleiter vor allem über soziale Fähigkeiten verfügen. Die Fachkompetenz spielt im Vergleich zum Linienmanagement eine untergeordnete Rolle. Wichtig ist die Persönlichkeit des Projektleiters, der über ganz bestimmte **Qualifikationen** verfügen sollte (vgl. *Keßler/Winkelhofer*, 2004, S. 86 ff.). Er sollte in der Lage sein, die Projektkomplexität zu beherrschen, was Erfahrung, strategisches Denken sowie Gestaltungs- und Interventionskompetenz erfordert. Darüber hinaus sollte er mit Krisen umgehen können. Eine Schlüsselqualifikation ist ein flexibles Führungsverhalten, welches sich an das jeweilige Team anpasst. Dazu gehören ausgeprägte kommunikative Fähigkeiten sowie unternehmerisches Denken und Handeln. Diese Führungsfähigkeiten sollten je nach Projekt mit fachlichen Kenntnissen und speziellen Fähigkeiten für die Projektaufgabe einhergehen.

Ein Projekt ist dadurch gekennzeichnet, dass unterschiedliche Disziplinen zusammengeführt werden, um eine ganzheitliche Problemlösung zu erzielen. Der Projektleiter hat deshalb die Aufgabe, Spezialisten aus verschiedenen Bereichen zu führen und ein geeignetes Umfeld für die gemeinsame Arbeit zu schaffen. Die wichtigste Aufgabe ist die **Motivation der Mitarbeiter**. Motivierend wirken z. B. die Projektarbeit selbst und die mit ihr verbundene Herausforderung. Häufig spielt auch die willkommene Abwechslung zur Routine des Tagesgeschäfts eine Rolle. Vorteilhaft ist zudem ein erkennbarer Arbeitsfortschritt, die Anerkennung der Leistung sowie selbstständiges Arbeiten. Sichtbare Fortschritte, häufige und intensive Projektaktivitäten sowie rasche Konfliktlösung verstärken die Motivation der Projektmitarbeiter. Demotivierend wirken dagegen etwa ausbleibende Projektfortschritte, fehlende Anerkennung und Zeitverzögerungen.

Für den Projekterfolg ist auch eine entsprechende **Projektkultur** bedeutend. Im Gegensatz zur historisch gewachsenen Unternehmenskultur wird die Kultur eines Projekts gezielt gestaltet. Die Projektkultur umfasst die Gesamtheit der in einem Projekt gelebten, teilweise über Symbole und Rituale erfahrbaren gemeinsamen Wertvorstellungen, Normen und Verhaltensweisen. Diese prägen das Denken und Verhalten der Teammitglieder (vgl. *Grasl et al.*, 2004, S. 278). Dabei besteht die Projektkultur aus Standards, Richtlinien, Regeln und Normen, welche in verschiedenen Ebenen zum Ausdruck kommen. Den Kern einer Projektkultur bilden die Werte und die Philosophie eines Projektes. Diese werden in den in Abb. 5.3.16 dargestellten Schichten nach außen hin zunehmend sichtbar und prägen sich in unterschiedlicher Weise aus.

Zu einer guten Projektkultur gehört auch, dass der Projektleiter nach Abschluss des Projekts die Verantwortung für die Zukunft der Teammitglieder übernimmt. Im Falle einer reinen Projektorganisation sind diese wieder in die Linie zu **integrieren**. Häufig wechseln sie auf ihre alten Arbeitsplätze oder arbeiten in einem Folgeprojekt weiter. Projektleiter kehren meist nicht in ihre alte Funktion zurück, sondern übernehmen in der Regel die Leitung eines

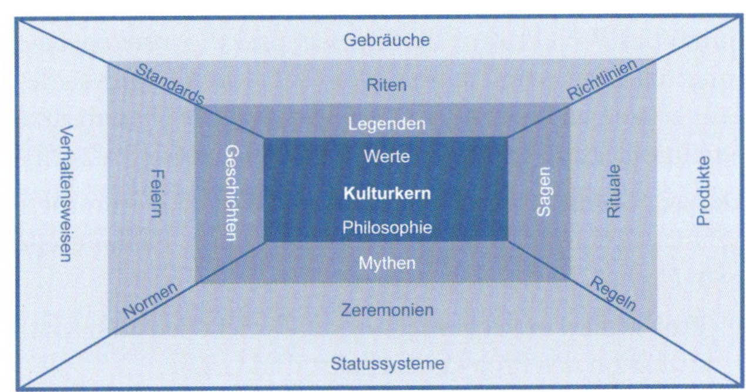

Abb. 5.3.16: Elemente einer Projektkultur (vgl. Grasl et al., 2004, S. 278)

weiteren Projekts. Aufgrund unterschiedlicher Anforderungen gibt es für Projektleiter eigene Karrierewege, die sich von Linienkarrieren unterscheiden.

5.3.4 Klassisches Projektmanagement

Folgende **Ziele** werden in der Projektplanung angestrebt (vgl. *Zielasek*, 1999, S. 119):

- Prognose des Projektgeschehens aufgrund einer systematischen Analyse
- Aufzeigen von Handlungsmöglichkeiten und deren Folgen
- Wirtschaftliche Gestaltung des Projektablaufs
- Vorgabe von Planzielen für einzelne Projektschritte und -mitarbeiter als Voraussetzung der Projektkontrolle
- Risikoreduktion, da in den frühen Projektphasen das Projektergebnis noch stark beeinflussbar ist

Projektplanung

Die Projektplanung soll die widersprüchlichen **Ziele des magischen Dreiecks** (vgl. Abb. 5.3.5) in Einklang bringen. Generell führt Zeitmangel zu höheren Kosten. Umgekehrt lassen sich die Kosten senken, wenn mehr Zeit für ein Projekt zur Verfügung steht. Die Ergebnisqualität verhält sich gegensätzlich zu den Kosten: Zu hohe Qualität, z. B. durch Überdimensionierung, verursacht ebenso erhöhte Kosten wie erforderliche Nachbesserungen bei zu geringer Qualität. Auch zwischen Terminen und Qualität gilt es, ein Optimum zu finden. Zu großer Zeitdruck führt zu hektischem Arbeiten, worunter die Qualität leidet. Ist jedoch zu viel Zeit verfügbar, so senkt dies die Ergebnisqualität ebenfalls, da die Konzentration fehlt oder gebummelt wird. Wird die Projektplanung im Gegenstromverfahren durchgeführt, dann wird zunächst das Gesamtprojekt Top-down als Rahmenplan beschrieben und in einem Projektauftrag festgehalten. Im Anschluss daran wird das Gesamtprojekt durch das Projektteam strukturiert und in Arbeitspakete unterteilt. Diese sind dann Bottom-up durch Experten detailliert zu planen. Schließlich sind die beiden Planansätze aufeinander abzustimmen (vgl. *Diethelm*, 2000, S. 224 ff.).

Der zu genehmigende **Projektantrag** fasst die Planungsergebnisse zusammen und beinhaltet folgende **Bestandteile** (vgl. *Heche*, 2004, S. 31 ff.):

- **Projektmerkmale:** Festlegung der Projektziele und Klassifikation des Projekts nach Art und Größe.
- **Beteiligte Instanzen:** Bestimmung des Auftraggebers und der erforderlichen Stellen.
- **Projektorganisation:** Aufbau- und Ablauforganisation sowie Einbindung weiterer Stellen.
- **Termine:** Definition von Anfangs- und Endtermin sowie von zentralen Zwischenabschnitten (Meilensteine).
- **Personal- und Sachressourcen:** Bedarfsermittlung, Auswahl der Projektmitarbeiter und Vergabe der Projektleitung.
- **Wirtschaftlichkeitsschätzung:** Gegenüberstellung von Kosten und Nutzen.

Die Projektplanung basiert auf dem Projektauftrag und läuft in folgenden **Schritten** ab (vgl. *Burghardt*, 2018, S. 188 f.):

1. Strukturplanung
2. Terminplanung
3. Kapazitäts- und Einsatzmittelplanung
4. Kostenplanung
5. Planung des Qualitätsmanagements
6. Planung des Risikomanagements
7. Erstellung der Projektpläne

Die ersten vier Schritte werden durch die für Projekte entwickelte **Netzplantechnik** unterstützt und können mit entsprechenden Software-Werkzeugen durchgeführt werden. Die Netzplantechnik vereinfacht große Projekte durch Aufspaltung in kleinere Teilaufgaben. Dies zwingt zum detaillierten Durchdenken des Projekts. Auf diese Weise lassen sich Abhängigkeiten oder Engpässe erkennen. Das Instrumentarium ist leicht verständlich und basiert auf dem **Projektablaufplan** (vgl. *Fiedler*, 2020, S. 107; *Süß/Eschlbeck*, 2002, S. 137 ff.).

Strukturplanung

Der Projektablauf ist das Ergebnis der **Strukturplanung**. Dabei wird das Projekt in kleinere Einheiten, Teilprojekte, Arbeitspakete und einzelne Vorgänge zerlegt. Neben den Aktivitäten werden auch Ereignisse, wie z. B. Meilensteinentscheidungen, geplant. Aufgaben und Verantwortlichkeiten können in verschiedenen Formaten dokumentiert und kommuniziert werden. Unabhängig von der zur Dokumentation verwendeten Methode ist sicherzustellen, dass jedem Arbeitspaket eine eindeutige Verantwortlichkeit zugeordnet ist.

Für die Strukturplanung werden folgende **Methoden** genutzt (vgl. *Project Management Institute*, 2017, S. 216):

- **Organigramme** eignen sich dazu, hierarchische Positionen und Beziehungen grafisch darzustellen.

- Der **Projektstrukturplan** (PSP) analysiert die Abhängigkeiten zwischen den Vorgängen bzw. Ereignissen. Er zeigt deren Anordnungsbeziehungen und Reihenfolge sowie zeitliche Mindest- und Höchstabstände (vgl. Abb. 5.3.17).
- **Organisationsstrukturplan** (OSP): Während der Projektstrukturplan (PSP) eine Aufgliederung der Projektliefergegenstände zeigt, ist der Organisationsstrukturplan (OSP) entsprechend den bestehenden Abteilungen, Einheiten oder Teams einer Organisation gegliedert. Die Projektvorgänge oder Arbeitspakete werden hier unter den einzelnen Abteilungen aufgelistet. Eine betriebliche Abteilung, wie Informationstechnologie oder Einkauf, kann ihre gesamten Verantwortlichkeiten für ein Projekt erkennen, indem sie sich ihren Abschnitt des OSP anschaut.
- Der **Ressourcenstrukturplan** ist eine hierarchische Liste mit den Ressourcen, die zur Planung, Verwaltung und Steuerung der Projektarbeit herangezogen wird. Jede niedrigere Ebene beinhaltet eine detailliertere Ressourcenzuteilung, bis die Angaben klein genug sind, um in Verbindung mit dem Projektstrukturplan (PSP) die Arbeit zu planen und zu kontrollieren.
- Die **Verantwortlichkeitsmatrix** (RACI-Matrix) zeigt jedes Arbeitspaket mit den zugeordneten Projektressourcen (vgl. *Project Management Institute*, 2017, S. 217). Mit ihr werden die Verbindungen zwischen Arbeitspaketen oder Vorgängen zu den Mitgliedern des Projektteams dargestellt. Das Matrixformat zeigt alle Vorgänge, die einer Person und alle Personen, die einem Vorgang zugeordnet sind. Dadurch wird sichergestellt, dass nur eine Person für eine Aufgabe verantwortlich ist und keine Verunsicherung darüber entsteht, wer welche Befugnisse hat. In der RACI-Matrix werden folgende **Verantwortlichkeiten** unterschieden:
  - **Responsible** (verantwortlich): Diese Person bearbeitet die Aufgabe und verantwortet deren Ergebnis. Dies entspricht der Verantwortung im disziplinarischen Sinne (Durchführungsverantwortung).
  - **Accountable** (rechenschaftspflichtig): Hier liegt die rechtliche oder kaufmännische Verantwortung im Sinne von genehmigen, billigen oder unterschreiben. Diese Rolle ist für die Gesamterfüllung der Aufgabe oder das Endergebnis verantwortlich (Budgetverantwortung).
  - **Consulted** (konsultiert) bezeichnet die Unterstützungsverantwortung einer Person. Sie stellt Informationen zur Verfügung, die für die Erfüllung der Aufgabe oder des Ergebnisses nützlich sind. Es soll ein Austausch zwischen den Verantwortlichen und den konsultierten Personen stattfinden (Einbeziehungsverantwortung).
  - **Informed** (informiert): Diese Personen werden über die Aufgabe oder das Ergebnis auf dem Laufenden gehalten. Dies kann ein Fortschritts- oder Ergebnisbericht sein (Informationsrecht).

In der Regel sollte pro Aktivität jeweils nur eine Person (Rolle) verantwortlich und rechenschaftspflichtig sein. Dagegen können mehrere Personen bei einer Aktivität konsultiert und informiert sein. Ebenso kann es vorkommen, dass eine Person für eine Aktivität gleichzeitig rechenschaftspflichtig und verantwortlich ist. Wenn für eine Aktivität keine Person verantwortlich ist, bedeutet dies einen Mangel an Verantwortung („lack of responsibility"). Wenn mehr als eine Person verantwortlich ist, spricht man von überlappender Verantwortung („overlap in responsibility"). Abb. 5.3.18 veranschaulicht die Verantwortlichkeiten an einem einfachen Beispiel.

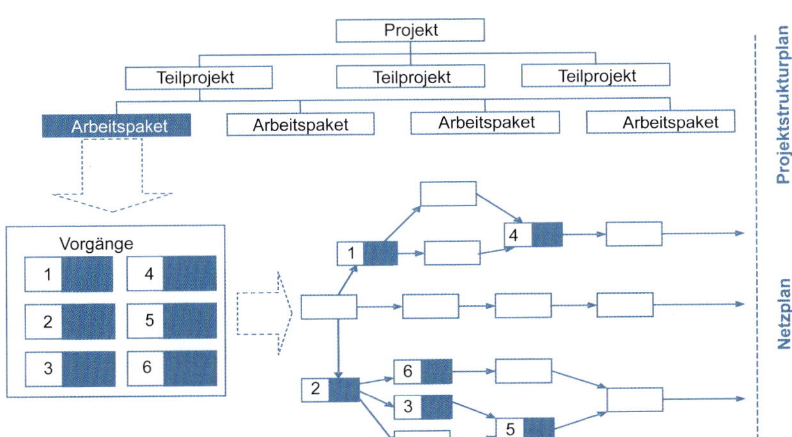

Abb. 5.3.17: Projektstrukturplanung (vgl. Schwarze, 2014, S. 35)

	Frodo	Sam	Gandalf	Aragorn	Elrond
Team zusammenstellen	C	C	A	C	R
Ring zum Berg bringen	R	C	A	C	I
Feinde bekämpfen	I	C	C	R	I

Resonsible **A**ccountable **C**onsulted **I**nformed

Abb. 5.3.18: RACI-Verantwortungsmatrix am Beispiel der Romanfiguren aus „Herr der Ringe“

Terminplanung

Aufbauend auf der Strukturplanung wird die **Terminplanung** vorgenommen. Dazu werden die einzelnen Vorgangsdauern geschätzt. Ausgehend von einem Starttermin wird unter Berücksichtigung der zeitlichen Abfolge das Ende des Projekts errechnet (Vorwärtsterminierung). Alternativ kann von einem Projektendtermin der rechnerische Starttermin ermittelt werden (Rückwärtsterminierung). Wichtig ist die Bestimmung der Vorgänge, von denen die Gesamtdauer des Projekts abhängt (kritische Vorgänge bzw. kritischer Pfad, in Abb. 5.3.19 dunkelblau). Dies ermöglicht bei Störungen die Bestimmung der Auswirkungen auf die Einhaltung des Projektendtermins. In Abb. 5.3.19 ist die zeitliche Anordnung von Vorgängen in einem *Gantt*-Diagramm dargestellt. Es zeigt die Tage inklusive der Wochenenden, wobei nur die Werktage zur Projektdauer gezählt werden.

Kapazitäts-, Ressourcen- und Kostenplanung

Sind die Termine eines Projekts geplant, dann werden den Vorgängen die erforderlichen Kapazitäten zugeordnet. Die **Kapazitäts- und Ressourcenplanung** bestimmt den Bedarf an Ressourcen hinsichtlich Kapazitätshöhe und Einsatzzeitpunkt (Kapazitätsbereitstellungsplanung). Entstehen im Zeitverlauf Kapazitätsengpässe oder ungleiche Kapazitätsbelastungen, dann kann ein Kapazitätsausgleich vorgenommen werden. Dazu lassen sich nicht zeitkritische Vorgänge verschieben und Pufferzeiten nutzen. Reicht dies nicht aus, so ist eine Verlängerung der Projektdauer bzw. der Einsatz zusätzlicher Ressourcen möglich. Die gleichmäßige Auslastung aller Ressourcen ist umso schwerer, je mehr Ressourcen und Vorgänge zu planen sind. Abb. 5.3.20 zeigt hierfür ein Beispiel.

Die **Kostenplanung** erfolgt durch die monetäre Bewertung der Ressourcen aus der Kapazitätsplanung. Sie kann zur Ermittlung des Angebotspreises sowie zur Kostenplanung und -kontrolle dienen. Darüber hinaus können auch die benötigten liquiden Mittel im Rahmen einer Finanzplanung festgelegt werden.

Die Kostenplanung verwendet folgende **Methoden** (vgl. *Diethelm*, 2000, S. 326):

- **Kalkulationsmethoden** setzen an den einzusetzenden Faktoren an. Sie errechnen die Projektkosten auf Basis der Zeiten und bekannter Faktorkosten je Zeiteinheit.
- **Befragungen von internen oder externen Experten** eignen sich, sofern solche verfügbar sind und die Aufgabenstellung ausreichend genau beschrieben werden kann. Solche Schätzungen sind allerdings subjektiv.
- **Analogie-Methoden** basieren auf empirischen Vergleichen mit ähnlichen, bereits abgeschlossenen Projekten. Die Vergleichbarkeit ist jedoch meist nicht ausreichend.
- **Parametrische Methoden** setzen auf historischen Daten auf und ermitteln die Kosten für ein Projekt statistisch, analytisch oder aufgrund von Prognosemodellen.

Für jedes Projekt ist darüber hinaus das **Qualitätsmanagement** zu planen (vgl. Kap. 8.1). Hierfür sind überprüfbare Qualitätsmerkmale festzulegen, welche im laufenden Projektcontrolling kontrolliert und geprüft werden können. Diese Merkmale sind auf jedes Projekt spezifisch anzupassen (vgl. *Kraus/Westermann*, 2019, S. 94).

Ebenso ist ein individuelles **Risikomanagement** vorzusehen (vgl. Kap. 8.4). Da Projekte einmalige Vorhaben sind,

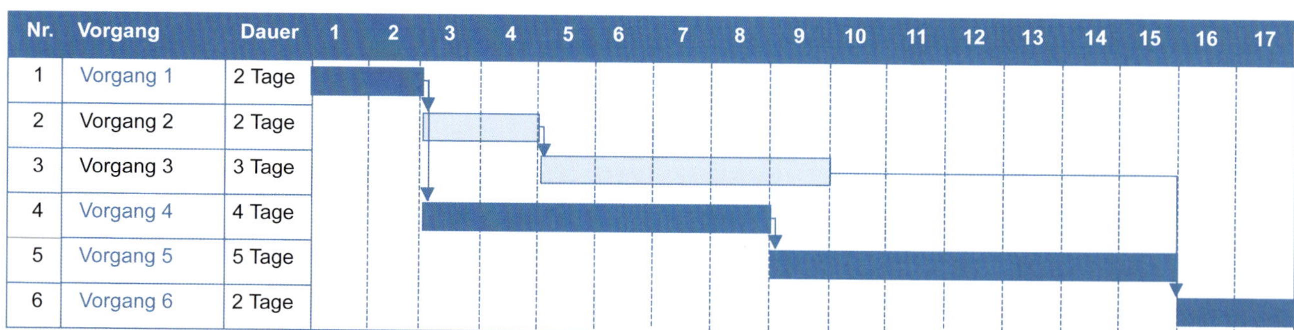

Abb. 5.3.19: Gantt-Diagramm zur Terminplanung

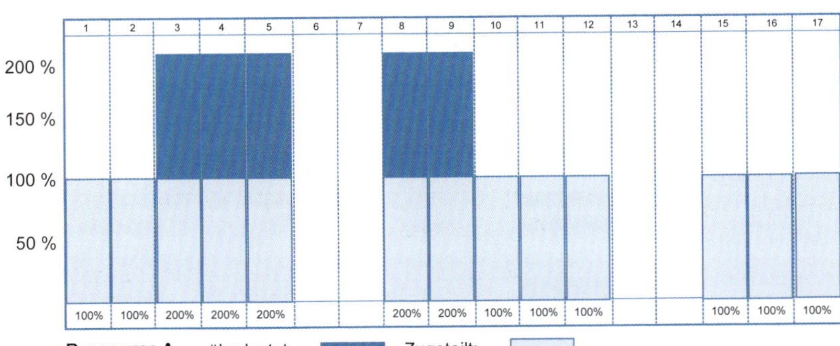

Abb. 5.3.20: Ressourcenplanung

bergen sie viele Risiken (vgl. *Zijl et al.*, 1988, S. 58). Risiken entstehen auch aus Mängeln in der Planung, z. B. bei unpräziser Zielformulierung, bei falscher Bewertung von Alternativen oder unklaren Planungsgrundlagen. Wichtig sind hierbei insbesondere die der Projektplanung zugrundeliegenden Planungsprämissen. Um diese später überwachen zu können, sind sie transparent zu machen. Der Schwerpunkt liegt auf den Annahmen, welche für die Erreichung der Projektziele wichtig sind. Die Überwachung dieser kritischen Annahmen ermöglicht frühzeitige Steuerungsmaßnahmen und verringert das Projektrisiko.

Bei der **Planung der Projektrisiken** sind folgende Aufgaben zu erfüllen (vgl. *Kraus/Westermann*, 2019, S. 42 f.; *Stern/Jaberg*, 2010, S. 240):

- **Risikoanalyse:** Projektrisiken werden identifiziert und bewertet.
- **Risikoabsicherung:** Festlegung von Maßnahmen zur Risikoreduktion und Aufbau eines Risikocontrollings.
- **Risikoeintrittsmanagement:** Planungen zur Reaktion auf Störungen und Krisen.

Die Projektplanung wird in den **Projektplänen** dokumentiert, die sich in zwei **Kategorien** einteilen lassen:

- Die **Produktdokumentation** beschreibt das Ergebnis eines Projekts. Beispielsweise als Pflichtenheft, Leistungsbeschreibung, Spezifikation, Bauunterlagen, Test- und Prüfunterlagen oder Benutzerhandbuch.
- Die **Projektdokumentation** beschreibt den Projektablauf. Sie umfasst z. B. Projektauftrag, Projektstrukturplan, Terminplan, Kostenplan, Qualitätssicherungsbericht, Fortschrittsbericht, Projektkalkulation und Projektabschlussbericht.

Zur Erstellung der Projektpläne stehen softwaregestützte Projektmanagement-Werkzeuge zur Verfügung. Sie vereinfachen die Erstellung, Dokumentation und Steuerung erheblich und erhöhen so die Flexibilität und Effizienz des Projektmanagements. Die Qualität der gesamten Projektplanung ist abhängig von einer Vielzahl an Faktoren, die in Abb. 5.3.21 zusammengefasst sind. Wesentlich sind die Qualität der Plandaten, Erfahrung und Planungs-Know-how sowie die Zusammensetzung der Planungsträger. Da Projekte stets auch innovativ sind, ist jede Planung mit Unsicherheiten behaftet.

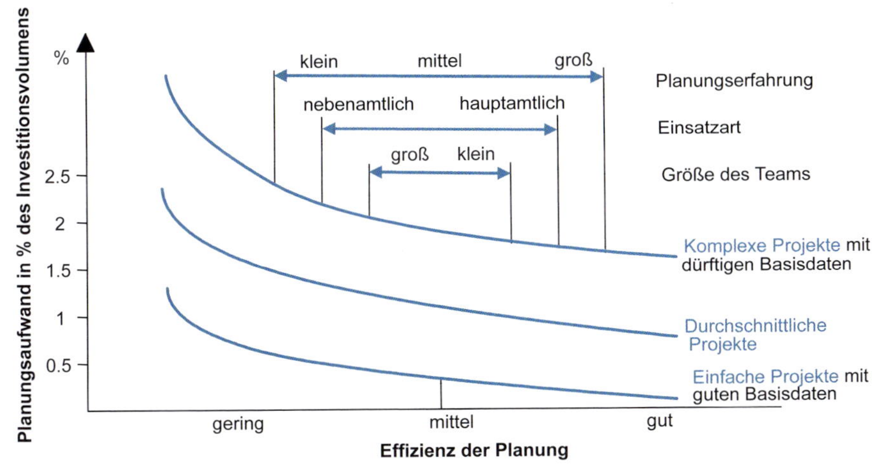

Abb. 5.3.21: Einflussfaktoren auf den Planungsaufwand (vgl. Aggteleky/Bajna, 1992, S. 207)

Projektcontrolling

Aufgaben des Projektcontrollings sind die Projektberichterstattung, Informationsversorgung sowie die Koordination der Projektplanung und -kontrolle. Das Projektcontrolling ist nicht nur die Aufgabe spezieller Projektcontroller, sondern auch des Projektleiters und der Projektmitarbeiter. Die Projektkontrolle umfasst die Sammlung der Ist-Werte und die Durchführung von Soll-Ist-Vergleichen. Die Abweichungen sind zu analysieren und gegebenenfalls korrigierende Maßnahmen aufzuzeigen (vgl. *Patzak/Rattay*, 2009, S. 32).

Die **Projektüberwachung und -steuerung** vollzieht sich in folgenden **Schritten:**

(1) **Freigabe von Arbeitspaketen** auf Basis der Projektplanung, sofern die geplanten Ressourcen zur Verfügung stehen und im Arbeitspaket eingesetzt werden.

(2) **Regelmäßige Überwachung** des Projekts durch Sammlung und Aufbereitung von Ist-Daten für die Projektparameter Qualität, Zeit und Kosten.

(3) **Erfassung und Dokumentation von Abweichungen** durch den Vergleich von Soll- und Istwerten der einzelnen Parameter.

(4) **Analyse von Abweichungen.**

(5) **Maßnahmen** zur Projektsteuerung vorschlagen.

(6) **Aktualisierung der Projektstruktur** hinsichtlich Ablauf-, Termin-, Kapazitäts- und Kostenplanung sowie Prognose des weiteren Projektverlaufs.

(7) **Kontrolle der Wirksamkeit** beschlossener Maßnahmen.

Die regelmäßige **Projektüberwachung** dient der Bestimmung des Projektfortschritts. Bei der Terminüberwachung sollte besonders auf kritische Vorgänge geachtet werden. Die Kostenüberwachung stellt laufend angefallene und geplante Kosten gegenüber. Die Kapazitätsüberwachung dient der Überprüfung der geplanten Auslastung.

Abweichungen treten aus vielfältigen Gründen auf. Es kann sich um Planungsfehler handeln, z. B. weil Tätigkeiten vergessen wurden, Kapazitäten überlastet sind oder die Mitarbeiter nicht die passende Qualifikation aufweisen. Darüber hinaus können Probleme auch im Rahmen der Projektdurchführung auftreten. Teilweise genügen z. B. die von außen bezogenen Leistungen nicht den Anforderungen oder treffen verspätet ein. Auch die Rahmenbedingungen können sich im Laufe eines Projekts ändern. Beispiele sind neue Kundenanforderungen, Ausfall von Kapazitäten oder veränderte Prioritäten des Auftraggebers. Schließlich ist es auch möglich, dass die geplanten Maßnahmen nicht die erwarteten Wirkungen zeigen. Abb. 5.3.22 stellt mögliche Projektabweichungen dar.

Abb. 5.3.22: Projekt-Abweichungen

Für die Messung und Feststellung von Abweichungen werden in der Praxis häufig Checklisten und Formulare eingesetzt. Zudem können auch Indizes aufgestellt werden. Der Projektfortschritt wird mit dem **Fortschrittsindex** gemessen. Er gibt an, zu welchem Prozentsatz ein Arbeitspaket, ein Teilprojekt oder das Gesamtprojekt abgeschlossen ist. Die Einschätzung erfolgt durch die für die Durchführung verantwortlichen Mitarbeiter. Die Ermittlung des Fortschrittsindex ist zwar recht einfach, aber auch sehr subjektiv. Das Beispiel in Abb. 5.3.23 zeigt den geschätzten Fortschritt im Verhältnis zur Bearbeitungszeit eines Vorgangs. Es wird deutlich, dass die Schätzwerte häufig sehr optimistisch sind. Der Zeitaufwand zur Erfüllung der letzten 5 Prozent der zu erbringenden Leistung kann durchaus 50 Prozent der Bearbeitungszeit erfordern. Dieses Phänomen wird auch als das „95 %-Syndrom" bezeichnet.

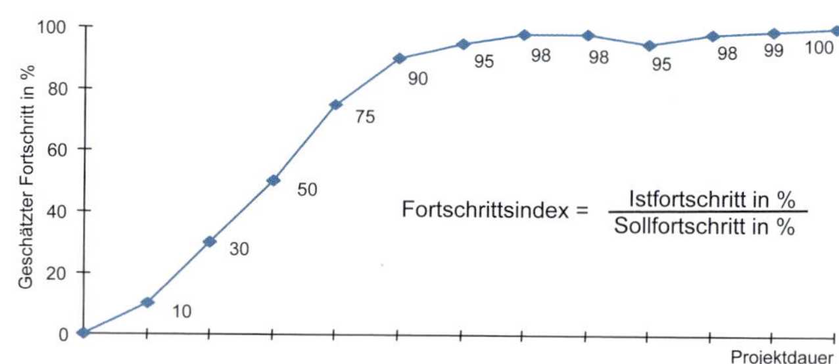

Abb. 5.3.23: 95 %-Syndrom (in Anlehnung an Riedl, 1990)

Eine weitere Methode zur Terminverfolgung stellt die **Meilenstein-Trend-Analyse** dar (vgl. *Fiedler*, 2020, S. 142 f.). Dabei werden die Termine jedes einzelnen Meilensteins verfolgt. Zu den festgelegten Berichtszeiträumen werden Schätzungen darüber abgegeben, zu welchen Zeitpunkten die Meilensteinergebnisse voraussichtlich erreicht werden. Wie das Beispiel in Abb. 5.3.24 zeigt, bedeutet in der grafischen Darstellung eine waagerechte Linie, dass der Meilenstein planmäßig verläuft. Werden die Termine unterschritten, ist der Meilensteintrend abfallend. Ein steigender Verlauf deutet auf einen drohenden Terminverzug hin.

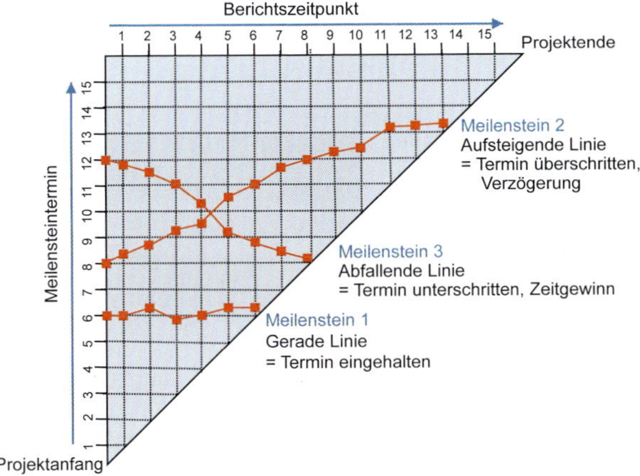

Abb. 5.3.24: Meilenstein-Trend-Analyse

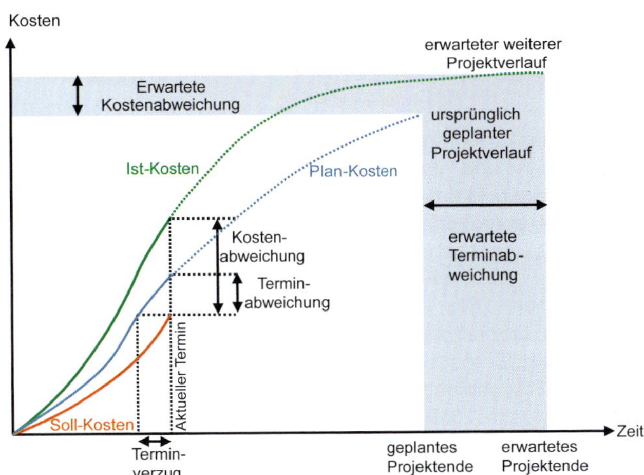

Abb. 5.3.25: Kosten-Zeit-Diagramm (vgl. Litke, 2017, S. 166)

Die **Kostenkontrolle und -überwachung** kann anhand des **Kostenindex** erfolgen. Dabei werden zu einem bestimmten Stichtag die Ist-Kosten (Actual Cost of Work Performed) den Soll-Kosten (Budgeted Cost of Work Performed) gegenübergestellt (vgl. *Patzak/Rattay*, 2009, S. 339 f.). Die Soll-Kosten beschreiben die Kosten, die für den erreichten Projektstand nach der Planung zu erwarten sind. Bei der Erfassung der Ist-Kosten ist insbesondere die Zuordnung der indirekten Kosten auf ein Projekt problematisch. Neben dem Kostenindex lassen sich folgende weitere Indizes für einen Stichtag ermitteln:

$$\text{Kostenindex} = \frac{\text{Istkosten zum Stichtag}}{\text{Sollkosten zum Stichtag}} \cdot 100$$

$$\text{Kostenabweichung} = \text{Istkosten} - \text{Sollkosten}$$

$$\text{Leistungsabweichung} = \text{Sollkosten} - \text{Plankosten}$$

$$\text{Gesamtabweichung} = \text{Istkosten} - \text{Plankosten}$$

$$\text{Leistungsfaktor} = \frac{\text{Sollkosten zum Stichtag}}{\text{Plankosten zum Stichtag}} \cdot 100$$

Häufig wird die Kosten- und Zeitdimension zu einem **zweidimensionalen Kosten-Zeit-Diagramm** zusammengefasst (vgl. *Patzak/Rattay*, 2009, S. 339 f.). Im Rahmen dieser in Abb. 5.3.25 dargestellten sogenannten **Earned Value-Analyse** werden die Kosten im Zeitablauf erfasst. Die Plankostenkurve zeigt die Kosten des geplanten Projektverlaufs. Die Soll-Kosten-Kurve (Earned Value) weicht im Schaubild davon ab, da das Projekt im Zeitverzug ist und für die nicht erbrachte Leistung auch keine Kosten angesetzt sind. Aus dem Vergleich der drei Kostenwerte können die Abweichungsursachen ermittelt werden. Die nebenstehenden Formeln zeigen die Berechnungslogik.

Treten wesentliche Abweichungen auf, so sind **Gegenmaßnahmen** erforderlich. Ansatzpunkte sind z. B. eine intensivere Koordination von Teilaufgaben oder die Förderung der Kooperation aller Projektbeteiligten. Darüber hinaus können eine striktere Führung der Projektmitarbeiter oder Entscheidungen durch Projektleiter oder Auftraggeber erforderlich sein. Mögliche konkrete Maßnahmen zeigt Abb. 5.3.26.

Das Projektcontrolling ist auch für das **Projektberichtswesen** verantwortlich. Es bestimmt die Berichtszeitpunkte und legt Informationsbedürfnisse und -kanäle fest. Pro-

Leistung zu gering	Zeit überschritten	Kosten überschritten	Teamarbeit gestört
▪ Höherer Ressourceneinsatz ▪ Leistungsanreize, Motivation, Prämien, Teamentwicklung ▪ Wechsel der ausführenden Mitarbeiter ▪ Bessere Lieferanten ▪ Stärkere Kontrolle ▪ Stärkere Projektfokussierung	▪ Kritischen Pfad verkürzen (z. B. Abstände verringern, Vorgänge aufteilen, Rationalisierungspotenziale ausschöpfen etc.) ▪ Höherer Ressourceneinsatz ▪ Einsatz externer Ressourcen ▪ Verringerung von Abhängigkeiten/Parallelarbeit ▪ Änderungen im Projektumfang für Terminverschiebungen nützen	▪ Kosten überwälzen ▪ Teilleistungen an günstigere Subauftragnehmer vergeben ▪ Qualität reduzieren, Leistungsreduktion ▪ Nutzung von günstigeren Varianten ▪ Zusatzwünsche für verschleierte Budgetausweitung nutzen	▪ Projektmarketing verstärken ▪ Beziehungspflege intensivieren ▪ Spielregeln entwickeln und vereinbaren ▪ Identifikationsmaßnahmen entwickeln

Abb. 5.3.26: Gegenmaßnahmen bei Projektabweichungen (vgl. Patzak/Rattay, 2009, S. 437 f.)

Projektcontrolling bei der Elbphilharmonie und für den Gotthard-Tunnel

Ein Beispiel für Kostensteigerungen und Terminverzögerungen, die bei öffentlichen Bauprojekten häufig zu beobachten sind, ist das im Jahr 2007 begonnene Bauprojekt des Konzerthauses *Elbphilharmonie* in Hamburg. Entgegen der ursprünglich geplanten Eröffnung im Jahre 2010 zu Kosten von 114 Mio. € wurde das Projekt nach einem anderthalbjährigen Baustopp, einer umfangreichen Projektrevision und durch bauliche Verzögerungen erst am 31.10.2016 abgeschlossen. Die Baukosten betrugen am Ende mit rund 866 Mio. € fast das 7,5-Fache der ursprünglich geplanten Summe mit einer Zeitverzögerung von über sechs Jahren. Noch gravierendere Abweichungen traten beim Bau des *Flughafens Berlin Brandenburg* auf, der Ende 2020 mit neun Jahren Verspätung eröffnet wurde und mit über 6 Mrd. € mehr als drei Mal so viel kostete als geplant.

Ein Positivbeispiel ist dagegen der neue Gotthard-Eisenbahntunnel. Das Projekt für den mit 57 Kilometern längsten Tunnel der Welt wurde wie geplant im Juni 2016 fertiggestellt. An dem Projekt arbeiteten 1.800 Menschen und es lag im Kostenplan von insgesamt 18,7 Mrd. CHF. Ursprünglich waren die Kosten zwar rund 50 % geringer, die Zusatzkosten sind aber nicht auf Pannen und Versäumnisse, sondern auf erhöhte Sicherheitsstandards zurückzuführen. Für den vergleichsweise reibungslosen Verlauf war auch das strenge Projektcontrolling mitverantwortlich. Die operative Projektsteuerung der beteiligten Baufirmen lag bei der Projektgesellschaft *Alptransit*. Diese unterlag der direkten Aufsicht durch das *Schweizer Bundesamt für Verkehr*. Daneben gab es eine politische Aufsicht durch einen zwölfköpfigen Parlamentsausschuss. Diese Projektstruktur sorgte für klare Verantwortlichkeiten. Planänderungen und Zusatzkosten mussten sich die Bauherren durch die Aufsichtsgremien genehmigen lassen.

jektberichte sind „an einen bestimmten Empfänger oder Empfängerkreis gerichtete Darstellungen über Entwicklung und Stand eines Projekts" (*DIN 69901*). Sie sind auch ein wichtiger Bestandteil der **Projektdokumentation** als einer „Zusammenstellung ausgewählter, wesentlicher Daten über Konfiguration, Organisation, Mitteleinsatz, Lösungswege, Ablauf und erreichte Ziele des Projekts" (*DIN 69901*).

Diese Aufgaben werden meist durch digitale **Projektinformationssysteme** (vgl. Kap. 7.1) übernommen. Sie gestatten einen integrierten Zugang zu allen Projektergebnissen und machen Zusammenhänge deutlich. Die Projektdokumentation ist entscheidend für die laufende Verbesserung des Projektmanagements und der zukünftigen Abwicklung von Projekten. Mit ihrer Hilfe soll aus Erfahrungen gelernt und auf bisherige Erkenntnisse zurückgegriffen werden. Projektübergreifende Informationssysteme bieten die Basis für den Wissenstransfer zwischen Projekten und Linie (vgl. *Grasl et al.*, 2004, S. 175).

Abb. 5.3.27 zeigt ein Beispiel für einen Projektfortschrittsbericht. Der Fortschrittsindex wird grafisch als Balken dargestellt, der im Vergleich zur Länge der Vorgänge den aktuellen Status des Projekts veranschaulicht.

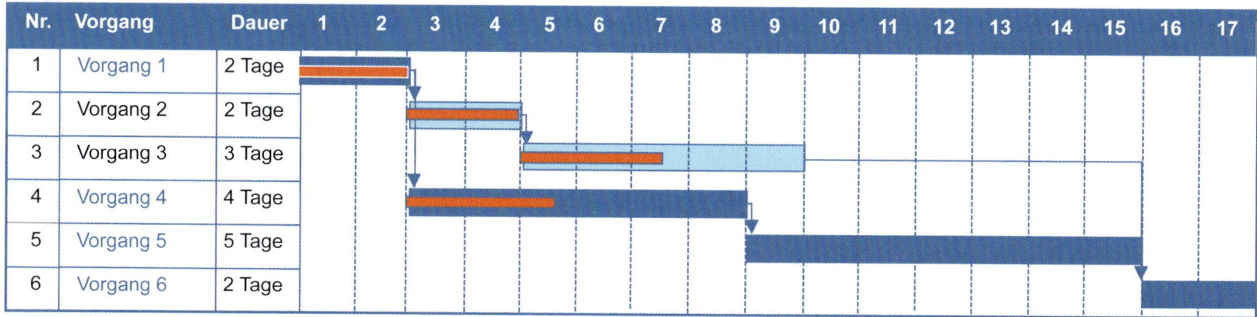

Abb. 5.3.27: Projektplan mit Fortschrittsüberwachung

5.3.5 Agiles Projektmanagement mit Scrum

Agiles Projektmanagement ist sinnvoll, wenn die exakte Entwicklung eines Projektes im Vorhinein nicht prognostizierbar ist. Das Projektziel wird durch iteratives Vorgehen in Verbindung mit regelmäßigen Feedbackschleifen erreicht und ermöglicht so die kontinuierliche Anpassung des Projektverlaufs (vgl. *Schwaber/Sutherland*, 2017, S. 3). Zur Umsetzung eines agilen Projektmanagements dient vor allem die Scrum-Methode als Rahmenwerk für die Entwicklung komplexer Produkte (vgl. www.IAPM.net).

> **Agiles Projektmanagement** erreicht das Projektziel in iterativen Schritten mit regelmäßigen Anpassungen und durch selbstorganisierte Projektteams.

Der Begriff agiles Projektmanagement entwickelte sich Ende der 1990er-Jahre in der Softwareentwicklung als Gegenbewegung zu der dort vorherrschenden deterministischen Vorgehensweise. Die Entwicklung von Software folgte damals meist nach dem Wasserfallmodell gemäß dem US-Militär-Standard 2167. Demnach wurden auch komplexe Vorhaben kaskadenförmig in Phasen eingeteilt (vgl. *Oestereich/Schröder*, 2020, S. 205). Die Idee eines iterativen Vorgehens ist allerdings nicht neu. Es wurde beispielsweise bereits 1977 von *IBM* eingesetzt, um die Software für das *NASA*-Space-Shuttle in 17 durchschnittlich achtwöchigen Iterationen zu erstellen.

Entwicklung von Scrum

Die Basis zur Verbreitung iterativer Vorgehensmodelle legten *Nonaka* und *Takeuchi*, die auch als Mitbegründer des Wissensmanagements gelten (vgl. Kap. 7.4). Sie erkannten, dass in komplexen Führungskontexten bei der Entwicklung neuer Produkte Schnelligkeit und Flexibilität von entscheidender Bedeutung sind. Deshalb führen sequentielle Ansätze des Projektmanagements nicht zum Erfolg. Sie entwickelten daher die „**Rugby-Methode**", die wie beim Rugby den Ball innerhalb der Mannschaft weiterreicht, während diese sich als Einheit auf dem Spielfeld bewegt (vgl. *Takeuchi/Nonaka*, 1986, S. 137 ff.). Ein solcher Ansatz besitzt die selbstorganisatorischen Merkmale einer eingebauten Instabilität, selbstorganisierender Projektteams, überlappender Ablaufphasen, multipler Lernprozesse, subtiler Kontrolle und eines organisatorischen Lerntransfers. Diese sechs Teile fügen sich wie ein Puzzle zusammen und bilden einen schnellen und flexiblen Prozess für die Entwicklung neuer Produkte. Das Rugby-Vorgehen wurde abgeleitet vom Entwicklungsprozess der Unternehmen *Fuji-Xerox*, *Honda* und *Canon*. Dabei wird auf die nahezu unendliche Vielfalt möglicher Taktiken beim Rugby hingewiesen. Das Team nutzt die eigenen Fähigkeiten, die Schwächen der gegnerischen Mannschaft und organisiert sich selbst. Der Begriff Scrum bezeichnet im Rugby ein sogenanntes angeordnetes Gedränge. Es ist eine Standardsituation, um das Spiel etwa nach kleineren Regelverstößen neu zu starten. In Analogie dazu werden Produktentwicklungsteams als kleine, selbstorganisierte Einheiten verstanden. Sie ordnen sich immer wieder selbst, wobei sie von außen nur eine Richtung vorgegeben bekommen und über ihre Taktik gemeinsam entscheiden.

Neben der japanischen Rugby-Methode entwickelten sich verschiedene iterative Vorgehensmodelle für Software-Projekte, wie etwa das „Extreme Programming" oder „V-Modell" (vgl. *Oestereich/Schröder*, 2020, S. 206). Dabei wurde auf die Theory of Constraints (Engpasstheorie) zurückgegriffen, wonach der Durchsatz eines Systems vom Engpass (Constraint) als begrenzenden Faktor bestimmt wird (vgl. *Goldratt/Cox*, 1984, S. 4 ff.). Eine Verbesserung des Durchsatzes kann nur erfolgen, wenn das Gesamtsystem, ausgehend vom begrenzenden Faktor, optimiert wird.

Aufbauend auf diesen Methoden und Theorien entwickelten *Sutherland* und *Schwaber* ab 1993 das agile Projektmanagement-Rahmenwerk **Scrum**. Dabei wird die Projektleitung auf mehrere sich selbstorganisierende Teammitglieder und Moderatoren aufgeteilt. *Schwaber* (1995, S. 117 ff.) veröffentlichte den ersten Konferenzbeitrag über Scrum, wonach Entwicklungsprojekte nicht vorhersehbar sind und deshalb besondere Vorgehensmodelle erfordern.

> **Scrum** ist eine Methode des agilen Projektmanagements, in der Projektteams als selbstorganisierte Einheiten das Projektziel in kurzen Iterationszyklen erreichen.

Der Ansatz von Scrum ist inkrementell und iterativ. Er beruht auf Erfahrungen vieler Projekte, die zu komplex sind, um sie im Vorfeld vollumfänglich planen zu können. Da wesentliche Anforderungen und die dafür geeigneten Lösungsansätze zu Beginn unklar sind, kann dadurch dem komplexen Führungskontext begegnet werden. Aus Zwischenergebnissen lassen sich die fehlenden Anforderungen und Lösungstechniken effizienter finden als durch eine abstrakte Klärungsphase. Agiles Projektmanagement mit Scrum dient dazu, die Transparenz und Veränderungsgeschwindigkeit zu erhöhen und somit Risiken und Fehlentwicklungen im Projekt zu reduzieren. Dazu wird versucht, die Planungs- und Entwurfsphase auf ein Mindestmaß zu reduzieren und so früh wie möglich zu ausführbaren Lösungen zu gelangen. Diese werden in regelmäßigen, kurzen Abständen mit dem Kunden abgestimmt, um möglichst flexibel auf Kundenwünsche einzugehen.

Das **inkrementelle Vorgehen** basiert auf den folgenden drei Elementen (vgl. *scrumalliance*, 2013):

- **Transparenz:** Fortschritt und Hindernisse eines Projektes werden regelmäßig und für alle sichtbar festgehalten.
- **Überprüfung:** Projektergebnisse und Funktionalitäten werden regelmäßig abgeliefert und bewertet.
- **Anpassung:** Anforderungen an das Produkt, die Pläne und das Vorgehen werden kontinuierlich und detailliert angepasst. Scrum reduziert damit nicht die Komplexität der Aufgabe, strukturiert diese aber in kleinere und weniger komplexe Bestandteile, die Inkremente.

Der **Kern von Scrum** (Core) besteht aus wenigen Regeln, welche vier Ereignisse, drei Artefakte und drei Rollen beschreiben. Sie sind im Scrum Guide beschrieben. Weiter konkretisiert wird Scrum durch Umsetzungstechniken, welche jedoch große Freiheiten zur individuellen Ausgestaltung lassen (vgl. *Schwaber/Sutherland*, 2017, S. 7; 2020).

Rollen

Abweichend von der traditionellen Projektleitung ist das **Scrum-Team** für sein Wirken kollektiv selbst verantwortlich und umfasst folgende drei **Rollen** (vgl. *Schwaber/Sutherland*, 2017; *Mois*, 2018, S. 64 ff.):

- **Produktverantwortliche** (Product Owner) sind für die Eigenschaften und den wirtschaftlichen Erfolg des Projektes verantwortlich. Sie gestalten das Projekt bzw. das Ergebnis im Sinne eines Produkts mit maximalem Nutzen. Dazu werden die Produkt- bzw. Ergebniseigenschaften festgelegt. Es gibt immer nur eine Person und keine Gruppe, die über die Projektziele, das Produkt, seine Eigenschaften und die Reihenfolge der Implementierung entscheidet. Die Produktanforderungen werden im sogenannten Product Backlog festgehalten. Im Projektverlauf wird dieses Pflichtenheft zunehmend und inkrementell weiter detailliert und aktualisiert (Product Backlog Refinement). Der Produktverantwortliche hält regelmäßig Rücksprache mit den Stakeholdern und Kunden, um deren Bedürfnisse und Wünsche zu verstehen, abzuwägen und einzubringen.
- Das **Entwicklungsteam** ist als selbstorganisierendes Team für die Erfüllung der Produktfunktionalitäten in der vom Produktverantwortlichen gewünschten Reihenfolge und die Einhaltung der vereinbarten Qualitätsstandards verantwortlich. Dazu sollte es über die Kompetenzen und Ressourcen verfügen, um seine Ziele erreichen zu können. Die Entwicklungsteams lernen iterativ in den Reviews auf zwei Ebenen. Mit den Kunden wird inhaltlich über das Produkt diskutiert und auf der methodischen Ebene über die Vorgehensweise im Projekt (vgl. *Scheller*, 2017, S. 497 f.). Das Lernen erfolgt aus Fehlern durch das Ausprobieren verschiedener Lösungsansätze nach dem Motto „Win or learn". Dies erfordert eine positive Fehlerkultur, bei der Fehler offen angesprochen werden können, ohne das damit eine Schuldzuweisung verbunden ist (vgl. *Andresen*, 2019, S. 138). Teammitglieder sollten Spezialisten in ihrer Kompetenz, Generalisten für das Projekt und Kollegen bei der Erreichung des gemeinsamen Ziels sein (vgl. sog. T-shaped Professionals in Kap. 6.4.3). Ein Entwicklungsteam sollte aus drei bis neun Mitgliedern bestehen. Dann können alle benötigten Kompetenzen vereinigt werden, und der Koordinationsaufwand innerhalb des Teams ist noch angemessen. Das Entwicklungsteam bricht die Einträge im Product Backlog in Arbeitsschrit-

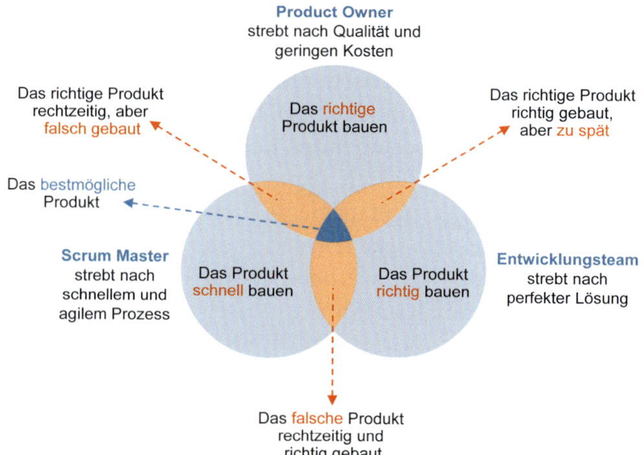

Abb. 5.3.28: Scrum-Rollen (in Anlehnung an www.meserk.eu)

te, sogenannte Tasks, herunter, deren Bearbeitung in der Regel nicht länger als einen Tag dauert. Das Sprint Backlog legt fest, welche Aufgaben das Scrum Team im nächsten Durchlauf, dem sog. Sprint, erledigen soll.

- **Scrum Master** sind dafür verantwortlich, dass die Scrum-Regeln eingehalten werden und kümmern sich um die Behebung von Störungen. Diese können sowohl aus mangelnder Kommunikation und Zusammenarbeit im Entwicklungsteam als auch zwischen Produktverantwortlichen und Fachabteilungen resultieren. Ein Scrum Master übernimmt gegenüber dem Entwicklungsteam eine dienende Führungsrolle, um die Selbstorganisation zu ermöglichen, ohne jedoch den einzelnen Teammitgliedern Arbeitsanweisungen zu geben. Der Scrum Master ist vielmehr als Coach für den Scrum-Prozess und die Beseitigung von Hindernissen verantwortlich.

Für die **Stakeholder** des Projekts soll der Projektfortschritt und die Zwischenergebnisse transparent gemacht werden. Sie lassen sich nach ihren Aufgaben differenzieren in:

- **Kunden** erhalten das Projektergebnis. Sie können sowohl unternehmensinterne Fachabteilungen als auch externe Personen oder Gruppen sein und stehen in engem Kontakt mit dem Produktverantwortlichen. Vor Projektbeginn sollte ein möglichst genaues Verständnis der Kundenwünsche stehen, aber auch während des Projektes sollten die Zwischenergebnisse abgestimmt und das Feedback der Kunden eingeholt werden.
- **Anwender** sind die Personen, die das Projektergebnis später nutzen werden. Ein Anwender kann, muss aber nicht zugleich der Kunde sein. Die Rolle des Anwenders ist für das Scrum-Team von besonderer Bedeutung, denn nur die Anwender können das Produkt beurteilen. Anwender und Kunden sollten deshalb eng abgestimmt werden und das Projektergebnis bzw. die Zwischenergebnisse erproben.
- Das **Management** trägt die Verantwortung für die Rahmenbedingungen, wie Arbeitsmittel oder Infrastruktur, sowie für die Autonomie des Scrum-Teams. Dies beinhaltet die Abgrenzung gegenüber externen Arbeitsanforderungen, eine adäquate personelle Besetzung sowie die Unterstützung des Scrum Masters bei Störungen.

Scrum-Prozessmodell

Scrum ist ein iteratives Modell zur Produktentwicklung, welches als Prozessmodell eine Abfolge der folgenden **Aktivitäten** beinhaltet (vgl. *Schwaber/Sutherland*, 2017):

- **Product Backlog** (Produktanforderungsliste): Der Ausgangspunkt des Scrum-Prozesses ist eine geordnete Auflistung der Anforderungen an das Produkt bzw. der noch zu erledigenden Aufgaben. Dieser Anforderungskatalog ist dynamisch und wird ständig weiterentwickelt. Der Produktverantwortliche ist für die Pflege des Product Backlogs verantwortlich. Ferner ist er für die Reihenfolge bzw. Priorisierung der Anforderungen zuständig. Das Product Backlog ist nicht vollständig und beginnt mit den bekannten und am besten verstandenen Anforderungen. Dabei werden auch Abhängigkeiten zwischen den Anforderungen bestimmt. Die Priorisierung der Anforderungen erfolgt nach deren wirtschaftlichem Nutzen, Risiko und Notwendigkeit. Die Eintragungen mit der höchsten Priorität sollen im nächsten Sprint als Erstes umgesetzt werden. Die Anforderungen im Product Backlog sind nicht technisch bzw. produktbezogen, sondern anwenderorientiert. Hierfür lassen sich die Produkteigenschaften in Benutzergeschichten, sogenannten User Stories, formulieren. Sie beschreiben die erforderlichen Produktattribute aus Sicht der Nutzer unter Anwendung einer möglichst einfachen Alltagssprache. Die Stories leiten sich aus den Anwenderzielen ab und beschreiben, weshalb der potenzielle Kunde eine Produkteigenschaft fordert und welcher Nutzen erwartet wird.

  User Stories sollen die folgenden sog. **INVEST-Eigenschaften** besitzen:

  - **Independent** (unabhängig), d.h. sie sollen nicht von anderen User Stories abhängen.
  - **Negotiable** (verhandelbar), d.h. sie sollen keine Umsetzungsdetails festlegen.
  - **Valuable** (nützlich): Ihre Umsetzung soll den Wert des Produkts für den Nutzer erhöhen.
  - **Estimable** (schätzbar): Der Aufwand für die Umsetzung soll abschätzbar sein.
  - **Small** (klein): Ihr Umsetzungsaufwand sollte wenige Arbeitstage oder Wochen betragen.
  - **Testable** (überprüfbar): Die Qualität ihrer Umsetzung sollte sich objektiv messen lassen.

  Im Rahmen von Scrum wird das Product Backlog nach jedem Sprint aktualisiert und weiterentwickelt. Dabei fließen Aktualisierungen ein und die erledigten Aufgaben werden im Product Backlog Refinement erfasst.
- Mit der **Sprint-Planung** beginnt die eigentliche Produktentwicklungsphase. Das Entwicklungsteam entnimmt dem Product Backlog so viele Benutzergeschichten, wie es vermutlich innerhalb einer Iteration, einem

sogenannten Sprint, umsetzen kann. Dabei wird festgelegt, was im kommenden Sprint entwickelt und wie die Arbeit erledigt wird. Hierzu erarbeitet das Scrum-Team ein gemeinsames Verständnis für die im Sprint zu erledigenden Aufgaben, etwa in Form von Eigenschaften und zu erfüllenden Kriterien. Außerdem einigt sich der Produktverantwortliche mit dem Entwicklungsteam auf die Kriterien, die am Ende des Sprints darüber entscheiden, ob die neue Produktfunktionalität fertig ist. Diese sogenannte „Definition of Done" ist das gemeinsame Verständnis des Scrum-Teams, unter welchen Bedingungen eine Arbeit als erledigt bezeichnet werden kann. Sie enthält Qualitätskriterien, rechtliche, physikalische sowie weitere Anforderungen. Mit zunehmender Erfahrung des Scrum-Teams entwickelt sich die Definition of Done weiter. Sie enthält dann strengere Kriterien für eine höhere Qualität. Ziel ist die Fertigstellung eines auslieferbaren Produkts, eines sogenannten Produktinkrements. Dieses soll hinreichend getestet und integriert sein, um für den Benutzer freigegeben zu werden.

- Die Sprint-Planung sollte wöchentlich maximal zwei Stunden dauern, um das Sprintziel festzulegen. Die Entscheidung, wie viele Einträge im nächsten Sprint umgesetzt werden, liegt beim Team, während die Entscheidung über die Reihenfolge beim Produktverantwortlichen liegt. Das Entwicklungsteam definiert für sich, welche Aufgaben (Tasks) zum Erreichen des Sprintziels und zur Lieferung der prognostizierten Product-Backlog-Einträge erforderlich sind. Das Entwicklungsteam muss auch den Arbeitsaufwand für jeden Sprint abschätzen, um eine Zeitvorgabe pro User Story zu vereinbaren. Dazu gibt es vielfältige Methoden, die von Vergleichen und Benchmarks bis hin zu spieltheoretischen Ansätzen, wie dem Planungspoker, reichen. Der Projektablauf in Scrum ist durch inkrementelle Abschnitte geprägt. Der langfristige Gesamtplan im Product Backlog wird kontinuierlich verfeinert und verbessert. Der Detailplan in der Sprint-Planung wird nur für den jeweils nächsten Zyklus bzw. Sprint erstellt. Damit wird die Projektplanung auf das Wesentliche fokussiert.
- Das Ergebnis der Sprint-Planung ist das **Sprint Backlog** als detaillierter Arbeitsplan für den nächsten Sprint. Es enthält die für den Sprint vorgesehenen Product-Backlog-Einträge und die Aufgaben zu deren Umsetzung. Visualisieren lässt es sich z. B. mit einem Taskboard (vgl. Abb. 5.3.29) oder einer Kanban-Tafel. Darauf lässt sich jederzeit erkennen, welche Einträge aus dem Product Backlog für den Sprint ausgewählt wurden, welche Aufgaben dazu zu bearbeiten sind und in welchem Bearbeitungszustand diese Aufgaben sind.
- Der **Sprint** ist ein Arbeitsabschnitt, in dem ein Inkrement einer Produktfunktionalität implementiert wird. Ein Sprint umfasst ein Zeitfenster von einer bis vier Woche(n), wobei alle Sprints eines Projekts die gleiche Länge haben sollten, um einem Projekt einen Takt zu geben. Sprints werden nicht verlängert und enden, wenn die Zeit um ist. Allerdings kann ein Sprint vom Produktverantwortlichen abgebrochen werden, wenn das Sprint-Ziel nicht mehr erreicht werden soll oder kann. Dies wäre z. B. der Fall, wenn sich die Zielvorgaben der Stakeholder oder die Marktbedingungen ändern.
- **Daily Scrum/Daily Stand-up:** Innerhalb eines Sprints wird täglich im Entwicklerteam in einem max. 15-minütigen Treffen der aktuelle Stand der Arbeit diskutiert. So kann jedes Teammitglied den erreichten Fortschritt, das Tagesziel und dabei auftretende Hindernisse ansprechen. Falls erforderlich, werden die Aufgaben neu verteilt oder ein eventueller Klärungsbedarf an den Scrum Master übergeben.
- Das **Sprint Review** steht am Ende des Sprints. Hier überprüft das Scrum Team das Inkrement, um das Product Backlog bei Bedarf anzupassen. Das Entwicklungsteam präsentiert dem gesamten Scrum-Team und den Stakeholdern seine Ergebnisse. Dabei wird überprüft, ob das zu Beginn gesetzte Ziel erreicht wurde, wie weit

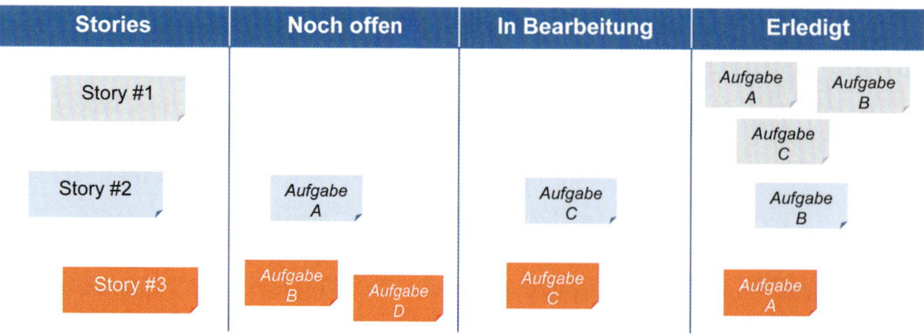

Abb. 5.3.29: Taskboard eines Sprint Backlogs (vgl. manifesto.co.uk)

das Projekt fortgeschritten ist und was als Nächstes zu tun ist. Im Sprint Review ist die Beteiligung von Kunden und Anwendern wichtig, da nur diese die fertige Funktionalität des Inkrements beurteilen können. Dieses Feedback geht in die weitere Produktgestaltung ein und kann auch zur Aufnahme neuer Produktfunktionalitäten führen. Der Produktverantwortliche dokumentiert das Feedback der Stakeholder, begutachtet die Ergebnisse des Sprints und nimmt sie anhand den in der Sprint-Planung festgelegten Bedingungen ab. Wird bei den Produktfunktionalitäten ein Ziel verfehlt, so kehrt es als User Story in das Product Backlog zurück und wird dort neu priorisiert. Der Sprint-Review soll max. eine Stunde je Sprint dauern.

- Das **Inkrement** ist die Summe aller Product-Backlog-Einträge, die während eines Sprints fertiggestellt wurden. Es ist somit ein bereits nutzbares Zwischenprodukt, welches zusammen mit den vorhergehenden Inkrementen das Produkt iterativ erweitert. Alle Inkremente sind in einem nutzbaren Zustand und damit „bereit" (Definition of Ready). So entwickelt sich das Produkt schrittweise aus bereits fertigen und aufeinander abgestimmten Teilen (in Abb. 5.3.30 Blau) und den in Bearbeitung befindlichen Teilen (Hellblau). Die Anzahl der Inkremente entwickelt sich dabei im Prozess und es ist nicht immer eindeutig, wie viele Teile (Orange) noch erforderlich sind, bis das Produkt vollständig ist.
- Die **Sprint-Retrospektive** steht am Ende eines Sprints. Hierbei reflektiert das Scrum-Team seine Zusammenarbeit. Der Scrum Master unterstützt das Team methodisch, um konzeptionelle Verbesserungen für den nächsten Sprint zu finden. Es geht um die Selbstorganisation des Teams und darum, Verbesserungsmaßnahmen zu diskutieren. Eine Sprint-Retrospektive sollte max. 45 Minuten je Sprint dauern.

Nach einer Retrospektive beginnt der Prozess von neuem. Das Product Backlog wird aktualisiert und ein kontinuierlicher Entwicklungs- und Verbesserungsprozess eingeleitet. Das Projektergebnis wird nach und nach vervollständigt.

Im Scrum-Prozess werden die Zwischenergebnisse als sog. **Artefakte** bezeichnet. Mit ihrer Hilfe überwachen Produkt Owner, Scrum Master und Scrum Team die Arbeitsergebnisse in Form des Produkt Backlogs, des Sprint Backlogs und des Produktinkrements. Die in Abb. 5.3.30 Rot dargestellten Sitzungen werden als Ereignisse bezeichnet, nämlich Sprint Planning, Daily Scrum, Sprint Review und Sprint-Retro(spektive).

Beim Transfer der zur Softwareentwicklung konzipierten Scrum-Methode auf andere Projektarten treten folgende **Probleme** auf (vgl. *Oestereich/Schröder*, 2020, S. 208):

- Scrum wurde mit **festen Iterationslängen** von beispielsweise zwei Wochen konzipiert. Dafür sind die Produktanforderungen so weit zu verfeinern, dass sie für die Dauer einer Iteration bzw. eines Sprints passen. Bei der Übertragung auf andere Projekte können Iterationen, z. B. über Entscheidungen, sehr kurz oder auch kaum vorhersehbar oder planbar sein. Beispielweise können Entscheidungsprozesse mit verschiedenen Teams oder anderen Organisationseinheiten und deren Verfügbarkeiten in einem Sprint kaum gewährleistet werden, wenn die zu verteilenden Aufgaben und Entscheidungen nicht in ein festes Zeitraster passen.
- Die **Reproduzierbarkeit der Ergebnisse** ist kein konzeptioneller Bestandteil von Scrum, aber typisch für Softwareentwicklungen. So werden am Ende einer Iteration nicht nur neue Produktinkremente getestet, sondern auch alle zuvor erstellten Softwareteile und deren Zusammenwirken. Dies lässt sich nicht ohne Weiteres auf andere Projekte übertragen, da etwa das Verhalten der Beteiligten nicht eindeutig vorhersehbar ist.

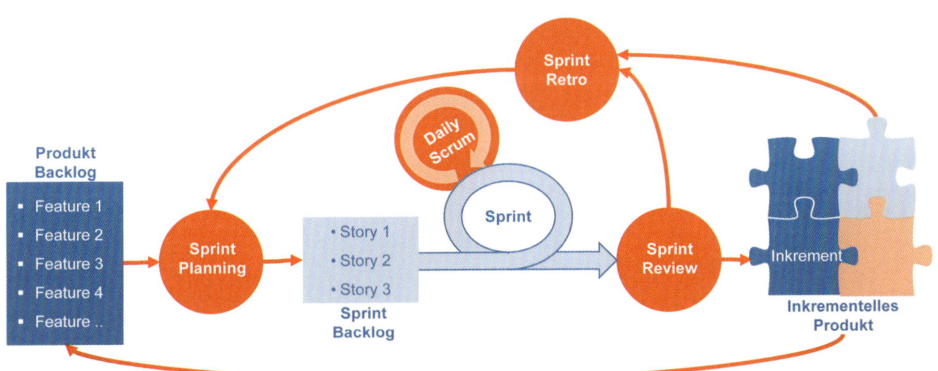

Abb. 5.3.30: Scrum-Prozess (vgl. Oestereich/Schröder, 2020, S. 207)

Scrum ist somit ein agiles Vorgehensmodell, das durch eine hohe Anpassungsfähigkeit der Projektarbeit gekennzeichnet ist. Dies ist jedoch keine Garantie dafür, dass die Ergebnisse schnell, qualitativ hochwertig und wirtschaftlich entwickelt werden. Die Selbstorganisation im Entwicklungsteam beinhaltet auch Konfliktpotenzial, welches bei verschiedenen Teams zu unterschiedlichen Ergebnissen führen kann.

5.3.6 Multi-Projektmanagement

Projektmanagement kann sich sowohl auf ein einzelnes Projekt als auch auf eine Vielzahl von Projekten beziehen. Das Management eines Projekts wird auch als klassisches Projektmanagement und das Multi-Projektmanagement als strategisches Projektmanagement bezeichnet.

> Das **Multi-Projektmanagement** bezeichnet das Management mehrerer Projekte gleichzeitig.

Es ist erforderlich, da bei parallelen Projekten eine Reihe von **Problemen** auftreten können (vgl. *Dillerup*, 1998, S. 148):

- **Unzureichende Transparenz** über die laufenden Projekte. Dies kann z. B. zu Redundanzen zwischen Projektaufgaben und Linientätigkeiten führen.
- **Komplexität:** Die Vielzahl an Projektaktivitäten erschwert eine zielgerichtete und effiziente Koordination.
- **Überforderte Gremien und Ausschüsse** sind der Komplexität der Koordinationsaufgabe als Mittler zwischen Projekt und Linie häufig nicht gewachsen.

Multi-Projektmanagement dient der Effizienzsteigerung aller Projekte (vgl. *Balzer*, 1998, S. 32). Es soll eine Vielzahl von Projekten integrieren und ganzheitlich steuern. Die Beziehungen zwischen den Projekten und der Linienorganisation sollen im Sinne des Gesamtunternehmens gestaltet werden (vgl. *Dillerup*, 1998, S. 149). Zur **Verankerung der Projekte mit der Linie** sind die Unternehmensstrategie in die Projekte sowie die Projektergebnisse in die Linie zu integrieren. Hierfür werden Führungsaufgaben für Projekte auch durch Linieneinheiten erfüllt, etwa als Projektauftraggeber oder durch Zuteilung von Ressourcen. Weitere Aufgaben des Multi-Projektmanagements sind die Projektfreigabe und die Priorisierung von Projekten (vgl. *Fiedler*, 2020, S. 13 ff.). Darüber hinaus legt es Regeln, Methoden und Werkzeuge für das Projektmanagement fest. Als Instrumente können Portfolios, Risikoanalysen, Wirtschaftlichkeitsberechnungen oder auch Nutzwertanalysen verwendet werden.

Damit nimmt das Multi-Projektmanagement eine Mittlerrolle zwischen der Unternehmensführung und der Leitung einzelner Projekte ein (vgl. Abb. 5.3.31). Diese **zweite Steuerungsebene** übersetzt die Unternehmensstrategie in das Projektmanagementsystem. Darin werden die Beziehungen zwischen Projekt und Linie, aber auch zwischen den Projekten geregelt. Das Multi-Projektmanagement kann aus Gremien und Ausschüssen bestehen, in denen die Projektebenen verknüpft werden. Sie werden als Fach- oder Lenkungsausschuss bzw. als Steering Committee bezeichnet. Der Projektleiter kann darin seine Erfahrungen aus den laufenden Projekten einbringen. Dies ermöglicht eine schnelle Durchsetzung von Entscheidungen zur inhaltlichen und zeitlichen Abstimmung der einzelnen Projekte. Durch regelmäßigen Erfahrungsaustausch können Synergien zwischen Projekten erzielt werden.

Das Multi-Projektmanagement hat für die effektive Gestaltung des Projektportfolios zu sorgen („doing the right projects"). Dabei übernimmt es z. B. die Formulierung des Projektauftrags, die Förderung einzelner Projekte oder die Durchsetzung übergeordneter Unternehmensinteressen.

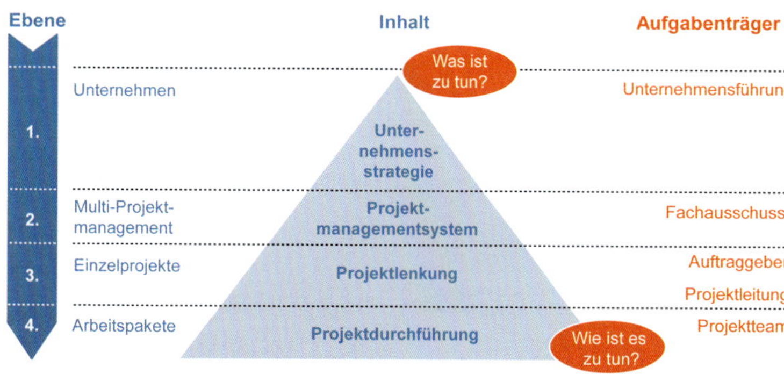

Abb. 5.3.31: Aufgaben und Ebenen des Multi-Projektmanagements

Darüber hinaus hat das Multi-Projektmanagement folgende **Aufgaben** (vgl. *Dillerup*, 1998, S. 150; *Madauss*, 2006, S. 431 ff.):

- **Projektantragswesen:** Gestaltung des Projektfreigabeprozesses von der Projektinitialisierung über den Entwurf bis zum Projektantrag.
- **Projekttransparenz:** Zusammenfassung aller Projektideen, Anträge und Projekte in einem Projektpool und Analyse ihrer gegenseitigen Abhängigkeiten.
- **Prioritätsmanagement:** Prioritäten und Abhängigkeiten zwischen den Projekten und zwischen Projekt und Linie sind als Rahmenbedingungen für ein Projekt zu bestimmen und zu prüfen. Damit werden im Projektportfolio die Prioritäten aus Projektideen, Anträgen, Projekten und Ressourcen vergeben. Daraus sind Entscheidungen über Auswahl, Freigabezeitpunkt und ggf. Abbruch von Projekten zu treffen.
- **Qualifikationsmanagement:** Die Projektleiter sind in geeigneter Form zu qualifizieren. Damit entsteht auch ein „Heimathafen" für Projektleiter. Für die Projektmitarbeiter sind die Teamfähigkeit und Qualität der Kommunikation sicherzustellen.
- **Projektmitarbeiter:** Unterstützung der Projektleiter bei der Zusammensetzung und Auflösung des Projektteams. Zudem ist die Projektarbeit in das Anreiz- und Karrieresystem des Unternehmens zu integrieren.
- **Organisation:** Definition der Schnittstelle zwischen Multi-Projektmanagement, strategischer Planung und Initialisierung von Projekten. Für die Projekte sind Kategorien und die jeweils passende Organisationsform vorzugeben. Auch die Schnittstellen zwischen Projekt und Linie sind zu gestalten.
- **Methoden des Projektmanagements:** Standardisierung der im Projektmanagement einzusetzenden Methoden und Schulung bzw. Unterstützung der Projektleiter in deren Anwendung. Es können Projektmanagement-Handbücher erstellt werden, die z. B. Phasenkonzepte, Strukturierungsrichtlinien, Zeitmanagement, Planungstechniken oder Richtlinien für die Projektdokumentation vorgeben.
- **Software:** Bereitstellung leistungsfähiger Projektmanagement-Software, die in das Informationssystem des Unternehmens integriert sind.

Instrumente des Multi-Projektmanagements sind z. B. Portfolios, Risikoanalysen, Wirtschaftlichkeitsrechnungen oder Nutzwertanalysen (vgl. *Fiedler*, 2020, S. 14). Spezifische Anpassungen sind durch das Multi-Projektmanagement vorzunehmen. Dabei werden z. B. die Investitionsrechnungsverfahren oder die Kriterien zur Priorisierung von Projekten vereinheitlicht.

Abb. 5.3.32 zeigt das **Leistungs-Kosten-Portfolio** als Instrument des Multi-Projektcontrollings. Darin wird der mit dem Fortschrittsindex gemessenen Leistungsabweichung die Kostenabweichung gegenübergestellt, die durch den Kostenindex quantifiziert wird. Projekte werden als Kreis dargestellt, wobei die Größe der Kreise dem Projektumfang entspricht. Dieser kann z. B. anhand des Projektbudgets oder der geplanten Personentage quantifiziert werden.

Die Positionierung eines Projekts im Portfolio liefert **Handlungsempfehlungen für die Projektsteuerung**:

- **Katastrophen-Projekte** sind im Leistungsverzug und haben ihre Kosten überschritten. Hier sind unverzügliches Handeln und einschneidende Maßnahmen erforderlich. Gegebenenfalls ist sogar ein Projektabbruch vorzunehmen.
- **Ideal-Projekte** sind hingegen in der optimalen Position. Das Projekt kommt schneller als geplant voran und die Kosten werden unterschritten. Die Projektleitung sollte gelobt werden. Darüber hinaus ist zu prüfen, ob Erkenntnisse und Methoden auf andere Projekte übertragen werden können.
- Bei **Bummel- und Express-Projekten** ist jeweils eine Dimension über- und eine untererfüllt. Zwischen diesen Projekten kann versucht werden, einen Ausgleich zu erzielen. Beispielsweise ließe sich ein Bummelprojekt beschleunigen, in dem Mitarbeiter aus Expressprojekten dorthin versetzt werden.

Alternativ können als Portfoliodimensionen auch die Wirtschaftlichkeit, Wettbewerbsrelevanz oder der betriebliche Nutzen verwendet werden.

Das Multi-Projektmanagement kann auch andere **Zielsetzungen** verfolgen. So kann es die Aufgabe haben, strategische Projekte zu steuern sowie organisationales Lernen

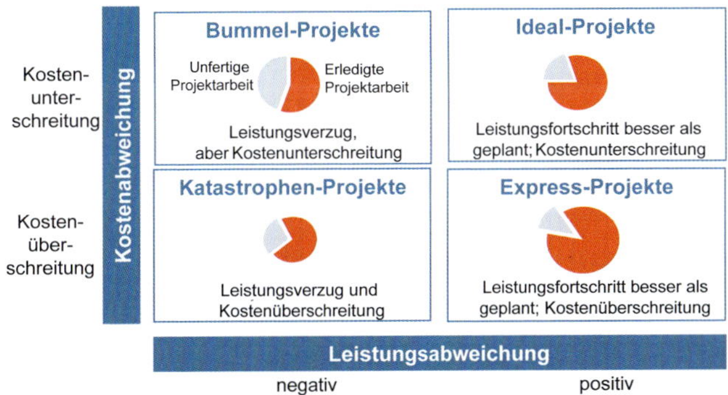

Abb. 5.3.32: Leistungs-Kosten-Portfolio

oder unternehmerischen Wandel zu initiieren (vgl. *Dillerup*, 1998, S. 158). Gerade bei der Führung des Wandels (vgl. Kap. 6.5) werden in den Phasen der Mobilisierung und Umsetzung eine Reihe von Teilprojekten in Gang gesetzt, die sich mit spezifischen Aufgaben oder organisatorischen Teilbereichen beschäftigen. Die zeitliche und sachliche Abhängigkeit der Teilprojekte erfordert einen hohen Abstimmungsbedarf und macht eine, wie in Abb. 5.3.33 dargestellte, differenzierte, mehrstufige Projektorganisation erforderlich. Als Experten sind Change Agents einzusetzen, welche das Multi-Projektmanagement in diesem Sinne gestalten.

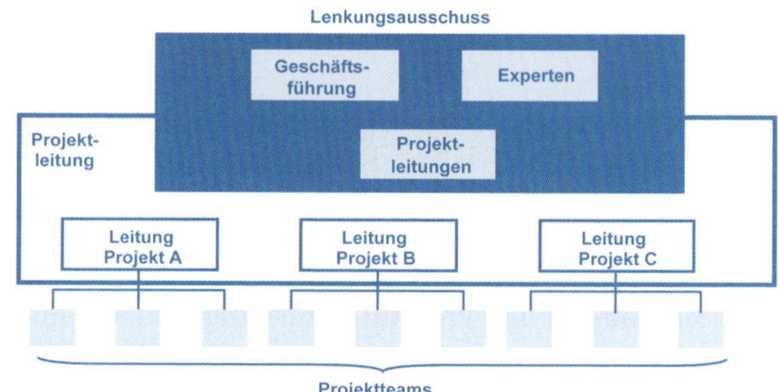

Abb. 5.3.33: Mehrstufige Projektorganisation (vgl. Bach et al., 2017, S. 386)

Zusammenfassung

- Ein Projekt ist ein einmaliges und komplexes Vorhaben, zu dessen Bewältigung eine interdisziplinäre und institutionelle Bearbeitung erforderlich ist.
- Komplexe und interdisziplinäre Aufgaben, welche hierarchische Entscheidungs- und Organisationsformen ineffizient werden lassen, können in Projekten gelöst werden.
- Neue Aufgaben sind in etablierten Strukturen schlechter abzubilden als in Projekten. Auch Lernprozesse sind in Projektteams besser zu erzielen.
- Projektmanagement ist ein auf das Projektziel abgestimmtes Zusammenwirken von Aufbau- und Ablauforganisation, Projektleiter und Projektteam sowie Projektplanung und -kontrolle.
- Die Projektplanung soll die konfliktären Ziele des magischen Dreiecks (Ergebnisqualität, Kosten/Aufwand und Zeiten/Termine) in Einklang bringen.
- Aufbauorganisatorische Gestaltungsformen von Projekten unterscheiden sich hinsichtlich der Ausrichtung auf die Projektziele und den Weisungsbefugnissen. Gestaltungsmöglichkeiten sind die Fachabteilungs-, Stabs-, Matrix- und die reine Projektorganisation.
- Ein effizientes Projektteam ist eine kleine Arbeitsgruppe mit gemeinsamer Zielsetzung, intensiven, wechselseitigen Beziehungen, einem ausgeprägten Gemeinschaftsgeist und einer relativ hohen Zusammengehörigkeit.
- Aufgaben des Projektcontrollings sind die Projektberichterstattung, Informationsversorgung sowie die Koordination der Projektplanung und -kontrolle.
- Agiles Projektmanagement erreicht das Projektziel in iterativen Schritten mit regelmäßigen Anpassungen und durch selbstorganisierte Projektteams.
- Scrum ist eine Methode des agilen Projektmanagements, in der Projektteams als selbstorganisierte Einheiten das Projektziel in einer iterativen Vorgehensweise erreichen.
- Multi-Projektmanagement schafft Transparenz über die Vielzahl von Projekten und steuert diese übergreifend.
- Der Schlüssel zum Erfolg von Projekten ist die Motivation der Projektmitarbeiter, die maßgeblich durch das Zusammenspiel von Projektleiter und -team beeinflusst wird.

Literaturempfehlungen

Burghardt, M.: Projektmanagement: Leitfaden für die Planung Überwachung und Steuerung von Projekten, 10. Aufl., Erlangen 2018.

Kraus, G./Westermann, R.: Projektmanagement mit System: Organisation, Methoden, Steuerung, 6 Aufl., Wiesbaden 2019.

Schwaber, K./Sutherland, J.: Der Scrum Guide. Online verfügbar unter www.scrumguides.org

5.4 Prozessmanagement

Leitfragen

- Welche Kennzeichen und Merkmale hat ein Prozess?
- Welche Ziele werden beim Prozessmanagement verfolgt?
- In welchen Schritten erfolgt das Prozessmanagement?
- Wie lässt sich ein Unternehmen prozessorientiert organisieren?
- Wofür steht Lean Production und was sind die Prinzipien des Lean Managements?
- Wie funktioniert Mass Customization und welche Formen der Modularisierung gibt es?

Die arbeitsteilige Produktion prägt seit Beginn des 20. Jahrhunderts maßgeblich die Leistungserstellung von Unternehmen. Nach *Taylors* Theorie der wissenschaftlichen Betriebsführung (Scientific Management; vgl. Kap. 5.1.2) wird die Produktivität durch Spezialisierung und Aufgabenteilung erhöht. Die Abläufe richten sich dabei an der Aufbauorganisation mit ihren Hierarchien und Instanzen aus.

Die Zerlegung betrieblicher Vorgänge in Teilaufgaben nach dem Organisationsprinzip der Spezialisierung und die Trennung von Entscheidung, Ausführung und Kontrolle erzeugen jedoch eine Vielzahl an Schnittstellen (vgl. Kap. 5.1.2). Diese verursachen hohen Koordinationsaufwand und verlangsamen dadurch die Abläufe im Unternehmen. Doch nur wer sich konsequent am Markt ausrichtet und schnell an veränderte Anforderungen anpasst, wird langfristig erfolgreich sein. Die funktionale Zuweisung spezialisierter Arbeitsschritte auf hierarchisch gegliederte Stellen ist nur in einfachen oder komplizierten Führungskontexten zielführend (vgl. Kap. 1.3.6).

In einem komplexen Führungskontext zeigen sich dagegen folgende **Nachteile funktionaler Organisation** (vgl. *Kosiol*, 1976, S. 187):

- Reibungsverluste durch viele Schnittstellen, die zu Bereichsegoismen, Suboptima oder Kommunikationsdefiziten führen.
- Mangelnde Kundenorientierung, d. h. die Bedürfnisse der Kunden sind entweder nicht bekannt oder werden zu wenig berücksichtigt.
- Inflexibilität und langwierige Bearbeitungszeiten durch zahlreiche Abstimmungsvorgänge, die zur Vermeidung von Fehlern und Redundanzen erforderlich sind.
- Übertriebene Standardisierung und lange Entscheidungswege (Dienstwegprinzip).
- Die Intransparenz der Leistungserstellung erschwert das Erkennen von Zusammenhängen.
- Ungenügende informationstechnische Unterstützung, weshalb z. B. Daten aufgrund von Medienbrüchen mehrmals erfasst werden müssen.
- Geringe Motivation der Mitarbeiter durch eintönige Arbeit, fehlenden Leistungszusammenhang und mangelnde Erfolgserlebnisse.

Der in Abb. 5.4.1 in Blau dargestellte exemplarische Prozessverlauf in einer funktionalen Organisation zeigt, dass die Vielzahl der beteiligten Organisationseinheiten und die zu überwindenden Schnittstellen eine Ursache dieser Probleme sind.

Eine rein funktionale Arbeitsteilung vernachlässigt, dass die meisten betrieblichen Prozesse stellenübergreifend ablaufen und deshalb als Ganzes gesehen und gestaltet werden sollten (vgl. *Schulte-Zurhausen*, 2013, S. 43 ff.). Beispiele hierfür sind Auftragsabwicklung oder Produktentwicklung. Durch Ausrichtung des Unternehmens am Ablauf der Leistungserstellung lassen sich Abteilungsgrenzen überwinden und die erforderliche Flexibilität und Kunden-

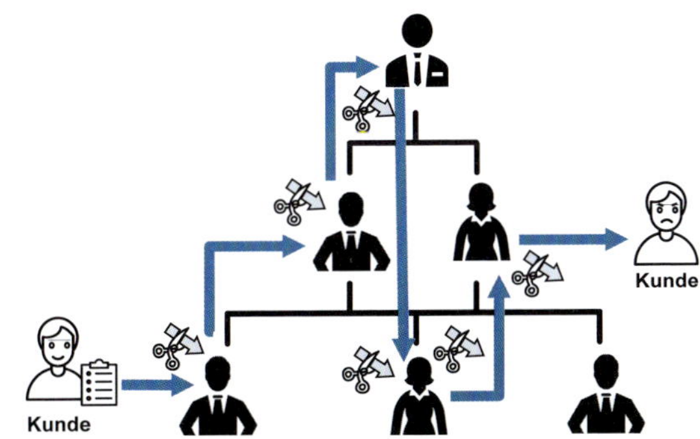

Abb. 5.4.1: Prozessverlauf in einer funktionalen Organisationsstruktur

orientierung erreichen, die in einem komplexen Führungskontext gefordert sind (vgl. Kap. 1.3.6).

Während im Rahmen der Organisation gleichartige Tätigkeiten zu Funktionsbereichen zusammengefasst werden, geht die **prozessorientierte Organisation** von zusammenhängenden Abläufen aus, die als Ganzes optimiert werden sollen. Durch ablauforientierte Strukturen sollen Schnittstellen entlang der betrieblichen Prozesse weitgehend vermieden und überschaubare, transparente Einheiten geschaffen werden. Doch nicht die Abschaffung, sondern eine andere Form der Arbeitsteilung ist das eigentliche Ziel einer prozessorientierten Organisation. Entscheidung und Ausführung sachlich zusammenhängender Aktivitäten werden durch das Prozessmanagement ganzheitlich zusammengefasst und auf eine oder wenige beteiligte Stellen übertragen (vgl. *Gaitanides*, 2012, S. 34 ff.).

Eine prozessorientierte Organisation verspricht folgende **Verbesserungen** (vgl. *Bea/Göbel*, 2018, S. 383):

- Abbau hierarchischer Strukturen („flache Organisation"),
- Erweiterung des Arbeitsinhalts und höhere Motivation der Mitarbeiter durch Selbststeuerung,
- Vermeidung nicht wertschöpfender Tätigkeiten,
- verbesserter Informationsaustausch,
- Marktorientierung,
- hohe Flexibilität und Reaktionsfähigkeit auf geänderte Führungskontexte,
- höhere Kundenzufriedenheit durch Ausrichtung an den Kundenwünschen.

> Das **Prozessmanagement** umfasst die integrierte Planung, Steuerung und Kontrolle der betrieblichen Abläufe. Ziel ist die ganzheitliche Optimierung von Kosten, Zeit und Qualität der Prozesse, um die Anforderungen der Kunden an das Prozessergebnis bestmöglich zu erfüllen.

Prozessmanagement beinhaltet auch ein neues Verständnis administrativer Tätigkeiten. Diese sind meist nicht auf einen Funktionsbereich beschränkt, sondern durchdringen verschiedene Aufgabenbereiche eines Unternehmens. Im Gegensatz zu Fertigungsprozessen, bei denen die Kontrolle der hergestellten Mengen, Kostenvorgaben und Qualitätskriterien die Eckpfeiler aller planenden und ausführenden Maßnahmen bilden, sind administrative Tätigkeiten häufig intransparent. Dahinter verbirgt sich meist ein hohes Rationalisierungspotenzial (vgl. *Striening*, 1988, S. 16 ff.).

Das Prozessmanagement eignet sich vorwiegend für **repetitive bzw. strukturierte Aufgaben**, wie etwa Finanzbuchhaltung, Kostenrechnung oder Auftragsbearbeitung. Repetitive Verwaltungsprozesse unterscheiden sich im Prinzip nicht von den Abläufen in der Fertigung und lassen sich somit optimieren. Viele im Fertigungsbereich bewährte Praktiken können dabei auf den administrativen Bereich übertragen werden. Dies gilt insbesondere für die Analyse der Arbeitsabläufe und -inhalte sowie deren Strukturierung und Ergebnismessung (vgl. *Mayer/Stoi*, 2003, S. 625 ff.). Im Folgenden werden zunächst die Kennzeichen und Merkmale von Prozessen erläutert.

5.4.1 Kennzeichen und Merkmale von Prozessen

> Ein **Prozess** ist eine Folge logisch zusammenhängender Aktivitäten zur Erstellung einer kundenbezogenen Leistung.

Ein Prozess weist die in Abb. 5.4.2 dargestellten **Merkmale** auf (vgl. *Vahs*, 2019, S. 218 ff.; *Schulte-Zurhausen*, 2013, S. 50 ff.):

- Der Prozess wird von einem **Ereignis** (Trigger) ausgelöst. Dies kann z. B. der Anruf eines Kunden, die Anfrage eines Vorgesetzten oder ein bestimmter Termin sein.
- Der Prozess hat eine **Eingabe** (Input), die von mindestens einer **Quelle** stammt. Eingaben können z. B. eine Bestellung, Rohstoffe oder ein defektes Produkt sein. Die Quelle wird auch als **Lieferant** bezeichnet. Ereignis und Eingabe können identisch sein.
- Der Prozess hat ein festgelegtes **Ergebnis** (Ausgabe oder Output). Dies kann etwa die Warenübergabe an den Kunden oder eine abgeschlossene Dienstleistung wie etwa ein repariertes Produkt sein. Diese Ergebnisse können wiederum andere Prozesse auslösen, in die sie dann als Input eingehen.
- **Kunden** sind Personen oder Organisationseinheiten, welche das Prozessergebnis empfangen. Sie werden im Prozess auch als Senke bezeichnet.
- Die **Leistungsanforderungen** des Kunden bestimmen das zu erzielende Ergebnis hinsichtlich Zeit, Termin, Qualität und Kosten.
- Zwischen Quellen und Senken bestehen **Kunden-Lieferanten-Beziehungen**. Kunden und Lieferanten können von innerhalb oder außerhalb des Unternehmens stammen.

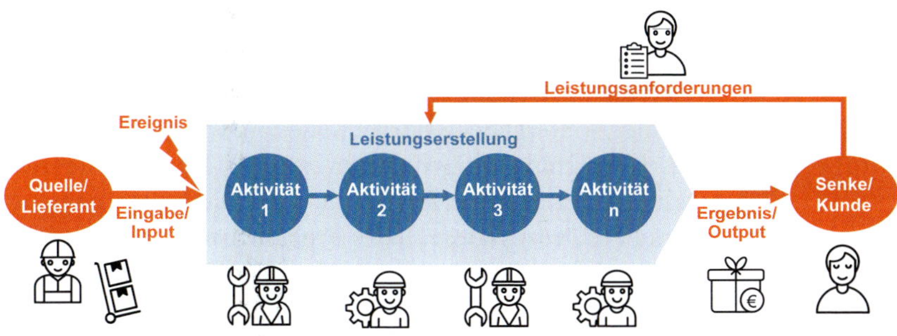

Abb. 5.4.2: Merkmale eines Prozesses

- Die wertschöpfende Umwandlung der Eingabe in das Ergebnis erfolgt durch inhaltlich und logisch miteinander verknüpfte **Aktivitäten**. Diese können von Menschen oder Sachmitteln sowohl sukzessive als auch parallel durchgeführt werden. Die Aktivitäten werden durch das Objekt (Woran?) und die Verrichtung (Was?) eindeutig beschrieben.

Welche Aktivitäten einen Prozess bilden, hängt vom jeweiligen Sachverhalt ab. Eine Vorgangskette ist inhaltlich abgeschlossen, wenn sie zur Erstellung oder Verwertung einer betrieblichen Leistung führt und isoliert von vor-, neben- oder nachgelagerten Vorgängen betrachtet werden kann. Um Anfang und Ende des Prozesses eindeutig bestimmen zu können, sind dessen Ein- und Ausgabe genau festzulegen. Während des Prozesses auftretende Ein- und Ausgaben werden als Schnittstellen bezeichnet (vgl. *Gaitanides*, 2012, S. 34 ff.). Abb. 5.4.3 zeigt am Beispiel der Auftragsabwicklung eines Versandhauses die wesentlichen Merkmale eines Prozesses.

Als wesentliche **Prozessarten** lassen sich unterscheiden (vgl. *Bach et al.*, 2017, S. 152 ff.; *Vahs*, 2019, S. 220 ff.):

- **nach dem Prozessgegenstand**
  - **Materielle Prozesse** beinhalten die Bearbeitung und den Transport von körperlichen Gegenständen (Güterströme) und lassen sich i. d. R. gut strukturieren.
  - **Informationsprozesse** beinhalten den Austausch und die Verarbeitung von Informationen. Sie verlaufen häufig verzweigt und sind deshalb nicht bzw. nur schwer zu strukturieren.
- **nach der Tätigkeit bzw. dem Beitrag zur Wertschöpfung**
  - **Leistungsprozesse** dienen zur Erstellung und Verwertung materieller oder immaterieller Leistungen. Direkte Leistungsprozesse (Ausführungsprozesse) tragen unmittelbar zur Erstellung von Produkten oder Dienstleistungen bei und erbringen so eine Wertschöpfung für den externen Kunden. Indirekte Leistungsprozesse (Unterstützungsprozesse) sollen dafür sorgen, dass die Ausführungsprozesse reibungslos ablaufen.
  - **Führungsprozesse** dienen zur Planung, Steuerung und Kontrolle der Leistungsprozesse. Sie können strategisch oder operativ ausgerichtet sein.

  Diese häufig verwendete Kategorisierung wird auch als **FAU**-Prinzip (Führungs-, Ausführungs-, Unterstützungsprozesse) bzw. **SOS**-Konzept (Steuerungsprozesse, operative Prozesse, Serviceprozesse) bezeichnet (vgl. *Bach et al.*, 2017, S. 153).
- **nach dem Marktbezug**
  - **Primäre Prozesse** entsprechen den direkten Leistungsprozessen und erbringen eine Wertschöpfung für externe Kunden.
  - **Sekundäre Prozesse** entsprechen den indirekten Leistungsprozessen. Sie stellen die Betriebsbereitschaft sicher und unterstützen die Ausführung der primären Prozesse.
  - **Innovative Prozesse** dienen der Entwicklung und Einführung neuer Produkte, Verfahren und Strukturen (Produkt-, Prozess- oder Strukturinnovationen).

Abb. 5.4.3: Auftragsabwicklung in einem Versandhaus

Abb. 5.4.4 zeigt praktische Beispiele für die einzelnen Prozessarten.

Unterteilung nach dem Prozessgegenstand	
Prozessarten	**Beispiele**
Materielle Prozesse	▪ Einlagerung von Rohstoffen ▪ Montage eines Produktes ▪ Auslieferung eines Produktes
Informationsprozesse	▪ Analyse von Verwaltungstätigkeiten ▪ Aufstellung einer Planung ▪ Beratung eines Kunden
Unterteilung nach der Tätigkeit bzw. dem Wertschöpfungsbeitrag	
Prozessarten	**Beispiele**
Direkte Leistungsprozesse (Ausführungsprozesse/operative Prozesse)	▪ Erfassung eines Kundenauftrags ▪ Zusägen eines Werkstücks ▪ Beladung des LKW zur Auslieferung
Indirekte Leistungsprozesse (Unterstützungsprozesse/Serviceprozesse)	▪ Einstellung eines neuen Mitarbeiters ▪ Verbuchung der Eingangsrechnung ▪ Bewachung des Werksgeländes
Strategische Führungs- bzw. Steuerungsprozesse	▪ Erarbeitung einer Unternehmensstrategie ▪ Aufbau einer Vertriebsstruktur in Asien ▪ Akquisition eines Zulieferers
Operative Führungs- bzw. Steuerungsprozesse	▪ Aufstellung eines Fertigungsbudgets ▪ Produktionsplanung und -steuerung ▪ Kontrolle der Mitarbeiterleistung
Unterteilung nach dem Marktbezug	
Prozessarten	**Beispiele**
Primäre Prozesse	▪ vgl. Beispiele direkte Leistungsprozesse
Sekundäre Prozesse	▪ vgl. Beispiele indirekte Leistungsprozesse
Innovative Prozesse	▪ Entwicklung eines neuen Produktes ▪ Reorganisation des Vertriebsbereichs ▪ Einführung einer neuen Software

Abb. 5.4.4: Beispiele für Prozessarten in einem Industrieunternehmen

Das Prozessergebnis kann wiederum als Eingabe einen nachfolgenden Prozess auslösen. Auf Basis der Eingabe erfolgt die wertschöpfende Leistungserstellung mit anschließender Weitergabe des Ergebnisses an den nächsten internen bzw. schlussendlich an den externen Kunden. Mehrere inhaltlich zusammenhängende Prozesse bilden gemeinsam eine **Prozesskette**. Jedes Prozessglied dieser Kette ist somit gleichzeitig Kunde, Produzent und Lieferant. Lieferant und Kunde sind nicht nur externe Marktpartner, sondern häufig auch Abteilungen, Stellen oder Bereiche innerhalb des Unternehmens. Diese stehen miteinander in vielfältiger Beziehung und bilden so ein **Lieferanten-Kunden-Netzwerk**. Zwischen ihnen existieren Schnittstellen, die koordiniert werden müssen. Hierfür werden verantwortliche Mitarbeiter bestimmt, die auf die Erfüllung der Kundenanforderungen durch die jeweilige Prozessleistung achten (vgl. *Schulte-Zurhausen*, 2013, S. 59 f.). Prozessorientierung bedeutet deshalb immer auch Ausrichtung auf den Kunden. Diese beschränkt sich dabei nicht nur auf den Absatz- und Beschaffungsmarkt, sondern schließt auch unternehmensinterne Lieferanten-Kunden-Beziehungen ausdrücklich mit ein. Diesen Zusammenhang verdeutlicht Abb. 5.4.5.

5.4.2 Geschäftsprozesse

Die Gesamtheit der in einem Unternehmen ablaufenden Prozesse bildet die **Prozessstruktur**. Horizontal gesehen haben die Prozesse einen Anfang und ein Ende. An diesen Schnittstellen sind sie mit anderen Prozessen zu einer Vielzahl unterschiedlicher Prozessketten verknüpft. Vertikal lassen sich die Prozesse mit einem unterschiedlichen Detaillierungsgrad betrachten und bilden somit eine **Prozesshierarchie**.

Auf der obersten hierarchischen Ebene stehen die **Geschäftsprozesse**, welche die grundlegenden Aufgabenfelder des Unternehmens abbilden. Als Kern- bzw. Schlüsselprozesse leisten sie einen wesentlichen Beitrag zum Kundennutzen und zur betrieblichen Wertschöpfung.

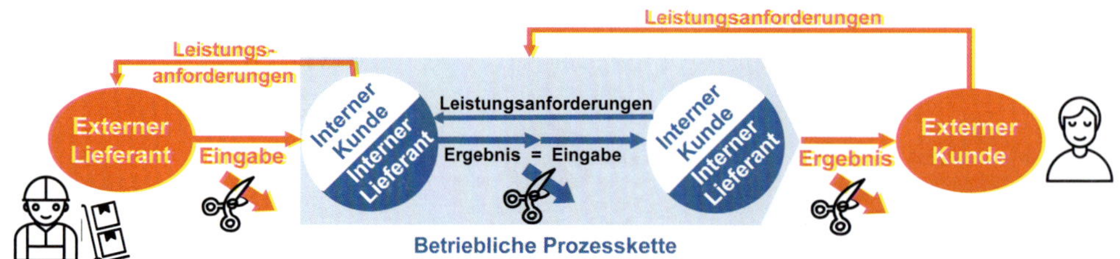

Abb. 5.4.5: Prozesskette mit Schnittstellen

Abb. 5.4.6: Geschäftsprozesse eines Industrieunternehmens

Geschäftsprozesse sind die zur Erzeugung des Kundennutzens wesentlichen Vorgänge eines Unternehmens. Sie bestehen aus logisch zusammenhängenden wertschöpfenden Aktivitäten, die bereichsübergreifend verknüpft und aggregiert werden. Sie werden von externen Kundenanforderungen ausgelöst und enden mit der Übergabe ihrer Ergebnisse an die externen Kunden (End-to-End-Prozesse).

Da Geschäftsprozesse beim Kunden beginnen und enden, steht die optimale Gestaltung der Anforderungs-Leistungs-Beziehung zwischen dem Unternehmen und seinen Kunden im Vordergrund. Geschäftsprozesse sind unternehmensindividuell und von strategischer Bedeutung, da die Unternehmen über ihre Geschäftsprozesse miteinander konkurrieren. Meist reichen weniger als zehn Geschäftsprozesse aus, um das betriebliche Leistungsspektrum zu beschreiben (vgl. *Schmelzer/Sesselmann*, 2020, S. 63 ff.; *Scholz/Vrohlings*, 1994, S. 45 ff.). Geschäftsprozesse eines Industrieunternehmens zeigt Abb. 5.4.6.

Die **Prozesshierarchie** folgt aus der schrittweisen Zerlegung der Geschäftsprozesse in Haupt- und Teilprozesse, bis eine weitere Unterteilung nicht mehr möglich oder sinnvoll ist. Auf der untersten hierarchischen Ebene befinden sich die Elementarprozesse bzw. Tätigkeiten. Diese weisen noch alle aufgeführten Prozessmerkmale auf und lassen sich an einem Arbeitsplatz ohne Unterbrechungen und Schnittstellen mit anderen Prozessen oder Arbeitsplätzen durchführen. Der Detaillierungsgrad und die Anzahl der hierarchischen Ebenen hängen von Art und Umfang des Geschäftsprozesses und seiner Teilprozesse ab. Generell sollten häufig wiederkehrende Prozesse zur Optimierung des Prozessablaufs eher tief gegliedert werden. Für selten auftretende Prozesse bzw. solche mit geringer Wertschöpfung ist eine grobe Unterteilung ausreichend (vgl. *Schulte-Zurhausen*, 2013, S. 89 ff.; *Vahs*, 2019, S. 238 ff.). Die vertikale Aufteilung eines Geschäftsprozesses zeigt Abb. 5.4.7 am Beispiel der Auftragsabwicklung.

Die Prozessarchitektur eines Unternehmens lässt sich mit einer **Prozesslandkarte** übersichtlich darstellen. Sie veranschaulicht die Geschäftsprozesse und deren logische Zusammenhänge. Prozesslandkarten sind stets unternehmensspezifisch. Bei ihrer Gestaltung orientieren sich viele Unternehmen an generischen **Referenzmodellen** (vgl. Kap. 7.3.1), welche Geschäftsprozesse idealtypisch beschreiben (vgl. *Bach et al.*, 2017, S. 156 f.). Im Praxisbeispiel zum Prozessmanagement bei *Bürkert* in Kap. 5.7.3 ist in Abb. 5.7.7 die Prozesslandkarte des Unternehmens zu sehen.

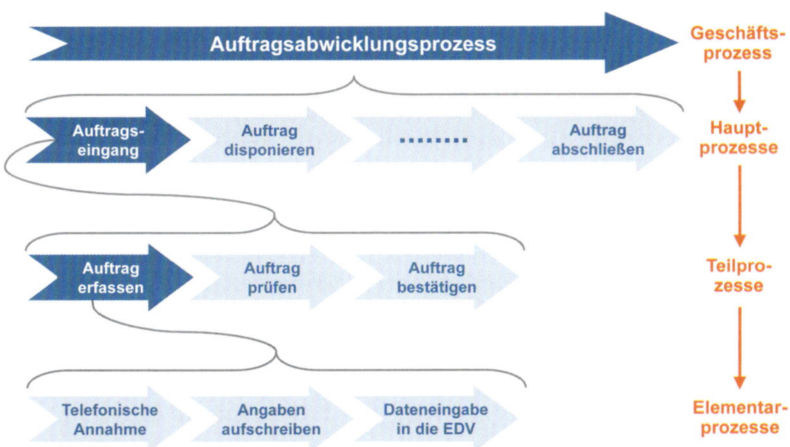

Abb. 5.4.7: Struktur des Geschäftsprozesses „Auftragsabwicklung“

5.4.3 Zielgrößen

Im Vordergrund des Prozessmanagements steht nicht nur die Optimierung der **Prozesseffizienz** („Die Prozesse *richtig* machen"), sondern insbesondere die Konzentration auf die wertschöpfungserhöhenden Prozesse, also die Erhöhung der **Prozesseffektivität** („Die *richtigen* Prozesse machen"). Die Effizienz eines Prozesses folgt aus dessen Zeitdauer, Termintreue, Qualität und Kosten. Diese Parameter beeinflussen die Prozesseffektivität, die sich aus der Zufriedenheit der Kunden mit dem Prozessergebnis ergibt.

Die **Kundenzufriedenheit** prägt maßgeblich die Kundenbindung und -loyalität und ist damit Basis eines langfristigen Unternehmenserfolgs. Um eine hohe Kundenzufriedenheit zu erreichen, müssen dem Unternehmen die Kundenanforderungen bekannt sein und diese im Prozess der Leistungserstellung umgesetzt werden. Die Kundenanforderungen lassen sich nach dem in Kap. 3.3.2 dargestellten Kundenzufriedenheitsmodell differenzieren. Dabei wird zwischen den vom Kunden als selbstverständlich angesehenen **Basisanforderungen**, ausdrücklich geforderten **Leistungsanforderungen** und nicht erwarteten **Begeisterungsanforderungen** unterschieden (vgl. *Kano*, 1993, S. 12 ff.).

Die **Messung der Kundenzufriedenheit** kann durch direkte Befragung des Kunden bestimmt werden. Sie lässt sich jedoch auch indirekt durch Befragung der Mitarbeiter mit Kundenkontakt bzw. durch Analyse interner Daten ermitteln, wie etwa Lieferzeiten, Kundenbeschwerden oder Garantiefälle. Die unmittelbare Befragung des Kunden nach Übergabe des Prozessergebnisses ermöglicht eine schnelle Reaktion auf Beanstandungen. Dies ist häufig der beste Weg, um die Zufriedenheit des Kunden sicher- bzw. wiederherzustellen.

> Die **Prozessleistung** wird durch die Qualität, Zeit und Kosten eines Prozesses gekennzeichnet, welche gemeinsam die Kundenzufriedenheit bestimmen. Diese wesentlichen Zielgrößen des Prozessmanagements sollten stets ganzheitlich betrachtet werden.

Eine Fokussierung auf eine Zielgröße ist nicht zu empfehlen, und häufig stehen die Leistungsmerkmale sogar in einem komplementären Verhältnis zueinander. Beispielsweise wirkt sich eine Verringerung der Prozesszeit in der Regel auch positiv auf die Termintreue und die Prozesskosten aus. Die Anforderungen der externen Kunden bestimmen die erforderlichen Prozesse und zu erbringenden Leistungen. Dabei wird untersucht, ob die Prozesse einen Beitrag zum Kundennutzen schaffen und somit wertschöpfend sind.

Danach lassen sich vier **Arten von Prozessleistungen** unterscheiden (vgl. *Füermann*, 2016, S. 893 f.):

- **Nutzleistungen** sind geplant und für den Kunden wertschöpfend. Beispiele sind Montage, Materialbeschaffung oder Kundenberatung. Nutzleistungen gilt es zu **optimieren**.
- **Unterstützungsleistungen** („Stützleistungen") sind zwar geplant, aber selbst nicht wertschöpfend. Sie dienen der Unterstützung der Nutzleistungen und tragen somit nur indirekt zur Wertsteigerung bei. Vom Kunden werden sie meist nicht wahrgenommen. Beispiele sind Rüstvorgänge, Personalplanung oder innerbetrieblicher Transport. Unterstützungsleistungen sind möglichst wirtschaftlich zu erbringen und auf das für die Nutzleistungen unbedingt erforderliche Ausmaß zu **reduzieren**.
- **Blindleistungen** sind nicht geplant und tragen weder direkt noch indirekt zur Wertschöpfung bei. Für die Leistungserstellung sind sie unnötig und werden vom Kunden weder wahrgenommen noch honoriert. Beispiele sind Wartezeiten, Doppelarbeiten oder Rückfragen. Blindleistungen gilt es zu **eliminieren**.
- **Fehlleistungen** sind ursprünglich geplante, aber fehlerhaft erstellte Nutz- oder Unterstützungsleistungen, deren Ergebnisse unbrauchbar sind. Für den Kunden sind sie wertmindernd und er ist deshalb häufig verärgert und verlangt eine Entschädigung. Beispiele sind defekte Produkte, Fehllieferungen oder Ausschuss. Fehlleistungen gilt es zu **vermeiden**.

Die Zielgrößen der Prozessleistung und deren Messung werden im Folgenden näher erläutert.

Prozessqualität

Die Kundenzufriedenheit ist eng mit der Prozessqualität verbunden. Wird unter Qualität das Ausmaß der Erfüllung der Kundenanforderungen verstanden, dann stellt die Kundenzufriedenheit ein Maß für die Prozessqualität dar. Nach einem kundenorientierten Qualitätsverständnis (vgl. Kap. 8.1.1) steht die **Kundenzufriedenheit** für die subjektive Sicht des Kunden auf den Prozessablauf und den Vergleich des Prozessergebnisses mit den Kundenanforderungen.

Die **Prozessqualität** misst dagegen nach einem technischen Qualitätsverständnis (vgl. Kap. 8.1.1) die objektive Erreichung der für den Prozess definierten Anforderungen und ob der Prozessablauf fehlerfrei war. Die Prozessqualität setzt sich aus vielen einzelnen Aspekten zusammen. Deshalb sollte sie nicht nur am Ende eines Prozesses, sondern bereits während des Prozessablaufs gemessen und kontrolliert werden. Um eine hohe Prozessqualität zu ge-

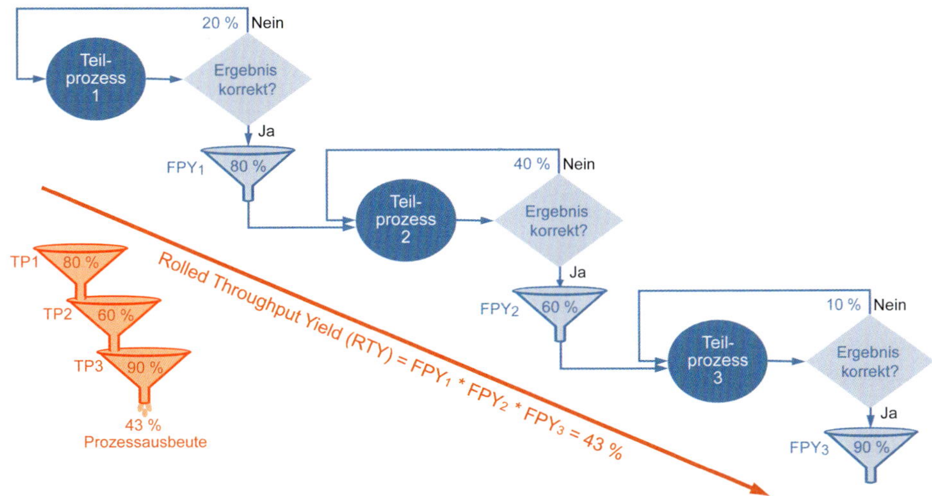

Abb. 5.4.8: Aus der Güte der Teilprozesse resultiert die Qualität des Gesamtprozesses

währleisten, müssen Fehler, Beanstandungen, Terminverzögerungen und sonstige Abweichungen von den Kundenanforderungen weitgehend vermieden werden. Gemessen werden kann die Prozessqualität durch die Kennzahl **First Pass Yield** (FPY). Diese sog. Ersttrefferquote drückt aus, welcher Anteil an Prozessergebnissen bereits im ersten Prozessdurchlauf korrekt war und keine Nacharbeit, wie etwa Rückfragen, Korrekturen oder Vervollständigungen, erforderlich machte (vgl. *Thomas*, 1991, S. 117 f.).

$$\text{FPY} = \frac{\text{Prozessergebnisse ohne Nacharbeit}}{\text{Alle Prozessergebnisse}} \%$$

Der **Rolled Throughput Yield** (RTY) misst die Qualität eines mehrstufigen Prozesses (vgl. *Bach et al.*, 2017, S. 229). Diese sog. Prozessausbeute folgt aus der Multiplikation der Ersttrefferquoten sämtlicher Teilprozesse, wie das Beispiel in Abb. 5.4.8 veranschaulicht. Obwohl die dargestellten Teilprozesse mittlere bis hohe Ersttrefferquoten aufweisen, ist in Summe mit 43 % nicht einmal die Hälfte der Prozessergebnisse im ersten Durchlauf fehlerfrei. Bereits ein unzureichender Teilprozess gefährdet somit die gesamte Prozessqualität. Dies erfordert eine integrative Betrachtung des Prozessablaufs und die Minimierung von Schnittstellen als potenzielle Fehlerquellen. Nur wenn sämtliche Teilprozesse exzellente Ersttrefferquoten aufweisen, lässt sich insgesamt eine hohe Prozessqualität realisieren.

Prozesszeit

Die Zeitdauer der Geschäftsprozesse hat großen Einfluss auf die Effektivität, Effizienz, Reaktionsfähigkeit und Flexibilität des Unternehmens. Verzögert sich beispielsweise die Produktentwicklung und ein Konkurrent kommt dem Unternehmen zuvor, so gehen wichtige Pioniererträge und Marktanteile verloren. Darüber hinaus führen Verzögerungen in den Geschäftsprozessen meist zur Unzufriedenheit der Kunden.

> Die **Durchlaufzeit** (Total Cycle Time) ist die Zeitspanne von der Auslösung eines Prozesses bis zur Übergabe des Prozessergebnisses an den Kunden (vgl. *Schulte-Zurhausen*, 2013, S. 76).

Die Durchlaufzeit setzt sich nach Abb. 5.4.9 zusammen aus (vgl. *Schulte-Zurhausen*, 2013, S. 76 f.):

- **Bearbeitungszeit**, die unterteilt wird in
  - **Rüstzeit** zur Vorbereitung der eigentlichen Arbeitsgänge und
  - **Ausführungszeit** zur unmittelbaren Erstellung des Prozessergebnisses.
- **Transportzeit:** Zeitbedarf, um ein unfertiges Prozessergebnis an den nächsten Bearbeiter weiterzuleiten bzw. das fertige Prozessergebnis an den Kunden zu liefern.
- **Liegezeit:** Verweildauer eines unfertigen oder fertigen Prozessergebnisses im Prozessablauf, in der es weder bewegt noch bearbeitet wird.

Nur die im Rahmen der Ausführungszeit erbrachte Nutzleistung ist wertschöpfend. Rüstzeiten sind dagegen häufig an den Schnittstellen aufgrund redundanter Bearbeitungsschritte erforderlich, da sich beispielsweise der nachfolgende Mitarbeiter in den Vorgang einarbeiten muss. Rüst- und Transportzeiten (Stützleistungen) sowie Liegezeiten (Blindleistungen) sind soweit als möglich zu reduzieren.

Das Verhältnis der Ausführungszeit zur gesamten Durchlaufzeit wird als **Zeiteffizienz** bezeichnet. Statt der Ausführungszeit wird teilweise auch die Bearbeitungszeit zur

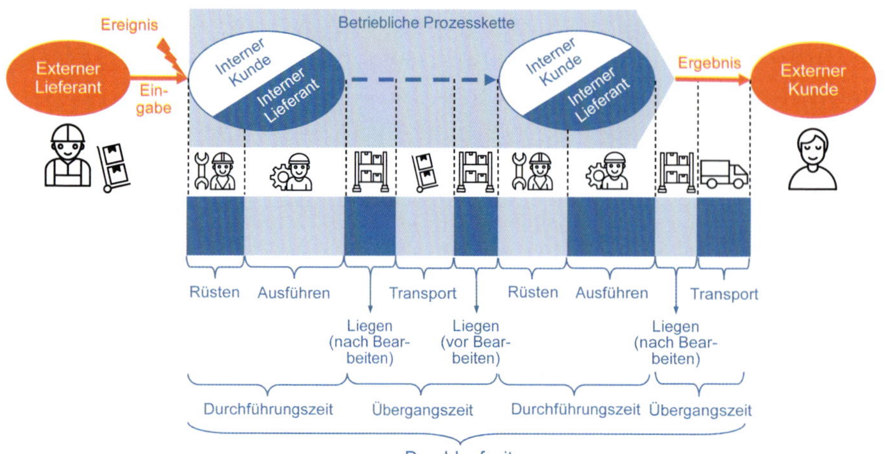

Abb. 5.4.9: Zusammensetzung der Durchlaufzeit eines Prozesses

Berechnung herangezogen. Weil die Rüstzeiten jedoch nicht direkt wertschöpfend sind, ist die Ausführungszeit als Bezugspunkt sinnvoller. Da Liegezeiten in der Praxis häufig ein Vielfaches der Ausführungszeit betragen, liegt bei vielen Geschäftsprozessen die Zeiteffizienz unter 5 %. Die Durchlaufzeiten lassen sich somit nicht etwa – wie häufig vermutet – durch schnellere Bearbeitung, sondern vor allem durch Reduktion der Warte- und Liegezeiten signifikant reduzieren (vgl. *Gaitanides*, 2012, S. 218 f.).

$$\text{Zeiteffizienz} = \frac{\text{Ausführungszeit}}{\text{Durchlaufzeit}} \%$$

Die **Zykluszeit** bestimmt den Zeitbedarf der Leistungserstellung. Dafür werden die Durchlaufzeiten aller Teilprozesse summiert, auch wenn diese parallel ablaufen. Eine Verringerung der Zykluszeit verbessert die Zeiteffizienz. Die Zykluszeit bestimmt auch, wie lange Ressourcen in einem Prozess gebunden sind (vgl. *Bach et al.*, 2017, S. 228).

Der **Prozesstermin** gibt an, wann das Prozessergebnis dem Kunden vereinbarungsgemäß übergeben werden soll. Ein Überschreiten der Prozesstermine kann zu Verzögerungen in nachfolgenden Prozessen sowie insbesondere zur Beeinträchtigung der Kundenzufriedenheit führen. Die Termineinhaltung kann mit der Kennzahl **Termintreue** gemessen werden, die den Anteil der rechtzeitig fertiggestellten Ergebnisse ausdrückt. Da sich die Termintreue eines Prozesses aus der Multiplikation der Termintreue der Teilprozesse ergibt, sollte sie über den gesamten Prozessablauf hinweg optimiert werden (vgl. *Schmelzer/Sesselmann*, 2020, S. 417 ff.).

$$\text{Termintreue} = \frac{\text{Termingerechte Prozessergebnisse}}{\text{Alle Prozessergebnisse}} \%$$

Prozesskosten

Für die Gestaltung und Steuerung der Prozesse muss die Unternehmensführung wissen, wie viele Ressourcen diese erfordern und welche Kosten sie verursachen. In der Fertigung lassen sich diese Prozesskosten mit der traditionellen Kostenrechnung relativ gut ermitteln. Ein Beispiel ist die Bestimmung der Herstellkosten für ein Karosserieteil. In den indirekten Bereichen ist dies jedoch nicht so einfach. Dies liegt daran, dass sich die für Fertigungsunternehmen entwickelte Kostenrechnung vor allem an den direkten betrieblichen Funktionen orientiert.

Als indirekte Bereiche werden diejenigen Teile des Unternehmens bezeichnet, die sich mit vorbereitenden, planenden, steuernden, überwachenden und koordinierenden Aufgaben beschäftigen. Sie sind somit nicht unmittelbar an der eigentlichen Leistungserstellung beteiligt. Beispiele sind Forschung und Entwicklung, Beschaffung, Produktionsplanung oder Vertrieb. Die dort entstehenden Kosten sind den Produkten meist nicht eindeutig zuzuordnen. Traditionelle Kostenrechnungsverfahren verrechnen diese Gemeinkosten mithilfe von Schlüsseln und somit wenig verursachungsgerecht. In einem prozessorientierten Unternehmen kann das betriebliche Geschehen damit häufig nicht zufriedenstellend abgebildet werden. Nur wenn die Kostenrechnung diese veränderten Wertschöpfungsstrukturen berücksichtigt, kann sie weiterhin ihre Abbildungs- und Steuerungsfunktion erfüllen.

Aus diesem Grund wurde für die indirekten Leistungsbereiche die **Prozesskostenrechnung** entwickelt (vgl. *Horváth/ Mayer*, 1989, S. 214 ff.). Mit ihrer Hilfe sollen die Mängel der traditionellen Kostenrechnung bei der Prozessbewertung und Verrechnung der Gemeinkosten beseitigt werden. Sie baut auf der traditionellen Kostenarten- und Kostenstellenrechnung auf. Dabei geht es nicht darum, diese zu ersetzen, sondern bei der Verrechnung der Gemeinkosten sinnvoll zu ergänzen. Die Methodik der Prozesskostenrechnung wird im Folgenden anhand ihrer Einführung im Unternehmen kurz erläutert und anschließend mit einem einfachen Beispiel veranschaulicht (vgl. *Stoi*, 1999b, S. 24 ff.).

Die **Einführung** läuft generell in fünf Schritten ab (vgl. *Horváth/Mayer*, 1993, S. 19 ff.):

(1) **Bestimmung der relevanten Unternehmensbereiche und Zielsetzungen:** Die Prozesskostenrechnung erfordert eine neue, prozessorientierte Betrachtung der Vorgänge in den indirekten Bereichen. Deshalb wird die Einführung häufig zunächst auf einen abgegrenzten Unternehmensbereich beschränkt. Die Prozesskostenrechnung eignet sich besonders für Bereiche mit hohem Gemeinkostenvolumen sowie undurchsichtigen Strukturen. Neben den Bereichen sind auch die verfolgten Zielsetzungen festzulegen, also ob neben der Erhöhung der Leistungstransparenz auch die Planung der Gemeinkostenbereiche oder die Kalkulation prozessorientiert durchgeführt werden soll.

(2) **Ermittlung hypothetischer Hauptprozesse:** Die wesentlichen, kostenstellenübergreifenden Prozesse eines Unternehmens werden als Hauptprozesse bezeichnet. Sie setzen sich aus mehreren homogenen Aktivitäten zusammen, die idealerweise dem gleichen Kosteneinflussfaktor unterliegen. Maßgrößen der Prozesse sind die sog. Kostentreiber (Cost Driver). Der Kostentreiber des Hauptprozesses Auftragsabwicklung ist etwa die Anzahl der Aufträge. Zu Beginn der Einführung der Prozesskostenrechnung sind Hypothesen über mögliche Hauptprozesse und deren Kostentreiber aufzustellen, um ein strukturiertes Vorgehen zu gewährleisten. Die Hauptprozesse lassen sich wiederum zu Geschäftsprozessen verdichten.

(3) **Tätigkeitsanalyse:** In allen einbezogenen Kostenstellen werden die dort ablaufenden Tätigkeiten analysiert. Dies geschieht insbesondere durch Interviews, aber auch mit Dokumentenanalysen und Selbstaufschreibungen der Mitarbeiter. Die Aktivitäten werden zunächst ermittelt, strukturiert und zu Teilprozessen verdichtet. Danach wird geprüft, ob sich die Teilprozesse in Abhängigkeit vom Arbeitsvolumen der Kostenstelle mengenvariabel verhalten oder nicht. Ändert sich der Ressourcenverbrauch mit steigendem Leistungsanfall, dann bezeichnet man den Prozess als leistungsmengeninduziert (lmi). Ist der Ressourcenverbrauch vom Leistungsvolumen der Kostenstelle unabhängig, handelt es sich um einen leistungsmengenneutralen Prozess (lmn). Typische leistungsmengenneutrale Prozesse sind Führungstätigkeiten oder Sekretariatsaufgaben. Im Anschluss sind zur Quantifizierung der lmi-Prozesse Maßgrößen zu bestimmen, die als Kostentreiber bezeichnet werden. Bereits in der Prozessanalyse werden häufig Rationalisierungspotenziale deutlich, wie beispielsweise Redundanzen oder Prozessschleifen.

(4) **Durchführung der Prozesskostenstellenrechnung:** Im nächsten Schritt werden den einzelnen Teilprozessen die in Anspruch genommenen Ressourcen und damit die Kostenstellenkosten zugeordnet. Da der Personalaufwand im Gemeinkostenbereich vorherrschend ist, wird häufig eine Verteilung nach dem Zeitbedarf der Mitarbeiter zur Durchführung der Teilprozesse vorgenommen. Für jeden Teilprozess ist hierbei die benötigte Mitarbeiterkapazität in Personenjahren (PJ) zu ermitteln. Ein Personenjahr ist dabei die pro Jahr tatsächlich zur Verfügung stehende Arbeitszeit eines Mitarbeiters (also ohne Pausen, Urlaub und Feiertage). Sie variiert in Deutschland je nach Unternehmen, Bundesland, Branche und Jahr. Durchschnittlich werden beispielsweise bei einer 38-Stunden-Woche hierfür ca. 1.650 Arbeitsstunden angesetzt. Durch Multiplikation der je Teilprozess erforderlichen Mitarbeiterkapazität mit den Kosten pro Personenjahr ergeben sich die Prozesskosten der Teilprozesse. Die leistungsmengenneutralen Kosten werden auf die leistungsmengeninduzierten Prozesse im Verhältnis ihrer Kapazitätsinanspruchnahme verteilt. Werden die Prozesskosten durch die Kostentreibermenge geteilt, dann ergeben sich daraus die Prozesskostensätze. Sie zeigen, wie teuer die Ausführung eines Teilprozesses ist.

(5) **Verdichtung der Teilprozesse zu übergreifenden Hauptprozessen:** In der Verdichtung der Teilprozesse der Kostenstellen zu übergreifenden Hauptprozessen liegt der eigentliche Innovationsgrad der Prozesskostenrechnung (vgl. Abb. 5.4.10). Die Hauptprozesse sind von Kostenstellen und Organisationsstrukturen unabhängig und beschreiben die wesentlichen Abläufe in den untersuchten indirekten Bereichen. Die Hauptprozesse und ihre Kostentreiber verdeutlichen die Ursachen der Kostenentstehung im Unternehmen. Dies liefert wichtige Anstöße für die Prozessgestaltung (vgl. Kap. 5.4.4).

Nach einer empirischen Erhebung in deutschen Unternehmen ermöglicht die Prozesskostenrechnung eine verbesserte Planung und Steuerung der indirekten Bereiche sowie Prozessoptimierungen und Komplexitätsreduktionen. Die Prozesskostenrechnung kann somit zur Senkung

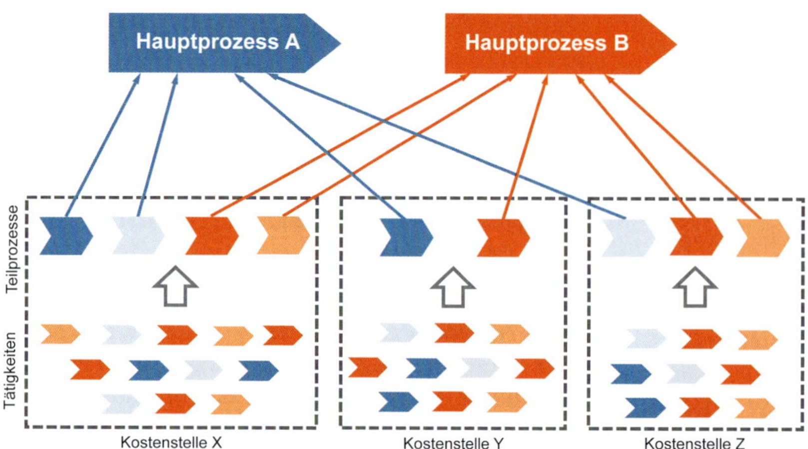

Abb. 5.4.10: Vorgehensweise der Prozesskostenrechnung

der Gemeinkosten und zur Verbesserung der Produkt- und Kundenrentabilität beitragen (vgl. *Stoi*, 1999b, S. 137 ff.).

Die Prozesskostenrechnung ist eine Vollkostenrechnung. Kritiker bemängeln deshalb, die Kostenermittlung über Prozessmengen und Prozesskostensätze würde die tatsächliche Kostenveränderbarkeit ignorieren und Fixkosten proportionalisieren (vgl. *Glaser*, 1992; *Küpper*, 1991; *Küting/Lorson*, 1991). Dem ist zu entgegnen, dass die geplanten Prozesskosten zunächst nur das bewertete Arbeitsvolumen einer Kostenstelle angeben. Der Vergleich mit den Ist-Kosten liefert wertvolle Aussagen über die Kapazitätsauslastung der indirekten Bereiche. Die reine Ermittlung der Prozesskosten ist zu deren Beeinflussung allerdings nicht ausreichend. So führt eine Reduktion der Prozessmengen oder eine Verkürzung der Durchlaufzeiten kurzfristig nicht zu einer Senkung der Prozesskosten. Dies liegt daran, dass die hinter den Prozessen stehenden Personalkapazitäten kurzfristig kaum beeinflussbar sind. Der Fokus der Prozesskostenrechnung liegt deshalb vor allem auf strategischen Entscheidungen mit lang- bis mittelfristigem Planungshorizont, wie etwa einer Umgestaltung des Produktsortiments oder einer neuen Preispolitik auf Basis einer prozessorientierten Kalkulation. Zur Senkung der Prozesskosten ist es erforderlich, durch ein **Prozesskostenmanagement** die hinter den Kosten stehenden Prozessstrukturen und Kostentreiber zu beeinflussen.

5.4.4 Prozessgestaltung

Die Beherrschung der wertschöpfenden Aktivitäten eines Unternehmens und deren konsequente Ausrichtung an den Kundenanforderungen ist eine permanente Aufgabe der Unternehmensführung. Bei der Gestaltung der Geschäftsprozesse können generell die folgenden **Phasen** unterschieden werden (vgl. *Schulte-Zurhausen*, 2013, S. 75 ff.):

(1) Prozessidentifikation und -analyse

(2) Prozesskonzeption und -erneuerung

(3) Prozessumsetzung

(4) Prozesskontrolle und kontinuierliche Verbesserung

Prozessidentifikation und -analyse

Das Prozessmanagement beginnt meist Top-down mit der **Bestimmung der erfolgskritischen Aufgabenfelder** eines Unternehmens. Daraus ergeben sich die Geschäftsprozesse als oberste Prozessebene, deren Zusammenhang in einer Prozesslandkarte visualisiert wird (vgl. Kap. 5.4.2). Die Geschäftsprozesse werden dann je nach Bedarf in Haupt- und Teilprozesse zerlegt und hierarchisch strukturiert. Dabei wird analysiert, welche Leistungen erstellt werden und dokumentiert, welche Aktivitäten hierzu in welcher Form ablaufen. Im Anschluss wird dann Bottom-up die Ist-Situation auf der untersten Prozessebene erarbeitet und dokumentiert. Diese Prozessaufnahme erfolgt nur so detailliert wie nötig, um den Erhebungsaufwand in Grenzen zu halten. Techniken zur Prozesserhebung sind Beobachtung, Zeitaufnahme, Multimomentaufnahme, Fragebogen, Interview und Workshop.

Besonders bei komplexen Prozessen hat sich in der Praxis die Durchführung eines Workshops mit ausgewählten Mitarbeitern der beteiligten Organisationseinheiten bewährt. Bei der **Prozessmodellierung** wird die Prozessstruktur unter Berücksichtigung der Prozessverknüpfungen erfasst und formal, z. B. mit festgelegten Symbolen, und nach bestimmten Regeln abgebildet. Dies kann etwa in Form von ereignisgesteuerten Prozessketten (vgl. Kap. 7.3.1) erfolgen. In den Workshops werden die Prozesse oft mithilfe

Beispiel zur Prozesskostenrechnung

Abb. 5.4.11 zeigt das Ergebnis der Untersuchung einer Kostenstelle im sog. Prozesskostenblatt (vgl. i.F. *Stoi*, 1999b, S. 27 ff.). Es enthält die Gesamtkapazität der Kostenstelle in Personenjahren (PJ) und die Kostenstellenkosten. Daraus ergeben sich die Kosten pro PJ dieser Kostenstelle. Im Beispiel sind dies in der Kostenstelle Vertrieb 60 T€ je PJ. Die Maßgrößen der leistungsmengeninduzierten Teilprozesse und die Kostentreibermengen wurden durch Interviews mit den Mitarbeitern der Kostenstelle ermittelt. Die Multiplikation der Zeitdauer für die einmalige Ausführung der Prozesse mit der Anzahl der Maßgrößen ergibt die leistungsmengeninduzierten Teilprozesskosten. Im Beispiel dauert die Annahme einer Kundenanfrage in der Kostenstelle Vertrieb durchschnittlich 14,16 Minuten. Kostentreiber des Prozesses „Kundenanfrage entgegennehmen" ist die Anzahl der Kundenanfragen. Bei einer jährlichen Menge von 10.000 Kundenanfragen verwenden die zuständigen Sachbearbeiter für diesen Prozess somit 10.000 · 14,16 min = 2.360 Stunden pro Jahr. Die Division durch 1.650 Stunden ergibt 1,43 Personenjahre.

Durch Multiplikation der benötigten Mitarbeiterkapazität mit den Kosten pro PJ der Kostenstelle ergeben sich die jeweiligen Teilprozesskosten. Die Kosten der leistungsmengenneutralen Tätigkeiten werden anschließend auf die lmi-Teilprozesse umgelegt, woraus sich die Gesamtprozesskosten (lmi + lmn) ergeben. Werden diese durch die Anzahl der Maßgrößen dividiert, folgen daraus die Prozesskostensätze. Dabei wird häufig zwischen induzierten Prozesskostensätzen (lmi) und Gesamtprozesskostensätzen (lmi + lmn) unterschieden. Die Annahme einer Kundenanfrage kostet im Beispiel von Abb. 5.4.11 somit insgesamt 9,54 €.

Nr.	Teilprozess Bezeichnung	Kostentreiber Anzahl der	Prozess-menge	Mitarbeiter-einsatz Kapazität (PJ)	Teilprozesskosten (T€) lmi	 Umlage lmn	 lmi+lmn	PK-Satz (€) lmi	 lmi+lmn
	Kostenstelle Vertrieb	**Kapazität: 10 PJ Kosten: 600 T€**		**Kosten pro PJ: 60 T€**					
1	Kundenanfrage entgegennehmen	Kunden-anfragen	10.000	1,43	85,80	9,60	95,40	8,58	9,54
2	Kundenanfrage prüfen	Kunden-anfragen	10.000	7,10	426,00	47,40	473,40	42,60	47,34
3	Kundenauftrag bestätigen	Kunden-aufträge	1.500	0,47	28,20	3,00	31,20	18,80	20,80
	Summe			**9,00**	**540,00**	**60,00**	**600,00**		

lmn-Prozesse	Kapazität (PJ)
Abteilung leiten	1

Umlage im Verhältnis der lmi-Prozesse

Abb. 5.4.11: Beispiel für ein Prozesskostenstellenblatt (vgl. Stoi, 1999b, S. 30)

Das Prinzip der Hauptprozessverdichtung zeigt Abb. 5.4.12 am Beispiel des Hauptprozesses „Kundenauftrag bearbeiten". Dieser setzt sich aus mehreren Teilprozessen der Kostenstellen „Vertrieb" und „Datenverarbeitung" zusammen. Für diesen Hauptprozess wird ein gemeinsamer Kostentreiber festgelegt. Im Beispiel ist das die Anzahl der Aufträge. Die Kosten der Teilprozesse werden den jeweiligen Kostenstellen entnommen und aufsummiert. Die Division der Hauptprozesskosten durch die Kostentreibermenge ergibt den Hauptprozesskostensatz. Er drückt in diesem Fall die bereichsübergreifenden Kosten der Bearbeitung eines Kundenauftrags aus.

Hauptprozess Kundenauftrag bearbeiten	**Kostentreiber: Anzahl der Kundenaufträge Menge: 1.500**		
Teilprozesse	**Herkunft Kostenstelle**	**Prozesskosten (T€)** lmi+lmn	**PK-Satz (€)** lmi+lmn
Kundenanfragen entgegennehmen	Vertrieb	95,40	63,60
Kundenanfrage prüfen	Vertrieb	473,40	315,60
Kundenauftrag erfassen	DV	79,80	53,20
Kundenauftrag bestätigen	Vertrieb	31,20	20,80
Summe		**679,80**	**453,20**

Abb. 5.4.12: Beispiel für eine Hauptprozessverdichtung (vgl. Stoi, 1999b, S. 30)

des sog. **Brown-Paper-Mappings** modelliert. Hierfür wird zunächst eine große, meist braune Papierrolle an der Wand befestigt, woher die Methode ihren Namen hat. Dann wird der Prozess mithilfe eines **Schwimmbahnendiagramms** (Swimlane-Chart) visualisiert. Hierfür werden waagerechte Linien als Bahnen für jede der am Prozess beteiligten Organisationseinheiten aufgezeichnet. Im Anschluss werden die einzelnen Prozessschritte, z. B. mithilfe von angepinnten Kärtchen, dargestellt und der Ist-Prozessablauf diskutiert. Oftmals kommt es bei den Prozessbeteiligten dabei zu „Aha-Erlebnissen" über Struktur, Schnittstellen und Ablauf des Geschäftsprozesses, woraus Ideen zur Prozessverbesserung entstehen (vgl. *Bach et al.*, 2017, S. 217 ff.). Abb. 5.4.13 zeigt ein Schwimmbahnendiagramm am Beispiel eines Reklamationsprozesses eines Versandhändlers.

In einer weitergehenden Prozessanalyse wird dann die Prozessleistung anhand der Aspekte Kundenzufriedenheit, Prozessqualität, Prozesszeit, Termintreue und Prozesskosten beurteilt. So lassen sich Fehl- und Blindleistungen im Prozessablauf identifizieren und erforderliche Verbesserungsbedarfe bestimmen.

Prozesskonzeption und -erneuerung

Ausgehend von den Ergebnissen der Prozessanalyse werden idealtypische Geschäftsprozesse (Soll-Prozesse) aufgestellt und Aufgabe, Umfang und Verantwortlichkeiten festgelegt. An den Prozessschnittstellen können die Erwartungen der externen, aber auch der internen Kunden in Form von Leistungsvereinbarungen (Service Level Agreements) fixiert werden. Diese beinhalten etwa Gegenstand, Termin, Umfang und Preis des Prozessergebnisses sowie Sanktionen bei Nichterfüllung der Vereinbarung. Oberstes Gebot der **Prozesserneuerung** ist die Ausrichtung am Kunden, d. h. „die Kunden übernehmen das Kommando" (*Hammer/Champy*, 2003, S. 30). Deshalb sollten alle nicht wertschöpfenden Aktivitäten, die keinen Beitrag zum Kundennutzen leisten, so weit als möglich eliminiert werden. Die Prozessgestaltung kann durch Einbezug von Lieferanten und Kunden sogar unternehmensübergreifendend stattfinden (Supply Chain Management; vgl. Kap. 3.3.4).

Werden die Geschäftsprozesse bei der Prozesserneuerung fundamental umgestaltet, so wird dies als Prozessreorganisation (**Business Process Reengineering**) oder Durchbruchs-Kaizen (**Kaikaku**) bezeichnet. Ziel ist es, durch eine konzentrierte Anstrengung rasch eine hohe Leistungssteigerung zu erreichen. Dabei werden die bestehenden Prozessabläufe grundsätzlich infrage gestellt. Solche „Radikalkuren" der Geschäftsprozesse werden meist als Top-down-Projekt durchgeführt (vgl. *Hammer/Champy*, 2003; *Schmelzer/Sesselmann*, 2020, S. 509). Diese Radikalität kann aber auch organisatorische Widerstände erzeugen, die das Erreichen der angestrebten Leistungssteigerungen erschweren oder gar verhindern.

Die **Ansatzpunkte zur Prozessoptimierung** in Abb. 5.4.14 wären am Beispiel einer Auftragsabwicklung:

- **Auslagern**: Die Kommissionierung kann ein externer Dienstleister übernehmen.
- **Zusammenfassen**: Bei der Auftragsannahme kann der Mitarbeiter den Lagerbestand selbst im Vertriebssystem prüfen, um dem Kunden sofort ein voraussichtliches Lieferdatum zu nennen.
- **Beschleunigen:** Die Auftragsannahme erfolgt nicht mehr handschriftlich mit anschließender Eingabe ins

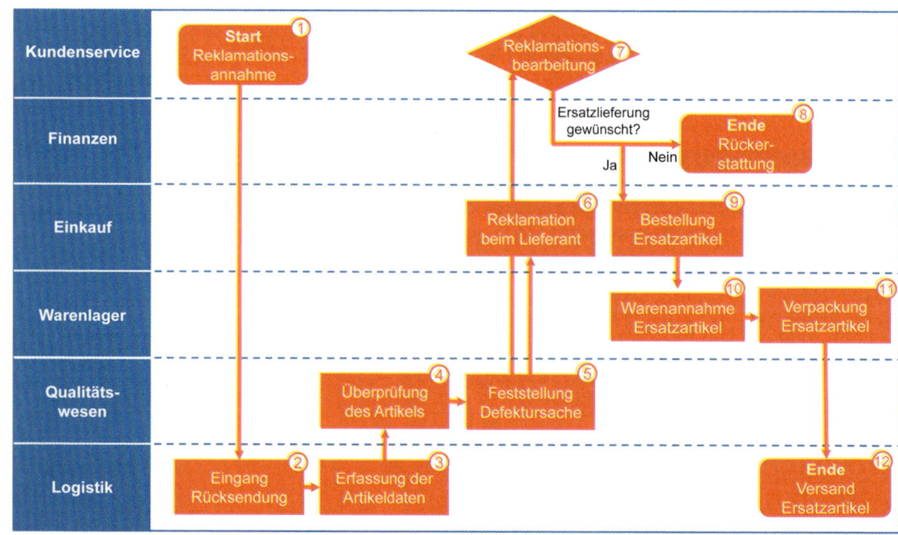

Abb. 5.4.13: Schwimmbahnendiagramm eines Reklamationsprozesses im Versandhandel

Vertriebssystem, sondern wird direkt per Spracheingabe erfasst oder der Kunde bestellt online.

- **Umstellen**: Bevor dem Kunden der Auftrag bestätigt wird, erfolgt zunächst eine Prüfung des Lagerbestands.
- **Eliminieren**: Durch die Zusammenarbeit mit verlässlichen Schlüssellieferanten kann auf eine Eingangsprüfung verzichtet werden.
- **Automatisieren**: Die repetitiven Abläufe in der Auftragsabwicklung erfolgen durch Robotic Process Automation (vgl. Kap. 7.3.7).

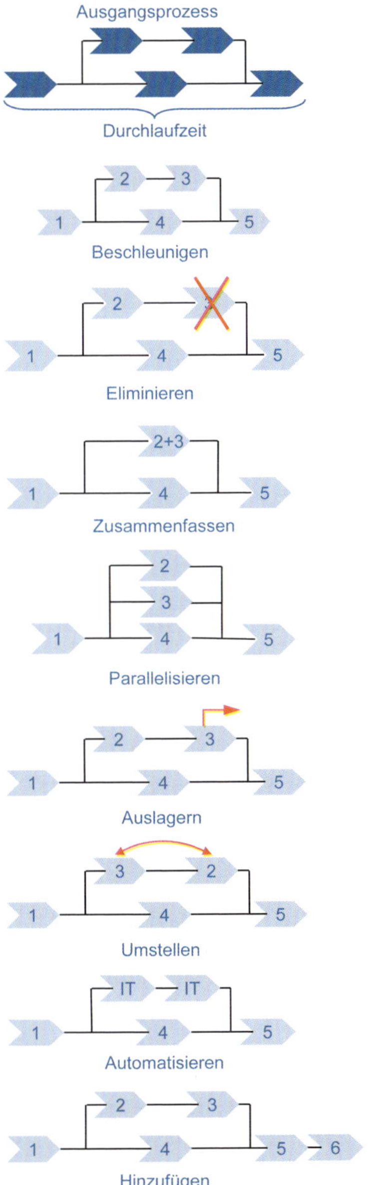

Abb. 5.4.14: Möglichkeiten der Prozessoptimierung (in Anlehnung an Bleicher, 1991, S. 196)

- **Parallelisieren**: Kommissionierung und Rechnungsstellung können zeitgleich vorgenommen werden.
- **Hinzufügen**: Durch eine Ausgangsprüfung des Auftrags werden Reklamationen des Kunden vermieden.

Im Anschluss an die Prozesserneuerung erfolgt die **Implementierung** der neuen Geschäftsprozesse. Je nach Ausmaß der Prozesserneuerung kann dies eine systematische Führung des Wandels erforderlich machen, um die Akzeptanz der Mitarbeiter sicherzustellen (vgl. Kap. 6.5).

Eine hohe Prozessleistung lässt sich dauerhaft vor allem durch klare Verantwortlichkeiten für den Prozessablauf und das Prozessergebnis erreichen. **Prozessverantwortliche** (Process Owner / Prozesseigentümer) sind für die ganzheitliche und funktionsübergreifende Planung, Steuerung und Kontrolle der jeweiligen Geschäftsprozesse zuständig und verantworten deren Gestaltung und Aktualisierung. Darüber hinaus lenken sie die **Prozessbearbeiter bzw. -teams** (Case-Worker bzw. -Teams).

Diese teilautonomen Mitarbeiter bzw. Arbeitsgruppen führen den Prozess ganzheitlich aus und übernehmen hierfür

Prozessverantwortung bei AMG

Die *Mercedes-AMG GmbH* mit Sitz in Affalterbach ist eine Tochter der *Mercedes-Benz Group AG* und bildet die Sportwagensparte des Konzerns. Die Vorteile der Prozessverantwortung lassen sich am Beispiel der Motorenfertigung bei *AMG* veranschaulichen. Motoren werden in der Automobilindustrie üblicherweise am Fließband in kleinen Arbeitsschritten durch viele Mitarbeiter hergestellt. Die Fließbandarbeiter führen dabei jeweils nur wenige Handgriffe aus. Sie können das Ergebnis ihrer Arbeit somit weder sehen noch erleben und fühlen sich folglich auch nicht dafür verantwortlich. Dagegen werden in der *AMG*-Motorenmanufaktur die Motoren in Handarbeit nach der Philosophie „One Man – One Engine" montiert. Ein Techniker übernimmt als Prozessbearbeiter jeweils die komplette Montage eines Motors. Die *AMG*-Techniker haben beim abschließenden Leistungstest jedes Mal ein persönliches Erfolgserlebnis. Jeder Motor trägt eine Plakette mit dem eingravierten Namen und der Unterschrift des Technikers. Dieser ist stolz auf seine Leistung und identifiziert sich mit seiner Arbeit. Die hohe Qualität der handgefertigten Motoren ist für *AMG* in seinen exklusiven Premiummärkten ein wesentlicher Wettbewerbsvorteil (www.mercedes-amg.com).

die operative Verantwortung. Für eine kundenorientierte „Rund-um-Betreuung" werden ihnen sämtliche prozessbezogenen Tätigkeiten als ganzheitliche Bearbeitungssequenz übertragen. Ein Prozessbearbeiter in der Auftragsabwicklung sollte demnach die Teilprozesse eines Auftrags, wie etwa Kundenberatung, Auftragsannahme, Kommissionierung, Versand, Fakturierung und Reklamationsbearbeitung, soweit möglich selbstständig durchführen. Um flexibel auf die Kundenwünsche reagieren und Verbesserungen im Ablauf vornehmen zu können, verfügen die Prozessbearbeiter über entsprechende Entscheidungsspielräume. Für eine hohe Kundennähe sollte bei einem Geschäftsprozess nach dem Prinzip **„One face to the customer"** der Kunde stets den gleichen Prozessbearbeiter als Ansprechpartner haben (vgl. *Gaitanides*, 2012, S. 53 f., 161 f.).

Bei bereichsübergreifenden Prozessen übernimmt meist derjenige Mitarbeiter die Prozessverantwortung, in dessen Verantwortungsbereich die größte Wertschöpfung stattfindet. Dort ist das Potenzial zur Prozessbeeinflussung am höchsten. Der Prozessverantwortliche kann auch aus dem Bereich stammen, in dem der Prozess abgeschlossen wird. Prozessverantwortliche haben meist fachliche Weisungsbefugnis gegenüber den Prozessbearbeitern oder werden von einem höhergestellten Machtpromotor unterstützt (vgl. *Stoi*, 1999a, S. 278 ff.).

Prozessdigitalisierung

Ein weitreichendes Verbesserungspotenzial verspricht auch die Digitalisierung von Prozessen, der jedoch zunächst stets eine analoge Prozessoptimierung bzw. -reorganisation vorausgehen sollte. Ansonsten besteht die Gefahr der Automatisierung ineffektiver Abläufe, die dadurch zementiert werden. Die Automatisierung lohnt sich vor allem für die häufigsten und zeitintensivsten Prozesse mit hoher Wiederholungsrate, während seltene Sonderfälle eher manuell abgewickelt werden sollten. Digitalisierte Prozesse lassen sich genau erfassen und analysieren. So kann beispielsweise ein Kunde die Abwicklung seines Auftrags in Echtzeit nachverfolgen. Auf dieser Datenbasis können dann im nächsten Schritt Prognosen für den weiteren Prozessverlauf erstellt werden, also etwa, wann das Produkt beim Kunden eintreffen wird. Im Versandhandel gehört dies bereits seit Langem zum üblichen Kundenservice. Der letzte Schritt der Digitalisierung wären vollkommen autonome Prozesse, die sich auf Basis maschinellen Lernens laufend selbst verbessern (vgl. *Hierzer*, 2017, S. 113 ff.).

Workflow-Management-Systeme unterstützen die Modellierung, Analyse, Simulation und Steuerung der Geschäftsprozesse. Sie ermöglichen die Einbindung der zur Vorgangsbearbeitung benötigten digitalen Informationssysteme. Dies können beispielsweise Anwendungssoftware, Dokumentenmanagement- und Gruppenunterstützungssysteme sowie Kommunikationsmittel sein. Aufgrund vorgegebener Ablauf- und Entscheidungsregeln steuert das Workflow-Management-System den Prozessverlauf. Die zu bearbeitenden Dokumente werden vom System termingerecht an die zuständigen Mitarbeiter und Stellen weitergeleitet. Automatische Erinnerungen, Wiedervorlagen und Weiterleitungen tragen dazu bei, Verzögerungen in der Vorgangsbearbeitung zu vermeiden. Durch Zusammenfassung einzelner Vorgangsschritte eines Geschäftsprozesses zu ganzheitlichen Aufgabenkomplexen wird zudem die Arbeitsteilung reduziert. Auf diese Weise kann eine erhebliche Verringerung der Durchlaufzeit erzielt werden. Anwendungsgebiet sind vor allem papierintensive, arbeitsteilige Geschäftsprozesse, bei denen die beteiligten Stellen zeitlich und räumlich getrennt sind.

Durch **Robotic Process Automation** lassen sich hingegen manuelle Benutzertätigkeiten in heterogenen digitalen Informationssystemen durch Softwareroboter schnittstellenübergreifend automatisieren. Dadurch können die betreffenden Prozesse wesentlich schneller und auch besser ausgeführt werden (vgl. Kap. 7.3.7).

Langfristig werden voraussichtlich bis zu 80 % der operativen Prozesse und 40–60 % der Unterstützungsprozesse automatisiert sein. Führungsprozesse hingegen, bei denen es häufig um kreative Lösungen, intuitives Gespür oder Entscheidungen mit hoher Tragweite geht, bleiben dagegen auf absehbare Zeit dem Menschen überlassen (vgl. *Hierzer*, 2017, S. 114).

Agiles Prozessmanagement

Beim Prozessmanagement werden die Prozesse umfassend dokumentiert, genauestens analysiert und erst dann umgesetzt, wenn sie so perfekt wie möglich sind. In komplexen Führungskontexten (vgl. Kap. 1.3.5) sind allerdings auch die Geschäftsprozesse komplex, d. h. aus vielen Teilprozessen zusammengesetzt und laufenden Änderungen unterworfen. Aus diesem Grund sind die Prozessanforderungen zu Beginn einer Prozessneugestaltung häufig noch nicht ausreichend bekannt oder ändern sich im Laufe der Zeit. Somit können neu gestaltete Prozesse bereits kurz nach ihrer Implementierung schon wieder veraltet sein (vgl. *Gadatsch*, 2020, S. 62). Deshalb kommen auch im Prozessmanagement zunehmend **agile Methoden** zum Einsatz.

Durch **Design Thinking** (vgl. Kap. 8.6.4) kann die innovative Prozessreorganisation unterstützt werden. In einem mehrfach durchgeführten Zyklus werden kreative

Lösungsideen und Prozessprototypen entwickelt und direkt mit den Kunden interaktiv getestet. Dadurch werden die Anforderungen der Kunden an einen Geschäftsprozess besser verstanden, um diese dann im Rahmen einer Prozessreorganisation gezielt umsetzen zu können (vgl. *Schmelzer/Sesselmann*, 2020, S. 322).

Zur Prozessverbesserung kann die **Scrum-Methode** (vgl. Kap. 5.3.5) eingesetzt werden. Dabei wird in mehreren Schritten vorgegangen, wobei am Ende jedes Zyklus ein funktionierender Prozess steht, der bereits ausgeführt werden kann. Im Anschluss werden iterativ weitere Verbesserungen vorgenommen. Es wird also nicht alles zu Beginn analysiert und dann ein Gesamtkonzept für den Prozess erstellt und umgesetzt, sondern die Verbesserungen werden schrittweise realisiert und inkrementell eingeführt. Anstatt alle Probleme auf einmal zu lösen, lässt sich der verbesserte Prozess sofort nutzen. Mit den dabei gewonnenen Erfahrungen lassen sich weitere Verbesserungen realisieren und geänderte Anforderungen können zeitnah berücksichtigt werden (vgl. *Becker*, 2018, S. 289 ff.).

Der Ablauf eines **Scrum-Zyklus im Prozessmanagement** ist in Abb. 5.4.15 dargestellt. In die Rolle des Scrum-Produktverantwortlichen schlüpft der Prozessverantwortliche, das Scrum-Team ist ein Prozessteam aus Prozessbeteiligten, Prozess- und Workflow-Modellierern, Software-Entwicklern und ggf. externen Beratern. Der Scrum Master liefert methodische Unterstützung und hält Störungen vom Team fern. Der Prozessverantwortliche priorisiert zunächst die Anforderungen und hält sie im Prozess-Backlog fest. Anschließend diskutieren Prozessteam und Prozessverantwortlicher in der Sprint-Planung die weitere Vorgehensweise. Die Ergebnisse werden im Sprint-Backlog festgehalten. Danach erfolgt die selbstorganisierte Arbeit des Teams im Sprint, für die jeweils eine konstante Dauer von üblicherweise zwei bis acht Wochen eingeplant wird. In einer kurzen täglichen Teambesprechung, dem Daily Scrum, tauscht sich das Team regelmäßig aus. Der Prozessverantwortliche prüft nach Ablauf des Sprints, ob der verbesserte Prozess funktioniert und als Prozessinkrement direkt im Unternehmen angewendet werden kann. Im Sprint-Review werden die Ergebnisse diskutiert und entschieden, ob weitere Sprints durchgeführt werden sollen. In diesem Fall werden Anpassungen des Prozess-Backlogs vorgenommen und der Zyklus erneut durchlaufen (vgl. *Gadatsch*, 2020, S. 62 ff.). Ansonsten ist die Optimierung abgeschlossen und der Prozess wird implementiert. Schlussendlich wird in einer Retrospektive der Ablauf der Optimierung und die Teamarbeit diskutiert, um daraus für zukünftige Verbesserungsprozesse zu lernen.

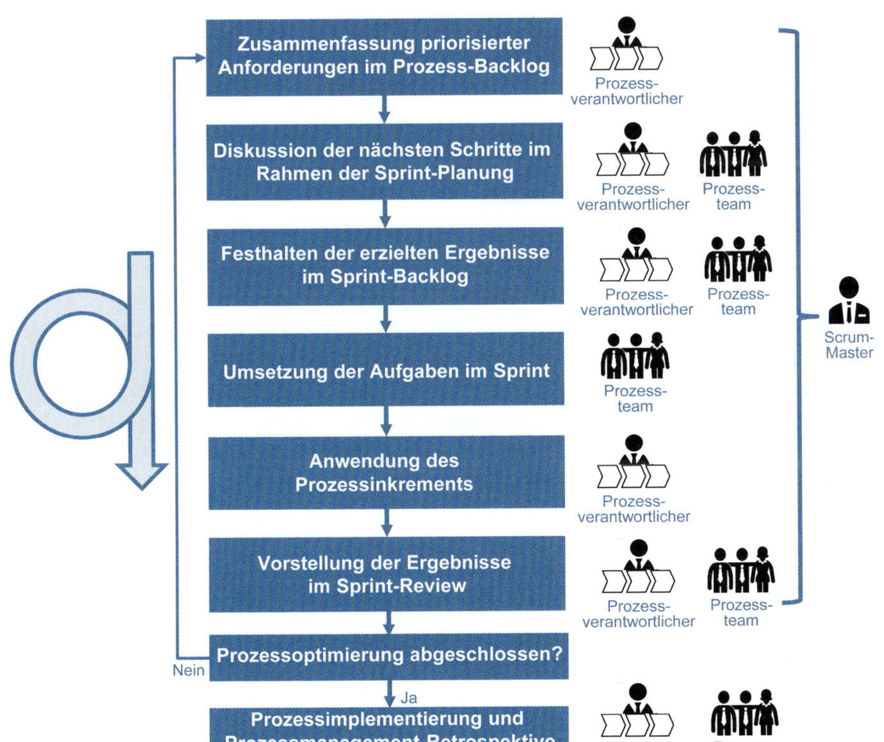

Abb. 5.4.15: Ablauf und Beteiligte im Scrum-Prozessmanagement-Zyklus (in Anlehnung an Gadatsch, 2020, S. 64)

Prozesskontrolle und kontinuierliche Verbesserung

Nach Einführung der neuen Abläufe gilt es, die verbesserte Prozessleistung zu stabilisieren und die Prozesse an geänderte Anforderungen anzupassen. Hierfür müssen die Geschäftsprozesse hinsichtlich ihrer Zeit, Termintreue, Qualität, Kosten und Kundenzufriedenheit einer regelmäßigen **Kontrolle** unterzogen werden. Dabei wird die realisierte Prozessleistung mit der in der Prozesserneuerung geplanten Soll-Prozessleistung verglichen und auftretende Abweichungen analysiert.

An die fallweise Neugestaltung der Geschäftsprozesse schließt sich die **kontinuierliche Verbesserung** an. Sie erfolgt in kleinen Schritten und unter Einbezug aller am Prozess beteiligten Mitarbeiter. Häufig wird sie als KVP (kontinuierlicher Verbesserungsprozess) oder nach ihrem japanischen Ursprung als **Kaizen** (japanisch für „Veränderung zum Besseren") bezeichnet. Die Philosophie dahinter stammt aus dem Zen-Buddhismus, nach dem kein Zustand so gut ist, als dass er nicht noch verbessert werden könnte (vgl. *Imai*, 1997). Die Verbesserungsmöglichkeiten entsprechen denen aus Abb. 5.4.14, das Ausmaß der Prozessänderung ist jedoch geringer als bei der Prozesserneuerung.

Eine universelle Vorgehensbeschreibung zur kontinuierlichen Prozessverbesserung ist der Plan-Do-Check-Act-Zyklus (**PDCA-Zyklus**). Er wurde in den 1950er Jahren auf Basis der Arbeiten von *Walter Shewhart* durch *William Edwards Deming* entwickelt und verbreitet. Er wird deshalb auch als *Deming*-Kreis bezeichnet. Danach lässt sich jede betriebliche Aktivität als Prozess ansehen und entsprechend verbessern.

Der PDCA-Zyklus ist in Abb. 5.4.16 dargestellt und besteht aus vier **Phasen** (vgl. *Deming*, 1982, S. 89 ff.):

- **Plan** (Planung): Nach einer detaillierten Analyse der Ausgangssituation werden zunächst die Ziele der beabsichtigten Veränderung festgelegt. Im Anschluss erfolgt die Suche und Bewertung geeigneter Alternativen und die Auswahl der Veränderungsmaßnahmen.
- **Do** (Ausführung): Testweise Umsetzung der Veränderungsmaßnahmen in kleinerem Umfang bzw. in einem eng abgegrenzten Bereich.
- **Check** (Überprüfung): Die Auswirkungen der durchgeführten Maßnahmen werden erfasst und analysiert. Was ging dabei schief und was lässt sich daraus lernen?

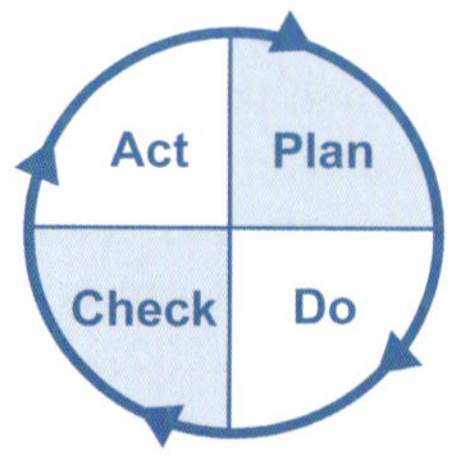

Abb. 5.4.16: Der PDCA-Zyklus (vgl. Deming, 1982, S. 88)

- **Act** (Verbesserung): Anschließend wird entschieden, ob die Veränderung auf breiter Basis eingeführt oder verworfen wird. Der Zyklus kann auch unter anderen Bedingungen, etwa in einem anderen Bereich oder mit anderen Mitarbeitern, erneut durchlaufen werden.

Der PDCA-Zyklus wird als unablässiger Prozess verstanden, der immer wieder durchlaufen wird. Im Gegensatz zum Führungsprozess der Planung, Steuerung und Kontrolle (vgl. Kap. 1.3.3) wird die Verbesserung zunächst in einem **agilen Vorgehen** erst experimentell in kleinem Maßstab ausprobiert. Abhängig vom Ausgang des Experiments wird dann entschieden, ob die Veränderung ausgerollt, eingestellt oder in angepasster Form in einem neuen Zyklus nochmals erprobt wird (vgl. *Andresen*, 2019, S. 140 f.). Jeder Durchlauf führt zu einem besseren Leistungsniveau, das Ausgangspunkt der nächsten Veränderung ist. Auf diese Weise erfolgt eine schrittweise, kontinuierliche Verbesserung.

Zur Senkung der Durchlaufzeiten und Verbesserung der Termintreue ist vor allem bei den nicht wertschöpfenden Transport- und Liegezeiten anzusetzen, da diese häufig über 95 % der Durchlaufzeit ausmachen. Durch Integration von Teilprozessen auf einen Bearbeiter lassen sich Schnittstellen abbauen und dadurch Rüst- und Übergangszeiten reduzieren. Eine weitere Möglichkeit zur Senkung der Durchlaufzeit ist die Parallelisierung von Abläufen. Die Verringerung der Durchlaufzeit und die Erhöhung der Prozessqualität haben zumeist auch einen positiven Einfluss auf die Prozesskosten. Schlussendlich fördern Maßnahmen zur Verbesserung von Prozesszeit, -qualität und -kosten meist auch die Kundenzufriedenheit.

Die Maßnahmen zur Prozessoptimierung lassen sich nach deren Umsetzungsfortschritt in verschiedene **Prozesshärtegrade** unterteilen (vgl. *Becker*, 2018, S. 272 ff.):

- **Zieldefinition (Härtegrad 1):** Es wird ein neuer Optimierungsvorschlag ausgearbeitet und die damit beabsichtigte Verbesserung (z. B. Durchlaufzeitverkürzung um 10 %) als Zielwert verabschiedet.

- **Potenzialabschätzung (Härtegrad 2):** Das Verbesserungspotenzial der Idee wird messbar gemacht und grob quantifiziert.
- **Maßnahmenklärung (Härtegrad 3):** Die Realisierungsschritte werden mit Terminen und Meilensteinen geplant, Verantwortliche festgelegt und das Verbesserungspotenzial möglichst genau bestimmt.
- **Maßnahmenrealisierung (Härtegrad 4):** Die Verbesserungsmaßnahme wird umgesetzt und ihre Wirksamkeit laufend verfolgt.
- **Maßnahmenwirkung (Härtegrad 5):** Die Maßnahme hat nachweislich zu einer Prozessverbesserung geführt. Das Ausmaß der Zielerreichung wird gemessen und danach die Wirksamkeit der Maßnahme beurteilt.

Prozessreifegradmodelle (Business Process Maturity Models) drücken aus, inwieweit ein Geschäftsprozess beherrscht wird. Sie sollen den Leistungsstand der Prozesse und die Wirksamkeit des Prozessmanagements verdeutlichen. Die Bewertung erfolgt mit Checklisten, in denen der Reifegrad nach festgelegten Kriterien auf einer Punkteskala ermittelt wird. Dies gewährleistet eine nachvollziehbare und vergleichbare Bewertung. Abb. 5.4.17 zeigt ein siebenstufiges Reifegradmodell (vgl. *Schmelzer/Sesselmann*, 2020, S. 474 ff.).

Abb. 5.4.17: Reifegrade von Prozessen

Erfolgreiches Prozessmanagement beinhaltet, wie in Abb. 5.4.18 dargestellt, sowohl kontinuierliche Verbesserung (Kaizen) als auch grundlegende Prozesserneuerung (Kaikaku). Die durch Prozesserneuerung erreichten Leistungssprünge werden durch einen kontinuierlichen Verbesserungsprozess konsolidiert, stabilisiert und schrittweise ausgebaut. In einem VUKA-Umfeld und in komplexen Führungskontexten (vgl. Kap. 1.3.5) sind laufende Anpassungen der Geschäftsprozesse unabdingbar. Hierfür reicht Prozesserneuerung allein nicht aus (vgl. *Schmelzer/Sesselmann*, 2020, S. 508). Aufgrund des damit verbundenen Aufwands und Risikos ist diese nur für solche Geschäftsprozesse sinnvoll, die nicht mehr den Kundenanforderungen genügen. Über die Notwendigkeit einer Prozesserneuerung sollte der Prozessverantwortliche entscheiden.

5.4.5 Lean Management

Die Produktionsprozesse des japanischen Automobilherstellers *Toyota* wurden ab den 1950er Jahren maßgeblich von *Taiichi Ohno*, dem damaligen Fertigungsleiter der *Toyota Motor Manufacturing*, zum **Toyota-Produktionssystem (TPS)** fortentwickelt. Aufgrund der wirtschaftlichen Not nach dem Zweiten Weltkrieg war es sein Ziel, jede Art von Verschwendung zu vermeiden. Dabei sollten sowohl die Fertigungsprozesse optimiert als auch die Produktqualität gesteigert werden (vgl. *Ohno*, 1988).

Toyota-Produktionssystem

Um Verschwendung (japan. „Muda") zu erkennen, werden alle Prozesse zunächst einer **Wertstromanalyse** unterzogen. Die Prozesse werden dabei mit festgelegten Symbolen vi-

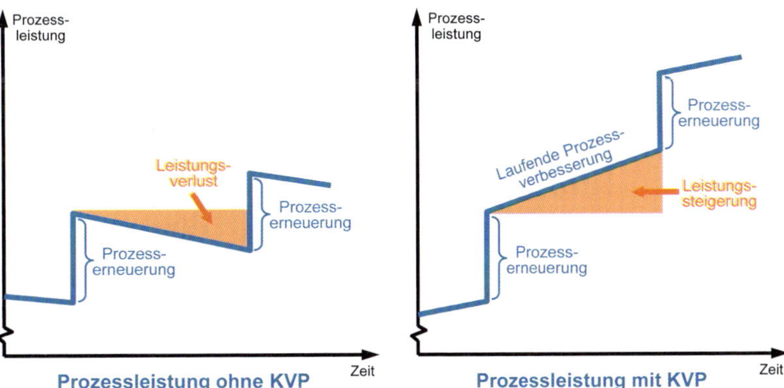

Abb. 5.4.18: Wechsel zwischen KVP und Prozesserneuerung (in Anlehnung an Imai, 1986, S. 26 f.)

sualisiert, um ein Bild des Ist-Zustandes zu erhalten und Unwirtschaftlichkeiten deutlich zu machen, wie z. B. hohe Bestände, Nacharbeiten, unnötige Wege etc.

Sämtliche Prozesse werden in drei **Gruppen** unterteilt (vgl. *Ohno*, 1988):

- **Wertaktivitäten** erschaffen Kundenwert und sind gleichbedeutend mit Wertschöpfung. Dies könnte z. B. eine Montage an einem Fahrzeug in der Automobilfertigung sein. Wertaktivitäten gilt es zu optimieren.
- **Muda Typ I** sind nicht direkt wertschöpfende, aber für die Wertschöpfung notwendige Aktivitäten. Dies wird auch als Unterstützungs- oder Scheinleistung bezeichnet. Dies könnte z. B. die Anlieferung von Montagebauteilen an den Montageort sein. Diese Aktivitäten gilt es zu reduzieren.
- **Muda Typ II** beschreibt Aktivitäten, die keinen Kundenwert erzeugen und vermeidbar sind. Dies könnten lange Lagerzeiten von Bauteilen oder Fertigprodukten sein. Hierunter fallen Blind- oder Fehlleistungen, die zu vermeiden bzw. zu eliminieren sind.

Popularität und weltweite Beachtung fand das *Toyota-Produktionssystem* aufgrund einer weltweiten Benchmarking-Studie des *Massachussets Institute of Technology* (MIT). Im Rahmen des fünfjährigen Forschungsprojekts „International Motor Vehicle Program“ wurden die Entwicklungs- und Produktionssysteme der Automobilindustrie in über 60 Fertigungswerken in Europa, USA und Japan untersucht. Als weltweiter Benchmark stellte sich das *Toyota-Produktionssystem* heraus, das in nahezu allen Vergleichskriterien gravierend überlegen war. So war etwa die Produktivität japanischer Automobilhersteller rund doppelt so hoch wie die europäischer und amerikanischer Hersteller. Gleichzeitig war auch die Qualität der japanischen Fahrzeuge deutlich höher. Nach diesen, für die westlichen Automobilhersteller ernüchternden Ergebnissen, begannen die MIT-Forscher *James P. Womack*, *Daniel T. Jones* und *Daniel Roos*, deren Ursachen zu analysieren. Für die Prinzipien des hinsichtlich Effizienz und Qualität überlegenen *Toyota-Produktionssystems* prägten sie den Begriff der schlanken Produktion (Lean Production) (vgl. *Womack et al.*, 1991, S. 88 ff.).

Lean Production ist ein Produktionskonzept, um die Fertigungsprozesse auf eine möglichst effiziente Wertschöpfung auszurichten und nicht wertschöpfende Tätigkeiten auf ein Minimum zu reduzieren.

In den Folgejahren fand eine intensive Adaption des ursprünglich auf die japanische Kultur ausgerichteten *Toyota-Produktionssystems* durch westliche Automobilhersteller statt, die es zum Mercedes-, Volkswagen- oder BMW-Produktionssystem weiterentwickelten. Lean Production wird inzwischen weltweit in nahezu allen produzierenden Branchen erfolgreich angewendet.

Lean Management

Das Konzept der schlanken Produktion wird zunehmend auch in anderen Funktionsbereichen angewandt, wie etwa der Instandhaltung (Lean Maintenance), Produktentwicklung (Lean Development), Logistik (Lean Supply Chain) oder für Verwaltungsprozesse (Lean Administration). Dieser umfassende Einsatz im Unternehmen wird als Lean Management bezeichnet.

Lean Management bezeichnet die Gesamtheit an Denkhaltungen, Methoden und Verfahrensweisen, um die betrieblichen Prozesse auf eine möglichst effiziente Wertschöpfung auszurichten und nicht wertschöpfende Tätigkeiten auf ein Minimum zu reduzieren.

Lean Management ist ein Organisationskonzept, um in allen Funktionsbereichen sowohl jede Form von Verschwendung, Fehlern und unnötigen Kosten zu vermeiden als auch bestmögliche Qualität zu erzielen. Es verbindet somit zunächst widersprüchlich erscheinende Ziele miteinander. Da Lean Management hybride Wettbewerbs- und Produktionsstrategien unterstützt, wird es auch als hybrides Organisationskonzept bezeichnet (vgl. *Will*, 2019, S. 287). Das Unternehmen wird auf den Kunden ausgerichtet, um dessen Wünsche hinsichtlich Verfügbarkeit, Individualität, Qualität und Preisgestaltung bestmöglich zu erfüllen. Gleichzeitig wird aus Sicht des Unternehmens die Profitabilität und Wettbewerbsfähigkeit gesteigert.

Die Basis des Lean Managements bilden die in Abb. 5.4.19 dargestellten **Prinzipien** (vgl. *Womack/Jones*, 1994, S. 93 ff.):

1. **Kundenorientierung** (Identify Value): Der Mehrwert für die Kunden steht im Mittelpunkt. Um deren Wünsche und Anforderungen zu identifizieren, wird die Perspektive der Kunden eingenommen. Erzeugen die Aktivitäten des Unternehmens keinen Kundennutzen, dann gilt dies als Verschwendung.

2. **Wertschöpfungsorientierung** (Map Value Stream): Alle Prozesse der Leistungserstellung werden durch eine Wertstromanalyse untersucht und konsequent wertorientiert ausgerichtet. Dabei werden diejenigen Prozesse und Aktivitäten identifiziert, die Mehrwerte für den Kunden schaffen. Daraus ergeben sich Potenziale zur Verschlankung oder gar Einsparung von Prozessen. Jede Art von Verschwendung soll reduziert bzw. eliminiert werden. Die Konzentration auf wertschöpfende Prozesse unterstützt die Ausrichtung auf die Kundenbedürfnisse.
3. **Fluss-Prinzip** (Create Flow) zielt auf einen kontinuierlichen Ablauf der betrieblichen Vorgänge. Auf Basis der Wertstromanalyse gilt es, die funktions- und abteilungsübergreifende Zusammenarbeit zu gestalten. Die einzelnen Arbeitsschritte werden so verkettet, dass ein kontinuierlicher Fluss entsteht. Dabei wird jedes Zwischenergebnis sofort an die nächste Station weitergegeben (One-piece-flow). Engpässe sind zu beseitigen, die Produktion zu harmonisieren und auf den Wertstrom auszurichten. Dies ermöglicht selbst für kleine Lose eine flexible, auftragsbezogene und effiziente Fertigungssteuerung (Just-in-Time). Es wird nur das produziert, was vom Kunden beauftragt wurde. Voraussetzungen für eine solche Produktion auf Abruf (Production-on-Demand) sind eine hohe Flexibilität und minimale Rüstzeiten.
4. **Pull-Prinzip** (Establish Pull/Kanban): Gemäß dem Fluss-Prinzip wird erst dann produziert, wenn der Kunde bestellt oder die Bestände ein festgelegtes Minimum erreicht haben. Diese Bestellpunkte bilden dann den Anstoß für die Leistungserstellung. Beim Pull- bzw. Kanban-Prinzip wird die Produktion durch den Kunden ausgelöst und dieser Impuls zieht sich dann durch den gesamten Fertigungsprozess (Built to Order). Dies steht im Gegensatz zur plangesteuerten Leitungserstellung, um etwa die Maschinenauslastung zu optimieren. Die Produkte werden dabei zunächst auf Lager produziert und dann dem Kunden angeboten, also quasi „in den Markt gedrückt“ (Push-Prinzip). Ein Pull-System reduziert Wartezeiten oder Verzögerungen und richtet die Produktion am Bedarf aus. Dies schont die vorhandenen Ressourcen und garantiert einen stabilen Produktionsfluss.
5. **Perfektion anstreben durch kontinuierliche Verbesserung** (Seek Perfection/Kaizen): Prozesse und Abläufe sind nicht statisch, weshalb das Streben nach Perfektion ein wichtiger und fortlaufender Bestandteil im Lean Management ist. Perfektion lässt sich nicht erreichen, sondern nur anstreben. Stillstand bedeutet Rückschritt. Da sich die Rahmenbedingungen laufend wandeln und schlechte Gewohnheiten schnell wieder auftreten kön-

Abb. 5.4.19: Die fünf Prinzipien des Lean Managements

Gestaltungsansätze	Ziel	Werkzeuge
1. Prozess- und Kundenorientierung	Alles fließt im Kundentakt – Verbessere die Gesamtabläufe zum Kunden	Wertstromanalyse
2. Pull-Prinzip	Produziere nur, was der Kunde verlangt	Kanban, Supermarkt, Routenverkehr
3. Qualität & Fehlervermeidung	Vermeide Fehler durch Vorbeugung und prozessintegrierte Qualitätssicherung	Fischgrätendiagramm, Poka Yoke
4. Flexibilität	Stelle Flexibilität bzgl. Stückzahl, Varianz, Kapazität und Zeit sicher	Schnelle Rüstwechsel, vielfältig einsetzbare Mitarbeiter
5. KVP/Kaizen	Verankern ständiger Verbesserung in der Unternehmenskultur	Mitarbeiterschulungen über Werkzeuge und KVP-Denken
6. Visualisierung & Transparenz	Mache Ergebnisse und Abweichungen sofort erkennbar	Kennzahlen-Infoboards, Ampelsteuerung
7. Eigenverantwortung	Fördere die Mitarbeiter durch Erhöhung der Verantwortung	Zellstrukturen und selbstgesteuerte Teams
8. Ganzheitliche Integration	Optimiere Schnittstellen über die gesamte Organisation und Supply Chain	Anwendung der Werkzeuge auf alle Schnittstellen

Abb. 5.4.20: Gestaltungsansätze des Lean Managements

nen, ist kontinuierliche Verbesserung (jap. Kaizen) im Lean Management unverzichtbar (vgl. Abb. 5.4.18).

Diese Prinzipien werden teilweise auch als **Gestaltungsgrundsätze** formuliert und mit den jeweiligen Werkzeugen zur Zielerreichung verknüpft (vgl. *Will*, 2019, S. 277 ff.). Abb. 5.4.20 fasst acht Gestaltungsgrundsätze zusammen. Viele der Werkzeuge sind in anderen Kapiteln erläutert, so dass insbesondere auf die Kapitel agile Organisation (5.2), Führung des Wandels (6.5) und qualitätsorientierte Unternehmensführung (8.1.4) verwiesen wird.

Als universeller Organisationsansatz kann Lean Management in verschiedenen Branchen sowie unterschiedlichen Unternehmensgrößen und -funktionen eingesetzt werden. Dabei ist jeweils eine Anpassung an die Bedürfnisse der Kunden erforderlich, es lassen sich jedoch mit relativ geringem Aufwand schnell Verbesserungen realisieren. Ein wesentlicher Erfolgsfaktor ist es, bei den Mitarbeitern ein Bewusstsein für das Lean Management zu schaffen. Dann kann Lean Management zu einer höheren Produktivität, einer Verbesserung der Qualität und Kundenzufriedenheit sowie strategischen Wettbewerbsvorteilen beitragen.

5.4.6 Mass Customization

Lean Management hat vor allem die effiziente Wertschöpfung und Kundenorientierung im Blick, wobei die Produkt- und Programmstruktur weitgehend als gegeben betrachtet wird. Mass Customization zielt hingegen nicht nur auf die Verbesserung der Produktions- und Wertschöpfungsprozesse, sondern vor allem auf die vorgelagerte Optimierung der Produkt- und Programmstruktur (vgl. *Will*, 2019, S. 277). Dabei wird die Effizienz der Massen- bzw. Serienproduktion von Standardprodukten durch Lean Management (Mass Production) mit kundenspezifischen Lösungen (Customization) kombiniert.

Mass Customization bezeichnet die Erstellung individualisierter Leistungen mit der Effizienz einer Massen- bzw. Serienproduktion.

Unternehmen versuchen sich im Wettbewerb häufig durch kundenspezifische Einzelprodukte zu differenzieren. Dies hat eine steigende Vielfalt der Produktvarianten und des Produktangebots zur Folge. Die zunehmende Produktkompliziertheit führt jedoch insbesondere in den indirekten Bereichen zu einem deutlichen Kostenanstieg. Ständig wechselnde kundenspezifische Lösungen erhöhen die Produktkomplexität. Mass Customization versucht hingegen, individuelle Kundenlösungen mit der Effizienz der Herstellung von Standardprodukten zu erreichen. Dazu wird die Leistung gemeinsam mit dem Kunden konfiguriert. Dies bedarf zunächst eines **Komplexitätsmanagements**, das in Abb. 5.4.21 zusammengefasst ist. Zentrale Merkmale von Mass Customization sind die Modularisierung der Produkte und die Nutzung von Baukästen.

Modularisierung und Baukastensysteme

Im Gegensatz zu einem integrierten Produktaufbau werden bei der Modularisierung einzelne Module nach Kundenwünschen zu einem Produkt zusammengesetzt.

Modularität bezeichnet die Aufteilung eines Produktes in Baugruppen und Bauteile, welche über definierte Schnittstellen zu kundenspezifischen Produkten zusammengesetzt werden.

Immer mehr Unternehmen strukturieren ihre Produkte modular, um individuell konfigurierbare Endprodukte kostengünstig erzeugen zu können. Bei der modularen Produktgestaltung erhöht sich die mögliche Produktvielfalt aus der Kombination standardisierter Komponenten.

	Produkte	Prozesse	Kundenstruktur
Komplexitätsvermeidung	▪ Einsatz von Gleichteilen ▪ Standardisierung von Teilen und Materialien ▪ Modularisierung der Produktstruktur ▪ Baukästen & Plattformen	▪ Integration zu ganzheitlichen Aufgaben ▪ Teilautonome, selbststeuernde Arbeitsgruppen ▪ Fertigungs- und montagegerechte Konstruktion	▪ Möglichst homogene Zielmärkte
Komplexitätsreduktion	▪ Reduktion der Material- und Teilevielfalt ▪ Erhöhung des Vorfertigungsgrades	▪ Senkung der Lieferantenzahl ▪ Zukauf von Modulen ▪ Kontinuierliche Verbesserung	▪ Optimierung der Programmbreite ▪ Kombination von Komponenten zu Leistungsbündeln
Komplexitätsbeherrschung	▪ Bevorratung ▪ Standardschnittstellen	▪ Dezentralisierung von Entscheidungen	▪ Kundeneinbezug (Co-Production)

Abb. 5.4.21: Komplexitätsmanagement im Rahmen der Mass Customization (in Anlehnung an Will, 2019, S. 278)

Die Modularisierung hat viele **Vorteile**:

- Niedrigere Produktentwicklungskosten durch Rückgriff auf bereits bestehende Komponenten.
- Kosteneinsparungspotenzial durch Fremdbezug und Benchmarking der Komponenten.
- Flexibilität in der Produktentwicklung durch die Anpassungsfähigkeit der Module, was insbesondere bei kurzen Produktlebenszyklen eine schnelle Reaktion auf veränderte Kundenbedürfnisse ermöglicht.
- Höhere Variabilität des Produktangebots und damit bessere Erfüllung der individuellen Kundenwünsche.
- Kostensenkungspotenzial durch effiziente Herstellung baugleicher Komponenten in hohen Stückzahlen.
- Schnellere, einfachere und günstigere Wartung der Produkte durch Austausch von Komponenten.

Die Grenzen der Modularisierung sind erreicht, wenn ein Produkt sehr spezifischen Kundenanforderungen gerecht werden muss. Dies verursacht bei der Modularisierung in der Regel hohe Kosten für die Anpassung bestehender Komponenten und die Erweiterung der Schnittstellen. Zudem kann die Modularisierung auch Innovationen hemmen, wenn die Abhängigkeiten zwischen den Modulen modulübergreifende Neuentwicklungen behindern. Durch die Modularisierung wird auch die Imitierbarkeit durch die Konkurrenz erleichtert.

Es lassen sich vier **Formen der Modularisierung** unterschieden, deren Freiheitsgrad zur Individualisierung der Produkte in der Reihenfolge der Aufzählung ansteigt (vgl. *Will*, 2019, S. 280 f.):

- **Generische Modularisierung** setzt ein Produkt aus einer festgelegten Anzahl standardisierter Bauteile zusammen, welche jeweils unterschiedliche Leistungsmerkmale aufweisen. Ein Anwendungsbeispiel sind länderspezifische Anpassungen von Druckern bei *Hewlett-Packard*. Dabei werden einzelne Komponenten an die Gegebenheiten des jeweiligen Landes angepasst, wie etwa das Netzgerät oder die Bedienungsanleitung. Alle Drucker sind jedoch, unabhängig von ihrer lokalen Version, im Aufbau exakt identisch.
- **Quantitative Modularisierung** variiert die Anzahl und Art der verwendeten Komponenten. Die Module werden weiterhin auftragsunabhängig entwickelt und vorproduziert. Beispielsweise sind bei *Mymuesli* die verschiedenen Einzelkomponenten, wie Haferflocken, Schokolade, Früchte, Nüsse, etc. bereits vorgefertigt, lassen sich aber kundenindividuell zu einer eigenen Müslimischung zusammenstellen.
- **Individuelle Modularisierung** umfasst eine variable Anzahl an Komponenten, die sowohl standardisiert als auch kundenindividuell gefertigt werden. Ein Beispiel ist der Maschinen- und Anlagenbauer *Dieffenbacher*. Auf Basis des Kernprodukts, z. B. einer Presse, lassen sich über eine Auswahl an Komponenten kundenindividuelle Anlagen konfigurieren, wie etwa zur Holzplattenproduktion.
- **Freie Modularisierung** verfügt im Gegensatz zu den anderen drei Formen nicht mehr über ein einheitliches Basisprodukt. Das Produkt wird stattdessen aus standardisierten und kundenindividuellen Modulen zusammengesetzt, welche frei miteinander kombiniert werden. Ein Beispiel ist der Sondermaschinenbau, der hochgradig individualisierte Unikate erstellt.

Eine effiziente Modularisierung wird beim Mass Customization durch die Verwendung von **Baukastensystemen** erreicht.

> **Baukastensysteme** bestehen aus einer Reihe standardisierter Komponenten, die sich vielfältig miteinander kombinieren lassen, um dadurch eine hohe Anzahl an Produktvarianten effizient herstellen zu können (vgl. *Arnoscht*, 2018, S. 25 ff.).

Die Produkte werden modularisiert und aus überwiegend standardisierten Bauteilen und Baugruppen mit klar definierten Schnittstellen kundenspezifisch zusammengesetzt. Charakteristisch für Baukastensysteme ist, dass aus einer überschaubaren Menge an Modulen eine hohe Anzahl unterschiedlicher Varianten konfiguriert werden kann. Damit lassen sich trotz der Vielfalt kundenspezifischer Endprodukte bei den Modulen Skaleneffekte insbesondere in der Entwicklung, Beschaffung und Produktion realisieren. Aufgrund der vorproduzierten Module lassen sich die Lieferzeiten senken und die Produktvarianten kön-

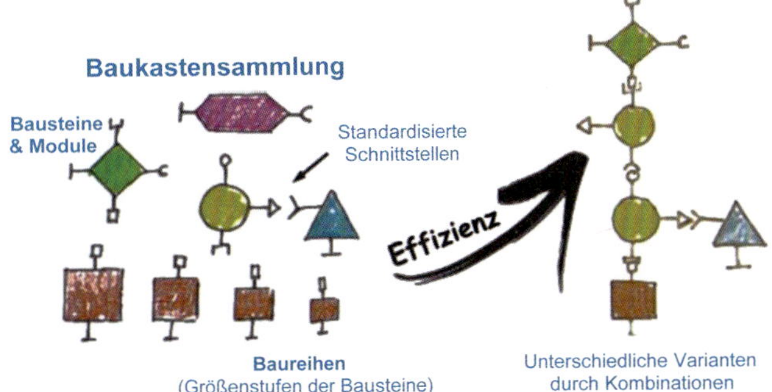

Abb. 5.4.22: Wirkungsweise und Elemente eines Baukastensystems (vgl. Krause/Gebhardt, 2018, S. 146)

nen gemäß den Prinzipien des Lean Managements erstellt werden. Die modularisierten Produkte lassen sich, etwa mithilfe von digitalen Produktkonfiguratoren, auch durch den Kunden selbst gestalten. Basieren die Baukästen auf einem einheitlichen Grundprodukt, so wird dieses auch als **Plattform** bezeichnet. Daran lassen sich dann weitere Module andocken. Die Wirkungsweise und Elemente von Baukastensystemen veranschaulicht Abb. 5.4.22.

Bei Baukästen handelt es sich um eine Sammlung von Modulen, die über standardisierte Schnittstellen eine hohe Produktvielfalt durch kundenspezifische **Konfiguration** erreichen. In Analogie zur Musik ist dies mit einer Komposition vergleichbar. Die Bauteile wären dabei die Akkorde und Themen, aus denen Musikstücke entworfen werden. Aus den einzelnen Akkorden lassen sich unendlich viele Sinfonien erzeugen. Aber nur wenige davon sind ein Hörgenuss. Die Kunst liegt somit in der sinnvollen Kombina-

Modulare Produktion und standardisierte Fabrik bei Volkswagen

VOLKSWAGEN
AKTIENGESELLSCHAFT

Der *Volkswagen*-Konzern mit Sitz in Wolfsburg ist mit über 250 Mrd. € Umsatz und mehr als 670.000 Mitarbeitern einer der weltweit führenden Automobilhersteller. Das breite Sortiment umfasst zwölf Marken und reicht vom Kleinwagen über Motorräder, leichten Nutzfahrzeugen, LKW und Bussen bis zu Fahrzeugen der Luxusklasse. Um eine solche Angebotspalette wirtschaftlich herstellen zu können, sind Technik, Produktion und Antriebe soweit als möglich zu standardisieren. Hierfür wurden einheitliche Fahrzeugarchitekturen entwickelt, mit denen nach dem Baukastenprinzip verschiedene Fahrzeugteile immer wieder neu kombiniert werden. Je nachdem, ob der Motor quer oder längs zum Fahrwerk verbaut ist, wird vom **modularen Quer- (MQB)** bzw. **Längsbaukasten (MQL)** gesprochen (vgl. *VW AG*, 2012, S. 22 ff.).

Trotz der einheitlichen Plattform aus Achsen, Fahrwerk und Getriebe bleiben Radstand und Spurbreite variabel, was differenzierte Aufbauten ermöglicht. Die Bandbreite des MQB reicht vom *Polo* und *T-Cross* bis zum siebensitzigen US-amerikanischen SUV *Atlas*. Durch das Baukastenprinzip wird die Einbaulage der Motoren vereinheitlicht und dadurch die Anzahl an Motor- und Getriebevarianten um rund 90 % reduziert. Durch gewichtsoptimierte Bauteile sind die neuen Modelle auf Basis des Baukastens 40 bis 60 kg leichter als ihre Vorgänger. Bislang wurden über 100 Mio. Fahrzeuge auf Basis des modularen Querbaukastens hergestellt.

Die Vereinheitlichung bezieht sich aber nicht nur auf die Baugruppen, sondern auch auf den kompletten Fertigungsprozess vom Presswerk bis zur Montage. Auf Basis des sog. **modularen Produktionsbaukastens** arbeiten alle Werke des Konzerns mit einem einheitlichen Produktionssystem. Die Produktionslinien sind in der Lage, unterschiedliche Marken und Modelle auf dem gleichen Band zu fertigen. Auf jeder Fertigungslinie können 30 Fahrzeuge pro Stunde produziert werden, wobei sich die Kapazität bei Bedarf durch zusätzliche Roboter verdoppeln lässt. Der modulare Produktionsbaukasten verringert die Fertigungszeiten und Produktionskosten. Darüber hinaus ermöglicht er eine flexible Produktion, einen vereinfachten Serienanlauf und die weltweite Sicherstellung der Qualitätsstandards.

Um auch bei der Elektromobilität zukünftig eine führende Position einzunehmen, wurde der **modulare E-Antriebs-Baukasten (MEB)** für PKW und leichte Nutzfahrzeuge entwickelt. Design, Achsen, Antriebe, Radstände und Gewichtsverhältnisse sind dabei optimal auf das elektrische Fahren ausgerichtet. Zentrales Element ist die Hochvolt-Antriebsbatterie, die aus Untermodulen besteht und sehr flach ist. Der niedrige Schwerpunkt ermöglicht ein ausgewogenes und dynamisches Fahrverhalten. Die im Boden verbauten Teile schaffen deutlich mehr Platz im Innenraum. So hat das erste MEB-basierte Volumenmodell *VW ID* zwar die Außenmaße eines *Golfs*, aber das Raumangebot eines *Passats*.

Der MEB bildet die Basis für alle rein elektrischen Autos der *ID-Familie* von *Volkswagen* sowie der Konzernmarken *Audi*, *SEAT*, *ŠKODA* und *Volkswagen Nutzfahrzeuge*. Die MEB-Modelle sind mit verschiedenen Batteriekapazitäten für Reichweiten bis 550 Kilometer konfigurierbar. Der MEB wird im Volumensegment verwendet, während *Audi* und *Porsche* für Fahrzeuge der Luxus- und Sportwagenklasse im Premiumsegment die **elektrische Premium-Plattform** (PPE) entwickelt haben. Diese geht mit der neuen Generation des *Porsche Macan* erstmals in Serie und soll zukünftig auch den Marken *Bentley*, *Bugatti* und *Lamborghini* offenstehen.

Der MEB stellt die Basis für die Großserienfertigung von Elektroautos dar. Er hat deshalb eine zentrale Bedeutung für die Erreichung der Vision von *Volkswagen*, bis 2025 das führende Unternehmen für individuelle Mobilität im elektrischen und vernetzen Zeitalter zu werden. Der MEB wurde gezielt auf eine schnelle und effiziente Produktion ausgelegt, um rasch hohe Skaleneffekte zu erzielen und das Elektroauto somit günstiger zu machen. Bis 2028 will *Volkswagen* die Plattform für rund 15 Mio. Fahrzeuge nutzen, verteilt auf rund 70 verschiedene Modelle quer durch die Konzernmarken (www.drive-volkswagen-group.com; www.volkswagenag.com).

tion der einzelnen Elemente. Deshalb nützt ein Baukasten allein wenig. Erst das richtige Zusammensetzen der einzelnen Komponenten führt zu kunden- und marktgerechten Produkten. Der Komponist verkettet die Komponenten (Akkorde) zu einem kompletten Produkt (Satz) mit einem möglichst hohen Anteil an Standards. Diese Vorgehensweise wird bis zur Ebene der Gesamtleistung (Sinfonie) fortgeführt. Übergeordnetes Ziel eines Baukastensystems ist die Konfiguration der Bausteine zu unterschiedlichen Gesamtlösungen für den Kunden. Diese externe Vielfalt soll mit einer möglichst geringen internen Vielfalt erreicht werden. Durch breite Verwendung der einzelnen Module sollen Skaleneffekte erzielt werden. Dazu sind die Bausteine so zu gestalten, dass diese einen hohen Anteil an Wiederhol- und Gleichteilen enthalten. Die Standardisierung der Bausteine und Schnittstellen verursacht bei der Gestaltung von Baukästen erheblichen Aufwand. Dies rechnet sich deshalb nur bei einer hohen Wiederverwendungsrate. Ein Beispiel für eine modulare Produktion zeigt das Baukastensystem der *Volkswagen AG*.

Make – Buy – Cooperate

Bei der organisatorischen Gestaltung der Wertschöpfung ist festzulegen, welche Wertschöpfungsaktivitäten selbst übernommen werden sollen, was extern am Markt zugekauft wird und wofür sich Kooperationen eignen. Wesentliche **Entscheidungskriterien** sind (vgl. *Kummer et al.*, 2019, S. 63 ff.):

- **Strategie und Kernkompetenzen:** Immer, wenn die Wertschöpfung die Kernkompetenzen betrifft, sollte eine Eigenerstellung erfolgen. Leistungen und Standard-Zulieferteile, die nicht auf Kernkompetenzen basieren, können durch Lieferanten und Partner erbracht werden (vgl. Kap. 3.2.4).
- **Kostenstrukturen:** Neben einem absoluten Kostenvergleich zwischen interner und externer Leistungserbringung, werden durch Externalisierung der Wertschöpfung auch Fixkosten der Eigenerstellung durch variable Fremdbezugskosten ersetzt. Dies reduziert das Risiko sowie den Liquiditätsbedarf und schafft Flexibilität.
- **Bedarfsstruktur:** Nach der Höhe und Regelmäßigkeit der Wertschöpfungsaktivitäten empfiehlt es sich, den längerfristigen Grundbedarf durch Eigenfertigung abzudecken, während Fremdbezug für geringe oder sporadische Bedarfe empfehlenswert ist.
- **Produktionskapazitäten** sind kurz- und mittelfristig kaum variabel, was den Umfang der Eigenerstellung begrenzt. Allerdings können auch rechtliche Bindungen, wie z. B. Lieferverträge, Patente oder Lizenzen, die Bedarfsdeckung über Kooperation oder Fremdbezug erschweren, verzögern oder verhindern.
- **Know-how** wird beim Lieferanten vorausgesetzt bzw. an diesen weitergegeben, etwa in Form von Konstruktionsdaten. Somit entstehen Abhängigkeiten von Lieferanten und die Gefahr, dass sich diese zu potenziellen Konkurrenten entwickeln. Insofern bietet sich Eigenfertigung an, wenn internes Know-how geschützt werden soll.
- **Marktmacht der Lieferanten** entsteht, wenn das Marktangebot quantitativ oder qualitativ nicht ausreichend ist. Die Abhängigkeit von einem Lieferanten kann sowohl ein Grund für eine Eigenfertigung sein als auch die Bildung einer strategischen Allianz zur Folge haben.
- **Kapitalbedarf** wird durch Fremdbezug reduziert und ermöglicht die Konzentration auf das Kerngeschäft.

Diese Faktoren führen dazu, dass bei Mass Customization verteilte Arbeits- und Organisationsformen entstehen, die sich nicht nur auf ein Unternehmen beziehen. Durch Kooperationen (vgl. Kap 5.5) und Zukäufe werden die Grenzen von und zwischen Unternehmen durchlässig, woraus konkurrierende Wertschöpfungsnetzwerke entstehen (vgl. *Picot et al.*, 2020, S. 131). Hinzu kommen digitale Informationstechnologien (vgl. Kap. 7.3), die sich auf die Kommunikation und Arbeitsorganisation auswirken. Einflussfaktoren wie Dezentralisierung, Vernetzung, mobile Informationssysteme sowie die Miniaturisierung digitaler Technologien spielen eine zentrale Rolle. Insbesondere für die Produkt- und Leistungserstellung bietet **Industrie 4.0** große Potenziale und löst traditionelle Unternehmensgrenzen auf (vgl. Kap. 7.3.4).

Auch die weitreichende Kundenorientierung erfordert die verstärkte Erstellung kundenspezifischer Problemlösungen und eine enge Integration der Kunden in den Leistungserstellungsprozess. Der Kunde wird vom reinen Abnehmer und Nutzer (Konsument) zu einem in die Leistungserstellung integrierten „**Prosumenten**".

Daraus ergibt sich der Anspruch, isolierte, nebeneinanderstehende Wertschöpfungsprozesse miteinander zu verknüpfen. Die Wettbewerbsfähigkeit hängt dabei in entscheidendem Maße davon ab, die Prozesse der Leistungserstellung kundenorientiert und gleichzeitig wirtschaftlich zu gestalten. Dies veranschaulicht das Beispiel der *adidas* Speedfactory.

Adidas Speedfactory: Mass Customization meets Industrie 4.0

Praxisbeispiel von Prof. Dr. Thomas Will, Hochschule Heilbronn

Die *adidas AG* ist ein international tätiger deutscher Sportartikelhersteller mit Sitz in Herzogenaurach, der mit rund 60.000 Mitarbeitern einen Umsatz von über 23,5 Mrd. € erzielt. Das Unternehmen bietet mit seiner Kernmarke *adidas* weltweit Bekleidung, Schuhe, Sportausrüstung, Accessoires sowie Lizenzprodukte wie Uhren, Kosmetik und Brillen an. Der Konzern ist nach *Nike* der zweitgrößte Sportartikelhersteller der Welt und als Ausstatter von berühmten Sportlern, Sportmannschaften und internationalen Sportveranstaltungen bekannt (vgl. adidas-group.com).

Die *adidas Speedfactory* kombiniert Design und Herstellung von Sportartikeln in einem automatisierten, dezentralisierten und flexiblen Fertigungsprozess. Durch den Einsatz digitaler Fertigungstechnologien können kundenspezifische Produkte mit der Effizienz hoher Volumen erstellt werden. *Adidas* wurde hierfür 2018 mit dem deutschen Innovationspreis ausgezeichnet (www.der-deutsche-innovationspreis.de).

Die Einführung des Mass Customization erfolgte prototypisch in den Produktionswerken in Ansbach und Atlanta, in denen jeweils rund fünfzig 3D-Drucksysteme über 500.000 Paar Schuhe pro Jahr herstellen. Dies erfolgte in enger Zusammenarbeit mit den Produktinnovationen aus dem Entwicklungszentrum des Unternehmens in Herzogenaurach. Darüber hinaus werden Prozessinnovationen im Versuchslabor *adiLab* in Kooperation mit Technologiepartnern erprobt und entwickelt. Sobald die Prozessinnovationen stabil umgesetzt sind, werden sie auf die Produktionswerke ausgerollt. So wird die *adidas Speedfactory* parallel zur bisherigen Volumenfertigung eingesetzt und weiterentwickelt. 2020 wurde sie von den Pionierwerken Ansbach und Atlanta in eine größere und modernere Anlage nach Vietnam verlagert.

Die Speedfactory kombiniert folgende innovative strategische **Ansätze** (vgl. *Will*, 2019, S. 245 ff.):

- Durch Mass Customization als frühzeitige und weitgehende Integration der Kunden in die Produktentwicklungs- und Produktionsprozesse sollen spezielle Kundensegmente differenzierter, innovativer und schneller adressiert und so höhere Margen realisiert werden.
- Durch Nutzung von Industrie 4.0-Komponenten, insbesondere Roboter und 3D-Drucksysteme, lassen sich Innovationsgeschwindigkeit und Variantenvielfalt des Produktprogramms von *adidas* deutlich steigern.
- Durch produktionsbasierte Wettbewerbsvorteile wird die Eigenfertigung verstärkt, während Kooperationen und Zukäufe zurückgehen. So soll eine bessere Differenzierung zu den Wettbewerbern erreicht werden.
- Flexibilitätssteigerung bezüglich innovativer Produktvarianten und Produktionsprozesse sowie Verkürzung von Lieferzeiten.

Ausgangspunkt der Speedfactory ist die frühzeitige und weitgehende Integration der Kunden in die Produktentwicklungs- und Produktionsprozesse (**Co-Creation**). Dies soll differenzierte und innovative Produkte für spezielle Kundensegmente ermöglichen, die schneller bedient werden können und höhere Margen erlauben. Dazu wird die gesamte Wertschöpfungskette von der Produktidee und Entwicklung über die Herstellung bis hin zur Vermarktung digitalisiert. Der erste Schritt zur Nutzung der Potenziale der Industrie 4.0 ist es, die Fußanatomie- und Bewegungsdaten der Kunden durch neuartige Verfahren in ausgewählten *adidas*-Fachgeschäften zu digitalisieren. Dabei nimmt ein innovatives Messgerät berührungslos exakte Messdaten auf und überführt sie in 3D-Bilder. Diese dreidimensionale Messtechnik wurde in Kooperation mit der *ZEISS*-Gruppe entwickelt, die in der optischen und optoelektronischen Industrie weltweit führend ist. Auf dieser Basis entsteht ein digitaler Fußabdruck, für den die Sohle des Laufschuhs optimal an die Anatomie und Laufdynamik des Kunden angepasst werden kann. Zudem werden die Daten genutzt, um sowohl die kundenindividuellen Produkte im Produktionsprozess umsetzen zu können als auch wichtige Informationen für die Entwicklung von neuen Produkten zu gewinnen. Der *adidas Foot-Scan* wird angeboten, um den richtigen Laufschuh zu finden bzw. kundenspezifisch zu produzieren.

Eine weitere innovative Technologie ist das automatisierte Flechten von Webstoffen durch Produktionsroboter. Dies steigert nicht nur die Produktivität des Laserschneidens, Färbens und Schweißens um ein Vielfaches, sondern ermöglicht auch neuartige Materialkombinationen. In Kombination mit 3D-Drucksystemen ist es möglich, spezielle nischen- und marktsegmentbezogene Produkte herzustellen. So ist z. B. der Laufschuh *AM4LDN* (*adidas* made for London) auf die lokalen Anforderungen des Laufens in der Stadt London angepasst, z. B. hinsichtlich hoher Luftfeuchtigkeit und durch besondere Dämmung des Sohlenmaterials. Analog sind spezifische Produktvarianten für weitere urbane Ballungsräume wie etwa New York, Tokyo, Shanghai etc. geplant. Die eingesetzten 3D-Druck-Systeme ermöglichen neue Produktgeometrien und -eigenschaften, wie z. B. eine Wabenstruktur, die zu besseren Gewichts- und Dämpfungseigenschaften führt. So besitzt der Sportschuh *ALPHAEDGE 4D FW18* eine 3D-gedruckte Zwischensohle, die neuartige Materialen, eine veränderte Netzstruktur und Dämpfung kombiniert und damit eine intuitive Energierückgabe ermöglicht. Zudem wird spezielles Primeknit-Obermaterial verwendet, das eine nahtlose Verarbeitung mit leichtem Material und eine strumpfähnliche Passform miteinander kombiniert.

Die Speedfactory von *adidas* ist ein Beispiel für die Möglichkeiten der Mass Customization mithilfe digitaler Technologien. Sobald kundennahe Produktion und schnelle Umsetzung von Innovationen in den Vordergrund treten, wird auch die Rückverlagerung von Produktionsprozessen ins Unternehmen und die Eigenfertigung wichtiger. Somit lassen sich Know-how-Vorsprünge gegenüber Wettbewerbern aufbauen, die Ihre Endprodukte bisher oftmals von denselben Lieferanten beziehen. Dabei werden sowohl Eigenfertigung als auch Partnerschaften wichtiger, um schnellere und kundenspezifischere Produktinnovationen zu ermöglichen (vgl. Praxisbeispiel *Deuter* in Kap. 5.5.3). So kann *adidas* Flexibilität hinzugewinnen und innovative Produktvarianten mit kürzeren Durchlauf- und Lieferzeiten im Wochenbereich kombinieren. Dies ist bei immer kurzfristigeren Markt- und Modezyklen wesentlich. Bislang sind vom ersten Entwurf bis zum Verkauf im Laden für einen neuen Laufschuh angesichts der langen Vorlauf-, Produktions- und Transportzeiten bis zu zwei Jahre verstrichen. Das birgt das Risiko, dass Farbe und Form dieses Schuhs dann nicht mehr den Modegeschmack der Kunden treffen. Dann werden oftmals fabrikneue Produkte mit hohen Preisnachlässen und Rabattaktionen verkauft oder gar vernichtet, was weder wirtschaftlich noch ökologisch sinnvoll ist.

5.4.7 Bewertung

Grundsätzlich ist die Forderung nach der Ausrichtung der Organisation am Leistungsprozess nicht neu. Das Prozessmanagement hat jedoch zu einer Rückbesinnung auf die Bedeutung der Ablauforganisation geführt. Gründe hierfür sind die Ausrichtung an der betrieblichen Machbarkeit, neue technologische Möglichkeiten zur Abbildung und Steuerung von Prozessen sowie nicht zuletzt die verschärfte Wettbewerbs- und Kostensituation, in der sich viele Unternehmen befinden. Die Besonderheit des Prozessmanagements ist die durchgehende Orientierung am Kunden, in deren Rahmen auch interne Kunden-Lieferanten-Beziehungen berücksichtigt werden. Hervorzuheben ist die übergreifende, ablauforientierte Sichtweise, die auch Prozesse von Unternehmen umfasst, die in der Wertschöpfungskette vor- oder nachgelagert sind. Ergänzt wird das Konzept durch kontinuierliche Verbesserungen, welche für die Mitarbeiter mit entsprechenden Anreizen verbunden sein sollten (vgl. *Picot/Franck*, 1996, S. 13 ff.).

Das Prozessmanagement stellt einen umfassenden Ansatz dar, um insbesondere das Rationalisierungspotenzial der indirekten Bereiche aufzuspüren sowie die Kundenorientierung zu steigern. Doch eine völlige Abschaffung funktionaler Bereiche und Hierarchien kann daraus nicht abgeleitet werden. Bei einfachen, relativ autonomen Tätigkeiten können die Spezialisierungsvorteile der funktionalen Arbeitsteilung die Flexibilitätsvorteile der prozessorientierten Organisation übersteigen. Bei einer reinen Prozessorganisation, die sich ausschließlich an den Abläufen orientiert, würden diese Spezialisierungsvorteile verlorengehen. Dies hätte Redundanzen und eine ineffiziente Ressourcennutzung zur Folge. Wäre beispielsweise ein Projektleiter auch für die Projektdokumentation verantwortlich, so könnte dies aufgrund mangelnder Kenntnisse im Umgang mit der dabei eingesetzten Software viel Zeit in Anspruch nehmen. Ein darin geübter Sachbearbeiter kann dies schneller und besser erledigen. Eine Spezialisierung ist dann motivierend, wenn sie den Interessen des Mitarbeiters entspricht. Die Aufgabenintegration kann dagegen demotivieren, wenn der Mitarbeiter mit den unterschiedlichen Tätigkeiten überfordert ist. Problematisch ist auch die Integration von Tätigkeiten, die nicht dem hierarchischen Status oder der Qualifikation angemessen sind (vgl. *Bea/Göbel*, 2018, S. 383 f.; *Fischermanns*, 2013, S. 180 ff.).

Um das Prozessmanagement organisatorisch zu verankern, kann die funktionale Hierarchie durch die Ernennung von Prozessverantwortlichen im Rahmen einer **asymmetrischen, funktionsdominierten Matrixorganisation** (vgl. Kap. 5.1.3) überlagert werden. Dadurch lassen sich die in einer Matrixorganisation auftretenden Kompetenzkonflikte und Machtkämpfe vermeiden. In der Praxis sind die Prozessverantwortlichen gegenüber den Prozessbearbeitern meist nur mit fachlichen Weisungsbefugnissen ausgestattet. Diese sind erforderlich, um den Prozessablauf effektiv steuern zu können. Sie sind in Abb. 5.4.23 durch gestrichelte Linien gekennzeichnet (Dotted-Line-Prinzip). Schlussendlich dominiert aber weiterhin die funktionale Hierarchie, da die Prozessbearbeiter den Linienverantwortlichen disziplinarisch unterstellt bleiben. Das letzte Wort hat somit der Linienverantwortliche. Der Prozessverantwortliche muss deshalb die beteiligten funktionalen Einheiten bei der Prozessgestaltung mit ins Boot holen, um erfolgreich arbeiten zu können. Alternativ können auch den Prozessverantwortlichen bevorzugte Kompetenzen eingeräumt werden. In diesem Falle besteht zwischen den Geschäftsprozessen und Funktionen ein Kunden-Lieferanten-Verhältnis. Die funktionalen Einheiten handeln im Auftrag der Prozesse und stellen hierfür die erforderlichen Ressourcen zu festgelegten Verrechnungspreisen zur Ver-

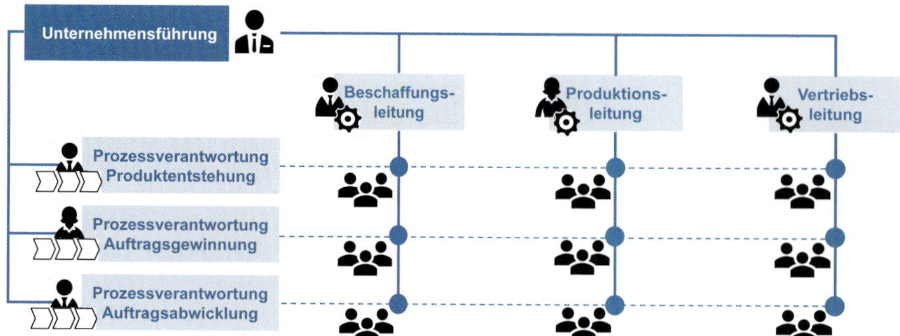

Abb. 5.4.23: Funktionsdominierte Matrixorganisation

fügung. Die Zusammenarbeit wird dabei durch Leistungsvereinbarungen (Service Level Agreements) geregelt (vgl. *Fischermanns*, 2013, S. 183 f.; *Bach et al.*, 2017, S. 298 f.).

Die Einführung des Prozessmanagements soll zu einer ablauforientierten Ausrichtung an den Kundenanforderungen und einer ganzheitlichen Sichtweise führen. Dies bedingt ein **neues Denken** im Unternehmen, das sich nicht allein durch eine besondere Organisationsstruktur erreichen lässt. Hierfür sollten die Prozessbearbeiter entsprechend qualifiziert und von den Führungskräften mit den notwendigen Kompetenzen und Handlungsspielräumen ausgestattet werden. Sind diese Voraussetzungen erfüllt, dann kann das Prozessmanagement zu einer höheren Motivation der Mitarbeiter beitragen. Die Einführung sollte zuerst bei den Geschäftsprozessen erfolgen, die ein hohes Rationalisierungspotenzial versprechen und bei denen die beteiligten Bereiche und Abteilungen ein gemeinsames Interesse an einer Verbesserung der Abläufe haben. Sobald positive Ergebnisse vorliegen, kann das Prozessmanagement schrittweise auf andere Geschäftsprozesse ausgeweitet und dadurch der Wandel zu einem prozessorientierten Unternehmen vollzogen werden. Ein derart fundamentaler Wandel erfordert allerdings eine entsprechende Führung (vgl. Kap. 6.5).

Zusammenfassung

- Eine funktionale Organisation erzeugt viele Schnittstellen, die einen hohen Koordinationsaufwand verursachen und dadurch die Vorgänge im Unternehmen verlangsamen.
- Prozessmanagement umfasst die ganzheitliche Planung, Steuerung und Kontrolle der betrieblichen Abläufe im Hinblick auf deren Kosten, Zeit und Qualität. Ziel ist die Erfüllung der Kundenanforderungen durch das Prozessergebnis.
- Ein Prozess ist eine Folge logisch zusammenhängender Aktivitäten zur Erstellung einer kundenbezogenen Leistung.
- Geschäftsprozesse sind die zur Erzeugung des Kundennutzens wesentlichen Vorgänge eines Unternehmens. Sie bestehen aus logisch zusammenhängenden wertschöpfenden Aktivitäten, die bereichsübergreifend verknüpft und aggregiert werden. Sie werden von externen Kundenanforderungen ausgelöst und enden mit der Übergabe ihrer Ergebnisse an die externen Kunden (End-to-End-Prozesse).
- Die stets ganzheitlich zu betrachtenden Zielgrößen des Prozessmanagements sind Prozesszeit, -qualität und -kosten, welche gemeinsam die Kundenzufriedenheit bestimmen.
- Die Kundenzufriedenheit drückt die subjektive Sicht des Kunden auf den Prozessablauf und den Vergleich des Prozessergebnisses mit den Kundenanforderungen aus.
- Die Prozessqualität misst die objektive Erreichung der definierten Prozessanforderungen.
- Die Durchlaufzeit eines Prozesses ist die Zeitspanne von seiner Auslösung bis zur Übergabe des Prozessergebnisses an den Kunden. Sie setzt sich aus Bearbeitungs-, Transport- und Liegezeit zusammen.
- Das Prozessmanagement benötigt Informationen darüber, welche Ressourcen die Prozesse erfordern. Diese Prozesskosten lassen sich mithilfe der Prozesskostenrechnung ermitteln.
- Die Schritte zur Prozessgestaltung sind: 1. Prozessidentifikation und -analyse, 2. Prozesserneuerung, 3. Prozessumsetzung, 4. Prozesskontrolle und kontinuierliche Verbesserung.
- Kontinuierliche Verbesserung und grundlegende Prozesserneuerung sollten sich laufend abwechseln, um eine dauerhafte Leistungssteigerung sicherzustellen.

- Lean Production ist ein Produktionskonzept, um sämtliche Fertigungsprozesse auf eine möglichst effiziente Wertschöpfung auszurichten und nicht wertschöpfende Tätigkeiten auf ein Minimum zu reduzieren.
- Lean Management bezeichnet die Gesamtheit an Denkhaltungen, Methoden und Verfahrensweisen, um die betrieblichen Prozesse auf eine möglichst effiziente Wertschöpfung auszurichten und nicht wertschöpfende Tätigkeiten auf ein Minimum zu reduzieren.
- Mass Customization bezeichnet die Erstellung individualisierter Leistungen mit der Effizienz einer Massen- bzw. Serienproduktion.
- Modularität bezeichnet die Aufteilung eines Produktes in Baugruppen und Bauteile, welche über definierte Schnittstellen zu kundenspezifischen Produkten zusammengesetzt werden.
- Baukastensysteme bestehen aus einer Reihe standardisierter Komponenten, die sich vielfältig miteinander kombinieren lassen, um dadurch eine hohe Zahl an Produktvarianten effizient herstellen zu können.

Literaturempfehlungen

Bach, N./Brehm, C./Buchholz, W./Petry, T.: Organisation, 2. Aufl., Wiesbaden 2017.

Fischermanns, G.: Praxishandbuch Prozessmanagement, 11. Aufl., Gießen 2013.

Hammer, M./Champy, J.: Business Reengineering, 7. Aufl., Frankfurt 2003.

Ohno, T.: Toyota production system: Beyond large-scale production, Boca Raton 1988.

Schmelzer, H./Sesselmann, W.: Geschäftsprozessmanagement in der Praxis, 9. Aufl., München/Wien 2020.

Womack, J. P./Jones, D. T./Roos, D.: The machine that changed the world: How Japan's secret weapon in the global auto wars will revolutionize western industry, New York 1991.

5.5 Kooperationen, Allianzen und Netzwerke

Leitfragen

- Warum sind Kooperationen als hybride Organisationen zwischen Markt und Hierarchie zu verstehen?
- Welche Formen von Kooperationen, Allianzen und Netzwerken gibt es?
- In welchen Phasen verlaufen Kooperationen und was macht sie erfolgreich?
- Was sind bilaterale Kooperationen?
- Was sind Netzwerke und welche Arten gibt es?
- Wie funktionieren virtuelle Netzwerke?

Seit einigen Jahren ist eine zunehmende Bedeutung der unternehmensübergreifenden Zusammenarbeit zu beobachten. Allianzen und Netzwerke sind moderne Organisationsformen internationaler Wertschöpfungsprozesse. Das Effektivitäts- und Effizienzsteigerungspotenzial einer Kooperation wird dabei in den verschiedenen Wertschöpfungsaktivitäten genutzt, wie in der Produktion, Beschaffung, F&E usw. Zugleich stellen unternehmensübergreifende Kooperationen ein zentrales Thema der Wandlungs- und Anpassungsfähigkeit auf dem Weg zur Agilität und somit zur Anpassung an **komplexe Führungskontexte** dar.

Traditionelle Unternehmensstrukturen und -grenzen lösen sich auf und entwickeln sich in Richtung hybrider Verbindungen mit externen Partnern. Der Grundgedanke solcher **grenzenlosen Unternehmen** (vgl. *Picot et al.*, 2020, S. 111) basiert auf Kooperation. Dabei geht ein Unternehmen eine intensive Verbindung mit anderen, rechtlich und wirtschaftlich selbstständigen Unternehmen ein und bezieht diese in die Erfüllung seiner Aufgaben ein. Diese Verbindungen haben sowohl negative Seiten, wie etwa Abhängigkeiten, als auch positive Auswirkungen, wie z. B. Synergien. Zur Vermeidung oder Eingrenzung von Abhängigkeiten sind solche hybriden Konstrukte meist langfristig angelegt. Sie streben eine enge Vernetzung zwischen den Partnern an und basieren auf gegenseitigem Vertrauen. Ausprägungen sind z. B. Netzwerke, Joint Ventures oder Plattformen. Diese verändern die rechtlichen und ökonomischen Grenzen des Unternehmens. Unternehmensgrenzen weichen auf, weil sich die Schnittstelle zwischen Unternehmen und Markt nicht mehr genau bestimmen lässt. Teilweise werden auch Kooperationen mit Wettbewerbern oder Kunden eingegangen. Das Unternehmen konzentriert sich auf seine Kernkompetenzen (vgl. Kap. 3.2.4) und deckt die fehlenden Kompetenzen über die Partner ab. All dies lässt die traditionelle, zum Markt gezogene Unternehmensgrenze verwischen und führt gleichsam zu einer Auflösung der Unternehmensgrenzen.

Auch rechtliche Grenzen werden durch hybride Organisationen zunehmend verschoben. Im Falle eines Joint Ventures wird etwa eine eigenständige rechtliche Einheit geschaffen, die keinem der Partner eindeutig zugeordnet werden kann. International ausgerichtete dynamische Netzwerke überschreiten nationale Grenzen und können zur Kollision unterschiedlicher nationaler Rechtsordnungen führen. Je mehr Unternehmen mit anderen Unternehmen in einzelnen oder mehreren Bereichen kooperieren, desto mehr entstehen **vernetzte Strukturen**. In der Folge stellen die Unternehmen nicht mehr einzelne Organisationen dar, sondern verbinden sich vielmehr zu Netzwerken oder auch Plattformen.

5.5.1 Theorien und Motive von Kooperationen

Koordination ist die wechselseitige Abstimmung einzelner Organisationseinheiten auf ein gemeinsames Ziel. Dafür stehen grundsätzlich die Mechanismen **Markt** und **Hierarchie** zur Verfügung (vgl. *Williamson*, 1990). Die **Kooperation** steht als Mischform zwischen Markt und Hierarchie. Eine solche kombinierte Organisationsstruktur wird auch als **Hybridmodell** bezeichnet (vgl. *Sydow/Möllering*, 2015, S. 187). Wird dieser Koordinationsmechanismus auf die Zusammenarbeit zwischen zwei oder mehreren Unternehmen angewandt, so ist dies eine **Kooperation**. Sie ermöglicht neue Formen der Zusammenarbeit sowohl innerhalb der Organisation als auch zwischen den Unternehmen.

Damit ist jede Art der Zusammenarbeit, die nicht durch reine Markttransaktionen oder unter einheitlicher Leitung stattfindet, eine Kooperation. Im Unterschied zu einem Unternehmenskauf oder -zusammenschluss (vgl. Kap. 5.6) bleiben die betroffenen Unternehmen selbstständig und sind meist gleichberechtigt. Abb. 5.5.1 veranschaulicht die Kooperation als Mischform zwischen Hierarchie und Markt.

Auf dem Kontinuum zwischen Markt und Hierarchie lassen sich hybride Organisationsformen als eher **marktnäher** oder **hierarchienäher** einordnen (vgl. *Picot et al.*, 2020, S. 112):

- Das Abhängigkeitsverhältnis zwischen Austauschpartnern hängt eng mit dem Grad der Spezifität einer Leistungsbeziehung zusammen. Die meisten Beschreibungen von Kooperationen zielen darauf ab, den **Integrationsgrad** durch das Ausmaß der Abhängigkeit von Geschäftspartnern zu kennzeichnen. Hierarchienähere Organisationsformen sind durch ein größeres Abhängigkeitsverhältnis zwischen den Geschäftspartnern gekennzeichnet als marktnähere Formen. Die Abhängigkeiten zwischen den Geschäftspartnern können dabei sowohl ein- als auch gegenseitig sein.
- Einseitige Abhängigkeiten ermöglichen die Nutzung von Machtpotenzialen. In solchen Fällen liegt eine vertikale **Beherrschung** vor. Beherrschungsformen definieren mittel- bis langfristige Beziehungen zwischen rechtlich selbstständigen, aber einseitig wirtschaftlich abhängigen Partnern. Diese Beherrschungsformen zeichnen sich durch einen vergleichsweise hohen Grad an Integration aus und bedingen damit eine hierarchienähere Organisationsform.
- Demgegenüber kennzeichnet der Begriff der **Kooperation** die gleichrangige Zusammenarbeit zwischen rechtlich und wirtschaftlich selbstständigen Unternehmen. Kooperationen werden i. d. R. für Aufgaben mit mittlerer Spezifität und mittlerer strategischer Bedeutung eingegangen und zeichnen sich durch einen gewissen, allerdings nicht sehr hohen Grad an vertikaler oder horizontaler Integration aus. Kooperationen in diesem Sinne haben einen symbiotischen Charakter mit gegenseitigem Abhängigkeitsverhältnis.

> Eine **Kooperation** ist eine längerfristige Zusammenarbeit zwischen rechtlich selbstständigen Unternehmen.

Im Rahmen innovativer Organisationsstrukturen kann Kooperation auch **unternehmensintern** sinnvoll sein. Dies ist der Fall, wenn Teilbereiche eines Unternehmens, wie z. B. Abteilungen oder Sparten, in sehr unterschiedlichen Umwelten agieren. Dabei wäre eine durchgängige Organisationsstruktur hinderlich (vgl. *Bartlett/Ghoshal*, 1987, S. 57 f.). Dann können neben Hierarchie und Markt kooperative Koordinationsmechanismen, wie etwa Komitees oder persönliche Absprachen, genutzt werden.

Traditionelle Organisationen sind i. d. R. hierarchisch orientiert. Die Tiefe der **hierarchischen Struktur** und die Anzahl der einer Ebene unterstellten Einheiten können in der Praxis recht unterschiedlich sein. Viele Bemühungen zielen auf die Abflachung der Organisationsstrukturen durch Verringerung der Leitungsebenen und die Ausweitung der Leitungsspannen ab. Damit sollen die Strukturen einfacher und flexibler werden. Exemplarisch hierfür stehen teilautonome Gruppenstrukturen oder digitale Informationssysteme zum effizienten Informationsaustausch.

Marktliche Koordination bildet die Austauschbeziehungen über standardisierte Schnittstellen ab. Für diese wird am Markt über Kaufverträge und Preisverhandlungen ein Leistungsaustausch gestaltet. **Kooperationen** sind durch die Verknüpfung von marktlichen und hierarchischen Prinzipien gekennzeichnet. Kooperationen ermöglichen somit die Zusammenarbeit von Unternehmen, indem Schnittstellen zur gemeinsamen Aufgabenerfüllung gestaltet werden (vgl. *Dillerup*, 1998, S. 250). Wird eine ursprünglich marktliche Koordination mit hierarchischen Mechanismen verknüpft, so findet eine **Internalisierung** statt. Dies ist z. B. der Fall, wenn bislang unabhängige Unternehmen in einem Joint Venture zusammenarbeiten. **Externalisierung** ist dagegen der Ersatz hierarchischer Koordination durch den Markt (vgl. *Brockhoff/Hauschildt*, 1993, S. 400). Dies erfolgt etwa beim **Outsourcing**, wenn Aktivitäten entweder rechtlich verselbstständigt, ausgegliedert oder an einen Partner übertragen werden. Auf diese Weise werden

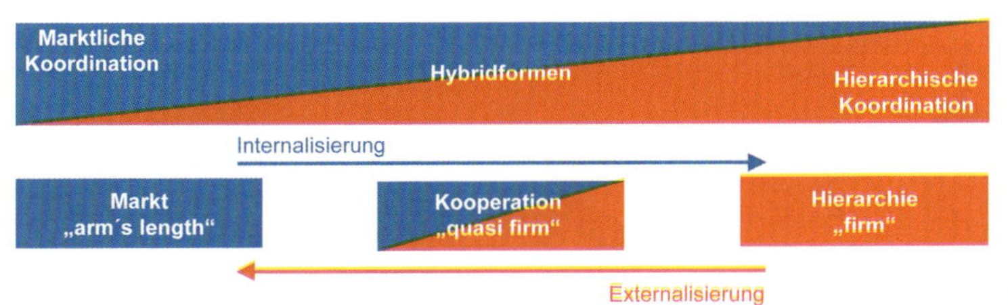

Abb. 5.5.1: Kooperation als Mischform (vgl. Sydow/Möllering, 2015, S. 187)

sie aus der eigenen hierarchischen Struktur herausgelöst. Umfassendes Outsourcing führt etwa bei *Boeing*, wie in Abb. 5.5.2 dargestellt, zu einer Verteilung der Produktionsaktivitäten auf Lieferanten in aller Welt.

Für die Existenz von Kooperationen gibt es unterschiedliche **theoretische Erklärungsansätze** (vgl. *Welge et al.*, 2017, S. 685):

- **Transaktionskostentheoretische Erklärung** (vgl. Kap 1.2.3): Die Anbahnung, Vereinbarung, Kontrolle und Anpassung von Austauschprozessen zwischen Marktteilnehmern verursacht Transaktionskosten, die minimiert werden sollten. Marktliche Beziehungen sind sinnvoll, wenn die Marktpartner weitgehend über gleiche Informationen verfügen und die transaktionsspezifischen Investitionen gering sind. Kooperationen eignen sich, wenn die Kosten der Eigenerstellung die des Fremdbezugs übersteigen. Sind die Transaktionskosten geringer als die Kosten der Eigenerstellung, dann ist eine Kooperation aus ökonomischer Sicht eine sinnvolle Alternative.
- **Marktorientierte Erklärungen** führen den Erfolg von Unternehmen auf deren Marktpositionierung zurück. Dazu werden Wettbewerbsvorteile gegenüber den Konkurrenten aufgebaut und verteidigt (vgl. Kap. 3.2.2). In hart umkämpften Märkten lässt sich dies durch Kooperation mit anderen Unternehmen häufig besser erreichen. Umgekehrt lassen sich Marktstrukturen durch Kooperationen auch beeinflussen. Empirische Untersuchungen belegen, dass Kooperationen eingegangen werden, um Unsicherheiten über die Nachfrage- und Wettbewerbsentwicklung zu reduzieren sowie die Wettbewerbsintensität zu verringern. In diesen Fällen sind Kooperationen dadurch gekennzeichnet, dass zwei oder mehrere Unternehmen Teile ihrer Aktivitäten zusammenlegen, um ein bestimmtes Geschäftsfeld gemeinsam zu bearbeiten. Dies stellt eine Mischform der internen und externen Entwicklung eines Geschäfts dar. Aus Sicht der beteiligten Unternehmen wird ein Geschäftsfeld teilweise selbst entwickelt, indem Prozesse aus dem eigenen Unternehmen in eine Kooperation eingebracht werden. Zugleich wird aber auch auf die Unterstützung anderer Unternehmen zurückgegriffen.
- **Ressourcenorientiert** lassen sich Kooperationen durch die unterschiedliche Ressourcenausstattung der beteiligten Partner erklären (vgl. Kap. 3.2.4). Der wesentliche Vorteil einer Kooperation wird dabei in der gemeinsamen Nutzung einer oder mehrerer Ressourcen gesehen. Im Wettbewerb sind dabei vor allem solche Kooperationen attraktiv, die sich auf besonders wertvolle und nicht substituierbare bzw. schwer imitierbare Ressourcen beziehen. Eine Kooperation kann auch den Zugang zu einer erfolgsrelevanten Ressource ermöglichen. Es kann aber auch sinnvoll sein, eigene überlegene Ressourcen durch eine Kooperation im Wettbewerb auf einer breiteren Basis einzusetzen. Dies kann insbesondere in unsicheren,

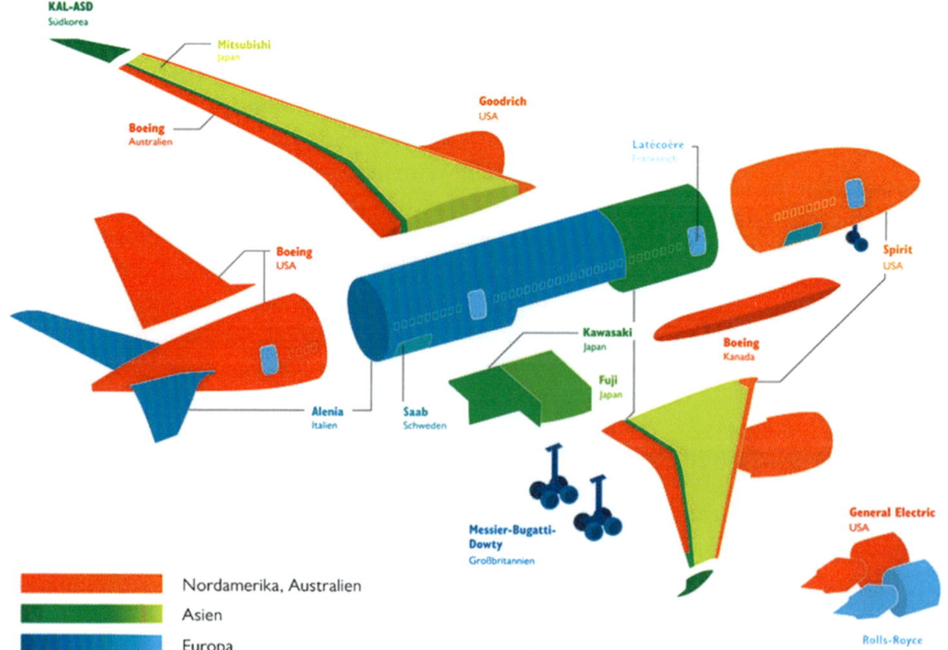

Abb. 5.5.2: Outsourcing am Beispiel Boeing (Claas, 2011, S. 26)

dynamischen Umfeldern mit hoher Wettbewerbsintensität oder bei neuartiger technologischer Ausrichtung wichtig sein. Beispielweise lässt sich durch Lizenzvergabe ein neuer technologischer Standard etablieren.

Kooperationen haben in der **Praxis** erheblich an Bedeutung gewonnen. Dies gilt insbesondere in Branchen mit raschem technologischen Wandel. Beispiele sind Luft- und Raumfahrt, Gentechnologie oder Informationstechnologie. Darüber hinaus trägt die Senkung der Transaktionskosten durch digitale Informationssysteme wesentlich zur wachsenden Zahl an Kooperationen bei.

Wesentliche **Vorteile** bietet eine Kooperation in folgenden Punkten (vgl. *Müller-Stewens/Lechner*, 2016, S. 422 ff.; *Welge et al.*, 2017, S. 669 ff.):

- **Markt:** Marktzugang oder größere Marktmacht in bestehenden Märkten, z. B. um Standards zu etablieren.
- **Kompetenz:** Transfer eigener Kompetenzen auf neue Aktivitäten oder Zugang zu Kompetenzen eines anderen Unternehmens.
- **Ressourcen und Kosten:** Verbreiterung der finanziellen oder personellen Ressourcen oder bessere Auslastung bestehender Kapazitäten.
- **Zeit:** Schnellerer Zugang zu neuen Geschäften, etwa durch Verkürzung von Entwicklungszeiten mit Hilfe von Produkten, Know-how oder Technologien der Kooperationspartner.
- **Flexibilität:** Wesentlich geringere Bindung an ein neues Geschäftsfeld im Vergleich zur Akquisition.
- **Risiko:** Kosten und Risiken werden auf die Kooperationspartner verteilt.

Den Vorteilen stehen auch gewichtige **Probleme** gegenüber:

- **Abhängigkeit:** In Kooperationen verfügt das Unternehmen über weniger Freiheiten bzw. ist auf die Kooperationspartner angewiesen. Ein Unternehmen kann die Kooperation nicht vollständig in seinem Sinne beeinflussen und überwachen. Jeder Kooperationspartner versucht, seine eigenen Interessen durchzusetzen.
- **Stabilitätsrisiko:** Ein Konfliktfeld ist die Aufteilung der Kooperationsergebnisse auf die Partner. Dies gilt besonders dann, wenn sie in einem Wettbewerbsverhältnis stehen, sich ihre Interessen auseinanderentwickeln oder die ursprünglichen Kooperationsziele unterschiedlich schnell erreicht werden. Daher gelten Kooperationen meist nur als Zwischenstufe der Entwicklung eines neuen Geschäftsfelds. Sie sind in der Praxis häufig instabil und werden oft von einer organischen Entwicklung oder einer Akquisition abgelöst.
- **Führungsrisiko:** Strukturelle, politische und kulturelle Unterschiede können trotz gemeinsamer Ziele einen hohen Steuerungsaufwand sowie zeitraubende Abstimmungen mit sich bringen. In internationalen Kooperationen kommen Sprachbarrieren und kulturelle Unterschiede hinzu.

5.5.2 Kooperationsformen

Es gibt sehr viele unterschiedliche Formen der Zusammenarbeit von Unternehmen, die alle unter dem Begriff Kooperation zusammengefasst werden. Die Formen von Organisationsmechanismen zwischen Markt und Hierarchie umfassen etwa strategische Allianzen, (Wertschöpfungs-)Partnerschaften oder Joint Ventures. Die Vielfalt an Formen und rechtlichen Ausprägungen wird nachfolgend systematisiert.

Typisierung von Kooperationen

In der Praxis ist eine Typisierung von Kooperationen nach den Beziehungen zwischen den beteiligten Kooperationspartnern entlang der Wertschöpfungskette **(Kooperationsrichtung)** üblich (vgl. *Picot et al.*, 2020, S. 112 ff.):

- **Vertikale Kooperation:** Partner sind Unternehmen, deren Wertschöpfung als Lieferant oder Abnehmer unmittelbar miteinander in Beziehung stehen. Die Kooperation erstreckt sich über verschiedene Wertschöpfungsstufen und verfestigt bzw. vertieft bestehende Partnerschaftsverhältnisse. Derartige Kooperationsformen werden häufig als Wertschöpfungspartnerschaften bezeichnet. Die Geschäftspartner entstammen dabei der gleichen Branche. Grundidee derartiger Kooperationen ist es, Schnittstellen zwischen vor- und nachgelagerten Wertschöpfungsstufen zu optimieren. So arbeiten etwa Automobilhersteller mit ihren Zulieferern in der Produktentwicklung zusammen.
- **Horizontale Kooperation** findet zwischen Unternehmen statt, welche innerhalb einer Branche auf der gleichen Wertschöpfungsstufe tätig sind. Bestehende oder potenzielle Wettbewerber arbeiten dabei zusammen, um ihre Kräfte im Wettbewerb zu bündeln. Die Zusammenarbeit kann sich auf alle Tätigkeiten oder auf einzelne Bereiche erstrecken. Beispielsweise kooperieren Automobilhersteller bei der Entwicklung von Fahrzeugbatterien oder der politischen Lobbyarbeit zur Wahrung ihrer Interessen.
- **Konglomerate (laterale/diagonale) Kooperation:** Hierunter wird die Zusammenarbeit von Unternehmen ver-

standen, die weder in einer Wertschöpfungsbeziehung stehen, noch unmittelbar miteinander konkurrieren. Solche Kooperationen werden gebildet, wenn Unternehmen komplementäre Produkte anbieten, deren gemeinsame Vermarktung oder Entwicklung sinnvoll ist. So werden z. B. Kooperationen geschlossen, um Aus- und Weiterbildung zu betreiben oder um gemeinsame Infrastrukturangebote anzubieten, wie etwa eine Kantine innerhalb eines Gewerbegebiets.

Kooperationen können auch nach deren **Institutionalisierung**, d. h. ihrer juristischen und organisatorischen Gestaltung, unterschieden werden. Dies führt zu den in Abb. 5.5.3 dargestellten **Kooperationsformen** (vgl. *Picot et al.*, 2020, S. 304 ff.; *Sydow/Möllering*, 2015, S. 187):

- **Vertragslose Zusammenarbeit:** Die einfachste Kooperationsform liegt vor, wenn zwei oder mehr Unternehmen lediglich aufgrund von Absprachen und ohne vertragliche Bindung zusammenarbeiten. Diese Form der Zusammenarbeit lässt sich leicht realisieren, kann aber instabil sein.
- **Vertragliche Zusammenarbeit:** Wird die Zusammenarbeit der beteiligten Unternehmen durch Verträge abgesichert, gewinnt die Kooperation an Stabilität. Hierzu zählen Kooperationsverträge, die Verhalten und Strategie der Zusammenarbeit festlegen. Beispiele sind langfristige Lieferverträge, die über den Zeitraum eines Produktlebenszyklus reichen.
- **Lizenzverträge:** Sie sind eine besondere Form der vertraglichen Zusammenarbeit. Eine Lizenzvereinbarung räumt das Recht auf Nutzung bestimmter Schutzrechte, Patente oder Marken ein. Dafür erhält der Lizenzgeber eine Gebühr. Eine besondere Form der Lizenzvereinbarung ist das Franchising. Der Franchisegeber arbeitet mit mehreren rechtlich selbstständigen Partnern zusammen. Das Franchise-Paket besteht aus den Rechten an einem Beschaffungs-, Marketing- und Organisationskonzept sowie Finanzierungs- und Führungsunterstützung. Häufig wird noch eine Marke mit Gebietsschutz überlassen. Die Franchisegeber verfügen meist über umfangreiche Kontrollrechte zur Sicherung der Qualitätsstandards. So kann das Unternehmen mit wenig Kapitaleinsatz und Risiko expandieren. Franchising-Modelle sind z. B. durch *McDonald's*, Tiefkühlkostbetriebe wie *Eismann* oder Baumärkte wie *Obi* bekannt.
- **Kapitalbeteiligungen:** Wenn Unternehmen ein- oder wechselseitige Kapitalbeteiligungen eingehen, dann wird die Institutionalisierung der Kooperation weiter verstärkt. Die Unternehmen gewinnen durch die Beteiligung stärkeren Einfluss auf den Partner und stabilisieren so die Kooperation.
- **Joint Ventures:** Eine noch stärkere Institutionalisierung wird durch die Ausgliederung betroffener Unternehmensteile der Kooperationspartner und deren Eingliederung in ein neues, eigenständiges Unternehmen erreicht.
- **Akquisition:** Eine vollständige Institutionalisierung anderer Unternehmen erfolgt durch Übernahmen und Fusionen (vgl. Kap. 5.6). Da in diesem Fall die Koordination hierarchisch erfolgt, handelt es sich hierbei nicht mehr um eine Kooperationsform.

Kooperationen lassen sich nach einer Vielzahl weiterer Kriterien systematisieren. Die **Intensität** einer Kooperation kann von Erfahrungsaustausch, Abstimmung der Aufgaben, wechselseitiger Spezialisierung auf Aufgaben oder Funktionen bis hin zu Gemeinschaftsunternehmen reichen. Kooperationen können sich des Weiteren auf das gesamte Unternehmen oder auf einzelne Funktionsbereiche beziehen. Betrifft die Zusammenarbeit einzelne Funktionsbereiche, lassen sich diese funktionalen Kooperationen weiter differenzieren. Logistische Kooperationen beschreiben beispielsweise eine Form der Zusammenarbeit, bei der Unternehmen eine enge und langfristige vertragliche Abstimmung der Ein- bzw. Ausgangslogistik vereinbaren. Marketing-Kooperationen beziehen sich auf die Zusammenarbeit von Unternehmen hinsichtlich Vertrieb, Marketing oder Kundendienst. Technologiekooperationen liegen vor, wenn Unternehmen insbesondere im Forschungs- und Entwicklungsbereich zusammenarbeiten, um gemeinsam neue Technologien zu entwickeln bzw. technologische Weiterentwicklungen gemeinsam zu betreiben. Weitere Systematisierungsmöglichkeiten sind

Abb. 5.5.3: Formen der Institutionalisierung zwischen Markt und Hierarchie

z. B. die **Reichweite** von Kooperationen (national/international), die **Dauer** der Kooperationen (vorübergehend/dauerhaft), der Grad der zugrundeliegenden gegenseitigen wirtschaftlichen Abhängigkeit sowie der Grad der technologischen Unterstützung. Abb. 5.5.4 zeigt zusammenfassend mögliche Typen von Kooperationen (vgl. *Dillerup*, 1998, S. 235).

Kooperationsphasen

Kooperationen weisen einen **Lebenszyklus** auf und durchlaufen darin unterschiedliche Phasen. Anhand der Verflechtungsintensität der Kooperationspartner kann der Gesamtlebenszyklus in folgende **Phasen** unterteilt werden. Diese stellen jeweils spezifische Anforderungen an die Unternehmensführung (vgl. *Dillerup*, 1998, S. 239 ff.):

- **Gründung:** Die Entscheidung für das Mitwirken in einer Kooperation basiert für jeden Teilnehmer auf einer Abwägung von Chancen und Risiken. Der Trend zur Dezentralisierung in relativ autonome Unternehmenseinheiten fördert das Entstehen von Kooperationen. Die Dezentralisierung, Ausgliederung oder Externalisierung betrieblicher Funktionen in kleinere Einheiten führt zu einer Vernetzung der so entstehenden Segmente und Einheiten (vgl. *Sydow*, 1995, Sp. 1622 ff.). Motive einer Kooperation können eine flexible Ressourcennutzung oder Kostensenkungen sein.
- **Wachstum:** Um Wertschöpfung in eine Kooperation einzubringen, bedarf es einer Auswahl an Kooperationskandidaten. Sie bilden einen informellen Markt potenzieller Partner, die untereinander eine Vertrauensbasis besitzen. Basis eines Partnerpools sind daher häufig informelle, soziale Beziehungen, aus denen sich Kooperationen bilden. Vertrauen kann auch aus finanziellen, informationstechnischen oder anderen Verflechtungen entstehen. Je größer die Vertrauensbasis und die Partneranzahl, umso mehr Chancen für gemeinsame Aktivitäten und damit für Wachstum bietet eine Kooperation.
- **Verfestigung und Reife:** Mit der Zeit sind die Prozesse der Rollenfindung, der Positionierung und des Eintritts bzw. Austritts der Akteure abgeschlossen. Die Kooperation erreicht einen produktiven Status und verfügt über geeignete Koordinationsmechanismen. Um die Vorteile einer Kooperation sicherzustellen und eine wettbewerbsfähige Gesamtleistung zu erbringen, ist eine Koordination erforderlich. Häufig bildet sich hierfür eine koordinierende Einheit, ein sog. Fokal oder Broker. Er hat die Aufgabe, die Potenziale der Kooperation mit den Marktanforderungen in Einklang zu bringen. Meist wird diese Funktion von einem Unternehmen wahrgenommen, das entweder direkten Zugang zu den Absatzmärkten besitzt oder die Kooperation aufgrund des höchsten Wertschöpfungsanteils dominiert. Beide Voraussetzungen ermöglichen es, eine Kooperation zu beherrschen und vermeiden Opportunismus zwischen den Partnern.
- **Abschluss:** Das Ende einer Kooperation ist gekommen, wenn der Geschäftszweck des Verbundes bzw. die gemeinsamen Ziele erreicht sind. Dann können die bestehenden Beziehungen aufgelöst oder in einem Gemeinschaftsunternehmen weiter verfestigt werden. Eine Kooperation kann aber aus verschiedensten Gründen bereits zuvor enden. Beispielsweise wenn die Leistung nicht wirtschaftlich erbracht wird, Imageverluste eintreten oder einseitiger Know-how-Verlust droht (vgl. *Porter/Fuller*, 1991, S. 329).

Kooperationsrichtung	Vertikale Kooperation		Horizontale Kooperation		Konglomerate (laterale/diagonale) Kooperation	
Institutionalisierung	Vertragslose Zusammenarbeit	Vertragliche Zusammenarbeit	Kapitalbeteiligung		Joint Ventures	
Intensität	Erfahrungsaustausch	Aufgabenabstimmung	Wechselseitige Spezialisierung		Gemeinschaftsunternehmen	
Kooperationsgegenstand	Beschaffung/Einkauf	Produktion	Absatz/Vertrieb	Marktforschung	Forschung & Entwicklung	Sonstige
Partneranzahl	Bilaterale Kooperation (zwei Partner)		Netzwerk (mehr als zwei Partner)			
Machtrelation	Partnerschaft		Führerschaft			
Zeitperspektive	Vorübergehend		Mittelfristig		Dauerhaft	
Partnerherkunft	Lokal		Regional		International	

Abb. 5.5.4: Typen von Kooperationen

In den Phasen einer Kooperation können folgende **Probleme** auftreten (vgl. *Dillerup*, 1998, S. 241 f.):

- **Fluktuationskosten:** Scheidet ein Kooperationsteilnehmer aus, dann kann die Suche nach einem neuen Partner und dessen Einbindung in die Kooperation hohe Kosten verursachen. Fluktuationsgefahr besteht, wenn die Beiträge und Ergebnisse für die Partner aus dem Gleichgewicht geraten und kaum Sanktionsmöglichkeiten gegen einen vorzeitig ausscheidenden Partner bestehen.
- **Egoistische Ziele** der Teilnehmer können die Gesamteffizienz mindern, indem z. B. knappe Ressourcen bevorzugt für einen Kooperationspartner genutzt werden.
- **Abstimmung der Individualziele** und Rücksichtnahme auf die Interessen der Partner schränken den unternehmerischen Entscheidungsspielraum ein und behindern die Handlungsfreiheit.
- **Komplexitätserhöhung und Planungsunsicherheit** entsteht, wenn heterogene Mitglieder zusammenarbeiten. Dies gilt insbesondere in offenen Kooperationen und bei hoher Umweltdynamik.
- **Potenzielle Konzentrationsprozesse** gefährden die Kooperation durch Vorwärts- oder Rückwärtsintegration.

Um diese Gefahren zu umgehen, übernimmt die Führung von Kooperationen folgende **Funktionen** (vgl. *Sydow/Möllering*, 2015, S. 188 f.):

- **Selektionsfunktion:** Um eine Kooperation zu bilden, sind die erforderlichen wettbewerbsrelevanten Kompetenzen zu bestimmen, die zu einer koordinierten Zusammenarbeit entwickelt werden sollen. Kompetenzen, die unter Wettbewerbsaspekten eine nachrangige Bedeutung besitzen, sind abzugrenzen und werden über den Markt bezogen. Aktive Marktbeobachtung ist erforderlich, um potenzielle neue Partner zu gewinnen. Im Falle fehlenden Konkurrenzdrucks besteht die Gefahr der Degeneration einer Kooperation. Die gleichzeitige Existenz von Kooperation und Konkurrenz, von Autonomie und Abhängigkeit sowie von Vertrauen und Wandel erschwert die Führung einer Kooperation. Daher sind auftretende Kompetenzlücken über weitere Kooperationen zu schließen.
- **Regulationsfunktion:** Die erforderlichen Abstimmungs- und Integrationsmechanismen sind zu entwickeln. Der Einsatz hierarchischer Koordinationsinstrumente wird aufgrund der partnerschaftlichen Basis erschwert. Eine große Bedeutung haben daher miteinander zu vereinbarende Kulturen, Philosophien und Führungsstile. Zielbewusstes Handeln einer Kooperation erfordert einen strategischen Grundkonsens über die Spielregeln und eine übergreifende strategische Ausrichtung. Eine gemeinsame strategische Planung der Geschäftsbeziehungen, -felder und -prozesse sowie die Definition der Ziel- und Aktionsräume der Kooperation sind daher erforderlich.
- **Allokationsfunktion:** Aufgrund einer realistischen Einschätzung der Aufgaben und Kapazitäten der Partner sind die gemeinsam genutzten Ressourcen im Sinne der Kooperation aufzuteilen. Um Kosten und Nutzen möglichst gerecht zu verteilen, sind vertrauliche Informationen wie etwa Kalkulationsunterlagen offenzulegen. Der so entstehende Informationsvorsprung sowie die Marktkenntnis der koordinierenden Einheit wirken integrierend auf die Kooperationspartner. Dies legitimiert die Koordinations- und Führungskompetenz. Als Gegenleistung erhalten die Kooperationspartner oftmals besondere Zusagen, wie z. B. Abnahmegarantien oder Preisnachlässe.
- **Evaluationsfunktion:** Die Ermittlung von Kosten und Nutzen einer Kooperation und deren Verteilung ist eine wichtige Stabilisierungsfunktion. Das Ausbalancieren der verschiedenartigen und u. U. wechselnden Interessen ist Aufgabe des Fokals. Er ist bemüht, die Kooperationspartner fair zu behandeln, um austrittsbedingte Verluste wertvoller Ressourcen zu vermeiden. Andererseits kennen die Kooperationsmitglieder aufgrund ihres Informationsnachteils ihre strategische Bedeutung für die Kooperation häufig nicht. Sie werden deshalb motiviert sein, ihre Leistungsfähigkeit und ein kooperatives Verhalten zu demonstrieren. Eine solche Stabilisierung kann auch durch die vertragliche Bindung einzelner Mitglieder, das Versperren des Zugangs zu alternativen Partnerschaften oder durch Absprachen erfolgen.

Meist übernehmen diese Führungsaufgaben fokale Unternehmen. So wird etwa die *Star-Alliance* durch den dominanten Akteur *Lufthansa* geführt.

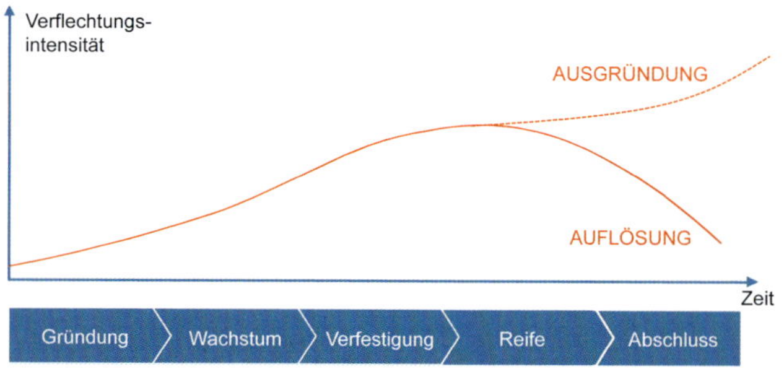

Abb. 5.5.5: Lebenszyklus einer Kooperation

Autonomie und Beherrschung

Das Wesen von Kooperationen lässt sich auch anhand des Autonomie- und Interdependenzgrads der Kooperationspartner beschreiben. Sie sind in dem Grade autonom, in dem sie Entscheidungen über die Aufnahme oder Beendigung der Kooperation selbst fällen können, ohne dabei Anweisungen einer übergeordneten Instanz berücksichtigen zu müssen. Sie befinden sich zu ihren Kooperationspartnern in einem Gleichordnungsverhältnis. Autonom ist ein Unternehmen auch dann, wenn es in einer Beziehung zu einem anderen Unternehmen keinem unmittelbaren Druck- oder Machtpotenzial von Seiten eines Partners ausgesetzt ist. In diesem Punkt unterscheiden sich Kooperationen von Beherrschungsverträgen.

Gleichzeitig entstehen jedoch nach Beginn einer Kooperation **Interdependenzen** zwischen den Kooperationspartnern, welche sich auf kollektive Entscheidungen beziehen. In einer Kooperation werden viele Fragen in Entscheidungsgremien für die Kooperationspartner verbindlich ausgehandelt. Kooperationen bilden damit eine Form der Ressourcenzusammenlegung, bei der sowohl über die Art und Menge der in eine Kooperation einzubringenden Ressourcen als auch über die Verteilung der damit erzielbaren Ergebnisse verhandelt wird. Dabei kann das jeweilige Verhandlungspotenzial ausgeglichen sein. Freiwilligkeit der Kooperationsbildung bedeutet, dass Kooperationen nur dann eingegangen werden, wenn beide Partner durch die Kooperation einen Vorteil erwarten. Dies trifft bei Beherrschungsformen nicht unbedingt zu. Kooperationen entstehen stets durch explizite Vereinbarung, während Beherrschungsformen auch auf Basis impliziter Verträge ausgeübt werden können. Daher ist die explizite Vereinbarung einer Zusammenarbeit ein wesentliches Merkmal von Kooperationen. Werden Kooperationen mit einer strategischen Absicht verbunden, so wird von strategischen Allianzen, strategischen Partnerschaften oder strategischen Netzwerken gesprochen. Sie verfolgen das Ziel, gemeinsame Wettbewerbsvorteile für die Kooperationspartner zu schaffen.

Im Gegensatz zu kooperativen Formen der Zusammenarbeit zwischen Unternehmen bestehen bei **Beherrschungsformen** einseitige wirtschaftliche und finanzielle Abhängigkeitsverhältnisse (vgl. *Picot et al.*, 2020, S. 117). Beherrschungsformen besitzen aufgrund der eingeschränkten wirtschaftlichen Selbstständigkeit der beteiligten Unternehmen einen hierarchienäheren Charakter. Solche vertikalen Integrationen sind effizient, wenn Aufgaben mit einer relativ hohen Spezifität zu bewältigen sind und eine unternehmensinterne Abwicklung, aufgrund der geringen strategischen Bedeutung oder der Seltenheit der Aufgaben, nicht zwingend erforderlich ist. Dann kann die Kooperation eine mehr oder weniger starke Einflussnahme des beherrschenden Unternehmens auf die Geschäftstätigkeit der Partner beinhalten. Das beherrschende Unternehmen besitzt Machtbefugnisse, mit denen Entscheidungen auch dann durchgesetzt werden können, wenn sie ökonomische Nachteile für den beherrschten Geschäftspartner haben. Es gibt verschiedene vertragliche Regelungen zwischen den Parteien, die entsprechende Machtverschiebungen zugunsten eines Partners bewirken. Die verschiedenen Beherrschungsformen lassen sich somit nach den jeweils zugrundeliegenden Abhängigkeitsverhältnissen unterscheiden. Typische Beispiele zeigt Abb. 5.5.6.

Abschließend sind wesentliche **Vorteile** von Kooperationen (vgl. *Picot et al.*, 2020, S. 451 ff.):

- Sie ermöglichen strategische **Flexibilität** und erlauben rasche Strategiewechsel. Die Zusammenarbeit mit an-

Beherrschungsform	Ursache der Machtposition	Beispiel
Produktionsfaktoren	Eigentum an spezifischen Produktionsfaktoren	Abhängigkeit, da z.B. einem Lohnfertiger Werkzeuge entzogen werden können
Räumliche Eingliederung	Geografische Lage des Partners	Abhängigkeit wegen langfristiger Einbindung in ein Werksgelände/Gewerbepark
Lizenzen	Möglichkeit des Know-how-Entzugs	Abhängigkeit, da rechtliche Voraussetzungen für eine Aktivität entzogen werden können
Integrationsmöglichkeit	Drohung mit der Integration einer Wertschöpfungsaktivität	Abhängigkeit, da die Aktivität selbst erledigt werden könnte
Vertragsverhandlungen	Drohung mit dem Abbruch einer Vertragsverhandlung	Abhängigkeit in Vertragsverlängerungen oder Neuproduktverhandlungen
Umsatzabhängigkeit	Hohe Bedeutung des Kunden für den Gesamtumsatz	Abhängigkeit, weil ein Umsatzverlust existenzbedrohend wäre
Kapitalbeteiligung	Stellung als Eigentümer	Abhängigkeit, da als (Mit-)Eigentümer Entscheidungen beeinflusst werden können

Abb. 5.5.6: Vertikale Beherrschungsformen und Machtpositionen

deren Unternehmen gestattet schnelleren Wandel und Fortschritt.

- Die Konzentration auf eigene Stärken bzw. **Kernkompetenzen** ist möglich, ohne das Angebot am Markt einschränken zu müssen. Die eingebrachten Kernkompetenzen können jedoch anderen Geschäftsbereichen fehlen oder an Einzigartigkeit und damit an Wert verlieren. Die Bündelung und Integration externer Funktionen und Leistungen kann jedoch selbst zu einer neuen Kernkompetenz werden.
- Eine koordinierte Kooperation kann die **Effizienz erhöhen**, wodurch sich die individuellen Wettbewerbspositionen der Partner und auch die der Kooperation verbessern. Dies kann durch Vermeidung von Leerkapazitäten, wirtschaftlichen Einsatz knapper Ressourcen, Nutzung von Verbundvorteilen oder durch verbesserten Zugang zu Märkten und Ressourcen geschehen. Ebenfalls lassen sich Größennachteile überwinden, wodurch kleinere Unternehmen ähnliche Skaleneffekte wie Großunternehmen erzielen können.
- Der **Kundennutzen** kann durch die bessere Erfüllung kritischer Erfolgsfaktoren gesteigert werden. Zudem ermöglicht die Integration unterschiedlicher Leistungen maßgeschneiderte Kundenlösungen.
- Ist ein Unternehmen gleichzeitig in mehreren Kooperationen aktiv oder findet eine Verfestigung und Standardisierung der Kooperationsprozesse statt, dann lassen sich **geringe Transaktionskosten** insbesondere durch digitale Informationssysteme realisieren.

Daneben beinhalten Kooperationen auch **Nachteile** bzw. Risiken:

- Mitarbeiter betrachten Kooperationen durchaus kritisch, da die **Arbeitsplatzsicherheit** traditioneller Beschäftigungsverhältnisse oft nicht mehr vorhanden ist. Vielmehr spielen häufig neue und flexiblere Beschäftigungsformen eine Rolle. Beispiele sind freie Mitarbeiter oder Zeitarbeit.
- Abhängigkeiten von anderen Unternehmen schränken die unternehmerischen Freiräume ein. Das **Risiko von Autonomieverlusten** besteht besonders dann, wenn ein Unternehmen sich einem fokalen Kooperationspartner unterordnet.
- Kooperationen bringen eher **kurzfristige Effizienzsteigerungen** mit sich. Diese beziehen sich auf die Erbringung einer definierten Leistung, eines Auftrags oder eines Projektes. Da die Stabilität einer Partnerschaft nicht auf lange Sicht gewährleistet ist, lassen sich die strategischen Potenziale eines Unternehmens meist nicht dauerhaft stärken.
- Die Gefahr der **Instabilität und Komplexität** ist abhängig von der Vertrauensbasis und dem Rechtsstatus einer Kooperation und kann zu hohem Koordinationsaufwand führen.

Die Effizienzvorteile aus einer unternehmensübergreifenden Vernetzung hängen von der Stärke der eingebrachten Kernkompetenzen ab. Die **Fitness der beteiligten Akteure** bestimmt die Leistungsfähigkeit der Kooperation. Kooperationen werden aber auch eingegangen, wenn ein geschwächter Partner dadurch fehlende Kompetenzen kompensieren möchte.

Kooperationen sind in der Praxis weit verbreitet und werden immer beliebter. Die Nutzung der Möglichkeiten digitaler Informationssysteme zur räumlichen und zeitlichen Entkoppelung sowie zur Verteilung der Wertschöpfung sind hierzu eine wesentliche Triebfeder (vgl. *Picot et al.*, 2020, S. 327 f.). Die gemeinsame Ressourcennutzung und die Verknüpfung der spezifischen Stärken rechtlich selbstständiger Unternehmen scheinen Kooperationen zum **Organisationsdesign der Zukunft** zu machen. Doch die Realisierung der potenziellen Vorteile birgt auch Risiken und bedarf einer sorgfältigen Führung. Abb. 5.5.7 stellt die Vor- und Nachteile nochmals zusammenfassend gegenüber.

Vorteile	Nachteile
▪ Strategische Flexibilität ▪ Konzentration auf Kernkompetenzen ▪ Effizienzvorteile ▪ Gesteigerter Kundennutzen ▪ Geringe Transaktionskosten	▪ Risiko von Autonomieverlusten ▪ Fehlende Sicherheit für die Mitarbeiter ▪ Keine dauerhafte Effizienzverbesserung ▪ Instabilität und Komplexität ▪ Abhängigkeit eingebrachter Kompetenzen

Abb. 5.5.7: Kritische Würdigung von Kooperationen

Abb. 5.5.8 zeigt wesentliche Kooperationstypen, die nachfolgend beschrieben werden.

5.5.3 Bilaterale Kooperationen

Kooperationen können in einer losen, informellen Struktur abgebildet werden. Bezieht sich eine Kooperation beispielsweise nur auf einen einzelnen Vertrag, erscheint es nicht unbedingt erforderlich, die Kooperation durch eine formale Organisation zu manifestieren. Entscheiden sich die Beteiligten aber für eine formale Organisationsstruktur, bieten sich für längerfristige Kooperationen strategische Allianzen, Joint Ventures und Konsortien an (vgl. *Picot et al.*, 2020, S. 112).

Kooperations-form	Partner-anzahl	Bindungs-dauer	Kapitalver-flechtungen	Partner-wahl	Offenheit
Strategische Allianz	zwei	langfristig	üblich	gezielt	geschlossen
Joint Venture	zwei	langfristig	nicht üblich	gezielt	bedingt geschlossen
Konsortien	zwei	kurzfristig	nicht üblich	gezielt	bedingt offen
Netzwerke/ Plattformen	mehrere	langfristig	nicht üblich	geplant evolutionär	bedingt offen
Fokale Netzwerke	mehrere	langfristig	möglich	gezielt	bedingt geschlossen
Virtuelle Netzwerke	mehrere	kurzfristig	nicht üblich	ad hoc	offen

Abb. 5.5.8: Typische Kooperationsformen im Überblick (in Anlehnung an Picot et al., 2020, S. 119)

Strategische Allianzen

Strategische Allianzen bzw. strategische Partnerschaften sind horizontale Kooperationen, die durch die Zusammenarbeit von Wettbewerbern in einer Branche gekennzeichnet sind. Sie sind eine lockere Form der Zusammenarbeit, die auf Absprachen und vertraglichen Regelungen basieren. Darin wird das Verhalten und die Strategie untereinander abgestimmt (vgl. *Welge et al.*, 2017, S. 675; *Schulte-Zurhausen*, 2013, S. 290). In der Praxis haben strategische Allianzen durch Globalisierung und intensiveren Wettbewerb stark an Bedeutung gewonnen.

Als Grundlage für eine erfolgreiche strategische Allianz können mehrere **Voraussetzungen** unterschieden werden:

- Der **strategische Fit** bezieht sich auf die Übereinstimmung von Zielen und Strategien sowie die Leistungsfähigkeit und Verhandlungsposition der Partner.
- Der **kulturelle Fit** betrifft die Werte, Normen und Führungsstile.
- Der **Ausschluss indirekter Konkurrenz** überprüft, ob Allianzpartner in unterschiedlichen Geschäftsfeldern und ggf. in unterschiedlichen Allianzen agieren und dabei zueinander in Konkurrenz stehen.

Je nach Ausprägung der Allianz lassen sich zwei **Grundtypen** unterscheiden.

- **X-Allianzen** entstehen, wenn sich Unternehmen die Durchführung der Aktivitäten aufteilen. Dabei führt jeder Partner bestimmte Aktivitäten für den jeweils anderen aus. Durch diese asymmetrische Kompetenzverteilung werden die Schwächen der Partner kompensiert.
- **Y-Allianzen** entstehen, wenn Unternehmen bestimmte Wertaktivitäten gemeinsam betreiben, um Skaleneffekte zu erzielen.

Eine **strategische Allianz** ist eine Zusammenarbeit rechtlich selbstständiger Unternehmen, die eine gemeinsame Strategie verfolgen, um ihre Wettbewerbsposition zu verbessern. Es handelt sich um eine formalisierte, längerfristige Beziehung mit dem Ziel, eigene Schwächen durch Stärken anderer Partner zu kompensieren (vgl. *Schulte-Zurhausen*, 2013, S. 290).

Eine strategische Allianz soll für die Kooperationspartner Wettbewerbsvorteile schaffen. Indem individuelle strategische Stärken ergänzt bzw. Schwächen kompensiert werden, kann der Zugang zu neuen Märkten und Technologien schneller und sicherer erfolgen. Solche Verbesserungen der strategischen Position lassen sich z. B. durch die gemeinsame Nutzung von Ressourcen und Aufteilung von Risiken erreichen. Für die Partner ist die Kooperation potenziell von signifikanter Bedeutung für ihre zukünftige Wettbewerbssituation. Beispiele sind Marketing-Kooperationen mit hoher Außenwirkung oder Produkt- bzw. Technologiekooperationen. Das Leitmotiv von Allianzen ist der Begriff **Synergie.** Die Ursachen liegen

- in der Finanzwirtschaft, z. B. durch eine stärkere Kapitalbasis oder Risikostreuung,
- in der Beschaffungspolitik, z. B. der Zugang zu Rohstoffen,
- in der Marktpositionierung, z. B. Marktbeherrschung oder Imagetransfer sowie
- in verwaltungstechnischen Gründen, z. B. Zentralisierung der administrativen Aufgaben wie etwa Rechnungslegung oder Personalwesen.

Eine wesentliche Voraussetzung für den Erfolg strategischer Allianzen ist daher die Übereinstimmung der Unternehmensziele und strategischen Vorstellungen. Deshalb ist die Partnerwahl von besonderer Bedeutung. In einem

Kooperationskonzept werden Ziele einvernehmlich festgelegt, Leistungen und Gegenleistungen vereinbart sowie Aufgaben und Verantwortlichkeiten festgeschrieben. Dies erfolgt meist in Verträgen mit Sanktions- und Haftungsregelungen sowie Beendigungsklauseln.

So finden sich viele strategische Allianzen in vertikalen Kooperationen, bei denen Schlüsselpartner in der Wertschöpfung ihr Verhältnis als Lieferant oder Abnehmer vertiefen. Sie verfestigen ihre Partnerschaftsverhältnisse in **Wertschöpfungspartnerschaften**. Dabei werden Schnitt-

Strategische Partnerschaft Deuter – Duke

Die *Deuter Sport GmbH* ist ein deutscher Outdoor-Hersteller von Rucksäcken, Schlafsäcken und Taschen mit Sitz in Gersthofen bei Augsburg. Das Unternehmen wurde 1898 von *Hans Deuter* gegründet. Erstes Tätigkeitsfeld war die Belieferung der königlich-bayrischen Post mit Briefbeuteln und Säcken. Schon vor Ausbruch des Ersten Weltkriegs produzierte *Deuter* Tornister, Rucksäcke und Zelte für die Armee. Im Laufe seiner Geschichte stattete *Deuter* mehrmals Bergexpeditionen aus, so z. B. 1953 die Erstbesteigung des Nanga Parbat. Im Jahr 1989 spaltete sich der Unternehmensbereich Reisegepäck ab, der 2006 von *Schwan-Stabilo* übernommen wurde. In der Firmenzentrale in Gersthofen arbeiten etwas mehr als 100 Mitarbeiter in den Bereichen Logistik, Produktentwicklung, Vertrieb und Marketing (www.deuter.com).

In der gesamten Branche werden die Produkte in Asien gefertigt. Die meisten Unternehmen setzen auf rein marktliche Lösungen (Buy). Sie kaufen in Fernost günstig ein und nutzen dabei eine Vielzahl von Fabriken, die für mehrere Marken tätig sind. In aller Regel sind es Taiwaner, Chinesen oder Koreaner, die diese Werke in zahlreichen asiatischen Ländern betreiben. Das Know-how aus einem Land übertragen sie dabei immer wieder auf andere Standorte. Dies ermöglicht geringe Abhängigkeiten und hohe Flexibilität, falls ein Lieferant ausfällt. Der Nachteil liegt in langen Bestellzyklen, geringem Einfluss auf die Abläufe und das eigene Know-how lässt sich nur schwer schützen.

Andere Unternehmen wiederum stützen sich auf eigene Produktionsstätten im Sinne einer ausgelagerten Fertigung (Make), die ihnen komplett selbst gehört. So betreibt der *Deuter*-Konkurrent *Tatonka* etwa zwei eigene Fabriken in Vietnam. Die Eigenfertigung ermöglicht es, die Produktionsprozesse vollumfänglich zu steuern und bei Bedarf jederzeit einzugreifen. Volle Kontrolle bedeutet allerdings auch volles Risiko und einen höheren Kapitaleinsatz.

Deuter hingegen bezieht alle seine Produkte von zwei strategischen Partnern. Die Schlafsäcke kommen seit 2003 aus China und seit 2015 aus Myanmar vom Produzenten *Bellmart*. Seit 1991 produziert das koreanische Familienunternehmen *Duke* exklusiv sämtliche Rucksäcke und Taschen für *Deuter*. Die Partnerschaft zwischen den beiden Familienunternehmen wurde per Handschlag der Familiengeschäftsführer auf Basis persönlichen Vertrauens besiegelt.

Beide Allianzpartner sind vollständig voneinander abhängig. *Deuter* hat sich verpflichtet, sämtliche Rucksäcke bei *Duke* in der vietnamesischen Wirtschaftsmetropole Ho-Chi-Minh-Stadt fertigen zu lassen. *Duke* produziert in seinen zwei Fabriken exklusiv für *Deuter* mit mehr als 3.000 Mitarbeitern über 3,5 Mio. Artikel jährlich. Die langjährige Partnerschaft bringt dabei Vorteile für beide Seiten. *Deuter* hat erheblichen Einfluss auf alles, was in der Fabrik vor sich geht. Gleichzeitig ist die Gefahr gering, dass Know-how an die Wettbewerber abfließt. *Duke* wiederum muss sich keine Sorgen um die Aufträge machen und kann langfristig planen. Auch sind für die Produkte hohe Standards in der Produktion bei den Arbeitsbedingungen und auch den Materialien sehr wichtig. Dies wird von den Kunden erwartet und durch unabhängige Gutachter wie die *Fair Wear Foundation* überprüft. Dies ist aber auch der Anspruch der beiden mittelständischen Familienunternehmen, die großen Wert auf einen fairen Umgang mit den Mitarbeitern legen. Die relativ niedrigen Löhne in Vietnam sichern auf der einen Seite die Wettbewerbsfähigkeit von *Deuter*, allerdings sind die Bezahlung und die Arbeitsbedingungen für Vietnam weit überdurchschnittlich (vgl. *Hofer*, 2017, 20 f.).

Ein weiterer Vorteil der Partnerschaft ist die Planbarkeit. So wächst *Deuter* seit Jahren, weshalb *Duke* seine Produktion rechtzeitig um ein weiteres, neues Werk erweitern konnte. Umgekehrt profitiert *Deuter* aus der engen Beziehung zwischen Marke und Hersteller durch eine schnelle, pünktliche und qualitativ hochwertige Belieferung. Dadurch ist keine große Lagerhaltung erforderlich. Die strategische Partnerschaft ermöglichte es *Deuter*, eine deutsche Marke zu bleiben, obwohl die Produktion längst verlagert wurde. Dies gelang vor allem, weil in Vietnam ein engagiertes Familienunternehmen gefunden wurde, mit dem eine langjährige Partnerschaft und Co-Produktion möglich war. Dass es dabei auch unterschiedliche Interessen gibt, erscheint natürlich. Die Partner haben aber noch immer zueinander gefunden und sei es auch erst spät am Abend beim koreanischen Barbecue im Geschäftsviertel von Ho-Chi-Minh-Stadt.

Die Partner *Deuter* und *Duke* wurden 2022 als Sieger in der Kategorie „Globale Unternehmenspartnerschaften" mit dem Deutschen Nachhaltigkeitspreis ausgezeichnet.

stellen zwischen vor- und nachgelagerten Wertschöpfungsstufen optimiert. Dies kann z. B. durch die Einbindung in die Produktionssysteme in Form von unternehmensübergreifendem Lean Management (vgl. Kap 5.4.5) mit einer Just in time-Belieferung erfolgen. Ebenso können Know-how und Technologien von Zulieferern oder Kunden in die Innovationsprozesse eingebunden werden (Co-Creation, vgl. Kap. 8.6.4). Kooperationen in Vertrieb und Marketing sind etwa Markenpartnerschaften, wie z. B. eine *Miles-&-More-Kreditkarte* von *Lufthansa* und *Master Card*. Derartige strategische Allianzen sind über alle Branchen weit verbreitet. Dies gilt beispielsweise für die gemeinsame Entwicklung und Nutzung von Technologien, wie etwa der Einbau von *Zeiss-Objektiven* in Digitalkameras, oder von *Intel*-Prozessoren in PC's mit dem Slogan *Intel inside*. Ein Beispiel für eine Markenpartnerschaft ist die Allianz von *Coca Cola* mit dem Musikstreamingdienst *Spotify*. Dies dient *Coca-Cola* dazu, junge Zielgruppen zu erschließen und *Spotify* kann durch die Weltmarke *Coca Cola* an Bekanntheit gewinnen sowie ein positiveres Image aufbauen.

Wertschöpfungspartnerschaften setzen in vielen Branchen wie der Automobilindustrie oder der Mode-, Textil und Sportartikelbranche auf die Kraft der **Co-Produktion.** Dabei wird die Wertschöpfung aus Hochlohn- und Hochsteuerländern wie Deutschland durch strategische Partnerschaften ins Ausland verlagert. In den Hochlohnländern verbleibt sowohl die hochautomatisierte Fertigung, wie etwa in der Automobilproduktion, als auch die manuelle Herstellung exklusiver Produkte für das Premiumsegment. Beispiele sind etwa Uhrenmanufakturen oder kundenspezifisch konstruierte Maschinen. Weitaus größer ist jedoch die Zahl jener Hersteller, die ihre Produktion entweder in günstigere Standorte (best cost locations) oder aber näher an die Kunden verlagern, wie z. B. die Automobilfertigung in China für den chinesischen Markt. In vielen Branchen wie Mode- und Sportartikel, Spielzeug oder Schuhe erfolgen meist die Entwicklung und Markenführung in Europa und die Produktion vor allem in Asien. So hat beispielsweise der Berufsbekleidungshersteller *Engelbert Strauss* in Deutschland rund 1.300 Mitarbeiter, die Textilien des Familienunternehmens stammen aber von strategischen Produktionspartnern in Asien, bei denen mehr als 10.000 Menschen arbeiten.

Joint Ventures

Bei einem **Joint Venture** erfolgt die Kooperation über eine eigens dafür gegründete und rechtlich selbstständige Gesellschaft als Gemeinschaftsunternehmen. Die Kooperationspartner bringen darin verschiedene Ressourcen ein. Die kooperierenden Unternehmen sind i. d. R. zu gleichen Teilen beteiligt.

Joint Ventures werden meist gewählt, wenn:

- technologisch hoch komplexe Aufgaben nicht mehr von einem Unternehmen allein bewältigt werden können, wie z. B. in der Luft- und Raumfahrtindustrie oder in der Biotechnologie.
- hohe Forschungs- und Entwicklungsrisiken oder finanzielle Belastungen verteilt werden sollen oder
- um die Absatzmöglichkeiten in protektionistisch abgeschotteten Märkten zu vergrößern.

Joint Ventures bezeichnen die wirtschaftliche Zusammenarbeit zwischen zwei oder mehreren Unternehmen, die gemeinsam ein rechtlich selbstständiges Unternehmen gründen oder erwerben.

Joint Ventures können durch eine Ausgliederung betroffener Aktivitäten aus den kooperierenden Unternehmen entstehen. Dazu werden die Unternehmensteile in ein eigenständiges Unternehmen eingebracht, welches das Geschäftsfeld im Interesse der beteiligten Partner fortführt. Die Gründung kann durch eine Beteiligung an einem bestehenden Unternehmen, durch eine Neugründung oder durch die gemeinsame Übernahme eines dritten Unternehmens erfolgen. Die häufigste Form des Joint Ventures ist das Gemeinschaftsunternehmen, bei dem die Anteile unter den beteiligten Unternehmen gleich verteilt sind. In diesem Fall ist eine hierarchische Beherrschung durch einen Kooperationspartner ausgeschlossen. Das Joint Venture wird somit gemeinsam geleitet. Es ist aber auch eine ungleichmäßige Verteilung der Anteile möglich.

Die Bedeutung von Joint Ventures ist durch die Globalisierung gestiegen. Politische Rahmenbedingungen und protektionistische Regelungen erfordern für den Eintritt in einen ausländischen Markt häufig einen regionalen Partner. Dieser kann marktspezifisches Know-how einbringen und den Kapitalbedarf senken. Darüber hinaus kann dadurch das Gemeinschaftsunternehmen im jeweiligen Land auch als inländisches Unternehmen in Erscheinung treten. Empirisch sind Joint Ventures wenig erfolgreich. Ursachen

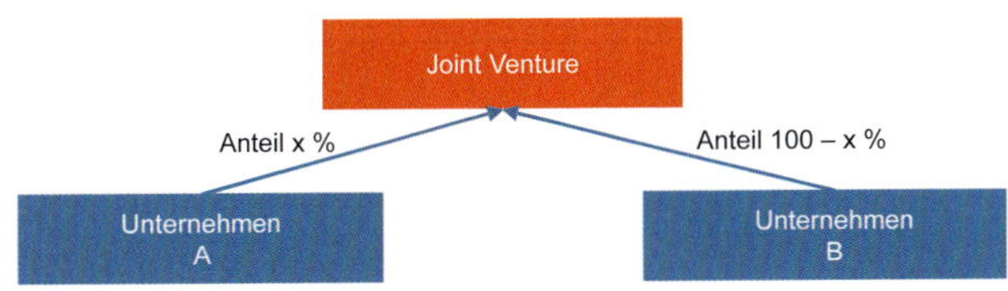

Abb. 5.5.9: Joint Venture als Gemeinschaftsunternehmen

sind Zielkonflikte zwischen den Partnern, personalpolitische Unstimmigkeiten, die Gefahr von Wissensverlusten und kulturelle Integrationsprobleme (vgl. *Welge et al.*, 2017, S. 674 ff.). Kap. 5.7.4 zeigt dies anschaulich am Praxisbeispiel eines Joint Ventures des Unternehmens *Brüggemann*.

Konsortien

Konsortien sind Gemeinschaften für eine begrenzte Dauer. Unternehmen kooperieren, indem sie eine Projektgemeinschaft gründen. Bei dieser Organisationsform verpflichten sich die beteiligten Unternehmen, ein oder mehrere genau abgegrenzte Projekte gemeinschaftlich durchzuführen. Konsortien werden i. d. R. für eine begrenzte Dauer gebildet. Neben der Verwirklichung ressourcenbedingter Synergievorteile wird mit Hilfe eines Konsortiums auch eine Verringerung des mit Großprojekten verbundenen Risikos für die einzelnen Kooperationspartner erreicht. Dabei bleibt die wirtschaftliche und rechtliche Selbstständigkeit der Kooperationspartner erhalten. Typische Beispiele dafür sind Arbeitsgemeinschaften für große Bauprojekte. Auch Banken schließen sich häufig zu Konsortien zusammen, um beispielsweise größere Kredite zu vergeben oder Wertpapieremissionen abzuwickeln.

5.5.4 Netzwerke

Multilaterale Organisationsformen umfassen mehrere Kooperationspartner. Dabei arbeiten mehrere rechtlich selbstständige Unternehmen zusammen und kooperieren in Verbindungen, die mehr oder weniger locker sind. Zu ihnen zählen zwischenbetriebliche Netzwerke oder Plattformen. Sie sind nicht von vornherein mit einer bestimmten Markt- bzw. Hierarchienähe verknüpft, weshalb sie auch als hybride Organisationsformen bezeichnet werden. Je nach ihrer Beziehungsform können sie entweder markt- oder hierarchienah ausgestaltet sein. Für Netzwerke finden sich Begriffe wie strategische Netzwerke, dynamische Netzwerke oder auch Wertschöpfungsnetzwerke, die z. T. synonym verwendet werden.

Netzwerke sind unternehmensübergreifende Kooperationen von mehr als zwei rechtlich selbstständigen Unternehmen, die zur Erreichung gemeinsamer Ziele freiwillig und koordiniert zusammenarbeiten (vgl. *Richardson*, 1972, S. 883).

In solchen **dynamischen oder strategischen Netzwerken** können die Unternehmen in der Form von Joint Ventures oder sonstigen Allianzen miteinander verbunden sein. Beispiele sind Lizenz-, Technologie- oder Managementverträge. Netzwerke gelten als eine der erfolgversprechendsten Formen der unternehmensübergreifenden Zusammenarbeit (vgl. *Prahalad/Hamel*, 1994, S. 34). Sie haben ihren Ursprung in gestiegenen Markt- und Wettbewerbsanforderungen. Dadurch werden traditionelle Strategien der Wettbewerbspositionierung zunehmend durch dynamische Strategien mit wechselnden Wettbewerbsvorteilen verdrängt (vgl. Kap. 3.3.3). Dies erfordert die Mobilisierung aller strategischen Potenziale und Ressourcen sowie die Suche nach Wettbewerbsvorteilen durch unternehmensübergreifende Kooperationen. Netzwerke sind demnach eine strategisch motivierte Kooperationsform. Ziel ist es, die Wertschöpfung effizienter zu erbringen, als dies durch ein Unternehmen allein oder die Kooperation mit nur einem Partner möglich wäre.

Vorteile und Voraussetzungen

Durch die koordinierte Zusammenarbeit sollen **Spezialisierungsvorteile** und Synergien erzielt werden. Diese folgen aus der Arbeitsteilung der Partner. Dabei können sich die Unternehmen eines Netzwerks auf einzelne Aufgaben spezialisieren. Netzwerke bieten somit eine Alternative zur vertikalen oder horizontalen Integration sowie zur reinen Markttransaktion. Im Gegensatz zum unternehmerischen Alleingang oder einer Akquisition bzw. Fusion (vgl. Kap. 5.6), können sich die Partner bei einer Kooperation ausschließlich auf die wettbewerbsrelevanten Aktivitäten und die hierzu erforderlichen Ressourcen konzentrieren.

Ein Netzwerk bietet die Möglichkeit, für einzelne Projekte die jeweils **optimale Betriebsgröße** zu wählen. Dies wird auch als Überwindung des sog. Groß-Klein-Paradoxons bezeichnet (vgl. *Erhardt*, 1993). Vor dem Hintergrund der Globalisierung ist internationale Präsenz und damit Unternehmensgröße ebenso wichtig, wie die Konzentration auf Kernkompetenzen und die Flexibilität kleiner Einheiten. Ein Netzwerk bzw. eine strategische Partnerschaft kann hier einen Ausweg bieten, indem die Größennachteile einzelner Unternehmen durch den Verbund kompensiert werden. Beispielsweise haben sich Fluggesellschaften in Netzwerken organisiert, um weltweit Flüge anzubieten sowie um Synergien in Wartung, Service und Einkauf zu realisieren. Dabei geben sie ihre Eigenständigkeit als Unternehmen nicht auf, sondern bringen ihre spezifischen Fähigkeiten, wie etwa ihre regionale Präsenz, in das Netzwerk ein. Netzwerke verknüpfen demnach **Flexibilitätsvorteile** kleinerer Organisationen mit den **Integrationsvorteilen** großer Unternehmen (vgl. *Hinterhuber/Levin*, 1994, S. 43). Sowohl Großunternehmen können ihre Einheiten mit de-

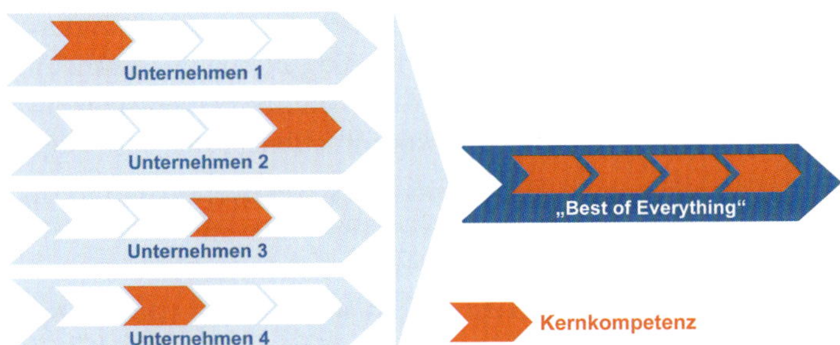

Abb. 5.5.10: Netzwerke als „Best-of-everything"-Kooperation

ren spezifischen Kompetenzen vernetzen als auch kleinere Unternehmen Größennachteile überwinden.

Die Grundidee von Netzwerken ist die Bildung einer „**Best-of-everything**"-Organisation. In diese bringt jeder Netzwerkpartner seine jeweilige **Kernkompetenz** ein, um eine gemeinsame Gesamtleistung zu erstellen (vgl. Abb. 5.5.10). Die Wettbewerbsvorteile von Unternehmen beziehen sich meist auf unterschiedliche Bereiche der Wertschöpfungskette. Die Netzwerkkonstruktion erlaubt es, dass sich die Unternehmen auf diese Bereiche konzentrieren. Da die Netzwerkunternehmen ihre spezialisierten Leistungen für mehrere Netzwerkpartner erbringen, können sie hohe Skalen- und Flexibilitätseffekte erzielen. Die Erfolgsverantwortung der einzelnen Netzwerkunternehmen bleibt dabei erhalten. Dies schafft optimale Kompetenz und Effizienz, auch weil redundante Kompetenzen bzw. Ressourcen vermieden werden (vgl. *Zahn*, 1997, S. 4).

Die Chancen von Netzwerken bestehen v. a. in der Erweiterung der Ressourcen und Kompetenzen, die einem Unternehmen zur Verfügung stehen. Da Netzwerke nicht auf den nationalen Bereich beschränkt sind, können regionale und globale Potenziale flexibel ausgeschöpft und die Vorteile der internationalen Arbeitsteilung genutzt werden. Die Führung von Netzwerken soll die Voraussetzungen für die Zusammenarbeit schaffen, die Risiken der Verwischung von Unternehmensgrenzen beherrschen und die verbundenen unternehmerischen Chancen nutzen (vgl. *Picot et al.*, 2020, S. 121).

Die **Erfolgsformel** für Netzwerke lautet: Minimierung der Organisation bei Maximierung der Anpassungsfähigkeit und Kompetenz. Um diese potenziellen Vorteile realisieren zu können, bedarf es einer Reihe von **Voraussetzungen** (vgl. *Sydow/Well*, 1996, S. 194; *Miles/Snow*, 1993, S. 71):

- **Koordinationsmechanismen:** Die Abstimmung in einem Netzwerk erfolgt in erster Linie durch Marktmechanismen. Im Vordergrund steht dabei der Preis der ausgetauschten Leistungen. Bei längerer Zusammenarbeit wird die Kooperation auf eine gemeinsame Planung ausgeweitet. Häufig wird ein Vermittler eingesetzt, der als sog. Broker oder Fokal die Leistungen der spezialisierten Netzwerkunternehmen aufeinander abstimmt. Dies ist etwa im Finanz- und Versicherungsmarkt weit verbreitet.
- **Geringe Transaktionskosten** zwischen den Netzwerkpartnern sind erforderlich, um den wirtschaftlichen Vorteil der Zusammenarbeit sicherzustellen. Hierfür bedarf es eines netzwerkumspannenden Informationssystems. Die drastische Verringerung der Transaktionskosten, insbesondere durch das Internet, eröffnet viele neue Anwendungsmöglichkeiten. Netzwerke stellen keine organisatorische Innovation dar, da es unternehmensübergreifende Verflechtungen schon in frühkapitalistischen Verlagssystemen und projektartigen Partnerschaften gab. Ein Beispiel sind die Arbeitsgemeinschaften (ARGE) im Baugewerbe. Neu an heutigen Netzwerken ist, dass durch digitale Informationstechnologie die Ressourcen nicht aus den partizipierenden Unternehmen ausgegliedert werden müssen und dennoch dem Netzwerk zur Verfügung gestellt werden können.
- **Aufbau von Vertrauen** sowie gemeinsamen Werten und Normen zwischen den Partnern bilden die Basis eines Netzwerks. Sofern sich ein konkretes Vorhaben ergibt, kann aus dem Beziehungsgeflecht eine zeitweilige, projektbezogene Kooperation entstehen. Somit kann ein Netzwerk durch Arbeitsteilung unter den Netzwerkbeteiligten eine hohe Flexibilität erreichen. Vertrauen fördert die meistens langfristig angelegte Zusammenarbeit, kann sie aber nicht unbedingt garantieren. Daher ist es hilfreich, die Regeln der Zusammenarbeit einer Netzwerk- oder Kooperationsverfassung möglichst schriftlich festzuhalten.
- **Netzwerkbereitschaft** ist eine unabdingbare Voraussetzung, da die Unternehmen ihre wirtschaftliche Selbstständigkeit einschränken. Dafür erhalten sie Zugriff auf die Netzwerkressourcen. Die strikte Abgrenzung zwischen eigenen und fremden Ressourcen verliert an Bedeutung und verringert die Autonomie der Netzwerkpartner.

- **Stabile Infrastrukturen** in technischer und institutioneller Hinsicht, insbesondere, wenn Netzwerke zwischen Wettbewerbern entstehen.
- **Beherrschung der Risiken**, wie z.B. die Aufgabe der eigenen Identität oder der Verlust von Marktvorteilen. Die Gefahr eines Identitätsverlusts ist v.a. dann groß, wenn Unternehmen mit unterschiedlichen Kulturen und Traditionen zusammenarbeiten. Hier besteht die Gefahr, dass die verflochtenen Unternehmensteile entweder keine eigene Unternehmenskultur und Identität entwickeln oder dass die Kultur eines dominanten Partners die der anderen Partner verdrängt.

Netzwerke weisen zusammenfassend folgende **Charakteristika** auf (vgl. *Miles/Snow*, 1986, S. 64 f.):

- projektbezogene Zusammenarbeit, deren Dauer sich nach der (Projekt-)Aufgabe richtet,
- Spezialisierungsvorteile durch Arbeitsteilung,
- aufgabenspezifische Zusammenstellung in einer optimalen Betriebsgröße,
- Nutzung der Kernkompetenzen aller Partner und
- netzwerkweites, digitales Informationssystem.

Netzwerke sind nicht nur zur Koordination unternehmensinterner Aktivitäten, sondern auch zur Abstimmung der Beziehungen zwischen den Marktpartnern zweckmäßig. Sie ergänzen oder überlagern dabei die vorhandene Organisationsstruktur, ohne diese zu ersetzen. Dadurch erhöht sich die Komplexität für die Unternehmensführung. Deshalb ist der erreichbare Nutzen mit den entstehenden Autonomieverlusten und Koordinationskosten abzuwägen.

Die allgemeine Definition eines Netzwerks als multilaterale Kooperation umfasst eine Fülle unterschiedlicher Formen. In Abgrenzung zu internen, informellen oder technikbasierten Netzwerken wird häufig von **strategischen Netzwerken** gesprochen, wenn eine unternehmensübergreifende Zusammenarbeit auf die Erschließung von Wettbewerbsvorteilen gerichtet ist (vgl. *Sydow*, 1995, Sp. 1622 ff.). Häufig wird auch nach deren Lebensdauer zwischen stabilen bzw. dynamischen sowie zwischen längerfristigen bzw. temporären Netzwerken unterschieden.

Keiretsu

Als Netzwerk gelten auch die japanischen Kinyokai als sog. **Keiretsu-Strukturen.**

> **Keiretsus** bestehen aus rechtlich selbstständigen, aber wirtschaftlich voneinander abhängigen Unternehmen.

Sie verfügen meist über

- gleiche Namensbestandteile,
- eine Absprache ihrer Strategien,

Mitsubishi Keiretsu

Mitsubishi bedeutet wörtlich übersetzt „drei Rauten" und ist eine japanische Marke, unter der über zweihundert verschiedene Unternehmen, Konzerne, Stiftungen und weitere Organisationen vernetzt sind. Sie bilden das *Mitsubishi* Keiretsu aus über 40 Unternehmensgruppen und mehr als 600 Einzelunternehmen. Hierzu gehören z.B. *Mitsubishi* Motors (Fahrzeugbau), *Mitsubishi Fuso Truck and Bus Corporation* (Nutzfahrzeuge), *Mitsubishi Electric* (Elektrotechnik), *Mitsubishi Chemical* (Chemie, Speichermedien), *Mitsubishi Estate* (Immobilien), *Mitsubishi Corporation* (Handel), *Mitsubishi Trust and Banking* (Finanzwesen) und *Bank of Tokyo-Mitsubishi*. Allein *Mitsubishi Electric* beschäftigt als größtes Unternehmen, das den Namen *Mitsubishi* trägt, mehr als 120.000 Mitarbeiter und erzielt einen Umsatz von rund 26,5 Mrd. €. Das *Mitsubishi* Keiretsu entstand nach dem Zweiten Weltkrieg aus der Zerschlagung des Unternehmenskonglomerats *Mitsubishi*. Dessen Ursprung war die Gründung eines Schifffahrtsunternehmens im Jahr 1870 (www.mitsubishi.com).

Heute sind die einzelnen Unternehmen zwar weitgehend rechtlich voneinander unabhängig. Aber neben der Marke sind diese durch gemeinsame Werte weiterhin eng verbunden. Diese gemeinsame Philosophie wurde vom vierten *Mitsubishi*-Präsident *Koyata Iwasaki* in den 1930er Jahren formuliert. Heute wird diese Philosophie als die „Drei Prinzipien" (im Japanischen „Sankoryo" genannt) bezeichnet. Deren Geist und Werte bestimmen auch heute noch das Keiretsu, sowohl in dessen Geschäftsbeziehungen als auch dem Ziel, der Gesellschaft zu helfen.

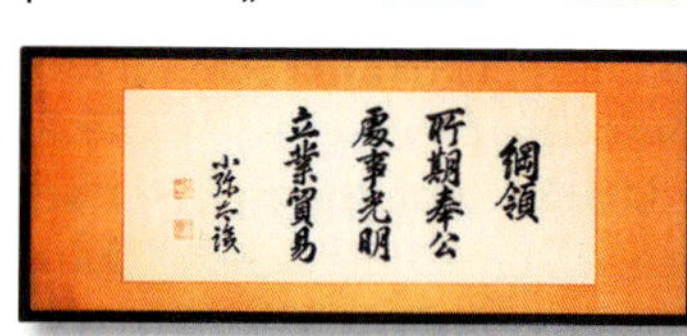

Die drei verbindenden **Prinzipien** sind:

- „Shoki Hoko" (Gesellschaftliche Verantwortung): Die Gesellschaft soll sowohl materiell als auch spirituell bereichert werden und das Unternehmen soll zur Erhaltung der Umwelt beitragen.
- „Shoji Komei" (Anstand und Gerechtigkeit): Die Führungsprinzipien sind Transparenz und Offenheit sowie Integrität und Fairness.
- „Ritsugyo Boeki" (Völkerverständigung durch Handel): Expansion auf Basis einer globalen Perspektive.

- einen gemeinsamen Hauptkreditgeber,
- gemeinsamen Handel im In- und Ausland,
- eine Überkreuzbeteiligung von Eigentumsanteilen,
- eine bevorzugte Vergabe von Aufträgen innerhalb der Gruppe,
- einen Austausch von Führungskräften und
- ein starkes Zugehörigkeitsgefühl.

Allgemein können Keiretsus entweder mehr hierarchischen oder mehr marktlichen Charakter besitzen. Dementsprechend sind sie entweder eher den kooperativen oder den beherrschenden Formen unternehmensübergreifender Zusammenarbeit zuzurechnen. Wenn Kooperationsverhältnisse die Basis der Zusammenarbeit bilden, kann man von kooperativen Netzwerken sprechen. Beispiele sind Forschungs- und Entwicklungsallianzen, übergreifende Warenwirtschaftssysteme oder Rationalisierungsgemeinschaften zwischen Lieferanten, Abnehmern und Transporteuren. Andere Keiretsus zeichnen sich dadurch aus, dass ein oder mehrere Unternehmen eine Führungsrolle besitzen. Solche sogenannten **fokalen Unternehmen** koordinieren den Prozess der unternehmensübergreifenden Aufgabenerstellung. Zwischen diesen und den anderen beteiligten Unternehmen bestehen langfristige Vertragsbeziehungen mit hierarchieähnlichen Strukturen. Typische Beispiele sind Zulieferhierarchien oder Supply-Chain-Management-Systeme.

Paritätische und Unterstützungsnetzwerke

In Abhängigkeit davon, ob die Netzwerkpartner durch gleichberechtigte Kommunikation oder durch eine zentrale Einheit koordiniert werden, lassen sich grundlegende **Formen von Netzwerken** unterscheiden (vgl. *Dillerup*, 1998, S. 328; Abb. 5.5.11):

- **Paritätische Netzwerke** bestehen aus gleichrangigen Akteuren. Häufig finden sich solche Strukturen in regionalen oder überregionalen Verbänden. Die Partner verfolgen gemeinsam ihre Interessen. Sie können sich in Größe, Beteiligung und Entscheidungsfindung unterscheiden. Ein Beispiel sind lokale Verbände von Gewerbetreibenden, die aus unterschiedlichen Branchen zusammengesetzt sind und gemeinsame Ziele verfolgen.
- **Comissioner-Netzwerke/Unterstützungsnetzwerke** sind im Handel bekannt geworden und erbringen gemeinsam eine ergänzende (Dienst-)Leistung. Es kooperieren Partner mit komplementären Kernkompetenzen. Da die Leistungsprozesse bei diesem Typ stark voneinander abhängig sind, ist eine intensive Koordination er-

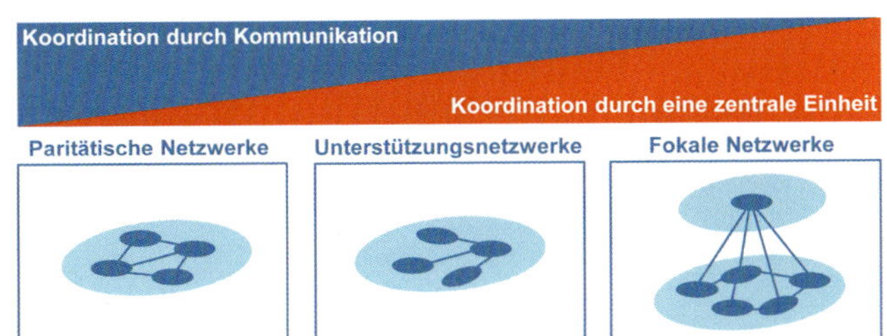

Abb. 5.5.11: Netzwerktypen in Abhängigkeit der Koordinationsform

Netzwerk STAR ALLIANCE

Das *Star Alliance*-Netzwerk wurde 1997 als erste globale Allianz von Fluglinien gegründet, um Reiseziele auf der ganzen Welt abdecken zu können (www.staralliance.com). Die *Star Alliance* besteht aus 26 Fluggesellschaften, die täglich mehr als 18.500 Flüge durchführen und über 1.300 Ziele in 192 Ländern anfliegen. Alle Mitglieder zusammen haben eine Flottenstärke von rund 4.600 Flugzeugen und befördern jährlich mehr als 640 Millionen Passagiere. Damit ist die *Star Alliance* die größte Luftfahrtallianz der Welt. Die Mitglieder des Netzwerks sind durch ihre Logos veranschaulicht.

Ein einheitliches Code Sharing System ermöglicht aufeinander abgestimmte Linienflüge in einem weltweiten Netzwerk. Zudem verbessert es die Kapazitätsauslastung, indem die Kunden unterschiedlicher Partnerunternehmen mit einer durchgängigen Flugverbindung bedient werden. Zudem kann durch die Kooperation das Einkaufsvolumen gebündelt und Verbundeffekte durch wechselseitige Pflege- und Wartungsdienste erreicht werden. Die Marketingaktivitäten zeichnen sich durch gemeinsame Markenwerbung und Kundenbindungsprogramme aus. So sind die Bonusmeilen-Programme, Reservierungssysteme und die Angebote für Kunden der First und Business Class aufeinander abgestimmt. Um Mitglied in der *Star Alliance* zu werden, muss eine Fluggesellschaft festgelegte Standards hinsichtlich Kundendienst, Sicherheit und technischer Infrastruktur erfüllen.

forderlich. So kann etwa ein Recyclingsystem von den Herstellern kooperativ aufgebaut und den Händlern angeboten werden. Koordiniert werden solche Servicenetzwerke häufig über eigens dafür eingerichtete Einheiten, welche die Koordination und Kommunikation ermöglichen. Als Beispiel bündelt das Unternehmen *Duales System Holding GmbH & Co. KG* die Aktivitäten des Wertstoffrecyclings.

Fokale Netzwerke

Fokale Netzwerke sind z. B. in der Automobilindustrie weitverbreitet (vgl. *Sydow/Möllering*, 2015, S. 187). Dort sind die Kraftfahrzeughersteller in der Rolle des Fokals. Sie kombinieren eigen- und fremdbezogene Leistungen zu einem marktfähigen Produkt, das sie im Anschluss vertreiben. Die Automobilzulieferer sind selbstständige Unternehmen, die aber in ihrer Zielsetzung und Rolle durch den Kraftfahrzeughersteller koordiniert werden. Nach der Stellung im Wertschöpfungsprozess lassen sich Lieferanten der ersten Ebene, die mit dem Fahrzeughersteller direkt in Kontakt stehen (First-Tier-Lieferanten) und Lieferanten nachfolgender Ebenen (Second-Tier usw.) unterscheiden. Die Zulieferer der ersten Ebene übernehmen die Gesamtverantwortung für die Entwicklung, Produktion und Logistik ihrer Produkte. Abb. 5.5.12 veranschaulicht diesen pyramidenförmigen Aufbau.

Fokale bzw. geführte Netzwerke werden von mindestens einem Unternehmen strategisch geführt. Dieser Fokal definiert den zu bearbeitenden Markt, die Ziele sowie die Rollenverteilung im Netzwerk.

Je nach Verteilung der Kernkompetenzen lassen sich geführte Netzwerke weiter unterscheiden. Bei **Generalunternehmen** sind die Kernkompetenzen der Netzwerkpartner über verschiedene Wertschöpfungsstufen verteilt. Um die Kapazitäten schnell anpassen zu können, kommt ein **Verteilungsnetzwerk** durch Kooperation von Partnern mit ähnlichen Kernkompetenzen zustande.

Netzwerke, strategische Allianzen und Joint Ventures werden vor dem Hintergrund sich wandelnder Wettbewerbssituationen und technologischer Umbrüche immer mehr genutzt. Dies zeigt die Automobilindustrie sehr deutlich, welche mit der Veränderung vom Verbrennungsmotor zu neuen Technologien wie dem Elektroantrieb oder der Brennstoffzelle vor großen Umbrüchen steht. Die daraus resultierenden Entwicklungskosten können große Hersteller über ihr Absatzvolumen besser kompensieren, zumal die Technologie aus Kundensicht weniger relevant zu sein scheint. So stört es die Käufer bislang nicht, dass sich etwa *Audi, Škoda, Seat, Porsche* und *Volkswagen* technologische Plattformen nach dem Baukastensystem im *VW-Konzern* teilen und so Synergiepotenziale nutzen (vgl. Kap. 5.4.6). Kleinere und mittlere Hersteller setzen daher verstärkt auf Kooperationen, um technologisch zusammenzuarbeiten und sich gegenüber der Konkurrenz vermehrt durch ihr Markenprofil abzusetzen (vgl. Koopkurrenz-Strategien in Kap. 3.3.2).

Unter dem Druck milliardenteurer Investitionen in Zukunftstechnologien sind in der Automobilindustrie viele Kooperationen entstanden. Um Synergien und Kostenvorteile zu erreichen, wird zusammen geforscht, eingekauft und gefertigt. So kooperieren in der Branche eine Reihe von Unternehmen bei der Entwicklung des autonomen Fahrens. Beispielsweise arbeitet die *Mercedes-Benz Group* mit dem Geodatendienstanbieter *Here Technologies* zusammen, um echtzeitbasierte, hochpräzise Kartensysteme zu realisieren. Darüber hinaus wird noch zwischen Herstellern und Zulieferern kooperiert, wie z. B. zwischen der *Mercedes-Benz Group* und *Bosch* beim vollautomatisierten und fahrerlosen Fahren im urbanen Umfeld. Die *Mercedes-Benz Group* erhielt 2021 als erster Automobilhersteller der Welt die Genehmigung für ein System mit dem Automatisierungsgrad 3, das der Fahrer nicht dauer-

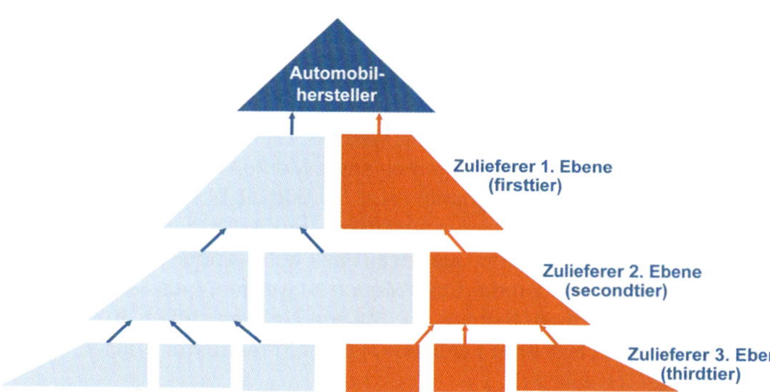

Abb. 5.5.12: Fokales Netzwerk in der Automobilindustrie

haft überwachen muss. Es ging 2022 in der S-Klasse und im EQS in Serie.

Die Kooperationen können die Erwartungen jedoch häufig nicht erfüllen, da die Hersteller zwar ähnliche technologische Probleme bündeln, dafür aber auf kulturelle Unterschiede, unklare Hierarchien und geringer Kooperationsbereitschaft bei sensiblen Themen stoßen. Häufig geht das Kalkül, Kompetenzen aus Kostengründen zu bündeln oder um möglichst schnell große Stückzahlen der jeweiligen Produkte herstellen zu können, nicht auf. Wenn ein wesentliches Motiv der Mangel an eigenem Know-how ist, wirken die Kooperationen wie eine Art Mini-Kartell. Werden die gesteckten Ziele trotz aller Schwierigkeiten erreicht, so treten die Interessenkonflikte offen zutage. So haben sich 2015 nach jahrelangen gerichtlichen Auseinandersetzungen die Hersteller *Volkswagen* und *Suzuki* getrennt. Kooperationen wirken somit kurzfristig wie Kartelle auf dem Weg zur Neuordnung von Branchenstrukturen.

Plattformen

Ein besonderer Typ eines Netzwerks sind Plattformen (vgl. auch Kap. 8.7.2).

> Eine **Plattform** ist ein Netzwerk, das um eine digitale Basis entsteht, die verschiedene Systeme und Leistungen integriert.

Derartige Plattformen sind aus dem B2C-Bereich bekannt und bilden etwa das Kerngeschäftsmodell von *Amazon.* Die Plattform schafft einen Marktplatz, auf dem Angebot und Nachfrage gebündelt wird. Eine große Anzahl an Unternehmen bietet seine Produkte auf der digitalen Plattform an und nutzt dabei auch logistische oder finanzielle Dienstleistungen. Die Realisierung und der Betrieb der Plattform obliegen einem Akteur. Auch im B2B-Bereich gibt es viele Plattformen, die z. B. Kommunikation oder sicheren Daten- und Warenaustausch ermöglichen. Durch die Plattformbetreiber wird eine Vielzahl von weiteren Unternehmen eingebunden, die erforderliche Dienstleistungen oder Waren zur Verfügung stellen. So entstehen **plattformbasierte Ökosysteme**, die stark an Bedeutung gewinnen. Dies bildet auch erhebliche Chancen für mittelständische Unternehmen, die dadurch Know-how-, Kapital- und Kapazitätsgrenzen überwinden können (vgl. *Picot et al.*, 2020, S. 120).

Die Unternehmen einer ökobasierten Plattform stehen häufig vertikal oder horizontal im Wettbewerb zueinander. Gleichzeitig kooperieren sie innerhalb der Plattform miteinander. Dies wird auch als „Coopetition" bezeichnet (vgl. Kap. 3.2), was sich aus den englischen Begriffen „cooperation" (Kooperation) und „competition" (Wettbewerb) zusammensetzt. Plattformen bieten eine digitale Basis für Leistungen verschiedener Akteure auf der Basis einheitlicher Standards. Wichtige Merkmale von Plattform-Unternehmen sind Netzwerkeffekte und eine hohe Digitalisierung.

Arten digitaler Plattformen sind:

- **Transaktions-Plattformen** ermöglichen einen Leistungsaustausch zwischen Individuen und Unternehmen (multi-sided market). Beispiele hierfür sind *ebay* oder *Amazon.*
- **Innovations-Plattformen** bringen Akteure zusammen, um gemeinsam neue Innovationen zu entwickeln (Open Innovation, vgl. Kap. 8.6.4).
- **Integrations-Plattformen** kombinieren die beiden obigen Arten miteinander.

Plattform Uber

Uber

Uber ist ein US-amerikanisches Dienstleistungsunternehmen mit Sitz in San Francisco (www.uber.com). Über eine Plattform agiert *Uber* in vielen Städten der Welt als Vermittler zur Personenbeförderung. Das Unternehmen wurde 2009 gegründet und vermittelt zwischen Kunden und Fahrern über eine mobile App oder eine Website. Dafür erhält *Uber* einen prozentualen Anteil am Fahrpreis als Provision. Zwischenzeitlich sind weitere Fahrdienstleistungen hinzugekommen, wie beispielsweise die Essensauslieferung *UberEats.*

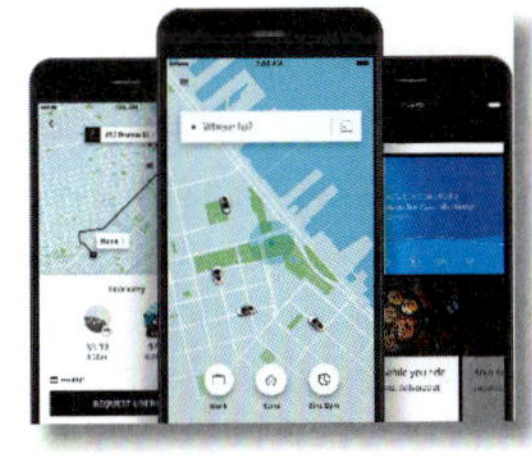

Auf Grund des Potenzials digitaler Plattformen, wirken diese auf viele etablierte Geschäftsmodelle disruptiv. Daher werden digitale Plattformen auch kritisch diskutiert, wie z. B. die Disruption durch *Uber* in der Taxibranche.

Virtuelle Netzwerke

Eine Form der Kooperation auf Zeit stellen **virtuelle Netzwerke** dar. Vor dem Hintergrund der Konzentration vieler Unternehmen auf deren Kernkompetenzen dienen sie der Optimierung der Wertschöpfung. Virtuelle Netzwerke sind temporäre Organisationen zur Lösung von Kundenproblemen (vgl. *Picot et al.*, 2020, S. 118 f.). Nach der Abwicklung der Aufgabe lösen sie sich i. d. R. wieder auf. Bei der Konfiguration virtueller Unternehmen stehen nicht die vorhandenen Ressourcen, sondern vielmehr die notwendigen Kompetenzen im Vordergrund (vgl. *Davidow/Malone*, 1992). Sie werden ausführlich in Kap. 5.2.4 erläutert.

> **Virtuelle Organisationen** sind temporäre Netzwerke unabhängiger Unternehmen oder autonom handelnder Unternehmensteile. Sie organisieren und optimieren ihre Geschäftsprozesse mit Hilfe digitaler Informationstechnologie. Gegenüber den Kunden treten sie als integriertes Unternehmen auf.

Virtuelle Organisationen sind Netzwerke mit besonders hoher struktureller Veränderlichkeit. Da ihre Strukturen einem fortwährenden Wandel unterworfen sind, verfügen sie weder über ein Entscheidungszentrum noch eine Organisationsstruktur (vgl. *Schulte-Zurhausen*, 2013, S. 294). Organisatorische Strukturen existieren im Grunde nicht. Der Begriff virtuell stammt aus der Informationstechnologie und bezeichnet dabei eine digitale Abbildung der Realität, welche für den Anwender täuschend echt erscheint. Virtualität bezeichnet daher eine latente Eigenschaft (Potenzial) ohne physische Substanz, die unter bestimmten Rahmenbedingungen realisiert werden kann (vgl. *Goldman et al.*, 1995, S. 87).

Auf Unternehmen übertragen wird den Kunden ein Produkt scheinbar aus einer Hand angeboten, welches jedoch tatsächlich aus einer temporären Kooperation mehrerer Unternehmen entstanden ist. Die Kooperation nimmt gemeinsam Chancen wahr und arbeitet bis zur Erreichung ihrer Ziele zusammen. Die beteiligten Unternehmen verzichten weitgehend auf die Institutionalisierung von Funktionen und bringen ihre spezifischen Kompetenzen ein. Im Extremfall kann es vorkommen, dass alle Funktionen von Partnern übernommen werden und ausschließlich die Koordination der Leistung sowie die Schnittstelle zum Kunden von einem sog. Broker wahrgenommen wird. Dieses sog. „Schaltbrettunternehmen“ trägt selbst nichts zur Leistungserstellung bei und ist das Herzstück einer sog. „hohlen Organisation“ (Hollow Organization) (vgl. *Miles/Snow*, 1986).

> Eine **Hollow Organization** (Schaltbrettunternehmen) bezeichnet ein fokales Unternehmen in einem Wertschöpfungsnetzwerk, das bis auf die Netzwerksteuerung nahezu alle Wertschöpfungsaktivitäten arbeitsteilig von Kooperationspartnern bezieht, von den Kunden jedoch als ein integriertes Unternehmen wahrgenommen wird.

Die Koordination der Partnerunternehmen erfolgt durch den Einsatz leistungsfähiger digitaler **Informationssysteme** (vgl. Kap. 7.3). Nach deren Einsatzbereich werden verschiedene Dimensionen der Virtualisierung unterschieden:

- **Business to Consumer (B2C):** Die Zusammenarbeit eigenständiger Unternehmen ist auf den Endkunden ausgerichtet. Es können etwa Marketing-, Verkaufs- oder Servicetätigkeiten miteinander vernetzt werden.
- **Business to Business (B2B):** Wird mit anderen Unternehmen kooperiert, steht die Zusammenarbeit im Bereich Einkauf und Logistik im Vordergrund.

Virtuelle Organisationen zeichnen sich durch folgende **Merkmale** aus (vgl. *Schulte-Zurhausen*, 2014, S. 294):

- Die beteiligten Unternehmen beschränken sich auf die Bereiche, die sie besser bewältigen können als andere Einheiten. Alle anderen Tätigkeiten werden den Partnern überlassen.
- Da es keine festen organisatorischen Strukturen und Regeln gibt, wird von den Beteiligten ein hohes Maß an Kreativität, Lernfähigkeit und Eigeninitiative gefordert. Handlungsnotwendigkeiten und Maßnahmen sind stets neu zu definieren.
- Planungsaufgaben werden auf ein Mindestmaß reduziert und arbeitsteilig erbracht.
- Dynamische Prozesse sind dezentralisiert und beherrschen die Organisation. Auf eine formale Organisationsstruktur wird weitgehend verzichtet.
- Führungskräfte wirken nicht hierarchisch, sondern personenorientiert als „Moderatoren“, „Katalysatoren“ oder „Netzverstärker“. Es wird nur wenig oder nichts vertraglich festgelegt, denn die Arbeit basiert auf Vertrauen und losen Übereinkünften.

In einer virtuellen Organisation werden für einen begrenzten Zeitraum ad-hoc projektbezogene und standort- und zeitübergreifende Kooperationen gebildet. Die Ziele liegen in der Bewältigung von neuartigen Aufgaben in komple-

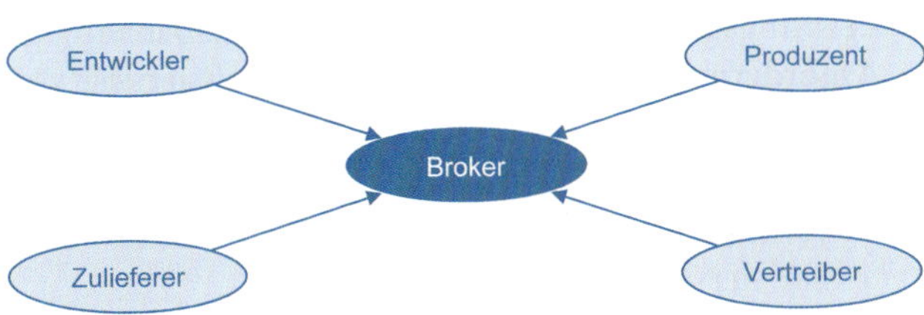

Abb. 5.5.14: Grundmuster virtueller Organisationen (vgl. Miles/Snow, 1986, S. 65)

xen Führungskontexten. Dabei werden sowohl die Vorteile der Modularisierung als auch der Vernetzung genutzt, weshalb diese Organisationsform auch als Hybridmodell bezeichnet wird. Das Modell ermöglicht den beteiligten Unternehmen bei einer hohen Flexibilität und Reaktionsgeschwindigkeit eine **virtuelle Größe**, obwohl es sich aus kleinen Einheiten zusammensetzt (vgl. *Vahs*, 2019, S. 546). Größe ist meist ein Synonym für Schwerfälligkeit. Digitale Technologien ermöglichen jedoch eine virtuelle Größe, woraus sich Vorteile im Marktauftritt ergeben können. Durch das Zusammenwirken von verteilten Einheiten in Netzwerkstrukturen kann es mit gemeinsamen Ressourcen gelingen, zu virtueller Größe zu gelangen.

Die Organisationseinheiten konzentrieren sich auf ihre komplementären (Kern-)Kompetenzen und vernetzen diese miteinander. Deshalb erfordern virtuelle Strukturen als Sozietät von Kompetenzen leistungsfähige digitale Informationssysteme, um die Potenziale bei der Wertschöpfung umfassend und zeitnah nutzen zu können. Basis ist das Wissen und die Fähigkeiten hochqualifizierter Mitarbeiter. Die Anforderungen an die Führung der Wissensarbeiter ist hoch, da virtuelle Organisationseinheiten sich mit ihren Partnern in einem sich ständig wandelnden Beziehungsgeflecht bewegen (vgl. *Davidow/Malone*, 1992, S. 16).

Die Internetbranche gilt als Vorzeigemodell der Virtualisierung. Auch bei wissensintensiven Dienstleistern, wie etwa Softwarehäusern, sind bereits virtuelle Teams in der täglichen Arbeit üblich. Ein weiteres Beispiel sind Bera-

Virtuelles Netzwerk Linux

Ein Beispiel für wenig koordinierte virtuelle Netzwerke ist die Softwareentwicklung in Open Source Communities. Dabei entwickeln Unternehmen oder Einzelpersonen eine Software und machen deren Quellcode offen zugänglich. Diese sog. Open Source-Software kann von jedem Nutzer angepasst und verbessert werden. Der Austausch und die Diskussion in den Communities ermöglichen die gemeinsame Entwicklung. Auf diese Weise entstand das PC-Betriebssystem *Linux*. 1991 begann *Linus Torvalds* in Helsinki mit der Programmierung einer Terminal-Emulation, um unter anderem seinen eigenen Computer besser zu verstehen. Mit der Zeit merkte er, dass sich das System immer mehr zu einem Betriebssystem entwickelte und kündigte es daraufhin in der Usenet-Themengruppe als Betriebssystem an. *Torvalds* entschied sich dazu, allen Entwicklern deutlich mehr Freiraum zu geben und es als erstes freies Betriebssystem zu vertreiben. Dies machte das System für eine noch größere Zahl von Entwicklern interessant, da somit dessen Modifikation und weitere Verbreitung erleichtert wurde. 1996 ging aus einem Wettbewerb der Pinguin *Tux* als Maskottchen für *Linux* hervor (vgl. www.linux.org).

Das modular aufgebaute Betriebssystem wird von Programmierern auf der ganzen Welt weiterentwickelt, die gemeinsam an verschiedenen Projekten arbeiten. Es sind sowohl kommerzielle Unternehmen, Non-Profit-Organisationen als auch Einzelpersonen beteiligt. Meist werden sog. *Linux*-Distributionen genutzt, in denen verschiedene Programme zu einem fertigen Paket zusammengestellt sind. Es gibt eine Vielzahl von *Linux*-Distributionen, die jeweils eine stabile, aktiv gepflegte und weiterentwickelte Version der Software bereitstellen. Allerdings passen viele Distributoren und versierte Benutzer den Betriebssystemkern mehr oder weniger für ihre Zwecke an. Die Einsatzbereiche von *Linux* sind vielfältig und umfassen unter anderem die Nutzung auf Desktop-Rechnern, Servern, Mobiltelefonen, Routern, Netbooks, Multimedia-Endgeräten und Supercomputern. Dabei variiert die Verbreitung von *Linux* in den einzelnen Bereichen drastisch. So ist *Linux* im Server-Markt eine feste Größe, während es auf dem PC bisher kaum eine Rolle spielt. Ebenfalls sind wirtschaftliche und geografische Unterschiede bedeutsam.

Diese virtuelle Kooperation ist trotz fehlender Koordinationsinstrumente erfolgreich und bildet eine konkurrenzfähige Alternative zum Marktführer *Microsoft Windows*. Explizite Regeln und Erfordernisse für eine Aufnahme in die Community bestehen nicht. Die Qualität der aktiven Mitglieder wird über einen Selbstselektionsprozess erreicht. Die Zusammenarbeit basiert auf Freiwilligkeit und jeder Programmierer verfolgt eigene Ziele. Die Mitglieder unterwerfen sich allerdings einer Qualitätskontrolle durch Kollegen (Peers) und den *Linux*-Gründer *Linus Torvalds*. Die Zusammenarbeit in virtuellen Organisationen wie *Linux* folgt somit primär dem Prinzip des Vertrauens. Die Entwicklung des *Linux*-Kerns wird noch immer von *Torvalds* organisiert. Dieser ist dafür bei der gemeinnützigen *Linux Foundation* angestellt. Andere Entwickler werden oft von kommerziellen Unternehmen bezahlt, wie z. B. von *Google*. Mittlerweile wird *Linux* weltweit erfolgreich eingesetzt, u. a. auch von Firmen wie etwa *Sixt, Cisco* oder der *Software AG*.

tungsunternehmen. Sie stellen projektbezogen ein Expertenteam zusammen, das sich am Lösungsprozess und nicht an aufbauorganisatorischen Gegebenheiten orientiert. Ist das Ziel erreicht, so löst sich das Team wieder auf. Dabei werden häufig auch Formen der räumlichen Virtualisierung genutzt. Beispielsweise kann das Projektteam durch Mitarbeiter eines Büros unterstützt werden, ohne dass diese beim Kunden präsent sind. Zudem ist auch eine zeitliche Virtualisierung möglich, indem z. B. Präsentationen über Nacht in anderen Zeitzonen erstellt werden.

Vorteile virtueller Organisationsformen sind (vgl. *Picot et al.*, 2020, S. 127):

- **Kostenfaktoren:** Regionale und nationale Differenzen bei den Personalkosten sind häufig Ursachen für eine Standortverlagerung betrieblicher Aktivitäten. Ferner sprechen auch hohe Immobilienkosten in Ballungszentren für eine räumliche Dezentralisierung von Unternehmenseinheiten.
- **Zeitfaktoren:** Die Ausnutzung unterschiedlicher Zeitzonen bzw. international unterschiedlicher Arbeitsrhythmen und Feiertagsregelungen durch Standortverteilung erlaubt eine zeitliche Straffung betrieblicher Prozesse.
- **Qualitätsfaktoren:** Eine gezielte Nutzung nationaler Stärken und Kompetenzen erlaubt eine verbesserte Erreichung von Qualitätszielen. Exemplarisch kann eine Produktlokalisierung, also etwa die Anpassung an die Sprache oder spezifische Anforderungen des jeweiligen Zielmarktes, besser durch räumlich verteilte Organisationseinheiten vor Ort erfolgen.
- **Flexibilitätsfaktoren**: Die wachsende Notwendigkeit, auf wechselnde Anforderungen flexibel reagieren zu können, macht es erforderlich, eigene Kapazitäts- und Leistungsgrenzen permanent an problemabhängige Anforderungen anzupassen. Die Virtualisierung von Organisationen ermöglicht folgende **Flexibilitätsverbesserungen**:
  - Veränderung der räumlichen und zeitlichen Dimension der Aufgabenbewältigung
  - Erhöhung der Geschwindigkeit der Aufgabenbewältigung
  - Verbesserung der Reaktionszeit auf Marktveränderungen

Die virtuelle Organisation setzt sich über viele Grenzen hinweg: über Raum und Zeit der Aufgabenbewältigung, über rechtlich definiertes Innen und Außen der Organisation oder über relativ dauerhafte vertragliche Zugehörigkeiten der Organisationsteilnehmer. Doch auch dieser Organisationsform sind **Grenzen** gesetzt (vgl. *Picot et al.*, 2020, S. 139). Diese liegen sowohl in der technischen Infrastruktur als auch der Funktionsfähigkeit von Institutionen aufgrund der Zusammenarbeit vieler unterschiedlicher freier Kooperationspartner. Opportunistisches menschliches Verhalten, also die Verfolgung von Eigeninteressen auf Kosten der gemeinschaftlichen Aufgabe, begründet Risiken. Die virtuelle Organisation verzichtet jedoch weitgehend auf eine explizite vertragliche Absicherung, um eine hohe Dynamik zu gewährleisten. Virtuelle Unternehmensstrukturen sind in hohem Maße auf Vertrauen angewiesen, da sich die internen und externen Kooperationen nicht in vollständigen Verträgen abbilden lassen. Gleichzeitig erschweren jedoch virtuelle, vernetzte Strukturen durch seltenere persönliche Kontakte die Entstehung von Vertrauen.

Zusammenfassung

- Kooperationen bezeichnen die Zusammenarbeit selbstständiger Unternehmen.
- Kooperationen sind eine hybride Koordinationsform zwischen Markt und Hierarchie.
- Es gibt eine Vielzahl an Kooperationsformen, die sich nach der Institutionalisierung und der Kooperationsrichtung unterscheiden lassen.
- Kooperationen bieten Flexibilität, Kompetenz- und Effizienzvorteile und erlauben kundenspezifische Lösungen. Dem stehen jedoch Autonomieverluste, Instabilität und erhöhter Führungsaufwand gegenüber.
- Zusätzliche Führungsaufgaben entstehen in der Ziel-, Markt- und Kompetenzfestlegung sowie in der Suche nach geeigneten Partnern. Eine bestehende Kooperation muss partnerschaftliche Abstimmungs- und Integrationsmechanismen entwickeln und zu einer gerechten Aufgaben- und Ressourcenverteilung kommen. Schließlich ist ein angemessenes Verhältnis von Beiträgen und Ergebnissen der Partner für die Stabilität einer Kooperation wichtig.
- Eine strategische Allianz ist eine Zusammenarbeit rechtlich selbstständiger Unternehmen, die eine gemeinsame Strategie verfolgen, um ihre Wettbewerbsposition zu verbessern. Es handelt sich um eine formalisierte, längerfristige Beziehung mit dem Ziel, eigene Schwächen durch Stärken anderer Partner zu kompensieren.
- Joint Ventures bezeichnen die wirtschaftliche Zusammenarbeit zwischen zwei oder mehreren Unternehmen, für die

ein rechtlich selbstständiges Unternehmen gemeinsam gegründet oder erworben wird.

- Konsortien sind Gemeinschaften für eine begrenzte Dauer. Dabei verpflichten sich die beteiligten Unternehmen, ein oder mehrere genau abgegrenzte Projekte gemeinschaftlich durchzuführen
- Netzwerke sind unternehmensübergreifende Kooperationen von mehr als zwei rechtlich selbstständigen Unternehmen, die zur Erreichung gemeinsamer Ziele freiwillig und koordiniert zusammenarbeiten.
- Keiretsus bestehen aus rechtlich selbstständigen, aber wirtschaftlich voneinander abhängigen Unternehmen.
- Fokale Netzwerke werden von mindestens einem Unternehmen strategisch geführt. Der Fokal definiert den Markt, die Ziele und die Rollenverteilung im Netzwerk.
- Eine Plattform ist ein Netzwerk, das um eine digitale Basis entsteht, die verschiedene Systeme und Leistungen integriert.
- Virtuelle Organisationen sind temporäre Netzwerke unabhängiger Unternehmen oder autonom handelnder Unternehmensteile. Sie organisieren und optimieren ihre Geschäftsprozesse mithilfe digitaler Informationstechnologie. Gegenüber den Kunden treten sie als eigenständiges Unternehmen auf.

Literaturempfehlungen

Picot, A./Reichwald, R./Wigand, R. T./Möslein, K. M./Neuburger, R./Neyer, A.-K.: Die grenzenlose Unternehmung: Information, Organisation & Führung, 6. Aufl., Wiesbaden 2020.

Schulte-Zurhausen, M.: Organisation, 6. Aufl., München 2014.

Welge, M. K./Al-Laham, A./Eulerich, M.: Strategisches Management: Grundlagen – Prozess – Implementierung, 7. Aufl., Wiesbaden 2017.

5.6 Fusionen und Übernahmen (M&A)

Leitfragen

- Warum werden Unternehmen fusioniert oder aufgekauft?
- Welche Formen von Mergers & Acquisitions gibt es?
- Wie verlaufen Fusionen und Übernahmen?
- Was ist bei M&A zu beachten?

5.6.1 Entwicklung und Motive für Fusionen und Übernahmen

Der aus dem US-amerikanischen Investment Banking stammende Begriff Mergers & Acquisitions (Fusionen und Übernahmen, kurz: M&A) umschreibt den Handel mit Unternehmensbeteiligungen. In den USA als Wiege der M&A gibt es immer wieder Zeiten, in denen ein signifikanter Anstieg an Fusionen und Übernahmen zu verzeichnen ist.

M&A-Markt

Die bislang sechs **M&A-Wellen** waren durch unterschiedliche Auslöser und Motive gekennzeichnet (vgl. *Müller-Stewens/Lechner*, 2016, S. 299 f.):

- **1. Welle:** Als Reaktion auf den 1893 erlassenen *Shermann Act*, der Absprachen zwischen Unternehmen untersagte, kam es zwischen 1898 und 1904 zur Bildung monopolistischer Anbieter. Dies war die Geburtsstunde vieler Großkonzerne wie etwa *General Electric*.
- **2. Welle:** Durch die Antitrustgesetzgebung wurden Übernahmen auf gleicher Wertschöpfungsstufe erschwert. Daher integrierten von 1926 bis 1929 Unternehmen ihre vor- bzw. nachgelagerten Wertschöpfungsstufen. Auf diese Weise entstanden marktbeherrschende Konzerne, wie z. B. *General Motors* oder *IBM*. Der Zusammenbruch der Börsen und die darauffolgende Weltwirtschaftskrise beendete diese Welle abrupt.
- **3. Welle:** Diversifikations- und Portfolioüberlegungen erzeugten die dritte Welle von 1965 bis 1969. Dabei wurden Unternehmen aus anderen Wertschöpfungsketten übernommen. So entstand etwa *ITT*.
- **4. Welle:** Das Streben nach Kernkompetenzen und die Unterbewertung vieler Unternehmen löste in der Zeit von 1984 bis 1990 die vierte Welle aus. Unterbewertete Unternehmen wurden zerschlagen und einzeln an Investoren veräußert. Diese wollten dadurch ihre Kernkompetenzen stärken oder ausbauen.
- **5. Welle:** Die Welle von 1993 bis 2000 wurde durch die Globalisierung der Wirtschaft und das Internet getrieben. Weltweite Marktpräsenz war etwa ein wesentlicher Grund für die Fusion von *Daimler-Benz* und *Chrysler* im Jahr 1998.
- **6. Welle:** In der bislang letzten Welle ab 2002 prüften viele Konzerne die Profitabilität bzw. Wachstumsstärke ihrer Geschäftsbereiche. In der Folge trennten sie sich von Bereichen, die nicht zum Kerngeschäft gehörten oder unprofitabel waren. Beispiele sind der Verkauf der *Siemens*-Handysparte an den taiwanesischen Elektronikkonzern *BenQ* im Jahr 2005 oder die Aufspaltung der *DaimlerChrysler AG* im Jahr 2007.

Auch in Europa ist die Bedeutung von Unternehmensübernahmen in den letzten Jahren gewachsen. Die Zahl der beim deutschen *Bundeskartellamt* angezeigten Unternehmenszusammenschlüsse ist in Abb. 5.6.1 dargestellt. Dabei ist zu berücksichtigen, dass seit dem Jahr 2005 die Regeln zur Bekanntmachung vollzogener Zusammenschlüsse geändert wurden und daher weniger Transaktionen zu melden sind.

Ab 2005 war der **M&A-Markt in Deutschland** rückläufig und wurde von 2008 bis 2010 durch die Finanzmarktkrise geprägt. Danach ist die Anzahl der Transaktionen wieder leicht angestiegen. Ebenso stieg das Transaktionsvolumen in den vergangenen Jahren. Beflügelt von günstigen Finanzierungskonditionen waren zunehmend Megadeals im Milliardenvolumen zu beobachten. So kaufte z. B. im Jahr 2014 der Darmstädter Pharma- und Chemiekonzern *Merck* für knapp 17 Mrd. € den Laborausrüster *Sigma-Aldrich*, während der Konkurrent *Bayer* für über 14 Mrd. US$ den Geschäftsbereich rezeptfreier Medikamente von *Merck* aus den USA übernahm. Der Technologiekonzern *Siemens* ver-

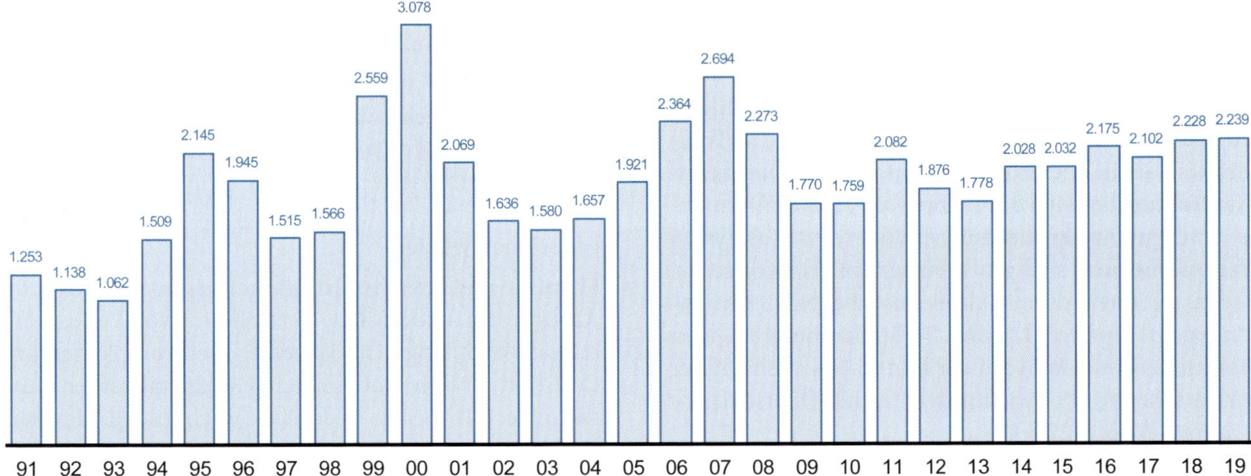

Abb. 5.6.1: Anzahl der M&A-Transaktionen in Deutschland (vgl. Statista)

kaufte 2015 für 3 Mrd. € seinen Anteil am Gemeinschaftsunternehmen *BSH Bosch und Siemens Hausgeräte* an den Joint-Venture-Partner *Bosch*. Im gleichen Jahr sorgte in der Telekommunikationsbranche ein Mega-Deal für Aufsehen: Die *Deutsche Telekom* und *Orange* verkauften ihr britisches Gemeinschaftsunternehmen *Everything Everywhere* für rund 16,5 Mrd. € an die *British Telecom*. Damit stieg die *Deutsche Telekom* zum Großaktionär der *British Telecom* auf. Die größte Übernahme, die ein deutsches Unternehmen je getätigt hat, war der Kauf des US-Saatgutherstellers *Monsanto* für knapp 59 Mrd. € durch *Bayer* im Jahre 2017.

Die Entwicklung des **Marktes** für Fusionen und Übernahmen ist aufgrund unterschiedlicher Rahmenbedingungen und Voraussetzungen von Land zu Land verschieden. Die Angebots- und Nachfrageverhältnisse werden durch folgende **Faktoren** bestimmt (vgl. *Achleitner/Dresig*, 2001):

- **Mikro- und makroökonomische Einflussgrößen** bestimmen das Wertschöpfungspotenzial industrieller Restrukturierungen. Bei raschem Technologie- und Strukturwandel kann eine schnelle Anpassung an die Marktanforderungen durch Kauf- und Verkaufstransaktionen von Unternehmenseinheiten erreicht werden. Dabei spielen Zukunfts- und Wachstumsaussichten der Branchen sowie Finanzierungsmöglichkeiten eine Rolle.
- **Anteilseigner** sind primär an der Steigerung des Wertes ihrer Investition interessiert und fordern deshalb wertschaffende Fusionen und Übernahmen. Dabei sind die Ansprüche institutioneller Anleger und der Unternehmensführung ausschlaggebend. Insbesondere Anreizsysteme, etwa in Form von Aktienoptionsprogrammen, aber auch die Preistransparenz am Kapitalmarkt sind dabei von Bedeutung.
- **Rechtliche Rahmenbedingungen** beeinflussen M&A-Transaktionen durch vielfältige gesellschafts-, arbeits- und kartellrechtliche Bestimmungen auf nationaler und internationaler Ebene. Neben den gesetzlichen Regelungen grenzen Wertpapierbestimmungen und freiwillige Übernahmeregelungen die Handlungsoptionen ein. Dazu zählen Handlungsverbote (z. B. Insiderregelungen), Handlungspflichten (wie etwa Pflichtangebote an Minderheitsaktionäre) und Informationsregeln (z. B. Offenlegungspflichten bei Überschreiten bestimmter Kapitalanteile).
- **Steuerliche Aspekte** von M&A-Aktivitäten betreffen die Einkommens-, Gewerbeertrags- und Körperschaftssteuer. Zudem ist die Auswirkung auf den einzelnen Investor, wie etwa die Versteuerung von Dividenden und Kursgewinnen, möglichst vorteilhaft zu gestalten.
- **Politischer Einfluss** durch Medien, Gewerkschaften und öffentliche Entscheidungsträger.
- **Eigentumsverhältnisse** beeinflussen in ihrer Struktur die Häufigkeit und Ausgestaltung von M&A-Transaktionen. In Deutschland führen die vielen mittelständischen Unternehmen und Tochtergesellschaften diversifizierter Großfirmen zu einer relativ starken Bedeutung privater gegenüber öffentlicher Übernahmen (Private versus Public Transactions). Im Vergleich zu börsennotierten Unternehmen bestehen dabei Unterschiede hinsichtlich der Rechnungslegung, der Anwendbarkeit einzelner Bewertungsmethoden und der vertraglichen Gestaltungsfreiheiten. Private Übernahmen sind wesentlich schneller und flexibler durchführbar.

Der **deutsche M&A-Markt** liegt hinsichtlich der Transaktionszahlen nach den USA und Großbritannien weltweit seit mehreren Jahren auf Rang drei. Aufgrund der Vielzahl mittelständischer Transaktionen steht Deutschland bei den Transaktionsvolumina lediglich auf Rang acht. In den 1990er-Jahren wurde der Markt in Deutschland durch die Wiedervereinigung beeinflusst, da die Treuhandanstalt allein über 2.000 Verkäufe tätigte. Die aktivsten **Käuferbranchen** sind die Computer-, Telekommunikations- und Finanzdienstleistungsindustrie. Die aktivsten **Käuferunternehmen** sind große börsennotierte Konzerne, die Transaktionen durch Aktienausgabe bzw. Aktientausch gegenfinanzieren können. Bei länderübergreifenden Transaktionen ist sowohl auf der Käufer- als auch auf der Verkäuferseite die USA wichtigster Partner Deutschlands (vgl. *Jansen*, 2016, S. 22 ff.).

M&A-Motive

Übernahmen und Fusionen haben eine große Bedeutung für das jeweilige Unternehmen. **Motive** dabei sind:

- **Zeit:** Durch den Kauf eines Unternehmens lassen sich fehlende Innovationen, Kompetenzen, Fähigkeiten oder Ressourcen schneller erwerben, als wenn ein Unternehmen sich diese selbst aneignen würde. Damit gilt eine Übernahme als schnellster Weg zur Diversifikation.
- **Markt:** Unternehmenszusammenschlüsse können die Marktpräsenz verbessern und den Marktanteil eines Unternehmens erhöhen. Auch die Markenstärke kann durch Zukauf einer etablierten Marke gesteigert werden. Zudem ist die Übernahme eine schnelle und eventuell auch kostengünstige Form, um neue Absatzmärkte zu gewinnen und Markteintrittsbarrieren zu überwinden.
- **Kosten:** Kostensynergien auf der Leistungserstellungs- und Vermarktungsseite können durch Aufgabenspezialisierung und Auslastungsoptimierung erzielt werden. Auch kritische Mengengrößen können übersprungen und somit eine günstige Position auf der Erfahrungskurve sowie Skaleneffekte erzielt werden.
- **Wettbewerb:** Durch M&A-Aktivitäten kann der Wettbewerb sowohl vertikal als auch horizontal beeinflusst werden. Ein Zusammenschluss mit Konkurrenten beeinflusst sowohl die Struktur der Branche als auch die Stellung gegenüber Kunden und Lieferanten.
- **Produkt und Technologie:** Der Erwerb von Know-how und Innovationskraft bzw. der Zugang zu neuen Technologien und Entwicklungen stärkt das Zukunftspotenzial eines Unternehmens. Der Zukauf von Ressourcen, Fähigkeiten und Kompetenzen spielt etwa in der Pharmabranche eine wichtige Rolle. Dabei werden häufig kleine, aber besonders innovative Unternehmen übernommen, wie z. B. in der Biotechnologie. Die Abrundung bzw. Ergänzung der bestehenden Produkt- und Leistungspalette kann ebenfalls ein Motiv sein.
- **Portfoliomanagement:** Übernahmen können zur Diversifikation beitragen und das Portfolio eines Unternehmens verbessern. So können Schwächen beseitigt, Risiken verringert und/oder neue Geschäftsfelder aufgenommen werden.
- **Finanzen und Steuern:** Gründe können auch steuerliche Aspekte sein, wie etwa die Verrechnung von Verlustvorträgen, Währungsrisikoaspekte oder komplementäre Cashflow-Zyklen. Zudem kann ein kapitalstarker Mutterkonzern in neuen oder stark wachsenden Märkten für Investitionen erforderlich sein.
- **Marktchancen:** Nicht immer erfolgt eine Übernahme geplant. M&A-Transaktionen können aufgrund eines günstigen Preises für ein zu kaufendes Unternehmen oder eines attraktiven Angebots für einen zu veräußernden Bereich motiviert sein. Auch das Ausnutzen von Chancen am M&A-Markt kann unvorhergesehene Möglichkeiten eröffnen.

Die Bedeutung dieser Gründe ist abhängig davon, in welcher Lebenszyklusphase sich ein Markt oder eine Branche befindet (vgl. Kap. 3.2.3). Während in jungen Branchen der Kapitalzugang zur Finanzierung von Investitionen ein wesentliches Motiv sein kann, rücken in der Wachstumsphase marktorientierte Motive in den Vordergrund. In reifen und schrumpfenden Branchen sind dagegen Wettbewerbs- und Kostenmotive ausschlaggebend.

5.6.2 Formen von Fusionen und Übernahmen

Übernahmen (Acquisitions)

Der Kauf von Anteilen umfasst prinzipiell jede Form von Beteiligungen an einem Unternehmen. Der Beteiligungsgrad kann von knapp über Null bis zu einhundert Prozent reichen. In Abgrenzung zu reinen Finanzinvestitionen werden bei Übernahmen (Acquisitions, Takeovers) bestehende Informations-, Einfluss- und Kontrollrechte gezielt zur Umgestaltung der Geschäftsstruktur ausgeübt. Auf diese Weise sollen die Risiko- und Ertragspotenziale der Unternehmen aktiv verändert werden.

> Bei **Übernahmen** (Acquisitions) werden Unternehmen oder Unternehmenseinheiten durch ein anderes Unternehmen ganz oder teilweise aufgekauft.

Ein gekauftes Unternehmen kann in das akquirierende Unternehmen wie folgt integriert werden (vgl. Abb. 5.6.2):

- Es kann seine rechtliche Selbstständigkeit verlieren und in das kaufende Unternehmen oder in einem von diesem dominierten Unternehmen aufgehen.
- Es kann als rechtlich selbstständiges Tochterunternehmen des kaufenden Unternehmens oder eines von diesem dominierten Unternehmen weiterbestehen.

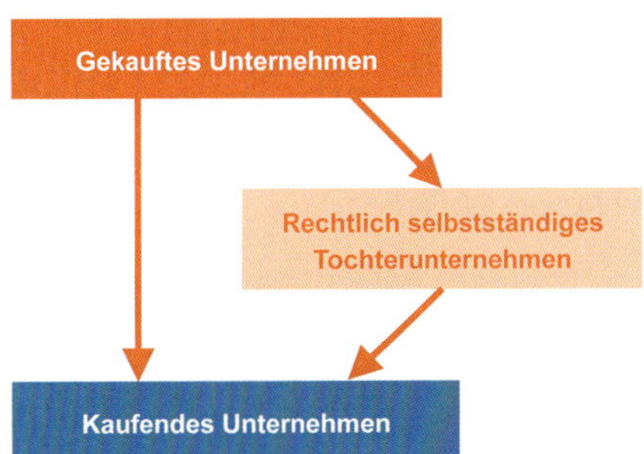

Abb. 5.6.2: Übernahmeformen

Übernahme von Cadbury durch Kraft Foods

kraft foods Cadbury

Der britische Süßwarenhersteller *Cadbury* wurde 2010 vom US-amerikanischen Lebensmittelkonzern *Kraft* übernommen (vgl. Slodczyk et al., 2010, S. 22 f.). Im Bereich der Süßwaren war *Kraft* vor der Übernahme weltweit die Nummer drei mit einem Marktanteil von 8,3 %. In Deutschland ist der US-Konzern vor allem durch die Schokoladenmarke *Milka* bekannt.

Für einen Kaufpreis von umgerechnet ca. 13 Mrd. € entstand der größte Süßwarenproduzent der Welt. Bei Süßwaren hatte *Cadbury* einen Weltmarktanteil von 6,9 %. Gemeinsam kommen beide Konzerne auf 15,2 % und überholten damit den vorherigen Marktführer *Nestlé. Kraft* hatte seit September 2009 aggressiv um den britischen Traditionskonzern geworben. Um sein Wachstum anzukurbeln, bezahlte *Kraft* 850 Pence je *Cadbury*-Aktie, davon 60 % in bar und den Rest in Aktien. Zusätzlich übernahm *Kraft* die Schulden von *Cadbury* in Höhe von knapp 1,4 Mrd. Pfund. Der Preis entsprach etwa dem 13-Fachen des *Cadbury*-Ergebnisses vor Steuern, Zinsen und Abschreibungen (EBITDA) des Vorjahres und enthielt einen Aufschlag von 50 % auf den *Cadbury*-Aktienkurs. Damit zahlte *Kraft* deutlich weniger für *Cadbury* als bei anderen Zukäufen in der Lebensmittelbranche üblich. Bei der Übernahme von *Wrigley* durch *Mars* zwei Jahre zuvor lag der Preis z. B. beim 18-Fachen des EBITDA. Um die Übernahme zu finanzieren, hatte *Kraft* sein Geschäft mit Tiefkühlpizzen an den Schweizer Rivalen *Nestlé* verkauft. Das brachte *Kraft* umgerechnet 2,6 Mrd. € ein. Der Konzern gab zudem 265 Mio. neue Aktien aus, um genügend liquide Mittel für die Übernahme zu erhalten.

Kraft rechnete durch den Kauf mit jährlichen Synergien von mehr als 600 Mio. US$. *Kraft* erhoffte sich von der Übernahme aber insbesondere den Zugang zu Wachstumsmärkten außerhalb Amerikas und Europas. Im Hauptgeschäft des Unternehmens, das Fertigprodukte, Salatsaucen und Käse herstellt, stagnierten die Umsätze. *Cadbury* dagegen glänzte mit zweistelligen Zuwachsraten in Ländern wie Indien, Brasilien und Mexiko. *Kraft* kam 2009 gemeinsam mit *Cadbury* auf 18 Mrd. € Jahresumsatz und rückte damit an den Schweizer *Nestlé*-Konzern und Weltmarktführer bei Lebensmitteln heran.

Dadurch wurden die **Verhältnisse** in der weltweiten Süßwarenbranche neu geordnet:

- Bei Süßigkeiten überholte *Kraft* nach der Übernahme den bisherigen Marktführer *Mars-Wrigley,* der über einen Marktanteil von 14,6 % verfügte. *Mars-Wrigley* sind bekannt durch die gleichnamigen Schokoriegel und Kaugummis sowie Marken wie *Snickers, M&M* und *Orbit.*
- Mit einem Marktanteil von 12,6 % war *Nestlé,* insbesondere mit der Marke *Smarties,* die Nummer zwei in der Süßwarenbranche und weltweiter Marktführer in der Lebensmittelbranche. Eine Zeit lang galten die Schweizer auch als möglicher Käufer von *Cadbury.* Durch den Kauf der Tiefkühlpizza-Sparte hatte *Nestlé* dem US-Konzern *Kraft* die Mittel für die Übernahme bereitgestellt.
- Als sog. „weißer Ritter" gegen eine feindliche *Kraft*-Übernahme von *Cadbury* wurde zwischenzeitlich der italienische *Ferrero*-Konzern gehandelt. Bekannt ist er unter anderem durch seine Marke *Kinder. Ferrero* verfügt über starke Marken, hatte aber für eine *Cadbury*-Übernahme keine ausreichende Finanzkraft.

Das Bestreben nach Größe währte nicht lange, denn das Unternehmen *Kraft* wurde 2012 in zwei eigenständige börsennotierte Gesellschaften aufgespalten: Die *Kraft Foods Group* ist für die Lebensmittelaktivitäten auf dem nordamerikanischen Markt zuständig. Die andere Unternehmenshälfte firmiert seitdem unter dem Namen *Mondelēz International.* Im Jahr 2015 wurde die *Kraft Foods Group* mit der *H.J. Heinz Company* zur *The Kraft Heinz Company* fusioniert (*www.kraftheinzcompany.com*). Zu den bekanntesten Produkten der Fusionspartner gehören bei *Kraft* Mayonnaisen, Salatsaucen, *Philadelphia*-Frischkäse und *Jell-O.* Bei *Heinz* sind es Ketchup, Fertiggerichte und Babynahrung. Damit ist das Unternehmen mit einem Umsatz von rund 25 Mrd. US$ zum drittgrößten Nahrungsmittel- und Getränkekonzern in Nordamerika aufgestiegen und liegt weltweit auf Platz fünf. Weltmarktführer ist der Schweizer *Nestlé*-Konzern.

Fusionen (Merger)

Eine besondere Form von Übernahmen sind Zusammenschlüsse von Unternehmen in Form einer Fusion (Merger) (vgl. *Ernst/Häcker*, 2011, S. 2).

> Eine **Fusion** (Merger) ist ein Zusammenschluss zweier rechtlich selbstständiger Unternehmen zu einer rechtlichen und wirtschaftlichen Einheit.

Das wesentliche Merkmal einer Fusion besteht darin, dass zumindest eines der beteiligten Unternehmen seine rechtliche Selbstständigkeit verliert und beide Unternehmen in ein neues Unternehmen aufgehen. Abb. 5.6.3 veranschaulicht dies. Bei einer Fusion kauft entweder ein Unternehmen ein anderes und gliedert es in das neue Unternehmen ein oder beide Unternehmen gründen ein neues Gemeinschaftsunternehmen.

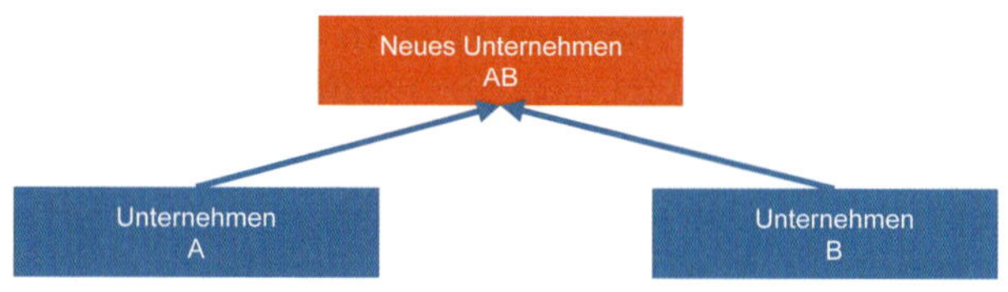

Abb. 5.6.3: Struktur eines Mergers

Eine ganz besondere Form der Fusion sind die **Merger of Equals** (vgl. *Achleitner/Dresig*, 2001). Dabei handelt es sich um eine freiwillige Fusion unabhängiger und tendenziell gleich starker Unternehmen. Erfüllt eine Fusion bestimmte Voraussetzungen, wie z. B. Größen-, Wert- und Eigentumsverhältnisse, dann kann das sog. „Pooling of Interests" angewendet werden. Dabei erhalten die Eigentümer der ursprünglichen Unternehmen Anteile an der fusionierten Einheit. Auf diese Weise kann durch Anteilsaustausch der Kaufpreis finanziert und auch die Entstehung von Goodwill vermieden werden.

Fusion von United und Continental Airlines

Die Fluggesellschaften *United* und *Continental* litten 2009 beide stark unter den Auswirkungen der Finanzkrise in der Luftfahrtbranche. *United* kürzte seine Kapazität um 7,4 %, *Continental* um 5,2 %. Beide Unternehmen schrieben rote Zahlen: *Continental* verzeichnete 2009 bei einem Umsatz von 12,6 Mrd. US$ einen Verlust von 282 Mio. US$, die *United-Muttergesellschaft UAL* bei einem Umsatz von 16,3 Mrd. US$ sogar einen Verlust von 651 Mio. US$.

Beide Unternehmen können auf eine lange Firmengeschichte zurückblicken. Sowohl *United* als auch *Continental* hatten ihre Wurzeln in Unternehmen des amerikanischen Luftfahrtpioniers *Walter Varney* in den 1920er-und 1930er-Jahren. *United* war bis in die 1980er-Jahre hinein nur in den USA aktiv, bis es die Pazifikrouten der *PanAm* übernahm. *Continental* bekam 1987 einen Wachstumsschub, als es die Unternehmen *Frontier, People Express* und *New York Air* übernahm. Erst im Jahr 2008 schlossen sich die Wettbewerber *Delta* und *Northwest Airlines* zusammen und überholten damit *American Airlines* als weltgrößte Fluggesellschaft. *United* und *Continental* arbeiteten bereits beide in der *Star Alliance* zusammen. Gemessen am Verkehrsaufkommen war *United* vor der Fusion die drittgrößte Fluggesellschaft der USA, *Continental* folgte auf Platz vier. Mit ihrem Zusammenschluss wurden sie 2010 zur größten Airline der Welt.

Das Unternehmen heißt seit der Fusion *United Continental Holdings Inc.* und ist am ursprünglichen *United*-Stammsitz in Chicago beheimatet. Die Fusion wurde 2010 über einen Aktientausch als Merger of Equals abgewickelt. Die Aktionäre von *Continental* bekamen für jede alte Aktie 1,05 Aktien des neuen Unternehmens. Die Aktionäre von *United* repräsentierten dabei rund 55 % des Eigenkapitals der neuen Gesellschaft. Nach der Fusion leitete *Continental*-Chef *Jeffery Smisek* die Tagesgeschäfte, während der ehemalige *United*-Chef *Glenn Tilton* die Rolle des Chairman übernahm. Er startete die Integration der Unternehmen und übergab seine Aufgabe im Jahr 2012 an *Smisek*, der das Unternehmen bis 2015 führte. Allerdings gelang es ihm nicht, die aus der Fusion erwarteten jährlichen Synergieeffekte von 1 Mrd. US$ zu realisieren. Diese sollten aus zusätzlichen Umsätzen durch das verbesserte Flugnetz und Kosteneinsparungen stammen. Die Integration der Unternehmen litt insbesondere an schlechten Arbeitgeber-Arbeitnehmer-Beziehungen und dem mangelhaften Umgang mit Problemen aus der Verschmelzung unterschiedlicher IT-Systeme. Seither führt *Oscar Muñoz* das Unternehmen und brachte die Post Merger Integration zum Abschluss.

2013 wurde *United Continental* als größte Fluggesellschaft der Welt durch eine weitere Megafusion im amerikanischen Luftverkehr zwischen *American Airlines* und *US Airways* von der Spitzenposition verdrängt. Die neue *American Airlines Group* war von der *United-Continental*-Fusion motiviert und versuchte ebenfalls, Synergien zu schöpfen. Aktuell ist *United Continental* nach wie vor eine der größten Fluggesellschaften der Welt. Gemessen an den Fluggastzahlen liegt *Southwest Airlines* vor *Delta Airlines* auf dem weltweiten Spitzenplatz. Gemessen an den Passagierkilometern ist *United* auf Platz drei weltweit und gemessen an den Zielorten weltweit führend.

Merger of Equals: Weltmarktführer Linde

Die *Linde plc* ist ein börsennotierter Konzern, der 2018 durch die Fusion der deutschen *Linde AG* mit dem ursprünglich ebenfalls von *Carl von Linde* gegründeten und im Ersten Weltkrieg konfiszierten US-amerikanischen Konkurrenten *Praxair* entstand (vgl. www.lindeplc.com). Das Kerngeschäft von *Linde* sind Gase und Prozessanlagen, die Gase gewinnen oder herstellen. Mit der Fusion wurde *Linde* im Bereich Industriegase Weltmarktführer vor dem französischen Konkurrenten *Air Liquide*.

Die Fusion war bereits im Jahr 2016 vorangetrieben worden. Der hohe Konsolidierungsdruck in der Branche legte einen Merger nahe, da der französische Rivale *Air Liquide* mit der Übernahme des US-Konkurrenten *Airgas* an Größe hinzugewonnen und die Weltmarktführerschaft übernommen hatte. Zudem verschärften sinkende Wachstumsraten in der Branche und der Wettbewerb um die besten Mitarbeiter die Konsolidierung und den Preiskampf. Mit einer Fusion konnte die Marktführerschaft und eine bessere Wettbewerbsposition in der Branche erreicht werden. Zudem wurden durch die Zusammenlegung Synergien von einer Mrd. US$ im Jahr erwartet. Dennoch scheiterte im September 2016 eine erste Fusionsbemühung aufgrund von Uneinigkeiten über den Standort des Firmensitzes und die Aufteilung von Führungspositionen. Zudem wurde auf große kulturelle Unterschiede transatlantischer Zusammenschlüsse hingewiesen.

Ende 2016 stimmte der Aufsichtsrat der *Linde AG* einer Umgestaltung des Vorstands sowie einer Neuaufnahme der Gespräche mit *Praxair* für eine Fusion als Merger of Equals zu. Im Juni 2017 wurde dann der Fusionsvertrag (Business Combination Agreement, BCA) beschlossen.

Dieser sah folgende **wesentliche Punkte** vor:

- Nach dem Zusammenschluss soll das neue Unternehmen unter dem alten Namen *Linde plc.* firmieren. Dabei verzichteten die Amerikaner auf ihre Namensrechte.
- Die alte Firmenzentrale von *Linde* im Herzen Münchens wird ebenso wie der *Praxair* Hauptsitz im amerikanischen Danburry abgelöst vom neuen Firmensitz im irischen Dublin und den operativen Zentralfunktionen im britischen Guildford.

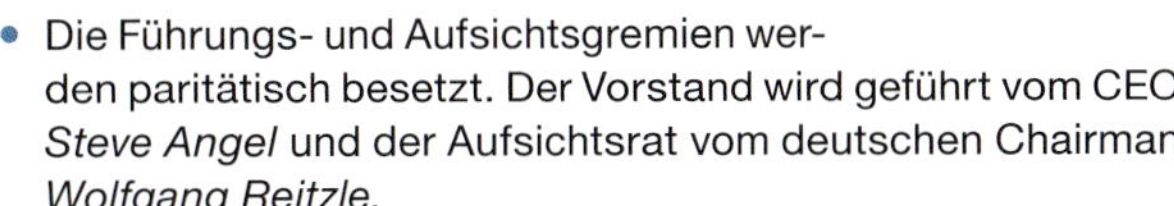

- Die Führungs- und Aufsichtsgremien werden paritätisch besetzt. Der Vorstand wird geführt vom CEO *Steve Angel* und der Aufsichtsrat vom deutschen Chairman *Wolfgang Reitzle.*
- Die *Linde plc* löst den französischen Konkurrenten *Air Liquide* mit rund 80.000 Mitarbeitern als Weltmarktführer ab.
- Der neue Konzern verfügt über ein international diversifiziertes Portfolio mit 38 % Umsatzanteil in den USA, 25 % in Europa und 21 % in der Region Asien-Pazifik.
- Die Synergien wurden auf mindestens 1,1 Mrd. US$ pro Jahr beziffert, wovon 900 Mio. US$ Kostensynergien durch Effizienzverbesserungen und die Beseitigung von Überlappungen umfassen sollen.

Die Genehmigung durch die europäische und US-amerikanische Kartellbehörde wurde unter Auflagen erteilt. Diese sahen vor, dass *Praxair* sein Gasgeschäft in Europa und die *Linde AG* weite Teile ihres bisherigen Amerikageschäfts verkaufen mussten. So wurde das *Praxair* Europageschäft 2018 für 5 Mrd. € an den japanischen Konkurrenten *Taiyo Nippon Sanso* übertragen. Der Großteil des Linde-Geschäftes in den USA sowie weitere Standorte in Lateinamerika wurden für 2,8 Mrd. € an die *Messer Group* verkauft. Bis zur Umsetzung dieser Auflagen wurden die Geschäfte weltweit weiterhin unabhängig und getrennt voneinander geführt.

Am 24. Oktober 2018 fusionierte die *Linde AG* mit *Praxair* und verlegte ihren Sitz nach Dublin. Am 30. Oktober 2018 wurden die Aktien der *Linde AG* gegen die der neuen *Linde plc* ausgetauscht.

Klassifizierungen von M&A

Fusionen und Übernahmen betreffen den Kauf und Verkauf von Eigentumsrechten an Unternehmen oder Unternehmensteilen. Nach dem Umfang der erworbenen oder veräußerten Eigentumsrechte kann in verschiedene **Formen** unterschieden werden:

- **Beherrschender Einfluss** bezeichnet einen Eigentumsanteil von über 50 %.
- **Maßgeblicher Einfluss** besteht, wenn mit weniger als 50 % Eigentumsanteil auf die Führung eines Unternehmens eingewirkt werden kann. Die Grenzen zwischen den Formen sind abhängig von handelsrechtlichen und betriebswirtschaftlichen Vorgaben sowie von den Rechnungslegungsvorschriften. Meist liegt die Schwelle zwischen maßgeblichem Einfluss und Minderheitsbeteiligungen bei einem Anteil von mindestens 5 %.
- **Minderheitsbeteiligungen** werden als Finanzbeteiligung ausgewiesen, da sie keine besonderen Einflussrechte wie etwa Sperrminoritäten ermöglichen.

Ein weiteres Unterscheidungsmerkmal sind die **Beziehungen zwischen den Geschäftsfeldern** der beteiligten Unternehmen. Dementsprechend können die in Abb. 5.6.4 veranschaulichten drei **Arten von Übernahmen** unterschieden werden (vgl. *Mertens et al.*, 2017, S. 161 ff.):

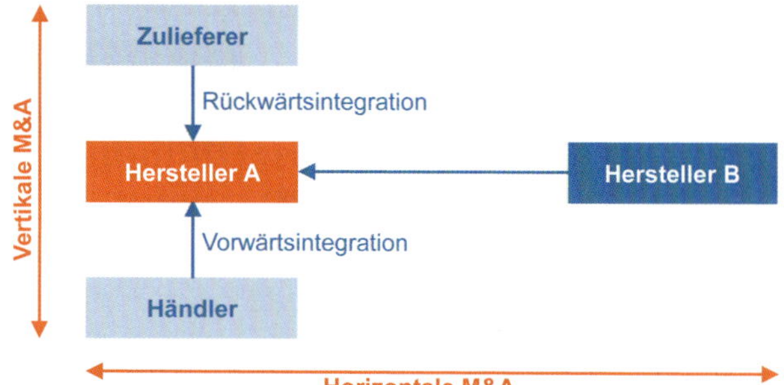

Abb. 5.6.4: Arten von Übernahmen nach den Wertschöpfungsbeziehungen aus Sicht des Unternehmens A

- **Horizontale M&A:** Zusammenschluss von ehemaligen Konkurrenten der gleichen Branche. Hauptmotiv ist meist die Stärkung der Wettbewerbsposition.
- **Vertikale M&A:** Zusammenschlüsse von Unternehmen auf angrenzenden Wertschöpfungsstufen, die vor der Transaktion zumindest potenziell in einem Kunden-/Lieferantenverhältnis stehen. Ziel ist eine bessere Abstimmung der Wertschöpfung durch eine einheitliche Leitung. Vorwärtsintegration bedeutet die Akquisition eines aktuellen oder potenziellen Kunden, Rückwärtsintegration die Übernahme eines Lieferanten.
- **Konglomerate oder laterale M&A:** Die Transaktionspartner stehen weder in einer horizontalen noch vertikalen Beziehung zueinander. Es handelt sich demnach also um Zusammenschlüsse von Unternehmen, die in unterschiedlichen Branchen tätig sind. Hierfür sprechen insbesondere finanz- sowie risikopolitische Überlegungen.

Nach den **Käuferinteressen** werden unterschieden (vgl. *Welge et al.*, 2017, S. 592 ff.):

- **Strategische Investoren** sind bereits im selben Geschäftsfeld aktiv und an der Kombination ihres Unternehmens mit den erworbenen Unternehmenseinheiten interessiert. Motive können sein: Synergien (Economies of Scope), Größendegressionseffekte (Economies of Scale), der schnellere bzw. kostengünstigere Aufbau von Kapazitäten gegenüber organischem Wachstum, Globalisierung bzw. regionale Diversifikation, Diversifikation in andere Geschäftsfelder, Unterbewertung des Kaufobjekts oder auch steuerliche Effekte (z. B. Verlustvorträge).
- **Finanzinvestoren** nutzen Unterbewertungen oder finanzwirtschaftliche bzw. operative Restrukturierungspotenziale eines Unternehmens aus. Es sind in der Regel Fondsgesellschaften bzw. Private Equity-Firmen. Sie finanzieren die Übernahmen aus Fondsmitteln sowie aus Fremdkapital und damit letztlich aus dem Cashflow der gekauften Unternehmen. Nach i. d. R. zwei bis fünf Jahren realisiert der Finanzinvestor seinen Gewinn über eine Weiterveräußerung (Exit) an einen strategischen Investor oder durch einen Börsengang (Initial Public Offering, Going Public). In seltenen Fällen kann er auch eine Rekapitalisierung mit Fremdkapital (Leveraged Buy-out) vornehmen. Dabei wird dem Unternehmen Eigenkapital entzogen und durch Fremdkapital ersetzt.
- Sonderformen sind der **Management-Buy-out** (MBO) und der **Management-Buy-in** (MBI). In diesen Fällen wird ein Unternehmen durch die bestehende Unternehmensführung (MBO) oder von externen Führungskräften (MBI) aufgekauft. Durch die Zusammenlegung von Eigentums- und Führungsrechten soll die Unternehmensführung verbessert und so der Wert des Unternehmens gesteigert werden. Diese Übernahmeformen werden häufig mit einem Leveraged-Buy-out kombiniert, bei dem der Kaufpreis überwiegend fremdfinanziert wird. Ein Beispiel für einen MBO ist der in Kap. 6.6.5 beschriebene Kauf des Sportartikelherstellers *Erima* von *Adidas* durch den damaligen Geschäftsführer *Wolfram Mannherz*.
- **Distressed M&A** bezeichnet die Übernahme eines Unternehmens, das sich in einer finanziellen Krisensituation befindet. Gemäß dem deutschen Insolvenzrecht kann die Sanierung von Unternehmen unter einem Schutzschirmverfahren erfolgen. Dieses erleichtert die Eigensanierung unter insolvenzrechtlichen Rahmenbedingungen und ermöglicht im Rahmen des Insolvenzplans die Umwandlung von Forderungen in Gesellschaftsanteile als sog. „Debt Equity Swap". Für solche Übernahmen gelten Sonderregeln, beispielsweise kann die Pflicht zur Stellung eines Pflichtangebots an die übrigen Aktionäre entfallen. Dies erfolgt meist mit dem Ziel der Kapitalgeber, die Unternehmensanteile an einen Investor weiterzuveräußern und so aus der Fortführung des Unternehmens mehr Rückflüsse als bei der Insolvenz zu generieren. Distressed M&A wurden populär durch große Fälle wie *Pfleiderer* und *Solarworld* sowie durch spektakulär gescheiterte Notverkäufe, wie die Drogeriekette *Schlecker* oder des Versandhändlers *Neckermann*. Derartige M&A-Transaktionen sind eines der aktivsten Segmente am M&A-Markt.

Nach der **Kooperationsbereitschaft** der Unternehmen lassen sich unterscheiden (vgl. *Welge et al.*, 2017, S. 606):

- **Freundliche Übernahmen** (friendly takeover): Die Führung des Übernahmekandidaten stimmt der Akquisition zu und arbeitet mit dem Käufer zusammen. Derartige Übernahmen sind weniger spektakulär und effizienter als unfreundliche Übernahmen, da die Integration des gekauften Unternehmens einfacher ist. Exemplarisch wurde durch *AT&T* das Unternehmen *Time Warner* im Jahr 2018 übernommen.

- **Feindliche Übernahmen** (hostile takeover): Die Führung der Zielgesellschaft wehrt sich gegen die Übernahme. Unfreundliche Übernahmen sind mit schwerwiegenden Problemen verbunden. Sie reichen von der anfänglichen Informationsverfügbarkeit bis zu späteren Integrationsnachteilen. Ein Beispiel war die größte Übernahme in der M&A Geschichte von *Mannesmann* durch *Vodafone* im Jahr 1999 mit einem Transaktionsvolumen von über 200 Mrd. US$, die gescheiterte Übernahme der *Deutsche Wohnen* durch *Vonovia* im Jahr 2015 oder der Versuch von *Liberty Steel* zur Übernahme der Stahlsparte von *Thyssenkrupp* im Jahr 2020.

Ein Unternehmensverkauf bzw. ein Verkauf von Firmenanteilen kann von Einzelaktionären an börsennotierten Unternehmen, von kontrollierenden Finanzinvestoren oder von ursprünglich strategisch motivierten Eigentümern durchgeführt werden. Die jeweiligen **Verkaufsmotive** können unterschiedlich sein. Grundsätzlich wird durch den Eigentümerwechsel die Erreichung einer höheren zukünftigen Wertschöpfung erwartet, so dass durch den Verkauf eine Prämie erzielt werden kann. Bei Konzernen lässt sich etwa durch die Aufgabe defizitärer Geschäftsbereiche und die Konzentration auf ertragsstarke Kerngeschäfte die Gesamtbewertung des Unternehmens verbessern. Privatisierungen staatlich kontrollierter Wirtschaftsaktivitäten tragen zu einer verbesserten Wertschöpfung und zu einer Sanierung der Haushalte bei. Insbesondere im Mittelstand können private Eigentümer über den Anteilsverkauf ein fortgesetztes Wachstum und eine Lösung der Unternehmensnachfolge erreichen.

Nach den **Verkaufsformen** können weiterhin unterschieden werden (vgl. *Achleitner/Dresig*, 2001):

- Ursprünglich strategische Eigentümer bieten eine Unternehmenseinheit an einen anderen Investor zum **vollständigen Verkauf** an.
- Bei **Spin-offs** werden Unternehmensteile abgespalten und die Anteile am neuen Unternehmen anteilsmäßig an die Eigentümer der ursprünglichen Muttergesellschaft verteilt. Ein Beispiel ist die 2021 erfolgte Abspaltung des LKW- und Busgeschäfts der *Daimler AG* in die *Daimler Truck AG*. Solche Aufspaltungen sollen für die Aktionäre einen Mehrwert schaffen. *Siemens* erreichte beispielsweise durch die Abspaltungen von *Siemens Healthineers* im Jahr 2018 und von *Siemens Energy* im Jahr 2020 eine Erhöhung der Marktkapitalisierung von rund 85 Mrd. € auf ingesamt über 210 Mrd. €.
- Beim **Equity Carve-Out** findet eine teilweise bzw. vollständige Veräußerung von Tochtergesellschaften eines Konzerns statt. Die neuen Eigentumsrechte werden vermarktet und die Erlöse aus dem Verkauf fließen an die Muttergesellschaft. So wurde ebenfalls bei der *Siemens AG* im Jahr 1999 das Halbleitergeschäft ausgegliedert und als *Infinion* an die Börse gebracht. Nach dem Börsengang verkaufte *Siemens* seine Anteile zunächst 2001 auf unter 50 % und bis ins Jahr 2006 die restlichen Anteile.
- Der **Split-up** oder Split-off stellt den fundamentalsten Einschnitt bei stark diversifizierten Firmen dar. Dabei wird das gesamte Unternehmen in mehrere Teile zerschlagen. So wurde im Jahr 2011 der Musikkonzern *EMI* in *EMI Music* und *EMI Music Publishing* geteilt. Das Musikgeschäft wurde dann von der *Universal Music Group* übernommen. Ein internationales Konsortium unter Führung von *Sony Music* erwarb die Verwertungsrechte von *EMI Music Publishing*.

Zusammenfassend zeigt Abb. 5.6.5 die Arten von Übernahmen und Fusionen auf.

<table>
<tr><th>Kriterium</th><th colspan="4">Formen</th></tr>
<tr><td>Umfang gehandelter Eigentumsrechte</td><td>Beherrschender Einfluss</td><td colspan="2">Maßgeblicher Einfluss</td><td>Minderheits-beteiligung</td></tr>
<tr><td>Wertschöpfungs-beziehung</td><td>Horizontal</td><td colspan="2">Vertikal</td><td>Konglomerat/ Lateral</td></tr>
<tr><td>Käuferinteresse</td><td>Strategischer Investor</td><td>Finanz-investor</td><td>Management Buy-out/-in</td><td>Distressed</td></tr>
<tr><td>Finanzierung</td><td>Eigenkapital</td><td colspan="2">Aktientausch</td><td>Fremdkapital (Leveraged Buy-out)</td></tr>
<tr><td>Kooperations-bereitschaft</td><td colspan="2">Freundlich</td><td colspan="2">Feindlich</td></tr>
<tr><td>Verkaufsformen</td><td>Vollständig</td><td>Spin-off</td><td>Equity Carve-Out</td><td>Split-up</td></tr>
</table>

Abb. 5.6.5: Arten von Mergers & Acquisitions

5.6.3 M&A-Prozess

M&A-Transaktionen gehören zu den komplexesten und risikoreichsten Entscheidungen der Unternehmensführung (vgl. *Welge et al.*, 2017, S. 607). Daher sind eine systematische und frühzeitige Planung sowie ein effektives Projektmanagement von größter Bedeutung. Dies betrifft insbesondere die Analyse, Verhandlungsführung und Entscheidungsfindung. Aufgrund der Komplexität und Vielzahl unterschiedlicher geschäftspolitischer, finanzieller,

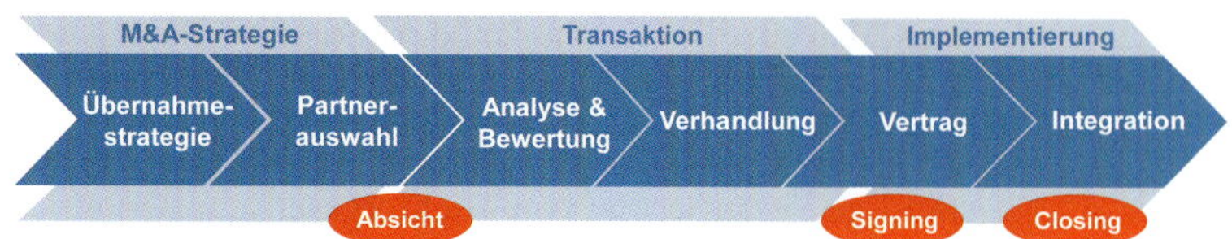

Abb. 5.6.6: Phasen im Übernahmeprozess

rechtlicher und steuerlicher Aspekte ist eine Bandbreite an **Akteuren** beteiligt (vgl. *Jansen*, 2016, S. 16 ff.). Zielsetzung, Gesamtsteuerung und Kontrolle liegt bei M&A in der Verantwortung der Unternehmensführung. Bei inhaltlichen Fragen wird sie von den Bereichen Finanzen, Revision, Controlling, Steuern, Recht, Unternehmensentwicklung/-strategie sowie Unternehmenskommunikation/Pressearbeit unterstützt. Häufig ist der Einsatz externer Berater nützlich, die über Erfahrung im Bereich M&A verfügen. Hierfür sind in erster Linie Investmentbanken prädestiniert. Unternehmensberater können geschäftsspezifische Erkenntnisse beisteuern. Rechtsanwälte, Steuerberater und Wirtschaftsprüfer sind für die Ausarbeitung von Fachfragen meist unerlässlich. Schließlich sind in Abhängigkeit der Situation weitere Spezialisten hinzuzuziehen, wie z. B. PR-Agenturen.

Die generellen **Phasen** eines M&A-Prozesses verdeutlicht Abb. 5.6.6. Sie werden nachfolgend erläutert (vgl. *Ernst/Häcker*, 2011, S. 21 ff.; *Jansen*, 2016, S. 164 ff.).

M&A-Strategie

Eine Übernahme kann die Wettbewerbsposition und finanzielle Situation eines Unternehmens durch sog. **externe Entwicklung** verbessern. Auch können Stärken ausgebaut, Risiken abgeschwächt oder Chancen wahrgenommen werden. Darauf aufbauend werden beim Kauf von Unternehmen **Handlungsoptionen** identifiziert, verglichen und abgegrenzt. So entstehen Auswahlkriterien für passende Kaufobjekte, wie etwa Mindest- und Maximaleigenschaften oder Eigentümerstrukturen. In diesem Sinne wird eine Übernahmestrategie bzw. eine M&A-Strategie als Ausgangspunkt eines M&A-Prozesses festgelegt. Diese ist in Kap. 3.4.4 sowie im folgenden Praxisbeispiel der *Bilfinger SE* beschrieben.

Teil einer M&A-Strategie ist es auch, sich gegen Übernahmen zu wehren. Es gibt viele Gründe, warum die Führung eines Übernahmekandidaten mit einem Verkauf in manchen Fällen nicht einverstanden ist. Zunächst haben Führungskräfte ein persönliches Interesse an der Erhaltung ihrer Macht und ihres Besitzstandes. Darüber hinaus ist die Unternehmensführung häufig der Ansicht, dass der gebotene Kaufpreis nicht den Wert des Unternehmens widerspiegelt. Auch die Möglichkeit einer zusätzlichen Wertschöpfung durch einen Eigentümerwechsel wird oft bezweifelt.

Zur **Abwehr feindlicher Übernahmen** gilt gemeinhin eine wertorientierte Unternehmensführung (vgl. Kap. 8.2) als wirksamster Schutz. Weitere **Abwehrmaßnahmen** lassen sich wie folgt unterteilen (vgl. *Achleitner/Schiereck*, 2004, S. 2035):

- **Präventive Abwehrmaßnahmen** bestehen in der Kontrolle bzw. Blockade von Eigentumsrechten, z. B. durch Stimmrechtsbeschränkungen, vinkulierte Namensaktien, Höchststimmrechte oder Überkreuzbeteiligungen. Ähnliche Wirkung haben überhöhte Verkaufspreise (Poison Pills, Golden Parachutes), die Einschränkung der Umstrukturierungsmöglichkeiten (Asset Lock-up) und die Ungültigkeit von wesentlichen Lieferkontrakten bei Eigentümerwechseln (Change of Control Contract).
- **Ad-hoc-Maßnahmen** werden durchgeführt, wenn ein Übernahmeangebot vorliegt. Dazu zählen der Verkauf besonders attraktiver Unternehmensteile, Rekapitalisierungen (z. B. Sonderdividenden), rechtliche Gegenmaßnahmen, Gegenangebote und die Suche nach einem alternativen Unternehmenskäufer (White Knight).

Die ökonomische Wirkungsweise und juristische Zulässigkeit der einzelnen Maßnahmen hängt von der jeweiligen Situation und dem anwendbaren Rechtsrahmen ab. Während die Unternehmensführung in Deutschland zur Neutralität verpflichtet ist, hat sie in den USA die Interessen der Aktionäre zu wahren.

Exit-Readiness beim Verkauf von Bilfinger-Konzerngesellschaften

Praxisbeispiel von Norbert Arend (Bilfinger SE, Head of Mergers & Acquisitions)

Die *Bilfinger SE* ist ein international führender Industriedienstleister mit rund 34.000 Mitarbeitern und über 4,3 Mrd. € Umsatz. Der Konzern steigert die Effizienz von Anlagen, sichert eine hohe Verfügbarkeit und senkt die Instandhaltungskosten. Die Kunden aus der Prozessindustrie kommen u. a. aus den Bereichen Chemie/Petrochemie, Energie/Versorgung, Öl/Gas, Pharma/Biopharma, Metallurgie und Zement.

In den letzten Jahren hat im Rahmen der strategischen Neuausrichtung ein Konzernumbau stattgefunden, der mit der Veräußerung von 25 Konzerngesellschaften einherging. Die Entscheidung zum Start eines Verkaufsprozesses erfolgt i. d. R. bei fehlendem strategischen Fit mit der Konzernstrategie oder aufgrund unzureichender Profitabilität eines Konzernunternehmens.

Bei früheren strategisch bedingten großen Neuordnungen des Konzerns, wie der Veräußerung des traditionsreichen Ingenieurbaus in 2015 oder des Hochbaus und der Immobiliendienstleistungen in 2016, wurden komplette Teilbereiche verkauft. Bei den jüngeren Verkäufen war zum Teil eine Abwägung zu treffen, ob der Fit zur Konzernstrategie für einzelne Unternehmen noch zum Ausdruck kommt. Solche Entscheidungen basierten dann auf den künftigen Erwartungen für die einzelnen Unternehmen, wie etwa hinsichtlich der Entwicklung der regionalen Märkte, der Industrien der Kunden, der Wettbewerbssituation in den Märkten oder politischer Rahmenbedingungen. Ergänzend wurden auch interne Faktoren wie Verfügbarkeit und Entwicklungsfähigkeit von Personalressourcen, Existenz von Kapazitätsreserven und Integrationsmöglichkeiten in andere Konzerneinheiten überprüft.

Ziel der Aktivitäten ist es, eine **Entscheidungsgrundlage** für das „Ob" und das „Wann" einer Veräußerung zu erhalten, also den Grad der Exit-Readiness für das jeweilige Unternehmen zu ermitteln.

Der **Exit-Readiness-Prozess** ist in Abb. 5.6.7 dargestellt und besteht aus den folgenden Schritten:

- **Analysephase**: Neben der Identifikation von Defiziten und Mängeln, sollen mögliche Wertsteigerungspotenziale einer M&A-Transaktion ermittelt werden, um eine erste generelle Aussage über die „Exit-Readiness" des Verkaufskandidaten („Zielgesellschaft") treffen zu können („Exit-Readiness-Check"). Die umfangreiche Analyse der Zielgesellschaft zur Bestimmung ihrer wirtschaftlichen und gesellschafts-, steuer- und arbeitsrechtlichen Situation orientiert sich dabei an der Struktur der Due Diligence und der dafür notwendigen Datenbasis, die in einem M&A-Prozess üblicherweise zur Verfügung gestellt wird.
- **Planungsphase**: Ausgehend von den Erkenntnissen der Analysephase werden in der Planungsphase zunächst die identifizierten Chancen, Risiken und Schwächen für die Zielgesellschaft beschrieben. Jedem identifizierten Sachverhalt werden dann Handlungspotenziale zugeordnet, die in einem detaillierten Maßnahmenplan zur Wertsteigung (mittels Problembehebung oder Potenzialentwicklung) münden.
- **Umsetzungsphase**: An die Planungsphase schließt sich die Implementierung von Maßnahmen innerhalb der Zielgesellschaft an, deren Auswirkungen kurz- bis mittelfristig zu erkennen sein sollten. In Abhängigkeit des geplanten Startzeitpunkts des Verkaufsprozesses ist zu entscheiden, ob eine begonnene Maßnahme vollständig abgeschlossen werden soll oder ob auch erste Teilerfolge ausreichen, bevor ein Verkaufsprozess beginnt. Die Praxis hat gezeigt, dass es seitens der Kaufinteressenten bereits gewürdigt wird, wenn eine detaillierte und plausible Ausarbeitung der Wertsteigerungspotenziale vorliegt, die sich wiederum im Business Plan wiederfinden lässt. Bereits realisierte Wertsteigerungen durch zwischenzeitlich implementierte Maßnahmen untermauern die Validität des Business Plans und wirken auf diese Weise zusätzlich wertsteigernd.
- **Kontrollphase**: Diese vierte Phase dient letztlich dazu, den Erfolg der eingeleiteten Maßnahmen zu messen und darüber hinaus die Frage zu beantworten, ob der Exit-Readiness-Prozess wiederholt werden soll.

Abb. 5.6.7: Exit-Readiness- und M&A-Prozess

So stehen im Anschluss an den Exit-Readiness-Check grundsätzlich drei **Handlungsoptionen** zur Wahl. Ist die Zielgesellschaft „exit ready", kann der Verkaufsprozess über den Start des internen M&A-Prozesses eingeleitet werden. Passt die Zielgesellschaft aufgrund der leistungssteigernden Maßnahmen und der verbesserten Zukunftsperspektiven (z. B. Erschließung neuer Märkte, Kunden oder Produkte) wieder in das strategische Profil des Konzerns, kann die Zielgesellschaft auch im Konzernverbund fortgeführt werden. War die Verbesserung der Exit-Readiness nicht ausreichend, wird darüber entschieden, ob der Prozess erneut zu durchlaufen ist oder ob die Gesellschaft im gegenwärtigen Zustand dennoch veräußert werden soll.

Bezogen auf die beabsichtigten Verkaufstransaktionen der jüngsten strategischen Neuausrichtung im *Bilfinger-Konzern* stellte der Stopp der Transaktion und die Reintegration in den Konzernverbund die absolute Ausnahme dar. Die Vorbereitung von Transaktionen über einen systematischen Exit-Readiness-Prozess bietet aber in jedem Fall eine wertvolle Basis, um Erkenntnisse zur Risikominimierung, Ansatzpunkte zur Beschleunigung von M&A-Prozessen und Argumente zur Terminierung von Verkaufszeitpunkten zu sammeln, um darüber letztlich höhere Wertpotenziale bei Verkaufstransaktionen zu realisieren.

Partnerwahl

Im Falle eines **Unternehmensverkaufs** ist auch die Interessenlage der ursprünglichen Eigentümer zu klären. Daraus lässt sich die geplante Art der Veräußerung festlegen, z. B. eine direkte Übertragung an einen einzelnen neuen Eigentümer. In diesem Fall sind organisatorische Voraussetzungen zu schaffen, wie etwa die Herstellung rechtlicher und wirtschaftlicher Einheiten. Schließlich ist der Verkaufsprozess vorzubereiten. Dazu wird Informationsmaterial für potenzielle Käufer zusammengestellt **(Information Memorandum).** Es ist das zentrale Verkaufsdokument und sollte alle wesentlichen Fragen eines Käufers beantworten. Einerseits sollten Käufer ein ausreichendes Bild des zu veräußernden Unternehmens bekommen. Hierfür erhalten sie eine vollständige strategische Analyse sowie Unternehmensdaten bis hin zu finanziellen Kennzahlen. Andererseits sollte keine vertrauliche Information preisgegeben werden, die im Wettbewerb schädlich sein könnte.

Im Falle eines **Unternehmenskaufs** folgt eine Identifikation und Beschreibung der Kandidaten (company profiles). Für die möglichen Zielunternehmen werden Prioritäten festgelegt, indem die Kandidaten mit den Auswahlkriterien abgeglichen werden. Oft wird dazu die Unterstützung von professionellen Beteiligungsvermittlern und insbesondere Investmentbanken in Anspruch genommen. Hierzu stehen beim Unternehmensverkauf unterschiedliche **Verfahren** zur Verfügung (vgl. *Ernst/Häcker*, 2011, 26; Abb. 5.2.34):

- **Exklusivverhandlungen (Negotiated Sale):** Besonders geeignete Käufer werden einzeln angesprochen und individuelle Verhandlungen geführt.
- **Simultane bilaterale Verhandlungen** dienen dazu, aus mehreren Interessenten den Käufer mit den höchsten Wertvorstellungen herauszufinden.
- **Kontrollierte Auktionen** sind ein standardisierter Verhandlungsrahmen mit der rechtlichen Verpflichtung zur Wertmaximierung beim Verkauf (Fiduciary Duty). In Abhängigkeit der notwendigen Geheimhaltungserfordernisse wird eine ausgewählte Gruppe potenzieller Interessenten direkt angesprochen. Mit diesen wird eine Vereinbarung über die Vertraulichkeit von Informationen, den informierten Personenkreis sowie ein zeitlich befristetes Wettbewerbsverbot vereinbart (Letter of intent, memorandum of understanding). Durch erste Abgabe eines Angebots, dem sog. Indicative offer (Richtangebot, non-binding offer), erhalten die Interessenten Zugang zu weiteren Informationen. Anschließend werden in mehreren Runden weitere Gebote abgegeben. Bei jeder Runde wird die Anzahl der zugelassenen Interessenten reduziert und deren Zugang zu vertraulichen Unternehmensinformationen erhöht. Dadurch sollen die Käufergebote gesteigert und gleichzeitig eine mögliche spätere Haftung des Verkäufers vermieden werden.
- **Öffentliche Auktionen:** Im Gegensatz zur kontrollierten Auktion wird eine offene Ausschreibung durchgeführt.

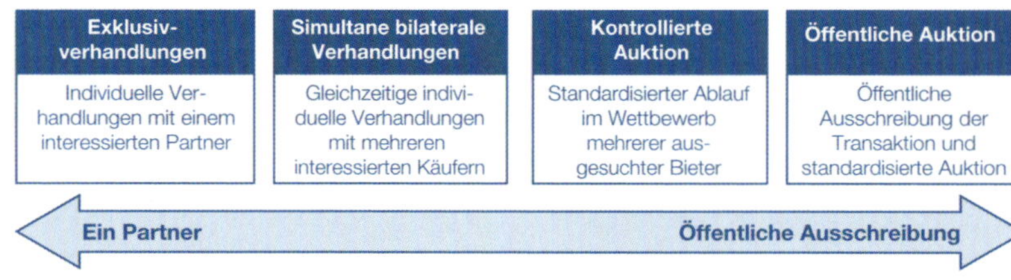

Abb. 5.6.8: Verhandlungsformen beim Unternehmensverkauf

M&A-Transaktion

Jeder Kaufinteressent ist um einen möglichst tiefen Einblick in alle relevanten geschäftspolitischen, finanziellen, rechtlichen und steuerlichen Aspekte bemüht. Er wird deshalb das Unternehmen unter Nutzung aller intern und extern verfügbaren Informationen einer genauen Analyse unterziehen. Bei freundlichen Unternehmensübernahmen wird hierfür eine sog. **Due Diligence** (Pre Acquisition Audit) durchgeführt. Die Versorgung der potenziellen Käufer mit bewertungs- und transaktionsrelevanten Fakten erfolgt anhand der zur Verfügung gestellten Dokumente (Data Room), Führungspräsentationen und Unternehmensbesichtigungen. Die Due Diligence arbeitet systematisch Stärken, Schwächen und Risiken als Vorbereitung für Übernahmeverhandlungen aus.

Eine Due Diligence gliedert sich in fünf **Teilbereiche:**

- **Strategische Due Diligence:** Entwicklung von Szenarien der zukünftigen Geschäftsentwicklung für das Zielobjekt mit Annahmen zur Kosten-, Markt-, Produkt- und Wettbewerbsentwicklung. Daraus werden GuV, Bilanz und Kapitalflussrechnung prognostiziert, auf denen die Unternehmensbewertung basiert.
- **Juristische Due Diligence:** Prüfung der rechtlichen Voraussetzungen und Risiken des Zielunternehmens. Dazu werden alle vertraglichen Verpflichtungen analysiert, wie z. B. Eigentumsverhältnisse, Organe, Gremien, Handelsregistereinträge, Zustimmungspflichten, Arbeitsverträge der Schlüsselmitarbeiter oder anhängige Rechtsstreitigkeiten.
- **Steuerliche Due Diligence:** Um steuerliche Auswirkungen des Unternehmenserwerbs zu bestimmen, wird insbesondere auf Steuererklärungen, Berichte der Wirtschafts- und Steuerprüfer sowie Steuerplanungen zurückgegriffen.
- **Umwelt Due Diligence:** Prüfung ökologischer Haftungs- und Kostenrisiken, z. B. durch Verunreinigungen. Dies gilt etwa für aus Immobilien stammende Altlasten.
- **Finanzielle Due Diligence:** Ermittlung des Unternehmenswerts aus den Geschäftsberichten der letzten Jahre, der Finanzplanung und der Bilanzpolitik. Die finanzwirtschaftlichen Auswirkungen des Unternehmenskaufs auf den Erwerber werden umfassend betrachtet (Financial Modelling). Veränderungen zukünftiger Bilanzen, Gewinn- und Verlustrechnungen sowie Cashflows werden im Hinblick auf alternative Kaufpreise sowie auf finanzwirtschaftliche und steuerliche Szenarien hin untersucht.

Voraussetzung der Due Dilligence ist die vertrauliche Behandlung der ausgetauschten Informationen. Dazu werden Geheimhaltungsverpflichtungen (Confidentiality Agreements) und Unterlassungsvereinbarungen hinsichtlich der Weitergabe von Informationen (Statements of Non-Disclosure) oder auch Verbote unfreundlicher Übernahmeangebote (Stand-Still Agreements) unterzeichnet. Die Bestimmung bzw. Eingrenzung von Verhandlungspositionen wird in einem gemeinsamen **Letter of Intent** (LOI) vereinbart.

Als zusammenfassendes Ergebnis der Due Dilligence fließen alle verfügbaren Informationen und die individuellen Zukunftseinschätzungen in die **Unternehmensbewertung** ein. Darin sind auch qualitative Faktoren, wie z. B. Führungsqualität und Markenreputation, enthalten. Die quantitativen Merkmale, wie etwa Marktanteil und Marktwachstum, werden in einer Wertvorstellung zusammengefasst.

Dazu können folgende **Bewertungsverfahren** verwendet werden (vgl. *Ernst/Häcker*, 2011, S. 366 ff.):

- **Fundamentale Bewertungsverfahren:** Der Unternehmenswert wird systematisch auf Basis aller verfügbaren internen und externen Daten errechnet. Meist werden zukunftsorientierte Bewertungsansätze verwendet, welche die Ergebnispotenziale eines Unternehmens bewer-

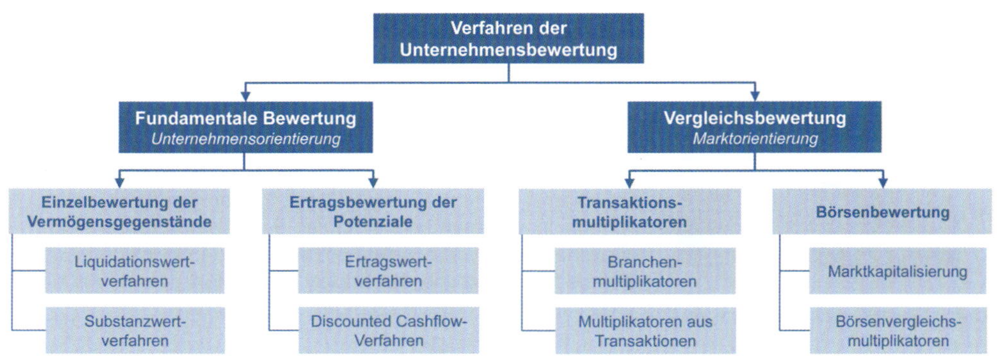

Abb. 5.6.9: Verfahren der Unternehmensbewertung

ten. Dazu können Erträge, Cashflows oder auch Dividenden herangezogen werden. Diese Verfahren werden in Kap. 8.2.1 ausführlich dargestellt.

- **Vergleichsbewertungsverfahren** (Multiplikatorverfahren): Der Wert eines Unternehmens errechnet sich aus dem Produkt einer Bezugsgröße mit einem Multiplikator. Dieser wird aus unternehmensexternen Daten ermittelt. Es können historische Preise vergleichbarer Übernahmen (Recent Deal Comparisons), branchenübliche Relationen oder auch Börsenwerte (Common Stock Comparisons) herangezogen werden. Als Bezugsgröße dienen meist Umsatz oder Gewinn. Als Beispiel werden die Börsendurchschnittspreise von vergleichbaren Unternehmen, geteilt durch deren jeweiligen Umsatz, als Multiplikator verwendet. Dieser Marktpreis kann als Orientierung und Plausibilisierung für einen geplanten Unternehmenskauf verwendet werden. Ungeachtet möglicher Schwierigkeiten aufgrund mangelnder Vergleichbarkeit werden Multiplikatoren in der Praxis häufig eingesetzt. Sie können ohne unternehmensinterne Daten einfach ermittelt werden und spiegeln die Marktverhältnisse wider. Dennoch ist die Methode sehr vereinfachend und kann deshalb keine alleinige Entscheidungsgrundlage sein.

Aus der Gegenüberstellung der Ergebnisse verschiedener Bewertungsverfahren bildet sich der Käufer eines Unternehmens eine angemessene Wertvorstellung **(fair value)**.

M&A-Prozess bei BorgWarner BERU Systems

BorgWarner BERU Systems

Die *BorgWarner BERU Systems GmbH* ist mit einem geschätzten Weltmarktanteil von über 40 % bei Glühkerzen für Dieselmotoren einer der weltweit führenden Anbieter in der Dieselkaltstarttechnologie. Im Bereich der Zündungstechnik für Benzinmotoren zählt die Gesellschaft ebenfalls zu den vier führenden Anbietern in Europa. *BorgWarner BERU Systems* expandiert stark in den Elektronikbereich mit dem Schwerpunkt auf kompletten, elektronischen Systemlösungen für die Fahrzeugindustrie. Außerdem entwickelt und produziert das Unternehmen Sensortechnologie und Zündsysteme für die Öl- und Gasbrennerindustrie. *BorgWarner BERU Systems* zählt nahezu alle Automobil- und Motorenhersteller der Welt zu seinen Kunden.

Durch den Börsengang der *BERU AG* im Jahr 1997 wurde die Internationalisierungs- und Wachstumsstrategie vorangetrieben. Die neuen finanziellen Möglichkeiten wurden von der Unternehmensführung dazu genutzt, bestehende Joint Ventures zu integrieren und zusätzliche Unternehmen zu akquirieren. Im Jahr 2000 wurde die Expansionsstrategie durch den Einstieg des Private Equity Funds *Carlyle Group* erneut beschleunigt. Der Finanzinvestor erwarb zunächst 26 % an der *BERU AG* und erhöhte seine Anteile später auf 37 %. Das zusätzliche Kapital wurde einerseits in die Entwicklung neuer Produkte, wie etwa einem Reifendruckkontrollsystem und anderseits in weitere Akquisitionen investiert, wie beispielsweise der Übernahme der französischen Zündkerzen-Division *Eyquem* von *Johnson Controls Automotive*.

2004 teilte der US-Zulieferer *BorgWarner* mit, dass er die *BERU*-Aktienpakete der *Carlyle Group* (37 %) und der Familien *Birkel* (21 %) und *Rupprecht* (5 %) zu 59 € je Aktie kaufen möchte. Dies repräsentierte insgesamt 63 % des Grundkapitals von 26 Mio. €, eingeteilt in 10 Mio. Stückaktien. *BorgWarner* unterbreitete allen Aktionären der *BERU AG* ein freiwilliges Übernahmeangebot für die *BERU* Aktie. Den verbleibenden Aktionären wurden 67,50 € pro Aktie in bar geboten. Dies entspricht einer Prämie von 14,7 % gegenüber dem gewichteten, durchschnittlichen Aktienkurs der letzten zwölf Monate vor Angebotsabgabe bzw. 252,1 % gegenüber dem Emissionspreis der Aktie. Nach Ablauf der weiteren Annahmefrist hielt *BorgWarner* insgesamt 69 % des Grundkapitals. *BorgWarner* beabsichtigte, durch die Übernahme der *BERU AG* Zugang zum damals wachsenden Markt der Dieselmotoren zu erhalten (horizontale Übernahme). Durch die Verhandlungen mit den beiden Hauptaktionären konnte sich *BorgWarner* im Vorfeld des öffentlichen Angebots bereits einen beherrschenden Einfluss von 63 % der Anteile sichern. Somit wurde eine imageschädigende Übernahmeschlacht verhindert. Zum anderen wurde ebenfalls sichergestellt, dass eine kooperative Zusammenarbeit zwischen der Führung beider Unternehmen möglich ist (friendly takeover).

2008 wurde ein Beherrschungs- und Gewinnabführungsvertrag mit dem Mehrheitsaktionär *BorgWarner* geschlossen. In der folgenden Hauptversammlung der *BERU AG* wurde die Übertragung der Aktien der Minderheitsaktionäre auf die *BorgWarner Germany GmbH* beschlossen. Nach diesem erfolgreichen Squeeze-out gehört *BERU* seitdem vollständig zum amerikanischen Automobilzulieferer. Die Börsennotierung der *BERU AG* wurde eingestellt und das Unternehmen in eine GmbH umgewandelt. Seitdem firmiert das Unternehmen unter dem Namen *BorgWarner BERU Systems GmbH* und ist eine 100-prozentige Tochtergesellschaft des US-amerikanischen Automobilzulieferers *BorgWarner*. In den Folgejahren verkaufte *BorgWarner* den Geschäftsbereich Reifendruckkontrollsysteme an die *Huf Electronics* und den Geschäftsbereich Zündkerzen an die amerikanische Firma *Federal-Mogul*. Später wurde das Unternehmen in den international tätigen *BorgWarner Konzern* eingegliedert und verantwortet Forschung und Entwicklung, das globale Marketing und das Supply Chain Management für die Produktionslinien Glühkerzen und Zündspulen.

Um daraus den Kaufpreis für ein Unternehmen zu bestimmen, sind folgende **Sachverhalte** einzubeziehen:

- **Preispremium:** Beim Unternehmenskauf ist meist ein Zuschlag an den Verkäufer zu bezahlen, um diesen zum Verkauf zu motivieren. Dies können etwa Paketzuschläge an große Anteilseigner sein, die als maßgebliche Akteure auf einen Verkauf einwirken. Dieses Preispremium mindert aus Sicht des Käufers den Wert des gekauften Unternehmens.
- **Restrukturierungs- oder Kostensenkungsaktivitäten** bieten Wertsteigerungspotenziale. Dabei wird zunächst unterstellt, dass das gekaufte Unternehmen unabhängig weitergeführt wird (stand-alone value). Bislang unausgeschöpfte Potenziale können z. B. Kapazitätsanpassungen sein, welche die Ertragssituation eines Unternehmens nachhaltig verbessern.
- **Synergieeffekte:** Wertsteigerungen können erzielt werden, wenn ein strategischer Investor spezifische Fähigkeiten und Kompetenzen einbringt. Dies können etwa günstigere Einkaufskonditionen, besondere Fähigkeiten oder der Zugang zu einem neuen Markt sein. Synergien zu schaffen, ist eine anspruchsvolle und oft unterschätzte Aufgabe. Sie bewirken niedrigere Kosten, höhere Erlöse oder geringere Kapitalkosten. Dafür ist jedoch ein hoher Integrationsaufwand erforderlich, wie etwa Investitionen in einheitliche digitale Informationssysteme.

Daraus folgt, wie in Abb. 5.6.10 dargestellt, die **Preisvorstellung des Käufers** (fair price). Der gezahlte Kaufpreis resultiert dann aus der Verhandlung mit dem Verkäufer (vgl. *Hungenberg*, 2014, S. 514 f.).

Parallel zur Bewertung des Unternehmens ist die **Finanzierung** einer Übernahme zu klären. Sie ist für den Käufer eine zentrale Fragestellung, denn Finanzierungseffekte sind Teil der Unternehmensbewertung und bestimmen den maximalen Kaufpreis. Auch für den Verkäufer ist die Finanzierung von Interesse, um die Seriosität potenzieller Käufer einschätzen und bei deren Auswahl berücksichtigen zu können.

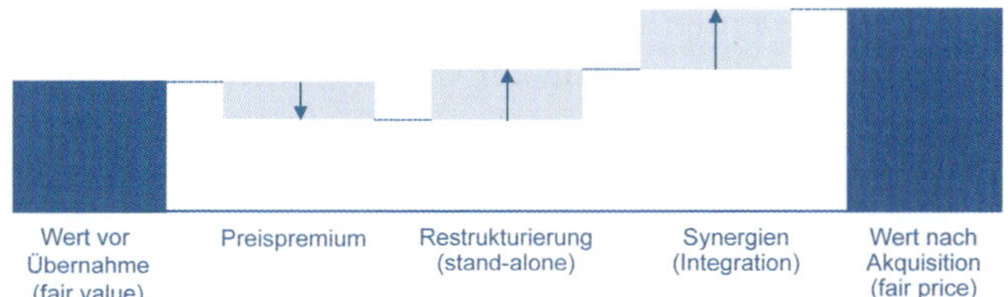

Abb. 5.6.10: Investitionskalkül des Käufers bei Übernahmen

M&A-Implementierung

Kommt es zur Aufnahme von **Verhandlungen**, so versuchen sich die Parteien über den Kaufpreis, die Beteiligungshöhe, die Übernahme des Führungspersonals etc. zu einigen. Dabei muss die Vertraulichkeit der Gespräche gewährleistet sein. Bei den Verhandlungen sind komplexe Einzelaspekte und divergierende Interessenlagen zwischen den Parteien zu berücksichtigen. Daher kommt der **Verhandlungstaktik** eine entscheidende Bedeutung zu. Die Verhandlungsführung sollte problemorientiert die Interessen der Parteien berücksichtigen und dabei an möglichst objektiven Kriterien orientiert sein. Persönliche Auseinandersetzungen und Positionierungen stehen einer Einigung entgegen, da es dabei am Ende häufig Gewinner und Verlierer gibt.

Bereits während der Verhandlungen sollten erzielte Einigungen festgehalten werden. Dafür eignen sich Milestone- und Position-Papers sowie die Entwicklung von Kaufvertragsentwürfen, Term Sheets und Memorandums of Understanding (MoU). Handelt es sich um ein öffentliches Verhandlungsverfahren, werden rechtlich verbindliche Angebote (Binding offer) abgegeben.

Bei der **juristischen Festschreibung** sind alle Merkmale der Übernahme festzulegen:

- **Vorgehen und Termine:** Hierzu zählen die einzelnen Durchführungsschritte und die Zeitpunkte der Übernahme.
- **Kaufumfang:** Es können entweder einzeln abgegrenzte Aktiv- bzw. Passivposten eines Unternehmens (Asset Deal) oder Anteile an der Rechtsgesamtheit der Firma (Share Deal) erworben werden.
- **Kaufpreis:** Sollte zum Vertragszeitpunkt noch keine eindeutige Preisfestlegung möglich sein, so kann auf Preisformeln (Earn-Out bzw. Contingent Price) zurückgegriffen werden. Daraus wird dann zu einem späteren Zeitpunkt der Kaufpreis in Abhängigkeit der eingetretenen Unternehmensentwicklung bestimmt. Unsicherheiten zum Zeitpunkt des Vertragsabschlusses lassen sich durch Termin- und Optionskomponenten vermindern.
- **Gewährleistungs- und Haftungszusagen** (Representations and Warranties): Der Verkäufer räumt verschiedene Zusagen ein, um damit in der Due Diligence enthaltene Risiken und kritische Annahmen abzusichern.
- **Zahlungsmodalitäten:** Der Verkäufer erhält als Gegenleistung für seine Unternehmensanteile Geld (Cash Offer), Wertpapiere (Share Offer) oder eine Kombination beider Komponenten. Finanziert wird eine Übernahme durch den Käufer durch vorhandene liquide Mittel, die Aufnahme von Fremdkapital oder die Ausgabe eigener

Aktien. Wenn der Unternehmenskauf durch eine öffentliche Übernahme erfolgt, dann kann entweder ein schrittweiser Aufkauf oder ein öffentliches Angebot (Tender Offer) durchgeführt werden.

- **Weiteres Vorgehen:** Bis zur Gültigkeit des Vertrags werden die Integration geplant, die erforderlichen Zustimmungen eingeholt und ggf. das Wettbewerbsverhalten in dieser Zeit festgelegt (Non-Compete Clause).

Mit der Abgabe eines öffentlichen Angebots bzw. der Unterzeichnung eines Vertrags (Signing) ist eine Übernahme allerdings noch nicht abgeschlossen. Bis zum Übergangsstichtag (Closing) sind i. d. R. noch rechtliche Voraussetzungen zu schaffen. So kann etwa eine kartellrechtliche Genehmigung erforderlich sein oder die Eigentümer müssen dem Kauf etwa in einer außerordentlichen Gesellschafter- oder Hauptversammlung zustimmen. Auch die vertraglichen Verhältnisse mit Kunden und Lieferanten sind zu prüfen und ggf. anzupassen. So können Lizenzen, Lieferantenverträge für kritische Ressourcen oder Kundenverträge zu verhandeln sein. Als flankierende Maßnahme sind Mitarbeiter, Investoren und die Öffentlichkeit über die verfolgte strategische Zielsetzung (Equity Story) zu informieren.

In der **Post-Merger-Phase** wird maßgeblich über Erfolg oder Misserfolg einer Übernahme entschieden. Untersuchungen über das Scheitern von Übernahmen zeigen, dass die Ursachen vielfach in einer mangelhaften Integration liegen. Daher sollte die Integration möglichst frühzeitig geplant und umgesetzt werden (vgl. *Jansen*, 2016, S. 227 ff.). Die Integration erfordert die Koordination bislang unabhängiger Bereiche, den Transfer von Ressourcen und Fähigkeiten sowie die Zusammenfassung von Aktivitäten und Investitionen. Diese Aspekte sollten bereits in der Unternehmensbewertung berücksichtigt werden (vgl. *Hungenberg*, 2014, S. 514 ff.). Festzulegen sind

- der **Integrationsgrad** des erworbenen Unternehmens, z. B. Autonomie, partielle Integration oder vollständige Integration,
- der **Integrationszeitpunkt** und die **Integrationsgeschwindigkeit**, z. B. schnell oder schrittweise sowie
- die **Organisation**, z. B. hinsichtlich Projektmanagement und Beraterunterstützung.

Die Integration umfasst drei **Dimensionen:**

- **Strategische Integration:** Die strategische Grundausrichtung ist gemeinsam neu zu definieren sowie Ressourcen und Fähigkeiten zu transferieren. Die Realisierung kurzfristiger Effekte, wie etwa Kosteneinsparungen, darf die strategische Integration nicht gefährden.
- **Strukturelle Integration:** Prozesse sind abzustimmen und die Aufbauorganisation anzupassen. Dazu ist die Übernahme der Best-Practices beider Unternehmen zweckmäßig. Darüber hinaus sind gemeinsam neue Strukturen und Prozesse zu entwickeln. Eine Herausforderung stellt meist die Harmonisierung der digitalen Informationssysteme dar.
- **Personelle und kulturelle Integration:** Naturgemäß haben die Mitarbeiter des gekauften Unternehmens Angst um ihren Arbeitsplatz, Einfluss oder Besitzstand. Um Blockaden und Widerstände abzubauen, ist eine offene Darstellung des Integrationsablaufs und der Auswirkungen auf die Belegschaft erforderlich. Besonders wichtig ist dabei die Identifikation und Motivation des neuen Führungsteams. Sowohl bei einer Übernahme als auch bei einer Fusion treffen zwei unterschiedliche Unternehmenskulturen aufeinander. Diese stoßen auf der jeweils anderen Seite häufig auf Unverständnis. In den meisten Fällen ist es kontraproduktiv, dem gekauften Unternehmen die Kultur des Käuferunternehmens aufzuzwingen. Dann ist mit starken Widerständen, Verunsicherung und dem Weggang der besten Mitarbeiter zu rechnen.

Die Integration wird von den Führungskräften, den Mitarbeitern, aber auch von Kunden und anderen Wertschöpfungspartnern genau verfolgt. Zudem verändert jeder Zusammenschluss fundamentale Rahmenbedingungen, so dass auch bislang problemlos funktionierende Strukturen und Abläufe eventuell einer Anpassung bedürfen (vgl. *Jansen*, 2016, S. 238).

Obwohl es in der Wirtschaft viele Übernahmen gibt, erfüllen sie oft nicht die mit ihnen verbunden hohen Erwartungen. Empirische Studien in USA, Großbritannien und Deutschland kommen weitgehend zu ähnlichen Ergebnissen (vgl. *Bamberger*, 1994, S. 178 ff.; *Hungenberg*, 2014, S. 513 f.; *Welge et al.*, 2017, S. 607). Als **Erfolgsmaßstab** werden dabei z. B. Desinvestitionsraten, Reaktionen des Kapitalmarkts oder finanzielle Kennzahlen verwendet. In der Tendenz sind die Ergebnisse alarmierend und weisen in bestimmten Branchen der USA **Misserfolgsraten** von 70 % bis zu 90 % aus (vgl. *Christensen et al.*, 2011, S. 48). In Deutschland kann branchenübergreifend eine durchschnittliche Erfolgswahrscheinlichkeit von rund 40 % angenommen werden (vgl. *Jansen*, 2008, S. 240). Dabei ist der Erfolg unabhängig von der Unternehmensgröße. Eine Wertsteigerung tritt häufig für die Eigentümer eines verkauften Unternehmens sowie bei Fusionen ein.

Die bei Unternehmensübernahmen auftretenden Schwierigkeiten verdeutlicht das Beispiel der Übernahme von *Monsanto* durch *Bayer* in Kap. 5.7.5.

Aufgabe der Unternehmensführung ist es, die wesentlichen **Ursachen des Scheiterns** von M&A zu vermeiden (vgl. *Jansen*, 2016, S. 240; *Müller-Stewens/Lechner*, 2016, S. 301):

- **Unternehmensbewertung:** Mangelnde Informationen, unzureichende Markt- und Unternehmensanalysen, eine unrealistische Einschätzung der Synergiepotenziale sowie Zeitdruck führen zu falschen, meist überhöhten Erwartungen. In Kombination mit der Komplexität der Bewertung führt dies zu übertriebenen Wertvorstellungen und somit oft zu einem überteuerten Kaufpreis. Damit kann ein strategisch sinnvolles M&A ökonomisch unrentabel werden. Eine realistische Unternehmensbewertung ist daher erfolgskritisch.
- **Integration:** Kulturelle Unterschiede, Unsicherheiten in den Belegschaften, fehlender Einbezug von Schlüsselpersonen und mangelnde Kommunikation sind häufig unterschätze Problemfelder. Es sind ausreichend Zeit und eine intensive Betreuung der Post-Merger-Phase erforderlich, um nicht an organisatorischen Widerständen zu scheitern. Zudem ist nach der Transaktion eine neue strategische Ausrichtung des Gesamtunternehmens erforderlich.
- **Steuerung des M&A-Prozesses:** Vertraulichkeit, eindeutige Positionsbestimmung, Inhaltsfokus und Prozesskontrolle sind die prozessualen Erfolgsfaktoren (vgl. *Achleitner/Dresig*, 2001, S. 1559 ff.). Mangelnde Geheimhaltung gefährdet den Verhandlungsprozess und beeinflusst fundamentale Unternehmensmerkmale, wie etwa Börsenreaktionen, Geschäftsbetrieb oder Wettbewerbsposition. Dann beginnt eine spekulationsgetriebene, politische Diskussion, und die Kontrolle über den M&A-Prozess geht verloren. Entscheidungsträger sollten über klare Zielvorstellungen verfügen, um eine gute Verhandlungsposition einnehmen zu können. Soll eine Transaktion zustande kommen, so ist gleichzeitig Kompromissbereitschaft in Einzelfragen unerlässlich. Das Zusammenspiel von Zielverfolgung und Kompromissfähigkeit bestimmt die Glaubwürdigkeit der Verhandlungspartner und damit die Erfolgswahrscheinlichkeit der M&A. Der Gefahr eines emotionalen „Dealfiebers“ bzw. „Dealfrusts“ bei den Beteiligten sollte durch regelmäßige Rückbesinnung auf die ökonomische Logik und die Wichtigkeit der Transaktion für die beteiligten Unternehmen erreicht werden.

Zusammenfassung

- Der Markt für M&A ist länderspezifisch und unterliegt zyklischen Schwankungen. Er wird von mikro- und makroökonomischen Größen, den Anteilseignern, rechtlichen und steuerlichen Rahmenbedingungen, politischen Interessen und den Eigentumsverhältnissen beeinflusst.
- Übernahmen werden aus vielfältigen Gründen durchgeführt. Die Motive reichen von Markt-, Wettbewerbs- und Kostenüberlegungen, über den Erwerb von Produkten, Technologien und Kompetenzen bis hin zum Portfoliomanagement und der Wahrnehmung von Chancen.
- Bei Übernahmen (Acquisitions) werden Unternehmen oder Unternehmenseinheiten durch ein anderes Unternehmen ganz oder teilweise aufgekauft.
- Eine Fusion (Merger) ist ein Zusammenschluss zweier rechtlich selbstständiger Unternehmen zu einer rechtlichen und wirtschaftlichen Einheit.
- M&A können nach dem Umfang der Eigentumsrechte, der Wertschöpfungsbeziehung, dem Käuferinteresse, der Finanzierung, der Kooperationsbereitschaft und den Verkaufsformen klassifiziert werden.
- Der M&A-Prozess durchläuft sechs Phasen. Zunächst ist die Übernahmestrategie festzulegen und die Zielsetzung zu definieren. Anschließend sind geeignete Partner auszuwählen und die Transaktionsart zu bestimmen. Zur Analyse und Bewertung wird eine Due Diligence durchgeführt und der Unternehmenswert errechnet. In den Verhandlungen wird die Transaktion durchgeführt und vertraglich fixiert. Die abschließende Integrationsphase kann langwierig sein und entscheidet maßgeblich über den Erfolg.
- M&A sind häufig nicht erfolgreich. Ursachen hierfür sind eine zu optimistische Unternehmensbewertung und eine misslungene Integration.

Literaturempfehlungen

Achleitner, A.-K./Schiereck, D.: Mergers & Acquisitions, 16. Aufl., Wiesbaden 2004.

Jansen, S. A.: Mergers & Acquisitions: Unternehmensakquisitionen und -kooperationen, 6. Aufl., Wiesbaden 2016.

Müller-Stewens, G./Kunisch, S,/Binder, A. (Hrsg.): Mergers & Acquisitions, 2. Aufl., Stuttgart 2016.

5.7 Die Organisationsfunktion in der Praxis

Leitfragen

- Welche Aufgaben hat die Organisationsfunktion bei der Eder-Gruppe?
- Wie wird das Projektmanagement bei Concept angewandt?
- Welche Vorteile hat Bürkert durch das Prozessmanagement erzielt?
- Welche Erfahrungen wurden bei Brüggemann mit Joint Ventures gemacht?
- Was lässt sich aus der Übernahme von Monsanto durch Bayer lernen?

In diesem Kapitel werden die Aufgaben der in Kap. 5.1 dargestellten Organisationsfunktion am Beispiel der *Eder-Gruppe* beschrieben. Das Projektmanagement aus Kap. 5.3 wird an einem Beispiel der *Concept AG* veranschaulicht. Die Umsetzung des Prozessmanagements aus Kap. 5.4 wird bei der *Bürkert GmbH* dargestellt. Die Kooperationsformen aus Kap. 5.6 werden bei *Brüggemann* vertieft, bei dem Motive, Verlauf und Erfahrungen eines Joint Ventures aufgezeigt werden. Als Beispiel zu Kap. 5.7 wird die Übernahme von *Monsanto* durch *Bayer* als größte Akquisition in der deutschen Wirtschaftsgeschichte erläutert.

5.7.1 Organisationfunktion in der Eder-Gruppe

Die *Eder-Gruppe* wurde bereits in Kap. 1.1.3 vorgestellt. Sie wurde im Jahr 1921 gegründet und feierte 2021 ihr hundertjähriges Jubiläum. Es handelt sich somit um ein traditionsreiches Unternehmen, das im Lebenszyklus als reifes Unternehmen gilt. Die *Eder-Gruppe* ist als **Holding** organisiert, in der die größte Gesellschaft gleichzeitig die Aufgaben der Zentralbereiche übernimmt. Die Holding besteht aus einem Gremium, welches sich aus den Geschäftsführungen der Gesellschaften und bis dato Erwin *Eder* an der Spitze zusammensetzt. Jedes der fünf Mitglieder besitzt dabei eine Stimme. *Eder* hat ein Doppelstimm- und Veto-Recht. Damit kann er verhindern, dass gegen seine Eigentümerinteressen entschieden wird. *Erwin Eder* zieht sich altersbedingt aus der Geschäftsführung zurück. Zukünftig wird als Nachfolgerin an der Spitze des inhabergeführten Familienunternehmens nun *Roberta Asch* als Konzerngeschäftsführerin eingesetzt (vgl. Kap. 6.6.2). Alle wichtigen Entscheidungen werden im Führungsgremium demokratisch getroffen. *Roberta Asch* vertritt die *Eder-Gruppe* dabei nach außen, verfügt aber als *Prima inter Pares* über die gleichen Stimmrechte wie ihre Kollegen.

Die Konzernstruktur umfasst eigenständige rechtliche Gesellschaften, die gleichzeitig auch der Führungsstruktur entsprechen. Alle Gesellschaften sind zu 100 % im Besitz der *Eder-Gruppe*. Der Konzern ist nach **Divisionen** strukturiert:

- Das Stammhaus der Unternehmensgruppe, die **Eder Möbel GmbH**, entwickelt, produziert und vertreibt Gartentische in den Modellen „Luxus" und „Standard". Diese werden direkt an den Einzelhandel vertrieben. Seit Jahren wird das Stammhaus von *Erich Nergisch* als Geschäftsführer geleitet.
- Die **Schlummer GmbH** wurde zugekauft, um das Sortiment um Betten zu ergänzen. Das Bettengeschäft umfasst Komplettbetten bestehend aus Rahmen, Lattenrost und Matratze. Die angebotenen Modelle unterscheiden sich vor allem durch das Design und Material des Bettgestells sowie durch den verwendeten Matratzentyp. Der Vertrieb erfolgt ausschließlich über ausgewählte

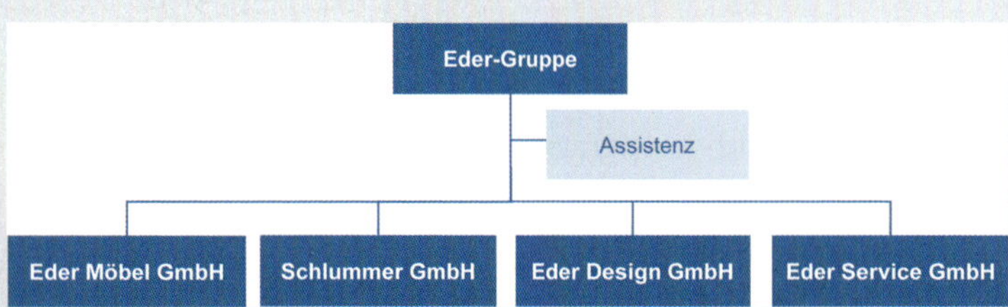

Abb. 5.7.1: Konzernorganisation der Eder-Gruppe

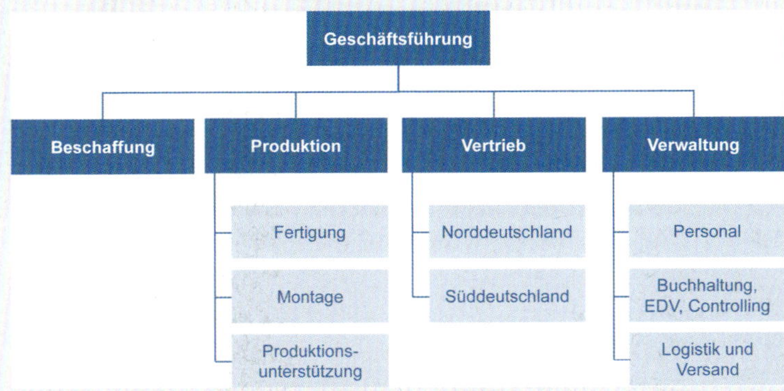

Abb. 5.7.2: Organigramm der Eder Möbel GmbH

Fachhändler. Die Kernkompetenzen der *Schlummer GmbH* liegen im Design der Bettrahmen und der Entwicklung besonders komfortabler Matratzen.

- Die **Eder Design GmbH** unterstützt die Produktentwicklung der *Eder Möbel GmbH* und der *Schlummer GmbH*. Die beiden Unternehmen werden als bevorzugte Kunden bedient. Neben den internen Kunden führt die *Eder Design GmbH* auch externe Entwicklungsaufträge durch. Besonders stolz ist die *Eder Design GmbH* auf die regelmäßigen Aufträge für Möbelentwürfe eines marktführenden schwedischen Möbelunternehmens.
- Die **Eder Service GmbH** bildet das Ersatzteilgeschäft, die Montage der Produkte beim Kunden sowie die Logistik von der Herstellung bis zum Kunden ab. Diese Gesellschaft ist somit ebenfalls eng mit dem Geschäft der *Eder Möbel GmbH* und der *Schlummer GmbH* verbunden. Da sie keine weiteren Kunden hat, ist die Geschäftslage untrennbar mit den beiden Gruppenunternehmen verbunden. Geleitet wird diese Gesellschaft von *Roberta Asch*.

Auf der zweiten Strukturebene ist das Unternehmen **funktional** organisiert. Die *Eder Möbel GmbH* als Tochtergesellschaft der *Eder-Gruppe* ist in die Bereiche Beschaffung, Produktion, Vertrieb und Verwaltung gegliedert. Jede dieser Abteilungen wird jeweils von einer Führungskraft in einem Einliniensystem geleitet. Abb. 5.7.2 zeigt das Organigramm der *Eder Möbel GmbH*.

Die *Eder Möbel GmbH* ist in ihren **Organisationszielen** auf Stabilität und Effizienz ausgelegt. Die erforderliche Flexibilität, z. B. bei der Ergänzung um weitere Geschäftsfelder, kann auf der Holdingebene erfolgen. Dort steht die Anpassungsfähigkeit stärker im Vordergrund. Ebenso ist die Organisation auf möglichst hohe Effizienz durch funktionale Arbeitsteilung ausgerichtet. Dies gilt insbesondere in der Produktion. In der Holding liegt der Schwerpunkt dagegen auf der Effektivitätsdimension. Im Gegensatz zur *Eder Möbel GmbH* ist die *Eder Design GmbH* agiler ausgerichtet und verfolgt völlig andere Organisationsziele.

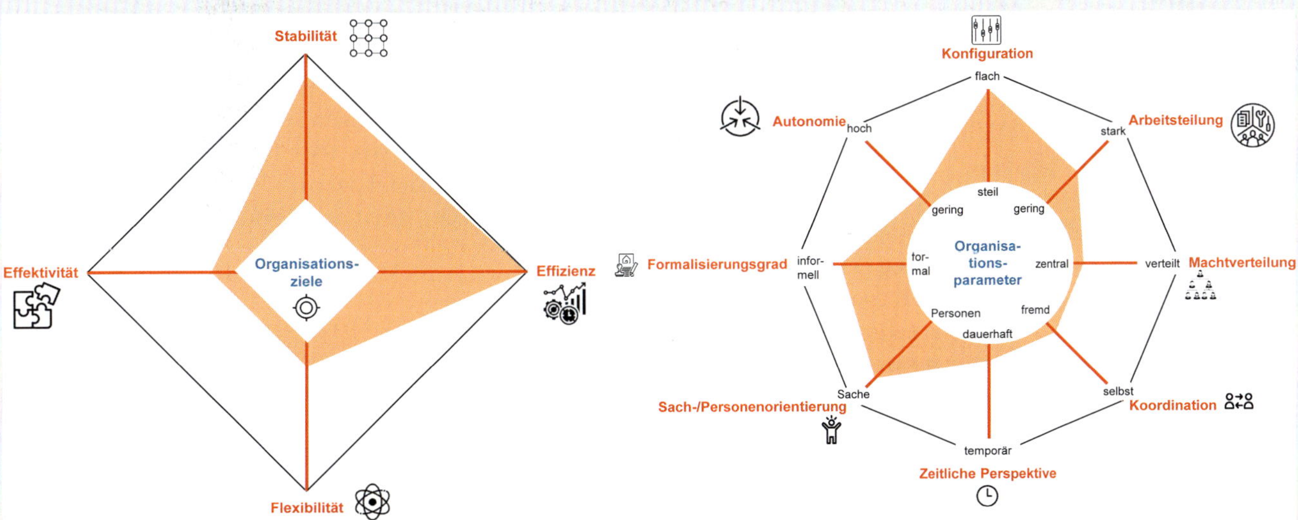

Abb. 5.7.3: Organisationsziele und -parameter der Eder Möbel GmbH

Die **Organisationsparameter** der *Eder Möbel GmbH* zeigen eine recht flache Konfiguration mit wenigen Hierarchieebenen. Die Arbeitsteilung ist möglichst hoch, allerdings sind aufgrund der mittelständischen Unternehmensgröße die Arbeitsumfänge dennoch recht groß. Die Macht ist stark zentralisiert und die Koordination erfolgt überwiegend fremdorganisatorisch und hierarchisch. Die Organisation ist dauerhaft angelegt und auf die Experten und Führungskräfte zugeschnitten. Formalisiert ist das Unternehmen lediglich soweit als nötig, um die hohen Qualitäts- und Zertifizierungsstandards zu erreichen. Diese führen aber insgesamt dennoch zu einer recht formalisierten organisatorischen Ausgestaltung. Die Entscheidungsautonomie ist im Unternehmen stark auf die Führungskräfte zentralisiert, so dass die Gesamtausprägung geringe Autonomie aufweist.

5.7.2 Projektmanagement bei Concept am Beispiel einer Warenflussoptimierung

Praxisbeispiel von Dr. Harald Balzer (Vorstandsvorsitzender)

CONCEPT AG
The productivity people

Die *Concept AG* ist ein spezialisiertes Beratungsunternehmen mit Sitz in Stuttgart, das seine Kunden beim Projektmanagement unterstützt. Das Beispiel beschreibt ein von der *Concept AG* durchgeführtes Projekt zur Optimierung des Warenflusses in einem Werk eines namhaften Automobilzulieferers.

Der Automobilzulieferer produziert mit rund 1.800 Mitarbeitern auf über 50 Fertigungslinien elektronische Fahrzeugbauteile für fast 300 Kunden. Die Serienproduktion umfasst dabei ein breites Variantenspektrum. Dazu werden über 650 Mio. unterschiedliche Teile von ca. 250 Lieferanten bezogen. Aufgrund des hohen Liefervolumens stellt die Logistik in diesem Unternehmen eine wesentliche Herausforderung dar. Die Optimierung der Lieferkette verspricht deshalb ein beträchtliches Einsparungs- und Verbesserungspotenzial. Da das Unternehmen zukünftig mit erheblichen Mengensteigerungen rechnet, haben die Logistikkosten zunehmend an Bedeutung gewonnen. Dies verstärkt sich noch dadurch, dass aufgrund des Preisdrucks in der Zulieferindustrie trotz des Mengenwachstums keine Umsatzsteigerungen erwartet werden. Zur Sicherstellung der Wettbewerbsposition waren deshalb Kostensenkungen erforderlich. Im Logistikbereich wurden Kosteneinsparungen um 30 % innerhalb von 18 Monaten angestrebt.

Hierfür wurde ein Projekt ins Leben gerufen, um den gesamten logistischen Ablauf zu optimieren. Das **Projektziel** war nur mit einschneidenden Maßnahmen und gravierenden Änderungen realisierbar. Die Beherrschung der Logistikprozesse wurde auf diese Weise zu einem Wettbewerbsvorteil.

Die **Projektorganisation** bestand aus den Ebenen Projektpromotor, Lenkungsausschuss, Projektleitung sowie Bereichsprojektleitung (BPL) und Querschnittsfunktionen (QF). Die wesentlichen Projektaufgaben wurden gemäß den wesentlichen Hauptprozessen entlang der Lieferkette in sog. Bereichsprojekten angeordnet. Diese unterteilen sich in Lieferanten (L), Produktion (P) und Kunden (K). Zudem wurden Querschnittsfunktionen zur Koordination der Bereichsprojekte definiert. Beispiele waren Lagerinfrastruktur, bauliche Maßnahmen oder Schulung. Für alle Bereichsprojekte wurden 14 Teilprojektteams (TP) aus jeweils maximal drei bis vier Mitarbeitern gebildet, die eng mit der Linienorganisation des Unternehmens verknüpft waren. Darin wurden inhaltliche Konzepte erstellt, geprüft, Tests durchgeführt und die Umsetzung der Projektergebnisse in den Linienbereichen koordiniert und inhaltlich begleitet. Die Querschnittsfunktionen übernahmen für die Bereichs- und Teilprojekte übergreifende Aufgaben. Abb. 5.7.4 fasst die Projektorganisation zusammen.

Einige Teilprojekte verdeutlichen exemplarisch die **Planung** und die definierten Maßnahmen:

- In den **Querschnittsfunktionen** wurden alle Aktivitäten durchgeführt, die ausgehend vom Kundenbedarf zur Einführung einer verbrauchsorientierten Logistiksteuerung erforderlich waren. Dabei wurde der Informationsfluss im *SAP*-System übergreifend optimiert. Die Steuerungssysteme wurden festgelegt und in verschiedenen Ausprägungen auf die 51 Linien angepasst. Eine weitere Querschnittsfunktion verantwortete den Aufbau einer neuen Lagerinfrastruktur und der damit verbundenen Informationstechnologie. Zudem wurden bauliche Maßnahmen im Gesamtprojekt übergreifend bearbeitet.
- Im **Bereichsprojekt Produktion** wurde die Logistiksteuerung verbrauchsorientiert umgestellt. Dies erforderte neue Organisationsformen und Abläufe in der Produktion. Warenan- und -ablieferungen werden nun nicht mehr durch die Fertigung, sondern durch die Logistik gesteuert. Die eigentliche Warenversorgung erfolgt weitgehend ohne IT-Einsatz durch selbststeuernde Regelkreise.

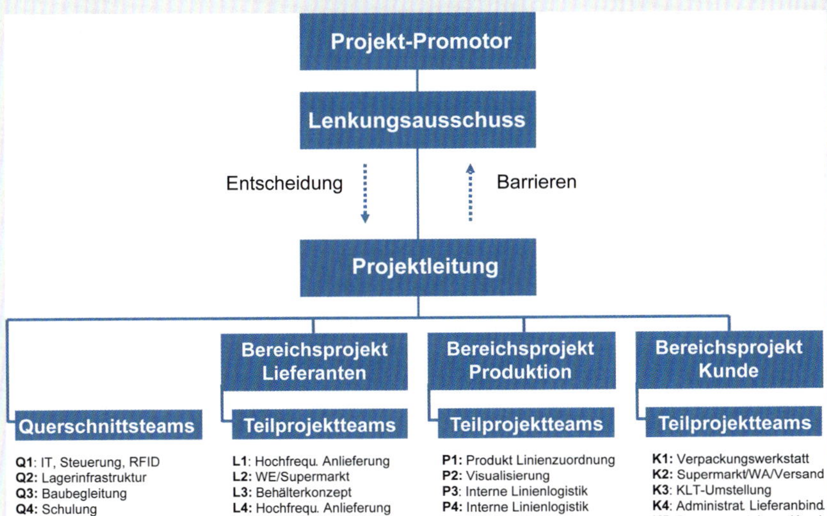

Abb. 5.7.4: Projektorganisation

- Das **Bereichsprojekt Lieferanten** beschäftigt sich mit der logistischen Anbindung der Lieferanten. Dabei wurden z.B. die Konsignationslager aufgelöst, für die A-Teile Anliefersysteme realisiert sowie die informationstechnischen Veränderungen vorgenommen.
- Im **Bereichsprojekt Kunde** wurde die Belieferung der Kunden gemäß deren Abrufen und Abholzyklen optimiert. Hier ging es insbesondere um die Realisierung zahlreicher Verpackungsvarianten und das Handling der verschiedenen Anlieferstellen.

Für eine erfolgreiche Projektarbeit war eine intensive **Kommunikation** zwischen allen Projektbeteiligten sicherzustellen. Dazu wurden Kommunikationsstrukturen aufgebaut. Projektleitung und Lenkungsausschuss trafen sich z. B. alle zwei Wochen. Die Projektleitung hatte einen wöchentlichen Termin mit den Bereichsprojektleitern und den Querschnittsfunktionen. Die Bereichsprojektleiter trafen sich wiederum wöchentlich mit ihren Teilprojektverantwortlichen und den anderen Bereichsprojekt- und Querschnittsfunktionsleitern. Um unzählige Besprechungen zu vermeiden, wurde insbesondere in der Planungsphase des Projekts große Aufmerksamkeit auf eine effiziente Terminorganisation gelegt. Die fixen Projekttermine wurden auf zwei feste Wochentage konzentriert. An den restlichen Tagen wurden Arbeitssitzungen und Umsetzungsaktivitäten durchgeführt. Zudem wurden Verhaltensrichtlinien für die Projektarbeit festgelegt, wie z. B. der „kleine Projekt-Knigge" in Abb. 5.7.5.

Für das **Projektcontrolling** wurden Kennzahlensysteme definiert, die monatlich über die Projektleitung an den Lenkungsausschuss berichtet wurden. Die Datenerhebung erfolgte in den operativen Bereichen, welche die Informationen an das Projektteam weiterleitete. Die verwendeten Berichte wurden bereits standardisiert für die Linieneinheiten erstellt. Das Projektcontrolling nutzte die bestehenden Informationen und Berichte, um den zusätzlichen Aufwand für das Projektcontrolling so gering wie möglich zu halten (vgl. Abb. 5.7.6).

Wesentliche Komponente eines leistungsfähigen Projektmanagements ist der Aufbau kleiner und schlagkräftiger **Teams** mit drei bis vier Personen. Die Trennung nach Pro-

„Kleiner Projekt-Knigge"

- Falls ich an einem Projekttreffen nicht teilnehmen kann, sende ich einen Stellvertreter.
- Die Erledigung der Aufgaben und deren Ausarbeitung mache ich vor den Projekttreffen.
- Unsere Projekttreffen dienen zur Ergebnisvorstellung bzw. zur Diskussion der Ergebnisse.
- Jedes Teilprojekt-Meeting eröffnen wir mit der Durchsprache der „offenen Punkte"-Liste.
- Ergebnisse und Änderungen sind eine Bringschuld an meine Projektkollegen.
- Informationsbeschaffung ist für mich als Projektmitglied eine Holschuld.

Abb. 5.7.5: Verhaltensrichtlinie im Projekt

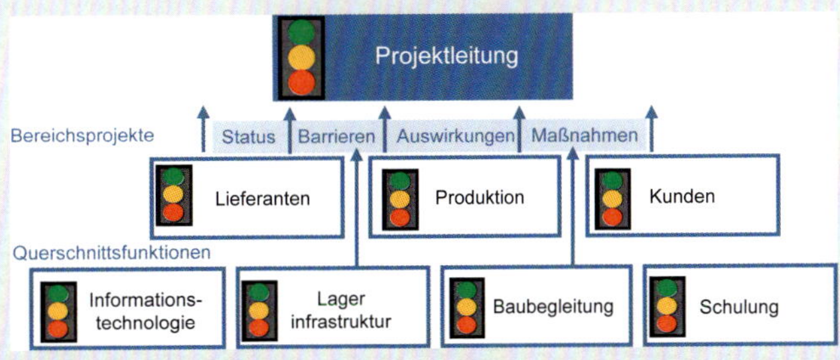

Abb. 5.7.6: Berichts- und Controlling-Stufen

zessabschnitten und die Abgrenzung nach Querschnittsfunktionen brachte Klarheit in die Arbeitspakte. Dadurch konnte die Überschneidungsfreiheit von Arbeitspaketen weitgehend erreicht werden. So wurde die Arbeitszeit bestmöglich genutzt und der Kommunikationsaufwand reduziert.

Wesentliche Antriebsfeder war die **Motivation** der Mitarbeiter. Durch die Übertragung hoher Eigenverantwortung auf die Projektmitglieder konnte ein sehr hohes Engagement erreicht werden. Dies zeigte sich z. B. darin, dass die Mitarbeiter bemüht waren, gesetzte Termine nicht nur zu halten, sondern zu unterschreiten. Dadurch wurden Zeitreserven geschaffen und das Projekt konnte in der zeitlichen Zielvorgabe bleiben.

5.7.3 Prozessmanagement bei Bürkert

Praxisbeispiel von Heribert Rohrbeck (Geschäftsführer)

Das Unternehmen **Bürkert Fluid Control Systems** mit Hauptsitz in Ingelfingen gehört zu den führenden Anbietern von Mess-, Steuerungs- und Regelungssystemen für Flüssigkeiten und Gase. Die Produkte und Systeme werden von der Brauereitechnik über Labor- und Medizintechnik bis hin zur Raumfahrttechnik in über 300 unterschiedlichen Branchen vielfältig eingesetzt. Das Unternehmen beschäftigt weltweit über 3.000 Mitarbeiter und erwirtschaftet einen Umsatz von mehr als 530 Mio. €.

Das Unternehmen hat sich bereits vor über 30 Jahren entschieden, seine Verantwortlichkeiten nach Prozessen aufzuteilen. Um seinen Kunden messbaren Mehrwert zu bieten, konzentrierte sich *Bürkert* auf die Lösung der eigentlichen Probleme: Verkrustete Strukturen und Machtbereiche, die dem Kunden nicht helfen, mussten aufgebrochen und aufgelöst werden. Dies geschah durch konsequente Zusammenlegung von Arbeitsfeldern zu übergreifenden Prozessen bei gleichzeitiger Weitergabe der Verantwortung an die Stellen, an welchen die Arbeitspakete bearbeitet werden.

Eine klassische funktionale Ausrichtung des Unternehmens wurde den zukünftigen Anforderungen von *Bürkert* im Hinblick auf Reaktionsschnelligkeit und globaler Vernetzung der Märkte nicht mehr gerecht. Zudem stiegen auch die Anforderungen künftiger Mitarbeiter an die Führungskultur. Gefragt waren vernetzte Perspektiven und keine durchsetzungsstarken Einzelentscheider, da diese die Komplexität der Aufgabenstellung nicht mehr allein beherrschen konnten. Zudem konnte auf dieser Basis niemals eine lernende Organisation entstehen.

Im Gegensatz zur vertikalen, hierarchischen Sichtweise ermöglicht das Prozessmanagement einen horizontalen, ganzheitlichen Blick auf die betrieblichen Abläufe. Da kundenorientierte Prozesse schwer zu imitieren sind, kann sich das Unternehmen dadurch entscheidend von seiner Konkurrenz differenzieren.

Damit der Kunde zufrieden ist, muss eine Abfolge von Aufgaben erledigt werden. Ein solcher Prozess wird durch verschiedene Funktionen an verschiedenen Standorten umgesetzt. Es gibt bei *Bürkert* strategische und operative Funktionen. Strategische Funktionen sind verantwortlich für die Entwicklung von strategischen Vorgaben und werden auch in den Prozessen selbst eingesetzt. Sie spiegeln die Ziele des Unternehmens wider. Die Funktionen übernehmen gemeinsam die Aufgaben in den Prozessen.

Es gibt drei **Arten von Prozessen**, an denen je nach Aufgabenstellung verschiedene Funktionen beteiligt sind:

- **Führungsprozesse:** „Budget und Umsatzplanung" ist z. B. ein Führungsprozess, an dem alle Funktionen mitwirken. Die Verantwortung liegt bei Finance & Controlling.
- **Geschäftsprozesse:** Die „Entwicklung und Markteinführung für Serienprodukte" wird von den Leitern der Funktionen Entwicklung, Global Marketing und Produktion gemeinsam verantwortet. Im Geschäftsprozess „Abwicklung von Reklamationen und Retouren" arbeiten die Funktionen Verkauf, Produktion, Corporate Quality etc. zusammen. Die gebündelte Verantwortung liegt beim Verkauf und der Corporate Quality.
- **Unterstützungsprozesse:** Beim Prozess der „Stellenbesetzung" spielt z. B. die Funktion Human Resources als Spezialist und Verantwortungsträger eine maßgebliche Rolle. Dabei arbeitet sie mit den entsprechenden Funktionsbereichen zusammen, die eine Stelle zu besetzen haben, um die besten Mitarbeiter zu gewinnen.

Wichtig ist hierbei der Vernetzungsgedanke. Prozesse bestehen aus dem Zusammenspiel verschiedener Funktionen, die auch an unterschiedlichen Standorten ausgeführt werden können. Der Prozess sorgt dafür, dass wir das Richtige tun, die Funktion sorgt dafür, dass wir es richtig tun. Abb. 5.7.7 zeigt die Organisationsstruktur des Unternehmens als Prozesslandkarte.

Die Grundidee dieses horizontalen, ganzheitlichen Ansatzes besteht in der Beseitigung von Schnittstellen durch Zusammenfassung von Arbeitsfeldern und anstehenden (Teil-)Aufgaben in einem Prozess. Dadurch lassen sich Abstimmungsprobleme auf ein Minimum reduzieren. Kompetenzen werden gebündelt, indem alle Beteiligten der Wertschöpfungskette in ein Team integriert und in den Prozess einbezogen werden. Verantwortung wie auch Budget werden dorthin delegiert, wo die Arbeit letztendlich geleistet wird. Jeder, der an dieser Kette von Aufgaben, also am Prozess, beteiligt ist, trägt Verantwortung. Auch hier lässt sich noch eine Hierarchie erkennen, aber anders als im klassischen, vertikalen Organisationsmodell handelt es sich um eine **Hierarchie der Bereitschaft**, echte Verantwortung zu übernehmen. Dies gilt einschließlich aller Konsequenzen, die daraus resultieren. Offenheit im Umgang miteinander ist hierfür absolute Voraussetzung.

Die Gehälter aller Mitarbeiter wurden bei *Bürkert* konsequent an die Erreichung individuell vereinbarter, messbarer Ziele gekoppelt und dadurch die Beteiligung der Mitarbeiter am gemeinsam erwirtschafteten Erfolg gewährleistet. Im gleichen Zuge wurden jedoch auch alle Statussymbole abgeschafft. Beispielsweise werden Firmenwagen ausschließlich als Arbeitsmittel für Außendienstmitarbeiter gesehen und nicht als Gehaltsbestandteil. Führungskräfte arbeiten ebenfalls im Großraumbüro, der Grundsatz der offenen Türen bestimmt den Arbeitsalltag.

Die wesentlichen **Vorteile** des Prozessmanagements sind nach den Erfahrungen von *Bürkert*:

- Alle Aktivitäten sind über einen durchgängigen Leistungsfluss miteinander verbunden und stehen in einer klar definierten Beziehung zueinander. Dies verbessert die Kommunikation und Koordination, da Schnittstellen minimiert und somit bei der Abstimmung qualitativ bessere Ergebnisse erzielt werden. Die Konzentration liegt auf einer klaren Ausrichtung der Abläufe auf den Kunden (**Kundenzentrierung**). Dies geschieht auf Basis einer hochgradig vernetzten, flexiblen Organisation,

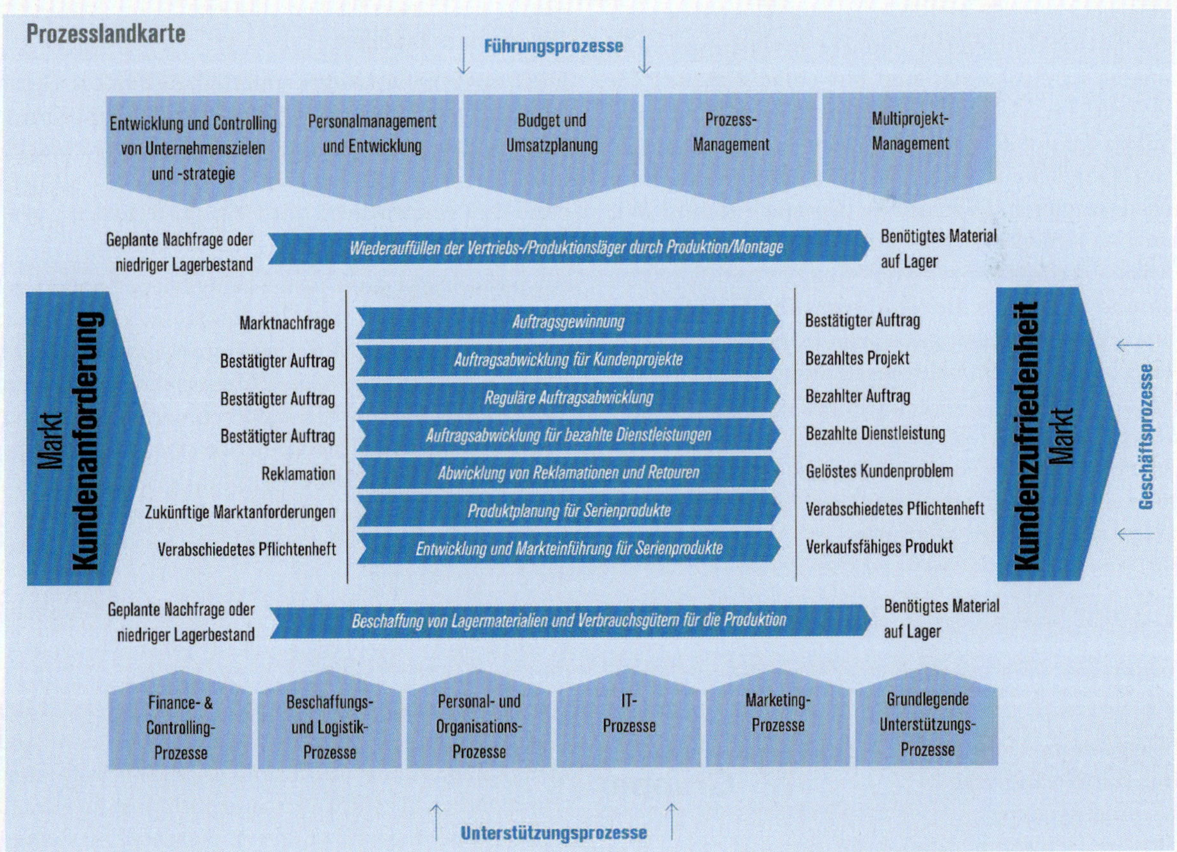

Abb. 5.7.7: Prozesslandkarte der Christian Bürkert GmbH

um den zukünftigen Anforderungen gerecht werden zu können (globale Perspektive).

- Die Mitarbeiter sind das wichtigste Kapital von *Bürkert*. In der Prozessorganisation können sie so eingesetzt werden, dass sie ihre Talente, Kompetenz, Kreativität, Innovationskraft, Eigeninitiative und Verantwortung einbringen und ausschöpfen können. Leistungen können selbstständig erbracht und den jeweiligen Teams zugerechnet werden. Transparenz, abwechslungsreiche Tätigkeiten sowie Vertrauensklima und Freiräume tragen zur **Motivation** der Mitarbeiter bei.
- Durch **klar definierte Verantwortlichkeiten** lassen sich Fehlerquellen auf ein Minimum reduzieren und die Durchlaufzeiten beträchtlich verkürzen. Außerdem schafft die Zusammenfassung zu Prozessen eine höhere Übersichtlichkeit. Erst dann, wenn Spezialisten aus verschiedenen Funktionsbereichen perfekt harmonieren und ihr Wissen bestmöglich zusammenbringen, können richtig gute Teams entstehen. Das bessere Ergebnis wird etwa dann erzielt, wenn Produktion und Marketing frühzeitig in den Prozess „Entwicklung und Markteinführung für Serienprodukte" einbezogen werden. Dafür braucht es Offenheit und den Willen zum Austausch.

Kürzere Entwicklungszeiten, höhere Erwartungen und permanente Erreichbarkeit sind nur einige Beispiele für unsere heutigen Marktbedingungen. Vorne wird nicht mehr allein der mit dem ausgefeiltesten Plan sein, sondern wer seine Fähigkeiten einsetzt, um geschickt auf neue Situationen zu reagieren. Dazu gilt es, beweglich zu sein. Wir müssen eine lernende Organisation sein, in der Prozesse und Abläufe keine Grenzen von Standort und Funktion kennen und in der alle die Verantwortung mittragen, so dass am Ende alles reibungslos abläuft. Nicht zuletzt gelang es *Bürkert*, das Problem mangelnder Kundenorientierung und fehlenden Problemlösungsdenkens innerhalb von wenigen Jahren erfolgreich zu bekämpfen. Neben beachtlichem Wachstum konnte *Bürkert* so eine große Zahl an neuen Geräten und Anwendungen generieren und vor allem viele neue Kunden gewinnen.

5.7.4 Joint Venture bei Brüggemann

Praxisbeispiel von Joachim Hofmann (Geschäftsführer)

Die *Brüggemann-Gruppe* ist eine mittelständische Unternehmensgruppe mit Sitz in Heilbronn (www.brueggemann.com). Wir mögen die Nische, denn genau hier können wir uns und das Potenzial unserer Produkte am besten entfalten. Wir sind der Partner für maßgeschneiderte chemische Lösungen und immer ganz nah dran an unseren Kunden und den großen Veränderungen der Zukunftsbranchen. Über viele Anwendungsgebiete hinweg liefern wir die entscheidende Verbindung – und das seit über 150 Jahren.

1868 gründete *Louis Brüggemann* in Heilbronn eine Fabrik zur Vergärung von Melasse und zum Brennen von Alkohol. Ab 1926 wurden Reduktionsmittel für die Textilindustrie hergestellt und 1970 begann die Herstellung von Polyamid-Additiven. Die Internationalisierung begann 1990 mit einer Vertriebsniederlassung in Philadelphia, USA und später mit einer Tochtergesellschaft in Hongkong.

Wir sind ein Familienunternehmen, das auf Kontinuität, aber auch Dynamik setzt sowie auf starke Wurzeln und weltweite Vertriebsnetze baut. Im Jahr 2017 wurde die Unternehmensnachfolge durch *Ludwig Brüggemann* geregelt und an die Familie *Ayles* übergeben. Die *Brüggemann-Gruppe* soll ein Familienunternehmen mit Stammsitz in Heilbronn bleiben und feierte im Jahre 2018 ihr 150-jähriges Bestehen.

Die *Brüggemann-Gruppe* unterteilt sich in die Geschäftsbereiche Alkohole, Industriechemikalien und Kunststoffadditive. *Brüggemann* produziert am Stammsitz Heilbronn und steuert von dort aus das weltweite Vertriebsnetz. Mit rund 220 Mitarbeitern wird ein Jahresumsatz von über 120 Mio. € erzielt.

Auch für *Brüggemann* ist die Fähigkeit zu kooperieren aus Sicht des Vertriebs und der Rohstoffversorgung immer wichtiger geworden. Wichtige Motive sind steigender internationaler Wettbewerb, die Öffnung von Märkten und die Verschmelzung von Marktteilnehmern. Die Aktivitäten der *Brüggemann KG* im ehemaligen Unternehmensbereich Alkohol waren durch die Struktur des Branntweinmonopols geprägt. Über Jahrzehnte hinweg war es in Deutschland nur möglich, Ethylalkohol im Namen und Auftrag der *Bundesmonopolverwaltung für Branntwein* zu veredeln. Mit der Öffnung der Märkte, zunächst nur für chemisch-technische Anwendungen, war die unternehmerische Initiative gefordert. Da in der Vergangenheit der Rohalkohol von der *Bundesmonopolverwaltung* bereitgestellt und im Unternehmen nur veredelt wurde, gab es keine anderen Lieferanten. Mit der Auflösung des Branntweinmonopols wurde daher die Rückwärtsintegration immer wichtiger. Die Unternehmensführung von *Brüggemann* suchte nach Partnern, um den Zugang zu den Rohstoffen zu gewährleisten. Dem Wachstum aus eigener Kraft waren durch Ressourcenengpässe Grenzen gesteckt, weshalb eine Kooperation angestrebt wurde. So sollten die Ressourcen zugänglich gemacht werden, welche das Unternehmen alleine weder besaß noch zukaufen konnte.

Aus der Kooperation sollte eine Einheit entstehen, die mit einer überlebensfähigen Größe die erforderlichen Technologien beherrschen und die Märkte bearbeiten konnte. Dazu sollten alle notwendigen Ressourcen von den Allianzpartnern gebündelt werden. Die Akquisition eines Rohstofflieferanten schied aus finanziellen Gründen aus, so dass ein komplexeres, aber ressourcenschonenderes 50:50 Joint Venture des Veredlers *Brüggemann* mit einem Rohstofflieferanten angestrebt wurde. Die Bildung eines Joint Ventures war mit erheblichen Risiken verbunden, die weniger in technischen, finanziellen und strategischen Problemen als vielmehr in kulturellen Konflikten bzw. mangelnder interkultureller Kompetenz gesehen wurden. Neben diesen Misserfolgsfaktoren waren noch die Risiken aus unterschiedlichen Unternehmensgrößen sowie hohem Kommunikationsaufwand und der Erfolgsaufteilung zu berücksichtigen. Die erwarteten Vorteile aus der Rückwärtsintegration, insbesondere Zeitersparnis, Know-how-Zufluss, Marktzutritt sowie Kostensenkung, sollten diese Risiken aber überwiegen.

So wurde von *Brüggemann* die Suche nach Partnern aufgenommen. Ausgehend von einer Bestandsaufnahme des Marktes und der Marktteilnehmer wurden folgende Anforderungskriterien untersucht:

- Unternehmensgröße
- Interesse an einer Rückwärtsintegration
- Regionale Stärken/Schwächen
- Stärken/Schwächen in den Produkten und Anwendungen, z.B. Schwerpunkt auf Trinkalkohol oder technischem Alkohol
- Kultureller Fit

Eine Kooperation sollte unter keinen Umständen aus der Position der Schwäche heraus eingegangen werden. So sollten die in das Gemeinschaftsunternehmen einzubringenden Erfolgspotenziale für alle Partner transparent sein. Kritisch war insbesondere die unterschiedliche Unternehmensgröße im Vergleich zum Partner *Nedalco*. Zum Zeitpunkt der Gründung des Joint Ventures war *Nedalco* selbst ein Gemeinschaftsunternehmen der *Royal Cosun* und der *CSM* in den Niederlanden. *Nedalco* selbst war von der Größe her mit *Brüggemann* vergleichbar. Allerdings hatte dessen niederländischer Gesellschafter als Großunternehmen Einfluss auf das Miteinander. Solche Größenunterschiede können sich auf die Zusammenarbeit und die damit verbundenen Kulturen auswirken. Die Analyse der Ausgangssituation zeigt Abb. 5.7.8.

	Nedalco	Brüggemann
Rückwärts-integration	Ja	Nein
Stärken	Bereich Trinkalkohol	Bereich technischer Alkohol
Marktposition in Deutschland	Schwach	Stark
Tradition	Über 100 Jahre	Über 150 Jahre
Unternehmens-größe	ca. 200 Mitarbeiter	ca. 200 Mitarbeiter

Abb. 5.7.8: Ausgangssituation für die Kooperation

Die Stärken und Schwächen der Partner hatten sich gut ergänzt und die Zugehörigkeit von *Nedalco* zu einer großen Organisation ermöglichte die Nutzung des dortigen Führungs-Know-hows. Die Kontaktaufnahme zu *Nedalco* war aufgrund der bestehenden Geschäftsbeziehungen einfach, die auch schon eine Vertrauensbasis ermöglichte. Dies war der wichtigste Faktor und maßgeblich für den gegenseitigen Umgang und die Kommunikation untereinander. Für die Vertragsverhandlungen wurden Informationen in den einzelnen Disziplinen Technik, Labor, Administration und Controlling ausgetauscht und es bestand beiderseits Bereitschaft, voneinander zu lernen.

Die **Verhandlungen** vollzogen sich in folgenden Schritten:

1. Klare Definition der Unternehmensziele
2. Festlegung der Besitzverhältnisse und finanzielle Ausstattung des Joint Ventures
3. Organisation und Festlegung der Unternehmensführung und der Schlüsselpersonen
4. Kontrollgremien, Zuständigkeiten und Wahrnehmung der Aufgaben
5. Unternehmensbewertung und Regelung bei Übernahme durch einen der Partner
6. Sperrvermerk „Verkauf von Anteilen an Dritte“

7. Besprechungen der Anteilseigner und Beschlussfassung ohne Managementbeteiligung

Eine Schiedsstelle in der Zusammensetzung des Kontrollgremiums wurde nicht vorgesehen, was jedoch im Rückblick jedem 50:50-Joint Venture zu empfehlen ist. Die Schiedsstelle sollte eine dritte Person sein, welche das Vertrauen beider Parteien genießt. Auch die Unternehmensbewertung des Unternehmens für den Fall einer Trennung bzw. Auflösung wäre ratsam und vereinfacht einen möglichen Trennungsprozess erheblich.

Die Ziele und Planungen wurden in einem Businessplan gebündelt. Dieser gab komprimiert auf einer Seite die Ergebnisziele wieder und beschrieb die entsprechenden Maßnahmen. Dadurch konnten die Verpflichtungen ausgedrückt und die gemeinsamen Ziele manifestiert werden. Nach Gründung des Joint Ventures wurde die Wichtigkeit einer gemeinsamen Strategie erkannt. Aus der Analyse des Umfelds (Wettbewerber, Märkte, ordnungspolitische Trends und neue Applikationen bzw. technologischer Fortschritt) wurden Ziele und Maßnahmen abgeleitet. Die Erwartungen des Businessplans wurden voll erfüllt und die Positionierung des Joint Ventures im Markt konnte erfolgreich umgesetzt werden. Die Synergien wurden genutzt und die Stärken/Schwächen-Analyse traf in der Realität zu 100 % zu. Die Umsetzung der strategischen Ziele wurde schneller als geplant erreicht. Aus Sicht der Führung des Joint Ventures war es ein Erfolg und sollte somit fortgeführt werden. Daher war es kaum vorstellbar, solch ein erfolgreiches Geschäftsmodell aufzugeben.

Umso überraschender war die Beendigung des Joint Ventures durch den Gesellschafter *Nedalco*. Dieser übte die vertraglich festgelegte Option zur Übernahme der 50 %-Anteile von *Brüggemann* am Joint Venture aus. Wenig später wurden die Motive deutlich, da *Nedalco* selbst von der *Cargill Gruppe* übernommen wurde. Aus dieser Erfahrung lassen sich die in Abb. 5.7.9 aufgeführten Erfolgsfaktoren internationaler Joint Ventures ableiten.

Sicht der Partner	Sicht des Joint Ventures
Gemeinsame Strategie	Managementfähigkeit
Kultureller Fit	Operative Autonomie
Vertrauen zwischen den Partnern	Lernfähigkeit
Marktsituation	Human Resources
Gemeinsames Controllingsystem	Performance
Rechtliche Rahmenbedingungen	Struktureller Fit
Commitment	Anreizsystem

Abb. 5.7.9: Erfolgsfaktoren internationaler Joint Ventures

Nedalco konnte in der Folge die Erfolgsgeschichte des Joint Ventures allerdings nicht fortführen. *Brüggemann* gründete ein neues Unternehmen mit dem Zweck der Vermarktung von Alkohol. So konnte die Tradition von *Brüggemann* im Bereich Alkohol gewahrt, die Erfolgsfaktoren des Joint Ventures jedoch nicht wiederhergestellt werden. Insofern bleibt die Frage: Ist Erfolg oder Misserfolg der Grund für die Auflösung eines Joint Ventures? In diesem Falle war es der Erfolg, welcher Begehrlichkeiten beim Gesellschafter *Nedalco* weckte.

5.7.5 Übernahme von Monsanto durch Bayer

Monsanto wurde 1901 von *John Francis Queeny* gegründet und nach dem Familiennamen seiner Frau *Olga Mendez Monsanto* benannt. Zunächst wurde der Süßstoff Saccharin hergestellt und später kamen noch Koffein und Vanillin hinzu. 1927 erfolgte der Börsengang im US-Bundesstaat Missouri. 1960 wurde der landwirtschaftliche Bereich aufgebaut, welcher Dünge- und Pflanzenschutzmittel umfasste. Im Jahr 1968 führte *William S. Knowles* bei *Monsanto* chemische Experimente durch, die 2001 mit dem Nobelpreis für Chemie ausgezeichnet wurden. Daraus wurde die Entwicklung von Leuchtdioden (LEDs) vorangetrieben und die Massenproduktion von LEDs aufgenommen, die in Taschenrechner und Digitaluhren verbaut wurden. Ab 1981 machte *Monsanto* die Gentechnologie zum strategischen Fokus des Unternehmens. Wissenschaftler bei *Monsanto* waren 1982 die Ersten, denen die gentechnische Veränderung einer Pflanzenzelle gelang und das Unternehmen startete 1987 in den USA Feldversuche mit gentechnisch veränderten Pflanzen. Durch Zukäufe stieg es zum zweitgrößten Saatgutkonzern der Welt auf. Das Chemiegeschäft wurde in eine separate Firma ausgegliedert, 2002 vollständig abgespalten und 2003 an *Pfizer* verkauft. Damit fokussierte sich das Unternehmen auf Agrarchemie und gentechnisch verändertes Saatgut. In den folgenden Jahren baute das Unternehmen durch strategische Übernahmen seine Marktposition aus, u.a durch die Übernahme des kalifornischen Unternehmens *Seminis* für Obst- und Gemüsesaatgut und die Übernahme des damals drittgrößten US-amerikanischen Saatgutherstellers von Baumwolle *Emergent Genetics Inc.* Weiterhin wurden Technologien durch Übernahmen erworben, wie gentechnisch veränderter Weizen mit *WestBred* oder Mittel gegen Bienenviren mit *Beeologics*.

Das Unternehmen hatte im Jahr 2017 Niederlassungen in 61 Ländern und beschäftigte rund 24.000 Mitarbeiter. Es produzierte Saatgut und Herbizide unter Einsatz von Biotechnologien zur Erzeugung gentechnisch veränderter Feldfrüchte. *Monsanto* war mit einem Umsatz von 13,5 Mrd. US$ und einem Nettogewinn von 1,34 Mrd. US$ ein profitables Unternehmen und die Ausgaben für Forschung und Entwicklung waren mit rund 1,5 Mrd. US$ beträchtlich.

Das Unternehmen umfasste zwei **Geschäftsbereiche** (www.monsanto.com):

- **Seeds and Genomics** erwirtschaftete mit rund 74 % den Großteil des Umsatzes. *Monsanto* produziert gentechnisch verändertes Saatgut, das gegen Schädlinge resistent ist. Dieses transgene Saatgut führte zu einer starken Markstellung bei Mais, Sojabohnen, Baumwolle und Raps. Über die Tochtergesellschaft *Seminis* wurde außerdem Obst- und Gemüsesaatgut in über 150 Ländern geliefert. *Monsanto* besaß über 20 Standorte zur Saatgutproduktion.
- **Agricultural Productivity** stellte Herbizide für Landwirtschaft, Industrie, öffentliche Anlagen, Haus und Garten her. Der kleinere Geschäftsbereich mit rund 26 % Umsatzanteil umfasste als bekanntestes Produkt das Breitbandherbizid *Roundup* mit dem Wirkstoff Glyphosat. Die Pflanzenschutzmittelproduktion war mit Standorten in Belgien, Brasilien, USA und Argentinien relativ zentralisiert.

Im Wettbewerb besaß *Monsanto* die Marktführerschaft für rechtlich geschütztes Saatgut mit einem Marktanteil von rund 23 %. Auf Platz fünf und sechs im Wettbewerb folgten *Bayer CropScience* und *BASF Plant Science*. Im Bereich des gentechnisch veränderten Saatguts erreichte *Monsato* einen weltweiten Anteil von 72 % des Umsatzes und rund 87 % der Anbaufläche.

Die hohe Innovationskraft von *Monsanto* führte auch zu vielen juristischen Auseinandersetzungen, bei denen *Monsanto* sowohl Bauern als auch Händler wegen Patentverstößen bei Saatgut verklagte. Dabei ging es in der Regel um den Vorwurf, die Bauern würden Samen aus der Ernte aufbewahren, um sie im nächsten Jahr zur Aussaat zu verwenden. Um dies zu verhindern, ging sowohl das Unternehmen mit eigenen Überwachungssystemen als auch mit Detektiven gegen Verdachtsfälle vor. Die Prozesse fanden großes Medienecho und schadeten dem Ruf des Unternehmens. Dabei wurde *Monsanto* auch aufgrund des gesellschaftlich umstrittenen Einsatzes von gentechnisch verändertem Saatgut kritisiert. Die Einschränkung der Biodiversität und der Patentschutz auf Pflanzen wurden in der Öffentlichkeit als unmoralisch wahrgenommen. Auch das Anbauverbot von gentechnisch veränderten Saaten etwa in Deutschland wurde von *Monsanto* juristisch angefochten. Umgekehrt wurde auch *Monsanto* vielfach verklagt, etwa in Indien wegen gentechnisch veränderter Baumwolle und einer angestiegenen Selbstmordrate der betroffenen Baumwollbauern. Auch in anderen Ländern, wie etwa Argentinien, wurde die dominierende Markstellung als Quasi-Monopol im Agrarsektor angefochten. In der Kritik standen auch *Monsantos* politische Aktivitäten. Das Unternehmen pflegte enge Kontakte zu den Behörden für Umweltschutz, Landwirtschaft und Lebensmittelsicherheit und betrieb aktive Lobbyarbeit. Im Jahr 2017 wurde nach kontroverser Diskussion und mit Zustimmung Deutschlands die Zulassung des Wirkstoffs Glyphosat in der EU um weitere fünf Jahre verlängert. Insgesamt zählte *Monsanto* zu den Unternehmen mit dem weltweit schlechtesten Image.

Monsanto war das Übernahmeziel der *Bayer AG*. Das Life-Science-Unternehmen hat eine über 150-jährige Geschichte und verfügt über Kernkompetenzen auf den Gebieten Gesundheit und Agrarwirtschaft (www.bayer.com). Das Unternehmen wurde 1863 gegründet und hat seinen Sitz in Leverkusen. Über 100.000 Mitarbeiter in rund 400 Gesellschaften in 87 Ländern entwickelten und produzierten Arznei- und Pflanzenschutzmittel. Der Umsatz 2017 lag über 43,5 Mrd. € und mit einer bereinigten EBIT-Marge von über 16 % war das Unternehmen hochprofitabel.

Der *Bayer-Konzern* wird über die drei **Divisionen** geführt:

- **Pharmaceuticals** konzentriert sich auf verschreibungspflichtige Arzneimittel, insbesondere auf den Gebieten Herz-Kreislauf, Frauengesundheit, Onkologie, Hämatologie und Augenheilkunde sowie Medizingeräte.
- **Consumer Health** bietet überwiegend verschreibungsfreie Produkte (OTC = Over the Counter) in den Kategorien Dermatologie, Nahrungsergänzung, Schmerz, Magen-Darm, Allergien und Erkältung an. Umsatzstarke Produkte und Marken sind z. B. *Aspirin*, *Bepanthen* oder *Alka-Seltzer.*
- **Crop Science** gehört zu den weltweit führenden Agrarwirtschaftsunternehmen und ist auf den Gebieten Saatgut, Pflanzenschutz und Schädlingsbekämpfung tätig. Dieses Geschäftsfeld stand im direkten Wettbewerb zu *Monsanto.*

Mit dem Kauf des US-Konkurrenten *Monsanto* stieg die *Bayer AG* im Jahr 2018 zum Weltmarktführer für Saatgut, Pflanzenschutz und Schädlingsbekämpfung auf. Mit einem Kaufpreis von 66 Mrd. US$ war dies die größte Übernahme, die je ein deutsches Unternehmen durchgeführt hat. Damit wurde *Bayer* der mit Abstand größte Hersteller von Saatgut und Pflanzenschutzmitteln und führend in der biologischen und gentechnischen Entwicklung.

Die Motive für die **Übernahme** des umstrittenen Gentechnologie-Riesen *Monsanto* durch *Bayer* waren (vgl. *Hofmann* et al., 2016):

- **Branchenumbruch**: In der Branche herrschte ein Konsolidierungstrend. Zuvor fanden Zusammenschlüsse der Wettbewerber *Dow* und *Dupont* sowie die Übernahme von *Syngenta* durch *Chemchina* statt. Auch der Chemiekonzern *BASF* plante den Ausbau des Pflanzenschutzgeschäftes, um seine Marktposition zu stärken. Durch die Übernahme von *Monsanto* wurde *Bayer* zur weltweiten Nummer eins im Geschäft mit Agrarchemie. Die Branche verändert sich damit zu einem oligopolistischen Markt mit weltweit nur noch vier dominierenden Unternehmen. *Bayer* stand demnach vor der Wahl, sein bisheriges Geschäft als kleiner Akteur weiterzuführen, im Rahmen der Branchenkonsolidierung das Geschäft abzugeben oder zuzukaufen.
- **Portfoliogründe**: Mit dem Zukauf von *Monsanto* wurde die Division *Crop Science* ähnlich groß, wie die beiden Divisionen *Pharma* und *Consumer Health* zusammen. Zudem nimmt dieses Geschäftsfeld nun ebenfalls eine führende Marktposition ein. Die Agrarsparte wird demnach neben dem Pharmageschäft zu einer wichtigen Säule der *Bayer AG*.
- **Kompetenzerwerb**: Die Agrarindustrie steht angesichts der schnell wachsenden Weltbevölkerung und der globalen Erwärmung vor großen Herausforderungen. Durch die Kombination der Kompetenzen von *Monsanto* und *Bayer* sollte die Innovationskraft gestärkt und Synergien von über einer Milliarde Euro jährlich erzeugt werden. Zudem sollte Know-how in der Biotechnologie erworben werden, das in Europa schwer zu erlangen ist. Auch der zeitliche Vorsprung in den Technologien der Agrarchemie, in der Gentechnik und bei der Nutzung digitaler Techniken für die Landwirtschaft (digital farming) wären durch interne Entwicklung kaum aufholbar gewesen.

Bayer wurde mit der *Monsanto*-Übernahme zur weltweiten Nummer eins im Agrarchemie-Geschäft. Die Partnerwahl von *Monsanto* durch *Bayer* entspricht den Motiven aus der Übernahmestrategie. Gemeinsam mit *Monsanto* schaffte *Bayer* einen integrierten Konzern, der alles für den Landwirt aus einer Hand anbietet und mit weitem Abstand den Weltmarkt anführt. Auch gab es wenige Überlappungen in den weltweiten Geschäften. *Monsanto* erzielte mehr als 60 % seines Umsatzes in Amerika, wo *Bayer* schwach war. Die Deutschen wiederum waren stärker in Europa und Asien vertreten. Ähnlich sah es beim Blick auf das Produktportfolio aus. *Monsanto* war weltgrößter Hersteller von Saatgut und machte nur wenig Geschäft mit Pflanzenschutzmitteln. Bei *Bayer* war es genau umgekehrt. Allerdings waren mit der Übernahme von *Monsanto* auch Risiken verbunden. So wurden in Europa gentechnisch veränderte Produkte kritisiert. Auch das ruppige Verhalten im Umgang mit seinen Kunden und der begründete Verdacht, dass der Unkrautvernichter *Glyphosat* krebserregend ist. Auch die konzentriere Marktmacht wurde als Risiko mit potenziellem Schaden für Bauern und Verbraucher gesehen.

Die Übernahme begann am 23. Mai 2016 mit einem offiziellen Angebot der *Bayer AG*. Dabei wurde für *Monsanto* 62 Mrd. US$ geboten. Das Management von *Monsanto* votierte einstimmig zur Ablehnung des Angebots, bot aber konstruktive Gespräche an. In den folgenden vier Monaten verhandelten *Bayer* und *Monsanto* miteinander (vgl. *Hofmann* et al., 2016). Am 6. September 2016 wurde ein neues Angebot von *Bayer* vorgelegt, das den Preis auf 66 Mrd. US$ erhöhte. Der *Bayer*-Aufsichtsrat stimmte dem Deal einhellig zu. Das Angebot wurde von *Monsanto* akzeptiert, vorbehaltlich der kartellrechtlichen Genehmigungen. *Monsanto*-Chef *Hugh Grant* empfahl den Aktionären des US-Konzerns die Übernahme als „bestmögliche Wertschaffung". Das Angebot bedeutete einen Aufschlag von 44 % auf den Kurs der *Monsanto*-Aktie gegenüber dem Stand vor dem ersten schriftlichen Angebot von *Bayer*.

Wäre die Übernahme aus kartellrechtlichen Gründen nicht erfolgt, hätte *Bayer* 2 Mrd. US$ Schadensersatz an *Monsanto* zahlen müssen. Am 21. März 2018 stimmte die EU-Kommission der geplanten Übernahme unter Auflagen zu. So musste *Bayer* fast sein gesamtes Geschäftsfeld für Saatgut einschließlich Forschung, das Geschäft mit dem Pflanzenschutzmittel *Glufosinat* und wichtige Forschungsprogramme für Breitband-Unkraut-Vernichtungsmittel an *BASF* verkaufen. Die Genehmigung durch das *US Department of Justice* erfolgte am 29. Mai 2018. Weitere Wettbewerbsbehörden folgten, wie z. B. in Mexiko. Am 7. Juni 2018 wurde die Übernahme abgeschlossen (Closing).

Die Bewertung von *Monsanto* war recht schwierig (vgl. *Hofmann* et al. 2016). *Bayer* übernahm ein Unternehmen, das in den Jahren zuvor führender Anbieter von genmodifiziertem Saatgut war. Es wies bis 2012 ein enormes Wachstum auf. Allerdings stagnierte Monsanto seit 2013 bzw. verzeichnete einen Gewinnrückgang um etwa 23 %. Die Kurs-Gewinn-Relationen der Konkurrenten *Bayer, Dupont* und *Syngenta* lagen 2017 im Schnitt etwa beim 24-fachen des Nettogewinns. Auf dieser Basis hätte sich für *Monsanto* ein Wert von maximal 46 Mrd. US$ bzw. 105 US$ je Aktie errechnet. Einschließlich übernommener Schulden hätte dies einen Unternehmenswert von bis zu 55 Mrd. US$ ergeben. Mit einem Umsatzmultiplikator von 4,7 war die Übernahme mit 66 Mrd. US$ bei einem Umsatz von 14 Mrd. US$ rekordverdächtig. Eine Rolle bei der Bewertung spielten auch die erwarteten Synergieeffekte. Sie könnten mit bis zu 1,5 Mrd. US$ angesetzt werden. Der wesentliche Bewertungstreiber war jedoch die Erwartung an eine deutliche Steigerung des Geschäfts. Dabei wurde ab 2017 ein Wachstum im Umsatz und Gewinn von durchschnittlich etwa 15 % pro Jahr unterstellt, was zu einem Kursziel von bis zu 132 US$ je Aktie führte. Die grundlegende Annahme dieser optimistischen Prognose war eine wachsende Weltbevölkerung. Die weltweit zunehmende Mittelschicht ernährt sich immer besser. Eine pessimistische Prognose der Weltgesundheitsbehörde sagte einen Anstieg der Nachfrage nach Landwirtschaftsprodukten von jährlich ein bis zwei Prozent für den Bewertungszeitraum voraus. Die Finanzierung der Transaktion erfolgte von *Bayer* zu 17 Mrd. € über neue Aktien und Wandelanleihen und stellte die größte Kapitalerhöhung in Deutschland dar. Der Rest wurde über Schulden finanziert.

Doch nicht alle glaubten an den Erfolg der *Monsanto*-Integration. Als *Bayer* im Mai 2016 die Offerte bekanntgab, stürzte der Aktienkurs ab. *Bayer* musste seinen Titel als Deutschlands wertvollstes Unternehmen an *SAP* abgeben. Die Skepsis der Anleger war berechtigt, da viele Übernahmen scheitern. Dies liegt vor allem an unterschiedlichen Unternehmenskulturen, aber auch an zu hoch gesteckten Erwartungen und unterschätzten Risiken. Auf der *Bayer*-Hauptversammlung 2019 versagten erzürnte Aktionäre dem *Bayer*-Vorstand die Entlastung. Dies war noch niemals zuvor bei einem DAX-Unternehmen passiert. Allerdings hatte die *Bayer*-Aktie nach dem Abschluss der *Monsanto*-Transaktion gegenüber 2016 um über 40 % an Wert eingebüßt.

Bayer hatte in der Integration von Übernahmen zuvor positive Erfahrungen gesammelt. So übernahm der Konzern 2002 die Agrochemiesparte von *Aventis*. 2006 gelang der Kauf des Pharmaherstellers *Schering*. 2014 übernahm Bayer von der *Merck-Gruppe* das Geschäft mit rezeptfreien Medikamenten. Alle drei Übernahmen galten als gelungen (vgl. *Hofmann* et al., 2016). Der Vorstandvorsitzende *Baumann* hatte die *Monsanto*-Übernahme geplant. Die Integration von *Monsanto* war jedoch entgegen der vorherigen Erfahrungen von *Bayer* schwierig, nicht nur, weil sich die amerikanische und deutsche Firmenkultur stark unterschieden. Die *Monsanto*-Belegschaft galt als verschworen und selbstbewusst. In der Forschung dürften die Mitarbeiter ähnliche Kulturen gehabt haben. Der *Monsanto*-Vertrieb stand im Ruf, bisweilen aggressiv vorzugehen. Die Führungskräfte von *Monsanto* und der Sitz des weltweiten Saatgutgeschäfts wurden in den USA belassen.

Nach der Übernahme war *Bayer* nur noch rund 57 Mrd. € wert, also weniger als der Kaufpreis für *Monsanto*. Dies resultierte auch aus über 125.000 Schadensersatzklagen in den USA aufgrund der gesundheitlichen Auswirkungen des Wirkstoffs Glyphosat, für die *Bayer* rund 10 Mrd. € aufwenden musste.

Fallstudien zur Organisationsfunktion

5.1 Kooperationsnetzwerke für das Produktionsunternehmen MAZ AG (*Will, T.*)

5.2 Logistik-Outsourcing am Beispiel eines internationalen Automobilherstellers (*Harte, D.*)

5.3 Prozessoptimierung bei der Meno Handy GmbH (*Schwarz, S.* et al.)

5.4 Prozessmanagement im ext. Rechnungswesen der Motoren AG (*Augenstein, F.*)

5.5 Projektmanagement der Firma Häußler GmbH & Co. KG (*Haas, M.*)

5.7 Prozessmanagement bei der Heizthermen GmbH (*Fröhlich, M.*)

7.3 Prozessmanagement und Electronic Business bei der Informasoft GmbH (*Roth, G.*)

Kapitel 6

Personal

»*Der Fortschritt und Erfolg eines Unternehmens hängen vom Beitrag jedes einzelnen Mitarbeiters ab. Rahmenbedingungen zu schaffen, in denen die Mitarbeiter ihr Potenzial entwickeln und entfalten können, ist deshalb eine wichtige Aufgabe der unternehmerischen Personalführung.*«

Dr. Nicola Leibinger-Kammüller, Vorsitzende der Geschäftsführung der TRUMPF GmbH + Co. KG

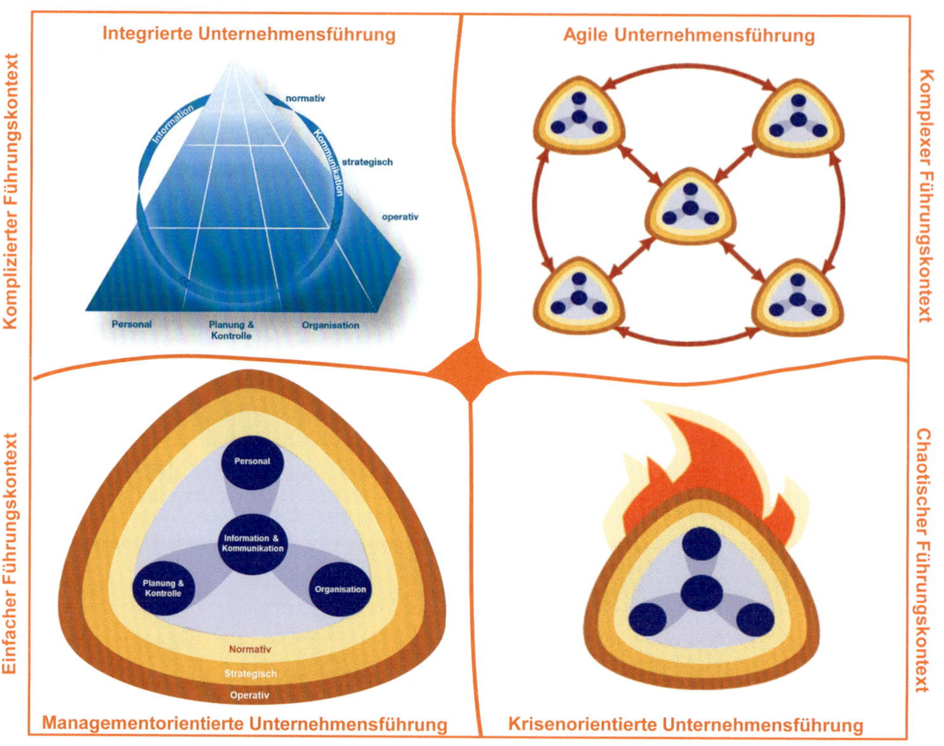
Integrierte Unternehmensführung
Agile Unternehmensführung
Managementorientierte Unternehmensführung
Krisenorientierte Unternehmensführung
Komplizierter Führungskontext
Komplexer Führungskontext
Einfacher Führungskontext
Chaotischer Führungskontext
normativ
strategisch
operativ
Information
Kommunikation
Personal
Planung & Kontrolle
Organisation
Information & Kommunikation
Normativ
Strategisch
Operativ

6 Personal

6.1 Führungsfunktion Personal

Leitfragen

- Welche Bedeutung hat die Personalfunktion der Unternehmensführung?
- Welche Aufgabenfelder umfasst die Personalfunktion?
- Was sind die Inhalte der Personalfunktion auf den Ebenen der Unternehmensführung?

6.1.1 Gegenstand

Das Verständnis vom Personal als wertvollste Ressource eines Unternehmens breitet sich auch in der Praxis immer weiter aus. Mitarbeiter werden nicht nur als „Mittel zum Zweck" angesehen, sondern als Basis für jeglichen unternehmerischen Erfolg.

Die **Personalfunktion** der Unternehmensführung umfasst alle personellen Führungsaufgaben, welche aus Personalmanagement, Personalführung und Leadership sowie der Führung des Wandels bestehen.

Die Personalfunktion der Unternehmensführung hat wesentlichen Einfluss auf die Erreichung der Unternehmensziele. Mission und Strategie eines Unternehmens können noch so brillant sein, letztendlich sind es die Mitarbeiter, die über deren erfolgreiche Umsetzung entscheiden. Die Mitarbeiter bilden mit dem Humankapital auch einen wesentlichen immateriellen Vermögenswert (vgl. Kap. 8.3.2). Sie setzen die von der Unternehmensführung geplanten Handlungen um und sind Träger des organisationalen Wissens eines Unternehmens (vgl. Kap. 7.4).

Das **Personalmanagement** umfasst alle personellen Planungs-, Steuerungs- und Kontrollaufgaben.

Es wird auch als Human Resources Management (HRM) bezeichnet. Die **Ziele** des Personalmanagements leiten sich aus den Unternehmenszielen ab und lassen sich grundsätzlich in wirtschaftliche und soziale Ziele unterteilen. Im Rahmen wirtschaftlicher Ziele soll die Arbeitsleistung der ausführenden Handlungen verbessert werden. Soziale Ziele beziehen sich auf die Gestaltung der Arbeitsbedingungen sowie die Erfüllung der Bedürfnisse der Mitarbeiter. Beispiele sind leistungsgerechte Bezahlung, Arbeitsplatzsicherheit oder Gesundheitsförderung (vgl. *Domsch*, 2005, S. 389 f.).

Aufgabenfelder des Personalmanagements sind die Personalbedarfsbestimmung, die Beschaffung, Entwicklung und Freisetzung des Personals sowie dessen Einsatz, Beurteilung und Kompensation. Unterstützende Funktionen übernehmen das Personalcontrolling und die Personalverwaltung.

Das Personalmanagement lenkt das Verhalten der Mitarbeiter durch eher abstrakte und allgemeine Regeln und Strukturen, welche in der Regel durch die Personalabteilung bestimmt werden. Bei der Personalführung steht dagegen die direkte, persönliche und individuelle Beziehung zwischen Führungskräften und Mitarbeitern im Vordergrund. Dies ist vor allem die Aufgabe der Linienvorgesetzten (vgl. *Holtbrügge*, 2018, S. 234).

Die **Personalführung** bestimmt das Verhältnis zwischen Vorgesetzten und unterstellten Mitarbeitern. Aspekte der Personalführung spielen in sämtlichen Aufgabenfeldern und auf allen Ebenen der Unternehmensführung eine wichtige Rolle.

Personalführung ist die gezielte Verhaltensbeeinflussung der Mitarbeiter.

Die Personalführung hat eine zentrale Bedeutung für die Arbeitsleistung und Zufriedenheit der Mitarbeiter und damit für die Erreichung der Unternehmensziele. Sie stellt deshalb den Kern der Personalfunktion der Unternehmensführung dar. Durch Leadership als „Führung im eigentlichen Sinne" (*Kotter*, 1991, S. 8) sollen die Mitarbeiter für die Ziele des Unternehmens begeistert werden.

Leadership umfasst die Entwicklung von Visionen und Strategien, welche die zukünftige Entwicklung des Unternehmens prägen. Leader befähigen ihre Mitarbeiter, bei der Umsetzung von Veränderungen herausragende Leistungen zu vollbringen.

Leader sind danach Visionäre, die dem Unternehmen eine neue Richtung geben, Veränderungen herbeiführen und ihre Mitarbeiter aktivieren. Manager sorgen dagegen durch Planung, Organisation und Kontrolle für eine effiziente Zielerreichung. Leadership sucht nach neuen Möglichkeiten und Wegen („Die richtigen Dinge tun") und Management soll diese dann wirtschaftlich umsetzen („Die Dinge richtig tun"). Erfolgreiche Unternehmensführung braucht beides – sowohl Management zur Sicherstellung von Ordnung und Beständigkeit als auch Leadership zur Einleitung und Gestaltung des Wandels (vgl. *Kotter*, 1988, S. 36 ff.; 1991, S. 35 ff.). Diese Aufgabenverteilung wird in Kap. 6.3.2 weiter vertieft. Die Aufgabenschwerpunkte nach Ebenen und Funktionen im integrierten System der Unternehmensführung zeigt Abb. 6.1.1.

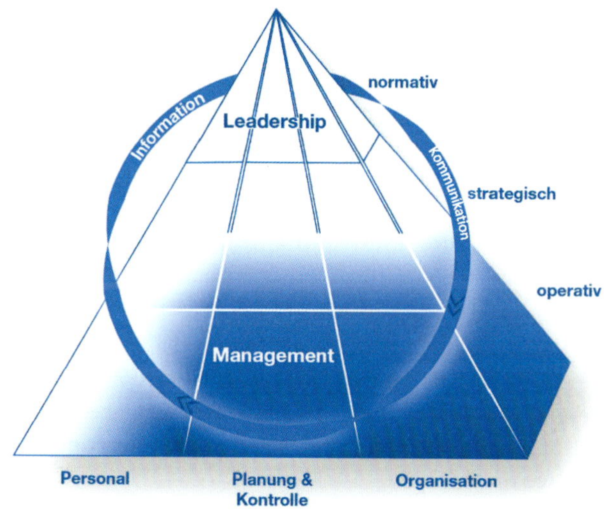

Abb. 6.1.1: Leadership und Management im integrierten System der Unternehmensführung

Die Einleitung, Gestaltung und Steuerung von Veränderungen ist eine wesentliche und dauerhafte Aufgabe der Unternehmensführung. Auf den ersten Blick scheint Wandel vor allem eine organisatorische Fragestellung zu sein. Bei näherer Betrachtung entscheiden jedoch die Mitarbeiter über Erfolg oder Misserfolg von Veränderungsprozessen. Im Vordergrund der Führung des Wandels stehen deshalb personelle Aspekte, wie etwa die Beschäftigten von der Notwendigkeit eines Wandels zu überzeugen, Ängste und Widerstände abzubauen oder Betroffene zu Beteiligten zu machen.

> Die **Führung des Wandels** hat die Aufgabe, den zur Erreichung der Unternehmensziele erforderlichen Wandel zu erkennen, systematisch zu gestalten und aktiv zu fördern sowie erreichte Veränderungen im Unternehmen zu verankern.

6.1.2 Ebenen

Die Personalfunktion der Unternehmensführung umfasst normative, strategische und operative Fragestellungen. Inhalte der normativen Personalfunktion sind die Festlegung der Führungsphilosophie und -grundsätze, der Personalpolitik und der langfristigen Personalziele. Diese prägen das Personalführungssystem, das u. a. die Aufgaben, Beteiligten, Ressourcen und Instrumente der Führungsfunktion Personal beschreibt. Die strategische Personalfunktion formuliert die Personalstrategie als Weg zur Realisierung der Personalziele. Die operative Personalfunktion übernimmt die detaillierte Planung und Umsetzung konkreter Maßnahmen zur Umsetzung der Personalstrategie und zur Erreichung der Personalziele. Im Folgenden werden die Aufgaben der Personalfunktion auf den drei Ebenen der Unternehmensführung dargestellt

> Die **normative Personalfunktion** gestaltet das Personalführungssystem und umfasst grundsätzliche Entscheidungen über die generellen Ziele, Werte, Einstellungen und Regeln im Umgang mit den Mitarbeitern.

Die normative Personalfunktion stellt für die Mitarbeiter und Vorgesetzten eine Richtschnur für ihr individuelles und kollektives Verhalten dar und liefert Gestaltungsempfehlungen für das Führungshandeln. Dabei werden organisatorische Regeln, Normen und Strukturen festgelegt, um das Führungsverhalten der Vorgesetzten zu regulieren. Auf diese Weise hat die normative Personalfunktion wesentlichen Einfluss auf die Unternehmensidentität. Den Rahmen der normativen Personalfunktion bilden der Purpose (vgl. Kap. 2.1), die Vision und Mission (vgl. Kap. 2.3), die Werte und Kultur (vgl. Kap. 2.2) und die Corporate Governance (Kap. 2.4) des Unternehmens. Die normative Personalfunktion prägt die **Führungsphilosophie** als Bestandteil der Unternehmensphilosophie (vgl. Kap. 2). Sie verkörpert die grundsätzlichen ethischen, moralischen und sozialen Einstellungen und Werthaltungen gegenüber den Mitarbeitern. Ihren Ausdruck findet die Führungsphilosophie in der Personalpolitik und den Führungsgrundsätzen des Unternehmens. Diese prägen die im Unternehmen gelebte Führungskultur. Die Inhalte und Ebenen der **normativen Personalfunktion** zeigt Abb. 6.1.2.

Die **Personalpolitik** konkretisiert und präzisiert die in der Führungsphilosophie enthaltenen Grundsätze und Richtlinien im Umgang mit den Mitarbeitern. Sie ist Bestandteil der Unternehmensmission und sollte für eine unternehmenseinheitliche Umsetzung schriftlich fixiert sein. Die

Abb. 6.1.2: Inhalte und Ebenen der normativen Personalfunktion

Personalpolitik beschreibt damit, wie die Personalfunktion grundsätzlich betrieben werden soll. Ein Beispiel ist das „Prinzip der internen Stellenbesetzung", nach dem Führungskräfte möglichst aus den eigenen Reihen rekrutiert werden. Die Personalpolitik sollte im Einklang mit der Unternehmenskultur stehen, da ansonsten Widerstände und Konflikte vorprogrammiert sind (vgl. *Jung*, 2017, S. 21 ff.).

Führungsgrundsätze sind verbindliche und schriftlich fixierte Vorschriften zum Handeln und Verhalten von Führungskräften. Sie sind Bestandteil der Personalpolitik und bestimmen die Art und Weise der Personalführung im Unternehmen. Dafür regeln sie die Beziehung zwischen Vorgesetzten und Mitarbeitern und legen die zu verfolgenden Führungsprinzipien sowie den gewünschten Führungsstil fest (vgl. Kap. 6.3.1). Auf diese Weise sollen sie für ein einheitliches Führungsverhalten aller Vorgesetzten sorgen und die Stabilität und Effizienz des Unternehmens sicherstellen. Sie regeln die Art und Weise der Zielvereinbarung, Delegation, Information, Entscheidung, Motivation, Weiterbildung, Förderung, Beurteilung, Kontrolle, Konfliktbewältigung und Zusammenarbeit. Für ihre Anwendung sind den Führungskräften geeignete Instrumente zur Verfügung zu stellen, wie etwa ein standardisiertes Schema zur Personalbeurteilung.

Werteorientierte Führungsphilosophie bei Upstalsboom

Die *Upstalsboom Hotel + Freizeit GmbH & Co. KG* betreibt mit über 650 Mitarbeitern rund 70 Hotels und Ferienwohnanlagen an der Nord- und Ostsee.

Der Geschäftsführer *Bodo Janssen* beschreibt seine werteorientierte Führungsphilosophie, die den Menschen in den Mittelpunkt stellt, wie folgt: „Im Spannungsfeld zwischen Spiritualität und Wissenschaft haben wir begonnen, unseren eigenen Weg zu gehen – den *Upstalsboom*-Weg. Mittlerweile ist er (…) zu einem Synonym für unsere Unternehmenskultur geworden, die auf Werten basiert, die uns *Upstalsboomern* besonders am Herzen liegen. Hierbei spielt das Thema „Freiheit" eine zentrale Rolle. Denn wir möchten, dass jeder bei seiner Arbeit die Freiheit hat, sich persönlich weiterzuentwickeln und sich für das einzusetzen, was ihm wichtig ist. (…) Dies hat zu einer Entwicklung hin zu selbstorganisierten Teams und zur teilweisen Abschaffung von Positionen im Unternehmen geführt. In unserer täglichen Zusammenarbeit orientieren wir uns an Leitsätzen wie „Wertschöpfung durch Wertschätzung", „Führung ist Dienstleistung, kein Privileg" oder „Potenzialentfaltung statt Ressourcenausnutzung". Frei nach *Goethe*: „Hier bin ich Mensch, hier darf ich sein!", ist es unser Ziel, dass jeder Mensch bei der Arbeit so sein kann, wie er ist, ohne eine Rolle ausfüllen zu müssen oder sich zu verstellen. Der *Upstalsboom*-Weg ist für uns auch immer wieder ein Weg ins Unbekannte – er bereitet uns sehr viel Freude, da er unsere Arbeitswelt komplett wandelt. Er fordert uns aber auch immer wieder heraus, unsere gewohnten Abläufe und Denkweisen zu hinterfragen. Dies geht nicht immer, ohne die persönliche Komfortzone zu verlassen und Risiken einzugehen." (*www.der-upstalsboom-weg.de*)

Führungsgrundsätze geben der einzelnen Führungskraft mehr Sicherheit in ihrem Führungsverhalten und können von Rechtfertigungszwängen entlasten. Aus Sicht des Mitarbeiters können sie zu einer besseren Berechenbarkeit des Führungsverhaltens und zur Vermeidung von Diskriminierung beitragen. Allerdings besteht auch die Gefahr, dass einzelne Führungskräfte in der Umsetzung überfordert sind. In diesem Fall wird die Führung von den Mitarbeitern als starr, bürokratisch und unpersönlich empfunden. Aufgrund ihrer stabilisierenden Funktion sollten Führungsgrundsätze langfristig ausgerichtet sein (vgl. *Domsch*, 2005, S. 406; *Jung*, 2017, S. 518 ff.). Ein Beispiel ist das „Prinzip der offenen Tür", nach dem jeder Mitarbeiter direkt auf Vorgesetzte zugehen kann, um Anliegen und Probleme persönlich zu besprechen.

Die Führungsgrundsätze legen den von der Unternehmensführung gewünschten Umgang mit den Mitarbeitern fest. Doch erst in der **Führungskultur** zeigt sich, wie die Personalfunktion tatsächlich von den Führungskräften umgesetzt wird. Diese gelebte Personalführung ist Teil der Unternehmenskultur und prägt ganz entscheidend das Betriebsklima. Der Umgang mit den Mitarbeitern beeinflusst maßgeblich deren Verhalten gegenüber Vorgesetzten, Kollegen, Lieferanten, Kunden, Geschäftspartnern und der Öffentlichkeit (vgl. Kap. 2.2).

Die **strategische Personalfunktion** umfasst alle im Rahmen der strategischen Unternehmensführung anfallenden personellen Aufgaben. Sie bezieht sich auf das gesamte Unternehmen und abstrahiert von einzelnen Mitarbeitern und Stellen (vgl. *Scholz/Scholz*, 2019, S. 29).

Die strategische Personalfunktion basiert auf den normativen Entscheidungen zum Umgang mit den Mitarbeitern. Sie konkretisiert die Anwendung der Führungsgrundsätze im Rahmen der Personalstrategie und die darin enthaltenen personellen Führungsaufgaben.

Moderne Unternehmen sehen ihre Mitarbeiter als **strategischen Erfolgsfaktor**. Personalführung und Leadership spielen bei der Realisierung dieses Anspruchs eine wesentliche Rolle. Die Ableitung von Maßnahmen zur Strategieumsetzung erfordert den Einbezug der ausführenden Ebenen und ein unternehmensweit einheitliches Strategieverständnis. Die strategische Personalfunktion soll die Mitarbeiter dazu befähigen und motivieren, die strategischen Ziele des Unternehmens zu erreichen. Erst wenn sich die Mitarbeiter diese Ziele zu eigen machen, lässt sich die Strategie erfolgreich realisieren.

Die strategische Personalfunktion ist für die Aufstellung der **Personalstrategie** verantwortlich, die bestimmt, in welche Richtung sich die Personalaktivitäten entwickeln sollen. Dabei geht es etwa um Fragen der Wettbewerbsfähigkeit des Unternehmens im „War for Talents" auf dem Arbeitsmarkt oder der Förderung von Diversität zur Schaffung eines Mehrwerts durch eine vielfältige Belegschaft. In der Praxis folgt die Personalstrategie häufig den Anforderungen der Unternehmensstrategie und wird aus dieser abgeleitet. Damit ist jedoch nicht sichergestellt, dass das zur Umsetzung der Unternehmensstrategie erforderliche Mitarbeiterpotenzial auch aufgebaut oder beschafft werden kann. Die Personalstrategie sollte deshalb auch eigene Impulse liefern und ein **integrativer Bestandteil der Unternehmensstrategie** sein. Nur wenn die funktionalen Teilstrategien unter Berücksichtigung wechselseitiger Abhängigkeiten aufgestellt, umgesetzt und kontrolliert werden, ziehen alle Funktionsbereiche bei der Strategieumsetzung an einem Strang (vgl. *Scholz/Scholz*, 2019, S. 29 ff.). Die strategische Personalfunktion basiert auf der Unternehmensstrategie und bildet den Rahmen für die Aufgaben der operativen Personalfunktion.

Die **operative Personalfunktion** umfasst die detaillierte Planung und Umsetzung konkreter personeller Maßnahmen zur Erreichung der strategischen Personalziele sowie die administrative Abwicklung der personalwirtschaftlichen Abläufe.

Die operative Personalfunktion wird von normativen und strategischen Rahmenbedingungen geprägt. Aufgrund des strategischen Personalbedarfs wird über Personalveränderungen durch Personalbeschaffung, -entwicklung oder -freisetzung entschieden. Die individuelle, direkte Personalführung findet in der täglichen Zusammenarbeit zwischen Vorgesetzten und Mitarbeitern im Rahmen der Steuerung und Kontrolle der auszuführenden Handlungen statt.

Die primären Inhalte der operativen Personalfunktion sind auf einzelne Mitarbeiter und Personalstellen bezogene Maßnahmen und Handlungen. Themen sind etwa Mitarbeitergespräche, Stellenbesetzungen, Leistungsprämien oder Schulungen. Sie ist kurz- bis mittelfristig ausgerichtet, wobei die Besetzung einer Stelle durchaus langfristige Auswirkungen haben kann. Aufgrund gesetzlicher Vorschriften und der Mitbestimmungsrechte des Betriebsrats sind viele Vorgänge stark reglementiert. Beispielsweise sind Stellenausschreibungen diskriminierungsfrei zu formulieren oder bestimmte Kündigungsfristen einzuhalten. Aufgabenträger der operativen Personalfunktion sind neben der Personalabteilung vor allem die unmittelbaren Vorgesetzten (vgl. *Scholz/Scholz*, 2019, S. 110 ff.).

Die praktische Ausgestaltung der Personalfunktion auf den drei Führungsebenen veranschaulicht das Praxisbeispiel von *Wittenstein* in Kap. 6.6.1.

Zusammenfassung

- Die Personalfunktion der Unternehmensführung umfasst alle personellen Führungsaufgaben, welche aus Personalmanagement, Personalführung und Leadership sowie der Führung des Wandels bestehen.
- Das Personalmanagement umfasst alle personellen Planungs-, Steuerungs- und Kontrollaufgaben.
- Personalführung ist die gezielte Verhaltensbeeinflussung der Mitarbeiter.
- Das Leadership umfasst die Entwicklung von Visionen und Strategien, die dem Unternehmen neue Richtungen geben. Leader befähigen ihre Mitarbeiter, bei der Umsetzung von Veränderungen herausragende Leistungen zu vollbringen.
- Die Führung des Wandels hat die Aufgabe, den zur Erreichung der Unternehmensziele erforderlichen Wandel zu erkennen, systematisch zu gestalten und aktiv zu fördern sowie erreichte Veränderungen im Unternehmen zu verankern.
- Die normative Personalfunktion umfasst grundsätzliche Entscheidungen über die generellen Ziele, Werte, Einstellungen und Regeln im Umgang mit den Mitarbeitern. Sie prägt die Führungsphilosophie, die in der Personalpolitik konkretisiert und schriftlich fixiert wird, und beinhaltet die Führungsgrundsätze zum Handeln und Verhalten von Führungskräften.
- Die strategische Personalfunktion zielt auf die Gestaltung der Personalfunktion als strategischen Erfolgsfaktor des Unternehmens. Die Personalstrategie sollte integrativer Bestandteil der Unternehmensstrategie sein.
- Die operative Personalfunktion umfasst die detaillierte Planung und Umsetzung konkreter personeller Maßnahmen zur Erreichung der strategischen Personalziele sowie die administrative Abwicklung der personalwirtschaftlichen Aufgaben.

Literaturempfehlungen

Berthel, J./Becker. F.G.: Personalmanagement, 11. Aufl., Stuttgart 2017.

Holtbrügge, D.: Personalmanagement, 7. Aufl., Berlin 2018.

Jung, H.: Personalwirtschaft, 10. Aufl., München 2017.

Kotter, J.: Leading Change, München 2011.

Scholz, C./Scholz, T. M.: Grundzüge des Personalmanagements, 3. Aufl., München 2019.

Weibler, J.: Personalführung, 3. Aufl., München 2016.

6.2 Personalmanagement

Leitfragen

- Welche Aufgaben hat das Personalmanagement?
- Wie hängen diese Aufgaben inhaltlich zusammen?
- Welche Instrumente werden im Personalmanagement eingesetzt?
- Durch wen wird das Personalmanagement in seiner Arbeit unterstützt?

6.2.1 Aufgaben

Das **Personalmanagement** umfasst alle personellen Planungs-, Steuerungs- und Kontrollaufgaben.

Wesentliche **Aufgabenfelder** sind (vgl. *Bröckermann*, 2016, S. 14 ff.; *Holtbrügge*, 2018, S. 107 ff.; *Jung*, 2017, S. 4 ff.):

- **Personalbedarfsbestimmung:** Wie viele Mitarbeiter werden mit welcher Qualifikation wann, wo und wofür benötigt?
- **Personalbeschaffung:** Wie soll der qualitative, quantitative, zeitliche oder örtliche Personalbedarf gedeckt werden?
- **Personalentwicklung:** Welche Aus-, Fort- und Weiterbildungsmaßnahmen sind zur beruflichen Qualifikation und Förderung der Mitarbeiter erforderlich?
- **Personalfreisetzung:** Wie kann eine qualitative, quantitative, zeitliche oder örtliche Personalüberdeckung beseitigt werden?
- **Personaleinsatzplanung:** Wie lässt sich der anforderungs- und eignungsgerechte Einsatz der Mitarbeiter sicherstellen?
- **Personalbeurteilung:** Wie lassen sich Leistung, Verhalten und Potenzial der Mitarbeiter erfassen, um leistungsgerechte Vergütung, bestmöglichen Personaleinsatz und gezielte Personalentwicklung zu gewährleisten?
- **Personalkompensation:** Welche materiellen und immateriellen Gegenleistungen eignen sich im Austausch für die Arbeitskraft der Mitarbeiter? Neben der Personalvergütung umfasst dies eine Vielzahl an weiteren Anreizformen.

Personalentwicklung, -freisetzung und -beschaffung verändern den quantitativen, qualitativen, zeitlichen oder örtlichen Personalbestand, weshalb sie unter dem Begriff **Personalveränderungsmanagement** zusammengefasst werden.

Unterstützungsfunktionen des Personalmanagements sind:

- **Personalcontrolling** dient als Querschnittsfunktion der Informationsversorgung des Personalmanagements sowie der Koordination der Planung und Kontrolle im Personalbereich.
- **Personalverwaltung** übernimmt als Servicefunktion die administrativen Personalaufgaben.

Die Aufgaben des Personalmanagements sind vielfach miteinander vernetzt und umfassen planende, steuernde und kontrollierende Tätigkeiten. Sie werden mit verschiedenen Schwerpunkten von unterschiedlichen hierarchischen Einheiten wahrgenommen. Den **Zusammenhang** zeigt Abb. 6.2.1.

Je nach Tragweite der zu treffenden Entscheidungen werden diese der strategischen und/oder operativen Führungsebene zugeordnet. Die Personalbedarfsbestimmung erfolgt auf Grundlage der in der Personalstrategie festgelegten Zielsetzungen. Auf Basis der Personalbewertung wird im Anschluss festgelegt, wie der bestehende Personalbedarf gedeckt und eventuelle Personalüberdeckungen abgebaut werden sollen. Das Personalveränderungsmanagement kombiniert dann je nach Bedarf Maßnahmen der Personalentwicklung, -beschaffung oder -freisetzung. Die Personaleinsatzplanung sorgt für einen anforderungs- und eignungsgerechten Personaleinsatz, indem sie die Mitarbeiter den passenden Stellen zuordnet. Dabei wird auch auf die Einschätzung der Leistung und des Potenzials der Mitarbeiter im Rahmen der regelmäßigen Personalbeurteilung zurückgegriffen. Die Ergebnisse der Personalbeurteilung fließen dann in die Bestimmung einer leistungsgerechten Personalkompensation ein, wie etwa in die Höhe der Personalvergütung. Während sich das Personalcontrolling auf sämtliche Aufgabenfelder sowie operative und strategische Fragestellungen bezieht, liegt der Schwerpunkt der Personalverwaltung auf der administrativen Unterstützung des operativen Personalmanagements.

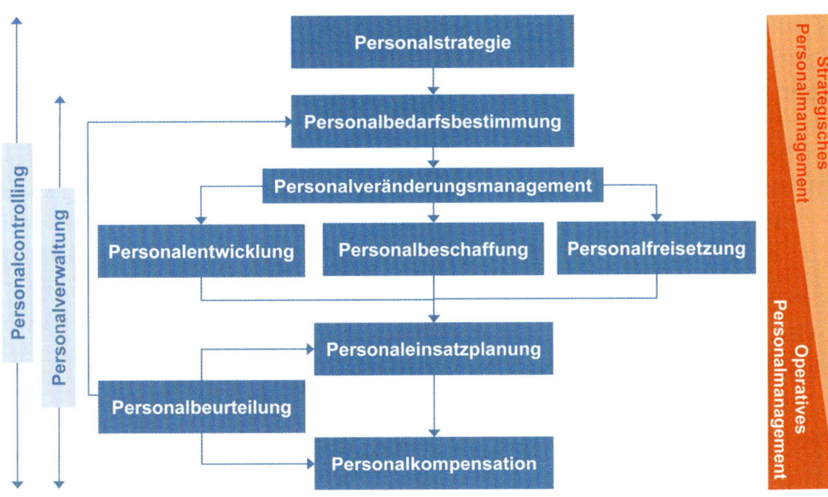

Abb. 6.2.1: Zusammenhang und Ebenen der Aufgaben des Personalmanagements

6.2.2 Personalbedarfsbestimmung

Die **Personalbedarfsbestimmung** ermittelt den qualitativen, quantitativen, zeitlichen und örtlichen Bedarf an Mitarbeitern, welche zur Realisierung gegenwärtiger und zukünftiger Leistungen erforderlich sind (vgl. *Drumm*, 2008, S. 203).

Unter- oder Überdeckungen beim Personal wirken sich unmittelbar auf das Unternehmensergebnis aus. Die Personalbedarfsbestimmung steht deshalb am Anfang des Personalmanagementprozesses. Personalengpässe sollen frühzeitig festgestellt werden, um diese vorausschauend vermeiden zu können.

Folgende **Arten des Personalbedarfs** sind zu bestimmen (vgl. *Holtbrügge*, 2018, S. 107 ff.):

- **Örtlicher Personalbedarf:** Wo sollen die Mitarbeiter räumlich eingesetzt werden?
- **Zeitlicher Personalbedarf:** Wann und wie lange werden die Mitarbeiter benötigt, d. h. Zeitpunkt und Dauer des Personalbedarfs?
- **Qualitativer Personalbedarf:** Über welche Fähigkeiten und Kenntnisse sollen die Mitarbeiter für eine bestimmte Aufgabe oder Stelle verfügen? Durch Vergleich von Arbeitsanforderung und vorhandener Mitarbeiterqualifikation werden bestehende Defizite erkannt. Die qualitative Personalbedarfsbestimmung kann auf zwei **Arten** erfolgen:
  - **Stellenbeschreibungen:** Detailliertes Anforderungsprofil einer organisatorischen Stelle mit deren Aufgaben und Kompetenzen sowie Stellvertretungsregelungen und Kommunikationsbeziehungen.
  - **Nach Berufsgruppen:** Ähnliche Anforderungsprofile einzelner Stellen werden zu Berufsgruppen, wie etwa Informatik oder Controlling, zusammengefasst. Für diese wird dann der qualitative Personalbedarf jeweils generell ermittelt.
- **Quantitativer Personalbedarf:** Wie viele Mitarbeiter werden benötigt? Um die Wirtschaftlichkeit sicherzustellen, sollen anfallende Tätigkeiten mit möglichst wenigen Mitarbeitern realisiert werden. Dieser Maxime stehen jedoch die Ziele der Leistungssicherung (Vermeidung von Kapazitätsengpässen bei konjunkturellen oder saisonalen Schwankungen), der Anpassungsfähigkeit an veränderte Umweltbedingungen und die Sicherung der Innovationsfähigkeit des Unternehmens entgegen. Zudem soll eine angemessene und gleichmäßige Arbeitsbelastung der Mitarbeiter gewährleistet werden, um sowohl gesundheitsschädliche Überbeanspruchungen als auch teure Unterauslastungen zu vermeiden. Es wird unterschieden (vgl. *Berthel/Becker*, 2017, S. 302 ff.):
  - **Brutto-Personalbedarf:** Anzahl und Qualität der Arbeitskräfte, die erforderlich sind, um eine geplante Leistung zu erbringen (Soll-Personalbestand). Er basiert beispielsweise in Industrieunternehmen auf der Produktions- und Absatzplanung. Der Brutto-Personalbedarf besteht aus dem arbeitsbedingten Einsatzbedarf und dem aufgrund zeitweiliger Abwesenheiten (Fehlzeiten, Urlaub, Weiterbildung etc.) entstehenden Reservebedarf.
  - **Personalbestand:** Anzahl und Qualität der zu einem bestimmten Zeitpunkt vorhandenen Arbeitskräfte (Ist-Personalbestand).
  - **Netto-Personalbedarf:** Anzahl und Qualität der zu beschaffenden bzw. freizusetzenden Arbeitskräfte.

Er ergibt sich aus dem Brutto-Personalbedarf abzüglich des Personalbestands. Der Netto-Personalbedarf setzt sich zusammen aus dem aufgrund von ausscheidenden Mitarbeitern entstehenden Ersatzbedarf und dem darüber hinausgehenden Neubedarf. Ein positiver Netto-Personalbedarf bedeutet eine Personalunterdeckung, ein negativer eine Personalüberdeckung.

Zur quantitativen Ermittlung des Brutto-Personalbedarfs stehen die folgenden **Verfahren** zur Verfügung (vgl. *Bühner*, 2005, S. 57 ff.; *Hentze/Kammel*, 2001, S. 202 ff.; *Jung*, 2017, S. 122 ff.):

- **Schätzverfahren:** Abschätzung des Personalbedarfs durch Intuition und Erfahrung.
  - **Einfache Schätzung:** Subjektive Einschätzung der jeweiligen Personalbedarfe durch die Führungskräfte. Die Personalabteilung prüft auf Plausibilität und fasst die Schätzungen zum Personalbedarf des Unternehmens zusammen.
  - **Normale Expertenbefragung:** Bedarfsermittlung aufgrund subjektiver Einschätzung einer Expertengruppe.
  - **Systematisierte Expertenbefragung:** Bedarfsermittlung aufgrund einer strukturierten, mehrstufigen Befragung einer Expertengruppe nach der Delphi-Methode.
- **Organisatorische Verfahren:** Die Bedarfsermittlung erfolgt nicht aufgrund leistungsbezogener Merkmale, sondern auf Basis organisatorischer Gesichtspunkte wie etwa gesetzlicher Bestimmungen oder der Organisationsstruktur. Die Methoden werden vor allem dann eingesetzt, wenn die zu besetzenden Stellen weitgehend unabhängig von der quantitativen Arbeitsleistung sind. Beispiele wären der Datenschutz- oder Gleichstellungsbeauftragte. Bei der Stellenplan- oder Arbeitsplatzmethode erfolgt die Bedarfsermittlung aufgrund des Stellenplans. Dort sind alle Stellen des Unternehmens ausgewiesen, unabhängig davon, ob diese besetzt sind oder nicht. Die unbesetzten Stellen zeigen den aktuellen Personalbedarf. Dieser wird systematisch durch Berücksichtigung von Stellenzugängen, -veränderungen und -abgängen fortgeschrieben, um den zukünftigen Personalbedarf zu erhalten.
- **Statistische Verfahren:** Personalbedarfsermittlung mithilfe statistischer Verfahren auf Basis von Vergangenheitswerten.
  - **Kennzahlenmethode:** Es wird ein direkter Zusammenhang zwischen dem Personalbedarf und einer historischen Kennzahl unterstellt, welche angibt, wie viele Mitarbeiter bislang für die Erbringung einer bestimmten Arbeitsleistung erforderlich waren. Aus der prognostizierten Arbeitsleistung wird dann auf die zukünftige Personalbedarfsentwicklung geschlossen. Eine häufig verwendete Kennzahl ist die Arbeitsproduktivität. Diese setzt eine Ertragsgröße (z. B. Produktionsmenge oder Umsatz) in Beziehung zum Arbeitseinsatz (z. B. Arbeitszeit oder Mitarbeiterzahl). Mithilfe der Arbeitsproduktivität lässt sich dann aus der geplanten Ertragsgröße der Personalbedarf ableiten, wie nachfolgendes Beispiel zeigt:

$$\text{Brutto-personal-bedarf} = \frac{\text{Personalbestand}}{\text{Umsatz abgelaufenes Jahr}} \cdot \text{Umsatz nächstes Jahr}$$

  - **Trendextrapolation/Trendanalogie:** Der Personalbedarf wird aufgrund von Vergangenheitsdaten fortgeschrieben, wobei für die Zukunft eine kontinuierliche bzw. analoge Entwicklung angenommen wird.
  - **Regressions-/Korrelationsrechnungen:** Der Personalbedarf wird als abhängige Variable in einen funktionalen Zusammenhang mit einer oder mehreren Einflussgrößen gesetzt, woraus dann Aussagen über den Personalbedarf abgeleitet werden.
- **Personalbemessungsverfahren (Kapazitätsrechnung):** Um den Personalbedarf zu bestimmen, wird die insgesamt für das Leistungsprogramm erforderliche Arbeitszeit durch die pro Mitarbeiter zur Verfügung stehende Arbeitszeit geteilt. Die erforderliche Arbeitszeit ergibt sich aus der Multiplikation der Anzahl der Arbeitsvorgänge mit den Bearbeitungszeiten je Arbeitsvorgang. Sie kann mit folgenden Methoden ermittelt werden:
  - **Selbstaufschreibungen:** Die Mitarbeiter erfassen die von ihnen ausgeführten Tätigkeiten, woraus dann die durchschnittlichen Arbeitszeiten je Tätigkeit ermittelt werden.
  - **Multi-Moment-Verfahren:** Die Erfassung der Tätigkeiten in einem Untersuchungsbereich erfolgt durch eine systematische Abfolge von Arbeitsplatzbeobachtungen. Aus der Häufigkeit der Einzeltätigkeiten wird deren Zeitaufwand bestimmt.
  - **REFA-Zeitaufnahmeverfahren:** Die Arbeitsvorgänge werden in Rüst-, Ausführungs- und Verteilzeitanteile zerlegt und zu einer Normalleistung pro Zeiteinheit zusammengefasst.
  - **Elementarzeitverfahren (Systeme vorbestimmter Zeiten):** Sämtliche Arbeitsvorgänge werden in kleinste Teilvorgänge zerlegt. Die Dauer dieser sog. Elemen-

tartätigkeiten lässt sich vorgegebenen Zeittabellen entnehmen. Die Zeiten aller in einem Arbeitsvorgang anfallenden Elementartätigkeiten werden anschließend aufsummiert und unter Berücksichtigung von Zuschlagsfaktoren wird daraus die Gesamtvorgabezeit ermittelt. Durch die Zuschlagsfaktoren lässt sich beispielsweise die Leistungsfähigkeit eines Mitarbeiters berücksichtigen. Elementarzeitverfahren sind vor allem bei manuellen Abläufen in der industriellen Massenfertigung gebräuchlich:

- **Methods-Time-Measurement-Analyse (MTM)** unterscheidet neun Grundbewegungen (z. B. Greifen oder Drehen), zwei Blickfunktionen (Augen bewegen und richten) und verschiedene Körper-, Bein und Fußbewegungen. Für diese sind empirisch ermittelte Durchführungszeiten vorhanden, mit denen die Zeiten der Arbeitsvorgänge als Kombination der standardisierten Bewegungen bestimmt werden.
- **Work-Factor-Analyse (WFS)** ist wesentlich aufwendiger, da sämtliche Bewegungen weitestgehend aufgeschlüsselt und zeitlich erfasst werden.

Alle in Abb. 6.2.2 aufgeführten Verfahren zur Ermittlung des Brutto-Personalbedarfs haben Vor- und Nachteile. Die **Wahl eines geeigneten Verfahrens** hängt auch vom qualitativen Personalbedarf ab. Die Schätzverfahren sind aufgrund ihrer Einfachheit insbesondere bei kleinen und mittleren Unternehmen weit verbreitet. Allerdings mangelt es ihnen an objektiven Maßstäben, sodass der Personalbedarf häufig falsch beurteilt wird. Bei den statistischen Verfahren wird angenommen, dass sich zukünftige Entwicklungen aus der Vergangenheit ableiten lassen. Vorteile sind die Nachvollziehbarkeit der Ergebnisse und der geringe Erhebungsaufwand. Diesen stehen die teils komplizierte und schwer durchschaubare Berechnung sowie die unreflektierte Fortschreibung von Entwicklungen der Vergangenheit gegenüber. Die organisatorischen Verfahren versehen die einzelnen Stellen mit einer detaillierten Stellenbeschreibung, die den qualitativen Personalbedarf beschreibt. Allerdings beschränkt sich ihr Einsatzfeld auf Verwaltungs- und Dienstleistungsbereiche. Die Personalbemessungsverfahren werden vor allem im Fertigungsbereich eingesetzt, da hier die Voraussetzung einer quantitativ messbaren Leistung gegeben ist. Kritisch ist dabei die objektive Bestimmung der erforderlichen Bearbeitungszeiten, da die Messungen etwa durch bewusste oder unbewusste Verhaltensänderungen der beobachteten Mitarbeiter beeinflusst werden.

Die in der Praxis häufig grobe oder gar intuitive Schätzung des Personalbedarfs steht in keinem Verhältnis zu dessen Bedeutung. So besteht bei einer Personalunterdeckung die Gefahr, dass Aufträge nicht oder nur unzureichend erledigt werden, während eine Personalüberdeckung unnötige Personalkosten verursacht (vgl. *Beschorner/Hajduk*, 2011, S. 126).

Ergibt die Personalbedarfsbestimmung qualitative, quantitative, zeitliche oder örtliche Personalunterdeckungen, so sind diese durch Maßnahmen der Personalentwicklung oder -beschaffung zu beheben. Im Falle einer Personalüberdeckung ist eine Personalfreisetzung erforderlich. Häufig hat das Unternehmen in einigen Bereichen zu hohe und in anderen zu niedrige Personalbestände. Im Rahmen des Personalveränderungsmanagements wird dann versucht, diese Differenzen durch eine Kombination aus Personalentwicklung, -freisetzung und -beschaffung auszugleichen.

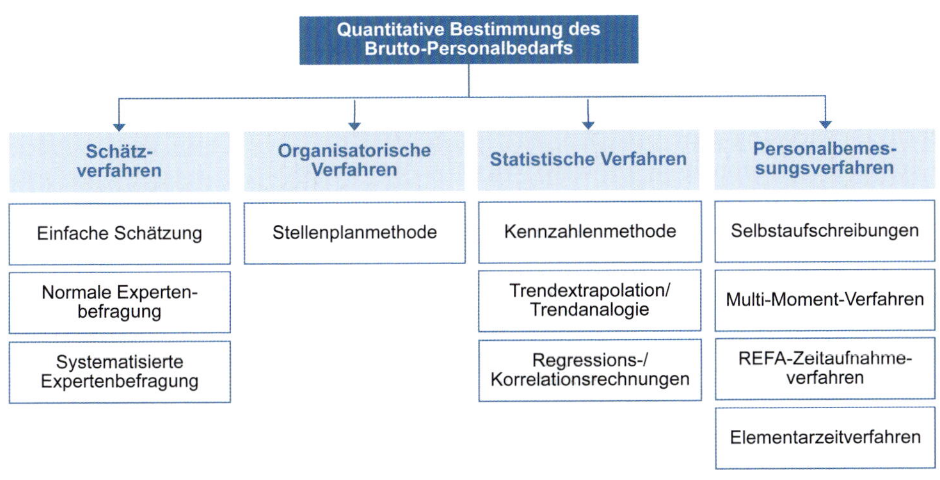

Abb. 6.2.2: Verfahren zur quantitativen Ermittlung des Brutto-Personalbedarfs

6.2.3 Personalentwicklung

Die **Personalentwicklung** beinhaltet alle geplanten Aus-, Fort- und Weiterbildungsmaßnahmen zur individuellen beruflichen Qualifikation und Förderung von Mitarbeitern (vgl. *Holtbrügge*, 2018, S. 141).

Unter Beachtung ihrer persönlichen Interessen und Bedürfnisse sollen den Mitarbeitern die erforderlichen fachlichen, methodischen, sozialen und persönlichen Kompetenzen zur Bewältigung derzeitiger und zukünftiger Aufgaben vermittelt werden.

Es lassen sich drei berufsbezogene **Personalentwicklungsarten** unterscheiden:

- **Ausbildung** als berufsvorbereitende Personalentwicklung
- **Fortbildung** als berufsbegleitende Personalentwicklung zur Vertiefung und Aktualisierung der Mitarbeiterqualifikation
- **Weiterbildung** als berufsverändernde Personalentwicklung

Die Grenzen zwischen Fort- und Weiterbildung sind oft fließend. Ein **Personalentwicklungsbedarf** entsteht bei Differenzen zwischen den Arbeitsanforderungen und dem Qualifikationsprofil der Mitarbeiter, die nicht durch Personalbeschaffung ausgeglichen werden können oder sollen. Der Entwicklungsbedarf hängt von externen Einflüssen wie etwa Bildungssystem, Arbeitsmarkt oder Wettbewerbern sowie internen Faktoren wie beispielsweise Branche, Größe, Strategie und natürlich von den Mitarbeitern selbst ab. Darüber hinaus können auch Umweltfaktoren, wie etwa neue Technologien oder Reorganisationen, einen Entwicklungsbedarf auslösen (vgl. *Bühner*, 2005, S. 96 f.).

Zur Bestimmung des Personalentwicklungsbedarfs sind zunächst die vorhandenen Kompetenzen der Mitarbeiter einzuschätzen. Dabei werden deren Stärken und Entwicklungsbedarfe ermittelt, individuelle Entwicklungsziele und -maßnahmen abgeleitet und in einem Entwicklungsplan festgehalten. Im Anschluss an die Entwicklungsmaßnahmen ist eine Erfolgskontrolle ratsam. Allerdings entzieht sich die Veränderung der individuellen Qualifikation häufig einer direkten Bewertung und zeigt sich erst im Laufe der Zeit in der Arbeitsqualität oder einer Verhaltensänderung des Mitarbeiters. Die Kontrolle der Entwicklungsmaßnahmen findet deshalb durch den direkten Vorgesetzten meist eher langfristig bei der Beurteilung des Mitarbeiterpotenzials statt. Dies kann etwa im Rahmen eines jährlichen Mitarbeitergesprächs erfolgen. Um die Rentabilität von Investitionen in die Personalentwicklung zu gewährleisten, sollten sie stets durch Maßnahmen der Mitarbeiterbindung (Retention) flankiert werden. Ansonsten geht dem Unternehmen nicht nur die Arbeitskraft, sondern auch das (neu erworbene) Wissen des Mitarbeiters verloren (vgl. Kap. 7.4).

Ziele und Inhalte

Die Personalentwicklung soll sowohl die Ziele des Unternehmens (Organisationsziele) als auch der Mitarbeiter (Individualziele) berücksichtigen, die sich allerdings stark voneinander unterscheiden können. Die Vernachlässigung der Mitarbeiterinteressen führt etwa zu Widerständen und mangelnder Motivation, welche sich dann auf die betriebs- bzw. arbeitsplatzbezogene Zielerreichung negativ auswirken (vgl. *Bühner*, 2005, S. 95).

Die **betrieblichen Ziele der Personalentwicklung** leiten sich aus den Unternehmenszielen ab. Häufig genannte Ziele eines mitarbeiterorientierten Personalmanagements sind (vgl. *Staehle*, 1999, S. 873 ff.):

- Sicherung eines qualifizierten Personalbestands
- Leistungsverbesserung der Beschäftigten
- Erhaltung und Verbesserung der Wettbewerbsfähigkeit
- Erhöhung der fachlichen Qualifikation
- Erhöhung der Mitarbeiterzufriedenheit
- Bindung der Mitarbeiter an das Unternehmen
- Unabhängigkeit vom externen Arbeitsmarkt
- Anpassung an veränderte Technologien und Marktverhältnisse

Die Mitarbeiter erwarten von der Personalentwicklung eine Verbesserung ihrer beruflichen Fähigkeiten. Beispielhafte **Anforderungen der Mitarbeiter** an die Personalentwicklung sind:

- Basis für beruflichen Aufstieg und erweiterte Kompetenzen
- Persönliches Prestige und Incentive
- Steigerung des Einkommens
- Breitere Einsatz- und Karrieremöglichkeiten

Die im Rahmen der Personalentwicklung vermittelten **Qualifikationen** lassen sich in drei Gruppen unterscheiden (vgl. *Holtbrügge*, 2018, S. 143 f.):

- **Vermittlung von Fachwissen (Knowledge)**
  - Wissen über das Unternehmen, wie etwa Produkte oder Prozesse sowie dessen Umwelt, wie z. B. Kunden, Lieferanten oder Wettbewerber.

- Betriebswirtschaftliche oder technische Kenntnisse für berufliche Aufgaben.

- **Erweiterung der Fähigkeiten (Skills)**
  - **Methodische Fähigkeiten:** Eigenständige Anwendung des Wissens auf praktische Problemstellungen.
  - **Analytische Fähigkeiten:** Systematische Annäherung an eine Aufgabe sowie konzeptionelles und strukturiertes Denken.
  - **Soziale Fähigkeiten:** Offener und partnerschaftlicher Umgang mit Kollegen und Vorgesetzten, wirksame Kommunikation und Zusammenarbeit sowie konstruktive Lösung von Konflikten. Bei Führungskräften gehört hierzu auch die Wahl eines geeigneten Führungsstils (vgl. Kap. 6.3.1).
- **Bildung neuer Einstellungen (Attitudes):** Beispiele für wünschenswerte Einstellungen sind Toleranz, Streben nach permanentem Lernen, unternehmerisches Denken und Offenheit gegenüber Veränderungen.

Die erforderlichen Qualifikationen einer Stelle werden durch den qualitativen Personalbedarf bestimmt. Aus dem Vergleich mit den Qualifikationen des jeweiligen Mitarbeiters ergeben sich die individuell vorzusehenden Maßnahmen der Personalentwicklung. Stellenprofile werden jedoch von den Mitarbeitern auch eigenmächtig verändert, um diese besser an deren Fähigkeiten und Interessen anzupassen. Durch dieses sog. **Job Crafting** können die Arbeitsinhalte (task crafting), soziale Beziehungen (social crafting) und der wahrgenommene Bedeutungsgehalt (cognitive crafting) einer Stelle für den Mitarbeiter attraktiver werden. Folglich erhöht es dessen Arbeitszufriedenheit und Motivation. Es kann jedoch auch dazu führen, dass wichtige Aufgaben eigenmächtig vernachlässigt oder diese auf Kollegen abgewälzt werden. Die Personalentwicklung sollte deshalb die Job Crafting-Aktivitäten der Mitarbeiter gezielt beeinflussen, um sowohl deren Engagement zu fördern als auch bei unerwünschten Wirkungen frühzeitig zu intervenieren (vgl. *Huf*, 2020a, S. 60 ff.; *Wrzesniewski/Dutton*, 2001, S. 185 f.).

In der **digitalen Arbeitswelt** scheint jeder Mensch ersetzbar, und es gibt nur noch selten dauerhafte Loyalität zwischen Unternehmen und Mitarbeitern. Die Zeiten, in denen ein Mitarbeiter sein ganzes Arbeitsleben bei einem Unternehmen verbrachte, sind wohl vorbei. Viele Mitarbeiter verfügen oft nicht mehr über einen eigenen Schreibtisch oder arbeiten von zu Hause aus. Es gibt auch sog. digitale Nomaden, die mit ihrem mobilen Büro in der ganzen Welt unterwegs sind. Im Endeffekt müssen sich die Mitarbeiter deshalb zunehmend selbst um ihre Qualifikation kümmern, um für ihre aktuelle Arbeit fit zu bleiben (Anpassungsqualifizierung) oder sich auf neue Aufgaben vorzubereiten (Aufstiegsqualifizierung) (vgl. *Scholz/Scholz*, 2019, S. 15).

Die Personalentwicklung sollte geeignete Rahmenbedingungen bereitstellen, um die Mitarbeiter zum Lernen zu animieren, etwa durch Web-based Trainings, Inhouse-Seminare oder frei verfügbare Bildungsguthaben. Die Mitarbeiter sollen dadurch auf dem Weg in eine neue Arbeitswelt begleitet werden, die durch digitale Technologien (vgl. Kap. 7.3) und komplexe Führungskontexte (vgl. Kap. 1.3.5) geprägt ist. Agile Organisationsformen (vgl. Kap. 5.2) erfordern von den Mitarbeitern ein hohes Maß an Selbststeuerung und unternehmerischem Denken, welches vielfach erst erlernt werden muss (vgl. Kap. 6.4).

Methoden

Zur Personalentwicklung steht eine Vielzahl unterschiedlicher Methoden zur Verfügung. Nach dem Einbezug der Teilnehmer lassen sich aktive und passive Methoden unterscheiden. Personalentwicklung kann von internen oder externen Trägern sowie für einzelne Personen oder eine Gruppe von Mitarbeitern durchgeführt werden. Eine gängige Klassifizierung ist die Einteilung nach der Nähe zur Arbeitsaufgabe bzw. zum Ort des Lernens.

Nach diesen Kriterien lassen sich die in Abb. 6.2.3 dargestellten **Methoden** unterscheiden (vgl. *Berthel/Becker*, 2017, S. 521 ff.; *Holtbrügge*, 2018, S. 145 ff.; *Stock-Homburg/Groß*, 2019, S. 270 ff.):

- **Into the Job:** Vorbereitung auf zukünftige berufliche Aufgaben.
  - **Anlernausbildung:** Diese wird bei Mitarbeitern eingesetzt, die einfache, überwiegend manuelle und ausführende Tätigkeiten mit geringem Anspruchsniveau wahrnehmen. Es erfolgt keine theoretische Ausbildung, sondern praktische Unterweisungen, bei denen die Entwicklung von Fertigkeiten im Vordergrund steht.

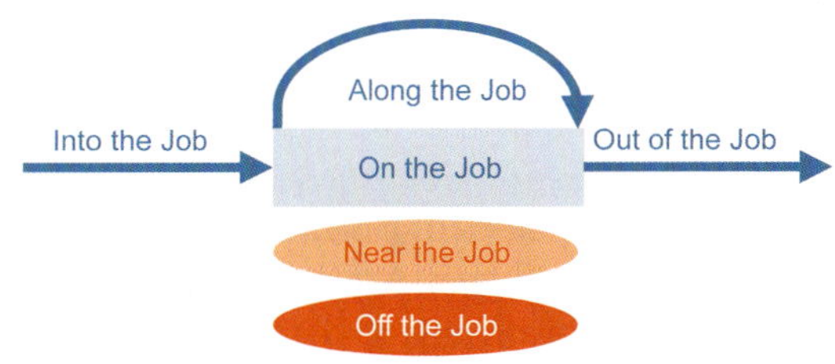

Abb. 6.2.3: Methoden der Personalentwicklung (vgl. Holtbrügge, 2018, S. 145)

- **Berufsausbildung:** Vermittlung systematischer beruflicher Kenntnisse und Fähigkeiten in staatlich anerkannten Ausbildungsberufen. Nach dem dualen System der Berufsausbildung in Deutschland erfolgt der praktische Teil der Ausbildung im Unternehmen, während in der Berufsschule vor allem theoretische Kenntnisse vermittelt werden.
- **Duales Studium:** Übertragung des Prinzips der dualen Berufsausbildung auf das Studium an einer Hochschule. Die beim Unternehmen angestellten Studierenden wechseln regelmäßig zwischen betrieblichen Praxiseinsätzen und akademischen Studienphasen.
- **Trainee-Programme:** Maßnahmen zur systematischen Einarbeitung von Hochschulabsolventen, bei denen mehrere betriebliche Stationen durchlaufen werden.

- **On the Job**: Vermittlung praktischer Kenntnisse und Erfahrungen am Arbeitsplatz. Das Lernfeld der Mitarbeiter entspricht ihrem Aufgabenbereich. Die Mitarbeiter lernen während ihrer laufenden Tätigkeit schrittweise und häufig unbewusst.
  - **Systematische Unterweisung:** Der Vorgesetzte zeigt und erklärt das neue Aufgabengebiet und/oder macht die Arbeit vor. Anschließend probiert der Mitarbeiter unter Anleitung des Vorgesetzten die Tätigkeiten aus. Danach wird die Arbeit selbstständig eingeübt, bis sie vollständig beherrscht wird.
  - **Coaching:** Unterstützung und Training einzelner Mitarbeiter oder Mitarbeitergruppen in einer begrenzten Entwicklungsphase durch geschulte Trainer bei der Lösung fach- und personenbezogener Problemstellungen.
  - **Qualifikationsfördernde Arbeitsgestaltung** vergrößert den Arbeitsinhalt:
    - ***Job rotation (Arbeitsplatzwechsel):*** Systematischer Tausch des Arbeitsplatzes, verbunden mit einer Veränderung von Aufgaben, Kompetenzen und Verantwortung.
    - ***Job enlargement (Arbeitserweiterung):*** Horizontale Erweiterung des Aufgabenspektrums mit qualitativ gleichwertigen Arbeitsanforderungen.
    - ***Job enrichment (Arbeitsbereicherung):*** Vertikale Erweiterung des Aufgabenspektrums mit qualitativ höherwertigen Arbeitsanforderungen und mehr Verantwortung.
    - ***Teilautonome Arbeitsgruppen*** sind kleine Teams, welche eine in sich weitgehend abgeschlossene Aufgabe selbstständig bearbeitet. Die Gruppe regelt sowohl die Aufgabenverteilung an die Gruppenmitglieder als auch in gewissen Grenzen die Einteilung von Arbeitszeiten und Pausen.
- **Near the Job:** Maßnahmen, die in enger räumlicher, zeitlicher und inhaltlicher Nähe zum Arbeitsplatz stattfinden. Die Personalentwicklung bezieht sich nicht auf die eigentliche Arbeitsaufgabe, sondern erfolgt durch zeitlich befristete Sonderaufgaben.
  - **Projektarbeit:** Die Mitarbeit in einem zeitlich befristeten Projekt (vgl. Kap. 5.3.3) kann den fachlichen Horizont und soziale Fähigkeiten erweitern. Sie dient häufig zur Führungskräfteentwicklung.
  - **Stellvertretung/Assistenz:** Durch vorübergehende oder schrittweise Übernahme von Aufgaben, Kompetenzen und Verantwortung einer ranghöheren oder gleichgestellten Position werden Mitarbeiter für anspruchsvollere oder neue Tätigkeiten qualifiziert.
  - **Qualitätszirkel:** Gesprächsrunden, die sich meist wöchentlich mit einem Moderator treffen, um Schwachstellen zu identifizieren und Verbesserungen bei der Produktqualität und in den Arbeitsabläufen zu erreichen (vgl. Kap. 8.1.4).
  - **Lernstatt:** Selbstorganisiertes Lernen in Gruppen, um Erfahrungen auszutauschen und das Wissen über betriebliche Zusammenhänge zu verbessern.
  - **Wissensgemeinschaften (Communities of Practice):** Die Mitglieder tauschen sich informell und dezentral über ein bestimmtes Themengebiet aus und lernen dabei voneinander. Die Teilnahme ist freiwillig und basiert auf gegenseitigem Vertrauen und gemeinsamen Interesse (vgl. Kap. 7.4.3 und das Beispiel von *Bosch* in Kap. 7.5.4).
  - **Action Learning:** Gemeinsame Bearbeitung einer konkreten betrieblichen Problemstellung innerhalb einer Gruppe, die sowohl zur Lösung des Problems als auch zur Weiterentwicklung der individuellen Fähigkeiten der Gruppenmitglieder dient.
- **Off the Job**: Maßnahmen, die von der eigentlichen Arbeitsaufgabe losgelöst sind und meistens nicht am Arbeitsplatz durchgeführt werden. Ziele sind sowohl Wissensvermittlung als auch das Erlernen von Verhaltensweisen.
  - **E-Learning:** Multimediales Lernen mithilfe von Schulungssoftware am Computer (Computer-based

Training, CBT) oder durch Nutzung von Angeboten im Intra- bzw. Internet (Web-based Training, WBT).

  - **Konferenzen/Workshops/Fachseminare:** Spezifische Inhalte werden innerhalb oder außerhalb des Unternehmens durch Fachexperten dargestellt bzw. in Gruppen erarbeitet und diskutiert.
  - **Corporate Universities:** Unternehmenseigene Bildungseinrichtung, meist in Zusammenarbeit mit einer Hochschule, die ein speziell auf die Bedürfnisse eines Unternehmens abgestimmtes Angebot zur Vermittlung theoretischer Kenntnisse bietet.
  - **Blended Learning:** Integriertes Lernen, bei dem E-Learning-Angebote didaktisch sinnvoll mit Präsenzveranstaltungen kombiniert werden.
  - **Erlebnispädagogik** (Outdoor- bzw. Survival-Trainings): Die Teilnehmer werden außerhalb ihres alltäglichen Arbeitsumfelds mit überraschenden Problemstellungen konfrontiert, die im Team zu bewältigen sind. Vorwiegendes Ziel ist die Entwicklung sozialer Fähigkeiten und die Verbesserung des Zusammenhalts einer Gruppe.

- **Along the Job:** Gestaltung der beruflichen Laufbahn vielversprechender Mitarbeiter.
  - **Beratungs- und Fördergespräche:** Klärung des Bedarfs und der Entwicklungsmöglichkeiten zwischen Vorgesetztem, Personalabteilung und Mitarbeiter.
  - **Coaching:** Individuelle, meist über einen längeren Zeitraum erfolgende Beratung einzelner Mitarbeiter oder eines Teams. Ziele können der Abbau von Leistungsdefiziten, Konfliktlösungen oder die Entwicklung persönlicher Stärken sein.
  - **Karriere- und Nachfolgeplanung:** Gedankliche Vorwegnahme der zukünftigen beruflichen Laufbahn des Mitarbeiters oder der Besetzung freiwerdender Positionen. Häufig existieren festgelegte Entwicklungspfade in Form von Fach- bzw. Führungslaufbahnen. Sie sollen berufliche Perspektiven aufzeigen, die Leistungsbereitschaft steigern und Beförderungen objektiver machen. Für junge Mitarbeiter ermöglichen spezielle Führungsnachwuchsprogramme eine gezielte Kompetenzentwicklung.
  - **Mentoring:** Erfahrene Führungskräfte unterstützen und fördern Nachwuchstalente. Damit eine Vertrauensbasis aufgebaut werden kann, sollte der Mentor nicht der unmittelbare Vorgesetzte sein.
- **Out of the Job:** Vorbereitung des Austritts von Mitarbeitern aus dem Unternehmen (vgl. Kap. 6.2.5).
  - **Ruhestandsvorbereitung:** Erleichterung des Übergangs in den Ruhestand für ältere Mitarbeiter, beispielsweise durch Altersteilzeit.
  - **Outplacement:** Maßnahmen für gekündigte Mitarbeiter zur Verringerung sozialer Härten und zur Suche nach einem neuen Arbeitsplatz.

Aus der Vielzahl an Methoden ist für jeden einzelnen Mitarbeiter je nach dessen individuellem Entwicklungsbedarf eine Kombination geeigneter Maßnahmen auszuwählen. Dies geschieht auf Basis der Personalbeurteilung (vgl. Kap. 6.2.7) im engen Austausch zwischen Vorgesetztem und Mitarbeiter sowie mit fachlicher Unterstützung des Personalbereichs.

6.2.4 Personalbeschaffung

Personalbeschaffung ist die Suche und Bereitstellung von Mitarbeitern zur Deckung eines qualitativen, quantitativen, zeitlichen oder örtlichen Personalbedarfs.

Die Deckung des Personalbedarfs kann nicht nur durch neue Mitarbeiter, sondern auch mit den vorhandenen Beschäftigten erreicht werden. Danach lässt sich **interne** (innerbetriebliche) und **externe** (außerbetriebliche) Personalbeschaffung unterscheiden – vergleichbar mit einer Make-or-Buy-Entscheidung im Produktionsbereich (vgl. *Bühner*, 2005, S. 69). Generell sind bei der Personalbeschaffung eine Reihe rechtlicher Vorschriften zu beachten. Die Vor- und Nachteile der Personalbeschaffungswege zeigt Abb. 6.2.4.

Interne Personalbeschaffung bedeutet die Besetzung freier Stellen aus den eigenen Reihen. Sie kann entweder mit oder ohne Personalbewegung erfolgen. Bei der Bedarfsdeckung ohne Personalbewegung erfolgt keine Änderung der bestehenden Arbeitsverhältnisse. Sie eignet sich, wenn der Personalbedarf nur vorübergehend ist (vgl. *Berthel/Becker*, 2017, S. 331 ff.).

- Möglichkeiten der internen **Bedarfsdeckung ohne Personalbewegung** sind:
  - **Mehrarbeit/Überstunden** bei kurzfristigen Bedarfsspitzen.
  - **Arbeitszeitverlängerung/Urlaubsverschiebung** bei saisonalen Schwankungen.
  - **Personalentwicklung:** Bedarfsdeckung durch Qualifikation von Mitarbeitern.

	Interne Personalbeschaffung	Externe Personalbeschaffung	
Vorteile	▪ Motivationswirkung und Mitarbeiterbindung durch Aufstiegschancen ▪ geringe Beschaffungskosten ▪ geringes Risiko aufgrund der Bekanntheit des Mitarbeiters ▪ Betriebskenntnis ▪ schnelle Stellenbesetzung ▪ Freie Stellen für Nachwuchs	▪ Demotivation durch fehlende interne Aufstiegschancen ▪ hohe Beschaffungskosten ▪ höheres Risiko durch Unbekanntheit des Mitarbeiters („Katze im Sack") ▪ betriebliche Einarbeitung erforderlich ▪ zeitaufwendig ▪ Blockierung für Nachwuchs	Nachteile
Nachteile	▪ geringe Auswahl ▪ Gefahr der Betriebsblindheit ▪ quantitativer Personalbedarf wird nur verlagert und nicht gedeckt ▪ qualitativer Personalbedarf erfordert Personalentwicklungsmaßnahmen ▪ Spannungen bei Aufrücken eines Mitarbeiters in Vorgesetztenposition	▪ breite Auswahl ▪ neue Person bringt neue Impulse ▪ quantitativer Personalbedarf wird direkt gedeckt ▪ qualitativer Personalbedarf wird direkt gedeckt ▪ Externer Mitarbeiter wird leichter als neuer Vorgesetzter anerkannt	Vorteile

Abb. 6.2.4: Vor- und Nachteile der Personalbeschaffungswege (vgl. Bühner, 2005, S. 70)

- Möglichkeiten der internen **Bedarfsdeckung mit Personalbewegung** sind:
  - **Versetzung:** Dem Mitarbeiter wird eine gleich-, höher- oder geringerwertige Stelle zugewiesen. Bei einer horizontalen Versetzung bleibt der Mitarbeiter auf derselben hierarchischen Stufe, die vertikale Versetzung bedeutet meist einen Aufstieg.
  - **Innerbetriebliche Stellenausschreibungen** ermöglichen den Mitarbeitern berufliche Veränderungen, ohne dafür das Unternehmen verlassen zu müssen. Die Besetzung von Führungspositionen aus den eigenen Reihen bedeutet hohe Anreize und fördert die Leistungsbereitschaft. Externe Besetzungen sollten deshalb sorgfältig überlegt und genau begründet werden, da sie demotivierend auf die Belegschaft wirken können.
  - **Umschulung:** Qualifikation von Mitarbeitern mit anschließender Versetzung.
  - **Umwandlung** von Teilzeit- in Vollzeitarbeitsverträge oder von befristeten in unbefristete Arbeitsverhältnisse.
  - **Übernahme** etwa von Auszubildenden nach Abschluss ihrer Berufsausbildung.

Bei der **externen Personalbeschaffung** wird der Personalbedarf von außen entweder durch Abschluss neuer Arbeitsverträge oder durch Inanspruchnahme von Fremdarbeitnehmern gedeckt.

Externe Personalbeschaffungswege sind (*Berthel/Becker*, 2017, S. 334 ff.; *Jung*, 2011, S. 142 ff.):

- **Arbeitsvermittlung:** Unternehmen können bei der Suche und Auswahl von Bewerbern durch staatliche oder private Arbeitsvermittler unterstützt werden. Die staatliche Vermittlung übernehmen in Deutschland die *Bundesagentur für Arbeit* sowie private Agenturen. Private Vermittler werden meist bei der Besetzung hochrangiger Positionen eingesetzt (sog. Headhunter).
- **Stellenanzeigen oder -gesuche** in Printmedien verlieren an Bedeutung.
- **E-Recruiting**: Die Personalbeschaffung wird zunehmend digitalisiert. Stellenausschreibungen finden sich zunehmend auf der Homepage der Unternehmen. Neue Mitarbeiter können aber auch mithilfe des Social Media Recruitings in sozialen Netzwerken (z. B. *LinkedIn*) oder über Online-Jobbörsen (z. B. *StepStone* für Fach- und Führungskräfte) gefunden werden.
- **College-Recruiting:** Mithilfe von Werbeaktionen an Schulen und Hochschulen, wie z. B. Firmenpräsentationen, Kontaktmessen oder Praktikantenstellen, sollen potenzielle Bewerber für das Unternehmen gewonnen werden.
- **Anwerbung durch eigene Mitarbeiter:** Informationen über freie Stellen werden im persönlichen Umfeld der Mitarbeiter verteilt.
- **Initiativbewerbungen:** Die Bewerbung erfolgt nicht auf eine konkrete ausgeschriebene Stelle, sondern auf Eigeninitiative des Bewerbers (sog. Blindbewerbung).
- **Talentpool:** Interessante Kandidaten, denen zum Zeitpunkt ihrer Bewerbung kein Angebot gemacht werden kann, werden in einer Datenbank erfasst. Aus Gründen des Datenschutzes bedarf dies der Zustimmung der Bewerber.
- **Personalleasing** (Arbeitnehmerüberlassung): In den letzten Jahren wird diese Möglichkeit bei den Unternehmen immer beliebter, weil sie eine hohe Flexibilität

bei der Personalbedarfsdeckung bietet. Das Beschäftigungsrisiko wird auf die Zeitarbeitsfirma ausgelagert, die ihre Arbeitnehmer für einen bestimmten Zeitraum gegen Gebühr an das Unternehmen verleiht. Die Leiharbeitnehmer haben einen Arbeitsvertrag mit der Zeitarbeitsfirma. Sie werden im Vergleich zu den im Unternehmen fest angestellten Mitarbeitern meist deutlich schlechter vergütet.

- **Inanspruchnahme von Fremdarbeitnehmern:** Die Durchführung von Tätigkeiten durch unternehmensexterne Personen kann über einen Werk- oder Dienstvertrag geregelt werden. Bei einem Dienstvertrag verpflichtet sich der Fremdarbeitnehmer zur Durchführung vertraglich vereinbarter Tätigkeiten wie etwa Beratung oder Schulung. Dies entspricht den Pflichten aus dem Arbeitsvertrag der beschäftigten Arbeitnehmer. Beim Werkvertrag schuldet der Fremdarbeitnehmer hingegen die Erzielung eines bestimmten Erfolges. Beispiele sind Gebäudereinigung oder Reparaturarbeiten.

Da die Unternehmen bei externer Personalbeschaffung teilweise eine Flut von Bewerbungen bearbeiten müssen, kann zur Vorauswahl das sog. **Robo-Recruiting** eingesetzt werden. Dabei werden mithilfe Künstlicher Intelligenz (vgl. Kap. 7.3.6) etwa die Sprache der Kandidaten oder bei Vorliegen von Videomaterial auch deren Mimik und Gestik analysiert. Scoring-Dienste bewerten und priorisieren die Bewerbungsunterlagen nach festgelegten Kriterien, wobei auch Informationen aus sozialen Netzwerken einfließen können. Automatisierte Frage-Antwort-Maschinen (Chatbots) sind ständig für die Bewerber erreichbar. In naher Zukunft können Avatare selbstständig Bewerbungsgespräche führen und Arbeitsverträge als Smart Contracts auf Basis der Blockchain (vgl. Kap. 7.3.8) abgeschlossen werden. Der Zeitgewinn durch die Digitalisierung von Routineaufgaben kann dazu genutzt werden, um unter den verbleibenden Kandidaten den geeignetsten Bewerber auszuwählen (vgl. *Pierer*, 2019, S. 314 f.).

Eine Übersicht über die Beschaffungswege gibt Abb. 6.2.5. Welcher davon zu wählen ist, hängt von der Bedeutung und geforderten Qualifikation der zu besetzenden Stelle, der Bewerberzielgruppe sowie der Situation am Arbeitsmarkt ab.

Diversität

Getrieben vom gesellschaftlichen Wertewandel und politischen Forderungen achten Unternehmen bei der Personalbeschaffung zunehmend auf die Steigerung der Vielfalt ihrer Belegschaft. Durch das *Allgemeine Gleichbehandlungsgesetz (AGG)* sind Unternehmen dazu verpflichtet, jegliche Form der Diskriminierung zu verhindern und zu beseitigen. Diversität (Diversity) steht zunächst für jegliche Unterschiede zwischen Individuen. Bei Mitarbeitern wird diese vor allem an demografischen Merkmalen gemessen, wie etwa Geschlecht, Alter, Bildung, ethnische Herkunft, Familienstand, Behinderungen, sexuelle Orientierung oder Religion (vgl. *Herrmann-Pillath*, 2016, S. 271 f.).

Eine vielfältige Belegschaft fördert die Pluralität von Meinungen, Beobachtungen und Erkenntnissen. Da Diversität zu einer komplexeren Organisation führt, verbessert diese nach *Ashbys* Gesetz auch die Fähigkeit, in komplexen Führungskontexten flexibel auf Risiken zu reagieren und Chancen frühzeitig zu nutzen (vgl. Kap. 1.3.6). Aus der Diversität können somit auch Wettbewerbsvorteile entstehen. Ein globales Unternehmen mit einer multikulturellen, ethnisch vielfältigen Belegschaft kann etwa in verschiedenen Ländern auf unterschiedlichen Märkten erfolgreich tätig sein (vgl. *Buchholz/Knorre*, 2019, S. 117 f.).

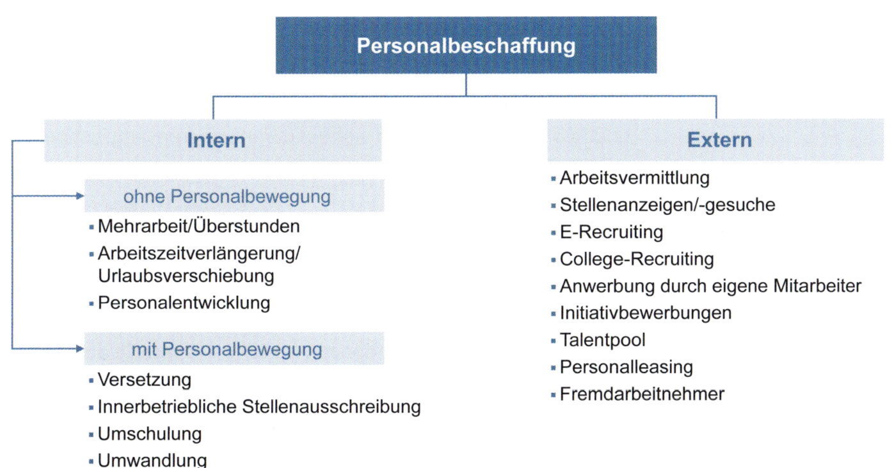

Abb. 6.2.5: Personalbeschaffungswege

Eine hohe Diversität lässt sich sowohl evolutionär im Laufe der Unternehmensentwicklung als auch durch ein gezieltes **Diversity Management** erreichen, welches legislative, wirtschaftliche und ethische Ziele verfolgt. Es soll nicht nur die Einhaltung gesetzlicher Regelungen überwachen, sondern auch für die Schaffung eines wirtschaftlichen Mehrwerts aufgrund der Verschiedenartigkeit der Mitarbeiter sorgen. Betriebswirtschaftlich gesehen, wird bei der Personalbeschaffung die Person ausgewählt, welche sich am besten für eine zu besetzende Stelle eignet. Vielfalt kann jedoch einem Unternehmen sowohl wirtschaftliche Vorteile bringen als auch aufgrund normativer Unternehmenswerte beabsichtigt sein. Diversity Management soll für ein optimales Mischungsverhältnis von Individualität und Vielfalt sorgen (vgl. *Scholz/Scholz*, 2019, S. 198 ff.).

Die wirtschaftlichen Vorteile der Diversität sind nur schwer zu quantifizieren. Nennenswerte Auswirkungen auf die Leistung der Mitarbeiter ließen sich im Hinblick auf Geschlecht, Alter oder ethnische Herkunft bislang empirisch nicht eindeutig nachweisen (vgl. den Überblick bei *Bell et al.*, 2011). Individuelle Unterschiede der Mitarbeiter haben wohl einen viel größeren Einfluss auf die Arbeitsleistung als demografische Merkmale. Für die Arbeitsleistung spielen die Personalauswahl, -entwicklung und -führung folglich eine wesentlich wichtigere Rolle. Allerdings muss bei der Zusammensetzung eines Teams darauf geachtet werden, dass es nicht in demografisch geprägte Untergruppen zerfällt, welche sich in ihrer Arbeit gegenseitig behindern können. Durch Steigerung der sozialen Kompetenz im Rahmen der Personalentwicklung kann diesem Verhalten entgegengewirkt werden. Vorteilhaft ist Vielfalt, wenn Teams kreativ sein sollen oder multidisziplinäre Aufgaben haben. Ein Beispiel wäre ein großes Bauprojekt, in dem Architekten, Juristen, Wirtschaftswissenschaftler und Ingenieure zusammenarbeiten. Die Vorteile beruhen dabei auf den unterschiedlichen fachlichen Kompetenzen der Mitarbeiter (vgl. *Kanning*, 2016, S. 21 ff.).

Personalmarketing

Das Personalmarketing soll sich sowohl auf die Suche nach Mitarbeitern am externen Arbeitsmarkt als auch die Retention bestehender Mitarbeiter positiv auswirken. Es überträgt die Ziele und Verfahren des Absatzmarketings auf das Personalmanagement. Zielsetzung ist nicht eine unmittelbare Personalbeschaffung, sondern die Erschließung des externen Arbeitsmarktes. Es bekommt insbesondere bei einem Fachkräftemangel zunehmende Bedeutung, um etwa eine ausreichende Versorgung mit IT-Experten oder Ingenieuren sicherzustellen. Durch unterstützende und vorgelagerte Maßnahmen des Personalmarketings sollen sich auf freie Stellen möglichst viele qualifizierte Personen bewerben. Das Personalmarketing hat darüber hinaus auch positive Auswirkungen auf die Einstellung und Motivation der bereits beschäftigten Mitarbeiter und soll dabei helfen, diese langfristig an das Unternehmen zu binden (vgl. *Scholz*, 2013, S. 488 f).

> Das **Personalmarketing** soll ein positives Image des Unternehmens auf den relevanten Arbeitsmarktsegmenten aufbauen, um qualifizierte Mitarbeiter beschaffen und langfristig an das Unternehmen binden zu können (vgl. *Becker*, 2002, S. 437).

Diversität bei Bosch

Die *Bosch*-Gruppe ist ein international führendes Technologie- und Dienstleistungsunternehmen mit einem Umsatz von über 77 Mrd. € und rund 400.000 Mitarbeitern aus über 150 Nationalitäten.

Diversität ist für *Bosch* von zentraler Bedeutung: „Wir schätzen und nutzen die Vielfalt von Denkweisen, Erfahrungen, Perspektiven und Lebensentwürfen und sichern damit unseren langfristigen unternehmerischen Erfolg. So gewinnen wir im Wettbewerb um die besten Mitarbeitenden, Produkte und Dienstleistungen, denn „*Bosch* – Technik fürs Leben“ bedeutet nicht nur eine, sondern eine Vielfalt von Lösungen.“ Die Vielfalt stellt auch einen von sieben zentralen Unternehmenswerten im Leitbild „We are *Bosch*“ dar: „Wir schätzen und fördern Vielfalt als Bereicherung und Quelle unseres Erfolgs“. Hierfür wurde *Bosch* bereits mehrfach ausgezeichnet, u. a. 2013 mit dem *Deutschen Diversity Preis*, 2016 und 2017 in der Kategorie Diversity des *Trendence Employer Branding Awards*, 2016 mit dem *XING New Work Award* und 2020 mit dem *Max-Spohr-Preis* (www.bosch.com/de/karriere/vielfalt; www.weareBosch.com).

Funktionen des Personalmarketings sind (vgl. *Scholz/Scholz*, 2019, S. 143):

- **Akquisition:** Durch ein positives Unternehmensimage soll bei möglichst vielen geeigneten Kandidaten das Interesse geweckt werden, sich auf freie Stellen zu bewerben.
- **Motivation:** Die bestehenden Mitarbeiter sollen für das Unternehmen begeistert werden, um auf diese Weise eine hohe Leistungsbereitschaft zu erzeugen.
- **Profilierung:** Durch Aufbau einer Arbeitgebermarke (Employer Brand) soll sich das Unternehmen von der Konkurrenz am Arbeitsmarkt abheben. Alleinstellungsmerkmale als Arbeitgeber schaffen eine Employee Value Proposition.

Die **Employee Value Proposition** soll das Unternehmen sowohl für bestehende als auch potenzielle Mitarbeiter attraktiv machen. Sie spiegelt das subjektiv wahrgenommene Austauschverhältnis zwischen der Leistung des Arbeitnehmers und der Gegenleistung des Unternehmens wider und macht somit deutlich, warum es sich lohnt, für das Unternehmen zu arbeiten. Sie wird auch durch materielle und immaterielle Anreize beeinflusst (vgl. Kap. 6.2.8). Branding soll dem Unternehmen eine Markenidentität als Arbeitgeber **(Employer Brand)** verleihen. Dies kann durch ein einheitliches und markantes Erscheinungsbild sowie eine klare, unverwechselbare Botschaft erreicht werden (vgl. *Beschorner/Hajduk*, 2011, S. 183 f.).

Eine große Reichweite haben Unternehmensprofile in beruflichen sozialen Netzwerken, wie etwa *XING*, und Arbeitgeberbewertungen auf Online-Plattformen, wie z. B. *kununu*. Beide gehören zur *New Work SE* und verzeichnen zusammen über 60 Mio. Besucher pro Monat. Mit über 4 Mio. Bewertungen zu mehr als 900.000 Unternehmen ist *kununu* die größte Arbeitgeberbewertungsplattform in Europa. Bewerber können sich auf diese Weise über potenzielle Arbeitgeber ein umfassendes Bild machen. Positive Bewertungen und die Auszeichnung mit Gütesiegeln haben für das Employer Branding eine hohe Bedeutung.

Einen Überblick über die Instrumente des Personalmarketings zeigt Abb. 6.2.6. Das Unternehmen kann auf dem Arbeitsmarkt durch sachliche Information und/oder emotionale Botschaften in Erscheinung treten. Zunächst präsentiert sich das Unternehmen durch Kontakte zum Arbeitsmarkt und zu Ausbildungsinstituten sowie generell

Abb. 6.2.6: Überblick und Zusammenhang der Instrumente des Personalmarketings (in Anlehnung an Scholz, 2013, S. 522 f.)

durch das Auftreten nach außen. Darauf aufbauend wird versucht, den Bewerber für das Unternehmen zu begeistern. Die Bereitstellung von Anreizen für die bestehenden Mitarbeiter stellt eine Art von „After Sales Service" dar. Abschließend prägt auch die Art und Weise der Ablehnung von Bewerbern oder des Ausscheidens von Mitarbeitern das Unternehmensimage auf dem Arbeitsmarkt (vgl. *Scholz*, 2013, S. 519 ff.).

Die **Digitalisierung** gewinnt auch für das Personalmarketing zunehmend an Bedeutung. Dies gilt insbesondere für die Digital Natives, also junge Menschen, die mit digitalen Medien aufgewachsen sind. Kandidaten der sog. Generation Y („Millennials", geboren 1980er- bis Mitte 1990er-Jahre) und Z (geboren ab Mitte der 1990er- bis Mitte der 2010er-Jahre) verbringen viel Zeit in sozialen Netzwerken. Deshalb sollten Unternehmen auch am besten dort mit ihnen Kontakt aufnehmen. Für die Personalakquise sind vor allem Business Communities wie z. B. *LinkedIn* interessant, in denen die Nutzer ihr Qualifikationsprofil anlegen, Stellen suchen und berufliche Kontakte aufbauen. Unternehmen bietet dies die Möglichkeit, gezielt nach Bewerbern zu suchen und diese direkt anzusprechen Das Web 2.0, dessen Inhalte von den Nutzern mitgestaltet wird, ermöglicht eine partizipative und interaktive Kommunikation mit potenziellen Bewerbern. Beispiele sind Weblogs, Wikis, Podcasts, Online-Jobbörsen und Recruiting Games (vgl. *Beschorner/Hajduk*, 2011, S. 195 ff.; *Scholz/Scholz*, 2019, S. 160 f.).

Personalmarketing bei Bayer

Die *Bayer AG* ist ein Life-Science-Unternehmen, das in die drei Divisionen Pharmaceuticals, Consumer Health und Crop Science gegliedert ist und mit rund 104.000 Mitarbeitern einen Umsatz von über 43,5 Mrd. € erzielt. Durch ein umfassendes Personalmarketing möchte *Bayer* seine Arbeitgebermarke stärken, um die besten Talente zu identifizieren und zur richtigen Zeit für eine Anstellung zu gewinnen (vgl. i.F. *Schmitz*, 2019, S. 224 ff.).

Das **Live-Marketing** umfasst Recruiting- und Karrieremessen, Inhouse- und On-Campus-Events, ein Mitarbeiterempfehlungsprogramm sowie Workshops und Vorträge an Universitäten und auf Fachkongressen. Ein Beispiel sind die *Bayer Campus Challenges*, bei denen sich potenzielle Bewerber Gedanken über Zukunftsfragen machen, etwa wie digital *Bayer* im Jahr 2030 sein wird. Die besten vier Teams werden nach Leverkusen eingeladen, um ihre Idee vor einer Expertenjury in einem Pitch vorzustellen. Das Team mit dem überzeugendsten Konzept gewinnt eine Reise nach Berlin. Das Talent Relationship Management umfasst u. a. Infonachmittage, teambildende Events und eine Stay-Connected-Plattform für ehemalige Praktikanten. Darüber hinaus pflegt *Bayer* enge Beziehungen zu über zwanzig Universitäten.

Kern des **Digitalmarketings** ist die in Abb. 6.2.7 dargestellte Karriere-Website, welche neben den Stellenausschreibungen u. a. auch Informationen zu Karrieremöglichkeiten, Events und dem Bewerbungsprozess beinhaltet. Durch den Einsatz von Chatbots werden Anfragen schnell und rund um die Uhr beantwortet. In einem Blog geben Mitarbeiter Einblicke in ihren Arbeitsalltag. Aufgrund positiver Bewertungen erhielt *Bayer* auf *kununu* das Top-Company-Siegel.

Bayer setzt *Facebook* zum Dialog mit Bewerbern und Interessenten ein und nutzt seinen *Twitter*-Account *Bayerkarriere* für Tweets, etwa zu Neuigkeiten aus dem Konzern, Links zu Videos, Stellenangeboten oder Event-Ankündigungen. Über den *Bayer-Karriere-YouTube-Kanal* werden regelmäßig Videos zur Berufswelt bei *Bayer* veröffentlicht.

Im Rahmen der Kampagne *#BAYER360 – the Virtual Reality Career Experience* können Kandidaten auf Live-Events mit einer VR-Brille virtuell ihre neue Arbeitsumgebung erkunden. Zur mobilen Rekrutierung bietet *Bayer* eine Job-App an, die u. a. Videos, ein internes Stellenbrett und ein Quiz beinhaltet. Der *Instagram*-Account *@BayerKarriere* zeigt spontane und authentische Fotos und Geschichten aus dem Arbeitsalltag der Mitarbeiter.

Abb. 6.2.7: Website zum Personalmarketing von Bayer (www.karriere.bayer.de)

6.2.5 Personalfreisetzung

Die **Personalfreisetzung** dient dem Abbau von Personalressourcen aufgrund einer qualitativen, quantitativen, zeitlichen oder örtlichen Personalüberdeckung.

Ursachen der Personalfreisetzung sind (vgl. *Hentze/Graf*, 2005, S. 356 ff.):

- **Globale Krisen:** Durch die internationale Vernetzung der Unternehmen haben Wirtschaftskrisen vermehrt globale Auswirkungen. Beispiele sind die Finanzkrise 2008 oder die Corona-Krise 2020/21, in deren Folge die Arbeitslosigkeit weltweit stark anstieg.
- **Konjunkturelle Entwicklungen:** Konjunkturelle Abschwünge wirken sich auf Branchen und Betriebe einer Volkswirtschaft unterschiedlich aus. Sie haben in vielen Fällen Absatz- und Produktionsrückgänge und damit einen geringeren Personalbedarf zur Folge.
- **Saisonale Schwankungen:** In vielen Branchen ergibt sich aufgrund saisonal unterschiedlicher Nachfrage das Problem eines zeitlich schwankenden Personalbedarfs.
- **Technologischer Wandel:** Der technologische Wandel kann sowohl das Arbeitsvolumen (z. B. durch die Erledigung von menschlicher Arbeit durch Maschinen) als auch die Anforderungen an die Qualifikation der Mitarbeiter beeinflussen. Ein Beispiel ist die robotergestützte Prozessautomatisierung (vgl. Kap. 7.3.7).
- **Strukturelle Veränderungen:** Nationale oder internationale Bedarfsverschiebungen in bestimmten Betrieben und Branchen können örtliche Personalbedarfsänderungen auslösen.
- **Betriebsstillegung/Betriebsvernichtung:** Die Schließung von Betrieben führt zur Freisetzung der dort beschäftigten Mitarbeiter.
- **Standortverlagerungen:** Die Verlagerung des Unternehmens oder einzelner Bereiche an einen anderen Standort führt zur örtlichen Personalüberdeckung. Deutsche Unternehmen versuchen häufig, durch Verlagerung überwiegend manueller Tätigkeiten an ausländische Produktionsstandorte ihre Personalkosten zu senken.
- **Reorganisation:** Änderung der Aufbau- oder Ablauforganisation etwa durch den Abbau von Hierarchien (Lean-Management, vgl. Kap. 5.4.5) oder die Auslagerung bestimmter Aufgaben auf externe Unternehmen (Outsourcing).
- **Rationalisierung:** Reduzierung des Personalbedarfs durch erhöhte Arbeitseffizienz.

Personalfreisetzung kann sowohl **intern** durch Änderung bestehender Arbeitsverhältnisse als auch **extern** durch Beendigung bestehender Arbeitsverhältnisse erfolgen. Interne Personalfreisetzung führt nicht zu einem Personalabbau. Bei der externen Personalfreisetzung wird dagegen der Personalbestand reduziert, was mit und ohne Kündigung möglich ist. Eine Übersicht über die Maßnahmen der Personalfreisetzung gibt Abb. 6.2.8 (vgl. i. F. *Berthel/Becker*, 2017, S. 467 ff.; *Scholz*, 2013, S. 613 ff.).

Maßnahmen der **internen Personalfreisetzung** ohne Personalabbau sind:

- **Qualitativ (Personalentwicklung):** Änderung der Mitarbeiterqualifikation durch Anpassungs- und Aufstiegsfortbildung sowie Umschulung. Danach erfolgt eine horizontale oder vertikale Versetzung des Mitarbeiters auf eine andere Stelle.

Abb. 6.2.8: Maßnahmen der Personalfreisetzung

- **Örtlich:** Entsendung oder Versetzung an andere Standorte dienen vor allem dem Kapazitätsausgleich innerhalb des Unternehmens.
- **Zeitlich**
  - **Allgemeine Arbeitszeitverkürzung:** Reduktion der täglichen, wöchentlichen oder monatlichen Arbeitszeit für alle Mitarbeiter. Eine Verkürzung ohne Lohnausgleich führt zur Senkung der Personalkosten, aber auch zu Einkommensverlusten der Mitarbeiter. Aufgrund von Tarifverträgen und Betriebsvereinbarungen ist dies nur begrenzt realisierbar.
  - **Kurzarbeit:** Vorübergehende Verkürzung der betrieblichen Arbeitszeit, um betriebsbedingte Kündigungen zu vermeiden. Das Unternehmen kann dadurch sowohl seinen Personalbestand erhalten als auch Personalkosten senken. Der Einkommensausfall der Mitarbeiter wird durch Entgeltersatzleistungen der *Bundesagentur für Arbeit* teilweise ausgeglichen. In der Corona-Krise 2020/21 waren in Deutschland bis zu 6 Mio. Beschäftigte in Kurzarbeit.
  - **Arbeitszeitflexibilisierung:** Die Umwandlung von Voll- in Teilzeitarbeitsverhältnisse oder Job Sharing erfordern die Teilbarkeit von Stellen und Aufgaben. Voraussetzung ist meist die Zustimmung der Mitarbeiter.
  - **Abbau von Überstunden:** Abbau angesammelter Mehrarbeitszeit, welche die tarif- oder arbeitsvertraglich vereinbarte Arbeitszeit übersteigt. Auch die Streichung von Überstundenzuschlägen trägt zum Abbau der Personalkosten bei, ist jedoch für Mitarbeiter mit finanziellen Einbußen verbunden.
  - **Urlaubsplanung:** Ausgleich kurzfristiger Personalüberdeckungen etwa aufgrund saisonaler Beschäftigungsschwankungen. Denkbar sind eine Verlagerung der Betriebsferien, Gewährung von unbezahltem Urlaub oder Verlagerung von Urlaubsansprüchen in beschäftigungsschwache Zeiten. Diese Maßnahme hängt stark von der Bereitschaft der Mitarbeiter ab.

Möglichkeiten der **externen Personalfreisetzung** mit Personalabbau sind:

- **Ohne Kündigung** („weicher" Personalabbau):
  - **Einstellungsbeschränkung:** Durch natürliche Fluktuation kann im Zeitablauf eine Reduktion des Personalbestands erreicht werden. Dabei werden die aufgrund des Ausscheidens von Mitarbeitern freiwerdenden Arbeitsplätze nicht oder nur teilweise neu besetzt.
  - **Nichtverlängerung befristeter Arbeitsverträge:** Ein befristeter Arbeitsvertrag endet automatisch nach einer festgelegten Zeitspanne oder nach Erreichung eines bestimmten Zwecks, ohne dass er gekündigt werden muss. Der Abschluss befristeter Arbeitsverträge bietet dem Unternehmen hohe Flexibilität.
  - **Aufhebungsverträge:** Beendigung eines Arbeitsvertrags in beiderseitigem Einverständnis von Mitarbeiter und Arbeitgeber gegen Zahlung einer Abfindung.
  - **Altersteilzeit/Frühpensionierung:** Reduktion der Arbeitszeit bzw. Verrentung älterer Mitarbeiter. Dadurch verjüngt sich die Altersstruktur der Belegschaft, aber es geht auch wertvolles Know-how verloren.
- **Mit Kündigung** („harter" Personalabbau): Führen die weichen Abbaumaßnahmen nicht zu einer ausreichenden Senkung des Personalbestands, dann sind Kündigungen meist unausweichlich. Es handelt sich hierbei um eine einseitige, empfangsbedürftige und rechtsgestaltende Willenserklärung, durch welche ein Arbeitsverhältnis aufgelöst wird. Es gibt ordentliche und außerordentliche Kündigungen:
  - **Ordentliche Kündigung:** Entlassung unter Beachtung gesetzlicher, tarifvertraglicher und betrieblicher Kündigungsfristen. Sie kann folgende Gründe haben:
    - ***Personenbedingt:*** Kündigungsgrund ist die mangelnde Leistungsfähigkeit des Mitarbeiters. Sie erfolgt meist aus Krankheitsgründen.
    - ***Verhaltensbedingt:*** Kündigungsgrund ist das Verhalten des Mitarbeiters, das eine Weiterbeschäftigung ausschließt. Pflichtverletzungen können fehlerhafte Leistungen, Diebstahl oder Störungen des Betriebsablaufs sein.
    - ***Betriebsbedingt:*** Kündigungsgrund ist eine Änderung der Personalbedarfsstruktur. Eine Kündigung ist nur dann gerechtfertigt, wenn sie aufgrund von Rationalisierung, Umsatzrückgängen oder Betriebsstilllegungen unvermeidbar ist. Bei einer betriebsbedingten Kündigung mehrerer Mitarbeiter muss der Arbeitgeber bei der Auswahl der zu kündigenden Arbeitnehmer soziale Aspekte berücksichtigen (Sozialauswahl). Hierzu zählen etwa das Lebensalter, der Familienstand, die Dauer der Betriebszugehörigkeit oder Unterhaltspflichten.

- **Außerordentliche Kündigung:** Die Entlassung erfolgt fristlos oder mit einer Auslauffrist. Dies ist allerdings nur dann zulässig, wenn eine Fortführung des Arbeitsverhältnisses für den Arbeitgeber aus schwerwiegenden Gründen unzumutbar ist. Gründe für eine außerordentliche Kündigung können dauernde Arbeitsunfähigkeit, Betrug oder Diebstahl von Betriebseigentum sein.

Vor einer Kündigung ist in Deutschland der Betriebsrat anzuhören und es bedarf einer umfangreichen Begründung. Bei außerordentlichen Kündigungen besitzt der Betriebsrat lediglich ein Anhörungsrecht. Bei der ordentlichen Kündigung kann er Widerspruch einlegen, wodurch der Arbeitnehmer bis zur rechtskräftigen Entscheidung einen Weiterbeschäftigungsanspruch hat (vgl. *Jung*, 2017, S. 90).

Die sozialen Folgen einer Kündigung lassen sich für die Mitarbeiter durch ein sog. **Outplacement** mildern. Das Unternehmen unterstützt sie dadurch bei der Suche nach einem neuen Arbeitsplatz. Dies soll die Trennungskosten für Arbeitnehmer und Arbeitgeber reduzieren, die verbleibenden Mitarbeiter und das Unternehmensimage positiv beeinflussen sowie den Abschluss von Aufhebungsverträgen fördern. Outplacement-Maßnahmen sind etwa Bewerbertraining, psychologische Betreuung oder bezahlte Freistellung für Bewerbungsgespräche.

6.2.6 Personaleinsatzplanung

Bei der **Personaleinsatzplanung** werden die Mitarbeiter anforderungs- und eignungsgerecht den Arbeitsstellen des Unternehmens zugewiesen, um die Betriebsbereitschaft zu gewährleisten.

Die Personaleinsatzplanung macht deutlich, ob ein Bedarf zur **Anpassung des Personals an die Arbeitsaufgabe** durch Personalbeschaffung oder -entwicklung besteht. Die Arbeitsbedingungen sollen sowohl ökonomischen als auch sozialen Anforderungen genügen und für eine **Anpassung der Arbeit an den Menschen** sorgen (vgl. *Bühner*, 2005, S. 148 f.). Um einen optimalen betrieblichen Ablauf zu gewährleisten, sind die Stellenanforderungen mit den Fähigkeiten, Bedürfnissen und Entwicklungspotenzialen der Mitarbeiter in Einklang zu bringen. Aus der Fülle der Personaleinsatzmöglichkeiten sind für jeden Mitarbeiter individuelle, maßgeschneiderte Lösungen zu entwickeln.

Die Personaleinsatzplanung erfolgt quantitativ, qualitativ, zeitlich und örtlich. Dabei sind folgende **Fragen** zu beantworten (vgl. *Jung*, 2017, S. 186):

- Wie viele Mitarbeiter braucht das Unternehmen?
- Welche Qualifikationen sind für die zukünftig anfallenden Tätigkeiten erforderlich?
- Ab wann und für welchen Zeitraum sollen Mitarbeiter eingesetzt werden?
- Wo sollen die Mitarbeiter eingesetzt werden?

Im Rahmen der **Personaleinsatzplanung** sind somit Arbeitsaufnahme, -inhalt, -ort und -zeit festzulegen (vgl. *Scholz*, 2013, S. 687 ff.):

- **Arbeitsaufnahme:** Zu Beginn des Personaleinsatzes ist eine Einführung und Einarbeitung des Mitarbeiters erforderlich. Die Einarbeitung kann durch systematische Einarbeitungsprogramme vor Übernahme der Tätigkeit oder durch das schrittweise Einlernen während der Tätigkeit erfolgen. Der Ablauf der Einarbeitung sollte systematisch geplant werden. Der Einarbeitungsplan enthält die Reihenfolge der zu erledigenden Aufgaben, die erforderlichen Bearbeitungszeiten, Kriterien für die Beherrschung der Arbeitsaufgabe sowie zusätzlich angestrebte Qualifikationen. Unterstützend kann neuen Mitarbeitern eine erfahrene Führungskraft als Mentor zur Seite gestellt werden. Dieser leistet individuelle Hilfestellung zur langfristigen Karriereentwicklung und führt seinen Mentee in die Unternehmenskultur und informelle Netzwerke ein.
- **Arbeitsinhalt:** Ziel der inhaltlichen Arbeitsgestaltung ist die stärkere Anpassung des Arbeitsinhalts an die physischen und psychischen Bedürfnisse des Menschen. Auf diese Weise soll die Arbeit humaner und attraktiver werden. Um die Arbeitszufriedenheit zu erhöhen, sind abwechslungsreiche und interessante Tätigkeiten sowie Mitgestaltung und Verantwortung anzustreben. Durch sog. Job Crafting kann der Arbeitsinhalt auch durch Eigeninitiative des Mitarbeiters verändert werden (vgl. Kap. 6.2.3). Bei der Vergrößerung von Arbeitsinhalten können zwei Dimensionen unterschieden werden: Die horizontale Dimension beschreibt den Umfang der operativen Aufgaben und die vertikale Dimension den Umfang des Entscheidungs- und Kontrollspielraums. Abb. 6.2.9 stellt Möglichkeiten zur Vergrößerung des Arbeitsinhaltes dar (vgl. hierzu Kap. 6.2.3).
- **Arbeitsort:** Der Arbeitsplatz kann sich an folgenden Orten befinden:
  - **Innerhalb des Unternehmens:** Für die meisten Arbeitsplätze in Deutschland ist dies der Regelfall. Die Unternehmen haben den Arbeitsplatz so zu gestalten,

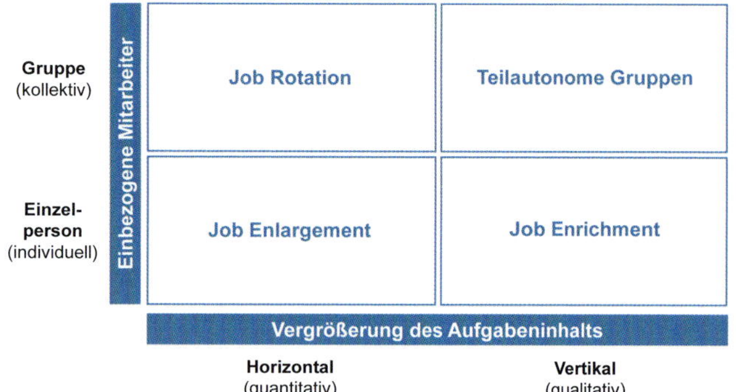

Abb. 6.2.9: Formen der Vergrößerung des Arbeitsinhalts (in Anlehnung an Jung, 2017, S. 212)

dass die Bedingungen menschengerecht sind und die Mitarbeiter ihre Tätigkeit bestmöglich ausführen können. Gegenstand der Arbeitsplatzgestaltung ist die wechselseitige Anpassung von Arbeitsplatz und Mensch. Sie sollte nach ergonomischen Kriterien erfolgen, also arbeitswissenschaftliche, -psychologische und -medizinische Anforderungen erfüllen:

- ***Anthropometrische Arbeitsplatzgestaltung:*** Die Anthropometrie ist die Lehre der durchschnittlichen menschlichen Körpermaße. Ziel ist die menschengerechte Gestaltung der Arbeitsplatzabmessungen sowie der Arbeitsmittel. Die Anpassung des Arbeitsplatzes bezieht sich auf die Arbeitsplatzhöhe, den Griffbereich und das Gesichtsfeld. Bei der Anpassung der Arbeitsmittel geht es etwa um die Gestaltung von Griffen, Pedalen, Druckknöpfen oder Schaltern.
- ***Physiologische Arbeitsplatzgestaltung:*** Die Physiologie beschäftigt sich mit der körperlichen und geistigen Beanspruchung sowie der daraus resultierenden Ermüdung des menschlichen Körpers. Die Arbeitsmethoden und -bedingungen sollen so gestaltet werden, dass die Gesundheit und Leistungsfähigkeit der Mitarbeiter auf Dauer erhalten bleibt. Dies betrifft vor allem die Verbesserung des Wirkungsgrads der menschlichen Arbeit als Quotient aus dem Arbeitsergebnis und der dadurch verursachten Beanspruchung. Hierfür sollen günstige Umgebungseinflüsse geschaffen werden. Dazu zählen insbesondere das Klima, der Geräuschpegel sowie die Beleuchtung am Arbeitsplatz.
- ***Sicherheitstechnische Arbeitsplatzgestaltung:*** Maßnahmen zur Unfallvermeidung.
- ***Psychologische Arbeitsplatzgestaltung:*** Schaffung einer angenehmen Arbeitsatmosphäre etwa durch farbliche Gestaltung des Arbeitsraums, Bilder oder Pflanzen.
- ***Informationstechnische Arbeitsplatzgestaltung:*** Festlegung, welche Informationen wie übertragen werden sollen, damit sie von den Mitarbeitern wahrgenommen werden. Dies betrifft die Auswahl und Stärke der Signale, deren zeitliche Abfolge und räumliche Anordnung, wie z. B. Hinweistafeln, Lautsprecherdurchsagen oder Warnsignale.

– **Außerhalb des Unternehmens:** Der Arbeitsplatz liegt nicht in den Räumlichkeiten des Unternehmens.

- ***Heimarbeitsplatz:*** Heimarbeiter sind arbeitnehmerähnliche Personen, die ihre Arbeit in der eigenen Wohnung erbringen. Wenn sie hauptsächlich für ein Unternehmen arbeiten, gelten sie unter bestimmten Umständen als Mitarbeiter.
- ***Telearbeitsplatz:*** Oberbegriff für dezentrale, durch digitale Informationssysteme (vgl. Kap. 7.3.1) unterstützte Arbeitsplätze. Die Telearbeit kann an einem Heimarbeitsplatz (Tele-Heimarbeit), in einem ausgelagerten Telearbeitsbüro (Telecenter) oder an wechselnden Orten (mobile Telearbeit) stattfinden.

- **Arbeitszeit** bezeichnet den Zeitraum, in dem ein Arbeitnehmer seine Arbeitskraft dem Unternehmen zur Verfügung stellt. Die tägliche Arbeitszeit umfasst die Zeitspanne vom Beginn bis zum Ende der Arbeitstätigkeit abzüglich Ruhepausen. Flexible Arbeitszeiten werden für viele Unternehmen immer wichtiger. Bei der Gestaltung der Arbeitszeit ist festzulegen, wie viel (chronometrisch) und wann (chronologisch) gearbeitet werden soll. Zum einen geht es also um die Dauer, zum anderen um die Lage der Arbeitszeit (Zeitfolge). Bei kombinierten Arbeitszeitmodellen vermischen sich diese beiden Aspekte. Einen Überblick gibt Abb. 6.2.10.

– **Bestimmung des Arbeitszeitvolumens (Chronometrische Arbeitszeitmodelle)**

- ***Normale Regelarbeitszeit:*** Tarif- bzw. arbeitsvertraglich vereinbarte Arbeitszeit.
- ***Teilzeitarbeit:*** Im Vergleich zu einem vollzeitbeschäftigten Arbeitnehmer fest vereinbarte Verkürzung der Regelarbeitszeit. Teilzeitarbeit kann halbtags, stunden-, tages- oder wochenweise, kontinuierlich sowie in Intervallen erfolgen.
- ***Altersteilzeit:*** Sonderform der Teilzeitarbeit, bei der ältere Mitarbeiter während eines bestimmten Zeitraums vor Eintritt in den Ruhestand nur noch

verkürzt arbeiten. Dies soll einen gleitenden Übergang in den Ruhestand ermöglichen und wird der sinkenden Belastbarkeit älterer Mitarbeiter insbesondere bei körperlicher Beanspruchung gerecht.

- ***Vorruhestand:*** Vorgezogener Eintritt in den Ruhestand durch Verkürzung der Lebensarbeitszeit des Mitarbeiters.
- ***Mehrarbeit:*** Über die Regelarbeitszeit hinausgehende Zeitspanne („Überstunden"), für die in der Regel ein Zuschlag gewährt wird.
- ***Kurzarbeit:*** Wirtschaftlich begründete, vorübergehende Herabsetzung der betriebsüblichen regelmäßigen Arbeitszeit zur Erzielung von Personalkosteneinsparungen.
- ***Sabbatical:*** Unterbrechung der Berufstätigkeit eines Mitarbeiters für eine gewisse Zeit, etwa für eine Weiterbildung oder Urlaubsreise.
- ***Elternzeit:*** Mitarbeiter haben nach der Geburt eines Kindes einen Rechtsanspruch auf eine unbezahlte Freistellung von bis zu drei Jahren. Einen Teil der Einkommensverluste gleicht der Bund durch Zahlung eines zeitlich befristeten Elterngelds aus.
- ***Brückenteilzeit***: Arbeitnehmer können seit 2019 nach dem *Gesetz zur Weiterentwicklung des Teilzeitrechts* zeitlich befristet in Teilzeit arbeiten und haben danach ein Rückkehrrecht zur vorherigen Arbeitszeit.

– **Bestimmung der Arbeitszeitverteilung (Chronologische Arbeitszeitmodelle)**

- ***Feste Arbeitszeit:*** Die Tagesarbeitszeit ist zu festgelegten Anfangs- und Endzeiten zu erbringen, also beispielsweise von 8:00 bis 16:00 Uhr.
- ***Gleitende Arbeitszeit (Gleitzeit):*** Der Arbeitnehmer kann den Beginn und bei der Gewährung eines Zeitausgleichs auch die Dauer seiner täglichen Arbeitszeit um eine Kernzeit herum selbst bestimmen. Die Kernzeit ist ein festgelegter Zeitrahmen, etwa von 10:00 bis 15:00 Uhr, innerhalb dessen alle Mitarbeiter anwesend sein sollen.
- ***Versetzte/gestaffelte Arbeitszeit:*** Im Unterschied zur gleitenden Arbeitszeit werden Arbeitsbeginn und -ende nicht täglich individuell gewählt, sondern für einen bestimmten Zeitraum von einer Arbeitsgruppe in gegenseitigem Einverständnis festgelegt.
- ***Variable Arbeitszeit:*** Die Mitarbeiter können selbst entscheiden, wann sie ihre Arbeitszeit erbringen, d. h. es handelt sich um eine gleitende Arbeitszeit ohne festgelegten Zeitrahmen. Dieses Modell eignet sich etwa für Telearbeitsplätze.
- ***Schichtarbeit:*** Die Arbeitszeit wird gegenüber der normalen Tagesarbeitszeit versetzt, um die Betriebsdauer des Unternehmens oder einzelner Bereiche zu erhöhen. Das Zwei-Schicht-System besteht meist aus einer Früh- und Spätschicht, das Drei-Schicht-System aus Früh-, Spät- und Nachtschicht. Bei kontinuierlicher Schichtarbeit wird auch am Wochenende gearbeitet, ansonsten handelt es sich um diskontinuierliche Schichtarbeit.
- ***Mehrfachbesetzungssysteme:*** Spezielle Form der Schichtarbeit, bei der mehr Mitarbeiter beschäftigt werden, als Arbeitsplätze vorhanden sind. Auf diese Weise lassen sich Betriebs- und Arbeitszeiten entkoppeln. Die Arbeitszeit der Mitarbeiter wird so eingeteilt, dass an einem Arbeitsplatz jeweils ein Mitarbeiter zur Verfügung steht. Durch

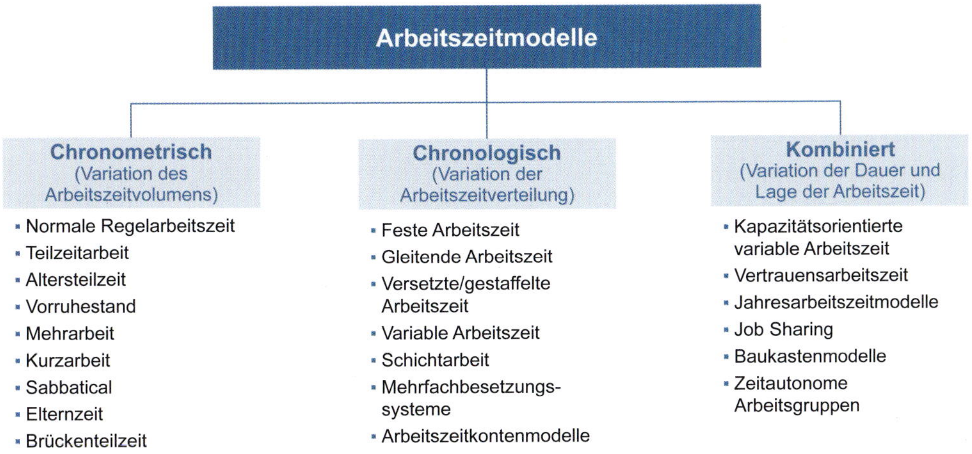

Abb. 6.2.10: Arbeitszeitmodelle im Überblick

Variation der Mitarbeiterzahl lässt sich jede gewünschte Betriebszeit mit jeder Arbeitszeitdauer kombinieren. Mit drei Arbeitnehmern pro Arbeitsplatz und einer individuellen täglichen Arbeitszeit von acht Stunden lässt sich dadurch die Betriebszeit im Dreischichtbetrieb auf 24 Stunden pro Tag ausweiten.

- ◦ ***Arbeitszeitkontenmodelle:*** Die Arbeitszeitverteilung lässt sich flexibilisieren, indem Unterschiede zwischen der vertraglichen und der geleisteten Arbeitszeit auf Arbeitszeitkonten erfasst werden. Zeitguthaben oder -defizite müssen von den Mitarbeitern meist innerhalb einer bestimmten Frist ausgeglichen werden. Bei der sog. Freie-Tage-Regelung erfolgt dies durch Gleittage bzw. Freischichten. Im Rahmen von Lebensarbeitszeitmodellen können solche Arbeitszeitguthaben langfristig angespart und dann z. B. für Sabbatical, Altersteilzeit oder Vorruhestand verwendet werden.

– **Kombinierte Arbeitszeitmodelle**

- ◦ ***Kapazitätsorientierte variable Arbeitszeit (KAPOVAZ):*** Mit dem Mitarbeiter wird das Arbeitszeitvolumen vereinbart, aber nicht, wann es konkret erbracht wird. Die Lage und Dauer der Arbeitszeit wird durch den Arbeitgeber gemäß den betrieblichen Erfordernissen und dem Arbeitsanfall angepasst. Bei dieser sog. „Arbeit auf Abruf" steht der Mitarbeiter dem Unternehmen in einem vereinbarten Zeitraum kurzfristig zur Verfügung. Er wird jedoch normalerweise nur für die tatsächlich geleistete Arbeitszeit vergütet. Obwohl der Gesetzgeber diesbezüglich gesetzliche Regelungen zum Schutz der Arbeitnehmer erlassen hat, wird diese Form der Arbeitszeitverteilung von manchen Unternehmen zur Flexibilisierung auf dem Rücken der Mitarbeiter missbraucht.
- ◦ ***Vertrauensarbeitszeit:*** Statt der physischen Präsenz des Mitarbeiters am Arbeitsplatz steht die Erfüllung vorgegebener Aufgaben und Ziele im Vordergrund. Der Mitarbeiter kann unter Einhaltung gesetzlicher und tariflicher Bestimmungen die Lage und Dauer seiner Arbeitszeit frei wählen.
- ◦ ***Jahresarbeitszeitmodelle:*** Die jährliche Dauer sowie die ungefähre Verteilung der Arbeitszeit eines Mitarbeiters werden mit dem Unternehmen in beiderseitigem Interesse vereinbart. Auf diese Weise kann etwa auf saisonale Schwankungen oder persönliche Wünsche des Mitarbeiters eingegangen werden.
- ◦ ***Job Sharing:*** Sonderform der Teilzeitarbeit, bei der sich zwei oder mehrere Mitarbeiter eine Vollzeitstelle teilen und dabei Lage und Verteilung der Arbeitszeit untereinander absprechen.
- ◦ ***Baukastenmodelle:*** Die Betriebszeit wird in Rastereinheiten oder Blöcke, wie z. B. Früh-, Spät- und Nachtschicht, aufgeteilt. Daraus können sich die Mitarbeiter unter Berücksichtigung betrieblicher Vorgaben die Lage und Dauer ihrer individuellen Arbeitszeit selbst zusammenstellen.
- ◦ ***Zeitautonome Arbeitsgruppen:*** Die Teammitglieder legen Dauer und Lage ihrer Arbeitszeit innerhalb betrieblicher Vorgaben für ihre Gruppe gemeinsam fest.

Das klassische Modell der festen Regelarbeitszeit verliert in Zeiten der Digitalisierung und des globalen Wettbewerbs immer mehr an Bedeutung. Viele Mitarbeiter können heute ihre Aufgaben mithilfe von Smartphones, Laptops und Tablets von fast jedem Ort der Welt aus erledigen und sind rund um die Uhr erreichbar. Damit ist weder der Arbeitsplatz ein klar abgegrenzter Ort, noch lassen sich Beginn und Ende der Arbeit eindeutig bestimmen. Dieses **hybride Arbeiten** ist eine der größten Veränderungen der bisherigen Arbeitswelt. Beschleunigt durch die Corona-Krise 2020/21 setzt es sich immer mehr durch. Daraus folgen sowohl Chancen als auch Risiken. Sie eröffnet den Mitarbeitern auf der einen Seite mehr Freiheit und Selbstbestimmtheit, auf der anderen Seite führen die ständige Erreichbarkeit und mangelnde Abgrenzung zwischen Arbeit und Freizeit auch zu psychischen Problemen und Überlastungen. Zum Schutz der Arbeitnehmer wird deshalb von Gewerkschaftlern und Politikern ein Recht auf Nichterreichbarkeit außerhalb bestimmter Arbeitszeitkorridore gefordert (vgl. *Jänicke*, 2010, S. 29).

Neben der Verantwortung der Unternehmen für ihre Mitarbeiter wird es zukünftig aber auch vor allem Aufgabe jedes Einzelnen sein, einen Ausgleich zwischen Arbeit und Erholungsphasen im Sinne einer **Work Life Balance** sicherzustellen, um dauerhaft leistungsfähig und gesund zu bleiben.

Maßgeschneiderte Arbeitszeiten bei TRUMPF

Der Maschinenbauer *TRUMPF GmbH & Co. KG* erzielt mit rund 14.300 Mitarbeitern einen Umsatz von über 3,5 Mrd. €. *TRUMPF* hat mit dem Gesamtbetriebsrat und der *IG Metall* als Bestandteil des sog. **Bündnisses für Arbeit 2021** ein Modell zur lebensphasenorientierten Arbeitszeit vereinbart, dessen Bestandteile in Abb. 6.2.11 dargestellt sind. *TRUMPF* geht damit auf die individuellen Bedürfnisse seiner Mitarbeiter ein, auch um am Arbeitsmarkt für Fachkräfte attraktiver zu werden. In Form eines Cafeteria-Systems (vgl. Kap. 6.2.8) stehen den Mitarbeitern eine Reihe flexibler Wahlmöglichkeiten zur Verfügung. Das Bündnis für Arbeit wird turnusgemäß nach vier bis fünf Jahren neu verhandelt und angepasst.

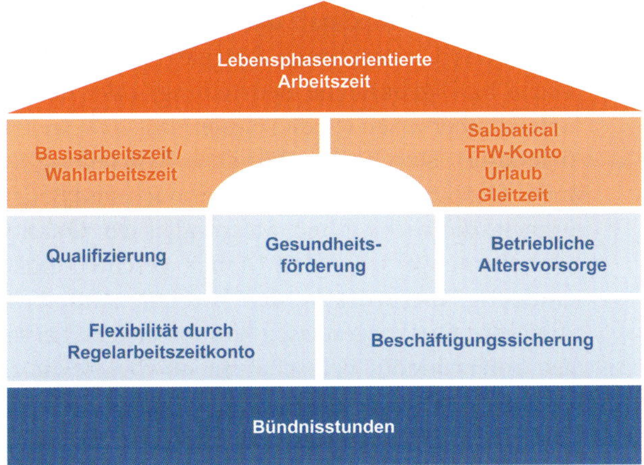

Abb. 6.2.11: Bausteine des TRUMPF-Arbeitszeitmodells

Grundsätzlich hat jeder Mitarbeiter von *TRUMPF* eine vertragliche **Basisarbeitszeit** zwischen 15 und 40 Stunden. Darüber hinaus kann er sich alle zwei Jahre für eine abweichende **Wahlarbeitszeit** mit entsprechender Entgeltanpassung entscheiden. Für mehr Flexibilität wurde über die bestehende Gleitzeit hinaus das **TRUMPF-Familien- und Weiterbildungszeitkonto (TFW)** eingerichtet, in das jeder Mitarbeiter Stunden aus der regulären Arbeitszeit oder Beträge aus dem Urlaubs- und Weihnachtsgeld einbringen und später in Freizeitblöcken entnehmen kann. Dies kann als Auszeit von bis zu sechs Monaten oder einer Arbeitszeitverkürzung erfolgen. Im Rahmen des **Sabbaticalprogramms** kann der Mitarbeiter bis zu einem Jahr für die Hälfte seines Entgelts in Vollzeit arbeiten, um anschließend oder zuvor den gleichen Zeitraum unter Bezug der anderen Entgelthälfte frei zu nehmen.

Mit Blick auf die sich abkühlende Konjunktur seit dem Jahr 2019 und insbesondere aufgrund der Auswirkungen der Corona-Krise 2020/21 wurden die Zyklen für die Festlegung der vertraglichen Basisarbeitszeit auf bis zu sechs Monate verkürzt, um in der Anpassung der Kapazitätsbedarfe „auf Sicht fahren" zu können. Auch die Antragsfristen und Mindestlaufzeiten der Sabbaticals wurden stark reduziert.

Mithilfe des **Regelarbeitszeitkontos** kann *TRUMPF* auf Schwankungen im Auftragseingang flexibel reagieren. Die Regelarbeitszeit kann innerhalb bestimmter Rahmenbedingungen erhöht oder abgesenkt werden, ohne dass sich das Einkommen der Mitarbeiter verändert. Als Bestandteil ihrer **betrieblichen Altersversorgung** können die Beschäftigen bis zu zwei Stunden wöchentlich länger arbeiten. Dieses Guthaben wird am Jahresende in eine Altersversorgung umgewandelt und mit 12,5 % vom Arbeitgeber bezuschusst sowie mit 3,1 % verzinst. Das Gleitzeitkonto wurde in ein agiles Zeitsystem eingebettet. Durch Öffnung der Bandbreite kann die Arbeitszeit einzelner Mitarbeiter oder Mitarbeitergruppen entsprechend des Arbeitsanfalls ungleich verteilt werden. Innerhalb eines Ausgleichszeitraums von zwölf Monaten muss der Kontostand in die normale Bandbreite zurückkehren. Zur beruflichen und persönlichen **Qualifizierung** hat jeder Mitarbeiter einen Weiterbildungsanspruch von 1.000 Punkten, die rechnerisch einem Gegenwert von ca. 1.000 € entsprechen, bei Bedarf auch darüber hinaus. Je nach Kategorisierung der Qualifizierungsmaßnahme erfolgt eine volle, reduzierte bzw. gar keine Anrechnung auf das Bildungsbudget.

Als Gegenleistung für eine gewährte Beschäftigungsgarantie im Rahmen des Bündnisses für Arbeit erbringt jeder Mitarbeiter mit einer Wahlarbeitszeit zwischen 35 und 40 Wochenstunden unentgeltlich 70 Arbeitsstunden zusätzlich pro Jahr. Diese **Bündnisstunden** sollen der Sicherung der Wettbewerbsfähigkeit und der Verbesserung der Standortbedingungen dienen und werden für Investitionen in die deutschen Standorte und das Gesundheits- und Bildungsprogramm verwendet. Darüber hinaus leistet *TRUMPF* eine erfolgsabhängige **Gewinnbeteiligung**, die sich am erzielten Wertbeitrag des abgelaufenen Geschäftsjahrs orientiert.

Nicola Leibinger-Kammüller, Vorsitzende der Geschäftsführung der *TRUMPF GmbH & Co. KG*, ist von den Chancen des Arbeitszeitmodells überzeugt: „Mit diesem Modell stellen wir unsere Innovationskraft unter Beweis. Und die gilt seit jeher nicht nur für unsere Produkte und unsere Verfahren, sondern auch für den Umgang mit unseren Mitarbeitern. Ich glaube, dass wir mit diesem Modell heute schon eine Antwort auf den großen Trend der kommenden Jahre haben: dass sich die Wünsche und Forderungen von Arbeitnehmern immer weiter individualisieren."

6.2.7 Personalbeurteilung

Die **Personalbeurteilung** bewertet die Leistung und das Potenzial der Mitarbeiter. Sie bildet die Grundlage eines bestmöglichen Personaleinsatzes und einer gezielten Personalentwicklung. Darüber hinaus fließen die Beurteilungsergebnisse in die Bestimmung einer leistungs- und verhaltensgerechten Kompensation ein.

Die **Personalbeurteilung** gliedert sich in zwei Bereiche (vgl. *Hentze/Kammel*, 2001, S. 279 f.):

- Bei der **Leistungsbeurteilung** handelt es sich um eine vergangenheitsorientierte Erfassung und Bewertung des Leistungsergebnisses und -verhaltens eines Mitarbeiters. Während bei der Beurteilung des Leistungsergebnisses das Ausmaß der Zielerreichung betrachtet wird, geht es bei der Beurteilung des Leistungsverhaltens um die Art und Weise der Zielerreichung. Die Leistungsbeurteilung geht in die Bestimmung einer leistungs- und verhaltensgerechten Personalkompensation ein (vgl. Kap. 6.2.8).
- Die **Potenzialbeurteilung** dient der Einschätzung der Eignung eines Mitarbeiters für die Erfüllung höherwertiger Aufgaben. Vorhandene Fähigkeiten sollen erkannt und mit den erforderlichen Anforderungen abgeglichen werden. Daraus lassen sich Personalentwicklungsmaßnahmen (vgl. Kap. 6.2.3) ableiten. Dies bildet sowohl die Grundlage für Auswahlentscheidungen, wie etwa Beförderung, Versetzung oder Entlassung, als auch zur Überprüfung bereits getroffener Auswahlentscheidungen.

Die **Verfahren der Leistungsbeurteilung** lassen sich unterscheiden nach (vgl. *Jung*, 2017, S. 753 ff.):

- **Beurteilungskriterien:** Bei quantitativen Methoden erfolgt die Beurteilung mithilfe quantifizierbarer Größen wie etwa Anzahl hergestellter Produkte oder erreichter Umsatz. Bei qualitativen Methoden wird der Mitarbeiter anhand qualitativer Kriterien eingeschätzt, wie z. B. dessen Verhalten und Zuverlässigkeit oder der Zufriedenheit seiner Kunden.
- **Differenzierung der Beurteilungskriterien:** Bei der summarischen Mitarbeiterbeurteilung wird die Leistung des Mitarbeiters als Ganzes beurteilt. In der Praxis dominiert die analytische Mitarbeiterbeurteilung. Dabei werden mehrere Leistungskriterien einzeln beurteilt und anschließend zu einer Gesamtbeurteilung zusammengefasst.
- **Beurteilungsumfang:** Die Personalbeurteilung kann sich auf einzelne (Einzelbeurteilung) oder mehrere Mitarbeiter (Team- oder Gruppenbeurteilung) beziehen.
- **Beurteilungshäufigkeit:** Beurteilungen können regelmäßig in festen Zeitabständen, wie etwa beim jährlichen Mitarbeitergespräch, oder aus bestimmtem Anlass durchgeführt werden. Dies kann das Ausscheiden eines Mitarbeiters oder der Ablauf einer Probezeit sein. Im Rahmen moderner Methoden der Zielvereinbarung, wie etwa dem Objectives and Key Results (vgl. Kap. 7.2.3), wird die Beurteilung in kurzen Abständen vorgenommen.
- **Beurteiler:** Die Personalbeurteilung kann durch Vorgesetzte, Kollegen, Untergebene oder den Mitarbeiter selbst erfolgen:
  - **Untergebenenbeurteilung:** Bei der Mitarbeiterbeurteilung durch den Vorgesetzten können Verfahren, Kriterien und Maßstab der Beurteilung entweder durch das Unternehmen festgelegt sein (systematische bzw. gebundene Beurteilung) oder dem Beurteiler überlassen werden (systemlose bzw. freie Beurteilung). Durch die gebundene Beurteilung wird mehr Objektivität angestrebt. Dennoch sind Beurteilungen, die nicht durch Messungen der Quantität (Arbeitsmenge) oder Zeit (Arbeitsgeschwindigkeit) eindeutig überprüft werden können, immer recht subjektiv. Die Vorgesetzten können gleiche Leistungen unterschiedlich einschätzen, obwohl sie die gleiche Skala wie etwa ein Schulnotensystem benutzen. Gebundene Beurteilungen weisen daher lediglich eine Scheinobjektivität auf. Zu den gebundenen **Beurteilungsverfahren** zählen:
    - ***Einstufungsverfahren:*** Qualitative Beurteilung verschiedener Merkmale mithilfe einer mehrstufigen Skala. Die Skalen können aus Zahlen (z. B. 1 bis 10), Adjektiven (z. B. gut, mittel oder schlecht) oder Verhaltensbeschreibungen (z. B. „arbeitet fleißig und konzentriert" bis „ist faul und unkonzentriert") bestehen.
    - ***Rangordnungsverfahren:*** Mitarbeiter werden gemäß einzelnen Beurteilungskriterien bzw. nach ihrer Gesamtleistung in eine Rangfolge gebracht.
    - ***Polaritätsprofile:*** Paarweise Gegenüberstellung mehrerer gegensätzlicher Attribute wie etwa „fleißig" und „faul". Der Vorgesetzte ordnet den Mitarbeiter bei jedem Attribut durch Ankreuzen auf einer Skala ein. Die Verbindung der untereinanderstehenden Merkmale durch eine Linie ergibt das Eigenschaftsprofil des Mitarbeiters, das mit einem idealen Eigenschaftsprofil verglichen wird.
    - ***Vorgabevergleichsverfahren:*** Prozentuale Beurteilung einer quantitativ messbaren Leistung im

Verhältnis zur vorgegebenen Leistung. Ein Zielerreichungsgrad über 100 % bedeutet eine Übererfüllung, Werte darunter eine Untererfüllung.

  - *Methode der kritischen Ereignisse:* Erfolgreiche und nicht erfolgreiche Verhaltensweisen und Merkmale des Mitarbeiters werden vom Vorgesetzten in regelmäßigen Zeitabständen schriftlich erfasst. Nach einem bestimmten Zeitraum werden die aufgezeichneten Ereignisse mit dem Mitarbeiter durchgesprochen. Auf dieser Basis wird gemeinsam nach Maßnahmen zur Leistungsverbesserung und Personalentwicklung gesucht. Im Gegensatz zur freien Beurteilung sind die Merkmale nicht frei wählbar, sondern einem Kriterienkatalog zu entnehmen.

- **Selbstbeurteilung:** Die eigene Einschätzung der Leistung stimmt häufig nicht mit der Beurteilung durch Vorgesetzte oder Untergebene überein. Dennoch ist eine Selbstbeurteilung hilfreich, um Abweichungen und Übereinstimmungen zwischen Fremd- und Selbstbild zu analysieren und darauf aufbauend entsprechende Maßnahmen einzuleiten.
- **Vorgesetztenbeurteilung:** Bei der Personalbeurteilung durch Untergebene beurteilen die Mitarbeiter ihre direkten Vorgesetzten bezüglich ihres Führungsverhaltens und/oder ihrer Kenntnisse und Fähigkeiten.
- **Gleichgestelltenbeurteilung:** Hierarchisch gleichrangige Mitarbeiter beurteilen sich gegenseitig, da sie durch gemeinsame Tätigkeiten einen guten Einblick in die Leistungen und das Leistungsverhalten ihrer Kollegen haben. Dies dient vor allem der Beeinflussung des Sozialverhaltens.

Eine Weiterentwicklung von Vorgesetzten- und Gleichgestelltenbeurteilung ist das **360°-Feedback**. Dabei werden Führungskräfte unternehmensintern durch Kollegen, Vorgesetzte und unterstellte Mitarbeiter sowie unternehmensextern durch Kooperationspartner, wie etwa Kunden oder Lieferanten, beurteilt. Diese vier Gruppen decken jeweils eine 90°-Perspektive ab, wodurch sich ein 360°-Feedback-Kreis und dadurch ein differenziertes Leistungsbild ergeben. Die Verlässlichkeit der Beurteilung kann durch den Einbezug unterschiedlicher Rückmeldungen höher sein als bei anderen Verfahren, allerdings gewährleistet die Summe subjektiver Eindrücke noch keine objektive Beurteilung (vgl. *Scholz/Scholz*, 2019, S. 301).

Zum Abschluss der Personalbeurteilung ist durch den Vorgesetzten ein **Beurteilungsgespräch** mit dem Mitarbeiter zu führen, in dem ihm die Ergebnisse seiner Leistungsbewertung unter vier Augen dargelegt und erörtert werden. Es soll dem Mitarbeiter seine Schwachstellen aufzeigen und ihn dazu motivieren, seine Leistung zu verbessern. Das Beurteilungsgespräch dient auch der Kontrolle des Beurteilungsverfahrens durch den Mitarbeiter. Nach dem Betriebsverfassungsgesetz hat der Mitarbeiter das Recht auf eine Begründung der Beurteilungsergebnisse durch den Vorgesetzten. Hierzu kann er auch ein Mitglied des Betriebsrats hinzuziehen. Deshalb sollte dem Mitarbeiter eine Möglichkeit zur Stellungnahme gegeben werden. Die Beurteilung wird meist schriftlich festgehalten und von beiden Parteien unterzeichnet (vgl. *Scholz*, 2013, 857 f.).

Empfehlungen für ein zweckmäßiges Beurteilungsgespräch sind (vgl. *Domsch/Gerpott*, 2004, S. 1438):

- Beurteiler und Beurteilter sollten gut vorbereitet sein.
- Das Gespräch sollte unterbrechungsfrei und ohne Zeitdruck stattfinden.
- Das Gespräch sollte offen und im Dialog geführt werden.
- Gegenstand sollte grundsätzlich die Leistung und nicht die Person des Beurteilten sein.
- Kritik sollte kurz, konkret und konstruktiv sein.
- Im Gespräch sollten klare Aussagen über Leistungen, Entwicklungsperspektiven und die Entgelthöhe des Beurteilten getroffen werden.
- Das Gespräch sollte mindestens einmal jährlich und bei Bedarf öfter geführt werden.

6.2.8 Personalkompensation

Die **Personalkompensation** umfasst sämtliche materiellen und immateriellen Gegenleistungen für die erbrachte Arbeitsleistung der Mitarbeiter, die auch als Leistungsanreize dienen sollen.

Ein wesentlicher Bestandteil der Kompensation der Arbeitsleistung des Mitarbeiters durch das Unternehmen ist die **Personalvergütung** in Form **monetärer Zahlungen**. Sie bestehen aus den arbeitsvertraglich vereinbarten Vergütungen, betrieblichen Sozialleistungen sowie Erfolgs- und Kapitalbeteiligungen. Darüber hinaus können den Mitarbeitern noch weitere Anreize geboten werden, um ihre Leistungsbereitschaft und Zufriedenheit zu steigern. Auf die Ermittlung des Entgelts, die Formen der Vergütung sowie die Gestaltung von Anreizsystemen wird im Folgenden eingegangen (vgl. *Jung*, 2017, S. 562 ff.).

Entgeltgerechtigkeit

Entgeltunterschiede in der Belegschaft sollten von den Mitarbeitern als fair und angemessen wahrgenommen werden. Die Entgeltgerechtigkeit beeinflusst Arbeitszufriedenheit, Leistungsverhalten und Fluktuation der Mitarbeiter sowie deren Verpflichtung gegenüber dem Unternehmen (Commitment). Ein Beispiel ist die Diskussion um geschlechtsspezifische Verdienstunterschiede (Gender Pay Gap). Nach dem *Entgelttransparenzgesetz* gilt das Gebot des gleichen Entgelts für Frauen und Männer bei gleicher oder gleichwertiger Arbeit (vgl. *Huf*, 2020b, S. 69 f.).

Um der Forderung nach **Entgeltgerechtigkeit** nachzukommen, sollte sich die Vergütung an folgenden **Kriterien** orientieren (vgl. *Domsch*, 2005, S. 411 ff.; *Huf*, 2020b, S. 72):

- Schwierigkeit der Arbeit und des Arbeitsaufwands **(anforderungsgerecht)**
- Arbeitsergebnis und Leistung des Arbeitnehmers **(leistungsgerecht)**
- Soziale Aspekte, wie etwa Familienstand, Betriebszugehörigkeit oder Alter **(sozialstatusgerecht)**
- Erforderliche Qualifikation des Mitarbeiters **(qualifikationsgerecht)**
- Verhalten des Mitarbeiters, wie etwa dessen Engagement **(verhaltensgerecht)**
- Angebot und Nachfrage auf dem Arbeitsmarkt **(marktgerecht)**
- Wirtschaftlicher Erfolg des Unternehmens **(erfolgsgerecht)**

Die Angemessenheit der **Gehälter von Spitzenführungskräften** steht in Deutschland seit langem in der Kritik. Vorstandsbezüge setzen sich üblicherweise aus einem fixen Gehalt sowie variablen und aktienbasierten Anteilen zusammen. Nach einer Untersuchung der *Deutschen Schutzvereinigung für Wertpapierbesitz (DSW)* und dem Lehrstuhl Controlling der *TU München* verdienten die Vorstände in DAX-Unternehmen 2020 durchschnittlich 3,4 Mio. €. Dies war das 48-Fache des Durchschnittsgehalts ihrer Angestellten. Bei *Volkswagen* lag diese sog. „Manager to Worker Pay Ratio" bei 75 und bei *Delivery Hero* sogar bei 121. Der Bestverdiener unter den Vorstandsvorsitzenden im DAX war 2020 *Stephan Angel* von *Linde* mit einer Gesamtvergütung von 14 Mio. € gefolgt von *SAP*-Vorstand *Christian Klein* mit 8,4 Mio. €. International werden allerdings noch weitaus höhere Summen bezahlt. So erhielt *Mike Pykosz*, CEO von *Oak Street Health*, eine Gesamtvergütung von 568 Mio. US$. Übertroffen wurde dieser nur noch durch den *Tesla*-CEO *Elon Musk*, der 2020 ein Gehalt in Form von Aktienoptionen im Wert von 6,7 Mrd. US$ erhielt (vgl. *DSW*, 2021; www.dsw-info.de; www.bloomberg.com).

Die Relation zwischen solchen Vergütungen und beispielsweise dem Lohn eines Straßenarbeiters lässt sich nicht ausschließlich auf Unterschiede in der Qualifikation, Arbeitsleistung oder Arbeitsschwierigkeit zurückführen. Der Straßenarbeiter gefährdet täglich seine Gesundheit durch den Umgang mit krebserregenden Stoffen und physischen Belastungen, wie etwa durch einen Presslufthammer. Ein Vorstand ist solchen gesundheitsgefährdenden Arbeitsbedingungen nicht ausgesetzt. Der Unterschied ihrer Vergütung erklärt sich, neben der Angebots- und Nachfragesituation auf dem Arbeitsmarkt für Straßenarbeiter bzw. Vorstände, vor allem durch ihre Verantwortung und ihr Schadensverursachungspotenzial. Ein Fehler des Straßenarbeiters verursacht dem Unternehmen eventuell einen Schaden von einigen Tausend Euro. Fehlentscheidungen eines Vorstands können dagegen Milliardenverluste zur Folge haben und die Existenz des Unternehmens gefährden. So ging etwa im Herbst 2015 der Kurs der *VW*-Vorzugsaktie um über 40 % zurück, nachdem die Manipulation von Abgasmesswerten bei weltweit rund 11 Mio. Dieselfahrzeugen bekannt wurde. Der Börsenwert des *VW*-Konzerns rutschte um 27 Mrd. € und damit mehr als ein Drittel ab. Die Summe der von *VW* in den Jahren danach geleisteten Strafzahlungen und Schadensersatzforderungen wird schätzungsweise 30 Mrd. € übersteigen. *Martin Winterkorn*, zum Zeitpunkt der Aufdeckung des Skandals mit 15 Mio. € Jahresgehalt der bestbezahlte Manager Deutschlands, musste als Vorstandsvorsitzender zurücktreten (vgl. Kap. 6.3.2).

Eine weitere mögliche Begründung der enormen Einkommensunterschiede ist der sog. **„Boss-Effekt"** (vgl. *Lazear et al.*, 2012). Danach beeinflusst die Leistung eines Vorgesetzten nicht nur seine eigenen Arbeitsergebnisse, sondern die seines gesamten Teams. Aus diesem Grund wird es als angemessen erachtet, wenn ein Vorgesetzter zwischen 50 und 100 % mehr verdient als seine direkten Untergebenen. Über mehrere Hierarchiestufen hinweg vervielfacht sich dieser Effekt (vgl. *Gminder*, 2005, S. 37). Hinzu kommt, dass digitale Technologien die Reichweite und den Verantwortungsbereich von Führungskräften wesentlich vergrößert haben (vgl. Kap. 7.3). So lassen sich heute etwa Fertigungsprozesse weltweit direkt steuern und überwachen, wodurch der Wert kompetenter Entscheidungsträger zunimmt (vgl. *Brynjolfsson/McAfee*, 2014, S. 184 f.). Insgesamt lassen sich die Gehälter von Spitzenführungskräften somit bis zu einem gewissen Maß erklären. Eine absolute Entgeltgerechtigkeit kann es aber nicht geben. Es lässt sich lediglich eine bezüglich bestimmter Kriterien **relative Entgeltgerechtigkeit** erreichen. Im Folgenden werden die Kriterien einer anforderungs- und leistungsgerechten Vergütung erläutert.

Anforderungsgerechte Vergütung

Für eine **anforderungsgerechte Vergütung** werden mithilfe einer Arbeitsbewertung die Unterschiede in der Arbeitsschwierigkeit gemessen. Diese resultieren aus unterschiedlichen Anforderungen an einzelne Arbeitsplätze oder Arbeitsvorgänge.

Die **Arbeitsbewertung** vollzieht sich in vier Schritten (vgl. *Bühner*, 2005, S. 143 ff.):

(1) Beschreibung der Arbeit oder des Arbeitsplatzes,

(2) Analyse und Bewertung der Anforderungen,

(3) Ermittlung des Gesamtarbeitswerts und

(4) Zuordnung der Löhne und Gehälter zu den Gesamtarbeitswerten.

Zur Bestimmung der Arbeitsschwierigkeit und den daraus resultierenden Anforderungen dienen folgende **Arbeitsbewertungsverfahren** (vgl. *Jung*, 2017, S. 565 ff.):

- **Summarisch:** Die einzelnen Anforderungen werden gleichzeitig erfasst und die Arbeit als Ganzes bewertet.
- **Analytisch:** Die Arbeit wird in einzelne Anforderungsarten oder -merkmale unterteilt. Diese werden einzeln bewertet und dann zu einem Arbeitswert zusammengefasst.

Beide Bewertungsverfahren können folgende **Bewertungsprinzipien** anwenden (vgl. *Becker*, 2002, S. 26 f.):

- **Reihung:** Wechselseitiger Vergleich, bei dem die Arbeitsplätze nach ihrem Schwierigkeitsgrad sortiert und dadurch in eine Rangfolge gebracht werden.
- **Stufung:** Vergleich mit vorher festgelegten Anforderungsstufen, bei dem die Arbeitsplätze einzelnen Schwierigkeitsklassen zugeordnet werden.

Eine **leistungsgerechte Vergütung** erfolgt entsprechend der in einem bestimmten Zeitraum tatsächlich erbrachten quantitativen und/oder qualitativen Leistung eines Mitarbeiters. Schwer quantifizierbare Leistungen können durch Leistungsbeurteilungen bewertet werden (vgl. Kap. 6.2.7).

Zur Bestimmung des Arbeitsentgelts gemäß der Arbeitsleistung stehen bei Tätigkeiten mit gleicher Arbeitsschwierigkeit folgende Vergütungsgrundsätze bzw. **Entgeltformen** zur Auswahl (vgl. *Berthel/Becker*, 2017, S. 615 ff.; *Jung*, 2017, S. 584 ff.):

- **Zeitlohn:** Die Vergütung erfolgt unabhängig von der erbrachten Leistung nach dem Umfang der Arbeitszeit. Für eine Zeiteinheit (Stunde, Tag, Woche, Monat) wird ein fester Lohnsatz bezahlt. Die Vergütung des Mitarbeiters berechnet sich wie folgt:

$$\text{Zeitlohn} = \begin{matrix}\text{Lohnsatz}\\ \text{pro Zeiteinheit}\end{matrix} \cdot \begin{matrix}\text{Anzahl der}\\ \text{Zeiteinheiten}\end{matrix}$$

Der Zeitlohn ist dann sinnvoll, wenn sich die Leistung nicht oder nur schwer quantifizieren lässt. Das Gehalt als Vergütung für Angestellte sowie die Besoldung für Beamte sind Zeitlöhne. Da der Lohn pro Zeiteinheit konstant ist, bleibt aus Sicht des Mitarbeiters die Höhe seines Lohns von der Leistungsmenge unabhängig. Dennoch enthält der Zeitlohn einen mittelbaren Leistungsbezug, da vom Mitarbeiter erwartet wird, dass er die vertraglich vereinbarte und durchschnittlich zu erwartende Leistung (Normalleistung) während seiner Arbeitszeit erbringt. Aus Sicht des Unternehmens sinken die Lohnkosten pro Stück mit zunehmender Leistungsmenge. Über die vertraglich vereinbarte Arbeitszeit hinausgehende Mehrarbeit wird meist separat und mit Zuschlägen vergütet. Um zusätzliche Leistungsanreize zu schaffen, wird der Zeitlohn oft um eine Leistungszulage ergänzt. Sie wird auf Basis einer Leistungsbeurteilung ermittelt. Beispiele sind Prämien für die Erreichung individueller Ziele oder am Unternehmensergebnis ausgerichtete Erfolgsbeteiligungen.

- **Akkordlohn:** Die Vergütung orientiert sich an der erbrachten quantitativen Leistung, die in Mengeneinheiten, wie etwa der Stückzahl, gemessen wird. Es werden zwei **Formen** des Akkordlohns unterschieden:
  - **Geldakkord (Stückakkord):** Die erbrachte Arbeitsleistung wird mit einem Stücklohn als fester Betrag pro Leistungsmenge (Akkordsatz) bewertet.

$$\text{Geldakkord} = \begin{matrix}\text{Leistungs-}\\ \text{menge}\end{matrix} \cdot \begin{matrix}\text{Akkordsatz je}\\ \text{Mengeneinheit}\end{matrix}$$

  - **Zeitakkord:** Für die Herstellung einer Leistungseinheit wird eine bestimmte Zeit in Minuten vorgegeben, die dem Mitarbeiter mit einem festen Betrag pro Minute (Minutenfaktor) vergütet wird.

$$\text{Zeitakkord} = \begin{matrix}\text{Leistungs-}\\ \text{menge}\end{matrix} \cdot \begin{matrix}\text{Vorgabezeit je}\\ \text{Mengeneinheit}\end{matrix} \cdot \begin{matrix}\text{Minuten-}\\ \text{faktor}\end{matrix}$$

Im Gegensatz zum Geldakkord ist beim Zeitakkord die Zeitvorgabe unmittelbar erkennbar und bei Tariferhöhungen muss lediglich der Minutenfaktor korrigiert und nicht der gesamte Akkordsatz neu berechnet werden. Beim Akkordlohn variiert aus Sicht des Mitarbeiters der Lohn pro Zeiteinheit mit der Leistungsmenge, während aus Sicht des Unternehmens die Lohnkosten pro Leistungseinheit konstant bleiben.

- **Prämienlohn:** Die Vergütung setzt sich aus einem leistungsunabhängigen Grundlohn und einer leistungsabhängigen Prämie zusammen. Die Prämie wird meist auf Basis quantifizierbarer Größen in jeder Periode neu berechnet. Abhängig von der Bezugsgröße werden Mengenleistungs-, Qualitäts-, Ersparnis- oder Nutzungsgradprämien gewährt. Die Mehrleistung wird einem Mitarbeiter nicht wie beim Akkordlohn stets voll vergütet, sondern teilweise zwischen Unternehmen und Arbeitnehmer aufgeteilt. Im Vergleich zum Akkordlohn ist der Prämienlohn flexibler, da nicht nur die Mengenleistung, sondern auch andere Leistungsfaktoren einbezogen werden können. Der Prämienlohn wird häufig verwendet, wenn die Ermittlung von Akkordvorgaben nicht möglich oder unwirtschaftlich ist.

  Prämienlohn = Grundlohn + Prämie

Aufgrund der direkten Beziehung zwischen der Höhe des Entgeltes und der Leistung werden Akkord- und Prämienlohn unter dem Begriff **Leistungslohn** zusammengefasst. Im Gegensatz zum Zeitlohn mit Leistungszulage ist dabei die Leistung meist quantitativ messbar (vgl. *Jung*, 2017, S. 585).

Die Höhe des Entgelts bestimmt die **Personalbasiskosten**. Sie stehen in unmittelbarem Zusammenhang mit der Leistungserstellung der Mitarbeiter. Darüber hinaus gewähren Unternehmen ihren Mitarbeitern betriebliche Sozialleistungen. Diese führen zu Personalzusatz- oder Personalnebenkosten, die nicht in direktem Zusammenhang mit der eigentlichen Arbeitsleistung stehen.

Die **Personalzusatzkosten** setzen sich wie folgt zusammen:

- **Gesetzliche Sozialleistungen:** Arbeitgeberanteil zur Sozialversicherung (Arbeitslosen-, Kranken-, Renten- und Pflegeversicherung), Beiträge zur Betriebsunfallversicherung, Lohnfortzahlung im Krankheitsfall, Mutterschutz, bezahlte Feiertage etc.
- **Tarifliche Sozialleistungen:** Gesetzliche Vorschriften können durch tarifvertragliche oder betriebliche Regelungen ausgeweitet werden. Beispiele sind bezahlter Urlaub, 13. Monatsgehalt, Urlaubs- und Weihnachtsgeld oder über die gesetzliche Dauer von sechs Wochen hinausgehende Lohnfortzahlungen im Krankheitsfall.
- **Freiwillige Sozialleistungen:** Darüber hinaus bieten viele Arbeitgeber zusätzliche Leistungen an, wie etwa Betriebsrente, Bildungs- und Sportangebote, Arbeitskleidung oder Essensgeld.

Da beim Akkordlohn meist ein garantiertes Mindestentgelt tarifvertraglich festgelegt ist, sind reine Akkordlöhne heutzutage nur noch selten. Generell ist in der Vergütung ein Trend zu einer stärker erfolgsabhängigen Bezahlung zu beobachten. Diese wird häufig als Prämienlohn realisiert, bei dem zusätzlich zum Zeit- oder Akkordlohn eine erfolgsabhängige Entgeltkomponente einbezogen wird. Auf diese Weise sollen bestimmte Leistungen oder Verhaltensweisen der Mitarbeiter gefördert werden.

Anreizsysteme

Bei der Gestaltung von **Anreizsystemen** zur Motivation der Mitarbeiter sollte darauf geachtet werden, dass sie transparent, individuell, flexibel und gerecht sind. Einen Überblick über das Spektrum möglicher Anreize gibt Abb. 6.2.12.

Abb. 6.2.12: Anreize für die Mitarbeiter

Anreize werden nach ihrer **Herkunft** unterteilt in (vgl. *Frey/Osterloh*, 1997, S. 308 ff.):

- **Extrinsische Anreize** werden dem Mitarbeiter für gewünschte Verhaltensweisen und Ergebnisse gewährt und können materiell oder immateriell sein.
  - **Materielle Anreize** sind direkte monetäre Zuwendungen oder Leistungen mit materiellem Wert, wie etwa ein Firmenwagen. Materielle Anreize sind variabel und leicht steuerbar. Für den Mitarbeiter sind sie ein nahezu universelles Mittel zur Bedürfnisbefriedigung.
  - **Immaterielle Anreize** werden hierzu ergänzend eingesetzt, da die Wirkung materieller Anreize mit zunehmender Höhe des Entgelts abnimmt. Immaterielle Anreize beziehen sich auf die Bereiche Karriere, persönliches Umfeld, Führungsverhalten, Arbeitsumfeld und Qualifikation. Beispiele sind die Einladung des Vorgesetzten zum Segeln oder die Möglichkeit, Überstunden für einen mehrmonatigen Urlaub anzusparen. Immaterielle Anreize sind situationsabhängig und werden von den Mitarbeitern sehr unterschiedlich wahrgenommen und beurteilt.
- **Intrinsische Anreize** haben ihren Ursprung im persönlichen, emotionalen Erleben der Arbeit, des Arbeitsumfelds und des gesamten Unternehmens durch den Mitarbeiter. Ihre Motivationswirkung ergibt sich insbesondere aus dem Arbeitsinhalt, der übertragenen Verantwortung und dem Arbeitsergebnis. Die Gestaltung intrinsischer Anreize ist Aufgabe der Personalführung und hängt maßgeblich vom Führungsstil des Vorgesetzten ab (vgl. Kap. 6.3.1). Intrinsisch wirkt auch die Wahrnehmung des Unternehmens als Arbeitgeber (Employer Brand), die durch das Personalmarketing positiv beeinflusst werden soll (vgl. Kap. 6.2.4).

Eine besondere Form der Anreizgewährung ist die **Mitarbeiterbeteiligung**, welche sowohl immateriell als auch materiell erfolgen kann. Die Mitarbeiter sollen dadurch zu unternehmerischem Denken und Handeln bewegt werden und Ergebnisverantwortung tragen. **Immaterielle Mitarbeiterbeteiligung** bedeutet die Gewährung von Mitwirkungs- und Informationsrechten für die Belegschaft.

Die **materielle Mitarbeiterbeteiligung** lässt sich wie in Abb. 6.2.13 unterteilen in (vgl. *Berthel/Becker*, 2017, S. 637 ff.):

- **Erfolgsbeteiligungen** gewähren Anteile an einer betrieblichen Erfolgsgröße, wie etwa dem Jahresüberschuss, die zusätzlich zu anderen Vergütungen gewährt werden. Nach der Erfolgsgröße lassen sich Leistungs-, Ertrags- und Gewinnbeteiligung unterscheiden.
- **Kapitalbeteiligungen** gewähren Anteile am Eigen- oder Fremdkapital des Unternehmens. Die Beteiligung erfolgt entweder direkt durch den Mitarbeiter selbst oder durch Zuwendungen des Arbeitgebers. Eine gebräuchliche Form der Eigenkapitalbeteiligung ist die Ausgabe von Belegschaftsaktien. Die Fremdkapitalbeteiligung erfolgt meist über Mitarbeiterschuldverschreibungen. Diese können bei einer Wandelschuldverschreibung nach einem gewissen Zeitraum in Aktien umgetauscht werden bzw. bei einer Gewinnschuldverschreibung einen Gewinnanteil beinhalten.

In einem **Cafeteria-System** lassen sich Anreize flexibel und gleichzeitig individuell gestalten. Dabei können Mitarbeiter innerhalb eines festgelegten finanziellen Rahmens, vergleichbar mit der Wahl von Speisen und Getränken in

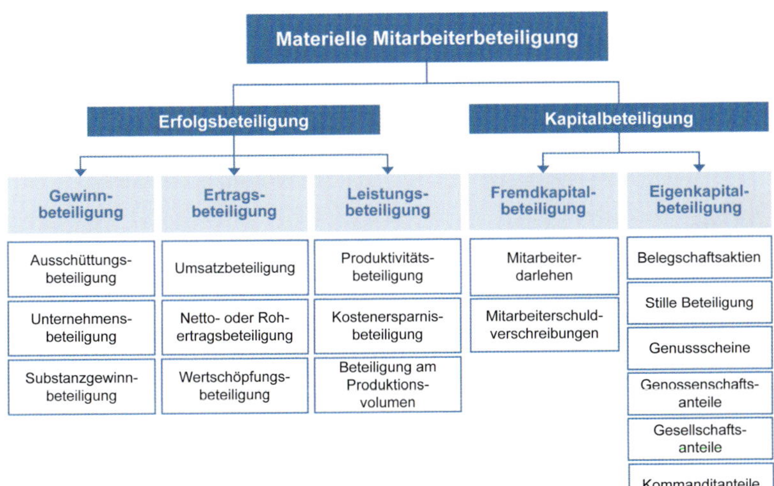

Abb. 6.2.13: Formen der materiellen Mitarbeiterbeteiligung

einer Kantine, nach ihren Präferenzen aus verschiedenen Anreizen auswählen. Auf diese Weise kann auf die persönlichen Bedürfnisse der Mitarbeiter eingegangen werden, die unter anderem von deren Alter, Lebenssituation und Familienstand geprägt sind. Während für einen älteren Mitarbeiter eine höhere Altersversorgung oder ein früherer Ausstieg aus dem Arbeitsleben attraktiv sind, interessiert sich ein junger Mitarbeiter eher für eine Weiterbildung oder eine befristete Auszeit (Sabbatical). Zu bestimmten Zeitpunkten können die Mitarbeiter ihre Wahlentscheidungen revidieren und an ihre individuellen Lebensumstände anpassen. In Abhängigkeit der zur Wahl stehenden Komponenten und Leistungen lassen sich die in Abb. 6.2.14 aufgeführten Systeme unterscheiden. Cafeteria-Systeme werden insbesondere bei außertariflichen Fach- und Führungskräften eingesetzt, da dort der Anteil gewinn- oder leistungsabhängiger Entgeltbestandteile einen entsprechenden Spielraum bietet (vgl. *Oechsler*, 2011, S. 506).

Basis der Kompensation von Arbeitsleistungen sind die materiellen extrinsischen Anreize. Ihre Wirkung sinkt jedoch mit zunehmender Höhe und für die dauerhafte Erzielung eines erwünschten Leistungsverhaltens reichen sie meist nicht aus. Deshalb sind sie durch zusätzliche Anreize zu ergänzen, die abhängig von den Anforderungen des Unternehmens und den individuellen Bedürfnissen des Mitarbeiters auszuwählen sind. Anreize prägen die **Employee Value Proposition**, also das subjektiv wahrgenommene Austauschverhältnis zwischen der Leistung des Arbeitnehmers und der Gegenleistung des Unternehmens (vgl. Kap. 6.2.4). Dies beeinflusst auch die **Retention** des Unternehmens, d. h. dessen Fähigkeit, wertvolle Fach- und Führungskräfte (auch mental) dauerhaft zu binden (vgl. *Beschorner/Hajduk*, 2011, S. 183 f., 459 ff.).

Vertreter einer **agilen Führung** und neuen Arbeitswelt (New Work) bezweifeln die Motivationswirkung materieller Anreize und betonen dagegen die Sinnhaftigkeit der Arbeit und die Dezentralisierung von Verantwortung (vgl. Kap. 6.4.2).

6.2.9 Unterstützungsfunktionen

Das Personalmanagement wird in seinen Aufgaben durch das Personalcontrolling und die Personalverwaltung unterstützt.

Personalcontrolling

> Das **Personalcontrolling** ist eine Unterstützungs- und Querschnittsfunktion des Personalmanagements, welche sowohl dessen Informationsversorgung sicherstellen als auch die Planung und Kontrolle im Personalbereich koordinieren und formal gestalten soll.

Das Personalcontrolling soll für die Wirtschaftlichkeit und Rationalität der Entscheidungen des Personalmanagements sorgen. Es lassen sich die in Abb. 6.2.15 dargestellten **Ebenen** unterscheiden (vgl. *Wunderer/Jaritz*, 2007, S. 12 ff.):

- **Personalkostencontrolling:** Budgetierung der Personalkosten sowie der Kosten der Personalabteilung.
- **Wirtschaftlichkeitscontrolling:** Bewertung und Analyse der Effizienz des Personalmanagements sowie des Einsatzes der Personalressourcen.
- **Effektivitätscontrolling:** Bewertung und Analyse des Beitrags des Personalmanagements zum Unternehmenserfolg.

Die wesentlichen **Aufgaben** des Personalcontrollings sind (vgl. *Küpper et al.*, 2013, S. 606 ff.):

- **Koordination des Personalmanagements** zur Berücksichtigung der vielfältigen Abhängigkeiten zwischen den einzelnen Aufgabenfeldern. Dies betrifft insbesondere die Abstimmung zwischen der personellen Bedarfsbestimmung, Beschaffung, Entwicklung und Freisetzung sowie zwischen Personalplanung und -kontrolle. Darüber hinaus ist die Informationsversorgung mit der Planung und Kontrolle des Personalmanagements zu koordinieren.

Abb. 6.2.14: Cafeteria-Systeme nach Umfang des Wahlangebots (in Anlehnung an Langmeyer, 1999, S. 15 f.)

Abb. 6.2.15: Ebenen des Personalcontrollings

- **Verknüpfung des Personalmanagements mit anderen Funktionsbereichen,** um personelle Aspekte durchgängig zu berücksichtigen und die Personalplanung mit den anderen betrieblichen Teilplanungen abzustimmen.
- **Einbindung in das strategische Personalmanagement** zur Unterstützung der Erarbeitung und Umsetzung der Personalstrategie sowie deren Abstimmung mit der Unternehmensstrategie.
- **Ökonomische Transparenz und Ausrichtung des Personalmanagements:** Das Controlling soll die wirtschaftlichen Auswirkungen der Personalentscheidungen bestimmen und den Beitrag des Personalmanagements zur Erreichung der Unternehmensziele beurteilen. Auf diese Weise soll es die wirtschaftliche Ausrichtung des Personalmanagements und den effizienten Einsatz der Personalressourcen sicherstellen.

Die Informationsversorgung des Personalmanagements und die Erfüllung der genannten Aufgaben des Personalcontrollings erfordern ein digitales **Personalinformationssystem** (vgl. Kap. 7.3.1). Es stellt quantitative, qualitative, regionale und zeitliche Daten über den Personalbestand und die Arbeitsplätze des Unternehmens zur Verfügung. Beispiele für personenbezogene Daten sind Bildungsstand, Berufserfahrung, physische und psychische Merkmale sowie Lohn oder Gehalt. Diese werden unter Berücksichtigung der Anforderungen an den Datenschutz und in Abstimmung mit dem Betriebsrat laufend erfasst. Darüber hinaus beinhaltet das Personalinformationssystem Verfahren und Methoden zur Durchführung von Verwaltungsaufgaben, zur Analyse von Personal- und Arbeitsplatzdaten sowie für die Planung des Personalbedarfs, des Personaleinsatzes und der Personalkosten.

Einen wesentlichen Bestandteil des Personalinformationssystems bildet die **Personalkostenrechnung.** Sie dient der Erfassung der Personalkosten in allen Unternehmensbereichen und der Bewertung des wirtschaftlichen Erfolgs des Personalmanagements. Da der Anteil der Personalkosten an den betrieblichen Gesamtkosten meist erheblich ist, kommt dem **Personalkostenmanagement** für den Erfolg des Unternehmens maßgebliche Bedeutung zu. Die aktive Beeinflussung der Personalkosten ist vor allem über die Mitarbeiterzahl und nur eingeschränkt über die Form und Höhe der Vergütung möglich. Die Personalkostenstruktur ergibt sich überwiegend aus den Tarifabschlüssen und gesetzlichen Änderungen bei der Sozialversicherung. Personalkostensenkungen erfolgen in der Praxis deshalb meist durch Personalabbau (vgl. Kap. 6.2.5). Zur Vermeidung unnötiger Belastungen des Betriebsklimas wird dieser vorzugsweise über Fluktuation mit Verzicht auf betriebsbedingte Kündigungen durchgeführt. Je nach Lage am Arbeitsmarkt können von den Unternehmen auch Abstriche in der Vergütung, wie etwa die Streichung des Weihnachtsgelds oder Arbeitszeiterhöhungen ohne Lohnausgleich, durchgesetzt werden. Im Gegenzug wird den Mitarbeitern häufig eine befristete Arbeitsplatzgarantie eingeräumt.

Es lassen sich drei **Personalkostengruppen** unterscheiden (vgl. *Scholz*, 2013, S. 797 ff.):

- **Bestandskosten** entstehen für die Bereitstellung des Personals als Summe der zu zahlenden Mitarbeitervergütung.
- **Aktionskosten** entstehen für Maßnahmen des Personalmanagements zur:
  - **Personalbeschaffung:** Kosten für Personalmarketing, -auswahl sowie -einstellung und -einarbeitung. Beispiele sind Zeitungsanzeigen, Personalberaterhonorar, Reisekosten von Bewerbern oder Umzugskosten.
  - **Personalentwicklung:** Kosten der Aus- und Weiterbildung. Beispiele sind Schulungsmaterial, Trainee-Programme oder Seminargebühren.

  - **Personalfreisetzung:** Kosten zur Vermeidung oder Begrenzung nachteiliger Folgen eines Personalabbaus. Beispiele sind Vorruhestandsgeld, Outplacementberatung oder Abfindungen.
- **Reaktionskosten** entstehen nicht aus eigenem Antrieb. Ursachen können sein:
  - **Fluktuation:** Kosten durch Austritt eines Mitarbeiters. Dabei geht das im Laufe der Beschäftigung angehäufte Wissen und Humankapital verloren. Weitere Kosten können für die administrative Abwicklung des Mitarbeiterabgangs, sinkende Leistungsbereitschaft austretender Arbeitnehmer und die Neubesetzung der Stelle anfallen.
  - **Fehlzeiten:** Kosten durch Abwesenheit vom Arbeitsplatz etwa wegen Krankheit, Unfall, Demotivation (Absentismus), Urlaub, Feiertagen oder Mutterschutz.

Das **Personalbudget** ist in den direkten Unternehmensbereichen meist leistungsbezogen und flexibel (vgl. Kap. 4.3.2). In den Material- und Fertigungsbereichen wird es beschäftigungsabhängig ermittelt. Ein Beispiel zeigt die Fallstudie zur Budgetierung bei *Eder Möbel* in Kap. 4.4.3. In den indirekten Bereichen, wie etwa Vertrieb oder F&E, überwiegt die starre Budgetierung. Sie geht nicht von den zu erstellenden Leistungen, sondern von Personalplänen und dem geplanten Personalbedarf aus. Grund für dieses aus Planungs- und Steuerungsgesichtspunkten unbefriedigende Vorgehen ist die Vielfalt und Verschiedenartigkeit der Leistungen der Gemeinkostenbereiche (vgl. *Küpper et al.*, 2013, S. 510 f.). Abhilfe könnte eine Budgetierung auf Basis der Prozesskostenrechnung schaffen (vgl. Kap. 5.4.3).

Während sich die Personalkosten detailliert erfassen lassen, bereitet die objektive **Bewertung des Nutzens** des Personalmanagements große Schwierigkeiten. Meist lassen sich monetäre Wirkungen nicht quantifizieren, da qualitative und nicht-monetäre Aspekte überwiegen. Um dem Personalmanagement dennoch eine Grundlage für die Planung, Steuerung und Kontrolle zu liefern, werden die steuerungsrelevanten Aspekte mithilfe von **Personalkennzahlen** quantifiziert. Neben der Analyse der Personalkosten beziehen sich diese vor allem auf die Mitarbeiterstruktur und den Arbeitseinsatz. Der Vergleich der Kennzahlen im Zeitablauf, zwischen verschiedenen Organisationseinheiten und mit anderen Unternehmen liefert Hinweise auf bestehende Schwachstellen und Verbesserungsbedarf (vgl. *Küpper et al.*, 2013, S. 611 f.).

Die einzelnen Maßgrößen lassen sich zu einem **Personalkennzahlensystem** verknüpfen, um ein umfassendes Bild über die Kosten und Leistungen des Personalmanagements zu erhalten. Ein Beispiel zeigt Abb. 6.2.16, in dem die Kennzahlen nach den Funktionen des Personalmanagements geordnet sind (zur Berechnung vgl. *Schulte*, 2011,

Funktion	Ausgewählte Kennzahlen	
Personalbedarf und Personalstruktur	▪ Netto-Personalbedarf ▪ Qualifikationsstruktur ▪ Altersstruktur	▪ Frauenquote ▪ Vertragsstruktur ▪ Einkommensstruktur
Personalbeschaffung	▪ Anzahl Bewerber pro Stelle ▪ Vorstellungsquote ▪ Beschaffungskosten je Eintritt	▪ Grad der Personaldeckung ▪ Frühfluktuationsrate ▪ Effizienz der Beschaffungswege
Personaleinsatz	▪ Leistungsgrad ▪ Arbeitsproduktivität ▪ Überstundenquote	▪ Arbeitsplatzstruktur ▪ Leitungsspanne ▪ Entsendungsquote
Personalerhaltung und Leistungsstimulation	▪ Fehlzeiten ▪ Fluktuationsrate ▪ Unfallhäufigkeit	▪ Lohngruppenstruktur ▪ Erfolgsbeteiligung je Mitarbeiter ▪ Altersversorgungsanspruch
Personalentwicklung	▪ Ausbildungsquote ▪ Übernahmequote ▪ Weiterbildungszeit je Mitarbeiter	▪ Bildungsrendite ▪ Kostenanteil Personalentwicklung ▪ Weiterbildungskosten
Betriebliches Vorschlagswesen	▪ Vorschlagsrate ▪ Annahmequote ▪ Realisierungsquote	▪ Durchschnittsprämie ▪ Einsparungsquote ▪ Erzielte Einsparungen
Personalfreisetzung	▪ Sozialplankosten je Mitarbeiter	▪ Abfindungsaufwand je Mitarbeiter
Personalkostenplanung und -kontrolle	▪ Personalkosten je Mitarbeiter ▪ Personalkosten je Stunde ▪ Personalkostenintensität	▪ Personalkostenarten ▪ Personalkostenanteil an der Wertschöpfung

Abb. 6.2.16: Ausgewählte Kennzahlen für die Funktionen des Personalmanagements (vgl. Schulte, 2011, S. 182)

S. 183 ff.). Durch den Vergleich ausgewählter Maßgrößen mit Konkurrenten oder Unternehmen mit besonders guter Personalarbeit lässt sich das Personalmanagement darüber hinaus auch wettbewerbsorientiert gestalten.

Im Rahmen des **strategischen Personalmanagements** bietet sich zur Umsetzung der Personalstrategie der Einsatz einer Balanced Scorecard an (vgl. Kap. 4.2.5). Um darüber hinaus auch nicht quantifizierbare Aspekte des Personalmanagements zu berücksichtigen, werden ergänzend qualitative Beurteilungsmethoden eingesetzt. Hierzu zählen vor allem **Mitarbeiterbefragungen** zur Bestimmung der Stärken und Schwächen des Personalmanagements (vgl. *Domsch*, 2005, S. 421).

Ein Instrument des strategischen Personalcontrollings zur Berücksichtigung qualitativer Faktoren sind **Personal-Portfolios.** Sie dienen vor allem dazu, Stärken und Schwächen der Personalstruktur sowie einzelner Mitarbeiter zu analysieren. Durch die Einstufung in das Portfolio lassen sich normative Handlungsempfehlungen für das Personalmanagement ableiten. In dem in Abb. 6.2.17 dargestellten Portfolio wird etwa die derzeitige Leistung (Performance) der Mitarbeiter ihrem Entwicklungspotenzial gegenübergestellt. Es dient vor allem zur Bestimmung des Personalentwicklungsbedarfs von Führungskräften (vgl. *Odiorne*, 1984, S. 65 ff.):

- **Leistungsschwache Arbeitskräfte** sind auf weniger anspruchsvolle Stellen zu versetzen.
- **Fachkräfte** sind individuell zu führen, um ein Absinken auf ein schwaches Leistungsniveau zu verhindern.
- **Nachwuchskräfte** sind zur Verbesserung von Motivation und Leistung zu integrieren.
- **Spitzenkräfte** sind als herausragende Leistungsträger besonders zu fördern, um sie an das Unternehmen zu binden.

Portfolios sind in der Praxis aufgrund ihrer Anschaulichkeit sehr beliebt. Aufgrund ihrer starken Vereinfachung lassen sich die vielfältigen Mitarbeitermerkmale jedoch nicht ausreichend berücksichtigen (vgl. *Becker*, 2002, S. 254 f.).

Abb. 6.2.17: Personal-Portfolio (vgl. Odiorne, 1984, S. 66)

Das Personalcontrolling soll die Wirtschaftlichkeit des Personalmanagements gewährleisten und Indikatoren für dessen Erfolg ermitteln. Dabei ist vor allem darauf zu achten, dass die Mitarbeiter nicht nur unter wirtschaftlichen Gesichtspunkten betrachtet werden. Ansonsten ist, aus Angst vor dem „gläsernen Mitarbeiter", mit Widerständen zu rechnen und das Personalcontrolling kann seine wichtige Unterstützungs- und Querschnittsfunktion nicht ausreichend wahrnehmen (vgl. *Scholz/Scholz*, 2019, S. 606).

Personalverwaltung

> Die **Personalverwaltung** übernimmt als Unterstützungsfunktion des Personalmanagements administrative Serviceaufgaben im Personalbereich.

Die Ausführung dieser routinemäßig ablaufenden Tätigkeiten erfolgt meist in der Personalabteilung als eigenständige Organisationseinheit. Deren **Struktur** kann funktions- oder objektorientiert sein (vgl. *Holtbrügge*, 2018, S. 61 ff.; *Scholz/Scholz*, 2019, S. 48 ff.):

- **Funktionsorientiert** wird sie nach den einzelnen Aufgabenfeldern unterteilt. Dabei werden Organisationseinheiten innerhalb der Personalabteilung gebildet, die jeweils für die Unterstützung der unterschiedlichen Aufgaben des Personalmanagements zuständig sind. Die Vorteile der funktionsorientierten Organisation liegen zum einen in der Gewährleistung gleicher Regelungen für alle Mitarbeiter und zum anderen in der hohen fachlichen Spezialisierung. Zu den Nachteilen zählen die erschwerte Koordination der einzelnen Aufgabenfelder sowie das Problem, dass die Mitarbeiter bei Personalfragen mehrere Ansprechpartner haben. Aus diesem Grund eignet sich die funktionsorientierte Gliederung eher für kleinere und gering diversifizierte Unternehmen.
- **Objektorientiert** erfolgt eine Spezialisierung der Personalabteilung nach unterschiedlichen Mitarbeitergruppen, etwa in kaufmännische Mitarbeiter, technische Mitarbeiter, Führungskräfte und Auszubildende. Der Vorteil der objektorientierten Organisation besteht in der Spezialisierung der Personalverantwortlichen auf die besonderen Belange der einzelnen Mitarbeitergruppen. Allerdings fehlt den Personalmitarbeitern häufig die fachliche Expertise, um diese in allen Belangen gut zu betreuen.

- **Kombiniert** wird die Personalabteilung als Matrix sowohl nach funktionalen als auch objektorientierten Kriterien unterteilt. Für Querschnitts- und Spezialaufgaben, wie etwa Diversity Management, werden häufig zusätzliche Stabsstellen eingerichtet. Dabei gelten die Vor- und Nachteile der Matrixorganisation (vgl. Kap. 5.1.3).

Aufgaben der Personalverwaltung sind (vgl. *Berthel/Becker*, 2017, S. 685 ff.):

- **Information:** Gewinnung, Speicherung, Aufbereitung, Verdichtung und Auswertung von Informationen über einzelne Mitarbeiter, Mitarbeitergruppen oder die Belegschaft.
- **Abrechnung:** Hierzu zählen die Lohn- und Gehaltsabrechnung sowie andere Abrechnungsaufgaben, wie beispielsweise Reisekosten, Werksverkäufe, private Telefongespräche oder Essensgeld.
- **Abwicklung:** Vorbereitung und Durchführung personalbezogener Vorgänge, wie etwa Einstellung, Versetzung, Beförderung oder Veränderung.
- **Meldung:** Meldeaufgaben der Personalverwaltung umfassen sowohl interne als auch externe Meldungen. Externe Meldungen sind z. B. Arbeitsagenturmeldungen, Lohnnachweise für die Berufsgenossenschaften oder Lohnsteueranmeldungen beim Finanzamt. Interne Meldungen beziehen sich etwa auf Versetzungen oder Jubiläen.
- **Überwachung:** Die Personalverwaltung beaufsichtigt personelle Vorgänge, wie z. B. Fluktuation, Krankenstand, Arbeitszeiten oder Überstunden. Sie hat dabei für die Einhaltung von Terminen und arbeitsrechtlichen Vorschriften zu sorgen. Beispiele sind Kündigungsfristen oder die gesetzlich zulässige tägliche Arbeitszeit.

Da die Personalverwaltung vor allem operative Aufgaben ausführt, wird sie in einigen Unternehmen oft ganz oder teilweise auf externe Dienstleister übertragen oder als Shared Service Center betrieben (vgl. Kap. 5.1.4). Viele repetitive Tätigkeiten, wie etwa Abrechnungen, Abwicklungen oder Meldungen, lassen sich durch Robotic Process Automation schnell und effizient automatisieren (vgl. Kap. 7.3.7).

Zusammenfassung

- Das Personalmanagement umfasst alle personellen Planungs-, Steuerungs- und Kontrollaufgaben.
- Die Aufgabenfelder des Personalmanagements umfassen die Personalbedarfsbestimmung, die Beschaffung, Entwicklung und Freisetzung von Personal sowie dessen Einsatz, Beurteilung und Kompensation. Unterstützende Funktionen sind Personalcontrolling und Personalverwaltung.
- Die Personalbedarfsbestimmung ermittelt, wie viele Mitarbeiter mit welcher Qualifikation wann, wo und wofür benötigt werden.
- Die Personalentwicklung umfasst die planmäßige Aus-, Fort- und Weiterbildung zur individuellen beruflichen Qualifikation und Förderung der Mitarbeiter.
- Die Personalbeschaffung deckt einen qualitativen, quantitativen, zeitlichen oder örtlichen Personalbedarf und die Personalfreisetzung beseitigt eine qualitative, quantitative, zeitliche oder örtliche Personalüberdeckung.
- Der Personaleinsatz soll anforderungs- und eignungsgerecht sein.
- Die Personalbeurteilung bewertet die Leistung und das Potenzial der Mitarbeiter.
- Die Personalkompensation umfasst sämtliche materiellen und immateriellen Gegenleistungen für die erbrachte Arbeitsleistung der Mitarbeiter, die auch als Leistungsanreize dienen sollen.
- Unterstützungsfunktionen des Personalmanagements sind das Personalcontrolling zur Informationsversorgung und Koordination der Planung und Kontrolle im Personalbereich sowie die Personalverwaltung für administrative Serviceaufgaben.

Literaturempfehlungen

Berthel, J./Becker. F.G.: Personalmanagement, 11. Aufl., Stuttgart 2017.

Bröckermann, R.: Personalwirtschaft, 7. Aufl., Stuttgart 2016.

Holtbrügge, D.: Personalmanagement, 7. Aufl., Berlin 2018.

Huf, S.: Personalmanagement, Wiesbaden 2020.

Jung, H.: Personalwirtschaft, 10. Aufl., München 2017.

Scholz, C./Scholz, T.: Grundzüge des Personalmanagements, 3. Aufl., München 2019.

6.3 Personalführung und Leadership

Leitfragen

- Wie lässt sich Motivation erklären und fördern?
- Welche Führungstheorien, -modelle und -prinzipien gibt es?
- Worin liegen die Unterschiede zwischen Leadership und Management?
- Aus welchen Bausteinen besteht eine integrierte Personalführung?
- Welche Merkmale zeichnen eine effektive Führung aus?
- Wie lässt sich ein Unternehmen kontextabhängig führen?

Dieses Kapitel gibt zunächst einen Überblick über die Grundlagen und Theorien der Personalführung. Danach werden die Unterschiede zwischen Management und Leadership sowie die Merkmale einer integrierten und effektiven Führung erläutert. Abschließend wird die kontextabhängige Führung vorgestellt. Vertiefend wird dann in Kap. 6.4 auf die agile Führung und in Kap. 6.5 auf die Führung des Wandels eingegangen.

6.3.1 Personalführung

Personalführung ist die gezielte Verhaltensbeeinflussung der Mitarbeiter.

Die Verhaltensbeeinflussung der Mitarbeiter kann autoritär durch **Macht** oder kooperativ durch **Motivation** erfolgen (vgl. *Holtbrügge*, 2018, S. 234). Auf der einen Seite hat die Personalführung zum Ziel, dass die Mitarbeiter ihr Leistungspotenzial voll ausschöpfen können. Auf der anderen Seite sollen Führungskräfte aber auch für das Wohl und die Gesundheit ihrer Mitarbeiter sorgen. Darüber hinaus sind sie für die Entwicklung und Sicherstellung eines qualifizierten Mitarbeiterstamms verantwortlich. Anzustreben ist eine gesunde Führungsbeziehung zwischen Mitarbeiter und Vorgesetzten, die auf gemeinsamen Werten beruht (vgl. *Richter*, 1999, S. 17 f.). Abb. 6.3.1 gibt einen Überblick über die Aufgaben und Ziele der Personalführung.

Personalführung ist heutzutage keine elitäre Aufgabe mehr, die nur auf den obersten Hierarchieebenen stattfindet. Vielmehr ist jeder, der führt, auch eine Führungskraft. Führung findet in einem Unternehmen somit durch viele Personen und Stellen statt – vom Meister oder Teamleiter bis zum Vorstand (vgl. *Malik*, 2019, S. 62 f.).

Die **Kombination direkter und indirekter Personalführung** ermöglicht es, sowohl auf individuelle Besonderheiten einzugehen als auch dem Grundsatz der Gleichbehandlung zu entsprechen (vgl. *Jung*, 2017, S. 414 f.):

- **Direkte bzw. interaktive Personalführung** beruht auf der zwischenmenschlichen, wechselseitigen Beziehung zwischen dem Vorgesetzten als Führungskraft und dem Mitarbeiter als Geführten. Die Verhaltensbeeinflussung erfolgt durch persönliche Einflussnahme des Vorgesetzten, wie etwa durch ein Gespräch. Sie ist besonders geeignet, um auf die Besonderheiten einer Führungssituation einzugehen.

Aufgaben	Mögliche Ziele	Führungsinhalte
Informieren	Integration, Auskunft, Mitsprache, Flexibilität, Mobilität	Mitarbeiter einführen, unterrichten, auf Veränderung einstellen
Leiten/ Anweisen	Mitarbeiterqualifikation, rationelle Arbeitsweise, Personalkostensenkung, Entlohnungsgerechtigkeit, Konfliktminimierung, Leistungsanreize	Mitarbeiter auswählen, einsetzen, auslasten, anerkennen, entlohnen und mit Kompetenzen versehen
Kontrollieren	Leistungsbewertung, Verhaltenssteuerung, Förderung, Mitverantwortung, Disziplinierung	Mitarbeiter beurteilen, kritisieren, loben, beaufsichtigen
Ansporneni/ Motivieren	Einsatzbereitschaft, Qualifikationssteigerung, Leistungsanreiz, Flexibilität, Verständnis für Zusammenhänge, Solidarität, Kooperation	Mitarbeiter fordern und fördern sowie zum Mitdenken, gemeinschaftlichen Handeln und zur Mitwirkung anregen

Abb. 6.3.1: Aufgaben und Ziele der Personalführung (in Anlehnung an Stopp, 2006, S. 151)

- **Indirekte bzw. strukturelle Personalführung** erfolgt durch feste organisatorische Regeln, Normen und Strukturen. Beispiele sind Stellenbeschreibungen oder die hierarchische Organisationsstruktur. Sie bilden einen für alle Mitarbeiter verbindlichen Rahmen.

Formelle Personalführung basiert auf der hierarchischen Struktur des Unternehmens, in der die Vorgesetzten zur Führung der ihnen unterstellten Mitarbeiter formal autorisiert werden, um ihren Willen durchzusetzen. Diese formale Hierarchie wird in der Praxis durch informelle Beziehungen ergänzt. **Informelle Personalführung** erfolgt durch Personen, denen eine Gruppe aufgrund persönlicher Merkmale eine besondere Autorität verleiht. Ursachen hierfür können deren langjährige Erfahrung, fachliche Kompetenzen, persönliche Bindungen, Sympathien oder Überzeugungskraft sein (vgl. *Hentze et al.*, 2005, S. 261). Informelle Führungskräfte ziehen als „graue Eminenzen" häufig im Hintergrund die Fäden, indem sie Meinungen bilden und die Stimmung der Gruppe beeinflussen. Dies kann unterstützend und stabilisierend wirken, aber auch die Kompetenz des Vorgesetzten als formelle Führungskraft untergraben. Deshalb kommt es für einen Vorgesetzten darauf an, selbst nicht nur über rein formale Autorität zu verfügen. Darüber hinaus sollte er die informellen Führungskräfte kennen und sie für seine Ziele gewinnen.

In der Praxis richten Führungskräfte ihr Führungsverhalten meist an grundsätzlichen Führungsprinzipien aus. Diese basieren auf Führungstheorien, die wiederum aus Menschenbildern und Motivationstheorien abgeleitet werden. Für ein besseres Verständnis werden im Folgenden zunächst die bekanntesten Menschenbilder und Motivationstheorien erläutert. Darauf aufbauend werden die wesentlichsten Führungstheorien, -modelle und -prinzipien vorgestellt.

Menschenbilder

Der Führung von Menschen liegt stets eine vereinfachende, vielfach unbewusste Vorstellung von der menschlichen Natur zugrunde. Es gibt verschiedene solche Menschenbilder, aus denen abgeleitet werden kann, wie sich Mitarbeiter motivieren und führen lassen.

> Ein **Menschenbild** ist eine Theorie über die Natur des Menschen. Es beinhaltet Annahmen über die Bedürfnisstrukturen und Wertvorstellungen der Mitarbeiter und prägt dadurch das Führungsverhalten (vgl. *Drumm*, 2008, S. 410 ff.).

Grundsätzlich existieren sowohl **pessimistische** als auch **optimistische** Menschenbilder. Beispielsweise sah *Smith* den Menschen als Egoisten und *Taylor* als Rädchen in einer Maschine (vgl. Kap. 1.2). *Mayo* hingegen verstand ihn als soziales Wesen, welches nach *Maslow* oder *McGregor* auch über höhere Motive verfügt (vgl. *Weibler*, 2016, S. 37).

McGregor (1970) unterscheidet in seiner XY-Theorie zwei gegensätzliche Menschenbilder:

- **Theorie X:** Der Mensch ist arbeitsscheu und vermeidet Verantwortung. Er strebt nach Sicherheit und hat keinen Ehrgeiz. Ein solcher Mitarbeiter muss zur Arbeit gezwungen werden und erfordert deshalb einen autoritären Führungsstil.
- **Theorie Y:** Der Mensch arbeitet gerne und zieht Befriedigung aus seiner Arbeit. Er sucht Verantwortung und verfolgt die Ziele des Unternehmens, wenn er dadurch seine eigenen Ziele erreichen kann. Typ Y erfordert einen kooperativen Führungsstil.

McGregor propagiert, dass Führungskräfte stets vom Typ Y ausgehen sollten. Die Anwendung der Theorie X würde zwangsläufig dazu führen, dass sich die Mitarbeiter auch tatsächlich so verhalten. Ob ein großer Autonomiespielraum aber für jeden Mitarbeiter stets sinnvoll ist, bleibt nach wie vor umstritten.

Schein (1965) unterscheidet **vier Grundtypen**, die auch den Wandel des Menschenbildes im Laufe der Zeit widerspiegeln:

- **Der rational-ökonomische Mensch** (Rational-economic man) wird hauptsächlich durch materielle Anreize gesteuert. Er strebt nach der Erhöhung seines Nutzens und lässt sich nicht von Emotionen leiten (Homo oeconomicus). Dieses Menschenbild wurde Anfang des 20. Jahrhunderts durch das Scientific Management von *Taylor* geprägt (vgl. Kap. 1.2).
- **Der soziale Mensch** (Social Man) leitet seine Identität aus seinen sozialen Beziehungen zu anderen Menschen ab. Er hat soziale Bedürfnisse und will diese befriedigen. Erfährt dieser Mensch Anerkennung und Aufmerksamkeit, ist er bereit, eine höhere Leistung zu erbringen. Dieses Bild geht auf die in den 1930er Jahren durch den Psychologen *Mayo* geprägte Human-Relations-Bewegung zurück, welche als Gegenentwurf zum rational-ökonomischen Bild besonderen Wert auf die zwischenmenschlichen Beziehungen im Unternehmen legte.

- **Der sich selbst verwirklichende Mensch** (Self-actualising man) versucht, seine Fähigkeiten so weit als möglich zu entfalten. Er ist intrinsisch motiviert und strebt nach Unabhängigkeit und Partizipation. Hierfür benötigt er Handlungsspielraum und Autonomie. Dieses seit den 1950er Jahren verwendete Bild entspricht dem Y-Typ von *McGregor.*
- **Der komplexe Mensch** (Complex man) ist vielschichtig, wandlungsfähig und von verschiedensten Faktoren beeinflusst. Dieses ebenfalls in den 1950er Jahren entstandene Bild drückt die Individualität der menschlichen Natur aus. Danach ist der Mensch facettenreich und lässt sich nicht in ein Schema pressen. Führung hat somit situativ und personenspezifisch zu erfolgen. Sie soll sowohl die individuellen Merkmale des Mitarbeiters als auch die jeweilige Führungssituation berücksichtigen.

Die **Motivation** eines Menschen lässt sich folglich durch finanzielle Anreize (rational-ökonomisch), das Streben nach Zugehörigkeit und Anerkennung (sozial), den Wunsch nach individueller Entwicklung (selbstverwirklichend) oder vielfältige, situationsabhängige und miteinander interagierende Ursachen (komplex) begründen (vgl. *Scholz/ Scholz*, 2019, S. 282).

Das Anfang des 21. Jahrhunderts entwickelte Bild des emotional-kognitiven, **gehirngesteuerten Menschen** (Brain-directed man) erklärt die menschliche Motivation durch neuronale Vorgänge. Dabei wird berücksichtigt, dass nicht nur rationale Überlegungen die Motive und Handlungen eines Menschen bestimmen, sondern auch Emotionen und Affekte eine wesentliche Rolle spielen. Bei Aktivierung des Belohnungssystems im menschlichen Gehirn schüttet der Körper Glückshormone aus. Dies kann durch eine der genannten Motivationsquellen, also etwa Geld oder Anerkennung, erfolgen. Die individuellen Auslöser sind von Mensch zu Mensch verschieden (vgl. *Peters*, 2015, S. 11 ff., 61 ff.; *Peters/Ghadiri*, 2013, S. 7 ff.).

Motivationstheorien

Motivationstheorien versuchen, menschliches Verhalten und die hierfür bestimmenden Faktoren zu erklären.

Es gibt eine Reihe von unterschiedlichen Ansätzen, um die Motivation von Menschen zu begründen. Sie lassen sich in **zwei Gruppen** unterscheiden (vgl. *Jung*, 2017, S. 381 ff.):

- **Inhaltstheorien** beziehen sich auf die Art, Anzahl und Bedeutung der Motive menschlicher Motivation und versuchen, diese zu klassifizieren. Sie sind statisch und erklären, *was* Menschen motiviert, aber nicht, wie dies geschieht.
- **Prozesstheorien** fokussieren auf den Vorgang der Motivation. Sie sind dynamisch und erklären, *wie* das Zusammenwirken verschiedener Motive und Variablen ein bestimmtes Verhalten auslöst.

Die Inhaltstheorien sind in der Praxis beliebt, da die Erklärung menschlichen Verhaltens durch einzelne Motive recht einleuchtend erscheint. Ein solches Motivationsverständnis ist jedoch stark vereinfachend. Die Prozesstheorien betrachten die menschliche Motivation weitaus differenzierter, sind allerdings auch schwerer zu verstehen. Jede Führungskraft muss mithilfe der verschiedenen Ansätze situativ selbst entscheiden, wie sie ihre eigenen Mitarbeiter am besten motivieren kann (vgl. *Berthel/Becker*, 2017, S. 60 f.). Nachfolgend werden aus der Vielzahl an Erklärungsversuchen für menschliche Motivation exemplarisch einige wesentliche Ansätze vorgestellt (vgl. i. F. *Jung*, 2017, S. 382 ff.; *Scholz/Scholz*, 2019, S. 300 ff.).

Inhaltstheorien

- **Bedürfnishierarchie:** *Maslow* unterscheidet folgende fünf hierarchisch aufeinander aufbauende Bedürfnisklassen (vgl. 1954, S. 35 ff.):
  - **Physiologische Grundbedürfnisse** (Physiological Needs) richten sich auf die Selbsterhaltung des Menschen, wie etwa Essen, Trinken, Kleidung oder Wohnung.
  - **Sicherheitsbedürfnisse** (Safety Needs) beziehen sich auf den Schutz vor physischen, psychischen oder wirtschaftlichen Gefahren, z. B. durch Gesetze, Altersversorgung oder Arbeitsplatzsicherheit.
  - **Soziale Bedürfnisse** (Belongingness and Love Needs) kennzeichnen den Wunsch nach Kontakt zu anderen Menschen, wie etwa Gemeinschaft, Zugehörigkeit, Zuneigung, Liebe etc.
  - **Wertschätzungsbedürfnisse** (Esteem Needs) umfassen die Achtung und Anerkennung durch andere Menschen (Fremdbestätigung) und die Achtung vor sich selbst (Selbstbestätigung). Beispiele sind Lob, Erfolgserlebnisse oder Kompetenzen.
  - **Selbstverwirklichungsbedürfnisse** (Need for Self-Actualization) betreffen den Wunsch nach persönlicher Entfaltung und Realisierung individueller Ziele. Beispiele sind das Streben nach Macht, das Schreiben eines Buches oder die Teilnahme an einem Langdistanztriathlon.

Abb. 6.3.2: Bedürfnishierarchie (vgl. Maslow, 1954, S. 35 ff.)

Die Befriedigung der menschlichen Bedürfnisse erfolgt nach *Maslow* gemäß ihrer Dringlichkeit in einer festgelegten hierarchischen Reihenfolge. Hierarchisch höherstehende Bedürfnisse gewinnen nach dieser **Stufentheorie** erst dann an Bedeutung, wenn die niedrigeren Bedürfnisse ausreichend befriedigt sind. Ein erfülltes Bedürfnis motiviert dagegen nicht mehr zu weiteren Anstrengungen. Aufgrund seiner leichten Verständlichkeit ist das in Abb. 6.3.2 grafisch dargestellte Modell sehr populär. Die getroffenen Annahmen wurden allerdings vielfach kritisiert. Weder die Auswahl der Bedürfnisklassen noch deren Rangfolge sind eindeutig. Auch *Maslow* selbst nennt einige Ausnahmen. Übereinstimmung besteht darin, dass der Mensch ohne ausreichende Befriedigung der ersten drei Defizitbedürfnisse den beiden darüberstehenden Wachstumsbedürfnissen keine hohe Bedeutung beimisst. Die Existenz einer Rangordnung bei den höheren Bedürfnissen gilt allerdings nach herrschender Meinung als widerlegt. Das Modell eignet sich für ein grundlegendes Verständnis der motivierenden Faktoren und deren zeitlicher Entwicklung, denn die befriedigten Bedürfnisse verlieren sukzessive ihre Motivationswirkung.

- **ERG-Theorie:** *Alderfer* (1972) reduziert die Bedürfnishierarchie von *Maslow* auf drei Bedürfnisklassen:
  - **Existenzbedürfnisse** (Existence Needs): Physiologische Bedürfnisse, Sicherheit, Bezahlung etc.
  - **Beziehungsbedürfnisse** (Relatedness Needs): Kontakt, Ansehen, Einfluss etc.
  - **Wachstumsbedürfnisse** (Growth Needs): Entfaltung, Selbstverwirklichung etc.

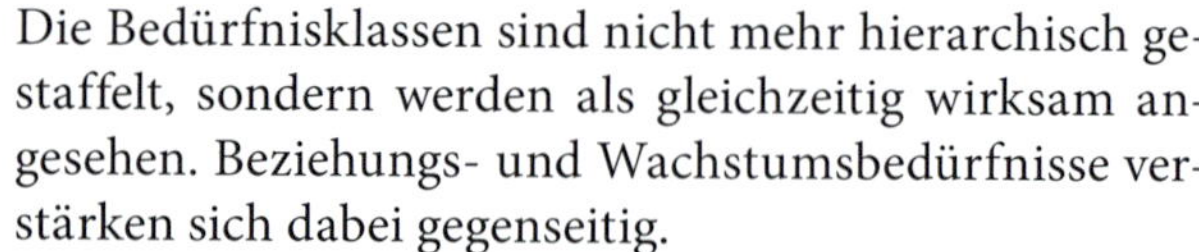
Die Bedürfnisklassen sind nicht mehr hierarchisch gestaffelt, sondern werden als gleichzeitig wirksam angesehen. Beziehungs- und Wachstumsbedürfnisse verstärken sich dabei gegenseitig.

- **Zwei-Faktoren-Theorie:** *Herzberg et al.* (1959) identifizierten durch Befragung von 203 Ingenieuren und Buchhaltern mehrere Einflussfaktoren, die sich auf die Arbeitszufriedenheit der Mitarbeiter auswirken. Sie wurden in zwei Gruppen unterteilt, von denen unterschiedliche Motivationseffekte ausgehen.

Motivatoren, wie etwa Anerkennung, Verantwortung oder interessante Arbeitsinhalte, bilden dauerhafte Leistungsanreize, ohne sich abzunutzen. **Hygienefaktoren,** wie beispielsweise Bezahlung, Status, soziale Beziehungen oder Führungsqualität, gelten dagegen als notwendige Rahmenbedingungen für die Leistungserbringung. Fehlen bestimmte Hygienefaktoren, dann führt dies zu Unzufriedenheit. Haben sie aber ein gewisses Niveau erreicht, dann erzeugt ihre Steigerung keinen zusätzlichen Leistungsanreiz. Ab einem bestimmten Einkommen wirkt etwa eine Gehaltserhöhung nicht mehr motivierend. Bei der Untersuchung wurden auch Überschneidungen zwischen Motivatoren und Hygienefaktoren und individuelle Unterschiede festgestellt.

Prozesstheorien

- **Erwartungstheorie (VIE-Theorie):** Nach der Erwartungstheorie von *Vroom* (1964) ist die Motivation eines Menschen abhängig von der subjektiven Bedeutung eines Ziels und seiner Erwartung, dieses mit einer bestimmten Handlung zu erreichen. Zunächst bildet sich der Mensch ein Urteil darüber, wie wünschenswert die Erreichung eines Ziels ist (Valenz). Anschließend prüft er, inwieweit er es mit den verfügbaren Mitteln realisieren kann (Instrumentalität) und wie groß er die Wahrscheinlichkeit einschätzt, es zu erreichen (Erwartung). Die subjektive Erwartung ist abhängig von der individuellen Persönlichkeit des Menschen. Die Leistungsbereitschaft stellt dann das Produkt aus den drei Faktoren Valenz, Instrumentalität und Erfolgserwartung dar. Die Erwartungstheorie wurde durch empirische Untersuchungen gestützt, dennoch ist ihre praktische Anwendbarkeit

aufgrund der schwierigen Messbarkeit der Faktoren begrenzt.

- **Flow-Theorie:** *Csikszentmihalyi* (1985) beschreibt den menschlichen Gemütszustand des „Flow". Dabei gehen Mitarbeiter so in ihrer Arbeit auf, dass sie sich dieser voll hingeben und alles um sich herum vergessen. Diese Form der Begeisterung verursacht Glücksgefühle. Wer etwa eine anstrengende Bergtour unternommen oder ein spannendes Buch gelesen hat, kennt diesen Zustand aus eigener Erfahrung. In einen solchen Flusszustand können Mitarbeiter aber nur dann gelangen, wenn sie von ihrer Aufgabe weder über- noch unterfordert werden. Denn Überforderung würde zu blockierender Angst und Unterforderung zu demotivierender Langeweile führen. Dazwischen kann der Mitarbeiter höchste Begeisterung erfahren und so maximale Leistung erzielen. Da sich die Fähigkeiten der Mitarbeiter weiterentwickeln, werden die Aufgaben im Laufe der Zeit zur Routine. Um wieder in den Flusszustand zu gelangen, müssen sie deshalb mit neuen, herausfordernden Aufgaben betreut werden. In der Praxis ist dies sicherlich nicht immer realisierbar und die Stärke des Flow-Effekts hängt auch von der individuellen Persönlichkeit eines Mitarbeiters ab.

- **Neurobiologische Theorie**: Ein moderner Ansatz zur Erklärung von Motivation basiert auf dem Menschenbild des gehirngesteuerten Menschen. Nach dem Neurobiologen *Hüther* (vgl. 2009, S. 30 ff.) ist das menschliche Gehirn für die kreative Lösung von Problemen und nicht zur Ausführung von Routinen geschaffen. Damit sich die Verschaltungsmuster der Nervenzellen erweitern und festigen, braucht es immer wieder neue Herausforderungen. Dadurch werden die emotionalen Zentren im limbischen System des Gehirns angeregt und weit voneinander entfernte neuronale Netzwerke aktiviert. Durch die Verbindung des vorhandenen, aber bislang im Gehirn getrennt gespeicherten Wissens, entstehen kreative Lösungen. Diese aktivieren wiederum das Belohnungssystem und setzen euphorisierende Botenstoffe frei. Die kindliche Lust am Entdecken und Gestalten lässt sich mithilfe der richtigen Rahmenbedingungen und Anreize auch bei Mitarbeitern wecken.

  Folgende **Faktoren** sind dabei für die Motivation entscheidend (vgl. *Hüther*, 2013, S. 25 ff.):

  - **Sinnhaftigkeit** der Aufgabe aus Sicht der Mitarbeiter.
  - **Kohärenz**, d. h., die Aufgaben müssen für die Mitarbeiter in sich stimmig und nachvollziehbar sein.
  - **Wirksamkeit**: Die Mitarbeiter müssen das Gefühl haben, zur Lösung einer Aufgabe einen wertvollen Beitrag leisten zu können und diesen am Gesamtergebnis erkennen können.

  Druck und Angst lösen im Gehirn dagegen ein archaisches Notfallprogramm aus, das nur noch Angriff, Flucht oder Erstarrung zulässt. Gehirngerechte Führung soll die Mitarbeiter deshalb dazu ermutigen und begeistern, ihre eigenen Potenziale zu entfalten („Supportive Leadership"). Die Führung soll hierzu regelmäßig neue Herausforderungen schaffen, das Know-how im Unternehmen vernetzen, die Mitarbeiter wertschätzend unterstützen, Erfolgserlebnisse fördern und eine positive Fehlerkultur sicherstellen (vgl. *Hüther*, 2009, S. 30 f.).

Letztlich existiert **keine allgemeingültige Theorie** darüber, wodurch Menschen motiviert werden. Die dargestellten Ansätze versuchen auf unterschiedliche Weise, menschliches Leistungsverhalten zu erklären. Da die Motivation jedes einzelnen Mitarbeiters aber aus einer Vielzahl individueller Faktoren und Motive entsteht, liefern sie lediglich Hinweise auf bestehende Motivationsmöglichkeiten. Konkrete Gestaltungsempfehlungen zur Personalführung sollen die im Folgenden dargestellten Führungstheorien und -modelle liefern.

Theorien und Modelle der Führung

> **Führungstheorien** erklären, wie Vorgesetzte ihre Mitarbeiter beeinflussen sollen, um eine gewünschte Leistung oder ein gewünschtes Verhalten zu erreichen (vgl. *Drumm*, 2008, S. 409).

Die wichtigsten **Führungstheorien** sind (vgl. *Weibler*, 2016, S. 97 ff.; *Peters*, 2015, S. 20 ff.; *Seelhofer*, 2020, S. 32 ff.):

- **Verhaltenstheorien** betrachten den Führungserfolg als das Ergebnis des Führungsverhaltens. Sie untersuchen, welchen Führungsstil erfolgreiche Führungskräfte anwenden. Das Führungsverhalten kann dabei entweder mitarbeiter- oder aufgabenorientiert sein. Bezieht der Vorgesetzte etwa seine Mitarbeiter in die Entscheidungsfindung ein, kann dies bei der Zielerreichung vorteilhaft sein.

- **Situationstheorien** beziehen den Führungserfolg nicht nur auf das Führungsverhalten, sondern berücksichtigen auch den Einfluss situativer Faktoren, wie etwa die Aufgabenstellung, Fähigkeiten und Erwartungen der Mitarbeiter oder externe Einflüsse. Die Führungskraft hat deshalb je nach Situation einen geeigneten Führungsstil auszuwählen. Die verschiedenen Ansätze interpretieren die Führungssituation dabei sehr unterschiedlich.
- **Eigenschafts- und Merkmalstheorien** stellen die persönlichen Eigenschaften einer Führungskraft in den Mittelpunkt. Sie gehen davon aus, dass angeborene oder entwickelte Persönlichkeitsmerkmale eine erfolgreiche Führung ausmachen. Dabei wird häufig der Einfluss der folgenden fünf relativ stabilen und weitgehend kulturunabhängigen **Hauptdimensionen der Persönlichkeit** betrachtet (sog. Big Five) (vgl. *Hoffmann*, 2019, S. 84):
  - Offenheit für Erfahrungen (Aufgeschlossenheit),
  - Gewissenhaftigkeit (Perfektionismus),
  - Extraversion (Geselligkeit),
  - Verträglichkeit (Rücksichtnahme, Kooperationsbereitschaft, Empathie),
  - Neurotizismus (emotionale Labilität und Verletzlichkeit).

  Die ersten vier Faktoren wirken sich positiv, Neurotizismus eher negativ auf die Effektivität der Führung aus. Diese Merkmale können Führerschaft und Führungserfolg allerdings nur teilweise erklären, da auch andere Faktoren, wie etwa erworbenes Wissen, in die Betrachtung einbezogen werden müssen.

  Als wesentliche Führungsmerkmale werden häufig Durchsetzungs- und Einfühlungsvermögen, Intelligenz, Energie, Selbstbewusstsein, Ausdauer, Belastbarkeit und Verantwortungsbewusstsein genannt. Trotz des bestehenden Einflusses von Führungsmerkmalen wird an der Eigenschaftstheorie die Überbewertung der Führungskraft als „Great Man“ kritisiert. Führungserfolg hängt nicht nur von persönlichen Merkmalen, sondern von zahlreichen anderen situativen Komponenten ab. Eigenschaftstheorien sind nach wie vor populär, da sie vertraute Denkmuster unterstützen und leicht nachvollziehbar sind.
- **Attributionstheorien** untersuchen, wie Führung zugeschrieben wird, d. h., wann eine Person von den Geführten als Führender akzeptiert wird. Führung ist also nicht unabhängig von den Geführten, sondern wird durch deren Wahrnehmung beeinflusst. Erhält beispielsweise eine Abteilung einen neuen Vorgesetzten, dann beobachten die Mitarbeiter dessen Verhalten. Diese Beobachtungen werden mit den eigenen Erwartungen verglichen, wobei auch die Meinung Dritter berücksichtigt wird. Auf dieser Basis beurteilen die Mitarbeiter die Führungsqualitäten des Vorgesetzten. Dies führt zur Akzeptanz oder Ablehnung der neuen Führungskraft, die durch die Mitarbeiter verdeckt oder offen zum Ausdruck gebracht werden kann.
- **Interaktionstheorien** verstehen Führung als interaktiven Prozess vielfältiger Wechselbeziehungen zwischen der Führungskraft und einer Gruppe von Geführten. Der Führungserfolg hängt von der wechselseitigen Beeinflussung (Interaktion) zwischen Vorgesetzten und Mitarbeitern ab. Erst eine erfolgreiche Beeinflussung führt zur Unterscheidung zwischen Führendem und Geführten. Durch rationale Argumente, Emotionen oder Einschalten übergeordneter Instanzen kann sogar „Führung von unten“ oder „Führung durch Gleichgestellte“ erfolgen.

Darüber hinaus gibt es noch eine **Vielzahl weiterer Theorien**, wie z. B. (vgl. *Weibler*, 2016, S. 129 ff.; *Peters*, 2015, S. 34 ff.; *Seelhofer*, 2020, S. 38 ff.):

- **Machtbasierte Führung** beschreibt, worauf sich der Einfluss der Führungskraft begründet. Quellen der Macht sind die Position (z. B. Amtsautorität, Informationsvorsprünge) und die Persönlichkeit der Führungskraft, wie etwa deren Charisma oder Wissen.
- **Gehirngerechte Führung** (Neuroleadership) will die Mitarbeiter durch Erfüllung der vier neurowissenschaftlichen Grundbedürfnisse nach Bindung, Orientierung und Kontrolle, Selbstwertschutz und -steigerung sowie Lustgewinn und Unlustvermeidung motivieren. Der Schwerpunkt liegt in der positiven Gestaltung der Beziehung zwischen Führungskraft und Mitarbeitern (vgl. *Hoffmann*, 2019).
- **Persönlichkeitstyporientierte Führung** betrachtet den Einfluss der Persönlichkeitsstruktur von Führungskräften und Mitarbeitern auf den Führungsprozess. Sie liefert auf der einen Seite Hinweise für die Führung schizoider, depressiver, zwangsneurotischer, hysterischer, paranoider oder narzisstischer Mitarbeiter. Auf der anderen Seite macht sie Aussagen über die Auswirkungen dieser Persönlichkeitstypen auf das Führungshandeln von Vorgesetzten.
- **Interkulturelle Führung** berücksichtigt die kulturellen Unterschiede bei der Führung internationaler Unternehmen (vgl. Kap. 8.5.5).

- **Authentische Führung** fordert die Übereinstimmung von Denken, Aussagen, Fühlen und Handeln der Führungskraft. Diese Authentizität stärkt die Glaubwürdigkeit bei den Mitarbeitern. Ausprägungen können eine an Moral und höheren Werten orientierte ***ethische Führung*** oder eine auf das individuelle Wachstum der anvertrauten Mitarbeiter ausgerichtete ***dienende Führung*** sein.

Aufgrund ihrer Bedeutung für die Personalführung werden im Folgenden ausgewählte Verhaltens- und Situationstheorien näher erläutert.

Verhaltenstheorien

Die Verhaltenstheorien betrachten das **Führungsverhalten** als wesentlichen Einflussfaktor des Führungserfolgs. Situative Einflussfaktoren der Führung, wie etwa die Merkmale der Geführten oder der Führungskontext, werden dabei ausgeblendet. Die Formen des Führungsverhaltens werden vereinfachend nach unterschiedlichen Führungsstilen kategorisiert.

> Ein **Führungsstil** ist ein bestimmtes persönliches Verhaltensmuster eines Vorgesetzten bei der Führung von Mitarbeitern.

Die Auswahl des Führungsstils wird durch das Menschenbild der Führungskraft beeinflusst. Der Führungsstil bestimmt, wie Entscheidungen getroffen, Anweisungen übermittelt sowie Aufgaben zugeordnet und überprüft werden. Da er in der Praxis von vielen Faktoren abhängt, lassen sich nur idealtypische Führungsstile beschreiben.

Es werden folgende **Dimensionen des Führungsverhaltens** unterschieden (vgl. *Ridder*, 2015, S. 315; *Peters*, 2015, S. 22 f.):

- **Mitarbeiterorientierung** betont die zwischenmenschlichen Beziehungen bei der Aufgabenerfüllung. Die Führungskraft wertschätzt die Mitarbeiter, baut Vertrauen auf und setzt sich für deren persönlichen Belange, Bedürfnisse und Ziele ein. Die Mitarbeiter werden etwa auf Basis vereinbarter Ziele geführt und können Entscheidungen bei der Bearbeitung ihrer Aufgaben relativ selbstständig treffen.
- **Aufgabenorientierung** stellt die erfolgreiche Erledigung der Arbeitsaufgaben in den Vordergrund, während persönliche Bedürfnisse der Mitarbeiter nur eine untergeordnete Rolle spielen. Aufgabenbezogene Führungsaspekte sind etwa Planung, Kontrolle, Koordination und die Bereitstellung von Ressourcen. Den Mitarbeitern werden beispielsweise anspruchsvolle Ziele gesetzt und deren Einhaltung genau kontrolliert.
- **Partizipationsgrad** bezeichnet das Ausmaß der Beteiligung der Mitarbeiter an den Entscheidungen der Führung. Die Spannweite reicht von autoritären bis zu kooperativen Führungsstilen.

In der Praxis sind meist Mischformen anzutreffen. Generell gibt es keinen universell einsetzbaren und in allen Situationen geeigneten Führungsstil. Nach der Anzahl der betrachteten Beurteilungskriterien lassen sich Führungsstile in ein-, zwei- und mehrdimensionale Ansätze unterscheiden. Im Folgenden werden exemplarisch mit dem Führungsstilkontinuum von *Tannenbaum/Schmidt* eine eindimensionale und mit dem Verhaltensgitter von *Blake/Mouton* eine zweidimensionale Führungsstiltypologie vorgestellt.

Mehrdimensionale Ansätze kategorisieren den Führungsstil anhand unterschiedlicher Kriterien. Die Darstellung erfolgt meist in Form eines Führungsprofils, bei dem das Ausmaß der jeweiligen Dimensionen auf einer Skala abgetragen wird. Beispielsweise wird die Einstellung des Vorgesetzten zwischen den Polen „Misstrauen" und „Vertrauen" kategorisiert. Sie eignen sich zur Analyse einer Führungssituation, etwa im Rahmen einer Mitarbeiterbefragung (vgl. *Bühner*, 2005, S. 277 ff.).

- **Das Führungsstil-Kontinuum:** *Tannenbaum* und *Schmidt* betrachten das Führungsverhalten als Kontinuum sieben idealtypischer Verhaltensweisen, die nach dem Ausmaß des Einbezugs der Mitarbeiter in die Entscheidungsfindung differenziert werden (vgl. Abb. 6.3.3; *Tannenbaum/Schmidt*, 1958, S. 96 ff.):
  - **autoritär:** Die Führungskraft entscheidet ohne Einbezug der Mitarbeiter und ordnet an.
  - **patriarchalisch:** Die Führungskraft versucht, die Mitarbeiter von ihren Entscheidungen zu überzeugen, bevor sie diese anordnet.
  - **informativ:** Die Führungskraft lässt zu ihren Entscheidungen Fragen zu, mit deren Beantwortung sie die Akzeptanz ihrer Entscheidungen erreichen will.
  - **beratend:** Die Führungskraft informiert ihre Mitarbeiter über ihre beabsichtigten Entscheidungen. Die Mitarbeiter haben die Möglichkeit, ihre Meinung

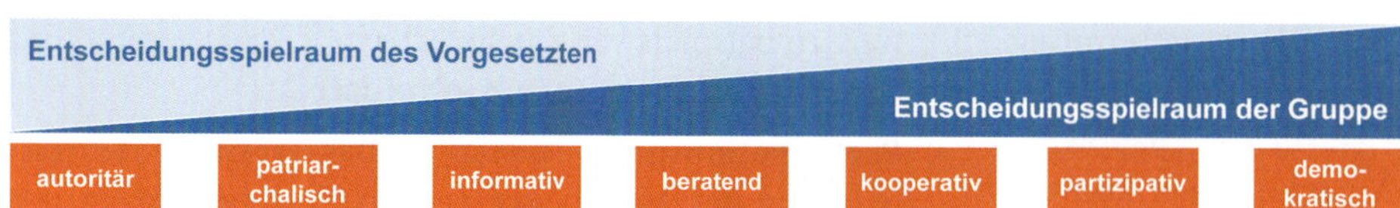

Abb. 6.3.3: Führungsstil-Kontinuum (vgl. Tannenbaum/Schmidt, 1958, S. 96)

zu äußern und Vorschläge zu machen, bevor der Vorgesetzte seine endgültige Entscheidung trifft.

- **kooperativ:** Die Führungskraft stellt das Problem dar und lässt ihre Mitarbeiter Lösungsvorschläge entwickeln, von denen sie dann eine Lösung auswählt.
- **partizipativ:** Die Führungskraft zeigt das Problem auf und legt den Spielraum fest, in dessen Rahmen sich die Gruppe für eine Lösung entscheiden kann.
- **demokratisch:** Die Gruppe entscheidet selbst.

Tannenbaum/Schmidt favorisieren keinen der sieben Führungsstile. Stattdessen soll der jeweils geeignete Stil abhängig von den in Abb. 6.3.4 dargestellten Eigenschaften der Führungskraft, der Mitarbeiter und der Situation ausgewählt werden. Eine erfolgreiche Führungskraft muss diese Einflussfaktoren richtig einschätzen und ihr Führungsverhalten entsprechend anpassen. Hauptkritikpunkt an dieser Typologie ist, dass lediglich die Entscheidungsbeteiligung als Unterscheidungskriterium herangezogen wird (vgl. *Albert*, 2020, S. 205 ff.).

- **Das Verhaltensgitter:** *Blake* und *Mouton* differenzieren das Führungsverhalten nach der Aufgaben- und Mitarbeiterorientierung der Führungskraft. Beide Dimensionen werden als voneinander unabhängig betrachtet und deren Ausprägung in neun Stufen unterteilt. Dadurch entsteht das in Abb. 6.3.5 dargestellte **Verhaltensgitter** (Managerial Grid). Es enthält 81 Kombinationsmöglichkeiten, die jeweils ein bestimmtes Führungsverhalten charakterisieren. Vereinfachend folgen daraus folgende **fünf Idealtypen** (vgl. *Blake/Mouton*, 1968, S. 21 ff.):

- **Führungsstil 1-1 (Überlebensmanagement):** Minimale Einwirkung auf Arbeitsleistung und Mitarbeiter. Die Anstrengung zur Erledigung der geforderten Arbeit genügt gerade noch, sich im Unternehmen zu halten. Die erbrachte Leistung ist gering und Konflikte werden vermieden. Folge können Resignation und Apathie sein.
- **Führungsstil 1-9 (Glacéhandschuh-Management):** Die Rücksichtnahme auf die zwischenmenschlichen Bedürfnisse der Mitarbeiter bewirkt ein gemächliches Arbeitstempo und freundliches Betriebsklima. Die erbrachte Leistung ist gering und Konflikte werden vermieden. Die Führungskraft übernimmt Meinungen und Ideen anderer, statt eigene Ideen durchzusetzen und selbst aktiv zu werden. Bei Konflikten versucht sie, die Parteien zu versöhnen.
- **Führungsstil 5-5 (Organisationsmanagement):** Kompromisslösung, die auf durchschnittliche Leistungen bei durchschnittlicher Mitarbeiterzufriedenheit abzielt. Die Führungskraft handelt nach der Devise „leben und leben lassen“. Meinungen und Ideen anderer kommt sie entgegen. Bei Konflikten sucht sie nach einer für alle Beteiligten fairen Lösung. Bei Spannungen ist sie unsicher und weiß nicht genau, wie sie die Erwartungen anderer erfüllen soll.
- **Führungsstil 9-1 (Befehl-Gehorsam-Management):** Starke Betonung der Arbeitsleistung bei geringer Beachtung zwischenmenschlicher Beziehungen. Der Betriebserfolg beruht darauf, die Arbeitsbedingungen so einzurichten, dass der Einfluss persönlicher Faktoren auf ein Minimum beschränkt wird. Die Führungskraft fordert von ihren Mitarbeitern absoluten Gehorsam. Sie ist Antreiber und behält über jede Situation die Kontrolle. Ihre Ideen und Meinungen setzt sie konsequent durch. Konflikte erstickt sie im Keim oder versucht, diese für sich zu entscheiden.

Eigenschaften		
der Führungskraft	**der Mitarbeiter**	**der Situation**
▪ Wertesystem ▪ Vertrauen in die Mitarbeiter ▪ Führungsqualitäten ▪ Selbstsicherheit in einer bestimmten Situation	▪ Bisherige Erfahrungen in der Entscheidungsfindung ▪ Engagement ▪ Persönliche Ansprüche und Bedürfnisse	▪ Art und Gewicht der Entscheidung ▪ Organisationsstruktur ▪ Gruppeneigenschaften ▪ Zeitlicher Abstand zur Handlung

Abb. 6.3.4: Einflussfaktoren auf die Wahl des Führungsstils (vgl. Bühner, 2005, S. 277)

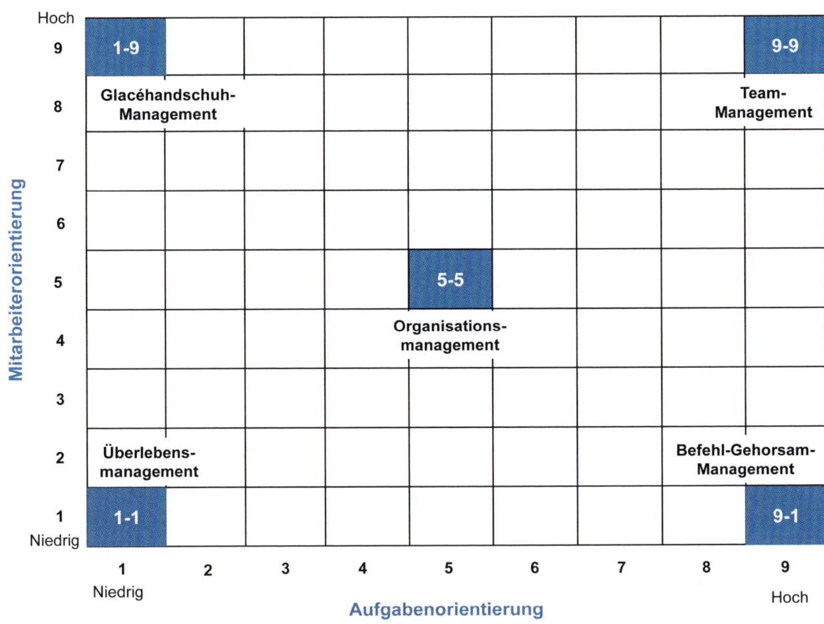

Abb. 6.3.5: Führungsstile im Verhaltensgitter (vgl. Blake/Mouton, 1968, S. 33)

- **Führungsstil 9–9 (Team-Management):** Die gleichzeitige Betonung von Aufgaben- und Mitarbeiterorientierung ermöglicht eine hohe Arbeitsleistung durch engagierte Mitarbeiter. Ergebnisse werden gemeinsam erreicht, Konflikte gemeinschaftlich gelöst. Die Führungskraft hört zu und sucht nach Alternativen. Sie besticht durch feste Überzeugungen, nimmt aber plausible Vorschläge ihrer Mitarbeiter auf. Bei Konflikten sucht sie nach Ursachen und gemeinsamen Lösungen. Sie ist ein Vorbild für ihre Mitarbeiter.

Das Verhaltensgitter bildet ein breites Spektrum möglichen Führungsverhaltens ab. Situative Einflüsse werden jedoch vernachlässigt, da nur der Führungsstil 9–9 als erfolgversprechend angesehen wird. Dies ist jedoch nicht immer der Fall. Die Wahl des Führungsstils hängt auch von anderen Faktoren ab, wie etwa den betroffenen Mitarbeitern oder der Aufgabe. Weitere Kritik wird an der Einstufung des Führungsverhaltens in das Gitter geübt, da hierfür keinerlei anwendbare Regeln existieren (vgl. *Albert*, 2020, 211 f.).

Situationstheorien

Die Situationstheorien lehnen sowohl die Vorstellung einer aufgrund bestimmter Persönlichkeitsmerkmale dominierenden Führungskraft („Great man") der Eigenschaftstheorie als auch die eines in allen Situationen anwendbaren Führungsverhaltens („one best way") der Verhaltenstheorien ab. Es wird davon ausgegangen, dass Führungsverhalten und -erfolg vor allem von situativen Gegebenheiten abhängen. Je nach Situation wird somit eher aufgaben- oder mitarbeiterorientiert geführt. Erfolgreich sind danach die Führungskräfte, welche die Führungssituationen richtig analysieren und ihr Führungsverhalten darauf ausrichten. Der Führungsstil sollte so gewählt werden, dass er dem jeweiligen Unternehmen, seinen Mitarbeitern und der Führungssituation gerecht wird. Der Zusammenhang zwischen den unterschiedlichen Situationsmerkmalen, Führungsstilen und dem Führungserfolg wird etwa in den Führungsmodellen von *Reddin*, *Fiedler* oder *Hersey/Blanchard* thematisiert (vgl. *Holtbrügge*, 2018, S. 251 ff.). Ein modernes situatives Führungsmodell ist die **kontextbedingte Führung**, die in Kap. 6.3.2 vorgestellt wird.

- **3-D-Theorie:** Das dreidimensionale Modell von *Reddin* erweitert das Verhaltensgitter von *Blake/Mouton* um eine situative Komponente (vgl. Abb. 6.3.6). Neben den beiden Dimensionen Mitarbeiter- und Aufgabenorientierung verwendet er zusätzlich den Faktor Führungseffektivität. Dieser ergibt sich aus dem Führungsverhalten und der Führungssituation. Die Wahl des besten Führungsstils ist demnach situationsabhängig. *Reddin* unterscheidet vier **Grundstile** mit jeweils zwei Ausprägungen (vgl. *Reddin*, 1977, S. 25 ff.):
  - **Verfahrensstil:** Die Führungskraft bevorzugt stabile Umweltsituationen und verlässt sich auf Verfahren,

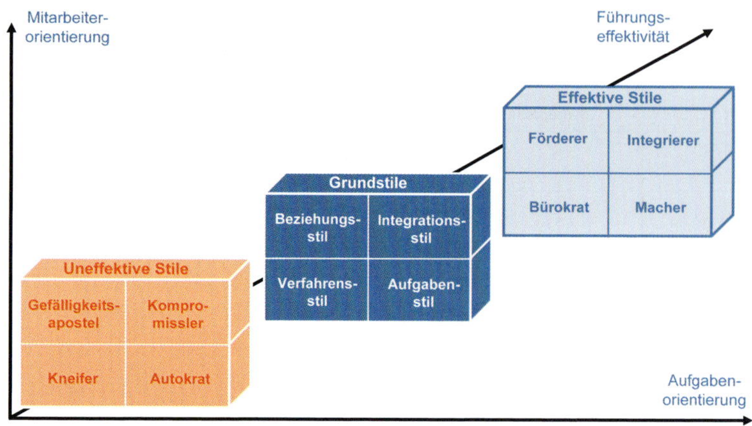

Abb. 6.3.6: 3-D-Modell der situativen Effektivität der Führungsstile (in Anlehnung an Reddin, 1977, S. 28)

Methoden und Systeme. Der „Bürokrat" beherrscht in statischen Situationen Routineprozesse, da er sich an feste Regeln hält. Der „Kneifer" beharrt in dynamischen Situationen auf alten Vorschriften.

- **Beziehungsstil:** Die Führungskraft betont menschliche Beziehungen und berücksichtigt die Mitarbeiterbedürfnisse. Der „Förderer" delegiert so viel wie möglich, da er sich von der Entwicklung der Mitarbeiter langfristig eine bessere Aufgabenerfüllung erwartet. Der „Gefälligkeitsapostel" vernachlässigt die Aufgabenorientierung, da er der Auffassung ist, dass zufriedene Mitarbeiter leistungsfähiger sind.
- **Aufgabenstil:** Die Führungskraft betont Leistungsergebnisse und denkt dabei produktivitätsorientiert. Der „Macher" überzeugt durch sein Expertenwissen und setzt seinen Mitarbeitern anspruchsvolle, aber erreichbare Ziele. Der „Autokrat" beharrt auf seiner Autorität und überfordert seine Mitarbeiter. Dies führt zu Widerständen, die etwa durch Fluktuation oder Fehlzeiten zum Ausdruck kommen.
- **Integrationsstil:** Die Führungskraft strebt nach gleichwertiger Mitarbeiter- und Aufgabenorientierung. Der „Integrierer" führt kooperativ und fördert seine Mitarbeiter zielorientiert. Der „Kompromissler" versucht, Konflikte zu vermeiden und es allen recht zu machen.

Reddin favorisiert keinen Führungsstil. Für die Effektivität des Führungsverhaltens ist nach seiner Ansicht die richtige Analyse und Einschätzung der Führungssituation entscheidend. Die konkrete Situation bestimmt den Grundstil, der für eine effektive Führung angewendet werden sollte. *Reddins* Ansatz wird als relativ vage kritisiert. Insbesondere die Messung der Führungseffektivität bleibt unklar. Darüber hinaus muss der Vorgesetzte die Führungssituation laufend analysieren und sollte alle vier Grundstile beherrschen. Die meisten Führungskräfte dürften hiermit überfordert sein (vgl. *Holtbrügge*, 2018, S. 253).

- Die **Kontingenztheorie** entstand aus einer empirischen Untersuchung von *Fiedler* zur Wirkung von alternativen Führungsstilen auf die Effektivität von Gruppen in verschiedenen Situationen. Der Einfluss einer Führungskraft auf die Leistung ihrer Mitarbeiter hängt danach vom Führungsverhalten und der jeweiligen Situation ab. Die Verhaltensweise der Führungskraft wird durch den LPC-Wert (Least prefered Co-Worker) gemessen, der mithilfe eines Fragebogens ermittelt wird. Er quantifiziert die Einstellung des Vorgesetzten zu seinem am wenigsten geschätzten Mitarbeiter. Dabei wird nicht die persönliche Wertschätzung, sondern die jeweilige Aufgabenerfüllung beurteilt. Die Führungssituation wird durch die Führender-Geführten-Beziehung, Aufgabenstruktur und Positionsmacht beschrieben. *Fiedler* fand heraus, dass aufgabenorientierte Vorgesetzte sowohl in besonders vorteilhaften als auch sehr unvorteilhaften Situationen erfolgreich führen, während mitarbeiterorientierte Vorgesetzte in gemäßigten Führungssituationen bessere Ergebnisse erreichen (vgl. *Fiedler*, 1967, S. 164 ff.). Prämissen, Methodik und empirisches Vorgehen des Kontingenzmodells werden allerdings kritisiert. Die Situationsvariablen des Modells sind wegen mangelnder Eindeutigkeit und Operationalität zur Erklärung einer effektiven Führung nicht ausreichend (vgl. *Hentze et al.*, 2005, S. 311 f.). Die Problematik des Modells wird deutlich, wenn der am wenigsten geschätzte Mitarbeiter den Bereich verlässt. Bei einer erneuten Befragung wird die Führungskraft einen neuen „Least prefered Co-Worker" besser einschätzen und der LPC-Wert dadurch steigen. Deshalb kann das Kontingenzmodell zur Wahl des Führungsverhaltens nur wenig beitragen. Dennoch erkannte *Fiedler* bereits den Einfluss der Führungssituation auf den Führungserfolg (vgl. *Drumm*, 2008, S. 422).

- **Die situative Reifegrad-Theorie** von *Hersey* und *Blanchard* (1982) betrachtet ebenfalls die Aufgaben- und Mitarbeiterorientierung sowie die situationsabhängige Effektivität des Führungsstils. Zentrales Auswahlkriterium ist der aufgabenbezogene Reifegrad des Mitarbeiters, der von zwei Eigenschaften bestimmt wird:
  - der **Fähigkeit** des Mitarbeiters, die Aufgabe zu erfüllen **(Können)**, und
  - seiner **psychologischen Reife**, die sich in dessen Selbstbewusstsein, Motivation und Verantwortungsbereitschaft widerspiegelt **(Wollen)**.

  Der **Reifegrad** der Mitarbeiter wird in vier Stadien eingeteilt und hierfür jeweils ein adäquater Führungsstil vorgeschlagen (vgl. *Hersey/Blanchard*, 1982, S. 151 ff.; *Huf*, 2020, S. 122 f.):
  - **M1** („Mitarbeiter kann nicht und will nicht"): Unreife Mitarbeiter verfügen für die Lösung einer Aufgabensituation nicht über die erforderlichen Fähigkeiten und es fehlt ihnen meist auch an Motivation. Dies bedingt einen autoritären Führungsstil, bei der die Aufgabenorientierung im Vordergrund steht. Der Vorgesetzte erteilt klare Anweisungen, wie eine Aufgabe durchzuführen ist.
  - **M2** („Mitarbeiter kann nicht, aber will"): Mitarbeiter mit geringer bis mäßiger Reife werden bei einem integrierenden Führungsstil in die Entscheidungsfindung einbezogen, der Vorgesetzte trifft jedoch letztlich die Entscheidung. Er versucht dabei, die Mitarbeiter von seinen Entscheidungen argumentativ zu überzeugen.
  - **M3** („Mitarbeiter kann, aber will nicht"): Mitarbeiter mit mäßiger bis hoher Reife können bei der Entscheidungsfindung und -umsetzung eine aktivere Rolle einnehmen. Ein partizipativer Führungsstil fördert deren Motivation.
  - **M4** („Mitarbeiter kann und will"): Reife Mitarbeiter sollten möglichst selbstständig arbeiten. Beim delegativen Führungsstil überlässt der Vorgesetzte die Aufgabenerfüllung dem Mitarbeiter und beschränkt sich lediglich auf fallweise Kontrollen.

  Die in Abb. 6.3.7 dargestellte Kurve beschreibt den optimalen Führungsstil in Abhängigkeit vom Reifegrad des Mitarbeiters. Ein neu eingestellter Mitarbeiter mit entsprechendem Potenzial entwickelt sich idealerweise im Laufe der Zeit vom Reifegrad M1 bis zu M4. *Hersey* und *Blanchard* haben mit der Betrachtung des Reifegrads einen wesentlichen Einflussfaktor auf den Führungserfolg identifiziert. Allerdings bleiben in ihrem Modell andere situationsbezogene Faktoren unberücksichtigt (vgl. *Hentze et al.*, 2005, S. 300). Der Reifegrad des Mitarbeiters ist außerdem nur schwer zu ermitteln. Ein

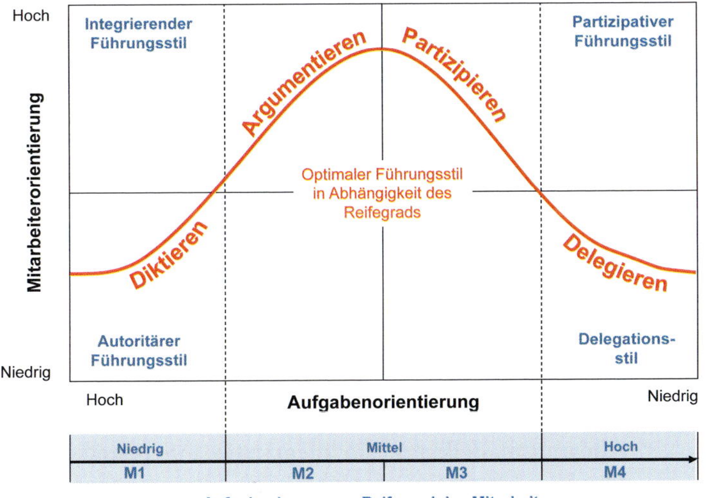

Abb. 6.3.7: Abhängigkeit des Führungsstils vom Reifegrad des Mitarbeiters (vgl. Hersey/Blanchard, 1982, S. 152)

Mensch kann bei einer bestimmten Aufgabenstellung eine hohe und bei einer anderen nur eine geringe Reife besitzen. Nach der situativen Reifegrad-Theorie müssten deshalb Vorgesetzte ihr Führungsverhalten je nach Aufgabe mehrfach ändern. Dies mag für die Aufgabenorientierung sinnvoll sein, ist aber für die Mitarbeiterorientierung ungeeignet. Ein ständiger Wechsel in der Beziehungsorientierung würde die Mitarbeiter eher verwirren und demotivieren (vgl. *Albert*, 2020, S. 211 f.).

- **Emotionale Führung** geht insbesondere auf den Psychologen *Goleman* zurück. Erfolgreiche Führung beruht demnach nicht nur auf der Fachkompetenz einer Führungskraft, sondern vor allem darauf, wie gut diese mit sich und anderen in sozialen Beziehungen umgehen kann. Diese **emotionale Intelligenz (EQ)** zeichnet sich durch folgende Fähigkeiten aus (vgl. *Goleman*, 1995, S. 65 f.):

  - **Bewusste Wahrnehmung** der eigenen Gefühle, um diesen nicht ausgeliefert zu sein.
  - **Angemessener Umgang mit den eigenen Emotionen**, also diese weder zu verharmlosen noch zu dramatisieren. Wer sich selbst beruhigen kann, erholt sich schneller von Rückschlägen und kann etwa Ängste, Kränkungen oder Gereiztheit besser bewältigen.
  - Die **Nutzung von Gefühlen** für die Erreichung von Zielen kann herausragende Leistungen ermöglichen. Emotionen können einen äußerst produktiven, fließenden Zustand (Flow) erzeugen, bei dem die Mitarbeiter voll in ihrer Arbeit aufgehen. Anspruchsvolle Ziele erfordern emotionale Selbstbeherrschung, also die Kontrolle der eigenen Gefühle und Handlungen zugunsten eines langfristigen Erfolgs.
  - **Empathie** bezeichnet die Bereitschaft und Fähigkeit zur Wahrnehmung der Emotionen anderer Menschen. Einfühlsame Führungskräfte erfassen, was ihre Mitarbeiter brauchen oder wollen. Dadurch können sie auch Konflikte frühzeitig erkennen und auflösen.
  - **Soziale Kompetenz:** Der angemessene Umgang mit fremden Emotionen ist die Basis für eine reibungslose Zusammenarbeit und den Aufbau von Beziehungen.

  Ein falscher Umgang mit Emotionen führt im Unternehmen zu Dissonanzen, die sich negativ auf die Leistungsfähigkeit der Mitarbeiter auswirken. Emotional intelligente Führungskräfte können ihre Mitarbeiter besser verstehen und wecken in ihnen positive Gefühle. Diese emotionale Reaktion der Unterstellten auf einen Führungsstil wird als Resonanz bezeichnet (vgl. *Goleman et al.*, 2002a, S. 22).

  Emotional intelligente Führungskräfte wenden je nach Situation einen der folgenden **Führungsstile** an (vgl. *Goleman et al.*, 2002b, 80 ff.; *Seelhofer*, 2020, 47 ff.):

  - **Visionär** („Kommt mit mir!"), um die Mitarbeiter für eine erstrebenswerte Zukunft zu begeistern und Veränderungen einzuleiten. Dies ist eine transformierende Führung (vgl. Kap. 6.3.2).
  - **Individuell fördernd** („Probiert das mal!"), um durch Coaching die Mitarbeiter gezielt weiterzuentwickeln und deren Potenziale freizusetzen.
  - **Gefühlsorientiert** („Wie geht es euch?"), um das Arbeitsklima zu verbessern und emotionale Bindungen, wie etwa Vertrauen, aufzubauen.
  - **Demokratisch** („Was denkt ihr?"), um die Mitarbeiter einzubeziehen und bei wichtigen Entscheidungen einen Konsens zu erzielen.
  - **Fordernd** („Das geht auch schneller!"), um hohe Ziele durch effizientes Arbeiten und Leistungsdruck zu erreichen.
  - **Befehlend** („Los, marsch, marsch!"), um durch strikte Anweisungen in kritischen Situationen rasch zu reagieren und Ängste zu beruhigen.

Allen Führungstheorien liegen unterschiedliche Annahmen zugrunde, worauf eine erfolgreiche Personalführung basiert. Sie beziehen sich entweder auf das Führungsverhalten, situative Faktoren, persönliche Eigenschaften der Führungskraft oder die wechselseitigen Beziehungen zwischen Vorgesetzten und Mitarbeitern. Aufgrund der Komplexität der Führungssituation und der Individualität der Mitarbeiter existiert **keine allgemeingültige Führungstheorie**. Die unterschiedlichen Theorien liefern jedoch Hinweise für die Lösung praktischer Führungsaufgaben und bilden die Grundlage für die Formulierung von Führungsprinzipien und -modellen.

Führungsmodelle

> **Führungsmodelle** stellen das gesamte Führungshandeln im Sinne einer ganzheitlichen Führungskonzeption dar.

Führungsmodelle sind ein integriertes, umfassendes Konzept von Handlungsempfehlungen für Führungskräfte, um die Erkenntnisse aus den Führungs- und Motivationstheorien praktisch nutzbar zu machen. Zur konkreten Umsetzung eines Führungsmodells werden meist unternehmensspezifische Führungsprinzipien formuliert (vgl. *Jung*, 2017, S. 496).

Es lassen sich zwei **Kategorien von Führungsmodellen** unterscheiden (vgl. *Scholz*, 2013, S. 1144 f.; *Bass*, 1986, 24 ff.):

- **Transaktionale Führung** ist ein gegenseitiges Geben und Nehmen. Es findet ein wechselseitiger Austausch (Transaktion) zwischen der Leistung der Mitarbeiter und der Gegenleistung der Führungskraft statt. Der Mitarbeiter erfüllt die Wünsche der Führungskraft, wenn er eine aus seiner Sicht angemessene Gegenleistung erhält. Hierzu zählen die Verhaltens- und Situationstheorien.
- **Transformierende Führung** verändert die Einstellungen der Mitarbeiter. Sie gibt ihnen eine gemeinsame Ausrichtung, die als eigenes Ziel verinnerlicht wird. Dadurch werden sie motiviert, mehr zu leisten, als sie sich selbst zutrauen. Es wird hohes Engagement erzeugt, sodass eigene Interessen zugunsten höherer Ziele zurückgestellt werden. Dabei spielen Aspekte der Eigenschafts-, Attributions- und Interaktionstheorien eine Rolle. Transformierende Führung erfolgt durch Leadership, das im nächsten Kap. 6.3.2 betrachtet wird.

Führungsprinzipien

Führungsprinzipien sind konkrete Gestaltungsregeln für die Personalführung, die meist als „Management by"-Ansätze formuliert sind (vgl. *Jung*, 2017, S. 496).

Einige der bekanntesten Konzepte aus der betrieblichen Praxis werden nachfolgend exemplarisch mit ihren Vor- und Nachteilen erläutert (vgl. *Albert*, 2020, S. 218 ff.; *Jung*, 2017, S. 496 ff.):

- **Management by Objectives (MbO)** geht auf *Peter Drucker* (1954) zurück und beschreibt die Führung durch Zielvereinbarungen. Diese sollen von der Führungskraft zusammen mit dem Mitarbeiter kooperativ erarbeitet und nicht autoritär festgelegt werden. Dies wirkt sich positiv auf die Akzeptanz und Leistungsmotivation aus. Die Mitarbeiter verfügen über einen Entscheidungsspielraum, innerhalb dessen sie die vorgegebenen Ziele nach ihren Vorstellungen realisieren können. Auf diese Weise sollen Kreativität, Motivation und Flexibilität sowie Ergebnisverantwortung gesteigert werden. Zielvereinbarungen sind häufig mit einer leistungsorientierten Vergütung verknüpft. Ziele sollten nach Inhalt, Ausmaß und Termin eindeutig formuliert und an den Fähigkeiten des Mitarbeiters ausgerichtet sein. Die Zielerreichung sollte objektiv messbar sein und im Einfluss des Mitarbeiters liegen. MbO erfordert einen hohen organisatorischen Aufwand und qualifizierte Mitarbeiter, die selbstständig arbeiten und Verantwortung übernehmen. Die Zurechenbarkeit der Zielerreichung auf Einzelleistungen kann problematisch sein und die einseitige Konzentration auf Leistungsziele kann zu einer Vernachlässigung der Mitarbeiterorientierung führen. Eine Weiterentwicklung des MbO, bei der nicht nur das Ergebnis (Was), sondern auch der Prozess der Zielerreichung (Wie) betrachtet wird, ist die Methode Objectives and Key Results (OKR). Dabei fokussiert sich ein Unternehmen für eine kurze Periode auf bis zu fünf anspruchsvolle Ziele (Objectives), welche mithilfe von drei bis fünf Schlüsselergebnissen (Key Results) gemessen und realisiert werden sollen. OKR wird als Performance-Measurement-System in Kap. 7.2.3 erklärt. Dort werden in Abb. 7.2.11 auch die Unterschiede zum MbO näher erläutert.

Vorteile	Nachteile
▪ Entlastung des Managements ▪ Förderung von Eigeninitiative, Verantwortung und Leistungsmotivation ▪ Identifikation mit den Unternehmenszielen ▪ Höhere Objektivität bei der Mitarbeiterbeurteilung als Grundlage für eine leistungsgerechte Entlohnung	▪ Bestimmung eindeutiger und messbarer Ziele für alle Ebenen problematisch ▪ Zeitintensive Planung und Zielbildung ▪ Gefahr überhöhten Leistungsdrucks ▪ Vernachlässigung qualitativer Aspekte durch Fokus auf messbare Größen ▪ Nicht für alle Mitarbeiter geeignet

Abb. 6.3.8: Bewertung des Management by Objectives

- **Management by Delegation (MbD)** bezeichnet die Führung durch Aufgabenübertragung, also die weitgehende Delegation von Kompetenzen und Aufgaben an untergeordnete Hierarchieebenen. Den Mitarbeitern wird die Verantwortung für einen definierten Aufgabenbereich eingeräumt. Nur wenn Probleme auftreten, die der Mitarbeiter nicht alleine lösen kann, greift der Vorgesetzte ein. Der Mitarbeiter übernimmt die Handlungsverantwortung, die Führungsverantwortung verbleibt beim Vorgesetzten.

Vorteile	Nachteile
▪ Entlastung des Managements ▪ Förderung von Eigeninitiative und Leistungsmotivation ▪ Transparenz durch klare Aufgabenbereiche und Stellenbeschreibungen ▪ Nutzung der Mitarbeiterkompetenzen ▪ Schnelle Entscheidung durch Dezentralisierung von Entscheidungsbefugnissen ▪ Schlanke Führungsebenen	▪ Zusammenarbeit der Mitarbeiter wird nicht gefördert ▪ Gefahr, dass nur unattraktive Aufgaben delegiert werden ▪ Gefahr bürokratischer Überregulierung und Hierarchieverfestigung ▪ Starke Aufgabenorientierung zulasten der Mitarbeiterorientierung

Abb. 6.3.9: Bewertung des Management by Delegation

- **Management by Exception (MbE)** bedeutet Führung durch Abweichungskontrolle. Es stellt eine spezielle Form des Managements by Delegation dar, bei dem Vorgesetzte vor allem von Routineaufgaben entlastet werden. Die Mitarbeiter können innerhalb eines vorgegebenen Handlungsrahmens selbstständig entscheiden, solange sie vorgeschriebene Toleranzgrenzen nicht überschreiten oder unvorhersehbare Ereignisse eintreten. Die Festlegung der Toleranzgrenzen und Ausnahmen erfolgt durch den Vorgesetzten.

Vorteile	Nachteile
▪ Entlastet Führungskräfte von Routineaufgaben ▪ Verbesserung der Mitarbeitermotivation durch selbstständiges Arbeiten ▪ Erleichterung der Mitarbeiterbeurteilung durch objektive Bewertungskriterien	▪ Gefahr von Fehleinschätzungen der Mitarbeiter bei Ausnahmefällen ▪ Toleranzgrenzen sind schwierig festzulegen ▪ Kaum Lerneffekte und Gefahr der Demotivation, da anspruchsvolle Aufgaben dem Vorgesetzten vorbehalten bleiben

Abb. 6.3.10: Bewertung des Management by Exception

- **Management by Results (MbR)** beschreibt die Führung durch Ergebnisüberwachung, bei der nur die erzielten Resultate zählen. Die zu erreichenden Ziele, wie etwa Umsätze oder Stückzahlen, werden von der Führungsebene festgelegt und laufend überwacht. Die Mitarbeiter werden vor allem kontrolliert, statt auf Vertrauensbasis geführt. Der Leistungswille der Mitarbeiter hängt auch von der Erreichbarkeit der Resultate ab. Dieses Führungsprinzip wird häufig zur Steuerung von Center-Organisationen (vgl. Kap. 5.1.4) verwendet.

Vorteile	Nachteile
▪ Klare Zielvorgaben ▪ Einfache Kontrolle	▪ Bereichsegoismus ▪ Reine Zahlenorientierung ▪ Bei unrealistischen Zielvorgaben Gefahr der Demotivation der Mitarbeiter

Abb. 6.3.11: Bewertung des Management by Results

Dies war nur eine kleine Auswahl aus der Vielzahl an Führungsprinzipien. Es wird jedoch deutlich, dass sie aufgrund vieler Überschneidungen nicht eindeutig voneinander abgrenzbar sind. Führungsprinzipien sind leicht verständlich, aber dafür oftmals recht pauschal und plakativ. Für die Gestaltung einer einheitlichen Personalführung sind sie dennoch hilfreich. Allerdings sollten sie von den Führungskräften auch tatsächlich gelebt werden und nicht nur auf dem Papier stehen. Ansonsten laufen sie Gefahr, ins Lächerliche gezogen zu werden. So existieren in der Praxis eine Reihe zynischer Formulierungen, mit denen die Mitarbeiter ihre Unzufriedenheit mit der Personalführung ausdrücken. Beispiele sind **Management by Helicopter** („Von oben hereinschweben, viel Staub aufwirbeln und wieder verschwinden") oder **Management by Crocodile** („Immer das Maul aufreißen, und wenn's brenzlig wird, abtauchen").

Führungsprinzipien bilden aufgrund der Individualität der Mitarbeiter und der Komplexität der Führungssituationen lediglich einen Rahmen, innerhalb dessen die Personalführung unter Berücksichtigung der situativen Einflüsse und individuellen Bedürfnisse stattfinden soll.

Die Fallstudie zur Personalführung und Unternehmensnachfolge in der *Eder-Gruppe* in Kap. 6.6.2 veranschaulicht die Anwendung eines Führungsstils und dessen Auswirkungen auf das Unternehmen.

6.3.2 Leadership

Die Unterschiede zwischen Management und Leadership betonte *Abraham Zaleznik* bereits in den 1970er Jahren: „Just as a managerial culture differs from the entrepreneurial culture that develops when leaders appear (...), managers and leaders are very different kinds of people. They differ in motivation, personal history, and in how they think and act" (*Zaleznik*, 1977, S. 70). *Peter Drucker* differenziert deren Aufgaben prägnant als „Management is doing things right; leadership is doing the right things" (*Krames*, 2008, S. 127). In den 1980er Jahren befasste sich *John Kotter* mit der Rolle des Leaderships bei organisatorischen Veränderungsprozessen (vgl. *Kotter*, 1988; 1991; Kap. 6.5). Das Interesse an Leadership hat seitdem stetig zugenommen. Insbesondere im populärwissenschaftlichen Bereich existiert eine Vielzahl an Büchern, in denen pragmatische Führungsprinzipien abgeleitet werden, die häufig auf autobiografischen Erfahrungen einzelner Führungskräfte basieren (z. B. *Lundin et al.*, 2005; *Maxwell*, 2011; *Williams*, 2006). Hinzu kommen philosophische, psychologische, historische, politische, militärische, neurowissenschaftliche oder esoterische Beiträge (z. B. *Caruso/Salovey*, 2005; *Greene*, 2001; *Grün*, 2012; *Orell/Schwanfelder*, 2006; *Peters/Ghadiri*, 2013).

Wissenschaftliche Ansätze beziehen sich etwa auf den Charakter, die Kompetenzen, den Führungsstil und die Rolle einer Führungskraft, auf die Führungssituation oder das Führungssystem. All dies hat in der Folge zu einer großen Unbestimmtheit des Begriffs Leadership geführt (vgl. *Löffler*, 2009, S. 98 ff.). Dabei geht Leadership weit über die reine Beeinflussung des Mitarbeiterverhaltens hinaus.

Leadership umfasst die Entwicklung von Visionen und Strategien, die dem Unternehmen neue Richtungen geben. Leader befähigen und motivieren ihre Mitarbeiter, bei der Umsetzung von Veränderungen herausragende Leistungen zu vollbringen.

Leadership vermittelt den Mitarbeitern den Sinn (Purpose) des Unternehmens, damit diese sich mit dessen Vision und Mission identifizieren können (vgl. Kap. 2). Ihre emotional ansprechenden und herausfordernden Ziele transportieren sie durch Bilder, Geschichten und Metaphern (Storytelling). Mitarbeiter folgen keinem Funktionsträger, sondern nur jemandem, den sie respektieren und dem sie vertrauen. Solche Führungspersönlichkeiten können mit ihren Visionen erstaunliche Erfolge erreichen. Das Management ist dagegen vor allem für die Umsetzung operativer Maßnahmen und die Lösung von Problemen zuständig (vgl. *Drath*, 2016, S. 89 ff.). Im Management dominieren die Führungsfunktionen Planung und Kontrolle sowie Organisation, während beim Leadership die Personalführung im Vordergrund steht. Die Aufgabenteilung zwischen Management und Leadership im integrierten System der Unternehmensführung verdeutlicht Abb. 6.3.12.

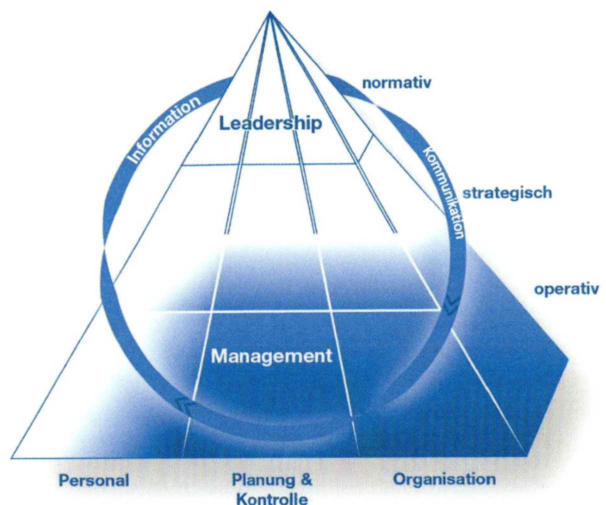

Abb. 6.3.12: Leadership und Management im integrierten System der Unternehmensführung

Unterschiede zwischen Management und Leadership

Beim **Management** dominiert die **transaktionale Führung** (vgl. Kap. 6.3.1). Der Mitarbeiter erhält im Austausch (Transaktion) für seine Leistung von der Führungskraft eine individuelle Belohnung oder Bestrafung nach dem Prinzip „Geben und Nehmen". Dies soll eine erwartungsgemäße Anstrengung des Geführten sowie eine verlässliche Planungsgrundlage gewährleisten. „A managerial culture emphasizes rationality and control (...). The manager asks: 'What problems have to be solved, and what are the best ways to achieve results (...)?' (...) It takes neither genius nor heroism to be a manager, but rather persistence, tough-mindedness, hard work, intelligence, analytical ability, and perhaps most important, tolerance and goodwill" (*Zaleznik*, 1977, S. 68).

Leadership bedeutet dagegen **transformierende Führung**. Sie verfolgt kollektive Ziele und spricht die tieferen Sehnsüchte des Geführten an, wie etwa Gemeinschaftsgefühl oder höhere Werte. Oftmals wachsen die Mitarbeiter dabei über sich hinaus und sind zu außergewöhnlichen Leistungen fähig (vgl. *Bass*, 1986, S. 24 ff.). „Where managers act to limit choices, leaders develop fresh approaches to long-standing problems and open issues to new options (...). Leaders (...) are often temperamentally disposed to seek out risk and danger, especially where the chance of opportunity and reward appears promising" (*Zaleznik*, 1977, S. 73). Leadership aktiviert sowohl den Selbstwert als auch die Selbstwirksamkeit der Mitarbeiter, d. h. deren Glaube daran, die visionären Ziele des Unternehmens erreichen zu können.

Solche mitreißenden, langfristigen und kühnen Leitlinien werden von *Collins* und *Porras* als **Big Hairy Audacious Goals** (BHAG, gesprochen „Bee-hag") bezeichnet: „All companies have goals. But there is a difference between merely having a goal and becoming committed to a huge, daunting challenge – such as climbing Mount Everest. A true BHAG is clear and compelling, serves as unifying focal point of effort, and acts as a clear catalyst for team spirit. It has a clear finish line, so the organization can know when it has achieved the goal; people like to shoot for finish lines." (*Collins/Porras*, 1996, S. 73).

BHAGs sollen messbar sein und von den Mitarbeitern als erreichbar wahrgenommen werden. *Collins* und *Porras* nennen für deren Realisierung einen Zeithorizont von 10 bis 30 Jahren, in der Praxis sind jedoch für visionäre Ziele eher 5 bis 10 Jahre üblich. Diese großen Herausforderungen sollen für das Unternehmen und seine Mitarbeiter sinnstiftend sein und damit auch zu individuellen Zielen werden. Beispiele sind die Visionen von *Elon Musk* für *Tesla* und *SpaceX*. Die Operationalisierung der BHAGs in kurzfristige Ziele kann mithilfe eines Performance-Measurement-Systems erfolgen. Zunehmend kommt hierfür die OKR-Methode (Objectives and Key Results) zum Einsatz (vgl. Kap. 7.2.3).

Management und Leadership schließen sich nicht aus, sondern ergänzen sich im Idealfall gegenseitig. In der Unternehmenspraxis wird jedoch häufig die Dominanz des Managements und ein Mangel an Leadership beklagt. Viele Unternehmen seien „overmanaged and underled" (*Kotter*, 1991, S. 35). Abb. 6.3.13 verdeutlicht die Unterschiede zwischen Management und Leadership.

Leadership am Beispiel Elon Musk

Der wohl bekannteste Visionär unserer Zeit ist *Elon Musk*. Nachdem er sich das Programmieren selbst beigebracht hatte, war er 1995 mit 24 Jahren an der Entwicklung des Online-Unternehmensverzeichnisses *Zip2* beteiligt. Vier Jahre später wurde es für 307 Mio. US$ an *Compaq* verkauft. Seinen Anteil von 22 Mio. US$ investierte er in den Aufbau von *PayPal*, das sich zum größten Online-Bezahlsystem der Welt entwickelte und 2002 für rund 1,5 Mrd. US$ von *eBay* gekauft wurde.

Noch im selben Jahr gründete er mit *Space Exploration Technologies (SpaceX)* ein Unternehmen für kommerzielle Raumfahrt und erfüllte sich damit einen Kindheitstraum. Nachdem zunächst der Flug zum Mars als Ziel ausgegeben wurde, ist die heutige Vision von *SpaceX* die Besiedlung des Weltraums („Making Humanity Multiplanetary"). Im Jahr 2020 gelang es *SpaceX* im Auftrag der Weltraumbehörde *NASA*, zwei amerikanische Astronauten mit einem wiederverwendbaren Raumschiff zur internationalen Raumstation *ISS* zu fliegen. 2021 führte *SpaceX* den ersten touristischen Flug ins Weltall durch.

Die Vision des 2003 gegründeten Automobilherstellers *Tesla* lautete zunächst: „To create the most compelling car company of the 21st century by driving the world's transition to electric vehicles". *Tesla* übte damit auf die etablierten Automobilhersteller enormen Druck aus und trieb die Elektromobilität weltweit voran. Hierfür stellt *Tesla* seine Patente zur freien Verfügung. Seit der Übernahme des ebenfalls von *Musk* gegründeten Solarstromunternehmens *SolarCity* im Jahr 2016 baut *Tesla* neben reinen Elektrofahrzeugen auch skalierbare Stromerzeugungs- und -speicherprodukte. Mission von *Tesla* ist es nun, den weltweiten Übergang zur nachhaltigen Energie zu beschleunigen, um die Vision einer emissionsfreien Zukunft zu verwirklichen.

Daneben hat *Musk* eine Reihe weiterer Projekte initiiert, wie beispielsweise *Hyperloop* (Personen- und Güterbeförderung mit 1.200 km/h in einer Röhre), *OpenAI* (Erforschung von künstlicher Intelligenz), *Neuralink* (Kommunikation des menschlichen Gehirns mit Maschinen) oder die *Boring Company* (Unterirdische Verlagerung innerstädtischen Verkehrs).

Als Doppel-CEO von *Tesla* und *SpaceX* ist *Musk* ein Workaholic, der auch von seinen Mitarbeitern obsessiven Einsatz verlangt. Wenn er unrealistische Ziele vorgibt, Mitarbeiter niedermacht oder sie bis zur Erschöpfung antreibt, wird das von manchen als tyrannisch bezeichnet, von anderen als Preis für die Teilhabe an seinen Visionen toleriert. *Musk* gilt als besessenes Genie. Seine Lebensaufgabe sieht er darin, die Menschheit vor der Auslöschung zu bewahren (vgl. *Vance*, 2015, 20 ff.). Durch den starken Kursanstieg der *Tesla*-Aktie ist *Musk* seit 2021 mit einem Vermögen von rund 300 Mrd. US$ der reichste Mensch der Welt.

	Management	Leadership
Führungstypus	Transaktional	Transformierend
Veränderungsintensität	Evolutionär	Revolutionär
Führungsfunktionen	Lenken/Gestalten	Entwickeln/Gestalten
Führungsebene	Operativ/Strategisch	Normativ/Strategisch
Zielsetzung	Effizienz („Die Dinge richtig tun")	Effektivität („Die richtigen Dinge tun")
Zielanspruch	Das Bestehende bewahren und sukzessive fortentwickeln	Mitreißende und kühne Leitlinien (BHAG's, Moonshots)
Zielformulierung	Konkret und meist quantitativ	Wenig konkret und meist qualitativ
Zielhorizont	Erreichung operativer, überwiegend kurzfristiger Ziele	Unternehmenswert langfristig steigern und Zukunft sichern
Zeithorizont	Wenige Jahre mit Schwerpunkt auf das kommende Jahr	Von 5 Jahren bis zu mehreren Jahrzehnten
Führungsfokus	Systeme und Strukturen	Menschen
Führungskontext	einfach oder chaotisch	kompliziert oder komplex
Risikosicht	Risiken minimieren/eliminieren Risiken sind Gefahren	Risiken eingehen Risiken sind auch Chancen
Motivationsanreiz	Primär extrinsisch (Belohnung und Bestrafung)	Primär intrinsisch (Sinn und Gemeinschaft)
Fragestellungen	Wie und bis wann?	Was und warum?
Sicht auf die Mitarbeiter	Untergebene/Befehlsempfänger	Anhänger/Partner
Umgang mit Mitarbeitern	Kontrolle der erteilten Anweisungen	Vertrauen darauf, dass sich die Mitarbeiter selbst steuern
Aufgabenfelder	Optimierung, Ordnung und Beständigkeit sicherstellen	Wirksamkeit, Energien aktivieren, Wandel einleiten und gestalten
Teilaufgaben	Aktivitäten planen, organisieren und kontrollieren; Probleme lösen	Visionen entwerfen, Mitarbeiter inspirieren/aktivieren, Sinn stiften
Hierarchieebene	Steht bei unteren Führungskräften im Vordergrund	Sollte bei oberen Führungskräften im Vordergrund stehen
Führungskompetenz	Fachkompetenz	Sozialkompetenz

Abb. 6.3.13: Unterschiede zwischen Management und Leadership

Da sich Leadership und Management als komplementäre Handlungen im Idealfall ergänzen, liegt die Überlegung nahe, dass eine erfolgreiche Führungskraft sowohl ein guter Leader als auch ein guter Manager sein muss. *Kotter* widerspricht sich in dieser Frage allerdings selbst, indem er zum einen „keinen Grund sieht, warum jemand nicht die Eigenschaften haben sollte, die in einigen Situationen sowohl für effektives Management als auch für effektive Führung erforderlich sind" (1988, S. 49), zum anderen aber feststellt, dass „niemand Leader und Manager in einem sein [kann]" (1991, S. 36).

Leadership ist grundsätzlich nicht nur auf der obersten Führungsebene von Bedeutung. In gewissem Maße sollte deshalb jede Führungskraft sowohl über Managementkompetenzen als auch Leadership-Fähigkeiten verfügen (vgl. *Bach et al.*, 2012, S. 323). Der jeweilige Fokus hängt von der hierarchischen Ebene und dem Führungskontext, aber auch von den persönlichen Stärken und Schwächen der Führungskräfte ab. So kann etwa eine Führungskraft eher analytisch und introvertiert sein und eine andere über visionäre Ideen und Empathie verfügen. Während auf den oberen Führungsebenen starke Leader gefragt sind, ist auf den unteren Führungsebenen eher konsequentes Management wichtig. Leader schaffen eine Aufbruchsstimmung und sorgen für den erforderlichen Schwung, während Manager in Krisenzeiten durch rasche und konsequente Entscheidungen das Ruder herumreißen sollen. In Unternehmenskrisen wird deshalb häufig die Führungsspitze ausgetauscht – vergleichbar mit einem Trainerwechsel im Abstiegskampf der Fußball-Bundesliga.

Leadership im Sport

Die Bedeutung des Leaderships lässt sich gut am **Mannschaftssport** veranschaulichen, da der Trainer dort eine herausragende Stellung einnimmt.

Als besonderer Motivator gilt ***Jürgen Klopp***, der seine Spieler mit seiner euphorischen und empathischen Art für seine Ziele einnimmt. Er ist davon überzeugt, dass die Basis für fußballerischen Erfolg nicht herausragende Einzelspieler sind, sondern das Team als Kollektiv: „Die Mentalität eines Teams schlägt das Talent einzelner Spieler". Er gilt auch als Meister darin, begabte Nachwuchsspieler zu finden und zu fördern, wie etwa *Robert Lewandowski* oder *Mario Götze*. Sein Führungsstil ist stark am Menschen orientiert. Dabei versucht er, für die Spieler ein Freund zu sein. Natürlich ist ihm bewusst, dass er auch unangenehme Entscheidungen treffen muss, aber diese sollen stets von Respekt geprägt sein. Er erzeugt im Verein ein Wir-Gefühl, bei dem sich jeder, von den Spielern bis zum Küchenpersonal, als Teil des Teams wahrgenommen fühlt (vgl. *Brand*, 2020, S. 106). In seiner ersten Station als Trainer gelang ihm mit dem *1. FSV Mainz 05* erstmals der Aufstieg in die Bundesliga. Mit *Borussia Dortmund* gewann er 2011 die Deutsche Meisterschaft, 2012 das Double (Meisterschaft und Pokal) und 2013 erreichte er das Finale der *UEFA Champions League*. Mit dem *FC Liverpool* konnte er diese im Jahr 2019 gewinnen, nachdem das Team im Jahr zuvor bereits im Finale stand. 2020 führte er die Mannschaft nach 30 Jahren wieder zur englischen Meisterschaft. *Borussia Dortmund* und der *FC Liverpool* spielten vor der Verpflichtung von *Klopp* nur im Mittelfeld.

Das Leadership kein Selbstläufer ist, zeigt das Beispiel ***Joachim Löw***. Er führte die deutsche Fußballnationalmannschaft 2014 in Brasilien nach 24 Jahren zum lang ersehnten Weltmeistertitel. Um diese Vision zu verwirklichen, sorgte er für Mannschaftsgeist, geteilte Verantwortung und flache Hierarchien. „Brasilien hat *Neymar*, Argentinien hat *Messi*, Portugal hat *Ronaldo*. Deutschland hat eine Mannschaft", äußerte sich damals der englische Kapitän *Steven Gerrard* anerkennend. Allerdings versäumte es *Löw*, sein Team in der Folge zu verjüngen. Die Titelverteidigung war für die etablierten Spieler kein unerfüllter Traum mehr, der besondere Kräfte mobilisiert. Hungrige Nachwuchsspieler, wie etwa *Leroy Sané,* wurden von *Löw* nicht in den Kader berufen. Somit schied die deutsche Fußballnationalmannschaft 2018 in Russland blamabel in der Vorrunde aus. Nach dem ebenfalls enttäuschenden Aus im Achtelfinale der EM 2021 beendete *Löw* seine Tägigkeit als Bundestrainer.

Charismatische Führung

Viele Leader sind **charismatische Führungskräfte**, die über ausgeprägten Machtwillen, extremes Selbstbewusstsein und hohe Glaubwürdigkeit bei den Geführten verfügen. Ihre persönliche Ausstrahlung erzeugt unabhängig von ihren fachlichen Fähigkeiten breite Akzeptanz, Zuneigung und Loyalität. Dadurch können sie Vertrauen in ihre Visionen aufbauen und ihre Mitarbeiter dazu motivieren, ihnen mit hohem Einsatz auf ihrem Weg zu folgen (vgl. *Scholz/Scholz*, 2019, S. 315 f.).

Charismatische Führung kann aber auch destruktiv wirken („**Bad Leadership**"), woraus totalitäres Denken, eine narzisstische Überhöhung der Führungskraft, egozentrisches Machtstreben und bedingungslose Verehrung folgen können. Destruktive Führungskräfte können in Verbindung mit empfänglichen, konformen Geführten und in bedrohlichen, instabilen Situationen in einer toxischen Triade ihre Organisation in den Abgrund reißen (vgl. *Weibler*, 2016, 634 ff.). Beispielsweise weigerte sich der damalige US-Präsident *Donald Trump*, seine Wahlniederlage vom 3. November 2020 anzuerkennen. Er behauptete, bei der Wahl sei betrogen worden, obwohl es hierfür keinerlei Beweise gab. Am 6. Januar 2021 forderte er seine in Washington D.C. versammelten Anhänger auf, den Kongress zu zwingen, das Wahlergebnis zu widerrufen. Beim darauffolgenden Sturm auf das Kapitol drangen etwa 800 Demonstranten in das Parlamentsgebäude ein, wobei fünf Menschen ums Leben kamen.

Leadership am Beispiel Steve Jobs

Ein Musterbeispiel für eine charismatische Führungskraft ist der 2011 verstorbene *Steve Jobs*. Mit seiner Leidenschaft und Perfektion revolutionierte er mehrere Branchen vom Heimcomputer über Mobiltelefone und Animationsfilme bis hin zur Musikindustrie. Die Firma *Apple* entwickelte er durch seine innovativen Ideen zu einem hochprofitablen Unternehmen mit Kultstatus. Im Unterschied zu den meisten charismatischen Führungskräften war er allerdings eher introvertiert und kein begnadeter Redner. An seine Mitarbeiter stellte er extreme Anforderungen und er galt als stur, ungeduldig und launisch (vgl. *Isaacson*, 2012, S. 16 ff.).

Leadership am Beispiel Martin Winterkorn

Martin Winterkorn war von 2007 bis 2015 Vorstandsvorsitzender des *VW Konzerns* (vgl. i. F. *Grolle et al.*, 2015, S. 11 ff.). Seine Vision war es, das Unternehmen zum größten Autobauer der Welt zu machen. Dafür setzte er alles auf Wachstum. In seiner Amtszeit kamen die Marken *Porsche*, *MAN*, *Scania*, *Ducati*, *Bugatti*, *Bentley* und *Lamborghini* hinzu und es wurden zahlreiche neue Fabriken in China, Osteuropa, den USA, Lateinamerika und Deutschland errichtet. Bei seiner Amtsübernahme im Jahr 2007 verkaufte der *VW-Konzern* noch 6,2 Mio. Fahrzeuge mit 329.000 Mitarbeitern, bis Ende 2014 stieg der Absatz auf 10,2 Mio. und die Anzahl der Mitarbeiter auf fast 600.000. Für seine Erfolge wurde *Winterkorn* damals gefeiert und er war mehrfach der bestbezahlte Vorstand Deutschlands.

Doch irgendwann wurde sein Reich zu groß, um beherrschbar zu bleiben und die Probleme häuften sich. 2015 versuchte der Aufsichtsratsvorsitzende *Piëch,* ihn aus dem Amt zu drängen. Als dies misslang, musste dieser selbst seinen Hut nehmen. Am 20. September 2015 musste *Winterkorn* eingestehen, dass *VW* seit 2007 die Abgaswerte von über 11. Mio. Dieselfahrzeugen mit einer illegalen Abschalteinrichtung auf dem Prüfstand manipuliert hatte. Drei Tage später trat er von seinem Posten zurück.

Vermutlich wird sich niemals eindeutig klären lassen, wer den Abgasbetrug veranlasst und über Jahre befördert hat und wer einfach nur stillschweigend zusah. Es ist unwahrscheinlich, dass ein Mann wie *Winterkorn*, der sich um jedes Detail selbst kümmerte, nichts davon gewusst haben soll. Er führte den Konzern autoritär und diktatorisch. Bei *VW* herrschte ein Klima der Angst, weshalb die Mitarbeiter entweder alles taten, um die geforderten Abgasgrenzwerte einzuhalten oder aber einem Betrug still zusahen, der von oben verordnet wurde. *VW* kostete der Skandal schätzungsweise 30 Mrd. € und schadete sowohl dem guten Ruf des Unternehmens als auch dem weltweiten Ansehen des Qualitätssiegels „Made in Germany".

Integrierte Personalführung

Die Personalführung ist ein zentraler **Erfolgsfaktor** eines Unternehmens. Auf allen hierarchischen Ebenen sind starke, gut ausgebildete Führungskräfte erforderlich. Sowohl Management- als auch Leadership-Kompetenzen sollten möglichst breit im Unternehmen verteilt sein und gezielt entwickelt werden (vgl. *Bruch et al.*, 2012, S. 323). In anspruchsvollen Aufgaben können Mitarbeiter ihre individuellen Stärken zeigen. Führungskräfte sollten talentierte Mitarbeiter fördern und fordern, ihnen die handwerkliche Basis effektiver Führung vermitteln und sie zu wirksamen Führungskräften entwickeln (vgl. *Malik*, 2019, S. 58 ff.).

Die **Kernaufgaben** der Personalführung sind (vgl. *Seelhofer*, 2020, S. 96 ff.):

- **Auftragsorientierte Führung** beinhaltet die Planung, Umsetzung, Kontrolle und Korrektur auftragsbezogener Handlungen sowie die Information der Mitarbeiter und Vorgesetzten über die erzielten Fortschritte. Eine erfolgreiche Auftragserfüllung erfordert bei den Führungskräften und ihren Mitarbeitern die richtige Einstellung und die richtigen Fähigkeiten sowie ein gutes Zeitmanagement.
- **Führung des Teams**, um kollektive Beziehungen unter den Teammitgliedern zu fördern und ihr Team mit den zur Auftragserfüllung erforderlichen Informationen zu versorgen. Dadurch soll eine gute Zusammenarbeit gewährleistet werden, um Ziele gemeinsam zu erreichen.
- **Individuelle Führung** der einzelnen Mitarbeiter, da sich diese in diversen Teams aufgrund vielfältiger Unterschiede, etwa bei Bildung, Alter, Betriebszugehörigkeit, Engagement etc., nicht alle auf gleiche Weise führen lassen. Gegenstand sind z. B. die persönliche Motivation, Schulung, Entwicklung, Information und ggf. Disziplinierung der einzelnen Mitarbeiter.
- **Selbstführung**, um durch Selbstwahrnehmung und -reflexion die Leistungsfähigkeit der Führungskraft und ihren Führungserfolg langfristig sicherzustellen. Hierzu gehören etwa Maßnahmen zur Förderung von Führungskompetenz, Achtsamkeit, Empathie, Resilienz und Gesundheit sowie zum besseren Umgang mit negativen Emotionen.

Zur Erfüllung dieser Kernaufgaben sind sowohl transaktionale Managementkompetenzen als auch transformierendes Leadership erforderlich. Die Bestandteile und Aspekte einer derart **integrierten Personalführung** zeigt Abb. 6.3.14.

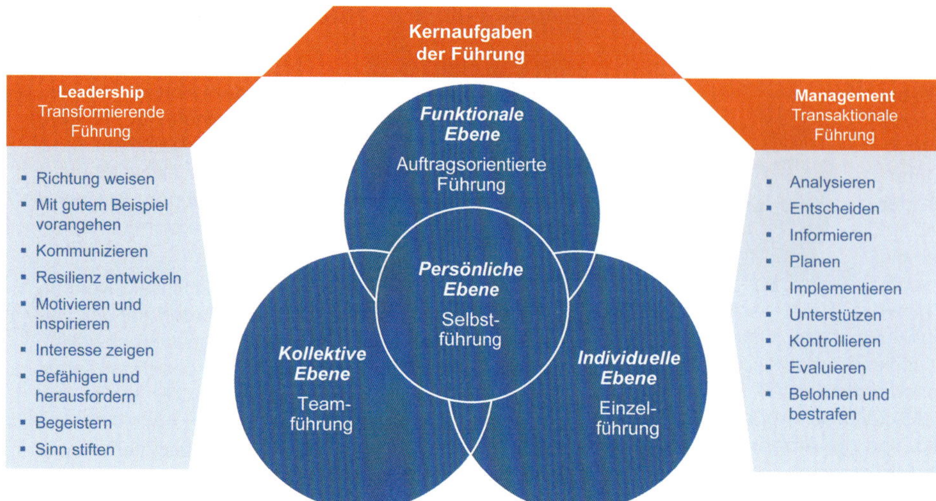

Abb. 6.3.14: Integrierte Personalführung (in Anlehnung an Seelhofer, 2020, S. 100)

Merkmale effektiver Personalführung

Kaum ein Mensch wird als Führungskraft geboren. Doch was zeichnet eine erfolgreiche Führungskraft aus und lassen sich Management und Leadership erlernen? Bereits *Drucker* (1967) stellte die Frage, wodurch jemand zu einer effektiven Führungskraft wird. Vielfach werden in diesem Zusammenhang ideale **Eigenschaften einer Führungskraft** aufgezählt, wie etwa zielorientiert, informiert, charismatisch, entschlossen, verantwortungsbewusst oder intelligent. Nach der Eigenschaftstheorie (vgl. Kap. 6.3.1) hängt der Führungserfolg von den Persönlichkeitsmerkmalen der Führungskraft ab, wobei situative Faktoren des Arbeitsumfelds und der Einfluss der Mitarbeiter vernachlässigt werden (vgl. *Peters*, 2015, S. 22).

Eine Aufzählung von Führungsmerkmalen ist für die Unternehmenspraxis allerdings wenig nützlich, denn sie entwirft das Bild eines Universalgenies, das in der realen Welt nicht existiert. Deshalb sind heutzutage eher **Schlüsselkompetenzen** gefragt, die eine Brücke zwischen Führungsmerkmalen und Führungsverhalten schlagen sollen (vgl. *Weibler*, 2016, S. 108). Basierend auf einer empirischen Studie mit rund 1.000 Führungskräften nennen *Mumford et al.* hierfür kognitive, zwischenmenschliche, geschäftliche und strategische Kompetenzen. Während kognitive

Projekt Oxygen von Google

Das zum *Alphabet*-Konzern gehörende Unternehmen *Google* hat 2008 das Projekt „Oxygen" ins Leben gerufen. Mithilfe von internen Befragungen und empirischen Analysen wurden dabei über einen Zeitraum von mehr als zehn Jahren die für *Google* wichtigsten Führungskompetenzen ermittelt. Für den Erfolg einer Führungskraft bei *Google* spielen Soft Skills eine große Rolle, weshalb diese in die Leistungsbewertung der Führungskräfte einfließen. Die Führungskompetenzen sollen durch Schulungsmaßnahmen und Führungsprinzipien kultiviert werden. Beispielsweise wird den Führungskräften empfohlen, mit jedem Mitarbeiter alle ein bis zwei Wochen ein längeres informelles Gespräch (One-on-One-Meeting) abzuhalten und dabei aktiv zuzuhören. Die Führungskraft soll auf diese Weise Schwierigkeiten im Team frühzeitig erkennen sowie ihren Mitarbeitern Feedback und Orientierung geben (vgl. *Garvin*, 2013, S. 74 ff.). Um auch andere Unternehmen zu neuen Formen der Mitarbeiterführung zu inspirieren, gründete *Google* die Initiative *re:Work* mit dem Slogan „Let's make work better" (www.rework.withgoogle.com).

Eine erfolgreiche **Führungskraft**

- hat eine klare Vision und Strategie für ihr Team,
- ist ein guter Coach,
- befähigt ihr Team und kümmert sich dann nicht um jede Kleinigkeit,
- zeigt Interesse am Erfolg und Wohlbefinden ihrer Mitarbeiter,
- ist produktiv und ergebnisorientiert,
- ist ein guter Kommunikator, d. h. hört zu und teilt Informationen,
- unterstützt die Karriere ihrer Mitarbeiter und gibt Feedback zur Leistung jedes Teammitglieds,
- verfügt über die erforderliche Fachkompetenz, um ihr Team zu beraten,
- arbeitet unternehmensweit zusammen,
- ist entscheidungsstark.

Kompetenzen für alle Führungskräfte wichtig sind, nimmt die Bedeutung zwischenmenschlicher, geschäftlicher und strategischer Kompetenzen mit der hierarchischen Position zu (vgl. *Mumford et al.*, 2007, S. 154 ff.).

Entscheidend für **effektive Führung** sind nach Auffassung von *Malik* nicht die persönlichen Merkmale einer Führungskraft, sondern deren Arbeitsweise. Sie sollte auf Führungsgrundsätzen und -regeln, den zu erfüllenden Führungsaufgaben und den dabei eingesetzten Führungswerkzeugen basieren. Effektive Führung zeichnet sich durch handwerkliche Professionalität aus, die niemandem angeboren ist, sondern erlernt werden muss. Für effektives Führen spielt deshalb die Erfahrung einer Führungskraft eine große Rolle (vgl. *Malik*, 2019, S. 35 ff.). Seine Maxime, wie Unternehmen ihrer Ziele und gleichzeitig zufriedene Mitarbeiter erreichen können, lautet: „Gib Menschen die Möglichkeit, eine Leistung zu erbringen und viele – wenn auch nicht alle – werden ein bemerkenswertes Maß an Zufriedenheit erlangen" (*Malik*, 2019, S. 46). Abb. 6.3.15 fasst die Grundsätze und Aufgaben effektiver Führung zusammen.

Führung ist somit weder eine Kunst, noch erfordert es besonderes Charisma. Die Erarbeitung einer neuen Vision ist keine Zauberei, sondern basiert bei aller Kreativität auch auf nüchterner Analyse der vorhandenen Möglichkeiten. Visionen müssen auch nicht besonders originell sein, sondern erfolgreich in eine realistische Wettbewerbsstrategie umsetzbar sein (vgl. *Kotter*, 1991, S. 38 ff.).

Sich führen lassen bedeutet auch, sich jemandem anzuvertrauen. Um Energie für Veränderungen im Unternehmen freizusetzen, ist deshalb **Vertrauen** erforderlich. Glaubwürdigkeit und Vertrauen werden geprägt durch die persönliche Integrität, das Ansehen und die Erfolgsbilanz einer Führungskraft sowie durch die Übereinstimmung zwischen ihren Worten und Taten. Nach *Sprenger* ist dieses Vertrauen im Idealfall wechselseitig, das heißt, auch die Führungskräfte vertrauen ihren Mitarbeitern. In komplexen Führungskontexten (vgl. Kap. 1.3.5) bleibt keine Zeit für hierarchische Abstimmungen und die Mitarbeiter müssen selbst Entscheidungen treffen. Wird dabei auf Sicherungsmaßnahmen verzichtet, dann spürt der Mitarbeiter, dass sich die Führung auf ihn verlässt. Ein solches Vertrauen verpflichtet, denn der Mitarbeiter möchte die Erwartungen an ihn erfüllen, um es nicht zu verlieren. Auch wenn Vertrauensbrüche nicht auszuschließen sind und sanktioniert werden müssen, ist Vertrauen die entscheidende Voraussetzung, um andere zu führen (vgl. *Sprenger*, 2012, S. 77 ff.).

Führungsgrundsätze	
Resultatorientierung	Ausrichtung auf Ergebnisse. Nicht die Arbeit muss Freude machen, sondern deren Ergebnisse und die Effektivität, mit der sie getan wird.
Beitrag zum Ganzen	Führungskräfte sollen das große Ganze sehen und dafür sorgen, dass sie und ihre Mitarbeiter hierzu einen Beitrag leisten.
Konzentration auf Weniges	Erfolg und Wirksamkeit des Führens hängt davon ab, sich auf wenige, sorgfältig ausgewählte Schwerpunkte zu konzentrieren.
Stärken nutzen	Mitarbeiter sollen nach ihren Stärken eingesetzt und gefördert werden, statt sich um die Beseitigung ihrer Schwächen zu kümmern.
Vertrauen	Führungserfolg basiert auf gegenseitigem Vertrauen, denn sonst wird die Motivation der Mitarbeiter zerstört.
Positiv denken	Eine positiv-konstruktive Einstellung richtet die Aufmerksamkeit auf Chancen statt Probleme. Sie motiviert dazu, das Beste zu geben.

Führungsaufgaben	
Für Ziele sorgen	Führung soll dafür sorgen, dass wenige, dafür aber wesentliche Ziele vorhanden sind. Diese sollten realistisch und individuell sein.
Organisieren	Kleinstmögliche Zahl von Ebenen und kürzestmögliche Wege
Entscheiden	Systematische und gründliche Entscheidungsfindung
Kontrollieren	Kontrollen sind zwar erforderlich, sollen jedoch auf Vertrauen basieren und darauf konzentriert sein, was unbedingt kontrolliert werden muss.
Menschen entwickeln und fördern	Entwicklung muss individuell auf den Menschen und dessen Stärken ausgerichtet sein. Geeignet hierfür sind insbesondere neue und anspruchsvolle Aufgaben.

Abb. 6.3.15: Grundsätze und Aufgaben effektiver Führung (vgl. Malik, 2019, S. 80 ff.)

Die **Bedeutung** effektiver Führung ist umso größer, je schwieriger die Rahmenbedingungen sind. Dies lässt sich am Beispiel des Segelns verdeutlichen: Bei guten Windverhältnissen kann fast jeder segeln, erst bei Sturm oder Flaute ist der erfahrene Kapitän gefordert. Er bestimmt den Kurs und wie die Segel gesetzt werden. Der Kapitän spürt intuitiv, woher der Wind kommt und wann er dreht. In der Flaute bereitet er sich auf den nächsten Windstoß vor, um die anderen Schiffe zu überholen. Die Führungsstärke eines Unternehmens zeigt sich somit erst in schlecht zu beherrschenden, komplexen und chaotischen Führungskontexten. Führung wird damit zum wesentlichen Erfolgsfaktor und schwer imitierbaren Wettbewerbsvorteil. Die erfolgreiche Auswahl und Entwicklung der Führungskräfte ist für ein Unternehmen somit die beste Möglichkeit, sich auf eine unsichere Zukunft vorzubereiten (vgl. *Hinterhuber/Raich*, 2012, S. 51 ff.). Ein Praxisbeispiel hierzu ist die in Kap. 6.6.3 vorgestellte Kulturinitiative „Leadership 2020" der *Daimler AG*.

Kontextbedingte Führung

Nach der Erkennbarkeit des Zusammenhangs von Ursache und Wirkung lassen sich vier Führungskontexte unterscheiden, welche jeweils unterschiedliche Führungsstile erfordern (vgl. Kap. 1.3.6). Eine solche kontextabhängige Personalführung ist eine moderne Situationstheorie, die im System kontextbedingter Unternehmensführung zum Einsatz kommt (vgl. i. F. *Stoi*, 2022, S. 72 ff.).

> **Kontextbedingte Führung** bedeutet, den Führungskontext regelmäßig zu bewerten und den Führungsstil daran situativ anzupassen.

Unter Nutzung der Kategorien des Führungsstilkontinuums (vgl. Kap. 6.3.1) sind die in Abb. 6.3.16 dargestellten **kontextbedingten Führungsstile** empfehlenswert:

- **Einfacher Kontext**: Es besteht ein eindeutiger und offensichtlicher Zusammenhang von Ursache und Wirkung. Für die auftretenden strukturierten Probleme lassen sich optimale Lösungen finden („Best Practice"). Dies gilt für viele Routineabläufe im Unternehmen, wie etwa die Auftragsabwicklung. Sie werden nach dem Schema *Erkennen – Kategorisieren – Reagieren* bearbeitet. Je nach Umfang der Entscheidungspartizipation des Teams lassen sich autoritäre, patriarchalische oder informative Führungsstile anwenden. Durch Weisung und Kontrolle (Command & Control) werden den Mitarbeitern klare Vorgaben gemacht und deren Ausführung laufend kontrolliert.
- **Komplizierter Kontext**: Um den auf den ersten Blick nicht offensichtlichen Zusammenhang von Ursache und Wirkung zu durchschauen, ist hohe Expertise erforderlich. Es gibt mehrere Lösungsansätze für ein Problem, weshalb nach einer brauchbaren Lösung gesucht wird („Good Practice"). Die Problemlösung erfolgt durch *Erkennen – Analysieren – Reagieren.* Hier sind beratende, kooperierende oder partizipative Führungsstile geeignet. Die Führungskraft diskutiert das Problem mit Experten im Team und wählt dann selbst oder in Abstimmung mit dem Team eine Lösung aus.
- **Komplexer Kontext**: Es lässt sich keine klare Ursache-Wirkungs-Beziehung ermitteln. Lösungen und Zusammenhänge können erst im Nachhinein erkannt werden („Next Practice"). Die sich ständig verändernden Umweltzustände erfordern ein experimentelles Vorgehen in Form von *Ausprobieren – Erkennen – Reagieren.* In agilen Organisationen treffen unabhängige Teams selbstständig flexible Entscheidungen, was einen demokratischen Führungsstil erfordert.
- **Chaotischer Kontext**: Die Beziehungen zwischen Ursache und Wirkung sind unmöglich zu bestimmen, weil sie sich ständig verschieben und keine überschaubaren Muster existieren. Daher ist es sinnlos, nach richtigen Antworten zu suchen. Dies ist typisch in Krisensituationen und erfordert schnelles *Handeln* sowie anschließendes *Erkennen* und *Reagieren.* Es erfolgt eine Steuerung auf Sicht, ohne dabei die Mission des Unternehmens aus dem Auge zu verlieren. Empathie und regelmäßiger Kontakt mit den Mitarbeitern sind wichtig, um deren Ängste wahrzunehmen und ihre Resilienz (vgl.

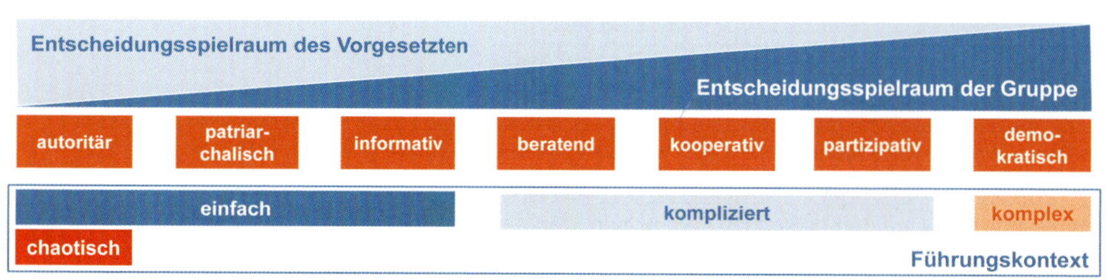

Abb. 6.3.16: Kontextabhängige Führungsstile (*Stoi*, 2022, S. 73)

Kap. 6.5.3) zu fördern. Eine langfristige Zukunftsperspektive liefert dafür die nötige Orientierung und gibt Halt. Die Dringlichkeit der Maßnahmen in chaotischen Führungskontexten spricht für einen autoritären Top-down-Führungsstil im Rahmen einer krisenorientierten Unternehmensführung. Dieser wird so lange angewandt, bis das Unternehmen wieder in einen beherrschbaren Führungskontext gelangt.

Einfache und komplizierte Führungskontexte sind geordnet, d. h., es ist möglich, Probleme zu analysieren und systematisch zu lösen. Komplexe und chaotische Führungskontexte sind dagegen ungeordnet, d. h., die zu lösenden

Führung bei TUI in der Corona-Krise

Die *TUI Group* ist das größte Touristikunternehmen der Welt. Sie erzielte im Geschäftsjahr 2019 mit über 70.000 Mitarbeitern einen Umsatz von knapp 19 Mrd. €. Da die Corona-Krise auf die Touristikbranche massive Auswirkungen hatte, erlitt das Unternehmen 2020 einen Umsatzeinbruch um 58 % auf knapp 8 Mrd. € und musste seine Mitarbeiterzahl um 32 % auf rund 48.000 reduzieren (www.tuigroup.com).

Mit Beginn des ersten Shutdowns in Deutschland am 23. März 2020 befand sich *TUI* unversehens in einem **chaotischen Führungskontext**. *Friedrich Joussen*, Vorstandsvorsitzender der *TUI AG*, schildert die dramatische Situation: „[Der Shutdown] war wie eine Vollbremsung auf der Autobahn. Damit ging der Umsatz der *TUI* praktisch über Nacht auf null. Wir hatten von heute auf morgen drei Krisen gleichzeitig zu bewältigen: Erstens ging es darum, unsere rund 200.000 Urlauber und 2.000 Mitarbeiter aus den Destinationen zurückzuholen, die von dem Shutdown überrascht worden waren. Teilweise unter schwierigsten Bedingungen und aus allen Ecken der Welt. Zweitens mussten wir den laufenden Betrieb anhalten und so schnell wie möglich unsere Ausgaben reduzieren – innerhalb weniger Wochen haben wir die Cash-Fixkosten um mehr als 70 Prozent reduziert. Wir mussten zudem auch Anzahlungen für abgesagte Reisen zurückzahlen. Drittens war es überlebensnotwendig, dass wir umgehend bei der Bundesregierung die Überbrückungskredite beantragt haben, die uns zügig bewilligt wurden." (*TUI*, 2020, S. 7).

Aufgrund der weltweiten Reisewarnung musste *TUI* sämtliche Reisen bis Ostern stornieren, später auch noch weit darüber hinaus. Um eine Insolvenz zu vermeiden, wurde ein staatlicher *KfW*-Überbrückungskredit von 1,8 Mrd. € sowie eine Aufstockung der bestehenden Kreditlinie auf 1,75 Mrd. € beantragt sowie Kurzarbeit eingeführt. Darüber hinaus galt es, die Investoren, Gläubiger, Mitarbeiter und Kunden zu beruhigen, dass die Liquidität von *TUI* ausreichend ist und bald wieder Reisen durchgeführt werden können. Zur weiteren Liquiditätssicherung sollten möglichst viele der rund 400 Hotels, 150 Flugzeuge und 18 Schiffe des Konzerns in einem Sale-and-Lease-back-Programm verkauft und wieder angemietet werden.

Diese Maßnahmen dienten dazu, das Überleben des Unternehmens zu sichern und es aus dem chaotischen Führungskontext herauszubringen. Die Führung von *TUI* hatte allerdings keinen Einfluss auf die Entwicklung der Pandemie, sondern konnte den Konzern lediglich auf Sicht steuern.

Parallel zu dieser krisenorientierten Unternehmensführung musste *TUI* auch Maßnahmen in anderen **Führungskontexten** ergreifen:

- **Komplex**: Für die Wiederaufnahme des Reiseprogramms wurde auf Basis der Informationen des *Robert-Koch-Instituts* ein 10-Punkte-Plan als Hygiene- und Sicherheitskonzept für sämtliche touristischen Aktivitäten erarbeitet. Nachdem die Reisewarnung für die meisten europäischen Länder zum 15. Juni 2020 aufgehoben wurde, öffnete *TUI* schrittweise seine Hotels und nahm den Flugbetrieb wieder auf.
- **Kompliziert**: Durch eine Reorganisation des Unternehmens sollten die Fixkosten des Geschäftsbetriebs von monatlich 0,7 bis 1,4 Mrd. € drastisch gesenkt werden. Die Gemeinkosten sollten um 30 % reduziert und hierfür Personal abgebaut werden. Mit dem Flugzeuglieferanten *Boeing* wurde eine Einigung über einen Schadensersatz für den Ausfall der 737-Max-Maschinen erzielt. *Tuifly* konnte diesen Flugzeugtyp aufgrund des Entzugs der Starterlaubnis von März 2019 bis November 2020 nicht nutzen (vgl. Kap. 3.4.4). Um die Flugzeugflotte von *TUI* zu verkleinern und den Kapitalbedarf für Flugzeuginvestitionen zu senken, wurde zusätzlich eine um durchschnittlich zwei Jahre verzögerte Auslieferung der 61 bestellten Maschinen vereinbart.
- **Einfach**: Buchungen waren während der gesamten Krise wie gewohnt möglich. Nach Wiederaufnahme des Reiseprogramms im Sommer 2020 erfolgten die Organisation, Kapazitätsplanung und Hygienemaßnahmen nach dem erarbeiteten 10-Punkte-Plan. Die Mitarbeiter vor Ort wurden intensiv geschult. Als Buchungsanreiz wurde im Juni eine „Welcome-back-Kampagne" durchgeführt, die bis zu 250,- € Preisnachlass pro Person bei Flugpauschalreisen vorsah.

Mit Beginn des zweiten deutschen Shutdowns am 16. Dezember 2020 wurde *TUI* nochmals für mehrere Monate in den Krisenmodus zurückgeworfen. Um die Kunden dennoch zur Buchung von Reisen für die Urlaubssaison 2021 zu veranlassen, wurde ein gebührenpflichtiges Flex-Tarif-Upgrade angeboten, mit dem die Kunden bis 14 Tage vor Anreise kostenfrei umbuchen oder stornieren konnten. Darüber hinaus war bei sämtlichen Buchungen mit Anreise bis 31. Oktober 2021 eine Covid Protect-Versicherung im Reisepreis eingeschlossen, die bei einer Infektion mit Sars-CoV-2 während des Urlaubs mögliche Zusatzkosten, wie etwa für Heilbehandlung oder medizinischen Rücktransport, abdeckte.

Probleme sind undurchschaubar und erfordern laufende Interventionen. In der Praxis können sich verschiedene Führungskontexte überlappen und im Zeitverlauf ändern, wie das Beispiel von *TUI* veranschaulicht.

Viele Führungskräfte finden sich nur in einem Führungskontext zurecht. Aber Führung sollte kein Einheitsbrei nach dem Motto „One-size-fits-all" sein. Auch wenn meist einer der Führungskontexte dominiert, so sind doch in der Regel parallel dazu auch andere Führungskontexte

	Merkmale des Führungskontexts	Aufgabe der Führung	Gefahrensignale	Reaktion auf Gefahrensignale	
Einfach	▪ Eindeutige, für jeden ersichtliche Ursache-Wirkungs-Zusammenhänge ▪ Es gibt eine richtige Lösung ▪ Repetitive Abläufe ▪ Wiederkehrende Muster und Ereignisse ▪ Bekanntes Wissen („Known knowns")	▪ Erkennen – *Kategorisieren* – Reagieren ▪ Effiziente Abläufe gewährleisten ▪ Delegieren ▪ Nutzung von „Best Practice" ▪ Klare und direkte Kommunikation ▪ Weisung und Kontrolle ▪ Faktenbasierte Entscheidungen	▪ Selbstzufriedenheit und Bequemlichkeit ▪ Wunsch, komplexe Probleme zu vereinfachen ▪ Eingefahrenes Denken ▪ Bestehendes Wissen wird nicht infrage gestellt ▪ Festhalten am „Best Practice", auch wenn sich die Rahmenbedingungen ändern	▪ Bestehende Lösungen infrage stellen ▪ Enger Kontakt zu den Mitarbeitern, ohne sich überall einzumischen ▪ Niemals davon ausgehen, dass die Dinge einfach sind ▪ Den Nutzen, aber auch die Grenzen von „Best Practice" erkennen	**Managementorientierte Führung**
Kompliziert	▪ Ursache-Wirkungs-Zusammenhänge sind vorhanden, aber nicht für jeden ersichtlich ▪ Diagnose erfordert Expertenwissen ▪ Es sind mehrere richtige Lösungen möglich ▪ Erkanntes, unbekanntes Wissen („Known unknowns")	▪ Erkennen – *Analysieren* – Reagieren ▪ Expertengremien einrichten ▪ Nutzung von „Good Practice" ▪ Unterschiedliche Ratschläge einbeziehen ▪ Expertenbasierte Entscheidungen	▪ Fachleute favorisieren eigene oder bestehende Lösungen ▪ Stillstand, wenn Experten sich nicht einigen können ▪ Elfenbeintürme ▪ Vorschläge von Nichtexperten werden ignoriert	▪ Expertenwissen infrage stellen, um eingefahrenes Denken zu verhindern ▪ Experimente und Planspiele, um über den Tellerrand hinaus zu schauen	**Integrierte Führung**
Komplex	▪ Ursache-Wirkungs-Zusammenhänge verändern sich laufend ▪ Instabil und unvorhersehbar ▪ Viele konkurrierende Ideen ▪ Keine richtige Antwort vorhanden ▪ Erfordert kreative und innovative Lösungsansätze ▪ Suche nach „Next Practice" ▪ Unerkanntes, unbekanntes Wissen („Unknown unknowns")	▪ *Ausprobieren* – Erkennen – Reagieren ▪ Rahmenbedingungen schaffen und Experimente durchführen, um Zusammenhänge zu erkennen ▪ Intensive Zusammenarbeit und Kommunikation ▪ Kreativitätsmethoden einsetzen ▪ Entscheidungen durch selbstorganisierte Teams	▪ Rückfall in die gewohnte Weisung und Kontrolle ist verlockend ▪ Suche nach Fakten, statt das Entstehen von Strukturen zuzulassen ▪ Wunsch, Probleme rasch zu lösen oder Chancen zu ergreifen, kann zu vorschnellen Lösungen führen ▪ Versuch, Ordnung zu erzwingen	▪ Geduldig sein und sich Zeit zum Nachdenken nehmen ▪ Interaktive Ansätze verwenden, damit sich Strukturen herausbilden können	**Agile Führung**
Chaotisch	▪ Starke Unruhe und Anspannung ▪ Keine klaren Ursache-Wirkungs-Zusammenhänge ▪ Suche nach richtigen Lösungen ist zwecklos ▪ Rasche Entscheidungen erforderlich, ohne Zeit nachzudenken ▪ Unerkennbares Wissen („Unknowables")	▪ *Handeln* – Erkennen – Reagieren ▪ Schauen, was funktioniert, statt nach richtigen Lösungen zu suchen ▪ Sofortige Maßnahmen treffen, um die Ordnung wiederherzustellen ▪ Weisung und Kontrolle ▪ Klare und direkte Kommunikation ▪ Top-down-Entscheidungen	▪ Chaos hält an ▪ Verpasste Chancen ▪ Übersteigertes Selbstbild und Heldenkult ▪ Autoritärer Führungsstil wird länger als nötig angewendet	▪ Einfache, komplizierte und komplexe Fragestellungen voneinander trennen und entsprechend bearbeiten ▪ Konsequentes Handeln, um die Situation aus dem Chaos herauszubringen ▪ Den eigenen Führungsstil hinterfragen, wenn die Krise vorbei ist	**Krisenorientierte Führung**

Abb. 6.3.17: Kontextbedingte Führung (*Stoi, 2022, S. 75,* in Anlehnung an Snowden/Boone, 2007, S. 74)

möglich. Eine effektive Unternehmensführung beherrscht deshalb die gesamte Klaviatur der Führung und passt ihren Führungsstil flexibel an den jeweiligen Kontext an. Hierzu müssen die Führungskräfte zunächst mithilfe der in Abb. 6.3.17 aufgeführten Merkmale feststellen, in welchem Kontext sich ihr Führungsbereich (Unternehmen, Geschäftsbereich oder Team) gerade befindet. Sollte dies unklar sein, dann ist eine tiefergehende Analyse notwendig. Dies kann zusammen mit externen Beratern erfolgen oder mit den eigenen Mitarbeitern oder anderen Führungskräften diskutiert werden. Bei der kontextbezogenen Führung sind dabei stets die beschriebenen Gefahrensignale zu beachten, auf die mit den aufgeführten Empfehlungen reagiert werden kann.

Zusammenfassung

- Personalführung ist die gezielte Verhaltensbeeinflussung der Mitarbeiter.
- Führungsprinzipien basieren auf unterschiedlichen Führungstheorien, die wiederum aus Menschenbildern und Motivationstheorien abgeleitet sind.
- Ein Menschenbild ist ein grundlegendes Verständnis von der Natur des Menschen und prägt dadurch das Führungsverhalten.
- Motivationstheorien versuchen, menschliches Verhalten und die hierfür bestimmenden Faktoren zu erklären. Es lassen sich Inhalts- und Prozesstheorien unterscheiden.
- Führungstheorien erklären, wie Vorgesetzte ihre Mitarbeiter beeinflussen sollen, um eine gewünschte Leistung oder ein gewünschtes Verhalten zu erreichen. Es gibt Verhaltens-, Situations-, Eigenschafts-, Attributions- und Interaktionstheorien.
- Führungsmodelle stellen das gesamte Führungshandeln im Sinne einer ganzheitlichen Führungskonzeption dar. Transaktionale Führungsmodelle gehen von einem wechselseitigen Austausch zwischen Mitarbeiter und Führungskraft aus. Transformierende Führungsmodelle beziehen sich dagegen auf die Veränderung der Einstellung der Mitarbeiter.
- Führungsprinzipien sind Gestaltungsregeln für die Personalführung, die meist als „Management by"-Ansätze formuliert sind.
- Leadership umfasst die Entwicklung von Visionen und Strategien, die dem Unternehmen neue Richtungen geben. Leader befähigen und motivieren ihre Mitarbeiter, bei der Umsetzung von Veränderungen herausragende Leistungen zu vollbringen.
- Leadership sucht nach neuen Möglichkeiten und Wegen („Die richtigen Dinge tun") und Management soll diese dann realisieren („Die Dinge richtig tun").
- Die Kernaufgaben der Personalführung sind auftragsorientierte Führung, Teamführung, individuelle Führung und Selbstführung. Deren effektive Erfüllung erfordert die Integration von Management und Leadership.
- Grundsätze effektiver Führung sind: Resultatorientierung, Beitrag zum Ganzen, Konzentration auf Weniges, Stärken nutzen, Vertrauen sowie positives Denken.
- Kontextbedingte Führung bedeutet, den Führungskontext regelmäßig zu bewerten und den Führungsstil daran situativ anzupassen.

Literaturempfehlungen

Malik, F.: Führen Leisten Leben: Wirksames Management für eine neue Welt, 3. Aufl., Frankfurt 2019.

Peters, T.: Leadership: Traditionelle und moderne Konzepte, Wiesbaden 2015.

Seelhofer, D.: Das Leadership Buch, Hallbergmoos 2020.

Stoi, R.: Kontextorientierte Führung und Organisation: Ein situatives Führungsmodell, in: zfo, 91. Jg., 2022, Nr. 2, S. 70–78.

Weibler, J.: Personalführung, 3. Aufl., München 2016.

6.4 Agile Personalführung

Leitfragen

- Auf welchem Menschenbild basiert die agile Führung und wofür steht New Work?
- Welche agilen Werte und Führungsprinzipien sind zu beachten?
- Wie sind selbstorganisierte Teams zu führen?
- Wie erfolgt eine kontextbedingte Führung in agilen Organisationen?
- Welche Merkmale kennzeichnen eine adaptiv-dezentrale Führung?

Die Gestaltung agiler Organisationen wird in Kap. 5.2, das agile Prozessmanagement in Kap. 5.4.4 und das agile Projektmanagement in Kap. 5.3.5 erläutert. Doch durch neue Strukturen und Werkzeuge allein wird ein Unternehmen noch lange nicht agil. Hierzu ist ein grundlegender Wandel der Einstellung, Mentalität und Denkhaltung bei allen Mitarbeitern und insbesondere den Führungskräften erforderlich. Traditionelles hierarchisches Management geht von der Überzeugung aus, dass die Führung stets am besten weiß, was zu tun ist. Die Mitarbeiter brauchen deshalb klare Anweisungen und damit sie diese auch korrekt ausführen, unterliegen sie ständiger Kontrolle. Bei einer managementorientierten Unternehmensführung (vgl. Kap. 1.3.6) bedeutet Karriere und Erfolg, in der Hierarchie aufzusteigen und an Macht zu gewinnen. Doch in einem komplexen Führungskontext sind solch hierarchische Strukturen zum Scheitern verurteilt, da sie nicht mit schwer durchschaubaren und dynamischen Veränderungen umgehen können (vgl. *Pircher*, 2018, S. 47 f.).

Agile Personalführung ist die gezielte Verhaltensbeeinflussung von selbstorganisierten Mitarbeitern und Teams in agilen Organisationen. Hierfür schafft sie Rahmenbedingungen, in denen diese selbstständig entscheiden und handeln können und vermittelt ihnen Orientierung und Sinn.

Die agile Führung soll sowohl die Anpassungsfähigkeit als auch die innere Stabilität der Organisation gewährleisten. Abb. 6.4.1 zeigt die Aspekte agiler Führung als **Zwiebelmodell**. Die Mentalität, also die Einstellung und Denkhaltung, bildet den Kern agiler Führung. Dieses sog. Mindset bestimmt die agilen Werte, aus denen sich Führungsprinzipien als Handlungsanweisungen ableiten. Nur auf dieser Basis lassen sich agile Werkzeuge erfolgreich einsetzen. Während die Mentalität häufig unbewusst und von außen unsichtbar ist, sind die im Unternehmen eingesetzten Werkzeuge für jeden greifbar und erlebbar.

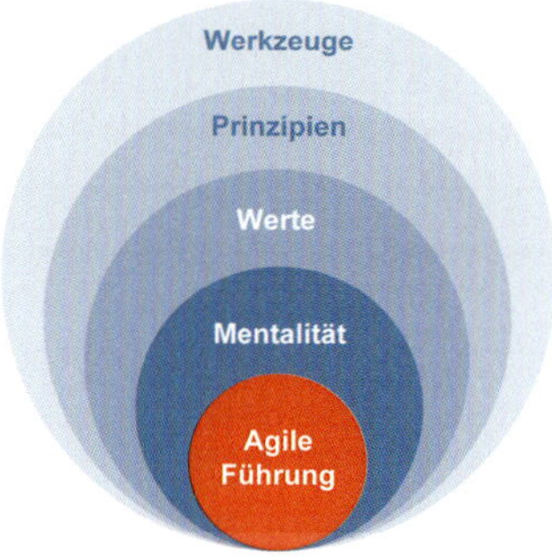

Abb. 6.4.1: Aspekte agiler Führung

6.4.1 Agile Mentalität

Agile Führung erfordert einen **Bewusstseinswandel** (Mindshift). Die Entwicklung des Unternehmens und das individuelle Wachstum der Mitarbeiter sollen nicht mehr in Konkurrenz zueinanderstehen, sondern sich gegenseitig fördern und stimulieren (vgl. *Laloux*, 2015, S. 50 ff.). Dies bedingt ein anderes Verständnis vom Wesen und der Motivation der Menschen und davon, wie diese in einer VUKA-Welt (vgl. Kap. 1.3.5) am besten zusammenarbeiten. Dabei geht es insbesondere um ein neues Menschenbild, welches den Mitarbeiter und dessen Motivation in den Mittelpunkt stellt. Agile Führung basiert auf dem **Menschenbild nach der Theorie Y** von *McGregor*, nach dem die Mitarbeiter intrinsisch motiviert sind, gerne Verantwortung übernehmen und ihr Potenzial im Unternehmen entfalten möchten (vgl. Kap. 6.3.1). Dieses Verständnis ist die Basis für die agile Führung in einem komplexen Führungskontext (vgl. Kap. 1.3.6).

Die Mitarbeiter werden in agilen Organisationen als **soziale Wesen** betrachtet, die sich in eine Gemeinschaft integrieren und diese unterstützen möchten, um dadurch Anerkennung und Sicherheit zu erfahren. Durch respektvolle Kommunikation auf Augenhöhe und gegenseitige

Interaktion findet dabei ein reger Austausch statt. Agile Führung basiert auf der Überzeugung, dass die Mitarbeiter nach deren Wissen und Fähigkeiten sowie unter Berücksichtigung der zur Verfügung stehenden Ressourcen und der aktuellen Situation sich stets nach besten Kräften für das Unternehmen einsetzen. Aufgabe der Führung ist es, die Rahmenbedingungen zu schaffen, in denen sich jeder Mitarbeiter bestmöglich entfalten kann. Das Verhalten der Mitarbeiter wird also weniger durch persönliche Eigenschaften, als vielmehr durch die organisatorischen Strukturen geprägt (vgl. *Oestereich/Schröder*, 2020, S. 18). Agile Führung lässt sich mit einem Gärtner vergleichen, der dafür sorgen soll, dass die Pflanzen ideale Bedingungen haben, um zu wachsen. Sie werden von ihm regelmäßig gegossen, ab und zu gedüngt und von Unkraut befreit. An den Pflanzen zu ziehen, beschleunigt deren Wachstum jedoch nicht – eher im Gegenteil (vgl. *Scheller*, 2017, S. 147).

Manche Kritiker bemängeln, nicht alle Menschen ließen sich intrinsisch motivieren. Beispielhaft wird dafür der Arbeiter am Fließband, der Kassierer im Supermarkt oder die Reinigungskraft genannt. Doch solche Aussagen zeugen lediglich von einem negativen Menschenbild. Intrinsische Motivation ist nicht nur bei hoch qualifizierten Wissensarbeitern oder kreativen Köpfen zu erreichen. Allerdings erfordert sie die richtigen Rahmenbedingungen. *Herzberg et al.* (1959) bezeichnen diese als Hygienefaktoren (vgl. Kap. 6.3.1). Hierzu gehören etwa faire Bezahlung, Wertschätzung für den Mitarbeiter und seine Arbeit, sichere und angenehme Arbeitsbedingungen und soziale Bindungen. Sind diese Rahmenbedingungen gewährleistet, dann lässt sich jeder Mensch durch individuelle Ansprache – zumindest bis zu einem gewissen Grad – intrinsisch motivieren (vgl. *Hofert*, 2018, S. 30).

Jede Arbeit kann folglich Sinn stiften. In der Corona-Pandemie 2020/21 kam es vor allem auf die Mitarbeiter in Supermärkten, bei der Müllabfuhr, bei Paketdienstleistern sowie in Krankenhäusern und Pflegeheimen an. Ohne deren motivierten Arbeitseinsatz, trotz Ansteckungsgefahr und geringer Bezahlung, wäre unsere Gesellschaft zusammengebrochen. Menschen sehnen sich danach, sich zu engagieren, wenn man sie lässt. Wie sich ein solcher Sinn in einem Unternehmen stiften lässt, zeigen etwa die Praxisbeispiele *Southwest Airlines* und die Drogeriemarktkette *dm*.

Jede Motivation von außen ist nur dann langfristig wirksam, wenn sie zur **Selbstmotivation** führt. Hierzu müssen „Kopf, Bauch und Hand zusammenpassen", d. h., die expliziten Ziele („Kopf") stimmen mit den eigenen, häufig unbewussten Motiven des Mitarbeiters („Bauch") überein

Mitarbeiteridentifikation bei Southwest

Southwest

Der US-Billigflieger *Southwest Airlines* gehört mit rund 60.000 Mitarbeitern, 750 Flugzeugen und einem Umsatz von über 22 Mrd. US$ zu den größten und rentabelsten Fluggesellschaften der Welt. Die Vision von *Southwest* ist: „To become the World's Most Loved, Most Efficient, and Most Profitable Airline". Das Unternehmen verfügt über eine ausgesprochen mitarbeiterzentrierte Unternehmenskultur – die *„Southwest Family"*. Nach dem Motto „Employee first" steht nicht etwa der Kunde, sondern der Mitarbeiter an erster Stelle. Die Identifikation der Mitarbeiter mit dem Unternehmen, egal, ob Piloten, Flugbegleiter oder Bodenpersonal, ist außerordentlich hoch. Dies zeigt sich etwa im herzlichen Umgang mit den Kunden und ist einer der wesentlichen Gründe für die hohe Kundenzufriedenheit. Der CEO *Gary Kelly* betont: „Our people are our single greatest strength and most enduring longterm competitive advantage". Die Aktie des Unternehmens wird an der Börse unter dem Kürzel „LUV" gehandelt, was ausgesprochen für *Love* steht (www.southwest.com).

und dieser verfügt über die erforderlichen Kompetenzen, Erfahrungen und das Selbstvertrauen („Hand"), um diese Ziele zu verwirklichen (vgl. *Kneip/Brüggemann*, 2018, S. 59). Die Führung soll hierzu nach der neurobiologischen Motivationstheorie (vgl. Kap. 6.3.1) regelmäßig neue Herausforderungen schaffen, das Know-how im Unternehmen vernetzen, die Mitarbeiter wertschätzend unterstützen, Erfolgserlebnisse fördern und eine positive Fehlerkultur sicherstellen (vgl. *Hüther*, 2009, S. 30 f.).

Belohnung und Bestrafung sind dagegen Erziehungsmethoden, die im Unternehmen nicht funktionieren. Extrinsische Anreize, wie etwa Bonuszahlungen, können die Motivation auf Dauer sogar zerstören. Sie konditionieren die Mitarbeiter darauf, nur noch solche Ziele zu verfolgen, die monetär honoriert werden. Dies provoziert taktisches und manipulatives Verhalten, wie es etwa häufig bei der traditionellen Budgetierung zu beobachten ist (vgl. Kap. 4.3.3). Vermag eine Prämie anfangs noch zu motivieren, wird sie durch die Mitarbeiter schnell als selbstverständlich angesehen. Um weiter leistungssteigernd zu wirken, muss sie ständig erhöht werden, bis auch hier irgendwann eine Obergrenze erreicht ist. Steigt die Belohnung dagegen nicht oder bleibt ganz aus, dann wirkt dies stark demotivierend. Dies liegt auch daran, dass Verluste beim Menschen doppelt so starke Emotionen hervorrufen als Gewinne (vgl. *Roth/Herbst*, 2020, S. 311 ff.). Betrachten die Mitarbeiter die verfolgten Ziele nicht als sinnvoll, können daran auch Anreize nichts ändern. Auf Basis eines solch negativen Menschenbildes werden die Mitarbeiter ihre Talente nicht einbringen und Dienst nach Vorschrift leisten. Komplexe Führungskontexte erfordern dagegen eigenverantwortliches und kreatives Denken und Handeln (vgl. *Oestereich/Schröder*, 2020, S. 18).

6.4.2 Agile Werte und Führungsprinzipien

Agile Führung bedeutet ein anderes Verständnis der Arbeit in Unternehmen. Die Idee einer solchen „Neuen Arbeit“ (**New Work**), welche eine Entfaltung der Kreativität und Persönlichkeit des Menschen ermöglichen soll, wurde bereits Anfang der 1980er-Jahre durch den Sozialphilosophen *Bergmann* geprägt. In seinem Gegenmodell zum Kapitalismus stellt er die Frage nach „der Arbeit, die wir wirklich, wirklich wollen“ (*Bergmann*, 2004, S. 121). Bei Tätigkeiten, die in Übereinstimmung mit den eigenen Wünschen, Hoffnungen, Träumen und Begabungen stehen, sollen die Mitarbeiter in einen Flow geraten (vgl. Kap. 6.3.1). Gerade die jungen Mitarbeiter der Generationen Y und Z (vgl. Kap. 6.2.4) stellen traditionelle Arbeitsweisen und Karrieren immer mehr infrage und wollen arbeiten, um zu leben, statt leben, um zu arbeiten. Sie wünschen sich eine berufliche Tätigkeit, die ihnen Freude, Energie und Sinn verleiht.

New Work bezeichnet einen tiefgreifenden Wandel der Arbeitswelt, der die Rollen und die Zusammenarbeit von Führungskräften und Mitarbeitern grundsätzlich verändert, um sowohl individuelles Wachstum als auch die erfolgreiche Entwicklung des Unternehmens zu ermöglichen.

Eine wesentliche Rolle spielt dabei auch die Digitalisierung (vgl. Kap. 8.7), die sich insbesondere auf die betriebliche Kommunikation auswirkt und ortsunabhängiges, mobiles Arbeiten ermöglicht. Im Kern geht es bei New Work um die Potenzialentfaltung jedes Mitarbeiters und die gemeinsame Zielerreichung durch ein kooperatives Miteinander. Beides spielt gerade in agilen Organisationen eine besondere Rolle (vgl. *Appen*, 2019, S. 14 ff.). New Work geht von einer grundlegenden Neuorganisation der Arbeit aus, die zukünftig vor allem in Form von Projekten stattfindet. Um diese bestmöglich zu bearbeiten, bilden die Mitarbeiter mit den dazu passenden Kompetenzen selbstgeführte Teams. Durch die Fähigkeit und Bereitschaft zu kooperieren, wird verteiltes Expertenwissen miteinander verknüpft und nutzbar gemacht. Auf diese Weise können innovative und kreative Lösungen entstehen. Die Teams sind untereinander vernetzt und werden je nach Projekt immer wieder neu zusammengesetzt, woraus ein komplexes Netzwerk – die agile Organisation – entsteht (vgl. *Sichart/Preußig*, 2019, S. 30 ff.; *Stahl*, 2019, S. 297).

Agile Werte

Agile Führung basiert auf den in Abb. 6.4.2 dargestellten **Werten** (in Anlehnung an *Laloux*, 2015, S. 43 ff.; *Pircher*, 2018, S. 104 ff.; *Scheller*, 2017, S. 135 ff.):

- **Sinnhaftigkeit**: Mitarbeiter sind von innen heraus motiviert, wenn sie in ihrer Arbeit einen Sinn erkennen. Menschen wollen Teil von etwas sein, das größer ist als sie selbst. Purpose, Vision und Mission des Unternehmens sollten eine solch gemeinsame Zielsetzung bieten, welche die Mitarbeiter für sich selbst verinnerlichen können (vgl. Kap. 2). Ein Beispiel ist die Mission von *Google*: „Die Informationen dieser Welt organisieren und allgemein zugänglich und nutzbar machen“.
- **Ganzheit**: Der Mitarbeiter wird in seiner Vielschichtigkeit mit all seinen Facetten, zwischenmenschlichen Beziehungen, Gefühlen und Emotionen gesehen und nicht auf seine rationale Seite oder berufliche Rolle reduziert.
- **Offenheit**: Emotionen, Wünsche, Meinungen, Gefühle und auch Fehler können im Unternehmen offen gezeigt werden.
- **Mut und Respekt** sind die Voraussetzungen für Offenheit, damit die Mitarbeiter sich sicher genug fühlen, sie selbst zu sein. Sie sollen ermutigt werden, neue Handlungsweisen und Lösungsansätze auszuprobieren, auch wenn sie dabei scheitern können.
- **Verantwortung und Vertrauen** sind zwei Seiten einer Medaille: Die Führungskraft muss loslassen können und darauf vertrauen, dass die Mitarbeiter in der Lage sind, ihre Aufgaben selbstverantwortlich zu übernehmen. Tragen die Mitarbeiter die Verantwortung dafür, was sie wie, warum und wozu tun, kann daraus wiederum neues Vertrauen wachsen.
- **Gemeinschaft**: Teams arbeiten gemeinsam an einer Aufgabe, wobei die Teammitglieder voneinander lernen und das Ergebnis mehr ist als die Summe der einzelnen Leistungen.

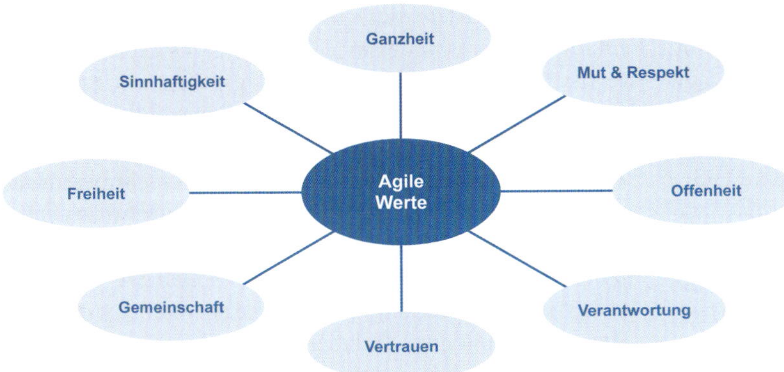

Abb. 6.4.2: Die Werte agiler Führung

- **Freiheit** der Teams, sich selbst zu organisieren und zu entscheiden, welche Aufgaben wann, wie und mit wem erledigt werden.

Ohne die Verankerung dieser agilen Werte können agile Strukturen und Methoden nicht erfolgreich sein. In traditionellen hierarchischen Systemen führen selbstgesteuerte Teams zu Widersprüchen und Spannungen, weil sich deren Ziele, Kultur und Vorgehensweise stark vom restlichen Unternehmen unterscheiden (vgl. *Pircher*, 2018, S. 37). Ein Kanban-Board, das Arbeitsfortschritte visualisiert, erfordert etwa Offenheit, Respekt, Mut und Vertrauen, damit sich langsamere Mitarbeiter nicht an den Pranger gestellt fühlen. Fehlen diese Werte, machen agile Retrospektiven ebenfalls wenig Sinn (vgl. *Hofert*, 2018, S. 9 f.).

Agile Führungsprinzipien

Aus den genannten Werten lassen sich folgende **Prinzipien agiler Führung** als Handlungsempfehlungen ableiten (in Anlehnung an *Sichart/Preußig*, 2019, S. 42 ff.):

- **Die Richtung weisen und Sinn stiften**: Die Führungskräfte sind für die Aufstellung und Kommunikation von Purpose, Vision und Mission verantwortlich, um der agilen Organisation eine Orientierung zu geben und die Sinnhaftigkeit der Arbeit zu verdeutlichen. Diese Ausrichtung soll im Laufe der Zeit regelmäßig angepasst werden („Evolutionary Purpose").
- **Selbstorganisation und Eigenverantwortung fördern und fordern**: In agilen Projekten bestimmen die Teams selbst die Arbeitspakete und deren Verteilung auf die Teammitglieder. Hierfür sind Rahmenbedingungen zu schaffen, in denen Selbstorganisation möglich ist. Die Verantwortung übernehmen die Teams, die für ihre Entscheidungen geradestehen müssen.
- **Ausrichtung am Kunden**: Agile Führung bedeutet, dafür zu sorgen, dass sich die gesamte Organisation an den Wünschen und Bedürfnissen des Kunden orientiert, auch und gerade, wenn sich diese immer wieder ändern.
- **Sich kontinuierlich verbessern,** d. h. sowohl die laufende Anpassung der erarbeiteten Lösungen an geänderte Anforderungen als auch regelmäßige Reflektion über die Zusammenarbeit im Team und in der Organisation.
- **Flexibel bleiben**: Das Führungsverhalten sollte situativ ausgerichtet sein. Entscheidungen, Rollen und Strukturen sind zu hinterfragen und wenn erforderlich anzupassen.
- **Direkt und offen kommunizieren**: Der Informationsaustausch soll regelmäßig und möglichst im persönlichen Gespräch stattfinden. Die Mitarbeiter erhalten von den Führungskräften häufiges, annehmbar formuliertes Feedback, um Lernprozesse zu ermöglichen. Dabei können die Mitarbeiter ihre eigenen Meinungen, Wünsche und Sorgen offen ansprechen. Informationen sollen in der gesamten Organisation transparent geteilt werden, damit die Teams ihre eigenen Entscheidungen darauf stützen können.
- **Schnell und iterativ handeln und lernen**: Traditionelle Unternehmen planen lange im Voraus und zeigen ihre Produkte erst dem Kunden, wenn sie perfekt sind. In agilen Organisationen werden Lösungen rasch in kleinen Schritten ausprobiert. Produktentwürfe werden bereits früh mit dem Kunden diskutiert. Da eine detaillierte Planung in einem komplexen Führungskontext wenig sinnvoll ist, treten zwangsläufig auch Fehler auf. Diese werden als Chance gesehen, um daraus zu lernen und zu einer besseren Lösung zu gelangen („Win or learn"). Agile Führung fördert eine solche positive Fehlerkultur und initiiert Lernen in allen Bereichen nach dem Motto: „Fail fast – fail cheap – fail early – learn faster".
- **Mitarbeiter und Teams beteiligen, befähigen und entwickeln**: Gerade im Übergang zu einer agilen Organisation sind manche Mitarbeiter mit der agilen Haltung

und selbstverantwortlichem Arbeiten zunächst überfordert. Die Mitarbeiter sind deshalb von der Führung in die Lage zu versetzen und dabei zu unterstützen, agil zu arbeiten.

- **Zurückhaltend führen**: Agile Führungskräfte wissen nicht alles besser, sondern stellen die richtigen Fragen. Die Führungskräfte sollten offen für neue und unorthodoxe Lösungsansätze sein. Das ist aber nicht gleichbedeutend mit einem Laissez-faire-Führungsstil, bei dem sich die Führungskraft zurücklehnt und das Team alleine machen lässt. Agile Führung unterstützt das Team, räumt Hindernisse beiseite und schafft die Voraussetzungen, damit es erfolgreich arbeiten kann.

Selbstorganisation führt dann nicht ins Chaos, wenn die agile Führung geeignete Rahmenbedingungen setzt und die gesamte Organisation auf einen übergeordneten Sinn (Purpose) ausrichtet (vgl. Kap. 2.1.1). Um die reibungslose Zusammenarbeit vieler Personen zu gewährleisten, sind auch in agilen Organisationen hierarchische Strukturen erforderlich. Während beim Management in einfachen und komplizierten Führungskontexten disziplinarische, fachliche und prozessuale Verantwortung häufig zusammenfallen, werden diese in agilen Organisationen voneinander getrennt oder in Führungsteams gebündelt. Die vertikale Arbeitsteilung in Führungskräfte mit Entscheidungsmacht und ausführende Mitarbeiter fällt weg, denn kein Mitarbeiter verfügt aufgrund seiner Position über höhere Autorität. Die Funktionen werden nicht bestimmten Personen formal zugewiesen, sondern hierfür zunächst verschiedene Fach- und Führungsrollen mit klaren Aufgaben gebildet. Die Zuordnung der Rollen auf Personen erfolgt situationsabhängig und wird regelmäßig angepasst. Hierarchien bilden sich dabei aufgrund unterschiedlicher Kompetenzen oder informeller sozialer Strukturen. Eine Person kann mehrere Rollen übernehmen bzw. eine Rolle kann auch durch verschiedene Personen wahrgenommen werden. Eine Rolle wird neu geschaffen, wenn jemand in der Organisation einen Bedarf aufzeigt, dass etwas nicht so ist, wie es im Sinne des zu erreichenden Ziels sein sollte. Ebenso können Rollen auch wieder abgeschafft werden, wenn diese nicht mehr gebraucht werden (vgl. *Pircher*, 2018, S. 39 ff.; *Andresen*, 2019, S. 149 f.). Eine solche Demokratisierung der Führung veranschaulicht das Praxisbeispiel von *DB Systel* (vgl. *Stoi/Patz*, 2022, S. 44 ff.).

Agile Führung bei DB Systel

Praxisbeispiel von Matthias Patz (Geschäftsbereichsleiter Innovation & New Ventures)

Die *DB Systel GmbH* ist eine hundertprozentige Tochter der *Deutschen Bahn AG* und Digitalpartner für alle Konzerngesellschaften. Mit ihren ca. 5.000 Mitarbeitern sowie fundierter Bahn- und IT-Kompetenz gestaltet sie aktiv die digitale Transformation des *DB Konzerns*. Kernelemente dieser dynamischen Entwicklung sind moderne, flexible IT-Strukturen sowie eine aktiv gestaltete, neue Arbeitswelt durch agile, eigenverantwortliche Teams. *DB Systel* vollzog ab 2016 einen umfassenden Wandel weg von klassischen Arbeits- und Organisationsstrukturen hin zu Selbstorganisation und unternehmensweiten Netzwerken.

Heute wird Führungsarbeit bei *DB Systel* von vielen Menschen geleistet. Rollen wie Product Owner (PO) und Agility Master (AM) übernehmen zwar umfangreichere Führungsaufgaben und herausgehobene Verantwortung, jedoch werden alle Mitarbeiter im Unternehmen in Form der Selbstführung im Umsetzungsteam (UT) wesentlich in die Führungsarbeit einbezogen. Damit setzt *DB Systel* das Prinzip der verteilten Führung um, bei der die klassischerweise bei einer Person konzentrierte Führungsarbeit auf mehrere Rollen aufgeteilt wird.

Abb. 6.4.3 zeigt die verschiedenen **Rollen und deren Verantwortung** im Rahmen der verteilten Führung:

- Der **Product Owner** ist Geschäftsentwickler und Garant von Kundennutzen und Wirtschaftlichkeit. Die Anforderungen der Kunden werden gesammelt und priorisiert, um einen größtmöglichen Nutzen und Wertbeitrag zu erzielen. Dabei müssen inhaltliche Entscheidungen getroffen und der Budgetrahmen definiert werden.
- Das **Umsetzungsteam** ist für die wertschaffende Leistungserbringung und Produktentwicklung verantwortlich. Das Team nutzt dafür die Gestaltungsräume der Selbstorganisation, um die Arbeit anhand der Prioritäten zu planen und die Umsetzung auszugestalten. Es sagt die Leistung des Arbeitsumfangs verbindlich zu und steht dafür in der Verantwortung beim Kunden und ist diesbezüglich der Ansprechpartner. Die Größe des Umsetzungsteams kann zwischen fünf und neun Personen variieren.
- Der **Agility Master** agiert als Organisations-, Team- und Personalentwickler sowie Wahrer der Selbstorganisation und effizienten Prozesse. Diese Führungsrolle ist für die Ermächtigung des Umsetzungsteams und die Beseitigung von Hindernissen verantwortlich. Es werden Aufgaben der Personalführung und Unternehmerpflichten wahrgenommen.

Die klassische Führungsarbeit verteilt sich zu 30 % auf den Product Owner, zu 30 % auf das Umsetzungsteam und die restlichen 40 % liegen beim Agility Master.

Verteilte Führung – Gemeinsame Verantwortung

Product Owner (PO)

- Ist hauptverantwortlich für Kundennutzen und Wirtschaftlichkeit (ROI)
- sowie Stakeholder Management und Geschäftsentwicklung

Umsetzungsteam (UT)

- Ist hauptverantwortlich für eine wertschaffende Leistungserbringung unter nachhaltigem Einsatz der Ressourcen
- nutzt dazu Spielräume der Selbstorganisation

Agility Master (AM)

- Ist hauptverantwortlich für die Team- und Personalentwicklung
- schafft Strukturen, die effizientes Arbeiten ermöglichen und die Selbstorganisation wahren

Zusammen sind sie das selbstorganisierte Team

- Jedes Team ist im Umsetzungsteam der Einheit, jede Einheit im Umsetzungsteam des Clusters vertreten.
- Dort übernehmen ihre Vertreter übergreifende Aufgaben und Verantwortung (Steuerung, Betriebsstabilität, Compliance, Unternehmensentwicklung, HR etc.)
- Einheiten- und Cluster-Rollen tragen die gleichen Verantwortungen, nur in anderem Umfang

Abb. 6.4.3: Rollen und Verantwortung der verteilten Führung

Neben den Teams gibt es noch weitere Elemente, wie etwa Einheiten, Cluster und Gilden, welche die Netzwerkorganisation von *DB Systel* zu einer funktionalen Organisationsarchitektur komplettieren. **Teams** bestehen aus fünf bis neun Personen und bilden zusammen Einheiten, welche wiederum ein **Cluster** bilden. Bei Projekten und Produkten, die sich aus Wertbeiträgen mehrerer Teams zusammensetzen, unterstützen Einheit und Cluster die Kooperation von Teams entsprechend einer fachlichen Ausrichtung entlang der Wertschöpfungskette eines Kundensegments.

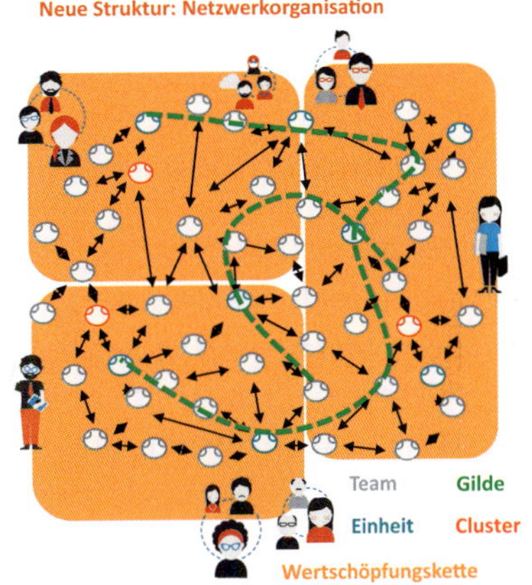

Gilden nehmen eine Governance-Funktion wahr. Dazu zählen bei der *DB Systel* unter anderem: IT-Architektur, Consulting, Delivery, Sales und Security. Gilden werden dabei von der Geschäftsführung formal mandatiert. Sie übernehmen die Verantwortung für gute, unternehmensweit geltende Architekturen, Prozesse und Methoden. Dabei stellen sie auf der einen Seite sicher, dass Teams, Einheiten und Cluster die größtmögliche Freiheit bei der Ausgestaltung ihrer Leistungsprozesse und ihres Handlungsumfeldes haben. Auf der anderen Seite kümmern sich die Gilden darum, den Teams Handlungssicherheit zu geben. Das bedeutet, sie haben die Rechtssicherheit, Normeinhaltung und die Wirtschaftlichkeit im Auge. Letztlich sind Gilden dabei auch verbindende Elemente zwischen Teams verschiedener Einheiten oder Cluster.

Das Ziel dieser **dynamischen Team- und Organisationsarchitektur** ist es, die zunehmenden variablen Bedarfe der Kunden flexibel und mit optimalem Nutzen für diese zu unterstützen. Damit werden Führungsmethoden und -praktiken für den Umgang in einem Ökosystem mit vielen Unsicherheiten eingeführt und gelebt. Die erzeugte interne Komplexität durch selbstorganisierte Teams dient der hinreichenden Abbildung

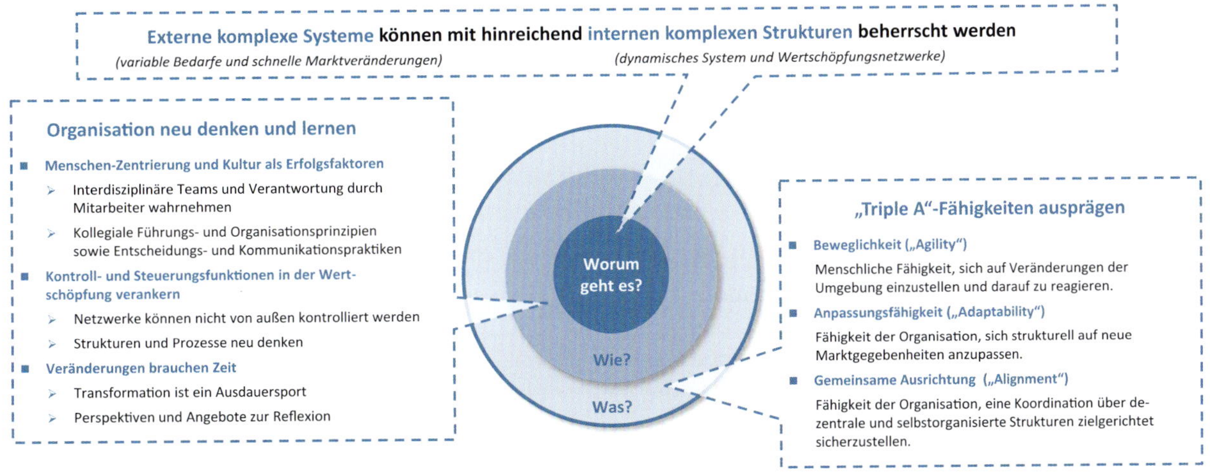

Abb. 6.4.4: Strukturen und Fähigkeiten agiler Führung bei DB Systel

und Beherrschung der externen Komplexität des unternehmerischen Umfelds. Abb. 6.4.4 zeigt die Strukturen und Fähigkeiten agiler Führung bei *DB Systel*.

Die Förderung von **Selbstorganisation** gibt den Mitarbeitern die Möglichkeit, sich innerhalb des gegebenen Gestaltungsrahmens flexibel zu bewegen und sich an Veränderungen anzupassen. Die Delegation und Übernahme von Verantwortung der Teams hilft der Organisation, auf strukturelle Veränderungen zu reagieren. Teile des Netzwerkes sind in der Lage, sich auf neue Marktgegebenheiten einzustellen und Feedback in das System der Wertschöpfungskette zu geben, ohne die gesamthafte Leistungsfähigkeit der Organisation einzuschränken.

Dadurch, dass jeder Mitarbeiter und jede Abteilung diese Transformation durchlaufen, findet eine Neuausrichtung der Organisation auf unmittelbare Wertschöpfung für den Kunden statt. Gerade auch in volatilen Zeiten haben transformierte Teams kreative und neue Wege gefunden, mit diesen Situationen schneller umzugehen und dabei im positiven Sinne die gegebenen Handlungsspielräume ausgeschöpft.

Zusammenfassend sind die sog. **„Triple A"-Fähigkeiten** (Agility, Adaptability und Alignment) wichtige Erfolgsfaktoren eines agilen Organisationsmodells. Eine Demokratisierung von Führungsarbeit und Verantwortung trägt zur Ausprägung der ersten beiden Eigenschaften bei. Die gemeinsame Ausrichtung wird auf der einen Seite über eine in sich verzahnte Kreisorganisation mit Vertretern aus allen Clustern und den Gilden sichergestellt. Darüber hinaus helfen moderne Werkzeuge, wie Objectives & Key Results (vgl. Kap. 7.2.3) oder Praktiken der kollegialen Führung, die Weiterentwicklung der Organisation teamübergreifend, strukturiert und planvoll voranzutreiben.

6.4.3 Agile Führung selbstorganisierter Teams

Führungsarbeit, also Entscheidungen zu treffen und Verantwortung zu übernehmen, wird in agilen Organisationen nicht mehr hierarchischen Positionen zugewiesen. Anstelle der zentralisierten Führung mit Anweisungen von oben nach dem Push-Prinzip tritt eine konsensbasierte oder auch **kollegiale Führung**. Wer wann welche Führungsarbeit übernimmt, hängt davon ab, wer über ausreichendes Wissen, Können, Vertrauen und Interesse verfügt sowie Zeit und Interesse hat. Führungsarbeit und andere Fragestellungen, deren Verantwortung noch offen ist, können etwa auf einem Marktplatz für Führungs- und Entscheidungsbedarfe in die gemeinsame Aufmerksamkeit gebracht und von interessierten Mitgliedern nach dem Pull-Prinzip übernommen werden. Für vorhersehbare und laufende Führungs- und Entscheidungsbedarfe werden Strukturen, Prozesse und Rollen als feste Kooperationsbeziehungen verankert, damit diese nicht jedes Mal neu ausgehandelt werden müssen. Deren Besetzung wird kollegial bestimmt und regelmäßig angepasst. Im Gegensatz zu festen Führungshierarchien werden die Verantwortungsbereiche somit von den Beteiligten laufend weiterentwickelt (vgl. *Oestereich/Schröder*, 2020, S. 32).

Da sich agile Teams für eine Aufgabenstellung oder ein Projekt regelmäßig neu bilden, fehlt im Gegensatz zur hierarchischen Organisation zunächst die Vertrautheit mit den Personen und der Aufgabe. Um eine Gruppe von Mitarbeitern zu einem Team zu formen, durchlaufen die Teammitglieder einen gruppendynamischen Prozess, der in Kap. 5.3.3 beschrieben ist. Ein **erfolgreiches Team** ist eine kleine Arbeitsgruppe mit gemeinsamer Zielsetzung, intensiven, wechselseitigen Beziehungen, einem ausgeprägten Gemeinschaftsgeist und einer relativ hohen Zusammengehörigkeit.

Um kreative und innovative Lösungen zu erzielen, sollten Teams aus Mitarbeitern mit einander ergänzenden Persönlichkeiten, Fähigkeiten und Talenten bestehen. Abb. 6.4.5 zeigt, wie sich ein **funktionsübergreifendes Team** aus T-förmigen Experten (Cross functional Team of T-shaped Professionals) zusammensetzt. Diese verfügen sowohl über breites Fachwissen (Querbalken des T) als auch tiefes Spezialwissen (Längsbalken). Das Team ist in der Lage, sich aufgrund seines gemeinsamen Fachwissens über alle Aufgaben und deren bestmögliche Aufteilung auf die Teammitglieder auszutauschen. Die konkreten Aufgaben werden dann von einem oder mehreren Spezialisten des Teams bearbeitet. Die Verantwortung für die Leistung liegt beim

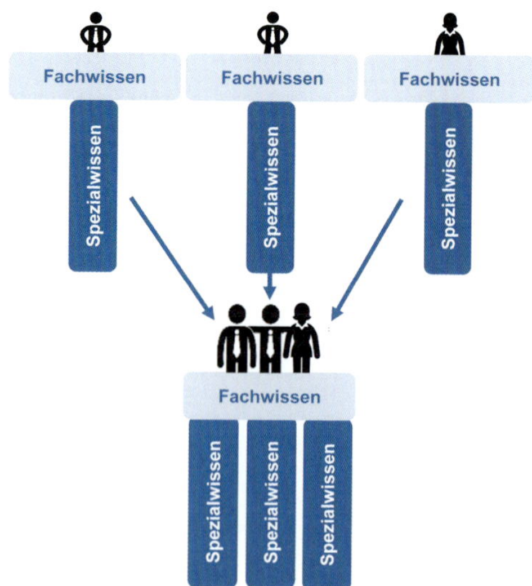

Abb. 6.4.5: Funktionsübergreifende Teams aus T-förmigen Experten (in Anlehnung an Scheller, 2017, S. 186)

gesamten Team. Die Mitglieder können voneinander lernen und sich so weiterentwickeln. Hochleistungsteams sind auf ein gemeinsames Ziel ausgerichtet, in dem jedes Teammitglied auch für sich persönlich einen Sinn erkennt (vgl. *Scheller*, 2017, S. 116 f.; 181 ff.)

Agile 360°-Führung

Die Einflussnahme auf das Verhalten der Mitarbeiter und Teams erfolgt in agilen Organisationen, wie in Abb. 6.4.6 dargestellt, aus verschiedenen Richtungen. Daraus ergeben sich folgende **Rollen der agilen 360°-Führung** (vgl. *Stoi/Patz*, 2022, S. 42 f., in Anlehnung an *Hofert*, 2018, S. 26 ff.; *Pircher*, 2018, S. 108 ff.; *Andresen*, 2019, S. 132 ff.):

- **Agiles Leadership (von oben)**: Auch agile Organisationen benötigen eine leitende Führungsrolle mit hierarchischer Sonderstellung. Geschäftsführung oder Vorstand sind als rechtliche Organe für die Handlungen des Unternehmens verantwortlich und vertreten es nach außen. Agiles Leadership soll dem gesamten Unternehmen durch den Purpose sowie die Vision und Mission die Richtung weisen und Sinn stiften. Es soll klarstellen, wohin sich das Unternehmen entwickeln und was damit erreicht werden soll. In chaotischen Führungskontexten, bei denen Gefahr im Verzug ist, muss die agile Führung als Krisenmanager schnell intervenieren. Wird agile Führung als „Segeln auf Sicht" verstanden, dann ist es das agile Leadership, welches dafür sorgt, dass alle Segelboote denselben Kurs verfolgen.

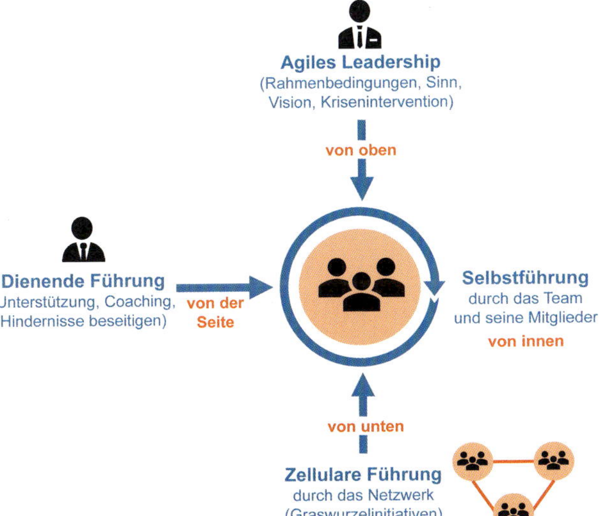

Abb. 6.4.6: Rollen der agilen 360°-Führung (*Stoi/Patz*, 2022, S. 43)

Wenn ein Orkan kommt, dann muss der Kapitän auf die Brücke. Ansonsten steht es jedem Boot frei, wie es am Ziel ankommt, auch da der Wind überall ein wenig anders weht. Agiles Leadership legt hierfür die Rahmenbedingungen der Selbstorganisation fest. Diesen organisatorischen Raum, in dem sich die Selbstführung entfalten kann, soll sie gegen störende Einflüsse von innen oder außen beschützen („Holding the Space"). Sie stabilisiert die Organisation durch die Bewahrung gemeinsamer Werte und wacht über die Einhaltung der vereinbarten Regeln. In der Holakratie bestimmt etwa die sog. Verfassung (Constitution) die Regeln, nach denen die Organisation funktioniert (vgl. Kap. 5.2.5).
- **Selbstführung (von innen)**: Die Teams entscheiden, wie die ihnen übertragenen Projektaufgaben erledigt werden. Sie treffen die hierzu erforderlichen operativen Entscheidungen und übernehmen das Projektmanagement. Der Lösung nähern sie sich iterativ, experimentell und lernend. Die Fähigkeit, sich selbst zu führen, braucht dabei jedes Teammitglied. Hilfreich sind hierfür konkrete Rollenbeschreibungen, die festlegen, in welchem Rahmen eine Person eigene Entscheidungen treffen kann. Ein selbstgeführtes Team verteilt diese Rollen auf seine Mitglieder, übernimmt aber für sämtliche Entscheidungen gemeinsam die Verantwortung.
- **Dienende Führung (von der Seite)**: Der Schwerpunkt der agilen Führung sollte auf der Stärkung der Teams liegen, damit diese zu Höchstleistungen fähig sind. Es handelt sich dabei um eine laterale Führung, die ohne disziplinarische Kompetenzen auskommt. Sie liefert Ideen und Feedback als Sparringspartner auf Augenhöhe, der die richtigen Fragen stellt sowie Zusammenhänge und Widersprüche deutlich macht. Agiles Coaching unterstützt die Teams und deren Mitglieder im Lernprozess und in ihrer Entwicklung. Darüber hinaus ist es Aufgabe der dienenden Führung, alle Hindernisse für die Arbeit des Teams aus dem Weg zu räumen, beispielsweise Konflikte zu klären oder für ausreichende Ressourcen zu sorgen.
- **Zellulare Führung (von unten)**: In einer agilen Organisation als Netzwerk unabhängiger Zellen kann jeder Führungsverantwortung übernehmen und Veränderungen einleiten. Engagierte Mitarbeiter können Ideen entwickeln und in der Organisation nach Unterstützern und Promotoren suchen. Aus diesen informellen Graswurzelinitiativen können sowohl kontinuierliche Verbesserungen als auch fundamentaler Wandel entstehen (vgl. Kap. 6.5.6). Dies veranschaulicht das Praxisbeispiel bei *T-Systems* in Kap. 6.6.6, dessen agile Organisation bereits in Kap. 5.2.5 vorgestellt wurde.

6.4.4 Kontextbedingte Führung in agilen Organisationen

Eine agile Organisation ist empfehlenswert, wenn sich das Unternehmen überwiegend in einem komplexen Führungskontext befindet. Nach dem Gesetz von *Ashby* (vgl. Kap. 1.2.4) erfordert dieser für eine erfolgreiche Steuerung eine ebenso komplexe Organisationsstruktur. Da sich ein Unternehmen aber stets in unterschiedlichen Führungskontexten gleichzeitig bewegt, muss nicht das gesamte Unternehmen gleichermaßen agil sein (vgl. Kap. 6.3.2).

In jedem Unternehmen gibt es Bereiche, die stabil und kontrollierbar sind und solche, in denen zu viel Planung die Organisation blockiert und ambitionierte Mitarbeiter behindert. Beispielsweise können bei der Akquisition von Aufträgen das flexible Eingehen auf geänderte Kundenwünsche, soziale Beziehungen sowie Intuition ausschlaggebend sein. Bei der Massenfertigung von Produkten spielen dagegen effiziente Prozesse und Expertenwissen eine größere Rolle. Die Buchhaltung erfordert wiederum die genaue Einhaltung gesetzlicher Vorschriften. Agilität ist vor allem in kundennahen Bereichen, wie etwa Verkauf oder Service, wichtig, um die Erfüllung der Kundenwünsche im direkten Kontakt zu gewährleisten und schnell auf Bedürfnisänderungen oder Reklamationen zu reagieren. Gleichzeitig sowohl stabil und verlässlich als auch dynamisch und innovativ zu sein, ist somit kein Widerspruch, sondern lässt sich durch **kontextbedingte Entscheidungsräume** realisieren (vgl. *Pircher*, 2018, S. 115).

Agile Führung ist deshalb nicht immer und überall sinnvoll. Im Operationssaal, bei einem Feuerwehreinsatz oder im Flugzeugcockpit geht es nicht darum, etwas Neues zu entwickeln oder die beste Lösung durch ein selbstgesteuertes Team experimentell herauszufinden. In Gefahren- und Krisensituationen und somit chaotischen Führungskontexten, sind schnelle und entschiedene Handlungen erforderlich. Auch in einfachen Führungskontexten mit standardisierten, repetitiven Abläufen ist agiles Handeln kein geeignetes, weil ineffizientes Vorgehen. Es ist Aufgabe der Führung, zu erkennen, wann ein Team selbstgesteuert entscheiden kann und wann nicht. Aber auch hierarchisch geführte Bereiche profitieren, wenn die Mitarbeiter nicht in blinder Gefolgschaft, sondern auf Augenhöhe agieren. Beispielsweise sollte sich ein Facharzt trauen, den Chefarzt darauf hinzuweisen, dass er auf einem Röntgenbild etwas übersehen hat oder ein Co-Pilot muss eingreifen, bevor der Pilot das Flugzeug zum Absturz bringt (vgl. *Hofert*, 2018, S. 30).

Die Auswahl des richtigen Führungsstils hängt damit vom Kontext ab, in dem eine Entscheidung zu treffen ist. Kontextbedingte Führung beherrscht deshalb verschiedene Führungsstile, die jeweils situativ angewendet werden (vgl. Kap. 6.3.2).

Auch der **Grad der Selbstbestimmtheit** eines Teams sollte, wie in Abb. 6.4.7 dargestellt, kontextabhängig gewählt werden (in Anlehnung an *Pircher*, 2018, S. 35f.; *Hofert*, 2018, S. 27 f.):

- **Hierarchisches Team**: In einfachen Kontexten werden der Führungskraft aufgrund ihrer hierarchischen Position besondere Kompetenzen zugeteilt. Sie hat eine zentrale, übergeordnete Stellung im Team und führt durch Weisung und Kontrolle. Hierarchische Führung ist auch in einem chaotischen Kontext erforderlich, um das Team durch konsequentes Handeln aus der Krise zu führen.
- **Expertengeführtes Team**: Die Führungsrolle im Team übernehmen in komplizierten Kontexten die Spezialisten mit besonderem Fach-, Methoden- oder Prozesswissen. Diese sind in interdisziplinäre Teams eingebettet, die zeit- und projektweise zusammenarbeiten. Sie führen ohne disziplinarische Funktion als Primus inter Pares und geben ihr Wissen innerhalb des Teams weiter.
- **Selbstgeführtes Team**: In komplexen Kontexten bestimmt das Team die Aufgaben- und Rollenverteilung seiner Mitglieder und trifft operative Entscheidungen selbst. Es wird dabei durch eine dienende Führung unterstützt.

Als Führungsinstrument für agile Organisationen eignet sich die flexible Methode **Objectives and Key Results** (OKR). Dabei fokussiert sich ein Unternehmen für eine kurze Periode auf bis zu fünf anspruchsvolle Ziele (Ob-

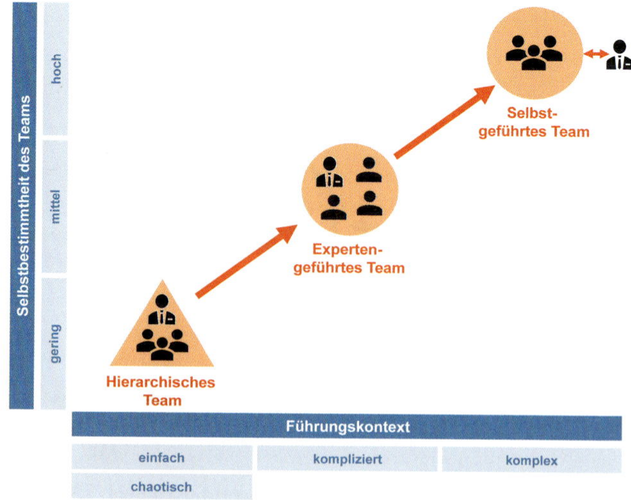

Abb. 6.4.7: Kontextbedingte Führung von Teams

jectives), welche mithilfe von drei bis fünf Schlüsselergebnissen (Key Results) gemessen und realisiert werden sollen (vgl. Kap. 7.3.2). Maßnahmen werden für die nächsten ein bis drei Monate festgelegt und die Fortschritte der Zielerreichung laufend beurteilt. Diese agile Vorgehensweise ermöglicht rasche Reaktionen auf Veränderungen und stetiges Lernen in schnellen Zyklen, was gerade in agilen Organisationen besonders wichtig ist. Agile Unternehmen sollten deshalb auch **lernende Organisationen** sein, denn in komplexen Führungskontexten sind kreative Lösungen und Innovationen gefragt. Kollektives und informelles Lernen durch ständige Interaktion zwischen Mitarbeitern und Teams erhöht die organisationale Wissensbasis und trägt dazu bei, dass sich das Unternehmen weiterentwickelt. Das Wissen wird in agilen Organisationen dezentral und iterativ in informellen Wissensgemeinschaften (Communities of Practice) aufgebaut und weiterentwickelt (vgl. Kap. 7.4.3).

Eine agile Organisation ist wesentlich komplexer als ein hierarchisches Managementsystem. Selbstorganisation erfordert auf jeder Ebene – vom einzelnen Mitarbeiter über das Team bis zur Unternehmensführung – das Erlernen neuer Denk- und Verhaltensweisen. Nicht jeder Mitarbeiter ist gleich gut in der Lage, mit hoher Komplexität und eigenem Gestaltungsspielraum umzugehen. Agiles Arbeiten verlangt eine selbstbewusste Persönlichkeit, Umsetzungsstärke und Durchhaltevermögen sowie Reflexions- und Kritikfähigkeit. Insbesondere ältere Mitarbeiter der Generation X (geboren zwischen 1965 bis 1979) oder der Baby Boomer (1946 bis 1964) können damit überfordert sein. Sie sind in starren Hierarchien aufgewachsen und es nicht gewohnt, eigenverantwortlich, experimentell und flexibel zu arbeiten (vgl. *Würzburger*, 2019, S. 59 ff.).

Ein Unternehmen kann immer nur so agil sein wie seine Mitarbeiter. Selbstführung lässt sich nicht verordnen oder erzwingen. Die agile Führung sollte deshalb die Mitarbeiter dazu einladen und ermutigen, sich selbst zu organisieren und Verantwortung zu übernehmen.

Um die **Selbstführungsfähigkeit** der Mitarbeiter zu fördern, sollten soziale Kompetenzen, wie etwa Kommunikations-, Entscheidungs- und Konfliktfähigkeit, gestärkt werden. Nur wenn die Mitarbeiter die Einladung zur Selbstführung annehmen, kann eine agile Organisation funktionieren. Die Selbstführungsaufgabe jedes Einzelnen ist es, sich die Rollen und Gestaltungsräume nach den eigenen Präferenzen und Fähigkeiten auszusuchen sowie den Mut zu haben, neue Dinge auszuprobieren. In **Retrospektiven** überprüft das Team intern seine Vorgehensweisen, um zu lernen und sich zu verbessern. Ziel ist es, das Vorgehen flexibel und adaptiv anzupassen, denn eine starre Anwendung einer Methode wäre nicht agil. Dabei werden keine inhaltlichen Fragen besprochen, sondern etwa Arbeitsabläufe oder die Zusammenarbeit diskutiert. Solche Retrospektiven sind auch auf Unternehmensebene sinnvoll, um die agile Organisation insgesamt weiterzuentwickeln (vgl. *Pircher*, 2018, S. 115 f.; *Scheller*, 2017, S. 182, S. 497 f.). Eine Ausgestaltungsmöglichkeit agiler Führung ist die im folgenden Kapitel vorgestellte adaptiv-dezentrale Führung.

6.4.5 Adaptiv-dezentrale Führung

In einfachen und komplizierten Führungskontexten herrscht häufig eine Philosophie der Weisung und Kontrolle. Die Budgetierung dient dabei als zentrales Führungsinstrument (vgl. Kap. 4.3.2). Die Führung erfolgt streng hierarchisch: Ziele werden in Form von Plänen vorgegeben und die Zielerreichung am Soll-Ist-Vergleich gemessen. Auf dieser Basis werden die individuellen Leistungen der Mitarbeiter beurteilt und entsprechend vergütet. Diese Führungsphilosophie stößt in komplexen Führungskontexten an ihre Grenzen, denn sie lenkt die Aufmerksamkeit weg vom Hier und Jetzt hin zu Vorgaben, die oft schnell veraltet sind. In agilen Organisationen haben die Teams weitgehend die finanzielle Hoheit über ihre Projekte und tragen hierfür die Verantwortung. Die Transparenz der Informationen über den Stand des Projektes und klare Leitlinien, etwa für Investitionen, stellen sicher, dass die Projekte nicht aus dem Ruder laufen (vgl. *Pircher*, 2018, S. 215 f.).

Ende der 1990er Jahre entstand mit dem **Beyond Budgeting** eine Initiative, um Unternehmen flexibler, anpassungsfähiger und dezentraler zu steuern. Im Netzwerk *Beyond Budgeting Round Table* tauschen interessierte Unternehmen ihre Erfahrungen aus und entwickeln das Konzept weiter (www.bbrt.org). Entgegen der etwas irreführenden Bezeichnung geht es nicht vorrangig um die Abschaffung der Budgets, sondern um eine adaptiv-dezentrale und damit auch agile Führung. Die wesentlichen Unterschiede zur hierarchischen Führung zeigt Abb. 6.4.8.

Die **Grundsätze der adaptiv-dezentralen Führung** lauten (vgl. *Hope/Fraser*, 2003, S. 17 ff.):

- **Flexible und adaptive Führungsprozesse:** Relative Ziele, rollierende Prognosen und der Verzicht auf fixe Ressourcenpläne ermöglichen eine schnelle, marktorientierte Anpassung an neue Kundenanforderungen und Marktentwicklungen.
- **Dezentralisierung von Verantwortung als neue Führungskultur:** Autonomie und Entscheidungsbefugnis-

Merkmale	Führungsprozesse Tu dies! (Adaptiv-dezentrale Führung)	Nicht das! (Hierarchische Führung)
Zielsetzung	Hochgesteckte, relative Ziele zur kontinuierlichen Verbesserung	Inkrementelle, fixierte Jahresziele
Vergütung	Gemeinsamen Erfolg anhand relativer Ist-Leistung belohnen	Erreichen individueller, vorab fixierter Ziele
Planung	Planung als einbeziehender, kontinuierlicher und aktionsorientierter Prozess	Planung als jährlicher Top-down-Prozess
Kontrolle	Relativer Leistungsvergleich zum Markt, zwischen internen Teams oder zu Vorperioden	Plan-Ist-Abweichungen
Ressourcen	Ressourcen bedarfsbezogen und ad hoc verfügbar machen	Jährliche Budgetzuweisungen, Allokationen und Umlagen
Koordination	Dynamische, horizontale und möglichst marktbasierte Koordination	Jährliche Planungszyklen
Merkmale	**Führungskultur** **Tu dies! (Adaptiv-dezentrale Führung)**	**Nicht das! (Hierarchische Führung)**
Kundenfokus	Fokussierung aller auf die Verbesserung von Kundenergebnissen	Erreichen vertikal verhandelter Ziele
Verantwortung	Schaffung eines Netzwerks vieler kleiner, ergebnisverantwortlicher Einheiten	Zentralisierende Hierarchien
Leistungsklima	Hochleistungsklima, basierend auf relativem Teamerfolg am Markt	Erreichen nach innen gerichteter Ziele „koste es, was es wolle"
Handlungsfreiheit	Dezentralisierung der Entscheidungsmacht an kundennahe Teams	Eingriffe von oben und strikte Planeinhaltung (Mikromanagement)
Führung	Steuerung durch klar formulierte Ziele, Werte und Begrenzungen	Detaillierte Regelwerke und Budgets
Transparenz	Offene und geteilte Information für alle	Restriktiver Informationszugang und hierarchischer Status durch Information

Abb. 6.4.8: Adaptiv-dezentrale versus traditionelle Führung (vgl. Pfläging, 2016, S. 95 ff.)

se der Linienverantwortlichen führen zu schnelleren Entscheidungen und mehr Handlungsflexibilität. Auf diese Weise kann das Potenzial der Mitarbeiter besser genutzt werden. Dies erfordert einen kulturellen Wandel in der Unternehmensführung. Statt den dezentralen Einheiten Weisungen zu erteilen und deren Umsetzung zu kontrollieren (Command & Control), werden marktorientierte Teams zu Entscheidungen befähigt und bestmöglich unterstützt (Coach & Support).

Adaptiv-dezentrale Führung basiert auf flexiblen, sich selbst anpassenden Führungsprozessen und soll die Mitarbeiter durch eine Kultur dezentraler Verantwortung zu unternehmerischem Denken und Handeln befähigen.

Prinzipien

Die **Prinzipien einer adaptiv-dezentralen Führung** sind (vgl. *Pfläging*, 2009; 2011):

- **Sinnkopplung:** Sehen die Mitarbeiter einen Sinn in ihrer individuellen Aufgabe und den Zielen des Unternehmens, dann werden sie sich auch dafür einsetzen (vgl. Kap. 6.4.1).
- **Dezentrale Verantwortung:** An die Stelle einer funktional gegliederten Hierarchie tritt ein dezentrales Netzwerk aus ergebnisverantwortlichen, funktionsübergreifenden Einheiten. Diese Zellen bilden Unternehmen im Unternehmen. Sie integrieren Funktionen und Aufgaben, die bei einer herkömmlichen Organisation auf Abteilungen, Bereiche oder Geschäftsfelder verteilt sind. Die Zellen steuern sich in einem solchen fraktalen Unternehmen (vgl. Kap. 5.2.2) selbst und können somit effizient, flexibel und schnell handeln. Um dies dauerhaft sicherzustellen, werden wachsende Zellen wieder zerteilt, wenn sie eine festgelegte Größe überschreiten. Dies ermöglicht ein organisches Wachstum des Unternehmens, ohne negative Einflüsse auf dessen Steuerbarkeit. Durch den direkten Marktkontakt wissen die Zellen am besten, was ihre Kunden wollen und können sich daran ausrichten. Kundenrelevante Entscheidungen sollen deshalb so dezentral wie möglich getroffen werden. Die Kunden werden den Zellen eindeutig zugeordnet, um interne Konkurrenzkämpfe zu vermeiden. Eine solch agile Organisationsstruktur in Form einer sog. Pfirsichorganisation (vgl. Kap. 5.2.5) zeigt Abb. 6.4.9.

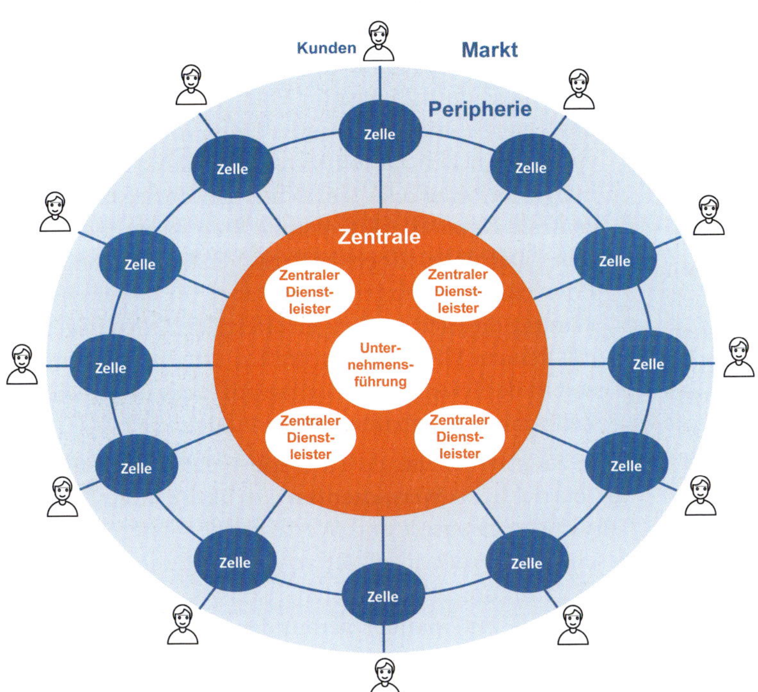

Abb. 6.4.9: Agile Pfirsichorganisation als dezentrales Netzwerk ergebnisverantwortlicher Zellen

Die Unternehmenszentrale übt in dieser Organisationsform keine Macht aus, sondern soll die Zellen durch geeignete Rahmenbedingungen in ihren Entscheidungen unterstützen. Spezielle Funktionen sind ebenfalls zentral als interne Dienstleister angesiedelt. Diese stellen den Zellen übergreifende oder spezifische Organisations- und Informationsdienstleistungen zur Verfügung. Beispiele sind IT, Recht oder Finanzen. Die Koordination zwischen den Zellen erfolgt durch Selbstabstimmung auf internen Märkten. Angebot und Nachfrage werden dort mithilfe von Verrechnungspreisen aufeinander ausgerichtet. Da Gewinne nur in den Zellen mit direktem Kundenkontakt entstehen sollen, werden die Verrechnungspreise der zentralen Dienste auf Kostenbasis gebildet.

Die Entscheidungskompetenz wird in der dezentralen Organisation zu den marktnahen Einheiten verlagert. Dabei gilt das **Konsultationsprinzip**: Je größer die Tragweite einer Entscheidung, umso mehr Kollegen sind in die Meinungsbildung einzubeziehen. Die Entscheidung und deren Verantwortung übernimmt jedoch derjenige Mitarbeiter, der ein Problem identifiziert hat. Entscheidungen zu treffen und damit zu führen, ist somit nicht an hierarchische Positionen gebunden, sondern Aufgabe eines jeden Mitarbeiters. Durch diese kollektive Einzelentscheidung werden die konsultierten Ratgeber und deren Wissen ohne großen Zeitaufwand in die Entscheidung einbezogen. Über Investitionen und Ressourcen wird erst dann entschieden, wenn sie erforderlich sind, und nicht im Rahmen einer jährlichen Gesamtplanung. Fehlentscheidungen werden als unternehmerisches Risiko und als Chance zur Verbesserung gesehen. Auf diese Weise werden die Mitarbeiter dazu ermutigt, unternehmerisch zu handeln – also Entscheidungen zu treffen und Verantwortung zu übernehmen.

- **Transparenz:** Um unternehmerische Entscheidungen zu treffen, sollen die Mitarbeiter leicht, schnell und unbeschränkt auf sämtliche Informationen im Unternehmen zugreifen können. Schlüsselindikatoren, erzielte Ergebnisse, Prognosen und Leistungsvergleiche sind dabei für alle Mitarbeiter zugänglich. Diese Transparenz führt innerhalb des Unternehmens auch zur wechselseitigen Kontrolle, ob jede Zelle im Sinne der gemeinsamen Ziele handelt.
- **Relative Ziele:** Fixe, absolute Ziele, wie etwa Umsatz, Gewinn oder Wertbeitrag, basieren auf einer Reihe von Prämissen und sind meist das Ergebnis langwieriger Verhandlungen. Die Leistung der Verantwortlichen wird an der Zielerreichung gemessen und häufig auch danach vergütet. Eine solche fixe Leistungsvereinbarung ist nicht nur zeitaufwendig und unflexibel, sondern verleitet auch zu kurzfristigem und dysfunktionalem Denken und Handeln (vgl. Kap. 4.3.3). Relative Ziele sind dagegen flexibel und passen sich automatisch

an Veränderungen an. Sie orientieren sich häufig an externen oder internen Benchmarks. Externe Vergleiche relativieren die Leistung zum Markt oder zum Konkurrenten. Ein relatives Ziel wäre etwa, rentabler als der stärkste Wettbewerber zu sein (vgl. Kap. 4.3.4).

Interne Vergleichsmaßstäbe können die Ergebnisse anderer Zellen, Filialen, Standorte oder Teams sein. Interne Vergleiche bieten sich bei relativ homogenen Leistungseinheiten an. So werden etwa bei *ALDI* regelmäßig Rankings zwischen allen Filialen und Regionen durchgeführt. Die Aufstellung unternehmensweiter Ranglisten oder Liga-Tabellen führt zu einem sportlichen Wettbewerb und hoher Leistungstransparenz. Abb. 6.4.10 zeigt die Verwendung von Ranglisten am Beispiel von *Svenska Handelsbanken*. Um Manipulationen und schädliche Konkurrenz zwischen den dezentralen Einheiten zu vermeiden, sollten solche Vergleiche nicht an finanzielle oder andere Anreize gekoppelt sein.

- **Teamorientierung:** Bei der adaptiv-dezentralen Führung richten sich die Ziele grundsätzlich nur an Teams und nicht an Individuen. Dahinter steckt die Überzeugung, dass es in einem Unternehmen keine wirklich individuellen Leistungen gibt, sondern Erfolge immer durch die Zusammenarbeit im Team entstehen. Deshalb wird die Vorgabe und Fremdkontrolle individueller Ziele auch nicht als sinnvoll angesehen. Variable Vergütungsbestandteile sollten sich an den finanziellen Ergebnissen des gesamten Unternehmens orientieren und für jeden Mitarbeiter gleichermaßen gelten. Beispielsweise könnten alle den gleichen Betrag oder denselben Prozentanteil vom Grundgehalt als Prämie erhalten. Individuelle Leistungsunterschiede sollten sich im Grundgehalt und nicht in einer variablen Vergütung widerspiegeln.

Svenska Handelsbanken

Externer Vergleich

Bank zu Bank Return on Equity (RoE)		
1.	Bank D	31%
2.	Bank J	24%
3.	Bank I	20%
4.	Bank B	18%
5.	Bank E	15%
6.	Bank F	13%
7.	Bank C	12%
8.	Bank H	10%
9.	Bank G	8%
10.	Bank A	(2%)

Interne Vergleiche

Region zu Region Return on Assets (RoA)		
1.	Region A	38%
2.	Region C	27%
3.	Region H	20%
4.	Region B	17%
5.	Region F	15%
6.	Region E	12%
7.	Region J	10%
8.	Region I	7%
9.	Region G	6%
10.	Region D	(5%)

Filiale zu Filiale Kosten/Umsatz-Ratio		
1.	Filiale J	28%
2.	Filiale D	32%
3.	Filiale E	37%
4.	Filiale A	39%
5.	Filiale I	41%
6.	Filiale F	45%
7.	Filiale C	54%
8.	Filiale G	65%
9.	Filiale H	72%
10.	Filiale B	87%

Abb. 6.4.10: Ranglisten bei Svenska Handelsbanken (vgl. Pfläging, 2011, S. 116)

- **Vorbereitung statt Planung:** Zwischen Entscheidung und Umsetzung sollte möglichst wenig Zeit vergehen. Statt die Zukunft lange im Voraus zu planen, soll sich das Unternehmen auf Eventualitäten vorbereiten, um in einer möglichen Zukunft handlungsfähig zu sein. Die hierfür erforderliche Flexibilität gewährleistet das dezentrale Netzwerk. Rollierende Prognosen und Szenarien sollen dabei für ein besseres Verständnis möglicher Entwicklungen sorgen, lassen aber im Gegensatz zur Planung die Entscheidungen offen. Die Zellen folgen somit keinem Plan, sondern treffen ihre Entscheidungen erst in der jeweiligen Situation auf Basis der zu diesem Zeitpunkt verfügbaren Informationen.

Eine adaptiv-dezentrale Führung konzentriert sich auf die betriebliche **Wertschöpfungsstruktur**, innerhalb der Leistungen generiert und Werte für den externen Markt geschaffen werden. Die Wertschöpfung findet in den Zellen als funktional integrierten Teams statt, welche durch Wertflüsse miteinander verbunden sind. Dabei erzeugt eine Zelle entweder einen Nutzen für andere Zellen oder für den externen Kunden, der die Leistungserbringung von außen anstößt. Die **formelle Struktur** aus hierarchischen Weisungs- und Berichtsbeziehungen übernimmt das Management der operativen Abläufe, um deren Effizienz sicherzustellen. Um Bürokratie zu vermeiden und die Kundenwünsche nicht aus den Augen zu verlieren, sollte sich die Weisungshierarchie möglichst an den am Markt agierenden Einheiten ausrichten. Hohen Einfluss auf die Leistungserbringung haben darüber hinaus die in jedem Unternehmen vorhandenen **informellen Strukturen**. Diese sozialen betrieblichen Netzwerke bestehen aus den zwischenmenschlichen Beziehungen, informellen Macht- und Einflussstrukturen und der Unternehmenskultur. Sie beeinflussen die organisationale und individuelle Leistungsfähigkeit sowie das Wohlbefinden der Mitarbeiter. Daraus können gemeinschaftliches Wir-Gefühl und gegenseitiges Miteinander, aber auch Konflikte und Widerstände entstehen. Ihre positiven Effekte lassen sich etwa durch Transparenz, Dezentralisierung und geteilte Werte beeinflussen. Die Unternehmensführung sollte sich diesen nach außen kaum sichtbaren informellen Strukturen bewusst sein und sie gezielt nutzen (vgl. *Hermann/Pfläging*, 2020, S. 25 ff.). Können die Mitarbeiter strategische Initiativen im Unternehmen selbst anstoßen und gemeinsam vorantreiben, kann dadurch ein mit der formellen Struktur verzahntes Strategie-Beschleunigungsnetzwerk entstehen, welches Agilität, Schnelligkeit und stetige Innovation ermöglicht (vgl. *Kotter*, 2015, S. 28 f.). Abb. 6.4.11 zeigt das Zusammenwirken der Unternehmensstrukturen.

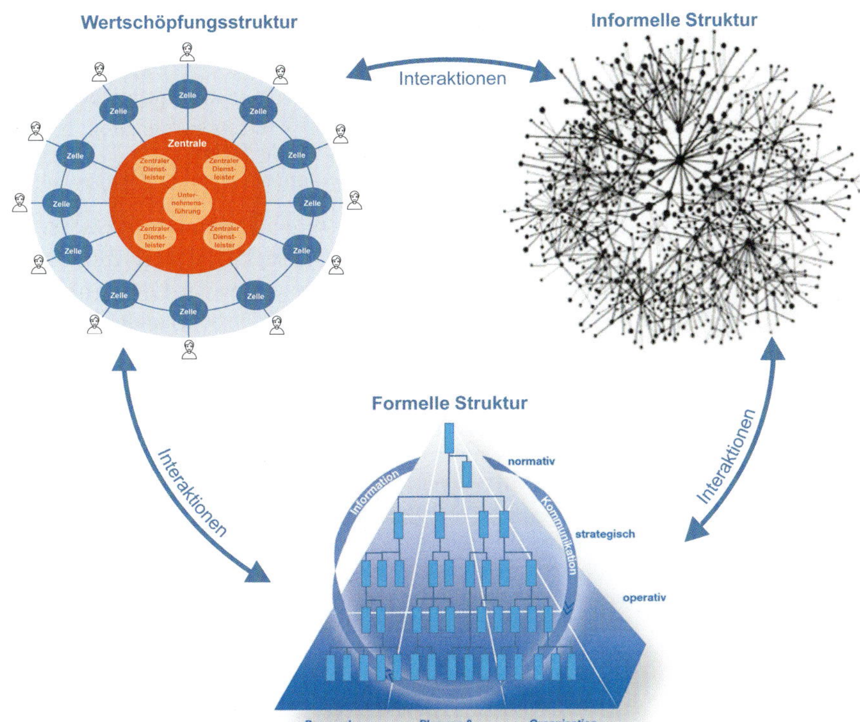

Abb. 6.4.11: Das Zusammenwirken der Unternehmensstrukturen (in Anlehnung an Hermann/Pfläging, 2020, S. 25)

Bewertung

Die Forderung nach einer Abschaffung der Planung und Dezentralisierung von Verantwortung wird in der Praxis vielfach skeptisch gesehen. **Kritikpunkte** an der adaptiv-dezentralen Führung sind (vgl. *Rieg*, 2015, S. 196 ff.; *Schäfer/Zyder*, 2005, S. 247 ff.):

- **Teamorientierung:** Relative und kollektive Ziele sollen die Mitarbeiter zu höherer Leistung stimulieren. Die Beschaffung von Informationen über die Ergebnisse der Konkurrenten und die Vergleichbarkeit mit dem eigenen Unternehmen ist in der Praxis aber schwierig. Bei internen Vergleichen können der Wettbewerb zwischen den Zellen und der daraus resultierende Gruppendruck dazu führen, dass leistungsschwächere Teammitglieder aus der Zelle herausgedrängt werden. Die Leistungsfähigkeit der Teammitglieder ist aber in der Realität unterschiedlich und schwankt im Laufe der Zeit. Hoher Leistungsdruck und interner Wettbewerb können sich auf den Austausch und die Zusammenarbeit zwischen den Zellen nachteilig auswirken. Es ist wenig wahrscheinlich, dass erfolgreiche Zellen ihre Ideen mit anderen teilen, da sie dadurch langfristig ihre gute Platzierung im Ranking gefährden würden. Dadurch besteht die Gefahr, dass die Zellen egoistisch handeln und das gesamte Unternehmen aus den Augen verlieren. Gruppen tendieren darüber hinaus sowohl zu riskanteren Entscheidungen als Individuen als auch zur Unterdrückung abweichender Meinungen und Konformität. Gruppenentscheidungen sind daher nicht zwangsläufig besser als Einzelentscheidungen. Insgesamt kann sich das Betriebsklima verschlechtern und ein destruktiver interner Wettbewerb entstehen. Dies würde sich negativ auf das Leistungsvermögen der Mitarbeiter auswirken und könnte ähnliche dysfunktionale Verhaltensweisen wie die hierarchische Führung hervorrufen.
- **Ressourcen:** Viele Ressourcen, wie etwa qualifiziertes Personal oder komplexe Bauteile, lassen sich nicht in beliebiger Zahl und kurzer Zeit beziehen. Ihre Beschaffung erfordert einen zeitlichen und damit planerischen Vorlauf. Dezentrale Ressourcenanforderungen erschweren die Realisierung von Verbundeffekten und Synergien innerhalb des Unternehmens. Beispielsweise kann die Wirtschaftlichkeit einer Investition von der gemeinsamen Nutzung durch mehrere Zellen abhängen. Dezentrale Investitionen könnten auch unbemerkt zu Liquiditätsproblemen führen. Wirklich flexibel lassen sich somit von den Zellen voraussichtlich nur Ressourcen beziehen, die entweder bereits ausreichend im Unternehmen vorhanden sind oder nur in geringer Zahl und mit begrenztem Wert beschafft werden.

Dialogische Führung bei dm

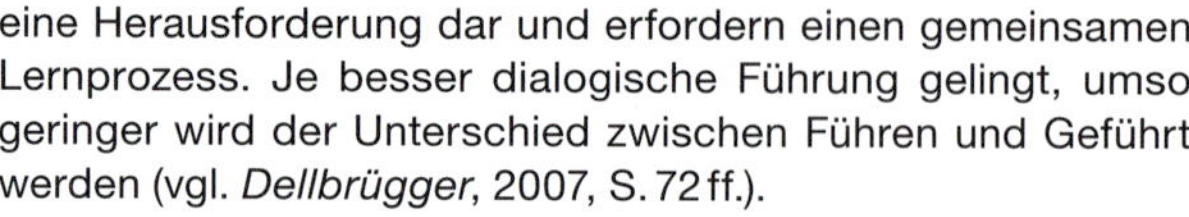

Die *dm-drogerie markt GmbH & Co. KG* (kurz: *dm*) ist die größte Drogeriemarktkette in Europa. Sie betreibt mit über 66.000 Mitarbeitern rund 4.000 Drogeriemärkte und erwirtschaftet einen Umsatz von über 12 Mrd. € (www.dm.de).

Das Unternehmen wurde im Jahr 1973 von *Götz W. Werner* (1944–2022) in Karlsruhe gegründet und ist seitdem rasant gewachsen. Zunächst entstand eine ausgeprägte Führungshierarchie mit den Stufen Geschäftsführung, Gebietsverkaufs-, Bezirks- und Filialleiter. Das Unternehmen verfügte Ende der 1980er-Jahre bereits über 350 Filialen, die nach dem Prinzip „Oben wird gedacht und unten wird gemacht" (*Dietz/Kracht*, 2016, S. 32) zentralistisch geführt wurden. Zu dieser Zeit war das Unternehmen jedoch mit stagnierendem Wachstum und unselbstständigem, regelkonformem Mitarbeiterverhalten konfrontiert. Es wurde deutlich, dass ein Umdenken in der Führung erforderlich war, um durch mehr Mitarbeiterinitiative das weitere Wachstum und die Steuerbarkeit des Unternehmens sicherzustellen (vgl. *Dellbrügger*, 2007, S. 66 ff.).

Götz W. Werner stellte sich die Frage: „Wie kann man den Filialen dabei helfen, dass sie selbst erkennen, was notwendig ist und das nützen, was im Unternehmen vorhanden ist? Und zwar so, wie es für die Filiale richtig ist?" (*Dietz/Kracht,* 2016, S. 37). 1991 wurde deshalb die Hierarchieebene der Gebietsverkaufsleiter abgeschafft und die Leitungsspanne der Bezirksleiter dadurch von durchschnittlich sechs auf über zwanzig Filialen drastisch erhöht. Dies hatte zur Folge, dass die Bezirksleiter nicht mehr in der Lage waren, jede Filiale einzeln zu steuern. Nach dem Motto „Filialen an die Macht!" mussten die Filialleiter nun viele Entscheidungen selbst treffen. Den Mitarbeitern wurden nun keine hierarchischen Anweisungen mehr gegeben, was zu tun ist, damit diese dann pflichtgemäß ausgeführt werden. Für die Filialleiter bedeutete das einerseits mehr Eigeninitiative und Verantwortung, andererseits mussten sie erst lernen, dieses neue Führungsverständnis mit ihren Mitarbeitern aufzubauen (vgl. *Scheytt*, 2004, S. 72).

Die Führung von *dm* ist seither dafür verantwortlich, den Mitarbeitern Entscheidungsfreiräume zu schaffen. Sie sollen nicht nur entscheiden können, wie sie etwas tun, sondern auch, warum und was getan werden soll. Im Rahmen dieser **dialogischen Führung** können Mitarbeiter aus eigener Initiative, eigener Einsicht und in eigener Verantwortung tätig werden. Um ein solch unternehmerisches Denken und Handeln zu ermöglichen, werden die Mitarbeiter bei *dm* vor allem über zwei **Führungsinstrumente** geführt:

- **Vereinbarungen** finden auf gleicher Augenhöhe statt und teilen die Verantwortung auf. Sie werden gemeinsam getroffen und beziehen das Wissen des Mitarbeiters mit ein. Die gegenseitige Vereinbarung wird festgehalten und ist verbindlich.
- **Empfehlungen** überlassen dagegen die Entscheidung, wie im konkreten Fall zu handeln ist, dem Mitarbeiter. Er verantwortet die Entscheidung alleine, auch wenn er lediglich Empfehlungen umsetzt. Er kann sich deshalb auch dagegen entscheiden, wenn er dies für sinnvoll hält und begründen kann. Niemand kann sich mehr hinter der pflichtgemäßen Ausführung einer Anweisung verstecken, wenn er es hätte besser wissen können.

Dieser Verlust an Sicherheit für den Vorgesetzten und die höhere Verantwortung für den ausführenden Mitarbeiter stellen für beide Seiten eine Herausforderung dar und erfordern einen gemeinsamen Lernprozess. Je besser dialogische Führung gelingt, umso geringer wird der Unterschied zwischen Führen und Geführt werden (vgl. *Dellbrügger*, 2007, S. 72 ff.).

Ein solch dezentral organisiertes Zusammenwirken wird erst möglich, wenn der Einzelne aus eigener Einsicht handeln kann. Hierzu muss er über den gleichen Informationsstand wie sein Vorgesetzter verfügen. Dadurch wird er in die Lage versetzt, selbstständig und intelligent im Sinne des Unternehmens zu agieren. *Werner* ist überzeugt: „Je mehr der Einzelne selbst sieht, was für andere notwendig ist, desto unternehmerischer wird er in seiner Arbeit sein" (*Werner*, 2006, S. 40).

Hierfür brauchen die Mitarbeiter Informationen und Kennzahlen, welche die wirtschaftlichen Vorgänge des Unternehmens wahrnehmbar machen. Diese Transparenz schafft *dm* mithilfe der sog. **Wertbildungsrechnung**. Dabei handelt es sich um eine monatliche Ergebnisrechnung für das gesamte Unternehmen, differenziert nach Regionen, Gebieten, Filialen und einzelnen Zentralbereichen.

Sie stellt die Leistungsströme transparent und verständlich dar und unterstützt damit viele Entscheidungen in den Filialen. Hierarchische Einschränkungen in den Zugriffsrechten gibt es nicht. Zwischen den Regionen, Gebieten und Filialen sind vielfältige Vergleiche möglich, die von allen Verantwortlichen intensiv genutzt werden. Die Filialen können darüber hinaus selbstständig Mitarbeiter einstellen und entlassen. Außerdem führte *dm* ein Warenwirtschaftssystem ein, das eine flexible Preisbildung in den Filialen zulässt. Das Verhältnis zwischen Zentrale und Filialen hat sich dadurch massiv gewandelt. Die Zentrale sieht sich heute als Dienstleister, der den Alltag der Filialen so einfach wie möglich gestaltet, damit diese mehr Zeit für ihre Kunden haben (vgl. *Kaletta/Gerhard*, 1998, S. 404 ff.; *Scheytt*, 2004, S. 73).

„Wir dürfen das Unternehmen nicht von oben nach unten denken, sondern wir müssen es von außen nach innen denken. Der Mitarbeiter, der mit dem Kunden redet, ist in diesem Moment der Wichtigste; alle anderen sind aus dieser Perspektive nur rückwärtig Dienstleistende", so *Werner* (2013, S. 90). Da jeder Mitarbeiter aus eigener Einsicht handeln kann, folgt daraus auch ein authentisches Zusammenwirken und ein positives Arbeitsklima. Da Kundenorientierung nicht angeordnet, sondern nur authentisch vermittelt werden kann, fördert die dialogische Führung ein kundenfreundliches Verhalten der Mitarbeiter in den Filialen (vgl. *Werner*, 2006, S. 27 f.). Dies ist sicher ein wesentlicher Grund, warum *dm* in der unabhängigen Verbraucherumfrage „Kundenmonitor" seit 20 Jahren an der Spitze der überregionalen Drogeriemärkte liegt. Die Kunden assoziieren mit dem Unternehmen Vertrauen, Begeisterung, Sympathie und Zukunftsorientierung (*www.kundenmonitor.de*).

- **Informationen:** Die Informationstransparenz kann dazu führen, dass die Mitarbeiter mit Informationen überflutet werden. Dies erschwert wiederum die Auswahl der wirklich entscheidungsrelevanten Informationen. Je dezentraler die Informationen verarbeitet werden, umso größer ist auch die Gefahr von Widersprüchen und Inkonsistenzen. Dies erfordert ein einfach zu bedienendes und für die dezentrale Koordination geeignetes digitales Informationssystem, das in vielen Unternehmen nicht vorhanden ist.

Adaptiv-dezentrale Führung ist bislang vor allem in **Dienstleistungs- und Handelsunternehmen** anzutreffen. Diese verfügen über relativ homogene Leistungseinheiten, wie etwa Filialen oder Niederlassungen, aus denen sich eigenverantwortliche Zellen mit relativen Zielen und internem Wettbewerb bilden lassen. Dies zeigen auch die bekannten Beispiele von *Svenska Handelsbanken*, *ALDI* (vgl. Kap. 4.3.4), *IKEA*, *dm*, *Gore*, *Egon Zehnder* oder *Southwest Airlines*. Dienstleistungen entstehen im Kundenkontakt und sind meist von kurzer Dauer. Sie profitieren deshalb von der flexiblen und eigenverantwortlichen Handlungsweise eines kleinen Teams, das bestmöglich auf die Kundenwünsche eingehen kann.

Industrieunternehmen sind durch große Stückzahlen, Produktstandardisierung, mittlere bis lange Produktlebenszyklen und langfristige Investitionen geprägt. Entwicklungs- und Produktionsentscheidungen mit langer Gültigkeit und hohen Investitionen würden in einer dezentralen Netzwerkstruktur ohne zentrale Planung einen erheblichen Koordinations- und Abstimmungsaufwand erfordern. Dezentrale Selbstabstimmung und interne Märkte sind zur Beherrschung komplexer Produktionsprozesse und zur Realisierung von Verbundeffekten und Synergien kaum geeignet. Diese erfordern zentrale „Leitplanken“, an denen sich die dezentralen Bereiche ausrichten können (vgl. *Rateike/Lindner*, 2009, S. 234; *Rieg/Oehler*, 2009, S. 103 f.). Wie das Praxisbeispiel der *B. Braun Melsungen AG* in Kap. 6.6.3 zeigt, können aber auch Industrieunternehmen erfolgreich adaptiv-dezentral gesteuert werden.

Zusammenfassung

- Agile Personalführung ist die gezielte Verhaltensbeeinflussung von selbstorganisierten Mitarbeitern und Teams in agilen Organisationen. Hierfür schafft sie Rahmenbedingungen, in denen diese selbstständig entscheiden und handeln können und vermittelt ihnen Orientierung und Sinn.
- Agile Führung erfordert einen Bewusstseinswandel und basiert auf einem positiven Menschenbild.
- New Work bezeichnet einen tiefgreifenden Wandel der Arbeitswelt, der die Rollen und die Zusammenarbeit von Führungskräften und Mitarbeitern grundsätzlich verändert, um sowohl individuelles Wachstum als auch die erfolgreiche Entwicklung des Unternehmens zu ermöglichen.
- Agile Werte sind Sinnhaftigkeit, Ganzheit, Offenheit, Mut, Respekt, Verantwortung, Vertrauen, Gemeinschaft und Freiheit.
- Agile Führungsprinzipien dienen als Handlungsempfehlungen für die Führung agiler Organisationen.
- Die agile Führung von Mitarbeitern und Teams erfolgt multidirektional. Die Rollen agiler 360°-Führung sind agiles Leadership, Selbstführung, dienende Führung und zellulare Führung.
- Nach dem Grad der Selbstbestimmtheit lassen sich hierarchische, experten- und selbstgeführte Teams unterscheiden.
- Adaptiv-dezentrale Führung basiert auf flexiblen, sich selbst anpassenden Führungsprozessen und soll die Mitarbeiter durch eine Kultur dezentraler Verantwortung zu unternehmerischem Denken und Handeln befähigen.
- Prinzipien einer adaptiv-dezentralen Führung sind Sinnkopplung, dezentrale Verantwortung, Transparenz, relative Ziele, Teamorientierung sowie Vorbereitung statt Planung.

Literaturempfehlungen

Hermann, S./Pfläging, N.: OpenSpace Beta, München 2020.

Hofert, S.: Agiler führen, 2. Aufl., Wiesbaden 2018.

Laloux, F.: Reinventing organizations, München 2015 und Reinventing organizations visuell, München 2017.

Oestereich, B./Schröder, C.: Agile Organisationsentwicklung, München 2020.

Sichart, S./Preußig, J.: Agil führen, Freiburg 2019.

Stoi, R./Patz, M.: Dezentrale Transformation durch agile Führung, in: PERSONALquarterly, 74. Jg., 2022, Nr. 2, S. 40–47.

6.5 Führung des Wandels

Leitfragen

- Welche Formen des Wandels lassen sich unterscheiden?
- Mit welchen Widerständen ist beim Wandel zu rechnen?
- Welche Emotionen lösen Veränderungen aus und wie kann mit ihnen umgegangen werden?
- Wie lässt sich ein Unternehmen für Veränderungen aktivieren?
- In welchem Ausmaß und wie lässt sich Wandel steuern?

Märkte, Kundenbedürfnisse, Konkurrenzverhältnisse, gesetzliche Regelungen und sogar gesellschaftliche Werte ändern sich immer häufiger, drastischer und schneller. Dies gilt insbesondere in komplexen Führungskontexten (vgl. Kap. 1.3.5). Einerseits müssen sich Unternehmen somit stets an neue Rahmenbedingungen anpassen, andererseits können sie aber auch selbst Veränderungen anstoßen. Wandel findet deshalb permanent auf allen betrieblichen Ebenen mit unterschiedlicher Ausprägung und Intensität statt. Für Unternehmen bedeutet er immer ein Risiko, das sowohl Gefahren als auch Chancen beinhaltet (vgl. Kap. 8.4.1). Die Entwicklungsfähigkeit eines Unternehmens wird somit zu einem entscheidenden Wettbewerbsfaktor.

Die **Führung des Wandels** hat die Aufgabe, den zur Erreichung der Unternehmensziele erforderlichen Wandel zu erkennen, systematisch zu gestalten und aktiv zu fördern sowie erreichte Veränderungen im Unternehmen zu verankern.

Einleitung, Gestaltung und Steuerung von Veränderungen sind eine laufende und wesentliche Aufgabe der Unternehmensführung. Da letztendlich die Mitarbeiter über Erfolg oder Misserfolg von Veränderungsprozessen entscheiden, betrifft die Führung des Wandels vor allem die Personalfunktion der Unternehmensführung.

6.5.1 Formen des Wandels

Wandel beschreibt den Wechsel von einem Zustand in einen anderen. Nach dem **Umfang der Zustandsänderung** wird unterschieden (vgl. *Staehle*, 1999, S. 900 ff.):

- **Inkrementeller Wandel** findet laufend in kleinen Schritten statt, wobei die grundlegenden Werte, Einstellungen und Verhaltensweisen des Unternehmens unverändert bleiben.
- **Fundamentaler Wandel** umfasst dagegen grundlegende und tiefgreifende Veränderungen. Um diese erfolgreich einleiten, gestalten und sicherstellen zu können, muss die Unternehmensführung aktiv eingreifen.

	Inkrementeller Wandel	Fundamentaler Wandel
Veränderungsintensität	Evolutionär	Revolutionär
Grad des Wandels	Wandel erster Ordnung	Wandel zweiter Ordnung
Veränderungsansatz	Optimierung	Reorganisation
Veränderungsprozess	Kontinuierlich	Diskontinuierlich
Dimensionen	Auf einzelne beschränkt	Mehrdimensional
Unternehmensebenen	Auf einzelne beschränkt	Ebenenübergreifend
Risiko und Unsicherheit	Gering	Hoch
Stellung des Wandels	Normalfall	Sonderfall
Führungstypus	Transaktional oder selbstgesteuert	Transformierend
Führungskompetenz	Change Management	Change Leadership

Abb. 6.5.1: Arten des Wandels nach dem Umfang der Zustandsänderung

Abb. 6.5.1 zeigt die wesentlichen Unterschiede zwischen diesen beiden Arten des Wandels. Die Führung inkrementellen Wandels ist vorrangig eine Managementaufgabe. In einer agilen Organisation erfolgt er aus eigenem Antrieb und ohne explizite Steuerung (vgl. Kap. 5.2.2). Tiefgreifende Veränderungen erfordern dagegen **Change Leadership**, da „ohne Leadership jeder fundamentale und nachhaltige Wandel unweigerlich zum Scheitern verurteilt ist" (*Kotter*, 2011, S. V). Der populäre Begriff „Change Management" ist hierfür unpassend, da sich das Management auf evolutionäre Veränderungen und transaktionale Führung beschränkt. Die Unterscheidung von Management und Leadership wird in Kap. 6.3.2 erläutert.

Inkrementeller und fundamentaler Wandel vollziehen sich im Wechsel. Dies zeigen die überlappenden **S-Kurven** in Abb. 6.5.2. Jede S-Kurve stellt die Entwicklung der Leistungsfähigkeit des derzeit gültigen Führungssystems dar. Im Rahmen des bestehenden Führungssystems versucht das Unternehmen, durch inkrementellen Wandel seine Leistungsfähigkeit ständig zu verbessern. Der Zuwachs an Leistungsfähigkeit wird jedoch ab einem gewissen Punkt immer geringer. Die Leistungsfähigkeit des Unternehmens kann sogar sinken, wenn der inkrementelle Wandel nicht mehr ausreicht, sich an die geänderten Rahmenbedingungen anzupassen. Spätestens dann wird ein fundamentaler Wandel stattfinden müssen, der ein neues Führungssystem hervorbringt. Dieses neue Führungssystem ist jedoch zunächst weniger leistungsfähig als das alte, da es sich erst noch entfalten muss und auf Widerstände stößt. Das neue und alte System existieren deshalb zunächst parallel nebeneinander, wie der schraffierte Bereich in Abb. 6.5.2 zeigt. Dies ist solange der Fall, bis das neue System entweder eine höhere Leistungsfähigkeit erreicht und das alte System ablöst oder es als ungeeignet verworfen wird. Das System findet eine neue stabile Ordnung durch einen Prozess der Selbstorganisation, für den geeignete Rahmenbedingungen zu schaffen sind (vgl. *Müller-Stewens/Lechner*, 2016, S. 450 ff.).

Im **Prozessmanagement** entspricht inkrementeller Wandel dem kontinuierlichen Verbesserungsprozess, während im Rahmen der Prozesserneuerung fundamentaler Wandel stattfindet (vgl. Kap. 5.4.4). Im Idealfall folgt somit auf eine umbruchartige Änderung ein steter Strom evolutionärer Verbesserungen (vgl. *Krüger*, 2014b, S. 51). Ständiger fundamentaler Wandel würde Verwirrung und Unruhe in der Organisation stiften, die Mitarbeiter überfordern und die Leistungsfähigkeit des Unternehmens dauerhaft schwächen.

Die Unterschiede zwischen den beiden Kategorien des Wandels lassen sich an einem einfachen Beispiel aus der Natur verdeutlichen: Nach dem Schlüpfen frisst eine Raupe enorme Mengen an Blättern, wodurch sie sehr schnell wächst. Dabei durchläuft die Raupe verschiedene Entwicklungsstadien, in denen sie sich mehrmals häutet – das ist inkrementeller Wandel. Danach verpuppt sich die Raupe und durchläuft eine fundamentale Veränderung, in deren Verlauf sie zum Schmetterling wird und fliegen kann – das ist transformierender Wandel.

Beidhändige Führung

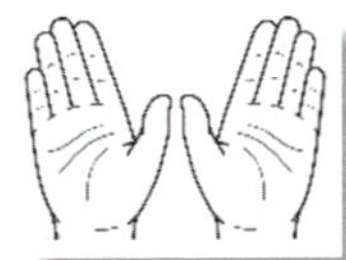

Die Unternehmen stehen heute vor der Herausforderung, den betrieblichen Wandel zweigleisig zu gestalten. Dies wird auch als **beidhändige Führung** bezeichnet. Beidhändigkeit oder Ambidextrie bezeichnet die Fähigkeit eines Menschen, beide Hände gleich gut nutzen zu können. **Ambidextre Führung** soll einerseits für Stabilität im Unternehmen sorgen und die Effizienz steigern und andererseits Innovationen vorantreiben. Evolutionärer und revolutionärer Wandel finden dabei parallel statt. **Exploitation**, die Weiterentwicklung des bestehenden

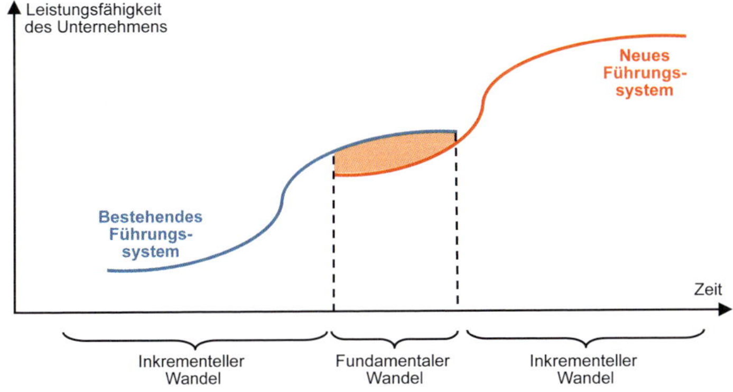

Abb. 6.5.2: Inkrementeller und fundamentaler Wandel vollziehen sich im Wechsel

Geschäfts und **Exploration**, das Erschließen neuer Technologien, Geschäftsmodelle und Märkte, müssen gleichzeitig betrieben und ausbalanciert werden. Beidhändig geführte Unternehmen schaffen mit ihrem Kerngeschäft den finanziellen Spielraum, um in ihre Zukunft investieren zu können. Ambidextrie gilt als Schlüsselkompetenz für die digitale Transformation (vgl. *Duwe*, 2018, S. 7 ff.).

Insbesondere im Übergang zwischen zwei Technologien, wie etwa bei disruptiven Innovationen, spielt beidhändige Führung eine wichtige Rolle (vgl. Kap. 8.6.3). Mit den Gewinnen aus den alten Technologien werden die Investitionen in die anfangs unrentablen neuen Technologien finanziert. Beide Technologien werden somit, über einen längeren, oft mehrjährigen Zeitraum, gleichzeitig verfolgt. Interpretiert man die Kurven in Abb. 6.5.2 als S-Kurven der alten und neuen Technologie, dann würde sich das Unternehmen im Übergang zwischen zwei Technologien im schraffierten Bereich befinden. So müssen etwa die deutschen Automobilhersteller auf der einen Seite ihre Fahrzeuge mit Verbrennungsmotor noch geraume Zeit weiterentwickeln und erfolgreich vermarkten, auf der anderen Seite aber den Wandel zur Elektromobilität schaffen, um nicht von neuen Konkurrenten, wie etwa *Tesla* oder *BYD*, vom Markt verdrängt zu werden.

Innovationskultur bei 3M

3M

3M ist ein globales, wissenschaftsbasiertes Innovationsunternehmen und erwirtschaftet mit rund 96.000 Mitarbeitern einen Umsatz von über 32 Mrd. US$. Mit mehr als 55.000 Produkten sind *3M*-Innovationen heute in nahezu allen Bereichen des Lebens, der Arbeitswelt, der Medizin und der Technik zu finden. Das Unternehmen entwickelte über 50 Basistechnologien und hält mehr als 120.000 registrierte Patente. *3M* pflegt eine Kultur des Denkens, d. h., jeder darf alles hinterfragen und ist aufgefordert, zu forschen.

Eine Maßnahme zur Förderung von Eigeninitiative und Innovation ist die *Bootleg Rule* (sinngemäß „Schwarzarbeitsregel"). Danach kann jeder Entwickler 15 % seiner täglichen Arbeitszeit für eigene Projekte verwenden. Auf diese Weise entdeckte der *3M*-Wissenschaftler *Spencer Silver* bei Laboruntersuchungen einen Klebstoff, der zwar sicher auf Oberflächen haftete, sich aber auch leicht wieder lösen ließ. Sein Kollege *Art Fry* hingegen war auf der Suche nach einem Lesezeichen für Kirchengesangbücher, das darin haftet, ohne die Seiten zu beschädigen. Als er von dem seltsamen Klebstoff hörte, entwickelten beide gemeinsam das *Post-it*. Wie bei vielen bahnbrechenden Innovationen hatte bei diesem Produkt kaum jemand gedacht, es einmal zu benötigen, bis es plötzlich da war (www.3mdeutschland.de).

6.5.2 Ursachen des Wandels

Ausgangspunkt des Wandlungsprozesses ist die Feststellung eines **Wandlungsbedarfs**, der die erforderlichen Veränderungen beschreibt. Erfolgreiche Unternehmen passen sich jedoch nicht nur reaktiv an, sondern gestalten ihre Rahmenbedingungen proaktiv selbst (vgl. *Krüger*, 2014b, S. 52 f.).

Es lassen sich externe und interne **Wandlungsursachen** unterscheiden (vgl. *Bea/Göbel*, 2018, S. 436 ff.):

- **Externe Ursachen**
  - **Markt:** Veränderungen des Marktes, wie beispielsweise der Wettbewerbsstruktur oder der Kundenanforderungen, sollten sich in der Struktur des Unternehmens und den Verhaltensweisen seiner Mitarbeiter niederschlagen. Diese Veränderungen stellen neue Anforderungen an die Flexibilität, Kundenorientierung und Innovationsfähigkeit des Unternehmens.
  - **Gesellschaft:** Entwicklungen gesellschaftlicher Normen und Werte sollten im Umgang mit den Stakeholdern (Kunden, Lieferanten, Mitarbeiter etc.) und somit auch in der Gestaltung des Unternehmens berücksichtigt werden. Beispiele sind das Streben nach positiven Erlebnissen (Spaßgesellschaft) oder die zunehmende Bedeutung des Wissens (Wissensgesellschaft; vgl. Kap. 7.4.1).
  - **Recht:** Der Erlass neuer Gesetze sowie Regelungen, Normen und Richtlinien öffentlicher Institutionen kann organisatorische Anpassungen erfordern. Ein Beispiel sind die Reformen des Bundesnaturschutz- (BNatSchG) oder Wasserhaushaltsgesetzes (WHG), mit weitreichenden Konsequenzen für alle Unternehmen, die auf die Nutzung von Gewässern angewiesen sind.
  - **Krisen:** Insbesondere international tätige Unternehmen sind von globalen Krisen meist massiv betroffen. Diese können sich gleichermaßen auf die Bereiche Markt, Gesellschaft und Recht auswirken. Die Corona-Krise 2020/21 führte etwa in Deutschland zu einem Konjunktureinbruch und staatlich verordneten Schließungen von Gastronomie- und Hotelbetrieben, allerdings auch zu einem Schub für die Digitalisierung, z. B. bei der Telearbeit.

- **Interne Ursachen**
  - **Zielsystem:** Gravierende Änderungen des Zielsystems erfordern auch grundlegende organisatorische Anpassungen. Dies ist etwa beim Wandel von einer Non-Profit-Organisation in ein gewinnorientiertes Unternehmen der Fall. Beispiele hierfür sind die *Deutsche Bahn AG* oder die *Deutsche Post AG*.
  - **Strategie:** Strategieänderungen erfordern häufig einen organisatorischen Wandel. Dieser Zusammenhang wurde vor allem von *Chandler* (1962) mit der Aussage „Structure follows Strategy" beschrieben, die jedoch kontrovers diskutiert wurde (vgl. Kap. 5.1.5). Marktorientierung kann etwa eine dezentrale Organisation oder neue Vertriebsstrukturen erfordern.
  - **Technologie:** Der Einsatz neuer Fertigungs- und Informationstechnologien bewirkt meist auch organisatorischen Wandel. Neue Technologien können auch als externe Ursache den Wandel in das Unternehmen tragen. Beispielsweise wird die Digitalisierung in vielen Unternehmen für neue Geschäftsmodelle genutzt (vgl. Kap. 8.7.2).
  - **Unternehmenskultur:** Kulturelle Änderungen werden oft von personellen Wechseln an der Spitze des Unternehmens ausgelöst. Dabei gelangen mit den neuen Führungskräften auch andere Wertvorstellungen in das Unternehmen. Änderungen der Unternehmenskultur sind aber nicht nur Ursache, sondern häufig auch notwendige Folge organisatorischen Wandels. Dadurch sollen kontraproduktive Konflikte zwischen Organisationsstruktur und Unternehmenskultur vermieden werden.

Die aufgeführten Wandlungsursachen bestimmen den erforderlichen **Wandlungsbedarf**. Nur wer versteht, warum er sich verändern muss, kann diese Veränderung auch gezielt beeinflussen. Ob tatsächlich ein Wandel eingeleitet und erfolgreich durchgeführt wird, hängt entscheidend davon ab, ob der Wandlungsbedarf im Unternehmen erkannt und akzeptiert wird.

Einem Wandel stehen stets **Barrieren** gegenüber, die ihn verzögern oder gar verhindern können. Der Wandlungsbedarf nimmt dadurch aber immer mehr zu (Reformstau). Für die Einleitung des Wandels ist in diesen Fällen oft ein durch krisenhafte Entwicklungen hervorgerufener hoher Leidensdruck erforderlich (vgl. *Krüger*, 2014a, S. 19 f.). Eine Krise als Auslöser des Wandels sollte jedoch möglichst vermieden werden. Sie engt den sachlichen und zeitlichen Gestaltungsspielraum stark ein und drängt die Führung in eine passive, reaktive Position. Wesentlich besser ist ein proaktiv vollzogener Wandel. Die frühzeitige Erkennung und Einleitung erforderlicher Veränderungen ist ein Merkmal erfolgreicher Führung (vgl. *Müller-Stewens/Lechner*, 2016, S. 483). In der Corona-Krise 2020/21 zeigten sich beispielsweise die Defizite der Digitalisierung in Deutschland, welche sich nicht kurzfristig beheben ließen.

Die bestmögliche Strategie zur Einleitung von Veränderungen hängt auch von der Intensität und Wirkungsrichtung der Aktivierung des Unternehmens ab. Während aufgrund eines lang anhaltenden Erfolgs träge Unternehmen eher durch Bedrohungen mobilisiert werden, sind dagegen bei wenig erfolgreichen Unternehmen aktivierende Zukunftschancen besser geeignet (vgl. *Bruch/Vogel*, 2009, S. 83 ff.). Die Strategien zur zielführenden Aktivierung werden in Kap. 6.5.5 erläutert.

Schichten des Wandels

Unterschiedliche Wandlungsbedarfe und daraus resultierende Formen des Wandels lassen sich nach der Reichweite der zu bewältigenden Änderungen in einem **Schichtenmodell** (4R-Modell) darstellen. Ähnlich wie bei einer Zwiebel sind dabei die äußeren Schichten relativ schnell zu erreichen und abzutragen, während die weiter innen liegenden Schichten für tiefgreifenden Wandel stehen, der nur langfristig und „nicht ohne Tränen" realisierbar ist.

Abb. 6.5.3 veranschaulicht die vier **Schichten und Formen des Wandels** (vgl. *Krüger*, 2009, S. 56 ff.):

- **Restrukturierung**: Auf der bestehenden Strategie basierende Anpassung von Strukturen, Prozessen und Systemen, um die Leistungsfähigkeit zu verbessern. Diese Form des inkrementellen Wandels zielt vor allem auf die Erhöhung der Effizienz. Dadurch wird das Unternehmen zwar besser, aber nicht anders.
- **Reorientierung:** Fundamentaler Wandel durch strategische Neuausrichtung. Strategische Stoßrichtungen werden geändert, bestehende strategische Geschäftsfelder aufgegeben und neue in das Portfolio des Unternehmens aufgenommen.
- **Revitalisierung:** Grundlegende Änderung personeller Fähigkeiten und Verhaltensweisen sowie des Führungs- und Kooperationsverhaltens. Zielsetzungen können etwa die Ausrichtung der Mitarbeiter an den Bedürfnissen der Kunden oder unternehmerisches Denken und Handeln sein.
- **Remodellierung:** Veränderung der Werte und Überzeugungen im Rahmen der Unternehmenskultur mit dem Ziel eines neuen Selbstverständnisses des Unternehmens.

Revitalisierung und Remodellierung erfolgen nicht schlagartig. Änderungen von Denk- und Verhaltensweisen sowie Wertvorstellungen benötigen Zeit, weshalb hierfür eher kontinuierliche Verbesserungsprozesse ratsam sind. Ist eine bestimmte Unternehmenskultur realisiert, muss sie anschließend bewahrt werden. Grundsätzlich gilt: Strategien, Werte und Überzeugungen bilden die langfristige Basis des Unternehmens und den Ausgangspunkt für kontinuierliche Verbesserungen der Strukturen, Prozesse, Systeme und Realisationspotenziale sowie der Fähigkeiten und des Verhaltens (vgl. *Krüger*, 2003, S. 358 ff.).

Unternehmen sollten sich nicht ausschließlich auf eine Form des Wandels konzentrieren, denn dadurch können die für andere Wandelformen erforderlichen Fähigkeiten verloren gehen (vgl. *Müller-Stewens/Lechner*, 2016, S. 521). Eine Überbetonung effizienzsteigernder Maßnahmen im Rahmen von Restrukturierungsprogrammen erschwert etwa die Förderung von unternehmerischem Denken (Revitalisierung).

In der unteren Hälfte des Schichtenmodells in Abb. 6.5.3 sind die **Aufgaben der Führung** zur Gestaltung der unterschiedlichen Arten des Wandels dargestellt (vgl. *Krüger*, 2003, S. 53 ff.):

- **Restrukturierung:** Es geht primär um Sachfragen, die sich meist rational begründen lassen. Beispielsweise kann in einem Rationalisierungsprojekt die Verkürzung der Auftragsabwicklung durch eine Reduktion von Warte-, Transport- und Liegezeiten erreicht werden. Diese Vorteile können quantifiziert und somit den Betroffenen klar verständlich gemacht werden.
- **Reorientierung:** Diese Veränderung lässt sich ebenfalls sachlich begründen, erfordert aber auch den Einbezug politisch-verhaltensorientierter Aspekte. Diese dienen dem Ausgleich unterschiedlicher Interessen oder der Beseitigung von personellen Widerständen. Eine Reorientierung kann etwa der Rückzug aus bestehenden Geschäftsfeldern sein. Dies lässt sich beispielsweise aufgrund sinkender Umsätze sachlich rechtfertigen, allerdings kollidiert diese Entscheidung mit den Zielen und Wünschen der betroffenen Mitarbeiter. Hierfür ist somit ein politischer Interessenausgleich etwa in Form des Angebots adäquater Positionen in anderen Geschäftsbereichen erforderlich.
- **Revitalisierung:** Sollen Fähigkeiten oder das Verhalten von Mitarbeitern grundlegend verändert werden, dann treffen verschiedene Vorstellungen aufeinander. Im Rahmen der Veränderung spielen Macht und Einfluss eine wichtige Rolle. Da ein solcher Wandel auch grundlegende Werte und Überzeugungen betrifft, erfordert er meist ein neues Bewusstsein. Dies wäre beispielsweise der Fall, wenn etwa in einer Supermarktkette die Filialleiter und deren Mitarbeiter zukünftig nicht nur Anweisungen der Zentrale ausführen, sondern auch selbstständig Entscheidungen treffen sollen. Hierfür müssen auf der einen Seite Bedenken in der Zentrale im Hinblick auf die Kompetenz der Filialen ausgeräumt und auf der anderen Seite erst die erforderlichen Fähigkeiten in den Filialen aufgebaut werden. Entscheidend für den Erfolg eines solchen Wandels ist es, den Filialen unternehmerisches Denken und Handeln zu vermitteln.
- **Remodellierung:** Die Veränderung von Werten und Überzeugungen stellt den tiefgreifendsten Wandel dar. Dabei geht es primär um die Gestaltung von Bewusstseinslagen, weshalb dieser nur sehr schwer und langwierig umzusetzen ist. Ein Beispiel ist die Privatisierung einer staatlichen Organisation, bei der aus einem Beamtenapparat ein wettbewerbsfähiges Unternehmen entstehen soll. Ein historisches Beispiel war die Postreform von 1994 zur Auflösung der *Deutschen Bundespost*. Die staatliche Behörde wurde in die Aktiengesellschaften *Deutsche Post*, *Deutsche Telekom* und *Deutsche Postbank* umgewandelt.

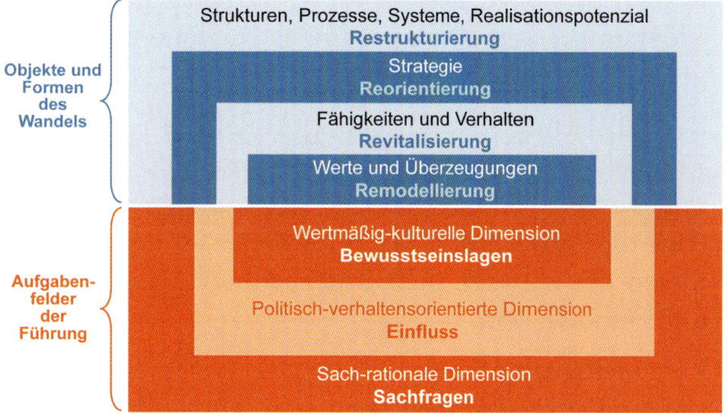

Abb. 6.5.3: Schichtenmodell des Wandels (vgl. Krüger, 2003, S. 359)

6.5.3 Funktionsweise und Ablauf des Wandels

Nach der Feldtheorie von *Kurt Lewin* wirken auf den betrieblichen Wandel unterschiedliche Kräfte. **Akzelerierende Kräfte** (driving forces) drängen auf Veränderungen, während diese durch **retardierende Kräfte** (restraining forces) behindert werden. Um die Existenz des Unternehmens zu sichern, sollten sich diese Kräfte langfristig die Waage halten. Überwiegen die veränderungsbefürwortenden Kräfte, dann kommt das Unternehmen nie zur Ruhe. Dadurch entstehen innere Unsicherheiten und Instabilitäten. Ein Übergewicht der veränderungsablehnenden Kräfte verzögert oder verhindert dagegen notwendigen Wandel (vgl. *Lewin*, 1963; *Staehle*, 1999, S. 591).

Nach *Lewin* befinden sich diese Kräfte im Ausgangspunkt des Wandels im Gleichgewicht. Zur Einleitung eines Wandels muss dieses Gleichgewicht entweder durch Verstärkung der akzelerierenden oder durch Verminderung der retardierenden Kräfte gestört werden. Der Schwerpunkt liegt vor allem auf dem Abbau von Widerständen. Der eingeleitete Veränderungsprozess wird somit als **zyklischer Übergang** zwischen zwei Gleichgewichtszuständen verstanden. Da Unternehmen jedoch nicht statisch sind und sich permanent verändern, sollte sich der Leser dies nicht als Waage im Gleichgewicht, sondern eher als Kraftfeld widerstreitender Energien vorstellen (vgl. *Krüger*, 2014a, S. 2 ff.).

In Abb. 6.5.4 wird deutlich, dass es beim fundamentalen Wandel gegenüber der Ausgangssituation zunächst zu einem Abfall der Leistungsfähigkeit des Unternehmens kommt. Ursachen sind die Bindung betrieblicher Ressourcen im Veränderungsprozess und kräftezehrende Widerstände. Erst wenn der Wandel erfolgreich abgeschlossen ist, kann sich das Unternehmen auf einem höheren Leistungsniveau einpendeln, das wiederum stabilisiert werden muss (vgl. *Staehle*, 1999, S. 591 ff.).

Steuerbarkeit des Wandels

Unternehmen als komplexe Systeme aus Zielen, Mitgliedern und Aktivitäten verfügen über eine hohe Eigendynamik und lassen sich somit nur bedingt beherrschen (vgl. Kap. 1.2.4). Daraus ergeben sich gegensätzliche Vorstellungen über die Steuerbarkeit betrieblicher Veränderungsprozesse. **Intendierter Wandel** geht davon aus, dass Veränderungen rational geplant, implementiert und kontrolliert werden können. Im Gegensatz dazu steht der spontane und unvorhersehbare **emergente Wandel**, der durch Impulse inner- und außerhalb des Unternehmens ausgelöst wird und sich nur sehr eingeschränkt steuern lässt (vgl. *Krüger*, 2014a, S. 58).

An der Annahme eines planbaren Wandels wird kritisiert, dass sich Unternehmen nicht nach festen Ursache-Wirkungs-Beziehungen gestalten lassen. In einer **prozessorientierten Sichtweise** werden Unternehmen deshalb nicht als statische Einheiten, sondern als sich permanent verändernde Systeme angesehen. Wandel ist somit nichts Außergewöhnliches, sondern der Normalfall. Die durch zwischenmenschliche Beziehungen, soziale Netzwerke und die Unternehmenskultur geprägte informelle Struktur eines Unternehmens kann dabei Veränderungen sowohl unterstützen als auch behindern (vgl. Kap. 6.4.5). Veränderungsprozesse haben deshalb eigene Gesetze und ihre Ergebnisse lassen sich nicht eindeutig vorhersagen. Nach dieser Auffassung lässt sich Wandel etwa durch Abbau von Hindernissen oder die Schaffung eines gemeinsamen Verständnisses fördern, aber nur bedingt durch die Unternehmensführung gezielt steuern. Im Fokus steht somit die Gestaltung der Entwicklungsfähigkeit und Selbstorganisation des Unternehmens. Dies lässt sich etwa durch eine agile Organisation erreichen (vgl. Kap. 5.2.2).

Ergänzend hierzu bezieht die Unternehmensführung nach einem **verantwortungsorientierten Verständnis** des Wandels (Responsible Change) die unterschiedlichen Interessen und Ansprüche aller Betroffenen mit ein. Wandel muss danach ethisch gerechtfertigt sein. Deshalb wird zunächst ermittelt, wer von einer Veränderung in welchem Ausmaß betroffen ist. Ziel ist es, den Wandel verantwortlich umzusetzen und kollidierende Interessen sowie individuelle

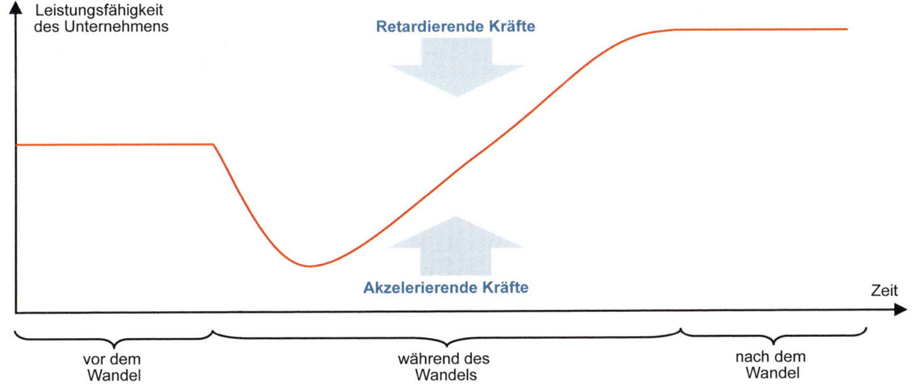

Abb. 6.5.4: Wandel im Wechselspiel der Kräfte (vgl. Staehle, 1999, S. 592)

Nachteile möglichst auszugleichen (vgl. *Ungericht*, 2012, S. 364 ff.).

Die verschiedenen Sichtweisen sollten nicht dogmatisch verstanden werden. Es ist nicht empfehlenswert, betriebliche Veränderungen allein sich selbst und damit dem Zufall zu überlassen. Insbesondere fundamentaler Wandel ist durch die Unternehmensführung soweit möglich gezielt zu steuern. Dabei sollten jedoch weder unvorhergesehene, eigendynamische Entwicklungen und informelle Strukturen noch soziale oder ethische Konsequenzen außer Acht gelassen werden.

Phasen des Wandels

Zur gezielten Beeinflussung von Veränderungsprozessen ist es hilfreich, diese in unterschiedliche **Phasen** zu unterteilen. Jede Phase umfasst jeweils spezifische Aufgaben und Anforderungen, um den Wandel erfolgreich zu gestalten. Die Unterteilung in Phasen gibt dem Wandel einen Rhythmus, der ihn vorantreibt. Auch wenn die meisten Konzepte eine lineare Abfolge beschreiben, verlaufen die Phasen in der Praxis weit weniger geradlinig oder überlappen sich. In der Literatur finden sich zahlreiche **Phasenmodelle** (vgl. z. B. *French/Bell*, 1994; *Greiner*, 1967; *Kotter*, 2011; *Krüger*, 2014b; *Seidenschwarz*, 2003). Sie unterscheiden sich vor allem in der Anzahl der betrachteten Phasen und ob diese sequenziell, iterativ oder simultan ablaufen.

Die meisten Phasenmodelle basieren auf folgenden **grundlegenden Aussagen** von *Lewin* (vgl. 1963, S. 262 ff.):

- Veränderungsvorgänge lassen sich in klar abgrenzbare Phasen einteilen.
- Jeder Wandel erfordert einen ausdrücklichen Einstieg.
- Wandel erzeugt Widerstände, die zu überwinden sind.
- Am Ende des Wandelprozesses ist eine Stabilisierung der Veränderung notwendig.

Lewin unterscheidet danach folgende **drei Phasen** des Wandels (vgl. *Lewin*, 1963, S. 262 f.):

(1) **Auftauen (Unfreezing):** Damit ein System seinen Gleichgewichtszustand aufgibt, muss zunächst der Status quo „aufgetaut" werden. Bei den Mitarbeitern muss Wandlungsbereitschaft geschaffen werden, um alte Gewohnheiten infrage zu stellen und den bestehenden Wandlungsbedarf zu erkennen. Der Anstoß hierzu kann sowohl von innen (z. B. Prozessanalyse, Verbesserungsvorschläge etc.) als auch von außen (z. B. Kundenreklamationen, sinkende Aktienkurse etc.) kommen. Um die Unterstützung des Wandels sicherzustellen, müssen die Mitarbeiter verstehen, warum Änderungen erforderlich sind. Ein zu abruptes Vorgehen führt meist zu erheblichen Widerständen und Blockaden, die den Wandel verlangsamen oder gefährden können.

(2) **Verändern (Moving):** In der zweiten Phase geht es um die schrittweise Umsetzung des Wandels und die Bewegung zu einem neuen Gleichgewicht auf einem höheren Leistungsniveau. Im Rahmen dieser Phase werden unterschiedliche Alternativen erprobt und bewertet, bis sich neue, geeignete Verhaltensweisen herausbilden. Durch Einbezug der Mitarbeiter sollen in dieser Phase Betroffene zu Beteiligten gemacht werden.

(3) **Einfrieren (Refreezing):** Damit das neue Gleichgewicht und somit die durchgeführten Veränderungen dauerhaft Bestand haben, muss das System im Anschluss wieder „eingefroren", also stabilisiert werden.

Schritt	Wesentliche Aufgaben und Aspekte
(1) Gefühl für die Dringlichkeit erzeugen	Analyse von Markt und Wettbewerb. Chancen und Gefahren erkennen und diskutieren.
(2) Führungskoalition aufbauen	Team bilden, das mächtig und kompetent genug ist, den Wandel voranzubringen.
(3) Vision und Strategie entwickeln	Eine richtungsweisende Vision aufstellen und eine Strategie entwickeln, um diese zu verwirklichen.
(4) Vision des Wandels kommunizieren	Bei allen Betroffenen für Verständnis und Akzeptanz werben. Das Leitungsteam soll die Vision vorleben.
(5) Mitarbeiter auf breiter Basis befähigen	Handlungsspielräume schaffen, Hindernisse beseitigen, neues Verhalten fördern und Mitarbeiter ermutigen.
(6) Schnelle Erfolge erzielen	Kurzfristig sichtbare Verbesserungen planen, realisieren, hervorheben und Mitarbeiter dafür auszeichnen.
(7) Erfolge konsolidieren und weitere Veränderungen einleiten	Gestiegenes Vertrauen nutzen, um weitere Veränderungen konsequent voranzutreiben.
(8) Neue Ansätze in der Kultur verankern	Zusammenhang zw. Wandel und Unternehmenserfolg herausstellen, neues Verhalten festigen.

Abb. 6.5.5: Wandelprozess nach Kotter (vgl. 2011, S. 18; 2015, S. 21 ff.)

Geschieht dies nicht, dann können auftretende Schwierigkeiten oder die Macht der Gewohnheit zu einem Rückfall in alte Verhaltensweisen führen. Zum Einpendeln des Gleichgewichts und zur Beseitigung von Unsicherheiten kann die Kommunikation der bereits erzielten Erfolge beitragen.

Aus der Analyse von mehr als hundert Veränderungsprozessen empfiehlt *John Kotter* die in Abb. 6.5.5 aufgeführten acht Schritte für erfolgreichen Wandel. Nach seiner Auffassung ist dabei jeder dieser Schritte zwingend erforderlich und benötigt ausreichend Zeit. Das Auslassen einzelner Schritte führe nur zur Illusion eines schnelleren Fortschritts, aber nicht zum Erfolg (vgl. *Kotter*, 2011, S. 20 f.).

Ebenfalls anschaulich und praxistauglich ist das in Abb. 6.5.6 dargestellte **Vorgehensmodell** von *Wilfried Krüger* (vgl. 2014b, S. 39 ff.):

1. **Initialisierung:** Nachdem ein Wandlungsbedarf identifiziert und verbindlich festgelegt wurde, löst die Führung den Wandlungsprozess aus. Die Promotoren sind zu identifizieren und für den Wandel zu gewinnen. Sie haben als Träger des Wandels maßgeblichen Einfluss auf dessen Verlauf und Erfolg.
2. **Konzeption:** Wandel ist kein Selbstzweck und bedarf einer klaren und eindeutigen Zielsetzung. Nach Auslösung des Wandlungsprozesses müssen deshalb konkrete Ziele und Stoßrichtungen des Wandels festgelegt werden. Daran schließt sich die Suche und Bewertung von Alternativen und die Festlegung eines Maßnahmenprogramms zur Zielerreichung an. Ziele und Maßnahmen bilden als Wandlungskonzept den Rahmen für das weitere Vorgehen.
3. **Mobilisierung:** Ist das Wandlungskonzept verabschiedet, wird es an den Kreis der Beteiligten und Betroffenen möglichst umfassend, differenziert und glaubwürdig kommuniziert. Auf diese Weise soll die Wandlungsbereitschaft der Mitarbeiter gefördert und Widerstände überwunden werden. Dies ist für den Wandlungserfolg äußerst kritisch. Parallel dazu sind die notwendigen Voraussetzungen für den Wandel durch personelle, technische und organisatorische Maßnahmen zu schaffen. Die Wandlungsfähigkeit kann etwa durch Schulungen, die Einrichtung einer Projektorganisation, Anreizsysteme oder Personalentwicklungspläne erreicht werden.
4. **Umsetzung:** Ein fundamentaler Wandel ist eine komplexe Aufgabe, bei der nicht alle Probleme gleichzeitig gelöst werden können. Aus diesem Grund müssen Teilprojekte festgelegt und priorisiert werden, um Schritt für Schritt die Wandlungsbedarfe zu decken und die Wandlungsziele zu erreichen. Priorisierungskriterien können sachliche Abhängigkeiten, zeitliche Dringlichkeit, Risiken, Ressourcenverfügbarkeit oder kurzfristig erzielbare Erfolge sein. Nach Abschluss der kritischen Aufgaben wird durch eine Reihe von Folgeprojekten der Wandel komplettiert. Die Koordination der Projekte ist in dieser Phase eine wesentliche Aufgabe der Führung des Wandels.
5. **Verstetigung:** Um die Nachhaltigkeit der Wandlungsergebnisse sicherzustellen, sind diese im Unternehmen zu verankern. Dies geschieht, indem schrittweise Verantwortung von der Projektleitung auf die Linienverantwortlichen übertragen wird. Aufgaben und Ziele müssen für jeden Mitarbeiter angepasst werden. Darüber hinaus soll die erworbene Wandlungs- und Lernfähigkeit langfristig erhalten und gepflegt werden. Auf diese Weise kann das Unternehmen zukünftigen Wandlungsbedarf proaktiv angehen, statt sich nur reaktiv anzupassen.

Die einzelnen Phasen stellen unterschiedliche Anforderungen an die Unternehmensführung. Während zu Beginn das Leadership als visionäre, mitarbeiterorientierte Führung vorrangig ist, kommt im Verlauf des Wandels dem effizienten, sachzielorientierten Management wachsende Bedeutung zu (vgl. *Krüger*, 2012, S. 103 f.).

Initialisierung	Konzeption	Mobilisierung	Umsetzung	Verstetigung
▪ Wandlungsbedarf feststellen ▪ Wandlungsträger aktivieren	▪ Wandlungsziele festlegen ▪ Maßnahmenprogramme entwickeln	▪ Wandlungskonzept kommunizieren ▪ Wandlungsbereitschaft und -fähigkeit schaffen	▪ Prioritäre Vorhaben durchführen ▪ Folgeprojekte durchführen	▪ Wandlungsergebnisse verankern ▪ Wandlungsbereitschaft und -fähigkeit sichern

Abb. 6.5.6: Phasen und Aufgaben des Wandels (vgl. Krüger, 2014b, S. 40)

Spannungsfeld des Wandels

Wandel bewegt sich im **Spannungsfeld** von (vgl. *Krüger*, 2014a, S. 14 ff.):

- **Wandlungsbedarf:** Ausmaß sachlich notwendiger Veränderung des Unternehmens sowie seiner Teilbereiche und Mitglieder.
- **Wandlungsbereitschaft:** Einstellung und Verhalten der Betroffenen bzw. Beteiligten gegenüber den Zielen und Maßnahmen des Wandels.
- **Wandlungsfähigkeit:** Organisatorische und personelle Kompetenzen zur erfolgreichen Durchführung von Veränderungen.

Aufgabe der Führung des Wandels ist es, eine möglichst hohe Übereinstimmung zwischen diesen Aspekten zu erreichen. Jedes Missverhältnis erzeugt, wie in Abb. 6.5.7 dargestellt, zwangsläufig **Schwierigkeiten im Wandlungsprozess** (vgl. *Brehm/Petry*, 2014, S. 310 ff.):

- **Reformstau:** Zur Deckung des Wandlungsbedarfs fehlen sowohl der Wille als auch die Fähigkeiten oder der vorhandene Wandlungsbedarf wird nicht erkannt. Der Wandlungsbedarf wird dadurch nach und nach immer größer.
- **Fähigkeitsdefizite:** Wenn sich Bedarf und Bereitschaft decken, dann sind die nicht vorhandenen Fähigkeiten durch geeignete Maßnahmen zu entwickeln, wie etwa durch Schulungen oder den Einbezug externer Berater.
- **Unbefriedigter Veränderungsdrang:** Eine latente Wandlungsbereitschaft, der kein entsprechender Bedarf und auch keine Fähigkeiten gegenüberstehen, kann viele Ursachen haben, wie z. B. Machtstreben oder generelle Unzufriedenheit.
- **Fehlgeleitete Aktivitäten:** Im Unternehmen gibt es oft unterschiedliche Ansichten über das Ausmaß des Wandlungsbedarfs. Dies kann zu Richtungskämpfen führen, die jegliche Veränderung blockiert.
- **Ungenutztes Fähigkeitspotenzial**, dem weder eine Bereitschaft noch ein Bedarf gegenübersteht.
- **Willensbarrieren:** Auftretende Widerstände müssen überwunden werden, damit die vorhandenen Fähigkeiten für die Umsetzung der Veränderung eingesetzt werden.

Bedarf, Bereitschaft und Fähigkeiten sollten sich weitgehend decken. Dazu sollte der Wandel sowohl sachlich als auch personell stimmig sein. Die **sachliche Stimmigkeit** bezieht sich auf die Organisation des Wandlungsprozesses und das Zusammenspiel von Personalführung, Kommunikation, Projektmanagement und Controlling. Die zu erfüllenden Aufgaben sind zu beschreiben und Kompetenzen festzulegen („Wer macht was bis wann?"). Die **personelle Stimmigkeit** betrifft das Zusammenspiel der Führung sowohl mit den am Wandel Beteiligten als auch allen davon betroffenen Mitarbeitern. Die Führung ist als Promotor die entscheidende Schubkraft des Wandels und sollte sich stets glaubwürdig und verantwortlich verhalten (vgl. *Bach*, 2014, S. 107 ff.).

6.5.4 Widerstände gegen den Wandel

Wandel erzeugt oft mannigfaltige Widerstände, die innerhalb oder außerhalb des Unternehmens sowie offen oder verdeckt auftreten. Sie können Veränderungen verlangsamen oder sogar verhindern. Unternehmensinterne Widerstände können personell oder organisatorisch bedingt sein. Offener Widerstand äußert sich etwa durch Streik oder Kündigungen. Verdeckte Widerstände zeigen sich beispielsweise in einem steigenden Krankenstand oder dass die Mitarbeiter nur noch Dienst nach Vorschrift leisten.

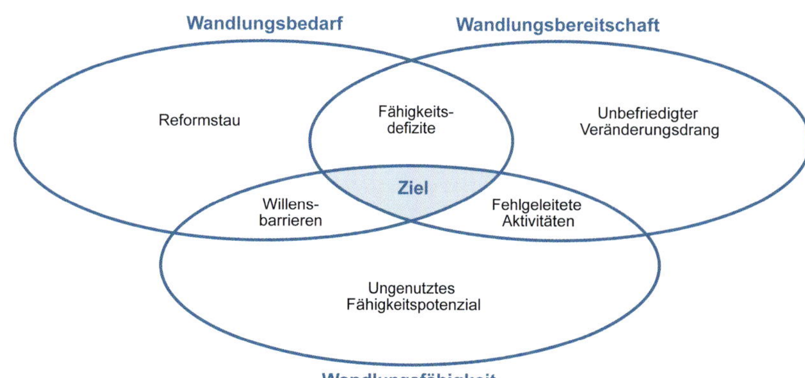

Abb. 6.5.7: Missverhältnisse und Schwierigkeiten im Spannungsfeld des Wandels (in Anlehnung an Brehm/Petry, 2014, S. 310)

Kraftfeldanalyse des Bahn-Projekts Stuttgart 21

Der *DB*-Konzern ist eines der weltweit führenden Mobilitäts- und Logistikunternehmen und erzielt mit rund 340.000 Mitarbeitern einen Umsatz von über 44 Mrd. €. *Stuttgart 21* ist mit geschätzten Kosten von bis zu 10 Mrd. € eines der größten Verkehrsprojekte Europas. Ziel des seit mehr als 15 Jahren politisch und gesellschaftlich umstrittenen Bauvorhabens ist die Neuordnung des Stuttgarter Bahnknotens, bei dem u.a. aus dem bisherigen Kopfbahnhof ein unterirdischer Durchgangsbahnhof werden soll. Zehntausende Stuttgarter „Wutbürger" demonstrierten gegen das Projekt und forderten unter dem Motto „Oben bleiben" eine Modernisierung des bestehenden Hauptbahnhofs. Eine Kraftfeldanalyse des Projekts zeigt Abb. 6.5.8.

Unterstützende Aspekte	Blockierende Aspekte
Know-how der DB bei Großprojekten	Über 10.000 Einwendungen gegen das Projekt
Hohes Auftragsvolumen für lokale Bauwirtschaft	Verfehlte Informationspolitik der DB
Schnellere Verbindungen für Fahrgäste der DB	Breite Demonstrationen Stuttgarter Bürger
Neuer Stadtteil mit Wohnungen für die Bürger	Kostenüberschreitungen/Planungsunsicherheiten
Bündnis der Befürworter („Wir sind Stuttgart 21")	Organisierte Gegner (Aktionsbündnis gegen S 21)
Politische Unterstützung der bis 2011 amtierenden Landesregierung (CDU/FDP) und bis 2012 des Oberbürgermeisters der Stadt Stuttgart (CDU)	Politischer Umbruch hin zu einer von B90-Grüne geführten Landesregierung und einem bis 2020 amtierenden grünen Oberbürgermeister
Volksentscheid 2011 spricht für das Projekt	Geologische Risiken

Abb. 6.5.8: Kraftfeldanalyse am Beispiel des Bahn-Projekts Stuttgart 21

Stärke und Intensität der Widerstände können im Verlauf des Wandels erheblich variieren (vgl. *Staehle*, 1999, S. 977).

Eine wirkungsvolle Führung des Wandels erkennt diese Widerstände und weiß, wie mit ihnen umzugehen ist. Im Rahmen einer **Kraftfeldanalyse** werden die Kräfte, die den Wandel unterstützen, den zu erwartenden Widerständen tabellarisch gegenübergestellt. Auf diese Weise lassen sich die Schwerpunkte für eine erfolgreiche Gestaltung des Wandels identifizieren (vgl. *Johnson et al.*, 2018, S. 606 f.).

Personelle interne Widerstände

Es liegt in der Natur des Menschen, Vertrautes bewahren zu wollen. Veränderungen stören dieses **menschliche Bedürfnis nach Stabilität und Kontinuität**. Deshalb entstehen in Veränderungsprozessen bei vielen Mitarbeitern heftige Emotionen, wie etwa Angst oder Verunsicherung, die zu massiven Widerständen führen können. Psychologische Untersuchungen haben ergeben, dass die Trauer über einen erlittenen Verlust größer ist als die Freude über einen erzielten Gewinn. Entscheidungen werden deshalb mehr von der Gefahr des Verlusts als von der Aussicht auf Gewinn beeinflusst. Verluste durch falsches Handeln werden als schmerzvoller empfunden als durch Untätigkeit verpasste Gewinne. Damit sich die Mitarbeiter freiwillig auf einen Wandel einlassen, müssen deshalb die subjektiv wahrgenommenen Vorteile weitaus höher sein als die damit verbundenen Risiken. Daraus resultiert eine (meist unbewusste) Trägheit vieler Mitarbeiter. Diese wollen an alten Denkmustern und Gewohnheiten festhalten, weil sie die Geborgenheit des Vertrauten schätzen (vgl. *Bea/Göbel*, 2018, S. 477; *Schein*, 1993, S. 85 ff.).

Wie Abb. 6.5.9 zeigt, können sich **Widerstände** in vielerlei Hinsicht äußern. Eine Ursache ist häufig die Vernachlässigung emotionaler Reaktionen, da sich die Führung des Wandels zu sehr auf Sachfragen konzentriert. Doch Emotionen sind ein wichtiger Bestandteil eines jeden Wandels und zeugen davon, dass Mitarbeiter die Veränderung wahrnehmen. Jeder Einzelne fragt sich, was der Wandel für ihn persönlich bedeutet. Fundamentaler Wandel setzt deshalb die Betroffenen mehr oder weniger unter Stress. Das Spektrum an Emotionen kann von Begeisterung und

Abb. 6.5.9: Arten von Widerstand (in Anlehnung an Doppler/Lauterburg, 2019, S. 357)

Neugier bis Ärger und Frustration reichen. Eine sehr dominante Emotion ist die Angst vor negativen Folgen. Dies kann etwa der Verlust von Status und Anerkennung, sozialen Kontakten oder sogar des Arbeitsplatzes als Existenzgrundlage sein. Eine zentrale Führungsaufgabe ist es deshalb, den Mitarbeitern im Wandel ausreichend Sicherheit und Orientierung zu vermitteln. Es gilt, bei den Mitarbeitern eine Bereitschaft zum Wandel und zur aktiven Mitwirkung an der Veränderung zu erzeugen (vgl. *Müller-Stewens/Lechner*, 2016, S. 489 ff.; *Rosenstiel*, 2011, S. 145 f.).

Emotionen im Wandel

Je nachdem, ob eine Veränderung als positiv oder negativ wahrgenommen wird, hat diese bei den Mitarbeitern eine Reihe unterschiedlicher Emotionen zur Folge. Eine **negativ empfundene Veränderung** kann die in Abb. 6.5.10 dargestellten **Stufen der emotionalen Reaktion** zwischen Passivität und Aktivität auslösen (vgl. *Conner/Clements*, 1999, S. 38 ff.; *Dobléy/Wargin*, 2001, S. 30 ff.; *Haiss*, 2001, S. 64 ff.):

1. **Stabilität:** Im Status quo vor Bekanntgabe der Veränderung sind die Mitarbeiter emotional stabil und ausgeglichen.
2. **Schock:** Erste Reaktion auf eine negativ empfundene Veränderung, die durch Ängste, Unsicherheiten und Verwirrung hervorgerufen wird und durch hohe Passivität der Betroffenen (Lähmung) gekennzeichnet ist.
3. **Verweigerung:** Die Veränderung wird als inakzeptabel angesehen, die Beteiligung verweigert und rationale Gründe verleugnet. Die bisherigen Vorgehensweisen werden verstärkt beibehalten („Das haben wir schon immer so gemacht“).
4. **Wut:** Die Frustration darüber, den Wandel nicht aufhalten zu können, drückt sich durch ein hohes Aktivitätsniveau und starke, ablehnende Emotionen zur Wiedererlangung der Kontrolle über die „Normalität“ aus.
5. **Verhandlung:** Die Betroffenen versuchen, durch aktives Verhandeln negative Auswirkungen der Veränderung zu verhindern („Feilschen“). Die Veränderung wird z. T. auch durch sog. Coping-Strategien umgangen. Dabei entspricht das Verhalten zwar formal der Veränderung, aber nicht der Intention und Zielsetzung des Wandels. Beispielsweise kann die Beschränkung des Kaffeekonsums auf eine Tasse pro Tag dazu führen, dass sich die Mitarbeiter größere Tassen kaufen. Generell besteht in dieser Phase die Gefahr einer schrittweisen Demontage der angestrebten Veränderung.
6. **Depression:** Die Mitarbeiter nehmen den vollen Umfang des Wandels wahr. Sie fühlen sich machtlos und sehen sich als Opfer („Tal der Tränen“). Deshalb verhalten sie sich äußerst passiv. Dies ist eine natürliche Reaktion auf eine größere, negativ empfundene Veränderung.
7. **Test:** Die Mitarbeiter probieren die neuen Möglichkeiten aus und versuchen, die Kontrolle wiederherzustellen und persönliche Ziele neu zu definieren.

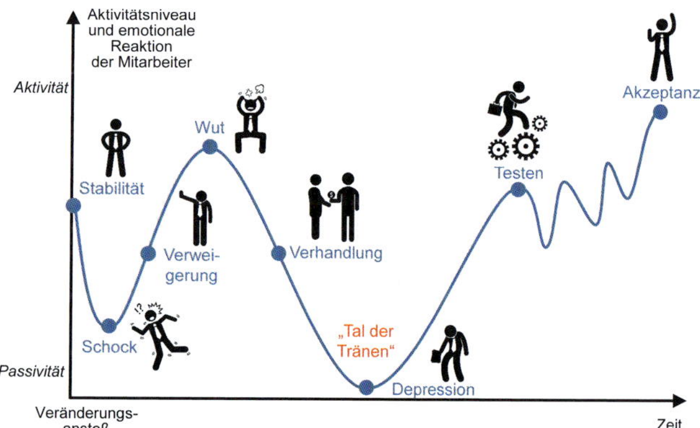

Abb. 6.5.10: Emotionale Reaktionen auf negativ empfundene Veränderungen (in Anlehnung an Conner/Clements, 1999, S. 40; Haiss, 2001, S. 65)

Phasen	Steuerungsmaßnahmen
Schock	▪ Frühzeitige und offene Information aller Betroffenen ▪ Beteiligung der Betroffenen bei der Vorbereitung des Wandels
Verweigerung	▪ Hilfestellungen anbieten; Vertrauensklima schaffen ▪ Verständnis zeigen; Mitarbeiter an die Veränderung heranführen
Wut	▪ Offene Aussprache und Versachlichung ▪ Grenzen setzen und gezielte Reaktion auf Wandlungsgegner
Verhandeln	▪ Zielsetzung des Wandels unterstreichen ▪ Kritische Anmerkungen so weit als möglich berücksichtigen
Depression	▪ Aktive Mitarbeit und Unterstützung anbieten ▪ Mitwirkung fördern und Motivation wecken
Testen	▪ Erfolgserlebnisse schaffen und erste Erfolge kommunizieren ▪ Vollzug des Wandels belohnen
Akzeptanz	▪ Selbstständige Anpassung und gemeinsames Lernen fördern ▪ Erfolg des Wandels kommunizieren, zelebrieren und stabilisieren

Abb. 6.5.11: Maßnahmen zur Beeinflussung emotionaler Reaktionen auf negativ empfundene Veränderungen (in Anlehnung an Haiss, 2001, S. 64 ff.; Streich, 2003, S. 22 ff.)

8. **Akzeptanz:** Die Mitarbeiter nehmen die neue Situation an. Dies ist jedoch nicht gleichbedeutend mit einer positiven Wahrnehmung oder Begeisterung. Im Idealfall identifizieren sich die Mitarbeiter mit der Veränderung und internalisieren deren Ziele. Es bildet sich eine emotional stabile und ausgeglichene Situation auf einem im Vergleich zum Ausgangspunkt bestenfalls höheren Aktivitätsniveau.

Die Führung des Wandels sollte sich dieser emotionalen Reaktionen bewusst sein und ihnen mit geeigneten Maßnahmen vorausschauend und wirkungsvoll begegnen. Einen Überblick möglicher Maßnahmen bei negativ empfundenen Veränderungen gibt Abb. 6.5.11.

Abb. 6.5.12 zeigt eine alternative Phaseneinteilung negativ empfundener Veränderungen, welche auf der Einschätzung der eigenen Kompetenz des Mitarbeiters zur Bewältigung neuer Aufgaben oder Situationen basiert. Diese persönliche Wahrnehmung des Mitarbeiters wirkt sich unmittelbar auf dessen Arbeitsleistung aus.

Der Verlauf zeigt einen idealtypischen **Reifungsprozess** des Mitarbeiters in folgenden Stufen (vgl. *Streich*, 1997, S. 242 ff.):

1. **Stabilität:** Vor der Veränderung fühlen sich die Mitarbeiter ihren Aufgaben gewachsen.
2. **Schock:** Wird der Mitarbeiter mit dem Wandel konfrontiert, erlebt er eine große Differenz zwischen seinen Vorstellungen und der Realität. Er kann dadurch wie ein „Kaninchen vor der Schlange" zeitweise gelähmt und reaktionsunfähig sein.
3. **Verneinung:** Das Gefühl, kompetent zu sein, nimmt wieder zu, da sich der Mitarbeiter einredet, der Wandel sei doch nicht so wesentlich und er könne seine bisherigen Verhaltens- und Verfahrensweisen beibehalten. Deshalb weigert er sich, die Notwendigkeit persönlicher Veränderungen einzusehen. Es kann sehr schwierig und langwierig sein, den Mitarbeiter davon zu überzeugen, dass er zukünftig etwas anders machen muss. Letztlich kann er nur in die nächste Phase gelangen, wenn er sich dessen bewusst wird.
4. **Rationale Einsicht:** Der Mitarbeiter beginnt, die Notwendigkeit des Wandels kognitiv zu verstehen, und erkennt, welche Kompetenzen ihm dabei fehlen. Durch Unsicherheit darüber, wie er mit dieser Situation klarkommen soll, können Frustrationsgefühle entstehen.
5. **Emotionale Akzeptanz:** Wird die Veränderung auch emotional angenommen, erreicht die Selbsteinschätzung der Kompetenzen ihren Tiefpunkt. Langsam werden alte Verfahrens- und Verhaltensweisen losgelassen und neue entwickelt, etwa mithilfe eines Trainers.
6. **Ausprobieren:** Durch Versuch und Irrtum werden die neuen Verfahrens- und Verhaltensweisen kennengelernt. Es treten sowohl Erfolge als auch Fehler auf, weshalb Freiräume zum Experimentieren besonders wichtig sind.
7. **Erkenntnis:** Durch Feedback lernen die Mitarbeiter, warum und wann welche Verfahrens- und Verhaltensweisen erfolgreich sind.
8. **Integration:** Die Mitarbeiter verinnerlichen die neuen Verfahrens- und Verhaltensweisen.

In der Praxis durchlaufen die Mitarbeiter diesen Reifungsprozess unterschiedlich schnell, manche Mitarbeiter können aber auch im Rahmen des Wandels in einer der Phasen

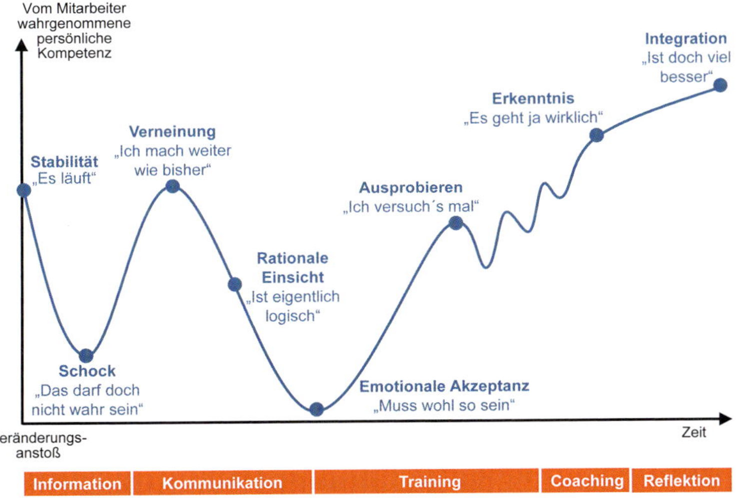

Abb. 6.5.12: Idealtypische Reifung des Mitarbeiters bei negativ empfundenen Veränderungen (in Anlehnung an Streich, 1997, S. 243)

steckenbleiben. Generell sind hier ebenfalls die unterstützenden Maßnahmen aus Abb. 6.5.11 für die Führung des Wandels hilfreich, um die Mitarbeiter beim Durchschreiten der Phasen zu unterstützen.

Eine inhaltlich vergleichbare, etwas komprimiertere Darstellung dieser acht Phasen entwickelte der schwedische Wirtschaftspsychologe *Janssen* mit seinem **Modell der vier Räume des Wandels** (Four Rooms of Change). Es stellt die emotionalen Stadien in Veränderungsprozessen als vier Zimmer dar, die nacheinander von den Mitarbeitern durchlaufen werden müssen.

Dieser idealtypische **Verlauf** ist in Abb. 6.5.13 blau dargestellt (vgl. *Janssen*, 1996; *Eckrich*, 2017, S. 371 ff.; *Nienkerke-Springer*, 2020, S. 179 ff.):

1. **Zimmer der Selbstzufriedenheit**: Viele Mitarbeiter sind mit ihrer aktuellen Situation zufrieden und sehen keinen Grund für Veränderung. Typische Aussagen sind: „Uns geht es gut, warum sollen wir etwas ändern?". Dies entspricht der Phase der Stabilität.
2. **Zimmer der Verweigerung**: Offene oder verdeckte Widerstände gegen den Wandel treten auf („Muss das sein? Ohne mich!"). Dies entspricht den Phasen Schock und Verneinung.
3. **Zimmer der Verwirrung**: Die Mitarbeiter realisieren, dass die Veränderung unweigerlich kommt. Sie sind verunsichert oder machen sich Sorgen, da alte Regeln und Verhaltensweisen nicht mehr gelten. Es geht zu wie im Hühnerstall: „Jeder sagt was anderes und keiner weiß wo's langgeht". Dies entspricht den Phasen rationale Einsicht und emotionale Akzeptanz.
4. **Zimmer der Erneuerung**: Hier hören die Mitarbeiter einander zu und sind bereit, zu lernen. Sie haben beim Ausprobieren neuer Tätigkeiten und Verhaltensweisen erste Erfolgserlebnisse und gewinnen ihre Selbstsicherheit zurück. Dies entspricht den Phasen Ausprobieren, Erkenntnis und Integration.

Das Modell wurde von *Kirkbride* um weitere Räume zum **Haus des Wandels** (Change House) erweitert (vgl. *Kirkbride et al.*, 1994). Die in Abb. 6.5.13 rot dargestellten Entwicklungen stellen häufige **Schwierigkeiten im Wandelprozess** dar (vgl. *Eckrich*, 2017, S. 372 ff.; *Nienkerke-Springer*, 2020, S. 180 ff.):

- **Sonnenbalkon**: Manche Mitarbeiter ruhen sich auf den Verdiensten der Vergangenheit aus. Dies macht hochmütig und träge. Hier sitzen oft etablierte Marktführer, die dann von disruptiven Innovationen weggefegt werden (vgl. Kap. 8.6.3).
- **Verweigerungsverlies**: Dorthin geraten Mitarbeiter, die beim Wandel auf der Strecke bleiben. Der Status quo wird mit Vehemenz verteidigt und die Vergangenheit idealisiert.
- **Paralyseloch**: Durch widersprüchliche und unkoordinierte Aussagen der Führung kann die Verwirrung verstärkt werden und Raum für negative Fantasien entstehen. Die Mitarbeiter sind völlig durcheinander und fühlen sich wie gelähmt.
- **Hinterausgang**: Gelingt es nicht, die Mitarbeiter von den Zielen des Wandels zu überzeugen, verlassen manche das Unternehmen.

Das Haus des Wandels sensibilisiert die Führung dafür, dass es keine Abkürzung in das Zimmer der Erneuerung gibt, sondern stets alle vier Räume zu durchlaufen sind. Außerdem gehen die Mitarbeiter nicht alle gleichzeitig durch das Haus, sondern halten sich typischerweise während des Wandelprozesses in unterschiedlichen Räumen auf. Der Wechsel in einen anderen Raum geschieht dabei nicht schlagartig, sondern ist ein fließender Übergang. Wandel ruft Emotionen hervor, die ihre eigene Dynamik haben und oft erst zutage gefördert werden müssen. Die Führung gibt mit einer klaren Vision und als Vorbild den Mitarbeitern die nötige Orientierung auf dem Weg in das Zimmer der Erneuerung.

Wandel kann bei den Mitarbeitern auch positive Emotionen verursachen. Dies ist etwa der Fall, wenn ein Reformstau aufgelöst, ein allgemeiner Missstand beseitigt oder die

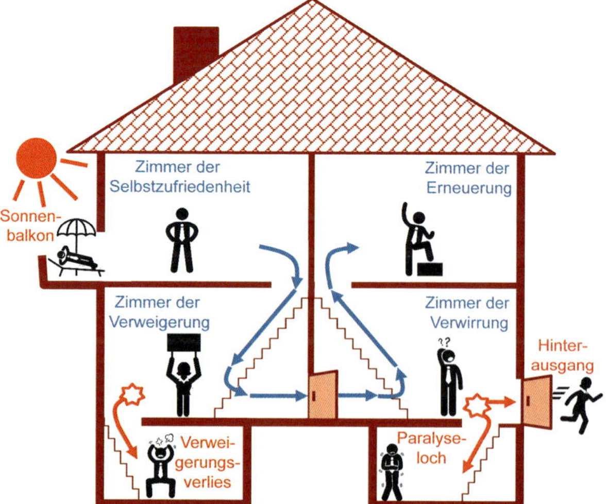

Abb. 6.5.13: Das Haus des Wandels (in Anlehnung an Eckrich, 2017, S. 372)

Veränderung als zukunftsweisend angesehen wird. Allerdings erzeugt auch eine als **positiv empfundene Veränderung** bei den Mitarbeitern nicht nur angenehme Gefühle.

Folgende **Stufen der emotionalen Reaktion** zwischen Optimismus und Pessimismus sind dabei zu beobachten (vgl. *Conner/Clements*, 1999, S. 41 ff.; Abb. 6.5.14):

1. **Stabilität:** Im Ausgangszustand sind die Mitarbeiter emotional stabil und ausgeglichen.
2. **Begeisterung:** Dies ist häufig die erste Reaktion auf eine positiv empfundene Veränderung, die durch *uninformierten Optimismus* hervorgerufen wird. Dies kann zu einem Hype führen, also einer realitätsfernen Euphorie gegenüber dem Wandel. Dies ist etwa alle paar Jahre an den Börsen zu beobachten.
3. **Zweifel:** Die Realisierung stellt sich komplizierter und schwieriger dar als ursprünglich angenommen. Manche Ideen werden als nicht realisierbar erkannt und wieder verworfen. In dieser Phase des *informierten Pessimismus* besteht die Gefahr, dass sich die Mitarbeiter wieder zurückziehen und die Veränderung an massiven Zweifeln scheitert.
4. **Hoffnung:** Gelingt es der Führung, die Zweifel auszuräumen, dann entsteht bei den Mitarbeitern ein realistischeres Bild des Wandels und der Glaube an die Veränderung wächst.
5. **Vertrauen:** Erste Erfolge machen die Beteiligten zuversichtlicher. Dies wird als Phase des *informierten Optimismus* bezeichnet.
6. **Zufriedenheit:** Die durch den Wandel erzielten Erfolge lösen bei den Betroffenen ein Gefühl der Zufriedenheit aus.

Ursache für die **emotionale Berg- und Talfahrt** der Mitarbeiter in Veränderungsprozessen ist die menschliche Psyche. Während der Mensch kurzfristig realisierbare Erfolge überbewertet, unterschätzt er oft langfristig erreichbare Ergebnisse. Deshalb folgt auf die anfängliche Begeisterung häufig eine Phase der Ernüchterung und Enttäuschung. In diesem Fall sind die zuvor bei negativ empfundenen Veränderungen vorgeschlagenen Maßnahmen in den Phasen Depression und Testen ebenfalls hilfreich (vgl. Abb. 6.5.11). Generell sollte die Führung den Wandel so steuern, dass weder zu pessimistische noch überzogene Erwartungen bei den Mitarbeitern entstehen. Auf der einen Seite sollte

Challenge Roth emotional

Ein Beispiel für eine positiv empfundene Veränderung ist die Teilnahme am größten Langdistanztriathlon der Welt im fränkischen Roth mit über 250.000 Zuschauern. Die rund 5.500 Startplätze sind ein Jahr im Voraus online in unter 60 Sekunden ausverkauft. Kann ein Hobbytriathlet dabei erstmals einen Startplatz ergattern, ist die Freude zunächst riesengroß. Spätestens im Winter kommen dann allerdings Bedenken auf, wie 3,8 km Schwimmen, 180 km Radfahren und ein Marathon hintereinander für einen normalen Menschen möglich sein sollen. Im Frühjahr wächst dann mit zunehmendem Training die Hoffnung, es vielleicht doch irgendwie ins Ziel zu schaffen. Konnte der Trainingsplan über mehrere Monate eingehalten und die Leistung kontinuierlich gesteigert werden, dann steht der Athlet mit Selbstvertrauen Anfang Juli am Start. Beim Zieleinlauf stellt sich dann eine große Zufriedenheit ein, diese Herausforderung gemeistert zu haben und dieses Erlebnis bleibt für immer unvergesslich.

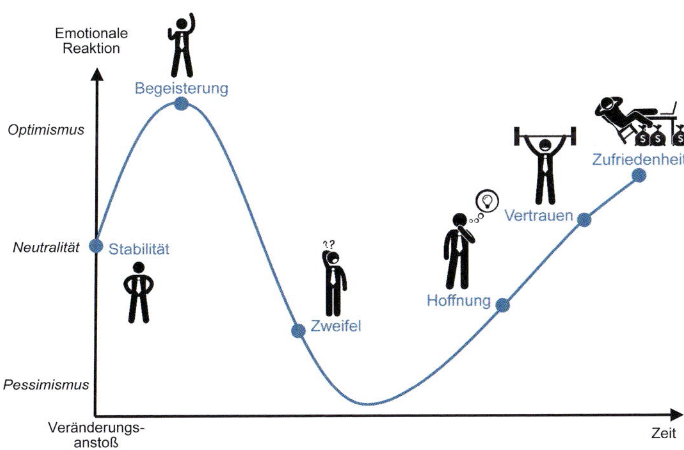

Abb. 6.5.14: Emotionale Reaktionen auf positiv empfundene Veränderungen (in Anlehnung an Conner/Clements, 1999, S. 42)

Euphorie gebremst und auf der anderen Seite übertriebene Ängste möglichst frühzeitig erkannt und aufgelöst werden (vgl. *Dobléy/Wargin*, 2001, S. 35 f.).

Resilienz bezeichnet die Widerstandfähigkeit von Personen oder Organisationen im Umgang mit Veränderungen. Der Begriff leitet sich vom lateinischen Verb „resilire" ab und lässt sich mit „zurückspringen" oder „abprallen" übersetzen. Er bezeichnet die Eigenschaft eines Materials, nach äußeren Einwirkungen wieder seine ursprüngliche Form anzunehmen – vergleichbar mit einem Gummiball, der gegen eine Wand geworfen wird. Resiliente Menschen sind besonders belastbar und davon überzeugt, dass Krisen dazu da sind, um an ihnen zu wachsen. Dadurch bleiben sie auch unter widrigen Umständen körperlich und seelisch gesund. Die individuelle Resilienz ist sowohl genetisch als auch frühkindlich geprägt. Sie lässt sich aber auch z. B. mithilfe psychosozialer Techniken verbessern, wie etwa Stressmanagement oder Achtsamkeitsübungen.

In tiefgreifenden Veränderungsprozessen sollten die handelnden Führungskräfte zunächst ihre eigene Resilienz stärken, um dann auch die emotionale Belastbarkeit und körperliche Gesundheit ihrer Mitarbeiter zu fördern. Hierzu ist es besonders wichtig, ihnen den Sinn eines Wandels zu verdeutlichen. Denn wenn sich eine Veränderung richtig anfühlt, dann lassen sich damit verbundene Höhen und Tiefen auch emotional besser bewältigen. Resiliente Unternehmen verfügen über starke, von allen geteilte Werte und einen klaren Purpose (vgl. Kap. 2), die der Organisation in Veränderungsprozessen und Krisenzeiten Stabilität und Sicherheit verleihen (vgl. *Drath*, 2016, S. 98 ff.).

Der Elefant und sein Reiter

Der Mensch im Wandel lässt sich mit einem Elefanten und seinem Reiter vergleichen. Der Elefant steht für den emotionalen und der Reiter für den rationalen Anteil in jedem von uns. Obwohl es so scheint, als würde der Reiter den Elefanten führen, ist er doch viel kleiner und schwächer als dieser. Der Reiter kann den Elefanten deshalb nicht lange gegen seinen Willen antreiben. Für eine erfolgreiche Veränderung sind somit beide Anteile wichtig. Der Reiter, um langfristig zu denken und zu planen sowie in die Zukunft zu schauen und überlegte Entscheidungen zu treffen. Der Elefant, um mit seiner Energie und Kraft alle Hindernisse bei der Umsetzung aus dem Weg zu räumen. Werden im Wandel die Gefühle der Menschen richtig aktiviert, dann läuft der Elefant los und der Reiter muss ihm nur noch den richtigen Weg zeigen (vgl. *Haidt*, 2006, S. 13 ff.; *Scheller*, 2017, S. 398 f.).

Akteure im Wandel

Bei jedem Wandel gibt es unter den Mitarbeitern sowohl Gegner **(Opponenten)** als auch Befürworter **(Promotoren)**. Doch dies sind nicht die einzigen Akteure des Wandels. Eine große Zahl von Mitarbeitern ist meist ambivalent, also weder eindeutig für noch gegen die Veränderung. Diese **Ambivalenz** kann zur Quelle von latenten und offenen Widerständen werden (vgl. *Schirmer/Luzens*, 2003, S. 316 f.).

Sie resultiert bei Veränderungen aus einem **Gegensatz zwischen**

- **Denken** (kognitiv): Vernunftmäßige Beurteilung
- **Fühlen** (affektiv): Ausgelöste Emotionen
- **Handeln** (konativ): Tatsächliches Verhalten

Ambivalenzen können sowohl zwischen als auch innerhalb dieser Dimensionen auftreten. So kann ein Mitarbeiter die Notwendigkeit des Wandels erkannt und verstanden haben (positive kognitive Einschätzung), aber trotzdem Angst vor den Auswirkungen auf seine Person empfinden (negative affektive Reaktion). Es ist auch denkbar, dass ein Mitarbeiter sowohl Begeisterung für neue Aufgaben (positive affektive Reaktion) als auch Verunsicherung bezüglich der auf ihn zukommenden Anforderungen empfindet (negative affektive Reaktion) (vgl. *Schirmer/Luzens*, 2003, S. 317).

Denken und Fühlen bestimmen die **Einstellung des Mitarbeiters** gegenüber der geplanten Veränderung. Diese basiert auf den vermuteten und subjektiv eingeschätzten Vor- und Nachteilen des Wandels für ihn selbst. Je schlechter die Betroffenen über den geplanten Wandel informiert sind, umso eher werden sie von negativen Konsequenzen ausgehen. Darüber hinaus besitzt jeder Mitarbeiter eine eigene **generelle Haltung** zum Wandel. Diese grundsätzliche Einstellung zu Veränderungen basiert vor allem auf individuellen Persönlichkeitsmerkmalen wie beispielsweise Neugierde, Risikobereitschaft oder Alter. Darüber hinaus wird sie auch durch die persönlichen Erfahrungen des Mitarbeiters mit bisherigen Veränderungsprozessen geprägt. Die generelle Haltung ist nur sehr schwer und über einen langen Zeitraum zu beeinflussen. Die Einstellung prägt zusammen mit der generellen Haltung das **Verhalten des Mitarbeiters im Veränderungsprozess**. Abb. 6.5.15 zeigt die beobachtbaren Verhaltensweisen (vgl. *Veil*, 1999, S. 273 ff.).

Abb. 6.5.15: Verhaltensweisen der Mitarbeiter (in Anlehnung an Stahl, 2014, S. 152)

Sowohl bei **Promotoren** als auch **fundamentalen Opponenten** stimmen Überzeugung und Einstellung überein. Sie werden sich deshalb aktiv für bzw. gegen die Veränderung einsetzen. Während Promotoren eine tragende Rolle für den Wandel einnehmen, kämpfen die oftmals resignierten Opponenten dagegen an. Die Verweigerungshaltung der Opponenten kann Sanktionen erfordern, da sie den Wandel ansonsten verzögert oder gar gefährdet. Opportunisten und fallweise Opponenten sind ambivalent. Sie verhalten sich deshalb eher passiv und abwartend. **Opportunisten** sind häufig Pragmatiker. Sie haben zwar grundsätzlich eine negative Einstellung gegenüber Veränderungen, beteiligen sich aber an einem konkreten Wandel, wenn dieser für sie persönliche Vorteile verspricht. Treten diese nicht wie gewünscht ein oder klappt nicht alles auf Anhieb, können daraus Widerstände entstehen. **Fallweise Opponenten** sind häufig Perfektionisten, die grundsätzlich Veränderungen begrüßen, jedoch aufgrund persönlicher Nachteile oder erforderlicher Kompromisse den konkreten Wandel ablehnen. Werden Sie als Fachexperten in die Veränderung einbezogen, lassen sie sich häufig doch für den Wandel begeistern. Sowohl die Promotoren als auch die fundamentalen Opponenten versuchen, die ambivalenten Mitarbeiter von ihrer Einstellung zu überzeugen und somit ihre Position zu stärken (vgl. *Stahl*, 2014, S. 152 ff.).

Die Existenz von **Promotoren** ist ein entscheidender Faktor für erfolgreiche Wandlungsprojekte. Besonders hilfreich ist eine Koalition von Macht- und Fachpromotoren. **Machtpromotoren** legitimieren durch ihre hierarchische Stellung den Wandlungsbedarf und können für die Bereitstellung der erforderlichen Ressourcen sorgen. Die Wandlungsfähigkeit wird dann durch den Einsatz von **Fachpromotoren** mit entsprechender Expertise sichergestellt. Ergänzt werden können diese durch **Prozess- oder Beziehungspromotoren**, die zwischen Fach- und Machtpromotoren moderieren und die Beziehungen zu Marktpartnern, externen Beratern und Opponenten aufrechterhalten. Prozesspromotoren werden deshalb auch häufig als Agenten des Wandels bzw. **Change Agents** bezeichnet (vgl. Kap. 6.5.5 sowie *Hauschildt*, 2001, S. 332 ff.).

Organisatorische interne Widerstände

Auch organisatorische Systeme wie Unternehmen streben nach Kontinuität. Organisationale Trägheit gegenüber Veränderungen ist allerdings grundsätzlich beabsichtigt, denn die Organisation dient ja gerade dazu, dem Unternehmen **Stabilität** und eine eigene Identität zu verleihen. Darüber hinaus soll das Unternehmen sowohl für die Systemmitglieder (Mitarbeiter, Führungskräfte, Abteilungen, Geschäftsbereiche etc.) als auch für die Umwelt (Kunden, Lieferanten, Staat, Gesellschaft etc.) berechenbar und verlässlich sein. Jede Änderung bedeutet deshalb eine Störung des einmal erreichten Gleichgewichts und das System versucht, dieses wiederherzustellen (vgl. *Bea/Göbel*, 2018, S. 477 ff.).

Ist jedoch ein Wandel erforderlich, so sind die daraus resultierenden organisatorischen Widerstände umso größer, je stabiler das Unternehmen zum Zeitpunkt des Wandels ist. Insbesondere sehr erfolgreiche und (scheinbar) gut funktionierende Unternehmen erweisen sich als besonders änderungsresistent. Der Erfolg von gestern kann deshalb eines der größten Hindernisse für den Wandel und damit den Erfolg von morgen sein. In diesen Fällen wird der Wandlungsbedarf häufig weder erkannt noch akzeptiert und das Unternehmen ist äußerst träge (vgl. *Kieser et al.*, 1998, S. 126 f.). Geeignete Strategien zur Aktivierung des Unternehmens für Veränderungen werden im nächsten Kapitel dargestellt.

Ursachen organisatorischer Widerstände sind (vgl. *Staehle*, 1999, S. 978):

- **Verfestigte Unternehmenskultur:** Normen, Werte und Denkhaltungen sind nur langfristig und mit breitem Konsens zu beeinflussen.
- **Privilegien:** Der Abbau von Privilegien, wie etwa ein Firmenwagen oder eigenes Büro, verursacht starke Widerstände bei den Privilegierten.
- **Organisatorische Abhängigkeiten:** Fundamentale Änderungen lassen sich nicht auf einzelne Teilbereiche beschränken, sondern haben aufgrund bestehender Interdependenzen Auswirkungen auf das gesamte Unternehmen. Eine Beschränkung auf einen zu verändernden Teilbereich kann den gesamten Wandel gefährden.
- **Macht:** Die Beschränkung von Macht, wie etwa die Begrenzung von Entscheidungsbefugnissen oder die Reduktion der unterstellten Mitarbeiter, verursacht bei den betroffenen Führungskräften starke Widerstände.

Diese versuchen, den Wandel zu verhindern, auch wenn dieser für das Unternehmen vorteilhaft ist. Daraus kann eine Polarisierung der Führung in Angreifer und Verteidiger resultieren.

- **Tabus:** Werden durch den Wandel tabuisierte Bereiche des Unternehmens tangiert, dann ist mit äußerst starken Widerständen zu rechnen.
- **Ablehnung organisationsfremder Eingriffe:** Wenn Wandel von Unternehmensexternen eingeleitet oder unterstützt wird, verursacht dies oft massive Ablehnung bei den Organisationsmitgliedern (Not-invented-here-Syndrom).

Externe Widerstände

Unternehmen sind nicht völlig selbstbestimmt, sondern weisen mehr oder weniger starke Abhängigkeiten von ihrer Umwelt auf. Diese können gegenüber Kunden, Lieferanten, Eigentümern, Banken, Geschäftspartnern oder der Gesellschaft bestehen. Das Ausmaß der Abhängigkeit von solchen Stakeholdern hängt von vielen Faktoren ab. Beispiele sind Branche, Unternehmensgröße, Stellung in der Wertschöpfungskette oder Marktposition. Der Wandel eines Unternehmens hat immer auch **Auswirkungen auf die Unternehmensumwelt**. Je größer die Abhängigkeiten des Unternehmens von der Unternehmensumwelt, umso häufiger und ausgeprägter werden deshalb unternehmensexterne Widerstände auftreten. Die Führung muss diese aufmerksam beobachten, denn sie stellen Rahmenbedingungen des Wandels dar, die frühzeitig erkannt und möglichst positiv beeinflusst werden sollten.

Unternehmensexterne Widerstände können sein (vgl. *Bea/Göbel*, 2018, S. 477 ff.; *Kieser et al.*, 1998, S. 131 ff.):

- **Kunden:** Der Wandel kann für die Kunden Einschränkungen im Leistungs- und Serviceangebot zur Folge haben. Ein Beispiel ist die Schließung von Filialen und das Abmontieren von Briefkästen durch die *Deutsche Post AG*. Widerstände der Kunden sind äußerst kritisch, da sie zu Umsatzeinbußen und Kundenverlusten führen können. Die Wünsche, Bedenken und Hinweise der Kunden sollten deshalb im Wandelprozess berücksichtigt werden. Darüber hinaus sollten die geplanten Veränderungen und die damit beabsichtigten Ziele den Kunden möglichst frühzeitig und offen kommuniziert werden.
- **Recht:** Gesetze, Regelungen und Vorschriften sowie die damit verbundene Bürokratie können den Wandel verhindern oder verzögern. Beispiele sind das Verbot einer Fusion durch die Kartellbehörde, der Zeitbedarf für die Erteilung einer Baugenehmigung oder arbeitsrechtliche Vorschriften, die eine flexiblere Gestaltung der Arbeitszeiten und Entgeltsysteme begrenzen.
- **Marktpartner und Lieferanten:** Kooperierende Unternehmen und Lieferanten können sich gegen den betrieblichen Wandel aussprechen. Beispielsweise könnte der Wandel auch bei den Marktpartnern und Lieferanten Veränderungen erforderlich machen, zu denen diese nicht bereit sind.
- **Kapitalgeber:** Viele Anteilseigner und Fremdkapitalgeber haben gegenüber Veränderungen eine äußerst konservative und zurückhaltende Einstellung. Sie betrachten die damit verbundenen Risiken eher als Gefahr denn als Chance. Die Legitimation des Wandels fällt umso schwerer, je weniger sich die Auswirkungen prognostizieren und quantifizieren lassen.
- **Staat:** Verursacht der Unternehmenswandel größere gesellschaftliche Auswirkungen, wie etwa Massenentlassungen aufgrund von Produktionsverlagerungen ins Ausland, dann versuchen staatliche Organe häufig, Einfluss auf das Unternehmen auszuüben.
- **Gesellschaft**: Gesellschaftliche Normen, Werte und Einstellungen können hinderlich sein, wenn das Unternehmen versucht, neue Wege zu gehen. Beispielsweise kann ein ausgeprägter Individualismus die Einführung von gruppenorientierten Konzepten erschweren. Ein anderes Beispiel ist die Auffassung, dass Karriere immer mit hierarchischem Aufstieg, Untergebenen und Statussymbolen verbunden ist. Deshalb kann die Einführung einer agilen Organisation (vgl. 5.2.5) oder die Abschaffung von Titeln und Einzelbüros viel Überzeugungsarbeit erfordern.

Für erfolgreiche Veränderungen ist es entscheidend, die **Wandlungsbereitschaft** der betroffenen Mitarbeiter, Organisationseinheiten und unternehmensexternen Parteien sicherzustellen. Hierfür muss die Führung den Blick von den als negativ empfundenen Begleiterscheinungen auf die Ursachen und positiven Folgen der Veränderung lenken. Das breite Spektrum an emotionalen Reaktionen sowie die vielfältigen Ambivalenzen bei den Mitarbeitern sollten bei der Steuerung des Wandels berücksichtigt werden.

6.5.5 Einleitung des Wandels

Change Leader haben die Aufgabe, erforderlichen Wandel rechtzeitig zu erkennen, richtig einzuleiten und gezielt zu gestalten. Veränderungen können dabei nur gelingen, wenn möglichst alle Beteiligten an einem Strang ziehen und auf die Verwirklichung gemeinsamer Ziele hinarbeiten. Diese

Aktivierung eines Unternehmens zeigt sich in der Vitalität, Intensität und Geschwindigkeit seiner betrieblichen Veränderungs- und Innovationsprozesse. Sie hängt nicht nur vom Engagement jedes Einzelnen ab, sondern wird auch durch synergetische und emotionale Wechselwirkungen zwischen seinen Mitgliedern beeinflusst.

Folgende **Aktivierungsbereiche** lassen sich, wie in Abb. 6.5.16 dargestellt, nach dem Ausmaß der Aktivierung (Intensität) und der Auswirkung auf die Erreichung der Unternehmensziele (Richtung) unterscheiden (vgl. *Bruch/Vogel*, 2009, S. 39 ff.):

- **Resignationszone:** Lange Phasen schlechter Unternehmensergebnisse, fehlende Transparenz in Wandelprozessen oder das Scheitern von Veränderungen können zu kollektivem Pessimismus, Frustration und Zynismus führen. Bei den Mitarbeitern entsteht der Eindruck, das Unternehmen sei einfach nicht gut genug und daran sei auch nichts mehr zu ändern. Sie verlieren das Selbstvertrauen und finden sich passiv mit ihrem Schicksal ab oder verlassen das Unternehmen, sobald sich eine Chance dazu bietet. Bedrohungen von außen oder auftretende Probleme verstärken diese Negativspirale der Hoffnungslosigkeit. In solch einer Situation befinden sich beispielsweise viele Lehrer, die aufgrund schwieriger Schüler, schlechter Schulausstattung, ständiger bildungspolitischer Änderungen und hoher Stundenzahlen unzufrieden sind und an Burn-out-Symptomen leiden.
- **Korrosionszone:** Interne Konflikte und politische Machtspiele erzeugen starke negative Emotionen, wie etwa Angst oder Wut, die produktive Arbeit verhindern. Ein Unternehmen kann in diesen äußerst ungünstigen Bereich geraten, wenn die Initiative der Mitarbeiter und Führungskräfte in Veränderungsprozessen, z. B. aufgrund interner Barrieren, Bürokratie oder mangelndem Handlungsspielraum, zu keinen Ergebnissen führt. Auch Veränderungen ohne erkennbaren Sinn können korrosive Energien freisetzen. Dies gilt auch, wenn die Führung die Werte des Unternehmens nicht vorlebt und das Führungsverhalten als egoistisch oder unfair empfunden wird. Beispielsweise erzeugen Erhöhungen der Vorstandsgehälter in Verbindung mit einem schlechten Jahresergebnis und Massenentlassungen bei den Mitarbeitern den Eindruck, dass Sparmaßnahmen nur für den „kleinen Mann" gelten. Aus Enttäuschung und Wut über das Verhalten der Führungskräfte verfolgen die Mitarbeiter dann vermehrt nur noch eigene Interessen. Dieses destruktive Verhalten kann sich gegenseitig verstärken und schnell zu einer vernichtenden Kraft im Unternehmen werden (Korrosionsfalle).
- **Komfortzone:** Unternehmen, die über einen längeren Zeitraum sehr erfolgreich sind, werden häufig träge und unflexibel. Die vorherrschende Ruhe und Zufriedenheit verhindern das Erkennen sowohl existenzbedrohender als auch chancenreicher Entwicklungen. Deshalb wird häufig erst dann gehandelt, wenn es schon zu spät ist. Dem Unternehmen fehlt der Antrieb zu radikalen Veränderungen (Komfortfalle). Dadurch besteht die Gefahr, abrupt aus einem relativ sicheren in einen chaotischen Führungskontext zu geraten, was für das Unternehmen verheerende Auswirkungen haben kann. Eine solche Entwicklung kann etwa durch disruptive Innovationen ausgelöst werden (vgl. Kap. 8.6.3). Ein Beispiel ist das über viele Jahrzehnte marktführende Versandhaus *Quelle*, das den Wandel vom Katalogversand zum Onlinehandel nicht rechtzeitig erkannte und nach 80-jähriger Firmengeschichte im Jahr 2009 Insolvenz anmelden musste.
- **Produktive Zone:** Im Unternehmen überwiegen intensive positive Emotionen, wie etwa Begeisterung, Freude oder Stolz. Diese befähigen die Mitarbeiter zu außergewöhnlichen Leistungen, um gemeinsame Ziele zu errei-

Abb. 6.5.16: Aktivierungsbereiche (in Anlehnung an Bruch/Ghoshal, 2006, S. 195)

chen. Die Mitarbeiter von *Google* können beispielsweise 20 % ihrer Arbeitszeit an einem frei gewählten Projekt arbeiten. Das Unternehmen fördert so deren Kreativität und erzeugt dadurch ein hohes Innovationspotenzial.

Aufgabe der Führung ist es, korrosive Energien abzubauen, das Unternehmen zielgerichtet zu aktivieren sowie produktive Energien zu erhalten und zu fördern. **Korrosive Energien** wirken ähnlich wie Rost beim Auto. Sie sind äußerst destruktiv und zerstören langfristig die Basis für gemeinsame Leistungen. Deshalb sollten sie möglichst vorausschauend vermieden bzw. frühzeitig erkannt und reduziert werden. Zunächst ist jede nicht zielgerichtete Aktivierung einzudämmen. Hierfür können etwa individuelle Interessen zugunsten der Unternehmensziele zurückgestellt oder interne Konflikte thematisiert und systematisch aufgelöst werden. Danach gilt es, das Unternehmen durch die Förderung positiver, weniger intensiver Emotionen zu beruhigen, wie etwa mit Zufriedenheit oder Gelassenheit. Dies lässt sich durch die Betonung gemeinsamer Werte oder einen Appell an übergeordnete Ziele erreichen. Diese Maßnahmen beugen langfristig auch dem Aufbau korrosiver Energie vor. Auf individueller Ebene kann es sinnvoll

Wandel bei IBM

Auch marktbeherrschende Unternehmen können in existenzgefährdende Krisen geraten. In einer solchen Situation befand sich Anfang der 1990er-Jahre die Firma *IBM*, nachdem sie lange Zeit den Rechnermarkt dominiert hatte und das profitabelste Unternehmen der Welt war. *Big Blue*, 1987 noch als wertvollste US-amerikanische Firma gefeiert, musste 1992 einen Verlust von fast fünf Mrd. US$ ausweisen. Ursache dieser Krise war die damalige Abhängigkeit des Unternehmens vom Großrechnermarkt, dessen sinkende Bedeutung durch die zunehmende Verbreitung dezentraler Server von *IBM* falsch eingeschätzt wurde. Auch mit der Entwicklung des Personal-Computers zur Massenware und dem einsetzenden preisorientierten Verdrängungswettbewerb konnte das Unternehmen nicht Schritt halten. Erzielte *IBM* Anfang der 1980er-Jahre als Marktführer mit PCs noch hohe Gewinne, erklärte das Unternehmen 2004 durch den Verkauf der Sparte an den chinesischen Computerhersteller *Lenovo* seinen Ausstieg aus dem PC-Geschäft. Als *Louis Gerstner* 1993 das Ruder als CEO übernahm, stand das Unternehmen „in Flammen". Während seiner Amtszeit bis Ende 2002 vollzog er einen fundamentalen Wandel von einem bürokratischen, technikzentrierten „Dinosaurier" zu einem kundenorientierten Anbieter von Informationstechnologie und IT-Dienstleistungen.

Sein Nachfolger *Samuel Palmisano* stand bei der Fortführung des Wandels während seiner Amtszeit von 2003 bis 2012 vor anderen Herausforderungen. Herrschte Anfang der 1990er-Jahre noch die Angst vor dem Untergang, musste er die Mitarbeiter jetzt mit Hoffnung und Ehrgeiz motivieren. Hierfür beteiligte er, etwa mithilfe von Online-Diskussionen, alle Mitarbeiter an der Neugestaltung der Unternehmenswerte. Dabei wurden ein vorhandener Wertestau und die fehlende Authentizität der Führungskräfte deutlich. Die abgeleiteten neuen Werte wurden unter aktiver Mitwirkung der Mitarbeiter in den Unternehmensprozessen verankert, sodass diese auch gelebt wurden (vgl. *Hemp*, 2004). Durch Zukäufe und Integration von Unternehmen der Software- und Beratungsbranche konzentrierte *Palmisano* das Geschäft von *IBM* auf die Bereiche Beratung und Dienstleistung.

IBM®

2012 wurde mit *Virginia Rometty* erstmals eine Frau zum CEO des Unternehmens ernannt. In den acht Jahren an der Spitze von *IBM* baute sie zukunftsträchtige Geschäftsbereiche aus, wie etwa Cloud-Dienste, Datenanalyse und Künstliche Intelligenz. Durch die Übernahme des amerikanischen Open-Source- und Cloud-Unternehmens *Red Hat* sollte der Rückstand von *IBM* im boomenden Cloud-Geschäft gegenüber den Konkurrenten *Amazon*, *Microsoft*, *Google* und *Alibaba* aufgeholt werden (vgl. Kap. 7.3.5). Mit einem Kaufpreis von 34 Mrd. US$ war dies die größte Akquisition in der mehr als hundertjährigen Firmengeschichte. Damit stieg *IBM* zum führenden Anbieter im Segment der Hybrid-Clouds auf, bei denen private und öffentliche Clouds miteinander kombiniert werden. Allerdings lag der Kaufpreis von *Red Hat* rund 14 Mrd. US$ über dem Börsenwert und in den Jahren unter *Romettys* Führung sank der Aktienkurs von *IBM* um mehr als 25 Prozent.

Der 2020 angetretene indisch-amerikanische CEO *Arvind Krishna* will *IBM* agiler und flexibler machen. Hierzu beschloss er kurz nach Amtsantritt, das Unternehmen in zwei Teile aufzuspalten. Der Unternehmensteil, welcher weiterhin unter dem Namen *IBM* firmiert, konzentriert sich mit rund 260.000 Mitarbeitern auf die Geschäftsfelder Hybrid-Cloud und Künstliche Intelligenz. Die restlichen 90.000 Mitarbeiter werden in das neue Unternehmen *Kyndry* ausgelagert, das sich auf die personalintensiven Infrastruktur- und Anwendungsdienstleistungen für Netzwerke, Großrechner und Rechenzentren fokussiert.

sein, einzelne Mitarbeiter in direkten Gesprächen mit den Konsequenzen ihres destruktiven Verhaltens zu konfrontieren. Kooperative Mitarbeiter können als Multiplikatoren eingesetzt werden, um die Stimmung im Unternehmen zu verbessern. Nach Abbau der korrosiven Energie ist das Unternehmen zielführend zu aktivieren (vgl. *Bruch/Vogel*, 2009, S. 173 ff.).

Strategien zur zielführenden Aktivierung sind (vgl. *Bruch/ Vogel*, 2009, S. 83 ff., 113 ff.):

- **Aktivierung durch Bedrohungen („Den Drachen töten"):** Mithilfe einer Bedrohung lässt sich ein Unternehmen aus der Komfortzone aufwecken. Aktivierende Bedrohungen können konjunkturelle Krisen, aggressive Konkurrenten oder technologische Entwicklungen sein, die das Unternehmen ernsthaft gefährden. Sie sollten für die Mitarbeiter realistisch und emotional greifbar dargestellt werden. Der so entstehende Energieschub ist anschließend in kollektives Handeln umzusetzen. Hierfür müssen die Führungskräfte glaubhaft vermitteln, wie sich der „Drache" gemeinsam besiegen lässt. Ansonsten besteht die Gefahr, dass das Unternehmen aufgrund von unkoordiniertem Aktivismus und einem Gefühl der Überforderung in die Resignationszone abrutscht. Für Unternehmen, die sich dort bereits befinden, ist diese Strategie deshalb ausdrücklich nicht geeignet.
- **Aktivierung durch Zukunftschancen („Die Prinzessin erobern"):** Um Unternehmen aus der Resignationszone zu führen, können aktivierende Zukunftschancen den Glauben an die Fähigkeiten des Unternehmens wiederherstellen. Dies können etwa neue Produkte, Absatzmärkte oder Technologien sein. Die Führung muss hierzu eine Vision entwerfen, welche die Mitarbeiter für ein neues, positives Zukunftsbild begeistert. Dies ist erfahrungsgemäß weitaus schwieriger als die Aktivierung der Mitarbeiter durch die Angst vor einer Bedrohung. Deshalb sollte den Mitarbeitern deutlich gemacht werden, wie die „Eroberung der Prinzessin" gelingen und was jeder selbst dazu beitragen kann.

Ist das Unternehmen in der **produktiven Zone** angekommen, dann steht es vor der Herausforderung, seine Schwungkraft zu erhalten. Da sich die Mitarbeiter in solchen Organisationen mit hohem Engagement einbringen, müssen Führungskräfte darauf achten, dass sie die Grenzen der Belastbarkeit nicht überschreiten. Exzessives Wachstum und ständiger Wandel kann das Unternehmen derart überlasten, dass es seine Leistungsfähigkeit verliert (Organisationaler Burn-out). Zur Vermeidung einer solchen Beschleunigungsfalle ist die aktivierte Energie auf die wesentlichen Ziele und Aufgaben des Unternehmens zu fokussieren. Nicht wertschöpfende Aktivitäten und bürokratische Strukturen sind zu beseitigen. Um produktive Energie langfristig sicherzustellen, sollte stets ein Wechsel zwischen hoher Aktivierung und Regeneration stattfinden. Nach tiefgreifenden Veränderungen sollte die Organisation erst zur Ruhe kommen, bevor ein neuer Wandel angestoßen wird. Auch für den einzelnen Mitarbeiter ist langfristig ein Wechsel zwischen herausfordernden Projektaufgaben und routiniertem Tagesgeschäft sinnvoll (vgl. *Bruch/Vogel*, 2006, S. 189). Abb. 6.5.17 fasst die strategischen Handlungsempfehlungen für die Aktivierungsbereiche zusammen.

Eine zentrale Rolle bei der Aktivierung und Fokussierung produktiver Energie kommt der Ermächtigung der Mitarbeiter zu eigenverantwortlichem Handeln zu (Empowerment), wie dies etwa in agilen Organisationen der Fall ist (vgl. Kap. 6.4.3). Für eine zielführende Aktivierung sind dabei jedoch nicht nur die einzelnen Mitarbeiter, sondern ganze Teams mit Entscheidungskompetenzen auszustat-

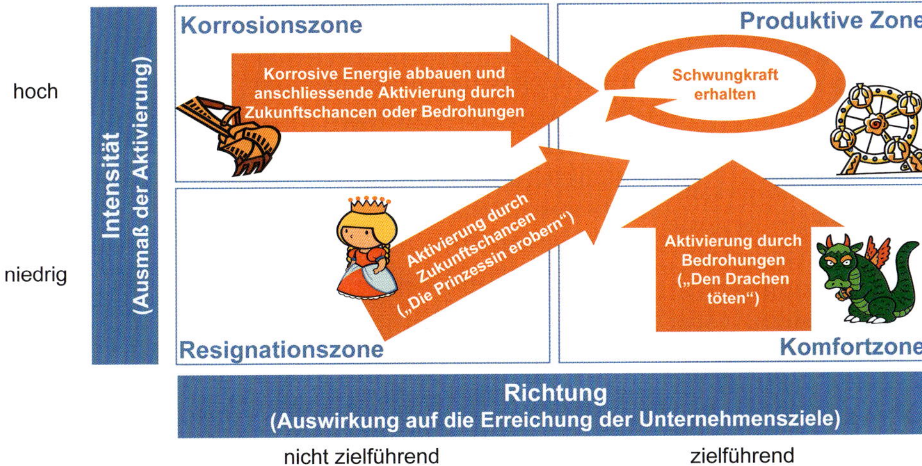

Abb. 6.5.17: Aktivierungsstrategien (in Anlehnung an Bruch/ Ghoshal, 2006, S. 205 ff.)

ten. Diese müssen erkennen und erleben, dass sie über Handlungsspielräume verfügen und dadurch Einfluss auf den Unternehmenserfolg haben. Nur wenn sie auch wichtige Entscheidungen selbst treffen und umsetzen können, empfinden sie sich nicht als fremdbestimmt. Eine wesentliche Quelle zielführender Aktivierung besteht darin, dass Teams ihre Aufgaben und Ziele als sinnvoll, wichtig und wertvoll erachten. Langfristig ist eine auf Vertrauen und Zusammengehörigkeit basierende Unternehmenskultur anzustreben, in der gemeinsame Werte und der Glaube an die eigenen Fähigkeiten geteilt werden. Aktivität und Veränderungsimpulse sollten nicht nur von der Unternehmensspitze, sondern von allen Führungskräften und Mitarbeitern ausgehen. Um diese Innovationskraft und unternehmerisches Handeln zu stärken, bietet sich eine weitreichende und systematische Dezentralisierung von Entscheidungskompetenz im gesamten Unternehmen an (vgl. *Bruch/Vogel*, 2009, S. 203 ff.).

6.5.6 Steuerung des Wandels

Die Auffassungen über den Einfluss der Führung auf betriebliche Veränderungsprozesse gehen weit auseinander (vgl. Kap. 6.5.3). Die Anhänger des **Determinismus** gehen davon aus, dass die Entwicklung des Unternehmens vollständig durch dessen Umwelt und Eigendynamik bestimmt wird und deshalb nicht beeinflussbar ist. Dagegen resultiert das organisatorische Verhalten nach dem **Voluntarismus** ausschließlich aus dem Willen und den Absichten der Führung. Die Wahrheit liegt vermutlich dazwischen (**gemäßigter Voluntarismus**): Die Führung hat zwar Einfluss auf organisatorische Veränderungen, aber nur in begrenztem Maße. Einschränkungen können sich aus einer **Selbstbegrenzung** der Führungskräfte ergeben. Dies sind etwa deren Vorstellungen und Werte oder ihre begrenzte Informationsverarbeitungskapazität. Eine **Fremdbegrenzung** kann z. B. durch die Unternehmensumwelt oder die organisatorische Eigendynamik verursacht sein (vgl. *Müller-Stewens/Lechner*, 2016, S. 474 ff.).

Ein Unternehmen ist kein beliebig formbares Objekt, sondern organisiert sich zu einem großen Teil selbst. Es kann deshalb nach der Theorie selbstorganisierender Systeme (vgl. Kap. 1.2.4) auch nur durch sich selbst verändert werden. Die Führung kann sowohl durch direkte Intervention den Wandel anstoßen („Was soll sich ändern?") oder dessen Rahmenbedingungen verbessern („Wie können Voraussetzungen dafür geschaffen werden, dass sich etwas ändert?"). Führungsinterventionen sollten nur dann erfolgen, wenn die **Selbstorganisation** versagt. Sie zielen aber stets darauf, das Unternehmen zu einer neuen Form der Selbstorganisation anzuregen. Ihre Wirkungen müssen laufend beobachtet werden, um frühzeitig neue und eventuell korrigierende Impulse geben zu können. Sieht sich das Unternehmen durch die Intervention in seiner Identität bedroht, ist mit Abwehrreaktionen zu rechnen. Der **Eigendynamik** des Unternehmens sollte deshalb bei der Gestaltung von Veränderungsprozessen ausreichend Rechnung getragen werden (vgl. *Müller-Stewens/Lechner*, 2016, S. 475 ff.).

Praktische Hinweise für die Steuerung des Wandels liefern die aus der Verhaltenspsychologie stammenden Erkenntnisse der **Organisationsentwicklung** (OE). Diese beschäftigt sich mit der Erforschung geplanter organisationsweiter Veränderungsprozesse. Durch direkte Mitwirkung und praktische Erfahrung der Betroffenen sollen sowohl die Leistungsfähigkeit der Organisation als auch die Arbeitszufriedenheit der Mitarbeiter mittel- bis langfristig verbessert werden. Hierfür sollen in einem organisationsweiten Entwicklungs- und Veränderungsprozess zum einen die Unternehmenskultur und Organisationsstruktur sowie zum anderen die individuellen Verhaltensweisen geändert werden. Neben der Anwendung geeigneter Interventionsmethoden wird auch der Einsatz von **Change Agents** als dafür ausgebildete Spezialisten propagiert. Die Kritik an der Organisationsentwicklung bezieht sich neben der geringen empirischen und theoretischen Fundierung vor allem auf die Annahme der Harmonie zwischen den Interessen der Mitarbeiter und des Unternehmens. Organisationsentwicklung und Beauftragung von Change Agents gehen von der Führung aus. Deshalb liegt die Vermutung nahe, dass die Organisationsentwicklung vor allem zur Durchsetzung der Führungsinteressen dient (vgl. *Staehle*, 1999, S. 924 ff.; 588 ff.).

Ein Instrument, das Transparenz und Klarheit in den Veränderungsprozess bringt, ist die **Wandelkontur** (Change Canvas). Sie dient sowohl als übersichtlicher, visueller Handlungsleitfaden als auch zur Kommunikation des Wandels im Unternehmen. Bei ihrer Erstellung werden möglichst alle Beteiligten eingebunden und Widerstände unmittelbar thematisiert. Die Wandelkontur macht somit alle wesentlichen Elemente des Veränderungsprozesses sichtbar (vgl. *Bertagnolli et al.*, 2018, S. 9 f.). Bestandteile und wesentliche Fragestellungen einer Wandelkontur zeigt Abb. 6.5.18.

Abb. 6.5.18: Wandelkontur (Change Canvas) (vgl. Bertagnolli et al., 2018, S. 13)

Implementierungsstrategien

> Die **Implementierungsstrategie** beschreibt die grundsätzliche Vorgehensweise zur erfolgreichen Umsetzung des Wandels im Unternehmen.

Die Implementierung umfasst alle in den Wandelphasen auftretenden Aufgaben sowie eingesetzten Methoden und Techniken. Sie soll sicherstellen, dass die Zielsetzung der Veränderung erreicht wird. Dabei sollten insbesondere die emotionalen Wirkungen bei der Belegschaft sowie die zu erwartenden Widerstände berücksichtigt werden (vgl. *Stahl*, 2014, S. 129 ff.).

Die Implementierungsstrategie hängt von der **Stoßrichtung des Wandels** ab (vgl. *Krüger*, 2014a, S. 8 ff.):

- **Aufbau:** Schaffung oder Erwerb neuer Erfolgspotenziale. Aufbaumaßnahmen sind oft mit Engpässen verbunden, etwa bei qualifizierten Mitarbeitern oder Finanzmitteln.
- **Umbau:** Umgruppierung und Erneuerung vorhandener Erfolgspotenziale, ohne diese grundsätzlich infrage zu stellen. Diese Stoßrichtung besteht in der Regel aus einer Kombination von Abbau- und Aufbaumaßnahmen.
- **Abbau:** Freiwillige oder erzwungene Rückführung oder Aufgabe von Erfolgspotenzialen. Abbaumaßnahmen sind häufig mit Personalfreisetzung (vgl. Kap. 6.2.5) verbunden.

Betrieblicher Wandel wird in aller Regel von der Führung angestoßen (**Top-down**). Veränderungen können aber auch aus der Mitte der Organisation (**Middle-up**) oder durch Mitarbeiterinitiativen (**Bottom-up**) eingeleitet werden.

Daraus ergeben sich folgende **generischen Implementierungsstrategien** (vgl. *Krüger*, 2014b, S. 55 ff.; *Stahl*, 2014, S. 135 ff.):

- **Bombenwurf-Strategie** (Strikt direktive Top-down-Implementierung): Der Wandel wird von der Führung eingeleitet, ohne die Mitarbeiter vorab darüber zu informieren. Auf diese Weise sollen rasche Ergebnisse erzielt und eine mangelnde Wandlungsbereitschaft der Mitarbeiter kompensiert werden. Mitarbeiter und Öffentlichkeit nehmen den Wandel erst in der Umsetzungsphase wahr („Überrumplungstaktik"). Zur Mobilisierung wird der Wandel nicht kommuniziert, sondern es werden gezielt konforme Einstellungen und Verhaltensweisen der Mitarbeiter gefördert. Dies kann etwa durch Aufbau von Feindbildern oder Krisenszenarien geschehen. Die Umsetzung erfolgt zentral abgestimmt und mit hohem Tempo. Zur Verstetigung muss abschließend die unterlassene Kommunikation nachgeholt werden. Dabei muss den Mitarbeitern sowohl der Wandlungsbedarf als auch das direktive Vorgehen als einzig möglicher Weg, etwa zur Bewältigung einer Krise, verdeutlicht werden. Auf diese Weise sollen die notwendige Akzeptanz und Identifikation nachträglich erreicht werden. Der gesamte Wandlungsprozess wird von der Führung bestimmt. Bei dieser Implementierungsstrategie erfolgt keine Berücksichtigung von Reaktionen oder Anregungen der Mitarbeiter. Ein strikt direktives Vorgehen wird nicht nur in Krisen, sondern aus Geheimhaltungsgründen auch oft bei Akquisitionen oder Fusionen gewählt.

- **Schneeball-Strategie** (Partizipative Top-down-Implementierung): Schlüsselpersonen mittlerer hierarchischer Ebenen werden an der Konzeption des Wandels beteiligt. Dadurch lässt sich trotz eines Top-down-Vorgehens das aufgabenspezifische Fachwissen durch einen Middle-up-Rücklauf einbeziehen und ein Wandel aus der Mitte der Organisation initiieren. Die beteiligten Führungskräfte werden als Multiplikatoren zur Kommunikation des Wandlungskonzepts eingesetzt, wodurch in der Organisation ein Schneeballeffekt ausgelöst werden soll. Überraschungen sollen vermieden und dafür eine hohe Wandlungsbereitschaft erreicht werden. Anschließend kann dann die Veränderung rasch umgesetzt werden. Der Zeitbedarf für die Mobilisierung ist aber verhältnismäßig hoch und schwer einzuschätzen. Der Einbezug der mittleren Führungskräfte nimmt viel Zeit in Anspruch und kann aus Sicht der Unternehmensführung unerwünschte Änderungen zur Folge haben. Dafür lässt sich durch die Mitarbeiterpartizipation das Risiko des Scheiterns deutlich verringern.
- **Graswurzel-Strategie** (Bottom-up-Implementierung): Die Initiative des Wandels geht von den Mitarbeitern oder unteren Führungskräften aus. Voraussetzungen hierfür sind vor allem unternehmerisches Denken in der Organisation und die Offenheit der Unternehmensführung gegenüber Initiativen aus unteren Hierarchieebenen. Beides sollte entsprechend gefördert und honoriert werden. Auf diese Weise können neue und von der Führung nicht erkannte Möglichkeiten zur strategischen Erneuerung gefunden werden. Prinzipiell kann jeder Mitarbeiter dadurch Veränderungen ins Leben rufen. In einem iterativen Vorgehen wird nach und nach durch Diskussion der Vorschläge eine Wandlungskoalition aus Mitarbeitern und Führungskräften gebildet. Wird die Initiative dabei nicht verworfen, dann wird sie der Unternehmensführung vorgestellt. Ist sie beschlossen, dann sollten die Mitglieder der Wandelkoalition als Promotoren aktiv in die Umsetzung einbezogen werden. Die Beteiligung der Mitarbeiter an der Erstellung der Wandlungskonzeption ist in aller Regel sehr zeitaufwendig. Sie führt aber zu einer positiven Einstellung und Identifikation mit dem Wandel. Allerdings besteht die Gefahr, dass konkurrierende Wandelvorhaben unterschiedlicher Mitarbeitergruppen sich gegenseitig blockieren oder Teilbereiche des Unternehmens sich ungewollt in verschiedene Richtungen entwickeln.

Bei Anwendung einer Schneeball- oder Graswurzelstrategie lassen sich durch den Einsatz von Großgruppenmethoden weite Teile der Organisation zur Mitgestaltung des Wandels einladen, um eine Aufbruchsstimmung und gemeinsame Verantwortung zu erzeugen. Die **Open Space-Technologie** (OST) ist eine Konferenztechnik zur Organisationsentwicklung für Gruppen von etwa 20 bis 2.000 Personen. Sie schafft ein offenes Forum, in dem die Mitarbeiter die für sie wichtigsten Fragen zum Wandel frei diskutieren und gemeinsam in Arbeitsgruppen (Sessions) bearbeiten können. Teilnahme und Mitwirkung an einem Open Space-Meeting sind freiwillig und jeder kann eigene Arbeitsgruppen vorschlagen. Dabei gilt das sog. „Gesetz der zwei Füße“: Wenn die Teilnehmer sich in einer Situation befinden, in der sie weder etwas lernen noch einen sinnvollen Beitrag leisten können, dann sollen sie woanders hingehen, wo es ergiebiger ist. Im Gegenzug erklären sich alle Teilnehmer bereit, für den Erfolg der Veranstaltung selbst verantwortlich zu sein (vgl. *Hermann/Pfläging*, 2020, S. 42 ff.; *Owen*, 2008).

Die **Wahl der Implementierungsstrategie** ist von der konkreten Wandlungssituation und dem **Führungskontext** (vgl. Kap. 1.3.5) abhängig. In chaotischen Führungskontexten mit hoher Dringlichkeit, die schnelles Handeln erfordern, ist eine zentrale Steuerung notwendig. In solchen Krisensituationen, die oft mit Personalfreisetzung verbundenen sind, ist meist eine strikt direktive Top-down-Implementierung erforderlich. In anderen Führungskontexten gilt dies auch für Wandlungsmaßnahmen, die aus wichtigen Gründen, wie etwa der Reaktion des Aktienmarkts, geheim gehalten werden sollen. Da der Einbezug der Mitarbeiter die Wandlungsbereitschaft erhöht, ist diese ansonsten in einfachen, komplizierten oder komplexen Führungskontexten sicherzustellen. Für Aufbau- und Erweiterungsvorhaben bietet sich eine partizipative Top-down-Implementierung an. Umbau und Erneuerung lassen sich durch Nutzung der Wandlungsfähigkeit und -bereitschaft der Mitarbeiter im Rahmen einer Bottom-up-Implementierung realisieren. Die Graswurzel-Strategie wird insbesondere in agilen Unternehmen bei komplexen Führungskontexten eingesetzt, wie das Praxisbeispiel der Initiative *Magenta Lighthouse* bei *T-Systems* in Kap. 6.6.6 zeigt. Abb. 6.5.19 fasst die Unterschiede zwischen den generischen Implementierungsstrategien zusammen.

	Bombenwurf-Strategie	Schneeball-Strategie	Graswurzel-Strategie
Vorgehen	Strikt direktives Top-down	Partizipatives Top-down	Bottom-up
Wandelimpuls	Unternehmensführung	Unternehmensführung und mittlere Führungsebene	Mitarbeiter
Konzeption	Überwiegend durch Führung	Zusammenarbeit von Führung und Schlüsselpersonen	Überwiegend durch betroffene Mitarbeiter
Hauptproblem	Erzielung der zur Umsetzung erforderlichen Akzeptanz der Mitarbeiter	Beibehaltung des von der Führung beabsichtigten Konzepts	Bewilligung und Unterstützung des Konzepts durch die Führung
Vorteile	▪ Schnelles, abgestimmtes Vorgehen ▪ Überraschungseffekte durch Geheimhaltung	▪ Positive Einstellung der Mitarbeiter durch Beteiligung ▪ Schnelle Umsetzung	▪ Wandlungsbereitschaft und Know-how werden genutzt ▪ Positive Haltung der Mitarbeiter durch Beteiligung
Nachteile	▪ Positive Einstellung nur schwer erzielbar ▪ Vorhandenes Wissen bleibt ungenutzt	▪ Hoher Zeitbedarf zur Mobilisierung ▪ Gefahr der Konzeptionsänderung	▪ Hoher Zeitbedarf ▪ Gefahr der Blockade und unkoordinierter Entwicklungen
Eignung	Abbau/Krise, M&A	Aufbau/Erweiterung	Umbau/Erneuerung

Abb. 6.5.19: Generische Implementierungsstrategien

Agile Führung des Wandels (Lean Change)

Die Mitarbeiter wollen Veränderung, was sie dagegen nicht wollen, ist verändert zu werden. Agile Organisationen sind auf dynamischen Wandel ausgelegt. An die Stelle detailliert geplanter Top-down-Strategien treten zahlreiche experimentelle Veränderungsschritte in einem kontinuierlichen Verbesserungsprozess, dessen Verlauf kaum vorhersagbar ist (vgl. *Gergs et al.*, 2019, S. 85 ff.). Daraus kann auch fundamentaler Wandel entstehen – Revolution durch Evolution.

Agiler Wandel basiert auf Selbstorganisation und -verantwortung. Durch Einsatz agiler Methoden soll der Wandel einfacher, effizienter und flexibler werden. Der Veränderungsprozess soll dabei kontinuierlich fließen, transparent sein und selbst permanent verbessert werden (vgl. *Bertagnolli et al.*, 2018, S. 6 f.). Jeder, der ein Problem im Unternehmen erkennt, kann zum Treiber des Wandels werden. Um Verbündete und Unterstützer zu gewinnen, muss er ein Gefühl der Dringlichkeit erzeugen. Gelingt dies nicht, dann ist die Veränderung (noch) nicht möglich, ansonsten kommt der Wandel ins Rollen.

Abb. 6.5.20 veranschaulicht den **Ablauf eines agilen Wandels** (in Anlehnung an *Scheller*, 2017, S. 432), der auf der Scrum-Methode aus dem agilen Projektmanagement basiert (vgl. Kap. 5.3.5). Die auslösende Veränderungsidee kann dabei sowohl von der Unternehmensführung als auch von einem einzelnen Mitarbeiter stammen. Ein *Kick off* soll für einen gelungenen Start in den Veränderungsprozess sorgen. Es gilt dabei, die Frage nach dem *Warum* des Wandels allen verständlich zu machen. Nur wenn die Mitarbeiter in der Veränderung einen Sinn erkennen, werden sie bereit sein, daran mitzuwirken. Erwartungen und Ängste sollen dabei offen angesprochen und Betroffene zu Beteiligten gemacht werden. Danach wird die anstehende Veränderung durchdacht und strukturiert. Ideen und Meinungen werden gesammelt, eine grobe Roadmap erstellt und der gewünschte Zielzustand beschrieben. Die wesentlichen Punkte der Veränderung werden in einer Wandelkontur (Change Canvas) zusammengefasst, die auch der Kommunikation dient (vgl. *Gergs et al.*, 2019, S. 90 ff.).

Im *Optionen-Meeting* werden daraufhin Umsetzungsideen entwickelt, was wie verändert werden könnte. Diese werden im Team zusammen mit dem Change Owner besprochen und nach deren Nutzen, Kosten und Risiken priorisiert. Die beste Option wird dann in Teilschritte zerlegt und in Change Sprints experimentell umgesetzt. Dabei werden Prototypen entwickelt, etwa neue Abläufe oder geänderte Arbeitsweisen, um unmittelbar Erfahrungen sammeln zu können. Im agilen Wandel wird die Unvermeidlichkeit von Fehlern akzeptiert, getreu dem Motto: „Fail fast – fail early – fail cheap – learn faster". Fehler machen lediglich deutlich, was noch verbessert werden muss. Die Ergebnisse des Change Sprint werden anhand festgelegter Messkriterien bewertet und in einem Review zusammen mit dem Change Owner beurteilt. Solange das Veränderungsziel noch nicht erreicht wurde, schließen sich neue Zyklen an. Erfolgreiche Ergebnisse werden dabei immer weiter skaliert. Bei umfangreichen Wandelvorhaben mit mehreren Veränderungsteams sind regelmäßige Retrospektiven zur Zusammenarbeit im Wandel empfehlenswert, etwa um Konflikte zu lösen. Danach wird die Roadmap aktualisiert, neue Ver-

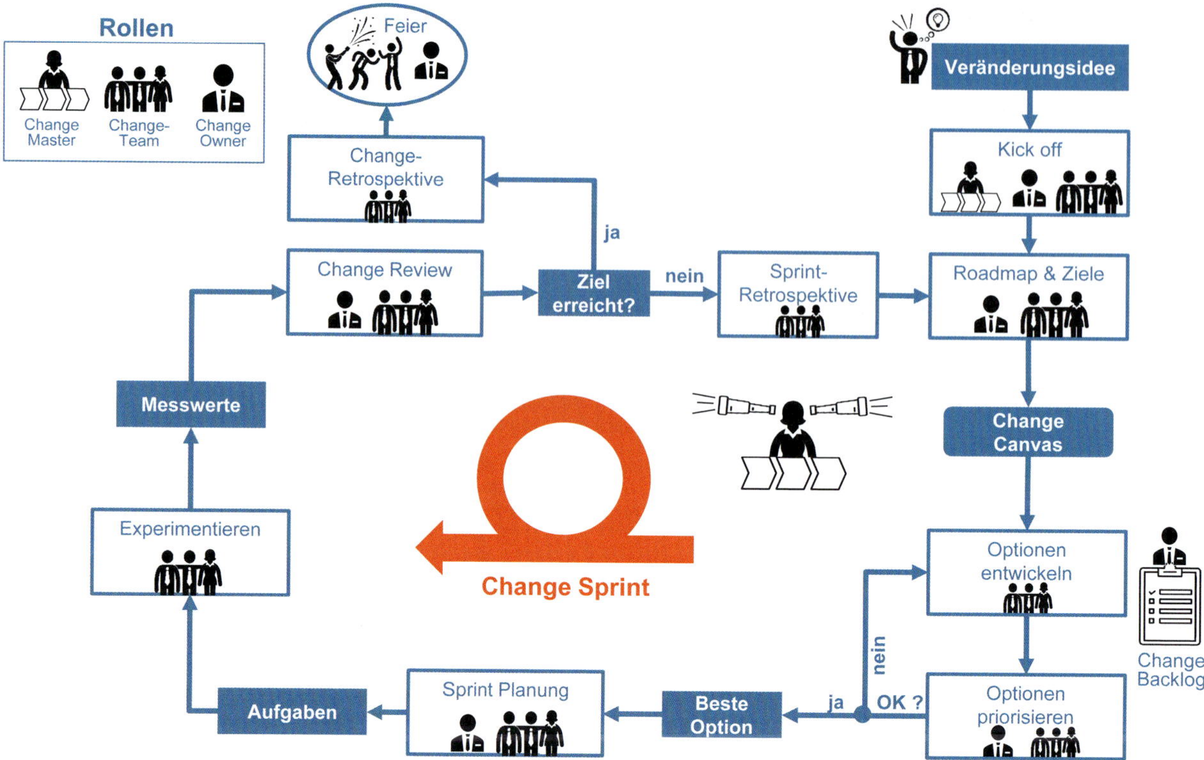

Abb. 6.5.20: Ablauf des agilen Wandels

änderungsideen ausgewählt und ein neuer Change Sprint durchgeführt, bis die Veränderung erfolgreich umgesetzt wurde. In einer Retrospektive werden der Veränderungsprozess und die Zusammenarbeit bewertet, um daraus für zukünftigen Wandel zu lernen. Eine abschließende Feier würdigt die Anstrengungen der Beteiligten und verstärkt den Zusammenhalt. Auch Zwischenergebnisse und sogar Fehlschläge können im Laufe des Wandels gefeiert werden, um die Dynamik des agilen Wandlungsprozesses aufrechtzuerhalten (vgl. *Scheller*, 2017, S. 432 ff.).

Die Koordination des gesamten Veränderungsprozesses sowie die Vermittlung zwischen Veränderungsteam und externen Stakeholdern ist Aufgabe des **Change Owners**. Er sammelt, verwaltet und priorisiert sämtliche Anforderungen, Ideen und Aufgaben im Change Backlog, damit diese für jeden transparent sind und nichts verloren geht. Auftretende Hindernisse und Konflikte versucht er aus dem Weg zu räumen. Diese Position sollte derjenige einnehmen, der das größte Interesse am Wandel hat sowie über eine hohe Akzeptanz und ausreichende Autorität verfügt. Der **Change Master** übernimmt die methodische Begleitung des Veränderungsprozesses, stellt agile Werkzeuge bereit und wacht über die Einhaltung der agilen Prinzipien. Hierzu sollte er über die nötige Erfahrung mit agilem Wandel verfügen. Beide Rollen sind strikt voneinander zu trennen (vgl. *Gergs et al.*, 2019, S. 94 ff.).

Kommunikation des Wandels

Die Kommunikation ist eine zentrale **Querschnittsaufgabe**, mit der die Wandlungsbereitschaft und -fähigkeit der Mitarbeiter entscheidend verbessert werden können. Sie hat wesentlichen Einfluss auf Einstellungen und Verhalten der Mitarbeiter. Die **Kommunikationsstrategie** beschreibt die Ziele und Maßnahmen der Kommunikation und ist spätestens in der Phase der Konzeption des Wandels festzulegen. Entscheidend ist dabei die richtige Mischung aus informeller und formeller sowie persönlicher und medialer Kommunikation. Sie ist auf die einzelnen Phasen des Wandels und die Zielgruppen, wie etwa Beteiligte, Betroffene, Promotoren, Opponenten oder Führungskräfte, abzustimmen. Zur Beeinflussung von Einstellungen und Verhalten eignen sich vor allem persönliche Kommunikationsformen. Hierunter fallen beispielsweise Mitarbeitergespräche, Workshops oder Versammlungen. Der Sender hat dabei eine große Bedeutung. Er sollte möglichst glaubwürdig sein, eine hohe hierarchische Stellung besitzen und im Idealfall auch über ein gewisses Charisma verfügen (vgl. *Brehm*, 2014, S. 245 ff.).

In der Phase der **Mobilisierung** soll eine Aufbruchsstimmung bei den Mitarbeitern erzeugt werden. Transparenz, Vertrauen, Überzeugung und positive Emotionen lassen sich insbesondere durch gelungene Auftaktveranstaltungen wie etwa Kick-offs oder Roadshows erreichen. Dabei sollen möglichst viele Mitarbeiter persönlich angesprochen werden. Die Informationen sollten unmittelbar von der Führung stammen und der Wandel lässt sich beispielsweise mithilfe von Führungsdialogen erlebbar machen. Im Rahmen dieser **Mehrweg-Kommunikation** ist ein direkter Dialog zwischen der Führung und den betroffenen Mitarbeitern möglich. Ergänzende Informationen können als **Einweg-Kommunikation** über Medien zur Verfügung gestellt werden, wie etwa Intranet, E-Mail, Mitarbeiterzeitschriften oder Broschüren. Im Wandel erfolgt die Kommunikation entweder im Rahmen der vorhandenen Kommunikationsinfrastruktur oder über spezielle wandelspezifische Veranstaltungen und Medien (vgl. *Bernecker/Reiss*, 2003, S. 37 ff.).

Auch in der Veränderungskommunikation spielen die sozialen Medien (vgl. Kap. 7.1) eine zunehmende Rolle. Durch den Wechsel von der One-to-Many- zur Many-to-Many-Kommunikation erfolgt der Informationsfluss nicht mehr nur Top-down von der Unternehmensführung zu den Mitarbeitern, sondern auch zwischen den Mitarbeitern und Bottom-up zu den Führungskräften. Die Mitarbeiter können unmittelbar in Foren und Blogs ihre Meinung äußern und selbst Inhalte gestalten. Insbesondere in großen Unternehmen lassen sich diese in ein internes soziales Netzwerk einbinden. Auf diese Weise werden die Mitarbeiter stärker am Wandel beteiligt und die Kommunikation wird reichhaltiger, schneller, transparenter und flexibler (vgl. *Tesch/Pfannenberg*, 2013, S. 54 ff.). Abb. 6.5.21 zeigt wesentliche Kern- und fallweise Randinstrumente der Wandelkommunikation.

Die **Kommunikationsstrategie** muss grundsätzlich auf den Inhalt und die Implementierungsstrategie abgestimmt sein. In einer Abbausituation ist eine sachliche und offene Kommunikation erforderlich, die wahrheitsgemäß das tatsächliche Ausmaß und die Notwendigkeit der geplanten Veränderung darstellt. In einer Um- oder Aufbausituation soll dagegen mithilfe von Visionen und Leitbildern die Identifikation der Mitarbeiter mit der Veränderung sichergestellt werden. Dies lässt sich beispielsweise erreichen, indem für die Veränderung ein einprägsamer und emotional ansprechender Markenname geschaffen wird. In Verbindung mit einem entsprechenden Logo, wie etwa auf Kaffeetassen, Kugelschreibern, Schreibblöcken oder in Präsentationsunterlagen, kann das Wandlungsprojekt im ganzen Unternehmen für alle sichtbar gemacht werden (vgl. *Esch*, 2005, S. 535 ff.). Beispielsweise wurde bei der *Robert Bosch GmbH* ein fundamentaler kultureller Wandel zur Verbesserung der Qualität, Innovation und Kundenorientierung unter dem Namen BeQIK mit nebenstehendem Logo konzernweit kommuniziert.

In der **Umsetzungsphase** ermöglichen Dialogveranstaltungen ein direktes Feedback der Mitarbeiter. Für die Motivation aller Beteiligten spielt die Kommunikation erster Erfolge eine wichtige Rolle. Misserfolge werden in der Praxis häufig verschwiegen. Besser ist es aber, auch diese offen zu kommunizieren. Dies sollte jedoch stets in Verbindung mit einem Lösungsansatz geschehen. Auf diese Weise können alle Betroffenen aus den gemachten Fehlern lernen und die Glaubwürdigkeit der Verantwortlichen steigt. Zur Dis-

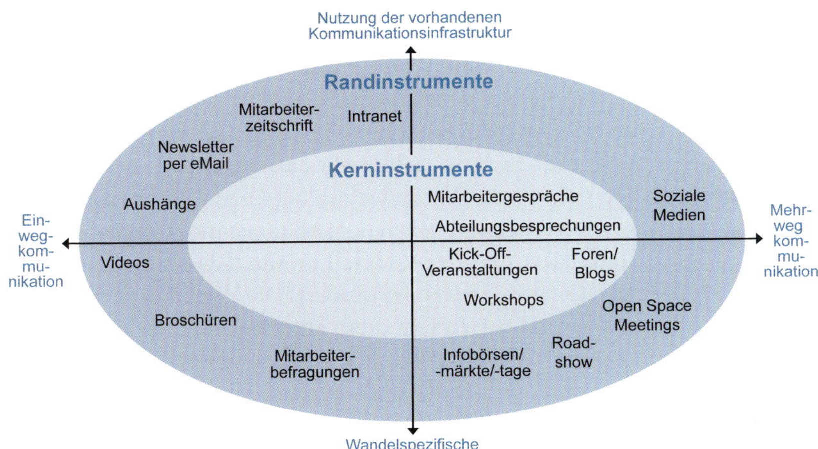

Abb. 6.5.21: Kommunikationsinstrumente des Wandels (in Anlehnung an Bernecker/Reiss, 2003, S. 38)

Kommunikation des Wandels bei Bosch

Die *Bosch-Gruppe* ist ein international führendes Technologie- und Dienstleistungsunternehmen mit einem Umsatz von über 77 Mrd. € und rund 400.000 Mitarbeitern.

Wie in Kap. 4.4.4 dargestellt, hat das Unternehmen seinen Planungsprozess grundlegend reformiert. Da dies auch eine Veränderung der Führungsphilosophie und mehr unternehmerisches Denken und Handeln auf allen Ebenen zum Ziel hatte, wurde das Projekt „Target Business Plan" als Teil der Initiative „Finance & Controlling Excellence (FCE)" durch aktive Kommunikationsmaßnahmen begleitet. Während des Projektes wurden mehrfach Chats mit dem CFO und stellvertretendem Geschäftsführer *Stefan Asenkerschbaumer* als Change Leader durchgeführt, der für alle *Bosch*-Mitarbeiter für Fragen zur Verfügung stand.

Über die Analogie zum Fußball wurde der Wandel mit positiven Bildern emotional verknüpft. Um die Veränderungen im gesamten Konzern zu kommunizieren, wurde eine internationale Roadshow durchgeführt. Dabei konnten die Teilnehmer einen mit dem Wandellogo bedruckten Ball gewinnen, wenn sie in das rechte obere Loch einer mobilen Torwand trafen – gleichbedeutend mit höchster Zielerreichung und Profitabilität. Darüber hinaus wurden zahlreiche Wandelutensilien, wie etwa Anhänger oder Broschüren, im Konzern verteilt. Abb. 6.5.22 zeigt zwei Poster zum Wandel.

Abb. 6.5.22: Poster zum Target Business Plan

kussion gescheiterter Vorhaben in lockerer Atmosphäre veranstalten manche Unternehmen sog. „Fuckup Nights".

In der **Verstetigungsphase** geht es auf der einen Seite darum, ein Fazit zu ziehen. Auf der anderen Seite gilt es, dauerhafte Kommunikationsmöglichkeiten für die Mitarbeiter einzuräumen. Dies können etwa Intranet-Foren oder regelmäßige Workshops und Meetings zu speziellen Themen sein. Auf diese Weise soll fließend zur laufenden Verbesserung übergegangen werden.

Förderung von Motivation und Fähigkeiten

Umfangreiche Kommunikationsmaßnahmen allein reichen nicht aus, um die für den Wandel erforderliche Motivation und die benötigten Fähigkeiten bei den Mitarbeitern sicherzustellen. Um diese zu mobilisieren, sind sowohl deren Wandlungsbereitschaft **(Wollen)** als auch Wandlungsfähigkeit **(Können)** gezielt zu fördern (vgl. Kap. 6.5.2 sowie i. F. *Becker*, 2014, S. 225 ff.).

Der **Aufbau von Wandlungsbereitschaft** soll vor allem durch die Schaffung geeigneter Anreize (vgl. Kap. 6.2.8) erreicht werden. Sie sollen die Zustimmung für den Wandel erhöhen bzw. Widerstände reduzieren. Mitarbeiter, die sich an der Veränderung beteiligen, können auf diese Weise belohnt werden. Verhaltensänderungen werden stabilisiert und der Rückfall in alte Gewohnheiten durch negative Sanktionen verhindert. Die Wirkung der Anreize wird verstärkt, indem diese entsprechend begründet und kommuniziert werden. Je transparenter ein Anreizsystem ist, umso größer ist seine verhaltenssteuernde Wirkung. Die Mitarbeiter sollen verstehen, warum es Anreize gibt und wie diese erreicht werden können.

Bei der **Gestaltung des Anreizsystems** ist zwischen dem Nutzen für die individuellen Ziele der Mitarbeiter, den entstehenden Kosten und dem Nutzen für das Unternehmen abzuwägen. Dies lässt sich wie in Abb. 6.5.23 als **Anreiz-Matrix** veranschaulichen (vgl. *Picot et al.*, 1999, S. 53 f.):

- **Verschwendung**, z. B. aufwendige Hochglanzbroschüren oder teure Marketingaktionen,
- **Fragezeichen**, z. B. Kick-off-Wochenenden oder materielle Anreize,
- **Ausbeutung**, z. B. höherer Leistungsdruck ohne entsprechenden Ausgleich,
- **Win-Win-Anreize**, z. B. mehr Eigenverantwortung oder Karriereförderung.

Anreize müssen für die Mitarbeiter attraktiv sein, sonst haben sie keine positiven Auswirkungen. Ihr Nutzen für das Unternehmen sollte jedoch mindestens so hoch sein wie deren Kosten. Erstrebenswert sind Win-Win-Anreize, die für beide Parteien einen hohen Nutzen erzielen.

Bei Anreizen ist prinzipiell zwischen intrinsischer und extrinsischer Motivation zu unterscheiden (vgl. Kap. 6.2.8). Unter **extrinsischer Motivation** ist die Befriedigung durch äußere Belohnungen zu verstehen, während sich **intrinsische Motivation** aus der Aufgabe selbst ergibt. Extrinsische Motivation lässt sich v. a. durch materielle Anreize wie etwa einen Dienstwagen oder eine Gehaltserhöhung erzeugen. Intrinsische Motivation kann dagegen insbesondere durch immaterielle Anreize gefördert werden. Durch Delegation von Verantwortung können beispielsweise einem Mitarbeiter mehr Entscheidungsfreiraum und bessere Entfaltungsmöglichkeiten eingeräumt werden. Die Führung sollte eine Vorbildfunktion einnehmen und den Wandel aktiv vorleben. Bei der Gestaltung des Anreizsystems sollten materielle und immaterielle Anreize stets kombiniert werden.

Zur **Verbesserung der Wandlungsfähigkeit** dienen vor allem Maßnahmen der Personalentwicklung (vgl. Kap. 6.2.3).

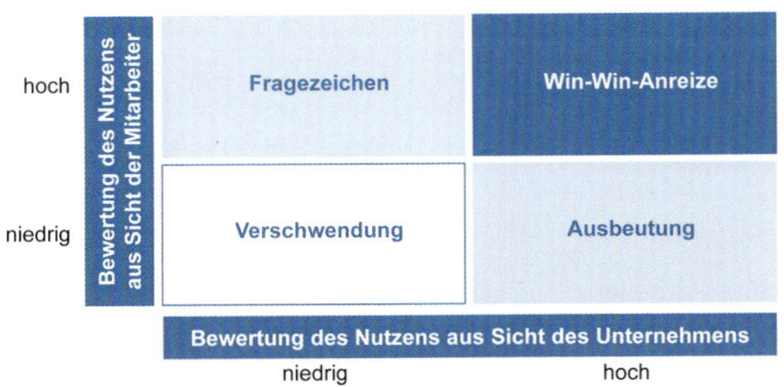

Abb. 6.5.23: Anreiz-Matrix (in Anlehnung an Picot et al., 1999, S. 53 f.)

Die Mitarbeiter sollen dadurch im Wandel unterstützt und auf Veränderungen eingestimmt werden. Langfristiges Ziel ist die Schaffung einer Kultur des Wandels. Fach-, Sozial- und Methodenkompetenzen sollten individuell gefördert werden. Den Mitarbeitern muss klar sein, was sie erwartet. Sie sollen sich auch mit anderen Betroffenen austauschen können. Dies kann Barrieren abbauen und die Akzeptanz erhöhen. Die Maßnahmen sollten bereits zu Beginn der Mobilisierungsphase einsetzen. Um neue Einstellungen und Verhaltensweisen zu vermitteln, können Plan- und Rollenspiele oder gruppendynamische Veranstaltungen, wie etwa ein Outdoor-Training, durchgeführt werden. Die Vermittlung von Fachwissen in Seminaren und Schulungen ist am Ende der Umsetzungs- bzw. zu Beginn der Verstetigungsphase sinnvoll, um das Gelernte unmittelbar anwenden zu können.

Die Auswahl der **Personalentwicklungsmaßnahmen** (vgl. Kap. 6.2.3) hängt in erster Linie von den verfolgten Zielen und den zu vermittelnden Inhalten ab. Stellengebundene Personalentwicklung (On-the-job) und stellenübergreifende Personalentwicklung (Near-the-job) stoßen wegen ihres engen Bezugs zur Aufgabenerfüllung bei einem Unternehmenswandel schnell an ihre Grenzen. Deshalb sind vor allem stellenungebundene Personalentwicklungsmaßnahmen (Off-the-job) empfehlenswert. Die Teilnahme an Personalentwicklungsmaßnahmen kann durch die Verbesserung der eigenen Qualifikation und der damit verbundenen Aufstiegschancen auch motivationsfördernd sein.

Projektmanagement und -controlling

Fundamentaler Wandel ist für Unternehmen ein umfassendes und tiefgreifendes Projekt, das deshalb auch einer entsprechenden Organisation bedarf (vgl. Kap. 5.3 sowie i. F. *Brehm/Hackmann*, 2014, S. 163 ff.). Aufgrund der Breite und strategischen Relevanz des Wandels wird vor allem in den Phasen der Mobilisierung und Umsetzung eine Reihe von Teilprojekten in Gang gesetzt. Diese befassen sich jeweils mit spezifischen Aufgaben oder organisatorischen Teilbereichen. Die zeitliche und sachliche Abhängigkeit der Teilprojekte erfordert einen hohen Abstimmungsbedarf. Das Wandlungsprojekt wird aus diesem Grund meistens mehrstufig organisiert (vgl. Kap. 5.3.6).

Bausteine einer **mehrstufigen Projektorganisation** eines Top-down-initiierten Wandels sind:

- **Lenkungsausschuss:** Er initialisiert und konzipiert den Wandel und überwacht das gesamte Wandlungsprojekt. Der Lenkungsausschuss bestimmt auch Vision, Leitbild, Ziele und Strategie des Wandels und übernimmt damit das Change Leadership. Mitglieder sollten Promotoren aus der Führung sein, wobei auch externe Wandlungsexperten, wie etwa Unternehmensberater, hinzugezogen werden können.

- **Projektleitung:** Sie hat für einen reibungslosen Ablauf, die Überwindung von Widerständen und Schnittstellen sowie für die Erzielung von Synergien zu sorgen. Sie ist für die sachliche und zeitliche Koordination der Teilprojekte zuständig. Der Projektleiter ist der Change Manager. In Abstimmung mit dem Lenkungsausschuss bestimmt er die Teilprojekte und legt die einzelnen Teilprojektleiter fest.
- **Projektteams:** Die eigentliche Projektarbeit wird in den Projektteams geleistet, die für konkrete Aufgaben im Wandlungsprozess zuständig sind. Der Teamleiter entscheidet in Abstimmung mit dem Projektleiter über die Zusammensetzung und Organisation seines Teams und ist für die Erreichung der Projektziele verantwortlich.

Eine besondere Rolle in Veränderungsprozessen spielen die Agenten des Wandels **(Change Agents)**. Sie sind auf Wandlungsprozesse spezialisiert und haben unterstützende und beratende Aufgaben. Sie können je nach Bedarf in allen Phasen und auf allen Ebenen des Wandlungsprojekts eingesetzt werden. Besondere Bedeutung kommt ihnen bei der Konzeption des Projekts sowie der Lösung von Konflikten zu. Als Change Agents können sowohl interne Mitarbeiter als auch externe Berater eingesetzt werden (vgl. *Staehle*, 1999, S. 974).

Für den Einsatz eines **externen Beraters** sprechen seine Unbefangenheit, spezifische Erfahrung, bessere Akzeptanz in der Führungsebene und dessen Aufgeschlossenheit gegenüber einschneidenden Veränderungen. **Interne Mitarbeiter** sind dagegen mit der Struktur und den Werten des Unternehmens vertraut und werden bei ihren Kollegen besser akzeptiert. Sie eignen sich deshalb insbesondere als Multiplikatoren des Wandels, um Wandlungsbereitschaft aufzubauen. Auswahl und Einsatz der Change Agents erfolgen je nach Aufgabenstellung und Art des Wandels.

Eine unterstützende Funktion übernimmt auch das **Projektcontrolling**. Im Rahmen der Projektplanung ist der Controller für die Durchführung von Kostenschätzungen und die Aufstellung eines realistischen Projektbudgets verantwortlich. Darüber hinaus hat er auf die Quantifizierbarkeit und klare Beschreibung der mit dem Wandel verfolgten Ziele zu achten. Dies bildet die Basis der Projektsteuerung und der Beurteilung des Projekterfolgs im Rahmen der Projektkontrolle. Dabei geht es nicht nur um monetäre **Wertziele**. Diese eignen sich aufgrund ihrer Vergangenheitsorientierung nur bedingt zur Projektsteuerung und sind nur schwer prognostizierbar. Zur zeitnahen Steuerung der Wandlungsprozesse sind **Leistungsziele** erforderlich, mit denen die angestrebten Veränderungen in den einzelnen Phasen festgelegt werden. Ergänzend sollten **Sozialziele** bestimmt werden, mit denen die Akzeptanz des Wandels bei den Mitarbeitern verbessert wird. Im Rahmen der Umsetzung des Projekts sowie nach Abschluss des Wandels beurteilt der Projektcontroller die Erreichung der verfolgten Zielsetzungen mithilfe geeigneter Maßgrößen. Die Auswahl der Ziele und Maßgrößen hängt in hohem Maße von der Stoßrichtung des Wandels ab (vgl. *Steinhaus/Kraft*, 2014, S. 268 ff.). Abb. 6.5.24 zeigt eine Auswahl von Projektkennzahlen für Aufbau-, Umbau- und Abbaumaßnahmen.

Die im Rahmen des Wandlungsprojekts auftretenden Probleme sollten von der Projektleitung genau analysiert werden. Sie geben Hinweise für während des Veränderungsprozesses erforderliche Steuerungsmaßnahmen sowie für das Lernen für zukünftige Vorhaben. Wandlungsprojekte erhöhen die **Wandlungserfahrung** des Unternehmens. Sie sollte im Sinne einer lernenden Organisation (vgl. Kap. 7.4.2) und zur Verbesserung der organisationalen Wandlungsfähigkeit und -bereitschaft permanent erweitert und gepflegt werden. Da Initiativen des Wandels überall im Unternehmen entstehen können und auf der anderen Seite Wandel das gesamte Unternehmen betrifft, sollten die Fähigkeit und Bereitschaft hierzu möglichst breit verteilt sein. Auf diese Weise wird das Unternehmen in die Lage versetzt, erforderliche Veränderungen schneller zu erkennen und umzusetzen.

	Aufbau	Umbau	Abbau
Wertziele	▪ Investitionsvolumen ▪ F&E-Aufwand ▪ Umsatz Neugeschäft	▪ EVA ▪ Marktkapitalisierung ▪ Schulungsaufwand	▪ Rentabilität ▪ Gewinn ▪ Einsparungen
Leistungsziele	▪ Anzahl Neukunden ▪ Anzahl neue Produkte ▪ Entwicklungsdauer	▪ Anzahl Versetzungen ▪ Qualitätskennzahlen ▪ Kundenzufriedenheit	▪ Anzahl Mitarbeiter ▪ Anzahl Standorte ▪ Produktionskapazität
Sozialziele	▪ Anz. Neueinstellungen ▪ Betriebszugehörigkeit	▪ Anzahl Schulungen ▪ Fluktuationsrate	▪ Personalabbau ohne betriebsbed. Kündigung

Abb. 6.5.24: Mögliche Projektkennzahlen in Abhängigkeit der Stoßrichtung des Wandels (vgl. Steinhaus/Kraft, 2014, S. 268 f.)

Wandel ist durch die Führung **nur begrenzt steuerbar.** Er ist deshalb mit hohen Unsicherheiten und Risiken verbunden. Bei Wandlungsprojekten sollte die Führung deshalb stets auf unerwartete Entwicklungen und Auswirkungen vorbereitet sein. Sie gehören bei komplexen Wandlungsprozessen zur Normalität. Doch gerade die mangelnde Prognostizierbarkeit und Unbestimmtheit erfordert eine fundierte Planung und ein professionelles, mehrstufiges Projektmanagement. Nur auf diese Weise wird der Wandel nicht dem Zufall überlassen, sondern gezielt gesteuert.

6.5.7 Grundsätze erfolgreichen Wandels

Veränderungen scheitern häufig an folgenden **Ursachen** (vgl. *Kotter*, 2008, S. 141 ff.; 2011, S. 3 ff.; *Eckrich*, 2017, S. 420 ff.):

- **Kein Gespür für die Brisanz der Lage:** Wird die Notwendigkeit des Wandels nicht klar veranschaulicht, dann wird sich kaum jemand für die Veränderung einsetzen. Herrscht im Unternehmen Selbstgefälligkeit vor, dann können Transformationen nicht ihr Ziel erreichen.
- **Mangelnde Priorisierung des Wandels:** Die Führungskräfte machen keine klaren Aussagen zur Priorität der Veränderungen. Alles im Unternehmen ist wichtig und ständig „wird eine neue Sau durchs Dorf getrieben". Die Mitarbeiter wissen nicht, woran sie sind und geben irgendwann auf, gegen ständig wechselnde Prioritäten anzukämpfen. Die Motivation für Veränderungen sinkt zunehmend.
- **Kein schlagkräftiges Leitungsteam:** Veränderungen benötigen eine ausreichend starke Führungskoalition mit Führungskompetenz, Fachwissen, Einfluss und Beziehungen. Tiefgreifender Wandel ist ohne die Unterstützung der Unternehmensführung nicht realisierbar.
- **Fehlende Vision und Strategie:** Wandel erfordert eine klare, emotional ansprechende Vision, welche die Ziele verständlich macht sowie eine konsequente Umsetzungsstrategie. Die Vision spielt eine Schlüsselrolle, denn sie hilft, die Beteiligten zu inspirieren und alle Aktivitäten in die gleiche Richtung zu lenken.
- **Unrealistische Vorstellung vom Umfang des Wandels:** Der Führung fehlt der Gesamtüberblick, und der nötige Aufwand für die Veränderung wird unterschätzt. Die Mitarbeiter verfallen in Aktionismus, fühlen sich in ihren Zweifeln bestätigt, verlieren die Orientierung und lassen sich entmutigen.
- **Falsch verstandene Delegation:** Die Führung überlässt die Verantwortung für den Wandel den Beteiligten, wie etwa externen Beratern. Die Mitarbeiter erkennen dieses fehlende Engagement und beteiligen sich an Veränderungsmaßnahmen nur dann, wenn sie einen persönlichen Nutzen darin sehen.
- **Mangelhafte Kommunikation:** Wandel ist nur möglich, wenn er von einer breiten Basis getragen wird. Die Mitarbeiter müssen die Vision verstehen und akzeptieren sowie von deren Umsetzbarkeit überzeugt sein. Passt das Verhalten des Leitungsteams und der obersten Führungskräfte nicht zur Vision, dann wird dadurch jegliches Engagement untergraben und Zynismus macht sich breit.
- **Führungskräfte ignorieren ihre Vorbildrolle:** Besonders kritisch ist es, wenn die Führungskräfte von ihren Mitarbeitern Veränderungen fordern, die sie selbst nicht einhalten („Wasser predigen und Wein trinken"). Beispielweise wenn der Vorstand von allen Kosteneinsparungen verlangt und gleichzeitig seine Vergütung erhöht. Die Mitarbeiter fühlen sich dann von der Führung getäuscht und erwecken nur noch den Anschein, bei der Veränderung mitzumachen. Dasselbe gilt, wenn die Unternehmensführung den Eindruck macht, nicht wirklich hinter dem Wandel zu stehen.
- **Wandel wird als Vorwand missbraucht:** Die Unternehmensführung verfolgt mit den eingeleiteten Veränderungen andere Ziele als kommuniziert, etwa als Beruhigungspille für die Aktionäre oder um positive Aufmerksamkeit auf sich zu ziehen. Die Mitarbeiter durchschauen solche Spielereien. Sie beteiligen sich dann nur noch bei persönlichem Nutzen, ansonsten distanzieren sie sich innerlich von der beabsichtigten Veränderung.
- **Unzureichende Sanktionierung:** Die Verantwortlichen nehmen Verstöße gegen den Wandel nicht wahr oder schauen weg. Verstöße können auch tabuisiert werden und wer sie anspricht, wird als Außenseiter abgestempelt. Dadurch gewinnen die Mitarbeiter den Eindruck, dass jeder risikolos gegen die neuen Verhaltensweisen handeln kann und diese den Vorgesetzten nicht wichtig sind.
- **Kein Abbau von Hindernissen:** Damit engagierte Mitarbeiter an der Veränderung mitwirken können, müssen sie über die erforderlichen Handlungsfreiräume verfügen, um nicht nach erfolgloser Anstrengung frustriert aufzugeben.
- **Keine schnellen Erfolge:** Da Veränderungen häufig lange Zeit benötigen, sind kurzfristige Erfolgserlebnisse wichtig, um den Schwung des Wandels zu erhalten. Ohne solche Erfolge geben viele Mitarbeiter frühzeitig auf oder arbeiten gegen die Veränderung.

- **Zu frühe Siegeserklärung:** Die Zeit für einen fundamentalen Wandel ist nicht zu unterschätzen. Entsteht nach den ersten Erfolgen der Eindruck, die Arbeit wäre schon getan, dann gerät der Veränderungsprozess leicht ins Stocken. Die erzielten Verbesserungen sind jedoch fragil und können schnell wieder verloren gehen.
- **Keine Verankerung in der Unternehmenskultur:** Sind neue Verhaltensweisen nicht durch gemeinsame Wertvorstellungen abgesichert, dann besteht bei nachlassendem Veränderungsdruck die Gefahr, dass sie verfälscht und lächerlich gemacht werden und sich alte Verhaltensweisen nach und nach wieder einschleichen.

Um strategischen Herausforderungen schnell und kreativ zu begegnen, propagiert *Kotter* die Schaffung einer dualen Organisationsstruktur. Die formelle Hierarchie soll mit einem informellen **agilen Strategie-Beschleunigungsnetzwerk** verzahnt werden, in dem die Mitarbeiter wichtige Veränderungen selbst anstoßen und gemeinsam vorantreiben können (vgl. Kap. 5.2.3). Die Eigeninitiative der Mitarbeiter, etwa im Rahmen einer Graswurzel-Bewegung, resultiert dann aus einem von der Führung initiierten Dringlichkeitsgefühl, sich bietende Chancen für das Unternehmen aktiv zu nutzen. Der Antrieb der Mitarbeiter ist dabei nicht nur rational geprägt, sondern entstammt dem emotionalen Wunsch, etwas zu einer größeren Sache beizutragen. Es herrscht somit eine Haltung des Wollens und nicht des Müssens. Als Beschleuniger des Wandels in einer solchen hierarchieintegrierten Netzwerkstruktur dienen die in Abb. 6.5.5 aufgeführten Stufen erfolgreichen Wandels (vgl. *Kotter*, 2015, S. 16 ff.).

Zusammenfassend lassen sich einige **Empfehlungen** für eine erfolgreiche Durchführung von Veränderungsprozessen geben. Da es in der Unternehmensführung keine „Kochrezepte" gibt, kann im Einzelfall auch ein bewusstes Abweichen hiervon sinnvoll sein. Obwohl einige dieser Regeln bereits aus den Anfängen der Erforschung des Wandels stammen, haben sie bis heute nichts an ihrer praktischen Relevanz verloren.

Grundsätze erfolgreichen Wandels sind (vgl. *Lawrence*, 1954; *Lewin*, 1963; *Lippitt et al.*, 1991):

- **Konsens:** Die Umsetzung des Wandels sollte auf Basis einer möglichst breiten Übereinstimmung in der Belegschaft über den erforderlichen Wandlungsbedarf erfolgen. Diese sollte deshalb im Vorfeld etwa durch offene Kommunikation und Partizipation der Mitarbeiter sichergestellt werden.
- **Betroffene zu Beteiligten machen:** Der frühzeitige Einbezug der Mitarbeiter und die Beteiligung an der Umsetzung erhöhen deren Wandlungsbereitschaft.
- **Verpflichtung:** Die Mitarbeiter sollten zur Anwendung der neuen Verhaltensweisen formell verpflichtet werden.
- **Anreize:** Die Unterstützung des Wandels sollte mit positiven Anreizen und das Opponieren mit negativen Sanktionen belegt werden.
- **Wandelmedium Gruppe:** Veränderungen sollten immer gruppenbasiert erfolgen. Sie geben dem Einzelnen Kraft und Schutz, wodurch Ängste reduziert werden. Darüber hinaus können Gruppen auch eine Dynamik entwickeln, die den Wandel wesentlich beschleunigen kann.
- **Kooperation:** Partnerschaftliches Verhalten in und zwischen Gruppen fördert den Zusammenhalt („Wir-Gefühl") und damit die Wandlungsbereitschaft.
- **Projektmanagement und -controlling:** Ein komplexes Wandlungsprojekt sollte in einzelne aufgabenspezifische, dezentrale Teilprojekte zerlegt und diese zentral koordiniert werden. Die Festlegung von Meilensteinen mit regelmäßiger Fortschrittskontrolle und schnellem Feedback beschleunigt die Veränderung.
- **Wandelzyklus:** Veränderungsprozesse folgen einem verallgemeinerbaren Zyklus. Zu Beginn sollte eine Auflockerung (Unfreezing) erfolgen, in der die Wandlungsbereitschaft erzeugt wird. Nach Abschluss der Veränderung ist eine Stabilisierung (Refreezing) erforderlich, die den Wandel verstetigt und im Unternehmen verankert.
- **Kommunikation:** Durch eine frühzeitige und authentische Information der Betroffenen über die Ursachen und Ziele des Wandels lassen sich Ängste und damit verbundene Widerstände abbauen. Auf diese Weise soll ein Klima des Vertrauens geschaffen werden.
- **Erfolgserlebnisse:** Die Schaffung und Kommunikation frühzeitiger Erfolgserlebnisse fördern die Motivation der Beteiligten und sind für die Stabilisierung des Wandels hilfreich.
- **Treiber des Wandels:** Die Führung ist ein wichtiger Promotor des Wandels. Ihre Aufgabe ist es, die Veränderung voranzutreiben und neue Verhaltensweisen vorzuleben.

Die Führung steht heute nicht mehr vor der Entscheidung, ob betriebliche Veränderungen stattfinden oder nicht. Sie kann aber bestimmen, in welcher Form und mit welchem Erfolg der Wandel vollzogen wird. Ein agierendes, gestaltendes Vorgehen ist dabei einer reagierenden, passiven Haltung vorzuziehen, um den langfristigen Unternehmenserfolg dauerhaft sicherzustellen. Die praktische Umsetzung unternehmerischen Wandels veranschaulichen die Praxisbeispiele des Sportartikelherstellers *Erima* in Kap. 6.6.5 und der Graswurzelbewegung bei *T-Systems* in Kap. 6.6.6.

Zusammenfassung

- Wandel findet permanent auf allen Ebenen mit verschiedener Ausprägung und Intensität statt. Nach dem Umfang der Zustandsänderung wird zwischen inkrementellem und fundamentalem Wandel unterschieden, die sich meist abwechseln.
- Die Führung des Wandels hat die Aufgabe, den zur Erreichung der Unternehmensziele erforderlichen Wandel zu erkennen, systematisch zu gestalten und aktiv zu fördern sowie die realisierten Veränderungen sicherzustellen und im Unternehmen zu verankern.
- Beidhändige Führung soll sowohl für Stabilität im Unternehmen und kontinuierliche Verbesserung als auch Innovation durch grundlegende Transformation sorgen.
- Formen des Wandels sind nach der Reichweite der zu bewältigenden Änderungen: Restrukturierung, Reorientierung, Revitalisierung und Remodellierung.
- Wandel ist ein zyklischer Prozess mit den Phasen Auftauen (Unfreezing), Verändern (Moving) und Einfrieren (Refreezing).
- Wandel bewegt sich im Spannungsfeld von Wandlungsbedarf, -bereitschaft und -fähigkeit.
- Wandel verursacht interne und externe Widerstände. Unternehmensinterne Widerstände können personell oder organisatorisch bedingt sein.
- Die generelle Haltung zum Wandel und die Einstellung gegenüber der jeweiligen Veränderung prägen das Verhalten der Mitarbeiter. Diese gruppieren sich in Promotoren, fundamentale Opponenten, Opportunisten und fallweise Opponenten.
- Mitarbeiter erleben in Veränderungsprozessen eine emotionale Berg- und Talfahrt.
- Wandel lässt sich nur in begrenztem Umfang gezielt gestalten.
- Stoßrichtungen des Wandels sind Aufbau, Umbau und Abbau.
- Nach der Intensität und Richtung der Aktivierung lassen sich vier Bereiche unterscheiden: Resignations-, Korrosions-, Komfort- und produktive Zone. Je nach Ausgangssituation lässt sich das Unternehmen durch Bedrohungen oder Zukunftschancen zielführend aktivieren.
- Die Implementierungsstrategie beschreibt die grundsätzliche Vorgehensweise zur erfolgreichen Umsetzung des Wandels im Unternehmen. Optionen sind die Bombenwurf-Strategie (strikt direktiv Top-down), Schneeball-Strategie (partizipativ Top-down) und Graswurzel-Strategie (Bottom-up).
- Die Kommunikation ist eine zentrale Querschnittsaufgabe, mit der die Wandlungsbereitschaft und -fähigkeit der Mitarbeiter verbessert werden kann.
- Wandel findet in komplexen Projekten mit hoher Unsicherheit statt. Dies erfordert eine fundierte Planung und ein professionelles, meist mehrstufiges Projektmanagement.

Literaturempfehlungen

Krüger, W. (Hrsg.): Excellence in Change, 5. Aufl., Wiesbaden 2014.

Kotter, J.: Leading Change, München 2011; Accelerate, München 2015.

Müller-Stewens, G./Lechner, C.: Strategisches Management: Wie strategische Initiativen zum Wandel führen, 5. Aufl., Stuttgart 2016.

6.6 Die Personalfunktion in der Praxis

Leitfragen

- Wie wird die Personalfunktion bei Wittenstein auf den drei Führungsebenen wahrgenommen?
- Welche Auswirkungen hat der Führungsstil von Erwin Eder auf die Suche nach seinem Nachfolger?
- Was sind die neuen Führungsprinzipien und Game Changer der Kulturinitiative Leadership 2020 bei Daimler?
- Wie funktioniert die adaptiv-dezentrale Führung bei B. Braun?
- Wie hat sich der Sportartikelhersteller Erima gewandelt, um eine tiefe Unternehmenskrise zu bewältigen?
- Was sind die Erfolgsmerkmale der Graswurzelinitiative Magenta Lighthouse bei T-Systems?

In diesem Kapitel werden die in Kap. 6.1 beschriebenen Aufgaben der Personalfunktion auf den drei Führungsebenen am Beispiel von *Wittenstein* veranschaulicht. Die Fallstudie zur Unternehmensnachfolge der *Eder-Gruppe* verdeutlicht die in Kap. 6.3.1 erläuterten Theorien, Modelle und Prinzipien der Personalführung. Wie sich Führung im Unternehmen aktiv gestalten und verändern lässt, veranschaulicht die Kulturinitiative *Leadership 2020* bei *Daimler* als Praxisbeispiel zu Kap. 6.3.2. Eine erfolgreiche Umsetzung der in Kap. 6.4 vorgestellten adaptiv-dezentralen Führung zeigt das Beispiel *B. Braun*. Abschließend folgen zwei Praxisbeispiele zur in Kap. 6.5 thematisierten Führung des Wandels. Einen dramatischen, aber letztendlich sehr erfolgreichen Wandlungsprozess durchlief der Sportartikelhersteller *ERIMA*. Was eine Transformation von unten bewirken kann, verdeutlicht die Graswurzelinitiative bei *T-Systems*.

6.6.1 Die Personalfunktion bei Wittenstein

Praxisbeispiel von Dr. Anna-Katharina Wittenstein (Vorstandssprecherin)

Die *Wittenstein SE* mit Hauptsitz in *Igersheim* erzielt mit rund 3.000 Mitarbeitern einem Umsatz von über 430 Mio. € und entwickelt kundenspezifische Produkte, Systeme und Lösungen für hochdynamische Bewegung, präzise Positionierung und intelligente Vernetzung in der mechatronischen Antriebstechnik. Einsatzgebiete sind Roboter, Werkzeugmaschinen, die Verpackungstechnik, Förder- und Verfahrenstechnik, Papier- und Druckmaschinen, die Medizintechnik sowie die Luft- und Raumfahrt.

Ausschlaggebend für *Wittenstein* war und ist die Ausrichtung der Personalfunktion an den Mitarbeitern. Dahinter steht auch die Notwendigkeit zur Gewinnung und Bindung qualifizierter Mitarbeiter an einem ländlich geprägten Firmenstandort wie Igersheim. *Wittenstein* wurde als Arbeitgeber bereits vielfach ausgezeichnet. Unter anderem erhielt das Unternehmen für das Personalentwicklungsprojekt „Pioniere auf der Walz" den HR Excellence Award in der Kategorie „Learning- und Development-Strategie" und das Siegel DUALIS der *IHK Heilbronn-Franken* für vorbildliche Arbeit als Ausbildungsbetrieb. Darüber hinaus hat sich *Wittenstein* bereits mehrfach beim Audit der *Hertie-Stiftung* zur Vereinbarkeit von Beruf und Familie erfolgreich zertifiziert. *Dr. Manfred Wittenstein*, Aufsichtsratsvorsitzender der *Wittenstein* SE, wurde 2018 mit dem „German Leadership Award" für vorbildliche Unternehmensführung ausgezeichnet.

Normative Personalfunktion

Die Zusammenarbeit bei *Wittenstein* ist durch gegenseitiges Vertrauen geprägt. Die Eigenverantwortung der Mitarbeiter und die Identifikation mit dem Unternehmen und dessen Zielen stehen im Mittelpunkt. Auch die sowohl bei Führungskräften als auch Mitarbeitern unterdurchschnittliche Fluktuation und geringe Fehlzeiten lassen auf ein gesundes Betriebsklima schließen. Maßgeblichen Anteil am Unternehmenserfolg hat das in Abb. 6.6.1 aufgeführte Leitbild, das den Mitarbeiter in den Mittelpunkt stellt. Der Führungsstil ist von kooperativen und situativen Grundsätzen geprägt und zeichnet sich durch eine sehr flache Hierarchie aus.

Strategische Personalfunktion

Bei *Wittenstein* steht die langfristige Bindung qualifizierter Mitarbeiter an das Unternehmen und den Standort im Vordergrund. Hierfür werden vor allem Maßnahmen der Personalentwicklung eingesetzt (vgl. Kap. 6.2.3). Auch Aufgabenerweiterung mit ähnlichen Tätigkeiten (Job-Enlargement), Arbeitsplatzwechsel (Job-Rotation) und Arbeitsbereicherung durch Integration höherwertiger Arbeitsinhalte (Job-Enrichment) werden angeboten. Hohen Stellenwert hat dabei die Teamarbeit. Die Entwicklungschancen sind für jeden Mitarbeiter gleich. Beispielsweise begann der ehemalige Personalvorstand als Mechanikerlehrling. Mit der Gründung der *Wittenstein-Akademie* wird die Möglichkeit des lebenslangen Lernens für Mitarbeiter, Lieferanten, Kunden, aber auch bestimmte Bereiche der Öffentlichkeit geboten.

Da das Unternehmen sehr forschungsintensiv ist, stellt die permanente Fortbildung einen wichtigen Erfolgsfaktor dar. Alle Mitarbeiter können kostenlos und freiwillig verschiedene Seminare, Kurse, Workshops und Vorträge etwa zu Betriebswirtschaft, Technik oder Sprachen besuchen. Es gibt auch eine Bibliothek, die den Mitarbeitern jederzeit zugänglich ist. Neben der hauseigenen Akademie bestehen weitere Möglichkeiten zur berufsbegleitenden Weiterbildung. Ist eine externe Bildungsmaßnahme überwiegend

Unsere Vision
Wittenstein will mit intelligenten Komponenten und beherrschbaren Servosystemen auf dem Gebiet der mechatronischen Antriebstechnik dauerhaft für seine Kunden weltweit ein exzellenter Partner sein.

Unsere Werte
Wir orientieren uns an Werten, die von uns nach innen und außen gelebt werden und dadurch feste Bestandteile unserer Identität sind:

- ***Verantwortung***
  Wir bekennen uns zur Verantwortung gegenüber unserer Zukunft und der Gesellschaft:
  - Wir entwickeln, produzieren und verkaufen hochwertige Produkte und Lösungen für die Bedürfnisse unserer Kunden in einem sich ständig wandelnden Markt.
  - Wir fördern Eigenverantwortung und Teamgeist. Wir erwarten von uns Bereitschaft zur Leistung, Kooperation und Überprüfung unserer Arbeit auf Regeln, Effizienz und Wirtschaftlichkeit. Unser unternehmerischer Erfolg sichert unser soziales Handeln.
- ***Vertrauen***
  Wir schaffen Vertrauen durch menschliche Beziehungen, die auf gegenseitiger Wertschätzung beruhen:
  - Wir wollen mit unseren Kunden, Partnern und Mitarbeitern Bindungen eingehen, die Vielfalt und Kreativität zum Wohl einer gewinnbringenden Partnerschaft fördern.
  - Wir sind stolz auf unsere beflügelnde Unternehmenskultur. Bei uns bedeutet Führung Vorbild sein und Raum schaffen, damit jeder seine Fähigkeiten optimal entfalten und das Unternehmen mitgestalten kann.
- ***Offenheit***
  Wir leben Offenheit vor und pflegen eine transparente Kommunikation, damit unsere Antworten nicht einseitig, sondern allseitig sind:
  - Wir gestalten Beziehungen und bilden mit allen Mitwirkenden Netzwerke, die fruchtbar und werthaltig sind.
  - Wir sorgen innerhalb des Unternehmens für eine Kommunikation, die aufrichtig und respektvoll ist.
- ***Innovation***
  Wir lassen uns jeden Tag aufs Neue von unserem Erfindergeist inspirieren und streben nach stetiger Innovation:
  - Wir denken an Lösungen, die noch nicht existieren und schlagen neue Wege ein, damit die Vision von heute zur Realität von morgen wird.
  - Wir bringen mit unserem Wissen, Forschen und Weiterbilden eine Geisteshaltung hervor, die uns und unseren Partnern neue Horizonte eröffnet. Aus den wechselseitigen Impulsen entsteht eine Dynamik, die zukunfts- und erfolgsweisend ist.
- ***Wandel***
  Wir begegnen dem Wandel mit Zuversicht. Wir sehen die Veränderung als Chance zur Weiterentwicklung, die uns und unseren Kunden nachhaltigen Erfolg sichert:
  - Wir beteiligen uns aktiv am fortwährenden Prozess der technologischen und gesellschaftlichen Veränderung. Der Schlüssel unseres gemeinsamen Handelns bleibt immer der Mensch. Die Würde des Menschen steht bei uns daher im Mittelpunkt.
  - Wir orientieren uns am Erhalt der Lebensgrundlage künftiger Generationen. Unsere Lernbereitschaft öffnet neue Wege und macht uns fähig für die Zukunft.

Wittenstein – eins sein mit der Zukunft

Abb. 6.6.1: Leitbild der Wittenstein SE

von betrieblichem Interesse, so beteiligt sich das Unternehmen an den Kosten. Jeder Mitarbeiter verfügt über ein Bildungsbudget in Höhe von 1 % seines jährlichen Bruttogehalts, welches er über drei Jahre hinweg ansammeln und bei einer entsprechenden Weiterbildungsmaßnahme abrufen kann. Dieses Budget ermöglicht beispielsweise die Teilnahme an Meister- und Technikerkursen. Der Gefahr der Betriebsblindheit soll durch intensive Kooperation mit externen Bildungsträgern, Lehraufträge der Mitarbeiter an Hochschulen und durch einen kontinuierlichen Verbesserungsprozess begegnet werden. Mitarbeiter von *Wittenstein* sollen Kritik und Fehler nicht als Manko, sondern als Verbesserungschance sehen.

„Karriere" im Sinne der *Wittenstein*-Philosophie heißt nicht primär, hierarchisch aufzusteigen, sondern eigene Potenziale zugunsten des Unternehmens und der Mitarbeiter weiterzuentwickeln und einzubringen. Besonderen Wert legt *Wittenstein* in diesem Zusammenhang auf die Auswahl und Qualifikation von Schlüsselpersonen wie Führungskräften und Fachexperten. *Wittenstein* verfügt dazu über zwei gleichwertige Karrierewege: Führungs- und Fachlaufbahn. Für beide wurde ein Potenzialanalyseverfahren und ein maßgeschneidertes umfassendes Trainingsprogramm konzipiert, das sich am jeweiligen Kompetenzmodell orientiert. Damit schafft *Wittenstein* die Basis dafür, dass jeder seine Fähigkeiten optimal entfalten und das Unternehmen mitgestalten kann.

Wittenstein bildet in über 20 Berufen und dualen Studiengängen aus. Der Anteil Auszubildender an der Gesamtbelegschaft liegt bei etwa 11 %. Zudem engagiert sich das Unternehmen als Mitbegründer des *Campus Bad Mergentheim* der *Dualen Hochschule Baden-Württemberg Mosbach* und Initiator des Studiengangs Mechatronik an der *Hochschule Heilbronn*. Abb. 6.6.2 stellt die Personalstrategie des Unternehmens dar.

Operative Personalfunktion

Wichtige operative Instrumente sind Zielvereinbarungsgespräche und Feedback. Aufgrund der wenigen Hierarchiestufen ist ein direkter Kontakt zwischen Führungskräften und Mitarbeitern möglich. Die Kommunikation findet sowohl Top-down als auch Bottom-up statt und kann als persönlich, systematisch und offen charakterisiert werden. Instrumente der täglichen internen Kommunikation sind z. B. Mitarbeiterbesprechungen, E-Mails, Telefonate, Bildschirme mit Unternehmensinformationen sowie das Intranet. Die Förderung der Kommunikation zwischen Vorgesetzten und Mitarbeitern wird weiterhin durch eine positive Gesprächskultur gewährleistet. So informiert beispielsweise der Vorstand alle Mitarbeiter in quartalsweise stattfindenden Vorstandsinformationen direkt.

Als attraktiver Arbeitgeber achtet *Wittenstein* auf die **Arbeitsplatzgestaltung**. Büro- und Produktionsräume sind hell und modern eingerichtet. Arbeitsplätze im Produk-

Wittenstein möchte dauerhaft für seine Mitarbeiter ein exzellenter Partner sein:

- Die Unternehmensgruppe *Wittenstein* schafft eine beflügelnde, gemeinsam getragene Firmenkultur, innerhalb der hoch motivierte Mitarbeiter nach dem richtigen Weg suchen und entsprechend handeln.
- Die Mitarbeiter sind die wichtigste Ressource unseres Unternehmens. Unser Unternehmenserfolg ist somit das Ergebnis hoch motivierter und qualifizierter Mitarbeiter. Wir verstehen uns als ein lernendes, innovatives und freundliches Unternehmen, in dem die Mitarbeiter ihre Arbeit in offener und intensiver Teamarbeit mitplanen, mitdenken, mitverantworten und mitgestalten.
- Für das gesamte Unternehmen wie auch für einzelne Teams werden Ziele entwickelt, formuliert und kommuniziert. Gemeinsam mit jedem Mitarbeiter werden ergänzend dazu in Mitarbeitergesprächen persönliche Ziele vereinbart. Die Mitarbeiter begreifen somit ihre Arbeit als ihren persönlichen Beitrag zur Zielerreichung des Unternehmens.
- Die Teamarbeit bildet das Fundament, auf dem unser lernendes, innovatives und freundliches Unternehmen aufbaut. Alle Mitarbeiter sollen im Sinne des kontinuierlichen Verbesserungsprozesses ihre Ideen einbringen und in hohem Maße selbst umsetzen können. Dazu wollen wir Entscheidungen delegieren und die Mitarbeiter in Teams befähigen, in weitgehender Eigenverantwortung und Zusammenarbeit ihre Arbeit zu gestalten.

Um so im Unternehmen arbeiten zu können, müssen folgende Voraussetzungen gegeben sein:

- Bei der Personalauswahl ist darauf zu achten, dass Mitarbeiter eingestellt werden, die sich durch Eigeninitiative, Verantwortungsbereitschaft, Teamfähigkeit, Engagement, Lernbereitschaft und Flexibilität auszeichnen.
- Eine weitere wichtige Voraussetzung ist ein kooperativer und situativer Führungsstil. Deshalb legen wir großen Wert auf die Auswahl und das Training unserer Führungskräfte.
- Die Anpassungsfähigkeit der Mitarbeiter und unseres Unternehmens ist zu erhalten und auszubauen. Hohe Qualität, Innovation und sinnvolle Mitgestaltung sind nur möglich mit hoch qualifizierten Mitarbeitern. Deshalb legen wir auf eine strategisch ausgerichtete Bildung großen Wert und schaffen mit unserer *Wittenstein*-Akademie entsprechende Bildungseinrichtungen und Förderinstrumente für die Qualifikation der Mitarbeiter.

Abb. 6.6.2: Personalstrategie der Wittenstein SE

tionsbereich sollen genauso sauber und ansprechend sein wie Büroräume. Auf dem Firmengelände sind mehrere Snack- und Kaffeeautomaten aufgestellt und Mineralwasser ist kostenlos aus Wasserspendern erhältlich. Offenheit und Transparenz werden auch durch die Gestaltung der Arbeitsplätze deutlich. Glastüren finden sich nicht nur in Großraumbüros, sondern auch in den Büros der Vorgesetzten. Bilder oder Skulpturen sollen die Entfaltung der Mitarbeiter fördern. Deshalb befindet sich in jedem Raum mindestens ein Kunstobjekt und im Atrium haben regionale Künstler die Möglichkeit, Ausstellungen durchzuführen. Für die Erholung der Mitarbeiter ist durch Massagen, Grillplatz, Weltgarten, Fitnessraum, Beachvolleyballplatz und Kommunikationsecken gesorgt.

Das **Arbeitszeitmodell** des Unternehmens besteht aus einem Zeitkonto mit flexibler Arbeitszeit. Der Mitarbeiter legt seine tägliche Arbeit selbstverantwortlich und nach Arbeitsanfall in Absprache mit dem Vorgesetzten fest. Das Gleitzeitmodell ermöglicht die Ansammlung bzw. den Abbau von bis zu 200 Stunden. Es ist für alle Mitarbeiter über 18 Jahre in einem Gleitzeitrahmen von Montag bis Freitag zwischen 6:00 und 20:00 Uhr gültig. Für Schichtmitarbeiter gibt es Sonderregelungen, auf eine Nachtschicht wird aber aus Rücksicht auf die Mitarbeiter verzichtet.

Um Informationen weiterzugeben, Verantwortlichkeiten festzulegen, Mitarbeiter zu motivieren und Konflikten vorzubeugen, werden jährlich strukturierte **Mitarbeitergespräche** durchgeführt. Dabei werden neben der Überprüfung des Zielerreichungsgrades und der Vereinbarung neuer Ziele auch das Verhalten der Mitarbeiter gegenüber Kollegen, Vorgesetzten und Kunden besprochen. Mitarbeiter haben in diesen Gesprächen die Möglichkeit, über ihre Zusammenarbeit mit Kollegen sowie zu ihrer Arbeitsumgebung Stellung zu nehmen. Dabei werden auch Verbesserungsvorschläge diskutiert. Bestandteil dieser Gespräche sind sowohl Bildungsmaßnahmen als auch die Karriereplanung. Die **Integration neuer Mitarbeiter** wird durch feste Ansprechpartner und den Vorgesetzten gefördert. Neue Mitarbeiter und Führungskräfte durchlaufen zu Beginn ihrer Tätigkeit mehrere Abteilungen. Besonders bei Auszubildenden wird auf die Gemeinschaft Wert gelegt. Für neue Auszubildende findet eine „Kennlernwoche" statt und die Eltern können an einem Informationstag Fragen zur Ausbildung ihrer Kinder stellen.

Das Unternehmen bringt seinen Mitarbeitern ein hohes **soziales Engagement** entgegen. In der Kinderbetreuung wird mit umliegenden Kindergärten kooperiert. Eine Initiative junger Eltern trifft sich regelmäßig zu gemeinsamen Veranstaltungen. Auch Wettbewerbe zur Förderung des kreativen und technischen Nachwuchses werden veranstaltet. So wurde im Taubertal der Wettbewerb „Kreative Köpfe" ins Leben gerufen, bei dem Schüler Ihre Ideen mit Unterstützung regionaler Unternehmen in die Tat umsetzen. Ein weiteres Beispiel ist der europäische Gesangswettbewerb „Debut" für junge Opernsänger. *Wittenstein* zeichnet sich auch durch eine hohe Arbeitsplatzsicherheit aus.

6.6.2 Personalführung und Unternehmensnachfolge in der Eder-Gruppe

EDER GRUPPE

Erwin Eder führt die *Eder-Gruppe* seit über 50 Jahren als Vollblutunternehmer. Unter seiner Leitung wuchs das Unternehmen in immer neue Größenordnungen. Er setzte neue Werkstoffe ein und erweiterte die Produktpalette. Ihm und seiner Schwester *Helga* gehören 50 % der Gesellschaftsanteile. Allerdings liegen 100 % der Stimmrechte bei *Erwin Eder*, der sich als Bewahrer der Familientradition versteht und das Unternehmen im Sinne seines Vaters fortführt. Dabei ist für ihn Eigenverantwortung von zentraler Bedeutung. *Eder* hat für alle seine Entscheidungen stets die Verantwortung übernommen und nie die Schuld auf Andere abgewälzt, wenn etwas schiefging.

Erwin Eder als charismatische Führungspersönlichkeit

Die *Eder-Gruppe* wurde in Kap. 1.1.3 vorgestellt. Wie in Abb. 6.6.3 zu sehen, besteht die Geschäftsführung aus einem Gremium, welches sich aus den Leitern der Gesellschaften und *Erwin Eder* an der Spitze zusammensetzt. Jedes der fünf Mitglieder besitzt dabei eine Stimme. *Eder* hat ein Doppelstimm- und ein Veto-Recht. Damit kann er verhindern, dass gegen seine Eigentümerinteressen entschieden wird. *Paul-Uwe Mukl*, *Eders* langjähriger Assistent und einflussreicher Berater, nimmt ebenfalls an den Geschäftsführungssitzungen teil. *Eder* pflegt einen patriarchalischen bis beratenden Führungsstil. Er diskutiert zwar wichtige Entscheidungen im Führungsgremium und hört sich die Meinungen und Vorschläge seiner Geschäfts-

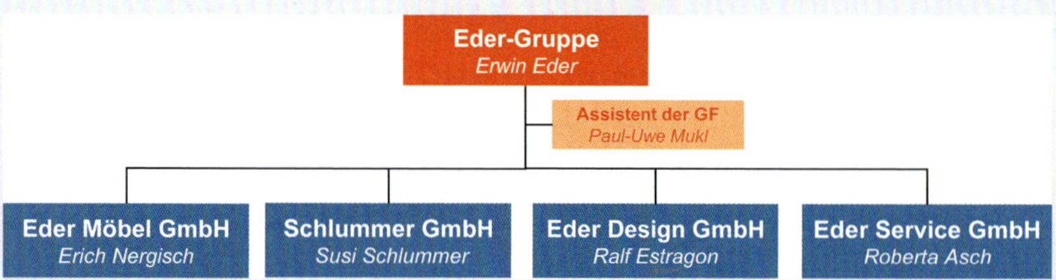

Abb. 6.6.3: Geschäftsführung der Eder-Gruppe

führer geduldig an, aber die endgültige Entscheidung trifft immer er selbst.

Eder hat das übliche Pensionsalter schon weit hinter sich und nähert sich seinem 75sten Geburtstag. Zunehmend macht er sich darüber Gedanken, wie es denn nach seinem irgendwann doch unausweichlichen Ausscheiden mit der *Eder-Gruppe* weitergehen soll, da seine Kinder kein Interesse haben, in das Unternehmen einzusteigen. Wenn die Zukunft des Unternehmens so erfolgreich wie bislang bleiben soll, dann muss die Führungsmannschaft befähigt werden, in seinem Geiste weiterzuarbeiten (vgl. i. F. *Schrumpf/Posselt*, 2012, S. 49 ff.).

Eder war und ist ein Mensch der Askese. Das bedeutet für ihn, sich auf das Wichtige zu konzentrieren und seine Zeit, getreu seinem Grundsatz „Carpe diem!", nicht mit Nebensächlichkeiten zu verplempern. Arbeit sieht er unter dem Gesichtspunkt des Eigenwohls, aber auch als Gemeinwohlaufgabe. Dazu gehört für ihn ebenfalls die Betonung der Solidarität. Jeden Morgen geht er als erstes durch den Betrieb und bei diesem Rundgang kann ihn jeder Mitarbeiter ansprechen, der etwas auf dem Herzen hat. Aus dem Unternehmensgewinn baute er Betriebswohnungen, für die seine Mitarbeiter nur sehr geringe Mieten zahlen. Die Kantine hat hohe Essensqualität und niedrige Preise. Das Wochenende gehört seiner Frau und den vier Enkeln, die unter der Woche so gut wie ganz auf seine Anwesenheit verzichten müssen.

Der **Tagesablauf** von *Eder* sieht wie folgt aus:

- Jeden Morgen um 8.30 Uhr findet unter *Eders* Leitung eine Produktbesprechung statt. Er und seine Geschäftsführer stehen um einen großen Tisch herum, auf dem Stoff- und Holzmuster sowie Produkte mit Qualitätsmängeln liegen. Sinn der Besprechung ist es, die Materialien auszuwählen, die in die Fertigung gehen sollen und Qualitätsverbesserungen auf den Weg zu bringen. *Eder* sieht mit einem Blick, was gut und was schlecht ist und trifft seine Entscheidungen in rasantem Tempo. Die um ihn herumstehenden Führungskräfte nicken diese kommentarlos ab.
- Jeden Nachmittag um 17.00 Uhr bildet sich vor dem Büro von *Eder* eine Schlange von wartenden Führungskräften, die nacheinander eintreten, um ihn mit ihren Anliegen zu konfrontieren. Dabei bitten sie ihn um seine Meinung und meistens auch um seine Entscheidung zur Lösung ihrer Probleme.
- Samstag ist zwar ein arbeitsfreier Tag, aber *Eder* ist auch am Samstagvormittag im Büro. Er erwartet, ohne ausdrückliche Anordnung, dass seine Geschäftsführer ebenfalls präsent sind. Das machen diese zwar, jedoch auf eine wenig honorige Weise. Sie bemühen sich darum, dass der Chef ihre Anwesenheit irgendwie zur Kenntnis nimmt. Danach setzen sie sich alsbald in ihr Auto und fahren wieder nach Hause.
- *Eder* arbeitet jeden Tag bis in die frühen Abendstunden. Und was tun seine Geschäftsführer? Einige bleiben solange wie auch der oberste Chef im Haus ist, auch wenn es nichts mehr zu tun gibt. Andere legen eine Anzugsjacke über die Lehne ihres Schreibtischstuhls oder platzieren offene Akten auf den Schreibtisch, um den Eindruck zu erwecken, sie seien anwesend, aber irgendwo auf dem Betriebsgelände unterwegs.
- Wenn die Meister in der Produktion ein Problem haben, gehen sie nicht zu ihrem Geschäftsführer, sondern mit ihrem Anliegen direkt zu *Eder*. Bei ihm sind sie sicher, dass sie sofort eine Entscheidung geliefert bekommen.
- Kunden haben die Erfahrung gemacht, dass die Geschäftsführer nie selbst Entscheidungen treffen, sondern sich bei *Eder* rückversichern oder ihn um eine Entscheidung bitten müssen. So gehen die großen Kunden seitdem sofort zum „Meister" und nicht zum „Lehrling".
- Die Werbeagentur des Unternehmens verhandelt ausschließlich mit *Eder*, wenn es um neue Prospekte, Werbeanzeigen oder Messestände geht. Von ihm bekommen sie klare Vorgaben bezüglich der zu vermittelnden Botschaft, die auf den durch ihn repräsentierten Werten des Unternehmens basiert. Seine Vorstellungen können die Führungskräfte aufgrund fehlender Information und damit einhergehender Unsicherheit kaum nachvollziehen. Sie erleben zudem den Erfolg seiner Maßnahmen und vermeiden deshalb jegliche Konfrontation.

Die Geschäftsführer sind durchweg kompetente Fachleute. Die charismatische Führungspersönlichkeit *Erwin Eder* ist ihnen an Wissen und Können sowie Betriebserfahrung und Marktkenntnissen jedoch so hoch überlegen, dass sie sich keine Eigenverantwortung und zu große Selbstständigkeit zutrauen. Der jahrzehntelange Erfolg gibt *Eder* noch immer Recht, so dass er uneingeschränkte Autorität genießt.

An wichtigen Besprechungen mit der Hausbank nehmen alle Geschäftsführer teil. Dabei sitzen sich Bankvertreter und *Eder* einander gegenüber; die Geschäftsführer sitzen am Tischende, gleichsam am Katzentisch. Die Verhandlungen laufen nur zwischen *Eder* und der Bank, die Geschäftsführer nehmen die Beschlüsse zur Kenntnis und segnen sie ab.

Eder pflegt einen direkten persönlichen Kontakt zum Ministerpräsidenten von Baden-Württemberg. Dieser verkehrt auch als Gast in seinem Privathaus. Aufgrund seiner äußerst erfolgreichen Unternehmertätigkeit genießt er hohes politisches Ansehen. Die Großabnehmer im Kaufhausbereich und in der Möbelindustrie sehen in *Eder* einen vertrauenswürdigen und kompetenten Partner. Da gilt noch der Handschlag als Vertrag. Seine Person ist es, die Großabnehmer zu Stammkunden der *Eder-Gruppe* werden ließ. Für das Schicksal seiner Mitarbeiter fühlt sich *Eder* persönlich verantwortlich. Diese wiederum fühlen sich unter ihm als Übervater geborgen und halten es auch nicht für notwendig, daran etwas zu ändern. Er selbst wiederum genießt es, derart respektiert und geachtet zu werden.

Regelung der Unternehmensnachfolge

Autorität, Erfolg und Führungspersönlichkeit von *Eder* führten dazu, dass unter ihm nur Führungskräfte gedeihen konnten, die ihn nie werden ersetzen können. Manch einer hatte vielleicht einmal das Zeug dazu, wurde aber durch den starken ersten Mann an der Entwicklung seiner Fähigkeiten gehindert.

Mitten in seinen Überlegungen über sein altersbedingtes Ausscheiden und der Bewahrung der von ihm vorgelebten Unternehmenskultur wollte es der Zufall, dass *Eder* eine Einladung zu einem Seminar zur Unternehmensnachfolge erhielt. Er hatte zwar keine Zeit daran teilzunehmen, schickte aber seinen Assistenten *Mukl*, um das Thema danach mit ihm zu besprechen. *Eder* möchte (endlich) seine Nachfolge regeln und damit sicherstellen, dass das Unternehmen auch nach seinem Ausscheiden erfolgreich fortbesteht.

Um den Ruf des Unternehmens am Markt zu erhalten, müssen die Führungskräfte und der zukünftige Konzerngeschäftsführer die bisherige Unternehmenskultur ohne Bruch weiterleben. Das bedeutet nicht Gleichschaltung des Denkens mit dem von *Eder*, sondern Grundkonsens mit den Prinzipien der bisherigen Kultur. Führungskräfte, die das nicht können, wären im Unternehmen fehl am Platz. Dazu muss ein Unternehmensleitbild erstellt werden, das die unverzichtbaren Prinzipien und Werte der Unternehmensführung dokumentiert (vgl. Kap. 2.3.3). An ihnen hat jede Führungskraft ihr Entscheiden und Handeln auszurichten. Unverzichtbar bedeutet, dass das Weglassen solcher Werte zu einer völlig anderen Führungskultur und damit vom gewohnten sowie erfolgreichen Image des Unternehmens wegführen würde. Dieses Image ist aber die Garantie des zukünftigen Erfolgs. Außerhalb dieses Rahmens an unverzichtbaren Werten besteht ein Freiraum, der die Entfaltung der Individualität und Kreativität der Führungskräfte erlaubt.

Lange vor dem Ruhestand von *Eder* müssen die amtierenden Geschäftsführer ins Boot geholt werden. Sie müssen sich darüber klar sein, was die Grundwerte und Führungsprinzipien sind und welche zentrale Bedeutung diese für den Erfolg des Unternehmens haben. An einem von *Mukl* moderierten Workshop zur Führungsnachfolge nimmt *Eder* ebenfalls teil, um zum einen die Authentizität zu gewährleisten und zum anderen alle Fragen mit der Kraft seiner inneren Überzeugung zu beantworten. Denn die Geschäftsführer glauben nur dann an eine erfolgreiche Nachfolgeregelung, wenn sie von jemandem vertreten wird, dem sie ohne Wenn und Aber vertrauen. Diese Veranstaltungen geben *Eder* auch die Möglichkeit, unter den Teilnehmern einen potenziellen Nachfolger zu finden.

Die Geschäftsführer werden bei diesen Veranstaltungen nicht alle Fragen, die sie auf dem Herzen haben, stellen wollen oder können. Deshalb muss *Mukl* auch zu unkonventionellen Zeiten und an neutralen Orten für Vier-Augen-Gespräche zur Verfügung stehen. Dabei gilt absolutes „Beichtgeheimnis". Die Auswertung dieser Gespräche erfolgt ohne Namensnennung und ohne Erwähnung der fachlichen Umgebung des Gesprächspartners. Diese Gespräche dienen sowohl der Identifikation der Führungskräfte mit der vorgesehenen Führungskultur als auch deren Weiterentwicklung.

Eder verfügt über die Gnade, sowohl ein guter Geschäftsführer als auch der beste Spezialist in allen relevanten Unternehmensfunktionen zu sein. Dies wird jedoch zum Zeitpunkt seines Ausscheidens zu einem Problem. Zwar mag er immer die sachlich richtigen Entscheidungen getroffen haben, aber sein Führungsstil förderte die menschliche Schwäche, persönliche Verantwortung abzuwälzen. Er hätte die Geschäftsführer stärker in die Pflicht nehmen müssen. Daran hinderte ihn wohl auch die Eigenschaft, den Ich-Werten zu viel Vorrang einzuräumen. Die Wir-Werte Selbstbestimmung und Eigenverantwortung, wie z. B. Entscheidungsdelegation, kamen hingegen zu kurz.

Die Umstellung der gelebten Führungskultur von Ich-Werten auf Wir-Werte braucht auf beiden Seiten Zeit. *Eder* muss sich in dieser Hinsicht disziplinieren, die Geschäftsführer müssen sich erst in diese neuen Rollen einfinden. Dieser Vorgang kann auch einer Auswahl unter den Geschäftsführern dienlich sein. Die Gefahren einer Ich-Werte-lastigen Führungskultur sind allerdings auch offensichtlich: Hätte *Eder* aus gesundheitlichen oder sonstigen Gründen nicht auch noch im fortgeschrittenen Alter so energievoll dem Unternehmen zur Verfügung gestanden, hätte sein Führungsstil letztlich sogar zum Untergang des Unternehmens führen können.

Eder erklärte sich mit den Vorschlägen von *Mukl* einverstanden. Am Ende waren sie sich einig, dass *Roberta Asch* als Konzerngeschäftsführerin geeignet wäre. Die anderen Geschäftsführer waren bereit, unter ihrer Leitung die *Eder-Gruppe* voranzubringen. Wichtige Entscheidungen werden nun im Führungsgremium demokratisch getroffen. *Roberta Asch* vertritt die *Eder-Gruppe* nach außen, verfügt aber als *Prima inter Pares* über die gleichen Stimmrechte wie ihre Kollegen. *Eder* war zunächst noch beratend an der Seite von Frau *Asch* tätig und ging ein halbes Jahr später endgültig in den Ruhestand.

6.6.3 Leadership 2020 – Die Kulturinitiative bei Daimler

Praxisbeispiel von Dr. Oliver Fischer (Head of Corporate Academy, Daimler AG) unter Mitarbeit von Anke Püttmann

Dieses Beispiel beschreibt eine Kulturinitiative der *Daimler AG*, die aus den Geschäftsfeldern *Mercedes-Benz Cars & Vans, Daimler Trucks & Buses* und *Daimler Mobility* bestand und mit rund 300.000 Mitarbeitern einen Umsatz von über 170 Mrd. € erzielte. Im Jahr 2021 erfolgte die Abspaltung der Nutzfahrzeugsparte in die *Daimler Truck AG* und 2022 die Umbenennung in die *Mercedes-Benz Group AG*. Seitdem widmen sich die beiden Gesellschaften unabhängig voneinander den Themen Kultur und Transformation.

WARUM Leadership 2020?

Die Automobilindustrie verändert sich in einer Geschwindigkeit wie nie zuvor – Digitalisierung, neue Technologien, Elektromobilität und zunehmende Vernetzung beeinflussen alle Unternehmensbereiche. Und damit die Anforderungen an die Mitarbeiterinnen und Mitarbeiter – wie wir arbeiten, kommunizieren und entscheiden.

Aber auch Nachhaltigkeit, Umwelt- und Klimaschutz gehören zu den Themen unserer Zeit. Wir sind überzeugt davon, dass die individuelle Mobilität von Personen und Gütern auch zukünftig gefragt sein wird. Dafür digitale und vernetze Lösungen anzubieten sowie nachhaltigen Luxus der Mobilität von morgen zu ermöglichen, ist unser Anspruch.

Diese Ziele zu erreichen und sich gleichzeitig den Herausforderungen wie neuartigen Wettbewerbern jenseits der traditionellen Märkte und veränderten Kundenerwartungen zu stellen, erfordert eine bewegliche und agile Organisation. Doch wie meistern wir diese Herausforderungen und sichern unsere Marktposition? Um unsere Wettbewerbsfähigkeit zu stärken sowie schnell und flexibel auf die sich verändernden Rahmenbedingungen reagieren zu können, braucht es eine Transformation in unterschiedlichen Unternehmensbereichen und so auch einen unternehmensweiten Kulturwandel.

Mit der **Kulturinitiative Leadership 2020** hat der Wandel einen Namen. Mit dem Ziel, eine neue Führungskultur zu entwickeln und voranzutreiben, gemeinsam getragen von allen Beschäftigten für alle Beschäftigten.

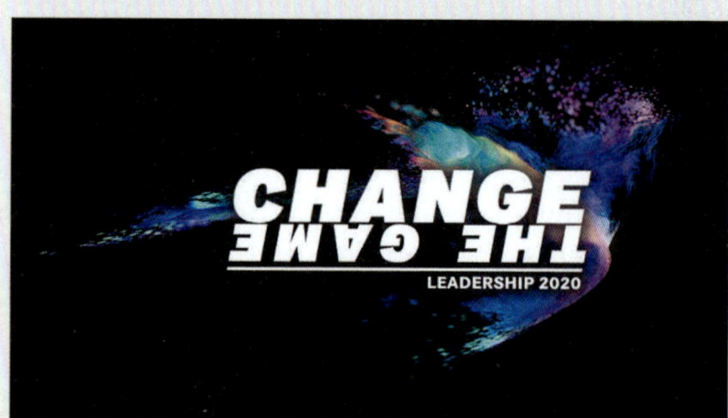

Abb. 6.6.4: Slogan und Visualisierung der Kulturinitiative Leadership 2020

WIE – Die acht Führungsprinzipien

Leadership 2020 startete im Januar 2016 als bislang größte Kulturinitiative der *Daimler AG*. „Das ist eine Kulturrevolution", sagte *Dieter Zetsche* als damaliger Vorstandsvorsitzender. Eine Revolution, die bis heute von den Menschen gestaltet wird, die die Kultur im Unternehmen lebendig machen: den Mitarbeiterinnen und Mitarbeitern. Der initiale Prozess wurde von acht globalen Teams, mit 144 Teilnehmern aus allen Führungsebenen – nicht zuletzt aus dem Vorstand – komplett virtuell begonnen.

Dazu wurden beispielsweise folgende **Fragestellungen** bearbeitet: Was sind die Erfolgsfaktoren in der digitalen Welt? Wie werden wir flexibler? Wie arbeiten wir in Zukunft zusammen? Wie kommunizieren wir und geben Feedback? Wie führen wir und wie möchten wir selbst geführt werden? Über 150 Ideen wurden anschließend der *Daimler* Intranet Community präsentiert. In einem Abstimmungsverfahren sind die Vorschläge dann von dieser Community bewertet worden. Die am höchsten bewerteten Ergebnisse waren der Grundstein für die bis heute gültigen **acht Führungsprinzipien**, die in Abb. 6.6.5 dargestellt sind. Sie bilden die Leitplanken für die Art, wie wir in Zukunft führen, geführt werden und zusammenarbeiten wollen.

Während dieser Entstehungsphase ist der angestrebte Wandel durch den transparenten Beteiligungsprozess bereits von Beschäftigten unterschiedlicher Hierarchieebenen gelebt worden. Nicht Top-down verordnet, sondern Bottom-up und mit der einzigen Vorgabe: Es gibt keine.

Es wurde auch keine traditionelle Vorgehensweise wie die des klassischen Projektmanagements genutzt, sondern agil und innovativ, digital und offen miteinander interagiert – zukunftsweisend eben. Die Organisation hatte sich dadurch bereits spürbar verändert, die „Change the Game"-Bewegung nahm Fahrt auf.

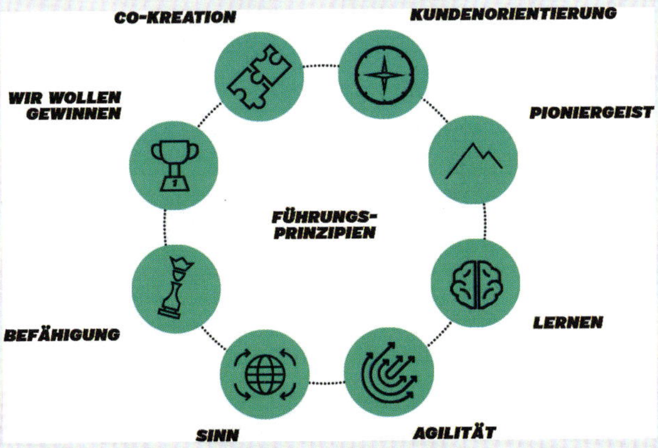

Abb. 6.6.5: Im Zuge eines Mitarbeiterbeteiligungsprozesses entwickelte Führungsprinzipien

Neben der Methodik kam der visuellen und kommunikativen Abgrenzung eine besondere Bedeutung zu. Die allgemeinen Vorgaben des Corporate Design wurden absichtlich verlassen und betont knallige und andersartige Farben in den Kommunikationsmedien genutzt. Die Initiative von Leadership 2020 wurde so eindeutig und nachhaltig für alle sichtbar gemacht.

Der Slogan „**Change the Game**" entwickelte sich zur wichtigsten Aufforderung zum Mitmachen. Bis heute ist jede Mitarbeiterin und jeder Mitarbeiter aufgerufen, durch eigene Taten den Kulturwandel voranzutreiben. Um die Hürden zur Umsetzung für Führungskräfte so niedrig wie möglich zu gestalten, wurden sie in Workshops trainiert und motiviert. Die Leadership-Inhalte wurden zusätzlich in Schulungen implementiert, so dass jede neu ernannte Führungskraft lernt, gemäß den neuen Leadership-Prinzipien entsprechende Prioritäten zu setzen und neue Standards der Zusammenarbeit und Personalführung anzuwenden.

Interne Multiplikatoren, die **Ambassadoren**, wurden und werden immer noch aktiv vom Projektteam unterstützt, um in ihren jeweiligen Bereichen den Spirit weiterzutragen. Diese Kultur-Botschafter nahmen an gesonderten Trainings teil und erhalten bis heute in regelmäßig stattfindenden global-virtuellen Besprechungen aktuelle Informationen rund um die Initiative. Mithilfe der Ambassadoren-Community wurde, neben den sich im Intranet in Communities verbundenen kulturbegeisterten Mitarbeiterinnen und Mitarbeitern, somit ein zusätzliches Netzwerk geschaffen, welches sich durch Best-practice Sharing und gegenseitige Unterstützung auch kontinuierlich weiterentwickelt.

WAS – Die Game Changer

Welche konkreten Maßnahmen können aber von den Führungskräften und der Organisation umgesetzt werden, um die acht Führungsprinzipien zum Leben zu erwecken? Wie können wir ein Unternehmensumfeld schaffen, das den Kulturwandel unterstützt? Hierzu wurden Mittel entwickelt, die direkt oder indirekt, unsere Strukturen und Prozesse verändern – die in Abb. 6.6.6 aufgeführten sog. **Game Changer**.

Grundsätzlich lassen sich diese in zwei **Kategorien** einordnen:

- **Mensch**: Bei Feedback-Kultur, Performance Management, Führungsrolle & Führungsentwicklung sowie

Abb. 6.6.6: Die Game Changer in ihren charakteristischen Farben

Best Fit dreht sich alles um die Mitarbeiterinnen und Mitarbeiter – deren Entwicklung, Ziele und die Zusammenarbeit untereinander.

- **Organisation**: Digitale Transformation, Schwarm-Organisation, Entscheidungsfindung und Inkubator legen die Grundsteine für ein Unternehmen, das sich verändert – auf technologischer Ebene, in Bezug auf die Zusammenarbeit und mit Blick auf unsere Innovationskraft als Konzern.

In Arbeitsgruppen wurden die nötigen Stellhebel kreiert, um den neuen Führungsprinzipien Raum zur Umsetzung zu geben. Dies wird im Folgenden am Beispiel der Schwarm-Organisation veranschaulicht.

Schwarm-Organisation

In Zeiten einer VUKA-Welt (vgl. Kap. 1.3.5), mit sich immer schneller ändernden technischen, gesetzlichen und marktbezogenen Bedingungen, ist das Führungsprinzip Agilität ein wichtiger Eckpfeiler, um Schritt zu halten und wettbewerbsfähig zu bleiben.

In seiner Rolle als Pate für das Prinzip **Agilität** stellte *Ola Källenius*, Vorstandsvorsitzender der *Mercedes-Benz Group*, fest: „Ungewissheit heißt auch, dass eine Reihe von Möglichkeiten vor uns liegt. Diese zu nutzen und schnell zu entscheiden, was funktioniert und was nicht, darum geht's beim Führungsprinzip Agilität."

Der **Schwarm** bietet hier einen neuartigen organisatorischen Rahmen für die Beschäftigten, komplett oder teilweise freigestellt von der Linienaufgabe, an Projekten, Ideen oder Problemstellungen zu arbeiten. Diese Organisationsform zeichnet sich dadurch aus, dass hierarchiefrei und agil gearbeitet wird, entgegen traditioneller „Wasserfall-Ansätze". Die Beachtung agiler Werte und Prinzipien werden zudem bei Bedarf von Schwarm-Coaches begleitet und mithilfe agiler Methoden, wie Design Thinking, Scrum und Kanban, unterstützt. Mit dem Gesamtbetriebsrat wurde schließlich deutschlandweit die formelle Grundlage durch eine gemeinsam unterzeichnete Betriebsvereinbarung geschaffen. Die strukturelle Veränderung wurde damit nachhaltig implementiert. Durch den Game Changer Schwarm-Organisation wird nicht nur das Führungsprinzip Agilität gefördert. Zusätzlich werden Kundenorientierung und Befähigung bedient und das co-kreative Arbeiten begünstigt.

Mit Leadership 2020 haben wir ein neues Kapitel in der Transformation unserer Führungskultur geschrieben. Und es geht weiter: Mit **Leadership 20X** wird der Veränderungsprozess weitergetrieben und weiterentwickelt, denn darin liegt die Stärke – nicht stehen zu bleiben, sondern in Bewegung zu sein (vgl. weiterführend *Fischer*, 2020; *Fischer/Adt*, 2019; *Bock/Schilling*, 2019).

6.6.4 Adaptiv-dezentrale Führung bei B. Braun

Das Unternehmen *B. Braun Melsungen AG* ist ein weltweit führender Hersteller von Medizintechnik- und Pharma-Produkten sowie ergänzenden Dienstleistungen. Das Unternehmen erzielt mit mehr als 65.000 Mitarbeitern einen Umsatz von über 7,4 Mrd. €. *B. Braun* besteht aus vier Sparten: „Hospital Care" versorgt Krankenhäuser mit Infusions- und Injektionslösungen sowie mit Produkten zur medizinischen Einmalversorgung, „Out Patient Market" bietet Produkte zur Patientenversorgung für den niedergelassenen Arzt und die Pflege, „B. Braun Avitum" umfasst Produkte und Dienstleistungen zur extrakorporalen Blutbehandlung und Dialyse und die Sparte „Aesculap" produziert chirurgische Medizinprodukte und -technik (vgl. i. F. *Stoi et al.*, 2011, S. 33 ff.; *Stoi et al.*, 2012, S. 16 ff.).

Die bisherige Budgetierung – Zu detailliert, unflexibel und arbeitsintensiv

Früher sah die Controlling-Welt bei *B. Braun* wie in den meisten Unternehmen aus. In einem zirkulären Planungsprozess wurden die Budgetziele zunächst in der Konzernzentrale von den jeweiligen Spartenvorständen auf Basis der strategischen Zielsetzungen Top-down festgelegt und anschließend unter Berücksichtigung der Einschätzungen der Tochtergesellschaften Bottom-up überarbeitet, konsolidiert und schließlich vom Vorstand verabschiedet. Sämtliche Budgets bauten dabei weitgehend aufeinander auf und legten die Ressourcenverwendung bis ins kleinste Detail fest. Sie waren die verbindliche Zielsetzung für das kommende Jahr und deren Erreichung war teilweise mit Anreizen für die verantwortlichen Planungsträger verbunden.

Dieses jährliche Ritual gab sowohl den Geschäftsführern der lokalen Gesellschaften als auch dem zentralen Controlling einen klaren Rahmen vor, mit welchen Mitteln für Personal, Material und Vertrieb das vereinbarte Ziel zu erreichen ist – ihr Budget. Doch für den damaligen Vorstandsvorsitzenden *Ludwig Georg Braun* war dies „reiner Selbstbetrug", denn der hohe Detaillierungsgrad war nur scheinbar das Ergebnis sorgfältiger Planung. Tatsächlich basierten die Budgets auf pauschal fortgeschriebenen Vorjahreswerten und grobe Schätzungen mutierten auf diese Weise zu verlässlichen Planzahlen. Der schwerfällige Planungsprozess verhinderte rasche Reaktionen auf aktuelle Entwicklungen, wie etwa den Markteintritt neuer Wettbewerber oder den Ausfall wichtiger Kunden. Die Budgets zementierten die Kosten und erschwerten so eine flexible und schnelle Anpassung. Darüber hinaus waren „Budgetspielchen" zu beobachten, bei denen die Verantwortlichen Puffer einplanten, um in den folgenden Verhandlungsrunden noch Raum für zu erwartende Kürzungen zu haben (vgl. Kap. 4.3.3).

Der **Planungsprozess** war für alle Beteiligten außerordentlich zeit- und arbeitsintensiv. Der hohe Detaillierungsgrad und die vielen Abstimmungsschleifen erforderten enorme personelle Kapazitäten. Offiziell dauerte die Budgetierung von August bis November, doch tatsächlich begannen viele lokale Gesellschaften bereits im Frühjahr mit der Überarbeitung der strategischen Planung. Nach Meinung von *Ludwig Georg Braun* „reine Verschwendung", denn trotz dieses Engagements galten viele Budgetansätze im Jahresverlauf schnell als überholt. Bei unterjährigen Planabweichungen verabschiedeten sich die Verantwortlichen vom Plan, da sinnvolle ökonomische Entscheidungen oft gerade nicht den Vorgaben entsprachen. So war zu beobachten, dass leistungsfähige Organisationen selbst entschieden, wann der Plan noch relevant war und wann nicht. Kosten und Nutzen der Budgetierung standen somit in keinem Verhältnis zueinander. Der Vorstand beschloss deshalb, die operative Konzernsteuerung neu auszurichten. Ab 2006 sollte das Unternehmen ohne starre Budgets und Ressourcenverteilung auskommen und auf eine ausformulierte und integrierte Jahresplanung verzichten.

„All dieses Zahlen sammeln, dieses Reporting, das ist eine umfangreiche Tätigkeit, die man vom Schreibtisch aus machen kann und die dem Mitarbeiter einen guten Grund gibt, nicht beim Kunden zu sein. Um Ziele vorzugeben, tragen wir jetzt zusammen, wie es in den Märkten der Welt aussieht. Was sich dort verändert, wie der Trend der letzten Monate ist, ob sich das mit unseren Hochrechnungen deckt und wie wir weiter steuern müssen. Aber Pläne wie früher, wie viele Produkte man mit welchen Maßnahmen in welchen Ländern absetzen kann, das machen wir nicht mehr. Die Manager sollten stattdessen beim Kunden sein. Das ist ja ihre große Aufgabe, dass sie draußen sind, um zu sehen, welche Veränderungen stattfinden. Welche Probleme die Verwender unserer Produkte haben und welche neuen Lösungen sie brauchen", so *Braun*.

Rollierende Forecasts als Führungsinstrument

Die operative Steuerung erfolgt bei *B. Braun* seitdem nicht mehr durch Plan-Ist-Vergleiche, sondern auf Basis der prognostizierten Entwicklung im Vergleich zum Vorjahr (Wird-Ist). Den Kern dieses neuen Führungsprozesses bilden rollierende Forecasts, sog. **Latest Estimates**. Die Kontinuität des Marktes hilft dabei, verlässliche Prognosen zu erstellen und sich auf die Markttrends, wie etwa neue Produkte oder Wettbewerbsaktivitäten, zu konzentrieren. Die Jahresbilanz, die bereits bis Mitte Januar erstellt wird, bildet die Basis für die Bestimmung der Ziele auf Ebene des Konzerns, der Sparten und der Vertriebsorganisationen. In sog. **Review Meetings** werden zweimal jährlich (im April und Oktober) die Erwartungen für das laufende Geschäftsjahr sowie im Oktober auch für das kommende Geschäftsjahr abgeschätzt. Hierzu füllen die Länder- und Spartenverantwortlichen im Vorfeld eine einseitige Abfrage über wenige, wesentliche Kenngrößen aus, die durch die Einschätzungen des Vorstands ergänzt wird. Durch die unterjährige Überprüfung der Prognosen kann sehr zeitnah auf Marktveränderungen reagiert werden. Dadurch wird die Flexibilität bei geringerem Zeitaufwand deutlich erhöht. Der Review-Prozess bildet einen Regelkreis, der innerhalb von vier Wochen abläuft. Er ist in Abb. 6.6.7 veranschaulicht und wird im Folgenden erläutert.

Zu Beginn der Reviews erstellen die lokalen Spartenverantwortlichen in Zusammenarbeit mit den Regionalleitern innerhalb von zwei Wochen aggregierte Umsatz-, Kosten- und Deckungsbeitragsprognosen (Schritt 1). Im April erfolgt dies nur für das laufende Jahr und in der zweiten Runde im Oktober auch für das Folgejahr. Die Erwartungen der einzelnen strategischen Geschäftsfelder (SGF) werden anschließend für die Gesellschaften und Sparten zusammengeführt, konsolidiert, kommentiert und mit den Verantwortlichen abgestimmt (Schritt 2). Ergebnis ist die erste Version des Latest Estimates. Dieser wird in einem Zeitraum von zwei Wochen von einem Komitee aus Regionalleiter, Spartenleitung Vertrieb/Marketing und den Sparten-Controllern im Review Meeting besprochen und bewertet (Schritt 3).

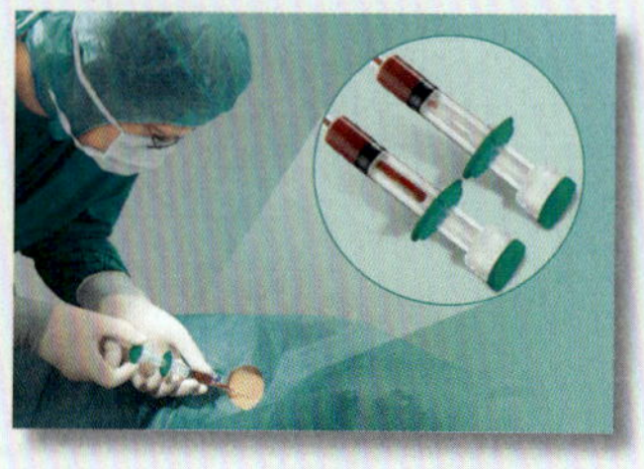

Die Diskussion bezieht sich dabei auf den Vergleich zwischen den zu erwartenden Ergebnissen für das laufende Jahr (Wird) und den Werten des Vorjahres (Ist). Ebenfalls betrachtet wird die kumulierte Entwicklung bis zum Berichtsmonat (Year to date) im Vergleich zum jeweiligen Vorjahreszeitraum (Schritt 4). Darüber hinaus fließen auch strategische Zielsetzungen mit ein. Aus der Entwicklung der Umsätze und Kosten der strategischen Geschäftsfelder wird auf Basis der nachfolgend näher erläuterten 50 %-Regel ein eventueller Handlungsbedarf abgeleitet. Die Einleitung konkreter Maßnahmen wird dabei innerhalb des Komitees gemeinsam entschieden (Schritt 5). Dadurch ist es möglich, auch in volatilen Märkten unterjährig schnell und flexibel korrigierend einzugreifen. Auf Korrekturen an der Datenbasis wird aber weitgehend verzichtet, die Prognosen stellen vielmehr die Einschätzung des lokalen Managements dar. Die in den Review Meetings

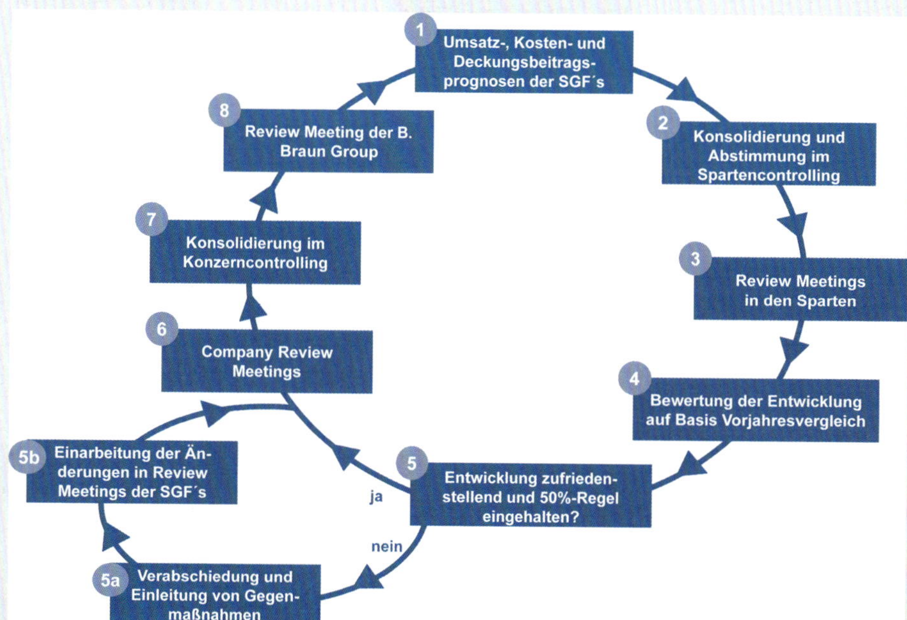

Abb. 6.6.7: Review-Prozess bei B. Braun

vereinbarten Änderungen werden anschließend von den strategischen Geschäftsfeldern in ihren Prognosen berücksichtigt und umgesetzt.

Der ursprüngliche Ansatz des Review-Prozesses lag darin, die vertriebs- und kostenorientierten Planungsaktivitäten effizienter zu gestalten und Budgets durch Prognosen zu ersetzen. Deshalb war dieser Prozess anfangs sehr stark durch die Abstimmung der Erwartungen zwischen Vertriebsorganisationen und Sparten getrieben. Durch die Wirksamkeit dieser Steuerung entstand aber auch zunehmend der Wunsch nach einer ganzheitlicheren Steuerung der Tochtergesellschaften. Daher werden heute ergänzend zu den Review Meetings der Sparten auch Company Review Meetings mit den einzelnen Gesellschaften durchgeführt (Schritt 6). Diese sind durch den Finanzbereich getrieben und haben neben den Zentralbereichskosten auch die Entwicklung von Working Capital und Cashflow im Fokus. Diese Company Reviews sind grundsätzlich den Prognosen der Sparten nachgelagert, um deren Maßnahmen in einer ganzheitlichen Betrachtung berücksichtigen zu können. Dabei wird geprüft, ob die Prognosen der Sparten zu denen der Gesellschaften passen und ob sich daraus besondere Erfordernisse etwa an die Kapazitätsplanung oder die Liquiditätssituation einer Gesellschaft ergeben. Im Anschluss an die Company Reviews erfolgen die Konsolidierung im Konzerncontrolling (Schritt 7) und die Erstellung des endgültigen Latest Estimate der gesamten *B. Braun Group* (Schritt 8).

50 %-Regel und flexible Genehmigungsprozesse

Auch ohne Budgets und detaillierte Kostenstellenplanung wird die Entwicklung der Kosten bei *B. Braun* nicht dem Zufall überlassen. Um beim Kostenmanagement nicht lediglich reaktiv wirken zu können, gibt es die sog. **50 %-Regel**, die ein profitables Wachstum sicherstellen soll. Danach sollen bei Umsatzsteigerungen die Funktionskosten aus Vertrieb und Verwaltung um nicht mehr als 50 % der prozentualen Erhöhung des Bruttoergebnisses (Umsatz abzgl. Herstellungskosten) steigen. Erhöht sich also etwa das Bruttoergebnis um 8 %, dann dürfen die Funktionskosten maximal um 4 % zunehmen. Dieser Zielwert dient dazu, die Kostenentwicklung der strategischen Geschäftsfelder immer an der Umsatzentwicklung auszurichten und damit unter Kontrolle zu halten. Im Rahmen des Review Meetings werden die Kostenerwartungen mit dem Vorjahr verglichen. Wird dabei deutlich, dass Kosten relativ zur Umsatzentwicklung „aus dem Ruder" laufen, können unmittelbar konkrete Gegenmaßnahmen eingeleitet werden. Verstößt die prognostizierte Kostenentwicklung einer Gesellschaft gegen diese Regel, dann wird im Review Meeting diskutiert, ob dies z. B. aus strategischen Gründen sinnvoll ist oder aber entsprechende Korrekturen durchzuführen sind. Auf Konzernebene wird diese Zielgröße deshalb in der Summe bewusst überschritten. Das Ziel der 50 %-Regel gibt allen Gesellschaften, mit denen keine besonderen Vereinbarungen getroffen werden, eine grundsätzliche Richtung vor.

Der Verzicht auf Budgets erfordert **unterjährige Genehmigungsprozesse**, um die Kostenentwicklung im Tagesgeschäft im Auge zu behalten. In den Sparten sind beispielsweise Personalanforderungen in den indirekten Bereichen von einem Leitungsgremium aus Spartenvorstand und zentralen Bereichsleitern zu genehmigen. Dies erfolgt aber erst dann, wenn tatsächlich ein Personalbedarf besteht und nicht wie in der Vergangenheit durch die Bereitstellung budgetierter Planstellen. Denn diese wurden nachträglich nicht mehr hinterfragt, auch wenn sich der Personalbedarf in der Zwischenzeit verändert hatte. Das heutige Vorgehen ermöglicht eine flexible Personalpolitik und eine bessere Beeinflussbarkeit der Personalkosten. Solche unterjährigen Genehmigungsprozesse existieren auch für Projekte, Marketingveranstaltungen, Ersatzinvestitionen und Instandhaltungen. Auch hierfür werden Maßnahmen und Kosten ad hoc geplant und durch das Leitungsgremium zeitnah verabschiedet. Einzig bei Großprojekten wie etwa dem Bau eines neuen Werks oder der Entwicklung eines neuen Produkts wird noch ein verbindlicher Kostenrahmen vorgegeben.

Agil führen ohne fixierte Budgetziele

Im Vergleich zur Budgetierung ist die Unternehmenssteuerung von *B. Braun* durch den Review-Prozess nun schneller und wesentlich flexibler als zuvor. Meist wird bereits im ersten Review Meeting erkannt, ob die Umsatzentwicklung in strategischen Geschäftsfeldern hinter den Erwartungen zurückbleibt. Zeigt sich auf diese Weise ein Handlungsbedarf, dann werden statt der pauschalen Budgetkürzungen von früher nun konkrete Maßnahmen zur Ergebnissicherung beschlossen. Diese richten sich dabei insbesondere auf die kurzfristig beeinflussbaren Sachkosten, wie etwa für Reisen oder Beratungs- und Instandhaltungsleistungen. Basierend auf dem Niveau des Vorjahrs werden klare Reduktionsziele vorgegeben und Maßnahmenprogramme verabschiedet. Personalkosten sind nur begrenzt beeinflussbar und kurzfristiger Personalabbau entspricht nicht der Unternehmenskultur von *B. Braun.*

Um den notwendigen **kulturellen Wandel** zu erreichen, war es hilfreich, den Review-Prozess in den ersten fünf Jahren dreimal jährlich durchzuführen. Nachdem eine adäquate Prognosequalität erreicht und der Prozess entsprechend eingeübt war, wird der Latest Estimate heute nur noch zweimal jährlich erstellt. Nur fallweise ausgewählte Gesellschaften überarbeiten ihre Prognose im Juli nochmals. Die Notwendigkeit eines solchen zusätzlichen Reviews wird im Rahmen der Diskussion des ersten Latest Estimate im April beschlossen. Dies kann erforderlich sein, wenn die Gesellschaften eine besondere Dynamik aufweisen oder die Ergebniserwartungen nicht erfüllen. So ist auf Konzernebene im Juli eine überarbeitete Vorschau verfügbar, ohne dass in allen Gesellschaften dadurch Kapazitäten gebunden werden.

Ludwig Georg Braun pochte bei seinen Managern stets auf ein stärkeres unternehmerisches Denken. Er forderte mehr Eigenverantwortung und legte den Fokus auf den Markt statt auf das Erreichen von Planzielen: „Die Mitarbeiter sollen sich selbst fragen, ob Projekte sinnvoll und die Kosten dafür angemessen sind und ob sie wirklich etwas zur Wertschöpfung beitragen."

Zwar müssen die verantwortlichen Manager nun mehrmals im Jahr ihre Erwartungen für Umsatz, Kosten, Deckungsbeitrag und Ergebnis melden. Allerdings erfordert das heute nur ein paar Stunden, während dafür früher mehrere Wochen erforderlich waren. Die Verantwortlichen müssen nicht mehr um ein möglichst vorteilhaftes Budget feilschen. Mithilfe der Latest Estimates ist das Unternehmen nun näher am Marktgeschehen, was durch die hohe Qualität der Prognosewerte der Vergangenheit bestätigt wird. Da *B. Braun* bereits am zweiten Arbeitstag eines Monats über den konsolidierten Umsatz und eine konsistente Ergebnisabschätzung des Vormonats verfügt, kann das Controlling daran die Güte der Latest Estimates zeitnah beurteilen. Bei markanten Abweichungen werden die Ursachen mit den verantwortlichen Sparten und Gesellschaften analysiert und mögliche Reaktionen darauf gemeinsam beschlossen. Auch *Heinz-Walter Große,* von 2011 bis 2019 Vorstandsvorsitzender von *B. Braun,* ist vom Review-Prozess überzeugt: „Die Manager geben uns jetzt realistische Zahlen, weil sie wissen, dass wir sie nicht darauf festnageln werden, wenn sich die Verhältnisse vor Ort ändern. Diese Angaben sind für uns eine verlässliche Vorschau und nicht wie bisher nur eine vage Absichtserklärung. Dadurch können wir viel schneller auf Änderungen im Markt reagieren."

Die Wirksamkeit der adaptiv-dezentralen Führung auf Basis rollierender Prognosen hat sich bei *B. Braun* bestätigt. Latest Estimates und Review Meetings liefern in nur vier Wochen ein realistisches Bild der geschäftlichen Entwicklung und einen Ausblick in die Zukunft. Ziele und Maßnahmen lassen sich unterjährig prüfen und flexibel an volatile Marktgegebenheiten anpassen. Die Vereinbarung konkreter Maßnahmen fördert Umsatz- sowie Effizienzverbesserungen und die Gesamtkostensteigerung wird durch die 50 %-Regel begrenzt. Da die individuellen Ziele aus den Ergebnissen des Vorjahres abgeleitet werden, findet eine klare Trennung zwischen Prognosen und Zielen statt. Der eingeführte Review-Prozess erkennt Trendbrüche schneller, wird allerdings auch durch eine gewisse Kontinuität im Geschäft begünstigt.

Budgetpolitik gehört bei *B. Braun* der Vergangenheit an. Die Verbindung mit unterjährigen Genehmigungsprozessen und konsequenten Vorjahresvergleichen macht das Unternehmen handlungsfähiger und flexibler, ohne dabei das Ziel profitablen Wachstums aus den Augen zu verlieren. Besser zu sein als im Vorjahr ist schließlich immer ein wichtiges Ziel. Das Controlling wurde von vielen Routineaufgaben entlastet. Die Controller sind in den Review Meetings nun viel stärker mit den Inhalten als mit der Verarbeitung von Zahlen beschäftigt. Sie konzentrieren sich auf die Analyse der Prognosen und die Beratung der Beteiligten und werden so ihrer Rolle als serviceorientierte, mitverantwortliche Business Partner besser gerecht.

„Für B. Braun war der Übergang von der formalen Jahresplanung auf den Review-Prozess damals sicher ein mutiger Schritt. Doch die frühzeitigen Steuerungsinformationen, über die wir heute verfügen, die partnerschaftliche Diskussion der Entwicklung unseres Geschäfts in den Review Meetings, die hohe Güte der abgegebenen Prognosen und die breite Akzeptanz im Management zeigen, dass es sich für uns gelohnt hat. Wir sehen jetzt viel früher, wo die Reise hingeht, und entscheiden dann schnell und im Dialog mit den Sparten und Gesellschaften, welche Maßnahmen erforderlich sind, um unsere Ziele zu erreichen", so das Fazit von *Heinz-Walter Große.*

6.6.5 Wandel beim Sportartikelhersteller ERIMA

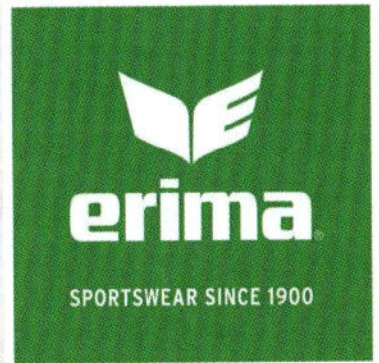

Die *ERIMA GmbH* in Pfullingen entwickelt und produziert hochwertige Sportbekleidung für Mannschaften und Vereine, die über den Sportfachhandel europaweit vertrieben werden. Das Unternehmen erzielt mit mehr als 260 Mitarbeitern einen Umsatz von über 66 Mio. €. *ERIMA* ist das älteste, heute noch existierende deutsche Sportartikelunternehmen. Die Firmenhistorie zeigt eindrucksvoll, wie das Unternehmen aus einer Krise durch tiefgreifende Veränderungen wieder wettbewerbsfähig wurde.

Der Aufstieg von ERIMA

Remigius Wehrstein gründete 1900 in Reutlingen eine Sportbekleidungsfabrik für Gymnastik, Turnen, Leichtathletik und Fechtsport. 1928 wurde das Unternehmen an drei ortsansässige Geschäftsleute verkauft, die 1936 Insolvenz anmeldeten. Daraufhin übernahm *Erich Mak* das Unternehmen. Aus dessen Initialen entstanden 1951 der neue Firmenname und die Marke *ERIMA* – ebenso wie bereits 1949 *Adi Dassler* seinem Unternehmen den Namen *Adidas* gegeben hatte.

Bereits Anfang der 1950er-Jahre entwickelte *Erich Mak* moderne Kollektionen, die im Fuß- und Handball richtungsweisend waren. *ERIMA* begann daraufhin mit der breiten Ausstattung von Sportmannschaften und -verbänden. Zur damaligen Zeit wurde fast die gesamte Fußballbundesliga von *ERIMA* eingekleidet. Ab 1962 war *ERIMA* auch Partner des *DFB* und rüstete die deutsche Fußball-Nationalmannschaft aus, die 1974 in *ERIMA*-Trikots Weltmeister wurde. Darüber hinaus stattete *ERIMA* zwischen 1960 und 1972 mehrere deutsche Teams bei den olympischen Spielen aus. Durch dieses Engagement stieg das Unternehmen zum bedeutendsten Hersteller von Sporttextilien in Deutschland auf. Die Ausstattung der Spitzenteams im Fuß- und Handball und bei den olympischen Spielen ließ sich bis dahin an den Trikots jedoch nicht erkennen, denn Trikotwerbung war damals noch verboten. *ERIMA* hatte auch noch kein Logo, das erst 1976 eingeführt wurde. Bei der Fußball-WM 1978 trug die deutsche Fußball-Nationalmannschaft erstmals das *ERIMA*-Logo mit den beiden Schwingen auf seinen Trikots. Dies wurde, wie in Abb. 6.6.8 zu sehen, auch durch eine Werbekampagne unterstrichen. Es sollte allerdings die letzte Fußball-WM sein, bei der *ERIMA*-Trikots getragen wurden.

Abb. 6.6.8: Die deutsche Fußball-Nationalmannschaft in ERIMA-Trikots bei der WM 1978

1976 ist *ERIMA* als führende deutsche Qualitätsmarke für Mannschaftssporttextilien auf dem Zenit seiner Firmengeschichte. Das Unternehmen beschäftigte über 600 Mitarbeiter und war mit einem Umsatz von 48 Mio. DM und einer Eigenkapitalquote von 50 % kerngesund. *Adidas* gehörte inzwischen zu seinen Kunden und ließ dort Bademoden und Fußball-Trikots produzieren. 1976 war aber auch das Jahr, in dem sich das Blatt für *ERIMA* wendete. *Erich Mak* verkaufte mit 75 Jahren aus Altersgründen und mangels Nachfolger das Unternehmen an *Adidas*. Auch *Schiesser* und *Puma* waren damals an *ERIMA* interessiert.

ERIMA gerät in die Krise

Der Niedergang von *ERIMA* beginnt 1980. *Adidas* zieht sämtliche Sponsorenverträge, darunter die Fußball-Bundesligisten, die Fußball-Nationalmannschaft und die olympischen Mannschaften, von *ERIMA* ab und nutzt diese fortan selbst. Dadurch verliert das Unternehmen nach und nach an Bekanntheit. Im Jahr 1987 verlagert *Adidas* die Produktion seiner Bademoden und Fußball-Trikots nach Asien. Dadurch bricht bei *ERIMA* fast die Hälfte des Produktionsvolumens weg und das Unternehmen schrieb seit 50 Jahren erstmals rote Zahlen.

In dieser Situation versäumte es die damalige Führungsspitze, sich mehr um das Kerngeschäft des Mannschaftssports zu kümmern und dort um Marktanteile zu kämpfen. Stattdessen versuchte *ERIMA*, seine Produkte nun auch im Branchensegment Sportmode zu vermarkten. Mangelnde Erfahrung und eine missglückte Kollektion brachten diesen Versuch, trotz einer Werbekampagne mit dem bekannten Fernsehmoderator *Thomas Gottschalk* (vgl. Abb. 6.6.9), unweigerlich zum Scheitern. Die Verluste stiegen dramatisch und die Situation erschien aussichtslos.

Abb. 6.6.9: Werbekampagne mit Thomas Gottschalk zum Einstieg ins Branchensegment Sportmode

Adidas entsendete 1995 seinen Manager *Wolfram Mannherz* in die Geschäftsführung von *ERIMA*, um das Unternehmen zu sanieren. „Es war ein Bauchladen mit Kraut und Rüben", erinnert sich *Mannherz*. „Die Kollektion war ein Sammelsurium verschiedenster Sportarten und die Produkte waren zu teuer. Es gab zu viele Segmente und kein Segment war rentabel. Neue Kollektionen wurden zu spät ausgeliefert und von den Fachhändlern deshalb häufig wieder zurückgeschickt." Darüber hinaus belasteten das Unternehmen hohe Fixkosten, insbesondere für Personal, Abschreibungen auf Lagerbestände sowie Mietverträge für ungenutzte Lagerräume. Durch die Schwäche von *ERIMA* hatten die Wettbewerber das Geschäft mit Fußballvereinen übernommen. Neben den beiden Marktführern *Adidas* und *Nike* waren darunter auch neue Konkurrenten wie *Jako* oder *Uhlsport*.

ERIMA wandelt sich

Der Wandel wurde durch die Rückbesinnung auf die einstige Kernkompetenz von *ERIMA* eingeleitet – den Mannschaftssport Fußball. Ziel war es, dort wieder der Beste zu sein. Alle anderen Geschäftsbereiche wurden eingestellt. Zunächst musste die neue Führung verstehen, wie das Teamsportgeschäft funktioniert und sich *ERIMA* dort gegenüber seinen Wettbewerbern differenzieren kann. Hierzu wurden die Fachhändler partnerschaftlich einbezogen, um die spezifischen Kundenanforderungen in dieser Nische des Sportartikelmarkts kennenzulernen.

Das **Teamsportgeschäft** umfasst die komplette Ausstattung von Sportvereinen mit Trikots, Trainingsbekleidung, Bällen und Regenjacken mit einheitlichem Design. Da Vereine zwar laufend Bedarf, aber wenig finanzielle Mittel haben, sind sie auf Sponsoren wie etwa lokale Banken oder Handwerksbetriebe angewiesen. Die Abwicklung erfolgt über den örtlichen Sportfachhändler. Die Vereine erwarten dabei eine schnelle Lieferung und die Möglichkeit zur Ersatzbeschaffung über mehrere Jahre. Alle internen Prozesse bei *ERIMA* wurden in der Folge auf die speziellen Anforderungen des Fußball-Teamsports konzentriert: Es wurden neue Produkte entwickelt, die Fertigung ins Ausland verlagert, Vertriebsanstrengungen zur Wiedereinführung der Marke bei den Fachhändlern gestartet, ein Kundenservice zur schnellen Auftragsabwicklung geschaffen sowie Lager und Logistik auf kurze Lieferzeiten ausgerichtet. Innerhalb dieses schwierigen fünfjährigen Restrukturierungsprozesses mussten nicht nur die Strukturen und Abläufe erneuert, sondern auch die Denk- und Verhaltensweisen der Mitarbeiter verändert werden. Nachdem *ERIMA* 1998 noch ca. 4 Mio. DM Verlust gemacht hatte, erreichte es 1999 erstmals wieder ein ausgeglichenes Ergebnis – die Sanierung war erfolgreich. Da *ERIMA* für *Adidas* aber keine strategische Bedeutung besaß, sollte das Unternehmen nun gewinnbringend verkauft werden.

ERIMA verstetigt den Wandel und gewinnt zu neuer Stärke

Ausländische Investoren, wie etwa ein US-amerikanisches Kaufhaus, interessierten sich jedoch nur für den Warenbestand und wollten das Unternehmen liquidieren. Der damalige Geschäftsführer *Wolfram Mannherz* hatte aber eine andere Vision. Er wollte das Unternehmen zum führenden Spezialisten für den Mannschaftssport in Europa machen. Deshalb entschloss er sich im Jahr 2000, *ERIMA* selbst zu kaufen. Zunächst übernahm er von *Adidas* in einem Management-Buy-out 49 % der Anteile und 2005 dann die restlichen 51 %.

In der Folge trieb er den eingeleiteten Wandel konsequent voran. Als Quelle für weiteres Wachstum wurde das Angebotsspektrum zum **Multi-Teamsport** um die Bereiche Tennis, Handball, Turnen und Laufen ausgeweitet. Hierfür wurde eine zentrale Trainingskollektion bestehend aus Trainingsanzügen, Polos, T-Shirts und Shorts entwickelt, die sich für alle Mannschaftssportarten nutzen lässt. Dies ermöglichte höhere Bestellmengen, niedrigere Beschaffungspreise sowie geringere Gesamtlagerbestände. Spezifische Ausstattungen für einzelne Sportarten, wie z. B. Schienbeinschoner im Fußball, vervollständigen das Angebot. Durch die Ausweitung auf andere Sportarten wurde die Bekanntheit der Marke gesteigert und das Geschäftsrisiko reduziert.

Das Multi-Teamsport-Geschäftsmodell ist darüber hinaus beliebig auf weitere Sportarten erweiterbar. Die Kollektionen sind in allen Größen vier Jahre lang vorrätig und rund 10.000 Einzelartikel sind innerhalb von 48 Stunden lieferbar. Wesentlich für den erfolgreichen Wandel war auch die Aufstellung und Kommunikation der Unternehmenswerte. Die Geschäftsführung lebt sie glaubhaft vor und so können sich auch die Mitarbeiter damit identifizieren. Diese Werte werden im neuen Leitbild **„Gemeinsam gewinnen"** gebündelt. Danach sollen Unternehmen, Mitarbeiter, Kunden und Lieferanten stets zusammen vom Erfolg profitieren (vgl. Abb. 6.6.10).

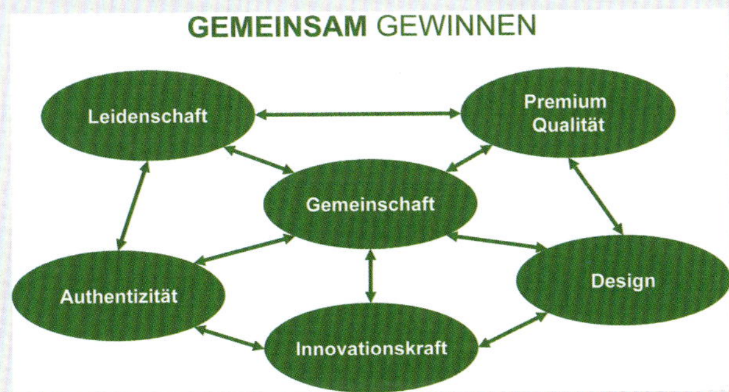

Abb. 6.6.10: Leitbild und Werte von ERIMA

Produktbezogen setzt *ERIMA* auf hohe Qualität, innovative Textilien und Produkte sowie moderne Designs. 2015 wurde etwa der neue Fußball *HYBRID TRAINING* erfolgreich in den Markt eingeführt. Er vereint die Vorteile eines geklebten mit denen eines genähten Balls und weist so herausragende Spieleigenschaften und eine besondere Haltbarkeit auf. 2018 kam der neue Torwarthandschuh *FLEXINATOR Ultra Knit* auf den Markt, der durch seine außergewöhnlich flexible Passform besticht und mit dem *iF Design Award* ausgezeichnet wurde.

Personenbezogen stehen Gemeinschaft, Leidenschaft und Authentizität im Vordergrund. Beispielsweise informiert *Mannherz* seine Mitarbeiter in monatlichen Betriebsversammlungen persönlich und offen über Ziele, Fortschritte und die aktuelle Situation des Unternehmens. Das Gemeinschaftsgefühl wird auch durch Feiern gepflegt, wie etwa dem Sommerfest, bei Jubiläen, dem Firmenlauf oder der Weihnachtsfeier. Mit den Fachhändlern als direkten Kunden wird regelmäßig kommuniziert, um noch besser auf deren Wünsche eingehen zu können. Gerade im Teamsport ist eine hohe Verfügbarkeit extrem wichtig. *ERIMA* hat die im Sportfachhandel erhältliche Kollektion permanent auf Lager und so inzwischen eine Lieferfähigkeit von 99 % erreicht. Im Jahr 2019 wurde im schwäbischen Kirchentellinsfurt das neue Logistikzentrum „Home of Teamsport" eröffnet, das täglich bis zu 53.000 individuell angepasste Artikel ausliefern kann.

Eine weitere Stufe zum Erfolg war die Steigerung des Bekanntheitsgrads von *ERIMA* als **Teamsport-Marke**. Hierfür wurde das Corporate Design durch ein neues Logo und eine aus der fußballorientierten Markenhistorie abgeleitete grasgrüne Leitfarbe modernisiert. Mit dieser farblichen Positionierung hebt sich das Unternehmen auch deutlich von seinen Konkurrenten ab. Zunehmend wurden auch Sponsorenverträge mit Sportmannschaften, Vereinen und Spitzensportlern unter dem Firmenleitbild „Gemeinsam gewinnen" abgeschlossen. Darunter u. a. der Fußballverein *Eintracht Braunschweig*, der Volleyballverein *VfB Friedrichshafen*, die *Schweizer* Handball Nationalmannschaft sowie der deutsche Schützen-, Tennis- und Turner-Bund. Der Handballverein *SG Flensburg-Handewitt* gewann in Trikots von *ERIMA* 2014 die Champions-League und 2019 den Supercup und die deutsche Meisterschaft. Darüber hinaus baut das Unternehmen seine Bekanntheit durch verstärktes Marketing, etwa durch Kooperation mit dem TV-Sender *SPORT 1*, weiter aus. *ERIMA* ist heute europaweit in über 6.000 Sportfachgeschäften vertreten. 2015 wurde *ERIMA* vom Nachrichtensender *n-tv* zum „Hidden Champion" in der Kategorie Marke ernannt und von der Branchenzeitschrift *SAZ* als bester Teamsport-Lieferant prämiert. „Wir haben ein besonderes Augenmerk auf absolute Premiumqualität gelegt, sei es bei unseren Produkten oder unserem Service. Das hat sich offensichtlich ausgezahlt", freut sich *Mannherz*.

6.6.6 Transformation von unten: Mindset, Möbel und Methoden einer Graswurzelinitiative bei T-Systems

Praxisbeispiel von Oliver Herrmann (Senior Vice President New Ways of Working, Deutsche Telekom)

Die *T-Systems International GmbH* ist die Großkundensparte der *Deutschen Telekom AG.* Mit Standorten in über 20 Ländern, mehr als 37.500 Mitarbeitern und einem externen Umsatz von 6,8 Mrd. € ist *T-Systems* einer der weltweit führenden, herstellerübergreifenden Digitaldienstleister.

T-Systems bewegt sich an der vordersten Front von IT-getriebenen Innovationen und der damit einhergehenden Veränderung der Zusammenarbeit: Aus Hierarchien werden Netze, aus einzelnen Spezialisten ganze Expertengruppen, aus lang angelegten Forschungsprojekten schnelle Design-Sprints. Ergebnisse wollen heute viel schneller und polyvalenter geboren werden als bislang. Dafür brauchen Mitarbeiter und Führungskräfte ein besonderes Selbstverständnis. Das Interessante dabei: Viele Mitarbeiter warten nur darauf, sich einzubringen, neue Methoden einzusetzen und Neues entstehen zu lassen. Wenn dies ohne Zutun des Managements entsteht, spricht man auch von einer **Graswurzelbewegung** (Grassroots Movements). Was eine solche Bewegung alles erreichen kann, das haben wir in den vergangenen Jahren bei uns im Haus erfahren. Und wir haben gelernt, was die Unternehmensführung tun muss, um solche Veränderungen erfolgreich zu machen.

Magenta Lighthouse – Aus sechs Initiatoren wurden Tausende freiwillige Unterstützer

Mit „*Magenta Lighthouse*" haben ursprünglich sechs Kollegen am Standort Wolfsburg im Februar 2016 etwas in Gang gesetzt, was immer größere Kreise gezogen hat. Damals gab es dort eine schwierige Ausgangslage und mit diesem Leuchtturm-Programm wollten sie die Zusammenarbeit im Unternehmen und mit einem Großkunden spürbar verbessern, gemeinsam neue Ideen entwickeln und so den Kunden und die Kollegen vor Ort begeistern. Es sollte darum gehen, die digitale Zukunft für den Kunden aktiv zu gestalten und dabei den Menschen in den Mittelpunkt zu stellen. Neue Wege zu gehen. Die Dinge einfach anders zu machen – und so den Kunden und das eigene Unternehmen gleichermaßen voranzubringen.

Und diese Graswurzel-Bewegung hatte Erfolg: Aus den sechs Initiatoren der Bewegung wurden sehr schnell 400 Kolleginnen und Kollegen an mehreren Standorten. Inzwischen sind mehrere Tausend begeisterte Mitarbeiter und Führungskräfte quer durch die ganze Republik Teil von *Magenta Lighthouse* – in Hamburg, Berlin, München, Stuttgart und Karlsruhe.

Bereits in den ersten drei Monaten der Initiative sind mehr als 70 neue Ideen für innovative Lösungen entstanden, aus denen drei Patente hervorgegangen sind, z. B. eines für eine neuartige Virtual-Reality-Schnittstelle im Fernwartungsumfeld. Außerdem haben wir durch *Magenta Lighthouse* zusätzliche Umsätze in Millionenhöhe erwirtschaftet. Nicht nur durch Innovationen an sich, sondern auch, weil unsere neue Expertise in Sachen agiles Arbeiten und Design Thinking im Markt immer stärker gefragt ist. Weil diese unternehmensinterne Initiative die Selbstbestimmung und intrinsische Motivation der Belegschaft deutlich steigern konnte, wurden wir 2018 vom sozialen Netzwerk XING mit dem **New Work Award** ausgezeichnet.

Mindset, Möbel und Methoden

Wie haben unsere Mitarbeiter das konkret gemacht? Sie haben dafür in kreativen Arbeitsumgebungen bereichs- und standortübergreifend zusammengearbeitet – freiwillig, eigenverantwortlich und mit großem Engagement. Oft auch direkt mit dem Kunden. Der Rest kam von alleine. Naja, fast von alleine. Denn die Graswurzel-Bewegung hatte Sponsoren aus der Unternehmensführung, die nicht nur den Freiraum und die richtigen Wachstumsbedingungen geboten haben, sondern – wichtig – auf Augenhöhe mitgearbeitet haben.

Drei **Faktoren** sind hier aus meiner Sicht ausschlaggebend:

- **Mindset:** An erster Stelle steht ein Umdenken bei allen Beteiligten. Die Initiatoren der Bewegung haben ihre Kolleginnen und Kollegen zu einer neuen Form der Zusammenarbeit ermutigt, zum agilen Arbeiten, zu einer gesunden Fehlerkultur. Das ist ganz wichtig: Denn wer Angst vor Fehlern hat, bringt keine Innovationen hervor. Scheitern, daraus lernen und es beim nächsten Mal besser zu machen, das gehört dazu, wenn man etwas Neues schaffen will. Die Mitarbeiter und ihre Führungskräfte brauchen die Gewissheit, dass Fehler toleriert werden und nur das Ergebnis zählt. Und hier sind vor allem die Führungskräfte gefordert, dies nicht nur zu propagieren, sondern vorzuleben.

- **Möbel:** Hört sich zunächst trivial an, ist aber wichtig. Daher haben unsere Mitarbeiter auch ihr Arbeitsumfeld transformiert und so spezielle Räume für die Zusammenarbeit und für kreative Prozesse geschaffen. Sie haben Sofas aufgestellt, Sitzecken im Foyer eingerichtet, Ideenwände in den Flur gestellt, gemütliche Sitzsäcke angeschafft und vieles mehr. Erst in einem solchen Umfeld kann sich kreative Zusammenarbeit entfalten, können neue Arbeitsmethoden entstehen und kann ein spontaner informeller Austausch stattfinden. Übrigens: Alle Mitarbeiter und Kunden dürfen diese Räume nutzen. Natürlich ändert sich damit nicht über Nacht die Arbeitskultur, aber es ist ein wichtiger Anfang. Solche neuen Möbel sind ein optisches Signal für den Neuanfang und sorgen dafür, dass die Mitarbeiter sich in ihrer neuen Rolle wohlfühlen und die neuen Arbeitsmethoden annehmen.
- **Methoden:** Dritter wichtiger Punkt sind die Arbeitsprozesse. Die Kolleginnen und Kollegen haben mehr Schnelligkeit und Flexibilität reingebracht, sind an die Aufgaben wesentlich agiler herangegangen. Heute liefern wir Problemlösungen eher in kurzen Teilschritten ab, anstatt in langwierigen Phasen eine Komplettlösung zu entwickeln – die vielleicht gar nicht die richtige ist. Wir versuchen nun, schnell aus ersten Ideen konkrete Prototypen für den Kunden zu schaffen und entwickeln die Lösung anschließend gemeinsam weiter. Dafür fragen sich unsere Mitarbeiter jedes Mal: Welcher Weg ist der richtige? Welche Methode ist am besten geeignet? Scrum, Kanban oder Design Thinking? Und wie beziehen wir den Kunden bestmöglich mit ein? Dafür hat unser Graswurzel-Team schon Hunderte Mitarbeiter in agilem Arbeiten und Führen qualifiziert, etwa zum „Design Thinking Facilitator" oder „Agile Leader". Neben den Schulungen ist aber auch der Blick über den Tellerrand ganz entscheidend. Es geht darum, immer wieder neue Perspektiven einzunehmen, gern auch mal fremde Lösungsansätze zu adaptieren, wenn sie für die eigene Aufgabe Sinn machen.

Mehr Zusammenarbeit und Zufriedenheit

Abgesehen von den handfesten geschäftlichen Erfolgen profitieren wir als Unternehmen auch intern von vielen **Vorteilen**, die diese Graswurzel-Bewegung ausgelöst hat:

- Die **Zusammenarbeit** an den Standorten hat sich spürbar verbessert, ist agiler, intensiver und unbürokratischer geworden.
- Unsere **Kolleginnen und Kollegen** sind mit den Arbeitsabläufen, der Umgebung und den Resultaten wesentlich **zufriedener**.
- Es ist eine **interne Ideenschmiede** entstanden – online und vor Ort.
- Die **Magenta Lighthouse Community** ist eine der aktivsten in unserem Intranet „You And Me" – mit regem Austausch über Kundenprojekte und agile Methoden.
- **Design Thinking** und **agiles Arbeiten** sind inzwischen fester Bestandteil unserer Unternehmenskultur.
- Wöchentliche **Roundtables** mit allen Bereichsvertretern gibt es inzwischen an allen *Magenta-Lighthouse*-Standorten.

Nachhaltige Veränderung – Kleine Maßnahmen wirkungsvoller als große Investitionen

Mein Fazit: Mit *Magenta Lighthouse* haben unsere Mitarbeiter eine echte Graswurzel-Bewegung angestoßen – von unten heraus, mit nachhaltigem Erfolg. Dafür braucht man keine großen Investitionen. Was man braucht, sind begeisterte Mitarbeiter, die sich aus Überzeugung für eine Sache einsetzen. Und eben das richtige Umfeld: ein geeignetes Mindset – auch bei den Führungskräften, Möbel mit Signalwirkung und Methoden, die die agile Entwicklung von Innovationen unterstützen. Wenn diese Voraussetzungen gegeben sind – das hat unsere Graswurzel-Bewegung eindrucksvoll bewiesen – kann man mit kleinen Maßnahmen viel erreichen.

Fallstudien zur Personalfunktion

2.4 Unternehmensnachfolge bei der Manufaktur für Druckstoffe GmbH (Schrumpf, R./Posselt, S.)

3.4 Strategiegeleitetes Wandlungsprogramm der FLEXITEC GmbH *(Brehm, C./Steinhaus, H.)*

5.5 Projektmanagement der Firma Häußler GmbH & Co. KG *(Haas, M.)*

6.1 Führungsstile und ihre Auswirkungen bei der CARSIM GmbH (*Jöstingmeier, B.*)

6.2 Leistungsentgelt im indirekten Bereich bei der Schroff GmbH (*Eisele, D./Kritikos, W.*)

6.3 Mitarbeitergespräch zum Ende der Probezeit (*Blumenstock, H.*)

6.4 Personalführung bei der Hans Herrlich oHG (*Posselt, S.*)

6.5 Motivation und Personalentwicklung bei der Eder Möbel GmbH (*Kronawitter, K.*)

6.6 Beyond Budgeting bei dm-drogerie markt (*Pfläging, N./Selders, J.*)

Kapitel 7

Information und Kommunikation

»Das Wichtigste in der Kommunikation ist, zu hören, was nicht gesagt wird.«

Peter F. Drucker (1909 – 2005)
US-amerikanischer Ökonom

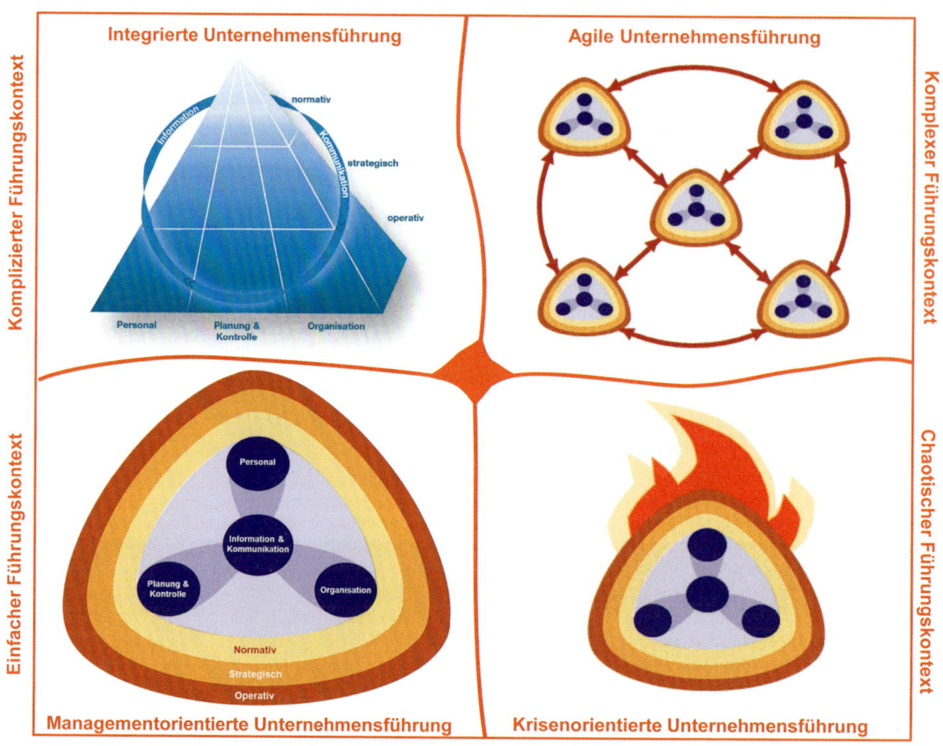

7 Information und Kommunikation

7.1 Führungsfunktion Information und Kommunikation

Leitfragen

- Welche Rolle spielen Information und Kommunikation für die Unternehmensführung?
- Was wird unter Information, Kommunikation und Wissen verstanden?
- Wie sind Information und Kommunikation kontextbedingt zu gestalten?
- Welche Aufgabenbereiche hat das Informationsmanagement?

Information und deren Austausch durch Kommunikation sind grundlegende Bestandteile des menschlichen Zusammenlebens (vgl. *Picot et al.*, 2020, S. 39). In Unternehmen bilden sie die Basis jeder Entscheidung. Erfolgreiche Unternehmensführung zeichnet sich durch systematisches Erkennen und konsequentes Ausnutzen von Informationsvorsprüngen im Wettbewerb aus. Information und Kommunikation sind auf allen Ebenen und für sämtliche Funktionen der Unternehmensführung von zentraler Bedeutung. Sie ermöglichen, verbinden und koordinieren die Führungsfunktionen Personal, Planung und Kontrolle sowie Organisation. Zudem verknüpfen sie das Führungssystem mit dem Ausführungssystem. Information und Kommunikation sind somit eine wesentliche Führungsfunktion. Im Führungsprozess (vgl. Kap. 1.3.3) werden Informationen aufgenommen, interpretiert und verarbeitet sowie in Form von Zielen, Plänen und Anweisungen an die Mitarbeiter kommuniziert. Die Kontrollinformationen aus dem Vergleich von angestrebten und erzielten Ergebnissen sind dann die Ausgangsbasis des nächsten Führungsprozesses.

Information und Kommunikation bilden die Grundlage für die Führung eines Unternehmens als soziales System und arbeitsteilige Organisation.

In Unternehmen als offene, soziale Systeme interagieren deren Mitglieder unablässig miteinander. Sie stehen durch Kommunikation in Beziehung und tauschen sich laufend mit ihrer Umwelt aus (vgl. Kap. 1.2.4). Diese Kommunikationsbeziehungen zum Informationsaustausch sind zwar dauerhaft angelegt, verändern sich jedoch ständig. Information und Kommunikation sind dabei die Basis sämtlicher Entscheidungen der Systemmitglieder (vgl. *Mast*, 2019, S. 3 f.).

Nach den Zielgruppen lassen sich folgende **Bereiche der Unternehmenskommunikation** (Corporate Communication) unterscheiden (vgl. *Bruhn*, 2019, S. 6; *Duwe*, 2018, S. 41):

- **Unternehmensexterne Kommunikation** mit Stakeholdern außerhalb des Unternehmens. Wesentliche Aufgabenfelder sind:
  - **Marktkommunikation** umfasst den Informationsaustausch mit Marktpartnern, wie etwa Kunden (Customer Relations), Händlern (Retailer Relations) oder Lieferanten (Supplier Relations). Sie bezieht sich auf den Kauf oder Verkauf von Produkten und Dienstleistungen. Die Kommunikation mit den Kunden ist die Domäne des Marketings als Unterstützungsfunktion der Unternehmensführung.
  - **Finanzkommunikation** *(Investor & Financial Relations)* zur Information der Kapitalmärkte, wie etwa Aktionäre oder Analysten sowie der Fremdkapitalgeber, wie z. B. Banken. Sie soll die langfristige Kapitalversorgung des Unternehmens sicherstellen.
  - **Öffentliche Kommunikation** *(Public, Community & Media Relations)* dient vor allem der Pflege von Beziehungen zu sozialen und politischen Stakeholdern, wie etwa Gewerkschaftlern, Politikern, Bürgern oder Journalisten. Diese Öffentlichkeitsarbeit soll das Image und die Reputation des Unternehmens positiv beeinflussen.
- **Unternehmensinterne Kommunikation** soll die Mitarbeiter und Führungskräfte mit den zur Erfüllung ihrer Aufgaben erforderlichen Informationen versorgen.
  - ***Mitarbeiterkommunikation*** (Employee Relations) setzt die Beschäftigten über den Purpose, die Mission, Vision und Werte des Unternehmens, die Unternehmensziele, anstehende Projekte und Maßnahmen, zu erledigende Aufgaben sowie alle wesentlichen betrieblichen Vorgänge in Kenntnis. Gut informierte Mitarbeiter sind in der Regel zufriedener, motivierter und engagierter (vgl. *Mast*, 2019, S. 395). Grundsätzliche Ziele der Mitarbeiterkommunikation sind die Koordination von Arbeitsabläufen, die Unterstützung der Zusammenarbeit, die Identifika-

tion mit dem Unternehmen und die Stärkung des Vertrauens in die Führungskräfte. Die Führung soll dabei zuhören, Sinn stiften und reflektieren. Mitarbeiterkommunikation ist folglich vor allem eine Aufgabe der Personalführung und insbesondere des Leaderships (vgl. *Buchholz/Knorre*, 2019, S. 7 ff.). Darauf wird ausführlich in Kap. 6.3.2 und 6.4.2 eingegangen.

- ***Führungskommunikation*** soll dafür sorgen, dass den Führungskräften die entscheidungsrelevanten Informationen in der richtigen Menge, der richtigen Qualität, zum richtigen Zeitpunkt und am richtigen Ort zur Verfügung gestellt werden. Je besser die Information und Kommunikation, umso höher die Wahrscheinlichkeit, dass die Verantwortlichen die richtigen Entscheidungen treffen. Die Aufgabe der Informationsversorgung der Führung wird in Kap. 7.2 dargestellt. Sie wird im Unternehmen vor allem vom Controlling als Unterstützungsfunktion der Unternehmensführung wahrgenommen.

Information und Kommunikation haben in allen Formen der **kontextbedingten Unternehmensführung** (vgl. Kap. 1.3.6) eine besondere Bedeutung. Im einfachen Führungskontext stehen Information und Kommunikation als verbindendes Element im Schnittpunkt der Funktionen einer managementorientierten Unternehmensführung. Im komplizierten Führungskontext wird die Information und Kommunikation im integrierten Unternehmensführungssystem durch einen umschließenden Kreis symbolisiert. Dieser Informations- und Kommunikationskreislauf soll sowohl die horizontalen und vertikalen Beziehungen zwischen Funktionen und Ebenen als auch die wechselseitigen Einflüsse und die Weiterleitung von Führungsentscheidungen sicherstellen. Im komplexen Führungskontext findet der Informations- und Kommunikationsfluss innerhalb und zwischen den selbstorganisierten Teams einer agilen Organisation statt. Die krisenorientierte Unternehmensführung im chaotischen Führungskontext basiert dagegen auf direkter Top-down-Kommunikation der zur Krisenbewältigung erforderlichen Maßnahmen und der Kontrolle der erzielten Ergebnisse. In der Krise erwarten die Mitarbeiter, dass die Unternehmensführung ihnen durch entschlossenes Handeln ein Gefühl der Sicherheit und Zuversicht vermittelt.

Im Folgenden werden zunächst die Begriffe Information, Kommunikation und Wissen näher erläutert sowie die Aufgabenbereiche des Informationsmanagements vorgestellt. Kap. 7.2 zeigt, wie die Aufgaben- und Entscheidungsträger mit entscheidungsrelevanten Informationen versorgt werden und Kap. 7.3 beschreibt die hierfür erforderlichen digitalen Informationssysteme und -technologien. Im abschließenden Kap. 7.4 wird dargestellt, wie ein Unternehmen wissensorientiert geführt wird.

7.1.1 Gegenstand und Bedeutung von Information, Kommunikation und Wissen

Allgemein wird unter Informationen eine Mitteilung verstanden, die in einem bestimmten Moment vom jeweiligen Adressaten als wichtig angesehen wird (vgl. *Seiffert*, 1971, S. 24). Kommunikation bezeichnet dann den Austausch von Informationen. Lassen sich durch die Vernetzung von Informationen neue Erkenntnisse gewinnen, dann entsteht daraus Wissen (vgl. *Bürgel*, 1998, S. 53). Allerdings existieren unterschiedliche, teils philosophische Auffassungen, was unter Wissen zu verstehen ist. Während Informationen z. B. auch in schriftlichen Aufzeichnungen oder Datenbanken zu finden sind, war Wissen bislang dem Menschen vorbehalten. Durch die Fortschritte bei der Künstlichen Intelligenz verfügen zunehmend aber auch Maschinen über ein bestimmtes Maß an Wissen (vgl. Kap. 7.3.6). Bei der Kommunikation werden die Informationsinhalte durch Zeichen codiert und mittels eines Kommunikationsmediums gespeichert oder übermittelt. Damit der Empfänger die gesendete Botschaft wieder decodieren kann, ist ein gemeinsames Verständnis des verwendeten Zeichensystems notwendig (vgl. *Picot et al.*, 2020, S. 30).

Den Zusammenhang der verwendeten Begriffe zeigt die in Abb. 7.1.1 dargestellte sog. **Wissenstreppe**, welche die wissensorientierte Wertschöpfung veranschaulicht (vgl. *North*, 2016, S. 36 ff.):

- **Zeichen** sind zusammenhanglose Elemente eines Zeichenvorrats, wie etwa Buchstaben oder Ziffern.
- **Daten** bestehen aus Zeichen, die nach bestimmten Regeln (Syntax) angeordnet sind. Sie entstehen bei allen betrieblichen Aktivitäten, haben aber ohne die Einbindung in einen Kontext für unternehmerische Entscheidungen keine Bedeutung. Daten lassen sich speichern, bearbeiten und übermitteln. Sie sind der Rohstoff für Informationen.
- **Informationen** sind Daten, die zur Lösung eines Entscheidungsproblems oder der Aufgabenerfüllung dienen. Sie erhalten damit einen Verwendungszweck oder Problembezug. Doch nur wenn die Informationen von den Aufgaben- und Entscheidungsträgern verstanden, also mit dem Aufgaben- und Entscheidungskontext,

individuellen Erfahrungen und den verfolgten Zielen verknüpft werden, sind sie für die Aufgabenerfüllung und Entscheidungsfindung nützlich. Informationen sind der Rohstoff des Wissens und mit ihrer Hilfe lässt sich Wissen weitergeben und speichern.

- **Wissen** basiert auf Informationen, die miteinander verknüpft und von den Aufgaben- und Entscheidungsträgern bewusst interpretiert werden. Es ist das Ergebnis sowohl der bewussten als auch unbewussten Verarbeitung von Informationen durch den Menschen. Im Gegensatz zu Informationen ist es an Personen gebunden und verbessert deren Problemlösungsfähigkeit.
- **Fähigkeiten** sind anwendungsbezogenes Wissen, das vom Mitarbeiter zur Lösung betrieblicher Problemstellungen verwendet werden kann.
- **Handeln** wird erreicht, wenn der Mitarbeiter dazu motiviert ist, seine Fähigkeiten zur Lösung einer konkreten Problemstellung einzusetzen.
- **Kompetenzen** entstehen, wenn das Handeln richtig, d. h. zur Lösung eines Problems geeignet ist.
- **Wettbewerbsvorteile** erlangt ein Unternehmen, wenn seine Kompetenzen so gebündelt werden, dass diese schwer imitierbar, einzigartig und für den Kunden von hohem Nutzen sind.

Aus anwendungsbezogenem Wissen resultieren die Fähigkeiten einer Organisation. Werden sie in geeigneter Weise für betriebliche Aufgaben eingesetzt, dann bilden sich daraus Kompetenzen, mit denen sich Wettbewerbsvorteile erzielen lassen. Nach dem wissensorientierten Ansatz (Knowledge-based View) bilden das verfügbare Wissen und die Fähigkeit, es durch Lernen weiterzuentwickeln, die Basis unternehmerischen Erfolgs (vgl. Kap. 1.2.3). Die zentralen Begriffe Information, Wissen und Kommunikation werden im Folgenden näher erläutert.

Informationen

Für ein Unternehmen können Informationen sowohl Rohstoff, Betriebsmittel als auch Endprodukt sein. Sie sind **Wirtschaftsgüter**, wenn sie (vgl. *Bode*, 1993, S. 61 f.)

- für die Zielerreichung geeignet,
- vorhanden und verfügbar,
- übertragbar und
- relativ knapp sind sowie
- nachgefragt werden.

Informationen stehen nicht kostenlos zur Verfügung und ihre Verarbeitung sollte wertschöpfend sein. Deshalb sind sie auch ein **Produktionsfaktor**.

Informationen verfügen als **immaterielle Werte** (vgl. Kap. 8.3) über folgende **Eigenschaften** (vgl. *Pietsch et al.*, 2004, S. 46 f.):

- Sie werden durch ihre Nutzung nicht verbraucht.
- Sie lassen sich in digitaler Form ohne Wertverlust und fast beliebig teilen.
- Ihre Vervielfältigung und Weitergabe verursacht keine oder nur geringe Kosten.
- Ihr Wert ist nur schwer bestimmbar und von Zeit und Kontext abhängig.
- Ihre Sicherheit und ihr Schutz sind problematisch.
- Sie können gleichzeitig im Besitz mehrerer Personen sein.
- Erweitern, Weglassen, Auswählen und Verdichten verändern ihre Qualität.

Informationen sollen in einem Unternehmen nicht nur zwischen den Ebenen und Funktionen kommuniziert, sondern zu neuem Wissen vernetzt werden. Dies geschieht durch individuelles und organisationales Lernen (vgl. Kap. 7.4.2).

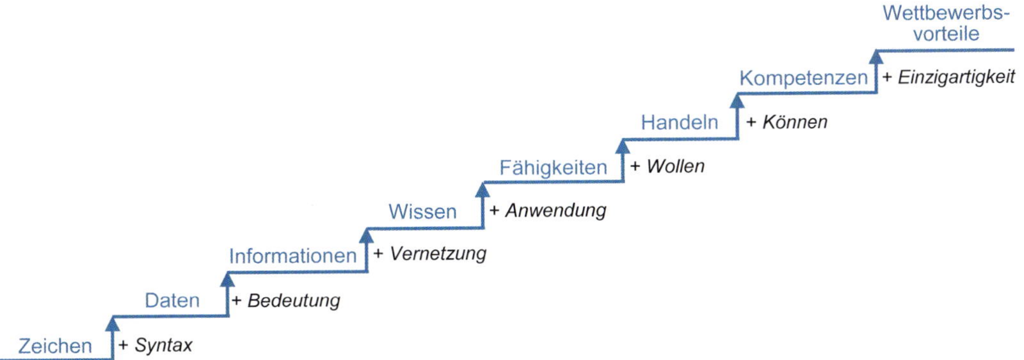

Abb. 7.1.1: Wissenstreppe (vgl. North, 2016, S. 37)

Wissen

Wissen lässt sich nach mehreren Kriterien differenzieren. Nach dem Träger des Wissens wird unterschieden zwischen dem **individuellen Wissen** einer Person und dem von mehreren Personen geteilten **kollektiven Wissen. Organisationales Wissen** umfasst das von allen Organisationsmitgliedern geteilte Wissen, welches zugänglich ist und von allen Mitarbeitern genutzt werden kann. Die organisationale Wissensbasis setzt sich somit aus allen individuellen und kollektiven Wissensbeständen zusammen, auf die eine Organisation zurückgreifen kann (vgl. *Romhardt*, 1998, S. 27 ff.).

Nach der Herkunft des Wissens wird unterschieden zwischen **internem Wissen**, welches im Unternehmen vorhanden ist, und **externem Wissen**, welches von Quellen außerhalb des Unternehmens stammt, wie etwa Kunden, Lieferanten, Beratern oder Hochschulen.

Bedeutsam ist auch die Unterscheidung des Wissens nach seiner **Strukturiertheit, Transparenz und Verfügbarkeit** in (vgl. *Nonaka/Takeuchi*, 2012, S. 75 ff.):

- **Implizites Wissen** (Tacit Knowledge) beruht auf den subjektiven Erfahrungen, Werten und Fertigkeiten einer Person oder Gruppe. Es ist persönlich, kontextspezifisch und zu einem großen Teil unbewusst. Deshalb lässt es sich nur schwer dokumentieren und weitergeben. Implizites Wissen ist etwa die Fähigkeit eines Kochs, durch Auswahl der richtigen Zutaten, geschickter Zubereitung und feines Abschmecken, ein leckeres Essen zuzubereiten.
- **Explizites Wissen** (Explicit Knowledge) hingegen ist objektiv, systematisiert und lässt sich formal dokumentieren. Es ist bewusst mit dem Verstand erfassbar und kann verarbeitet, beliebig rekonstruiert und übertragen werden. Explizites Wissen sind etwa Kochrezepte, die genau beschreiben, wie aus verschiedenen Zutaten ein Essen gekocht wird.

Aufgrund der Fortschritte im Bereich der Künstlichen Intelligenz ist es heute möglich, explizites Wissen zu digitalisieren, während implizites Wissen bislang dem Menschen vorbehalten ist (vgl. Kap. 7.3.6). Ebenso wie Informationen gehört auch Wissen zu den immateriellen Werten eines Unternehmens (vgl. Kap. 8.3.3). Es wird durch seine Nutzung nicht verbraucht und kann sich durch den Austausch zwischen Personen vermehren. Wissen kann aber auch veralten oder sich abrupt ändern.

Je nach **Führungskontext** (vgl. Kap. 1.3.5) ist das zur Problemlösung erforderliche Wissen in unterschiedlichem Ausmaß verfügbar. Das Wissen wird dabei nach dessen Bekanntheit und Erkennbarkeit unterschieden. Erkennbares Wissen lässt sich prinzipiell ermitteln, auch wenn es vielleicht noch nicht bekannt ist. Unerkennbares Wissen hingegen kann nicht erschlossen werden und bleibt somit unbekannt.

Daraus folgen die in Abb. 7.1.2 dargestellten **Wissenskategorien** (vgl. *Stoi*, 2022, S. 70 ff.)

- **Bekanntes Wissen (Known Knowns)**: Im einfachen Führungskontext besteht ein eindeutiger und offensichtlicher Zusammenhang von Ursache und Wirkung. Für die auftretenden strukturierten Probleme lassen sich optimale Lösungen finden („Best Practice"). Das hierfür erforderliche Wissen steht zur Verfügung. Dies gilt etwa für die Behandlung eines grippalen Infekts.
- **Erkanntes unbekanntes Wissen (Known Unknowns)**: Im komplizierten Führungskontext ist der Zusammenhang von Ursache und Wirkung nicht leicht zu durchschauen und erfordert das Wissen von Experten. Wenn bekannt ist, welches Wissen noch fehlt, dann werden hierfür etwa Fachreferenten, Unternehmensberater,

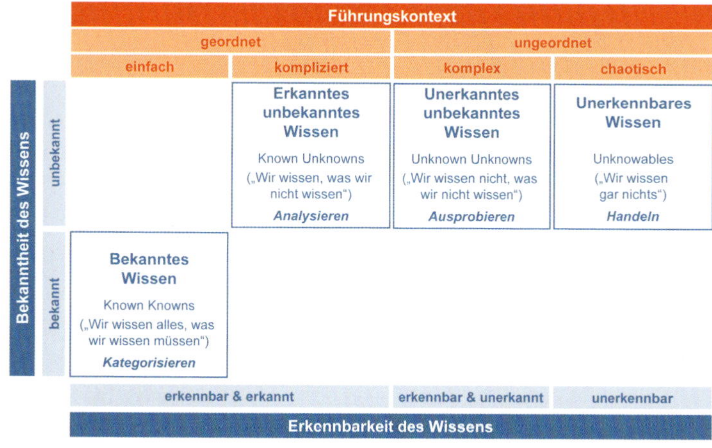

Abb. 7.1.2: Wissenskategorien nach Führungskontexten (Stoi, 2022, S. 72)

Wirtschaftsprüfer oder Wissenschaftler zu Rate gezogen. Es gibt mehrere Lösungsansätze für ein Problem, weshalb die Spezialisten nach einer brauchbaren Lösung suchen müssen („Good Practice"). Ein Beispiel ist die Entwicklung des saisonalen Grippe-Impfstoffs gegen Influenza, der jedes Jahr an die im Umlauf befindlichen Viren angepasst wird.

- **Unerkanntes unbekanntes Wissen (Unknown Unknowns)**: Im komplexen Führungskontext lässt sich keine klare Ursache-Wirkungs-Beziehung ermitteln. Lösungen und Zusammenhänge können erst im Nachhinein erkannt werden („Next Practice"). Die sich ständig verändernden Umstände erfordern ein experimentelles Vorgehen. In der Corona-Pandemie verfügten die Ärzte Anfang 2020 noch nicht über das Wissen, wie die Erkrankung COVID-19 erfolgreich behandelt werden kann. Es wurden verschiedenste Behandlungsmethoden und Medikamente an Erkrankten erprobt, um deren Wirksamkeit zu beurteilen.
- **Unerkennbares Wissen (Unknowables)**: Im chaotischen Führungskontext sind die Beziehungen zwischen Ursache und Wirkung unmöglich zu bestimmen, weil sie sich ständig verschieben und keine überschaubaren Muster existieren. In solchen Krisensituationen ist es sinnlos, nach richtigen Antworten zu suchen. In der Corona-Pandemie war es für die Bundesregierung im Frühjahr 2020 völlig unklar, welche Bedrohung das neuartige Sars-CoV-2-Virus darstellt, wie sich die Infektionszahlen entwickeln werden und ob die Kapazität der Intensivbetten der Krankenhäuser ausreicht. Deshalb wurde von Bund und Ländern ein Shutdown sowie weitere drastische Maßnahmen verhängt, um die Ausbreitung des Virus einzudämmen.

Kommunikation

Kommunikation ist der Austausch von Informationen. Kommunikation und Information bedingen sich somit gegenseitig. Formen und Medien der Kommunikation sind heute sehr vielfältig. Sie kann zwischen Personen, zwischen Personen und Computern (Mensch-Maschine-Kommunikation) oder zwischen Computern (Maschine-zu-Maschine-Kommunikation) stattfinden.

> **Zwischenmenschliche Kommunikation** ist der Austausch von Informationen zwischen zwei oder mehr Personen, um die Meinungen, Einstellungen, Erwartungen oder Verhaltensweisen des Adressaten zu beeinflussen (vgl. *Bruhn*, 2019, S. 3).

Zwischenmenschliche Kommunikation umfasst den gegenseitigen, verbalen und nonverbalen Austausch von Aussagen, Botschaften und Gefühlen (vgl. *Mast*, 2019, S. 3). Die grundlegenden Fragen sind: „Wer sagt was zu wem auf welchem Kanal und mit welcher Wirkung?" (vgl. *Lasswell*, 1966, S. 178). Kommunikation ermöglicht sowohl die Interpretation der ausgetauschten Informationen, um richtig entscheiden und handeln zu können als auch die Umsetzung dieser Entscheidungen. Durch Kommunikation drücken Mitarbeiter und Führungskräfte ihre handlungsbestimmenden Absichten aus und sie lernen die Restriktionen ihrer Entscheidungen kennen (vgl. *Mast*, 2019, S. 288). Kommunikationsmittel als reale, sinnlich wahrnehmbare Form der Kommunikationsbotschaft, können den persönlichen Informationsaustausch ergänzen oder gar ersetzen (vgl. *Bruhn*, 2019, S. 7 f.). Sie ermöglichen die Reproduktion, Weiterleitung oder Dokumentation der Kommunikation. Beispiele wären E-Mails, Sprachnachrichten oder Briefe.

Für die Unternehmensführung ist Kommunikation die Basis für die Koordination arbeitsteiliger Prozesse und Voraussetzung für das Funktionieren des Unternehmens und die Erreichung seiner Ziele. Bei der **betrieblichen Kommunikation** liegt der Schwerpunkt auf dem Austausch von Informationen zur aufgabenbezogenen Verständigung. Ohne Kommunikation können weder innerhalb des Unternehmens noch über die Unternehmensgrenzen hinweg Leistungen ausgetauscht werden. Führungskräfte nehmen beispielsweise Informationen in Form von Ergebnisberichten oder Marktstudien entgegen, diskutieren diese mit Kollegen und Fachleuten, etwa aus dem Marketing oder Controlling, und treffen daraufhin Entscheidungen. Diese werden dann an die Mitarbeiter der Fachbereiche kommuniziert.

Die unternehmensinterne Kommunikation kann auf zwei **Kommunikationswegen** stattfinden (vgl. *Mast*, 2019, S. 156 f.; 172 f.):

- **Formelle Kommunikation** ist personenunabhängig und folgt festgelegten Regeln und Vorgaben. Diese offizielle Kommunikation verwendet eine formale Ausdrucksweise und gilt als verlässliche und seriöse Informationsquelle. Beispiele sind Konferenzen, E-Mails, Briefe, Intranet, Mitarbeitergespräche oder Verfahrensanweisungen. Formelle Kommunikation erfolgt etwa bei Budgetentscheidungen, Personalbeurteilungen oder Kundenreklamationen.
- **Informelle Kommunikation** ist umgangssprachlich und nicht offiziell. Sie ist geprägt durch die sozialen Beziehungen, welche die Mitarbeiter untereinander pflegen

und die im Unternehmen ein informelles Netzwerk bilden (vgl. Abb. 6.4.11 in Kap. 6.4.5). Sie läuft unverbindlich und zu jeder Zeit ab, wie etwa in der Kantine oder in der Kneipe nach Feierabend. Sie findet ad hoc statt und entzieht sich daher zentraler Steuerung und Kontrolle. Sie kann die formelle Kommunikation ergänzen oder auch ersetzen, wie etwa die Weitergabe von Informationen auf dem „kleinen Dienstweg". Insbesondere in Krisen oder bei fundamentalem Wandel spielt dieser sog. „Flurfunk" eine wesentliche Rolle. Die geäußerten Stimmungen und Emotionen sind von der Führung sensibel wahrzunehmen und bei Bedarf um offizielle Informationen anzureichern, um Gerüchten und Falschmeldungen entgegenzuwirken (vgl. Kap. 6.5.4).

Die **Mitarbeiterkommunikation** ist ein wesentlicher Bestandteil der Personalfunktion: ***Personalführung ist Kommunikation***. Führungskräfte verbringen 70 bis 90 % ihrer Arbeitszeit mit Kommunikation. Sie haben dadurch einen direkten und täglichen Einfluss auf ihre Mitarbeiter und übernehmen informative und soziale Kommunikationsaufgaben. Insbesondere die direkten Vorgesetzten geben Informationen der Unternehmensführung weiter und übersetzen sie in den individuellen Kontext der jeweiligen Mitarbeiter und Teams. Eine Führungskraft hat jedoch auch emotionale Bindungen zu ihren Mitarbeitern, die deren Motivation, Leistung und Zufriedenheit beeinflussen. Die soziale Kommunikation dient der Pflege zwischenmenschlicher Beziehungen und soll die individuellen und kollektiven Emotionen, Bedürfnisse und Ziele der Mitarbeiter ansprechen. Der Informationsinhalt tritt dabei meist in den Hintergrund. Beispielsweise kann eine Unterhaltung über das Wetter dazu dienen, zu Anfang eines Gesprächs eine angenehme Atmosphäre zu schaffen. Die Kommunikation sollte dabei möglichst adressatengerecht erfolgen, wobei auch nonverbale Signale, wie etwa Gestik und Mimik, eine Rolle spielen. Die Mitarbeiter erwarten von ihren Vorgesetzten frühzeitige, umfassende und verständliche Informationen sowie eine offene, authentische und ehrliche Kommunikation (vgl. *Mast*, 2019, S. 305 ff.).

Vertrauen und Kommunikation hängen eng miteinander zusammen: Auf der einen Seite erfolgt der Aufbau von Vertrauen durch offene und ehrliche Kommunikation, auf der anderen Seite setzt diese auch Vertrauen voraus (vgl. *Picot et al.*, 2020, S. 66). Glaubwürdigkeit und Vertrauen bilden die Basis für eine erfolgreiche Kommunikation zwischen Führung und Mitarbeitern. Hierzu sollten insbesondere die Aussagen und Handlungen der Führungskräfte übereinstimmen, denn „wem man nicht glaubt, dem folgt man nicht" (*Arndt/Reinert*, 2006, S. 25). Besonders im Rahmen der Personalfunktion (vgl. Kap. 6) gestaltet die Unternehmensführung durch die Kommunikation das Betriebsklima und nimmt damit Einfluss auf die Arbeitszufriedenheit und Motivation der Mitarbeiter.

Bei der Kommunikation spielen die **digitalen Medien** heute eine zunehmende Rolle. Sie ermöglichen eine intensiveren Informationsaustausch mit internen und externen Adressaten sowie deren stärkere Einbindung in den Wertschöpfungsprozess und die Entscheidungsfindung (vgl. *Buchholz/Knorre*, 2019, S. 261). Auf der anderen Seite hat dadurch auch die Arbeitsbelastung der Mitarbeiter und Führungskräfte zugenommen. Das Volumen der Kommunikation ist heute deutlich höher und digitale Medien führen zu ständiger Erreichbarkeit und drängen die Empfänger zu schnellen Antworten und Entscheidungen (vgl. *Picot et al.*, 2020, S. 41 ff.). Das Intranet ist das Leitmedium der internen Kommunikation und bietet zahlreiche neue Kommunikationsformen, wie Blogs, Foren, Videosequenzen oder soziale Netzwerke (vgl. *Mast*, 2019, S. 315). Allerdings können auch diese eine persönliche Kommunikation (face to face) nicht ersetzen. Mitarbeiter bemängeln heute die innerbetriebliche Kommunikation oft als zu sachorientiert und wünschen sich mehr persönliche Zuwendung und soziale Kontakte (vgl. *Schick*, 2014, S. 135 f.).

Immer wenn Kommunikation nicht persönlich und zur gleichen Zeit am gleichen Ort erfolgen kann, ist eine Medienunterstützung erforderlich. Das heute zur Verfügung stehende Spektrum an Kommunikationsmedien ist groß und nimmt stetig zu. Die **Wahl des Mediums** wird sowohl durch die Art der Aufgabe als auch durch die Form der Kommunikation beeinflusst. Sie hat aber auch Auswirkungen auf die Aufgabenerfüllung und die Qualität der Kommunikation. Die Eignung verschiedener Kommunikationsmedien für bestimmte Aufgaben untersucht die Media-Choice-Forschung (vgl. *Picot et al.*, 2020, S. 51 f.).

Die **Theorie des Medienreichtums** (Media Richness Theory) unterscheidet nach dem Umfang der übertragenen Informationen (vgl. *Daft/Lengel*, 1984, S. 191 ff.; *Scholz/Scholz*, 2019, S. 409):

- **Reiche Kommunikationsformen,** wie etwa ein persönliches Gespräch oder ein Videotelefonat, bieten ein breites Spektrum an verbalen und nonverbalen Ausdruckmöglichkeiten, wie etwa Mimik, Gestik, Sprache oder Tonfall. Es lassen sich somit auch Emotionen austauschen und der Empfänger kann unmittelbar auf die Nachricht reagieren. Die Kommunikation findet dabei synchron, also zeitgleich statt.
- **Arme Kommunikationsformen,** wie etwa eine E-Mail oder ein Brief, können nur ein begrenztes Informa-

Kontext	Gestaltung von Information, Kommunikation und Wissen	
Einfach	▪ Kommunikation erfahrungsbasierter Vorgehensweisen („Best Practice“) ▪ Klare und direkte Top-down-Kommunikation ▪ Wissen explizieren und dokumentieren ▪ Wissenstransfer über Mitarbeitergenerationen sicherstellen ▪ Hierarchische und zentralisierte Information und Kommunikation (Push-Prinzip) ▪ Zentrales Wissensmanagement	Managementorientierte Führung
Kompliziert	▪ Kommunikation zwischen Experten auf der Suche nach möglichen Lösungen („Good Practice“) ▪ Unterschiedliche Informationen in die Lösung einbeziehen ▪ Gefundene Lösungen dokumentieren und im Unternehmen kommunizieren ▪ Hierarchische und zentralisierte Information und Kommunikation (Push-Prinzip) ▪ Zentrales Wissensmanagement	Integrierte Führung
Komplex	▪ Suche nach „Next Practice“ ▪ Intensive Kommunikation und schnelles Feedback zum Ausgang von Experimenten ▪ Implizites Wissen in den Teams teilen ▪ Kollektives Lernen zur Generierung von neuem Wissen (Lernende Organisation) ▪ Wissenstransfer durch Kommunikation zwischen den Teams (Soziale Medien / Communities of Practice) ▪ Kurze Lerneinheiten (Micro-Learning), welche z. T. durch die Mitarbeiter selbst erstellt werden (User-generated Content) ▪ Dezentrale und transparente Information für die Teams im Selbstservice (Pull-Prinzip) ▪ Dezentrales Wissensmanagement	Agile Führung
Chaotisch	▪ Klare und direkte Top-down-Kommunikation ▪ Konzentration auf wesentliche Informationen ▪ Ad-hoc-Kommunikation ▪ Stimmungen in informeller Kommunikation wahrnehmen und Gerüchten entgegenwirken ▪ Sicherheit und Zuversicht vermitteln ▪ Schnelle Kommunikation aktueller Informationen als Basis für das Krisenmanagement ▪ Hierarchische und zentralisierte Information und Kommunikation (Push-Prinzip)	Krisenorientierte Führung

Abb. 7.1.3: Kontextbedingte Gestaltung von Information, Kommunikation und Wissen

tionsspektrum vermitteln und ermöglichen nur eingeschränktes Feedback. Die Kommunikation kann asynchron, also zu verschiedenen Zeitpunkten und auch an verschiedenen Orten erfolgen (Anytime/Anyplace).

Je komplizierter eine Aufgabe ist und je mehr soziale Aspekte und Vertrauen eine Rolle spielen, umso besser eignen sich reiche Medien. Ein Beispiel wäre der Beginn eines umfangreichen Wandels, für den die Betroffenen zu einer Kick-off-Veranstaltung eingeladen werden (vgl. Kap. 6.5.6). Für strukturierte Aufgaben sind dagegen arme Kommunikationsformen eher geeignet, da mit ihnen umfangreiche Informationen exakt, wirtschaftlich, schnell und bequem ausgetauscht werden können.

Information und Kommunikation sind allerdings nicht nur aufgabenabhängig zu gestalten, sondern sollten sich darüber hinaus auch am **Führungskontext** (vgl. Kap. 1.3.5) ausrichten. Die Gestaltung von Information, Kommunikation und Wissen in Abhängigkeit des Führungskontexts zeigt Abb. 7.1.3 (in Anlehnung an *North*, 2020, S. 31).

7.1.2 Informationsmanagement

Aus der Bedeutung der Information und Kommunikation für die Unternehmensführung folgt, dass betriebliche Informationsflüsse und Kommunikationsprozesse aktiv zu gestalten sind. Führungskräfte und Mitarbeiter sind durch organisatorische, personelle und technische Maßnahmen der Information und Kommunikation bestmöglich mit den benötigten Informationen zu versorgen. Die Unternehmensführung wird bei dieser Aufgabe auf allen Ebenen und in allen Funktionen durch das Informationsmanagement als Querschnittsfunktion unterstützt.

Informationsmanagement umfasst die Planung, Steuerung und Kontrolle der Information und Kommunikation in einem Unternehmen sowie der hierzu erforderlichen digitalen Informationssysteme und -technologien, um die Mitarbeiter und Führungskräfte mit aufgaben- und entscheidungsrelevanten Informationen zu versorgen.

Die Informationstechnologien werden synonym auch als Informationstechnik bezeichnet. Das Informationsmanagement umfasst somit alle die Information und Kommunikation betreffenden Führungsaufgaben. Ziel ist es, den bestmöglichen Einsatz der Ressource Information im Unternehmen zu gewährleisten (vgl. *Krcmar*, 2015, S. 109).

Das Informationsmanagement beschäftigt sich natürlich nicht nur mit Informationen, sondern auch mit deren Austausch durch Kommunikation. Darüber hinaus umfasst es auch die Gestaltung und Entwicklung der Informations- und Kommunikationssysteme und der Informations- und Kommunikationstechnologie. Im Grunde handelt es sich also um ein **Informations- und Kommunikationsmanagement**. Im Folgenden werden aus Gründen der Lesbarkeit die kürzeren, synonymen Begriffe Informationsmanagement, Informationssysteme und Informationstechnologien verwendet.

Für das Informationsmanagement existieren folgende **Modelle** (vgl. *Krcmar*, 2015, S. 90 ff.):

- **Aufgaben- und problemorientiert** (vgl. *Heinrich et al.*, 2014) liegt der Fokus auf den Aufgaben des Informationsmanagements bzw. der zu lösenden Problemstellungen. Die Modelle verzichten auf die Integration der betriebswirtschaftlichen und technischen Sicht. Stattdessen beinhalten sie überwiegend Aufzählungen und detaillierte Beschreibungen der Aufgaben bzw. Problemstellungen.
- **Prozessorientiert** (vgl. *Österle et al.*, 1992) werden einzelne Aufgaben zu Informationsmanagementprozessen zusammengefasst. Ein Beispiel ist die *IT Infrastructure Library (ITIL)* als Best-Practice-Referenzmodell für das Management von (internen) IT-Dienstleistungen, welche zentrale Prozesse der Entwicklung und Bereitstellung von IT-Diensten und Systemen umfasst.
- **Architekturorientiert** (vgl. *Scheer*, 2002) erfolgt eine ganzheitliche und übergreifende Darstellung des hierarchischen Aufbaus und Gesamtkonzepts des Informationsmanagements. Ein Beispiel ist das Architekturmodell *ARIS* (Architektur integrierter Informationssysteme; vgl. Kap. 7.3.1).
- **Ebenenorientiert** (vgl. *Wollnik*, 1988) wird der Zusammenhang zwischen den Aufgaben des Informationsmanagements und der hierfür verwendeten Informations- und Kommunikationstechnik dargestellt. Dabei kann z. B. in die Ebenen der IuK-Infrastruktur, IuK-Systeme und den Informationseinsatz unterschieden werden.

Aus Sicht der Unternehmensführung wird das Informationsmanagement in folgende **Aufgabenbereiche** unterteilt:

- Die **Informationsversorgung** soll den Mitarbeitern und Führungskräften die aufgaben- und entscheidungsrelevanten Informationen adressatengerecht zur Verfügung stellen und für deren richtige Verwendung sorgen. Die Informationsversorgung soll wirtschaftlich sein und eine hohe Informationsqualität gewährleisten. Besondere Bedeutung hat die Führungskommunikation als Grundlage betrieblicher Entscheidungen. Die Informationsversorgung erfolgt im Unternehmen mithilfe digitaler Informationssysteme und -technologien.
- **Digitale Informationssysteme und -technologien:** Installation, Betrieb und Wartung der für die Informationsversorgung erforderlichen Rechner (Hardware), Kommunikationstechnologien und Anwendungen (Software), mit denen Informationen erfasst, genutzt, verarbeitet, gespeichert und übermittelt werden.

Die Aufgabenbereiche des Informationsmanagements betreffen alle Führungsfunktionen und -ebenen. Abb. 7.1.4 zeigt

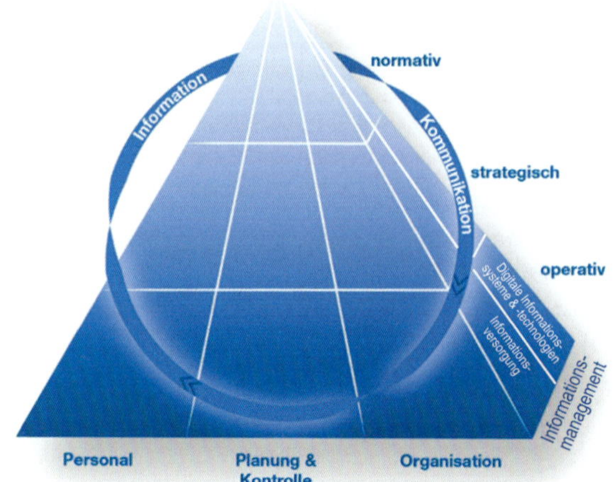

Abb. 7.1.4: Informationsmanagement als Querschnittsfunktion im integrierten System der Unternehmensführung

am Beispiel eines komplizierten Führungskontexts die Einordnung des Informationsmanagements in das integrierte System der Unternehmensführung als **unterstützende Querschnittsfunktion**. Die beiden Aufgabenbereiche durchdringen dabei alle Ebenen und Funktionen der Unternehmensführung. Der als Kreis symbolisierte Informations- und Kommunikationsfluss wird durch die Informationsversorgung mit Informationen gespeist, während die Informationssysteme und -technologien die dazu erforderlichen IT-Ressourcen bereitstellen. Aufgrund des Stellenwertes der Information und Kommunikation und der daraus resultierenden Bedeutung des Informationsmanagements muss es auf die Anforderungen der Unternehmensführung zugeschnitten sein. Die Aufgabenbereiche des Informationsmanagements werden in den folgenden beiden Kapiteln erläutert.

Organisation des Informationsmanagements

Da das Informationsmanagement eine Querschnittsfunktion darstellt, betrifft es nicht nur die IT-Abteilung, sondern das gesamte Unternehmen. In der Praxis werden die beiden Aufgabenbereiche des Informationsmanagements meist organisatorisch voneinander getrennt. Installation, Betrieb und Wartung der digitalen Informationssysteme und -technologien erfolgen durch die IT-Abteilung. Die Informationsversorgung wird meist von mehreren Fachbereichen wahrgenommen. Beispielsweise liegt die Verantwortung für die Kommunikation gegenüber den Kunden beim Marketing und gegenüber den Mitarbeitern bei den Führungskräften. Die Informationsversorgung der Unternehmensführung, insbesondere mit finanziellen Informationen als Grundlage betrieblicher Entscheidungen, ist vor allem die Aufgabe des Controllings.

Werden die inhaltlichen Anforderungen an die digitalen Informationssysteme und -technologien vom verantwortlichen Fachbereich festgelegt, erfolgt die technische Umsetzung durch die **IT-Abteilung**. Deren Umfang und Aufgaben hängen von der Unternehmensgröße und der betrieblichen Bedeutung der Informationssysteme ab. In einer vernetzten Gesellschaft mit dezentralen Strukturen spielt insbesondere der Anwenderservice eine zunehmende Rolle. Die IT-Abteilung unterstützt die Endnutzer als sog. Information Center bei Problemen nach dem Prinzip der Hilfe zur Selbsthilfe.

Das **IT-Controlling** soll die Wirtschaftlichkeit und Effektivität des Informationsmanagements gewährleisten. Es soll funktions- und unternehmensübergreifend für Transparenz, betriebswirtschaftliches Denken und systematische Planung im Informationsmanagement sorgen. Betrachtungsgegenstand sind sowohl die digitalen Informationssysteme und -technologien als auch der Informationsfluss, um die Wirtschaftlichkeit der Prozesse, Ressourcen und Infrastruktur zu gewährleisten. Hierzu ermittelt das IT-Controlling eine Reihe von Kennzahlen, die häufig in ein **IT-Kennzahlensystem** integriert werden. Ein Beispiel zeigt Abb. 7.1.5.

Viele Aufgaben des Informationsmanagements werden in der Praxis ausgelagert. Für das **IT-Outsourcing** kommen insbesondere infrastrukturelle Bereitstellungsaufgaben, wie z. B. Wartung und Betrieb von Rechnern und Netzen, benutzerorientierte Dienstleistungen, wie etwa Schulung und Unterstützung der Anwender oder die Entwicklung und Pflege von Software infrage. Trotz vieler potenzieller Vorteile, wie beispielsweise niedrigere Kosten oder eine professionellere Betreuung, ist die Entscheidung für ein Outsourcing insbesondere bei strategisch relevanten Informationssystemen sorgfältig abzuwägen. Neben der Gefahr der Abhängigkeit vom Outsourcing-Partner geht dabei viel Know-how verloren. Ist das Unternehmen nicht mehr in der Lage, die strategische Bedeutung neuer technologischer Entwicklungen zu beurteilen, kann das die Wettbewerbsfähigkeit gefährden. Outsourcing-Entscheidungen sind deshalb immer strategischer Natur und sollten nicht nur der Kostensenkung dienen. Eine erfolgreiche Zusammenarbeit zwischen IT-Abteilung und Outsourcing-Partner kann mithilfe einer detaillierten Leistungsvereinbarung (Service Level Agreement) sichergestellt werden (vgl. *Reichwald*, 2005, S. 279 ff.).

Im Unternehmen dezentral erstellte IT-Leistungen lassen sich zur Erhöhung der Wirtschaftlichkeit und Qualität auch organisatorisch zu einem **Shared Service Center** zusammenfassen (vgl. Kap. 5.1.4). Dabei wird zunehmend die robotergestützte Prozessautomatisierung eingesetzt (vgl. Kap. 7.3.7). Eine moderne Form des IT-Outsourcings ist das Cloud Computing, das in Kap. 7.3.5 erläutert wird.

Der Leiter des Informationsmanagements ist der **Chief Information Officer (CIO)**. Er ist für den Aufbau, die Pflege und den reibungslosen Betrieb der digitalen Informationssysteme und -technologien verantwortlich. Darüber hinaus koordiniert er die Informationsversorgung, die durch verschiedene Fachbereiche, wie etwa Controlling oder Marketing, erfolgt. Aufgrund der zunehmenden Bedeutung der Information und Kommunikation für das Unternehmen soll er nicht nur technisch ausgerichtet sein, sondern auch das Geschäft des Unternehmens verstehen. Teilweise übernimmt er auch Aufgaben der Organisationsgestaltung, da informationstechnologische Veränderungen häufig organisatorische Auswirkungen, wie etwa die Neugestaltung von Arbeitsabläufen oder Geschäftsprozessen, nach sich ziehen (vgl. *Mertens et al.*, 2017, S. 179 f.).

Der CIO ist meist auf der zweiten Führungsebene anzutreffen und direkt der Unternehmensführung unterstellt. In einigen Branchen, wie etwa Versicherungen oder Banken und mit zunehmender Unternehmensgröße, kann er auch Mitglied des Vorstands oder der Geschäftsführung sein. Die Rolle und Aufgaben des CIO haben sich durch die Digitalisierung gewandelt. Innerhalb von nur 25 Jahren

Bereich	Kennzahlen
Management	▪ IT-Effizienz = Nutzen/Kosten ▪ Servicegrad = Termingerechte Aufträge/Auftragszahl ▪ IT-Verfügbarkeit = Tatsächliche Verfügbarkeit/Technisch mögliche Verfügbarkeit
Technische Infrastruktur	▪ IT-Kapazitätsauslastungsgrad = Effektive Nutzung/Technisch mögliche Nutzung ▪ IT-Ausfallzeiten = Reparaturbedingte Down-Time/Geplante Verfügbarkeit ▪ Wartungskostenanteil = Wartungskosten/IT-Kosten
Software- und Systemstruktur	▪ Systemleistung in Million Instructions per Second (MIPS) ▪ Benutzerfreundlichkeit = Bearbeitungszeit/Eingabezeit ▪ Standardsoftwareanteil = Anzahl Standardsoftware/Gesamtzahl Anwendungen
IT-Personal	▪ Anteil der IT-Mitarbeiter an der Gesamtmitarbeiterzahl ▪ Ausbildungskosten je IT-Mitarbeiter ▪ Fluktuationsrate der IT-Mitarbeiter

Abb. 7.1.5: IT-Kennzahlensystem (vgl. Reichmann, 2011, S. 458 ff.)

veränderte sich seine Position vom „Abteilungsleiter IT" zum „Innovator im Vorstand" (vgl. *Krcmar*, 2015, S. 86; *Ulrich/Lehmann*, 2018, S. 67).

In manchen Unternehmen gibt es darüber hinaus die Position eines **Chief Digital Officers (CDO)**. Dieser soll den digitalen Wandel im Unternehmen als Change Leader ganzheitlich verantworten und den CIO unternehmensübergreifend bei den strategischen und kulturellen Aspekten der digitalen Transformation unterstützen (vgl. *Mertens et al.*, 2017, S. 202). Der CDO entwickelt digitale Geschäftsmodelle und treibt die Digitalisierung von Produkten, Dienstleistungen und Prozessen voran. Er koordiniert, priorisiert und überwacht sämtliche betrieblichen Digitalisierungsprojekte und soll innerhalb der Organisation für die Verbreitung einer digitalen Mentalität sorgen. Die Aufgabe des CDO ist in der Regel zeitlich begrenzt. Ist der Wandel zum digitalen Unternehmen vollzogen, dann geht die Verantwortung für die kontinuierliche Weiterentwicklung der digitalen Informationssysteme und -technologien auf den CIO sowie die gesamte Unternehmensführung über. Digitalisierung ist dann nichts Besonderes mehr, sondern gelebter Alltag (vgl. *Weinreich*, 2017, S. 11 ff.; *Ulrich/Lehmann*, 2018, S. 67).

Zusammenfassung

- Information und Kommunikation bilden die Grundlage für die Führung eines Unternehmens als soziales System und arbeitsteilige Organisation.
- Informationen sind Daten, die zur Grundlage von Entscheidungen dienen und damit einen Verwendungszweck oder Problembezug haben.
- Wissen basiert auf Informationen, die miteinander verknüpft und vom Entscheidungsträger bewusst interpretiert werden. Es ist an Personen gebunden und verbessert deren Kenntnisse und Fähigkeiten, Probleme zu lösen.
- Kommunikation ist der Austausch von Informationen.
- Zwischenmenschliche Kommunikation ist der Austausch von Informationen zwischen zwei oder mehreren Personen, um die Meinungen, Einstellungen, Erwartungen oder Verhaltensweisen des Adressaten zu beeinflussen.
- Betriebliche Kommunikation ist der Austausch von Informationen zur aufgabenbezogenen Verständigung.
- Das Informationsmanagement ist eine unterstützende Querschnittsfunktion der Unternehmensführung.
- Informationsmanagement umfasst die Planung, Steuerung und Kontrolle der Information und Kommunikation in einem Unternehmen sowie der hierzu erforderlichen digitalen Informationssysteme und -technologien, um die Mitarbeiter und Führungskräfte mit aufgaben- und entscheidungsrelevanten Informationen zu versorgen.
- Die beiden wesentlichen Aufgabenbereiche des Informationsmanagements sind die Informationsversorgung und die digitalen Informationssysteme und -technologien.
- Die Informationsversorgung soll den Mitarbeitern und Führungskräften die aufgaben- und entscheidungsrelevanten Informationen adressatengerecht zur Verfügung stellen und deren richtige Verwendung gewährleisten.
- Der Aufgabenbereich digitale Informationssysteme und -technologien umfasst die Installation, den Betrieb und die Wartung der für die Informationsversorgung erforderlichen Anwendungen, Rechner und Kommunikationstechnologien.
- Die Verantwortung für das Informationsmanagement wird häufig organisatorisch getrennt. Installation, Betrieb und Wartung der digitalen Informationssysteme und -technologien erfolgen durch die IT-Abteilung, während die Informationsversorgung von einem oder mehreren Fachbereichen, wie z. B. dem Controlling, wahrgenommen wird.
- Das IT-Controlling soll die Wirtschaftlichkeit und Effektivität des Informationsmanagements sicherstellen.
- Der Leiter des Informationsmanagements wird Chief Information Officer (CIO) genannt. Der Chief Digital Officer (CDO) soll den digitalen Wandel im Unternehmen als Change Leader ganzheitlich verantworten.

Literaturempfehlungen

Heinrich, L.J./Stelzer, D./Riedl, R.: Informationsmanagement, 11. Aufl., München 2014.

Krcmar, H.: Informationsmanagement, 6. Aufl., Berlin/Heidelberg 2015.

Picot, A./Reichwald, R./Wigand, R. T./Möslein, K. M./Neuburger, R./Neyer, A.-K.: Die grenzenlose Unternehmung, 6. Aufl., Wiesbaden 2020.

North, K.: Wissensorientierte Unternehmensführung, 6. Aufl., Wiesbaden 2016.

Mast, C.: Unternehmenskommunikation, 7. Aufl., München 2019.

7.2 Informationsversorgung der Unternehmensführung

Leitfragen

- Was ist der Unterschied zwischen Informationsangebot, -nachfrage und -bedarf?
- Welche Anforderungen hat die Unternehmensführung an die Informationsversorgung?
- In welchen Schritten erfolgt die Informationsversorgung der Unternehmensführung?
- Wie lässt sich das Informationsdesign von Berichten mithilfe der International Business Communication Standards verbessern?
- Welche kognitiven Verzerrungen sind bei der Informationsverwendung zu beachten?

Ziel der Informationsversorgung ist die Ermittlung, Beschaffung und Bereitstellung der für die betrieblichen Aufgaben- und Entscheidungsträger relevanten Informationen. Die Informationsnachfrage soll durch ein adäquates Informationsangebot gedeckt und somit ein informationswirtschaftliches Gleichgewicht erzielt werden. Der Aufgabenbereich der Informationsversorgung wird deshalb auch als **Informationswirtschaft** bezeichnet. Die Herausforderung ist dabei heutzutage vor allem die Flut an Informationen, der die Aufgaben- und Entscheidungsträger gegenüberstehen.

> Die **Informationsversorgung** soll die von den betrieblichen Aufgaben- und Entscheidungsträgern benötigten Informationen dem richtigen Empfänger mit angemessener Genauigkeit und Verdichtung rechtzeitig und wirtschaftlich zur Verfügung stellen.

Als interne Unternehmenskommunikation umfasst sie sowohl die Mitarbeiter- als auch die Führungskommunikation. Zur Erfüllung ihrer Aufgaben greift die Informationsversorgung vor allem auf digitale Informationssysteme und -technologien zurück (vgl. Kap. 7.3). Sie bestimmt daher die Anforderungen an deren Gestaltung, Funktion und Struktur. Die Informationsversorgung soll wirkungsvoll und effizient sein. Die Beschaffung, Verarbeitung und Weitergabe von Informationen ist jedoch mit Kosten verbunden. Aus diesem Grund muss die Informationsversorgung auch eine Betrachtung der Wirtschaftlichkeit von Informations- und Kommunikationsprozessen und eine Bewertung des dadurch erzielten Nutzens beinhalten.

Die Informationsversorgung soll folgende **Fragen** beantworten:

- Welche Informationen sind für eine Aufgabe oder Entscheidung erforderlich?
- Wie und woher lassen sich diese Informationen beschaffen?
- Wie sollen diese Informationen an die Aufgaben- und Entscheidungsträger übermittelt werden?
- Welche Bedeutung haben diese Informationen für eine Aufgabe oder Entscheidung?

Ziel der Informationsversorgung ist es, den **Informationsstand** der Aufgaben- und Entscheidungsträger zu verbessern. Hierzu sind Informationsangebot, -nachfrage und -bedarf in Einklang zu bringen. Der Informationsstand umfasst die für eine Aufgabe oder Entscheidung erforderlichen Informationen, die sowohl angeboten als auch nachgefragt werden. Deshalb soll das Informationsangebot soweit wie möglich dem Informationsbedarf entsprechen (vgl. *Reichwald*, 2005, S. 267 f.).

> Der **Informationsbedarf** bezeichnet die Art, Menge und Qualität an Informationen, die für das Treffen einer Entscheidung oder die Erfüllung einer Aufgabe aus objektiver Sicht benötigt werden.

Der Informationsbedarf wird somit durch die anstehende Entscheidung bzw. die zu erledigende Aufgabe bestimmt. Ihm steht das subjektive Informationsbedürfnis der Aufgaben- und Entscheidungsträger gegenüber. Es umfasst alle Informationen, von denen diese glauben, sie wären für ihre Aufgabe oder Entscheidung wichtig. Ein Teil des subjektiven Informationsbedarfs wird vom Empfänger als **Informationsnachfrage** angefordert.

Das **Informationsangebot** stellt schließlich die Informationen dar, welche durch die Informationsversorgung bereitgestellt werden (vgl. *Picot et al.*, 2020, S. 42). Durch die Digitalisierung ist das Informationsangebot in vielen Unternehmen stark gewachsen. Die Herausforderung liegt heute eher darin, den Aufgaben- und Entscheidungsträgern nicht zu viele Daten zur Verfügung zu stellen. Damit diese die entscheidungsrelevanten Informationen auch finden, sollte sich das Informationsangebot möglichst auf den Informationsbedarf beschränken. Die Qualität einer Entscheidung oder Aufgabenbearbeitung basiert schließlich auf dem Informationsstand als Schnittmenge aus Informationsbedarf, -angebot und -nachfrage. Abb. 7.2.1 veranschaulicht diesen Zusammenhang.

Zwischen objektivem Informationsbedarf und subjektivem Informationsbedürfnis bestehen oft große Unterschiede. Dies ist in zweierlei Hinsicht problematisch: Zum einen werden aufgaben- und entscheidungsrelevante Informationen nicht als solche erkannt. Zum anderen kann dies dazu führen, dass die Entscheidung oder Aufgabenbearbeitung auf Basis irrelevanter Informationen erfolgt. Je größer die Diskrepanz zwischen Informationsbedarf und subjektivem Informationsbedürfnis, umso höher ist die Gefahr von Fehlern (vgl. Kap. 7.2.4).

Der **Informationsversorgungsprozess** läuft in folgenden Schritten ab (in Anlehnung an *Picot/Franck*, 1988a, S. 544 ff.):

1. **Informationsbedarfsermittlung**: Ausgangspunkt der Informationsversorgung ist die Bestimmung der für eine Entscheidung oder Aufgabe objektiv erforderlichen Informationen. Auf Basis des Informationsbedarfs und der Informationsnachfrage wird das Informationsangebot festgelegt.
2. **Informationsbeschaffung**: Das Informationsangebot wird aus internen und externen Quellen ermittelt.
3. **Informationsübermittlung**: Das Informationsangebot wird den Aufgaben- und Entscheidungsträgern anforderungsgerecht zur Verfügung gestellt.
4. **Informationsverwendung**: Die übermittelten Informationen werden von den Aufgaben- und Entscheidungsträgern im Idealfall nachgefragt und für die Aufgabe oder Entscheidung genutzt.

Fallen Beschaffung und Verwendung von Informationen zeitlich auseinander, dann sind diese in geeigneter Form zu speichern. Meist werden hierzu digitale Informationssysteme und -technologien eingesetzt (vgl. Kap. 7.3). Die Phasen des Informationsversorgungsprozesses werden im Folgenden erläutert.

7.2.1 Informationsbedarfsermittlung

Die **Informationsbedarfsermittlung** bestimmt die für eine Aufgabe oder Entscheidung objektiv erforderlichen Informationen.

Die Bestimmbarkeit des Informationsbedarfs hängt von den jeweiligen Aufgaben und Entscheidungen ab. Maßgeblich hierfür ist deren **Strukturiertheit**. Sie gibt an, inwieweit das angestrebte Ergebnis (Was soll erreicht werden?) sowie die dafür erforderlichen Lösungsschritte (Wie soll es erreicht werden?) bekannt sind (vgl. *Reichwald*, 2005, S. 265 ff.; *Heinzl/Uhrig*, 2016, S. 34 f.):

- Bei **strukturierten Aufgaben und Entscheidungen** kann der Informationsbedarf aus der Aufgabe oder Entscheidung abgeleitet und das Informationsangebot darauf abgestimmt werden. Beispiele sind die Bestellung von Rohstoffen oder die Einholung von Angeboten. Fallen diese Aufgaben oder Entscheidungen häufig und in ähnlicher Form an, lässt sich die Informationsversorgung standardisieren und automatisieren. Bei kom-

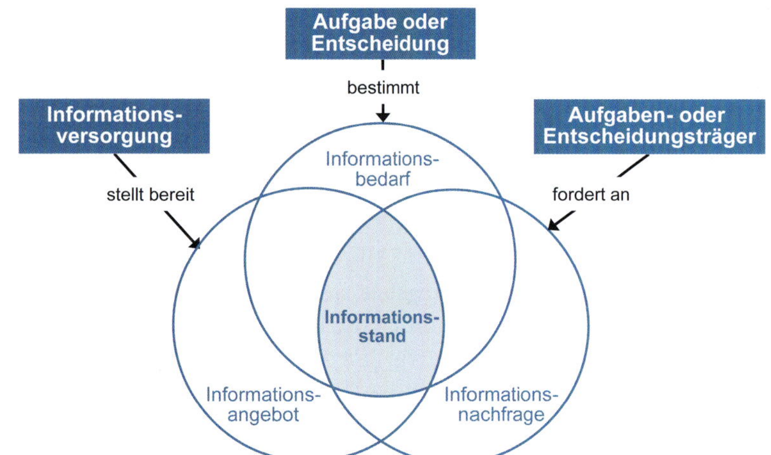

Abb. 7.2.1: Zusammenhang und Bestimmungsfaktoren von Informationsangebot, -nachfrage und -bedarf

plexen, sich laufend ändernden Aufgaben oder Entscheidungen, ist dies aus Zeit- und Kostengründen nicht sinnvoll.

- Bei **wenig strukturierten oder veränderlichen Aufgaben und Entscheidungen** ist der Informationsbedarf aufgrund des nicht vorhersagbaren Aufgaben- oder Entscheidungskontextes nur schwer oder gar nicht zu bestimmen. Beispiele sind die Entscheidung über die strategische Stoßrichtung oder wissensintensive Tätigkeiten, wie etwa Softwareentwicklung oder Projektarbeit. Allerdings haben gerade schlecht strukturierte Aufgaben und Entscheidungen häufig einen hohen Informationsbedarf. In diesen Fällen wird die Informationsnachfrage stark vom subjektiven Informationsbedürfnis der Aufgaben- und Entscheidungsträger bestimmt. Da dieses individuell sehr unterschiedlich sein kann, lässt es sich kaum planen und steuern. Deshalb sollte die Informationsbeschaffung weitgehend den Aufgaben- und Entscheidungsträgern überlassen werden. Dies kann mithilfe benutzerfreundlicher digitaler Informationssysteme geschehen. Über Such- und Auswertungsoptionen können die Aufgaben- und Entscheidungsträger aus den verfügbaren Daten die entscheidungsrelevanten Informationen anforderungsgerecht selbst ermitteln. Die Entscheidungs- und Bearbeitungsqualität hängt allerdings in hohem Maße davon ab, ob die Aufgaben- und Entscheidungsträger die relevanten Informationen finden und richtig interpretieren können. Sie sollten deshalb durch organisatorische und personelle Maßnahmen unterstützt werden. Ein Beispiel für eine organisatorische Maßnahme ist die Entscheidungsfindung oder Aufgabenbearbeitung durch ein interdisziplinäres Team. Eine personelle Maßnahme ist etwa die Schulung der Entscheidungs- oder Aufgabenträger, wie die Informationssysteme bedient und die Ergebnisse interpretiert werden können.

Bei strukturierten Aufgaben und Entscheidungen lässt sich der Informationsbedarf grundsätzlich mit folgenden **Verfahren** bestimmen (vgl. *Küpper et al.*, 2013, S. 214 ff.):

- **Dokumentenanalyse:** Der Informationsbedarf wird aus den für einzelne Aufgaben oder Entscheidungen bereits verfügbaren Dokumenten abgeleitet.
- **Befragung:** Der Informationsbedarf wird mithilfe von Interviews, Fragebögen oder Berichten aus den Einschätzungen und Wünschen der Aufgaben- und Entscheidungsträger bestimmt.
- **Aufgaben- und Entscheidungsanalyse:** Der Informationsbedarf wird durch die Analyse des Ablaufs einer Aufgabenlösung oder Entscheidung ermittelt. Daraus wird ein Informationskatalog erstellt, der typische Informationsbedarfe für die jeweilige Aufgabe oder Entscheidung enthält. Dies sind z. B. Informationen über Unternehmen, Markt, Zulieferer oder Wettbewerber. Darüber hinaus lassen sich Planungsmodelle verwenden, die den Bedarf an Informationen zur Lösung eines bestimmten Entscheidungsproblems zeigen, wie etwa die Bestimmung der optimalen Losgröße.

Das Problem der Aufgaben- und Entscheidungsanalyse liegt in deren Vereinfachung und Generalisierung. Der Informationsbedarf einer konkreten Aufgabe oder Entscheidung lässt sich damit in vielen Fällen nicht ausreichend ermitteln. Dokumentenanalyse und Befragung unterstellen, dass sich die vorhandenen Dokumente im Laufe der Zeit an den Informationsbedarf annähern bzw. die Aufgaben- und Entscheidungsträger eine Einschätzung des Informationsbedarfs treffen können. Der objektive Informationsbedarf wird dadurch nicht ermittelt, sondern mit dem Informationsangebot respektive dem subjektiven Informationsbedürfnis gleichgesetzt. In der Praxis werden häufig mehrere Verfahren der Informationsbedarfsermittlung verwendet, um durch die Kombination der Ergebnisse eine möglichst gute Einschätzung zu bekommen (vgl. *Horváth et al.*, 2020, S. 197 ff.).

Für die Unternehmensführung sind **strategische Informationen** von besonderer Bedeutung. Sie sollen frühzeitig Signale für zukünftige Chancen und Risiken liefern sowie Stärken und Schwächen des Unternehmens aufdecken. Strategische Informationsvorsprünge können Wettbewerbsvorteile ermöglichen. Aus diesem Grund sollten die relevanten Beobachtungsbereiche nicht eingeschränkt werden. Die strategische Bedeutung einer Information kann sich schnell ändern bzw. auch erst im Laufe der Zeit ergeben. Strategische Aufgaben und Entscheidungen sind meist schlecht strukturiert. Während operative Informationen für konkrete Aufgaben und Entscheidungen ermittelt werden, geht es beim strategischen Informationsbedarf um die Suche nach Handlungsoptionen und Entscheidungsmöglichkeiten. Strategische Informationen sind deshalb unsicher, überwiegend qualitativer Natur und damit wenig präzise. Besondere Schwierigkeiten ergeben sich bei der Prognose der Auswirkungen strategischer Entscheidungen. Daraus folgt, dass sich der strategische Informationsbedarf mit den oben genannten Verfahren nicht bestimmen lässt (vgl. *Bea/Haas*, 2015, S. 294 ff.).

Eine Möglichkeit zur Ermittlung des strategischen Informationsbedarfs ist die **Methode der kritischen Erfolgsfaktoren** (vgl. Kap. 3.1 und 4.2). Dabei wird unterstellt, dass für jedes Unternehmen einige wenige kritische Erfolgsfaktoren (Key Performance Indicators, kurz: KPI) existieren, die über Erfolg oder Misserfolg entscheiden. Beispiele sind Image, Produktionskosten oder Innovationsfähigkeit. Die Ermittlung dieser Faktoren und ihrer Zusammenhänge erfolgt meist durch Befragung von Führungskräften. Im Anschluss daran werden Maßgrößen für die kritischen Erfolgsfaktoren und die hierfür erforderlichen Informationen abgeleitet. Auf diese Weise wird der Kern des strategischen Informationsbedarfs festgelegt. Die Subjektivität der Ermittlung soll durch Befragung möglichst vieler Führungskräfte und den Einbezug von Experten verringert werden. Mithilfe dieser Methode werden den Aufgaben- und Entscheidungsträgern diejenigen Faktoren bewusstgemacht, denen die größte Aufmerksamkeit gewidmet werden soll.

7.2.2 Informationsbeschaffung

Die **Informationsbeschaffung** legt auf Basis des ermittelten Informationsbedarfs fest, welche Informationen zu welchem Zeitpunkt, aus welchen Quellen und für welche Aufgaben- und Entscheidungsträger beschafft werden sollen.

Informationsbeschaffung kostet Geld – umso mehr, je genauer, aktueller und exklusiver Informationen sein sollen. Aus Gründen der Wirtschaftlichkeit sollten Informationen deshalb nur dann beschafft werden, wenn deren erwarteter Nutzen die Kosten übersteigt.

Bei der Ermittlung des **Informationswerts** gibt es jedoch einige **Schwierigkeiten** (vgl. *Berthel*, 1975, S. 54 ff.; *Reichwald*, 2005, S. 253 f.):

- **Informationsparadoxon/Zirkelproblem:** Zur Quantifizierung des Nutzens einer Information muss diese bekannt sein. In diesem Fall muss sie aber nicht mehr beschafft werden.
- **Prognoseunsicherheit:** Eine Informationsbewertung auf Grundlage von Prognosen setzt voraus, dass sich zukunftsbezogene Informationen aus der Vergangenheit ableiten lassen. Dies ist jedoch meist nicht möglich. Das Problem wird dadurch verschärft, dass nicht nur die Informationen selbst, sondern auch deren Wirkungen prognostiziert werden müssen.
- **Zurechnungsproblem:** Entscheidungen beruhen in der Regel auf einer Vielzahl von Informationen. Eine Bestimmung des Erfolgsanteils einzelner Informationen ist deshalb kaum möglich.
- **Detaillierungsproblem:** Je höher der Detaillierungsgrad einer Information, umso größer ist ihr potenzieller Nutzen. Allerdings erfordert die Erhebung detaillierter Informationen mehr Zeit, wodurch die Beschaffungskosten steigen sowie Aktualität und Wert der Informationen sinken.

Da diese logischen Probleme nicht lösbar sind, wird in der Praxis der erwartete Informationsnutzen pragmatisch geschätzt. Dann wird je nach dessen Wahrscheinlichkeit und Quantifizierbarkeit sowie in Abwägung der Kosten darüber entschieden, ob eine Information beschafft werden soll oder nicht. Dies kann einmalig oder in regelmäßigen Abständen erfolgen.

Informationen können grundsätzlich aus **internen oder externen Quellen** beschafft werden. Externe Quellen sind z. B. Lieferanten, Kunden, Geschäftspartner oder das Internet. Interne Quellen sind beispielsweise eigene Mitarbeiter oder betriebliche Informationssysteme. Im Folgenden werden exemplarisch Prognosen und Früherkennungssysteme für die Beschaffung strategischer Informationen sowie das Rechnungswesen als wesentliche interne Informationsquelle dargestellt. Die Beschaffung, Verknüpfung und Analyse der wachsenden Flut von Daten aus sozialen Netzwerken und dem Internet der Dinge hat für die Unternehmensführung zunehmende Bedeutung. Informationen auf Basis von Big Data werden in Kap. 7.3.2 erläutert.

Prognosen

Die Beschaffung strategischer Informationen erfolgt durch die Analyse des Unternehmens und seiner Umwelt sowie durch die Prognose ihrer zukünftigen Entwicklung. Strategische Informationen beziehen sich auf Stärken und Schwächen des Unternehmens sowie Chancen und Risiken der Unternehmensumwelt (vgl. Kap. 3.3).

Prognosen sind Voraussagen über zukünftige Ereignisse, die auf Beobachtungen der Vergangenheit und Annahmen über deren Zustandekommen basieren (vgl. *Brockhoff*, 2011, S. 785).

Prognosen beschreiben mögliche zukünftige Zustände des Unternehmens und der Unternehmensumwelt. Sie können kurz-, mittel- oder langfristig sein. Es ist aber nicht sicher, dass bisherige Erfahrungen und beobachtete Entwicklungen auch für die Zukunft bzw. den zu prognostizierenden Sachverhalt gelten. Aus diesem Grund sind Prognosen immer mit **Unsicherheit** verbunden.

Prognosen können fehlschlagen, wenn (vgl. *Brockhoff*, 2011, S. 786 ff.):

- die Hypothesen über die zu berücksichtigenden Größen und deren Einfluss auf den zu prognostizierenden Sachverhalt nicht ausreichend zutreffen oder veraltet sind,
- die verfügbaren empirischen Daten zu ungenau oder fehlerhaft sind,
- unvorhersehbare Ereignisse eintreten,
- methodische Fehler bei der Erstellung gemacht oder
- wesentliche Zusammenhänge übersehen werden.

Für die Durchführung von Prognosen existiert eine Vielzahl an **Prognoseverfahren**. Diese lassen sich grundsätzlich nach der Art der Datengewinnung und -verarbeitung einteilen in (vgl. *Klein/Scholl*, 2011, S. 283):

- **Quantitative Verfahren** verwenden statistische und mathematische Methoden. Es sind weitgehend rational bedingte Vorhersagen, die sich logisch aus quantitativen Daten ableiten. Beispiele sind Zeitreihenanalysen oder Indikatormodelle.
- **Expertengestützte Verfahren** sind subjektive Einschätzungen auf Basis der Erfahrung oder Intuition von Sachverständigen. Dies sind beispielsweise Vorhersagen von Wissenschaftlern über zukünftige technologische Entwicklungen oder die Delphi-Methode.
- **Simulationsverfahren** spielen Umweltentwicklungen oder Auswirkungen von Handlungsalternativen über die Variation der Modellparameter durch. Dies soll Rückschlüsse auf die Zusammenhänge ermöglichen, um zukünftige Entwicklungen und Risiken besser einschätzen zu können. Beispiele sind die auf Stichprobenexperimenten basierende Monte-Carlo-Simulation oder das auf dynamischen Strukturen und Rückkopplungsbeziehungen basierende System Dynamics (vgl. Kap. 1.2.4).

Zur Prognose gesamtwirtschaftlicher oder branchenbezogener Entwicklungen können externe Quellen, wie z. B. Branchenverbände oder statistische Bundes- und Landesämter, herangezogen werden. Prognosen der Markt- oder Technologieentwicklung und deren Bedeutung für das Unternehmen sind vor allem Aufgabe interner Organisationseinheiten, wie etwa Marketing oder Forschung und Entwicklung. Auf Basis von **Big Data** (vgl. Kap. 7.3.2) und durch maschinelle Analyseverfahren (**Business Analytics**) lassen sich Prognosen heute wesentlich fundierter erstellen und neue Zusammenhänge erkennen (vgl. Kap. 7.3.3). Die Erstellung von Prognosen wird zunehmend automatisiert, wodurch diese sowohl schneller als auch häufiger durchgeführt werden können.

Prognosen verfügen auch über eine gewisse **Eigendynamik**. Sie können sich selbst erfüllen oder widerlegen. Ein Beispiel für eine sich selbst erfüllende Prognose (self fulfilling prophecy) ist die Vorhersage eines steigenden Aktienkurses durch einen bekannten Börsenexperten wie etwa *Warren Buffet*. Diese bewahrheitet sich, weil viele Menschen dessen Kaufempfehlung folgen. Eine sich selbst widerlegende Prognose könnte die Vorhersage einer negativen Geschäftsentwicklung sein, die so viel Initiative und Einsatz bei den Mitarbeitern freisetzt, dass die erwartete Krise verhindert wird. Die Eigendynamik von Prognosen eröffnet somit für die Unternehmensführung auch die Chance, zukünftige Entwicklungen in gewünschte Bahnen zu lenken (vgl. *Brockhoff*, 2011, S. 788 f.).

Zur Beschaffung strategischer Informationen kommt häufig die **Szenariotechnik** als expertengestütztes Prognoseverfahren zum Einsatz. Dabei werden qualitative Einschätzungen quantitativ aufbereitet und analysiert. Als Szenarien werden mögliche zukünftige Zustände des Unternehmens und der Unternehmensumwelt bezeichnet, die aus der gegenwärtigen Situation systematisch und nachvollziehbar abgeleitet werden. Dazu werden zunächst die Einflussfaktoren auf den Untersuchungsgegenstand (z. B. die Umsatzentwicklung) identifiziert und zu wesentlichen Schlüsselfaktoren verdichtet. Diese werden jeweils über den Betrachtungszeitraum prognostiziert und daraus konsistente Projektionen als Szenarien abgeleitet. Für diese potenziellen Entwicklungen werden dann strategische Handlungsalternativen erarbeitet. Die Szenarien zeigen nicht nur mögliche zukünftige Ausprägungen, sondern auch, wie es dazu kommt. Dabei ist es nicht erforderlich, alle möglichen Szenarien zu betrachten. Zweckmäßig sind aussagekräftige, konträre und stabile Szenarien, welche zum Denken in Alternativen anregen.

Die Szenariotechnik dient nicht vorrangig Prognosezwecken, sondern soll vielmehr erklären, wie zukünftige Entwicklungen zustande kommen. Die Schwankungsbreite zukünftiger Situationen bildet, wie in Abb. 7.2.2 dargestellt, einen Trichter, der sich aufgrund der zunehmenden Entscheidungsmöglichkeiten im Zeitverlauf immer weiter öffnet. Die Grenzen des Trichters ergeben sich aus den Szenarien, welche die beiden Entwicklungsrichtungen abbilden. Die optimistische Betrachtung wird als Best Case und die pessimistische als Worst Case bezeichnet. Ausgehend vom wahrscheinlichsten Szenario (Trendszenario bzw. Base Case) werden die Auswirkungen möglicher Störungen und die bestehenden Reaktionsmöglichkeiten analysiert (vgl. *Klein/Scholl*, 2011, S. 329 ff.). Durch den Einsatz von Business Analytics können auch komplexe

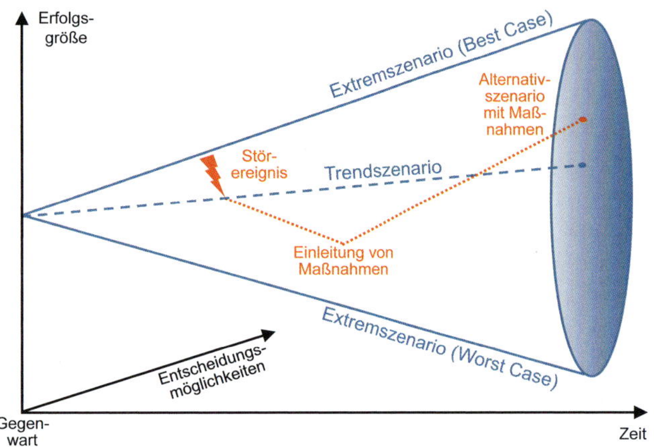

Abb. 7.2.2: Szenariotechnik (in Anlehnung an Geschka/Hammer, 1990, S. 315)

Szenarien schnell simuliert werden. Dadurch lassen sich wesentlich mehr Szenarien durchspielen und strategische Alternativen somit besser beurteilen (vgl. Kap. 7.3.3).

Früherkennungssysteme

Chancen und Gefahren werden häufig zu spät erkannt. Um Krisen abzuwenden und Chancen nicht zu verpassen, werden **Früherkennungssysteme** eingesetzt.

> **Früherkennungssysteme** sollen potenzielle Chancen und Gefahren durch die Beobachtung und Analyse relevanter und noch nicht allgemein wahrnehmbarer Sachverhalte frühzeitig signalisieren.

Nach ihrer Leistungsfähigkeit werden folgende **Generationen** von Früherkennungssystemen unterschieden (vgl. *Krystek/Müller-Stewens*, 2006, S. 181 ff.):

- **1. Generation: Kennzahlenmodelle** basieren auf Informationen des traditionellen Rechnungswesens, wie z. B. Umsatz- oder Gewinnentwicklung. Die Früherkennung erfolgt durch Vergleich zwischen geplanten und realisierten bzw. prognostizierten Größen. Unerwartete Veränderungen lassen sich auf diese Weise nicht erkennen.
- **2. Generation: Indikatorenmodelle** signalisieren zukünftige Veränderungen auf Basis statistischer Zusammenhänge mithilfe quantitativer Maßgrößen. Ein Beispiel ist die Prognose des Auftragseingangs bei einem Windelhersteller auf Basis der Geburtenrate. Entscheidend für die Früherkennung ist es, dass die Indikatoren auch tatsächlich einen Zusammenhang mit der zu prognostizierenden Größe aufweisen und einen hohen zeitlichen Vorlauf haben. Beispielsweise dürfte die Populationsentwicklung der Störche als Auftragseingangsindikator für den Windelhersteller ungeeignet sein. Durch die Fokussierung auf ausgewählte Zusammenhänge besteht die Gefahr, dass Chancen und Risiken übersehen und unvorhergesehene Entwicklungen nicht erkannt werden.
- **3. Generation:** Der **strategische Radar** basiert auf der Annahme, dass strategisch relevante Veränderungen von Menschen initiiert werden und auf Meinungen oder Äußerungen von Schlüsselpersonen oder maßgeblichen Organisationen beruhen. Grundlage ist das Konzept der schwachen Signale von *Igor Ansoff* (1976). Danach können unerwartete Entwicklungen der Unternehmensumwelt durch schwache Signale im Vorfeld erkannt und in der strategischen Planung berücksichtigt werden. Diese Anzeichen sollen möglichst breit erfasst und ihre Auswirkung auf das Unternehmen eingehend untersucht werden.

Das Grundprinzip des strategischen Radars zeigt Abb. 7.2.3, welche den Verlauf des Wissens über eine zukünftig eintretende Situation darstellt. Dies könnte etwa eine verschärfte Umweltgesetzgebung, der Durchbruch einer disruptiven Technologie oder eine konjunkturelle Krise sein. Bereits sehr früh sind erste Signale erkennbar, die dann nach und nach zunehmen, bis die Situation eintritt. Kann ein Unternehmen die Situation frühzeitig erkennen, dann hat es einen Zeitvorteil gegenüber seinen Wettbewerbern, falls diese erst reagieren, wenn die Situation offensichtlich wird (vgl. *Alter*, 2019, S. 223).

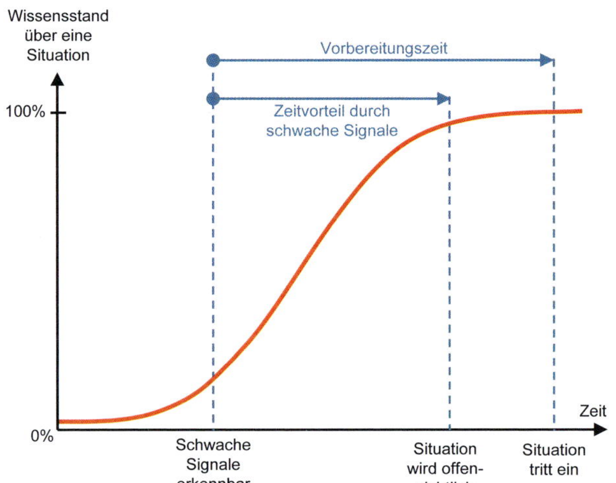

Abb. 7.2.3: Konzept der schwachen Signale (vgl. Pillkahn, 2007, S. 197)

Bei schwachen Signalen handelt es sich überwiegend um qualitative Informationen aus dem Unternehmensumfeld, die relativ ungenau und wenig strukturiert sind. Sie stammen beispielsweise aus Zeitungen, Rundfunk, Fernsehen oder sozialen Medien. Sie äußern sich als intuitive und subjektive Urteile und Äußerungen einzelner Personen oder Gruppen, wie etwa Politikern, Kunden, Lieferanten, Verbänden oder wissenschaftlichen Experten. Sie ermöglichen zwar keine verlässlichen Aussagen über das Eintreffen einer zukünftigen Situation, können aber etwa auf disruptive Veränderungen oder Krisen hinweisen.

Für die bedeutsam eingestuften Entwicklungen sollten die möglichen Konsequenzen und Eintrittswahrscheinlichkeiten beurteilt werden. Im Rahmen einer risikoorientierten Führung (vgl. Kap. 8.4) sind diese dann weiter zu verfolgen (vgl. *Alter*, 2019, S. 224). Abb. 7.2.4 veranschaulicht das Konzept der schwachen Signale am Beispiel der Corona-Pandemie.

Schwache Signale der Corona-Pandemie

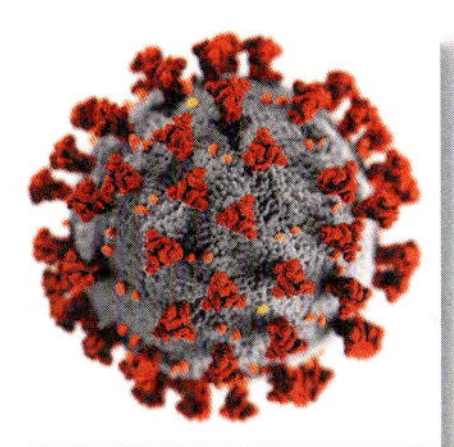

Nach dem erstmaligen Auftreten des neuen Virus *SARS-CoV-2* in der chinesischen Stadt *Wuhan* wurden von *China* und der *WHO* die Anzeichen einer drohenden Pandemie zu spät erkannt. Ansonsten wäre der weltweite Ausbruch mit seinen globalen menschlichen und wirtschaftlichen Folgen vielleicht noch zu verhindern gewesen. Manche Staaten, wie etwa die *USA* oder *Brasilien,* ignorierten sogar die offensichtlichen Signale einer Pandemie, bis es für eine wirksame Eindämmung zu spät war – mit gravierenden Folgen für die dortige Bevölkerung.

Die Darstellung zeigt den Verlauf des Wissensstands für **Industrieunternehmen aus Deutschland**. Ein frühzeitiges Erkennen des ersten Shutdowns vom 23. März bis 19. April 2020 hätte die wirtschaftlichen Folgen für das Unternehmen eindämmen können. Beispielsweise hätten frühzeitig die Produktionsmengen reduziert, Bestellungen storniert, Investitionen verschoben, Überstunden abgebaut und Maßnahmen zur Sicherstellung der Liquidität und zum Schutz der Mitarbeiter eingeleitet werden können.

Der *Volkswagen-Konzern*, für den China ein wichtiger Absatzmarkt ist und der dort über 30 Werke betreibt, erkannte schon zu Beginn des Jahres 2020 die schwachen Signale einer bevorstehenden Pandemie: „Ende Januar haben wir bereits angefangen, entsprechende Sicherheitsmaßnahmen zu definieren: strikte Maskenpflicht, Abstand und Homeoffice, wann immer möglich. Nicht zuletzt dank dieses leichten zeitlichen Vorsprungs im Krisenmanagement traf uns die erste Pandemiewelle im März nicht unvorbereitet. Das hat auch dazu geführt, dass wir schnell größere Bestände an Atemschutzmasken und anderer notwendiger Ausrüstung zur Vorsorge aufbauen konnten“, so der Personalvorstand *Gunnar Kilian* (*Tatje/Kilian*, 2020, S. 28).

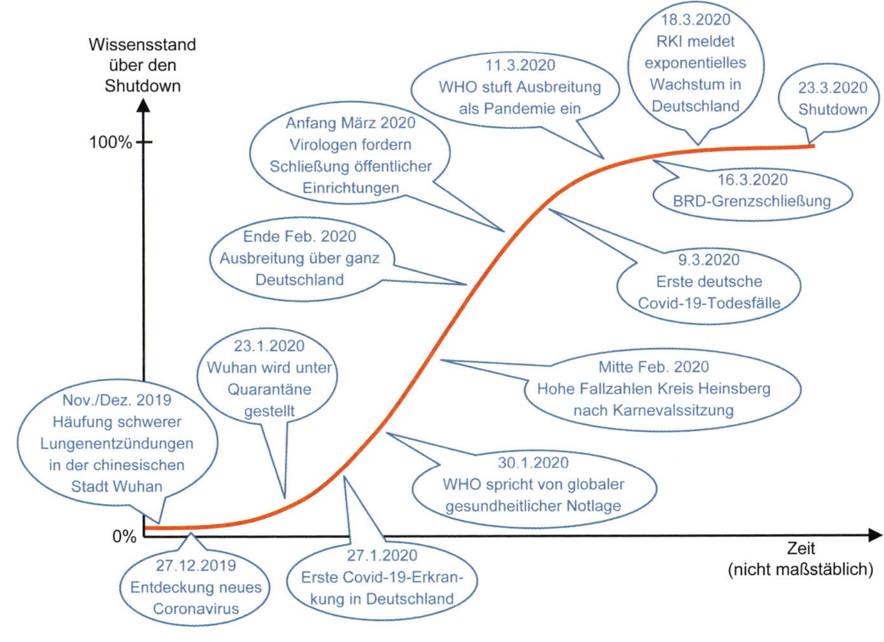

Abb. 7.2.4: Schwache Signale des ersten Corona-Shutdowns für deutsche Industrieunternehmen

Informationen aus dem Rechnungswesen

Aufgabe des **Rechnungswesens** ist die mengen- und wertmäßige Erfassung vergangener, gegenwärtiger und zukünftiger wirtschaftlicher Abläufe (vgl. *Coenenberg et al.*, 2016, S. 7).

Das Rechnungswesen ist sowohl für externe als auch interne Adressaten eine wichtige Informationsquelle. Es bildet den Verbrauch an Produktionsfaktoren ab und bestimmt die Wirtschaftlichkeit betrieblicher Abläufe. Es unterstützt den gesamten **Führungsprozess** (vgl. Kap. 1.3.3). Dabei werden die Informationen der Planung in Form von Problemdefinitionen, Prognosen und Entscheidungsalternativen durch das Rechnungswesen mengen- und wertmäßig abgebildet. Darauf basieren die Entscheidungen der Unternehmensführung und die zu erreichenden Zielwerte. Diese werden dann bei der Kontrolle mit den tatsächlichen Ergebnissen verglichen.

Nach den **Informationsempfängern** lassen sich unterscheiden (vgl. *Weber/Schäffer*, 2020, S. 115 ff.):

- Das **interne Rechnungswesen** ist nur betriebsinternen Informationsempfängern zugänglich. Um entscheidungsrelevante Informationen zu liefern, sollen die betrieblichen Vorgänge so realistisch und wahrheitsgemäß wie möglich abgebildet werden. Wesentliche Bestandteile sind die Kosten- und Leistungsrechnung sowie die Investitions- und Finanzrechnung.
- Das **externe Rechnungswesen** dient der Rechenschaftslegung für unternehmensexterne Informationsempfänger, wie z. B. Anteilseigner, Staat oder Banken. Es dokumentiert betriebliche Vorgänge und Ergebnisse aufgrund gesetzlicher oder vertraglicher Verpflichtungen. Bestandteile sind die Finanzbuchhaltung als Datenbasis sowie die Bilanz und Gewinn- und Verlustrechnung als Auswertungsrechnungen. Das externe Rechnungswesen soll die Vermögens-, Finanz- und Ertragslage des Unternehmens darstellen.

Aufgrund handels- und steuerrechtlicher Bilanzierungs- und Bewertungsvorschriften sowie des Einflusses bilanzpolitischer Überlegungen stellt das externe Rechnungswesen die betriebliche Realität meist nur unzureichend dar. Für die Entscheidungen der Unternehmensführung wird deshalb das interne Rechnungswesen herangezogen. Es ist nicht durch externe Vorgaben geregelt, sondern wird nach den Anforderungen des Unternehmens erstellt. Darüber hinaus ist es differenzierter und bietet die Möglichkeit, kurze Zeiträume und unterschiedliche Betrachtungsobjekte, wie z. B. einzelne Geschäftsbereiche oder Produkte, zu analysieren.

Das interne Rechnungswesen dient vor allem zur Beschaffung operativer Informationen. Im Vordergrund stehen die Zielgrößen Periodenerfolg und Liquidität sowie der zugrunde liegende Ressourcenverbrauch. Wesentliche **Bestandteile** sind (vgl. *Ewert/Wagenhofer*, 2014, S. 5 ff.):

- **Investitions- und Finanzrechnungen** sind der liquiditätsorientierte Teil des betrieblichen Rechnungswesens. Investitionsrechnungen sollen die Wirtschaftlichkeit von Investitionen und Finanzrechnungen die Liquidität beurteilen. Die Finanzrechnung verfolgt neben der Vermeidung einer Zahlungsunfähigkeit auch weitere finanzwirtschaftliche Zielsetzungen. Beispiele sind der Abbau unrentabler Überliquidität oder die Absicherung von Währungsrisiken.
- Die **Kosten- und Leistungsrechnung** bildet den betrieblichen Prozess der Leistungserstellung ab. Ziele sind die Vorgabe, Prognose, Ermittlung und Kontrolle der bewerteten, betrieblich bedingten Kosten und Leistungen. Es wird zwischen den tatsächlich angefallenen Kosten (Istkosten), den durchschnittlich anfallenden Kosten (Normalkosten) und den geplanten Kosten (Plankosten) unterschieden. Die Analyse der Abweichungen zwischen diesen Kostengrößen ermöglicht die Bestimmung von Ursachen und Gegenmaßnahmen.

Durch die unterschiedlichen Empfänger und Zwecke des internen und externen Rechnungswesens haben sich diese im Laufe der Zeit immer weiter auseinanderentwickelt. Doppelarbeiten, komplexe Rechnungssysteme und schwer nachvollziehbare Unterschiede im Periodenergebnis sind die Folge. Daher bemühen sich insbesondere kapitalmarktorientierte Unternehmen, u. a. durch weitgehenden Verzicht auf kalkulatorische Kosten und mit einheitlichen Bewertungsverfahren, ihr externes und internes Rechnungswesen zu harmonisieren. Steuerungskennzahlen sollen auf diese Weise vereinheitlicht und die Akzeptanz des Rechnungswesens gesteigert werden.

Internationale Rechnungslegungsstandards wie etwa *IFRS* (*International Financial Reporting Standards*) orientieren sich mehr an den Informationsbedürfnissen der Investoren und begünstigen damit die **Integration des Rechnungswesens**. Ein weiterer Grund ist die wertorientierte Unternehmensführung, da buchwertorientierte Verfahren auf den Daten des externen Rechnungswesens basieren (vgl. Kap. 8.2.2). Gegen eine vollständige Integration spricht jedoch, dass die externe Rechnungslegung für operative Entscheidungen in vielen Fällen kein realistisches Abbild der Unternehmenssituation ermöglicht. Die Integration beschränkt sich deshalb meist auf die Übereinstimmung von internem und externem Ergebnis auf Konzern- und

Geschäftsbereichsebene, während sich die Rechnungen auf den nachfolgenden Ebenen zunehmend unterscheiden. Die Harmonisierungsbestrebungen ändern somit nichts am hohen Stellenwert der Kosten- und Leistungsrechnung in der Praxis (vgl. *Ewert/Wagenhofer*, 2014, S. 58 ff.; *Hax*, 2002, S. 758 ff.).

Die Beschaffung von entscheidungsorientierten Informationen aus dem Rechnungswesen hat jedoch auch ihre **Grenzen** (vgl. *Horváth et al.*, 2020, S. 264 ff.):

- Das Rechnungswesen beschreibt nur Auswirkungen von Entscheidungen, macht aber keine Aussagen zu deren Ursachen.
- Eine ausschließlich mengen- und wertmäßige Erfassung vernachlässigt wichtige Aspekte von Entscheidungen, z. B. zeitliche oder qualitative Gesichtspunkte.

Die traditionellen Verfahren des Rechnungswesens sind in der ersten Hälfte des 20. Jahrhunderts entstanden und auf die industrielle Massenproduktion ausgerichtet. Die unternehmerische Realität sieht heute jedoch anders aus. Dies betrifft etwa veränderte Kostenstrukturen aufgrund steigender Gemeinkosten, zunehmender Produktvarianten oder betrieblicher Kooperationen. Für den stark an Bedeutung gewonnen Dienstleistungssektor leisten die traditionellen Verfahren kaum Entscheidungsunterstützung.

Aufgrund des Endes der 1980er-Jahre beklagten Verlusts der Entscheidungsrelevanz des Rechnungswesens („Relevance lost"; vgl. *Johnson/Kaplan*, 1987) sind in der Folge eine Reihe neuer Instrumente des **strategischen Kostenmanagements** entstanden. Beispiele sind Shareholder Value Analyse (vgl. Kap. 8.2), Lebenszykluskostenrechnung (Life Cycle Costing), Zielkostenmanagement (Target Costing; vgl. Kap. 8.6.2) oder Prozesskostenmanagement (vgl. Kap. 5.4.3).

7.2.3 Informationsübermittlung

Die **Informationsübermittlung** soll dem Aufgaben- und Entscheidungsträger das Informationsangebot anforderungsgerecht, also in qualitativ, quantitativ, zeitlich und räumlich geeigneter Form, zur Verfügung stellen (vgl. *Picot/Franck*, 1988b, S. 611).

Die Bereitstellung des Informationsangebots muss den Anforderungen der Aufgaben- und Entscheidungsträger entsprechen. Bei der Informationsübermittlung ist darauf zu achten, dass ein Empfänger nur eine begrenzte Zahl an Informationen verarbeiten und damit bei seinen Aufgaben und Entscheidungen berücksichtigen kann. In der Praxis überfordert die Flut an Informationen viele Mitarbeiter und Führungskräfte, sodass maßgebliche Informationen übersehen werden.

Entscheidend bei der Festlegung des Informationsangebots ist deshalb die **Selektion** der entscheidungsrelevanten Informationen. Aus der Vielzahl der meist unter Zeitdruck zu treffenden Entscheidungen ergeben sich die in Abb. 7.2.5 zusammengefassten **Anforderungen** an die Informationsübermittlung.

Anforderungen an die Informationsübermittlung	
richtig und genau	▪ Objektiv ▪ Korrekt und unverfälscht ▪ Übertragung des exakten Wortlauts ▪ Überprüfbar und dokumentiert
verständlich	▪ Eindeutiger Inhalt ▪ Aufbereitung schwieriger Zusammenhänge ▪ Klärung von Kontroversen ▪ Problemlösungsorientiert
vertraulich	▪ Kein Einblick für Unbefugte ▪ Schutz vor Verfälschung ▪ Identifizierbarkeit des Absenders
schnell und bequem	▪ Kurze Übermittlungsdauer ▪ Wunsch nach schneller Rückantwort ▪ Einfache Übermittlung und Verarbeitung ▪ Übertragung kleiner Informationsmengen

Abb. 7.2.5: Anforderungen an die Informationsübermittlung (vgl. Picot/Reichwald, 1987, S. 47)

Je höher die Komplexität und Vertraulichkeit der Informationen und je wichtiger der Beziehungsaspekt in der Kommunikation, umso größere Bedeutung hat die direkte individuelle Übermittlung. Diese erfolgt im persönlichen Gespräch, per Telefon oder auch zunehmend über Videokonferenzen. Sollen dagegen umfangreiche strukturierte Informationen übermittelt werden, dann sind schriftliche Dokumente besser geeignet. Die Aufgaben- und Entscheidungsträger nehmen Informationen generell besser auf, wenn diese schnell und bequem verfügbar, komprimiert, mündlich überbracht sowie ansprechend und verständlich aufbereitet sind (vgl. *Reichwald*, 2005, S. 254 f.).

Kommunikationsebenen

Nach dem Psychotherapeuten *Paul Watzlawick* umfasst zwischenmenschliche Kommunikation nicht nur Worte, sondern schließt jegliches Verhalten der Gesprächspartner, wie etwa Körperhaltung, Tonfall, Gestik oder Mimik, mit ein. Beispiele sind etwa ein Verdrehen der Augen oder das Schlagen auf den Tisch. Da jegliches Verhalten in einer

zwischenmenschlichen Situation somit Mitteilungscharakter hat, *„kann man nicht nicht kommunizieren"* (2016, S. 14). Menschliche Kommunikation ist immer gleichzeitig Ursache und Wirkung, d. h., die Gesprächspartner reagieren ständig aufeinander. Für eine erfolgreiche Kommunikation ist es folglich nicht entscheidend, was der Sender gesagt, sondern was der Empfänger verstanden hat (vgl. *Watzlawick et al.*, 2017, S. 57 ff.).

Bei der Übermittlung von Informationen ist nach dem Psychologen *Friedemann Schulz von Thun* darauf zu achten, dass zwischenmenschliche Kommunikation sowohl beim Sender als auch beim Empfänger auf vier unterschiedlichen psychologischen **Ebenen** stattfindet (vgl. 1993, S. 25 ff., Abb. 7.2.6 und Abb. 7.2.7):

- **Sachinhalt** (Worüber informiert wird): Auf der Sachebene geht es um die inhaltlichen Fakten, die gemäß den dargestellten Anforderungen übermittelt werden sollen. Da es in der betrieblichen Kommunikation in der Regel vor allem um die Sache geht, sollte dabei der Inhalt im Vordergrund stehen. Ein Beispiel wäre die Information des Geschäftsführers an den Vertriebsleiter, dass der Umsatz im letzten Quartal um 10 % gefallen ist.

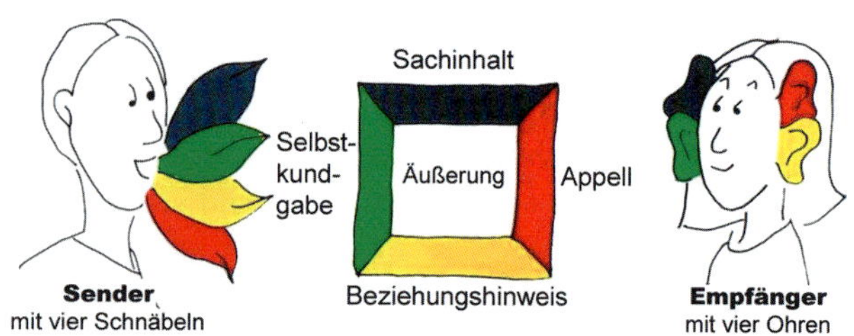

Abb. 7.2.6: Das Kommunikationsquadrat (www.schulz-von-thun.de)

- **Selbstkundgabe** (Was der Sender von sich selbst mitteilt): In jeder Nachricht stecken implizit oder explizit auch Informationen über die Person des Senders, wodurch sich wiederum der Empfänger ein Urteil über den Sender bildet. Im Beispiel könnte der Tonfall oder die Gestik des Geschäftsführers darauf hindeuten, dass er aufgrund der Umsatzentwicklung besorgt oder verärgert ist.
- **Appell** (Wozu der Sender den Empfänger veranlassen möchte): Offen oder verdeckt geht es auf dieser Ebene darum, beim Empfänger eine bestimmte Reaktion auszulösen. Im Beispiel möchte der Geschäftsführer vermutlich zusammen mit dem Vertriebsleiter nach Maßnahmen suchen, um etwas gegen den rückläufigen Umsatz zu unternehmen.
- **Beziehungshinweis** (Wie Sender und Empfänger zueinander in Beziehung stehen): Formulierungen, Tonfall, Gestik und Mimik zeigen, welche Wertschätzung der Sender dem Empfänger entgegenbringt. Häufig ist der Empfänger auf dieser persönlichen Ebene besonders sensibel. Welche Beziehungsbotschaft der Empfänger wahrnimmt, hängt auch von dessen eigener Persönlichkeit ab. Im Beispiel könnte der Vertriebsleiter die Information als Vorwurf interpretieren, dass er an diesem Umsatzrückgang schuld ist. Trotz eines wahrheitsgetreuen Sachinhalts kann die empfangene Beziehungsbotschaft somit heftige Widerstände auslösen.

Diese vier Kommunikationsebenen werden auch als **TALK-Modell** bezeichnet (vgl. von *Rosenstiel*, 2011, S. 317):

- Tatsachendarstellung („Es ist"),
- Ausdruck („Ich bin"),
- Lenkung („Du sollst") und
- Kontakt („Wir sind").

Insgesamt lässt sich die Kommunikation verbessern, wenn der Sender darauf achtet, dass die Informationen für den Empfänger einfach verständlich, stimulierend, kurz und strukturiert sind (vgl. *Rosenstiel*, 2011, S. 318).

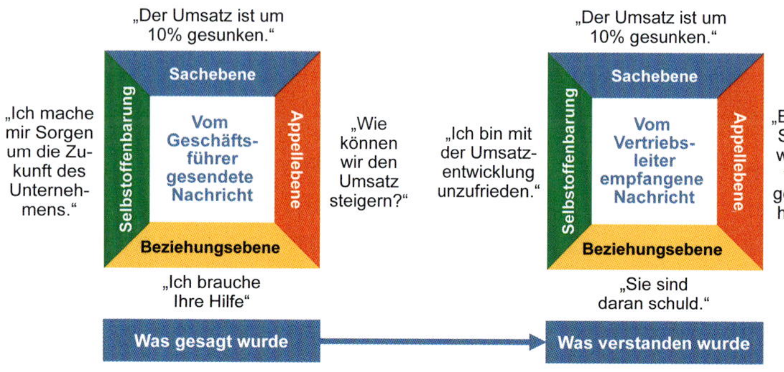

Abb. 7.2.7: Beispiel für die Unterschiede zwischen gesendeter und empfangener Nachricht

Die Qualität des Informationsaustauschs hängt davon ab, wie die vier Ebenen auf beiden Seiten miteinander harmonieren. Kommunikationsstörungen treten auf, wenn die Botschaft vom Sender oder Empfänger auf einer oder gar mehreren Ebenen unterschiedlich interpretiert wird. Dies kann dazu führen, dass relevante Informationen durch den Empfänger nicht für seine Aufgabe oder Entscheidung verwendet werden (vgl. Kap. 7.2.4). Missverständnisse können schnell entstehen. Diese sollten durch gezieltes Nachfragen von beiden Seiten umgehend thematisiert werden, bevor es zu Störungen der Beziehungsebene oder vom Sender nicht beabsichtigten Handlungen des Empfängers kommt. Zur Beseitigung von Kommunikationsstörungen ist auch **Metakommunikation** hilfreich, also eine Kommunikation über die Art und Weise der Kommunikation. Dabei lassen sich beispielsweise Spielregeln vereinbaren, um die Kommunikation zu verbessern. Dies kann etwa das gegenseitige Ausreden lassen oder ein respektvoller Umgangston sein.

Durch die Digitalisierung der Kommunikation kommt auch der Flexibilität der Informationsübermittlung zunehmende Bedeutung zu. So können Führungskräfte heutzutage fast überall auf der Welt Informationen mit mobilen Endgeräten empfangen, bearbeiten und versenden. Die Form der Informationsübermittlung wird daneben insbesondere durch die **Strukturiertheit** der Aufgaben und Entscheidungen geprägt, die den Informationsbedarf auslösen. Bei schlecht strukturierten Aufgaben und Entscheidungen (vgl. Kap. 7.2.1) erfolgt die Informationsübermittlung vor allem durch digitale Informationssysteme, mit denen sich die Aufgaben- und Entscheidungsträger die für sie relevanten Informationen selbst beschaffen können. Die Informationsübermittlung bei gut strukturierten Aufgaben und Entscheidungen lässt sich dagegen standardisieren und automatisieren. Hierzu werden die betrieblichen Abläufe und zugehörigen Informationsstrukturen analysiert, modelliert und digital abgebildet. Modellierung und Programmierung lohnen sich aber nur bei Aufgaben und Entscheidungen, die häufig und in ähnlicher Form anfallen und nicht zu komplex sind (vgl. *Reichwald*, 2005, S. 268 ff.). Zur Informationsübermittlung im Unternehmen dient das Berichtswesen, das im nächsten Abschnitt erläutert wird.

Berichtswesen

> Das **Berichtswesen** dient der anforderungsgerechten Übermittlung unternehmensinterner Informationen an betriebliche Aufgaben- und Entscheidungsträger.

Die Entstehung von Informationen und der Informationsbedarf fallen häufig zeitlich, sachlich, räumlich oder organisatorisch auseinander. Die Informationsübermittlung an die Aufgaben- und Entscheidungsträger erfolgt deshalb durch **Berichte**. Sie dienen vor allem zur Vorbereitung und Kontrolle von Entscheidungen, zur Auslösung und Durchführung betrieblicher Handlungen und zur Dokumentation von Ereignissen. Je genauer sich der jeweilige **Berichtszweck** bestimmen lässt, umso besser kann der Informationsbedarf befriedigt werden. Zur anforderungsgerechten Gestaltung der Berichte ist die Frage zu beantworten: „**Was soll wann an wen berichtet werden?**".

Das Berichtswesen versorgt die Aufgaben- und Entscheidungsträger in angemessener Häufigkeit und Verdichtung mit den für sie relevanten Informationen. Diese können dabei aus internen und externen Quellen stammen. Eine der wichtigsten internen Informationsquellen ist die Kosten- und Leistungsrechnung. In der Regel werden die Berichtsinformationen mit zunehmender Führungshierarchie stärker verdichtet, sind umfassender und werden seltener aktualisiert. Die Einrichtung und Pflege des Berichtswesens ist eine wesentliche Aufgabe des Controllings (vgl. *Küpper et al.*, 2013, S. 230 ff.).

Nach deren Erstellungsgrund und Erscheinungshäufigkeit lassen sich folgende **Berichtsarten** unterscheiden (vgl. *Weber/Schäffer*, 2020, S. 234 f.):

- **Standardberichte** werden in regelmäßigen Zeitabständen erstellt und sollen einen wiederkehrenden Informationsbedarf befriedigen. Form, Inhalt und Erstellungszeitpunkt der Berichte sind genau festgelegt. Die Aufgaben- und Entscheidungsträger müssen die für sie relevanten Informationen aus einer vorgegebenen Menge an Daten selbst erkennen und auswählen. Standardberichte sind effizient und wirtschaftlich, da sie für viele Empfänger erstellt werden. Individuelle und aktuelle Informationsbedürfnisse werden jedoch nicht berücksichtigt. Ein Beispiel ist die Aufstellung der monatlichen Umsätze nach Vertriebsregionen sowie der aufgetretenen Abweichungen zu den Umsätzen des Vormonats, des Vorjahres und den budgetierten Umsätzen.
- **Abweichungsberichte** werden nur dann erstellt, wenn vorgegebene Grenzwerte über- oder unterschritten werden. Dies könnte beispielsweise sein, wenn in einer Vertriebsregion der Umsatz um mehr als 10 % zurückgeht. Auf diese Weise lässt sich die Überflutung der Aufgaben- und Entscheidungsträger mit Informationen verhindern. Abweichungsberichte weisen auf bestehende Probleme hin und sollen Anpassungsmaßnahmen auslösen.

- **Bedarfsberichte** werden ergänzend zu den Standardberichten erstellt, wenn eine detaillierte Analyse eines Sachverhalts erforderlich ist. Wird etwa im monatlichen Vertriebsbericht ein Umsatzeinbruch in einer bestimmten Region ausgewiesen, dann kann der Vertriebsleiter zur Bestimmung der Ursache einen Bedarfsbericht anfordern. Darin werden dann etwa die Umsätze der einzelnen Kunden und Produkte aufgeschlüsselt. Bedarfsberichte sind somit direkt auf den Aufgaben- und Entscheidungsträger und dessen Informationsnachfrage ausgerichtet. Sie werden fallweise angefordert und können somit nicht standardisiert werden. Da diese nur von einem oder wenigen Aufgaben- und Entscheidungsträgern genutzt werden und ihre Erstellung recht aufwendig sein kann, sind sie relativ teuer. Allerdings wird die Informationsnachfrage des jeweiligen Aufgaben- und Entscheidungsträgers unmittelbar erfüllt.

Nach einer Befragung von 443 Führungskräften aus dem Bereich Rechnungswesen und Controlling im Rahmen des *WHU-Controller Panels* wird der Standardbericht in der Regel monatlich erstellt und im Mittel neun Tage nach dem letzten Geschäftstag vorgelegt. Mittlere und kleine Unternehmen erstellen diesen meist in *Excel*, während bei großen Unternehmen vor allem *PowerPoint* zum Einsatz kommt (vgl. *Reimer et al.*, 2019, 4 ff.).

Die Funktionalität von **Berichtssystemen** reicht von vordefinierten Zusammenstellungen für Standard- oder Abweichungsberichte bis zur Unterstützung von Bedarfsberichten. Diese können durch selbstständige Systemabfragen des Aufgaben- und Entscheidungsträgers oder im Dialog mit einem digitalen Informationssystem unter Nutzung von Prognose- und Entscheidungsmodellen erstellt werden. Bedarfsberichte gewinnen mit der steigenden Leistungsfähigkeit digitaler Informationssysteme zunehmend an Bedeutung. Sie versetzen die Aufgaben- und Entscheidungsträger immer mehr in die Lage, selbstständig die von ihnen benötigten Informationen aus Datenbanken direkt abzurufen bzw. ihre Berichte individuell selbst zu gestalten. Voraussetzung für die Akzeptanz bei den Aufgaben- und Entscheidungsträgern ist eine einfach zu bedienende Benutzeroberfläche. Auf diese Weise kann die Informationsnachfrage sowohl wirtschaftlich als auch individuell auf die Adressaten abgestimmt erfolgen (vgl. *Küpper et al.*, 2013, S. 232 f.).

39 % der Befragten des *WHU-Controller Panels* nutzen eine solche Dashboard-Lösung, welche sowohl als individuelle Informationsquelle als auch als Berichtssystem dient. Von diesen Unternehmen stellen rund drei Viertel ihre Zahlen tagesaktuell, knapp ein Viertel sogar in Echtzeit zur Verfügung (vgl. *Reimer et al.*, 2019, S. 9 ff.).

Da Berichte für die Unternehmensführung häufig aus einer Vielzahl an Kennzahlen bestehen, wird auf diese im nächsten Abschnitt näher eingegangen.

Kennzahlen und Kennzahlensysteme

Kennzahlen stellen betriebliche Sachverhalte und Zusammenhänge in verdichteter und quantitativ messbarer Form dar (vgl. *Reichmann et al.*, 2017, S. 39).

Kennzahlen geben über betriebliche Themenstellungen schnell und prägnant Auskunft. Sie dienen nicht nur der Informationsversorgung, sondern unterstützen den gesamten Führungsprozess. Sie machen eine Operationalisierung von Zielen und der Zielerreichung, die Vereinfachung und Anregung von Steuerungsprozessen sowie eine Erkennung von Soll-Ist-Abweichungen möglich. Eine wesentliche Funktion von Kennzahlen ist die Vorgabe kritischer Werte als Ziele für betriebliche Teilbereiche (vgl. *Weber/Schäffer*, 2020, S. 179 ff.). Die maßgeblichen Schlüsselkennzahlen eines Unternehmens zur Steuerung seiner kritischen Erfolgsfaktoren werden **Key Performance Indicators** (KPI) genannt.

Kennzahlen lassen sich nach unterschiedlichen Gesichtspunkten differenzieren. Besondere praktische Bedeutung kommt der Unterscheidung nach der statistischen Form zu. **Absolute Kennzahlen** sind einzelne Werte, Summen oder Differenzen, wie etwa Preise, Kosten, Umsatz oder Gewinn. **Relative Kennzahlen** setzen absolute Größen ins Verhältnis, um diese miteinander zu vergleichen. Es lassen sich drei **Arten relativer Kennzahlen** unterscheiden (vgl. *Reichmann et al.*, 2017, S. 40):

- **Gliederungszahlen** drücken den Anteil einer Zahl an einer übergeordneten Größe aus, wie z. B. die Eigenkapitalquote den Anteil des Eigenkapitals am Gesamtkapital.
- **Beziehungszahlen** setzen begrifflich unterschiedliche Größen ins Verhältnis, um Aussagen über deren Zusammenhang abzuleiten. Die Umsatzrentabilität drückt beispielsweise die Relation zwischen Gewinn und Umsatz aus. Sie beschreibt die Gewinnspanne des Unternehmens und dessen Spielraum, Preisrückgänge und Kostensteigerungen auffangen zu können.
- **Indexzahlen** beschreiben das Verhältnis gleichartiger Kennzahlen, die zu unterschiedlichen Zeitpunkten oder an verschiedenen Orten gemessen werden. Einem der Werte wird der Indexwert 100 zugewiesen. Auf dieser Basis wird die Entwicklung der anderen Größen gemessen und deren Abweichungen dargestellt. Beispiele sind Lohn-, Kosten- oder Preisindizes.

Besondere Bedeutung kommt dem **Vergleich von Kennzahlen** zu. Um Entwicklungen darzustellen, können sie zu verschiedenen Zeitpunkten verglichen werden **(Zeitvergleich)**. Zur Beurteilung der Zielerreichung werden geplante und realisierte Kennzahlenwerte einander gegenübergestellt (**Soll-Ist-Vergleich**). Ein Kennzahlenvergleich kann sowohl innerbetrieblich zwischen Organisationseinheiten des Unternehmens als auch zwischenbetrieblich mit anderen Unternehmen erfolgen.

Eine Weiterentwicklung betrieblicher Vergleiche ist das **Benchmarking**. Dabei werden Produkte, Funktionsbereiche oder Prozesse mit Unternehmen verglichen, die auf dem jeweiligen Gebiet besonders ausgezeichnete Leistungen erzielen („Die Besten der Besten"). Branchenvergleiche mit dem Best-in-Class machen deutlich, „wie hoch die Latte hängt" und was getan werden muss, um wettbewerbsfähig zu sein. Durch Benchmarking soll von den Erfahrungen, Methoden und Ergebnissen erfolgreicher Unternehmen gelernt werden (vgl. *Weber/Schäffer*, 2020, S. 74). Wettbewerbsvorteile lassen sich insbesondere durch das generische Benchmarking mit einem branchenfremden Vergleichspartner erzielen, wie das Beispiel *Southwest Airlines* zeigt.

Bei der Informationsversorgung wird den Aufgaben- und Entscheidungsträgern eine Vielzahl unterschiedlicher Kennzahlen zur Verfügung gestellt. Um dabei keine widersprüchlichen und verwirrenden Aussagen zu erhalten, sollten die einzelnen Kennzahlen im Rahmen eines **Kennzahlensystems** untereinander geordnet und in eine sinnvolle sachliche Beziehung gesetzt werden. Die Einzelkennzahlen ergänzen sich dabei oder erklären einander. Sie informieren dann gemeinsam über einen übergeordneten Sachverhalt, wie z. B. den Wertbeitrag des Unternehmens.

Benchmarking bei Southwest

Southwest

Die US-amerikanische Fluggesellschaft *Southwest Airlines* führte ein Benchmarking mit der amerikanischen *INDY 500 NASCAR-Rennserie* durch. Bei Autorennen spielt die Länge des Boxenstopps eine wesentliche Rolle. Je kürzer, umso größer die Chancen, das Rennen zu gewinnen. Deshalb sind Auftanken und Reifenwechsel während des Rennens meist in wenigen Sekunden erledigt. Durch eingehende Analyse dieser Boxenstopps konnte *Southwest* viele Ideen gewinnen, um die Dauer seiner internen Abwicklungsprozesse, wie etwa das Auftanken der Flugzeuge, Ein- und Aussteigen der Passagiere oder Be- und Entladen des Gepäcks, zu verkürzen. Als eines der profitabelsten Unternehmen der Luftfahrtindustrie wurde *Southwest* damit selbst zum Benchmark für andere Fluggesellschaften (vgl. *Koch*, 2009, S. 117).

Dies ermöglicht eine vollständigere und übersichtlichere Informationsversorgung der Aufgaben- und Entscheidungsträger (vgl. *Küpper et al.*, 2013, S. 471 f.).

Nach ihrem Aufbau lassen sich grundsätzlich zwei **Arten** von Kennzahlensystemen unterscheiden, wobei in der Praxis auch Mischformen gebräuchlich sind (vgl. *Weber/Schäffer*, 2020, S. 193 ff.):

- **Ordnungssysteme** bestehen aus einer Sammlung von Kennzahlen zu einem Thema, die meist zu Gruppen zusammengefasst werden. Die Kennzahlen hängen nicht unmittelbar zusammen und sind nicht rechnerisch verknüpft. Ein Beispiel ist ein Vertriebskennzahlensystem mit Kennzahlen zu Vertriebsregionen, Händlern und Ergebnissen.
- **Rechensysteme** bestehen aus einer Spitzenkennzahl, die rechnerisch in ihre Bestandteile zerlegt wird. Daraus ergibt sich eine hierarchische, pyramidenförmige Struktur. Auf diese Weise sollen die Ursachen von Veränderungen und Ergebnissen systematisch analysiert werden. Die Spitzenkennzahl stellt die übergeordnete Zielsetzung des Unternehmens dar. Das bekannteste Beispiel ist der Return on Investment (RoI). Er steht im Zentrum des bereits 1919 entwickelten und weit verbreiteten *DuPont-System of Financial Control* (vgl. Abb. 7.2.8). Dessen ausschließliche Ausrichtung auf das Rentabilitätsziel ist allerdings heute nicht mehr zeitgemäß. Moderne Kennzahlensysteme orientieren sich eher an wertorientierten Zielgrößen, wie z. B. dem Economic Value Added (EVA). Wertorientierte Kennzahlensysteme in Form sog. Werttreiberbäume sind in Kap. 8.2.1 dargestellt (vgl. Abb. 8.2.7).

Die hohe Informationsverdichtung von Kennzahlen und Kennzahlensystemen verursacht aber auch Probleme. Häufig wird die Leistung der Mitarbeiter und Führungskräfte an den erreichten Kennzahlenwerten gemessen. Dabei besteht jedoch die Gefahr, dass diese nach dem Motto **„What you measure, is what you get"** (*Kaplan/Norton*, 1992, S. 71) ihre ganze Aufmerksamkeit nur noch auf diese Größen richten. Strategische, qualitative, bereichsübergreifende oder andere wichtige Aspekte, welche die jeweilige Kennzahl nicht erfasst, werden dann oft vernachlässigt. Traditionelle Kennzahlensysteme bestehen überwiegend aus finanziellen Kennzahlen. Sie informieren vergangenheitsorientiert über das Ergebnis früherer Leistungen und machen Fehlentwicklungen deshalb erst spät sichtbar. Finanzielle Kennzahlen, wie z. B. der Return on Investment, fördern somit ein kurzfristiges Denken und Handeln. Die in der Praxis vorherrschenden Rechensysteme können auch keine qualitativen Zusammenhänge abbilden. Da-

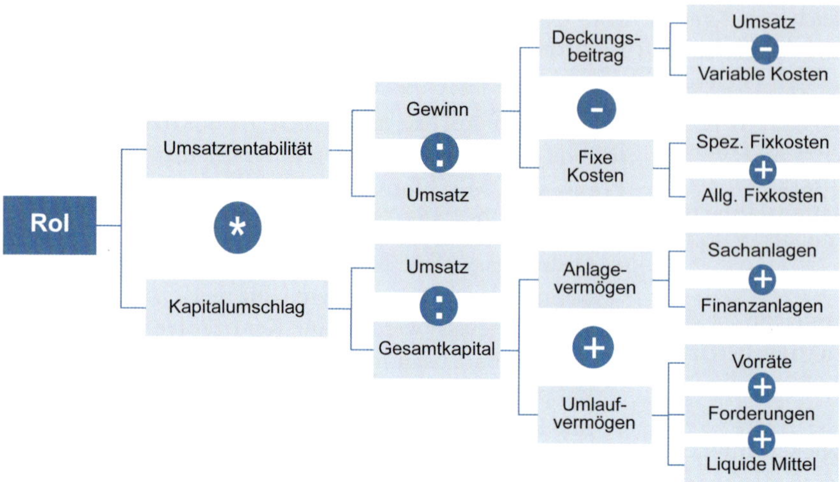

Abb. 7.2.8: DuPont-System of Financial Control (in Anlehnung an Davis, 1950, S. 7)

durch besteht die Gefahr, dass strategische Chancen zugunsten kurzfristiger Ergebnisse zu wenig berücksichtigt werden (vgl. *Weber/Schäffer*, 2020, S. 206 ff.).

Performance Measurement

Die Kritik an traditionellen Kennzahlensystemen führte ab den 1980er-Jahren zur Entwicklung des Performance Measurement, das eine umfassende, zielgerichtete und zukunftsbezogene Informationsversorgung der Unternehmensführung ermöglichen soll.

Performance Measurement bezeichnet die ganzheitliche und mehrdimensionale Beurteilung der Leistung eines Unternehmens mithilfe quantifizierbarer Maßgrößen, um dessen Strategie zu operationalisieren.

Die Leistung wird dabei beispielsweise nach den Dimensionen Zeit, Kosten, Qualität, Flexibilität oder Zufriedenheit beurteilt. Dabei kommen insbesondere auch nicht-finanzielle Kennzahlen zum Einsatz. Die Leistungsmessung kann sich auf unterschiedliche Bezugsobjekte beziehen, wie z. B. Organisationseinheiten (vgl. *Gleich*, 2021, S. 9 ff.). Die Leistung wird beim Performance Measurement auf unterschiedlichen Ebenen beurteilt. Ausgangspunkt ist die Betrachtung der Leistung des gesamten Unternehmens bzw. der strategischen Geschäftseinheiten. Daran schließt sich die Bewertung der Prozesse an (vgl. Kap. 5.4.3), die dann in die Leistungsmessung der prozessausführenden Mitarbeiter auf der Arbeitsplatzebene mündet (vgl. *Klingebiel*, 1998, S. 6). Diese Leistungstransparenz soll auf allen Ebenen Ansatzpunkte zur Leistungsverbesserung aufzeigen. Die Gesamtheit der verwendeten Maßgrößen zur ganzheitlichen Leistungsbeurteilung eines Unternehmens wird als **Performance-Measurement-System** bezeichnet. Die Unterschiede zu traditionellen Kennzahlensystemen verdeutlicht Abb. 7.2.9.

Traditionelle Kennzahlensysteme	Performance-Measurement-Systeme
Finanzieller Fokus	**Strategischer Fokus**
▪ vergangenheitsorientiert	▪ zukunftsorientiert
▪ eindimensional	▪ mehrdimensional
▪ operativ ausgerichtet	▪ strategisch ausgerichtet
▪ finanzielle Maßgrößen	▪ finanzielle und nicht-finanzielle Maßgrößen
▪ geringe Flexibilität	▪ hohe Flexibilität
▪ standardisiert/einheitlich aufgebaut	▪ unternehmensindividuell aufgebaut
▪ Kostensenkung	▪ Strategieumsetzung/Leistungsverbesserung
▪ fragmentiert	▪ integriert
▪ isoliert bewertete Leistungsmerkmale	▪ gemeinsam bewertete Leistungsmerkmale
▪ individuelle Leistungsanreize	▪ gruppenbezogene Leistungsanreize

Abb. 7.2.9: Vergleich zwischen Kennzahlensystemen und Performance-Measurement-Systemen (in Anlehnung an Lynch/Cross, 1995, S. 38)

In der Praxis werden mit dem Einsatz von Performance-Measurement-Systemen unterschiedliche Zielsetzungen verfolgt (vgl. Abb. 7.2.10). Viele davon gelten allerdings auch für traditionelle Kennzahlensysteme. Beim Performance Measurement steht insbesondere die Strategieumsetzung (vgl. Kap. 4.2.5) im Vordergrund. Hierfür werden die strategischen Ziele messbar gemacht und verständlich kommuniziert. Performance-Measurement-Systeme sollten sich auf die wesentlichen Erfolgsfaktoren konzentrieren und deshalb nur eine überschaubare Menge an Kennzahlen beinhalten.

Abb. 7.2.10: Ziele von Performance-Measurement-Systemen

Kritisch für die Wirksamkeit eines Performance-Measurement-Systems ist insbesondere die Auswahl der **relevanten Maßgrößen**. Sie müssen nicht nur einfach quantifizierbar sein, sondern insbesondere eine verlässliche und realistische Aussage über den betrachteten Sachverhalt ermöglichen. So wird beispielsweise die Mitarbeiterzufriedenheit häufig mit der Fluktuationsrate gemessen. Da Mitarbeiter jedoch nicht nur aus Frustration, sondern auch einer Reihe anderer Gründe ein Unternehmen verlassen, gibt die Fluktuationsrate nur begrenzt Auskunft über die Mitarbeiterzufriedenheit. Beispielsweise werden Auswirkungen der konjunkturellen Lage, auf die das Unternehmen keinen Einfluss hat, in der Fluktuationsrate nicht ersichtlich. Problematisch ist auch die Bestimmung der Zusammenhänge zwischen den betrachteten Maßgrößen. Dies gilt insbesondere für die Relevanz und Ergebniswirksamkeit nicht-monetärer Kennzahlen. So ist beispielsweise unklar, wie und in welchem Ausmaß sich die Verbesserung der Mitarbeiterzufriedenheit in den finanziellen Ergebnissen eines Unternehmens niederschlägt.

Es gibt eine Vielzahl an unterschiedlichen Performance-Measurement-Systemen. Beispiele sind das französische *Tableau de Bord* (vgl. *Epstein/Manzoni*, 1997), das *Quantum-Performance-Measurement* (vgl. *Hronec*, 1996), das *Performance Measurement Framework* (vgl. *Fitzgerald et al.*, 1991) oder die *Performance Pyramid* (vgl. *Lynch/Cross*, 1993). Manche dienen einem spezifischen Zweck, wie z. B. das qualitätsorientierte *EFQM-Modell* (vgl. Kap. 8.1.2) oder der *Skandia-Navigator* zur Quantifizierung immaterieller Werte (vgl. Kap. 8.3.4). Die **Balanced Scorecard** ist das in deutschen Unternehmen am weitesten verbreitete Performance-Measurement-System (vgl. *Günther/Grüning*, 2002, S. 6). Sie wird in Kap. 4.2.5 ausführlich als strategisches Führungssystem dargestellt. Zunehmend populär ist die OKR-Methode, die im Folgenden näher betrachtet wird.

Objectives and Key Results (OKR)

Bei Objectives and Key Results handelt es sich um ein Performance-Measurement-System, das sich in der Praxis wachsender Beliebtheit erfreut. OKR dient ähnlich wie die Balanced Scorecard (vgl. Kap. 4.2.5) dazu, die Vision und Strategie des Unternehmens zu operationalisieren. Es ist allerdings kurzfristiger und auf stetiges Lernen in schnellen Zyklen ausgerichtet. Deshalb wird es häufig zur Zielvereinbarung in agilen Organisationen (vgl. Kap. 5.2) bzw. bei innovativen und stark wachsenden Unternehmen eingesetzt.

> Durch **Objectives and Key Results** (OKR) fokussiert sich ein Unternehmen für eine kurze Periode auf bis zu fünf anspruchsvolle Ziele (Objectives), welche jeweils mithilfe von bis zu fünf Schlüsselergebnissen (Key Results) gemessen und realisiert werden sollen.

OKR wurde von *Andy Grove*, damaliger CEO des US-amerikanischen Halbleiterherstellers *Intel*, in den 1970er-Jahren entwickelt. Um ein messbares Zielsystem zu erhalten, verknüpfte er das Führungsprinzip des Management by Objectives (vgl. Kap. 6.3.1) mit den SMART-Kriterien (vgl. Kap. 4.1.1) und nannte es „iMbOs" (*Intels* Management by Objectives). Sein Mitarbeiter *John Doerr* wechselte 1980 zu einer Risikokapitalgesellschaft und führte es 1999 unter dem Namen OKR als Zielsystem bei *Google* ein (vgl. *Doerr*, 2018, S. 12 ff.). Die wesentlichen Unterschiede zwischen beiden Ansätzen zeigt Abb. 7.2.11.

	Management by Objectives	Objectives and Key Results
Zielinhalt	Was?	Was und wie?
Zielhorizont	jährlich	quartalsweise bis monatlich
Zielvorgabe	persönlich und geheim	öffentlich und transparent
Ableitungsrichtung	Top-down	Top-down und Bottom-up (je ca. 50 %)
Leistungsanreize	meist an finanzielle Anreize gekoppelt	meist von finanziellen Anreizen getrennt
Zielanspruch	risikovermeidend	aggressiv und ambitioniert

Abb. 7.2.11: MbO versus OKR
(in Anlehnung an Doerr, 2018, S. 39)

Nach *Larry Page*, *Google*-Mitgründer und bis 2019 CEO der Muttergesellschaft *Alphabet*, ist das enorme Wachstum von *Google* auch dem Einsatz der OKR-Methode zu verdanken. Weitere bekannte Anwender von OKR sind *Facebook*, *Twitter*, *Adobe*, *Amazon* und *LinkedIn*. In Deutschland werden OKR nicht nur in Start-ups, wie etwa *Zalando*, *Trivago*, *Mymuesli*, *Scout24* oder *Flixbus*, sondern auch bei vielen traditionsreichen Unternehmen verwendet. Beispiele sind *adidas*, *Allianz*, *BMW*, *Infineon*, *RWE*, *Siemens* oder *Volkswagen* (vgl. *Lihl et al.*, 2019, S. 42; *Lobacher*, 2019, S. 243).

Die beiden **Bestandteile** der OKR-Methode sind (vgl. *Doerr*, 2018, S. 226, S. 22):

- **Objectives** (Ziele) beschreiben, **WAS** erreicht werden soll („Wo wollen wir hin?"). Sie sind häufig qualitativ formuliert und präzisieren die nächsten Schritte auf dem Weg zur Realisierung der Strategie und Vision des Unternehmens. Sie sollen
  - die kurzfristigen Ziele und Absichten verständlich ausdrücken,
  - herausfordernd und anspornend, aber auch realistisch und möglichst inspirierend sein,
  - im betrachteten Zeitraum umsetzbar sein,
  - konkret, objektiv, aktionsorientiert und eindeutig sein,
  - für das Unternehmen bedeutsam sein.
- **Key Results** (Schlüsselergebnisse) beschreiben, **WIE** die Ziele erreicht werden sollen und woran die Zielerreichung gemessen wird („Wie kommen wir zum Ziel?").

  Für jedes Objective werden mindestens eins und bis zu fünf Key Results formuliert. Über diese Schlüsselergebnisse soll das Ziel erreicht werden. Sie sollen
  - eindeutig quantifizierbar sein,
  - einen Maßstab vorgeben und zeigen, inwieweit das Ziel erreicht wird,
  - Meilensteine und Erfolgstreiber sein,
  - Ergebnisse und nicht Aktivitäten beschreiben,
  - spezifisch und zeitlich begrenzt sein,
  - aggressiv, aber dennoch realistisch sein.

Die OKR gelten für einen kurzen Zeitraum von ein bis vier Monaten, wobei meist ein Quartal als Zeithorizont gewählt wird. Sie werden auf der Unternehmensebene festgelegt und beschreiben die anstehenden zentralen Herausforderungen. Anschließend werden sie auf die Bereiche, Teams und einzelnen Mitarbeiter heruntergebrochen. Dadurch wird allen Beteiligten klar, was das Unternehmen erreichen will und wer dabei welche Aufgabe hat. Teams und Mitarbeiter können die vorgegebenen Ziele durch eigene OKR ergänzen, die sie zur Erreichung des übergeordneten Ziels für sinnvoll halten. Im Rahmen eines wiederkehrenden Zyklus werden die OKR in kurzfristigen Zeiträumen auf allen Ebenen überprüft, regelmäßig diskutiert und neu verhandelt sowie fortlaufend aktualisiert.

Die vier **Grundsätze** der OKR-Methode sind (vgl. *Doerr*, 2018, S. 44, S. 235 ff.):

- **Fokussierung**: Das Unternehmen sollte sich je Zyklus auf drei bis maximal fünf Ziele mit jeweils bis zu fünf Schlüsselergebnissen beschränken. Die OKR sollen Prioritäten setzen und bestimmen, woran der Erfolg gemessen wird. Dadurch wird festgelegt, was wirklich wichtig ist und welche Projekte kurzfristig nicht weiterverfolgt werden.
- **Ausrichtung** des Unternehmens an der Vision und Strategie, da alle Mitarbeiter auf gemeinsame Ziele hinarbeiten. Die Mitarbeiter verknüpfen ihre persönlichen OKR mit der Unternehmensstrategie und stimmen sich innerhalb ihres Teams und mit anderen Bereichen ab. Horizontale, teamübergreifende OKR sollen Silodenken verhindern.
- **Verantwortung und Transparenz**: Sämtliche OKR werden regelmäßig, meist wöchentlich, objektiv gemessen und überprüft. Die Ziele aller Mitarbeiter und Führungskräfte sowie deren Erreichung werden offen im Unternehmen kommuniziert. Sollten sich die Prämissen geändert haben, dann können OKR auch innerhalb eines Zyklus verändert oder gar verworfen werden. Es

macht keinen Sinn, an irrelevanten oder nicht mehr umsetzbaren Zielen festzuhalten. Um die Risikobereitschaft zu fördern und dysfunktionale Verhaltensweisen wie bei der Budgetierung (vgl. Kap. 4.3.3) zu verhindern, sollten OKR nicht mit finanziellen Anreizen verknüpft werden. Die objektive Messung der Zielerreichung kann durch subjektive Einschätzungen der Vorgesetzten ergänzt werden, welche die äußeren Umstände und die individuelle Anstrengung mitberücksichtigt.

- **Herausforderung und Partizipation**: Zu Beginn eines jeden Zyklus sollte zwischen verbindlichen und erstrebenswerten Zielen unterschieden werden. Verbindliche Ziele sollen vollständig erreicht werden, während bei den erstrebenswerten Zielen (Stretch goals) ein Zielerreichungsgrad von 70 % zufriedenstellend ist. Diese ambitionierten Ziele sollen die Mitarbeiter dazu motivieren, sich selbst zu übertreffen und neue Wege zu gehen. Voraussetzung für die Vorgabe solcher Ziele ist eine positive Fehlerkultur, denn die Realisierung außergewöhnlicher Herausforderungen ist alles andere als sicher. Teams und Mitarbeiter sollten in Absprache mit ihren Vorgesetzten rund die Hälfte ihrer OKR selbst bestimmen können. Eine gemeinsame Verpflichtung ist für die Erreichung herausfordernder Ziele unerlässlich. Dies soll auch verhindern, dass unrealistische Ziele festgelegt werden, welche demotivierend wirken können (vgl. Kap. 4.3.3).

OKR kann, wie in Abb. 7.2.12 dargestellt, als **agiler Zielvereinbarungsprozess** den Mitarbeiter einen Rahmen geben, innerhalb dessen sie an der Erreichung der Ziele des Unternehmens mitwirken können (vgl. *Lobacher*, 2019, S. 244 ff.).

Ausgangspunkt ist die Vision des Unternehmens, die bestimmt, wofür die Mitarbeiter brennen und was sie langfristig gemeinsam erreichen wollen (vgl. Kap. 2.2.2). In Anlehnung an die 1961 vom US-Präsidenten *John F. Kennedy* ausgerufene Vision, bis zum Ende des Jahrzehnts einen Menschen auf den Mond zu bringen, werden solche mitreißenden Leitlinien als Moonshots oder auch Big Hairy Audacious Goals (BHAG) bezeichnet (vgl. Kap. 6.3.2). Aufgrund des langfristigen Horizonts und der geringen Konkretisierung dieser visionären Ziele lassen sich diese nicht unmittelbar auf die tägliche Arbeit übertragen. Sie sind deshalb zunächst in strategische Ziele zu überführen, welche als Stationen auf dem Weg zur Vision angesehen werden können. Als Brücke zu den kurzfristigen OKR werden daraus im nächsten Schritt operative Ziele abgeleitet, die auch als sog. Moals (Mid-Term Goals) bezeichnet werden. Dabei handelt es sich um Meilensteine, welche im nächsten Jahr auf dem Weg zur Vision realisiert werden sollen. Die OKR knüpfen an diese operativen Jahresziele an und konkretisieren sie für die kommenden Monate in einem zyklischen Prozess, der auf der agilen Projektmanagementmethode Scrum basiert (vgl. Kap. 5.3.5).

Dieser **OKR-Zyklus** beginnt mit der OKR-Planung, bei der aus den Moals die OKR auf Unternehmensebene festgelegt werden. Anschließend wird in den Team-OKR-Planungen zwischen Führungskräften und Teams diskutiert, was diese zur Erreichung der Unternehmens-OKR beitragen können. Die Teammitglieder verpflichten sich zur Einhaltung der gemeinsam beschlossenen Team-OKR, die in

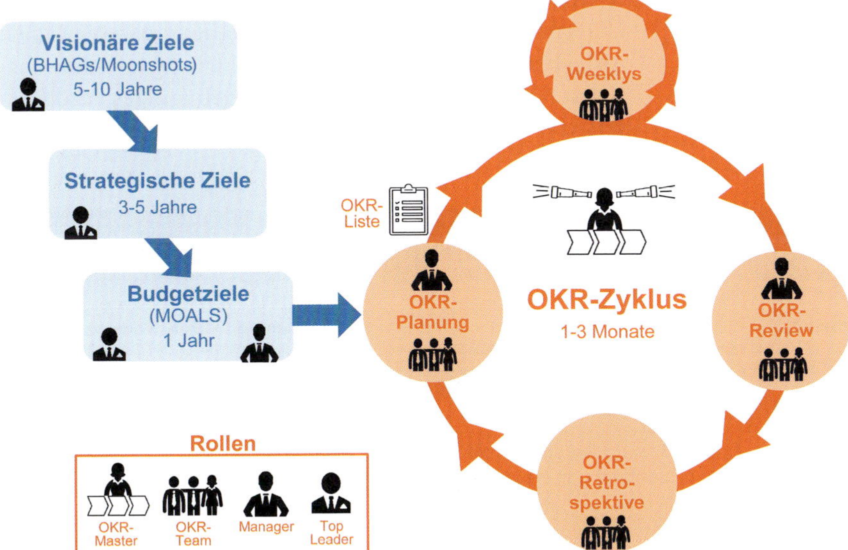

Abb. 7.2.12: Zielkaskadierung im OKR-Rahmenwerk und OKR-Zyklus

der OKR-Liste für jeden sichtbar festgehalten werden. In den regelmäßigen OKR-Wochenmeetings wird der aktuelle Stand der Zielerreichung sowie bestehende Schwierigkeiten besprochen. Am Ende des OKR-Zyklus finden OKR-Reviews statt, in denen die Zielerreichung der Teams und des gesamten Unternehmens festgestellt werden. Zum Abschluss des OKR-Zyklus diskutiert das Teams in der OKR-Retrospektive rückblickend die bisherige Zusammenarbeit, bevor mit der nächsten OKR-Planung der Zyklus wieder von vorn beginnt. Begleitet wird der OKR-Zyklus von einem OKR-Master, welcher unter anderem für die korrekte Anwendung des OKR-Rahmenwerkes zuständig ist, Hindernisse im Prozess beseitigt und die Teammeetings moderiert (vgl. *Lobacher*, 2019, S. 248 ff.).

Dieser agile Zielvereinbarungsprozess leitet aus vagen visionären Vorstellungen konkrete kurzfristige Ziele ab, deren Erreichung systematisch unterjährig verfolgt wird. OKR bedeutet die Abkehr vom Glauben an die vollständige Planbarkeit der Zukunft. Statt ein Jahr im Voraus detaillierte Maßnahmen zu bestimmen, werden OKR nur für die kommenden Monate festgelegt, die Fortschritte der Zielerreichung laufend gemessen und die Ziele regelmäßig aktualisiert. Dieses agile Vorgehen ermöglicht fortlaufendes Lernen und schnelle Reaktionen auf Veränderungen (vgl. *Flinspach/Biel*, 2019, S. 10 f.). Ein Beispiel für die Operationalisierung der Ziele im OKR-Rahmenwerk zeigt Abb. 7.2.13 für einen Rennstall der Formel 1. Das Fallbeispiel von *eprimo* in Kap. 7.5.1 veranschaulicht die Verwendung der OKR-Methode in der Praxis.

Zielkaskade eines F1-Teams	
Visionäres Ziel (BHAG)	Wir wollen Fahrerweltmeister der Formel 1 werden
Strategisches Ziel	Unser Team soll zur Führungsspitze der Formel 1 gehören
Operatives Ziel (Moal)	Unser Team soll in der nächsten Saison in der Fahrerwertung über 120 Punkte erzielen
Objective	Unser Team soll mindestens eines der nächsten fünf Rennen gewinnen
Key Results	1. Erhöhung der Rundendurchschnittsgeschwindigkeit um 2 % 2. Verkürzung des Boxenstopps um eine Sekunde 3. Verringerung der technischen Ausfälle um 50 % 4. Beim Qualifying immer unter die schnellsten drei Fahrer gelangen

Abb. 7.2.13: OKR am Beispiel eines Rennstalls der Formel 1

Performance Management

Performance-Measurement-Systeme werden heute als strategisches Führungsinstrument eingesetzt. Hierfür wird vermehrt der aus der Beratungspraxis stammende Begriff **Performance Management** verwendet. Allerdings wird dieser teilweise so weit interpretiert, dass damit eher allgemeine Aufgaben der Unternehmensführung beschrieben werden (vgl. *Klingebiel*, 1998, S. 1).

Performance Management umfasst die systematische Planung, Steuerung und Kontrolle der betrieblichen Leistungen, um das gesamte Unternehmen an der Strategie auszurichten sowie dessen Leistungspotenzial zu steigern und möglichst umfassend zu nutzen.

Performance Management ist als integriertes Führungssystem zur Leistungssteigerung zu verstehen. Die strategische Ausrichtung des Unternehmens und die Koordination der erforderlichen Aktivitäten soll die Erreichung der strategischen Ziele sicherstellen. Den Kern bildet ein aus der Strategie abgeleitetes unternehmensspezifisches Performance-Measurement-System (vgl. *Klingebiel*, 1998, S. 4). Die Unternehmensführung soll sich dabei auf die wesentlichen Aufgaben und Themen fokussieren. Die Mitarbeiter wissen durch klare Zielvorgaben und regelmäßiges Feedback, was von ihnen erwartet wird und welchen Beitrag sie zur

Leistungsphasen	Leistungsebenen: Unternehmen	Strategische Geschäftsfelder	Mitarbeiter
Leistungsplanung	▪ Strategiefindung ▪ Performance Measurement aufbauen	▪ Strategie in dezentrale Ziele herunterbrechen ▪ Strategische Maßnahmen festlegen	▪ Individuelle Ziele vereinbaren ▪ Aufgaben und Verantwortung vereinbaren
Leistungssteuerung	▪ Strategieumsetzung sicherstellen	▪ Strategische Maßnahmen/Projekte initiieren und verfolgen	▪ Effiziente Aufgabenerfüllung sicherstellen und verfolgen
Leistungskontrolle	▪ Strategische Kontrolle der Gesamtzielerreichung und ggf. Gegenmaßnahmen einleiten	▪ Ergebnisse strategischer Maßnahmen prüfen und ggf. Gegenmaßnahmen einleiten	▪ Mitarbeitergespräche führen und mit Anreizen/Konsequenzen verknüpfen

Abb. 7.2.14: Aufgaben des Performance Managements

Abb. 7.2.15: Performance-Management-Prozess

Strategieumsetzung leisten. Diese Leistungstransparenz ermöglicht in Verbindung mit Anreizen, dass die Mitarbeiter ihr Potenzial voll ausschöpfen können. Abb. 7.2.14 verdeutlicht die Aufgaben des Performance Managements, unterteilt nach den Ebenen und Phasen der betrieblichen Leistungserstellung (vgl. *Jetter*, 2004, S. 41 ff., S. 65 f.).

Den **Performance-Management-Prozess** veranschaulicht Abb. 7.2.15 (vgl. *Bredrup*, 1995, S. 87; *Klingebiel*, 1998, S. 5). Die Leistungsziele werden auf Basis der Vision und Strategie, der Leistungsansprüche der Stakeholder (Kunden, Lieferanten, Mitarbeiter etc.) sowie ggf. auch der Ergebnisse eines Benchmarkings festgelegt. Durch das Benchmarking werden die eigenen Leistungen mit besonders herausragenden internen und externen Leistungen verglichen. Daraus lassen sich das bestehende Leistungspotenzial beurteilen und Ideen zur Leistungsverbesserung ableiten. Nach Festlegung der Leistungsziele wird geplant, wie die Leistungen erstellt werden sollen. Die bei der anschließenden Leistungssteuerung angestrebte Verbesserung erfolgt je nach Bedarf kontinuierlich in kleinen Schritten oder radikal erneuernd (vgl. Kap. 5.4.4).

Inhaltlich entspricht der beschriebene Performance-Management-Prozess weitgehend dem generellen Führungsprozess (vgl. Kap. 1.3.3) als elementare Aufgabe der Unternehmensführung. Im Performance-Measurement-System werden die erzielten Leistungen gemessen und den Zielen gegenübergestellt. Abweichungen (Performance Gaps) führen zur Einleitung von Gegenmaßnahmen in der Leistungssteuerung. Beim Performance Management wird das Performance Measurement somit auf den eigentlichen Messvorgang reduziert, was im Widerspruch zu dessen anerkannter Rolle als strategisches Führungssystem steht (vgl. *Gleich*, 2011, S. 26 f.). Wie die Informationen des Performance Measurement empfängerorientiert dargestellt werden, zeigt das Informationsdesign.

Informationsdesign

Die Informationsübermittlung soll die Unternehmensführung in die Lage versetzen, die relevanten Informationen aus dem breiten Informationsangebot rasch aufzunehmen und zu erfassen. Um Zusammenhänge kurz, prägnant und plausibel zu vermitteln, sind Regeln zur Aufbereitung und Darstellung der Informationen zu beachten. Durch **Informationsdesign** sollen sie von den Empfängern besser verstanden und genutzt werden (vgl. *Few*, 2006, S. 6 f.).

Beim **Informationsdesign** werden Informationen so aufbereitet und dargestellt, dass sie von den Informationsempfängern möglichst schnell aufgenommen, eindeutig verstanden, richtig interpretiert und entscheidungsbezogen genutzt werden können.

Das Informationsdesign versucht, die Aufgaben- und Entscheidungsträger zum Handeln zu bewegen. Dies beinhaltet folgende **Leitfragen**:

- **Was** soll dargestellt werden? (Inhalt)
- **Wozu** soll die Darstellung dienen? (Ziel)
- **Wer** soll informiert werden? (Zielgruppe)

Die Grundsätze, Gesetzmäßigkeiten und Methoden zur effizienten Nutzung von Informationen gehen auf frühe statistische Darstellungen aus dem 18. Jahrhundert des schottischen Ingenieurs und Volkswirts *William Playfair* (1759–1823) zurück. Er gilt als Urvater der Datenvisualisierung und ihm wird die Erfindung des Linien-, Balken- und Kreisdiagramms zugeschrieben (vgl. *Playfair*, 1786).

Der Statistiker und Politikwissenschaftler *Edward Tufte* beschreibt in seinem 1983 erschienenen Standardwerk „The Visual Display of Quantitative Information" anschauliche Regeln zur Informationsaufbereitung. Hierzu zählen etwa die Vermeidung von Überflüssigem, die Verdichtung von Informationen oder eine korrekte Skalierung. Mit seinen Büchern und Vorträgen verhalf er der Datenvisualisierung zu wachsender Popularität (vgl. *Tufte*, 1983).

Wesentliche **Konzepte zur Gestaltung, Aufbereitung und Analyse von Informationen** sind (vgl. *Few*, 2006, S. 112 ff.; *Hichert/Faisst*, 2017, S. 1 ff.):

- **Miniaturgrafiken** (Sparklines) kommen fast ohne Beschriftungen aus und ermöglichen einen schnellen Überblick. Sie dienen der Visualisierung von Textaussagen, etwa indem sie aktuelle Daten in Relation zur Vergangenheit setzen. Dadurch wird ein Kontext für bessere Analysen und Entscheidungen hergestellt. Sie lassen sich allerdings nur dann sinnvoll vergleichen, wenn die Achsen alle eine identische Skalierung verwenden. Miniaturgrafiken können etwa, wie in Abb. 7.2.16, die Entwicklung der Umsatzrendite aufzeigen.

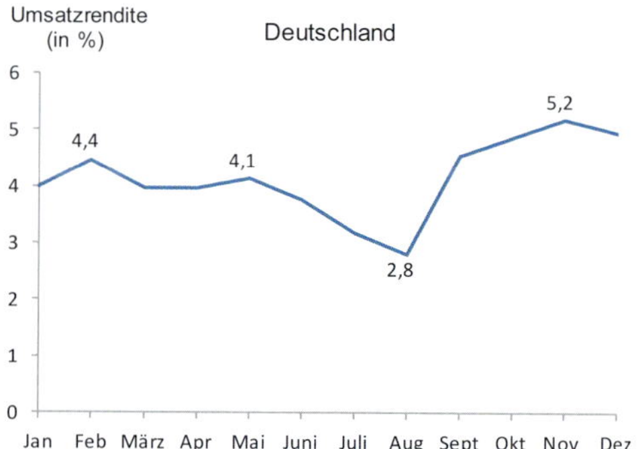

Abb. 7.2.16: Beispiel einer Miniaturgrafik

- **Kleine Multiplikate** (Small Multiples) sind eine grafische Darstellungsform, bei der in mehreren Diagrammen eine einheitliche Darstellung verwendet wird. Diese Struktur ermöglicht es, sich auf Veränderungen der Informationen zu konzentrieren, sofern der Aufbau eines Diagramms verstanden wurde. Es wird ein Vergleichsmaßstab gesetzt, der es ermöglicht, absolute Zahlen in relative Beziehungen zu setzen. Dadurch lassen sich häufig neue Erkenntnisse gewinnen, etwa über die Bedeutung von Abweichungen. In einer Matrix können beispielsweise verschiedene Merkmale schnell und übersichtlich gegenübergestellt werden. Abb. 7.2.17 zeigt z. B. die Entwicklung von Umsatzrenditen in verschiedenen Ländern.
- **Grafikgerümpel** (Chartjunk) bezeichnet alle Elemente einer Darstellung, welche für das Verständnis der Information nicht von Bedeutung und rein dekorativ sind. Grafikgerümpel verringert den Informationsgehalt einer Darstellung. Beispiele sind Muster, Gitternetzlinien, dreidimensionale Effekte oder schraffierte Flächen. Häufig wird versucht, mit Grafikgerümpel einen Mangel an Informationsgehalt zu kaschieren. Durch das Weglassen nicht erforderlicher grafischer Elemente wird der Fokus auf die Information gerichtet, wie Abb. 7.2.18 verdeutlicht.
- **Informationsanteil** (Data-Ink-Ratio, Schwärzungsgrad): Um Informationen und deren Botschaft möglichst einfach und direkt zu vermitteln, sollte auf alle dekorativen Elemente verzichtet werden. Der Informationsanteil beschreibt den prozentualen Anteil der für relevante Informationen verwendeten Druckzeichen („Tintenpunkte") an der Gesamtzahl von Druckzeichen einer Darstellung. Ein Informationsanteil von 1,0 wäre somit ideal, da nichts weggelassen werden kann, ohne wichtige Informationen zu verlieren. Die linke Grafik in Abb. 7.2.18 hat somit einen geringen Informationsanteil. In Abb. 7.2.17 wurden bei den Ländern Frankreich und Spanien die Ordinaten gelöscht sowie die Einteilung der Abszisse reduziert. Außerdem werden nur ausgewählte Zahlenwerte angezeigt, was für den Vergleich zwischen den Ländern völlig ausreichend ist. Damit wurde der Informationsanteil erhöht und die Übersichtlichkeit verbessert. Grundsätzlich sollte nur so viel wie nötig bzw. so wenig wie möglich dargestellt werden.

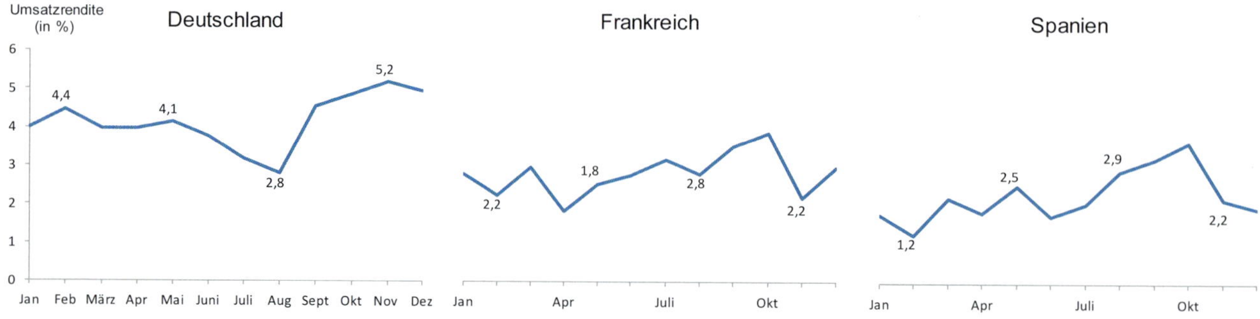

Abb. 7.2.17: Beispiel für kleine Multiplikate

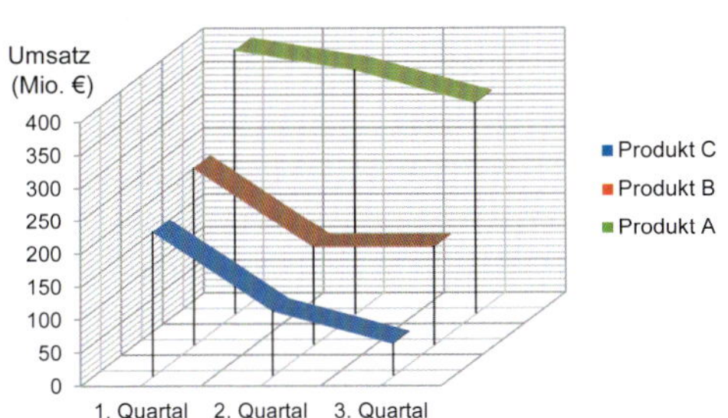

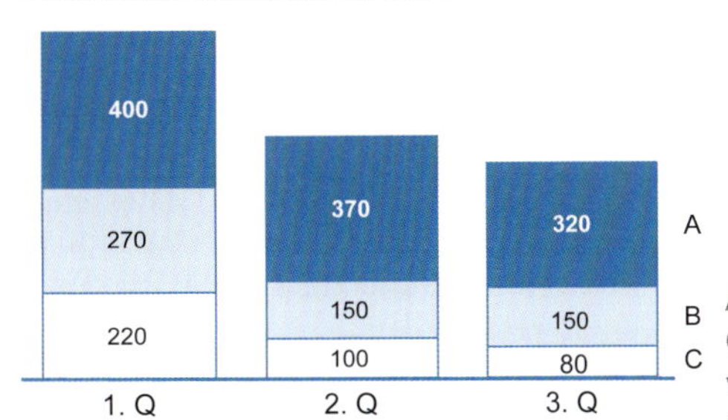

Abb. 7.2.18: Beispiel für Grafikgerümpel (links) und verbesserte Darstellung (rechts)

- **Lügenfaktor** (Lie-Factor): Die Darstellung von Kennzahlen sollte stets korrekt skaliert und nicht verzerrt sein. Das Ausmaß der Verzerrung lässt sich mithilfe des sog. Lügenfaktors quantifizieren. Er ist das Verhältnis der grafisch dargestellten zur rechnerischen Veränderung. In Abb. 7.2.19 ist die linke Darstellung nicht richtig skaliert, da die Y-Achse bei 10 beginnt und somit abgeschnitten wurde. Die Höhe des Umsatzrückgangs im Mai von 8,4 % wird grafisch als Verminderung um 70 % gegenüber dem Balken des Vormonats dargestellt. Daraus ergibt sich für die linke Grafik ein Lügenfaktor von 8,3. Beginnt die Y-Achse wie im rechten Bild im Nullpunkt, wird der Rückgang grafisch korrekt abgebildet. Übertriebene Darstellungen durch das Abschneiden von Achsen kommen in der Unternehmenspraxis, aber auch in den Medien häufig vor.
- **Informationsdichte** (Data Density) ist ein Maß für den Informationsgehalt einer Darstellung, d. h., wie viel relevante Informationen auf einer Seite abgebildet sind. Das visuelle Gedächtnis des Menschen ist relativ begrenzt. Um Vergleiche anstellen zu können, sollte er deshalb sämtliche relevanten Informationen möglichst auf einen Blick sehen. Die Verteilung von Informationen auf unterschiedliche Seiten ist zu vermeiden. Verschnörkelte Grafiken mit niedrigem Informationsanteil, welche überdimensioniert dargestellt werden, haben eine geringe Informationsdichte. Dies wäre z. B. der Fall, wenn die linke Grafik in Abb. 7.2.18 eine ganze Seite ausfüllen würde. Eine hohe Informationsdichte ermöglicht es dem Betrachter, die für ihn relevanten Informationen auszuwählen und die Darstellung damit gewissermaßen zu personalisieren. Die Kontrolle über die Informationen wird so vom Sender an den Empfänger übertragen. Eine geringe Informationsdichte vermindert auch die Glaubwürdigkeit einer Quelle. Der Empfänger fragt sich dann, ob relevante Informationen weggelassen oder bewusst versteckt wurden. Ein Beispiel mit hoher Informationsdichte ist die Informationstafel in Abb. 7.2.21, welche die Lage eines Geschäftsbereichs veranschaulicht.

Aus den Leitsätzen des Informationsdesigns lassen sich **Empfehlungen** für die Gestaltung von Berichten ableiten. *Gene Zelazny* prägte als Director of Visual Communications das Informationsdesign des Beratungsunternehmens *McKinsey*. Sein Ziel war es, eine „Orientierungshilfe […] im Gewirr der

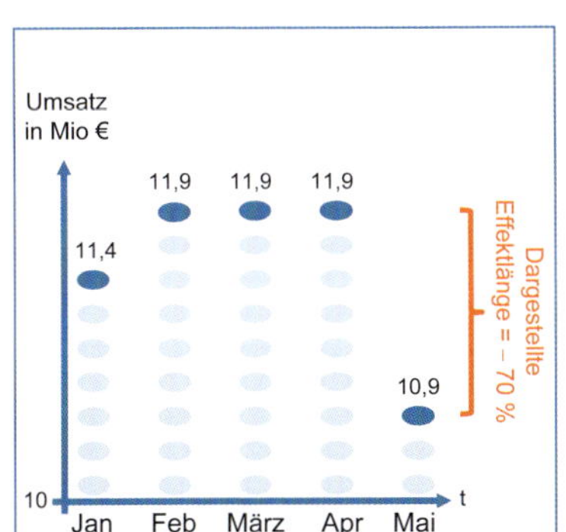

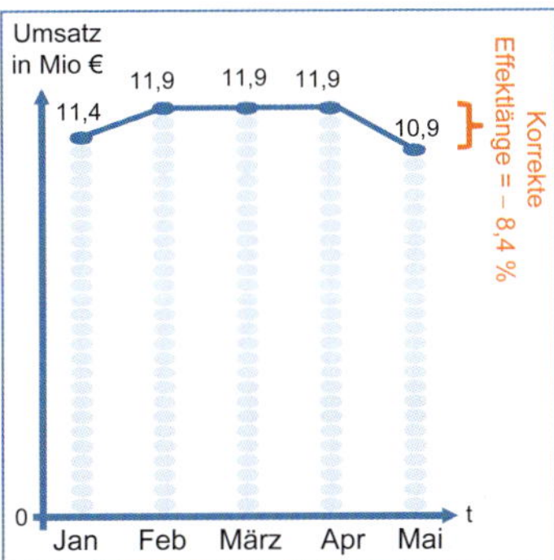

Abb. 7.2.19: Beispiel für einen hohen Lügenfaktor (links) und korrekte Darstellung (rechts)

Balken, Kreise und Säulen [zu geben, um die] in Zahlenfriedhöfen und Wortwüsten versteckten, interessanten Informationen zu finden" (*Zelazny*, 2009, S. 5). Er empfiehlt, ausgehend von den zur Verfügung stehenden Informationen, zunächst die daraus resultierende zentrale Aussage zu formulieren. Diese soll dann zur Wahl einer passenden Vergleichsform führen, aus der wiederum die hierfür geeignete Darstellung folgt.

Die **Reihenfolge bei der Erstellung von Berichten** lautet (vgl. *Zelazny*, 2015, S. 22 ff.):

1. **Aussage:** Erst nachdem die Aussage formuliert wurde, ist es möglich, eine geeignete Vergleichsform zu wählen. Der Titel einer Abbildung kann dazu genutzt werden, ein Diagramm direkt mit der Aussage zu überschreiben. Dadurch wird das Risiko einer Fehlinterpretation durch den Betrachter minimiert und sichergestellt, dass dieser sich auf die relevante Information konzentriert. Ein Aussagetitel lässt sich mit einer Zeitungsüberschrift vergleichen: Kurz und treffend fasst er zusammen, was den Leser erwartet. Ein Beispiel wäre: „Unsere Konkurrenten wachsen schneller als wir".
2. **Vergleich:** Der Schritt von der Aussage zum Vergleich ist gewissermaßen die Brücke zum Schaubild. Jede Aussage und damit jeder Ausschnitt aus den Daten enthält immer einen Vergleich. Die Grundtypen von Vergleichen sind Zeitreihen, Strukturen, Rangfolgen, Häufigkeitsverteilungen und Korrelationen. Schlüsselwörter der Aussage führen jeweils zu einem bestimmten Vergleichstyp. Für das Beispiel könnte ein Zeitreihenvergleich der letztjährigen Umsätze des Unternehmens mit den drei größten Wettbewerbern geeignet sein.
3. **Darstellung:** Die Wahl der Darstellungsform hängt von der Art des Vergleichs ab. Die Grundformen von Diagrammen sind Kreis-, Balken-, Säulen-, Kurven- sowie Punktediagramm. Jede dieser Schaubildformen ist zur Darstellung der jeweiligen Vergleichstypen unterschiedlich gut geeignet. Im Beispiel könnte der Zeitreihenvergleich durch kleine Multiplikate in Form von Balkendiagrammen übersichtlich dargestellt werden.

Tortendiagramme sind etwa trotz ihrer Beliebtheit in der Praxis zur Aufbereitung von Informationen ungeeignet. Dies zeigt etwa die Grafik zur Verteilung des Marktanteils in Abb. 7.2.20. Durch die dreidimensionale Darstellung ist es nicht möglich, die relevanten Informationen abzulesen. Der Empfänger könnte zwar abschätzen, wie groß der jeweilige Marktanteil jedes Unternehmens ist, aber diese Zeit sollte besser für die Interpretation des Diagramminhalts verwendet werden. Ein einfaches Balkendiagramm ist in diesem Fall wesentlich wirkungsvoller und effizienter. Hierfür wurden in der rechten Grafik in Abb. 7.2.20 die Werte absteigend sortiert und das eigene Unternehmen hervorgehoben. Die Marktanteile der Unternehmen B, E und F wurden zusammengefasst, da sie unwesentlich sind.

Im deutschsprachigen Raum wurde das Informationsdesign maßgeblich durch *Rolf Hichert* geprägt. Seine Maxime lautet: „Wenn man nicht sagt, was man zu sagen hat, wird man auch nicht verstanden" (2008, S. 5). Wirksame Berichterstattung und Kommunikation basiert demnach auf verbindlichen Standards und der Reduktion auf das Wesentliche.

Hierfür dienen die **SUCCESS-Regeln,** welche die konzeptionelle und visuelle Gestaltung erfolgreicher Geschäftskommunikation beschreiben (vgl. *Hichert/Faisst*, 2017, S. VII ff.):

- **Say** (Botschaft vermitteln): Berichte sollen nicht nur aus Feststellungen bestehen, sondern auch Erklärungen und Empfehlungen enthalten. Fehlt die Botschaft, dann wird nichts berichtet. Zudem sollte diese durch geeignete Hervorhebungen verdeutlicht und damit schneller auffindbar sein. Der Titel eines Diagramms sollte um die wiedergegebenen Dimensionen ergänzt werden, wie etwa Organisationsbereich, Maßgrößen mit Einheiten sowie Zeiträume. Ein einheitliches und durchgängiges

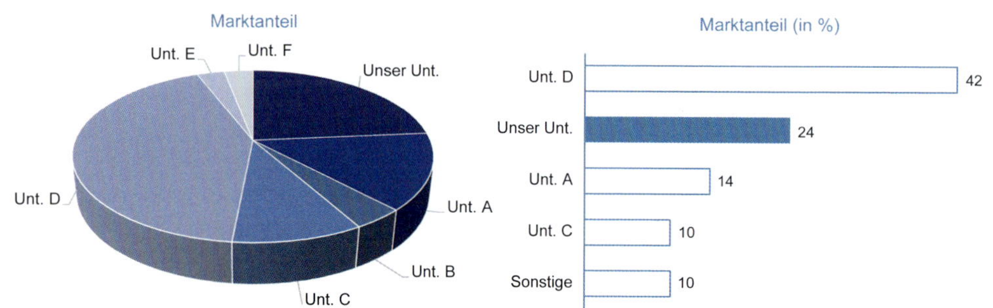

Abb. 7.2.20: Ineffizientes 3-D Kreisdiagramm versus effizientes Balkendiagramm

Konzept erleichtert das Verständnis. Erklärende Hinweise und Kommentare sollen die Botschaft des Berichts verständlicher machen, Unklarheiten beseitigen, Quellenangaben nennen oder Abweichungen erläutern. Sie erhöhen die Glaubwürdigkeit der Inhalte.

- **Unify** (Bedeutung vereinheitlichen): Ebenso wie bei Landkarten oder technischen Zeichnungen soll auch bei Berichten der Grundsatz gelten: Alles, was gleich aussieht, stellt auch den gleichen Inhalt dar. So sollte etwa Farbe nicht zu dekorativen Zwecken verwendet werden. Auf nichtssagende grafische Gestaltungselemente ist ebenfalls zu verzichten. Generell führen klare, einheitliche Darstellungsformen zu einem besseren Verständnis des Sachverhalts. „Es ist praktisch, dass bei Landkarten Norden immer oben und die Flüsse immer blau sind. Derartige Regeln erleichtern auch das Verständnis für Geschäftsdiagramme", so *Hichert.*
- **Condense** (Information verdichten): Eine hohe Informationsdichte sorgt dafür, dass Schaubilder und Berichte einfacher zu verstehen sind. So ist es leichter, mehrere Diagramme auf einer Seite zu analysieren und miteinander zu vergleichen, als diese auf verschiedenen Seiten betrachten zu müssen. Extremwerte und Ausreißer sollten nicht weggelassen werden, da gerade diese Details wichtig sein können und die Glaubwürdigkeit erhöhen.
- **Check** (Qualität sicherstellen): Berichte sollten korrekt sein. In vielen Unternehmen sind allerdings manipulierte Diagramme an der Tagesordnung. Quantitative Informationen sind hinsichtlich der Maßgrößen, Einheiten, Skalierungen und Dimensionen formal richtig darzustellen. So soll beispielsweise ein Lügenfaktor oder die Verwendung unterschiedlicher Skalen bei Diagrammen mit vergleichbaren Inhalten vermieden werden. Richtigkeit umfasst auch die inhaltliche Botschaft, die treffend und präzise formuliert sein soll.
- **Express** (Richtig visualisieren): Grafiken dienen dazu, die Aussagen eines Berichts zu beweisen oder verständlich zu erklären. Hierfür sind passende Diagramm- bzw. Tabellentypen auszuwählen. Vergleichende Darstellungen dienen zur besseren Beurteilung von Entwicklungen und zur Einordnung der Werte.
- **Simplify** (Kompliziertheit vermeiden): Dieses Prinzip befasst sich mit dem Informationsanteil und dem Grafikgerümpel. In der PowerPoint-Kultur wird die Information oft der Dekoration geopfert. Es geht darum, vermeidbare Angaben und dekorative Darstellungen zugunsten der Information wegzulassen. Information ist das, was zwischen Unverständlichem und Unnötigem („Rauschen") sowie Doppeltem bzw. bereits Bekanntem (Redundanz) liegt. Beispiele für Rauschen sind dreidimensionale Darstellungen, Hintergrundmuster, Schatten, Rahmen oder unnötige Farben.
- **Structure** (Inhalt gliedern): Berichte sollten logisch strukturiert sein. Überschneidungen und unvollständige Darstellungen bei Auflistungen, Hierarchien und Strukturierungen sind zu vermeiden, denn sie erschweren das Verständnis. Sachverhalte sollen stets erschöpfend ausgeführt werden, d.h. alle Bestandteile müssen vollständig durch die enthaltenen Unterpunkte abgedeckt sein. Beispielsweise sollen prozentuale Angaben in Diagrammen oder Tabellen immer in Summe hundert Prozent ergeben. Unwesentliche Anteile sind nicht wegzulassen, sondern können etwa unter Sonstiges zusammengefasst werden.

Ein einheitlicher Notationsstandard für die Geschäftskommunikation sind die **International Business Communication Standards** (IBCS), welche die SUCCCESS-Regeln drei Kategorien zuordnen (vgl. *Hichert/Faisst*, 2017, S. IX ff.):

- **Konzeptionelle Regeln** (Say, Structure) zur eindeutigen Vermittlung der Botschaft,
- **Wahrnehmungsregeln** (Express, Check, Condense, Simplify) zur klaren visuellen Gestaltung,
- **Semantische Regeln** (Unify) zur einheitlichen Darstellung der Berichtsinhalte.

Stephen Few propagiert das **Information Dashboard** als eine visuelle Zusammenstellung der entscheidungsrelevanten Informationen auf einer Seite (vgl. 2006, S. 34). Solche Informationstafeln werden auch als One-Pager oder Cockpit-Chart bezeichnet und sollen den Entscheidern alle Informationen auf einen Blick liefern. Sie erfüllen ihren Zweck, wenn Entscheidungserfordernisse klar erkennbar werden. Idealerweise bieten sie auch die Möglichkeit, sich sofort Zugang zu weiterführenden Informationen zu verschaffen. Informationstechnisch lässt sich dies mithilfe eines Business-Intelligence-Systems umsetzen (vgl. Kap. 7.3.1). Abb. 7.2.21 zeigt ein Beispiel für ein Information Dashboard.

Entscheidungen zur Ergebnisverbesserung sind überfällig, um auf gestiegene Stückkosten und Absatzverschiebungen zu reagieren.

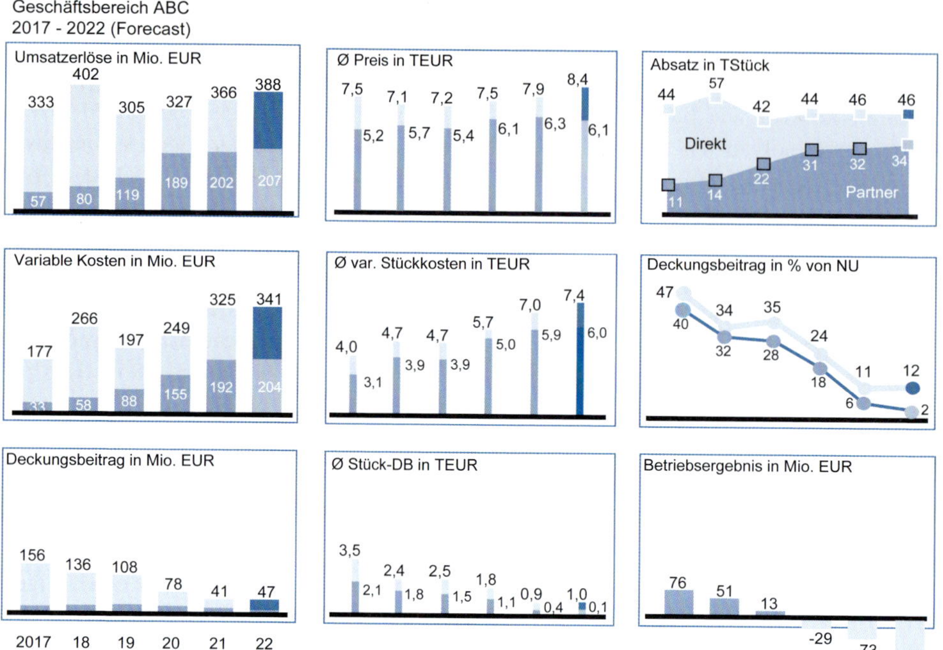

Abb. 7.2.21: Beispiel für ein Information Dashboard (www.ibcs.com)

7.2.4 Informationsverwendung

Bei der **Informationsverwendung** werden die angebotenen Informationen im Rahmen von Entscheidungen und Aufgaben genutzt.

Ein rationaler Aufgaben- und Entscheidungsträger würde den objektiven Informationsbedarf nachfragen, die relevanten Informationen auswerten und bei seiner Entscheidungsfindung oder Aufgabendurchführung berücksichtigen. Menschen und damit auch Aufgaben- und Entscheidungsträger verhalten sich aber oft irrational. Beispielsweise werden vorhandene Informationen nicht in eine Entscheidung einbezogen oder es wird nachträglich nach Informationen gesucht, um fehlerhafte Entscheidungen zu rechtfertigen. „Je mehr Information, umso besser" stimmt deshalb nicht. Denn die kognitiven Fähigkeiten eines Menschen zur Informationsverarbeitung sind begrenzt. Ein zu großes Informationsangebot kann demzufolge zu Aktionismus führen, da die Aufgaben- und Entscheidungsträger den „Wald vor lauter Bäumen nicht mehr sehen" (vgl. *Weber/Schäffer*, 2020, S. 99). Dies ist auch vielen Aufgaben- und Entscheidungssituationen geschuldet, die häufig durch Zeitdruck und hohe Unsicherheiten geprägt sind. Das richtige Informationsangebot führt daher nicht zwangsläufig auch zu einer sachlich fundierten Entscheidung oder korrekten Aufgabendurchführung.

Bei solchen **kognitiven Verzerrungen** (**Biases**) handelt es sich um systematische, meist unbewusste Fehler bei der Wahrnehmung, Prognose und Bewertung von Informationen durch menschliche Aufgaben- und Entscheidungsträger. Diese überschätzen sich, werden durch Gruppendruck beeinflusst, durch Zuneigung zu Menschen oder Dingen geblendet, vereinfachen zu stark oder scheuen Veränderungen (vgl. *Weber/Schäffer*, 2020, S. 53).

Aufgaben- und Entscheidungsträger lassen sich oft von der Präsentation und Aufmachung von Berichten blenden. Sie selektieren Informationen nach subjektiven Kriterien (**Fokuseffekt**) oder persönlichen Präferenzen (**Bestätigungsfehler**/Confirmation Bias). Nach dem **Reihenfolgeeffekt** erhalten Informationen, die zuerst oder zuletzt genannt werden, eine höhere Aufmerksamkeit. Einfluss können auch erste Eindrücke oder Prognosen haben, die aufgrund des **Ankereffekts** die weitere Beurteilung etwa einer Person oder eines Sachverhalts prägen. Beispielsweise bleibt eine abfällige Bemerkung über einen Projektleiter den Führungskräften im Gedächtnis und kann zur Folge haben, dass dessen Projektanträge zukünftig stets genau geprüft werden. Auch die ständige Wiederholung einer Information kann eine Entscheidung beeinflussen. Daneben schließen Führungskräfte schnell von einzelnen, hervorstechenden Merkmalen auf die Beurteilung eines Sachverhalts oder einer Person (**Überstrahlungseffekt/Halo-Effekt**). So werden beispielsweise Controller aufgrund ihrer analytischen Fähigkeiten häufig als Erbsenzähler betrachtet (vgl. *Kunz*, 2015, S. 64 f.; *Weber/Schäffer*, 2020, S. 53).

Bei der Informationsverwendung spielt auch die Formulierung einer Nachricht eine Rolle, da sie ein Beurteilungsraster erzeugen kann (**Rahmeneffekt/Framing**). Beispielsweise assoziiert der populistische Begriff „Asyltourismus" hilfesuchende Flüchtlinge mit Urlaubern, die es sich auf Kosten des Steuerzahlers in Deutschland gutgehen lassen. Dieses Beispiel macht auch die Brisanz des Rahmeneffekts deutlich, da der Informationsempfänger durch die Wortwahl manipuliert werden kann.

Informationen werden vor allem dann verwendet, wenn sie (vgl. *Reichwald*, 2005, S. 254 f.)

- für die Aufgabe oder Entscheidung von hoher Bedeutung sind,
- die persönlichen Ziele des Aufgaben- und Entscheidungsträgers begünstigen,
- leicht verständlich und zugänglich sind,
- von einer hierarchisch höheren Stelle stammen,
- nicht konfliktträchtig sind,
- von einem vertrauenswürdigen Sender kommen,
- quantitativ sind,
- die Meinung des Aufgaben- und Entscheidungsträgers bestätigen und
- eindeutig sind.

Die Verwendung von Informationen ist umso wahrscheinlicher, je geringer die damit verbundenen Kosten und Anstrengungen sind, je höher ihr erwarteter Nutzen ist und je stärker ihre Nichtbeachtung sanktioniert wird.

Zwar bieten digitale Berichtssysteme ein großes Informationsangebot und umfangreiche Auswertungsmöglichkeiten, doch letztlich muss der menschliche Aufgaben- und Entscheidungsträger diese Informationen richtig einordnen und bewerten. Die Qualität der Entscheidung und Aufgabenbearbeitung wird somit nicht von der Verfügbarkeit der Informationen bestimmt, sondern von den kognitiven Fähigkeiten der Empfänger, diese zu verarbeiten und zu verknüpfen (vgl. *Heinzl/Uhrig*, 2016, S. 33). Fehler bei der Informationssuche, -weitergabe und -verwendung durch unbewusst irrationales Verhalten und eingeschränkte kognitive Fähigkeiten menschlicher Aufgaben- und Entscheidungsträger werden auch als **Informationspathologien** bezeichnet. Sie resultieren aus den persönlichen Eigenschaften oder Einstellungen der Menschen, wie etwa deren Selbst- und Weltbild oder individuelle Charaktermerkmale. Eine Führungskraft mit geringer Risikobereitschaft wird beispielsweise besonders viele Informationen anfordern, um die Unsicherheit ihrer Entscheidung zu reduzieren (vgl. *Riedl*, 2016, S. 58).

Menschen empfinden widersprüchliche Wahrnehmungen als äußerst unangenehm. Sie versuchen deshalb, diese sog. **kognitiven Dissonanzen** (vgl. *Festinger*, 1957) abzubauen, indem sie nach bestätigenden Informationen suchen, während widersprechende Informationen ignoriert, verdrängt oder vergessen werden. Beispielsweise sieht der Projektleiter das Lob des Vorstands über den Projektfortschritt als Bestätigung seiner guten Arbeit, während er Warnungen des Controllers vor drohenden Budgetüberschreitungen missachtet.

Auch **Kommunikationsstörungen** können Entscheidungsanomalien auslösen (vgl. *Reichwald*, 2005, S. 256 f.):

- Menschen neigen dazu, bevorzugt mit Gleichgesinnten zu kommunizieren. Wissen lässt sich aber insbesondere durch Austausch mit Personen mit anderen Kenntnissen, Fähigkeiten oder Einstellungen erweitern.
- Unterschiedliche Denkweisen, Begriffsauffassungen und Fachsprachen von Personengruppen können die Kommunikation behindern. Dies ist beispielsweise zwischen Kaufleuten und Ingenieuren oft der Fall.
- Hierarchische Strukturen können dazu führen, dass Informationen nicht weitergegeben werden („Information ist Macht"). Darüber hinaus behindern sie die Aufnahme neuer und unvorhergesehener Informationen, die strukturelle Anpassungen nach sich ziehen.
- Lange und bürokratische Kommunikationswege führen zu Verzerrungen („Stille Post").
- Bereichs- und Konkurrenzdenken erschwert den Informationsaustausch. Probleme werden verschwiegen oder verharmlost, um nicht in die Verantwortung genommen zu werden.

Die Informationsverwendung wird auch durch **Probleme bei der Informationsübermittlung** beeinträchtigt (vgl. *Küpper et al.*, 2013, S. 240 ff.):

- Es werden für die Aufgaben- und Entscheidungsträger irrelevante Informationen übermittelt.
- Die Informationsübermittlung erfolgt zu spät, in ungeeigneter Form oder fehlerhaft.
- Informationen werden vom Empfänger nicht verstanden oder falsch interpretiert.

- Aufgaben- und Entscheidungsträger nehmen Informationen nicht wahr, weil sie ihnen unangenehm sind oder gegen ihre Überzeugungen verstoßen.

Es gibt mehrere Ansatzpunkte, um die Informationsverwendung zu verbessern. Die **Akzeptanz von Informationen** lässt sich durch die Erhöhung des Vertrauens in das Informationsangebot steigern. Um dies zu erreichen, sollte das Informationsangebot zuverlässig zur Verfügung gestellt und der Berichtersteller als objektiv und fachlich qualifiziert wahrgenommen werden. Hierbei ist z. B. die Einhaltung der Regeln des Informationsdesigns (vgl. Kap. 7.2.3) hilfreich. Die Mitwirkung des Aufgaben- und Entscheidungsträgers bei der Beschaffung der Informationen sowie bei der Festlegung von Inhalt, Zeitpunkt und Frequenz der Berichte wirkt sich ebenfalls positiv auf die Informationsverwendung aus.

Grundsätzlich ist eine Informationsübermittlung im Rahmen eines persönlichen Gesprächs wirkungsvoller als schriftliche Informationen (vgl. *Koch*, 1994, S. 169 ff.). Um sicherzustellen, dass übermittelte Informationen richtig verstanden und verwendet werden, sind die vier Kommunikationsebenen einer Nachricht (vgl. Kap. 7.2.3) zu beachten. Zudem bedarf es spezifischer Anreize, damit die Aufgaben- und Entscheidungsträger aktiv nach Informationen suchen, verfügbare Informationen verwenden und wichtige Informationen anderen nicht vorenthalten (vgl. *Heinzl/Uhrig*, 2016, S. 34).

Nudging

Ein Ansatz aus der Verhaltensökonomie zur Förderung rationalen Verhaltens ist das vom Wirtschaftsnobelpreisträger *Richard Thaler* und *Cass Sunstein* entwickelte **Nudging** („Anstupsen"). Ein Nudge ist ein leichter Anstoß in eine gewünschte Richtung, um die Aufgaben- und Entscheidungsträger im positiven Sinne zu beeinflussen (vgl. *Thaler/Sunstein*, 2011).

Im Gegensatz zu Verboten oder festen Regeln wird dabei aber keine Alternative ausgeschlossen. Die Entscheidungssituation wird lediglich behutsam verändert, ohne dabei die Entscheidungsfreiheit einzuschränken. Die Idee stammt aus der Tierwelt, in der z. B. die Elefantenmutter ihrem Kind durch sanftes Schubsen zeigt, wo Futter zu finden ist, damit es sich selbst ernähren kann. Ein Beispiel für einen Nudge ist ein Navigationsgerät, das eine optimale Route vorschlägt, der Fahrer behält jedoch die Freiheit, einen anderen Weg zu fahren.

> Durch **Nudges** („Stupser") erhalten die Aufgaben- und Entscheidungsträger einen sanften Anstoß, um sich in einer gewünschten Weise zu entscheiden, wobei die Entscheidungsfreiheit jedoch gewahrt bleibt.

In vielen Ländern ist diese freiheitliche Beeinflussung als Gegenentwurf zu staatlicher Bevormundung bereits weit verbreitet (vgl. *Sunstein*, 2014, S. 583 f.). Bevormundend wäre es, wenn beispielsweise ein Unternehmen zur Verbesserung der Gesundheit ihrer Mitarbeiter in der Betriebskantine wöchentlich einen vegetarischen Tag vorschreiben würde. Beim Nudging würde das vegetarische Essen in der Kantine dagegen als Erstes angeboten und die Mitarbeiter könnten damit direkt zur Kasse gehen. Die Mitarbeiter würden so zum vegetarischen Essen animiert. Jeder hat aber die Freiheit, dennoch ein Schnitzel zu essen. Im Foto steht beispielsweise das Obst vor den Süßigkeiten.

Besonders wirksame Nudges sind **Voreinstellungen**, die sich die Bequemlichkeit des Menschen zunutze machen. Beispielsweise gilt in Österreich bei der Organspende die Widerspruchsregel, nach der jeder Bürger automatisch Organspender ist, solange er nicht ausdrücklich Einspruch erhebt. Deshalb sind über 99 % der Österreicher potenzielle Organspender. Im Vergleich hierzu steht die deutsche Entscheidungslösung, nach der nur etwas mehr als ein Drittel der Deutschen einen Organspenderausweis besitzen. Ein Wechsel zur Widerspruchslösung in Deutschland wurde 2020 vom Bundestag aufgrund von Bedenken gegen die Einschränkung des Selbstbestimmungsrechts abgelehnt. Das Beispiel macht deutlich, dass der Einsatz von Nudges sehr differenziert beurteilt werden muss. Nudges sollten niemals versteckt, sondern stets offen und transparent eingesetzt werden, da sich die Menschen sonst manipuliert fühlen (vgl. *Bruttel/Stolley*, 2014, S. 770 f.).

Durch folgende **Nudges in Unternehmen** sollen Mitarbeiter und Führungskräfte unterstützt werden, sich rational zu entscheiden (vgl. *Sunstein*, 2014, S. 584 f.):

- **Vereinfachung und Bequemlichkeit („Make it easy"):** Da in komplexen Entscheidungssituationen relevante Aspekte oft nicht beachtet werden, ist eine Vereinfachung der Entscheidungssituation hilfreich. Beispielsweise kann durch Hervorhebungen, Auflistungen oder grafische Symbole (z. B. Ampelfarben oder Smileys) die Aufmerksamkeit auf besonders wichtige Aspekte gelenkt werden. Ebenfalls sollen die Informationen leicht und bequem verfügbar sein. Beispielsweise sollen Berichtssysteme intuitiv bedienbar und die Auswahlmöglichkeiten verständlich und übersichtlich sein.

- **Aktive Auswahl:** Aus verschiedenen Handlungsoptionen muss eine Wahl getroffen werden, wodurch sich Entscheidungen anstoßen und erleichtern lassen.
- **Konsequenzen aufzeigen:** Menschen überschätzen häufig ihre Fähigkeiten und unterschätzen die Konsequenzen ihrer Entscheidungen. Die Verdeutlichung der Auswirkungen vergangener Entscheidungen kann deshalb helfen, Risiken besser zu berücksichtigen.
- **Voreinstellungen** (Default rules): Je nach Entscheidung können Standardberichte mit einem objektiv sinnvollen Informationsangebot bereitgestellt werden. Den Aufgaben- und Entscheidungsträgern wird diese Auswahl vorgegeben, wodurch es weniger wahrscheinlich ist, dass wichtige Informationen vergessen werden. Die Einstellungen lassen sich aber auch ändern.
- **Offenheit:** Den Aufgaben- und Entscheidungsträgern sollten die erforderlichen Informationen ohne Einschränkung zur Verfügung gestellt werden.
- **Erinnerungen:** Wenn eine Entscheidung oder Aufgabe unmittelbar bevorsteht, können die Aufgaben- und Entscheidungsträger z. B. per Mail daran erinnert werden.
- **Nutzung sozialer Normen:** Der Aufgaben- und Entscheidungsträger wird darüber informiert, wie sich die Mehrheit in einer bestimmten Situation verhält oder entscheidet. Beispielsweise, dass 80 % der Führungskräfte dynamische Investitionsrechnungen verwenden. Nützlich sind auch Rankings und Vergleiche zwischen Unternehmensbereichen, die den internen Wettbewerb fördern (vgl. Kap. 6.4.5).

Empfehlungen zum Berichtswesen

Für eine bessere Informationsverwendung lassen sich zusammenfassend folgende **Regeln für die Gestaltung von Berichten** ableiten (vgl. *Küpper et al.*, 2013, S. 240 ff.; *Mertens/Griese*, 2009, S. 86 ff.):

- **Empfängerorientierung:** Informationen sollten entsprechend den Anforderungen der Aufgaben- und Entscheidungsträger aufbereitet werden. Um eine Überflutung zu vermeiden, sollte eine Abstimmung auf den individuellen Bedarf des Empfängers erfolgen und die wesentlichen Informationen in den Mittelpunkt gestellt werden.
- **Kontinuität:** Aufbau und Gestaltung von Berichten sollten einheitlich sein und nicht ständig geändert werden.
- **Verständlichkeit:** Berichtsinhalte sollten für den Aufgaben- und Entscheidungsträger leicht zu verstehen sein. Hierfür sind z. B. eindeutige Begriffe zu verwenden, Zusammenhänge und Bedeutungen zu erläutern, verwendete Abkürzungen aufzulisten und eine einfache Sprache zu nutzen.
- **Relevanz:** Der Empfänger sollte die entscheidungsrelevanten Informationen leicht erkennen können. Irrelevante und redundante Informationen sind zu vermeiden. Bei Standardberichten ist dies aufgrund der Vielzahl an Informationsempfängern nur bedingt möglich.
- **Reihenfolge:** Besonders wichtige Informationen sollten aufgrund des Reihenfolgeeffekts in einem Bericht entweder am Anfang oder am Ende stehen.
- **Erfassbarkeit:** Berichte sollten für die Aufgaben- und Entscheidungsträger im Sinne des Informationsdesigns leicht zu erfassen sein. Hierfür empfiehlt sich die Einhaltung der *International Business Communications Standards* (vgl. Kap. 7.2.3). Beispielsweise sind Übersichts- und Detailinformationen zu trennen, Grafiken anstelle von Tabellen zu verwenden oder wichtige Aspekte hervorzuheben. Zur Übersichtlichkeit trägt auch eine Informationsverdichtung bei.

Generell lässt sich die Ausführungs- und Entscheidungsqualität bei gut strukturierten administrativen Aufgaben und Entscheidungen durch ein möglichst breites und am Informationsbedarf ausgerichtetes Informationsangebot steigern. Schlecht strukturierte Aufgaben und Entscheidungen basieren dagegen in der Regel auf unsicheren und unscharfen Informationen. Eine Ausweitung des Informationsangebots führt deshalb in diesen Fällen meist nicht zu besseren Ergebnissen. Eine Informationsflut kann bei den Aufgaben- und Entscheidungsträgern sogar Unsicherheiten und zunehmende Informationsnachfrage auslösen. Daraus kann ein Teufelskreis entstehen, der zu Blockaden und Entscheidungshemmungen führen kann und damit das Ziel der Informationsversorgung verfehlt (vgl. *Krcmar*, 2015, S. 157).

Digitale Informationssysteme können die Informationsversorgung wirtschaftlicher und effektiver machen. Hierzu sollten zunächst die verschiedenen Datenquellen des

Unternehmens inhaltlich konsistent in einen zentralen Datenspeicher als „Single Source of Truth" integriert werden (vgl. Kap. 7.3.2). Eine besondere Rolle spielen zukünftig die mobile Informationsversorgung, individuelle Auswertungsmöglichkeiten und die Informationsbereitstellung in Echtzeit. Zunehmend haben die Aufgaben- und Entscheidungsträger über ihr Smartphone oder Tablet von überall auf der Welt unbegrenzten Zugriff auf die aktuellsten Informationen. Mithilfe einfach zu bedienender Informationssysteme können sie ihre Berichte selbst individuell zusammenstellen (Self Service Business Intelligence; vgl. Kap. 7.3.1). Dabei ist jedoch zu gewährleisten, dass die Aufgaben- und Entscheidungsträger sowohl die richtigen Fragen an das Informationssystem stellen als auch die Ergebnisse korrekt interpretieren. Ebenso ist für die Leistungsbeurteilung sowie kollektiv zu treffende Entscheidungen eine gemeinsame, von allen geteilte Informationsbasis erforderlich. Die Rolle des Controllers als einer der Hauptverantwortlichen für die Informationsversorgung wandelt sich damit vom Zahlenlieferanten zum Analysten und Business-Partner (vgl. *Weber/Schäffer*, 2020, S. 260 ff.). Viele manuelle Tätigkeiten im Berichtswesen, wie etwa das Zusammenführen von Daten aus verschiedenen Informationssystemen oder die Suche nach Abweichungen, lassen sich heute durch Robotic Process Automation (vgl. Kap. 7.3.7) und mithilfe Künstlicher Intelligenz (vgl. Kap. 7.3.6) automatisieren. Business Analytics (vgl. Kap. 7.3.3) ermöglicht es, Forecasts und Empfehlungen automatisch zu erstellen und in die Standardberichte zu integrieren (vgl. *Isensee/Hüsler*, 2020, S. 35 ff.). Die Möglichkeiten digitaler Informationssysteme und -technologien werden im nächsten Kapitel erläutert.

Zusammenfassung

- Die Informationsversorgung soll die von den betrieblichen Aufgaben- und Entscheidungsträgern benötigten Informationen dem richtigen Empfänger mit angemessener Genauigkeit und Verdichtung rechtzeitig und wirtschaftlich zur Verfügung stellen.
- Der Informationsbedarf bezeichnet die Art, Menge und Qualität an Informationen, die für das Treffen einer Entscheidung oder die Erfüllung einer Aufgabe aus objektiver Sicht benötigt werden.
- Der Informationsversorgungsprozess besteht aus den Phasen Informationsbedarfsermittlung, -beschaffung, -übermittlung und -verwendung.
- Die Informationsbedarfsermittlung bestimmt die objektiv erforderlichen Informationen für eine Aufgabe oder Entscheidung.
- Bei der Informationsbeschaffung wird festgelegt, welche Informationen zu welchem Zeitpunkt, aus welchen Quellen und für welchen Aufgaben- und Entscheidungsträger beschafft werden sollen.
- Prognosen sind Voraussagen über zukünftige Ereignisse, die auf Beobachtungen der Vergangenheit und Annahmen über deren Zustandekommen basieren.
- Die Informationsübermittlung soll dem Aufgaben- und Entscheidungsträger das Informationsangebot anforderungsgerecht, d. h. in qualitativ, quantitativ, zeitlich und räumlich geeigneter Form, zur Verfügung stellen.
- Zwischenmenschliche Kommunikation umfasst die vier psychologischen Ebenen Sachinhalt, Selbstoffenbarung, Beziehung und Appell.
- Das Berichtswesen dient der anforderungsgerechten Übermittlung unternehmensinterner Informationen an betriebliche Aufgaben- und Entscheidungsträger.
- Kennzahlen stellen betriebliche Sachverhalte und Zusammenhänge in verdichteter und quantitativ messbarer Form dar.
- Performance Measurement bezeichnet die ganzheitliche und mehrdimensionale Beurteilung der Leistung eines Unternehmens mithilfe quantifizierbarer Maßgrößen, um dessen Strategie zu operationalisieren.
- Durch Objectives and Key Results (OKR) fokussiert sich ein Unternehmen für eine kurze Periode auf bis zu fünf anspruchsvolle Ziele (Objectives), welche jeweils mithilfe von bis zu fünf Schlüsselergebnissen (Key Results) gemessen und realisiert werden sollen.
- Performance Management umfasst die systematische Planung, Steuerung und Kontrolle der betrieblichen Leistungen, um das gesamte Unternehmen an der Strategie auszurichten sowie dessen Leistungspotenzial zu erhöhen und möglichst umfassend zu nutzen.
- Durch Informationsdesign werden Informationen so aufbereitet und dargestellt, dass sie von den Informationsempfängern möglichst schnell aufgenommen, eindeutig verstanden, richtig interpretiert und entscheidungsbezogen genutzt werden können.
- Im Rahmen der Informationsverwendung werden die angebotenen Informationen für Entscheidungen und Aufgaben genutzt.
- Durch Nudges („Stupser") erhalten die Aufgaben- und Entscheidungsträger einen sanften Anstoß in die gewünschte Richtung, wobei die Entscheidungsfreiheit jedoch gewahrt bleibt.
- Wichtige Regeln für die Gestaltung von Berichten sind: Empfängerorientierung, Kontinuität, Verständlichkeit, Relevanz, richtige Reihenfolge und leichte Erfassbarkeit.

Literaturempfehlungen

Doerr, J.: OKR: Objectives & Key Results, München 2018.

Gleich, R.: Performance Measurement: Konzepte, Fallstudien, Empirie und Handlungsempfehlungen, 3. Aufl., München 2021.

Hichert, R./Faisst, I.: Gefüllt, gerahmt, schraffiert – Wie visuelle Einheitlichkeit die Kommunikation mit Berichten, Präsentationen und Dashboards verbessert, München 2019.

Thaler, R. H./Sunstein, C. R.: Nudge: Wie man kluge Entscheidungen anstößt, Berlin 2011.

Watzlawick, P./Bavelas, J. B./Jackson, D.: Menschliche Kommunikation: Formen, Störungen, Paradoxien, 13. Aufl., Bern 2017.

7.3 Digitale Informationssysteme und -technologien

Leitfragen

- Was sind Informationssysteme und welche Arten lassen sich unterscheiden?
- Welche Informationstechnologien sind die Treiber der digitalen Transformation?
- Was sind die Merkmale von Big Data und welche Fragen lassen sich mit Business Analytics beantworten?
- Was ist das Internet der Dinge und wie funktioniert Industrie 4.0?
- Welche Möglichkeiten bietet das Cloud Computing?
- Was ist Künstliche Intelligenz und wie läuft maschinelles Lernen ab?
- Wie funktioniert die robotergestützte Prozessautomatisierung?
- Was ist eine Blockchain und welche betrieblichen Anwendungsbereiche gibt es?

Die Führungsfunktion Information und Kommunikation benötigt zur Erfüllung ihrer Aufgaben **Informations- und Kommunikationssysteme**, die aus personellen, organisatorischen und technischen Elementen bestehen. Die technischen Bestandteile werden unter dem Begriff **Informations- und Kommunikationstechnologien** zusammengefasst (vgl. *Leimeister*, 2015, S. 11 f.). Aus Gründen der Lesbarkeit werden in diesem Buch die synonymen Begriffe Informationssysteme sowie Informationstechnologien verwendet, wobei die Kommunikation stets einbezogen ist.

Informationssysteme bestehen aus Menschen und Maschinen, die Informationen erzeugen, nutzen und über Kommunikationsbeziehungen austauschen (vgl. *Hansen et al.*, 2019, S. 5).

Der primäre Zweck von betrieblichen Informationssystemen ist die Bereitstellung relevanter Informationen für die Aufgaben- und Entscheidungsträger. Dabei lassen sich analoge und digitale Informationssysteme unterscheiden. Allerdings sind nicht alle Informationsverarbeitungsprozesse automatisierbar (Maschine-Maschine-System). Viele Aufgaben der Information und Kommunikation werden weiterhin von Menschen erfüllt. Informationssysteme können auch ausschließlich aus Personen bestehen (Mensch-Mensch-Systeme), wie etwa bei Preisverhandlungen zwischen Kunde und Verkäufer. In diesem Kapitel werden rechnergestützte Mensch-Maschine-Systeme betrachtet, welche auch als digitale Informationssysteme bezeichnet werden (vgl. *Hansen et al.*, 2019, S. 6 ff.).

Digitale Informationssysteme dienen der Informationsversorgung der betrieblichen Aufgaben- und Entscheidungsträger mithilfe digitaler Informationstechnologien.

Sie erfordern eine modulare und vernetzte **technische Infrastruktur**. Diese umfasst die erforderliche Hardware (z. B. CPU, Festplatten, Netzwerkkabel) und Software (z. B. Betriebssystem oder Datenbankverwaltungssystem), um Anwendungen nutzen zu können. Für die Installation und den Betrieb der Anwendungen ist darüber hinaus eine **organisatorische Infrastruktur** in Form von Menschen und Dienstleistungen erforderlich. Dies könnte z. B. ein IT-Mitarbeiter sein, der ein Programm in einer Fachabteilung installiert und den Benutzer in den Programmfunktionen schult (vgl. *Krcmar*, 2015, S. 315 ff.).

Kommunikationstechnologien (Übertragungsverfahren, Geräte und Netze) sind erforderlich, damit räumlich voneinander getrennte Personen miteinander kommunizieren können oder um Informationen zu verschiedenen Zeitpunkten auszutauschen. Die allumfassende Kommunikationsplattform ist das Internet. Viele Unternehmen verfügen auch über ein Intranet als unternehmensinterne, geschlossene Benutzergruppe für den innerbetrieblichen Informationsaustausch. Dieses lässt sich zu einem Extranet erweitern, in dem darin auch externe Gruppen, wie z. B. Kunden oder Lieferanten, integriert werden. Ihnen wird dabei der Zugriff auf bestimmte Inhalte gewährt, wie beispielsweise Produktdatenbanken oder das Bestellwesen. In einer teilgeschlossenen Benutzergruppe lassen sich vertrauliche Informationen austauschen, ohne dass unberechtigte Dritte diese einsehen können (vgl. *Leimeister*, 2015, S. 437 ff.).

Digitale Informationstechnologien umfassen Hardware, Software und Kommunikationstechnologien zur Erfassung, Nutzung, Verarbeitung, Speicherung und Übermittlung von Informationen (vgl. *Leimeister*, 2015, S. 29).

Unter **Digitalisierung** wird ursprünglich die Umwandlung analoger in digitale Daten verstanden. Analoge Daten sind alle akustischen und visuellen Sinneswahrnehmungen des Menschen. Beispiele sind Bilder, Gespräche oder Musik. Sie werden durch physikalische Größen gemessen, welche eine kontinuierliche Funktion beschreiben. Analoge Daten lassen sich deshalb stufenlos detaillieren. So kann beispielsweise ein Haar sowohl mit dem bloßen Auge als auch unter dem Mikroskop betrachtet werden. Bei der Digitalisierung werden je nach Detaillierungsgrad lediglich unterschiedliche Abstufungen der analogen Daten gemessen. Jeder dieser Messwerte wird dann mit den Binärzeichen Null und Eins als sogenannte Bits in eine digitale Darstellung übersetzt. Diese stellen somit ein digitales Abbild der realen, physischen Welt dar. Ein digitales Foto eines Haares besitzt etwa eine bestimmte Anzahl an Bildpunkten (Pixel), die über dessen Darstellungsqualität entscheidet. Digitale Informationssysteme verarbeiten die Daten als Abfolge von Bits, von denen jeweils acht zu einem Byte als kleinste adressierbare Einheit zusammengefasst werden.

Da Menschen mit ihren Sinnen nur analoge Daten wahrnehmen können, müssen die digitalen Daten für die Nutzung durch den menschlichen Anwender wieder in analoge Signale umgewandelt werden (vgl. *Hansen et al.*, 2019, S. 439 f.). Ein Beispiel wäre die Wiedergabe einer digitalen mp3-Datei eines Musikstückes über einen Lautsprecher, der diese in hörbare, analoge Schwingungen umwandelt. Abb. 7.3.1 veranschaulicht den Unterschied am Beispiel einer kontinuierlichen Schallwelle (analog) und deren digitalem Abbild, das aus einzelnen diskreten Messwerten besteht.

Heute steht die Digitalisierung als Synonym für den **Megatrend** der zunehmenden Durchdringung von Wirtschaft und Gesellschaft mit digitalen Informationssystemen und -technologien. Die durch die Digitalisierung der Unternehmen ausgelösten Veränderungen, etwa bei Produkten und Dienstleistungen, den Geschäftsprozessen, der Organisationsstruktur, dem Geschäftsmodell und der Kultur wird als **digitale Transformation** bezeichnet (vgl. Kap. 8.7).

Sie ist geprägt durch

- die weltweite Vernetzung von Menschen, Unternehmen und Dingen,
- ein exponentiell wachsendes Volumen zunehmend unstrukturierter Daten,
- disruptive Informationstechnologien,
- digitale Produkte und Dienstleistungen sowie neue Geschäftsmodelle,
- den Wandel der Arbeitswelt (New Work; vgl. Kap. 6.4.2),
- agile Organisationsformen (vgl. Kap. 5.2) und
- die mobile Kommunikation.

Gordon Moore, Mitbegründer des Chipherstellers *Intel*, prognostizierte Mitte der 1960er-Jahre, dass sich die Zahl der Transistoren auf einem integrierten Schaltkreis rund alle ein bis zwei Jahre verdoppeln und dies zu enormen Leistungssteigerungen und Kostensenkungen von Computerchips führen würde (vgl. *Moore*, 1965, S. 114 ff.). Diese werden seitdem immer schneller, kleiner und preiswerter. Obwohl immer wieder physikalische Grenzen der Miniaturisierung angeführt werden, trifft das sog. ***Mooresche* Gesetz** bereits seit fast 60 Jahren zu (vgl. *Hansen et al.*, 2019, S. 516).

Der individuelle Nutzen von digitalen Informationssystemen hängt auch stark von der Zahl der Anwender ab. Nach dem **Gesetz von *Metcalfe*** steigt der Wert eines Kommunikationsnetzwerkes exponentiell zur Zahl der angeschlossenen Teilnehmer. Eine Verdopplung der Nutzerzahl, z. B. in einem sozialen Netzwerk

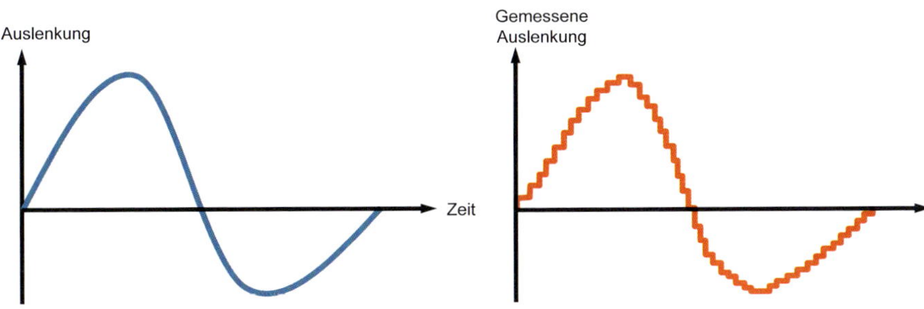

Abb. 7.3.1: Unterschied zwischen analogem (links) und digitalem Signal (rechts) am Beispiel einer Schallwelle

wie *LinkedIn*, vervierfacht somit den Nutzen für den Einzelnen bei der Suche und Pflege geschäftlicher Kontakte. Das Netzwerk mit den meisten Anwendern bietet den höchsten Nutzen und kann sich deshalb auf dem Markt durchsetzen. Dies impliziert die Tendenz zum Monopol, wie etwa das Beispiel *Facebook* zeigt. Allerdings sorgt der ständige technologische Wandel dafür, dass auch Monopole in vielen Fällen nur von kurzer Dauer sind (vgl. *Weiber*, 2002, S. 269 ff.).

Das betriebliche Erfolgspotenzial digitaler Informationssysteme lässt sich mit der in Abb. 7.3.2 dargestellten Bedeutungsmatrix beurteilen. Danach lassen sich vier **Typen von digitalen Informationssystemen** unterscheiden (vgl. *McFarlan et al.*, 1983, S. 145 ff.):

- **Unterstützung:** Diese Informationssysteme ermöglichen die effiziente Abwicklung operativer Aufgaben, sind aber weder für das operative Geschäft noch strategisch bedeutsam. Ein Beispiel ist eine Finanzbuchhaltungssoftware.
- **Fabrik:** Diese Informationssysteme sind für die operativen Abläufe erfolgskritisch, denn ihr Ausfall kann zum Zusammenbruch der betrieblichen Aktivitäten führen. Sie verfügen jedoch über kein strategisches Potenzial. Ein Beispiel ist das Transaktionssystem einer Bank zur Abwicklung des Zahlungsverkehrs.
- **Durchbruch:** Diese Informationssysteme haben zwar derzeit für die Abwicklung der operativen Tätigkeiten noch keine vorrangige Bedeutung, können aber zukünftig wettbewerbsentscheidend sein. Für den Paketzusteller *UPS* ist das etwa ein auf Big-Data-Analysen basierendes Flottenmanagement mit echtzeitbasierter Routenoptimierung (vgl. Kap. 7.3.3).
- **Waffe:** Diese Informationssysteme sind sowohl für die operativen Abläufe als auch für die zukünftige Wettbewerbsposition von hoher Bedeutung. Dies gilt für digitale Geschäftsmodelle, wie z. B. den Online-Versandhändler *Amazon* oder die Suchmaschine *Google*.

Abb. 7.3.2: Bedeutungsmatrix für digitale Informationssysteme (in Anlehnung an McFarlan et al., 1983, S. 150)

Die Bedeutungsmatrix verdeutlicht den betrieblichen Entwicklungsstand der digitalen Informationssysteme. Unterschiedliche Geschäftsbereiche eines Unternehmens können sich dabei in verschiedenen Entwicklungsstadien befinden. Innerhalb eines Geschäftsbereichs sollte sich die Unternehmensführung allerdings für eine der vier strategischen Rollen entscheiden. Die Bedeutungsmatrix liefert keine Aussage, welche Wettbewerbsvorteile durch ein digitales Informationssystem erreicht werden können und wie diese zu erreichen sind. Der strategische Wert eines digitalen Informationssystems kann erst im Zusammenhang mit der Unternehmensstrategie beurteilt werden (vgl. *Krcmar*, 2015, S. 404 ff.; *Pietsch et al.*, 2004, S. 104 ff.). Im Bankensektor kann z. B. das Online Banking zur Verbesserung des Kundenservice dienen, aber auch die Basis für das Geschäftsmodell einer Direktbank sein, wie etwa der *comdirect bank*.

Neue digitale Informationstechnologien haben häufig **disruptiven Charakter**, d. h. sie haben das Potenzial, vorherrschende Technologien und Geschäftsmodelle zu verdrängen (vgl. Kap. 8.6). Nach einer repräsentativen Studie des Bundesverbands der deutschen Informations- und Telekommunikationsbranche aus dem Jahr 2019 sehen die Befragten in den digitalen Schlüsseltechnologien zukünftig eine bedeutende Rolle für ihre Wettbewerbsfähigkeit. Big Data ist danach bei fast 60 % und das Internet der Dinge bei 44 % der Teilnehmer bereits im Einsatz bzw. dieser ist in naher Zukunft geplant. Bei der Künstlichen Intelligenz gilt dies lediglich für 12 % und bei der Blockchain nur für 6 % der Unternehmen (vgl. *bitkom*, 2019, S. 8).

Im Folgenden werden zunächst die wesentlichen Arten und Bestandteile von digitalen Informationssystemen erläutert. Anschließend werden einige moderne Informationstechnologien als wesentliche digitale Treiber mit Disruptionspotenzial vorgestellt. Hierzu gehören Big Data, Business Analytics, Internet der Dinge, Cloud Computing, Künstliche Intelligenz, robotergestützte Prozessautomatisierung und die Blockchain. In Kap. 8.7 zur Digitalisierung als Perspektive der Unternehmensführung werden die digitalen Informationstechnologien und darauf basierende Geschäftsmodelle zusammenfassend dargestellt.

7.3.1 Arten und Bestandteile von digitalen Informationssystemen

Nach dem **Verwendungszweck** lassen sich folgende Arten von digitalen Informationssystemen unterscheiden (vgl. *Leimeister*, 2015, S. 326):

- **Administrationssysteme** dienen der Speicherung und Verarbeitung von standardisierten und in großen Mengen anfallenden Massendaten, wie z. B. ein Finanzbuchhaltungssystem.
- **Dispositionssysteme** unterstützen operative Tätigkeiten, indem sie kurzfristige Entscheidungen vorbereiten oder selbst treffen. Ein Beispiel sind Bestellvorschläge oder eine automatische Bestellung durch ein Beschaffungssystem.
- **Führungssysteme** übernehmen Analyse-, Planungs- und Kontrollfunktionen, um Entscheidungen zu unterstützen. Planungssysteme ermöglichen z. B. Simulationen, Szenarien oder Optimierungsrechnungen. Business-Intelligence-Systeme versorgen die Aufgaben- und Entscheidungsträger mit relevanten Informationen. Führungssysteme beziehen ihre Daten sowohl aus externen Quellen als auch aus betrieblichen Administrations- und Dispositionssystemen.
- **Querschnittssysteme** lassen sich unabhängig von der Unternehmenshierarchie an jedem Arbeitsplatz verwenden. Sie werden in Kombination mit Administrations-, Dispositions- und Führungssystemen eingesetzt. Im Vordergrund stehen Büroinformationssysteme zur Unterstützung von Verwaltungstätigkeiten. Hierunter fallen Endnutzerwerkzeuge (z. B. Tabellenkalkulationen oder Präsentationsprogramme), Kommunikationsdienste (z. B. E-Mail) sowie Systeme zur Unterstützung von Gruppenarbeit und Vorgangsbearbeitung, wie etwa Workflow-Management oder Robotic Process Automation. Zu den Querschnittssystemen gehören auch wissensbasierte Systeme, wie z. B. Expertensysteme.

Administrations- und Dispositionssysteme werden als **operative Informationssysteme** bezeichnet, da sie der Abwicklung des laufenden Geschäftsbetriebs dienen. Sie können sowohl branchenneutral als auch branchenspezifisch sein.

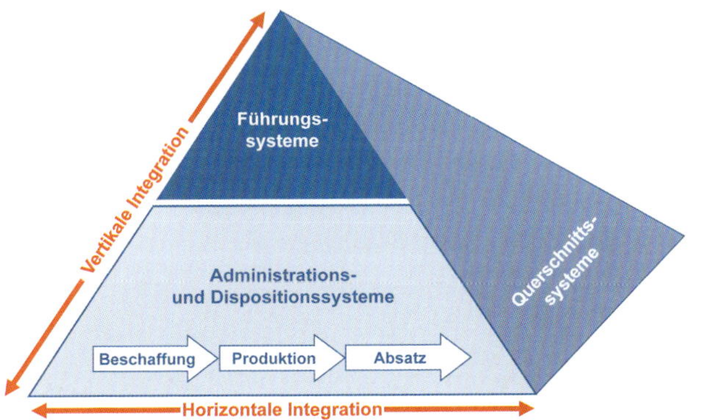

Abb. 7.3.3: Zusammenhang und Integrationsrichtung digitaler Informationssysteme

Branchenneutrale Informationssysteme werden z. B. in der Finanzbuchhaltung oder Fakturierung eingesetzt. Branchenspezifische Informationssysteme unterstützen spezielle Aufgaben, wie etwa die Transaktionsüberwachung bei Banken oder die Warendisposition im Handel. Informationssysteme können auch unternehmensübergreifend sein. Die Gesamtheit der Informationssysteme lässt sich wie in Abb. 7.3.3 als Pyramide darstellen. Die operativen Systeme unterstützen die betrieblichen Funktionsbereiche und dienen den eher strategisch ausgerichteten Führungssystemen bei der Entscheidungsunterstützung als Datenbasis (vgl. *Leimeister*, 2015, S. 328 f.).

Bei einem **integrierten Informationssystem** sind die einzelnen Teilsysteme inhaltlich aufeinander abgestimmt, über einheitliche Schnittstellen miteinander verbunden und auf einer gemeinsamen Datenbasis aufgebaut. Wie in Abb. 7.3.3 zu erkennen, kann die Integration dabei sowohl in vertikaler als auch in horizontaler Richtung erfolgen. Bei der **horizontalen Integration** sollen unterschiedliche operative Informationssysteme miteinander verbunden werden, um die ablaufenden Geschäftsprozesse besser zu unterstützen. Die **vertikale Integration** soll den Zusammenhang zwischen operativen Systemen und Führungssystemen sicherstellen. Dadurch können die Führungssysteme auf die operativen Daten zugreifen und diese verdichten und analysieren (vgl. *Gabriel/Beier*, 2003, S. 174). Ein integriertes Informationssystem, das alle wesentlichen betrieblichen Funktionen der Administration, Disposition und Führung unterstützt, wird als **Enterprise-Resource-Planning-System** (ERP-System) bezeichnet (vgl. *Leimeister*, 2015, S. 327). Eine **Business-Suite** ist ein umfassendes integriertes betriebswirtschaftliches Anwendungspaket, das sowohl die internen betrieblichen Leistungsprozesse als auch die unternehmensübergreifende Koordination und Kooperation unterstützt. Über das ERP-System hinaus können in eine Business Suite etwa ein Kundenbeziehungsmanagementsystem (CRM), elektronische Marktsysteme oder ein Supply Chain Management System eingebunden sein (vgl. *Hansen et al.*, 2019, S. 167 f.).

Digitale Informationssysteme dienen vor allem der Unterstützung und Automatisierung betrieblicher Abläufe. Hierfür müssen die Prozesse zunächst formal beschrieben werden. Die im Prozessablauf anfallenden Daten werden gespeichert, verarbeitet und daraus Informationen für betriebliche Aufgaben- und Entscheidungsträger generiert und übermittelt.

Prozessmodellierung

Strukturierte Aufgaben laufen meist standardisiert ab und lassen sich automatisieren. Zunächst sind diese formal zu beschreiben. Hierzu werden sie analysiert und in ihre Bestandteile zerlegt. Um keine ineffektiven oder unwirtschaftlichen Prozesse zu automatisieren, sollten diese zuvor ganzheitlich optimiert werden (vgl. Kap. 5.4.4). Anschließend werden sie modelliert und programmiert, um deren Planung, Durchführung und Kontrolle weitgehend einem digitalen Informationssystem überlassen zu können (vgl. *Reichwald*, 2005, S. 272 ff.).

> **Prozessmodellierung** ist die formale Abbildung betrieblicher Abläufe, um diese im Anschluss durch ein digitales Informationssystem unterstützen bzw. automatisieren zu können (vgl. *Reichwald*, 2005, S. 272 f.).

Zur Prozessmodellierung dienen Beschreibungssprachen, wie EPK (Ereignisgesteuerte Prozesskette) oder BPMN (Business Process Model and Notation). Dabei wird bestimmt, aus welchen Aktivitäten die Prozesse bestehen und welche Ereignisse sie auslösen und beenden. Die Darstellung des Prozessablaufs erfolgt durch standardisierte grafische Symbole. Abb. 7.3.4 zeigt ein Beispiel für eine ereignisgesteuerte Prozesskette (vgl. *Leimeister*, 2015, S. 120 ff.; *Krcmar*, 2015, S. 59 ff.). Eine weitverbreitete Methode zur ganzheitlichen Modellierung von Geschäftsprozessen ist die von *Scheer* entwickelte *Architektur Integrierter Informationssysteme* (ARIS). Neben der Darstellung des Prozessablaufs als ereignisgesteuerte Prozesskette werden damit die ausführenden Organisationseinheiten, die erforderlichen Daten und die informationstechnischen Ressourcen festgelegt. Die Prozessmodellierung erfolgt auf drei Ebenen. Die Fachkonzept-Ebene beschreibt die betriebswirtschaftliche Problemstellung des Geschäftsprozesses. Auf der DV-Konzept-Ebene wird das hierzu erforderliche digitale Informationssystem dargestellt und auf der Implementierungsebene die dafür notwendigen digitalen Informationstechnologien festgelegt (vgl. *Scheer*, 2002).

Die Erstellung von Prozessmodellen ist sehr aufwendig und erfordert fundiertes Know-how. Aus diesem Grund werden von den Unternehmen häufig sogenannte **Referenzmodelle** verwendet. Dabei handelt es sich um allgemeine Beschreibungen typischer Bestandteile und Abläufe von betrieblichen Funktionen, z. B. der Finanzbuchhaltung oder branchenbezogener Aufgabenfelder, etwa der Warendisposition im Großhandel. Referenzmodelle sind meist kostengünstiger, schneller verfügbar und oft auch qualitativ besser als selbst erstellte Prozessmodelle. Die Verwendung eines Referenzmodells kann allerdings eine aufwendige Reorganisation erforderlich machen, und durch die Standardisierung können Wettbewerbsvorteile verloren gehen (vgl. *Krcmar*, 2015, S. 39 ff.).

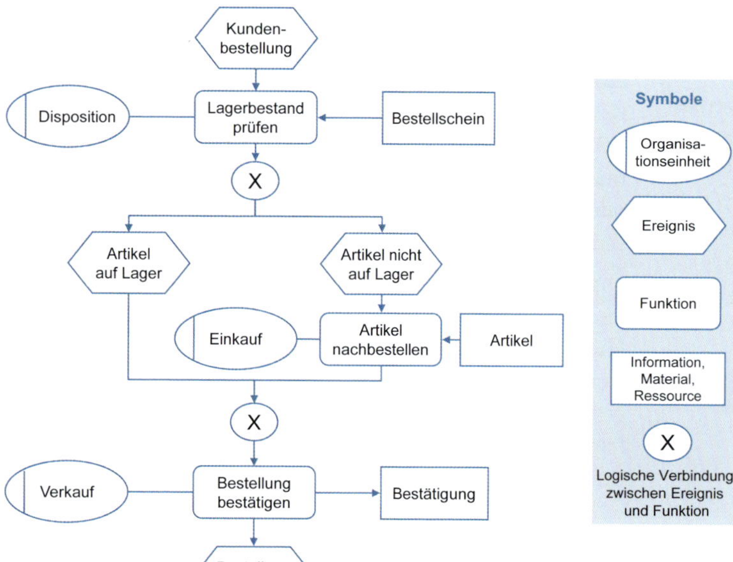

Abb. 7.3.4: Beispiel für eine ereignisgesteuerte Prozesskette

Datenmanagement

Das Datenmanagement legt fest, welche Daten für die jeweiligen Aufgaben- und Entscheidungsträger zur Verfügung gestellt werden sollen, wer für die Erfassung und Pflege der Daten verantwortlich ist und in welcher Form diese bereitzustellen sind. Es ist für die fortlaufende Beschaffung, Aufbereitung und Integration der Daten verantwortlich.

> Das **Datenmanagement** sorgt für die Bereitstellung der relevanten Unternehmensdaten. Es soll eine hohe Datenqualität gewährleisten, indem es die Richtigkeit, Aktualität und Konsistenz der Daten sowie deren Aufgabenbezug und Zusammenhang sicherstellt (in Anlehnung an *Krcmar*, 2015, S. 178 f.).

Da Unternehmensdaten für unterschiedliche Entscheidungen und Aufgaben genutzt werden, sollten sie zentral verwaltet werden. Ansonsten besteht die Gefahr inkonsistenter Daten, die unvollständig oder widersprüchlich sind. In diesem Fall kann die Abfrage gleicher Daten zu unterschiedlichen Ergebnissen führen. Werden z. B. Kundendaten in mehreren Fachabteilungen getrennt erfasst, ist es möglich, dass für den gleichen Kunden verschiedene Adressen gespeichert sind. Die Daten wären dadurch auch redundant, d. h. in mehreren Datenbeständen enthalten. Deshalb werden Daten und Anwendungen meist voneinander getrennt. Die Datenbestände werden dabei zentral in einer Datenbank abgelegt. Ihre Verarbeitung und Auswertung erfolgt durch Anwendungen, die auf diese Datenbank zugreifen und die dort gespeicherten Daten verändern können (vgl. *Krcmar*, 2015, S. 178 f.).

Durch diese zentrale **Datenintegration** werden Daten nur einmal und damit konsistent und ohne Redundanz gespeichert. Mehrere Programme und Anwender können dieselben Daten zur gleichen Zeit nutzen. Ein **Datenbanksystem** besteht aus einem Datenbankmanagementsystem und einer Datenbank. Das Datenbankmanagementsystem verwaltet und steuert den Zugriff auf die in der Datenbank gespeicherten Daten (vgl. *Leimeister*, 2015, S. 86). Anwendungen können so geändert oder ausgetauscht werden, ohne dass eine Anpassung der Datenbank erforderlich ist. Ebenso lassen sich die Daten ohne Auswirkung auf die Anwendungen ändern oder neu organisieren (vgl. *Reichwald*, 2005, S. 283 f.).

Voraussetzung für die Nutzung einer Datenbank durch mehrere Anwendungen ist ein anwendungsunabhängiges Datenmodell. Die formale Beschreibung der logischen Struktur von Unternehmensdaten in einem Modell wird als **Datenmodellierung** bezeichnet. Dabei werden alle relevanten Datenobjekte, wie etwa Kundenname, Straße oder Postleitzahl, und die zwischen diesen bestehenden Beziehungen erfasst. Dies geschieht meist in Form von Tabellen, welche über gleiche Datenobjekte miteinander verknüpft sind. Beispielsweise können Adresse und Auftragsdaten eines Kunden in getrennten Tabellen erfasst und über die Kundennummer miteinander verknüpft werden. Diese strukturierten Daten lassen sich in **relationalen Datenbanken** speichern. Die Kundenaufträge können dann beispielsweise nach bestimmten Verkaufsregionen ausgewertet werden. Datenmodellierung fördert Transparenz und Kommunikation, vermeidet Redundanz in der Datenhaltung und schafft ein unternehmensweites ganzheitliches Verständnis für die Unternehmensdaten. **In-Memory-Datenbanken** unterscheiden sich von anderen Datenbanksystemen dadurch, dass sämtliche zu verarbeitenden Daten vollständig im Arbeitsspeicher gehalten werden. Durch den Entfall des Zugriffs auf externe Speicher sind die Zugriffs- und Verarbeitungszeiten sehr kurz, allerdings besteht bei Systemabstürzen die Gefahr von Datenverlusten. Diese Technologie nutzt etwa das ERP-System *SAP Business Suite S/4HANA* (vgl. *Leimeister*, 2015, S. 86 ff.).

Mit zunehmender Digitalisierung eines Unternehmens steigt auch dessen Gefährdungspotenzial. Sind digitale Informationssysteme oder gespeicherte Daten, etwa aufgrund eines Hackerangriffs, nicht mehr verfügbar, ist das Unternehmen im schlimmsten Fall handlungsunfähig. Viele Daten sind vertraulich und sollten deshalb nur von befugten Mitarbeitern eingesehen und verändert werden können. Beispiele sind strategische Pläne, Entwicklungsprojekte oder Kundeninformationen. Darüber hinaus steckt hinter der Erfassung und Verarbeitung von Daten häufig ein hoher Arbeitsaufwand. Aus diesem Grund ist die **Informationssicherheit** für ein Unternehmen zur Vermeidung existenzbedrohlicher Risiken als Bestandteil einer risikoorientierten Unternehmensführung (vgl. Kap. 8.4) von hoher Bedeutung. Die zunehmende Nutzung öffentlicher Informationsinfrastrukturen, wie etwa dem Internet oder den Cloud-Technologien (vgl. Kap. 7.3.5), macht ein umfassendes Sicherheitskonzept erforderlich.

Die Informationssicherheit umfasst folgende **Bereiche** (vgl. *Hansen et al.*, 2019, S. 382 ff.):

- **Identitätssicherheit** soll gewährleisten, dass die Benutzer diejenigen sind, für die sie sich ausgeben. Unberechtigte Zugriffe auf sensible Daten sollen so verhindert werden.
- **Datensicherheit** soll den Verlust, Diebstahl oder die Verfälschung von Daten vermeiden sowie deren Vollständigkeit und Korrektheit gewährleisten. Die Datensicherheit kann z. B. durch defekte Geräte und Spei-

chermedien, Brand- oder Wasserschäden, Einbruch, Spionage oder Computerviren gefährdet sein.

- **Kommunikationssicherheit** soll für einen sicheren Informationsaustausch sorgen. Hierfür sind digitale Informationssysteme und Kommunikationswege gegenüber Angriffen zu schützen.

Die **Maßnahmen** der Informationssicherheit lassen sich in folgende Kategorien einteilen:

- **physikalische**, wie z. B. Einbruchsicherung oder Brandschutz,
- **technische**, wie z. B. Sicherungskopien, Verschlüsselung, Virenabwehrprogramme, Ausweichrechenzentren oder Autorisierung durch biometrische Daten (z. B. mittels Gesichtserkennung),
- **organisatorische**, wie z. B. die Vergabe von Zugriffsberechtigungen.

Sämtliche Maßnahmen zur Vermeidung des unberechtigten Zugriffs und Missbrauchs personenbezogener Daten fallen unter den **Datenschutz**. In Deutschland gilt das Recht auf informationelle Selbstbestimmung, nach dem jeder Mensch über die Preisgabe und Verwendung seiner personenbezogenen Daten grundsätzlich selbst entscheiden darf. In der Europäischen Union wurden die Datenschutzbestimmungen 2018 durch das Inkrafttreten der *Datenschutz-Grundverordnung (DSGVO)* in allen Mitgliedstaaten weitgehend vereinheitlicht. Die Unternehmen müssen in der Lage sein, die Einhaltung dieser Grundsätze nachzuweisen, da ansonsten hohe Geldstrafen drohen.

Unternehmen betreiben häufig verschiedene operative Informationssysteme, die oft inkompatibel und nicht aufeinander abgestimmt sind. Zur Informationsversorgung der Aufgaben- und Entscheidungsträger müssen somit Daten aus unterschiedlichen Systemen abgerufen, zusammengeführt und aufbereitet werden. Oftmals sind die Daten allerdings nicht konsistent und eine flexible Auswertung nach unterschiedlichen Kriterien kaum möglich. Um dies zu vermeiden und darüber hinaus kurze Zugriffszeiten zu gewährleisten, werden sämtliche entscheidungsrelevanten Daten aus unterschiedlichen Quellen in ein **Data Warehouse** (Datenlager) eingepflegt. Bei der Integration werden die Daten bereinigt, qualitätsgeprüft und für inhaltliche Abfragen aufbereitet. Das Data Warehouse ist eine zentrale Datenbank, die eine einheitliche und konsistente Datenbasis zur Entscheidungsunterstützung bietet. Die Aktualisierung erfolgt nicht laufend, sondern nur zu festen Zeitpunkten. Die Datenanalyse kann dabei nach unterschiedlichen Dimensionen erfolgen, etwa nach Zeiträumen, Regionen, Produkten, Lieferanten oder Kunden (vgl. *Hansen et al.*, 2019, S. 303 f.). Sämtliche Auswertungen erfolgen somit auf einer einheitlichen und konsistenten Datenbasis als „Single Point of Truth" (SPOT) (vgl. *Isensee/Hüsler*, 2020, S. 35).

Bei sehr umfangreichen Datenbeständen können die für einzelne Funktionsbereiche oder Personengruppen relevanten Ausschnitte aus dem Data Warehouse in einem separaten **Data Mart** (Datenmarkt) gespeichert werden. Dies hat gegenüber einer zentralen Datenbank erhebliche Zeit- und Kostenvorteile. Abfragen lassen sich einfacher und schneller durchführen, der Abstimmungsaufwand minimieren und der Zugriffsschutz vereinfachen.

Aufgrund inakzeptabler Zugriffs- und Aufbereitungszeiten werden die Daten zur Informationsversorgung der Aufgaben- und Entscheidungsträger bislang nicht bei Bedarf aus den operativen Datenbanken geladen, sondern zunächst aus den Datenbeständen der Anwendungssysteme ausgewählt, aggregiert und in einem Data Warehouse zentral gesammelt. Mithilfe neuer **In-Memory-Technologien,** wie etwa *HANA* von *SAP*, können die Ist-Daten jedoch auch direkt aus den jeweiligen operativen Datenbanken gelesen und verarbeitet werden (vgl. *Leimeister*, 2015, S. 162).

Data Warehouse und Data Marts enthalten nur Daten, die für Berichte und Abfragen der Aufgaben- und Entscheidungsträger erforderlich sind. Bislang unbekannte Zusammenhänge, Muster und Trends lassen sich daraus nur eingeschränkt erkennen. Deshalb lassen sich betriebsrelevante Daten aus verschiedenen Quellen in ihren ursprünglichen Formaten auch zentral in einem **Data Lake** (Datensee) speichern. Dieser kann unterschiedlich strukturierte Daten aufnehmen, die nur dann aufbereitet werden, wenn ein konkreter Bedarf für weitergehende Analysen besteht. Zum besseren Verständnis lässt sich ein Data Warehouse mit einem Lager für abgefüllte Wasserflaschen vergleichen, während ein Data Lake einem natürlichen See entspricht, der von einer Wasserquelle gespeist wird (vgl. *Hansen et al.*, 2019, S. 306 f.). Der Zugriff auf die Daten und deren Nutzung erfolgt durch Business-Intelligence-Systeme.

Business Intelligence

Business Intelligence dient der betrieblichen Entscheidungsunterstützung und soll die wirtschaftliche Situation eines Unternehmens ganzheitlich darstellen und untersuchen. Der Begriff „Intelligence" steht dabei für die Einsicht in die Daten bzw. das Bestreben, diese zu verstehen. Business Intelligence umfasst somit nicht nur das reine Informationsangebot, sondern auch die Analyse des Datenbestandes, um Zusammenhänge und Muster zu erkennen (vgl. *Gluchowski*, 2016, S. 275 ff.).

SAP Digital Boardroom

Praxisbeispiel von Dr. Carl-Christian von Weyhe, Geschäftsführer SAP Deutschland SE & Co. KG und Finanzleiter Region Mittel und Osteuropa und Moritz Back, SAP Customer Advisor Finance

Die *SAP SE* mit Sitz in Walldorf ist mit mehr als 100.000 Mitarbeitern und einem Umsatz von über 27,5 Mrd. € der weltweit führende Anbieter von Unternehmenssoftware. Das *SAP*-Lösungsportfolio umfasst heute die Kategorien ERP und Finanzwesen, Customer Relationship Management, Lösungen für digitale Wertschöpfungsketten, Software für den Personalbereich sowie als strategischer Schwerpunkt cloudbasierte Lösungen.

Der **SAP Digital Boardroom** bietet den Entscheidungsträgern ein digitales Unternehmenserlebnis in Echtzeit. Er integriert Geschäftsspartendaten aus *SAP* und Drittanbieteranwendungen und vereint unternehmensinterne und -externe Daten als „Single source of truth". Damit bietet er einen integrierten Überblick der wichtigsten Informationen zur Überwachung und Simulation sowie vollständige Transparenz, um schneller datengesteuerte Erkenntnisse in Entscheidungen umsetzen zu können. So kann mit sofortigem Zugriff auf **Echtzeit-Daten** mit integrierten Visualisierungs-, Simulations-, Planungs- und Prognosefunktionen entschieden werden. Dies bietet die Möglichkeit, sämtliche Daten eines Unternehmens bis auf Belegebene zu filtern und Ad-hoc in Besprechungen darauf zuzugreifen. Dabei unterstützt der *SAP Digital Boardroom* gezielt die Entscheidungsfindung, da konsolidierte Daten jederzeit über den sog. „Explorer Modus" gefiltert werden können. Führungskräfte können dabei nicht nur analysieren, sondern auch simulieren, planen sowie Vorhersagefunktionalitäten nutzen. Dies basiert auf neuen Technologien, wie etwa der In-Memory Datenbank *S4/HANA*. Damit entfällt auch die aufwändige Aufbereitung von Entscheidungsgrundlagen, z. B. in PowerPoint oder Excel.

Leistungsstarke Kollaborationsfunktionen auf Basis der *SAP Analytics Cloud* ermöglichen einen cloudbasierten Zugriff auf alle Informationen. Die **Zusammenarbeit im Team** wird durch interaktive Touchscreens unterstützt, auf denen Modelle und Visualisierungen angezeigt werden. Mit Business Intelligence, Planungsfunktionen und prädiktiver Analyse kann das Entscheidungscockpit interaktiv genutzt werden. *SAP Digital Boardroom* verfügt über leistungsstarke Analysefunktionen und eine intuitive Benutzeroberfläche mit interaktiven Touchscreens. Die Entscheidungsträger können so Kennzahlen schneller und einfacher untersuchen, um die Unternehmensleistung auf allen Ebenen zu verstehen und aufkommende Fragen zu klären. Hierfür steht im Boardroom ein Dashboard mit interaktiver Touch-Bedienung für Bildschirme in Lebensgröße zur Verfügung. Mit dem *SAP Digital Boardroom* lassen sich so auch Vorstands- und Aufsichtsratssitzungen abhalten.

Abb. 7.3.5: Interaktion mit dem SAP Digital Boardroom

Hinter dem *SAP Digital Boardroom* steht die anwenderfreundliche *SAP Analytics Cloud*. Zielgruppe sind nicht nur Manager oder Vorstände, sondern insbesondere die Fachbereiche. Die Erstellung von Dashboards und Berichten mit relevanten Key Performance Indicators (KPI) ist auch für ungeschulte Anwender möglich. Die Cloud-Software gestattet außerdem prädiktive Analysen und ist die strategische *SAP*-Lösung für die Finanzplanung. Machine Learning hilft dabei, Beziehungen, versteckte Muster und Ausreißer aufzudecken. Insbesondere die Option, neben *SAP*-Quellen auch externe Daten in Echtzeit einzubinden, ermöglicht umfangreiche Analysen für eine bestmögliche Entscheidungsgrundlage.

Zusammengefasst ermöglicht der *SAP Digital Boardroom* schnellere Entscheidungen von höherer Qualität, da alle relevanten Daten per Drill-down in Echtzeit zur Verfügung stehen. Er bietet eine holistische und harmonisierte Sicht auf die Daten und dadurch Transparenz – ohne Diskussionen über Datenhoheit und -aktualität. Des Weiteren ist *SAP Analytics Cloud* für jeden Fachbereich und Mitarbeiter als Self-service Analytics-Anwendung auf jedem Endgerät mit interaktiven Visualisierungen ohne Programmierkenntnisse intuitiv anzuwenden – auch bei großen Datenmengen.

Abb. 7.3.6: Screenshots aus dem SAP Digital Boardroom

Entscheidungsunterstützende Informationssysteme existieren bereits seit den 1960er Jahren, wobei deren Funktionalität aufgrund unzureichender Informationstechnologie anfangs noch sehr begrenzt war. Sie wurden zunächst als Management-Information-System (MIS), dann als Decision-Support-System (DSS) und schließlich als Executive-Information-System (EIS) bezeichnet. Mit zunehmender Leistungsfähigkeit der digitalen Informationstechnologie stiegen der Umfang und die Aktualität der aus verschiedensten Datenquellen zur Verfügung gestellten Informationen, deren Analysemöglichkeiten und die Zahl der Anwender immer weiter an (vgl. *Lanquillon/Mallow*, 2015b, S. 256 f.). Heutzutage wird für betriebliche Entscheidungsunterstützungssysteme der Begriff Business Intelligence verwendet.

> **Business Intelligence (BI)** bezeichnet die systematische Erfassung, Integration, Speicherung, Auswertung und visuelle Darstellung von Unternehmensdaten, um Informationen für betriebliche Aufgaben- und Entscheidungsträger zur Verfügung zu stellen (in Anlehnung an *Lanquillon/Mallow*, 2015b, S. 256 ff.).

Mithilfe interaktiver Benutzeroberflächen können die Aufgaben- und Entscheidungsträger sich vermehrt aus den gespeicherten Daten ihre eigenen, individuellen Berichte selbst erstellen **(Self Service BI)**. Moderne Business-Intelligence-Systeme ermöglichen einen räumlich unbegrenzten Informationszugang über mobile Endgeräte. Die Nutzung der In-Memory-Technologie macht einen Zugriff auf die Informationen in Echtzeit möglich (Real-Time BI). Durch OLAP-Anwendungen (Online Analytical Processing) lassen sich die Datenbestände nach verschiedenen Dimensionen darstellen und durchforsten. Beispielsweise können die Umsatzzahlen per Drilldown nach Monaten, Kunden, Vertriebsregionen und Produkten heruntergebrochen und in Beziehung gesetzt werden. Beim **Data Mining** werden die Datenbestände nach unbekannten Zusammenhängen und Trends durchsucht. So lassen sich etwa Muster im Kundenverhalten identifizieren, die auf eine Vertragskündigung hindeuten (vgl. *Ereth/Kemper*, 2016, S. 459 f.; *Weber/Schäffer*, 2020, S. 260 f.). **Business Analytics** (vgl. Kap. 7.3.3) geht darüber hinaus und versucht, auf Basis der verfügbaren Daten frühzeitig zukünftige Trends und Handlungsoptionen zu erkennen, um das Unternehmen auf bevorstehende Herausforderungen vorzubereiten (vgl. *Hoening et al.*, 2017, S. 31).

7.3.2 Big Data

Die Vernetzung von Unternehmen, Menschen und intelligenten Objekten erzeugt eine unvorstellbare und rasant wachsende Flut digitaler Daten. Für diese Datenberge, die aus unterschiedlichsten Quellen für verschiedenste Zwecke zusammentragen werden, hat sich die etwas missverständliche Bezeichnung „Big Data“ etabliert. Denn zum einen ist „big“ relativ – was heute groß ist, ist es zukünftig nicht mehr, und was für ein Unternehmen viel ist, kann für andere wenig sein. Zum anderen liegt die Herausforderung weniger in der Größe als vielmehr in der fehlenden Struktur der Daten (vgl. *Davenport*, 2014, S. 6 f.).

> **Big Data** steht für die echtzeitbasierte Analyse gewaltiger Mengen überwiegend unstrukturierter digitaler Daten aus unterschiedlichen Quellen, um daraus zuverlässige und erfolgsrelevante Erkenntnisse zu gewinnen.

Die wesentlichen **Eigenschaften von Big Data** sind (vgl. *Dapp/Heine*, 2014, S. 6 ff.):

- **Datenmenge (Volume):** Bis zum Jahr 2003 hatte die Menschheit in ihrer gesamten Entstehungsgeschichte lediglich rund 5 Mrd. Gigabyte an Daten erzeugt. Mit der Digitalisierung wächst das weltweite Datenvolumen exponentiell an. Es belief sich 2020 auf rund 54 Zettabyte und wird bis 2025 auf schätzungsweise 175 Zettabyte ansteigen. Ein Zettabyte entspricht einer Billion Gigabyte bzw. 10^{21} Byte. Diese riesige Datenmenge ist kaum vorstellbar. Bei Speicherung sämtlicher 2025 vorhandener Daten auf herkömmlichen DVDs würden diese aufeinandergestapelt 23-mal die Entfernung zwischen Erde und Mond übertreffen oder 222-mal um die Erde reichen. Bei einer Geschwindigkeit von 100 MBit/Sekunde bräuchte es 450 Mio. Jahre, um diese Datenmenge aus dem Internet herunterzuladen (vgl. *Reinsel et al.*, 2018, S. 6 f.). Heute nutzen bereits über 4,5 Mrd. Menschen und damit rund 60 % der Weltbevölkerung das Internet. Rund 4 Mrd. sind davon in sozialen Netzwerken aktiv. Ein weiterer Treiber des exponentiellen Datenwachstums sind die rund 25 Mrd. vernetzten Objekte des Internets der Dinge (vgl. Kap. 7.3.4). Ihre Anzahl wird voraussichtlich bis 2025 auf rund 40 Mrd. anwachsen und diese werden bis dahin ein Datenvolumen von 80 Zettabyte erzeugen (*www.statista.de*). Abb. 7.3.7 veranschaulicht den Anstieg der weltweiten Datenmenge anhand einiger wesentlicher digitaler Entwicklungen und führender Internet-Unternehmen.

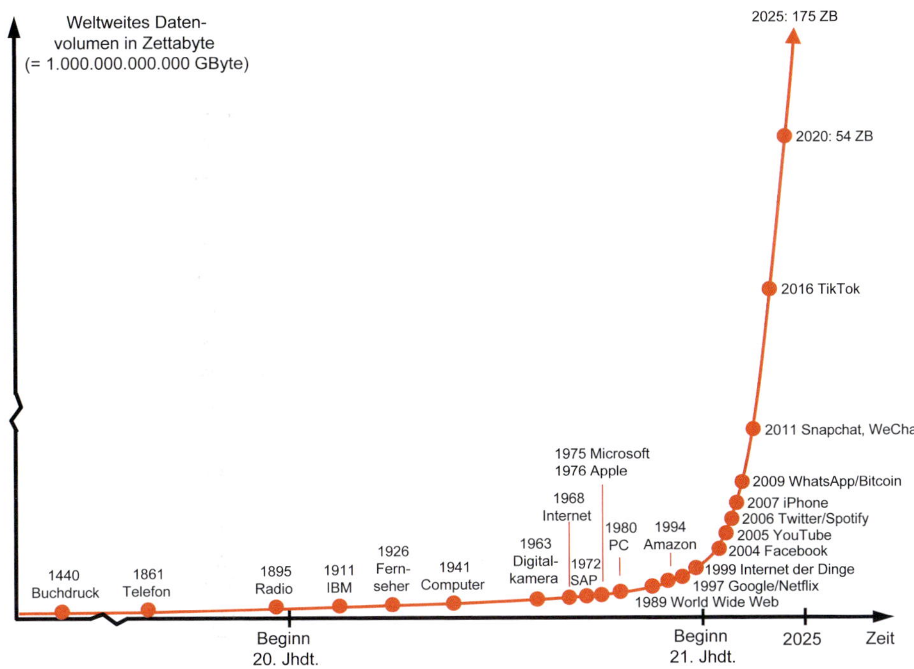

Abb. 7.3.7: Die Entwicklung des weltweiten Datenvolumens

- **Datenvielfalt (Variety):** Strukturierte Daten, wie z. B. ein Kundenstammsatz mit Namen, Adresse etc., sind nach festen Regeln einheitlich und formal aufgebaut. Unternehmen speichern und verarbeiten sie mithilfe relationaler Datenbanken. Dagegen haben unstrukturierte Daten sehr heterogene Formate. E-Mails sind beispielsweise semistrukturiert, da sie vorgegebene Felder für Absender, Empfänger und Betreff haben, ihr Inhalt ist dagegen unstrukturiert. Die stark wachsende Datenflut aus sozialen Netzwerken (Tweets, Blogs, Bilder, Audio, Video etc.) oder dem Internet der Dinge ist überwiegend unstrukturiert. Um diese heterogenen Datenformate analysieren, verknüpfen und auswerten zu können, müssen diese kompatibel gemacht und in eine Struktur gebracht werden. Es werden etwa Algorithmen benötigt, die kontextabhängige Inhalte und emotionale Bewertungen richtig deuten können. Abb. 7.3.9 zeigt einige Beispiele für die Masse an unstrukturierten Daten, die heute jede Minute im Internet entstehen.
- **Geschwindigkeit (Velocity):** Der weltweite Datenstrom fließt unablässig, denn Daten entstehen, verändern sich und werden wieder gelöscht. Um möglichst schnell auf neue Entwicklungen reagieren zu können, sollen Daten deshalb in Echtzeit analysiert werden, also direkt und ohne Verzögerung gleich nach ihrer Entstehung.
- **Glaubwürdigkeit (Veracity):** Die Qualität einer Datenanalyse hängt stark von der Authentizität und Vollständigkeit der verwendeten Daten ab. Deren Erhebung, Erfassung und Übertragung sollte vertrauenswürdig sein. Ebenso ist dafür Sorge zu tragen, dass aus den oft unsicheren und ungenauen Daten (wie z. B. subjektive Meinungsäußerungen) keine falschen Schlüsse gezogen werden. Beispielsweise können bei großen heterogenen Datenmengen zufällige Scheinkorrelationen auftreten.

Diese Merkmale, die nach den englischen Begriffen auch als die „vier V" bezeichnet werden, fasst Abb. 7.3.8 zusammen (in Anlehnung an *Grönke et al.*, 2014, S. 66). In der Praxis wird der Begriff Big Data allerdings auch dann verwendet, wenn nicht alle vier Merkmale zutreffen.

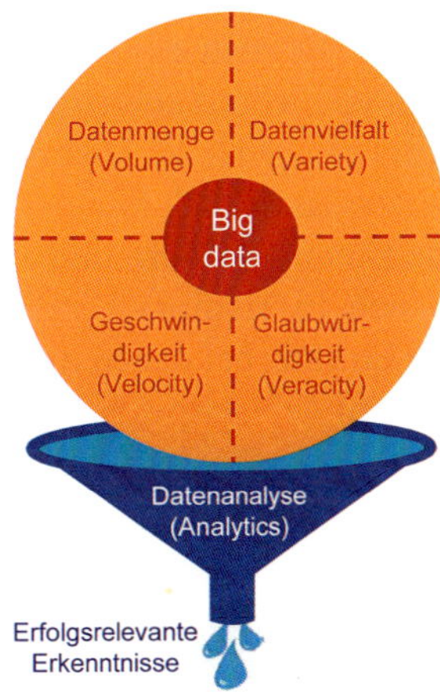

Abb. 7.3.8: Die wesentlichen Merkmale von Big Data

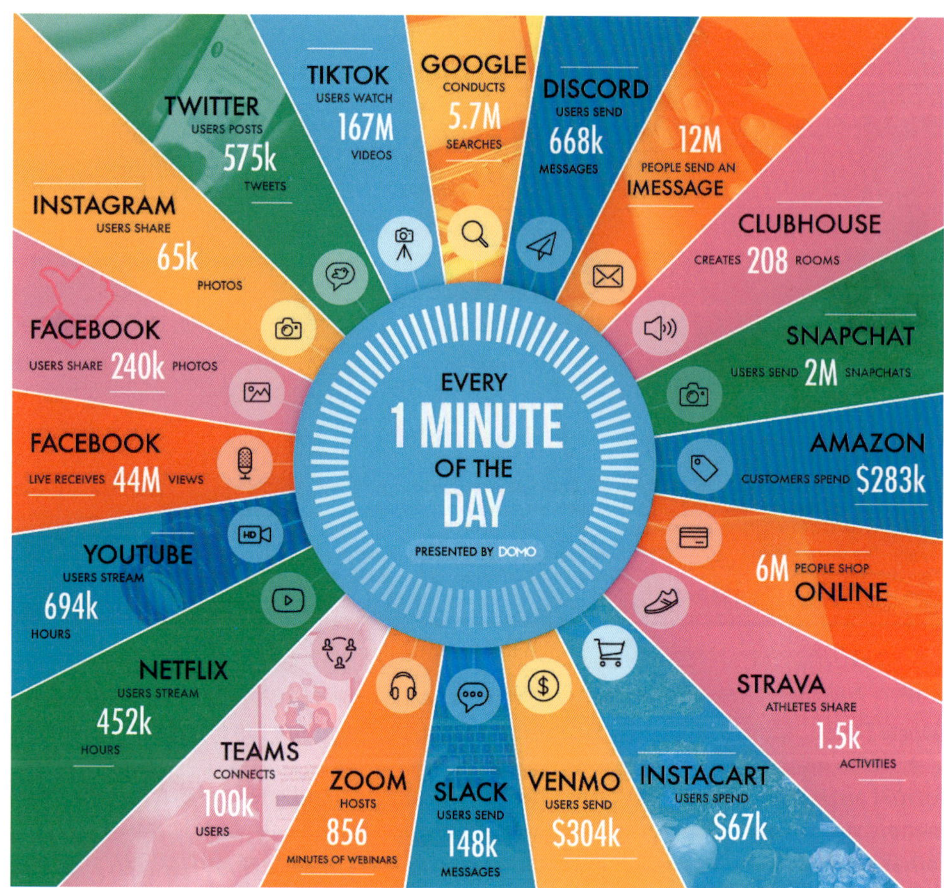

Abb. 7.3.9: Beispiele für jede Minute generierte Datenmengen (Domo, 2021)

Big Data erfordert **neue Technologien** der Datenspeicherung und -verarbeitung. Hierzu gehören nicht-relationale Datenbanken (Not only Structured Query Language, kurz: *NoSQL*), die ohne feste Tabelleneinteilungen auskommen. Durch das *MapReduce*-Verfahren lassen sich die Daten in kleinere Pakete zerlegen und auf parallelen Rechnern bearbeiten. Ermöglicht wird dies mit dem Open-Source-Framework *Hadoop*. Es stellt ein Programmiergerüst dar, durch das sich ein virtueller Supercomputer aus mehreren tausend Rechnern erzeugen lässt. Mithilfe dieses sogenannten Hadoop-Clusters lassen sich Millionen von Gigabyte an unstrukturierten Daten speichern und analysieren. Bei Big Data kommen auch In-Memory-Datenbanken, wie etwa *SAP HANA* zum Einsatz, bei denen die Datenspeicherung und -verarbeitung im Arbeitsspeicher des Rechners erfolgt. Dies ermöglicht sehr schnelle Zugriffszeiten und damit umfangreiche Analysen in Echtzeit. Neben dieser Technologie sind moderne Datenanalyseverfahren (Business Analytics) erforderlich, um Zusammenhänge, Muster und Bedeutungen automatisiert zu erkennen und daraus Vorhersagen abzuleiten (vgl. Kap. 7.3.4). Beispiele sind multivariable Analysen zur Entdeckung und Überprüfung von Datenstrukturen (Data Mining), Simulationswerkzeuge, visuelle Analysen, Sprachtechnologien, Textanalysen (Text Mining) oder selbstlernende Algorithmen (vgl. *Fasel*, 2014, S. 391 ff.).

Das betriebliche **Einsatzpotenzial** von Big Data reicht von den Bereichen Marketing, Produktion und Logistik über Risikomanagement und Controlling bis hin zur Optimierung der Organisation und der Entwicklung neuer Geschäftsmodelle. Für die Unternehmensführung relevante Informationen lassen sich schneller und öfter bereitstellen und Wirkungszusammenhänge offenlegen. Bei der Prognose zukünftiger Entwicklungen werden umfangreiche Daten aus vielfältigen, oft bislang unerschlossenen Quellen herangezogen, wie etwa Sensordaten aus dem Internet der Dinge (vgl. *Grönke et al.*, 2014, S. 67).

Die Datenanalyse liefert lediglich Korrelationen, deren Bedeutung von Menschen interpretiert werden muss. Daraus entsteht ein neues Berufsbild mit vielfältigen Anforderungen: Ein **Data Scientist** (Datenwissenschaftler) ist idealerweise eine Mischung aus einem Datenanalysten, Berater, Forscher, Hacker und Betriebswirt (vgl. *Davenport*, 2014, S. 85 ff.).

Für das **Marketing** liefert Big Data neue Einblicke in die Bedürfnisse und das Verhalten der Kunden. Hierzu gehören z.B. Daten aus Payback- und Kreditkartennutzungen, Online-Käufen oder Meinungsäußerungen in sozialen Netzwerken. Produkte lassen sich auf Basis der Datenanalyse wesentlich kundenindividueller gestalten und die Veränderungen der Kundenwünsche besser prognostizieren. Trends können frühzeitig erkannt und genutzt werden. In transparenten digitalen Märkten mit für den Kunden minimalen Wechselkosten und geringen Ein- und Austrittsbarrieren versuchen die Unternehmen, enge Kundenbeziehungen aufzubauen. Big Data ermöglicht ein 1:1-Marketing, bei dem der Kunde ganz individuell betrachtet wird. Die Analyse der Kundendaten ermöglicht darüber hinaus Vorhersagen über das zukünftige Verhalten spezifischer Kundengruppen (vgl. *Frenko*, 2000, S. 178 f.).

Big Data hat aber auch seine **Schattenseiten**. Blindes Vertrauen in Zahlen kann zu gravierenden Fehleinschätzungen führen, wenn Datenkorrelationen nicht hinterfragt werden. Unternehmen außerhalb der EU umgehen das europäische Datenschutzrecht und internationale Geheimdienste operieren im Verborgenen. Durch den Verkauf und die mehrfache Verwendung personenbezogener Daten droht der Verlust der Privatsphäre. Das sinkende Vertrauen der Menschen in die Sicherheit ihrer Daten gefährdet jedoch langfristig das Potenzial von Big Data. Deshalb ist es auch aus wirtschaftlichen Gründen sinnvoll, den Missbrauch personenbezogener Daten zu verhindern. Dies erfordert nicht nur ein wirksames, international gültiges Datenschutzrecht, sondern ist auch eine Frage der Moral und Ethik jedes einzelnen Unternehmens (vgl. *Dapp/Heine*, 2014, S. 33 ff.).

Daten gelten als das Öl des 21. Jahrhunderts und somit bietet Big Data für die Unternehmen enorme **Chancen**. Diese reichen von Produktivitätserhöhungen und Kosteneinsparungen über eine individuelle Kundenansprache bis hin zu verlässlicheren Prognosen und besserer Entscheidungsunterstützung. Big Data stellt somit einen wertvollen Rohstoff dar, der vielfältige Potenziale für ein Unternehmen bietet. Vorhersagen können durch Big Data fundierter und verlässlicher gemacht werden. Es lassen sich umfangreiche Szenarien simulieren und somit strategische Handlungsoptionen besser einschätzen. Bei der Entscheidungsfindung werden vermehrt auch externe und unstrukturierte Daten berücksichtigt, wie z.B. Meinungen aus sozialen Netzwerken (vgl. *Grönke et al.*, 2014, S. 67 ff.). Welche Fragestellungen sich auf Basis von Big Data beantworten lassen, beschreibt das nächste Kapitel zu Business Analytics (vgl. Kap. 7.3.3). Einige Einsatzmöglichkeiten von Big Data zeigen die folgenden Praxisbeispiele.

Big Data in der Praxis

Amazon entschlüsselt die Wünsche seiner Kunden

Amazon ist mit einem Sortiment von rund 500 Mio. Produkten und 300 Mio. aktiven Kundenkonten der größte Online-Händler der westlichen Welt. *Amazon* weiß genau, wann die Kunden ihre Kaufentscheidung treffen und mit welchen anderen Produkten das gekaufte Produkt zuvor verglichen wurde. Im Rahmen einer dynamischen Preisermittlung und -optimierung passt *Amazon* seine Preise alle zehn Minuten auf Basis von Indikatoren, wie Kundenaktivität, Bestandsinventar, letzte Bestellungen, Wettbewerberpreise, Produktpräferenzen und Gewinnmargen an, um die Kunden zum Kauf anzuregen und die Rentabilität zu steigern (vgl. *Hoening et al.*, 2017, S. 38 f.). Das Unternehmen analysiert die Zusammenhänge zwischen einzelnen Artikeln und leitet daraus oft erstaunlich zutreffende personalisierte Empfehlungen ab. Jedes Produkt verweist auf eine Vielzahl weiterer, ähnlicher Produkte sowie passendes Zubehör, um weitere Käufe zu veranlassen. Die Ursachen der festgestellten Korrelationen sind dabei für *Amazon* uninteressant. Rund ein Drittel aller Einkäufe geht bereits auf diese Kaufempfehlungen zurück. Um längere Lieferzeiten zu vermeiden, versendet *Amazon* die Waren an seine Versandlager vorausschauend, noch bevor die Kundenbestellungen vorliegen (Anticipatory Shipping). Aus Informationen zu früheren Käufen, Wunschlisten und dem Umtausch von Waren werden Bestellwahrscheinlichkeiten berechnet, um Produkte präventiv in den Versandlagern vorzuhalten (vgl. *Föhl/Theobald*, 2015, S. 131).

Vestas weiß, woher der Wind weht

Vestas Wind Systems ist einer der weltweit führenden Hersteller von Windkraftanlagen. Das Unternehmen verwendet Big Data, um seine Kunden bei der Suche nach dem optimalen Standort für neue Windräder zu unterstützen. *Vestas* betrachtet dazu rund 160 Faktoren, u.a. Temperatur, Feuchtigkeit, Niederschläge, Windrichtungen, Gezeiten oder Satellitendaten sowie die Leistungsdaten und Laufzeiten seiner über 70.000 bereits installierten Windräder. Auf dieser Basis lässt sich für jeden beliebigen Standort der Erde vorhersagen, wie viel Wind dort in den nächsten Jahrzehnten geerntet werden kann. Diese datenbasierte Unterstützung der Standortplanung stellt für die Kunden eine wertvolle Serviceleistung und für *Vestas* einen Wettbewerbsvorteil dar. Die Sensordaten der Windräder liefern auch Zustandsinformationen, die von *Vestas* für eine vorausschauende Wartung (Predictive Maintainance) verwendet werden. Darüber hinaus ermöglichen sie auch die effiziente Nutzung der Turbinen, um deren Leistungspotenzial voll auszuschöpfen (www.vestas.com).

UPS dirigiert seine Zusteller und spart dabei viel Geld

Das Logistikunternehmen *UPS* liefert als größter Paketzusteller der Welt mit rund 500.000 Mitarbeitern jährlich rund 5,5 Mrd. Sendungen aus. Die Telemetrie der über 125.000 Zustellfahrzeuge erfasst u. a. deren Geschwindigkeit, Fahrtrichtung, Bremsverhalten und Antriebsleistung. Sämtliche Daten werden zur Überwachung der Auslieferung und zur Routenoptimierung eingesetzt. Jeder *UPS*-Zusteller führt täglich rund 135 Zustellstopps durch. Die Anzahl an Routenkombinationen, die sich daraus ergeben, ist eine Zahl mit 25 Nullen. Um die Route hinsichtlich Entfernung, Treibstoff und Zeit zu optimieren, entwickelte *UPS* das Routenplanungssystem *ORION* (On-Road Integrated Optimization Navigation). Es errechnet den optimalen Weg für die Zustellung und Abholung von Paketen, der durch Startzeit, Zustellzeit, Abholfenster und spezielle Kundenanforderungen beeinflusst wird. Mithilfe des 2019 eingeführten Navigationssystems *UPSNav* werden die Routen der Fahrer in Echtzeit je nach aktuellen Verkehrsbedingungen und kundenspezifischen Zustellanforderungen optimiert. Dabei handelt es sich nicht um ein gewöhnliches Navigationssystem, denn es beinhaltet auch versteckte und schwer zugängliche Zustell- und Abholpunkte, die sonst nicht auffindbar wären. *UPSNav* greift hierzu auf die Karten der *ORION*-Software zurück, die über 250 Mio. Zustellpunkte beinhaltet. Auf diese Weise wird stets die kostengünstigste Route berechnet. Durch *ORION* spart *UPS* etwa 160 Mio. Kilometer Fahrtstrecke und 38 Mio. Liter Treibstoff pro Jahr (www.ups.com).

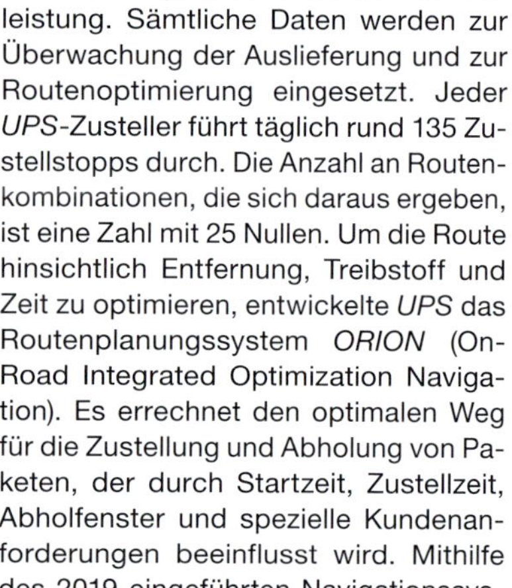

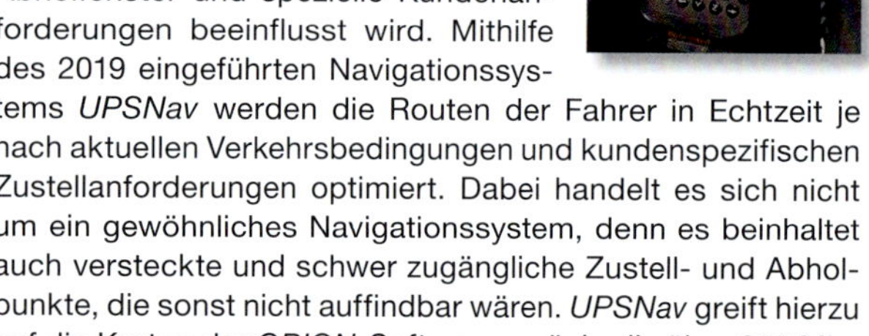

Verhaltensbasierte Versicherungstarife am Beispiel Axa

Versicherungen können mithilfe von Big Data ihre Kunden nach deren Verhalten in Risikokategorien einteilen und ihre Tarife daran ausrichten. Zukünftig könnten etwa Krankenversicherungen auf Basis der Daten von Fitness-Trackern für sportlich aktive Kunden spezielle Tarife anbieten. Bereits am Markt verfügbar sind bei einigen Kfz-Versicherern sogenannte **Telematik-Tarife**. Nach dem Motto „Pay as you drive" erhalten die Versicherten bei umsichtiger Fahrweise einen Rabatt. Hierzu wird das Fahrverhalten meist über eine Smartphone-App unter Nutzung des integrierten GPS- und Beschleunigungssensors analysiert. In die Bewertung fließen verschiedene Faktoren ein, wie etwa Fahrstil, Tageszeit, Wochentag, Fahrtdauer, Geschwindigkeit oder Aufmerksamkeit, d. h. der Verzicht auf die Handynutzung während der Fahrt. Diese Daten erlauben den Versicherern Rückschlüsse auf die individuelle Unfallwahrscheinlichkeit. Wer etwa oft abrupt bremst oder an Ampeln Kavalierstarts hinlegt, hat ein höheres Unfallrisiko als vorausschauende Fahrer. Gleiches gilt für diejenigen, die häufig nachts oder während der Rushhour unterwegs sind (www.hdi.de). Als erster deutscher Versicherer brachte *Axa* mit dem *DriveCheck* eine App auf den Markt, mit der junge Fahrer im Alter von bis zu 25 Jahren mit einem sicheren Fahrstil sich einen Nachlass „erfahren" können. Das Fahrverhalten wird über 40 Einzelfahrten mit mindestens je drei Kilometern und einer Gesamtstrecke von mindestens 600 Kilometern analysiert. *Axa* ermittelt aus den vier Kriterien Bremsen, Beschleunigung, Kurvenverhalten und Geschwindigkeit einen *DriveCheck*-Score zwischen 0 und 100. Je besser die Fahrweise, desto höher der Wert. Liegt dieser zwischen 80 und 100 Punkten, ermöglicht dies einen Beitragsnachlass von bis zu 15 % (www.axa.de).

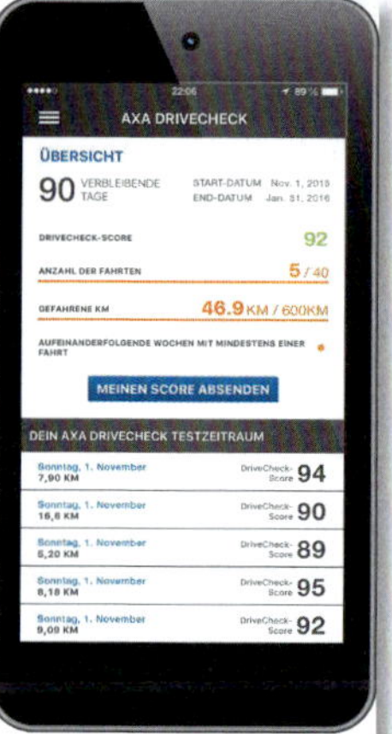

7.3.3 Business Analytics

Eine Analyse ist eine systematische Untersuchung, bei der ein Untersuchungsgegenstand in seine Bestandteile zerlegt wird, um dabei Strukturen, Auffälligkeiten, Regelmäßigkeiten oder Zusammenhänge zu entdecken. Analytics (Analytik) steht für die Lehre oder Kunst des Analysierens, also der Durchführung von Analysen und beinhaltet sämtliche Analysemethoden. Eine Datenanalyse soll aus Daten entscheidungsrelevante Informationen ermitteln. **Business Analytics** (Betriebswirtschaftliche Analytik) bezeichnet den Einsatz der Datenanalyse zur Unterstützung betrieblicher Aufgaben- und Entscheidungsträger (vgl. *Lanquillon/Mallow*, 2015a, S. 55 f.).

Business Analytics soll in den internen und externen Daten eines Unternehmens wertvolle Informationen finden. Dies gleicht bei Big Data oft der sprichwörtlichen Suche nach der „Nadel im Heuhaufen“. Hierzu durchforsten komplizierte Algorithmen die Datenbestände und suchen nach mathematischen Mustern und statistischen Auffälligkeiten (vgl. *Ereth/Kemper*, 2016, S. 460). Datenquellen sind vor allem die digitale Erfassung der Wertschöpfungsprozesse des Unternehmens sowie öffentlich verfügbare Datenbanken und soziale Medien, aus denen sich Informationen über die Kundenbedürfnisse ableiten lassen (vgl. *Horváth et al.*, 2020, S. 474).

Business Analytics umfasst die datengestützte Analyse, Prognose und Optimierung erfolgsrelevanter Größen, um daraus neue Erkenntnisse für betriebliche Aufgaben- und Entscheidungsträger zu gewinnen.

Nach der untersuchten Fragestellung lassen sich die in Abb. 7.3.10 dargestellten **Entwicklungsstufen der Datenanalyse** unterscheiden (vgl. *Lanquillon/Mallow*, 2015a, S. 56 ff.; *Hoening et al.*, 2017, S. 34 ff.; *Seiter*, 2019, S. 107 ff.):

- **Descriptive Analytics** (beschreibende Analyse: „Was ist passiert?“): Erfassung vergangenheitsorientierter Daten über betriebliche Vorgänge im Rahmen des Berichtswesens (vgl. Kap. 7.2.3). Gebräuchliche Maße der deskriptiven Statistik sind etwa Häufigkeiten, Lageparameter (z. B. arithmetisches Mittel oder Median) und Streuungsmaße (z. B. Spannweite, Varianz oder Standardabweichung). Ein Beispiel ist die Erfassung der monatlichen Umsatzerlöse nach Vertriebsregionen und Kunden sowie deren Analyse nach durchschnittlicher Auftragshöhe, Bestellhäufigkeit oder zeitlichen Entwicklung.
- **Diagnostic Analytics** (Ursachenanalyse: „Warum ist es passiert?“): Durch Online Analytical Processing (vgl. Kap. 7.3.1) werden die Daten heruntergebrochen, um die beobachteten Entwicklungen näher zu analysieren. Beispielsweise könnte der Grund für den Umsatzeinbruch im vergangenen Monat der Konkurs eines Großkunden in der Vertriebsregion Süd sein. Mithilfe von Data Mining durch Cluster-, Assoziations- und Korrelationsanalysen, Text Mining oder Social-Network-Analysen werden die Daten nach unbekannten Mustern durchsucht. Beispielsweise lassen sich Verhaltensmuster der Kunden ermitteln, die später zur Ableitung von Maßnahmen zur Erhöhung der Kaufwahrscheinlichkeit genutzt werden können.
- **Real-time Analytics** (Echtzeitanalyse: „Was passiert gerade?“): In manchen Fällen, wie etwa bei persönlichen Empfehlungen im Online-Handel, der Erkennung betrügerischer Transaktionen oder im Wertpapierhandel, ist die verfügbare Zeit zwischen auslösendem Ereignis und erforderlicher Reaktion sehr gering. Zur Überwachung und Kontrolle (Monitoring) werden hierzu die Daten ohne Zeitverzug erfasst und in kürzester Zeit mit diagnostischen Methoden analysiert, um bei Bedarf rasch Gegenmaßnahmen einleiten zu können. Das

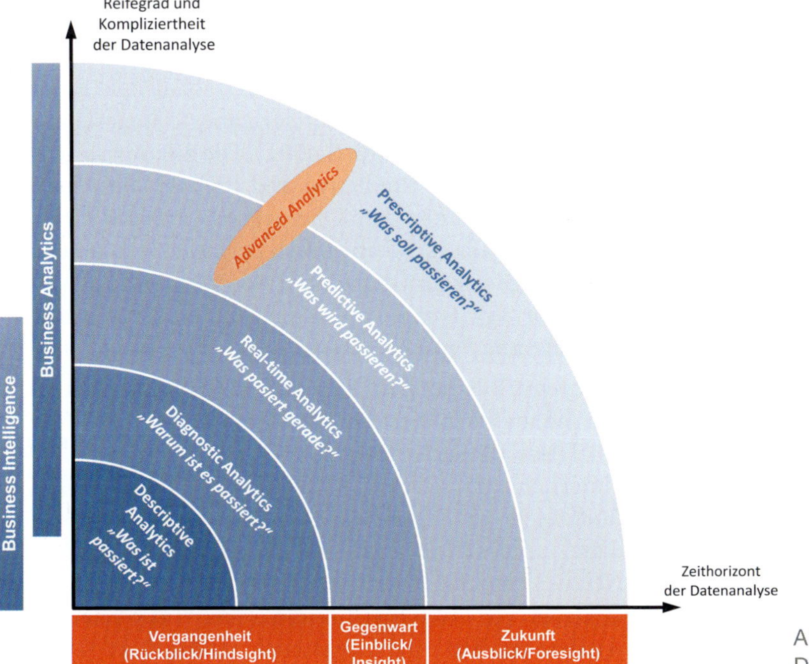

Abb. 7.3.10.: Entwicklungsstufen der Datenanalyse

Real-time Analytics bei VISA

VISA ist mit einem Umsatz von 23 Mrd. US$ und rund 20.000 Mitarbeitern eines der weltweit führenden Kreditkartenunternehmen. Bei *VISA* wird jeder Kreditkartenbetrug untersucht, um neue Muster aufzudecken und potenziellen Missbrauch zu unterbinden. Das Kaufverhalten der Kunden wird u. a. nach Volumen, Zeitpunkt und Ort analysiert. Jede der jährlich rund 140 Mrd. Transaktionen zwischen Händlern und Finanzinstituten wird mithilfe Künstlicher Intelligenz (vgl. Kap. 7.3.6) nach über 500 Risikoattributen untersucht. Die in Echtzeit operierende *VISA Advanced Authorization* generiert für jede Zahlungsabwicklung eine Risikobewertung, die in einer Millisekunde an die kartenausgebende Bank übermittelt wird. Diese entscheidet dann, ob die Transaktion ausgeführt wird oder nicht. Auf diese Weise wurde die Betrugsrate auf unter 0,1 % aller Transaktionen gesenkt und pro Jahr werden Betrugsschäden in Höhe von rund 25 Mrd. US$ verhindert (www.visa.de).

Praxisbeispiel *VISA* zeigt einen Anwendungsfall zur automatischen Erkennung von Betrugsfällen (Fraud detection).

- **Predictive Analytics** (prädiktive/vorhersagende Analyse: „Was wird passieren?"): Auf Basis eines Modells soll die zukünftige Entwicklung bestimmter Ergebnisgrößen prognostiziert werden. Dabei wird mit Algorithmen nach vorlaufenden Indikatoren gesucht, welche die Ergebnisgrößen beeinflussen. Hierzu lassen sich Regressions-, Klassifikations- und Zeitreihenanalysen verwenden. Daraus wird dann ein Prognosemodell erstellt, um wahrscheinlichkeitsbasierte Vorhersagen zu treffen. Diese lassen sich im Vergleich zum manuellen Vorgehen nicht nur häufiger und schneller erstellen, sondern sind meist auch fundierter und verlässlicher. Betriebliche Einsatzbereiche sind Prognosen von Absätzen, Umsätzen, Kosten, Liquiditätsflüssen oder Ergebnissen. Predictive Analytics ermöglicht auch eine treiberbasierte Planung. Hierzu werden geschäftsspezifische Modelle aufgestellt, welche Wirkungszusammenhänge zwischen den Planzielen sowie internen und externen Einflussfaktoren abbilden. Damit lassen sich die Auswirkungen geänderter Planungsprämissen auf die zukünftigen Geschäftsergebnisse vorhersagen. Ein Einsatzfeld des Predictive Analytics ist die vorausschauende Wartung von Maschinen und Anlagen (Predictive Maintainance), wie das Praxisbeispiel in Kap. 7.3.2 von *Vestas* zeigt. Ein weiteres Beispiel ist die ebenfalls in Kap. 7.3.2 dargestellte vorausschauende Belieferung der Versandlager beim Online-Händler *Amazon*.
- **Prescriptive Analytics** (präskriptive/vorschreibende Analyse: „Was soll passieren?"): Auf Basis der ermittelten Datenmuster und Prognosen sollen Handlungsempfehlungen abgeleitet werden. Es werden mögliche Maßnahmen und deren Konsequenzen ermittelt. Dabei werden Methoden der deskriptiven und prädiktiven Analyse mit Optimierungsmethoden und modellbasierten Simulationstechniken kombiniert. Da eine analytische Optimierung aufgrund der Kompliziertheit betriebswirtschaftlicher Problemstellungen meist nicht möglich ist, lässt sich das Verhalten eines Modells durch Simulation einschätzen. Dies erfolgt in Simulationsläufen, bei denen variable Eingangsgrößen variiert und deren Auswirkungen auf die Ergebnisgrößen beobachtet werden. Beispiele sind etwa die Monte-Carlo-Simulation oder Verfahren des System Dynamics (vgl. Kap. 1.2.4).

Der potenzielle wirtschaftliche Nutzen einer Datenanalyse nimmt tendenziell mit deren Reifegrad und Kompliziertheit zu. Die unterschiedlichen Stufen der Datenanalyse veranschaulicht Abb. 7.3.11 am Beispiel eines Bekleidungsherstellers (in Anlehnung an *ICV*, 2016, S. 2).

Die Abgrenzung zwischen Business Intelligence und Business Analytics veranschaulicht Abb. 7.3.10. Das traditionelle Einsatzgebiet von Business Intelligence (vgl. Kap. 7.3.1) liegt im deskriptiven und diagnostischen Bereich und basiert sowohl auf vergangenheitsbezogenen als auch aktuellen Daten. Der Schwerpunkt von Business Analytics liegt auf explorativen Fragestellungen, bei denen im Vorhinein nicht klar ist, was genau gesucht wird. Die klassische Datenanalyse wird mithilfe komplizierter mathematischer und statistischer Methoden erweitert, um Vorhersagen zu treffen und Handlungsempfehlungen abzuleiten. Es unterstützt somit vor allem zukunftsorientierte Fragestellungen (vgl. *Ereth/Kemper*, 2016, S. 459 f.). Die zukunftsorientierten Analysen des Predictive und Prescriptive Analytics werden häufig unter dem Oberbegriff **Advanced Analytics** zusammengefasst. Da aber auch bei anderen Datenanalysen häufig fortschrittliche Analyseverfahren zum Einsatz kommen (vgl. *Lanquillon/Mallow*, 2015a, S. 62), wäre die Bezeichnung **Future Analytics** hierfür treffender.

Während Business Intelligence primär unternehmensinterne und strukturierte Daten nutzt, umfasst Business Analytics alle Arten und Formen von Daten, die für ein Unternehmen relevant sein können (vgl. *Lanquillon/Mallow*, 2015b, S. 263). Von zunehmendem Interesse sind dabei unternehmensexterne Daten, etwa aus sozialen Netzwerken sowie unstrukturierte und semi-strukturierte Daten, wie etwa Text-, Audio-, oder Videodateien. Die Analyse solcher Daten wird auch als **Big Data Analytics** bezeichnet (vgl. *Gluchowski*, 2016, S. 277).

Mithilfe von Business Analytics lassen sich aus Big Data entscheidungsrelevante Informationen gewinnen, aus denen Wettbewerbsvorteile erzielt werden können. Die Vorhersage und Einschätzung völlig unerwarteter Situationen ist auf Basis vergangenheitsbezogener Daten allerdings nicht möglich. Unternehmen werden immer wieder mit neuen Herausforderungen konfrontiert sein, die sich nicht vorhersagen lassen und gravierende Auswirkungen haben (vgl. *Lanquillon/Mallow*, 2015a, S. 57). Die Corona-Krise 2020/21 hat dies eindrücklich gezeigt. Der Umgang mit solchen unerwarteten Entwicklungen erfolgt durch eine risikoorientierte Unternehmensführung (Kap. 8.4).

Kategorie	Frage	Beispiel für einen Bekleidungshersteller
Descriptive	Was ist passiert?	Der Vertriebsbericht zeigt in Deutschland einen Absatzeinbruch bei dicken Pullovern im vergangenen Monat November.
Diagnostic	Warum ist es passiert?	Die Vertriebsanalyse stellt einen Zusammenhang zwischen dem Absatz und dem Wetter her, da es im letzten Monat für die Jahreszeit zu warm war.
Real-time	Was passiert gerade?	Das Wetter im laufenden Monat Dezember ist weiterhin zu mild und der Absatz der dicken Pullover unverändert niedrig.
Predictive	Was wird passieren?	Mithilfe einer Wetterprognose wird der Pulloverabsatz für die kommenden drei Monate vorhergesagt.
Prescriptive	Was soll passieren?	Absatzsimulationen auf Basis von Wettermodellen zeigen, dass die Nachfrage nach dicken Pullovern aufgrund des Klimawandels langfristig sinken wird. Zum Ausgleich des zu erwartenden Umsatzrückgangs wird eine verstärkte Produktion und Vermarktung von langärmligen Hemden und Woll-Shirts empfohlen.

Abb. 7.3.11: Stufen der Datenanalyse am Beispiel eines Bekleidungsherstellers

Predictive Analytics im Finance Forecasting bei Bosch

Die *Bosch-Gruppe* ist ein international führendes Technologie- und Dienstleistungsunternehmen und mit einem Umsatz von über 77 Mrd. € und rund 400.000 Mitarbeitern eines der größten Industrieunternehmen in Deutschland.

In der Unternehmenspraxis ist die Erstellung einer schnellen und präzisen **Umsatzprognose** eine zentrale Herausforderung. Einerseits erschwert die Vielzahl an relevanten Einflussfaktoren die Prognostizierbarkeit zukünftiger Unternehmens- und Marktentwicklungen. Andererseits sind Unternehmen auf schnellere, agilere und zukunftsorientiertere Steuerungslogiken angewiesen, um frühzeitig und zielgerichtet auf Veränderungen reagieren zu können und so wettbewerbsfähiges Handeln sicherzustellen. Darüber hinaus nehmen manuelle Experten-Forecasts gerade in einem Unternehmen wie *Bosch* aufgrund der Größe und der Vielzahl an Steuerungseinheiten sehr viel Zeit in Anspruch. Die generierten Informationen sind häufig bei Bereitstellung für das Management bereits veraltet und die Aussagefähigkeit somit eingeschränkt.

Bosch forciert in den letzten Jahren die Digitalisierung im Finanzbereich. So kommen im Controlling, neben den Selfservice-Dashboards zur Visualisierung relevanter KPIs u. a. für den Monatsabschluss und BI-Lösungen, auch quantitative Vorhersagemodelle mit **Predictive Analytics** zum Einsatz. Darunter werden datenbasierte Ansätze verstanden, mit deren Hilfe auf Basis von statistischen Modellen und Algorithmen in historischen Daten Beziehungen identifiziert und auf zukünftige Entwicklungen übertragen werden. Der verstärkte Einsatz von Predictive Analytics lässt sich auf die vermehrte Unsicherheit sowie zunehmende Volatilität im Umfeld und in den Zielmärkten von *Bosch* zurückführen. Der Vorteil von Predicitve Analytics liegt darin, den bisher retroperspektiv ausgerichteten Ansatz im Berichtswesen durch Erkenntnisse aus Prognosen zu ergänzen. Predictive Analytics ermöglicht Managern und Controllern Trends und Gefahren frühzeitig zu erkennen, sodass in der Folge schneller und proaktiv auf sich verändernde Umweltbedingungen reagiert werden kann.

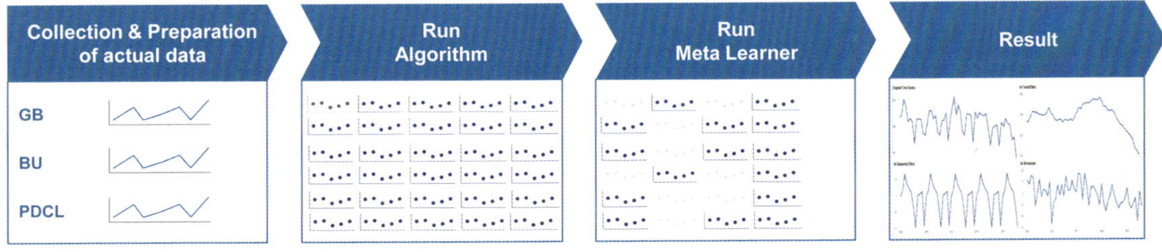

Abb. 7.3.12: Schematischer Ablauf der Umsatzprognose

Daher greift *Bosch* zunehmend auf die quantitative Modellierung des Umsatzes zur Entscheidungsunterstützung zurück, welche in Abb. 7.3.12 dargestellt ist. Basis für die Zeitreihenanalyse bilden historische Umsatzdaten aus den zurückliegenden fünf Jahren in vier Dimensionen und fünf Hierarchie-Leveln. In den einzelnen Datenzeitreihen – Geschäftsbereiche (GB), Business Units (BU) oder Erzeugnisklassen (PDCL) – werden 48 Algorithmen eingesetzt und die Prognosequalität über Rückvergleichsverfahren (Backtesting) für jede Zeitreihe geprüft. Im nächsten Schritt werden über einen Meta Learner die fünf statistisch besten Algorithmen selektiert. Der prognostizierte Umsatz setzt sich aus den mit Wahrscheinlichkeiten gewichteten Ergebnissen der ausgewählten Modelle zusammen. Um bei den Empfängern eine höhere Akzeptanz und ein besseres Verständnis der Resultate zu erzielen, werden die finalen Zeitreihen in die Komponenten Trend, Saison sowie Rest aufgeteilt. Letztere unterstützt vor allem das Erkennen von einmaligen Ereignissen und Ausreißern.

Ein digitales Controlling erhöht so die Relevanz, Qualität und Geschwindigkeit der Informationsversorgung. Dies zeigt die Gegenüberstellung von manueller und automatisierter Umsatzprognose in Abb. 7.3.13. Dabei liegt der automatisierte Forecast in 80 % der Fälle näher am tatsächlichen Ist-Umsatz als der Experten-Forecast.

Ein Blick auf die aktuelle Entwicklung von Predictive Analytics bei *Bosch* zeigt, dass diesen Themen im Finanzbereich zukünftig eine größere Bedeutung zukommt. So werden Modelle entwickelt, die neben dem Umsatz auch EBIT oder Cash-Flow prognostizieren können. Darüber hinaus ergeben sich mit zunehmendem Einsatz sowie steigender Managementakzeptanz auch Möglichkeiten, bestehende Prozesse, wie z. B. den jährlichen Wirtschaftsplan (vgl. Kap. 4.4.4), radikal zu verändern, da eine permanente Aktualisierung der zukünftigen Werte auf Basis rollierender automatisierter Forecasts zur Verfügung steht.

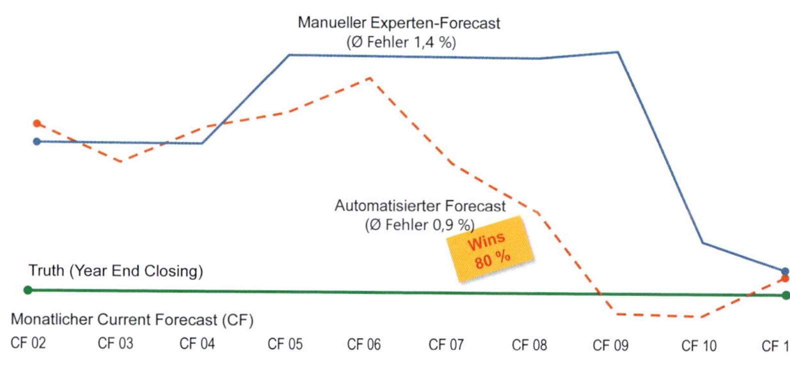

Abb. 7.3.13: Vergleich der Umsatzprognosen zwischen Experten-Forecasts und Predictive Analytics

7.3.4 Internet der Dinge und Industrie 4.0

Das Internet hat bislang folgende **Entwicklungsstufen** durchlaufen (vgl. *Dais*, 2014, S. 625 f.):

- **Dokumente** (Web 0): Anfang der 1980er-Jahre konnten durch das TCP/IP-Protokoll erstmals Rechner weltweit adressiert und dort gespeicherte Dokumente abgerufen werden.
- **Unternehmen** (Web 1.0): Mit der Einführung von Webbrowsern begann in den 1990er-Jahren mit dem E-Commerce der breite Einsatz im geschäftlichen Umfeld.
- **Menschen** (Web 2.0): Durch die zunehmende private Verbreitung seit den 1990er-Jahren nutzen heute bereits über 4,5 Mrd. Menschen und damit rund 60 % der Weltbevölkerung das Internet. Rund 4 Mrd. sind davon in sozialen Netzwerken aktiv (*www.statista.de*). Informationen werden von den Nutzern nicht nur passiv konsumiert, sondern etwa in Blogs oder durch Hochladen eigener Bilder und Videos selbst mitgestaltet.
- **Dinge** (Web 3.0): Die Miniaturisierung und Kostensenkung elektronischer Bauteile treiben seit den 2000er-Jahren die Vernetzung von intelligenten Objekten (Smart Devices) voran.

Das **Internet der Dinge** (Internet of Things, kurz: IoT) bezeichnet die Vernetzung physischer Gegenstände, die Daten über sich und ihre Umgebung mithilfe eingebetteter Systeme erfassen und weiterleiten sowie als intelligente Objekte selbstständig drahtlos miteinander kommunizieren (vgl. *Baum*, 2013, S. 42; *Kagermann*, 2014, S. 604 f.).

Eingebettete Systeme sind Kleinstcomputer, die in einen Gegenstand integriert und etwa mit Sensoren und Antriebselementen ausgestattet sind. Obwohl bereits allgegenwärtig, werden sie bei der Nutzung eines Produkts meist nicht wahrgenommen. Sie erfassen, speichern und verarbeiten z. B. Daten über ihre Position, Temperatur oder Bewegung und überwachen, steuern und regeln so ihre Funktionsweise (vgl. *Kagermann*, 2014, S. 604).

Die meisten weltweiten Daten werden zukünftig von intelligenten Objekten stammen, bis 2025 sind dies schätzungsweise rund 80 Billionen Gigabyte (*www.statista.de*). Die Datenerfassung geschieht dabei automatisch und in Echtzeit, d.h. direkt und ohne Verzögerung. Dadurch verschwimmt die Grenze zwischen wirklicher Welt und ihrem virtuellen Abbild, dem sogenannten Cyberspace. Das vernetzte Zusammenwirken intelligenter Objekte wird deshalb als **cyber-physisches System (CPS)** bezeichnet (vgl. *Feld et al.*, 2012, S. 39 ff.). Alle erdenklichen Dinge, z. B. Fahrzeuge, Maschinen, Fernseher, Stromzähler, Kühlschränke oder Kameras, lassen sich auf diese Weise miteinander verbinden. Schätzungen gehen davon aus, dass 2030 bis zu 50 Mrd. intelligente Objekte miteinander vernetzt sein werden (*www.statista.de*). Wesentlich für die Datenübertragung in Echtzeit ist ein leistungsfähiges und verbindungssicheres Kommunikationsnetz. Deshalb kommt dem weltweiten Ausbau des 5G-Mobilfunkstandards, der für 500 Mrd. Geräte ausgelegt ist, eine wichtige Rolle für das weitere Wachstum des Internets der Dinge zu.

Cyber-physische Systeme ermöglichen sowohl die Entwicklung intelligenter Produkte (Smart Products) als auch innovativer netzbasierter Dienstleistungen (Smart Services). Das stetig wachsende Angebot von Web-Diensten für praktisch jeden Lebensbereich bildet das sogenannte Internet der Dienste (Internet of Services). Die enormen Einsatzmöglichkeiten cyber-physischer Systeme spiegelt auch die Umschreibung „Smart Everything" wider. Sie sind auch ein wesentliches Merkmal des sog. **Ubiquitous Computings**, das für den heute allgegenwärtigen Zugang zu digitalen Informationssystemen steht. Die intelligenten Objekte sind bereits derart mit dem täglichen Leben der Menschen verflochten, dass die Anwender die dahinterstehende digitale Informationstechnologie oftmals gar nicht mehr bewusst wahrnehmen (vgl. *Leimeister*, 2015, S. 431; *Weiser*, 1991, S. 94 ff.).

Das wohl bekannteste Beispiel hierfür ist das **Smartphone**, das u. a. über GPS, Kamera, Bewegungssensor etc. verfügt und für das unzählige Programme (Apps) verfügbar sind. Dessen Funktionalität wurde bereits auf Armbanduhren übertragen (Smart Watch). Ein weiteres Einsatzfeld ist intelligente Kleidung (Wearables). Beispielsweise können Sportschuhe den Laufstil analysieren und smarte T-Shirts oder Fitness-Armbänder (Activity Tracker) überwachen Herzschlag, Körpertemperatur, Schlaf, Kalorienverbrauch oder Elektrolythaushalt. Ärzte können auf diese Daten zu Diagnosezwecken zugreifen und die Nutzer ihre Aufzeichnungen in Internet-Communities mit Freunden teilen.

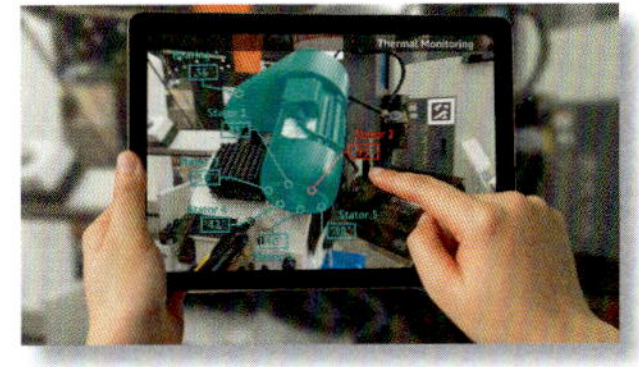

Augmented-Reality-Systeme erweitern die reale Welt des Anwenders, indem Informationen in dessen Blickfeld eingeblendet werden. Durch diese digital erweiterte Realität lassen sich etwa komplizierte manuelle Tätigkeiten situativ unterstützen, wie etwa die Reparatur einer Maschine oder eine Gehirnoperation. Head-up Displays projizieren z. B. Informationen auf die Windschutzscheibe eines Autos und Head-Mounted Displays direkt auf das Brillenglas des Nutzers (vgl. *Krcmar*, 2015, S. 711).

Anwendungen cyber-physischer Systeme sind (vgl. *Andelfinger/Hänisch*, 2015, S. 32 ff.):

- **Intelligentes Haus (Smart Home):** Sämtliche heimischen technischen Anlagen (Heizung, Rolläden, Licht etc.), Haushaltsgeräte und Multimediasysteme werden vernetzt und steuern sich selbst oder sind z. B. über Sprachsteuerung bedienbar. Beispielsweise können sich Heizung, Jalousien und Fenster je nach Außentemperatur und Lichteinfall selbst regeln oder die Wohnräume werden durch Kameras und Bewegungsmelder überwacht und bei einem Einbruch automatisch der Alarm ausgelöst, die Rolläden heruntergelassen und die Polizei gerufen. Der intelligente Kühlschrank erkennt die Vorlieben der Bewohner und bestellt fehlende Lebensmittel eigenständig nach. Durch Assisted Living werden Menschen mit körperlichen Einschränkungen unterstützt. Beispielsweise wird der Gesundheitszustand von Senioren überwacht und im Notfall ein Arzt verständigt. Intelligente Gebäude im gewerblichen Bereich (Smart Buildings) verfügen etwa über automatische Schließanlagen oder Brandschutzsysteme.
- **Intelligentes Fahrzeug (Smart Mobility):** Radar, Laser, GPS und weitere Sensoren erfassen in modernen Fahrzeugen u. a. deren Umgebung, Geschwindigkeit und Position. Heutige Fahrassistenzsysteme können auf Basis dieser Informationen in das Fahrgeschehen eingreifen und ermöglichen bereits ein teilautonomes Fahren. Die erfassten Daten zu Verkehrsaufkommen, Wetter und Straßenzustand werden ausgewertet oder an andere Fahrzeuge gesendet. So lassen sich Staus reduzieren und Unfälle vermeiden. Ein Beispiel ist der echtzeitbasierte Verkehrslageinformationsdienst *Live Traffic* des Navigationsgeräteherstellers *TomTom*. Die aktuellen Verkehrsdaten werden von den Navigationsgeräten der Kunden erfasst, an *TomTom* zur Analyse übermittelt und die daraus berechnete schnellste Route an die Nutzer zurückgemeldet.

- **Intelligentes Stromnetz (Smart Grid):** Der Ausbau regenerativer Energien erfordert die Anpassung des Stromverbrauchs an schwankende Strommengen. Vernetzte Stromverbraucher werden dann je nach zur Verfügung stehender Strommenge genutzt, wie etwa zum Laden eines Elektroautos. Im intelligenten Netz lassen sich auch dezentrale Energieerzeuger, wie z. B. Blockheizkraftwerke, bei Bedarf zu virtuellen Kraftwerken zusammenschalten. Das *Messstellenbetriebsgesetz* schreibt vor, dass in Deutschland flächendeckend digitale Stromzähler installiert werden müssen. Der Einbau vernetzter intelligenter Messsysteme (Smart Meter) ist für Haushalte mit hohem Stromverbrauch und Betreiber von Solaranlagen oder Wärmepumpen verpflichtend.

Weitere Einsatzbereiche sind intelligente Städte (Smart Cities), bei denen etwa die Verkehrssteuerung, Müllentsorgung oder Sicherheit verbessert werden soll, kassenfreie Supermärkte (z. B. *Amazon Go*), die transparente Steuerung des Warenverkehrs in der Logistik (Smart Logistics) oder die Landwirtschaft (Smart Agriculture/Smart Farming).

Hohes Potenzial verspricht die **intelligente Fabrik (Smart Factory)**. Im deutschen Sprachraum ist hierfür die Bezeichnung **Industrie 4.0** verbreitet, da der Einsatz von cyber-physischen Systemen in der Produktion als vierte industrielle Revolution angesehen wird. Die Stufen der industriellen Entwicklung veranschaulicht Abb. 7.3.14 (in Anlehnung an *Schlick et al.*, 2012, S. 31). Es ist anzunehmen, dass disruptive Informationstechnologien, wie etwa Künstliche Intelligenz oder Blockchain, die nächste industrielle Revolution prägen werden.

In einer **intelligenten Fabrik** sind Menschen, Maschinen, Ressourcen und Produkte so miteinander vernetzt, dass sämtliche Fertigungs- und Logistikprozesse der gesamten Wertschöpfungskette mithilfe von cyber-physischen Systemen flexibel, dezentral und weitgehend selbst gesteuert werden können (in Anlehnung an *Feld et al.*, 2012, S. 40; *Kagermann*, 2014, S. 606).

Sämtliche Produktrohlinge werden in einer intelligenten Fabrik mit Funkerkennungschips (RFID: Radiofrequenz-Identifikation) ausgestattet. Sie bestehen aus einem Chip mit Prozessor und Datenspeicher sowie einer Antenne und lassen sich mit und ohne eigene Stromversorgung betreiben. Im Unterschied zum Barcode erfordern RFID-Transponder keine Sichtverbindung zwischen Lesegerät und Etikett. Auf diese Weise lassen sich verschiedene Produkte in einem Lesevorgang gemeinsam erfassen. Ausnahmen bilden Metalle und Flüssigkeiten, da sie elektromagnetische Wellen abschirmen. In diesen Fällen wird der RFID-Transponder z. B. an den Transportbehälter angebracht (vgl. *Ensthaler et al.*, 2014, S. 51). Gegenstände lassen sich damit berührungslos entlang der gesamten Lieferkette identifizieren, dirigieren und verfolgen. Das entstehende Produkt wird damit zum intelligenten Objekt und kann seine Fertigung selbst steuern und seinen Bearbeitungsstand dokumentieren. Es teilt den Maschinen mit, welche Bearbeitungsschritte es benötigt, und weiß auch, für welchen Kunden es bestimmt ist. Auf diese Weise lassen sich selbst kleins-

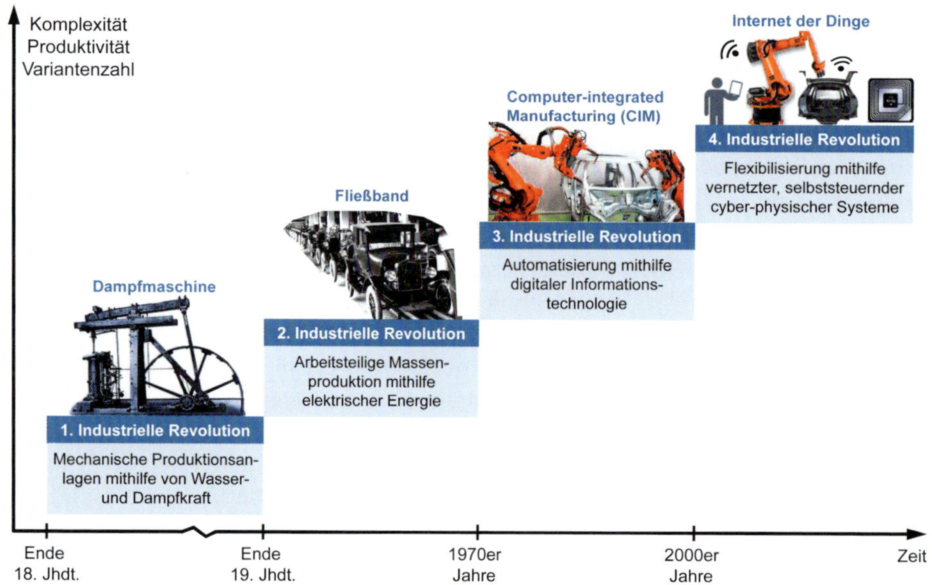

Abb. 7.3.14: Stufen der industriellen Entwicklung

te Losgrößen wirtschaftlich herstellen und individuelle Kundenanforderungen bedarfssynchron realisieren (vgl. *Andelfinger/Hänisch*, 2015, S. 58 f.). Dies stellt traditionelle Fabrikationskonzepte infrage, die auf Skaleneffekte durch Massenproduktion ausgerichtet sind.

Im Rahmen von Industrie 4.0 werden zunehmend **additive Fertigungsverfahren** (3D-Druck, Rapid Prototyping, Rapid Manufacturing) verwendet. Im Gegensatz zu abtragenden (subtraktiven) Fertigungsmethoden (z. B. Drehen, Bohren oder Fräsen) wird dabei der Werkstoff schichtenweise zusammengefügt. Mit einem Laserstrahl werden feine Pulver aus Metall, Kunststoff oder Verbundwerkstoff zu Prototypen, Bauteilen oder fertigen Produkten verschmolzen. Auf diese Weise lassen sich geometrisch komplexe Strukturen schnell und kostengünstig herstellen (vgl. *Ensthaler et al.*, 2014, S. 4). Je mehr Komponenten sich im 3D-Druck herstellen lassen, umso mehr können Industrieunternehmen ihre benötigten Bauteile selbst fertigen und so die Wertschöpfungstiefe erhöhen (vgl. *Picot et al.*, 2020, S. 83).

Auch sämtliche Fertigungsanlagen, Transporteinheiten, Roboter sowie Förder- und Lagersysteme kommunizieren miteinander und werden so zu „**sozialen Maschinen**" (Machine-to-Machine, kurz: M2M). Sie verhandeln mithilfe von intelligenten Softwareagenten (vgl. Kap. 7.3.6) autonom, wer von ihnen freie Kapazitäten hat und organisieren sich je nach Nachfrage oder bei Ausfällen situativ selbst. Ebenso leiten sie Informationen über deren Zustand, Auslastung, Fehlfunktionen oder Wartungstermine weiter. Engpässe oder ungenutzte Kapazitäten sollen dadurch vermieden werden (vgl. *Weiss*, 2014, S. 17 ff.). Softwareagenten verhandeln untereinander die Belegung der Maschinen, wobei jeder Agent die Auslastung seiner Maschine maximieren und deren Umrüstzeiten minimieren will. Industrie 4.0 steht damit für die Vision einer vollautomatischen Fabrik, die aber im Gegensatz zur herkömmlichen Massenproduktion nicht starr ist, sondern auf ständig wechselnde Kundenwünsche flexibel reagieren kann (vgl. *Mertens et al.*, 2017, S. 96).

Die intelligente Fabrik verspricht neben deutlichen Produktivitätssteigerungen und hoher Flexibilität noch viele weitere **Vorteile**. Durch das frühzeitige Erkennen von Fehlern lassen sich Ausschüsse drastisch senken. Wartungsmaßnahmen werden vorausschauend durchgeführt, wodurch sich kostspielige Störungen reduzieren lassen (Predictive Maintainance; vgl. Kap. 7.3.2). Darüber hinaus können in der Logistik Transportrouten und Fahrzeugauslastungen optimiert, Warenströme verfolgt und der Energieverbrauch gesenkt werden. Eine intelligente Fabrik besteht aber idealerweise nicht nur aus einem Unternehmen, sondern bezieht alle Partner der Wertschöpfungskette mit ein. Die vertikale Integration der Lieferanten und Kunden verbessert die Wettbewerbsposition des gesamten Unternehmensnetzwerks. Kundenbestellungen werden in Echtzeit entlang der Lieferkette weitergereicht. Damit wissen die Partner, welche Produkte in welcher Menge zu welchem Zeitpunkt in der Wertschöpfungskette nachgefragt werden. So lassen sich Peitscheneffekte (vgl. Kap. 3.3.4) vermeiden, Lagerbestände senken und das Risiko von Lieferengpässen reduzieren (vgl. *Feld et al.*, 2012, S. 40).

Auch in der Ära von Industrie 4.0 spielt der **Mensch** weiterhin eine wichtige Rolle, denn die Maschinen können sich (noch) nicht vollständig autonom steuern, optimieren und fortentwickeln. Die Produktionsmitarbeiter sind in den Wertschöpfungsprozess integriert und müssen vielseitig und flexibel einsetzbar sein. Sie greifen bei Bedarf in die Prozesssteuerung ein und überwachen Abläufe, Kapazitäten und Produktqualität. Hoch qualifizierte Spezialisten werden durch mobile intelligente Assistenzsysteme bei der Installation, Bedienung, Optimierung und Wartung der cyber-physischen Systeme unterstützt (vgl. *Kagermann*, 2014, S. 607 f.). Die enormen Fortschritte in der Robotik ermöglichen auch die Überwindung der 1980 von *Moravec* aufgestellten Paradoxie, nach der Roboter zwar zu technischen Höchstleistungen fähig sind, aber dennoch an vielen einfachen motorischen Aufgaben scheitern (vgl. *Brynjolfsson/McAfee*, 2014, S. 40 ff.). Zunehmend lassen sich heute auch komplexe Bewegungsabläufe automatisieren, welche zuvor noch von Menschen erledigt wurden. Der Bedarf an gering qualifizierten Arbeitskräften wird dadurch weiter sinken, wodurch diese zu den Verlierern der vierten industriellen Revolution gehören dürften.

Voraussetzung für die weitere Ausbreitung des Internets der Dinge ist eine bessere Interoperabilität der digitalen Informationssysteme, um deren systemübergreifende Zusammenarbeit zu gewährleisten. Dies kann durch offene Standards oder gemeinsame Kommunikationsplattformen erreicht werden (vgl. *Reinhardt*, 2020, S. 302). Die enge Bindung der Wertschöpfungspartner erfordert großes Vertrauen und schafft Abhängigkeiten. Kritisch für Unternehmen sind insbesondere die Gewährleistung der Systemsicherheit, die Vermeidung von Produktionsstörungen durch Netz- oder Stromausfälle und der Schutz der übermittelten Daten. Hacker könnten im schlimmsten Falle den Produktionsablauf sabotieren oder sensibles Know-how stehlen (vgl. *Faber*, 2019, S. 15 f.).

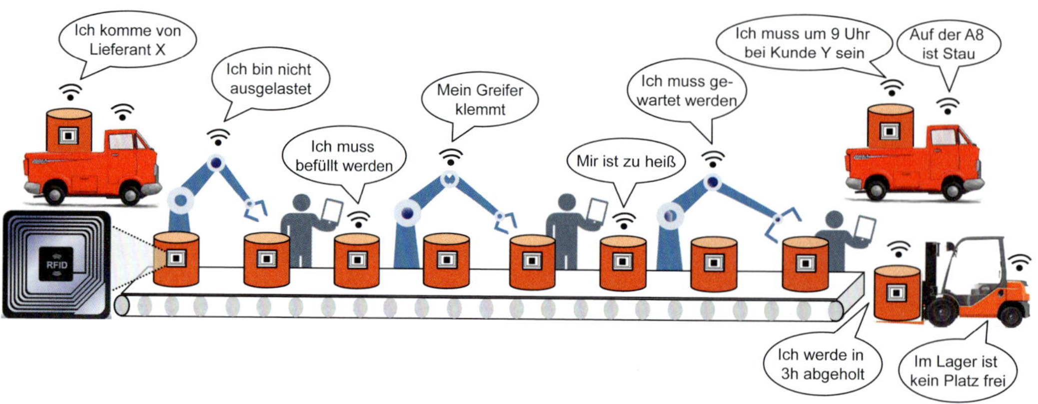

Abb. 7.3.15: In der intelligenten Fabrik kommunizieren Menschen, Maschinen, Ressourcen und Produkte (in Anlehnung an Weiss, 2014, S. 16 f.)

Abb. 7.3.15 verdeutlicht die **Merkmale einer intelligenten Fabrik** (vgl. *Heng*, 2014, S. 5 ff.):

- Alle Komponenten sind miteinander vernetzt.
- Der Rohling gibt der Maschine vor, wie er bearbeitet werden muss.
- Das Design ist kundenindividuell gespeichert.
- Der Rohling sucht sich eigenständig seinen Weg durch die Fertigung.
- Änderungen sind auch während der Produktion möglich.
- Rohling und Maschinen finden bei Störungen gemeinsam Alternativen.
- Das fertige Produkt bestimmt selbst Art und Form seiner Verpackung.
- Das fertige Produkt organisiert seinen Versand an den Kunden.

7.3.5 Cloud Computing

Beim Cloud Computing werden weitgehend standardisierte Netzdienste (Webservices) angeboten, die auf verteilten Internetservern laufen. Der Begriff Cloud steht dabei als Metapher für das Internet (vgl. *Hansen et al.*, 2019, S. 170). Eine Cloud kann von einem Unternehmen selbst oder durch einen externen Dienstleister betrieben werden. Die Ressourcen des Anbieters sind an einem oder mehreren Standorten zentralisiert. Der Zugriff erfolgt über das Internet oder ein unternehmensinternes Netzwerk. Auf diese virtuelle „Wolke" haben die Nutzer dann bei bestehender Verbindung mit dem Server jederzeit und überall Zugang. Dies ermöglicht ein dynamisches, an den Bedarf des Kunden angepasstes Anbieten, Nutzen und Abrechnen von IT-Ressourcen, Entwicklungsumgebungen und Anwendungen.

Cloud Computing ermöglicht es, bedarfsabhängig online auf Hard- und Software eines IT-Dienstleisters zuzugreifen.

Die Unternehmen können die von ihnen in Anspruch genommenen Kapazitäten in der Cloud je nach Bedarf erhöhen oder senken. Ein solches **On-Demand Computing** ermöglicht im Gegensatz zu einem selbst betriebenen Rechenzentrum eine hohe Skalierbarkeit und Flexibilität (vgl. *Hansen et al.*, 2019, S. 614). Die Cloud-Leistungen werden in der Regel auf Basis der tatsächlichen Nutzung abgerechnet (Pay-per-Use). Da sich beim Cloud Computing viele Nutzer eine gemeinsame Infrastruktur teilen, sind die Leistungen meist günstiger, als wenn das Unternehmen diese selbst ausführen oder vorhalten würde. Bei der Inanspruchnahme von Cloud Services ist jedoch darauf zu achten, dass der Serviceanbieter die Vertraulichkeit, Integrität, Sicherheit, Verfügbarkeit und den Schutz der gespeicherten Daten gewährleistet. Besonders problematisch ist, dass der Kunde oft nicht weiß, auf welchem Server und in welchem Land seine Daten und Anwendungen laufen (vgl. *BSI*, 2012, S. 14 ff.).

Geschäftsmodelle des Cloud Computings sind (vgl. *Sokol/Hogan*, 2013, S. 9; *Leimeister*, 2015, S. 53):

- **Infrastruktur-Cloud** (IaaS: Infrastructure as a Service): Das Angebot umfasst Rechenleistung, Speicherplatz, Netze und Hardware-Ressourcen, wie etwa Server, Router, Archivierungs- und Backupsysteme. Der Kunde mietet diese standardisierten Leistungen und baut darauf eigene Dienste auf. Beispielsweise kann der Kunde externe Rechenleistung, Arbeits- und Datenspeicher mieten und darauf ein Betriebssystem mit seinen Anwendungen laufen lassen. Die IT-Infrastruktur wird virtuell und frei skalierbar angeboten, d. h., der Nutzer kann flexibel je nach Bedarf auf nahezu grenzenlose

Die Factory 56 von Mercedes-Benz

Die *Mercedes-Benz Group AG* gehört mit den Geschäftsfeldern *Mercedes-Benz AG* und *Mercedes-Benz Mobility* mit rund 170.000 Mitarbeitern zu den größten Anbietern von Premium-PKW und -Vans.

Flexibel, digital, effizient und nachhaltig: Die Ende 2020 eröffnete *Factory 56* gilt als **modernste Automobilproduktionsstätte der Welt**. Der Name dieser neuen Montagehalle im *Mercedes-Benz* PKW-Werk Sindelfingen leitet sich aus der internen Nummer 56 ab. Ihre Grundfläche von 220.000 m² entspricht rund 30 Fußballfeldern. Konsequent und flächendeckend wurden innovative Technologien und Prozesse implementiert, welche die mehr als 1.500 Mitarbeiter in ihrer täglichen Arbeit bestmöglich unterstützen. Die *Factory 56* produziert CO_2-neutral und verringert den Energiebedarf im Vergleich zu anderen Montagehallen um ein Viertel. Als Blaupause wird das Konzept sukzessive auf alle *Mercedes-Benz* PKW-Werke weltweit übertragen.

Die Produktion in der *Factory 56* zeichnet sich durch maximale **Flexibilität** aus: Dies betrifft sowohl die Anzahl produzierter Modelle und das Produktionsvolumen als auch den Materialfluss. Auf nur einer Ebene können sämtliche Montageschritte für Fahrzeuge verschiedener Aufbauformen und Antriebsarten erfolgen – vom konventionellen bis hin zum vollelektrischen Antrieb. Zunächst rollt dort die neue Generation der *Mercedes-Benz* S-Klasse vom Band. Durch Optimierung des gesamten Wertschöpfungsprozesses wird die Effizienz im Vergleich zur bisherigen Montage der S-Klasse um 25 % gesteigert. Die Halle ist so konzipiert, dass alle Modellreihen in kürzester Zeit in die laufende Produktion integriert werden können – vom Kompaktfahrzeug bis zum SUV.

Zwei **TecLines** bündeln alle komplexen Anlagentechniken an einer Stelle. Dabei wird das klassische Fließband durch Fahrerlose Transportsysteme (FTF) abgelöst. Für die Integration eines neuen Produkts und einer damit verbundenen neuen Anlagentechnik muss lediglich deren Fahrweg geändert werden. Insgesamt sind mehr als 400 FTF im Einsatz. Mit der **Fullflex Marriage** wird zudem ein neuer Standard für die Fahrzeug-Hochzeit implementiert, bei der die Karosserie mit dem Antrieb verbunden wird. Sie besteht aus mehreren modularen Stationen, wodurch sich große Umbauten und so auch längere Produktionsunterbrechungen vermeiden lassen.

In der *Factory 56* wird die **Vision der smarten Produktion** realisiert. Kern aller Digitalisierungsaktivitäten ist das digitale Ökosystem MO360, das dort erstmals vollumfänglich zum Einsatz kommt. Es umfasst eine Familie von Softwareapplikationen, die durch gemeinsame Schnittstellen und einheitliche Benutzeroberflächen verbunden sind und mit Echtzeitdaten die weltweite Fahrzeugproduktion von *Mercedes-Benz Cars* unterstützen. Es stellt jedem Mitarbeiter individuelle und bedarfsgerechte Informationen und Arbeitsanweisungen in Echtzeit bereit und vereint Effizienz- und Qualitätswerkzeuge für maximale Transparenz in einer hochdigitalisierten Automobilproduktion.

Digitale Produktionstechnologien der **Industrie 4.0** – von Smart Devices bin hin zu Big Data – wurden flächendeckend implementiert. Basis ist eine digitale Infrastruktur mit einem leistungsfähigen WLAN und 5G-Mobilfunknetz. Maschinen und Anlagen sind in der gesamten Halle miteinander vernetzt. Die 360-Grad-Vernetzung erstreckt sich jedoch nicht nur auf die *Factory 56* selbst, sondern umfasst die gesamte Wertschöpfungskette. Digitale Technologien wie Virtual oder Augmented Reality machen die Serienproduktion flexibler und effizienter. Im Austausch mit Lieferanten und Transportdienstleistern werden zudem die Vorteile von Tracking und Tracing genutzt, wodurch Materialströme weltweit digital nachverfolgt werden können. Die *Factory 56* ist dabei völlig papierlos gestaltet: Dank digitaler Ortung eines jeden Fahrzeugs auf der Linie werden die für die Mitarbeiter relevanten Daten in Echtzeit auf deren Endgeräten und Bildschirmen angezeigt. Insgesamt lassen sich dadurch jährlich rund 10 Tonnen Papier einsparen.

Ressourcen zugreifen. Die Einsatzmöglichkeiten veranschaulicht das Praxisbeispiel *Amazon Web Services* (www.aws.amazon.com).

- **Plattform-Cloud** (PaaS: Platform as a Service): Basierend auf einer Infrastruktur-Cloud wird eine Arbeitsumgebung bereitgestellt, um Web-Anwendungen unter Verwendung von standardisierten Werkzeugen des Cloud-Dienstleisters zu programmieren und auf der Plattform zu betreiben. Ein Beispiel ist *Google App Engine* (www.appengine.google.com).
- **Anwendungs-Cloud** (SaaS: Software as a Service): Der Kunde greift über das Internet auf Anwendungssoftware zu, ohne dass diese auf seinem lokalen Rechner installiert wird. Administration, Wartung und Betrieb der Software übernimmt der Softwareanbieter und der Kunde kann stets die neueste Programmversion verwenden. Die Abrechnung erfolgt zeit- oder nutzungsabhängig. Diese Dienstleistung basiert auf den beiden anderen Cloud-Schichten, auf die der Kunde aber keinen Zugriff hat. Beispiele sind die *SAP Business Suite S/4HANA* oder die integrierte CRM-Plattform *Sales-*

force Customer 360 für das Kundenbeziehungsmanagement. Mit einem Marktanteil im Jahr 2019 von 16 % ist *Microsoft* der führende Anbieter in der Anwendungs-Cloud (*www.statista.com*). *Microsoft 365* enthält u. a. Office-Anwendungen, Teams, Cloud-Speicher, Geräteverwaltung und Sicherheitsleistungen. Die Nutzung ist betriebssystemunabhängig über den Webbrowser und somit auch mit mobilen Endgeräten möglich. Die Abrechnung erfolgt in der Regel über ein monatliches Abonnement (*www.microsoft.com*).

- **Blockchain-Cloud** (BaaS: Blockchain-as-a-Service): Die Kunden können die Blockchain-Technologie (vgl. Kap. 7.3.8) auf Basis der Infrastruktur des Cloud-Dienstleisters ohne hohe Einstiegsinvestitionen und mit geringem Risiko nutzen, etwa für eigene Anwendungen oder intelligente Verträge. Ein Beispiel ist *SAP Leonardo*, mit dem etwa das Blockchain-Rahmenwerk *Hyperledger* über die *SAP Cloud Platform Blockchain* an *S/4HANA* und damit an die Unternehmensprozesse angeschlossen werden kann (vgl. *Bauer et al.*, 2019, S. 43; *Holste/Horn*, 2020, S. 48).

Cloud-Leistungen werden oft im Internet in frei zugänglichen **Public Clouds** angeboten. **Private Clouds** werden dagegen aufgrund von Datenschutz und -sicherheit nur für ein einziges Unternehmen und meist von diesem selbst betrieben. Eine Mischform sind **Hybrid Clouds**, bei denen

Cloud Computing bei Amazon Web Services

Das zum *Amazon*-Konzern gehörende Unternehmen *Amazon Web Services (AWS)* ist mit einem Umsatz von über 35 Mrd. US$ der weltweit führende Anbieter bei Infrastruktur- und Plattform-Clouds. Das Unternehmen bietet eine breite Palette an Datenverarbeitungs-, Speicher-, Datenbank-, Analyse-, Anwendungs- und Bereitstellungsleistungen. Der weltweite Marktanteil von *AWS* bei Infrastruktur- und Plattform-Clouds betrug 2020 insgesamt rund ein Drittel, fast so viel wie die drei folgenden Konkurrenten *Microsoft Azare* (20 %), *Google* (9 %) und *Alibaba* (6 %) zusammen. Der Marktanteil bei Infrastruktur-Clouds lag bei knapp 50 % und bei Plattform-Clouds bei rund 25 % (*www.statista.com*). Die Sicherheit der Anwendungen und Daten soll durch eine regional verteilte Anlageninfrastruktur und umfangreiche Überwachungssysteme gewährleistet werden. Für die Datenzentren von *AWS* wurden begehbare, weitgehend autonome Container-Systeme entwickelt, die modular aufgebaut sind und so beliebig erweitert werden können (*www.aws.amazon.com*).

Da *AWS* von über einer Million aktiver Kunden genutzt wird, kann es seine Rechenzentren viel effizienter als diese selbst aufbauen und betreiben. Die Kunden benötigen keine eigenen Rechenzentren mehr, wodurch sie ihre IT-Kosten senken und darüber hinaus die Rechnerkapazität flexibel an den jeweiligen Bedarf anpassen können. Beispielsweise wird bei aufwendigen Modellrechnungen (z. B. für eine Ölbohrung oder den Neubau einer Fabrik) die erforderliche Rechenleistung für kurze Zeit gemietet. Zu den Kunden gehören Unternehmen jeder Größenordnung, von Start-ups über große Konzerne bis hin zu Organisationen des öffentlichen Sektors. Das *AWS*-Partnernetzwerk umfasst Tausende Systemintegratoren, die sich auf *AWS*-Services spezialisiert haben, sowie Zehntausende unabhängige Softwareanbieter, die auf *AWS* abgestimmte Technologien auf dem *AWS Marketplace* bereitstellen.

aws

Einer der größten Kunden von *AWS* ist der Technologiekonzern *Apple*, der seine digitalen Angebote, wie etwa *iCloud*, *Apple Music* oder den *App-Store*, anteilig bei *AWS* betreibt und hierfür schätzungsweise jährlich rund 360 Mio. US$ bezahlt (*www.cnbc.com*). Der Video-on-Demand-Betreiber *Netflix*, dessen über 100 Mio. Kunden täglich mehr als 125 Mio. Stunden Videos ansehen, nutzt mehr als 100.000 *AWS*-Server und zahlt dafür jährlich rund 230 Mio. US$. Für den weltgrößten Zimmervermittler *Airbnb* stellt *AWS* über 7 Mio. Inserate in 100.000 Städten und 220 Ländern zur Verfügung. Zu den Kunden von *AWS* gehören auch die sozialen Netzwerke *LinkedIn* und *Facebook*, der Konsumgüterkonzern *Unilever*, der Ölkonzern *Shell*, das Live-Streaming-Videoportal *twitch*, die chinesische Suchmaschine *baidu*, der Mikroblogging-Dienst *Twitter* und das Internet-Reisebüro *Expedia*. Weitere bekannte Kunden sind *BMW*, *Disney*, *General Electric*, *BBC*, *McDonalds*, *NASA*, *Novartis*, *Pfizer*, *Philips*, *Pinterest*, *Reddit*, *Samsung*, *SAP* und *Siemens*.

Im Jahr 2020 ging die *Deutsche Fußball Liga* eine Kooperation mit *AWS* ein, um das Fußballerlebnis der 1. und 2. Bundesliga weiter aufzuwerten. Während der Live-Berichterstattung bieten ein neuer Statistikservice und Visualisierungen in Echtzeit detaillierte Einblicke in das Spielgeschehen, egal, ob über Smartphone, Tablet oder TV. Hierzu gehören auch Echtzeit-Vorhersagen, wie viele Tore von einer Mannschaft in Anbetracht der Qualität ihrer herausgespielten Chancen noch zu erwarten sind (Expected Goals). Darüber hinaus werden potenzielle Torchancen identifiziert und die Taktik der Mannschaften auf Basis von über 10.000 Bundesliga-Spielen analysiert. Über den *AWS* Machine Learnig-Dienst *SageMaker* können den Fans individuell auf sie zugeschnittene Videoinhalte und Suchergebnisse für ihre favorisierten Clubs, Spieler oder Begegnungen angeboten werden (*www.bundesliga.com*).

unkritische Daten und Anwendungen über öffentliche Anbieter laufen, während kritische Vorgänge in einer eigenen Cloud abgewickelt werden. Ebenso kann der Kunde in einer Hybrid Cloud im Bedarfsfall seine eigenen IT-Ressourcen entlasten. **Community Clouds** sind eine Sonderform der Private Cloud. Sie sind nicht öffentlich zugänglich, sondern beschränken sich auf einen bestimmten Nutzerkreis, der dort z. B. im Rahmen eines gemeinsamen Entwicklungsprojekts auf Daten und Anwendungen zugreift. Die Bündelung unterschiedlicher Cloud-Dienste wird als **Multi Cloud** bezeichnet (vgl. *Mertens et al.*, 2017, S. 24).

7.3.6 Künstliche Intelligenz

Mithilfe Künstlicher Intelligenz sollen digitale Informationssysteme menschliches Problemlösungsverhalten erlernen und Aufgaben ausführen, die bislang dem Menschen vorbehalten sind. Sie ist heute im Alltag und auch in vielen Unternehmen bereits weit verbreitet, etwa zur Verarbeitung von Texten und gesprochener Sprache oder zur Mustererkennung in Bildern. Beispiele sind Chatbots im Kundenservice, maschinelle Forecasts, sprachgesteuerte Assistenten, Übersetzungsprogramme, Internet-Suchmaschinen oder Roboter in der Fertigung. Die Vision ist die Entwicklung kollaborativer Roboter (sog. Koboter), die mit dem Menschen interagieren und sich durch verbale und nonverbale Kommunikation steuern lassen (vgl. *Hecker et al.*, 2017, S. 29).

Die zunehmende **Verbreitung** der Künstlichen Intelligenz basiert auf (vgl. *Holdren/Smith*, 2016, S. 6)

- der Verfügbarkeit enormer Mengen an überwiegend unstrukturierten digitalen Daten (Big Data, vgl. Kap. 7.3.2),
- neuer Algorithmen zur echtzeitbasierten Analyse dieser Daten (Business Analytics, vgl. Kap. 7.3.4) und
- der stark gestiegenen Leistung digitaler Informationssysteme (*Mooresches* Gesetz, vgl. Kap. 7.3).

Künstliche Intelligenz wird sehr unterschiedlich beschrieben und teilweise philosophisch oder unter ethischen Gesichtspunkten diskutiert. Ein Pionier auf dem Gebiet der Künstlichen Intelligenz war der Mathematikprofessor *John McCarthy*, der den Begriff erstmals Mitte der 1950er Jahre verwendete (vgl. *McCarthy et al.*, 1955). Sein Ziel war es, Maschinen zu entwickeln, die sich intelligent verhalten: „[Artificial Intelligence] is the science and engineering of making intelligent machines, especially intelligent computer programs" (*McCarthy*, 1998, S. 2).

Da heutzutage jeder Computer komplizierte Berechnungen anstellen kann, ist die Frage allerdings, wodurch sich Künstliche Intelligenz tatsächlich auszeichnet. Eine einfache und zeitlose Antwort auf diese Frage liefert *Elaine Rich* (1978): „Artificial Intelligence is ... how to make computers do things at which, at the moment, people are better." In vielen Bereichen sind die Menschen den Maschinen noch weit überlegen. Beispielsweise kann ein Mensch beim Autofahren eine Gefahrensituation schnell erfassen und intuitiv handeln. Digitale Informationssysteme zum autonomen Fahren sind damit heute noch überfordert, was nach dieser Definition bedeutet, dass die Bewältigung einer solchen Aufgabe Künstliche Intelligenz erfordert (vgl. *Ertel*, 2016, S. 3).

Allerdings bezieht diese Erklärung noch nicht die kognitiven Fähigkeiten eines Menschen zum analytischen Denken mit ein. Die **Kognition** ermöglicht es dem Menschen, Informationen mithilfe seiner fünf Sinne (Sehen, Hören, Riechen, Schmecken, Tasten) wahrzunehmen, darin Muster zu erkennen und Zusammenhänge zu verstehen. Menschen können sich neues Wissen durch Lernen aneignen und daraus neue, kreative Problemlösungen entwickeln (vgl. Kap. 7.4.2). Die Kognition spielt bei der Verarbeitung unstrukturierter Daten (Texte, Bilder, Videos) oder unsicherer, mehrdeutiger Informationen eine wichtige Rolle. Die Entwicklung eines digitalen Informationssystems, welches über ähnliche kognitive Fähigkeiten wie der Mensch verfügt, wird als **Cognitive Computing** bezeichnet (vgl. *Satzger et al.*, 2017, S. 25; *Scheuer*, 2020, S. 9 ff.; *Portmann/D'Onofrio*, 2020, S. VII).

Nach dem britischen Mathematiker *Alan Turing* (1950) gilt ein Maschine dann als intelligent, wenn der Mensch nicht mehr erkennt, dass er mit einer Künstlichen Intelligenz kommuniziert. Beim sog. *Turing-Test* unterhält sich eine Person per Text- oder Sprachnachricht fünf Minuten sowohl mit einem Menschen als auch mit einer Maschine. Kann die Testperson danach nicht klar unterscheiden, wer von beiden der Mensch war und entscheidet sich durchschnittlich in über 30 % der Fälle falsch, hat die Maschine den Test bestanden (vgl. *Ertel*, 2016, S. 4). Auch wenn dieser Test als nicht hinreichend und zu funktions-

bezogen kritisiert wird, sind heutige Sprachassistenten bereits dazu in der Lage, die menschliche Kommunikation erstaunlich gut nachzuahmen. Dies zeigen auch die nachfolgenden Praxisbeispiele des *Google Assistent* und der App *Replika*.

> Durch **Künstliche Intelligenz** (KI) können digitale Informationssysteme Tätigkeiten ausüben, für die ein Mensch seine kognitiven Fähigkeiten benötigt und in denen die Maschinen dem Menschen bislang unterlegen sind.

Nach der **Einsatzbreite** wird die Künstliche Intelligenz unterteilt in (vgl. *Picot et al.*, 2020, S. 86; *Würschinger*, 2020, S. 86 ff.):

- **Angewandte oder enge KI** (Narrow AI) unterstützt die Lösung eines konkreten, abgegrenzten Problems auf Basis von Algorithmen und optimiert sich durch das Lernen aus Erfahrungen selbst. Sie ist allerdings nicht in der Lage, diese Erfahrungen auf andere Themenbereiche zu übertragen. Typische Beispiele sind Text- und Spracherkennung oder automatisierte Übersetzungen.
- **Allgemeine KI** (General AI) verfügt über vergleichbare oder bessere intellektuelle Fähigkeiten als der Mensch. Sie ist auf jedes Thema anwendbar und kann sämtliche kognitiven Handlungen eines Menschen unterstützen oder übernehmen.

Bislang gibt es weder eine allgemeine Künstliche Intelligenz noch eine jede menschliche Intelligenz übersteigende Superintelligenz (Super AI), welche wohl eher in den Bereich der Science Fiction gehört (vgl. *Scheuer*, 2020, S. 13 ff.).

Nach den **kognitiven Fähigkeiten** lassen sich unterscheiden (vgl. *Seth*, 2009, S. 71 f.; *Picot et al.*, 2020, S. 86):

- **Schwache KI** (Weak AI) ahmt bei der Lösung eines Problems intelligentes Verhalten lediglich nach, ohne die dahinterstehenden Muster, Regeln und Zusammenhänge zu verstehen. Die Problemlösung erfolgt reaktiv und stets mit derselben Methodik.
- **Starke KI** (Strong AI) versteht die jeweiligen Muster, Regeln und Zusammenhänge zur Lösung eines Problems und kann diese auf eine geänderte Aufgabenstellung selbstständig übertragen, um neue Lösungswege zu bestimmen. Sie besitzt logisches Denk- und Entscheidungsvermögen und kann aus eigenem Antrieb handeln.

Angewandte und schwache sowie allgemeine und starke KI werden häufig gleichgesetzt. Dies ist jedoch nicht richtig, da eine enge KI, welche ein klar abgegrenztes Problem bearbeitet, auch stark sein kann. Heutige KI-Anwendungen verfügen allerdings lediglich über schwache und angewandte KI. Sie sollen das menschliche Denken in einzelnen Anwendungsbereichen unterstützen. Nach dem Grad der Wahrnehmbarkeit der Künstlichen Intelligenz für den Nutzer kann noch zwischen versteckter (hidden), eingebetteter (embedded) oder offensichtlicher (full) KI unterschieden werden (vgl. *Scheuer*, 2020, S. 14 ff.).

Eine besondere Stärke menschlicher Intelligenz ist die Adaptivität, d. h., der Mensch kann sein Verhalten situativ anpassen. Aus diesem Grund ist das selbstständige Lernen ein zentrales Teilgebiet der Künstlichen Intelligenz und unterscheidet diese von anderen digitalen Informationssystemen (vgl. *Ertel*, 2016, S. 191). **Maschinelles Lernen** umfasst verschiedene Verfahren der Mustererkennung, die auf der Statistik und mathematischen Optimierung basieren. Dabei werden Entscheidungsregeln aus vorhandenen Daten abgeleitet, die über neue Daten ständig verbessert werden. Die Handlung der Künstlichen Intelligenz ist nicht vorprogrammiert, sondern wird erst aus den Daten erlernt. Solche Daten können etwa Texte, Bilder, Sprachnachrichten, Sensordaten oder Unternehmenskennzahlen sein. Beispielsweise lässt sich aus den Daten ableiten, welche Variablen eine Kaufentscheidung beeinflussen. Um die Algorithmen trainieren und optimieren zu können, ist sowohl eine hohe Rechnerleistung als auch eine möglichst große Datenmenge erforderlich, weshalb dies meist auf Basis von Big Data erfolgt (vgl. Kap. 7.3.2) (vgl. *Friedl*, 2019, S. 35). Allerdings sollten die Ergebnisse nicht unreflektiert übernommen werden, da manche Zusammenhänge auch eher vage sein können. Maschinelles Lernen liefert lediglich Korrelationen, für deren Interpretation nach wie vor ein Mensch zuständig ist (vgl. *Oehler*, 2020, S. 26). Damit personenbezogene Daten für das maschinelle Lernen verwendet werden können, sind außerdem die Regeln der Datenschutzgrundverordnung (DSGVO) zu beachten (vgl. Kap. 7.3.1; *Würschinger*, 2020, S. 86 f.).

Eine Künstliche Intelligenz vollzieht beim maschinellen Lernen folgende **Schritte** (vgl. *Nuhn et al.*, 2018, S. 94):

- **Wahrnehmen** (sense): Die Informationsaufnahme kann, vergleichbar mit den menschlichen Sinnen, über verschiedene Wege erfolgen. Beispielsweise über Texte, Bilder oder Sprache.
- **Verstehen** (comprehend): Sinnvolle Interpretation der aufgenommenen Information.
- **Handeln** (act): Aus dem Verständnis des Informationsinhalts wird eine Handlung abgeleitet.
- **Lernen** (learn) aufgrund des Feedbacks zum Erfolg der ausgelösten Handlung.

Es lassen sich zwei **Arten des maschinellen Lernens** unterscheiden (vgl. *Weber*, 2020, S. 40 ff.; *Lämmel/Cleve*, 2020, S. 199; *Scheuer*, 2020, S. 19 ff.):

- **Überwachtes Lernen (Supervised learning)**: Die KI wird auf Basis einer Vielzahl an Eingabedaten durch einen Menschen trainiert, um eine Verbindung zu den Ausgabedaten herzustellen. Dies könnten beispielsweise Bilder von Tieren und deren Namen sein oder die Verknüpfung von Preisen und Umsätzen. Die Daten müssen vorher aufbereitet und das Trainingsziel festgelegt werden. Nach mehreren Trainingsdurchläufen mit verschiedenen Ein- und Ausgabewerten stellt die KI Assoziationen her, um damit autonom neue Eingabedaten analysieren und deren Ergebnisse bestimmen zu können. Die Zielwerte können aus einer endlichen oder unendlichen Menge stammen. Bei einer endlichen Menge an Zielwerten erfolgt eine Klassifikation nach Kategorien. Beispielsweise könnte die KI dann auf Fotos verschiedene Tiere identifizieren und zuordnen, wie etwa Hund, Katze oder Maus. Ein Anwendungsbeispiel wäre etwa die Erkennung von Verkehrszeichen durch ein Fahrassistenzsystem eines Autos oder die Gesichtserkennung bei der Videoüberwachung. Bei Ausgabewerten aus einer unendlichen Menge wird die Regression verwendet, um die Ergebnisse basierend auf den Eingabedaten vorherzusagen. Ein Beispiel wäre die Prognose des Umsatzes. Durch den Vergleich zwischen ermittelten und tatsächlichen Ausgabewerten erhält die KI ein Feedback. Durch das Lernen aus Fehlern nimmt etwa die Erkennungsrate der Tiere oder die Genauigkeit der Umsatzprognose zu. Überwacht werden nur die Trainingsläufe und nicht der produktive Einsatz der KI. Diese Form des Lernens hat kein biologisches Vorbild, ist aber sehr effizient.
- **Unbeaufsichtigtes Lernen (Unsupervised learning)** wird angewendet, wenn nicht klar ist, was die Daten bedeuten. Der Datenbestand wird im Vorfeld nicht aufbereitet, sondern die KI sucht darin ohne Zielvorgabe nach Ähnlichkeiten, um unbekannte Muster zu erkennen. Eine Anwendung ist beispielsweise die Cluster-Analyse als unbeaufsichtigtes Klassifikationsverfahren, bei dem die Daten in Gruppen (Cluster) geordnet werden sollen. Art und Umfang der Klasseneinteilungen sind allerdings vorher unbekannt. Bei der Analyse beliebiger Tierbilder würde die KI die Tiere nach deren Ähnlichkeit nach Hunden, Katzen und Mäusen gruppieren. Allerdings kann die KI diese Klassen nicht benennen, da diese Tierkategorien noch nicht festgelegt wurden. Die inhaltliche Beschreibung der Kategorien erfolgt dann durch den Menschen. Eine betriebliche Aufgabenstellung wäre etwa die Gruppierung von Kunden nach deren Kaufverhalten. Ein Anwendungsgebiet ist auch die Bestimmung von Assoziationen, also Regeln für die Beschreibung eines Teils der Daten, wie etwa Personen, die sowohl Produkt X als auch Y kaufen. Unbeaufsichtigtes Lernen kann auch dazu dienen, in den Daten bestimmte Anomalien zu erkennen, die etwa auf einen Fehler im Produktionsprozess oder auf den Ausfall einer Maschine hindeuten. Unbeaufsichtigtes Lernen kommt beispielsweise beim Data Mining im Rahmen der Ursachenanalyse (Diagnostic Analytics) zum Einsatz (vgl. Kap. 7.3.2)

Eine Sonderform des überwachten Lernens ist das **bestärkende Lernen** (Reinfocement learning). Dabei kann vorab nicht festgestellt werden, ob eine Eingabe richtig oder falsch ist. Es lässt sich nur das spätere Ergebnis beurteilen sowie ein Trend zum Erfolg oder Misserfolg erkennen. In der Trainingsphase werden der KI die korrekten Ergebnisse nicht zur Verfügung gestellt und sie führt ihre Aktionen zunächst ohne Vorkenntnisse aus. Das verstärkende Feedback erfolgt aber nicht nach jeder Aktion, sondern ähnlich wie beim menschlichen Lernen erst beim Erreichen oder Nichterreichen eines Ziels. Das Ziel ist dabei vorgegeben, aber nicht der Weg, auf dem es erreicht werden soll. Dies erfolgt durch Lernen im Rahmen der möglichen Aktionen. Durch Verstärkung des zielführenden Verhaltens wird die KI dabei Schritt für Schritt immer besser. Beispielsweise werden der KI zunächst nur die Regeln des Schachspiels beigebracht und diese nutzt die Ergebnisse der absolvierten Spiele gegen sich selbst oder einen menschlichen Gegner, um daraus Muster zu erkennen und so ihr Spiel zu verbessern (vgl. *Lämmel/Cleve*, 2020, S. 199). In Anwendungsgebieten, in denen die kognitive Leistung messbar ist und durch feste Regeln abgebildet werden kann, ist die Künstliche Intelligenz dem Menschen bereits überlegen (vgl. *Friedl*, 2019, S. 35).

Beim **Deep Learning** erfolgt das maschinelle Lernen durch künstliche neuronale Netze (KNN), welche die Funktionsweise des menschlichen Gehirns mit seinen neuronalen Verschaltungen und verschiedenen Schichten nachbilden. Das tiefe Lernen erfolgt aus Erfahrung, welche die Stärke der Neuronenverbindungen verändert. Dabei ist eine Vorverarbeitung der Daten weitgehend überflüssig. Das KNN wird so lange durchlaufen, bis ein gesuchtes Muster erkannt wurde. Tiefe Netze erkennen Bilder und Sprache heute besser, als dies bislang durch Programmierung möglich war. Hierzu wird das KNN zunächst in einer Lernphase trainiert, damit es in der nachfolgenden Verarbeitungsphase auch unbekannte Fälle lösen kann. KNN eignen sich für komplexe Aufgabenstellungen auf Basis von Big Data (vgl. Kap. 7.3.2). Einsatzbeispiele sind das Erkennen von gesuchten Personen anhand von Gesichtsmerkmalen, die Tourenplanung bei einer Speditionsfirma oder die Früherkennung von Maschinenausfällen zur vorausschauenden Wartung (Predictive Maintainance). Nachteilig ist allerdings, das die gefundenen Ergebnisse für die Aufgaben- und Entscheidungsträger oft nicht mehr nachvollziehbar sind (Blackbox) und blindes Vertrauen in die Empfehlungen der Künstlichen Intelligenz erfordern (vgl. *Mertens/Barbian*, 2019, S. 11 ff.).

Ein weiteres Gebiet der Künstlichen Intelligenz ist die **Verarbeitung natürlicher Sprache** (Natural Language Processing: NLP). Diese befasst sich mit dem Verstehen sowie der Semantik von Wörtern und Sätzen, der Klassifizierung von Texten, der korrekten Aussprache und Betonung sowie der Syntaxanalyse. Die Künstliche Intelligenz soll dadurch sowohl gesprochene als auch geschriebene Sprache inhaltlich verstehen. Die Schwierigkeit besteht dabei in der Mehrdeutigkeit der menschlichen Sprache, da die Bedeutung einzelner Wörter häufig vom Kontext abhängt. Darüber hinaus sind bei der Erkennung gesprochener Sprache etwa unterschiedliche Aussprachen und Betonungen sowie die Vielzahl an Dialekten eine besondere Herausforderung. Das Ziel ist es, die Kommunikation zwischen Mensch und Maschine durch natürliche Sprache zu ermöglichen und auf diese Weise persönlicher und intuitiver zu gestalten (vgl. *Lenz-Kesekamp/Weber*, 2018, S. 18 f.). NLP kann im Unternehmen etwa im Kundenservice zur Lösung von Störungsfällen, im Vertrieb zur Kundenberatung, im Personalbereich zur Bewerberauswahl oder zur Einschätzung von Stimmungsbildern in sozialen Netzwerken eingesetzt werden (vgl. *Satzger et al.*, 2017, S. 25).

In vielen Unternehmen werden bereits automatisierte Textdialogsysteme in Form von **Chatbots** eingesetzt. Die Bezeichnung ergibt sich aus der Kombination von „Chat" und „(Ro)bot". Sie bestehen meist aus einem Avatar als visuellem Erscheinungsbild, einer Dialogmaske für Texte sowie einem NLP-System, das die Eingaben analysiert und dazu passende Antworten in einer Datenbank sucht. Dies gibt den Anwendern die Illusion, mit einer realen Person zu kommunizieren. Das Spektrum reicht von einfachen Frage-/Antwort-Systemen bis hin zu intelligenten

KI besiegt beste Brettspieler der Welt

DeepMind

1997 gewann die von *IBM* entwickelte KI des Supercomputers *Deep Blue* gegen den damaligen Schachweltmeister *Garry Kasparov* und 2011 mussten sich die beiden besten Spieler der populären US-Quizshow *Jeopardy* der von *IBM* entwickelten KI *Watson* geschlagen geben, die dabei in natürlicher Sprache kommunizierte und über ein semantisches Verständnis verfügte. Als weiterer Meilenstein gilt die von der *Google*-Tochter *DeepMind* programmierte KI *AlphaGo* für das weltweit komplexeste Brettspiel *Go*, das lange Zeit als letzte Bastion menschlicher Überlegenheit galt. Die Zahl möglicher Partien wird auf 10^{171} geschätzt – was die Anzahl der Atome im Universum übertrifft. *AlphaGo* wurde in der Lernphase des Deep Learnings mit einer riesigen Menge an dokumentierten Go-Spielen gefüttert und nach dem Prinzip des bestärkenden Lernens trainiert. Das künstliche neuronale Netz konnte 2015 den mehrfachen Europameister *Fan Hui* und 2017 den Weltranglistenersten *Ke Jie* schlagen. *Lee Sedol*, der als weltbester Spieler gilt, ist der einzige Mensch, der bisher eine Partie gegen *AlphaGo* gewinnen konnte. Er musste sich 2016 der KI jedoch ebenfalls 1:4 geschlagen geben. Der weiterentwickelten KI *AlphaZero* wurden im Oktober 2017 lediglich die Spielregeln von Schach, Go und Shogi (japanisches Schach) beigebracht und diese lernte danach durch das Spielen gegen sich selbst. *AlphaZero* konnte die bis dahin beste KI in Shogi nach einer Trainingsdauer von zwei Stunden und im Schach nach vier Stunden schlagen. Gegen *AlphaGo* gewann sie nach 30 Stunden Training mit 100:0 (www.deepmind.com).

KI optimiert Kundenservice bei Lufthansa

LUFTHANSA GROUP

Die *Lufthansa Group* ist die größte Fluggesellschaft Europas. *IBM* und *Lufthansa* haben mit dem *Lufthansa AI Studio* ein gemeinsames Entwicklungsteam gegründet, um die Einsatzmöglichkeiten von Künstlicher Intelligenz zu untersuchen. Eine der ersten Anwendungen ist die Nutzung der von *IBM* entwickelten KI *Watson* im internen Service & Help Center. Es unterstützt über 15.000 *Lufthansa*-Agenten an weltweit 180 Standorten bei der Beantwortung von Fragen rund um Check-in- und Boarding-Prozesse. Dort fallen aktuell mehr als 100.000 Support-Anrufe pro Jahr an, die nun durch den Einsatz von KI deutlich effizienter bearbeitet werden. Die Mitarbeiter können ihre Anfragen in natürlicher Sprache formulieren und die KI sucht in verschiedenen Datenquellen nach möglichen Lösungsansätzen. Dabei versteht sie auch fachspezifische und konzerneigene Begriffe. Durch die KI lassen sich die Fragen der Passagiere nun schneller und exakter beantworten (vgl. *Hildesheim*, 2020, S. 102).

Gesprächspartnern, die in der Lage sind, offen formulierte Fragen zu verstehen und zu beantworten (vgl. *Stäcker/Stanoevska-Slabeva*, 2018, S. 39).

Wie das Beispiel der App *Replika* zeigt, lassen sich mithilfe von KI **intelligente Produkte und Dienstleistungen** entwickeln und vermarkten. Hierzu gehören auch moderne Autos, die mit einer Vielzahl an Sensoren ausgestattet sind und riesige Datenmengen sammeln, die von den Herstellern ausgewertet und für technische Verbesserungen genutzt werden. *Tesla* verwendet diese Daten etwa dazu, um die Autopiloten sämtlicher Fahrzeuge per Software-Update zu verbessern. Dieses Flottenlernen ist umso effektiver, je öfter ein Produkt verkauft und je intensiver es genutzt wird (vgl. *Hecker et al.*, 2017, S. 32).

Sprachassistenten (Voice Assistants) können die menschliche Sprache interpretieren und über synthetisierte Stimmen mit dem Benutzer interagieren. Bekannte Beispiele sind *Siri* von *Apple*, *Alexa* von *Amazon* oder *Googles Assistant*. Benutzer können Fragen stellen, Geräte per Sprache steuern und E-Mails oder Kalender mit verbalen Befehlen verwalten (vgl. *Lenz-Kesekamp/Weber*, 2018, S. 19). Sprachassistenten können im Unternehmen zu einer Vereinfachung und Beschleunigung von Abläufen beitragen, weil viele Routinetätigkeiten keine schriftliche Dateneingabe mehr erfordern. Sie können mündliche Anfragen der Aufgaben- und Entscheidungsträger durch Rückgriff auf riesige Datenmengen in Echtzeit fundiert beantworten. Dadurch werden etwa Controller entlastet und können sich auf ihre Rolle als Business-Partner der Unternehmensführung fokussieren (vgl. *Friedl*, 2019, S. 35 f.). **Intelligente Assistenten** können die Aufgaben- und Entscheidungsträger in vielerlei Hinsicht unterstützen. So lassen sich etwa eingehende E-Mails nach bestimmten Schlüsselwörtern durchsuchen und nach deren inhaltlicher Bedeutung oder der aktuellen Aufgabenstellung priorisieren (vgl. *Nuhn et al.*, 2018, S. 98).

Tankstellen, Fluglinien, Hotels und zahlreiche Webshops, wie etwa *Amazon*, nutzen bereits die **dynamische Preisoptimierung** (Dynamic Pricing), um ihren Umsatz und Ertrag zu steigern. Dabei berücksichtigt die Künstliche Intelligenz eine Vielzahl an Einflussfaktoren, wie etwa Wettbewerberpreise, vorhandene Lagerbestände, regionale Kundenpräferenzen, Tageszeit, saisonale Schwankungen

Ein Chatbot als virtueller Freund

OpenAI

Die Smarthpone-App *Replika* ist darauf trainiert, sich mit dem Nutzer anzufreunden oder gar eine romantische Beziehung einzugehen (www.replika.ai). Die KI simuliert eine Unterhaltung und stellt Fragen. Auf die Antworten reagiert sie empathisch und verständnisvoll. Die KI von *Replika* basiert auf der Technologie von *OpenAI*, einer Non-Profit-Organisation, die u. a. von *Elon Musk* (vgl. Kap. 6.3.2) und *Microsoft* finanziert wird. Sie lernt von *Twitter*, *YouTube* oder *Reddit* und wertet über 8 Mio. Webseiten aus. Das Aussehen des Avatars lässt sich selbst konfigurieren und der Name frei wählen. Die individuelle Replika passt sich den eigenen Sprachgewohnheiten an und stellt mit zunehmender Nutzungsdauer immer persönlichere Fragen. Dadurch bauen die Anwender eine emotionale Bindung auf und vermenschlichen den Chatbot. 80 % der Nutzer geben an, dass sie sich nach den virtuellen Unterhaltungen besser fühlen (vgl. *Baier*, 2020, S. 56 f.). Auch wenn solche neuen KI-Anwendungen faszinierend sind, besteht bei labilen Personen die Gefahr einer psychischen Abhängigkeit und auch der Schutz der äußerst persönlichen Daten ist durchaus kritisch zu beurteilen.

Sprachassistent von Google

Google

Im Jahr 2018 demonstrierte *Google* auf einer Entwicklerkonferenz, wie ein Sprachassistent mit der KI *Duplex* für einen Benutzer telefonisch Termine vereinbart. Da die KI eine natürliche Aussprache und überflüssige Füllwörter, wie etwa Ähm, verwendet sowie bei Rückfragen zögert, erkannten die Gesprächspartner nicht, dass sie mit einer Maschine sprechen. In den USA kann *Duplex* über den *Google Assistent* seit 2020 genutzt werden, um selbstständig telefonische Reservierungen vorzunehmen, etwa im Restaurant oder Kino (*www.ai.googleblog.com*).

Astronautenassistent CIMON

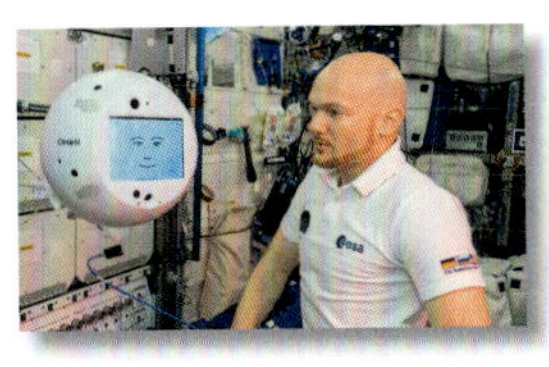

Der in Deutschland entwickelte Astronautenassistent *CIMON* (Crew Interactive MObile companioN) kann sehen, hören, verstehen, sprechen – und fliegen. Er ist seit 2018 auf der internationalen Raumstation *ISS* stationiert, um die Astronauten bei Experimenten zu unterstützen und sie bei Laune zu halten, denn er kann auch Witze erzählen. Er hat die Größe eines Medizinballs und reagiert auf Sprachbefehle. Der Roboter ist rund, damit er in der *ISS* nicht aneckt oder versehentlich Knöpfe drückt. Er kann sich per eigenem Antrieb frei in der *ISS* bewegen (vgl. *Hildesheim*, 2020, S. 102).

oder das Wetter. Beispielsweise sind die Preise abends oder am Wochenende meist höher. Zudem wird dabei berücksichtigt, ob der Käufer die Webseite mit einem Smartphone, Tablet oder PC besucht. Beispielsweise kann es sein, dass die Nutzer eines *Apple*-Smartphones höhere Preise angezeigt bekommen, da die KI diese als wohlhabender einschätzt. Auf Basis dieser Parameter passt die KI die Preise automatisch an (vgl. *Friedl*, 2019, S. 37).

Softwareagenten können in einem festgelegten Rahmen autonom mit ihrer Umwelt interagieren. Solche Agentensysteme können etwa Suchanfragen im Internet durchführen oder dezentrale Planungs- und Steuerungsaufgaben übernehmen. In einer intelligenten Fabrik (vgl. Kap. 7.3.4) können etwa Transportsysteme ihre Arbeitsaufträge selbstständig untereinander aushandeln (vgl. *Mertens et al.*, 2017, S. 61 f.). Im Internet der Dinge lassen sich physische Gegenstände sowohl untereinander im Rahmen einer Maschine-Maschine-Kommunikation als auch mit einer zentralen Künstlichen Intelligenz vernetzten.

Im Rahmen der **industriellen Analyse** (Industrial Analytics) kann Künstliche Intelligenz die während des Produktionsprozesses oder im Lebenszyklus eines Produktes anfallenden Daten auswerten. Ein Anwendungsbeispiel ist die **vorausschauende Wartung** (Predictive Maintainance) auf Basis vielfältiger Sensordaten und maschinellem Lernen. Diese kann verschleißbedingte Ausfälle von Maschinen, Geräten, Flug- oder Fahrzeugen vorhersagen und so die Betriebssicherheit erhöhen und Kosten senken. Intelligente Assistenzsysteme in der Produktion, etwa die visuelle Unterstützung von Fertigungsprozessen durch Augmented Reality, können die physische Arbeit nutzerfreundlicher, effizienter und sicherer machen (vgl. *Nuhn et al.*, 2018, S. 95 f.; *Hecker et al.*, 2017, S. 31).

Durch KI-gestützte Prognosen im Rahmen des **Business Analytics** (vgl. Kap. 7.3.3) lässt sich die Vorhersagequalität steigern. Es fließen einerseits viel größere Datenmengen ein und andererseits sind maschinelle Prognosen emotionslos, d. h., sie verfolgen weder ein eigenes Interesse noch unterliegen sie menschlichen Wahrnehmungsverzerrungen (vgl. Kap. 7.2.4). Im Rahmen des Berichtswesens können KI-Systeme auch eine intelligente Entscheidungsunterstützung ermöglichen. Allerdings kann das menschliche Gehirn auch unbekannte Probleme bearbeiten oder Dinge neu interpretieren. Diese Kreativität und Innovationsfähigkeit des Menschen ist ein wesentlicher Unterschied zu den Maschinen. Unvorhersehbare Entwicklungen, für die es in der Vergangenheit keine Datengrundlage gibt, lassen sich durch maschinelles Lernen nicht vorhersagen. Deshalb bietet sich eine Mischung aus künstlicher und menschlicher Intelligenz an, bei der die Aufgaben- und Entscheidungsträger die automatisierte Prognose um persönliche Einschätzungen ergänzen. Im Rahmen des Berichtswesens analysieren digitale Assistenten die Daten und die Verantwortlichen müssen begründen, warum sie ihre Prognose für zutreffend halten, wenn die Abweichung zum maschinellen Forecast einen Schwellenwert übersteigt (vgl. *Losbichler*, 2020, S. 14; *Friedl*, 2019, S. 36 f.). Ein weiteres Einsatzfeld der Künstlichen Intelligenz ist die intelligente robotergestützte Prozessautomatisierung, auf die im nächsten Abschnitt eingegangen wird.

7.3.7 Robotergestützte Prozessautomatisierung

Automatisierung und Roboter sind aus den Produktionshallen nicht mehr wegzudenken. Doch nun ziehen Roboter auch in administrative Tätigkeitsfelder ein, bei denen der Mensch lange als unersetzbar galt. Bei der robotergestützten Prozessautomatisierung handelt es sich allerdings nicht um physische Maschinen, sondern um **Softwareroboter**. Diese sog. Bots bedienen Anwendungsprogramme in gleicher Weise wie ein menschlicher Benutzer. Im Gegensatz zu Geschäftsprozessmanagement-Systemen werden aber die jeweiligen Anwendungen nicht über Programmierschnittstellen, sondern direkt über die Benutzeroberflächen gesteuert. Dies hat den Vorteil, dass keine Anpassungen der verwendeten Informationssysteme erforderlich sind. Der Softwareroboter agiert als virtueller Anwender, der sich ins System einloggt, dort Eingaben tätigt und sich durch Menüs klickt (vgl. *Lacity/Willcocks*, 2016, S. 23).

> Mithilfe der **robotergestützten Prozessautomatisierung** (Robotic Process Automation) lassen sich Benutzeraktivitäten in digitalen Informationssystemen von Softwarerobotern (Bots) maschinell ausführen.

Robotic Process Automation (RPA) wird bislang vor allem zur Automatisierung von zeitaufwendigen und relativ einfachen manuellen Endbenutzertätigkeiten eingesetzt, wie etwa das Ausfüllen von Formularen, die Bedienung von ERP-Systemen oder das Erfassen von E-Mail-Anhängen (vgl. *Allweyer*, 2016, S. 7 ff.). Anwendungsprozesse können auf diese Weise durchgängig automatisiert und anschließend autonom ausgeführt werden. Wurde die Software richtig konfiguriert, dann ist der Bot wesentlich besser, schneller und billiger als jeder menschliche Anwender. Die Bots arbeiten 24 Stunden am Tag und 7 Tage die Woche. Sie bleiben strikt auf dem vorgegebenen Pfad und alle ausgeführten Aktionen werden genau dokumentiert. Zudem ist RPA einfach skalierbar, da die Konfiguration nur einmal erstellt, aber beliebig oft von mehreren Bots ausgeführt werden kann.

Nach der **Art der automatisierten Prozesse** lassen sich unterscheiden (vgl. *Kuhr/Derbal*, 2017, S. 69):

- **Regelbasierte Automatisierung** umfasst repetitive, klar strukturierte und formal geregelte Prozesse mit möglichst wenigen Ausnahmen, welche das Eingreifen des Benutzers auf ein Minimum reduzieren.
- **Intelligente Automatisierung** (Intelligent Robotic Process Automation: iRPA oder Smart Process Automation: SPA) basiert auf Künstlicher Intelligenz, wie etwa selbstlernende Algorithmen, Spracherkennung und visuelle Wahrnehmung. Die Bots interagieren mit dem Benutzer und adaptieren die menschliche Entscheidungsfindung bei komplexen und wenig strukturierten Abläufen.

Bislang dominiert in der Praxis die **regelbasierte Automatisierung**, denn es gibt viele sog. „Drehstuhltätigkeiten", bei denen Daten manuell von einem System in ein anderes übertragen, validiert und aufbereitet werden. Im monatlichen Berichtswesen (vgl. Kap. 7.2.3) transferieren etwa viele Controller die Daten aus einem ERP-System zunächst in *Excel*, um sie später händisch in *PowerPoint* oder *Word* zu übertragen. Ebenso sind im Berichtswesen etwa die Erstellung von Standardberichten, die Bestimmung von Soll-Ist-Abweichungen und deren Kommentierung oder der digitale Versand der Berichte automatisierbar. Andere Anwendungsbereiche sind beispielsweise Budgetierung, Rechnungserkennung, Forecasting oder die Ermittlung von Kennzahlen. Hier können Bots die Aufgabenträger von einfachen, aber häufig sehr zeitintensiven Routinetätigkeiten entlasten (vgl. *Kuhr/Derbal*, 2017, S. 69; *Reuschenbach et al.*, 2020, S. 71 f.). Ein weiteres Einsatzbeispiel sind Webcrawler, die selbstständig Webseiten besuchen, dabei den angegebenen Links folgen und deren Inhalte auswerten (vgl. *Nuhn et al.*, 2018, S. 96).

Die regelbasierte Automatisierung erfordert meist keine Programmierfähigkeiten. Es lassen sich etwa mithilfe einer Aufnahmefunktion die manuellen Mausbewegungen, Klicks und Tastenschläge des Anwenders aufzeichnen und danach im RPA-System mit einer grafischen Benutzeroberfläche bearbeiten. Repetitive Prozesse können so in relativ kurzer Zeit automatisiert werden. Die Bots benötigen eindeutige Regeln, um den Prozess ausführen zu können. Wichtig bei der Programmierung sind deshalb fachliche Kompetenzen und ein fundiertes Verständnis des zu automatisierenden Prozesses (vgl. *Lacity/Willcocks*, 2016, S. 23 ff.).

Nach dem **Autonomiegrad der Bots** lassen sich unterscheiden (vgl. *Langmann/Turi*, 2020, S. 6f.; *Kleehaupt-Roither/Unger*, 2018, S. 50 f.):

- **Beaufsichtigte bzw. begleitete Automatisierung** (Attended RPA): Die Bots werden von den Benutzern gestartet und überwacht, wobei sie deren Informationssysteme und Zugriffsberechtigungen nutzen. Da die Bots meist direkt auf dem Arbeitsplatzrechner der Mitarbeiter betrieben werden, wird dies als Robotic Desktop Automation (RDA) bezeichnet. Der Benutzer verwendet die Bots als virtuelle Assistenten, um einzelne Prozesse seines Arbeitsbereichs automatisiert abzuarbeiten. RDA-Bots werden häufig von den Endbenutzern selbst programmiert.
- **Unbeaufsichtigte bzw. unbegleitete Automatisierung** (Unattended RPA): Die Bots sind nicht an einen menschlichen Benutzer gebunden, verfügen über eigene Zugriffsrechte und arbeiten autonom im Hintergrund. Sie starten zu einem bestimmten Zeitpunkt oder durch ein Ereignis, wie etwa den Eingang einer E-Mail, das den Prozess auslöst. Sie führen umfangreiche und hochvolumige Prozesse in der Regel ohne Benutzerinteraktion aus. Die Bots laufen meist auf einem zentralen Server oder in der Cloud und werden von IT-Spezialisten programmiert und überwacht.

Die **intelligente Automatisierung** kann mithilfe Künstlicher Intelligenz (vgl. Kap. 7.3.6) auch unstrukturierte Datenquellen verarbeiten, wie etwa E-Mails, Spracheingaben oder handschriftliche Aufzeichnungen. Während bei der regelbasierten Automatisierung festgelegte Prozessabläufe durchlaufen werden, agieren kognitive Bots auf Basis maschinellen Lernens. Der Softwareroboter kann die Eingabedaten interpretieren und flexibel auf Veränderungen reagieren. Sobald eine noch unbekannte Situation auftritt, interagiert der intelligente Bot selbstständig mit dem Anwender und lernt kontinuierlich dazu (vgl. *McCann*, 2016, S. 37 f.; *Kleehaupt-Roither/Unger*, 2018, S. 51).

Die intelligente Automatisierung hat ein vielversprechendes Potenzial, ist allerdings noch mit mehr Zeitaufwand und höheren Kosten verbunden. Beispielsweise könnten kognitive Bots im Personalmanagement per E-Mail oder über einen Chatbot eingehende Bewerbungen für eine offene Stelle erfassen, die Daten in die digitalen Personalsysteme übertragen, automatisiert Absagen versenden und eine Vorschlagsliste geeigneter Bewerber generieren. Selbstlernende Business-Analytics-Systeme (vgl. Kap. 7.3.3) könnten beispielsweise auf Basis von Big Data in Echtzeit automatisierte Vorhersagen treffen, Abweichungsursachen bestimmen und selbst abwägen, welche Gegenmaßnahmen sie den Verantwortlichen vorschlagen (Prescriptive Analytics). Kognitive Bots werden zukünftig die Aufgaben- und Entscheidungsträger wirkungsvoll unterstützen und dabei Dienstleistungen etwa von Controllern oder anderen Führungsunterstützungsfunktionen übernehmen. Abb. 7.3.16 zeigt die Unterschiede zwischen den Formen der robotergestützten Prozessautomatisierung.

Kategorien	Regelbasierte Automatisierung	Intelligente Automatisierung
Prozessstandardisierung	hoch	mittel bis niedrig
Eingabedaten	strukturiert	überwiegend unstrukturiert
Entscheidungsbasis	regelbasiert	erfahrungsbasiert
Künstliche Intelligenz	nein	ja
Prozessausnahmen	erfordern Benutzereingriff	lösen maschinelles Lernen aus
Menschliche Interaktion	gering	interaktives soziales System

Abb. 7.3.16: Formen der robotergestützten Prozessautomatisierung (in Anlehnung an Hermann et al., 2018, S. 29)

Standardisierte administrative Tätigkeiten wurden bislang häufig aus Kostengründen in **Shared Service Center** (vgl. Kap. 5.1.4) ausgelagert, weshalb dort die regelbasierte Automatisierung vermehrt zum Einsatz kommt. Die Harmonisierung der Prozesse ist dabei eine wesentliche Herausforderung, die durch globale Firmenaktivitäten, komplexe Unternehmensstrukturen und heterogene Informationssysteme erschwert wird (vgl. *Schmitt*, 2017, S. 71 ff.). Der Einsatz von Bots verspricht gegenüber einem menschlichen Anwender hohe Einsparpotenziale, die in empirischen Studien mit bis zu 80 % beziffert werden (vgl. *Eisele*, 2019, S. 3). Somit lassen sich viele in Niedriglohnländer verlagerte Geschäftsprozesse kostengünstig wieder in westlichen Industrienationen abwickeln, wodurch mit einer Rückverlagerung zu rechnen ist.

Bots entlasten die Mitarbeiter von eintönigen, sich häufig wiederholenden Aufgaben und Prozessen. Die gewonnene Zeit steht dann für anspruchsvollere und höherwertigere Aufgaben zur Verfügung. Menschliche Ressourcen lassen sich deshalb besser einsetzen und ihre überlegenen kognitiven Fähigkeiten effektiver nutzen. Damit machen Mensch und Maschine jeweils das, was sie am besten können. Allerdings sind die finanziellen Einsparungen vor allem auf den geringeren Personalbedarf zurückzuführen. Die Mitarbeiter verbinden Roboter deshalb seit jeher mit der (nicht unberechtigten) Angst, ihren Arbeitsplatz zu verlieren.

Job Futuromat

Nach dem **Job-Futuromat** des *Instituts für Arbeitsmarkt- und Berufsforschung* lassen sich bereits heute viele administrative Tätigkeiten automatisieren (*www.job-futuromat.iab.de*). Beispielswiese sind dies bei Buchhaltern bereits 100 % und bei Controllern 75 %, beim Data Scientist hingegen nur 29 % aller Tätigkeiten (zur Methodik vgl. *Dengler/Matthes*, 2015). Damit Mensch und Kollege Roboter in Zukunft erfolgreich zusammenarbeiten, müssen die mit der Einführung von Bots verbundenen Widerstände im Rahmen eines Change Leaderships (vgl. Kap. 6.5) offen angesprochen werden. Im Idealfall ermöglichen Bots sowohl eine Entlastung der Mitarbeiter durch eine schnellere und effektivere Bearbeitung hoher Prozessvolumina als auch eine Erhöhung der Arbeitsplatzattraktivität und somit eine Win-win-Situation für Mitarbeiter und Unternehmen.

Die robotergestützte Prozessautomatisierung wird in der Regel vom Fachbereich initiiert. Die Priorisierung und die Zusammenarbeit mit der IT sind dabei von wesentlicher Bedeutung. Die Einbindung der IT in RPA-Projekte ist unabdingbar, da der Roboter die vorhandene Softwarearchitektur verwendet sowie meist Benutzer-ID, Passwörter und Zugriffsrechte benötigt. Entscheidend ist auch die richtige Auswahl der zu automatisierenden Prozesse. Hierbei spielen deren Komplexität sowie im Unternehmen vorhandene Kapazitäten, Kompetenzen und die Zusammenarbeit zwischen Prozessmanagern und Konfiguratoren eine große Rolle. Vor der Automatisierung ist zu klären, ob der ausgewählte Prozess dafür überhaupt reif genug ist, also bereits den erforderlichen Standardisierungsgrad erreicht hat. Ein nicht ausreichend standardisierter Prozess weist viele Ausnahmen auf und ist deshalb mit hohem Konfigurationsaufwand verbunden. Eine nachträgliche Standardisierung führt dann zu erheblichen Folgekosten. Um Robotic Process Automation in großem Stil umzusetzen, empfiehlt sich die Einrichtung eines **Robotic Center of Excellence**, welches Kompetenzen bündelt und die Fachbereiche als Dienstleister bei der Automatisierung ihrer Prozesse unterstützt (vgl. *Hermann et al.*, 2018, S. 30). Das Praxisbeispiel von *MANN+HUMMEL* zeigt, dass sich Bots auch zur Automatisierung anspruchsvoller Prozesse eignen.

Robotic Process Automation im Controlling bei Mann+Hummel

MANN+HUMMEL

Als Weltmarktführer auf dem Gebiet der Filtration erzielt die *MANN+HUMMEL Gruppe* mit über 21.000 Mitarbeitern rund 4 Mrd. € Umsatz. Die Digitalisierung im Bereich Finanzen und Controlling soll eine bessere Unternehmenssteuerung durch schnellere und datenbasierte Entscheidungen sowie eine Produktivitätssteigerung durch Optimierung der Unternehmensabläufe ermöglichen. Hierfür wurde die Anwendbarkeit des Robotic Process Automation auch für komplizierte Abläufe untersucht. Der Zentralbereich „Konzernstandards im Finanzbereich" initiierte ein Pilotprojekt in Zusammenarbeit mit dem Shared Service Center in Tschechien, in dem bislang vor allem transaktionale Tätigkeiten aus den Bereichen Accounting, HR, IT, Einkauf, Vertrieb und Entwicklung abgewickelt werden. Bereits vor einigen Jahren wurden dort mithilfe von RPA zunächst einfache, sich stark wiederholende Prozesse, wie etwa stündliche Aktualisierungen von Wechselkursen oder Datenarchivierungen, automatisiert (vgl. i. F. *Hermann et al.*, 2018, S. 28 ff.).

Beim **Pilotprojekt im Controlling** handelte es sich um die Automatisierung des Standardkostenvergleichs, bei dem die kalkulierten Plankosten auf Artikelebene für alle verkaufsfähigen Produkte mit den geplanten Kosten des Vorjahres verglichen werden. Aufgrund der enormen Datenmenge ist dies ein sehr zeitintensiver Vorgang, welcher zum Jahresende manuell neben dem normalen Tagesgeschäft ausgeführt wird. Der Prozess umfasst fünf verschiedene Datenquellen: Systemdaten aus dem ERP-System, die vom Controlling durchgeführte Zuordnung der Kostenstellen und Materialnummern und die Daten des Vorjahres sowie des aktuellen Jahres aus dem ERP-System. Diese Daten müssen teilweise noch manuell gepflegt werden. So sind beispielsweise Veränderungen der Materialnummern über die Jahre hinweg neu zuzuweisen. Dabei sind Präzision und Fehlervermeidung enorm wichtig, da die Analyse ansonsten unbrauchbar wird. Zusätzlich überbrückt der Prozess mehrfach Systemschnittstellen zwischen *Excel*, *SharePoint*, *Access*, *SAP* (-PP, -MM und -CO) und *Outlook*. Bei der robotergestützten Automatisierung arbeiteten der Prozessmanager, welcher den Geschäftsprozess bislang manuell ausführte, und der Konfigurator, der für die Automatisierung im RPA-System verantwortlich war, eng zusammen.

Durch die **Automatisierung des Standardkostenvergleichs** kann nun eine größere Anzahl an Werken in die Berechnung einbezogen werden. Die reine Bearbeitungszeit hat sich ebenfalls drastisch verkürzt. Im direkten Vergleich zwischen manueller und automatisierter Ausführung erzielt *MANN+HUMMEL* eine Rendite von rund 30 % p. a., die durch Vergleich der Kosten der manuellen Ausführung (vor allem Personalkosten) mit denen des Softwareroboters (z. B. Lizenzgebühren) einschließlich der internen Automatisierungskosten (z. B. Personalkosten des Konfigurators und der Prozessmanager) ermittelt wurde. Somit amortisiert sich die RPA-Lösung innerhalb von ca. drei Jahren, wenn der Prozess im gleichen Maß verwendet wird.

Die Automatisierung bietet darüber hinaus die Möglichkeit, den Betrachtungsumfang ohne zusätzliche Kosten auf weitere Produktionsstandorte auszuweiten und die Ausführungsfrequenz auf mehrmals jährlich zu erhöhen. Bei Anwendung des Standardkostenvergleichs auf alle Produktionsstandorte der *MANN+HUMMEL Gruppe* ergibt sich eine jährliche Rendite von 200 % und somit eine Amortisationsdauer von sechs Monaten. Des Weiteren ist der Roboter über die Produktionsstandorte hinweg deutlich schneller als die manuelle Ausführung. Zusätzlich zu den finanziellen Ersparnissen konnten die bisherigen Prozessmanager anspruchsvollere Aufgaben übernehmen. Mitarbeiterkommunikation, -information und -training waren Schlüsselaspekte zur Akzeptanz und ebnen den Weg für weitere Prozessautomatisierungen. Um zu bestimmen, welche weiteren Prozesse sich automatisieren lassen, wird die Checkliste in Abb. 7.3.17 verwendet.

Lässt sich mein Prozess mit RPA automatisieren? MANN+HUMMEL

Mein Prozess …

- ☐ ist konstant *(d.h., es gibt keine häufigen Veränderungen der Abläufe)*
- ☐ ist reif *(d.h., er ist dokumentiert und es existiert genügend Prozesserfahrung)*
- ☐ ist standardisiert *(d.h., er kann z.B. für verschiedene Standorte angewandt werden)*
- ☐ ist strukturiert und regelbasiert *(d.h., es gibt klare Vorgaben und Abläufe)*
- ☐ beinhaltet routinierte Aufgaben *(z.B. Kopieren und Einfügen zwischen Systemen)*
- ☐ wiederholt sich häufig *(z.B. jede Woche oder stündlich)*
- ☐ hat digitale Input- und Output-Quellen *(z.B. Excel-Tabellen, SAP etc.)*
- ☐ verursacht einen hohen Zeitaufwand

Abb. 7.3.17: Checkliste zur RPA-Prozessauswahl bei der MANN+HUMMEL Gruppe

Emese Weissenbacher, CFO und stellvertretende Vorsitzende der Geschäftsführung, ist überzeugt, dass „die Automatisierung des Standardkostenvergleichs auf unserer Digitalisierungsroadmap ein weiterer Schritt nach vorne war. Neben weiteren Prototypen wird einer der nächsten Schritte der Aufbau von Digitalisierungskompetenz bei unseren Mitarbeiterinnen und Mitarbeitern sein. Dies wird einerseits die Entwicklung von Spezial-Know-how, andererseits aber auch das breite Schaffen von Awareness zu den Möglichkeiten und Potenzialen der digitalen Welt sein. Nach Abschluss einer Vielzahl von Standardisierungsinititativen werden wir gut aufgestellt sein, um weitere Automatisierungs- und Robotisierungspotenziale verwirklichen zu können."

Nach einigen Anwendungszyklen bei *MANN+HUMMEL* war eine wesentliche **Lessons learned**, dass es extrem wichtig ist, einen Prozess erst zu vereinfachen und zu standardisieren, bevor dieser mit RPA automatisiert wird. Wird dies nicht getan, entsteht eine Lösung, die mit jedem Zyklus angepasst und überarbeitet werden muss. Dies führt insbesondere dann zu Problemen, wenn Mitarbeiter wechseln und Kapazitäten knapp werden. Wird dieser Grundsatz beachtet, hilft RPA, extrem schlank und effizient zu arbeiten. Wird er nicht beachtet, wurde nur ein schlechter manueller Prozess durch einen schlechten automatisierten Prozess ersetzt, den am Ende keiner versteht.

7.3.8 Blockchain

Die Daten digitaler Informationssysteme werden meist nach einiger Zeit gelöscht oder durch aktuelle Werte überschrieben. Für viele betriebliche Aufgaben sind aber auch historische Daten oder deren Veränderung im Zeitablauf interessant. In **historischen Datenbanken** werden solche Vergangenheitswerte mit Zeitmarken dauerhaft gespeichert. Ändern sich die Daten, dann werden sie nicht gelöscht, sondern durch neue Werte mit aktueller Zeitmarke ergänzt. Die Historie der Daten wird somit vollständig gespeichert, um Entscheidungen und Transaktionen auch zu einem späteren Zeitpunkt abfragen zu können. Eine Blockchain ist eine solche historische, verteilte Datenbank, deren Werte nicht mehr nachträglich verändert werden können. Sie dient dazu, die Nachvollziehbarkeit von Transaktionen zu gewährleisten (vgl. *Hansen et al.*, 2019, S. 406).

Die Idee **verteilter Datenbanken** (distributed ledger) ist nicht neu. Zwischen dem Jahr 500 n. Chr. bis Anfang des 20. Jahrhunderts wurden auf der mikronesischen Insel *Yap* riesige Steinmünzen von bis zu fünf Tonnen Gewicht als Zahlungsmittel verwendet. Der Wert eines solchen *Rai*-Steins wurde durch seine Größe und Schönheit bestimmt. Die Steine durfte jeder herstellen, was allerdings sehr aufwendig war. Deshalb spezialisierten sich nur wenige Insulaner auf die Steinproduktion. Da das Material auf der Insel nicht verfügbar war, mussten die Steine auf der 400 km entfernten Insel *Palau* hergestellt und per Boot überführt werden. Bei der Bezahlung mit diesem Steingeld wurde aufgrund des umständlichen Transports nur das Eigentum übertragen und die unhandlichen Steine blieben am gleichen Ort liegen. Lediglich die anderen Inselbewohner und die Dorfältesten wurden darüber informiert, wer nun der neue Eigentümer eines Steins ist – was einer verteilten Datenhaltung entspricht (vgl. *Hosp*, 2018, S. 42 ff.; *Holste/Horn*, 2020, S. 49).

Eine **Blockchain** (Blockkette) ist ein fälschungssicheres Transaktionsverzeichnis in Form einer verteilten Datenbank, dessen Einträge weder gelöscht noch verändert werden können.

Kryptografisch versiegelte Datenbankeinträge wurden zwar bereits seit den 1980er-Jahren diskutiert (vgl. *Gifford*, 1982), aber erst durch die Kryptowährung **Bitcoin** als weltweit erstes funktionierendes digitales Zahlungsmittel einer breiten Öffentlichkeit bekannt. Unter dem Pseudonym *Satoshi Nakamoto* wurde 2008 ein Konzept veröffentlicht, wie sich eine sichere digitale Währung in einem verteilten Netzwerk realisieren lässt. Dies war der Grundstein für die Entstehung der Blockchain (vgl. *Nakamoto*, 2008) und die Lösung für das bei digitalen Währungen bestehende Problem, das diese leicht kopiert und somit mehrfach ausgegeben werden können (sog. „Double Spending"). Doch auf der Blockchain existiert jeder *Bitcoin* nur ein einziges Mal und ist absolut fälschungssicher. Digitale Überweisungen erfolgen direkt zwischen gleichrangigen Teilnehmern (Peer-to-Peer, kurz: P2P), d. h. ohne zwischengeschalteten Intermediär wie etwa eine Bank.

Die ersten *Bitcoins* wurden im Jahr 2009 erzeugt und hatten ursprünglich nahezu keinen Wert. Erstmals wurde Bitcoin am 22.05.2010 als Zahlungsmittel für den Kauf von Waren verwendet, als sich *Laszlo Hanyecz* für 10.000

Bitcoins zwei Pizzen bestellte – was Ende 2021 einem Wert von über einer halben Milliarde Euro entsprach. Seitdem feiert die Krypto-Community jedes Jahr an diesem Tag den sog. *Bitcoin*-Pizza-Day. Die Menge an *Bitcoins* ist auf 21 Millionen begrenzt, wovon bereits über 18,5 Millionen erzeugt wurden. Bis 2032 werden voraussichtlich alle *Bitcoins* im Umlauf sein. Daneben gibt es heute über 2.000 weitere Kryptowährungen. Doch die Möglichkeiten der Blockchain-Technologie gehen weit über diese digitalen Währungen hinaus. Abb. 7.3.18 veranschaulicht deren wesentliche Vorteile.

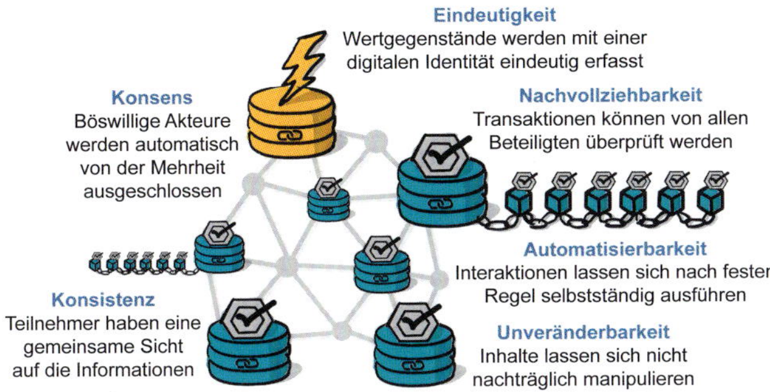

Abb. 7.3.18: Vorteile der Blockchain-Technologie (vgl. Lewrick/Di Giorgio, 2018, S. 19)

Abb. 7.3.19 zeigt die **Funktionsweise** einer Blockkette. Anbieter und Nachfrager vereinbaren den Austausch einer Leistung, wie etwa die Überweisung eines *Bitcoins* oder die Feststellung eines Tatbestands vergleichbar mit einer Urkunde. Mehrere Transaktionen werden zu einem Block zusammengefasst und nach erfolgter Validierung in chronologischer Reihenfolge über eine kryptografische Signatur mit den vorhandenen Blöcken verkettet. So entsteht eine stetig wachsende Liste aus in Blöcken gespeicherten Datensätzen. Nachdem ein Block aufgefüllt und validiert ist, wird der nächste Block erzeugt. Das Netzwerk besteht aus einer Vielzahl von Rechnern, wobei jeder mit jedem ohne vermittelnde Instanz direkt miteinander kommunizieren kann (Peer-to-Peer-Netzwerk). Die Rechner bilden die Knoten des Netzwerks (sog. Nodes). Sie bestätigen die Blöcke und speichern mehrere identische Kopien, sodass ein verteiltes Transaktionsverzeichnis entsteht. Bei Ausfall eines Rechners bleibt somit die gesamte Transaktionsgeschichte erhalten (vgl. *Fridgen et al.*, 2017, S. 54). Durch diese dezentrale Struktur ist keine vertrauenswürdige zentrale Instanz mehr zur Bestätigung der Richtigkeit eines Geschäftsvorfalls erforderlich. Die Blockchain ist auf diese Weise auch nicht von einem einzigen Teilnehmer oder einem Unternehmen abhängig. Diese Redundanz macht sie allerdings auch wenig effizient, da die Blöcke aufwendig validiert und parallel dauerhaft gespeichert werden. Dies schränkt die Skalierbarkeit insbesondere offener Blockchains ein (vgl. *Mittelstand 4.0*, 2019, S. 7 f.).

Die anschaulichen Begriffe wie Blöcke oder Ketten dienen lediglich der bildhaften Vorstellung. Die Blockchain besteht tatsächlich aus einer kryptografischen Folge von Zahlen und Ziffern, welche alle darin getätigten Transaktionen widerspiegeln (vgl. *Hosp*, 2018, S. 77 f.). Die **Inhalte und Verknüpfung der Blocks** zeigt der Ausschnitt aus einer Blockkette in Abb. 7.3.20 (in Anlehnung an *Hansen et al.*, 2019, S. 407). Die Transaktionsdaten umfassen in der Regel die Beschreibung einer Leistung, deren Erbringer und Empfänger sowie einen Zeitstempel. Eine gewisse Anzahl an noch unbestätigten Transaktionen wird zu einem Block zusammengefasst. Jeder Block enthält einen mit kryptografischen Verfahren berechneten, eindeutigen Identifikationscode als digitalen Fingerabdruck (sog. Hash), die jüngsten Transaktionen mit deren Zeitstempel sowie als verknüpfendes Element den Identifikationscode des vorherigen Blocks. Auf diese Weise bauen die Blöcke aufeinander auf und es lassen sich keine Transaktionen mehr verändern oder Blöcke dazwischenschieben, ohne die Blockkette zu zerstören. Jeder nachfolgende Block bestätigt die Überprüfung des vorherigen Blocks und damit auch die Korrektheit der gesamten Blockkette, womit die Transaktionen immer stärker abgesichert werden (vgl. *Hansen et al.*, 2019, S. 406).

Die Blockchain-Technologie entwickelt sich ständig weiter. So verkettet beispielsweise das Start-up *IOTA* die Transaktionen direkt miteinander, anstelle diese zuvor in Blöcke zu ordnen. Dies soll eine höhere Transaktionsgeschwindig-

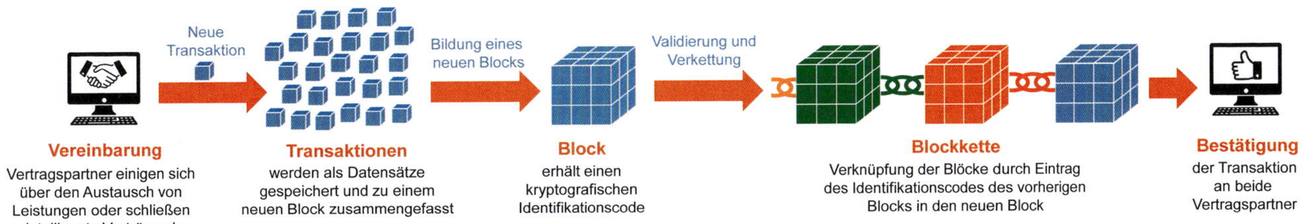

Abb. 7.3.19: Funktionsweise einer Blockkette (Blockchain)

Block Nr. 879087 Hash # 4ee5d97aa63f528b5269c8fb440f837u				
Transak-tionsnr.	Erbringer	Leistung	Empfänger	Zeitstempel
5487652	A	1,5 Bitcoin	D	2021-05-14 17:12:45
5487653	B	0.3 Bitcoin	E	2021-05-14 17:12:47
5487654	C	0,4 Bitcoin	F	2021-05-14 17:12:48
...	...	...	...	...
Vorgängerblock Nr. 879086 Hash # 7c4b77bc23a2bcaa5ee5af7eb4938d5a				

Block Nr. 879088 Hash # xa4b05bd91ea46ae6bb9c8f51eb2bf93				
Transak-tionsnr.	Erbringer	Leistung	Empfänger	Zeitstempel
5487681	S	0,8 Bitcoin	G	2021-05-14 17:15:15
5487682	T	2.3 Bitcoin	H	2021-05-14 17:15:16
5487683	V	0,1 Bitcoin	J	2021-05-14 17:15:18
...	...	...	...	...
Vorgängerblock Nr. 879087 Hash # 4ee5d97aa63f528b5269c8fb440f837u				

Zeit

Abb. 7.3.20: Ausschnitt aus einer Blockkette

keit ermöglichen, die für den beabsichtigten Einsatz als Zahlungsmittel im Internet der Dinge erforderlich ist (vgl. *acatech*, 2018, S. 14 ff.).

Es gibt verschiedene **Arten** von Blockchains, die in Abb. 7.3.21 veranschaulicht sind (vgl. *acatech*, 2018, S. 14; *Mittelstand 4.0*, 2019, S. 6; *Ballhaus et al.*, 2018, S. 16):

- **Geschlossene Blockchain**: Die Teilnahme ist grundsätzlich genehmigungsbasiert (permissioned), d. h., es können nur registrierte und namentlich identifizierte Nutzer die Daten einsehen und neue Einträge hinzufügen. Die geschlossene Blockchain wird deshalb auch als private Blockchain bezeichnet. Es lassen sich unterschiedliche Zugriffsberechtigungen vergeben. Die Betreiber legen die Gestaltung der Blockchain fest und es gibt häufig einen zentralen Administrator, womit das Prinzip der vollkommenen Dezentralität zumindest teilweise aufgegeben wird. Private Blockchains bieten sich für Unternehmen als Enterprise Blockchain an. Bei blockchainbasierten Geschäftsmodellen lassen sich damit sowohl Einfluss als auch Einnahmequellen sicherstellen. Die Beschränkung auf einen ausgewählten Benutzerkreis ermöglicht eine bessere Gewährleistung von Datenschutz und -sicherheit. Auch die Verarbeitungsgeschwindigkeit ist höher, unter anderem weil einfachere Validierungsmethoden (s. u.) verwendet werden können. Ein Beispiel ist das Open-Source-Projekt *Hyperledger* der *Linux Foundation* zur Förderung und Entwicklung betrieblicher Blockchain-Anwendungen. In diesem Konsortium sind zahlreiche Unternehmen vertreten, wie etwa *IBM*, *Intel*, *Mercedes-Benz Group* oder *SAP*. Ein darauf basierendes Rahmenwerk für private Unternehmensblockchains ist *Hyperledger Fabric*.

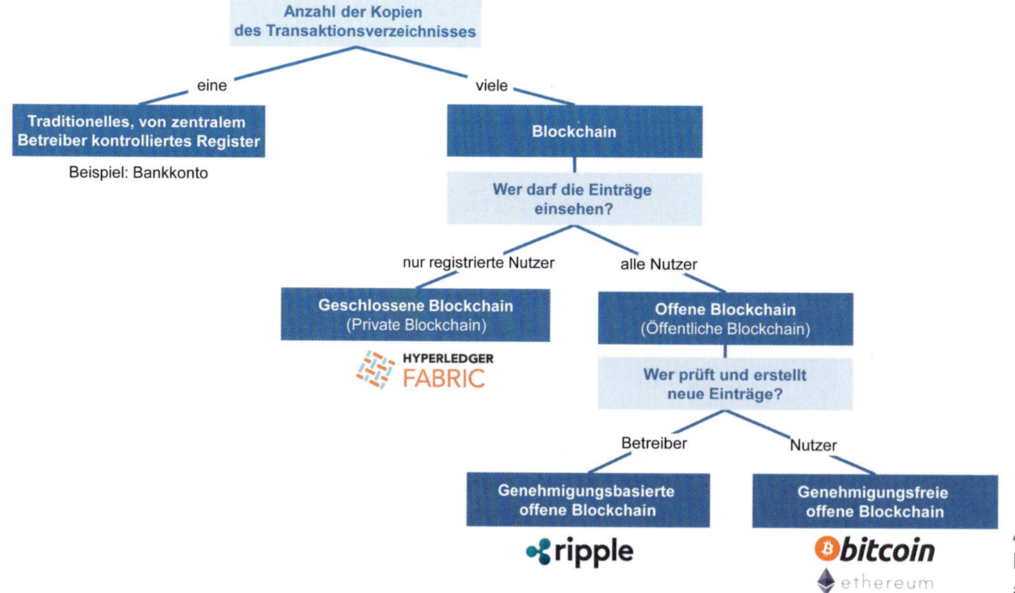

Abb. 7.3.21: Arten von Blockchains (in Anlehnung an acatech, 2018, S. 15)

- **Offene Blockchain**: Grundsätzlich kann jeder auf das Transaktionsverzeichnis zugreifen, ohne die eigene Identität preisgeben zu müssen. Aufgrund des uneingeschränkten Zugangs wird auch von einer öffentlichen Blockchain (Public Blockchain) gesprochen wird. Die Validierung der Transaktionen und Fortschreibung der Blockchain kann auf zweierlei Arten erfolgen:
  - **Genehmigungsbasiert** (public permissioned): Die Validierung der Transaktionen und die Fortschreibung der Blockchain erfolgt durch die Betreiber oder hierzu autorisierte Stellen. Dies ist bei offenen Blockchains eher die Ausnahme. Ein Beispiel ist *Ripple* für globale Finanztransaktionen.
  - **Genehmigungsfrei** (public permissionless): Jeder Teilnehmer kann sich an der Erzeugung neuer Blöcke beteiligen. Aus diesem Grund sollten diese Blockchains besonders manipulationssicher sein und auch Anreize für die Teilnahme an der Validierung von Transaktionen bieten. Beispiele sind *Bitcoin* und *Ethereum.*

Da es in offenen, genehmigungsfreien Blockchains keine zentrale Instanz gibt, die über die Gültigkeit der Transaktionen entscheidet, erfolgt deren Validierung in einem dezentralen **Konsensverfahren**. Dabei handelt es sich um einen Überwachungsmechanismus, der sicherstellen soll, dass keine ungültigen Transaktionen in der Blockchain gespeichert werden. Darüber hinaus liefert das Konsensverfahren einen monetären Anreiz, sich an der Überprüfung der Transaktionen zu beteiligen (vgl. *Lewrick/Di Giorgio*, 2018, S. 39 f.).

Damit eine bei allen Teilnehmern identische Kette entsteht, werden zuerst Vorschläge für die Zusammensetzung des nächsten Blocks durch darauf spezialisierte Validerer erstellt. Sie überprüfen und verifizieren die offenen Transaktionen anderer Teilnehmer und erhalten dafür eine Entlohnung. In der *Bitcoin*-Blockchain werden sie als sog. Miner bezeichnet. Dieser Konsensmechanismus führt zur Einigung aller Beteiligten, welcher Block als nächstes in die Blockkette eingefügt wird (vgl. *acatech*, 2018, S. 13).

> In einer offenen, genehmigungsfreien Blockchain wird die Richtigkeit und Unveränderbarkeit der Datenbankeinträge durch die Mitglieder eines dezentralen Netzwerks über einen **Konsensmechanismus** gewährleistet, ohne dass hierzu eine vertrauenswürdige zentrale Instanz erforderlich ist.

In der Praxis kommen vor allem zwei **Konsensmechanismen** zum Einsatz, die in Abb. 7.3.23 gegenübergestellt sind (vgl. *Hosp*, 2018, S. 58 ff.; *Fill/Meier*, 2020, S. 139; *Mittelstand 4.0*, 2019, S. 5):

- **Proof of Work** (Arbeitsnachweis) erfolgt durch die Lösung eines kryptografischen Puzzles aus den offenen Transaktionen, dem Identitätscode des neuen Blocks (Hash-Wert) und einer iterativ zu bestimmenden hierzu passenden Zahlenkombination (sog. Nonce für number once). Wer die Lösung findet, darf den nächsten Block erzeugen. Die anderen Rechnerknoten überprüfen die Lösung und validieren somit das Ergebnis und die im Block gespeicherten Transaktionen. Da es sich um ein Konsensverfahren handelt, müssen mehr als die Hälfte der Rechnerknoten zustimmen, bevor jeder die neue Blockchain abspeichert. Der Gewinner erhält sämtliche Transaktionsgebühren des neuen Blocks sowie eine zusätzliche Belohnung. In der *Bitcoin*-Blockchain beträgt diese seit 2020 beispielsweise 6,25 *bitcoins* und wird etwa alle vier Jahre halbiert. Da auf diese Weise neue Bitcoins erzeugt werden, wird dies in Analogie zum Bergbau auch als Schürfen bzw. Mining bezeichnet. Arbeitsnachweise sind vergleichsweise teuer, da sie viel Rechenleistung erfordern und deshalb einen hohen Stromverbrauch verursachen. Zusammen mit den damit verbundenen Wartezeiten beschränkt dies auch die Skalierbarkeit der Blockchain. So verbraucht etwa die *Bitcoin*-Blockchain jährlich rund 140 Terrawattstunden Strom, was einem Viertel des deutschen Stromverbrauchs entspricht.
- **Proof of Stake** (Anspruchsnachweis) bestimmt den Erzeuger des nächsten Blocks durch eine gewichtete Zufallsauswahl. Die Gewichte werden nach den Vermögensanteilen (Stake) der Teilnehmer bestimmt. Als Nachweis müssen diese eine bestimmte Anzahl ihrer Vermögenswerte (Coins) einfrieren und somit quasi als Sicherheit hinterlegen. Die Transaktionsgebühren

Abb. 7.3.22: Der Arbeitsnachweis ist die Suche nach dem fehlenden Puzzleteil des Blocks

und Ausschüttungen werden im Verhältnis der Vermögenswerte im Netzwerk verteilt. Da beim Anspruchsnachweis keine komplizierten Rechenaufgaben zu lösen sind, ist er deutlich schneller und besser skalierbar. Kritisiert werden allerdings die ungleiche Machtverteilung nach den Vermögensanteilen und die dadurch bestehende Gefahr einer Zentralisierung. Es ist somit kein Netzwerk unter Gleichberechtigten mehr, was dem Grundgedanken einer Blockchain widerspricht. Dieses Verfahren wird bislang eher selten verwendet. Als umweltfreundliche Alternative zum Arbeitsnachweis wird es zunehmend weiterentwickelt. Beispielsweise können die Validierer von den Teilnehmern auch ernannt werden, wobei sich die Stimmrechte der Wahl nach den Vermögensanteilen richten (Delegated Proof of Stake). Die *Ethereum*-Blockchain ging Ende 2020 im Zuge des Upgrades zu *Ethereum 2.0* zu einem Anspruchsnachweis über.

Vertrauen ist ein wesentlicher Bestandteil wirtschaftlichen Handelns. Um dieses Vertrauen insbesondere zwischen fremden Vertragsparteien herzustellen, werden meist bestimmte Organisationen oder Personengruppen, wie etwa staatliche Stellen, Notare, Banken oder Rechtsanwälte, als sogenannte Intermediäre hinzugezogen. Durch das steigende globale Transaktionsvolumen wird dies allerdings immer zeitaufwendiger, kostspieliger und ineffizienter. Darüber hinaus hat die Finanzkrise 2008 die Anfälligkeit des

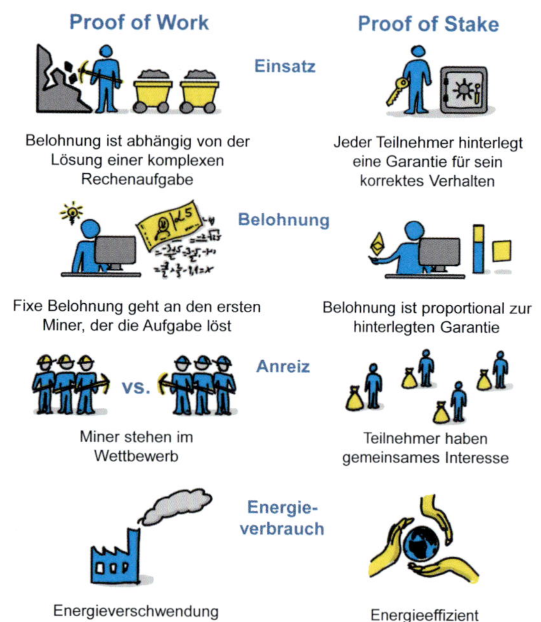

Abb. 7.3.23: Vergleich der Konsensmechanismen (Lewrick/Di Giorgio, 2018, S. 40)

intermediären Systems gezeigt (vgl. *Deloitte*, 2015, S. 8). Die Blockchain macht solche Vermittler überflüssig. Anbieter und Nachfrager können Informationen, Leistungen oder Werte direkt untereinander austauschen. Der Einsatz einer Blockchain ist vor allem vorteilhaft, wenn viele Vertragspartner beteiligt sind und diese sich nicht ohne Weiteres vertrauen können, etwa weil sie sich untereinander nicht kennen (vgl. *acatech*, 2018, S. 10). Was heute bereits bei digitalen Überweisungen ohne Banken funktioniert, wird zukünftig auch für den Kauf von Aktien, Autos, Immobilien oder den Abschluss von Versicherungen und vieles mehr möglich sein. Unternehmen oder Individuen, die bislang in einer Vermittlerrolle tätig sind, sollten sich deshalb darüber Gedanken machen, womit sie zukünftig ihr Geld verdienen (vgl. *Weissmann/Wegerer*, 2019, S. 47).

In Blockchains können nicht nur Werte, sondern auch Programme gespeichert werden. Diese werden **intelligente Verträge** (Smart Contracts) genannt, da sie unter festgelegten „Wenn-dann …"-Bedingungen automatisch und garantiert ausgeführt werden. Sie enthalten nicht nur die Regeln und Sanktionen, wie in einem schriftlichen Vertrag, sondern werden auch maschinell überprüft und abgewickelt. Smart Contracts sind dauerhaft, transparent und manipulationssicher auf der Blockchain gespeichert. Sie sind für jeden Netzwerkteilnehmer einsehbar und werden vom dezentralen Netzwerk überwacht. Smart Contracts ermöglichen die Automatisierung von repetitiven Geschäftsprozessen sowie Transaktionen mit geringem Gestaltungsspielraum. Sie sind manipulationssichere Prozesse und können auch zwischen Maschinen im Internet der Dinge abgeschlossen werden, wie etwa im Rahmen von Industrie 4.0. Das Start-up *Slock.it* will etwa die Vermietung von Fahrrädern, Autos oder Ferienwohnungen über Smart Contracts auf der *Ethereum*-Plattform durchführen. Sämtliche Aspekte des Vermietungsprozesses können darin transparent abgebildet werden, also etwa die Reservierung, Mietzahlung, die Übermittlung eines digitalen Schlüssels sowie das Öffnen und Schließen eines intelligenten Schlosses (vgl. *acatech*, 2018, S. 16; *Mittelstand 4.0*, 2019, S. 13). Ein weiteres Einsatzfeld intelligenter Verträge ist der Abschluss von Versicherungen mit automatisierter Abwicklung von Schadensfällen.

Die Ausführung von Smart Contracts erfolgt auf der Blockchain durch **dezentrale Anwendungen** (Decentralized Apps bzw. Dapps). Diese werden nicht von einem einzelnen Anbieter, sondern in einem gleichberechtigten Netzwerk betrieben, gewartet und weiterentwickelt. Diverse Start-ups bieten Dienstleistungen auf Basis der *Ethereum*-Blockchain an und finanzieren sich häufig durch sogenannte Initial Coin Offerings (ICO), bei denen digitale Anteilsscheine (sog. Token) veräußert werden. IT-Dienstleister, wie etwa *IBM* oder *SAP*, bieten cloudbasierte Blockchain-Lösungen als Blockchain-as-a-Service (BaaS), mit denen die Kunden die neue Technologie ohne hohe Einstiegsinvestitionen etwa für eigene Anwendungen oder intelligente Verträge nutzen können (vgl. *Holste/Horn*, 2020, S. 48 f.). Intelligente Verträge und dezentrale Anwendungen wurden maßgeblich durch *Vitalik Buterin* als Mitbegründer der *Ethereum*-Plattform geprägt. Sein Konzeptionspapier hierzu veröffentlichte er 2013 im Alter von 19 Jahren (vgl. *Buterin*, 2013). *Ethereum* verwendet als Zahlungsmittel für Transaktionsverarbeitungen die Kryptowährung *Ether*, welche hinter *Bitcoin* die zweitgrößte Marktkapitalisierung aufweist. *Ethereum* hat mit den intelligenten Verträgen und dezentralen Anwendungen die Einsatzbereiche der Blockchain wesentlich erweitert und *Buterin* ein geschätztes Vermögen von über einer Milliarde Euro eingebracht.

Der Einsatz von Blockchains beschränkt sich somit nicht nur auf Kryptowährungen und Finanztransaktionen, wie etwa Werttransfers oder Crowdfunding. In der **öffentlichen Verwaltung** ermöglicht die Blockchain im Rahmen eines E-Goverments etwa die Modernisierung des Registerwesens. So ließe sich beispielsweise die Zulassung eines Autos oder die Bewilligung von Kindergeld durch intelligente Verträge automatisieren und dadurch schnell und unbürokratisch abwickeln (vgl. *acatech*, 2018, S. 29). In Schweden wird die Blockchain in einem Modellprojekt zur Überprüfung der Voraussetzungen für den Eigentumsübergang von Grundstücken verwendet. Blockchainbasierte Grundbücher wären fälschungssicher und transparent, da jeder Bürger einsehen kann, wem ein Grundstück gehört (vgl. *Faber*, 2019, S. 33). Der Grundstückskauf könnte auf diese Weise ohne Notar direkt zwischen Eigentümer und Käufer abgewickelt werden, was zu einer erheblichen Kostensenkung führen würde.

Das **Anwendungspotenzial für Unternehmen** ist vielversprechend. Auch wenn sich die Blockchain-Technologie noch in einem frühen Entwicklungsstadium befindet, haben einige Unternehmen bereits erste Pilotprojekte gestartet. Darüber hinaus gibt es zahlreiche Blockchain-Start-ups, die sich meist über ein Initial Coin Offering finanzieren. Es ist noch nicht abzusehen, in welchen Branchen und Anwendungsfeldern sich die Blockchain auf breiter Basis durchsetzen wird. Allerdings sollten sich die Unternehmen bereits jetzt mit dieser neuen Technologie auseinandersetzen, um nicht irgendwann den Anschluss und damit ihre Wettbewerbsfähigkeit zu verlieren. Insbesondere das verarbeitende Gewerbe, die Lebensmittelindustrie, Transport und Logistik, die Chemie-, Kosmetik- und Pharmaindustrie sowie die Textil- und Modeindustrie können bereits von der Blockchain profitieren (vgl. *Holste/Horn*, 2020, S. 55).

Für das **Internet der Dinge und Dienste** (vgl. Kap. 7.3.4) könnten Blockchains als dezentrale, herstellerunabhängige Plattform zu einer Schlüsseltechnologie werden. Smart Contracts werden dabei automatisiert zwischen intelligenten Objekten abgewickelt. Dienstleistungen lassen sich sekundengenau durch Mikrozahlungen zwischen den Maschinen abrechnen. Abb. 7.3.24 veranschaulicht das Prinzip am Beispiel der E-Mobilität. Ein Elektroauto lädt sich beispielsweise während eines Ampelstopps über eine Induktionsschleife auf. Grundlage ist ein intelligenter Vertrag, der z. B. mit einem Energieversorger abgeschlossen wurde. Darin ist genau festgelegt, unter welchen Bedingungen der Ladevorgang starten soll. Das Fahrzeug verfügt über einen digitalen Geldbeutel, ein sog. Wallet. Damit begleicht es den geladenen Strom durch Mikrozahlung in einer Kryptowährung. Die anfallenden Transaktionskosten sind dabei äußerst gering, während sie bei Zahlung mit Kreditkarte den Wert des Stroms weit übersteigen würden. Der Ladevorgang lässt sich auf diese Weise vollständig automatisieren (vgl. *Lewrick/Di Giorgio*, 2018, S. 17 f.). Das Auto der Zukunft fährt nicht nur autonom, sondern verdient durch die Beförderung von Passagieren digitales Geld, mit dem es die Tankstelle und auch selbst ausgelöste Reparaturen bezahlt. Überschüsse führt es an seinen Besitzer ab, der sich dabei um nichts kümmern muss (vgl. *acatech*, 2018, S. 34 f.).

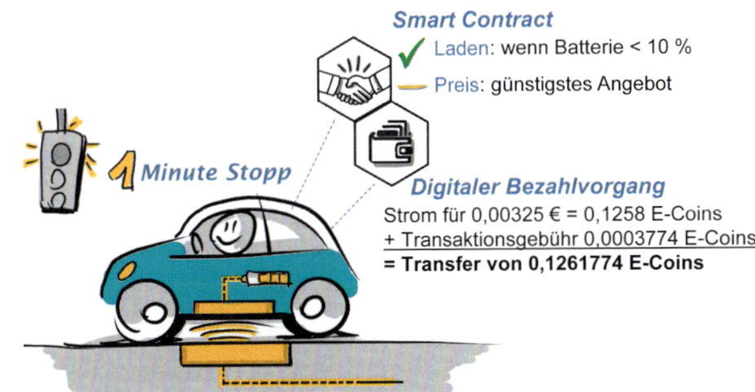

Abb. 7.3.24: Mikrotransaktion über einen intelligenten Vertrag am Beispiel Elektromobilität (vgl. Lewrick/Di Giorgio, 2018, S. 18)

Fälschungssichere Logistik

Im Bereich Transport und Logistik ist die Übermittlung von zuverlässigen Informationen ein zentraler Bestandteil für eine reibungslose Abwicklung des Warenverkehrs. Bisher werden Transportbegleitpapiere, Frachtbriefe und Zolldokumente von den Logistikunternehmen noch in Papierform, über E-Mail- und Cloud-Dienste sowie Frachtbörsen ausgetauscht. Dies ist aber nicht fälschungssicher und aufgrund der unterschiedlichen Softwarelösungen auch fehleranfällig. Mit dem Projekt *Hansebloc* soll dies mithilfe einer Blockchain gelöst werden. Dabei werden die bestehenden Speditions- und Transportmanagementsysteme mit der Blockchain verknüpft. Auf diese Weise soll der sichere elektronische Austausch von Frachtbriefen gewährleistet sein. Datenverluste durch Medienbrüche werden beseitigt, automatisierte organisationsübergreifende Prozesse ermöglicht und die Manipulationsfreiheit und Vertrauenswürdigkeit der Informationen sichergestellt (*www.hafen-hamburg.de*).

In der **Logistik** ist die Nachverfolgbarkeit der Ware aus Sicherheits- und Qualitätsgründen erforderlich und teilweise sogar gesetzlich vorgeschrieben. Bei Medikamenten oder Lebensmitteln lassen sich etwa deren Herkunft sowie der Weg vom Erzeuger bis zum Verbraucher auf der Blockchain dokumentieren. Außerdem lassen sich Informationen zwischen den Logistikpartnern über die Blockchain schneller und billiger austauschen (vgl. *Bauer et al.*, 2019, S. 42). Ein Sensor im Container könnte etwa die Temperatur von Lebensmitteln messen und die Messdaten in die Blockchain schreiben, um die Einhaltung der Kühlkette nachzuweisen. Sollte diese unterbrochen werden, kann ein Smart Contract automatisch Alarm schlagen. Die Endverbraucher könnten dann über ein Leserecht die Herkunft der Produkte und die gesamte Lieferkette transparent einsehen (vgl. *acatech*, 2018, S. 26). So nutzt der Einzelhandelskonzern *Walmart* die Blockchain, um etwa Shrimp-Exporte von indischen Lieferanten nachzuverfolgen („From farm to fork").

Im **Handel** kann die Blockchain beispielsweise zur Authentifizierung von Markenprodukten oder zur Verifizierung von Software-Lizenzen genutzt werden. In Europa akzeptieren bereits über 80.000 Geschäfte eine Zahlung mit Bitcoin, wie etwa das Reiseportal *Expedia* oder der Essenslieferdienst *Takeaway*, zu dem auch *Lieferando* gehört. Die Händler kann dies vor betrügerischen Rückbuchungen schützen und deren Transaktionskosten senken (vgl. *Bauer et al.*, 2019, S. 42). Weltweit werden zunehmend *Bitcoin*-Bankomaten aufgestellt, an denen sich *Bitcoins* und auch andere Kryptowährungen kaufen oder in Bargeld umtauschen lassen.

Die Blockchain hat das Potenzial zur Disruption der **digitalen Plattformökonomie** (vgl. Kap. 8.7.2), welche seit den 2000er Jahren einen enormen Wertzuwachs und globale wirtschaftliche Bedeutung erreicht hat. Durch die Blockchain ist es möglich, dass statt eines einzelnen Unternehmens nun die Mitglieder einer solchen Plattform die Hoheit über ihre erzeugten Daten bekommen. Dadurch können diese auch den durch das Netzwerk geschaffenen Mehrwert selbst abschöpfen.

Das Start-up *Steemit* ist beispielsweise ein soziales Netzwerk auf einer offenen, genehmigungsfreien Blockchain ohne zentralen Betreiber. Nutzer können Inhalte einstellen, bewerten und teilen. Häufig gelesene Inhalte steigen in der Rangfolge und werden mit der Kryptowährung *Steem* belohnt. Somit profitieren die Verfasser von Inhalten sowohl von ihren Aktivitäten als auch dem Wachstum des sozialen Netzwerks, anstatt wie sonst nur ein zentraler Betreiber, wie etwa *Facebook*.

Urheberrechte, etwa von Musikern oder Autoren, können durch die Blockchain festgeschrieben und automatisiert abgerechnet werden. Dadurch kann jeder, der etwa an einem Musikstück oder einer Veröffentlichung mitgearbeitet hat, angemessen und schnell vergütet werden. Das US-Start-up *Ujo Music* regelt die Rechteverwaltung und Vergütung von Musiktiteln über Smart Contracts, wodurch die Hörer die Interpreten direkt vergüten. Vermittler wie etwa Musikverlage, Streaming-Dienste oder Online-Portale, die meist den Großteil der Vergütung abschöpfen, sind nicht mehr erforderlich (vgl. *acatech*, 2018, S. 32; *Mittelstand 4.0*, 2019, S. 14).

Zusammenfassung

- Informationssysteme bestehen aus Menschen und Maschinen, die Informationen erzeugen, nutzen und über Kommunikationsbeziehungen austauschen.
- Digitale Informationssysteme dienen der Informationsversorgung der betrieblichen Aufgaben- und Entscheidungsträger mithilfe digitaler Informationstechnologien.
- Digitale Informationstechnologien umfassen Hardware, Software und Kommunikationstechnologien zur Erfassung, Nutzung, Verarbeitung, Speicherung und Übermittlung von Informationen.
- Digitale Informationssysteme lassen sich nach ihrer betrieblichen Bedeutung in die Gruppen Unterstützung, Fabrik, Durchbruch und Waffe unterteilen.
- Nach dem Verwendungszweck lassen sich Administrations-, Dispositions-, Führungs- und Querschnittssysteme unterscheiden.
- Prozessmodellierung ist die formale Abbildung betrieblicher Abläufe, die durch ein digitales Informationssystem unterstützt bzw. automatisiert werden sollen.
- Das Datenmanagement sorgt für die Bereitstellung der relevanten Unternehmensdaten. Es soll eine hohe Datenqualität gewährleisten, indem es die Richtigkeit, Aktualität und Konsistenz der Daten sowie deren Aufgabenbezug und Zusammenhang sicherstellt.
- Business Intelligence (BI) bezeichnet die systematische Erfassung, Integration, Speicherung, Auswertung und visuelle Darstellung von Unternehmensdaten, um Informationen für betriebliche Aufgaben- und Entscheidungsträger zur Verfügung zu stellen.
- Big Data steht für die echtzeitbasierte Analyse gewaltiger Mengen überwiegend unstrukturierter digitaler Daten aus unterschiedlichen Quellen, um daraus zuverlässige und erfolgsrelevante Informationen zu bestimmen.
- Business Analytics (BA) umfasst die datengestützte Analyse, Prognose und Optimierung erfolgsrelevanter Größen, um daraus neue Erkenntnisse für betriebliche Aufgaben- und Entscheidungsträger zu gewinnen.
- Das Internet der Dinge (Internet of Things, kurz: IoT) bezeichnet die Vernetzung physischer Gegenstände, die Daten über sich und ihre Umgebung mithilfe eingebetteter Systeme erfassen und weiterleiten sowie als intelligente Objekte selbstständig drahtlos kommunizieren.
- In einer intelligenten Fabrik sind Menschen, Maschinen, Ressourcen und Produkte so miteinander vernetzt, dass sämtliche Fertigungs- und Logistikprozesse der gesamten Wertschöpfungskette mithilfe von cyber-physischen Systemen flexibel, dezentral und weitgehend selbst gesteuert werden können.
- Cloud Computing ermöglicht es, bedarfsabhängig online auf Hard- und Software eines IT-Dienstleisters zuzugreifen. Es lassen sich Infrastruktur-, Plattform-, Anwendungs- und Blockchain-Cloud unterscheiden.
- Durch Künstliche Intelligenz (KI) können digitale Informationssysteme auch solche Tätigkeiten ausüben, für die ein Mensch seine kognitiven Fähigkeiten benötigt und in denen die Maschinen dem Menschen bislang unterlegen sind.
- Bei der robotergestützten Prozessautomatisierung (Robotic Process Automation) werden Benutzeraktivitäten in digitalen Informationssystemen von Softwarerobotern (Bots) ausgeführt.
- Eine Blockchain (Blockkette) ist ein fälschungssicheres Transaktionsverzeichnis in Form einer verteilten Datenbank, deren Einträge weder gelöscht noch verändert werden können.
- In einer offenen, genehmigungsfreien Blockchain wird die Richtigkeit und Unveränderbarkeit der Datenbankeinträge durch die Mitglieder eines dezentralen Netzwerks über einen Konsensmechanismus gewährleistet, ohne dass hierzu eine vertrauenswürdige zentrale Instanz erforderlich ist. Dies kann durch einen Arbeits- oder Anspruchsnachweis erfolgen.

Literaturempfehlungen

Dorschel, J. (Hrsg.): Praxishandbuch Big Data, Wiesbaden 2015.

Hansen, H. R./Mendling, J./Neumann, G.: Wirtschaftsinformatik, 12. Aufl., Berlin 2019.

Klein, A./Gräf, J. (Hrsg.): Reporting und Business Analytics, Freiburg 2020.

Lewrick, M./Di Giorgio, C.: Live aus dem Krypto-Valley, München/Zürich 2018.

Langmann, C./Turi, D.: Robotic Process Automation (RPA) – Digitalisierung und Automatisierung von Prozessen, Wiesbaden 2020.

Lämmel, U./Cleve, J.: Künstliche Intelligenz, 5. Aufl., München 2020.

Seiter, M.: Business Analytics, 2. Aufl., München 2019.

7.4 Wissensorientierte Unternehmensführung

Leitfragen

- Welche Bedeutung hat Wissen für ein Unternehmen?
- Welche Aufgaben hat eine wissensorientierte Unternehmensführung?
- Welche Arten des Lernens gibt es?
- Was ist Wissensmanagement und aus welchen Bausteinen besteht es?
- Wie lässt sich Wissen im Unternehmen entwickeln, einsetzen, bewerten und sichern?

In diesem Kapitel wird zunächst die Bedeutung des Wissens für die Unternehmen verdeutlicht und die wissensorientierte Unternehmensführung vorgestellt. Anschließend wird gezeigt, auf welchen Arten sich Wissen durch Lernen erwerben lässt. Danach wird auf das Wissensmanagement und dessen Bausteine eingegangen.

7.4.1 Wissen als strategische Ressource und Wettbewerbsvorteil

Wissen bezeichnet interpretierte und vernetzte Informationen, mit denen die Mitarbeiter Handlungskompetenzen aufbauen können (vgl. Kap. 7.1.1). Der **wissensorientierte Ansatz** (Knowledge-based View) betrachtet Wissen als eine zentrale Ressource und Quelle von Wettbewerbsvorteilen (vgl. Kap. 1.2.3). Darüber hinaus besteht der Unternehmenswert zu einem großen Teil aus immateriellen Werten, wobei auch hier das Wissens- oder Humankapital eine wesentliche Rolle spielt (vgl. Kap. 8.3.2).

Grundlage der Wettbewerbsfähigkeit ist damit weniger die physische Produktion, sondern vielmehr die Entwicklung und Nutzung des organisationalen Wissens. Durch die wachsende Wissensintensität der Produkte und Dienstleistungen wird es zu einem wesentlichen Differenzierungsmerkmal im Wettbewerb. Bisherige Industrienationen werden immer mehr zu **Wissensgesellschaften**, die sich auf die Entwicklung und Vermarktung innovativer Produkte und anspruchsvoller Dienstleistungen konzentrieren. Die Erstellung einfacher Produkte und wissensarmer Dienstleistungen verlagert sich dagegen in die heutigen Schwellenländer (vgl. *North*, 2016, S. 14 ff.).

Der Zuwachs des menschlichen Wissens erfordert eine stärkere Spezialisierung. Manche Aufgaben, die früher von einer einzigen Person ausgeführt wurden, erfordern heute ein Expertenteam. Die Globalisierung hat sich ebenfalls auf das Wissen ausgewirkt, denn die Zentren wissenschaftlichen und technologischen Fortschritts sind nun auf der ganzen Welt verteilt. Diese globale Konkurrenz um neues Wissen hat den internationalen Wettbewerb weiter verschärft. Kürzere Lebenszyklen erfordern immer schnellere Innovationen und qualifizierte Mitarbeiter werden dabei zum größten Engpass (vgl. *Probst et al.*, 2013, S. 6 ff.). Wissen kann deshalb in einem Unternehmen auch die Basis von Autorität sein. In einer sog. **Meritokratie** wird Macht nicht hierarchisch zugewiesen, sondern basiert auf Erfahrungen und Kompetenzen. Dabei treffen Experten durch sorgfältige Analyse faktenbasierte Entscheidungen und bestehende Lösungen werden an neue Anforderungen angepasst. Ein solches Vorgehen ist in komplizierten Führungskontexten empfehlenswert (vgl. Kap. 5.2.3).

Im Zuge der **Digitalisierung** entstehen intelligente Produkte und Dienstleistungen, die im Internet der Dinge und Dienste miteinander verbunden sind (vgl. Kap. 7.3.4). Durch die Vernetzung von Unternehmen, Menschen und intelligenten Objekten wachsen die weltweit verfügbaren Daten exponentiell an. Big Data (vgl. Kap. 7.3.2) bezeichnet die echtzeitbasierte Analyse dieser gewaltigen Mengen an überwiegend unstrukturierten digitalen Daten aus unterschiedlichsten Quellen. Auf diese Weise lassen sich neue Zusammenhänge, etwa über die Bedürfnisse der Kunden, erkennen und daraus profitable Geschäftsmodelle entwickeln (vgl. Kap. 3.3.4 und 8.7.2). Künstliche Intelligenz und maschinelles Lernen spielen bei der Generierung organisationalen Wissens ebenfalls eine zunehmende Rolle (vgl. Kap. 7.3.6). Intelligente Assistenten bewerten und entscheiden selbstständig, um sich an wechselnde Umweltbedingungen und die spezifischen Bedürfnisse des Nutzers anzupassen. Unser Leben soll dadurch sicherer, einfacher und bequemer werden. Ein Beispiel wäre etwa ein autonom fahrendes Auto, das mit einer Vielzahl an Sensoren seine Umgebung, Geschwindigkeit und Position erfasst und den Passagier weitgehend selbstständig zum Ziel bringt.

Diese technologischen und gesellschaftlichen Entwicklungen haben auch Einfluss auf unsere Arbeitsverhältnisse. Traditionelle Organisationen bestehen aus fest angestellten Mitarbeitern, die über einen langen Zeitraum in einem Unternehmen hierarchisch eingebunden sind und eine bestimmte Tätigkeit durchführen. In agilen Organisationen (vgl. Kap. 5.2) bieten die Menschen ihr Knowhow bereichsübergreifend als unabhängige Partner und zunehmend auch als selbstständige freie Mitarbeiter an (sog. Crowdworking). Wissen veraltet heute schneller als je zuvor und muss kontinuierlich weiterentwickelt werden. Weiterbildung und Qualifikation gehen dabei zunehmend in die Verantwortung eines jeden Einzelnen über. **Lebenslanges Lernen** (Life long learning) wird in Zukunft für alle Mitarbeiter eine unabdingbare Voraussetzung zur Sicherung ihrer Beschäftigungsfähigkeit sein.

Wissen stellt für viele Unternehmen einen maßgeblichen Faktor dar, um **Wettbewerbsvorteile** zu erzielen (vgl. *North*, 2016, S. 58 ff.):

- **Marktorientiert** betrachtet entstehen Wettbewerbsvorteile aus ungleich verteiltem Wissen. Auf diese Weise können manche Unternehmen zukünftige Chancen und Risiken früher erkennen und dadurch entsprechende Erfolgspositionen aufbauen. Diese sind jedoch meist nicht von langer Dauer, da sich Märkte dynamisch entwickeln und erfolgreiche Strategien von der Konkurrenz nachgeahmt werden.
- **Ressourcenorientiert** gesehen bietet Wissen einen Wettbewerbsvorteil, wenn es im Vergleich zur Konkurrenz einzigartig ist, sich nur schwer imitieren oder substituieren lässt und einen Beitrag zum Kundennutzen generiert, für den dieser bereit ist zu bezahlen.

Der Erfolg eines Unternehmens hängt von dessen Fähigkeit ab, das individuelle Wissen der Mitarbeiter in der Organisation verfügbar zu machen, miteinander zu verknüpfen und bestmöglich zu nutzen sowie stetig neues Wissen durch Lernen zu generieren.

> Eine **wissensorientierte Unternehmensführung** betrachtet das organisationale Wissen als strategische Ressource und wesentliche Quelle von Wettbewerbsvorteilen. Sie entwickelt und betreibt ein systematisches Wissensmanagement und schafft die erforderlichen Rahmenbedingungen, um Wissen im Unternehmen wirkungsvoll aufbauen, verteilen und nutzen zu können.

Einerseits nimmt das Wissen somit eine zentrale Rolle im Prozess der Leistungserstellung ein, andererseits kann es aber auch selbst Bestandteil der Produkte und Dienstleistungen sein. Daraus folgen zwei **Kategorien der Intelligenz** (vgl. *Pawlowsky*, 1998b, S. 13):

- **Prozessintelligenz** entsteht durch den Einsatz von Wissen bei der Konzeption und Abwicklung von Geschäftsprozessen (vgl. Kap. 5.4.2). Dies kann zum Beispiel eine schnelle Auftragsabwicklung, eine integrierte Gestaltung der Wertschöpfungskette oder eine effiziente Produktionsplanung und -steuerung sein. Durch den Wisseneinsatz beherrscht das Unternehmen diese Geschäftsprozesse besser als die Konkurrenz. Dadurch entsteht für den Kunden zusätzlicher Nutzen. Beim Paketdienstleister *DHL* kann der Kunde beispielsweise den Verlauf seiner Sendung auf dem weltumspannenden Distributionsnetz jederzeit online nachverfolgen. Weitere Beispiele für Prozessintelligenz sind Just-in-Time-Fertiger oder Unternehmensnetzwerke.
- **Produktintelligenz** entsteht, wenn zur Erstellung eines Produkts oder einer Dienstleistung umfangreiches oder spezifisches Wissen benötigt wird. Dies gilt etwa für Hightech-Produkte, wie etwa ein modernes Smartphone oder forschungsintensive Produkte, wie z. B. eine Impfung gegen das SARS-CoV-2-Virus. Produktintelligenz ist aber auch für Dienstleistungen wichtig, die eine hohe Qualifikation voraussetzen. Dies ist beispielsweise bei einem Unternehmensberater oder Rechtsanwalt der Fall. Hier stellt das Wissen selbst das eigentliche Produkt dar bzw. hat daran einen hohen Anteil. Diesem steht kein oder nur ein geringer physischer Wert gegenüber. Auch der Verkaufspreis etwa eines Medikaments wird vor allem durch den hohen Forschungsaufwand bestimmt. Dieser entsteht für den Aufbau des zur Herstellung erforderlichen Wissens. Weitere Beispiele für Produktintelligenz sind Software, Smartphones oder Funktionsfasertextilien.

Daraus ergeben sich die in Abb. 7.4.1 dargestellten strategischen Optionen im **Wissensintensitätsportfolio**. Unternehmen können Wettbewerbsvorteile sowohl durch intelligente Produkte als auch intelligente Prozesse generieren. Eine Kombination daraus wird als **wissensintensives Unternehmen** bezeichnet. Dort sind für die Herstellung der angebotenen wissensintensiven Leistungen entweder besonders intelligente Prozesse erforderlich oder das Unternehmen versucht, sich über die Produktintelligenz hinaus durch wissensintensive Geschäftsprozesse stärker im Wettbewerb zu differenzieren. Beispiele für wissensintensive Organisationen sind virtuelle Softwarehersteller oder Unternehmensnetzwerke in der Genforschung.

Wissen spielt jedoch nicht in jedem Unternehmen eine zentrale strategische Rolle. Es wird immer Branchen und

Abb. 7.4.1: Wissensintensitätsportfolio (in Anlehnung an North, 2016, S. 22; Porter/Millar, 1985, S. 152 ff.)

Unternehmen geben, bei denen die Produktionsfaktoren Arbeit und Kapital weiter im Vordergrund stehen, auch wenn deren absolute Zahl zurückgeht. Derartige **wissensschwache Unternehmen** sind nicht nur im primären Sektor zu finden. Es gibt sie auch im sekundären Sektor bei industrieller Massenfertigung standardisierter, technisch einfacher Produkte und im tertiären Sektor bei Dienstleistungen, die keine hohe Qualifikation erfordern. Beispiele für wissensschwache Unternehmen sind Friseur, Supermarkt, Bäcker, Fischerei, Restaurant oder ein Erfrischungsgetränkeabfüller.

Die Positionierung eines Unternehmens im Wissensintensitätsportfolio liefert auch Hinweise auf dessen **Führungskontext** (vgl. Kap. 1.3.5) und die hierfür geeignete Form der Unternehmensführung (vgl. Kap. 1.3.6). Wissensschwache Unternehmen befinden sich meist in einem einfachen Führungskontext, da die Märkte für wissensschwache Produkte und Dienstleistungen in der Regel nicht besonders dynamisch sind. Für wissensschwache Unternehmen eignet sich deshalb eine managementorientierte Unternehmensführung. Bei einer Fokussierung auf intelligente Prozesse, also etwa einer Massenfertigung mit Industrie 4.0 (vgl. Kap. 7.3.4), befinden sich die Unternehmen häufig in komplizierten Führungskontexten, weshalb sich eine integrierte Unternehmensführung empfiehlt. Wissensintensive Güter sind dagegen oft einer hohen Marktdynamik ausgesetzt. Wissensintensive Produkte, wie etwa Smartphones, haben meist einen kurzen Lebenszyklus und das Know-how wissensintensiver Dienstleistungen, wie etwa IT-Support, hat eine geringe Halbwertszeit. Die Unternehmen sind deshalb gezwungen, ihr Wissen und ihre darauf basierenden Güter ständig weiterzuentwickeln. Viele Unternehmen fokussieren sich dabei auf die Produktintelligenz, um sich im Wettbewerb zu differenzieren, während die wenig wertschöpfende Fertigung ausgelagert wird. So lässt z. B. *Apple* unter anderem das *iPhone* beim taiwanesischen Auftragshersteller *Foxconn* produzieren. Dieser hat sich auf die Prozessintelligenz spezialisiert und verfügt über eine hocheffiziente und flexible Fertigung. Unternehmen mit wissensintensiven Produkten oder Dienstleistungen befinden sich häufig in einem komplexen Führungskontext. Dies spricht für eine agile Organisation, welche die Entstehung neuer und kreativer Lösungen fördert (vgl. Kap. 5.2), auch wenn viele produktintelligente Unternehmen (noch) über ein integriertes Führungssystem verfügen.

7.4.2 Individuelles und organisationales Lernen

Lernen findet in allen Unternehmen statt, unabhängig davon, ob die Lernprozesse bewusst oder unbewusst ablaufen. Eine systematische Förderung des **organisationalen Lernens** schafft Potenziale zur kontinuierlichen Selbsterneuerung und ist eine fundamentale Aufgabe der wissensorientierten Unternehmensführung (vgl. *Reinhardt*, 1995, S. 30 f.). Organisationen lernen durch **individuelles Lernen** ihrer Mitglieder, womit sich psychologische Lerntheorien befassen.

> **Lernen** ist ein Prozess zum Erwerb neuen Wissens. Es erhöht bzw. verändert die Wissensbasis von Individuen und verbessert deren Problemlösungsfähigkeit und Handlungskompetenz (vgl. *Probst/Büchel*, 1998, S. 18).

Vereinfachend lassen sich zwei **lerntheoretische Ansätze** unterscheiden (vgl. *Götz/Schmid*, 2004, S. 184 f.):

- **Behavioristische Lerntheorien** stellen die Verknüpfung von Reiz und Reaktion in den Vordergrund. Lernen bedeutet nach diesem Verständnis, dass ein Individuum auf einen bestimmten Reiz (Stimulus) durch Erfahrungswissen anders reagiert als zuvor. So werden etwa einem Hund durch Belohnungen bestimmte Verhaltensweisen antrainiert.
- **Kognitive Lerntheorien** beziehen das Bewusstsein bzw. das menschliche Gehirn als Ort des Lernens mit ein. Sie interpretieren Lernen weniger als einen Versuchs-Irrtums-Prozess, sondern als Vorgang zunehmender Einsicht in Beziehungszusammenhänge. Wesentliche Quelle des Wissens ist somit, im Gegensatz zur behavioristischen Theorie, nicht die Erfahrung, sondern das Denken (Rationalismus). Verbrennt sich ein Kind beispielsweise an einer heißen Herdplatte die Finger, dann hat es Erfahrungswissen gesammelt. Die daraus erlernte Einsicht über den Zusammenhang zwischen Hitze und Schmerz kann es dann kognitiv auf andere heiße Gegenstände übertragen.

Für das **individuelle Lernen** sind beide Ansätze relevant: Lernen wird zu einem erheblichen Teil durch Umwelteinflüsse und die wahrgenommenen Konsequenzen des bisherigen Verhaltens geprägt. Menschen reagieren aber nicht mechanisch auf solche Reize, sondern selektieren und interpretieren die ihnen zur Verfügung stehenden Informationen. Reize werden aufgenommen, verarbeitet und je nach Ergebnis daraus entweder neue Verhaltensweisen abgeleitet oder nicht. Wie Abb. 7.4.2 zeigt, finden diese Lernprozesse in **individuellen Lernzyklen** statt. Zunächst wird eine Situation wahrgenommen, reflektiert und bewertet. Daraus werden Handlungskonzepte abgeleitet und anschließend umgesetzt. Die Ergebnisse des Handelns werden beobachtet und wiederum bewertet. Dies kann in der Folge zu einer erneuten Überarbeitung des Handlungskonzepts und damit einem weiteren Lernzyklus führen. So kann etwa ein Läufer seine Leistung nach und nach sowohl durch regelmäßiges Training als auch durch die Optimierung seines Laufstils verbessern.

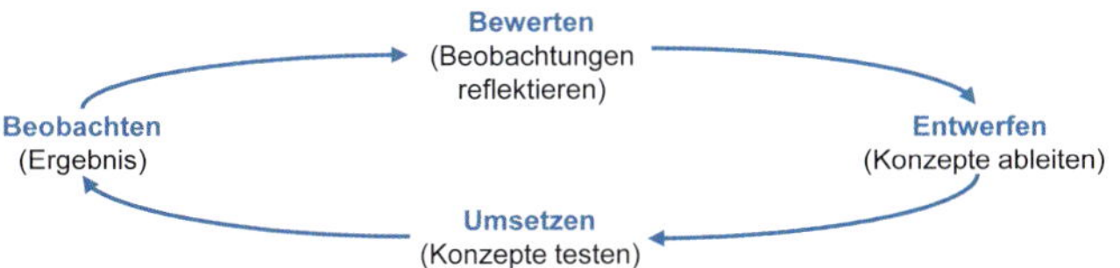

Abb. 7.4.2: Individueller Lernzyklus (in Anlehnung an Kim, 1993, S. 39)

Mentale Modelle bezeichnen vereinfachte Bilder der Wirklichkeit, die jedem Verstehen und Entscheiden zugrunde liegen. Diese Vorstellungen dienen dazu, beobachtete Abläufe und Zusammenhänge zu erklären. Sie werden auch zur Selektion relevanter Umweltinformationen und Interpretation von Verhaltenswirkungen benötigt. Damit bilden sie das zugrundeliegende Erklärungsmodell. Im Sport sind das die Regeln, wie etwa das Abseits im Fußball. Darauf aufbauend lässt sich Lernen, entsprechend dem individuellen Zyklus, als das Einordnen von Informationen in bestehende mentale Modelle verstehen. Individuelle mentale Modelle basieren auf der Erziehung, den Erfahrungen und der Persönlichkeit eines Menschen. Dies führt dazu, dass verschiedene Situationen von Person zu Person unterschiedlich interpretiert und bewertet werden. Während etwa für den einen Mitarbeiter eine Präsentation vor der Geschäftsführung eine spannende Herausforderung darstellt, löst dies bei einem anderen eventuell Versagensängste und extreme Nervosität aus.

Nach dem Ausmaß der Veränderung geteilter mentaler Modelle kann Lernen, wie in Abb. 7.4.3 dargestellt, auf drei **Ebenen** stattfinden (vgl. *Argyris/Schön*, 1978, S. 10 ff.):

- **Lernen erster Ordnung** (Single-Loop-Learning) bezeichnet reines Anpassungslernen (Einkreislernen). Dabei werden Soll-Ist-Abweichungen durch die Bestimmung und Vermeidung von Fehlerquellen beseitigt. Dieses adaptive Lernen basiert auf den bestehenden mentalen Modellen. So kann etwa ein Triathlet durch regelmäßiges Training seine Technik beim Brustschwimmen verbessern und dadurch schneller schwimmen.
- **Lernen zweiter Ordnung** (Double-Loop-Learning) ist erforderlich, wenn sich durch Lernvorgänge der ersten Ebene Störungen nicht beseitigen oder keine Verbesserungen mehr erzielen lassen. Hierzu müssen die Organisationsmitglieder bereit sein, ihre bislang erfolgreich eingesetzten mentalen Modelle aufzugeben und neue Wege zu gehen (Zweikreislernen). Beispielsweise kann der Triathlet seinen Schwimmstil mithilfe eines Trainers auf die Kraultechnik umstellen und einen modernen Neoprenanzug nutzen, um im nächsten Wettkampf eine neue Bestzeit aufzustellen.
- **Lernen dritter Ordnung** (Deutero-Learning) bezeichnet das Lernen des Lernens. Die bisherigen Lernprozesse erster und zweiter Ordnung werden analysiert und daraus lernhinderliche und -fördernde Faktoren bestimmt. Auf diese Weise soll die Lernfähigkeit verbessert werden. Dieses Problemlösungs- und Prozesslernen geschieht insbesondere durch die Beseitigung

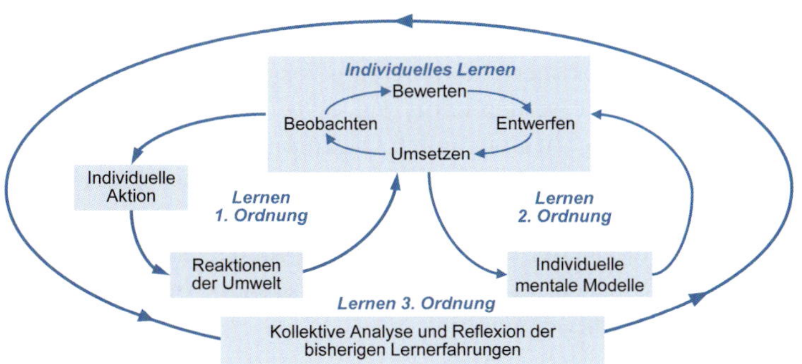

Abb. 7.4.3: Die drei Ebenen des Lernens (in Anlehnung an Kim, 1993, S. 44)

von Lernbarrieren und das Stimulieren der Lernbereitschaft. Zum Beispiel könnte es dem Triathleten an der erforderlichen Offenheit mangeln, die Verbesserungsvorschläge seines Trainers umzusetzen, oder er fragt sich, warum er es nicht schafft, zweimal die Woche schwimmen zu gehen.

Da Unternehmen durch ihre Mitglieder lernen, lässt sich das Modell des individuellen Lernens auf das Lernen von Organisationen erweitern. So besitzen die Mitglieder einer Organisation individuelle Erwartungen über die Konsequenzen ihres Handelns, das heißt eine sog. organisationale Handlungstheorie (Theory of Action). Im Rahmen ihrer Wahrnehmung überprüfen die Organisationsmitglieder diese Erwartungen und lernen bzw. verlernen, indem sie ihre mentalen Modelle konstruieren, testen und rekonstruieren (vgl. *Argyris/Schön*, 1978, S. 10 ff.).

Für das individuelle Lernen spielen Kommunikation und soziale Beziehungen eine wichtige Rolle. Es findet vor allem als informelles Lernen statt, also permanent während der täglichen Arbeit durch kollegialen Erfahrungsaustausch. Die individuellen Lernprozesse sind dabei hierarchieunabhängig, d. h., jeder kann von jedem lernen. **Organisationales Lernen** bezeichnet die Fähigkeit einer Organisation, neue Problem- und Handlungskompetenzen zu generieren. Dies geschieht zum einen durch systematische Erkennung und Beseitigung von Fehlern und zum anderen durch fortwährende Anpassung des organisationalen Wissens (vgl. *Götz/Schmid*, 2004, S. 191).

Organisationales Lernen im Sinne eines **kollektiven Lernens** einer Vielzahl von Unternehmensmitgliedern erfordert die Bildung und Weiterentwicklung geteilter mentaler Modelle. Unternehmen benötigen zur Gestaltung und Optimierung ihrer Geschäftsprozesse ein breites Spektrum an Wissen, welches sie zur Erfüllung von Aufgaben und zur Problemlösung verwenden. Dieser Bestand an Wissen repräsentiert die **organisationale Wissensbasis**, welche durch organisationale Lernvorgänge genutzt, geändert und weiterentwickelt wird (vgl. *Pautzke*, 1989, S. 63 ff.). Das individuelle Wissen einzelner Mitarbeiter muss dazu soweit möglich offengelegt und im Hinblick auf seinen Erklärungswert einer kritischen Prüfung unterzogen werden. Auf diese Weise kann überprüftes individuelles Wissen Eingang in organisationale Handlungsroutinen wie etwa Standardprozesse finden und so eine lernende Organisation entstehen (vgl. *Kim*, 1993, S. 46 f.).

Eine **lernende Organisation** entwickelt, sammelt und verteilt ihr Wissen selbstständig und passt ihr Verhalten auf Basis neu gewonnener Einsichten an, wenn dies erforderlich ist (vgl. *Vahs*, 2019, S. 443).

Jedes Unternehmen kann, unabhängig von dessen Wissensintensität oder Führungskontext, zu einer lernenden Organisation werden. Besonders wichtig ist dies jedoch für wissensintensive Unternehmen (vgl. Kap. 7.4.1). Da deren Wissen auch ihr zentraler Wettbewerbsvorteil ist, sollte dieses über Lernprozesse laufend erneuert und weiterentwickelt werden.

Auch in komplexen Führungskontexten spielt Lernen eine zentrale Rolle. Für **agile Unternehmen** ist es geradezu überlebensnotwendig, eine lernende Organisation zu sein. Kollektives und informelles Lernen durch ständige Interaktion zwischen Mitarbeitern und Teams erhöht die organisationale Wissensbasis und trägt dazu bei, dass sich das Unternehmen weiterentwickelt (vgl. *Buchholz/Knorre*, 2019, S. 120). In agilen Organisationen können alle mit- und voneinander lernen (vgl. Kap. 5.2). In komplexen Führungskontexten sind kreative Lösungen gefragt. Diese lassen sich aber nicht erzwingen, denn weder das Ergebnis noch der Ablauf kreativer Prozesse sind planbar. Allerdings lässt sich Kreativität mit entsprechenden Rahmenbedingungen fördern. Hierzu gehören etwa eine entspannte Atmosphäre, die Diskussion in funktionsübergreifenden Teams, Veränderung in kleinen Schritten sowie die gemeinsame Leidenschaft für einen übergeordneten Sinn und Zweck (vgl. Kap. 6.4.4). Das Wissen wird in agilen Organisationen dezentral und iterativ in Wissensgemeinschaften (Communities of Practice) nach dem *Wikipedia*-Prinzip aufgebaut und weiterentwickelt (vgl. *Schulz*, 2016, S. 82; *Scheller*, 2017, S. 116 ff.).

Beim Einsatz von **Scrum** im agilen Projektmanagement (vgl. Kap. 5.3.5) erfolgt das Lernen iterativ auf zwei Ebenen. In den Reviews mit den Kunden am Ende eines Sprints bekommt das Team Feedback zum Produkt und kann es somit schrittweise verbessern. Neben dieser inhaltlichen Ebene wird in den Retrospektiven auf der methodischen Ebene diskutiert, inwieweit die Vorgehensweise im Projekt verbessert werden kann (vgl. *Scheller*, 2017, S. 497 f.). Lernen erfolgt in einer agilen Organisation aus Fehlern durch das Ausprobieren verschiedener Lösungsansätze nach dem Motto „Win or learn". Dies erfordert eine positive Fehlerkultur, bei der Fehler offen angesprochen werden können, ohne das damit eine Schuldzuweisung verbunden ist (vgl. *Andresen*, 2019, S. 138).

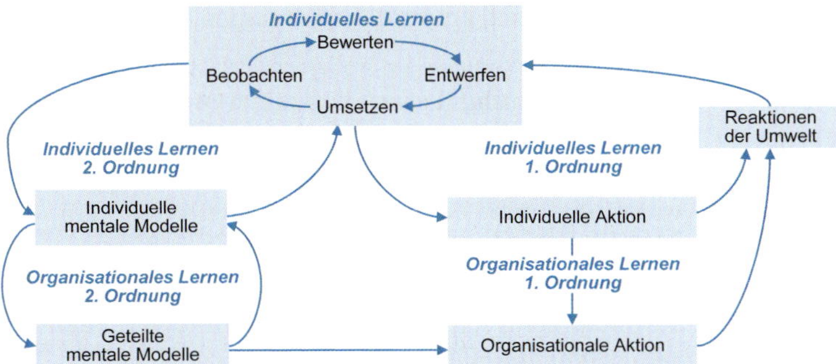

Abb. 7.4.4: Integriertes Modell des organisationalen Lernens (in Anlehnung an Kim, 1993, S. 44)

Abb. 7.4.4 zeigt ein vereinfachtes **Modell des organisationalen Lernens**. Es basiert zunächst auf individuellen Lernprozessen. Reaktionen und Informationen der Umwelt werden auf Basis der individuellen mentalen Modelle beobachtet, bewertet und daraus neue Handlungen entworfen und umgesetzt. Die persönliche Interaktion mit der Umwelt kann dazu führen, dass Mitarbeiter ihre mentalen Modelle und Verhaltensweisen anpassen. Wenn Kollegen dies wahrnehmen und ihre eigenen Verhaltensweisen ebenfalls ändern, dann geht individuelles in kollektives Lernen über. In diesem Fall werden Verhaltensweisen und mentale Modelle von mehreren Organisationsmitgliedern geteilt. Beispielsweise kommt ein Vorgesetzter zu der Einsicht, dass er seinen Mitarbeitern aufgrund des schlechten Klimas in seiner Abteilung mehr Vertrauen schenken sollte. Steigert sein neuer Führungsstil dann die Motivation und Leistung der Mitarbeiter, so wird dies nach außen hin sichtbar. Das kann dazu führen, dass auch andere Führungskräfte diesen neuen Führungsstil übernehmen und dieser sich im Unternehmen verbreitet. Auch eine individuelle Handlung kann das organisationale Verhalten beeinflussen. Beispielsweise beschließt ein Vorgesetzter, in seiner Abteilung einen Casual Friday einzuführen. Aufgrund der erzielten Aufmerksamkeit kann es passieren, dass auch Mitarbeiter anderer Abteilungen freitags in Freizeitkleidung zur Arbeit kommen und sich dies im gesamten Unternehmen einbürgert.

Mithilfe Künstlicher Intelligenz können auch digitale Informationssysteme solche Lernprozesse durchlaufen. **Maschinelles Lernen** umfasst verschiedene Verfahren der Mustererkennung, die auf der Statistik und mathematischen Optimierung basieren. Dabei werden Entscheidungsregeln aus vorhandenen Daten abgeleitet, die über zusätzliche Daten ständig verbessert werden. Die Handlung der Künstlichen Intelligenz ist nicht vorprogrammiert, sondern wird erst aus den Daten erlernt. Das maschinelle Lernen wird in Kap. 7.3.6 erläutert.

Lernprozesse laufen nur dann wirkungsvoll ab, wenn die Rückkopplungsbeziehungen im Lernzyklus intakt sind. Abb. 7.4.5 zeigt sieben mögliche **Lernbarrieren**, welche Lernzyklen unterbrechen und so dem Lernprozess im Weg stehen (vgl. *March/Olsen*, 1975, S. 147 ff.):

- **Rollenbeschränktes Lernen** liegt vor, wenn individuelle Handlungskonzepte nicht in Handlungen umgesetzt werden, da auferlegte Rollenbeschränkungen dies verhindern. Beispielsweise kann der Wunsch eines Abteilungsleiters, Aufgaben an seine Mitarbeiter zu delegie-

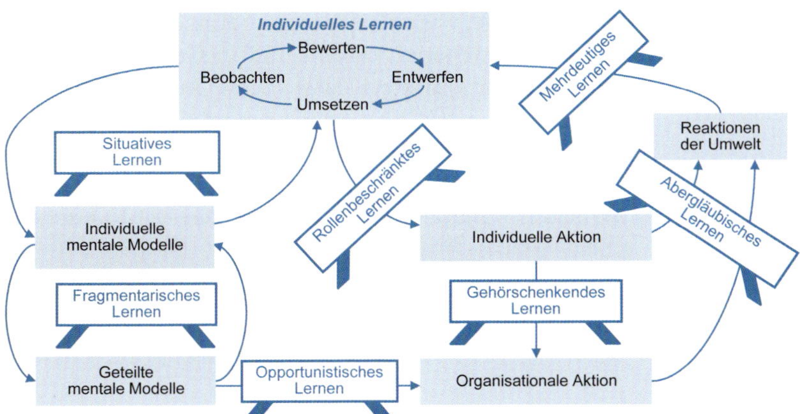

Abb. 7.4.5: Lernbarrieren im Unternehmen (in Anlehnung an Kim, 1993, S. 47)

ren, daran scheitern, dass seine Stellenbeschreibung (= Rolle) dies nicht zulässt.

- Beim **Gehörschenkenden Lernen** findet zwar eine individuelle Handlung statt, diese hat aber keine organisationale Aktion zur Folge. Dies kann daran liegen, dass die individuelle Aktion von der Organisation mehrdeutig aufgenommen wird oder Widerstände hervorruft. So kann etwa die Einführung des Casual Friday sich nicht über die Abteilung hinweg ausbreiten, wenn andere Führungskräfte dagegen sind.
- **Abergläubisches Lernen** liegt vor, wenn Umweltreaktionen als Folge organisationaler oder individueller Aktionen beobachtet werden, aber Ursache und Wirkung nicht objektiv nachvollziehbar sind. Die Beziehung zwischen Aktion und Reaktion wird in diesem Fall subjektiv interpretiert. Dies kann der Fall sein, wenn bei einem komplizierten Problem mehrere Maßnahmen zusammen zu einer gewünschten Reaktion führen, diese aber subjektiv lediglich als Ergebnis einer einzelnen Aktion verstanden wird. Beispielsweise kann eine Vielzahl von Maßnahmen zu einer Steigerung der Kundenzufriedenheit führen. Ein Mitarbeiter, der nur an einer Maßnahme beteiligt war, wird seinen Beitrag als Ursache ansehen, obwohl tatsächlich das Zusammenwirken aller Maßnahmen dafür verantwortlich war.
- **Mehrdeutiges Lernen** beruht auf einer unklaren Beziehung zwischen der Umweltreaktion und daraus abgeleiteten individuellen Handlungskonzepten. Der Zusammenhang von Ursache und Wirkung ist mehrdeutig und unsicher. Ein Beispiel ist ein steigender Absatz von Alarmanlagen, der sich im Unternehmen unterschiedlich interpretieren lässt. Ursachen könnten eine Werbemaßnahme, die zunehmende Kriminalitätsrate oder die Insolvenz eines Konkurrenten sein.
- **Situatives Lernen** liegt vor, wenn das individuelle Handeln eine Änderung des individuellen mentalen Modells zwar nahelegt, dies aber unterlassen wird. Diese Barriere unterbricht das individuelle Double-Loop-Learning. Hoher Arbeitsdruck kann beispielsweise dazu führen, dass althergebrachte Vorgehensweisen angewendet werden, obwohl neue Abläufe sinnvoller wären.
- **Fragmentarisches Lernen** bedeutet, dass individuelle mentale Modelle nicht in kollektive mentale Modelle eingehen, weil sie in der Organisation nicht bekannt sind. Beispielsweise wird das implizite Wissen eines Mitarbeiters nicht weitergegeben, weil es nicht dokumentiert ist oder der Mitarbeiter es für sich behält. Dies ist etwa der Fall, wenn ein Vertriebsmitarbeiter auf einem Seminar neue Verkaufstechniken erlernt und auch erfolgreich anwendet, aber seinen Kollegen nichts davon erzählt.
- **Opportunistisches Lernen** tritt auf, wenn im Unternehmen nicht nach geteilten mentalen Modellen gehandelt wird. Dieses Vorgehen kann sinnvoll sein, um Chancen wahrzunehmen, Risiken abzuwenden oder Veränderungen einzuleiten. Es kann aber auch auf organisatorischen Widerständen gegen geteilte mentale Modelle beruhen. Verabschiedete und anerkannte Verhaltensregeln sollten deshalb konsequent umgesetzt werden. Ein Beispiel wäre ein Vertriebsmitarbeiter, der Geschäfte mit Kunden macht, die von Kollegen akquiriert wurden, obwohl dies offiziell nicht erlaubt ist.

Jede dieser Lernbarrieren bietet Ansatzpunkte zur Verbesserung der betrieblichen Lernprozesse. Sie machen aber auch deutlich, warum eine Veränderung kollektiven Wissens und Verhaltens erheblich schwerer und langwieriger ist als auf individueller Ebene. Das zeigt sich etwa darin, dass die Lernintensität von Gruppen häufig nur dem kleinsten gemeinsamen Nenner entspricht (vgl. *De Geus*, 1989, S. 28). Daraus entsteht die Gefahr einer unzureichenden Veränderungsfähigkeit des Unternehmens. Zur Förderung des organisationalen Lernens sollten deshalb Unterbrechungen und Störungen der Lernprozesse systematisch identifiziert und möglichst rasch beseitigt werden. Wesentlicher Ansatzpunkt zur Verbesserung der Informationsflüsse zwischen den individuellen und kollektiven Lernzyklen ist die **Kommunikation** im Unternehmen (vgl. Kap. 7.1.1). Sie bildet das Medium zum organisationalen Lernen und damit zum Aufbau einer kollektiven Wissensbasis.

7.4.3 Wissensmanagement

Wissen hat für viele Unternehmen eine hohe strategische Bedeutung. Deshalb stellt sich für die Unternehmensführung die Frage, wie sich das organisationale Wissen optimal nutzen, weiterentwickeln und in Geschäftsprozesse und Produkte umsetzen lässt. Diese Aufgaben werden unter dem Begriff Wissensmanagement zusammengefasst (vgl. *North*, 2016, S. 171 ff.; *Probst et al.*, 2013, S. 29 ff.).

> **Wissensmanagement** bezeichnet die systematische Identifikation, Beschaffung, Entwicklung, Verteilung, Nutzung und Bewahrung des organisationalen Wissens mit dem Ziel, die Wettbewerbsfähigkeit des Unternehmens zu steigern.

Der Nutzen des Wissensmanagements ergibt sich aus seinem Beitrag zur Erreichung der betrieblichen Ziele. Es bezieht sich nicht nur auf das Unternehmen, sondern auch auf externe Wissensquellen, wie etwa Kunden, Lieferanten oder Geschäftspartner.

Konzeptionen des Wissensmanagements

Die unterschiedlichen Wissensmanagementkonzepte lassen sich in folgende **Denkrichtungen** unterscheiden (vgl. *North*, 2016, S. 169 ff.):

- Das **technokratische Wissensmanagement** betrachtet Wissen als Objekt und geht davon aus, dass dessen Aufbau und Nutzung genau geplant, gesteuert und gemessen werden kann. Dies soll vor allem durch den Einsatz von digitalen Informationssystemen erreicht werden. Ein Beispiel ist das lebenszyklusorientierte Wissensmanagement (vgl. *Rebhäuser/Krcmar*, 1996).
- Die **Wissensökologie** versteht Wissen als Prozess. Ihr Schwerpunkt liegt in der Gestaltung der Rahmenbedingungen, um Mitarbeiter zu motivieren, organisationales Wissen aufzubauen und zu nutzen. Unternehmen werden als dynamisch lernende Systeme angesehen, die nicht beliebig steuerbar sind. Ein Beispiel ist das lernorientierte Wissensmanagement (vgl. *Pawlowsky*, 1994)
- **Phasenmodelle** integrieren beide Sichtweisen. Wissen wird situativ als Objekt bzw. Prozess verstanden und das Wissensmanagement in Phasen unterteilt.

Ganzheitliche Konzepte des Wissensmanagements betrachten organisationales Wissen als eigenständiges und bedeutsames Objekt der Unternehmensführung (holistische Ansätze). Von besonderer praktischer Bedeutung ist das **führungskreislauforientierte Wissensmanagement** als integratives Phasenmodell. Es besteht aus den in Abb. 7.4.6 dargestellten Bausteinen, welche den Kreislauf des Wissensmanagements bilden. Identifikation, Erwerb, Entwicklung, Verteilung, Nutzung und Bewahrung stellen die operativen Aufgabenbereiche des Wissensmanagements dar. Sie fallen laufend an, beeinflussen sich gegenseitig und bauen aufeinander auf. Durch die Formulierung von Wissenszielen und der Bewertung der Zielerreichung erhält das Wissensmanagement auch eine strategische Ausrichtung. Das anwendungsorientierte Modell ist im deutschsprachigen Raum weit verbreitet. Im Folgenden werden dessen Bausteine näher erläutert (vgl. i. F. *Probst et al.*, 2013, S. 37 ff.).

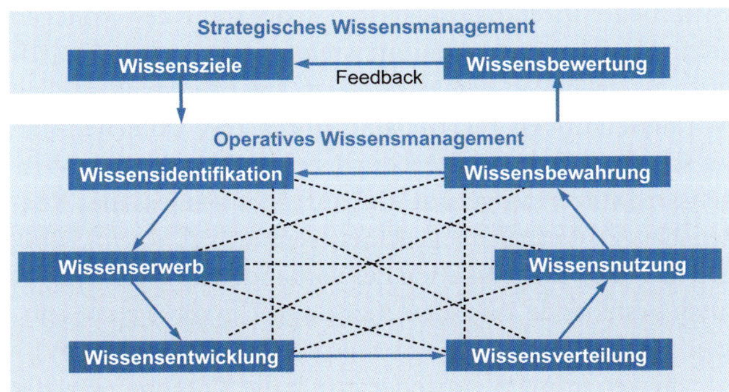

Abb. 7.4.6: Kreislauf des Wissensmanagements (vgl. Probst et al., 2013, S. 34)

Wissensziele

Ausgangspunkt des Wissensmanagements ist die Festlegung der **Wissensziele** des Unternehmens. Diese bestimmen, auf welcher Ebene welches Wissen und welche Kompetenzen aufzubauen sind. Alle weiteren Aktivitäten dienen dazu, diese Wissensziele zu erreichen. Auf diese Weise laufen organisationale Lernprozesse zielgerichtet ab und der Erfolg des Wissensmanagements kann beurteilt werden. Ihre Definition wird in der Praxis jedoch häufig vernachlässigt (vgl. *Probst et al.*, 2013, S. 37 ff.).

Nach den Führungsebenen lassen sich folgende **Wissensziele** unterscheiden:

- **Normative Wissensziele** bilden die Basis für die Bereitschaft des Unternehmens und seiner Mitarbeiter, sich mit Aspekten des Wissens auseinanderzusetzen. Hierzu gehört insbesondere die Schaffung einer wissensorientierten Unternehmenskultur. Diese soll bei Führungskräften und Mitarbeitern ein Bewusstsein für die Bedeutung des Wissens für den Unternehmenserfolg schaffen. Ohne ein solches Verständnis haben die Maßnahmen des Wissensmanagements auf den nachfolgenden Ebenen nur geringe Aussicht auf Erfolg.
- **Strategische Wissensziele** beschreiben den zukünftigen Kompetenzbedarf und das notwendige organisationale Kernwissen des Unternehmens. Dadurch soll festgelegt werden, welche Kompetenzen bewahrt oder neu entwickelt werden müssen und welche in Zukunft nicht mehr erforderlich sind. Darauf aufbauend lassen sich Wissensstrategien formulieren. Sie beschreiben, wie die Führungssysteme und Organisationsstrukturen gestaltet werden müssen, um diese Wissensziele zu erreichen. Die Ausgestaltung der Wissensstrategie hängt insbesondere von der Bedeutung des Wissens zur Differenzierung im Wettbewerb und dem Führungskontext ab (vgl. Kap. 7.4.1).
- **Operative Wissensziele** übersetzen die strategischen Wissensziele in messbare und detaillierte Teilziele. Sie

sollen die Umsetzung des Wissensmanagements sicherstellen und verhindern, dass die strategischen Wissensziele dem Tagesgeschäft zum Opfer fallen. Dafür müssen die operativen Wissensziele äußerst konkret formuliert und deren Umsetzung im gesamten Unternehmen konsequent unterjährig verfolgt werden.

Probleme in der Praxis bereiten vor allem die Quantifizierbarkeit der Wissensziele, Verständigungsschwierigkeiten im Rahmen der operativen Aufgaben des Wissensmanagements sowie Konflikte zwischen den Wissenszielen der Mitarbeiter und denen des Unternehmens.

Wissensidentifikation

Die fehlende Transparenz über das innerhalb und außerhalb der Organisation vorhandene Wissen ist in vielen Unternehmen ein Problem. Eine immer größer werdende Datenflut erschwert es vielen Führungskräften, die zur Zielerreichung erforderlichen Informationen zu finden und auszuwählen (vgl. Kap. 7.2). Die Identifikation der für das Unternehmen relevanten Wissensträger und -inhalte bildet deshalb die Grundlage für ein effektives Wissensmanagement. Dadurch lassen sich Wissensträger innerhalb des Unternehmens kontaktieren, um mit ihnen kooperativ zusammenzuarbeiten und Synergien zu erzielen. Interne und externe Wissensressourcen lassen sich somit besser nutzen (vgl. *Probst et al.*, 2013, S. 63 ff.).

Wissens(land)karten sind grafische Verzeichnisse von Wissensträgern, -strukturen, -beständen, -quellen oder -anwendungen. Sie stellen das Wissen und die betreffenden Wissensträger strukturiert dar und erleichtern es, diese zu finden. Auf diese Weise erhöhen sie die Transparenz über das vorhandene Wissen.

Die wichtigsten Arten von **Wissenslandkarten** sind:

- **Wissensträgerkarten** geben Auskunft darüber, welches Wissen in welcher Ausprägung bei welchem Wissensträger vorhanden ist.
- **Wissensbestandskarten** zeigen, wo und in welcher Form bestimmte Wissensbestände gespeichert sind.
- **Wissensstrukturkarten** veranschaulichen die Zusammenhänge im Rahmen eines Wissensgebiets bzw. zwischen unterschiedlichen Wissensgebieten.

Eine effektive und mit relativ geringem Aufwand verbundene Möglichkeit der Wissensidentifikation ist die Erstellung von Wissensträgerkarten in Form von Expertenverzeichnissen. Sie enthalten die internen Experten mit ihren betrieblichen Kontaktdaten und beschreiben, auf welchen Themengebieten diese über spezielles Wissen verfügen, wie das Beispiel von *Porsche Engineering Services* zeigt. Solche Verzeichnisse werden auch die „**Gelben Seiten**" des Unternehmens genannt und werden häufig in das betriebliche Intranet oder ein soziales Unternehmensnetzwerk integriert.

Eine wirksame Unterstützung zur Erfassung, Verarbeitung und Auffindung von Dokumenten liefern **Dokumentenmanagementsysteme**. Mit ihrer Hilfe lassen sich Dokumentensammlungen inhaltlich strukturieren und ordnen. Die Arbeit mit den Dokumenten wird dabei etwa durch eine Versionsverwaltung oder die Benachrichtigung über neue Dokumente erleichtert. Noch schwieriger als die Bestimmung des unternehmenseigenen Wissens ist es, einen Überblick über das relevante externe Wissen zu erhalten. Dabei geht es vor allem darum, sich über Markttrends zu informieren und die maßgeblichen externen Wissensträger und -quellen zu kennen. Dies können beispielsweise Professoren, Berater, Lieferanten oder Kunden sein. Sie verfügen über spezielles Wissen, welches im Unternehmen nicht vorhanden ist. Vielfältige Möglichkeiten bietet auch das Internet. Die dortige Fülle an Informationen erschwert jedoch das Auffinden und Selektieren der wirklich relevanten Inhalte. **Recherchesysteme** helfen den Mitarbeitern bei der Suche nach Informationen in unterschiedlichen Datenquellen (vgl. *Krcmar*, 2015, S. 684 ff.). Ein populäres Beispiel sind Suchmaschinen wie etwa *Google*. **Big Data** (vgl. Kap. 7.3.2) und **Business Analytics** (vgl. Kap. 7.3.3) versprechen neue Möglichkeiten zur Erkennung von Zusammenhängen zur Prognose zukünftiger Entwicklungen, beispielsweise im Hinblick auf Kundenbedürfnisse oder Märkte.

Bei der Suche nach externem Wissen wird in der Praxis häufig unnötiger Aufwand betrieben. Dies liegt vor allem daran, dass nicht die richtigen Wissensträger befragt werden, die Suchziele unklar formuliert sind und die Mitarbeiter zu wenig Erfahrung im Umgang mit externen Wissensquellen haben. Zur Verbesserung der Transparenz über das im Unternehmen vorhandene Wissen können alle Mitarbeiter ihren Beitrag leisten. Jeder sollte den Kollegen seine Fähigkeiten kommunizieren und ihnen den Zugriff auf das eigene Wissen erleichtern. Die infrastrukturellen Voraussetzungen hierfür sind durch das Unternehmen zu schaffen. Dabei sollte jedoch stets auf bestehende Wissensstrukturen aufgebaut und auf ein angemessenes Kosten-Nutzen-Verhältnis geachtet werden (vgl. *Roehl*, 2000, S. 240 f.). Die Identifikation des vorhandenen Wissens zeigt auch bestehende Wissensdefizite auf. Um diese zu beseitigen, sind Lernprozesse erforderlich (vgl. Kap. 7.4.2). Wissenslücken können entweder durch die Nutzung externer Quellen (Wissenserwerb) oder das Erlernen neuen Wissens (Wissensentwicklung) geschlossen werden.

Wissensmanagement bei Porsche Engineering

Die *Porsche Engineering Services GmbH* mit Sitz in Bietigheim-Bissingen ist eine Tochtergesellschaft der *Porsche AG*. *Porsche Engineering* bietet Entwicklungsdienstleistungen für Automobilhersteller und -zulieferer, aber auch für Unternehmen anderer Branchen.

Die Kunden werden von der Konzeptphase bis in die Serienproduktion entlang des gesamten Produktentstehungsprozesses bei der Entwicklung von Komponenten, Systemen, Modulen und Gesamtfahrzeugen unterstützt.

Die Gelben Seiten von *Porsche Engineering Services* sind für alle Mitarbeiter in *HCL Notes* zugänglich. Diese Lösung wurde gewählt, da auf diese Weise die Zugriffsrechte besser zuordenbar sind als im Intranet. Die **Mitarbeiter-Stammdaten**, wie etwa Name, Lichtbild oder Telefonnummer, werden bei Eintritt eines Mitarbeiters von der IT-Abteilung eingepflegt. Zusätzlich werden die im Laufe der Betriebszugehörigkeit durchgeführten **Schulungen** von der Personalabteilung eingetragen.

Die **Qualifikationsdaten** wie Ausbildung, Tätigkeitsbeschreibung, Sprachkenntnisse, IT-Kenntnisse sowie Projekterfahrungen und spezielle Qualifikationen werden von den Mitarbeitern selbst erfasst und regelmäßig aktualisiert. Die Mitarbeiter können ihrerseits mithilfe einer standardisierten Suchmaske nach einem geeigneten Ansprechpartner in der Datenbank suchen. Den Aufbau eines solchen Mitarbeiterprofils zeigt Abb. 7.4.7.

Die Einführung des Wissensmanagements bei der *Porsche Engineering Services GmbH* führte zu einer Vereinfachung der täglichen Informationssuche und half dadurch, Fehler und Doppelarbeiten zu vermeiden. Eine interne Untersuchung ergab, dass auf diese Weise pro Tag und Mitarbeiter ca. 40 Minuten bei der Wissenssuche eingespart werden konnten. Dadurch ließ sich die Effizienz der Entwicklungsprojekte um ca. 10 % steigern.

Mitarbeiterprofil

Name:	Elvira Musterfrau	
Alter:	44	
Sprachkenntnisse:	Montenegrinisch, Italienisch, Englisch	
Funktion in der PES GmbH:	OTL	
Fachbereich in PES GmbH:	EKR	
Ausbildungs-/Studiengänge:	techn. Zeichnerin Dipl.-Ing. Maschinenbau Projektmanagement -Fachfrau RKW/GPM	
Berufserfahrung:	Technische Zeichnerin im Maschinenbau Konstruktion im Sondermaschinenbau Konstruktion im Automobilbau	**Mitarbeit in Fachabteilungen:** EGX 3, EKX, EKX
„Know-how"-Schwerpunkte:	Zeichnungskontrolle Stücklistenerstellung Technische Dokumentation Projektmanagement	Erstellen von Montageanweisungen Kunststoffanbindungen Konstruktion mit Kunststoffen
Projekterfahrung:	Porsche Sportwagenvariante Porsche Strassenrennwagen Porsche SUV Daimler VAN	Frontend Anbauteile Frontend Frontend
PC/DV/CAD-Kenntnisse:	Corel Draw, Lotus Notes, MS Office, MS Project, MS Mindmanager, CATIA, Pro Engineer	

Abb. 7.4.7: Mitarbeiterprofil in den Gelben Seiten der Porsche Engineering Services

Wissenserwerb

Unternehmen sind meist nicht in der Lage, sämtliches Wissen selbst zu entwickeln. Ein effektiver Weg, um Wissenslücken zu schließen, ist deshalb der Erwerb des Wissens von externen Wissensträgern (vgl. *Probst et al.*, 2013, S. 93 ff.). Dies kann etwa durch Einstellung eines neuen Mitarbeiters geschehen, der über das erforderliche Wissen verfügt. Externe Experten lassen sich aber auch zeitweise „mieten". Ein Beispiel hierfür sind Unternehmensberater. Weitere Möglichkeiten sind Kooperationen mit anderen Organisationen, wie etwa Universitäten, oder die Akquise von Unternehmen, die über das gesuchte Wissen verfügen.

Besonders nützlich ist das **Wissen von Interessengruppen** (Stakeholdern), mit denen das Unternehmen in Beziehung steht. Dies kann beispielsweise ein gemeinsames Entwicklungsprojekt mit einem Lieferanten oder die Zusammenarbeit mit der Hausbank bei der Finanzierung eines Investitionsprojekts sein. Im Vordergrund stehen das Wissen über den Kunden und dessen Bedürfnisse sowie die von ihm gemachten Erfahrungen mit den Leistungen des Unternehmens. Diesem Wissen kommt für die gezielte Entwicklung und Vermarktung der Produkte eine Schlüsselrolle zu. Darüber hinaus kann das Unternehmen auch **Wissensprodukte** erwerben. Dies können etwa Lizenzen und Patente, Blaupausen oder Software sein. Da das Wissen hier personenunabhängig als Information gespeichert ist, bezeichnet man diese auch als Wissenskonserven.

Problematisch beim Wissenserwerb ist die geringe Markttransparenz, welche den Vergleich und die Bewertung des zu erwerbenden Wissens erschwert. Darüber hinaus sind interne Barrieren zu beseitigen, die bei Mitarbeitern gegenüber erworbenem Wissen bestehen. Beispiele sind das Not-invented-here-Syndrom, Mobbing gegen neue Mitarbeiter oder Widerstand gegen Konzepte von Unternehmensberatern.

Die Schließung von Wissenslücken durch Wissenserwerb reicht jedoch nicht, um langfristig Wettbewerbsvorteile zu erzielen. Das hat den einfachen Grund, dass die meisten dieser Möglichkeiten auch der Konkurrenz offenstehen. Der Aufbau von schwierig imitierbarem organisationalem Wissen erfordert daher eine unternehmensinterne Eigenentwicklung.

Wissensentwicklung

Die Entwicklung von Wissen durch Lernen kann für das Unternehmen sowohl aus wirtschaftlichen als auch strategischen Gesichtspunkten sinnvoll sein. Für die Differenzierung im Wettbewerb ist neues Wissen entscheidend, da es sich nicht extern erwerben lässt und somit auch nicht der Konkurrenz zur Verfügung steht. Angestrebt wird solches Wissen, das zu innovativeren Produkten, höherem Kundennutzen oder leistungsfähigeren Prozessen führt (vgl. *Pawlowsky*, 1998b, S. 25).

Nach *Nonaka* und *Takeuchi* (vgl. i. F. 2012, S. 76 ff.) ist bislang nur der Mensch als Individuum in der Lage, neues Wissen zu entwickeln. Die individuelle Wissensentwicklung geschieht durch das Zusammenwirken von implizitem und explizitem Wissen. Implizites Wissen beruht auf subjektiven, persönlichen Erfahrungen, Werten und Fertigkeiten und ist großteils unbewusst. Explizites Wissen ist objektiv, systematisiert, bewusst erfassbar und lässt sich dokumentieren (vgl. Kap. 7.1.1). Auch wenn die Künstliche Intelligenz in den letzten Jahren große Fortschritte gemacht hat, verfügt diese bislang nur über explizites Wissen (vgl. Kap. 7.3.6).

Die Entwicklung neuen Wissens erfolgt in Form einer **Wissensspirale**, bei der immer wieder folgende **Stufen der Wissensumwandlung** durchlaufen werden (vgl. Abb. 7.4.8):

- **Sozialisation** (Implizites Wissen aus implizitem Wissen): Die Sozialisation ist ein Erfahrungsaustausch zwischen Individuen, bei dem aus dem impliziten Wissen eines Mitarbeiters bei einem anderen Mitarbeiter neues implizites Wissen entsteht. Dieses neue Wissen wird von den Kollegen oder Vorgesetzten nicht über Anweisungen, sondern vor allem durch Beobachtung, Nachahmung und praktische Anwendung erworben. Voraussetzung der Sozialisation ist jedoch ein gemeinsamer Erfahrungskontext. Ansonsten ist es für den Mitarbeiter schwer, die Denk- und Handlungsweisen seines Kollegen nachzuvollziehen. Dies gilt etwa für das Erlernen von kulturellen Normen, Richtlinien und Werten des Unternehmens. Die Sozialisation findet beispielsweise im Handwerk zwischen Meister und Geselle statt.
- **Externalisierung** (Explizites Wissen aus implizitem Wissen) macht das implizite Wissen kommunizier- und übertragbar, sodass es von vielen Mitarbeitern genutzt werden kann. Dies lässt sich vor allem durch Dokumentation erreichen. Ein Beispiel hierfür ist ein Personalvorstand, der auf Basis seiner langjährigen Erfahrung als Führungskraft (= implizites Wissen) schriftliche Personalführungsgrundsätze verfasst, welche er den anderen Führungskräften in einem Rundschreiben bekannt macht (= explizites Wissen).

- **Kombination** (Explizites Wissen aus explizitem Wissen): In diesem Fall wird das explizite Wissen eines Mitarbeiters mit anderem expliziten Wissen verknüpft, in einen anderen Kontext gestellt oder neu geordnet. Eine individuelle Problemlösung eines Mitarbeiters lässt sich etwa auf andere Abteilungen übertragen. Allerdings wird die Wissensbasis der Organisation dadurch nicht vergrößert, sondern lediglich bestehendes Wissen in eine andere Form und in einen anderen Kontext gebracht. Häufig lässt es sich dadurch jedoch besser nutzen als vorher. Ein Beispiel ist die Erstellung eines Projektleitfadens auf Basis der Dokumentation einzelner Projekte.
- **Internalisierung** (Implizites Wissen aus explizitem Wissen): Das neue explizite Wissen wird angewendet und verinnerlicht (Learning by doing). Die Mitarbeiter ergänzen, erweitern und restrukturieren ihr bisheriges implizites Wissen und vergrößern auf diese Weise ihre Problemlösungs- und Handlungskompetenz. Dies geschieht beispielsweise, wenn ein Mitarbeiter die dokumentierten Erfahrungen vergangener Projekte dazu nutzt, die Planung eines neuen Entwicklungsvorhabens durchzuführen, und auf diese Weise seine eigene Planungsfähigkeit verbessert.

Nach der Internalisierung werden die Stufen auf einem höheren Wissensniveau erneut durchlaufen, woraus sich grafisch die in Abb. 7.4.8 dargestellte Wissensspirale ergibt. Die beiden kritischen Teilschritte sind dabei die Ex- und Internalisierung, da diese das persönliche Engagement der Mitarbeiter erfordern.

Abb. 7.4.8: Die Spirale des Wissens (vgl. Nonaka/Takeuchi, 2012, S. 79)

Wissensentwicklung kann auf individueller und kollektiver Ebene stattfinden. **Individuelle Lernprozesse** erfordern Kreativität und systematische Problemlösungsfähigkeit. Sie führen zu neuem persönlichem Wissen. Aus Sicht des Unternehmens sind vor allem solche individuellen Lernprozesse wertvoll, die neues organisationales Wissen und Innovationen hervorbringen. Die meisten Innovationen werden aber nicht von Einzelpersonen, sondern von divers zusammengesetzten Teams entwickelt. In diesem Rahmen kommen Instrumente der **kollektiven Wissensentwicklung** zum Einsatz, wie etwa Kreativitätstechniken, Think Tanks oder Lernarenen. Ein **Think Tank** ist eine Gruppe spezialisierter Mitarbeiter, die mit der Schaffung neuen Wissens beauftragt wird. Ein Beispiel ist ein Genforschungsteam in einem Pharma-Unternehmen. In einer **Lernarena** treffen sich die Mitarbeiter regelmäßig zum Erfahrungsaustausch. Durch den Einsatz geeigneter Lernprozesse soll entweder das Wissen der Gruppe weiterentwickelt oder im Rahmen eines bestimmten Zeitraums vorgegebene Lernziele erreicht werden (vgl. *Romhardt*, 1995, S. 13 ff.).

Unternehmen verfügen auch über vielfältige **digitale Formen des Lernens**. E-Learning lässt sich unabhängig von Ort und Zeit individuell durchführen und findet selbstgesteuert im eigenen Tempo statt. Durch automatisierte Tests kann der Nutzer seinen Lernerfolg überprüfen. Gamification, also spielerische Elemente, wie etwa Auszeichnungen, Ranglisten oder Fortschrittsbalken, erhöhen dabei die Lernmotivation. Online-Kurse als Corporate MOOCS (Massive Open Online Courses) ermöglichen unbegrenzte Teilnehmerzahlen. Reines E-Learning hat allerdings hohe Abbruchquoten, da für das Lernen auch soziale Aspekte eine wichtige Rolle spielen. Insbesondere für anspruchsvollere oder kreative Themen ist deshalb integriertes Lernen (Blended Learning), bei dem E-Learning didaktisch sinnvoll mit Präsenzveranstaltungen kombiniert wird, besser geeignet (vgl. *Hromkovic/Lacher*, 2019, S. 359 ff.; *Niemeier*, 2016, S. 11 ff.).

Augmented Reality (erweiterte Realität; kurz: AR) ermöglicht eine um virtuelle Elemente bereicherte Lernumgebung. Dem Anwender werden mithilfe einer speziellen Brille zusätzliche Informationen in sein Blickfeld eingeblendet. Populär geworden ist die Technik insbesondere durch das Computerspiel *Pokémon Go*. Durch AR lassen sich etwa komplizierte manuelle Tätigkeiten trainieren und situativ unterstützen, wie etwa die Reparatur einer Maschine (vgl. *Krcmar*, 2015, S. 711). In der **Virtual Reality** (VR) wird die physische Welt ausgeblendet und der Nutzer taucht in eine animierte virtuelle Realität ein. Der Anwender kann diesen künstlichen Raum begehen und darin befindliche Objekte fühlen, greifen und bewegen. Auf diese Weise können etwa Prototypen neuer Produkte für den Kunden mit allen Sinnen erfahrbar gemacht werden. Dies kann einem Entwicklungsteam wichtige Hinweise für die Verbesserung eines Produktes geben (vgl. *Hansen et al.*, 2019, S. 27).

Informelles Lernen erfolgt zunehmend durch kurze Lernvideos, die jeweils ein abgegrenztes Themenfeld erläutern (Micro-Content). Diese können auch von einzelnen Mitarbeitern autonom und dezentral selbst erstellt werden (User-generated Content). Mithilfe eines betrieblichen sozialen Netzwerks lassen sie sich im Unternehmen dann online zur Verfügung stellen. Dies ermöglicht ein arbeitsbegleitendes, bedarfsgerechtes **Micro-Learning**. Informelles digitales Lernen kann so das formelle, intentionale Lernen wirksam ergänzen und teilweise auch ersetzen. Die Lerninhalte werden in einer Wissensgemeinschaft (Community of Practice) von den Mitarbeitern erstellt, ausgetauscht und gemeinsam vertieft (vgl. *Ruf*, 2019, S. 371 f.). Kollektives Lernen findet vermehrt in solchen Online-Communities statt. Ein Beispiel kollektiver Wissensentwicklung und -verteilung ist **Working out Loud**, das in Kap. 7.5.4 am Beispiel von *Bosch* vorgestellt wird.

Gerade in **agilen Organisationen** (vgl. Kap. 5.2) hat der Austausch impliziten Wissens in solchen Wissensgemeinschaften, Anwenderkreisen oder betrieblichen sozialen Netzwerken eine hohe Bedeutung. Micro-Learning ermöglicht in komplexen Führungskontexten die Konzentration auf das erfolgskritische Wissen, und die dezentrale Struktur der Lerninhalte fördert das selbstorganisierte Lernen (vgl. *North*, 2020, S. 31 f.).

Innovationen (vgl. Kap. 8.6) bedeuten stets Veränderung und treffen deshalb auf individuelle und kollektive **Widerstände** (vgl. Kap. 6.5.4). Alte Vorgehensweisen sollen durch neue Lösungen ersetzt werden, deren Leistungsfähigkeit sich erst noch zeigen muss. Oft spielen dabei auch Machtstrukturen eine Rolle. Auf individueller Ebene äußern sich diese Widerstände beispielsweise in der Ablehnung anderer Auffassungen oder dem Denken in Gefahren und Problemen statt in Chancen und Lösungen. Auf kollektiver Ebene führt mangelnde Wissenstransparenz oft zu Redundanzen in der Wissensentwicklung. Das Rad immer wieder neu zu erfinden ist Ressourcenverschwendung (vgl. *Romhardt*, 1995, S. 173 ff.).

Wissensverteilung

Im nächsten Schritt soll das beschaffte bzw. entwickelte Wissen den Mitarbeitern zur Verfügung gestellt werden. Es ist also auf diejenigen Mitarbeiter zu übertragen, die nicht am Prozess der Wissensgenerierung beteiligt waren. Diese Verteilung ist erforderlich, um isoliert vorhandenes Wissen für das gesamte Unternehmen nutzbar zu machen. Es ist zu entscheiden, welche Mitarbeiter über welches Wissen verfügen sollen und auf welche Weise die Wissensverteilung geschehen kann (vgl. *Probst et al.*, 2013, S. 143 ff.).

Die Wissensverteilung kann direkt oder indirekt erfolgen. Beim **direkten Wissenstransfer** wird gezielt organisationales Wissen auf die Mitarbeiter übertragen. Im Vordergrund steht die Weitergabe von explizitem Wissen. Beispiele hierfür sind Weiterbildungsmaßnahmen, Qualitätszirkel oder Mentorenprogramme. Der **indirekte Wissenstransfer** verfolgt nicht ausdrücklich das Ziel, organisationales Wissen zu übertragen. Die Wissensverteilung ist dabei lediglich ein mehr oder wenig erwünschter Nebeneffekt von Maßnahmen der Personalentwicklung (vgl. Kap. 6.2.3). Implizites Wissen wird häufig in dieser Form weitergegeben. Durch Job-Rotation, also den planmäßigen und systematischen Wechsel von Arbeitsplatz und Arbeitsaufgaben, wird beispielsweise ein Mitarbeiter mit der Unternehmenskultur vertraut gemacht und kann sukzessive sein eigenes Wissensnetzwerk aufbauen (vgl. *Güldenberg*, 2003, S. 290 ff.).

Die organisatorische Wissensverteilung lässt sich entweder nach dem Push- oder dem Pull-Prinzip gestalten (vgl. *Romhardt*, 1998, S. 209 f.). Beim **Push-Prinzip** werden die Mitarbeiter mit dem für sie notwendigen Wissen von einer oder mehreren zentralen Stellen versorgt. Dies kann von Vorteil sein, wenn es sich um einen standardisierten und laufend wiederkehrenden Wissens- und Informationsbedarf handelt. Es ist auch dann sinnvoll, wenn einzelne Mitarbeiter nicht in der Lage sind, ihre Wissensdefizite rechtzeitig zu bemerken. Generell sollten die Mitarbeiter das für ihre Arbeit erforderliche Wissen in eigener Initiative gezielt nachfragen, wenn sie ein Defizit bei sich feststellen. Durch dieses **Pull-Prinzip** ist die aktive Nutzung des vorhandenen Wissens durch die Mitarbeiter am ehesten gewährleistet.

Für eine erfolgreiche Wissensverteilung sind technologische, organisatorische und personelle Anforderungen zu erfüllen. Aus **technologischer Sicht** erfordert die betriebliche Verteilung des Wissens geeignete digitale Informationssysteme. Mit ihrer Hilfe lassen sich räumliche und zeitliche Distanzen zwischen den Mitarbeitern überwinden und die gemeinsame Arbeit unterstützen. Mittlerweile gibt es auf diesem Gebiet bereits ein breites Angebot, das von Intranet- und Extranet-Lösungen bis zu Groupware-Systemen reicht.

Besonders digitale Webtechnologien dienen als **„soziale Software“** der menschlichen Kommunikation und Zusammenarbeit und ermöglichen den Aufbau von **Wissensnetzwerken** (vgl. *Krcmar*, 2015, S. 684 ff.; *Probst et al.*, 2013, S. 248 ff.):

- **Community-Support-Systeme** erleichtern die Zusammenarbeit von Gruppen, deren Mitglieder räumlich verteilt sind. Dabei können etwa Dokumente gemeinsam bearbeitet oder Projekte über einen zentralen Terminkalender geplant werden. Zudem lassen sich auch soziale Beziehungen zwischen den Mitgliedern pflegen. Manche Unternehmen verfügen über ein internes soziales Netzwerk (Enterprise Social Network), bei dem ähnlich wie bei *Facebook* jeder Mitarbeiter ein eigenes Profil anlegen kann, um Kontakte zu knüpfen und sich auszutauschen. Dies zeigt auch das Beispiel *Bosch Connect*.
- **Wikis** (hawaiianisch für „schnell") sind Wissenssammlungen, die von allen Mitarbeitern gemeinsam erstellt und gepflegt werden. Jeder Nutzer kann dabei auf das gespeicherte Wissen zugreifen, dieses korrigieren und ergänzen. Daraus resultiert eine organisch wachsende, aktuelle und lebendige Wissenssammlung. Das bekannteste Beispiel für ein Wiki ist die Internet-Enzyklopädie *Wikipedia*. Im Unternehmen können beispielsweise häufig gestellte Fragen (FAQ: Frequently Asked Questions) für bestimmte Themen als Wiki geführt werden.
- **Blogs** (Kunstwort aus Web und Logbuch) sind Webseiten, denen regelmäßig neue Einträge hinzugefügt werden. Diese werden in chronologisch umgekehrter Reihenfolge aufgelistet, sodass der aktuellste Eintrag zuerst angezeigt wird. Blogs werden von ihren Lesern abonniert, die dann automatisch über neue Einträge benachrichtigt werden. Durch Blogs lassen sich Informationen einfach und schnell veröffentlichen. Die Leser können den Inhalt nicht ändern, sind aber aufgefordert, diesen zu kommentieren. Für das Wissensmanagement können Blogs zur Förderung des aktiven Wissensaustauschs und zur Mitarbeiterbindung genutzt werden. Darüber hinaus lassen sich interne Experten über deren fachlich qualifizierte Kommentare ausfindig machen. Mithilfe öffentlich zugänglicher „Corporate Blogs" kann sich ein Unternehmen gezielt mit seinen Kunden austauschen. Der Tiefkühlwarenproduzent *Frosta* hat beispielsweise seine Kunden dazu aufgefordert, ihren Favoriten unter verschiedenen Verpackungsentwürfen auszuwählen. Denkbar wäre auch ein persönlich gestalteter Blog der Unternehmensführung, in dem neue Informationen verbreitet und durch die Mitarbeiter kommentiert werden können. Eine weitere Variante sind Mikroblogs, die kurze Nachrichten über eine zentrale Plattform wie etwa *Twitter* versenden. Auf diese Weise informiert z. B. die *Deutsche Bahn* ihre Kunden über Zugverspätungen.
- **Portalsysteme** fassen die im Unternehmen verfügbaren Wissenssammlungen, Expertenverzeichnisse, Wissensgemeinschaften und weitere Dienste unter einer einheitlichen und benutzerfreundlichen Oberfläche zusammen.

Ein grundlegendes Problem der Wissensverteilung ist die mangelnde Interaktion zwischen Wissensträger und -nutzer. Der Wissensanbieter hat häufig wenig Nutzen von der mühsamen Bereitstellung seiner Kenntnisse und die Wissensnachfrager oft unklare Vorstellungen, welches Wissen für die Erfüllung einer Aufgabe notwendig ist (vgl. *Schulz*, 2016, S. 82). Auf einem **Wissensmarkt** werden deshalb die Nachfrager und Anbieter des Wissens in Kontakt gebracht. Wissensmärkte können online oder als Präsenzveranstal-

Unternehmensnetzwerk „Bosch Connect"

Um den Austausch über Abteilungen, Länder und Hierarchien hinweg zu fördern, führte *Bosch* bereits 2013 ein Enterprise Social Network namens *Bosch Connect* ein. Es handelt sich dabei um eine unternehmensweite Plattform zur transparenten Zusammenarbeit.

Neben Arbeitsbereichen für Teams, Communities genannt, stellt sie für jeden Mitarbeiter ein Profil bereit, mit dem er sich selbst und seine Expertise und Arbeit darstellen kann. Das erleichtert die Suche nach Experten, auch wenn weder deren Namen noch Funktion bekannt sind.

Rund 300.000 Mitarbeiter nutzen die Plattform regelmäßig und es existieren mehr als 40.000 fachliche und interessenorientierte Communities. Das Foto zeigt die Startseite der Working Out Loud-Community, die in Kap. 7.5.4 beschrieben wird.

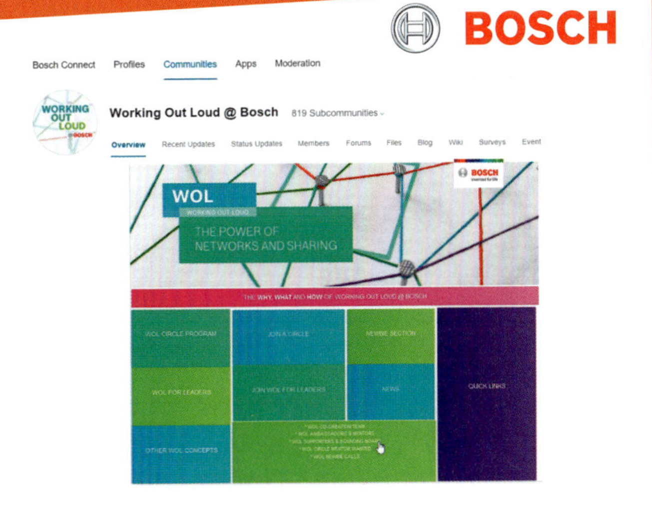

tung abgehalten werden. Dadurch finden die Mitarbeiter heraus, welche Kollegen an gleichen Problemen arbeiten oder ähnliche Interessen haben (vgl. *North*, 2016, S. 315).

Auf diese Weise können sich **Wissensgemeinschaften** (Communities of Practice; kurz: CoP) bilden. Sie entstehen außerhalb der hierarchischen Organisationsstruktur. Die Teilnahme ist freiwillig und intrinsisch motiviert aufgrund des Interesses an einem gemeinsamen Thema. Die Mitglieder tauschen sich informell und dezentral über ein bestimmtes Wissensgebiet aus und lernen voneinander. Dies erfordert gegenseitiges Vertrauen und Loyalität. Wissensgemeinschaften sind heutzutage meist virtuelle Online-Communities, wodurch ein organisations-, kultur- und grenzüberschreitender Wissensaustausch möglich wird (vgl. *Vahs*, 2019, S. 445). Wie solche Wissensgemeinschaften funktionieren, zeigt das Praxisbeispiel in Kap. 7.5.4 zum Working out Loud bei *Bosch*.

Unternehmen nutzen diese internen Netzwerke, um neues Wissen zu entwickeln und zu verbreiten. Bei *IBM* informieren sich beispielsweise Berater gegenseitig über entwickelte Kundenlösungen und bei *ORACLE* diskutieren Softwareentwickler Optimierungsmöglichkeiten von Datenbanken. Auf diese Weise kann bei neuen Projekten und Aufgaben auf bestehende Lösungen und das organisationale Wissen zurückgegriffen und darauf aufgebaut werden (vgl. *Probst et al.*, 2013, S. 174 f.).

Digitale Informationssysteme können die Verteilung des Wissens im Unternehmen jedoch lediglich unterstützen. Entscheidend sind die Fähigkeit und Bereitschaft der Mitarbeiter, ihr Wissen mit ihren Kollegen zu teilen. Die individuelle Fähigkeit zur Wissensteilung basiert auf der sozialen und kommunikativen Kompetenz eines Mitarbeiters. Dessen Bereitschaft hängt dagegen von den **organisatorischen Rahmenbedingungen** ab. Wissensverteilung erfolgt häufig in Wissensnetzwerken, die auf Vertrauen basieren. Jeder Mitarbeiter baut sich aus eigenem Interesse ein individuelles und informelles Netzwerk aus Kollegen, Vorgesetzten oder Geschäftspartnern auf. Auf deren Wissen kann er dann im Bedarfsfall aufgrund persönlicher Beziehungen zurückgreifen. Für das Unternehmen ist es sinnvoll, eine solche Wissensverteilung bewusst und systematisch zu gestalten. Anstelle einer automatisierten, zentralen Wissensverteilung wird dadurch ein bedarfsgerechter, fallweiser Zugriff auf dezentral im Unternehmen vorhandenes Wissen ermöglicht. Auf diese Weise kann die aktive Wissensnachfrage der Mitarbeiter gefördert werden (vgl. *Seufert et al.*, 2002, S. 140 f.).

Der Wissensaustausch basiert vor allem auf dem persönlichen Kontakt zwischen den Mitarbeitern. Deshalb kann er durch **personelle Maßnahmen** zur Förderung der Kommunikation, wie etwa die räumliche Aufteilung der Arbeitsplätze, Besprechungsecken oder Pausenräume sowie soziale Netzwerke, begünstigt werden. Die Wissensteilung lässt sich auch durch Anreizsysteme fördern, welche die Weitergabe und Inanspruchnahme von Wissen honorieren.

Die Verteilung des organisationalen Wissens trifft in der Praxis auf eine Reihe von **Hindernissen** (vgl. *Bendt*, 2000, S. 53 f.):

- **Transferiertes Wissen:** Implizites Wissen ist durch seine eingeschränkte Dokumentierbarkeit nur schwer übertragbar. Probleme können auch dadurch entstehen, dass das transferierte Wissen in einem anderen Kontext nicht mehr verwendet werden kann.
- **Wissenssender:** Ein potenzieller Wissenssender kann sich weigern, sein Wissen mit seinen Kollegen zu teilen. Dies gilt umso mehr, je stärker die Mitarbeiter bestimmte Teile ihres Wissens als persönlichen Vorteil ansehen („Wissen ist Macht"). Teilweise haben Mitarbeiter auch Angst, sich durch die Weitergabe ihres Wissens überflüssig zu machen und so ihren Arbeitsplatz oder Status zu gefährden. Aufgrund des erforderlichen Zeitaufwands zur Wissensdokumentation besteht beim Fehlen entsprechender Anreize häufig keine Motivation, das eigene Wissen anderen zugänglich zu machen. Die Wissensverteilung hängt auch davon ab, inwieweit der Mitarbeiter in der Lage ist, sein Wissen zu beschreiben und anderen verständlich mitzuteilen.
- **Wissensempfänger:** Auch potenzielle Wissensempfänger können nicht dazu bereit sein, das zur Verfügung gestellte Wissen aufzunehmen. Dies kann durch die generelle Ablehnung von neuem Wissen, die Angst vor Veränderung oder die Gefahr von Reputations- und Machtverlusten begründet sein. Darüber hinaus können deren Fähigkeiten zur Aufnahme und Anwendung des Wissens begrenzt sein.
- **Kontext des Wissenstransfers:** Das organisationale Umfeld ist die Basis des Wissenstransfers. Kommunikationshindernisse, wie etwa Konflikte zwischen Sender und Empfänger oder eine transferfeindliche Kultur, können die Wissensverteilung behindern.

Die Beseitigung dieser Hindernisse ist Aufgabe der Unternehmensführung. Die Mitarbeiter können grundsätzlich nicht dazu gezwungen werden, ihr Wissen mit anderen Kollegen zu teilen, und oft sehen sie darin für sich keinen Vorteil. Durch die Weitergabe schmälern sie den individuellen Wert ihres Wissens als Alleinstellungsmerkmal und dadurch auch den Wert ihrer Arbeitskraft. Deshalb werden sie hierzu meist nicht ohne Gegenleistung bereit sein. Da Wissen durch die Teilung nicht verbraucht, sondern vermehrt und verbessert wird, profitiert das Unternehmen als Ganzes von einer gemeinsamen Wissenssammlung. Daher sind Anreize und Rahmenbedingungen erforderlich, welche die Mitarbeiter zur Wissensteilung anregen und befähigen. Wenig sinnvoll ist ein organisatorischer Zwang zur Wissensteilung. Dies führt oft zu einer geringen Qualität des geteilten Wissens, da nur oberflächliche oder bereits bekannte Informationen ausgetauscht werden. Eine wirksame Motivation kann die Aussicht auf eine Gegenleistung des Wissensnachfragers sein oder der Erwerb einer karrierefördernden Reputation als Experte (vgl. *Krcmar*, 2015, S. 664 f.).

Wissensnutzung

Wissen schafft erst dann einen Nutzen, wenn es für konkrete Handlungen oder für unternehmerische Entscheidungen eingesetzt wird. Durch die Wissensnutzung soll Wissen verwertet, also in konkrete, messbare Resultate und wirtschaftliche Ergebnisse umgewandelt werden. Diese Wissensverwertung kann sowohl direkt als auch indirekt erfolgen. Bei der direkten Wissensverwertung stellt das Wissen selbst das eigentliche Produkt dar. Es wird etwa in Form von Lizenzrechten, Schulungen oder Beratungsleistungen vertrieben. Eine indirekte Wissensverwertung findet statt, wenn es zur Entwicklung entsprechender Produkte und Dienstleistungen oder zur Verbesserung von Geschäftsprozessen dient (vgl. *Güldenberg*, 2003, S. 301 f.).

Der produktive Einsatz des Wissens stößt jedoch ebenfalls auf **Barrieren**. Insbesondere zunehmende Routine senkt die Nutzungsbereitschaft neuen Wissens (sog. Betriebsblindheit). Darüber hinaus begibt sich der Nutzer fremden Wissens in eine Position der Verwundbarkeit, da er eigene Wissenslücken eingesteht. Deshalb ist es erforderlich, die Bereitschaft zur Nutzung des Wissens auf individueller und kollektiver Ebene zu fördern.

Folgende **Nutzungsbarrieren** sind zu überwinden (vgl. *Probst et al.*, 2013, S. 185 f.):

- **Individuelle Barrieren** erfordern Überzeugungsarbeit bei den potenziellen Anwendern, denen die Vorteile der Wissensnutzung klarzumachen sind. Die individuelle Wissensnutzung sollte vor allem einfach und bequem sein. Wesentliche Anforderungen dabei sind Aktualität und Zeitnähe sowie die unkomplizierte Anwendung und Weiterverwendbarkeit des Wissens. Beispiele sind die Aufbereitung von Dokumenten durch grafische Elemente, übersichtliche Zusammenfassungen und eine logische Strukturierung. Die Kompatibilität des Speichermediums mit der Bearbeitungssoftware des Mitarbeiters sollte sichergestellt sein. Nutzungsbarrieren, die auf zu großen Distanzen zwischen den Mitarbeitern und dem für sie relevanten Wissen beruhen, lassen sich etwa durch die räumliche Gestaltung und Anordnung der Arbeitsplätze beseitigen.
- **Kollektive Barrieren** erfordern häufig eine Veränderung der Unternehmenskultur. Bestehende Verhaltensnormen, Denkhaltungen und Vorgehensweisen sollten hierfür laufend überprüft werden. Fragen dürfen nicht als Zeichen von Inkompetenz, sondern als Bereitschaft zum Lernen und zur Veränderung angesehen werden.

Wissensbewahrung

Damit das organisationale Wissen nicht verloren geht, ist es in folgenden **Schritten** zu bewahren (vgl. *Güldenberg*, 2003, S. 274 ff.; *Probst et al.*, 2013, S. 197 ff.):

(1) Selektion: Wissensbewahrung kostet Geld und das organisationale Wissen wächst prinzipiell mit jedem betrieblichen Ereignis unaufhörlich an. Deshalb ist es weder möglich noch sinnvoll, sämtliches Wissen zu bewahren. Somit muss zunächst jenes Wissen ausgewählt werden, das auch zukünftig nützlich ist. Dabei kommt es darauf an, das vorhandene Wissen auf Kernaussagen zu konzentrieren und einen Bezug zu konkreten Problemstellungen herzustellen. Beispiele sind Erfahrungsberichte (Lessons learned), Abweichungsanalysen oder Prozessbeschreibungen (Best practice).

(2) Speicherung: Organisationales Wissen kann je nach Ausprägung personenbezogen oder digital gespeichert werden. Die personenbezogene Speicherung lässt sich individuell oder kollektiv durchführen.

- **Individuell personenbezogen**: Das im Unternehmen vorhandene Wissen ist primär in den Köpfen der Mitarbeiter gespeichert. Das menschliche Gehirn ist jedoch kein besonders verlässliches Speichermedium. Zudem besteht die Gefahr des Wissensverlustes beim Ausscheiden eines Mitarbeiters, welche durch Austrittsbarrieren und Anreizsysteme verringert werden kann.
- **Kollektiv personenbezogen**: Das Verlustrisiko des individuellen Wissens lässt sich durch dessen Verteilung auf eine Gruppe von Personen reduzieren. Im Falle impliziten Wissens ist dies jedoch nur in begrenztem Umfang möglich, da ein Mensch nicht sein gesamtes Wissen anderen zugänglich machen kann. Die kollektive Bewahrung kann durch Dokumentation von Erfahrungen, die Bildung einer

gemeinsamen Sprache sowie gemeinsamen Erlebnissen erreicht werden. Eine mögliche Form ist die Unternehmenskultur, die den Kern des organisationalen Wissens dauerhaft sicherstellt.

- **Digital:** Mithilfe digitaler Informationssysteme und Speichermedien lässt sich explizites Wissen in kodierter Form abspeichern. Dadurch kann organisationales Wissen relativ sicher, dauerhaft und zu geringen Kosten bewahrt werden. Das Risiko des Wissensverlusts sowie der persönliche Interpretationsspielraum werden auf ein Minimum reduziert. In den meisten Unternehmen geschieht dies in Form relationaler Datenbanken und zunehmend auch im Intranet mithilfe von Hypertext-Verbindungen. Für das spätere Auffinden von Informationen ist auf eine möglichst strukturierte Ablage nach festgelegten Klassifikationsmerkmalen zu achten. Darüber hinaus existieren Expertensysteme, welche das abgespeicherte Wissen auch für Schlussfolgerungen heranziehen und kombinieren können. Künstliche neuronale Netze (vgl. Kap. 7.3.6) sind in der Lage, explizites Wissen weiterzuentwickeln.

(3) **Aktualisierung:** Wissen ist nur dann sinnvoll gespeichert, wenn es erneut in angemessener Qualität abrufbar ist. Da Wissen veraltet und die Wissensbasis laufend anwächst, sollte der Umfang des gespeicherten Wissens begrenzt und das Wissen laufend aktualisiert werden. Digitale Wissenssysteme werden von den Anwendern nur dann genutzt und auch gepflegt, wenn neben einer einfachen Bedienung vor allem die Qualität der hinterlegten Informationen gewährleistet ist.

Durch die Schritte der Wissensbewahrung soll der Gefahr des organisationalen Vergessens entgegengewirkt werden. Insbesondere bei Restrukturierungsmaßnahmen und Entlassungen beklagen viele Unternehmen eine „kollektive Amnesie". Sie wird durch eine unbedachte Zerstörung informeller Netzwerke und den Verlust wertvollen Know-hows von Schlüsselpersonen hervorgerufen. Trotz aller Fortschritte bei digitalen Informationssystemen und -technologien bleiben die Mitarbeiter die wichtigsten Wissensspeicher. Um Wissen zu bewahren, sollten die zentralen Know-how-Träger bekannt sein und langfristig an das Unternehmen gebunden werden.

Wissensbewertung

In regelmäßigen Abständen ist eine Bewertung des organisationalen Wissens erforderlich. Diese **Wissensbewertung** ist jedoch nicht monetär zu verstehen. Vielmehr ist zu prüfen, ob die Wissensziele erreicht wurden. Aus diesem Grund sollte die Messung entsprechend den eingangs genannten normativen, strategischen und operativen Wissenszielen erfolgen. Dabei wird ein **Zielerreichungsgrad** ermittelt, der den Erfolg des Wissensmanagements beurteilbar macht. Daraus werden dann Maßnahmen abgeleitet bzw. Ziele angepasst. Um dies zu erreichen, sollte bereits bei der Festlegung der Wissensziele auf die Operationalisierbarkeit und Umsetzbarkeit in konkrete Maßnahmen geachtet werden (vgl. *Probst et al.*, 2013, S. 223 ff.). Die Darstellung der erzielten Ergebnisse kann darüber hinaus auch einen Beitrag zur Rechtfertigung des Bedarfs an finanziellen und personellen Ressourcen liefern.

Eine direkte Quantifizierung der personengebundenen Ressource Wissen scheint weder möglich noch sinnvoll. Deshalb wird in aller Regel eine indirekte Bewertung mithilfe von **Wissensindikatoren** durchgeführt. Durch die Messung ihrer Veränderung werden Rückschlüsse auf die Entwicklung der organisationalen Wissensbasis gezogen. Diese Indikatoren sind für jedes Unternehmen auf Basis der Wissensstrategie und -ziele individuell festzulegen. Beispiele sind die Anzahl und der Wert von Patenten, Lizenzen und Urheberrechten sowie die Zahl umgesetzter Verbesserungsvorschläge oder Schulungstage. Darüber hinaus sind auch personelle Aspekte, wie etwa die Zufriedenheit und Motivation der Mitarbeiter, deren Erfahrungen und Kompetenzen in einem Wissensgebiet oder die Wertschöpfung je Mitarbeiter, in die Bewertung einzubeziehen.

Wissensindikatoren lassen sich in folgende aufeinander aufbauende und zusammenhängende **Klassen** einteilen (vgl. *North et al.*, 1998, S. 160 ff.):

- **Bestandsindikatoren** sollen darstellen, woraus sich die organisationale Wissensbasis zu einem bestimmten Zeitpunkt zusammensetzt. Beispiele sind Kompetenzprofile der Mitarbeiter oder die Zahl an Patenten.
- **Interventionsindikatoren** beschreiben die Aktivitäten zur Veränderung der Wissensbasis, wie etwa die Durchführung von Schulungen oder die Erstellung von Expertenprofilen.
- **Übertragungsindikatoren,** wie beispielsweise die Anzahl an Verbesserungsvorschlägen oder die Antwortzeiten auf Kundenanfragen, sollen die direkten Ergebnisse der Wissensaktivitäten messen.
- **Finanzielle Indikatoren** messen die Geschäftsergebnisse am Ende der Betrachtungsperiode. Sie werden ergänzend zu den Wissensindikatoren ermittelt. Inwieweit die Wissensaktivitäten jedoch Auswirkungen auf die finanziellen Ergebnisse genommen haben, ist nicht eindeutig feststellbar.

Wissensmanagement bei der BGZ

BGZ Gesellschaft für Zwischenlagerung mbH

Praxisbeispiel von Ulrich Schmidt (Wissensmanager)

Mit dem *Gesetz zur Neuordnung der Verantwortung in der kerntechnischen Entsorgung* wurden 2016 die Zuständigkeiten für die Entsorgung radioaktiver Abfälle in der Bundesrepublik Deutschland neu geregelt. Neben der Verantwortung für die Endlagerung radioaktiver Abfälle hat der Bund seitdem auch die Zwischenlagerung der durch den Betrieb der deutschen Kernkraftwerke entstandenen radioaktiven Abfälle übernommen. Es ist vorgesehen, dass sich der Bund zur Erfüllung dieser Aufgabe eines Dritten bedient. Zu diesem Zweck wurde Anfang 2017 die *BGZ Gesellschaft für Zwischenlagerung mbH* gegründet und zum 01.08.2017 an den Bund als alleinigen Gesellschafter übertragen. Die *BGZ* betreibt aktuell neben den zentralen Zwischenlagern in Ahaus und Gorleben auch die genehmigten dezentralen Zwischenlager für HAW-Behälter sowie zwölf Lager mit schwach- und mittelradioaktiven Abfällen an den Standorten der deutschen Kernkraftwerke.

Die *BGZ* ist insbesondere nach § 7c Abs. 2 ff. des *Atomgesetzes (AtG)* verpflichtet, personelle Mittel mit angemessenen Kenntnissen und Fähigkeiten zur Erfüllung ihrer Pflichten in Bezug auf die nukleare Sicherheit der jeweiligen kerntechnischen Anlage vorzusehen und einzusetzen. Darüber hinaus hat die *BGZ* für die Aus- und Fortbildung ihres Personals zu sorgen, das mit Aufgaben im Bereich der nuklearen Sicherheit kerntechnischer Anlagen betraut ist, um dessen Kenntnisse und Fähigkeiten aufrechtzuerhalten und auszubauen sowie hierfür ein Managementsystem einzurichten und anzuwenden. Darüber hinaus hat sie gemäß § 7c Abs. 3 ff. AtG Maßnahmen des anlageninternen Notfallschutzes vorzusehen, die unter Berücksichtigung der aus Übungen und Unfällen gewonnenen Erkenntnisse regelmäßig überprüft und aktualisiert werden müssen. Mit anderen Worten, die *BGZ* steht vor der Herausforderung, konsequent, dauerhaft und systematisch **Wissensmanagement** zu betreiben.

Seinen Niederschlag findet diese Verpflichtung in den Unternehmensleitlinien und den Sicherheitsleitsätzen der *BGZ*. Darin werden beispielsweise das kontinuierliche Lernen und die damit verbundene fachliche Entwicklung der Mitarbeiter gefordert, um eine ständige Verbesserung von Kompetenz und Know-how zu erreichen. Darüber hinaus enthalten diese ebenfalls eine Aufforderung zum Wissenstransfer, zum Informations- und Erfahrungsaustausch sowie zum Lernen aus Fehlern. Die **lernende Organisation** ist deshalb nachvollziehbarerweise das Leitbild für die operative Umsetzung des Wissensmanagements.

Die Anforderungen an den konzeptionellen Überbau des Wissensmanagements leiten sich bei der *BGZ* aus den Vorgaben des Integrierten Managementsystems (IMS) sowie der ISO 30401 (Knowledge Management Systems) ab. Das IMS erhebt die Forderungen, das benötigte organisationsspezifische Wissen zu identifizieren und ein ganzheitliches Wissensmanagement zu implementieren. Die Anforderungen der ISO lassen sich am einfachsten aus der dortigen Definition des Begriffs „Wissensmanagement" ableiten. Die erste verlangt, einen systemischen und ganzheitlichen Ansatz zu implementieren; die zweite, die Identifikation, Generierung, Analyse, Repräsentation, Verteilung und Anwendung von Wissen zu optimieren, mit dem Ziel, Nutzen für die Organisation zu schaffen.

Angesichts dieser Anforderungen und nach Betrachtung verschiedener Ansätze, wie beispielsweise Reifegradmodelle, Knowledge Scorecard oder Wissensmanagement-Audit, hat die Geschäftsführung der *BGZ* entschieden, die Methode *Wissensbilanz – Made in Germany* anzuwenden. Sie ermöglicht die umfassende, qualitative Bewertung aller wissensrelevanten Einflussfaktoren und nutzt dabei einen an den Zielen der Organisation ausgerichteten, flexiblen Kriterienkatalog zur Beurteilung des Wissensmanagements. Dies verleiht ihr eine größere Anpassungsfähigkeit auf sich ändernde Rahmenbedingungen. Ganz bewusst werden deshalb auch keine Einzelmaßnahmen oder spezielle Infrastrukturen beurteilt, sondern grundlegende Faktoren, an denen sich der Erfolg des Wissensmanagements manifestiert.

Die **Wissensbilanz** (vgl. Kap. 8.3.4) ist das Ergebnis eines Förderprojektes des *Bundeswirtschaftsministeriums* aus den frühen 2000er Jahren. Sie beruht auf einer systematischen und profunden Selbstbewertung von Einflussfaktoren der drei Gestaltungsebenen *Mitarbeiter* (Humankapital), *Organisation und Arbeitsumgebung* (Strukturkapital) sowie *Unternehmensumfeld* (Beziehungskapital). Zusammengefasst bilden diese das sog. *intellektuelle Kapital* eines Unternehmens. Je Kapitalart wird ein Set von Einflussfaktoren definiert. Diese werden im Zuge der Wissensbilanzierung einerseits hinsichtlich ihrer Qualität, Quantität sowie Systematik bewertet. Ergänzend werden andererseits – für ein besseres Verständnis der Wirkungszusammenhänge – die Wechselwirkungen zwischen diesen

Einflussfaktoren untereinander wie auch mit den Geschäftsprozessen und deren Einfluss auf den Geschäftserfolg in die Analyse mit einbezogen. Die Bewertung selbst erfolgt im Rahmen eines Workshops durch repräsentativ zusammengestellte Mitarbeiter, wobei sich die Repräsentativität sowohl auf die Fachdomänen der *BGZ* als auch auf unterschiedliche Hierarchieebenen bezieht.

Die aus diesem Bewertungsprozess resultierenden Informationen bilden anschließend die Ausgangsbasis für die Analyse. Dabei werden die Stärken, Schwächen und die aktuellen Handlungsfelder im intellektuellen Kapital der *BGZ* herausgearbeitet. Danach wird ein Abschlussbericht erstellt, der alle wesentlichen Ergebnisse und Erkenntnisse des Workshops als auch eine Beschreibung der hieraus abgeleiteten Maßnahmen enthält. Im Anschluss erfolgt die Implementierung der Maßnahmen mit kontinuierlichem Monitoring und Controlling, um deren Nutzen für die *BGZ* auch langfristig sicherzustellen.

Zu den speziellen Anforderungen an die Wissensbilanz seitens der *BGZ* gehört auch die vertiefte Analyse ihrer kerntechnischen Kompetenzen. Hierfür wurde ein Katalog dieser Kompetenzen erstellt. Ihre Bewertung erfolgt nach derselben Methodik wie bei den übrigen Einflussfaktoren und ist entsprechend in den bereits geschilderten Wissensbilanzierungsprozess integriert.

Für eine IMS- und ISO-konforme Umsetzung des Wissensmanagements ist es notwendig, Wissensbilanzen in regelmäßigen Abständen zu aktualisieren und die jeweils daraus abgeleiteten Maßnahmen einem konsequenten Maßnahmenmanagement zu unterziehen. Die *BGZ* plant daher, diese Form der Wissensbilanzierung alle zwei Jahre zu wiederholen. Außerdem wird im Zuge eines kontinuierlichen Maßnahmenmanagements für alle aus der Wissensbilanz abgeleiteten Maßnahmen über deren kompletten Lebenszyklus (bestehend aus Konzeptions-, Einführungs-, Wirkungs- und Nachbereitungsphase) hinweg regelmäßig das Eintreten der gewünschten Wirkung überprüft und gegebenenfalls korrigierend eingegriffen. Die von IMS und ISO geforderte Systematik und Ganzheitlichkeit wird durch die von systemischem Denken geprägte Methodik der Wissensbilanz sichergestellt. Die Optimierung der Identifikation, Generierung, Analyse, Repräsentation, Verteilung und Anwendung von Wissen wird wiederum über die Aktivitäten, die sich in der betrieblichen Praxis hinter den einzelnen Einflussfaktoren verbergen, abgebildet. Somit werden mittels Wissensbilanz und nachgelagertem Maßnahmenmanagement alle Anforderungen von IMS und ISO erfüllt.

Die aufgeführten Indikatoren können in eine **Wissensbilanz** einfließen (vgl. Kap. 8.3.4). Der Begriff ist allerdings etwas missverständlich, denn dort werden nicht nur das Humankapital, sondern alle immateriellen Vermögenswerte abgebildet. Die Veränderungen des organisationalen Wissens lassen sich im Rahmen einer Bewegungsbilanz analysieren. Durch die Wissensbewertung soll vor allem ein Verständnis für Ursache-Wirkungs-Zusammenhänge zwischen den Bausteinen des Wissensmanagements und der Erreichung unternehmerischer Zielsetzungen hergestellt werden.

Die Frage der Wissensbewertung ist noch nicht abschließend gelöst. Definition und Auswahl geeigneter Indikatoren stoßen in der Praxis auf erhebliche Schwierigkeiten. Problematisch sind insbesondere deren standardisierte und objektive Messbarkeit sowie ihr Aussagegehalt (vgl. *Grübel et al.*, 2004, S. 26 f.). Generell ist die Bewertung des Wissens ohne den Einbezug der anderen immateriellen Vermögenswerte wenig sinnvoll, da diese vielfältig miteinander verknüpft sind. Auf deren Bewertung wird in Kapitel 8.3.4 ausführlich eingegangen. Aus der Wissensbewertung folgt ein Feedback, inwieweit die Wissensziele erreicht wurden. Dies bildet den Ausgangspunkt für die Überarbeitung und Festlegung neuer Wissensziele. So wird aus einer Kette von Bausteinen der in Abb. 7.4.6 dargestellte geschlossene **Wissensmanagementkreislauf**.

7.4.4 Erfolgsfaktor Mensch

Da Wissen überwiegend an Menschen gebunden ist, stehen die Mitarbeiter im Zentrum der wissensorientierten Unternehmensführung. Zentrale Bedeutung hat dabei die Unternehmenskultur.

Anspruch und Wirklichkeit klaffen in der Praxis jedoch häufig auseinander, wie folgende **Paradoxien im Umgang mit Wissen** zeigen (vgl. *Probst et al.*, 2013, S. 252):

- Mitarbeiter werden zwar gründlich ausgebildet, haben aber keine Möglichkeit, ihr Wissen anzuwenden.
- In Projekten wird viel gelernt, die gemachten Erfahrungen aber nicht weitergegeben.
- Für jede Frage gibt es einen Experten, aber kaum jemand weiß, wo er zu finden ist.
- Alles wird gründlich dokumentiert, aber das gespeicherte Wissen ist nicht verfügbar.
- Nur die hellsten Köpfe werden eingestellt, wechseln aber später zur Konkurrenz.
- Das Unternehmen weiß alles über seine Konkurrenten, aber wenig über sich selbst.
- Jeder wird zur Wissensteilung aufgefordert, aber Geheimnisse behält die Unternehmensführung für sich.

Digitale Informationssysteme können zwar Wissensprozesse im Unternehmen unterstützen, aber sie nützen ohne die entsprechenden Rahmenbedingungen wenig. Wissen wird vor allem mündlich weitergegeben. Doch befürchten Mitarbeiter dadurch Nachteile oder betrachten sie das Austauschverhältnis mit anderen Kollegen als unausgewogen, dann wird dies unterbleiben (vgl. *Heinzl/Uhrig*, 2016, S. 35).

Nur in einem **Klima des Vertrauens und der Offenheit** sind Mitarbeiter bereit, ihr Wissen zu teilen, neues Wissen zu nutzen sowie von- und miteinander zu lernen. Wissen darf in den Führungsebenen nicht als Macht- und Herrschaftsfaktor missbraucht werden. Die Mitarbeiter sollten einen Sinn darin sehen, ihr Wissen an andere weiterzugeben. Sie können hierzu auch für bestimmte Wissensgebiete als Spezialisten verantwortlich gemacht werden. Manche Mitarbeiter erarbeiten sich etwa aus eigenem Interesse für ein Themengebiet einen Expertenstatus. Für die investierte Zeit in die Dokumentation und Weitergabe ihres Wissens sollten sie beispielsweise durch bessere Karrierechancen und soziale Anerkennung belohnt werden. Die Mitarbeiter profitieren von neuen Kompetenzen, da sie auf diese Weise ihre Beschäftigungsfähigkeit sichern.

Bei der wissensorientierten Unternehmensführung standen zunächst die Erfassung und Speicherung expliziten Wissens sowie die technologische Unterstützung durch digitale Informationssysteme im Vordergrund. Diese **Kodifizierungsstrategie** des Wissensmanagements ging fälschlicherweise von einer Omnipotenz der Informationstechnologie aus und scheiterte vielfach an organisatorischen Widerständen. Die Unternehmen erkannten, dass der Erfolg des Wissensmanagements vor allem von den Mitarbeitern abhängt. Die **Personifizierungsstrategie** stellt deshalb die Gestaltung menschlicher Beziehungen und Interaktion in den Vordergrund (vgl. *Thobe*, 2003, S. 36 ff.). Unterstützt wird dies durch **soziale Software**, die es den Mitarbeitern ermöglicht, informelle Gemeinschaften zu bilden und sich untereinander zu vernetzen. Auf diese Weise können sie ihr Wissen selbstorganisiert teilen und verknüpfen.

Eine ideale **Organisationsstruktur** für wissensorientierte Unternehmen gibt es nicht, da sämtliche strukturelle Entscheidungen für das Wissensmanagement ambivalente Auswirkungen haben. So verbessert eine dezentrale Unternehmensstruktur zwar die interne Wissensentwicklung, reduziert aber gleichzeitig die Transparenz und Nutzungsmöglichkeit der dezentralen Wissensbestände. In einfachen und komplizierten Führungskontexten ist das Wissensmanagement meist zentralisiert, während es in agilen Unternehmen dezentral, flexibel und iterativ nach dem *Wikipedia*-Prinzip gestaltet sein sollte. Um das Wissensmanagement organisatorisch zu verankern, könnte sich der Leiter des Informationsmanagements zukünftig vom Chief Information Officer (vgl. Kap. 7.1.3) zum **Chief Knowledge Officer** weiterentwickeln. Dieser kümmert sich dann nicht nur um die digitalen Informationssysteme, sondern auch um die zwischenmenschlichen Aspekte des Wissensmanagements und fördert die Kommunikation zum Wissensaustausch (vgl. *Krcmar*, 2015, S. 692 f.).

Wissensorientierte Unternehmensführung hört nicht am Werkstor auf, sondern sollte auch die Stakeholder, wie etwa Kunden oder Lieferanten, einbeziehen. Auch durch den Erfahrungsaustausch mit anderen Unternehmen lassen sich Verbesserungspotenziale aufdecken und Innovationen generieren (vgl. Kap. 8.6.5). Für viele Unternehmen wird das organisationale Wissen zu einer strategischen Ressource, die neue Wettbewerbsvorteile ermöglicht. Der Erfolg wissensorientierter Unternehmensführung hängt dabei vom richtigen Zusammenspiel zwischen Unternehmenskultur, Organisation und digitalen Informationssystemen ab.

Zusammenfassung

- Eine wissensorientierte Unternehmensführung betrachtet das organisationale Wissen als strategische Ressource und wesentliche Quelle von Wettbewerbsvorteilen. Sie entwickelt und betreibt ein systematisches Wissensmanagement und schafft die erforderlichen Rahmenbedingungen, damit das Wissen im Unternehmen wirkungsvoll aufgebaut, verteilt und genutzt werden kann.
- Wissen besteht aus Informationen, die miteinander verknüpft sind und vom Entscheidungsträger bewusst interpretiert werden. Es ist an Personen gebunden und verbessert deren Kenntnisse und Fähigkeiten, Probleme zu lösen.
- Lernen geschieht durch verbesserte Konzepte und veränderte Erklärungsmodelle. Auf organisationaler Ebene erfolgt dies durch gemeinsame mentale Modelle und letztlich immer über die individuellen und organisationalen Aktionen eines Unternehmens.
- Eine lernende Organisation entwickelt, sammelt und verteilt selbstständig ihr organisationales und individuelles Wissen, um ihr Verhalten auf Basis neu gewonnener Einsichten anzupassen
- Wissensmanagement bezeichnet die systematische Identifikation, Beschaffung, Entwicklung, Verteilung, Nutzung und Bewahrung des organisationalen Wissens mit dem Ziel, die Wettbewerbsfähigkeit zu steigern.
- Wissensziele legen fest, auf welcher Ebene welches Wissen und welche Kompetenzen aufgebaut werden sollen.
- Die Wissensidentifikation schafft Transparenz über die relevanten Wissensträger und -inhalte.
- Da nicht sämtliches Wissen selbst entwickelt werden kann, lässt es sich auch von externen Wissensträgern erwerben.
- Die Entwicklung neuen Wissens erfolgt durch das Zusammenwirken von implizitem und explizitem Wissen. Die vier Stufen der Wissensumwandlung in der Wissensspirale sind: Sozialisation, Externalisierung, Kombination und Internalisierung.
- Wissensverteilung ist erforderlich, um isoliert vorhandenes Wissen für das gesamte Unternehmen nutzbar zu machen.
- Durch die Wissensnutzung soll das Wissen in konkrete, messbare Resultate und wirtschaftliche Ergebnisse umgewandelt werden.
- Die Wissensbewahrung erfolgt durch Selektion, Speicherung sowie Aktualisierung des organisationalen Wissens.
- Im Rahmen der Wissensbewertung wird überprüft, ob die Wissensziele erreicht wurden.
- Die Mitarbeiter sollten dazu motiviert werden, ihr Wissen zu teilen, neues Wissen zu nutzen sowie von- und miteinander zu lernen. Dies erfordert eine von Vertrauen und Offenheit geprägte Unternehmenskultur.
- Wissensorientierte Unternehmensführung ist eine Frage des optimalen Zusammenspiels zwischen Unternehmenskultur, Organisation und digitalen Informationssystemen.

Literaturempfehlungen

Probst, G./Raub, S./Romhardt, K.: Wissen managen: Wie Unternehmen ihre wertvollste Ressource optimal nutzen, 7. Aufl., Frankfurt a. M./Wiesbaden 2013.

Nonaka, I./Takeuchi, H.: Die Organisation des Wissens: Wie japanische Unternehmen eine brachliegende Ressource nutzbar machen, 2. Aufl., Frankfurt a. M./New York 2012.

North, K.: Wissensorientierte Unternehmensführung: Wissensmanagement gestalten, 6. Aufl., Wiesbaden 2016.

7.5 Die Informations- und Kommunikationsfunktion in der Praxis

Leitfragen

- Wie wird die OKR-Methode bei eprimo eingesetzt und welche Erfolge wurden damit erzielt?
- Wie lässt sich die Informations- und Kommunikationskultur eines Unternehmens verändern?
- Welche Rolle spielen Künstliche Intelligenz und Industrie 4.0 bei TRUMPF?
- Was wurde bei Bosch durch Working Out Loud erreicht?

In diesem Kapitel wird der praktische Einsatz der in Kap. 7.2.3 erläuterten OKR-Methode bei *eprimo* dargestellt. Die Gestaltung der Informations- und Kommunikationskultur und die praktische Anwendung des Informationsdesigns zeigt die Fallstudie zur *Eder-Gruppe*. Das Praxisbeispiel von *TRUMPF* veranschaulicht das Potenzial digitaler Informationssysteme und -technologien (vgl. Kap. 7.3). Eine wirkungsvolle Methode zur Wissensentwicklung und -verteilung im Rahmen einer wissensorientierten Unternehmensführung (vgl. Kap. 7.4) zeigt die Anwendung des Working out Loud bei *Bosch*.

7.5.1 Objectives and Key Results bei eprimo

Praxisbeispiel von Philipp Teipel (Prokurist, Leiter Controlling & Finanzen und Agile Lead)

Eprimo gehört als Tochterunternehmen der *innogy SE* zum *E.ON-Konzern* und ist führender Discounter für Strom und Erdgas im deutschen Privatkundengeschäft mit Sitz in Neu-Isenburg. Im Rahmen einer unternehmensweiten Transformation wurde Objectives and Key Results (OKR) zusammen mit funktionsübergreifenden Teams und agilen Arbeitsweisen eingeführt, um den Herausforderungen des hart umkämpften Energiemarktes zu begegnen (vgl. i.F. *Teipel/Alberti*, 2019, S. 34 ff.).

Die **Einführung** der OKR-Methode zielte auf die Umsetzung der Vision und Strategie in kurzen Zyklen, ohne den Freiraum der Mitarbeiter einzuschränken. Diese sollten innerhalb des gemeinsam verhandelten Rahmens die Ziele mit größtmöglicher Autonomie bei gegebenen Ressourcen in den jeweiligen Teams erreichen können. Teams können so das „Was" mitgestalten und das „Wie" weitgehend selbst bestimmen. Der zuvor übliche individuelle Zielvereinbarungsprozess auf Jahresbasis wurde hierfür als nicht hilfreich angesehen und inklusive der individuellen Vergütungskomponente abgeschafft. Zunächst beschäftigte sich die Führung sehr intensiv mit den Themen Vision, Mission und Strategie und deren sauberer Ausformulierung und Kommunikation. In einem OKR-Führungsworkshop wurden die Ziele (Objectives) für die Unternehmens- und Bereichsebene abgeleitet. Im Anschluss bestimmten die Teams ihre eigenen Schlüsselergebnisse (Key Results), also den aus ihrer Sicht bestmöglichen Beitrag, um die Ziele zu erreichen.

Damit OKRs fest in den Arbeitsalltag integriert werden, wurde bei *eprimo* der sog. **Performance-Dialog** eingeführt. Dabei bekommt das Team von der Führungskraft schnellstmöglich alle Informationen und Entscheidungen, die es zum eigenständigen Erreichen der Ziele benötigt. Ziele und deren Erreichung werden gemeinsam reflektiert, sodass das Team seine eigenen Erkenntnisse herausarbeiten und mit den Erfahrungen der anderen Teammitglieder und den Führungskräften abgleichen kann. Auf diese Weise kann das Team schneller zu besseren Entscheidungen gelangen. Zudem lassen sich gewonnene Erkenntnisse rasch mit anderen Teams teilen, um auch dort entsprechende Effekte zu erzielen oder Fehler zu vermeiden.

Abb. 7.5.1 zeigt ein **Beispiel für OKRs** im Customer Experience Team. Zur laufenden Einschätzung der Fortschritte während des Quartals wird jedes Key Result mit einem Vertrauensgrad (Confidence Level) versehen. Dieser gibt die geschätzte Wahrscheinlichkeit an, es bis zum Ende des Quartals zu erreichen – gemessen an der 70-Prozent-Regel. Damit soll auf einen Blick erkennbar sein, welche Themen gut laufen und wo es Probleme geben könnte. Zwei bis drei Wochen vor Ende des Quartals findet eine

Objective: Alle Kunden haben einen aktiven Account für das digitale Kundencenter		
Confi-dence Level	Grading Forecast	Key Results
0,8	0,7	Neukundenquote mit E-Mail-Adressen steigt von 93 % auf 100 %
0,5	0,3	500.000 Anmeldungen von Bestands-kunden mit valider E-Mail
1	0,8	120.000 Analogkunden auf Digitalverträ-ge umgestellt

Abb. 7.5.1: Beispiel für OKRs im Customer Experience Team

Zielerreichungsprognose (Grading Forecast) statt, welche den erwarteten Zielerreichungsgrad zum Quartalsende angibt. Aufgrund dieser Einschätzung wird zum einen der Fokus auf bestimmte Key Results gelegt und zum anderen die Ausgangssituation für die Planung des nächsten Quartals definiert.

Der jedes Quartal ablaufende agile **OKR-Prozess** ist in Abb. 7.5.2 dargestellt. Den Auftakt bildet der sogenannte **Strategie-Review**. Hier werden die Strategien aus Sicht der nächsten drei Monate durch die ersten beiden Führungsebenen hinterfragt und gegebenenfalls angepasst. Sich eventuell ergebende Änderungen werden zur Vorbereitung der OKR als Strategie-Update an die gesamte Belegschaft kommuniziert. Mitarbeiter können dadurch eigenständig sinnvolle nächste Schritte in ihren Teams entwickeln, was deren Autonomie sicherstellt. Die Key Results werden zur Validierung und Machbarkeitsprüfung mit Initiativen untermauert, die meist starken Bezug zu knappen Ressourcen haben. Diese werden dann im Rahmen eines Backlog-Prozesses über „One-Pager" als Bottom-up-Input gemeldet und im OKR-Workshop durch die Definition der finalen Key Results priorisiert.

Zur Vorbereitung des kommenden Quartals findet ein **OKR-Review** statt. Die Quartalsergebnisse werden ermittelt und die Strategie für das nächste Quartal definiert. Dabei wird auch diskutiert, ob nicht erreichte Ziele noch weiterverfolgt werden sollen. Durch die gewonnenen Erkenntnisse lassen sich die Pläne anpassen, um die jeweiligen Lerneffekte des letzten Quartals schnell in die Tat umzusetzen. Daneben werden Themen in einem „Backlog" gesammelt, die sich während des vergangenen Quartals als vielversprechende Chancen aufgetan haben.

Den Kulminationspunkt des Quartals bildet der **OKR-Management-Workshop**. Hier kommt das obere Führungsteam zusammen, um über die für das Unternehmen wichtigsten Prioritäten und die Verwendung knapper Ressourcen final zu entscheiden. Darüber hinaus klären die Führungskräfte, welche Abhängigkeiten es zwischen den Abteilungen gibt, und stellen nicht zu realisierende Projekte gemeinsam hintenan. Die im OKR-Workshop definierten Ziele werden dann wöchentlich im Rahmen des Performance-Dialogs mit den jeweiligen Teams oder Teamleitern durchgesprochen. Auf diese Weise können Informationen schnell verteilt und Entscheidungen zügig getroffen werden.

Die Beschränkung der Taktung auf einen Zeitraum von drei Monaten erfordert eine regelmäßige Reflektion über die Ursache-Wirkungs-Prinzipien innerhalb der gesamten Organisation. Daraus ergibt sich ein stetiger Prozess der Verbesserung, der dazu führt, dass Projekte und Initiativen wesentlich schneller als bisher auf den Prüfstand geraten und ihre Wirksamkeit unter Beweis stellen müssen.

Die OKR-Methode hat die DNA von *eprimo* stärker verändert als gedacht, wobei die volle Unterstützung durch das obere Führungsteam für die **Akzeptanz** der Methode wesentlich war. Das Aufbrechen von kollektiven Denk-

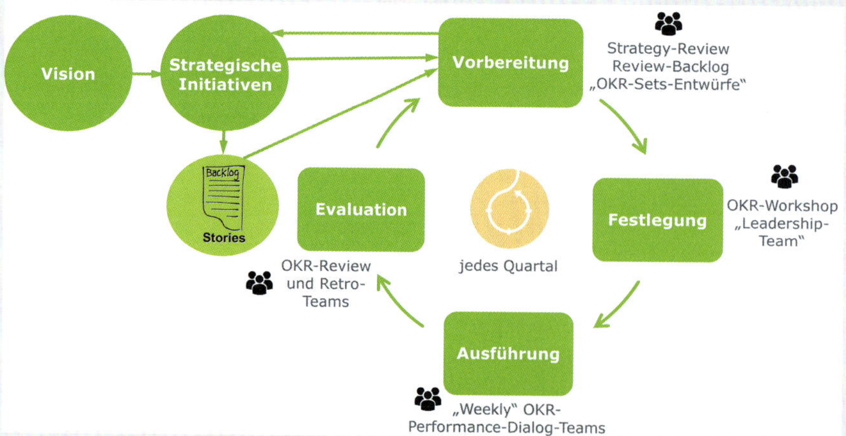

Abb. 7.5.2: Agiler OKR-Prozess bei eprimo

mustern brauchte einige Zeit, wie etwa der richtige Umgang mit „Stretch Goals“ bis hin zu „Moonshots“. Wichtig waren dabei vor allem die Kommunikation und das Lernen im kleinen Rahmen.

Die **Erfolge** der OKR-Methode sprechen für sich: Ziele werden deutlich schneller und fokussierter umgesetzt, was sich positiv auf die gesamte Performance des Unternehmens auswirkt. Darüber hinaus erleben die Mitarbeiter durch die Fokussierung über die vereinbarten Ziele weniger Überflutung durch andere Einflüsse und können so mehr Autonomie und Selbstwirksamkeit erleben, was wiederum die Performance steigert.

7.5.2 Information und Kommunikation in der Eder-Gruppe

Die *Eder-Gruppe* wird in Kap. 1.1.3 ausführlich vorgestellt. Das Unternehmen besteht aus den in Abb. 7.5.3 aufgeführten Gesellschaften. *Eder Möbel* entwickelt, produziert und vertreibt Gartentische und *Schlummer* bietet Komplettbetten an. *Eder Design* bündelt die Produktentwicklung und *Eder Service* das Ersatzteilgeschäft, die Montage beim Kunden sowie die Logistik. Die Geschäftsführung der *Eder-Gruppe* setzt sich aus den Geschäftsführern der Gesellschaften und Erwin *Eder* an der Spitze zusammen (vgl. i. F. *Griesfelder*, 2012, S. 418 ff.).

Die Informations- und Kommunikationskultur der Eder-Gruppe

Egon Erbse, langjähriger Divisionscontroller der *Schlummer GmbH*, sitzt vor seinem Bildschirm und erstellt Diagramme in *Excel*, die er nach *PowerPoint* kopiert. Er möchte den Monatsbericht an die Geschäftsführung so schnell wie möglich abgeben. Sein Teil besteht aus 10 bis 12 Seiten, zusammen mit den Beiträgen seiner Mitarbeiter ergibt das 60 bis 80 Seiten. Seine Routine erlaubt es ihm, die Arbeit normalerweise an einem Nachmittag zu erledigen. Aber immer wieder gibt es Rückfragen zu unklaren Sachverhalten, Auffälligkeiten, die sich im Nachhinein als Fehler herausstellen oder Probleme mit der Erstellung der Grafiken. So sind er und seine zwei Mitarbeiter oft einen ganzen Arbeitstag mit Datenbereitstellung und Korrekturen beschäftigt. Aufgrund enger Termine kann es auch vorkommen, dass Analysen und Kommentare des Vormonats unverändert in den aktuellen Bericht übernommen werden. Den Konzerncontroller *Paul-Uwe Mukl* scheint das nicht zu stören. Hauptsache, die Termine werden eingehalten. Überhaupt hat Herr *Erbse* seinen Kollegen seit Monaten nicht mehr persönlich getroffen. Die Kommunikation erfolgt ausschließlich per E-Mail, ein Telefonanruf gilt bereits als erste Eskalationsstufe.

Egon Erbse ist frustriert, weil er den Eindruck hat, dass der Monatsbericht und auch andere Berichte von der Geschäftsführung kaum zur Kenntnis genommen werden. Es wird erwartet, dass er seinen Bericht auf der monatlichen Geschäftsführungssitzung präsentiert. In der Zwischenzeit hat er sich daran gewöhnt, dabei eine Folie nach der anderen zu erklären. Aber während seines Vortrags scheint es, dass die Mitglieder der Geschäftsführung sich mit anderen Themen beschäftigen und mehr oder weniger versteckt ihre E-Mails abarbeiten. Drei Tage vor der Präsentation muss der gesamte Bericht an die Geschäftsführung verschickt werden, gelesen wird er in dieser Zeit nicht. Warum auch? Herr *Erbse* führt ja während der Präsentation geduldig durch alle Schaubilder. Wenn es Fragen gibt, so kommen sie meist von *Susi Schlummer*. Häufig muss *Erbse* dann so detaillierte Antworten formulieren, dass *Erwin Eder* nach kurzer Zeit zum nächsten Besprechungspunkt übergeht und *Erbse* unverrichteter Dinge die Sitzung verlässt.

Als *Erwin Eder* eines Tages persönlich bei ihm im Büro steht, interpretiert *Erbse* dies nicht unbedingt als gutes Zeichen. In kurzen Worten teilt *Eder* ihm mit, dass es bei der *Schlummer GmbH* aufgrund gravierender Qualitätsprobleme des neu entwickelten Wasserbetts *Aquadream* zu Abschreibungen und Rückstellungen in Höhe von ca. 750 T€ kommen wird. *Susi Schlummer* wurde mit sofortiger Wirkung freigestellt und *Eder* führt die Tochtergesellschaft nun übergangsweise direkt. *Erbse* ist überrascht und erinnert sich dunkel an die Probleme im Projekt *Aquadream*.

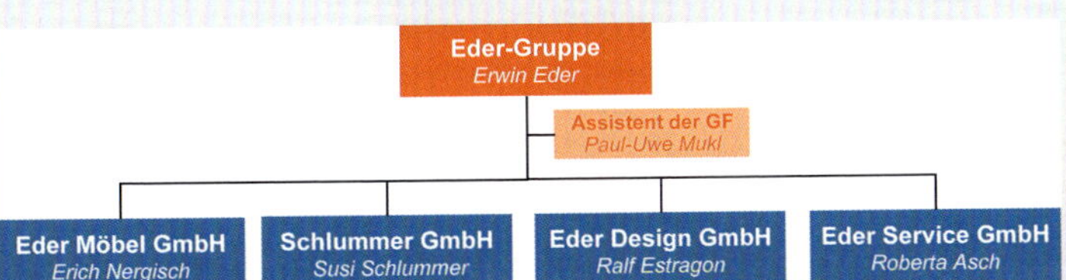

Abb. 7.5.3: Geschäftsführung der Eder-Gruppe

„Warum wusste ich davon nichts?“, fragt *Eder.* Diese unbequeme Frage beantwortet *Erbse* mit einem Achselzucken und schlägt nach kurzem Suchen den Monatsbericht Oktober auf Seite 43 auf, der in *Abb. 7.5.4* zu sehen ist. Ganz rechts unten, neben der Personalentwicklung des Bereiches „Forschung und Entwicklung“ und der Grafik zu deren Ressourcenauslastung findet sich ein Hinweis zur Entwicklung des Projekts *Aquadream.*

Eder schüttelt den Kopf: „Ich kann mich nicht erinnern, das jemals gesehen zu haben. Herr *Erbse,* ich erwarte von Ihnen, dass Sie alle notwendigen Maßnahmen ergreifen, damit sich so etwas nicht wiederholt.“ Etwas zerknirscht bestellt *Erbse* seine Mitarbeiter zu sich und beginnt mit der Aufarbeitung der Situation. Eilig wird ein Workshop abgehalten, der von einem erfahrenen Kommunikationsexperten moderiert wird und an dem auch der Konzerncontroller *Mukl* teilnimmt.

Dabei wurden folgende **Problemfelder** der Information und Kommunikation in der *Eder-Gruppe* identifiziert:

- Direkte offene Kommunikation findet nicht statt. Sie wird ersetzt durch formale Kommunikationsformen, die in der Regel ineffizient und missverständlich sind.
- Die inhaltliche Abstimmung zwischen Controlling und Geschäftsführung ist mangelhaft. Die Führungskräfte nehmen ihre Rolle sowohl als Berichtende als auch als Informationsempfänger zu wenig wahr und sehen das Controlling nicht als Unterstützungsfunktion.
- Der Monatsbericht besteht aus mehreren, zusammenhanglosen Teilen. Eine unternehmensübergreifende Zusammenfassung der wesentlichen Sachverhalte findet nicht statt. Es wird eine derartige Fülle an Daten berichtet, dass die Empfänger kaum in der Lage sind, die relevanten Informationen in angemessener Zeit zu verarbeiten.
- Berichtsmaterial wird nicht gelesen und wesentliche Fragen werden nicht gestellt. Detailinformationen sind Störfaktoren für eine schnelle Behandlung der geplanten Besprechungsthemen. Das Konzerncontrolling administriert den Berichtsprozess, nimmt aber keine inhaltliche Konsolidierung vor.
- Diagramme sind nicht standardisiert und enthalten dekorative Elemente, welche die Lesbarkeit erschweren. Fehlende Titel und Beschreibungen sowie unverständliche Kommentare, wie etwa im Fall des Projekts *Aquadream,* führen nicht zum Anstoß erforderlicher Führungsentscheidungen.

EDER GRUPPE

R&D-Kosten Schlummer GmbH

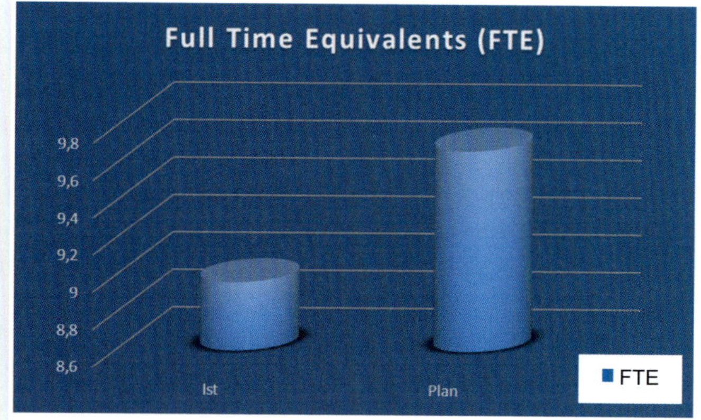

	IST	Plan	IST/Plan
Ertrag extern	34.957,40	68.700,00	-33.742,60
Ertrag intern	784.633,50	650.000,00	134.633,50
Umsatz	819.590,90	718.700,00	100.890,90
Personal	498.638,00	530.000,00	-31.362,00
Sachkosten	139.785,30	50.300,00	89.485,30
IT	130.873,40	90.000,00	40.873,40
Reisespesen	68.234,00	35.500,00	32.734,00
Ergebnis 1	**-17.939,80**	**12.900,00**	**-30.839,80**
Abschreibungen	45.982,60	45.900,00	82,60
Ergebnis 2	**-63.922,40**	**-33.000,00**	**-30.922,40**

Das Ergebnis ist um 30.922,40 schlechter als geplant. Die Personalkosten sind um 31.362 niedriger als geplant.

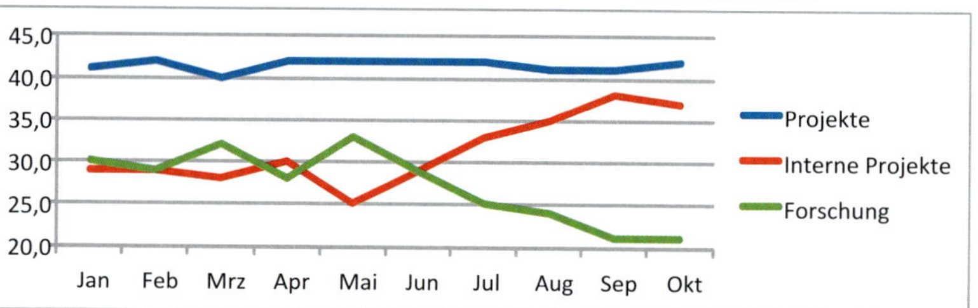

Das Projekt Aquadream wurde mit Verspätung und einer nicht unerheblichen Kostenüberschreitung abgeschlossen, die Produkteinführung scheint aus heutiger Sicht nicht gefährdet zu sein. Eine externe Analyse zur Produkteinführung ist in Arbeit und entsprechende Maßnahmen sind geplant.

Abb. 7.5.4: Ausschnitt aus dem Geschäftsführungsbericht

Ansätze zur Verbesserung der Information und Kommunikation in der Eder-Gruppe

Mukl erinnert sich an einen Vortrag zum Informationsdesign nach den *International Business Communication Standards (IBCS)*, den er vor Kurzem gehört hat. Nach dem Workshop von Herrn *Erbse* regt er folgende **Veränderungen** der Information und Kommunikation in der *Eder-Gruppe* an:

- Ein Bericht muss die Situation eines Berichtsobjekts umfassend und abgestimmt darstellen. Redundanzen, Widersprüche und Lücken sind zu vermeiden. Das ist nur möglich, wenn die Verantwortung für den Inhalt klar definiert ist und konsequent umgesetzt wird. Darüber hinaus muss geklärt werden, welche Rolle die Geschäftsführung im Berichtsprozess spielt. Sie ist nicht nur Berichtsempfänger, sondern sollte selbst die wesentlichen Sachverhalte über ihren jeweiligen Verantwortungsbereich gegenüber *Eder* und den anderen Geschäftsführungsmitgliedern darstellen. Berichte entfalten erst dann ihre Wirkung, wenn die einzelnen Bestandteile zu einer Beurteilung der Gesamtsituation zusammengefasst werden. Diese Aufgabe will zukünftig der Konzerncontroller *Mukl* selbst übernehmen. Unabhängig davon sollte die Rolle des Controllings in der *Eder-Gruppe* hinterfragt werden, damit es einen Mehrwert für die Unternehmenssteuerung erzeugt.
- Die weitverbreitete „*PowerPoint*-Kultur" führt dazu, dass ungeeignete Berichtsformate, Diagramme und Medien eingesetzt werden. Der Zwang, komplexe Sachverhalte mithilfe einer Präsentationssoftware zu dokumentieren, führt zu Qualitätseinbußen und einer erschwerten Aufnahme von Informationen. Berichte sollten in einem Textverarbeitungssystem in ganzen Sätzen, mit logisch aufbauenden Absätzen und einer klaren inhaltlichen Struktur erstellt werden. Solche Berichte sollten auch ohne Erklärungen des Referenten verständlich sein. In der Präsentation dienen sie als Handout, weswegen nur die wichtigsten Sachverhalte vertieft erläutert und anschließend diskutiert werden.
- Die Darstellung der Inhalte wird in der *Eder-Gruppe* den persönlichen Vorlieben der Berichtersteller über-

Die **Sachkostenentwicklung** führt zu einem Ergebnis, das um 31 TEUR unter dem Plan liegt.
Die **Risiken aus Projekt Aquadream** sind zur Zeit nicht abschätzbar. Die Budgetüberschreitung liegt bei 44 TEUR.
Die **Ressourcensituation** bewirkt neue Risiken für laufende Kundenvorhaben (OBI, Hornbach, Dormio).

Schlummer GmbH
Bereich R&D

Ergebnisrechnung R&D in TEUR
Jan..Oct

	IST	Plan	Δ Plan
Ertrag extern	35	69	-34
Ertrag intern	785	650	+135
Ertrag R&D	**820**	**719**	**+101**
Personal	499	530	-31
Sachkosten	140	50	+89
IT	131	90	+41
Reisespesen	68	36	+33
Ergebnis 1	**-18**	**13**	**-31**
Abschreibungen	46	46	+0
Ergebnis 2	**-64**	**-33**	**-31**
FTE (31.10.)	8,9	9,7	-0,8

(+163)

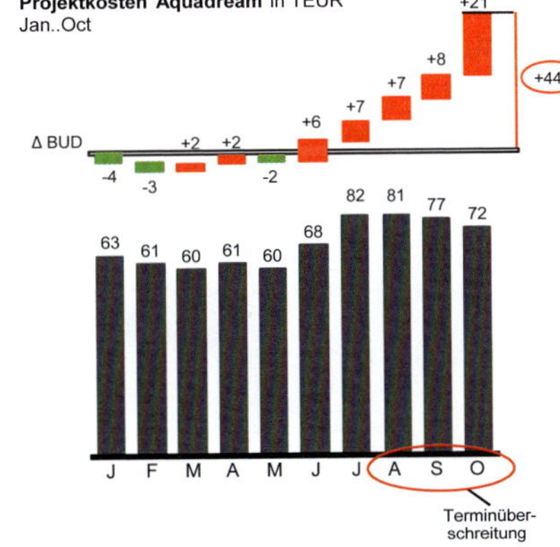

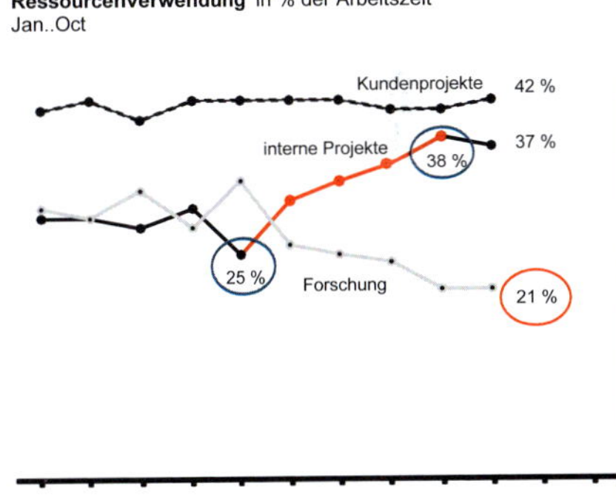

Eine Verbesserung des Ergebnisses bis Jahresende kann nicht erwartet werden.

Das Ergebnis per Oktober ist um rund 31 TEUR schlechter als geplant. Die Überschreitungen der Sachkosten (+163) sind auch auf das Projekt Aquadream (+44) zurückzuführen. Daneben beeinflussen jedoch auch ungeplante Ausbauten der IT Infrastruktur (+21), Kostenüberschreitungen bei den Umbauten der Büro- und Laborräumlichkeiten (+13) sowie die Kosten für den Kundenevent am 03.06. (+8) das Ergebnis.

Wir empfehlen eine Behandlung im Rahmen einer außerordentlichen Geschäftsführungssitzung.

Das Projekt Aquadream wurde mit einer Verspätung von 3 Monaten und einer Kostenüberschreitung von 44 TEUR abgeschlossen. Die Produkteinführung scheint aus heutiger Sicht nicht gefährdet zu sein. Da das Servicemanagement aber Risiken identifiziert hat und R&D diese nicht entkräften konnte, ist eine begleitende Analyse zur Produkteinführung durch ein externes Institut in Arbeit. Der nächste Statusbericht folgt am 24.11.

Wir empfehlen eine Neuplanung der Ressourcenallokation und ein mit HR abgestimmtes Vorgehen, um die Sollwerte per Jahresende wieder zu erreichen.

Der Effekt aus dem Projekt Aquadream wird auch in der Ressourcenverwendung innerhalb R&D erkennbar. Die Leistungen für interne Projekte (wie Aquadream) stiegen zwischen Mai und September um 13 % von 25 % auf 38 %. Die gleichzeitige Reduktion der Leistungen auf Kundenprojekten entspricht einem Erlösentgang von ca. 30 TEUR. In 3 Fällen kam es dabei zu kritischen Verzögerungen bei Kundenprojekten (OBI, Hornbach, Dormio). Die Forschungsaufträge sanken auf ein Allzeittief.

Abb. 7.5.5: Geschäftsführungsbericht nach IBCS

lassen. Berichte sollen aber einen hohen Standardisierungsgrad aufweisen, um für alle Informationsempfänger schnell und eindeutig verständlich zu sein. In der *Eder-Gruppe* fehlen Vorgaben und Empfehlungen für die Strukturierung und Gestaltung der Berichtsinhalte. Wenn Kommunikation gelingen soll, dann müssen Kommunikationsregeln erarbeitet und eingehalten werden. Es ist von Nutzen, wenn Organisationen auch für die visuelle Darstellung von Sachverhalten eine gemeinsame Sprache entwickeln. Diese Sprache kann in einem Notationskonzept festgehalten werden, das Empfehlungen für die Strukturierung, Formatierung und Darstellung von Informationen enthält und eine stabile Grundlage für die Entwicklung von Berichtssystemen bildet. Ein Beispiel für eine empfängergerechte Darstellung der Sachverhalte rund um das Projekt *Aquadream* gemäß den IBCS-Vorgaben zeigt Abb. 7.5.5.

Ob *Egon Erbse* an der Informations- und Kommunikationskultur der *Eder-Gruppe* etwas ändern kann ist fraglich. Ändern kann er jedoch seine eigene Art der Kommunikation. Regelmäßige persönliche Kontakte zu seinen wichtigsten Ansprechpersonen *Paul-Uwe Mukl* und *Susi Schlummer* können dazu beitragen, dass Verbesserungspotenziale und auch Probleme schneller erkannt werden. Als gestandener Controller sollte *Erbse* auch eine angemessene Beachtung seiner Berichtsaktivitäten einfordern. Wenn seine Berichte nicht gelesen werden, muss er sich allerdings auch fragen, was er selbst an dieser Situation ändern kann. Er könnte beispielsweise die Erwartungen der Berichtsempfänger aktiv abfragen und damit auch ein deutliches Signal in Richtung Geschäftsführung und Konzerncontrolling senden. Denn Information und Kommunikation müssen Nutzen stiften und dürfen nicht Formalismus sein.

7.5.3 Künstliche Intelligenz und Industrie 4.0 in der Produktentwicklung bei TRUMPF

Praxisbeispiel von Dr. Julia Duwe (Head of R&D Production Platforms, TRUMPF Werkzeugmaschinen GmbH + Co. KG)

Künstliche Intelligenz wird als Schlüsseltechnologie den Maschinen- und Anlagenbau revolutionieren. Die neue datengetriebene Welt verändert dabei nicht nur die Technik und die Geschäftsmodelle. Ein Einblick in die Produktentwicklung von *TRUMPF Werkzeugmaschinen* zeigt, wie sich auch Organisation, Prozesse und Führung für die Zukunft aufstellen.

Das Hochtechnologieunternehmen *TRUMPF* erwirtschaftet mit rund 14.300 Mitarbeitern einen Umsatz von über 3,5 Mrd. € und bietet Fertigungslösungen in den Bereichen Werkzeugmaschinen und Lasertechnik. Die digitale Vernetzung der produzierenden Industrie treibt das Unternehmen durch Beratung, Plattform- und Softwareangebote voran. *TRUMPF* ist Technologie- und Marktführer bei Werkzeugmaschinen für die flexible Blechbearbeitung und bei industriellen Lasern.

In der Produktentwicklung der *TRUMPF Werkzeugmaschinensparte* trifft Künstliche Intelligenz auf den traditionellen Werkzeugmaschinenbau: Neben intelligenten Maschinen für die Bearbeitung von Blech entstehen hier datenbasierte Smart-Factory-Lösungen für den automatisierten Produktionsprozess. So z. B. bei der Entwicklung der in Abb. 7.5.6 dargestellten Laserschneidmaschine *TruLaser Center 7030*. Hand in Hand mit den Maschinenbauern arbeiten Datenspezialisten an der Selbstoptimierung des Laservollautomaten. Sie trainieren die Maschine darauf, die optimale Entnahmestrategie von geschnittenen Blechteilen selbst zu finden und immer die beste Entscheidung für den nächsten Prozessschritt zu treffen.

Abb. 7.5.6: TruLaser Center 7030 – Vollautomatisierte Fertigungszelle mit Selbstoptimierung

Künstliche Intelligenz optimiert und vereinfacht die neuen Produkte. Die Produktentwicklung – einer der Kernprozesse im Technologieunternehmen – verändert sich dafür konsequent. Denn hier entstehen die neuen Lösungen für morgen. Wer heute die besten Maschinen baut, benötigt morgen datengetriebene Lösungen für den Blechbearbeitungsprozess. Erfolgsentscheidend für die Produktentwicklung ist deshalb die Frage: Haben wir unsere Organisation konsequent darauf ausgerichtet, Wert aus Daten zu schöpfen? Sind unsere Produkte so aufgebaut, dass sie die Potenziale der KI wirklich heben können? Ist KI einfach nur eine zusätzliche Funktion in unseren Produkten oder verstehen wir sie grundsätzlicher? Wenn wir KI als Schlüsseltechnologie in der Produktion betrachten, bedeutet dies, unsere Lösungen für die Blechbearbeitung neu zu denken und auszugestalten und das Unternehmen fit zu machen für die Welt der Daten.

Datenwissen und Maschinenbau-Kompetenz: Beide Welten verbinden

Der Entwicklungsbereich geht hierfür mehrere Wege: Beim Aufbau von Machine Learning Know-how vernetzen sich die Entwicklungsteams mit auf KI spezialisierten Partnern und kooperieren eng mit Start-ups und Universitäten. Zugleich investiert das Unternehmen in die Aus- und Weiterbildung. Durch Online-Kurse an renommierten Universitäten, den Besuch von KI-Konferenzen, Traineeprogramme für Hochschul-Absolventen oder Industriepromotionen wird systematisch neues Wissen aufgebaut.

Die Welt der Daten zu erschließen, ist dabei nur die eine Seite der Medaille. Die andere Seite ist die langjährige Erfahrung im Maschinenbau. Wenn wir das wertvolle Domänenwissen mit Daten-Know-how verknüpfen, können wir die Prozesse unserer Kunden kontinuierlich verbessern. Lernen im KI-Umfeld baut deshalb auf interdisziplinäre Teams mit Unternehmergeist. Wenn Entwicklungsteams ausreichende Möglichkeiten haben, querzudenken sowie über Abteilungs-, Bereichs- und Unternehmensgrenzen hinaus mit unterschiedlichen Fachexperten und eng mit den Kunden zu kooperieren, entstehen gänzlich neue Smart-Factory-Lösungen und Services.

Neue Rollen und Prozesse

Auch die beteiligten Kompetenzen und Rollen verändern sich auf diesem Weg. Arbeiten heute Produktmanager, Entwickler, Produktionsexperten oder Servicetechniker zusammen, kommen bei digital vernetzten Lösungen Data Engineers, Data Analysts, Operators, Datenschutzbeauftragte, IT-Security-Spezialisten und Customer Success Manager hinzu. Sie arbeiten gemeinsam an digitalen Produkten, die bei Markteintritt nicht mehr „fertig" sind. Stattdessen entwickeln sich die Produkte, sobald sie im Einsatz beim Kunden sind, kontinuierlich weiter. Sie entfalten ihren Mehrwert dann, wenn sie auf Basis von Nutzerdaten kundenindividuell den jeweiligen Produktionsprozess verbessern können. „Die Entwicklungsteams verbinden sich zukünftig dafür täglich mit Tausenden von Kunden, um deren Herausforderungen und Bedürfnisse im Produktionsalltag dank Digitalisierung besser denn je zu verstehen", erklärt *Tom Schneider*, Geschäftsführer der Produktentwicklung Werkzeugmaschinen.

Öffnung der Organisation

Um den größtmöglichen Kundennutzen zu erzielen und Mehrwert aus den Daten zu schöpfen, braucht es innerhalb der Organisation vor allem eines: Öffnung und Zusammenarbeit. „Das sieht man bei der Smart Factory Lösungswelt von *TRUMPF Werkzeugmaschinen* für die vernetzte Blechfertigung deutlich. Die Anwendungen machen es möglich, dass sich die Produktion zunehmend selbstständig steuert. So etwas erledigt keine einzelne Abteilung allein. Wir setzen dafür auf Kompetenzträger aus den Bereichen Hardware, Software und Services. Außerdem vernetzen sich Forschung, Entwicklung, Vertrieb, Partner und Kunden intensiv", unterstreicht *Schneider*.

Abb. 7.5.7: Smart Factory von TRUMPF in Chicago

Aufseiten der Organisation und Führung gilt es, den Entwicklungsteams den Freiraum für das Betreten von Neuland zu garantieren und die Vernetzung von Communities quer durch die Organisation sicherzustellen. Während die Organisation sich hierfür strukturell öffnet, Bereichs- und Abteilungsgrenzen sich auflösen und die crossfunktionale Zusammenarbeit im Alltag gefördert wird, verändert sich auch die Führungsarbeit. Im Umfeld komplexer, datenbasierter Systeme gibt es nicht mehr den einen allwissenden Chef, dem alle zuarbeiten. Führung bedeutet, die vernetzten Ökosysteme zu initiieren und zu orchestrieren. Zugleich ist es Kern der Führungsarbeit, das Neue inmitten der bekannten und bewährten Welt zu verankern und die Markteinführung der neuen Produkte und Lösungen zu ermöglichen und voranzutreiben.

Fazit

Der Wandel vom Hardware- zum Daten-Fokus in der Produktentwicklung bedeutet: Wir entwickeln und betreiben datenbasierte Produkte, um kontinuierlich den Kundennutzen in der Blechfertigung zu erhöhen. Das Ziel ist, täglich die Transparenz und Produktivität in der Produktion unserer Kunden zu verbessern. Der Fokus der Entwicklungsmannschaft verlagert sich dafür „ins Feld", auf die Nutzer-Daten und auf die kontinuierliche Analyse und Auswertung der Daten zur Optimierung des Produktionsprozesses. Immer öfter verschwimmen im Entwicklungsalltag dafür die Grenzen zwischen dem Traditionsgeschäft und dem neuen digitalen Business. Datenbasierte Schlüsseltechnologien ergänzen und erweitern die traditionellen Domänen. Das Fundament, um diesen Wandel zu ermöglichen, bildet eine offene Organisation mit ihren netzwerkbasierten Strukturen, mit iterativen und kundenzentrierten Prozessen und mit disziplinübergreifender Zusammenarbeit.

7.5.4 Working Out Loud bei Bosch

Praxisbeispiel von Katharina Krentz (Geschäftsführerin Beratungsgesellschaft Connecting Humans & Robert Bosch GmbH, Corporate HR Bereich Transformation)

BOSCH

In der vernetzten Welt sind die Zusammenarbeit über Bereichs- und Unternehmensgrenzen hinweg, der schnelle Austausch von Wissen und das von- und miteinander Lernen unabdingbar. Mithilfe der Methode „Working Out Loud" (WOL) können sich die Mitarbeiter immer wieder themenspezifisch mit den richtigen Experten über komplexe Fragestellungen und Ideen austauschen, um von anderen zu lernen und die eigene Arbeit zu verbessern. WOL steht für offene, transparente Zusammenarbeit mit und in Netzwerken, hauptsächlich im virtuellen Raum. Dafür gibt es die **WOL-Circles**, die aus vier bis fünf möglichst diversen Teilnehmern bestehen, die im Arbeitsalltag oft gar nichts miteinander zu tun haben und sich im besten Fall auch vorher gar nicht kennen. So kann etwa eine Ingenieurin mit einer Kommunikationsreferentin, einem Qualitätsverantwortlichen, einer Führungskraft und einem Vertriebsmitarbeiter, die an jeweils anderen Standorten arbeiten, zu einem Circle zusammenfinden. Die dadurch entstehende Vielfalt an Perspektiven eröffnet allen neue Möglichkeiten.

WOL ist zunächst einmal eine Haltung und eine Fähigkeit: nach außen gerichtet und transparent zu kommunizieren und die eigene Arbeit und das Wissen zu teilen, anderen zu helfen, um einen Mehrwert für sich selbst und gleichzeitig für das Netzwerk zu generieren. Die Circles treffen sich informell im Chat, via Skype, in einer Videokonferenz oder auch persönlich, etwa beim gemeinsamen Essen – es gibt viele Möglichkeiten. Jeder nimmt mit einer individuellen Fragestellung am Circle teil: Der eine sucht vielleicht Experten zum Thema Smart Home, die andere möchte ihre Sichtbarkeit in den sozialen Medien erhöhen, ein Ingenieur möchte seine Expertise über eine Community weitergeben und eine junge Kollegin eine neue Produktidee verwirklichen. Je unterschiedlicher die Themen sind, desto spannender der Austausch. Für die persönliche Zielerreichung wenden alle die WOL-Lernmethode an und setzen diese direkt in die Praxis um. Auf diese Weise lernt der Circle von und miteinander, gibt sich gegenseitig Feedback, hilft beim Reflektieren und unterstützt sich mit eigenem Wissen und eigenen Netzwerken.

Working Out Loud bei Bosch

Die *Bosch-Gruppe* ist ein international führendes Technologie- und Dienstleistungsunternehmen mit einem Umsatz von über 77 Mrd. € und rund 400.000 Mitarbeitern. WOL startete 2015 bei *Bosch* als Graswurzelinitiative mit zehn Pilot-Circles. Heute umfasst die Bosch-WOL-Community über 900 Circles mit mehr als 6.000 Mitgliedern in 52 Ländern. Alle Teilnehmer sind im *Bosch*-internen Enterprise Social Network „*Bosch Connect*" sichtbar, sodass man gezielt nach ihnen suchen kann (vgl. Kap. 7.4.3). Die Teilnahme an einem Circle ist über die WOL-Community-Plattform länderübergreifend möglich. Dies ist besonders deshalb interessant, weil dabei auch interkulturelle Aspekte eine Rolle spielen und die Vorteile von Diversität direkt erlebbar werden.

Was uns von Anfang an so an Working Out Loud begeisterte, war die Einfachheit der Methode und die Möglichkeit, sie flexibel in den Arbeitsalltag integrieren zu können. Jeder der Teilnehmer nimmt sich für zwölf Wochen ein eigenes Lernziel vor. Alle lernen anhand von sog. **Circle Guides** – einer Art Handbuch mit wöchentlicher Agenda und Übungsaufgaben –, wie man passend zum eigenen Ziel jeweils die richtigen Experten identifiziert, kennenlernt, sich mit ihnen vernetzt und daraus ein nachhaltiges Netzwerk aufbaut. Der Circle funktioniert wie eine Art Experimentier- und Schutzraum, um diese andere Art des sehr persönlichen Beziehungs- und Netzwerkaufbaus und der Zusammenarbeit auszuprobieren.

Jeder Mitarbeiter kann so in kleinen Schritten mit seinem Circle genau das lernen, wofür er sich interessiert. Ob ich meine Wohnung zu einem „Smart Home" umbauen, mehr über Blockchain-Technologie lernen oder mich in meiner jetzigen beruflichen Aufgabe weiterentwickeln möchte, spielt dabei keine Rolle. Die Mechanismen des netzwerkbasierten Arbeitens lerne ich sowohl mit einem privaten als auch mit einem beruflichen Ziel. Deswegen gibt es bei *Bosch* auch keine Vorgabe, welche Ziele die Mitarbeiter in ihrem jeweiligen Circle verfolgen sollen.

WOL prägt die Haltung und Fähigkeit, im Netzwerk zu arbeiten, die eigene Arbeit und sein Wissen sichtbar zu machen, andere teilhaben zu lassen, Fragen zu stellen und sich gegenseitig zu helfen. Diese Zusammenarbeit nach dem Motto „Put yourself in the shoes of the other person" wird zur Gewohnheit und gelebter Arbeitsalltag. Die Mitarbeiter erleben, dass sie mithilfe des Netzwerks fast alle Aufgaben schneller, effizienter und mit mehr Spaß an der Sache erledigen können. Zudem setzt WOL komplett auf intrinsische Motivation – die Wahl des persönlichen Ziels, das mich begeistert, hilft mir, über die zwölf Wochen hinweg am Ball zu bleiben und netzwerkbasiertes Arbeiten mit positiven Erfahrungen zu verbinden. Das erklärt auch, warum WOL nicht verordnet oder Top-down ausgerollt werden kann.

WOL verbreitet sich über Weiterempfehlung

Die WOL-Circle-Methode verbreitet sich in Europa ebenso wie in den USA oder auch China, Japan und Indien. Und das ohne Kommunikationskampagne, überwiegend auf Basis von Weiterempfehlungen: 97 % der Teilnehmer eines WOL-Circles geben im Abschluss-Feedback an, die Methode und das Circle-Programm ihren Kolleginnen und Kollegen weiterzuempfehlen. Alle Informationen rund um die Initiative finden sich in einer offenen Community in *Bosch Connect*. Dort hat jeder Circle auch seinen vertraulichen Arbeitsbereich, in dem die Teilnehmer üben, ihre Fortschritte dokumentieren und sich miteinander austauschen können. Viele Teilnehmer geben uns die Rückmeldung, durch ihre Teilnahme an einem WOL-Circle besser zu verstehen, wie sie *Bosch Connect* und externe Social-Media-Plattformen für ihre Arbeit einsetzen können und wie sie dadurch an für sie relevante Informationen und Kontakte kommen. Die Arbeit macht mehr Spaß, die erlebte Hilfsbereitschaft und das aktive Teilen von Wissen führen zu mehr Motivation und Engagement. Der direkte Austausch über Abteilungs- und zum Teil Ländergrenzen hinweg wird als wertschöpfend und bereichernd wahrgenommen.

Sich mit WOL zu vernetzen, bedeutet nicht, wahllos Kontakte zu sammeln. Es geht darum zu lernen, wie man sich zielgerichtet mit Experten vernetzt und stabile Beziehungen aufbaut, die einen bei spezifischen Fragestellungen unterstützen und weiterbringen. Einer unserer Kollegen hat z. B. mithilfe von WOL einen IoT-Start-up-Inkubator in den USA ins Leben gerufen. Der Austausch funktioniert jenseits von hierarchischen Grenzen. Jeder Teilnehmer kann vom anderen lernen und von deren Netzwerk profitieren.

Und noch ein Ziel verfolgen wir mit WOL: die Entwicklung einer agilen Haltung bei den Mitarbeitern. In einem komplexen Führungskontext müssen sich immer wieder neue informelle, themenbezogene Netzwerke innerhalb und über das Unternehmen hinaus bilden. Und das will geübt und gelernt werden, kommen wir doch aus einer eher hierarchisch geprägten und verschlossenen Kultur. Heute ist WOL bei *Bosch* strategisch verankert. Die Circle-Methode ist Teil des Trainingsportfolios und Onboarding-Programms und prägt maßgeblich eine neue Art der Zusammenarbeitskultur.

Unterstützung der Graswurzelbewegung durch die Unternehmensführung

Christoph Kübel, Arbeitsdirektor und Mitglied der Geschäftsführung, ist bereits seit 2017 Schirmherr der WOL-Initiative: „Working Out Loud ist mir persönlich wichtig, weil das vernetzte Arbeiten und das Nutzen der digitalen Möglichkeiten grundlegende Fähigkeiten im digitalen Zeitalter für uns alle sind. Und somit ist WOL auch für *Bosch* sehr wichtig. Die WOL-Circles sind eine ganz praktische Methode, diese Fähigkeiten zu erlernen. Mich beeindruckt, wie schnell sich das Thema bei uns verbreitet hat und wie positiv das weltweite Feedback ist. Ich höre immer wieder, dass die Methode aufgrund ihrer Vielseitigkeit und ihrer Einfachheit ganz unterschiedliche Mitarbeiter begeistert und überzeugt. Für mich persönlich bedeutet WOL, in einem Netzwerk virtuell zusammenzuarbeiten und offen zu sein, von anderen zu lernen und das eigene Wissen zu teilen. WOL steht damit für ein Mindset, das wir in einer vernetzten Welt dringend brauchen. Die größte Stärke von *Bosch* sind seine Mitarbeiter mit ihrem Wissen, ihren Erfahrungen und ihren Kompetenzen. Um diese Stärke zu nutzen, brauchen wir eine enge Vernetzung untereinander und die Bereitschaft und aktive Beteiligung aller, das eigene Wissen zu teilen und andere zu unterstützen."

Christoph Kübel wurde 2019 als einer der führenden HR-Köpfe in Deutschland vom *Personalmagazin* als „Der Kulturveränderer" ausgezeichnet. Denn das Unterstützen von solchen Graswurzelinitiativen durch die Geschäftsführung und die aktive Mitarbeit sind nicht selbstverständlich. Damit fördert er auch die weltweite WOL-Bewegung, die bei *Bosch* startete und sich bis heute immer weiter auf andere Unternehmen ausbreitet.

Fallstudien zur Information und Kommunikation

7.1 Kommunikationskultur der Technohype AG (*Griesfelder, R.*)

7.2 Datenmanagement für die Projektorganisation der Informasoft GmbH (*Roth, G.*)

7.3 Prozessmanagement und Electronic Business bei der Informasoft GmbH (*Roth, G.*)

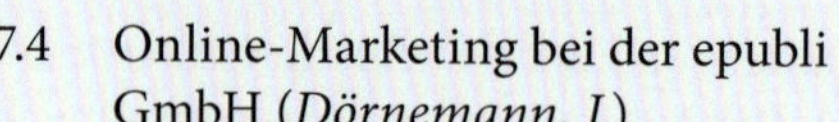

7.4 Online-Marketing bei der epubli GmbH (*Dörnemann, J.*)

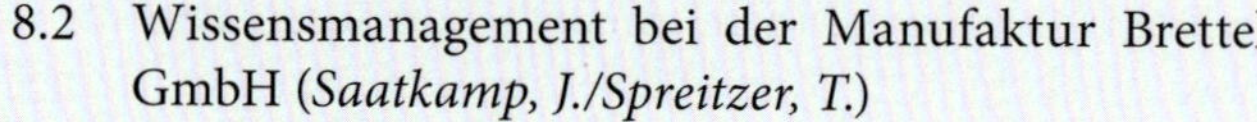

8.2 Wissensmanagement bei der Manufaktur Brettel GmbH (*Saatkamp, J./Spreitzer, T.*)

Kapitel 8

Perspektiven der Unternehmensführung

» *Einen Ruf erwirbt man sich nicht mit Dingen, die man erst tun wird.* «

Henry Ford (1863–1947)
US-amerikanischer Erfinder und Automobilpionier

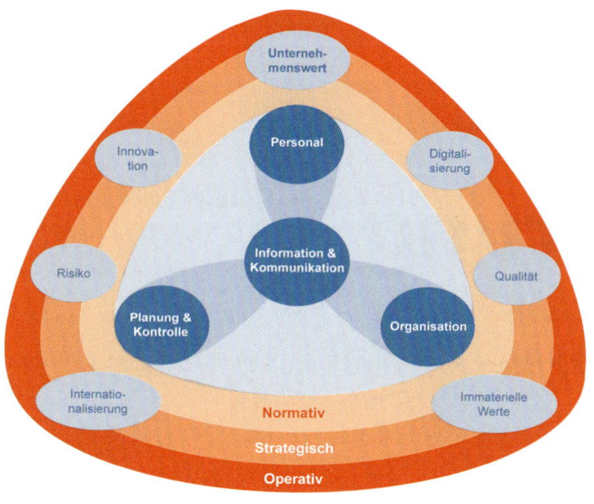

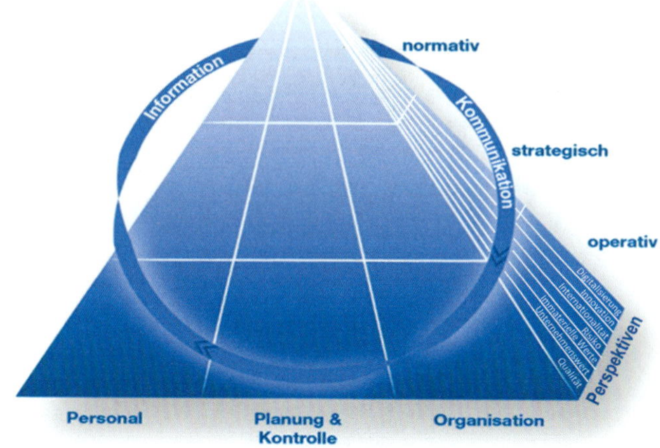

8 Perspektiven der Unternehmensführung

8.1 Qualitätsorientierte Unternehmensführung

Leitfragen

- Was ist Qualität und was sagt sie über ein Produkt aus?
- Wie hat sich die qualitätsorientierte Unternehmensführung entwickelt und was ist Total Quality Leadership?
- Was kostet und was nützt Qualität?
- Welche Qualitätstechniken und -werkzeuge gibt es und wofür werden sie verwendet?

8.1.1 Was bedeutet Qualität?

Der Qualitätsbegriff bezeichnet, nach seinem lateinischen Ursprung „qualitas", die **Beschaffenheit** von Objekten. Umgangssprachlich wird Qualität meist mit besonderer Güte gleichgesetzt. Allerdings gibt es auch fehlerhafte Produkte, bei denen dann von „Unqualität" gesprochen werden müsste. Im Folgenden wird Qualität deshalb als **wertneutrale Relation** verstanden, um für ein Betrachtungsobjekt die Übereinstimmung seiner Merkmale mit deren Anforderungen zu messen. Untersuchungsgegenstand können etwa Produkte, Dienstleistungen, Prozesse oder auch Unternehmen sein (vgl. *Zollondz*, 2016c, S. 857 f.).

Qualität ist ein relativer Maßstab für das Ausmaß der Übereinstimmung zwischen der geforderten und der realisierten Beschaffenheit ausgewählter Merkmale eines Betrachtungsobjekts.

Vereinfachend lässt sich Qualität wie in Abb. 8.1.1 als Waage veranschaulichen. Da ein Betrachtungsobjekt sehr viele verschiedene Merkmale und Eigenschaften haben kann,

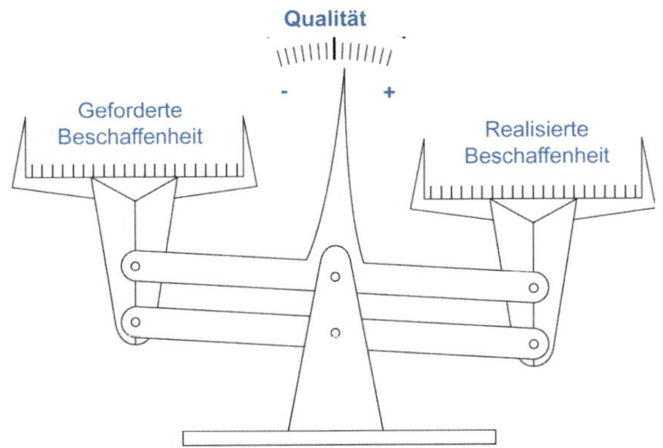

Abb. 8.1.1: Qualität als Waage (vgl. Zollondz, 2016c, S. 858).

müssen die verantwortlichen Führungskräfte im Vorfeld entscheiden, welche davon für die Qualität relevant sind. Die Qualität eines Betrachtungsobjekts ergibt sich dann aus der Qualität dieser ausgewählten Merkmale. Bildlich gesehen werden die einzelnen Merkmale somit nacheinander auf die Waage gelegt. Auf Basis der dabei gemessenen Übereinstimmungen wird dann die Qualität des gesamten Betrachtungsobjekts beurteilt (vgl. *Zollondz*, 2016c, S. 858). Besonders kritische Qualitätsmerkmale, wie etwa sicherheitsrelevante Aspekte, können in die Beurteilung mit einem höheren Gewicht einfließen oder als sog. K.-o.-Kriterien für das Qualitätsurteil ausschlaggebend sein.

Bei der Bestimmung der Qualitätsmerkmale sind zwei verschiedene **Qualitätsauffassungen** zu unterscheiden (vgl. *Wendehals*, 2000, S. 11 ff.):

- **Technischer Qualitätsbegriff:** Die geforderte Beschaffenheit wird durch technische, objektiv messbare Merkmale beschrieben. Hohe Qualität bedeutet somit, dass die realisierten Merkmalsausprägungen innerhalb festgelegter Toleranzbereiche liegen. Ein Beispiel wäre eine geforderte Blechdicke zwischen 29 und 31 mm. Diese Qualität kann objektiv beurteilt und gezielt beeinflusst werden. Qualität bedeutet somit Fehlerfreiheit. Sie lässt sich etwa durch die Fehlerquote bei einer Million produzierter Einheiten (PPM = Parts per Million) messen.
- **Kundenorientierter Qualitätsbegriff:** Die geforderte Beschaffenheit wird durch die subjektiven Anforderungen der Kunden bestimmt. *Juran* als Pionier qualitätsorientierter Führung betonte diese Gebrauchstauglichkeit von Gütern aus Sicht des Kunden als „fitness for use" (*Juran*, 1988, S. 2.2). Hohe Qualität bedeutet demnach die bestmögliche Erfüllung der Kundenerwartungen. Der Kunde nimmt jedoch nur diejenigen Eigenschaften des Betrachtungsobjekts wahr, die für seinen individuellen Gebrauch einen Nutzen haben. Diese wahrgenommene Qualität ist nicht nur von den Eigenschaften des

Betrachtungsobjekts abhängig, sondern auch von anderen Faktoren, welche die Wahrnehmung des Kunden prägen. Einen solchen Einfluss haben beispielsweise das Image des Unternehmens, bislang gemachte Produkterfahrungen oder Marketingmaßnahmen. Die kundenorientierte Qualität ist also stets relativ und somit nicht objektiv messbar, da sie sowohl von den individuellen Ansprüchen als auch der Wahrnehmung des Kunden abhängt. Deshalb ist die kundenorientierte Qualitätssicht zur Steuerung und Kontrolle der Leistungserstellung weniger geeignet. Sie bestimmt jedoch die Kundenzufriedenheit und ist deshalb für den Markterfolg ausschlaggebend. Kundenorientierte Qualitätsmerkmale bei einem Rasierapparat wären etwa, ob dieser gut in der Hand liegt, wie er sich anfühlt, welche Geräusche er macht und ob die Rasur angenehm und gründlich ist

Beide Qualitätsbegriffe verfolgen unterschiedliche **Zielsetzungen**. Die technische Qualität ist fertigungs- bzw. prozessorientiert und dient der Steuerung der Leistungserstellung. Sie stellt die Fehlerfreiheit des Produkts sicher, garantiert aber noch keinen Verkaufserfolg. Hierfür muss ein Produkt die subjektiven Kundenwünsche erfüllen, also ebenso über eine hohe kundenorientierte Qualität verfügen. Da der Kunde die Fehlerfreiheit des Produkts voraussetzt, wird er technische Mängel kaum akzeptieren. Somit ist die Sicherstellung der technischen Qualität eine notwendige, aber keine hinreichende Bedingung für eine hohe kundenorientierte Qualität. Ein aussagekräftiger Qualitätsbegriff sollte deshalb sowohl subjektive, kundenorientierte als auch objektive, technische Aspekte beinhalten (vgl. *Wendehals*, 2000, S. 16 f.).

Qualität drückt somit den **relativen Erfüllungsgrad** der an ein Betrachtungsobjekt gestellten Anforderungen aus. Sie bezieht sich sowohl auf die Wünsche des Kunden als auch auf technische Merkmale. Wie in Abb. 8.1.2 dargestellt, bezeichnet Qualität das Ergebnis des Vergleichs der realisierten Beschaffenheit eines Betrachtungsobjekts sowohl mit den technischen als auch den kundenorientierten Anforderungen. Während die kundenorientierten Anforderungen die Wünsche der Kunden widerspiegeln, werden die technischen Anforderungen vom Unternehmen festgelegt (vgl. *Masing*, 2014, S. 4 f.).

Die tatsächlich realisierte Qualität stellt somit die Schnittmenge der Erfüllung der Anforderungen sowohl der Kunden als auch des Unternehmens dar. Die Schwierigkeit für die Unternehmensführung besteht zunächst darin, die Kundenanforderungen richtig zu bestimmen. Diese werden häufig nicht ausdrücklich genannt, sondern als selbstverständlich vorausgesetzt oder sind den Kunden gar nicht bewusst. Aus den Kundenanforderungen werden die objektiv messbaren technischen Anforderungen abgeleitet, deren Einhaltung die Erfüllung der Kundenwünsche sicherstellen soll.

Für die Kaufentscheidung der Kunden ist neben der Qualität auch der **Preis** des Produkts ausschlaggebend. In aller Regel besteht hier eine **Austauschbeziehung**: Bei einem geringen Preis sind die Kundenanforderungen an das Produkt niedriger und somit einfacher zu erfüllen, während hohe Preise auch höhere Kundenerwartungen auslösen. Die Qualitätsanforderungen sind dann nur mit großen Anstrengungen, etwa durch eine Differenzierungs- oder Outpacing-Strategie, zu erfüllen (vgl. Kap. 3.2.2). Der Preis beeinflusst somit die Kundenanforderungen, ist selbst aber kein Qualitätsmerkmal. Das Unternehmen hat auch die Kosten der Erfüllung der Kundenanforderungen zu berücksichtigen. Je nach strategischer Zielsetzung ist dabei eine geeignete Marktpositionierung festzulegen. Eine Differenzierungsstrategie ist folglich nur dann erfolgreich, wenn die hohen Kundenanforderungen auch mit vertretbaren Kosten erfüllt werden können. Eine Strategie der

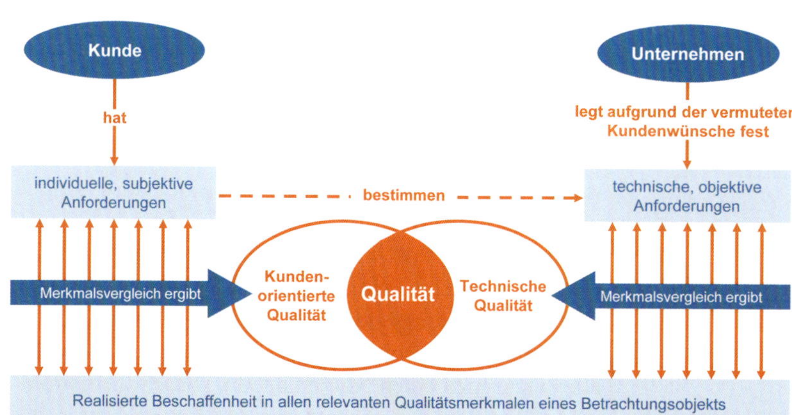

Abb. 8.1.2: Qualität als Schnittmenge der Erfüllung der Anforderungen von Kunden und Unternehmen

Kostenführerschaft basiert dagegen auf einem standardisierten Produkt, das lediglich grundlegende Anforderungen erfüllt. Wegen des geringen Preises verzichtet der Kunde auf außergewöhnliche Produktmerkmale, wird aber dennoch keine gravierenden technischen Mängel akzeptieren.

Werden die Anforderungen aus Sicht des Kunden durch ein Produkt nicht ausreichend erfüllt, dann wird er, wenn überhaupt, nur mit einem Preisabschlag bereit sein, dieses zu kaufen. Werden seine Anforderungen dagegen übererfüllt, dann stört ihn das zwar nicht, aber er ist auch nicht bereit, dafür einen Aufpreis zu zahlen (vgl. *Masing*, 2014, S. 6 f.). Da die Ansprüche der Kunden sehr unterschiedlich sind, werden sie deshalb häufig in **Anspruchsklassen** unterteilt. Für diese werden dann spezifische Produktvarianten angeboten. So bieten beispielsweise Luftfahrtgesellschaften ihren Kunden die Möglichkeit, zwischen Economy und Business Class zu wählen. Der Flug ist in beiden Fällen identisch. Die Passagiere in der Business Class erhalten jedoch gegen höhere Bezahlung mehr Platz und einen besseren Service als die Economy-Passagiere. Bei Letzteren steht vor allem der Preis im Vordergrund und ihre Qualitätsanforderungen, wie etwa Beinfreiheit, sind deshalb geringer. Durch Variation der Basisleistung lassen sich somit unterschiedliche Kundenanforderungen realisieren, für die der Kunde auch bereit ist, etwas zu bezahlen.

8.1.2 Auf dem Weg zur qualitätsorientierten Unternehmensführung

Seit Güter und Dienstleistungen erstellt werden, spielt deren Qualität eine wichtige Rolle. Bereits ca. 1.700 v. Chr. drohte Baumeistern in Babylon der Tod, wenn durch den Einsturz ihrer Gebäude jemand ums Leben kam. Im Mittelalter gab es bereits Qualitätssiegel in Form des jeweiligen Stadtwappens, welche durch amtlich bestellte Sachverständige vergeben wurden. Mit zunehmender Industrialisierung erlangten dann ab dem 19. Jahrhundert Qualitätsaspekte immer mehr an Bedeutung (vgl. *Ebel*, 2003, S. 26).

Mit dem Total Quality Control stellte *Feigenbaum* (1961) bereits Ende der 1950er-Jahre eine umfassende Qualitätssteuerung vor. Die Übersetzung seines gleichnamigen Buches stieß in Japan aufgrund damaliger Qualitätsprobleme auf breites Interesse. Es wurde im Laufe der Folgejahre insbesondere von *Ishikawa* (1976) zum Konzept der Company Wide Quality Control weiterentwickelt. Als maßgebliche Pioniere des Qualitätsmanagements gelten vor allem die beiden US-Amerikaner *Juran* (1974) und *Deming* (1982). Durch zahlreiche Vortragsreisen verbreiteten sich ihre Ideen zunächst vor allem in Japan. Der wirtschaftliche Erfolg japanischer Unternehmen steigerte das Interesse der westlichen Welt an den dort eingesetzten Qualitätstechniken. Dies trug dazu bei, dass sich seit den 1980er-Jahren vermehrt auch amerikanische und europäische Unternehmen an der Qualitätsperspektive ausrichteten.

Wie in Abb. 8.1.3 dargestellt, lassen sich folgende **Entwicklungsstufen** qualitätsorientierter Unternehmensführung

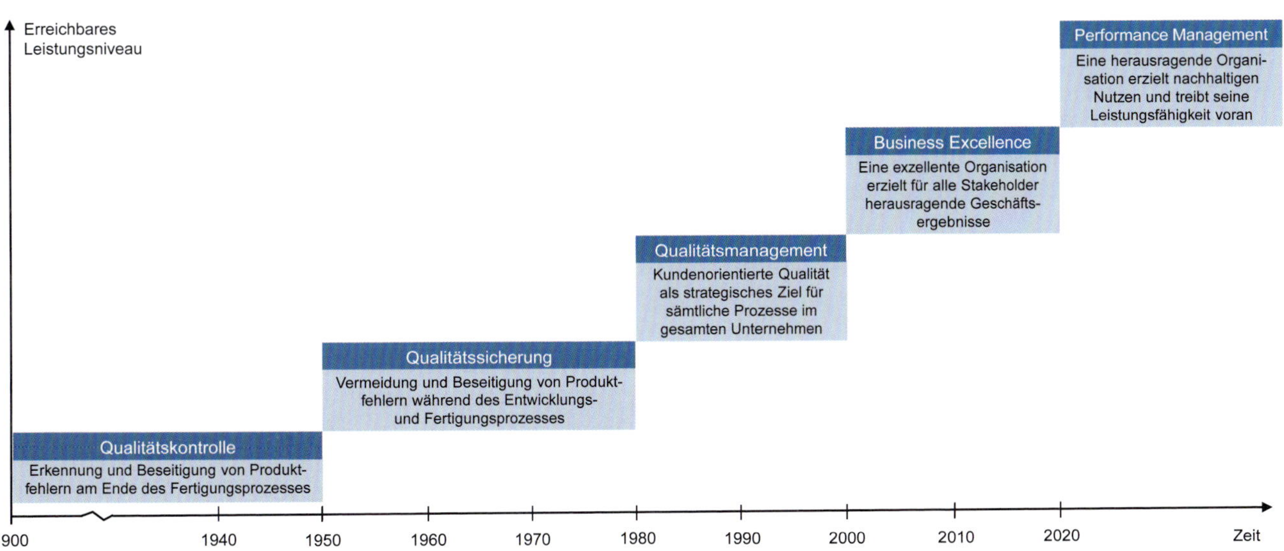

Abb. 8.1.3: Entwicklung der Konzepte qualitätsorientierter Unternehmensführung

unterscheiden (vgl. *Geiger*, 2016, S. 806 f.; *Zollondz*, 2016d, S. 932 ff.; *EFQM*, 2019, S. 6):

- **1. Stufe: Qualitätskontrolle (1900–1950):** Zu Beginn der Industrialisierung wurde die Qualität erst am Ende des Produktionsprozesses anhand technischer Merkmale kontrolliert. Fehler wurden dadurch erst beim Endprodukt erkannt, wodurch erhebliche Kosten aufgrund von Nacharbeit und Ausschuss entstanden. Deshalb wurden im Arbeitsablauf nach und nach Kontrollstellen eingerichtet, an denen Inspektoren die Qualität durch Stichproben beurteilen sollten. Tolerierbare Abweichungen von den geforderten Qualitätsmerkmalen waren als „Acceptable Quality Level" genau festgelegt. Betrachtungsgegenstand war ausschließlich das Produkt und nicht die dahinterstehenden Abläufe. Die zunehmende Arbeitsteilung durch das Scientific Management von *Taylor* (vgl. Kap. 5.4) und die Trennung zwischen Ausführung und Kontrolle führten dazu, dass die gering qualifizierten Mitarbeiter sich nicht mit der Qualität ihrer Arbeit identifizierten. Sie wurden nicht mit den Auswirkungen ihrer Handlungen konfrontiert und hatten auch kein Interesse an Verbesserungsvorschlägen. Die Qualitätskontrolle ermöglichte somit zwar das Erkennen und Beseitigen von Produktfehlern, aber änderte nichts an deren Ursachen.
- **2. Stufe: Qualitätssicherung (1950–1980):** Endprüfungen sind teuer und die Kosten von Fehlern umso höher, je später diese erkannt werden. Deshalb wurde versucht, Fehler nicht am Ort ihrer Entdeckung, sondern bereits bei ihrer Entstehung zu beseitigen bzw. durch präventive Maßnahmen gar nicht erst entstehen zu lassen. Hierzu wurden verstärkt Prüf-, Mess- und Analyseverfahren eingesetzt. Die Qualitätssicherung beschränkte sich vor allem auf die Vermeidung und Beseitigung von Fehlern in der Entwicklung und Fertigung. Auf diese Weise sollte eine hohe technische Qualität erreicht werden. Die Erfüllung der Kundenanforderungen bezog sich auf die Funktionalität und Zuverlässigkeit der Produkte.
- **3. Stufe: Qualitätsmanagement (1980–2000):** Statt der Erfüllung technischer Merkmale stand nun die kundenorientierte Qualität im Fokus und entwickelte sich zu einer wesentlichen strategischen Zielsetzung des Unternehmens. Qualitätsaspekte spielten nicht mehr nur für die Entwicklung und Herstellung, sondern bei sämtlichen Tätigkeiten im Unternehmen eine Rolle. Da sich das Qualitätsdenken auf das gesamte Unternehmen und alle dort ablaufenden Prozesse erstreckt, wird diese Ausrichtung der Unternehmensführung als integriertes bzw. umfassendes Qualitätsmanagement oder auch als Total Quality Management (TQM) bezeichnet.
- **4. Stufe: Business Excellence (2000–2020):** Bei der Verbreitung des Qualitätsdenkens in Europa in den 2000er-Jahren spielte die *European Foundation for Quality Management* (EFQM) und das von ihr entwickelte *EFQM Excellence-Modell* eine wesentliche Rolle. Das Qualitätsmanagement wurde durch das *EFQM* zu einem Führungsansatz ausgebaut, bei dem neben der Ausrichtung auf die Kunden auch die Erfüllung der Anforderungen der Mitarbeiter, Gesellschaft und Shareholder angestrebt wird. Exzellente Organisationen erzielen herausragende Leistungen, mit denen sie die Erwartungen ihrer Anspruchsgruppen dauerhaft erfüllen oder übertreffen.
- **5. Stufe: Performance Management (seit 2020):** Das neue *EFQM-Modell* ist ein Performance-Management-System (vgl. Kap. 7.2.3), das ökonomische, ökologische und soziale Ziele verfolgt, um als herausragende Organisation nachhaltigen Nutzen für alle Stakeholder zu schaffen.

In den 1960er- und 1970er-Jahren entstanden zahlreiche internationale, nationale und sogar branchen- und firmenspezifische **Qualitätsnormen**. Die Vielzahl unterschiedlicher Vorschriften und Regeln wurde vor allem für international tätige Unternehmen schnell zu einem Handelshemmnis. Deshalb wurden allgemein anerkannte und einheitliche Vorschriften zur Beurteilung von Qualitätssicherungssystemen gefordert. Dies führte Ende der 1970er-Jahre auf Bestreben des *Deutschen Instituts für Normung e. V.* (DIN) zur Erarbeitung international einheitlicher Normen. Hierfür wurde 1979 von der *International Organization for Standardization* (ISO), der weltweiten Dachorganisation nationaler Normungsinstitute, ein technisches Komitee eingesetzt. Die daraus entstandene Normenreihe ISO 9001-9004 (kurz: ISO 9000 ff.) wurde 1987 verabschiedet und im gleichen Jahr in Deutschland (DIN 9000 ff.) sowie 1993 in Europa (EN 9000 ff.) zur Norm erhoben. Heute tragen die Normen den zusammenfassenden Namen **DIN EN ISO 9000-Familie** und bilden seitdem eine wesentliche Grundlage des Qualitätsmanagements (vgl. *Jacob*, 2014, S. 106 ff.).

Um Unternehmen durch eine neutrale Institution auf die Erfüllung der Normen überprüfen zu können, wurde 1985 die *Deutsche Gesellschaft zur Zertifizierung von Qualitätssicherungssystemen mbH* (DQS) gegründet. Durch diese können Unternehmen ihr Qualitätssicherungssystem überprüfen lassen. Eine solche **Zertifizierung** spielt seitdem für die Wettbewerbsfähigkeit der Unternehmen eine wichtige Rolle und wird oft von Lieferanten als Basis für eine Zusammenarbeit gefordert (vgl. Kap. 8.1.4).

Gegenstand der Normierung sind allerdings nicht die Produktmerkmale und -eigenschaften oder die Qualität der

Endprodukte. Vielmehr geht es in den Normen um Regeln und Hilfestellungen für den Aufbau eines Qualitätsmanagementsystems und die Anwendung von Qualitätsverfahren. Dahinter steht die Annahme, dass ein normgerechtes Qualitätsmanagementsystem das Unternehmen dazu befähigt, qualitativ hochwertige Produkte herzustellen. Die Zertifizierung dient somit in erster Linie der Schaffung von Vertrauen in die **Qualitätsfähigkeit** eines Unternehmens.

Total Quality Management

Beim umfassenden Qualitätsmanagement bzw. Total Quality Management (TQM) wird Qualität zur obersten Priorität des gesamten Unternehmens und aller Mitarbeiter („Quality first"). DIN EN ISO 9000 umschreibt es als eine „auf der Mitwirkung aller ihrer Mitglieder basierende Managementmethode einer Organisation, die Qualität in den Mittelpunkt stellt und durch Zufriedenstellung der Kunden auf langfristigen Geschäftserfolg sowie auf Nutzen für die Mitglieder der Organisation und für die Gesellschaft zielt". Dies basiert auf der Überzeugung, dass der Kunde letztendlich die Qualität der Produkte bestimmt und zur Erfüllung seiner Anforderungen alle Mitarbeiter im gesamten Unternehmen ihren Beitrag leisten müssen.

- **Total** steht für den umfassenden Einbezug der Mitarbeiter, Kunden und Lieferanten.
- **Quality** steht für eine ganzheitliche Betrachtung, bei der die Qualität der Produkte aus der Qualität der Prozesse und Arbeitsbedingungen resultiert.
- **Management** steht für die Erreichung hoher Qualität als zentrale Führungsaufgabe.

> **Total Quality Management** bezeichnet die ganzheitliche Ausrichtung des gesamten Unternehmens auf die Erfüllung der Kundenbedürfnisse.

Prinzipien des Total Quality Managements sind:

- **Kundenorientierung:** Qualitätsmaßstab sind die Anforderungen der Kunden. Die Ausrichtung am Kunden wird dabei auch innerhalb des Unternehmens vollzogen, denn jeder Mitarbeiter im Leistungsprozess kann als Kunde seines vorgelagerten Kollegen angesehen werden („The next process is your customer").
- **Gesellschaftliche Orientierung:** Da Unternehmen in der Öffentlichkeit stehen, müssen sie auch gesellschaftliche Interessen berücksichtigen, wie etwa den Umweltschutz.
- **Prozessorientierung:** Eine hohe Produktqualität entsteht erst dann, wenn alle am Prozess der Leistungserstellung beteiligten Mitarbeiter optimal zusammenarbeiten und die betrieblichen Abläufe ganzheitlich gestaltet werden (vgl. Kap. 5.4).
- **Mitarbeiterorientierung:** Verankerung eines hohen Qualitätsbewusstseins in den Köpfen der Beschäftigten durch gezielte Schulungsmaßnahmen und Einbezug aller Mitarbeiter in die Qualitätsverbesserung.
- **Kontinuierliche Verbesserung:** Die Qualitätsverbesserung ist eine laufende Aufgabe mit der Zielsetzung „Null-Fehler". Grundlage hierfür ist eine möglichst exakte und begleitende Messung der relevanten Qualitätsmerkmale.
- **Fehlervermeidung:** Präventive Maßnahmen stehen im Vordergrund, damit Fehler nach dem Prinzip „Do it right the first time" (*Crosby*, 1979) gar nicht erst entstehen. Fehler werden systematisch auf ihre Ursachen untersucht, um diese so zu beseitigen.
- **Verpflichtung der Unternehmensführung:** Die Verantwortung für die Qualität trägt nicht mehr allein das Qualitätswesen, sondern jede Führungskraft. Qualitätskultur und kontinuierliche Verbesserung sind von der Unternehmensführung zu gestalten und vorzuleben.

Als Rahmen für die Umsetzung des Total Quality Managements benötigt das Unternehmen ein **Qualitätsmanagementsystem**. Es beschreibt den Aufbau und Ablauf des Qualitätsmanagements, die Qualitätsaufgaben und hierfür verantwortlichen Mitarbeiter sowie die verwendeten Qualitätsinstrumente.

Bestandteile eines Qualitätsmanagementsystems sind (vgl. *Geiger*, 1998, S. 51 ff.):

- **Qualitätsplanung:** Festlegung von Qualitätspolitik und Qualitätszielen sowie der Maßnahmen und Verantwortlichkeiten, um diese zu erreichen. Die Qualitätsziele der *Deutschen Post* sind etwa Schnelligkeit, Zuverlässigkeit, korrekte Zustellung, Beschädigungsfreiheit und Verlustfreiheit.
- **Qualitätslenkung:** Durchführung der in der Qualitätsplanung festgelegten Maßnahmen zur Erreichung der Qualitätsziele. Dies kann etwa die Analyse und Beseitigung von Fehlerursachen, die Optimierung von Geschäftsprozessen oder die Schulung von Mitarbeitern sein.
- **Qualitätssicherung:** Darstellung aller Bestandteile und Maßnahmen des Qualitätsmanagements, um Vertrauen in die Qualitätsfähigkeit zu schaffen. Sie wird auch als Qualitätsdarlegung bezeichnet und kann beispielsweise durch eine Zertifizierung erfolgen.
- **Qualitätsprüfung:** Feststellung der Qualitätserreichung durch Vergleich von geplanten und realisierten Ausprä-

gungen der Qualitätsmerkmale. Für das Qualitätsziel Schnelligkeit der *Deutschen Post* gilt etwa die Maßgabe, dass 93 % aller Briefe ihren Empfänger am folgenden Werktag erreichen sollen. Geprüft wird dies durch ein unabhängiges externes Institut nach einem zertifizierten Messsystem für Brieflaufzeiten.

- **Qualitätsverbesserung:** Bestimmung und Umsetzung von Maßnahmen, um die Qualität einer Einheit oder die Qualitätsfähigkeit des Unternehmens kontinuierlich zu steigern.

Getrieben durch die *European Foundation for Quality Management* (EFQM) wurde der Begriff des Total Quality Managements seit den 2000er Jahren zunehmend durch die Bezeichnung **Business Excellence** verdrängt (vgl. *Zollondz*, 2016e, S. 1160). Die *EFQM* ist eine gemeinnützige Organisation, die 1989 gegründet wurde, um die Ausbreitung des Qualitätsmanagements in Europa voranzutreiben. Die aktuelle Version des *EFQM-Modells* wird nachfolgend beschrieben, wobei der Begriff der Business Excellence nun durch das Streben nach einer herausragenden Organisation mithilfe eines Performance Managements ersetzt wurde.

Das EFQM-Modell 2020

Ziel der Erneuerung des *EFQM-Modells* war die Entwicklung eines Performance-Management-Systems (vgl. Kap. 7.2.3) für das Zeitalter von VUKA (vgl. Kap. 1.3.5) und digitaler Transformation (vgl. Kap. 7.3.1). Durch die Verknüpfung von Zweck, Vision und Strategie einer Organisation soll für die Stakeholder nachhaltiger Nutzen geschaffen werden. Das *EFQM-Modell* soll den Unternehmen zeigen, wo diese sich auf dem Weg zu einer herausragenden Organisation befinden, und wie sie ihre Leistungsfähigkeit steigern können (vgl. i. F. *EFQM*, 2019, S. 2 ff.).

Das in Abb. 8.1.4 dargestellte *EFQM-Modell* besteht aus drei **Segmenten**:

- **Ausrichtung**: Um dauerhaft herausragende Ergebnisse zu erzielen, welche die Erwartungen aller Interessengruppen erfüllen oder übertreffen, bestimmt das Unternehmen einen inspirierenden Zweck, eine erstrebenswerte Vision, eine auf die Schaffung von nachhaltigem Nutzen ausgerichtete Strategie und eine erfolgsorientierte Kultur. Durch diese Ausrichtung soll sie in ihrer Umwelt als Vorbild gelten und für die Umsetzung ihrer Zukunftspläne gut positioniert sein.
- **Realisierung**: Um die Strategie umzusetzen, muss die Organisation ihre relevanten Stakeholder kennen. Da-

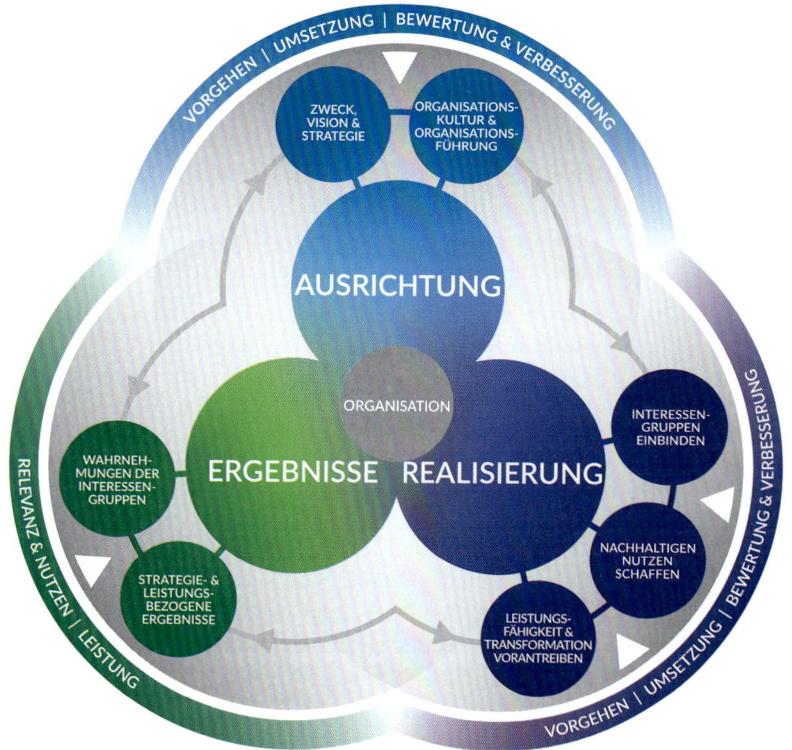

Abb. 8.1.4: Das EFQM-Modell 2020 (EFQM, 2019, S. 4)

rüber hinaus soll sie nachhaltigen Nutzen kreieren und die Leistungsniveaus verbessern, die für den Erfolg von heute erforderlich sind und zugleich die notwendige Verbesserung und Transformation sicherstellen, um auch in Zukunft erfolgreich zu sein.

- **Ergebnisse**: Messung der Zielerreichung in den Segmenten Ausrichtung und Realisierung sowie Prognose der zukünftigen Entwicklung. Eine herausragende Organisation nimmt die Anforderungen ihrer Interessengruppen wahr, schafft nachhaltigen Nutzen und treibt die Leistungsfähigkeit und Transformation voran.

Zur Messung der Ergebnisse dient das Diagnoseinstrument RADAR, mit dem bestehende Stärken und Verbesserungspotenziale identifiziert werden sollen. Die sieben Beurteilungskriterien sind in Abb. 8.1.4 in den kleinen Kreisen aufgeführt und werden dort den drei Segmenten zugeordnet.

RADAR ist ein Akronym mit folgenden Elementen:

- **Results** (Ergebnisse),
- **Approaches** (Vorgehensweisen), um die angestrebten Ergebnisse jetzt und in Zukunft zu erreichen,
- **Deployment** (Umsetzung) dieser Vorgehensweisen,
- **Assess & Refine** (Bewerten und Verbessern) der erzielten Ergebnisse, um zu lernen und sich weiterzuentwickeln.

Um die praktische Anwendung dieses Performance-Management-Systems zu fördern, vergibt die *EFQM* seit 2020 den *EFQM Global Award*. Die Bewertung der teilnehmenden Organisationen erfolgt anhand des neuen *EFQM-Modells*. Unternehmen können es zur Gestaltung und Selbstbewertung ihres Führungssystems verwenden oder zum Vergleich mit anderen Unternehmen. Organisationen, die an einer Auszeichnung interessiert sind, werden von einem Assessorenteam anhand des RADAR-Schemas quantitativ bewertet. Eine Selbstbewertung kann den Unternehmen sowohl den aktuellen Status ihrer Leistungsfähigkeit als auch Stärken und Verbesserungspotenziale aufzeigen.

Das neue *EFQM-Modell* geht über den vorherigen Ansatz des Business Excellence hinaus und stellt ein umfassendes Performance-Management-System im Sinne einer nachhaltig orientierten Unternehmensführung dar. Die konsequente Ausrichtung des Unternehmens auf die Qualität und Kundenwünsche, welche bis zum Jahr 2000 noch im Zentrum des damaligen *EFQM-Modells* standen, wird damit von der *EFQM* aufgegeben. Dies wird auch daran deutlich, dass in der Broschüre zum *EFQM-Modell* der Qualitätsbegriff nicht mehr verwendet wird. Es wäre zweckmäßiger, die Nachhaltigkeit im Rahmen der normativen Unternehmensführung als oberstes Ziel zu verankern (vgl. Kap. 2.3.2). Die Gestaltung geeigneter Strategien zur Erreichung ökonomischer, ökologischer und sozialer Ziele wäre dann die Aufgabe der strategischen Unternehmensführung (vgl. Kap. 3.2). Die Umsetzung der Strategien und die Messung der Zielerreichung ließe sich mit einem Performance Measurement System (vgl. Kap. 7.2.3) erreichen, etwa mithilfe einer Balanced Scorecard (vgl. Kap. 4.2.5) oder der OKR-Methode (vgl. Kap. 7.2.3).

An dieser Stelle wird deshalb zu einer Rückbesinnung auf die Erfüllung der Kundenbedürfnisse und die Prinzipien des TQM plädiert, um die Unternehmensführung wieder konsequent auf die Führungsperspektive Qualität auszurichten. Dabei gilt es allerdings, Qualität nicht nur zu managen, also effizient zu planen, zu steuern und zu kontrollieren. Vielmehr geht es darum, die Mitarbeiter von einer

Qualitätsfokus im Grand Hotel Les Trois Rois

Das 5-Sterne-Superior *Grand Hotel Les Trois Rois* in Basel ist eines der ältesten Stadthotels in Europa und nach DIN EN ISO 9001 zertifiziert. In einem 5-Sterne-Hotel werden die Gäste besonders verwöhnt, weshalb die Qualitätsstandards ausgesprochen hoch sind. Das Urteil des Gastes kann hart sein und das Hotelimage beispielsweise über Internet-Bewertungsplattformen schnell geschädigt werden. Erfüllte Qualitätsanforderungen führen aber nicht automatisch zu einem begeisterten Gast, dazu bedarf es schon etwas mehr. Bei der Führung des Hotels werden deshalb auch drei Qualitätsstufen unterschieden (vgl. Kap. 8.1.4). Die Basisqualität setzt der Gast voraus. Die Erwartungsqualität beschreibt dessen Vorstellungen bezüglich Preis, Image und Kategorie. Die Überraschungsqualität stellt dagegen das „i-Tüpfelchen" dar. Am Ende muss alles zum richtigen Zeitpunkt perfekt inszeniert sein. Ein Dienstleistungsprodukt ist die Summe vieler Einzelfaktoren, welche sich nur bedingt kontrollieren lassen. Beispiele sind die Zimmerinspektion nach der Reinigung oder der Küchenpass als Übergang von der Herstellung der Speisen in der Küche zu deren Servierung durch das Servicepersonal. Die Professionalität und Freundlichkeit des Personals können nur über die Vermittlung von Werten und kontinuierliches Training gefördert werden. Dabei spielt auch die Unternehmenskultur eine wichtige Rolle (vgl. *Häfliger*, 2009, S. 12 f.).

Vision zu begeistern, herausragende Leistungen zu erzielen und die Kundenanforderungen zu erfüllen. Eine qualitätsorientierte Fokussierung der Unternehmensführung erfordert hierzu ein **Total Quality Leadership** (TQL; zum Unterschied zwischen Management und Leadership vgl. Kap. 6.3.2). Die folgenden Ausführungen zur Wirtschaftlichkeit und zu den Qualitätstechniken und -werkzeugen beziehen sich deshalb auf eine in diesem Sinne verstandene qualitätsorientierte Unternehmensführung.

> **Total Quality Leadership** (TQL) begeistert die Mitarbeiter, für den Kunden herausragende Leistungen zu erzielen, um die Vision eines qualitäts- und kundenorientierten Unternehmens zu verwirklichen.

8.1.3 Kosten und Nutzen der Qualität

Viele Untern ehmen gehen davon aus, dass eine Erhöhung der Qualität immer mit höheren Kosten verbunden ist. Doch dies muss nicht sein, denn durch Qualitätsverbesserungen lassen sich oft sogar Kosten einsparen. Nach Ansicht von *Crosby* (1979) rechnen sich Qualitätsverbesserungen dadurch stets von selbst („**Quality is free**").

Obwohl dies nicht in allen Fällen zutreffend ist, kann eine Steigerung der Qualität generell auf zwei Arten zur **Erhöhung der Wirtschaftlichkeit** beitragen: Einerseits sind bei zunehmender Qualität ein höherer Marktpreis und dadurch steigende Erlöse zu erzielen. Andererseits lassen sich bei gleichem Preis durch Qualitätsverbesserungen der Marktanteil und damit auch die Absatzmenge steigern. Die mit den höheren Produktionszahlen verbundenen Skaleneffekte führen zu geringeren Herstellkosten und ebenfalls zu einer höheren Gewinnmarge (vgl. *Brunner/Wagner*, 2011, S. 251 f.). Qualitätsmanagement kann auch fehlerbedingte Kosten einsparen und weitere nicht monetäre Verbesserungen zur Folge haben. Auf der anderen Seite fallen für die Implementierung und Durchführung des Qualitätsmanagements wiederum Kosten an. Die Analyse von Kosten und Nutzen des Qualitätsmanagements ist Aufgabe des Qualitätscontrollings.

Qualitätscontrolling

> **Qualitätscontrolling** ist eine Unterstützungsfunktion des Qualitätsmanagements und dient zur ergebniszielorientierten Koordination aller qualitätsbezogenen Aktivitäten des Unternehmens.

Zu den Aufgaben des Qualitätscontrollings gehört die Mitwirkung bei Aufbau, Gestaltung und Weiterentwicklung des Qualitätsmanagementsystems, die Koordination der Qualitätsplanung und -kontrolle sowie die ganzheitliche Erfassung und Analyse der im Unternehmen erstellten Qualität. Das Qualitätscontrolling leistet auch betriebswirtschaftlichen Service in allen Qualitätsfragen und bietet Unterstützung bei der Auswahl und Anwendung von Qualitätstechniken und -werkzeugen. Zielsetzung des Qualitätscontrollings ist es, die Effektivität und Wirtschaftlichkeit des Qualitätsmanagements sicherzustellen (vgl. *Benz*, 2016, S. 895; *Wendehals*, 2000, S. 84 ff.).

Die Realisierung von Qualitätsverbesserungen erfordert zunächst die Bestimmung und Analyse der Qualität von Produkten und Prozessen als Ausgangspunkt für Verbesserungsmaßnahmen. Eine der wichtigsten Aufgaben des Qualitätscontrollings ist es, die Qualität durch geeignete Maßgrößen regelmäßig zu erheben und im Rahmen eines **Qualitätsberichtswesens** laufend zu verfolgen. Ohne Quantifizierung lassen sich weder Ziele setzen noch die Zielerreichung bestimmen. Das Controlling muss hierzu ein qualitätsbezogenes Informationssystem aufbauen. Mit dessen Hilfe sollen die Kundenanforderungen in die Gestaltung der Produkte und Prozesse integriert, enthaltene Schwachstellen deutlich gemacht und die Zufriedenheit der Anspruchsgruppen mit den Leistungen des Unternehmens beurteilt werden. Die Messung erfolgt durch geeignete **Qualitätskennzahlen**, die in verdichteter Form Aussagen über die qualitätsrelevanten Merkmale von Produkten und Prozessen geben. Diese Kennzahlen sollten möglichst frei von subjektiven Bewertungen und zuverlässig sein, also bei wiederholter Messung zum gleichen Ergebnis führen. Für die Qualitätsmessung werden Indikatoren verwendet, welche entweder auf eine hohe oder niedrige Qualität hinweisen. Die Messung lässt sich beim Lieferanten, im Unternehmen oder beim Kunden durchführen und kann sich auf den Input, den Prozess oder den Output der Leistungserstellung beziehen (vgl. *Wendehals*, 2000, S. 41 ff.). Abb. 8.1.5 zeigt einige Beispiele für mögliche Qualitätskennzahlen.

Die **Messung der Zufriedenheit** von Mitarbeitern und Kunden erfolgt in der Regel durch schriftliche oder mündliche Befragung und die Bildung daraus abgeleiteter quantita-

Messung hoher Qualität	Messung niedriger Qualität
▪ Kundenzufriedenheit ▪ Kundenbindung, z.B. Anzahl der Wiederholungskäufe ▪ Erreichte Punktzahl beim Qualitätsaudit ▪ Erhalt einer Qualitätsauszeichnung	▪ Anzahl an Reklamationen ▪ Absolute Höhe der Fehlerkosten ▪ Anteil der Fehlerkosten an den qualitätsbezogenen Kosten ▪ Anzahl an Nacharbeitsstunden

Lieferanten	Unternehmen	Kunden
▪ Anzahl fehlerhafter Lieferungen ▪ ISO 9000ff-Zertifikat	▪ Anzahl an Verbesserungsvorschlägen ▪ Mitarbeiterzufriedenheit	▪ Anzahl an verlorenen Kunden ▪ Kundenzufriedenheit

Input	Prozess	Output
▪ Anzahl Mitarbeiter in Qualitätszirkeln ▪ Alter der Maschinen	▪ Ersttrefferquote/First Pass Yield (vgl. Kap. 5.4) ▪ Zeiteffizienz (vgl. Kap. 5.4)	▪ Prozentualer Anteil an Garantiefällen ▪ Fehlerkosten je Produkt

Abb. 8.1.5: Qualitätskennzahlen (in Anlehnung an Wendehals, 2000, S. 42)

tiver Indizes. Problematisch dabei ist, dass die Urteile der Befragten subjektiv sind und bei wiederholter Befragung aufgrund veränderter Wahrnehmung oder auch eines anderen Teilnehmerkreises unterschiedlich ausfallen können. Darüber hinaus hängt die Beurteilung von einer Reihe von Faktoren ab, die das Unternehmen teilweise nicht beeinflussen kann. Bei der Kundenzufriedenheit sind dies etwa die Erfahrungen mit Konkurrenzprodukten, die Veränderung der Wahrnehmung durch Werbemaßnahmen oder die Anzahl an alternativen Produkten. Von zunehmender Bedeutung sind auch Meinungsäußerungen in sozialen Netzwerken oder Bewertungsportalen. Durch Big-Data-Analysen und den Einsatz Künstlicher Intelligenz (vgl. Kap. 7.3.3 und 7.3.6) lassen sich die in natürlicher Sprache geäußerten Kundenmeinungen maschinell auswerten und die Entwicklung der Kundenzufriedenheit zeitnah verfolgen. Die Kundenzufriedenheit stellt ein meist längerfristig geprägtes Stimmungsbild dar, das Hinweise auf generellen Handlungsbedarf liefert.

Besser als bei den Lieferanten oder Kunden lässt sich die Qualität im Unternehmen selbst beurteilen. Hierzu eignen sich insbesondere prozessorientierte Kennzahlen (vgl. Kap. 5.4.3). Fehlerbezogene Kennzahlen können meist detailliert quantitativ erfasst werden. Im Rahmen der Ursachenanalyse ist ausgehend von den festgestellten Produktfehlern auf die Qualität der dahinterstehenden Prozesse zu schließen. Die systematische Aufzeichnung und Analyse der Garantiefälle und Reklamationen ermöglicht Rückschlüsse auf die Kundenzufriedenheit. Ebenso können Fehlerursachen ermittelt und Maßnahmen zu deren Beseitigung bestimmt werden.

Ein zuverlässiges und umfassendes Bild der Qualität liefert ein unternehmensspezifisches **Qualitätskennzahlensystem**, welches die vielfältigen Aspekte der Qualität abbilden soll (vgl. *Wendehals*, 2000, S. 46 ff.). Zur vergleichenden Beurteilung der Qualität und zur Suche nach Wegen zur Optimierung der eigenen Produkte und Prozesse eignet sich das **Benchmarking** (vgl. Kap. 7.2.3). Dabei können durch Gegenüberstellung mit internen Unternehmensbereichen, Wettbewerbern oder auch branchenfremden Unternehmen Schwachstellen aufgedeckt und grundlegende Verbesserungen initiiert werden.

Qualitätsbezogene Kosten (vgl. Kap. 8.1.3) spielen bei der Qualitätsbeurteilung eine wesentliche Rolle, da sie die aktuelle Qualitätsleistung aufzeigen und monetär bewerten. Sie ermöglichen einen Soll-Ist-Vergleich und die Messung von Verbesserungsfortschritten. Da die traditionelle Kosten- und Leistungsrechnung hierzu keine Informationen liefert, ist der Aufbau einer **Qualitätskostenrechnung** erforderlich. Dort werden die qualitätsbezogenen Kosten periodisch erfasst, strukturiert und analysiert. Die Qualitätskostenrechnung soll aufzeigen, aus welchen Kostenarten die qualitätsbezogenen Kosten bestehen, wie sich diese beeinflussen lassen und welche Maßnahmen die höchsten Einsparungen versprechen. Darüber hinaus fördert sie das Qualitätsbewusstsein der Mitarbeiter. Hierzu werden die qualitätsbezogenen Kosten den verursachenden Bereichen, Prozessen und Produkten zugerechnet sowie Betriebs- und Zeitvergleiche durchgeführt. Die Abgrenzungsprobleme bei der Erfassung der qualitätsbezogenen Kosten sind beim Aufbau der Qualitätskostenrechnung durch eine klare und eindeutige Festlegung der zu berücksichtigenden Kostenbestandteile zu vermeiden. Hierzu ist zunächst zwischen qualitätsbezogenen und qualitätsneutralen Kosten zu unterscheiden. **Qualitätsbezogene Kosten** entstehen durch die Verhütung, Entdeckung und Beseitigung von Fehlern. Die verbleibenden Kosten sind qualitätsneutral und werden nicht in der Qualitätskostenrechnung erfasst. Zu den qualitätsbezogenen Kosten können auch Opportunitätskosten gezählt werden. Sie entstehen etwa durch den Verlust eines Kunden oder qualitätsbedingte Erlösschmälerungen z. B. durch gewährte Preisnachlässe (vgl. *Bruhn/Georgi*, 1999, S. 44 ff.; *Coenenberg* et al., 2016, S. 644 ff.; *Wendehals*, 2000, S. 91 ff.).

Da nach der Philosophie des Qualitätsmanagements alle im Unternehmen für die Qualität verantwortlich sind, kann auch das Qualitätscontrolling nicht nur Aufgabe der Controller sein. Deshalb ist prinzipiell jeder Mitarbeiter dazu angehalten, die Qualität seiner Arbeit und der von ihm verantworteten Prozesse laufend zu erfassen, zu bewerten und weiterzuverfolgen. Zentrale Service- und Koordinationsaufgaben werden dagegen vom Controlling übernommen. Hierzu gehören beispielsweise die Gestaltung des Qualitätsmanagementsystems, Aufbau und Pflege des unternehmensweiten Qualitätsberichtswesens, die Koordination der Qualitätsplanung und -kontrolle sowie Hilfestellung beim Einsatz von Qualitätstechniken. Eine zentrale Aufgabe des Qualitätscontrollings ist die Analyse und Sicherstellung der **Wirtschaftlichkeit** des Qualitätsmanagements, indem dessen Kosten und Nutzen gegenübergestellt werden. Diese beiden Aspekte werden im Folgenden näher betrachtet.

Qualitätsbezogene Kosten

Historisch gesehen geht der Begriff **Qualitätskosten** vor allem auf *Joseph Juran* zurück, der darunter die Kosten aller derjenigen Aktivitäten versteht, die für den Kunden einen Mehrwert erzeugen (vgl. *Juran/Gryna*, 1970). Die Bezeichnung Qualitätskosten kann allerdings zu einer Denkweise verleiten, bei der Qualitätssteigerungen immer automatisch mit höheren Kosten assoziiert werden. In der internationalen Normung hat sich deshalb der Begriff **qualitätsbezogene Kosten** durchgesetzt. Hierunter fallen nicht nur Kosten im betriebswirtschaftlichen Sinn, sondern auch neutrale, außergewöhnliche Aufwendungen, wie etwa für Gewährleistungen oder Rückrufaktionen. Insofern ist die Bezeichnung nach wie vor unglücklich, denn eigentlich soll damit der **qualitätsbezogene Güterverzehr** ausgedrückt werden. Dieser kann außerordentlich, aus der gewöhnlichen Geschäftstätigkeit oder kalkulatorisch bedingt sein (z. B. Opportunitätskosten durch verlorene Kunden). Eine klare und eindeutige Bezeichnung hat sich jedoch nicht durchgesetzt. Ein Grund hierfür ist auch die mangelnde Abgrenzbarkeit des qualitätsbezogenen Güterverzehrs. Daher wird auch im Folgenden von qualitätsbezogenen Kosten gesprochen (vgl. im Folgenden *Bruhn/Georgi*, 1999, S. 44 ff.; *Wendehals*, 2000, S. 50 ff.; *Füermann*, 2016, S. 889 ff.).

Die **tätigkeitsorientierte Sichtweise** nach *Feigenbaum* unterteilt die qualitätsbezogenen Kosten in drei Kategorien (vgl. *Feigenbaum*, 1961):

- **Fehlerverhütungskosten** (Prevention Costs) entstehen für vorausschauende Maßnahmen, um das Entstehen von Fehlern zu vermeiden. Hierunter fallen beispielsweise Qualitätsplanung, Qualitätsschulungen, Lieferantenbeurteilungen oder das Qualitätsmanagementsystem.
- **Prüfkosten** (Appraisal Costs) entstehen für die Beurteilung der Erfüllung von Qualitätsforderungen und sollen die Weiterverarbeitung fehlerhafter Produkte oder deren Auslieferung an den Kunden vermeiden. Beispiele sind Wareneingangskontrollen, Zwischenprüfungen in verschiedenen Fertigungsstufen, Qualitätsaudits, Warenendkontrollen oder Verpackungsprüfungen.
- **Fehlerkosten** (Failure Costs) entstehen durch die mangelhafte Erfüllung von Qualitätsforderungen. Nach dem Ort der Fehlerentdeckung werden unterschieden:
  - **Interne Fehlerkosten** durch Fehler, die *vor* der Auslieferung der Produkte entdeckt werden. Sie dienen der Beseitigung von gefundenen Qualitätsmängeln und fallen etwa für Ausschuss, Wertminderung oder Nacharbeit an.
  - **Externe Fehlerkosten** durch Fehler, die *nach* der Auslieferung, also erst beim Kunden, entdeckt werden. Sie treten auf, weil diese Fehler im Rahmen der Qualitätsprüfung nicht gefunden wurden. Beispiele sind die Abwicklung von Reklamationen sowie Produkthaftungs- oder Gewährleistungsansprüche.

Diese Dreiteilung unterstellt, dass die Fehlerverhütungs- und Prüfkosten mit den Fehlerkosten in einer **Austauschbeziehung** stehen. Diesen Zusammenhang verdeutlicht Abb. 8.1.6 (vgl. *Juran/Gryna*, 1970). Im linken Kurvenabschnitt sind die Fehlerverhütungs- und Prüfkosten gering und die Fehlerkosten entsprechend hoch. Es werden kaum Anstrengungen unternommen, um Fehler zu vermeiden bzw. zu entdecken. Durch verstärkte Maßnahmen der Fehlerverhütung und vermehrte Prüfungen steigen die damit verbundenen Kosten. Gleichzeitig sinken die Fehlerkosten, da die Anzahl der auftretenden bzw. nicht gefundenen Fehler zurückgeht. Im rechten Kurvenabschnitt steigen Fehlerverhütungs- und Prüfkosten stark an, da die Wirk-

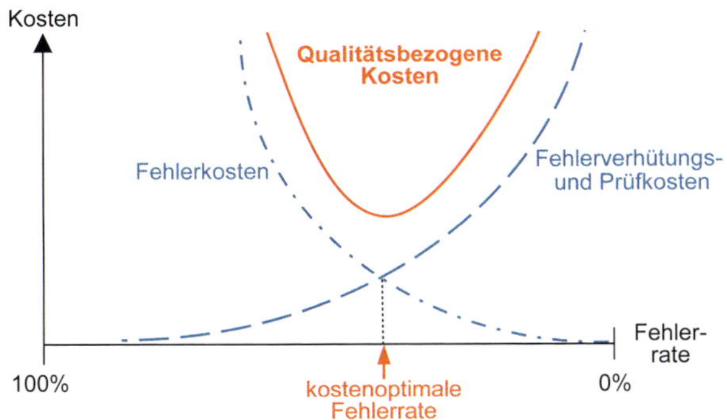

Abb. 8.1.6: Tätigkeitsorientierte Unterteilung der qualitätsbezogenen Kosten (in Anlehnung an Gryna, 1988, S. 19)

samkeit der zusätzlichen Bemühungen abnimmt und eine weitere Senkung der Fehlerrate nur mit großen Anstrengungen möglich ist. Nach dieser Auffassung existiert eine **kostenoptimale Fehlerrate**, bei welcher die Summe der qualitätsbezogenen Kosten minimal ist. Sie befindet sich dort, wo die Steigungen der beiden Kostenkurven identisch sind. An diesem Punkt entspricht die Erhöhung der Fehlerverhütungs- und Prüfkosten der dadurch erreichten Senkung der Fehlerkosten. Meist liegt in der grafischen Darstellung, wie auch in Abb. 8.1.6, das Minimum der qualitätsbezogenen Kosten im Schnittpunkt beider Kostenkurven. Dies ist jedoch nicht zwingend der Fall. Beispielsweise können die Qualitätskosten auch nach dem Schnittpunkt weiter sinken, wenn die Fehlerkosten durch zusätzliche Präventionsmaßnahmen stärker zurückgehen, als die Fehlerverhütungs- und Prüfkosten ansteigen. Dann befände sich die kostenoptimale Fehlerrate rechts des Schnittpunkts (vgl. *Brunner*, 1988, S. 41; *Wendehals*, 2000, S. 73 ff.).

Obwohl diese klassische Dreiteilung der qualitätsbezogenen Kosten in der Praxis weit verbreitet ist, sind dabei folgende **Kritikpunkte** zu beachten (vgl. *Bruhn/Georgi*, 1999, S. 68 ff.; *Füermann*, 2016, S. 891 ff.; *Wildemann*, 1992, S. 762):

- **Lage des Qualitätsoptimums:** Da die Prüfkosten vollständig zu den Fehlerverhütungs- und Prüfkosten gezählt werden, liegt das optimale Qualitätsniveau bei einer Fehlerrate von über 0 %. Demnach wäre es sinnvoll, eine gewisse Anzahl an Fehlern zu tolerieren. Dies widerspricht der beim Qualitätsmanagement generell angestrebten Fehlerfreiheit.
- **Fehlende Austauschbeziehung:** Der wechselseitige Zusammenhang zwischen den Fehlerkosten mit den Fehlerverhütungs- und Prüfkosten ist in vielen Fällen nicht gegeben. Qualitätsverbesserungen können etwa statt aus höheren Planungs- oder Schulungskosten auch aus kontinuierlichen Verbesserungsmaßnahmen resultieren. Verbesserungsvorschläge der Mitarbeiter verursachen beispielsweise oft keine Kosten. Qualitätssteigerungen tragen darüber hinaus nicht nur zur Senkung der Fehlerkosten bei, sondern führen auch zu monetären sowie qualitativen Verbesserungen. So kann sich z. B. eine Erhöhung der Kundenzufriedenheit oder der Flexibilität positiv auf das Unternehmensergebnis auswirken. In dem Modell werden aber nur die Fehlerkosten berücksichtigt.
- **Mangelnde zeitliche Abgrenzung der qualitätsbezogenen Kosten:** Während die Fehlerkosten einer Periode genau zugerechnet werden können, sollten die Fehlerverhütungskosten als Investition in die Zukunft gesehen und deshalb über mehrere Perioden verteilt werden. Fehlerverhütungsmaßnahmen wirken häufig erst mit einer gewissen zeitlichen Verzögerung auf die Fehlerkosten.
- **Mangelnde inhaltliche Abgrenzung der qualitätsbezogenen Kosten:** Dies gilt besonders für die Fehlerverhütungskosten, denn im Rahmen des Qualitätsmanagements dient quasi jede Tätigkeit der Fehlerverhütung. Bei den Prüfkosten werden zwei grundlegend verschiedene Sachverhalte zusammengefasst. Zum einen fallen Prüfkosten für das Aussortieren fehlerhafter Produkte an, die folglich eigentlich den Fehlerkosten zugerechnet werden müssen. Zum anderen überprüfen Mitarbeiter die Qualität ihrer Tätigkeit während der Leistungserstellung selbst oder Prüfungen werden im Fertigungsprozess automatisch maschinell durchgeführt. Diese durch prozessimmanente Prüfungen verursachten Kosten können (wenn überhaupt) nur schwer ermittelt werden und sind eher der Fehlerverhütung zuzurechnen. Bei den Fehlerkosten ist auch der Einbezug von Opportunitätskosten zu klären, die sich allerdings häufig nur schätzen lassen.

Aus diesen Gründen nimmt *Crosby* (1995, S. 86) eine ursachenbezogene, **wirkungsorientierte Unterteilung** vor:

- **Kosten der Übereinstimmung** (Konformitätskosten) sind geplant und entstehen für die Verringerung der Fehlerwahrscheinlichkeit oder das Vermeiden von Fehlerwiederholungen. Nach der klassischen Einteilung fallen hierunter die Fehlerverhütungskosten und die geplanten Prüfkosten für prozessimmanente Prüfungen. Diese Kosten tragen zum langfristigen Erfolg des Unternehmens bei.
- **Kosten der Abweichung** (Nichtkonformitätskosten) sind nicht geplant und entstehen durch Abweichungen von den Qualitätsanforderungen. Nach der klassischen Ein-

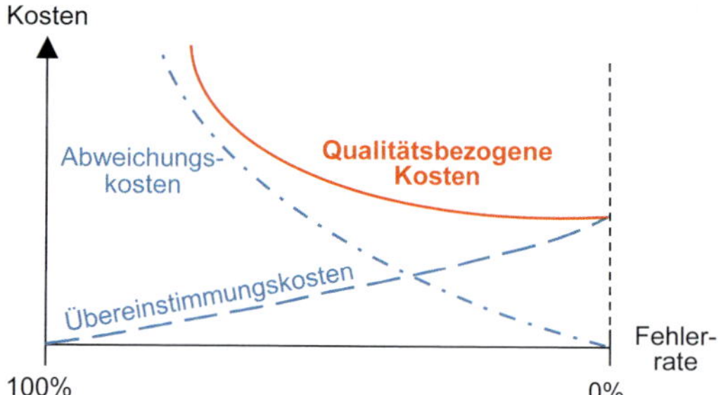

Abb. 8.1.7: Wirkungsorientierte Unterteilung der qualitätsbezogenen Kosten (vgl. Wildemann, 1992, S. 764)

teilung fallen hierunter die Fehlerkosten und die ungeplanten Prüfkosten für Prüfungen, die aufgrund von Fehlleistungen oder Problemen in den betrieblichen Abläufen entstehen. Diese Kosten bedeuten eine Verschwendung von Ressourcen.

Die kostenoptimale Fehlerrate liegt bei der wirkungsorientierten Betrachtung, wie in Abb. 8.1.7 dargestellt, bei vollkommener Fehlerfreiheit (vgl. *Wildemann*, 1992, S. 762 ff.).

Da jedoch eine reine Neugliederung am Kurvenverlauf der qualitätsbezogenen Kosten nichts ändern würde, fließen weitere Kosten in diese Betrachtung ein. Beispielsweise werden zu den Nichtkonformitätskosten auch Opportunitätskosten gezählt, welche sich allerdings nur schätzungsweise quantifizieren lassen. Da die kostenoptimale Fehlerrate bei null liegt, scheint jede noch so teure Fehlerverhütungsmaßnahme wirtschaftlich sinnvoll zu sein. Eine Beurteilung der Wirtschaftlichkeit von Qualitätsverbesserungsmaßnahmen ist damit nicht möglich. Obwohl vollkommene Fehlerfreiheit ein erstrebenswertes Ziel ist, lässt sich diese in der Praxis kaum erreichen. Fehler sind schon aufgrund des Faktors Mensch nicht zu vermeiden und auch bei intensivster Prüfung bleiben manche unentdeckt. Die Fehler- oder Abweichungskosten werden deshalb realistisch gesehen nie gleich null sein. Das Optimum kann aber nahe an der Fehlerfreiheit liegen (vgl. *Wendehals*, 2000, S. 76 ff.). Abb. 8.1.8 stellt die wirkungsorientierte und die tätigkeitsorientierte Unterteilung der qualitätsbezogenen Kosten einander gegenüber.

Unabhängig von der gewählten Unterteilung qualitätsbezogener Kosten sollten im Rahmen der Qualitätskostenanalyse die Kostenarten klar festgelegt und abgegrenzt werden. Insbesondere die Fehlerkosten lassen Rückschlüsse auf Qualitätsprobleme und Verbesserungspotenziale zu. Welche Kosten schließlich in welcher Differenzierung betrachtet werden, hängt auch von der Zielsetzung der Untersuchung ab. Nachdem die qualitätsbezogenen Kosten erfasst und analysiert wurden, ist es Aufgabe des Qualitätscontrollings, die Wirtschaftlichkeit der dahinterstehenden betrieblichen Abläufe zu optimieren. Hierfür bietet sich eine **prozessbezogene Betrachtung** an (vgl. Kap. 5.4.4).

Grundsätzlich ist es wesentlich kostengünstiger, Fehler im Vorfeld zu vermeiden, als diese im Nachhinein mühevoll zu suchen und zu beseitigen. In den frühen Phasen des Produktlebenszyklus sind Fehlerverhütungsmaßnahmen deshalb besonders wirkungsvoll. Nach der **80/20-Regel** sind am Ende der Konstruktionsphase nur 20 % der Produktlebenszykluskosten angefallen, aber 80 % der Kosten und 70 % der Produktqualität bereits festgelegt (vgl. *Tanaka*, 1992, S. 49). Je später also ein Fehler erkannt wird, umso höhere Kosten verursacht er. Als Faustformel gilt die in Abb. 8.1.9 dargestellte **Zehnerregel der Fehlerkosten** (vgl. *Schmitt/Pfeifer*, 2015, S. 3). Danach steigen die zur Fehlerbehebung erforderlichen Kosten mit jeder Produktlebensphase um das Zehnfache. In der Konzeptionsphase genügt die Änderung einer Konstruktionszeichnung. In der Entwicklungsphase müssen bereits neue Modelle entworfen oder zusätzliche Tests durchgeführt werden. Die Fehlerbehebung während der laufenden Fertigung ist schon ungleich teurer. Ein Mangel am ausgelieferten Produkt kann dagegen astronomische Summen kosten. Der 2015 aufgedeckte Skandal um manipulierte Abgaswerte, die im Grunde ebenfalls einen Qualitätsmangel darstel-

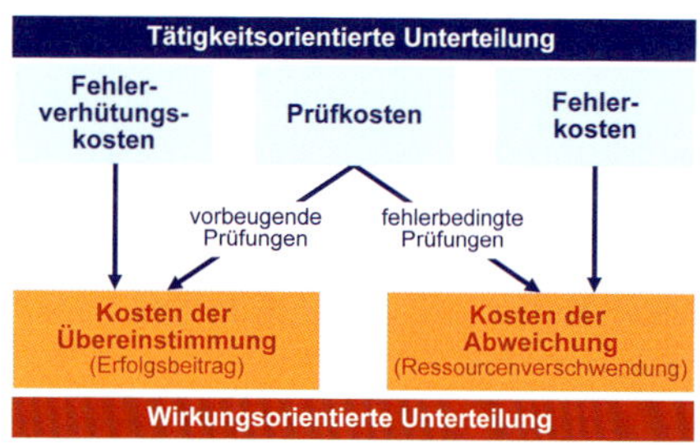

Abb. 8.1.8: Einteilungsmöglichkeiten qualitätsbezogener Kosten (in Anlehnung an Wildemann, 1992, S. 763)

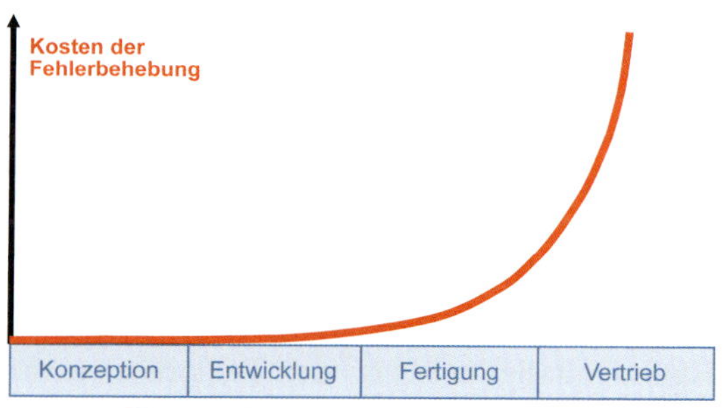

Abb. 8.1.9: Zehnerregel der Fehlerkosten (in Anlehnung an Schmitt/Pfeifer, 2015, S. 3)

len, wird *VW* schätzungsweise bis zu 30 Mrd. € kosten (vgl. Kap. 6.3.2). Das Qualitätsmanagement muss deshalb vor allem in den frühen Phasen des Produktlebenszyklus ansetzen.

Nutzen des Qualitätsmanagements

Der potenzielle **Nutzen** des Qualitätsmanagements ist vielfältig und lässt sich in finanzielle und nicht-finanzielle Auswirkungen unterscheiden (vgl. *Bruhn/Georgi*, 1999, S. 73 ff.):

- **Finanzielle Auswirkungen** beziehen sich auf die Senkung der Kosten und die Steigerung der Erlöse des Unternehmens. Kostensenkungspotenziale ergeben sich etwa durch Reduktion von Ausschuss, Nacharbeit, Produktänderungen, Reklamationen sowie Prüf- und Kontrollvorgängen. Außerdem lassen sich Entwicklungskosten und Lagerbestände verringern. Die Optimierung der Nutzleistungen und der Abbau von Unterstützungs-, Blind- und Fehlleistungen bieten weiteres Kostensenkungspotenzial. Auf die Erlöse kann sich eine verbesserte Qualität durch höhere Marktpreise oder Absatzsteigerungen positiv auswirken.
- **Nicht-finanzielle Auswirkungen** sind auf der einen Seite Zeiteinsparungen, wie etwa durch Vermeidung von Nacharbeiten, Abbau von Kontrollen, Reduktion von Warte-, Transport- und Liegezeiten oder eine auf die Kundenanforderungen ausgerichtete Produktentwicklung. Auf der anderen Seite kann sich das Qualitätsmanagement auch positiv auf Unternehmens- und Produktimage, Kundenbindung, Mitarbeitermotivation, Lieferantenbeziehungen und die Erfüllung der Kundenanforderungen auswirken.

Zur **Beurteilung des Nutzens** sollte das Qualitätscontrolling sämtliche für das Unternehmen relevanten internen und externen Auswirkungen genau erfassen und möglichst finanziell quantifizieren. In vielen Fällen ist dies, wie etwa bei Erlöswirkungen oder Opportunitätskosten, nur schätzungsweise möglich. Häufig lassen sich die Auswirkungen, wie z. B. bei der Kundenzufriedenheit oder Mitarbeitermotivation, auch nur indirekt bzw. subjektiv ermitteln.

Im Qualitätsmanagement gilt eine hohe Qualität als Voraussetzung für einen langfristigen wirtschaftlichen Erfolg. *William Edwards Deming* (1982) stellt die Verbesserung des finanziellen Ergebnisses nach Abb. 8.1.10 als **Kettenreaktion** der Qualitätsverbesserung dar. Danach wirken sich die aus Qualitätsverbesserungen resultierenden Produktivitätssteigerungen kostensenkend aus. Werden diese durch niedrigere Verkaufspreise an die Kunden weitergegeben, lässt sich der Marktanteil steigern und die Marktposition sichern. Dies bewirkt sichere Arbeitsplätze und langfristigen wirtschaftlichen Erfolg.

Dieses Resultat folgt jedoch nur, wenn Qualitätsverbesserungen am Anfang stehen. Viele Unternehmen versuchen, durch reine Kostensenkung zum Erfolg zu kommen. Dabei wird übersehen, dass Rationalisierungsmaßnahmen häufig die Leistungen für die Kunden verschlechtern und damit zur Verringerung der Kundenzufriedenheit führen. Die Folge sind Marktanteilsverluste und letztendlich die Gefährdung der Zukunft des Unternehmens. Qualitätsmanagement verspricht dagegen, Kostensenkungen und Marktanteilssteigerungen gleichzeitig zu erreichen (vgl. *Masing*, 2014, S. 11).

8.1.4 Qualitätstechniken und -werkzeuge

Qualitätstechniken und -werkzeuge sind systematische Instrumente des Qualitätsmanagements, die zur Fehlervermeidung, Fehlererfassung und -analyse sowie kontinuierlichen Qualitätsverbesserung dienen.

Mit ihrer Hilfe sollen Qualitätsprobleme bestimmt und analysiert sowie darauf aufbauend Lösungsalternativen ermittelt, ausgewählt und umgesetzt werden. Auch wenn viele Qualitätstechniken und -werkzeuge relativ kompliziert erscheinen, lassen sie sich meist auf wenige elementare Prinzipien zurückführen. Allen gemeinsam ist eine systematische Vorgehensweise nach festen Grundregeln. Im Laufe der Zeit wurden sie abgewandelt und ergänzt, sodass dem Qualitätsmanagement heute eine breite Auswahl zur Verfügung steht (vgl. *Theden*, 2016, S. 982 ff.). Mit ihrer Hilfe sollen Fehler vorausschauend vermieden, auftretende Fehler erfasst und analysiert sowie die Qualitätsverbesserung kontinuierlich vorangetrieben werden.

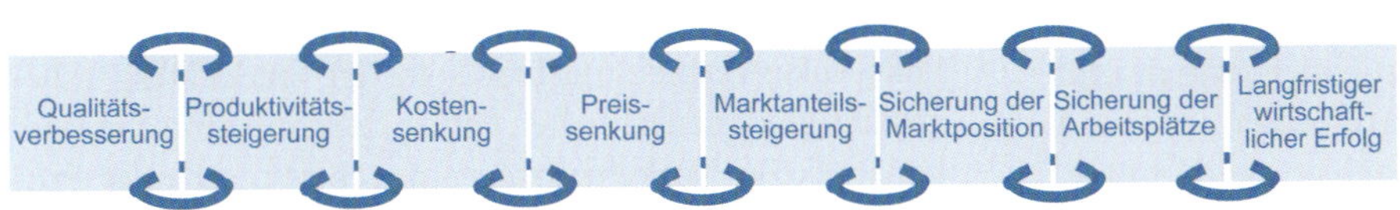

Abb. 8.1.10: Reaktionskette der Qualitätsverbesserung (in Anlehnung an Deming, 1982)

Abb. 8.1.11: Übersicht der Qualitätstechniken und -werkzeuge

In der Praxis gebräuchliche Qualitätstechniken und -werkzeuge sind in Abb. 8.1.11 nach ihrem **Einsatzschwerpunkt** dargestellt. Für die im Rahmen der Suche nach Alternativen zur Qualitätsverbesserung eingesetzten Kreativitätstechniken ist stellvertretend nur das Brainstorming aufgeführt, da diese nicht nur im Qualitätsmanagement verwendet werden. Der Einsatz der Qualitätstechniken und -werkzeuge wird durch ein breites Angebot an **digitalen Qualitätsmanagementinstrumenten** unterstützt. Digitale Informationssysteme (vgl. Kap. 7.3) entlasten die Mitarbeiter einerseits von zeitintensiven Routineaufgaben, wie etwa der Erfassung und Analyse von Prüfdaten, und unterstützen andererseits den Einsatz der Methoden und Verfahren des Qualitätsmanagements. Die Qualitätstechniken und -werkzeuge werden nicht isoliert verwendet, sondern entfalten ihre volle Wirkung, wenn sie miteinander verzahnt und kombiniert werden. Sie sind ein unverzichtbares Hilfsmittel des Qualitätsmanagements. Ihre Anwendungsbereiche und Funktionsweise werden in den folgenden Abschnitten erläutert.

Fehlervermeidung

Ziel des Qualitätsmanagements ist es, Fehler möglichst gar nicht erst entstehen zu lassen. Dies ist wirtschaftlicher, als bereits aufgetretene Fehler und deren Folgen nachträglich zu beseitigen. Als **Fehlerursachen** lassen sich grundsätzlich **personenbedingte** Fehler aufgrund von Unwissenheit und Unaufmerksamkeit und **systembedingte** Fehler aufgrund der Arbeitsbedingungen und des Arbeitsumfelds unterscheiden (vgl. *Masing*, 2014, S. 11).

Qualitätstechniken und -werkzeuge zur Fehlervermeidung werden eingesetzt, um die Ursachen von Fehlern zu finden und zu beseitigen (vgl. *Brunner/Wagner*, 2011, S. 113 ff.; *Ebel*, 2003, S. 249 ff.):

- **Quality Function Deployment (QFD: Qualitätsfunktionen-Darstellung):** Instrument zur Planung und Entwicklung von Produkten entsprechend den vom Kunden geforderten Qualitätsanforderungen.
- **Fehlermöglichkeits- und -einflussanalyse (FMEA – Failure Mode and Effects Analysis):** Formalisierte Methode zur vorausschauenden Vermeidung von Fehlern und deren Risiken bei Produkten, Bauteilen und Prozessen.
- **Entwicklungs- und Konstruktionsprüfung (Design Reviews):** Mehrfache Überprüfung der Konstruktionsergebnisse im Rahmen der Produktentwicklung durch ein interdisziplinäres Team aus unterschiedlichen Bereichen, wie etwa F&E, Fertigung und Controlling. Auf diese Weise sollen die Produktanforderungen sichergestellt sowie potenzielle Fehler vor Beginn der Serienproduktion erkannt und beseitigt werden.
- **Statistische Versuchsplanung (DoE – Design of Experiments):** Ziel ist es, das Produkt möglichst robust, d. h. störungsunanfällig, zu konstruieren. Hierzu werden unterschiedliche Konstruktions- und Produktionsalternativen systematisch erprobt und optimiert.
- **Poka-Yoke:** Vermeidung bzw. sofortige Entdeckung unbeabsichtigter menschlicher Fehler durch technische oder konstruktive Vorkehrungen am Arbeitsplatz oder Produkt. Fehler in der Montage lassen sich beispielsweise

dadurch verhindern, dass vorhandene Steckverbindungen immer nur an der jeweils richtigen Stelle passen. Wie am Namen zu erkennen, stammt das Konzept aus Japan („Poka" = unbeabsichtigter Fehler; „Yoke" = Vermeidung).

- **Produktivitätsorientierte Instandhaltung (TPM – Total Productive Maintainance):** Vorbeugende Beseitigung sämtlicher maschinenbedingter Störungen und Fehler durch Einbezug aller Mitarbeiter sowie den Einsatz einfach und schnell zu wartender Maschinen. Es erfolgt keine organisatorische Trennung zwischen Anlagenbediener und Instandhaltungsmitarbeiter, sondern die Instandhaltung wird durch die Anlagenbediener selbst vorgenommen. In den Produktionsstätten wird dabei besonderer Wert auf Ordnung und Sauberkeit gelegt („Wohnzimmer-Fabrik").
- **Design for Six Sigma:** Six Sigma ist eine umfassende Methode zur kontinuierlichen Qualitätsverbesserung durch Abbau der Variation und Verbesserung der Durchschnittsleistung von Prozessen. Beim präventiven Design for Six Sigma wird bereits im Entwicklungsprozess versucht, neue Produkte so zu gestalten, dass möglichst keine Fehler auftreten.
- **Sieben Managementwerkzeuge (M7):** Auf die Anforderungen des Qualitätsmanagements bezogene Auswahl an sieben allgemeinen Problemlösungstechniken zur Datenanalyse sowie Lösungsfindung und -realisierung.

Im Folgenden werden exemplarisch das Quality Function Deployment, die Fehlermöglichkeits- und -einflussanalyse sowie die sieben Managementwerkzeuge näher erläutert.

Quality Function Deployment

Das Quality Function Deployment (QFD/Qualitätsfunktionen-Darstellung) wurde 1966 in Japan von *Yoji Akao* (1990) entwickelt. Es dient dazu, die Produkte nach den Qualitätsanforderungen der Kunden zu gestalten. Dabei werden verschiedene Kommunikations- und Problemlösungstechniken eingesetzt. Der Schwerpunkt dieser qualitätsgerechten Produktplanung liegt in den frühen Phasen der Produktentwicklung (vgl. i. F. *Boutellier/Biedermann*, 2014, S. 443 ff.; *Theden/Colsman*, 2013, S. 67 ff.).

Ziel ist es, die bewussten und unbewussten Wünsche der Kunden so in ein Produkt umzusetzen, dass dessen Markterfolg weitgehend sichergestellt ist. Hierfür sollen die Kundenanforderungen aber nicht nur erfüllt, sondern sogar übertroffen werden.

Nach dem **Kundenzufriedenheitsmodell** (vgl. Kap. 3.4.2) des japanischen Qualitätsforschers *Noriaki Kano* werden die Kundenanforderungen unterteilt in (vgl. 1993, S. 12 ff.):

- **Basisanforderungen:** Diese werden von Kunden nicht ausdrücklich gefordert, sondern als selbstverständlich vorausgesetzt. Werden sie nicht erfüllt, resultiert daraus hohe Unzufriedenheit. Basisanforderungen an einen PKW sind beispielsweise, dass er fährt, es nicht hineinregnet oder die Tankanzeige funktioniert.
- **Leistungsanforderungen:** Ihre Erfüllung wird vom Kunden ausdrücklich gefordert und mit anderen Anbietern genau verglichen. Gelingt es dem Unternehmen, die gewünschten Leistungsanforderungen zu übertreffen, so steigt dadurch die Kundenzufriedenheit. Beim PKW wären dies etwa PS-Zahl, Brems- und Beschleunigungswerte, Benzinverbrauch oder Kofferraumvolumen.
- **Begeisterungsanforderungen:** Durch positive Überraschungen in Form einzigartiger und unerwarteter Leistungen kann die Kundenzufriedenheit stark verbessert werden. Bei einem PKW könnte dies z. B. ein autonomes Fahrsystem sein.

Diese Kundenanforderungen sind nicht statisch, sondern ändern sich im Laufe der Zeit. Ein Leistungsmerkmal, das heute noch Begeisterung auslöst, kann in naher Zukunft schon eine Basisanforderung sein. Ein Beispiel für ein solches Merkmal ist die Entsperrung eines Smartphones durch Gesichtserkennung. Um Kunden dauerhaft zu begeistern, muss das Unternehmen deshalb ständig nach neuen und innovativen Leistungsmerkmalen suchen. Während Leistungsanforderungen und ihre Bedeutung üblicherweise durch Befragung der Kunden ermittelt werden, obliegt die Bestimmung der Basis- und insbesondere der Begeisterungsanforderungen einem interdisziplinären Team etwa aus F&E, Marketing und Controlling.

Die Umsetzung der Kundenanforderungen in ein Produkt erfolgt dann mithilfe des QFD in vier aufeinander aufbauenden **Phasen** (vgl. *Boutellier/Biedermann*, 2014, S. 444 ff.):

1. **Produktplanung:** Ableitung der Qualitätsmerkmale des Produkts aus den Kundenanforderungen.
2. **Teileplanung:** Qualitätsmerkmale der einzelnen Produktkomponenten werden aus den Qualitätsmerkmalen des Gesamtprodukts bestimmt.
3. **Prozessplanung:** Ermittlung der Anforderungen an den Produktionsprozess aus den Qualitätsmerkmalen der einzelnen Produktkomponenten.

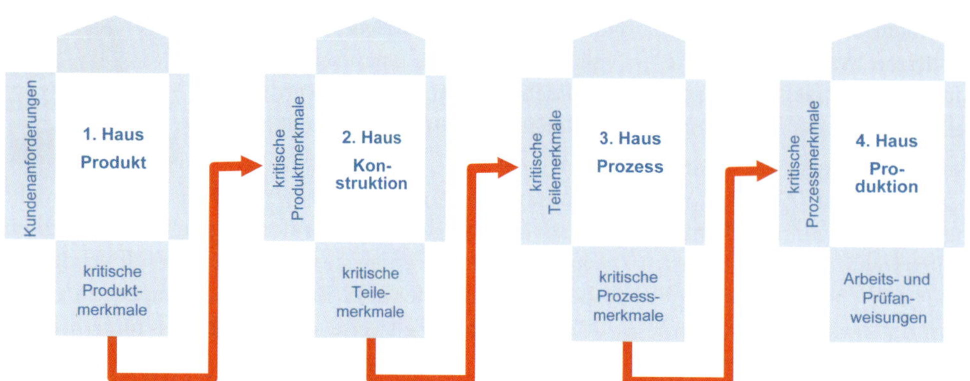

Abb. 8.1.12: Zusammenhang der Phasen und Qualitätshäuser des QFD (vgl. Theden/Colsman, 2013, S. 69)

4. **Produktionsplanung:** Ableitung der Arbeitsschritte und qualitätssichernder Maßnahmen in der Fertigung aus den Anforderungen an den Produktionsprozess.

Ein wichtiges Hilfsmittel bei der Durchführung des QFD sind die vom *American Supplier Institute* für jede Phase entwickelten **Qualitätshäuser** (Houses of Quality). Dabei handelt es sich um kombinierte Matrizen, mit denen die Beziehungen zwischen Anforderungen und Qualitätsmerkmalen bestimmt und veranschaulicht werden (vgl. Abb. 8.1.12).

Abb. 8.1.13 zeigt das für die Produktplanung verwendete **erste Qualitätshaus**. Es beginnt mit der Auflistung und Gewichtung der ermittelten Kundenanforderungen. Die Gewichtung erfolgt meist auf einer Skala von eins bis zehn. Danach wird die Erfüllung dieser Kundenanforderungen durch das geplante Produkt aus Sicht des Kunden mit den Konkurrenzprodukten verglichen. Im nächsten Schritt werden die in der Sprache der Kunden formulierten Kundenanforderungen als technische Merkmale in die Sprache der Entwicklungsingenieure übersetzt und durch physische Maßgrößen quantifiziert. Beispielsweise wird bei einem Rasierapparat die Kundenanforderung „leises Geräusch" in das technische Merkmal „Lautstärke unter 20 Dezibel" übersetzt. Im Dach des Hauses werden die Beziehungen zwischen den technischen Merkmalen dargestellt, welche positiv, neutral oder negativ sein können. Hier werden Zielkonflikte deutlich, die aus gegenläufigen Kundenanforderungen wie beispielsweise „hohe Leistung" und „geringer Verbrauch" herrühren. Im Zentrum des Qualitätshauses wird der Einfluss der technischen Merkmale auf die Erfüllung der Kundenanforderungen eingetragen und

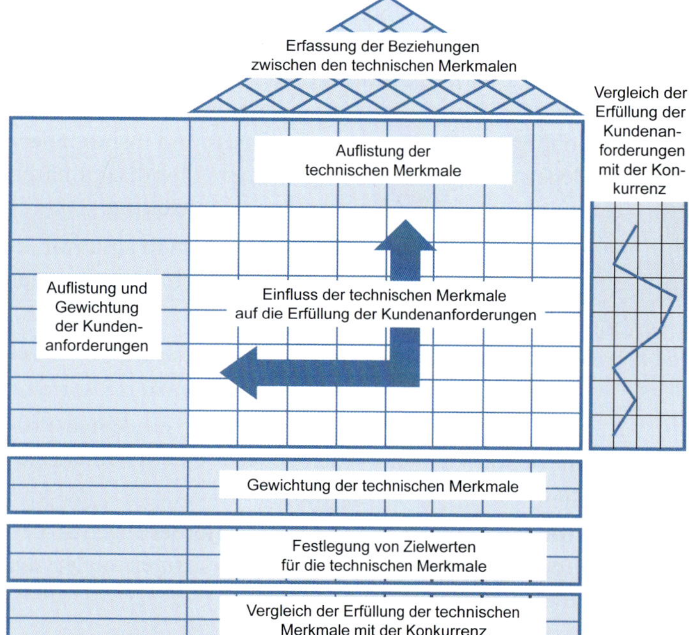

Abb. 8.1.13: Das erste Qualitätshaus (vgl. Boutellier/Biedermann, 2014, S. 445)

mithilfe von Beziehungsfaktoren bewertet. Üblicherweise bedeuten die Faktoren 9 starken, 6 mittleren, 3 geringen und 0 keinen Einfluss des technischen Merkmals auf die Erfüllung der Kundenanforderung. Die Gewichtung der einzelnen technischen Merkmale ergibt sich durch Multiplikation der Beziehungsfaktoren mit der Gewichtung der Kundenanforderungen und Addition aller Ergebnisse innerhalb einer Spalte. Das Ergebnis zeigt, welche technischen Merkmale für den Kunden von hoher Bedeutung und somit für den Markterfolg des Produkts kritisch sind. Im Anschluss werden die zu erreichenden Zielwerte für die einzelnen technischen Merkmale geplant und im Rahmen von Versuchen mit den Werten der Konkurrenzprodukte verglichen (vgl. *Benz*, 1997, S. 126 ff.).

Um nicht nur eine optimale Umsetzung der Kundenanforderungen, sondern auch einen konkurrenzfähigen Marktpreis für das neue Produkt zu gewährleisten, wird das Quality Function Deployment häufig mit dem **Zielkostenmanagement** (Target Costing) kombiniert (vgl. Kap. 8.6.2). Dabei steht am Beginn der Produktentwicklung nicht die Frage im Vordergrund, was das Produkt kosten wird, sondern was es kosten darf, um am Markt erfolgreich zu sein (vgl. *Seidenschwarz*, 1997).

Fehlermöglichkeits- und -einflussanalyse

Die Fehlermöglichkeits- und -einflussanalyse (Failure Mode and Effects Analysis/FMEA) ist eine formalisierte Methode, um Fehler und deren Risiken bei Produkten, Bauteilen und Prozessen vorausschauend zu vermeiden. Hierfür werden potenzielle Fehler möglichst umfassend erfasst, beschrieben und hinsichtlich ihrer Auswirkungen, der Häufigkeit ihres Auftretens sowie der Möglichkeit ihrer Entdeckung bewertet. Es ist eine wirksame Methode der Fehlervermeidung, die Mitte der 1960er-Jahre durch die US-Raumfahrtbehörde *NASA* im Rahmen der *Apollo*-Projekte entwickelt wurde. Sie hat sich international und in vielen Branchen bewährt und ihre Anwendung ist europaweit genormt (vgl. *Brunner/Wagner*, 2011, S. 128 ff.).

Nach dem **Betrachtungsobjekt** wird unterschieden zwischen (vgl. *Kersten*, 1999, S. 474 ff.):

- **System-FMEA:** Ziel ist die Sicherstellung des funktionsgerechten Zusammenwirkens der einzelnen Komponenten eines gesamten Produkts als System aus Teilen und Baugruppen. Die Sicherheit und Zuverlässigkeit des Produkts soll gewährleistet werden. Untersuchungsgegenstand können auch Prozesssysteme sein.
- **Design-FMEA (Konstruktions-FMEA):** Vorausschauende Vermeidung möglicher Ausfälle und Fehler einzelner Teile oder Baugruppen eines Produkts bzw. Systems durch Beseitigung konstruktiver Fehlerursachen.
- **Prozess-FMEA:** Vorausschauende Vermeidung möglicher Ausfälle und Fehler im Fertigungs- und Montageprozess, indem die Qualitätsfähigkeit der Prozesse gewährleistet wird.

System-, Design- und Prozess-FMEA bauen aufeinander auf. Ausgehend vom gewünschten Gesamtergebnis wird zunächst das gesamte Produkt bzw. System betrachtet, dann dessen Teile und Baugruppen und schließlich die zu deren Erstellung und Montage erforderlichen Prozesse. Alle Formen der FMEA laufen nach demselben Prinzip ab.

Ihr Vorgehen ist in einem **FMEA-Arbeitsplan** standardisiert, der etwa bei einer System-FMEA folgende Schritte enthält (vgl. *Herb/Herb*, 2016, S. 318 ff.; *Theden/Colsman*, 2013, S. 79 ff.):

1. **Vorbereitung und Planung:** Aufgabenstellung, Zielsetzung und Ablauf des FMEA-Projekts werden festgelegt. Darüber hinaus wird die Zusammensetzung des interdisziplinären Projektteams bestimmt. Es sollte aus mehreren, mit dem Produkt vertrauten Fachleuten unterschiedlicher Bereiche und einem neutralen Moderator bestehen.
2. **Systemanalyse:** Das zu untersuchende System wird in seine Elemente aufgeteilt und deren logische Zusammenhänge analysiert. Ein Produkt wird beispielsweise in seine Module, Bauteile und Komponenten unterteilt.
3. **Funktionsanalyse:** Beschreibung der Funktionen und Wechselwirkungen der Systemelemente. Die Funktionsstruktur wird z. B. durch einen Funktionsbaum dargestellt.
4. **Fehleranalyse:** Mithilfe eines FMEA-Formblatts werden alle denkbaren potenziellen Fehler sowie deren Folgen und Ursachen ermittelt. Das Ergebnis ist ein detaillierter Fehler-Folgen-Ursachen-Baum. Darüber hinaus werden für jeden möglichen Fehler die bereits existierenden Maßnahmen zu dessen Vermeidung und Entdeckung erfasst. Abb. 8.1.14 zeigt ein Beispiel für ein solches FMEA-Formblatt.
5. **Risikobewertung:** Für jeden potenziellen Fehler wird durch das FMEA-Team auf einer Skala von eins bis zehn die Wahrscheinlichkeit seines ***Auftretens*** (A: 1 = selten bis 10 = häufig) und seiner ***Entdeckung*** (E: 1 = immer bis 10 = nie) sowie die ***Bedeutung*** seiner Auswirkungen aus Sicht des Kunden (B: 1 = gering bis 10 = gravierend) bewertet. Die Multiplikation der drei

Komponente/ Bauteil	Potenzieller Fehler	Potenzielle Fehlerfolgen	Potenzielle Fehlerursachen	Derzeitige Prüfmaßnahmen	Auftreten A	Bedeutung B	Entdeckung E	Risikoprioritätszahl RPZ = A•B•E	Empfohlene Abstellmaßnahmen	Termine und Verantwortung	Getroffene Abstellmaßnahmen	Auftreten A	Bedeutung B	Entdeckung E	Risikoprioritätszahl RPZ = A•B•E
Fahrradgabel	Gabelbruch	Fahrer stürzt und verletzt sich	Materialermüdung Bruch der Schweißnaht	Kontrolle der Schweißnaht	3	9	7	189	Belastungstest durchführen Schweißnaht verstärken	KW 40 Abt. Qualitätssicherung & Montage	Belastungstest mit Stoßbelastung 900 N doppelte Schweißnaht	2	9	2	36

Risikoanalyse | Risikobewertung | Risikominimierung

Abb. 8.1.14: Formblatt für eine Konstruktions-FMEA am Beispiel eines Fahrrads

Kenngrößen ergibt die *Risikoprioritätszahl* als relatives Maß für das mit dem Fehler verbundene Risiko: RPZ = A·E·B. Sie kann zwischen 1.000 (= maximales Risiko) und 1 (= minimales Risiko) variieren. Fehler mit einer Risikoprioritätszahl über 100 werden normalerweise als nicht mehr tolerierbar angesehen und erfordern Verbesserungsmaßnahmen. Darüber hinaus sind aber auch jene Fehler näher zu untersuchen, die trotz geringer Risikoprioritätszahl in einer der drei Kategorien einen sehr hohen Wert aufweisen.

6. **Suche nach Qualitätsverbesserungsmaßnahmen:** Insbesondere für jene Fehler mit hohem Risikopotenzial erarbeitet das FMEA-Team Maßnahmen, um deren Ursachen zu vermeiden, die Auftrittswahrscheinlichkeit (A) und Fehlerfolgen (B) zu minimieren sowie die Entdeckungswahrscheinlichkeit (E) zu erhöhen.
7. **Bewertung und Auswahl:** Es wird bewertet, welche Reduktion des Risikopotenzials die vorgeschlagenen Maßnahmen versprechen, in welchem Zeitraum sie umsetzbar sind und welcher Realisierungsaufwand dem entgegensteht. Auf dieser Basis erfolgt die Auswahl der zu realisierenden Alternativen.
8. **Optimierung:** Für die Umsetzung der Verbesserungsvorschläge werden Ablauf, Termine und Verantwortlichkeiten festgelegt. Nach deren Realisierung wird die FMEA erneut durchgeführt.

Die umfassende Bestimmung der potenziellen Fehler und die möglichst objektive Bewertung der damit verbundenen Risiken sind für den erfolgreichen Einsatz der FMEA wichtig. Problematisch ist, dass die Konstrukteure und Prozessplaner ihre eigene Arbeit bewerten müssen, was den meisten Menschen schwerfällt. Dies ist einer der Gründe, warum für die Methode der Einsatz eines Moderators sinnvoll ist. Damit die FMEA nicht nur oberflächlich durchgeführt wird und ohne nennenswerten Nutzen versandet, ist eine detaillierte Untersuchung erforderlich. Auch aufgrund des recht hohen Zeitaufwands beschränkt man sich meist auf wesentliche Funktionen des Untersuchungsobjekts. Um ein offenes Arbeitsklima zu schaffen, hat die Unternehmensführung dafür Sorge zu tragen, dass den Verantwortlichen für die entdeckten Fehler keine negativen Konsequenzen entstehen (vgl. *Kersten*, 1999, S. 488 f.).

Sieben Managementwerkzeuge (M7)

Die sieben Managementwerkzeuge sind eine auf das Qualitätsmanagement bezogene Auswahl an allgemeinen Führungsmethoden und -techniken. Sie werden überwiegend im Rahmen der Qualitätsplanung und Produktentwicklung verwendet, da dort häufig noch kein bzw. nur sehr geringes Zahlenmaterial vorliegt. Im Problemlösungsprozess werden sie eingesetzt, um Informationen zu strukturieren und zu veranschaulichen. Auf diese Weise unterstützen sie die Problemerkennung, das Finden, Ordnen und Bewerten von Lösungsalternativen sowie die Lösungsumsetzung. Ihre Anwendung baut, wie in Abb. 8.1.15 dargestellt, logisch aufeinander auf und wird deshalb häufig miteinander kombiniert. Hierfür wird meist ein interdisziplinäres Team gebildet.

Die sog. **M7** unterteilen sich in (*Theden*, 2015a, S. 739 ff.; *Zollondz*, 2016a, S. 645 ff.):

- **Datenanalyse:** Veranschaulichung des vorliegenden Problems, Verdeutlichung der Problemzusammenhänge und Festlegung der Untersuchungsschwerpunkte.
  - **Affinitätsdiagramm:** Moderationstechnik zur Strukturierung komplexer Problemfelder. Die gemeinsam von den Teilnehmern erarbeiteten Stichworte und Ideen werden in Gruppen (sog. Cluster) eingeteilt und mit Oberbegriffen versehen.

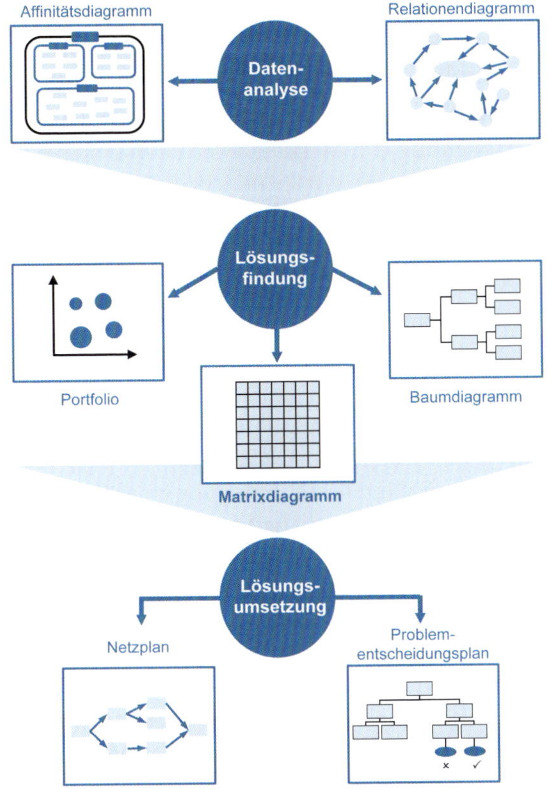

Abb. 8.1.15: Die sieben Managementwerkzeuge (vgl. Theden, 2015a, S. 740)

 - **Relationendiagramm** (Beziehungsdiagramm): Strukturierte Darstellung der Ursache-Wirkungs-Beziehungen innerhalb komplexer Problemstellungen.

- **Lösungsfindung:** Bestimmung und Bewertung von Alternativen zur Problemlösung.
  - **Matrixdiagramm:** Übersichtliche tabellarische Darstellung wechselseitiger Abhängigkeiten zwischen verschiedenen Faktoren.
  - **Portfolio** (Matrix-Daten-Diagramm): Positionierung von Objekten, wie etwa Produkten oder strategischen Geschäftsfeldern, innerhalb von zwei Koordinaten.
  - **Baumdiagramm** (Ziel-Mittel-Diagramm): Hierarchische Darstellung der Zusammenhänge zwischen Zielen und den zu ihrer Erreichung geeigneten Maßnahmen.
- **Lösungsumsetzung:** Durchführung der ausgewählten Lösungsalternative.
  - **Netzplan** (Pfeildiagramm): Festlegung der zeitlichen Reihenfolge der innerhalb eines Qualitätsprojekts anfallenden Tätigkeiten zur Optimierung des Ablaufs und der Überwachung zeitkritischer Vorgänge.
  - **Problem-Entscheidungs-Plan:** Vorbeugende Ermittlung von Gegenmaßnahmen für Umsetzungsschwierigkeiten. Die Darstellung erfolgt meist als Baumdiagramm, das sich in Vorgänge, mögliche Probleme und Gegenmaßnahmen aufteilt.

Fehlererfassung und -analyse

Das Auftreten von Fehlern lässt sich in der Praxis nicht vollständig ausschließen. Deshalb ist es wichtig, entstandene Fehler systematisch zu erfassen und ihre Ursachen im Rahmen einer eingehenden Fehleranalyse festzustellen. Durch Lernen aus Fehlern soll eine Fehlerwiederholung verhindert werden. Hierfür kommen unter anderem die statistische Prozessregelung und die sieben Qualitätswerkzeuge zum Einsatz.

Statistische Prozessregelung

Die statistische Prozessregelung (Statistical Process Control) dient insbesondere in der Fertigung zur Überwachung und Lenkung standardisierter Prozesse. Dabei werden die wesentlichen Qualitätsmerkmale eines Prozesses regelmäßig gemessen und in Qualitätsregelkarten (vgl. Abb. 8.1.17) eingetragen. Dadurch sollen unerwünschte Entwicklungen und die Notwendigkeit korrigierender Eingriffe bei Über- bzw. Unterschreitung festgelegter Grenzwerte bestimmt werden. Es wird somit direkt in den Produktionsprozess eingegriffen. So soll sichergestellt werden, dass die Produkte nach Durchlauf des Prozesses den Qualitätsanforderungen entsprechen. Systematische, auf bestimmte Ursachen zurückzuführende Einflüsse sollen beseitigt werden, um Abweichungen vom definierten Standard auf ein Minimum zu reduzieren. Die Prozesse gelten als beherrscht, wenn sie stets innerhalb der festgelegten Schwankungsbreite bleiben und Abweichungen nur noch auf zufälligen Einflüssen beruhen (vgl. *Osanna*, 2016, S. 1101 ff.).

Sieben Qualitätswerkzeuge (Q7)

Die sieben Qualitätswerkzeuge sind, wie in Abb. 8.1.17 dargestellt, eine Auswahl an Methoden zur Unterstützung von gruppenbasierten Problemlösungsprozessen. Mit ihrer Hilfe können Fehler strukturiert erfasst und untersucht werden. Sie sind anschaulich, leicht verständlich und einfach durchführbar. Die Q7 bauen aufeinander auf und werden deshalb meist miteinander kombiniert.

Sie unterteilen sich in (vgl. *Theden*, 2015b, S. 723 ff.; *Zollondz*, 2016b, S. 843 ff.):

- **Fehlererfassungstechniken** dienen der Aufzeichnung und grafischen Darstellung von Fehlern nach Art, Ort und Häufigkeit.
  - **Fehlersammelliste:** Erfassung der Häufigkeit des Auftretens bekannter Fehlerarten in einer Strichliste, welche die Fehlerschwerpunkte deutlich macht.
  - **Histogramm:** Grafische Darstellung von Häufigkeitsverteilungen als Säulendiagramm, das Hinweise auf die Streuung von Prozessen gibt.
  - **Qualitätsregelkarte:** Diagramm, in das regelmäßig gemessene Qualitätsmerkmale von Prozessen fortlaufend eingetragen werden. Die Qualitätsregelkarte dient vor allem zur Überwachung von Fertigungsprozessen und zeigt, ob ein Prozess beherrscht wird. Sie wird insbesondere zur statistischen Prozessregelung verwendet.
- **Fehleranalysetechniken** dienen der Bestimmung von Fehlerursachen.
  - **Pareto-Diagramm** (ABC-Analyse, Lorenz-Verteilung): Ermittlung der Bedeutung einzelner Fehlerursachen durch grafische Darstellung in absteigender Reihenfolge nach deren Beitrag zu einer bestimmten Fehlerauswirkung, wie etwa Ausschuss, Reklamationen oder Risiko. Nach der Pareto-Regel sind 20 % der Fehlerursachen für rund 80 % der Fehler verantwortlich. Bei der ABC-Analyse werden die Fehlerursachen zusätzlich in drei Gruppen unterteilt. Die Darstellung soll zu einer Fokussierung auf die wesentlichen Fehlerursachen führen.
  - **Korrelationsdiagramm** (Streudiagramm): Grafische Darstellung von Merkmalswerten in einem Koordinatensystem. Es wird untersucht, ob zwischen den betrachteten Variablen ein Zusammenhang besteht. Auf diese Weise lassen sich vermutete Ursache-Wirkungs-Beziehungen überprüfen
  - **Brainstorming:** Kreativitätstechnik zur Generierung von Ideen, etwa wie sich Fehlerursachen beseitigen lassen.
  - **Ishikawa-Diagramm** (Ursache-Wirkungs-Diagramm, Fischgräten-Diagramm): Visuelle Darstellung als Fischgräte zur Zerlegung eines Qualitätsproblems in seine möglichen Ursachen. Der Fischkopf bezeichnet das Qualitätsproblem und die großen Gräten die möglichen Fehlerquellen. Diese werden meist nach den 5M-Kategorien in Mensch, Maschine, Material, Methode und Mitwelt (= Umwelt) eingeteilt. Bei den 7M werden zusätzlich noch Management und Messbarkeit einbezogen. Im Anschluss werden zu den Fehlerquellen die vermuteten Fehlerursachen an den kleinen Gräten eingetragen. Eine weitere Differenzierung der Ursachen ist möglich. Abb. 8.1.16 zeigt ein Ishikawa-Diagramm am Beispiel eines Pizza-Services.

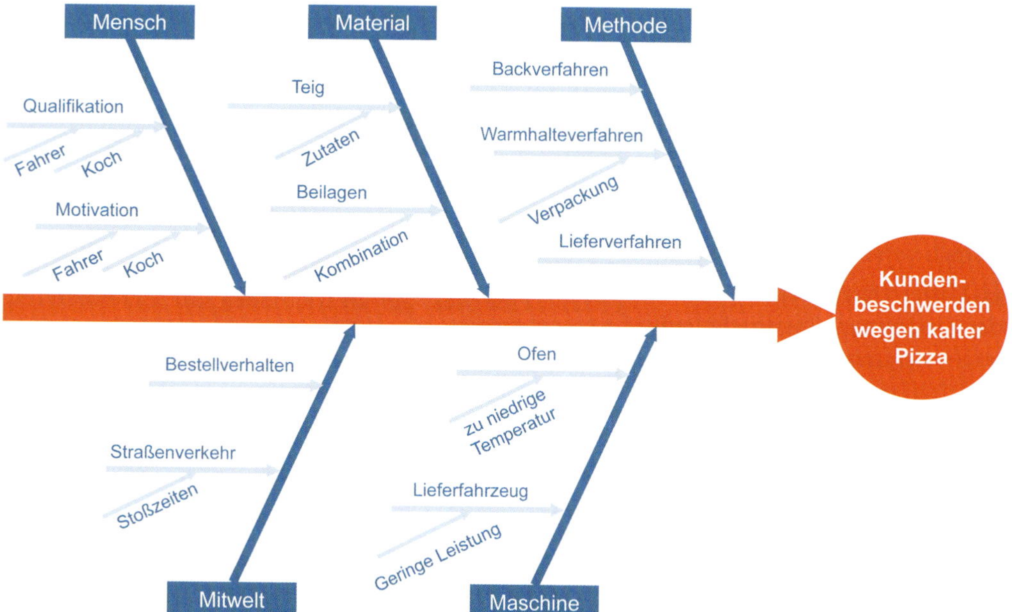

Abb. 8.1.16: Ishikawa-Diagramm am Beispiel eines Pizza-Service

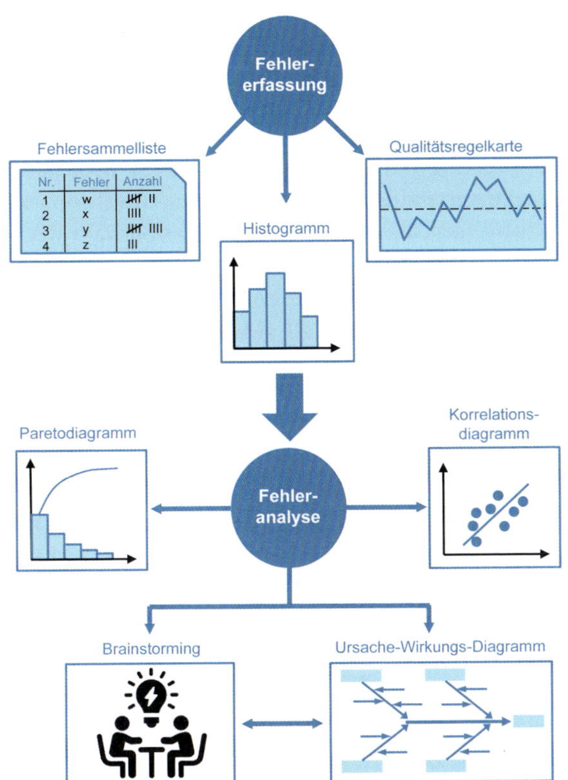

Abb. 8.1.17: Die sieben Qualitätswerkzeuge (vgl. Theden, 2015b, S. 724)

Kontinuierliche Qualitätsverbesserung

Eine wesentliche Zielsetzung des Qualitätsmanagements ist die Implementierung eines **kontinuierlichen Verbesserungsprozesses (KVP)** für alle Leistungen und Tätigkeiten. In Japan steht hierfür der Begriff **Kaizen**. Basis ist eine Unternehmenskultur, in der alle Mitarbeiter ständig nach Verbesserungen streben (vgl. Kap. 5.4.4).

Im Folgenden werden mit dem PDCA-Zyklus, dem Six-Sigma-Konzept und dem Qualitätszirkel drei Ansätze zur kontinuierlichen Verbesserung exemplarisch vorgestellt. Nützlich ist auch die regelmäßige Durchführung von Qualitätaudits, die im Anschluss erläutert werden.

PDCA-Zyklus

Eine universelle Vorgehensbeschreibung zur kontinuierlichen Prozessverbesserung ist der von *William Edwards Deming* propagierte Plan-Do-Check-Act-Zyklus **(PDCA-Zyklus)**. Er ist in Abb. 8.1.18 dargestellt und besteht aus vier **Phasen** (vgl. *Deming*, 1982, S. 89 ff.):

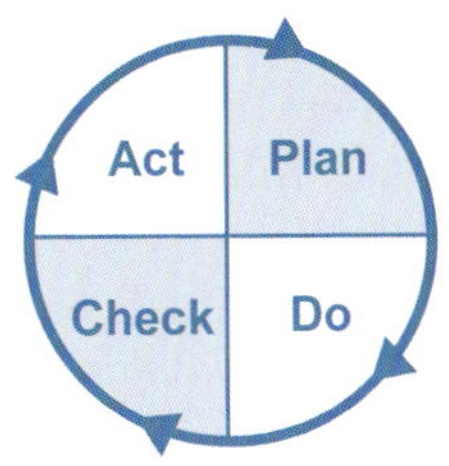

Abb. 8.1.18: Der PDCA-Zyklus (vgl. Deming, 1982, S. 88)

- **Plan** (Planung): Nach einer detaillierten Analyse der Ausgangssituation werden zunächst die Ziele der beabsichtigten Veränderung festgelegt. Im Anschluss erfolgt die Suche und Bewertung geeigneter Alternativen und die Auswahl der Veränderungsmaßnahmen.
- **Do** (Ausführung): Testweise Umsetzung der Veränderungsmaßnahmen in kleinerem Umfang bzw. in einem eng abgegrenzten Bereich.
- **Check** (Überprüfung): Die Auswirkungen der durchgeführten Maßnahmen werden erfasst und analysiert. Was ging dabei schief und was lässt sich daraus lernen?
- **Act** (Verbesserung): Anschließend wird darüber entschieden, ob die Veränderung auf breiter Basis eingeführt oder verworfen wird. Der Zyklus kann auch unter veränderten Bedingungen, etwa in einem anderen Bereich oder mit anderen Mitarbeitern, erneut durchlaufen werden.

Mehrere Durchläufe des PDCA-Zyklus führen zur schrittweisen kontinuierlichen Verbesserung.

Zur Realisierung einer hohen kundenorientierten Qualität müssen die Unternehmensprozesse einen Beitrag zum Kundennutzen leisten (vgl. Kap. 5.4.3). Diese wertschöpfenden Prozesse erbringen **Nutzleistungen**, die optimiert werden sollten. Sind die Prozesse selbst nicht wertschöpfend, aber für die Unterstützung der Nutzleistungen erforderlich, dann werden sie als **Unterstützungsleistungen** bezeichnet. Beispiele sind Rüst- oder innerbetriebliche Transportvorgänge. Sie sollten möglichst reduziert werden. Unnötige Prozesse und Aktivitäten, die keinen Beitrag zum Kundennutzen erbringen, sind als nicht wertschöpfende **Blindleistungen** zu identifizieren und abzubauen. Die fehlerhafte Durchführung von Prozessen und Aktivitäten sind **Fehlleistungen**, welche zu vermeiden sind.

Six Sigma

Six Sigma ist eine umfassende Methode zur kontinuierlichen Qualitätsverbesserung durch Abbau der Variation und Verbesserung der Durchschnittsleistung von Fertigungs- und zunehmend auch Verwaltungsprozessen. Die

Streuung der Prozessergebnisse gilt dabei als wesentliche Fehlerursache, die auf ein absolutes Minimum reduziert werden soll. Six Sigma wurde im Jahr 1987 von der amerikanischen Firma *Motorola* entwickelt, worauf das Unternehmen im Folgejahr den erstmals vergebenen amerikanischen Qualitätspreis *Malcolm Baldrige National Quality Award* gewann. International bekannt wurde Six Sigma insbesondere durch *Jack Welch*, den langjährigen CEO von *General Electric*, der die Methode dort 1995 mit großem Erfolg einführte (vgl. *Köhler* et al., 2014, S. 257 ff.).

In der Statistik drückt die Standardabweichung σ (Sigma) die Streuung von Merkmalswerten um den Mittelwert μ aus. Bei den in Abb. 8.1.19 dargestellten normalverteilten Merkmalswerten liegen zwei Drittel davon im Intervall μ ± σ, im Intervall μ ± 3σ bereits 99,73 % und im Intervall μ ± 6σ schließlich 99,99999999 %.

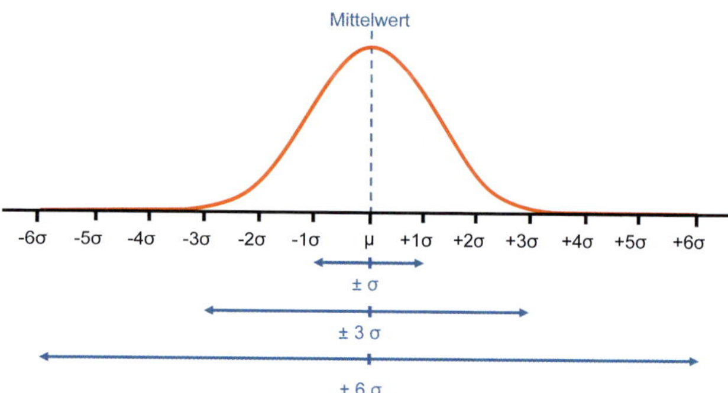

Abb. 8.1.19: Standardabweichung σ um den Mittelwert μ

Da der Mittelwert betrieblicher Abläufe im Zeitverlauf, etwa aufgrund unterschiedlicher Umgebungsbedingungen, nicht konstant ist, gilt eine Schwankung des Mittelwerts um ± 1,5σ als tolerierbar. Unter dieser Bedingung liegen im Intervall μ ± 6σ noch 99,99966 % aller Merkmalswerte. Statistisch entspricht dies einem Intervall von μ ± 4,5σ, wie Abb. 8.1.20 zeigt (vgl. *Schipp/Töpfer*, 2007, S. 198).

Die Forderung nach Six Sigma bedeutet also, dass die Merkmalswerte eine so kleine Streuung um ihren Mittelwert aufweisen, dass nur 0,00034 % außerhalb der festgelegten Grenzwerte liegen. Das bedeutet, dass **bei einer Million Prozesse nur 3,4 Fehler** auftreten dürfen. Der Sigma-Wert ist somit ein Maß für die Fehlerfreiheit eines Prozesses. Um diesen zu bestimmen, wird zunächst die Fehlerrate als Quotient der fehlerhaften Prozesse durch die gesamte Prozessanzahl ermittelt. Wird diese durch die Anzahl der Fehlerquellen geteilt, folgt daraus die Fehlerquote. Multipliziert mit einer Million erhält man die Fehler pro eine Million Fehlermöglichkeiten (DPMO = Defects per Million Opportunities). In der Fertigung wird häufig alternativ die Fehlerquote bei einer Million produzierter Einheiten (ppm = Parts per Million) verwendet. Mithilfe einer in Abb. 8.1.21 dargestellten Konversionstabelle lässt sich dann das entsprechende Sigma-Niveau ermitteln (vgl. *Köhler* et al., 2014, S. 260; *Schipp/Töpfer*, 2007, S. 198). Die unterschiedlichen Niveaus werden am Beispiel der Rechtschreibung in schriftlichen Dokumenten verdeutlicht.

Die Qualität wird meist als Anteil fehlerfreier Produkte angegeben. Dabei wird häufig ein Wert von 99 % als ausreichend angesehen. Für viele Unternehmen ist dies jedoch nicht gut genug. Es würde beispielsweise bedeuten, dass jeden Tag 14 gefährliche Landungen auf dem Frankfurter Flughafen stattfinden, 10.000 Autos auf Deutschlands Straßen mit mangelhaften Bremsen unterwegs sind oder täglich für 15 Minuten der Strom ausfällt (vgl. *Melzer*, 2019, S. 6). Für die *Deutsche Post* würde ein Qualitätsniveau von 99 % dazu führen, dass täglich fast 600.000 Briefe falsch zugestellt würden oder verloren gingen.

Bei der Verknüpfung von Prozessen folgt die Fehlerrate des Gesamtprozesses aus der Multiplikation der einzelnen

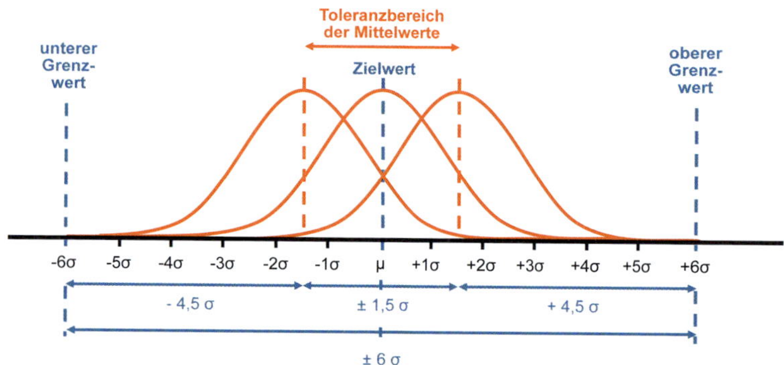

Abb. 8.1.20: Das Six Sigma-Konzept (vgl. Zollondz, 2011, S. 395)

Parts per Million	Sigma-Niveau	Fehlerfreiheit	Beispiel Rechtschreibung
691.000	1 σ	31 %	Nur jedes dritte Wort ist richtig geschrieben.
309.000	2 σ	69,1 %	Fast jedes dritte Wort ist falsch geschrieben.
66.800	3 σ	93,32 %	1,5 Rechtschreibfehler auf einer Buchseite.
6.210	4 σ	99,379 %	Ein Rechtschreibfehler auf 30 Buchseiten.
233	5 σ	99,9767 %	Ein falsches Wort in einem mehrbändigen Lexikon.
3,4	6 σ	99,99966 %	Ein Rechtschreibfehler in einer kleinen Bibliothek.

Abb. 8.1.21: Tabelle zur Bestimmung des Sigma-Niveaus (vgl. Melzer, 2019, S. 4)

Fehlerraten (vgl. Kap. 5.4.3). Ein Prozess aus 30 Teilprozessen mit einer Fehlerrate von je 99 % hat beispielsweise nur noch eine Ausbeute von $0{,}99^{30}$ = 74 %. Der gleiche Zusammenhang gilt für unterschiedliche Bauteile, die gemeinsam eine Produktfunktion erfüllen. Für ein komplexes Produkt, wie beispielsweise den aus vier Millionen Einzelteilen bestehenden *Airbus A 380*, wäre ein solches Qualitätsniveau nicht akzeptabel. So verursachte etwa die Fehlfunktion einer Steuerungssoftware des Flugzeugtyps *Boeing 737 Max* zwei verheerende Abstürze und führte zu einem fast zweijährigen Entzug der Flugerlaubnis.

Die Zielsetzung vieler Unternehmen und Organisationen ist deshalb die Erreichung des Qualitätsniveaus von Six Sigma, das für eine nahezu fehlerfreie Produktion steht. Es gilt als eines der maßgeblichen Konzepte im Rahmen einer Null-Fehler-Strategie.

Six Sigma-Projekte zur Prozessverbesserung werden in folgenden **Phasen** durchgeführt (vgl. *Melzer*, 2019, S. 12 ff.):

- **Define** (Projektdefinition): Projektplanung, Bestimmung des Projektteams und Abbildung des zu verbessernden Prozesses.
- **Measure** (Messung): Bestimmung qualitätskritischer Prozessmerkmale aus Kundensicht (CTQ = Critical to Quality Characteristics) und der Prozessleistung.

Six Sigma bei den Dabba Wallahs in Mumbai

Die indische Stadt *Mumbai* mit über 20 Mio. Einwohnern besteht aus den unterschiedlichsten religiösen Gruppen. Um deren verschiedene Vorlieben und religiöse Regeln bei der Ernährung einzuhalten, schwören die meisten Inder auf Hausmannskost. Deshalb lassen sich viele Angestellte im Geschäftszentrum der Stadt ihr Mittagessen von zu Hause an den Arbeitsplatz liefern. Das Essen wird vormittags in der Regel von den Ehefrauen zubereitet und in mehrere Warmhaltebehälter aus Blech (den sog. Dabbas) gefüllt. Diese werden dann von einem der insgesamt mehr als 5.000 *Dabba Wallahs* abgeholt. Die Bezeichnung „Wallah" steht in Indien für Dienstleister (vgl. i. F. *Waldherr*, 2005, S. 120 ff.).

Damit jede Lunch-Box ihr Ziel erreicht, ist sie mit Farben, Zahlen und Buchstaben gekennzeichnet. Dieser Code aus Stadtteil, Gebäude, Stock und Büro bestimmt, wohin jedes Essen geliefert werden soll. Bei der Essensauslieferung arbeiten die *Dabba Wallahs* in Gruppen, welche jeweils verschiedene Aufgaben von der Abholung über den Transport bis zur Auslieferung übernehmen. Nach der Mittagspause wird die Lieferkette in umgekehrter Reihenfolge durchlaufen, und die Essensbehälter werden wieder zurückgebracht. Trotz mehrfacher Übergaben kommt es dabei kaum zu Fehlern. Bei täglich 200.000 Lieferungen geht so gut wie nie ein Essen verloren. Das Wirtschaftsmagazin *Forbes* hat deshalb den *Dabba Wallahs* das Qualitätssiegel Six Sigma verliehen. Diese logistische Meisterleistung ist umso erstaunlicher, da die meisten *Dabba Wallahs* Analphabeten sind.

Die *Dabba Wallahs* sind nicht nur ein logistisches, sondern auch ein soziales Phänomen. Die Essensausträger sind selbstständige Unternehmer, die in Kooperativen organisiert sind und durch einen zentralen Interessenverband vertreten werden. Dieser handelt die Preise aus, kümmert sich um Schwierigkeiten und garantiert eine soziale Absicherung. Jeder *Dabba Wallah* zahlt dafür einen Monatsbeitrag von 15 Rupien (ca. 22 Eurocent). Fehler, wie etwa der Verlust einer Essensbox, werden mit einer Strafe von 100 Rupien geahndet, und wer die Codes nicht schnell genug versteht, fliegt wieder raus. Ein *Dabba Wallah* verdient monatlich bis zu 6.000 Rupien (ca. 90 €) und damit sechsmal mehr als ein indischer Bauarbeiter. Die Dienstältesten springen ein, wenn ein Kollege ausfällt, und kümmern sich um verirrte Essensboxen, damit die hohe Lieferqualität der *Dabba Wallahs* sichergestellt wird.

- **Analyze** (Analyse): Bestimmung der Abweichung von den Kundenanforderungen und Suche nach den Fehlerursachen.
- **Improve** (Verbesserung): Aufstellung und Umsetzung von Verbesserungsmaßnahmen.
- **Control** (Steuerung): Stabilisierung der optimierten Prozesse durch Kontrolle der Wirksamkeit der Maßnahmen und falls nötig Einleitung von Korrekturen.

Dieser sog. **DMAIC-Zyklus** stellt eine Erweiterung des PDCA-Zyklus dar. Die Phasen bauen aufeinander auf und hängen voneinander ab, so dass sich keine von ihnen überspringen lässt. Zu Beginn einer Six Sigma-Initiative steht meist die kontinuierliche Verbesserung in abgegrenzten Bereichen im Vordergrund. Um ein Qualitätsniveau von fünf Sigma und mehr zu erreichen, sollte auch die Produktentwicklung einbezogen werden. Durch ein **Design for Six Sigma** wird versucht, neue Produkte von Beginn an so zu gestalten, dass möglichst wenige Fehler auftreten können. In diesem Fall dient Six Sigma auch der präventiven Fehlervermeidung.

Entscheidend für den Erfolg von Six Sigma-Projekten ist die breite Einbindung der Mitarbeiter auf allen Ebenen des Unternehmens. Hierfür sind umfangreiche Schulungsmaßnahmen bei erfahrungsgemäß etwa 10 % der Belegschaft erforderlich. Die Mitarbeiter nehmen dabei unterschiedliche **Funktionen** wahr. Deren Bezeichnung orientiert sich an den in asiatischen Kampfsportarten üblichen Gürtelkategorien, an denen der Rang eines Kämpfers erkennbar ist (vgl. *Harry/Schroeder*, 2005, S. 213 f.):

- **Champions** sind Mitglieder der Unternehmensführung. Als Machtpromotoren entscheiden sie über die Durchführung und Besetzung eines Six Sigma-Projekts.
- **Master Black Belts** beraten, schulen und unterstützen die einzelnen Projektmanager (Black Belts) und sind die Schnittstelle zu den Champions.
- **Black Belts** sind für das Projektmanagement verantwortlich und üblicherweise von ihren anderen Aufgaben freigestellt.
- **Green Belts** arbeiten als Teammitglied zeitweilig an der Durchführung des Six Sigma-Projekts mit und sind hierfür teilweise freigestellt.

Six Sigma-Projekte versprechen meist deutliche Kosteneinsparungen. Während bei einem durchschnittlichen Qualitätsniveau von vier Sigma die Qualitätskosten erfahrungsgemäß noch einen Anteil zwischen 15 und 25 % vom Umsatz ausmachen, liegen diese bei fünf Sigma zwischen 5 und 15 % und bei sechs Sigma sogar unter 1 % (vgl. *Töpfer/Günther*, 2007, S. 12 f.). Die realisierten Verbesserungen haben auch qualitative Auswirkungen. Aufgrund der schweren Bewertbarkeit werden diese jedoch meist nicht ausdrücklich in die Kosten-Nutzen-Analyse von Six Sigma-Projekten einbezogen.

Qualitätszirkel

Verbesserungsmöglichkeiten lassen sich im Team meist besser finden und umsetzen. Der einzelne Mitarbeiter ist aufgrund seiner Spezialisierung und der komplexen Abläufe in heutigen Unternehmen hierzu oft nicht mehr in der Lage. In der Gruppe werden die unterschiedlichen Fähigkeiten der Mitglieder genutzt und die Zusammenarbeit fördert Initiative und Motivation. Gruppenarbeit kann deshalb wichtige Impulse für kontinuierliche Verbesserungsprozesse liefern. Ein wirkungsvoller Ansatz hierzu sind Qualitätszirkel.

Dabei handelt es sich um kleine Gruppen von durchschnittlich vier bis acht Mitarbeitern, die sich während der Arbeitszeit regelmäßig auf freiwilliger Basis treffen, um selbst ausgewählte Probleme des eigenen Arbeitsbereichs zu diskutieren. Die Mitglieder stammen aus den ausführenden Hierarchieebenen. Sie wissen am besten, welche Schwierigkeiten in ihrer täglichen Arbeit auftreten und wie sich diese beseitigen lassen. Das auf dieser Ebene häufig ungenutzte Mitarbeiterpotenzial soll im Qualitätszirkel unter Anleitung eines geschulten Moderators und mithilfe verschiedener Problemlösungstechniken aktiviert und genutzt werden. Die Treffen finden regelmäßig, z. B. einmal wöchentlich, mit einer Dauer von meist ein bis zwei Stunden statt. Die Umsetzung der erarbeiteten Verbesserungsvorschläge erfolgt entweder durch die Mitglieder des Qualitätszirkels selbst oder wird über den Vorgesetzten eingeleitet, da der Qualitätszirkel über keine Entscheidungsbefugnisse verfügt. Ergebnisse und Verlauf der Verbesserungsmaßnahmen werden vom Qualitätszirkel verfolgt (vgl. *Breisig*, 2016, S. 1000).

Qualitätszirkel lassen sich relativ leicht einführen, da sie keine Veränderung der bestehenden Organisationsstrukturen erfordern. Fachlich werden sie vor allem von den jeweiligen Vorgesetzten sowie gegebenenfalls von Experten aus den Fachabteilungen unterstützt. Die unternehmensweite Abstimmung der Qualitätszirkel erfolgt durch einen aus verschiedenen Führungskräften zusammengesetzten Lenkungskreis. Die Vorgesetzten sind dafür zuständig, die Qualitätszirkelarbeit zu fördern. Sie sollten hierzu die notwendigen Voraussetzungen schaffen, wie etwa die Freistellung der Mitarbeiter oder Bereitstellung eines Raumes. Darüber hinaus sollen sie die Umsetzung der erarbeiteten Verbesserungsmaßnahmen fördern. Der Moderator leitet die Teamsitzungen und unterstützt die Gruppe methodisch bei der Erarbeitung von Verbesserungsmaßnahmen. Qualitätszirkel ermöglichen nicht nur eine Steigerung der betrieblichen Effizienz durch Optimierung der Arbeitsabläufe, sondern dienen insbesondere der Personalentwicklung. Auf diese Weise soll bei den Mitarbeitern langfristig ein qualitätsbewusstes Denken und Handeln erreicht werden. Darüber hinaus fördern sie das Betriebsklima und die Motivation. Sie geben den Mitarbeitern die Möglichkeit, über ihre Probleme zu reden, Zusammenhänge zu erkennen, Lösungsvorschläge einzubringen und bessere Arbeitsbedingungen zu erreichen (vgl. *Deppe*, 1986, S. 15 ff.; *Schubert*, 1999, S. 1098).

Qualitätsaudits

Bei einem Qualitätsaudit handelt es sich um eine systematische und unabhängige Untersuchung der Wirksamkeit qualitätsbezogener Aktivitäten eines Unternehmens. Eine derartig fundamentale Bestandsaufnahme soll Schwachstellen deutlich machen sowie Verbesserungen anregen und überwachen. Qualitätsaudits dienen der kontinuierlichen Verbesserung des Unternehmens und seines Qualitätsmanagements (vgl. *Kamiske/Brauer*, 2011, S. 5 ff.).

Nach dem **Gegenstand des Qualitätsaudits** sind zu unterscheiden (vgl. *Herrmann*, 2014, S. 337 ff.):

- **Produktaudit:** Überprüfung der Übereinstimmung der Produkte und Bauteile mit den festgelegten Anforderungen.
- **Verfahrensaudit (Prozessaudit):** Überprüfung der Wirksamkeit und Zweckmäßigkeit einzelner betrieblicher Abläufe und Verfahren.
- **Systemaudit:** Nachweis der Wirksamkeit und Funktionsfähigkeit des Qualitätsmanagementsystems.

Qualitätsaudits können intern von **eigenen Mitarbeitern** (first party audit) und extern von **Kunden** (second party audit) oder **neutralen Stellen** (third party audit) durchgeführt werden (vgl. *Ebel*, 2003, S. 152 ff.). Abb. 8.1.22 gibt einen Überblick.

Interne Audits werden in regelmäßigen Abständen durchgeführt. Sie sollen feststellen, wie das Qualitätsmanagement im Unternehmen umgesetzt wird und ob es zu den gewünschten Ergebnissen führt. Dies gilt insbesondere hinsichtlich Kundenzufriedenheit und Wirtschaftlichkeit. Um ihre Objektivität zu wahren, sollten die internen Auditoren keine Verantwortung für die geprüften Bereiche tragen. Interne Audits werden häufig im Vorfeld einer externen Überprüfung durchgeführt, um negative Prüfergebnisse zu vermeiden.

Externe Audits beziehen sich im Normalfall auf das Qualitätsmanagementsystem (Systemaudit). Früher haben die Unternehmen damit die Qualitätsfähigkeit ihrer Lieferanten beurteilt. Aufgrund der damit verbundenen Vielzahl zeitaufwändiger Prüfungen erfolgt die externe Auditierung heute üblicherweise von einer anerkannten neutralen Zertifizierungsstelle. Im Auftrag des Unternehmens überprüft diese, ob die in DIN EN ISO 9001 festgelegten Anforderungen an ein Qualitätsmanagementsystem erfüllt sind und erteilt bei erfolgreicher Prüfung dafür ein zeitlich befristetes Zertifikat. In vielen Branchen, wie etwa der Automobilindustrie, wird von den Lieferanten oft eine solche **Zertifizierung** verlangt. Allerdings wird dabei lediglich die formale Übereinstimmung des Qualitätsmanagementsystems mit der Norm attestiert. Über die Qualität der Produkte gibt ein solches Zertifikat keine Auskunft.

Die Anforderungen an ein Qualitätsmanagementsystem zur Verleihung einer **Qualitätsauszeichnung** (Quality Award) sind wesentlich höher. Dabei beurteilen neutrale Institutionen die Leistungsfähigkeit von Unternehmen anhand bestimmter Kriterien und Bewertungsmaßstäbe. Um einen solchen Qualitätspreis zu erhalten, muss sich das Unternehmen mit den geforderten Unterlagen bewer-

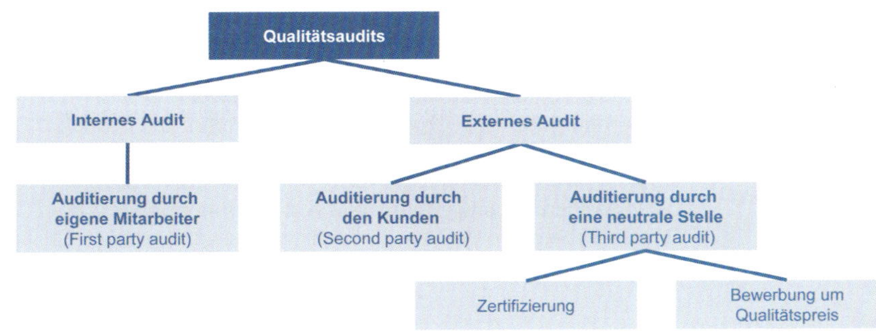

Abb. 8.1.22: Arten von Qualitätsaudits nach der Herkunft des Auditors

Innovation und Exzellenz in der Produktion bei TRUMPF

Praxisbeispiel von Philipp Schüll (Leiter Inhouse Consulting)

TRUMPF erwirtschaftet mit rund 14.300 Mitarbeitern einen Umsatz von über 3,5 Mrd. € und bietet Fertigungslösungen in den Bereichen Werkzeugmaschinen und Lasertechnik. *TRUMPF* ist Technologie- und Marktführer bei Werkzeugmaschinen für die flexible Blechbearbeitung und bei industriellen Lasern.

Bis *TRUMPF* die Vision einer synchronen Produktion realisierte, schienen ganzheitliche Produktionssysteme nur Sache der Automobilindustrie zu sein. Ziel des Verbesserungsprozesses bei *TRUMPF* ist es, den Arbeitseinsatz der Mitarbeiter, die Produktionsmittel und das Produkt aufeinander abzustimmen, um mit möglichst wenig Verschwendung bestmögliche Produkte herzustellen. Dieses systematische Vorgehen wird als **synchrones Produktionssystem (*SYNCHRO*)** bezeichnet. Es steht bei *TRUMPF* für Innovationskraft und Verbesserungskultur bei der Gestaltung von Prozessen sowie für Leistungsfähigkeit und Flexibilität – und dies nicht nur in der Produktion.

Die systematische Beseitigung von Verschwendung in allen Bereichen ist Voraussetzung für ständige Verbesserung. Zentrales Prinzip dafür ist die synchronisierte Produktion: Gefertigt wird nur, was sofort benötigt wird. Das vermeidet Überproduktion und Lagerhaltung. Dies gelingt nur, wenn in sicheren Prozessen stets einwandfreie Qualität hergestellt wird. Wichtig sind hierzu informierte und engagierte Mitarbeiter, die ihr Wissen über Probleme und Verbesserungen aktiv einbringen. Standardisierte Arbeitsabläufe, einfache Logistik und intelligente Betriebsmittel sorgen für reibungslose Abläufe. Durch Transparenz und Visualisierung werden Abweichungen identifiziert und durch nachhaltige Problemlösung beseitigt. Die Bestandteile von *SYNCHRO* zeigt Abb. 8.1.23.

SYNCHRO: Prozess-, Management- und Verhaltensexzellenz

SYNCHRO

100 % Wertschöpfung 100 % Einzelstückfluss	100 % Qualität 100 % Sicherheit
Just In Time (Prozessexzellenz) ▪ Fließ-Prinzip ▪ Takt-Prinzip ▪ Pull-Prinzip ▪ Null-Fehler-Prinzip	**Steuern (Managementexzellenz)** ▪ Visualisierung und Transparenz ▪ Führung vor Ort ▪ Arbeiten mit Zielzuständen

Kultur des ständigen Verbesserns (Verhaltensexzellenz)
- Verschwendung erkennen und beseitigen
- Menschen aller Ebenen weiterentwickeln
- Konsequente Problemlösung

Abb. 8.1.23: Das SYNCHRO-Haus von TRUMPF

Die Werke in Europa, Asien und Amerika sind durch einen **Produktionsverbund** miteinander vernetzt. Dies ermöglicht eine große Marktnähe und Flexibilität einerseits, verbunden mit der

Konzentration von Kompetenzen in Fertigung und Montage andererseits. *SYNCHRO* gewährleistet ein ideales Ineinandergreifen der Prozesse an unterschiedlichen Standorten. Der gleichzeitige Sieg zweier Werke im Wettbewerb „Fabrik des Jahres" bestätigte den Einführungserfolg von *SYNCHRO*. Bereits Ende der 1990er-Jahre wechselte die Montagephilosophie von der statischen Standplatzmontage hin zu einer getakteten Fließmontage. Dies ermöglichte etwa bei der Montage der Stanz-Laser-Maschine *TruMatic 6000* eine Halbierung der Bestände und Durchlaufzeiten sowie eine Verdoppelung der Flächenproduktivität in Maschinen pro m^2 und Jahr.

Die **Wünsche der Kunden** hinsichtlich Schnelligkeit, Flexibilität und ständiger Verbesserung sollen aber nicht nur in der Produktion erfüllt werden. *TRUMPF* bezieht seine kundennahen Verwaltungsbereiche, wie Vertrieb und Service, ebenfalls mit ein. Die in der Produktion gewonnenen Erfahrungen waren eine gute Basis für die Einführung von SYNCHRO in den Office-Bereichen.

Die **Installation** einer Maschine ist ein wichtiger zeitlicher Faktor für den Kunden und seine Wettbewerbsfähigkeit. Grund genug für *TRUMPF*, diesen Prozess genau unter die Lupe zu nehmen und zu optimieren. Vom Verpacken der Maschinenkomponenten bis zur Instruktion des Kunden – in allen Prozessschritten konnte Zeit gespart werden. Gemeinsam wird dabei durch direkten Einbezug des Kunden im kontinuierlichen Verbesserungsprozess mehr erreicht. *SYNCHRO* erfordert auf allen Ebenen und in allen Bereichen engagierte Mitarbeiter. Hierfür wurden unterschiedliche Teams mit spezifischen Aufgaben gebildet. Spezialisten sind in der Anwendung der Elemente und Methoden eingehend geschult.

Die Führungskräfte legen die Verbesserungsziele fest und verantworten die Umsetzung. Die Spezialisten unterstützen sie dabei mit ihrem Methodenwissen. Die Optimierung findet gemeinsam mit den Mitarbeitern statt. Das Betriebsmittelteam nimmt innovative Lösungen auf und macht sie standortübergreifend zugänglich. In der *TRUMPF* Consulting wird in Zusammenarbeit mit dem Zentralbereich Produktion und den Werken die Methodik inhaltlich weiterentwickelt. Die neuen Instrumente werden wiederum den Mitarbeitern, Führungskräften und Spezialisten in den Werken zur Verfügung gestellt. Die Weiterentwicklung der Produktion und *SYNCHRO* ist Kernaufgabe des Gruppengeschäftsführers für Produktion sowie der Verantwortlichen in den Geschäftsbereichen. Oberste Gremien sind das Produktionsboard mit Vertretern der jeweiligen Geschäftsführer sowie die Wertstromboards der Geschäftsbereiche Werkzeugmaschinen und Lasertechnik mit Vertretern aus allen Werken. Dort werden die Leitlinien festlegt und neue Themen angestoßen und die Umsetzung in den Werken koordiniert.

Laufende Veränderungen und Verbesserungen eröffnen täglich neue Möglichkeiten, das Vorhandene weiter zu optimieren. Visualisierung von Kennzahlen an Boards oder Bildschirmen machen deutlich, wo steuernd eingegriffen werden muss, und Verbesserungen werden messbar. Die Herausforderungen der nächsten Jahre liegen in der Erfüllung der Kundenwünsche hinsichtlich Schnelligkeit und Flexibilität in allen Bereichen der Wertschöpfungskette. Die Erkenntnisse von *SYNCHRO* fließen in das Design und die Funktionalität der Produkte ein, sodass auch die Kunden in ihrer eigenen Fertigung davon profitieren.

Durch Industrie 4.0 und die **digitale Transformation** ergeben sich neue Möglichkeiten der Prozess- und Steuerungsoptimierung (vgl. Kap. 7.3.4; Kap. 8.7). Sie ergänzen für uns auf hervorragende Weise die Instrumente und Möglichkeiten zur Verbesserung des Wertschöpfungsprozesses – und sind damit zusätzliche Hebel, um unsere an SYNCHRO ausgerichteten Ziele zu erreichen. Hierzu dient etwa Robotic Process Automation (vgl. Kap. 7.3.7). Vor allem ermöglicht der konsistente Datenfluss in viel effizienterer Weise die Optimierung der Wertschöpfungsketten in den End-to-End-Prozessen, ausgehend vom tatsächlichen Kundennutzen. In den Office-Bereichen werden neue digitale Tools und Methoden in der Zusammenarbeit in den Projekten genutzt, wie etwa Design Thinking (vgl. Kap. 8.6). Durch den Einsatz digitaler Mittel lässt sich immenses Verbesserungspotenzial für *TRUMPF* und seine Kunden realisieren.

ben und einer eingehenden Begutachtung unterziehen. Die Teilnahme an einem solchen Bewerbungsprozess und die Ergebnisse der Begutachtung können wichtige Hinweise für die Verbesserung des Qualitätsmanagements liefern. Gewinner von Qualitätspreisen nutzen die positiven Imagewirkungen häufig für ihr Marketing.

Die **bekanntesten Qualitätsauszeichnungen** sind in Japan der *Deming Application Prize*, der in den USA durch den US-Präsidenten verliehene *Malcolm Baldrige National Quality Award* und in Europa der *EFQM Global Award* (vgl. Kap. 8.1.2). Darüber hinaus gibt es nationale Auszeichnungen, wie etwa in Deutschland den *Ludwig-Erhard-Preis* und auch regionale Qualitätspreise, wie z. B. den *Bayerischen Qualitätspreis*. Ziel all dieser Auszeichnungen ist es, die Ausbreitung des Qualitätsmanagements in den Unternehmen der jeweiligen Länder und Regionen zu fördern.

8.1.5 Erfolgsfaktor Qualität

Qualitätsorientierte Unternehmensführung ist kein kurzfristig wirkendes Patentrezept, sondern erfordert langen Atem und ausreichende Investitionen in Schulung und Kommunikation. Doch die Anstrengung lohnt sich, denn schlechte Qualität verursacht nicht nur Kosten, sondern führt vor allem zur Unzufriedenheit der Kunden. Im schlimmsten Fall sind diese für immer verloren. Unzufriedene Kunden sorgen zudem durch Mundpropaganda für ein schlechtes Image des Unternehmens. Vereinfacht ausgedrückt bedeutet somit Qualität, „dass **der Kunde zurückkommt und nicht das Produkt**" (*Schnetzer/Soukup*, 2001, S. 11).

Für eine langfristige Kundenbindung reicht es aber nicht aus, die vorhandenen Kundenanforderungen zu erfüllen. Kunden sind durch Produkte mit neuen Merkmalen oder auch besondere Serviceleistungen zu begeistern. Da alle Mitarbeiter direkt oder indirekt Einfluss auf die Kundenzufriedenheit haben, muss sich auch jeder für die Qualität des Unternehmens verantwortlich fühlen. Erfolgreiche Unternehmen vermitteln ihren Mitarbeitern, dass sie Teil einer Gemeinschaft sind, die etwas Besonderes leistet. Japanische Unternehmen, von denen viele schon über ein halbes Jahrhundert qualitätsorientierte Unternehmensführung betreiben, werden von ihren Mitarbeitern häufig als große Familie angesehen. In solch einer Unternehmenskultur ist das Streben nach besseren Leistungen in den Köpfen aller Mitarbeiter verankert.

Heute kann im Grunde kein Unternehmen mehr auf eine qualitätsorientierte Unternehmensführung verzichten. Für eine erfolgreiche Umsetzung ist eine langfristige Perspektive ohne kurzfristigen Erfolgsdruck notwendig. Qualität lässt sich nicht verordnen, sondern ist das Ergebnis einer Denkweise, die Qualität nicht zwangsweise mit höheren Kosten verbindet (vgl. *Walsh*, 1995, S. 21 ff.). Qualitätsbewusstsein und der Wunsch nach kontinuierlicher Verbesserung bei allen Mitarbeitern kann auch einen kulturellen Wandel erfordern. Aufgabe der Unternehmensführung ist es, diesen zielorientiert zu gestalten (vgl. Kap. 6.5). Dies erfordert ein **Total Quality Leadership** im Sinne einer visionären und begeisternden Führung, die das Unternehmen und dessen Mitarbeiter konsequent auf die Erreichung der Kundenanforderungen ausrichtet.

Zusammenfassung

- Qualität ist ein Maßstab für die Erfüllung von Anforderungen an die Merkmale eines Betrachtungsobjekts.
- Total Quality Management bezeichnet eine qualitätsorientierte Ausrichtung der Unternehmensführung, die alle Mitarbeiter und Unternehmensbereiche einbezieht. Auf diese Weise soll das Unternehmen sowohl die Anforderungen der Kunden als auch die der Beschäftigten und der Gesellschaft erfüllen.
- Begriffe und Anforderungen an ein Qualitätsmanagementsystem sind in der Normenreihe DIN EN ISO 9000 ff. international einheitlich festgelegt.
- Das EFQM-Modell ist ein Performance Management System der European Foundation for Quality Management.
- Total Quality Leadership begeistert die Mitarbeiter, für den Kunden herausragende Leistungen zu erzielen, um die Vision eines qualitäts- und kundenorientierten Unternehmens zu verwirklichen.
- Qualitätscontrolling dient als Unterstützungsfunktion des Qualitätsmanagements zur ergebniszielorientierten Koordination aller qualitätsbezogenen Aktivitäten des Unternehmens.
- Tätigkeitsorientiert werden qualitätsbezogene Kosten in Fehlerverhütungs-, Prüf- und Fehlerkosten unterteilt. In der wirkungsorientierten Sichtweise wird zwischen den Kosten der Übereinstimmung (Konformitätskosten) und den Kosten der Abweichung (Nichtkonformitätskosten) unterschieden.
- Der Nutzen des Qualitätsmanagements umfasst monetäre und nicht-monetäre Auswirkungen.
- Qualitätstechniken und -werkzeuge sind systematische Instrumente des Qualitätsmanagements. Mit ihrer Hilfe lassen sich Fehler vorausschauend vermeiden, auftretende Fehler erfassen und analysieren sowie die Qualitätsverbesserung kontinuierlich vorantreiben.
- Zur Fehlervermeidung dienen Quality Function Deployment (QFD), Fehlermöglichkeits- und -einflussanalyse (FMEA), Entwicklungs- und Konstruktionsprüfung, statistische Versuchsplanung, Poka-Yoke, produktivitätsorientierte Instandhaltung, Design for Six Sigma und die sieben Managementwerkzeuge (M7).
- Zur Fehlererfassung und -analyse werden die statistische Prozessregelung und die sieben Qualitätswerkzeuge (Q7) eingesetzt.
- Zur kontinuierlichen Qualitätsverbesserung dienen PDCA-Zyklus, Six Sigma, Qualitätszirkel und Qualitätsaudits.
- Qualitätsaudits sind systematische und unabhängige Untersuchungen der Wirksamkeit qualitätsbezogener Aktivitäten eines Unternehmens. Sie werden intern von eigenen Mitarbeitern und extern von Kunden oder neutralen Stellen durchgeführt.
- Total Quality Leadership richtet das Unternehmen und dessen Mitarbeiter durch eine visionäre, begeisternde Führung konsequent auf die Erreichung der Kundenanforderungen aus.

Literaturempfehlungen

Kamiske, G. F. (Hrsg.): Handbuch QM-Methoden, 3. Aufl., München 2015.

Pfeifer, T./Schmitt, R. (Hrsg.): Masing Handbuch Qualitätsmanagement, 6. Aufl., München/Wien 2014.

Zollondz, H.-D./ Ketting, M./ Pfundtner, R. (Hrsg.): Lexikon Qualitätsmanagement, 2. Aufl., München 2016.

Fallstudien zur qualitätsorientierten Unternehmensführung

8.1 Quality Function Deployment am Beispiel iCall (*Müller-Wiegand, M.* et al.)

8.2 Wertorientierte Unternehmensführung

Leitfragen

- Was bedeutet wertorientierte Unternehmensführung?
- Wann ist ein Unternehmen für Kapitalgeber attraktiv?
- Wie kann der Unternehmenswert gesteigert werden?
- Mit welchen Verfahren lassen sich Unternehmensbereiche, Strategien und Investitionen wertorientiert beurteilen?

Die wertorientierte Unternehmensführung präzisiert die wirtschaftliche Zielsetzung eines Unternehmens. Unter Berücksichtigung des unternehmerischen Risikos wird ermittelt, welche Mindestverzinsung ein Unternehmen für seine Eigentümer zu erwirtschaften hat und ab wann der Wert des Unternehmens gesteigert wird.

8.2.1 Grundlagen wertorientierter Unternehmensführung

Als Leitbegriff moderner Unternehmensführung hat sich die Wertorientierung heute weitgehend durchgesetzt. Aus dem Betrachtungswinkel von Aktionären bzw. allgemein der Eigentümer ist ein Unternehmen dann erfolgreich, wenn eine risikogerechte Verzinsung des zur Verfügung gestellten Kapitals erwirtschaftet wird. Übertrifft der Unternehmenserfolg die Kosten des eingesetzten Kapitals, dann entsteht eine Wertsteigerung. Werte zu schaffen, zu steigern und für das Unternehmen, eine Teileinheit, eine Strategie oder eine Investition zu messen, stehen im Mittelpunkt der wertorientierten Unternehmensführung (Shareholder Value Management).

Dieser **Grundgedanke** eines erforderlichen Mindestgewinns ist nicht neu und findet sich bereits bei den Gründungsvätern der Betriebswirtschaft, wie etwa *Eugen Schmalenbach* (1922). Das Konzept des Shareholder Value wurde im angloamerikanischen Raum von *Rappaport* (1986), *Stewart* (1990) sowie *Copeland* (2002) ausgearbeitet. Insbesondere in den USA spielt der Kapitalmarkt eine wesentliche Rolle, da Aktiengesellschaften die dominante Unternehmensform darstellen. Die Entwicklung wurde in Deutschland Anfang der 1990er Jahre aufgegriffen und von der *VEBA AG* als Pionierunternehmen eingeführt. Zwischenzeitlich setzen nahezu alle deutschen Großunternehmen und auch viele mittelständische Unternehmen wertorientierte Konzepte ein.

Das **Shareholder Value Management** zielt auf die Mehrung des Aktionärsvermögens bzw. allgemein auf die Eigentümer eines Unternehmens. Bei der Übertragung des amerikanischen Konzepts auf die europäischen Anforderungen wurde die ausschließliche und kurzfristige Ausrichtung an den Interessen der Eigentümer kritisch diskutiert und immer wieder mit „inhumanem Turbokapitalismus" in Verbindung gebracht. In Deutschland wird daher der Begriff **„wertorientierte Unternehmensführung"** bevorzugt. Darunter wird die unternehmerische Notwendigkeit verstanden, langfristig einen Mehrwert für die Anteilseigner zu schaffen.

Ziel der wertorientierten Unternehmensführung ist die Zufriedenheit der Kapitalgeber. Die Verteilung des erwirtschafteten Mehrwerts sollte jedoch nicht auf die Kapitalgeber beschränkt sein. Eine gute und ausgewogene Unternehmensführung berücksichtigt deshalb auch andere Interessengruppen. Dies wird häufig als **„werteorientierte Unternehmensführung"** bezeichnet (vgl. Kap. 2.2.2). Dennoch ist der Wertorientierung besondere Aufmerksamkeit zu widmen. Ausreichende finanzielle Ergebnisse sind erforderlich, um das langfristige Überleben des Unternehmens zu gewährleisten. Wertschaffung ist somit eine notwendige Voraussetzung, um auch andere Interessen, wie etwa der Mitarbeiter, Kunden, Anleger oder Gesellschaft, zu erfüllen (vgl. *European Management Forum*, 1992, S. 397 ff.). Dabei sollte nicht, wie bei einigen börsennotierten Unternehmen, die kurzfristige Steigerung des Unternehmenswertes im Vordergrund stehen. Es geht vielmehr um eine langfristige Perspektive. Die Bonuszahlungen von Führungskräften können hierfür etwa auf den kumulierten Wertbeiträgen der letzten drei Jahre basieren, um eine solche Langfristorientierung zu verankern.

Wertorientierte Unternehmensführung bezeichnet die Notwendigkeit, eine aus Sicht der Eigentümer angemessene Rendite für das eingesetzte Kapital zu erwirtschaften. Die Steigerung des Unternehmenswertes dient zur langfristigen Existenzsicherung des Unternehmens.

Kapital kennt keine Ländergrenzen und der weltweite Wettbewerb um finanzielle Ressourcen verschärft sich. Daher gewinnt die wertorientierte Unternehmensführung für Kapitalgeber an Bedeutung. **Gründe** hierfür sind (vgl. *Dillerup*, 2006, S. 81 ff.):

- **Steigender Kapitalbedarf**, z. B. aufgrund von Globalisierung und Automatisierung.
- Unterbewertete Unternehmen sind ein attraktives Ziel für **Fusionen und Übernahmen**. Dies gefährdet somit die Unabhängigkeit des Unternehmens.
- **Professionelle und globale Kapitalanleger** haben höhere Anforderungen an die Unternehmen. Dies gilt für Eigenkapitalgeber, z. B. institutionelle Anleger oder Private-Equity-Gesellschaften, ebenso wie für Fremdkapitalgeber, etwa durch verstärkte Kontroll- und Risikosteuerung aufgrund der Anforderungen von Basel III und IV.
- Häufig werden die **Anreizsysteme** für Führungskräfte auf die Kapitalgeberinteressen ausgerichtet. Beispiele sind Aktienoptionen oder Beteiligungsformen. Dies kann bei Aktiengesellschaften ein dominierender Gehaltsbestandteil des Vorstands sein und wird mit entsprechender Aufmerksamkeit verfolgt.

Beispiel zum wertorientierten Paradigma

Die Harmonisierung der Interessen von Unternehmensführung und Eigentümern lässt sich an einem Beispiel verdeutlichen. Um den Marktanteil eines Unternehmens in einem ausländischen Markt zu steigern, stehen zwei Alternativen zur Wahl: Entweder Wachstum aus eigener Kraft oder durch Zukauf eines im Zielmarkt aktiven Unternehmens. Wird die Umsatzrentabilität als Maßstab verwendet und die Unternehmensführung entsprechend erfolgsabhängig vergütet, so belasten etwa kostenintensive Marketingmaßnahmen zunächst den Erfolg, da Umsatzsteigerungen erst verzögert und nicht mit Sicherheit eintreten. Die Übernahme eines umsatzrenditestarken Unternehmens kann hingegen bereits kurzfristig den Erfolg erhöhen. Die Unternehmensführung würde daher die Akquisition bevorzugen. In wertorientierter Sichtweise kann, unter Berücksichtigung des erforderlichen Kapitaleinsatzes, die Entscheidung dagegen völlig anders aussehen.

Daher hat die Wertorientierung in der Praxis große Verbreitung gefunden. Sie ist heute bei vielen Unternehmen, wie etwa der *Mercedes-Benz Group*, eine zentrale Steuerungsgröße. Die wertorientierte Unternehmensführung bedeutet dabei eine neue und ganzheitlichere Ausrichtung des Unternehmens. Die Aufmerksamkeit wird vom Gewinn auf die Kapitalrentabilität gelenkt. Dadurch wird die unternehmerische **Leistung aus dem Blickwinkel der Investoren** beurteilt. Erfolg heißt demnach, eine für das eingesetzte Kapital entsprechende Rendite zu erwirtschaften. Dieses Umdenken bedeutet einen **Paradigmenwechsel** in der Unternehmensführung (vgl. *Coenenberg* et al., 2015, S. 281).

Das angeführte Beispiel zeigt, dass die wertorientierte Betrachtungsweise die Unternehmensführung in vielfältiger Weise bereichern kann. Wesentliche **Anwendungsmöglichkeiten** sind (vgl. *Rappaport*, 1999, S. 91 ff.):

- **Messung der Managementleistung:** Welche Geschäftseinheiten bilden die „Säulen“ für den Unternehmenswert? Welche Erfolgsvorgaben müssen gesetzt werden, damit eine Geschäftseinheit einen positiven Beitrag zum Unternehmenswert leistet?
- **Bewertung von Strategien:** Welche Strategien schaffen Unternehmenswert? Wie wirkt sich eine strategische Option auf den Shareholder Value aus?
- **Bewertung von Akquisitionen, Beteiligungen, Kooperationen und Fusionen:** Wie viel ist ein Übernahmekandidat für das Unternehmen wert? Welcher Preis sollte maximal bezahlt werden? Welche Geschäftseinheiten haben nur ein geringes Potenzial und sind Kandidaten für einen Verkauf?
- **Beurteilung von Investitionen:** Welche Investitionen schaffen und welche vernichten Unternehmenswert?
- **Ermittlung erfolgskritischer Faktoren:** Welche Faktoren beeinflussen den Unternehmenswert? Wie reagiert der Unternehmenswert, wenn sich diese ändern?

Die Wertorientierung ist eine Weiterentwicklung der Unternehmenssteuerung. Ausgehend von absoluten Ergebnisgrößen, wie etwa Periodenergebnis oder Deckungsbeitrag, wurden bislang relative Größen für die Erfolgsmessung verwendet. Beispiele hierfür sind Umsatz- oder Eigenkapitalrendite. Die wertorientierte Unternehmensführung berücksichtigt zusätzlich auch das eingesetzte Kapital und nimmt somit eine investorenorientierte Sichtweise ein. Danach ist eine **ausreichende und risikoadäquate Verzinsung des eingesetzten Kapitals** erforderlich, um aus Kapitalgebersicht attraktiv zu sein.

Unternehmenswert

Bei der wertorientierten Unternehmensführung steht die **Steigerung des Unternehmenswertes** im Mittelpunkt des Denkens und Handelns. Der Unternehmenswert wird nur dann gesteigert, wenn der „Return" aus einem „Investment" die von den Investoren als angemessen angesehene Kapitalverzinsung übersteigt.

Der zentrale Begriff der wertorientierten Unternehmensführung ist der **Unternehmenswert**. Dieser wird je nach Betrachtungszweck sehr unterschiedlich definiert und mit verschiedenen **Bewertungsverfahren** ermittelt (vgl. *Ernst/Häcker*, 2011, S. 366 ff.):

- **Fundamentale Bewertungsverfahren:** Der Unternehmenswert wird systematisch auf Basis aller verfügbaren internen und externen Daten bestimmt.
  - **Einzelbewertungsverfahren** errechnen den Unternehmenswert als Summe aller Vermögensgegenstände. Diese Vermögensbasis ist das Ergebnis vergangener Handlungen und spiegelt sich in der Bilanz. Speziell nach den Rechnungslegungsvorschriften des HGB ist die Vermögensabbildung in der Bilanz unvollständig. Sie gibt keine Marktwerte wider und insbesondere immaterielle Vermögensgegenstände finden keinen ausreichenden Niederschlag (vgl. Kap. 8.3.4). Abgebildet werden die sog. Substanzwerte, welche die Vermögensgegenstände zu Fortführungswerten, historischen Buchwerten oder Wiederbeschaffungswerten darstellen. Eine Sonderform ist der Liquidationswert, welcher die Vermögensgegenstände unter den Bedingungen einer Nichtfortführung bewertet und daher z. B. den Vorräten einen wesentlich geringeren Wert zuweist.
  - **Ertragsbewertungsverfahren** orientieren sich am zukünftigen Potenzial des Unternehmens und bemessen den Unternehmenswert aus den zukünftig zu erwartenden Ergebnissen. Das Ergebnispotenzial eines Unternehmens kann an Erträgen, Cashflows oder auch Dividenden bemessen werden und berücksichtigt als zukunftsorientierter Bewertungsansatz die Planungen des Unternehmens. Diese Verfahren werden in Kap. 8.2.2 ausführlich dargestellt.
- **Vergleichsbewertung (Multiplikatorverfahren):** Der Wert eines Unternehmens errechnet sich aus dem Produkt einer Bezugsgröße mit einem Multiplikator. Dieser wird aus unternehmensexternen Daten ermittelt. Es können historische Preise vergleichbarer Übernahmen (Recent Deal Comparisons), branchenübliche Relationen oder auch Börsenwerte (Common Stock Comparisons) herangezogen werden. Als Bezugsgröße dienen meist Umsatz oder Gewinn. Beispielsweise werden die Börsendurchschnittspreise von vergleichbaren Unternehmen, geteilt durch deren jeweiligen Umsatz, als Multiplikator verwendet. Dieser Marktpreis kann als Orientierung und Plausibilisierung für einen geplanten Unternehmenskauf verwendet werden. Ungeachtet möglicher Schwierigkeiten aufgrund mangelnder Vergleichbarkeit werden Multiplikatoren in der Praxis häufig eingesetzt. Sie können ohne unternehmensinterne Daten einfach ermittelt werden und spiegeln die Marktverhältnisse wider. Dennoch ist die Methode sehr vereinfachend und kann deshalb keine alleinige Entscheidungsgrundlage sein.

Die Unternehmensbewertungsverfahren werden in der Praxis auch bei Akquisitionen zur Bestimmung des Kaufpreises verwendet. Dabei werden meist noch Ab- oder Zuschläge, etwa für Synergien, berücksichtigt (vgl. Kap. 5.6.3). Im Sinne der wertorientierten Unternehmensführung ist der Unternehmenswert aber aus Sicht eines Investors zu betrachten. Diesen interessiert weniger die historische Substanz, als vielmehr das zukünftige Potenzial des Unternehmens und damit dessen **Erwartungswert.** Dieser basiert auf einer kapitalmarktorientierten Betrachtung der Er-

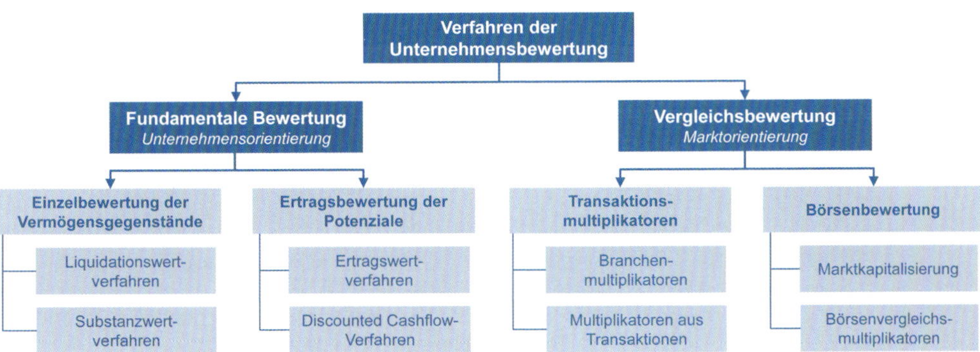

Abb. 8.2.1: Verfahren der Unternehmensbewertung

tragswerte und geht von rationalen, d. h. langfristig orientierten Aktionären aus (vgl. *Günther* et al., 2023). Kurzfristige, spekulative Aspekte des Aktienmarktes werden dabei nicht berücksichtigt.

Folgende Überlegungen kennzeichnen die **Investorensicht**:

- Ein Investor hat beim Kauf einer Aktie einen Geldbetrag einzusetzen, der als Investition betrachtet werden kann. Auf dieses eingesetzte Kapital wird ein Rückfluss erwartet, welcher sich aus Dividenden und Aktienkurssteigerungen zusammensetzt. Beide Ergebniskomponenten im Verhältnis zum eingesetzten Kapital ergeben den **„Total Shareholder Return“** (TSR). Für den TSR sind meist nicht die durchschnittlichen Dividendenrenditen von ein bis drei Prozent ausschlaggebend, sondern vielmehr die Aktienkurssteigerungen.
- Aus Investorensicht ist eine dem Risiko der Investition **angemessene Verzinsung des eingesetzten Kapitals** erforderlich. Die Erwirtschaftung der Zinsen für Eigen- und Fremdkapital ist eine Mindestanforderung, um Investoren gewinnen zu können.
- Der Aktienkurs spiegelt die Erwartung des Marktes über die zukünftige Entwicklung eines Unternehmens wider. Der Marktpreis bildet dabei die durchschnittliche Erwartung aller Investoren ab. Die Marktteilnehmer bewerten individuell, welche Erträge zukünftig zurückfließen. Dabei diskontieren sie diese auf den Gegenwartswert und basieren darauf ihre Kauf- oder Verkaufsentscheidungen. Der **potenzialorientierte Unternehmenswert** folgt demnach aus der erwarteten zukünftigen Ertragskraft des Unternehmens.
- Investoren bzw. Eigentümer konzentrieren sich weniger auf den Wert des Gesamtunternehmens, den Unternehmenswert bzw. Entity Value, sondern vielmehr auf den Eigenkapitalwert bzw. Equity Value. Dazu wird das Fremdkapital vom Unternehmenswert abgezogen und es ergibt sich der Marktwert des Eigenkapitals (**Eigenkapitalwert**). Demnach steigt der Marktwert eines Unternehmens, wenn einem Unternehmen durch die Geschäftstätigkeit zukünftig mehr Erträge zufließen, als das eingesetzte Kapital kostet. Dieser Zusammenhang ist auch empirisch nachgewiesen (vgl. *Coenenberg* et al., 2016, S. 117). Dieselbe Überlegung gilt auch für nicht-börsennotierte Unternehmen, deren Eigentümer grundsätzlich die gleichen Interessen haben.

Bei der wertorientierten Unternehmensführung steht die **langfristige Steigerung des Unternehmenswertes** im Vordergrund. Die Wertermittlung ist deshalb nicht mehr auf klassische Bewertungsanlässe beschränkt, wie z. B. Kauf, Verkauf, Fusion oder Gesellschafterwechsel. Der Transfer dieser kapitalmarktorientierten Sichtweise in das Unternehmen macht die Überprüfung der Wertschaffung zur permanenten Führungsaufgabe. Die Steigerung des Eigenkapitals wird zum Maßstab für die Bewertung von Unternehmen, Strategien und Investitionen (vgl. *Rappaport*, 1999, S. 80 ff.; *Langguth/Chahed*, 2004, S. 399 ff.).

Von der Gewinn- zur Wertorientierung

Der zentrale Unterschied zwischen gewinn- und wertorientierter Perspektive liegt in der Berücksichtigung der gesamten Kapitalkosten. Wie in Abb. 8.2.2 dargestellt, wird im Gegensatz zur buchhalterischen Sichtweise vom ökonomischen Gewinn bzw. Verlust gesprochen. Bei wertorientierter Unternehmensführung steht also die zukunftsorientierte Wertsteigerung des Unternehmens im Vordergrund (vgl. *Rappaport*, 1999, S. 23).

Neben der Berücksichtigung von Kapitalkosten gibt es noch weitere **Unterschiede** zur gewinnorientierten Betrachtung. So werden alle Vermögensgegenstände marktnah mit Zeitwerten bewertet und als Rechnungsgröße auch Zahlungen verwendet. Der Erfolg oder ökonomische Gewinn kann absolut als **Wertbeitrag** in Geldeinheiten oder relativ als **Kapitalrendite** in Prozent ausgedrückt werden.

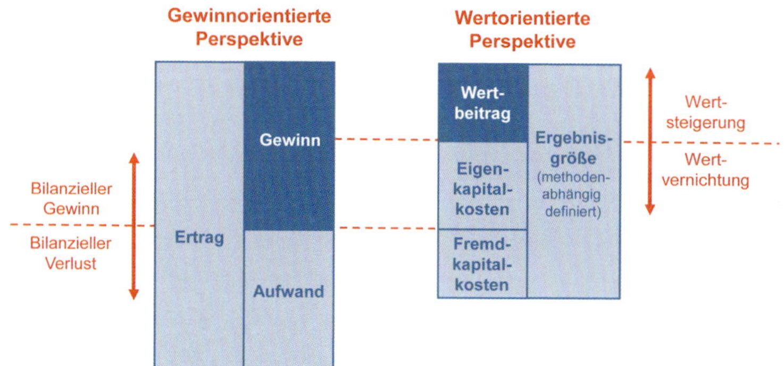

Abb. 8.2.2: Gewinn- versus wertorientierte Perspektive (vgl. Hauser, 1999, S. 400)

Wertorientierte Denkweise bei Immobilieninvestition

Die Grundüberlegungen der Wertorientierung veranschaulicht das einfache Beispiel in Abb. 8.2.3. Ein Investor kauft eine Immobilie für 100.000 €. Dieser Betrag wird zur Hälfte fremdfinanziert, wozu ein Hypothekendarlehen mit 5 % Verzinsung aufgenommen wurde. Die Fremdkapitalkosten betragen demnach 5 % bzw. 2.500 € pro Jahr. Die andere Hälfte der Investitionssumme ist Eigenkapital, welches sich aus Sicht des Investors mit mindestens 6 % verzinsen soll. Die Eigenkapitalkosten betragen demnach 6 % bzw. 3.000 € pro Jahr. Diese Verzinsung würde der Investor auch für eine Alternativanlage mit vergleichbarem Risiko erhalten. Insgesamt ergeben sich Kapitalkosten von 5,5 % bzw. 5.500 €.

Aus Investorensicht ist die Immobilie nur dann attraktiv, wenn zumindest die gesamten Kapitalkosten gedeckt werden. Sie gleichen einer Mindesthürde, welche es zu übertreffen gilt. Angenommen, die Immobilie wird vermietet und erwirtschaftet damit einen Rückfluss an den Eigentümer nach Berücksichtigung aller Kosten und Steuern von 7.500 € oder 7,5 % pro Periode. Dann ergibt sich unter Berücksichtigung der Kapitalkosten eine Wertsteigerung von 2 % oder 2.000 €. Diese 2.000 € Wertbeitrag bzw. die Überrendite von 2 % ist für den Kapitalgeber die ökonomisch maßgebliche Information. Der Gewinn berücksichtigt nur die Fremdkapitalkosten von 2.500 € und beträgt 5.000 € bzw. 5 %. Würden die Rückflüsse lediglich 4.500 € betragen, so würde zwar ein Gewinn in Höhe von 2.000 € entstehen, das Eigenkapital wird aber nicht ausreichend verzinst. Dann erleidet der Investor trotz buchhalterischem Gewinn einen Wertverlust von 1.000 €, weil er sein Kapital anderweitig zu seiner erwarteten Mindestrendite hätte investieren können.

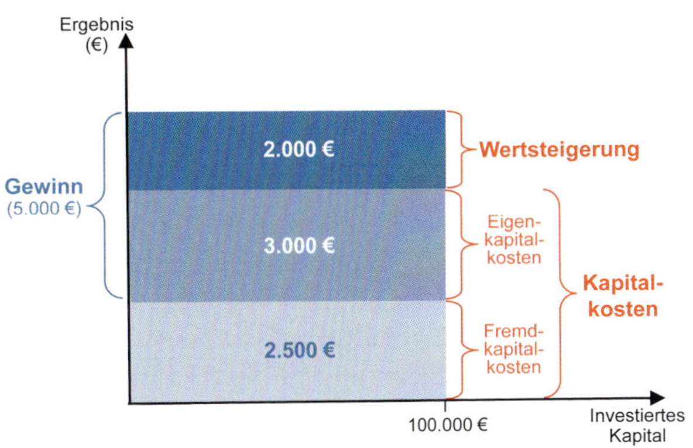

Abb. 8.2.3: Grundüberlegung zur Wertsteigerung

Die wesentlichen Unterschiede der beiden Sichtweisen stellt Abb. 8.2.4 gegenüber.

Unternehmen müssen für ihre Kapitalgeber eine Mindestverzinsung auf das eingesetzte Kapital erwirtschaften, um als Kapitalanlage attraktiv zu sein. In einer wertorientierten Sichtweise ersetzt eine risikoadäquate Kapitalverzinsung die traditionelle Gewinnorientierung.

Strategien zur Wertsteigerung

Zur **Wertsteigerung** innerhalb eines Geschäftsfelds stehen einem Unternehmen grundsätzlich vier Wege zur Verfügung (vgl. *Coenenberg* et al., 2016, S. 101 ff.; *Dillerup*, 2006, S. 81 ff.). Drei dieser sog. **Werthebel** ergeben sich direkt aus dem Grundprinzip wertorientierter Unternehmensführung:

- Die Steigerung der **Profitabilität** führt bei gleicher Kapitalbasis zu einem positiven Wertbeitrag. Beispielsweise konnte die *Lufthansa* bis zur Corona-Krise ihren Total Shareholder Return steigern. Dabei steigerte sich das eingesetzte Kapital nur unwesentlich, während der Kapitalumschlag und die Cashflow-Marge jährlich verbessert wurden.
- **Wachstum** wirkt ebenfalls wertsteigernd, sofern die Kapitalrendite konstant gehalten werden kann. So ge-

	Gewinnorientierung	Wertorientiertierung
Wertkomponente	Historische Anschaffungs- und Herstellungskosten oder Korrekturwerte	Zeitwerte, d.h. auch über historischen Kosten
Rechnungsgrößen	Erträge/Aufwendungen (extern) bzw. Leistungen/Kosten (intern)	Einzahlungen/Auszahlungen bzw. Erträge/Aufwendungen
Umfang des Vermögens	Aktivierungsfähige Vermögensgegenstände und Schulden	Alle Vermögensgegenstände und Schulden (z.B. auch Know-how)
Erfolgsdefinition	Erfolg = Gewinn = Änderung des Nettovermögens	Erfolg = Wertbeitrag = Steigerung des Unternehmenswertes
Zeitbezug	Gegenwart bzw. Vergangenheit	Zukunft

Abb. 8.2.4: Vergleich gewinn- und wertorientierte Sichtweise (vgl. Günther, 2013, S. 25)

lang es dem schwedischen Bekleidungsunternehmen *Hennes & Mauritz* bei nahezu gleicher Marge sowie gleichem Kapitalumschlag, seinen Total Shareholder Return zu steigern. Das Unternehmen eröffnete dazu neue Filialen und weitete so sein Geschäft aus. Eingesetztes Kapital und Wertbeitrag wachsen, da die neuen Filialen ähnliche Margen erwirtschaften.

- Eine dritte Möglichkeit besteht in der Reduzierung der **Kapitalkosten**. Dies kann durch niedrigeren Kapitaleinsatz erfolgen, etwa durch die Verringerung des Umlaufvermögens (Working Capital Management). Dabei wird mittels Vorratsreduzierung oder Verkürzung von Forderungslaufzeiten das gebundene Kapital gesenkt. Andere Ansatzpunkte können die Reduktion des Anlagevermögens oder die Optimierung der Kapitalstruktur sein. Die Prämisse dabei ist, dass die Profitabilität nicht in Mitleidenschaft gezogen wird. So bildet die durchschnittliche Forderungslaufzeit z. B. neben Umsatz und Marge eine zentrale Steuerungsgröße der *Würth-Gruppe*. Analog zur Verringerung des eingesetzten Kapitals hat auch die Reduzierung des Kapitalkostensatzes einen positiven Einfluss auf den Wertbeitrag. Dies kann durch Verringerung des unternehmensspezifischen Risikos, des Eigenkapitalanteils oder der Steuerbelastung erreicht werden (vgl. Kap. 8.2.3).

Diese Möglichkeiten veranschaulicht Abb. 8.2.5. Sie schließen sich nicht aus, sondern können miteinander kombiniert werden. Häufig wird daher von der Zielsetzung **profitablen Wachstums** gesprochen. So verfolgt die *Mercedes-Benz Group AG* das Ziel, durch Profitabilität und Wachstum weltweit zum Fahrzeughersteller mit der höchsten Kapitalrendite zu werden.

Der vierte Ansatzpunkt zur Wertsteigerung ist das **Portfoliomanagement**. Während die ersten Möglichkeiten auf die Steigerung des Wertes eines Geschäftsfeldes gerichtet sind, steht beim Portfoliomanagement die Zusammensetzung des Portfolios an unterschiedlichen Geschäftsfeldern im Vordergrund. Durch gezielten Aufbau, Rückzug, Fusionen oder Aufkäufe lässt sich das Geschäftsfeldportfolio eines Unternehmens unter Wertbeitragsgesichtspunkten verbessern. Ein zweiter Aspekt ist die Risikostruktur, welche sich durch entsprechende Portfoliogestaltung beeinflussen lässt. Auf diese Weise können etwa unternehmensspezifische Risiken ausgeglichen und mithin die erforderlichen risikoadäquaten Verzinsungsanforderungen der Eigentümer gesenkt werden.

Wertorientiertes Portfoliomanagement

Das wertorientierte Portfoliomanagement orientiert sich an den beiden Dimensionen **Profitabilität** und **Wertbeitragsänderung**. Die Profitabilität kann entweder größer oder kleiner als die Kapitalkosten sein. Die Veränderung des Wertbeitrags im Zeitverlauf kann positiv oder negativ sein. Aus diesen zwei Dimensionen lässt sich, wie in Abb. 8.2.6 dargestellt, ein wertorientiertes Portfolio aufbauen.

Für die Quadranten des Portfolios ergeben sich folgende **Normstrategien:**

- **Wert-Zerstörer** (value destroyer): Geschäfte, deren Profitabilität die Kapitalkosten nicht decken können und

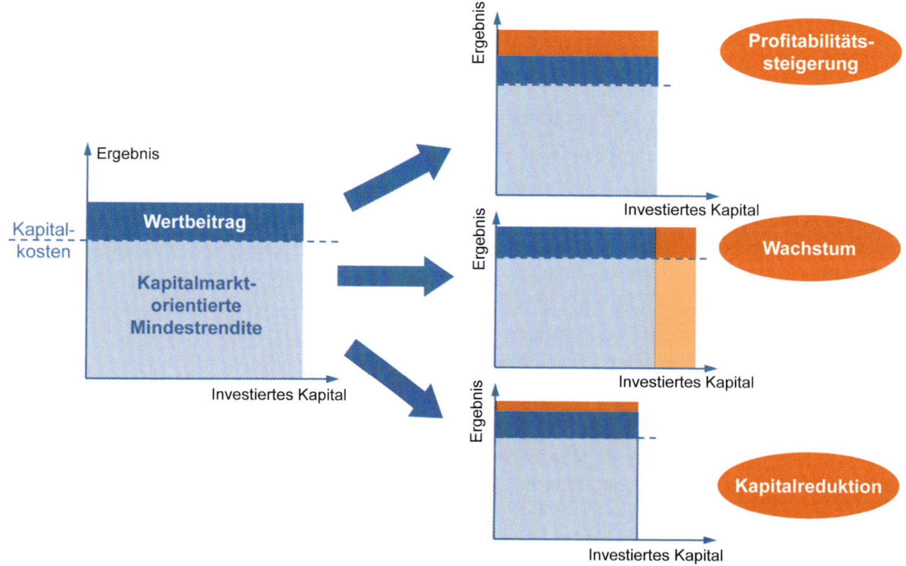

Abb. 8.2.5: Wertsteigerungshebel

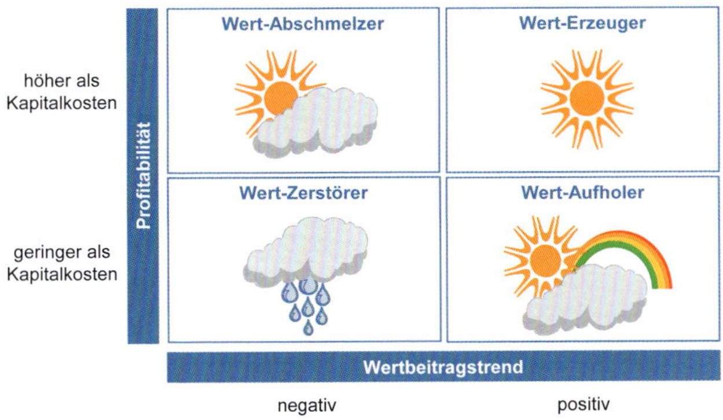

Abb. 8.2.6: Wertorientiertes Portfoliomanagement

die im Zeitablauf einen negativen Wertentwicklungstrend aufweisen, zerstören Unternehmenswert. Hier empfiehlt sich ein Rückzug oder ggf. eine radikale Sanierung.

- **Wert-Aufholer** (value backlogger): Aktivitäten, die zwar ihre Kapitalkosten nicht decken können, jedoch eine positive Wertentwicklung aufweisen, holen bei der Wertschaffung auf. Hier sollte der positive Trend durch reduzierten Kapitalaufwand und Profitabilitätssteigerung oder Wachstum unterstützt werden.
- **Wert-Abschmelzer** (value melter): Derartige Geschäfte sind zwar profitabel genug, die Kapitalkosten zu übertreffen, doch folgt die Wertentwicklung einem negativen Trend. Geschäfte in diesem Quadranten können mit den gleichen Maßnahmen wie bei den Wert-Aufholern zur Wertstabilität oder sogar Wertsteigerung geführt werden.
- **Wert-Erzeuger** (value creator): Die beste Ausprägung ist die Situation eines mit positivem Trend wachsenden Geschäftes, welches mehr als seine Kapitalkosten erwirtschaftet. Diese Geschäfte sind zu bewahren und auszubauen.

Die Wertorientierung sollte in bestehende Führungsinstrumente und das Anreizsystem integriert werden. Dadurch wird die wertorientierte Unternehmensführung zu einem geschlossenen Führungskreislauf. Wertbeiträge können als Steuerungskennzahl für Unternehmen, Geschäftsbereiche und Produktbereiche verwendet werden, da hier das erforderliche Kapital sowie die Ergebnisse eindeutig zugeordnet werden können. Für organisatorische Einheiten, bei denen eine solche Kapitalzuordnung nicht möglich ist, ergänzen **Werttreiber** oder Wertgeneratoren die wertorientierten Zielsetzungen (vgl. *Rappaport*, 1999, S. 36).

> **Werttreiber** bezeichnen alle Faktoren, die den Unternehmenswert für den Anteilseigner (Shareholder Value) beeinflussen.

Als Werttreiber eignen sich sowohl monetäre als auch nicht-finanzielle Kennzahlen. Sie sollten bereits bekannte Steuerungsgrößen der operativen Unternehmensführung sein oder aus solchen abgeleitet werden können (vgl. *Stern*

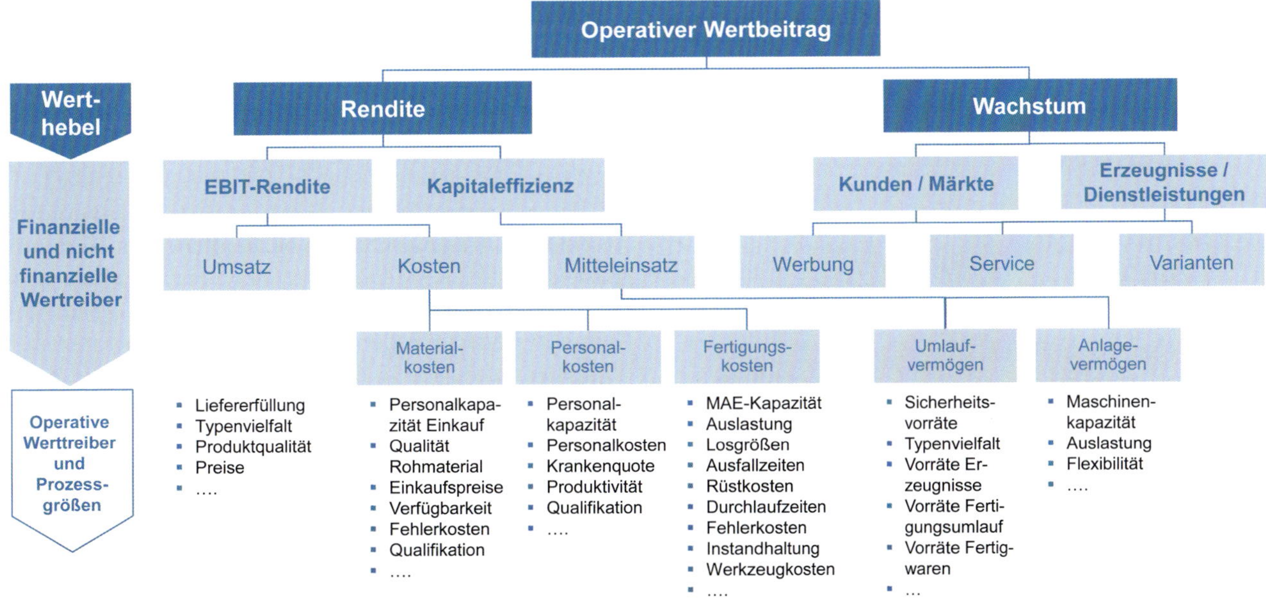

Abb. 8.2.7: Werttreiber-Baum von Bosch (in Anlehnung an Horváth et al., 2020, S. 319)

et al., 2002, S. 73 ff.). Exemplarisch seien Liefertreue, Verfügbarkeit oder Bestandsreichweiten genannt. Die Verknüpfung der Werttreiber veranschaulichen Werttreiber-Bäume. Abb. 8.2.7 zeigt ein Beispiel der *Robert Bosch GmbH*. Ein **Werttreiber-Baum** zeigt transparent und verständlich die Zusammenhänge von Ursachen, Wirkungen und Beziehungen des Wertbeitrages. Er macht deutlich, wie der Wertbeitrag zu beeinflussen ist und welche Rolle die einzelnen Werttreiber dabei spielen.

Wertbeiträge und Werttreiber stellen wesentliche Bestandteile einer wertorientierten Unternehmensführung dar. Ablauforientiert kann Wertorientierung wie in Abb. 8.2.8 auch als **Führungskreislauf** verstanden werden. Die angestrebten Wertbeiträge sind ausgehend von den Unternehmenszielen und daraus abgeleiteten Teilzielen zu fixieren. Wie diese erreicht werden können, ist durch die passenden Strategien zur Wertsteigerung festzulegen. Die Strategien sind dann hinsichtlich ihrer Wertschaffung zu bewerten und auszuwählen. Für die verfolgten Strategien werden Werttreiber abgeleitet, um die operative Umsetzung zu gewährleisten. Diese sind weiter zu präzisieren und in konkrete Ziele zu überführen. Die **Ursache-Wirkungs-Zusammenhänge** zwischen den Werttreibern erlauben ggf. eine Priorisierung, um eindeutige Vorgaben für die Umsetzung sicherzustellen. Jedes operative Ziel ist dann mit konkreten Zielausprägungen, Messpunkten und Sollwerten zu definieren, mit Anreizen zu koppeln sowie mit Maßnahmen zu hinterlegen. Im Anschluss bedarf es einer effizienten Steuerung und Überwachung (vgl. *Schneider*, 2004, S. 219).

Die Werttreiber sind die wesentlichen Einflussfaktoren auf den Unternehmenswert. Sie machen Ursache-Wirkungs-Beziehungen deutlich und sind somit die Basis für die operative Steuerung. Flankiert wird das gesamte System durch Anreize, die wertorientiertes Verhalten belohnen. In

Abb. 8.2.8: Wertorientierter Führungskreislauf (vgl. Donlon/Weber, 1999, S. 386)

Abb. 8.2.9: Wertorientierte Führung

Abb. 8.2.9 werden diese Elemente in der **wertorientierten Führungspyramide** veranschaulicht (vgl. *Günther* et al., 2013, S. 4).

8.2.2 Wertorientierte Steuerungsverfahren

Zur wertorientierten Unternehmensführung ist eine Messung der Wertsteigerung erforderlich. Grundvoraussetzung ist daher die Definition einer wertorientierten Maßgröße und eine entsprechende Methodik zu deren Ermittlung. Den Ursprung bildet das Konzept von *Rappaport*. Verschiedene Definitionen von Ergebnis und Kapitalkosten sowie Differenzierungen durch Unternehmensberatungen und Wissenschaft haben eine Vielzahl an wertorientierten Methoden und Kennzahlen hervorgebracht.

In den USA entwickelte *Rappaport* (1999) ein Konzept, um Wachstumsstrategien und Kapazitätserweiterungen zu bewerten. Die New Yorker Unternehmensberatung *Stern Stewart & Co.* hat auf diesen Grundlagen die Methode des Economic Value Added (EVA) entwickelt, die ein eingetragenes Warenzeichen ist. Das EVA-Verfahren orientiert sich an marktnahen **buchhalterischen Werten** auf Basis der US-GAAP. Die Daten der externen Rechnungslegung werden für die Ermittlung der Wertsteigerung und damit zur Messung der Leistung der Unternehmensführung herangezogen. In den USA ist internes und externes Rechnungswesen weniger stark getrennt als in Europa. Die amerikanischen Jahresabschlüsse richten sich auf den Schutz der Aktionäre, da sich die meisten Unternehmen am Kapitalmarkt finanzieren.

Bei der Anwendung wertorientierter Unternehmensführung in Europa sind die zugrunde gelegten **Rechnungslegungsnormen** entsprechend zu berücksichtigen.

Elemente	Buchwertorientierte Verfahren	Cashfloworientierte Verfahren
Investiertes Kapital	Bewertung zu Buchwerten aus der Bilanz	Kalkulatorische oder marktorientierte Bewertung
Kapital-kosten	Kapitalkostensatz * investiertes Kapital zu Buchwerten	Kapitalkostensatz * investiertes Kapital zu Marktwerten
Ergebnis-größe	Jahresüberschuss gemäß Gewinn- und Verlustrechnung	(nachhaltiger oder freier) Cashflow

Abb. 8.2.10: Gegenüberstellung von buchwert- und cashfloworientierten Verfahren

In Deutschland richtet sich das externe Rechnungswesen auf Basis des HGB in erster Linie auf den Schutz der Fremdkapitalgeber, da diese die primären Kapitalgeber der Unternehmen sind. Aus diesem Grund beeinflusst das Vorsichtsprinzip sowie steuerliche Überlegungen die Rechnungslegung der Unternehmen. Somit können in Deutschland zwischen externer und interner Rechnungslegung ausgeprägte Unterschiede auftreten. Für die Information der Unternehmensführung dient die Kostenrechnung, welche kalkulatorische Bewertungen vornimmt. Der Vermögens- und Ergebnisausweis nach HGB ist von einer marktorientierten Darstellung häufig weit entfernt. Während die auf Buchwerten der externen Rechnungslegung basierenden Ansätze für Unternehmen mit IFRS- oder US-GAAP-Bilanzierung sinnvoll erscheinen mögen, ist deren Anwendung bei HGB-Bilanzierung nicht zweckmäßig.

Da der Cashflow frei von Bilanzierungs- und Bewertungswahlrechten ist, wurden zur Messung des Unternehmenswerts auch **cashfloworientierte Verfahren** entwickelt. Die **wesentlichen Unterschiede** zu den buchwertorientierten Verfahren lassen sich an den Berechnungselementen verdeutlichen:

- **Investiertes Kapital:** Ausgangsbasis ist stets das Vermögen des Unternehmens, wobei hier entweder von Buch-, Markt- oder Wiederbeschaffungswerten ausgegangen werden kann. Zudem können Korrekturen der Bilanzsumme vorgenommen werden, um Abzugskapital oder ggf. stille Reserven oder Lasten zu berücksichtigen.
- **Kapitalkosten:** Je nach Definition des investierten Kapitals und den Annahmen zur Bestimmung des Kapitalkostensatzes können die Kapitalkosten variieren.
- **Ergebnis:** Es werden buchhalterische Gewinngrößen oder cashflowbasierte Ergebnisdefinitionen verwendet.

Aus den beiden Verfahrensgruppen sind Mischformen entstanden, so dass die Methodenvielfalt noch größer wurde. Als zweites Kriterium zur Differenzierung der Methoden dient der **Zeitraum der Wertmessung:**

- So kann die **Wertsteigerung einer Periode** gemessen werden, z. B. um die Führungsleistung einer Geschäftseinheit zu beurteilen.
- Alternativ kann die kumulierte Wertsteigerung einer Strategie, einer Investition, eines Geschäftsbereichs oder des gesamten Unternehmens einen **Mehrperioden-Gesamterfolg** darstellen.

Die Wertsteigerung kann dabei als absoluter Betrag oder als prozentuale Verzinsung angegeben werden.

Abb. 8.2.11 zeigt das **Methodenspektrum** auf und ordnet einige Verfahren exemplarisch ein. So zeigt der Übergewinn nach der **EVA-Methode** einen absoluten Periodenerfolg. Ein relatives Maß ist der Return on Capital Employed (ROCE, Rendite auf das eingesetzte Kapital). Werden die EVA's über mehrere Perioden betrachtet und abgezinst, so kann ein Gesamterfolg errechnet werden. Der freie Cashflow stellt einen absoluten Periodenerfolg dar. In Relation zum investierten Kapital ergibt sich der **Cashflow Return on Investment** (CFROI). Auch bei den cashfloworientierten Verfahren kann durch Diskontierung eine mehrperiodige Bewertung erfolgen, wozu meist ein **Discounted Cashflow-Verfahren** (DCF) angewandt wird. EVA, CFROI und Discounted Cashflow sind die bekanntesten Verfahren und weit verbreitet. Deshalb wird nachfolgend auch auf diese drei Konzepte näher eingegangen.

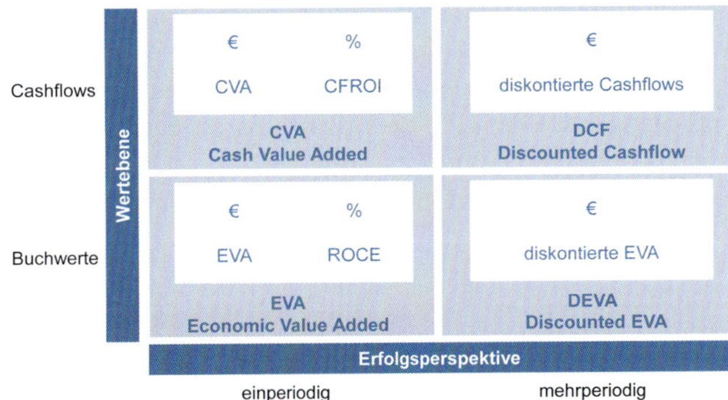

Abb. 8.2.11: Systematik wertorientierter Kennzahlen

8.2.3 Kapitalkosten

Die Bestimmung der Kapitalkosten ist die **Voraussetzung** aller wertorientierten Steuerungsverfahren. Ausgangspunkt der wertorientierten Unternehmensführung ist es, nicht nur die Kapitalkosten der Fremd-, sondern auch der Eigenkapitalgeber zu berücksichtigen. Hierin liegt der Innovationsgrad der Konzepte, wobei die Ermittlung der Eigenkapitalkosten die eigentliche Herausforderung darstellt (vgl. *Studer*, 1998, S. 366).

Methoden zur Bestimmung der Kapitalkosten

Die Kosten für **Fremdkapital** können aus den Verträgen mit den Fremdkapitalgebern direkt bestimmt werden. Indirekt kann aus der Gewinn- und Verlustrechnung und den dort ausgewiesenen Zinszahlungen in Relation zum zinstragenden Fremdkapital der durchschnittliche Fremdkapitalkostensatz abgeleitet werden.

Dabei ist nach den **Modigliani-Miller-Theoremen** nach *Merton H. Miller* und *Franco Modigliani* (1958) die Kapitalstruktur zwischen Eigen- und Fremdkapital für den Marktwert eines Unternehmens irrelevant. Dies gilt unter der Annahme eines friktionslosen, vollkommenen Kapitalmarkts, in dem es keine Steuern, Insolvenzkosten und Informationsdefizite gibt. Diese Voraussetzungen sind in der Praxis nicht gegeben, weshalb die Kapitalstruktur eines Unternehmens Einfluss auf die Eigenkapitalkosten und die damit verknüpften Risiken hat. Der Eigenkapitalkostensatz eines Unternehmens ist demnach vom Gesamtkapital und Verschuldungsgrad abhängig.

In einer bilanzorientierten Sichtweise steht Eigenkapital zinslos zur Verfügung. Daher können aus der Finanzbuchhaltung keine Rückschlüsse auf die **Kosten des Eigenkapitals** gezogen werden. Für die Ermittlung der Eigenkapitalkosten steht eine Reihe von Modellen zur Verfügung, mit welchen die Risikoprämie eines Eigentümers bemessen werden kann:

- Die **kalkulatorischen Eigenkapitalkosten** verwenden zum Teil kalkulatorische Zinsen, die als Opportunitätskosten unter Berücksichtigung des unternehmerischen Risikos zu bestimmen sind. Wie die Messung jedoch zu erfolgen hat, liegt im Ermessen des Anwenders und es gibt hierfür keine etablierten Verfahrensvorschläge.
- Das **Capital Asset Pricing Model (CAPM)** ist das am meisten verwendete Verfahren und basiert auf der Portfoliotheorie. Aufgrund seiner starken Verbreitung wird dieses Modell nachfolgend erläutert.
- Die **Arbitrage Pricing Theory (APT)** leitet die Rendite-Risiko-Beziehung nicht wie beim CAPM von einem Wertpapierportfolio ab, sondern nutzt Arbitragen. Diese bezeichnen das Ausnutzen von Preisdifferenzen in verschiedenen Märkten. Die wesentlichen Faktoren für das systematische Risiko sind der Index industrieller Produktion, kurzfristige Realzinsen, kurz- und langfristige Inflation sowie ratingbasierte Ausfallrisiken.
- Das **Option Pricing Model (OPM)** ermittelt die Risikoprämie auf Basis der Optionspreistheorie von *Black*, *Scholes* und *Merton*. Finanzwirtschaftliche Optionsschuldverschreibungen bestehen aus einer Schuldverschreibung mit einem trennbaren Anwartschaftsrecht (Optionsschein). Dieses ermöglicht dem Inhaber, innerhalb eines bestimmten Zeitraums, eine festgelegte Zahl von Aktien zu einem bestimmten Kurs zu beziehen. Optionselemente sind die Optionsfrist, der Bezugskurs und das Bezugsverhältnis der Aktien. Es können dabei Verkaufs- und Kaufoptionen unterschieden werden. Der Wert einer Option ermittelt sich aus dem Vorteil bei sofortiger Ausübung und einem Zinsanteil. Die Anwendung der Optionspreistheorie berücksichtigt Unsicherheiten, Irreversibilität und Flexibilität in einem Portfolio an Alternativen (Optionsportfolio). Die Optionspreistheorie ist mathematisch anspruchsvoll und verwendet Annahmen zu den Kapitalmarktpreisen, welche ihre Anwendung erschweren. Für wichtige strategische Bewertungen, etwa bei Akquisitionen, wird der Ansatz in der Praxis angewandt.
- Das **Dividend-Discount-Modell (DDM)** ermittelt die Eigenkapitalkosten auf Basis der jährlichen Dividendenzahlungen an die Investoren. Im Dividenden-Bar-

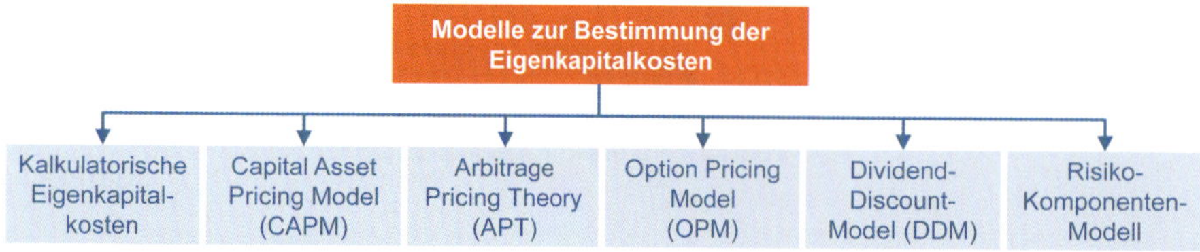

Abb. 8.2.12: Modelle zur Bestimmung der Eigenkapitalkosten

wert-Modell werden die prognostizierten Dividenden diskontiert.

- Das **Risiko-Komponenten-Modell** basiert auf dem betrieblichen Risikomanagement (vgl. Kap. 8.4). Dabei werden die wesentlichen Risiken eines Unternehmens zu einem aggregierten Risikoportfolio zusammengefasst, welches den Eigenkapitalbedarf zur Risikodeckung beschreibt. Es wird davon ausgegangen, dass Unternehmen selbst ihre Risiken besser einschätzen können als die Kapitalmärkte. Auf Basis einer ausgeprägten risikoorientierten Unternehmensführung kann so die Risikoprämie realitätsnah ermittelt werden (vgl. *Gleißner*, 2020, S. 35 ff.).

Capital Asset Pricing Model (CAPM)

Das CAPM ist nicht frei von methodischen Schwächen, aber dafür relativ plausibel und einfach in der Anwendung. Es hat sich in der Praxis weitgehend durchgesetzt. Beim CAPM (Preismodell für Kapitalgüter) werden die **Eigenkapitalkosten** durch das mit dem Eigenkapitaleinsatz verbundene Risiko bestimmt. Im Jahre 1990 erhielten *Harry M. Markowitz, Merton H. Miller* und *William F. Sharpe* für ihre Forschungen auf dem Gebiet der Kapitalmarkttheorie und dem darauf basierenden Capital Asset Pricing Model den Nobelpreis für Wirtschaftswissenschaften.

Markowitz entwickelte Berechnungsmethoden für die Klassifikation von Portfolios (vgl. *Markowitz*, 1952). Nach seiner Theorie ist ein **effizientes Portfolio** so zusammengesetzt, dass die Renditeentwicklung der einzelnen Vermögenswerte sowohl in guten als auch schlechten Börsenzeiten möglichst wenig korreliert. Mit anderen Worten geht es um die Frage, welche Ertragsaussichten mit welchem Risikopotenzial erkauft werden. Die Antwort auf diese Frage lautet:

- Bei gegebenem Ertrag ist das Risiko zu minimieren.
- Bei gegebenem Risiko ist der Ertrag zu maximieren.

Dabei werden einige Prämissen unterstellt, welche die praktische Anwendung begrenzen. So sind etwa die Transaktionskosten für die Portfoliooptimierung oder die unterstellte Markttransparenz meist nicht bekannt und auch die Rationalität ist am Kapitalmarkt eine kritische Annahme.

Sharpe entwickelte die nach ihm benannte **Sharpe-Ratio**. Sie dient zur Messung des Rendite-Risiko-Verhältnisses von Kapitalanlagen für Gleichgewichtsmodelle unter Ungewissheit (vgl. *Sharpe*, 1964, S. 425 ff.). Danach stammt das **unternehmerische Risiko** aus zwei Primärquellen:

- **Unsystematische Risiken:** Die Grundidee im CAPM ist die Möglichkeit, durch Mischung von risikobehafteten Wertpapieren das Risiko des Gesamtportfolios zu verringern (Diversifikation). Modelltheoretisch wird hier von einem markteffizienten Portfolio ausgegangen. Der Aktienkäufer gleicht ein solches Portfolio unter Risikogesichtspunkten immer so aus, dass bei gleichem Risiko nur die rentabelsten Papiere bzw. bei gleicher Rendite nur die risikoärmsten Aktien gekauft werden. Die durch Portfoliobildung bzw. Diversifikation ausgleichbaren Risiken werden als unsystematische Risiken bezeichnet. Auf ein Unternehmen übertragen bedeutet dies, dass unsystematische Risiken durch aktives Risikomanagement (vgl. Kap. 8.4) beeinflusst werden können. Ein Beispiel ist die Abhängigkeit von Lieferanten. Dieses Risiko kann durch entsprechende Verträge mit den Lieferanten oder dem Aufbau weiterer Bezugsquellen verringert werden. Einige Risiken lassen sich auch ausgleichen, indem das Portfolio an Aktivitäten unter Risikoaspekten gestaltet wird. So kann etwa innerhalb einer Geschäftseinheit oder auch auf Gesamtunternehmensebene die Gestaltung der Kunden- und Lieferantenstruktur unter Währungsgesichtspunkten zu einem Risikoausgleich führen.
- **Systematische Risiken** sind der verbleibende Risikoanteil eines Unternehmens, nachdem unsystematische Risiken ausgeschaltet wurden. Diese resultieren aus nicht ausgleichbaren spezifischen Risiken des Unternehmens, aber auch aus allgemeinen, finanziellen und makroökonomischen Entwicklungen einer Branche. Beispiele sind Energiepreise, ökologische Wagnisse oder Konjunkturen. Für die Übernahme derartiger Risiken erwartet der Eigenkapitalgeber eine Entschädigung.

Das CAPM berücksichtigt die Risikostruktur eines Unternehmens und bildet die systematischen Risiken ab. Dazu unterteilt es das vom Eigenkapitalgeber zu tragende systematische Risiko in drei **Elemente** (vgl. *Titman* et al., 2018, S. 412 ff.):

- **Risikofreier Zinssatz** steht für die Höhe der Verzinsung risikofreier Anlagen. Dafür werden Renditen für Anleihen bester Bonität verwendet, wie etwa Staatsanleihen kreditwürdiger Industrienationen. Die Laufzeit der Anleihen orientiert sich am Betrachtungshorizont. Wird z. B. eine Strategie für die nächsten fünf Jahre bewertet, so wird als Basiszins ebenfalls die Rendite fünfjähriger Anleihen angesetzt.

- **Marktrisikoprämie:** Aufbauend auf dem Basiszins wird die Risikosituation einer Branche oder eines Marktes betrachtet. Je nach Geschäft fordern die Anteilseigner eine unterschiedlich hohe Rendite für die Bereitstellung ihres Kapitals. Diese Marktrisikoprämie ist die Differenz zwischen der erwarteten Rendite des Marktdurchschnitts und dem risikofreien Basiszins. Zur Ermittlung der Marktrisikoprämie werden die Renditen des Aktienmarktes bzw. branchen- oder marktspezifische Segmente des Aktienmarktes herangezogen. Die USA verfügt über eine große statistische Grundgesamtheit börsennotierter Unternehmen. Deshalb sind die erwarteten Renditen für Branchen und Märkte in Indizes relativ verlässlich zu ermitteln. In Deutschland hingegen ist die Bestimmung der durchschnittlichen Marktrendite aufgrund der geringeren Anzahl börsennotierter Unternehmen und damit der kleineren Vergleichsgruppen schwieriger. Vergleiche mit spezialisierten Fonds, Indexwerten und ähnlichen börsennotierten Unternehmen helfen, die Marktrisikoprämie einer betreffenden Branche näherungsweise zu ermitteln. Häufig ist auch nur ein Vergleich mit der Gesamtrendite des Aktienmarktes möglich.
- **Unternehmensindividuelles Risiko** wird durch den Beta-Faktor berücksichtigt. Dieser zeigt, ob einzelne Aktien risikoreicher bzw. volatiler als der Gesamtmarkt sind. Statistisch kann dies aus der Gegenüberstellung des Aktienkurses eines Unternehmens zur Gesamtmarktentwicklung über einen langen Zeitraum ermittelt werden. Schwankt der Aktienkurs des Unternehmens stärker als der Marktindex, so messen die Aktionäre dem Unternehmen ein höheres Risiko als dem Gesamtmarkt zu.

Ein Unternehmen mit einem Beta-Faktor von Eins ist genauso risikoreich wie der gesamte Aktienmarkt. Aktien mit einem Beta-Faktor unter Eins sind demnach weniger riskant. Konkret sagt ein Beta von 0,75 aus, dass der Aktienkurs eines Unternehmens sich um 7,5 % vermindert oder steigt, wenn der gesamte Aktienmarkt um 10 % sinkt bzw. steigt. Für nicht börsennotierte Firmen muss ein Surrogat-Beta verwendet werden, der aus dem Wert eines vergleichbaren börsennotierten Unternehmens abgeleitet wird.

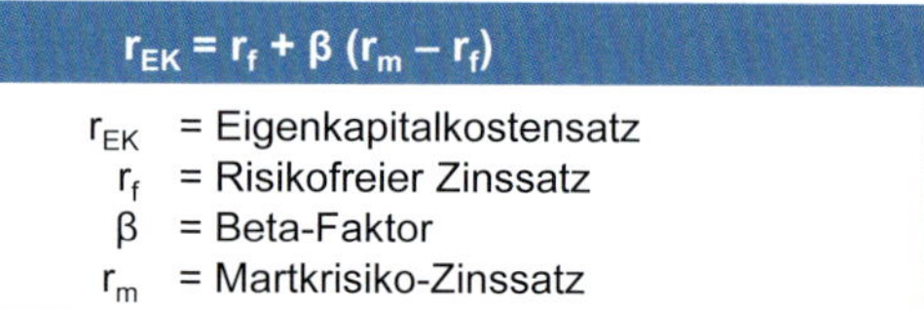

Zusammenfassend berücksichtigt das CAPM die **Risikostruktur** eines Unternehmens, indem der Zinssatz risikofreier Anlagen als Mindestverzinsung für die Eigenkapitalgeber verwendet wird. Hierzu ist die Marktrisikoprämie zu addieren. Sie ist die Differenz zwischen der Marktrendite und dem Basiszinssatz. Der Beta-Faktor wird mit der Marktrisikoprämie multipliziert, um so das spezifische Risiko eines Unternehmens zu berücksichtigen.

Grafisch zeigt Abb. 8.2.13 die Elemente des CAPM. Aufbauend auf dem Basiszinssatz wird hier eine Marktrisikoprämie addiert. Die Summe entspricht der durchschnittlichen Risikoprämie eines markteffizienten Portfolios. Im Beispiel wird von einem größeren Risiko als dem Marktdurchschnitt ausgegangen. Der Beta-Faktor ist somit größer als Eins. Damit ist das systematische Risiko des Unternehmens höher als die Marktrisikoprämie.

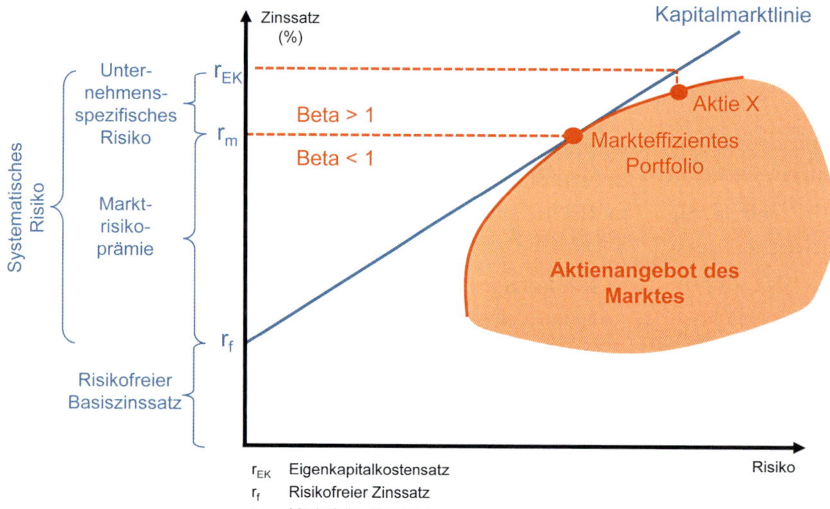

Abb. 8.2.13: Capital Asset Pricing Model (CAPM)

Risiko-Komponenten-Modell

Meist wird das CAPM für die Bestimmung der Kapitalkosten herangezogen, wenn ein Unternehmen seine Aktien an der Börse handelt. Die unterstellte Annahme des vollkommenen Kapitalmarkts ist zudem realitätsfern und für die Erklärung der Aktienrenditen nur eingeschränkt aussagekräftig. In vielen Branchen und Ländern kann daher lediglich ein Teil der Unternehmen seine Kapitalkosten mit dem CAPM ableiten. Alternativ können Analogien zu vergleichbaren börsennotierten Unternehmen hergestellt werden, um daraus die Kapitalkosten zu bestimmen.

Kapitalkosten lassen sich auch mithilfe einer Risikoanalyse bestimmen. Diese **risikoadäquaten Kapitalkosten** können z. B. nach § 93 AktG bei der Vorbereitung von unternehmerischen Entscheidungen und deren Abwägung hinsichtlich ihrer Wirkung auf Ertrag und Risiko verwendet werden. Dazu wird ein Ertrag-Risiko-Profil genutzt, das die Wirkung einer Entscheidung auf die erwarteten Erträge bzw. Cashflows mit dem Risiko abwägt. Somit wird versucht, den sicheren Geldbetrag eines Eigentümers als Äquivalent zu den unsicheren Zahlungen seines Unternehmens oder Projekts zu ermitteln.

Auf diese Weise lässt sich, basierend auf einer Bandbreitenplanung sowie Risikoanalyse und -aggregation, mithilfe simulationsbasierter Bewertungsverfahren ein risikogerechter Kapitalkostensatz ableiten. Dies wird in Kap. 8.4.5 näher ausgeführt.

Gewichteter durchschnittlicher Kapitalkostensatz (WACC)

Aus den Eigen- und Fremdkapitalkosten errechnen sich die gesamten Kapitalkosten als gewichteter Durchschnitt (vgl. i. F. *Coenenberg* et al., 2015, S. 179 ff.). Dieser **gewichtete durchschnittliche Kapitalkostensatz** (WACC: Weighted Average Cost of Capital) repräsentiert die Verzinsungsansprüche der Fremd- und Eigenkapitalgeber.

Der **gewichtete durchschnittliche Kapitalkostensatz (WACC)** drückt die Kapitalkosten eines Unternehmens in Prozent aus. Er errechnet sich aus den Eigen- und Fremdkapitalkosten, welche mit ihrem Anteil am netto investierten Kapital gewichtet werden.

$$\text{WACC} = r_{EK} * \frac{EK}{EK+FK} + r_{FK} * (1\text{-Steuersatz}) * \frac{FK}{EK+FK}$$

r_{EK}	= Eigenkapitalkostensatz
EK	= Eigenkapital
FK	= Fremdkapital
r_{FK}	= Fremdkapitalkostensatz
Steuersatz	= Ertragssteuerquote in Prozent
(1 – Steuersatz)	= Steuereffekt (tax shield)

Zur Berechnung des Kapitalkostensatzes werden die Eigenkapitalkosten mit der Eigenkapitalquote und der Fremdkapitalkostensatz mit der Fremdkapitalquote gewichtet. Zusätzlich wird berücksichtigt, dass Fremdkapitalkosten aufwandswirksam sind und daher die Ertragssteuer des Unternehmens senken. Die Fremdkapitalkosten werden somit durch diesen Steuereffekt reduziert. Fremdkapital ist daher für das Unternehmen günstiger als Eigenkapital. Die Kapitalstruktur zur Gewichtung wird auf das **netto investierte Kapital** bezogen. Dabei wird zinslos zur Verfügung stehendes Kapital (**Abzugskapital**) nicht berücksichtigt und zudem können weitere Korrekturen vorgenommen werden, wenn Vermögensgegenstände zu Marktwerten zu bewerten sind. Dies führt dann in der Bilanz zu einer Mehrung des wirtschaftlichen Eigenkapitals. Exemplarisch zeigt Abb. 8.2.14 diese Berechnungslogik am Beispiel der *Value GmbH*.

Kapitalkosten der Value GmbH

Zur Verdeutlichung wird die Berechnungslogik am Beispiel der *Value GmbH* aufgezeigt und erläutert. Das Fallbeispiel dient als Basis für die Erklärung der wertorientierten Steuerungsverfahren. Für die *Value GmbH* ist der Ausgangspunkt die in Abb. 8.2.14 dargestellte Bilanz mit den dortigen Buchwerten. Diese Bilanz unterliegt konservativen Rechnungslegungsstandards und -grundsätzen und enthält unterbewertete Vermögensgegenstände, sog. stille Reserven. Grundstücke und Gebäude wurden zu historischen Anschaffungswerten angesetzt. Sie beinhalten aufgrund des höheren Marktwerts erhebliche stille Reserven. Bei den Maschinen ist wegen gesetzlicher Abschreibungsvorgaben ebenfalls von höheren Verkehrswerten auszugehen. Zudem ist noch ein Unterschied bei der Vorratsbewertung enthalten. Um marktorientierte Werte zu erhalten, werden diese Anpassungen berücksichtigt. Es ergibt sich eine korrigierte Summe der Aktiva, welche auf der Passiv-Seite als höheres Eigenkapital ausgewiesen wird (vgl. *Rappaport*, 1999, S. 36 ff.).

Im nächsten Schritt wird das zinslos zur Verfügung stehende Abzugskapital angerechnet. Die nicht zinswirksamen Verbindlichkeiten, insbesondere aus Lieferungen und Leistungen, Anzahlungen und einige Rückstellungen (z. B. Steuerrückstellungen) werden eliminiert. Hierfür müssen keine Kapitalkosten erwirtschaftet werden. In einigen Branchen spielt das Abzugskapital eine wichtige Rolle und kann einen bedeutenden Anteil des Gesamtkapitals ausmachen. So bezahlen z. B. die Kunden im Einzelhandel meist sofort, während die Lieferanten lange Zahlungsziele akzeptieren müssen. Bei hoher Umschlagshäufigkeit des Umlaufvermögens kann so ein bedeutender Finanzierungseffekt entstehen. Dadurch verringert sich das zu Marktwerten bewertete eingesetzte und zu verzinsende Kapital der *Value GmbH* deutlich.

Der risikofreie Zinssatz wird durch die Rendite von Bundesschatzbriefen in Höhe von 4,5 % mit einer langfristigen Laufzeit bestimmt. Die *Value GmbH* ist nicht börsennotiert und leitet daher ihr Marktrisiko am Kapitalmarkt ab. Für die Branche gelten dort 9,5 % als Marktrisiko-Zinssatz. Die Marktrisikoprämie beträgt damit 5 %. Im Vergleich zum Marktdurchschnitt weist die *Value GmbH* jedoch aufgrund ihrer Produktstruktur,

Bilanz der Value GmbH
(in Mio EURO), Bilanzstichtag

	Buchwert	+/–	Anpassungen	=	Marktwerte	–	Abzugskapital	=	Netto investiertes Kapital
AKTIVA									
Bilanzsumme	**210**	+	**25**	=	**235**				
Goodwill	20	+	0	=	20				
Grundstücke + Gebäude	10	+	15	=	25				
Maschinen	20	+	5	=	25				
Betriebs- und Geschäftsausstattung	10	+	0	=	10				
Anlagevermögen	**60**	+	**20**	=	**80**				
Vorräte	95	+	5	=	100				
– davon Rohmaterial	*20*	+	*5*	=	*25*				
– davon unfertige Erzeugnisse	*30*	+	*0*	=	*30*				
– davon fertige Erzeugnisse	*45*	+	*0*	=	*45*				
Forderungen	40	+	0	=	40				
Kasse und Bankguthaben	15	+	0	=	15				
Umlaufvermögen	***150***	+	***5***	=	***155***				
PASSIVA									
Bilanzsumme	**210**	+	**25**	=	**235**	–	**75**	=	**160**
Grundkapital + Gewinnrücklage	62	+	0	=	62	–	0	=	62
Gewinn/Verlust lfd. Jahr	13	+	0	=	13	–	0	=	13
Stille Reserven/Lasten	0	+	25	=	25	–	0	=	25
Eigenkapital	***75***	+	***25***	=	***100***	–	***0***	=	***100***
Verbindlichkeiten	100	+	0	=	100	–	70	=	30
– davon aus Lieferungen und Leistungen	*60*	+	*0*	=	*60*	–	*60*	=	*0*
– davon Anzahlungen	*10*	+	*0*	=	*10*	–	*10*	=	*0*
– davon langfristig	*30*	+	*0*	=	*30*	–	*0*	=	*30*
Rückstellungen	35	+	0	=	35	–	5	=	30
– davon Steuerrückstellungen	*5*	+	*0*	=	*5*	–	*5*	=	*0*
– davon andere Rückstellungen	*30*	+	*0*	=	*30*	–	*0*	=	*30*
Fremdkapital	***135***	+	***0***	=	***135***	–	***75***	=	***60***

Abb. 8.2.14: Kapital der Value GmbH

der bearbeiteten Märkte und der Währungsrisiken ein um 10 % höheres Risiko auf. Dies spiegelt sich im Betafaktor von 1,1 wider. Dies führt zu einem Eigenkapitalkostensatz von 10 %.

Die Fremdkapitalkosten für das zu verzinsende Fremdkapital der *Value GmbH* betragen durchschnittlich 5 %. Dies kann den Darlehensverträgen entnommen werden. Der Wert kann auch aus der Gewinn- und Verlustrechnung im Verhältnis zum zinspflichtigen Fremdkapital abgeleitet werden. Der relevante Steuersatz beträgt 35 %. Weil die Fremdkapitalzinsen im Gegensatz zu den Eigenkapitalkosten steuerlich voll abzugsfähig sind und eine Gesamtbetrachtung der Kapitalkosten angestrebt wird, ist der Zinsaufwand um die anteiligen Ertragssteuern zu korrigieren. Dies reduziert die Fremdkapitalkosten von 5 % auf 3,25 %, bzw. der Steuervorteil beträgt –1,75 %.

Gewichtete Kapitalkosten

(in Mio. Euro) — **Value GmbH**

Eigenkapitalkosten		**Fremdkapitalkosten**	
Risikofreier Zinssatz	4,50%	Fremdkapitalkosten	5,00%
Marktrisiko-Zinssatz	9,50%		
Marktrisikoprämie	5,00%	Ertragssteuersatz	35,00%
		Steuervorteil (Tax shield)	–1,75%
Beta-Faktor	1,1		
Risikoprämie Unternehmen	5,50%	**Fremdkapitalkosten nach Steuern**	**3,25%**
Eigenkapitalkostensatz	**10,00%**		

Netto investiertes Kapital

			Abzugskapital		Netto investiertes Kapital
Eigenkapital (korrigiert)	*100*	–	0	=	100
Fremdkapital (korrigiert)	*135*	–	75	=	60
Bilanzsumme (korrigiert)	235				160
Eigenkapitalquote	42,55%				62,50%
Fremdkapitalquote	57,45%				37,50%

Gewichtete Kapitalkosten WACC

Eigenkapitalkostensatz · Eigenkapitalquote	=	10,00%	·	62,50%	=	6,25%
Fremdkapitalkostensatz · Fremdkapitalquote	=	3,25%	·	37,50%	=	1,22%
Gewichtete Kapitalkosten WACC						**7,47%**
Gerundeter WACC						**7,5%**
Kapitalkosten absolut (in Mio. €)	=	7,5%	·	160	=	12

Abb. 8.2.15: Gewichtete Kapitalkosten der Value GmbH

Mit diesen Angaben und den Bilanzstrukturen lassen sich die gewichteten Kapitalkosten in Höhe von 7,5 % auf das netto investierte Kapital ermitteln. Bei der Berechnung sind die korrigierten Werte sowie das Abzugskapital zu berücksichtigen. Würden Buchwerte verwendet, so ergäben sich lediglich 5,7 % als Kapitalkostensatz. Dies würde die Marktwerte nicht widerspiegeln. In absoluten Werten ausgedrückt, d.h. durch Multiplikation mit dem netto investierten Kapital, bedeutet dies jährlich zu erwirtschaftende Kapitalkosten in Höhe von 12 Mio. €. Der Kapitalkostensatz wird im fortgeführten Beispiel für die Berechnung des Wertbeitrags nach den verschiedenen Steuerungsverfahren herangezogen. Abb. 8.2.15 zeigt den Berechnungsweg, der in Abb. 8.2.16 als Kennzahlenbaum veranschaulicht wird.

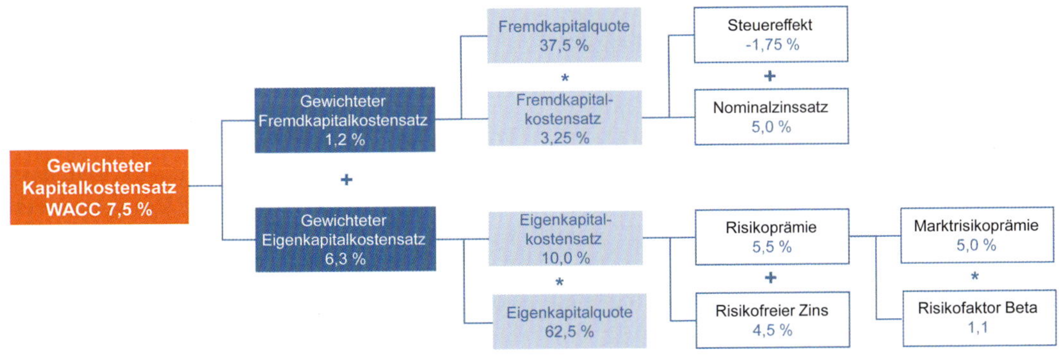

Abb. 8.2.16: Kapitalkostensatz der Value GmbH

Kapitalkosten von Puma

PUMA ist ein weltweit führendes Sportlifestyle-Unternehmen, das Schuhe, Textilien und Accessoires designt, entwickelt, und vermarktet. Das Unternehmen wurde 1948 gegründet und vertreibt seine Produkte mit mehr als 11.000 Mitarbeitern in über 120 Ländern. Die Firmenzentrale befindet sich in Herzogenaurach, aus der die Geschäftsbereiche Fußball, Running, Training und Fitness, Golf und Motorsport sowie die Marken *PUMA*, *Cobra Golf, Dobotex* und *Brandon* gesteuert werden (www.puma.com). Die Ermittlung der Kapitalkosten der *PUMA SE* zeigt Abb. 8.2.17 am Beispiel des Jahres 2019.

Da sich die Bilanzrelationen, Risiken und Marktfaktoren dynamisch entwickeln, sind die Kapitalkosten ebenfalls periodenabhängig. Abb. 8.2.18 zeigt dies am Beispiel der *Puma SE*.

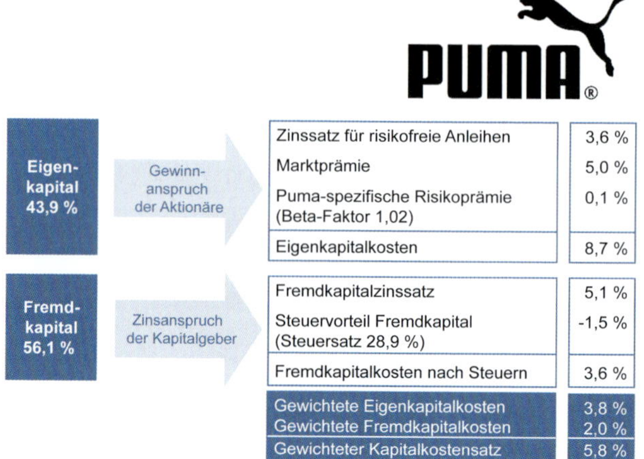

Abb. 8.2.17: Ermittlung der Kapitalkosten von Puma

Berechnung der Kapitalkosten (WACC)											Puma SE
Berechnung Kostensätze	**2009**	**2010**	**2011**	**2012**	**2013**	**2014**	**2015**	**2016**	**2017**	**2018**	**2019**
Risikoloser Zinssatz	3,8 %	3,1 %	1,9 %	1,8 %	1,9 %	1,9 %	1,9 %	1,8 %	1,9 %	4,3 %	3,6 %
Marktprämie	5,0 %	5,0 %	6,0 %	6,0 %	6,0 %	6,0 %	6,0 %	6,0 %	6,0 %	5,0 %	5,0 %
Beta (M-DAX, 24 Monate)	0,92	0,92	0,86	0,85	0,85	0,82	0,85	0,85	0,86	0,97	1,02
Eigenkapitalkostensatz	**8,4 %**	**7,7 %**	**7,1 %**	**6,9 %**	**7,0 %**	**6,8 %**	**7,0 %**	**6,9 %**	**7,1 %**	**9,2 %**	**8,7 %**
Fremdkapitalzins	6,8 %	5,1 %	4,4 %	3,9 %	7,6 %	6,5 %	4,3 %	3,9 %	4,4 %	5,6 %	5,1 %
Steuersatz	44,1 %	32,9 %	28,1 %	28,9 %	60,5 %	30,4 %	29,7 %	28,9 %	28,1 %	29,0 %	28,9 %
Fremdkapitalkosten nach Steuern	**3,8 %**	**3,4 %**	**3,2 %**	**2,8 %**	**3,0 %**	**4,5 %**	**3,0 %**	**2,8 %**	**3,2 %**	**4,0 %**	**3,6 %**
Berechnung Anteile											
Anteil Eigenkapital	**87,0 %**	**87,8 %**	**85,7 %**	**83,3 %**	**84,9 %**	**84,4 %**	**73,3 %**	**62,3 %**	**58,1 %**	**53,7 %**	**43,9 %**
Anteil Fremdkapital	**13,0 %**	**12,2 %**	**14,3 %**	**16,7 %**	**15,1 %**	**15,6 %**	**26,7 %**	**37,7 %**	**42,0 %**	**46,3 %**	**56,1 %**
WACC nach Steuer	**7,8 %**	**7,2 %**	**6,5 %**	**6,2 %**	**6,4 %**	**6,5 %**	**5,9 %**	**5,4 %**	**5,4 %**	**6,8 %**	**5,8 %**

Abb. 8.2.18: Kapitalkosten der Puma AG (vgl. puma.com; www.onvista.de)

8.2.4 Economic Value Added (EVA)

Das Konzept des Economic Value Added (EVA) ist ein **buchwertorientiertes Verfahren.** Danach wird ein zusätzlicher Unternehmenswert geschaffen, wenn eine über den Kapitalkosten liegende Rendite erzielt wird. Hierzu werden die Kapitalkosten vom Gewinn einer Periode abgezogen. Das Ergebnis wird als Economic Value Added (EVA), Residual- oder Übergewinn oder auch als Wertbeitrag bezeichnet. Der EVA wird aus Buchwerten ermittelt und dient meist zur Leistungsmessung einer Periode. Werden die prognostizierten zukünftigen Residualgewinne diskontiert, so kann auch eine Unternehmens- und Strategiebewertung erfolgen (vgl. *Young/O'Byrne*, 2001, S. 34 f.). Da die herangezogenen Informationen auf dem externen Rechnungswesen basieren, ist die Qualität der Kennzahl abhängig von den vorgenommenen Anpassungen. So werden etwa gemäß HGB geleaste Vermögensgegenstände nicht bilanziert und verzerren somit die investierte Vermögensbasis. Ebenso können Bilanzierungseffekte bei Vorräten oder die kumulierten Goodwill-Abschreibungen Anlässe für Korrekturen sein.

Die **Ermittlung des EVA** erfolgt gemäß der nachfolgenden Formel (vgl. *Stern* et al., 2002). Als Ergebnisgröße wird das bereinigte operative Ergebnis nach Steuern (Net Operating Profit After Taxes, NOPAT) verwendet. Alternativ wird auch der NOPLAT (Net Operating Profit Less Adjusted Taxes) herangezogen, welcher Bereinigungen in Form von Rechnungslegungseinflüssen sowie Sondereffekte im Steuersatz berücksichtigt. Da von diesem Ergebnis die gesamten Kapitalkosten abgezogen werden, sind die Fremdkapitalzinsen kein Bestandteil des NOPAT. Zum gleichen

Resultat führt auch der prozentuale Berechnungsweg. Dabei wird die Überrendite als Rendite des investierten Kapitals (**Return on Capital Employed, ROCE**) abzüglich der Kapitalkosten ermittelt. Sie wird wiederum mit dem eingesetzten Kapital multipliziert, um einen absoluten Wertbeitrag zu erhalten. Das eingesetzte Kapital bezieht sich auf dieselbe Periode. In einigen Varianten wird jedoch auch mit dem Kapitalbestand der Vorperiode oder dem durchschnittlich eingesetzten Kapital als Mittelwert aus Anfangs- und Endwert gerechnet. Anstatt des aus der Bilanz abgeleiteten eingesetzten Kapitals (Capital Employed, CE) kann auch das investierte Kapital (Capital Invested, CI) verwendet werden. Hierfür wird die Summe aus dem Kaufpreis des Unternehmens und eventueller Gesellschafterdarlehen angesetzt. Daraus wird dann der Return on Capital Invested (ROCI) als Rendite errechnet.

$$EVA_t = NOPAT_t - WACC * C_t$$
$$= (ROCE_t - WACC) * C_t$$

EVA	= Economic Value Added in EUR
NOPAT	= Net operating profit after tax (Betriebsergebnis nach Steuern)
WACC	= Weighted Average Cost of Capital (Gewichteter Kapitalkostensatz)
C	= Eingesetztes Kapital
t	= Periode
ROCE	= Return on Capital Employed in Prozent

Das Konzept erfreut sich insbesondere in den USA großer Beliebtheit. Dort lassen sich die Ausgangsdaten für die Berechnung direkt aus der Bilanz und GuV ableiten. Neben der einfachen Berechnung bietet der EVA einen einheitlichen und transparenten Erfolgsmaßstab sowohl für interne als auch externe Adressaten. Die Einheitlichkeit der Daten hat aber nicht nur Vorteile, denn bilanzpolitische Maßnahmen fließen so in interne Entscheidungsprozesse ein. Auch deutsche Aktiengesellschaften, die internationale Rechnungslegungsstandards nutzen, verwenden dieses Konzept. Beispiele sind *Volkwagen* oder die *Mercedes-Benz Group*. Es ist auch in Deutschland das meistgenutzte wertorientierte Verfahren.

Neben der Leistungsmessung für eine Periode kann mit dem EVA-Konzept auch ein **Gesamterfolg** ermittelt werden. Hierzu werden die Wertbeiträge der Perioden diskontiert und zusammengefasst. Die Berechnungslogik des **Discounted EVA** (DEVA) entspricht dem Discounted Cashflow-Verfahren (vgl. Kap. 8.2.6). Allerdings fließen dabei statt freier Cashflows die mit dem EVA-Verfahren ermittelten Wertbeiträge in die Diskontierung ein. So kann etwa für ein Produkt das zurechenbare und einzusetzende Kapital sowie die erwirtschafteten Ergebnisse über dessen Lebensdauer diskontiert und der Barwert zur Erfolgsbeurteilung genutzt werden.

EVA der Value GmbH

Zur Erläuterung dient wiederum die *Value GmbH*. Abb. 8.2.19 zeigt zunächst die Gewinn- und Verlustrechnung des Unternehmens.

Davon ausgehend, werden vom operativen Ergebnis die Steuern abgezogen. Die *Value GmbH* konnte in der betrachteten Periode ein NOPAT von 16 Mio. € erwirtschaften. In Relation zum eingesetzten Kapital ergibt sich eine Nettokapitalrendite von 10 %. Diese übertrifft die Kapitalkosten um 2,5 % bzw. die Überrendite beträgt 2,5 %. Als absoluter Betrag konnte ein Übergewinn in Höhe von 4,0 Mio. € erwirtschaftet werden. Abb. 8.2.20 zeigt die Berechnung.

Gewinn- und Verlustrechnung *(in Mio. Euro)*

		Value GmbH	
Umsatzerlöse	+	120	100,0 %
Herstellungskosten	-	75	62,5 %
Bruttoergebnis	=	**45**	**37,5 %**
Gemeinkosten	-	12	10,0 %
Abschreibungen	-	10	8,3 %
Betriebsergebnis / Operatives Ergebnis (Earnings before Interest and Tax EBIT)	=	**23**	**19,2 %**
(Fremdkapital-)Zinsen (Interest)	-	3	2,5 %
Gewinn/Verlust vor Steuern (Earnings before Tax EBT)	=	**20**	**16,7 %**
Steuer (tax) = 35%	-	7	5,8 %
Gewinn/Verlust nach Steuern (Earnings after tax EAT)	=	**13**	**10,8 %**

Abb. 8.2.19: GuV der Value GmbH

ROCE und EVA *(in Mio. Euro)*

		Value GmbH
Betriebsergebnis / Operatives Ergebnis (Earnings before Interest and Tax EBIT)		**23,0**
Steuern (auf bereinigtes Ergebnis vor Steuern)	-	7,0
NOPAT Net operating profit after tax (Betriebsergebnis nach Steuern ohne Zinsen)	=	**16,0**
Netto investiertes Kapital	:	160,0
Nettokapitalrendite (Return on Capital Employed ROCE)	=	**10,0%**
Kapitalkostensatz (WACC)	-	7,5%
Überrendite	=	**2,5%**
Netto investiertes Kapital	*	160,0
Übergewinn EVA		4,0

Abb. 8.2.20: EVA der Value GmbH

Die Berechnung des Übergewinns lässt sich auch als Kennzahlensystem darstellen. Damit können Veränderungsursachen und Beeinflussungsmöglichkeiten des Wertbeitrags aufgezeigt werden. Abb. 8.2.21 veranschaulicht dies für die *Value GmbH.*

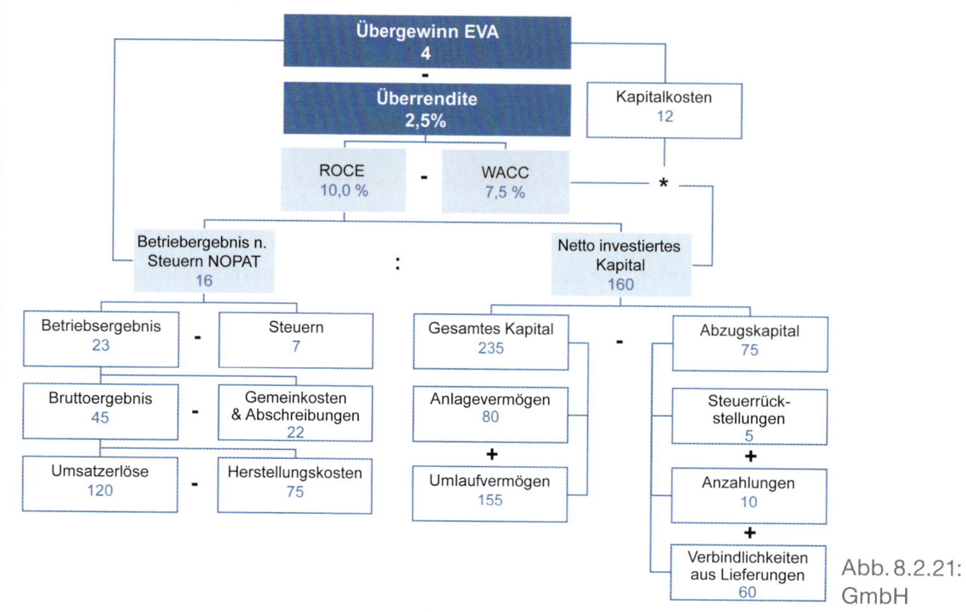

Abb. 8.2.21: EVA-Baum der Value GmbH

Wertorientierung bei METRO

METRO

Die *Metro AG* ist ein börsennotiertes Großhandelsunternehmen. Der Konzern mit Hauptsitz in Düsseldorf beschäftigt in 678 Märkten weltweit mehr als 97.000 Mitarbeiter. In Deutschland betreibt das Unternehmen vor allem die *Metro-Cash-&-Carry*-Märkte. Die heutige *Metro AG* entstand 2017 durch die Ausgliederung der Handelsketten *Metro Cash & Carry* und *Real* aus der alten *Metro* in die *Metro Wholesale & Food Specialist AG*, die sich später in *Metro* umbenannte. Der alte *Metro*-Firmenmantel, bei dem die Handelsketten *Mediamarkt* und *Saturn* verblieben, wird seitdem unter dem Namen *Ceconomy* AG fortgeführt. Die neue Metro verkaufte 2020 die *Real*-Handelskette, so dass heute nur noch die *Metro-Cash-&-Carry*-Märkte im Unternehmen verblieben sind (www.metroag.de).

Die *METRO GROUP* vor dem Jahr 2017 zählte zu den weltweit bedeutendsten internationalen Handelsunternehmen. Im Jahr 2017 war sie in über 2.200 Standorten in 31 Ländern Europas, Afrikas und Asiens vertreten und hatte insgesamt rund 220.000 Mitarbeiter. Die Geschäftsfelder der *METRO GROUP* umfassten die *METRO Cash & Carry* mit mehr als 760 Großhandelsmärkten in 26 Ländern, *Media Markt* war Deutschlands und Europas Nummer eins in der Elektrofachmarktbranche mit rund 800 Märkten in 14 Ländern, *Saturn* vertrieb technische Produkte durch ein umfassendes Multichanel-Konzept, *Redcoon* gehörte zu den größten Fach-Discountern für Unterhaltungselektronik und Haushaltsgeräten im deutschsprachigen Internet und *Real* betrieb in Deutschland über 300 Supermärkte.

Die *METRO GROUP* strebte nach kontinuierlicher Steigerung des Unternehmenswerts durch Wachstum und operative Effizienz bei optimalem Einsatz des Geschäftsvermögens. Um nachhaltige Wertschaffung sicherzustellen, setzte *METRO* wertorientierte Kennzahlen zur Steuerung ein. Dazu wurde die **modifizierte EVA-Kennzahl EBITaC** (EBIT after Cost of Capital) berechnet. Dabei wurde der EBIT um periodisierte Sonderfaktoren modifiziert.

Die aktuelle *Metro AG* verfolgt nach wie vor das Ziel, den Unternehmenswert nachhaltig zu steigern. Dazu steuert sie mit ausgewählten Kennzahlen, wie dem flächenbereinigten Umsatzwachstum, EBITDA und der Rendite auf das eingesetzte Geschäftsvermögen. Dies wird für die operative Steuerung des Konzerns in Werttreiber konkretisiert, die unmittelbaren Einfluss auf die mittel- und langfristigen Unternehmensziele haben. Die bedeutsamsten Steuerungsgrößen für *METRO* sind das wechselkursbereinigte Umsatzwachstum und das EBITDA ohne Transformationskosten und Ergebnisbeiträge aus Immobilientransaktionen. Zur Beurteilung des operativen Geschäfts wird weiterhin die Renditekennzahl **Return on Capital Employed** (ROCE) verwendet. Diese Kennzahl misst die in einer betrachteten Periode erzielte Rendite auf das eingesetzte Geschäftsvermögen (ROCE = EBIT / durchschnittliches Geschäftsvermögen) und ermöglicht eine Beurteilung des Geschäftserfolgs der einzelnen Segmente des Konzerns. Wertorientierte Kennzahlen werden von *METRO* zudem regelmäßig zur Beurteilung geplanter und getätigter Investitionen herangezogen. Entsprechend nutzt *METRO* neben dem Discounted-Cashflow-Verfahren die Kennzahl Economic Value Added (EVA) und liquiditätsorientierte Kennzahlen.

Als **Werttreiber** werden die wesentlichen beeinflussbaren Treiber des operativen Geschäfts ausgewählt: wertsteigerndes Wachstum, Steigerung der operativen Effizienz und Optimierung der Kapitalbindung. Wertsteigerndes Wachstum wird durch Umsatzsteigerungen in den bestehenden Märkten auf vergleichbarer Fläche, durch neue Absatzkanäle wie Onlinehandel und Belieferungsservice sowie Expansion in ausgewählte Länder angestrebt. Ergänzend werden Maßnahmen zur Sicherung der Effizienz im operativen und administrativen Bereich umgesetzt. Zur Optimierung des Kapitaleinsatzes werden maßgeschneiderte Lösungen für einzelne Zielkundengruppen durch ein Warengruppenmanagement entwickelt, die sich an den jeweiligen Bedürfnissen hinsichtlich Sortiment, Preisgruppen, Verpackung und Vermarktung orientieren.

Der ermittelte ROCE wird dem jeweiligen segmentspezifischen Kapitalkostensatz vor Steuern gegenübergestellt. Der **Kapitalkostensatz** vor Steuern wird mithilfe des CAPM ermittelt. Er stellt eine Maßgröße für die von den Kapitalgebern geforderte Mindestrendite auf das eingesetzte Kapital dar. Er ergibt sich aus einer Aggregation der segmentspezifischen Kapitalkostensätze. Dazu werden alle im gleichen Geschäftsfeld agierenden Einheiten im Verhältnis zu einer Gruppe von Vergleichsunternehmen betrachtet. Die Kapitalisierungszinssätze bestimmen sich in Deutschland zum 30.9.2019 unter Annahme eines Basiszinssatzes von 0,6 % und einer Marktrisikoprämie von 7,0 % sowie eines Beta-Faktors von 0,97. Sowohl auf den Eigenkapitalkostensatz als auch auf den Fremdkapitalkostensatz werden wie in Abb. 8.2.22 dargestellt landesspezifische Risikozuschläge auf Basis des Ratings des jeweiligen Landes erhoben.

Einheit		Kapitalkosten 30.9.2019 Mio. €	WACC	Kapitalkosten 30.9.2020 Mio. €	WACC
METRO Cash & Carry	Frankreich	293	5,0 %	**293**	**4,6 %**
METRO Cash & Carry	Deutschland	94	4,7 %	**94**	**4,5 %**
METRO Cash & Carry	Polen	57	5,6 %	**54**	**4,9 %**
METRO Cash & Carry	Spanien/Portugal	54	5,7 %	**54**	**5,1 %**
METRO Cash & Carry	Rumänien	39	6,2 %	**38**	**6,7 %**
METRO Cash & Carry	Italien	38	6,7 %	**38**	**6,3 %**
Pro à Pro		34	5,0 %	**35**	**4,6 %**
METRO Cash & Carry	Russland	42	6,6 %	**32**	**6,3 %**
METRO Cash & Carry	Tschechien	24	5,3 %	**23**	**4,8 %**
Classic Fine Foods		25	5,0 %	**0**	**5,0 %**
Sonstige		85		**69**	
Metro AG		***785***		***731***	

Abb. 8.2.22: Kapitalkosten der Metro AG (vgl. www.metroag.de)

Die Metro vor 2017 verwendete die wertorientierte **Kennzahl EBITaC** (EBIT after Cost of Capital). Ein positiver Wertbeitrag war danach dann erreicht, wenn das Ergebnis vor Zinsen und Steuern über den Kapitalkosten liegt. Dabei wurden Einmaleffekte innerhalb des Geschäftsvermögens und bei der Ermittlung des Economic Value Added nicht berücksichtigt und bereinigt. Sonderfaktoren wurden bei der Berechnung linear über vier Jahre periodisiert, da die entsprechenden EBIT-Wirkungen zeitverzögert zu den Aufwendungen entstehen.

Exemplarisch zeigt diese Bereinigung um Sondereffekte die in Abb. 8.2.23 dargestellte Entwicklung von 2008 bis 2014. Das **Geschäftsvermögen** stellt das zu verzinsende Vermögen dar. Es setzt sich aus dem Segmentvermögen zuzüglich der operativen Kasse und abzüglich der Verbindlichkeiten aus Lieferungen und Leistungen sowie weiterer operativer Verbindlichkeiten und passiver Rechnungsabgrenzungsposten zusammen. Dabei werden Durchschnittswerte auf Basis von Quartalsbilanzen genutzt, um auch unterjährige Entwicklungen des Geschäftsvermögens in die Kalkulation einfließen zu lassen.

Die *METRO Group* war bis zum Jahr 2014 durch starke Schwankungen gekennzeichnet. Bis auf die Jahre 2010 und 2013 konnte der Konzern die Kapitalkosten nicht erwirtschaften.

EBITaC in Mio. €													**Metro Group**
	2008	**2009**	***ΔVJ***	**2010**	***ΔVJ***	**2011**	***ΔVJ***	**2012**	***ΔVJ***	**2013**	***ΔVJ***	**2014**	***ΔVJ***
EBIT vor Sonderfaktoren	2.222	2.024	*-8,9%*	2.415	*19,3%*	2.372	*-1,8%*	1.976	*-16,7%*	2.000	*1,2%*	1.727	*-13,7%*
EBIT nach Periodisierung von Sonderfaktoren	2.163	1.879	*-13,1%*	2.219	*18,1%*	2.111	*-4,9%*	1.628	*-22,9%*	1.680	*3,2%*	1.376	*-18,1%*
Geschäftsvermögen	16.888	15.798	*-6,5%*	15.895	*0,6%*	16.358	*2,9%*	16.305	*-0,3%*	15.076	*-7,5%*	13.579	*-9,9%*
Vorsteuer-WACC	10,0%	9,1%	*-9,0%*	9,1%	*0,0%*	9,6%	*5,5%*	9,6%	*0,0%*	9,0%	*-6,3%*	9,0%	*0,0%*
Kapitalkosten	-1.694	-1.633	*-3,6%*	-1.694	*3,7%*	-1.567	*-7,5%*	-1.563	*-0,3%*	-1.357	*-13,2%*	-1.222	*-9,9%*
EBITaC	**469**	**434**	***-7,5%***	**765**	***76,3%***	**544**	***-28,9%***	**65**	***-88,1%***	**323**	***396,9%***	**153**	***-52,6%***

Abb. 8.2.23: Entwicklung des EBITaC der Metro Group (vgl. www.metroag.de)

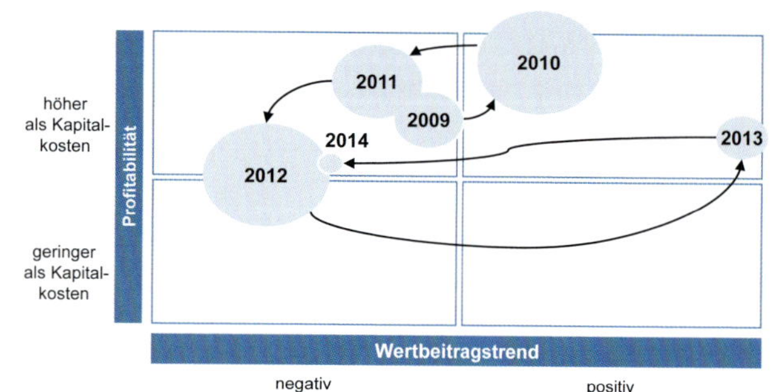

Abb. 8.2.24: Wertorientierte Entwicklung der METRO Group 2009-2014

Allerdings verzerrt die Periodisierung von Sonderfaktoren den EBITaC, wie etwa Erträge aus Immobilientransaktionen, Wechselkurseffekte oder Ergebnisbeiträge aus dem Verkauf von Unternehmen, wie z. B. dem Verkauf des osteuropäischen *Real*-Geschäftsbereichs. Auffällig ist auch, dass die Wertbeiträge nach Geschäftsfeldern sehr unterschiedlich verteilt sind. So waren in 2014 die Bereiche *Cash & Carry, Media Markt* und *Saturn* Wert-Erzeuger, während *Real* ein Wertaufholer und *Galeria Kaufhof* im Bereich der Wert-Abschmelzer eingeordnet war. Somit konnte das Wertsteigerungspotenzial der Wert-Erzeuger nicht voll genutzt werden. Folgerichtig wurde die *METRO GROUP* im Jahr 2017 in zwei unabhängige, börsennotierte Gesellschaften aufgetrennt. Dabei wurden die Geschäftsfelder *METRO Cash & Carry* und *Real* im Großhandels- und Lebensmittelgeschäft sowie die Elektro- und Unterhaltungsgeschäfte *Media Markt, Saturn* und *Redcoon* gebündelt, so dass beide Unternehmen höheres Wertsteigerungspotenzial haben als die bisherige *METRO GROUP*. Konsequenterweise wurde auch die nicht wertgenerierende Supermarktkette *Real* im Jahr 2020 verkauft und die neue *Metro* konzentriert sich ganz auf den Großhandel.

Nach der neuen Berechnungslogik konnte die *Metro AG* im Geschäftsjahr 2018/2019 wie in Abb. 8.2.25 dargestellt eine geringe Überrendite erwirtschaften. In 2019/2020 ergab sich jedoch ein Wertverlust. Im Corona-Krisenjahr konnten trotz positivem EBIT die Kapitalkosten nicht gedeckt werden. Da derartige Sondereffekte nicht mehr periodisiert werden, ist der gesamte Effekt auch dem Geschäftsjahr zugeordnet.

in Mio. € bzw. %		30.09.2019						30.09.2020						Veränderung	
		WACC	Geschäftsvermögen	EBIT	ROCE	EVA	Überrendite	WACC	Geschäftsvermögen	EBIT	ROCE	EVA	Überrendite	Delta ROCE	Delta EVA
METRO Cash & Carry	Deutschland	*4,7 %*	200.000	20	*1,0 %*	-7.400	*-3,70 %*	**4,5 %**	**208.889**	**11**	**0,5 %**	**-8.300**	**-4,0 %**	**-0,5 %**	***-900***
METRO Cash & Carry	Russland	*6,6 %*	63.636	171	*26,9 %*	12.900	*20,3 %*	**6,3 %**	**50.794**	**161**	**31,7 %**	**12.900**	**25,4 %**	**4,8 %**	***0***
Andere Bereiche		*6,1 %*	1.065.425	766	*7,2 %*	11.700	*1,1 %*	**5,5 %**	**1.094.080**	**85**	**0,8 %**	**-52.000**	**-4,8 %**	**-6,4 %**	**-63.700**
Metro AG		***5,9 %***	***1.329.062***	***957***	***7,2 %***	**17.200**	***1,3 %***	***5,4 %***	***1.353.763***	***257***	***1,9 %***	***-47.400***	***-3,5 %***	***-5,3 %***	***-64.600***

Abb. 8.2.25: Entwicklung der wertorientierten Kennzahlen der METRO (vgl. www.metroag.de)

8.2.5 Cash Value Added (CVA)

Cashfloworientierte Verfahren werden insbesondere dann eingesetzt, wenn aufgrund der Rechnungslegungsvorschriften eine marktorientierte Bewertung nicht möglich ist. Der generierte Cashflow eines Unternehmens ist **frei von bilanzpolitischen Maßnahmen**. Im Rahmen der HGB-Rechnungslegung wird dagegen der Periodenerfolg ebenso wie die Vermögensdarstellung von steuerlichen Überlegungen und dem Vorsichtsprinzip geprägt. Da keine Buchwerte verwendet werden (können), gehen auch die Transparenz und Einfachheit der EVA-Methoden verloren. Unternehmerische Aktivitäten werden auf ihre Auswirkungen hinsichtlich des Cashflows einer Periode zurückgeführt. Es handelt sich hier um eine strategische Betrachtung, da ebenfalls über die Allokation von Ressourcen entschieden wird.

Die **Berechnung des Cashflows** einer Periode kann durch direkte Gegenüberstellung aller betrieblichen Ein- und Auszahlungen ermittelt werden (vgl. *Günther* et al., 2013, S. 112 ff.). Die direkte Methode geht von den liquiditätswirksamen Positionen der Gewinn- und Verlustrechnung aus. Dadurch ist sie besser geeignet, den Führungskräften die Entstehung der Umsatzüberschusspositionen und damit die Liquiditätsgenerierung offenzulegen. Als alternative Vorgehensweise kann der Cashflow nach der indirekten Methode, auch Praktiker-Definition genannt, errechnet werden. Dazu wird der Jahresüberschuss um nicht zahlungswirksame Aufwendungen und Erträge korrigiert. Dieses Vorgehen wird vor allem von Außenstehenden verwendet.

Der **freie Cashflow** ist die Ausgangsbasis für die cashfloworientierten Verfahren. Bei manchen Methoden wird dieser noch korrigiert, indem die Investitionen einer Periode auf ein normalisiertes Niveau gebracht werden. Auf diese Weise werden Sondereffekte vermieden und auf ein langfristig übliches und erforderliches Maß angepasst. In diesem Falle wird von ökonomischen Abschreibungen gesprochen, welche dann zu einem **nachhaltigen Cashflow** führen. Eine solche Normalisierung könnte etwa in einer Krisensituation mit vorübergehend stark gekürzten Investitionen zweckmäßig sein, um dauerhaft die Substanz des Unternehmens nicht zu gefährden.

Für manche Betrachtungen kann der freie Cashflow noch verändert werden. Bei der Betrachtung des Unternehmenswertes aus Eigentümersicht werden etwa die Zinszahlungen für das Fremdkapital nicht in die Berechnung einbezogen. In diesem Fall handelt es sich um den **freien Cashflow aus Sicht der Eigentümer**.

Der **freie Cashflow** umfasst die in einer Periode erwirtschafteten, überschüssigen Zahlungsmittel, die an Eigen- und Fremdkapitalgeber ausgeschüttet werden können, ohne das Unternehmen in seiner Geschäftstätigkeit zu beeinträchtigen.

Cashflow der Value GmbH

Abb. 8.2.26 zeigt die indirekte Cashflow-Berechnung im Falle der *Value GmbH* in Anlehnung an IFRS. Ausgehend vom Gewinn des Unternehmens wird zunächst der operative Cashflow ermittelt. Dazu werden die nicht zahlungswirksamen Aufwandspositionen korrigiert. Dies sind Abschreibungen, die Rückstellungszufuhr sowie ggf. Umbewertungen des Sachvermögens. Zudem werden die Fremdkapitalzinsen wieder addiert.

Der operative Cashflow dient dem Unternehmen auch dazu, Steigerungen des Umlaufvermögens zu finanzieren. Die *Value GmbH* hat die Vorräte, Verbindlichkeiten aus Lieferungen und Leistungen sowie Forderungen erhöht. Zudem ist die Investitionstätigkeit zu berücksichtigen. Die *Value GmbH* hat ihr Anlagevermögen um 6 Mio. € erhöht, wodurch der Cashflow sinkt. Der verbleibende freie Cashflow zeigt die erwirtschafteten Mittelrückflüsse an. Da keine Zinsen berücksichtigt sind, dient der freie Cashflow allen Kapitalgebern. Er zeigt an, wie viel flüssige Mittel zur Bedienung des zu verzinsenden Kapitals übrigbleiben. Freier Cashflow steht also sowohl für Eigentümer als auch Fremdkapitalgeber zur Verfügung.

Kapitalflussrechnung *(in Mio. Euro)*				**Value GmbH**
Gewinn/Verlust nach Steuern (Earnings after tax EAT)	=			13
Fremdkapitalzinsen (Interest)	+	3		
Abschreibungen (Depreciation)	+	10		
Zunahme der Rückstellungen (Provisions)	+	2		
Abnahme der Rückstellungen (Provisions)	–	0		
Umbewertungen (Amortization)	+/–	0		
Operativer Cashflow (Brutto-Cashflow)			=	28
Netto-Zunahme der Vorräte	–	2		
Netto-Zunahme der Forderungen	–	2		
Netto-Zunahme der Verbindlichkeiten aus L&L	+	0		
Netto-Abnahme der Vorräte	+	0		
Netto-Abnahme der Forderungen	+	0		
Netto-Abnahme der Verbindlichkeiten aus L&L	–	2		
Veränderung des Netto-Umlaufvermögens (Working Capital)		=	– 6	
Investitionen in Sachanlagen	–	7		
Investitionen in Firmenwerte & immaterielle Vermögenswerte	–	0		
Erlöse aus Desinvestitionen	+	1		
Veränderung des Anlagevermögens (Capital Expenditures CAPEX)		=	– 6	
Investiver Cashflow		=		– 12
Freier Cashflow (Netto-Cashflow)		=		16
Finanzmittelzufluss aus Finanzierungsaktivitäten	+	0		
Finanzmittelabfluss aus Finanzierungsaktivitäten	–	0		
Cashflow aus Finanzierungstätigkeiten		=		0
Veränderung der Zahlungsmittel		=		16

Abb. 8.2.26: Freier Cashflow der Value GmbH

Prominentester Vertreter der cashfloworientierten Methoden ist der **Cashflow Return on Investment (CFROI)**. Er stammt von der Unternehmensberatung *HOLT Value Associates*, die heute zur *Boston Consulting Group* gehört. Das langfristige Ziel des CFROI-Konzeptes ist die Verbesserung des Total Shareholder Return, der die Verzinsung aus Sicht des Marktes darstellt (vgl. *Martin/Petty*, 2009, S. 113). Der CFROI ist der interne Zinsfuß der freien Cashflows mehrerer Perioden. Zur Berechnung ist zusätzlich das investierte Kapital neu zu ermitteln. Hierfür wird im Gegensatz zu den buchwertorientierten Verfahren nicht das eingesetzte oder investierte Nettovermögen verwendet, sondern die sog. Bruttoinvestitionsbasis.

Die **Bruttoinvestitionsbasis** besteht aus dem Netto-Umlaufvermögen sowie dem korrigierten Anlagevermögen abzüglich dem zinsfreien Abzugskapital. Das korrigierte Anlagevermögen basiert auf aktualisierten Anschaffungswerten und wird um Leasinggegenstände erweitert. Zudem werden die Buchwerte mit den kumulierten Abschreibungen auf Höhe der Anschaffungskosten angesetzt sowie ggf. um eine Inflationsbereinigung auf Wiederbeschaffungswerte angepasst. Der freie oder nachhaltige Cashflow wird dann in Relation zur Bruttoinvestitionsbasis gesetzt. So lässt sich der Cashflow Return on Investment als **Kapitalrendite** ermitteln. Der CFROI abzüglich des Kapitalkostensatzes ergibt die Überrendite. Wird diese mit der Bruttoinvestitionsbasis multipliziert, ergibt sich der **Cash Value Added** (CVA) als absoluter Wertbeitrag. Der CFROI definiert demnach die Wertsteigerung als cashflowbasierte Verzinsung der Bruttoinvestitionsbasis.

$$CVA_t = (CFROI_t - WACC) * BIB_t$$
$$CVA_t = FCF_t - (WACC * BIB_t)$$
$$CFROI_t = \frac{FCF_t}{BIB_t}$$

CVA = Cash Value Added in EUR
FCF = Freier Cashflow
WACC = Weighted Average Cost of Capital
BIB = Bruttoinvestitionsbasis
t = Periode
CFROI = Cashflow Return on Investment in %

Der **CFROI** löste zunehmend das *DuPont*-Schema mit der Spitzenkennzahl Return on Investment (ROI) ab. Der ROI (vgl. Kap. 7.2.3) ist definiert als Ergebnis vor Zinsen und Steuern (EBIT), dividiert durch das Gesamtvermögen als Summe aus dem Anlagevermögen zu Buchwerten und dem Umlaufvermögen. Bei konstantem EBIT vermindern die Abschreibungen die Buchwerte, woraus eine Verbesserung des ROI folgt. Durch die Verwendung der Bruttoinvestitionsbasis wird dieser Effekt vermieden. Allerdings ist diese Kennzahl zwar methodisch ausgereifter, aufgrund ihrer komplizierten Berechnungsweise schwieriger zu kommunizieren und wird als Steuerungskennzahl zunehmend weniger genutzt. Dies veranschaulicht auch das Beispiel der *Bayer AG*.

CVA der Value GmbH

Im Beispiel der *Value GmbH* werden die Basisinformationen aus der Bilanz (vgl. Abb. 8.2.14) und der Gewinn- und Verlustrechnung (vgl. Abb. 8.2.19) verwendet sowie mit der indirekten Methode der freie Cashflow ermittelt. Die Bruttoinvestitionsbasis ergibt sich aus dem marktorientiert bewerteten Gesamtvermögen. Es wird um das Abzugskapital verringert und um die kumulierten Abschreibungen erhöht. Letztere sind als ergänzende Information erforderlich, um den Bruttowert des investierten Kapitals zu errechnen. Der Vergleich mit den Kapitalkosten ergibt eine relative Wertsteigerung (spread) von 0,5 % und einen absoluten Wertbeitrag von 1,0 Mio. €. Diese Werte sind deutlich geringer als in der EVA-Ermittlung, da das investierte Kapital mit den höheren Bruttowerten angesetzt wird und die *Value GmbH* keinen besonders hohen Cashflow erwirtschaftet hat. Abb. 8.2.27 veranschaulicht den Rechenweg.

Analog zum EVA kann auch die Berechnung des CVA wie in Abb. 8.2.28 in einem Kennzahlensystem abgebildet werden.

CVA und CFROI *(in Mio. Euro)*		**Value GmbH**
Bruttoinvestitionsbasis		
Gesamtvermögen (korrigiert)		235
Kumulierte Abschreibungen	+	40
Abzugskapital	–	75
Bruttoinvestitionsbasis BIB	=	**200**
Kapitalkostensatz (WACC)	•	7,5 %
Kapitalkosten (auf die BIB)	=	**15**
Cash Value Added, CVA		
Freier Cashflow (Netto-Cashflow)		16
Kapitalkosten (auf die BIB)	–	15
Cash Value Added (CVA)	=	**1**
CFROI		
Freier Cashflow (Netto-Cashflow)		16
Bruttoinvestitionsbasis (BIB)	:	200
Cashflow Return on Investment (CFROI)	=	**8,0 %**
Kapitalkostensatz (WACC)	–	7,5 %
Überrendite	=	**0,5 %**

Abb. 8.2.27: CFROI der Value GmbH

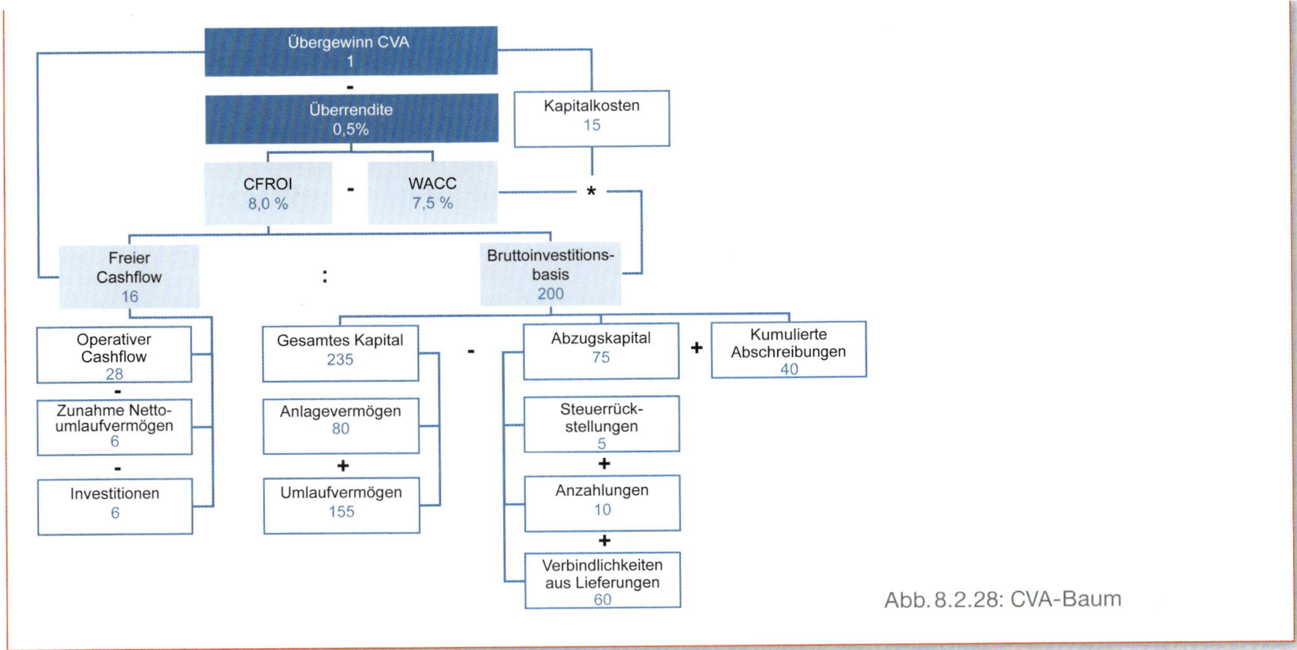

Abb. 8.2.28: CVA-Baum

Abkehr vom CVA bei der Bayer AG

Die *Bayer AG* ist ein weltweit in der chemischen und pharmazeutischen Industrie tätiges Unternehmen mit Kernkompetenzen auf den Gebieten Gesundheit und Agrarwirtschaft (www.bayer.com). Das Unternehmen wurde 1863 gegründet und hat seinen Sitz in Leverkusen. Über 100.000 Mitarbeiter in rund 400 Gesellschaften in 87 Ländern entwickeln und produzieren Arznei- und Pflanzenschutzmittel. Der Umsatz lag 2017 über 43,5 Mrd. € und mit einer bereinigten EBIT-Marge von über 16 % war das Unternehmen hochprofitabel.

Der *Bayer-Konzern* wird über die drei **Divisionen** geführt:

- **Pharmaceuticals** konzentriert sich auf verschreibungspflichtige Arzneimittel, insbesondere auf den Gebieten Herz-Kreislauf, Frauengesundheit, Onkologie, Hämatologie und Augenheilkunde sowie Medizingeräte.
- **Consumer Health** bietet überwiegend verschreibungsfreie Produkte (OTC = Over the Counter) in den Kategorien Dermatologie, Nahrungsergänzung, Schmerz, Magen-Darm, Allergien und Erkältung an. Umsatzstarke Produkte und Marken sind z. B. *Aspirin*, *Bepanthen* oder *Alka-Seltzer*.
- **Crop Science** gehört zu den weltweit führenden Agrarwirtschaftsunternehmen und ist auf den Gebieten Saatgut, Pflanzenschutz und Schädlingsbekämpfung tätig.

Die zentralen wertorientierten Steuerungsgrößen des *Bayer-Konzerns* waren bis 2014 der **Cash Value Added** (CVA) und der Cash Flow Return on Investment (CFROI). Ist der CVA positiv, so hat das Unternehmen bzw. die jeweilige Geschäftseinheit die Mindestanforderungen der Eigen- und Fremdkapitalgeber übertroffen und Wert geschaffen. Der CFROI misst als relative Kennzahl die Rentabilität des Konzerns bzw. einzelner Geschäftseinheiten und wird mit dem Kapitalkostensatz verglichen.

Der **Kapitalkostensatz** wurde bei *Bayer* als gewichteter Durchschnitt der Eigen- und Fremdkapitalkostensätze zum Jahresbeginn berechnet. Der Eigenkapitalkostensatz wurde als Renditeerwartung der Aktionäre aus Kapitalmarktinformationen abgeleitet. Als Fremdkapitalkostensatz wurden die Finanzierungskonditionen einer zehnjährigen Euro-Anleihe von Industrieunternehmen mit einem Kreditrating A- zugrunde gelegt. Um die unterschiedlichen Rendite-/Risikoprofile der Teilkonzerne zu berücksichtigen, wurden individuelle Kapitalkostensätze nach Ertragssteuern bestimmt.

Als Erfolgsmaßstab wurde der **Brutto-Cashflow** als Maß für die Innenfinanzierungskraft verwendet. *Bayer* verwendete eine Cashflow-Größe, da auf diese Weise bilanzielle Einflüsse reduziert wurden und sich so die Aussagekraft der Kennzahl zur Performancemessung erhöhte. Der Brutto-Cashflow wurde den Kapitalkosten gegenübergestellt, welche die Reproduktionskosten des abnutzbaren Anlagevermögens berücksichtigen. Wurden die Kapitalkosten bzw. die sog. Brutto-Cashflow-Hürde übertroffen, so war der CVA positiv und damit die Verzinsung von Eigen- und Fremdkapital sowie die Reproduktionskosten der Anlagen sichergestellt.

Zusätzlich ermittelte Bayer den **CFROI**, welcher sich aus Brutto-Cashflow abzüglich der Reproduktionskosten des abnutzbaren Anlagevermögens dividiert durch das eingesetzte Kapital berechnet. Dafür wurde das eingesetzte Kapital aus der Bilanz abgeleitet. Es setzt sich aus betriebsnotwendigen Sachanlagen und immateriellen Vermögenswerten zu historischen Anschaffungs- und Herstellungskosten sowie dem Working Capital nach Abzug von zinslosem Fremdkapital zusammen. Um Schwankungen des Investitionswerts zu reduzieren, wurden Durchschnittswerte für das jeweilige Jahr verwendet.

CVA in Mio. €	Health Care		Crop Science		Material Science		Bayer Konzern	
	2013	2014	2013	2014	2013	2014	2013	2014
Brutto-Cashflow (BCF)	3.573	4.011	1.590	1.835	887	961	5.832	6.820
Brutto-Cashflow-Hurdle	2.109	2.395	906	902	1.060	1.025	4.260	4.447
Cash Value Added	1.464	1.616	684	933	-173	-64	1.572	2.373
Cashflow Return on Investment (CFROI)	14,1 %	13,4 %	14,2 %	15,3 %	5,5 %	6,0 %	11,1 %	11,9 %
WACC	7,9 %	7,9 %	7,3 %	7,3 %	6,9 %	6,9 %	7,6 %	7,6 %
Überrendite	**6,2 %**	**5,5 %**	**6,9 %**	**8,0 %**	**-1,4 %**	**-0,9 %**	**3,5 %**	**4,3 %**

Abb. 8.2.29: Wertbeitrag bei der Bayer AG nach der CVA-Methode in der vorherigen Organisationsstruktur

Bayer hat im Jahr 2015 die Steuerung mit dem CVA beendet und ist auf ein EVA-Konzept übergegangen. Ausschlaggebend für den Wechsel des Verfahrens waren dessen deutlich geringere Komplexität und größerer Bekanntheitsgrad. Dem ROCE stellt *Bayer* den Kapitalkostensatz (WACC) als Renditeerwartung der Fremd- und Eigenkapitalgeber gegenüber. Entspricht der ROCE dem WACC, so wurden die Renditeerwartungen in der Periode erfüllt, übersteigt der ROCE den WACC, so wurden die Renditeerwartungen übertroffen und somit Wert geschaffen.

ROCE in Mio. €	Pharmaceuticals		Crop Science		Consumer Health		Bayer Konzern	
	2018	2019	2018	2019	2018	2019	2018	2019
EBIT	3.213	4.762	3.138	582	-2077	713	3.454	4.160
Ertragssteuern	-711	-1143	-753	-139	498	-171	-829	-1005
NOPAT	2.442	3.619	2.385	443	-1579	542	2.625	3.184
Durchschnittl. Capital Employed	14.721	15.043	37.666	58.430	12.278	10.573	66.354	84.830
ROCE	16,6 %	24,1 %	6,3 %	0,8 %	-12,9 %	5,1 %	4,0 %	3,8 %
WACC	6,7 %	6,8 %	6,7 %	6,8 %	6,7 %	6,8 %	6,7 %	6,8 %
Überrendite	**9,9 %**	**17,3 %**	**-0,4 %**	**-6,0 %**	**-19,6 %**	**-1,7 %**	**-2,7 %**	**-3,0 %**

Abb. 8.2.30: Wertbeitrag der Bayer AG nach der EVA-Methode

Die Überrenditen aus beiden Zeiträumen zeigen deutlich die wertschaffenden und wertzerstörenden Bereiche auf. So war 2014 der Bereich Material Science problematisch. Dieser wurde aufgegeben und mit der Akquisition von *Monsanto* der Bereich Crop Science gestärkt (vgl. Kap. 5.7.5). So wuchs das Capital Employed stark an, die Ergebnisse waren aber u. a. durch Klagen stark belastet. Ebenso konnte der Bereich der verschreibungsfreien Produkte keine Überrendite erzielen.

Einige Unternehmen veränderten in den letzten Jahren ihre wertorientierte Berechnungsbasis. Dabei wurde das CVA-Konzept in der Praxis häufig vereinfacht, da es zwar sehr exakt, aber im Verständnis zu kompliziert ist. Zudem erwies sich die Verwendung einer Größe nach Steuern in der operativen Führung als wenig relevant, da Steuerzahlungen z. B. nur bei größeren Investitionsentscheidungen wirklich entscheidungsbeeinflussend sind. Darüber hinaus waren die ökonomischen Abschreibungen schwer verständlich, aber nicht wesentlich aussagekräftiger als etwa lineare Abschreibungen. So wechselte beispielsweise auch die *Lufthansa*-Gruppe von einem CVA- auf ein EVA-Konzept.

Umstellung von CVA auf EVA bei Bosch Thermotechnik

Die *Bosch Thermotechnik GmbH* ist in Europa Marktführer und gehört weltweit zu den wichtigsten Herstellern von gasbetriebenen Heiz- und Warmwasserthermen mit den Marken *Bosch*, *Buderus*, *Junkers*, *Vulcano*, *Worcester*, *e.l.m. leblanc* und *Geminox*. *Bosch Thermotechnik* erwirtschaftet einen Umsatz von über 3,1 Mrd. € und ist mit über 13.000 Mitarbeitern an über 23 Fertigungsstandorten in Europa und Asien vertreten.

Die selbstständige *Bosch*-Tochter mit der Unternehmenszentrale in *Wetzlar* sieht sich einem Heiztechnikmarkt in Deutschland gegenüber, welcher überwiegend vom Ersatzgeschäft bei kaum wachsendem Marktvolumen geprägt ist. Daher zieht es die Unternehmen der Branche zunehmend ins Ausland. Zukünftiges Wachstum strebt *Bosch Thermotechnik* durch die Erschließung neuer Märkte in Osteuropa, Asien und Amerika an. Darüber hinaus sollen neue Technologien in der Brennwerttechnik und bei regenerativen Energien Wachstumsimpulse liefern.

Die *Bosch-Gruppe*, zu der auch *Bosch Thermotechnik* gehört, nutzte bis 2012 das CVA-Konzept zur wertorientierten Steuerung. So wurden Handlungsoptionen für kontinuierlichen Erfolg aufgezeigt. Der Wertbeitrag und seine Veränderung stellte die Spitzenkennzahl dar.

Als Ergebnisgröße wurde dazu der sog. **nachhaltige Cashflow** verwendet:

- Der nachhaltige Cashflow ist die Summe aller operativen, mit der eigentlichen Geschäftstätigkeit erzielten Mittelzuflüsse abzüglich der operativen Mittelabflüsse. Er leitet sich aus dem sog. Brutto-Cashflow ab. Davon wird eine Tilgung des zur Geschäftstätigkeit eingesetzten Kapitals (ökonomische Abschreibungen) auf das Anlagevermögen abgezogen. Der Brutto-Cashflow wiederum ergibt sich aus dem Umsatz abzüglich aller auszahlungswirksamen Aufwendungen.
- Die Kapitalkosten entsprechen der Mindestverzinsungserwartung auf das gebundene Kapital. Hierzu wird der für das Unternehmen einheitlich festgelegte Kapitalkostensatz mit der Investitionsbasis multipliziert.
- Die Investitionsbasis besteht grundsätzlich aus dem gesamten Vermögen (alle Aktiva) abzüglich des kurzfristigen, unverzinslichen Fremdkapitals (Abzugskapital). Dabei fließt das planmäßig abschreibbare Sachanlagevermögen und das immaterielle Anlagevermögen zu Anschaffungs- und Herstellungskosten ein, um eine Verzerrung durch Abschreibungsmethoden zu vermeiden. Dadurch werden Renditeänderungen allein durch Alterung und Abschreibung während der ökonomischen Nutzungsdauer verhindert und eine vollständige Vergleichbarkeit mit der Investitionsrechnung erreicht.

Mit der Umstellung wurde mit einer vereinfachten Berechnung des sog. operativen Wertbeitrags (vor Steuern) eine Vorsteuergröße geschaffen, welche wie in Abb. 8.2.31 ermittelt wird.

Wertbeitrag — Bosch Thermotechnik GmbH

	CVA-Konzept		Neues EVA-orientiertes Konzept
	Ergebnis vor Steuern		Ergebnis vor Steuern
-	Steuern (auf bereinigtes Ergebnis vor Steuern)		
=	**Ergebnis nach Steuern**		
+	Handelsrechtliche Abschreibung	+	Handelsrechtliche Abschreibung
+/-	Erhöhung/Reduzierung der langfristigen Rückstellungen		
=	**Brutto-Cashflow**		
-	Ökonomische Abschreibungen auf Anlagevermögen (nach Steuern)	-	Interne lineare Abschreibungen auf Anlagevermögen (vor Steuern)
=	**Nachhaltiger-Cashflow**		
-	Kapitalkostensatz nach Steuern * Investitionsbasis	-	Kapitalkostensatz vor Steuern * modifizierte Investitionsbasis
=	**Wertbeitrag** (nach Steuern)	=	**Operativer Wertbeitrag** (vor Steuern)

Abb. 8.2.31: Neues Kalkulationsschema für den Wertbeitrag bei der Bosch Thermotechnik GmbH

Die Berechnung erfordert die Verwendung eines Kapitalkostensatzes vor Steuern, weshalb dieser neu festgelegt wurde. Zudem wird mit linearen Abschreibungen vor Steuern anstelle der ökonomischen Abschreibungen nach Steuern gerechnet. Die Investitionsbasis wird mit dem durchschnittlich gebundenen Kapital errechnet, was ebenfalls zu konstanten Abschreibungen und zu ähnlichen Effekten wie die ökonomische Abschreibung führt. Das Konzept wird zur Messung der Wertschaffung auf verschiedenen Führungsebenen verwendet und dient als Erfolgsmaßstab für die Erzeugnisklassen, Produktbereiche sowie die Geschäfts- und Unternehmensbereiche der *Bosch-Gruppe*.

8.2.6 Discounted Cashflow-Verfahren

Das **Discounted Cashflow-Verfahren** geht auf *Rappaport* (1999, S. 44 ff.) zurück und ermittelt einen Gesamtunternehmenswert für die Zukunft des Unternehmens. Es wendet die Kapitalwertmethode auf Fragen der Bewertung von Projekten, Unternehmen und Strategien an.

Die Messung des Unternehmenswertes ist vom Marktwert des Eigenkapitals zu unterscheiden (vgl. z. B. *Pape*, 2010, S. 96 ff.). Zunächst wird der Wert eines gesamten Unternehmens oder Geschäftsfeldes ermittelt und dann der Marktwert des Fremdkapitals davon abgezogen. Gegebenenfalls ist noch der Marktwert nicht betriebsnotwendigen Vermögens zu berücksichtigen.

Marktwert des Eigenkapitals = Unternehmenswert – Marktwert des Fremdkapitals

Unternehmenswert = ∑ Barwert der Cashflows im Prognosezeitraum + ∑ Barwert des Endwertes

Für die Berechnung des Unternehmenswertes wird das Unternehmensgeschehen als eine Reihe von Zahlungen betrachtet. Dies ähnelt der aus einer (Sach-)Investition resultierenden Zahlungsreihe. Die Bewertung des Unternehmens erfolgt wie in Abb. 8.2.32 illustriert anhand der freien Cashflows, die auf den Bewertungszeitpunkt mit dem Kapitalkostensatz abdiskontiert werden. Dieser kann dynamisch sein, wenn sich die Bilanzstruktur oder das Risiko in der Zukunft verändern. Wird eine Bewertung des Gesamtunternehmens vorgenommen, so werden die Zinszahlungen für das Fremdkapital berücksichtigt und mit dem gewichteten Kapitalkostensatz diskontiert. Erfolgt die Unternehmenswertermittlung aus Sicht der Eigentümer, so finden Fremdkapitalzinsen keine Berücksichtigung und für die Diskontierung wird der Eigenkapitalkostensatz verwendet.

Der Betrachtungszeitraum teilt sich in zwei **Phasen**:

- **Prognosezeitraum:** Je nach Bewertungszweck, Branche und Risiko wird die nahe Zukunft detailliert betrachtet und die einzelnen Perioden prognostiziert. Üblicherweise beträgt der Planungszeitraum für eine Unternehmensbewertung fünf bis zehn Jahre. Im Falle einer Strategiebewertung erstreckt sich der Prognosezeitraum über die Dauer des strategischen Wettbewerbsvorteils. Die freien Cashflows werden für diesen Zeitraum ermittelt, indem die Werttreiber als Bestimmungsfaktoren des Cashflows prognostiziert werden. Beispiele sind Umsatzwachstumsrate, wesentliche Kostenblöcke, Steuerrate, Investitionen sowie die Kapitalkosten. Die freien Cashflows der Perioden werden auf den Planungszeitpunkt abgezinst, so dass ausschließlich mit Kapitalwerten gerechnet wird.

Barwert der Cashflows im Prognosezeitraum: $\sum_{t=1}^{T} \frac{FCF_t}{(1+WACC)^t}$

T	= Prognosezeitraum
FCF	= Freier Cashflow
WACC	= Weighted Average Cost of Capital
BIB	= Bruttoinvestitionsbasis
t	= Periode

- **Endwert:** Nach dem Prognosezeitraum ist eine Annahme über die weitere Zukunft des Geschäftsfelds oder des Unternehmens zu treffen. Typischerweise ist dies entweder eine Liquidation bzw. Verkaufsstrategie oder die Annahme einer ewigen Fortführung. Im ersten Fall ist der Liquidations- oder Verkaufserlös ebenfalls abzuzinsen. Dies können etwa die nicht abschreibbaren Vermögensgegenstände, freiwerdendes Umlaufvermögen oder ein Gesamtverkaufserlös sein. In der Regel wird jedoch die Fortführung („going-concern“) angenommen. Zur Berechnung des Unternehmenswerts wird meist davon ausgegangen, dass die freien Cashflows im letzten Jahr des Prognosezeitraums auch in den folgenden Jahren fortgeführt werden. Mathematisch wird hierfür der Barwert einer ewigen Rente berechnet. Der Cashflow der letzten Planungsperiode wird zuvor normalisiert, also um außergewöhnliche Vorgänge bereinigt. Die Nettoinvestitionen sind nach Ende der Planungsperiode gleich Null oder entsprechen dem unterstellten Wachstum. Dies bedeutet, dass Investitionen nur noch in Höhe der Abschreibungen stattfinden. Auf diese Weise wird die Substanz des Unternehmens dauerhaft gewahrt. Die ewige Rente macht in der Regel den größten Teil des Gesamtwerts aus, weshalb kritisch zu überprüfen ist, ob die Prämisse eines ewig weiterlaufenden Cashflows sinnvoll ist. Der Endwert ist zudem stark vom gewählten Szenario abhängig und mit Prognoseunsicherheiten behaftet. Er sollte eine Lebenszyklusbetrachtung für Geschäfte, Branchen oder die zugrundeliegenden Technologien beinhalten. Die Berechnung der ewigen Rente kann zudem noch um eine konstante Wachstumsrate erweitert werden.

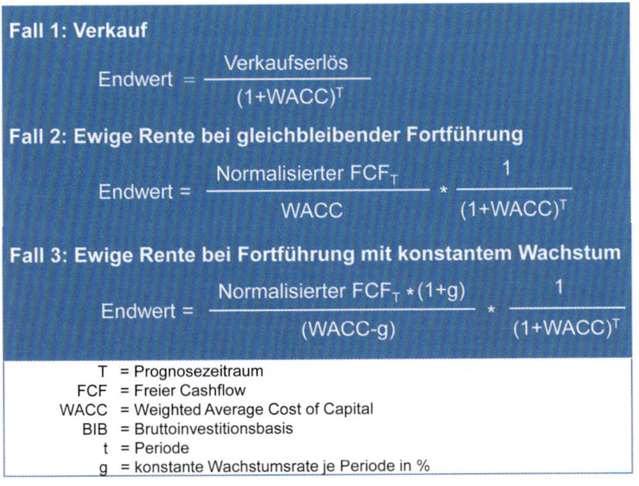

Abb. 8.2.32 veranschaulicht die **Vorgehensweise** des Discounted Cashflow-Verfahrens. In Abhängigkeit des zugrundeliegenden Zukunftsszenarios werden die Bilanzen und Gewinn- und Verlustrechnungen prognostiziert. Die daraus abgeleiteten freien Cashflows werden mit dem gewichteten Kapitalkostensatz diskontiert und der diskontierte Endwert addiert. Im Anschluss ist von diesem Unternehmenswert der Marktwert des Fremdkapitals abzuziehen, um den Marktwert des Eigenkapitals (Shareholder Value) zu ermitteln.

Die wesentlichen **Merkmale des Discounted Cashflow-Verfahrens** sind zusammenfassend:

- **Zahlungsorientierung:** Verwendung von Cashflows anstatt buchhalterischer Gewinne.
- **Marktorientierung:** Verwendung von Zahlungsgrößen (Marktwerte) statt Buchwerten.
- **Risikoorientierung:** Risikoadäquate Diskontierung mit dem Kapitalkostensatz.
- **Zukunftsorientierung:** Betrachtung der Cashflows über einen mehrperiodigen Zeitraum und Berücksichtigung des Zeitwertes des Geldes durch Diskontierung mit dem Kapitalkostensatz.
- **Wachstumsorientierung:** Berücksichtigung des Finanzierungsbedarfs des zukünftigen Wachstums durch Investitionen in Anlage- und Umlaufvermögen.

Damit eignet sich die Discounted Cashflow-Methode vor allem zur finanziellen **Bewertung von Strategien**. Ist die Summe aller abgezinsten freie Cashflows plus dem Barwert des Endwertes abzüglich des Marktwerts des Fremdkapitals größer als Null, dann steigert die Strategie den Eigenkapitalwert. Der freie Cashflow wird somit zu einem maßgeblichen Erfolgskriterium. Zudem beeinflusst die Finanzierungsstruktur eines Unternehmens das Ergebnis. Dadurch wird die Verzahnung der Unternehmenssteuerung mit dem Finanzmanagement deutlich.

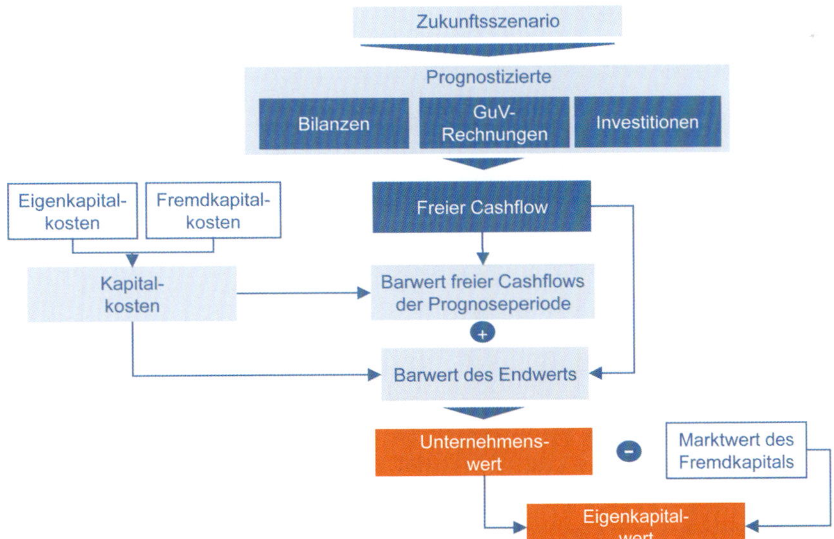

Abb. 8.2.32: Ermittlung des Eigenkapitalwerts mit dem Discounted Cashflow-Verfahren (in Anlehnung an Rappaport, 1999, S. 68)

Discounted Cashflow der Value GmbH

Für die *Value GmbH* wird ein Szenario zugrunde gelegt, welches durch Umsatzsteigerungen, Kostenänderungen etc. gekennzeichnet ist (vgl. Abb. 8.2.33). Diese Wertgeneratoren beeinflussen die prognostizierten freien Cashflows im fünfjährigen Prognosezeitraum. Das fünfte Jahr ist dadurch normalisiert, dass sich Investitions- und Abschreibungsniveau angeglichen haben. Der Barwert des Prognosezeitraums beläuft sich auf 84,1 Mio. €. Dies macht rund 29 % des gesamten Unternehmenswertes von 290,1 Mio. € aus. Der Großteil des Unternehmenswertes entsteht durch die ewige Rente. Nach Abzug des Fremdkapitals beträgt der Wert des Eigenkapitals 230,1 Mio. €. Die Berechnung veranschaulichen Abb. 8.2.33 und Abb. 8.2.34 (Werte in Mio. €).

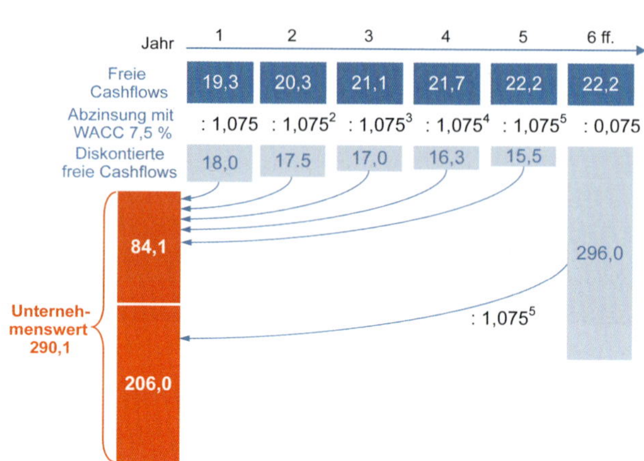

Abb. 8.2.33: Berechnung des Unternehmenswertes der Value GmbH mit dem Discounted Cashflow-Verfahren

		IST Jahr 0	Prognosezeitraum Jahr 1	Jahr 2	Jahr 3	Jahr 4	Jahr 5 normalisiert	Anschlussperioden	
Umsatzszenario									
Umsatzerlöse	+	120,00	126,00	131,04	134,97	137,67	139,05		
Umsatzsteigerung zum Vorjahr			*5%*	*4%*	*3%*	*2%*	*1%*		
Kostenszenario									
Herstellungskosten	–	75,00	56,70	58,97	60,74	61,95	62,57		
Prozentual zum Umsatz		*63%*	*45%*	*45%*	*45%*	*45%*	*45%*		
Gemeinkosten	–	12,00	28,98	30,14	31,04	31,66	31,98		
Prozentual zum Umsatz		*10%*	*23%*	*23%*	*23%*	*23%*	*23%*		
Abschreibungen	–	10,00	10,50	10,92	11,25	11,47	11,59		
Steigerung			*5%*	*4%*	*3%*	*2%*	*1%*		
Operatives Ergebnis (EBIT)	=	**23,00**	**29,82**	**31,01**	**31,94**	**32,58**	**32,91**		
Zinsen	–	3,00	3,00	3,00	3,00	3,00	3,00		
Gewinn/Verlust vor Steuern (EBT)	=	**20,00**	**26,82**	**28,01**	**28,94**	**29,58**	**29,91**		
Steuersatz		*35%*	*35%*	*35%*	*35%*	*35%*	*35%*		
Ertragssteuer	–	**7,00**	**9,39**	**9,80**	**10,13**	**10,35**	**10,47**		
Gewinn/Verlust nach Steuern (EAT)	=	**13,00**	**17,43**	**18,21**	**18,81**	**19,23**	**19,44**		
Zinsen	+	3,00	3,00	3,00	3,00	3,00	3,00		
Abschreibungen	+	10,00	10,50	10,92	11,25	11,47	11,59		
Working Capital		*22,80*	*23,94*	*24,90*	*25,64*	*26,16*	*26,42*		
Prozentual zum Umsatz		*19%*	*19%*	*19%*	*19%*	*19%*	*19%*		
Netto-Zunahme des Working Capital	–	6,00	1,14	0,96	0,75	0,51	0,26		
Netto-Zunahme der Rückstellungen	+	2,00	0,00	0,00	0,00	0,00	0,00	Steigerungsrate	
Investitionen	–	*6,00*	*10,50*	*10,92*	*11,25*	*11,47*	*11,59*	0%	1%
Freier Cashflow (Netto-Cashflow)	=	**16,00**	**19,29**	**20,25**	**21,07**	**21,72**	**22,18**	**22,18**	**22,4**
Kapitalkostensatz		7,5%							
Barwertfaktor	•	1,00	0,93	0,87	0,80	0,75	0,70		
Diskontierter Freier Cashflow	=		17,95	17,52	16,96	16,26	15,45		
Multiplikator ewige Rente								13,33	15,38
Kapitalwert Ewige Rente (Jahr 5)								295,71	344,6
Kapitalwert Ewige Rente (Jahr 0)								**205,98**	**240,06**
Kapitalwert Prognosezeitaum	+				**84,14**			**84,14**	**84,14**
Unternehmenswert	=							**290,12**	**324,2**
Fremdkapital	–							**60,00**	**60,00**
Eigenkapitalwert	=							**230,12**	**264,2**

Abb. 8.2.34: Discounted Cashflow-Berechnung für ein Szenario der Value GmbH

8.2.7 Verfahrensübersicht

Im Gegensatz zu den traditionellen GuV-basierten Kennzahlen, wie Jahresüberschuss oder EBIT, und den weit verbreiten Gewinnmargen beziehen alle wertorientierten Verfahren das Risiko mit ein. Im Rahmen der wertorientierten Unternehmenssteuerung wird das operative Ergebnis aus dem externen Rechnungswesen um risikoadjustierte Kapitalkosten ergänzt.

Bei der Auswahl einer wertorientierten Kennzahl sollte berücksichtigt werden, dass es die „richtige" Kennzahl per se nicht gibt. Die Beurteilung der möglichen Alternativen richtet sich nach dem konkreten Verwendungszweck. Dies erklärt wohl auch, warum die Vielfalt an Kennzahlen ihre Berechtigung im Spektrum zwischen Genauigkeit und Transparenz hat.

Bei der Auswahl einer wertorientierten Erfolgskennzahl kommt es insbesondere auf die **Wertkorrelation und Kompliziertheit** an. Die Wertkorrelation spiegelt wider, wie genau die Kennzahl die Wertentwicklung abbildet. Die Kompliziertheit bestimmt sich nach dem Schwierigkeitsgrad der Ermittlung, Kommunikation und Interpretation der Kennzahl. Dies macht Kompromisse erforderlich. Tendenziell steigt mit der Genauigkeit die Kompliziertheit und umgekehrt. Letztlich ist dies eine unternehmensspezifische Entscheidung, die sich u.a. nach der Datenverfügbarkeit, dem Entwicklungsstand des Rechnungswesens und Controllings sowie der Innovationsbereitschaft der Unternehmensführung richtet.

Wertorientierte Kennzahlen sollten folgende **Anforderungen** genügen:

- **Kapitalberücksichtigung:** Die Kennzahlen setzen den erwirtschafteten Erfolg in Relation zum investierten Kapital und sind von der Kapitalstruktur des Unternehmens abhängig. Wert wird erst dann geschaffen, wenn die erwirtschaftete Rendite größer ist als die Kosten des investierten Kapitals.
- **Risikoberücksichtigung:** Leistungsindikatoren sollen das geschäftsspezifische Risiko berücksichtigen. Wird auf eine Risikoanpassung verzichtet, dann lässt sich die Leistung unterschiedlich risikobehafteter Geschäftsfelder nicht vergleichen. Fehlallokationen bei der Kapitalverteilung wären die Folge.
- **Kommunizierbarkeit:** Wertorientierte Kennzahlen sollen sowohl für die Unternehmensführung und Mitarbeiter als auch für Unternehmensexterne verständlich sein. Divergenzen zwischen internen und externen Steuerungssystemen sind zu vermeiden.

Unternehmen, die einen ersten Schritt in Richtung **Wertmanagement** gehen wollen, beginnen meist mit der verstärkten Betonung von Kapitalrenditekennzahlen. Zunehmend wählen Unternehmen hierfür Residualgewinngrößen auf Buchwertbasis, insbesondere dann, wenn internationale Rechnungslegungsstandards zugrunde gelegt werden.

Ergebnisvergleich der Value GmbH

Ein Vergleich der Verfahren am Beispiel der *Value GmbH* zeigt, dass in allen drei Fällen eine Wertsteigerung erwirtschaftet werden konnte (vgl. Abb. 8.2.35). Auf Basis der Buchwerte fällt der Wertbeitrag mit dem EVA-Konzept deutlich höher aus als der CVA. Beide Werte lassen sich aber nicht vergleichen, da sie unterschiedliche Rechengrößen verwenden. Die Investitionen beeinträchtigen die freien Cashflows und das eingesetzte Kapital wird mit der Bruttoinvestitionsbasis höher bewertet, wodurch der CFROI deutlich geringer ausfällt als der ROCE. Bei der Discounted Cashflow-Methode wird der Gesamterfolg des betrachteten Szenarios und damit die Zukunft des Unternehmens bewertet.

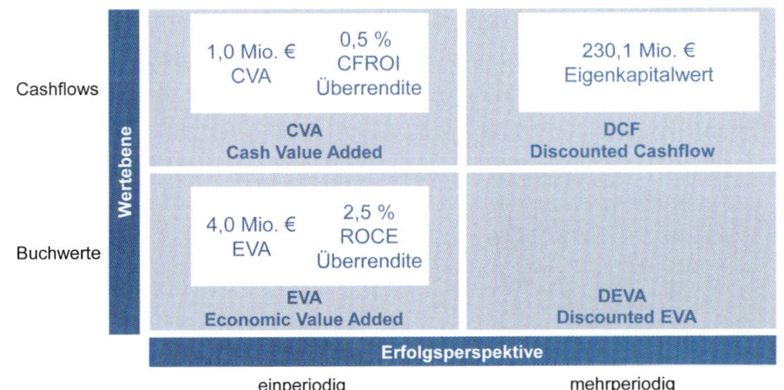

Abb. 8.2.35: Ergebnisvergleich für die Value GmbH

Werden mehrere Verfahren genutzt, so können gegenläufige Wertungen und damit Unklarheiten entstehen. Neben der Aussagefähigkeit ist für die Verhaltenssteuerung der Mitarbeiter wichtig, dass diese die verwendete Spitzenkennzahl verstehen und nachvollziehen können. Zwischen den beiden Kriterien **Aussagefähigkeit** und **Verständlichkeit** besteht ein gegensätzlicher Zusammenhang: Eine höhere Aussagefähigkeit geht zulasten der Verständlichkeit und umgekehrt. Abb. 8.2.36 verdeutlicht diesen Zusammenhang und ordnet die wertorientierten Verfahren neben weiteren gängigen Finanzkennzahlen ein. Am einfachsten zu verstehen sind danach die Umsatzerlöse, allerdings mit einer sehr geringen Aussagefähigkeit. Umgekehrt verhält es sich mit dem CVA, der sehr aussagekräftig, aber schwer verständlich ist (vgl. *Sandt*, 2018, S. 40 ff.).

Die Balance zwischen Verständlichkeit und Aussagefähigkeit bei der Auswahl geeigneter Finanzkennzahlen zu treffen, ist für Unternehmen demnach nicht einfach. Von den deutschen börsennotierten Unternehmen nutzen über 80 % ein wertorientiertes Verfahren. Am weitesten verbreitet ist in dieser Kategorie der EVA. Er ist besonders für die einperiodige Bewertung und zur Leistungsmessung geeignet. Für den EVA werden oft Anpassungen vorgeschlagen, um dessen Aussagefähigkeit zu erhöhen. Jedoch sinkt dadurch die Verständlichkeit. Der Post- und Logistikdienstleister *Deutsche Post DHL* nutzt beispielsweise ein EVA-Verfahren mit der Kennzahl EAC (EBIT after Asset Charge). Es berücksichtigt die Kosten, die sich aus dem gebundenen Kapital ergeben. Das Unternehmen verzichtet dabei zugunsten der Verständlichkeit auf jegliche Anpassungen und nimmt damit Einschränkungen der Aussagefähigkeit in Kauf. Ähnlich verfährt auch die *Deutsche Telekom,* die ab 2001 ein EVA-basiertes Verfahren mit einigen Anpassungen des EBIT und der Kapitalbasis verwendete. Dadurch wurde die Aussagefähigkeit erhöht, allerdings zulasten der Verständlichkeit und Akzeptanz. Deshalb schwenkte die *Deutsche Telekom* auf den ROCE um, der an der Mindesthürde in Form des WACC gemessen wird. Somit wurde ein Schritt in Richtung Verständlichkeit zulasten der Aussagefähigkeit getan (vgl. *Sandt*, 2018, S. 43).

Unternehmen, die Wert auf eine weniger verzerrte Übergewinngröße legen und dafür eine erhöhte Kompliziertheit in Kauf nehmen, wählen den CFROI. Dieser ist auch für die externe Analyse geeignet. Er ist durch unterschiedlichste Anpassungsmöglichkeiten sehr flexibel, so dass dieses Verfahren auch auf unteren Entscheidungsebenen verwendbar ist. Der CVA als zahlungsorientierte Wertgröße ist auf der Basis von ökonomischen Abschreibungen aussagefähiger als der EVA, allerdings auf Kosten der Verständlichkeit. Die *Lufthansa* führte 1999 zunächst ein CVA-Konzept mit der Kennzahl Earnings After Cost of Capital (EACC) ein und ersetzte dieses 2014 durch ein EVA-Verfahren. *Bayer* nutzte bereits ab 1993 ein CVA-Verfahren und entschied sich 2015, nach dem Börsengang der Sparte *Bayer Material Science* unter dem Namen *Covestro,* für ein verständlicheres EVA-Konzept. Das CVA-Konzept ist geeignet zur Entscheidungsunterstützung der Führungskräfte, aber weniger für die dauerhafte Verhaltenssteuerung im Unternehmen. Daher hat der CVA für die Unternehmenssteuerung in der Praxis kaum noch Bedeutung (vgl. *Sandt*, 2018, S. 44 ff.). Die „Profi-Variante" ist das Discounted Cashflow-Verfahren. Es berücksichtigt die zukünftigen Investitionen und bietet so neue Einblicke in die Leistung des Unternehmens und seiner Führung. Dadurch wird die klassische, buchwertorientierte Sichtweise sinnvoll ergänzt.

Zusammenfassend ist die Auswahl des **„richtigen" Verfahrens** zwar eine wesentliche Frage, letztlich aber nur ein Aspekt der wertorientierten Unternehmensführung. Inwieweit die gemessene Wertsteigerung zwangsläufig zu einer Marktwertmaximierung des Unternehmens führt, kann nicht abschließend beantwortet werden. Zwar belegen empirische Untersuchungen einen Zusammenhang (vgl. *Coenenberg* et al., 2015, S. 117), doch ist für Unternehmen keine eindeutige Handlungsempfehlung daraus abzuleiten. Bei einer Aktiengesellschaft führt eine hohe Dividende als Ergebnis eines hohen freien Cashflows tendenziell zu Kurssteigerungen. Aber auch hohe Nettoinvestitionen zur Weiterentwicklung des Unternehmens können langfristig den freien Cashflows erhöhen. Eine eindeutige Aussage, dass damit zwangsläufig der Wert für den Aktionär steigt,

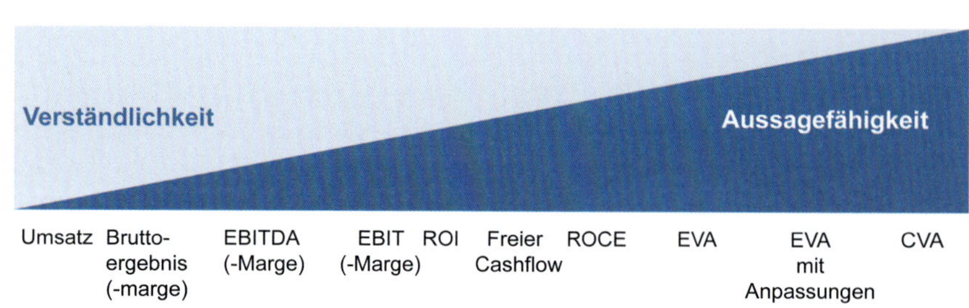

Abb. 8.2.36: Verständlichkeit versus Aussagefähigkeit wertorientierter Verfahren (in Anlehnung an Sandt, 2018, S. 42)

ist nicht möglich. Ebenso verhält es sich bei einer Personengesellschaft. Auch hier ist ein Automatismus nicht ohne Weiteres gegeben. Die gleichgerichtete Entwicklung der Wertkennzahl und des Marktwertes ist daher eher ein Idealfall (vgl. *Martin/Petty*, 2009, S. 99).

Wertorientierte Unternehmensführung bedeutet somit nicht zwangsläufig eine Steigerung des Marktwerts. Die Verwendung der Konzeption ist jedoch zur **internen Steuerung** eines Unternehmens zweckmäßig, denn sie überbrückt den Interessenkonflikt zwischen Unternehmensführung und Eigentümern. Zudem werden methodische Mängel herkömmlicher Steuerungsverfahren überwunden und insbesondere die Zukunftsorientierung stärker betont. Letztlich sind wertorientierte Steuerungsverfahren zur ökonomischen Beurteilung von Strategien unverzichtbar. Sie verhelfen der Strategieevaluierung von subjektiven Einschätzungen und Plausibilitätsüberlegungen zu einer quantifizierbaren Basis. Allerdings sind die Konzepte komplex und schwer umsetzbar, was die weitere Ausbreitung wertorientierter Unternehmensführung behindert.

Wesentlich ist es, das Denken und Handeln der Unternehmensführung hin zu einer **Investorensichtweise** zu verändern und eine Mindestverzinsung für die Eigentümer als grundlegende Zielsetzung zu akzeptieren. Das Vorleben dieser Denkhaltung und die konsequente Umsetzung im Unternehmen beeinflussen den Erfolg wertorientierter Unternehmensführung maßgeblicher als die Frage nach der richtigen Kennzahl. Dies erfordert ein entsprechendes Anreizsystem und die Ausrichtung auf die Besonderheiten des Unternehmens. Die Operationalisierung erfolgt durch Werttreiber. Auf diese Weise bildet die wertorientierte Unternehmensführung einen durchgängigen und geschlossenen Ansatz.

Diesem Vorteil steht jedoch die rein quantitativ-monetäre Ausrichtung gegenüber. Die Fokussierung auf die Eigentümerinteressen ist zweifellos von zentraler Bedeutung, darf aber berechtigte Interessen anderer Stakeholder nicht in den Hintergrund drängen (vgl. Kap. 2.3.2). Die Euphorie der Shareholder Value-Anhänger hat in der Vergangenheit zum Teil zu einem kurzfristig am Aktienkurs ausgerichteten Verhalten geführt, welches durch Aktienoptionsprogramme noch begünstigt wurde. Diesem kurzfristig monetär ausgerichteten Shareholder Value Management fehlt die strategische Perspektive, was die langfristig-nachhaltige Ausrichtung des Unternehmens gefährden kann.

Zusammenfassung

- Unternehmen müssen für ihre Kapitalgeber eine Mindestverzinsung auf das eingesetzte Kapital erwirtschaften, um als Kapitalanlage attraktiv zu sein.
- In einer wertorientierten Sichtweise ersetzt eine risikoadäquate Kapitalverzinsung die traditionelle Gewinnorientierung.
- Der Unternehmenswert kann für bestehende Geschäfte durch Steigerung der Profitabilität, durch Wachstum und durch Verringerung des Kapitaleinsatzes erhöht werden. Zudem lässt sich das Geschäftsfeld-Portfolio unter Wertgesichtspunkten optimieren.
- Wertorientierte Unternehmensführung wird durch Werttreiber operationalisiert. Es muss zudem in bestehende Instrumente und in das Anreizsystem des Unternehmens integriert werden. Dadurch wird die wertorientierte Unternehmensführung zu einem geschlossenen Führungskreislauf.
- Unternehmen, Strategien und Investitionen können wertorientiert beurteilt werden.
- Es existiert eine Vielzahl an wertorientierten Steuerungskonzepten. Die Kennzahlen unterscheiden sich in buchwertorientierte und cashfloworientierte Verfahren. Die Wertsteigerung kann für eine Periode oder einen längeren Zeitraum gemessen werden.
- Die Kapitalkosten orientieren sich an der Kapital- und Risikostruktur eines Unternehmens und können als gewichtete Kapitalkosten (WACC) mithilfe des Capital Asset Pricing Model (CAPM) näherungsweise bestimmt werden.
- Der gewichtete durchschnittliche Kapitalkostensatz (WACC) errechnet sich aus den prozentualen Eigen- und Fremdkapitalkosten, welche mit ihrem Anteil am netto investierten Kapital gewichtet werden.
- Der Economic Value Added ist eine einfache und transparente Kennzahl. Er eignet sich, wenn die externe Rechnungslegung für Führungsentscheidungen genutzt wird.
- Bei den cashfloworientierten Verfahren dient der freie Cashflow als Erfolgsmaßstab. Dieser ist frei von bilanzpolitischen Einflüssen und eignet sich auch für Unternehmen mit HGB-Rechnungslegung. Die Kapitalrendite kann über den Cashflow Return on Investment (CFROI) abgebildet werden.

- Die Messung des Gesamterfolgs einer Strategie oder die Ermittlung des Unternehmenswertes kann über die Discounted Cashflow-Methode erfolgen. Sie zeigt die Wertsteigerung auf und vermag unterschiedlichste Zukunftsszenarien zu beurteilen.
- Wertorientierte Unternehmensführung ist ein zukunftsträchtiges Konzept, welches auf die Kapitalgeberinteressen abzielt. Diese zu berücksichtigen, ist für ein Unternehmen unabdingbar. Dennoch sollte diese Sichtweise nicht das alleinige Erfolgskriterium des Unternehmens sein, sondern andere Interessen ausgewogen mitberücksichtigen.

Literaturempfehlungen

Coenenberg, A. G./Salfeld, R./Schultze, W.: Wertorientierte Unternehmensführung: Vom Strategieentwurf zur Implementierung, 3. Aufl., Stuttgart 2015.

Günther, T./Beyer, D./Kirchner-Khairy, S.: Wert- und risikoorientiertes Controlling, München 2023.

Rappaport, A.: Shareholder Value: Ein Handbuch für Manager und Investoren, 2. Aufl., Stuttgart 1999.

Fallstudien zur wertorientierten Unternehmensführung

3.1 Wertorientierte Unternehmensführung bei der Eder Möbel GmbH *(Dillerup, R.)*

8.2 Wertorientierte Unternehmens- und Strategiebewertung der MÜMÖ GmbH *(Dillerup, R.)*

8.3 An immateriellen Werten orientierte Unternehmensführung

Leitfragen

- Was sind immaterielle Vermögenswerte?
- Was ist an immateriellen Werten so besonders?
- Wie lässt sich immaterielles Vermögen messen und steuern?
- Woraus besteht ein integrierter Bericht?

8.3.1 Immaterielle Werte sind zentrale Erfolgsfaktoren

Die Wertschöpfung vieler Unternehmen basiert zunehmend auf immateriellen Ressourcen, wie etwa Mitarbeiterkompetenzen, Führungsstrukturen, Kundenbeziehungen oder Marken. Während diese zu einer Quelle für Wettbewerbsvorteile werden, verlieren materielle Ressourcen immer mehr an Bedeutung. Traditionelle Führungssysteme sind jedoch auf die industrielle Massenfertigung physischer Produkte fokussiert und schenken immateriellen Produktionsfaktoren meist wenig Beachtung.

Beispielsweise sind die wesentlichen Werte des Weltmarktführers für Unternehmenssoftware *SAP* nicht Grundstücke, Gebäude oder Hardware. Im Vordergrund stehen das Know-how in der Anwendungsentwicklung, Prozessorganisation sowie In-Memory- und Cloud-Technologie, die innovative Unternehmenskultur, die über 320.000 Kunden und eines der weltweit größten Partnernetzwerke im Bereich Technologie, Vertrieb und Service. Der amerikanische Konsumgüterkonzern *Procter & Gamble* verfügt dagegen über ein breites Portfolio führender und weltweit bekannter Marken, wie etwa *Ariel*, *Gilette*, *Duracell* oder *Wella*. Auf diese Weise kann das Unternehmen für seine Produkte am Markt höhere Preise als viele Wettbewerber erzielen.

Viele Unternehmen haben ein beträchtliches immaterielles Vermögen, ohne es selbst zu wissen oder nach außen hin zu zeigen. Um dessen Wert abzuschätzen, wird bei börsennotierten Unternehmen oft die **Differenz zwischen Markt- und Buchwert** herangezogen. Der Marktwert des Eigenkapitals errechnet sich aus der Anzahl der Aktien multipliziert mit dem Börsenkurs. Der Buchwert beziffert das bilanziell ausgewiesene Eigenkapital. Wie in Abb. 8.3.1 bei den 500 größten börsennotierten US-amerikanischen Unternehmen zu sehen, fiel der Buchwertanteil am Marktwert von 83 % im Jahr 1975 bis auf 10 % in 2020 (vgl. *Ocean Tomo*, 2020, S. 2). Offenbar ist ein Großteil des Wertes vieler Unternehmen nicht mehr in den Bilanzen zu sehen.

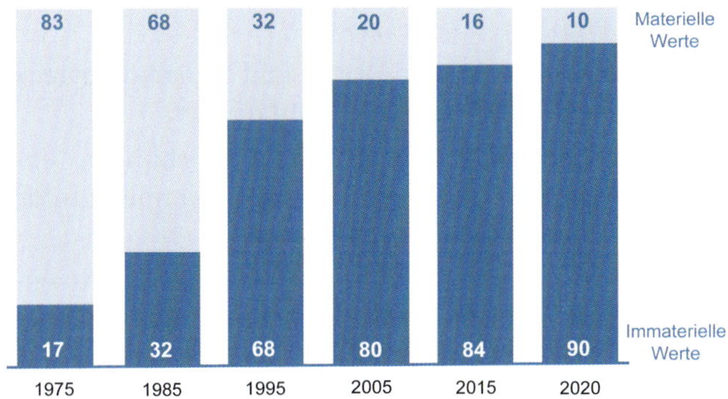

Abb. 8.3.1: Prozentualer Anteil der Unternehmenswerte im S&P 500 (Ocean Tomo, 2020, S. 2)

Auch wenn die Gleichsetzung der Differenz zwischen Markt- und Buchwert mit dem immateriellen Vermögen nur eine sehr grobe Schätzung ist (vgl. Kap. 8.3.4), wird doch offensichtlich, dass immer größere Vermögensanteile in der herkömmlichen Rechnungslegung nicht mehr erfasst werden. Der Unternehmensführung fehlen dadurch Informationen über weite Teile des Unternehmenswerts und die wirklichen Werttreiber bleiben verborgen. Daraus resultiert die Forderung nach einer **integrierten Berichterstattung**, die sowohl materielle als auch immaterielle Erfolgsfaktoren beinhaltet (vgl. *PwC*, 2012, S. 6). Sie soll deutlich machen, welche Werttreiber für den Erfolg eines Unternehmens verantwortlich sind.

8.3.2 Arten immaterieller Werte

Als immaterielle Werte gelten „alle Vermögenswerte, die einen Wert für das Unternehmen besitzen und keine materiellen Güter oder monetären Werte darstellen" (*Lev*, 2001, S. 5). Finanz- und Sachanlagen gehören somit nicht zu den immateriellen Werten. Der verbleibende Unternehmenswert lässt sich auf immaterielle Ressourcen und deren wirtschaftlichen Nutzungsmöglichkeiten zurückführen. Immaterielle Werte werden auch als immaterielles Vermögen, Intangible Assets, Intangibles oder intellektuelles Kapital bezeichnet.

> Das **immaterielle Vermögen** eines Unternehmens umfasst alle nicht-monetären Werte ohne physische Substanz.

Nach dessen Quellen lassen sich die in Abb. 8.3.2 dargestellten **Bestandteile des intellektuellen Kapitals** unterscheiden (vgl. *Stoi*, 2004, S. 189 f.):

- **Humankapital:** Wissen, Fach- und Sozialkompetenz, Motivation und Potenzial der Mitarbeiter.
- **Kundenkapital:** Kundenstamm, -beziehungen und -potenzial sowie über die Kunden gesammelte Informationen.
- **Beziehungskapital** (Partner-/Allianzkapital): Anzahl und Potenzial von Beziehungen und Partnerschaften in der gesamten Wertschöpfungskette. Hierzu zählen insbesondere Lieferanten, Entwicklungs-, Service- und Vertriebspartner sowie Kapitalgeber.
- **Strukturkapital** bestehend aus:
  - **Imagekapital**, das sich im Bekanntheitsgrad, der Reputation, den Marken und dem gesellschaftlichen Ansehen des Unternehmens ausdrückt.
  - **Organisationskapital**, das die Leistungsfähigkeit der internen Organisation bestimmt. Es umfasst die Prozesse, Innovationen, Standortmerkmale, Führungsqualitäten und die Kultur des Unternehmens.

Das **Humankapital** stellt die Basis für die Innovations- und Wandlungsfähigkeit des Unternehmens dar. Es resultiert vor allem aus denjenigen Mitarbeitern, die aufgrund ihrer Kompetenzen nur schwer ersetzbar sind und somit einen hohen Wertschöpfungsbeitrag leisten.

Beim **Kundenkapital** sind hohe Kundenzufriedenheit und -bindung entscheidend. Sie bestimmen das zukünftige Ertragspotenzial und damit den Wert des Kundenstamms. Die Gewinnung eines Neukunden ist wesentlich teurer als der Erhalt einer Kundenbeziehung. Zum Kundenkapital gehören auch die Informationen über die Bedürfnisse und das Kaufverhalten der Kunden. Unternehmen wie *Google*, *Facebook* oder *Amazon* beobachten die Besucher ihrer Websites sehr genau. Auf diese Weise entstehen riesige digitale Datenberge (Big Data, vgl. Kap. 7.3.2). Sie lassen sich für Produktentwicklung, Werbung oder im Service einsetzen, teilweise werden sie auch anonymisiert veräußert. Das soziale Netzwerk *Facebook* verfügt weltweit über rund 3 Mrd. aktive Nutzer. Im Jahr 2021 kam dessen Mutterkonzern *Meta Platforms* auf einen Marktwert von 870 Mrd. US$, der *Google*-Mutterkonzern *Alphabet* auf 1,5 Bio. US$, *Apple* auf 2,3 Bio. US$ und *Amazon* auf 1,7 Bio. US$. Dagegen wirken die Marktwerte der größten deutschen Industrieunternehmen geradezu bescheiden, wie etwa *Siemens* (140 Mrd. US$), *Volkswagen* (147 Mrd. US$) oder *SAP* (164 Mrd. US$) (www.statista.de).

Ein Netzwerk aus **Beziehungen** in Form von Partnerschaften und Allianzen ist heute angesichts neuer Technologien

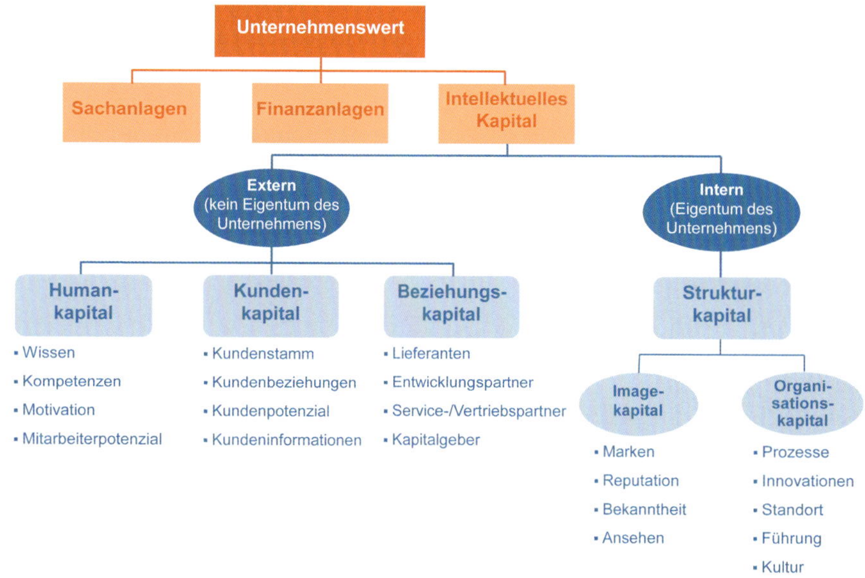

Abb. 8.3.2: Differenzierung des intellektuellen Kapitals (in Anlehnung an Stoi, 2004, S. 190)

und steigender Kundenerwartungen erforderlich, um sich auf seine Kernkompetenzen konzentrieren zu können. Digitale Informationstechnologien ermöglichen einen einfachen, kostengünstigen Kontakt zwischen Käufer und Verkäufer. Dies hat dazu geführt, dass die Unternehmen zunehmend ihre Fertigungstiefe reduzieren und externe Lieferanten in den Wertschöpfungsprozess einbeziehen. Im Rahmen derartiger Allianzen konzentriert sich jeder Partner auf jene Teile der Wertschöpfungskette, die er am besten beherrscht (vgl. Kap. 5.5). Daraus resultiert ein höherer Marktwert für sämtliche Beteiligten einschließlich der Endkunden. Beziehungen zu Kapitalgebern sind wichtig, um ausreichend Eigen- und Fremdkapital zu günstigen Konditionen beschaffen zu können.

Basis für den Aufbau und die Nutzung immaterieller Vermögenswerte ist das **Strukturkapital**. Damit Mitarbeiter Fähigkeiten erwerben, Innovationen schaffen oder Beziehungsnetzwerke nutzen können, bedarf es einer leistungsfähigen Organisationsstruktur. Unternehmenskultur und Führung entscheiden unter anderem darüber, ob das Humankapital der Mitarbeiter genutzt und vor Verlust, wie etwa durch Kündigung, geschützt werden kann. Ohne leistungsfähige Geschäftsprozesse, wie beispielsweise die Auftragsabwicklung, lässt sich kein loyaler Kundenstamm aufbauen. Ein hoher Bekanntheitsgrad und entsprechende Reputation machen es leichter, strategische Geschäftspartner zu finden und Beziehungen aufrechtzuhalten. Standortvorteile sind etwa eine gute Verkehrsinfrastruktur und die Verfügbarkeit qualifizierter Arbeitskräfte. Das Strukturkapital bestimmt auch die Wandlungs- und Innovationsfähigkeit.

Kundenkapital von Amazon

Amazon ist mit einen Sortiment von rund 500 Mio. Produkten und 300 Mio. aktiven Kundenkonten der größte Online-Händler der westlichen Welt. *Amazon* weiß genau, wann die Kunden ihre Kaufentscheidung treffen und mit welchen anderen Produkten das gekaufte Produkt zuvor verglichen wurde. Das Unternehmen analysiert die Zusammenhänge zwischen einzelnen Artikeln und leitet daraus oft erstaunlich zutreffende personalisierte Empfehlungen ab. Jedes Produkt verweist auf eine Vielzahl weiterer, ähnlicher Produkte sowie passendes Zubehör, um weitere Käufe zu veranlassen. Die Ursachen der festgestellten Korrelationen sind dabei für *Amazon* unwichtig. Rund ein Drittel aller Einkäufe gehen bereits auf diese Kaufempfehlungen zurück. Außerdem werden die Käufer aktiv am Marketing beteiligt, indem sie etwa Produktbewertungen für andere Kunden abgeben. Da diese für Kaufinteressenten einen hohen Mehrwert darstellen, wird dadurch die Attraktivität des Angebots weiter gesteigert.

Kundenkapital von LinkedIn

LinkedIn ist das größte Netzwerk für geschäftliche Kontakte mit weltweit rund 800 Mio. registrierten Nutzern. Auf Basis von Big Data wurden für die Kunden nützliche Funktionen zur Ausweitung ihrer Kontakte entwickelt. Beispielsweise erhalten die Kunden individuelle Empfehlungen zu Personen, die sie vielleicht kennen könnten oder zu eventuell interessanten Gruppen oder Jobangeboten (www.linkedin.com).

Beziehungskapital von Puma

Das Sportlifestyle-Unternehmen *Puma* erwirtschaftet mit weltweit rund 14.500 Mitarbeitern einen Umsatz von über 5,5 Mrd. €. Im Fokus stehen dabei die Kernkompetenzen der Marke: Produktentwicklung, Design und Marketing. *Pumas* Schuhe, Textilien und Accessoires werden weltweit von unabhängigen, regelmäßig geprüften Herstellern produziert – mit Schwerpunkt in Asien. Die Firmenzentralen befinden sich in Herzogenaurach, Boston, London und Hongkong, das Entwicklungszentrum *„Puma Village"* in Vietnam. Dort sind Bereiche von *Pumas* Beschaffungsorganisation „World Cat" sowie rund 40 Schuhlieferanten untergebracht. Auf diese Weise wird eine enge Zusammenarbeit von *Pumas* Entwicklungs- und Ingenieurteams mit den Fabriken gewährleistet. Neben Herstellern von Prototypen und Musterteilen sowie Material- und Komponentenherstellern beherbergt der World Cat-Komplex auch Teile der Bereiche Einkauf, Entwicklung und Materialwirtschaft. Darüber hinaus sitzen vor Ort auch Mitarbeiter der Nachhaltigkeitsabteilung *„Puma.Safe"*, welche die Einhaltung sozialer und ökologischer Standards bei den Lieferanten kontrollieren. Die Zusammenführung von eigenen Teams und externen Lieferanten unter einem Dach beschleunigt den Produktentwicklungszyklus, optimiert die Kostenstruktur im Bereich Forschung und Entwicklung und gewährleistet den hohen Qualitätsanspruch der Produkte. Zusätzlich fördert sie eine effizientere Kommunikation und enge Partnerschaft zwischen *Puma* und seinen Lieferanten (*www.puma.com*).

Einzig das Strukturkapital gehört zum Unternehmen und lässt sich reproduzieren und teilen. Die Verfügungsrechte an den übrigen immateriellen Ressourcen sind dagegen eingeschränkt und nur im Rahmen vertraglicher Vereinbarungen durchsetzbar. Nach dem **Verfügungsrecht** des Unternehmens kann also unterschieden werden zwischen:

- **Externes intellektuelles Kapital:** Human-, Kunden- und Beziehungskapital
- **Internes intellektuelles Kapital:** Strukturkapital

Nur das **Strukturkapital** ist Eigentum des Unternehmens. An seinen Mitarbeitern, Kunden und Geschäftspartnern kann es kein Eigentum erwerben und somit auch nur begrenzt über die damit verbundenen immateriellen Werte verfügen.

Es gibt auch andere Kategorisierungen des intellektuellen Kapitals. Die *Schmalenbach-Gesellschaft* schlägt etwa eine Einteilung in Innovations-, Human-, Kunden-, Lieferanten-, Investoren-, Prozess- und Standortkapital vor (vgl. *Arbeitskreis*, 2004, S. 221 ff.). Die im Auftrag des *Bundesministeriums für Wirtschaft und Technologie (BMWi)* entwickelte „Wissensbilanz – Made in Germany" (vgl. Kap. 8.3.4) unterscheidet nur zwischen Human-, Beziehungs- und Strukturkapital (vgl. *Alwert* et al., 2008, S. 10). Das Kundenkapital wird dabei dem Beziehungskapital zugeordnet, allerdings wird dadurch die herausragende Bedeutung der Kunden für den Unternehmenserfolg nicht ausreichend berücksichtigt. Einblicke in deren Wünsche und Bedürfnisse sind im Wettbewerb von unschätzbarem Wert und werden von vielen Unternehmen erfolgreich genutzt oder gar gewinnbringend veräußert.

Die *Value Reporting Foundation* berücksichtigt in ihrem Rahmenkonzept zur integrierten Berichterstattung auch soziale und ökologische Faktoren (vgl. Kap. 8.3.4). Sie unterscheidet sechs **Kapitalarten** (vgl. *IIRC*, 2021, S. 19):

- **Finanzkapital** (Financial Capital)
- **Produktionskapital** (Manufactured Capital): Neben den Sachanlagen fällt hierunter auch die betrieblich genutzte öffentliche Infrastruktur, wie etwa Straßen, Häfen, Brücken sowie Müll- und Kläranlagen.
- **Humankapital** (Human Capital)
- **Intellektuelles Kapital** (Intellectual Capital): Entspricht weitgehend dem oben beschriebenen Strukturkapital.
- **Sozial- und Beziehungskapital** (Social and Relationship Capital): Entspricht weitgehend dem Kunden- und Beziehungskapital.
- **Umweltkapital** (Natural Capital): Soll die Auswirkungen der Unternehmenstätigkeit auf die natürlichen Ressourcen und das Öko-System erfassen, wie etwa auf Wasser, Land, Mineralien, Wälder oder Luft.

8.3.3 Besonderheiten immaterieller Werte

Immaterielles Vermögen hat gegenüber materiellen Werten besondere **Merkmale**:

- **Kostenstruktur:** Der Aufbau immaterieller Werte erfordert meist hohe Investitionen. Beispiele sind die Etablierung eines Markennamens, Entwicklung von Software oder Qualifikation eines Mitarbeiters. Die Nutzung dieser Werte verursacht dagegen kaum Kosten. Bei den genannten Beispielen wären dies also die Verwendung des Markennamens, der Einsatz der Software oder die Nutzung des Mitarbeiterwissens. Jedes verkaufte immaterielle Produkt erzielt folglich einen Deckungsbeitrag annähernd in Höhe des Verkaufserlöses, da die Grenzkosten nahezu null sind. Bei immateriellen Produkten überwiegen somit die Gemeinkosten und in der Herstellung lassen sich kaum Effizienzgewinne erzielen.
- **Nutzung bedingt keinen Wertverlust:** Materielle Produktionsfaktoren – (manuelle) Arbeit, Betriebsmittel und Werkstoffe – werden bei der Herstellung von Gütern und Dienstleistungen verbraucht. Auf die meisten immateriellen Werte trifft dies nicht zu, sie können durch die Nutzung sogar wertvoller werden. Beispielsweise erhöht sich das Wissen eines Mitarbeiters, welches im Rahmen eines Projekts eingesetzt wird, durch die dabei gemachten Erfahrungen. Andere Beispiele sind der Bekanntheitsgrad eines Produkts oder der Markenwert eines Unternehmens, die mit steigender Absatzmenge zunehmen.
- **Nicht-Rivalität der Nutzung:** Materielle Gegenstände, wie etwa eine Maschine, können zum gleichen Zeitpunkt jeweils nur für einen einzigen Zweck verwendet werden. Deshalb wird versucht, diese möglichst effizient zu nutzen und optimal auszulasten. Immaterielle Werte können dagegen gleichzeitig mehrfach eingesetzt werden. Somit entstehen keine Opportunitätskosten, das heißt, die Nutzung für einen bestimmten Zweck erfordert keinen Verzicht an anderer Stelle. Die Kapazität vieler immaterieller Ressourcen ist deshalb auch nicht beschränkt. Ein Beispiel ist der Einsatz eines positiven Firmenimages zur Neukundengewinnung durch die Vertriebsmitarbeiter.

- **Netzwerkeffekte:** Der Kundennutzen immaterieller Produkte hängt oft auch von der Zahl der Anwender ab. Nach dem Gesetz von *Metcalfe* (1995) steigt der Nutzen eines Netzwerkes mit dessen Nutzeranzahl im Quadrat an (vgl. Kap. 7.3.1). Dies gilt beispielsweise für ein Karrierenetzwerk wie *LinkedIn*. Aus diesem Grund bieten viele Softwareunternehmen z. B. Basisversionen ihrer Programme oder ihr Internetangebot kostenlos an, um möglichst rasch die kritische Masse an Nutzern zu erreichen. Dabei geht es häufig auch darum, De-facto-Standards zu etablieren. Der Anbieter mit den meisten Anwendern bietet den höchsten Nutzen und kann sich am Markt durchsetzen, wie etwa das weltweit führende soziale Netzwerk *Facebook*.

- **Schaffung immaterieller Vermögenswerte:** Bei der Herstellung materieller Vermögenswerte lassen sich die Produktionsmengen und die Werte der erzeugten Güter durch vermehrten Einsatz an Produktionsfaktoren steigern. Beispielsweise kann die Produktion von Kraftfahrzeugen durch zusätzliche Rohstoffe, Maschinen und Arbeiter erhöht werden. Zur Schaffung immaterieller Vermögenswerte ist jedoch nicht die Anzahl der Produktionsfaktoren oder die Höhe der Investitionen entscheidend. Ein Beispiel ist die Verbesserung der Auftragsabwicklung durch Einführung einer neuen Standardsoftware. Der Umfang der Verbesserung hängt davon ab, ob sich die Software für die Bedürfnisse des Unternehmens eignet und die Implementierung durch einen kompetenten Berater unterstützt wird. Eine ungeeignete Software oder mangelhafte Implementierung kann trotz hoher Investitionen die Auftragsabwicklung verschlechtern und das Strukturkapital reduzieren.

- **Verfügungsrechte:** Die Verfügungsrechte des Unternehmens an seinen immateriellen Werten sind sehr unterschiedlich (vgl. Kap. 1.2.3). Nur in den wenigsten Fällen, wie etwa bei Marken, Urheberrechten oder Patenten, lassen sich diese rechtlich schützen und auch einzeln veräußern. An immateriellen Werten aus externen Quellen, wie etwa Mitarbeitern, Kunden, Lieferanten oder Geschäftspartnern, kann ein Unternehmen kein Eigentum erwerben. Sie lassen sich lediglich zeitweise vertraglich an das Unternehmen binden. Beispiele sind Arbeitsverträge mit den Mitarbeitern, Lieferverträge mit Kunden oder Lieferanten sowie Joint Ventures. Meist kann die Unternehmensführung nur durch positive Beziehungen zu diesen externen Quellen dafür sorgen, dass deren immaterielle Werte dem Unternehmen erhalten bleiben. Beispiele sind ein gutes Betriebsklima, die Pflege langfristiger Geschäftsbeziehungen oder die Erhöhung der Kundenzufriedenheit durch Serviceleistungen. Das implizite Wissen der Mitarbeiter sollte möglichst schriftlich dokumentiert und damit in Strukturkapital umgewandelt werden. Auf diese Weise bleibt es dem Unternehmen beim Ausscheiden eines Mitarbeiters erhalten. Hierzu kann etwa ein Wissensmanagementsystem dienen (vgl. Kap. 7.4.3).

- **Handelbarkeit:** Aufgrund der begrenzten Verfügungsrechte sind die meisten immateriellen Werte nicht frei handelbar. Zudem lassen sich andere Parteien oft nicht vollständig von deren Nutzung ausschließen (partielle Exkludierbarkeit). Chinesischen Unternehmen wird etwa häufig vorgeworfen, Design und Technik ausländischer Hersteller zu imitieren. Ein anderes Beispiel ist der Wechsel eines erfahrenen Mitarbeiters zu einem Konkurrenten. Diese sog. Spillover-Effekte begrenzen oder gefährden den potenziellen Nutzen von immateriellen Werten und vergrößern das Investitionsrisiko. Das Fehlen eines freien Marktes für immaterielle Ressourcen erschwert auch deren objektive Bewertbarkeit.

- **Immaterielle Erlöse:** Jedes Unternehmen erzielt nicht nur finanzielle, sondern auch immaterielle Erlöse. Beispiele sind Imagegewinne durch Referenzkunden oder die Erhöhung der Innovationskraft und Mitarbeiterkompetenz in anspruchsvollen Kundenprojekten. Diese immateriellen Erlöse erhöhen das intellektuelle Kapital, sie werden aber bislang weder qualitativ noch quantitativ erfasst. Dadurch kann die Unternehmensführung deren Bedeutung für die zukünftige Ertragskraft nicht erkennen, denn monetäre Erlöse allein reichen langfristig nicht aus. Sie resultieren aus der Nutzung immateriellen Vermögens, das in der Vergangenheit aufgebaut wurde. Beispiele sind Forschung und Entwicklung, Geschäftsprozesse, Markennamen oder Mitarbeiterkompetenzen. Immaterielle Erlöse stellen somit Erfolgspotenziale dar, aus denen zukünftige monetäre Erlöse entstehen. Ein Ansatz für die Erfassung immaterieller Erlöse wird in Kapitel 8.3.4 vorgestellt.

- **Immaterielle Investitionen:** Investitionen in (aktivierungsfähige) materielle Vermögenswerte werden in den Unternehmen einer eingehenden Beurteilung unterzogen. Hierfür stehen der Unternehmensführung eine Reihe an Instrumenten und Verfahren zur Verfügung, wie etwa die Kapitalwertrechnung. Der Aufbau immaterieller Vermögenswerte wird jedoch bilanziell mit wenigen Ausnahmen (vgl. Kap. 8.3.4) nicht als Investition betrachtet. Durch die Verbuchung als Aufwand entziehen sich immaterielle Investitionen oft einer rechnerischen Beurteilung. Beispiele sind die Grundlagenforschung, der Aufbau einer Marke oder die Ausbildung eines Mitarbeiters. Um solche Investitionen beurteilen zu können, wären sowohl eine Bewertung des immateriellen Vermögensaufbaus als auch eine Prognose des daraus resultierenden Erfolgsbeitrags erforderlich. Zu klären wäre zunächst, wann die Investition zu einer Zunahme des immateriellen Vermögens führt, und anschließend, inwiefern sich dies auch erfolgswirksam auswirkt. Der Zusammenhang zwischen immateriellen Investitionen und betrieblichen Erfolgsgrößen ist nicht eindeutig feststellbar, da sich viele unterschiedliche Faktoren auf den Unternehmenserfolg auswirken. Darüber hinaus lässt sich auch die Wirksamkeit und Wirkungsrichtung einer solchen Investition meist nicht objektiv bestimmen. Bei immateriellen Investitionen besteht immer die Gefahr, dass sie zu keiner Steigerung des immateriellen Vermögens bzw. zu keinen positiven Erfolgswirkungen führen. Zudem entfalten sie ihre Wirkung erst mit zeitlicher Verzögerung, teilweise sogar erst nach Jahren. Den Zusammenhang zwischen Investitionen in immaterielle Ressourcen und dem Unternehmenswert veranschaulicht Abb. 8.3.3.

Da der Wert immateriellen Vermögens stark schwanken kann, ist das Investitionsrisiko höher als bei materiellen Vermögenswerten. Während der Wert einer Maschine etwa linear über die Nutzungsdauer abnimmt, kann beispielsweise das Wissen eines Anwendungsentwicklers durch eine neue Version einer Programmiersprache recht plötzlich an Wert verlieren. Investitionen in immaterielle Werte werden zudem vor allem am Beginn des Innovations- bzw. Produktentwicklungsprozesses durchgeführt. In dieser Phase ist die Unsicherheit über den Erfolg einer Investition naturgemäß am höchsten. Deshalb ist auch die Gefahr eines totalen Verlustes größer als bei Investitionen in materielle Werte.

Die genannten Merkmale und Besonderheiten stellen die Unternehmensführung vor große Herausforderungen. Um immaterielles Vermögen gezielt gestalten und zur Erreichung der Unternehmensziele einsetzen zu können, müssen immaterielle Werte zunächst identifiziert, messbar gemacht und bewertet werden. Im nächsten Abschnitt werden deshalb die existierenden Regelungen des externen Rechnungswesens sowie die Möglichkeiten zur Erfassung für interne Steuerungszwecke erläutert.

8.3.4 Messung und Bewertung immaterieller Werte

Externe Rechnungslegung

Die externe Rechnungslegung ist vor allem auf die Erfassung und Abbildung materieller Werte ausgerichtet. Der Aufwand zur Schaffung immateriellen Vermögens, wie etwa für Mitarbeiterschulungen oder Forschungsprojekte, wird zwar in der GuV erfasst, die erzeugten immateriellen Werte bleiben allerdings in der Bilanz verborgen. Investitionen in immaterielles Vermögen erhöhen aber die Ertragskraft, also das Potenzial zur Erwirtschaftung zukünftiger Einzahlungsüberschüsse, und damit den Wert des Unternehmens. Die Schwierigkeiten ihrer objektiven Erfassung und Bewertung führen zu einer Vernachlässigung immaterieller Werte im externen Rechnungswesen und machen sie zu „ewigen Sorgenkindern des Bilanzrechts" (*Moxter*, 1979, S. 1102). Deshalb können viele Unternehmen ihr Erfolgspotenzial heute nicht mehr realistisch im Jahresabschluss ausweisen.

Die bilanzielle Behandlung immaterieller Werte ist in der internationalen Rechnungslegung nach *IFRS* (*International Financial Reporting Standards*) überwiegend in Nr. 38 der *International Accounting Standards* (*IAS*) geregelt, die auch für den Konzernabschluss börsennotierter europäi-

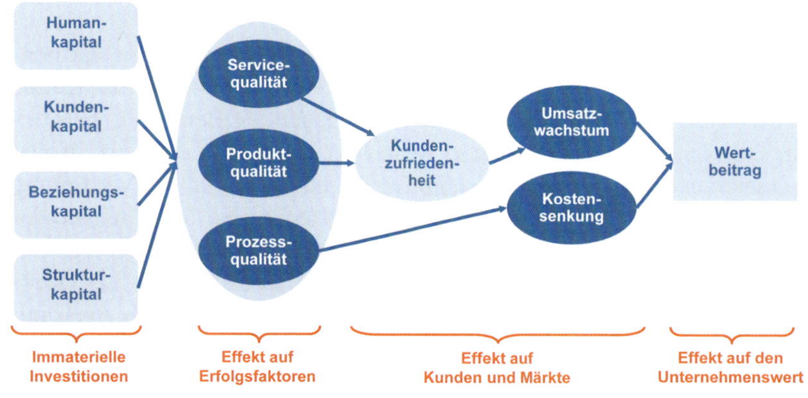

Abb. 8.3.3: Zusammenhang zwischen immateriellen Investitionen und Unternehmenserfolg (in Anlehnung an Wulf et al., 2009, S. 147)

scher Aktiengesellschaften verbindlich sind. Darin wird zunächst definiert, welche **Eigenschaften einen immateriellen Vermögenswert** ausmachen. Er muss identifizierbar, nicht monetär und ohne physische Substanz sein sowie eine Nutzenerwartung (Future Economic Benefit) aufweisen. Darüber hinaus muss das Unternehmen die Verfügungsmacht über den Vermögenswert besitzen. Somit sind auch nach IFRS viele immaterielle Vermögensgegenstände nicht bilanzierbar. Besonders der Nachweis einer wirtschaftlichen Verwertbarkeit fällt häufig schwer.

Die **Aktivierungsfähigkeit eines Vermögensgegenstands** hängt nach IFRS von folgenden Faktoren ab (vgl. *Hahn*, 2011, S. 26 f.):

- Separat erworbene immaterielle Vermögenswerte, welche die genannten Eigenschaften erfüllen, sind aktivierungsfähig. Für im Rahmen einer Unternehmensakquisition erworbene immaterielle Anlagewerte gilt eine Aktivierungspflicht als Goodwill.
- Ist für selbst erstellte immaterielle Vermögenswerte der Nutzenzufluss wahrscheinlich und sind die Kosten des Vermögenswerts zuverlässig messbar, so besteht Aktivierungspflicht.
- Für selbst erstellte immaterielle Vermögenswerte wird zwischen Forschung und Entwicklung unterschieden. Forschungsaufwendungen dürfen nicht angesetzt werden. Entwicklungsaufwendungen sind ab dem Zeitpunkt zu aktivieren, an dem kumulativ sechs Bedingungen nachgewiesen werden: technische Realisierbarkeit, Fertigstellungsabsicht, Nutzbarkeit, Nutzennachweis, Ressourcennachweis und Kostenzurechenbarkeit.
- Für bestimmte selbst erstellte immaterielle Werte, wie etwa Geschäfts- oder Firmenwert, Marken, Verlagsrechte, Aus- und Weiterbildungskosten oder Kundenstammlisten, sieht IAS 38 ein Aktivierungsverbot vor.

Werden immaterielle Vermögenswerte aktiviert, dann sind sie sowohl plan- als auch außerplanmäßig abzuschreiben. Planmäßige Abschreibungen werden über die angenommene wirtschaftliche Nutzungsdauer vorgenommen. Wird von einer unbestimmten Nutzungsdauer ausgegangen, dann ist in der Regel jährlich ein Werthaltigkeitstest (Impairment-Test) durchzuführen, woraus außerplanmäßige Abschreibungen folgen können. Alternativ ist die Neubewertungsmethode möglich, welche auch zu Zuschreibungen führen kann.

Im Jahr 2010 wurde das HGB durch das **Bilanzrechtsmodernisierungsgesetz (BilMoG)** weitreichend reformiert. Das zuvor geltende pauschale Ansatzverbot für nicht entgeltlich erworbene immaterielle Vermögensgegenstände des Anlagevermögens wurde aufgehoben und durch ein Aktivierungswahlrecht ersetzt. Ein ausdrückliches Aktivierungsverbot besteht nach § 248 Abs. 2 HGB allerdings weiterhin für selbst geschaffene Marken, Drucktitel, Verlagsrechte, Kundenlisten und vergleichbare immaterielle Vermögensgegenstände des Anlagevermögens. Ebenso sind Forschungs- und Vertriebskosten sowie Aufwendungen für die Unternehmensgründung, Eigenkapitalbeschaffung und den Abschluss von Versicherungsverträgen nicht aktivierbar. Durch diese zahlreichen Einschränkungen verbleibt im Wesentlichen die Möglichkeit, in der Handelsbilanz die Entwicklungsaufwendungen anzusetzen. Im Vergleich zum IFRS besteht bei Erfüllung der oben genannten Kriterien jedoch keine Aktivierungspflicht und auch der Zeitpunkt einer möglichen Aktivierung ist nicht an bestimmte Bedingungen geknüpft. Erträge aus der Aktivierung selbst geschaffener immaterieller Vermögensgegenstände unterliegen zur Wahrung des Gläubigerschutzes einer Ausschüttungssperre. Steuerrechtlich bleibt es beim Aktivierungsverbot für selbst geschaffene immaterielle Vermögensgegenstände nach § 5 Abs. 2 EStG (vgl. *Hahn*, 2011, S. 24 ff.).

In Anlehnung an IAS 38 wurden im Jahr 2016 die handelsrechtlichen Vorschriften zur Bilanzierung von immateriellen Vermögensgegenständen im Konzernabschluss vom *Deutschen Rechnungslegungs Standards Committee (DRSC)* in den DRS 24 konkretisiert. Ob ein Ansatzgebot, -wahlrecht oder -verbot für ein immaterielles Gut besteht, hängt davon ab, ob es einen Vermögensgegenstand darstellt, ob es dem Anlage- oder Umlaufvermögen zuzuordnen ist und ob es erworben oder selbst geschaffen wurde. Für erworbene immaterielle Vermögensgegenstände besteht ein Aktivierungsgebot. Selbst geschaffene immaterielle Vermögensgegenstände des Anlagevermögens dürfen aktiviert werden, wenn sie sich in der Entwicklungsphase befinden, mit hoher Wahrscheinlichkeit der angestrebte immaterielle Vermögensgegenstand entsteht, die Entwicklungskosten diesem verlässlich zugerechnet werden können und kein explizites Aktivierungsverbot nach § 248 HGB besteht. Dies setzt voraus, dass die Fertigstellung des immateriellen Vermögensgegenstands technisch realisierbar und beabsichtigt ist und dafür auch Ressourcen verfügbar sind. Immaterielle Vermögensgegenstände des Anlagevermögens, deren Nutzung zeitlich begrenzt ist, sind planmäßig über die geschätzte Nutzungsdauer abzuschreiben. Ist die Nutzungsdauer selbst geschaffener immaterieller Vermögensgegenstände des Anlagevermögens nicht verlässlich schätzbar, sind diese über zehn Jahre abzuschreiben (vgl. *DRSC*, 2017, DRS 24).

Die Möglichkeit zur Aktivierung eigener Entwicklungskosten im HGB-Konzernabschluss wird bislang von den meisten Unternehmen nicht genutzt. Eine empirische Untersuchung von HGB-Konzernabschlüssen nicht-kapitalmarktorientierter Unternehmen macht deutlich, dass diese mit der erstmaligen Ausübung des Aktivierungswahlrechts vorwiegend eine opportunistische Bilanzpolitik verfolgen. Die Ermessensspielräume werden oftmals dazu genutzt, möglichst hohe Entwicklungskosten zu aktivieren und damit Ergebnisgrößen zu beschönigen. So weisen beispielsweise Unternehmen, die erstmals eigene Entwicklungskosten aktivieren, eine signifikant schwächere Finanz- und Ertragslage auf als solche, die sich gegen die Wahlrechtsausübung entscheiden. Insgesamt hinkt die Anzahl der Unternehmen, die in HGB-Abschlüssen eigene Entwicklungskosten aktivieren, deutlich hinter der in IFRS-Abschlüssen hinterher. Dies liegt sicherlich auch daran, dass nach HGB ein Aktivierungswahlrecht besteht und nicht eine Aktivierungspflicht wie nach IFRS (vgl. *Hahn*, 2020, S. 303 f.; S. 320 ff.). Ein weiterer Grund ist auch die stärkere Betonung der Investorensicht in den IFRS. Daraus lässt sich jedoch nicht ableiten, dass immaterielle Vermögenswerte in deutschen Unternehmen eine geringere Rolle spielen.

Ein beträchtlicher Teil der immateriellen Vermögenswerte wird somit auch nach den neuen Rechnungslegungsvorschriften aufgrund mangelnder Identifizierbarkeit und bestehender Bewertungsschwierigkeiten nicht bilanziell ausgewiesen. Die externe Rechnungslegung liefert deshalb nur mangelhafte Informationen über die immateriellen Werte eines Unternehmens. Damit bleibt das immaterielle Vermögen sowohl dem externen Analysten als auch der Unternehmensführung weiterhin verborgen. Deshalb wird in diesem Zusammenhang auch vom **unsichtbaren Vermögen** gesprochen. Abb. 8.3.4 veranschaulicht diesen Sachverhalt.

Um ihr immaterielles Kapital und damit auch die zukünftige Ertragskraft für mögliche Investoren sichtbar zu machen, sind einige Unternehmen dazu übergegangen, hierüber in ihrem Lagebericht freiwillig Auskunft zu geben. Die daraus resultierende Vielzahl an unterschiedlichen Berichten sowie deren unzureichende Verknüpfung macht eine systematische und weitgehend standardisierte Berichterstattung wünschenswert, welche Vergleiche zwischen Unternehmen und das Erkennen des Zusammenwirkens der verschiedenen materiellen und immateriellen Ressourcen ermöglicht (vgl. *Haller/Zellner*, 2011, S. 528 f.). In den USA gibt es Bestrebungen, den Jahresabschluss durch qualitative Informationen zu ergänzen. So hat beispielsweise die US-Börsenaufsicht *SEC* (*Securities and Exchange Commission*) die Empfehlung ausgegeben, zusätzlich einen sog. Supplement Report zu erstellen. Darin sollen Unternehmen über deren Geschäftsstrategie, Geschäftsmodell sowie über wesentliche immaterielle Schlüsselgrößen Auskunft geben. In Deutschland wurde 2017 die EU-Richtlinie zur nichtfinanziellen Berichterstattung (Non-Financial Reporting Directive, kurz NFRD) durch das Corporate Social Responsibility-Richtlinien-Umsetzungsgesetz (CSR-RUG) rechtlich verabschiedet. Seitdem sind börsennotierte Unternehmen mit mehr als 500 Mitarbeitern sowie alle Genossenschaften, Kreditinstitute, Finanzdienstleister und Versicherungsunternehmen dazu verpflichtet, in ihrem Lagebericht umfassend über soziale und ökologische Aspekte zu berichten. Die EU-Kommission hat 2021 beschlossen, die bestehende Nachhaltigkeitsberichterstattung zur Corporate Sustainability Reporting Directive (CSRD) auszubauen. Danach sollen ab 2024 die Berichtspflichten auf Großunternehmen sowie sämtliche börsenorientierte Unternehmen mit Ausnahme von Kleinstunternehmen ausgeweitet werden und nach einheitlichen europäischen Standards erfolgen. Der Nachhaltigkeitsbericht soll zukünftig sowohl umfangreicher und zukunftsorientierter sein als auch Aussagen über immaterielle Vermögenswerte beinhalten. Darüber hinaus soll er einer unabhängigen Prüfung unterliegen (www.ec.europa.eu/info/business-economy-euro).

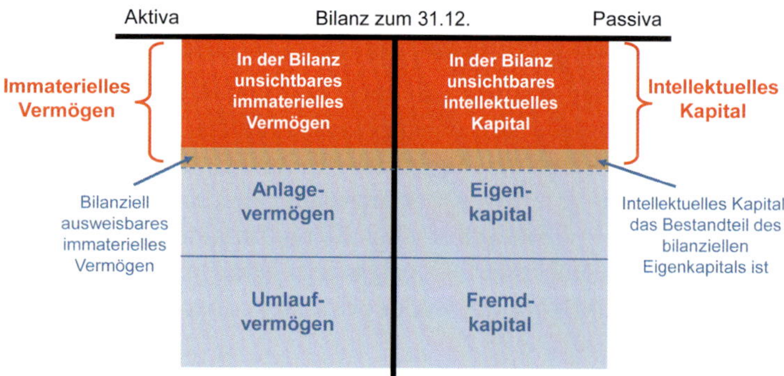

Abb. 8.3.4: Immaterielle Werte bleiben in der Bilanz weitgehend verborgen

Integrated Reporting

INTEGRATED REPORTING <IR>

Auf Initiative der Vereinten Nationen, des *Global Compact* sowie Unternehmensvertretern und Rechnungslegungsinstitutionen wurde das *International Integrated Reporting Council (IIRC)* gegründet. Im Jahr 2021 fusionierte das *IIRC* mit dem *Sustainability Accounting Standards Board (SASB)* zur *Value Reporting Foundation*. Diese verfolgt das Ziel, ein weltweit akzeptiertes Rahmenkonzept für eine integrierte Berichterstattung (Integrated Reporting) zu schaffen (vgl. www.valuereportingfoundation.org). Das Rahmenwerk der integrierten Berichterstattung (IR Framework) wurde 2013 veröffentlicht und 2021 überarbeitet (vgl. *IIRC*, 2021, S. 10 ff.). Darin werden **sechs Kapitalarten** unterschieden, die bereits in Kap. 8.3.1 erläutert wurden: Finanz-, Produktions-, Human-, Umwelt- und Sozial-/Beziehungskapital sowie das Strukturkapital, das allerdings etwas missverständlich als intellektuelles Kapital bezeichnet wird.

Die integrierte Berichterstattung soll verdeutlichen, wie das Unternehmen diese verschiedenen Kapitalarten beeinflusst. Informationen über Strategie, Geschäftsmodell, Führungsstrukturen, erzielte Leistungen, Chancen und Risiken sowie Zukunftsaussichten des Unternehmens werden dabei miteinander in Beziehung gesetzt. Die Leistungen des Unternehmens umfassen nicht nur finanzielle und materielle Zuwächse, sondern auch immaterielle Werte sowie Auswirkungen auf öffentliche und natürliche Ressourcen. Der integrierte Bericht erläutert das Geschäftsmodell und die dabei zu beachtenden Ursache-Wirkungszusammenhänge. Abb. 8.3.5 veranschaulicht den Prozess der Schaffung, Erhaltung und Minderung der sechs Kapitalarten. Dies erfolgt nicht ausschließlich durch das Unternehmen selbst, sondern basiert auf dessen Beziehungen zu seinen Stakeholdern und wird von der Unternehmensumwelt beeinflusst. Dabei sollen auch die Wechselwirkungen zwischen den Kapitalarten berücksichtigt werden. Beispielsweise wird die Maximierung der finanziellen Ergebnisse zu Lasten des Humankapitals, etwa durch hohen Leistungsdruck und schlechtes Arbeitsklima, langfristig nicht zur Maximierung des Wertes sämtlicher Kapitalarten führen. Im Rahmen ihres Geschäftsmodells transformieren Unternehmen die Kapitalarten (Inputs) durch Geschäftsaktivitäten (Business Activities) in Produkte und Dienstleistungen (Outputs). Diese führen zu kurz-, mittel- und langfristigen Ergebnissen (Outcomes), die sich auf den Wert der einzelnen Kapitalarten sowohl für das Unternehmen als auch dessen Stakeholder und die Gesellschaft auswirken (vgl. *IIRC*, 2021, S. 5 ff.; *Kajüter*, 2015, S. 32 f.).

Das Rahmenkonzept ist eine unverbindliche Leitlinie aus Berichtsprinzipien und Inhaltselementen, wobei die umfangreichen Ermessensspielräume eine standardisierte Anwendung erschweren. Das Integrated Reporting erfährt weltweit hohe Aufmerksamkeit und breite Unterstützung. Allerdings bleiben einige Fragen der praktischen Umsetzung, wie etwa die Messung der Kapitalarten und damit die Quantifizierbarkeit der Wertsteigerung, weitgehend offen bzw. dem Anwender überlassen (vgl. Kap. 8.3.4).

Immer mehr Unternehmen erkennen den Wert einer integrierten Berichterstattung, um bislang isolierte Informationen miteinander in Beziehung zu setzen und so ein ganzheitliches Bild von der Leistungsfähigkeit einer

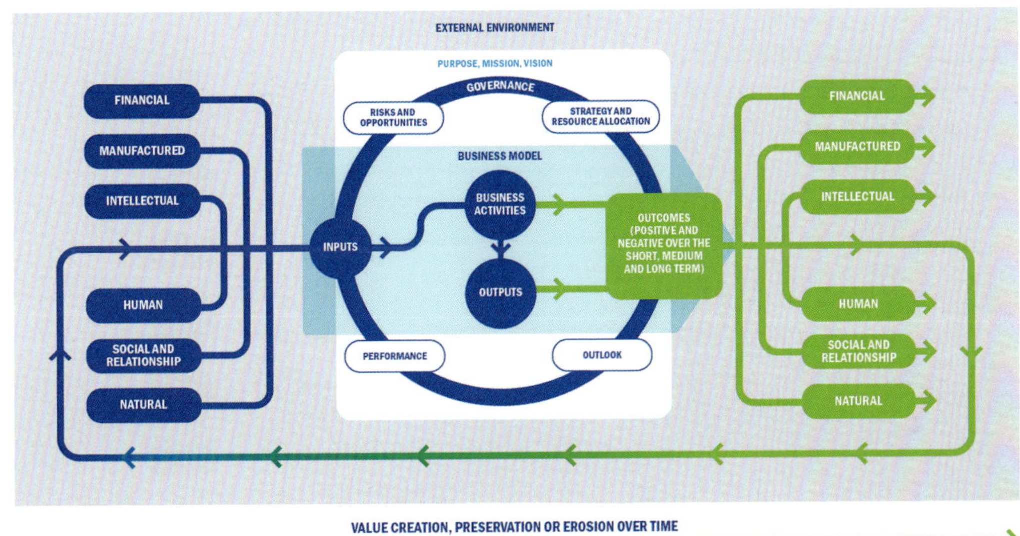

Abb. 8.3.5: Prozess der Erzeugung, Erhaltung und Minderung der Kapitalarten (IIRC, 2021, S. 22)

Organisation zu zeichnen. Voraussetzung für die Erstellung eines integrierten Berichts ist jedoch die Verankerung der Nachhaltigkeit in den Unternehmenszielen (vgl. Kap. 2.3.2). Integrated Reporting soll messbare Indikatoren und deren Auswirkungen auf die materiellen und immateriellen Vermögenswerte miteinander verknüpfen, um die langfristige Wertschöpfungsfähigkeit eines Unternehmens als Entscheidungsbasis für die Investoren einschätzen zu können (vgl. *Kirchhoff*, 2019, S. 7 ff.). Bislang beschränken sich die Aussagen integrierter Berichte meist auf generelle Zusammenhänge und imagewirksame Darstellungen. Da Strategie und Geschäftsmodell die Basis für zukünftige Wettbewerbsvorteile sind, wäre es kaum sinnvoll, externen Adressaten und somit auch Konkurrenten darin einen wirklich aussagekräftigen Einblick zu gewähren. Ebenso ist es wenig wahrscheinlich, dass die Unternehmen auch über negative Auswirkungen ihrer Geschäftstätigkeit auf die Kapitalarten, wie etwa auf die Luft- und Wasserqualität oder die Einhaltung von Menschenrechten, freiwillig Auskunft geben.

Integrated Reporting beim Flughafen München

Der *Flughafen München* ist der zweitgrößte Flughafen Deutschlands. Neben sämtlichen Leistungen für die Fluggesellschaften bietet er für die Passagiere ein umfassendes Portfolio aus Einzelhandel, Gastronomie und weiteren Dienstleistungen. Bereits 2011 nahm die *Flughafen München GmbH* am Pilotprojekt des IIRC zur Neuausrichtung der Unternehmensberichterstattung teil und berichtet seit 2015 über die Entwicklung ihrer Kapitalarten Finanzen, Infrastruktur, Know-how, Mitarbeiter, Umwelt und Gesellschaft. Durch die integrierte Berichterstattung macht der *Münchner Flughafen* deutlich, dass wirtschaftlicher Erfolg, soziales und gesellschaftliches Engagement sowie der Schutz der Umwelt untrennbar miteinander verbunden sind. Die praktische Umsetzung des IR-Rahmenwerkes veranschaulicht das in Abb. 8.3.6 dargestellte Geschäftsmodell (vgl. *Flughafen München*, 2020). Den Input des Wertschöpfungsprozesses bilden die sechs Kapitalarten. Aus diesen generiert der Flughafen in seinen vier Geschäftsfeldern unterschiedliche Produkte und Dienstleistungen (Output), um so die Werte sämtlicher Kapitalarten für seine Stakeholder zu steigern (Outcome).

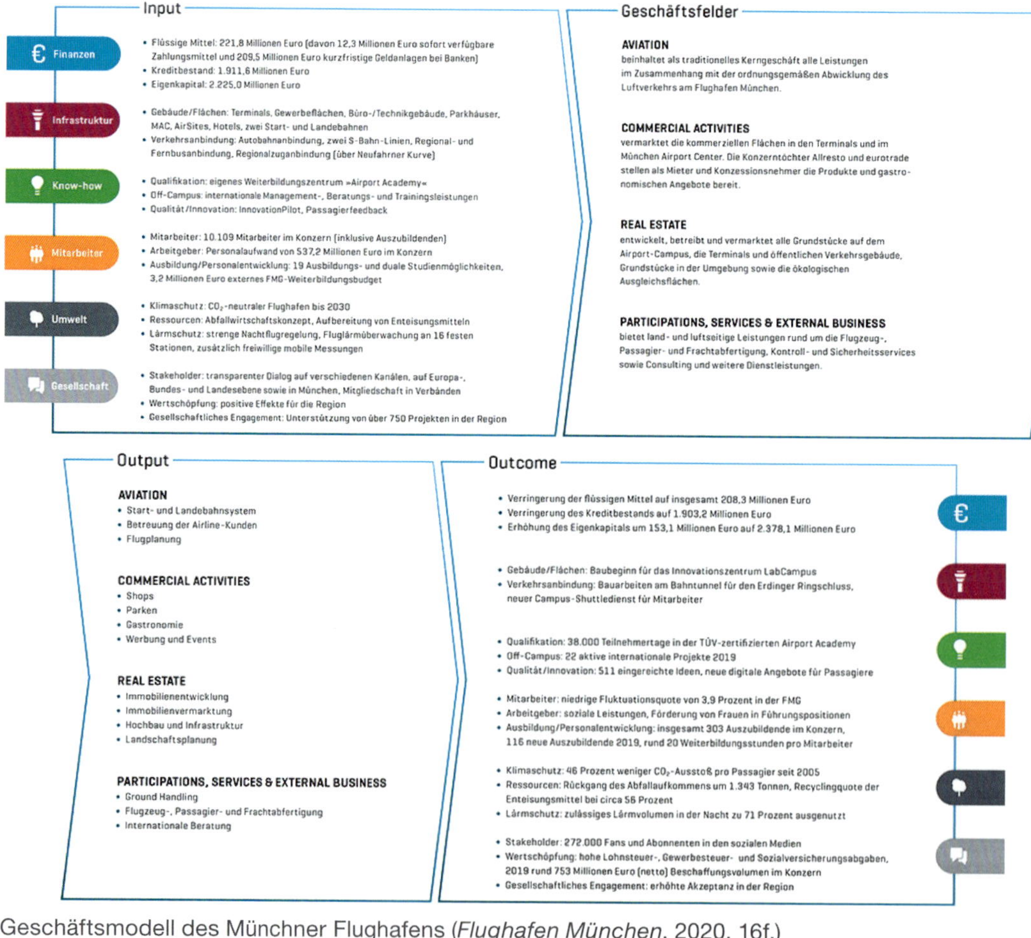

Abb. 8.3.6: Geschäftsmodell des Münchner Flughafens (*Flughafen München*, 2020, 16f.)

Integrated Reporting bei SAP

Die Walldorfer *SAP SE* ist mit mehr als 100.000 Mitarbeitern und einem Umsatz von über 27,5 Mrd. € der weltweit führende Anbieter von Unternehmenssoftware. Neben der traditionellen Geschäftsberichterstattung veröffentlicht das Unternehmen bereits seit 2012 online einen integrierten Bericht (vgl. i. F. www.sap.com/integrated-reports). Damit will *SAP* eine umfassende Darstellung der finanziellen, gesellschaftlichen und ökologischen Faktoren des Geschäftserfolgs geben. Der integrierte Bericht erläutert die Vision, Mission und Strategie sowie das Geschäftsmodell von *SAP*. Die Kennzahlen und Angaben zur gesellschaftlichen und ökologischen Leistung wurden in Übereinstimmung mit den in der Global Reporting Initiative (GRI) erarbeiteten Standards erstellt (vgl. Kap. 2.2.2).

Im 21. Jahrhundert wird erwartet, dass ein Unternehmen ein übergeordnetes Ziel verfolgt und sich der Auswirkungen seines Handelns auf Mitarbeiter und Umwelt bewusst ist. Die **Vision** von *SAP* ist es, die Abläufe der weltweiten Wirtschaft und das Leben der Menschen zu verbessern. Hierzu möchte *SAP* seine Kunden in die Lage versetzen, weltweit positive Veränderungen in Wirtschaft, Gesellschaft und Umwelt anzustoßen. Zur Erreichung der *UN*-Nachhaltigkeitsziele (vgl. Kap. 2.2.2) möchte *SAP* einerseits selbst mit gutem Beispiel vorangehen und andererseits Lösungen bereitstellen, mit denen auch ihre Kunden nachhaltig agieren können.

Die **Mission** von *SAP* lautet, innovative Software und Technologien bereitzustellen, die es ihren Kunden ermöglichen, sich zu intelligenten Unternehmen zu entwickeln. Die **Strategie** der *SAP* besteht darin, sich als „Experience Company powered by the Intelligent Enterprise" zu etablieren. Nach *SAP* arbeitet ein intelligentes Unternehmen ereignisgesteuert und mit Echtzeitabläufen. *SAP* möchte hierzu ein neues, durchgängiges Kundenerlebnis mit einer Plattform für das Experience Management schaffen, eine deutliche Produktivitätssteigerung durch eine weitere Automatisierung von Geschäftsprozessen erreichen und ihre Kunden bei der Motivation ihrer Mitarbeiter unterstützen.

Das **Geschäftsmodell** von *SAP* ist in Abb. 8.3.7 dargestellt. *SAP* schafft Mehrwert, indem sie die geschäftlichen Anforderungen ihrer Kunden identifiziert und entsprechende Software, Service- und Supportangebote entwickelt und bereitstellt. Durch enge Zusammenarbeit mit ihren Kunden und Partnern möchte *SAP* sicherstellen, dass ihre Software zur Wertschöpfung der Kunden beiträgt. Anhand des Kunden-Feedbacks werden diese Lösungen kontinuierlich weiterentwickelt, neue Anforderungen identifiziert und der Mehrwert für die Kunden gesteigert.

Die integrierte Berichterstattung geht davon aus, dass sich gesellschaftliche, ökologische und wirtschaftliche Leistungen gegenseitig beeinflussen. Eine wirklich integrierte Strategie lässt sich nach Überzeugung von *SAP* deshalb nur dann erreichen, wenn die Wirkungszusammenhänge zwischen nichtfinanzieller und finanzieller Leistung verstanden und im gesamten Unternehmen berücksichtigt werden. Hierfür wurden **Ursache-Wirkungs-Ketten** entwickelt. Diese zeigen, wie Verhaltensänderungen erreicht werden, die wiederum das Geschäft beeinflussen und sich letztendlich im finanziellen Ergebnis niederschlagen. Diese Zusammenhänge werden interaktiv dargestellt. Abb. 8.3.8 zeigt etwa die Einflussfaktoren auf das Ergebnis. *SAP* hat quantitativ ermittelt, wie sich gesellschaftliche und ökologische Kennzahlen, wie etwa der betriebliche Gesundheitskulturindex, Mitarbeiterengagement und -bindung sowie Emissionen, auf das Betriebsergebnis auswirken. Empirische Ergebnisse belegen, dass eine integrierte Strategie nicht nur die Umweltauswirkungen verringert und das Wohlbefinden der Mitarbeiter verbessert, sondern auch den Geschäftserfolg fördert.

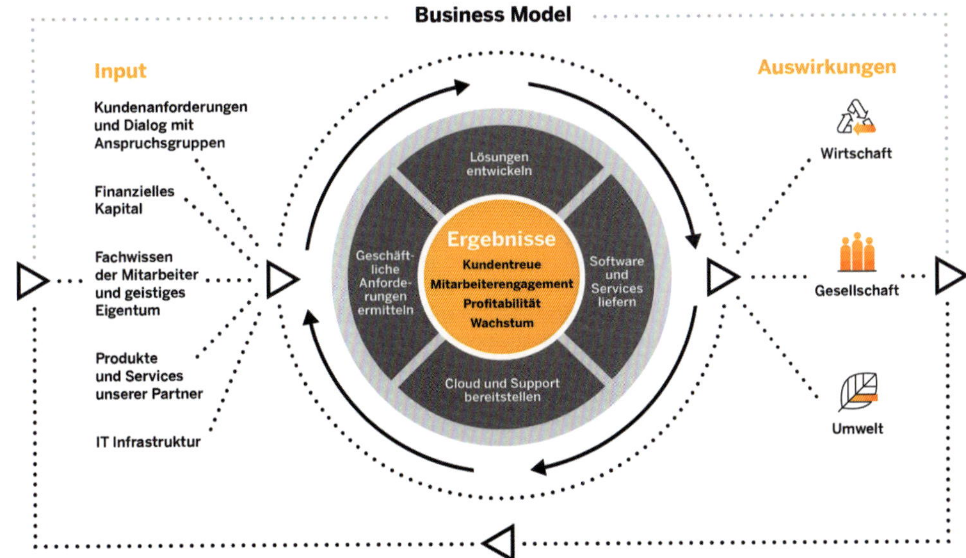

Abb. 8.3.7: Geschäftsmodell von SAP (www.sap.com/integrated-reports)

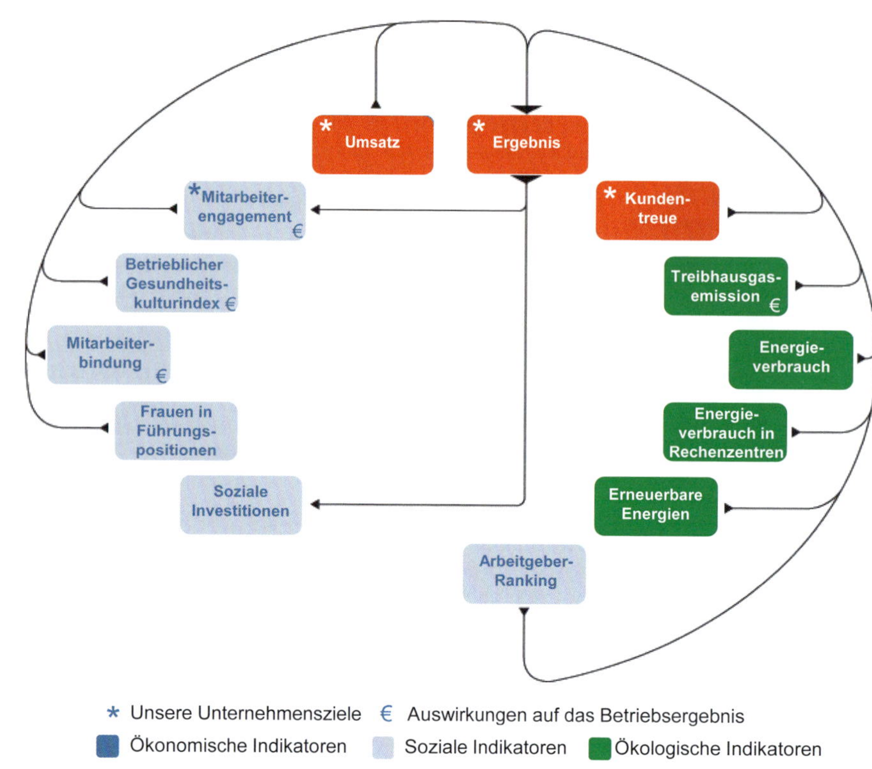

Abb. 8.3.8: Einflussfaktoren auf das Ergebnis von SAP (vgl. www.sap.com/integrated-reports)

Abb. 8.3.9: Verhaltensgrundsätze von SAP (www.sap.com/integrated-reports)

Um der Verantwortung gegenüber seinen Kunden gerecht zu werden, ist *SAP* auf verschiedene Kapitalarten angewiesen. Dazu gehört zunächst das Finanzkapital, welches die Investoren bereitstellen. Worauf sich der Erfolg aber hauptsächlich gründet, ist das Humankapital: „Es ist der Schlüssel zu unserem Wissen, unserem Erfahrungsschatz und unseren Geschäftsbeziehungen. Aus diesem Grund sind engagierte, hoch qualifizierte und flexible Mitarbeiter so wichtig für unser Geschäftsmodell und unseren Erfolg." Die in Abb. 8.3.9 dargestellten Verhaltensgrundsätze „How We Run" bilden die Grundpfeiler der **werteorientierten Unternehmenskultur** von *SAP*.

SAP ist überzeugt, dass Investitionen in das Humankapital zu spürbaren finanziellen Ergebnissen führen. Abb. 8.3.10 zeigt exemplarisch die Ursache-Wirkungs-Kette für den **betrieblichen Gesundheitskulturindex** (Business Health Culture Index, BHCI). Er ist eine Maßgröße für die kulturellen Rahmenbedingungen, um den Mitarbeitern eine Work-Life-Balance zu ermöglichen. Die Kette beginnt mit gesundheitsfördernden Maßnahmen, welche von flexiblen Arbeitsmodellen über Programme zur Weiterentwicklung von Führungskräften bis hin zu weltweit stattfindenden „Health and Innovation Weeks" reichen. Jede dieser Initiativen stärkt die Unternehmenskultur und hilft den Mitarbeitern, mit beruflicher Belastung besser umzugehen, Beruf und Privatleben miteinander in Einklang zu bringen, eigenverantwortlich zu arbeiten und ihr Leistungspotenzial voll zu entfalten. Die Auswirkungen dieser Maßnahmen sind in Abb. 8.3.8 von links nach rechts dargestellt. Flexible Arbeitszeiten verbessern beispielsweise die Stressresistenz und die Vereinbarkeit von Beruf und Privatleben. Dies führt wiederum zu Produktivitätssteigerungen, welche sich ihrerseits in einem höheren Betriebsergebnis niederschlagen. Insgesamt wird auf diese Weise Immaterielles messbar und die Zusammenhänge zeigen die untrennbare Verbindung zwischen Maßnahmen in einem Bereich und deren Wechselwirkungen an anderen Stellen.

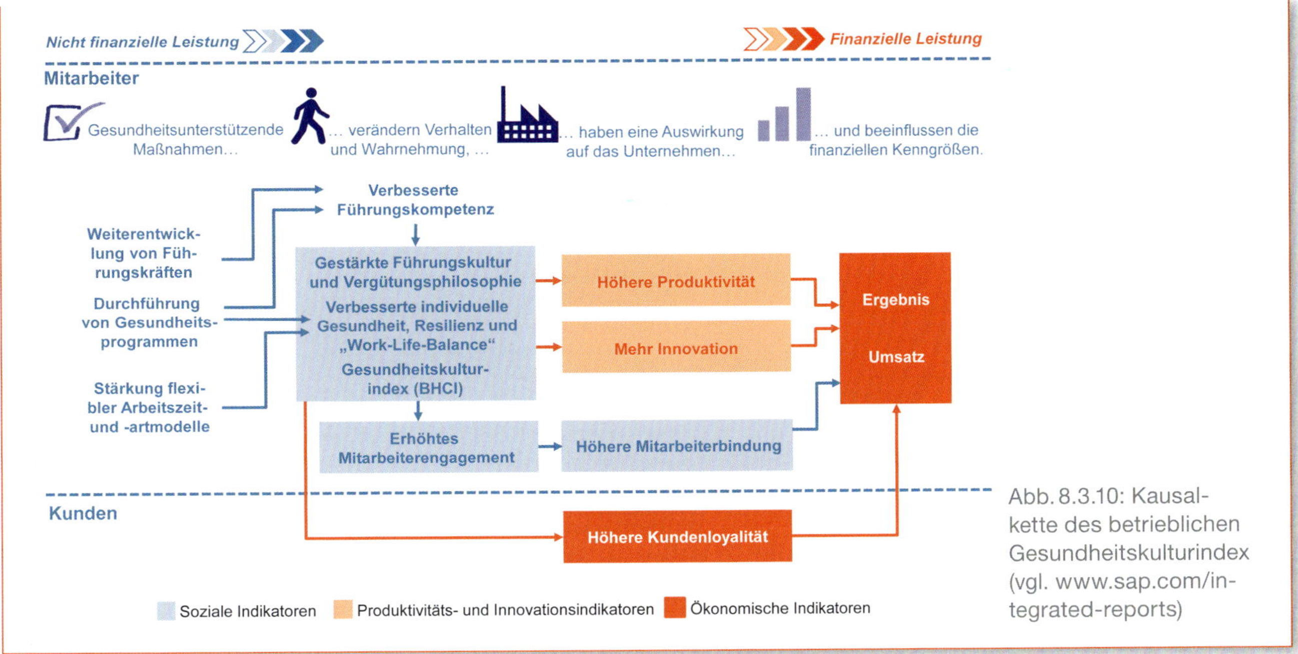

Abb. 8.3.10: Kausalkette des betrieblichen Gesundheitskulturindex (vgl. www.sap.com/integrated-reports)

Verfahren zur internen Messung und Bewertung immaterieller Werte

„Not everything that can be counted counts, and not everything that counts can be counted" (*Cameron*, 1963, S. 13). Die externe Rechnungslegung kann die für den Unternehmenserfolg maßgeblichen immateriellen Werte nicht ausreichend erfassen. Eine zielgerichtete Steuerung macht aber eine systematische Messung erforderlich. Tatsächlich existieren bereits verschiedene Bewertungsverfahren, die sich in umfassende und spezifische Ansätze unterscheiden lassen. Abb. 8.3.11 gibt einen Überblick über die **Bewertungsverfahren** immaterieller Ressourcen.

Spezifische Bewertungsverfahren erfassen nur einzelne, ausgewählte immaterielle Werte. Ein Beispiel ist die Bestimmung des Markenwerts. Das Beratungsunternehmen *Interbrand* berechnet diesen auf Basis der finanziellen Ergebnisse der Markenprodukte und -dienstleistungen, der Rolle der Marke bei der Kaufentscheidung und deren Wettbewerbsstärke. Im Jahr 2021 war danach die wertvollste Marke *Apple* mit einem Wert von 408 Mrd. US$, gefolgt von *Amazon* (249 Mrd. US$), *Microsoft* (210 Mrd. US$), *Google* (168 Mrd. US$), *Samsung* (75 Mrd. US$) und *Coca-Cola* (57 Mrd. US$). Auf den weiteren Plätzen der zehn wertvollsten Marken lagen: *Toyota*, *Mercedes-Benz*, *McDonald's* und *Disney*. Die Wertentwicklung der 100 führenden globalen Marken von 2001 bis 2019 unterteilt nach Branchen zeigt Abb. 8.3.12 (vgl. *Interbrand*, 2020, S. 21 ff.). Die ausgewiesenen Markenwerte übersteigen allerdings bei manchen Unternehmen deren Marktkapitalisierung, wie etwa im Beispiel von *Mercedes-Benz*. Dies verdeutlicht die Problematik spezifischer Bewertungsverfahren, da sich das immaterielle Vermögen aus einer Vielzahl an Komponenten zusammensetzt und auch deren Wechselwirkungen bedeutsam sind.

Die **umfassenden Messverfahren** betrachten die Gesamtheit der immateriellen Ressourcen. Je nachdem, ob deren Wert monetär gemessen oder durch verschiedene nicht-finanzielle Indikatoren ausgedrückt wird, werden diese weiter in Mono- und Multiindikatorverfahren unterschieden.

Die **Monoindikatorverfahren** lassen sich in drei Gruppen unterteilen (vgl. *Galli/Wagner*, 2006, S. 1531 ff.; *Günther*, 2009, S. 338 ff.):

- **Marktorientierte Verfahren (Market Approach):** Der Wert einzelner immaterieller Vermögenskomponenten wird mit den am Markt gehandelten Vermögenswerten verglichen und ggf. mit unternehmensspezifischen Multiplikatoren korrigiert. Allerdings existieren nur wenige vergleichbare immaterielle Werte am Markt bzw. die relevanten Informationen sind nicht zugänglich. Beim Market-to-Book-Value wird die Differenz zwischen Markt- und Buchwert börsennotierter Unternehmen als Wert des intellektuellen Kapitals interpretiert. Zwar beinhaltet der Marktwert immaterielle Vermögenswerte, aber er hängt auch von den Erwartungen der Anleger und spekulativen Überlegungen ab. Es ist auch nicht

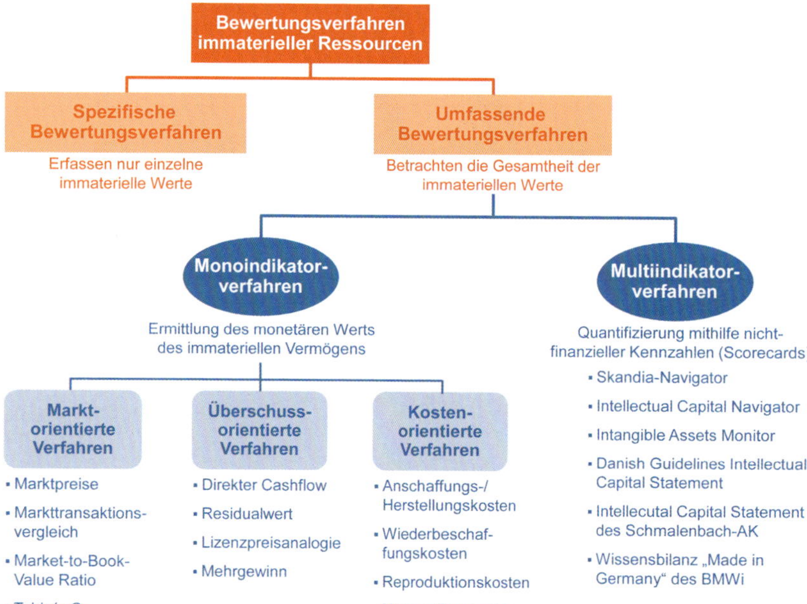

Abb. 8.3.11: Bewertungsverfahren immaterieller Ressourcen

anzunehmen, dass externe Anleger über die notwendigen Informationen verfügen, um das immaterielle Vermögen des Unternehmens realistisch bewerten zu können. Durch bilanzielle Ansatz- und Bewertungswahlrechte ist ebenso wenig davon auszugehen, dass der Buchwert dem tatsächlichen Wert des materiellen Vermögens entspricht. Vielmehr enthalten die Buchwerte meist erhebliche stille Reserven. Der Market-to-Book-Value liefert somit nur einen groben Anhaltspunkt für den Wertanteil der immateriellen Ressourcen.

- **Überschussorientierte Verfahren (Income Approach):** Diese Verfahren basieren auf der ertragswertorientierten Unternehmensbewertung (vgl. Kap. 8.2). Im Mittelpunkt stehen zukünftige Zahlungsüberschüsse bzw. Erfolgsbeiträge, die durch immaterielle Vermögenswerte erzielt werden. Ihr Barwert stellt den Wert des intellektuellen Kapitals dar. Der guten Nachvollziehbarkeit der Ergebnisse stehen die methodische Vielfalt und Kompliziertheit sowie eine hohe Subjektivität bei der Interpretation gegenüber. Hinzu kommen die eingeschränkte Prognostizierbarkeit der Zahlungsüberschüsse und Erfolgsbeiträge sowie deren mangelnde Zuordenbarkeit auf einzelne immaterielle Vermögenskomponenten.
- **Kostenorientierte Verfahren (Cost Approach):** Die Bewertung erfolgt anhand der Kosten der (Wieder-)Herstellung oder (Wieder-)Beschaffung der immateriellen Vermögenswerte. Diese müssen hierzu zunächst identifiziert und anschließend einzeln bewertet werden. Dieser Ansatz stößt rasch an seine Grenzen, da eine objektive Kostenermittlung einzelner immaterieller Ressourcen, wie etwa einer Kundenbeziehung oder der Führungsqualität, kaum durchführbar ist.

Die Monoindikatorverfahren versuchen, einen monetären Wert für sämtliche immateriellen Vermögenswerte zu bestimmen. Dies erfolgt auf Basis verschiedener Annahmen und wirft Probleme der Quantifizierbarkeit, Zuordenbarkeit und Subjektivität auf. Sie werden insbesondere im Rechnungswesen verwendet, wobei die IFRS marktorientierte Verfahren bevorzugen. Da in den meisten Fällen für immaterielle Ressourcen aber keine Märkte existieren, werden meist überschussorientierte Verfahren eingesetzt. Sind diese ebenfalls nicht anwendbar, wird auf kostenorientierte Verfahren zurückgegriffen. Monoindikatorverfahren leisten jedoch keinen Beitrag zur Planung, Steuerung und Kontrolle des immateriellen Vermögens (vgl. *Günther*, 2009, S. 340 f.).

Die kumulierte Einzelbewertung der immateriellen Vermögensteile führt häufig in der Summe zu höheren Ergebnissen als eine Gesamtbewertung. Für diese Differenzen gibt es verschiedene **Ursachen** (vgl. *Dillerup/Hannss*, 2006, S. 28 ff.):

- **Abgrenzungsprobleme:** Die wertschöpfende Wirkung einzelner immaterieller Vermögensteile, wie etwa Kundenbeziehungen, lässt sich nur schwer voneinander trennen. Beispielsweise können immaterielle Werte mithilfe eines Umsatzmultiplikators marktorientiert be-

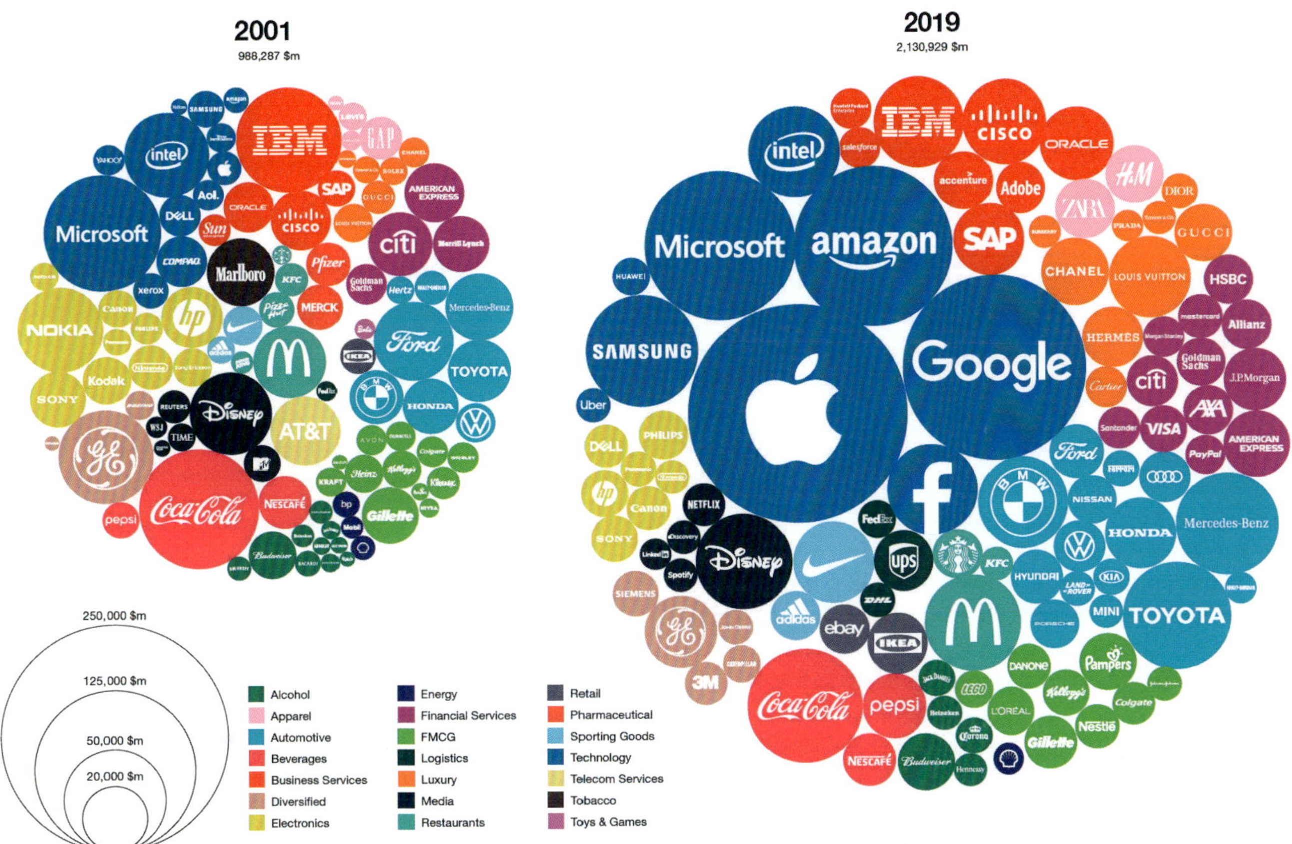

Abb. 8.3.12: Entwicklung des kumulierten Werts der 100 führenden globalen Marken (Interbrand, 2020, S. 6f.)

wertet werden. Welcher Umsatzanteil jedoch auf eine einzelne immaterielle Komponente zugerechnet werden kann, ist kaum verlässlich zu bestimmen. Immaterielle Ressourcen entfalten ihren Wert vor allem im Zusammenwirken. So ändern etwa gute Kundenbeziehungen gleichzeitig auch den Wert des Images (Strukturkapital). Bei der Addition einzeln bewerteter immaterieller Komponenten kommt es daher zu Überschneidungen und somit zur ungewollten mehrfachen Bewertung des gleichen Sachverhalts.

- **Zeitverzögerungen:** Es ist nicht eindeutig vorhersehbar, wann sich getätigte Investitionen in immaterielles Vermögen auswirken. So setzen z. B. Mitarbeiter in Fortbildungsmaßnahmen erworbene Qualifikationen individuell und abhängig von deren Motivation ein. Wann und wie stark sich eine Erhöhung des Humankapitals in messbaren Erfolgen auswirkt, lässt sich daher nicht mit Sicherheit sagen.
- **Prognosehorizont:** Die überschussorientierten Verfahren leiten den Wert einer immateriellen Ressource aus den hiermit zukünftig erzielbaren Erfolgen ab. Das ermittelte Ergebnis hängt allerdings stark vom jeweiligen Prognosehorizont ab.

Die Suche nach einem monetären Wert des immateriellen Vermögens ist im Grunde nur bei Veräußerung des Unternehmens oder einzelner immaterieller Ressourcen relevant. In diesem Fall ist er jedoch weniger eine Frage der Bewertung, sondern vielmehr des Verhandlungsgeschicks des Verkäufers und der Anzahl der Kaufinteressenten. Erinnert sei an dieser Stelle an das Gerangel im Jahr 1998 zwischen *VW* und *BMW* um die Marke *Rolls-Royce*. Im Glauben, die Namensrechte zu erlangen, kaufte *VW* für 780 Mio. US$ von *Vickers* das veraltete *Rolls-Royce*-Produktionswerk sowie die PKW-Marke *Bentley*. *BMW* konnte sich dagegen vom Triebwerkshersteller *Rolls-Royce* für nur 66 Mio. US$ die Rechte für die als wesentlich wertvoller geltende PKW-Marke *Rolls-Royce* sichern.

Insgesamt stehen die Unternehmen vor einem **Bewertungsdilemma**. Grund hierfür ist eine falsche Denkweise, bei der Erfolgspotenziale und tatsächlicher Erfolg vermischt werden. Aufgabe der strategischen Unternehmensführung ist es, Wettbewerbsvorteile gegenüber der Konkurrenz aufzubauen. Hierfür sind neue Erfolgspotenziale zu schaffen bzw. bestehende Potenziale weiterzuentwickeln (vgl. Kap. 3.1.3). Der operative Erfolg eines Unternehmens ist das Ergebnis der effizienten Nutzung dieser Erfolgspotenziale und erzeugt Gewinn und Cashflow. Das Erfolgspotenzial eines Unternehmens setzt sich aus einem Bündel materieller und immaterieller Ressourcen zusammen. Erfolgspotenziale sind somit die Voraussetzung für den zukünftigen Erfolg eines Unternehmens und zu wesentlichen Teilen auf immaterielle Werte zurückzuführen.

Multiindikatorverfahren (Scorecards) verzichten auf eine monetäre Bewertung. Sie klassifizieren die immateriellen Vermögenswerte nach verschiedenen Kategorien und quantifizieren sie anschließend mithilfe mehrdimensionaler Maßgrößen. Erste Ansätze erweiterten das betriebliche Berichtswesen um nicht-finanzielle Kennzahlen, blieben dabei jedoch statisch und enthielten keine Aussagen über die kausalen Beziehungen zwischen den Kenngrößen. Deshalb greifen neuere Verfahren auch die Ursache-Wirkungsbeziehungen zwischen den Dimensionen explizit auf, stellen diese dar und machen sie damit steuerbar. Beispiele sind Strategy Maps (vgl. Kap. 4.2.5), Wissensbilanzen oder der Intellectual-Capital-Navigator. Problematisch dabei ist jedoch, dass die Kausalbeziehungen auf subjektiven Einschätzungen beruhen und nicht empirisch fundiert sind. Obwohl die meisten Verfahren auch finanzielle Kenngrößen beinhalten, eignen sie sich nicht zur Ermittlung eines monetären Wertes des immateriellen Vermögens. Multiindikatorverfahren können ein geeignetes Hilfsmittel zur zielorientierten Gestaltung und Steuerung der immateriellen Ressourcen sein. Nachfolgend werden exemplarische Scorecard-Verfahren aus der Praxis beschrieben, die Erfassbarkeit immaterieller Erlöse erläutert und die Wissensbilanz als Führungsinstrument vorgestellt.

Multiindikatorverfahren aus der Praxis

Der *Skandia*-Navigator ist eines der frühesten und bekanntesten betrieblichen Multiindikatorverfahren. Er wurde von *Leif Edvinson* Anfang der 1990er-Jahre beim schwedischen Versicherungs- und Finanzdienstleister *Skandia* entwickelt. Als erstes Unternehmen weltweit veröffentlichte *Skandia* ab 1994 seine Wissensbilanz im Jahresbericht. Mit der Übernahme durch die *Old-Mutual-Gruppe* im Jahr 2006 wurde die immaterielle Berichterstattung allerdings eingestellt.

Der **Skandia-Navigator** unterscheidet die in Abb. 8.3.13 dargestellten Perspektiven (vgl. *Edvinsson/Brünig*, 2000, S. 58 ff.):

- Der **Finanzfokus** enthält die finanziellen Ergebnisse des Unternehmens und verkörpert das Resultat vergangener Handlungen und Vorgänge.
- Die gegenwärtigen Aktivitäten des Unternehmens repräsentieren **Kunden-, Mitarbeiter-** und **Prozessfokus**.
- Der **Erneuerungs-** und **Entwicklungsfokus** bezieht sich auf strategische Maßnahmen im Hinblick auf das zukünftige Geschäftsfeld des Unternehmens.

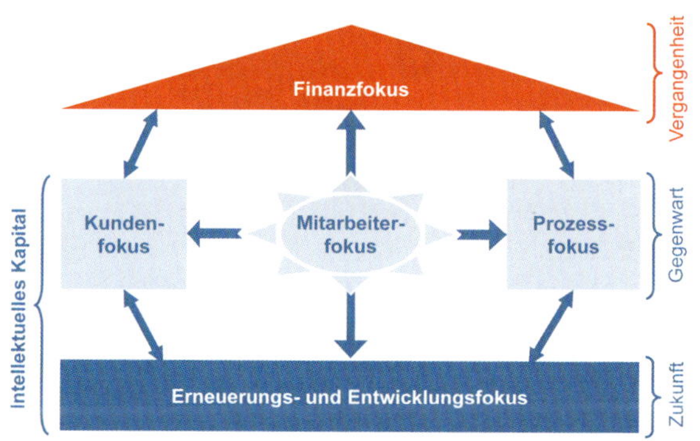

Abb. 8.3.13: Skandia-Navigator (Edvinsson/Brünig, 2000, S. 58)

Der Prozessfokus charakterisiert zusammen mit dem Erneuerungs- und Entwicklungsfokus das Strukturkapital des Unternehmens. Im Mittelpunkt des Navigators steht der Mitarbeiterfokus, der als aktive Kraft die anderen Dimensionen verbinden soll. Kunden-, Prozess-, Mitarbeiter- sowie Erneuerungs- und Entwicklungsfokus bilden das intellektuelle Kapital. Für jede Perspektive existieren Indikatoren, mit denen die immateriellen Werte mess- und damit steuerbar gemacht werden.

Ein weiteres Multiindikatorverfahren, das zuerst in mehreren skandinavischen Unternehmen wie etwa *WM-data* oder *Ericsson* eingesetzt wurde, ist der von *Karl-Erik Sveiby* entwickelte Intangible Asset-Monitor (vgl. *Sveiby*, 1998). Das intellektuelle Kapital wird dort unterteilt in:

- **Externe Struktur:** Beziehungen zu Kunden und Lieferanten sowie Markennamen, Warenzeichen und Unternehmensimage,
- **Interne Struktur:** Patente, Konzepte, Modelle, Computer- und Verwaltungssysteme sowie die Unternehmenskultur und die
- **Kompetenz der Mitarbeiter.**

Diese drei Bestandteile des intellektuellen Kapitals werden mithilfe unternehmensspezifischer Indikatoren nach ihrem Beitrag zu den Kategorien „Wachstum und Erneuerung", „Effizienz" sowie „Stabilität" des Unternehmens beurteilt. Die Effizienz der Mitarbeiter wird z. B. durch die Wertschöpfung pro Mitarbeiter abgebildet. Die Stabilität der externen Struktur wird etwa durch den Anteil an Wiederholungsaufträgen gemessen. Die Abgrenzung zwischen den verwendeten Kategorien ist jedoch bei der Auswahl der Indikatoren problematisch.

Abb. 8.3.14 zeigt ein **integriertes Bewertungs- und Steuerungsverfahren** für intellektuelles Kapital für den Maschinenbau (vgl. *Dillerup/Ramos*, 2006, S. 116 ff.). Es erfasst immaterielle Werttreiber mithilfe von branchenüblichen Kennzahlen, die in Kooperation mit Unternehmen und dem *Branchenverband VDMA* festgelegt wurden. Auf dieser Basis kann sowohl eine interne Steuerung als auch eine externe Berichterstattung erfolgen. Zeit- und Trendanalysen, Planwerte und externe Benchmarks liefern die Basis für die Steuerung immaterieller Werte. Durch Plan-Ist-Vergleiche können Zielabweichungen frühzeitig festgestellt und Gegenmaßnahmen eingeleitet werden. Unterstützend kann ein externer Branchenvergleich Stärken und Schwächen aufdecken und Impulse für langfristige Investitionsentscheidungen geben. Die Kennzahlen lassen sich zu einem Return on Intangibles verdichten.

Fallbeispiel zur Messung immaterieller Werte

Die *Robitech GmbH* produziert und vertreibt Schweißroboter für die Fertigungsindustrie (vgl. i. F. *Dillerup et al.*, 2005, S. 58 ff.). Sämtliche Maschinen basieren auf einem Grundmodul, welches kundenspezifisch angepasst wird. Die *Robitech*-Produkte haben eine Lebensdauer von etwa fünf Jahren. Die Kunden sind loyal und schätzen die qualitativ hochwertigen Produkte. Für das Unternehmen ist deshalb die Beziehung zu seinen Stammkunden sehr wertvoll. *Robitech* bearbeitet jährlich rund 1.000 Aufträge mit 900 Mitarbeitern. Im laufenden Jahr konnte bei einem Umsatz von 1,5 Mrd. € ein Gewinn von 180 Mio. € erwirtschaftet und der Marktanteil auf 30 % ausgebaut werden. Mit einer angestrebten Produktentwicklungszeit von 20 Monaten werden jährlich zwei Produktinnovationen auf den Markt gebracht. Die in den letzten drei Jahren neu eingeführten Produkte haben einen Umsatzanteil von etwa 75 %.

Robitech erstellt jährlich ein **Intellectual Capital Statement**. Diese freiwillige Berichterstattung dient der frühzeitigen Einbindung der Stakeholder in die Unternehmensentwicklung. Für die interne Steuerung werden unterjährig Kennzahlen erhoben und ein Branchenvergleich mit Werten des *VDMA* durchgeführt. *Robitech* hatte sich für das laufende Jahr Ziele für die immateriellen Werte gesetzt. Als Auszug daraus folgende zwei Kennzahlen:

- Die **Time to market** umfasst die Zeitspanne von der Produktentwicklung bis zum Produktionsstart. *Robitech* sichert ihren Wettbewerbsvorteil und somit ihren Umsatz durch Produktinnovationen. Für die Abschöpfung von Pioniergewinnen ist eine schnelle Markteinführung der Produkte erforderlich. Aufgrund einer Verzögerung im Rahmen des Patentierungsprozesses lag das Unternehmen beim Time to Market im laufenden Jahr um vier Monate über den angestrebten 20 Monaten.
- Der **Umsatzanteil der in den letzten drei Jahren neu eingeführten Produkte** repräsentiert den Markterfolg der Produktinnovationen. Trotz der Zielabweichung bezüglich der Produktentwicklungszeit übertraf *Robitech* ihr Ziel von 70 % leicht. Dies verdeutlicht sowohl die gestiegene Nachfrage als auch den andauernden Erfolg der neuen Produkte.

Die Zielerreichung jeder Kennzahl wird mit maximal 10 Punkten bewertet. Der Indexwert der Kennzahl „Time to market" errechnet sich durch die Division eines Planwertes von 20 Monaten durch den Ist-Wert von 24 Monaten. In Punkten ausgedrückt bedeutet dies einen Zielerreichungsgrad von 8,3. Aus der gewichteten Zielerfüllung der Einzelkennzahlen wird anschließend ein Gesamtindex ermittelt. Die Kennzahlen „Time to market" und „Ersttrefferquote" werden jeweils mit 50 % gewichtet und bilden die Komponente „Produktentstehungsprozess". Diese ist mit 15 % in der Dimension „Prozesse" gewichtet, die noch aus den Komponenten „Auftragsgewinnungsprozess" (15 %), „Auftragserfüllungsprozess" (30 %) und „Prozessstandardisierung" (40 %) besteht. Die Dimension „Prozesse" bildet wiederum 40 % des Strukturkapitals ab, die verbleibenden 60 % setzen sich aus den „Innovationen" (40 %) und dem „Markenimage" (20 %) zusammen. Insgesamt wird das immaterielle Vermögen mit 4,2 von 10 Punkten bewertet.

Um die Wirtschaftlichkeit transparenter zu machen und dadurch die Aufmerksamkeit der Unternehmensführung zu erhöhen, fließen die Komponenten des immateriellen Vermögens als immaterielle Werttreiber in den Unternehmenswert ein. Bei einem innovationsgetriebenen Unternehmen wie *Robitech* hängt der Wettbewerbsvorteil maßgeblich vom Erfolg der Produktinnovationen ab. Die Monetarisierung der immateriellen Komponenten setzt an den Innovationsumsätzen und den zugehörigen Aufwandswerten an. Zu einem Großteil sind diese auf Personalaufwendungen aus der Forschungs- und Entwicklungsabteilung zurückzuführen. Die Innovationsgewinne werden über die Lebensdauer der betrachteten Produktinnovationen prognostiziert und mit einem risikoadäquaten Zinssatz diskontiert. *Robitech* legt einen gewichteten Kapitalkostensatz (WACC; vgl. Kap. 8.2.3) von 8,5 % zugrunde. Der Wert der Produktinnovation ergibt sich aus der Summe der Barwerte der Produktinnovationsgewinne für einen fünfjährigen Zeithorizont in Höhe von 1,3 Mrd. €. Dieser Betrag stellt das Erfolgspotenzial aus den Innovationen der *Robitech GmbH* dar. Allerdings wird dieser voraussichtlich nur teilweise realisierbar sein, da volkswirtschaftliche, branchenübliche und unternehmensspezifische Faktoren den Transfer in einen tatsächlichen Erfolg begrenzen.

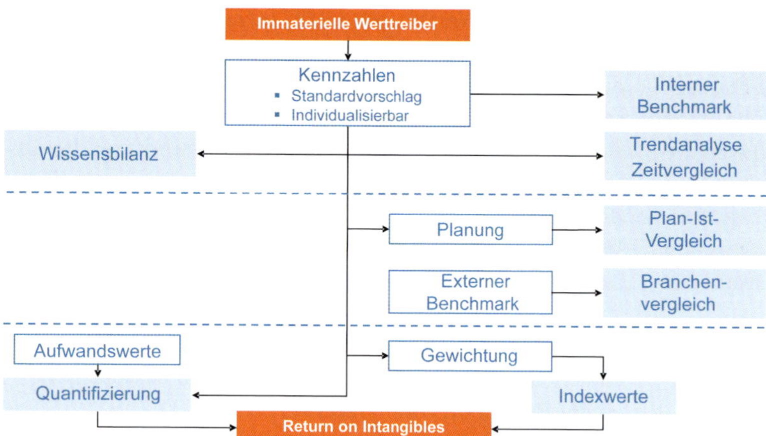

Abb. 8.3.14: Steuerung immaterieller Werttreiber (vgl. Dillerup/Göttert, 2005, S. 60)

Messung und Steuerung immaterieller Erlöse

Zur langfristigen Sicherung der Wettbewerbsfähigkeit ist ein Unternehmen nicht nur auf finanzielle, sondern auch auf **immaterielle Erlöse** angewiesen. Viele dieser immateriellen Erlöse lassen sich zwar kaum monetär bewerten, für eine gezielte Beeinflussung sollten sie aber soweit möglich quantifiziert werden.

Ein Ansatz zur **Quantifizierung** immaterieller Erlöse ist die in Abb. 8.3.15 dargestellte Zuordnung der monetären Umsätze zu den Kategorien des immateriellen Vermögens, zu welchen sie einen Beitrag leisten (in Anlehung an *Sveiby*, 1998). Die Kunden werden zunächst absteigend nach den erzielten Umsätzen sortiert. Anschließend wird untersucht, welche Kunden zu welchen Kapitalarten einen Beitrag leisten, und dies in der entsprechenden Spalte vermerkt. Die angestrebte Verteilung der immateriellen Erlöse wird aus der Strategie des Unternehmens abgeleitet. Auf diese Weise wird sichergestellt, dass die strategisch erforderlichen immateriellen Vermögenswerte aufgebaut werden. Der in Abb. 8.3.15 dargestellte Soll-Umsatzanteil könnte etwa von einer kleinen Unternehmensberatung stammen, deren Wettbewerbsvorteil vor allem auf der Erfahrung und Qualifikation ihrer Berater und deren Kundenbeziehungen beruht.

Im Beispiel wird zwar Kundenkapital aufgebaut, aber die Mitarbeiter scheinen bei den Aufträgen zu wenig zu lernen, wodurch langfristig die Innovationskompetenz des Unternehmens gefährdet ist. Die Unternehmensführung sollte sich daher um innovative Kundenprojekte bemühen, die zu einem Ausbau der Mitarbeiterkompetenzen führen. Außerdem leistet nur ein Kunde einen Beitrag

Kunde	Umsatz	Kunde leistet einen Beitrag zum ...			
		Humankapital	Kundenkapital	Beziehungskapital	Strukturkapital
A	€ 100.000				€ 100.000
B	€ 90.000		€ 90.000		
C	€ 70.000	€ 70.000		€ 70.000	
D	€ 60.000				
E	€ 50.000				€ 50.000
F	€ 30.000		€ 30.000	€ 30.000	€ 30.000
Rest	€ 100.000				
Summe	**€ 500.000**	**€ 70.000**	**€ 120.000**	**€ 180.000**	
Anteil je Kapitalart am Gesamtumsatz*		**14 %**	**24 %**	**20 %**	**36 %**
Soll-Umsatzanteil je Kapitalart*		**50 %**	**40 %**	**15 %**	**20 %**
Abweichung		**- 36 %**	**- 16 %**	**+ 5 %**	**+ 16 %**

* Die Zeilensummen entsprechen nicht 100 Prozent, da Umsätze zu mehreren Kapitalarten beitragen können

Abb. 8.3.15: Quantifizierung und Struktur immaterieller Erlöse

zum Humankapital. Solche Abhängigkeiten von einem oder wenigen Kunden sind ebenfalls langfristig zu vermeiden. Kunden, die zu keiner Kategorie beitragen, sind nur bei entsprechender Profitabilität beizubehalten. Darüber hinaus ist deren immaterielles Erlöspotenzial zu beurteilen und zukünftig entsprechend besser zu nutzen. Auf der anderen Seite macht diese Betrachtung deutlich, dass auch vermeintliche Verlustkunden für das Unternehmen einen hohen Stellenwert haben können, wenn sie einen entsprechenden Beitrag zum immateriellen Vermögen leisten. Gerade diese Sichtweise wird bisher in der Unternehmensführung vernachlässigt, deren Schwerpunkt häufig auf (kurzfristigen) monetären Erfolgen liegt.

Die Wissensbilanz

Im deutschen Sprachraum wird die Berichterstattung über immaterielle Werte meist als **Wissensbilanz** bezeichnet. Dieser erstmals in Österreich verwendete Begriff ist allerdings missverständlich und führt häufig zu Verwechslungen mit dem Wissensmanagement (vgl. Kap. 7.4.3). Die Bezeichnung suggeriert, es ginge ausschließlich um die Darstellung des Humankapitals oder des organisationalen Wissens. Tatsächlich soll aber eine Wissensbilanz über alle immateriellen Vermögenswerte ein umfassendes Bild liefern. Zum anderen handelt es sich nicht um eine Bilanz mit Aktiva und Passiva, in der Vermögen und Kapital gegenübergestellt wird. Die Wissensbilanz ist vielmehr eine tabellarische Aufstellung von Kennzahlen, welche die immateriellen Werte messbar machen sollen. Zutreffender wäre deshalb die englische Bezeichnung **Intellectual Capital Statement**, da es sich tatsächlich um einen Bericht über das immaterielle Vermögen handelt (vgl. *Günther*, 2005, S. 67).

Die in Deutschland verbreitetste Methode zur strukturierten Darstellung immaterieller Werte ist die sog. „**Wissensbilanz – Made in Germany**". Sie wurde im Auftrag des *Bundesministeriums für Wirtschaft und Energie (BMWi)* sowohl zur externen Berichterstattung als auch als internes Führungsinstrument entwickelt (www.bmwi.de). Es gibt jedoch bislang nur wenige Unternehmen, welche ihre Wissensbilanzen veröffentlichen. Bei den meisten Unternehmen dominiert der Einsatz als internes Steuerungsinstrument. Insbesondere kleine und mittelständische Unternehmen sollen damit Transparenz über ihr immaterielles Vermögen erhalten. Mithilfe der Wissensbilanz sollen sie die Wirkung immaterieller Ressourcen auf die Leistungserstellung bewerten und daraus Maßnahmen zur gezielten und systematischen Entwicklung der wichtigsten Erfolgsfaktoren ableiten können (vgl. *Alwert* et al., 2008, S. 4 f.). Hierfür wurde ein genereller Leitfaden sowie die Software *Wissensbilanz-Toolbox* entwickelt, die vom *Bundesverband Wissensbilanzierung (BVWB)* kostenlos zur Verfügung gestellt wird (www.bvwb.de/die-wissensbilanz-toolbox). Der *BVWB* ist ein Netzwerk aus Wissenschaftlern und Praktikern, um über die Wissensbilanz zu informieren und den Erfahrungsaustausch zwischen den Anwendern zu fördern. Ziel ist es, die Wissensbilanz als strategisches Führungsinstrument in deutschen Unternehmen zu etablieren.

Die Wissensbilanz liefert den Unternehmen einen fundierten Einblick in ihre Wertschöpfungsstrukturen und verdeutlicht die zentralen immateriellen Ressourcen, welche den zukünftigen Erfolg bestimmen.

Die Wissensbilanz wird meist in mehreren Workshops durch repräsentativ ausgewählte Mitarbeiter unterschiedlicher Funktionsbereiche in **acht Schritten** erstellt (vgl. *Alwert* et al., 2008, S. 11 ff.):

1. **Beschreibung des Geschäftsmodells:** Zunächst wird dargestellt, welche Teile des Unternehmens mit der Wissensbilanz betrachtet werden sollen. Danach werden die Chancen und Risiken des Geschäftsumfelds erarbeitet sowie die Vision und Strategie beschrieben. Abschließend werden die zentralen wertschöpfenden Geschäftsprozesse identifiziert und die angestrebten materiellen und immateriellen Geschäftsergebnisse dargestellt.
2. **Identifikation des intellektuellen Kapitals:** Für die drei in der Wissensbilanz verwendeten Kategorien Human-, Struktur- und Beziehungskapital werden jeweils unternehmensspezifische Einflussfaktoren identifiziert, die für das Geschäftsmodell relevant sind. Beim Humankapital könnten dies etwa die Fachkompetenz oder Motivation der Mitarbeiter sein.
3. **Bewertung des intellektuellen Kapitals:** Um ein Stärken-Schwächen-Profil der immateriellen Ressourcen zu erhalten, wird jeder Einflussfaktor von den Teammitgliedern in dreierlei Hinsicht auf seinen Einfluss zur Erreichung der strategischen Ziele bewertet:
   - **Quantität:** Ist der Einflussfaktor in ausreichender Menge vorhanden?
   - **Qualität:** Ist der Einflussfaktor in der richtigen Ausprägung vorhanden?
   - **Systematik:** Wird der Einflussfaktor ausreichend gepflegt und weiterentwickelt?

   Diese sog. QQS-Bewertung erfolgt auf einer fünfstufigen Skala von 0–120 %. Ein Wert über 100 % weist dabei auf Rationalisierungspotenzial hin, da die Faktordimension besser ist als erforderlich.

4. **Messung des intellektuellen Kapitals:** Für die Einflussfaktoren werden Indikatoren zur Quantifizierung gesucht. Beispielsweise lässt sich der Einflussfaktor „Kundenbeziehungen" durch den Indikator „Kontaktfrequenz" als Anzahl der Kundenkontakte pro Tag beurteilen. Diese Maßgrößen erhöhen die Aussagekraft der Wissensbilanz und ermöglichen die Überwachung von Verbesserungsmaßnahmen.
5. **Erfassung der Wirkungszusammenhänge:** Auf vierstufigen Skalen werden die Wechselwirkungen unter den Einflussfaktoren gemessen. Dabei werden sowohl die Stärke als auch die Geschwindigkeit der Wirkung einer Faktoränderung auf die anderen Einflussfaktoren bestimmt und in einer Matrix abgebildet.
6. **Auswertung und Interpretation der Analyseergebnisse:** Die Wissensbilanz-Toolbox bietet eine Reihe an Möglichkeiten, um die Stärken und Schwächen als auch die Zusammenhänge zwischen den Einflussfaktoren zu visualisieren. Mithilfe von Portfolios, Balkendiagrammen und Wirkungsnetzen lassen sich die Einflussfaktoren mit dem größten Verbesserungspotenzial und der stärksten Wirkung auf den Geschäftserfolg identifizieren.

Wissensbilanz von beo

Die Stuttgarter *beo Gesellschaft für Sprachen und Technologie mbH* beschäftigt über 40 Mitarbeiter und hat sich auf Übersetzungen und datenbankgestützte technische Dokumentationen spezialisiert. Die Erstellung der Wissensbilanz erfolgte in drei zweitägigen Workshops. Dabei wurden zunächst die immateriellen Werte des Unternehmens systematisch erfasst und quantifiziert. Darauf aufbauend wurden Erfolgsfaktoren bestimmt und jeweils konkrete Entwicklungsziele festgelegt. Die folgenden Abbildungen zeigen einige exemplarische Ergebnisse der Wissensbilanz von *beo*. Das in Abb. 8.3.16 dargestellte QQS-Diagramm des Beziehungskapitals veranschaulicht die Quantität, Qualität und Systematik der Einflussfaktoren und zeigt damit bestehenden Handlungsbedarf auf. Als Konsequenz wurde beschlossen, zukünftig Netzwerke zu Multiplikatoren und Ausbildungsstätten systematischer zu entwickeln.

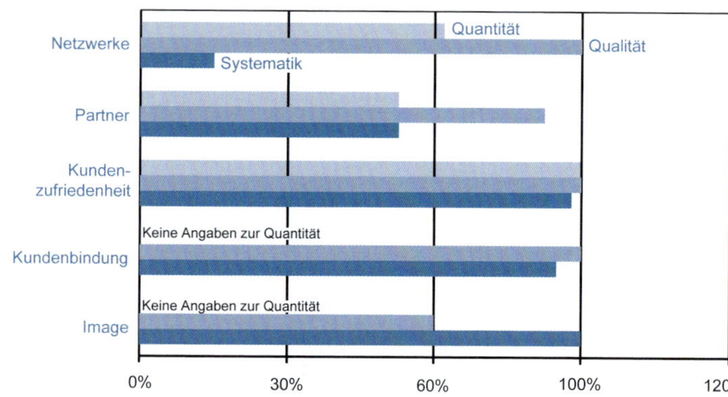

Abb. 8.3.16: QQS-Diagramm des Beziehungskapitals von beo

Das in Abb. 8.3.17 dargestellte Einflussdiagramm zeigt die Wechselwirkungen zwischen Leistungsprozessen und immateriellen Einflussfaktoren. Je dunkler die Farbe des Feldes, umso stärker beeinflusst der Einflussfaktor in der jeweiligen Spalte die in den Zeilen aufgeführten Leistungsprozesse und Faktoren.

Die Zusammenhänge zwischen den Leistungsprozessen und Einflussfaktoren lassen sich auch in einem Wirkungsnetz darstellen. Abb. 8.3.18 zeigt dies beispielhaft für die Kundenzufriedenheit. Die verwendeten Abkürzungen sind im vorherigen Einflussdiagramm aufgeführt. Es wird deutlich, dass der Faktor Kundenzufriedenheit (B3) durch die soziale Kompetenz der Mitarbeiter (H4) und die Dienstleistungsqualität (S4) direkt beeinflusst wird. Die Güte des Projektmanagements (P1) und die Kundenzufriedenheit (B3) wirken wechselseitig aufeinander ein.

In Arbeitsgruppen wurden Verbesserungsmaßnahmen entwickelt, welche zum *beo*Wiki, dem Firmen-Chat und der Umstellung der Schulungen auf Webinare führte. Das positive Echo der Mitarbeiter zeigt sich auch in deren steigender Teilnehmerzahl. Beispielhafte Schulungsthemen waren u. a. veränderte Kundenanforderungen, Qualitätsmanagement oder neue Übersetzungstools. Neben den Wissensmanagement-Seminaren führten auch die Themenvorschläge der Projekt- und Ressourcenmanager zu einer Verdopplung der Webinare gegenüber früheren Schulungen.

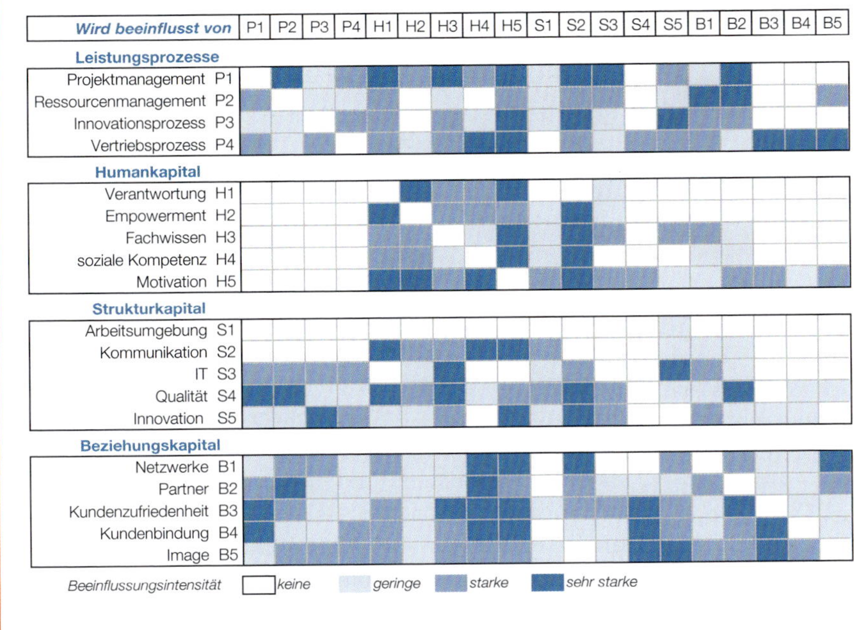

Abb. 8.3.17: Einflussdiagramm des Unternehmens beo

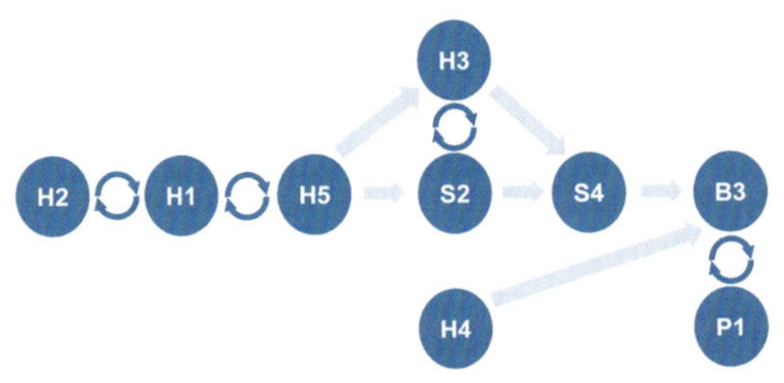

Abb. 8.3.18: Wirkungsnetz der Kundenzufriedenheit des Unternehmens beo

Die Wissensbilanz wird einmal jährlich im Rahmen einer Firmenkonferenz aktualisiert. Dabei tauschen sich alle Mitarbeiter über die gemachten Fortschritte aus und bestimmen gemeinsam die neuen Ziele. Dies erfolgt sowohl in Problemanalysen und Initiativen-Workshops, als auch informell in den Pausen und auf der After-Work-Party. *Michael Schneider*, Mitglied der Geschäftsführung von *beo*, ist überzeugt, „dass die in der Wissensbilanz dargestellten immateriellen Einflussfaktoren einen wesentlichen Einfluss auf die Qualität unserer Arbeit und somit auch auf unser Geschäftsergebnis haben."

7. **Ableitung von Maßnahmen:** Für die wesentlichsten Einflussfaktoren werden Verbesserungsmaßnahmen abgeleitet, um auf diese Weise das intellektuelle Kapital strategisch weiterzuentwickeln und den Geschäftserfolg zu steigern.
8. **Zusammenstellung und Aufbereitung der Wissensbilanz:** Die Analyseergebnisse werden abschließend für interne und externe Adressaten aufbereitet und dokumentiert. Auf diese Weise lassen sich im Zeitverlauf der Erfolg von Verbesserungsmaßnahmen und die Entwicklung des intellektuellen Kapitals empfängerorientiert darstellen.

8.3.5 Immaterieller Fokus der Unternehmensführung

Für eine erfolgreiche Unternehmensführung ist es entscheidend, die Bedeutung der immateriellen Ressourcen in der Wertschöpfungskette zu erkennen und sie als Erfolgspotenziale zu nutzen. Die Frage nach den immateriellen Werttreibern ist dabei unternehmensindividuell zu beantworten. Für manche Unternehmen nimmt etwa der Markenwert eine zentrale Stellung ein, wie die Beispiele in Kap. 8.3.4 zeigen. Bei einer Zeitarbeitsfirma, wie etwa *Adecco*, spielen dagegen Human- und Beziehungskapital eine wesentliche Rolle. Bei *Facebook* sind es die Netzwerkeffekte seiner Mitglieder und bei *Cisco* dessen Organisationskapital. Sind diese zentralen immateriellen Werttreiber identifiziert, kann sich die Unternehmens-

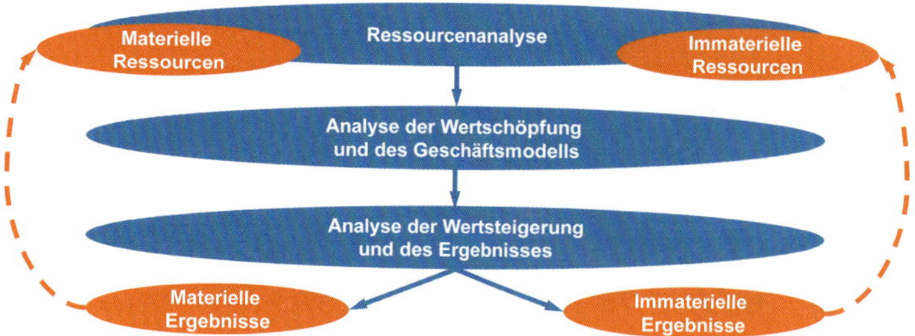

Abb. 8.3.19: Prozess der Wertsteigerungsanalyse

führung auf deren Gestaltung, Steuerung und Entwicklung konzentrieren.

Immaterielle Werttreiber generieren keinen Wert aus sich heraus, sondern erst in Kombination mit anderen materiellen und immateriellen Produktionsfaktoren. Sie sind deshalb immer im Zusammenhang und unter Berücksichtigung ihrer Wechselwirkungen zu betrachten. Die Rolle immaterieller Werttreiber ist vom Unternehmen, dessen Geschäftsmodell und seiner Wertschöpfungsstruktur abhängig. Die Analyse der Ressourcen und des Wertschöpfungssystems macht transparent, wie das Unternehmen funktioniert und Kundennutzen erzeugt wird. Schlussendlich gilt es zu verstehen, wie der Unternehmenswert, bestehend aus materiellen und immateriellen Ressourcen, gesteigert werden kann. Hierzu sind die Stellhebel für die Verbesserung der Unternehmensleistung zu identifizieren. Abb. 8.3.19 verdeutlicht das Vorgehen bei der Analyse der Wertsteigerung. Die Rolle immaterieller Werte im Geschäftsmodell wird in Kap. 3.2.4 weiter vertieft.

Zusammenfassend veranschaulicht Abb. 8.3.20 den **Führungskreislauf für immaterielle Ressourcen**. Die Unternehmensführung sollte wissen, wie die immateriellen Ressourcen zusammenwirken und welche Rolle sie bei der Steigerung des Unternehmenswerts spielen. Dies erfordert ein integratives Denken, um den Wertschöpfungsprozess des Unternehmens besser verstehen und steuern zu können. Hierfür sind zunächst die immateriellen Ressourcen möglichst umfassend und systematisch zu identifizieren und messbar zu machen. Dabei geht es in der Regel nicht um eine monetäre Bewertung, die kaum objektiv möglich und deren Nutzen ohnehin fraglich ist. Die Messung erfolgt deshalb meist recht pragmatisch mithilfe mehrdimensionaler Kennzahlen, um die Unternehmensführung in die Lage zu versetzen, die immateriellen Ressourcen besser steuern zu können. Danach ist zu klären, wie diese zur Wertschöpfung beitragen und ob auch andere Nutzungsmöglichkeiten denkbar sind. Schlussendlich ist zu bestimmen, welche immateriellen Ressourcen in der Zukunft erforderlich sind, wie sie entwickelt werden können und wie dies finanzierbar ist (vgl. *Günther*, 2005, S. 72). Die Ausrichtung auf die Entwicklung immaterieller Erfolgspotenziale ist langfristig wirkungsvoller als die einseitige, kurzfristige Orientierung auf monetäre Ergebnisse.

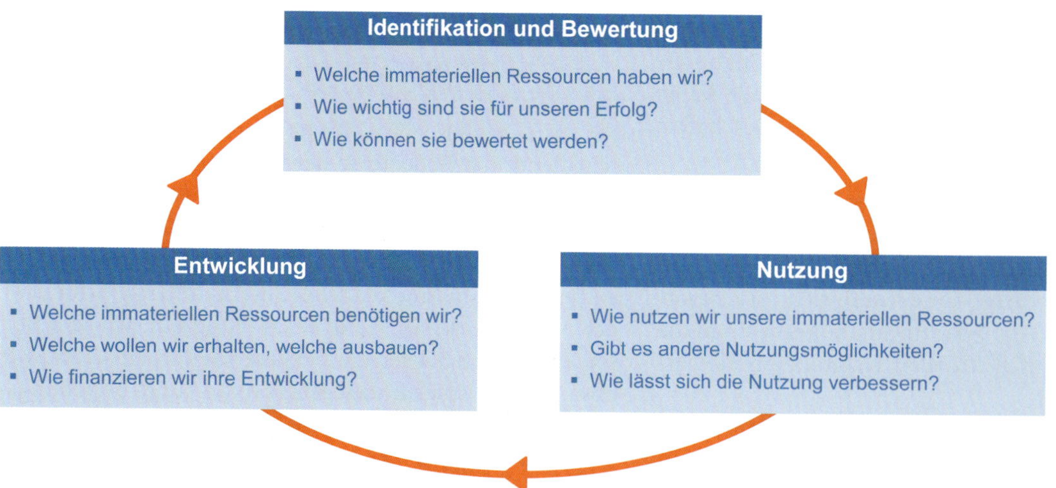

Abb. 8.3.20: Führungskreislauf für immaterielle Ressourcen (in Anlehnung an Günther, 2005, S. 72)

Zusammenfassung

- Immaterielle Ressourcen haben einen hohen Anteil am Unternehmenswert und an der Wertschöpfung.
- Das immaterielle Vermögen umfasst alle nicht-monetären Werte ohne physische Substanz.
- Nach den Quellen des intellektuellen Kapitals lassen sich Human-, Kunden-, Beziehungs- und Strukturkapital unterscheiden.
- Nur das Strukturkapital ist Eigentum des Unternehmens. An seinen Mitarbeitern, Kunden und Geschäftspartnern kann es kein Eigentum erwerben und somit auch nur begrenzt über die damit verbundenen immateriellen Werte verfügen.
- Immaterielle Werte unterscheiden sich in deren Kostenstruktur, Nutzbarkeit, Verfügungsrechten und Handelbarkeit von materiellen Vermögenswerten.
- Investitionen in immaterielles Vermögen sind riskant und schwer zu beurteilen.
- Unternehmen erzielen auch immaterielle Erlöse.
- Der Großteil der immateriellen Werte ist nicht in der Bilanz ersichtlich.
- Eine strukturierte Erfassung und Messung ist notwendig, um die immateriellen Ressourcen steuern zu können.
- Bei den Bewertungsverfahren lassen sich spezifische und umfassende Ansätze unterscheiden. Spezifische Ansätze erfassen nur ausgewählte immaterielle Werte. Die umfassenden Messverfahren betrachten die Gesamtheit der immateriellen Ressourcen und werden in Mono- und Multiindikatorverfahren unterteilt.
- Bei den Monoindikatorverfahren werden die immateriellen Ressourcen monetär bewertet, während Multiindikatorverfahren (Scorecards) diese in Kategorien unterteilen und anschließend mithilfe nicht-finanzieller Kennzahlen quantifizieren.
- Der Schwerpunkt der Multiindikatorverfahren liegt auf der Gestaltung und Steuerung der immateriellen Ressourcen.
- Die integrierte Berichterstattung (Integrated Reporting) soll zeigen, wie durch Kombination finanzieller, ökologischer und sozialer Faktoren für alle Stakeholder eine Wertsteigerung erzielt wird.
- Die „Wissensbilanz – Made in Germany“ wurde sowohl zur externen Berichterstattung als auch als internes Führungsinstrument entwickelt.
- Für die Unternehmensführung steht das Verständnis über die Bedeutung und den Zusammenhang der immateriellen Werttreiber im Vordergrund.
- Die Wertschöpfungsstruktur des Unternehmens und die relevanten immateriellen Werttreiber sind zu identifizieren und die kausalen Zusammenhänge zu verdeutlichen.
- Die drei Phasen des Führungskreislaufs für immaterielle Ressourcen sind: Identifikation und Bewertung, Nutzung sowie Entwicklung.

Literaturempfehlungen

Lev, B.: Intangibles – Management, Measurement and Reporting, Washington 2001.

Matzler, K./Hinterhuber, H./Renzl, B./Rothenberger, S. (Hrsg.): Immaterielle Vermögenswerte: Handbuch der Intangible Assets, Berlin 2005.

IIRC: International <IR> Framework, London 2021.

8.4 Risikoorientierte Unternehmensführung

Leitfragen

- Was bedeutet risikoorientierte Führung?
- Warum stellen Ungewissheiten nicht nur Gefahren, sondern auch Chancen für Unternehmen dar?
- Wie kann ein Unternehmen seine Risiken steuern?
- Wie lässt sich ein effektives Risikomanagement gestalten?

Risiken einzugehen, ist der Kern unternehmerischen Handelns. Unternehmen agieren in dynamischen Umwelten, die laufend Änderungen mit sich bringen. Daraus entwickeln sich Risiken, welche die ständige Aufmerksamkeit der Unternehmensführung erfordern. Der Umgang mit Risiken ist somit eine funktions- und ebenenübergreifende Aufgabe der Unternehmensführung.

8.4.1 Begriffe und Bedeutung

Unter dem Begriff Risiko wird umgangssprachlich die Möglichkeit des Eintritts künftiger Ereignisse mit nachteiligen Auswirkungen verstanden. Risiko leitet sich aus dem frühitalienischen Wort „ris(i)co“ ab, was in der Schifffahrt eine Klippe bezeichnet, die es zu umschiffen gilt. Risiko bedeutet demnach das Eingehen von Wagnissen (vgl. *Wolke*, 2016, S. 1). In jedem Wagnis steckt die Möglichkeit, dass neben dem gewünschten Ergebnis sowohl positive als auch negative Abweichungen auftreten (vgl. *Keitsch*, 2000, S. 5). Das Gegenteil von Risiko ist Sicherheit.

Risikodefinitionen

Die Begriffe Gefahr, Risiko und Wagnis werden häufig synonym verwendet, unterscheiden sich aber in ihrer Bedeutung (vgl. *Warwitz*, 2021, S. 16 f.):

- Eine **Gefahr** besteht, wenn schädliche Wirkungen auftreten können. Gefahren gehen z. B. von Maschinen, Naturgewalten, Terroranschlägen oder Krankheiten aus. Ein Jaguar kann etwa eine Gefahr sein, da er Schaden anrichten kann.
- Die **Exposition** beschreibt, wie stark eine Person oder ein Gegenstand einer Gefahr ausgesetzt ist. Ein Terroranschlag in New York ist für eine Person in Zürich vergleichsweise ungefährlich. Solange sich ein Jaguar in einem verschlossenen Käfig befindet, ist die Wahrscheinlichkeit für einen Schaden gering und es besteht keine Exposition.
- Ein **Risiko** im engeren Sinne besteht, wenn Gefahr und Exposition gemeinsam auftreten. Da in einem solchen Falle nicht alle Einflussfaktoren bekannt sind, ist das Risiko mit einem Wagnis verbunden. Es ist eine Kombination aus Wahrscheinlichkeit und Gefahr. Meist wird vereinfachend das Produkt aus Eintrittswahrscheinlichkeit und Schadensschwere als Risiko bezeichnet. Es drückt einen objektiven Sachverhalt einer Gefahrensituation aus. Allerdings ist das Wissen über die Eintrittswahrscheinlichkeit und das Schadensausmaß begrenzt. Ein Jaguar in einem Käfig ist eine Gefahr, aber kein Risiko.
- Ein **Wagnis** ist das Eingehen eines Risikos. Im Unterschied zum Risiko ist das Wagnis immer mit einer Handlung verbunden, bei der sich jemand auf eine riskante Situation einlässt. Risiko ist danach immer Teil eines Wagnisses. Es gibt kein Wagnis ohne Risiken. Risiken sind aber nicht zwingend mit einem Wagnis verbunden. Ein solches erfordert vielmehr zusätzlich eine Handlungsentscheidung. Wenn z. B. ein Tierpfleger zu einem Jaguar in den Käfig geht, dann ist dies für ihn ein Wagnis.

Ein **Risiko im engeren Sinne** besteht, wenn bei künftigen Ereignissen sowohl Gefahr als auch Exposition gleichzeitig auftreten können.

Bei Unternehmen bestehen Risiken i. e. S. etwa in erhöhtem Aufwand oder gemindertem Ertrag. Diese wirtschaftlichen Nachteile betreffen zukünftige Ereignisse, von denen ungewiss ist, ob, wo, wie und mit welcher Intensität sie eintreten (vgl. *Weber* et al., 1999, S. 14):

- **Intensität** bezeichnet die Stärke der Unsicherheit und somit die Prognostizierbarkeit der Entwicklung. Unsicherheiten können etwa durch finanzwirtschaftliche Berechnungen quantifiziert oder durch subjektive Schätzungen beurteilt werden.
- Der **Erscheinungsort** betrifft die Stelle, an der Risiken für das Unternehmen auftreten. Dies kann z. B. in Beschaffung, Produktion oder Absatz sein.
- **Symmetrie:** Eine Veränderung des aktuellen Zustands kann eine einseitige Abweichung beinhalten (asymmetrische Unsicherheit). Diese kann positiv oder negativ sein, wie etwa eine Steuersenkung oder ein Diebstahl. Eine Veränderung kann aber auch Abweichungen in beide Richtungen beinhalten (symmetrische Unsicherheit). Beispielsweise kann die Entwicklung eines neuen Produktes zu einer Budgetüberschreitung, aber auch zur Ergebnisverbesserung führen.

Der enge Risikobegriff wird ausschließlich mit Verlustgefahren verbunden und konzentriert sich auf negative Abweichungen. Analog kann aber auch eine positive Abweichung im Sinne einer Chance zu einer besseren Zielerreichung führen. Das chinesische Zeichen für Risiko 危机 spiegelt diese Ambivalenz wider. Das erste Schriftzeichen bedeutet „Gefahr", das zweite „Chance".

> Ein **Risiko im weiteren Sinne** besteht, wenn zukünftige Ereignisse zu positiven oder negativen Abweichungen von einem erwarteten Ergebnis führen können. Es beinhaltet damit sowohl Chancen als auch Gefahren bzw. Risiken i. e. S.

Dieser erweiterte Risikobegriff bedeutet, dass sowohl jedes Risiko eine Chance beinhaltet als auch jede Chance mit Gefahren verbunden ist. Dieses weite Verständnis von Risiko findet sich in den jüngeren internationalen Standards wieder. So definiert die ISO 9001 aus dem Jahr 2015 ein Risiko als Auswirkung einer Unsicherheit auf ein erwartetes Ergebnis. Dabei werden sowohl positive als auch negative Abweichungen einbezogen. Im Folgenden werden Risiken in diesem weiteren Sinne betrachtet.

Es lassen sich zwei **Arten** von Risiken unterscheiden (vgl. *Romeike/Hager*, 2020, S. 78):

- **Spekulative Risiken** beinhalten sowohl eine Verlustgefahr als auch eine Gewinnchance.
- **Reine Risiken** haben keine Gewinnchance. Versicherungen übernehmen reine Risiken und leisten, wenn ein Schaden eintritt. Kommt es zu keinem Schaden, ist dies keine Gewinnchance, da dann keine Leistung erfolgt.

Führungskontexte

Um die Intensität eines Risikos zu beschreiben, kann gemäß der Entscheidungstheorie (vgl. Kap. 1.2.1) nach der **Planbarkeit** unterschieden werden in (vgl. *Courtney* et al., 1997, S. 67 ff.):

- **Sicherheit** beschreibt eine Situation, in der die Umweltanforderungen ausreichend bekannt sind. Unternehmen können sich bei der Planung somit auf eine einzige Prognose stützen. Wenn die Situation vollständig bekannt ist, dann gibt es weder Abweichungen noch Risiken.
- **Risiko** beschreibt die Umwelt in wenigen, klar abgrenzbaren, sogenannten diskreten Szenarien. Die möglichen Ausprägungen der Umwelt können beschrieben werden, ohne jedoch genau zu wissen, welche Situation eintreten wird. Eventuell lassen sich Wahrscheinlichkeiten für die Szenarien bestimmen. Mögliche Ergebnisse sind

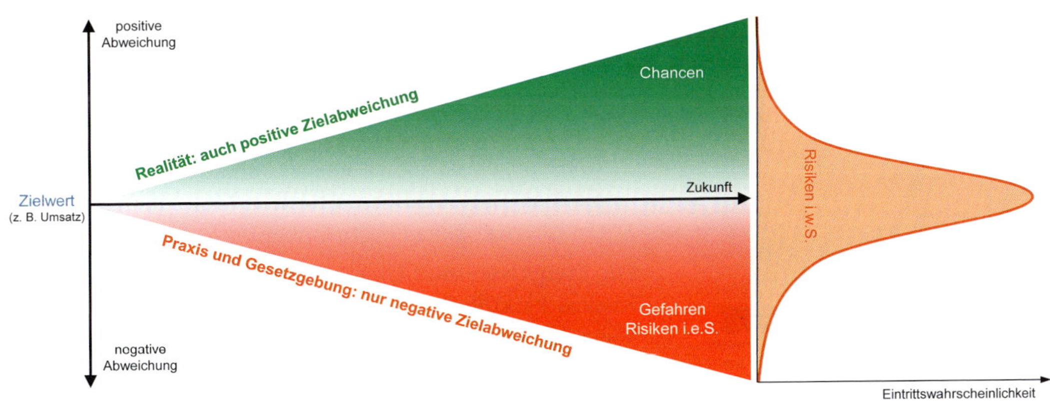

Abb. 8.4.1: Risiken als mögliche Abweichungen (in Anlehnung an Romeike/Hager, 2020, S. 107)

bekannt, aber diese sind schwer vorherzusagen. Es gilt, eine Reihe von Alternativen zu entwickeln und z. B. in einem Entscheidungsbaum abzubilden. Die Beschaffung von Informationen, mit deren Hilfe die relativen Wahrscheinlichkeiten der alternativen Ergebnisse ermittelt werden, sollte dabei Priorität haben.

- **Ungewissheit**: Diese Situation geht über das Risiko hinaus, indem zwar eine Reihe potenzieller Umweltanforderungen identifiziert werden können, diese sich aber in Bandbreiten und nicht in klar abgrenzbaren Optionen darstellen. Dies ist z. B. typisch für Unternehmen, die neue Industrien, Technologien oder geografische Märkte erschließen. Dann kann eine Reihe von Szenarien identifiziert werden, die alternative zukünftige Umweltanforderungen beschreiben. Sie sind abhängig von der Entwicklung einiger Schlüsselvariablen und die Analyse sollte sich auf die auslösenden Ereignisse konzentrieren. So lässt sich erkennen, dass sich die Umwelt auf das eine oder andere Szenario zubewegt. Die Bestimmung von Szenarien unter Ungewissheit ist jedoch schwierig, denn zwischen den Extremen der bestmöglichen und schlechtesten Umweltentwicklung gibt es keine klar abgrenzbaren Szenarien. Dann gilt es, eine begrenzte Anzahl an Alternativszenarien zu entwickeln, die nicht redundant sind und die wahrscheinliche Bandbreite künftiger Umwelten abdecken. Es wird versucht, mithilfe von Szenarien, stochastischen Methoden oder Simulationen die Zukunft zu verstehen und für die verschiedenen Szenarien geeignete Handlungsoptionen zu erarbeiten.
- **Vollkommene Unsicherheit** (Knightsche Unsicherheit) beschreibt besonders schwierige Rahmenbedingungen. In einem vollkommen unsicheren Umfeld ist es unmöglich vorherzusagen, wie sich die Umwelt entwickelt. Es gelingt nicht mehr, potenzielle Ergebnisse zu identifizieren, geschweige denn, Szenarien innerhalb eines Bereichs aufzustellen. Möglicherweise ist es nicht einmal möglich, alle relevanten Variablen, die die Zukunft definieren, zu identifizieren oder vorherzusagen. Hier ist kein Risikomanagement mehr möglich. Bei vollkommener Unsicherheit sind die Auswirkungen der untersuchten Handlungsalternativen und auch die Eintrittswahrscheinlichkeiten nicht bekannt. In beiden Fällen ist das Ergebnis von Handlungen unkalkulierbar.

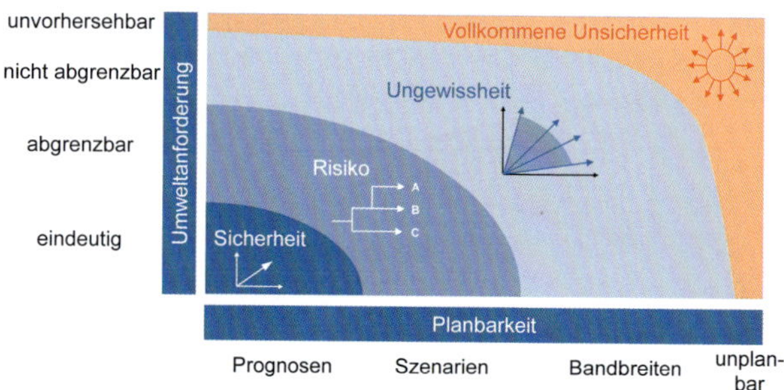

Abb. 8.4.2: Ausprägungen der Unsicherheit

> Die Intensität der Unsicherheit kann die **Ausprägungen** Sicherheit, Risiko, Ungewissheit und vollkommene Unsicherheit annehmen.

Vereinfachend wird für ungewisse und z. T. auch vollkommen ungewisse Umwelten häufig der Begriff der VUKA-Welt verwendet (vgl. Kap. 1.3.5). **VUKA** ist ein Akronym für Volatilität, Unsicherheit, Komplexität und Ambiguität (vgl. *Johansen*, 2012; *Mack* et al., 2016):

- **Volatilität** (Volatiliy): Die Geschwindigkeit sowie die Anzahl und Dynamik von Veränderungen nimmt zu. Damit werden auch die Schwankungsbereiche der Umweltentwicklungen breiter.
- **Unsicherheit** (Uncertainty): Die Vorhersagbarkeit der Umwelt schwindet, weil manche Variablen oder das Zusammenwirken der Variablen unbekannt sind. Damit verlieren Erfahrungen aus der Vergangenheit für die Prognose der Zukunft an Gültigkeit und Relevanz. Generell nimmt die Berechenbarkeit von Ereignissen ab und somit werden die Konsequenzen schwerer kalkulierbar. Je mehr Überraschungen die Umwelt bereithält, desto unsicherer ist sie.
- **Komplexität** (Complexity) wird durch die Anzahl von Einflussfaktoren, deren gegenseitiger Abhängigkeit bzw. Interaktion und der Dynamik beeinflusst. Je komplizierter und dynamischer ein System ist, desto komplexer ist es. Eine steigende Anzahl von unterschiedlichen Verknüpfungen und Abhängigkeiten macht die Umwelt undurchschaubar.
- **Ambiguität** (Ambiguity) beschreibt die Mehrdeutigkeit einer Situation. Selbst wenn viele Informationen vorhanden sind, kann deren Bewertung mehrdeutig sein. Solche Faktenlagen sind nicht eindeutig interpretierbar und machen falsche Entscheidungen wahrscheinlicher. Die Umwelt ist daher schwer verständlich und wenig planbar. Entscheidungen fordern Mut zum Risiko, selten ist etwas genau bestimmbar.

Für Ereignisse unter Ungewissheit ist das Eintreten eines Risikos kalkulierbar. Alle Unternehmen sind stets einer Vielzahl von Risiken ausgesetzt, denen sie sich nicht vollständig entziehen können. Denn jedes wirtschaftliche

Handeln ist untrennbar mit Risiken verbunden. Jedes Unternehmen ist deshalb ein Risikoträger, der auftauchende Risiken zu erkennen, zu tragen oder zu bewältigen hat.

Wie sich ein Entscheidungsträger im Angesicht einer Risikosituation verhält, hängt von seiner **Risikoeinstellung** ab:

- **Risikoaversion** oder Risikoscheu bezeichnet einen Entscheidungsträger, der das geringste Risiko mit dem geringstmöglichen Verlust bevorzugt. Bei der Wahl zwischen mehreren Alternativen mit gleichem Erwartungswert wird die Alternative mit dem geringsten Risiko bevorzugt. Risikoscheue Entscheider bevorzugen also einen möglichst sicheren Gewinn, auch wenn dieser klein ausfällt.
- **Risikoneutralität** bedeutet weder sichere noch unsichere Alternativen zu bevorzugen und Risiken gegenüber indifferent zu sein. Eine Entscheidung orientiert sich alleine am Erwartungswert und das dabei auftretende Risiko wird akzeptiert.
- **Risikoaffinität**, Risikosympathie oder Risikofreude beschreibt einen Entscheidungsträger, der bereit ist, die größtmögliche Gewinnchance anzustreben, auch wenn damit hohe Verluste möglich sind. Bei der Wahl zwischen mehreren Alternativen mit gleichem Erwartungswert wird die Alternative mit dem höchstmöglichen Gewinn bevorzugt, auch wenn dieser unsicher ist.

Ausprägungen risikoorientierter Unternehmensführung

Auch Unternehmen besitzen eine solche Risikoeinstellung. Eine intensive Auseinandersetzung und ein bewusster Umgang mit Risiken ist daher sinnvoll. Unternehmerisches Handeln beinhaltet im Kern das Übernehmen von Risiken, ohne die keine Geschäfte auf Märkten möglich sind. Risiken sollten jedoch nicht intuitiv, sondern vielmehr kontrolliert eingegangen werden. Aufgrund der zunehmenden Komplexität des Unternehmensumfelds verkürzen sich die Entscheidungs- und Reaktionszeiten der Unternehmensführung. Diese Ungewissheit bedarf einer verstärkten Auseinandersetzung mit Risiken, um die **Existenz** des Unternehmens zu sichern und dessen **Planbarkeit** zu erhöhen.

> **Risikoorientierte Unternehmensführung** ist der planvolle Umgang mit Risiken durch deren fortlaufende und systematische Erkennung, Analyse und Steuerung.

Je nach Ausgestaltung und Reifegrad lassen sich die in Abb. 8.4.3 dargestellten **Ausprägungen** der risikoorientierten Unternehmensführung unterscheiden (in Anlehnung an *Gleißner*, 2016, S. 31 ff.):

- **Kein Risikomanagement** bedeutet, dass weder ein Risikobewusstsein vorhanden ist, noch ein formalisiertes System zum Umgang mit Risiken existiert. Risiken werden nur sporadisch in unternehmerische Entscheidungen einbezogen.
- **Schadensmanagement** berücksichtigt mögliche, schwerwiegende Gefahren und definiert punktuelle Maßnahmen zu deren Abwehr. Es wird lediglich auf bestimmte Bedrohungen und die Einhaltung von Regularien geachtet, wie z. B. im Umwelt- und Arbeitsschutz. Risikomanagementaktivitäten finden nur vereinzelt und unsystematisch statt.
- **Risikomanagement i. e. S.** ist ein durchgängiger Führungskreislauf für Risiken i. e. S. Es überwacht sämtliche Risiken kontinuierlich, bewertet sie und fasst sie in einem Risikoinventar zusammen. Wesentliche Ri-

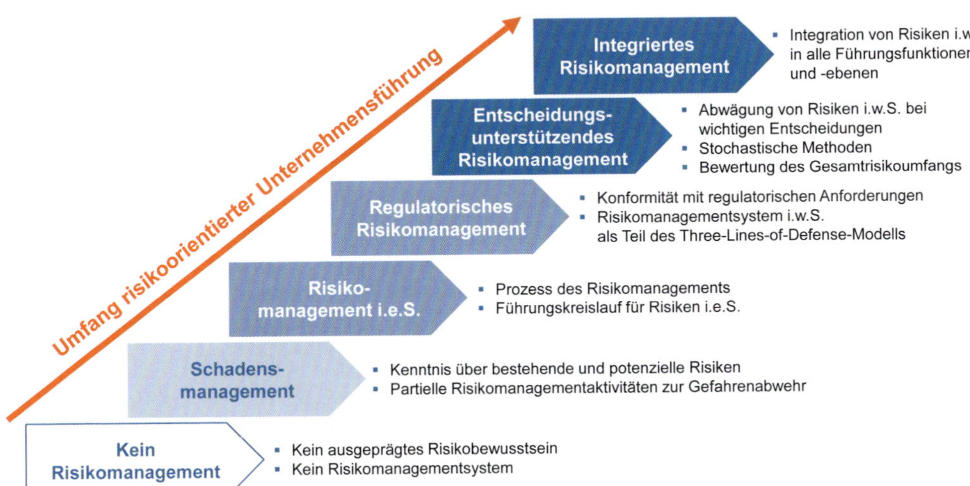

Abb. 8.4.3: Ausprägungen risikoorientierter Unternehmensführung (in Anlehnung an Gleißner, 2016, S. 32)

siken werden im Hinblick auf geeignete Strategien diskutiert. Die Risiken werden überwacht und über deren Entwicklung laufend berichtet. Diese Informationen fließen aber nicht systematisch in unternehmerische Entscheidungen ein.

- **Regulatorisches Risikomanagement** erfüllt die Anforderungen des Gesetzgebers und Regularien, wie z. B. die Qualitätsnorm DIN ISO 9000 (vgl. Kap. 8.1). Diese erfordern nicht nur ein Risikomanagement i. e. S., sondern verbinden es mit weiteren Führungssystemen und -funktionen zu einem 3-Verteidigungslinien-Modell.
- **Entscheidungsunterstützendes Risikomanagement** berücksichtigt Risiken i. w. S. als positive und negative Abweichungen. Es nutzt stochastische Methoden und aggregiert Einzelrisiken zu einem Gesamtrisiko. Somit können deren Konsequenzen für wichtige Zielgrößen des Unternehmens aufgezeigt werden. Dadurch entwickelt sich ein ausgeprägtes Risikobewusstsein. Die Auswirkungen von Risiken werden in der Entscheidungsfindung berücksichtigt.
- **Integriertes Risikomanagement** berücksichtigt Risiken i. w. S. auf allen Führungsebenen und -funktionen und bezieht sie in die Entscheidungen ein. So wird das Risikomanagement nicht nur mit der Planung und Kontrolle verknüpft, sondern auch in die Führungsfunktionen Organisation, Personal sowie Information und Kommunikation einbezogen. Darüber hinaus wird das Risikomanagement in den operativen Systemen und insbesondere den betrieblichen Prozessen verankert. Dies erfolgt etwa durch Integration von Risiken in der wertorientierten Unternehmensführung (vgl. Kap. 8.2).

8.4.2 Risikomanagement i. e. S.

Risikomanagement i. e. S. ist keine einmalige Maßnahme, sondern ein fortlaufender Prozess. Wie in Abb. 8.4.4 dargestellt, werden die Phasen des Risikomanagementprozesses wiederholt durchlaufen und stellen somit einen Zyklus dar. Er überwacht sämtliche Risiken kontinuierlich, bewertet sie und fasst sie in einem Risikoinventar zusammen. Wesentliche Risiken werden im Hinblick auf geeignete Strategien diskutiert. Über die Entwicklung der Risiken wird laufend berichtet. Die einzelnen **Prozessschritte** werden nachfolgend erläutert (vgl. *Glaser*, 2018, S. 87; *Lück*, 1998, S. 1926 f.; *Rahardjo/Dowling*, 1998, S. 44 ff.).

Ein **Risikomanagement i. e. S.** ist ein durchgängiger Führungskreislauf für Risiken i. e. S. Ausgehend von der Risikopolitik umfasst er die Prozessschritte Risikoidentifikation, -bewertung, -aggregation, -steuerung, -überwachung und -berichterstattung.

Risikopolitik

Die Risikopolitik bildet den Rahmen des Risikomanagements. Als Teil der Unternehmenspolitik (vgl. Kap. 2.3.2) beinhaltet sie normative Aussagen darüber, wie offensiv Chancen wahrgenommen und welche maximalen Gefahren eingegangen werden sollen. Beispielsweise kann ein Unternehmen festlegen, dass aufgrund der Gewinnchancen in China mit jährlichen Deckungsbeiträgen von 2 Mio. € bewusst Verlustrisiken von bis zu einer Mio. € eingegangen werden.

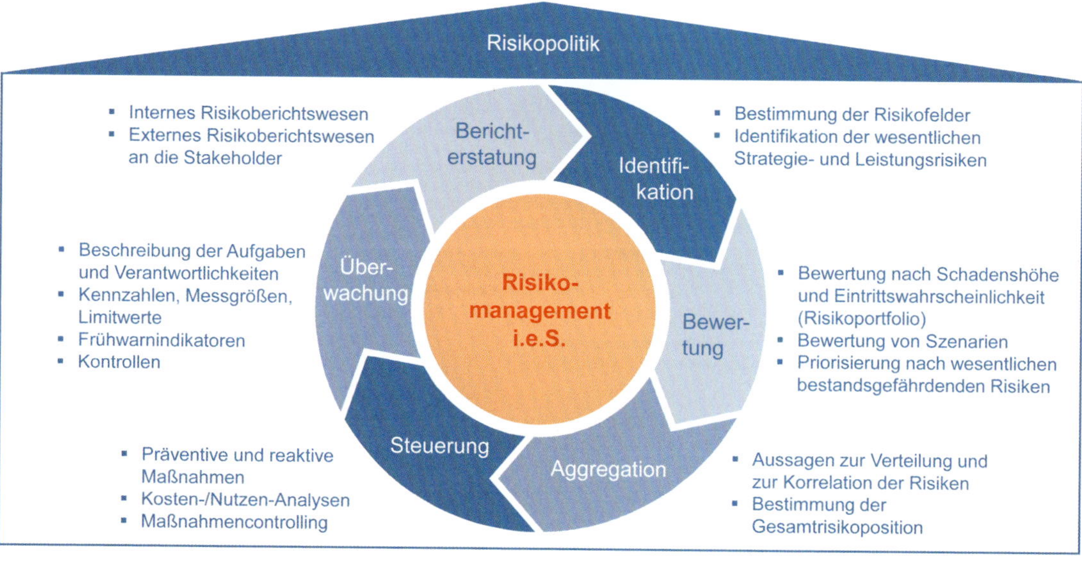

Abb. 8.4.4: Phasen und Prozess des Risikomanagements i. e. S.

Die zentralen **Inhalte der Risikopolitik** sind:

- **Corporate Governance:** Integration der risikoorientierten Unternehmensführung in die Corporate Governance, insbesondere die Verbindung mit präventiven Compliance-Aktivitäten und Revisionstätigkeiten (vgl. vertiefend Kap. 2.4).
- **Risikokultur** gibt die Bereitschaft zur Akzeptanz von Veränderungen vor. Dies wird auch als Risikoappetit oder Risikofreude bezeichnet. Diese sind z. B. in der Luftfahrt aufgrund hoher Sicherheitsvorgaben sehr gering und es sollte ein ausgeprägtes Kontrollbewusstsein vorherrschen. Höhere Abweichungstoleranzen sind etwa in der SW-Entwicklung vorhanden, welche Innovationen und Experimentierfreudigkeit erfordert.
- **Risikokapazität** beschreibt die maximale Höhe negativer Abweichungen, die vom Unternehmen getragen werden können. Diese wird durch die Liquidität bzw. das Insolvenzrisiko und die Kapitalbasis bzw. die Höhe des Eigenkapitals bestimmt. Dies wird auch als Grenzrisiko bezeichnet und umfasst das größte, gerade noch vertretbare Risiko eines Risikoträgers. Analog kann auch eine Belastbarkeitsgrenze des Unternehmens für die maximale Chancennutzung festgelegt werden.
- **Risikorichtlinien** sind einheitliche Definitionen und Regeln zur Festlegung des Risikoverständnisses sowie der Verantwortlichkeiten und Prozesse des Risikomanagements.

Die **Risikopolitik** bildet den Rahmen des Risikomanagements und umfasst die Risikokultur, -kapazität und -richtlinien sowie die Integration des Risikomanagements in die Corporate Governance.

Die Risikopolitik wird zusammengefasst in einer **Risikostrategie.** Sie ist Teil der Unternehmensstrategie (vgl. Kap. 3.2) und setzt sich mit der Risikoneigung und -akzeptanz auseinander. Die Risikostrategie ist der Kern des Risikomanagements und wegweisend dafür, wie mit Risiken umgegangen wird. Dadurch bestimmt sie die Rahmenbedingungen für den Aufbau eines Risikomanagements, die häufig in einem Risikohandbuch zusammengefasst werden.

Folgende Aspekte sind **Bestandteil der Risikostrategie** (vgl. *Romeike/Hager*, 2020, S. 83; *Glaser*, 2018, S. 319; *Gleißner/Romeike*, 2020, S. 1):

- Der Prozess der Planung, Durchführung, Evaluation und Anpassung der Risikostrategie.
- Eine Zielgröße, welche den Vergleich von Risiko und Ertrag möglich macht.
- Limitationen zur Einschränkung des Umfangs eingegangener Risiken im Unternehmen.
- Quantifizierung des Bedarfs an Eigenkapital und Liquiditätsreserven, die vom Ziel-Rating abgeleitet werden.
- Eine Festlegung unvermeidbarer Risiken sowie von Risiken, welche transferiert werden müssen.
- Bei börsennotierten Unternehmen zudem:
  - Auflagen aus der Business Judgement Rule
  - Einbindung des Aufsichtsrats
  - Prüfung der Funktionsfähigkeit des Risikomanagements
  - Reaktion auf kritische Risiken
  - Frühwarnsystem für Risiken

Risikoidentifikation

Die Risikoidentifikation ist eine große Herausforderung, da erkannt und akzeptiert werden muss, dass überhaupt ein Risiko vorliegt (Risikowahrnehmung).

Die **Risikoidentifikation** erfasst systematisch und kontinuierlich die auf das Unternehmen einwirkenden Unsicherheiten.

Gemäß dem Prüfungsstandard IDW PS 340 sind im Unternehmen alle Risiken einzubeziehen, die in sämtlichen Prozessen und Funktionsbereichen auftreten können. Ergänzend sind die Risiken aufzunehmen, die aus der Unternehmensumwelt stammen. Eine wirksame Risikoerfassung erfordert, dass sowohl im Voraus definierte Risiken als auch Auffälligkeiten, die keinem bekannten Erscheinungsbild entsprechen, identifiziert werden. Strategische Risiken werden im Rahmen der Umwelt- und Unternehmensanalysen identifiziert (vgl. Kap. 3.2). Daneben können diese auch in speziellen Gesprächskreisen bzw. Workshops gesammelt werden. Manche Risiken lassen sich am besten im Rahmen eines Risiko-Workshops (Risk Assessment) durch kritische Diskussionen erfassen. Hierzu gehören insbesondere die Risiken aus den Leistungserstellungsprozessen (operative Risiken), rechtliche und politische Risiken sowie Risiken aus den Unterstützungsprozessen (z. B. Informationstechnologie). Als Hilfsmittel können **Risikokataloge**, wie etwa exemplarisch in Abb. 8.4.5 dargestellt, genutzt und unternehmensspezifisch angepasst werden. Zur Risikoidentifikation eignen sich darüber hinaus auch Instrumente des Qualitätsmanagements, wie etwa die Fehlermöglichkeits- und Einflussanalyse (vgl. Kap. 8.1.4). Um gesetzlichen Anforderungen zu genügen, ist das Ergebnis der Risikoidentifikation in einem **Risikoinventar** zu dokumentieren.

Die Identifikation von Risiken ist eine der schwierigsten Aufgaben des Risikomanagements. Dabei ist oft unklar, was sich aus einzelnen Erfahrungen und Beobachtungen über den zugrundeliegenden Ursache-Wirkungszusammenhang sagen lässt (vgl. *Russell*, 1948). Dieses sog. **Induktionsproblem** kann am Beispiel eines Truthahns veranschaulicht werden: Ein Truthahn wird bis zum Herbst jeden Tag gefüttert. Dies veranlasst den Truthahn zu einer verallgemeinerten Schlussfolgerung: „Das Leben ist wunderbar. Ich werde ständig gefüttert, muss nichts arbeiten und werde von Tag zu Tag immer fetter.“ Leider stellt sich diese Verallgemeinerung am Erntedankfest (Thanksgiving) als falsch heraus. Der Truthahn landet im Backofen. Mit anderen Worten folgt dem langsamen Anstieg des Wohlbefindens durch tägliches Füttern ein jäher Absturz. Bei der Identifikation von Risiken geht es also darum, ein tieferes Verständnis sowohl für offenkundige als auch versteckte Risiken zu entwickeln.

Risikobewertung

Die Risikobewertung beinhaltet eine Beurteilung der Tragweite der erkannten Risiken in Bezug auf deren Eintrittswahrscheinlichkeiten und quantitative Auswirkungen.

Die **Risikobewertung** beurteilt die Beeinflussbarkeit und finanzielle Tragweite erwarteter Risiken. Üblicherweise wird hierzu jedes Risiko hinsichtlich seiner Eintrittswahrscheinlichkeit und des Ausmaßes seines potenziellen Schadens bewertet.

Die Risikobewertung wird in Verbindung mit der Risikoidentifikation auch als **Risikoanalyse** bezeichnet. In beiden Phasen können qualitative oder quantitative Methoden verwendet werden. Bei der Risikoanalyse werden die erkannten Unsicherheiten den Aufgaben- bzw. Entscheidungsträgern des Unternehmens zugeordnet. In Abhängigkeit von der Größe einzelner Risiken kann es erforderlich sein, die Entscheidungen auf höhere Ebenen zu eskalieren. Hierzu sind sog. **Wesentlichkeitsgrenzen** als Schwellenwerte festzulegen, um die Relevanz von Risiken einzuordnen. Diese bestimmen, ob ein Risiko selbst getragen werden kann oder ob eine höhere Ebene einzubeziehen ist. So können Einzelrisiken etwa nach ihrer Auswirkung auf den Jahresgewinn in die Kategorien unbedeutendes, mittleres, bedeutsames, schwerwiegendes und bestandsgefährdendes Risiko eingeteilt werden. Gemäß dem Prüfungsstandard IDW PS 340 sind Einzelrisiken oder mehrere Risiken im Zusammenwirken zu erfassen, die eine Bestandsgefährdung darstellen können.

Bei der Risikoanalyse sind zunächst **Eintrittswahrscheinlichkeiten** für die identifizierten Risiken zu bestimmen. Festgelegt wird die Wahrscheinlichkeit eines Risikoeintritts innerhalb eines bestimmten Zeitraums,

	Kategorien	Chancen und Gefahren			
Strategisch	Globale Umwelt	▪ Megatrends	▪ Technologiewandel	▪ Konjunktur	▪ …
	Branchen	▪ Portfoliostruktur	▪ Branchentrends	▪ Branchenkräfte	▪ …
	Markt	▪ Markttrends	▪ Preisschwankungen	▪ Rivalität	▪ …
	Kunden	▪ Kundenportfolio	▪ Abhängigkeiten	▪ Kundenverhalten	▪ …
	Produkte	▪ Produktportfolio	▪ Technische Risiken	▪ Erfolgsfaktoren	▪ …
	Personal	▪ Kompetenzverlust	▪ Mitarbeitermangel	▪ Arbeitnehmermacht	▪ …
	Politik	▪ Gesetzesänderungen	▪ Haftung	▪ Regulierung	▪ …
	Zulieferer	▪ Beschaffungsmarkt	▪ Abhängigkeiten	▪ Lieferfähigkeit	▪ …
	Technologie	▪ Innovation	▪ Technik	▪ Substitution	▪ …
	Weitere	▪ Eigentümerstruktur	▪ M&A	▪ Kooperationen	▪ …
Operativ	Image	▪ Corporate Citizenship	▪ Marke	▪ Öffentlichkeit	▪ …
	Finanzen	▪ Forderungsausfall	▪ Währungsrisiken	▪ Zinsrisiko	▪ …
	Arbeit	▪ Gesundheit	▪ Sicherheit	▪ Integrität	▪ …
	Information	▪ Datensicherheit	▪ Urheberschutz	▪ Systemtechnik	▪ …
	Recht	▪ Genehmigungen	▪ Rechtsstreit	▪ Exportregeln	▪ …
	Organisation	▪ Zertifizierungen	▪ Dokumentation	▪ Prozessstabilität	▪ …
	Umwelt	▪ Elementarrisiken	▪ Brandschutz	▪ Umweltschutz	▪ …
	Compliance	▪ Betrug	▪ Diebstahl	▪ Korruption	▪ …
	Kapazität	▪ Verfügbarkeit	▪ Industriestandards	▪ Stabilität	▪ …

Abb. 8.4.5: Kategorien von Risiken (vgl. Deutsche Gesellschaft für Risikomanagement, 2008, S. 80)

meistens eines Jahres. Dazu kann auch die Eintrittshäufigkeit herangezogen werden. Dies kann qualitativ oder quantitativ erfolgen. Qualitativ wäre z. B. eine Unterscheidung der Eintrittshäufigkeit in die Kategorien „oft“, „häufig“ oder „selten“. Ein quantitatives Maß ist die Verwendung von historisch-statistisch abgeleiteten Eintrittswahrscheinlichkeiten. Sie werden aus der Analyse von Schäden der Vergangenheit und Branchendaten sowie mithilfe von Informationen von Finanzinstituten, Dienstleistern oder Versicherern ermittelt. Aufgrund des Induktionsproblems ist die Bewertung allein auf Basis historischer Daten in der Regel unzureichend und erfordert Zukunftsprognosen. Je nach Art des Risikos können dafür unterschiedliche Wahrscheinlichkeitsverteilungen für die Beschreibung eines Risikos verwendet werden. Abb. 8.4.6 zeigt mögliche Kategorien von Eintrittswahrscheinlichkeiten, für die jeweils Punktwerte von 1 bis 5 vergeben werden.

Der nächste Schritt der Risikobewertung eines erkannten Risikos ist die Bestimmung des Schadensausmaßes. Es beschreibt, wie stark ein eingetretenes Risiko ein Unternehmen beinträchtigen würde. Beispiele für Faktoren, die zur Bestimmung des **Schadensausmaßes** herangezogen werden können, sind in Abb. 8.4.7 dargestellt. Für diese werden ebenfalls Punktwerte vergeben. Bei qualitativen Bewertungsmethoden werden die Risiken auf Grundlage von Interviews und Risikobeschreibungen priorisiert. Quantitative Bewertungsmethoden basieren auf Schätz- und Erfahrungswerten oder historischen Daten, um so den möglichen Schaden zu bestimmen.

Durch Multiplikation von Eintrittswahrscheinlichkeit und Schadensausmaß entsteht das Risikopotenzial bzw. der **Risikoerwartungswert.** Er misst den Umfang eines Risikos. Eine Herausforderung in dieser Phase ist die nachvollziehbare Überführung von qualitativen Risiken, wie z. B. eines Streiks oder eines Vulkanausbruchs, in ein quantitatives Zahlenwerk. Um alle Risiken hinsichtlich ihrer Bedeutung miteinander vergleichen zu können, bietet sich die Verwendung eines einheitlichen Risikomaßes an.

Risikoberichterstattung und -modelle sowie die Risikostrategie basieren bei vielen mittelständischen Unternehmen häufig auf einer qualitativen Risikobewertung. Die Risiken werden auf Grundlage von Experteninterviews und Risikobeschreibungen priorisiert. Schätz- und Erfahrungswerte sowie historische Daten werden herangezogen, um mögliche Schäden und entsprechende Eintrittswahrscheinlichkeiten zu bestimmen. Dabei sind folgende Hinweise für die Auswahl von **Risikobewertungskriterien** zu beachten (vgl. *Glaser*, 2018, S. 55):

- Die Risikokriterien sollten im Vorfeld an den Unternehmenskontext angepasst werden.
- Zur Klassifikation der Kriterien wird standardmäßig eine drei- oder fünfstufige Skala gewählt.
- Risiken lassen sich nicht immer durch einen monetären Wert ausdrücken. Nicht quantifizierbare Risiken können mit qualitativen Faktoren gemessen werden.
- Es ist eine Kombination von Bewertungsmethoden möglich, jedoch ist die quantitative Methode im Hinblick auf die weiteren Schritte zu bevorzugen.

Im Vordergrund der Risikobewertung steht daher nicht die exakte Quantifizierung, sondern eine konsistente und transparente Priorisierung.

Kategorien	Definition	Beschreibung
1 Selten	Tritt nur in Ausnahmefällen auf	▪ Risiko hat eine Eintrittswahrscheinlichkeit < 2 % ▪ Eintritt ist nicht wahrscheinlich in den nächsten Jahren
2 Unwahrscheinlich	Könnte von Zeit zu Zeit eintreten	▪ Risiko hat eine Eintrittswahrscheinlichkeit 2–24 % ▪ Könnte innerhalb von 4–5 Jahren eintreten
3 Möglich	Könnte gelegentlich eintreten	▪ Risiko hat eine Eintrittswahrscheinlichkeit von 25–49 % ▪ Könnte innerhalb von 2 Jahren eintreten
4 Wahrscheinlich	Könnte öfters eintreten	▪ Risiko hat eine Eintrittswahrscheinlichkeit von 50–75 % ▪ Könnte innerhalb des nächsten Jahres eintreten
5 Sehr wahrscheinlich	Könnte in den meisten Fällen eintreten	▪ Risiko hat eine Eintrittswahrscheinlichkeit > 75 % ▪ Könnte innerhalb der nächsten 6 Monate eintreten

Abb. 8.4.6: Beispiel für die Kategorisierung von Eintrittswahrscheinlichkeiten

Kategorien	Beschreibung	Finanzen	Sicherheit	Ansehen	Tätigkeiten	Umfeld
5 Katastrophe	Größere Firmenpleite, Tod, nachteilige finanzielle Wirkung, wesentliche Schädigung des Ansehens oder der Beziehung zu wichtigen Stakeholdern.	Potenzieller finanzieller Verlust > x €. Signifikante Verletzung finanzieller Grundregeln.	Todesfall eines Mitarbeiters, Subunternehmers oder eines Mitgliedes der Öffentlichkeit.	Irreparable Schädigung des Ansehens oder der Beziehungen zu wichtigen Stakeholdern. Größere öffentliche Besorgnis. Anhaltende negative Aufmerksamkeit der Medien und der Öffentlichkeit.	Signifikante Unterbrechung des Geschäftsbetriebs oder dessen Einstellung, schwerwiegende Nichtbeachtung der Vorschriften oder Verfehlung bei der Erreichung der Mehrheit oder aller Hauptziele.	Unwiderrufliche Umweltschäden. Hohe öffentliche Anteilnahme. Mögliche groß angelegte Sammelklagen.
4 Groß	Vorübergehender Verlust der Geschäftsfunktionalität, erhebliche Schädigung des Ansehens, jedoch ohne langfristige Auswirkungen.	Potenzieller Verlust oder Opportunitätskosten > Y €. Verletzung der finanziellen Grundregeln.	Schwerwiegende gesundheitliche Auswirkungen oder Verletzungen von mehreren Mitarbeitern oder Mitgliedern der Öffentlichkeit.	Signifikante Schädigung des Ansehens oder Auswirkung auf die Beziehungen zu wichtigen Stakeholdern. Anhaltende negative Aufmerksamkeit der Medien oder Öffentlichkeit.	Kurzfristige Störung des Geschäftsbetriebs, Fehlschlagen bei der Erreichung einiger entscheidender Hauptziele. Hohe Geldbußen und Strafen.	Große Umweltgefahren werden verursacht. Langfristiger Genesungsprozess. Große Beachtung in der Öffentlichkeit. Signifikante Maßnahmen zur Behebung benötigt.
3 Mäßig	Mäßige Unterbrechungen der täglichen Geschäfte, mäßige finanzielle Verluste	Potenzieller Verlust oder Opportunitätskosten > Z €. Geringfügige Verletzung der finanziellen Grundregeln.	Begrenzte gesundheitliche Auswirkungen oder Verletzungen eines Mitarbeiters oder Mitgliedes der Öffentlichkeit.	Mäßige Schädigung des Ansehens oder Auswirkung auf die Beziehung zu wichtigen Stakeholdern. Geringe Aufmerksamkeit der Medien oder Öffentlichkeit.	Einige betriebliche Einschränkungen. Geringfügige Geldbußen und Strafen durch Regulierungsbehörden. Signifikante Möglichkeiten der Effizienzverbesserung.	Nachweisbare Umweltschäden. Mittelfristiger Genesungsprozess. Beschwerden in der Gesellschaft überschaubar. Geringe Maßnahmen zur Behebung benötigt.
2 Gering	Geringe Beeinträchtigung der täglichen Geschäfte, geringer finanzieller Verlust.	Potenzieller Verlust oder Opportunitätskosten von weniger als V €	Geringe gesundheitliche Auswirkungen oder Verletzungen von Mitarbeitern und Mitgliedern der Öffentlichkeit.	Minimale Schädigung des Ansehens oder Auswirkung auf die Beziehungen zu wichtigen Stakeholdern.	Geringe betriebliche Einschränkungen oder Möglichkeiten zur moderaten Effizienzverbesserung.	Mittelfristig unerhebliche Auswirkung auf Umwelt/Gesellschaft
1 Unwesentlich	Beeinträchtigt die tägliche Leistung nicht, niedriger finanzieller Verlust	Unerhebliche finanzielle Verluste.	Keine gesundheitlichen Auswirkungen oder Verletzungen von Mitarbeitern oder der Öffentlichkeit.	Keine Schädigung des Ansehens, nur betriebsinterne Kenntnis.	Unwesentliche betriebliche Auswirkungen oder Möglichkeit für geringfügige Effizienzverbesserung.	Vorübergehende Auswirkungen auf Umwelt oder Gesellschaft. Unwesentliche Maßnahmen nötig.

Abb. 8.4.7: Beispiel für Bewertungskriterien für das Schadensausmaß

Risikoaggregation

Im nächsten Schritt wird die Gesamtheit der bewerteten Risiken betrachtet.

> Die **Risikoaggregation** fasst die bewerteten Risiken für ein Unternehmen zusammen.

Dabei werden die nach Wahrscheinlichkeit und Ergebnisauswirkung relevantesten Risiken meist in einem Portfolio zusammengestellt. Abb. 8.4.8 zeigt exemplarisch ein solches **Risikoportfolio.** Darin lassen sich Normstrategien für den Umgang mit Risiken ableiten. Risiken mit niedrigen Schadensausmaßen und Eintrittswahrscheinlichkeiten im grünen Bereich sind mit geringer Priorität zu betrachten und leicht zu tragen. Die Risiken im roten Bereich haben

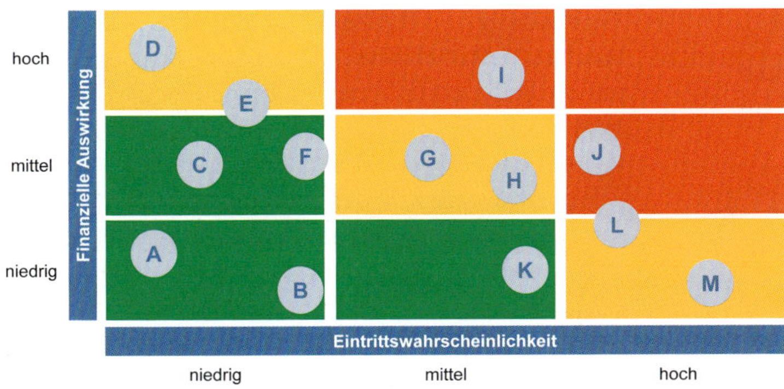

Abb. 8.4.8: Risikoportfolio (vgl. Helmke/Risse, 1999, S. 278 f.)

höchste Priorität und sind durch Risikosteuerung dort herauszubewegen. Die Risiken im gelben Bereich bedürfen enger Überwachung und ebenfalls steuernder Risikomaßnahmen.

Alternativ können auch sämtliche Risiken in ihrer Ergebniswirkung in einer Plan-GuV berücksichtigt und so ein finanzielles Szenario entworfen werden. Die Gesamtbetrachtung zeigt zunächst, ob die Risikoposition tragbar ist und ermöglicht die Festlegung von Prioritäten für die Unternehmensführung. In einem Portfolio können Normstrategien als Vorschläge für die Steuerung und Reduzierung der Risikoposition abgeleitet werden.

Allerdings können Einzelrisiken, die isoliert betrachtet von nachrangiger Bedeutung sind, sich in ihrem Zusammenwirken oder durch Kumulation im Zeitablauf zu bestandsgefährdenden Risiken aggregieren. Durch den Einbezug von **Ursache-Wirkungsbeziehungen** kann die Aggregation verbessert werden (vgl. *Dillerup/Kappler*, 2016, S. 5).

Hierbei lassen sich folgende **heuristische Regeln** anwenden (vgl. *Gleißner*, 2019, S. 42 ff.):

- **Wirkungsaggregation**: Wenn zwei voneinander unabhängige Risiken die gleiche Auswirkung haben, können deren Eintrittswahrscheinlichkeiten addiert werden.
- **Ursachenaggregation**: Sollten zwei (oder mehr) unabhängige Risiken die gleiche Ursache haben, werden sie zu einem Risiko zusammengefasst und deren Wirkungen, etwa durch Addition der möglichen Schäden, aggregiert.

Tatsächlich stehen viele Risiken in einer Wechselbeziehung zueinander. Daher sind die Wirkungsstrukturen zwischen einzelnen Risiken in einer integrierten Betrachtung zu berücksichtigen. Während einige Risiken isoliert von anderen auftreten, bestehen zwischen anderen Zusammenhänge, welche selbstverstärkende Effekte beinhalten können (vgl. *Romeike/Hager*, 2020). Methodisch können dynamische Beziehungen und Rückkopplungseffekte in Risikonetzen abgebildet und simuliert werden. Abb. 8.4.9. zeigt exemplarisch ein **Risikonetz** von Innovationsrisiken im Maschinen- und Anlagebau.

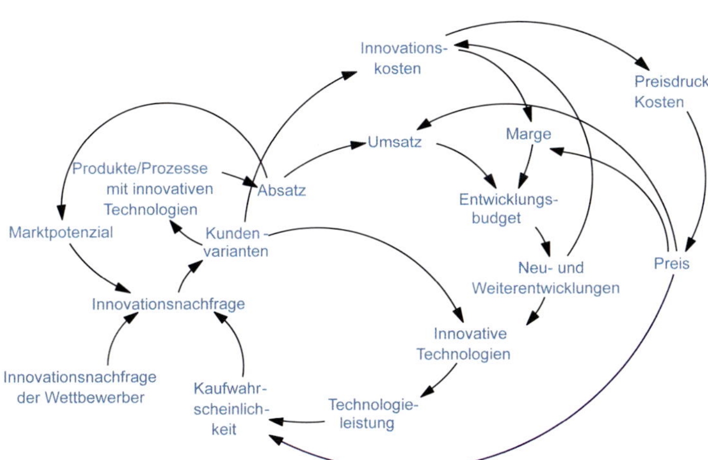

Abb. 8.4.9: Risikonetz für Innovationsrisiken (vgl. Dillerup/Kappler, 2016, S. 7)

Risikosteuerung

Aus der Kenntnis über die relative Bedeutung einzelner Risiken wird im nächsten Schritt der Handlungsbedarf zur **Risikobewältigung** abgeleitet.

> Die **Risikosteuerung** bestimmt, wie mit den Risiken eines Unternehmens umgegangen wird.

Die Risikosteuerung setzt an den identifizierten **Bruttorisiken** eines Unternehmens an. Diese werden durch Steuerungsmaßnahmen in die verbleibenden Nettorisiken überführt. Dabei ist zwischen Risikoursachen bzw. Risikotreibern und Risikowirkungen zu unterscheiden. Aktive Risikosteuerungsinstrumente sind ursachenbezogen und zielen durch Maßnahmen darauf ab, vor dem möglichen Eintritt eines Risikos die Höhe möglicher Verluste oder deren Eintrittswahrscheinlichkeit zu verringern. Passive Strategien setzen an der Risikowirkung an. Wirkungsbezogene Maßnahmen dienen dazu, die Auswirkungen von Risiken abzufangen oder zu übertragen. Abb. 8.4.10 zeigt ein sogenanntes Bow-Tie-Diagramm (Fliegendiagramm), mit dem die Ursachen und Wirkungen von Risiken übersichtlich dargestellt werden können

Ausgehend vom Bruttorisiko können die Maßnahmen zur Steuerung auf das Vermeiden von Risiken, die Begrenzung der Schadenshöhe oder die Verminderung der Eintrittswahrscheinlichkeit abzielen. Das Risikomanagement verfügt über die folgenden **Steuerungsmöglichkeiten**, um die einzelne Risiken sowie das aggregierte Gesamtrisiko aktiv zu gestalten. Während die aktiven Maßnahmen an den Risikoursachen ansetzen, wird bei den korrektiven Maßnahmen der Eintritt von Risiken bewusst in Kauf genommen.

- **Ursachenbezogene Maßnahmen** zur aktiven Risikosteuerung als präventive Risikopolitik sind (vgl. *Romeike/Hager*, 2020, S. 124 ff.):

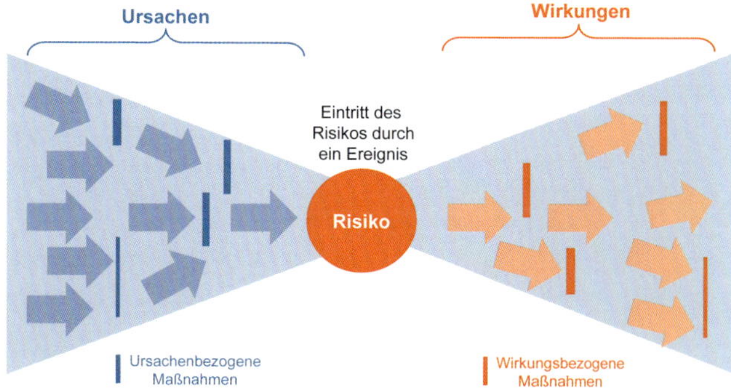

Abb. 8.4.10: Ursachen- und wirkungsbezogene Maßnahmen der Risikosteuerung (vgl. Romeike/Hager, 2020, S. 81)

  - **Vermeidung** von Risiken bedeutet, dass z. B. auf besonders risikobehaftete Geschäfte und damit auch auf die darin enthaltenen Chancen bewusst verzichtet wird. Die Risikovermeidung erhält damit Priorität vor anderen Zielen, wie etwa Wachstum oder Gewinn. Dies wäre z. B. der Ausstieg aus einem riskanten Geschäftsfeld oder der Verzicht auf bestimmte Technologien.
  - **Verminderung** von Risiken zur Senkung des Schadens oder der Eintrittswahrscheinlichkeit durch personelle, technische oder organisatorische Verhütungsmaßnahmen. Beispiele hierfür sind die redundante Auslegung von Ressourcen, die Umwandlung von fixen in variable Kosten oder organisatorische Regelungen, wie etwa Verhaltensrichtlinien, Kontrollen oder Schutzmaßnahmen (z. B. Zäune oder Alarmanlagen).
  - **Diversifizieren** beinhaltet Maßnahmen zum Ausgleich der vom Unternehmen getragenen Risiken. Diversifikation bedeutet sinngemäß, „nicht alle Eier in einen Korb zu legen". So können z. B. Währungsrisiken im Vertrieb in Nordamerika durch den Bezug von Rohstoffen aus den USA kompensiert werden. Analog lassen sich die Marktrisiken durch ein diversifiziertes Geschäftsfeld-Portfolio ausgleichen (vgl. Kap. 3.2.3).

- **Wirkungsbezogene Maßnahmen** zur passiven Risikosteuerung als korrektive Risikopolitik sind (vgl. *Romeike/Hayer*, 2020, S. 128 ff.):
  - **Transferieren** von Risiken auf Dritte. So können die Wirkungen von Risiken auf Geschäftspartner verlagert werden, wie z. B. durch Haftungsklauseln von Lieferanten für Transportschäden. Ebenso können Risiken auf Versicherungsunternehmen übergewälzt werden, wie z. B. durch eine Feuerversicherung. Teilweise können auch Risiken auf Kapitalmärkte übertragen werden, z. B. durch Wechselkurssicherungsgeschäfte.
  - **Finanzieren**, d. h. die Beschaffung von Finanzmitteln für eventuelle Schäden, um Risiken selbst tragen zu können.

Schließlich können Risiken auch bewusst in Kauf genommen werden. **Akzeptanz** bedeutet, ein Risiko ohne Sicherungsmaßnahmen einzugehen. Im Rahmen der Risikovorsorge sollten hierzu Reserven gebildet werden. Dies ist nur bei Risiken mit vertretbarem Verlustpotenzial zweckmäßig. Ein Beispiel ist die Diebstahlgefahr bei Büromaterial. Nach den aktiven und passiven Steuerungsmaßnamen verbleibt das **Nettorisiko** bzw. Residual-Risiko, dem ein

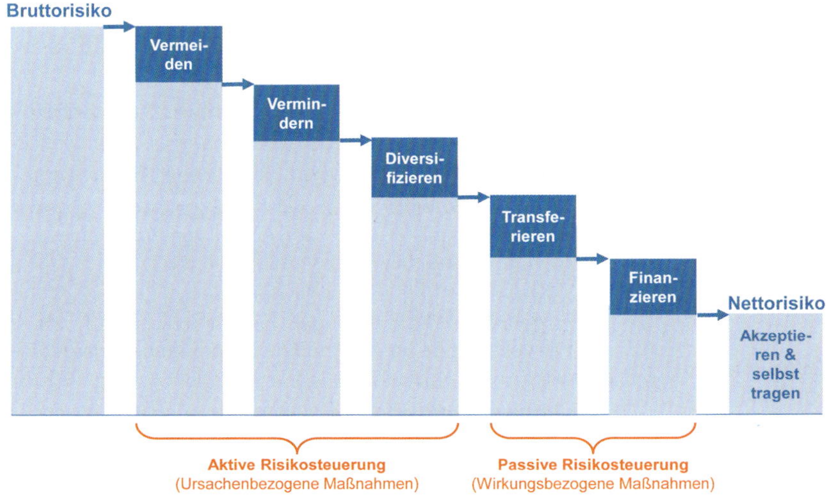

Abb. 8.4.11: Maßnahmen der Risikosteuerung (in Anlehnung an Romeike/Hager, 2020, S. 125)

Unternehmen ausgesetzt ist. Um dies tragen zu können, kann der hierzu erforderliche Eigenkapitalbedarf abgeleitet werden. Daran bemessen sich dann die Kapitalkosten des Unternehmens (vgl. Kap. 8.2.3).

Aufgabe der Risikosteuerung ist es, die ermittelten und bewerteten Risikopositionen des Unternehmens zu beeinflussen. Dies kann beispielsweise unter der Prämisse der Risikobegrenzung oder dem Erreichen eines gewünschten Verhältnisses von Chancen und Gefahren erfolgen. Die Risikosteuerung sollte auch die Reaktionsmöglichkeiten beim Eintreten eines Risikos beinhalten. Existenzbedrohende Risiken können das Unternehmen in einen chaotischen Führungskontext stürzen, der eine krisenorientierte Unternehmensführung erfordert (vgl. Kap. 1.3.6). Für den Fall des Eintretens solcher Extremrisiken sollte ein Maßnahmenkatalog ausgearbeitet werden. Dies ist nicht nur gesetzlich vorgeschrieben, sondern eine wichtige Voraussetzung, um auch in extremen Situationen überlegt handeln zu können.

Risikoüberwachung und -berichterstattung

Zur Steuerung der Risiken müssen diese fortlaufend mithilfe eines Risikoberichtswesens dokumentiert und überwacht werden. Dafür wird die Zuständigkeit für einzelne Risiken auf Risikoverantwortliche übertragen, die sowohl die Risikosteuerung als auch die Risikoüberwachung übernehmen. Risikoüberwachung und -berichtswesen sind Aufgaben des **Risikocontrollings**.

> Die **Risikoüberwachung** beinhaltet die fortlaufende Verfolgung der Risiken sowie die Kontrolle der Wirksamkeit und Angemessenheit eingeleiteter Steuerungsmaßnahmen zu deren Beherrschung.

Um rechtzeitig gegensteuern zu können, sind Abweichungen zwischen der gewollten und der tatsächlichen Risikolage des Unternehmens festzustellen. Dazu sollten Risiken sowie deren Entwicklung im Rahmen eines Früherkennungssystems möglichst frühzeitig identifiziert und verfolgt werden (vgl. Kap. 7.2.2).

> Die **Risikoberichterstattung** kommuniziert den Verantwortlichen die Entwicklung des möglichen Schadensausmaßes und der Eintrittswahrscheinlichkeit der identifizierten Risiken.

Dies kann durch eigenständige Berichtssysteme (vgl. Kap. 7.2.3) oder die Integration in Performance-Measurement-Systeme, wie etwa eine Balanced Scorecard (vgl. Kap. 4.2.2), erfolgen. Neben der periodischen Berichterstattung ist für neu auftretende risikobehaftete Veränderungen zusätzlich ein sog. Ad-hoc-Risikoberichtswesen aufzubauen. Da sich die Risiken im Zeitverlauf ständig verändern, ist eine kontinuierliche Überwachung notwendig und gesetzlich gefordert. Danach muss die Verantwortlichkeit für die Überwachung der wesentlichen Risiken, einschließlich der Angaben zum Überwachungsturnus und -umfang, eindeutig zugeordnet und dokumentiert werden. Einzelne Risiken werden Risikoeignern zugewiesen. Als Ansprechpartner für die jeweiligen Risiken sind sie für deren Überwachung verantwortlich und berichten regelmäßig sowie ad hoc über deren Entwicklung.

Risikomanagement bei der Firmengruppe Eder

EDER GRUPPE

Die *Firmengruppe Eder* (vgl. Kap. 1.1.3) besteht aus mehreren Unternehmen und ist sowohl auf Gartenmöbel als auch auf Betten spezialisiert. Obwohl das Unternehmen auch Dienstleistungen erbringt, ist es dennoch überwiegend als Sachleistungsunternehmen tätig. Als mittelständisches Unternehmen ist die *Eder-Gruppe* dem verarbeitenden Gewerbe zuzuordnen und weist die Rechtsform einer Gesellschaft mit beschränkter Haftung (GmbH) auf.

Die Möbelbranche ist mit außerordentlich hohen Risiken behaftet. Dies hat mehrere **Ursachen**:

- **Marktrisiko:** Die Nachfrage in der Möbelindustrie unterliegt starken konjunkturellen Schwankungen. Darüber hinaus verschieben sich die Marktanteile der Unternehmen häufig, da in der Einkaufspolitik der großen Möbelhäuser vor allem der Angebotspreis ausschlaggebend ist.
- **Kostenstrukturrisiko:** Aufgrund des hohen Anteils an Fixkosten liegt die Gewinnschwelle bei den meisten Möbelherstellern bei einer relativ hohen Kapazitätsauslastung. Bei rückläufiger Nachfrage wird deshalb schnell die Verlustzone erreicht.
- **Finanzstrukturrisiko:** In der Branche kann die geringe Eigenkapitalausstattung vieler Unternehmen in Verbindung mit dem Kostenstrukturrisiko rasch zur Insolvenz führen.

In einem solchen Umfeld spielt das Risikomanagement eine wesentliche Rolle für die langfristige Existenzsicherung. Ein proaktives Risikomanagement ist gerade in Zeiten großer Unsicherheit sehr wichtig, um den Blick auf Gefahren und Chancen zu schärfen und damit bessere unternehmerische Entscheidungen zu treffen. Das im Jahr 1921 gegründete Unternehmen *Eder* hat sich als erfolgreiches Familienunternehmen etabliert. Während die Kernkompetenzen in der Produktion und dem Vertrieb von Gartenmöbeln und Betten liegen, bietet die *Eder Design GmbH* ihren Kunden zusätzlich individuelle Möbelentwürfe und die *Eder Service GmbH* kümmert sich hauptsächlich um Kundenanliegen wie Montage und Logistik.

Um die Risikoermittlung langfristig zu systematisieren und keine Risiken zu übersehen, hat die *Eder-Gruppe* ein Risikomanagement etabliert. In einem ersten Schritt findet regelmäßig eine unternehmensindividuelle Bestandsaufnahme der Gefährdungsgrundlage, eine sogenannte Risikoinventur, statt. Hierbei werden zunächst die Organisationsform und das Geschäftsmodell des Unternehmens dargestellt sowie die Kundenstruktur, die Unternehmensabläufe, die Produkte und Dienstleistungen, die Vertriebswege, Kooperationen mit Partnern, geplante Vereinbarungen und die Absatzregion beschrieben.

Um die **Risikoidentifikation** langfristig zu systematisieren und keine Risiken zu übersehen, werden bei *Eder* alle identifizierten Risiken in einer Datenbank erfasst. Hierzu wird jedes neue Risiko genau analysiert. So sind manche Risiken z. B. nur in einem Unternehmen der Gruppe relevant oder treten nur in manchen Regionen auf. Aus dem umfangreichen Risikoinventar von über 200 Einzelrisiken wurden Hauptrisiken ermittelt, die existenzgefährdende Auswirkungen haben können.

Bei der letzten Risikoidentifikation wurden folgende **neue Risiken** aufgenommen:

1. **Vertriebsrisiko**: Abhängigkeit von den etablierten Vertriebskanälen und noch zu schwacher E-Commerce-Kanal.
2. **Strategisches Risiko** durch den Eintritt neuer Wettbewerber aus dem E-Commerce.
3. **Pandemie-Risiko**, z. B. durch den Ausfall von Produktionsmitarbeitern oder Schließung der Möbelhäuser.
4. **Rohstoffrisiko** durch erhöhte Einstandspreise für Holz aufgrund geringerer Fördermengen der Forstwirtschaft, die nicht in voller Höhe an die Kunden weitergegeben werden können.

Die **Risikobewertung** erfolgt qualitativ. Für jedes Risiko werden Checklisten erarbeitet, in denen die Bedingungen und Maßnahmen zu dessen Vermeidung und Handhabung aufgeführt sind. Jede Bedingung wird analysiert, ob sie vollständig, teilweise oder überhaupt nicht erfüllt ist und entsprechend mit einem Punktwert von 1 bis 5 bewertet. Aus dem Mittelwert aller einer Risikokategorie zugeordneten und bewerteten Bedingungen ergibt sich die Risikobewertung zwischen 1 (= kein Risiko) und 5 (= hohes Risiko). Die Bewertung wird in festgelegten Abständen durch den Risikobeauftragten *Paul-Uwe-Mukl* vorgenommen. Er ist für die Anwendung, Pflege und Weiterentwicklung des Risikomanagements zuständig und berichtet die Ergebnisse an die Geschäftsleitung. Die neu identifizierten Risiken werden, wie in Abb. 8.4.12 dargestellt, hinsichtlich potenziellem Schadensausmaß und prognostizierter Eintrittswahrscheinlichkeit in das Risikoportfolio eingestuft.

Auf der Grundlage des Risikoinventars und der Risikobewertung ist für jedes einzelne Risiko in Zusammenarbeit mit der Geschäftsführung ein Maßnahmenkatalog zur **Risikohandhabung** aufzustellen. Ein Großteil der Risiken ist von den einzelnen Gesellschaften zu bearbeiten. Erst wenn sich abzeichnet, dass ein Risiko von einer Gesellschaft nicht bewältigt werden kann, ist das Problem an die *Eder-Gruppe* zu berichten. Insgesamt versucht *Eder* durch Expansion im E-Commerce sowie durch ein breiteres Leistungsspektrum eine Risikostreuung zu erreichen. Das Kostenstruktur- und Finanzrisiko soll durch die Verringerung der Fixkosten und die Schaffung auftragsbezogener Kapazitäten reduziert werden. Darüber hinaus werden, soweit möglich und sinnvoll, bestehende Risiken an Lieferanten abgewälzt oder versichert. Für die neuen Risiken folgt *Eder* der vereinfachten Vorgehensweise bei der Erstellung einer Risikoanalyse (in Anlehnung an *Glaser*, 2018, S. 264).

Die Gefährdungssituation soll durch Aufstellung von Gegenmaßnahmen verringert werden. Die Effektivitätsmessung bisheriger Maßnahmen führt zur Einschätzung des Gefährdungspotenzials und Ableitung des Handlungsbedarfs. Exemplarisch hierfür ist das Vertriebsrisiko der Abhängigkeit von den etablierten Vertriebskanälen aufgrund eines noch zu schwachen E-Commerce-Kanals.

- **Effektivitätsmessung**: Aufbau eines Dashboards zur Bestimmung der Anzahl an Neukunden sowie der Analyse der Umsatzverteilung nach Neu- und Bestandskunden, unterteilt nach Absatzkanal.

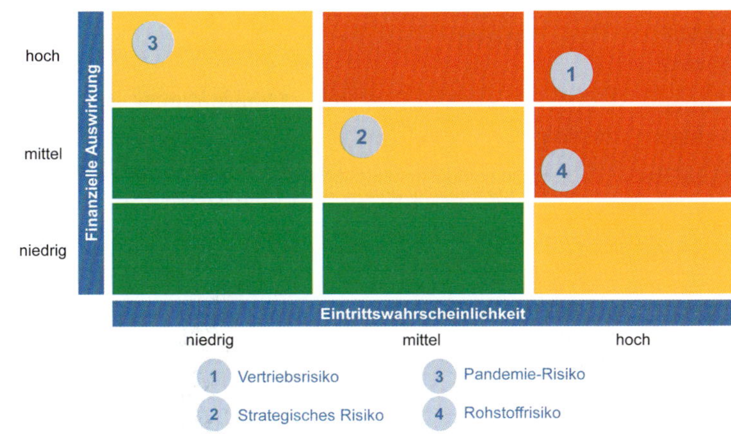

Abb. 8.4.12: Bewertung neu identifizierter Risiken der Firmengruppe Eder

- **Gefährdungspotenzial**: Gefahr eines Absatzeinbruchs aufgrund erhöhter Kundenanforderungen hinsichtlich der Bequemlichkeit des Einkaufs, höherer E-Commerce-Affinität anderer Konkurrenten und „Amazonisierung" der Möbelindustrie.
- **Handlungsbedarf**: Erarbeitung einer Strategie für den Ausbau des Online-Kanals und klare Abgrenzung zum stationären Handel.

Verstärkend zum aktiv gesteuerten Vertriebsrisiko ist im März 2020 mit der Corona-Krise das **Pandemie-Risiko** eingetreten. Die Eintrittswahrscheinlichkeit dieses Extremrisikos wurde von der *Eder-Gruppe* bislang als äußerst gering eingeschätzt, weshalb keine aktiven Risikomaßnahmen getroffen wurden. Durch eine wirkungsbezogene Steuerung versucht *Eder*, den Ausfall von Produktionsmitarbeitern und insbesondere die Schließung der Möbelhäuser während der Lockdowns zu begegnen:

- **Effektivitätsmessung**: Testung der Mitarbeiter zur Ermittlung von Erkrankten in der Belegschaft.
- **Gegenmaßnahme**: Einführung einer Maskenpflicht und erhöhte Hygieneanforderungen sowie stringente Notfall- und Vertretungsplanung. Homeoffice-Pflicht für sämtliche Mitarbeiter in der Verwaltung.
- **Gefährdungspotenzial**: Durch den Ausfall von Mitarbeitern und die Schließung der stationären Möbelhäuser brechen Umsätze weg. Immer mehr Kunden nutzen den Online-Verkaufskanal der Konkurrenz und wandern anschließend ganz ab. In der Logistik entstehen Lieferengpässe. Dies führt einerseits zu Umsatzeinbrüchen und andererseits zur Stornierung von Bestellungen aufgrund von Lieferschwierigkeiten.

Die eingesetzten Steuerungsmaßnahmen sowie der individuelle Risikoappetit werden typischerweise in der Risikostrategie, die aus der Geschäftsstrategie hervorgeht, verankert (vgl. *Glaser*, 2018, S. 263 ff.). Beide Risiken bedingen sich dabei: Gerade im Falle der Schließung des stationären Handels aufgrund einer Pandemie kommt einem Kundenkontakt über einen E-Commerce-Vertriebskanal eine entscheidende Rolle zu.

Risikoblindheit und Probleme des Risikomanagements in der Praxis

Viele Risikomanagementsysteme der Praxis erfüllen häufig nicht die gesetzlichen Mindestanforderungen und deren Ergebnisse fließen nicht in unternehmerische Entscheidungen ein. Sie stiften daher auch kaum Nutzen für die Unternehmensführung. Der Fokus liegt häufig auf dem Umgang mit vorhersehbaren Gefahren.

Gleißner nennt folgende typische **Probleme des Risikomanagements i. e. S.** (vgl. 2020d, S. 10 ff.):

- **Operativer Fokus:** Viele Unternehmen betrachten nur ihre operativen Risiken, während sie bedeutsame strategische oder makroökonomische Risiken, wie etwa disruptive technologische Entwicklungen, vernachlässigen.
- **Risikoidentifikation:** Oft werden die Herausforderungen durch die Unsicherheit der Zukunft ignoriert oder verdrängt. Leicht verständliche Risiken, etwa aus der Berichterstattung der Medien, werden als relativ bedeutend eingestuft. Dies führt jedoch häufig zu Fehlscheinschätzungen und der Vernachlässigung relativ abstrakter Risiken. Gründe sind auch eine verzerrte Risikowahrnehmung und fehlende Risikokompetenz.
- **Risikoquantifizierung:** Viele Unternehmen kalkulieren ihre Risiken nach Eintrittswahrscheinlichkeiten und der erwarteten Schadenshöhe. Realitätsnäher wäre es jedoch, zukünftige Risiken durch Wahrscheinlichkeitsverteilungen zu beschreiben.

- **Risikoaggregation:** Viele Unternehmen führen keine Risikoaggregation durch, weshalb die Gefahr der gegenseitigen Verstärkung von Einzelrisiken übersehen wird.

Das Risikomanagement ist in vielen Unternehmen schwach entwickelt. Eine wesentliche Ursache dafür liegt in der **Risikoblindheit**. Wie Abb. 8.4.13 zeigt, beschäftigen sich viele Entscheidungsträger ungern mit Risiken und auch deren Fähigkeit zur Risikoeinschätzung ist gering. Sie neigen dazu, Risiken zu verdrängen, diese falsch einzuschätzen, zu ignorieren oder bei ihren Entscheidungen und Handlungen nicht adäquat zu berücksichtigen. Dies kann den langfristigen Erfolg eines Unternehmens gefährden. Die Implikationen von Risikoblindheit zeigen sich gerade in Krisensituationen. Gravierende Wirtschaftskrisen, wie etwa die Corona-Krise 2020/21 oder die Finanzkrise 2008, treten im Durchschnitt alle zehn Jahre auf. Diese können für ein Unternehmen existenzgefährdend sein. Viele Unternehmen haben sich etwa zuvor nicht mit der realen Gefahr einer Pandemie befasst und diese als äußerst unwahrscheinlich eingestuft, obwohl diese ein seit langem bekanntes Extremrisiko darstellt. Die Ignoranz gegenüber unwahrscheinlichen Risiken mit potenziell katastrophalen Auswirkungen hat zur Folge, das die Unternehmen oft nicht darauf vorbereitet sind (vgl. *Gleißner*, 2020d, S. 10 ff.).

8.4.3 Regulatorisches Risikomanagement

Um der Risikoblindheit vieler Unternehmen und den daraus folgenden negativen gesellschaftlichen Auswirkungen zu begegnen, wurden im Laufe der Jahre vom Gesetzgeber zunehmend Vorschriften und Regularien zum Risikomanagement erlassen.

Regulatorisches Risikomanagement erfüllt die Anforderungen des Gesetzgebers und anderer Regulierer an das Risikomanagement eines Unternehmens.

Das regulutorische Risikomanagement befasst sich als Teil der Corporate Governance mit dem Umgang eines Unternehmens mit Risiken. Seit dem Jahr 1998 ist das Risikomanagement in Deutschland durch das Gesetz zur Kontrolle und Transparenz im Unternehmensbereich (KonTraG) für börsennotierte Gesellschaften vorgeschrieben. Darüber hinaus wurden mit dem US-amerikanischen *Sarbanes Oxley Act,* der 8. EU-Richtlinie (EuroSox) und dem deutschen Bilanzrechtsmodernisierungsgesetz (BilMoG) die Regulierungen weiter verschärft. Unternehmen sind demnach gesetzlich verpflichtet, ein Risikomanagementsystem zu betreiben und dessen Wirksamkeit sicherzustellen.

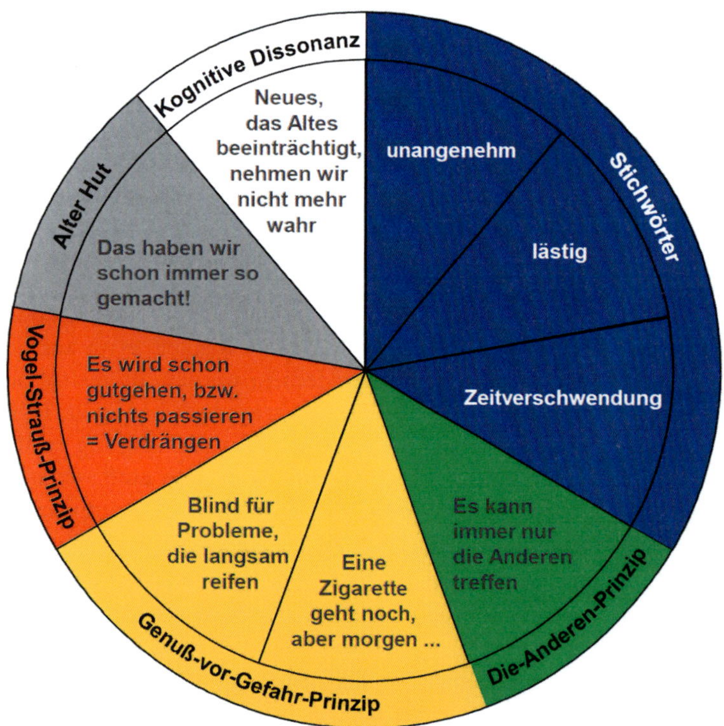

Abb. 8.4.13: Typische Argumente gegen das Risikomanagement i. e. S. (Gleißner, 2020d, S. 12)

Regulatorische Mindestanforderungen

Spektakuläre Unternehmenskrisen haben im Zusammenhang mit der Diskussion um die **Corporate Governance** die Betrachtung von Risiken immer mehr in den Vordergrund gerückt.

In der Folge wurde eine Reihe von **gesetzlichen Regelungen** erlassen, wie etwa das Gesetz zur Kontrolle und Transparenz im Unternehmensbereich, die Verschärfung des Handelsgesetzbuchs oder das Bilanzkontrollgesetz, die in Kap. 2.4.3 erläutert werden.

Prägend für die Gesetzgebung in Europa und Deutschland war insbesondere der **Sarbanes-Oxley Act** (SOX), der Regelungen über die Ausweitung der Publizitätspflichten und der Haftung der Unternehmensführung beinhaltet, wie etwa die erweiterte Verantwortung und verschärfte Haftung von Unternehmensführung und Prüfungsausschuss (Audit Committee), die verschärften Anforderungen an die Wirtschaftsprüfer durch die Regulierungsbehörde *Public Company Accounting Oversight Board* (PCAOB) und verschärfte Publizitätsanforderungen.

Auch das Europäische Parlament hat Gesetze zur Verbesserung der Corporate Governance erlassen. Mit der Modernisierung der **8. EU-Richtlinie** (EuroSOX) wurden die Anforderungen an die Kontrolle und Transparenz von Unternehmen ebenfalls verschärft und europaweit harmonisiert. Die europäische Neuregelung verstärkt die Überwachung und Wirksamkeit interner Kontroll-, Revisions- und Risikomanagementsysteme.

Das 2009 in Kraft getretene **Bilanzrechtsmodernisierungsgesetz (BilMoG)** verpflichtet z. B. den Aufsichtsrat bzw. dessen Prüfungsausschuss zur Überwachung der Wirksamkeit des internen Kontrollsystems, des Risikomanagementsystems und der internen Revision. Die Unternehmensführung trägt die Verantwortung für deren Einrichtung und Wirksamkeit.

Im Jahr 2020 wurde die Mindestanforderung an ein Risikomanagementsystem gemäß dem *Gesetz zur Kontrolle und Transparenz im Unternehmensbereich* durch das *Institut der Wirtschaftsprüfer in Deutschland e. V. (IDW)* neu verfasst und in einem Prüfungsstandard konkretisiert. Demnach bedarf es eines Frühwarnsystems, um besonders gefährliche Risiken für ein Unternehmen zu erkennen. Darüber hinaus wurde die Prävention von Risiken im Unternehmen als Teilaufgabe der Unternehmensführung verschärft. So haftet die Unternehmensführung bei einem Verstoß gegen die sog. „**Business Judgement Rule**": Die Unternehmensführung muss hierfür nachweisen, dass wichtige Entscheidungen auf Basis einer angemessenen Risikoabwägung zum Wohle des Unternehmens und in gutem Glauben getroffen wurden (§ 93 Abs. 1 Satz 2 AktG). Ergänzend wird die Einführung einer Corporate Governance angeordnet, welche das Risikomanagement im Unternehmen verankert (vgl. *Romeike/Hager*, 2020, S. 67 ff.).

Die strengsten Vorgaben zum Risikomanagement werden an Aktiengesellschaften und damit überwiegend an Großunternehmen gestellt. Viele Bestimmungen lassen sich aber auch auf andere Unternehmen übertragen. Dabei sind die Besonderheiten der kleinen und mittleren Unternehmen (KMU) zu berücksichtigen (vgl. *Werder/Talaulicar*, 2005, S. 846). Bei diesen sind Eigentum, Leitung, Haftung, Finanzierung, Risiko und Unternehmensführung häufig vereint. Dies wird auch in den vorherrschenden Rechtsformen des Mittelstands als einzelwirtschaftliches Unternehmen, OHG, KG oder GmbH deutlich. Für die Finanzbranche ist das Kreditwesengesetz wesentlich und dabei insbesondere die Forderung des § 25a KWG nach einer ordnungsgemäßen Geschäftsorganisation. Die **Mindestanforderungen an das Risikomanagement** (MaRisk) konkretisieren diesen Begriff und legen beispielsweise fest, dass eine adäquate Geschäfts- und Risikostrategie vorhanden sein muss. Ausgehend von einer Risikostrategie sind die Risiken aller Geschäftsaktivitäten eines Unternehmens zusammenzufassen (vgl. *Glaser*, 2018, S. 319 ff.).

Weiterentwicklung zum Risikomanagement i. w. S.

Zur Erfüllung der regulatorischen Anforderungen bedarf es eines umfassenden Risk Governance-Konzepts zur wirksamen Kontrolle und Überwachung der Unternehmensführung. Eine **Risk Governance** als Teil der Corporate Governace (vgl. Kap. 2.4) erweitert das Risikomanagementsystem i. e. S. um das interne Kontrollsystem. Dessen Aufgabe sind nicht die im Rahmen des Planungs- und Kontrollsystems stattfindenden Kontrollen der Erreichung wirtschaftlicher Ziele (vgl. Kap. 4.1.3), sondern die Kontrolle der Ordnungsmäßigkeit des Handelns. Prozessunabhängige Kontrollen sind Aufgabe der Revision und prozessintegrierte Kontrollen Gegenstand der Compliance.

Das **interne Kontrollsystem** eines Unternehmens umfasst alle systematisch gestalteten internen Maßnahmen und Kontrollen zur Einhaltung von Gesetzen und Regeln sowie zur Abwehr möglicher Schäden. Hierunter fallen alle Grundsätze, Verfahren und Maßnahmen, die zur Ordnungsmäßigkeit und Verlässlichkeit der internen und externen Rechnungslegung sowie zur Einhaltung der für das Unternehmen maßgeblichen rechtlichen Vorschriften dienen (vgl. IDW Prüfungsstandard 261). Es besteht, wie in Abb. 8.4.14 dargestellt, aus den beiden **Teilbereichen**:

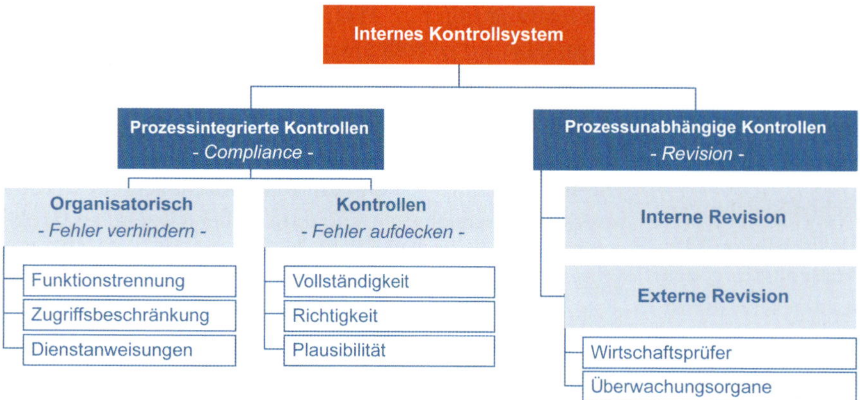

Abb. 8.4.14: Differenzierung des internen Kontrollsystems (in Anlehnung an Horváth et al., 2020, S. 502 ff.)

- Die **Revision** unterstützt die Unternehmensleitung in ihrer Kontrollfunktion durch prozessunabhängige Prüfungen auf Ordnungsmäßigkeit hinsichtlich der Einhaltung gesetzlicher Regelungen und interner Standards, wie etwa Kodizes.
- Die **Compliance** (Regelkonformität) überwacht ebenfalls die Ordnungsmäßigkeit, allerdings durch präventive, prozessintegrierte Kontrollen. Compliance umfasst die Gesamtheit der Grundsätze und Maßnahmen zur Einhaltung von Gesetzen, Richtlinien und freiwilligen Kodizes zur Vermeidung von Regelverstößen in einem Unternehmen (in Anlehnung an IDW Standard 980).

Das **Risikomanagement i. w. S.** erweitert das Risikomanagement i. e. S. um das interne Kontrollsystem.

Es soll sich auf die wesentlichen Risikokategorien fokussieren, Vergleiche innerhalb eines einheitlichen Prüfungsrahmens ermöglichen, die Kontrollkriterien und -elemente offenlegen sowie die Stärken und Schwächen des internen Kontrollsystems darstellen.

Das **Three-Lines-of-Defense-Modell** ist in Abb. 8.4.15 dargestellt und stellt ein umfassendes Rahmenwerk für ein erweitertes Risikomanagement dar. Es beschreibt die Aufgabenverteilung zwischen internem Kontrollsystem, Risikomanagement i. e. S., Controlling, Revision und operativer Unternehmensführung. Die **drei Verteidigungslinien** sind (vgl. *Bantleon* et al., 2017, S. 386 ff.; IDW PS 340):

- Die **operative Unternehmensführung** ist als erste Verteidigungslinie für die Identifikation, Quantifizierung und Überwachung von Risiken sowie die Initiierung von Risikobewältigungsmaßnahmen im Tagesgeschäft verantwortlich. Diese Aufgabe übernehmen die einzelnen Risikoeigner für ihren jeweiligen Bereich.
- Die zweite Verteidigungslinie besteht aus **Compliance, Controlling und Risikomanagement i. e. S.**
  - Risikomanagement und Controlling haben die Aufgabe, Chancen und Gefahren zu erfassen und zu aggregieren. Sie sollten zur Vorbereitung von unternehmerischen Entscheidungen zusammenarbeiten, um das Ertrag-Risiko-Profil und damit die Abwägung von Risiken zu gewährleisten.

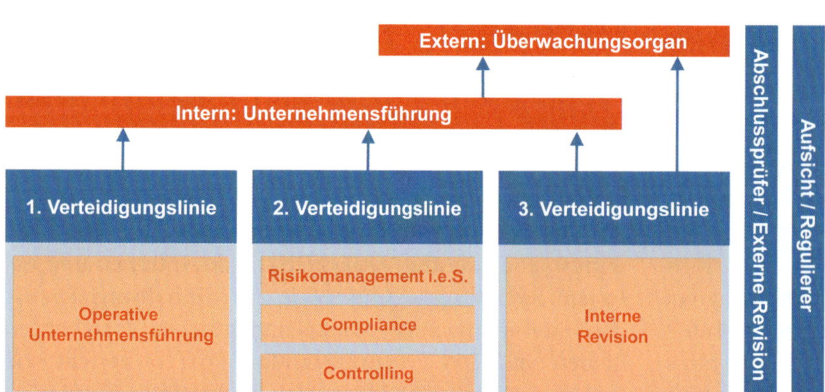

Abb. 8.4.15: Das Three-Lines-of-Defense-Modell (in Anlehnung an Bantleon et al., 2017, S. 389)

- Die Compliance umfasst organisatorische Maßnahmen, um die Eintrittswahrscheinlichkeiten und Schadenshöhen aufgrund eines Fehlverhaltens der Mitarbeiter zu reduzieren.

Aufgabe der zweiten Linie ist primär das Bereitstellen von Methoden und Prozessen zum Umgang mit Chancen und Gefahren, die Überwachung der risikobezogenen Aktivitäten der ersten Verteidigungslinie und die entscheidungsorientierte Aufbereitung von Risikoinformationen für die Unternehmensführung.

- Die dritte Verteidigungslinie stellt die **interne Revision** als neutrale Stelle dar, die die Umsetzung der Vorgaben durch die erste und zweite Verteidigungslinie überprüft und die Unternehmensführung, gegebenenfalls auch das externe Überwachungsorgan, über diese Prüfergebnisse informiert. Insbesondere der gesamte Prozess des Risikomanagements sollte von der internen Revision als unabhängiger Instanz regelmäßig geprüft werden (vgl. Anforderung aus IDW PS 340 und DIIR RS Nr. 2). Die interne Revision ist durch ihre Prüftätigkeit selbst ein Instrument zur Bewältigung verhaltensbezogener Risiken, also Risiken aus dem Fehlverhalten der Mitarbeiter. Gleichzeitig überprüft sie das Risikomanagement i. e. S.

Risikomanagement bei einem Leasingunternehmen

Praxisbeispiel von Dr. Christian Glaser (Generalbevollmächtigter der Würth Leasing GmbH & Co. KG)

Die *Würth Leasing GmbH & Co. KG* ist ein mittelständisches Leasingunternehmen mit über 100 Mitarbeitern und einem jährlichen Neuabschlussvolumen von 360 Mio. EUR im Jahr 2020. Seit Ende 2009 unterliegen Finanzierungsleasing-Gesellschaften der Bankenaufsicht und damit auch den regulatorischen Anforderungen aus dem Kreditwesengesetz sowie den Mindestanforderungen an das Risikomanagement (MaRisk). Ziel der *Würth Leasing* ist es seitdem, die regulatorischen und betriebswirtschaftlichen Anforderungen an das Risikomanagement zu harmonisieren. Denn das ureigenste Interesse für ein gut funktionierendes Risikomanagement ist intrinsisch und nicht regulatorisch. Der regulatorische Aspekt hat hierbei eher einen Compliance-getriebenen Charakter bzw. gibt frühzeitig Impulse für Anpassungen, etwa im Bereich der IT-Sicherheit oder auch dem Notfallmanagement.

Das Risikomanagement und dessen Qualität haben im Finanzumfeld einen häufig noch höheren Einfluss auf den Unternehmenserfolg als beispielsweise der Vertrieb. Denn jedes einzelne Engagement hängt mit Risiko und Unsicherheit zusammen. Das Überleben des Unternehmens wird häufig allein dadurch gewährleistet, dass besonders kritische Engagements abgelehnt werden, die bei einem Ausfall einen erheblichen Schaden hervorrufen können. Um dies zu gewährleisten, bedarf es eines gut ausbalancierten Risikomanagements.

Den Ausgangspunkt im Risikomanagementsystem bildet die Analyse des Unternehmensumfeldes und der jeweiligen **Risikosituation**. Hier gilt es, die eigenen Risikobereiche und Schwachstellen zu identifizieren, bei Bedarf auch im Wettbewerbsvergleich. Eine erste Einschätzung der Risikosituation erfolgt typischerweise mittels historischer Daten, Experteneinschätzungen und Prognosen hinsichtlich der zukünftigen Entwicklung.

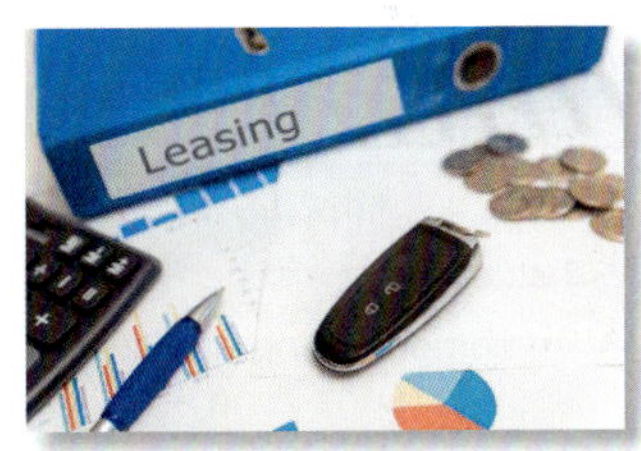

Die **Risikokultur**, auch organisatorische Klammer genannt, fasst das Grundverständnis des Unternehmens für die praktische Ausgestaltung und den Risikoappetit des Unternehmens zusammen. Sie gilt für sämtliche Prozesse und Abläufe im gesamten Unternehmen und hat das Ziel, ein unternehmensweites Bewusstsein in Form von Normen und Werten bezüglich möglicher Risiken aller Mitarbeiter und somit ein ganzheitliches Risikomanagementsystem zu schaffen. Grundlage für die Prozesse im Risikomanagement bilden somit die Risikokultur und die Risikostrategie. Ein weiterer zentraler Bestandteil ist die Sensibilisierung der Mitarbeiter zur Wahrnehmung von Risiken. Durch ein unternehmensweites Risikobewusstsein, das durch die gesamte Leasinggesellschaft gelebt wird, wird eine Erreichung der Ziele auf allen Ebenen gewährleistet. Durch ein systematisches und kontinuierliches Monitoring der Risiken sollen diese so früh wie möglich erkannt und aktiv gesteuert werden.

Sowohl die **Aufbau- als auch die Ablauforganisation** sollten sehr eng auf die Risikosituation und -strategie abgestimmt sein. Eine Stabsstellenfunktion soll gewährleisten, dass das Risikomanagement frei von Einflüssen Dritter (insbesondere der Fachbereiche) agiert und somit auch die Entstehung von Interessenskonflikten reduziert werden kann.

Im letzten Schritt wird das Risikomanagementsystem auf seine Wirksamkeit überprüft. Durch diese laufende **Überprüfung** soll sichergestellt werden, dass sobald neue Risiken hinzukommen oder aktuelle Maßnahmen nicht den gewünschten Erfolg zeigen, umgehend die eingesetzten Methoden überarbeitet werden. Hierfür ist ein enger Austausch mit den Risikomanagementbereichen und den einzelnen Verantwortlichen nötig.

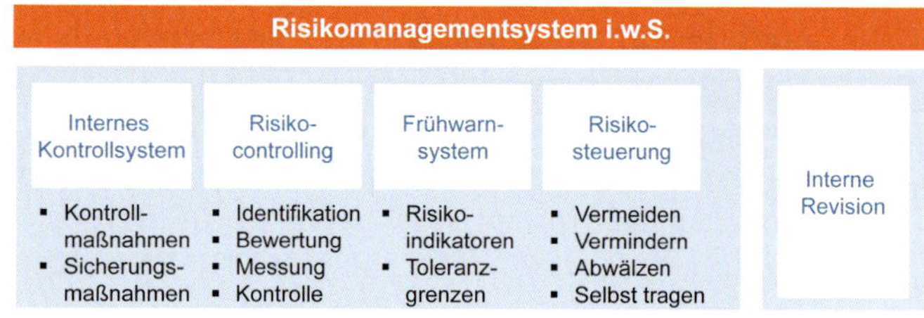

Abb. 8.4.16: Bestandteile eines Risikomanagements (vgl. Glaser, 2018, S. 395)

Neben der zunehmenden Bedeutung des Risikomanagements steigt auch die Bedeutung des **Risikomanagers**: Weg vom Erbsenzähler hin zum Chancen-Gefahren-Portfoliomanager. Der Risikomanager sollte die regulatorischen Anforderungen kennen und analytische Fähigkeiten mitbringen. Im Idealfall ist er ein Allrounder, der mit IT-gestützten Tools Risiken messen und identifizieren kann und sich einen Gesamtüberblick über die Gefahren- und Chancenpotenziale verschafft. Seine primäre Aufgabe ist es, Transparenz über die unternehmensindividuelle Gefährdungssituation herzustellen und dazu beizutragen, dass die möglichen Risiken nicht aus dem Ruder laufen. Der Risikomanager umfasst somit auch die Funktion des Risikocontrollers im Sinne eines „Lotsen", indem er über den Horizont einzelner Risikoarten hinausdenkt und seine Aufgaben nicht nur als verwaltende Tätigkeit interpretiert.

Wichtige **Aufgaben und Funktionen eines Risikomanagers** sind (vgl. *Glaser*, 2018, S. 418 ff.):

- Sicherstellung der Vermeidung von Interessenkonflikten, insbesondere zwischen Vertrieb und Administration.
- Implementierung und laufende Weiterentwicklung der Risikosteuerungs- und -controllingprozesse zur Identifikation, Bewertung, Steuerung und Kontrolle der wesentlichen Risiken sowie der Risikokonzentration
- Mindestens jährliche Durchführung einer Risikoinventur und Erstellung eines Gesamtrisikoprofils auf Basis der aggregierten Einzelrisiken
- Angemessenes Notfallkonzept und Durchführung von Notfalltests
- Berichterstattung an die Geschäftsleitung in regelmäßigen Abständen
- Etablierung eines Konzepts der Risikofrüherkennung und -warnung
- Berechnung und Überwachung der Risikotragfähigkeit
- Festlegung und Überprüfung der einzelrisikobezogenen Limits sowie Einhaltungsprüfung der Risikostrategie
- Erstellung und Aktualisierung des Risikohandbuchs, der Richtlinien und Arbeitsanweisungen sowie der Standards für das Risikomanagement
- Beratung der Geschäftsleitung in allen risikopolitischen Fragen
- Etablierung von Ad-hoc-Prozessen und -Meldungen zur unverzüglichen Weitergabe von unter Risikogesichtspunkten wesentlichen Informationen an die Geschäftsleitung
- Implementierung und Weiterentwicklung von Berechnungsmethoden sowie Qualitätssicherung der angewendeten Verfahren
- Sicherstellung einer einheitlichen Messmethodik
- Dokumentation des Risikomanagementsystems sowie der Risikomeldungen

Es ist wichtig, dass der Risikomanager früh genug in strategische Überlegungen einbezogen wird, um Risikosituationen schnell vorherzusagen und im Idealfall positiv zu beeinflussen. Vorausschauendes Denken ist wichtig, um wahrscheinliche Risiken frühzeitig durch Bedrohungsszenarien zu simulieren und die strategischen Vorgaben entsprechend anzupassen. Die Risikomanager können hierzu Simulationsmodelle, wie beispielsweise den Monte-Carlo-Ansatz, heranziehen und stellen damit im Idealfall sicher, dass für unterschiedliche Szenarien ein Plan B existiert.

Während der Risikomanager früher als Bedenkenträger belächelt wurde, kommt ihm heutzutage immer häufiger die nötige Wertschätzung als strategischer Berater, Regelungsgeber oder konstruktivem Herausforderer zu (vgl. *Glaser*, 2019). Die Beteiligung des Risikomanagers kann je nach Risikoart und Prozessverantwortlichkeit sehr unterschiedlich sein. Sie variiert sowohl von Unternehmen zu Unternehmen als auch im Hinblick auf den potenziellen Einfluss der Risiken auf die Gefährdungssituation und damit die Risikotragfähigkeit. Die Beteiligung des Risikomanagers kann informierend, beratend, ausführend oder verantwortlich sein (vgl. *Glaser*, 2018, S. 421).

Der Risikomanager ist somit viel mehr als eine rückwärtsgewandte Kontrollinstanz. Er ist im Idealfall in die Organisation und Entscheidungsprozesse integriert, sodass die Aufgabenbereiche des Risikomanagements als ganzheitliche unternehmerische Kernaufgabe wahrgenommen werden.

Das Gefahrenmanagement der 1960er-Jahre befasste sich hauptsächlich damit, mögliche Verlustgefahren über Versicherungen abzudecken. Heutzutage berücksichtigen moderne Risikomanagementansätze auch explizit die Chancen und es findet keine Trennung mehr zwischen Risiko- und Chancenmanagement statt. In der breiteren Definition des Risikomanagements wird unter Risiko sowohl die negative Abweichung vom Ziel als auch die Chance einer positiven Abweichung verstanden. In diesem Zusammenhang wird die Wichtigkeit einer ganzheitlichen Betrachtung deutlich, denn nur wenn die Gefahren bekannt sind, können Chancen genutzt werden.

Speziell im Leasinggeschäft ist jede Entscheidung mit gewissen Risiken verbunden und diese gilt es ins Verhältnis zu setzen und somit den höchstmöglichen Ertrag zu bestimmen, ohne dabei allzu große und insbesondere unkalkulierbare Risiken einzugehen. Um das Verhältnis von Chancen und Gefahren transparent darzustellen, wird häufig eine sogenannte risikoadjustierte Rendite ermittelt. So gilt es etwa bei den Vertriebserfolgen nicht nur die reinen Ertragsgrößen, wie etwa Barwertmargen, zu berücksichtigen, sondern auch die damit verbundenen (internen und externen) Risiken.

8.4.4 Entscheidungsunterstützendes Risikomanagement

Gemäß den Anforderungen der „Business Judgement Rule" (§ 93 AktG) sind bei unternehmerischen Entscheidungen die damit verbundenen Risiken zu berücksichtigen. Aber auch bei der Strategieentwicklung sollte das Risikomanagement eingebunden werden, um „robuste Strategien" zu realisieren. Dabei sollen die Konsequenzen aus Risiken i. w. S. für wichtige Zielgrößen des Unternehmens aufgezeigt werden. Dadurch entwickelt sich ein ausgeprägtes Risikobewusstsein und die Auswirkungen von Risiken werden in der Entscheidungsfindung angemessen berücksichtigt.

> **Entscheidungsunterstützendes Risikomanagement** berücksichtigt die Auswirkungen von Risiken i. w. S. in der Entscheidungsfindung.

Entscheidungsunterstützendes Risikomanagement betrachtet sowohl positive als auch negative Abweichungen von einem beabsichtigten Zielwert. Es nutzt in der Risikobewertung **stochastische Methoden** und modelliert Eintrittswahrscheinlichkeiten. Je nach Art des Risikos können dafür unterschiedliche Wahrscheinlichkeitsverteilungen verwendet werden. Durch Multiplikation von Eintrittswahrscheinlichkeit und Schadensausmaß entsteht das Risikopotenzial bzw. der Risikoerwartungswert als Maßstab für den Umfang eines Risikos.

Der **Value at Risk** (VaR) ist ein Risikomaß, das ausgehend vom Finanzdienstleistungsbereich häufig zur Risikobewertung eingesetzt wird. Der „riskierte Wert" drückt eine Verlustgrenze aus, die mit einer festgelegten Wahrscheinlichkeit p innerhalb einer bestimmten Periode überschritten wird. Als Konfidenzniveau $\alpha = 1-p$ wird die Wahrscheinlichkeit angegeben, mit der dieser maximale Verlust nicht überschritten wird. Hierfür wird meistens 95 % verwendet (vgl. *Romeike/Hager*, 2020, S. 186).

Die Abb. 8.4.17 veranschaulicht dies. Für einen Betrachtungszeitraum von einem Jahr wird mit einer Wahrscheinlichkeit von 95 % der Value at Risk nicht überschritten. Ein jährlicher Value-at-Risk mit einem Konfidenzniveau von 99 % bedeutet beispielsweise, dass durchschnittlich nur alle 100 Jahre mit einem Verlust in dieser Höhe zu rechnen ist. Dieser 99 %-Maximalverlust wird deshalb auch als „100-Jahres-Schaden" bezeichnet. Der VaR gibt also nicht den maximalen Verlust durch ein Risiko an, sondern den Verlust, der mit einer vorgegebenen Wahrscheinlichkeit nicht überschritten wird, durchaus aber überschritten werden kann. Mit dem VaR oder anderen Risikomaßen können Risikopotenziale aus verschiedenen Einzelrisiken miteinander verglichen werden. Zudem können Grenzwerte festgelegt werden, welche Risiken getragen werden können.

Das Risikomanagement sollte sowohl die zu erwartenden Entwicklungen als auch extreme Ereignisse möglichst weitgehend erfassen und damit so gut wie möglich umgehen. Wer weiß, dass es unvorhersehbare Ereignisse gibt, sollte diese nicht außer Acht lassen. Eine Risikobewertung auf Basis bisheriger Erfahrungen ist daher problematisch. Als Lösungsansätze bieten sich statistische Methoden und Simulationstechniken an. So kann zur Bewertung von Risiken etwa die **Monte-Carlo-Simulation** eingesetzt werden (vgl. *Romeike/Hager*, 2020, S. 150 ff.). Dabei werden die Wirkungen einzelner Ereignisse bestimmten Positionen zugeordnet, wie etwa der Plan-GuV oder Planbilanz. Beispielsweise wirkt sich eine ungeplante Erhöhung der Rohstoffpreise auf die Position Materialaufwand aus. Ein seltener, aber hoher Produkthaftpflichtschaden bedeutet einen außerordentlichen Aufwand. Eine Voraussetzung für die Bestimmung des Gesamtrisikoumfangs ist die Zuordnung der Risiken zu einzelnen Positionen der Unternehmens-

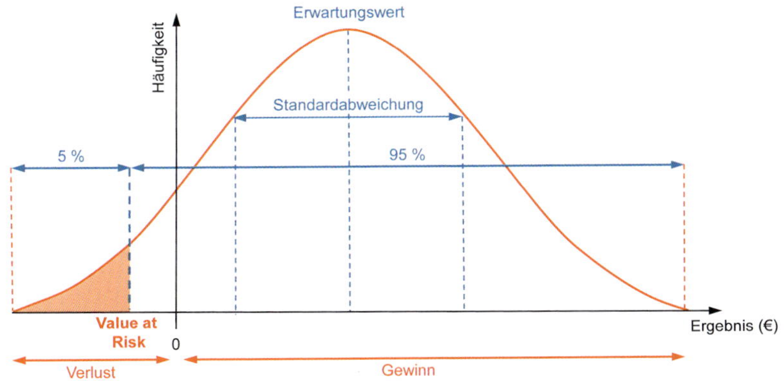

Abb. 8.4.17: Grafische Darstellung des Value at Risk (vgl. Gleißner, 2017, S. 207)

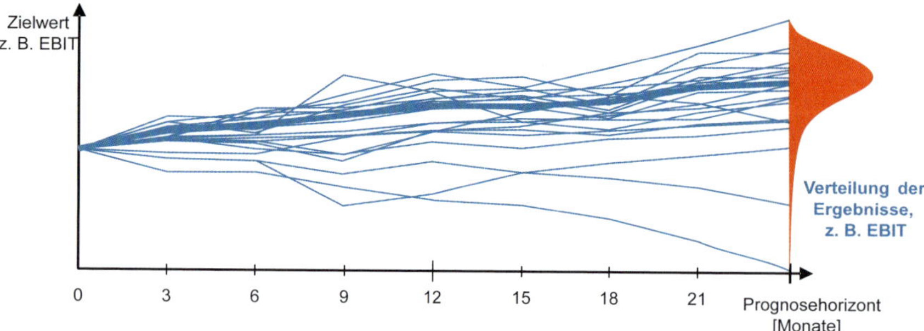

Abb. 8.4.18: Risikoprofil aus einer Monte-Carlo-Simulation (vgl. Kempf/Romeike, 2010, S. 175)

planung. Mit Simulationstechniken werden die möglichen Ursachen einer Planabweichung dargestellt. Dabei können Risiken mit einer Schwankungsbreite um einen Planwert berücksichtigt werden (z. B. +/– 8 % Absatzmengenschwankung). Zudem können auch ereignisorientierte Risiken, wie etwa eine Betriebsunterbrechung durch Maschinenschaden, eingebunden werden. Diese beeinflussen dann den Gewinn über einen außerordentlichen Aufwand. Ein Blick auf verschiedene Simulationsszenarien zeigt, dass bei jedem Simulationslauf andere Kombinationen an Risikoausprägungen auftreten. Daraus folgen in jedem Schritt neue Werte für die betrachtete Zielgröße. Die Gesamtheit aller Simulationsläufe liefert eine repräsentative Stichprobe aller möglichen positiven und negativen Szenarien. Aus den ermittelten Zielwerten ergeben sich aggregierte Wahrscheinlichkeitsverteilungen (Dichtefunktionen), die dann für weitere Analysen genutzt werden (vgl. Abb. 8.4.18).

Um alle Risiken hinsichtlich ihrer Bedeutung miteinander vergleichen zu können, bietet sich die Definition eines einheitlichen Risikomaßes an. Darauf aufbauend können die Einzelrisiken zu einem **Gesamtrisiko** aggregiert werden. Daraus ergibt sich ein ganzheitliches Bild des Gefahren-Chancen-Verhältnisses (vgl. *Glaser*, 2018, S. 426). Um mögliche bestandsgefährdende Entwicklungen früh zu erkennen, reicht es nicht aus, nur Einzelrisiken zu betrachten. Kombinationseffekte von Risiken können ebenfalls mithilfe einer Monte-Carlo-Simulation ermittelt werden. Dabei wird eine große Anzahl möglicher Zukunftsszenarien berechnet, um ableiten zu können, mit welcher Wahrscheinlichkeit bestandsgefährdende Entwicklungen auftreten. Beispiele sind die Verletzung von Mindestanforderungen an das Rating oder von Vertragsklauseln in Kreditverträgen, welche eine Kreditkündigung zur Folge haben können. Eine solche Risikoaggregation ist auch für die Entscheidungsvorbereitung wichtig, weil sich damit erwartungstreue Planwerte ableiten lassen. Die Risikoaggregation über mehrere Planjahre führt zu einer Bandbreitenplanung, die Transparenz über die Planungssicherheit bzw. den Umfang möglicher Planabweichungen und die Ableitung risikoadäquater Kapitalkostensätze für die Investitions- und Strategiebewertung schafft. Dazu ist ein umfassendes Risikoprofil zu ermitteln, wie Abb. 8.4.19 veranschaulicht.

Ein solches Risikoprofil kann zur Ableitung der **Risikotragfähigkeit** verwendet werden.

Die **Risikotragfähigkeit** drückt aus, welche Verluste ein Unternehmen maximal verkraften kann. Reicht diese im Ernstfall nicht aus, ist das Unternehmen insolvent (vgl. *Kempf/Romeike*, 2010, S. 175).

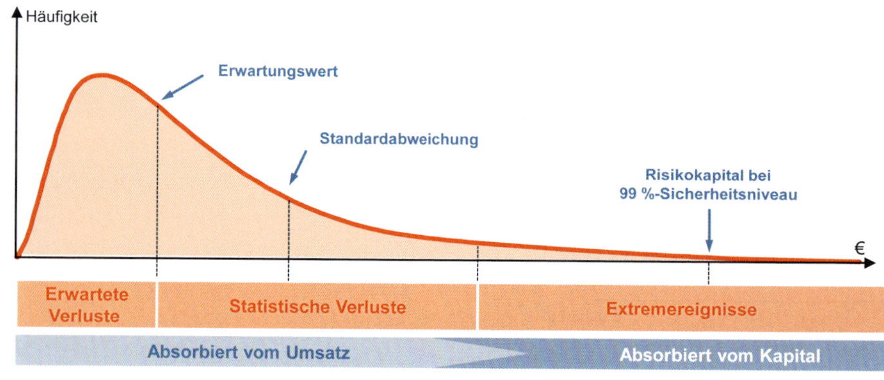

Abb. 8.4.19: Risikoprofil (vgl. Romeike/Hager, 2020, S. 103)

Zur Bestimmung der Risikotragfähigkeit ist, wie in Abb. 8.4.19 dargestellt, der erforderliche Eigenkapitalbedarf eines Unternehmens zu bestimmen, um eine Überschuldung zu vermeiden. Es wird so viel Eigenkapital benötigt, dass die Verluste aus den aggregierten Risiken bis zu einem bestimmten Sicherheitsniveau kompensiert werden können. Dieses Risikodeckungsmaß wird als Risikokapital oder ökonomisches Kapital bezeichnet. Analog lässt sich auch mit Hilfe einer Verteilungsfunktion der Zahlungsflüsse der Bedarf an Liquiditätsreserven ermitteln. Ergänzend können Risikokennzahlen abgeleitet werden. Ein Beispiel ist die Eigenkapitaldeckung, also das Verhältnis des verfügbaren Eigenkapitals zum risikobedingten Eigenkapitalbedarf. Abb. 8.4.19 verdeutlicht, dass erwartete bzw. kalkulierte Verluste, z. B. Forderungsausfälle, in der Planung und Preiskalkulation berücksichtigt werden. In einem nächsten Schritt können statistische Verluste einbezogen werden, die auf Basis von Expertenschätzungen und historischen Erfahrungen berechnet werden. Auch hier werden eingetretene Verluste durch liquide Mittel aufgefangen. Bei weiteren Verlusten (rechter Bereich in Abb. 8.4.19) reicht die Liquidität nicht mehr aus, weshalb das Eigenkapital für die Deckung der Verluste herangezogen wird.

Eine häufig genutzte risikoadjustierte Kennzahl ist der **Return On Risk Adjusted Capital** (RORAC) als Verhältnis des erwarteten Nettoergebnisses einer Periode zum erforderlichen risikobedingten Eigenkapitalbedarf (Risk Adjusted Capital):

$$\text{RORAC} = \frac{\text{Nettoergebnis (z.B. Erwartungswert EBIT)}}{\text{Risikokapital (z.B. Value at Risk)}}$$

Daneben wird auch die risikobereinigte Eigenkapitalrendite Risk Adjusted Return On Capital (RAROC) verwendet (vgl. *Romeike/Hager*, 2020, S. 237). Diese Kennzahlen sollen Aussagen über die Risikorentabilität machen, also welche Erträge im Verhältnis zu den entsprechenden Risiken generiert werden können.

8.4.5 Integriertes Risikomanagement

Werden systematisch Risiken i. w. S. in alle wichtigen normativen, strategischen und operativen Entscheidungen einbezogen und in allen Funktionen der Unternehmensführung berücksichtigt, so wird die Stufe des integrierten Risikomanagements erreicht.

Integriertes Risikomanagement berücksichtigt Risiken i. w. S. auf allen Führungsebenen und -funktionen und bezieht sie in die Entscheidungen ein.

Eine solche Integration entspricht auch den Anforderungen der **Business Judgement Rule** (§ 93 AktG; vgl. *Gleißner*, 2020a, S. 23 f.). Der Gesetzgeber stellt klar, dass keine Unternehmensführung für „Pech" haftet. Unternehmertum ist unvermeidlich mit dem Eingehen von Risiken verbunden und diese können sich auch realisieren und zu negativen Planabweichungen, Verlusten oder gar zur Insolvenz führen. Die Unternehmensführung kann und soll nicht alle Risiken vermeiden. Aufgrund der Sorgfaltspflicht wird von der Geschäftsführung allerdings verlangt, dass sie schon vor einer unternehmerischen Entscheidung die damit verbundenen Risiken betrachtet und ihre Entscheidung auf angemessenen Informationen basiert. Alle unternehmerischen Entscheidungen haben aufgrund bestehender Chancen und Gefahren unsichere Auswirkungen. Entsprechend ist es notwendig, dass die Entscheidungsvorlagen insbesondere darüber informieren, welche Veränderung des Risikoumfangs aus einer solchen Entscheidung resultieren und wie diese im Entscheidungskalkül berücksichtigt wird. Es ist zudem zu prüfen, ob die mit einer Entscheidung einhergehenden Risiken bestandsgefährdend sein können. Dies ist entsprechend zu dokumentieren.

Die Idee eines integrierten Risikomanagements findet sich inzwischen auch in aktuellen Risikomanagement-Standards, wie dem COSO Enterprise Risk Management und insbesondere dem DIIR RS Nr. 2 (2018). Alle gesetzlichen Vorgaben sind an der aktuellen Version des **COSO Enterprise Risk Management-Standards** (2017) orientiert. Im Sinne eines umfassenden Risk Governance-Ansatzes, bedarf es im Unternehmen einer Systematik wirksamer Kontrolle und Überwachung. Dazu wird meist auf das Kontrollsystem nach dem **COSO-Modell** zurückgegriffen. Es wurde vom *Committee of Sponsoring Organizations of the Treadway Commission* (COSO) aufgestellt, einer privatwirtschaftlichen US-amerikanischen Organisation, die interne Kontrollsysteme dokumentiert, analysiert und gestaltet. Das COSO-Modell ist ein von der *SEC* anerkannter, weit verbreiteter Standard für interne Kontrollen zur Erfüllung des *Sarbanes-Oxley Act*. Das Modell beschreibt die Prinzipien und den Prozess eines internen Kontrollsystems.

Die **Bestandteile des internen Kontrollsystems** sind demnach (vgl. *www.coso.org)*:

- Das **Kontrollumfeld** (Control Environment) beschreibt das Kontroll- und Verantwortungsbewusstsein der Unternehmensführung, die Unternehmenswerte (vgl. Kap. 2.2.2) und daraus veröffentliche Ethikkodizes. Zudem wird das Kontrollumfeld durch organisatorische Strukturen geprägt. Dies sind Gremien und Stellen, wie etwa Aufsichtsgremien oder Kontroll- bzw. Revisionsabteilungen. Darüber hinaus umfasst dies auch interne Regelungen, Richtlinien und Arbeitsanweisungen.

- **Risikobeurteilung** (Risk Assessment) beinhaltet das System und den Prozess des Risikomanagements.
- **Kontrollaktivitäten** (Control Activities) sind alle Maßnahmen und Vorgehensweisen zur Überwachung bestehender Ziele und Vorgaben. Dies beinhaltet organisatorische Kontrollen, z. B. in Form von Aufgaben- und Funktionstrennung, Einhaltung des Vier-Augen-Prinzips, Sicherung von Dokumenten und Aufzeichnungen oder Zugangskontrollen. Wesentlich sind automatisierte Kontrollen innerhalb der digitalen Informationssysteme. Beispiele hierfür sind Freigaberoutinen, Zugriffsberechtigungen, Plausibilitätstests, Wertgrenzen, Schutz kritischer Transaktionen sowie Tests und Freigabeverfahren.
- **Information und Kommunikation** (Information & Communication) sorgt dafür, dass relevante Informationen zeitnah und korrekt an die zuständigen Stellen berichtet werden.
- **Überwachung** (Monitoring) beinhaltet die periodische Überwachung der internen Kontrollen, deren Verbesserung und die Revisionsfunktion.

Diese Elemente des Kontrollsystems stellen die erste Dimension des COSO-Modells dar. Die zweite Dimension sind die organisatorischen Einheiten eines Unternehmens, wie etwa Gesamtunternehmen, Unternehmensbereiche, Geschäfts- oder Produktbereiche sowie Tochterunternehmen. Dadurch soll das gesamte Unternehmen erfasst werden. Die dritte Dimension bilden die Kontrollobjekte. Dies sind die Transaktionen, Finanzberichterstattung und Compliance im Sinne der Einhaltung interner und externer Vorschriften. Die drei Dimensionen formen den in Abb. 8.4.20 dargestellten COSO-Würfel als umfassendes internes Kontrollsystem.

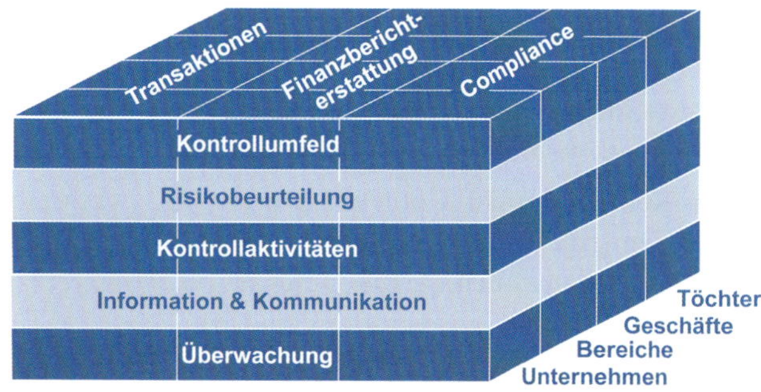

Abb. 8.4.20: COSO-Würfel (vgl. www.coso.org)

Integriertes Risikomanagement verknüpft das Risikomanagement vor allem mit der Führungsfunktion Planung und Kontrolle (vgl. Kap. 4), bezieht es aber auch in die Führungsfunktionen Organisation, Personal sowie Information und Kommunikation mit ein. Darüber hinaus wird Risikomanagement in den operativen Systemen und insbesondere den betrieblichen Prozessen integriert. Ein integriertes Risikomanagement bedeutet somit, dass das Risikomanagement zumindest in den Prozess der Vorbereitung unternehmerischer Entscheidungen eingebunden und möglichst eng mit anderen Unternehmensfunktionen verknüpft ist. Dies erfordert insbesondere die Nähe zum Controlling, das traditionell als Führungsunterstützungsfunktion der Entscheidungsvorbereitung dient. Ob eine vollständige Übernahme von Risikomanagementaufgaben durch das Controlling angestrebt wird oder Risikomanagement und Controlling lediglich eng aufeinander abgestimmt werden, ist unternehmensspezifisch zu entscheiden. Es ist zu beachten, dass generell kein „eigenständiges" Risikomanagement gefordert ist. Es ist lediglich erforderlich, bestandsgefährdende Entwicklungen früh zu erkennen und bei unternehmerischen Entscheidungen angemessene Informationen über die damit verbundenen Risiken einzuholen und zu berücksichtigen.

Die Grundidee des integrativen Risikomanagements basiert auf der Erkenntnis, dass Risiken immer mögliche Planabweichungen darstellen und damit deren Identifikation, Quantifizierung und kontinuierliche Überwachung in sämtlichen Führungsfunktionen verankert werden sollten.

Wesentliche **Aufgaben des Risikomanagements** finden insbesondere im Rahmen der Planung und Kontrolle statt (vgl. *Gleißner*, 2017, S. 174 ff.):

- **Risikoidentifikation**: Budgets basieren auf Annahmen, wie z. B. über die Entwicklung von Rohstoffpreisen. Immer wenn in der operativen Planung eine unsichere Annahme erkannt wird, wird ein Risiko identifiziert. Daher ist es sinnvoll, schon im Planungsprozess solche risikobehafteten Annahmen explizit zu erfassen und diese Informationen dem Risikomanagement zur Verfügung zu stellen.
- **Risikoquantifizierung**: Sobald der Planwert (z. B. für ein Kostenbudget) festgelegt ist, kann zugleich angegeben werden, welche Risiken zu Planabweichungen führen und welchen Umfang diese haben können. So kann z. B. für eine Planungsposition ein Mindestwert, wahrscheinlichster Wert und Maximalwert angegeben werden.

- **Identifikation von Risiken mittels Abweichungsanalyse**: Immer, wenn eine Planabweichung auf eine Ursache zurückzuführen ist, die bisher noch nicht im Risikomanagement erfasst ist, wird ein neues Risiko identifiziert.
- **Quantifizierung von Risiken auf Basis von Planabweichungen**: Mittels statistischer Analysen können Planabweichungen der Vergangenheit ausgewertet werden, um Risiken zu quantifizieren.
- **Integration von Risikobewältigungsmaßnahmen in die Unternehmenssteuerung**: Für unsichere Ereignisse werden Maßnahmen initiiert, um die Eintrittswahrscheinlichkeit oder das Schadensausmaß negativer Planabweichungen zu verringern.
- **Entscheidungsvorbereitung**: Bei der Vorbereitung einer Entscheidung werden Risikoanalysen durchgeführt.
- **Strategisches Risikocontrolling mithilfe der Balanced Scorecard**: Performance-Measurement-Systeme wie die Balanced Scorecard werden genutzt, um die Unternehmensstrategie über strategische Ziele und quantitative Maßgrößen sowie die Zuordnung von Maßnahmen und Verantwortlichkeiten umzusetzen (vgl. Kap. 4.2.5). Durch die Zuordnung von Risiken, welche Planabweichungen bei den Kennzahlen auslösen können, wird die Balanced Scorecard um Risikoaspekte erweitert.

Häufig wird in der Praxis versucht, Risiken zu „minimieren" oder diese werden vollständig ignoriert. Zudem sind in vielen Unternehmen die Themen Risikomanagement, Controlling und **wertorientierte Unternehmensführung** weitgehend voneinander getrennt. Unternehmen, die eine ökonomisch sinnvolle wertorientierte Unternehmensführung (vgl. Kap. 8.2) anstreben, leiten den Werttreiber Kapitalkosten (Diskontierungszinssatz) meist basierend auf historischen Aktienrenditeschwankungen ab. Beim in Kap. 8.2.3 dargestellten Capital Asset Pricing Model (CAPM; Preismodell für Kapitalgüter) werden die Eigenkapitalkosten durch das mit dem Eigenkapitaleinsatz verbundene Risiko bestimmt (vgl. *Günther* et al., 2023). Wertorientierte Performancemaße (wie der Economic Value Added) berücksichtigen Veränderungen des Risikoumfangs eines Unternehmens nicht und machen damit die Unternehmenssteuerung quasi risikoblind. Risiken fließen bei diesen kapitalmarktorientierten Steuerungssystemen nicht ins Entscheidungskalkül ein. Ein besserer Ansatz wäre es, die Ergebnisse aus der Risikoanalyse und -aggregation zu nutzen, um den risikoabhängigen Werttreiber Kapitalkosten zu berechnen und somit zu steuern. Auch der Wertreiber „Insolvenzwahrscheinlichkeit" könnte so im Unternehmenssteuerungskalkül erfasst werden.

Kapitalkosten lassen sich auch aus einer Risikoanalyse bestimmen. Diese **risikoadäquaten Kapitalkosten** können aus dem Ertrag-Risiko-Profil abgeleitet werden (vgl. *Gleißner*, 2020c, S. 35 ff.):

- Zunächst werden einzelne zukünftige Zahlungsströme quantifiziert, wobei Chancen und Risiken mit betrachtet werden. Sie sind bei der Planerstellung systematisch zu identifizieren und unsichere Planannahmen durch geeignete Wahrscheinlichkeitsverteilungen zu beschreiben. Dabei wird jeweils eine Bandbreite von einem Mindest- bis hin zu einem Maximalwert erfasst. Somit lassen sich Erwartungswerte als eine risikobedingte Prognose für die einzelnen Zahlungsströme ermitteln. Der in die Zukunft gerichtete Erwartungswert bildet somit die Volatilität ab, die beim CAPM im Betafaktor berücksichtigt wird.
- Werden mehrere Zahlungsströme zu einem Szenario einer Unternehmensentwicklung aggregiert, sind sowohl die unterschiedlichen Risiken als auch Kombinationseffekte aus der Aggregation einzelner Risiken zu berücksichtigen. Dies kann mittels einer Monte-Carlo-Simulation erfolgen, indem eine Bandbreite bestimmt wird und das Risiko durch ein geeignetes Risikomaß, wie z. B. Standardabweichung oder Value-at-Risk, ausgedrückt wird.

Risikomanagement in der Carl Zeiss Gruppe

Praxisbeispiel von Frank Romeike (Geschäftsführender Gesellschafter der RiskNET GmbH) und Andreas Kempf (Leiter Risikomanagement der Carl Zeiss Gruppe)

ZEISS ist ein weltweit führendes Technologieunternehmen der optischen und optoelektronischen Industrie. Es erzielt mit über 32.000 Mitarbeitern einen Jahresumsatz von 6,3 Mrd. €.

Unabhängig von regulatorischen Anforderungen war das Ziel der Einführung eines Risikomanagementsystems, es in das bestehende wert- und erfolgsorientierte Führungssystem zu integrieren. Dabei liegt der Fokus auf den Risiken i. e. S., während Chancen nicht betrachtet werden. Der Nutzen geht über eine reine Erfüllung grundsätzlicher Organisationspflichten und genereller Governance-Anforderungen hinaus.

Aus diesem Grund legte der Vorstand bereits in der Entwurfsphase Wert auf eine einheitliche und verbindliche Systematik, die Schaffung einer wirkungsvollen Risikokultur und ein angemessenes Risikobewusstsein als wesentliche Elemente eines effektiven Risikomanagementsystems. Risiken frühzeitig zu erkennen und bewusst mit ihnen umzugehen, stellt die eigentliche Zielsetzung des Risikomanagements der *Carl Zeiss AG* dar. Das Risikomanagement soll ein Führungswerkzeug sein, das die Organisation bei der Erreichung der Geschäftsziele und der Abwendung von Schaden unterstützt.

Als Portfoliounternehmen bedient die *Carl Zeiss AG* eine Vielzahl unterschiedlicher Märkte mit zahlreichen Produkten und Lösungen. Hierfür finden sich im dezentral organisierten Unternehmensverbund unterschiedliche strategische Geschäftseinheiten mit heterogenen rechtlichen und organisatorischen Strukturen. Je nach Geschäftsmodell, Beteiligungsstruktur, Markt, Produkt, Geschäftsmodell oder auch Rechtsform ergeben sich spezifische Anforderungen für die jeweiligen Tochterunternehmen. Diesen sollte ein akzeptiertes und damit wirksames Risikomanagement Rechnung tragen.

Die unterschiedlichen Kunden, Märkte und Geschäftsfelder erfordern ein spezifisches, auf die Strukturen der Sparten angepasstes Risikomanagement. Es muss ungeachtet dieser Heterogenität in der Lage sein, Risiken in einer einheitlichen Systematik im Sinne eines homogenen und kontinuierlichen Prozesses abzubilden und auf eine konkrete Bewertungsgrundlage zurückzuführen.

Neben der Schaffung eines einheitlichen **Grundverständnisses** zum Risikomanagement im Konzern wurden weitere, für ein wirksames Risikomanagement wichtige Aspekte bereits bei der Konzeption berücksichtigt. So wurden die Verantwortlichkeiten im Rahmen des Risikomanagements eindeutig festgelegt. Darüber hinaus erfolgten eine Konkretisierung wesentlicher Inhalte des Risikomanagement-Prozesses und der Mindestanforderungen für die Risikoberichterstattung und -dokumentation. Ferner wird bei der Umsetzung des Risikomanagements darauf geachtet, dass regelmäßig und rechtzeitig effektive Steuerungsmaßnahmen definiert und eingeleitet werden.

Grundsätzlich werden die inhärenten, geschäftstypischen Risiken im Rahmen der Planung des Geschäftsjahres bewertet. Sie finden ihre Berücksichtigung in ihrer finanziellen Konsequenz und ihre Abbildung in den Positionen der GuV der jeweiligen Einheit. Diese weist ein geplantes Ergebnis der gewöhnlichen Geschäftstätigkeit aus: die Earnings before Interest and Taxes (EBIT). Dieser bildet die einheitliche Grundlage für die folgende Bewertung der Risiken im Rahmen des eigentlichen Risikomanagements, das somit die geschäftstypischen, geplanten Risiken nicht mehr separat betrachtet.

Im Rahmen des eigentlichen Risikomanagements werden in einem nachgelagerten Schritt ausschließlich mögliche Ereignisse aufgenommen, die potenziell in der Lage wären, das geplante Ergebnis negativ zu beeinflussen. Hierbei hatte sich der Vorstand darauf verständigt, auf eine Berücksichtigung potenzieller Chancen als „Upside"-Risiken und deren positiven Einfluss auf das EBIT zu verzichten. Dies liegt zum einen in der kaufmännischen Vorsicht begründet, die eine Bewertung auf eine „Worst Case"-Betrachtung abstellt. Darüber hinaus legte der Vorstand großen Wert auf eine transparente Risikodarstellung und frühzeitige Kommunikation kritischer Sachverhalte. In der Unternehmensrichtlinie zum Risikomanagement der *Carl Zeiss AG* heißt es dazu: „Grundlage für ein wirkungsvolles Risikomanagement ist die Schaffung und Fortentwicklung eines angemessenen Risikobewusstseins auf allen Ebenen des Unternehmens. Risiken frühzeitig zu erkennen und bewusst mit ihnen umzugehen, stellt die eigentliche Zielsetzung des Risikomanagements dar."

Risiko ist im Unternehmen als unvermeidbare Konsequenz unternehmerischen Handelns akzeptiert. Das Risikomanagement in der *Carl Zeiss Gruppe* wird hierbei in erster Linie als ein **Führungswerkzeug** gesehen, das den Schwerpunkt auf die frühe Identifizierung, Kommunikation und Transparenz möglicher Risiken legt. Dies ermöglicht die rechtzeitige Einleitung von risikoreduzierenden Gegenmaßnahmen und sichert auf diese Weise die risikoadäquate Erreichung der unternehmerischen Geschäftsziele.

Bei *Carl Zeiss* wird die komplette **Risikolandschaft** mit Hilfe von 108 Einzelkategorien abgebildet, die auf der einen Seite die strategischen und auf der anderen Seite die operativen Aspekte des komplexen und heterogenen Risikoumfelds abbilden (vgl. Abb. 8.4.21).

In Abb. 8.4.22 ist die zeitliche Abfolge der Risikoidentifikation und -bewertung sowie des Risikoreportings innerhalb der *Carl Zeiss Gruppe* skizziert.

1. Level	2. Level	3. Level				
Strategische Risikofelder	Brand/ Trademarks	▪ Collapse	▪ Erosion	▪ …		
	Business Portfolio	▪ Investment	▪ M&A	▪ Ownership Structure	▪ Product Portfolio	▪ Structure of Business Fields
	Customer	▪ Customer Behavior	▪ Customer Demand	▪ Loss of Customer	▪ Purchasing Power	▪ …
	Economics Environment	▪ Capital Availability	▪ Demographics	▪ Economic Trends	▪ Exchange Rate	▪ Funding
	Human Resource	▪ Recruiting/ People Dev.	▪ Temp. Staff	▪ Working council	▪ …	
	Market/Industry	▪ Competition	▪ Market Intelligence	▪ Market perception	▪ Sales channels	▪ …
	Political Environment	▪ Gov./ Political Changes	▪ Legislation/ Regulation	▪ Public Policy	▪ …	
	Supplier	▪ Roadmap	▪ Supplier/ Strategic Sourcing	▪ Supplier Behavior	▪ …	
	Technology	▪ Innovation	▪ Roadmap	▪ Technology/ Availability	▪ …	
	Other strategic Risks	▪ Legal/ Tax	▪ Organization/ Gov.& Compl.	▪ Pensions	▪ …	
Operative Risikofelder	Communication	▪ Corporate Citizenship	▪ Environmental Relationship	▪ Publicity	▪ …	
	Financials	▪ Accounts Receivables	▪ Forecast	▪ Liquid Pay	▪ …	
	Op. Human Resource Risks	▪ Health and Safety	▪ Integrity	▪ Job-Skill-Match	▪ Judgment	▪ …
	Information/ Infrastructure	▪ Access	▪ Bus. Interruption/Continuity	▪ Information Security	▪ Property Damage	▪ Rental and Lease
	Legal/Tax/ Export Control	▪ Administrative Approval	▪ Dispute/ Liability	▪ Files	▪ Import/ Export	▪ Insider Trading
	Organization/ Process	▪ Certification	▪ Customer workflow integration	▪ Documentation	▪ Inefficiency	▪ Marketing/Sales
	Products/Projects	▪ Acceptance Test	▪ License Agreement	▪ Loss of Sales	▪ Margin Erosion	▪ Market Access
	Regulatory/ External Impact	▪ Business Fraud	▪ Regulative Disclosures	▪ Terrorism	▪ …	
	Op. Technology Risks	▪ Access/ Availability	▪ Industry Standards	▪ Stability	▪ …	
	Other operational Risks	▪ Others				

Abb. 8.4.21: Strategische und operative Risikofelder

Zielsetzung der **Risikoaggregation** ist schließlich die Bestimmung der Gesamtrisikoposition eines Unternehmens sowie eine Ermittlung der relativen Bedeutung der Einzelrisiken unter Berücksichtigung von Wechselwirkungen (Korrelationen) zwischen diesen Einzelrisiken.

Eine Aggregation aller relevanten Risiken ist erforderlich, weil sie auch in der Realität zusammen auf Liquidität und Eigenkapital wirken. Es ist damit offensichtlich, dass alle Risiken gemeinsam die Risikotragfähigkeit der *Carl Zeiss AG* belasten. Diese Risikotragfähigkeit wird letztendlich von zwei Größen bestimmt, nämlich zum einen vom Eigenkapital und zum anderen von den Liquiditätsreserven. Die Beurteilung des Gesamtrisikoumfangs ermöglicht eine Aussage darüber, ob die Risikotragfähigkeit ausreichend ist, den Risikoumfang

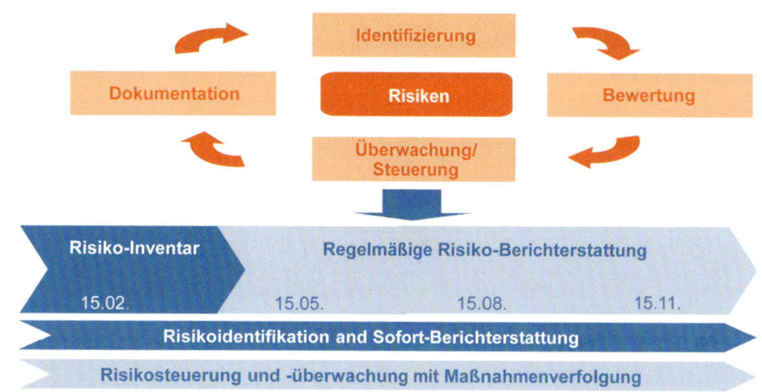

Abb. 8.4.22: Zeitlicher Ablauf des Risikomanagements bei Carl Zeiss

des Unternehmens tatsächlich abzudecken und damit dessen Bestand zu gewährleisten. Sollte der vorhandene Risikoumfang gemessen an der Risikotragfähigkeit zu hoch sein, werden zusätzliche Maßnahmen der Risikobewältigung erforderlich. Die Kenntnis der relativen Bedeutung der Einzelrisiken (Sensitivitätsanalyse) ist für ein Unternehmen in der Praxis wichtig, um Risikomanagementmaßnahmen zu priorisieren.

Basis für ein gelebtes und erfolgreiches Risikomanagement bildet eine entsprechende Unternehmens- bzw. **Risikokultur**. Konsequenterweise kann eine (gelebte) Risikokultur nur auf einer entsprechenden Unternehmenskultur aufbauen. Der Erfolg von *Carl Zeiss* basiert auf einer mehr als 175-jährigen Unternehmenskultur, die vor allem durch Innovation, Kompetenz und Teamgeist gekennzeichnet ist. So ist im aktuellen „Code of Conduct" der *Carl Zeiss Gruppe* zusammengefasst, dass Kompetenz, Leistungsbereitschaft und verantwortliches Handeln der Mitarbeiter eine wesentliche Voraussetzung für den Erfolg von *Carl Zeiss* darstellen: „Das Vertrauen unserer Geschäftspartner, Kunden, Aktionäre, von Behörden und der Öffentlichkeit sowie der Wettbewerber in ein verantwortungsbewusstes, gesetzestreues und moralisch integres Verhalten aller Mitarbeiter des Konzerns ist von höchster Bedeutung für das Ansehen und den wirtschaftlichen Erfolg unseres Unternehmens und die Wirkung unserer Marke. Den Führungskräften kommt dabei eine Vorbildfunktion zu; von ihnen wird ein hohes Maß an sozialer und ethischer Kompetenz erwartet. Wert und Werte, Ökonomie und Moral, Ökonomik und Ethik gehören zusammen. Nachhaltige wirtschaftliche Wertschöpfung ist nur unter Wahrung moralischer und ethischer Werte möglich."

Bezogen auf das Risikomanagement ist im Code of Conduct klargestellt, dass ein sorgsamer Umgang mit Risiken eine wesentliche Basis für den Unternehmenserfolg darstellt. In Abb. 8.4.23 sind einige wesentliche Elemente für die (Weiter-) Entwicklung einer Unternehmens- bzw. Risikokultur zusammengefasst.

Innerhalb der *Carl-Zeiss-Gruppe* wird Risikomanagement als (strategisches) Führungswerkzeug verstanden und gelebt, welches auf einem einheitlichen und integrierten Rahmenwerk für alle Gesellschaften basiert. Risiko wird innerhalb der Gruppe als unvermeidbare Konsequenz unternehmerischen Handelns akzeptiert. Eine Bewertung erfolgt grundsätzlich nicht auf historischen Daten, sondern auf zukünftigen Antizipationen bzw. Szenarien. Das Risikomanagement ermöglicht eine frühzeitige Diskussion und die rechtzeitige Einleitung von risikoreduzierenden Maßnahmen und sichert auf diese Weise die (risikoadäquate) Erreichung der unternehmerischen Geschäftsziele ab.

Mathematische Modelle sowie die Dokumentation der Risiken sind hierbei eher eine Randbedingung. Entscheidend für den Erfolg ist eine gelebte Risikokultur im gesamten Unternehmen. Denn Risikomanagement versteht sich nicht als Kunst der Prophezeiung, sondern liefert Prognosen zur besseren Steuerung von Risiken sowie des Unternehmens insgesamt.

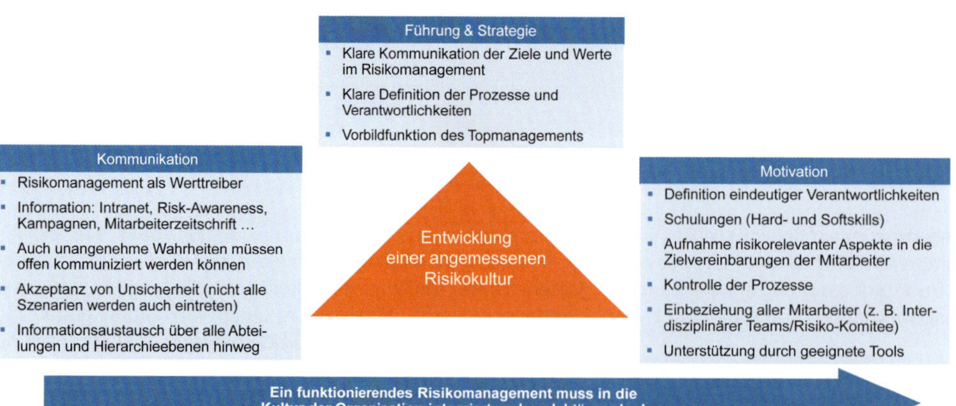

Abb. 8.4.23: Elemente zur Entwicklung einer Risikokultur (vgl. Kempf/Romeike, 2010, S. 180)

Als Limitation eines integrierten Risikomanagements gilt der chaotische Führungskontext. Herrscht **vollkommene Unsicherheit** (Knightsche Unsicherheit), so ist es unmöglich vorherzusagen, wie sich die Umwelt entwickelt. Es gelingt nicht mehr, potenzielle Ergebnisse zu identifizieren, geschweige denn, Szenarien innerhalb eines Bereichs aufzustellen. Möglicherweise ist es nicht einmal möglich, alle relevanten Variablen, die die Zukunft definieren, zu identifizieren oder vorherzusagen. Solche Situationen sind recht selten und sie neigen dazu, sich im Laufe der Zeit wieder auf eine der anderen Unsicherheitsstufen zuzubewegen. Ein Beispiel stellt die Corona-Krise 2020/21 dar. Die Situation war während der beiden Lockdowns ab Mitte März und ab Ende Dezember 2020 in Deutschland sehr volatil und die Dynamik der Pandemie kaum einzuschätzen. Die Unsicherheit erlaubte es kaum, belastbare Vorhersagen zu treffen. Welche Wirkung die eingeführten Maßnahmen hatten, konnte erst mit Verzögerung und durch Ausprobieren erkannt werden. Schließlich waren viele Fakten in ihrer Wirkung auf die Ausbreitungsgeschwindigkeit des Virus mehrdeutig. Dieses Beispiel veranschaulicht, wie schwierig es sein kann, Entscheidungen in einer vollkommen unsicheren Umwelt zu treffen. Es zeigt aber auch den vorübergehenden Charakter von derartigen Situationen, denn alle Maßnahmen verfolgten in der Pandemie den Zweck, wieder höhere Stabilität herzustellen und die Umwelt in eine geringere Unsicherheitsstufe zu bringen.

Ein Problem des Risikomanagements ist es, dass die Prognosen der Zukunft meist auf Vergangenheitswerten basieren. Aus historischen Fakten entsteht so ein Modell für die Zukunft. Die Realität ist jedoch oft chaotisch, überraschend und unberechenbar. Dies zeigt die Metapher vom „**Schwarzen Schwan**" (vgl. *Taleb*, 2010). Bis ins 17. Jahrhundert waren die Europäer davon überzeugt, dass alle Schwäne weiß sind. Dann wurde Australien entdeckt, wo es auch schwarze Schwäne gibt. Der schwarze Schwan ist seitdem ein Sinnbild für etwas, das nicht vorstellbar ist oder nicht sein kann. Er ist eine Metapher für extrem unwahrscheinliche Ereignisse. Solche Ereignisse sind nicht vorhersehbar, haben aber im Nachhinein großen Einfluss auf unser Denken und Handeln. Schwarze Schwäne gibt es immer wieder. Beispiele sind der Siegeszug des Internets oder die Wertentwicklung des *Bitcoins* (vgl. Kap. 7.3.8). Die Beispiele zeigen, dass derartige Extremereignisse häufiger auftreten als in den gängigen, auf statistischen Normalverteilungen basierenden Risikomodellen angenommen wird. Die Folgen derartiger Extreme werden daher meist systematisch unterschätzt.

Die Corona-Krise 2020/21 wird häufig als schwarzer Schwan bezeichnet, was jedoch nicht korrekt ist. Pandemien sind allseits bekannte **Extremrisiken**, welche bereits mehrfach aufgetreten sind. Infektionskrankheiten gehören zu den größten Risiken der Menschheit, an denen durchschnittlich jährlich über 10 Millionen Menschen sterben. Somit haben Naturwissenschaftler bereits vor der Corona-Krise das Risiko einer Pandemie auf 1 % pro Jahr geschätzt.

Aus diesem Grund ist hier eher von einer Risikoblindheit auszugehen, da sich die Unternehmen nicht ausreichend mit schwerwiegenden Bedrohungen, wie etwa Pandemien, Finanzkrisen oder auch Kriegen wie 2022 in der Ukraine befassen. Natürlich ist es weder sinnvoll noch möglich, sich gegenüber allen Extremrisiken abzuschirmen. Es ist jedoch erforderlich, existenzgefährdende Risiken in die strategische Planung einzubeziehen. Ohne diese Gefahren analysiert zu haben, ist es auch nicht möglich einzuschätzen, ob es nötig ist, sich gegenüber gewissen Risiken zu schützen (vgl. *Gleißner*, 2020b, S. 234 ff.).

Zusammenfassung

- Ein Risiko im engeren Sinne besteht, wenn bei zukünftigen Ereignissen sowohl Gefahr als auch Exposition gleichzeitig auftreten.
- Ein Risiko im weiteren Sinne besteht, wenn zukünftige Ereignisse sowohl zu positiven (Chancen) als auch negativen (Risiko i. e. S.) Abweichungen von einem erwarteten Ergebnis führen können.
- Die Intensität der Unsicherheit kann die Ausprägungen Sicherheit, Risiko, Ungewissheit und vollkommene Unsicherheit annehmen.
- Risikoorientierte Unternehmensführung ist der planvolle Umgang mit Risiken durch deren fortlaufende und systematische Erkennung, Analyse und Steuerung.
- Ein Risikomanagement i. e. S. ist ein durchgängiger Führungskreislauf für Risiken i. e. S. Ausgehend von der Risikopolitik umfasst er die Prozessschritte Risikoidentifikation, -bewertung, -aggregation, -steuerung, -überwachung und -berichterstattung.
- Die Risikopolitik bildet den Rahmen des Risikomanagements und umfasst die Risikokultur, -kapazität und -richtlinien sowie die Integration des Risikomanagements in die Corporate Governance.
- Die Risikoidentifikation erfasst systematisch und kontinuierlich die auf das Unternehmen einwirkenden Unsicherheiten.
- Die Risikobewertung beurteilt die erwarteten Entwicklungen auf ihre Beeinflussbarkeit und finanzielle Tragweite. Üblicherweise wird hierzu jedes Risiko hinsichtlich seiner Eintrittswahrscheinlichkeit und des Ausmaßes seines potenziellen Schadens bewertet.
- Die Risikoaggregation fasst die bewerteten Risiken für ein Unternehmen zusammen.
- Die Risikosteuerung bestimmt, wie mit den Risiken eines Unternehmens umgegangen wird.
- Die Risikoüberwachung beinhaltet die fortlaufende Verfolgung der Risiken sowie die Kontrolle der Wirksamkeit und Angemessenheit eingeleiteter Steuerungsmaßnahmen zu deren Beherrschung.
- Die Risikoberichterstattung kommuniziert den Verantwortlichen die Entwicklung des möglichen Schadensausmaßes und der Eintrittswahrscheinlichkeit der identifizierten Risiken.
- Regulatorisches Risikomanagement erfüllt die Anforderungen des Gesetzgebers und anderer Regulierer an das Risikomanagement eines Unternehmens.
- Das Risikomanagement i. w. S. erweitert das Risikomanagement i. e. S. um das interne Kontrollsystem.
- Entscheidungsunterstützendes Risikomanagement berücksichtigt die Auswirkungen von Risiken i. w. S. in der Entscheidungsfindung.
- Die Risikotragfähigkeit drückt aus, welche Verluste ein Unternehmen maximal verkraften kann. Reicht diese im Ernstfall nicht aus, ist das Unternehmen insolvent.
- Integriertes Risikomanagement berücksichtigt Risiken i. w. S. auf allen Führungsebenen und -funktionen und bezieht sie in die Entscheidungen ein.

Literaturempfehlungen

Glaser, C.: Risikomanagement im Leasing, 2. Aufl., Wiesbaden 2018.

Gleißner, W.: Grundlagen des Risikomanagements im Unternehmen, 4. Aufl., München 2022.

Romeike, F./Hager, P.: Erfolgsfaktor Risikomanagement 4.0, 4. Aufl., Wiesbaden 2020.

Fallstudien zur risikoorientierten Unternehmensführung

8.3 Risikomanagement, Rating und risikogerechte Investitionsbewertung bei der Hofer Kunststoffteile GmbH (*Gleißner, W./Berger, T.*)

8.4 Risikoadjustierte Unternehmensplanung bei der Inntal AG (*Romeike, F.*)

8.5 International orientierte Unternehmensführung

Leitfragen

- Was bedeuten Internationalisierung und Globalisierung?
- Welche Theorien erklären die Internationalisierung von Unternehmen?
- Welche Formen und Strategien zur Internationalisierung gibt es?
- Welche Besonderheiten und Charakteristika hat eine internationale Unternehmensführung?

Unternehmen betreiben ihre Geschäfte zunehmend international und häufig sogar weltweit. Dabei konkurrieren sie in verschiedenen Ländern mit unterschiedlichen Wettbewerbern und nutzen die spezifischen Vorteile anderer geografischer Regionen. Deutsche Unternehmen erwirtschaften meist den überwiegenden Teil ihrer Umsätze im Ausland, weshalb die Internationalisierung für diese einen hohen Stellenwert in der Unternehmensführung besitzt. Mit der Internationalisierung steigt die Kompliziertheit und Dynamik im Unternehmensumfeld an. Internationale Unternehmensführung findet somit in komplizierten und komplexen Führungskontexten statt (vgl. Kap. 1.3.5).

Die aus der Internationalisierung resultierenden Anforderungen betreffen die gesamte Unternehmensführung. Es gibt verschiedene Theorien, um zu erklären, warum Unternehmen sich international betätigen. Darauf aufbauend wird dargestellt, in welcher Art und Weise und mit welchen Strategien die Unternehmen eine Internationalisierung erreichen können.

8.5.1 Begriffe, Entwicklung und Bedeutung

Der Begriff **Internationalisierung** wird in Literatur und Praxis unterschiedlich verwendet (vgl. *Perlitz/Schrank*, 2013, S. 10):

- **Funktionale Internationalisierung**: Internationalisierung wird häufig auf eine den Absatz und das Marketing eines Unternehmens betreffende Ausrichtung reduziert. Dann wird Internationalisierung als Form des Markteintritts und der Marktbearbeitung im Ausland angesehen, wie etwa Export, Direktinvestitionen oder Lizenzvergabe. Unternehmen können neben der Internationalisierung des Absatzes auch in anderen Funktionsbereichen eine internationale Ausrichtung haben, wie z. B. bei Finanzierung, Beschaffung, Produktion, Forschung und Entwicklung oder Personalmanagement. So können internationale Lieferantennetzwerke (Global Sourcing), internationale Produktionsketten oder globale Forschungsaktivitäten wesentliche Dimensionen der Internationalisierung sein. Die Internationalisierung eines Unternehmens ist deshalb funktionsübergreifend zu betrachten.
- **Internationalisierung als Zustand:** Internationalisierung von Unternehmen kann als geografische Verteilung der unternehmerischen Aktivitäten über mehrere Länder verstanden werden. Ein Unternehmen mit Aktivitäten in mehreren Ländern ist demnach internationaler aufgestellt als ein Unternehmen mit der Fokussierung auf ein einzelnes Land. Diese Maßgröße ist allerdings nicht eindeutig. Ein Unternehmen in einem sehr großen Land, wie etwa China, muss sehr wohl einen großen Markt, unterschiedliche sprachliche und kulturelle Bedingungen etc. handhaben und würde dennoch nicht als internationales Unternehmen gelten. Andererseits wären Unternehmen mit ihrem Stammsitz etwa in Luxemburg als international einzustufen, wenn sie einen regionalen Markt im Umkreis von z. B. 300 km bearbeiten und damit in Luxemburg, Frankreich, Deutschland, Belgien, Niederlande und Großbritannien aktiv wären.
- **Internationalisierung als Prozess** befasst sich mit der Ausdehnung der unternehmerischen Aktivitäten über Landesgrenzen hinweg. Im Folgenden wird die Internationalisierung in diesem prozessorientierten Verständnis betrachtet.

Internationalisierung bezeichnet den Prozess der länderübergreifenden Ausdehnung der Unternehmensaktivitäten.

Die Wissenschaftsdisziplin der internationalen Unternehmensführung beschäftigt sich mit den besonderen Problemen und Gestaltungsfeldern grenzüberschreitender Unternehmenstätigkeit. Im deutschsprachigen Raum begann die inhaltliche Auseinandersetzung mit dem Thema Internationalisierung in den 1960er-Jahren. Für internationale Unternehmen werden verschiedene Bezeichnungen, wie etwa multinational, transnational, global oder supranational, unterschiedlich interpretiert und teilweise synonym verwendet (vgl. *Borrmann*, 1970, S. 23). Die Internationalität eines Unternehmens wird an unterschiedlichen **Merkmalen** festgemacht. Internationalisierung kann z. B. durch Exportgeschäfte ohne ausländische Niederlassungen oder Produktionsstätten erfolgen (vgl. *Grünärml*, 1975, S. 242). Weitergehend können Unternehmen auch unabhängig vom Vertrieb in mehreren Ländern produzieren. Nach Ansicht von *Vernon, Wells* und *Rangan* (1996, S. 28) verfügen internationale Unternehmen über Tochterunternehmen in mehreren Ländern, welche durch ähnliche Eigenschaften verbunden sind, wie etwa Eigentum, Organisationsstrukturen, Ressourcen oder Strategien.

Kriterien und Begriffsauffassungen internationaler Unternehmen unterscheiden sich also erheblich. Um unterschiedliche Aspekte der Unternehmensführung betrachten zu können, ist eine weite Begriffsauslegung über die Form der Auslandstätigkeit eines international agierenden Unternehmens erforderlich (vgl. *Lilienthal*, 1975, S. 119; vgl. *Kutschker/Schmid*, 2012, S. 244).

Internationale bzw. **multinationale Unternehmen** haben ihre Heimat in einem Land, sind aber auch in anderen Ländern tätig und unterliegen dort nationalen Gesetzen, Gebräuchen und Standortspezifika.

Immer mehr Unternehmen errichten Produktionsstätten im Ausland oder beteiligen sich an ausländischen Unternehmen. Dadurch entstehen weltweit aktive Unternehmen, wie etwa die *Henkel AG & Co. KGaA* mit Hauptsitz in Düsseldorf, die rund 85 % ihrer Mitarbeiter im Ausland beschäftigt (www.henkel.de). Noch internationaler ist z. B. die *McKesson Europe AG* als führender Pharmagroßhändler in Europa mit Sitz in Stuttgart. Sie beschäftigt Mitarbeiter in 13 Ländern Europas und davon sind rund 94 % im Ausland tätig (www.mckesson.eu).

Die steigende Anzahl an internationalen Unternehmen wird als bedeutender Indikator der wirtschaftlichen Globalisierung gesehen. Unternehmen sind dabei selbst Treiber dieser Entwicklung und haben Einfluss auf die Globalisierung der Märkte, Branchen, Volkswirtschaften und die Weltwirtschaft. Sie sind aber auch selbst betroffen, indem sie mit ihren Strategien, Strukturen und Kulturen auf die Auswirkungen der Globalisierung reagieren (vgl. *Kutschker/Schmid*, 2012, S. 167).

Der Begriff „global" bedeutet „die ganze Erde betreffend". Eine makroökonomische Definition von Globalisierung beinhaltet die wirtschaftliche Verflechtung der Wirtschaftssubjekte. Daraus resultieren auch Abhängigkeiten verschiedener Länder und ihrer Wirtschaftssubjekte in unterschiedlichen Gesellschafts- und Wirtschaftsbereichen. Wird die Globalisierung auf die betriebswirtschaftliche Ebene beschränkt und werden die Unternehmen als Betrachtungsobjekte gewählt, so kann Globalisierung wie folgt definiert werden:

Globalisierung bedeutet, dass Unternehmen ihr Aktionsfeld nicht nur auf ihr Heimatland beschränken, sondern auf eine Vielzahl von Ländern und Kontinenten ausdehnen.

Globalisierung ist die geografisch weitreichendste Form und damit eine spezielle Ausprägung der Internationalisierung. Auf dem Spektrum zwischen internationaler Unternehmenstätigkeit in zwei Ländern und auf der gesamten Welt sind unterschiedlichste Ausprägungen vorstellbar.

Die Globalisierung ist keineswegs ein neuartiges Phänomen. Bereits in der Frühzeit und Antike gab es Wirtschaftsbeziehungen zwischen den Staaten der damals bekannten Welt. So zeugt die Seidenstraße von globalen Wirtschaftsbeziehungen, und auch die Römer hatten einen globalen Wirtschaftsraum geschaffen. Die moderne Globalisierung entfaltet sich seit rund 200 Jahren.

Dieser Zeitraum kann vereinfacht in folgende **Globalisierungsphasen** eingeteilt werden (vgl. *Scherrer/Kunze*, 2011, S. 33 ff.; *Wagner*, 2014, S. 90 ff., S. 228 f.):

- **1. Globalisierungsphase (1840–1914):** Bereits *Karl Marx* und *Friedrich Engels* hatten sich dem damaligen weltweiten Vernetzungsprozess von Politik, Wirtschaft, Gesellschaft und Kultur gewidmet. Zu den Treibern der ersten Globalisierungsphase zählten u. a. Innovationen in der Produktion (Dampfmaschine), bei Kommunikationssystemen (Telefon) und beim Transport (Eisenbahn). Darüber hinaus wurden internationale Rechts-, Währungs- und Technologiestandards eingeführt. Es entstanden die ersten internationalen Unternehmen und die Preise für Massengüter glichen sich interkontinental an. Unterstützt wurde die Entwicklung durch die Hegemonialmacht Großbritannien als Welthandels- und Finanzzentrum sowie eine weltweite kulturelle Integration, wie etwa die Entstehung internationaler Literatur, Musik oder Ehrungen (z. B. der seit 1901 verliehene Nobelpreis).

- **Desintegration und Integration (1914–1945):** In der ersten Hälfte des 20. Jahrhunderts bremsten die beiden Weltkriege und die Weltwirtschaftskrise die Globalisierung und kehrten den Globalisierungsprozess teilweise ins Gegenteil um. Mit dem Ausbruch des Ersten Weltkriegs versiegten die internationalen Geschäftsbeziehungen. In der Zeit zwischen den Weltkriegen nahm die Globalisierung wieder an Fahrt auf. Durch das Aufkommen des Rundfunks, des Films und des weltweiten Luftverkehrs wurde die globale Vernetzung in den Bereichen Transport, Verkehr, Kommunikation und Kultur trotz der wirtschaftlichen und politischen Entflechtungsprozesse vorangetrieben. Aufgrund der Weltwirtschaftskrise von 1929 und des Zweiten Weltkriegs fielen jedoch die globalen Netzwerke in allen gesellschaftlichen Teilbereichen wieder auseinander.
- **2. Globalisierungsphase (1945–1990):** Als wirtschaftlicher Gewinner des Zweiten Weltkriegs übernahmen die USA die bisherige hegemoniale Stellung Großbritanniens. Ziel war es, eine tragfähige Weltordnung zu schaffen und dafür erforderliche Institutionen einzurichten. Wichtige Organisationen der neuen Weltordnung waren u. a. die *OECD (Organisation for Economic Co-operation and Development)*, die *UNO (United Nations Organization)*, der *IWF (Internationaler Währungsfonds)* und das *GATT (General Agreement on Tariffs and Trade)*. Diese Organisationen beeinflussten maßgeblich die Wiederbelebung der Globalisierung. Neue Technologien, wie beispielsweise Langstreckenflugzeuge, Containerschiffe oder Kommunikationssatelliten, begünstigten zudem die weltweite Zusammenarbeit. Der Welthandel und die globale Produktion stiegen erheblich. Mit zunehmender Vernetzung machten allerdings die Ölkrisen von 1973 und 1978 auch die Risiken der Globalisierung deutlich. Ebenso charakteristisch für die zweite Globalisierungsphase war der sog. „Kalte Krieg" zwischen den USA und der Sowjetunion, der eine Zweiteilung der Globalisierung zur Folge hatte.
- **3. Globalisierungsphase (seit 1990):** Unsere heutige Zeit ist durch einen starken Globalisierungsschub geprägt. Dieser wird wesentlich durch drei sich gegenseitig verstärkende Entwicklungen getrieben. Mit dem Kollaps der sozialistischen Systeme in Osteuropa und der Auflösung der Sowjetunion wurde die Zweiteilung der Globalisierung aufgehoben. Die ehemals sozialistischen Staaten wandten sich rasch nach Westen und öffneten ihre Märkte. Auch die Volkswirtschaften in China, Indien und Vietnam öffneten sich wirtschaftlich. Aus einer bipolaren wurde eine multipolare Weltordnung mit unterschiedlichen Zusammenschlüssen von Staaten zu Wirtschaftsregionen, die miteinander im Wettbewerb stehen. Die Liberalisierung und Deregulierung des Welthandels wurde durch die 1995 gegründete *WTO (World Trade Organization)* vorangetrieben. Diese Organisation der *UNO* arbeitet am Abbau von Handelsschranken zwischen verschiedenen Ländern. Weiterhin wurde die Liberalisierung des Kapitalverkehrs gefördert und der weltweite Zugang zu Kapital erleichtert. Als Folge stieg der Welthandel überproportional an und auch die internationalen Kapitalflüsse nahmen mit hoher Volatilität zu. Das Internet ist eine der treibenden Kräfte der aktuellen Globalisierungsphase und trägt maßgeblich zur Beschleunigung bei. Die Nutzung des Internets durch Unternehmen verändert deren Geschäftsabläufe und Beziehungen zur Umwelt. Hier sind etwa der Onlinehandel oder das Onlinebanking zu nennen. Obwohl die Digitalisierung die Globalisierung weiterhin antreibt, sind derzeit gegenläufige Entwicklungen zu beobachten. Hierzu gehören etwa Handelskriege zwischen den USA und China, eine politische Desintegration wie z. B. der Brexit oder eine Abschottungspolitik mit Grenzbeschränkungen, Zöllen und der Nationalisierung strategischer Branchen.

Die Globalisierung hat u. a. auch zu einer stärkeren **Regionalisierung** geführt. Hierunter ist der Zusammenschluss einzelner Länder zu Ländergruppen und die Verdichtung internationaler Wirtschaftsbeziehungen innerhalb dieser Länder zu verstehen (vgl. *Bergemann/Bergemann*, 2005, S. 9; *Lee*, 2008, S. 22 ff.; Statistisches Bundesamt, 2015). Wichtige **Wirtschaftsregionen und -verbünde** sind:

- ***Europäische Union*** (EU) ist ein aus 27 europäischen Staaten bestehender Verbund, dessen Bevölkerung etwa 450 Millionen Einwohner umfasst. Gemessen am Bruttoinlandsprodukt ist die EU der größte gemeinsame Wirtschaftsraum der Welt. Innerhalb der EU bilden 19 Staaten die europäische Wirtschafts- und Währungsunion mit dem Euro als gemeinsamer Währung. Die Euro-Zone umfasst einen Binnenmarkt mit einer Wirtschaftsleistung von rund 12 Billionen € (www.statista.com).
- ***United States-Mexico-Canada Agreement (USMCA)*** ist ein seit 2020 bestehender Wirtschaftsverbund zwischen Kanada, den USA und Mexiko, der die drei Länder des nordamerikanischen Kontinents zu einer Freihandelszone zusammenführt. Das Abkommen basiert auf dem 1994 abgeschlossenen *North*

American Free Trade Agreement (NAFTA). Die USMCA umfasst einen Wirtschaftsraum von rund 450 Mio. Einwohnern.

- Die Volksrepublik **China** ist mit rund 1,4 Mrd. Einwohnern die zweitgrößte Volkswirtschaft sowie das bevölkerungsreichste und viertgrößte Land der Erde. China ist seit 2016 die größte Exportnation der Welt, der größte Produzent landwirtschaftlicher Güter und der zweitgrößte Konsumentenmarkt. Gemäß dem 2015 formulierten strategischen Plan „Made in China 2025" soll Chinas Transformation zur führenden Industriemacht in drei Phasen erfolgen („Chinafication"). Bis 2025 soll Chinas Position als Fertigungsnation gestärkt, die Innovationskapazität gesteigert und die Digitalisierung vorangetrieben werden. Bis 2035 möchte China eine führende Position in zehn Kerntechnologien der Schlüsselindustrien erreichen. Bis zum Jahr 2049, zum hundertjährigen Bestehen der Volksrepublik, will China die führende Industrienation der Welt werden.

- **Indien** ist eine gelenkte Volkswirtschaft. Die staatlichen Regulierungen der Binnenwirtschaft und die Abschottung vor ausländischer Konkurrenz werden allerdings schrittweise verringert, um das Wirtschaftswachstum zu beschleunigen. Indien ist die am schnellsten wachsende Wirtschaftsnation der Welt. Kaufkraftbereinigt liegt Indien bereits an dritter Stelle, nach den Vereinigten Staaten und der Volksrepublik China. Mit knapp 1,4 Mrd. Einwohnern und weiter wachsender Bevölkerung wird Indien bis zur Mitte des Jahrhunderts voraussichtlich nicht nur das bevölkerungsreichste Land der Erde sein, sondern auch zur drittgrößten Volkswirtschaft aufsteigen.

- ***Association of Southeastern Asian Nations*** (ASEAN) ist ein internationaler Verbund südostasiatischer Staaten, der sich 2009 zu einem gemeinsamen Wirtschaftsraum nach europäischem Vorbild zusammengeschlossen hat. Mitgliedsländer sind Thailand, Indonesien, Malaysia, Philippinen, Singapur, Brunei, Vietnam, Myanmar, Laos sowie Kambodscha. Die ASEAN hat über 590 Mio. Einwohner und eine stark wachsende Wirtschaftsleistung.

- ***Regional Comprehensive Economic Partnership*** (RCEP) ist die größte Freihandelszone der Welt im Asien-Pazifik-Raum. Sie umfasst neben China und den zehn ASEAN-Staaten auch Japan, Australien, Südkorea und Neuseeland. Sie wurde nach achtjährigen Verhandlungen Ende 2020 gegründet und umfasst 2,2 Mrd. Menschen sowie rund ein Drittel der weltweiten Wirtschaftsleistung.

- **Triade** bezeichnet die drei größten Wirtschaftsräume der Welt, nämlich USMCA, EU und das industrialisierte Ostasien mit Japan, Taiwan, Südkorea, Hongkong und Singapur. Ergänzend wird meist auch der ostasiatische Verbund ASEAN hinzugerechnet. Im engeren Sinne wurden früher als Triade die drei größten Volkswirtschaften USA, Japan und Deutschland bezeichnet. Im Zuge des Aufstiegs Chinas zur inzwischen zweitgrößten Volkswirtschaft der Welt wurde dieser Begriff jedoch zunehmend hinfällig und durch die Quadriga aus USA-EU-China-Japan ersetzt.

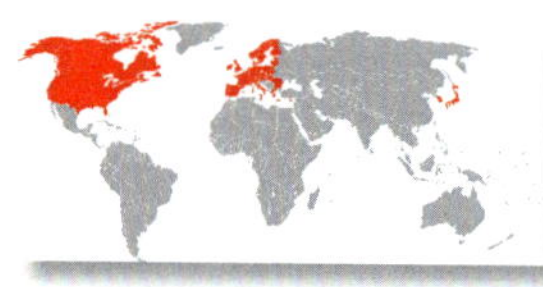

Weitere Wirtschaftsregionen, etwa in Süd- und Lateinamerika, befinden sich im Aufbau. Neben diesen Wirtschaftsregionen haben auch verschiedene **Ländergruppen** ihre Interessen gebündelt:

- ***G7*** steht für ein Gremium aus den sieben zum Zeitpunkt der Gründung im Jahre 1975 größten Industrienationen der Welt. Dazu gehören Deutschland, die USA, Japan, das Vereinigte Königreich, Kanada, Frankreich und Italien. Die Gruppe ist ein informelles Abstimmungsforum für Fragen der Weltwirtschaft und zunehmend auch der Politik. Die G7-Länder repräsentieren zwar nur 10 % der Weltbevölkerung, sind aber für rund 45 % des Welthandels verantwortlich. Von 1998 bis 2014 war auch Russland im Rahmen der Erweiterung zur G8 ein Mitglied des Gremiums, es wurde jedoch aufgrund des Ukraine-Konflikts wieder ausgeschlossen.

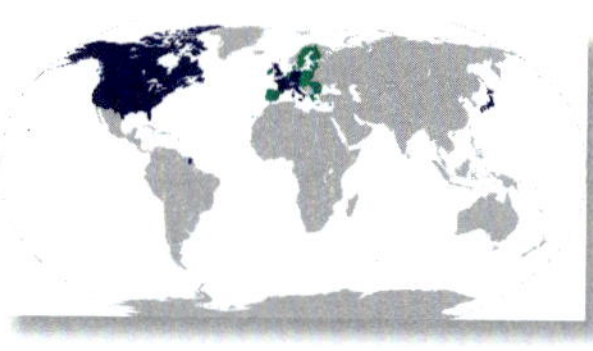

- ***BRICS*** steht für die Anfangsbuchstaben der Staaten Brasilien, Russland, Indien, China und seit 2010 auch Südafrika, welche sich ähnlich wie die G7 jährlich treffen. In ihnen leben mit über 3 Mrd. Menschen ca. 42 % der Weltbevölkerung, und

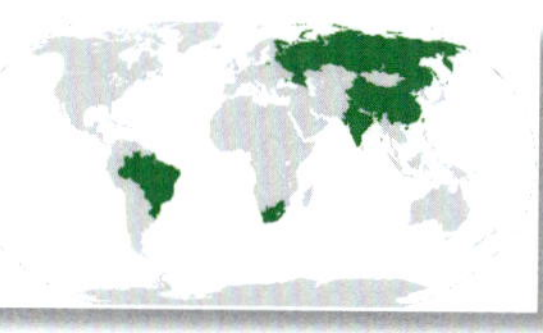

ihr Anteil an der weltweiten Wirtschaftsleistung liegt bei ca. 22 %. Die Mitgliedsstaaten wiesen lange Zeit ein Wirtschaftswachstum von 5 bis 10 % pro Jahr auf und gewannen so an weltwirtschaftlicher Bedeutung. Allerdings hat sich das Wachstum seit 2014 deutlich reduziert. Für Unternehmen aus den Industrieländern sind die BRICS-Staaten aufgrund ihres Wachstumspotenzials, aber auch der dort verfügbaren Rohstoffe von hoher Bedeutung. Brasilien verfügt über einen großen Binnenmarkt und ist ein bedeutender Lieferant von Rohstoffen (z. B. Eisenerz) und Nahrungsmitteln (z. B. Rindfleisch, Zucker, Orangen). Russland verfügt über beträchtliche Vorräte an Öl und Erdgas. Indien ist in der Softwareindustrie sowie Generika-Herstellung führend und besitzt wie China einen riesigen Binnenmarkt. China ist als Werkbank der Welt die größte Exportnation. Südafrika versteht sich als Tor zum afrikanischen Kontinent.

- **Tigerstaaten** sind die sich wirtschaftlich schnell entwickelnden Staaten Südkorea, Taiwan und Singapur sowie die Stadt Hongkong. Diesen ist durch hohes Wirtschaftswachstum der Sprung zum Industriestaat gelungen. Ihre hohe Dynamik erinnert an die kraftvolle Energie des Tigers, der zum Sprung ansetzt, woraus sich die Bezeichnung als Tigerstaaten erklärt. Aus dem Chinesischen übersetzt wird von den „Vier kleinen Drachen Asiens" gesprochen. In Analogie dazu werden die südostasiatischen Staaten Indonesien, Malaysia, Thailand und die Philippinen als sog. Pantherstaaten bezeichnet, welche dem Beispiel der Tigerstaaten nachfolgen wollen.

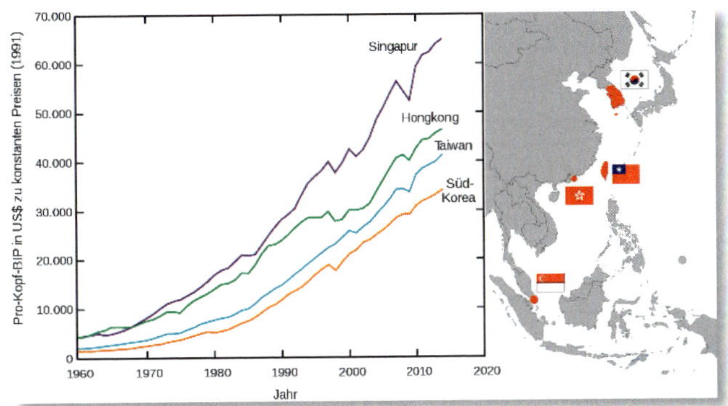

- Die **Afrikanische Union** umfasst mit 55 Mitgliedsstaaten alle afrikanischen Länder und bildet die panafrikanische Freihandelszone AfCFTA (African Continental Free Trade Area). Sie wurde 2019 als Nachfolgeorganisation der Organisation für Afrikanische Einheit (OAU) gegründet. Sie hat ihren Hauptsitz im äthiopischen Addis Abeba und das Panafrikanische Parlament im südafrikanischen Midrand. Sie soll ein Gegengewicht zu den anderen internationalen Wirtschaftsblöcken schaffen und bestehende Handels- sowie Zollbarrieren überwinden. Der Wirtschaftsraum umfasst rund 1,25 Mrd. Men-

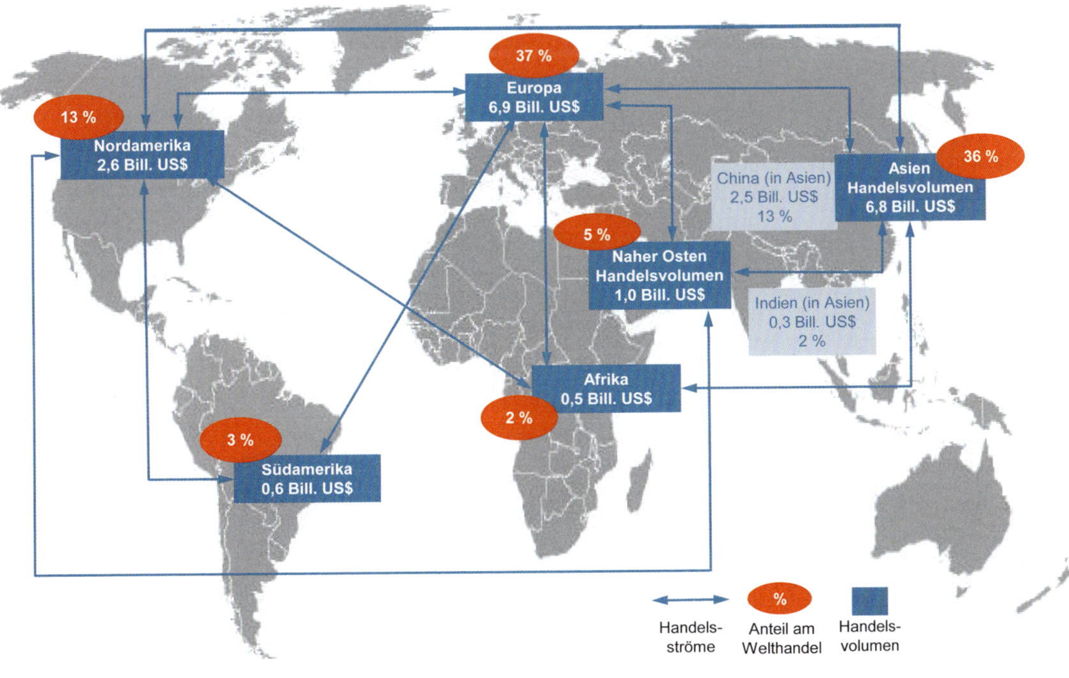

Abb. 8.5.1: Weltweiter Handel im Jahr 2019 der wichtigsten Regionen (vgl. World Trade Organization, 2020)

schen und wächst stark. Die Wirtschaftsleistung der gesamten Afrikanischen Union entspricht in etwa der Wirtschaftskraft Frankreichs.

Bemerkenswert ist, dass die wichtigsten Länder der Triade einen Großteil der Weltexporte und -importe tätigen und somit den Welthandel unter sich aufteilen. Das Gleiche trifft auch bei Direktinvestitionen zu, da diese nur in wenige Länder fließen. Neben der Globalisierung ist daher auch häufig von einer Regionalisierung die Rede. Einen Überblick der wichtigsten Handelsströme gibt Abb. 8.5.1.

Auch bei den **Branchen** ist ein Globalisierungsprozess zu beobachten. Dabei werden zunächst unabhängige Branchen in verschiedenen Ländern im Laufe der Zeit immer gleichartiger bzw. verbundener und wachsen so länderübergreifend zusammen (vgl. *Wrona*, 1999, S. 123).

Globale Branchen sind dadurch gekennzeichnet, dass die Wettbewerbsposition eines Unternehmens innerhalb eines Landes erheblich von dessen Stellung in anderen Ländern beeinflusst wird (vgl. *Porter*, 1989, S. 20).

Treiber	Änderungen
Markt	▪ Annäherung des Pro-Kopf-Einkommens unter den Industriestaaten ▪ Konvergenz der Lebensstile und der Geschmäcker ▪ Zunehmender Tourismus schafft globale Konsumenten ▪ Globale Organisationen beginnen, sich wie globale Kunden zu verhalten ▪ Zunahme globaler und regionaler Märkte ▪ Schaffung von Weltmarken, z. B. Coca-Cola, Microsoft ▪ Entwicklung von globaler Werbung ▪ Ausbreitung weltweiter Medienunternehmen, z. B. CNN, Netflix
Kosten	▪ Streben nach Economies of Scale ▪ Beschleunigung von Technologieinnovationen ▪ Verbesserung der Transportsysteme ▪ Auftreten aufstrebender Industriestaaten mit geringen Löhnen ▪ Ansteigen der Entwicklungskosten bei sich verkürzenden Produktlebenszyklen
Regierungen	▪ Abbau von Handelshemmnissen ▪ Abbau von nicht-tarifären Beschränkungen ▪ Wirtschaftliche Zusammenschlüsse von Ländern ▪ Privatisierung staatlicher Industrien ▪ Öffnung ehemaliger Planwirtschaften ▪ Wachsende Teilnahme der BRICS-Staaten an der Weltwirtschaft
Wettbewerb	▪ Stetige Zunahme des Welthandels ▪ Zunahme der Unternehmen in ausländischem Besitz ▪ Aufkommen neuer Wettbewerber als globale Konkurrenten, z. B. aus Japan (1970er), Korea (1980er), Taiwan (1990er), China (2000er), Indien und Russland (2010er) ▪ Aufkommen von „born global"-Firmen, z. B. Facebook ▪ Zunahme globaler Netzwerke führt zur Interdependenz bestimmter Branchen in verschiedenen Ländern (z. B. Elektronikbranche) ▪ Bildung internationaler strategischer Allianzen
Andere	▪ Revolution der digitalen Informations- und Kommunikationstechnologien ▪ Globalisierung der Finanzmärkte ▪ Intensivierung des Geschäftsreiseverkehrs

Abb. 8.5.2: Änderungen der Globalisierungstreiber (vgl. Yip, 1996, S. 27 ff.; 2003, S. 11 f.)

Das **Globalisierungspotenzial** einer Branche bestimmt das Ausmaß der Betroffenheit eines Unternehmens von der Globalisierung (vgl. *Wrona*, 1999, S. 124). Die Globalisierung von Branchen wird maßgeblich von folgenden Faktoren getrieben: Markt, Kosten, Regierungen und Wettbewerb. Diese Globalisierungstreiber unterscheiden sich zwischen den Branchen, weshalb manche ein höheres Potenzial zur Globalisierung haben (vgl. *Yip*, 2003, S. 9 f.). Abb. 8.5.2 zeigt Veränderungen der einzelnen Globalisierungstreiber, welche insgesamt das Globalisierungspotenzial einer Branche und damit den Internationalisierungsdruck eines Unternehmens erhöhen.

Diese **Globalisierungstreiber** bedingen, wie in Abb. 8.5.3 dargestellt, das Globalisierungspotenzial von Branchen und determinieren dadurch auch die Notwendigkeit einer Globalisierungsstrategie (vgl. *Porter*, 1989, S. 21). Die Markttreiber der Branche sind vom Kundenverhalten, von der Struktur der Absatzkanäle und dem Marketing abhängig. Die Kostentreiber hängen vom jeweiligen Geschäft ab. Die Regierungstreiber werden von den politischen Rahmenbedingungen der einzelnen Länder determiniert, während die Wettbewerbstreiber wiederum von den Aktivitäten der Wettbewerber bestimmt werden. Ein Beispiel einer globalen Branche ist der Maschinenbau, welcher sich im Jahr 2020 zu 36 % auf China, zu 30 % auf Europa ohne

Abb. 8.5.3: Globalisierungspotenzial von Branchen

Deutschland, zu 17 % auf Asien ohne China, zu 14 % auf Nordamerika und zu 10 % auf Deutschland verteilte (vgl. vdma). Maschinenbauer unterliegen globalem Wettbewerb und sind daher gezwungen, global zu agieren.

Insgesamt lässt sich ableiten, dass immer mehr globale Branchen entstehen. Dabei kann die Globalisierung auf Unternehmen in unterschiedlicher Weise und Intensität einwirken. Auf diese Weise sind manche Unternehmen stärker als andere von der Globalisierung betroffen.

Globalisierungsauswirkungen für die Unternehmen sind (vgl. *Porter*, 1989, S. 21; *Wrona/Schell*, 2005, S. 329 ff.):

- **Standardisierung**
  - von Vorleistungen auf globalen Märkten
  - des Absatzes, wodurch sowohl im Industrie- als auch im Konsumgüterbereich eine Homogenisierung der Kundenbedürfnisse stattfindet
  - von Verträgen, Handelsklauseln und -normen
  - von Technologien
  - der Bestellung und Abberufung von Führungsorganen, wie etwa der Mitglieder des Board of Directors
- **Kostendruck** aufgrund intensiveren internationalen Wettbewerbs und homogenerer Produkte in globalen Massenmärkten. Dies erfordert Skaleneffekte durch große Stückzahlen in Produktion und Beschaffung. Zudem lassen sich die Standortkosten durch Produktionsverlagerungen oder Outsourcing senken.
- **Differenzierungsdruck:** Soll dem Kostendruck, der häufig zu Preiswettbewerb führt, entgangen werden, so verschärft sich auch der Differenzierungswettbewerb. Er resultiert aus der Erosion von Handelsbarrieren und der Vergrößerung des Marktes. Der Wettbewerb betrifft zunehmend auch Innovationen, Technologien und Qualität.
- **Innovationsdruck**: Differenzierungsdruck bewirkt in vielen technologiegetriebenen Branchen einen Innovationsdruck. Insbesondere in Ländern mit hohen Faktorkosten erfolgt dies als Ausweg aus dem Kostendruck häufig über Innovationen. Da Innovationen mit hohem F&E-Aufwand verbunden sind, müssen diese wiederum über möglichst hohe Stückzahlen amortisiert werden. Hierzu ist es meist nicht ausreichend, nur den Heimatmarkt zu beliefern.
- **Technologielebenszyklen:** In Branchen mit kurzen bzw. sich verkürzenden technologischen Lebenszyklen ist analog zum Innovationsdruck ein geografisch größerer Absatzmarkt anzustreben, um die kürzere Nutzungszeit schnell alternder Technologien auszugleichen.
- **Wettbewerbsdruck:** Befindet sich ein Unternehmen in einer globalen Branche mit internationalen Wettbewerbern, dann muss es ebenfalls in verschiedenen Ländern tätig werden, um ausreichende Skalenvorteile erzielen zu können.

Um die zunehmende Globalisierung von Branchen und ihre Wirkungen auf die Unternehmen besser zu verstehen, werden im Folgenden unterschiedliche Erklärungsansätze der Internationalisierung betrachtet.

8.5.2 Theorien der Internationalisierung

Internationale Unternehmenstätigkeit kann durch eine Vielzahl von Theorien erklärt werden, wobei einige natürliche Gründe, andere den Prozess, die Geschwindigkeit oder die Orte der Internationalisierung betreffen. Diese Theorien sind daher Partialansätze, welche gemeinsam die Internationalisierung von Unternehmen begründen.

Klassische Außenhandelstheorie

Die klassische Außenhandelstheorie erklärt den internationalen Handel volkswirtschaftlich. Internationalisierung erfolgt danach nicht durch Staaten, sondern durch die dort tätigen Unternehmen.

Ein **natürlicher Grund** für internationalen Handel besteht, wenn ein bestimmtes Gut im eigenen Land nicht existiert oder die für dessen Produktion erforderlichen Produktionsfaktoren nicht verfügbar sind. Solche Produktionsfaktoren sind etwa natürliche Ressourcen, Arbeit, Wissen oder Kapital. Eine wesentliche Rolle spielen dabei die weltweite Verteilung der Rohstoffe bzw. Energieträger oder die klimatischen Bedingungen. Deutschland verfügt beispielsweise nicht über Goldminen und auch Kiwis können dort nicht reifen.

Fehlen bestimmte Güter in einem Land, so kann der Gütermangel leicht durch Verzicht auf nicht verfügbare und entbehrliche Güter behoben werden. Ebenso kann ein Produkt ersetzt werden, indem es z. B. synthetisch hergestellt wird. Am einfachsten ist es jedoch, das benötigte Gut zu importieren. Im Gegenzug sind inländische Güter zu exportieren, um die Handelsbilanz auszugleichen. Ein Handelsbilanzüberschuss würde sonst bei den Handelspartnern ein abwehrendes Verhalten wie etwa Protektionismus provozieren. Daher kann auch eine Überversorgung mit Rohstoffen oder anderen Faktoren einen Grund für internationalen Handel darstellen. Das **Überangebot** in einem Land führt dann nach der **„Vent-for-surplus"-Theorie** (Ventil für Überschüsse) zum Absatz der überzähligen

Güter im Ausland. Ein Beispiel dafür sind die Agrarüberschüsse der Europäischen Union, wie etwa Getreide, Rindfleisch und Butter, welche zu subventionierten Dumpingpreisen exportiert werden. Unternehmen produzieren in einem solchen Fall über die Nachfrage im eigenen Land hinaus und benötigen den Weltmarkt als Ventil für ihre Überschussproduktion. Auf diese Weise können Kapazitäten ausgelastet und Kostendegressionen erreicht werden.

Auch wenn bestimmte Güter in einem Land vorhanden sind, können **kostenbedingte Motive** für den Import sprechen. Kosten- und Preisvorteile machen die Güter ausländischer Anbieter attraktiv. Bestimmte Produkte können im Ausland günstiger produziert werden als im Inland. Umgekehrt bieten Kostenvorteile im Inland bei anderen Produkten einen Anreiz für ausländische Nachfrage.

Kostenunterschiede ergeben sich hinsichtlich der Quantität und Qualität der verfügbaren **Produktionsfaktoren:**

- **Umwelt/Boden:** In welchem Ausmaß und in welcher Qualität stehen Bodenschätze, Rohstoffe und Energiequellen zur Verfügung? Welche Klimabedingungen herrschen vor, von welcher Qualität sind die Böden?
- **Arbeitskraft/Wissen:** Welches Arbeitskräftepotenzial und welche Leistungsbereitschaft sind vorhanden? Auf welche Weise kommen digitale Informations- und Kommunikationstechnologien zur Anwendung?
- **Kapitalausstattung:** Wie ist der technische Stand der Produktionsanlagen? Welche Investitionsbedingungen sind in einem Land gegeben?

Die Vorteilhaftigkeit des internationalen Handels liegt üblicherweise in **absoluten Kostenvorteilen** (vgl. Kap. 1.2.2). Diese Begründung geht auf *Adam Smith* zurück. Mit seinem Werk „Der Wohlstand der Nationen" (1776) untersuchte er die Vor- und Nachteile des **Marktmechanismus** und entdeckte, wie aus individuellem Eigennutz volkswirtschaftlicher Nutzen entstehen kann. So geht er dabei auch auf die Produktionsfaktoren und die Vorteilhaftigkeit der Arbeitsteilung und Spezialisierung ein, aus denen absolute Kostenvorteile entstehen können. Diese können aus den Faktorkosten resultieren, etwa für Arbeitskräfte oder knappe Ressourcen. Kostenvorteile können auch aufgrund günstiger Produktionsbedingungen entstehen, wie etwa für das Wachstum von Kiwis in Neuseeland. Gewinne aus absoluten Kostenvorteilen werden bis heute als **Smith-Renten** bezeichnet. Er zeigte, dass sowohl der Außenhandel als auch die weltweite Aufteilung der Arbeit für alle Beteiligten vorteilhaft sind. Dabei soll jeder Akteur diejenigen Güter produzieren, die er billiger herstellen kann als andere. Diese kostengünstig hergestellten Güter können dann gegen die Güter anderer Unternehmen und Länder gehandelt werden. Die Vorteile bestehen vor allem in der Spezialisierung eines Akteurs auf die Produktion bestimmter Güter und dem daraus resultierenden Handel. Dadurch können die vorhandenen Arbeitskräfte produktiver eingesetzt werden. Würde jedes Land alle Güter selbst produzieren, müssten die Arbeitskräfte eine Vielzahl von Gütern herstellen und es könnte für kein Gut ein Kostenvorteil erwirtschaftet werden. Internationale Arbeitsteilung ermöglicht demnach eine Steigerung der Produktivität. Der Wohlstand eines Landes oder analog eines Unternehmens erreicht dann den höchsten Stand, wenn die absoluten Kostenvorteile genutzt werden. Dazu ist die Produktion auf jene Güter zu spezialisieren, die am kostengünstigsten hergestellt werden können.

Mit der Theorie der absoluten Kostenvorteile lässt sich jedoch nicht erklären, weshalb auch Güter exportiert werden, die nicht über solche Vorteile verfügen. Hierfür hat *David Ricardo* das Theorem der **komparativen Kostenvorteile** formuliert (vgl. 1817, S. 58 ff.). Bei **Ricardo-Renten** kommt es nicht auf die absolut günstigste Kostenposition an, sondern lediglich darauf, dass ein Akteur bestimmte Produkte relativ günstiger herstellen kann. Der Vorteil bezieht sich damit auf die Produktivitätsunterschiede (vgl. Kap 1.2.2).

Als Weiterentwicklung erklärt das **Faktor-Proportionen-Theorem** nach *Eli Heckscher* und *Bertil Ohlin* den Einfluss der Faktorausstattung eines Landes auf die komparativen Kostenvorteile (vgl. *Ohlin*, 1933, S. 126 ff.). Es beschäftigt sich mit dem Ausmaß, in dem Produktionsfaktoren in verschiedenen Ländern verfügbar sind und zur Produktion eingesetzt werden können. Länder exportieren solche Güter, für deren Produktion die erforderlichen Faktoren im Vergleich zu anderen Ländern relativ reichlich vorhanden sind. Demnach wird ein Land etwa kapitalintensivere Produkte exportieren, wenn dort viel Kapital verfügbar ist. Dagegen sind arbeitsintensive Produkte bei reichlich vorhandenen Arbeitskräften vorteilhaft.

Monopolistische Vorteilstheorie

Eine weitere Erklärung der Internationalisierung liefert die Theorie der monopolistischen Vorteile von *Stephen Hymer* und *Charles Kindleberger*. Die Theorie basiert auf Marktunvollkommenheiten auf Faktor- und/oder Gütermärkten durch interne und externe Größenvorteile sowie durch Markteintrittsbarrieren und staatliche Hemmnisse (vgl. *Kindleberger*, 1969, S. 13 f.).

Diese zeigen sich in folgenden **Hindernissen** (Barriers to International Operations), die sich internationalen Unternehmen in den Weg stellen:

- **Informationsbarrieren** können bestehen, wenn die nationalen Unternehmen bessere Informationen über die Wirtschaft, das Rechtssystem, die Sprache sowie die Politik im jeweiligen Land besitzen. Solche Informationen sind für ausländische Unternehmen häufig schwer zu erhalten und deren Erwerb ist mit Transaktions- und Informationskosten verbunden.
- **Handelsbarrieren** sind eine politisch motivierte Diskriminierung ausländischer Unternehmen aufgrund nationaler Interessen. Dies kann die Bevorzugung nationaler Unternehmen sowie inländischer Kunden und Zulieferer sein. Beispiele sind bürokratische Verfahren, Zulassungsbestimmungen, Zölle oder Ausschlussregelungen.
- **Wechselkursrisiken** aufgrund von Währungsschwankungen, welche für nationale Unternehmen entfallen.

Internationalisierung und insbesondere Direktinvestitionen im Ausland erfolgen demnach dann, wenn die **monopolistischen Vorteile** eines internationalen Unternehmens diese Barrieren übertreffen. Solche Vorteile stammen aus drei **Bereichen** (vgl. *Hymer*, 1960, S. 3 ff.):

- **Beseitigung des Wettbewerbs:** Die Akquisition ausländischer Unternehmen ermöglicht es, diese als Konkurrenten aus anderen Ländern „auszuschalten". Voraussetzung dafür sind Wettbewerb zwischen den Unternehmen und hohe Markteintrittsbarrieren. Die Kontrolle ausländischer Unternehmen reduziert dann den Wettbewerb und kann zu monopolistischen Vorteilen führen.
- **Spezifische Kompetenzen** können Unternehmen dazu bewegen, ihre Vorteile aus kompetenzbasierten Strategien (vgl. Kap. 3.2.4) nicht nur im Inland, sondern auch auf ausländischen Märkten zu nutzen. Ebenso ermöglicht die Kontrolle eines ausländischen Unternehmens mit Kompetenzvorteilen die Nutzung eines monopolistischen Vorteils im Inland. Solche Vorteile können etwa günstigere Einkaufsmöglichkeiten von Produktionsfaktoren, Wissensvorsprünge, effizientere Prozesse, bessere Distributionskanäle oder überlegene Produkte sein.
- **Diversifikation:** Die Aktivität in verschiedenen Ländern kann das Risiko eines Unternehmens senken. Ein Beispiel hierfür wäre eine internationale Beschaffung, welche Wechselkursrisiken aus unterschiedlichen Beschaffungswährungen reduzieren kann.

Diesen monopolistischen Vorteilen stehen neben den Markteintrittsbarrieren auch Anpassungskosten gegenüber. Diese resultieren aus den unternehmensspezifischen Anpassungen an die Erfordernisse des fremden Landes, etwa der Technologien, Produkte oder Prozesse.

Standorttheorien

Die Standorttheorie befasst sich mit länderspezifischen Faktoren, welche erklären, in welchen Ländern und Standorten ein Unternehmen international aktiv wird. Die geografische Dimension der Internationalisierung ist dabei unabhängig davon, ob es um die Internationalisierung der Beschaffung bzw. Importe, der Wertschöpfung oder des Absatzes geht. Die Standortwahl hängt sowohl von unternehmensinternen als auch länderspezifischen Faktoren ab, welche aus der globalen Umwelt (vgl. Kap. 3.2.1) und der Wettbewerbsumwelt stammen können. Abb. 8.5.4 führt exemplarisch einige wesentliche Standortfaktoren auf.

Ein Unternehmen kann die relevanten Standortfaktoren branchenspezifisch auswählen und aufgrund seiner Internationalisierungsmotive gewichten. Eine unternehmensspezifische Bewertung ist dann für jede Internationalisierungsentscheidung vorzunehmen. Bei der Wahl des Standorts werden auch die Erfahrung aus internationaler Geschäftstätigkeit sowie geografische, kulturelle und psychologische Unterschiede berücksichtigt. Schwierig sind die Informationsbeschaffung, die Auswahl und Bewertung der relevanten Standortfaktoren sowie deren Gewichtung. Empirische Untersuchungen zeigen allerdings, dass absatzmarktbezogene Standortfaktoren bei Internationalisierungsentscheidungen eine dominante Rolle spielen (vgl. *Pausenberger*, 1994, S. 48 ff.; S. 67 f.).

Umwelten	Standortfaktoren
Globale Umwelt	▪ Natürliche bzw. ökologische Faktoren, z. B. Klima, Meereszugang ▪ Politik, z. B. Stabilität, Enteignungsgefahr ▪ Recht, z. B. Rechtssicherheit, Auflagen ▪ Staatliche Faktoren, z. B. Investitionsanreize, Subventionen ▪ Steuerliche Faktoren, z. B. Steuersätze, Steuergerechtigkeit ▪ Makroökonomische Faktoren, z. B. Inflation, Konjunktur ▪ Technologie, z. B. technologischer Entwicklungsstand ▪ Demographie, z. B. Altersstruktur der Bevölkerung ▪ Ausbildung, z. B. Niveau der Schul- und Hochschulausbildung ▪ Kultur, z. B. Werte ▪ Sprache, z. B. Schwierigkeit und Einheit der Sprache ▪ Religion, z. B. gesellschaftlicher Einfluss der Religion ▪ Sozio-psychologische Faktoren, z. B. Einstellung zu Arbeit, Konsum oder Familie ▪ ...
Wettbewerbs-umwelt	▪ Absatzmarkt, z. B. Marktgröße, Marktwachstum, Handelshemmnisse ▪ Produktionskosten, z. B. Lohnkosten ▪ Beschaffung, z. B. Verfügbarkeit von Rohstoffen und Know-how ▪ Branchenkonkurrenz, z. B. Zahl und Art der Konkurrenten, Existenz von Clustern ▪ ...

Abb. 8.5.4: Standortfaktoren (vgl. Peng, 2013, S. 84 ff.)

Internalisierungstheorie

Mit Hilfe der Transaktionskostentheorie (vgl. Kap. 1.2.3) lässt sich erklären, auf welche Weise eine Internationalisierung am besten umgesetzt wird. **Transaktionskosten** entstehen bei der Übertragung von Verfügungsrechten auf Märkten. Dies sind Kosten der Information und Kommunikation zur Anbahnung, Vereinbarung, Abwicklung, Kontrolle und Anpassung von Transaktionen. Diese Kosten unterscheiden sich je nach Aufgabe und Form der Institution. Sie werden maßgeblich durch die Spezifität, etwa von Standorten, Sach- oder Humankapital, geprägt. Für spezifische Transaktionen ist eine Abwicklung über kurzfristige Marktbeziehungen aufwendig. Solche Austauschbeziehungen sind daher stärker unternehmensintern durchzuführen bzw. hierarchisch zu gestalten. Dies gilt ebenso für sich schnell ändernde Bedingungen, welche hohen Koordinationsbedarf mit sich bringen. Zuletzt ist auch die Häufigkeit von Transaktionen wesentlich. Aus Sicht der Transaktionskostentheorie hängt die geeignete Koordinationsform vom Zusammenspiel der oben genannten Einflussgrößen auf die Transaktionskosten ab (vgl. *Picot* et al., 2020, S. 53).

In Bezug auf die Internationalisierung von Unternehmen können grenzüberschreitende Transaktionen unterschiedlich erfolgen. Das Spektrum reicht von Markttransaktionen in Form von Export über fremde Distributionsorgane und Lizenzvergabe bis hin zu Direktinvestitionen (vgl. ausführlich Kap. 8.5.3). Für jeden Transaktionstyp ist die passende Koordinationsform zu finden.

Internationale Aktivitäten verursachen höhere Transaktionskosten. Ursachen sind die Unvollkommenheit von Märkten und die hohe Spezifität, z. B. durch Besonderheiten der Rechtsform oder der Kultur. Bei einer externen Abwicklung über den Markt entstehen Kosten für die Suche nach geeigneten Vertragspartnern, für die Verbreitung von Informationen, Verhandlungen, Vertragsgestaltung sowie gegebenenfalls für eine gerichtliche Durchsetzung von Rechtsansprüchen. Transaktionskosten, die bei einer unternehmensinternen Abwicklung entstehen, umfassen Kosten der Koordination der Arbeitsteilung, der Motivation und Bewertung von Mitarbeitern sowie der Zerlegung eines externen in mehrere interne Märkte. Wenn die Transaktionskosten, die bei der Abwicklung über den externen Markt entstehen, höher sind als die Kosten der unternehmensinternen Abwicklung, ist die hierarchische Gestaltung vorzuziehen. Der Markt wird dann in das Unternehmen geholt und Wertschöpfungsaktivitäten werden internalisiert. Eine **Internalisierung** ausschließlich über Markttransaktionen durchzuführen ist meist nicht oder nur schwer durchführbar (vgl. *Morschett* et al., 2015, S. 223 ff.; *Peng*, 2013, S. 85 ff.). Problematisch ist die Operationalisierbarkeit der Transaktionskosten, da insbesondere der Koordinations- und Informationsbedarf grenzüberschreitender Aktivitäten schwierig abschätzbar und daher Entscheidungen meist unter hoher Unsicherheit zu treffen sind. Dies erschwert die Ableitung von Handlungsempfehlungen mit Hilfe der Internalisierungstheorie. Zudem stellen die Transaktionskosten und die Koordination von Auslandsaktivitäten nur auf den Kostenvorteil als Internationalisierungsmotiv ab, während etwa Risiko und Flexibilität unberücksichtigt bleiben.

Eklektisches Paradigma

Das eklektische Paradigma von *Dunning* (2001) verknüpft die Theorie des monopolistischen Vorteils, der Standorttheorie und der Internalisierungstheorie zu einem umfassenden Ansatz zur Erklärung internationaler Unternehmenstätigkeit. „Eklektisch" bedeutet, dass bereits vorhandene Theorien für die Erklärung eines Sachverhalts miteinander verbunden werden. Der Begriff bringt also die Verschmelzung der drei Ansätze zum Ausdruck. Die Auslandstätigkeit von Unternehmen wird demnach von bestimmten Bedingungen abhängig gemacht.

Damit eine Internationalisierung erfolgreich durchgeführt werden kann, soll ein Unternehmen über folgende drei **Vorteilskategorien** verfügen (vgl. *Dunning*, 2001, S. 176; *Holtbrügge/Welge*, 2015, S. 76):

- **Eigentumsvorteile** (Ownership Advantages) können einem Unternehmen zu einem Wettbewerbsvorteil verhelfen, wenn das Eigentum den Zugang zu besonderen Erfolgspotenzialen ermöglicht. Diese Vorteile können unabhängig von einer internationalen Tätigkeit sein, wie z. B. eine etablierte Marktposition, Monopolmacht, Patente oder Skaleneffekte. Einige Eigentumsvorteile steigen jedoch in ihrem Erfolgspotenzial, wenn die Aktivitäten international betrieben werden. Dies können etwa Risikodiversifikation, F&E-Potenzial und -kapazität oder günstige Beschaffungskonditionen sein.
- **Standortvorteile** (Location Advantages) bestehen, wenn Unternehmen gemäß der Standorttheorie ihre Tätigkeiten ins Ausland verlagern und dort die standortspezifischen Vorteile nutzen.
- **Internalisierungsvorteile** (Internalisation Advantages) ergeben sich gemäß der Internalisierungstheorie aus günstigeren Transaktionskosten durch die Internalisierung von Aktivitäten im Ausland.

Eine Übersicht der möglichen Wettbewerbsvorteile der Internationalisierung zeigt Abb. 8.5.5.

Aus diesen Vorteilen lässt sich ein Entscheidungsbaum ableiten. Demnach sollten Unternehmen, die über keinen dieser Vorteile verfügen, nicht international tätig werden. Bestehen nur Eigentumsvorteile, sind internationale Aktivitäten durch vertragliche Ressourcenübertragungen in Form von Lizenz-, Management- oder Technologieverträgen möglich. Eine Internationalisierung durch Export empfiehlt sich, wenn neben Eigentums- auch Internalisierungsvorteile bestehen. Verfügt ein Unternehmen über alle drei Vorteile, ist eine Direktinvestition im Ausland sinnvoll. Abb. 8.5.6 zeigt die Zusammenhänge und die empfohlene Marktbearbeitungsform nach dem eklektischen Ansatz (vgl. *Holtbrügge/Welge*, 2015, S. 77).

Kategorien	Internationalisierungsvorteile
Eigentum	▪ Informationsvorteile aus größerem Marktüberblick ▪ Nutzung internationaler Unterschiede in Faktorausstattungen und Märkten ▪ Risikostreuung durch Unternehmenstätigkeit in verschiedenen Währungsräumen ▪ Zugriff auf Kapazitäten der Zentrale: Management, F&E, Marketing, Finanzen ▪ Skalenerträge aus gemeinsamer Beschaffung
Standort	▪ Marktgröße, Marktwachstum, Rohstoffvorkommen, Rohstoffzugriff ▪ Faktorkosten, -qualität, -produktivität ▪ Transport- und Kommunikationskosten ▪ Importkontrollen, Steuersystem, Investitionsanreize, politische Stabilität ▪ Staatliche Eingriffe, geschützte Märkte ▪ Standortnähe, Sprache, Landeskultur, Geschäftsgepflogenheiten ▪ Infrastruktur ▪ Skalenerträge aus F&E, Produktion, Marketing
Internalisierung	▪ Vermeidung von Transaktions- und Verhandlungskosten ▪ Vermeidung von Kosten der Durchsetzung von Eigentumsrechten ▪ Keine Preisdiskriminierung ▪ Ausschöpfung von Synergien aus interdependenten Geschäftsaktivitäten ▪ Kontrolle über Zulieferungen und Beschaffungsbedingungen (einschließlich Technologien) ▪ Bessere Kontrolle von Qualitätsstandards ▪ Kontrolle über Distributionskanäle ▪ Umgehung oder Nutzbarmachung staatlicher Eingriffe (z. B. Handelskontingente, Zölle, Preiskontrollen, Steuerdifferenzen)

Abb. 8.5.5: Vorteile der Internationalisierung (vgl. Kreikebaum et al., 2002, S. 77 ff.)

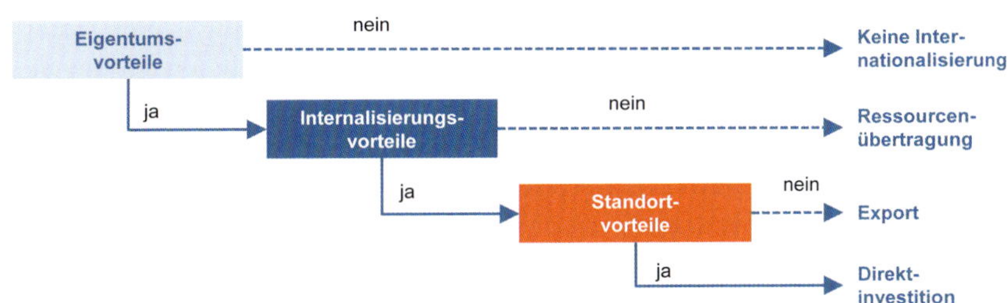

Abb. 8.5.6: Entscheidungsbaum der Internationalisierung nach der eklektischen Theorie

Der dargestellte Entscheidungsprozess ist rational und sequentiell. Bei den Schritten zur Entscheidungsfindung bestehen jedoch Beziehungen zwischen den einzelnen Vorteilen. Diese sollten in Zusammenhang gesetzt werden. So hängen beispielsweise manche Eigentumsvorteile von der Internalisierung und vom Standort ab (vgl. *Kutschker/Schmid*, 2012, S. 461). Zudem werden normative und strategische Aspekte in der Theorie nicht berücksichtigt. Dennoch wurde die Theorie durch zahlreiche empirische Untersuchungen bestätigt (vgl. *Perlitz/Schrank*, 2013, S. 128; *Welge/Holtbrügge*, 2006, S. 78).

Diamantansatz

Der Diamantansatz von *Porter* stellt weder Markteintritt oder -bearbeitung noch die Standortfaktoren im Ausland in den Vordergrund, sondern erklärt vielmehr, welche Faktoren in den Heimatländern der Unternehmen für eine erfolgreiche Internationalisierung wesentlich sind. Die Theorie basiert auf empirischen Untersuchungen in zehn Ländern und von mehr als 100 Unternehmen. Untersucht wurde die internationale Wettbewerbsfähigkeit von Unternehmen in acht Industrieländern und zwei Schwellenländern. Dabei wurde erforscht, warum in einer Branche weltweit wettbewerbsfähige Unternehmen häufig aus dem gleichen Land stammen. Die Studie bezieht sich daher auf die Branche und die Untersuchung **nationaler Vorteile**. Demnach bilden bestimmte länderspezifische Eigenschaften die Voraussetzung für den internationalen Erfolg von Unternehmen. Branchenanhäufungen (Cluster) spielen eine wichtige Rolle, damit Unternehmen günstige länderspezifische Eigenschaften in ihrem Heimatland nutzen können, um im Ausland Wettbewerbsvorteile zu erzielen. Vier Faktoren bestimmen den nationalen Vorteil und zwei werden durch das nationale Wirtschaftssystem beeinflusst.

Diese sechs **Faktoren** sind (vgl. *Kutschker/Schmid*, 2011, S. 445 ff.; *Porter*, 1991, S. 93 ff.):

- **Faktorbedingungen** kennzeichnen die Ausstattung eines Landes mit Produktionsfaktoren wie Arbeit, Boden und Kapital. Sie werden unterschieden in Grundfaktoren und fortschrittliche Faktoren. Zu den Grundfaktoren werden natürliche Ressourcen, Klima, Lage, ungelernte und angelernte Arbeitskräfte sowie Fremdkapital gerechnet. Sie können relativ einfach erworben werden und verlieren deshalb zur Erzielung nationaler Vorteile zunehmend an Bedeutung. Ein Überfluss an Grundfaktoren lässt deren Einfluss sinken und verleitet zum Ausruhen auf solchen Vorteilen. Dieser fehlende Druck kann schließlich dazu führen, dass Unternehmen moderne Technologien nicht anwenden. Ein Beispiel für Vorteile aus Grundfaktoren ist die Industrie in den arabischen Ländern, welche vor allem auf den Ressourcen Öl und Gas basiert. Neben den Grundfaktoren sind auch die sog. fortschrittlichen Faktoren eine Quelle für betriebliche Wettbewerbsvorteile. Zu diesen zählen Infrastruktur, hoch qualifizierte Arbeitskräfte sowie Forschungsinstitute. Ihre Entwicklung erfordert langfristige Investitionen in Human- und Sachkapital, welche sich auf dem Weltmarkt nur schwer beschaffen lassen. Sie sind für die Entwicklung innovativer Produkte und Prozesse erforderlich. Aus ihnen folgen häufig außergewöhnlich fortschrittliche Faktoren. Eine unterdurchschnittliche Grundfaktorausstattung eines Landes kann somit durch Innovationen kompensiert werden, wie dies z. B. in Deutschland oder Japan der Fall ist.
- **Nachfragebedingungen** im Inland können in Bezug auf Größe und Qualität einer Branche zu Vorteilen führen. Insbesondere die Qualitätsanforderungen im Inland sind entscheidend, da anspruchsvolle und schwierige Käufer einheimische Unternehmen unter Druck setzen und zu Verbesserungen und Innovationen drängen. Wettbewerbsvorteile von Unternehmen eines Landes entstehen, wenn einheimische Käufer zu den weltweit anspruchsvollsten Nachfragern zählen und Unternehmen dadurch schneller Innovationen hervorbringen als ausländische Konkurrenten. Somit können Kundenbedürfnisse in anderen Ländern vorweggenommen bzw. auf diese früher oder besser als die ausländische Konkurrenz reagiert werden.
- **Verwandte und unterstützende Branchen:** Zulieferer in einem Land können entscheidend zum Vorteil einer Branche beitragen, wenn diese selbst international wettbewerbsfähig sind. Einheimische Zulieferer können nachgelagerten Branchen zu Vorteilen verhelfen, indem sie einen schnellen, frühen, wirksamen oder privilegierten Zugang zu Produktionsmitteln verschaffen. Zudem können Verbesserungen und Innovationen von Zulieferern eine Branche stärken. Neben den Zulieferern sind auch verwandte Branchen von Bedeutung. Deren Unternehmen erbringen vergleichbare Aktivitäten entlang der Wertschöpfungskette, stellen ergänzende Produkte her oder sind mögliche Kooperationspartner in bestimmten Funktionalbereichen. Mit Unternehmen aus verwandten Branchen lassen sich auch Informationen austauschen, etwa über technologische Entwicklungen oder Kundenerwartungen. Dies gilt besonders, wenn eine geringe

geografische und kulturelle Distanz besteht. Im Zusammenwirken mit Unternehmen aus verwandten Branchen können neue Geschäftsmöglichkeiten entstehen. Zudem lässt sich die internationale Wettbewerbsfähigkeit durch komplementäre Produkte oder Dienstleistungen erhöhen. Die Vorteile aus der Existenz einheimischer Zulieferer und verwandter Branchen sind allerdings nur dann wirksam, wenn sie durch andere Bestimmungsfaktoren begünstigt werden. Bei fehlendem Zugang zu wichtigen Faktoren oder einer anspruchslosen Inlandsnachfrage liefert etwa die Existenz einheimischer Zulieferer keinen wesentlichen Vorteil.

- **Strategie, Struktur und Wettbewerb:** Der vierte Bestimmungsfaktor nationaler Wettbewerbsvorteile beruht auf der Unternehmensführung inländischer Unternehmen sowie deren Konkurrenz untereinander. Es existieren länderspezifische Unterschiede hinsichtlich der normativen Gestaltung, Strategie und Organisation der Unternehmen. Dies wirkt sich auf deren Führungs- und Entscheidungsverhalten aus. Beispielsweise beeinflussen Besitzstrukturen, Kapitalmarktbedingungen, die Art der Unternehmenskontrolle oder die Motivation von Arbeitgebern und Arbeitnehmern die Branchenbedingungen. Nationale Wettbewerbsvorteile entstehen in den Branchen eines Landes, die besonders hohes Engagement und starken Einsatz der Unternehmen erfordern. Dies wird maßgeblich auch durch die Intensität des Inlandswettbewerbs bestimmt. Dieser treibt Unternehmen einer Branche gegenseitig an und führt zu Verbesserungen und Innovationen. Führt der heimische Wettbewerb zum Wachstum des Inlandsmarktes, dann treibt dies auch die Internationalisierung der Unternehmen voran.
- Der **Staat** beeinflusst die ersten vier Bestimmungsfaktoren in unterschiedlicher Weise, etwa durch Subventionen oder gesetzliche Vorgaben. Tritt der Staat selbst als Käufer auf, kann er Branchen direkt helfen oder schaden. Die Strategien von Unternehmen werden vom Staat z. B. durch die Gesetzgebung sowie Steuer-, Kartell- und Kapitalmarktbestimmungen beeinflusst.
- Der **Zufall** in Form von Entdeckungen, technologischen Durchbrüchen, politischen Entscheidungen ausländischer Regierungen oder Naturereignissen kann die Wettbewerbsposition einer Branche ebenfalls verändern. Zufallsereignisse hängen weder von den Eigenschaften eines Landes ab, noch liegen sie im Einflussbereich der Unternehmen. Ihr Eintreten kann die anderen Bestimmungsfaktoren verändern und dadurch die Unternehmen zur Innovation zwingen, welche zu Wettbewerbsvorteilen führen kann. Einem Land, welches vor dem Eintreten eines Zufallsereignisses über günstige Bestimmungsfaktoren verfügt, gelingt es meist am ehesten, daraus neue Vorteile zu erzielen. So führte etwa die Corona-Krise 2020/21 zu einem weltweiten Zuwachs von Heimarbeit und Videokonferenzen, wovon Anbieter wie z. B. das US-Softwareunternehmen *Zoom Video Communications* profitieren konnten.

Diese Bestimmungsfaktoren werden von *Porter* als ein sich wechselseitig verstärkendes System in Form eines Diamanten veranschaulicht (vgl. Abb. 8.5.7). Die Wirkung eines Bestimmungsfaktors hängt dabei vom Zustand der anderen Faktoren ab. Vorteile aufgrund eines Faktors können andere Bestimmungsfaktoren verstärken. Wettbewerbsvorteile ergeben sich so aus dem **Zusammenspiel der Bestimmungsfaktoren** und sind für ausländische Unternehmen nur schwer imitierbar. Unternehmen einer

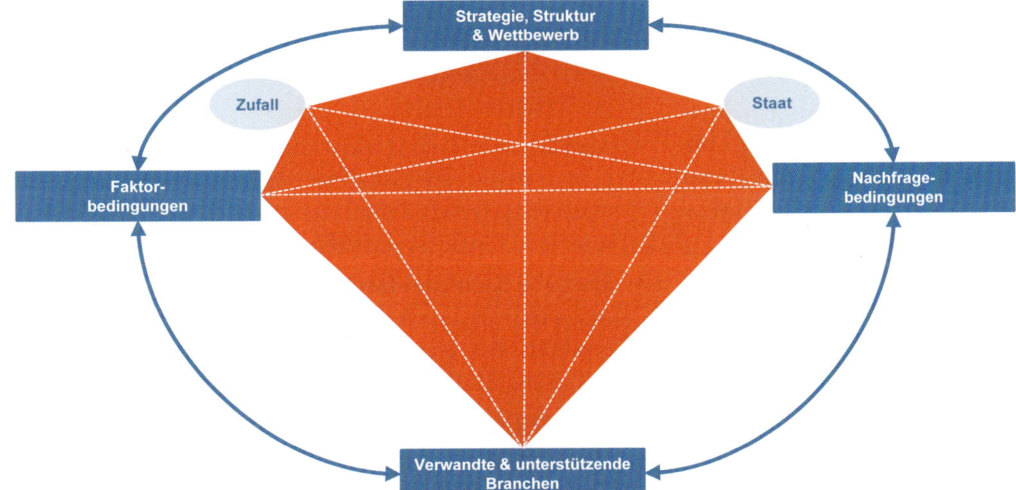

Abb. 8.5.7: Diamantansatz
(vgl. Porter, 1991, S. 151)

Branche können international erfolgreich sein, wenn der nationale Diamant vorteilhaft ausgeprägt ist (vgl. *Porter*, 1991, S. 93 ff.). Die wechselseitigen Beziehungen zwischen den vier Bestimmungsfaktoren bestimmen den Diamanten. Die Mehrdeutigkeit der Beziehungen, die Komplexität der Interaktionen und die wechselseitigen Abhängigkeiten erlauben ein vertieftes Verständnis der Internationalisierung, machen jedoch eine klare Vorhersage schwierig.

Der **Diamantansatz** hebt die Bedeutung des Heimatlands für den Erfolg der Internationalisierung von Unternehmen hervor. Es werden nicht nur einzelne Faktoren aufgezählt, sondern auch deren Bedeutung und Zusammenspiel erklärt. Wird diese Branchenbetrachtung noch mit Standortfaktoren im Gastland verknüpft, können branchenspezifische Vorteile von einzelnen Unternehmen gestärkt oder geschwächt werden.

8.5.3 Internationale Marktwahl

Aus den Theorien zur Internationalisierung lassen sich Erklärungen für deren Motive und Umsetzung ableiten. Im Folgenden wird erläutert, in welchen ausländischen Märkten das Unternehmen tätig werden soll.

Markteintritt und Zielmarktwahl

Um die Zielmärkte für eine oder mehrere Funktionen wie Vertrieb, Produktion, Beschaffung oder Forschung und Entwicklung eines Unternehmens zu bestimmen, sind die in Frage kommenden ausländischen Märkte zu identifizieren und in ihren Eigenschaften sowie ihrer Attraktivität zu beurteilen. Dies erfolgt grundsätzlich mithilfe einer strategischen Umweltanalyse (vgl. Kap. 3.2.1). Dabei werden die unmittelbaren Umwelten eines Unternehmens betrachtet, also Branchen, Märkte, Kunden und Konkurrenten. Diese können in den verschiedenen internationalen Regionen und Ländern sehr unterschiedlich ausgeprägt sein. Insbesondere die Faktoren der **globalen Umwelt** können die Spezifika eines Ländermarktes gut erklären. Aufbauend darauf kann mit Hilfe der Branchenanalyse die Attraktivität und Dynamik analysiert werden.

Dabei lassen sich die **Wettbewerbsstrukturen** und deren Veränderungen anhand der **fünf Wettbewerbskräfte** untersuchen (vgl. *Porter*, 1999, S. 28 ff.):

- **Verhandlungsstärke der Lieferanten:** Je intensiver die Verhandlungsstärke der Lieferanten, desto geringer ist die Gewinnspanne der Unternehmen. Die Lieferantenmacht ist auf dem Beschaffungsmarkt abhängig von der Konzentration der Lieferanten und den Substitutionsmöglichkeiten der gelieferten Güter.
- **Verhandlungsstärke der Kunden:** Die Verhandlungsstärke und damit die Machtposition der Kunden ist besonders hoch, wenn Konzentration und Substitutionsmöglichkeiten zugunsten der Kunden ausgeprägt sind.
- **Gefahr durch Substitutionsgüter** bezeichnet die Bedrohung, dass die Produkte einer Branche durch Güter anderer Branchen ersetzt werden können. Die Gefahr durch Substitutionsprodukte ist umso höher, je stärker sich das Preis-Leistungs-Verhältnis der Produkte annähert.
- **Bedrohung durch neue Konkurrenten:** Neben den vorhandenen Wettbewerbern einer Branche können auch neue Anbieter in den Markt eintreten. Der Erfolg eines solchen Markteintritts ist abhängig von der Höhe der vorhandenen Eintrittsbarrieren. Die Attraktivität der Branche steigt durch hohe Eintrittsbarrieren und einen leichten Branchenausstieg. Eintrittsbarrieren sind abhängig von den Skaleneffekten, dem Kapitalbedarf, den Umstellungskosten, der Markenidentität, Distributionszugängen, vertraglichen Bindungen und von staatlichen Restriktionen.
- **Rivalität** unter den bestehenden Wettbewerbern senkt die Attraktivität innerhalb einer Branche. Sie resultiert aus den anderen vier Wettbewerbskräften und ist in ihrem Ausmaß abhängig von Kapazitätsauslastung, Differenzierungsgrad, Umstellungskosten, Austrittsbarrieren und Branchenkultur.

Erweitert wird die Bewertung der Branchenstrukturen um die Analyse der Märkte innerhalb eines Landes (vgl. Kap. 3.3.1). Darin werden folgende **Marktmerkmale** untersucht:

- **Marktgröße:** Das Marktvolumen als Summe der auf einem Markt realisierten Absatzmengen oder Umsätze sowie das Marktpotenzial als Obergrenze der Gesamtnachfrage.
- **Marktdynamik** wird meist durch das Marktwachstum gemessen, das die Zunahme der Marktgröße innerhalb eines festgelegten Zeitraums sowie konjunkturelle und saisonale Einflüsse darstellt.
- **Spezielle Kundenanforderungen** spiegeln die besonderen Anforderungen der Kunden hinsichtlich Produktqualität oder Service, spezifische Vertriebswege oder politische Einflüsse wider.
- **Angestrebte Marktposition** gibt den absoluten oder relativen Marktanteil an, der nach einer definierten Zeit nach Markteintritt erzielt werden soll.

Aus den Analysen der Märkte können die Attraktivität sowie die Chancen und Gefahren für das Unternehmen ermittelt und daraus die Entscheidung über die auszuwählenden Zielmärkte getroffen werden.

Länderrisiken

Über die generelle Marktwahl hinaus sind im internationalen Kontext die Länderrisiken zu berücksichtigen. Sie umfassen alle Faktoren, die in der Zusammenarbeit mit einem ausländischen Unternehmen nicht beeinflussbar sind. Die Auslandsrisiken wirken sich auf die Art und Intensität der Internationalisierungsform aus. Länderrisiken betreffen nicht das unternehmensspezifische Kreditrisiko eines ausländischen Handelspartners, sondern die allgemeine wirtschaftliche und politische Situation des Staates, in dem dieser seinen Sitz hat.

> **Länderrisiken** ergeben sich aus der politischen und ökonomischen Situation eines Staates und beeinflussen die Geschäftsbeziehungen mit dort ansässigen Unternehmen.

Die Länderrisiken unterteilen sich, wie in Abb. 8.5.8 dargestellt, in **politische und ökonomische Risiken** (vgl. *Büter*, 2010, S. 118 ff.).

Die Veränderung der **Wechselkurse** ist eines der Risiken internationaler Aktivitäten, welche die Wettbewerbsposition der Länder beeinflussen. Zeitweilige und insbesondere dauerhafte Veränderungen der Währungsverhältnisse bergen erhebliche Gefahren für die Profitabilität internationaler Geschäfte. Interventionen und Kapitalverkehrsbeschränkungen in verschiedenen Ländern sind deshalb häufig die Folge. Abb. 8.5.9 veranschaulicht die effektive Wechselkursentwicklung wichtiger Währungen und zeigt die Volatilitäten in den Wechselkursbeziehungen im Vergleich zum Euro.

Die Bedeutung der Wechselkursrisiken lässt sich exemplarisch anhand des Im- und Exports von Kraftfahrzeugen zeigen. Bei der Einfuhr von Autos aus den USA führt die Abwertung des Euro dazu, dass amerikanische Autos für deutsche Kunden teurer werden. Wird dieser Preiseffekt an die Käufer weitergegeben, sinkt die Nachfrage nach amerikanischen Autos und die deutschen Importe gehen zurück. Gleichzeitig wird es für europäische Hersteller einfacher, ihre Fahrzeuge in den USA zu verkaufen, sodass die Exporte steigen. Daraus wird deutlich, wie Wechselkursentwicklungen die internationale Arbeitsteilung beeinflussen können.

Die **Länderrisikoanalyse** ermöglicht eine systematische Untersuchung vorhersehbarer Zukunftsentwicklungen, um das Risiko bestimmter Länder im Sinne eines Früherkennungssystems beurteilen zu können. Dadurch sollen Ausfallwahrscheinlichkeiten von Auslandsinvestitionen und Krediten an ausländische Schuldner transparent werden. Um die Bonitätsrisiken auf Staatsebene zu bestimmen, werden risikorelevante und staatspezifische Kriterien beurteilt. Diese risikoverursachenden Maßgrößen sollen auf Basis angenommener Ursache-Wirkungs-Beziehungen eine Prognose des zu erwartenden Risikos erlauben (vgl. Abb. 8.5.10).

Die aufgeführten Kriterien münden in ein **Länder-Rating**, in dem die Länder nach ihrer relativen Kreditwürdigkeit aufgeführt sind. Dies wird von internationalen Ratingagenturen und Kreditinstituten, Exportkreditversicherern sowie spezialisierten Dienstleistern vorgenommen. Besonders etabliert sind die globalen Indizes *BERI (Business Environment Risk Index)* und *Peren-Clement*. Der BERI-

Risiken	Risikofaktoren
Politisch	▪ Politische Risiken im engeren Sinne, z. B. Diktatur, Unruhen, Krieg, Boykott ▪ Konvertierungs- und Transferrisiken, sog. KT-Risiken ▪ Risiko des Zahlungsverbots und Moratoriums, sog. ZM-Risiken ▪ Enteignungsrisiken, sog. CEN-Risiken: Confiscation, Expropriation, Nationalization ▪ Dispositionsrisiken, z. B. Auflagen und Gesetze zur Begrenzung der Handlungs- und Verfügungsfreiheit ▪ Wechselkursrisiken, z. B. Transaktionsrisiko, bilanzielles und ökonomisches Risiko ▪ Inflationsrisiken ▪ Substitutionsrisiko, z. B. Maßnahmen, um Direktinvestitionen zu erzwingen ▪ Fiskalische Risiken, z. B. Entzug von Steuerbegünstigungen ▪ Rechtsrisiken ▪ Sicherheitsrisiken, z. B. Bedrohung von Leben, Gesundheit oder Freiheit
Ökonomisch	▪ Sozioökonomische Marktrisiken, z. B. fehlerhafte Einschätzung der Nachfrageentwicklung und des Konkurrenzverhaltens ▪ Delkredererisiko, z. B. Zahlungsunwilligkeit, -unfähigkeit, -verzug ▪ Lieferrisiken, z. B. Falschlieferung, Lieferverzögerungen ▪ Transportrisiken, z. B. Beschädigung oder Verlust der Ware, Transportverzögerung ▪ Annahmerisiko, z. B. Nichtannahme von Außenhandelsdokumenten, welche die Zahlungsverpflichtung auslösen

Abb. 8.5.8: Länderrisiken (vgl. Büter, 2010, S. 73)

Abb. 8.5.9: Wechselkursentwicklungen wichtiger Währungen im Vergleich zum Euro (www.onvista.de)

Kriterien zur Länderbeurteilung	
Freiheitsgrad	▪ Begrenzungen für Auslandsinvestitionen ▪ Freiheit der Wirtschaftsordnung ▪ Zugänglichkeit des inländischen Kapitalmarkts für Ausländer ▪ Liberalität des Kapitaltransfers ▪ Auflagen für Beteiligungen ▪ Beschäftigungsangebot für ausländische Arbeitskräfte ▪ Rechtssicherheit ▪ Exportmöglichkeiten ▪ Importpolitik
Grundsätzliche Voraussetzungen	▪ Arbeitsklima, sozialer Frieden ▪ Verkehrs- und Kommunikationsinfrastruktur ▪ Marken- und Produktschutz ▪ Bruttosozialprodukt pro Kopf der Bevölkerung ▪ Stabilität des politischen Systems (inkl. Gefahr innerer/äußerer Konflikte) ▪ Verfügbarkeit von Energie ▪ Umweltschutzbestimmungen ▪ Staat als Wirtschaftspartner
Volkswirtschaftliche Rahmenbedingungen/ Entwicklungstendenzen	▪ Inflation in den vergangenen zwei Jahren ▪ Tendenzen in der Zahlungsbilanz (einschl. internationaler Zahlungsfähigkeit) ▪ Wachstum in den vergangenen fünf Jahren und Wachstumsprognose ▪ Belastungen durch Öl- und Energieimporte ▪ Konvertibilität der Landeswährung

Abb. 8.5.10: Kriterien zur Beurteilung von Länderrisiken (vgl. Kutschker/Schmid, 2012, S. 931 ff.)

Index zur Länderrisikoanalyse wird vom US-Unternehmen *Business Environment Risk Intelligence S.A.* erstellt. Darin werden 140 Länder auf ihre Risiken untersucht und eine Rangliste der Investitionsfreundlichkeit erstellt. Das Länderrisiko wirkt sich auf die Zinsen von Krediten oder Anleihen am Kapitalmarkt aus. Ratingorganisationen, wie etwa *Fitch Ratings*, *Moody's* und *Standard & Poor's*, ermitteln länderspezifische Indizes, die in Punkten quantifiziert werden. Exemplarisch zeigt Abb. 8.5.11 die Länderrisiken im Jahr 2021, wobei A1 die beste und E die schlechteste Bewertung darstellt.

Timing-Strategien

Neben der Wahl des Zielmarktes ist auch über den Zeitpunkt des Markteintritts zu entscheiden. Die Frage nach dem Markteintritt in einem Land als **Pionier** oder **Folger** wird im Zusammenhang mit den Innovationsstrategien vertieft (vgl. Kap. 8.6.3). Darüber hinaus ist die zeitliche Staffelung des Markteintritts zu bestimmen.

Timing-Strategien befassen sich mit der zeitlichen Staffelung des Markteintritts von Unternehmen auf internationalen Märkten.

Dabei sind folgende **Timing-Strategien** möglich (vgl. *Kutschker/Schmid*, 2012, S. 991 ff.; Abb. 8.5.12)

- **Wasserfallstrategie** (Konzentrationsstrategie): Der Eintritt in bestimmte Auslandsmärkte erfolgt nacheinander. Die Reihenfolge richtet sich etwa nach Marktpotenzial, Verbraucherverhalten, Wettbewerbsintensität oder Marktrisiken. Vielfach werden jene Ländermärkte zuerst

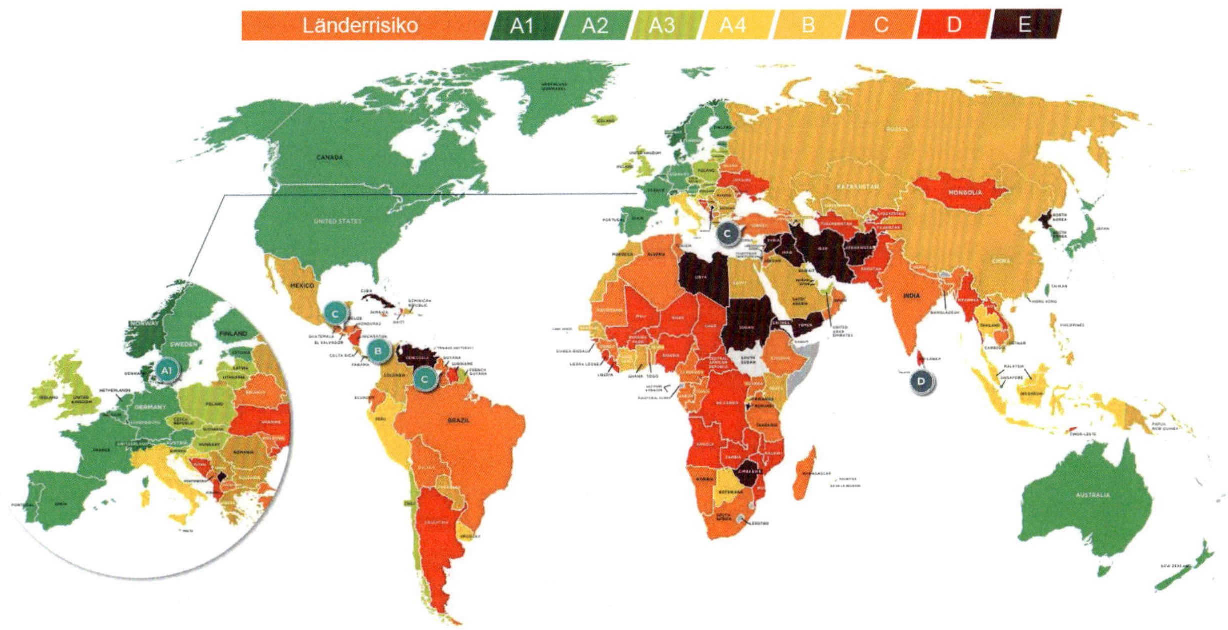

Abb. 8.5.11: Länderrisiken im Jahr 2021 (www.coface.de)

erschlossen, die dem Heimatmarkt am ähnlichsten sind. Erst danach werden sukzessive andere Märkte angegangen, um das Risiko zu reduzieren und aus vorangegangenen Markteinführungen zu lernen. Die Einführung eines Produktes in weitere ausländische Märkte wird erst dann vorgenommen, wenn in den bereits erschlossenen Ländern die Zielvorgaben erfüllt und Erfahrungen gesammelt werden konnten. Damit kann auch die Zielmarktwahl sukzessive erfolgen und dabei aktuelle Informationen berücksichtigt werden, was eine differenzierte Marktbearbeitung ermöglicht. Die Nachteile liegen in der langsameren Internationalisierung, woraus die Gefahr folgt, dass die Konkurrenten dem Unternehmen zuvorkommen und Markteintrittsbarrieren aufbauen.

- **Sprinklerstrategie** (Diversifikationsstrategie): Der Markteintritt erfolgt in möglichst vielen Auslandsmärkten gleichzeitig. Auf die dafür ausgewählten Länder werden die Ressourcen eines Unternehmens verteilt. Ziel der Sprinklerstrategie ist die Diversifikation der Markteintrittsrisiken. Dies gilt insbesondere zur Vermeidung von Abhängigkeiten von einem oder wenigen ausländischen Märkten. Ebenso sollen Konkurrenzreaktionen und der Aufbau von Markteintrittsbarrieren verhindert werden. Die Sprinklerstrategie eignet sich, wenn sich die Ländermärkte in ihren Anforderungen gleichen. Sie ermöglicht eine schnellere Amortisation von Entwicklungskosten sowie Skaleneffekte und Pioniervorteile (First-Mover-Advantages). Nachteilig sind die erforderlichen Ressourcen, um in jedem Markt bestehen

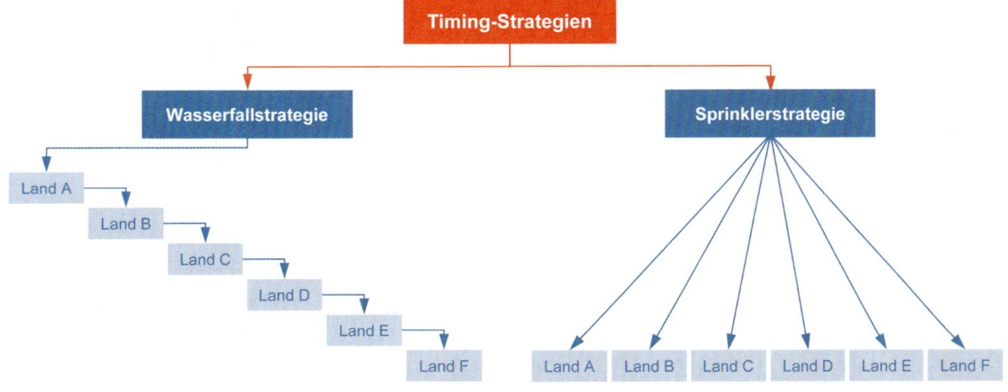

Abb. 8.5.12: Timing-Strategien zum Markteintritt

zu können und die weitgehend standardisierte Marktbearbeitung, welche die Besonderheiten einzelner Märkte vernachlässigt.

Beide Strategiemöglichkeiten lassen sich auch miteinander kombinieren, indem in manchen Ländern die Sprinklerstrategie und in anderen die Wasserfallstrategie angewendet wird. So folgen Internationalisierungsstrategien häufig typischen Mustern. Nach dem sog. **Uppsala-Modell** verstärken Unternehmen ihre Internationalisierungsaktivitäten schrittweise (vgl. *Elgar*, 2003, S. 293 ff.). Zeitlich werden zunächst Erfahrungen im Heimatmarkt gesammelt, um dann über den Export eine Wasserfallstrategie zu forcieren. Ist dieser Schritt erfolgreich, folgt die Gründung von Auslandsvertretungen und ggf. die Verlagerung der Produktion ins Ausland (vgl. Kap. 8.5.4). Häufig wagen sich Unternehmen zuerst an die geografisch angrenzenden Märkte heran. Anschließend folgen kulturell oder geografisch entferntere Märkte. Im Gegensatz zur Wasserfallstrategie verfolgen Unternehmen aus Japan und zunehmend auch aus den Schwellenländern eher eine Sprinklerstrategie. Die Expansion geht somit wesentlich schneller, ist allerdings auch riskanter. In der Vergangenheit waren japanische Unternehmen damit jedoch sehr erfolgreich (vgl. *Guillén/Garcia-Canal*, 2012, S. 62 ff.). Dabei werden insbesondere Zielländer mit starkem Marktwachstum (die sog. „Emerging Markets") bearbeitet, um dort eine Pionierrolle einzunehmen und diese Märkte vor der Konkurrenz zu besetzen.

Welche Zielländer die Internationalisierung eines Unternehmens unter Berücksichtigung von Chancen und Gefahren prägen, ist je nach Einschätzung und Historie sehr unterschiedlich. Dies veranschaulichen die Beispiele der internationalen Handelskonzerne *Wal-Mart* und *Metro*.

8.5.4 Internationalisierungsformen

Eine weitere fundamentale Frage bei der Internationalisierung eines Unternehmens ist, in welcher Form die Geschäftstätigkeit im Ausland erfolgen soll. Die Vielzahl an Internationalisierungsformen kann nach dem geografischen Schwerpunkt der Wertschöpfung und der Notwendigkeit eines Kapitaltransfers untergliedert werden (vgl. *Morschett* et al., 2015, S. 217 f.). Abb. 8.5.15 zeigt die daraus resultierenden Markteintritts- und -bearbeitungsalternativen, die im Folgenden beschrieben werden.

Export

Exporte benötigen weder Kapitaltransfer noch ausländische Wertschöpfung und sind somit die einfachste Form der Internationalisierung. Dieses Vorgehen ist dann zu bevorzugen, wenn nur eine geringe Auslandsnachfrage besteht, die politischen und rechtlichen Rahmenbedingungen des Gastlandes instabil sind oder ein Unternehmen eine monopolähnliche Marktstellung innehat. Exporte werden daher häufig zum Eintritt in einen Auslandsmarkt gewählt, da sie kaum Kenntnisse über diesen erfordern und weniger riskant sind.

> **Export** ist eine Form der Internationalisierung, bei der Produkte und Dienstleistungen im Inland erzeugt und im Ausland abgesetzt werden, ohne dass dafür zusätzliches Kapital im Ausland investiert wird.

Export kann in folgenden **Ausprägungen** erfolgen (vgl. *Walldorf*, 1987, S. 32 ff.):

- **Indirekter Export** ist die einfachste Form der Auslandsmarktbearbeitung, bei der ein Unternehmen einem anderen unabhängigen Unternehmen den Absatz seiner

Abb. 8.5.15: Formen der Internationalisierung

Globale Internationalisierung bei Wal-Mart und Metro

Das US-Unternehmen *Wal-Mart Stores Inc* ist der weltweit größte Einzelhandelskonzern mit einem Jahresumsatz von über 560 Mrd. US$ (*www.walmart.com*). Es ist das das umsatzstärkste Unternehmen der Welt. Es beschäftigt rund 2,2 Mio. Mitarbeiter und ist damit der weltgrößte private Arbeitgeber. Wöchentlich kaufen bei *Wal-Mart* mehr als 260 Millionen Kunden ein.

Am 2. Juli 1962 eröffnete *Sam Walton* einen kleinen Discountladen in der Kleinstadt Rogers/Arkansas. Ab 1987 weitete das Unternehmen seine Geschäfte auf die gesamte USA aus. Die erste Filiale außerhalb der USA wurde 1991 in Mexiko-Stadt eröffnet. Heute ist *Wal-Mart* gemäß einer Wasserfallstrategie in 27 Ländern tätig, wobei die Schwerpunkte in Amerika, China und Indien liegen. Dies wird in der folgenden Grafik ersichtlich. Aus einigen Ländern, wie z.B. Südkorea und Deutschland, hat sich das Unternehmen auch wieder zurückgezogen. Die weltweit bedeutendsten Wettbewerber von *Wal-Mart* sind *Carrefour S.A.* (Frankreich) und die *Tesco PLC* (Großbritannien), jedoch mit völlig anderen Zielländern.

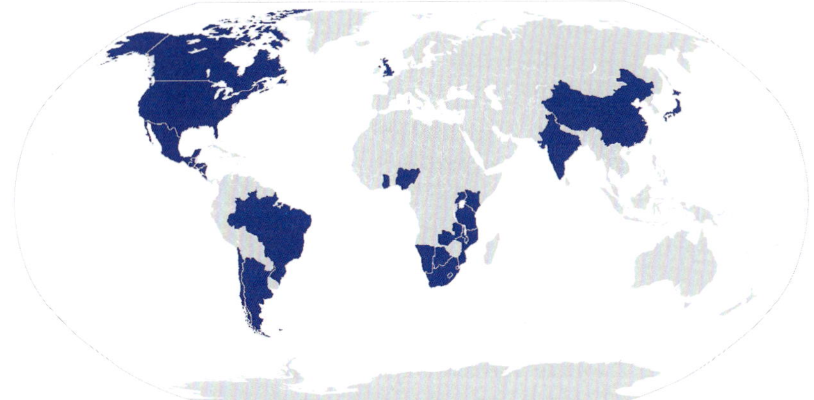

Abb. 8.5.13: Zielmärkte von Walmart

Die *METRO AG* ist ein führender internationaler Lebensmittelgroßhändler (www.metroag.de). Das Unternehmen ist in 34 Ländern Europas, Afrikas und Asiens vertreten und beschäftigt insgesamt über 95.000 Mitarbeiter. Die heutige *Metro AG* entstand 2017 durch die Ausgliederung der Handelsketten *Metro Cash & Carry und Real* aus der alten *Metro Group.* Der alte Metro-Firmenmantel, bei dem die Handelsketten *Mediamarkt* und *Saturn* verblieben, benannte sich danach in *Ceconomy* um. Die neue Metro verkaufte 2020 die *Real-Handelskette* an den russischen Investor *SCP*, so dass heute nur noch die *Metro Cash & Carry Märkte* im Unternehmen verblieben sind. Die Zielregionen der *METRO* sind Europa, China und Indien. Das Unternehmen unterscheidet sich damit bei der Länderauswahl erheblich von *Wal-Mart*, wie die nachfolgende Darstellung verdeutlicht.

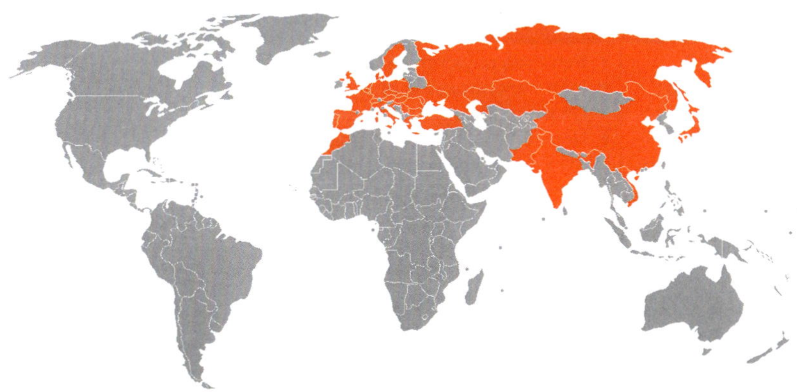

Abb. 8.5.14: Zielmärkte von Metro

Produkte im Ausland überlässt. Die Bearbeitung des Auslandsmarkts erfolgt durch einen Zwischenhändler, der im Heimatland angesiedelt ist. Dies können z. B. ausländische Exporthandelsunternehmen, internationale Handelsgesellschaften oder Einkaufsniederlassungen ausländischer Unternehmen sein. Den Zwischenhändler zeichnet insbesondere die Marktkenntnis über die Auslandsmärkte aus. Er übernimmt die Kosten und Risiken der Außenhandelsgeschäfte. Dazu gehören unter anderem der Aufbau von Geschäftsbeziehungen zu ausländischen Abnehmern sowie der Transport und die Bezahlung der exportierten Ware. Vor allem für den Markteintritt bietet sich der indirekte Export an, da sich dadurch das Absatzvolumen mit geringen Kosten und niedrigem Risiko vergrößern lässt.

- **Direkter Export** bedeutet, dass keine ausländischen Zwischenhändler eingeschaltet werden, sondern dass das Unternehmen selbst im Ausland *tätig* wird. Dies erfordert eine eigene Exportorganisation, welche für die Bearbeitung der ausländischen Märkte zuständig ist. Der Export kann über fremde oder eigene Organe abgewickelt werden. Fremde Distributionsorgane sind etwa Großhändler, Importgemeinschaften und ausländische Handelsvermittler. Die indirekten Exporteure sind meist auf Länder oder Regionen spezialisiert und haben dort Niederlassungen. Deren Beteiligung erleichtert oftmals die Bearbeitung ausländischer Märkte, und die mit dem Export verbundenen Risiken werden verringert. Dies ist insbesondere für kleinere und mittlere Unternehmen wichtig, die nur in geringem Ausmaß exportieren. Alternativ können auch eigene Organe, wie z. B. angestellte Auslandsreisende, ausländische Verkaufsrepräsentanzen, rechtlich unselbstständige Exportniederlassungen oder rechtlich selbstständige Vertriebsgesellschaften eingerichtet werden. Der Vorteil des direkten Exports besteht in der größeren Kontrolle des Exportprozesses, einer höheren Gewinnspanne sowie engeren Beziehungen zu den ausländischen Abnehmern und Märkten. Dafür ist der direkte Export riskanter und beansprucht mehr Zeit und Ressourcen.
- **Exportkooperation** ist eine spezielle Form des Exports, bei dem mehrere Unternehmen zur Exportabwicklung miteinander kooperieren. Die damit verbundenen Aufgaben und Probleme werden gemeinsam gelöst und Größenschwellen und Skaleneffekte genutzt. Die Partner einer Exportkooperation können dabei aus unterschiedlichen Ländern stammen.

Export ist in der Praxis eine beliebte Internationalisierungsstrategie. Es ist die am weitesten verbreitete Form der Marktbearbeitung zur Erschließung internationaler Märkte (vgl. *Meier/Roehr*, 2004, S. 18). Da sich die rechtlich unselbstständigen Einheiten flexibel führen lassen und weniger Ressourcen benötigen als andere Formen, werden sie den Risiken beim Markteintritt insbesondere in Emerging Markets am besten gerecht. Vor- und Nachteile des Exports sind in Abb. 8.5.16 zusammengefasst.

Kooperationen

Kooperationen können zur Internationalisierung genutzt werden, wenn durch die Zusammenarbeit zwischen anderen Unternehmen die internationale Aktivität gesteigert werden soll. Im Gegensatz zur nachfolgend erläuterten Direktinvestition gibt es keine einheitliche Leitung und geringeren Einfluss auf die anderen Beteiligten. Die internationale Kooperation ist somit eine Spezialform der Kooperation mit grenzüberschreitender Reichweite. Daher gelten hierfür die in Kap. 5.5 dargestellten Merkmale von Kooperationen.

Vorteile	Nachteile
▪ Vergrößerung des Absatzvolumens ▪ Chance auf größere Gewinnspannen als auf dem Heimatmarkt ▪ Realisierung von Skalenerträgen bzw. geringere Stückkosten pro Einheit ▪ Reduzierung der Abhängigkeit vom Heimatmarkt und Diversifikation des Kundenstamms ▪ Ausgleich von Absatzvolatilitäten durch unterschiedliche internationale Konjunktur- und Saisonzyklen ▪ Überschaubare Kosten für den Markteintritt ohne Investitionen und Ressourcenbindung ▪ Einfache Rückzugsmöglichkeit aus einem Markt ▪ Geringeres Risiko und höhere Flexibilität im Vergleich zu anderen Internationalisierungsformen	▪ Fehlende physische Präsenz und Kundennähe ▪ Informationszugang über Markt und Wettbewerb erschwert ▪ Chancen und Risiken werden ggf. nicht rechtzeitig erkannt ▪ Neue Fähigkeiten und Ressourcen sind erforderlich, z. B. Personal mit Fremdsprachenkenntnissen ▪ Risiko von Wechselkursschwankungen ▪ Protektionistische Handelsmaßnahmen wirken sich direkt auf den Export aus ▪ Potenziell schlechteres Image als bei anderen Formen der Internationalisierung ▪ Erhöhte Transportkosten

Abb. 8.5.16: Beurteilung des Exports (vgl. Kutschker/Schmid, 2012, S. 862; Wildmann, 2015, S. 82)

Kooperation ist eine Form der Internationalisierung, bei der Produkte und Dienstleistungen zwischen einem Unternehmen im Inland durch eine längerfristige Zusammenarbeit mit einem rechtlich selbstständigen Unternehmen im Ausland abgesetzt, produziert oder beschafft werden.

Kooperationen zur Internationalisierung lassen sich in folgende **Ausprägungen** unterteilen (vgl. *Cavusgil et al.*, 2008, S. 392; *Morschett et al.*, 2015, S. 223 ff.; *Walldorf*, 1987, S. 32 ff.):

- Bei der **Lizenzvergabe** stellt der inländische Lizenzgeber dem ausländischen Lizenznehmer bestimmte Vermögenswerte unter vertraglich vereinbarten Bedingungen zur Verfügung, wie etwa Urheberrechte oder Patente (vgl. *Schmid*, 2013, S. 16 ff.). Mit einem Lizenzvertrag erteilt der Inhaber eines geschützten Rechts dem Lizenznehmer ein Nutzungsrecht. Dies können einfache oder exklusive bzw. ausschließliche Rechte sein. Es werden Lizenzgegenstand, die freigegebene Marktregion, Laufzeit, Entgelt und gegebenenfalls auch Vertragsstrafen festgelegt. Der Lizenzgeber erhält für den Transfer meist eine Pauschale (down payments) oder bekommt laufende Gebühren in Abhängigkeit des wirtschaftlichen Erfolgs (royalties). Angewendet werden Lizenzen vor allem für die Nutzung von Patenten, Gebrauchsmustern, Marken, Know-how oder Software mit Schwerpunkt auf den Bereichen Produktion und Vertrieb. Beispiele für Lizenzvergaben sind z. B. die Produktion von Autos und Flugzeugen. Dabei werden dem Lizenznehmer Kopien der Konstruktionspläne überlassen und der Lizenzgeber übernimmt die Produktion. Für den Lizenzgeber stellt dies eine zusätzliche Einnahmequelle dar. Außerdem soll der ungewollte Abfluss von eigenem Know-how verhindert werden. Zudem können Lizenznehmer nicht als zukünftige Wettbewerber am Markt auftreten. Gegenüber dem Export entstehen geringere Transportkosten und Wechselkursrisiken. Darüber hinaus werden die Marktnähe und Akzeptanz im Gastland vergrößert. Ein Beispiel ist der *Verlag Franz Vahlen GmbH*, der die Urheberrechte ausländischer Titel über Lizenzverträge nutzt und diese in deutscher Übersetzung vertreibt. Ein Beispiel ist der Klassiker „Leading Change" von *John Kotter* (vgl. Kap. 6.5).
- **Franchising** ist eine enge Form der Zusammenarbeit zwischen Franchisegebern und -nehmern. Die Franchisenehmer sind rechtlich selbstständige Unternehmen, welchen der Franchisegeber in einem genau festgelegten Rahmen die Erlaubnis zur Nutzung bestimmter Rechte einräumt. Solche Rechte sind etwa Marken- oder Firmennamen, Produktions- oder Vertriebssysteme oder Erzeugung bzw. Vertrieb einer Warengruppe. Neben der Vermittlung von Know-how sind die Rechte an Warenzeichen sowie Waren- und Geschmacksmustern oft ein wichtiger Bestandteil der Franchisegeberleistungen. Dabei unterstützt der Franchisegeber die Franchisenehmer beim Aufbau sowie der laufenden Führung des Betriebs, wodurch sich das Franchising von der Lizenzvergabe unterscheidet. Je nach Vertragsinhalt lassen sich verschiedene **Formen** unterscheiden:
  - Das **Produktfranchising** (product distribution franchising) ist die häufigste Form und bezieht sich auf den Vertrieb von Waren in Fachhandelssystemen, wie etwa *Fressnapf* oder *OBI*.
  - Beim **Produktionsfranchising** (manufacturing franchising) werden bestimmte Waren nach den Vorgaben des Franchisegebers, wie etwa einer Rezeptur, hergestellt. Ein Beispiel sind Abfüller von Getränken, wie z. B. *Coca-Cola*.
  - Beim **System- und Dienstleistungsfranchising** (business format franchising) wird das gesamte Geschäftsmodell genutzt. Beispiele finden sich in der Gastronomie (z. B. *McDonald's, Burger King, Back-Werk, Subway*), in der Hotelbranche (z. B. bei *Accor* mit den Hotels *Ibis, Mercure, Sofitel* und *Pullman*) oder bei Autovermietungen wie etwa *Hertz*.

Weitere Formen von Kooperationen sind **strategische Allianzen und Joint Ventures** (vgl. Kap. 5.5.3), welche ebenfalls zur Internationalisierung genutzt werden können.

Ausländische Direktinvestitionen

Ausländische Direktinvestitionen (Foreign Direct Investments, kurz FDI) werden mit dem Ziel einer dauerhaften Beteiligung eines inländischen Unternehmens an einem ausländischen Unternehmen erworben. Sie sind auf eine langfristige Geschäftsbeziehung ausgelegt und ermöglichen es, Einfluss auf die Führung eines ausländischen Unternehmens auszuüben. Hierfür müssen mindestens 10 Prozent der Stimmrechte des ausländischen Unternehmens erworben werden (vgl. *OECD*, 2010, S. 48 ff.).

Direktinvestitionen sind eine Form der Internationalisierung, bei der Produkte und Dienstleistungen im In- oder Ausland erzeugt und im Ausland durch eigene Einheiten abgesetzt werden. Dafür sind Kapitalinvestitionen im Ausland erforderlich.

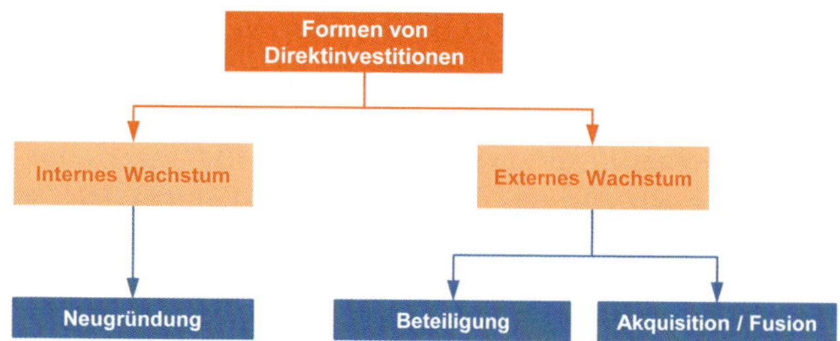

Abb. 8.5.17: Formen von Direktinvestitionen

Ein wesentliches Merkmal von Direktinvestitionen ist der Kapitaltransfer ins Ausland und die damit verbundene Übernahme des Risikos für dortige Aktivitäten. Nach der Höhe der unternehmerischen Beteiligung lassen sich Mehrheits- oder Minderheitsbeteiligungen unterscheiden (vgl. *Büter*, 2010, S. 112; *Morschett* et al., 2015, S. 240).

Durch internes oder externes Wachstum entstehen die in Abb. 8.5.17 aufgeführten **Formen von Direktinvestitionen** (vgl. *Kutschker/Schmid*, 2012, S. 904; *Morschett* et al., 2015, S. 240 ff.; *Schmid*, 2013, S. 16).

Tochtergesellschaften sind rechtlich selbstständige Organisationseinheiten eines inländischen Unternehmens im Ausland. Haftung und investiertes Kapital sind im Vergleich zu Betriebsstätten, Niederlassungen und Repräsentanzen deutlich höher. Sie können sich auf einzelne Funktionen spezialisieren, wie etwa auf den Vertrieb oder Einkauf, oder auch eine vollständige Wertschöpfungskette mit Einkauf, Produktion, Entwicklung, Vertrieb und Finanzierung umfassen. Tochterunternehmen können neu gegründet **(Greenfield-Investments)** oder akquiriert werden **(Brownfield-Investments).** Beim Unternehmenskauf kann nach der Beteiligungshöhe in beherrschte (über 50 Prozent der Stimmrechte oder des Kapitals), mehrheitlich bestimmte Unternehmen und Minderheitsbeteiligungen unterteilt werden (vgl. Kap. 5.6.2).

Akquisitionen und Fusionen werden ausführlich in Kap. 5.6 beschrieben. Sie ermöglichen einen schnellen Eintritt in neue Märkte und durch die Übernahme eines Konkurrenten fällt dieser als Wettbewerber weg. Bei internationalen Akquisitionen spielen vor allem der Zugang zu Distributionskanälen, Ressourcen und Kunden eine bedeutende Rolle. Wesentliche Vorteile von Tochterunternehmen sind die Nutzung eigener Fähigkeiten und Fertigkeiten im Ausland sowie hohe Einfluss- und Kontrollmöglichkeiten. Dem stehen ein großer Kapitaleinsatz und hohes Risiko gegenüber. Abb. 8.5.18 fasst die Vor- und Nachteile zusammen.

Equity-Joint-Ventures sind Partnerschaften zweier oder mehrerer Unternehmen, die gemeinsam ein rechtlich selbständiges Unternehmen gründen. Dabei wird das neue Unternehmen durch eine Beteiligung oder Vermögenszusammenführung der gemeinsamen Eigentümer errichtet (vgl. Kap. 5.6.2). Bei Equity-Joint-Ventures handelt es sich oftmals um eine langfristige Form der Partnerschaft. Bei internationalen Equity-Joint-Ventures stammen die beteiligten Unternehmen aus verschiedenen Ländern, wobei oftmals das neu gegründete Joint Venture im Land des Zielabsatzmarkts liegt. Häufige Gründe für die Wahl des Joint Venture als Markteintrittsstrategie liegen in politischen Restriktionen für Unternehmen ohne lokale Präsenz und der Nutzung der Marktkenntnis des lokalen Partners.

Der Entscheidung für eine Internationalisierungsform hat strategische Bedeutung, da sie nur mit hohen finanziellen Verlusten sowie mit erheblichem Zeitaufwand wieder rückgängig gemacht werden kann (vgl. *Agarwal/Ramaswami*, 1992, S. 1 f.; *Anderson/Coughlan*, 1987, S. 71). Wodurch im Einzelfall die Wahl einer bestimmten Internationalisierungsform beeinflusst wird, hängt von vielen Faktoren ab. Zusammenfassend stellt Abb. 8.5.19 die Unterschiede zwischen Export und Direktinvestitionen dar (in Anlehnung an *Morschett*, 2007, S. 80).

Vorteile	Nachteile
▪ Handelsbarrieren wie Importbeschränkungen können umgangen werden ▪ Standortvorteile und Faktorunterschiede zwischen Ländern sind nutzbar ▪ Reduktion von Transportkosten ▪ Nutzung monopolistischer Vorteile ▪ Physische Präsenz vor Ort ermöglicht Kundennähe und länderspezifische Produktanpassung ▪ Die Wettbewerbsfähigkeit im Ausland lässt sich steigern, da sich die Marktchancen verbessern ▪ Steuervergünstigungen ▪ Globale Skaleneffekte durch komparative Vorteile	▪ Bindung von finanziellen und personellen Ressourcen ▪ Risikoreichste Internationalisierungsform mit längster Amortisationsdauer ▪ Größter Einfluss politischer Risiken im Gastland ▪ Anpassung an ökonomische, soziale und kulturelle Bedingungen des Gastlands erforderlich ▪ Hoher Informations- und Kommunikationsaufwand

Abb. 8.5.18: Beurteilung von Tochtergesellschaften (vgl. Kutschker/Schmid, 2012, S. 906)

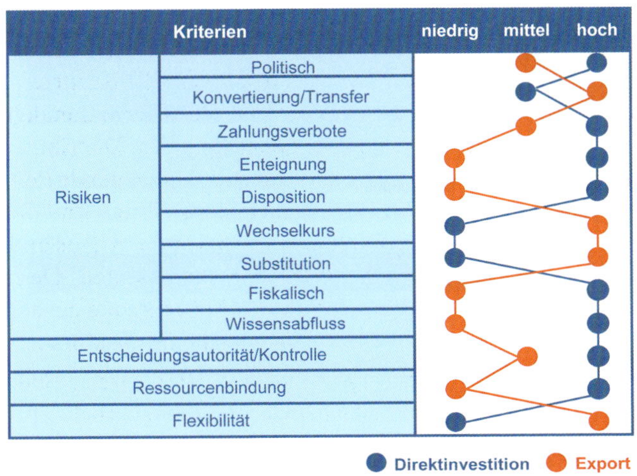

Abb. 8.5.19: Gegenüberstellung von Export und ausländischer Direktinvestition

Die Internationalisierungsformen unterschieden sich durch den Grad der Kapitalbindung, die Führung im Gastland und auch hinsichtlich des Risikos. Die Bewertung von Internationalisierungsstrategien sollte daher unter Abwägung der Chancen der Auslandsmärkte und der damit verbundenen Risiken stattfinden. Grenzüberschreitende Aktivitäten weisen im Gegensatz zu inländischen Aktivitäten höhere Risiken auf, u. a. auch solche, die im Heimatland nicht oder kaum auftreten. Zudem verändern sich die Eintrittswahrscheinlichkeiten bekannter Risiken. Auch die Risikoeinschätzung über die Auslandsmärkte ist aufgrund von Informationsdefiziten schwieriger (vgl. *Strunz/Dorsch*, 2009, S. 263). Daraus folgen die in Abb. 8.5.20 als Stufenmodell dargestellten **Internationalisierungsgrade**.

Internationalisierungsformen bei Ziehl-Abegg

ZIEHL-ABEGG

Praxisbeispiel von Peter Fenkl (Vorstandsvorsitzender Ziehl-Abegg SE)

Die *Ziehl-Abegg SE* mit Sitz in Künzelsau/Baden-Württemberg, ist ein international führendes Unternehmen im Bereich der Luft- und Antriebstechnik. Beispiele für Einsatzgebiete der Produkte sind Wärme- und Kälteanlagen oder Reinraum- und Agraranlagen. *Ziehl-Abegg* hat schon in den 1950er-Jahren moderne Außenläufermotoren entwickelt. Ein weiterer Bereich sind elektrische Motoren, die etwa in Aufzügen, medizinischen Anwendungen (Computertomographen) oder Tiefsee-Unterwasserfahrzeugen für Antrieb sorgen. Das Thema Elektromobilität im Straßenverkehr wurde 2012 im Tochterunternehmen *Ziehl-Abegg Automotive* gebündelt.

Das Hightech-Unternehmen beschäftigt weltweit über 4.300 Mitarbeiter in 16 Produktionsstätten und 29 Gesellschaften. Rund 30.000 Produkte werden in mehr als 100 Ländern verkauft und damit ein Umsatz von über 660 Mio. € erzielt, wobei über 80 % aus dem Export stammen. *Ziehl-Abegg* ist nicht börsennotiert und befindet sich in Familienbesitz.

Emil Ziehl hat die Firma 1910 in Ostberlin als Hersteller von Elektromotoren gegründet. Nach Kriegsende und Demontage durch die Besatzungsmächte wurde der Firmensitz nach Süddeutschland verlegt. Seit dem Jahr 1973 wurde die Internationalisierung vorangetrieben. Neben den Exportaktivitäten über fremde Organe wurden die ersten Verkaufsniederlassungen in Schweden, England und Italien gemeinsam mit einem komplementären Unternehmen gegründet. 1996 folgte die Gründung der ersten ausländischen Produktionsstätte in Marcali/Ungarn. 1998 wurden die Produkte bereits in mehr als 50 Ländern verkauft. Im Jahr 1999 wurde das französische Unternehmen *FMV Lamel* akquiriert und in die *Ziehl-Abegg*-Gruppe integriert. 2002 wurde mit der Produktion in China begonnen. Der weltweite Vertrieb wurde ab 2001 durchgehend auf eigene Gesellschaften ohne Kooperationspartner umgestaltet, da sich diese zu Wettbewerbern entwickelt hatten. So wurden jährlich mehrere eigene Verkaufsniederlassungen gegründet und das weltweite Vertriebsnetz schrittweise verdichtet: Polen (2001), China, Singapur und Russland (2002), Tschechien, USA und Kanada (2003), Schweden (2004), Großbritannien, Finnland, Italien, Australien und Spanien (2005), Schweiz, Südafrika, Benelux, Japan und Ukraine (2006), Türkei und Indien (2007), Dänemark (2008) und Brasilien (2010). Dabei wurden in einigen Ländern nach Auflösung der Kooperationen auch Gesellschaften wieder neu gegründet, wie z. B. in Schweden und Italien.

Der weitere Fokus weltweiter Expansion lag auf Asien, wo ausgehend von Singapur neue Niederlassungen u. a. in Indonesien und Thailand eröffnet wurden. Ein weiterer Schwerpunkt ist der amerikanische Kontinent mit Kolumbien und Mexiko. *Ziehl-Abegg* legt großen Wert auf direkten Kundenkontakt über eigene Niederlassungen, um schnell auf Kundenwünsche beziehungsweise Marktentwicklungen reagieren zu können. So ist das Unternehmen in über 63 Ländern mit eigenständigen Vertriebseinheiten und darüber hinaus mit Partnern in 108 Vertriebsstandorten weltweit vertreten.

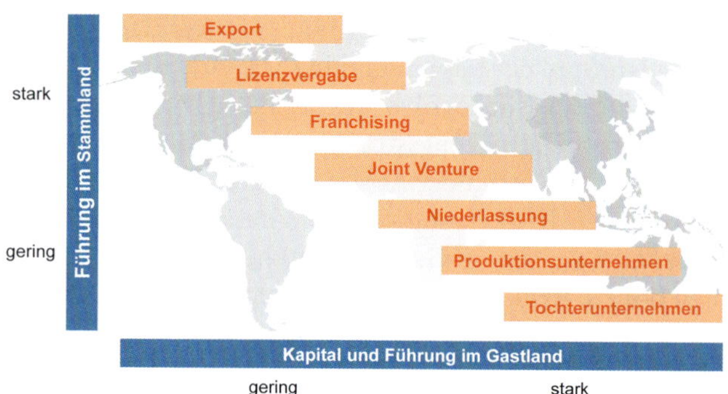

Abb. 8.5.20: Internationalisierungsgrade (vgl. Swoboda, 2002, S. 107)

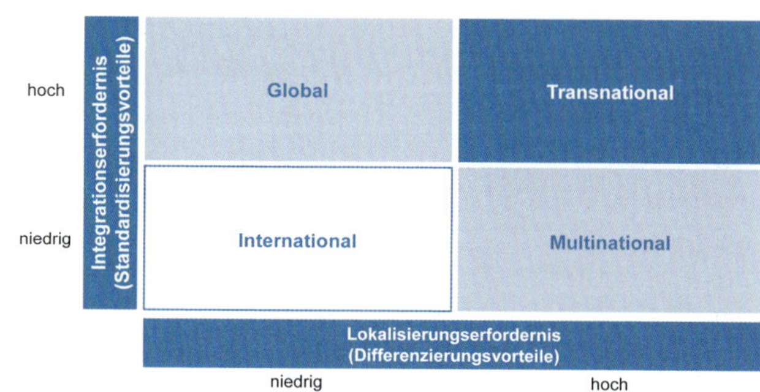

Abb. 8.5.21: Internationalisierungsstrategien (vgl. Bartlett/Ghoshul, 1989; Stallmann/Wegner, 2015, S. 327)

8.5.5 Internationalisierungsstrategien

Bei der Internationalisierung spielt neben der Form und Länderauswahl die Strategie und die daraus folgende Gestaltung der Unternehmensführung eine zentrale Rolle. Die Internationalisierungsstrategie hat zwischen der Berücksichtigung lokaler, länderspezifischer Besonderheiten einerseits und den Vorteilen standardisierter Produkte und globaler Unternehmensführung andererseits abzuwägen.

Aus diesen beiden Dimensionen ergeben sich die in Abb. 8.5.21 aufgeführten generischen **Internationalisierungsstrategien** (vgl. *Bartlett/Ghoshal*, 1989; *Heenan/Perlmutter*, 1979; *Hofstede* et al., 2017, S. 313 ff.):

- **Internationale Unternehmen** (from home into the world) betreiben eine Strategie selektiver Auslandsgeschäfte. Im Mittelpunkt der Geschäftsstrategie stehen der Heimatmarkt und die dortige Konkurrenz. Ein solches Unternehmen versteht sich primär als nationales Unternehmen, welches seinen Erfolg durch die zusätzliche Bearbeitung von Auslandsmärkten mit geringer Anpassung der Produkte und Unternehmensführung vergrößern möchte.
- **Multinationale Unternehmen** (at home abroad) sind in mehreren Ländern aktiv und dort mit ausländischen Produktionsstätten und Tochtergesellschaften vertreten. Die Unternehmensführung ist weitgehend dezen-

International: Nestlé Nespresso

Das Unternehmen *Nestlé Nespresso AG* mit Sitz in Lausanne gehört zum *Nestlé-Konzern*, agiert jedoch am Markt selbstständig. *Nespresso* ist die Marke für ein System portionierten Kaffees in Aluminiumkapseln, der in speziellen Kaffeemaschinen zubereitet wird. Die Kaffeemaschinen werden im Fachhandel verkauft, während die Kapseln längere Zeit ausschließlich direkt durch *Nespresso* vertrieben wurden. Die Kaffeemaschinen werden mit unterschiedlichen Vertriebsmarkenpartnern in den Ländern vermarktet, z. B. in Deutschland als *Krups-Geräte*, in Österreich und der Schweiz unter dem Namen *Turmix*. Alle Geräte werden beim weltweit größten Produzenten von Kaffeemaschinen, dem Schweizer Unternehmen *Eugster/Frismag AG*, hergestellt. Die Kaffeemaschinen funktionieren nur mit *Nespresso*-Kapseln, deren Form patentiert ist. Diese Kapseln werden ausschließlich von *Nespresso* in zwei Fabriken in der Schweiz produziert und sind überall im Geschmack gleich. Weltweit werden die Kapseln in *Nespresso*-Boutiquen und im Internet verkauft (www.nestle-nespresso.com).

Multinational: Unilever

Unilever ist ein niederländisch-britischer Konzern und weltweit einer der größten Hersteller von Verbrauchsgütern und Markenartikeln. Rund 170.000 Mitarbeiter erwirtschaften in mehr als 60 Ländern einen Umsatz von über 60 Mrd. €. Das Unternehmen mit seinen Zentralen in den Niederlanden und Großbritannien verfügt in verschiedenen Geschäftsfeldern und Ländern über mehr als 400 Marken. Darunter befinden sich länderübergreifende Marken wie *Lipton, Knorr, Dove* und *Omo* sowie lokale Marken wie *Blue Band* und *Suave*. Die Organisation zeichnet sich durch lokale Verantwortung und flache Hierarchien aus, um große Handlungsfähigkeit zu ermöglichen. Innerhalb des Nahrungsmittelbereichs ist *Knorr* die größte Marke in mehr als 80 Ländern mit einer Produktpalette von Suppen, Soßen, Brühen, Nudeln bis hin zu Fertiggerichten. Dabei werden die Produkte in der Entwicklung auf lokale Geschmacksanforderungen angepasst (www.unilever.de).

tral, wobei die Tochterunternehmen auf ihren eigenen Märkten mit spezifischen Produkten und einer darauf angepassten Strategie und Unternehmensführung handeln. Jeder Markt agiert eigenständig mit hoher Reaktionsfähigkeit auf lokale Anforderungen. Die Unternehmen verstehen sich als nationale Unternehmen in ihren Heimatmärkten mit einer eigenen Strategie und dem Ziel, den eigenen Erfolg zu maximieren.

- **Globale Unternehmen** (Global Player; at home in the world) sind weltweit mit standardisierten Produkten aktiv. Der Fokus globaler Unternehmen liegt auf deren Zentrale, welche die komplette Planung und Kontrolle für alle ausländischen Einheiten übernimmt. Diese fungieren lediglich als Distributionskanäle, um den gesamten Weltmarkt mit einem einheitlichen Leistungsprogramm zu bedienen. Forschung und Entwicklung konzentrieren sich häufig auf wenige Länder und die Produktion erfolgt nach Ressourcenverfügbarkeit bzw. in Ländern mit niedrigem Lohnniveau. Um den Erfolg weltweit zu optimieren, werden Wertketten global koordiniert. Die Vermarktung findet aufgrund der Produktspezialisierung eher nach Marktsegmenten als nach geografischen Gegebenheiten statt. Globale Unternehmen profitieren in besonderem Maße von Standort- und Globalisierungsvorteilen, da sie weitgehend homogene Bedürfnisse mit standardisierten Leistungen bedienen. Ressourcen und Fähigkeiten sind zentralisiert und über Ländergrenzen hinweg übertragbar. Daher können globale Unternehmen Skalenvorteile nutzen und somit ausgesprochen effizient sein.

Global: ExxonMobil

ExxonMobil

Die *Exxon Mobil Corporation* ist ein US-amerikanischer Mineralölkonzern, der 1999 durch den Zusammenschluss von *Exxon* (Standard Oil of New Jersey) und *Mobil Oil* (Standard Oil Company of New York) entstanden ist. *ExxonMobil* ist das größte Öl- und Gasunternehmen der Welt mit einem Jahresumsatz von über 255 Mrd. US$. Es ist der größte Förderer, Verarbeiter und Vertreiber von petrochemischen Produkten. Dabei sind die Produkte standardisiert und weisen kaum lokale Unterschiede auf. Lediglich in der Vermarktung werden teilweise lokale Marken genutzt, wie z. B. in Deutschland mit *ESSO (www.exxonmobil.com).*

- **Transnationale Unternehmen** (multiple homes at once) haben sich mit zunehmendem weltweiten Wettbewerb meist aus multinationalen Unternehmen entwickelt. Sie orientieren sich weiterhin an den Länderspezifika, ihre Unternehmensführung ist aber nicht mehr national, sondern global ausgerichtet. Dadurch werden sie zu Weltunternehmen, deren Leistungen immer weniger einem Land zuzuordnen sind. Die Kunden sollen die Produkte nicht mehr mit einem Land, sondern mit dem Unternehmen selbst identifizieren. Transnationale Unternehmen verfügen über eine Netzwerkorganisation. Die Unternehmensführung führt die Tochtergesellschaften teilautonom und verpflichtet sie zu strategischen Zielen und funktionalen Aufgaben. Dabei werden die Produkte möglichst an die jeweiligen lokalen Anforderungen (Kundenwünsche, Vertriebswege, Verfügbarkeit von Ressourcen etc.) zur Erzielung von Vorteilen angepasst, welche jedoch auf gemeinsamer Forschung und Entwicklung der Gesamtunternehmung basieren.

Transnational: Mercedes-Benz

Die *Mercedes-Benz Group* ist eines der erfolgreichsten Automobilunternehmen der Welt. Mit den Geschäftsfeldern *Mercedes-Benz AG* und *Mercedes-Benz Mobility* gehört der Fahrzeughersteller mit rund 170.000 Mitarbeitern zu den größten Anbietern von Premium-Pkw und Vans. *Mercedes-Benz Mobility* bietet Finanzierung, Leasing, Flottenmanagement, Geldanlagen, die Vermittlung von Kreditkarten und Versicherungen sowie innovative Mobilitätsdienstleistungen. Die *Mercedes-Benz Group AG* vertreibt ihre Produkte und Dienstleistungen in nahezu allen Ländern der Welt mit über 40 Produktionsstätten auf vier Kontinenten.

Als Erfinder des Automobils wurde vom Unternehmen lange Zeit das international bekannte Qualitätssiegel „Made in Germany" betont. Seit 1994 wird im Sinne eines transnationalen Unternehmens dagegen von „Made by Mercedes-Benz" gesprochen. Die Produkte werden in weltweiten Produktionsverbünden hergestellt, welche kontinentenübergreifend fertigen (*www.group.mercedes-benz.com).*

Die Wahl der Internationalisierungsstrategie („Going International") sollte neben den Marktgegebenheiten auch mit der normativen Ebene der Unternehmensführung abgestimmt sein (vgl. Kap. 2). Zudem spielen nicht jedes Land und jede Internationalisierungsform dieselbe Rolle.

Unterschiede in den Kulturen und der strategischen Bedeutung machen die weltweit einheitliche Führung aller Geschäfte zum Sonderfall (vgl. *Bartlett/Ghoshal*, 1989). Die Ausgestaltung der internationalen Unternehmensführung orientiert sich demnach nicht nur an der Bedeutung der Märkte, dem Kapitaleinsatz und dem Länderrisiko, sondern auch an der Qualifikation, den Fähigkeiten und der internationalen Erfahrung des Unternehmens und seiner Führungskräfte. Diese Faktoren können auch als **Internationalisierungskultur** zusammengefasst werden.

Folgende **Führungsphilosophien internationaler Unternehmen** lassen sich in Abhängigkeit von der Internationalisierungsstrategie und -kultur unterscheiden (vgl. Abb. 8.5.22; *Perlitz/Schrank*, 2013, S. 137 ff.; *Perlmutter*, 1969, S. 9 ff.):

- **Ethnozentrische Unternehmen** werden von der Muttergesellschaft als vorrangiges Entscheidungszentrum geprägt. Im Ausland soll genau wie im Heimatland gehandelt werden. Die Schlüsselpositionen ausländischer Tochtergesellschaften werden bevorzugt durch Angehörige aus dem Stammland besetzt. Solche sog. **Company-Manager** verkörpern im Ausland die Kultur des Mutterunternehmens und sollen die Erwartungen der Unternehmenszentrale umsetzen. Die Auslandsaktivitäten werden den Stammlandaktivitäten untergeordnet und analog zu denen im Stammland geführt. Die Unternehmensführung wird als Stammhauskultur auf die Tochtergesellschaften übertragen, welche gleiche Techniken, Konzepte und Stile anwenden sollen.
- **Geozentrische Unternehmen** versuchen, unterschiedliche Länder und Märkte im Rahmen eines globalen Ansatzes zu integrieren. In einer symbiotischen Unternehmensführung verschmelzen die Erfahrungen, Werte, Konzepte und Techniken diesseits und jenseits der Landesgrenzen. Die Führungskräfte sind sog. **Global Manager** bzw. landeskulturelle Universalisten, die in verschiedenen Ländern und Unternehmen einsetzbar sind. Abhängigkeiten der einzelnen Tochtergesellschaften untereinander und von der Muttergesellschaft werden berücksichtigt. So sollen Ressourcen optimal genutzt und Synergieeffekte auf globaler Ebene abgeschöpft werden.
- **Polyzentrische Unternehmen** berücksichtigen Unterschiede in den verschiedenen Ländern und Märkten durch eine differenzierte Unternehmensführung und Strategie. Das Unternehmen versucht, sich den lokalen Gepflogenheiten anzupassen und sich danach zu verhalten. Die Führung im Gastland wird mit inländischen Führungskräften besetzt, die über große Entscheidungskompetenzen verfügen. Diese sog. **Country Manager** sind landeskulturelle Spezialisten, die auf ein bestimmtes Land fokussiert sind. Dabei sind nicht nur fundierte Kenntnisse der Sprache und landesspezifischer Besonderheiten erforderlich, sondern auch deren Verhalten und Persönlichkeit sollten zur Kultur des Landes passen. Die einzelnen Tochtergesellschaften arbeiten unabhängig voneinander und angepasst an ihre Länder und Märkte. Ziel der Unternehmensführung sind bestmögliche Ergebnisse in den jeweiligen Märkten.
- **Regiozentrische Unternehmen** gestalten die Unternehmensführung zwischen dem polyzentrischen und dem geozentrischen Ansatz. Unternehmensführung und Strategien werden hierbei innerhalb einzelner Regionen, häufig innerhalb eines Kontinents, einheitlich ausgestaltet und aufeinander abgestimmt. Die einzelnen Regionen arbeiten jedoch weitgehend unabhängig voneinander. So entstehen regionale Zentralen unter

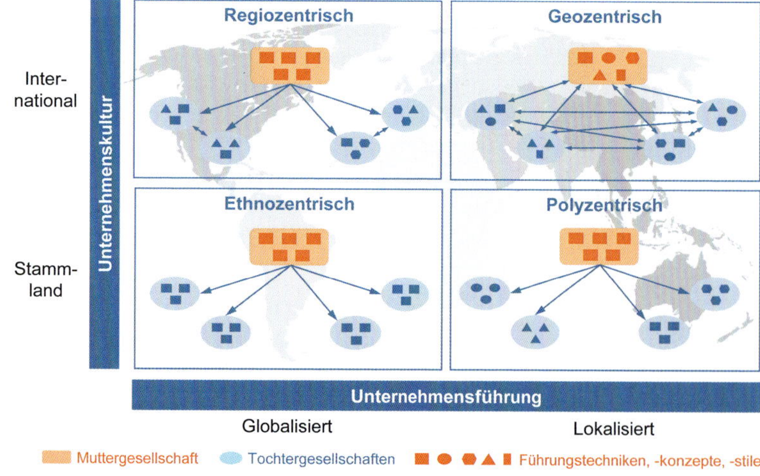

Abb. 8.5.22: Führungsphilosophien internationaler Unternehmen (in Anlehnung an Schmid, 2018, S. 4)

dem Dach einer Gesamtleitung und einer gemeinsamen Unternehmenskultur. Die Führungskräfte sind sog. **Regional Manager,** die in verschiedenen Ländern und Unternehmen einer Region einsetzbar sind.

Die internationale Unternehmensführung ist stets unternehmensindividuell zu gestalten. Dabei sind folgende **Faktoren** zu berücksichtigen:

- Globalisierungsdruck einer Branche und die daraus entstehenden Chancen und Internationalisierungsvorteile,
- Wahl der Länder, die daraus resultierenden Länderrisiken, die hierfür gewählte Eintritts- und Timing-Strategie,
- Internationalisierungsformen und der daraus entstehende Kapitaleinsatz,
- Internationalisierungsstrategie und die daraus entstehende Mischung aus Lokalisierung und Globalisierung der Führung.

Die Führungsfunktionen Personal, Organisation, Planung und Kontrolle sowie Information und Kommunikation sind je nach Ausprägung dieser vier Faktoren konsistent aufeinander abzustimmen. Der Führungskontext internationaler Unternehmen weist damit eine höhere Komplexität auf, der in einer spezifischen Konfiguration der Führungsteilsysteme angemessen zu berücksichtigen ist.

Zusammenfassung

- Internationalisierung ist die länderübergreifende Ausdehnung unternehmerischer Aktivitäten. Globalisierung bedeutet, dass Unternehmen ihr Aktionsfeld nicht nur auf ihr Heimatland beschränken, sondern auf die gesamte Welt ausdehnen.
- Globale Branchen sind dadurch gekennzeichnet, dass die Wettbewerbsposition eines Unternehmens in einem Land erheblich von dessen Stellung in anderen Ländern beeinflusst wird.
- Unternehmen sowie Branchen verzeichnen einen Globalisierungsprozess. Zunächst unabhängige Branchen in verschiedenen Ländern wachsen im Laufe der Zeit zusammen. Der Globalisierungsgrad eines Unternehmens hängt von Markt-, Kosten-, Regierungs- und Wettbewerbstreibern ab.
- Theorien der Internationalisierung sind die klassische Außenhandelstheorie, die monopolistische Theorie, die Standorttheorie und die Verknüpfung all dieser Theorien zum eklektischen Paradigma.
- Transaktionskosten aus der Übertragung von Verfügungsrechten auf Märkten erklären, auf welche Weise eine Internationalisierung am besten umgesetzt wird.
- Der Diamantansatz der Internationalisierung erklärt die Bedeutung des Heimatlands für den Erfolg der Internationalisierung von Unternehmen.
- Länderrisiken ergeben sich aus der politischen und ökonomischen Situation von Staaten und beeinflussen die Geschäftsbeziehungen mit dort ansässigen Unternehmen.
- Timing-Strategien befassen sich mit der zeitlichen Staffelung des Markteintritts von Unternehmen auf internationalen Märkten.
- Internationalisierung erfolgt in unterschiedlichen Formen, die vom Export bis zur Direktinvestition reichen.
- Export ist eine Form der Internationalisierung, bei der Produkte und Dienstleistungen im Inland erzeugt und im Ausland abgesetzt werden, ohne dafür zusätzliches Kapital im Ausland zu investieren.
- Kooperation ist eine Form der Internationalisierung, bei der Produkte und Dienstleistungen zwischen einem Unternehmen im Inland durch eine längerfristige Zusammenarbeit mit einem rechtlich selbstständigen Unternehmen im Ausland abgesetzt, produziert oder beschafft werden.
- Direktinvestitionen sind eine Form der Internationalisierung, bei der Produkte und Dienstleistungen im In- oder Ausland erzeugt und im Ausland durch eigene Einheiten abgesetzt werden. Dafür sind Kapitalinvestitionen im Ausland erforderlich.
- Die Internationalisierungsstrategie ist einerseits abhängig von den Vorteilen der Nutzung lokaler, länderspezifischer Besonderheiten und anderseits von den Vorteilen standardisierter Produkte und einer globalen Unternehmensführung. Daraus ergeben sich vier mögliche Ausprägungen: internationale, multinationale, globale und transnationale Unternehmen.
- Die Führung internationaler Unternehmen kann, abhängig von der Internationalisierungsstrategie und -kultur, ethnozentrisch, polyzentrisch, geozentrisch und regiozentrisch erfolgen.

Literaturempfehlungen

Holtbrügge, D./Welge, M. K.: Internationales Management: Theorien Funktionen Fallstudien, 6. Aufl., Stuttgart 2015.

Kutschker, M./Schmid, S.: Internationales Management, 7. Aufl., München 2012.

Perlitz, M./Schrank, R.: Internationales Management, 6. Aufl., Konstanz 2013.

8.6 Innovationsorientierte Unternehmensführung

Leitfragen

- Was ist Innovation?
- Wie lassen sich Innovationen gestalten?
- Was bedeutet Technologiemanagement?
- Welche Innovationsstrategien gibt es?
- Wie lassen sich Innovationen agil entwickeln?

8.6.1 Grundlagen von Innovation und Technologie

Innovation ist ein zentraler Aspekt der Unternehmensführung, der sich auf die strategische Ebene (vgl. Kap. 3) auswirkt. Sie ist auch bei vielen Unternehmen als zentraler Bestandteil der normativen Unternehmensführung verankert (vgl. Kap. 2). Innovationen bringen Veränderungsprozesse mit sich, die Leadership (vgl. Kap. 6.3.2) und eine aktive Gestaltung des Wandels (vgl. Kap. 6.5) erfordern. Insofern ist innovationsorientierte Unternehmensführung eine übergreifende Ausrichtung des gesamten Unternehmens.

Innovationen sind Voraussetzung für die Entwicklung und das Wachstum von Unternehmen und in vielen Fällen sogar eine notwendige Bedingung für das Überleben. Zu Beginn eines jeden Unternehmens steht immer eine Innovation, sodass Entrepreneurship und innovationsorientierte Unternehmensführung eng miteinander verbunden sind. In beiden Fällen geht es um die Schaffung neuer Phänomene, seien es neue Geschäftsmodelle oder neue Produkte, Dienstleistungen oder Prozesse. Innovation leitet sich vom lateinischen Verb „innovatio" ab und bedeutet wörtlich „Erneuerung". Umgangssprachlich wird Innovation daher im weiten Sinne für neue Ideen und Erfindungen verwendet.

In den verschiedenen Wissenschaftsdisziplinen existieren unterschiedliche **Erklärungsansätze** für Innovation (vgl. *Bleicher*, 2017, S. 19 ff.):

- In **Geisteswissenschaft und Kunst** wird Innovation für das forschende Suchen nach neuen Erkenntnissen oder künstlerischen Lösungswegen verwendet. Merkmal künstlerischer Innovation ist es daher, bislang unbekannte Ausdrucksformen zu finden und zu nutzen.
- **Psychologie und Soziologie** thematisieren die Rolle des Menschen als wesentlichen Faktor der Innovation. Für die Gestaltung von Innovationsprozessen können aus der Kognitions-, Emotions- und Lernpsychologie sowie der Betriebs- und Organisationspsychologie Erkenntnisse über menschliche Kreativität, Lernprozesse, Akzeptanzprobleme, Veränderungsprozesse und Motivation gewonnen werden.
- Die **Ingenieurwissenschaften** konzentrieren sich auf technische Erfindungen und beschreiben Innovation mithilfe von Prozessmodellen und Richtlinien.
- Die **Volkswirtschaftslehre** betrachtet die makroökonomische Ebene von Innovationen und damit die Erneuerung von Wirtschaft und Gesellschaft durch neuartige Kombination von Produktionsfaktoren. Ziel ist es, innovationsfreundliche wirtschaftliche Rahmenbedingungen zu gestalten.
- Die **Betriebswirtschaftslehre** betrachtet die Entstehung und Auswirkung von Innovationen aus der Perspektive eines Unternehmens.

In die Wirtschaftswissenschaft wurde der Begriff Innovation durch *Joseph Schumpeter* (1911, S. 35 ff.) mit seiner Theorie der „**unternehmerischen Innovation**" eingeführt. „Schöpferische Unternehmer" schaffen mit risikofreudigen Entscheidungen in einer ungewissen Umwelt etwas Neues und zerstören damit bestehende Gleichgewichtssituationen (**kreative Zerstörung**). Zentral für den Prozess der schöpferischen Zerstörung ist demnach die Suche nach neuen Aktionsfeldern, um auf Basis der Innovation kurzfristige Monopolstellungen zu erzielen. Beispiele für diese sog. Pionier- oder *Schumpeter*-Renten sind etwa eine höhere Produktivität durch Verfahrensinnovation oder höhere Monopolpreise durch Differenzierung.

Seit *Schumpeter* ist die Zahl der betriebswirtschaftlichen Auffassungen von Innovation stark gewachsen. Im Kern gelten als wesentliche **Merkmale von Innovationen** (vgl. *Hauschildt* et al., 2016, S. 13 ff.):

- **Neuartigkeit:** Es herrscht Einigkeit darüber, dass Innovationen zumindest dem Wortstamm nach Bezug zu etwas Neuem aufweisen. Neuartigkeit bedeutet eine Änderung gegenüber dem Status quo in zeitlicher und sachlicher Hinsicht. Es geht also um bislang unbekannte Produkte, Verfahren oder Dienstleistungen. Die qualitative Änderung gegenüber dem Ausgangszustand ist jedoch keine absolute und objektiv feststellbare Größe, sondern von der subjektiven Wahrnehmung derjenigen Person geprägt, die über die Neuartigkeit urteilt. So kann die Einführung von etwas Neuem sowohl absolut neu im Sinne einer Weltneuheit als auch subjektiv neu aus Sicht eines einzelnen Unternehmens, Kunden, Mitarbeiters etc. sein. Im Sinne der Unternehmensführung erfüllt demnach eine Innovation das Kriterium der Neuartigkeit, wenn sie neu für das Unternehmen oder dessen relevante Märkte ist.
- **Risiko:** Aus dem Anspruch der Neuartigkeit folgt, dass aufgrund mangelnder Erfahrung auf Prognosen zurückgegriffen werden muss, die naturgemäß unsicher sind. Eine direkte Folge dieser Unsicherheit sind wirtschaftliche und technische Risiken. Sie bestehen u. a. darin, dass etwa technische Ziele nicht oder zu spät erreicht werden, Absatzmengen und -preise nicht exakt vorhersehbar sind oder die Neuerung vom Anwender nicht akzeptiert wird. Das unternehmerische Innovationsrisiko lässt sich an der Höhe des Schadens messen, den ein Unternehmen zu tragen hat, wenn die Neuerung fehlschlägt (vgl. Kap. 8.4).
- **Komplexität:** Risiken sind umso höher, je dynamischer, diskontinuierlicher und damit schwerer vorhersehbar sich Veränderungen vollziehen. Die vielfach nichtlinearen Veränderungen der Unternehmensumwelt erzeugen im Unternehmen einen laufenden Anpassungsbedarf. An Innovationen sind meist viele inner- und außerbetriebliche Aufgabenträger beteiligt, woraus eine komplizierte Aufgabe entsteht. Folglich sind Innovationen komplex, also sowohl kompliziert als auch dynamisch (vgl. Kap 1.2.4).
- **Konflikte:** Aus der Vielzahl und Vielfalt der an Innovationsprozessen beteiligten Aufgabenträger – mit jeweils unterschiedlicher Qualifikation, Wertvorstellung und Risikofreude – resultiert ein hohes Konfliktpotenzial. Konflikte entstehen, wenn unvereinbare Handlungstendenzen beobachtet werden und zwei oder mehr Parteien versuchen, ihre Absichten zu verwirklichen. Bei Innovationen können dabei sachlich-inhaltliche Konflikte über Ziele, Methoden, Verfahren, Instrumente oder Informationen auftreten. Zudem entstehen sozio-emotionale Konflikte aus dem Kommunikationsverhalten von Mitarbeitern. Konflikte können sich auch auf die wirtschaftliche und gesellschaftliche Bewertung des Nutzens von Innovationen beziehen. Konfliktparteien können Mitarbeiter, Führungskräfte, Gesellschaft oder der Staat sein.
- **Erfolg:** Da Innovation kein Selbstzweck ist, strebt sie immer nach einem Beitrag zur Wertsteigerung oder zum Überleben des Unternehmens. Danach wäre eine Neuerung nur dann eine Innovation, wenn sie zu wirtschaftlichem Erfolg führt. Jede neuartige Problemlösung bringt einen Fortschritt bzw. eine Verbesserung mit sich, was als subjektiv empfundener Nutzen ausgedrückt wird. Dieser muss nicht immer identisch mit größerem wirtschaftlichen Erfolg sein. Zudem fallen die Einführung einer Innovation und die Messung des daraus resultierenden Erfolgs zeitlich auseinander. Eine Anpassungsinnovation kann etwa einen Kundenutzen stiften, der sich aber nicht in einem Preispremium ausdrückt, sondern lediglich der Erhaltung einer Kundenbeziehung dient. Somit kann eine Innovation zwar an der tatsächlichen Einführung von etwas Neuem sowie dem Willen zur Durchsetzung festgemacht werden, ob daraus tatsächlich wirtschaftlicher Erfolg entsteht, ist jedoch kein notwendiges Kriterium.

Innovation im engeren Sinne ist die Einführung von Neuerungen auf dem Markt, die sich von bisherigen Lösungen merklich unterscheiden. Sie zielen auf wirtschaftlichen Erfolg und beinhalten Risiko, Komplexität und soziale Konflikte (in Anlehnung an *Hauschildt et al.*, 2016, S. 4).

Nach dem Neuigkeitsgrad lassen sich Innovationen in folgende **Klassen** unterscheiden (vgl. *Hauschildt* et al., 2016, S. 46; *Vahs/Brem*, 2015, S. 79):

- **Basisinnovationen** sind richtungs- und werteändernde Abweichungen und Veränderungen von Problemlösungen. Sie markieren im Vergleich zum bisherigen Kenntnisstand einen Durchbruch, führen zu neuen Wirkungsprinzipien und damit oft zu völlig neuen Produkten, Verfahren oder Maßnahmen. Basis- oder Durchbruchsinnovationen brauchen einen vorurteilsfreien Blick auf die jeweilige Gegenwart und Vergangenheit und verlangen Mut zur Veränderung. Sie entstehen nur in Freiheit und Unabhängigkeit durch zukunftsorientiertes Denken sowie durch Neugierde auf neue Sichtweisen und Gedanken. Sie ziehen meist Verbesserungs- und Anpassungsinnovationen nach sich. Beispiele für Basisinnovationen sind die Dampfmaschine, Mikroprozessoren, Smartphones, das Internet oder intelligente Objekte (vgl. Kap. 7.3.4).

- **Verbesserungsinnovationen** sind Weiterentwicklungen bestehender Problemlösungen, indem einzelne oder mehrere Lösungsparameter verbessert werden. Sie bringen Fortschritte etwa hinsichtlich ökologischer, qualitativer oder wirtschaftlicher Aspekte und erfüllen bestehende Bedürfnisse besser als bisher. Dies sind etwa die in den vergangenen Jahrzehnten erzielten Leistungssteigerungen bei Computerchips nach dem Gesetz von *Moore* (vgl. Kap. 7.1).
- **Anpassungsinnovationen** sind Modifikationen bestehender Problemlösungen an spezifische Anforderungen, wie z. B. Kundenwünsche oder regionale Besonderheiten. Sie verändern keine bestehenden Funktionen, sondern stellen eine Adaption an spezifische Rahmenbedingungen dar. Dies kann etwa eine Anpassung eines in Europa entwickelten PKW auf die Zulassungsbedingungen in den USA sein.
- **Imitationen** sind bewusste Nachahmungen vorhandener Problemlösungen, welche andere Unternehmen bereits erfolgreich eingeführt haben. Sie erfüllen die gleichen Bedürfnisse wie vorhandene Problemlösungen und werden oft zu einem günstigeren Preis angeboten.
- **Scheininnovationen** sind Veränderungen vorhandener Problemlösungen, ohne dass dadurch ein zusätzlicher Nutzen entsteht. Dies kann z. B. die Änderung des Designs oder der Farbe eines Gebrauchsgegenstandes sein, ohne dass sich dadurch beispielsweise die Ergonomie oder Leistung verbessert.

Der Neuartigkeitsgrad hat wesentlichen Einfluss auf den erforderlichen Ressourceneinsatz und Veränderungsbedarf innerhalb und außerhalb des Unternehmens. Innovation beinhaltet somit immer **Wandel** (vgl. Kap. 6.5). Dieser wiederum beeinflusst Risiko, Komplexität und Konfliktpotenziale der Innovation entscheidend. Je neuartiger ein Vorhaben ist, desto größer sind die Schwierigkeiten, Innovationen zu planen, zu steuern und zu kontrollieren. Zudem erhöht sich meist auch die Entstehungszeit, was wiederum Auswirkungen auf die Planungsgenauigkeit und -sicherheit hat. Die damit verbundene Komplexität erhöht das Risiko von Fehlentscheidungen.

Nach dem **Innovationsgrad** lassen sich auch unterscheiden (vgl. Kap. 6.5.1):

- **Radikale Innovationen** haben einen hohen Neuartigkeitsgrad. Sie kommen meist in neuen Märkten und auf unbekannten Anwendungsgebieten zum Einsatz und erfordern ein hohes Maß an Veränderung und Ressourceneinsatz. In der Regel sind hier die Basisinnovationen einzuordnen.
- **Inkrementelle Innovationen** weisen einen relativ geringen Neuartigkeitsgrad auf. Sie finden häufig auf bestehenden oder verwandten Märkten statt und beschränken sich auf bekannte Anwendungsgebiete. Damit erfordern sie auch ein relativ geringes Maß an Veränderung und Ressourceneinsatz. Hierzu gehören meist die Verbesserungs- und Anpassungsinnovationen.

Betriebliche Innovationen lassen sich hinsichtlich des **Gegenstands** folgendermaßen differenzieren (vgl. *Hauschildt* et al., 2016, S. 9):

- **Produktinnovationen** erneuern absatzfähige Leistungen eines Unternehmens, indem sie entweder den Kunden erlauben, vorhandene Bedarfe in einer neuen, besseren Art und Weise zu befriedigen, oder neue Bedarfe auslösen. Sie zielen damit auf die Steigerung des Umsatzes durch höhere Kundenzufriedenheit. Neuerungen bei Produkten oder Produktprogrammen können sich auf den Produktkern mit seinen Grundfunktionen beziehen und die damit verbundenen wesentlichen Leistungsmerkmale des Produktes betreffen. Sie können auch am Produktäußeren stattfinden und die vom Kunden wahrnehmbare Form und äußere Funktion des Produkts verändern. Schließlich kann Zusatznutzen auch durch neue Funktionen und Dienstleistungen erzeugt werden. Innovationspotenzial liegt häufig im Zusatznutzen und dem Produktdesign, da einwandfreie und qualitativ hochwertige Basisfunktionen zunehmend als Standard vorausgesetzt werden. Ein Beispiel ist die Entwicklung eines PKW-Elektromotors. Unternehmensbezogen war z. B. *Steve Jobs* ein technologischer Innovator, dessen Kreativität *Apple* mit Innovationen wie dem *iPod*, *iPhone* oder *iPad* zu einem der weltweit führenden Unterhaltungselektronikanbieter machte. Im Jahr 2021 war *Apple* mit einem Wert von 408 Mrd. US$ die weltweit wertvollste Marke (vgl. Interbrand, 2021, S. 21 ff.).

- **Verfahrensinnovationen** verbessern die Wertschöpfung und die Prozesse in direkten und indirekten Bereichen von Unternehmen. Sie sind gekennzeichnet durch neuartige Faktorkombinationen, kostengünstigere, qualitativ hochwertigere, sicherere oder schnellere Leistungen.

Die Verfahren können sich auf die Arbeitsprozesse und -methoden, die verwendeten Technologien oder die eingesetzten Faktoren beziehen. Sie können eigenständig vorangetrieben oder durch Produktinnovation ausgelöst werden. Bei der Fertigung von Fahrzeugmotoren könnten dies etwa die Verwendung leistungsfähigerer Materialien, vereinfachte Montageprozesse oder neue Produktionstechnologien sein. Ein Verfahrensinnovator ist z.B. der britische Unternehmer *Sir Stelios Haji-Ioannou* auf dem Gebiet der Geschäftsmodelle, der auf Basis eines Online-Buchungssystems und vereinfachter Streckenführung die Billigfluglinie *easyJet* gründete.

- **Sozialinnovationen** sind bewusste Veränderungen bei einzelnen Personen, Gruppen oder Beziehungsgefügen. Sie zielen auf die Steigerung der Leistungsbereitschaft und -fähigkeit, um das Mitarbeiterpotenzial besser ausschöpfen zu können. Sozialinnovationen können vor, parallel oder nach Produkt- und Verfahrensinnovationen stattfinden und diese unterstützen. Im Beispiel der Motorenfertigung können dies veränderte Arbeitsabläufe, Qualifikationsanforderungen oder Entlohnungssysteme sein. Der soziale Unternehmer, Innovator und Nobelpreisträger *Muhammad Yunus* ist Gründer der *Grameen Bank* in Bangladesch, welche sog. Mikrokredite vergibt. Dabei handelt es sich um niedrige Darlehen unter 1.000 €, welche meist als Startkapital von Kleinstgewerbetreibenden in Entwicklungsländern dienen und für normale Banken unrentabel sind.

Auf welche Innovationsart sich ein Unternehmen konzentriert, ist eine zentrale Fragestellung der innovationsorientierten Unternehmensführung. Manche Unternehmen, wie z.B. *Apple*, sehen sich eher als Produktinnovatoren und differenzieren sich dadurch im Wettbewerb. Andere konzentrieren sich auf die Effizienz ihrer Prozesse, was eher zu einer Strategie der Kostenführerschaft oder einer kundenorientierten Strategie passt. Ein Beispiel ist der Computerhersteller *Dell*, der kundenspezifische Produktion auf Bestellung einführte.

In vielen Branchen verändert sich die relative Bedeutung von Produkt- und Verfahrensinnovation im Laufe der Zeit, wobei diese in einer festen Relation zueinander stehen. Zu Beginn einer technologischen Entwicklung ist die Produktinnovationsrate hoch, nimmt aber im Zeitverlauf ab. Die Zahl der Verfahrensinnovationen ist zunächst gering, steigt im Zeitverlauf jedoch bis zum sog. vorherrschenden Design und fällt dann wieder ab. Das **vorherrschende Design** bezeichnet eine überlegene Produktkonfiguration, deren Spezifikation für künftige Produktentwicklungen den Standard vorgibt. Vor allem technologische Innovationen mit einem hohen Grad an Neuartigkeit haben ein längerfristiges Entwicklungs- und Verbesserungspotenzial, weshalb sie strategische Bedeu-

Innovationsart	Technologieinnovation		
	Produktinnovation	Verfahrensinnovation	Sozialinnovation
Innovationsobjekt	Produkt	Verfahren	Menschen und Beziehungsgefüge
Ziele	Bedarfsgerechte und -auslösende Produkte	Effiziente Wertschöpfung	Leistungsbereitschaft und -fähigkeit steigern
Wirkungen	Steigerung des Umsatzes durch höhere Kundenzufriedenheit	Senkung der Kosten durch bessere Nutzung von Einsatzfaktoren	Steigerung und Ausschöpfung des Mitarbeiterpotenzials
Zeitlicher Zusammenhang	Kernprozess der Unternehmensführung	Parallel oder nach Produktinnovation	Vor, parallel oder nach Produkt- und Verfahrensinnovationen
Ziel-Mittel-Beziehung	Ziel	Ziel und Mittel	Mittel
Beispiele	▪ Produktverbesserung ▪ Produktanpassung ▪ Erweiterung des Produktprogramms ▪ Produktentwicklung	▪ Arbeitsprozesse und -methoden ▪ Produktionsverfahren z.B. Lackierung ▪ Materialtechnik z.B. neue Werkstoffe	▪ Personalentwicklung ▪ Anreizsysteme ▪ Organisationsstruktur ▪ Führungsstil ▪ Entgeltsysteme

Abb. 8.6.1: Betriebliche Innovationsarten (in Anlehnung an Hauschildt et al., 2016, S. 9ff.)

tung besitzen. Dieser Zusammenhang wurde von *Abernathy* und *Utterback* in der Automobilbranche untersucht (vgl. 1975, S. 142). Die Pioniere der Automobilherstellung mussten sich entscheiden, ob ihre Fahrzeuge durch Dampf, Elektrizität oder Benzin angetrieben werden und wie das Auto konstruiert sein soll, etwa wo der Motor eingebaut wird und wie viele Räder verwendet werden.

Mit dem *Model T* von *Henry Ford* wurde ein vorherrschendes Design des Autos mit Benzinantrieb, Frontmotor und vier Rädern etabliert. Anschließend ist die Rate der Produktinnovationen zurückgegangen und der Wettbewerb verlagerte sich auf die Produktion und effiziente Prozesse. Hier war *Ford* Vorreiter mit der Verfahrensinnovation des Fließbands, mit dem das Zeitalter der Massenproduktion begann. Abb. 8.6.2 zeigt ein allgemeines Modell der Beziehung zwischen Produkt- und Prozessinnovation.

Das Modell der Verknüpfung von Produkt-und Verfahrensinnovation beinhaltet einige strategische Auswirkungen. So ist nicht nur zu erkennen, wann das Augenmerk auf welche Innovationsart zu legen ist, sondern auch je nach Branchenlebenszyklus unterschiedlich zu agieren. Junge Branchen ziehen meist Produktinnovationen vor, da sich noch kein vorherrschendes Design etabliert hat. Hier haben Neueinsteiger gute Chancen, mit neuen Produktmerkmalen erfolgreich zu konkurrieren. Reifere Branchen bevorzugen eher Verfahrensinnovationen. Hier haben große Unternehmen meist einen Vorteil, da sich Größenvorteile aufgrund eines vorherrschenden Designs nutzen lassen.

Die Abfolge von Produkt- und Verfahrensinnovationen lässt sich jedoch nicht immer exakt abgrenzen, da häufig Produktinnovationen parallele Verfahrensinnovationen erfordern. Zwischen den betrieblichen **Innovationsarten** besteht somit ein komplexes **Wirkungsgeflecht.** Verfahrensinnovationen sind meist die Folge von Produktinnovationen, sie können aber auch deren Voraussetzung, Initiator oder Katalysator sein. Sozialinnovationen können Voraussetzung, Initiator, Katalysator oder die Folge von Produkt- und Verfahrensinnovationen sein. So stehen alle betrieblichen Innovationsarten in einem interdependenten Verhältnis zueinander. Verfahrens- und Sozialinnovationen unterstützen Produktinnovationen. Nach einem übergreifenden Innovationsverständnis umfasst daher die innovationsorientierte Unternehmensführung nicht nur technologieorientierte Produkt- und Verfahrensinnovationen, sondern auch Sozialinnovationen (vgl. *Vahs/Brem*, 2015, S. 44).

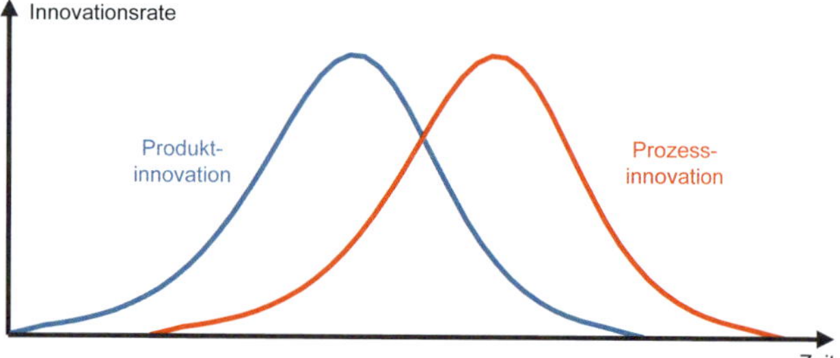

Abb. 8.6.2: Zusammenhang von Produkt- und Prozessinnovation (vgl. Abernathy/Utterback, 1975, S. 142 ff.)

Produkt- und Verfahrensinnovationen werden als **Technologieinnovationen** bezeichnet. Sie haben maßgeblichen Einfluss auf die Wettbewerbsposition eines Unternehmens. Die Begriffe Technik und Technologie haben griechische Wurzeln. „Techne" bedeutet „Handwerk" oder „Kunstfertigkeit" und „technologfa" steht für eine „kunstgemäße Abhandlung". Der englische Begriff „Technology" bedeutet wortwörtlich Technik, wird jedoch ins Deutsche mit Technologie übersetzt. Daher werden die beiden Begriffe meist deckungsgleich verwendet. Im Folgenden werden diese allerdings voneinander differenziert.

> **Technologie** steht für eine wissenschaftlich fundierte Erkenntnis, die bei der Lösung praktischer Probleme angewendet werden kann. **Technik** bezeichnet die in Produkten oder Verfahren angewandte Technologie zur Lösung praktischer Probleme (in Anlehnung an *Gerpott*, 2013, S. 17).

Produkte und Prozesse nutzen stets eine Kombination von Technologien, die für den Kunden nicht erkennbar in das Produkt oder dessen Herstellungsverfahren einfließen. Dabei kann die Bündelung verschiedener Technologien zu Synergien führen und selbst Quelle von Innovation sein. Technologien lassen sich wie in Abb. 8.6.3 anhand verschiedener Kriterien voneinander abgrenzen, wobei jede Technologie zu mehreren Kriterien gehören kann.

8.6.2 Innovationsprozess

Aus ablauforganisatorischer Sicht wird Innovation als Prozess betrachtet, durch den eine Neuerung entsteht. Der Innovationsprozess lässt sich in die Phasen der Ideengenerierung, -evaluation und -realisierung unterteilen (vgl. *Brockhoff*, 2014, S. 38; *Hauschildt* et al., 2016, S. 4). Als Überblick zeigt Abb. 8.6.4 die Phasen des Innovationsprozesses mit den jeweiligen Ergebnissen sowie den Zu-

Kriterium	Technologiearten
Einsatzgebiet	▪ **Produkttechnologie** ist in der verkauften Leistung enthalten ▪ **Verfahrenstechnologie** (Prozesstechnologie) wird zur Leistungserstellung genutzt, ist aber kein direkter Bestandteil der Leistung
Interdependenzen	▪ **Komplementärtechnologie** ergänzt sich bei der Lösung eines Kundenproblems ▪ **Substitutionstechnologie** löst ähnliche Kundenprobleme auf unterschiedliche Art
	▪ **Kompatible Technologie** weist eine hohe Anschlussfähigkeit an Vorläufertechnologie auf oder lässt sich in ein größeres System einfügen ▪ **Inkompatible Technologie** entwertet Vorläufertechnologie oder ist in kein größeres System integrierbar
	▪ **Einzeltechnologie** wird isoliert von anderen Technologien eingesetzt ▪ **Systemtechnologie** entsteht durch Integration verschiedener Technologien
Lebenszyklus	▪ **Schrittmachertechnologie** ist neu entstehende Technologie mit großem Weiterentwicklungspotenzial und zunächst vage definierten Anwendungsfeldern ▪ **Schlüsseltechnologie** ist zunehmend am Markt eingesetzte, aber noch relativ neue Technologie mit einigem Weiterentwicklungs- und Wettbewerbspotenzial ▪ **Basistechnologie** ist von allen Wettbewerbern am Markt beherrschte, ausgereifte Technologie
	▪ **Neue Technologie** basiert auf einer bislang unentdeckten Ziel-Mittel-Wirkungskette ▪ **Verbesserte Technologie** baut auf bekannten Ziel-Mittel-Wirkungsketten auf und verfügt nur über marginale Leistungszuwächse ▪ **Verdrängte/alte Technologie** ist nicht oder kaum am Markt eingesetzte, leistungsschwächere Technologie
Anwendungsbreite	▪ **Querschnittstechnologie** ist branchenübergreifend nutzbar und basiert oft auf anderen Technologien ▪ **Spezifische Technologie** ist ausschließlich branchenbezogen nutzbare Technologie
	▪ **Kernkompetenztechnologie** ist übergreifend in mehreren Geschäften, Produkten oder Märkten einsetzbare, schwer zu imitierende Technologie mit hohem Potenzial zur Erringung von Wettbewerbsvorteilen ▪ **Randkompetenztechnologie** ist nur in einem Geschäft, Produkt oder Markt einsetzbare Technologie mit geringer Relevanz für das Gesamtunternehmen
Produktbezug	▪ **Kerntechnologie** ist im Produkt selbst enthalten ▪ **Unterstützungstechnologie** dient der Erleichterung der Nutzung des (Haupt-)Produktes
Rechtliche Schützbarkeit	▪ **Geschützte Technologie** beschränkt die Nutzung neuer Technologie durch Dritte mit Schutzrechten (Patente, Gebrauchsmuster) ▪ **Ungeschützte Technologie** ist für alle Unternehmen nutzbares Problemlösungswissen (Know-how)

Abb. 8.6.3: Systematisierung von Technologien (in Anlehnung an Gerpott, 2013, S. 26f.)

sammenhängen zum F&E-Management, bevor die einzelnen Prozessschritte nachfolgend beschrieben werden. Die Phasen dienen als gedankliche Struktur und laufen nicht streng sequenziell ab. In der Praxis sind einzelne Phasen unter Umständen mehrfach in Schleifen zu durchlaufen und die Phasen können sich inhaltlich und zeitlich überlappen.

Ideengenerierung

Die **Ideengenerierung** ist der erste Teil des Innovationsprozesses, indem möglichst viele relevante Ideen entwickelt werden.

> **Ideen** sind Einfälle und Gedanken, die auf der Suche nach Problemlösungen entstehen. Sie beinhalten neue Lösungen und sind daher immateriell und schöpferisch (in Anlehnung an *Hauschildt et al.*, 2016, S. 16).

Die **Ideengenerierung** besteht aus folgenden Phasen:

- Die **Suchfelddefinition** ist die notwendige Voraussetzung für einen zielgerichteten Innovationsprozess. Dabei wird als strategische Vorgabe der notwendige Innovationsbedarf eines Unternehmens für konkrete Innovationsvorhaben definiert. Dies geschieht anhand der Innovationsstrategie, die in die Unternehmensstrategie integriert ist. Dadurch soll sichergestellt werden, dass lediglich strategiekonforme Innovationsansätze realisiert werden. Die Entscheidung über Innovationsziele, -häufigkeit und -grad des Unternehmens gibt somit inhaltlich und zeitlich die Definition der Suchfelder vor. Suchfelder bilden den Rahmen für Ideen, indem sie den strategischen Innovationsbedarf präzisieren und veranschaulichen. Sie charakterisieren das identifizierte Problem, das durch Innovation gelöst werden soll, sowie deren späteres Anwendungsgebiet. Suchfelder dienen als Orientierungshilfe für die Ideengenerierung und tragen dazu bei, Fehlallokationen von Ressourcen zu

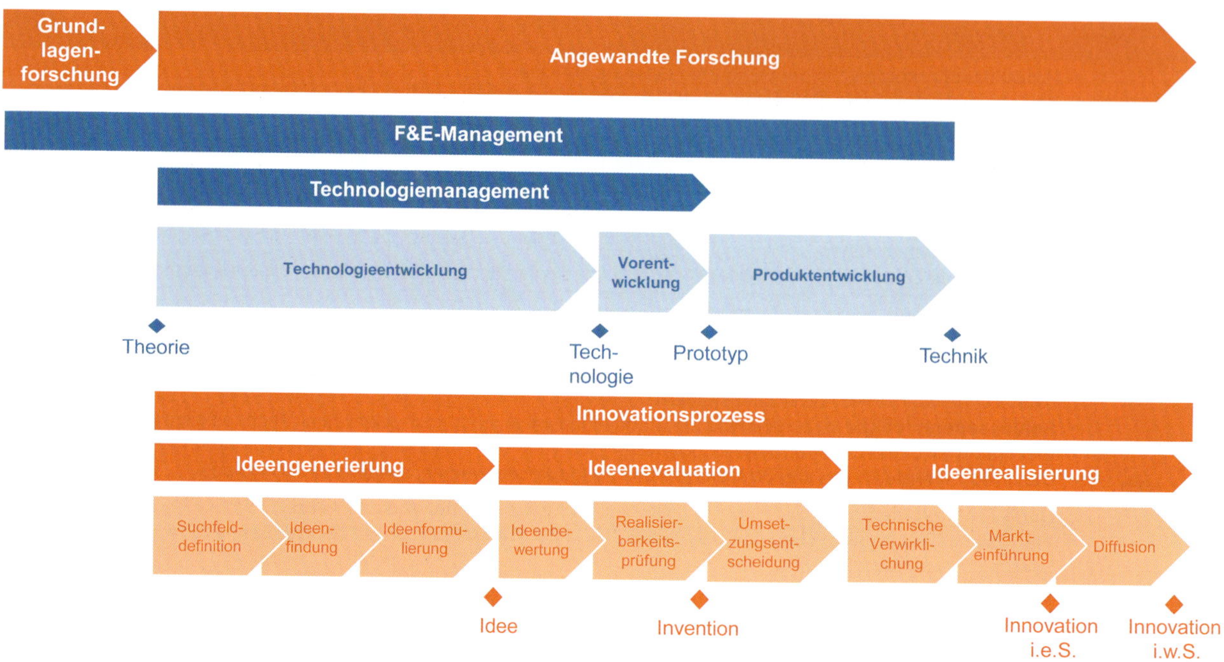

Abb. 8.6.4: Phasen des Innovationsprozesses (in Anlehnung an Vahs/Brem, 2015, S. 229 ff.)

vermeiden (vgl. *Vahs/Brem*, 2015, S. 139 ff.). Dabei sind zwei **Suchrichtungen** möglich:

- **Bedarfsdeckung:** Auf der Basis vorhandener oder in Zukunft auftretender Bedarfe sind Suchfelder für eine zu erarbeitende Lösung zu definieren. Die Suchfelder können sich dann etwa auf die Modifikation vorhandener oder die Generierung völlig neuer Problemlösungen beziehen. Ein Beispiel kann die Suche nach Lösungen zur Anpassung bestehender Produkte an digitale Technologien sein.
- **Bedarfsgenerierung**: Ein neues technisches Prinzip, ein neuer Leistungsumfang oder neue Produkte können zu neuen Anwendungsmöglichkeiten führen. Die Kombination bekannter Problemlösungen zielt auf einen noch nicht existierenden oder unbewussten Kundenbedarf. So wurde etwa durch das Smartphone aus der technischen Integration unterschiedlicher Produkte, wie Telefon, Tablet und Fotoapparat, ein neuer Bedarf geschaffen.

Bei der Definition von Suchfeldern sind insbesondere potenzielle Kundenbedürfnisse, zukünftige Anforderungen oder zu verbessernde Situationen bedeutsam. Dazu sind Entwicklungen im Unternehmensumfeld, Veränderungstendenzen und nicht artikulierte Bedürfnisse zu bestimmen. Dies basiert auf unvollständigen, unsicheren und subjektiven Informationen und erfordert Intuition und Kreativität. Beispiele für Suchfelder eines Automobilherstellers könnten die Nutzung digitaler Technologien für autonomes Fahren in LKWs, neue Werkstoffe zur Gewichtsreduktion oder die Reduzierung von Emissionen sein.

- In der Phase der **Ideenfindung** sollen möglichst viele Ideen zur Deckung des Innovationsbedarfs innerhalb eines Suchfelds erzeugt werden. Ideen zur Problemlösung sind meist noch vergleichsweise vage und unscharf. Es kann zwischen Ideensammlung und -entwicklung unterschieden werden (vgl. *Vahs/Brem*, 2015, S. 140 ff.):
  - Bei der **Ideensammlung** handelt es sich um ein systematisches Erfassen zufällig entstehender Ideen durch Exploration (zweckfreies Suchen nach Ideen), Entdecken (Aufspüren vorhandener, aber noch nicht wahrgenommener Ideen) oder Entwickeln (Verknüpfen von bekannten Informations- und Wissensbausteinen zu neuen Ideen).
  - Durch die **Ideenentwicklung** werden Problemlösungsansätze für den Innovationsbedarf durch Kreativitätstechniken erzeugt.

Ideen können aus folgenden **Quellen** stammen:

- **Unternehmensinterne Quellen** sind Wünsche oder Einfälle von Mitarbeitern, insbesondere aus den Funktionen F&E, Marketing oder Produktion. Dabei wird bereits existierendes Wissen der Mitarbeiter gesammelt und aufbereitet, woraus insbesondere Ideen für bestehende Probleme und Verbesserungspotenziale entstehen. Dieses geschlossene Innovationsmodell basiert auf der Nutzung interner Ressourcen und erfordert Geheimhaltung, um intellektuelles Eigentum zu schützen und Imitation durch die Konkurrenz zu vermeiden.

- **Unternehmensexterne Quellen** können Kunden, Lieferanten und externe Partner sein. Ideen können Kundenwünsche aufgreifen oder die Kunden werden aktiv in die Ideengenerierung einbezogen. So lädt z.B. *McDonald's* seine Kunden ein, Rezepte für Hamburger vorzuschlagen, um aus diesen Ideen neue Produkte zu entwickeln. Dies wird auch als Open Innovation bezeichnet. Demnach kann externes Wissen im sog. Outside-In-Prozess in den Innovationsprozess eingebracht werden, um die eigenen Innovationen zu beschleunigen und zu verbessern. Hinter diesem Konzept steht die Idee, dass ein offener Austausch von Ideen höchstwahrscheinlich schneller bessere Produkte hervorbringt als der geschlossene interne Ansatz. So arbeitet etwa *Apple* mit unzähligen unabhängigen Anwendungsprogrammierern zusammen. Beim Lead User-Konzept werden besonders fachkundige, anspruchsvolle und professionelle Anwender aktiv in die Ideenfindung einbezogen. Ideen lassen sich auch zukaufen, etwa von wissenschaftlichen Institutionen oder externen Kreativteams.

Diese Abgrenzung ist jedoch nicht trennscharf, da etwa ein F&E-Mitarbeiter von einem Kunden dessen Anwendungsprobleme geschildert bekommen kann und dies dann zu neuen Ideen führt. Auch Ideen, die von außerhalb des Unternehmens stammen, sind stets im Unternehmen aufzunehmen und zu verarbeiten. Die Entscheidung zwischen geschlossener oder offener Innovation hängt von den folgenden **Faktoren** ab:

- In Branchen mit intensivem Wettbewerb und Rivalität verhalten sich die Unternehmen opportunistisch und nutzen Vorteile für sich selbst. Dann ist die geschlossene Innovation besser geeignet.
- Einmalige Innovationen mit grundlegender technologischer Verbesserung können einen dauerhaften Vorsprung verschaffen, was für die geschlossene Innovation spricht. Offene Innovation eignet sich hingegen bei der Innovation als anhaltender Prozess, da sich die Partner gegenseitig unterstützen.
- Sind Technologien sehr komplex und eng miteinander verknüpft, so kann die offene Innovation Aspekte einbringen, welche nicht in die gesamte Technologielandschaft passen und so der Innovation mehr schaden als nützen.

- Die **Ideenformulierung** dokumentiert die Kernaussagen und ist die Voraussetzung für die nachfolgende objektive Beurteilung. In der Ideenfindung werden Ideen vielfach nur stichwortartig skizziert, sodass der eigentliche Kern der Idee für Dritte nicht verständlich ist. Zudem sollen in der sich anschließenden Ideenevaluation vergleichbare Alternativen vorhanden sein, weshalb Ideen gemäß den Bewertungsrastern ausgeführt und erklärt werden müssen. Ansonsten besteht die Gefahr, dass sie aufgrund mangelnder Dokumentation verloren gehen. So kann unter Umständen eine wertvolle Idee nicht weiterverfolgt werden, weil sie nicht nachdrücklich oder plastisch genug formuliert wurde. Dazu können verbale Formulierungen oder visuelle Darstellungen in Form von Skizzen, Modellen, Funktionsmustern oder digitalen Modellen (Mock-up) dienen. Ideen können sich auch verändern, da durch die intensive Auseinandersetzung mit der Idee Anregungen zur Verbesserung und Konkretisierung oder auch völlig neue Ideen entstehen können. Das Ergebnis der Ideenformulierung ist eine Innovationsidee. Der Begriff verdeutlicht, dass erste Ideen aus dem Suchfeld weiterentwickelt und in ihren Anwendungsmöglichkeiten konkretisiert wurden.

Bereits beim Übergang von der Ideenfindung zur Ideenformulierung reduziert sich in der Regel die Zahl der Ideen. Sie werden verdichtet und meist mehrere Ideen zu einer Innovationsidee kombiniert. Diese Reduktion an Ideen erfolgt jedoch implizit und oft unbewusst, indem vor allem solche Ideen ausformuliert werden, die intuitiv sinnvoll und strategisch relevant erscheinen.

Ideenevaluation

Die **Ideenevaluation** ist der zweite Abschnitt des Innovationsprozesses und besteht aus folgenden Phasen:

- Die **Ideenbewertung** hat zum Ziel, die Innovationsideen mit der größten Realisierungswahrscheinlichkeit möglichst objektiv auszuwählen. Für eine Bewertung und Auswahl erfolgversprechender Innovationsideen sind drei **Faktoren** wichtig:
  - **Bewertungskriterien:** Quantitative Kriterien sind vor allem monetäre, kapazitäts- und zeitdauerbezogene Größen, wie etwa Kosten, Kapazitätsbedarf, Dauer des Innovationsprozesses oder zu erwartender finanzieller Ertrag. Qualitative Faktoren zielen auf Technologie-, Markt- und Kundenkriterien, z.B.

vorhandenes Know-how, technologisches Weiterentwicklungspotenzial der Innovationsidee, Image, staatliche Vorschriften oder ökologische Folgewirkungen. Meist werden mehrere qualitative und quantitative Bewertungskriterien zu einem mehrdimensionalen Bewertungssystem kombiniert. Die Kriterien ermöglichen eine objektive und nachvollziehbare Bewertung von Ideen und müssen für alle Prozessbeteiligten verständlich sein.

- **Bewertungsmethoden und -verfahren** ermöglichen die Beurteilung der Eignung und Reife der Innovationsidee anhand der Bewertungskriterien. Bewährt sind vor allem mehrstufige Verfahren, welche zunächst Ideen ausschließen, die nur geringe Zielbeiträge erwarten lassen. Dabei erfolgt eine Bereinigung um Doppelnennungen. Ähnliche Innovationsideen werden zusammengefasst oder integriert und auf die Erfüllung bestimmter K.-o.-Kriterien überprüft. Im nächsten Schritt wird eine qualitative Beschreibung der Vor- und Nachteile aller Innovationsideen in Bezug auf die Erfüllung des Innovationsbedarfs vorgenommen. Nach dieser Vorauswahl werden die verbliebenen Ideen z. B. anhand von Checklisten oder Scoringmodellen bewertet und in eine Rangfolge eingeordnet. Die damit priorisierten Innovationsideen werden dann eingehend untersucht. Dazu werden zunehmend quantitative Bewertungsmethoden und Wirtschaftlichkeits- und Investitionsrechnungen durchgeführt.
- Die **Vorstellungskraft der Entscheidungsträger** über die Entwicklung des Einsatzgebietes der Innovation ist ein wesentlicher Faktor für die richtige Auswahl. Ideen sollen neutral und ohne Vorurteile betrachtet werden. Beispielsweise sollen auch externe Ideen einbezogen und das „Not invented here"-Syndrom vermieden werden.

- Die **Ideenrealisierbarkeitsprüfung** untersucht zunächst die ausgewählten Innovationsideen auf deren grundsätzliche Machbarkeit (Feasibility Study). Die Realisierungsalternativen werden mit ihren technischen und wirtschaftlichen Chancen und Gefahren beschrieben. Dazu werden häufig Markt-, Herstellbarkeits- und Risikoanalysen durchgeführt sowie Produktionskonzepte erstellt. Darüber hinaus werden die Produktkosten, Absatzpreise und -volumina geschätzt. Das Ergebnis sind inhaltlich detaillierte Beschreibungen von Realisierungsplänen in **Lasten- und Pflichtenheften** sowie eine Projektplanung jedes potenziellen Innovationsprojekts mit konkreten Aufgabenpaketen und Zeit-, Kapazitäts- und Kostenplänen (vgl. Kap. 5.3.4). Dafür ist auch zu entscheiden, ob aus Kapazitäts-, Know-how- oder Kernkompetenzgründen ein Innovationsprojekt selbst realisiert werden oder die Umsetzung unternehmensextern oder in Kooperation erfolgen soll. Bei der Realisierungsplanung ist auf eine möglichst umfassende Betrachtung und realistische Bewertung zu achten. Zu exakte Planungsdaten in einem frühen Stadium führen zu Scheingenauigkeit und zu grobe Planungsprämissen zu unzureichender Transparenz und Fehlentscheidungen. Das Risiko wird daher meist mit Szenarien und deren Eintrittswahrscheinlichkeiten abgebildet. Zusammengefasst wird dies oft in einem sog. Business Case (vgl. vertiefend Kap. 4.2.4). Er beinhaltet Aussagen über die Realisierbarkeit und den zu erwartenden Erfolg einer Idee.
- Am Ende der Ideenevaluation steht die **Entscheidung über das Innovationsprojekt**. Es wird das Innovationsprojekt ausgewählt, das die größte Erfolgswahrscheinlichkeit verspricht und sich gleichzeitig unter den gegebenen Planungsprämissen effizient realisieren lässt. Mit der Entscheidung für eine Idee wird der Projektauftrag erteilt und die Ressourcen für das Projekt bereitgestellt (vgl. Kap. 5.3.2), sodass die technische Umsetzung unmittelbar beginnen kann. Mit der **Umsetzungsentscheidung** wandelt sich der Innovationsprozess von vornehmlich gedanklichen Überlegungen zur investitions- und kostenintensiven Projektrealisierung.

Ideenrealisierung

An die Umsetzungsentscheidung schließt sich die **Realisierung** an, die aus den Phasen technische Verwirklichung, Markteinführung und Diffusion besteht. Sie wird als der wichtigste Teil des Innovationsprozesses und Kernbestandteil des F&E-Managements angesehen, da hierbei der Großteil der Innovationskosten entsteht. Dieser Teilprozess nimmt einen vergleichsweise langen Zeitraum in Anspruch und erfordert häufig hohe Investitionen etwa in die Beschaffung oder Umgestaltung von Produktionsanlagen. Daher ist ein effizienter Ablauf mit wenigen Schleifen wichtig.

Die **Realisierung im engeren Sinne** besteht aus den Phasen:

- In der Phase der **technischen Verwirklichung** werden die Projektplanungen umgesetzt und Entwicklungstätigkeiten wie detailliertes Entwerfen, Konzipieren, Konstruieren, Prototypbau, Testen, Produktionsplanung etc. ausgeführt. Dabei spielt das Projektmanagement für die Innovationsprojekte eine Schlüsselrolle (vgl.

Kap. 5.3.4). Im Ablauf wiederholt sich dabei der Innovationsprozess in detaillierter Form, indem konkretisierte Ideen zur technischen Umsetzung generiert, bewertet, ausgewählt und dann realisiert werden. Nach Abschluss der Entwicklung bzw. teilweise parallel dazu, werden verschiedene Tests durchgeführt und eine Versuchsproduktion gestartet. Daraus werden Verbesserungspotenziale eingebracht und eine Vorkalkulation erstellt. Das Ergebnis dieses Teilprozesses ist eine fertig entwickelte und produzierte Lösung. Vor allem im Zusammenhang mit Produkt- und Verfahrensinnovationen wird dies als **Invention** bezeichnet.

> Eine **Invention** oder Erfindung ist eine technisch vollständig und konkret formulierte Lösung für naturwissenschaftliche oder technische Problemstellungen und damit das Ergebnis von Forschung und Entwicklung (vgl. *Brockhoff/Brem*, 2021, S. 34).

Eine Invention ist immer noch ein gedankliches oder modellhaftes Gerüst, jedoch mit exakt definierten Merkmalen, die ggf. auch bereits erstmalig technisch realisiert wurden. Je nach Grad der technischen Neuartigkeit eignen sich Inventionen zur Patentierung und damit zum Schutz gegen Nachahmung. Es besteht die Chance, diese wirtschaftlich zu nutzen (vgl. *Brockhoff/Brem*, 2021, S. 34 ff.).

- Bei der sich anschließenden **Markteinführung** überlappen sich marktvorbereitende Maßnahmen, wie etwa Werbung, zeitlich mit der Entwicklung und Produktion. Mit der Einführung eines neuen Produktes am Markt beginnt dessen Lebenszyklus (vgl. vertiefend Kap. 3.2.3). Erfolgsentscheidend ist der richtige Zeitpunkt für den Markteintritt. Bei der Markteinführung kommen potenzielle Kunden mit einer Problemlösung in Kontakt und die Akzeptanz und Kaufbereitschaft werden deutlich. Bei diesem sog. Proof of Concept zeigt sich, ob die Ergebnisse der Marktforschung und Pre-Tests zutreffend sind. Aus der Markteinführung kann meist auch erkannt werden, ob sich der geplante wirtschaftliche Erfolg einstellen wird. Eine erfolgreiche Markteinführung hängt vor allem von folgenden **Faktoren** ab (vgl. *Meffert* et al., 2018, S. 373 f.):
  - Einzigartigkeit und Überlegenheit der Problemlösung und die Fähigkeit, diese Vorteile dem Kunden klarzumachen,
  - eine systematisch geplante und kommunizierte Einführungsstrategie, welche meist mit einem hohen Ressourceneinsatz verbunden ist,
  - die Beachtung der Wettbewerberaktivitäten und die Wahl des richtigen Markteintrittsfensters.

  In der Regel wird der Innovationsprozess mit der Markteinführung für beendet erklärt, da in der Praxis die Verantwortung vom Innovationsmanagement auf die Führung des jeweiligen Funktions- oder Geschäftsbereichs übergeht (vgl. *Hauschildt* et al., 2016, S. 21). Das Ergebnis der Markteinführung ist die **Innovation im engeren Sinne**.

> **Innovation im engeren Sinne** ist eine Invention, aus der neue Produkte, Dienstleistungen oder Verfahren hervorgehen und die in den Markt eingeführt wird.

Ein Instrument zur Unterstützung und Marktorientierung des Entwicklungsprozesses ist die Zielkostenrechnung bzw. das **Target Costing**. Es eignet sich weniger für grundlegende Neukonzeptionen von Produkten als vielmehr für die Weiterentwicklung, Differenzierung und Diversifizierung komplexer Produkte und Systeme. Das Konzept wurde in der japanischen Wirtschaft in den 1970er-Jahren entwickelt, um Kundenorientierung sowohl hinsichtlich des Preises als auch der geforderten Produkteigenschaften zu verwirklichen. Im Vordergrund steht dabei die Frage, was ein Produkt maximal kosten darf, damit es am Markt erfolgreich ist.

Der Target Costing-Prozess läuft in drei **Phasen** ab (vgl. *Seidenschwarz*, 2003, S. 107 ff.):

- Die **Zielkostenfestlegung** basiert auf der Marktforschung, um einen wettbewerbsfähigen Marktpreis (Target Price) und die Produktpräferenzen der potenziellen Kunden zu ermitteln. Davon wird retrograd die angestrebte Gewinnmarge (Target Profit) abgezogen. Dies ergibt die maximal erlaubten Kosten (Allowable Costs). Im Idealfall lassen sich die Zielkosten vom Markt ableiten (Market into company). Daneben können sie auch aus Konkurrenzvergleichen (Out-of-Competitor) oder ausgehend von Kapazitäten, konstruktions- und fertigungstechnischer Potenziale sowie Erfahrungskurveneffekten (Out-of-Company) ermittelt werden. Auch Mischformen sind möglich (Into and out of Company).
- In der **Zielkostenspaltung** werden die Zielkosten eines Produktes auf dessen Baugruppen oder Komponenten heruntergebrochen. Mit der sog. Funktionsmethode werden die Zielkosten gemäß der Gewichtung des Kunden zunächst auf die Produktfunktionen verteilt. Danach werden basierend auf dem Beitrag der einzelnen Komponenten zur Erfüllung der Produktfunktionen die Zielkosten für die Produktkomponenten abgeleitet.

Mit Hilfe eines Zielkostenkontrolldiagramms kann anschließend der den Kundenwünschen entsprechende Kosteneinsatz den Ergebnissen der ersten Kostenschätzung gegenübergestellt werden.

- Begleitend zur Produktentwicklung werden in der **Zielkostenerreichung** die ermittelten Standardkosten eines Produktentwurfs (Drifting Costs) den Zielkosten gegenübergestellt. Auf diese Weise wird die Produktentwicklungsphase frühzeitig auf die Zielkosten ausgerichtet, da dort die Gesamtkosten und die Produkteigenschaften über den Lebenszyklus eines Produktes maßgeblich beeinflusst werden. Aus dem Zusammenspiel von Kundenpräferenzen, Produkteigenschaften und Kosten kann ermittelt werden, ob eine Produktkomponente entweder zu teuer ist oder noch Verbesserungsbedarf besteht.

Die Unterteilung des Innovationsprozesses in Phasen erleichtert dessen aktive Steuerung. Einige Branchen nutzen hierfür den in Abb. 8.6.5 dargestellten **Stage-Gate-Ansatz**. Das von *Cooper* (2002, S. 145 ff.) entwickelte Konzept ermöglicht die Steuerung des Innovationsprozesses von der Produktidee bis zur Markteinführung. Dabei ist jede Phase des Prozesses (Stage) mit einem Tor (Gate) versehen, das als Meilenstein dient. Dort wird entschieden, ob das Innovationsprojekt abgebrochen oder fortgeführt wird. Zur Unterstützung der Entscheidung gibt es für jedes Gate klar definierte Kriterien, ohne deren Erfüllung die nächste Phase nicht begonnen werden darf.

Diffusion

In einer umfassenderen Betrachtung ist der Innovationsprozess erst mit der erfolgreichen Marktdiffusion abgeschlossen. Demnach verlieren Innovationen nach einer bestimmten Zeit das Merkmal der Neuigkeit. Es kann auch aufgrund der Marktreaktion überprüft werden, ob die Innovationen die gewünschten finanziellen Ergebnisse erzielen (vgl. *Hauschildt* et al., 2016, S. 21)

> **Innovation im weiteren Sinne** ist eine Invention, aus der neue Produkte, Dienstleistungen oder Verfahren hervorgehen, welche sich wirtschaftlich erfolgreich im Markt durchsetzen (in Anlehnung an *Hauschildt* et al., 2016, S. 4).

Für die **Diffusion** neuer Produkte wird häufig ein mehrstufiges Vorgehen gewählt, um sowohl den Zielmarkt als auch das Unternehmen selbst auf die Einführung vorzubereiten (vgl. *Vahs/Brem*, 2015, S. 259 ff.). Die unternehmensinterne Vorbereitung soll im Unternehmen für eine hohe Akzeptanz sowie starke Identifikation und Motivation für das neue Produkt sorgen. So ist es z. B. erforderlich, Vertriebsmitarbeiter zu schulen und Vertriebswege festzulegen. Das Vorfeldmarketing prüft bei ausgewählten Testkunden die Marktakzeptanz des Produktes und insbesondere, ob dessen Nutzen vom Kunden erkannt wird. Zudem besteht die Möglichkeit, den geplanten mit dem am Markt erzielbaren Preis zu vergleichen und damit die Planungsvalidität zu prüfen. Die letzte Stufe vor dem Produktstart ist das sog. Pilot-Marketing. In einem Testmarkt kann dann neben dem Produkt der gesamte wahrgenommene Marktauftritt, inkl. unterstützender Leistungen, wie etwa Beratung und

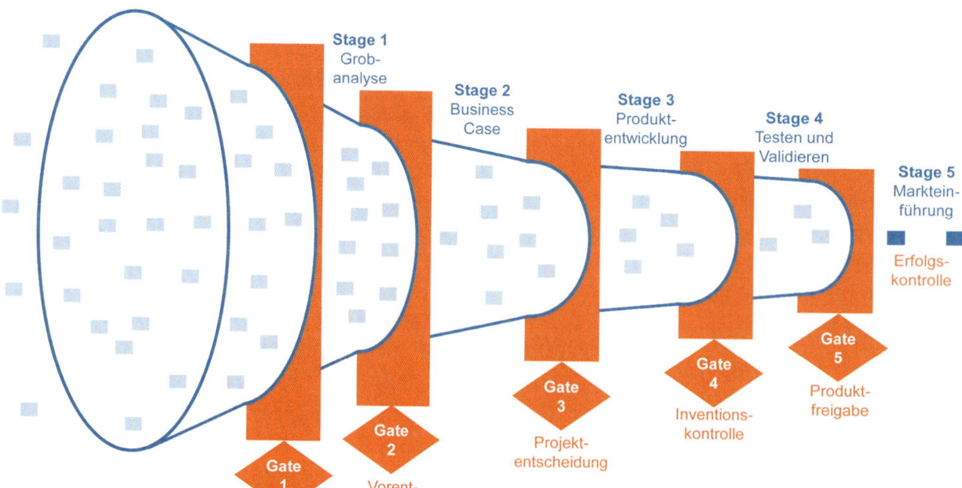

Abb. 8.6.5: Stage-Gate-Prozess (in Anlehnung an Cooper, 2002, S. 193)

Stage-Gate-Prozess bei Trelleborg Sealing Solutions

Praxisbeispiel von Jochen Sanguinette (Geschäftsführer Trelleborg Sealing Solutions)

Trelleborg Sealing Solutions ist ein weltweit führender Entwickler, Hersteller und Lieferant für Präzisionsdichtungen. Das Produkt- und Werkstoffportfolio bietet optimale Lösungen aus Elastomeren, Silikonen, Thermoplasten, PTFE und Verbundwerkstoffen für Anwendungen in allen Bereichen des Maschinen- und Anlagenbaus, in der Automobilindustrie sowie der Luft- und Raumfahrt. Das Unternehmen beschäftigt weltweit über 5.550 Mitarbeiter in 8 Forschungs- und Entwicklungszentren in Europa, Amerika und Asien sowie in 24 Produktionsstätten und 54 Vertriebsgesellschaften. Die gesamte *Trelleborg Gruppe* erlöst rund 2,4 Mrd. € und beschäftigt etwa 16.500 Mitarbeiter in 44 Ländern (www.trelleborg.com).

Innovation gehört zu den Unternehmenswerten der *Trelleborg Gruppe*: „We promote an innovative culture and attitude. Innovation is a key driver for our growth." Für *Trelleborg Sealing Solutions* bedeutet dies, Produktinnovationen orientiert an Marktbedürfnissen und technologischen Möglichkeiten zu entwickeln. So wird intensiv an den Materialien geforscht und eigene Materialrezepturen entwickelt. Mehr als 2.000 unternehmenseigene Werkstoffrezepturen stehen für spezielle Branchenanforderungen zur Verfügung.

Das Technologie- und Innovationsmanagement gestaltet den Produktentwicklungsprozess systematisch und umfasst im Wesentlichen drei **Bausteine**. Innovationsideen aus dem Unternehmen, von Kunden oder anderen Partnern werden aufgegriffen bzw. generiert. Im zweiten Schritt werden diese Ideen hinsichtlich ihres Potenzials evaluiert und anschließend konkrete Entwicklungsprojekte beschlossen und umgesetzt.

Die Konkretisierung des Produktentwicklungsprozesses erfolgt in einem **Stage-Gate-Prozess.** Dieser setzt sich aus vier Abschnitten (Stages) und Toren (Gates) zusammen, in denen genau festgelegt ist, welche Aufgaben von welcher Funktion zu erledigen sind bzw. welche Kriterien ein Projekt erfüllen muss, um in den nächsten Abschnitt zu gelangen. Der methodische Rahmen wird durch die Geschäftsleitung, die Leitung der Entwicklung sowie ein Technologiegremium aus technischen Experten und Marktsegmentmanagern ergänzt. Diese bestimmen die Schwerpunkte der Innovationstätigkeit und treffen auch konkrete Entscheidungen im Prozess. Abb. 8.6.7 zeigt den Stage-Gate-Prozess.

Eine exemplarische Detaildarstellung der Arbeitspakete und damit zu den Entscheidungsumfängen der Innovation-Gates zeigt Abb. 8.6.7.

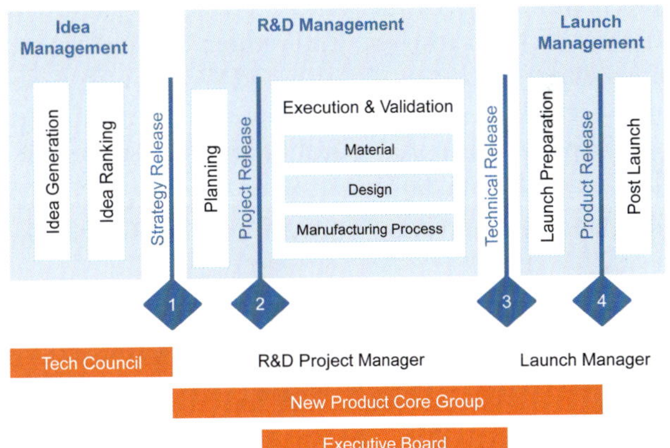

Abb. 8.6.6: Der Stage-Gate-Prozess von Trelleborg Sealing Solutions

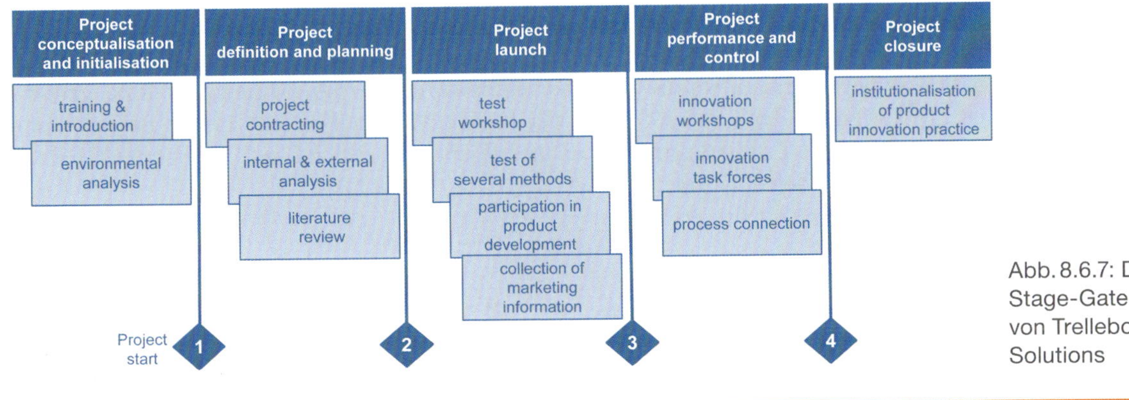

Abb. 8.6.7: Details zum Stage-Gate-Prozess von Trelleborg Sealing Solutions

Service, getestet werden. Aus diesen Phasen können ggf. noch Anregungen oder Verbesserungsvorschläge für den offiziellen Produktstart vorgenommen werden.

Die Ausbreitung von Neuerungen wird meist mit Hilfe des **Diffusionsmodells** nach *Frank M. Bass* (1969, S. 215 ff.) erklärt. Es definiert die Neukundenentwicklung in Abhängigkeit der Marktgröße und der potenziellen Kunden mit Hilfe von Innovations- bzw. Imitationseffekten. Die Entscheidung zur Annahme einer Innovation durch den Kunden wird als **Adoption** bezeichnet. Zunächst sind Erstkäufer durch die Neuartigkeit eines Produktes (Innovatoren) dominierend und in Abhängigkeit von deren Kontakten bzw. Weiterempfehlungen (Adoptionswahrscheinlichkeit) ist die weitere Verbreitung und ein Imitationseffekt zu erklären. Innovatoren und Imitatoren können durch Marketingaktionen und Wettbewerbsreaktionen beeinflusst werden. Die Kausalzusammenhänge sowie die potenziellen und tatsächlichen Kunden im Zeitverlauf zeigt Abb. 8.6.8.

Wesentliche **Einflussfaktoren der Diffusionsgeschwindigkeit** sind:

- **Produktmerkmale** erhöhen die Adoptionswahrscheinlichkeit in Abhängigkeit der Leistungsverbesserung gegenüber existierenden Lösungen. So boten etwa 3G-Handys eine geringe Leistungsverbesserung, wodurch es auf den meisten Märkten zu einem langsamen Wechsel kam. Ebenso wirken komplizierte Produkte und ein undurchsichtiges Marketing bei der Produkteinführung verlangsamend. So schrecken z. B. schwer verständliche Preisstrukturen oder Leistungspakete bei vielen Finanzdienstleistungen oder Energieversorgungsprodukten neue Kunden ab. Positiv wirken sich etwa die Möglichkeit des Tests von Produkten vor der Kaufentscheidung oder Informationen über die Erfahrungen anderer Nutzer aus. Referenzen zufriedener Kunden und die Unterstützung durch geeignete Vorbilder, wie etwa erfolgreiche Sportler oder berühmte Künstler, beeinflussen die Diffusionsgeschwindigkeit positiv.
- **Marktbewusstsein** bzw. Vernetzung der Kunden erhöhen die Beobachtbarkeit der Vorteile eines innovativen Produkts oder einer Dienstleistung. Auch Zwischenhändler müssen die eigenen Vorteile wahrnehmen können, z. B. durch sichtbare Erfolge anderer Nutzer und Händler.
- **Adoptionsgruppen** betrachten die Aufgeschlossenheit der Kunden gegenüber Innovationen. Potenzielle Kunden teilen sich nach den Untersuchungen von *Everett Rogers* (1962, S. 247 ff.) in typische Gruppen auf, welche sehr unterschiedlich anzusprechen und zu gewinnen sind (vgl. Abb. 8.6.9). Innovatoren sind relativ wenige Kunden, welche ein Produkt als erste annehmen und von der Innovation fasziniert sind. Diesen folgen aufgrund positiver Erfahrungsberichte der Innovatoren die frühen Adoptoren. Mit dem Erreichen der großen Gruppe der frühen Mehrheit kann eine kritische Masse entstehen, welche der Innovation zum Durchbruch verhilft. Dies ist häufig zur Deckung der investierten Mittel erforderlich und ermöglicht es, die Preise auch für die späte Mehrheit erschwinglich zu machen. Schlussendlich folgen die Nachzügler, denen Innovationen gleichgültig sind.

Die **Diffusionskurve** (vgl. Abb. 8.6.9) stellt den Anteil der kumulierten Adoptionsentscheidungen am Markt dar. In Abhängigkeit der Einflussfaktoren folgt die Diffusion häufig einem typischen **S-förmigen Verlauf**. Sie beschreibt die Entwicklung des Anteils der Anwender der Innovation. Diese beginnt mit einer langsamen Zunahme, geht dann mit der frühen Mehrheit in eine rasche Beschleunigung über und flacht schließlich am Ende bei der Grenze der

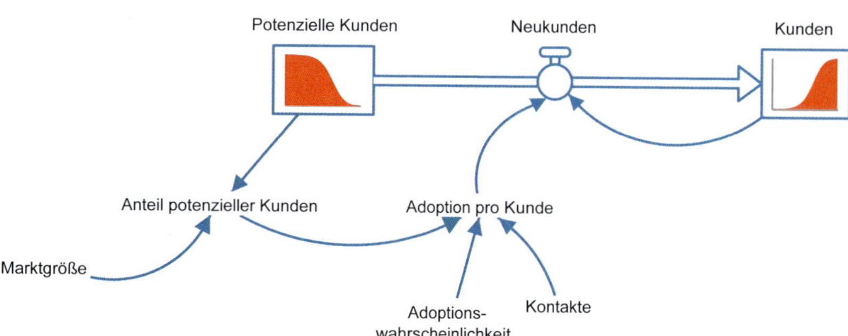

Abb. 8.6.8: Diffusionsmodell nach Bass

Nachfrage ab. Die Höhe der Diffusionskurve zeigt das Ausmaß der Diffusion und ihre Steigung die Geschwindigkeit.

Die Beeinflussung der Diffusionskurve beinhaltet folgende **Entscheidungsfelder** (vgl. *Whittington* et al., 2019, S. 427):

- **Positiver Wendepunkt:** Die Nachfrage nach einer Innovation ist zunächst gering und steigt mit dem ersten Wendepunkt der Diffusionskurve stark an. Vor allem bei Netzwerkeffekten und wenn sich der Wert eines Produkts oder einer Dienstleistung mit der Anzahl an Nutzern erhöht, ist die Planung des Zeitpunkts zum Erreichen des Wendepunkts von zentraler Bedeutung. Anschließend steigt die Nachfrage massiv an, sodass Investitionen in Kapazitätserweiterungen und den Vertrieb im Voraus durchgeführt werden müssen. Wird der Wendepunkt falsch prognostiziert, kann die Nachfrage leicht unterschätzt werden. So wurde Mitte der 1980er-Jahre vorausgesagt, dass es bis zum Jahr 2000 weltweit rund 900.000 Mobiltelefone geben würde. Tatsächlich wurde diese Zahl im Jahr 2000 alle 19 Stunden verkauft. *Nokia* hatte die steigende Nachfrage vorhergesehen und konnte aufgrund seiner Investitionen damals eine branchenweite Führungsposition einnehmen.
- **Plateau:** Die Diffusionskurve weist auch darauf hin, dass auf starkes Wachstum eine Plateauphase folgt, in der mit keinem bzw. sehr geringem Wachstum zu rechnen ist. Daher darf nicht aus dem Wachstum der Vergangenheit auf die Zukunft geschlossen werden, da dies zu Überinvestitionen führen kann.
- **Diffusionsausmaß:** Die Diffusionskurve führt nicht zwangsläufig zu einer hundertprozentigen Diffusion bei allen potenziellen Nutzern. Meist gelingt es nicht, die vorhergehenden Produkte völlig abzulösen. So ist in der Musikbranche keine vollständige Digitalisierung zu erwarten, da viele Musikliebhaber weiter Vinyl-Schallplatten oder CDs nutzen. Es ist daher wesentlich, den erwarteten maximalen Diffusionsgrad einer Innovation zu ermitteln.

Die **Diffusionsgeschwindigkeit** variiert je nach Produkt und Branche. So benötigen Innovationen in der Luftfahrtindustrie viele Jahre, während digitale Produkte sehr viel schneller Verbreitung finden. Insgesamt ist jedoch eine deutliche Zunahme der Diffusionsgeschwindigkeit zu beobachten. So benötigte das Radio rund 38 Jahre, bis 50 Mio. Nutzer erreicht waren. Dieselbe Anzahl an Nutzern wurde beim Fernsehen in 13 Jahren, beim Internet in vier Jahren und beim Foto- und Videotauschdienst *Instagram* in sechs Monaten erreicht. Das Smartphone-Spiel *Angry Birds* brauchte hierzu nur 35 Tage. Im Jahr 2020 waren die Apps *TikTok* vor *Zoom* und *Facebook* die weltweit am häufigsten installierten Anwendungen. Die Geschwindigkeit, mit der *TikTok* wächst, ist beeindruckend. Allein im ersten Halbjahr 2021 haben weltweit 500 Mio. neue Nutzer *TikTok* installiert, und die Zahl der aktiven Anwender ist 2021 auf rund eine Milliarde gewachsen. Die rasche Verbreitung insbesondere digitaler Produkte führt zu einer Komprimierung der Adaptionskurve auf zwei Phasen, die wie in Abb. 8.6.10 dargestellt, einer Haifischflosse ähneln (vgl. *Downs/Nanes*, 2018, S. 103).

Im Rahmen der Diffusion ist die Entscheidung über den Zeitpunkt der Markteinführung ein zentraler Aspekt einer Innovationsstrategie. Dabei wird vorgegeben, wann ein Unternehmen eine Innovation auf den Markt bringt, um Risiken zu verringern und Marktchancen bestmöglich zu

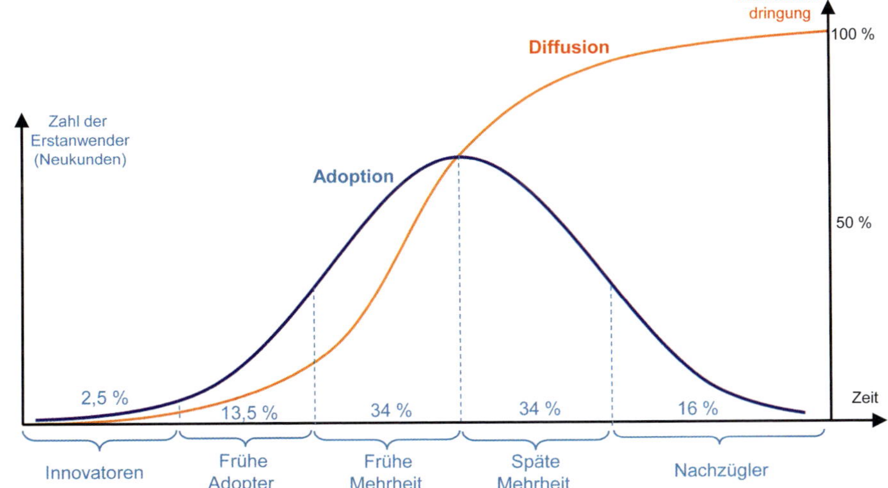

Abb. 8.6.9: Adoptionsgruppen und Diffusionskurve (in Anlehnung an Rogers, 1962, S. 247)

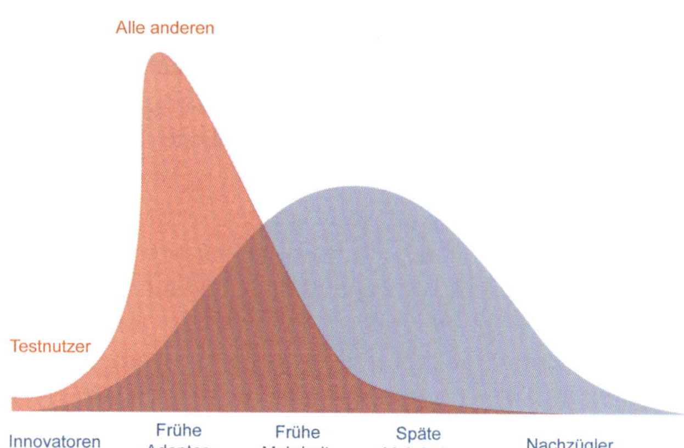

Abb. 8.6.10: Von der Glockenkurve zur Haifischflosse (Downs/Nanes, 2018, S. 103)

nutzen. Es lassen sich folgende **Markteintrittsstrategien** unterscheiden (vgl. *Vahs/Brem*, 2015, S. 109):

- **Innovationsführerschaft** oder Pionierstrategie zielt darauf ab, eine innovative Vorreiterposition einzunehmen und *Schumpeter*-Renten zu erzielen (vgl. Kap. 1.2.2). Diese ergeben sich aus risikofreudigen unternehmerischen Entscheidungen in einer ungewissen Umwelt. Gemäß der Diffusionskurve verspricht diese Strategie, die erzielten Umsätze mit den Innovatoren und in der ersten Wachstumsphase mit den frühen Adoptoren abzuschöpfen und sich als Marktführer zu etablieren. Diese **First Mover** erzielen temporäre Wettbewerbs- bzw. Monopolvorteile, welche ein Preispremium oder schnell wachsende Umsätze ermöglichen:

  - **Lerneffekte** können bei Pionieren schneller anfallen, da sie mehr Erfahrung im Umgang mit der Innovation und größeres Fachwissen erlangen als nachfolgende Unternehmen, welche den Wissensvorsprung der Vorreiter zunächst aufholen müssen.

  - **Größenvorteile** aus dem steigenden Produktionsvolumen ermöglichen Skaleneffekte in der Herstellung und Beschaffung, welche zu Kostenvorteilen gegenüber Nachahmern führen können.

  - **Ressourcenexklusivität:** First Mover können etwa durch Lizenzierung oder Exklusivverträge potenziellen Konkurrenten den Zugang zu Rohstoffen, Fachkräften, Wissen oder Einzelteilen verwehren.

  - **Reputationsvorteile:** Ein dominantes, früh etabliertes Unternehmen mit Innovationspotenzial kann Kunden anziehen, die lieber das Original und nicht eine Kopie kaufen wollen.

  - **Kundenbindung**: Durch Vorzugsbehandlungen oder Sonderprivilegien lässt sich eine Bindung erzeugen, welche für spätere Nachfolger nur schwer nachzuahmen ist. Legendär sind etwa die Kundenschlangen beim Verkaufsstart neuer *Apple*-Produkte, welche dem Kunden den Status als Innovator verleihen.

  Erfolgreiche Innovationsführer profitieren neben Kostenvorteilen und einem Preispremium auch durch einen längeren Abschöpfungszeitraum. Dem stehen aber erhöhte **Pionierrisiken** gegenüber. So ist das Marktrisiko relativ hoch, da noch keine Markterfahrung vorhanden ist. Daneben ist das technische Risiko beträchtlich, da Pioniere nicht auf Lösungen und Erfahrungen anderer zurückgreifen können. Eine Pionierstrategie ist daher mit hohen Investitionen in Forschung und Entwicklung sowie Markterschließungskosten verbunden. Viele Beispiele von Unternehmen mit einer erfolgreichen Vorreiterrolle zeigen, dass Innovationen eine dauerhaft gute Position auf dem Markt sichern können, wie z. B. *Coca-Cola* bei Getränken und *Dyson* bei Staubsaugern.

- **Innovationsfolger** treten erst nach dem Pionier in den Markt ein. Dadurch können sie das Risiko der Markteinführung begrenzen und von Fehlern der Pioniere in marktlicher und technischer Hinsicht lernen. Zudem profitieren sie von Aufbauleistungen der Innovationsführer beim Kunden oder innerhalb der Wertschöpfungskette. Daher stehen dem Verlust von *Schumpeter*-Renten meist geringere Entwicklungskosten insbesondere in ungewissen Umwelten gegenüber. Erfolgt der Markteintritt erst später in der Diffusionskurve, wird auch von späten Folgern oder einer „Me-too-Strategie" gesprochen. Dann bestehen bereits feste Marktstrukturen und stabiles Käuferverhalten sowie meist ein vorherrschendes Design bzw. Produktstandards. In diesem Fall kann aufgrund vermiedener Entwicklungskosten und Investitionen der Markteintritt trotz vorhandener Barrieren mit Niedrigpreisangeboten erfolgen. Folgerstrategien sind mit einem deutlich geringeren Abschöpfungspotenzial und dem Risiko von Verteidigungsmaßnahmen des Pioniers verbunden. Zentrale **Vorteile** von Innovationsfolgern sind:

  - **Trittbrettfahrer-Effekte** entstehen, indem technologische und andere Innovationen im Vergleich zu den Pionieren risikoloser nachgeahmt werden. Häufig liegen die Kosten einer Imitation bei nur 65 % der ursprünglichen Innovationskosten.

  - **Lerneffekte** können durch Beobachtung der Pioniere entstehen. Damit können Fehler vermieden und der Markteintritt verbessert werden.

Da viele First Mover scheitern, ist eine Folgerstrategie nicht ungewöhnlich. So begann etwa *Amazon* erst 1995 mit dem Online-Buchverkauf, während bereits vier Jahre zuvor der Pionier *Computer-Literacy-Bookshops* aus dem Silicon Valley startete. Das parallele Betreiben von Online-Handel und traditionellen Buchläden war jedoch kein erfolgreiches Geschäftsmodell, weshalb *Amazon* sich auf den Online-Verkauf beschränkte.

Für die Entscheidung zwischen Innovationsführer und -folger sind die Vorteile und Risiken abzuwägen. Sie hängen von folgenden **Kontextfaktoren** ab (vgl. *Whittington* et al., 2019, S. 420 ff.):

- **Gewinnkapazität** bezeichnet die Möglichkeit, die Gewinne einer Innovation auch selbst abzuschöpfen. Dies hängt davon ab, inwieweit eine Innovation vor einer Imitation durch Folger geschützt werden kann. Eine wichtige Rolle spielt dabei, wie leicht sich eine Innovation reproduzieren lässt. Je mehr implizites Wissen und je weniger frei verkäufliche Bestandteile enthalten sind, umso schwieriger wird das Kopieren. Andererseits wird eine Nachahmung erschwert, wenn geistiges Eigentum etwa durch Patente verteidigt werden kann. Innovationsfolgerschaft ist daher ratsamer, wenn Nachahmung relativ leichtfällt und schnell erfolgen kann, sodass sich ebenfalls Innovationsgewinne erzielen lassen.
- **Komplementäre Vermögenswerte** sind dann von Bedeutung, wenn ein Unternehmen nicht über alle nötigen Ressourcen verfügt, um Entwicklung, Produktion und Marketing einer Innovation selbst realisieren zu können. So ist z. B. ein junges Biotechnologieunternehmen wie *BioNTech* in der Lage, neue Produkte wie einen Impfstoff gegen Sars-CoV-2 zu entwickeln. Um diese jedoch in großen Mengen herzustellen und zu vertreiben, braucht es Partner wie *Pfizer*, welche die komplementären Vermögenswerte beisteuern, aber dafür auch einen Teil der Innovationsprämie einfordern. Insofern bedarf es unabhängiger Partner mit komplementären Vermögenswerten, um eine Innovationsführerschaft umsetzen zu können.
- **Dynamische Umwelten,** insbesondere hinsichtlich der Märkte und Technologien, erlauben einem First Mover keine dauerhaften Vorteile. Beispiele sind Spielkonsolen oder Sofware. Auf stabileren Märkten, wie etwa bei Softdrinks, sind Pioniervorteile meist wesentlich dauerhafter.
- **Unternehmensgröße und -kultur:** Bahnbrechende Innovationen und die Eroberung völlig neuer Märkte gelingen häufig eher kleineren Unternehmen. Demgegenüber verfügen etablierte Großunternehmen über die nötigen Ressourcen im Bereich Finanzen, Produktion, Marketing und Vertrieb, um in neuen Märkten dominieren zu können. Sie können als schnelle Folger auf Innovationen reagieren und frühe Experimente der First Mover zu einem erfolgreichen Geschäftsmodell ausbauen.

Neben der isolierten Betrachtung der Markteintrittsstrategie einer Innovation ist auch die zeitliche Abstimmung eines Portfolios an Innovationen von zentraler Bedeutung. Dies hängt von der Berücksichtigung interner Prozesse und Kapazitäten der Produktentwicklung und Produktion sowie von der Markteinführung ab. Wesentlich sind auch

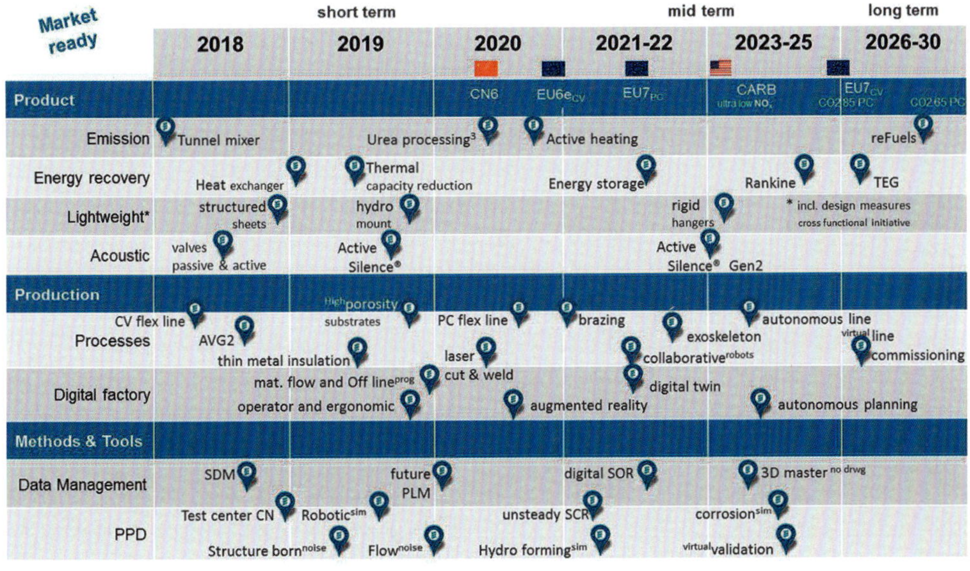

Abb. 8.6.11: Technologie-Roadmap von Eberspächer (www.eberspaecher.com)

die von den Wettbewerbern erwarteten Strategien. Daraus kann eine dynamische Wettbewerbsstrategie abgeleitet werden (vgl. Kap. 3.3.3). Die Planung der zeitlichen Abfolge der Markteinführung wird meist in einer sog. **Diffusions-Roadmap** dargestellt. Exemplarisch zeigt Abb. 8.6.11 eine Roadmap der Markteinführung neuer Technologien beim Automobilzulieferer *Eberspächer*.

8.6.3 Technologiestrategien

Innovationen können sich auf Produkte und Verfahren, das Geschäftsmodell oder auf das gesamte Unternehmen beziehen. Während in Kapitel 8.6.2 der Innovationsprozess im Vordergrund stand, werden nun strategische Konzepte vorgestellt, wie für Technologien, Geschäftsmodelle und Unternehmen temporäre Wettbewerbsvorteile und damit Innovationsrenten erzielt werden können.

Technologieinnovationen

Produkt- und Verfahrensinnovationen werden als **Technologieinnovationen** bezeichnet. Technologiestrategien haben maßgeblichen Einfluss auf die Wettbewerbsposition eines Unternehmens. Der Markt- und Branchen-Lebenszyklus wird in Kap. 3.2.3 näher erläutert. Eine Basis für diese Lebenszyklen ist der **Technologie-Lebenszyklus.** Technologien sind in vielen Branchen die Grundlage zur Herstellung konkurrenzfähiger Produkte und damit zur Erlangung von Wettbewerbsvorteilen. Beim Technologie-Lebenszyklus wird die Leistungsfähigkeit einer Technologie anhand ihrer Produkt- oder Prozessfunktionen bewertet (vgl. *Baum* et al., 2011, S. 216 f.).

Der Technologie-Lebenszyklus beschreibt die Entwicklung einer Technologie von ihrer Entstehung bis zur Reife. Diese **Technologie-S-Kurve** veranschaulicht die Leistungsfähigkeit einer Technologie in Abhängigkeit des kumulierten Entwicklungsaufwands und zeigt damit deren Reifegrad. Der Kurvenverlauf in Abb. 8.6.12 macht deutlich, dass zu Entwicklungsbeginn häufig nur geringe technologische Leistungsfortschritte zu beobachten sind. In diesem Stadium ist die Leistungsfähigkeit der Technologie noch niedrig, aber das Entwicklungspotenzial hoch. Darauf folgt eine Phase überproportionaler Leistungssteigerungen, in der sich das gesammelte Grundlagenwissen in Anwendungen übertragen lässt. Anschließend nähert sich die Technologie ihrer Leistungsgrenze und es werden kaum weitere Verbesserungen erzielt. Das technologische Potenzial ist somit nur noch gering. Anhand der Steigung der Kurve können potenzielle Leistungszuwächse durch weitere Entwicklungsanstrengungen prognostiziert werden. Dabei sind auch die gegenwärtig in einer Branche verwendeten Technologien in die Betrachtung einzubeziehen.

Unternehmen können am Technologie-Lebenszyklus erkennen, ob und wann die Entwicklung neuer Technologien erforderlich ist. Analog zum Produkt-Lebenszyklus sollte auch hier ein Mix aus Technologien in verschiedenen Lebenszyklusphasen angestrebt werden. Bei Technologien lässt sich jedoch ein Phasenwechsel nur schwer erkennen. Deshalb ist der Übergang auf neue Technologien nur begrenzt planbar. Dies kann zu Fehleinschätzungen im Technologie-Lebenszyklus führen. Beispielsweise verlängern sich die Lebenszyklen von PC-Betriebssystemen, bestehend aus Vermarktungs- und Wartungszeit. So bot *Microsoft* sein Produkt *Windows XP* länger an und zögerte die Ablösung hinaus. Der Lebenszyklus von *Windows XP* erstreckte sich von 2001 bis 2014 auf 13 Jahre. *Windows 7*

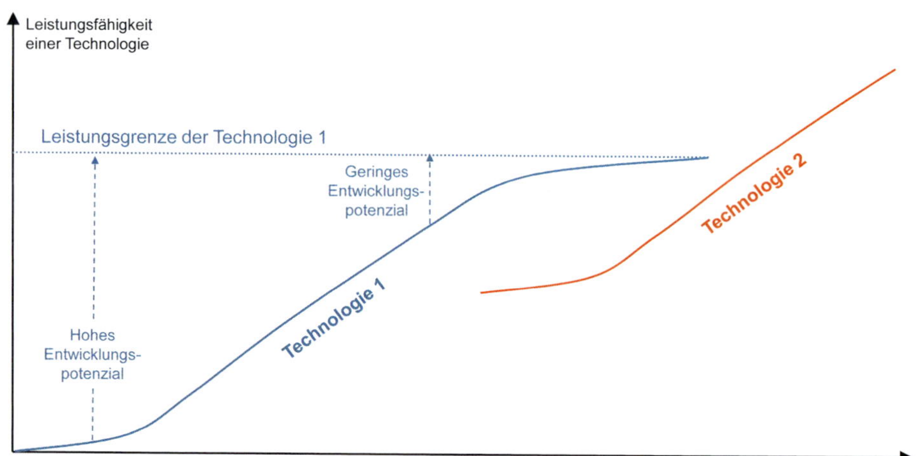

Abb. 8.6.12: Technologie-Lebenszyklus (in Anlehnung an Wheelen et al., 2018, S. 122)

erschien 2009 und wurde bis Ende 2014 verkauft. 2020 wurde der Support eingestellt. In der Regel richtet *Microsoft* seinen Lebenszyklus auf 10 Jahre aus, für einzelne Produkte, wie z. B. *Excel 2019*, auch kürzer.

Etablierte Unternehmen mit starker Marktposition verfügen häufig über eine besonders hohe Kompetenz in den verwendeten Technologien. Sie verbessern die Leistungsfähigkeit einer Technologie entlang der Technologiekurve immer weiter. Diese sog. **nachhaltigen Innovationen** verbessern die bestehende Technologie schrittweise, um auch die Erwartungen der anspruchsvollsten Kunden erfüllen oder sogar übertreffen zu können. Dafür sind enge Beziehungen zwischen dem Unternehmen und seinen Kunden erforderlich. Diese bevorzugen ebenfalls schrittweise Verbesserungen bestehender Technologien und stehen neuen Technologien oftmals skeptisch gegenüber. Die neue Technologie weist zunächst ein wesentlich schlechteres Leistungsniveau auf als die ausgereifte Technologie, aber verspricht langfristig ein höheres Leistungspotenzial. Die Herausforderung besteht nun darin, von der vorherrschenden Technologie auf die neue Technologie umzusteigen. Dies wird als **zerstörende oder disruptive Innovation** bezeichnet, da sie den Wert aller bisherigen Investitionen und Verbesserungsinnovationen in die vorherrschende Technologie zerstört (vgl. *Bower/Christensen*, 1995, S. 43 ff.). Zerstörende Innovationen können für starkes Wachstum sorgen, indem neue Kundengruppen erschlossen und die Kostenbasis bisheriger Geschäftsmodelle unterboten werden. Allerdings können etablierte Unternehmen nur schwer auf zerstörende Innovationen reagieren, da sie meist die bestehenden Kundenbeziehungen gefährden und das gesamte Geschäftsmodell infrage stellen.

Zerstörende Innovationen sind für die etablierten Unternehmen eher eine Gefahr als eine Chance. Bei den Fotokameras wurde die Marktführerschaft für Filme von *Kodak* durch Einführung der digitalen Fotografie wertlos. In der Musikindustrie wurden zunächst Schallplatten von CDs verdrängt. Diese wurden dann durch den Verkauf von Musikstücken in Form von mp3-Dateien bei Online-Händlern abgelöst, wie etwa bei *Apples iTunes*. Diese werden nun durch Streaming-Musikportale verdrängt, bei denen nicht mehr die Musikstücke erworben werden, sondern nur noch das Recht, diese anzuhören. Ein Beispiel ist *Spotify* (vgl. Kap. 8.7). Die Filmindustrie hat bereits ähnliche disruptive Technologiewechsel hinter sich. Vom herkömmlichen Filmerlebnis in den Kinos über den Verleih über Videotheken und per Postversand bis hin zum Online-Streaming z. B. bei *Amazon Prime* oder *Netflix*.

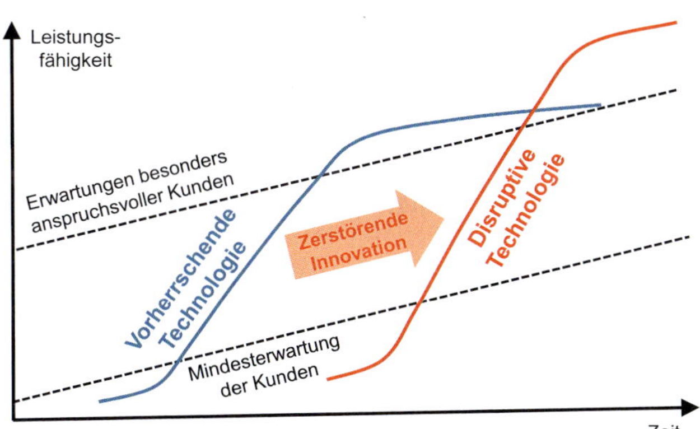

Abb. 8.6.13: Zerstörende Innovation (vgl. Bower/Christensen, 1995, S. 46)

Technologieportfolio

Auf potenziell zerstörende Innovationen können die in der bestehenden Technologie dominierenden Unternehmen mit einer der folgenden **Strategien** reagieren (vgl. *Whittington* et al., 2019, S. 423f.):

- **Erweiterung** des bestehenden Leistungsangebots empfiehlt sich, wenn sowohl das technische Risiko als auch das Marktrisiko zerstörerischer Innovationen niedrig sind. Dann gilt es, die vorherrschende Technologie weiterzuentwickeln. So sucht etwa *Trumpf* nach neuen Anwendungen für die Lasertechnik und entwickelt so die Technologie permanent weiter.
- **Plattformstrategien** nutzen eine vorherrschende technologische Basis für unterschiedliche Produkte, sofern wiederum sowohl das Marktrisiko als auch das technische Risiko moderat sind. Auf einer Plattform können Komponenten in einem Baukastensystem kombiniert werden, sodass einzelne Technologien mehrfach verwendet und dadurch Entwicklungskosten pro Produkt gesenkt werden. In der Automobilindustrie ist diese Strategie weit verbreitet. So nutzt etwa *Volkswagen* verschiedene Plattformen, um für Fahrzeuge verschiedener Marken die gleichen Komponenten nutzen zu können (vgl. Kap. 5.4.6).
- **Positionierung** als Technologiestrategie ist zweckmäßig, wenn das Markrisiko gering und die technische Unsicherheit groß sind. Bei dieser Konstellation geht die Gefahr einer zerstörerischen Innovation häufig von mehreren Technologiealternativen aus. Deshalb sollten sich die Unternehmen mit diesen neuen Technologien frühzeitig auseinandersetzen. Dies ermöglicht eine gute Ausgangsposition auf den wichtigsten Märkten, falls sich eine der Technologien als zerstörerisch her-

ausstellt. Positionierungsstrategien haben somit einen eher präventiven Charakter. Beispielsweise verfolgen die deutschen Automobilhersteller seit Langem die Brennstoffzellentechnologie als potenziell zerstörerische Technologie für die bislang noch dominierende Verbrennungstechnologie. Die *Mercedes-Benz Group AG* hat z. B. die Alltagstauglichkeit durch eine Weltumrundung mit einem Brennstoffzellenfahrzeug des Modells *Mercedes-Benz* B-Klasse nachgewiesen, um sich im Markt zu positionieren.

- **Kundschafter-Strategien** eignen sich, wenn ein Unternehmen in einer bestimmten Technologie ein hohes Leistungsniveau erreicht hat, sich aber nicht sicher ist, welche Märkte dafür geeignet sind. Dann kann das Unternehmen auf mehreren Märkten erkunden, wo die Marktreaktion auf einen Technologiewechsel am besten ausfällt und so das Marktrisiko reduzieren. Dies kann durch Testverkäufe, Experimente, Marktforschung oder Ausgründung unter einer anderen Marke erfolgen. Unternehmen können beispielsweise in Innovationszentren neue Technologien erproben und hierfür passende Geschäftsmodelle und Märkte bestimmen. Ein Beispiel hierfür ist das *Hacker Dojo*, ein Innovationszentrum im Silicon Valley. Dort werden in einem Open Innovation-Ansatz technologische Lösungen, Anwendungen und Märkte entwickelt.

- **Sprungbretter** sind als Technologiestrategie sinnvoll, wenn für ein Unternehmen sowohl das Marktrisiko als auch das technische Risiko hoch sind. Solche Technologien sind spekulativ, denn sie liefern kurzfristig keine absehbaren Gewinne. Allerdings haben sie das Potenzial, in der Zukunft zerstörerisch zu werden. Die Beschäftigung mit Sprungbrett-Technologien kann wertvolle Lernerfahrungen und Innovationsimpulse liefern. Solche Investitionen folgen dem Prinzip „Fail fast, fail early, fail cheap". Für Sprungbrett-Technologien können unabhängige F&E-Teams im Sinne von Vorentwicklungseinheiten eingesetzt oder kleine Start-up-Unternehmen aufgekauft werden.

Unternehmen nutzen meist eine Vielzahl an Technologien gleichzeitig. Sie benötigen somit die Fähigkeit der Ambidextrie (vgl. Kap. 6.5), d. h. die gleichzeitige Entwicklung (Exploration) und Nutzung (Exploitation) unterschiedlichster Technologien, um langfristig anpassungsfähig zu sein. Daher sind eine Portfoliobetrachtung und insbesondere eine Priorisierung der Technologien ein zentraler Bestandteil einer Technologiestrategie. Dazu werden Technologieportfolios als Weiterentwicklung von Marktportfolios (vgl. Kap. 3.2.3) genutzt, welche technologische Innovationen als entscheidenden Faktor der Wettbewerbsfähigkeit ansehen. Im **Technologieportfolio** in Abb. 8.6.15 werden die Dimensionen Technologieattraktivität und Ressourcenstärke gegenübergestellt (vgl. *Pfeiffer/Weiß*, 1995, S. 663 ff.; *Alter*, 2019, S. 213).

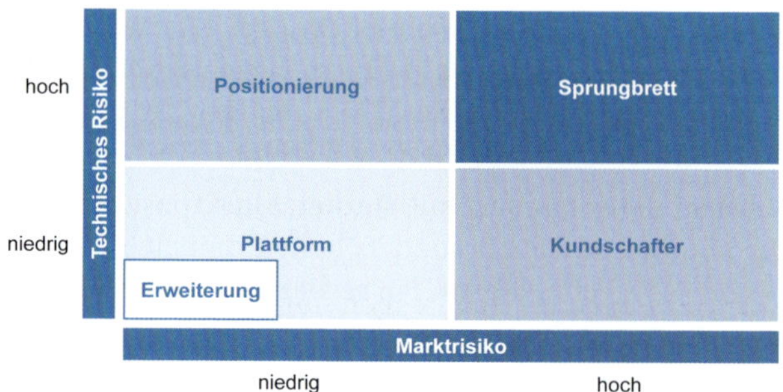

Abb. 8.6.14: Strategien bei zerstörerischen Innovationen (in Anlehnung an Kor et al., 2001, S. 457)

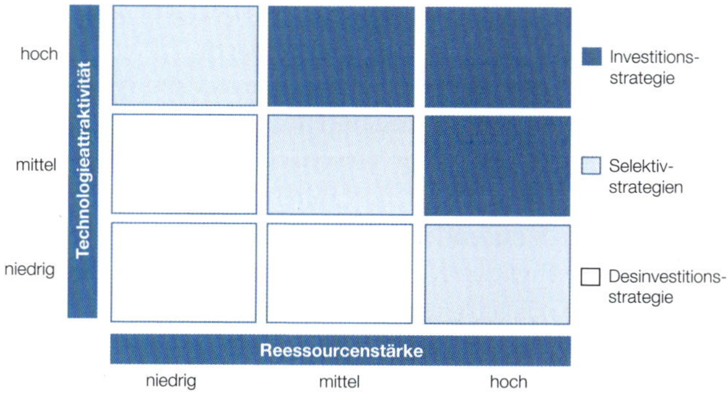

Abb. 8.6.15: Technologieportfolio (vgl. Pfeiffer/Weiß, 1995, S. 663 ff.; Alter, 2019, S. 213)

Die **Ressourcenstärke** setzt sich zusammen aus:

- **Qualitativer Beherrschungsgrad** der Technologie im Vergleich zur wichtigsten Konkurrenzlösung.
- **Potenzial**: Zur Verfügung stehende finanzielle, personelle, sachliche und rechtliche Ressourcen sowie Wissen zur Ausschöpfung von Weiterentwicklungsreserven.
- **(Re-)Aktionsgeschwindigkeit**: Wie schnell lassen sich technische Weiterentwicklungsreserven im Vergleich zur Konkurrenz nutzen?

Die **Technologieattraktivität** wird durch folgende Faktoren bestimmt:

- **Weiterentwicklungspotenzial**: Umfang der möglichen technischen Weiterentwicklung und der dadurch erzielbaren Kostensenkung oder Leistungssteigerung. Dies lässt sich etwa am Diffusionsverlauf messen.
- **Anwendungsbreite**: Ausweitungsmöglichkeiten auf andere Einsatzbereiche.
- **Kompatibilität**: Auswirkungen auf andere im Unternehmen eingesetzte Technologien.

Aus dem Technologieportfolio lassen sich für das Innovationsmanagement folgende **Strategieempfehlungen** für die Ressourcenallokation und Investitionstätigkeit ableiten:

- **Technologieinvestitionsstrategien** eignen sich bei hoher Technologieattraktivität und hoher Ressourcenstärke. In solche Technologien sollte investiert und diese Innovationsprojekte mit hoher Priorität verfolgt werden, da deren Ausschöpfungspotenzial groß und das Risiko relativ gering sind. Neue Technologiefelder versprechen hier Pioniererfolge.
- **Technologieselektionsstrategien** sind strategische Einzelfallentscheidungen, da die Ausprägungen der beiden Dimensionen im indifferenten mittleren Bereich liegen. Eindeutige Handlungsempfehlungen sind hier schwierig. Im Falle hoher Technologieattraktivität, aber geringer Ressourcenstärke, sollte ein Unternehmen prüfen, ob und wie der Ressourcenrückstand aufgeholt werden kann. Aufgrund der hohen Technologieattraktivität scheidet ein Rückzug aus diesen Technologiegebieten häufig aus. Deshalb sollten andere Optionen, wie etwa der gezielte Zukauf der Technologie von außen, geprüft werden. Bei mittlerer Ressourcenstärke und Attraktivität können maßvolle Investitionen ausreichen, um eine hohe Ressourcenstärke zu erlangen. Alternativ ist ein Ausstieg aus der Technologie denkbar. Für die Situation hoher Ressourcenstärke bei Technologien mit geringer Attraktivität ist ebenfalls eine stufenweise Desinvestitionsstrategie zu prüfen. Es kann auch versucht werden, die bestehende Stärke mit geringem Aufwand beizubehalten.
- **Technologiedesinvestitionsstrategien** empfehlen sich bei geringer Technologieattraktivität und Ressourcenstärke, um die Investitionen und Ressourcen in attraktiveren Technologien einzusetzen.

Nicht nur Technologien, sondern auch **Geschäftsmodelle** versprechen Innovationsrenten. Voraussetzung ist die Analyse des bestehenden Geschäftsmodells, das beschreibt, wie die Leistungen eines Unternehmens durch Nutzung seiner Fähigkeiten und Kompetenzen sowie unter Einsatz der betrieblichen Ressourcen und Technologien erstellt werden. Jedes Unternehmen verfügt über ein individuelles Geschäftsmodell, welches jedoch innerhalb einer Branche meist ähnliche Grundstrukturen aufweist. Werden Geschäftsmodelle variiert und Unterschiede zwischen den Geschäftsmodellen aktiv gestaltet, so wird von Geschäftsmodellinnovation gesprochen. Diese werden in Kap. 3.3.4 sowie in Kap. 8.7 behandelt.

8.6.4 Entrepreneurship

Die Förderung von Innovation in Technologien und Geschäftsmodellen ist insbesondere für große Unternehmen in den bestehenden Organisationsstrukturen eine Herausforderung. Daher kann es sinnvoll sein, ein neues Unternehmen zu gründen, um Innovationen bestmöglich zu fördern. Jedes neue Unternehmen ist selbst eine Neuerung, welche sich am Markt durchsetzen muss und einem Lebenszyklus unterworfen ist. Die Aufgabe, ein Unternehmen zu gründen oder zu erneuern, wird einem **Entrepreneur** zugeschrieben, was umgangssprachlich mit Unternehmer oder Firmengründer gleichgesetzt wird. Das Unternehmertum bzw. Entrepreneurship beschränkt sich dabei nicht nur auf die Gründung eines Unternehmens, sondern steht auch für innovatives Denken und Handeln.

Wie in Kap. 1.3.1 dargestellt, beschreibt der Begriff des „Unternehmers" bzw. **Entrepreneurs** eine besondere Führungspersönlichkeit. Der Begriff **Entrepreneurship** entstammt dem französischen Militär des 17. Jahrhunderts. Unternehmer haben nach *Say* die Aufgabe, eine innovative Kombination von Produktionsfaktoren zu bilden. Das heutige Bild des Entrepreneurs wurde wesentlich durch *Schumpeter* (1911, S. 35 ff.) geprägt. Für ihn war ein Unternehmer eine Person, die bereit und fähig ist, neue Ideen in erfolgreiche Innovationen umzusetzen. Der Unternehmer ist die Ursache von Veränderungen, der nicht primär erfindet, sondern neue Ideen aufgreift und durchsetzt. So werden existierende Strukturen „kreativ zerstört" und in einem diskontinuierlichen Prozess industrielle Dynamik und langfristiges Wachstum freigesetzt.

Zentrale Merkmale des **Unternehmertums** sind:

- **Entdecken von Chancen**: Unternehmer finden, evaluieren und nützen neue Geschäftsmöglichkeiten.
- **Durchsetzen von Innovationen**: Neuerungen werden entwickelt, umgesetzt und vermarktet.
- **Nutzung von Ressourcen**: Unternehmer identifizieren, erschließen und kombinieren die erforderlichen Ressourcen.

- **Tragen von Risiken**: Unternehmer gehen Risiken ein, die mit dem unternehmerischen Handeln verbunden sind.

Entrepreneure entdecken Chancen, setzen Innovationen durch, nutzen Ressourcen und tragen die damit verbundenen Risiken.

Der Begriff Entrepreneur leitet sich vom französischen Verb „entreprendre" ab, das mit „etwas unternehmen" bzw. „in Angriff nehmen" übersetzt werden kann (vgl. *Fritsch*, 2019, S. 6). Entrepreneure zeichnen sich demnach durch ihre besondere Fähigkeit zum Erkennen und Ausnutzen von Chancen sowie sehr innovative oder noch besser visionäre Charakterzüge aus (vgl. *Fritsch*, 2019, S. 8 ff.). Viele Entrepreneure treiben starke wirtschaftliche oder technische Veränderungen voran. Sie wirken manchmal disruptiv und verdrängen bisherige Technologien oder auch Mitbewerber radikal vom Markt (vgl. *Fueglistaller* et al., 2019, S. 18 f.). Der klassische Entrepreneur hat sein Unternehmen selbst gegründet. Aber auch Unternehmenserben können Entrepreneurship-Eigenschaften entwickeln – wenn sie das elterliche Unternehmen in eine ganz neue Umlaufbahn heben, wie dies beispielsweise *Reinhold Würth* mit dem bescheidenen väterlichen Schraubenhandel getan hat. Was Entrepreneure, wie etwa die Ikonen *Bill Gates, Steve Jobs, Mark Zuckerberg* oder auch *Elon Musk* auszeichnet, ist in Kap. 1.3.1. ausgeführt.

Entrepreneure tragen das Risiko ihrer innovativen Tätigkeit, ohne zwingend eigenes Kapital einzubringen. Unternehmer können auf brachliegende Gratisressourcen zurückgreifen, wie etwa die Nutzung einer Dachterrasse auf einem Hochhaus als Aussichtsplattform oder für die Gastronomie. Dabei steht das findige Aufdecken von Chancen und insbesondere von unterausgelasteten marktverfügbaren Ressourcen im Vordergrund. Insbesondere in wissensbasierten Geschäften sind kreative Ideen bei der Rekombination von Faktoren von zentraler Bedeutung, während das Eigentum an den Ressourcen an Bedeutung verliert. So gehören etwa dem weltgrößten Taxiunternehmen *Uber* keine eigenen Taxis und die weltgrößten Softwarehändler *Google* und *Apple* entwickeln keine eigenen Anwendungen.

Es existieren verschiedene **Formen** des Unternehmertums:

- **Soziales Unternehmertum** (Social Entrepreneurship) bezieht sich auf Einzelpersonen oder Gruppen, die Non-Profit-Organisationen gründen, um soziale Probleme zu lösen und dafür Ressourcen zu mobilisieren. Die am Markt erzielten Einkünfte und die organisatorische Unabhängigkeit ermöglichen sozialen Unternehmern die Flexibilität und Dynamik, um soziale Probleme ohne bürokratische oder politische Beschränkungen staatlicher Organe in Angriff nehmen zu können. Der soziale Unternehmer und Nobelpreisträger *Muhammad Yunus* wurde bereits am Anfang des Kapitels als Sozialinnovator und Gründer der *Grameen Bank* in Bangladesch vorgestellt, welche sog. Mikrokredite für Kleinstgewerbetreibende in Entwicklungsländern vergibt. Der *Microsoft*-Gründer *Bill Gates* hat bereits über 36 Mrd. US$ seines Vermögens an die von ihm und seiner ehemaligen Frau ins Leben gerufene *Bill & Melinda Gates Foundation* gespendet. Die mit einem Vermögen von über 47 Mrd. US$ größte private Stiftung der Welt fördert globale Projekte zur landwirtschaftlichen Entwicklung, Gesundheitsförderung und Krankheitsbekämpfung und engagiert sich darüber hinaus in den USA auch in der Bildung.

- **Kulturelles Unternehmertum** (Cultural Entrepreneurship) ist eine besondere Form des sozialen Unternehmertums und bezieht sich auf die Kultur- und Kreativwirtschaft. Dabei wird bei nachlassender öffentlicher Kulturförderung auf unternehmerisches Handeln gesetzt. Dies reicht vom Kultur-Sponsoring (*Medici*-Effekt) über werbewirksame Produktplatzierungen, etwa im Rahmen einer künstlerischen Darbietung oder an einem Gebäude, bis hin zum sog. Cultural Heritage Entrepreneurship. Ein Beispiel ist die Denkmalpflege von Weltkulturstätten durch *Kärcher*. Das Unternehmen setzt sich seit mehr als 40 Jahren als Reinigungsspezialist für den Erhalt historischer Monumente und Gebäude ein und hat denkmalgeschützte Bauwerke in aller Welt kostenlos gereinigt. Dazu zählen unter anderem die Kolonnaden am Petersplatz, die Christusstatue in Rio de Janeiro, der Mount Rushmore in South Dakota/USA, die Space Needle in Washington/USA, ein Teil des Aachener Doms und das Brandenburger Tor (www.kaercher.com).

- **Nachhaltiges Unternehmertum** (Eco-Entrepreneurship) stellt ökologieorientierte Innovationen ins Zentrum unternehmerischer Aktivitäten. Eco-Entrepreneure wollen durch Innovationen ökologische Probleme lösen. Öko-Unternehmer unterscheiden sich von den umweltbezogenen Aktivitäten herkömmlicher Unternehmen (vgl. Kap. 2.3.2), indem bei ihnen der Antrieb vor allem in-

trinsisch und oft idealistisch geprägt ist. Dies kann sogar, wie bei den sozialen Unternehmen, bis zur Aufgabe der Gewinnorientierung reichen. Ein Beispiel ist *Bright Agrotech* in den USA (www.brightagrotech.com). Es entwickelt landwirtschaftliche Technologien für Vertical Farming, d. h. den Anbau an senkrechten Flächen, wie etwa Häuserwänden, mit minimalem Wasserbedarf und Flächenverbrauch. Dadurch soll eine dezentrale Erzeugung von Lebensmitteln ermöglicht werden. Die ursprüngliche Vision von *Tesla Motors* war es, den Übergang zu einer nachhaltigen Mobilität zu beschleunigen. Dafür sollten Elektroautos so günstig werden, dass sie für ein breites Publikum erschwinglich sind. Das Unternehmen versteht sich nicht als Autohersteller, sondern als Technologie- und Designkonzern, der nach innovativen Energielösungen sucht. Um der Elektromobilität weltweit zum Durchbruch zu verhelfen, hat *Tesla* seine Patente für die Konkurrenz freigegeben (www.teslamotors.com).

- **Intrapreneurship** (Intracorporate Entrepreneurship) bedeutet, dass sich die Mitarbeiter eines Unternehmens so verhalten sollen, als ob sie selbst Unternehmer wären. Die Flexibilität und die Innovationskraft eines Unternehmens sollen durch Verantwortungsbewusstsein und eigenverantwortliches Handeln, Mitdenken und aktive Gestaltung des Unternehmens gestärkt werden. Dazu werden Ausgründungen, Dezentralisierung, kulturelle Voraussetzungen und Freiräume für unternehmerisches Verhalten unterstützt und ermöglicht. Ein Beispiel ist der amerikanische Technologiekonzern *3M*, der seit Jahrzehnten seinen Mitarbeitern mindestens 15 % der bezahlten Arbeitszeit als Freiraum für Intrapreneurship zur Verfüg stellt. In dieser Zeit widmen sich die Mitarbeiter eigenen Projekten. Das berühmteste Erfolgsbeispiel ist die „Post-it note“, welche vom *3M*-Mitarbeiter *Art Fry* entwickelt wurde (vgl. Kap. 6.5.1). Analog gewähren etwa *Google*, *HP* und *Amazon* ihren Mitarbeitern 20 % aufgabenfreie Zeit sowie teilweise genehmigungsfreie Budgets für Intrapreneurship-Projekte. Agile Führungsmodelle sollen die Mitarbeiter durch eine Kultur dezentraler Verantwortung zu unternehmerischem Denken und Handel befähigen (vgl. Kap. 6.4).

- **Corporate Entrepreneurship** versucht, die grundlegenden Gedanken und die Dynamik in der Gründungsphase eines Unternehmens dauerhaft beizubehalten. Ziel ist die Schaffung neuer Geschäftsfelder innerhalb bestehender Unternehmen oder die permanente strategische Erneuerung durch veränderte Umwelt- oder Unternehmensbedingungen. Während das Intrapreneurship auf die Innovation durch einzelne Mitarbeiter als Entrepreneure setzt, soll hier die Unternehmensführung unternehmerisch handeln. Dies kann in organisatorischen Auslagerungen, der Bildung neuer Organisationseinheiten bis hin zu Ausgründungen, Spin-offs oder Corporate Venturing als Risikokapitalgeber erfolgen. Ebenso sollen die Motivation und Initiative unternehmerisch denkender Mitarbeiter gefördert werden. Somit wird über alle Lebensphasen eines Unternehmens hinweg das Innovationsverhalten von Unternehmen dynamisiert. Ein Beispiel ist die *Deutsche Telekom*, die im Rahmen des Corporate Venturing als Wagniskapitalgeber in junge Unternehmen investiert, wenn sie Interesse an deren Produkten, Technologien oder Dienstleistungen hat und ihnen beim Markteintritt helfen kann. Sämtliche derartigen Aktivitäten wurden in der Geschäftseinheit *Deutsche Telekom Strategic Investments* gebündelt. Diese investiert in ein Portfolio von über 200 Unternehmen (www.telekom.com).

Beim Entrepreneurship geht es jedoch nicht nur um die Gründung von Unternehmen, sondern auch darum, bestehende Unternehmen am Leben zu erhalten, auf Krisen und Veränderungen innovativ zu reagieren und Wachstum zu fördern. Die Übertragung biologischer Lebenszyklusmodelle auf Unternehmen wurde bereits 1890 von *Marshall* aufgegriffen. Demnach durchlaufen Unternehmen einen ähnlichen Lebenszyklus von Geburt, Wachstum, Reife und Tod wie lebende Organismen. Ein solcher **Unternehmenslebenszyklus** (Corporate Life Cycle) weist charakteristische Phasen auf, welche das Unternehmen jeweils mit typischen Herausforderungen konfrontieren. Nach *Mintzberg* (1978, S. 242 ff.) sind die maßgeblichen Einflussfaktoren auf den Unternehmenslebenszyklus das Wachstum und das Alter des Unternehmens. Dessen Entwicklung wird zudem maßgeblich von der Veränderung der Produktstruktur vorangetrieben (vgl. *Wrighley*, 1970). Die meisten Unternehmen schaffen es nicht, alle Phasen zu durchlaufen, da viele bereits in den ersten Jahren scheitern. Andere hingegen sehen das möglichst lange Überleben und damit das kontinuierliche Wachsen als zentrale Zielsetzung eines Unternehmens. Der Übergang der Phasen führt zu charakteristischen Problemen, deren Lösung das Unternehmen in eine neue Evolutionsphase führt. Beim Überspringen einer Lebenszyklusphase besteht die Gefahr, dass kollektive Lernprozesse nicht durchlaufen werden und dem Unternehmen daher wichtige Erkenntnisse, Kompetenzen oder Fähigkeiten für die weitere Entwicklung fehlen. Beim Übergang der Phasen wechseln sich kurze revolutionäre Phasen (Krisen) mit evolutionären Phasen (Unternehmenswachstum) ab. Um in eine neue Wachstumsphase zu gelangen, bedarf es Entrepreneurship. Diese Phasen sind teilweise mehr oder weniger stark differenziert und einige ergänzen den Marktzyklus um vorgelagerte Gründungsphasen. Innovation sollte deshalb nicht nur als Reaktion auf Krisen erfolgen, sondern kontinuierlich stattfinden. Krisen werden dadurch vermieden und der Eintritt in die Phasen Stagnieren und Absterben verhindert.

Es werden folgende **Lebenszyklusphasen** unterschieden (vgl. *Greiner*, 1972, S. 37 ff.; *Quinn/Cameron*, 1983; *Lievegoed*, 1974, S. 34 ff.):

- **Wachstum durch Kreativität**: Die Gründungsphase beginnt mit einer Geschäftsidee. Daraus wird ein Geschäftsmodell entwickelt und in einem Businessplan beschrieben. Überzeugt dieser die Gründer, Geschäftspartner und Kapitalgeber, schlägt die Geburtsstunde des Unternehmens. Das Unternehmen etabliert sich, Produkte oder Dienstleistungen werden entwickelt und schließlich erfolgt der Eintritt in einen abgegrenzten Markt. Ist dieser erfolgreich, wurde der Beweis erbracht, dass das Geschäftsmodell funktioniert („proof of concept"). Es sind meist hohe Anfangsinvestitionen erforderlich und bei geringem Umsatz sind die Wachstumsperspektiven immens. Dies gilt insbesondere für innovative Produkte und Leistungen von sog. Start-ups. Die Realisierung der Geschäftsidee und der Markteintritt sind oft schwieriger als erwartet. Das Krisenpotenzial liegt insbesondere darin, dass innovatives Denken und visionäres Unternehmertum mit fortlaufendem Unternehmenswachstum in den Hintergrund tritt. Vielmehr sind im Unternehmen mit zunehmendem Wachstum formale Strukturen und Prozesse zu entwickeln. Dies erfordert vor allem Managementqualitäten statt visionäres Leadership (vgl. Kap. 6.3.2). Wächst das Unternehmen zu stark, dann sind die Unternehmensgründer damit oft überfordert. Es besteht die Gefahr einer Führungskrise.
- **Wachstum durch Führung:** Durch Aufteilung der Führung auf mehrere Personen sowie durch Standardisierung, Prozess- und Aufbauorganisation kann die Krise überwunden werden. Es entstehen funktionale Strukturen mit verteilten Kompetenzen, Zuständigkeiten und Budgets. Formale Strukturen ersetzen die gründerfokussierte Unternehmensführung. In dieser Phase streben die Unternehmen nach Wachstum und positionieren sich im Markt. Sie schaffen einen organisatorischen Rahmen und entwickeln ihre Fähigkeiten. Der Schwerpunkt liegt auf der regelmäßigen Festlegung von betrieblichen Zielen, wobei es vor allem darum geht, ausreichende Einnahmen für das Überleben und die Expansion des Unternehmens sicherzustellen. Bei ausreichendem Wachstum kann das Unternehmen in die nächste Phase eintreten, um langfristig überleben zu können. Das Pionierprodukt wird in dieser Phase um weitere Produkte ergänzt und statt regional nun landesweit angeboten, was das Unternehmenswachstum antreibt. Die ökonomische Stabilisierung drückt sich im Erreichen der Gewinnschwelle (Break-Even) aus. Mehr als ein Fünftel aller Unternehmen scheitern bereits im ersten Jahr und zwei Drittel innerhalb von sechs Jahren. Wächst das Unternehmen zu stark, überfordert dies oft

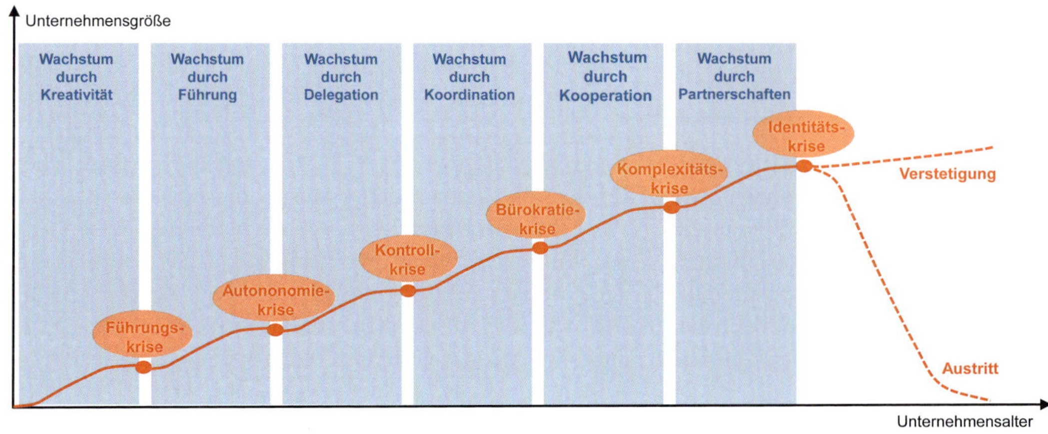

Abb. 8.6.16: Phasen unternehmerischen Wachstums und typische Herausforderungen (in Anlehnung an Greiner, 1972, S. 37 ff.)

die Unternehmensgründer, da sie nun vom Handeln zum Management übergehen müssen. Viele Unternehmer sind aber keine guten Manager, denn dann hätten sie kein Unternehmen gegründet, sondern sich eine Anstellung gesucht. Daher stellt sich die Schlüsselfrage, ob sich Unternehmer auf ihre eigenen Managementfähigkeiten verlassen oder professionelle Manager einstellen sollen. *Larry Page* und *Sergey Brin* als jugendliche Gründer von *Google* wurden z. B. von ihren Risikokapitalgebern unter Druck gesetzt, den erfahrenen Manager *Eric Schmidt* als Geschäftsführer einzusetzen. Aus der funktionalen Spezialisierung resultieren bei weiterem Wachstum Inflexibilität, Ressortegoismen sowie Kompetenzprobleme und es kommt zur *Autonomiekrise*.

- **Wachstum durch Delegation:** Auf die Autonomiekrise kann durch dezentralisierte Strukturen, Delegation von Verantwortung und verstärkte Koordination reagiert werden. Die Unternehmensmitglieder entwickeln ein starkes Wir-Gefühl (Kohäsion) mit intensiver Kommunikation, welche jedoch eher informellen Charakter hat („Flurfunk"). Das Wachstum wird durch die Erweiterung des Produktprogramms mittels Produktvariation, -differenzierung und -diversifikation erzeugt. Dies führt zu immer komplexeren Produkten und in Verbindung mit komplizierten formalen Strukturen, wie etwa Matrixorganisationen, zu ineffizienten Abläufen, mangelndem Informationsaustausch und einem Kontrollverlust der Linienverantwortlichen. Die Herausforderung für die Unternehmensführung besteht in dieser *Kontrollkrise* darin, den Enthusiasmus und das Engagement zu erhalten, um neues Wachstum zu erzeugen. Das Entrepreneurship wendet sich daher nach innen, um neue Projekte aus dem Unternehmen heraus ins Leben zu rufen. Dabei steht häufig die Erweiterung des Produktprogramms mittels Produktvariation und -differenzierung im Vordergrund. Dies führt zu immer komplexeren Unternehmensstrukturen und häufig zur Aufgliederung des Unternehmens in Geschäftsbereiche, um der breiten Programmpalette zu begegnen und das Unternehmertum in kleineren Einheiten aufrechtzuerhalten.
- **Wachstum durch Koordination:** Zur Überwindung der Kontrollkrise wird die Unternehmensführung durch Systeme und Unterstützungsfunktionen in allen Bereichen professionalisiert. Dies erfolgt durch digitale Informationssysteme, Planungs- und Kontrollsysteme sowie verstärkte Zentralisierung der Organisation und Personalfunktion. Die Produkte etablieren sich am heimischen Markt und werden nun auch im Ausland angeboten. Die durch das Mengenwachstum erforderliche Ausweitung der Produktionskapazität benötigt einen vergleichsweise hohen Kapitaleinsatz. Alte und neue Konkurrenten im In- und Ausland erhöhen den Wettbewerbsdruck auf das Unternehmen. Dem kann durch die Errichtung zusätzlicher Produktionsstätten und unterstützender Funktionen im In- und Ausland sowie stärkerer Bürokratisierung begegnet werden. Dies birgt allerdings die Gefahr der *Bürokratiekrise*.
- **Wachstum durch Kooperation:** Unternehmen entwickeln neue dezentrale Formen der Zusammenarbeit mit leistungsfähigeren digitalen Informationssystemen, länderübergreifender Teamarbeit und umfassenden Kontrollmechanismen. Es entstehen Produkte, die in Kooperationen gemeinsam entwickelt, produziert und vertrieben werden. Die Unternehmen können ihre Vertriebs- und Produktionsstandorte bis zur globalen Präsenz und Wertschöpfung ausweiten. Die Unternehmen sind etabliert und sollten eine starke Position im Markt und Wettbewerb gefunden haben, denn nun intensiviert sich der Wettbewerb und die Senkung der Kosten gewinnt an Bedeutung. Die Märkte werden gesättigt, sodass auch die Gewinne sinken. Die Unternehmen benötigen eine Erneuerung ihrer Führungsstruktur und Mengenwachstum, z. B. durch Diversifikation, Internationalisierung oder neue Produkte. Dies erfordert einen vergleichsweise großen Kapitaleinsatz und eine organisationale Erneuerung und führt in die *Komplexitäts-* oder auch *Wachstumskrise*.
- **Wachstum durch Partnerschaften:** Dabei streben Unternehmen neue organisatorische Lösungen z. B. in Form von Netzwerken, Akquisitionen oder Fusionen an, um durch die Erweiterung ihrer Wertschöpfungsaktivitäten neue Geschäftsfelder zu erschließen (vgl. Kap. 5.5). Das Unternehmen entwickelt sich über die Unternehmensgrenzen hinaus und es besteht die Gefahr, dass die eigene Identität des Unternehmens verloren geht (*Identitätskrise*).
- **Verstetigung:** Auf die Identitätskrise folgen häufig Probleme der Steuerbarkeit des Unternehmens, das in der vergangenen Phase stark an Komplexität zugenommen hat. Typischerweise sinkt der Umsatz und die Gewinne stabilisieren sich auf niedrigerem Niveau. Hier entscheidet sich, ob das Unternehmen eine Zukunft hat und welche Richtung es einschlägt. So können Unternehmen ihre Situation akzeptieren und sich in einer stagnierenden Situation etablieren. Sie „Versteinern" und können ohne größeres Wachstum weiter existieren.

- **Marktaustritt** ist die Alternative zur Verstetigung. Ein Unternehmen kann kollabieren und seine Existenzberechtigung verlieren. So führte z. B. *Anton Schlecker* sein 1975 gegründetes Drogerieunternehmen im Jahr 2012 in die Insolvenz. Dabei waren insbesondere Fehler der Unternehmensführung ausschlaggebend. In anderen Fällen sind häufig Technologiesprünge, wie im Falle von *Kodak* der Wandel zur digitalen Fotografie, ausschlaggebend für ein Scheitern aus wirtschaftlichen Gründen.

  Die Beendigung des Unternehmens kann durch die Gründer selbst oder durch die ursprünglichen Investoren erfolgen. Dabei bedeutet der Austritt der Gründer nicht unbedingt das Ende des Unternehmens, sondern die Inhaber können ihr Unternehmen auch verkaufen (vgl. Kap. 5.6). Dies kann als Management-Buy-out (MBO) durch die angestellten Führungskräfte des Unternehmens erfolgen. Insbesondere in der angelsächsischen Welt ist eine Möglichkeit auch der Ausstieg über einen Börsengang. *Google* brachte bei seinem Börsengang sieben Prozent der Aktien für rund 1,36 Mrd. € an die Börse. Insbesondere Risikokapitalgeber planen ihren Marktaustritt bereits bei der Gründung. Nach erfolgreichem Marktaustritt werden die Entrepreneure oft zu Serienunternehmern. Das aus dem Marktaustritt früherer Unternehmen gewonnene Kapital wird dann wieder in neue, schnell wachsende Firmen investiert. Ein Beispiel sind die Brüder *Marc*, *Oliver* und *Alexander Samwer*. Zunächst gründeten sie zusammen mit drei Freunden das Internet-Auktionshaus *Alando*, das sie bereits wenige Monate später für 43 Mio. US$ an *eBay* verkauften. Später starteten sie gemeinsam mit großen Firmenpartnern *Jamba*, das sich nach kurzer Zeit zum größten europäischen Anbieter von Klingeltönen und Mobiltelefonanwendungen entwickelte. Nach dem Verkauf des Unternehmens für 273 Mio. US$ betätigen sie sich seit 2006 mit ihrem mittlerweile börsennotierten Unternehmen *Rocket Internet* als Risikokapitalgeber. Sie sind u. a. beteiligt am Online-Schuh- und Modehändler *Zalando*, dem Möbelversand *Home24*, dem Handwerkerportal *myhammer* und dem *airbnb*-Konkurrenten *Wimdu*.

In Abb. 8.6.17 sind die **Gestaltungsempfehlungen** für die Unternehmensführung im Unternehmenslebenszyklus zusammengefasst (vgl. *Bea/Haas*, 2019, S. 125). Dabei handelt es sich um keine allgemeingültigen Gesetzmäßigkeiten, sondern vielmehr um einen häufig zu beobachtenden Verlauf. Daher kann ein Unternehmen sich im Einzelfall auch anders entwickeln oder die Phasen können ineinander übergehen.

Der Unternehmenslebenszyklus unterstellt, dass es Unternehmern vorrangig darum geht, unabhängig zu sein und das Unternehmenswachstum selbst zu gestalten. Dieser Stolz auf die eigene Unabhängigkeit wird durch typische Klischees von Entrepreneuren als heldenhaften Einzelkämpfern unterstützt, die ihr Unternehmen quasi über Nacht im heimischen Wohnzimmer gründen. Auf diese Weise wurden etwa Unternehmen wie *Dyson* für beutellose Staubsauger durch *James Dyson* oder *Google* durch *Larry Page* und *Sergey Brin* ins Leben gerufen. Legendär sind *William Hewlett* und *David Packard*, welche *HP* als Computer- und Druckerfirma in einer Garage in unmittelbarer Nähe zur Universität Stanford aufbauten. Dabei arbeitete

	Wachstum durch					
	Kreativität	**Führung**	**Delegation**	**Koordination**	**Kooperation**	**Partnerschaft**
Produkte	Eins	Mehrere	Komplex	Hochkomplex	Vernetzt	Unternehmensübergreifend
Führung	Charismatische Gründer	Mehrere Geschäftsführer	Partizipativ	Systeme	Kooperativ	Diversifiziert
Koordination	Improvisation	Funktional	Delegation	Zentral	Dezentral	Netzwerke
Typische Krisen	▪ Führungskrise ▪ Überforderung des Gründers	▪ Autonomiekrise ▪ Kompetenzprobleme	▪ Kontrollkrise ▪ Ineffiziente Prozesse	▪ Bürokratiekrise ▪ Trägheit des Unternehmens	▪ Komplexitätskrise ▪ Wachstumskrise	▪ Identitätskrise
Lösungsansätze für Wachstum	Ausdifferenzierung von Führungsfunktionen	Rollenverteilung von Management und Leadership	Ausdifferenzierung von Führungssystemen	Konzentration auf Kernkompetenzen	Expansion durch Ausgründungen	Verstetigung oder Austritt
Führungskontext	Einfach	Kompliziert	Kompliziert	Komplex	Komplex	Komplex

Abb. 8.6.17: Entwicklungsphasen im Unternehmenslebenszyklus (vgl. Bea et al., 2011, S. 193; Haas, 2012, S. 295 ff.)

Hewlett vor der Gründung in den Universitätslabors, während *Packard* bereits bei *General Electric* und den Halbleiterwerken *Litton Industries* tätig war. Die Beziehungen zu *Litton Industries* und *General Electrics* wurden genutzt, um erfahrene Manager zu rekrutieren. Entrepreneurship erfordert somit das knüpfen von Netzwerken mit anderen Unternehmen. Auch *Steve Jobs* als Gründer von *Apple* konnte auf solche Netzwerke zurückgreifen, indem er etwa mit zwölf Jahren in den Sommerferien für *William Hewlett* arbeitete und später der 40. Angestellte des Videospielunternehmens *Atari* war.

Derartige Netzwerke und auch gegenseitige Beteiligungen sind für die Beschleunigung der Unternehmenslebenszyklen verantwortlich. Dies verdeutlicht die Geschwindigkeit, mit der erfolgreiche Start-up-Unternehmen wachsen. Als Einhörner (**Unicorns**) werden nicht-börsennotierte Startup-Unternehmen bezeichnet, welche mit mindestens einer Milliarde US$ bewertet werden.

Da es bereits eine Vielzahl von Einhörnern gibt, werden Start-ups mit einem Wert von über 12 Milliarden US$ auch **Drachen** genannt. Abb. 8.6.18 zeigt die zehn weltgrößten Drachen im Jahr 2021. Vom Spitzenreiter *Bytedance* stammt u.a. die erfolgreiche App *TikTok*.

Bei den Unicorns ist die geografische Verteilung auffällig. Die höchste Dichte findet sich mit 52 % in Kalifornien, d. h. im Silicon Valley und San Francisco. In Europa sitzen insgesamt über 21 % der Unicorns (www.fortune.com). Zudem ist die **Entrepreneurship-Geschwindigkeit** eine weitere Auffälligkeit. Während ein großes Fortune 500-Unternehmen durchschnittlich rund 20 Jahre benötigte, um auf eine Marktkapitalisierung von einer Milliarde US$ zu kommen, verringert sich diese Zeitspanne fortlaufend. So kommen derzeit jährlich rund vier Unternehmen pro Jahr hinzu, die zwischenzeitlich weniger als 2 Jahre benötigen, um diese Unternehmensgröße zu erlangen. Darüber hinaus sind seit dem Jahr 2000 rund 52 % der Fortune 500 von der Liste der größten Unternehmen wieder verschwunden. Abb. 8.6.19 veranschaulicht die zunehmende Geschwindigkeit des Entrepreneurships als eine zentrale Herausforderung für die Unternehmensführung der Zukunft.

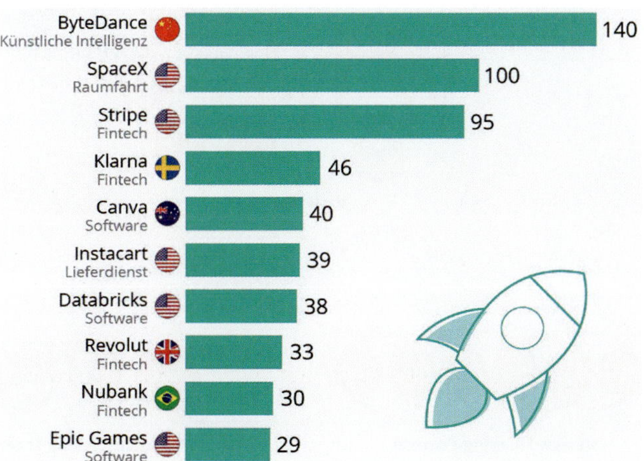

Abb. 8.6.18: Marktbewertung der 2021 weltweit wertvollsten Drachen in Mrd. US$ (statista)

8.6.5 Agile innovationsorientierte Unternehmensführung

Da sich die innovationsorientierte Unternehmensführung in einem komplexen Führungskontext befindet, erfordert dies ein agiles Führungssystem (vgl. Kap. 1.3.6). Dies betrifft sowohl die Personalführung (vgl. Kap. 6.4) als auch die Organisation (vgl. Kap. 5.2). Darüber hinaus setzt die innovationsorientierte Unternehmensführung auch häufig agile Methoden und Konzepte ein, wie z. B. agiles Projektmanagement mit Scrum (vgl. Kap. 5.3.5). Spezifische Verfahren zur Förderung agiler Innovationsprozesse sind das Design Thinking und die offene Innovation. Diese werden im Folgenden vorgestellt.

Design Thinking

Design Thinking ist ein Lösungs- und Innovationsansatz, der an der *Stanford University* entwickelt wurde. Der Stanford-Professor *John E. Arnold* beschäftigte sich bereits in den 1950er Jahren (1959, S. 33 ff.) mit Theorien und Methoden des kreativen Denkens und verknüpfte diese zum „Creative Engineering" als Rahmenwerk für kreative Problemlösungen. Er schlägt als Vorgehensweise vor, zunächst Probleme zu hinterfragen und zu beobachten. Anschließend sollen kreative Personen mithilfe von Assoziationen nach Lösungen suchen. Anschließend wird eine Problemlösung vorgedacht und zur Entscheidungsfindung gebracht. Darüber hinaus wird in analytische, juristische und synthetische Probleme unterschieden. Synthetische Probleme umfassen dabei typischerweise ein breites Spektrum von Problemaussagen mit unbegrenztem Lösungsraum. Sie werden auch als „verzwickte

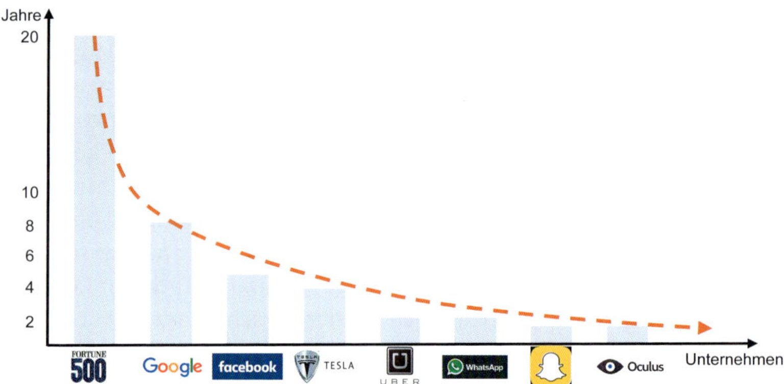

Abb. 8.6.19: Zunahme der Entrepreneurship-Geschwindigkeit

Probleme" („wicked problems") bezeichnet (vgl. *Buchanan*, 1992, S. 5).

Design Thinking (vgl. *Lewrick* et al., 2017) basiert auf diesen Vorarbeiten zu kreativen Prozessen und ergänzt sie um experimentelle Ansätze und einen Fokus auf die Bedürfnisse der Anwender von Produkten. Im Jahr 1991 wurde der Begriff **Design Thinking** auf dem „*Design Thinking Research Symposia*" in Stanford durch die Informatiker *Terry Winograd*, *Larry Leifer* und *David Kelley* geprägt. Sie gründeten die *Design- und Innovationsagentur IDEO*, welche bis heute das Konzept vermarktet.

Die weitere Erforschung und praktische Umsetzung des Konzepts wurde vom SAP-Mitbegründer *Hasso Plattner* vorangetrieben. Design Thinking wird seit 2005 am *Hasso Plattner Institute of Design* an der sog. „*d.school*" der *Stanford University* in Palo Alto und seit 2007 an der *School of Design Thinking* am *Hasso-Plattner-Institut (HPI)* in Potsdam gelehrt und erforscht.

Design Thinking ist eine systematische und iterative Methode, um unter Einbezug des Kunden für komplexe Problemstellungen neue Lösungen zu finden, die aus Sicht des Anwenders überzeugend sind (vgl. www.hpi-academy.de).

Das Design Thinking orientiert sich an der Arbeitsweise von Designern, was den ersten Teil des Begriffs erklärt. Thinking zielt auf die faktenbasierte Prüfung der Machbarkeit und Wirtschaftlichkeit der Innovationen, die vergleichbar mit einem Forschungsprojekt systematisch untersucht werden. Design Thinking ist somit ein Prozess, der Methoden von Industriedesignern anwendet, um Problemlösungen zu entwickeln. Es vereint die drei grundlegenden Kernaspekte einer Innovation: Nutzen, Umsetzbarkeit und Marktfähigkeit. Die Entwickler schauen durch die Brille des Nutzers auf das Problem und begeben sich dadurch in die Rolle des Anwenders. Der Ansatz geht dabei über die klassischen Design-Disziplinen wie Formgebung und Gestaltung hinaus. Im Gegensatz dazu beginnen traditionelle Entwicklungsansätze mit der Untersuchung der technischen Lösbarkeit.

Design Thinking basiert auf **drei wesentlichen Elementen** (vgl. www.hpi-academi.de):

- **Multidisziplinäre Teams** werden analog zu Scrum (vgl. Kap. 5.3.4) genutzt, um Menschen unterschiedlicher Disziplinen anzuregen, gemeinsam Probleme besser zu lösen. Innovation und Antworten auf komplexe Fragestellungen entstehen demnach am besten in einem heterogenen Team aus fünf bis sechs Personen. Unterschiedliche fachliche Hintergründe und Funktionen sowie Neugier und Offenheit für andere Perspektiven sind das Fundament einer kreativen Arbeitskultur. Um

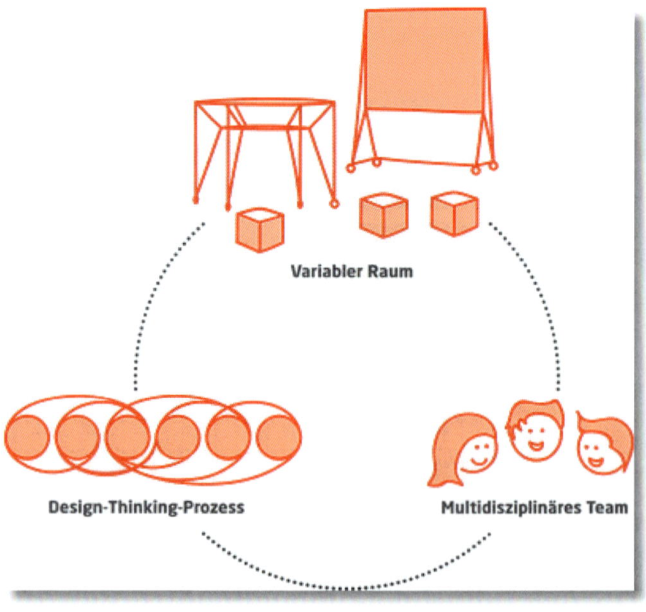

den größtmöglichen Lerneffekt zu erzielen, arbeiten die Teams auf konkrete Ergebnisse hin. Diese werden zudem regelmäßig mit anderen Teams ausgetauscht. Die Aufteilung in kleine Gruppen stellt sicher, dass jede Perspektive berücksichtigt wird. Innerhalb der Teams entsteht ein starker Zusammenhalt, der durch die hohe Akzeptanz für die entstehenden Konzepte nachhaltig wirkt. Die gemeinschaftliche Arbeits- und Denkkultur wird somit zum Erfolgsfaktor für Design Thinking.

- **Variable Räume** sollen ein kreativitätsförderndes Umfeld schaffen. Dazu gehören flexibel bewegbare Möbel, ausreichend Platz für Whiteboards und Präsentationsflächen sowie Materialien zur prototypischen Gestaltung von Ideen, beispielsweise Legosteine, Stoffe und Bilder. Meist arbeiten die Design-Thinking-Teams an Steharbeitsplätzen und sind jederzeit in der Lage, sich mit parallel arbeitenden Teams auszutauschen.

- Der **Design-Thinking-Prozess** ist in Abb. 8.6.21 dargestellt. Er führt die Teams in iterativen Schleifen durch sechs **Phasen** (vgl. *Lewrick* et al., 2017):

10 Prinzipien des Design Thinking	
1. Handlungsorientiert	...als pragmatischer und interdisziplinärer Ansatz zur Problemlösung.
2. Veränderungsorientiert	...da neue Wege zur Bewertung und Lösung von Problemen gefördert werden.
3. Menschenzentriert	...weil sowohl bekannte als auch unbekannte Benutzerbedürfnisse berücksichtigt werden.
4. Zukunftsorientiert	...da mit Unsicherheiten umgegangen wird und die Zukunft systematisch vorausgedacht wird.
5. Iterativ	...durch dynamisches, kontinuierliches Lernen aus Feedbacks.
6. Einfühlend	...um ein tieferes Verständnis der Nutzer zu fördern und Einsichten zu generieren.
7. Risikoreduzierend	...da der Prozess das gesamte „Entwicklungsökosystem" betrachtet.
8. Sinnstiftend	...da die Informationen effektiv erfasst und klar verbreitet werden.
9. Kreativitätsfördernd	...da es zum Nachforschen, Reflektieren, Kreativität und Lernen anregt.
10. Strategisch	...da durch Innovation Wettbewerbsvorteile erzielt werden können.

Abb. 8.6.20: Die zehn Prinzipien des Design Thinking (vgl. Mootee, 2013, S. 62)

- **Verstehen:** Im ersten Schritt wird ein tiefes Verständnis des Problems oder der Designherausforderung entwickelt, um die Themen für die weitere qualitative Forschung zu definieren. Dazu steckt das Team den Problemraum ab. Dabei ist es wichtig, bei allen Beteiligten dasselbe Verständnis zu schaffen. Konkrete Fragen können zum Beispiel sein: Was soll neu entwickelt werden? Für wen soll die Entwicklung relevant sein? Welche wesentlichen Rahmenbedingungen müssen berücksichtigt werden? Welcher Endzustand soll durch die Lösung erreicht werden?
- Beim **Beobachten** geht es darum, sich in den Kunden hineinzuversetzen. Eine Analyse der Kundenbedürfnisse erfolgt mithilfe von Methoden aus der Sozialforschung, Ethnologie und Anthropologie. Hierzu gehören etwa Beobachtungen, Interviews und Rollenspiele. Dabei ist es wichtig, Empathie für Nutzer und Betroffene aufzubauen und die Kunden reden zu lassen, um das Problem aus der Sicht der Anwender zu verstehen. Gutes Zuhören ist dabei ausschlaggebend, um Missverständnisse zu vermeiden. Die Wünsche des Kunden stehen immer im Vordergrund. Häufig wird hierfür die Technik des „Customer Journey Mapping" eingesetzt. Dabei wird der Verlauf der Interaktionen mit den Kunden und die an den Kundenschnittstellen auftretenden Präferenzen, Erlebnisse und Emotionen erforscht und dargestellt.
- **Sichtweisen definieren:** Die Ergebnisse der ersten beiden Schritte werden verbunden und die ermutigendsten Resultate geben die Richtung und die Entwicklung von Lösungen vor. Dazu werden fiktive Personen identifiziert, die als sog. „Personas" bezeichnet werden. Diese stehen als Point-of-View sinnbildlich für bestimmte Anwendergruppen und deren konkrete Merkmale, Bedürfnisse, Gefühle und Verhaltensweisen. Die Personas dienen dazu, den Standpunkt der Anwender bildlich zu veranschaulichen und schriftlich festzuhalten.
- **Ideen finden:** Zu Beginn der Ideenfindung entwickelt das Team zunächst eine Vielzahl von Lösungsmöglichkeiten, seien sie noch so verrückt oder utopisch. Die Resultate werden strukturiert und nach Prioritäten sortiert. Dabei sind Fragen nach der Effizienz, der Umsetzbarkeit oder der Wirtschaftlichkeit der einzelnen Ideen von Bedeutung. Ebenfalls ist ein Blick auf die Konkurrenz üblich.
- **Prototypen entwickeln:** Zu Anschauungszwecken werden Prototypen konkreter Lösungsideen erstellt, wobei kein Anspruch auf Perfektion gelegt

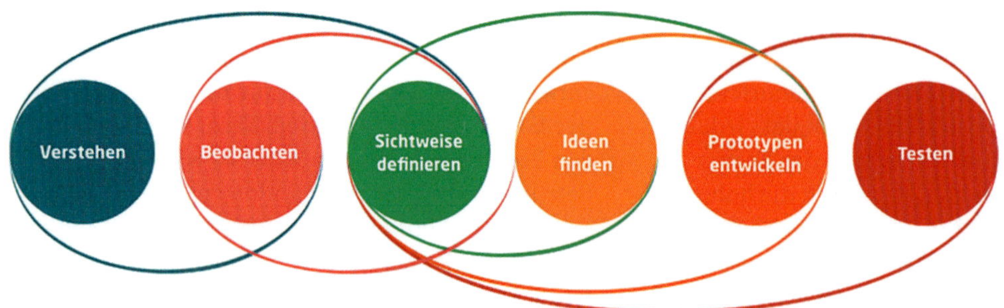

Abb. 8.6.21: Design-Thinking-Prozess des HPI (www.hpi-academi.de)

wird. Dazu werden unter anderem Techniken wie Wireframes, Post-its, Rollenspiele, Storyboards oder Demonstrationsmodelle genutzt. Der Prototyp dient dazu, dem Kunden die Lösung seines Problems zu veranschaulichen.

– **Testen:** Im Anschluss werden die Lösungen getestet und hierzu das Feedback des Anwenders eingeholt. Funktioniert eine Lösungsidee nicht, so wird sie verworfen. Die Kunden werden bei den Tests mit den Prototypen genau beobachtet und aus den Reaktionen weitere Ideen, Anregungen und Verbesserungen abgeleitet. Mit verbesserten oder neuen Prototypen wird solange getestet, bis der Kunde zufrieden ist und das Produkt freigegeben werden kann.

Beim in Abb. 8.6.22 dargestellten Design-Thinking-Prozess der *Stanford d.School* werden die ersten drei Phasen zu zwei zusammengefasst.

In der Praxis ist Design Thinking zunehmend populär. Die Wirkung auf das Innovationsmanagement ist beträchtlich und ermöglicht vielen Unternehmen, ihre Entwicklungszeiten drastisch zu verkürzen und kreative Lösungsansätze zu finden (vgl. *Brown/Martin*, 2015, S. 56 ff.).

Auch die Strategien bekannter Unternehmen wie *Ford, Microsoft* oder *Barclays* wurden durch Design Thinking beeinflusst. Insbesondere für Unternehmen mit ausgeprägtem Anteil an Dienstleistungen, Software und digitalen Produkten ist die Benutzererfahrung entscheidend (vgl. *Kolko*, 2015, S. 66 ff.).

Herausforderungen der Implementierung sind (vgl. *Carlgren* et al., 2016; *Mahmoud-Jouini* et al., 2019; *Kolko*, 2015, S. 71):

- Die neuen Ideen und Konzepte sind teilweise schwer umsetzbar und zu stark auf die Kunden ausgerichtet, statt auf die Kompetenzen des Unternehmens.
- Design Thinking steht teilweise im Konflikt zu etablierten Innovationsverfahren.
- Die Prinzipien und Denkweisen des Design Thinking können mit der Organisationskultur kollidieren.
- Die Design Thinking-Methoden und -techniken müssen detailliert und aufwendig erlernt werden.
- Kreative Prozesse sind stets subjektiv geprägt.

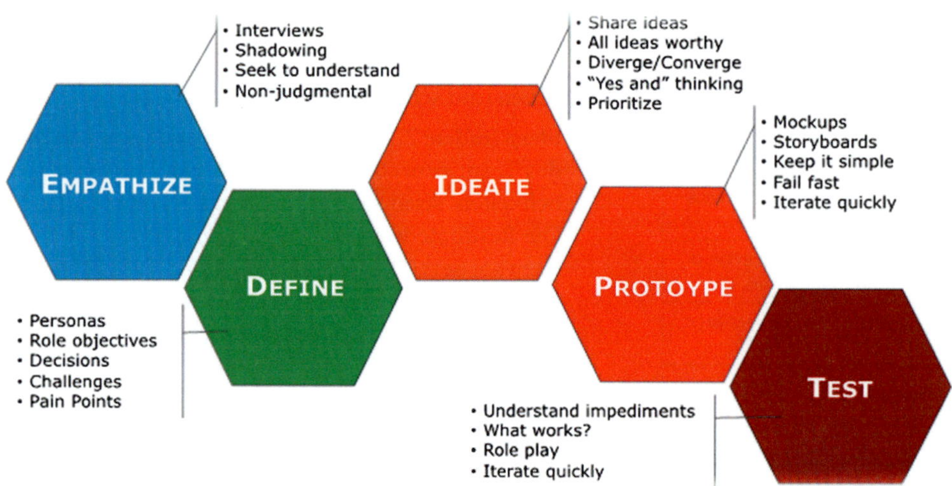

Abb. 8.6.22: Design Thinking Prozess der Stanford d.school (www.dschool.stanford.edu)

Design Thinking in der Praxis

Praxisbeispiel von Dr. Ilke Heller (Geschäftsführerin Beratungsgesellschaft Human Revolution)

Design Thinking ist ein Innovationsansatz, der durch drei Hauptmerkmale besticht: Das Arbeiten in einem divers aufgestellten Team und in einem flexiblen, agilen Raum sowie ein Prozess, der das Team strukturiert leitet. Die zukünftigen Nutzergruppen und Kunden eines Produktes oder einer Dienstleistung werden im Design Thinking mit ihren Bedürfnissen konsequent in den Mittelpunkt gestellt und frühzeitig in den Innovationsprozess involviert.

In diesem Fallbeispiel erarbeitete ein sechsköpfiges Team mit Mitarbeitern aus verschiedenen Abteilungen eines großen Stuttgarter Einzelhandelsunternehmens neue Chancen und Ideen für den stationären Einzelhandel. Der Kunde suchte Inspirationen und neue Impulse für nutzerorientierte Ideen und Lösungen. Im Folgenden wird das Vorgehen des Projektteams nach den sechs Phasen des Design Thinkings erläutert.

Verstehen

In der Verstehensphase haben die Projektteilnehmer die aktuellen Herausforderungen und Themen des Einzelhandels sowie unterschiedliche Zielgruppen betrachtet. Zunächst analysierten sie Daten und Fakten aus Studien zur Entwicklung des Einzelhandels. Darüber hinaus arbeiteten sie mit der semantischen Analyse, um ihr Wissen und ihre Vorkenntnisse aus den eigenen Fachbereichen zusammenzustellen. Ebenso wurden Methoden der Auseinandersetzung mit den potenziellen Nutzergruppen eingesetzt.

Hierfür stellte sich das Team die folgenden **Fragen**:

- Wer sind die potenziellen Nutzer des stationären Einzelhandels?
- Welche Bedürfnisse haben sie? Diese wurden in der Beobachtungsphase durch Interviews näher erforscht.
- Welche übergeordneten Themen stecken hinter den Bedürfnissen, wie etwa Nachhaltigkeit, Kosten oder Lage?

Beobachten

Die Erkenntnisse aus der Verstehensphase flossen in die Vorbereitung der Beobachtungsphase ein, in der das Team Interviews mit unterschiedlichen Zielgruppen führte. Mit einem Interviewleitfaden begaben sich Teams aus zwei bis drei Personen in die Stuttgarter Innenstadt und sprachen dort mit unterschiedlichsten Menschen.

Durch diese Gespräche gewannen die Projektmitglieder viele neue Sichtweisen und erkannten zusätzliche Bedürfnisse, die sie teils in ihrer eigenen Analyse nicht betrachtet hatten. Die spannendsten und überraschendsten Erkenntnisse aufzuarbeiten, sind dann die Ziele der folgenden Synthesephase.

Sichtweise definieren

Um die vielen Aussagen der Interviewpartner im Projektteam zu teilen, arbeiteten die Teams mit der Methodik des strukturierten Storytellings. Alle relevanten Zitate wurden auf großen Post-its den getroffenen Personen zugeordnet und auf einer großen Whitewall visualisiert. Nun galt es, die relevantesten Aussagen einer Person zu identifizieren und sich damit auf eine Persona zu fokussieren.

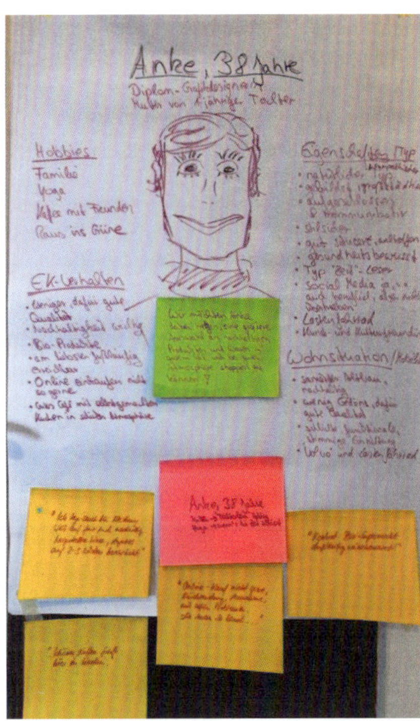

In diesem Projekt fiel die Entscheidung auf Anke. Sie ist 38 Jahre alt, Designerin und Mutter einer einjährigen Tochter. Anke ist Nachhaltigkeit sehr wichtig und sie wünscht sich in Stuttgart einen Ort, an dem sie in guter Atmosphäre eine große, stylische Auswahl an nachhaltigen Produkten erhält. Sie möchte die Ware und Produkte gerne anfassen und ist daher kein großer Fan des Online-Shoppens. Die Persona von Anke ist in der obigen Abbildung beschrieben. In dieser Person-aha und ihren Bedürfnissen sah das Projektteam einen „Golden Nugget" verborgen: Ankes Aussagen motivierten das Team, tiefer zu schürfen, in der Annahme dort Potenzial für spannende, innovative Lösungen und Ansätze zu finden.

Das Team arbeitete mit der Person-aha-Methode, d.h. sie suchten eine Person aus, die während der Interviews real getroffen wurde. Damit wird sichergestellt, dass in längeren Projektverläufen die Empathie mit der Persona nicht verloren geht. Es wird davon ausgegangen, dass hinter der Person-aha viele ähnliche Personen mit gleichen Bedürfnissen stehen.

So begab sich das Team mit der „How might we"-Frage in den Lösungsraum: Wie können wir Anke helfen, eine größere Auswahl an nachhaltigen Produkten und Waren in gutem Stil und bei guter Atmosphäre kaufen zu können?

Ideen sammeln

Um im Team viele Ideen für diese Fragestellung zu generieren, arbeitete es mit unterschiedlichen Brainstorming-Methoden. Ziel in dieser Phase ist es, viele und auch wilde und völlig neue Ideen zu sammeln.

Das Team nutzte hierfür folgende **Methoden**:

- **Negatives Brainstorming:** Hier wird die Fragestellung zunächst ins Negative umgekehrt: Was müssen wir tun, damit Anke für ihr Shopping-Erlebnis nach nachhaltigen Produkten weder eine reichhaltige noch eine gute Atmosphäre vorfindet? Die gesammelten Ideen werden dann ins Positive umgewandelt.
- **Super-Hero:** Diese Methode hilft den Teams, wilde Ideen zu generieren. Man versetzt sich in einen seiner Superhelden, wie etwa Pippi Langstrumpf, Jeff Bezos, Angela Merkel oder Greta Thunberg und überlegt, welche Ideen diese für die Fragestellung hätten. Eine wunderbare Methode, die immer Erstaunliches hervorbringt!
- **Heiße Kartoffel:** Bei dieser Team-Brainstorming-Methode stellen sich Teilnehmer vor, sie hätten einen heißen Gegenstand in der Hand, den man schnell weitergeben muss. So fängt ein Sprecher an, äußert seine Idee und wirft dann z. B. einen Ball weiter zum Nächsten. Nach 3 Minuten ist ein Flipchart voll mit neuen Einfällen. Im Projekt wurde diese Methode genutzt, um den Namen „Stadtwald" zu finden.

Am Ende der Ideenfindungsphase gab es eine große Bandbreite an unterschiedlichen Ideen, die als nächstes gruppiert und bewertet wurden.

Prototypen bauen

Um die Idee für die zukünftigen Nutzer greifbar zu machen, werden diese im Design Thinking als Prototypen gebaut und visualisiert. Die Projektmitglieder bedienten sich hierbei diverser Materialien. Wie in Abb. 8.6.23 dargestellt, skizzierten sie ein erstes Logo inklusive Nutzenversprechen an die Kunden und bauten den „Stadtwald" als Lego-Modell nach. Dort wurden die verschiedenen Angebote des Stadtwalds beispielhaft dargestellt.

Abb. 8.6. 6.23: Logo und Lego-Modell für das neue Shopping-Erlebnis Stadtwald

Testen

Um die Idee des „Stadtwalds" zu testen, luden die Projektmitglieder mehrere Testpersonen ein, die dem Persona-Konstrukt von Anke entsprachen. Ihnen stellten sie ihre Ideen vor und sammelten die Rückmeldungen. Es gab positives als auch kritisches Feedback zu einzelnen Aspekten. Es konnten Fragen geklärt werden und die Testpersonen brachten neue Impulse ein. Das vielfältige Feedback wurde anschließend vom Team als Iterationsschleife in den Innovationsprozess eingebaut.

Resümeé und Ausblick

Die Herausforderung, neue Lösungen für den stationären Einzelhandel zu erarbeiten, wurde hier mit dem Design Thinking gelöst. Das Projektteam arbeitete neue Nutzergruppen mit eigenen, speziellen Bedürfnissen heraus, für welche sie ein gezieltes neues Angebot kreierte – den „Stadtwald". Im nächsten Schritt wurde die Wirtschaftlichkeit sowie die technische Machbarkeit im Projektteam geprüft. Hierfür wurden andere Experten hinzugezogen. Denn wie Abb. 8.6.24 zeigt, kann eine Innovation nur dann erfolgreich sein, wenn Mensch, Technologie und Wirtschaftlichkeit im Einklang stehen.

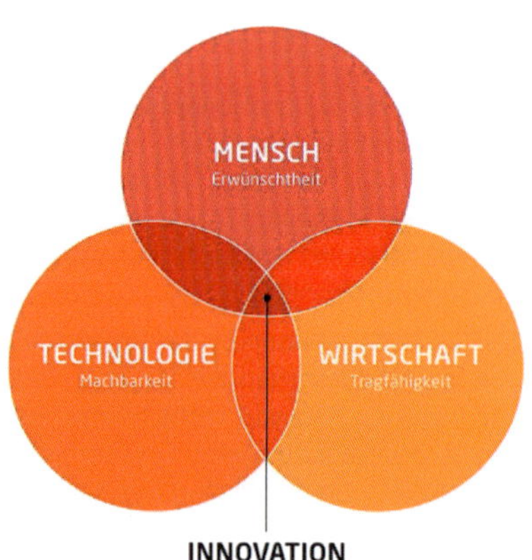

Abb. 8.6.24: Sweet-Spot einer Innovation (HPI Academy)

Airbnb als designorientiertes Unternehmen

Praxisbeispiel von Fiona Oster (Hochschule Heilbronn)

Airbnb ist ein 2008 im kalifornischen Silicon Valley gegründetes Online-Portal zur Buchung und Vermietung von Unterkünften. Dabei vermieten sowohl private als auch gewerbliche Anbieter ihre Wohnung oder Teile davon unter Vermittlung von *Airbnb.* Über die Plattform werden jährlich über 500 Mio. Übernachtungen aus über 7 Mio. Angeboten und in mehr als 220 Ländern getätigt (vgl. www.airbnb.com). Zudem betreibt *Airbnb* als Vertriebspartner die Hotel-Plattformen *Interhome* und *Inter Chalet. Airbnb* gelang mit rund 102 Mrd. US$ Marktwert der größte US-Börsengang des Jahres 2020. Dies ist mehr als die Konkurrenten *Marriott* und *Expedia* zusammen wert sind.

Airbnb wurde 2008 von *Brian Chesky, Joe Gebbia* und *Nathan Blecharczyk* in San Francisco gegründet. Die Gründungsidee entstand ein Jahr zuvor aufgrund eigener Erfahrungen. Eine gut besuchte Konferenz in San Francisco führte zu einem Mangel an Hotels. Anderseits gab es Wohngemeinschaften mit hohen Mieten, bei denen die Mitbewohner ihr Einkommen aufbessern wollten. Das Geschäftsmodell von *Airbnb* entwickelte sich ausgehend von diesem „verzwickten Problem" durch die Nutzung eines Design Thinking Prozesses. Die Gründer durchliefen vier Iterationen mit gescheiterten Gründungsversuchen, bis der fünfte Anlauf erfolgreich war. Dabei wurde jeweils das Problem anders betrachtet und Nutzererwartungen einbezogen. So konnte die Übereinstimmung zwischen Lösung und Anforderung immer weiter verbessert werden, indem von den Nutzern und Anbietern gelernt wurde. Von einem der gescheiterten Versuche leitet sich auch der Name des Unternehmens ab. So wurde das Konzept *Airbedandbreakfast* mit dem Vermitteln von Übernachtungen auf der Luftmatratze mit Frühstück verworfen und weiter angepasst.

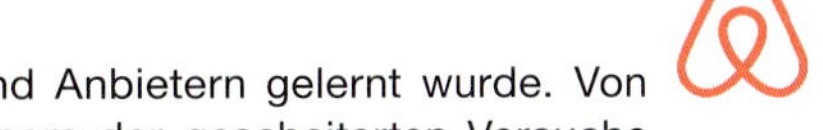

Heute wird über die Online-Plattform der Kontakt zwischen Gastgebern und Gästen hergestellt und die Buchung abwickelt. Dabei geht das Spektrum der vermittelten Leistungen von der Basisleistung einer Übernachtung bis hin zu außergewöhnlichen Zusatzangeboten in Bereichen wie Kunst, Kultur, Abenteuer und Wellness. Somit wurde aus der Entwicklung von Lösungen eine skalierbare Plattform „designt".

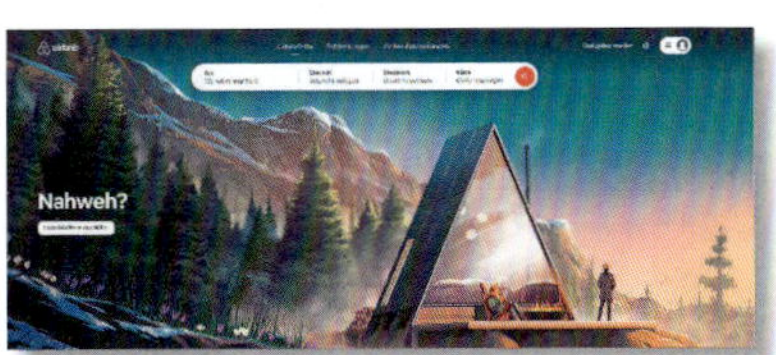

Um das Wachstum voranzutreiben, wurden die Kernprinzipien und die Unternehmenskultur in den Mittelpunkt gestellt. Alles ordnet sich der Mission „jedem zu helfen, überall dazuzugehören" unter. Angeboten wird alles, was den drei hoch skalierbaren Kernprinzipien entspricht: Gastfreundschaft, Zugehörigkeit und wirtschaftliches Empowerment (vgl. *Gebbia*, 2015). *Airbnb* wendet Design-Thinking nicht nur für die Produktentwicklung, sondern auch für die Strategieentwicklung und das Organisationsdesign an. Als designorientiertes Unternehmen bewertet *Airbnb* kontinuierlich die sich entwickelnden Bedürfnisse und Wünsche der Endnutzer. Damit möchte man immer einen Schritt voraus sein und nach neuen Möglichkeiten suchen, um neue Dinge auszuprobieren und Dinge zu verbessern.

Open Innovation

Offene Innovationsnetzwerke basieren auf der Entwicklung von Innovationen in Zusammenarbeit mit externen Partnern, wie etwa Universitäten, Zulieferern oder Kunden. Dies steht im Gegensatz zu klassischen Innovationsmodellen, bei denen das Unternehmen über die volle Kontrolle der gesamten Innovationsaktivitäten verfügt (vgl. *Duarte/Sarkar*, 2011, S. 435 ff.; *Chesbrough*, 2003b, S. 35 ff.). Dies ist in einem einfachen und komplizierten Führungskontext sinnvoll und angemessen (vgl. Kap. 1.3.6). Lange Zeit erfolgten Innovationen traditionell in der Forschung und Entwicklung (F&E) eines Unternehmens. Dort wurden Technologien aus dem Unternehmen generiert und auf den Markt gebracht. Dabei wurden interne Innovationsprozesse nach außen abgeschottet und es gab weder die Notwendigkeit noch die Bereitschaft, externe Innovationsquellen zu suchen oder mit ihnen zusammenzuarbeiten. Die Verantwortung für Innovationen liegt dann komplett beim Unternehmen selbst. Diese Sichtweise der unternehmensinternen Innovationserzeugung wird als **Closed Innovation** bezeichnet. Dieses Paradigma rät Firmen zu starker Eigenständigkeit, da die Qualität, Verfügbarkeit und Leistungsfähigkeit fremder Ideen nicht gesichert werden könne. Die Logik von Closed Innovation entspricht einem selbstverstärkenden Regelkreis, der auf der linken Seite der Abb. 8.6.25 dargestellt ist (vgl. *Chesbrough*, 2003a, S. 20). Investitionen in die eigene F&E führen zu grundlegenden Entdeckungen. Diese ermöglichen es, Produkte und Dienstleistungen zu kommerzialisieren. Diese Innovationen lassen die Umsätze und Margen steigen, was wiederum erhöhte Reinvestitionen in F&E finanziert. Dies treibt den Zyklus weiter an, sofern das geistige Eigentum in den eigenen Innovationen wirkungsvoll geschützt werden kann.

Mehrere Faktoren verändern die **Innovationsbedingungen** und machen die Vorteile einer Closed Innovation zunichte (vgl. *Chesbrough*, 2003a; *Helm et al.*, 2017, S. 327 ff.):

- Die Zunahme der Mobilität von Wissensarbeitern, die sich weniger an Unternehmen binden und verstärkt als Dienstleister virtuell zusammenarbeiten (vgl. Kap. 5.5.4)
- Die große Verfügbarkeit von Risikokapital für Innovationen aus unternehmensinternen und -externen Forschungseinrichtungen.
- Die immer kürzer werdenden technologischen Lebenszyklen, die einen erhöhten Zeitdruck bei der Entwicklung von Innovationen bewirken.
- Lieferanten und Kunden sind immer besser informiert und werden zu relevanten Akteuren im Innovationswettbewerb.
- Die Nutzung neuer Technologien wird beschleunigt, um dem Druck des Wettbewerbs zur Kostensenkung und dem technologiegetriebenen Disruptionspotenzial zu begegnen.
- Die höheren Qualitätserwartungen der Kunden und das abnehmende Ressourcenangebot bringen die internen Entwicklungskapazitäten an ihre Grenzen.
- Mithilfe des Rapid Prototyping lassen sich Innovationsprozesse agil und schnell durchführen.

Als Antwort auf die veränderten Innovationsbedingungen entsteht ein Paradigmenwechsel hin zu einem offenen Innovationsprozess, der auf der rechten Seite der Abb. 8.6.25 abgebildet ist. Dabei erzeugen Unternehmen Innovationen nicht mehr isoliert, sondern gemeinsam mit externen Partnern. Wissen, Ideen und Ressourcen werden in Kooperationen geteilt. So entstehen neue Produkte und Dienstleistungen bis hin zu neuen Wertschöpfungssystemen, die starke Innovationskraft besitzen und Marktchancen als Anstoß für neue Innovationen aufgreifen.

Ein Beispiel für ein offenes Innovationsnetzwerk ist die Entwicklung der **Corona-Warn-App**, welche in der Corona-Pandemie 2020/21 die Anwender nach Begegnungen mit Infizierten warnen und so Infektionsketten durchbrechen sollte. Die App wurde unter Hochdruck in nur zwei Monaten programmiert. Bei der Entwicklung arbeiteten Personen aus mehr als 25 Organisationen zusammen, wobei sich die allermeisten persönlich nie begegnet sind. Darunter waren etwa Epidemiologen des *Robert-Koch-Instituts*, Rechtsanwälte für Datenschutz, Informatiker der *Fraunhofer-Gesellschaft*, Mathematiker und SW-Entwickler von *SAP* sowie Nachrichtentechniker und Gesundheits-IT-Experten der *Telekom*. Bis Ende 2021 wurde die App rund 34 Millionen Mal heruntergeladen (vgl. *Tönnesmann*, 2020, S. 32).

Der Begriff Open Innovation wurde von *Chesbrough* geprägt (2003b). Dabei werden die Konzepte von Kooperationen, Allianzen und Netzwerken (vgl. Kap. 5.5) auf den Innovationsprozess übertragen. Innovative Unternehmen lernen demnach kontinuierlich, indem sie Ideen, Wissen und Informationen mit ihrer Umwelt austauschen. Interne F&E-Kapazitäten bilden die Grundlage, um externes Wissen und Technologien zu erwerben und zu nutzen. Besondere Bedeutung haben dabei die **Nutzerinnovationen** (vgl. *Hippel*, 1988, S. 25), da Nutzer und Konsumenten als die eigentlichen Schöpfer von Innovationen betrachtet werden. Deshalb sollten sie auch bei der überwiegenden Zahl neuer Produkte und Dienstleistungen in die Entwicklung einbezogen werden. Aus Untersuchungen über First Mover Innovatoren wurde nachgewiesen, dass diese häufig schwächer im Markt positioniert sind als ihre Nachahmer. Letztere können aufgrund der Einbindung von Nutzern und anderen Partnern komplementäres Wissen und Ressourcen für die Innovationen nutzen (vgl. *Teece*, 1986, S. 287). Diese Konzepte werden im Modell der offenen Innovation zusammengefasst.

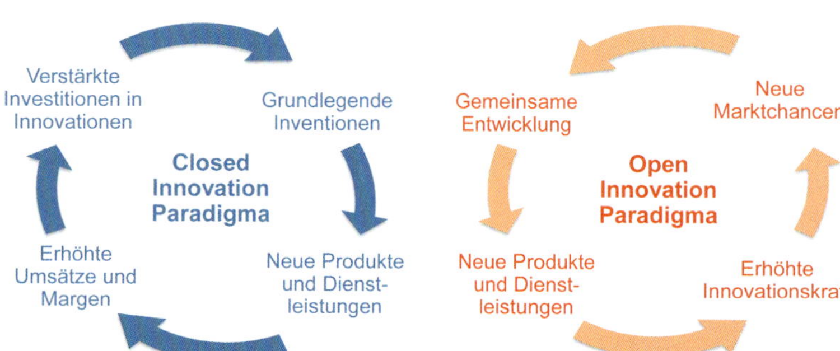

Abb. 8.6.25: Paradigmen geschlossener und offener Innovation (in Anlehnung an Gassmann/Enkel, 2004, S. 7)

Open Innovation (offene Innovation) ist ein Innovationsprozess, der durch gesteuerte Wissensflüsse über die Unternehmensgrenze hinweg Nutzer und andere externe Partner aktiv in die Entwicklung von Innovationen einbindet (in Anlehnung an *Chesbrough/Bogers*, 2014, S. 17).

Open Innovation verspricht folgende **Vorteile** (vgl. *Piller et al.*, 2017, S. 69):

- **Time-to-Market**: Der Zeitraum zwischen dem Beginn einer Entwicklung bis zu ihrer Markteinführung kann optimiert werden. Durch Arbeitsteilung und Einbindung externer Innovationspartner lassen sich Innovationen schneller in den Markt einführen. Dies ermöglicht Pionierrenten und hohe Marktanteile und baut Markteintrittsbarrieren auf.
- **Cost-to-Market:** Die Innovationskosten lassen sich mit anderen Unternehmen teilen. Die einzelnen Partner können Kosten sparen, wenn Investitionen z. B. in Prototypen oder Testkapazitäten durch Inanspruchnahme bestehender Kapazitäten der Partner reduziert werden oder durch gemeinsames Marketing, wenn Kunden über die Kanäle mehrerer Partner gewonnen werden.
- **Fit-to-Market:** Die Marktakzeptanz einer Innovation steigt an, da durch Open Innovation die Kundenbedürfnisse besser erfasst werden können als durch konventionelle Marktforschung. Aktive Kundeneinbindung in den Innovationsprozess kann z. B. durch die Lead-User-Methode oder agiles Projektmanagement mit Scrum erreicht werden (vgl. Kap. 5.3.5).
- **New-to-Market:** Der vom Kunden wahrgenommene Innovationsgrad steigt, da Open Innovation sich am Marktbedarf orientiert und der Prozess von Kundenbedürfnissen getrieben wird.

Zusätzlich zu wettbewerbsorientierten Vorteilen lassen sich durch die **Kooperation** weitere **Vorteile** erzielen (vgl. *Hauschildt et al.*, 2016, S. 266):

- **Verbreiterung des Spektrums an und für Ideen und Wissen**: Die gemeinsame Entwicklung von Innovationen mit externen Partnern, welche bei der Closed Innovation nicht zur Verfügung stehen, ermöglicht den Zugriff auf andere Ideen oder breiteres Wissen. Die Kooperation beinhaltet aber auch die Möglichkeit, vorhandenes Know-how, Technologien und geistiges Eigentum, die von einem Unternehmen selbst nicht genutzt werden, an externe Partner zu vermarkten. Somit kann zusätzliche Wertschöpfung entstehen und die bestehenden Märkte lassen sich erweitern. Gleichzeitig birgt dies allerdings auch das Risiko von Nachahmungen.
- **Ressourcendefizite ausgleichen** indem fehlende Ressourcen durch gemeinsame Nutzung der Ressourcen der Partner kompensiert werden. Damit verringert sich das Risiko und es lassen sich Zeit und Kosten einsparen. Auf diese Weise können parallele Entwicklungsprojekte durchgeführt werden. Dieses Motiv hängt stark von den Rahmenbedingungen der Unternehmen ab und tritt insbesondere für kleine und mittlere Unternehmen in den Vordergrund.
- **Diffusionsförderung** ist ein offensives Motiv, um schneller und erfolgreicher in den Markt einzutreten. Dabei helfen Partner den Markt auszuweiten und bessere

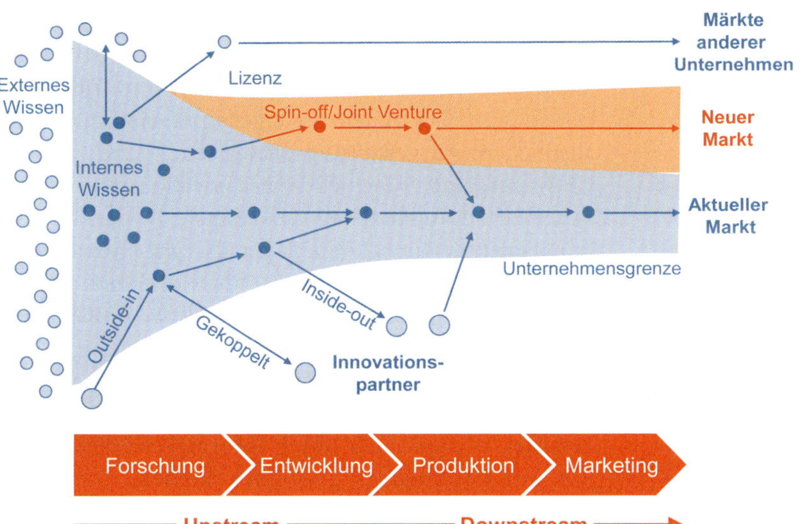

Abb. 8.6.26: Arten offener Innovation (in Anlehnung an Gassmann/Enkel, 2004, S. 7; Hauschildt et al., 2016, S. 243)

Zugänge und Marktinformationen zu nutzen. Dieses Motiv ist meist wichtiger als der Ausgleich von Ressourcendefiziten.

Das zentrale **Risiko** von Open Innovation liegt im ungewollten Abfluss von internem Wissen, was zum Verlust von Wettbewerbsvorteilen und Kernkompetenzen führen kann. Zudem erhöht die Interaktion mit externen Partnern die Komplexität des Innovationsprozesses. Dies resultiert aus der Beziehungspflege mit verschiedenen Partnern oder aus Interessenkonflikten und Abhängigkeiten.

Die **Wahl des Innovationsansatzes** hängt neben dem Risiko auch von weiteren Voraussetzungen und der Ausprägung der Motive ab (vgl. *Whittington et al.*, 2019, S. 410 ff.; *Piller et al.*, 2017, S. 50; *Gassmann/Enkel*, 2004, S. 13):

- Die **Wettbewerbsintensität** und damit die Vorteile von Eigeninnovationen bzw. die Risiken der Nachahmung sprechen in wettbewerbsintensiven Branchen für einen eher geschlossenen Ansatz. Auch wenn durch die Interaktion mit externen Partnern und Kunden neue Wissensquellen entstehen, ist die interne Kompetenz und Kapazität des Unternehmens unerlässlich, um das erworbene Wissen zu bewerten, zu integrieren und daraus kommerziell verwertbare Lösungen zu schaffen.
- **Beziehungskapazität** bezeichnet die Fähigkeit zur Interaktion von Innovationspartnern. Eine Kooperation kann schwierig und risikoreich sein, insbesondere wenn es sich um sehr komplizierte und eng verzahnte Technologien und Prozesse handelt. Für einzigartige Innovationen, die eine grundlegende technologische Verbesserung generieren und einen besonderen Wettbewerbsvorteil versprechen, wird daher Closed Innovation bevorzugt. Open Innovation ist hingegen dann erfolgversprechend, wenn in der Zusammenarbeit mit externen Partnern ein Mehrwert generiert werden kann. Demnach ist die Fähigkeit, Beziehungen zu Partnern aufzubauen und zu pflegen, eine notwendige Voraussetzung für Open Innovation und muss in der Innovationskultur, Organisationsstruktur und der Strategie verankert sein.
- Die **absorptive Kapazität** (vgl. *Cohen/Levinthal*, 1990, S. 128 ff.) beschreibt die Fähigkeit eines Unternehmens, den Wert neuer, externer Informationen zu erkennen, diese aufzugreifen und für kommerzielle Zwecke zu nutzen. Um Wissen und Informationen mit Partnern auszutauschen, bedarf es interner Kapazitäten, um externes Wissen und Technologien zu verarbeiten. Ohne die Fähigkeit der Absorption ist es schwierig, externes Wissen zu identifizieren und anzuwenden.
- **Multiplikationsfähigkeit** ist erforderlich, um vorhandenes internes Wissen außerhalb des Unternehmens zu verwerten, Dies beinhaltet die Fähigkeit, das Wissen nach außen zu transportieren und zu vervielfältigen. Dieser Wissenstransfer und die Auswahl geeigneter Partner kann vom Unternehmen selbst oder durch spezifische Innovationspartner erfolgen, die in der Lage sind, Technologien zu multiplizieren und kommerziell zu nutzen.

Open Innovation ist ein Prozess der zielgerichteten und gesteuerten Einbeziehung unternehmensexterner Akteure in den Innovationsprozess. Analog zu den Klassifizierungen von Innovationen schließt dies die Entwicklung und Kommerzialisierung neuer oder verbesserter Produkte, Prozesse, Dienstleistungen und Geschäftsmodelle ein. Nach der Art der Wissensverteilung und der Ressourcenflüsse werden drei Ansätze für Innovationskooperationen bzw. **Arten** von **Open-Innovation** unterschieden, die in Abb. 8.6.26 dargestellt sind (vgl. *Gassmann/Enkel*, 2004, S. 2 ff.; *Hippel*, 1976, S. 212 ff.; *Hauschildt et al.*, 2016, S. 243):

- **Outside-in Prozesse**, auch Inbound-Prozesse genannt, transferieren externe Ressourcen, Wissens- und Ideenquellen in den Innovationsprozess eines Unternehmens. Dabei werden externe Wissensquellen, z. B. von Kunden, Lieferanten, Universitäten, Start-ups oder Innovationsclustern genutzt, um die Wissensbasis des Unternehmens anzureichern und die Innovationsfähigkeit eines Unternehmens zu erhöhen. Von besonderer Bedeutung ist dabei die Integration von Kunden und Konsumenten. Dies erscheint insbesondere dann sinnvoll, wenn ein Unternehmen einen Mangel an internen Ressourcen hat, die externen Ressourcen überlegen sind oder wenn das Wissen leicht übertragbar und die Marktbarrieren niedrig sind. Daher finden Outside-in-Prozesse in erster Linie in Low-Tech-Branchen oder bei besonders anspruchsvollen wissensintensiven Innovationsprozessen statt, bei denen die eigenen Ressourcen nicht ausreichen. Ausgestaltungsformen dazu sind z. B. das Crowdsourcing. Dabei wird die Innovation an eine Vielzahl externer Interessenten ausgelagert. Das bekannteste Beispiel hierfür ist *Wikipedia*. Darüber hinaus sind Innovations- oder Startup-Wettbewerbe eine Quelle für innovative Lösungen. Auch das aktive Einbeziehen von Lieferanten, das Einbringen von innovativen Ideen und die Beteiligung an fremden Innovationen ist eine Form des Outside-In-Prozesses. Darüber hinaus kann externes Wissen auch durch informelles Netzwerken z. B. auf Konferenzen gewonnen werden. Auch können externe Schutzrechte wie. z. B. Lizenzen erworben werden. Eine weitere Möglichkeit, externes Wissen zu integrieren, ist die Inanspruchnahme von Innovationsdienstleistungen, wie etwa explizites Scouting oder virtuelles Prototyping durch spezialisierte Dienstleister, sog. Intermediäre. Hierzu gehören auch Wissenschaftler oder Hochschulforscher in Innovationskonsortien. Schließlich kann sich ein Unternehmen auch durch die finanzielle Beteiligung an etablierten oder neuen Unternehmen Zugang zu externem Wissen verschaffen.

- **Inside-out Prozesse**, auch Outbound-Prozesse genannt, beinhalten den Transfer und die Nutzung von internem Wissen an externe Akteure. Die externe Kommerzialisierung der eigenen technologischen Ideen und Innovationen kann Innovationsprozesse beschleunigen, Fixkosten reduzieren, Risiken teilen, Technologien multiplizieren und technologische Standards etablieren. Unter der Annahme, dass Innovationen nicht dort entstehen müssen, wo sie verwertet werden, konzentriert sich der Inside-Out-Prozess auf die externe Multiplikation und Verwertung. Inside-Out Prozesse erfolgen durch Mechanismen wie etwa Lizenzierung, Outsourcing oder Patente. Die Auslizenzierung von geistigem Eigentum vermarktet Ideen und Technologien, die nicht innerhalb des Unternehmens genutzt werden können oder nicht zum Geschäftsmodell passen. Ebenso können marktreife Produkte an Dritte verkauft werden, wenn kein Zugang zu bestehenden Märkten oder Kunden besteht.

Outside-in Instrumente zur Technologieforschung	Inside-out Instrumente zur Technologieausbeutung
▪ Recherche externer Quellen ▪ Lead-User-Methode ▪ Nutzer-Innovation ▪ Beauftragte für Innovationsdienstleistungen ▪ Crowdsourcing ▪ Co-Kreation mit Kunden und Verbrauchern ▪ Ideen- und Start-up-Wettbewerbe ▪ Informelle Vernetzung ▪ Einlizenzierung ▪ Alle Formen kollaborativer Innovationsprozesse ▪ Technologiekauf bis hin zu Fusionen und Übernahmen ▪ Öffentlich finanzierte F&E-Konsortien und universitäre Forschungsstudien ▪ Spezialisierte Open Innovation-Vermittler ▪ Lieferanten-Innovationspreise	▪ Interne Ausbeutung ▪ Partnerschaften ▪ Kooperationen ▪ Inkubation von Unternehmen ▪ Risikokapital für Unternehmen ▪ Beteiligung der Mitarbeiter ▪ Auslizenzierung ▪ Minderheitsbeteiligungen ▪ Outsourcing ▪ Beteiligung an der Normung (öffentliche Normen) ▪ Verkauf marktreifer Produkte ▪ Ausgliederungen (Spin-offs) ▪ Bereitstellung von F&E-Dienstleistungen ▪ Technologie-Vertrieb ▪ Offene Innovations-Venture-Aktivitäten

Abb. 8.6.27: Instrumente offener Innovation

Auch kann Wissen durch finanzielle Beteiligungen an externen Partnern in Joint Ventures oder ausgegründeten Unternehmen (sog. Spin-offs) übertragen werden.

- **Gekoppelte Prozesse** kombinieren sowohl Outside-in- als auch Inside-out-Prozesse. Damit bilden sich strategische Innovationsnetzwerke (vgl. Kap. 5.5.4), bei denen ein Geben und Nehmen von Wissen unabdingbar ist. Der Fokus dieses Prozesses liegt auf dem Aufbau einer gegenseitigen und engen Zusammenarbeit mit externen Partnern, z. B. durch vertiefte Kooperationen, strategische Allianzen oder Joint Ventures. Dies führt zu einem intensiven Wissensaustausch und einem Prozess des gegenseitigen Lernens.

Zusammenfassend können alle drei Kernprozesse der Open Innovation eine Innovationsstrategie darstellen, obwohl nicht jede Form für jedes Unternehmen gleich gut geeignet ist. Bei allen Typen ist jedoch zu beachten, dass der Ort des Wissens nicht unbedingt der Ort der Innovation sein muss.

Zur Umsetzung von Open Innovation werden spezifische **Instrumente** genutzt, die in Abb. 8.6.27 zusammengefasst sind (*Piller et al.*, 2017, S. 73; *Gassmann/Enkel*, 2004, S. 12 ff.; *Chesbrough*, 2003b; *Chesbrough/Bogers*, 2014, S. 18; *Helm et al.*, 2017, S. 330; *Hippel*, 1988, S. 25).

Offene Innovationen bergen als zentrales **Risiko** den Verlust von Wissen bzw. Innovationskompetenzen bei zu hoher Offenheit gegenüber den Partnern. Wird geistiges Eigentum durch eine Innovationsgemeinschaft kontrolliert und allen Partnern verfügbar gemacht, so gehen eigene Innovationsrenten zurück. Es entsteht daher ein Zielkonflikt zwischen den Vorteilen offener und geschlossener Innovation. Es ist abzuwägen, ab welchem Punkt die Vorteile geringerer Innovationskosten durch offene Innovation durch die Kostensteigerungen aus verlorenen Skalen- und Synergieeffekten und der Teilung des geistigen Eigentums aufgezehrt sind. Offene Innovation unterstellt ein externes Angebot an Ideen und Wissen, das Unternehmen nutzen können, um so ihr **geistiges Eigentum** (Intellectual Property, IP) zu mehren (vgl. *Chesbrough/Bogers*, 2014, S. 18). Die Verwendung und der Schutz von geistigem Eigentum ist daher ein integraler Bestandteil der innovationsorientierten Unternehmensführung und von zentraler Bedeutung bei offenen Innovationen.

Geistiges Eigentum lässt sich durch alle Formen der **Patentierung** schützen. Patente, Industriedesigns, Marken und Urheberrechte sind zweckmäßig, um geistiges Eigentum zu bewahren, verhandelbar zu machen, zur Verbesserung des Unternehmensimages beizutragen sowie um daraus Gewinne zu erzielen. Offene Innovation und Patentierung können sich ergänzen, wenn z. B. geistiges Eigentum durch Lizenzierung und Zusammenarbeit profitabel zur Verfügung gestellt wird oder Kooperationen günstiger sind, als der Kauf oder die Eigenentwicklung von geistigem Eigentum. Umgekehrt können Konflikte entstehen, wenn viel patentiert und dadurch die Nutzung in offen Innovationsprozessen eingeschränkt wird. Auch das Horten von Patenten, übermäßige Geheimhaltung oder juristische Barrieren können hemmend wirken. Unternehmen stehen daher vor der Entscheidung, ihr geistiges Eigentum selbst zu nutzen oder zu vermarkten. Abb. 8.6.28 zeigt wesentliche Ziele externer Technologievermarktung auf.

Die Umsetzung von Open Innovation kann durch **Barrieren** beeinträchtigt werden. Diese können unterschiedlicher Natur sein. Das Verständnis der Hindernisse ist hilfreich, um offene Innovation erfolgreicher zu implementieren (vgl. *Bigliardi/Galati*, 2016, S. 882). In der Abb. 8.6.29 werden wichtige Barrieren vorgestellt.

Aufgrund dieser Barrieren haben viele Unternehmen Schwierigkeiten, offene Innovationsprozesse zu integrieren. Hierfür können spezielle Dienstleister als Innovationsmittler eingeschaltet werden.

> Ein **Innovationsmittler** (Intermediär) unterstützt die Kooperation in offenen Innovationsprozessen zwischen zwei oder mehr Parteien.

Ziele der Techchologievermarktung	
Zugang zu neuem Wissen	▪ Kreuzlizenzen ▪ Eintritt in technologische Märkte und Netzwerke ▪ Nutzung für schwache Signale
Lernen aus Wissenstransfer	▪ Aufbau dynamischer Fähigkeiten ▪ Reputation aufbauen
Multiplikation eigener Technologien	▪ Standardisierte Verwendung in Produkten ▪ Von Netzwerkeffekten profitieren ▪ Geografische und produktbezogene Markterweiterung
Kontrolle technologischer Pfade	▪ Kontrolle der technologischen Pfadabhängigkeit
Verwertung als Geschäftsmodell	▪ Aktives Entwickeln für externe Parteien
Kontrolle über die Umwelt ausüben	▪ Aufrechterhaltung der technologischen Führung ▪ Defensive Auslizenzierung ▪ Schaffung von Markt-Ökosystemen ▪ Gewährleistung der Handlungsfreiheit ▪ Eintrittsbarrieren erhöhen

Abb. 8.6.28: Ziele externer Technologievermarktung (vgl. Kutvonen, 2011, S. 467)

Das Spektrum der Innovationsdienstleistungen umfasst externe Wissenssuche, Informationsbeschaffung über potenzielle Kooperationspartner, die Vermittlung zwischen zwei oder mehr Parteien, das Management der Kooperation, die Bereitstellung von Werkzeugen, Schulungen, Prozessberatung oder die Hilfe bei der Verwertung der Ergebnisse.

Nach der Art und Weise, wie die Innovationsmittler auf verteilte Wissensquellen zugreifen und ihren Kunden zugänglich machen, lassen sich folgenden **Typen** unterscheiden (vgl. *Colombo et al.*, 2015, S. 126):

- **Broker** konzentrieren sich auf Softwarelösungen und Plattformen für technologische Bedarfe und Angebote für die Ideengenerierung, Crowdsourcing-Lösungen oder für den Zugang zu den Kunden.
- **Mediatoren** unterstützen Kunden bei der Identifikation von Expertenwissen und Trends. Wenn Kunden mit komplexen Innovationsproblemen in einem Umfeld technischer und marktbedingter Unsicherheiten agieren, analysieren Vermittler die Bedürfnisse ihrer Kunden und ermitteln das erforderliche Wissen zur Lösung des Kundenproblems.
- **Kollektoren** nutzen ihre Netzwerke, wenn eine große Anzahl von Ideen oder Lösungen benötigt wird und präsentieren diese ihren Kunden zur Bewertung und Auswahl.

Barrieren	Merkmale
Nicht-Wollen	▪ Bürokratische und administrative Hürden ▪ Prognostizierter Wissensverlust ▪ Not-Invented-Here-Syndrom
Nicht-Wissen	▪ Fehlendes technisches und administratives Wissen, um den offenen Innovationsprozess zu beherrschen
Kein Bedarf	▪ Unbekannte oder unklare Marktanforderungen ▪ Unternehmen erschwert seinen Mitarbeitern Open Innovation Projekte
Wissen	▪ Verlust von Know-how ▪ Mangelnde Verfügbarkeit von relevantem Wissen ▪ Gefahr der Imitation
Zusammenarbeit	▪ Schwierigkeiten, die richtigen Partner zu finden ▪ Opportunistisches Verhalten ▪ Kulturelle Unterschiede
Organisation	▪ Mangel an adäquaten Führungskompetenzen ▪ Kulturelle Widerstände ▪ Administrative und rechtliche Belastungen
Finanzen und Strategie	▪ Wirtschaftliche und finanzielle Fragen ▪ Überlassung einer Technologie ohne umfassendes Verständnis ihres Potenzials ▪ Tatsächliche Kosten höher als geplante Kosten

Abb. 8.6.29: Barrieren für Open Innovation (in Anlehnung an Bigliardi/Galati, 2016, S. 877)

- **Konnektoren** bieten Unterstützung bei klaren und spezifischen Innovationsherausforderungen. Dann stellen sie Kontakte zwischen Akteuren mit geeigneter Erfahrung und passenden Fähigkeiten her und ermöglichen es, geeignete Innovationspartner zu finden.

Die Rolle der Innovationsintermediäre ist dabei häufig eher ein Kontinuum mit mehreren Rollen bis hin zu Risikokapitalgebern. Ein Beispiel für einen Innovationsmittler ist die *STARTUP AUTOBAHN.*

Open Innovation bei STARTUP AUTOBAHN

STARTUP AUTOBAHN ist ein gemeinsames Projekt der *Mercedes-Benz Group AG*, des Startup-Akzelerators und Investors *Plug and Play Tech Center*, des Forschungscampus *ARENA2036* sowie der *Universität Stuttgart*. Als Innovationsplattform fungieren sie als gemeinsame Schnittstelle zwischen branchenführenden Unternehmen und jungen Technologiefirmen. Im Herzen der halbjährichen Programme arbeiten Unternehmenspartner mit Startups auf Augenhöhe zusammen, um eine mögliche Kooperation zu bewerten, ihre Technologie zu testen und eine produktionsreife Implementierung zu ermöglichen.

Seit 2016 hat *STARTUP AUTOBAHN* mit mehr als 220 Startups an über 350 Pilotprojekten in den Bereichen Mobilität, Produktion und Geschäftsmodellen zusammengearbeitet. Dabei wurden mehr als 60 Projekte implementiert, womit *STARTUP AUTOBAHN* zu einer der größten und erfolgreichsten Innovationsplattformen in Europa zählt.

Eines der erfolgreichsten Pilotprojekte ergab sich dabei aus der Zusammenarbeit des Startups *what3words* mit der *Mercedes-Benz Group AG.* Das gemeinsam entwickelte Adresssystem legt über die Erde ein Raster aus 3 mal 3 Metern, vergleichbar mit GPS-Koordinaten. Jedes der daraus entstehenden 57 Billionen Quadrate wird durch eine Kombination aus drei Wörter eindeutig bestimmt (w3w-Adresse), welche sich nie ändern wird. So lautet beispielsweise die Dreiwortadresse des Eingangs in das Gebäude des Deutschen Reichtags: ///erdboden.palmen.reiseziel. Dies ermöglicht einfache und präzise Ortsangaben, etwa zur Navigation per Sprachsteuerung.Dies gilt auch für Orte, die über keine Straße und Hausnummer verfügen. Auf diese Weise lassen sich sämtliche Abhol- und Ankunftspositionen exakt per App bestimmen, wie etwa in Notfällen der Bergrettung. W3W wird seit 2018 in den Modellen der Marke *Mercedes-Benz* eingesetzt.

Das Open Innovation auch ein erfolgreicher Ansatz in Krisenzeiten sein kann, zeigt vor allem das *Programm 8* von *STARTUP AUTOBAHN*. Während der Corona-Krise wurden 30 neue Pilotprojekte gestartet, wobei auch mehrere Partnerunternehmen beteiligt waren. Ein Beispiel ist das Kooperationsprojekt von *BASF, Motherson* und *Porsche* mit dem Startup *CircularTree.* Immer mehr Kunden möchten wissen, woher ein gekauftes Produkt stammt und unter welchen Bedingungen es hergestellt wurde. Mithilfe der Blockchain-Technologie (vgl. Kap. 7.3.8) lassen sich sämtliche Teilnehmer der Lieferkette nachverfolgen, etwa von der Rohstoffmine bis zum Automobil. *CircularTree* macht es den Unternehmen somit einfacher und sicherer, ihre Nachhaltigkeitsverpflichtungen einzuhalten. Exemplarisch werden die CO_2-Daten der Wertschöpfungsketten in der Automobilindustrie abgebildet. Deren Lieferketten sind oft lang und komplex und der CO_2-Ausstoß somit schwer nachverfolgbar. Das Innovationsprojekt soll dazu beitragen, nachhaltigere Teile und letztendlich nachhaltigere Autos zu bauen.

Zusammenfassung

- Innovation im engeren Sinne ist die Einführung von Neuerungen in den Markt, die sich von bisherigen Lösungen merklich unterscheiden. Sie zielen auf wirtschaftlichen Erfolg und beinhalten Risiko, Komplexität und soziale Konflikte.
- Nach dem Neuartigkeitsgrad lassen sich Innovationen in Basis-, Verbesserungs-, Anpassungs- und Scheininnovationen sowie Imitationen einteilen. Sie können auch in radikale und inkrementelle Innovationen oder nach dem Gegenstand in Produkt-, Verfahrens- und Sozialinnovationen unterschieden werden.
- Technologie steht für eine wissenschaftlich fundierte Erkenntnis, die bei der Lösung praktischer Probleme angewendet werden kann. Technik bezeichnet die in Produkten oder Verfahren angewandte Technologie zur Lösung praktischer Probleme.
- Ideen sind Einfälle und Gedanken, die auf der Suche nach Problemlösungen entstehen. Sie beinhalten neue Lösungen und sind daher immateriell und schöpferisch.
- Eine Invention oder Erfindung ist eine technisch vollständig und konkret formulierte Lösung für naturwissenschaftliche oder technische Problemstellungen und damit das Ergebnis von Forschung und Entwicklung.

- Innovation im engeren Sinne ist eine Invention, aus der neue Produkte, Dienstleistungen oder Verfahren hervorgehen und die in den Markt eingeführt wird.
- Der Innovationsprozess kann mit einem Stage-Gate-Konzept und dem Target Costing begleitet und gesteuert werden.
- Innovation im weiteren Sinne ist eine Invention, aus der neue Produkte, Dienstleistungen oder Verfahren hervorgehen, welche sich wirtschaftlich erfolgreich im Markt durchsetzen.
- Die Diffusion von Neuerungen kann mit dem Diffusionsmodell erklärt werden. Sie verläuft meist S-förmig und unterscheidet verschiedene Adoptionsgruppen.
- Mögliche Markteintrittsstrategien sind Innovationsführerschaft oder -folger.
- Technologiestrategien orientieren sich an der Technologie-S-Kurve nach der Leistungsfähigkeit einer Technologie in Abhängigkeit vom kumulierten Entwicklungsaufwand. Disruptive Innovationen lösen vorherrschende Technologien ab und zerstören den Wert bisheriger Investitionen.
- Technologiestrategien können je nach Risikosituation Erweiterung, Plattform, Positionierung, Kundschafter oder Sprungbretter sein. Im Technologieportfolio können Empfehlungen für die Investition, Selektion oder Desinvestition einzelner Technologien abgeleitet werden.
- Entrepreneure entdecken Chancen, setzen Innovationen durch, nutzen Ressourcen und tragen die Risiken. Sie gründen und innovieren Unternehmen.
- Unternehmertum erfolgt in den Formen des sozialen, kulturellen oder nachhaltigen Unternehmertums sowie dem Intrapreneurship und dem Corporate Entrepreneurship. Je nach Phase des Unternehmenslebenszyklus verändern sich dabei die Schwerpunkte und die Geschwindigkeit des Entrepreneurships.
- Design Thinking ist eine systematische und iterative Methode, um unter Einbezug des Kunden für komplexe Problemstellungen neue Lösungen zu finden, die aus Sicht des Anwenders überzeugend sind.
- Der Design-Thinking-Prozess führt Teams in iterativen Schleifen durch die sechs Phasen Verstehen, Beobachten, Sichtweisen definieren, Ideen finden, Prototypen entwickeln und Testen.
- Open Innovation (offene Innovation) ist ein Innovationsprozess, der durch gesteuerte Wissensflüsse über die Unternehmensgrenze hinweg Nutzer und andere externe Partner aktiv in die Entwicklung von Innovationen einbindet.
- Nach der Art der Wissensverteilung und der Ressourcenflüsse werden drei Arten offener Innovation unterschieden: Outside-in Prozesse, Inside-out Prozesse und gekoppelte Prozesse.
- Ein Innovationsmittler (Intermediär) unterstützt die Kooperation in offenen Innovationsprozessen zwischen zwei oder mehr Parteien.

Literaturempfehlungen

Brockhoff, K./Brem, A.: Forschung und Entwicklung, 6. Aufl., München 2021.

Chesbrough, H.: Open Innovation: The New Imperative for Creating and Profiting from Technology, Cambridge, MA 2003

Hauschildt, J./Salomo, S./Schultz, C. D./Kock, A.: Innovationsmanagement, 6. Aufl., München 2016.

Vahs, D./Brem, A.: Innovationsmanagement, 5. Aufl., Stuttgart 2015.

8.7 Digitalisierung

Leitfragen

- Was umfasst die Digitalisierung eines Unternehmens?
- Wie entstehen Geschäftsmodellinnovationen?
- Wie wirkt sich die Digitalisierung auf die Unternehmensführung aus?
- Welche Informationstechnologien sind die Treiber der digitalen Transformation?
- Welche Geschäftsmodelle können Unternehmen im E-Business verfolgen?
- Was sind digitale Ökosysteme?

Digitalisierung bedeutet ursprünglich die Umwandlung von analogen in digitale Daten (vgl. Kap. 7.3). Der Begriff steht jedoch heute als Synonym für den **Megatrend** der zunehmenden Durchdringung von Wirtschaft und Gesellschaft mit digitalen Informationssystemen und dem Übergang von analogen zu digitalen Technologien. Die dadurch in den Unternehmen ausgelösten Veränderungen, etwa bei Produkten und Dienstleistungen, den Geschäftsprozessen, der Organisationsstruktur, dem Geschäftsmodell und der Kultur, wird als **digitale Transformation** bezeichnet. Dabei handelt es sich nicht um einen evolutionären Prozess, sondern einen fundamentalen Wandel, den die Unternehmen zur Sicherstellung ihrer Wettbewerbsfähigkeit aktiv gestalten sollten (vgl. *Ruf*, 2019, S. 351).

Die digitale Transformation wird durch folgende **gesellschaftliche und technologische Entwicklungen** geprägt:

- Die weltweite Vernetzung von Menschen, Unternehmen und Dingen,
- ein exponentiell wachsendes Volumen zunehmend unstrukturierter Daten,
- disruptive Informationstechnologien,
- digitale Produkte und Dienstleistungen sowie neue Geschäftsmodelle,
- den Wandel der Arbeitswelt (New Work),
- agile Organisationsformen und
- die mobile Kommunikation.

Zukünftig wird alles, was digitalisiert werden kann, auch digitalisiert werden. Dies umfasst die **Digitalisierung von** (vgl. *Matzler et al.*, 2016, S. 17 ff.; *Gimpel/Röglinger*, 2017, S. 9 f.):

- **Produkten und Dienstleistungen**, wodurch sich für den Kunden ein Mehrwert ergibt, der zur Differenzierung im Wettbewerb genutzt werden kann. Allerdings sind solche Wettbewerbsvorteile meist von kurzer Dauer, da digitale Innovationen in der Regel rasch von den Konkurrenten imitiert werden. Die Wertschöpfung liegt jedoch zukünftig nicht mehr nur beim physischen Produkt, sondern in der Verbindung von analoger und digitaler Welt. Die Digitalisierung der Produkte und Dienstleistungen ist deshalb zwar notwendig, reicht aber für die langfristige Sicherung der Wettbewerbsfähigkeit nicht aus.
- **Prozessen und Entscheidungen** durch Nutzung der Automatisierungs- und Verbesserungspotenziale digitaler Informationstechnologien, wie etwa Industrie 4.0, Big Data, Business Analytics, Robotic Process Automation und Künstliche Intelligenz. Da dies vor allem auf Effizienzsteigerung und Kostensenkung abzielt, sind diese Maßnahmen im Wettbewerb eher defensiver Natur.
- **Geschäftsmodellen**: Die Digitalisierung von Produkten oder Prozessen greift zu kurz. Ein langfristiger Wettbewerbsvorteil lässt sich erst durch ein digitales Geschäftsmodell erreichen, welches zum einen dem Kunden einen Mehrwert schafft und zum anderen auch ein Erlösmodell beinhaltet, um profitabel zu sein. Digitale Informationstechnologien ermöglichen die Identifikation unbekannter Kundenbedürfnisse und die Erschließung neuer Märkte. Digitale Geschäftsmodelle sind dienstleistungs-, daten-, plattform- und ökosystemorientierter als traditionelle Geschäftsmodelle.

Um Geschäftsmodellinnovationen erfolgreich zu realisieren, empfiehlt *Eric Ries* die aus dem Silicon Valley stammende **Lean Start-up-Methode** (vgl. *Ries*, 2017). Statt ein neues Geschäftsmodell erst bis ins Detail zu planen, wird es bereits in seiner Entstehungsphase auf Basis von Hypothesen über dessen Nutzenversprechen sowie Wertschöpfungs- und Ertragsmodell praktisch erprobt. Dabei werden häufig die Annahmen traditioneller Geschäftsmodelle grundlegend hinterfragt. Beispielsweise basierten die Geschäftsmodelle des Buchhandels bis Mitte der 1990er Jahre auf der Annahme, dass die Kunden ihre Bücher gerne im Laden kaufen, sich dort beraten lassen möchten und die gekauften Bücher sofort mit nach Hause nehmen wollen. Diese Hypothesen wurden durch *Jeff Bezos* mit der Gründung von *Amazon* äußerst erfolgreich widerlegt (vgl. *Gassmann* et al., 2017, S. 18).

Ähnlich wie beim agilen Projektmanagement mit Scrum (vgl. Kap. 5.3.5) gehen Start-ups nach dem Motto „Fail fast – fail cheap – fail early" so früh wie möglich mit einem minimal-funktionsfähigen Produkt (MFP) auf den Markt. Ideen werden in Produkte umgewandelt, um die Reaktion der Kunden zu messen. Das Ziel ist es, in einem Trial-and-Error-Verfahren einen iterativen Lernprozess einzuleiten. Durch das Feedback der Kunden sollen die Produktfunktionen und Geschäftshypothesen überprüft werden, um diese entweder durch neue zu ersetzen oder fortlaufend zu verbessern. Dies erfolgt so lange, bis ein tragfähiges Geschäftsmodell aufgebaut wurde (vgl. *Ries*, 2017, S. 15; *Matzler* et al., 2016, S. 110 ff.).

Auswirkungen der Digitalisierung auf die Unternehmensführung

Die Digitalisierung **durchdringt das gesamte Unternehmen**. Aus Sicht der Unternehmensführung beeinflusst sie insbesondere die Kommunikation, das Kundenverhalten und den Wettbewerb. Dies macht tiefgreifende Veränderungen der Organisationsstrukturen, Geschäftsmodelle und Arbeitswelt erforderlich, die durch höhere Vernetzung, Agilität und Innovationsgeschwindigkeit geprägt sind (vgl. *Weinreich*, 2016, S. 3 ff.; *Erner/Böhm*, 2019, S. 80). Die Digitalisierung betrifft alle Ebenen und Funktionen der Unternehmensführung. Aus diesem Grund werden die einzelnen Aspekte der Digitalisierung in diesem Buch jeweils themenspezifisch behandelt. Dieses Kapitel gibt lediglich einen zusammenfassenden Überblick.

Auf den **digitalen Wandel der Arbeitswelt** wurde in Kap. 6.2 im Rahmen des Personalmanagements sowie in Kap. 6.4 zur agilen Personalführung eingegangen. Die Halbwertszeit des Wissens wird durch die Digitalisierung immer kürzer. Weiterbildung und Qualifikation gehen zunehmend in die Verantwortung eines jeden Einzelnen über. Lebenslanges Lernen (Life long learning) wird in Zukunft die Voraussetzung zur Sicherung der individuellen Beschäftigungsfähigkeit sein. Dies erfolgt zunehmend durch **digitale Formen des Lernens**, etwa durch E-Learning, Corporate MOOCS (Massive Open Online Courses) oder Blended Learning in Form arbeitsbegleitender, bedarfsgerechter Micro-Learnings. Die Lernumgebung wird dabei häufig um virtuelle Elemente bereichert (Augmented Reality) oder blendet die physische Welt vollkommen aus (Virtual Reality). Informelles digitales Lernen kann das formelle, intentionale Lernen ersetzen oder wirksam ergänzen. Digitale Webtechnologien erleichtern die Kommunikation und Zusammenarbeit der Mitarbeiter und ermöglichen den Aufbau von Wissensnetzwerken, wie etwa Community-Support-Systeme, Wikis, Blogs und Portalsysteme. Kollektives Lernen findet vermehrt in Wissensgemeinschaften (Communities of Practice) statt, bei denen die Lerninhalte von den Mitarbeitern selbst erstellt, ausgetauscht und gemeinsam vertieft werden (vgl. Kap. 7.4.3). Ein Beispiel hierfür ist das Working out Loud (vgl. Kap. 7.5.4).

Auch die **Personalbeschaffung** wird digitalisiert. Das E-Recruiting erfolgt verstärkt in sozialen Netzwerken (Social Media Recruiting) oder über Online-Jobbörsen. Dies gilt insbesondere für die Digital Natives der Generation Y und Z. Die Personalbeschaffung wird in einigen Unternehmen bereits durch Künstliche Intelligenz unterstützt, etwa durch Chatbots oder zur automatisierten Vorauswahl von Bewerbern (Robo-Recruiting). Neue Beschäftigungsformen entstehen durch **virtuelle Netzwerke**. Dabei handelt es sich um temporäre Kooperationen unabhängiger Unternehmen auf Basis der digitalen Informationstechnologie. Gegenüber den Kunden treten sie meist als eigenständiges Unternehmen auf (vgl. Kap. 5.5.4).

In agilen Organisationen (vgl. Kap. 5.2) bieten die Menschen ihr Know-how bereichsübergreifend als unabhängige Partner und zunehmend auch als selbstständige freie Mitarbeiter an. Beim **Crowdworking** werden einzelne Aufgaben oder Funktionen an externe Mitarbeiter ausgelagert, die dann virtuell gemeinsam mit den internen Mitarbeitern an einem Projekt oder in einer Funktion zusammenarbeiten. Crowdworker sind oft digitale Nomaden, die ihre mobile Tätigkeit irgendwo auf der Welt erledigen. Für die Unternehmen bietet dies eine hohe Flexibilität des Personaleinsatzes und der Personalbeschaffung, allerdings fühlen sich die Crowdworker dem Unternehmen meist wenig zugehörig. Die Unternehmensführung sollte eine Innovationskultur etablieren, die durch Transparenz, Offenheit und Kollaboration geprägt ist und für die virtuelle Zusammenarbeit klare Regeln aufstellen (vgl. *Erner/Böhm*, 2019, S. 89).

Durch die Digitalisierung der Arbeit wünschen sich viele Beschäftigte mehr Selbstbestimmung, Verantwortung und Flexibilität, was durch eine agile Personalführung erreicht werden soll. Dies bedeutet ein neues Verständnis der

Digitale Transformation der Musikindustrie

Durch die CD erlebte die Musikindustrie in den 1990er Jahren einen regelrechten Boom. Die Branche wurde von den vier großen Musiklabeln *Universal*, *Warner*, *EMI* und *Sony* beherrscht. Deren Erlösanteil je CD lag durchschnittlich bei 26 %, während sich die Musiker mit rund 10 % zufriedengeben mussten (vgl. *Matzler et al.*, 2016, S. 79).

1987 bildeten die Universität *Erlangen-Nürnberg* und das *Fraunhofer-Institut* in Erlangen eine Forschungsallianz zur Codierung von Musikstücken. Diese sollten digital über Telefonleitungen, welche damals noch eine sehr geringe Bandbreite hatten, übertragen werden können. Ende 1991 war die technische Entwicklung des MPEG-1-Standards abgeschlossen. Dieser konnte sich in der Folge international gegenüber anderen Verfahren durchsetzen. Mit dem Verfahren MPEG Audio Layer 3 ließen sich Musikdateien gegenüber einer CD ohne hörbaren Qualitätsverlust stark komprimieren. Ab 1995 wurde dieser unter dem Namen **mp3** weltweit bekannt (vgl. *Fraunhofer IIS*, 2021, S. 10 f.).

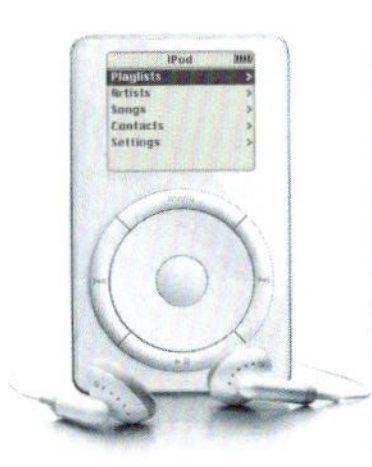

Doch die Musikbranche räumte mp3 keine großen Chancen ein. Sie betrachtete die Digitalisierung von Musik auch 1998 noch als Nischenphänomen, als bereits der erste tragbare mp3-Player auf den Markt kam. Der Download von Musik passte nicht in ihr Geschäftsmodell, da sowohl der Erlösanteil geringer war als auch die Kunden nun nicht mehr komplette Alben kaufen mussten, sondern nur noch für einzelne Musiktitel bezahlten. In der Folge verbreiteten sich illegale Musiktauschbörsen, wie etwa *Napster*, welche die einfache, dezentrale und kostenlose Weitergabe von digitalen Musikdateien im Internet ermöglichten. Dies führte zu gravierenden Umsatzeinbußen in der Musikbranche. Die Musikindustrie begann daher Anfang der 2000er Jahre mit dem digitalen Vertriebskonzept des „**Donwload-to-Own**", mit dem die Kunden erstmals Musikstücke online erwerben konnten. *Apple* sorgte 2001 mit dem Siegeszug des *iPods* und 2003 mit dem Multimedia-Verwaltungsprogramm *iTunes* und der Verkaufsplattform *iTunes Music Store* für die erste Disruption der Musikindustrie. Die Vermarktung hing nun nicht mehr von den Musiklabels ab. Die Digitalisierung nützte vor allem den Kunden, denn sie hatten nun im Vergleich zum stationären Handel mit physischen Tonträgern eine wesentlich größere Auswahl bei deutlich niedrigeren Preisen. Außerdem mussten sie nicht mehr unhandliche CD's mit sich herumschleppen, sondern konnten nun auf ihren mobilen Abspielgeräten auf hunderte Musikstücke zugreifen (vgl. *Matzler et al.*, 2016, S. 78 f.).

Seit Mitte der 2010er Jahre wird dieses Geschäftsmodell von sog. **Streaming-Diensten** wie etwa *Spotify* abgelöst. Musikdateien werden dabei nur für den Moment des Anhörens online übertragen und nicht mehr lokal auf dem Endgerät gespeichert. Durch diese zweite Disruption der Branche wird Musik zu einem allseits verfügbaren Produkt. Der Nutzer hat eine nahezu unbegrenzte Auswahl aus Millionen von Musiktiteln, wofür er eine zeitraumabhängige Nutzungsgebühr entrichtet (vgl. *Mertens et al.*, 2017, S. 196). Das Streaming-Geschäftsmodell hat in den letzten Jahren den Wiederaufstieg der Musikindustrie eingeleitet und macht heute weit über die Hälfte des Branchenumsatzes aus, wie Abb. 8.7.1 zeigt.

Die nächste Disruption der Musikbranche wird vermutlich durch die **Blockchain-Technologie** ausgelöst (vgl. Kap. 7.3.8). Die Künstler erhalten damit direkten Zugang zu den Musikkonsumenten und damit die Chance auf einen deutlich höheren Erlösanteil. Die Verwertungsrechte der Musikstücke könnten über intelligente Verträge (Smart Contracts) auf der Blockchain abgebildet werden, wodurch sich die Verteilung der Honorare an die Musiker und Songwriter automatisch abwickeln ließe (vgl. *Matzler et al.*, 2016, S. 79 f.).

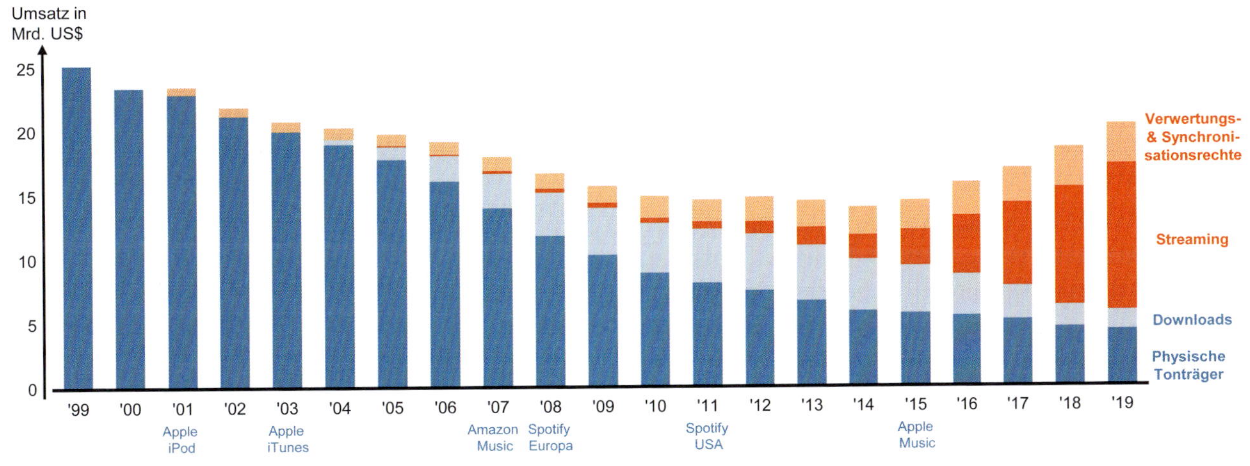

Abb. 8.7.1: Weltweiter Umsatz der Musikindustrie nach Segmenten (vgl. www.statista.de)

Arbeit (**New Work**), um die Entfaltung der Kreativität und Persönlichkeit der Menschen zu fördern. Die Rollen und die Zusammenarbeit von Führungskräften und Mitarbeitern wandeln sich, um sowohl individuelles Wachstum als auch die erfolgreiche Entwicklung des Unternehmens zu erreichen. Die Digitalisierung treibt diese Entwicklung durch neue Kommunikationsformen und ortsunabhängiges, mobiles Arbeiten voran (vgl. Kap. 6.4.2).

Durch die Digitalisierung lassen sich auch die Grenzen der Plan- und Kontrollierbarkeit verschieben. Bei einer **digitalen Planung und Kontrolle** werden die Pläne ausgehend von Top-down-abgeleiteten Zielen in digitalen Werttreibermodellen automatisiert erstellt und Handlungsoptionen interaktiv simuliert. Die Planungs- und Kontrollorgane werden durch die Digitalisierung sowohl von Routinetätigkeiten entlastet als auch bei ihren kreativen Aufgaben bei der Gestaltung der Unternehmenszukunft wirkungsvoll unterstützt. Planungs- und Kontrollprozesse werden effizienter, weshalb sie auch kurzfristiger und häufiger durchführbar sind. Advanced Analytics ermöglicht dabei bessere, schnellere und objektivere Prognosen. Daraus entsteht ein neues Verständnis von Planung, weg vom fixen Plan hin zum Denken in Szenarien und Handlungsoptionen. Überschreiten dabei Schlüsselgrößen zuvor festgelegte Bandbreiten, werden die Verantwortlichen zur Erarbeitung von Gegenmaßnahmen aufgefordert und deren Auswirkungen unmittelbar simuliert. Dies verspricht zukünftig eine agile Unternehmenssteuerung in Echtzeit (vgl. Kap. 4.1.5).

Ein weitreichendes Verbesserungspotenzial verspricht auch die **Digitalisierung von Prozessen**, der jedoch zunächst stets eine analoge Prozessoptimierung bzw. -reorganisation vorausgehen sollte (vgl. Kap. 5.4.4). Langfristig werden voraussichtlich bis zu 80 % der operativen Prozesse und 40 bis 60 % der Unterstützungsprozesse automatisiert sein. Führungsprozesse hingegen, bei denen es häufig um kreative Lösungen, intuitives Gespür oder Entscheidungen mit hoher Tragweite geht, bleiben dagegen auf absehbare Zeit dem Menschen überlassen (vgl. *Hierzer*, 2017, S. 114).

Der digitale Wandel kann durch einen **Chief Digital Officer (CDO)** unterstützt werden, der sämtliche betrieblichen Digitalisierungsprojekte koordiniert, priorisiert und überwacht sowie für die Verbreitung einer digitalen Mentalität sorgen soll. Er entwirft digitale Geschäftsmodelle und treibt die Digitalisierung von Produkten, Dienstleistungen und Prozessen voran. Ist der Wandel zum digitalen Unternehmen vollzogen, dann geht die Verantwortung für die kontinuierliche Weiterentwicklung der Informationssysteme und -technologien auf den Chief Information Officer (CIO) sowie die gesamte Unternehmensführung über (vgl. Kap. 7.3).

8.7.1 Disruptive Informationstechnologien als Treiber der Digitalisierung

Die digitalen Informationssysteme und -technologien werden ausführlich in Kap. 7.3 erläutert. Deren betriebliches Potenzial kann von einer reinen Unterstützung operativer Abläufe bis zur Waffe im Wettbewerb reichen. Digitale Informationstechnologien verdrängen zunehmend bislang vorherrschende analoge Technologien und haben häufig einen disruptiven Charakter.

Folgende **Informationstechnologien** sind die Treiber der digitalen Transformation:

- **Big Data** bezeichnet die echtzeitbasierte Analyse gewaltiger Mengen überwiegend unstrukturierter digitaler Daten aus unterschiedlichen Quellen, um daraus zuverlässige und profitable neue Zusammenhänge zu erkennen (vgl. Kap. 7.3.2).
- **Business Analytics (BA)** umfasst die datengestützte Analyse, Prognose und Optimierung erfolgsrelevanter Größen, um daraus neue Erkenntnisse für betriebliche Aufgaben- und Entscheidungsträger zu gewinnen (vgl. Kap. 7.3.3).
- Das **Internet der Dinge** (Internet of Things, kurz: IoT) bezeichnet die Vernetzung physischer Gegenstände, die Daten über sich und ihre Umgebung mit Hilfe eingebetteter Systeme erfassen und weiterleiten sowie als intelligente Objekte selbstständig drahtlos miteinander kommunizieren. In einer intelligenten Fabrik sind Menschen, Maschinen, Ressourcen und Produkte so miteinander vernetzt, dass sämtliche Fertigungs- und Logistikprozesse der gesamten Wertschöpfungskette mit Hilfe von cyber-physischen Systemen flexibel, dezentral und weitgehend selbst gesteuert werden können (vgl. Kap. 7.3.4).
- **Cloud Computing** ermöglicht es, bedarfsabhängig online auf Hard- und Software eines IT-Dienstleisters zuzugreifen. Es lassen sich Infrastruktur-, Plattform-, Anwendungs- und Blockchain-Cloud unterscheiden (vgl. Kap. 7.3.5).
- Durch **Künstliche Intelligenz (KI)** können Informationssysteme Tätigkeiten ausüben, in denen sie dem Menschen bislang unterlegen sind und für die ein Mensch seine kognitiven Fähigkeiten benötigt (vgl. Kap. 7.3.6)
- **Robotergestützte Prozessautomatisierung** (Robotic Process Automation) erfolgt durch Softwareroboter (Bots), welche manuelle Benutzeraktivitäten in digitalen Informationssystemen selbstständig ausführen können (vgl. Kap. 7.3.7).

- Eine **Blockchain** (Blockkette) ist ein fälschungssicheres Transaktionsverzeichnis in Form einer verteilten Datenbank, deren Einträge weder gelöscht noch verändert werden können. In einer offenen, genehmigungsfreien Blockchain wird die Richtigkeit und Unveränderbarkeit der Datenbankeinträge durch die Mitglieder eines dezentralen Netzwerks über einen Konsensmechanismus gewährleistet, ohne dass hierzu eine vertrauenswürdige zentrale Instanz erforderlich ist (vgl. Kap. 7.3.8).

Den **Zusammenhang** und die Verknüpfung dieser digitalen Technologien veranschaulicht Abb. 8.7.2. Neben den internen Unternehmensdaten, etwa aus dem betrieblichen ERP-System, sorgt die Vernetzung von Unternehmen, Menschen und intelligenten Objekten für eine rasant wachsende Flut digitaler Daten. Ein wesentlicher Treiber von Big Data ist das Internet der Dinge (IoT) und die vierte industrielle Revolution. Für die Bereitstellung der entscheidungsrelevanten Daten sorgt das Datenmanagement. Es soll eine hohe Datenqualität gewährleisten, indem es die Richtigkeit, Aktualität und Konsistenz der Daten sowie deren Aufgabenbezug und Zusammenhang sicherstellt. Hierfür werden die Daten in ein Data Warehouse als zentrale Datenbank eingepflegt und aufbereitet, um so eine einheitliche Datenbasis zur Entscheidungsunterstützung zu erhalten (Single Source of Truth). Die Speicherung und Nutzung großer Datenmengen erfolgt heute in der Regel durch das Cloud Computing. Mithilfe der Blockchain lassen sich die Unternehmenstransaktionen fälschungssicher in einer verteilten Datenbank speichern. Da es sich beim Datenmanagement um zeitaufwendige und mehrheitlich repetitive Abläufe handelt, kann hierfür die robotergestützte Prozessautomatisierung (RPA) eingesetzt werden. Aus den bereitgestellten Unternehmensdaten lassen sich erfolgsrelevante Größen durch Business Analytics analysieren, prognostizieren und optimieren, um daraus neue Erkenntnisse zu gewinnen. Dies kann durch intelligente Automatisierung (Intelligent Robotic Process Automation: iRPA) unterstützt werden. Selbstlernende Algorithmen mit Künstlicher Intelligenz ermöglichen es, die berechneten Datenmodelle zu erweitern und laufend zu verbessern (vgl. *Langmann*, 2019, S. 7 f.).

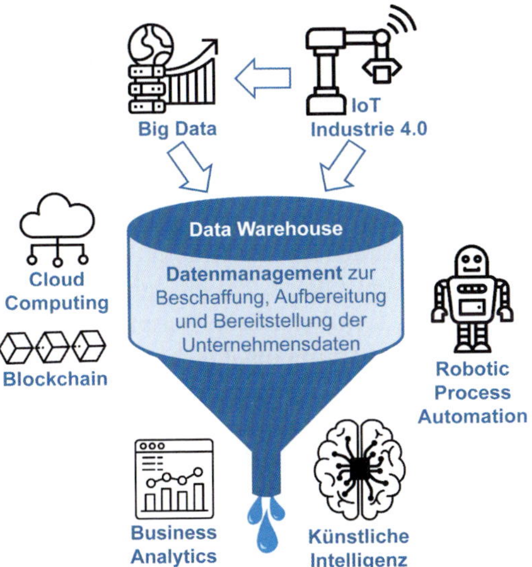

Abb. 8.7.2: Zusammenhang und Einsatz digitaler Informationstechnologien

8.7.2 E-Business und digitale Ökosysteme

E-Business wird meist umfassend als „doing business electronically" (*Bullinger, H.-J./Berres, A.*, 2000, S. 29) verstanden. Es bezeichnet allgemein die Unterstützung von Geschäftsprozessen durch digitale Informationssysteme. Besondere Bedeutung kommt dabei dem E-Commerce als der elektronischen Abwicklung von Markttransaktionen beim Kauf oder Verkauf von Produkten oder Dienstleistungen zu. Aus Kundensicht führt die Digitalisierung zu einer Veränderung der Art und Weise, wie Produkte und Dienstleistungen beschafft und konsumiert werden (vgl. *Leimeister*, 2015, S. 380). Die enorme Transparenz von Angeboten und Preisen im Internet erhöht den Wettbewerbsdruck und führt zu einem Machtzuwachs des Kunden. Dies wird auch als Phänomen des reversen Marktes bezeichnet. Auf der anderen Seite ermöglicht das Internet auch kleinen Unternehmen und Einzelpersonen, ihre Produkte und Dienstleistungen weltweit zu vermarkten.

E-Business bezeichnet die vernetzte digitale Anbahnung, Unterstützung, Abwicklung und Aufrechterhaltung von Leistungsaustauschprozessen (vgl. *Wirtz*, 2018, S. 23).

Die Abwicklung und Integration von Geschäftsprozessen kann innerhalb des Unternehmens, zwischen verschiedenen Unternehmen (**Business-to-Business**; B2B) oder zwischen Unternehmen und Endkunden (**Business-to-Consumer**; B2C) erfolgen. E-Business ermöglicht neue Vertriebswege und führt zu grundlegenden Veränderungen der Wertschöpfungskette.

Das Geschäftsmodell reiner **E-Business-Unternehmen** basiert auf dem Internet. Nach deren Leistungsangebot werden im sog. 4C-Net-Business-Modell folgende vier **Geschäftsmodelltypologien** unterschieden (vgl. *Wirtz*, 2018, S. 308 ff.):

- **Content:** Sammlung, Selektion, Systematisierung, Verdichtung und Bereitstellung von Inhalten, die den Nutzern personalisiert, einfach, ansprechend und bequem zugänglich gemacht werden. Beispiele sind Nachrichtenmagazine wie *Spiegel-Online* oder das Videoportal *YouTube*.
- **Commerce:** Elektronische Anbahnung, Verhandlung und/oder Abwicklung von Geschäftstransaktionen. Hierdurch spart das Unternehmen gegenüber der manuellen Abwicklung vor allem Zeit und Kosten. Beispiele sind der Internethändler *Amazon*, der Computerhersteller *Dell* oder die Auktionsplattform *eBay*.
- **Context:** Klassifikation und Systematisierung der im Internet verfügbaren Informationen sowie deren personalisierte Aufarbeitung und Präsentation. Durch die sehr hohen Zugriffsraten dominieren hierbei indirekte Erlösformen, wie z. B. Bannerwerbung. Ein Beispiel ist die marktbeherrschende Suchmaschine *Google*.
- **Connection:** Ziel ist die Herstellung von Kommunikationsverbindungen zum Informationsaustausch zwischen Marktakteuren. Beispiele sind Internetdienstanbieter (Internet Service Provider) wie die Zugangsanbieter *Deutsche Telekom* und *Telefónica Deutschland (O2)* oder die Webhosting- und Domain-Anbieter *1&1 Internet* und *Strato*.

Eine Reihe von E-Business-Unternehmen nutzen das **Freemium-Erlösmodell**. Zur Erzielung von hohen Netzwerkeffekten und Werbeeinnahmen sollen dabei möglichst viele Kunden durch ein kostenloses, jedoch eingeschränktes Nutzungsrecht angelockt werden. Darüber hinaus wird eine Premium-Version mit zusätzlichen Funktionen als kostenpflichtiges Abonnement angeboten (vgl. *Mertens* et al., 2017, S. 197). Ein Beispiel ist das Karrierenetzwerk *XING*.

Digitale Informationssysteme ermöglichen und fördern die kooperative **Zusammenarbeit in Unternehmensnetzwerken**. Solche unternehmensübergreifenden Kooperationen bestehen aus mehr als zwei rechtlich selbstständigen Unternehmen, die zur Erreichung gemeinsamer Ziele freiwillig und koordiniert zusammenarbeiten. Ziel ist es, die Wertschöpfung effizienter zu erbringen, als dies durch ein Unternehmen allein oder die Kooperation mit nur einem Partner möglich wäre. Durch die koordinierte Zusammenarbeit lassen sich die zur Verfügung stehenden Ressourcen und Kompetenzen maßgeblich erweitern sowie Spezialisierungsvorteile und Synergien erzielen (vgl. Kap. 5.5.4).

Eine Form der Kooperation auf Zeit stellen **virtuelle Netzwerke** dar. Diese temporären Kooperationen unabhängiger Unternehmen oder autonom handelnder Unternehmensteile organisieren und optimieren ihre Geschäftsprozesse mit Hilfe digitaler Informationstechnologie. Sie verfügen weder über ein Entscheidungszentrum noch eine Organisationsstruktur, treten gegenüber den Kunden jedoch als integriertes Unternehmen auf. Die Koordination der Leistung sowie die Schnittstelle zum Kunden kann auch von einem sog. Broker wahrgenommen werden. Die Strukturen virtueller Netzwerke verändern sich dabei laufend (vgl. Kap. 5.5.4). Ein Beispiel ist die Entwicklung der *Corona-Warn-App*, bei der mehr als 25 Organisationen zusammengearbeitet haben (vgl. Kap. 8.6.5).

Digitale Ökosysteme

Unternehmensnetzwerke erbringen für den Kunden eine gemeinsame Wertschöpfung. Diese kann von keinem der beteiligten Partner alleine erzeugt werden, da hierzu die Ressourcen und Kompetenzen des gesamten Netzwerks erforderlich sind. Die beteiligten Unternehmen bilden ein **Ökosystem** (Ecosystem), in dem die gemeinsame Wertschaffung im Vordergrund steht und die Unternehmensgrenzen sich auflösen (vgl. *Kastl*, 2019, S. 66). Die an einem solchen überbetrieblichen Wertschöpfungsökosystem (Business Ecosystem) beteiligten Partnerunternehmen werden häufig durch einen Orchestrator gesteuert, welcher sich auf wesentliche Kernstufen, wie z. B. Produktentwicklung oder Marketing, beschränkt (vgl. Kap. 3.3.4). Innovations-Ökosysteme (Innovation Ecosystems) erschaffen gemeinsam neue Innovationen im Sinne einer Open Innovation (vgl. Kap. 8.6.4).

Im Gegensatz zu klassischen Kooperationen zeichnen sich digitale Ökosysteme vor allem durch folgende drei **Merkmale** aus (vgl. *Deloitte*, 2019, S. 8 ff.):

- **Veränderte Wertschöpfungslogik**: Wertschöpfung wird traditionell als linearer Prozess verstanden. Die von einem Unternehmen beanspruchte Wertschöpfung muss deshalb einem anderen Unternehmen weggenommen werden. In einem Ökosystem erfolgt eine kooperative Wertschaffung und -verteilung. Beispielsweise speichert *Netflix* sein Streamingangebot auf den Servern von *Amazon Web Services*, wodurch *Amazon* durch den Erfolg seines Konkurrenten unmittelbar profitiert. Da die Wertschöpfung durch sämtliche Beteiligten gemeinsam erzeugt wird, steht nicht die Umwandlung von Input in Output im Vordergrund, sondern es kommt vielmehr auf die Qualität der Verbindung, Interaktion und Passgenauigkeit aller Akteure an. Ein Beispiel ist die Verknüpfung von Käufern und Verkäufern durch *eBay*.

- **Kooperative Rollenverteilung**: Unternehmen positionieren sich klassischerweise in einer Branche und nehmen dabei eine bestimmte Rolle ein, etwa als Produzent oder Händler. In einem natürlichen Ökosystem, wie beispielsweise dem Meer, haben alle Pflanzen und Tiere unterschiedliche Aufgaben und Funktionen, welche gemeinsam für dessen Überleben wichtig sind. Bereits geringe Ungleichgewichte oder Störungen können zum Kollaps eines natürlichen Ökosystems führen. Ähnlich verhält es sich mit einem wirtschaftlichen Ökosystem. Die unterschiedlichen Rollen der Beteiligten bestimmen deren Zusammenarbeit und Aufgaben. Versuchen einzelne Beteiligte das Ökosystem zu beherrschen, kann dies zu dessen Untergang führen. Zudem können sich die Rollen der Beteiligten mit der Zeit verändern.
- **Intensiver Einsatz digitaler Informationstechnologien**, welcher zu einem sprunghaften Anstieg der Kommunikation, Zusammenarbeit und Integration der Beteiligten in wirtschaftlichen Ökosystemen führt.

Viele moderne Ökosysteme basieren auf einer **Plattform** (Platform Ecosystem) als digitale Infrastruktur, welche die Interaktionen und Transaktionen der beteiligten Unternehmen und Personen ermöglicht (vgl. Kap. 5.5.4). Sie fungiert als Intermediär, welcher zwischen Anbietern und Nachfragern vermittelt, um möglichst hohe Netzwerkeffekte zu erzielen. Durch die Plattformbetreiber wird eine Vielzahl von Unternehmen eingebunden, welche Dienstleistungen oder Waren zur Verfügung stellen. Dabei profitieren sowohl die Nachfrager durch das größere Angebot auf der Plattform als auch die Anbieter, welche mehr Kunden erreichen können. Das Wachstum der Kundenanzahl erhöht somit die Anzahl der Anbieter und umgekehrt. Im Rahmen eines Plattform-Ökosystems können die beteiligten Unternehmen entweder die Rolle des Plattformbetreibers oder eines Nutzers einnehmen. Während der Plattformbetreiber zwischen den Nutzern vermittelt, wollen die Nutzer mithilfe der Plattform insbesondere ihre Transaktionskosten senken, neue Kundengruppen gewinnen oder die Kundenbedürfnisse besser verstehen (vgl. *Seiter/Autenrieth*, 2019, S. 11 f.).

In der Praxis sind insbesondere folgende **Arten von Plattformen** von Bedeutung (vgl. *Seiter/Autenrieth*, 2019, S. 12 f.):

- **Handelsplattformen** (E-Marketplaces) bringen Angebot und Nachfrage nach Gütern und Dienstleistungen zusammen. Sie sind im Endkundengeschäft (B2C) bereits weit verbreitet, wie etwa *Amazon* oder *eBay*, kommen aber auch bei B2B vor allem für Beschaffungs- und Distributionszwecke zum Einsatz. Solche elektronischen Marktplätze sind aufgrund der Preistransparenz und standardisierter Produktspezifikationen vielfach effizienter als klassische Märkte.
- **IoT-Plattformen** ermöglichen eine Optimierung des Wertschöpfungsprozesses, in dem sämtliche Fertigungs- und Logistikprozesse der gesamten Wertschöpfungskette mithilfe von cyber-physischen Systemen flexibel, dezentral und weitgehend selbst gesteuert werden (vgl. Kap. 7.3.4). Ein Beispiel ist *MindSphere* als führende industrielle IoT-as-a-Service-Lösung von *Siemens*. Damit lassen sich Maschinendaten in Echtzeit erfassen, überwachen und mithilfe Künstlicher Intelligenz analysieren. Auf diese Weise können die Nutzer etwa vorausschauende Wartungen (Predictive Maintainance) durchführen und ihre Effizienz und Rentabilität erhöhen. Die offene Entwicklungsumgebung bietet unabhängigen Dritten die Möglichkeit, IoT-Anwendungen mithilfe der Plattform zu entwickeln, zu testen und zu vertreiben (vgl. www.siemens.mindsphere.io/de).

Nach dem in Abb. 8.7.3 dargestellten **Raketenmodell** von *Laure* und *Benoit Reillier* sind folgende **Faktoren für den Erfolg eines Plattform-Ökosystems** entscheidend (vgl. *Reillier/Reillier*, 2017, S. 46 ff.):

- **Anziehung** (Attract) einer kritischen Masse sowohl an Anbietern als auch Nachfragern. Beide Seiten sollen dazu motiviert werden, die Plattform zu nutzen, um ihre Transaktionen darauf abzuwickeln. Der Start einer Rakete erfordert hohe Energie. Die beiden kritischen Massen sind quasi der Treibstoff, ohne den die Rakete nicht abheben kann. Beispielsweise ist für *Airbnb* sowohl ein großes Angebot an weltweit zur Verfügung stehenden Unterkünften als auch eine große Zahl an buchungswilligen Übernachtungsgästen wichtig. Die Zahl der Anbieter und Nachfrager beeinflusst sich somit gegenseitig.
- **Partnervermittlung** (Match): Damit Anbieter und Nachfrager miteinander interagieren können, müssen zunächst die am besten zusammenpassenden Akteure miteinander bekannt gemacht werden. Dieser Vorgang lässt sich mit einem Dating-Portal wie etwa *Tinder* vergleichen. Die Passgenauigkeit der Partnervermittlung ist ein wesentlicher Erfolgsfaktor. Die für den Kunden ermittelte Auswahl an Anbietern sollte breit genug sein, um das passende Angebot zu finden, aber auch nicht zu groß, so dass sich der Kunde aufgrund der zahlreichen Auswahlmöglichkeiten nicht mehr zurechtfindet. Bei-

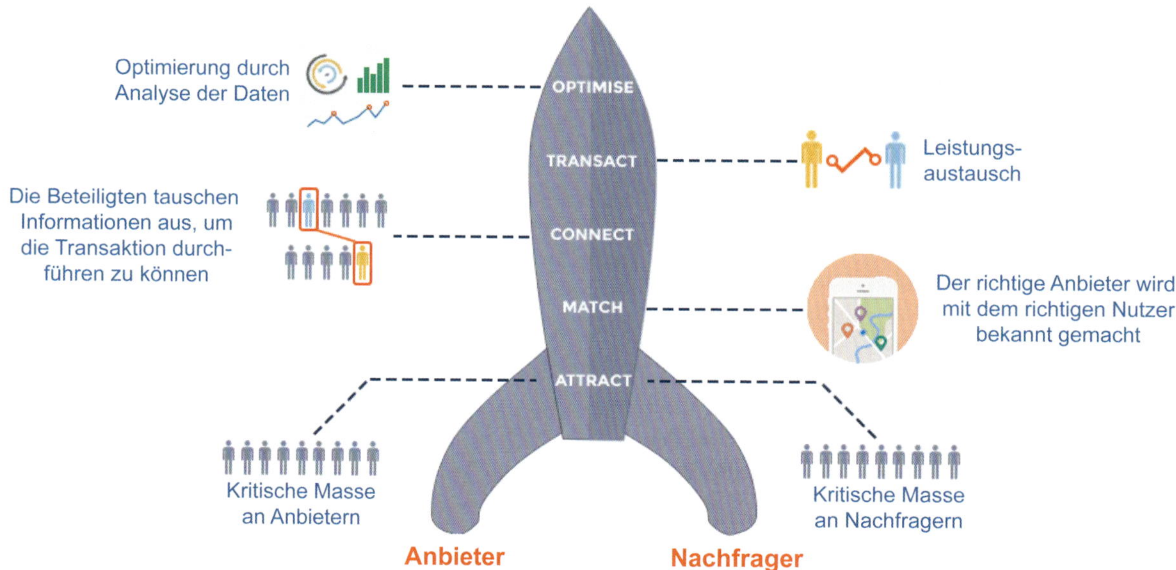

Abb. 8.7.3: Raketenmodell plattformbasierter Geschäftsmodelle (vgl. Reillier/Reillier, 2017, S. 75)

spielsweise möchte ein Kunde von *Airbnb* an dem von ihm gewünschten Reiseziel eine Reihe passender Übernachtungsvorschläge erhalten, die seinen Anforderungen etwa an Komfort, Lage oder Reisebudget möglichst genau entsprechen.

- **Vernetzung** (Connect): Die beteiligten Akteure können über die Plattform die zur Anbahnung und Abwicklung der Transaktion erforderlichen Informationen anfragen und austauschen. Dies erhöht das Vertrauen zwischen den Partnern und reduziert vorhandene Informationsassymetrien. So kann ein *Airbnb*-Kunde beispielsweise einen Vermieter fragen, ob die Unterkunft bestimmte Merkmale aufweist (z. B. ruhige Lage oder eine Kochgelegenheit) oder der Vermieter kann vom Kunden dessen Adressdaten oder eine Kopie seines Personalausweises verlangen.
- **Leistungsaustausch** (Transact): In dieser Phase findet die eigentliche Wertschöpfung statt. Beispielsweise wäre dies bei *Airbnb* der Abschluss eines Mietvertrages eines Gastes für eine Unterkunft eines Anbieters, für welche das Unternehmen in der Regel sowohl vom Gastgeber als auch vom Gast eine Servicegebühr erhält.
- **Optimierung** (Optimise): Auf Basis der Analyse der Transaktions- und Kundendaten werden die vorherigen Prozessschritte laufend verbessert, um die Plattform für alle Beteiligten noch attraktiver zu machen. Bei *Airbnb* werden beispielsweise die Kundenbewertungen dazu genutzt, das Angebot und den Buchungsprozess weiter zu verbessern.

Plattformen können für den Endkunden sämtliche erwünschten Leistungen integrieren und ermöglichen neue Formen der Wertschöpfung. Die Plattformbetreiber können dabei sowohl mit den Anbietern als auch den Nachfragern Einkünfte erzielen. Deshalb ist es kein Zufall, dass einige der derzeit wertvollsten Unternehmen der Welt, wie etwa *Apple*, *Amazon*, *Facebook*, *Google*, *Uber* und *Airbnb*, ein plattformbasiertes Ökosystem betreiben (vgl. *Deloitte*, 2019, S. 32). Allerdings kann die Blockchain-Technologie zukünftig zur Disruption solcher marktbeherrschenden Plattform-Ökosysteme führen, da diese es ermöglicht, den zentralen Plattformbetreiber zu ersetzen und Anbieter und Nachfrager direkt miteinander zu vernetzen (vgl. Kap. 7.3.8).

Zusammenfassung

- Die Digitalisierung beschreibt die Durchdringung von Wirtschaft und Gesellschaft mit digitalen Informationssystemen und den Übergang von analogen zu digitalen Informationstechnologien.
- Die Digitalisierung kann Produkte und Dienstleistungen, Prozesse und Entscheidungen und das Geschäftsmodell umfassen. Nur ein digitales Geschäftsmodell, welches dem Kunden einen Mehrwert schafft und diesen auch in Erlöse umwandeln kann, ermöglicht langfristige Wettbewerbsvorteile.
- Digitale Geschäftsmodelle sind dienstleistungs-, daten-, plattform- und ökosystemorientierter als traditionelle Geschäftsmodelle.
- Die Digitalisierung betrifft alle Ebenen und Funktionen der Unternehmensführung.
- Wesentliche disruptive Informationstechnologien sind Big Data, Business Analytics, das Internet der Dinge, Cloud Computing, Künstliche Intelligenz, Robotic Process Automation und die Blockchain.
- E-Business bezeichnet die vernetzte digitale Anbahnung, Unterstützung, Abwicklung und Aufrechterhaltung von Leistungsaustauschprozessen.
- Digitale Informationssysteme ermöglichen und fördern die kooperative Zusammenarbeit von Unternehmen.
- Digitale Ökosysteme unterscheiden sich von klassischen Kooperationen vor allem durch die Wertschöpfungslogik, die Rollen der Beteiligten und die zentrale Bedeutung digitaler Informationssysteme.
- Erfolgsfaktoren eines Plattform-Ökosystems sind die Phasen Anziehung, Partnervermittlung, Vernetzung, Leistungsaustausch und Optimierung.

Literaturempfehlungen

Erner, M. (Hrsg.): Management 4.0 – Unternehmensführung im digitalen Zeitalter, Berlin 2019.

Matzler, K./Bailom, F./Friedrich von den Eichen, S./Anschober, M.: Digital Disruption: Wie Sie Ihr Unternehmen auf das digitale Zeitalter vorbereiten, München 2016.

Reillier, L./Reillier, B.: Platform strategy: How to unlock the power of communities and networks to grow your business, London/New York 2017.

Ries, E.: Lean startup: Schnell, risikolos und erfolgreich Unternehmen gründen, 5. Aufl., München 2017.

Fallstudien zur Digitalisierung

7.2 Datenmanagement für die Projektorganisation der Informasoft GmbH (*Roth, G.*)

7.3 Prozessmanagement und Electronic Business bei der Informasoft GmbH (*Roth, G.*)

7.4 Online-Marketing bei der epubli GmbH (*Dörnemann, J.*)

Literaturverzeichnis

Abegglen, C./Bleicher, K.: Das Konzept Integriertes Management, 10. Aufl., Frankfurt 2020.

Abel, S./Nevries, P.: Fehlsteuerung in der Budgetierung aufgrund von beschränkter Rationalität, in: Controlling, 31, Nr. 5, 2019, S. 50–56.

Abernathy, J./Utterback, W.: A dynamic model of process and product innovation, in: Omega, 3, Nr. 6, 1975, S. 142–160.

Achleitner, A.-K./Schiereck, D.: Mergers & Acquistions, 16. Aufl., Wiesbaden 2004.

Achleitner, P./Dresig, T.: Mergers & Acquistions, in: Gerke, W./ Steiner, M. (Hrsg.): Enzyklopädie der Betriebswirtschaftslehre, Band 6, 3. Aufl., Stuttgart 2001, S. 1559–1570.

Ackermann, K.-F./Eisele, D. S.: Entgeltpolitik, in: Gaugler, E./Oechsler, W. A./Weber, W. (Hrsg.): Handwörterbuch des Personalwesens, Stuttgart 2004, Sp. 698–711.

Ackhoff, R. L.: Systems Thinking and Thinking Systems, in: System Dynamics Review, 10, Nr. 2/3, 1994, S. 175–188.

Agarwal, S./Ramaswami, S. N.: Choice of Foreign Market Entry Mode, in: Journal of International Business Studies, 23, Nr. 1, 1992, S. 1–27.

Aggteleky, B./Bajna, N.: Projektplanung, München 1992.

Akao, Y.: Quality Function Deployment, Cambridge 1990.

Akerlof, G. A.: The Market for "Lemons", in: Quarterly Journal of Economics, 84, Nr. 3, 1970, S. 488–500.

Albach, H.: Unternehmensethik, in: Albach, H. (Hrsg.): Unternehmensethik und Unternehmenspraxis, Wiesbaden 2005, S. 3–35.

Albers, S./Wolf, J.: Management virtueller Unternehmen, Wiesbaden 2003.

Albert, G.: Betriebliche Personalwirtschaft, 15. Aufl., Herne 2020.

Alderfer, C. P.: Existence, Relatedness, and Growth, New York 1972.

Alich, H.: Groß, größer, Gotthard, in: Handelsblatt, 215, 2012, S. 24.

Al-Laham, A.: Internationales Management, in: Corsten, H./Reiß, M. (Hrsg.): Betriebswirtschaftslehre, Band 2, 4. Aufl., München 2008, S. 529–592.

Al-Laham, A.: Strategieprozesse in deutschen Unternehmungen, Wiesbaden 1997.

Al-Laham, A.: Organisationales Wissensmanagement, München 2003.

Allweyer, T.: Robotic Process Automation: Neue Perspektiven für die Prozessautomatisierung, Kaiserslautern 2016.

Alt, A.: Grundzüge der Unternehmensführung, München 2004.

Alter, R.: Strategisches Controlling, München 2011.

Alter, R.: Schlecker oder: Geiz ist dumm, Berlin 2012.

Alter, R.: Strategisches Controlling, 3. Aufl., Berlin Boston 2019.

Alwert, K./Bornemann, M./Will, M.: Wissensbilanz – Made in Germany. Leitfaden 2.0 zur Erstellung einer Wissensbilanz, Berlin 2008.

Amit, R./Schoemaker, P. J. H.: Strategic Asset and Organizational Rent, in: Strategic Management Journal, 14, Nr. 1, 1993, S. 33–46.

Amshoff, B.: Controlling in deutschen Unternehmungen, 2. Aufl., Wiesbaden 1994.

Andelfinger, V. P./Hänisch, T.: Grundlagen, in: Andelfinger, Volker P./Hänisch, Till (Hrsg.): Internet der Dinge, Wiesbaden 2015, S. 9–75.

Anderson, E./Coughlan, A. T.: International Market Entry and Expansion via Independent or Integrated Channels of Distribution, in: The Journal of Marketing, 51, Nr. 1, 1987, S. 71–82.

Andler, K.: Rationalisierung der Fabrikation und optimale Losgröße, München 1929.

Andresen, J.: Führung – der entscheidende Erfolgsfaktor, in: Lang, M./Scherber, S. (Hrsg.): Der Weg zum agilen Unternehmen: Wissen für Entscheider 2019, S. 129–152.

Andrews, K. R.: The Concept of Corporate Strategy, Homewood 1971.

Ansoff, H. I.: Managing Surprise and Discontinuity, in: ZfbF, 28, Nr. 3, 1976, S. 129–152.

Ansoff, H. I.: Corporate Strategy, New York 1965.

Ansoff, H. I.: Management-Strategie, München 1966.

Anthony, R. N./Welsch, G. A.: Fundamentals of Management Accounting, Homewood 1977.

Anthony, R. N.: The Management Control Function, 2. Aufl., Boston 1989.

Appen, K. S. von: New work: Unplugged, München 2019.

Arbeitskreis: Integrierte Unternehmensplanung der Schmalenbach-Gesellschaft, in: Schmalenbachs Zeitschrift für betriebswirtschaftliche Forschung, 43, Nr. 9, 1991, S. 811–829.

Arbeitskreis: Erfassung immaterieller Werte in der Unternehmensberichterstattung vor dem Hintergrund handelsrechtlicher Rechnungslegungsnormen, in: Horváth, P./Möller, K. (Hrsg.): „Immaterielle Werte im Rechnungswesen" der Schmalenbach-Gesellschaft für Betriebswirtschaft, München 2004, S. 221–250.

Arbeitskreis Wertorientierte Führung in mittelständischen Unternehmen der Schmalenbach-Gesellschaft für Betriebswirtschaft e. V.: Möglichkeiten zur Ermittlung periodiger Erfolgsgrößen in Kompatibilität zum Unternehmenswert, in: Finanzbetrieb, 6, Nr. 4, 2004, S. 241–253.

Argyris, C./Schön, D. A.: Organizational Learning, Reading 1978.

Arndt, S./Reinert, M.: Wie versteinert, in: Enable, Nr. 8, 2006, S. 25–26.

Arnold, U./Warzog, F.: Konzeptabgrenzung und branchenspezifische Differenzierung, in: Arnold, U./Mayer, R./Urban, G. (Hrsg.): Supply Chain Management: Unternehmensübergreifende Prozesse, Kollaboration, IT-Standards, Stuttgart 2001, S. 14–41.

Artz, M./Arnold, M. C.: Starr oder doch flexibel? Zielvorgaben richtig gestalten, in: Controlling & Management Review, 62, Nr. 5, 2018, S. 14–23.

Ashby, W. R.: An introduction to Cybernetics, New York 1956.

Atteslander, P.: Methoden der empirischen Sozialforschung, 13. Aufl., Berlin 2010.

Auboin, M.: Boosting the Availability of Trade Finance in the Current Crisis, in: Centre for Economic Policy Research, Policy Insight, Nr. 35, 2009.

Aulinger, A.: Die drei Säulen agiler Organisationen, Berlin 2017.

Baars, H./Funke, K./Müller, P. A./Olbrich, S.: Big Data als Katalysator für die Business Intelligence – Das Beispiel der informa Solutions GmbH, in: HMD, 51, Nr. 4, 2014, S. 436–446.

Bach, N.: Leadership in Change, in: Krüger, W./Bach, N. (Hrsg.): Excellence in Change: Wege zur strategischen Erneuerung, 5. Aufl., Wiesbaden 2014, S. 97–128.

Bach, N./Brehm, C./Buchholz, W./Petry, T.: Organisation, 2. Aufl., Wiesbaden 2017.

Bach, N.: Mentale Modelle als Basis von Implementierungsstrategien, Konzepte für ein erfolgreiches Change Management, Wiesbaden 2000.

Bach, N./Brehm, C./Buchholz, W./Petry, T.: Organisation, 2. Aufl., Wiesbaden 2017.

Bach, N./Steinhaus, H.: Controlling der strategischen Erneuerung, in: Krüger, W. (Hrsg.): Excellence in Change: Wege zur strategischen Erneuerung, 4. Aufl., Wiesbaden 2009, S. 337–366.

Backhaus, K./Voeth, M.: Industriegütermarketing, 9. Aufl., München 2010.

Baghai, M./Coley, S./White, D.: The alchemy of growth, New York, 2000.

Baier, C.: Voll auf Liebe programmiert, in: Focus, 2020, Nr. 32, S. 56–57.

Bain, J. S.: Barriers to new Competition, Cambridge 1956.

Bain, J. S.: Industrial organization, New York 1959.

Baldwin, R.: Managing the Noodle Bowl, in: The Singapore Economic Review, 53, Nr. 3, 2008, S. 449–478.

Baldwin, R.: The Great Trade Collapse, in: Baldwin, R. (Hrsg.): The Great Trade Collapse, London 2009, S. 1–16.

Baldwin, R./Evenett, S. J.: Introduction and Recommendations for the G20, in: Baldwin, R./Evenett, S. J. (Hrsg.): The Collapse of Global Trade, Murky Protectionism, and the Crisis: Recommendations for the G20, London 2009, S. 1–12.

Baldwin, R./Taglioni, D.: The Great Trade Collapse and Trade Imbalances, in: Baldwin, R. (Hrsg.): The Great Trade Collapse, London 2009, S. 47–58.

Ballhaus, W./Weyßer, M.-C./v.Perfall, A./Brockmann, S./Siadat, A./Wipper, A.-K. et al.: Nach dem Streaming kommt die Blockchain, Düsseldorf 2018.

Balzer, W.: Die Wissenschaft und ihre Methoden, 2. Aufl., Freiburg München 2009.

Bamberger, B.: Der Erfolg von Unternehmensakquisitionen in Deutschland, Bergisch Gladbach 1994.

Bamberger, I./Wrona, T.: Der Ressourcenansatz im Rahmen des Strategischen Managements, in: Wirtschaftswissenschaftliches Studium, 25, Nr. 8, 1996, S. 386–391.

Bamberger, I./Wrona, T.: Globalisierungsbetroffenheit und Anpassungsstrategie von Klein- und Mittelunternehmen, in: Zeitschrift für Betriebswirtschaft, 67, Nr. 7, 1997, S. 713–735.

Bamberger, I./Wrona, T.: Strategische Unternehmensführung, München 2004.

Bantleon, U./D'Arcy, A./Eulerich, M./Hucke, A./Knoll, M./Köhler, A. G./Pedell, B.: Das Three-Lines-of-Defence-Modell: ein Beitrag zu einer besseren Corporate Governance?, in: WPg, 70, Nr. 12, 2017, S. 682–688.

Barnard, C.: The Functions of the Executive, 30. Aufl., Cambridge 1968.

Barney, J.: Gaining and Sustaining Competitive Advantage, 2. Aufl., New York 2002.

Barney, J.: Firm Resources and Sustained Competitive Advantage, in: Journal of Management, 17, Nr. 1, 1991, S. 99–120.

Barney, J. B./Hesterly, W. S.: Strategic management and competitive advantage, Boston 2010.

Bart, C. K.: Sex, Lies, and Mission Statements, in: Business Horizons, 40, Nr. 6, 1997, S. 9–18.

Bartlett, C./Ghoshal, S.: Managing Across Borders, Boston 1989.

Bartlett, C. A./Ghoshal, S.: Arbeitsteilung bei der Globalisierung, in: Harvard Business Manager, 9, Nr. 2, 1987, S. 49–59.

Bartlett, C. A./Ghoshal, S.: Beyond the M-form, in: Strategic Management Journal, 14, Special Issue, 1993, S. 23–46.

Bartunek, J. M./Louis, M. L.: The interplay of organizational development and organizational transformation, in: Research in Organizational Change and Development, 2, 1988, S. 97–134.

Bass, B.: Transformational leadership 1986.

Bass, B. M.: Leadership and Performance Beyond Expectations, New York 1985.

Bass, F.: A new product growth model for consumer durables, in: Management Science, 15, 1969, Nr. 5, S. 215–227.

Bassok, Y./Bixby, A./Srininvasan, R./Wiesel, H.: Design of Component Supply Contract with Forecast Revision Flexibility, in: IBM Journal of Research & Development, 41, Nr. 11, 1997, S. 693–703.

Bauer, M./Schulte, M./Schwab, J.: Was Blockchain für das Accounting bedeutet, in: Controlling & Management Review, 63, Nr. 5, 2019, S. 40–45.

Bauernhansl, T.: Die Vierte Industrielle Revolution – Der Weg in ein wertschaffendes Produktionsparadigma, in: Bauernhansl, T./Hompel, M. ten/Vogel-Heuser, B. (Hrsg.): Industrie 4.0 in Produktion, Automatisierung und Logistik, Wiesbaden 2014, S. 5–35.

Baum, G.: Innovationen als Basis der nächsten Industrierevolution, in: Sendler, U. (Hrsg.): Industrie 4.0: Beherrschung der industriellen Komplexität mit SysLM, Berlin/Heidelberg 2013, S. 37–54.

Baum, H.-G./Coenenberg, A. G./Günther, T.: Strategisches Controlling, 5. Aufl., Stuttgart 2013.

Baumgarten, H./Thoms, J.: Trends und Strategien in der Logistik, Berlin 2002.

Baumöl, U./Berlitz, P.-D.: Big Data als Entscheidungsunterstützung, in: Gleich, R./Grönke, K./Kirchmann, M./Leyk, J. (Hrsg.): Controlling und Big Data, Freiburg/München/Stuttgart 2014, S. 159–175.

Baur, C./Kluge, J.: Die Wertkette als Instrument der strategischen Analyse, in: Welge, M./Al-Laham, A./Kajüter, P. (Hrsg.): Praxis des strategischen Managements, Wiesbaden 2000, S. 135–146.

BDU: Grundsätze ordnungsgemäßer Planung (GoP), 3. Aufl. 2009.

Bea, F. X./Göbel, E.: Organisation: Theorie und Gestaltung, 5. Aufl., Stuttgart 2018.

Bea, F. X./Haas, J.: Strategisches Management, 10. Aufl., München/Tübingen 2019.

Bechtle AG: Geschäftsbericht 2018, Neckarsulm 2019.

Becker, F. G.: Lexikon des Personalmanagements, 2. Aufl., München 2002.

Becker, L.: Human Ressource Management im Wandel, in: Krüger, W./Bach, N. (Hrsg.): Excellence in Change: Wege zur strategischen Erneuerung, 5. Aufl., Wiesbaden 2014, S. 203–236.

Becker, M./Kloock, J./Schmidt, R.: Unternehmen im Wandel und Umbruch, Stuttgart 1998.

Becker, S. D./Goretzki, L.: Unsicherheiten effizient managen, in: Controlling & Management Review, 59, Nr. 1, 2015, S. 36–41.

Becker, T.: Prozesse in Produktion und Supply Chain optimieren, 3. Aufl., Berlin 2018.

Becker, W./Weber, J.: Kostenrechnung, Wiesbaden 1997.

Beckmann, H.: Supply Chain Management, Berlin 2004.

Beer, S.: Kybernetik und Management, 4. Aufl., Frankfurt a. M. 1970.

Bell, S. T./Villado, A. J./Lukasik, M. A./Belau, L./Briggs, A. L.: Getting Specific about Demographic Diversity Variable and Team Performance Relationships: A Meta-Analysis, in: Journal of Management, 37, Nr. 3, 2011, S. 709–743.

Bendt, A.: Wissenstransfer in multinationalen Unternehmen, Wiesbaden 2000.

Benson, R. J./Parker, M. M.: Enterprise-wide Information Management, in: IBM Los Angeles Scientific Center (Hrsg.): Report No. G320-2768, Los Angeles 1985.

Benz, C.: Kundenorientierung Stufe 3, in: Horváth & Partner (Hrsg.): Qualitätscontrolling: Ein Leitfaden zur betrieblichen Navigation auf dem Weg zum Total Quality Management, Stuttgart 1997, S. 113–148.

Benz, C.: Qualitätscontrolling, in: Zollondz, H.-D./Ketting, M./Pfundtner, R. (Hrsg.): Lexikon Qualitätsmanagement, 2. Aufl., München 2016, S. 895.

Benz, C./Becker-Flügel, J.: Einführung, in: Horváth & Partner (Hrsg.): Qualitätscontrolling: Ein Leitfaden zur betrieblichen Navigation auf dem Weg zum Total Quality Management, Stuttgart 1997, S. 1–18.

Bergemann, B./Bergemann, N.: Interkulturelle Managementkompetenz, Heidelberg 2005.

Bergmann, F.: Neue Arbeit, neue Kultur, Freiamt im Schwarzwald 2004.

Berle, A. A./Means, G. C.: The modern corporation and private property, New Brunswick, NJ 1932.

Bernasconi, M./Galli, P.: Der Business-Plan – für KMU immer noch ein Thema, in: Der Schweizer Treuhänder, 73, Nr. 4, 1999, S. 345–348.

Bernecker, T./Reiss, M.: Den Wandel kommunizieren, in: io management, 72, Nr. 2, 2003, S. 32–41.

Berni, M./Herz, C.: Daimler will es in Asien alleine schaffen, in: Handelsblatt, 45, 2005, S. 15.

Bernstein, E./Bunch, J./Canner, N./Lee, M.: Beyond the holacracy hype: The overwrought claims – and actual promise – of the next generation of self-managed teams, in: Harvard Business Review, 2016, Nr. July/August, S. 38–49.

Bertagnolli, F./Bohn, S./Waible, F.: Change Canvas, Wiesbaden 2018.

Bertalanffy, L. von: General System Theory, New York 1968.

Berthel, J.: Informationsbedarf, in: Frese, E. (Hrsg.): Handwörterbuch der Organisation, 3. Aufl., Stuttgart 1992.

Berthel, J.: Personalcontrolling, in: Gaugler, E./Oechsler, W. A./Weber, W. (Hrsg.): Handwörterbuch des Personalwesens, Stuttgart 2004, Sp. 1441–1455.

Berthel, J.: Betriebliche Informationssysteme, Stuttgart 1975.

Berthel, J./Becker, F.: Personal-Management, 11. Aufl., Stuttgart 2017.

Beschorner, T./Hajduk, T.: Der ehrbare Kaufmann – Unternehmensverantwortung „light"?, in: CSR MAGAZIN, 3, 2011, S. 6–8.

Beyhs, O./Barth, D.: Integrated Reporting – Aktuelle Entwicklungen auf dem Weg zu einer integrierten Unternehmensberichterstattung, in: Der Betrieb, 64, Nr. 51/52, 2011, S. 2857–2863.

Bigliardi, B./Galati, F.: Which factors hinder the adoption of open innovation in SMEs?, in: Technology Analysis & Strategic Management, 28, Nr. 8, 2016, S. 869–885.

Bilgri, A.: Herzensbildung, München 2009.

Bircher, B.: Langfristige Unternehmungsplanung, Bern 1976.

Bircher, B.: Planungssystem, in: Szyperski, N./Winand, U. (Hrsg.): Handwörterbuch der Planung, Stuttgart 1989, Sp. 1503–1515.

Birkinshaw, J./Ridderstråle, J.: Adhocracy für ein agiles Zeitalter, in: McKinsey Quarterly, Nr. 12, 2005, S. 1–13.

Bittner, T.: Mitarbeiter mit ambitionierten Zielen motivieren, in: Controlling & Management Review, 59, Nr. 4, 2015, S. 6–17.

Blake, R. R./Mouton, J.: Verhaltenspsychologie im Betrieb, Düsseldorf 1968.

Blake, R. R./Mouton, J.: The Managerial Grid III, Houston 1985.

Blau, P. M./Schoenherr, R. A.: The Structure of Organizations, New York 1971.

Bleicher, K.: Aufgaben der Unternehmensführung, in: Corsten, H./Reiß, M. (Hrsg.): Handbuch für Unternehmensführung: Konzepte, Instrumente, Schnittstellen, Wiesbaden 1995, S. 19–32.

Bleicher, K.: Organisation, 2. Aufl., Wiesbaden 1991.

Bleicher, K.: Strategische Anreizsysteme, Stuttgart 1992.

Bleicher, K.: Normatives Management, Frankfurt a. M. 1994.

Bleicher, K.: Das Konzept Integriertes Management, 9. Aufl., Frankfurt New York 2017.

Bloss, M./Häcker, J.: Von der Wall Street zur Main Street, München 2009.

BMU: Megatrends der Nachhaltigkeit, 2. Aufl., Berlin 2008.

BMW Sustainability Report: BMW Sustainability Value Report, München, 2011.

Bock, C./Schilling, S.: Autokonzern tritt auf's Gas, in: Organisationsentwicklung, 38, Nr. 2, 2019, S. 19–24.

Böcker, F./Thomas, L.: Marketing, 7. Aufl., Stuttgart 2003.

Bode, J.: Betriebliche Produktion von Information, Wiesbaden 1993.

Böhmann, K./Krcmar, H.: Werkzeuge für das Wissensmanagement, in: Antoni, C.H/Sommerlatte, T. (Hrsg.): Spezialreport Wissensmanagement: Wie deutsche Firmen ihr Wissen profitabel machen, 4. Aufl., Düsseldorf 2001, S. 82–91.

Bohr, K./Saliger, E.: Konzeptionen betriebswirtschaftlicher Planung und ihre gegenseitigen Beziehungen, in: Schmalenbachs Zeitschrift für betriebswirtschaftliche Forschung, 35, Nr. 11/12, 1983, S. 963–985.

Bolwijn, P./Kumpe, T.: The Success of Flexible, Low-Cost, Quality Competitors, in: European Management Journal, 9, Nr. 2, 1991, S. 135–144.

Bonsen, M.: Was ist Vision?, in: GDI Impuls, Nr. 4, 1987, S. 49–59.

Boos, F./Heitger, B.: Kunst oder Technik, in: Balck, H. (Hrsg.): Networking und Projektorientierung: Gestaltung des Wandels in Unternehmen und Märkten, Berlin 1996, S. 165–182.

Borrmann, W. A.: Managementprobleme internationaler Unternehmungen, Wiesbaden 1970.

Bourne, M./Neely, A./Mills, J./Platts, K.: Why Some Performance Measurement Initiatives Fail, in: International Journal of Business Performance Management, 5, Nr. 2/3, 2003, S. 245–269.

Boutellier, R./Biedermann, A.: Qualitätsgerechte Produktplanung, in: Schmitt, R./Pfeifer, T. (Hrsg.): Masing Handbuch Qualitätsmanagement, 6. Aufl., München 2014, S. 441–465.

Bowen, W. P.: Applied Anatomy and Kinesiology 2010.

Bower, G./Hilgard, E.: Theorien des Lernens II, 3. Aufl., Stuttgart 1984.

Bower, J. L./Christensen, C. M.: Disruptive Technologies, in: Harvard Business Review, 73, Nr. 1, 1995, S. 43–53.

Bowman, C./Faulkner, D.: Measuring Product Advantage Using Competitive Benchmarking and Customer Perception, in: Long Range Planning, 27, Nr. 1, 1994, S. 119–132.

Boy, J./Dudek, C./Kuschel, S.: Projektmanagement, 12. Aufl., Offenbach 2006.

Boyton, A./Victor, B.: Beyond flexibility, in: California Management Review, 37, Nr. 4, 1994, S. 53–66.

Brand, J.-U.: Wir wollen Spaß – Aber erstmal muss die Abwehr stehen, in: Focus, 2020, Nr. 49, S. 102–108.

Brandenburger, A./Nalebuff, B.: Co-opetition, New York 1996.

Brandes, D.: Die 11 Geheimnisse des ALDI-Erfolgs, Frankfurt a. M. 2006.

Brandes, D.: „Kein Budget – keine Controller“, in: Daum, J. H. (Hrsg.): Beyond Budgeting, München 2005, S. 79–88.

Bratzel, S./Hauke, N./Schindler, E.: AutomotivePERFORMANCE 2015, Bergisch Gladbach, 2015.

Braun, H.-J./Kristof, R./Leisinger, J.: Das fraktale Unternehmen – Aufbruch zu neuen Ufern, in: VDI-Zeitschrift, 10, Nr. 137/138, 1995, S. 26–30.

Bredrup, H.: Background for Performance Management, in: Rolstadas, A. (Hrsg.): Performance Management: A Business Process Benchmarking Approach, Glasgow 1995, S. 61–88.

Brehm, C.: Kommunikation im Wandel, in: Krüger, W./Bach, N. (Hrsg.): Excellence in Change, 5. Aufl., Wiesbaden 2014, S. 237–264.

Brehm, C./Hackmann, S.: Management und Organisation von Programmen und Projekten, in: Krüger, W./Bach, N. (Hrsg.): Excellence in Change: Wege zur strategischen Erneuerung, 5. Aufl., Wiesbaden 2014, S. 163–202.

Brehm, C. R./Petry, T.: Toolbox – Denkwerkzeuge des Wandlungsmanagements, in: Krüger, W./Bach, N. (Hrsg.): Excellence in Change: Wege zur strategischen Erneuerung, 5. Aufl., Wiesbaden 2014, S. 295–321.

Breisig, T.: Qualitätszirkel, in: Zollondz, H.-D./Ketting, M./Pfundtner, R. (Hrsg.): Lexikon Qualitätsmanagement, 2. Aufl., München 2016, S. 1000–1001.

Breuer, C./Breuer, W.: Shared Services in Unternehmensverbünden und Konzernen, in: Keuper, F./Oecking, C. (Hrsg.): Corporate Shared Services: Bereitstellung von Dienstleistungen im Konzern, 2. Aufl., Wiesbaden 2008, S. 95–116.

Brink, S./Wallau, F.: BDI Mittelstandspanel – Institut für Mittelstandsforschung, Bonn 2011.

Britzelmaier, B./Xu, Y.: Business in China, Herne 2012.

Bröckermann, R.: Personalwirtschaft, 7. Aufl., Stuttgart 2016.

Brockhaus: Betriebs- und Volkswirtschaft, Börse, Finanzen, Versicherungen und Steuern, 2. Aufl., Mannheim 2008.

Brockhoff, K.: Prognosen, in: Bea, F.X./Friedl, B./Schweitzer, M. (Hrsg.): Allgemeine Betriebswirtschaftslehre, Band 2: Führung, 10, Stuttgart 2011, S. 785–825.

Brockhoff, K./Hauschildt, J.: Schnittstellen-Management, in: Zeitschrift Führung und Organisation, 62, Nr. 6, 1993, S. 396–403.

Brockhoff, K./Brem, A.: Forschung und Entwicklung, 6. Aufl., München 2021.

Bronner, R./Appel, W. P.: Evolution steuern – Revolution planen, Bonn 1999.

Brown, T./Martin, R.: Design for Action, in: Harvard Business Review, 93, Nr. 9, 2015, S. 56–64.

Bruch, H./Ghoshal, S.: Entschlossen führen und handeln, Wiesbaden 2006.

Bruch, H./Vogel, B.: Die Organisationale Energie steigern, in: Personalführung, 39, Nr. 9, 2006, S. 20–26.

Bruch, H./Vogel, B.: Organisationale Energie, in: Bruch, H./Krummaker, S./Vogel, B. (Hrsg.): Leadership, Wiesbaden 2006, S. 181–192.

Bruch, H./Vogel, B.: Organisationale Energie, 2. Aufl., Wiesbaden 2009.

Bruch, H./Vogel, B./Krummaker, S.: Leadership, in: Bruch, H./Krummaker, S./Vogel, B. (Hrsg.): Leadership: Best Practices und Trends, 2. Aufl., Wiesbaden 2012, S. 3–24.

Bruhn, M.: Qualitätscontrolling, in: Horváth, P./Reichmann, T. (Hrsg.): Vahlens Großes Controllinglexikon, 2. Aufl., München 2003, S. 629–631.

Bruhn, M.: Marketing, 14. Aufl., Wiesbaden 2019.

Bruhn, M./Georgi, D.: Kosten und Nutzen des Qualitätsmanagements, München 1999.

Bruhn, M.: Kommunikationspolitik, 9. Aufl., München 2019.

Bruhn, M./Lusti, M./Müller, W. R./Schierenbeck, H./Studer, T. (Hrsg.): Wertorientierte Unternehmensführung, Wiesbaden 1998.

Brünger, C.: Erfolgreiches Risikomanagement mit COSO ERM, Berlin 2009.

Brunner, F.: Höherer Unternehmensgewinn dank „Totalem Qualitätssystem“, in: io management, 57, Nr. 1, 1988, S. 41–44.

Brunner, F./Wagner, K.: Taschenbuch Qualitätsmanagement, 5. Aufl., München 2011.

Bruns, H.-G./Zeimes, M./Thuy, M.: Die Bilanzierung von immateriellen Vermögenswerten in der nationalen und internationalen Rechnungslegung, in: Horváth, P./Möller, K. (Hrsg.): Intangibles in der Unternehmenssteuerung, München 2004, S. 251–268.

Bruton, J.: Unternehmensstrategie und Verantwortung, Berlin 2011.

Bruttel, L. V./Stolley, F.: Nudging als politisches Instrument — gute Absicht oder staatlicher Übergriff?, in: Wirtschaftsdienst, 94, Nr. 11, 2014, S. 767–771.

Brynjolfsson, E./McAfee, A.: The Second Machine Age, Kulmbach 2014.

BSI: Eckpunktepapier – Sicherheitsempfehlungen für Cloud Computing Anbieter, Bonn 2012.

Buchanan, R.: Wicked Problems in Design Thinking, in: Design Issues, 8, Nr. 2, 1992, S. 5.

Buchholz, U./Knorre, S.: Interne Kommunikation und Unternehmensführung, Wiesbaden 2019.

Buchhorn, E.: Mode und Mahnung, in: Manager Magazin, Nr. 9, 2005, S. 126.

Büchler, J.-P.: Strategie, Hallbergmoos 2018.

Buchner, H.: Planung im turbulenten Umfeld, München 2002.

Buckley, P.: A Critical Review of Theories of the Multinational Enterprise, in: Aussenwirtschaft, 36, Nr. 1, 1881, S. 70–78.

Bühner, R.: Strategie und Organisation, 2. Aufl., Wiesbaden 1993.

Bühner, R.: Personalmanagement, 3. Aufl., München 2005.

Bullinger, H.-J./Kugel, R./Ohlhausen, P./Stanke, A.: Integrierte Produktentwicklung, Wiesbaden 1995.

Bullinger, H.-J./Wörner, K./Prieto, J.: Wissensmanagement: Modelle und Strategien für die Praxis, in: Bürgel, H. D. (Hrsg.): Wissensmanagement: Schritte zum intelligenten Unternehmen, Berlin 1998, S. 21–39.

Bundesministerium für Wirtschaft und Arbeit: Wissensbilanz – Made in Germany, 2. Aufl., Berlin, 2005.

Bundeszentrale für politische Bildung: Zahlen und Fakten, Bonn 2011.

Burghardt, M.: Projektmanagement, 10. Aufl., Erlangen 2018.

Burns, T./Stalker, G. M.: Mechanistische und organische Systeme des Managements, in: Mayntz, R. (Hrsg.): Bürokratische Organisation, 2. Aufl., Köln 1971, S. 147–154.

Burr, W./Stephan, M./Werkmeister, C.: Unternehmensführung, 2. Aufl., München 2012.

Busch, A./Dangelmaier, W.: Integriertes Supply Chain Management, in: Busch, A./Dangelmaier, W. (Hrsg.): Integriertes Supply Chain Management: Theorie und Praxis effektiver unternehmensübergreifender Geschäftsprozesse, 2. Aufl., Wiesbaden 2004, S. 1–21.

Büter, C.: Außenhandel, 2. Aufl., Berlin/Heidelberg 2010.

Büter, C.: Internationale Unternehmensführung, München 2010.

Buterin, V.: Ethereum White Paper – A next Generation smart Contract & decentralized Application Platform, 2013. www.blockchainlab.com.

Buzzell, R. D./Gale, B. T.: Das PIMS-Programm, Wiesbaden 1989.

Cadbury Report, 2021. www.cadbury.cjbs.archios.info/report.

Cameron, W. B.: Informal Sociology, New York 1963.

Camillus, J.: Budgeting for Profit, Radnor 1984.

Camp, R.: Benchmarking, Milwaukee 1994.

Campenhausen, v./Rudolf, A.: Shared Services – profitabel für vernetzte Unternehmen, in: Harvard Business Manager, 23, Nr. 1, 2001, S. 82–93.

Cândido, C. J./Santos, D. P.: Strategy Implementation, in: Journal of Management & Organization, 21, 2015, S. 237–262.

Carlgren, L./Elmquist, M./Rauth, I.: Die Herausforderungen beim Einsatz von Design Thinking in der Industrie – Erfahrungen aus fünf Großunternehmen, in: Kreativität und Innovationsmanagement, 25, 2016, Nr. 3, S. 344–362.

von Carlowitz, H.: Sylvicultura oeconomica. Anweisung zur wilden Baum-Zucht, Leipzig 1732.

Caruso, D./Salovey, P.: Managen mit emotionaler Kompetenz, Frankfurt a. M. 2005.

Cash, J. I./McFarlan, F. W./McKenney, J. L.: Corporate Information Systems Management, 3. Aufl., Boston 1992.

Cavusgil, S. T./Knight, G./Riesenberger, J. R.: International Business, Upper Saddle River 2008.

Celemiab Group AB: Annual Report 2000. Celemiab Group AB, Malmö 2001.

Chandler, A. D.: Strategy and Structure, 20. Aufl., Cambridge 1962.

Chesbrough, H.: Open Innovation, Cambridge, MA 2003.

Chesbrough, H.: The Era of Open Innovation, in: MIT Sloan Management Review, 44, Nr. 3, 2003, S. 35–41.

Chesbrough, H./Bogers, M.: Explicating Open Innovation, in: Chesbrough, H./Vanhaverbeke, W./West, J. (Hrsg.): New Frontiers in Open Innovation, Oxford 2014, S. 1–32.

Christensen, C. M./Alton, R./Rising, C./Waldeck, A.: The big idea, in: Harvard Business Review, 89, Nr. 3, 2011, S. 48–57.

Chua, J. H./Chrisman, J. J./Sharma, P.: Defining the Family Business by Behavior, in: Entrepreneurship Theory and Practice, 23, Nr. 4, 1999, S. 19–39.

Clausewitz, C.: Vom Kriege, Berlin 1832.

Coase, R. H.: The Nature of the Firm, in: Economica, 4, Nr. 16, 1937, S. 386–405.

Coase, R. H.: The Problem of Social Cost, in: The Journal of Law and Economics, 3, 1960, S. 1–44.

Coenenberg, A.: Zur Bedeutung der Anspruchsniveaus, in: Der Betrieb, 23, Nr. 21, 1970, S. 1137–1141.

Coenenberg, A. G./Baum, H.-G./Günther, T.: Strategisches Controlling, 5. Aufl., Stuttgart 2011.

Coenenberg, A. G./Salfeld, R.: Wertorientierte Unternehmensführung, 2. Aufl., Stuttgart 2007.

Coenenberg, A. G./Fischer, T. M./Günther, T.: Kostenrechnung und Kostenanalyse, 9. Aufl., Stuttgart 2016.

Coenenberg, A. G./Salfeld, R./Schultze, W.: Wertorientierte Unternehmensführung, 3. Aufl., Stuttgart 2015.

Cohen, M. D./March, J. G./Olsen, J. P.: A garbage can model of organizational choice, in: Administrative science quarterly, 17, Nr. 1, 1972, S. 1–25.

Cohen, W. M./Levinthal, D. A.: Absorptive Capacity: A New Perspective on Learning and Innovation, in: Administrative Science Quarterly, 35, Nr. 1, 1990, S. 128.

Collins, J. C./Porras, J. I.: Building Your Company's Vision, in: Harvard Business Review, 74, Nr. 5, 1996, S. 66–77.

Collins, J. C./Porras, J. I.: Built to last, 24. Aufl., New York 2009.

Collins, J. C./Hansen, M. T.: Great by choice, New York 2011.

Colombo, G./Dell'Era, C./Frattini, F.: Exploring the contribution of innovation intermediaries to the NPD process, in: R&D Management, 45, Nr. 2, 2015, S. 126–146.

Colombo, M. G./Mohammadi, A./Lamastra, C. R.: Innovative Business Models for High-tech Entrepreneurial Ventures, in: Foss, Nicolai J./Saebi, Tina (Hrsg.): Business model innovation, 1. ed., Oxford 2015, S. 169–190.

Commerzbank: Verteilung der Unternehmen des deutschen Mittelstands nach Alter im Jahr 2016, Statista.

Committee of Sponsoring Organizations of the Treadway Commission (COSO) (Hrsg.): Internal Control – Integrated Framework, Jersey 1992.

Conner, D. R./Clements, E.: Die strategischen und operativen Gestaltungsfaktoren für erfolgreiches Implementieren, in: Spalink, H. (Hrsg.): Werkzeuge für das Change Management, Frankfurt a. M. 1999, S. 22–64.

Connor, D. R.: Managing at the Speed of Change, New York 1992.

Conrads, W.: Business Excellence ist ein langer Weg, in: QZ Qualität und Zuverlässigkeit, 47, Nr. 7, 2002, S. 694–695.

Cooper, R. G.: Top oder Flop in der Produktentwicklung, Weinheim 2002.

Copeland, T./Koller, T./Murrin, J.: Valuation, 3. Aufl., New York 2000.

Copeland, T./Koller, T./Murrin, J.: Unternehmenswert, 3. Aufl., Frankfurt a. M. 2002.

Corsten, D./Gabriel, C.: Supply Chain Management erfolgreich umsetzen, 2. Aufl., Berlin 2004.

Corsten, D./Gössinger, R./Corsten, H.: Produktions- und Logistikmanagement, 2. Aufl., München 2021.

Corsten, H.: Projektmanagement, München 2000.

Corsten, H./Will, T.: Ansatzpunkte zu einer strategiegerechten Produktionsorganisation bei simultanen Strategieanforderungen, in: Zeitschrift Führung und Organisation, 61, Nr. 5, 1992, S. 293–298.

Corsten, H./Corsten, H./Gössinger, R.: Projektmanagement, 2. Aufl., München 2008.

Cournot, A.: Recherches sur les principes mathématiques de la théorie des richesses, Paris 1838.

Courtney, H./Kirkland, J./Viguerie, P.: Strategy Under Uncertainty, in: Harvard Business Review, 75, Nr. 6, 1997, S. 67–79.

Covey, S./Merrill, R.: Schnelligkeit durch Vertrauen, 2. Aufl., Offenbach 2009.

Cowen, T./Tabarrok, A.: Modern Principles of Economics, New York 2010.

Coyle, B.: Mergers and Acquisitions, Chicago 2000.

Crocoll, S.: Der Wert des Chefs, in: Die Zeit, 13, 2012, S. 37.

Crosby, P. B.: Qualität ist machbar, Hamburg 1986.

Crosby, P. B.: Quality Without Tears, New York 1995.

Crosby, P. B.: Qualitätsmanagement, Wien 2000.

Crosby, P. B.: Quality is free, New York 1979.

Csikszentmihalyi, M.: Das Flow-Erlebnis, Stuttgart 1985.

Cube, v. F.: Die Naturgesetze der Führung, 15. Aufl., München 2011.

Cummings, T./Worley, C.: Organization Development and Change, 8. Aufl., Minneapolis 2006.

Curran, T. A./Ladd, A.: SAP R/3 Business Blueprint, 2. Aufl., Upper Saddle River, NJ 2000.

Cyert, R. M./March, J.: A Behavioral Theory of the Firm, 2. Aufl., Englewood Cliffs 1964.

Czechowski, P.: Krisenmanagement in Unternehmen, ifm- business. https://ifm-business.de/, zuletzt geprüft am 22.05.2020.

Czech-Winkelmann, S.: Exportieren, Kooperieren oder Direktinvestieren, in: Czech-Winkelmann, S./Kopsch, A. (Hrsg.): Handbuch International Business: Strategie, Praxis, Fallbeispiele, Berlin 2008, S. 213–223.

Daft, R./Lengel, R.: Information Richness, in: Cummings, L./Staw, B. (Hrsg.): Research in Organizational Behaviour 6, Homewood 1984, S. 191–233.

Daft, R. L.: Understanding the Theory and Design of Organizations, Mason 2007.

Dais, S.: Industrie 4.0 – Anstoß, Vision, Vorgehen, in: Bauernhansl, T./Hompel, M. ten/Vogel-Heuser, B. (Hrsg.): Industrie 4.0 in Produktion, Automatisierung und Logistik, Wiesbaden 2014, S. 625–634.

Dambrowski, J.: Budgetierungssysteme in der deutschen Unternehmenspraxis, Darmstadt 1986.

Danish Agency for Trade and Industry: A Guideline for Intellectual Capital Statements, Kopenhagen, 2000.

Danish Ministry of Science: Technology and Innovation, Kopenhagen, 2003.

Dapp, T. F./Heine, V.: Big Data. Die ungezähmte Macht, Frankfurt a. M. 2014.

Darwin, C.: The Origin of Species, London 1859.

Daum, J.: Intangible Assets oder die Kunst, Mehrwert zu schaffen, Bonn 2002.

Daum, J.: Beyond Budgeting, Weinheim 2003.

Daum, J.: Transparenzproblem Intangible Assets, in: Horváth, P./Möller, K. (Hrsg.): Intangibles in der Unternehmenssteuerung: Strategien und Instrumente zur Wertsteigerung des immateriellen Kapitals, München 2004, S. 45–82.

Daum, J.: Intangible Asset Management, in: Zeitschrift für Controlling & Management, Nr. 3, 2005, S. 4–18.

Däumler, K.-D./Grabe, J.: Kostenrechnung 1, 10. Aufl., Herne 2008.

D'Aveni, R. A.: Hyperwettbewerb, Frankfurt a. M. 1995.

Davenport, T. H.: Big data @ work, München 2014.

David, F. R.: Strategic Management, 13. Aufl., New York 2011.

Davidow, W. H./Malone, M. S.: The Virtual Corporation, New York 1992.

Davis, M. D.: Spieltheorie für Nichtmathematiker, München 2005.

Davis, S./Lawrence, P.: Matrix, Reading 1977.

Davis, T. C.: How the Du Pont Organization Appraises its Performance, in: Financial Management Series, Nr. 94, 1950, S. 3–11.

Day, G. S./Wensley, R.: Assessing Advantage, in: Journal of Marketing, 52, Nr. 2, 1988, S. 1–20.

De Geus, A.: Unternehmensplaner können Lernprozesse beschleunigen, in: Harvard Manager, 11, Nr. 1, 1989, S. 28–34.

Deal, T. E./Kennedy, A. A.: Culture, in: Journal of Applied Behavioral Science, 19, Nr. 4, 1983, S. 498–505.

Deimel, K.: Businessplan, in: Praxis des Rechnungswesens, Nr. 3, 2005, S. 377–410.

Deimel, K./Quante, S.: Prozessoptimierung durch Shared Service Center, in: Controlling, 15, Nr. 6, 2003, S. 301–307.

Dellbrügger, P.: Gestaltungselemente für eine unternehmerische Führungskultur, in: Raich, M./Pechlaner, H./Hinterhuber, H. (Hrsg.): Entrepreneurial Leadership, Wiesbaden 2007, S. 65–79.

Deming, W. E.: Quality, Productivity and Competitive Position, Cambridge 1982.

Dengler, K./Matthes, B.: Folgen der Digitalisierung für die Arbeitswelt, in: IAB Kurzbericht Nr. 24, 2015, S. 1–7.

Deppe, J.: Qualitätszirkel – Ideenmanagement durch Gruppenarbeit, Bern 1986.

Detroy, E.-N./Behle, C./Hofe, R.: Handbuch Vertriebsmanagement, Landsberg am Lech 2007.

Deutsche Gesellschaft für Risikomanagement: Risikoaggregation in der Praxis, Berlin 2008.

Deutsches Global Compact Netzwerk: Verbindung schaffen, Berlin 2008.

Dierks, S.: Product Carbon Footprint, in: Gleich, R./Bartels, P./Breisig, V. (Hrsg.): Nachhaltigkeitscontrolling: Konzepte, Instrumente und Fallbeispiele zur Umsetzung, Freiburg 2012, S. 195–209.

Diethelm, G.: Projektmanagement, Herne/Berlin 2000.

Dietmann, E.: Personalmarketing, Wiesbaden 1993.

Dietz, K.-M./Kracht, T.: Dialogische Führung, 4. Aufl., Frankfurt/New York 2016.

Dietzfelbinger, D.: Praxisleitfaden Unternehmensethik, 2. Aufl., Wiesbaden 2015.

Diez, W.: Die internationale Wettbewerbsfähgkeit der deutschen Automobilindustrie, München 2012.

Dill, K.: Airbnb's Director of Experience, Katie Dill, tells us why Airbnb uses "stories" to design, 2017. www.youtube.com/watch?v=sVc2hp9jlQ0&t=1043s.

Dillerup, R.: Das intelligente Unternehmen, in: Balzer, H. (Hrsg.): Den Erfolg im Visier, Stuttgart 1998, S. 145–163.

Dillerup, R.: Wertorientierte Unternehmensführung, in: Ernst, D./Häcker, J./Moser, U./Auge-Dickhut, S. (Hrsg.): Praxis der Unternehmensbewertung und Akquistionsfinanzierung, München 2006.

Dillerup, R.: Controlling, in: Pepels, W. (Hrsg.): Allgemeine Betriebswirtschaftslehre, 4. Aufl., Stuttgart 2009, S. 395–441.

Dillerup, R.: Erfolgsfaktor integrierte Unternehmensführung, in: Dillerup, R./Haberlandt, K./Vogler, G. (Hrsg.): Heilbronner Beiträge zur Unternehmensführung: 40 Jahre Erfolgsgeschichten, München 2009, S. 31–44.

Dillerup, R./Foschiani, S.: Outsourcing als strategische Option zur Optimierung der Leistungstiefe, in: Beschaffung aktuell, 52, Nr. 1, 1996, S. 39–41.

Dillerup, R./Gedeon, C./Göttert, S.: Wissensbilanz und Controlling von Strukturkapital – Fallstudie des mittelständischen Maschinenbauunternehmens SiCo GmbH & Co. KG, in: Zeitschrift für Controlling & Management, Nr. 3, 2005, S. 58–65.

Dillerup, R./Göttert, S.: Quantifizierung und Steuerung immaterieller Vermögensgegenstände, in: VDMA Nachrichten, Nr. 12, 2005, S. 59–60.

Dillerup, R./Hannss, S.: Bewertung immateriellen Vermögens – Steuerung, Bewertung und eine Frage strategischer Unternehmensführung, in: Horizonte, Nr. 29, 2006, S. 28–32.

Dillerup, R./Kappler, D. S.: Dynamics of Innovation Risk Assessment, in: International Conference of the System Dynamics Society, 2016.

Dillerup, R./Muth, A.: Erfolgsfaktoren des German Mittelstand, in: Zeitschrift für Familienunternehmen und Stiftungen (FuS), Nr. 3, 2015, S. 87–93.

Dillerup, R./Ramos, J.: Controlling immaterieller Vermögenswerte, in: Horizonte, Nr. 26, 2005, S. 37–38.

Dillerup, R./Ramos, J.: Steuerung und Bilanzierung immaterieller Vermögenswerte, in: Controller Magazin, 31, Nr. 2, 2006, S. 116–119.

Dillerup, R./Weingart, u.: Warum übernehmen Familienunternehmen gesellschaftliche Verantwortung?, in: ProMagazin, Nr. 1, 2021, S. 17.

Dillerup, R.: Strategische Optionen für vertikale Wertschöpfungssysteme, Frankfurt a. M. 1998.

Dillerup, R./Witzemann, T./Schacht, S./Schaller, L.: Planung im digitalen Zeitalter, in: Controlling & Management Review, 63, Nr. 3, 2019, S. 46–53.

Dillerup, R./Witzemann, T./Schröckhaas, B.: Zehn Trends der Unternehmensplanung, in: Controlling & Management Review, 64, Nr. 3, 2020, S. 46–54.

Dinkelbach, W.: Flexible Planung, in: Szyperski, N./Winand, U. (Hrsg.): Handwörterbuch der Planung, Stuttgart 1989, S. 507–512.

Dobléy, D./Wargin, J.: Management of Change, Bonn 2001.

Doerfner, S./Kläsener, M.: Predictive Planning im Mittelstand: Vorteile und Umsetzung in 5 Schritten, in: Gleich, R./Tschandl, M. (Hrsg.): Digitalisierung & Controlling, Freiburg/München/Stuttgart 2018, S. 175–187.

Doerr, J.: OKR, München 2018.

Domo: Data Never Sleeps 9.0, 2021. www.domo.com.

Domsch, M.: Personal, in: Bitz, M./Domsch, M./Ewert, F./Wagner, W. (Hrsg.): Vahlens Kompendium der Betriebswirtschaftslehre, Band 1, 5. Aufl., München 2005, S. 385–447.

Domsch, M./Gerpott, J.: Personalbeurteilung, in: Gaugler, E./Oechsler, W. A./Weber, W. (Hrsg.): Handwörterbuch des Personalwesens, Stuttgart 2004, S. 1431–1441.

Donlon, J. D./Weber, A.: Wertorientierte Unternehmensführung im DaimlerChrysler-Konzern, in: Controlling, Nr. 8/9, 1999, S. 381–388.

Doppler, K./Lauterburg, C.: Change Management, 14. Aufl. 2019.

Dörner, D./Orth, C.: Bedeutung der Corporate Governance für Unternehmen und Kapitalmärkte, in: Pfitzer, N./Oser, P. (Hrsg.): Deutscher Corporate Governance Kodex, 2. Aufl., Stuttgart 2005, S. 3–18.

Dorsey, T.: Trade Finance Stumbles, in: Finance and Development, 46, Nr. 1, 2009, S. 18–19.

Downes L./Nunes, P.: Finding Your Company's Second Act, in: Harvard Business Review, 96. Jg., 2018, Nr. 1, S. 98–107.

Drath, K.: Resilienz in der Unternehmensführung, 2. Aufl., Freiburg/München/Stuttgart 2016.

Drath, K.: Die resiliente Organisation, Freiburg/München/Stuttgart 2018.

DRSC: Deutsche Rechnungslegungs Standards, Stuttgart 2017.

Drucker, P. F.: The Practice of Management, New York 1954.

Drucker, P. F.: The Effective Executive, New York 1967.

Drucker, P. F.: The Frontiers of Management, New York 1986.

Drumm, H. J.: Personalwirtschaft, 6. Aufl., Berlin 2008.

DSW: Vorstandsvergütungsstudie 2021. DSW, Düsseldorf. www.dsw-info.de.

Duarte, V./Sarkar, S.: Separating the wheat from the chaff – a taxonomy of open innovation, in: European Journal of Innovation Management, 14, 2011, Nr. 4, S. 435–459.

Dülfer, E./Jöstingmeier, B.: Internationales Management in unterschiedlichen Kulturbereichen, 7. Aufl., München 2008.

Dunning, J. H.: The Eclectic Paradigm of International Production, in: Journal of International Business Studies, 19, Nr. 1, 1988, S. 1–31.

Dunning, J. H.: The Eclectic (OLI) Paradigm of International Production, in: Journal of the Economics of Business, 8, Nr. 2, 2001, S. 173–190.

Dunning, J. H./Rugman, A. M.: The Influence of Hymer's Dissertation on the Theory of Foreign Direct Investment, in: American Economic Review, 75, Nr. 2, S. 228–232.

Dürolf, P.: Das Planungshandbuch als Controllinginstrument, Darmstadt 1988.

Duwe, J.: Beidhändige Führung, Berlin 2018.

DVFA: KPIs und ESG, 3. Aufl., Frankfurt a. M. 2010.

Dyllick, T.: Management der Umweltbeziehungen, Wiesbaden 1992.

Ebel, B.: Qualitätsmanagement, 2. Aufl., Herne/Berlin 2003.

Eberle, M.: McDonald's düpiert Coca-Cola, in: Handelsblatt, 55, 2007, S. 11.

Eckrich, K.: Kulturveränderung im Unternehmen, München 2017.

Eckstein, J./Buck, J.: Unternehmensweite Agilität, München 2019.

Edvinsson, L./Brünig, G.: Aktivposten Wissenskapital, Wiesbaden 2000.

EFQM: Das EFQM Modell, Brüssel 2019.

Ehlken, J./Schäffer, U.: Predictive Analytics, in: Controlling & Management Review, 61, Nr. 4, 2017, S. 34–40.

Ehlken, J./Neumann-Giesen, A.: Idee, Nutzen und Anwendung der Campus-Planung, in: Controlling & Management Review, 59, Nr. 1, 2015, S. 48–52.

Eichholz, R.: Unternehmens- und Mitarbeiterführung, München 1998.

Eisele, O.: Robotic Process Automation (RPA), Düsseldorf 2019.

Elgar, E.: Learning in the Internationalisation Process of Firms, in: Blomstermo, A./Sharma, D. (Hrsg.): Learning in the Internationalisation Process of Firms, Massachusetts 2003, S. 3–15.

Endenburg, G.: Sociocracy, Rotterdam 1988.

Enderle, G.: Die Goldene Regel für Manager?, in: Lattmann, C. (Hrsg.): Management Forum: Ethik und Unternehmensführung, Wien 1988, S. 130–148.

Engelhardt, K.: Erfolgreiche Interne Kommunikation im Digital Workplace, Wiesbaden 2020.

Engelhardt, K.: Erfolgreiche Mitarbeiterkommunikation für CEOs, Wiesbaden 2020.

Epstein, M./Manzoni, J.-F.: The Balanced Scorecard and Tableau de Bord, in: Management Accounting, 79, Nr. 8, 1997, S. 28–36.

Erben, R./Romeike, F.: Allein auf stürmischer See, 2. Aufl., Weinheim 2006.

Erben, R. F.: e-controlling – Anforderungen an das Controlling im e-business, in: Kostenrechnungspraxis, 45, Nr. 4, 2001, S. 235–241.

Ereth, J./Kemper, H.-G.: Business Analytics und Business Intelligence, in: Controlling, 28, Nr. 8, 2016, S. 458–464.

Erhardt, J.: Integrale Kommunikation, in: Datacom, Nr. 2, 1993, S. 15–28.

Erner, M./Böhm, F.: Unternehmensführung 4.0, in: Erner, M. (Hrsg.): Management 4.0, Berlin 2019, S. 79–122.

Ernst, D./Häcker, J.: Applied International Corporate Fiance, 2. Aufl., München 2011.

Ertel, W.: Grundkurs Künstliche Intelligenz, 4. Aufl., Wiesbaden 2016.

Esch, F.-R.: Aufbau starker Marken durch integrierte Kommunikation, in: Esch, F.-R. (Hrsg.): Moderne Markenführung, 4. Aufl., Wiesbaden 2005, S. 535–574.

European Management Forum: Davoser Manifest, in: Lenk, H. (Hrsg.): Wirtschaft und Ethik, Stuttgart 1992, S. 397–401.

Eversheim, W.: Qualitätsmanagement für Dienstleister, 2. Aufl., Berlin 2000.

Ewert, R./Wagenhofer, A.: Interne Unternehmensrechnung, 8. Aufl., Berlin 2014.

Faber, O.: Digitalisierung – ein Megatrend: Treiber & Technologische Grundlagen, in: Erner, M. (Hrsg.): Management 4.0 – Unternehmensführung im digitalen Zeitalter, Berlin 2019, S. 3–42.

Fasel, D.: Big Data – Eine Einführung, in: Fasel, D./Meier, A. (Hrsg.): Big Data, Wiesbaden 2014, S. 386–400.

Fäßler, P. E.: Globalisierung, Stuttgart 2007.

Faulkner, D./Bowman, C.: The essence of competitive strategy, New York 1994.

Fayol, H.: General principles of management, in: Classics of organization theory, 15, Nr. 2, 1916, S. 57–69.

Feichtinger, G./Kopel, M.: Nichtlineare dynamische Systeme und Chaos, in: Zeitschrift für Betriebswirtschaft, 64, 1994, S. 7–34.

Feigenbaum, A. V.: Total Quality Control, New York 1961.

Feitzinger, E./Lee, H.: Mass Customization at Hewlett Packard, in: Harvard Business Review, 75, Nr. 1/2, 1997, S. 116–121.

Felchlin, W.: Das EFQM-Modell 2010, in: MQ Management und Qualität, 5, Nr. 12, 2009, S. 11–13.

Feld, T./Hoffmann, M./Schmidt, R.: Industrie 4.0, in: IM Information Management und Consulting, 27, Nr. 3, 2012, S. 38–42.

Felden, B./Hack, A./Hoon, C.: Management von Familienunternehmen, 2. Aufl., Wiesbaden 2019.

Fenner, D.: Ethik, Tübingen 2008.

Ferber, R.: Philosophische Grundbegriffe, 8. Aufl., München 2008.

Festinger, L.: A Theory of Cognitive Dissonance, Evanston 1957.

Few, S.: Show Me the Numbers, Oakland 2004.

Few, S.: Information Dashboard Design, Sebastopol 2006.

Few, S.: Now You See it, Oakland 2009.

Fiedler, F. E.: A Theory of Leadership Effectiveness, New York 1967.

Fiedler, R.: Controlling von Projekten, 8. Aufl., Wiesbaden 2020.

Filipiuk, B.: Transparenz der Risikoberichterstattung, Wiesbaden 2008.

Fill, H.-G./Meier, A.: Blockchain, Wiesbaden 2020.

Finger, K. M.: Folgen der Finanzkrise für den internationalen Handel, in: Wirtschaftsdienst, 89, Nr. 3, 2009, S. 162–167.

Fink, F./Moeller, M.: Purpose Driven Organizations, Stuttgart 2018.

Fischer, O.: Von Apps und MOOCs, in: OrganisationsEntwicklung, 39, Nr. 2, 2020, S. 13–18.

Fischer, O./Adt, K.: Agility at Daimler, in: Heracleous, L./Prange, C. (Hrsg.): Agility.X, Cambridge 2019, S. 206–214.

Fischermann, T./Hamann, G.: Wer hebt das Datengold?, in: Die Zeit, 68, Nr. 2, 2013, S. 17–18.

Fischermanns, G.: Praxishandbuch Prozessmanagement, 11. Aufl., Gießen 2013.

Fisher, J. G./Frederickson, J. R./Peffer, S. A.: Budgeting, in: The Accounting Review, 75, Nr. 1, 2000, S. 93–114.

Fitzgerald, L./Johnston, R./Brignall, S./Silvestro, R./Voss, C.: Performance Measurement in Service Business, Cambridge 1991.

Flinspach, T./Biel, A.: Objectives and Key Results (OKR) – Hype oder auch Potenzial?, in: Controller Magazin, 43, Nr. 6, 2019, S. 9–13.

Flughafen München: Integrierter Bericht 2019, München 2020.

Föhl, U./Theobald, E.: Big Data und Electronic Commerce – Neue Erkenntnisse zur Customer Journey, in: Dorschel, J. (Hrsg.): Praxishandbuch Big Data, Wiesbaden 2015, S. 123–133.

Forrester, J. W.: Industrial Dynamics, Cambridge 1961.

Forrester, J. W.: Grundzüge einer Systemtheorie, Wiesbaden 1972.

Forrester, J. W.: The Beginning of System Dynamics, in: The McKinsey Quarterly, Nr. 4, 1995, S. 4–16.

Fraenkel, E.: Die Wissenschaft von der Politik und die Gesellschaft, in: Schneider, H. (Hrsg.): Aufgabe und Selbstverständnis der politischen Wissenschaft, Darmstadt 1967, S. 228–247.

Franke, S. F.: Vertrauen, Berlin 2010.

Franz, K.-P.: Rechnungswesen und Berichtswesen als Grundlage des Controllings, in: Grob, H./Brocke, J.v./Lahme, N./Wahn, M. (Hrsg.): Controlling: Lerneinheiten zum Wissensnetzwerk Controlling, München 2004, S. 59–134.

Fraser, R./Hope, J.: Beyond Budgeting, in: Controlling, 13, Nr. 8/9, 2001, S. 437–442.

Fraunhofer IIS: MP3 – Forschung, Entwicklung und Vermarktung in Deutschland, Erlangen 2021.

Fraunhofer ISE: Photovoltaics Report, Freiburg 2018.

Frehr, H.-U.: Total Quality Management, 2. Aufl., München 1994.

Frehr, H.-U.: Total Quality Management, in: Masing, W. (Hrsg.): Handbuch Qualitätsmanagement, 4. Aufl., München 1999, S. 31–48.

French, W./Bell, C.: Organisationsentwicklung, 2. Aufl., Bern 1982.

Frenko, A. T.: Was ist und welche Möglichkeit bietet das 1:1-Marketing?, in: New Business Network (Hrsg.): E-Business für alle: So funktionieren die elektronischen Märkte, Stuttgart 2000, S. 174–182.

Frese, E.: Kontrolle und Unternehmensführung, Wiesbaden 1968.

Frese, E./Graumann, M./Talaulicar, T./Theuvsen, T.: Grundlagen der Organisation, 11. Aufl., Wiesbaden 2019.

Freund, W./Kayser, G./Schröer, E.: Generationenwechsel im Mittelstand, Bonn 1995.

Frey, B. S./Osterloh, M.: Sanktionen oder Seelenmassage?, in: DBW Die Betriebswirtschaft, 57, Nr. 3, 1997, S. 307–321.

Fridgen, G./Radszuwill, S./Schweizer, A./Urbach, N.: Entwicklung disruptiver Innovationen mit Blockchain, in: Wirtschaftsinformatik & Management, 9, Nr. 5, 2017, S. 52–59.

Friedag, H. R./Schmidt, W.: e-Controlling, Freiburg 2001.

Friedag, H. R./Schmidt, W.: Balanced Scorecard, 4. Aufl., Planegg 2002.

Friedl, B.: Controlling, 2. Aufl., Konstanz/München 2013.

Friedl, G.: Künstliche Intelligenz im Controlling, in: Controlling, 31, Nr. 5, 2019, S. 35–38.

Friedrich, H.: Die Struktur der modernen Lyrik, Reinbek bei Hamburg 2006.

Fritsch, M.: Entrepreneurship – Theorie, Empirie, Politik, 2. Aufl., Berlin 2019.

Fröhlich, W./Holländer, K.: Personalbeschaffung und -akquisition, in: Gaugler, E./Oechsler, W. A./Weber, W. (Hrsg.): Handwörterbuch des Personalwesens, Stuttgart 2004, Sp. 1403–1419.

Fröhling, O.: Controlling in der New Economy, in: Kostenrechnungspraxis, 44, Nr. 4, 2000a, S. 223–231.

Fröhling, O.: Konzept und Anwendungsmöglichkeiten von Business Intelligence, in: Controlling, 12, Nr. 4/5, 2000b, S. 199–209.

Fröndhoff, B./Hofmann, S./Sommer, U.: Warum Mega-Fusionen so oft schiefgehen, in: Handelsblatt, 15.09.2016.

Frontinus, S. I.: Kriegslisten, 2. Aufl., Berlin 1978.

Fry, A.: The Post-It Note, in: SAM Advanced Management Journal, 52, Nr. 3, 1987, S. 4–9.
Fuchs, M./Apfelthaler, G.: Management internationaler Geschäftstätigkeit, Wien/New York 2009.
Fuchs, W./Unger, F.: Management der Marketing-Kommunikation, 4. Aufl., Heidelberg 2007.
Fueglistaller, U./Fust, A./Müller, C./Müller, S./Zellweger, Z.: Entrepreneurship, 5. Aufl., Wiesbaden 2019.
Füermann, T.: Qualitätsbezogene Kosten, in: Zollondz, H.-D./Ketting, M./Pfundtner, R. (Hrsg.): Lexikon Qualitätsmanagement, 2. Aufl., München 2016, S. 889–894.
Füermann, T./Dammasch, C.: Prozessmanagement, 3. Aufl., München 2008.
Fürtjes, H.-T.: Planungsorgane, in: Szyperski, N./Winand, U. (Hrsg.): Handwörterbuch der Planung, Stuttgart 1989, S. 1464–1468.
Füser, K./Gleißner, W./Meier, G.: Risikomanagement (KonTraG) – Erfahrungen aus der Praxis, in: Der Betrieb, 52, Nr. 15, 1999, S. 753–758.

Gabriel, R./Beier, D.: Informationsmanagement in Organisationen, Stuttgart 2003.
Gadatsch, A.: Grundkurs Geschäftsprozess-Management, 9. Aufl., Wiesbaden 2020.
Gadiesh, O./Gilbert, J.: Profit Tools, in: Harvard Business Review, 76, Nr. 3, 1998, S. 133–141.
Gaiser, B./Greiner, O.: Von der Balanced Scorecard zur strategiefokussierten Organisation, in: Gleich, R./Möller, K./Seidenschwarz, W./Stoi, R. (Hrsg.): Controllingfortschritte, München 2002, S. 193–222.
Gaiser, B./Kieninger, M.: Budgetkontrollinstrumente, in: Horváth, P./Reichmann, T. (Hrsg.): Vahlens Großes Controllinglexikon, 2. Aufl., München 2003, S. 103–104.
Gaitanides, M.: Prozessorganisation, 3. Aufl., München 2012.
Gaitanides, M./Westphal, J.: Strategische Gruppen und Unternehmenserfolg, in: Zeitschrift für Planung, 2, Nr. 3, 1991, S. 247–265.
Gaitanides, M./Scholz, R./Vrohlings, A.: Prozessmanagement Grundlage und Zielsetzungen, in: Gaitanides, M./Scholz, R./Vrohlings, A./Raster, M. (Hrsg.): Prozessmanagement: Konzepte, Umsetzungen und Erfahrungen des Reengineering, München 1994, S. 1–20.
Galli, A./Wagner, M.: Bewertung immaterieller Güter, in: WISU Das Wirtschaftsstudium, 35, Nr. 12, 2006, S. 1531–1535.
Gälweiler, A.: Strategische Unternehmensführung, Frankfurt a. M. 1987.
Gareis, R.: Projektmanagement, Wien 1989.
Garvin, D. A.: How Google sold its engineers on management, in: Harvard business review, 91, Nr. 12, 2013, S. 74–82.
Gassmann, O./Enkel, E.: Towards a Theory of Open Innovation, R&D Management Conference, Lissabon 2004.
Gassmann, O./Frankenberger, K./Sauer, R./Emonet, S./Amann, C.: Neue Geschäftsmodelle erfolgreich entwickeln und umsetzen, in: Controlling, 29, Nr. 2, 2017, S. 12–20.
Gausemeier, J./Fink, A./Schlake, O.: Szenario-Management. Planen und Führen mit Szenarien, 2. Aufl., München 1996.
Gegenmantel, R.: Planung verändern mit neuer Technologie, in: Controlling & Management Review, 64, Nr. 3, 2020, S. 40–45.
Gehrke, G.: Kundenbindungsstrategien industrieller Zulieferer, Aachen 2003.
Geiger, W.: Qualitätslehre, 3. Aufl., Frankfurt a. M. 1998.
Geiger, W.: Qualität als Fachbegriff des QM, in: Zollondz, H.-D./Ketting, M./Pfundtner, R. (Hrsg.): Lexikon Qualitätsmanagement, 2. Aufl., München 2016, S. 801–810.
Gemünden, H. G.: Der Einfluss der Ablauforganisation auf die Effizienz von Entscheidungen, in: Schmalenbachs Zeitschrift für betriebswirtschaftliche Forschung, 39, Nr. 12, 1987, S. 1063–1078.
Gerdemann, R./Rauh, A./Tran, K.: Planung mit richtigem Fokus, in: Controlling & Management Review, 63, Nr. 7, 2019, S. 40–47.
Gergs, H.-J./Schatilow, L. C./Thun, M. V.: Agiles Change Management, in: Lang, M./Scherber, S.(Hrsg.): Der Weg zum agilen Unternehmen: Wissen für Entscheider 2019, S. 81–97.
Germann, H./Rürup, B./Setzer, M.: Globalisierung der Wirtschaft, in: Steger, U. (Hrsg.): Globalisierung der Wirtschaft: Konsequenzen für Arbeit, Technik und Umwelt, Berlin/Heidelberg 1996, S. 18–55.
Gerpott, T. J.: Strategisches Technologie- und Innovationsmanagement, 2. Aufl., Stuttgart 2013.
Geschka, H./Hammer, R.: Die Szenario-Technik in der Unternehmensplanung, in: Hahn, D./Taylor, B. (Hrsg.): Strategische Unternehmensplanung – Strategische Unternehmensführung, 5. Aufl., Heidelberg 1990, S. 311–336.
Ghemawat, P.: Games businesses play, Cambridge Mass. 1997.
Gifford, D. K.: Cryptographic sealing for information secrecy and authentication, in: Communications of the ACM, 25, Nr. 4, 1982, S. 274–286.
Gilbert, X./Strebel, P.: Developing Competitive Advantages, in: Guth, W. D. (Hrsg.): Handbook of Business Strategy, Boston 1986, S. 4-1 bis 4-14.
Gimpel, H./Röglinger, M.: Disruptive Technologien, in: Wirtschaftsinformatik & Management, 9, Nr. 5, 2017, S. 8–15.
Glad, E./Becker, H.: Activity-based Costing and Management, Johannesburg 1994.
Glaser, C.: Risikomanagement im Leasing, 2. Aufl., Wiesbaden 2018.
Glaser, C.: Risiko im Management: 100 Fehler, Irrtümer, Verzerrungen und wie man sie vermeidet, Wiesbaden 2019.
Glaser, H.: Prozesskostenrechnung, in: Schmalenbachs Zeitschrift für betriebswirtschaftliche Forschung, 44, Nr. 3, 1992, S. 275–288.
Glasl, F./La Houssaye, L. d.: Organisationsentwicklung, Bern/Stuttgart 1975.
Glaum, M.: Internationalisierung und Unternehmenserfolg, Wiesbaden 1996.
Gleich, R.: Prozessorientiertes Performance Measurement, in: Franz, P./Kajüter, P. (Hrsg.): Kostenmanagement: Wertsteigerung durch systematische Kostensteuerung, 2. Aufl., Stuttgart 2002, S. 311–327.
Gleich, R.: Performance Measurement: Konzepte, Fallstudien, Empirie und Handlungsempfehlungen, 3. Aufl., München 2021.
Gleich, R./Kopp, J.: Ansätze zur Neugestaltung der Planung und Budgetierung, in: Controlling, 13, Nr. 8/9, 2001, S. 429–436.
Gleich, R./Leyk, J.: Beyond Budgeting, in: Controller Magazin, 28, Nr. 3, 2003, S. 491–494.
Gleich, R./Voggenreiter, D.: Neugestaltung der Planung und Budgetierung in der produzierenden Industrie, in: Zeitschrift für Controlling & Management, 47, Sonderheft 1, 2003, S. 65–70.
Gleich, R.: Moderne Budgetierung im Überblick, in: Gleich, R./Gänßlen, S./Kappes, M./Kraus, U./Leyk, J./Tschandl, M. (Hrsg.): Moderne Instrumente der Planung und Budgetierung, 2. Aufl., Freiburg/München 2015, S. 33–53.
Gleich, R./Kramer, A./Esch, M (Hrsg.): In-Memory-Datenbanken, München 2018.

Gleich, R./Gänßlen, S./Kappes, M./Kraus, U./Leyk, J./Tschandl, M. (Hrsg.): Moderne Instrumente der Planung und Budgetierung, 2. Aufl., Freiburg/München 2015.

Gleich, R./Schentler, P./Tschandl, M./Rieg, R./Kraus, U./Michel, U.: Moderne Budgetierung im Überblick, in: Gleich, R./Gänßlen, S./Kappes, M./Kraus, U./Leyk, J./Tschandl, M.(Hrsg.): Moderne Instrumente der Planung und Budgetierung, 2. Aufl., Freiburg am Breisgau/München 2015, S. 33–54.

Gleißner, W.: Reifegradmodelle und Entwicklungsstufen des Risikomanagements: ein Selbsttest, in: Controller Magazin, Nr. 6, 2016, S. 31–36.

Gleißner, W.: Grundlagen des Risikomanagements im Unternehmen, 3. Aufl., München 2017.

Gleißner, W.: Lessons learned der Coronakrise, in: CFO aktuell, 14, Nr. 6, 2020, S. 234–238.

Gleißner, W./Bartl, M.: Managementsysteme für die Zukunft, in: Gleißner, W. (Hrsg.): Risikomanagement im Unternehmen, Augsburg 2002.

Gleißner, W./Presber, R.: Die Grundsätze ordnungsgemäßer Planung – GOP 2.1 des BDU, in: Controller Magazin, 35, Nr. 6, 2010, S. 82–86.

Gleißner, W./Romeike, F.: Risikomanagement, Freiburg 2005.

Gleißner, W./Romeike, F.: Entscheidungsorientiertes Risikomanagement nach DIIR RS Nr. 2, in: Der Aufsichtsrat, Nr. 4, 2020, S. 55-57.

Gleißner, W.: Integratives Risikomanagement, in: Controlling, 32, Nr. 4, 2020, S. 23–29.

Gleißner, W.: Risikoanalyse und moderne Unternehmensbewertungsverfahren als Alternative zum CAPM, in: Controlling, 32, Nr. 1, 2020, S. 35–37.

Gleißner, W.: Risikoblindheit, in: ZfRM, Nr. 1, 2020, S. 10–14.

Gleißner W.: Risikoanalyse (I): Grundlagen der Risikoquantifizierung, in: Controller Magazin, Nr. 2, 2019, S. 42–46.

Global Compact, New York 2005.

Global Reporting Initiative: Leitfaden zur Nachhaltigkeitsberichterstattung, 3. Aufl., Amsterdam 2006.

Gluchowski, P.: Business Analytics, in: HMD Praxis der Wirtschaftsinformatik, 53, Nr. 3, 2016, S. 273–286.

Gluchowski, P./Dittmar, C./Gabriel, R.: Management Support Systeme und Business Intelligence, 2. Aufl., Berlin/Heidelberg 2008.

Gminder, C.: Nachhaltigkeitsstrategien systematisch umsetzen. Diss. St. Gallen 2005.

Göbel, E.: Unternehmensethik, 5. Aufl., Konstanz/München 2017.

Goerke, W.: Organisationsentwicklung als ganzheitliche Innovationsstratgie, Berlin/New York 1981.

Goldman, S. L./Nagel, R. N./Preiss, K.: Agile Competitors and Virtual Organizations, New York 1995.

Goldoni, C.: Der Diener zweier Herren, Stuttgart 2012.

Goldratt, E. M./Cox, J.: The goal, New York 1984.

Goldstein, J.: The Unshackled Organization, Portland 1994.

Goleman, D.: EQ – Emotionale Intelligenz, München/Wien 1995.

Goleman, D./Boyatzis, R. E./McKee, A.: Emotionale Führung, Berlin 2002.

Gomez, P./Zimmermann, T.: Unternehmensorganisation, 4. Aufl., Frankfurt/New York 1999.

Göpfert, I.: Budgetierung, in: Wittmann, W. (Hrsg.): Handwörterbuch der Betriebswirtschaft, Band 1, 5. Aufl., Stuttgart 1993.

Göpfert, I.: Einführung, Abgrenzung und Weiterentwicklung des Supply Chain Managements, in: Busch, A./Dangelmaier, W. (Hrsg.): Integriertes Supply Chain Management: Theorie und Praxis effektiver unternehmensübergreifender Geschäftsprozesse, 2. Aufl., Wiesbaden 2004, S. 25–44.

Goronzy, F.: Praxis der Budgetierung, Heidelberg 1975.

Götting, M./Mayer, K./Fleschner, F./Frank, S./Hirzel, J./Hollweg, P. et al.: Die Erfolgsformel, in: Focus, Nr. 30, 2014, S. 44–46.

Götz, K./Schmid, M.: Praxis des Wissensmanagements, München 2004.

Govindarajan, V./Srivastava, A.: Start-ups sterben jung, in: Harvard-Business-Manager, 39, Nr. 5, 2017, S. 10–12.

Grabner-Kräuter, S.: Markterschließungsstrategien unter Risikoaspekten, in: Wirtschaftswissenschaftliches Studium, 21, Nr. 9, 1992, S. 434–439.

Graf, P./Schmitz, M.: Neugestaltung der Planung bei der Ensinger Unternehmensgruppe, in: Controlling, 30, Nr. 6, 2018, S. 29–36.

Grant, R. M.: Porter's Competitive Advantage of Nations', in: Strategic Management Journal, 12, Nr. 7, 1991, S. 535–548.

Grasl, O./Rohr, J./Grasl, T.: Prozessorientiertes Projektmanagement, München 2004.

Greene, R.: Power, 6. Aufl., München 2001.

Greiner, L. E.: Patterns of Organizational Change, in: Harvard Business Review, 45, Nr. 3, 1967, S. 119–130.

Greiner, L. E.: Evolution and revolution as organizations grow, in: Harvard Business Review, Nr. 7/8, 1972, S. 37–46.

Greiner, O.: Strategiegerechte Budgetierung, München 2004.

Greiner, O.: Der unerkannte Feind, in: Gleich, R./Hofmann, S./Leyk, J. (Hrsg.): Planungs- und Budgetierungsinstrumente, München 2006, S. 11–22.

Greschner, J./Weidler, A.: Betriebswirtschaftliche Planung und Kostenrechnung, in: Warnecke, H. J. (Hrsg.): Die Montage im flexiblen Produktionsbetrieb: Technik, Organisation, Betriebswirtschaft, Berlin 1996, S. 432–473.

Grevelius, S.: Thirty Successful Years Without Budget, in: Controlling, 13, Nr. 8/9, 2001, S. 443–446.

Griesfelder, R.: Kommunikationskultur der Technohype AG: Herr Schmidt ist frustriert, in: Dillerup, R./Stoi, R. (Hrsg.): Fallstudien zur Unternehmensführung, 2. Aufl., München 2012, S. 417–425.

Grob, H./Brocke, J.v./Lahme, N./Wahn, M. (Hrsg.): Controlling: Lerneinheiten zum Wissensnetzwerk Controlling, München 2004.

Grochla, E.: Unternehmensorganisation, 9. Aufl., Opladen 1983.

Grochla, E.: Einführung in die Organisationstheorie, 2. Aufl., Stuttgart 1991.

Grolle, J./Hawranek, D./Kurbjuweit, D./Latsch, G./Medick, V./Stark, H./Wüst, C.: Ende eines Mythos, in: Der Spiegel, 68, 2015, Nr. 40, S. 10–16.

Grönke, K./Kirchmann, M./Leyk, J.: Big Data, in: Gleich, R./Grönke, K./Kirchmann, M./Leyk, J. (Hrsg.): Controlling und Big Data, Freiburg/München/Stuttgart 2014, S. 63–82.

Grübel, D./North, K./Szogs, G.: Intellectual Capital Reporting, in: Zeitschrift Führung + Organisation, 73, Nr. 1, 2004, S. 19–27.

Grün, A.: Menschen führen – Leben wecken, 7. Aufl., München 2012.

Grünärml, F.: Kritische Anmerkungen zu einer merkmalspezifischen Typologie multinationaler Unternehmen, in: Jürgensen, H./Littmann, K./Rose, K. (Hrsg.): Jahrbuch der Sozialwissenschaft, Göttingen 1975, S. 228–243.

Grüning, M.: Performance-Measurement-Systeme, Wiesbaden 2002.

Gryna, F.: Quality and Costs, in: Juran, J. M./Gryna, F. (Hrsg.): Juran's Quality Control Handbook, 4. Aufl., New York 1988, Kap. 8.

Guillén, M./Garcia-Canal, E.: Die jungen Wilden, in: Harvard Business Manager, 34, Nr. 12, 2012, S. 62–68.

Güldenberg, S.: Wissensmanagement und Wissenscontrolling in lernenden Organisationen, 4. Aufl., Wiesbaden 2003.

Gümbel, R.: Handel, Markt und Ökonomik, Wiesbaden 1985.

Günther, E./Prox, M.: ISO 14051 – die Norm zur Materialflusskostenrechnung 2012.

Günther, T.: Unternehmenssteuerung mit Wissensbilanzen, in: Zeitschrift für Controlling & Management, Nr. 3, 2005, S. 66–75.

Günther, T.: Unternehmenswertorientiertes Controlling, 2. Aufl., München 2007.

Günther, T.: Immaterielle Werte aus Sicht des Controllings, in: Möller, K./Piwinger, M./Zerfaß, A. (Hrsg.): Immaterielle Vermögenswerte, Stuttgart 2009, S. 333–348.

Günther, T./Grüning, M.: Performance Measurement-Systeme im praktischen Einsatz, in: Controlling, 14, Nr. 1, 2002, S. 5–13.

Günther, T./Beyer, D./Kirchner-Khairy, S.: Wert- und risikoorientiertes Controlling, München 2023.

Günther, T.: Wertorientiertes Controlling, 2. Aufl., München 2013.

Gutenberg, E.: Grundlagen der Betriebswirtschaftslehre, 24. Aufl., Heidelberg 1983.

Haas, M.: Projektmanagement der Firma Häußler GmbH & Co. KG, in: Dillerup, R./Stoi, R. (Hrsg.): Fallstudien zur Unternehmensführung, 2. Aufl., München 2012, S. 294–316.

Habermas, J.: Erläuterungen zur Diskursethik, 2. Aufl., Frankfurt a. M. 1992.

Hackl, B./Wagner, M./Attmer, L./Baumann, D.: New Work: Auf dem Weg zur neuen Arbeitswelt, Wiesbaden 2017.

Häfliger, B.: Qualitätsmanagerin im Grand Hotel Les Trois Rois, in: MQ Management und Qualität, 5, Nr. 11, 2009, S. 12–13.

Hagl, K./Esch, S. P. v./Schwalb, D.: Planen mit werttreiberbasierten Simulationen, in: Controlling & Management Review, 62, Nr. 5, 2018, S. 24–32.

Hahn, D.: Strategische Kontrolle, in: Hahn, D./Taylor, B. (Hrsg.): Strategische Unternehmensplanung – Strategische Unternehmensführung, 9. Aufl., Berlin 2006, S. 451–464.

Hahn, D./Hungenberg, H.: PuK, 6. Aufl., Wiesbaden 2001.

Hahn, D.: Planungs- und Kontrollrechnung, Wiesbaden 1974.

Hahn, J.: Aktivierung eigener Entwicklungskosten und Bilanzpolitik, Darmstadt 2020.

Hahn, K.: BilMoG Kompakt, 3. Aufl., Weil im Schönbuch 2011.

Haidt, J.: The happiness hypothesis, London 2006.

Hails, C./Humphrey, S./Loh, J./Goldfinger, S.: Living Planet Report, Gland 2008.

Haiss, P.: Monitoring Change, in: Gattermeyer, W./Al-Ani, A. (Hrsg.): Change Management und Unternehmenserfolg, 2. Aufl., Wiesbaden 2001, S. 57–80.

Haist, F./Fromm, H.: Qualität im Unternehmen, 2. Aufl., München 1991.

Haken, H./Wunderlin, A.: Die Selbststrukturierung der Materie – Synergetik in der unbelebten Welt, Braunschweig 1991.

Haller, A.: Erfassung immaterieller Werte in der Unternehmensberichterstattung, in: Möller, K./Piwinger, M./Zerfaß, A. (Hrsg.): Immaterielle Vermögenswerte: Bewertung, Berichterstattung und Kommunikation, Stuttgart 2009, S. 97–111.

Haller, A./Zellner, P.: Integrated Reporting – ein Vorschlag zur Neugestaltung der Unternehmensberichterstattung, in: Zeitschrift für internationale und kapitalmarktorientierte Rechnungslegung KoR, 11, Nr. 11, 2011, S. 523–529.

Hamann, G.: Es könnte besser nicht laufen. Wo führt das hin?, in: Die Zeit, 5, 2015, Nr. 21.

Hamel, G./Prahalad, C. K.: Wettlauf um die Zukunft, Frankfurt a. M. 1995.

Hammer, M./Champy, J.: Business Reengineering, 7. Aufl., Frankfurt 2003.

Hammes, W.: Strategische Allianzen als Instrument der strategischen Unternehmensführung, Wiesbaden 1994.

Hänisch, T.: Internet der Dinge, in: Andelfinger, V. P. (Hrsg.): Internet der Dinge, Karlsruhe 2013, S. 10–25.

Hannan, M. T./Freeman, J.: Organizational ecology, Cambridge 1989.

Hansel, J./Lomnitz, G.: Projektleiter-Praxis, 4. Aufl., Berlin 2003.

Hansen, H. R./Mendling, J./Neumann, G.: Wirtschaftsinformatik, 12. Aufl., Berlin/Boston 2019.

Hansen, M. T./Amabile, T. M.: Purpose, meaning and passion, Cambridge 2018.

Hansen, W.-R.: AutoID-Systeme und das Konzept Industrie 4.0, in: Hompel, M. ten (Hrsg.): Software in der Logistik, München 2014, S. 50–53.

Hansmann, K. W.: Management des Wandels, Wiesbaden 1997.

Hardtke, A./Prehn, M.: Perspektiven der Nachhaltigkeit, Wiesbaden 2001.

Harrigan, K. R.: Joint Ventures and Competitive Strategy, in: Strategic Management Journal, 9, Nr. 2, 1988, S. 141–158.

Harrington, H. J./Conner, D. R./Horney, N. L.: Project Change Management, New York 2000.

Harry, M./Schroeder, R.: Six Sigma, 3. Aufl., Frankfurt a. M. 2005.

Hase, S.: Integration akquirierter Unternehmen, 2. Aufl., Sternenfels 2002.

Hauff, M./Kleine, A.: Nachhaltige Entwicklung, 2. Aufl., München 2014.

Hausch, K. T.: Corporate Governance im deutschen Mittelstand, Wiesbaden 2004.

Hauschildt, J.: Promotoren – Erfolgsfaktoren für das Management von Innovationen, in: zfo, 6, 2001, S. 332–337.

Hauschildt, J./Salomo, S.: Innovationsmanagement, 4. Aufl., München 2007.

Hauschildt, J./Salomo, S./Schultz, C./Kock, A.: Innovationsmanagement, 6. Aufl., München 2016.

Hauser, M.: Wertorientierte Betriebswirtschaft, in: Controller Magazin, 24, Nr. 5, 1999, S. 398–403.

Häusling, A.: Agile Organisationen. Transformationen erfolgreich gestalten – Beispiele agiler Pioniere, Freiburg 2018.

Häusling, A./Fischer, S.: Gründe für eine neue HR-Organisation, in: Häusling, A, Fischer, S. (Hrsg.): Der Weg zur agilen HR-Organisation, Freiburg 2020, S. 17–24.

Hax, A. C./Wilde, D. L.: The Delta Model, in: Sloan Management Review, 40, Nr. 2, 1999, S. 11–28.

Hax, H.: Integration externer und interner Unternehmensrechnung, in: Küpper, H.-U./Wagenhofer, A. (Hrsg.): Handwörterbuch Unternehmensrechnung und Controlling, 4. Aufl., Stuttgart 2002, S. 758–767.

Hax, H./Laux, H.: Die Finanzierung der Unternehmung, Gütersloh 1975.

Heche, D.: Praxis des Projektmanagements, Berlin 2004.

Hecker, D./Döbel, I./Rüping, S./Schmitz, V.: Künstliche Intelligenz und die Potenziale des maschinellen Lernens für die Industrie, in: Wirtschaftsinformatik & Management, 9, Nr. 5, 2017, S. 26–35.

Heeg, F.-J.: Projektmanagement, München 1993.

Heenan, D./Perlmutter, H.: Multinational Organizaion Development, Massachusetts 1979.
Hegele-Raih, C.: Was ist Leadership?, in: Harvard Business Manager, 26, Nr. 4, 2004, S. 37.
Heilmann, H.: Organisation und Management der Informationsverarbeitung im Unternehmen, in: Kurbel, K./Strunz, H. (Hrsg.): Handbuch der Wirtschaftsinformatik, Stuttgart 1990, S. 683–702.
Heinen, E.: Grundlagen betriebswirtschaftlicher Entscheidungen, 3. Aufl., Wiesbaden 1976.
Heinrich, L. J./Stelzer, D./Riedl, R.: Informationsmanagement, 11. Aufl., München 2014.
Heintel, P./Krainz, E. E.: Projektmanagement, 6. Aufl., Wiesbaden 2015.
Heinzl, A./Uhrig, M.: Informationsmanagement im Zeitalter der Digitalisierung, in: Wirtschaftsinformatik & Management, 8, Nr. 2, 2016, S. 28–39.
Helm, R./Endres, H./Hüsig, S.: When and how often to externally commercialize technologies?, in: Review of Managerial Science, 13, Nr. 1, 2017, S. 327–345.
Helmke, S./Risse, R.: Chancen- und Risikomanagement im Konzern Deutsche Post AG, in: Kostenrechnungspraxis, Nr. 5, 1999, S. 277–283.
Hemel, U.: Wert und Werte, 2. Aufl., München 2007.
Hemetsberger, G.: Balanced Scorecard & Shareholder Value, Linz 2001.
Hemp, P.: Leading Change when Business is good, in: Harvard Business Review, 82, Nr. 12, 2004, S. 60–70.
Henderson, B.: The Product Portfolio, Boston 1970.
Henderson, J. C./Venkatraman, N.: Strategic Alignment, in: IBM Systems Journal, 38, Nr. 1, 1993, S. 4–16.
Henderson, P.: Systems engineering for business process change, London/Berlin/Heidelberg 2000.
Heng, S.: Industrie 4.0, Frankfurt a. M. 2014.
Hennemann, C.: Organisationales Lernen und die lernende Organisation, München 1997.
Hentze, J./Brose, P.: Organisation, Landsberg 1985.
Hentze, J./Brose, P./Kammel, A.: Unternehmensplanung, 2. Aufl., Bern 1993.
Hentze, J./Graf, A.: Personalwirtschaftslehre 2, Stuttgart 2005.
Hentze, J./Graf, A./Kammel, A./Lindert, K.: Personalführungslehre, 4. Aufl., Stuttgart 2005.
Hentze, J./Kammel, A.: Personalcontrolling, Bern 1993.
Hentze, J./Kammel, A.: Personalwirtschaftslehre Band 1, 7. Aufl., Bern 2001.
Henzler, H. A.: Handbuch strategischer Führung, Wiesbaden 1988.
Henzler, H. A.: New Economy heißt neuer Wettbewerb, in: Späth, L. (Hrsg.): Die New Economy Revolution: Neue Werte, neue Unternehmen, neue Politik, München 2001, S. 196–206.
Hepfer, K.: Philosophische Ethik, Göttingen 2008.
Herb, R./Herb, T.: Fehlermöglichkeits- und -einflussanalyse (FMEA), in: Zollondz, H.-D./Ketting, M./Pfundtner, R. (Hrsg.): Lexikon Qualitätsmanagement, 2. Aufl., München 2016, S. 318–321.
Hermann, K./Stoi, R./Wolf, B.: Robotic Process Automation im Finance & Controlling der MANN+HUMMEL Gruppe, in: Controlling, 30, Nr. 3, 2018, S. 28–34.
Hermann, S./Pfläging, N.: OpenSpace Beta, München 2020.
Hermanns, A./Sauter, M.: E-Commerce, in: Hermanns, A./Sauter, M. (Hrsg.): Management-Handbuch Electronic Commerce, 2. Aufl., München 2001, S. 7–32.
Herrmann, A./Peetz, S./Schönborn, G.: Werte führen zum Erfolg, in: Personal, 54, Nr. 9, 2004, S. 30–33.
Herrmann, J.: Audit, in: Schmitt, R./Pfeifer, T. (Hrsg.): Masing Handbuch Qualitätsmanagement, 6. Aufl., München 2014, S. 337–347.
Herrmann-Pillath, C.: Diversity Kompetenz und Diversity Management, in: Genkova, P./Ringeisen, T. (Hrsg.): Handbuch Diversity Kompetenz, Wiesbaden 2016, S. 267–279.
Hersey, P./Blanchard, K. H.: Management of Organizational Behaviour, 4. Aufl., Englewood Cliffs 1982.
Herzberg, F.: Work and the Nature of man, 5. Aufl., New York 1971.
Herzberg, F./Mausner, B. M./Snydermann, B.: The Motivation to Work, 2. Aufl., New York 1959.
Heuskel, D.: Wettbewerb jenseits von Industriegrenzen, Frankfurt a. M. 1999.
Hewitt, F.: Supply Chain Redesign, in: The International Journal of Logistics Management, 5, Nr. 2, 1994, S. 1–9.
Hichert, R.: Gestalten von Berichten und Präsentationen, Kreuzlingen 2008.
Hichert, R./Faisst, J.: International Business Communication Standards, Hilden 2017.
Hichert, R./Faißt, J.: Gefüllt, gerahmt, schraffiert, München 2019.
Hickel, R.: Mit neuen Produkten, Dotcom-Junkies und Börsenfieber in ein „Golden Age"?, in: Späth, L. (Hrsg.): Die New Economy Revolution, München 2001, S. 58–78.
Hierzer, R.: Prozessoptimierung 4.0, Freiburg/München/Stuttgart 2017.
Hildesheim, W.: Künstliche Intelligenz im Jahr 2020, in: Wirtschaftsinformatik & Management, 12, Nr. 2, 2020, S. 101–103.
Hill, C./Jones, G.: Strategic Management Theory, 8. Aufl., Boston 2008.
Hill, T.: Manufacturing Strategy. Text and Cases, Houndsmills London 1995.
Hill, W.: Planungsmanagement, in: Szyperski, N./Winand, U. (Hrsg.): Handwörterbuch der Planung, Stuttgart 1989, S. 1457–1463.
Hill, W./Fehlbaum, R./Ulrich, P.: Organisationslehre, 5. Aufl., Bern 1994.
Hinterhuber, H./Krauthammer, E.: Leadership – mehr als Management, Wiesbaden 2005.
Hinterhuber, H./Raich, M.: Leadership als zentrale Kompetenz von und in Unternehmen, in: Bruch, H./Krummaker, S./Vogel, B. (Hrsg.): Leadership: Best Practices und Trends, 2. Aufl., Wiesbaden 2012, S. 49–56.
Hinterhuber, H./Stadler, C.: Leadership und Strategie als Intangible Assets, in: Matzler, K./Hinterhuber, H./Renzl, B./Rothenberger, S. (Hrsg.): Immaterielle Vermögenswerte, Berlin 2005, S. 531–548.
Hinterhuber, H. H.: Strategische Unternehmungsführung, Band 1, 7. Aufl., Berlin 2004.
Hinterhuber, H. H./Levin, B.: Strategic Networks, in: Long Range Planning, 27, Nr. 3, 1994, S. 43–53.
Hinterhuber, H. H.: Strategische Unternehmensführung, 9. Aufl., Berlin 2015.
Hipp, C.: Agenda Mensch, Berlin 2010.
Hipp, N.: Es ist einfach, aber nicht leicht, Wien 2009.
Hippel, E. von: The dominant role of users in the scientific instrument innovation process, in: Research Policy, Nr. 5, 1976, S. 212–239.
Hippel, E.: The sources of innovation, New York/Oxford 1988.
Hirschfelder, O./Schlecht, L./Buchwald, A.: Blockchain: Potenzielle Auswirkungen auf das Controlling, in: Gleich, R./Tschandl, M. (Hrsg.): Digitalisierung & Controlling, Freiburg/München/Stuttgart 2018, S. 103–116.

Hitt, M. A./Ireland, R. D./Hoskisson, R. E.: Strategic Management Competitiveness and Globalization, 8. Aufl., Mason 2009.

Hoening, C./Esch, M./Wald, A.: Big Data, Business Intelligence und Business Analytics, in: Gleich, R./Grönke, K./Kirchmann, M./Leyk, J. (Hrsg.): Strategische Unternehmensführung mit Advanced Analytics, München 2017, S. 27–41.

Hofer, C. W./Schendel, D.: Strategy formulation, St. Paul (Minn.)1978

Hofert, S.: Agiler führen, 2. Aufl., Wiesbaden 2018.

Hofert, S./Thonet, C.: Säule Architektur und Frameworks, in: Hofert, S./Thonet, C. (Hrsg.): Der agile Kulturwandel, Wiesbaden 2019, S. 155–196.

Höffe, O.: Aristoteles, 4. Aufl., München 2014.

Hoffmann, C. D./Kirchhoff, M.: Wertorientierte Steuerung eines Automobilzuliefers, in: Horváth, P. (Hrsg.): Strategien erfolgreich umsetzen, Stuttgart 2001, S. 107–127.

Hoffmann, C.: Gehirngerechte Führung 2019.

Hofmann, E.: Wege aus der Working Capital-Falle, Berlin 2011.

Hofmann, J./Walter, N.: Vom Immateriellen zur Wertschöpfung, in: Möller, K./Piwinger, M./Zerfaß, A. (Hrsg.): Immaterielle Vermögenswerte: Bewertung, Berichterstattung und Kommunikation, Stuttgart 2009, S. 229–251.

Hofmann, S./Fröndhoff, B./Jahn, T./Landgraf, R./Votsmaier, V.: Groß, größer, Bayer, in: wiwo.de, 14.09.2016.

Hofmann, S./Jahn, T./Fröndhoff, B.: Monsanto – was ist der Konzern wert?, in: wiwo.de, 13.09.2016.

Hofstede, G.: The Game of Budget Control, London 1968.

Hofstede, G.: Interkulturelle Zusammenarbeit, Wiesbaden 1993.

Hofstede, G.: Culture's Consequences, 19. Aufl., Newburry Park 2002.

Hofstede, G./Hofstede, G. J./Minkov, M.: Lokales Denken, globales Handeln, 6. Aufl., München 2017.

Hohler, B.: Software-Qualitätsmodelle, in: Informatik-Spektrum, 18, Nr. 6, 1995, S. 324–334.

Höhler, G.: Spielregeln für Sieger, 14. Aufl., Düsseldorf 1996.

Höhn, R.: Führungsbrevier der Wirtschaft, 12. Aufl., Bad Harzburg 1986.

HolacracyOne: Holacracy Verfassung, 2020. www.holacracy.org.

Holdren, J. P./Smith, M.: Preparing for the future of artificial intelligence, Washington, D.C. 2016.

Höller, H.: Verhaltenswirkungen betrieblicher Planungs- und Kontrollsysteme, München 1978.

Holste, B./Horn, I.: Libra und Blockchain – Potenziale für den Mittelstand, in: Wirtschaftsinformatik & Management, 12, Nr. 1, 2020, S. 48–57.

Holtbrügge, D.: Personalmanagement, 7. Aufl., Berlin 2018.

Holtbrügge, D./Welge, M. K.: Internationales Management, 6. Aufl., Stuttgart 2015.

Homburg, C.: Marketingmanagement, 6. Aufl., Wiesbaden 2017.

Homburg, C./Sütterlin, S.: Strategische Gruppen, in: Zeitschrift für Betriebswirtschaft, Nr. 62, 1992, S. 635–662.

Homburg, C./Hocke, G.: Change Management durch Reengineering, in: Zeitschrift Führung und Organisation, 67, Nr. 5, 1998, S. 294–299.

Hommel, U./Scholich, M./Vollrath, R. (Hrsg.): Realoptionen in der Unternehmenspraxis: Wert schaffen durch Flexibilität, Berlin 2001.

Hommelhoff, P./Schwab, M.: Regelungsquellen und Regelungsebenen der Corporate Governance, in: Hommelhoff, P./Hopt, K. J./Werder, A.v. (Hrsg.): Handbuch Corporate Governance, 2. Aufl., Köln 2009, S. 71–122.

Hompel, M. ten: Ende der Glaskugel, in: Hompel, M. ten (Hrsg.): Software in der Logistik – Big Data gezielt nutzen, München 2014, S. 162–165.

Hope, J./Fraser, R.: Beyond Budgeting, Stuttgart 2003.

Hope, J./Fraser, R.: The Time has Come to Abandon the Budget, in: Controlling & Management, 47, Nr. 1, 2003, S. 71–76.

Hopfenbeck, W.: Allgemeine Betriebswirtschafts- und Managementlehre, 14. Aufl., München 2002.

Horn, R.: Information Design, in: Jacobson, R. (Hrsg.): Information Design, Cambridge 2000, S. 15–33.

Horsch, J.: Innovations- und Projektmanagement, Wiesbaden 2003.

Horton, F. W.: The Information Management Workbook, Washington 1981.

Horváth, P.: Hat die Budgetierung noch Zukunft?, in: Zeitschrift für Controlling & Management, 47, Sonderheft 1, 2003b, S. 4–8.

Horváth, P./Herter, R.: Benchmarking – Vergleich mit dem Besten der Besten, in: Controlling, 4, Nr. 1, 1992, S. 4–11.

Horváth, P./Kaufmann, L.: Balanced Scorecard – ein Werkzeug zur Umsetzung von Strategien, in: Harvard Business Manager, 20, Nr. 5, 1998, S. 39–48.

Horváth, P./Kieninger, M./Mayer, R./Schimank, C.: Prozeßkostenrechnung – oder wie die Praxis die Theorie überholt, in: DBW Die Betriebswirtschaft, 53, Nr. 5, 1993, S. 609–628.

Horváth, P./Knust, P./Schindera, F.: Internet-Geschäfte erfordern wirksames E-Controlling, in: Harvard Business Manager, 23, Nr. 5, 2001, S. 45–54.

Horváth, P./Mayer, R.: Prozeßkostenrechnung, in: Controlling, 1, Nr. 4, 1989, S. 214–219.

Horváth, P./Mayer, R.: Prozeßkostenrechnung, in: krp, 37, Nr. 2, 1993, S. 15–28.

Horváth, P./Gleich, R./Seiter, M.: Controlling, 14. Aufl., München 2020.

Horváth & Partner (Hrsg.): Qualitätscontrolling, Stuttgart 1997.

Horváth & Partners: Balanced Scorecard umsetzen, 4. Aufl., Stuttgart 2007.

Horx, M.: Zukunftsreport 2021, Frankfurt am Main 2020.

Hosp, J.: Kryptowährungen, 2. Aufl., München 2018.

Hromkovic, J./Lacher, R.: E-Learning, in: Wirtschaftsinformatik & Management, 11, Nr. 6, 2019, S. 356–363.

Hronec, S.: Vital Signs, Stuttgart 1996.

Huf, S.: Job Crafting als Personalentwicklungsinstrument, in: Personalführung, 53, Nr. 10, 2020, S. 58–63.

Huf, S.: Personalmanagement, Wiesbaden 2020.

Hügens, T.: Balanced Scorecard und Ursache-Wirkungsbeziehungen, Wiesbaden 2008.

Hummel, T. R./Zander, E.: Unternehmensführung, 2. Aufl., Stuttgart 2008.

Hungenberg, H.: Zentralisation und Dezentralisation, Wiesbaden 1995.

Hungenberg, H.: Kooperation und Konflikt aus Sicht der Unternehmensverfassung, in: Hungenberg, H./Schwetzler, B. (Hrsg.): Unternehmung, Gesellschaft und Ethik: Erfahrungen und Perspektiven, Wiesbaden 2000, S. 125–141.

Hungenberg, H./Wulf, T.: Grundlagen der Unternehmensführung, 5. Aufl., Berlin 2015.

Hungenberg, H.: Strategisches Management in Unternehmen, Wiesbaden 2020.

Hurst, A./Tavis, A.: Workforce Purpose Index, New York 2019.

Hurst, A.: The purpose economy, Boise, Idaho 2014.

Hüser, M./Kaun, R.: Wer wa(a)gt, gewinnt in: Warnecke, H. J. (Hrsg.): Aufbruch zum fraktalen Unternehmen: Praxisbeispiele für neues Denken und Handeln, Berlin 1995, S. 315–337.

Hüther, G.: Wie gehirngerechte Führung funktioniert – Neurobiologie für Manager, in: managerSeminare, Nr. 130, 2009, S. 30–34.

Hüther, G.: Die biologischen Grundlagen der Spiritualität, in: Hüther, G./Roth, W./v. Brück, M. (Hrsg.): Damit das Denken Sinn bekommt, 6. Aufl., Freiburg im Breigau 2013, S. 25–37.

Hymer, S. H.: The International Operations of National Firms, Massachusetts 1960.

ICV: Business Analytics – Wege zur einer datengetriebenen Unternehmenssteuerung, München 2016.

IIRC: Towards integrated reporting – Communicating Value in the 21st Century, London 2013.

IIRC: International <IR> Framework, London 2021.

Imai, M.: Gemba Kaizen, München 1997.

Imai, M.: Kaizen, New York 1986.

Interbrand: Best global brands 2021. www.interbrand.com.

International Group of Controlling (IGC): Controller-Leitbild, in: Controller Magazin, 22, Nr. 1, 1997, S. 6.

Isaacson, W.: Steve Jobs, München 2012.

Isensee, J./Henkel, A.: Challenge Controlling 2015, in: Gleich, R./Klein, A. (Hrsg.): Der Controlling-Berater, Bd. 17, München 2010.

Isensee, J./Hüsler, L.: Effizienz im Reporting steigern! Mit den richtigen Maßnahmen den Aufwand reduzieren, in: Klein, A./Gräf, J. (Hrsg.): Reporting und Business Analytics, Freiburg/München/Stuttgart 2020, S. 25–39.

Ishikawa, K.: Guide to Quality Control, Tokio 1976.

Ishikawa, K.: What is Total Quality Control?, Englewood Cliffs 1985.

Itaki, M.: A Critical Assessment of the Eclectic Theory of the Multinational Enterprise, in: Journal of International Business Studies, 22, Nr. 3, 1991, S. 445–460.

Jacob, J.: Qualitätsmanagement und Normung, in: Schmitt, R./Pfeifer, T. (Hrsg.): Masing Handbuch Qualitätsmanagement, 6. Aufl., München 2014, S. 103–124.

Jänicke, N. Controlling im Nachhaltigkeitsmangement, Lüneburg 2010.

Janisch, M.: Das strategische Anspruchsgruppenmanagement, Bern 1993.

Jansen, S. A.: Mergers & Acquisitions, 6. Aufl., Wiesbaden 2016.

Janssen, C.: Förändringens fyra rum (The four rooms of change), Stockholm 1996.

Jasch, C.: Environmental and Material Flow Cost Accounting, Wien 2009.

Jensen, M. C.: Corporate Budgeting is Broken Let's fix it, in: Harvard Business Review, 79, Nr. 11, 2001, S. 94–101.

Jetter, W.: Performance Management, 2. Aufl., Stuttgart 2004.

Jochem, R./Raßfeld, C.: Qualitätsbezogene Kosten, in: Schmitt, R./Pfeifer, T. (Hrsg.): Masing Handbuch Qualitätsmanagement, 6. Aufl., München 2014, S. 92–102.

Johansen, B.: Leaders Make the Future, 2. Aufl., San Francisco 2012.

Johnson, G.: Managing strategic change— strategy, culture and action, in: Long Range Planning, 25, Nr. 1, 1992, S. 28–36.

Johnson, G./Whittington, R./Scholes, K./Angwin, D./Regnér, P.: Strategisches Management, 11. Aufl., Hallbergmoos 2018.

Johnson, H. T./Kaplan, R. S.: Relevance Lost, Boston 1987.

Jonas, H.: Das Prinzip Verantwortung, Frankfurt a. M. 2003.

Jost, T.: Zur Aussagekraft der Direktinvestitionsstatistiken der Deutschen Bundesbank, in: Döhrn, R./Heiduk, G. (Hrsg.): Theorie und Empirie der Direktinvestitionen, Berlin 1999, S. 129–148.

Jünemann, R.: Materialfluß und Logistik, Berlin 1989.

Jung, H.: Integration der Budgetierung in die Unternehmensplanung, Darmstadt 1985.

Jung, H.: Personalwirtschaft, 10. Aufl., Berlin/Boston 2017.

Juran, J. M.: How to Think about Quality, in: Juran, J. M./Gryna, F. (Hrsg.): Juran's Quality Control Handbook, 4. Aufl., New York 1988, Kap. 2.

Juran, J. M./Gryna, F. M.: Quality Planning and Analysis, New York 1970.

Jürgen Hauschildt, J./Salomo, S.: Innovationsmanagement, München 2007.

Kaehler, B./Nachtwei, J.: Wegweiser für die Führung, in: Personalmagazin, 19, 2017, S. 34–36.

Kagermann, H.: Chancen von Industrie 4.0 nutzen, in: Bauernhansl, T./Hompel, M. ten/Vogel-Heuser, B. (Hrsg.): Industrie 4.0 in Produktion, Automatisierung und Logistik, Wiesbaden 2014, S. 603–614.

Kahneman, D.: Schnelles Denken, langsames Denken, Rheda-Wiedenbrück, Gütersloh 2012.

Kajüter, P.: Prozesskostenmanagement, in: Franz, P./Kajüter, P. (Hrsg.): Kostenmanagement, 2. Aufl., Stuttgart 2002, S. 249–278.

Kajüter, P.: Integrated Reporting nach dem Rahmenkonzept des IIRC: Implikationen für Rechnungslegung und Controlling, in: Gleich, R./Grönke, K./Kirchmann, M./Leyk, J. (Hrsg.): Integrated Reporting, Freiburg/München/Stuttgart 2015, S. 27–40.

Kajüter, P./Hannen, S.: Integrated Reporting nach dem Rahmenkonzept des IIRC, in: Zeitschrift für kapitalmarktorientierte Rechnungslegung, 14. Jg., Heft 2, 2014, S. 75–81.

Kalafut, P./Low, J.: The Value Creation Index, in: Strategy & Leadership, 29, Nr. 5, 2001, S. 9–15.

Kaletta, B./Gerhard, T.: Innovation in Distribution und Handel, in: Controller Magazin, 23, Nr. 6, 1998, S. 403–406.

Kamiske, G.: Qualitätsbezogene Kosten, in: Schmitt, R./Pfeifer, S. (Hrsg.): Masing Handbuch Qualitätsmanagement, 4. Aufl., München 2007, S. 93–100.

Kamiske, G. F./Brauer, J.-P.: Qualitätsmanagement von A bis Z, 7. Aufl., München 2011.

Kanning, U. P.: Viel Lärm um nichts? Diversity im beruflichen Kontext, in: Genkova, P./Ringeisen, T. (Hrsg.): Handbuch Diversity Kompetenz, Wiesbaden 2016, S. 18–26.

Kano, N.: Attractive Quality and Must-be-Quality, in: Hinshitsu, The Journal of Japanese Society for Quality Control, Nr. 4, 1984, S. 39–48.

Kano, N.: A Perspective on Quality Activities in American Firms, in: California Management Review, 35, Nr. 3, 1993, S. 12–31.

Kano, N.: Life cycle and creation of attractive quality, 2001.

Kant, I.: Kritik der praktischen Vernunft, Frankfurt a. M. 2008.

Kaplan, R./Atkinson, A. A.: Advanced Management Accounting, 3. Aufl., Upper Saddle River 1998.

Kaplan, R./Norton, D. P.: In Search of Excellence, in: Harvard Business Manager, 14, Nr. 4, 1992, S. 37–46.

Kaplan, R./Norton, D. P.: Putting the Balanced Scorecard to Work, in: Harvard Business Review, 71, Nr. 5, 1993, S. 134–147.

Kaplan, R./Norton, D. P.: Alignment, Stuttgart 2006.

Kaplan, R. S./Norton, D. P.: Using the BSC as a Strategic Management System, in: Harvard Business Review, 74, Nr. 1, 1996a, S. 75–85.

Kaplan, R. S./Norton, D. P.: The Balanced Scorecard: Measures That Drive Performance, in: Harvard Business Review, 70, Nr. 1, 1992, S. 71–79.

Kaplan, R. S./Norton, D. P.: Balanced Scorecard, Stuttgart 1997.

Kaplan, R. S./Norton, D. P.: Die strategiefokussierte Organisation, Stuttgart 2001.

Kaplan, R. S./Norton, D. P.: Strategy Maps, Stuttgart 2004.

Kaplan, R. S./Norton, D. P.: The Balanced Scorecard, Boston 2009.

Kappes, M./Leyk, J.: Digitale Planung, in: Controlling, 30, Nr. 6, 2018, S. 4–12.

Kappes, M./Schentler, P.: Auf dem Weg zur autonomen Planung, in: CFO aktuell, 13, Nr. 3, 2019, S. 57–61.

Kastl, P.: Business Ecosystems, Platform Ecosystems und Innovation Ecosystems, in: Controlling, 31, Nr. 6, 2019, S. 66–68.

Keitsch, D.: Risikomanagement, Stuttgart 2000.

Kempf, A./Romeike, F.: Integriertes Risikomanagement in der Carl Zeiss Gruppe, in: Brühwiler, B./Romeike, F. (Hrsg.): Praxisleitfaden Risikomanagement: ISO 31000 und ONR 49000 sicher anwenden, Berlin 2010.

Kersten, G.: Fehlermöglichkeits- und Einflussanalyse, in: Masing, W. (Hrsg.): Handbuch Qualitätsmanagement, 4. Aufl., München 1999, S. 469–490.

Kerzner, H.: Projektmanagement, Bonn 2004.

Keßler, H./Winkelhofer, G.: Projektmanagement, 4. Aufl., Berlin 2004.

Keuper, F./Oecking, C.: Shared-Service-Center, in: Keuper, F./Oecking, C. (Hrsg.): Corporate Shared Services: Bereitstellung von Dienstleistungen im Konzern, 2. Aufl., Wiesbaden 2008, S. 475–502.

Khandwalla, P. N.: Mass Output Orientation of Operations Technology and Organizational Structure, in: Administrative Science Quarterly, 19, Nr. 1, 1974, S. 74–97.

Kieninger, M.: Budgetplanungsinstrumente, in: Horváth, P./Reichmann, T. (Hrsg.): Vahlens Großes Controllinglexikon, 2. Aufl., München 2003, S. 104.

Kieser, A.: Business Process Reengineering: Neue Kleider für den Kaiser?, in: Zeitschrift Führung + Organisation, 65, Nr. 3, 1996, S. 179–185.

Kieser, A./Hegele, C./Klimmer, M.: Kommunikation im organisatorischen Wandel, Stuttgart 1998.

Kieser, A./Kubicek, H.: Organisation, 3. Aufl., Berlin/New York 1992.

Kieser, A./Walgenbach, P.: Organisation, 6. Aufl., Stuttgart 2010.

Kieser, A./Woywode, M.: Evolutionstheoretische Ansätze, in: Kieser, A. (Hrsg.): Organisationstheorien, 6. Aufl., Stuttgart 2006, S. 101–132.

Kieser, A.: Moden & Mythen des Organisierens, in: DBW Die Betriebswirtschaft, 56, Nr. 1, 1996, S. 21–39.

Kim, D. H.: The Link Between Individual and Organizational Learning, in: Sloan Management Review, 35, Nr. 1, 1993, S. 37–50.

Kim, W. C./Mauborgne, R.: Blue Ocean Strategy, in: Harvard Business Review, 27, Nr. 10, 2004, S. 70–80.

Kim, W. C./Mauborgne, R.: Der blaue Ozean als Strategie, 2. Aufl., München 2016.

Kindleberger, C. P.: American Business Abroad, New Haven 1969.

Kingdon, J. W./Thurber, J. A.: Agendas, alternatives, and public policies, 2. Aufl., New York 2003.

Kirchhoff, K. R.: Integrierte Berichterstattung, in: Kirchhoff, K. R. (Hrsg.): Integrated Reporting für die Praxis, Wiesbaden 2019, S. 1–12.

Kirkbride, P. S./Durcan, J./Obeng, E. D. A.: Change in a chaotic post-modern world, in: Strategic Change, 3, Nr. 3, 1994, S. 151–163.

Kirkman, B./Rosen, B.: Beyond Self-Management, in: Academy of Management Journal, 42, Nr. 1, 1999, S. 58–74.

Kiron, D.: What managers need to know about artificial intelligence, www.sloanreview.mit.edu, 25.1.2017.

Kirsch, W.: Die Unternehmensziele in organisationstheoretischer Sicht, in: Schmalenbachs Zeitschrift für betriebswirtschaftliche Forschung, 21, 1969, S. 665–675.

Kirsch, W.: Unternehmenspolitik und strategische Unternehmensführung, 2. Aufl., München 1991.

Kirsch, W.: Strategische Unternehmensführug, in: Wittmann, W./Kern, W./Köhler, R./Küpper, R./Wyosocki, K. (Hrsg.): Handwörterbuch der Betriebswirtschaft, Bd. 3, 5. Aufl., Stuttgart 1993, Sp. 4034–4111.

Kirsch, W.: Strategisches Management, München 1997.

Kleehaupt-Roither, B./Unger, T.: Von RPA-Mythen zur Automatisierungsstrategie, in: Controlling & Management Review, 62, Nr. 8, 2018, S. 48–56.

Klein, R./Scholl, A.: Planung und Entscheidung, 2. Aufl., München 2011.

Kleine, A.: Operationalisierung einer Nachhaltigkeitsstrategie. Kaiserslautern 2008.

Klingebiel, N.: Performance Management – Performance Measurement, in: Zeitschrift für Planung, 9, Nr. 1, 1998, S. 1–15.

Kloock, J.: Prozeßkostenrechnung als Rückschritt und Fortschritt der Kostenrechnung (1), in: Kostenrechnungspraxis, 36, Nr. 4, 1992, S. 183–191.

Kloock, J.: Prozeßkostenrechnung als Rückschritt und Fortschritt der Kostenrechnung (2), in: Kostenrechnungspraxis, 36, Nr. 5, 1992, S. 237–245.

Klötzl, G.: Personalentwicklung, Wiesbaden 1996.

Kneip, P./Brüggemann, J.: Wenn Kopf, Bauch und Hand zusammenpassen, in: Controlling & Management Review, 62, Nr. 2, 2018, S. 58–63.

Kniberg, H./Ivarsson, A.: Scaling Agile @ Spotify with Tribes, Squads, Chapters & Guilds, 2012. https://blog.crisp.se/2012/11/14/henrikkniberg/scaling-agile-at-spotify.

Knoche, K. F./Bosnjakovic, F.: Technische Thermodynamik Teil II, 6. Aufl., Leipzig 2012.

Knyphausen, D.: Why are Firms different?, in: DBW Die Betriebswirtschaft, 53, Nr. 6, 1993, S. 771–792.

Knyphausen-Aufseß, D.: Theorie der strategischen Unternehmensführung, Wiesbaden 1995.

Kobi, J.-M.: Management des Wandels, 2. Aufl., Bern 1996.

Koch, C. G.: Die Kunst des Erfolgs, Weinheim 2009.

Koch, E.: Interkulturelles Management, München 2012.

Koch, H.: Aufbau der Unternehmensplanung, Wiesbaden 1977.

Koch, R.: Betriebliches Berichtswesen als Informations- und Steuerungsinstrument, Frankfurt a. M. 1994.

Köhler, J.: Einsatzbedingungen von Planungstechniken, in: Szyperski, N./Winand, U. (Hrsg.): Handwörterbuch der Planung, Stuttgart 1989, Sp. 1528–1541.

Köhler, M./Frank, D./Schmitt, R.: Six Sigma, in: Schmitt, R./Pfeifer, T. (Hrsg.): Masing Handbuch Qualitätsmanagement, 6. Aufl., München 2014, S. 254–291.

Kohlöffel, K.: Strategisches Management, München/Wien 2000.

Kolko, J.: Design Thinking wird erwachsen, in: Harvard Business Review, 93, 2015, Nr. 3, S. 66–71.

Kollmann, T.: E-Business, 5. Aufl., Wiesbaden 2013.

Kolmann, S.: Schutzschirmverfahren, Köln 2014.
Kolmar, M.: Principles of Microeconomics, Cham 2017.
Kolodziej, M. J./Mostberger, P.: Was können wir gemeinsam besser machen?, in: Zeitschrift für Controlling & Management, 52, Nr. 2, 2008, S. 81–84.
König, M.: Unternehmensethik konkret, Wiesbaden 2002.
Kopp, J./Leyk, J.: Effizient und effektiv planen und budgetieren, in: Horváth & Partners (Hrsg.): Beyond Budgeting umsetzen, Stuttgart 2004, S. 1–14.
Kopp, J./Leyk, J.: Innovative Planungs- und Budgetierungskonzepte und ihre Bewertung, in: Horváth & Partners (Hrsg.): Beyond Budgeting umsetzen, Stuttgart 2004, S. 15–59.
Kor, Y. Y./McGrath, R. G./MacMillan, I.: The Entrepreneurial Mindset, in: AMR, 26, Nr. 3, 2001, S. 457.
Kosiol, E.: Die Unternehmung als wirtschaftliches Aktionszentrum, Reinbek 1966.
Kosiol, E.: Organisation der Unternehmung, 2. Aufl., Wiesbaden 1976.
Kotler, P./Armstrong, G./Saunders, J./Wong, V.: Grundlagen des Marketing, 5. Aufl., München 2011.
Kotler, P./Bliemel, F.: Marketing-Management, 10. Aufl., Stuttgart 2006.
Kotler, P./Armstrong, G./Harris, L. C./Piercy, N./Schrader, M. F./Moser, P.: Grundlagen des Marketing, 7. Aufl., Hallbergmoos Ann Arbor 2019.
Kotler, P./Armstrong, G./Opresnik, M. O.: Principles of marketing, 18. Aufl., Harlow 2021.
Kotter, J.: The Leadership Factor, New York 1988.
Kotter, J.: Leadership läßt sich lernen, in: Harvard Business Manager, 13, Nr. 1, 1991, S. 35–43.
Kotter, J.: Das Unternehmen erfolgreich erneuern, in: Harvard Business Manager, 30, Nr. 4, 2008, S. 140–151.
Kotter, J./Rathgeber, H.: Das Pinguin-Prinzip, München 2006.
Kotter, J. P.: Leading Change, München 2011.
Kotter, J. P.: Accelerate!, in: Harvard Business Review, 90, Nr. 11, 2012, S. 45–58.
Kotter, J. P.: Accelerate, Boston, Mass., 2014.
KPMG: Auslandsstrategien auf dem Prüfstand, 2011.
KPMG: International Corporate Sustainability – a progress report, www.kpmg.com, 2011.
Krames, J. A.: Inside Drucker's Brain, New York 2008.
Krames, J. A.: Peter F. Druckers kleines Weißbuch, München 2009.
Kraus, G./Westermann, R.: Projektmanagement mit System, 6. Aufl., Wiesbaden 2019.
Krause, D./Gebhardt, N.: Methodische Entwicklung modularer Produktfamilien, Berlin 2018.
Krawczyk, U.: Der rote Faden, in: Balzer, H. (Hrsg.): Den Erfolg im Visier, Stuttgart 1998, S. 51–94.
Krcmar, H./Buresch, A.: IV-Controlling, in: Krcmar, H./Buresch, A./Reb, M. (Hrsg.): IV-Controlling auf dem Prüfstand, Wiesbaden 2000, S. 1–20.
Krcmar, H.: Informationsmanagement, 6. Aufl., Berlin u. a. 2015.
Kreikebaum, H./Gilbert, D. U./Reinhardt, G. O.: Organisationsmanagement internationaler Unternehmen, 2. Aufl., Wiesbaden 2002.
Krentz, P./Wheeler, E.L.: Polyaenus: Strategems of war, 2. Aufl., Chicago 1994.
Kröger, F./Deans, G.: Wachstum wagen, Weinheim 2004.
Kröher, O. R.: Good Company Ranking, in: Manager Magazin, Nr. 2, 2005, S. 80–86.
Kroslid, D./Bergman, B./Magnusson, K./Faber, K.: Six Sigma, München 2003.
Krüger, W.: Organisation der Unternehmung, 4. Aufl., Stuttgart 2003.
Krüger, W.: Das 3 W-Modell, in: Krüger, W. (Hrsg.): Excellence in Change, 4. Aufl., Wiesbaden 2009, S. 19–44.
Krüger, W.: Strategische Erneuerung, in: Krüger, W. (Hrsg.): Excellence in Change, 4. Aufl., Wiesbaden 2009, S. 45–116.
Krüger, W.: Führungsstile für erfolgreichen Wandel, in: Bruch, H./Krummaker, S./Vogel, B. (Hrsg.): Leadership: Best Practices und Trends, 2. Aufl., Wiesbaden 2012, S. 99–115.
Krüger, W.: Das 3 W-Modell, in: Krüger, W./Bach, N. (Hrsg.): Excellence in Change, 5. Aufl., Wiesbaden 2014, S. 1–31.
Krüger, W.: Strategische Erneuerung, in: Krüger, W./Bach, N. (Hrsg.): Excellence in Change: Wege zur strategischen Erneuerung, 5. Aufl., Wiesbaden 2014, S. 33–60.
Krüger, W./Homp, C.: Kernkompetenz-Management, Wiesbaden 1997.
Krystek, U.: Internationalisierung, 2. Aufl., Berlin 2002.
Krystek, U./Fiege, S.: Krisenmanagement, 2020 (Gabler Wirtschaftslexikon). https://wirtschaftslexikon.gabler.de.
Krystek, U./Müller-Stewens, G.: Strategische Frühaufklärung, in: Hahn, D./Taylor, B. (Hrsg.): Strategische Unternehmensplanung, 9. Aufl., Berlin 2006, S. 175–194.
Krystek, U./Zumbrock, S.: Planung und Vertrauen, Stuttgart 1993.
Kubicek, H.: Empirische Organisationsforschung, Stuttgart 1975.
Kudernatsch, D.: Toolbox Objectives and Key Results, Stuttgart 2020.
Kühlmann, T. M.: Opportunismus, Vertrauen und Kontrolle in internationalen Geschäftsbeziehungen, in: Jammal, E. (Hrsg.): Vertrauen im interkulturellen Kontext, Wiesbaden 2008, S. 51–67.
Kuhr, R./Derbal, K.: Digital Finance: Der Weg in die automatisierte Finanzorganisation, in: Controller Magazin, 42, Nr. 3, 2017, S. 66–70.
Kujath, H.-J./Holthoff, G.: Performance Management bei Bayer, in: Controlling, 27, Nr. 2, 2015, S. 81–88.
Kumar, N.: Strategies to fight low-cost rivals, in: Harvard Business Review, 84, Nr. 12, 2006, S. 104–112.
Kumar, P.: The Economics of Ecosystems and Biodiversity, London/Washington 2012.
Kummer, S./Grün, O./Jammernegg, W.: Grundzüge der Beschaffung, Produktion und Logistik, 4. Aufl., München 2019.
Küng, H.: Verdrängte Sinnfrage – das zentrale Problem, in: Innovation, Nr. 3-4, 1987, S. 4–8.
Küng, H./Kuschel, K.-J.: Erklärung zum Weltethos, München 1993.
Küng, H./Leisinger, K./Wieland, J.: Manifest globales Wirtschaftsethos, München 2010.
Kunsleben, A./Tschesche, J.: Resource Cost Accounting (RKR), in: Chemical Engineering & Technology, 33, Nr. 4, 2010, S. 589–592.
Kunz, J.: Objektive Informationen?, in: Controlling Management Review, 59, Nr. 1, 2015, S. 64–65.
Kunze, M.: Unternehmensethik und Wertemanagement in Familien- und Mittelstandsunternehmen, Wiesbaden 2008.
Kunzmann, P./Burkard, F.-P./Wiedmann, F.: dtv-Atlas zur Philosophie, 7. Aufl., München 1997.
Küpper, H.-U.: Personalcontrolling aus Sicht des Controllers, in: Ackermann, K.-F./Scholz, C. (Hrsg.): Personalmanagement für die 90er Jahre, Stuttgart 1991, S. 224–247.
Küpper, H.-U.: Prozeßkostenrechnung ein strategisch neuer Ansatz?, in: DBW Die Betriebswirtschaft, 51, Nr. 3, 1991, S. 388–391.
Küpper, H.-U./Friedl, G./Hofmann, C./Hofmann, Y./Pedell, B.: Controlling, 6. Aufl., Stuttgart 2013.

Kurbel, K.: Produktionsplanung und -steuerung im Enterprise Resource Planning und Supply Chain Management, 6. Aufl., München 2005.

Küting, K./Lorson, P.: Grenzplankostenrechnung versus Prozeßkostenrechnung: Quo vadis Kostenrechnung?, in: Betriebs-Berater, 46, Nr. 21, 1991, S. 1421–1433.

Kutschker, M./Schmid, S.: Internationales Management, 7. Aufl., München 2012.

Kutvonen, A.: Strategic application of outbound open innovation, in: European Journal of Innovation Management, 14, Nr. 4, 2011, S. 460–474.

Lacity, M./Willcocks, L.: Robotic Process Automation at Telefónica O2, in: MIS Quarterly Executive, 15, Nr. 1, 2016, S. 21–35.

Laloux, F.: Reinventing organizations, München 2015.

Lämmel, U./Cleve, J.: Künstliche Intelligenz, 5. Aufl., München 2020.

Langguth, H./Chahed, Y.: Wertorientierte Konzepte am Beispiel eines Brauereikonzerns, in: Controlling, 16, Nr. 7, 2004, S. 399–411.

Langhammer, R. J.: Gefahren für den freien Handel und die Freizügigkeit, in: Wirtschaftsdienst, 89, Nr. 3, 2009, S. 147–149.

Langmann, C.: Digitalisierung im Controlling, Wiesbaden 2019.

Langmann, C./Turi, D.: Robotic Process Automation (RPA) – Digitalisierung und Automatisierung von Prozessen, Wiesbaden 2020.

Langmeyer, H.: Das Cafeteria-Verfahren, München 1999.

Lanquillon, C./Mallow, H.: Advanced Analytics mit Big Data, in: Dorschel, J. (Hrsg.): Praxishandbuch Big Data, Wiesbaden 2015, S. 55–89.

Lanquillon, C./Mallow, H.: Grenzen konventioneller Business-Intelligence-Lösungen, in: Dorschel, J. (Hrsg.): Praxishandbuch Big Data, Wiesbaden 2015, S. 255–277.

Lasswell, H. D.: The Structure and Function of Communication in Society, in: Berelson, B./Janowitz, M. (Hrsg.): Reader in public opinion and communication, 2. Aufl., New York 1966, S. 178–192.

Lattmann, C./Enderle, G.: Ethik und Unternehmensführung, Heidelberg 1988.

Lauer, T.: Change Management: Grundlagen und Erfolgsfaktoren, 2. Aufl., Berlin Heidelberg 2014.

Laux, H./Liermann, F.: Grundlagen der Organisation, 6. Aufl., Berlin 2005.

Lawrence, P. R.: How to Deal With Resistance to Change, in: Harvard Business Review, 32, Nr. 3, 1954, S. 49–57.

Lawrence, P. R./Lorsch, J. W.: Organization and Environment, 6. Aufl., Boston 1976.

Lay, R.: Ethik für Manager, Düsseldorf 1996.

Lazear, E. P./Shaw, K. L./Stanton, C. T.: The Value of Bosses, Cambridge 2012.

Lee, S. H.: Asiengeschäfte mit Erfolg, 2. Aufl., Heidelberg/Berlin 2008.

Leimeister, J. M.: Einführung in die Wirtschaftsinformatik, 12. Aufl., Berlin u. a. 2015.

Leisinger, K.: Unternehmensethik, München 1997.

Lennick, D./Kiel, F.: Moral Intelligence: Wie Sie mit Werten und Prinzipien Ihren Geschäftserfolg steigern, Heidelberg 2006.

Lenz-Kesekamp, V./Weber, T.: Alexa Skills: Welche Chancen und Risiken sind damit verbunden?, in: Wirtschaftsinformatik & Management, 10, Nr. 6, 2018, S. 18–25.

Lev, B.: Intangibles, Washington 2001.

Lewin, K.: Problems of Research in Social Psychology, in: Cartwright, D. (Hrsg.): Field Theory in Social Science; Selected Theoretical Papers, New York 1951, S. 151–175.

Lewin, K.: Feldtheorie in den Sozialwissenschaften, Bern 1963.

Lewrick, M./Di Giorgio, C.: Live aus dem Krypto-Valley, München/Zürich 2018.

Lievegoed, B.: Organisation im Wandel, Bern/Stuttgart 1974.

Lihl, H. T./Mahlendorf, M. D./Schmoltzi, D.: Agiles Controlling mit OKR für schnelles Wachstum, in: Controlling & Management Review, 63, Nr. 8, 2019, S. 42–49.

Lilienthal, D.: Management of the Multinational Corporation, in: Anshen, M./Bach, G. L. (Hrsg.): Management and Corporations, Westport 1975, S. 119–158.

Lippitt, G. L./Langseth, P./Mossop, J.: Implementing organizational change, 4. Aufl., San Francisco 1991.

Litke, H.-D.: Projektmanagement, 6. Aufl., München 2017.

Lobacher, P.: Objectives & Key Results (OKR) als agiler und partizipativer Führungsansatz, in: Petry, T. (Hrsg.): Digital Leadership. Erfolgreiches Führen in Zeiten der Digital Economy, 2. Aufl., Freiburg, München, Stuttgart 2019, S. 241–252.

Locke, E. A./Latham, G. P.: Goal Setting: A Motivational Technique That Works!, Englewood Cliffs 1984.

Löffler, J.: Leadership im Studium der Unternehmensführung, in: Dillerup, R./Haberlandt, K./Vogler, G. (Hrsg.): Heilbronner Beiträge zur Unternehmensführung: 40 Jahre Erfolgsgeschichten, München 2009, S. 97–108.

Lorson, P.: Straffes Kostenmanagement und neue Technologien, Herne 1993.

Losbichler, H.: Künstliche Intelligenz im Controlling, in: Controller Magazin, 45, Nr. 3, 2020, S. 12–15.

Lück, W.: Der Umgang mit unternehmerischen Risiken durch ein Risikomanagementsystem und durch ein Überwachungssystem, in: Der Betrieb, 51, Nr. 39, 1998, S. 1925–1930.

Lucke, D.: Talsohle durchschritten, in: Wochenbericht des DIW, 49, 2009, S. 861–869.

Luhmann, N.: Soziale Systeme, Frankfurt a. M. 1984.

Luhmann, N.: Vertrauen, 5. Aufl., Konstanz/Stuttgart 2014.

Lundin, S./Paul, H./Christensen, J.: Fish!, München 2005.

Lütge, C.: Wissenschaftstheoretische und ethische Aspekte des Wissensmanagements, in: Götz, K. (Hrsg.): Wissensmanagement, 4. Aufl., München 2002, S. 177–194.

Lutter, M.: Vergleichende Corporate Governance – Die deutsche Sicht, in: Zeitschrift für Unternehmens- und Gesellschaftsrecht, 30, Nr. 2, 2003, S. 224–237.

Lynch, R. L./Cross, K. F.: Performance Measurement Systems, in: Brinker, B. J. (Hrsg.): Handbook of Cost Management, New York 1993; S. E3/1–20.

Lynch, R. L./Cross, K. F.: Measure Up!, 2. Aufl., Oxford 1995.

Macharzina, K./Wolf, J.: Unternehmensführung, 8. Aufl., Wiesbaden 2012.

Macharzina, K./Oesterle, M.-J.: Das Konzept der Internationalisierung im Spannungsfeld zwischen praktischer Relevanz und theoretischer Unschärfe, in: Macharzina, K./Oesterle, M.-J. (Hrsg.): Handbuch Internationales Management, 2. Aufl., Wiesbaden 2002, S. 11–13.

Mack, O. J./Khare, A./Krämer, A./Burgartz, T. (Hrsg.): Managing in a VUCA World, Cham/Heidelberg/New York 2016.

Madauss, B. J.: Handbuch Projektmanagement, 7. Aufl., Stuttgart 2006.

Mag, W.: Planungsstufen und Informationsteilprozesse, in: Schmalenbachs Zeitschrift für betriebswirtschaftliche Forschung, 23, Nr. 10/12, 1971, S. 803–830.

Mag, W.: Unternehmensplanung, München 1995.
Magi, G.: 36 Strategeme für Erfolg und Wohlstand, München 2009.
Magyar, K.: Visionen schaffen neue Qualitätsdimension!, in: Thexis, Nr. 6, 1989, S. 3–7.
Mahlendorf, M. D.: Wenn Zielübererfüllung bestraft wird, in: Controlling & Management Review, 59, Nr. 4, 2015, S. 26–33.
Mahmoud-Jouini, S. B./Fixson, S. K./Boulet, D.: Making design thinking work, in: Research and Technology Management, 62, 2019, Nr. 5, S. 50–58.
Mainzer, K.: Chaos, Selbstorganisation und Symmetrie. Bemerkungen zu drei aktuellen Forschungsprogrammen, in: Niedersen, U./ Pohlmann, L. (Hrsg.): Selbstorganisation, Berlin 1992, S. 259–278.
Maisel, L. S.: Performance Measurement, in: Journal of Cost Management, 5, Nr. 2, 1992, S. 47–52.
Malik, F.: Strategie des Managements komplexer Systeme, 10. Aufl., Bern 2008.
Malik, F.: Systemisches Management, Evolution, Selbstorganisation, 5. Aufl., Bern 2009.
Malik, F.: Leadership im Unternehmen, in: Bruch, H./Krummaker, S./Vogel, B. (Hrsg.): Leadership: Best Practices und Trends, 2. Aufl., Wiesbaden 2012, S. 307–319.
Malik, F.: Führen, Leisten, Leben, 3. Aufl., Frankfurt 2019.
Malik, F.: Strategie, 2. Aufl., Frankfurt a. M. 2013.
Mandelbrot, B. B.: Die fraktale Geometrie der Natur, Boston/Berlin 1991.
Mann, R.: Das visionäre Unternehmen, Wiesbaden 1990.
Mann, T.: Buddenbrooks, Frankfurt 1901.
March, J. G./Olsen, J. P.: The Uncertainty of the Past, in: European Journal of Political Research, 3, Nr. 2, 1975, S. 147–171.
March, J. G./Olsen, J. P.: The Uncertainty of the Past, in: March, J. G. (Hrsg.): Decisions and Organizations, Oxford 1989, S. 335–358.
Markowitz, H. M.: Portfolio Selection, in: The Journal of Finance, 7, Nr. 1, 1952.
Marr, B./Neely, A./Adams, C.: Measuring and Managing Performance in eBusiness, in: Kostenrechnungspraxis, 45, Nr. 2 Sonderheft, 2001, S. 12–20.
Marshall, A.: Principles of political economy, New York 1890.
Martin, J. D./Petty, W. J.: Value Based Management, 2. Aufl., Boston 2009.
Martin, R./Kemper, A.: Das Ende der Ideologien, in: Harvard Business Manager, 34, Nr. 6, 2012, S. 52–65.
Masing, W.: Das Unternehmen im Wettbewerb, in: Schmitt, R./Pfeifer, T. (Hrsg.): Masing Handbuch Qualitätsmanagement, 6. Aufl., München 2014, S. 3–14.
Maslow, A.: Motivation and Personality, New York 1954.
Mast, C.: Unternehmenskommunikation, 7. Aufl., München 2019.
Math, S./Borkenhagen, B.: Moderne Konzernplanung: Top-down, asymmetrisch, treiberbasiert, in: Gleich, R./Grönke, K./Kirchmann, M. (Hrsg.): Konzerncontrolling 2020, S. 61–78.
Matlachowsky, P.: Implementierungsstand der Balanced Scorecard, Wiesbaden 2008.
Matthes, S./Dürand, D./Gerth, M./Rees, J.: Nachhaltigkeitsranking: Deutschlands nachhaltigste Unternehmen, in: Die Wirtschafts-Woche, Nr. 48, 2009.
Matuschczyk, A.: Kreative Strategeme, Hannover 2009.
Matzke, H.: Planung im Mittelstand: Alternativen zu Excel in der Praxis, in: Gleich, R./Kappes, M./Leyk, J. (Hrsg.): Planung, Budgetierung und Forecasting, Freiburg/München/Stuttgart 2019, S. 175–192.
Matzler, K./Bailom, F./von den Eichen, F. S./Anschober, M.: Digital Disruption: Wie Sie Ihr Unternehmen auf das digitale Zeitalter vorbereiten, München 2016.
Maurya, A.: Scaling Lean, München 2019.
Maxwell, J.: Leadership, 5. Aufl., Gießen 2011.
Mayer, A./Jülich, A.: Finanzplanung: Optimierung durch Treibermodelle und Szenario-Simulationen, in: Gleich, R./Tschandl, M. (Hrsg.): Digitalisierung & Controlling, Freiburg/München/Stuttgart 2018, S. 189–203.
Mayer, R.: Prozeßkostenrechnung und Prozeßkostenmanagement, in: IFUA Horváth & Partner GmbH (Hrsg.): Prozeßkostenmanagement: Methodik, Implementierung, Erfahrungen, München 1991, S. 75–99.
Mayer, R.: Zero-Base-Budgeting, in: Horváth, P./Reichmann, T. (Hrsg.): Vahlens Großes Controllinglexikon, 2. Aufl., München 2003, S. 835–836.
Mayer, R./Stoi, R.: Prozesskostenrechnung, in: Horváth, P./Reichmann, T. (Hrsg.): Vahlens Großes Controllinglexikon, 2. Aufl., München 2003, S. 623–625.
Mayer, R./Stoi, R.: Prozessmanagement, in: Horváth, P./Reichmann, T. (Hrsg.): Vahlens Großes Controllinglexikon, 2. Aufl., München 2003, S. 625–626.
Mayer-Schönberger, V./Cukier, K.: Big Data, München 2013.
McCann, D.: Robots, Robots everywhere, in: CFO Magazine, 32, Nr. 7, 2016, S. 34–38.
McCarthy, J./Minsky, M./Rochester, N./Shannon, C.: A Proposal for the Dartmouth Research Project on Artificial Intelligence, Dartmouth 1955.
McCarthy, J.: Programs with Common Sense, in: National Physical Laboratory (Hrsg.): Mechanisation of Thought, London 1959, S. 77–84.
McCarthy, J.: What ist artificial intelligence?, Stanford 1998.
McFarlan, F./McKenney, J./Pyburn, P.: The Information Archipelago, in: Harvard Business Review, 18, Nr. 1, 1983, S. 145–155.
McGregor, D.: Der Mensch im Unternehmen, Düsseldorf 1970.
McKinsey: Enduring Ideas: The GE–McKinsey nine-box matrix, in: McKinsey Quarterly, Nr. 9, 2008.
Meadows, D.: Die Grenzen des Wachstums, New York 1972.
Meadows, D./Randers, J.: Die neuen Grenzen des Wachstums, Stuttgart 1992.
Meffert, H.: Marketing, 11. Aufl., Wiesbaden 2012.
Meffert, H./Bolz, J.: Internationales Marketing-Management, 3. Aufl., Stuttgart 1998.
Meffert, H./Bruhn, M./Hadwich, K.: Dienstleistungsmarketing, 9. Aufl., Wiesbaden/Heidelberg 2018.
Meffert, H./Burmann, C./Kirchgeorg, M./Eisenbeiß, M.: Marketing: Grundlagen marktorientierter Unternehmensführung, 13. Aufl., Wiesbaden 2019.
Mehler-Bicher, A.: Bewertung von e-Business Investitionen mithilfe von Optionspreismodellen, www.competence-site.de, 2001.
Meier, H.: Unternehmensführung, 3. Aufl., Berlin 2006.
Meier, H./Roehr, S.: Internationalisierung der Wirtschaft, in: Meier, H./Roehr, S. (Hrsg.): Einführung in Internationales Management, Berlin 2004, S. 1–32.
Melzer, A.: Six Sigma – kompakt und praxisnah, 2. Aufl., Wiesbaden 2019.
Melzer-Riedinger, R.: FAQ Supply Chain Management, Troisdorf 2003.
Meredith, J. R./Shafer, S. M./Mantel, S. J.: Project management, 10. Aufl., Hoboken 2018.

Mertens, P./Bodendorf, F./König, W./Picot, A./Schumann, M./Hess, T.: Grundzüge der Wirtschaftsinformatik, 12. Aufl., Berlin 2017.

Mertens, P./Griese, J.: Integrierte Informationsverarbeitung II, 10. Aufl., Wiesbaden 2009.

Mertens, P./Barbian, D.: Erreicht Künstliche Intelligenz auch das Controlling?, in: Controlling & Management Review, 63, Nr. 4, 2019, S. 8–17.

Metcalfe, R.: From the Ether, in: Info World Magazine, 2, Nr. 10, 1995.

Metz, F.: Konzeptionelle Grundlagen, empirische Erhebungen und Ansätze zur Umsetzung des Personal-Controlling in die Praxis, Frankfurt 1995.

Meyer, A./Davidson, H.: Offensives Marketing, Freiburg 2001.

Michel, R.: Know-how der Unternehmensplanung, 2. Aufl., Heidelberg 1991.

Miles, R. E./Snow, C. C.: New Concepts for new Firms, in: California Management Review, 28, Nr. 3, 1986, S. 62–73.

Miles, R. E./Snow, C. C.: Internal Markets and Network Organizations, in: Halal, W. E. (Hrsg.): Internal Markets: Bringing the Power of Free Enterprise Inside Your Organization, New York 1993, S. 67–86.

Mill, J. S.: Of the Logic of Practice, or art, New York 1965.

Miller, S.: Implementing strategic decisions: Four key factors, in: Organisation Studies, 18, Nr. 4, 1997, S. 577–602.

Mintzberg, H.: Mintzberg über Management, New York 1989.

Mintzberg, H.: The Design School, in: Strategic Management Journal, 10, Nr. 11, 1990, S. 171–195.

Mintzberg, H.: Die Mintzberg-Struktur, Landsberg 1992.

Mintzberg, H./Ahlstrand, B./Lampel, J.: Strategy Safari, 2. Aufl., Heidelberg 2012.

Mintzberg, H./Lampel, J./Quinn, J. B./Ghosahl, S.: The Strategy Process, 4. Aufl., Upper Saddle River 2003.

Mintzberg, H.: Patterns is strategy formation, in: Management Science, 24, Nr. 9, 1978, S. 934–948.

Mittelstand 4.0: Blockchain in der Praxis, Augsburg 2019.

Modigliani, F./Miller, M.: The Cost of Capital, Corporation Finance and the Theory of Investment, in: The American Economic Review, 48, Nr. 3, 1958, S. 261–297.

Mohr, N./Woehe, J. M.: Widerstand erfolgreich managen, Frankfurt a. M. 1998.

Mois, T.: Im besten Fall werde ich ignoriert, in: Harvard-Business-Manager, 40, Nr. 8, 2018, S. 64–70.

Möller, T./Dörrenberg, F.: Projektmanagement, München 2003.

Montaigne, M. E. de: Von der Erfahrung, München 2009.

Moore, G.: Cramming more components into integrated circuits, in: Electronics, 28, Nr. 8, 1965, S. 114–117.

Mootee, I.: Design Thinking for Strategic Innovation., New Jersey 2013.

Mora, J./Powers, W.: Did Trade Credit Problems Deepen the Great Trade Collapse?, in: Baldwin, R. (Hrsg.): The Great Trade Collapse: Causes, Consequences and Prospects, London 2009, S. 115–126.

Morris, L./Ma, M./Wu, P.: Agile innovation, Hoboken 2014.

Morschett, D.: Institutionalisierung und Koordination von Auslandseinheiten, Wiesbaden 2007.

Morschett, D./Schramm-Klein, H./Zentes, J.: Strategic international management, 3. Aufl., Wiesbaden 2015.

Mourkogiannis, N.: Purpose: The starting point of great companies, New York, NY 2006.

Moxter, A.: Immaterielle Anlagewerte im neuen Bilanzrecht, in: Betriebs-Berater, 34, Nr. 22, 1979, S. 1102–1109.

Mühlfelder, P./Nippa, M.: Erfolgsfaktoren des Projektmanagements, in: Zeitschrift Führung + Organisation, 58, Nr. 6, 1989, S. 368–380.

Mui, C./Downes, L.: Gibt es in der Internet-Ökonomie so etwas wie grundlegende Gesetzmäßigkeiten?, in: New Business Network (Hrsg.): E-Business für alle: So funktionieren die elektronischen Märkte, Stuttgart 2000, S. 34–37.

Müller, A.: Umweltorientiertes betriebliches Rechnungswesen, 3. Aufl., München 2010.

Müller, G./Hirsch, B.: Die Wertorientierung in der Unternehmenssteuerung – Status quo und Perspektiven, in: Zeitschrift für Controlling & Management, 49, Nr. 1, 2005, S. 83–87.

Müller, H.: Kurs halten – aber welchen?, in: Manager Magazin, 34, Nr. 12, 2004, S. 144–154.

Müller, I.: Grundzüge der Thermodynamik, 3. Aufl., Heidelberg 2001.

Müller, S./Kornmeier, M.: Streitfall Globalisierung, München/Wien 2001.

Müller-Böling, D.: Organisation von Planungssystemen mit Hilfe des PLORGA-Handbuches, in: Zeitschrift Führung + Organisation, 53, Nr. 3, 1984, Sp. 167–180.

Müller-Böling, D.: Organisationsformen von Planungssystemen, in: Szyperski, N./Winand, U. (Hrsg.): Handwörterbuch der Planung, Stuttgart 1989, Sp. 1310–1320.

Müller-Stewens, G./Schäfer, M.: Merger & Acquisition, in: Thießen, F. (Hrsg.): Enzyklopedisches Lexikon des Geld-, Bank- und Börsenwesens, Band 2, 4. Aufl., Frankfurt a. M. 1999, S. 1305–1330.

Müller-Stewens, G./Lechner, C.: Strategisches Management, 5. Aufl., Stuttgart 2016.

Mumford, T. V./Campion, M. A./Morgeson, F. P.: The leadership skills strataplex, in: The Leadership Quarterly, 18, Nr. 2, 2007, S. 154–166.

Nadler, D.: The Effective Management of Organizational Change, in: Lorsch, J. (Hrsg.): Handbook of Organizational Behavior, New York 1987, S. 358–369.

Nakamoto, S.: Bitcoin: A Peer-to-Peer Electronic Cash System, 2008. www.bitcoin.org.

Nasca, D./Munck, J. C./Wald, A./Gleich, R.: Wie die digitale Transformation zum Erfolgsfaktor der „Modernen Budgetierung" wird – Ergebnisse einer empirischen Studie und Best-Practice-Beispiele, in: Controlling, 30, Nr. 6, 2018, S. 37–46.

Nash, J. F.: Non-cooperative games, Diss., Princeton 1950.

Naturkapital Deutschland – TEEB DE: Der Wert der Natur für Wirtschaft und Gesellschaft – Eine Einführung, München/Leipzig/Bonn 2012.

Nehlsen, T./Gatzmaga, I.: Prospektive Trends in der Disziplin Projektmanagement, in: Griesche, D./Meyer, H./Dörrenberg, F. (Hrsg.): Innovative Managementaufgaben in der nationalen und internationalen Praxis, Wiesbaden 2001, S. 226–239.

Neuberger, O.: Organisation und Führung, Stuttgart 1977.

Neuberger, O.: Führen und führen lassen, 6. Aufl., Stuttgart 2002.

Neumair, S.-M.: Handel und Direktinvestitionen, in: Haas, H.-D./Neumair, S.-M. (Hrsg.): Internationale Wirtschaft: Rahmenbedingungen, Akteure, räumliche Prozesse, München/Wien 2006, S. 41–60.

Neumann, J. von/Morgenstern, O.: Theory of games and economic behavior, Princeton 1944.

Nevries, P./Strauß, E./Goretzki, L.: Zentrale Gestaltungsgrößen der operativen Planung, in: Zeitschrift für Controlling & Management, 53, Nr. 4, 2009, S. 237–241.

Nicolis, G./Prigogine, I.: Self-organization in nonequilibrium systems, 7. Aufl., New York 1977.

Niedner, B.: Agil ohne Planung, Freiburg/München/Stuttgart 2018.

Niemand, S./Stoi, R.: Die Verbindung von Prozeßkostenrechnung und Workflow-Management zu einem integrativen Prozeßmanagementsystem, in: Zeitschrift Führung + Organisation, 65, Nr. 3, 1996, S. 159–164.

Niemeier, J.: Lernen im Unternehmen vor neuen Herausforderungen, in: Controlling & Management Review, 60, Nr. 5, 2016, S. 6–17.

Nienkerke-Springer, A.: Evolution statt Revolution, Offenbach 2020.

Nieschlag, R./Dichtl, E./Hörschgen, H.: Marketing, 19. Aufl., Berlin 2002.

Nissing, H.-G./Müller, J.: Grundpositionen philosophischer Ethik, Darmstadt 2009.

Nonaka, I.: Wie japanische Konzerne Wissen erzeugen, in: Harvard Manager, 14, Nr. 2, 1992, S. 95–103.

Nonaka, I./Takeuchi, H.: Die Organisation des Wissens, 2. Aufl., Frankfurt a. M. 2012.

North, K.: Wissensorientierte Unternehmensführung, 6. Aufl., Wiesbaden 2016.

North, K./Probst, G./Romhardt, K.: Wissen messen, in: Zeitschrift Führung + Organisation, 67, Nr. 3, 1998, S. 158–166.

North, K.: Wissensorientierte Unternehmenssteuerung, in: Controlling, 32, Nr. 1, 2020, S. 27–34.

Norton, D. P.: Response to "A New Language for Leverating Scorecard-Driven Learning", in: Balanced Scorecard Report, 3, Nr. 1/2, 2001.

Nuhn, H./Schulze, M./Wallraff, B.: Künstliche Intelligenz im Controlling, in: Gleich, R./Tschandl, M. (Hrsg.): Digitalisierung & Controlling, Freiburg/München/Stuttgart 2018, S. 89–102.

Nutt, P. C.: Identifying and Appraising How Managers Install Strategy, in: Strategic Management Journal, 8, Nr. 1, 1987, S. 1–14.

O'Reilly, C. A.: The use of Information in Organizational Decision Making, in: Research in Organizational Behaviour, Nr. 5, 1983, S. 103–139.

Ocean Tomo: Intangible Asset Market Value Study, Chicago 2020.

Odiorne, G. S.: Strategic Management of Human Resources 1984.

OECD: Measuring Globalisation, Paris 2010.

Oechsler, W. A.: Personal und Arbeit, 9. Aufl., München 2011.

Oehler, K.: Beyond Budgeting, was steckt dahinter und was kann Software dazu beitragen?, in: Kostenrechnungspraxis, 46, Nr. 3, 2002, S. 151–160.

Oehler, K.: Ist maschinelles Lernen in der Planung einsetzbar?, in: Controlling & Management Review, 64, Nr. 3, 2020, S. 22–31.

Oess, A.: Total Quality Management, 3. Aufl., Wiesbaden 1994.

Oestereich, B./Schröder, C.: Agile Organisationsentwicklung, München 2020.

Ohlin, B. G.: Interregional and international trade, Cambridge 1933.

Ohno, T.: Toyota production system, Boca Raton 1988.

Olfert, K.: Personalwirtschaft, 15. Aufl., Herne 2012.

Olfert, K./Rahn, H.-J.: Kompakt-Training Organisation, 5. Aufl., Ludwigshafen 2009.

Ohno, T.: Das Toyota-Produktionssystem, Frankfurt/Main 2005.

Orell, F./Schwanfelder, W.: Konfuzius im Management, Frankfurt 2006.

Osanna, H.: SPC – Staistical Process Control, in: Zollondz, H.-D./Ketting, M./Pfundtner, R. (Hrsg.): Lexikon Qualitätsmanagement, 2. Aufl., München 2016, S. 1101–1105.

Österle, H./Brenner, W./Hilbers, K.: Unternehmensführung und Informationssystem, 2. Aufl., Stuttgart 1992.

Osterwalder, A./Pigneur, Y.: Business model generation, New York 2010.

Oswald, S. L./Moosholder, K. W./Harris, S. G.: Vision Salience and Strategic Involvement, in: Strategic Management Journal, 15, Nr. 6, 1994, S. 477–489.

Owen, H.: Open space technology, 3. Aufl., San Francisco 2008.

Pape, U.: Wertorientierte Unternehmensführung und Controlling, 4. Aufl., Sternenfels 2010.

Parsons, T.: The social system, Abingdon, Oxon 1951.

Patzak, G./Rattay, G.: Projektmanagement, 5. Aufl., Wien 2009.

Paul, M.: Preiskommunikation in Krisenunternehmen, in: Kalka, R./Krämer, A. (Hrsg.): Preiskommunikation, Wiesbaden 2020, S. 191–208.

Pausenberger, E.: Alternative Internationalisierungsstrategien, in: Pausenberger, E. (Hrsg.): Internationalisierung von Unternehmen, Stuttgart 1994, S. 1–30.

Pautzke, G.: Die Evolution der organisatorischen Wissensbasis, München 1989.

Pawlowsky, P.: Integratives Wissensmanagement, in: Pawlowsky, P. (Hrsg.): Wissensmanagement, Wiesbaden 1998, S. 9–45.

Pawlowsky, P.: Betriebliche Qualifikationsstrategien und organisationales Lernen, in: Staehle, W./Sydow, J. (Hrsg.): Managementforschung, Band 2, Berlin 1992, S. 77–238.

Pawlowsky, P.: Wissensmanagement in der lernenden Organisation, Habilitationsschrift, Universität Paderborn 1994.

Pech, J. C.: Bedeutung der Wirtschaftsethik für die marktorientierte Unternehmensführung, Wiesbaden 2008.

Peddinghaus, J.: Kommunikation, Soft Factors, Kultur, in: Booz Allen & Hamilton (Hrsg.): Unternehmensvitalisierung, Wachstumsorientierte Innovation, Lernende Organisation, Wertebasierte Führung, Stuttgart 1997, S. 85–99.

Pellens, B./Fülbier, R.: Ansätze zur Erfassung immaterieller Werte in der kapitalmarktorientierten Rechnungslegung, in: Baetge, J. (Hrsg.): Zur Rechnungslegung nach International Accounting Standards (IAS), Düsseldorf 2000, S. 35–77.

Peng, M./Meyer, K.: International Business, London 2011.

Penrose, E. T.: The Theory of the Growth of the Firm, Oxford 1959.

Pepels, W.: Kommunikations-Management, 4. Aufl., Stuttgart 2001.

Pepels, W.: Moderne Marketingpraxis, Herne 2002.

Perich, R.: Unternehmungsdynamik, Bern 1993.

Perlitz, M.: Internationales Management, 5. Aufl., Stuttgart 2004.

Perlitz, M./Schrank, R.: Internationales Management, 6. Aufl., Konstanz/München 2013.

Perlmutter, H. V.: The Tortuous Evolution of Multinational Enterprises, in: Columbia Journal of World Business, Nr. 1, 1969, S. 9–18.

Peters, T./Waterman, R.: In Search of Excellence, New York 1982.

Peters, T.: Leadership, Wiesbaden 2015.

Peters, T./Ghadiri, A.: Neuroleadership – Grundlagen, Konzepte, Beispiele, 2. Aufl., Wiesbaden 2013.

Petsch, M.: Budgetinformationssysteme, Darmstadt 1985.

Pettey, C./Goasduff, L.: Gartner Says Solving 'Big Data' Challenge Involves More Than Just Managing Volumes of Data, Stamford, 2011.

Pfeiffer, W./Weiß, E.: Methoden zur Analyse und Bewertung technologischer Alternativen, in: Zahn, E. (Hrsg.): Handbuch Technologiemanagement, Stuttgart 1995, S. 663–679.

Pfläging, N.: Führen mit flexiblen Zielen, 2. Aufl., Frankfurt/New York 2009.

Pfläging, N.: Die 12 neuen Gesetze der Führung, Frankfurt a. M. 2011.

Pfläging, N.: Beyond Budgeting, 2. Aufl., Freiburg 2016.

Pfläging, N.: Organisation für Komplexität, Norderstedt 2013.

Pfohl, H. C.: Logistiksysteme, 9. Aufl., Berlin 2018.

Pfohl, H.-C./Stölzle, W.: Planung und Kontrolle, 2. Aufl., München 1997.

Picot, A./Dietl, H./Franck, E.: Organisation, 5. Aufl., Stuttgart 2008.

Picot, A./Franck, E.: Die Planung der Unternehmensressource Information (I), in: WISU Das Wirtschaftsstudium, 17, Nr. 10, 1988, S. 544–549.

Picot, A./Franck, E.: Die Planung der Unternehmensressource Information (II), in: WISU Das Wirtschaftsstudium, 17, Nr. 11, 1988, S. 608–614.

Picot, A./Franck, E.: Prozessorganisationen, in: Nippa, M./Picot, A. (Hrsg.): Prozessmanagement und Reengineering, 2. Aufl., Frankfurt a. M. 1996, S. 13–38.

Picot, A./Freudenberg, H./Gaßner, W.: Die neue Organisation ganz nach Maß geschneidert, in: Harvard Business Manager, 21, Nr. 5, 1999, S. 46–58.

Picot, A./Freudenberg, H./Gaßner, W.: Management von Reorganisationen, Wiesbaden 1999.

Picot, A./Reichwald, R.: Bürokommunikation, 3. Aufl., Hallbergmoos 1987.

Picot, A./Reichwald, R./Wigand, R. T./Möslein, K. M./Neuburger, R./Neyer, A.-K.: Die grenzenlose Unternehmung, 6. Aufl., Wiesbaden 2020.

Piderit, S. K.: Rethinking Resistance and Recognizing Ambivalence, in: Management Review, 25, Nr. 4, 2000, S. 783–794.

Pieper, A./Thurnherr, U.: Angewandte Ethik, München 1998.

Pierer, H. von: E-Business erfordert Effizienz im Unternehmen, in: Hermanns, A./Sauter, M. (Hrsg.): Management-Handbuch Electronic Commerce, 2. Aufl., München 2001, S. 1–3.

Pierer, S.: Digitale Personalvermittlung: Hilfe vom Robo-Recruiter, in: Wirtschaftsinformatik & Management, 11, Nr. 5, 2019, S. 314–315.

Pietsch, T./Martiny, L./Klotz, M.: Strategisches Informationsmanagement, 4. Aufl., München 2004.

Piller, F./Möslein, K. M./Ihl, C./Reichwald, R.: Interaktive Wertschöpfung kompakt, Wiesbaden 2017.

Pillkahn, U.: Trends und Szenarien als Werkzeuge zur Strategieentwicklung, Erlangen 2007.

Pindyck, R. S./Rubinfeld, D. L.: Microeconomics, 9. Aufl., Harlow, England 2018.

Piontek, J.: Bausteine des Logistikmanagements, 3. Aufl., Herne 2009.

Pircher, R.: Agilstabile Organisationen, München 2018.

Playfair, W.: The Commercial and Political Atlas and Statistical Breviary, London 1786.

Pogatschnigg, I.: Art of Hosting, München 2020.

Pohl, A.: E-Business und Wettbewerbsstrategie, in: Scheer, A.-W. (Hrsg.): E-Business, Heidelberg 2000, S. 47–63.

Pohl, H.: Ein Performancedialog kann die Mängel der traditionellen Budgetierung beseitigen, in: Zeitschrift für Controlling & Management, 47, Nr. 1 Sonderheft, 2003, S. 10–12.

Pollanz, M.: Ganzheitliches Risikomanagement im Kontext einer wertorientierten Unternehmensführung, in: Der Betrieb, Nr. 25, 1999, S. 1277–1281.

Porter, M.: Der Wettbewerb auf globalen Märkten, in: Porter, M. (Hrsg.): Globaler Wettbewerb: Strategien der neuen Internationalisierung, Wiesbaden 1989a, S. 17–68.

Porter, M. E.: Industry strcture and competitive strategy, in: Financial analysts' journal: FAJ. – Charlottesville, Va., 36, Nr. 4, 1980, S. 30–41.

Porter, M. E.: Wettbewerbsvorteile, Frankfurt/New York 1989.

Porter, M. E.: Nationale Wettbewerbsvorteile, München 1991.

Porter, M. E.: What is Strategy?, in: Havard Business Review, 74, Nr. 11/12, 1996, S. 61–78.

Porter, M. E.: Wettbewerb und Strategie, München 1999.

Porter, M. E.: Wettbewerbsvorteile, 6. Aufl., Frankfurt a. M. 2000.

Porter, M. E.: Strategy and the Internet, in: Harvard Business Review, 79, Nr. 3, 2001, S. 63–78.

Porter, M. E./Fuller, M.: Coalitions and Global Strategy, in: Porter, M. E. (Hrsg.): Competition in Global Industries, 7. Aufl., Boston 1991, S. 320–347.

Porter, M. E./Millar, V. E.: How Information Gives you Competitive Advantage, in: Harvard Business Review, 63, Nr. 4, 1985, S. 149–160.

Porter, M. E./Millar, V. E.: Wettbewerbsvorteile durch Information, in: Harvard Business Manager, 66, Nr. 10, 1988, S. 26–35.

Porter, M. E.: The Contributions of Industrial Organization To Strategic Management, in: AMR, 6, Nr. 4, 1981, S. 609–620.

Posselt, S.: Budgetkontrolle als Instrument zur Unternehmenssteuerung, Darmstadt 1986.

Prahalad, C./Hamel, G.: The Core Competence of the Corporation, in: Harvard Business Review, 68, Nr. 3, 1990, S. 79–91.

Prahalad, C. K./Hamel, G.: Competing for the Future, Boston 1994.

Pritsch, G./Weber, J.: Die Bedeutung des Realoptionsansatzes aus Controlling-Sicht, in: Hommel, U./Scholich, M./Vollrath, R. (Hrsg.): Realoptionen in der Unternehmenspraxis, Berlin 2001, S. 13–44.

Probst, G./Raub, S./Romhardt, K.: Wissen managen, 7. Aufl., Wiesbaden 2013.

Probst, G.: Organisation – Strukturen, Lenkungsinstrumente, Entwicklungsperspektiven, Landsberg/Lech 1992.

Probst, G./Büchel, B.: Organisationales Lernen, 2. Aufl., Wiesbaden 1998.

Proff, H.: Internationales Management in Ostasien, Lateinamerika und Schwarzafrika, München 2004.

Project Management Institute: A Guide to the Project Management Body of Knowledge, 6. Aufl., Newtown Square, Pennsylvania 2017.

Pugh, D. S./Hickson, D. J.: The Aston Programme I, Westmead-Farnborough 1976.

Pümpin, C.: Management strategischer Erfolgspositionen, 3. Aufl., Bern 1986.

PwC: Auf dem Weg zum Integrated Reporting, Frankfurt a. M. 2012.

Quante, M.: Einführung in die allgemeine Ethik, Darmstadt 2003.

Quinn, J. B.: Strategies for Change, Homewood 1980.

Quinn, J. B.: Intelligent Enterprise, New York u. a. 1992.

Quinn, R. E./Cameron, K.: Organisational Life Cycles and Shifting Criteria of Efffectiveness, in: Management Science, 29, Nr. 1, 1983, S. 33–51.

Rahardjo, K./Dowling, M.: A Broader Vision, in: Risk Management, Nr. 9, 1998, S. 44–50.

Rahn, H.-J.: Unternehmensführung, 8. Aufl., Ludwigshafen a. R. 2012.

Raisig, G. J.: Ethik der Personalführung, in: Personalführung, Nr. 11–12, 1987, S. 762–766.

Rappaport, A.: Creating Shareholder Value, New York 1986.

Rappaport, A.: Shareholder Value, 2. Aufl., Stuttgart 1999.

Raskin, J.: Presenting Information, in: Jacobson, R. (Hrsg.): Information Design, Cambridge 2000, S. 341–348.

Rat für Nachhaltige Entwicklung: Auf dem Weg zu einem deutschen Nachhaltigkeitskodex (DNK), Berlin 2011.

Rateike, I./Lindner, S.: Planungssysteme als Maßanfertigung statt „One-size-fits-all“, in: Zeitschrift für Controlling & Management, 53, Nr. 4, 2009, S. 231–236.

Rauh, A./Bunnenberg, L./Fuchs, C.: Management-Planung, in: Controller Magazin, 41, Nr. 4, 2016, S. 4–9.

Rauh, O.: Informationsmanagement im Industriebetrieb, Herne 1990.

Rebhäuser, J./Krcmar, H.: Wissensmanagement im Unternehmen, in: Schreyögg, G./Conrad, P. (Hrsg.): Wissensmanagement, Berlin 1996, S. 1–40.

Rebmann, B.: Visionäres Management aus Sicht der Ästhetik, Sankt Gallen 1996.

Rechkemmer, K.: Corporate Governance, München 2003.

Reddin, W. J.: Das 3-D-Programm zur Leistungssteigerung des Managements, München 1977.

Reeves, R.: Reality in Advertising, New York 1961.

Refakar, M./Ravaonorohanta, N.: The effectiveness of governance mechanisms in emerging markets, in: Corporate Ownership and Control, 17, Nr. 3, 2020, S. 8–26.

Reibnitz, U.: Szenarien, Hamburg 1987.

Reichmann, T.: Controlling mit Kennzahlen und Managementberichten, 8. Aufl., München 2011.

Reichmann, T./Kißler, M./Baumöl, U.: Controlling mit Kennzahlen, 9. Aufl., München 2017.

Reichwald, R.: Informationsmanagement, in: Bitz, M./Domsch, M./Ewert, F./Wagner, W. (Hrsg.): Vahlens Kompendium der Betriebswirtschaftslehre, Band 1, 5. Aufl., München 2005, S. 247–301.

Reichwald, R./Koller, H.: Die Dezentralisierung als Maßnahme zur Förderung der Lernfähigkeit von Organisationen, in: Bullinger, H.-J. (Hrsg.): Lernende Organisationen, Stuttgart 1996, S. 105–153.

Reichwald, R./Wildemann, H.: Innovation und Kreativität im Unternehmen, Stuttgart 1995a.

Reichwald, R./Wildemann, H.: Kreative Unternehmen, Stuttgart 1995b.

Reillier, L./Reillier, B.: Platform strategy: How to unlock the power of communities and networks to grow your business, London/New York 2017.

Reimer, M./Schäffer, U./Weber, J.: Erfolgreiches Management Reporting, Vallendar 2019.

Reimer, M./Schäffer, U./Weber, J.: Planung als Steuerungsinstrument: Die Budgetierung im Fokus, Vallendar 2019.

Reinermann, H.: Systemanalytische Implementierungsstrategien, in: Pfohl, H. C./Rürupp, B. (Hrsg.): Anwendungsprobleme moderner Planungs- und Entscheidungstechniken, Königstein 1978, S. 49–78.

Reinhardt, K.: Digitale Transformation der Organisation, Wiesbaden 2020.

Reinhardt, R.: Das Modell organisationaler Lernfähigkeit und die Gestaltung lernfähiger Organisationen, 2. Aufl., Frankfurt a. M. 1995.

Reinsel, D./Gantz, J./Rydning, J.: Data Age 2025; The Digitization of the World, Framingham 2018.

Reiß, M.: Matrixsurrogate, in: Zeitschrift Führung + Organisation, 63, Nr. 3, 1994, S. 152–165.

Reißiger, W./Voigt, T./Schmitt, R.: Six Sigma, in: Schmitt, R/ Pfeifer, T. (Hrsg.): Masing Handbuch Qualitätsmanagement, 5. Aufl., München 2007, S. 251–283.

Reitsperger, W. D./Daniel, S. J./Tallman, S. B./Chismar, W. G.: Product Quality and Cost Leadership, in: Management International Review, 33, Nr. 1, 1993, S. 7–22.

Remmel, M.: Budgetierungsprozess, in: Horváth, P./Reichmann, T. (Hrsg.): Vahlens Großes Controllinglexikon, 2. Aufl., München 2003, S. 102–103.

Renzl, B./Matzler, K./Huemer, E./Rothenberger, S.: Wissensbilanzierung an Universitäten, in: Matzler, K./Hinterhuber, H./Renzl, B./Rothenberger, S. (Hrsg.): Immaterielle Vermögenswerte, Berlin 2005, S. 231–249.

Reuschenbach, D./Isensee, J./Ostrowicz, S.: RPA im Controlling: Steigerung der Effizienz im Reporting durch Robotic Process Automation, in: Klein, A./Gräf, J.(Hrsg.): Reporting und Business Analytics, Freiburg/München/Stuttgart 2020, S. 65–76.

Ricardo, D.: On the Principles of Political Economy and Taxation, London 1817.

Rich, E.: Artificial Intelligence, London 1978.

Richardson, G. B.: The Organization of Industry, in: Economic Journal, 82, Nr. 2, 1972, S. 883–896.

Richter, M.: Personalführung, 4. Aufl., Stuttgart 1999.

Ridder, H.-G.: Personalwirtschaftslehre, 5. Aufl., Stuttgart 2015.

Riedl, J. E.: Projekt-Controlling in Forschung und Entwicklung, Berlin 1990.

Riedl, R.: Begriffliche Grundlagen des Business Process Outsourcing, in: Information Management & Consulting, 18, Nr. 3, 2003, S. 6–10.

Riedl, R.: Menschliches Informationsverhalten, in: Wirtschaftsinformatik & Management, 8, Nr. 2, 2016, S. 54–65.

Rieg, R.: Beyond Budgeting, in: Controlling, 13, Nr. 11, 2001, S. 571–576.

Rieg, R.: Planung und Budgetierung. Was wirklich funktioniert, 2. Aufl., Wiesbaden 2015.

Rieg, R./Oehler, K.: Beyond Budgeting, in: ICV (Hrsg.): Moderne Budgetierung, Freiburg 2009, S. 97–114.

Rieg, R./Teichert, L. G.: Prozesskostenmanagement und Electronic Business, in: Controlling, 12, Nr. 2, 2000, S. 95–100.

Rieg, R.: Eine Prognose ist (noch) kein Plan, in: Controlling, 30, Nr. 6, 2018, S. 22–28.

Rieg, R.: Planung im Team: Die Weisheit der vielen nutzen, in: Gleich, R./Kappes, M./Leyk, J. (Hrsg.): Planung, Budgetierung und Forecasting, Freiburg/München/Stuttgart 2019, S. 55–66.

Ries, E.: Lean startup: Schnell, risikolos und erfolgreich Unternehmen gründen, 5. Aufl., München 2017.

Ries, E.: The Startup Way: Das Toolkit für das 21. Jahrhundert, mit dem jedes Unternehmen erfolgreich sein kann, München 2018.

Rifkin, J.: The Third Industrial Revolution, New York 2011.

Rinza, P.: Projektmanagement, 4. Aufl., Düsseldorf 1998.

Robbins, S. P.: Organisation der Unternehmung, 9. Aufl., München 2001.

Robertson, B.: Holocracy, München 2016.

Rockart, J. F.: Chief Executives Define Their own Data Needs, in: Harvard Business Review, 14, Nr. 2, 1979, S. 81–93.

Rockart, J. F.: The Line Takes the Leadership – IS Management for the Wired Society, in: Sloan Management Review, 29, Nr. 4, 1988, S. 57–64.

Roehl, H.: Instrumente der Wissensorganisation, Wiesbaden 2000.

Rogers, E. M.: Diffusion of innovations, New York/London/Toronto/Sydney 1962.

Romeike, F./Hager, P.: Erfolgsfaktor Risikomanagement 4.0, 4. Aufl., Wiesbaden 2020.

Romhardt, K.: Das Lernarenakonzept, Genf 1995.

Romhardt, K.: Die Organisation aus der Wissensperspektive, Wiesbaden 1998.

Rommel, G./Kempis, R.-D./Kaas, H.-W.: Does Quality pay?, in: The McKinsey Quarterly, Nr. 1, 1994, S. 51–63.

Roos, G./Pike, P./Fernström, L.: Intellectual Capital Management, Measurement and Disclosure, in: Horváth, P./Möller, K. (Hrsg.): Intangibles in der Unternehmenssteuerung, München 2004, S. 127–158.

Rosenstiel, L.: Grundlagen der Organisationspsychologie, 7. Aufl., Stuttgart 2011.

Rosenstiel, L.: Leadership und Change, in: Bruch, H./Krummaker, S./Vogel, B. (Hrsg.): Leadership, 2. Aufl., Wiesbaden 2012, S. 145–156.

Rösler, C./Ehlken, J./Rauh, A.: Campus-Planung bei der DB Schenker, in: Controlling & Management Review, 59, 1, 2015, S. 60–65.

Roth, G./Herbst, S.: Warum es so schwierig ist, sich und andere zu ändern, 2. Aufl., Stuttgart 2020.

Rousseau, J.-J.: Träumereien eines einsamen Spaziergängers, Stuttgart 2003.

Rüegg-Stürm, J./Gomez, P.: From Reality to Vision – From Vision to Reality, in: International Business Review, Nr. 4, 1994, S. 369–394.

Rüegg-Stürm, J./Grand, S.: Das St. Galler Management-Modell, Bern 2014.

Rüegg-Stürm, J./Grand, S.: Das St. Galler Management-Modell: Management in einer komplexen Welt, 2. Aufl., Bern 2020.

Ruf, M.: Personalmanagement 4.0, in: Erner, M. (Hrsg.): Management 4.0 – Unternehmensführung im digitalen Zeitalter, Berlin 2019, S. 349–387.

Russell, B.: Human Knowledge: Its Scope and Limits, 2. Aufl., New York 1948.

Ruthekolck, T.: Informations-Controlling, Optionen der organisatorischen Gestaltung, in: Information Management, 5, Nr. 3, 1990, S. 28–33.

Saatweber, J.: Quality Function Deployment, in: Masing, W. (Hrsg.): Handbuch Qualitätsmanagement, 4. Aufl., München 1999, S. 445–468.

Saint-Exupéry, A. de: Die Stadt in der Wüste/Citadelle, München 1948.

Sakurai, M.: Integratives Kostenmanagement, München 1997.

Salzberger, W.: Sarbanes-Oxley Act of 2002, in: Wirtschaftswissenschaftliches Studium, 32, Nr. 3, 2003, S. 165–166.

Samuelson, P. A./Nordhaus, W. D.: Volkswirtschaftslehre, 15. Aufl., Wien 1998.

Sandt, J.: Cash Value Added – Relevance Lost!, in: Controlling Management Review, 62, Nr. 9, 2018, S. 40–47.

Sarkar, M./Cavusgil, S. T.: Trends in International Business Thought and Literature, in: The International Executive, 38, Nr. 6, 1996, S. 825–847.

Sashkin, M.: The Visionary Leader, in: Conger, J. A./Kanungo, R. N. (Hrsg.): Charismatic Leadership:, San Francisco 1988, S. 122–160.

Satzger, G./Enders, T./Reimer, N.: Künstliche Intelligenz, in: Controlling, 29, 2017, S. 24–30.

Saunders, C./Gebelt, M./Hu, Q.: Achieving Success in Information Systems Outsourcing, in: California Management Review, 39, Nr. 2, 1997, S. 63–79.

Sawczyn, A.: Unternehmerische Nachhaltigkeit und wertorientierte Unternehmensführung. Diss, Erlangen/Nürnberg 2011.

Schach, D.: Organisatorischen Herausforderungen des 21. Jahrhunderts mit Design Thinking begegnen, in: Zeitschrift für Organisationsentwicklung, 36, Nr. 3, 2018, S. 73–81.

Schäfer, D.: Kreditverbriefungen, in: DIW-Wochenbericht, 75, Nr. 73, 2008, S. 686.

Schäffer, U.: Kontrolle als Lernprozeß, Wiesbaden 2001.

Schäffer, U./Kramer, S.: Experimentelle Erkenntnisse zu menschlichem Verhalten in Budgetverhandlungen, in: Zeitschrift für Controlling & Management, 53, Nr. 4, 2009, S. 254–256.

Schäffer, U./Zyder, M.: Beyond Budgeting – ein neuer Management Hype?, in: Zeitschrift für Controlling & Management, 47, Nr. 1 Sonderheft, 2003, S. 101–110.

Schäffer, U./Zyder, M.: Beyond Budgeting – eine kritische Würdigung, in: Daum, J. H. (Hrsg.): Beyond Budgeting, München 2005, S. 245–268.

Schaltegger, S.: Nachhaltigkeitsmangement in Unternehmen, Berlin/Lüneburg 2007.

Schaper, T.: Industriekundenmanagement, Stuttgart 2001.

Scheer, A. W.: Wirtschaftsinformatik, 7. Aufl., Berlin 1998.

Scheer, A.-W.: ARIS, 4. Aufl., Berlin 2002.

Schein, E. H.: Organizational Psychology, Englewood Cliffs 1965.

Schein, E. H.: How can Organizations Learn Faster?, in: Sloan Management Review, 35, 1993, S. 85–92.

Schein, E.: Coming to a new Awareness of Organizational Culture, in: Sloan Management Review, 25, Nr. 2, 1984, S. 3–16.

Schein, E. H./Schein, P.: Organizational culture and leadership, 5. Aufl., Hoboken, New Jersey 2017.

Scheller, T.: Auf dem Weg zur agilen Organisation, München 2017.

Schendel, D.: Knowledge and the Firm, in: Strategic Management Journal, 17, Nr. 2, 1996, S. 1–4.

Schendel, D. E./Hofer, C.: Strategic Management: A New View of Business Policy and Planning, Boston 1979.

Schentler, P./Rieg, R./Gleich, R.: Budgetierung im Spannungsverhältnis zwischen Motivation und Koordination, in: Controlling, 22, Nr. 1, 2010, S. 6–11.

Scherrer, C./Kunze, C.: Globalisierung, München/Köln 2011.

Scheuer, D.: Akzeptanz von Künstlicher Intelligenz, Wiesbaden 2020.

Scheytt, S.: Filialen an die Macht, in: McK Wissen, 8, 2004, S. 68–73.

Schick, S.: Interne Unternehmenskommunikation, 5. Aufl., Stuttgart 2014.

Schildmeyer, G./Horváth, P.: Weiterentwicklung des Planungssystems bei Bayer, in: Controlling, 30, Nr. 6, 2018, S. 72–76.

Schimank, C.: Shared Service Center, in: Controlling, 16, Nr. 3, 2004, S. 171–172.

Schipp, B./Töpfer, A.: Statistische Anforderungen des Six Sigma Konzepts, in: Töpfer, A. (Hrsg.): Six Sigma, 4. Aufl., Berlin 2007, S. 196–205.

Schirmer, F./Luzens, M.-A.: Widerstand und Ambivalenz im Veränderungsprozess am Beispiel eines Flexible-Office-Projektes, in: Zeitschrift Führung + Organisation, 72, Nr. 6, 2003, S. 316–323.

Schirmer, W.: Führung und Qualität, in: Schmitt, R./Pfeifer, T. (Hrsg.): Masing Handbuch Qualitätsmanagement, 6. Aufl., München 2014, S. 1022–1039.

Schlegel, H.: Computergestützte Unternehmensplanung und -kontrolle, München 1996.

Schlick, J./Stephan, P./Loskyll, M./Lappe, D.: Industrie 4.0 in der praktischen Anwendung, in: Bauernhansl, T./Hompel, M. ten/Vogel-Heuser, B. (Hrsg.): Industrie 4.0 in Produktion, Automatisierung und Logistik, Wiesbaden 2014, S. 57–84.

Schmalenbach, E.: Finanzierungen, 3. Aufl., Leipzig 1922.

Schmalholz, C. G.: Planlos-Wirtschaft, in: Enable, 12, Nr. 1, 2011, S. 6–11.

Schmall, T.: Balanced Scorecard als Führungsinstrument, in: Horváth, P. (Hrsg.): Die Strategieumsetzung erfolgreich steuern: Strategien beschreiben, messen und steuern, Stuttgart 2004, S. 175–204.

Schmelzer, H. J./Sesselmann, W.: Geschäftsprozessmanagement in der Praxis, 9. Aufl., München/Wien 2020.
Schmid, S.: Strategien der Internationalisierung, München 2006.
Schmid, S./Oesterle, M.-J.: Internationales Management als Wissenschaft, in: Oesterle, M.-J./Schmid, S. (Hrsg.): Internationales Management, Stuttgart 2009, S. 5–10.
Schmid, S.: Strategies of Internationalization: An Overview, in: Schmid, S. (Hrsg.): Internationalization of Business, Wiesbaden 2018, S. 1–26.
Schmid, U.: Ökologiegerichtete Wertschöpfung in Industrieunternehmungen, Frankfurt a. M. 1996.
Schmid, U.: Umweltschutz – Eine strategische Herausforderung für das Management, Frankfurt 1989.
Schmidt, D.: Strategisches Management komplexer Systeme, Frankfurt a. M. 1992.
Schmidt, M.: Widerstände bei organisatorischem Wandel, Frankfurt a. M. 1996.
Schmidt, O.: Corporate Governance für Familienunternehmen, in: Going Public, Nr. 8, 2005, S. 38–39.
Schmidt, W.: Praktische Personalführung und Führungstechnik, Heidelberg 1999.
Schmiedeknecht, M. H./Wieland, J.: ISO 26000, 7 Grundsätze, 6 Kernthemen, in: Schneider, A./Schmidpeter, R. (Hrsg.): Corporate Social Responsibility, Berlin/Heidelberg 2012.
Schmitt, J.: Der ausgelagerte Roboter, in: Finance, Nov./Dez., 2017, S. 70–72.
Schmitt, R./Pfeifer, T.: Qualitätsmanagement, 5. Aufl., München 2015.
Schmitz, B.: Employer Branding und Personalmarketing am Beispiel Bayer, in: Busold, M. (Hrsg.): War for Talents, 2. Aufl., Berlin 2019, S. 221–233.
Schnabl, H.: Nichtlinearität und Chaos in der Wirtschaft, in: Wirtschaftswissenschaftliches Studium, 20, Nr. 11, 1991, S. 559–565.
Schnauffer, R./Jung, H.: CRM-Entscheidungen richtig treffen, Heidelberg 2004.
Schneck, O.: Lexikon der Betriebswirtschaft, 6. Aufl., München 2005.
Schneider, W.: Kundenzufriedenheit, Augsburg 2000.
Schneider, W.: Erfahrungen mit IAS/IFRS und Wertorientierung, in: Horváth, P. (Hrsg.): Die Strategieumsetzung erfolgreich steuern, Stuttgart 2004, S. 205–226.
Schnettler, J./Wendt, G.: Marketing und Marktforschung, 2. Aufl., Berlin 2006.
Schnetzer, R./Soukup, M.: Business Excellence effizient und verständlich, Braunschweig 2001.
Scholl, W.: Informationspathologien, in: Frese, E. (Hrsg.): Handwörterbuch der Organisation, 3. Aufl., Stuttgart 1992, S. 900–912.
Scholz, C.: Planning Procedures in German Companies, in: LRP, 17, Nr. 6, 1984, S. 94–103.
Scholz, C.: Organisationskultur, in: Schmalenbachs Zeitschrift für betriebswirtschaftliche Forschung, 40, Nr. 3, 1988, S. 243–272.
Scholz, C.: Personalcontrolling, in: Horváth, P./Reichmann, T. (Hrsg.): Vahlens Großes Controllinglexikon, 2. Aufl., München 2003, S. 534–538.
Scholz, C.: Personalmanagement, 6. Aufl., München 2013.
Scholz, C./Scholz, T. M.: Grundzüge des Personalmanagements, 3. Aufl., München 2019.
Scholz, R./Vrohlings, A.: Prozeß-Leistungs-Transparenz, in: Gaitanides, M./Scholz, R./Vrohlings, A./Raster, M. (Hrsg.): Prozessmanagement, München 1994, S. 37–98.
Scholz-Reiter, B./Jakobza, J.: Supply Chain Management, in: HMD – Praxis der Wirtschaftsinformatik, 35, Nr. 207, 1999, S. 7–15.
Schomann, M.: Wissensorientiertes Performance Measurement, Wiesbaden 2001.
Schönborn, G./Peetz, S.: Der Einfluss der Wertekultur auf den Erfolg, in: Frankfurter Allgemeine Zeitung, Nr. 177, 2.8.2004, S. 16.
Schönsleben, P./Hieber, R.: Gestaltung von effizienten Wertschöpfungspartnerschaften im Supply Chain Management, in: Busch, A./Dangelmaier, W. (Hrsg.): Integriertes Supply Chain Management, 2. Aufl., Wiesbaden 2004, S. 45–62.
Schreyer, M.: Entwicklung und Implementierung von Performance Measurement Systemen, Wiesbaden 2007.
Schreyögg, G.: Unternehmenskultur und Innovation, in: Personal, 41, Nr. 9, 1989, S. 370–373.
Schreyögg, G.: Organisation, 5. Aufl., Wiesbaden 2008.
Schröder, E. F.: Modernes Unternehmens-Controlling, 8. Aufl., Ludwigshafen 2003.
Schruff, L./Haaker, A.: Immaterielle Werte in der deutschen und internationalen Rechnungslegung, in: Möller, K./Piwinger, M./Zerfaß, A. (Hrsg.): Immaterielle Vermögenswerte: Bewertung, Berichterstattung und Kommunikation, Stuttgart 2009, S. 49–72.
Schrumpf, R./Posselt, S.: Unternehmensnachfolge bei der Manufaktur für Druckstoffe GmbH, in: Dillerup, R./Stoi, R. (Hrsg.): Fallstudien zur Unternehmensführung, 2. Aufl., München 2012, S. 49–56.
Schuh, G./Riesener, M.: Produktkomplexität managen, 3. Aufl., München 2018.
Schubert, M.: Qualitätszirkel, in: Masing, W. (Hrsg.): Handbuch Qualitätsmanagement, 4. Aufl., München 1999, S. 1075–1100.
Schubert, S./Kämker, D.: Der Beitrag des Controlling auf dem Wachstumspfad der OnVista AG, in: Kostenrechnungspraxis, 45, Nr. 2 Sonderheft, 2001, S. 27–31.
Schuller, F.: Wissensaufbau erfordert eine offene Lernkultur, in: Gablers Magazin, 12, Nr. 5, 1998, S. 27–30.
Schulman, D./Hammer, M.: Shared Services, New York 1999.
Schulte, C.: Personal-Controlling mit Kennzahlen, 3. Aufl., München 2011.
Schulte-Zurhausen, M.: Organisation, 6. Aufl., München 2014.
Schulz, C.: Wiki-Friedhof ade! Unternehmensinternes Wissensmanagement leichtgewichtig und nutzerzentriert umsetzen, in: Wirtschaftsinformatik & Management, 8, Nr. 5, 2016, S. 78–85.
Schulz, O.: Nachhaltige ganzheitliche Wertschöpfungsketten, in: Schneider, A./Schmidpeter, R. (Hrsg.): Corporate Social Responsibility, Berlin/Heidelberg 2012.
Schulz von Thun, F.: Miteinander reden 1, Reinbek 1993.
Schumpeter, J.: Theorie der wirtschaftlichen Entwicklung, Düsseldorf 1911.
Schuppan, N.: Globale Rezession, Wismar 2011.
Schüppel, J.: Wissensmanagement, Wiesbaden 1996.
Schwaber, K.: Scrum Development Process, in: Sutherland, J./Patel, D./Casanave, C./Hollowell, G./Miller, J. (Hrsg.): Business Objects Design and Implementation, Berlin/Heidelberg 1995, S. 117–135.
Schwaber, K./Sutherland, J.: ScrumGuides, 2020. www.scrumguides.org.
Schwalbach, J./Klink, D.: Der Ehrbare Kaufmann als individuelle Verantwortungskategorie der CSR-Forschung, in: Schneider, A./Schmidpeter, R. (Hrsg.): Corporate Social Responsibility, Berlin/Heidelberg 2012, S. 219–240.
Schwaninger, M.: Integrale Unternehmensplanung, Frankfurt a. M. 1989.
Schwaninger, M.: Managementsysteme, Frankfurt a. M. 1994.

Schwarz, G.: Unternehmenskultur als Element des Strategischen Managements, Berlin 1989.

Schwarz, S./Lamprecht, M./Schmidt, D./Markgraf, M.: Prozessoptimierung bei der Meno Handy GmbH, in: Dillerup, R./Stoi, R. (Hrsg.): Fallstudien zur Unternehmensführung, 2. Aufl., München 2012.

Schwarze, J.: Projektmanagement mit Netzplantechnik, 11. Aufl., Herne 2014.

Schwickert, A./Beemelmann, T./Kargl, H.: ISO 9000 – Normung für Qualitätssicherungssysteme (I), in: WISU Das Wirtschaftsstudium, 24, Nr. 2, 1995, S. 127–131.

Schwickert, A./Beemelmann, T./Kargl, H.: ISO 9000 – Normung für Qualitätssicherungssysteme (II), in: WISU Das Wirtschaftsstudium, 24, Nr. 3, 1995, S. 207–213.

scrumalliance: The State of Scrum: Benchmarks and Guidelines, 2013, www.scrumalliance.org.

Seasongood, S.: Not just for the assembly line: A case for Robotics in Accounting and Finance, in: Financial Executive, 32, Nov., 2016, S. 31–39.

SEC: Strengthening Financial Markets, New York 2001.

Seelhofer, D.: Das Leadership Buch, Hallbergmoos 2020.

Seffinga, J./Lyons, L./Bachmann, A.: Die Blockchain (R)evolution, Zürich 2017.

Seibold, L. K./Lantelme, M./Kormann, H.: German Family Enterprises, Cham 2019.

Seibt, D.: Ausgewählte Probleme und Aufgaben der Wirtschaftsinformatik, in: Wirtschaftsinformatik, 32, Nr. 1, 1990, S. 7–19.

Seidel, T.: Ein agiles Reifegradmodell für Organisationen, in: Lang, M./Scherber, S. (Hrsg.): Der Weg zum agilen Unternehmen: Wissen für Entscheider, München 2019, S. 53–79.

Seidenschwarz, W.: Nie wieder zu teuer!, Stuttgart 1997.

Seidenschwarz, W.: Steuerung unternehmerischen Wandels, München 2003.

Seidenschwarz, W.: Target Costing, in: Diller, H./Herrmann, A. (Hrsg.): Handbuch Preispolitik, Wiesbaden 2003, S. 107–131.

Seidenschwarz, W.: Marktorientiertes Prozessmanagement, 2. Aufl., München 2012.

Seidenschwarz, W./Knust, P.: Target Costing im E-Business, in: Controlling, 12, Nr. 8/9, 2000, S. 425–431.

Seiffert, H.: Information über die Information, 3. Aufl., München 1971.

Seiter, M./Autenrieth, P.: Steuerung plattformbasierter Geschäftsmodelle, in: Controlling, 31, Nr. 6, 2019, S. 11–17.

Seiter, M.: Business Analytics, 2. Aufl., München 2019.

Selders, J.: Controlling und unternehmerisches Denken – nicht unbedingt ein Widerspruch!, in: Controller Magazin, 32, Nr. 1, 2007, S. 85–89.

Sendler, U.: Industrie 4.0 – Beherrschung der industriellen Komplexität mit SysLM (Systems Lifecycle Management), in: Sendler, U. (Hrsg.): Industrie 4.0: Beherrschung der industriellen Komplexität mit SysLM, Berlin/Heidelberg 2013, S. 1–19.

Senge, P. M.: The Fifth Discipline, New York 1990.

Senge, P. M.: Die fünfte Disziplin, 11. Aufl., Stuttgart/Heidelberg 2017.

Senger, H.: Die Kunst der List, 5. Aufl., München 2006.

Servatius, H.-G.: Vom strategischen Management zur evolutionären Führung, Stuttgart 1991.

Servatius, H.-G.: Nachhaltige Wertsteigerung mit immateriellen Vermögen, in: Horváth, P./Möller, K. (Hrsg.): Intangibles in der Unternehmenssteuerung, München 2004, S. 83–95.

Seth, A.: The Strength of weak artificial consciousness, in: International Journal of Machine Consciousness, 1, Nr. 1, 2009, S. 71–82.

Seufert, A./Back, A./Krogh, G.: Wissensnetzwerke, in: Götz, K. (Hrsg.): Wissensmanagement, 4. Aufl., München 2002, S. 133–156.

Seufert, A.: Das Controlling als Business Partner, in: Gleich, R./Grönke, K./Kirchmann, M./Leyk, J. (Hrsg.): Controlling und Big Data, Freiburg/München/Stuttgart 2014, S. 23–45.

Shambaugh, D.: China's Propaganda System, in: Brødsgaard, K. E. (Hrsg.): Critical readings on the Communist Party of China, Leiden 2016.

Shapiro, C./Varian, H.R.: Information Rules, Boston 1999.

Sharpe, W.: Capital Asset Prices, in: Journal of Finance, 19, Nr. 3, 1964, S. 425–442.

Shedroff, N.: Information Interaction Design, in: Jacobson, R. (Hrsg.): Information Design, Cambridge 2000, S. 267–292.

Shillinglaw, G.: Managerial Cost Accounting, 5. Aufl., Homewood 1982.

Sichart, S./Preußig, J.: Agil führen, Freiburg 2019.

Siegwart, H./Menzl, I.: Kontrolle als Führungsaufgabe, Bern 1978.

Sietz, M.: Nachhaltigkeit, Frankfurt a. M. 2008.

Simon, H.: Wettbewerbsvorteile und Wettbewerbsfähigkeit, Stuttgart 1988.

Simon, H.: „Hidden champions": Speerspitze der deutschen Wirtschaft, Mainz 1990.

Simon, H.: Die heimlichen Gewinner, 5. Aufl., Frankfurt/Main 1998.

Simon, H.: Hidden Champions – Die neuen Spielregeln im chinesischen Jahrhundert, Frankfurt/New York 2021.

Simon, V.: Management, Unternehmungskultur und Problemverhalten, Wiesbaden 2000.

Sinek, S.: Start with why, New York 2009.

Sinek, S.: Wie großartige Führungspersönlichkeiten zur Handlung inspirieren, 2021. https://www.youtube.com/watch?v=u4ZoJKF_VuA.

Slevin, D. P./Pinto, J. K.: Critical success factors in R&D Projects, in: Research Technology Management, 32, Nr. 1, 1989, S. 31–35.

Slodczyk, K./Hennes, M./Weißenborn, C.: Kraft Foods erobert die Weltspitze, in: Handelsblatt, 19.1.2010, S. 22–23.

Slywotzky, A.: Value Migration, Boston 1996.

Smith, A.: An Inquiry Into the Nature and Causes of the Wealth of Nations, London 1776.

Snowden, D. J./Boone, M. E.: A Leader's Framework for Decision Making, in: Harvard Business Review, 85, Nr. 11, 2007, S. 68–76.

Soin, S. S.: Total Quality Control Essentials, New York 1992.

Sokol, A./Hogan, M.: NIST Cloud Computing Standards Roadmap, Gaithersburg 2013.

Solow, R. M.: A Contribution to the Theory of Economic Growth, in: The Quarterly Journal of Economics, 70, Nr. 1, 1956, S. 65–94.

Sommer, R./Kleber, R./Janssen, M./Horváth, P.: Work Hard, Have fun, Make History, in: Controlling, 12, Nr. 8/9, 2000, S. 393–396.

Speckbacher, G./Güldenberg, S./Ruthner, R.: Externes Reporting über immaterielle Vermögenswerte, in: Horváth, P./Möller, K. (Hrsg.): Intangibles in der Unternehmenssteuerung, München 2004, S. 435–454.

Spielvogel, V.: CI ganzheitlich gestalten, Götttingen 2004.

Sprenger, R.: Vertrauen, in: Bruch, H./Krummaker, S./Vogel, B. (Hrsg.): Leadership, 2. Aufl., Wiesbaden 2012, S. 77–86.

Stacey, R. D.: The Chaos Frontier: Creative Strategic Control for Business, Oxford 1991.

Stackelberg, H. von: Marktform und Gleichgewicht, Wien 1934.

Stäcker, O./Stanoevska-Slabeva, K.: Quo vadis Chatbots?, in: Wirtschaftsinformatik & Management, 10, Nr. 6, 2018, S. 38–46.

Staehle, W. H.: Management, 8. Aufl., München 1999.

Stahl, J.: Wandel akzeptieren, Wandel bewirken – Die Rolle der Mitarbeiter bei der Strategischen Erneuerung, in: Krüger, W./Bach, N. (Hrsg.): Excellence in Change: Wege zur strategischen Erneuerung, 5. Aufl., Wiesbaden 2014, S. 129–162.

Stahl, U.: New Work und das neue WIR, in: Wirtschaftsinformatik & Management, 11, Nr. 5, 2019, S. 296–303.

Stahlknecht, P./Hasenkamp, U.: Einführung in die Wirtschaftsinformatik, 11. Aufl., Berlin 2005.

Stallmann, F./Wegner, U.: Internationalisierung von E-Commerce-Geschäften, Wiesbaden 2015.

Stalk, G./Evans, P./Shulman, L.: Competing on Capabilities, in: Harvard Business Review, 70, Nr. 2, 1992, S. 57–69.

Staudt, E.: Reporting und strategische Steuerung im Profifußball, in: Karagiannis, D./Rieger, B. (Hrsg.): Herausforderungen in der Wirtschaftsinformatik, Berlin 2006, S. 127–142.

Stedry, A.: Budget Control and Cost Behavior, Englewood Cliffs 1960.

Steers, R. M./Sanchez-Runde, C. J./Nardon, L.: Managment Across Cultures, 4. Aufl., Cambridge 2011.

Stein, I.: Die Theorien der multinationalen Unternehmung, in: Schoppe, S. (Hrsg.): Kompendium der internationalen Betriebswirtschaftslehre, München/Wien 1991, S. 49–151.

Steinhaus, H./Kraft, S.: Controlling der Strategischen Erneuerung, in: Krüger, W./Bach, N. (Hrsg.): Excellence in Change: Wege zur strategischen Erneuerung, 5. Aufl., Wiesbaden 2014, S. 265–294.

Steinmann, H./Löhr, A.: Grundlagen der Unternehmensethik, 2. Aufl., Stuttgart 1994.

Steinmann, H./Schreyögg, G./Koch, J.: Management, 7. Aufl., Wiesbaden 2013.

Stelter, D./Strack, R./Roos, A.: Bewertung und wertorientierte Steuerung von E-Business-Unternehmen, in: Controlling, 12, Nr. 8/9, 2000, S. 409–415.

Sterman, J. D.: Business Dynamics, Boston 2009.

Stern, J. M./Shiely, J. S./Ross, I.: Wertorientierte Unternehmensführung mit Economic Value Added, München 2002.

Stern, T./Jaberg, H.: Erfolgreiches Innovationsmanagement, 4. Aufl., Wiesbaden 2010.

Steward, G. B.: The Quest for Value, New York 1990.

Stewart, T.: Intellectual Capital, New York 1997.

Stewart, T.: Der vierte Produktionsfaktor, München 1998.

Stock-Homburg, R./Groß, M.: Personalmanagement, 4. Aufl., Wiesbaden 2019.

Stoi, R.: Organisatorische Aspekte des Prozesskostenmanagements, in: Zeitschrift Führung + Organisation, 68, Nr. 5, 1999, S. 278–283.

Stoi, R.: Prozesskostenmanagement erfolgreich einführen, in: Controller Magazin, 24, Nr. 2, 1999, S. 103–110.

Stoi, R.: Prozesskostenmanagement erfolgreich einsetzen, in: Kostenrechnungspraxis, 43, Nr. 2, 1999, S. 91–98.

Stoi, R.: Prozesskostenmanagement in Deutschland, in: Controlling, 11, Nr. 2, 1999, S. 53–60.

Stoi, R.: Prozessorientiertes Kostenmanagement in der deutschen Unternehmenspraxis, München 1999.

Stoi, R.: Controlling von Intangibles, in: Weber, J./Hirsch, B. (Hrsg.): Controlling als akademische Disziplin, Wiesbaden 2002, S. 255–266.

Stoi, R.: New Economy Controlling, in: Gleich, R./Möller, K./Seidenschwarz, W./Stoi, R. (Hrsg.): Controllingfortschritte, München 2002, S. 149–170.

Stoi, R.: Controlling von Intangibles, in: Controlling, 15, Nr. 3/4, 2003, S. 38–46.

Stoi, R.: Management und Controlling von Intangibles auf Basis der immateriellen Werttreiber des Unternehmens, in: Horváth, P./Möller, K. (Hrsg.): Intangibles in der Unternehmenssteuerung: Strategien und Instrumente zur Wertsteigerung des immateriellen Kapitals, München 2004, S. 187–201.

Stoi, R.: Strategieumsetzung mit der Balanced Scorecard bei der Schlummer GmbH, in: Dillerup, R./Stoi, R. (Hrsg.): Fallstudien zur Unternehmensführung, 2. Aufl., München 2012, S. 185–195.

Stoi, R.: Strategische Planung bei der Schlummer GmbH, in: Dillerup, R./Stoi, R. (Hrsg.): Fallstudien zur Unternehmensführung, 2. Aufl., München 2012, S. 159–184.

Stoi, R./Binder, B.: Prozessorientierte Centersteuerung am Beispiel eines internen Dienstleistungscenters der Mercedes-Benz AG, in: Kostenrechnungspraxis, 41, Nr. 5, 1997, S. 270–275.

Stoi, R./Braun, L. G./Große, H.-W.: Unternehmenssteuerung ohne Budgets bei der B. Braun Melsungen AG, in: Zeitschrift für Controlling & Management, 55, Nr. 1, 2011, S. 33–39.

Stoi, R./Giehl, M.: Prozesskostenrechnung im Vertriebsmanagement, in: Controlling, 7, Nr. 3, 1995, S. 140–147.

Stoi, R./Große, H.-W./Walde, A.: Planlos zum Erfolg. Erfahrungen mit Forecasts als Führungsinstrument bei der B. Braun Melsungen AG, in: Zeitschrift für Controlling & Management, 56, Nr. 2 Sonderheft, 2012, S. 16–22.

Stoi, R./Luncz, F.: Prozessorientierte Verrechnung administrativer Serviceleistungen einer Management-Holding, in: Controlling, 8, Nr. 5, 1996, S. 304–311.

Stoi, R./Asenkerschbaumer, S./Bley, K.: Bosch geht neue Wege in der Wirtschaftsplanung, in: Controlling & Management Review, 59, Nr. 1, 2015, S. 16–23.

Stoi, R., Patz, M.: Dezentrale Transformation durch agile Führung, in: PERSONALquarterly, 74, 2022, Nr. 2, S. 40–47.

Stoi, R.: Kontextorientierte Führung und Organisation: Ein situatives Führungsmodell, in: zfo, 91, 2022, Nr. 2, S. 70–78.

Stölzle, W.: Industrial Relationships, München 1999.

Stoner, J./Freeman, R. E./Gilbert, D. R.: Management, 6. Aufl., Englewood Cliffs 1995.

Stopp, U.: Betriebliche Personalwirtschaft, 27. Aufl., Renningen 2006.

Strassmann, P.: Overview of Strategic Aspects of Information Management, in: Technology and People, Nr. 1, 1982, S. 71–89.

Strauch, B./Reijmer, A.: Soziokratie, München 2018.

Streich, R.: Veränderungsmanagement, in: Reiß, M./Rosenstiel, L.v./Lanz, A. (Hrsg.): Change Management, Stuttgart 1997, S. 237–254.

Streich, R.: Lust und Frust im Changeprozess, in: io management, 73, Nr. 10, 2003, S. 18–25.

Strelecky, J. P.: Das Café am Rande der Welt, München 2007.

Strelecky, J. P.: The big five for life, 10. Aufl., München 2013.

Striening, H.-D.: Prozess-Management, Frankfurt a. M. 1988.

Strietzel, M.: Unternehmenswachstum durch Internationalisierung in Emerging Markets, Wiesbaden 2005.

Strunz, H./Dorsch, M.: Management im internationalen Kontext, München 2009.

Studer, T.: Die Eigenkapitalkosten – Schwachstelle aller Führungsinstrumente der wertorientieren Unternehmensführung, in: Bruhn, M./Lusti, M./Müller, W. R./Schierenbeck, H./Studer, T. (Hrsg.): Wertorientierte Unternehmensführung, Wiesbaden 1998, S. 365–390.

Suhr, K.-P./Ewert, M.: Beyond Budgeting in der Praxis – eine Unternehmensumfrage, in: Controller Magazin, 30, Nr. 2, 2005, S. 168–170.

Sunstein, C. R.: Nudging, in: Consum Policy, 37, Nr. 4, 2014, S. 583–588.

Supply Chain Council: Supply-Chain Operations Reference-Model, Pittsburgh 2005.

Süß, G./Eschlbeck, D.: Der Projektmanagement-Kompass, Braunschweig 2002.

Sutherland, J./Patel, D./Casanave, C./Hollowell, G./ Miller, J. (Hrsg.): Business Objects Design and Implementation, Berlin/Heidelberg 1995.

Sveiby, K. E.: Wissenskapital, Landsberg 1998.

Swoboda, B.: Dynamische Prozesse der Internationalisierung, Wiesbaden 2002.

Sydow, J.: Netzwerkbildung und Kooperation als Führungsaufgabe, in: Kieser, A./Reber, G./Wunderer, R. (Hrsg.): Enzyklopädie Betriebswirtschaftslehre, Band 10: Handwörterbuch der Führung, 2. Aufl., Stuttgart 1995.

Sydow, J./Well, B.: Wissensintensiv durch Netzwerkorganisation, in: Schreyögg, G./Conrad, P. (Hrsg.): Managementforschung, 6. Aufl., Berlin 1996, S. 191–234.

Sydow, J./Möllering, G.: Produktion in Netzwerken, 3. Aufl., München 2015.

Szyperski, N.: Informationsbedarf, in: Grochla, E. (Hrsg.): Handwörterbuch der Organisation, 2. Aufl., Stuttgart 1980, S. 904–913.

Szyperski, N./Müller-Böling, D.: Aufgabenspezialisierung in Planungssystemen, in: Schmalenbachs Zeitschrift für betriebswirtschaftliche Forschung, 36, Nr. 2, 1984, S. 124–147.

Szyperski, N./Winand, U.: Grundbegriffe der Unternehmungsplanung, Stuttgart 1980.

Szyperski, N./Winand, U.: Planung und Rechnungswesen, in: Kosiol, E./Chmielewicz, K./Schweitzer, M. (Hrsg.): Handwörterbuch des Rechnungswesens, 2. Aufl., Stuttgart 1981, S. 1348–1368.

Takeuchi, H./Nonaka, I.: The new new product development game, in: Harvard Business Review, 64, Nr. 1, 1986, S. 137–146.

Taleb, N. N.: Der Schwarze Schwan, München 2010.

Tanaka, M.: Cost Planning and Control Systems in the Design Phase of a new Product, in: Monden, Y./Sakurai, M. (Hrsg.): Japanese Management Accounting: A World Class Approach to Profit Management, 3. Aufl., Cambridge 1992, S. 49–71.

Tannenbaum, R./Schmidt, W. H.: How to Choose a Leadership Pattern, in: Harvard Business Review, 36, Nr. 2, 1958, S. 95–101.

Tatje, C./Kilian, G.: Unruhe ist fast schon Normalzustand, in: Die Zeit, 2020, Nr. 53, S. 28.

Taylor, W.: The Principles of Scientific Management, New York 1911.

Teece, D.: Managing Intellectual Capital, New York 2000.

Teece, D./Pisano, G./Shuen, A.: Dynamic Capabilities and Strategic fit, in: Strategic Management Journal, 18, Nr. 7, 1997, S. 510–533.

Teece, D.: Profiting from technological innovation, in: Research Policy, 15, Nr. 6, 1986, S. 285–305.

Teipel, P./Alberti, M.: Vision und Strategie verwirklichen mit OKR, in: Controlling & Management Review, 63, Nr. 5, 2019, S. 34–39.

Tesch, J./Pfannenberg, J.: Die Medien der Veränderungskommunikation, in: Pfannenberg, J. (Hrsg.): Veränderungskommunikation, 3. Aufl., Frankfurt a. M. 2013, S. 53–70.

Teufel, P.: Der Prozess der ständigen Verbesserung (Kaizen) und dessen Einführung, in: Bullinger, H.-J./Warnecke, H./Westkämper, E. (Hrsg.): Neue Organisationsformen im Unternehmen, 2. Aufl., Berlin 2003, S. 504–525.

Thaler, M./Pierer von Esch, S.: Planung in Zeiten digitaler Geschäftsmodelle, in: Controlling & Management Review, 64, Nr. 3, 2020, S. 8–15.

Thaler, R. H./Johnson, E. J.: Gambling with the house money and trying to break even, in: Management Science, 36, Nr. 6, 1990, S. 643–660.

Thaler, R. H./Sunstein, C. R.: Nudge, Berlin 2011.

Theden, P.: M7 – Sieben Managementwerkzeuge, in: Kamiske, G. F. (Hrsg.): Handbuch QM-Methoden, 3. Aufl., München 2015, S. 739–752.

Theden, P.: Q7 – Sieben Qualitätswerkzeuge, in: Kamiske, G. F. (Hrsg.): Handbuch QM-Methoden, 3. Aufl., München 2015, S. 723–738.

Theden, P.: Qualitätstechniken, in: Zollondz, H.-D./Ketting, M./ Pfundtner, R. (Hrsg.): Lexikon Qualitätsmanagement, 2. Aufl., München 2016, S. 982–984.

Theden, P./Colsman, H.: Qualitätstechniken, 5. Aufl., München 2013.

Thieme, H.-R.: Verhaltensbeeinflussung durch Kontrolle, Berlin 1982.

Thobe, W.: Externalisierung impliziten Wissens, Göttingen 2003.

Thomas, P.: Getting Competitive, New York 1991.

Thommen, J.-P.: Lexikon der Betriebswirtschaft, 4. Aufl., Zürich 2008.

Tiberius, V./Reckenfelderbäumer, M.: Die Schaltbrettunternehmung, Zürich Singen 2004.

Titman, S./Keown, A. J./Martin, J. D.: Financial Management, 13. Aufl., Upper Saddle River 2018.

Tokarski, K. O.: Ethik und Entrepreneurship, Wiesbaden 2009.

Tomys, A.-K.: Kostenorientiertes Qualitätsmanagement, München 1994.

Tönnesmann, J.: Keine Zeit zum Rumprobieren, in: Die Zeit, 2020, Nr. 53, S. 32.

Töpfer, A.: Planungs- und Kontrollsysteme industrieller Unternehmungen, Berlin 1976.

Töpfer, A.: Planungsträger, in: Szyperski, N./Winand, U. (Hrsg.): Handwörterbuch der Planung, Stuttgart 1989, S. 1542–1548.

Töpfer, A.: Six Sigma als Projektmanagement für höhere Kundenzufriedenheit und bessere Unternehmensergebnisse, in: Töpfer, A. (Hrsg.): Six Sigma: Konzeption und Erfolgsbeispiele für praktizierte Null-Fehler-Qualität, 4. Aufl., Berlin 2007, S. 45–98.

Töpfer, A./Günther, S.: Steigerung des Unternehmenswertes durch Null-Fehler-Qualität als strategisches Ziel, in: Töpfer, A. (Hrsg.): Six Sigma: Konzeption und Erfolgsbeispiele für praktizierte Null-Fehler-Qualität, 4. Aufl., Berlin 2007, S. 3–39.

Trapp, R.: Integration des internen und externen Rechnungswesens, in: Z Plan Unternehmenssteuerung, 20, Nr. 3, 2010, S. 303–310.

Travica, B.: New organizational designs, Stamford, Conn. 1999.

Troßmann, E.: Controlling als Führungsfunktion, München 2013.

Trumpf: Bündnis 2016 – Individuell, flexibel, wählbar, Ditzingen 2011.

Tschandl, M./Schentler, P.: Moderne Budgetierung, Gauting 2012.

Tschandl, M./Kogleck, R.: Controller als Innovatoren: Digitalisierungs-Roadmap zum neuen Geschäftsmodell, in: Gleich, R./ Tschandl, M. (Hrsg.): Digitalisierung & Controlling, Freiburg/ München/Stuttgart 2018, S. 27–48.

Tucker, S.: Erfolgreich durch vernetzte Planung, in: Controlling & Management Review, 63, Nr. 4, 2019, S. 52–57.
Tucker, S.: Mehrdimensional planen mit Connected Planning, in: Controlling & Management Review, 64, Nr. 3, 2020, S. 32–39.
Tufte, E. R.: The Visual Display of Quantitative Information, Cheshire 1983.
Tufte, E. R.: Envisioning Information, Cheshire 1990.
TUI: Geschäftsbericht 2020, Hannover 2020.
Turing, A.: Computing Machinery and Intelligence, in: Mind, LIX, Nr. 236, 1950, S. 433–460.

Ulrich, H.: Die Unternehmung als produktives soziales System, 2. Aufl., Bern 1970.
Ulrich, H.: Unternehmungspolitik, 3. Aufl., Bern 1990.
Ulrich, H.: Von der Betriebswirtschaftslehre zur systemorientierten Managementlehre, in: Wunderer, R. (Hrsg.): Betriebswirtschaftslehre als Management- und Führungslehre, 3. Aufl., Stuttgart 1995, S. 173–190.
Ulrich, H./Krieg, W.: Das St. Galler Management-Modell, 2. Aufl., Bern 1973.
Ulrich, H./Probst, G.: Anleitung zum ganzheitlichen Denken und Handeln, Bern 2001.
Ulrich, H.: Die Unternehmung als produktives soziales System, Bern 2001.
Ulrich, P./Fluri, E.: Management, 7. Aufl., Bern 1995.
Ulrich, P./Lehmann, S.: Das Spannungsfeld zwischen CFO, CIO und CDO, in: Controlling & Management Review, 62, Nr. 8, 2018, S. 66–71.
UNCTAD: World Investment Report 2010, New York/Genf 2010.
Ungericht, B.: Strategiebewusstes Management, München 2012.
Uphus, P.: Möglichkeiten zur Koordination von Teilplanungen des Unternehmens unter besonderer Berücksichtigung kybernetischer Aspekte, Aachen 1972.

Vahs, D.: Organisation, 10. Aufl., Stuttgart 2019.
Vahs, D./Brem, A.: Innovationsmanagement, 5. Aufl., Stuttgart 2015.
Vance, A.: Elon Musk, München 2015.
Varela, F. G./Maturana, H. R./Uribe, R.: Autopoiesis: The organization of living systems, its characterization and a model, in: Biosystems, 5, Nr. 4, 1974, S. 187–196.
Veil, P.: Der Zeitfaktor im Change Management, Mering 1999.
Veken, D.: Driven by Purpose: Eine neue Ära, 2021. www.zukunftsinstitut.de/artikel/driven-by-purpose-eine-neue-aera/.
Verbeke, A.: International Business Strategy, Cambridge/New York 2009.
Vernon, R. u. a.: The Manager in the International Economy, London 1996.
Vögele-Ebering, T.: Unternehmensführung, in: Industrieanzeiger, Nr. 5, 2005, S. 16.
Vogel-Heuser, B.: Herausforderungen und Anforderungen aus Sicht der IT und der Automatisierungstechnik, in: Bauernhansl, T./Hompel, M. ten/Vogel-Heuser, B. (Hrsg.): Industrie 4.0 in Produktion, Automatisierung und Logistik, Wiesbaden 2014, S. 37–48.
Vollrath, R.: Die Berücksichtigung von Handlungsflexibilität bei Investitionsentscheidungen, in: Hommel, U./Scholich, M./Vollrath, R. (Hrsg.): Realoptionen in der Unternehmenspraxis: Wert schaffen durch Flexibilität, Berlin 2001, S. 45–78.
Vroom, V.: Work and Motivation, New York 1964.
VW AG: Baukastenprinzip, in: Viavision, 2, 2012.

Wack, P.: Scenarios, in: Harvard business review, 63, Nr. 5, 1985, S. 73–89.
Wackernagel, M./Rees, W.: Our Ecological Footprint, Gabriola Island BC 1996.
Wagner, H.: Einführung in die Weltwirtschaftspolitik, 7. Aufl., Berlin 2014.
Wagner, K.: Ausgestaltung von QM-Systemen auf Basis der ISO-9000-Reihe, in: Schmitt, R/ Pfeifer, T. (Hrsg.): Masing Handbuch Qualitätsmanagement, 5. Aufl., München 2007, S. 173–205.
Waldherr, G.: Der Weg der vielen Hände, in: brand eins, Nr. 7, 2005, S. 118–123.
Wall, F.: Planungs- und Kontrollsysteme, Wiesbaden 1999.
Wall, F./Leitner, S.: Die Relevanz der Nachhaltigkeit für unternehmerische Entscheidungen, in Controlling Zeitschrift, 24, Nr. 4/5, 2012, S. 255–260.
Wallander, J.: Budgeten ett onödigt ont, 2. Aufl., Stockholm 1995.
Wallander, J.: Budgeting an Unnecessary Evil, in: Scandinavian Journal of Management, 15, Nr. 4, 1999, S. 405–421.
Walldorf, E. G.: Auslandsmarketing, Wiesbaden 1987.
Walsh, J.: Was Qualität wirklich bedeutet, in: Gablers Magazin, 9, Nr. 6/7, 1995, S. 20–24.
Warnecke, H.-J.: Der Produktionsbetrieb, Band 1, Berlin 1993.
Warwitz, S. A.: Sinnsuche im Wagnis, 3. Aufl., Baltmannsweiler 2021.
Watermann, R. H.: Adhocracy: Die Macht zur Veränderung, Knoxville 1990.
Watson, G.: Widerstand gegen Veränderungen, in: Bennis, W. G./Benne, K. D./Chin, R. (Hrsg.): Änderung des Sozialverhaltens, Stuttgart 1975, S. 415–429.
Watzlawick, P.: Man kann nicht nicht kommunizieren, 2. Aufl., Bern 2016.
Watzlawick, P./Bavelas, J. B./Jackson, D. D.: Menschliche Kommunikation, 13. Aufl., Bern 2017.
WCED: Our common future, Oxford 1987.
We are Social/Hootsuite: Digital 2020 – July Global Statshot Report, London 2020.
Weber, A.: Globale Ungleichgewichte, Frankfurt/Main 2007.
Weber, F.: Künstliche Intelligenz für Business Analytics, Wiesbaden 2020.
Weber, J.: Budgetsystem, in: Horváth, P./Reichmann, T. (Hrsg.): Vahlens Großes Controllinglexikon, 2. Aufl., München 2003, S. 104–110.
Weber, J./Georg, J./Janke, R./Mack, S.: Nachhaltigkeit und Controlling, Weinheim 2012.
Weber, J./Lindner, S.: Budgeting, Better Budgeting oder Beyond Budgeting?, Vallendar 2003.
Weber, J./Schäffer, U.: Sicherstellung der Rationalität von Führung als Funktion des Controlling, in: DBW Die Betriebswirtschaft, 59, Nr. 6, 1999, S. 731–746.
Weber, J./Voußem, L./Rehring, J.: Aktuelle Ergebnisse aus dem WHU-Controllerpanel, in: Zeitschrift für Controlling und Management, Nr. 5, 2010, S. 323–327.
Weber, J./Wallenburg, C. M.: Logistik- und Supply Chain Controlling, 6. Aufl., Stuttgart 2010.
Weber, J./Weißenberger, B./Liekweg, A.: Risk Tracking and Reporting, Vallendar 1999.
Weber, J./Schäffer, U.: Einführung in das Controlling, 16. Aufl., Stuttgart 2020.
Wegner, T./Tyler, B./Peterson, M./Branderhorst, P.: Fraktale Wellen für Windows, München 1993.

Wehrheim, M./Schmitz, T.: Wertorientierte Kennzahlen, in: WiSt Wirtschaftswissenschaftliches Studium, 30, Nr. 9, 2001, S. 495.

Weiber, R.: Die empirischen Gesetze der Netzwerkökonomie, in: Die Unternehmung, 56, Nr. 5, 2002, S. 269–294.

Weibler, J.: Personalführung, 3. Aufl., München 2016.

Weidner, W.: Organisation in der Unternehmung, 6. Aufl., München 1998.

Weimer, T.: Das Substitutionsgesetz der Organisation, Wiesbaden 1988.

Weinreich, U.: Lean Digitization: Digitale Transformation durch agiles Management, Berlin/Heidelberg 2016.

Weinreich, U.: Braucht man einen Chief Digital Officer, wenn man Digitale Transformation ernst nimmt?, in: Wirtschaftsinformatik & Management, 9, Nr. 1, 2017, S. 8–15.

Weiser, M.: The Computer for the 21st Century, in: Scientific American, 265, Nr. 3, 1991, S. 94–110.

Weiss, U.: Der Schatz im Datensee, in: Hompel, M. ten (Hrsg.): Software in der Logistik – Big Data gezielt nutzen, München 2014, S. 16–20.

Weißbach, C.: Lohnt sich Business Ethik?, in: Markt & Technik, Nr. 9, 2005, S. 83.

Weissmann, A./Wegerer, S.: Unternehmen 4.0: Wie Digitalisierung Unternehmen & Management verändert, in: Erner, M. (Hrsg.): Management 4.0 – Unternehmensführung im digitalen Zeitalter, Berlin 2019, S. 43–76.

Welch, J./Byrne, J. A.: Was zählt, 4. Aufl., München 2002.

Welge, M. K./Al-Laham, A.: Planung, Wiesbaden 1992.

Welge, M. K./Böttcher, R./Paul, T.: Management globaler Geschäfte, München/Wien 1998.

Welge, M. K./Al-Laham, A./Eulerich, M.: Strategisches Management, 7. Aufl., Wiesbaden 2017.

Wendehals, M.: Kostenorientiertes Qualitätscontrolling, Wiesbaden 2000.

Werder, A.: Internationalisierung der Rechnungslegung und Corporate Governance, Stuttgart 2003.

Werder, A./Talaulicar, T.: Kodex Report 2005, in: Der Betrieb, 58, Nr. 16, 2005, S. 841–846.

Werner, G. W.: Führung für Mündige, Karlsruhe 2006.

Werner, G. W.: Womit ich nie gerechnet habe, 3. Aufl., Berlin 2013.

Werner, T.: Hat der CIO im Vorstand eine Zukunft?, in: Wirtschaftsinformatik, 43, Nr. 4, 2001, S. 409–410.

Westkämper, E./Pfeifer, T./Horváth, P.: Qualitätsmanagement in der Produktion, in: Eversheim, W./Schuh, G. (Hrsg.): Betriebshütte: Produktion und Management, 7. Aufl., Berlin 1996 13.1-13.72.

Wheelen, T. L./Hunger, J. D./Hoffman, A. N./Bamford, C. E.: Concepts in strategic management and business policy, 15. Aufl., Harlow u. a. 2018.

Whittington, R./Regnér, P./Duncan, A./Johnson, G./Scholes, K.: Exploring strategy, 12. Aufl., London/New York/Munich 2019.

Wiemann, K.: Netzwerke zum Aufbau von neuem Wissen, in: Gablers Magazin, 12, Nr. 2, 1998, S. 22–25.

Wiener, N.: Cybernetics or Control and Communication in the Animal and the Machine, Cambridge 1948.

Wilber, K./Schuhmacher, S.: Ganzheitlich handeln, 3. Aufl., Freiamt 2006.

Wild, J.: Management-Konzeption und Unternehmensverfassung, in: Lohmann, M./Schmidt, R.-B. (Hrsg.): Probleme der Unternehmensverfassung, Mohr 1971, S. 57–95.

Wild, J.: Budgetierung, München 1974.

Wild, J.: Grundlagen der Unternehmensplanung, 4. Aufl., Hamburg 1982.

Wildemann, H.: Flexible Arbeits- und Betriebszeiten – wettbewerbs- und mitarbeiterorientiert, München 1991.

Wildemann, H.: Kosten- und Leistungsbeurteilung von Qualitätssicherungssystemen, in: Zeitschrift für Betriebswirtschaft, 62, Nr. 7, 1992, S. 761–782.

Wildmann, L.: Makroökonomie, Geld und Währung, 3. Aufl., Berlin 2015.

Wilkens, M./Schäffer, U.: Die Entscheidungsträger sitzen sich am Tisch direkt gegenüber, in: Controlling & Management Review, 59, 1, 2015, S. 54–59.

Wilkinson, A./Kupers, R.: Living in the Futures, in: Harvard Business Review, 91, Nr. 5, 2013, S. 118–127.

Will, M.: Kommunikation von Intellectual Capital, in: Möller, K./Piwinger, M./Zerfaß, A. (Hrsg.): Immaterielle Vermögenswerte, Stuttgart 2009, S. 211–228.

Will, T.: Produktionsmanagement 4.0, in: Erner, M. (Hrsg.): Management 4.0 – Unternehmensführung im digitalen Zeitalter, Berlin 2019, S. 245–294.

Williams, A. L.: Das Prinzip Gewinnen, 15. Aufl., München 2006.

Williamson, O. E.: Markets and Hierachies, New York 1975.

Williamson, O. E.: The Economic Institutions of Capitalism, London 1987.

Williamson, O. E.: Die ökonomischen Institutionen des Kapitalismus, Tübingen 1990.

Williamson, O. E.: Strategizing, Economizing, and Economic Organizations, in: Strategic Management Journal, 12, Winter, 1991, S. 75–94.

Williamson, P. J.: Strategy Innovation, in: Faulkner, D. O./Campbell, A. (Hrsg.): The Oxford Handbook of Strategy, Oxford 2003, S. 841–871.

Willke, H.: Systemtheorie, 4. Aufl., Stuttgart 1993.

Willmes, C./Hess, T.: Ein Meer an Daten – Ein Meer an Wissen, München 2014.

Winer, N.: Cybernetics or Control and Communication in the Animal and the Machine, Cambridge 1948.

Wirtz, B. W.: Electronic Business, 6. Aufl., Wiesbaden 2018.

Wirtz, B. W./Kleineicken, A.: Geschäftsmodelltypologien im Internet, in: WiSt Wirtschaftwissenschaftliches Studium, 29, Nr. 11, 2000, S. 628–635.

Wißkirchen, F.: Shared Service Center im Personalbereich, in: HR Services, Nr. 4/5, 2002, S. 26–28.

Wißkirchen, F./Mertens, H.: Der Shared Service Ansatz als neue Organisation von Geschäftsbereichsorganisationen, in: Wißkirchen, F. (Hrsg.): Outsourcing-Projekte erfolgreich realisieren: Strategie, Konzept, Partnerauswahl, Stuttgart 1999, S. 79–111.

Witt, F.-J.: Controlling in New-Economy-Unternehmen, in: Controller Magazin, 26, Nr. 2, 2001, S. 112–125.

Witt, U.: Wirtschaft und Evolution, in: WiSt Wirtschaftswissenschaftliches Studium, 23, Nr. 10, 1994, S. 503–512.

Witte, E.: Das Informationsverhalten in Entscheidungsprozessen, Tübingen 1972.

Witte, E.: Organisation für Innovationsentscheidungen, Göttingen 1973.

Witteloostuijn, A. v./Wegberg, M. v.: Multimarket Competition, in: Journal of Economic Behavior and Organization, 18, Nr. 2, 1992, S. 273–282.

Wittlage, H.: Unternehmensorganisation, 6. Aufl., Herne 1998.

Witzemann, T./Dworski, E.: Durch szenariobasierte Unternehmensplanung auf Augenhöhe mit dem Business, in: Gleich, R. (Hrsg.): Challenge Controlling 2015, Freiburg 2011, S. 219–237.

Wöhe, G./Döring, U./Brösel G.: Einführung in die Allgemeine Betriebswirtschaftslehre, 26. Aufl., München 2016.

Wolf, J.: Organisation, Management, Unternehmensführung, 6. Aufl., Wiesbaden 2020.

Wolke, T.: Risikomanagement, 3. Aufl., Berlin/Boston 2016.

Wollnik, M.: Ein Referenzmodell des Informationsmanagements, in: Information Management, Nr. 3, 1988, S. 34–43.

Wolter, H.-J.: Die Bedeutung der eigentümer- und familiengeführten Unternehmen in Deutschland, Bonn 2017.

Womack, J./Jones, D.: From lean production to the lean enterprise, in: Harvard Business Review, 34, Nr. 3, 1994, S. 93–103.

Womack, J. P./Jones, D. T./Roos, D.: The machine that changed the world, New York 1991.

Woodward, J.: Industrial Organization, 2. Aufl., Oxford 1994.

World Trade Organization: International Trade Statistics, Genf 2011.

Wouter, A./Handscomb, C./Ludolph, J./Rona, D./West, D.: Agilität von Unternehmen?, in: McKinsey Quarterly, Nr. 3, 2020, S. 1–12.

Wrighley, L.: Divisional Autonomy and Diversification, Boston 1970.

Wright, T. P.: Factors affecting the cost of airplanes, in: Journal of Aeronautic Science, 1936, S. 122–128.

Wrona, T.: Globalisierung und Strategien der vertikalen Integration, Wiesbaden 1999.

Wrona, T./Schell, H.: Globalisierungsbetroffenheit von Unternehmen und die Potentiale der Kooperation, in: Zentes, J./Swoboda, B./Morschett, D. (Hrsg.): Kooperationen, Allianzen und Netzwerke, 2. Aufl., Wiesbaden 2010, S. 323–349.

Wrzesniewski, A./Dutton, J. E.: Crafting a job, in: Academy of Management Review, 26, Nr. 2, 2001, S. 179–201.

Wulf, I./Pfeifer, G./Kivikas, M.: Der Zukunftsfähigkeitsindex, in: Möller, K./Piwinger, M./Zerfaß, A. (Hrsg.): Immaterielle Vermögenswerte, Stuttgart 2009, S. 145–159.

Wunderer, R.: Führung und Zusammenarbeit, 6. Aufl., Neuwied 2006.

Wunderer, R./Jaritz, A.: Unternehmerisches Personalcontrolling, 3. Aufl., Neuwied 2007.

Wunderer, R./Kuhn, T.: Innovatives Personalmanagement, Neuwied 1995.

Wunderer, R./Sailer, M.: Instrumente und Verfahren des Personalcontrolling (II), in: Personalführung, 20, Nr. 8/9, 1987, S. 600–606.

Wunderer, R./Schlagenhaufer, P.: Personal-Controlling, Stuttgart 1994.

Wupperfeld, U.: Der Business-Plan für den erfolgreichen Start, Landsberg 1999.

Würschinger, C.: Künstliche Intelligenz – Zwischen Wunsch und Wirklichkeit, in: Wirtschaftsinformatik & Management, 12, Nr. 2, 2020, S. 86–89.

Würzburger, T.: Die Agilitäts-Falle, München 2019.

Yip, G. S.: Die globale Wettbewerbsstrategie, Wiesbaden 1996.

Yip, G. S.: Total Gobal Strategy II, 2. Aufl., Upper Saddle River 2003.

Young, S. D./O'Byrne, S. F.: EVA and Value-Based Management, New York 2001.

Yuan, G.: Lock den Tiger aus den Bergen, 2. Aufl., Freiburg 1993.

Zachman, J. A.: A Framework for Information Systems Architecture, in: IBM Systems Journal, 26, Nr. 3, 1987, S. 276–292.

Zahn, E.: Strategische Planung zur Steuerung der langfristigen Unternehmensentwicklung, Berlin 1979.

Zahn, E.: Strategische Planung, in: Szyperski, N./Winand, U. (Hrsg.): Handwörterbuch der Planung, Stuttgart 1989, Sp. 1903–1916.

Zahn, E.: Strategieunterstützungssysteme, in: Milling, P. (Hrsg.): Systemmanagement und Managementsysteme, Berlin 1991, S. 43–79.

Zahn, E.: Die strategische Renaissance des Unternehmens, in: Zahn, E. (Hrsg.): Fit machen für den Wettbewerb, Stuttgart 1993, S. 1–51.

Zahn, E.: Produktion als Wettbewerbsfaktor, in: Corsten, H. (Hrsg.): Handbuch Produktionsmanagement, Wiesbaden 1994, S. 241–258.

Zahn, E.: Strategische Erneuerung für den globalen Wettbewerb, in: Zahn, E. (Hrsg.): Strategische Erneuerungen für den globalen Wettbewerb, Stuttgart 1996, S. 1–30.

Zahn, E.: Rüsten für den Wettbewerb um die Zukunft, in: Zahn, E./Foschiani, S. (Hrsg.): Wettbewerb um die Zukunft, Stuttgart 1997, S. 1–17.

Zahn, E./Greschner, J.: Grundlagen und Methoden zum Management von Kreativität und Wissen, in: Zahn, E. (Hrsg.): Handbuch Technologiemanagement, Stuttgart 1995, S. 599–621.

Zahn, E./Schmid, U.: Produktionswirtschaft 1, Stuttgart 1996.

Zaleznik, A.: Managers and leaders, in: Harvard Business Review, 55, Nr. 3, 1977, S. 67–78.

Zarnekow, R./Brenner, W./Grohmann, H.: Informationsmanagement, Heidelberg 2004.

Zeis, J./Naumann, H.: Businesspläne im Lebenszyklus von Unternehmen, Haufe-Index 2006.

Zelazny, G.: The complete say it with charts toolkit, New York 2007.

Zelazny, G.: Das Präsentationsbuch, 3. Aufl., Frankfurt a. M. 2009.

Zelazny, G.: Wie aus Zahlen Bilder werden, 7. Aufl., Wiesbaden 2015.

Zentes, J./Swoboda, B./Schramm-Klein, H.: Internationales Marketing, München 2010.

Zentes, J./Swoboda, B.: Grundbegriffe des Marketing, Stuttgart 2001.

Zielasek, G.: Projektmanagement als Führungskonzept, 2. Aufl., Berlin 1999.

Zijl, N./Lang, R./Burger, R./Sutter, H./Banthien, C.: Projektmanagement, Nr. 92, Volksbank, Schweiz 1988.

Zollondz, H.-D.: Grundlagen Qualitätsmanagement, 3. Aufl., München/Wien 2011.

Zollondz, H.-D.: Qualitätsmanagement, in: Zollondz, H.-D./Ketting, M./Pfundtner, R. (Hrsg.): Lexikon Qualitätsmanagement, 2. Aufl., München 2016, S. 929–934.

Zollondz, H.-D.: Total Quality Management (TQM), in: Zollondz, H.-D./Ketting, M./Pfundtner, R. (Hrsg.): Lexikon Qualitätsmanagement, 2. Aufl., München 2016, S. 1155–1160.

Zollondz, H.-D.: M7-Sieben Managementwerkzeuge, in: Zollondz, H.-D./Ketting, M./Pfundtner, R. (Hrsg.): Lexikon Qualitätsmanagement, 2. Aufl., München 2016, S. 645–647.

Zollondz, H.-D.: Q7-Sieben Qualitätswerkzeuge, in: Zollondz, H.-D./Ketting, M./Pfundtner, R. (Hrsg.): Lexikon Qualitätsmanagement, 2. Aufl., München 2016, S. 843–844.

Zollondz, H.-D.: Qualität als Fachbegriff des Qualitätsmanagements, in: Zollondz, H.-D./Ketting, M./Pfundtner, R. (Hrsg.): Lexikon Qualitätsmanagement, 2. Aufl., München 2016, S. 857–861.

ZVEI: Unternehmens-Controlling, Frankfurt a. M. 1993.

Zyder, M.: Die Gestaltung der Budgetierung, Wiesbaden 2007.

Bildnachweise

Kapitel 1.1

Kärcher	© Alfred Kärcher GmbH

Kapitel 1.2

Adam Smith	© adamsmith.org
Charles Darwin	© greenlane.com
David Ricardo	© worldpress.com
Edith Penrose	© oro.open.ac.uk
Francisco Varela	© rewireme.com
Frederick W. Taylor	© wikimedia commons
Fredmund Malik	© handelsblatt.com
Hans Ulrich	© openlibrary.org
Henri Fayol	© engineersforum.net
Jay Forrester	© wsj.com
Joe S. Bain	© hetwebsite.net
Johannes Rüegg-Stürm	© prisma.hsg.ch
John von Neumann	© historyinformation.com
Joseph Schumpeter	© spiegel.de
Knut Bleicher	© presseportal.de
Ludwig v. Bertalanffy	© isss.org
Michael Porter	© hbs.edu
Niklas Luhmann	© tagesspiegel.de
Norbert Wiener	© worldpress.com
Oliver E. Williamson	© wikimedia commons
Oskar Morgenstern	© historyinformation.com
Paul Samuelson	© economics.mit.edu
Peter Senge	© leaderforbusiness.com
Reinhard Selten	© wikimedia commons
Ronald H. Coase	© wikimedia commons
William R. Ashby	© alceton.com

Kapitel 1.3

Alexander Samwer	© focus.de
Oliver Samwer	© focus.de
Ralph D. Stacey	© wikimedia commons
Thomas Strüngmann	© manager magazin
US Army War College	© armywarcollege.edu

Kapitel 2.1

Big Five	© wikimedia commons
Dr. Oetker	© Oetker
Jim Collins	© jimcollins.com
John Strelecky	© wikimedia commons
Simon Sinek	© ted.com

Kapitel 2.2

#Faire Lieferketten	© csr-in-deutschland.de
Aristoteles	© deutsche-rednerschule.de
Aurelius Augustinus	© wikimedia commons
Bosch	© Robert Bosch GmbH
Caux Round Table	© wikimedia commons
Club of Rome	© wikimedia commons
Deutsche Post DHL	© Deutsche Post DHL AG
Edgar H. Schein	© wbecs.com
Ehrbarer Kaufmann	© IHK Nürnberg
Geert Hofstede	© geert-hofstede.com
Global Footprint	© footprint.at
Globus Indikatoren	© hofstede.com
Hans C.v. Carlowitz	© wikimedia commons
Hans Jonas	© swr.de
Hans Küng	© wikimedia commons
Henkel	© Henkel AG & Co. KGaA
Immanuel Kant	© wikimedia commons
Integrated Reporting	© wikimedia commons
Jeremy Benthams	© wikimedia commons
John Stuart Mills	© faz.net
Julius Robert Mayer	© fineartamerica.com
Jürgen Habermas	© wikimedia commons
Ken Arrow	© stanford.edu
Mathis Wackernagel	© leaders-forum.org
Max Schelers	© wikimedia commons
Platon	© welt.de
Robert Solow	© wikimedia commons
Sitting Bull	© wissen.de
Sokrates	© planet-wissen.de
Thomas Malthus	© wikimedia commons
Thomas von Aquin	© wikimedia commons
UN Global Compact	© wikimedia commons
United Nations	© ifad.org
William Rees	© wikimedia commons

Kapitel 2.3

Bechtle	© Bechtle
Bilfinger	© Bilfinger
Bill Gates	© wikimedia commons
Bosch Thermotechnik	© Bosch Thermotechnik
Elon Musk	© wikimedia commons
Freudenberg	© Freudenberg & Co. KG
General Electric	© wikimedia commons
Hewlett-Packard	© hp.de
Jack Welch	© goodreads.com
Jerry Porras	© stockpartnership.com
Microsoft	© wikimedia commons
Motor Service Gruppe	© ms-motor-service.com
Space X	© wikimedia commons
Tesla	© wikimedia commons
X Company	© x.company

Kapitel 2.4

Adidas	© Adidas AG
Adolf A. Berle	© wikimedia commons
Gardiner Means	© wikimedia commons
Metro	© MetroAG

Kapitel 2.5

AUDI AG	© Audi
Hipp	© HiPP GmbH & Co. KG
Ulrich Hemel	© Ulrich Hemel
Weltethos-Institut	© Weltethos-Institut

Reinhold Würth	© Würth

Kapitel 3.1

Adam Smith	© adamsmith.org
Alfred Chandler	© economist.com
Aloys Gälweiler	© kybernetik.ch
Carl von Clausewitz	© amazon.de
David Ricardo	© worldpress.com
Harry Igor Ansoff	© globaleducationresearch.org
Henry Mintzberg	© campus.de
Hermann Simon	© wikimedia commons
Joseph Schumpeter	© spiegel.de
Kenneth Andrews	© hbs.edu
Peter Drucker	© famouspeople.com
Robert H. Waterman	© worldwildlife.org
Strategeme	© wikimedia commons
Tom Peters	© bentley.edu

Kapitel 3.2

Apple	© computerhistory.org
BCG	© wikimedia commons
Bruce Henderson	© wikimedia commons
Canon	© wikimedia commons
Cliff Bowmann	© wikimedia commons
C. K. Prahalad	© wikimedia commons
Dieffenbacher	© Dieffenbacher-Gruppe
Gary Hamel	© prezi.com
Henry Mintzberg	© campus.de
Honda	© wikimedia commons
Jay B. Barney	© wikimedia commons
Matthias Horx	zukunftsinstitut.de
McKinsey	© wikimedia commons
Megatrends	© zukunftsinstitut.de
Michael Porter	© hbs.edu
Samsung	© wikimedia commons
Toyota	© wikimedia commons

Kapitel 3.3

Adam Smith	© adamsmith.org
Chan Kim	© wikimedia commons
Cirque du Soleil	© wikimedia commons
Coca-Cola	© coca-cola-gmbh.de
David Ricardo	© worldpress.com
McKession	© McKession
Noritaki Kano	© anforq.org
PepsiCo	© wikimedia commons
Renée Mauborgne	© wikimedia commons
Richard D'Aveni	© tuck.dartmouth.edu
Sinus	© wikimedia commons
Starbucks	© Starbucks Inc.

Kapitel 3.4

Airbus	© Airbus

Kapitel 4.1

Erich zu Gutenberg	© erich-gutenberg-arbeitsgemein-schaft.de
Schwarzer Schwan	© wikimedia commons

Kapitel 4.2

Apple	© computerhistory.org
Christoph Lechner	© ifb.unisg.ch
David Norton	© thinkers50.com
Günter Müller-Stewens	© who-s-who.ch
Henry Mintzberg	© campus.de
Hermann Simon	© wikimedia commons
Jay Forrester	© wsj.com
Katze	© wikimedia commons
Kenneth Andrews	© hbs.edu
PA Consulting Group	© PA Consulting Group
Robert Kaplan	© thinkers50.com
Royal Dutch Shell	© shell.com
Ruderboot	© wikimedia commons
VfB Stuttgart	© VfB Stuttgart 1893
Wittenstein	© WITTENSTEIN AG

Kapitel 4.3

DB	© wikimedia commons
Jan Wallander	© Björn Larsson
Richard Thaler	© Getty Images

Kapitel 4.4

Bosch	© Robert Bosch GmbH

Kapitel 5.1

Alfred Chandler	© economist.com
Deutsche Bank	© Deutsche Bank
Erich Kosiol	© wikimedia commons
Erich zu Gutenberg	© erich-gutenberg-arbeitsgemein-schaft.de
Ford Motor Company	© Ford Motor Company
Frederick W. Taylor	© wikimedia commons
Getrag	© wikimedia commons
Henri Fayol	© engineersforum.net
Oracle	© wikimedia commons
Rhodia	© wikimedia commons
Rio Tinto	© Rio Tinto
Siemens	© Siemens
Spotify	© spotify.com
Volkswagen	© Volkswagen

Kapitel 5.2

Anders Ivarsson	© wikimedia commons
Brian Robertson	© amazon.de
Datwyler	© Datwyler
Davidow Malone	© wikimedia commons
FC Bayern München	© FC Bayern München
Gerald Edenburg	© wikimedia commons
Hendrik Kniberg	© wikimedia commons
Kees Boeke	© wikimedia commons
Mettler-Toledo	© wikimedia commons
Mülleimer	© wikimedia commons
Niels Pfläging	© Niels Pfläging
Spotify	© spotify.com
Talcott Parsons	© wikimedia commons
T-Systems International	© T-Systems International
William Davidow	© wikimedia commons

Zappos	© Zappos

Kapitel 5.3

Elbphilharmonie	© wikimedia commons
Gotthard-Tunnel	© wikimedia commons
Hirotaka Takeuchi	© hbs.edu
Ikujiro Nonaka	© polyu.edu.hk
Jeffrey V. Sutherland	© srum.org
Ken Schwaber	© srum.org
Los Alamos	© wikimedia commons
Rugby	© wikimedia commons

Kapitel 5.4

Adidas	© Adidas AG
Bürkert	© Christian Bürkert GmbH
D. Roos	© idss.mit.edu
J. Womack, D. Jones	© campus.de
Mercedes AMG	© Mercedes Benz Presse
Taiichi Ohno	© meetjoao.com
Volkswagen	© Volkswagen
William E. Deming	© rightwords.eu

Kapitel 5.5

deuter	© Deuter
Linus Torvalds	© wikimedia commons
Linux	© wikimedia commons
Mitsubishi Motors	© Mitsubishi Motors AG
Star Alliance	© Star Alliance
Uber	© Uber

Kapitel 5.6

Bilfinger	© Bilfinger
Borg Warner	© BorgWarner BERU
Kraft Foods	© wikimedia commons
Linde	© wikimedia commons
United Airlines	© wikimedia commons

Kapitel 5.7

Bayer	© Bayer
Brüggemann	© Brüggemann
Concept AG	© Concept AG
Monsanto	© Monsanto

Kapitel 6.1

Bodo Janssen	© der-upstalsboom-weg.de

Kapitel 6.2

Bayer	© Bayer
Bosch	© Robert Bosch GmbH
Kununu	© kununu.com

Kapitel 6.3

Abraham Maslow	© bidmon.de
Abraham Zaleznik	© bostonglobe.com
Clayton Alderfer	© tenlongview.net
Daniel Goleman	© josseybasseducation.com
David J. Snowden	© sched.com
Douglas McGregor	© gestix.wordpress.com
Edgar H. Schein	© wbecs.com
Elon Musk	© wikimedia commons
Falcon-9-Rakete	© wikimedia commons
Frederick Herzberg	© pngio.com
Fred Fiedler	© ila-net.org
Fredmund Malik	© handelsblatt.com
Friedrich Joussen	© tuigroup.com
Google Project Oxygen	© abilitymap.com
Hyperloop	© wikimedia commons
Jane Mouton	© toolshero.com
Joachim Löw	© wikimedia commons
Ken Blanchard	© zeably.com
Mihaly Csikszentmihalyi	© tedxnavigli.com
Paul Hersey	© leadingauthorities.com
Peter Drucker	© wertefabrik.de
Reinhard Sprenger	© sprenger.com
Robert Blake	© toolshero.com
Robert Tannenbaum	© journals.sagepub.com
Steve Jobs	© macmania.at
Tesla	© wikimedia commons
Victor H. Vroom	© mba.yale.edu
Warren Schmidt	© legacy.com
Wilfried Krüger	© wiwi.uni-giessen.de

Kapitel 6.4

Aldi	© ALDI Süd
dm-drogerie markt	© dm-drogerie
Frithjof Bergmann	© ww.xing.de
Gerald Hüther	© wikimedia commons

Kapitel 6.5

Art Fry	© 3mdeutschland.de
Claes Janssen	© fourroomsofchange.com
Elefant	© wikimedia commons
IBM	© IBM Deutschland GmbH
John Kotter	© 33voices.com
Kurt Lewin	© vlp.mpiwg-berlin.mpg.de
Wilfried Krüger	© wiwi.uni-giessen.de

Kapitel 6.6

B. Braun	© B. Braun Melsungen AG
Daimler	© Daimler AG
ERIMA	© ERIMA GmbH
T-Systems	© T-Systems
Wittenstein	© WITTENSTEIN AG

Kapitel 7.2

Andy Grove	© newsroom.intel.de
Cass Sunstein	© press.princeton.edu
Edward Tufte	© askyourdata.co
F. Schulz von Thun	© alchetron.com
Igor Ansoff	© alchetron.com/Igor-Ansoff
John Doerr	© kleinerperkins.com
Larry Page	© sozcu.com.tr
Obst	© oekolandbau.de
Paul Watzlawick	© mediationaktuell.de
Richard Thaler	© Getty Images
Rolf Hichert	© ibcs.com

Sars-Cov-2	© wikimedia commons
Stephen Few	© O'Reilly Media
Temposchild	© schwarzwaelder-bote.de
William Playfair	© peoplepill.com

Kapitel 7.3

3D-Druck	© invest-in-bavaria.com
Alan Turing	© hu.pinterest.com
Augmented Reality	© cio.de
August-Wilhelm Scheer	© silikon.de
aws Data Center	© ciopride.com
aws Server	© thesoftwarereport.com
Bitcoin	© coin-report.net
Bitcoinautomat	© bitcoinautomaten.at
CIMON	© airbus.com
DFL	© bundesliga.com
Duplex	© voicebot.ai
Elaine Rich	© cs.utexas.edu
Go	© winfuture.de
Gordon Moore	© forbes.com
Hamburger Hafen	© marvest.de
Hans Moravec	© acrmuseum.org
John McCarthy	© news.stanford.edu
Laszlo Hanyecz	© de.cointelegraph.com
Lufthansa	© lufthansagroup.com
Pokémon Go	© pokemongo.fandom.com
Rai-Steine	© 20min.ch
Replika	© replika.ai
RFID	© rfidacademia.ch
Robert Metcalfe	© planetechusa.com
RPA	© auditbee.de
Vitalik Buterin	© lifespan.io

Kapitel 7.4

BGZ	© BGZ/Christopher Mick
Bosch Connect	© Bosch
Hirotaka Takeuchi	© hbs.edu
Ikujiro Nonaka	© polyu.edu.hk
Porsche Engineering	© Porsche AG

Kapitel 7.5

TRUMPF	© TRUMPF
WOL	© Krentz, K./Joachim, K./Eisele, D.

Kapitel 8.1

Apollo-Rakete	© NASA
Armand V. Feigenbaum	© nationalmedals.org
Dabba Wallahs	© Olaf Krüger
EFQM-Modell	© EFQM
Jack Welch	© goodreads.com
Joseph M. Juran	© pl.qwe.wiki
Les Trois Rois	© SPIRITHOTELS
Noritaki Kano	© anforq.org
Philip B. Crosby	© simplilearn.com
Qualitätszirkel	© marketbusinessnews.com
TRUMPF	© TRUMPF
William E. Deming	© rightwords.eu
Yoji Akao	© qfdi.org

Kapitel 8.2

Alfred Rappaport	© sandiegoreader.com
Bayer	© Bayer
Bosch Thermotechnik	© Bosch Thermotechnik
Eugen Schmalenbach	© eugen-schmalenbach-berufskolleg
Franco Modigliani	© biography.com
Harry M. Markowitz	© ifaarchive.com
Merton H. Miller	© nobelprize.org
Metro	© Metro AG
Puma	© Puma AG
William F. Sharpe	© news.stanford.edu

Kapitel 8.3

Amazon	© amazon-presse.de
beo	© beo GmbH
Eric Sveiby	© academic-conferences.org
IIRC-Framework	© IIRC
Leif Edvinsson	© speakersbulgaria.com
Münchner Flughafen	© munich-airport.de
Puma	© Puma AG
SAP	© sap-tv.com
Skandia	© wikimedia commons

Kapitel 8.4

Carl Zeiss Gruppe	© Carl Zeiss Gruppe
Harry M. Markowitz	© ifaarchive.com
Leasing	© proxima-studio-ado.de
Schiff	© risknet.com
Schwan	© wikimedia commons
Truthahn	© wikimedia commons
Werner Gleißner	© wikimedia commons
William F. Sharpe	© news.stanford.edu

Kapitel 8.5

Afrikanische Union	© wikimedia commons
ASEAN	© wikimedia commons
Bertil Ohlin	© wikimedia commons
Charles Kindleberger	© wikimedia commons
Mercedes-Benz Group	© Mercedes-Benz Group AG
Eli Heckscher	© wikimedia commons
Europäische Union	© wikimedia commons
Exxon Mobil	© Exxon Mobil Corporation
Globus BRICS	© wikimedia commons
Globus China	© wikimedia commons
Globus G7	© wikimedia commons
Globus Indien	© wikimedia commons
Globus Tigerstaten	© wikimedia commons
Globus Triade	© wikimedia commons
John Dunning	© eiasm.org
Metro	© Metro AG
Michael Porter	© hbs.edu
Nespresso	© Nestlé AG
Paul A. Samuelson	© de.wikipedia.org
RCEP	© wikimedia commons
Stephen Hymer	© wikimedia commons
Unilever	© Unilever
USMCA	© wikimedia commons
Wal-Mart	© Wal-Mart Stores Inc.
Ziehl-Abegg	© Ziehl-Abegg SE

Kapitel 8.6

Post-It	© 3M
Airbnb	© airbnb.com
Angry Birds	© wikimedia commons
Bill Gates	© wikimedia commons
Bright Agrotech	© wikimedia commons
CircularTree	© CircularTree
Corona-Warn-App	© wikimedia commons
David Packard	© wikimedia commons
Deutsche Telekom	© wikimedia commons
Frank M. Bass	© utdallas.edu
Hacker Dojo	© youtube.com
Hasso Plattner	© hpi.com
Henry Ford	© wikimedia commons
Henry W. Chesbrough	© wikimedia commons
James M. Utterback	© esd.mit.edu
John E. Arnold	© stanfored
Joseph Schumpeter	© spiegel.de
Kärcher	© Alfred Kärcher GmbH
Muhammad Yunus	© blog.myc4.com
Samwer	© focus.de
Robert G. Cooper	© stage-gate.com
Rogers Everett	© youtube.com
STARTUP AUTOBAHN	© STARTUP AUTOBAHN
Stelios Haji-Ioannou	© wikimedia commons
Steve Jobs	© macmania.at
Tesla Motors	© Tesla Motors
Trelleborg Sealing	© Trelleborg Sealing
Unicorn	© wikimedia commons
what3words	© what3words
William Hewlett	© wikimedia commons
William J. Abernathy	© hbs.edu

Kapitel 8.7

Eric Ries	© twitter.com/ericries
iPod	© mac-history.de
Laure u. Benoit Reillier	© freshbusinessthinking.com

Sämtliche Icons	© Creative Commons / Noun Project

Leider war es nicht in allen Fällen möglich, die Inhaber der Bildrechte zu ermitteln. Wir bitten deshalb gegebenenfalls um Mitteilung. Der Verlag ist bereit, berechtigte Ansprüche abzugelten.

Stichwortverzeichnis

Symbole

A

B

C

F

G

H

J

K

L

M

N

O

P

Q

R

S

V

W

X

Y

Z

Über die Autoren

Prof. Dr. Roman Stoi

- Professur für Unternehmensführung und Controlling an der *Dualen Hochschule Baden-Württemberg Stuttgart*
- Betreuung mehrerer Preisträger des *Controlling Newcomer Awards* des *Internationalen Controller Vereins* (1. Platz 2016, 2. Platz 2018, 3. Platz 2019, 2. Platz 2021)
- Ausgezeichnet mit dem *TheoPrax-Preis* 2002 und dem Landeslehrpreis *Baden-Württemberg* 1996 für besonders praxisorientierte Lehre
- Gründer, Dozent, wiss. Leiter und wiss. Beirat des Masterstudiengangs Controlling & Consulting an der *School of Management and Technology* der *Steinbeis-Hochschule Berlin*
- Berufliche Stationen: Commercial Officer bei *Siemens-Nixdorf*, Controlling in der *Robert Bosch GmbH*, Wissenschaftlicher Assistent am Lehrstuhl Controlling der *Universität Stuttgart*, Leitender Redakteur der *Zeitschrift Controlling*
- Studium, wissenschaftlicher Mitarbeiter und Promotion an der *Universität Stuttgart*

Prof. Dr. Ralf Dillerup

- Professur für Unternehmensführung an der *Hochschule Heilbronn*
- *Professur* für Strategic Management and Entrepreneurship an der *University of Louisville, KY* sowie mehrere internationale Gastprofessuren und Lehraufträge
- Leitung und Dozent des Masterstudiengangs in Unternehmensführung und dem MBA in Global Business der *Hochschule Heilbronn*
- Leitung des Instituts für Strategie und Controlling sowie des Zentrums für Familienunternehmen
- Beirats- und Aufsichtsratsmandate, Netzwerker im *controlling-dialog.de* und Berater
- Berufliche Stationen in leitenden Tätigkeiten bei *Bosch Thermotechnik,* in der strategischen Planung bei *Mercedes-Benz* und bei *ASB Greenworld*
- Studium, wissenschaftlicher Mitarbeiter und Promotion an der *Universität Stuttgart*